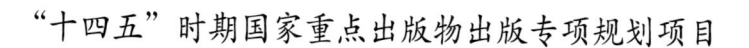

浙江昆虫志

第十四卷
膜翅目
"广腰亚目"

魏美才　主编

科学出版社
北　京

内 容 简 介

本卷志共记述浙江膜翅目基部广腰类群 7 亚目 14 科，包括棒蜂科（1 属 1 种）、大棒蜂科（1 属 3 种）、茸蜂科（1 属 1 种）、三节叶蜂科（10 属 61 种）、残青叶蜂科（2 属 6 种）、松叶蜂科（5 属 11 种）、锤角叶蜂科（6 属 20 种）、七节叶蜂科（2 属 4 种）、叶蜂科（153 属 540 种）、扁蜂科（6 属 27 种）、项蜂科（6 属 8 种）、树蜂科（5 属 15 种）、茎蜂科（9 属 23 种）、尾蜂科（1 属 0 种），共计 208 属 720 种。除极个别种类外，全部记录都是基于笔者收藏的叶蜂标本或检视模式标本后确认。文中除 1 种外，均配有形态特征图，并提供了分亚目、总科、科、属和种检索表，部分种类还提供了寄主植物资料。文末还附有中名和学名索引以及 216 种 218 幅成虫彩图。

本卷志可为昆虫学、生物多样性保护、生物地理学研究提供研究材料，同时可供农林业、环境保护和生物多样性保护等领域的工作者参考使用。

图书在版编目（CIP）数据

浙江昆虫志. 第十四卷，膜翅目"广腰亚目"/ 魏美才主编. —北京：科学出版社，2024.8

"十四五"时期国家重点出版物出版专项规划项目

国家出版基金项目

ISBN 978-7-03-072344-4

Ⅰ. ①浙⋯ Ⅱ. ①魏⋯ Ⅲ. ①昆虫志—浙江 ②半翅目—昆虫志—浙江 ③广腰亚目—昆虫志—浙江 Ⅳ. ①Q968.225.5 ②Q969.350.8 ③Q969.540.8

中国版本图书馆 CIP 数据核字(2022)第 087073 号

责任编辑：李 悦 付丽娜 韩学哲/责任校对：严 娜
责任印制：肖 兴/封面设计：北京蓝正合融广告有限公司

科学出版社 出版
北京东黄城根北街 16 号
邮政编码：100717
http://www.sciencep.com

北京中科印刷有限公司印刷
科学出版社发行 各地新华书店经销

*

2024 年 8 月第 一 版 开本：889×1194 1/16
2024 年 8 月第一次印刷 印张：52 1/4 插页：8
字数：1 763 000

定价：798.00 元
（如有印装质量问题，我社负责调换）

《浙江昆虫志》领导小组

主　　　　任　　胡　侠（2018年12月起任）

　　　　　　　　林云举（2014年11月至2018年12月在任）

副　主　任　　吴　鸿　杨幼平　王章明　陆献峰

委　　　　员　　（以姓氏笔画为序）

　　　　　　　　王　翔　叶晓林　江　波　吾中良　何志华

　　　　　　　　汪奎宏　周子贵　赵岳平　洪　流　章滨森

顾　　　　问　　尹文英（中国科学院院士）

　　　　　　　　印象初（中国科学院院士）

　　　　　　　　康　乐（中国科学院院士）

　　　　　　　　何俊华（浙江大学教授、博士生导师）

组织单位　　浙江省森林病虫害防治总站

　　　　　　　　浙江农林大学

　　　　　　　　浙江省林学会

《浙江昆虫志》编辑委员会

总 主 编　吴　鸿　杨星科　陈学新
副 总 主 编　（以姓氏笔画为序）
　　　　　　卜文俊　王　敏　任国栋　花保祯　杜予州　李后魂　李利珍
　　　　　　杨　定　张雅林　韩红香　薛万琦　魏美才
执行总主编　（以姓氏笔画为序）
　　　　　　王义平　洪　流　徐华潮　章滨森
编　　　委　（以姓氏笔画为序）
　　　　　　卜文俊　万　霞　王　星　王　敏　王义平　王吉锐　王青云
　　　　　　王宗庆　王厚帅　王淑霞　王新华　牛耕耘　石福明　叶文晶
　　　　　　田明义　白　明　白兴龙　冯纪年　朱桂寿　乔格侠　任　立
　　　　　　任国栋　刘立伟　刘国卿　刘星月　齐　鑫　江世宏　池树友
　　　　　　孙长海　花保祯　杜　晶　杜予州　杜喜翠　李　强　李后魂
　　　　　　李利珍　李君健　李泽建　杨　定　杨星科　杨淑贞　肖　晖
　　　　　　吴　鸿　吴　琼　余水生　余建平　余晓霞　余著成　张　琴
　　　　　　张苏炯　张春田　张爱环　张润志　张雅林　张道川　陈　卓
　　　　　　陈卫平　陈开超　陈学新　武春生　范骁凌　林　坚　林美英
　　　　　　林晓龙　季必浩　金　沙　郑英茂　赵明水　郝　博　郝淑莲
　　　　　　侯　鹏　俞叶飞　姜　楠　洪　流　姚　刚　贺位忠　秦　玫
　　　　　　贾凤龙　钱海源　徐　骏　徐华潮　栾云霞　高大海　郭　瑞
　　　　　　唐　璞　黄思遥　黄俊浩　戚慕杰　彩万志　梁红斌　韩红香
　　　　　　韩辉林　程　瑞　程樟峰　鲁　专　路园园　薛大勇　薛万琦
　　　　　　魏美才

《浙江昆虫志 第十四卷 膜翅目 "广腰亚目"》编写人员

主　编　魏美才

副主编　李泽建　牛耕耘

作者及参加编写单位（按研究类群排序）

　　锤角叶蜂科

　　　　晏毓晨（中南林业科技大学）

　　突瓣叶蜂亚科

　　　　刘萌萌（丽水学院）

　　侧跗叶蜂属

　　　　牛耕耘（江西师范大学）

　　钩瓣叶蜂属

　　　　李泽建（华东药用植物园科研管理中心）

　　方颜叶蜂属

　　　　钟义海（中国热带农业科学院环境与植物保护研究所）

　　茎蜂科

　　　　刘　琳（江西师范大学）

　　其他类群

　　　　魏美才（江西师范大学）

《浙江昆虫志》序一

浙江省地处亚热带，气候宜人，集山水海洋之地利，生物资源极为丰富，已知的昆虫种类就有 1 万多种。浙江省昆虫资源的研究历来受到国内外关注，长期以来大批昆虫学分类工作者对浙江省进行了广泛的资源调查，积累了丰富的原始资料。因此，系统地研究这一地域的昆虫区系，其意义与价值不言而喻。吴鸿教授及其团队曾多次负责对浙江天目山等各重点生态地区的昆虫资源种类的详细调查，编撰了一些专著，这些广泛、系统而深入的调查为浙江省昆虫资源的调查与整合提供了翔实的基础信息。在此基础上，为了进一步摸清浙江省的昆虫种类、分布与为害情况，2016 年由浙江省林业有害生物防治检疫局（现浙江省森林病虫害防治总站）和浙江省林学会发起，委托浙江农林大学实施，先后邀请全国几十家科研院所，300 多位昆虫分类专家学者在浙江省内开展昆虫资源的野外补充调查与标本采集、鉴定，并且系统编写《浙江昆虫志》。

历时六年，在国内最优秀昆虫分类专家学者的共同努力下，《浙江昆虫志》即将按类群分卷出版面世，这是一套较为系统和完整的昆虫资源志书，包含了昆虫纲所有主要类群，更为可贵的是，《浙江昆虫志》参照《中国动物志》的编写规格，有较高的学术价值，同时该志对动物资源保护、持续利用、有害生物控制和濒危物种保护均具有现实意义，对浙江地区的生物多样性保护、研究及昆虫学事业的发展具有重要推动作用。

《浙江昆虫志》的问世，体现了项目主持者和组织者的勤奋敬业，彰显了我国昆虫学家的执着与追求、努力与奋进的优良品质，展示了最新的科研成果。《浙江昆虫志》的出版将为浙江省昆虫区系的深入研究奠定良好基础。浙江地区还有一些类群有待广大昆虫研究者继续努力工作，也希望越来越多的同仁能在国家和地方相关部门的支持下开展昆虫志的编写工作，这不但对生物多样性研究具有重大贡献，也将造福我们的子孙后代。

印象初
河北大学生命科学学院
中国科学院院士
2022 年 1 月 18 日

《浙江昆虫志》序二

浙江地处中国东南沿海，地形自西南向东北倾斜，大致可分为浙北平原、浙西中山丘陵、浙东丘陵、中部金衢盆地、浙南山地、东南沿海平原及海滨岛屿 6 个地形区。浙江复杂的生态环境成就了极高的生物多样性。关于浙江的生物资源、区系组成、分布格局等，植物和大型动物都有较为系统的研究，如 20 世纪 80 年代《浙江植物志》和《浙江动物志》陆续问世，但是无脊椎动物的研究却较为零散。90 年代末至今，浙江省先后对天目山、百山祖、清凉峰等重点生态地区的昆虫资源种类进行了广泛、系统的科学考察和研究，先后出版《天目山昆虫》《华东百山祖昆虫》《浙江清凉峰昆虫》等专著。1983 年、2003 年和 2015 年，由浙江省林业厅部署，浙江省还进行过三次林业有害生物普查。但历史上，浙江省一直没有对全省范围的昆虫资源进行系统整理，也没有建立统一的物种信息系统。

2016 年，浙江省林业有害生物防治检疫局（现浙江省森林病虫害防治总站）和浙江省林学会发起，委托浙江农林大学组织实施，联合中国科学院、南开大学、浙江大学、西北农林科技大学、中国农业大学、中南林业科技大学、河北大学、华南农业大学、扬州大学、浙江自然博物馆等单位共同合作，开始展开对浙江省昆虫资源的实质性调查和编纂工作。六年来，在全国三百多位专家学者的共同努力下，编纂工作顺利完成。《浙江昆虫志》参照《中国动物志》编写，系统、全面地介绍了不同阶元的鉴别特征，提供了各类群的检索表，并附形态特征图。全书各卷册分别由该领域知名专家编写，有力地保证了《浙江昆虫志》的质量和水平，使这套志书具有很高的科学价值和应用价值。

昆虫是自然界中最繁盛的动物类群，种类多、数量大、分布广、适应性强，与人们的生产生活关系复杂而密切，既有害虫也有大量有益昆虫，是生态系统中重要的组成部分。《浙江昆虫志》不仅有助于人们全面了解浙江省丰富的昆虫资源，还可供农、林、牧、畜、渔、生物学、环境保护和生物多样性保护等工作者参考使用，可为昆虫资源保护、持续利用和有害生物控制提供理论依据。该丛书的出版将对保护森林资源、促进森林健康和生态系统的保护起到重要作用，并且对浙江省设立"生态红线"和"物种红线"的研究与监测，以及创建"两美浙江"等具有重要意义。

《浙江昆虫志》必将以它丰富的科学资料和广泛的应用价值为我国的动物学文献宝库增添新的宝藏。

康 乐
中国科学院动物研究所
中国科学院院士
2022 年 1 月 30 日

《浙江昆虫志》前言

生物多样性是人类赖以生存和发展的重要基础，是地球生命所需要的物质、能量和生存条件的根本保障。中国是生物多样性最为丰富的国家之一，也同样面临着生物多样性不断丧失的严峻问题。生物多样性的丧失，直接威胁到人类的食品、健康、环境和安全等。国家高度重视生物多样性的保护，下大力气改善生态环境，改变生物资源的利用方式，促进生物多样性研究的不断深入。

浙江区域是我国华东地区一道重要的生态屏障，和谐稳定的自然生态系统为长三角地区经济快速发展提供了有力保障。浙江省地处中国东南沿海长江三角洲南翼，东临东海，南接福建，西与江西、安徽相连，北与上海、江苏接壤，位于北纬27°02′~31°11′，东经118°01′~123°10′，陆地面积10.55万km²，森林面积608.12万hm²，森林覆盖率为61.17%（按省同口径计算，含一般灌木），森林生态系统多样性较好，森林植被类型、森林类型、乔木林龄组类型较丰富。湿地生态系统中湿地植物和植被、湿地野生动物均相当丰富。目前浙江省建有数量众多、类型丰富、功能多样的各级各类自然保护地。有1处国家公园体制试点区（钱江源国家公园）、311处省级及以上自然保护地，其中27处自然保护区、128处森林公园、59处风景名胜区、67处湿地公园、15处地质公园、15处海洋公园（海洋特别保护区），自然保护地总面积1.4万km²，占全省陆域的13.3%。

浙江素有"东南植物宝库"之称，是中国植物物种多样性最丰富的省份之一，有高等植物6100余种，在中东南植物区系中占有重要的地位；珍稀濒危植物众多，其中国家一级重点保护野生植物11种，国家二级重点保护野生植物104种；浙江特有种超过200种，如百山祖冷杉、普陀鹅耳枥、天目铁木等物种。陆生野生脊椎动物有790种，约占全国总数的27%，列入浙江省级以上重点保护野生动物373种，其中国家一级重点保护动物54种，国家二级保护动物138种，像中华凤头燕鸥、华南梅花鹿、黑麂等都是以浙江为主要分布区的珍稀濒危野生动物。

昆虫是现今陆生动物中最为繁盛的一个类群，约占动物界已知种类的3/4，是生物多样性的重要组成部分，在生态系统中占有独特而重要的地位，与人类具有密切而复杂的关系，为世界创造了巨大精神和物质财富，如家喻户晓的家蚕、蜜蜂和冬虫夏草等资源昆虫。

浙江集山水海洋之地利，地理位置优越，地形复杂多样，气候温和湿润，加之第四纪以来未受冰川的严重影响，森林覆盖率高，造就了丰富多样的生境类型，保存着大量珍稀生物物种，这种有利的自然条件给昆虫的生息繁衍提供了便利。昆虫种类复杂多样，资源极为丰富，珍稀物种荟萃。

浙江昆虫研究由来已久，早在北魏郦道元所著《水经注》中，就有浙江天目山的山川、霜木情况的记载。明代医药学家李时珍在编撰《本草纲目》时，曾到天目山实地考察采集，书中收有产于天目山的养生之药数百种，其中不乏有昆虫药。明代《西天目祖山志》生殖篇虫族中有山蚕、蚱蜢、蜈螂、蛱蝶、蜻蜓、蝉等昆虫的明确记载。由此可见，自古以来，浙江的昆虫就已引起人们的广泛关注。

20世纪40年代之前，法国人郑璧尔（Octave Piel，1876~1945）（曾任上海震旦博物馆馆长）曾分别赴浙江四明山和舟山进行昆虫标本的采集，于1916年、1926年、1929年、1935年、1936年及1937年又多次到浙江天目山和莫干山采集，其中，1935~1937年的采集规模大、类群广。他采集的标本数量大、影响深远，依据他所采标本就有相关24篇文章在学术期刊上发表，其中80种的模式标本产于天目山。

浙江是中国现代昆虫学研究的发源地之一。1924年浙江昆虫局成立，曾多次派人赴浙江各地采集昆虫标本，国内昆虫学家也纷纷来浙采集，如胡经甫、祝汝佐、柳支英、程淦藩等，这些采集的昆虫标本现保存于中国科学院动物研究所、中国科学院上海昆虫博物馆（原中国科学院上海昆虫研究所）及浙江大学。据此有不少研究论文发表，其中包括大量新种。同时，浙江省昆虫局创办了《昆虫与植病》和《浙江省昆虫局年刊》等。《昆虫与植病》是我国第一份中文昆虫期刊，共出版100多期。

20世纪80年代末至今，浙江省开展了一系列昆虫分类区系研究，特别是1983年和2003年分别进行了林业有害生物普查，分别鉴定出林业昆虫1585种和2139种。陈其瑚主编的《浙江植物病虫志 昆虫篇》（第一集1990年，第二集1993年）共记述26目5106种（包括蜱螨目），并将浙江全省划分成6个昆虫地理区。1993年童雪松主编的《浙江蝶类志》记述鳞翅目蝶类11科340种。2001年方志刚主编的《浙江昆虫名录》收录六足类4纲30目447科9563种。2015年宋立主编的《浙江白蚁》记述白蚁4科17属62种。2019年李泽建等在《浙江天目山蝴蝶图鉴》中记述蝴蝶5科123属247种，2020年李泽建等在《百山祖国家公园蝴蝶图鉴 第Ⅰ卷》中记述蝴蝶5科140属283种。

中国科学院上海昆虫研究所尹文英院士曾于1987年主持国家自然科学基金重点项目"亚热带森林土壤动物区系及其在森林生态平衡中的作用"，在天目山采得昆虫纲标本3.7万余号，鉴定出12目123种，并于1992年编撰了《中国亚热带土壤动物》一书，该项目研究成果曾获中国科学院自然科学奖二等奖。

浙江大学（原浙江农业大学）何俊华和陈学新教授团队在我国著名寄生蜂分类学家祝汝佐教授（1900~1981）所奠定的文献资料与研究标本的坚实基础上，开展了农林业害虫寄生性天敌昆虫资源的深入系统分类研究，取得丰硕成果，撰写专著20余册，如《中国经济昆虫志 第五十一册 膜翅目 姬蜂科》《中国动物志 昆虫纲 第十八卷 膜翅目 茧蜂科（一）》《中国动物志 昆虫纲 第二十九卷 膜翅目 螯蜂科》《中国动物志 昆虫纲 第三十七卷 膜翅目 茧蜂科（二）》《中国动物志 昆虫纲 第五十六卷 膜翅目 细蜂总科（一）》等。2004年何俊华教授又联合相关专家编著了《浙江蜂类志》，共记录浙江蜂类59科631属1687种，其中模式产地在浙江的就有437种。

浙江农林大学（原浙江林学院）吴鸿教授团队先后对浙江各重点生态地区的昆虫资源进行了广泛、系统的科学考察和研究，联合全国有关科研院所的昆虫分类学家，吴鸿教授作为主编或者参编者先后编撰了《浙江古田山昆虫和大型真菌》《华东百山祖昆虫》《龙王山昆虫》《天目山昆虫》《浙江乌岩岭昆虫及其森林健康评价》《浙江凤阳山昆虫》《浙江清凉峰昆虫》《浙江九龙山昆虫》等图书，书中发表了众多的新属、新种、中国新记录科、新记录属和新记录种。2014~2020年吴鸿教授作为总主编之一还编撰了《天目山动物志》（共 11 卷），其中记述六足类动物 32 目 388 科 5000 余种。上述科学考察以及本次《浙江昆虫志》编撰项目为浙江当地和全国培养了一批昆虫分类学人才并积累了 100 万号昆虫标本。

通过上述大型有组织的昆虫科学考察，不仅查清了浙江省重要保护区内的昆虫种类资源，而且为全国积累了珍贵的昆虫标本。这些标本、专著及考察成果对于浙江省乃至全国昆虫类群的系统研究具有重要意义，不仅推动了浙江地区昆虫多样性的研究，也让更多的人认识到生物多样性的重要性。然而，前期科学考察的采集和研究的广度和深度都不能反映整个浙江地区的昆虫全貌。

昆虫多样性的保护、研究、管理和监测等许多工作都需要有翔实的物种信息作为基础。昆虫分类鉴定往往是一项逐渐接近真理（正确物种）的工作，有时甚至需要多次更正才能找到真正的归属。过去的一些观测仪器和研究手段的限制，导致部分属种鉴定有误，现代电子光学显微成像技术及 DNA 条形码分子鉴定技术极大推动了昆虫物种的更精准鉴定，此次《浙江昆虫志》对过去一些长期误鉴的属种和疑难属种进行了系统订正。

为了全面系统地了解浙江省昆虫种类的组成、发生情况、分布规律，为了益虫开发利用和有害昆虫的防控，以及为生物多样性研究和持续利用提供科学依据，2016 年 7 月"浙江省昆虫资源调查、信息管理与编撰"项目正式开始实施，该项目由浙江省林业有害生物防治检疫局（现浙江省森林病虫害防治总站）和浙江省林学会发起，委托浙江农林大学组织，联合全国相关昆虫分类专家合作。《浙江昆虫志》编委会组织全国 30 余家单位 300 余位昆虫分类学者共同编写，共分 16 卷：第一卷由杜予州教授主编，包含原尾纲、弹尾纲、双尾纲，以及昆虫纲的石蛃目、衣鱼目、蜉蝣目、蜻蜓目、襀翅目、等翅目、蜚蠊目、螳螂目、蝤虫目、直翅目和革翅目；第二卷由花保祯教授主编，包括昆虫纲啮虫目、缨翅目、广翅目、蛇蛉目、脉翅目、长翅目和毛翅目；第三卷由张雅林教授主编，包含昆虫纲半翅目同翅亚目；第四卷由卜文俊和刘国卿教授主编，包含昆虫纲半翅目异翅亚目；第五卷由李利珍教授和白明研究员主编，包含昆虫纲鞘翅目原鞘亚目、藻食亚目、肉食亚目、牙甲总科、阎甲总科、隐翅虫总科、金龟总科、沼甲总科；第六卷由任国栋教授主编，包含昆虫纲鞘翅目花甲总科、吉丁甲总科、丸甲总科、叩甲总科、长蠹总科、郭公甲总科、扁甲总科、瓢甲总科、拟步甲总科；第七卷由杨星科和张润志研究员主编，包含昆虫纲鞘翅目叶甲总科和象甲总科；第八卷由吴鸿和杨定教授主编，包含昆虫纲双翅目长角亚目；第九卷由杨定和姚刚教授主编，包含昆虫纲双翅目短角亚目虻总科、水虻总科、食虫虻总科、舞虻总科、蚤蝇总科、蚜蝇总科、眼蝇总科、实蝇总科、小粪蝇总科、缟蝇总科、沼蝇总科、鸟蝇总科、水蝇总科、突眼蝇总科和禾蝇总科；第十卷由薛万琦和张春田教授主编，包含昆虫纲双翅目短角亚目蝇总科、狂蝇总科；第十一卷由李后魂教授主编，包含昆虫纲鳞翅目小蛾类；第十二卷由韩红香副研究员和姜楠博士主编，包含昆虫纲鳞翅目大蛾类；第十三卷由王敏和范骁凌教授主编，包含昆虫纲鳞翅目蝶类；第十四卷由魏美才教授主编，包含昆虫纲膜翅目"广腰亚目"；第十五卷由陈学新和王义平教授主编、第十六卷由陈学新教授主编，这两卷内容为昆虫纲膜翅目细腰亚目。16 卷共记述浙江省六足类 1 万余种，各卷所收录物种的截止时间为 2021 年 12 月。

《浙江昆虫志》各卷主编由昆虫各类群权威顶级分类专家担任，他们是各单位的学科带头人或国家杰出青年科学基金获得者、973 计划首席专家和各专业学会的理事长和副理事长等，他们中有不少人都参与了《中国动物志》的编写工作，从而有力地保证了《浙江昆虫志》整套 16 卷学术内容的高水平和高质量，各卷反映了我国昆虫分类学者对昆虫分类区系研究的最新成果。《浙江昆虫志》是迄今为止对浙江省昆虫种类资源最为完整的科学记载，体现了国际一流水平，16 卷《浙江昆虫志》汇集了上万张图片，除黑白特征图外，还有大量成虫整体或局部特征彩色照片，这些图片精美、细致，能充分、直观地展示物种的分类形态鉴别特征。

浙江省林业局对《浙江昆虫志》的编撰出版一直给予关注，在其领导与支持下获得浙江省财政厅的经费资助。在科学考察过程中得到了浙江省各市、县（市、区）林业部门的大力支持和帮助，特别是浙江天目山国家级自然保护区管理局、浙江清凉峰国家级自然保护区管理局、四明山国家森林公园、钱江源国家公园、浙江仙霞岭省级自然保护区管理局、浙江九龙山国家级自然保护区管理局、景宁望东垟高山湿地自然保护区管理局和舟山市自然资源和规划局也给予了大力协助。同时也感谢国家出版基金和科学出版社的资助与支持，保证了 16 卷《浙江昆虫志》的顺利出版。

中国科学院印象初院士和康乐院士欣然为本志作序。借此付梓之际，我们谨向以上单位和个人，以及在本项目执行过程中给予关怀、鼓励、支持、指导、帮助和做出贡献的同志表示衷心的感谢！

限于资料和编研时间等多方面因素，书中难免有不足之处，恳盼各位同行和专家及读者不吝赐教。

《浙江昆虫志》编辑委员会
2022 年 3 月

《浙江昆虫志》编写说明

　　本志收录的种类原则上是浙江省内各个自然保护区和舟山群岛野外采集获得的昆虫种类。昆虫纲的分类系统参考袁锋等 2006 年编著的《昆虫分类学》第二版。其中，广义的昆虫纲已提升为六足总纲 Hexapoda，分为原尾纲 Protura、弹尾纲 Collembola、双尾纲 Diplura 和昆虫纲 Insecta。目前，狭义的昆虫纲仅包含无翅亚纲的石蛃目 Microcoryphia 和衣鱼目 Zygentoma 以及有翅亚纲。本志采用六足总纲的分类系统。考虑到编写的系统性、完整性和连续性，各卷所包含类群如下：第一卷包含原尾纲、弹尾纲、双尾纲，以及昆虫纲的石蛃目、衣鱼目、蜉蝣目、蜻蜓目、襀翅目、等翅目、蜚蠊目、螳螂目、蛩蠊目、直翅目和革翅目；第二卷包含昆虫纲的啮虫目、缨翅目、广翅目、蛇蛉目、脉翅目、长翅目和毛翅目；第三卷包含昆虫纲的半翅目同翅亚目；第四卷包含昆虫纲的半翅目异翅亚目；第五卷、第六卷和第七卷包含昆虫纲的鞘翅目；第八卷、第九卷和第十卷包含昆虫纲的双翅目；第十一卷、第十二卷和第十三卷包含昆虫纲的鳞翅目；第十四卷、第十五卷和第十六卷包含昆虫纲的膜翅目。

　　由于篇幅限制，本志所涉昆虫物种均仅提供原始引证，部分物种同时提供了最新的引证信息。为了物种鉴定的快速化和便捷化，所有包括 2 个以上分类阶元的目、科、亚科、属，以及物种均依据形态特征编写了对应的分类检索表。本志关于浙江省内分布情况的记录，除了之前有记录但是分布记录不详且本次调查未采到标本的种类外，所有种类都尽可能反映其详细的分布信息。限于篇幅，浙江省内的分布信息如下所列按地级市、市辖区、县级市、县、自治县为单位按顺序编写，如浙江（安吉、临安）；由于四明山国家级自然保护区地跨多个市（县），因此，该地的分布信息保留为四明山。对于省外分布地则只写到省份、自治区、直辖市和特区等名称，参照《中国动物志》的编写规则，按顺序排列。对于国外分布地则只写到国家或地区名称，各个国家名称参照国际惯例按顺序排列，以逗号隔开。浙江省分布地名称和行政区划资料截至 2020 年，具体如下。

湖州：吴兴、南浔、德清、长兴、安吉

嘉兴：南湖、秀洲、嘉善、海盐、海宁、平湖、桐乡

杭州：上城、下城、江干、拱墅、西湖、滨江、萧山、余杭、富阳、临安、桐庐、淳安、建德

绍兴：越城、柯桥、上虞、新昌、诸暨、嵊州

宁波：海曙、江北、北仑、镇海、鄞州、奉化、象山、宁海、余姚、慈溪

舟山：定海、普陀、岱山、嵊泗

金华：婺城、金东、武义、浦江、磐安、兰溪、义乌、东阳、永康

台州：椒江、黄岩、路桥、三门、天台、仙居、温岭、临海、玉环

衢州：柯城、衢江、常山、开化、龙游、江山

丽水：莲都、青田、缙云、遂昌、松阳、云和、庆元、景宁、龙泉

温州：鹿城、龙湾、瓯海、洞头、永嘉、平阳、苍南、文成、泰顺、瑞安、乐清

目　　录

膜翅目 Hymenoptera

第一章　棒蜂亚目 Xyelomorpha 6
  I. 棒蜂总科 Xyeloidea 6
    一、棒蜂科 Xyelidae 6
      （一）棒蜂亚科 Xyelinae 6
        1. 棒蜂属 *Xyela* Dalman, 1819 6
    二、大棒蜂科 Macroxyelidae 7
      （二）大棒蜂亚科 Macroxyelinae 8
        2. 巨棒蜂属 *Megaxyela* Ashmead, 1898 8

第二章　茸蜂亚目 Blasticotomomorpha 11
  II. 茸蜂总科 Blasticotomoidea 11
    三、茸蜂科 Blasticotomidae 11
      （一）茸蜂亚科 Blasticotominae 11
        3. 三节茸蜂属 *Runaria* Malaise, 1931 11

第三章　叶蜂亚目 Tenthredinomorpha 13
  III. 三节叶蜂总科 Argoidea 13
    四、三节叶蜂科 Argidae 13
      （一）三节叶蜂亚科 Arginae 14
        4. 三节叶蜂属 *Arge* Schrank, 1802 14
        5. 扁胫三节叶蜂属 *Athermantus* Kirby, 1882 51
        6. 似三节叶蜂属 *Cibdela* Konow, 1899 54
        7. 刺背三节叶蜂属 *Spinarge* Wei, 1998 60
        8. 朱氏三节叶蜂属 *Zhuhongfuna* Wei & Nie, 1999 62
        9. 小头三节叶蜂属 *Tanyphatnidea* Rohwer, 1912 63
      （二）脊颜三节叶蜂亚科 Sterictiphorinae 66
        10. 近脉三节叶蜂属 *Aproceros* Malaise, 1931 66
        11. 平颜三节叶蜂属 *Aprosthema* Konow, 1899 67
        12. 显脉三节叶蜂属 *Ortasiceros* Wei, 1997 69
        13. 脊颜三节叶蜂属 *Sterictiphora* Billberg, 1820 70
  IV. 叶蜂总科 Tenthredinoidea 71
    五、残青叶蜂科 Athaliidae 72
      （三）残青叶蜂亚科 Athaliinae 72
        14. 残青叶蜂属 *Athalia* Leach, 1817 72
        15. 小齿叶蜂属 *Dentathalia* Benson, 1931 77
    六、松叶蜂科 Diprionidae 78
      （四）松叶蜂亚科 Diprioninae 79
        16. 松叶蜂属 *Diprion* Schrank, 1802 79
        17. 吉松叶蜂属 *Gilpinia* Benson, 1939 82
        18. 弧松叶蜂属 *Hugilpinia* Wei & Niu, 2023 84
        19. 大松叶蜂属 *Macrodiprion* Enslin, 1914 85
        20. 黑松叶蜂属 *Nesodiprion* Rohwer, 1910 89
    七、锤角叶蜂科 Cimbicidae 91
      （五）丽锤角叶蜂亚科 Abiinae 91

21. 丽锤角叶蜂属 *Abia* Leach, 1817 ··········· 92
22. 丑锤角叶蜂属 *Zaraea* Leach, 1817 ··········· 95
（六）锤角叶蜂亚科 Cimbicinae ··········· 97
23. 童锤角叶蜂属 *Agenocimbex* Rohwer, 1910 ··········· 97
24. 唇锤角叶蜂属 *Labriocimbex* Yan & Wei, 2019 ··········· 98
25. 细锤角叶蜂属 *Leptocimbex* Semenov, 1896 ··········· 99
26. 舌锤角叶蜂属 *Praia* Wankowicz, 1880 ··········· 109

八、七节叶蜂科 Heptamelidae ··········· 110
（七）七节叶蜂亚科 Heptamelinae ··········· 110
27. 七节叶蜂属 *Heptamelus* Haliday, 1855 ··········· 111
28. 肿角叶蜂属 *Pseudoheptamelus* Conde, 1932 中国新记录属 ··········· 113

九、叶蜂科 Tenthredinidae ··········· 115
（八）刻胸叶蜂亚科 Eriocampinae ··········· 117
29. 刻胸叶蜂属 *Eriocampa* Hartig, 1837 ··········· 117
30. 异颚叶蜂属 *Conaspidia* Konow, 1898 ··········· 118
（九）实叶蜂亚科 Hoplocampinae ··········· 120
31. 实叶蜂属 *Hoplocampa* Hartig, 1837 ··········· 121
32. 李实叶蜂属 *Monocellicampa* Wei, 1998 ··········· 125
33. 樱实叶蜂属 *Analcellicampa* Wei & Niu, 2019 ··········· 127
（十）枝角叶蜂亚科 Cladiinae ··········· 129
34. 枝角叶蜂属 *Cladius* Illiger, 1807 ··········· 130
35. 拟栉叶蜂属 *Priophorus* Dahlbom, 1835 ··········· 132
36. 简栉叶蜂属 *Trichiocampus* Hartig, 1837 ··········· 145
37. 庄子叶蜂属 *Zhuangzhoua* Liu, Niu & Wei, 2017 ··········· 146
（十一）突瓣叶蜂亚科 Nematinae ··········· 147
38. 樟叶蜂属 *Moricella* Rohwer, 1916 ··········· 148
39. 扁幼叶蜂属 *Platycampus* Schiödte, 1839 ··········· 149
40. 钝颜叶蜂属 *Amauronematus* Konow, 1890 ··········· 151
41. 厚爪叶蜂属 *Stauronematus* Benson, 1953 ··········· 152
42. 突瓣叶蜂属 *Nematus* Panzer, 1801 ··········· 155
43. 槌缘叶蜂属 *Pristiphora* Latreille, 1810 ··········· 162
（十二）短叶蜂亚科 Rocaliinae ··········· 167
44. 短唇叶蜂属 *Birmindia* Malaise, 1947 ··········· 167
45. 短叶蜂属 *Rocalia* Takeuchi, 1952 ··········· 169
（十三）蕨叶蜂亚科 Selandriinae ··········· 170
46. 沟额叶蜂属 *Corrugia* Malaise, 1944 ··········· 172
47. 平缝叶蜂属 *Nesoselandria* Rohwer, 1910 ··········· 177
48. 长室叶蜂属 *Alphastromboceros* Kuznetzov-Ugamskij, 1928 ··········· 201
49. 凹颚叶蜂属 *Aneugmenus* Hartig, 1837 ··········· 204
50. 柄臀叶蜂属 *Birka* Malaise, 1944 ··········· 208
51. 弯沟叶蜂属 *Euforsius* Malaise, 1944 ··········· 214
52. 脊额叶蜂属 *Kulia* Malaise, 1944 ··········· 215
53. 狭眶叶蜂属 *Linorbita* Wei & Nie, 1998 ··········· 217
54. 侧齿叶蜂属 *Neostromboceros* Rohwer, 1912 ··········· 220
55. 长片叶蜂属 *Neothrinax* Enslin, 1912 ··········· 240
56. 尖臀叶蜂属 *Nesoselandriola* Wei & Nie, 1998 ··········· 241
57. 痕缝叶蜂属 *Parapeptamena* Wei & Nie, 1998 ··········· 242
58. 拟齿叶蜂属 *Edenticornia* Malaise, 1944 ··········· 243
59. 华脉叶蜂属 *Sinonerva* Wei, 1998 ··········· 244
60. 微齿叶蜂属 *Atoposelandria* Enslin, 1913 ··········· 245

（十四）长背叶蜂亚科 Strongylogasterinae ... 247
61. 斑柄叶蜂属 *Abusarbia* Malaise, 1944 ... 248
62. 敛柄叶蜂属 *Astrombocerina* Wei & Nie, 1998 ... 250
63. 齿柄叶蜂属 *Busarbia* Cameron, 1899 ... 251
64. 脉柄叶蜂属 *Busarbidea* Rohwer, 1915 ... 252
65. 具柄叶蜂属 *Stromboceros* Konow, 1885 ... 258
66. 异齿叶蜂属 *Niasnoca* Wei, 1997 ... 259
67. 窗胸叶蜂属 *Thrinax* Konow, 1885 ... 260
68. 似窗叶蜂属 *Canonarea* Malaise, 1947 ... 264
69. 长背叶蜂属 *Strongylogaster* Dahlbom, 1835 ... 265
70. 桫椤叶蜂属 *Rhoptroceros* Konow, 1898 ... 270

（十五）麦叶蜂亚科 Dolerinae ... 272
71. 凹眼叶蜂属 *Loderus* Konow, 1890 ... 272
72. 麦叶蜂属 *Dolerus* Panzer, 1801 ... 273
73. 新麦叶蜂属 *Neodolerus* Goulet, 1986 ... 276

（十六）巨基叶蜂亚科 Megabelesinae ... 289
74. 巨基叶蜂属 *Megabeleses* Takeuchi, 1952 ... 289

（十七）平背叶蜂亚科 Allantinae ... 292
75. 中美叶蜂属 *Dimorphopteryx* Ashmead, 1898 中国新记录属 ... 294
76. 枝跗叶蜂属 *Armitarsus* Malaise, 1931 中国新记录属 ... 298
77. 斑腹叶蜂属 *Empria* Lepeletier & Serville, 1828 ... 299
78. 狭背叶蜂属 *Ametastegia* Costa, 1882 ... 302
79. 直脉叶蜂属 *Hemocla* Wei, 1995 ... 307
80. 原曲叶蜂属 *Protemphytus* Rohwer, 1909 ... 309
81. 单齿叶蜂属 *Ungulia* Malaise, 1961 ... 313
82. 细曲叶蜂属 *Stenempria* Wei, 1997 ... 314
83. 史氏叶蜂属 *Dasmithius* Xiao, 1987 ... 316
84. 平唇叶蜂属 *Allanempria* Wei, 1998 ... 317
85. 小唇叶蜂属 *Clypea* Malaise, 1961 ... 319
86. 圆颊叶蜂属 *Parallantus* Wei & Nie, 1998 ... 323
87. 狭鞘叶蜂属 *Thecatiphyta* Wei, 2009 ... 324
88. 玛叶蜂属 *Mallachiella* Malaise, 1934 ... 325
89. 大蕨叶蜂属 *Ferna* Malaise, 1961 ... 328
90. 曲叶蜂属 *Emphytus* Klug, 1815 ... 329
91. 十脉叶蜂属 *Allantoides* Wei, 2018 ... 330
92. 秋叶蜂属 *Apethymus* Benson, 1939 ... 332
93. 后室叶蜂属 *Asiemphytus* Malaise, 1947 ... 336
94. 大曲叶蜂属 *Macremphytus* MacGillivray, 1908 ... 339
95. 丽叶蜂属 *Linomorpha* Malaise, 1947 ... 340
96. 美叶蜂属 *Taxonemphytus* Malaise, 1947 ... 341
97. 雅叶蜂属 *Stenemphytus* Wei & Nie, 1999 ... 343
98. 狭腹叶蜂属 *Athlophorus* Burmeister, 1847 ... 344
99. 俏叶蜂属 *Hemathlophorus* Malaise, 1945 ... 345
100. 蔡氏叶蜂属 *Caiina* Wei, 2004 ... 346
101. 片爪叶蜂属 *Darjilingia* Malaise, 1934 ... 349
102. 近曲叶蜂属 *Emphystegia* Malaise, 1961 ... 350
103. 带斑叶蜂属 *Emphytopsis* Wei & Nie, 1998 ... 352
104. 金氏叶蜂属 *Jinia* Wei & Nie, 1999 ... 356
105. 前室叶蜂属 *Allomorpha* Cameron, 1876 ... 358
106. 元叶蜂属 *Taxonus* Hartig, 1837 ... 362

107. 纵脊叶蜂属 *Xenapatidea* Malaise, 1957 ·· 374
(十八) 叶蜂亚科 Tenthredininae ··· 376
    108. 小臀叶蜂属 *Colochela* Malaise, 1937 ··· 377
    109. 黑盔叶蜂属 *Corymbas* Konow, 1903 ·· 378
    110. 新盔叶蜂属 *Neocorymbas* Saini, Singh & Singh, 1985 ·· 381
    111. 侧跗叶蜂属 *Siobla* Cameron, 1877 ··· 382
    112. 钝颊叶蜂属 *Aglaostigma* Kirby, 1882 ··· 389
    113. 隐斑叶蜂属 *Lagidina* Malaise, 1945 ··· 393
    114. 凹唇叶蜂属 *Perineura* Hartig, 1837 ··· 396
    115. 禾叶蜂属 *Tenthredopsis* Costa, 1859 ··· 397
    116. 天目叶蜂属 *Tianmuthredo* Wei, 1997 ··· 400
    117. 钩瓣叶蜂属 *Macrophya* Dahlbom, 1835 ··· 401
    118. 方颜叶蜂属 *Pachyprotasis* Hartig, 1837 ··· 424
    119. 壮并叶蜂属 *Jermakia* Jakowlew, 1891 ··· 449
    120. 金蓝叶蜂属 *Metallopeus* Malaise, 1934 ··· 451
    121. 狭并叶蜂属 *Propodea* Malaise, 1945 ··· 452
    122. 齿唇叶蜂属 *Rhogogaster* Konow, 1884 ··· 453
    123. 叶蜂属 *Tenthredo* Linné, 1758 ··· 455
(十九) 黏叶蜂亚科 Caliroinae ··· 520
    124. 宽齿叶蜂属 *Arla* Malaise, 1957 ·· 520
    125. 黏叶蜂属 *Caliroa* Costa, 1859 ·· 522
    126. 新黏叶蜂属 *Neopoppia* Rohwer, 1912 ··· 532
    127. 类黏叶蜂属 *Endemyolia* Wei, 1998 ··· 535
    128. 华波叶蜂属 *Sinopoppia* Wei, 1997 ··· 536
(二十) 潜叶蜂亚科 Fenusinae ·· 537
    129. 柄潜叶蜂属 *Afenella* Malaise, 1964 ·· 538
    130. 缅潜叶蜂属 *Birmella* Malaise, 1964 ·· 539
    131. 昧潜叶蜂属 *Metallus* Forbes, 1885 ··· 540
    132. 鞘潜叶蜂属 *Paraparna* Wei & Nie, 1998 ··· 543
    133. 异潜叶蜂属 *Parabirmella* Wei & Nie, 1998 ·· 544
    134. 钩潜叶蜂属 *Setabara* Ross, 1951 ·· 545
    135. 额潜叶蜂属 *Sinoscolia* Wei & Nie, 1998 ·· 546
(二十一) 大基叶蜂亚科 Belesinae ·· 548
    136. 异爪叶蜂属 *Hemibeleses* Takeuchi, 1929 ··· 548
    137. 平额叶蜂属 *Formosempria* Takeuchi, 1929 ·· 553
    138. 异基叶蜂属 *Abeleses* Enslin, 1911 ·· 554
    139. 基叶蜂属 *Beleses* Cameron, 1876 ·· 560
    140. 凹跗叶蜂属 *Eusunoxa* Enslin, 1911 ··· 567
    141. 畸距叶蜂属 *Nesotaxonus* Rohwer, 1910 ··· 569
(二十二) 缩室叶蜂亚科 Lycaotinae ·· 571
    142. 敛片叶蜂属 *Tomostethus* Konow, 1886 ··· 571
    143. 中正叶蜂属, 新属 *Zhongzhengus* Wei, gen. nov. ·· 573
(二十三) 等节叶蜂亚科 Phymatocerinae ·· 574
    144. 真片叶蜂属 *Eutomostethus* Enslin, 1914 ·· 576
    145. 蓝片叶蜂属 *Amonophadnus* Rohwer, 1921 ··· 598
    146. 立片叶蜂属 *Pasteelsia* Malaise, 1964 ·· 600
    147. 拟片叶蜂属 *Emegatomostethus* Wei, 1997 ·· 601
    148. 巨片叶蜂属 *Megatomostethus* Takeuchi, 1933 ·· 602
    149. 珠片叶蜂属 *Allantopsis* Rohwer, 1913 ··· 604
    150. 直片叶蜂属 *Stethomostus* Benson, 1939 ·· 608

151. 胖蔺叶蜂属 *Monophadnus* Hartig, 1837 ········· 610
152. 儒雅叶蜂属 *Rya* Malaise, 1964 ········· 615
153. 弯瓣叶蜂属 *Aphymatocera* Sato, 1928 ········· 616
154. 宽距叶蜂属 *Eurhadinoceraea* Enslin, 1920 ········· 617
155. 基齿叶蜂属 *Nesotomostethus* Rohwer, 1910 ········· 619
156. 等节叶蜂属 *Phymatocera* Dahlbom, 1835 ········· 622
157. 双窝叶蜂属 *Phymatoceriola* Sato, 1928 ········· 624
158. 近脉叶蜂属 *Phymatoceropsis* Rohwer, 1916 ········· 626
159. 异角叶蜂属 *Revatra* Wei & Nie, 1998 ········· 627
160. 五福叶蜂属 *Dicrostema* Benson, 1952 ········· 629
161. 卜氏叶蜂属 *Bua* Wei & Nie, 1998 ········· 630
162. 弯眶叶蜂属 *Phymatoceridea* Rohwer, 1916 ········· 631
163. 狭唇叶蜂属 *Yuccacia* Wei & Nie, 1998 ········· 635
164. 脊栉叶蜂属 *Neoclia* Malaise, 1937 ········· 636
165. 角瓣叶蜂属 *Senoclidea* Rohwer, 1912 ········· 637
(二十四) 蔺叶蜂亚科 Blennocampinae ········· 641
166. 小爪叶蜂属 *Apareophora* Sato, 1928 ········· 642
167. 耳鞘叶蜂属 *Monardis* Enslin, 1914 ········· 644
168. 邻鞘叶蜂属 *Monardoides* Wei & Wu, 1998 ········· 648
169. 眶蔺叶蜂属，新属 *Orbitapareophora* Wei, gen. nov. ········· 650
170. 李叶蜂属 *Pareophora* Konow, 1896 中国新记录属 ········· 652
171. 齿李叶蜂属 *Pseudopareophora* Wei & Nie, 1998 ········· 653
172. 狭蔺叶蜂属 *Cladardis* Benson, 1952 ········· 654
173. 钩鞘叶蜂属 *Periclista* Konow, 1886 ········· 655
174. 蔺叶蜂属 *Blennocampa* Hartig, 1837 中国新记录属 ········· 666
175. 纹眶叶蜂属 *Claremontia* Rohwer, 1909 ········· 669
176. 叶刃叶蜂属 *Monophadnoides* Ashmead, 1898 ········· 673
177. 额蔺叶蜂属 *Halidamia* Benson, 1939 中国新记录属 ········· 677
178. 刘蔺叶蜂属 *Liuacampa* Wei & Xiao, 1997 ········· 678
179. 南开叶蜂属，新属 *Nankaina* Wei, gen. nov. ········· 679
180. 长刺叶蜂属 *Esehabachia* Togashi, 1984 ········· 682
181. 吴氏叶蜂属 *Wuhongia* Wei & Nie, 1998 ········· 683

第四章 扁蜂亚目 Pamphiliomorpha ········· 685
V. 扁蜂总科 Pamphilioidea ········· 685
十、扁蜂科 Pamphiliidae ········· 685
(一) 腮扁蜂亚科 Cephalciinae ········· 686
182. 阿扁蜂属 *Acantholyda* Costa, 1894 ········· 686
183. 腮扁蜂属 *Cephalcia* Panzer, 1805 ········· 690
184. 华扁蜂属 *Chinolyda* Beneš, 1968 ········· 695
(二) 扁蜂亚科 Pamphiliinae ········· 696
185. 脉扁蜂属 *Neurotoma* Konow, 1897 ········· 696
186. 齿扁蜂属 *Onycholyda* Takeuchi, 1938 ········· 698
187. 扁蜂属 *Pamphilius* Latreille, 1802 ········· 706

第五章 树蜂亚目 Siricomorpha ········· 715
VI. 树蜂总科 Siricoidea ········· 715
十一、项蜂科 Xiphydriidae ········· 715
(一) 肿角项蜂亚科 Euxiphydriinae ········· 716
188. 肿角项蜂属 *Euxiphydria* Semenov & Gussakovskij, 1935 ········· 716
(二) 宽颜项蜂亚科 Hyperxiphiinae ········· 717
189. 双距项蜂属 *Hyperxiphia* Maa, 1949 ········· 717

190. 异跗项蜂属 *Palpixiphia* Maa, 1949 ········ 719
（三）项蜂亚科 Xiphydriinae ········ 720
191. 长节项蜂属 *Alloxiphia* Wei, 2002 ········ 721
192. 短颊项蜂属 *Genaxiphia* Maa, 1949 ········ 722
193. 项蜂属 *Xiphydria* Latreille, 1803 ········ 723
十二、树蜂科 Siricidae ········ 725
（四）树蜂亚科 Siricinae ········ 725
194. 树蜂属 *Sirex* Linné, 1760 ········ 726
195. 大树蜂属 *Urocerus* Geoffroy, 1785 ········ 728
196. 斑树蜂属 *Xoanon* Semenov, 1921 ········ 729
（五）扁角树蜂亚科 Tremecinae ········ 730
197. 扁角树蜂属 *Tremex* Jurine, 1807 ········ 730
198. 凸盘树蜂属 *Eriotremex* Benson, 1943 ········ 738

第六章　茎蜂亚目 Cephomorpha ········ 740
VII. 茎蜂总科 Cephoidea ········ 740
十三、茎蜂科 Cephidae ········ 740
（一）茎蜂亚科 Cephinae ········ 741
199. 细茎蜂属 *Calameuta* Konow, 1896 ········ 741
200. 茎蜂属 *Cephus* Latreille, 1803 ········ 742
（二）等节茎蜂亚科 Hartigiinae ········ 744
201. 貂蝉茎蜂属 *Diaochana* Liu & Wei, 2022 ········ 744
202. 简脉茎蜂属 *Janus* Stephens, 1829 ········ 746
203. 亚旋茎蜂属 *Neosyrista* Benson, 1935 ········ 753
204. 等节茎蜂属 *Phylloecus* Newman, 1838 ········ 756
205. 中华茎蜂属 *Sinicephus* Maa, 1949 ········ 759
206. 细腰茎蜂属 *Urosyrista* Maa, 1944 ········ 761
207. 大跗茎蜂属 *Magnitarsijanus* Wei, 2007 ········ 764

第七章　尾蜂亚目 Orussomorpha ········ 767
VIII. 尾蜂总科 Orussoidea ········ 767
十四、尾蜂科 Orussidae ········ 767
（一）尾蜂亚科 Orussinae ········ 767
208. 尾蜂属 *Orussus* Latreille, 1797 ········ 767

参考文献 ········ 769
英文摘要 ········ 788
中名索引 ········ 793
学名索引 ········ 802
跋 ········ 811
图版

膜翅目 Hymenoptera

膜翅目是十分重要的昆虫类群，是生态系统中重要的组成部分，也是生活中非常常见的昆虫类群。在全部昆虫类群中，膜翅目的物种多样性位居第三位，包括各种蜂类和蚂蚁等，已知种类超过15万种。其中不足十分之一的类群，如棒蜂、叶蜂、扁蜂、茎蜂、树蜂、种子小蜂、部分瘿蜂等是植食性种类，只有少数类群有较明显的危害性，但近年来叶蜂类害虫在林业上的危害性逐渐增加，目前在食叶害虫中，危害性已经仅次于鳞翅目昆虫。不过，膜翅目内90%以上的类群，如姬蜂、茧蜂、细蜂、小蜂、胡蜂、蜜蜂、蚂蚁等，都是天敌昆虫和传粉昆虫，对农林园艺业生产和有害生物治理具有重要的意义。

成虫形态特征：

头部独立，活动性强。口器咀嚼式，少数嚼吸式。触角形态多样，最短3节，多至数十节，可呈丝状、棒状、膝状、念珠状、栉齿状、羽状、音叉状，变化十分复杂。复眼1对，发达。单眼3个，位于头部背侧，多呈三角形排列，极少退化或缺失。单复眼距（OOL）、单眼后头距（OCL）、后单眼距（POL）在种间常有稳定差异，可用于辅助种类鉴定。

胸部包括前胸、中胸、后胸，细腰类的后胸和腹部第1节背板合并成并胸腹节。前胸一般短小，少数发达，通常背板、侧板和腹板不愈合成一整体，腹板很小。中胸发达，箱体状。背板可分为盾片、小盾片，盾片上有时具沟，小盾片后侧有时具附片，前翅基部前侧通常具翅基片。中胸侧板通常向前倾斜，分化较少，但常有不同类型的沟和脊纹。后胸明显小于中胸，背板和侧板都有不同程度的分化。除细腰亚目外的基部支系后胸背板通常具1对淡膜区，用于黏着翅，使之停息时放置于虫体背侧。但茎蜂科淡膜区消失或仅存痕状，失去黏着翅的功能。

胸部有翅和足两类附器。翅2对，膜质，后翅前缘具1–3组翅钩列是膜翅目的主要鉴别特征之一。前翅大于后翅，少数类群后翅极小，极少类群无翅，或前、后翅均为短翅。前翅前缘通常有翅痣，少数类群翅痣弱化或完全消失。翅脉变化巨大，扁蜂、叶蜂、树蜂等基部支系和钩腹蜂、姬蜂、胡蜂、蜜蜂等细腰类群的翅脉比较复杂，尾蜂、小蜂、细蜂、瘿蜂等部分类群翅脉高度简化。胸足3对，中后足相对发达，其中转节、股节、跗节、爪、胫节的亚端距和端距等有较多变化，其中蜜蜂总科的携粉足构造和功能比较特殊。

腹部通常10节，细腰亚目中有部分类群腹节数有变化，最少外观可见只有3–4节。膜翅目除细腰亚目外的基部支系中，腹部第1节前缘平直，不与后胸背板合并，1、2节之间无可活动的关节，只有茎蜂科第1背板中部较明显前伸，并在1、2节间明显缢缩成半关节状。细腰类群的第2腹节前端或全部大多变窄，甚至缩成细管状或柄状。膜翅目是全变态类昆虫中唯一保留衣鱼型产卵器的昆虫。雌蜂的第8、9腹板明显变形，形成变化十分复杂的产卵器，用于产卵，但有些类群失去产卵作用，仅用于防御和攻击。雌虫的第7腹板有时也会有一定的形态变化，用来协助交配和产卵。雄虫腹部背板有时会发育形态有变化的性沟或中位大刺突，可能与交配吸引或交配活动有关；雄虫外生殖器独立，以系膜与体壁连接，其中棒蜂科和叶蜂总科雄虫外生殖器扭转180°，称为扭茎型（Strophandria），其他类群外生殖器不扭转，为直茎型（Orthandria）。雄虫外生殖器包括轴节、茎节、抱器、阳基腹铗、阳基腹铗内叶、阳茎瓣等构造，在属种间常变化极大。两性通常都具有 1 对尾须，其长度和形态有一定变化，少数类群尾须消失。雌虫产卵器由锯背片、锯腹片和锯鞘组成，锯腹片可以分为锯基和锯端两部分，锯端的构造包括节缝、纹孔线、锯刃、节缝栉突、翼突距和近腹缘距等构造。

在膜翅目分类中，头部特别是口器和触角、后头脊、胸部背板和侧板、翅脉、足、雌虫产卵器、雄虫外生殖器等构造，在类群间经常变化巨大，是分类鉴定和系统学研究的重要性状。

幼虫形态特征：

膜翅目的幼虫形态也十分多样化。棒蜂亚目和叶蜂亚目的多数种类幼虫类似鳞翅目的常见幼虫，口器咀嚼式，并有吐丝器。但叶蜂类的幼虫额区宽大多角形，头顶不凹陷，两侧的单眼突出，肉眼可见，其腹部通常具6对以上、没有趾钩的腹足。茸蜂科、树蜂科、项蜂科、茎蜂科等幼虫没有腹足，胸足有时也明显退化，已适应于隐蔽的蛀干、蛀茎生活。尾蜂的幼虫为象虫型，体型臃肿，头部退化，没有胸腹足和其他体表突出物。细腰亚目的幼虫构造多样化较突出，通常为蛆型，无足，具体请参见《浙江昆虫志细腰亚目》卷册。

生物学：

膜翅目昆虫的生物学习性极其复杂，在整个昆虫纲中没有类群可与之相比。

膜翅目成虫大多与幼虫的食性不同。多数成虫不取食或仅吸食水分或取食花粉，在植物授粉中发挥着重要作用。但也有不少种类的成虫，可以捕食包括同类在内的活昆虫，或其他小型无脊椎动物。细腰亚目有部分类群具有很强的主动捕食能力，可以为后代攫取充足的食物资源。除尾蜂科之外的基部膜翅目支系，幼虫均属于植食性。其中棒蜂科部分种类幼虫取食裸子植物花锥和花粉，少数种类蛀食嫩茎和嫩梢。大棒蜂科幼虫单独活动，取食榆科和胡桃科植物的叶片。扁蜂总科幼虫部分有聚集习性，织网集群取食裸子植物的针叶，部分种类单独卷叶隐蔽取食蔷薇科等植物叶片。树蜂科幼虫蛀食活立木的树干。项蜂科幼虫蛀食腐烂中的枯倒木。茎蜂科幼虫蛀食木本植物的嫩茎或草本植物的茎干。茸蜂科幼虫则蛀食蕨类植物的假叶柄。三节叶蜂总科和叶蜂总科幼虫通常暴露取食植物叶片，少数种类取食蕨类植物孢子，部分叶蜂总科种类可以潜叶、蛀食果实、做瘿。尾蜂科和细腰亚目的姬蜂总科、细蜂总科、小蜂总科多数类群寄生于其他昆虫，针尾部幼虫则在成虫的照料下，以其他昆虫或植物的花粉为食。

在基部膜翅目支系中，只有少数种类如部分叶蜂科和筒腹叶蜂科种类具有一定的护卵行为，筒腹叶蜂科部分种类具有一定的保护幼体的行为。但在细腰亚目的针尾部中，社会性的发育谱系相当清晰，从独居蜂类到半社会性乃至复杂的社会性类群均很常见，其中非常完善的社会性见于蜜蜂科和蚁科昆虫。很可能在一亿年前后蜜蜂和蚂蚁的社会习性已经分别独立形成。蚁科部分种类的奴役行为是昆虫中非常特殊的一种生物学行为。异种的蛹可以被掠夺带回自己的巢中，待其羽化后用来作为工蚁使用。细腰亚目锥尾部（寄生部）的寄生习性和发育类型极其复杂，具体情况请参见《浙江昆虫志细腰亚目》卷册的专门论述。

成虫的交配通常为雄上雌下的方式，少数种类为尾对尾的水平交配方式，偶尔可见雄虫被吊在雌虫尾部悬飞。交配时间一般较短。交配后，精子被贮存在雌虫受精囊中，精子可在其中保持很长时间活力。社会性的蜜蜂，其精子可被贮存数年时间还能保持活力。

膜翅目均为卵生。植食性的蜂类，其卵通常产在寄主植物上或组织内，可以单产或排列成单排至多排。细腰类的寄生蜂卵可以产在寄主体内或其寄主可能活动的地点附近。针尾部种类会将卵单产或多粒产在被捕获的猎物体上。植食性类群和寄生性类群的幼虫自己取食，除极个别类群外，很少有成虫会照顾其后代。但针尾部中，成虫可以一次性或分批次为幼虫提供麻醉后的食物，或由成年工蜂持续饲喂专门的食物。

蛹均为裸蛹。植食性类群中的暴露取食类群，其幼虫可以在其寄主植物上或附近的浅土层中作茧化蛹，茧皮质或土质，化蛹前的幼虫常有一个较长时间的不食不动的预蛹期，通常正是越冬或越夏期。细腰类的寄生性类群可以在宿主体内或体外附近化蛹，很多种类作茧，茧质有变化，有的可以悬吊在物体上。

膜翅目大多种类1年1代，少数种类2代或多代。少数种类存在滞育现象。滞育期1年到多年，有时导致发生期不整齐或大小年现象。

膜翅目的单-双倍体繁殖方式在昆虫纲中也极为特殊。许多膜翅目昆虫具有未交配的孤雌生殖行为，包括产雄孤雌生殖、产雌孤雌生殖、产两性孤雌生殖。交配后的某些蜂类也可以选择产雄性卵和产雌性卵。蜜蜂在一年中大部分时间产的是双倍体雌性卵，只在特定时节产单倍体雄卵。

亚目分类：

膜翅目通常被分为广腰亚目Symphyta和细腰亚目Apocrita，其中广腰亚目的腹部第1背板不与后胸愈合，前翅至少具有10个封闭翅室，后翅至少具有3个封闭翅室。基于比较形态的系统发育研究，魏美才（1994）明确指出广腰亚目不是单系群，缺少共近裔性状（synapomorphic characters），应予拆分。魏美才和聂海燕（1997）基于形态系统发育研究结果，采用单系建群原则，将膜翅目划分为Xyelomorpha、Tenthredinomorpha、Blasticotomorpha、Siricomorpha、Cephomorpha、Apocrita等6个亚目。Vilhelmsen（1997，2001）、Schulmeister等（2002）、Heraty和Ronquist（2011）、谭贝贝（2023）等基于比较形态和分子系统学研究也均支持广腰亚目的非单系性，同时还确认扁蜂总科和尾蜂总科两个支系不是树蜂亚目的内群，应予独立。据此，本书将膜翅目分为8个亚目，分别代表膜翅目的8个独立演化支系。

分布和分类：

膜翅目的分布十分广泛。除澳柏叶蜂科Zenargidae、筒腹叶蜂科Pergidae和尾蜂科Orussidae主要分布于澳洲区和热带地区外，基部膜翅目支系各类群主要分布于北半球，包括中国在内的东亚地区是这些类群主要的属种多样性中心，靠近热带的地区物种多样性则很低。寄生蜂的物种多样性也主要集中在亚热带和暖温带地区。

中国已知膜翅目昆虫超过10 000种。浙江省昆虫研究具有优良的传统。浙江省的膜翅目分类区系研究基础十分扎实，在过去的数十年中积累了非常丰富的区系资料。

浙江叶蜂的主要研究者有日本学者Takeuchi，中国学者马俊超、朱弘复、萧刚柔、魏美才、聂海燕、李泽建等。Takeuchi（1938，1940）记载了浙江叶蜂4科23属40种。Wu C F [胡经甫]（1941）在 *Catalogus Insectorum Sinensium* 中记载浙江叶蜂21属35种和1变种（其中有2种是同一种类分别放在不同属中）。Maa T[马俊超]（1944–1949）共记载福建叶蜂5科16属23种。朱弘复等（1963）记载浙江残青叶蜂1属2种。金敏信（1986，1988）还记述了浙江1种桂花叶蜂（拉丁名未定）的生物学。萧刚柔等（1992）共记载浙江叶蜂6科15属24种。袁德成（1992）、袁德成和丁颖（1993）记载浙江广腰亚目5种。本书著者及所在课题组1994年以来对浙江叶蜂区系进行了近30年的系统调查和研究，发现和报道了大量的浙江叶蜂新属种和新记录种。特别是2014年李泽建博士赴浙江省丽水市林业科学研究院工作后，对浙江省主要山地进行了广泛且系统的叶蜂调查和采集，获得了大量的新鲜标本和区系资料，为浙江省叶蜂区系研究作出了重要贡献。

本书共记述浙江叶蜂7亚目14科208属720种，包括3新属、149新种、6个中国新记录属、1个中国新记录种；此外，建立了3个属级新异名、8个种级新异名，24个新组合；恢复了4个有效种，提出了1个新名；2个种从中国分布记录中移出；首次描述了秦岭扁蜂 *Pamphilius qinlingicus* Wei, 2010。本书使用的研究标本包括模式标本，除另有注明外，均保存于南昌亚洲叶蜂博物馆（ASMN）。

本书记述的浙江叶蜂属种数，分别占目前浙江已发现属和种（含未发表属种）的99.5%和96%，推测浙江省分布的膜翅目基部广腰蜂类有220–230属800种以上。

浙江膜翅目基部支系分亚目和除细腰亚目外分科检索表

1. 后胸背板具1对淡膜区，极少淡膜区失能，但仍保留痕迹；腹部第1节背板独立，不与后胸背板合并；腹部第1节与第2节之间不显著缢缩形成次生关节；翅若发达，则后翅封闭的翅室不少于4个。幼虫通常具触角和胸足，植食性；仅尾蜂亚目幼虫无足，寄生性 ··· 2
- 后胸背板无淡膜区；腹部第1节背板与后胸背板完全合并形成并胸腹节；腹部第1节与第2节之间显著缢缩，形成明显关节（少数类群缢缩次生弱化或消失）；翅若发达，则后翅封闭的翅室不多于3个。幼虫无足，头部包括触角退化，通常寄生性和捕食性，少数类群次生植食性、杂食性 ·· 细腰亚目 Apocrita

2. 前翅 Rs 脉端部二分支；后翅 M 脉和 Cu 脉基部分离；触角鞭节由一个多节愈合成的基部长棒状节和多节的端丝组成，棒状节至少由8个原节合并而成；中胸前气门后片（中胸前上侧片）与侧板愈合。幼虫触角6–7节，腹部每节均具腹足1对，末端无尾须。棒蜂亚目 Xyelomorpha 棒蜂总科 Xyeloidea ·· 8
- 前翅 Rs 脉端部不分支；后翅 M 脉与 Cu 脉基部不分离；触角鞭节多节丝状，第1节如为长棒状，则端部最多接续1个小节；中胸前气门后片与侧板分离。幼虫腹部最多具8对腹足，至少第1、9节无腹足 ································ 3

3. 雄性外生殖器正常，不扭转180°；后头孔下侧具后颊桥或完全四孔式封闭，极少无后颊桥，具下颚桥，则后胸无淡膜区；触角非9节；前胸背板中部通常较长，后缘直，两侧不扩张或稍扩张（项蜂科除外）。幼虫暴露生活或隐蔽蛀茎，极少寄生性；无腹足；具尾须或臀突 ·· 4
- 雄性外生殖器扭转180°；后头孔通常开式，无后颊桥，少数具狭窄的下颚桥；后胸淡膜区发达；前胸背板中部狭窄，后缘深凹弧形，两侧显著扩张；前翅中室通常无背柄，如具短背柄，则触角9节；雄虫阳茎瓣侧突中位，自阳茎瓣中部伸出。幼虫暴露生活，极少潜叶、做瘿或蛀果，单眼位于触角上方；腹足多对，极少无腹足；无尾须和臀突；全部植食性。叶蜂亚目 Tenthredinomorpha ··· 9

4. 后头孔开式，无口后桥；触角3–4节，第3节长棒状，第4节极微小或缺；前翅中室梨形，背缘圆弧形；雄虫阳茎瓣侧突低位，靠近阳茎瓣柄基部。幼虫蛀食蕨类植物假叶柄，腹部8–9节各具1对侧突，无尾突，具3节的短小腹侧尾须，幼虫单眼在触角背侧。茸蜂亚目 Blasticotomomorpha 茸蜂总科 Blasticotomoidea ·············· 茸蜂科 Blasticotomidae
- 后头孔完全闭式，或具后颊桥或下颚桥；触角多于10节，长丝状；前翅中室非梨形，背侧翅脉显著多角形弯折；雄虫阳茎瓣侧突居阳茎瓣中部，有时消失，绝不靠近阳茎瓣柄基部。幼虫不取食蕨类；蛀干类群腹部8–9节背板无侧突，具尾突或细长尾须；寄生类群胸腹部无足和附器 ·· 5

5. 头型四孔式，上颚孔独立；头部和腹部明显平扁；上颚镰刀形强烈延长；前足胫节端距1对，中后足胫节具亚端距。幼虫暴露生活，食叶，胸足发达；腹部无尾突；触角长，7节；尾须细长，3节。扁蜂亚目 Pamphiliomorpha 扁蜂总科 Pamphilioidea ·· 14
- 头型二孔式，无封闭的上颚孔；头部和腹部不平扁；上颚不显著延长，通常显著短缩；前足胫节具1个端距，极少具1长1短两个端距，中后足最多具1组亚端距。幼虫隐蔽生活，蛀茎或寄生性，胸足退化或缺，无尾须；触角1–5节，较短；蛀干类群具臀突；寄生类群腹部无附器 ··· 6

6. 触角着生于唇基上侧，雌虫触角第9节正常，与前后节类似；头部背侧无冠突；翅脉正常发育，不明显弱化；雌虫产卵器不盘卷于腹部内。幼虫植食性，蛀茎，具胸足，腹部末端具臀突 ··· 7
- 触角着生于唇基腹侧，雌虫10节，第9节锥状膨大，雄虫11节，简单丝状；头部背侧具环形排列的冠突；前翅翅脉高度弱化，多数痕状；雌虫产卵器细长，不用时盘卷在腹部内。幼虫寄生，象虫型，无单眼，胸腹部无足、无附器。尾蜂亚目 Orussomorpha 尾蜂总科 Orussoidea ··· 尾蜂科 Orussidae

7. 后胸背板淡膜区发达，具固定翅的功能；翅可折叠放置于虫体背侧；头部后侧具下颚桥，无后颊桥；腹部第1背板中部不前伸，第1、2间不关节化；中后胸侧板完整，上半部非膜质；前足转节着生于基节末端；雄虫抱器具吸盘。幼虫蛀食木本植物树干，触角1节或3节，无单眼。**树蜂亚目 Siricomorpha 树蜂总科 Siricoidea** ·················· 15
- 后胸背板淡膜区痕迹状或消失，不能固定翅；翅不能折叠停息在虫体背侧；头部后侧具后颊桥，无下颚桥；腹部第1背板中部明显前伸，有与后胸背板愈合的倾向，腹部第1、2节间半关节化；中后胸侧板特化，上半部大部分大部分膜质；前足转节着生于基节中部；雄虫抱器无吸盘。幼虫蛀食木本植物嫩茎或草本植物茎秆，触角4-5节，具单眼，位于触角后下方。**茎蜂亚目 Cephomorpha 茎蜂总科 Cephoidea** ·················· **茎蜂科 Cephidae**
8. 雄性外生殖器180°扭转；前翅Sc脉主干与R脉合并，仅端部游离，位于R脉内侧；翅痣宽大，明显宽于2r脉长；触角第3节由8个原节组成，端丝约等长于第3节；无翅缘毛；产卵器十分狭长；体微小，短于4mm。幼虫腹部1-8节各具3个小环节，下颚内颚叶端部无粗齿，腹足显著退化成肉垫型，臀板无臀突；取食裸子植物花锥或嫩芽 ·················· **棒蜂科 Xyelidae**
- 雄性外生殖器不扭转；前翅Sc脉全长独立，端部位于R脉基部外侧；翅痣狭长，明显窄于2r脉长；触角第3节由16个以上的原节组成，端丝短于第3节一半长；有翅缘毛；产卵器宽短，菜刀状；体中大型，长于9mm。幼虫腹部1-8节各具4个小环节，下颚内颚叶端部具粗齿，腹足显著，臀板具臀突；取食裸子植物叶片 ·················· **大棒蜂科 Macroxyelidae**
9. 胸部具中胸腹板侧沟；触角3节，第3节长棒状或音叉形；中胸后上侧片鼓凸；雄性通常无副阳茎；前翅缺2r脉，端臀室约等长于1A脉1/3；胫节常具亚端距。幼虫触角1节。三节叶蜂总科 Argoidea ·················· **三节叶蜂科 Argidae**
- 胸部无中胸腹板侧沟；触角不少于5节，第3节不呈长棒状；雄性外生殖器具副阳茎；前翅2r脉通常存在，臀室通常完整，如果具柄式，则端臀室不短于臀室柄长；胫节无亚端距。幼虫触角2-5节。叶蜂总科 Tenthredinoidea ·················· 10
10. 中胸小盾片后部具发达附片 ·················· 11
- 中胸小盾片后部无明显附片 ·················· 13
11. 中胸后上侧片明显鼓凸，中胸侧板沟显著弯折；触角不少于10节，丝状，无齿突 ·················· **残青叶蜂科 Athaliidae**
- 中胸后上侧片平坦或稍凹入，中胸侧板沟不明显弯折；触角通常9节或更少，如果多于9节，则鞭节为栉齿状 ·················· 12
12. 触角通常7节，极少8节；翅痣短宽，中部宽度等于2r脉长。幼虫触角3节 ·················· **七节叶蜂科 Heptamelidae**
- 触角9节或更多，通常9节；翅痣较窄，中部宽明显小于2r脉长。幼虫触角5节 ·················· **叶蜂科 Tenthredinidae**
13. 前翅具2r脉；前缘脉和亚前缘脉互相靠近，前缘室十分狭窄，几乎消失；后翅R1室端部封闭；触角5-7节，第3节数倍长于第1、2节，鞭节端部明显棒槌状膨大；前胸侧板腹面宽阔接触并与腹板愈合；后胸侧板大，与第1腹节背板愈合；第1腹节背板通常无中缝；腹部具缘脊。幼虫触角2节 ·················· **锤角叶蜂科 Cimbicidae**
- 前翅无2r脉；前缘脉和亚前缘脉互相远离，前缘室宽大；后翅R1室端部开放；触角不少于12节，第3节最多稍长于第1、2节，鞭节栉齿状，端部不膨大；前胸侧板腹面尖且互相远离，不与腹板合并；后胸侧板小，不与腹部第1节背板愈合；第1腹节背板具明显中缝；腹部圆筒形，无侧缘脊。幼虫触角3节 ·················· **松叶蜂科 Diprionidae**
14. 前翅Sc脉除末端外全长游离，不与R脉愈合；1M脉与中室背柄呈夹角形，中室背柄很短；cu-a脉交于1M室中部外侧；中胸小盾片具发达附片；腹部第2背板中央分裂 ·················· **扁蜂科 Pamphiliidae**
- 前翅Sc脉与R脉大部分大部分愈合，仅端部游离；1M脉与中室背柄直线状相连，中室背柄与M脉近等长；cu-a脉交于1M室基端，与1M脉顶接；中胸小盾片无附片；腹部第2背板中部不分裂 ·················· **广蜂科 Megalodontesidae**
15. 下唇愈合成一体，下颚须1节；前胸背板横方形，前后缘等宽，前坡陡峭；中胸背板无明显盾侧凹，具三角片，翅基片消失；前翅M脉与中室背柄（Rs脉第1段）连成直线，指向翅的前后缘；雌虫第9节背板中部具凹盘，尾节具显著端突 ·················· **树蜂科 Siricidae**
- 下唇不愈合，下颚须3-6节；前胸背板领状，前坡不陡峭，中部狭窄，两侧强烈扩大；中胸背板具发达盾侧凹，无三角片，翅基片存在；前翅M脉与中室背缘-Rs脉第1段垂直，Rs脉第1段指向翅的外缘；雌虫第9节背板无凹盘，尾节无端突 ·················· **项蜂科 Xiphydriidae**

第一章 棒蜂亚目 Xyelomorpha

主要特征：头型开式，无口后桥；上颚基部具磨区，端部具切齿；触角第 1 节长大，第 3 节长棒状，由 8 个以上的原节愈合而成，端部具多个小节组成的端丝；前胸背板中部较长，后缘几乎平直，侧叶不发达；中胸背板前叶小，三角形，具盾侧凹；中胸前气门后片（中胸前上侧片）与侧板愈合，中胸腹前桥显著；后胸淡膜区发达；翅宽大，翅脉伸抵翅外缘，前翅 Rs 脉分 2 支，1M 室具长柄，后翅 M 脉和 Cu 脉基部分离；前足胫节具 1 对端距，中后足具亚端距；雌虫产卵器十分发达，刀状或剑状；阳茎瓣侧突低位。幼虫头部发达，触角 6–7 节，腹部每节均具腹足 1 对，末端无尾须。

棒蜂亚目含 1 个总科，包括 4 个现生科。中国分布 3 科，浙江记载 2 科 2 属 4 种。

I. 棒蜂总科 Xyeloidea

一、棒蜂科 Xyelidae

主要特征：成虫体小型；触角第 3 节由 8 个原节愈合而成，其端部具由 9 个小节组成的端丝，端丝不短于第 3 节。前翅 Sc 脉主干与 R 脉合并，游离端位于 R 脉分支处内侧，相距甚远；1M 室扁形，具长柄；翅膜端部具皱纹，翅缘无毛；翅痣短宽，中部宽于 2r 脉长，cu-a 脉位于 M 室下缘中部外侧；后翅具封闭的 M 和 Rs 室，臀室和 R1 室端部封闭，2r-m 脉不存在，Rs 闭室 1 个；腹部背板无侧缘脊，第 10 背板小型；产卵器狭长，伸出腹端很远，向腹侧弧形弯曲；雄性外生殖器 180°扭转。幼虫单眼位于触角后下方，下颚内颚叶端部无粗齿，胸足具爪，腹部 1–8 节各具 3 个小环节，腹部足退化成肉垫型，臀板无臀突。

分布：全北区。本科仅有 1 个现生属，已知约 53 种。中国已发现 1 属 5 种，浙江分布 1 属 1 种。

寄主：幼虫寄主为裸子植物。成虫常见在杨柳科和蔷薇科等植物的花上活动。

（一）棒蜂亚科 Xyelinae

1. 棒蜂属 *Xyela* Dalman, 1819

Xyela Dalman, 1819: 122–123, pl. 6. Type species: *Xyela pusilla* Dalman, 1819, by subsequent designation of Curtis, 1824.

主要特征：体长短于 4mm；唇基前缘中部弱弧形突出，中部不尖，无缺口；下颚须第 3 节显著粗大；复眼较小，间距显著宽于复眼长径；颚眼距明显宽于单眼直径，通常稍窄于触角窝间距；头部背侧刻纹微弱或不明显；触角第 1 节长 3–4 倍于第 2 节长；第 3 节约等长于头部宽，通常明显短于触角端丝长；前翅 R 脉第 1 段显著长于 1M 脉；后翅臀室具长柄；后足基跗节不膨大，爪内齿微小或缺如；雌虫产卵器狭窄，通常长剑状，中基部不明显宽大，端部不急尖。

分布：全北区。本属已知现生种类约 53 种，化石种类约 10 种。因为本属种类成虫个体微小，幼虫隐蔽生活，生存期很短，实际现生种类可能远超 100 种。中国棒蜂属缺少系统调查和研究，目前仅报道 5 种，分布于秦岭山地、大陆东部边缘地区和台湾省。浙江目前仅发现 1 种。

本属除北美洲一种在松树嫩枝上做瘿外，其余已报道种类均取食松树花粉和花锥。

（1）中华棒蜂 *Xyela sinicola* Maa, 1947（图 1-1）

Xyela sinicola Maa, 1947: 61.
Xyela lii Xiao, 1988: 410.

主要特征：雌虫体长 2.5mm，产卵器长 1.9mm；体大部分黄褐色；头部侧单眼和内眶之间具明显的黑色带纹，头顶中部黑褐色；胸腹部背侧大部分黑褐色，翅基片和后胸淡膜区淡黄褐色。翅透明，翅痣和翅脉浅褐色。体毛细短，淡褐色。头部约等宽于触角第 2、3 节之和；颜面光滑，中部具少数细小刻点；颜侧沟短小；中窝和额区不明显发育；触角窝间距约等宽于触角窝与复眼间距，复眼在触角窝一线的间距约 2 倍于唇基与头顶间距；唇基无明显刻点，具中脊，端部近似截形，中部不明显延长；上颚粗短，端部尖，具 1 个内齿；颚眼距短；头顶微弱隆起；OOL 约 2 倍于 POL，POL 明显短于 OCL；单眼后区侧沟微弱，互相近似平行。触角明显短于体长（5∶7），第 3 节长约 2.5 倍于第 1 节，明显短于第 4–7 节长度之和，端丝粗短，第 4 节约等长于第 5 节，长宽比约等于 3。翅痣长宽比微小于 2。后翅臀叶大。后足胫节端距弱小，亚端距微长于胫节宽。腹部背板平滑，无明显刻纹。锯鞘侧扁，向端部均匀微弱弯曲，长约等于胸、腹部之和。雄虫体长 2.6mm；体色和构造类似雌虫，但单眼后区侧沟十分模糊；下生殖板后缘宽圆形。

分布：浙江（杭州）、陕西、江苏、湖南、福建、香港。
寄主：松科 Pinaceae 马尾松 *Pinus massoniana*。

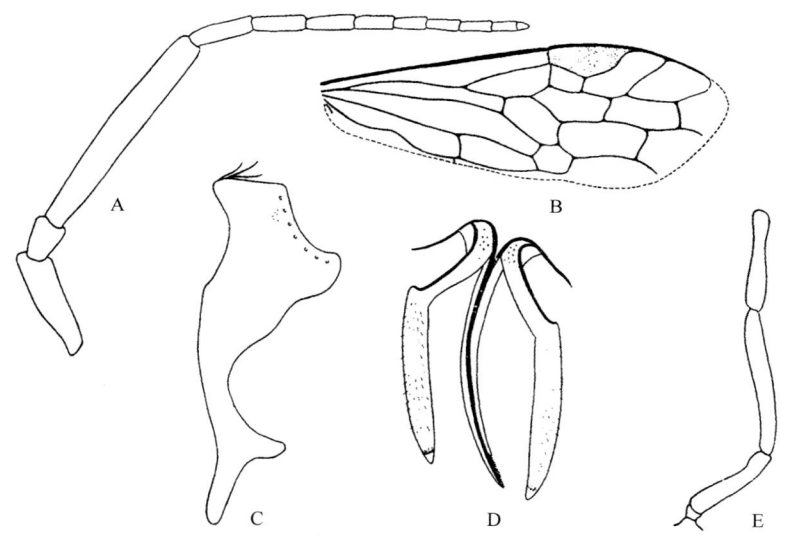

图 1-1 中华棒蜂 *Xyela sinicola* Maa, 1947（仿自萧刚柔，1988）
A. 触角；B. 前翅；C. 阳茎瓣；D. 产卵器；E. 下颚须

二、大棒蜂科 Macroxyelidae

主要特征：成虫体中大型；触角第 3 节长棒状，由 16 个以上的原节愈合而成，其端部具由 7–9 个小节组成的端丝，端丝显著短于第 3 节。前翅 Sc 脉主干独立，不与 R 脉合并，端部分叉处位于 R 脉起点处外侧；1M 室扁，内背侧具长柄；翅膜端部无皱纹，翅面细毛稀疏，翅缘具毛；翅痣狭长，中部显著窄于 2r 脉长，cu-a 脉位于 M 室下缘中部外侧；后翅具封闭的 M 和 Rs 室，臀室和 R1 室端部封闭，2r-m 脉存在，Rs 闭室 2 个；后足粗壮，明显延长；腹部背板无侧缘脊；产卵器较粗短，背缘向腹侧弧形弯曲，端部具明显尖突；雄性外生殖器不扭转。幼虫单眼位于触角上方，下颚内颚叶端部具粗齿，胸足具爪，腹部 1–8 节各具 4 个小环节，腹足显著，臀板具臀突；暴露取食被子植物胡桃科和榆科植物叶片。

分布：东亚，北美洲。本科有 2 个现生属，已知 15 种。中国已发现 1 属 6 种，浙江分布 1 属 3 种。

寄主：胡桃科胡桃属 *Juglans*、榆科榆属 *Ulmus* 植物。

（二）大棒蜂亚科 Macroxyelinae

2. 巨棒蜂属 *Megaxyela* Ashmead, 1898

Megaxyela Ashmead, *in* Dyar, 1898: 214. Type species: *Xyela major* Cresson, 1880, by original designation.

Paraxyela MacGillivray, 1912: 294. Type species: *Xyela tricolor* Norton, 1862, by original designation.

主要特征：大型棒蜂，体长于 9.0mm；虫体刻纹粗密；下唇须 4 节；唇基前缘中部强烈突出，端部狭窄；复眼间距显著宽于复眼长径，内眶细脊发育；颚眼距约等宽于单眼直径；触角第 1 节长 3–4 倍于第 2 节长；第 3 节显著长于头宽，至少由 16 个原节组成；端丝很短，7–9 节，总长短于第 3 节一半；前翅 Sc 脉分叉处远离 R 脉起点，R 脉第 1 段显著长于 1M 脉；后翅臀室具长柄；后足长 1.5–2 倍于体长，基跗节明显膨大，爪内齿发达；雌虫产卵器较宽短，长稍大于宽，基部明显宽大，端部急尖；产卵器长大，暴露部分较短，中部明显加粗；锯背片和锯腹片均具可分辨的很多狭窄环节；阳茎瓣头叶具较密集的长毛，侧突发达。雄虫外生殖器强骨化，生殖茎节长，抱器端部内侧具吸盘。

分布：东亚，新北区。世界已知 14 种，中国已记载 6 种，浙江分布 3 种，均记载于天目山。

寄主：胡桃科胡桃属 *Juglans* 植物。

分种检索表

1. 头部、胸部、触角第 1 节和前中足黄褐色，触角第 2 节和鞭节全部、腹部大部分、后足股节至跗节全部黑色，腹部 2–4 背板两侧具明显白斑，腹板全部白色；翅和翅痣烟黄色 ·················· 黄褐巨棒蜂 *M. fulvago*
- 头部、胸部、腹部和触角全部黑色，具暗蓝色光泽，前中足和后足股节基半部左右红褐色，后足跗节大部分黄白色；翅透明或烟灰色，翅痣乳白色或黑色 ··· 2
2. 翅烟灰色，翅痣黑色，翅脉大部分暗褐色；锯鞘端黑蓝色；后足股节基部 3/5 红褐色，端部 2/5 蓝黑色；锯鞘端宽大，长宽比明显小于 2 ··· 蓝腹巨棒蜂 *M. euchroma*
- 翅透明，翅痣乳白色，翅脉大部分透明或乳白色；锯鞘端黄白色；后足股节基半部红褐色，端半部蓝黑色；锯鞘端较窄长，长宽比等于 2 ··· 白痣巨棒蜂 *M. leucostigma*

（2）蓝腹巨棒蜂 *Megaxyela euchroma* Blank, Shinohara & Wei, 2017（图 1-2，图版 I-1）

Megaxyela euchroma Blank, Shinohara & Wei, *in* Blank et al., 2017: 10.

主要特征：体长 11.0–13.0mm；虫体和触角黑色，具暗蓝色金属光泽，唇基前缘和侧缘狭边、上唇、上颚（图 1-2A）、下颚、下唇、翅基片、锯鞘基基半部和端缘（图 1-2B）黄褐色，后眶上缘中部窄条斑浅褐色（图 1-2E）；前中足基节端部、后足基节大部分、前中足股节至跗节全部、后足股节基部 3/5 左右红褐色，后足跗节黄白色，爪黄褐色（图 1-2C）；翅烟灰色，翅痣黑色，翅脉大部分暗褐色（图版 I-1）；头部唇基至单眼区具粗糙皱纹和不规则刻点，上眶和单眼后区（图 1-2A、E）、胸部侧板、腹部 1–9 背板和腹板刻纹细密，无明显光泽；上唇端部具明显缺口；触角鞭节的端丝 7–8 节，等长于触角柄节；中足距式 1-2-2，后足距式 1-1-2-2；爪内齿稍短于外齿（图 1-2C）；锯鞘侧面观长宽比明显小于 2，中上部纵脊显著（图 1-2B）。

分布：浙江（临安）。

寄主：胡桃科山核桃 *Carya cathayensis*。

图 1-2　蓝腹巨棒蜂 *Megaxyela euchroma* Blank, Shinohara & Wei, 2017 雌虫
A. 头部前面观；B. 腹部末端和产卵器侧面观；C. 爪；D. 锯鞘背面观；E. 头部背面观；F. 触角

（3）黄褐巨棒蜂 *Megaxyela fulvago* Blank, Shinohara & Wei, 2017（图 1-3，图版 I-2）

Megaxyela fulvago Blank, Shinohara & Wei, *in* Blank *et al.*, 2017: 13.

主要特征：体长 11.0–13.0mm；头部、胸部、触角第 1 节、腹部第 9 及 10 背板大部分、锯鞘和尾须黄褐色，触角第 2 节和鞭节黑色，后胸背板后缘、腹部 1–4 背板中部、5–7 背板大部分、第 8 背板中部黑色，第 2–4 和 8 背板侧缘宽斑、5–7 背板侧缘狭边和全部腹板乳白色；前中足全部和后足转节淡黄褐色，后足基节浅褐色，背侧具黑斑，后足股节至跗节全部黑色，爪浅褐色；翅烟黄色，翅痣和翅脉黄褐色；头部唇基至单眼区（图 1-3A）具粗糙皱纹和不规则刻点，上眶和单眼后区、胸部侧板、腹部 1–9 背板和腹板刻纹细密，无明显光泽；上唇端部缺口浅弱；触角鞭节的端丝 8–9 节，约等长于触角柄节；中足距式 1-2-2，后足距式 1-1-2-2；爪内齿明显短于外齿；锯鞘侧面见图 1-3B，锯鞘端长宽比小于 2，端部显著尖出。

分布：浙江（临安）、江苏、江西、湖南。

图 1-3　黄褐巨棒蜂 *Megaxyela fulvago* Blank, Shinohara & Wei, 2017 雌虫
A. 头部前面观；B. 腹部末端和产卵器侧面观

（4）白痣巨棒蜂 *Megaxyela leucostigma* Niu, Xiao & Wei, 2021（图 1-4，图版 I-3）

Megaxyela leucostigma Niu, Xiao & Wei, 2021: 161.

主要特征：体长 12.0mm；黑色，具暗蓝绿色金属光泽，唇基边缘、口器、前胸背板后角小斑、翅基片、锯鞘基基半部和锯鞘端全部黄白色，下眼眶狭条斑、内眼眶上部狭条斑、后眶上缘中部窄横条斑和触角第 1 节基部浅褐色；各足基节基部、后足股节端部 1/3、后足胫节全部、后足基跗节基部蓝黑色，各足基节端部、全部转节、前中足股节和胫跗节黄褐色，后足股节基半部红褐色，基跗节端部 2/3 和 2–5 跗分节黄白色，尾须褐色；翅完全透明，翅脉和翅痣乳白色（图 1-4G）；唇基具发散的脊纹列；唇基上区、内眶、额区大部分、上眶和单眼区具粗糙皱脊纹，有光泽；上眶、单眼后区、胸部侧板、腹部 1–9 背板和腹板具密集微细刻纹，表面暗淡无光泽。上唇端部具明显的浅弧形缺口；触角基部 2 节具明显光泽，鞭节刻纹细密，无光泽，第 1 鞭分节长约为端丝总长的 4 倍，端丝 8 节，等长于触角柄节，各节长大于宽（图 1-4E）；中足距式 1-2-2，后足距式 1-1-2-2；锯鞘侧面观和背面观分别见图 1-4D、H，锯鞘端较窄，长宽比等于 2。

分布：浙江（临安）。

寄主：胡桃科山核桃 *Carya cathayensis*。

图 1-4 白痣巨棒蜂 *Megaxyela leucostigma* Niu, Xiao & Wei, 2021（引自牛耕耘等，2021）
A. 头部前面观；B. 头部背面观；C. 中胸侧板侧面观；D. 腹部末端 4 节和产卵器侧面观；E. 触角；F. 后足胫节和跗节；G. 前翅和后翅，右侧；H. 腹部末端 3 节和产卵器，背面观；I. 后胸背板和腹部 1–4 背板刻纹

第二章 茸蜂亚目 Blasticotomomorpha

主要特征：头型开式，无口后桥；上颚基部无磨区；触角第 3 节长棒状，端部最多具 1 个小节；前胸背板中部很短，后缘强烈凹入，侧叶发达；中胸背板具盾侧凹，前气门后片不与侧板愈合，中胸腹板无腹前桥；后胸具淡膜区；前翅翅痣宽大，Rs 脉不分支，1M 室扁梨状，背侧圆弧形，具短柄，后翅 M 脉和 Cu 脉基部不分离；前足胫节具 1 对端距；雌虫产卵器短小；雄虫外生殖器直茎型，不扭转，阳茎瓣侧突低位。幼虫隐蔽蛀食真蕨目 Filicales 植物的假叶柄，具胸足，无腹足。

茸蜂亚目是个小类群，只包括 1 个总科和 1 个现生科。

II. 茸蜂总科 Blasticotomoidea

三、茸蜂科 Blasticotomidae

主要特征：体小型；触角第 1 节短小，约等长于第 2 节，第 3 节由多节愈合成长棒状，无分节痕迹，端部具 0–1 个小节；中胸背板盾侧凹宽大且深，背板前叶大三角形，小盾片无附片；后胸短小，淡膜区发达；翅痣显著宽于 2r 脉长，翅脉不伸抵翅外缘，Sc 脉大部分与 R 脉愈合，前缘室狭窄，Rs 脉第 2 段退化，cu-a 脉交于 1M 室下缘外侧 1/4 左右，臀室完整，臀横脉倾斜，位于臀室中部外侧；后翅前缘具 1 丛翅钩列，R1、Rs 和 M 室封闭，臀室封闭，端部具短柄；中后足无亚端距，爪小型；腹部具侧纵脊；产卵器短小，稍伸出腹部末端；阳茎瓣具端丝。幼虫触角 6 节，腹部 8–9 节各具 1 对侧突，无尾突；尾须短小，3 节。

分布：古北区。本科曾用名梨室蜂科（Wei and Nie, 1999A），已知 2 属 17 种。除 1 种外，均主要分布于东亚地区。中国记载 2 属 11 种，浙江目前仅发现三节茸蜂属 *Runaria* Malaise 1 种，但茸蜂属 *Blasticotoma* Klug 应该在浙江有分布。

寄主：蕨类。

茸蜂幼虫发育期在蕨类假叶柄上的蛀食口处，向外侧吐唾液状分泌物，在野外很容易识别。幼虫完成发育后，在寄主假叶柄中化蛹越夏、越冬，不结茧。

（一）茸蜂亚科 Blasticotominae

3. 三节茸蜂属 *Runaria* Malaise, 1931

Runaria Malaise, 1931b: 212. Type species: *Runaria reducta* Malaise, 1931, by monotypy.
Bohea Maa, 1944: 58. Type species: *Bohea abrupta* Maa, 1944, by original designation.

主要特征：体长 6.0–8.0mm；上颚内齿端部尖；复眼小型，间距明显宽于复眼长径；触角窝间距显著窄于内眶宽；颚眼距约等于前单眼直径；触角 3 节，第 3 节长棒状，末端无小茸节；中胸侧腹板沟显著；前翅 cu-a 脉位于 1M 室下缘中部外侧 1/4 左右；后翅臀室具柄式，臀室柄短于 cu-a 脉；爪简单，无内齿；腹部第 2 背板中部强烈前突，侧面观第 9 背板不强烈延长，两侧不强烈膨大包裹锯鞘基部；锯鞘明显短于中足的胫节和跗节之和，侧面观长高比约等于 1，背面观锯鞘微弱突出于腹部之外；锯腹片基部 4 个锯刃与其余锯刃不向腹侧明显收敛；阳茎瓣端丝细长。

分布：东亚。本属已知 7 种。中国记载 6 种，浙江发现 2 种，本书记述 1 种。

（5）刻盾三节茸蜂 *Runaria punctata* Wei, 1999（图 2-1，图版 I-4）

Runaria punctata Wei, in Wei & Nie, 1999A: 52, 54.

主要特征：体长 7.0mm；体黑色，前中足股节前侧和端部、前中足胫节和跗节浅褐色，后足胫节黑褐色，后足基跗节背侧黑褐色，腹侧浅褐色；翅透明，翅痣黑褐色；唇基端缘具浅弱弧形缺口，颚眼距约等长于触角窝间距；复眼内缘在触角窝以下部分向下稍分歧；内眶刻点较粗密，额区刻点大，间隙光滑；上眶中部和单眼后区中部明显隆起，光滑，无刻点和刻纹；单眼后沟中部显著向前弯折；触角第 3 节短于复眼内缘间距；前胸背板和后胸背板刻点较密集，中胸背板和腹板光泽强，中胸背板前叶两侧、侧叶中部和外侧以及小盾片刻点细小；中胸前侧片具粗大刻点，刻点间隙光滑，显著。后足基跗节明显长于其后 3 个跗分节长度之和；腹部各节背板刻点粗大，较密集，刻点间隙光滑；腹部腹板刻点密集；锯鞘端明显短于锯鞘基 1/2 长（图 2-1B）；锯腹片具 5 大 2 小共 7 个锯刃。雄虫阳茎瓣端丝短于阳茎瓣总长的 1/2（图 2-1E）；抱器稍窄长，长于生殖茎节的 2/3（图 2-1D）。

分布：浙江（临安、四明山）、河南。

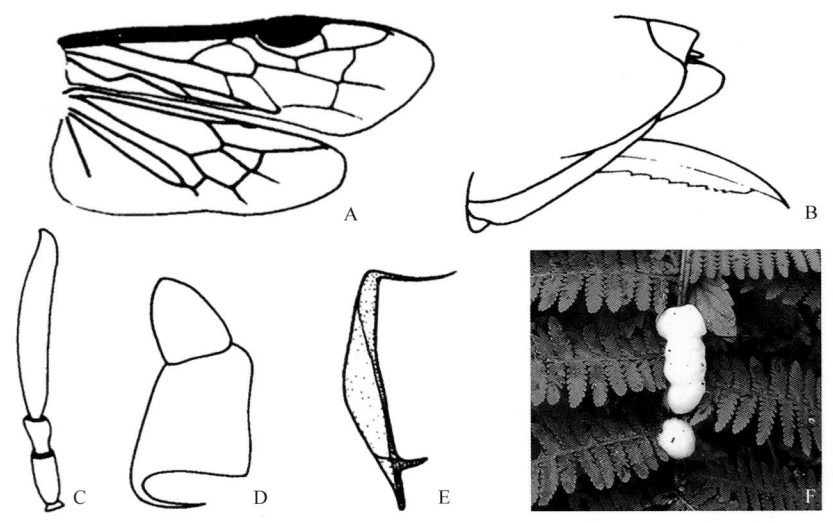

图 2-1 刻盾三节茸蜂 *Runaria punctata* Wei, 1999（仿自 Wei and Niu, 1999）
A. 翅脉；B. 产卵器侧面观；C. 触角；D. 抱器和生殖茎节；E. 阳茎瓣；F. 幼虫取食蕨类时排出的分泌物

第三章 叶蜂亚目 Tenthredinomorpha

主要特征：头型开式，通常无口后桥，少数类群具下颚桥；上颚基部无磨区；触角第1节短小，鞭分节长度近似，第3节通常不由多节愈合而成，个别类群长棒状；复眼下侧无明显触角窝沟；前胸背板中部狭窄，前坡很短，后缘近似半圆形凹入，侧叶显著扩展；中后胸的盾侧凹发达，但中后部无分离斜脊，中后胸后上侧片完整；中胸腹板无腹前桥，前气门后片发达，不与侧板愈合，胸腹侧片很小或缺如；后胸较短，背板具发达淡膜区；前翅Sc脉除末端外与R脉合并，Sc脉不分叉，Rs脉不分支，1M室通常无背柄，如具短柄，则触角9节；后翅M脉和Cu脉基部不分离，翅钩单组；前足胫节具1对端距；腹部基部不缢缩，第1背板中部不明显前突；雌虫产卵器短小，刀片状；雄性生殖器扭转180°，阳茎瓣侧突高位。幼虫具胸足，通常有6对以上腹足，少数潜叶类群胸腹足退化，腹部端部无尾须。

叶蜂亚目相当于膜翅目传统分类中的叶蜂总科Tenthredinoidea去掉茸蜂科。叶蜂亚目已知超过8000种，是膜翅目基部支系中属种多样性最高的类群。中国已记载6科290属2000余种，推测中国中西部地区还会有较多新类群有待发现。浙江目前已发现6科179属672种。本书记述6科178属642种。

III. 三节叶蜂总科 Argoidea

本总科包括三节叶蜂科Argidae、澳柏叶蜂科Zenargidae、筒腹叶蜂科Pergidae等3科，其中澳柏叶蜂科是近年新建立的科。

四、三节叶蜂科 Argidae

主要特征：体较粗短，中小型，长4.0–15.0mm；头部横宽，后头孔开式；上颚不发达，具额唇基缝；触角3节，第3节长棒状或音叉状；前胸背板中部极短，两侧宽大，后缘强烈凹入；前胸侧板腹侧尖，不接触；小盾片发达，无附片；中胸腹板具侧沟；中后胸后上侧片显著鼓凸，侧腹板沟显著，无胸腹侧片；淡膜区间距窄；后胸侧板小，与腹部第1背板愈合，具明显的愈合线；前足胫节具1对简单的端距，各足胫节无亚端距或中后足具1个亚端距，基跗节较发达；爪通常简单；前翅无2r脉，R+M脉短或缺，cu-a脉位于M室中部附近，臀室中部极宽地收缩，或基臀室开放；后翅具5–6个闭室，通常具2个封闭中室，臀室有时端部开放；腹部不扁平，无侧缘脊；产卵器短，有时很宽大。幼虫多足型，腹部具6–8对足，常具侧缘瘤突，触角1节。

分布：世界广布。截至2022年初，全世界已知967种，隶属于59属。包括本书记载的新种、新异名在内，中国目前已记载15属190种。浙江目前发现10属65种。本书报道10属61种，包括3个新种，还建立了9个新组合。

三节叶蜂科是膜翅目一个中等大的科，广泛分布于各大陆，其中东亚、南美洲和非洲种属多样性较高，大洋洲多样性最低。在澳柏叶蜂科独立之后，本科目前包括5个亚科。其中古北区分布2个亚科，南美洲分布5个亚科。但基于基因组的分子系统发育研究显示，南美洲的各亚科可能都是脊颜三节叶蜂亚科Sterictiphorinae的内群。

本科幼虫通常裸露食叶，少数潜叶或蛀食嫩茎。有些种类的幼虫取食时腹端翘起并弯曲。许多具有经济重要性的种类一年发生数代，在植物上结茧化蛹。成虫行动迟缓。

（一）三节叶蜂亚科 Arginae

主要特征：体形粗壮；两性触角二型，第 3 节长棒状，雌虫无直立刺毛，雄虫具密集直立刺毛，非音叉状，通常明显长于雌虫触角；触角窝高位，远离额唇基沟；口器正常；前后翅 R1 室端部封闭；中后足胫节亚端距有或无；雌虫产卵器发达，锯鞘常较粗壮；雄虫阳茎瓣柄部短。

分布：世界广布。本亚科已知 18 属。截至 2022 年初，已知 524 种，主要分布于古北区、新北区和旧热带区。东亚地区属的多样性最高（10 属）；非洲分布的属较少（6 属），但种类比较丰富；在美洲地区最南分布到中美洲。中国分布 10 属，截至 2022 年初，共记载 156 种。推测中国分布种类超过 230 种。本书记述 6 属 56 种。

根据比较形态和分子系统发育研究，原扁胫三节叶蜂亚科 Athermantinae 是三节叶蜂亚科 Arginae 的内群，前者应并入本亚科。

分属检索表

1. 头部很小，宽度不大于胸部 1/2 宽；额唇基沟显著；唇基窄，横方形，端部截形；中后足胫节无亚端距 ··· 小头三节叶蜂属 *Tanyphatnidea*
- 头部正常，宽度明显大于胸部 1/2；额唇基沟缺如；唇基很短，端部通常具明显缺口 ······················· 2
2. 后足胫节具亚端距 ·· 3
- 后足胫节无亚端距 ·· 6
3. 头部具较低但明显的后颊脊；腹部通常具复杂花斑 ························· 朱氏三节叶蜂属 *Zhuhongfuna*
- 头部无后颊脊；腹部通常纯色，或具简单斑纹，极少具复杂花斑 ··· 4
4. 雄虫腹部第 5 背板具性沟和长刺突 ··································· 刺背三节叶蜂属 *Spinarge* (部分)
- 雄虫腹部第 5 背板无性沟和长刺突 ·· 5
5. 前翅 R+M 脉段不短于 Sc 脉游离段；锯鞘背缘平坦，基半部具显著凹盆；锯腹片亚端部锯刃两侧强切入，较基部锯刃显著突出，并伸向前下方，与基部锯刃方向不同 ···················· 似三节叶蜂属 *Cibdela* (部分)
- 前翅 R+M 脉段通常明显短于 Sc 脉游离段；锯鞘背缘多少鼓凸，基半部无显著凹盆；锯腹片亚端部锯刃两侧不切入，较基部锯刃低平，与基部锯刃方向一致 ··· 三节叶蜂属 *Arge*
6. 各足胫节和基跗节明显侧扁；后头强烈膨大，侧面观后眶宽于复眼长径；前翅 R+M 脉段短于 Sc 脉游离段，R1 室基部十分宽钝；锯鞘宽短圆钝，背面鼓出，无明显凹区；翅烟黄色；体大型 ·········· 扁胫三节叶蜂属 *Athermantus*
- 各足胫节和基跗节不显著侧扁；后头不强烈膨大；前翅 R1 室基部不宽钝；锯鞘背面具显著洼区；翅非烟黄色；体中型 ··· 7
7. 雌虫触角短小，等长于头宽，鞭节不显著侧扁，端部最宽，触角窝距与内眶等宽；颜面凸出，后头膨大，几乎等宽于胸部；复眼小型，内缘直，间距等于眼高；前翅 R+M 脉段短于 Sc 脉游离段；雄虫第 5 腹节背板具性沟和长刺突 ··· 刺背三节叶蜂属 *Spinarge* (部分)
- 雌虫触角长于胸部，鞭节显著侧扁，亚端部最宽，触角窝距狭于内眶；颜面凸出，后头收缩，显著窄于胸部；复眼大型，内缘弯曲，间距狭于眼高；前翅 R+M 脉段不短于 Sc 脉游离段；雄虫第 5 腹节背板无性沟和长刺突 ··· 似三节叶蜂属 *Cibdela* (部分)

4. 三节叶蜂属 *Arge* Schrank, 1802

Cryptus Jurine, in Panzer, 1801b: 163. Not available. Suppressed by Opinion, 135 (ICZN, 1939). Type species: *Cryptus segmentarius* Panzer, 1803, by monotypy.

Arge Schrank, 1802: 226–230. Type species: *Tenthredo enodis* Linné, 1767, by subsequent designation of Rohwer, 1911a.

Hylotoma Latreille, 1803: 302. Type species: *Tenthredo ochropus* Gmelin, 1790, by subsequent designation of Blank *et al.*, 2009.
Corynia Labram & Imhoff, 1836: pl. 23. Type species: *Corynia rosarum* (Klug, 1814), by subsequent designation of Labram & Imhoff, 1836.
Acanthoptenos Ashmead, 1898a: 212. Type species: *Acanthoptenos weithii* Ashmead, 1898, by original designation.
Bathyblepta Konow, 1906a: 123. Type species: *Bathyblepta procer* Konow, 1906, by monotypy.
Didocha Konow, 1907b: 306. Type species: *Didocha braunsi* Konow, 1907, by monotypy.
Miocephala Konow, 1907a: 162–163. Type species: *Miocephala chalybea* Konow, 1907, by monotypy.
Alloscenia Enderlein, 1919: 115. Type species: *Alloscenia maculitarsis* Enderlein, 1919, by original designation.
Rhopalospiria Enderlein, 1919: 116. Type species: *Tenthredo rubiginosa* Palisot de Beauvois, 1809, by original designation.

主要特征：中小型叶蜂，体长 5.0–15.0mm；头部宽度稍短于胸部宽；触角窝上位，位于复眼中部或中上位水平，触角窝间区域平坦或低钝隆起，常具两条明显纵脊；唇基上区显著隆起，额唇基沟模糊；唇基平坦，前缘通常具明显缺口；颚眼距 0.5–2.5 倍于单眼直径；无后颊脊；额区小型，额脊低钝或缺如；雌虫触角棒状，第三节向亚端部或多或少加粗，无显著立毛；雄虫触角多少侧扁，几乎不向端部加粗，通常具明显立毛。前翅和后翅的 R1 室均封闭，并在其端部具一明显小翅室，前翅 1R1、1Rs、2Rs 室分离，1M 脉与 Sc 脉的相交点和 Rs+M 脉的起源点相距较近或在一个点上，cu-a 脉位于 1M 室下缘中位外侧，臀室具长收缩中柄，基臀室通常封闭；后翅 Rs 室和 M 室封闭；臀室通常封闭，少数端部开放；中足和后足胫节各具一个亚端距，后足胫节和跗节不明显侧扁；爪简单，无内齿和基片；腹部第 5 背板无性沟和刺突。

分布：世界广布。除南极外，各大陆均有分布，其中东亚和非洲种类最丰富，南美洲和大洋洲种类极少。三节叶蜂属是本科最大的属，也是膜翅目基部广腰各支系中第二大属。据作者统计，截至 2022 年初，本属已知约 358 种（去除本书新移到 *Cibdela* 属的 4 种），中国已记载 129 种。本书记载浙江种类 40 种。为方便准确鉴定种类，下文检索表中将新转移到 *Cibdela* 属的 4 种仍包括在检索表内。

寄主：本属种类十分多样，寄主复杂多样，包括蔷薇科、千屈菜科、菊科、杨柳科、桦木科、壳斗科、杜鹃花科、榆科、豆科、大戟科等多科植物。具体参见后文相关种类。

分种检索表

1. 腹部至少部分腹节白色、黄红色、黄褐色或黄绿色 ·· 2
- 腹部完全黑蓝色或黑色，极少基部背板侧缘具不明显的小白斑或背板后缘窄边淡色 ····························· 17
2. 腹部 2–5 节部分环节淡黄色、白色或红褐色，其余部分黑色；足部白色；胸部大部分或全部黑色，有时具蓝色或紫色光泽 ··· 3
- 腹部底色红黄色或黄褐色，基部 1–2 节或端部 2–3 节有时黑色；极少腹部斑纹特异，底色淡色，具多条黑色横带斑，或除 2、3 背板部分淡色外，8–10 背板具显著淡斑 ·· 4
3. 雌虫锯腹片中部明显加宽；前翅翅痣下明显长烟斑几乎覆盖 R1 室全部和 Rs 室背缘全部；触角黑色 ·· 黑痣环腹三节叶蜂 *A. paracincta*
- 雌虫锯腹片中部不明显加宽；前翅翅痣下烟斑小型，不向端部延伸，不覆盖 2R1 室端半部和 2Rs 室大部分；触角鞭节暗红褐色 ·· 高域环腹三节叶蜂 *A. listoni*
4. 头部和触角黄褐色；胸部黄色具黑斑 ·· 正齿多斑三节叶蜂，新种 *A. brevibella* sp. nov.
- 头部和触角黑色；胸部完全黑色或蓝黑色 ·· 5
5. 侧面观锯鞘稍短于后足股节，腹缘亚基部较弱但明显凹入；背面观锯鞘蘑菇形或粗钳状，端部非截形，无中部缺口和中突；锯腹片无叶状刺突列，具短弱细刺毛；前翅深烟褐色，或较透明，翅痣下常具更深色的翅斑；阳茎瓣形状各异，但非上述类型；颜面部通常具显著的中纵脊状，或无中脊，较少种类具钝弱的中纵脊 ·· 6
- 侧面观锯鞘稍长于后足股节，腹缘平直，亚基部不凹入；背面观端部截形，中部稍外侧合并，端缘中部具小型显著切入的缺口和短小锐利的中突；锯腹片第 2–10 锯节具发达的叶状刺突列；前翅深烟褐色，翅痣下无明显更深色的翅斑，翅脉和翅痣黑褐色；雄虫腹部背板有时具明显黑斑，阳茎瓣具稍倾斜、与柄部近似垂直的阳茎瓣头叶，头叶具端部稍尖而突出的前突和尾部圆钝的尾突；颜面部钝脊状隆起，常具钝弱的中纵脊 ···································· 14
6. 颜面圆钝隆起，无中纵脊；锯鞘背面观粗钳形弯曲，中部中空，或侧面观锯鞘腹缘全长弧形弯折，背面观锯鞘内缘向后显著分歧，侧缘平行 ·· 7
- 颜面具明显中纵脊；前翅 2A 脉上弯接触 1A 脉，基臀室封闭；锯鞘背面观蘑菇形，内缘直或微弱凹入，中部无明显空腔 ·· 9
7. 翅透明，带烟黄色，前缘室淡色，前缘脉和亚前缘脉黄褐色；足部分黄褐色；锯鞘背面观粗钳形，中部中空 ··· 横带宽钳三节叶蜂 *A. suspicax*
- 翅大部分烟褐色，前缘室、前缘脉和亚前缘脉黑褐色或暗褐色；足全部黑色 ···································· 8
8. 前翅基臀室封闭；锯鞘背面观粗钳形，外缘弧形弯曲，向后显著收敛呈粗环形；侧面观锯鞘腹缘几乎平直 ··· 黄腹粗钳三节叶蜂 *A. pseudopagana*
- 前翅基臀室完全开放；锯鞘背面观非粗钳形，长明显大于宽，内缘向后分歧，外缘近似平行；侧面观锯鞘腹缘全长显著弧形凹入 ··· 中华黄腹三节叶蜂，新组合 *A. sinica* comb. nov.
9. 前翅基部 2/3 深烟褐色，端部 1/3 透明，分界线清晰，翅痣下侧无明显烟褐色横带 ································ 10
- 前翅烟褐色，端部不显著透明；如果翅基部明显暗于端部，则翅痣下侧具烟褐色横带 ····························· 11
10. 腹部第 10 节和锯鞘全部黑色 ··· 丸子黄腹三节叶蜂 *A. wanziae*
- 腹部 2–10 节和锯鞘全部黄褐色 ··· 震旦黄腹三节叶蜂 *A. aurora*
11. 腹部背侧全部黑色；前翅 1M 室具明显的短背柄，R+M 脉段不存在；阳茎瓣头叶端腹侧突宽大，端部宽截形 ··· 管突黄腹三节叶蜂 *A. siphovulva*
- 腹部背侧具显著黄褐色部分，或大部分黄褐色；前翅 1M 室无背柄，R+M 脉段显著；阳茎瓣头叶端腹侧突狭窄，长宽比大于 2，端部圆钝 ··· 12
12. 雌虫腹部端部和锯鞘黑色，前翅基部 2/3 明显烟褐色，端部 1/3 弱烟色，翅痣下具明显的深烟色横带；雄虫前翅大部分透明，翅痣下烟斑可见，腹部末端背板蓝黑色，中基部黄褐色，阳茎瓣端腹侧突长宽比明显大于 2 ··· 百山祖黄腹三节叶蜂 *A. baishanzua*
- 雌虫腹部端部和锯鞘黄褐色，最多锯鞘内侧稍暗；前翅烟褐色，基部稍深，端部不明显变淡，之间无明显分界线，翅痣下侧无明显烟褐色横带；雄虫阳茎瓣端腹侧突较短，长宽比约等于 2 ······························· 13
13. 颜面刻点密集且深；中窝上沿半封闭，不完全向前单眼开放；触角长于胸部；锯鞘端部圆钝，各叶宽大于长，外缘弧形凸出 ··· 刻颜黄腹三节叶蜂 *A. obtusitheca*
- 颜面刻点浅弱稀疏；中窝上沿完全开放，贯通前单眼；触角短于胸部；锯鞘端部较尖，各叶宽等于长，外缘直 ··· 短角黄腹三节叶蜂 *A. przhevalskii*
14. 锯腹片第 1 锯节无粗刺毛列 ·· 15
- 锯腹片第 1 锯节具明显的粗刺毛列 ··· 16
15. 雌虫腹部除第 1 背板黑色外全部黄褐色 ··· 无斑直鞘三节叶蜂 *A. geei*
- 两性腹部背板具多个黑色横带斑 ··· 列斑直鞘三节叶蜂 *A. xanthogaster*
16. 头胸部蓝色光泽微弱；锯腹片第 1 锯节粗刺毛列位于节缝中上部，上部粗刺毛长约为第 2 锯节上部粗长刺毛的 1/2；第 2 锯节上部粗长刺毛长于锯节上部长的 3/4。主要分布于欧洲，国内分布于北部 ··········· 玫瑰直鞘三节叶蜂 *A. pagana*
- 头胸部蓝色光泽强；锯腹片第 1 锯节粗刺毛十分短小，位于节缝中下部，长约为第 2 锯节上部粗长刺毛的 1/3；第 2 锯节上部粗长刺毛不长于锯节上部长的 1/2。主要分布于中国中东部 ············· 月季直鞘三节叶蜂，新种 *A. yueji* sp. nov.
17. 胸部部分红褐色，雄虫有时胸部仅前胸背板两侧或中胸侧板两侧部分红色 ·· 18
- 胸部黑色或蓝黑色，绝无红斑 ·· 20
18. 头部颜面无中纵脊，触角窝间侧脊低弱，下端不闭合，颜面刻点不明显；前翅 2Rs 室上缘明显短于下缘；锯腹片端部背侧无缺口；阳茎瓣头叶三角形，无端腹侧突 ··· 19
- 头部颜面具长且锐利的中纵脊，触角窝间侧脊高锐，下端闭合，颜面刻点细密；前翅 2Rs 室上缘长于下缘；锯腹片端部背侧具显著缺口；阳茎瓣头叶 Z 形，具显著端腹侧突 ·················· 脊颜红胸三节叶蜂 *A. vulnerata*
19. 后头两侧明显膨大；触角短，鞭节长 1.2 倍于头宽，端部明显膨大；前翅 1r-m 脉下部显著向内弯折。主要分布于中国北

部 ·· 榆红胸三节叶蜂 *A. captiva*
- 后头两侧不膨大；触角较长，鞭节长 1.5 倍于头宽，端部微弱膨大；前翅 1r-m 脉下部几乎不向内弯折。主要分布于中国南部 ··· 长角红胸三节叶蜂 *A. flavicollis*
20. 唇基端部截形，颜面低钝隆起，无中纵脊；前翅 R+M 脉段长于 Sc 脉游离段；锯鞘背面亚基部具显著洼陷；侧面观锯鞘外缘长斜截形；锯腹片亚端部锯刃两侧强烈切入；雄虫阳茎瓣头叶勺形，端部圆钝 ··· 21
- 唇基端部具明显缺口，颜面显著隆起，中纵脊有或无；前翅 R+M 脉段明显短于 Sc 脉游离段；锯鞘背面观亚基部无显著洼陷，侧缘通常圆钝；侧面观锯鞘外缘非长斜截形；锯腹片亚端部锯刃两侧不明显切入 ··· 24
21. 胸部至少背板或侧板部分细毛银色；颜面刻点细小、稀疏 ·· 22
- 体毛全部黑色；颜面刻点显著且较密；触角亚端部最宽处不大于触角柄节 1.5 倍 ·· 黑毛似三节叶蜂，新组合 *C. nigropilosis* comb. nov.
22. 除小盾片外，体毛全部银色；触角鞭节亚端部强烈膨大、侧扁，最宽处约 2 倍于触角柄节宽度 ·· 淡毛似三节叶蜂，新组合 *C. huangae* comb. nov.
- 胸部背板大部分细毛黑色，侧板细毛大部分银色 ·· 23
23. 触角亚端部强烈扩扁，最宽处 1.8–2 倍于触角柄节宽 ·· 扁角似三节叶蜂，新组合 *C. siluncula* comb. nov.
- 触角亚端部微弱扩扁，最宽处约 1.3 倍于触角柄节宽 ····································· 肖氏似三节叶蜂，新组合 *C. xiaoweii* comb. nov.
24. 体毛和足全部黑色，极少胸部侧板下侧部分细毛淡色；翅色深，显著烟褐色 ··· 25
- 头胸部大部分细毛银色，足通常部分淡色，极少全部黑色；翅至少基半部透明 ··· 33
25. 锯鞘长，强烈弯曲呈细环形；腹部背板具细密刻纹；雄虫阳茎瓣头叶近似花生果形，端部圆钝，中部稍窄 ··· 圆钝环钳三节叶蜂 *A. simillima*
- 锯鞘短，不弯曲呈环形；腹部背板无细密刻纹；雄虫阳茎瓣头叶端部横形 ··· 26
26. 侧面观锯鞘腹缘较平直，亚基部几乎不弯折，背缘强烈下倾；背面观锯鞘各叶长明显大于宽，端部尖出；触角短，鞭节长 1.3 倍于头宽 ··· 混毛长鞘三节叶蜂 *A. pseudosiluncula*
- 侧面观锯鞘腹缘不平直，亚基部明显弯折，背缘向端部弧形弯曲；背面观锯鞘各叶宽不大于长，端部圆钝；触角较长，鞭节长 1.4 倍于头宽 ·· 27
27. 前翅 1M 室具显著背柄，无 R+M 脉段 ··· 柄室黑毛三节叶蜂 *A. petiodiscoidalis*
- 前翅 1M 室无背柄，R+M 脉段显著 ··· 28
28. 触角鞭节端部强烈扁平加宽，2–2.5 倍宽于柄节，宽厚比约等于 3；颚眼距约等于中单眼直径，单眼后沟缺；锯鞘外侧圆鼓；阳茎瓣头叶粗壮，中部微弱收缩 ··· 脊角黑毛三节叶蜂 *A. carinicornis*
- 触角不强烈扁平，端部不宽于柄节的 1.5 倍，宽厚比小于 2；阳茎瓣头叶较窄，或中部显著收缩 ··· 29
29. 前翅基臀室开放 ·· 吴氏黑毛三节叶蜂，新组合 *A. wui* comb. nov.
- 前翅基臀室封闭 ·· 30
30. 颜面中纵脊锐利且长，两侧刻点细密 ·· 片角黑毛三节叶蜂 *A. imitator*
- 颜面中纵脊低弱，两侧刻点十分稀疏或缺如 ·· 31
31. 单眼后沟显著，颜面具刻点，不十分光滑；锯鞘端部突出，内缘具弧形缺口；锯腹片锯刃基半部颜色深，端半部透明；阳茎瓣头叶骨化弱，端腹侧突简单，无侧脊 ··· 半刃黑毛三节叶蜂 *A. compar*
- 头部无单眼后沟，颜面大部分光滑，刻点不明显；锯鞘端部圆钝，内缘无缺口；锯腹片锯刃完全着色；阳茎瓣头叶骨化强，具明显侧脊 ·· 32
32. 锯鞘两侧圆弧形鼓凸；触角亚端部明显膨大；雌虫锯刃腹缘弧形 ································· 扁角黑毛三节叶蜂 *A. parasimilis*
- 锯鞘两侧不明显鼓凸；触角亚端部微弱膨大；雌虫锯刃腹缘倾斜角状 ·························· 杜鹃黑毛三节叶蜂 *A. similis*
33. 足全部黑色 ·· 34
- 至少后足胫节部分淡色（少数种类后足胫节仅基部内侧淡色） ··· 35
34. 颜面具显著中纵脊；背面观锯鞘各叶长明显大于宽，端部尖；触角短细，几乎不侧扁，第 3 节 1.2–1.3 倍于头宽；侧面观锯鞘背缘平直，腹缘显著上倾；后翅臀室长 1.2 倍于臀室柄长 ················ 平直长鞘三节叶蜂，新种 *A. erectotheca* sp. nov.
- 颜面圆钝隆起，无中纵脊；背面观锯鞘各叶宽等于长，端部十分圆钝；触角长，第 3 节明显侧扁，长 1.7 倍于头宽；侧

	面观锯鞘背缘弧形下弯，腹缘不显著上倾；后翅臀室长 1.6 倍于臀室柄	江氏黑足三节叶蜂 *A. jiangi*
35.	雌虫后足跗节大部分淡色；阳茎瓣头叶明显上翘的尾突	36
-	两性后足跗节全部黑色或黑褐色；阳茎瓣通常无明显上翘的尾突	37
36.	触角鞭节黑褐色；头部具明显的金属铜色光泽；阳茎瓣头叶端部窄圆，无端腹侧突	刻颜淡毛三节叶蜂 *A. punctafrontalis*
-	触角红褐色；头部无铜色光泽；阳茎瓣头叶端部倾斜，具端腹侧突	中华淡毛三节叶蜂 *A. sinensis*
37.	颜面隆起，无中脊；颜面侧脊下端缺或低短，不互相连接	38
-	颜面具明显中纵脊；颜面侧脊下端会合	39
38.	头部具强烈金属蓝铜色光泽；颜面侧脊伸达颜面中部以下，上端封闭；后足胫节外侧基半部白色；单眼后区具中纵脊	双窝淡毛三节叶蜂 *A. bifoveata*
-	头胸部黑色，无金属铜色光泽；颜面侧脊不伸达颜面中部，上端开放；后足胫节后侧几乎全长具黑条斑；单眼后区无中纵脊	简瓣淡毛三节叶蜂 *A. melanocephalia*
39.	前中足胫节黑褐色，后足胫节蓝黑色，内侧基部 1/2 左右白色；雌虫下生殖板向后强烈延长；雄虫阳茎瓣头叶全部位于柄部后侧，无侧突	40
-	至少后足胫节具白环	41
40.	翅痣下烟色横带不完整，2M 室横带中断或显著变淡；触角第 3 节长于中胸背板，中端部显著膨大；锯鞘短钝，各叶长等于宽；锯刃短，刃间段长；雌虫下生殖板窄长，强烈延伸	舌板淡毛三节叶蜂 *A. lingulopygia*
-	翅痣下烟色横带完整，2M 室不明显变淡；触角稍短于中胸背板，几乎不膨大；锯鞘尖长，各叶长大于宽；锯刃长，刃间段很短；雌虫下生殖板近似三角形向后延伸	洪氏长鞘三节叶蜂 *A. hongweii*
41.	雌虫下生殖板不明显向后延伸，后缘截形或具小三角形中突	42
-	雌虫下生殖明显向后呈半圆形延伸；锯鞘各叶宽大于长；抱器宽大于长，端部钝截形；阳茎瓣头叶侧位、窄长	陈氏淡毛三节叶蜂 *A. cheni*
42.	触角鞭节显著弯曲；阳茎瓣头叶位于柄部正上方	43
-	触角鞭节几乎不弯曲；阳茎瓣头叶位于柄部后侧，端部尖，无腹侧突，尾角短圆；前翅翅痣下烟色横带斑完整，2M 室大部分烟褐色	齿瓣淡毛三节叶蜂 *A. dentipenis*
43.	阳茎瓣头叶非花生果形，端部具细长、下垂的腹侧突；前翅翅痣下烟色横带斑不完整，2M 室大部分透明	弯角淡毛三节叶蜂 *A. curvatantenna*
-	阳茎瓣头叶花生果形，端部圆钝，无腹侧突；前翅翅痣下烟色横带斑完整，2M 室大部分烟褐色	横脊淡毛三节叶蜂 *A. transcarinata*

（6）震旦黄腹三节叶蜂 *Arge aurora* Wei, 2022（图 3-1，图版 I-5）

Arge aurora Wei, *in* Wan, Wu, Niu & Wei, 2022: 38.

主要特征：体长 5.0–8.0mm；头、胸部和触角黑色，具很强的蓝色光泽，腹部黄褐色，第 1 背板黑褐色；后足基节端部、后足股节部分、后足胫节腹侧部分黄褐色，锯鞘内缘微带黑褐色；翅基部 2/3 深烟色，端部近透明，分界线很明显，翅痣与翅脉黑色；体光滑，头部和前胸背板具细小刻点，头部前侧刻点较密，虫体其余部分无明显刻点；唇基缺口深弧形；颚眼距稍长于单眼直径；颜面隆起，具明显中脊；中窝较浅，侧脊发达，强烈向下收敛，末端尖，明显会合（图 3-1A）；中窝上端向额区半开放；POL 约等于 OOL，明显大于 OCL；无单眼后沟；单眼后区下沉，宽长比约等于 3；后头背面观两侧微收缩（图 3-1B）；触角细，明显短于头、胸部之和，长于胸部，第 3 节稍弯曲，中端部微膨大，最宽处约 1.3 倍宽于基部（图 3-1D）；中后足胫节各具 1 个亚端距。前翅 R+M 脉点状，Rs 脉第 3 段约 2 倍于 Rs 第 4 段，1r-m 脉较直，3r-m 脉在上缘 1/3 处弧形强烈外鼓，2Rs 室稍短于 1Rs 室，上缘 1.3 倍长于下缘，cu-a 脉中位外侧；后翅臀室、臀柄与 cu-a 脉长度比为 33：20：11；锯鞘背面观见图 3-1C；侧面观锯鞘短于后足股节，腹缘弯曲（图 3-1G）；

锯腹片无长叶状节缝刺突，末端背侧缺口不明显，17–18 锯刃，锯刃具细小亚基齿；第 1 刃间段明显长于第 2 刃间段（图 3-1H）。雄虫腹部 1–6 背板有时具黑斑；下生殖板端部窄截形；抱器长稍大于宽，端部圆钝（图 3-1F）；阳茎瓣端腹侧突狭长，长宽比大于 4，侧叶耳形，中部最宽，基腹钩显著（图 3-1E）。

分布：浙江（德清、长兴、安吉、杭州、临安、四明山、丽水、庆元、龙泉）、内蒙古、河北、山西、山东、河南、陕西、甘肃、江苏、上海、安徽、湖北、江西、湖南、福建、广东、广西、重庆、四川、贵州。

图 3-1　震旦黄腹三节叶蜂 Arge aurora Wei, 2021
A. 雌虫头部前面观；B. 雌虫头部背面观；C. 锯鞘背面观；D. 雄虫触角；E. 阳茎瓣；F. 生殖铗；G. 锯鞘侧面观；H. 锯腹片；I. 雄虫触角

（7）百山祖黄腹三节叶蜂 *Arge baishanzua* Wei, 1995（图 3-2）

Arge baishanzua Wei, 1995: 544.

主要特征：体长 5.0–8.0mm；触角黑色，两性头胸部和腹部第 1 背板、雌虫腹部端部 2–3 节和锯鞘全部、雄虫 7–10 背板大部分、7–9 节腹板、两性各足基节、转节和股节黑色，具金属蓝色光泽，胫节和跗节黑褐色；翅浅烟褐色，端部稍淡，雄虫翅亚透明，痣下具一不明显的烟褐色横带斑，翅痣黑色，前缘脉黄褐色；额区、颜面及唇基具细密刻点，后眶及上眶散布细小刻点；胸、腹部光滑，无明显刻点或刻纹；唇基前缘缺口三角形，侧角钝圆；唇基上区具发达中纵脊，侧脊锐利，下端会合；后单眼距微长于单眼后头距，显著短于单复眼距；触角细长，明显弯曲，端部微窄于基部，雄虫直立细毛短于鞭节宽；前翅 R+M 脉段明显短于 1r-m 脉，1Rs 室稍长于 2Rs 室，2r-m 脉均匀向外弯曲，2Rs 室上下缘近等长，cu-a 脉位于 1M 室下缘中部外侧，基臀室封闭；后翅 cu-a 脉交于 M 室下缘外侧 1/3，臀室柄长于 cu-a 脉 2 倍；雌虫锯鞘背面观各叶亚三角形，长约等于宽，外缘弧形弯曲；侧面观短于后足股节，亚基部明显凹入，端部三角形突出，末端较钝；锯腹片具 21 锯刃，端部背侧具明显缺口，基半部锯刃三角形突出，端半部锯刃明显倾斜，第 1 刃间段明显长于第 2 刃间段（图 3-2A）；雄虫下生殖板端部圆钝；抱器长等于宽，端部圆钝（图 3-2B）；阳茎瓣头叶上窄下宽，端腹侧突狭长，长宽比大于 2 小于 3，伸向前上方，侧叶窄长，下部明显宽于上部，尾突叶稍突出，基腹钩不明显（图 3-2C）。

分布：浙江（临安、四明山、浦江、庆元、龙泉）、河南、陕西、江苏、安徽、湖北、湖南。

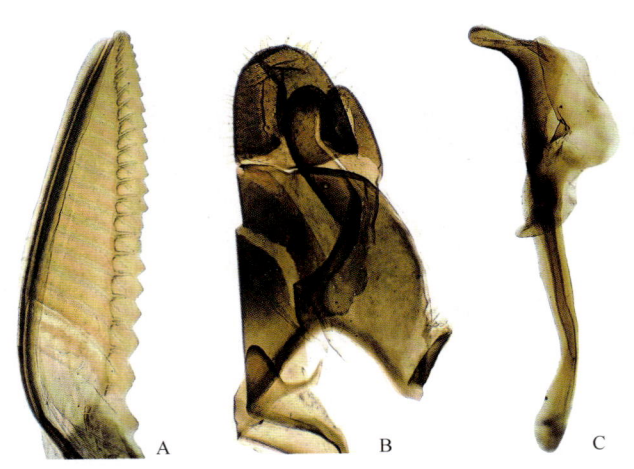

图 3-2　百山祖黄腹三节叶蜂 *Arge baishanzua* Wei, 1995
A. 锯腹片；B. 生殖铗；C. 阳茎瓣

（8）正齿多斑三节叶蜂，新种 *Arge brevibella* Wei, sp. nov.（图 3-3，图版 I-6）

雌虫：体长 13mm。体和足黄褐色；上颚端部、触角梗节端半部和鞭节全部黑色，无蓝色光泽（图 3-3E）；单眼区、中胸背板前叶全部、侧叶背侧、小盾片前部三角形斑、中胸前侧片除上侧 1/4 外（黑斑背缘中部上凸）、中胸后下侧片中部、后胸侧板中部小斑（图 3-3G）、腹部第 1 背板大斑、第 2 和第 4–7 背板背侧大部分、第 3 背板中部小斑、中后足股节端部 4/5、中足胫节端部和基跗节端部以及其余跗分节全部、后足胫节端部 2/5 和跗节全部黑色，并具明显的蓝紫色光泽；锯鞘内侧黑色，腹侧中部无黑褐色斑。体毛大部分黄褐色，触角鞭节毛、中后足股节和锯鞘内侧刺毛大部分黑色，胸部背板细毛暗褐色。翅透明，具明显的烟黄色光泽，前缘脉和 R1 脉、臀脉大部分浅褐色，翅痣和其余翅脉黑褐色。

头部表面光滑，有光泽；上颚基半部刻点粗大密集；唇基、颜面、内眶下部和额脊刻点稍大、较密集，上眶刻点较小，稍密，单眼后区刻点不明显，后眶刻点细小稀疏，额区底部光滑；前胸背板刻点细弱、模糊，中胸背板刻点细弱稀疏，小盾片大部分光滑，具少量细小刻点，盾侧凹光滑，无刻点刻纹；中后胸刻点不明显，表面光滑；中胸前侧片无明显刻点，表面光滑；中胸后上侧片具明显浅小刻点，后下侧片具微细刻纹；中胸腹板中部刻点较明显；后胸侧板无明显刻点或刻纹；腹部背板光滑无刻点，1–2 背板具极微弱的刻纹，腹部腹板和锯鞘光滑，无刻点或刻纹。

上唇端部钝截形，宽约 2 倍于长；唇基平坦，前缘缺口浅弧形；颜面部圆钝隆起无中纵脊；触角窝间侧脊低钝，向下近似平行，不会合，最宽处间距约 1.5 倍于前单眼直径（图 3-3C）；中窝圆形，明显，向上浅开口，与额区弱贯通；额区小，中部凹入部分弧形；额脊明显；颚眼距 0.6 倍于中单眼直径；复眼内缘平行，间距 1.1 倍于复眼长度，POL：OOL：OCL = 20：27：22；单眼后区平坦，宽 1.7 倍于长，侧沟浅弱，向后稍收敛；单眼后沟细弱，中沟宽浅；背面观头部在复眼后两侧缘几乎不膨大，长 0.65 倍于复眼长径

（图 3-3A）；头部侧面观见图 3-3B。触角（图 3-3E）较短，亚端部微弱膨大，几乎不弯曲，纵脊低弱，第 2 节宽等于长，第 3 节长 0.8 倍于胸部长，约 1.35 倍于头部宽。中胸背板前叶中纵沟浅弱，侧沟显著，小盾片宽 1.2 倍于长，前部 1/5 具短中纵沟；后胸淡膜区间距 0.2 倍于淡膜区长径。前翅 R 脉短，约 0.7 倍于 R+M 脉长，约 0.6 倍于 Sc 脉游离段，R+M 脉 0.5 倍于 1r-m 脉长，Rs 脉第 2 段明显长于第 3 段，Rs 脉第 3 段长 1.4 倍于第 4 段，1Rs 室明显长于 2Rs 室，2Rs 室上缘等长于下缘，2Rs 脉中部弧形鼓出，cu-a 脉交于 1M 室下缘基部 0.4，基臀室封闭。后翅 Rs 室 1.25 倍于 M 室长，M 室长约 2.1 倍于宽；臀室封闭，后翅臀室、臀室柄与 cu-a 脉的长度比为 80∶57∶27；前后翅外缘均无缨毛。中后足胫节均具 1 个亚端距；后足基跗节稍长于其后 3 跗分节之和。产卵器等长于后足股节，侧面观基部 1/3 处明显弯折，锯鞘侧面观见图 3-3D，背面观见图 3-3I；锯背片亚端部稍收窄（图 3-3K）；锯腹片宽大，节缝刺毛带狭窄，锯刃对称突出，第 2、3 锯刃完全对称，不向前倾斜（图 3-3J）。

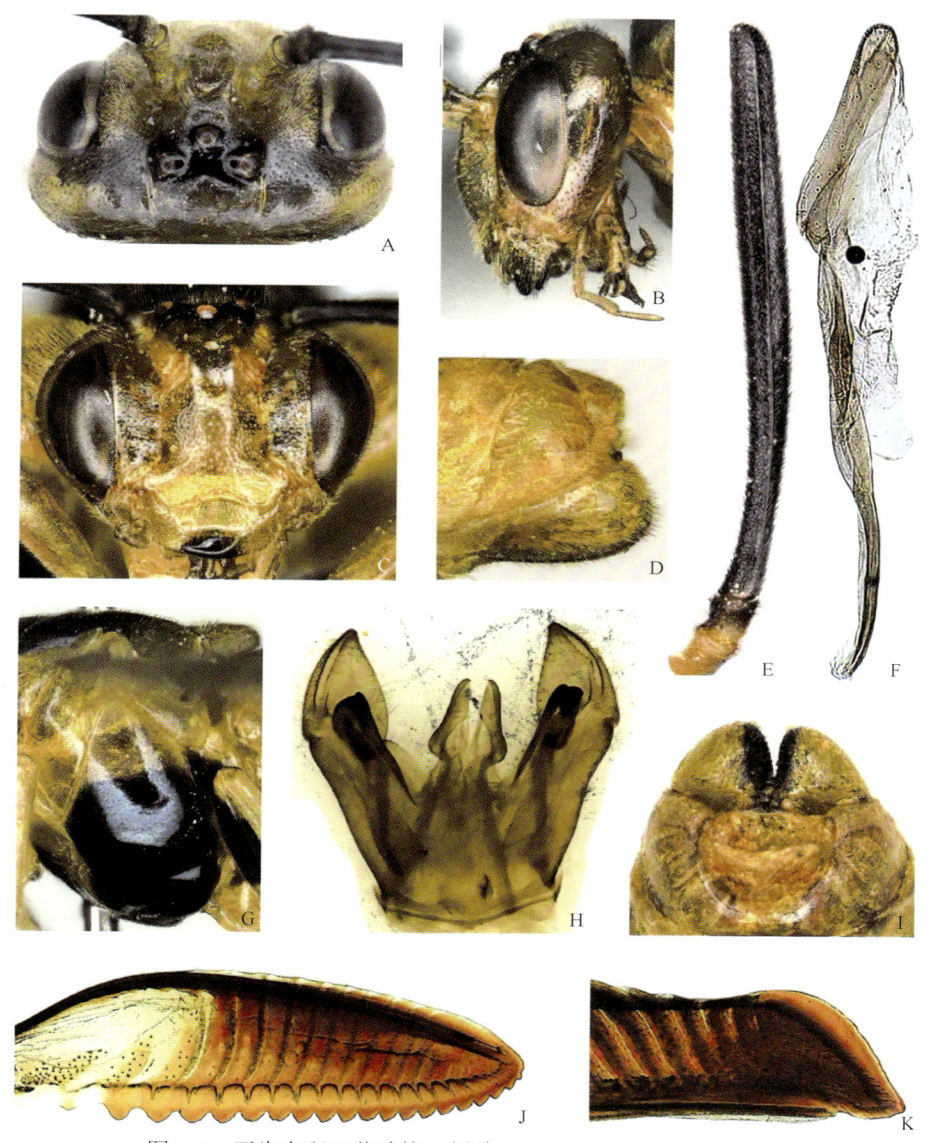

图 3-3 正齿多斑三节叶蜂，新种 *Arge brevibella* Wei, sp. nov.

A. 雌虫头部背面观；B. 雌虫头部侧面观；C. 雌虫头部前面观；D. 锯鞘侧面观；E. 雌虫触角；F. 阳茎瓣；G. 雌虫中胸侧板；H. 生殖铗；I. 锯鞘背面观；J. 锯腹片；K. 锯背片端部

雄虫：体长 10.0mm，体色和构造与雌虫类似，但单眼区黑斑稍大，小盾片全部、后小盾片和前胸侧板下半部黑蓝色，腹部第 3 背板黑斑几乎不短于第 4、5 节背板黑斑，第 8 背板中部具小型中位黑斑，前足股节具黑色条斑；背面观后头两侧稍收缩，颚眼距稍短于单眼直径，触角窝间侧脊较明显，触角鞭节较长，具长立毛；前翅前缘脉端半部黑褐色，R+M脉等长于R脉第1段；下生殖板宽大于长，端部近截形；抱器三角形，长稍大于宽（图3-3H）；阳茎瓣狭长，头叶稍倾斜，几乎不弯曲（图3-3F）。

分布：浙江（临安）、湖南。

词源：本种拉丁名指其与 A. bella 近似，但触角较短。

正模：♀，湖南桂东齐云山水电站沟，25°45.361′N、113°55.598′E，752m，2015.IV.4，晏毓晨、刘婷（ASMN）。副模：2♀，湖南桂东齐云山水电站沟，25°45.361′N、113°55.598′E，752m，2015.IV.4，张航、柳萌萌；1♀1♂，浙江西天目山，330–450m，2018.IV.5–15，毕文瑄；1♀，浙江临安西天目山禅源寺，30.323°N、119.442°E，405m，2017.IV.18，刘萌萌、高凯文、姬婷婷（ASMN）。

鉴别特征：本种翅痣黑色，后翅M室长大，头部单眼三角和腹部第3背板黑斑显著，前翅R+M脉明显长于R脉，单眼后区侧沟向后收敛等，比较近似 A. bella, sp. nov.，但本种触角明显短于胸部，梗节长等于宽，唇基缺口浅弧形，颚眼距0.6倍于中单眼直径，单眼后区宽约1.7倍于长，中胸前侧片黑斑上缘弧形上凸，后胸淡膜区后侧和锯鞘腹侧中部无黑斑，前翅1Rs室明显长于2Rs室，后翅臀室显著长于臀室柄，锯腹片基部锯刃对称突出，端部较钝等，与该种不同。

（9）双窝淡毛三节叶蜂 *Arge bifoveata* Wei, 2003（图3-4）

Arge bifoveata Wei, *in* Wei & Nie, 2003d: 173.

主要特征：雌虫体长10.0–11.0mm；体和足黑蓝色，具显著金属光泽；触角黑褐色，后足胫节基部2/5–3/5黄褐色，但最基端黑色；前翅烟褐色，基半部的中央烟色较淡，痣下具一边界不十分确定的黑色横带，在2M室内不变淡；翅脉和翅痣黑褐色，前缘脉浅褐色；体毛银色，触角毛、足毛和翅毛黑褐色至黑色；触角第3节自基部起向亚端部逐渐膨大，最宽处约2倍宽于基部，颜面中脊下端不会合；前翅Rs脉第3段长于第4段2倍，3r-m脉上部较外突，后翅臀室与臀柄长度比为45∶30；第7节腹板后缘平直，中部不突出；锯鞘背面观各叶长稍大于宽，亚三角形，端部不尖（图3-4C）；侧面观短于后足股节，腹缘亚基部稍弯曲，端部圆钝，背缘微弱弧形鼓起，腹缘弧形（图3-4B）；锯腹片简单，较宽长，节缝显著，无叶状节缝刺突，具窄刺毛带，锯刃倾斜突出，第1刃间段明显宽于第2刃间段。雄虫体长7.5–8mm；体色和构造类似雌虫；

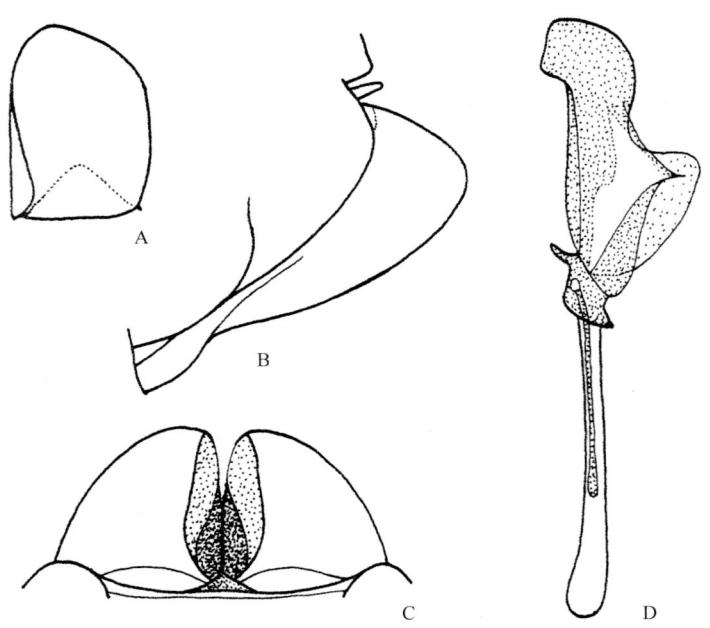

图3-4 双窝淡毛三节叶蜂 *Arge bifoveata* Wei, 2003（仿自魏美才和聂海燕，2003d）
A. 抱器；B. 锯鞘侧面观；C. 锯鞘背面观；D. 阳茎瓣

下生殖板端部圆钝；抱器长明显大于宽，外端角稍突出，内外缘较直（图 3-4A），副阳茎背缘不凹入；阳茎瓣头叶较窄，中部稍窄于端部，端部稍扭转，端腹缘平直，尾角高位突出（图 3-4D）。

分布：浙江（松阳）、湖南、福建。

（10）榆红胸三节叶蜂 *Arge captiva* (Smith, 1874)（图 3-5，图版 I-7）

Hylotoma captiva F. Smith, 1874: 376.

Arge captiva: Konow, 1905: 18.

Arge sanguinolenta Mocsáry, 1909: 4.

Arge captiva rufoscutellata Takeuchi, 1927a: 381.

主要特征：雌虫 10.0–11.0mm；体和足黑色，具较弱但明显的蓝色金属光泽，触角黑褐色，前中胸部背板和中胸侧板上部红褐色，小盾片后端有时黑色；翅烟褐色，具弱蓝紫色光泽，翅脉和翅痣黑色，痣下具小型烟色斑块；体毛大部分银褐色；体粗壮；颚眼距等于或稍窄于单眼直径；颜面强烈隆起，顶部宽圆，无中纵脊（图 3-5A）；中窝宽长，后端封闭，不与额区连通；侧脊较锐利，向下几乎不收敛，下端不会合；单眼后区微隆起，低于单眼平面，宽长比约为（2–3）:1；背面观后头两侧明显膨大（图 3-5B）；触角等长于胸部，鞭节长约 1.2 倍于头宽，亚端部显著膨大（图 3-5C）；前翅 R+M 脉短小，1r-m 脉下半部明显内倾，3r-m 脉弱弧形外鼓；后翅臀室 2 倍长于臀柄，臀柄稍长于 cu-a 脉 2 倍；锯鞘背面观各叶亚三角形，端部不尖；侧面观短于后足股节，腹缘稍弯曲；锯腹片简单，宽短，无叶状节缝刺突，具窄刺毛带；第 1 刃间段宽于第 2 刃间段，锯刃圆钝突出，具多数细小亚基齿（图 3-5F）。雄虫体长 7.0–8.0mm。触角约等长于头、胸部之和，立毛稍长于单眼直径（图 3-5D）；下生殖板端部钝截形；阳茎瓣见图 3-5E，端部三角形突出。

图 3-5 榆红胸三节叶蜂 *Arge captiva* (Smith, 1874)

A. 雌虫头部背面观；B. 雌虫头部前面观；C. 雌虫触角；D. 雄虫触角；E. 阳茎瓣；F. 锯腹片

分布：浙江（临安）、吉林、辽宁、内蒙古、北京、天津、河北、山西、山东、河南、陕西、宁夏、甘肃、上海、湖北、湖南、福建、广东、重庆、贵州；韩国，日本。

寄主：加拿大杨、榆树等多种植物。

（11）脊角黑毛三节叶蜂 *Arge carinicornis* Konow, 1902（图 3-6）

Arge carinicornis Konow, 1902: 386.

Arge magnicornis Wei & Nie, 2003d: 180, nec. Konow, 1902.

主要特征：雌虫体长 9–12mm；体黑色，除触角和翅外具强蓝色光泽，触角黑色，体毛黑褐色；翅深烟色，具强光泽，端部几乎不变淡，翅痣与翅脉黑色；体光滑，颜面具细小刻点和稀疏皱纹，虫体其余部分无明显刻点，唇基十分光滑；体毛短于单眼直径；唇基端部锐薄，缺口深约为唇基长的 1/4；颚眼距约等长于前单眼直径；颜面隆起，具明显的中脊；中窝较深，侧脊向下强烈收敛，下端低弱会合；中窝上端向额区完全开放；额区隆起，中部凹入；单眼后沟缺如，单眼后区强烈下沉，后头背面观两侧微膨大；触角几乎不短于头、胸部之和，第 3 节稍弯曲，端部 1/2 左右强烈侧扁膨大，末端尖，最宽处约 3 倍宽于基部，宽厚比约等于 3，纵脊十分锐利（图 3-6B、C）；中后足胫节各具 1 个亚端距；前翅 R+M 脉点状，Rs 脉第 3 段长约 2 倍于 Rs 第 4 段，3r-m 脉弧形弯曲，下端明显内倾，2Rs 室长约等于 1Rs 室，上缘长 1.3 倍于下缘；后翅臀室、臀柄长度比为 55 : 27；锯鞘背面观十分短宽，侧缘弧形鼓出（图 3-6A）；侧面观锯鞘短于后足股节，腹缘弯曲；锯腹片无长叶状节缝刺突，节缝具窄刺毛带，锯刃低钝隆起，具细小亚基齿；第 1 刃间段微长于第 2 刃间段。雄虫体长 8–10mm；触角第 3 节均匀侧扁，端部尖，最宽处微宽于第 2 节端部，触角毛明显长于单眼直径；下生殖板端部截形；阳茎瓣短宽，中部稍收窄，端部宽截形（图 3-6E）。

分布：浙江（安吉、临安、龙泉）、湖北、江西、湖南、福建、广东、广西、重庆、贵州；缅甸。

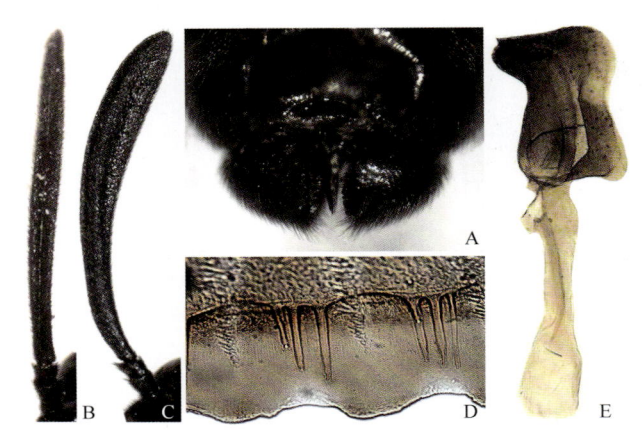

图 3-6　脊角黑毛三节叶蜂 *Arge carinicornis* Konow, 1902
A. 锯鞘背面观；B. 雌虫触角背面观；C. 雌虫触角侧面观；D. 锯腹片基部锯刃；E. 阳茎瓣

（12）陈氏淡毛三节叶蜂 *Arge cheni* Wei, 1999（图 3-7，图版 I-8）

Arge cheni Wei, *in* Wei, Wen & Deng, 1999: 25.

主要特征：雌虫体长 9.0–10.0mm；体黑色，具显著蓝色光泽；后足胫节白色，基端及端部 2/5 黑色；体毛大部分银褐色；翅浅烟褐色，端半部烟色稍深，翅脉和翅痣大部分黑褐色，翅痣下具与痣约等宽的烟色横带；唇基端缘缺口较宽深；颚眼距稍宽于单眼直径；颜面隆起，中纵脊显著；中窝深，与额区贯通；侧脊向下显著收敛并会合；POL=OOL；单眼后区明显隆起，中部约与单眼面持平，单眼后沟宽且明显，背面观后头几乎等长于复眼，两侧平行或微弱膨大；触角等长于胸部，基端细且弯曲，端部 2/3 处明显膨大并稍侧扁，端部迅速变尖，最宽处约 1.5 倍宽于第 2 节端部；前翅 R+M 脉很短，2Rs 约与 1Rs 等长，上缘微长于下缘（1.2∶1）；后翅臀室封闭，与臀柄长度之比为 1.5∶1；腹部第 7 腹板向后半圆形突出，约 2 倍长于第 6 腹板（图 3-7D）；锯鞘短于后足股节，背面观各叶宽大于长，端部圆钝（图 3-7A），侧面观见图 3-7G；锯腹片简单，端部背侧无缺口，节缝刺毛细长多列；中基部锯刃低台状突出，具 6–9 个不很规则的亚基齿（图 3-7A）；端部锯刃倾斜，具 8–9 个亚基齿（图 3-7E）。雄虫体长 6.5–7.5mm；抱器短，宽稍大于长，端部钝截形（图 3-7B）；阳茎瓣见图 3-7F，阳茎瓣头叶窄长弯曲，亚中部明显收窄。

分布：浙江（临安、磐安、开化）、河南、湖北、江西、湖南、福建、广东、广西。

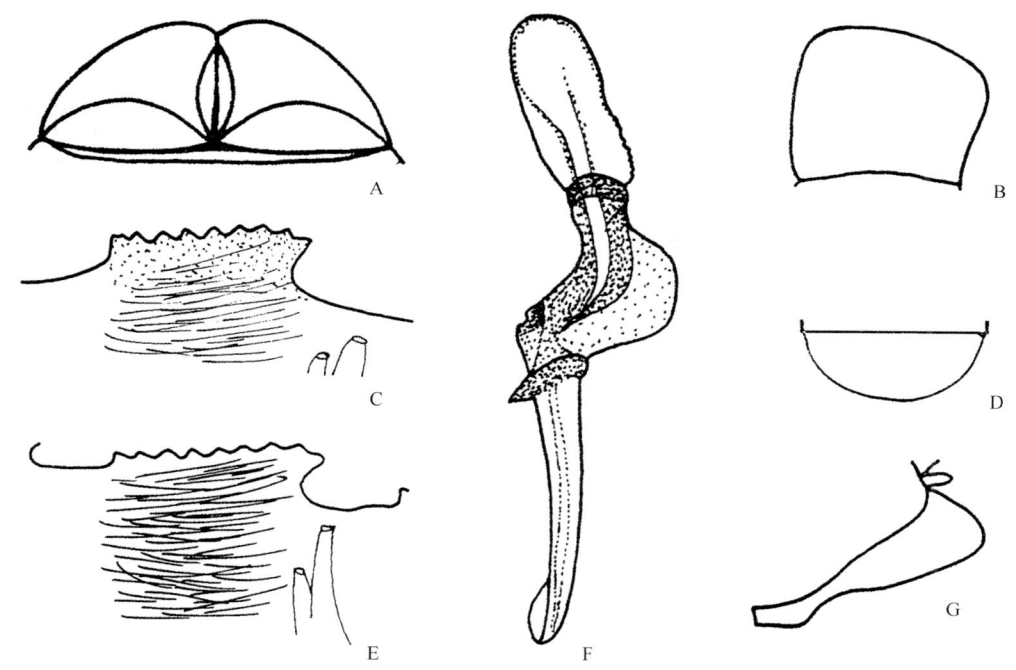

图 3-7 陈氏淡毛三节叶蜂 *Arge cheni* Wei, 1999（仿自魏美才和聂海燕，2003d）
A. 锯鞘背面观；B. 抱器；C. 锯腹片基部锯刃；D. 雌虫下生殖板；E. 锯腹片亚端部锯刃；F. 阳茎瓣；G. 锯鞘侧面观

（13）半刃黑毛三节叶蜂 *Arge compar* Konow, 1900（图 3-8，图版 I-9）

Arge compar Konow, 1900: 59.
Arge szechuanica Malaise, 1934a: 37.

主要特征：雌虫体长 7.5–10.0mm；体黑色，除触角外全体具很强的蓝色光泽；触角黑色；体毛黑褐色；翅深烟色，端部微变淡，具蓝紫色光泽，1r1 脉附近具小型黑色点斑，翅痣与翅脉黑色；头部颜面、唇基具明显的细小刻点；唇基端部锐薄，缺口约为唇基 1/2 长；颚眼距约等长于前单眼直径；颜面隆起，具明显的中脊；侧脊发达，强烈向下收敛，末端尖，会合；中窝底部具陷窝，上端封闭；单眼后沟十分显著；单眼后区稍隆起，宽长比小于 3；后头背面观两侧微膨大；触角约等长于胸部，端部几乎不膨大，末端钝尖，最宽处约 1.2 倍宽于基部（图 3-8A、B）；前翅 R+M 脉较短，2Rs 室稍长于 1Rs 室，上缘长 1.2 倍于下缘；后翅臀室和臀柄长度比为 43∶30；锯鞘背面观见图 3-8E，各叶内缘凹弧形；侧面观锯鞘短于后足股节，腹缘弯曲；锯腹片无长叶状节缝刺突，具窄刺毛带，第 1 刃间段长于第 2 刃间段（图 3-8C）；锯刃倾斜，端半部半透明（图 3-8G）。雄虫体长 6.0–7.0mm；下生殖板端部截形；抱器见图 3-8F；阳茎瓣见图 3-8D，头叶较窄，固化明显较弱，颈部较长。

分布：浙江（临安）、河北、山东、河南、陕西、江苏、安徽、湖北、江西、湖南、福建、广东、四川、贵州。

寄主：忍冬科金银花 *Lonicera* spp.。

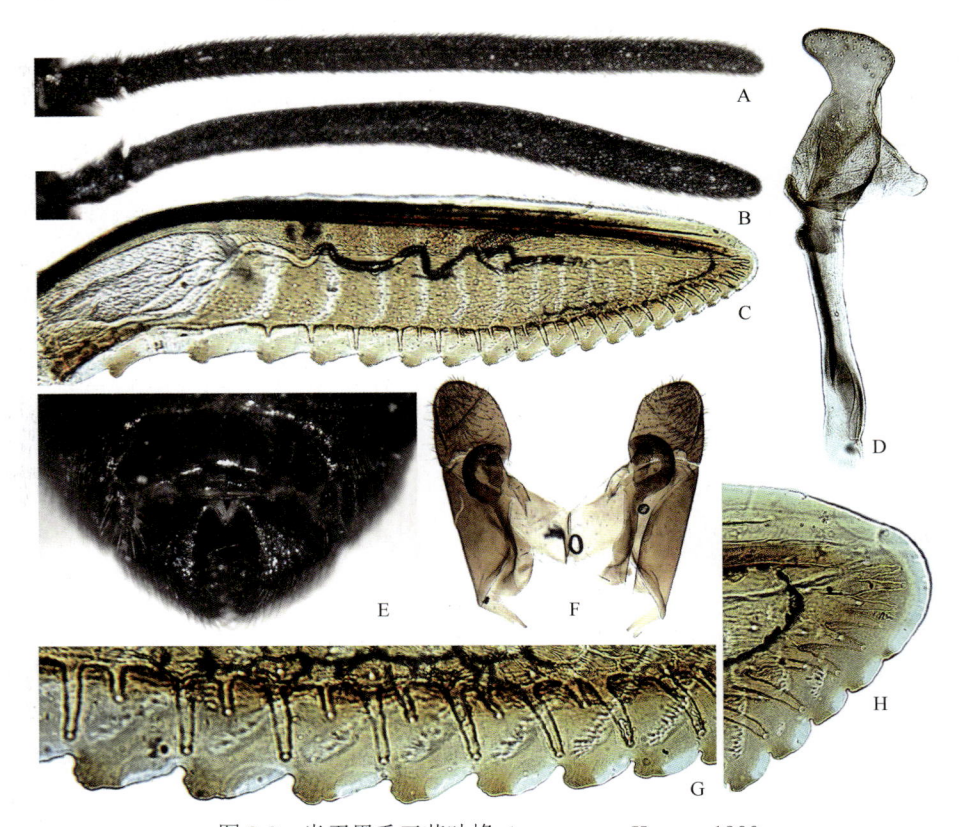

图 3-8　半刃黑毛三节叶蜂 *Arge compar* Konow, 1900
A. 雌虫触角侧面观；B. 雌虫触角背面观；C. 锯腹片；D. 阳茎瓣；E. 锯鞘背面观；F. 生殖铗；G. 第 8–14 锯刃；H. 锯腹片端部

（14）弯角淡毛三节叶蜂 *Arge curvatantenna* Wei, 2003（图 3-9）

Arge curvatantenna Wei, in Wei & Nie, 2003d: 172.

主要特征：雄虫体长 8.0mm；体和足黑蓝色，触角黑褐色，后足胫节基部 2/5 白色；前翅烟褐色，痣下具一边界不十分确定的烟色横带，2M 室较透明，翅脉和翅痣黑褐色；体毛大部分银色；头部唇基和颜面具均匀分布的细小刻点；颚眼距微宽于单眼直径；颜面中纵脊低钝，稍可分辨；侧脊锐利，下端聚敛并会合，上端具低弱横脊，向额区几乎开放；单眼后沟显著；后头两侧微膨大；触角第 3 节明显弯曲侧扁，显著长于胸部，最宽处稍宽于柄节端宽，末端稍尖出，立毛短于鞭节宽；胸部侧板具稍密很细小的刻点；前翅 R+M 脉段较短，2Rs 室等长于 1Rs 室，上缘不长于下缘，Rs 脉第 2、3、4 段几乎等长；后翅臀室与臀柄长度比为 7：5；下生殖板端部圆钝；阳茎瓣见图 3-9D，具下弯的鹤嘴形端突；抱器近圆形（图 3-9C）。雌虫体长 10.0mm；颜面中纵脊较为明显，触角第 3 节亚端部稍膨大；Rs 脉第 2、3 段长于第 4 段 2 倍，后翅臀室与臀柄长度比为 3：2；下生殖板后缘平直；锯鞘背面观见图 3-9A，侧面观短于后足股节，腹缘稍弯曲（图 3-9B）；锯腹片无叶状节缝刺突，具窄刺毛带；第 1 刃间段宽于第 2 刃间段。

分布：浙江（松阳）、湖南、广西、贵州。本种的福建记录是另外的种类。

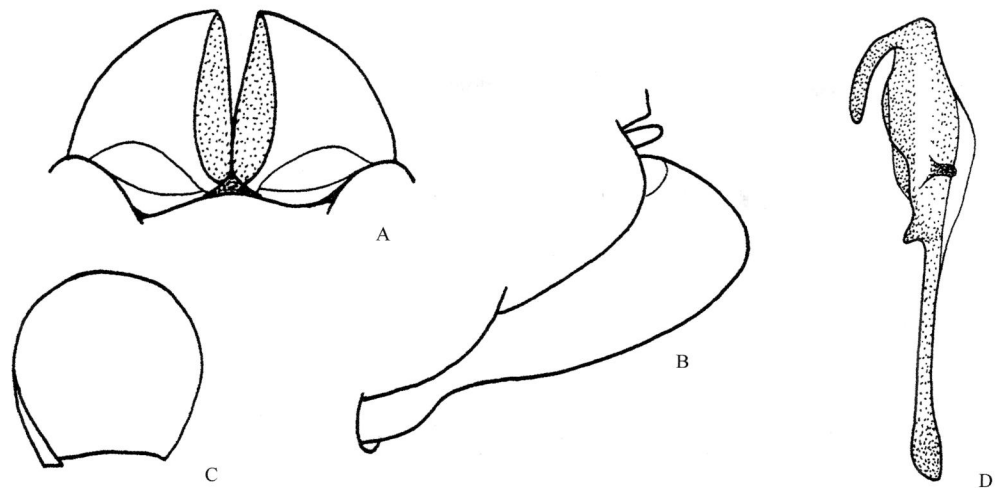

图 3-9 弯角淡毛三节叶蜂 *Arge curvatantenna* Wei, 2003（仿自魏美才和聂海燕，2003d）
A. 锯鞘背面观；B. 锯鞘侧面观；C. 抱器；D. 阳茎瓣

（15）齿瓣淡毛三节叶蜂 *Arge dentipenis* Wei, 1998（图 3-10）

Arge dentipenis Wei, in Wen & Wei, 1998: 107.

主要特征：雌虫体长 7.8–8.5mm；体黑色，具弱蓝色光泽，后足胫节基部 1/2 至 2/3 白色；前翅浅烟褐色，翅脉、翅痣黑褐色，痣下具宽而界限不明显的烟褐色横带；体毛短，银白色；触角第 3 节稍短于头、胸部之和，亚端部渐膨大，最宽处 1.8–2 倍宽于基部；唇基缺口深弧形，颜面中纵脊明显但不锐利；中窝上缘半封闭；侧脊向下强收敛会合；颚眼距 1.2 倍于单眼直径；后头两侧平行；单眼后沟细而明显；前翅 R+M 脉点状；Rs 第 3 段等长于 Rs 第 2 段，1.5–2 倍长于 Rs 第 4 段，2Rs 室上下缘约等长；后翅臀室长 1.5 倍于臀柄；锯鞘背面观见图 3-10C，侧面观见图 3-10E；锯腹片宽短，基部窄细，节缝刺毛带窄，第 1 刃间段长于第 2 刃间段，锯刃钝圆形突出，具细齿，第 8 锯刃见图 3-10A。雄虫体长 6.3–6.4mm；颚眼距不大于单眼直径，颜面具较锐利的中纵脊，后头两侧明显收缩，后翅臀室 1.2 倍于柄长，下生殖板端部圆钝，阳茎瓣见图 3-10D，端部尖出，尾叶短宽；抱器宽大于长，端部圆钝（图 3-10B）。

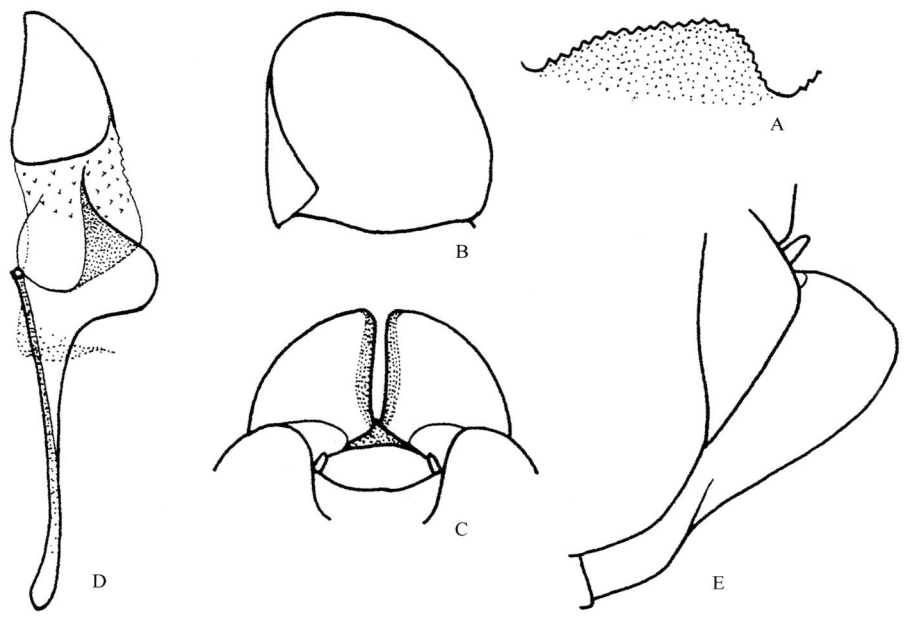

图 3-10 齿瓣淡毛三节叶蜂 *Arge dentipenis* Wei, 1998（仿自魏美才和聂海燕，2003d）
A. 第 8 锯刃；B. 抱器；C. 锯鞘背面观；D. 阳茎瓣；E. 锯鞘侧面观

分布：浙江（临安）、辽宁、河北、河南、陕西、安徽、湖北、江西、湖南、福建、广东、贵州、云南；韩国，日本。

（16）平直长鞘三节叶蜂，新种 *Arge erectotheca* Wei, sp. nov.（图 3-11，图版 I-10）

雌虫：体长 8.5mm；虫体包括足和触角柄节黑色，具明显蓝色光泽，触角梗节和鞭节黑色，无光泽；前翅浅烟褐色，翅脉、翅痣黑褐色，翅痣下具宽度稍窄于翅痣长的烟褐色横带，延伸到翅的下缘，占据 1R1 室端部、2R1 室基部 1/3、1Rs 室及 Cu2 室大部分，翅斑在 2M 室内不明显；体毛银白色，锯鞘毛黑褐色。

头部具稍稀疏的细小刻点，胸腹部光滑，无刻点和刻纹；唇基平坦，边缘薄，前缘缺口弧形，约为唇基长的 1/4；前面观复眼间距稍宽于复眼长径，颚眼距 1.1 倍于单眼直径；颜面隆起，中纵脊明显；中窝较深，上缘完全开放，底部具深沟，与短小的额区连通；中窝间侧脊高，上端不收敛，向下明显收敛并渐低，下端会合（图 3-11B、C）；额区很小，底部三角形，明显低于单眼平面；OOL：POL=4：5；背面观后头稍短于复眼，两侧后部微弱收窄；单眼后沟明显，中部前突；单眼后区不隆起，强烈下倾，宽长比约为 2.5，侧沟向后显著收敛（图 3-11A）；侧面观后眶明显窄于复眼横径；触角明显短于胸部，第 3 节长 1.2–1.3 倍于头部宽，亚端部几乎不膨大、不侧扁，最宽处约 1.4 倍于基部宽（图 3-11D）；中胸背板前叶无中纵沟；淡膜区间距为淡膜区长径的 1/3；前翅 R+M 脉很短；Rs 脉第 3 段稍长于第 2 段，约 2 倍于 Rs 第 4 段长；2Rs 室上缘微长于下缘，3r-m 脉于上部 1/3 处弧形外鼓；cu-a 脉中位偏外侧，基臀室封闭；后翅臀室长 1.2 倍于臀柄长；中后足各具 1 个亚端距，后足基跗节微长于其后 3 节之和；第 7 腹板后缘呈弧形强烈后突，腹面观锯鞘亚端部弧形弯曲，中间明显分离（图 3-11H）；背面观锯鞘各叶长显著大于宽，端部较尖，外缘微鼓（图 3-11G）；侧面观锯鞘腹缘平直，亚基部不弯折，端部狭窄，明显突出（图 3-11E）；锯腹片宽长，节缝刺毛带较宽，具 17–18 锯刃，第 1 刃间段长于第 2 刃间段，亚基部锯刃低弧形突出，中端部锯刃几乎平直，端部 5–6 锯刃连接（图 3-11F），亚基齿十分细小；第 7–9 锯刃见图 3-11I，纹孔下域高微大于长，纹孔 1 对；锯腹片端部背侧缺口浅弱（图 3-11J）。

雄虫：未知。

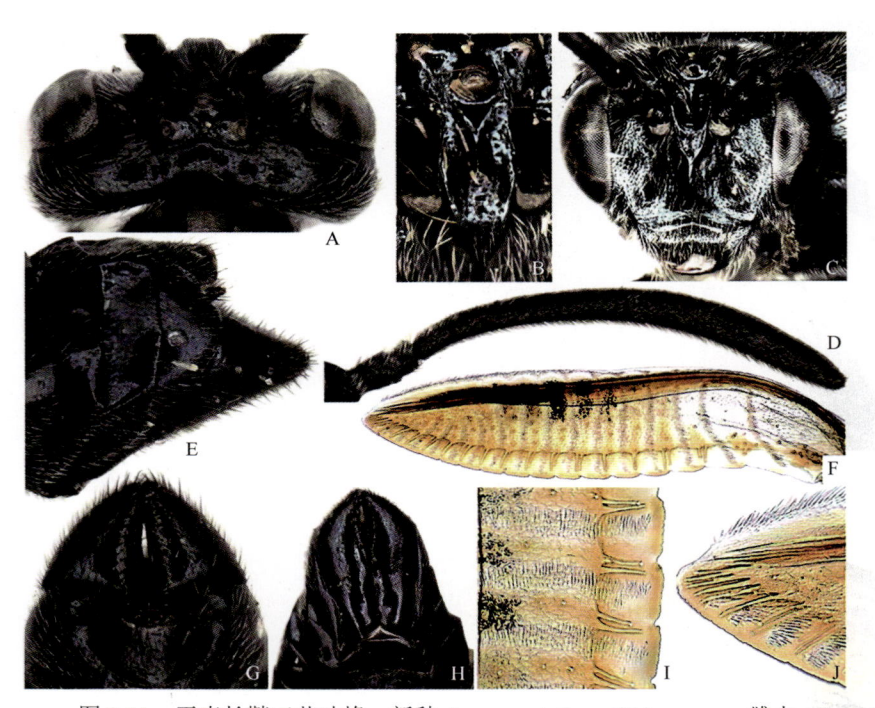

图 3-11 平直长鞘三节叶蜂，新种 *Arge erectotheca* Wei, sp. nov. 雌虫
A. 头部背面观；B. 触角窝间侧脊；C. 头部前面观；D. 触角；E. 锯鞘侧面观；F. 锯腹片；G. 锯鞘背面观；H. 下生殖板和锯鞘腹面观；I. 第 7–9 锯刃；J. 锯腹片端部

分布：浙江（长兴）。

词源：本种以其锯鞘腹缘平直这一特征命名。

正模：♀，浙江湖州长兴县水口乡顾渚村毛竹林，2015.V.24，马氏网诱，李泽建、施凯、刘金方（ASMN）。

鉴别特征：本种与洪氏长鞘三节叶蜂 *Arge hongweii* Wei, 1999 比较近似，但后足胫节全部黑色，前翅端部烟色微弱，触角细短，不侧扁，明显弯曲；锯鞘亚基部不弯折，锯腹片第 2 刃间段和中端部锯刃十分平直，锯腹片端部背缘具浅弧形缺口等，与后者明显不同。

（17）长角红胸三节叶蜂 *Arge flavicollis* (Cameron, 1876)（图 3-12，图版 I-11）

Hylotoma flavicollis Cameron, 1876: 460.
Arge flavicollis: Konow, 1905: 19.
Arge kolthoffi Forsius, 1927: 3.

主要特征：雌虫体长 10.5–12.5mm；体和足黑色，具明显的蓝色金属光泽，前胸和中胸背板以及中胸侧板上部红褐色；翅深烟褐色，具蓝紫色光泽，翅脉和翅痣黑色，痣下具小型深褐色斑；体毛银褐色；体形粗壮；头部前侧和背侧前部具细小刻点；颚眼距等于或稍窄于单眼直径；唇基缺口浅弧形；颜面强烈隆起，顶部宽圆，无中纵脊（图 3-12A）；中窝上端封闭，侧脊较锐利，向下几乎不收敛，渐低钝，下端不愈合；单眼后沟显著，单眼后区稍隆起，低于单眼平面，背面观后头两侧几乎不膨大（图 3-12B）；触角长，

图 3-12　长角红胸三节叶蜂 *Arge flavicollis* (Cameron, 1876)
A. 雌虫头部前面观；B. 雌虫头部背面观；C. 雌虫触角；D. 锯鞘背面观；E. 锯鞘侧面观；F. 锯腹片

第 3 节长 1.5 倍于头宽，亚端部稍膨大（图 3-12C）；前翅 R+M 脉短小，Rs 第 3 段约 2 倍于 Rs 第 4 段长，1r-m 脉下半部几乎不向内倾，3r-m 脉弱弧形外鼓，2Rs 室长于 1Rs 室，下缘明显长于上缘；后翅臀室 2 倍于臀柄长，臀柄稍长于 cu-a 脉 2 倍；下生殖板后缘中部微弱突出；锯鞘背面观见图 3-12D，端部不尖；侧面观短于后足股节（图 3-12E）；锯腹片宽短，无叶状节缝刺突，具窄刺毛带；第 1 刃间段宽于第 2 刃间段，基部锯刃圆钝突出，具多数细小亚基齿，中端部锯刃平直，互相连接（图 3-12F）。雄虫体长 7.5–8.5mm；触角约等长于头、胸部之和，中窝侧脊锐利，下生殖板端部钝截形。

分布：浙江（临安）、江苏、江西、福建、台湾、广东、广西；印度，泰国。

Shinohara 等（2009）将 *Arge flavicollis* 作为 *Arge captiva* 的次异名是不正确的。

（18）无斑直鞘三节叶蜂 *Arge geei* Rohwer, 1912（图 3-13，图版 I-12）

Arge geei Rohwer, 1912: 206.

主要特征：雌虫体长 8.0–9.0mm；体黑色，头、胸部具较强的蓝黑色光泽，腹部黄褐色，第 1 背板黑褐色；体背侧细毛和触角毛黑褐色，腹侧细毛银褐色，锯鞘毛黄褐色；翅深烟色，端部稍淡于基部，翅痣与翅脉黑色；颚眼距约等长于单眼直径；颜面隆起，无明显中脊（图 3-13E）；中窝上端向额区开放，单眼后区下沉，后头背面观两侧亚平行或微弱膨大（图 3-13A）；触角细，稍短于头、胸部之和，第 3 节稍弯曲侧扁，中端部不明显膨大（图 3-13B）；前翅 R+M 脉较短小，Rs 脉第 3 段 2–3 倍于 Rs 脉第 4 段，3r-m 脉在上缘 1/3 处弧形外鼓，2Rs 室明显长于 1Rs 室，上缘 1.3 倍长于下缘；后翅臀室、臀柄与 cu-a 脉长度比为 10∶7∶3；锯鞘背面观见图 3-13F，侧面观锯鞘长于后足股节，腹缘较直（图 3-13G）；锯腹片第 1 锯节节缝无叶状刺突，第 2 锯节叶状节缝刺突最长约等于锯节宽的 1/2，锯刃发达，具多数亚基齿（图 3-13H）。雄虫体长 5.5–7.0mm；触角见图 3-13C，颚眼距短于单眼直径，后头背面观两侧明显收缩；下生殖板端部截形；阳茎瓣见图 3-13D。

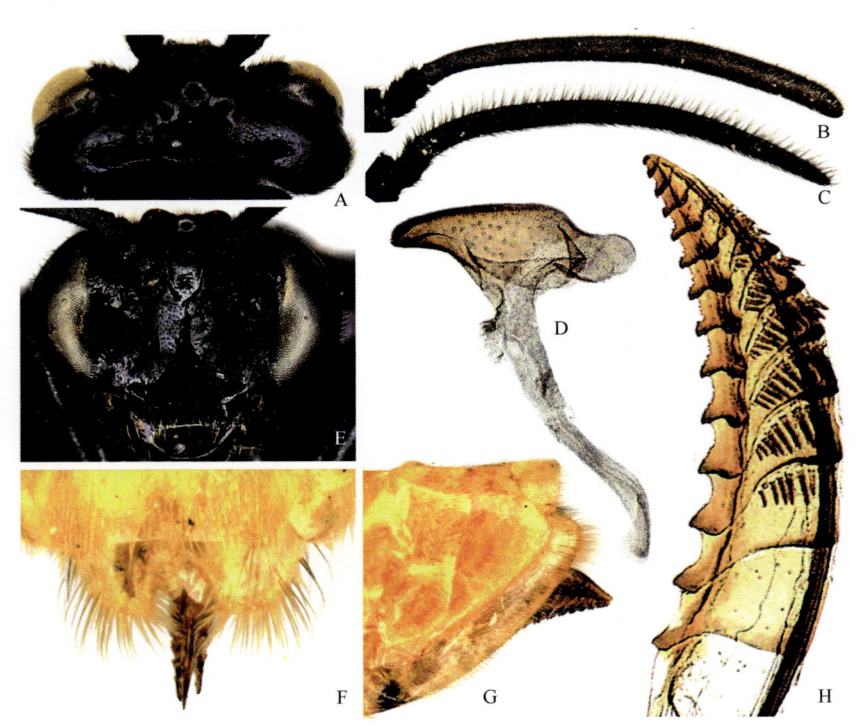

图 3-13 无斑直鞘三节叶蜂 *Arge geei* Rohwer, 1912

A. 雌虫头部背面观；B. 雌虫触角；C. 雄虫触角；D. 阳茎瓣；E. 雌虫头部前面观；F. 锯鞘背面观；G. 锯鞘侧面观；H. 锯腹片

分布：浙江（临安、浦江）、内蒙古、北京、河北、山西、山东、河南、陕西、宁夏、甘肃、江苏、安徽、湖北、江西、湖南、福建、台湾、广东、广西、重庆、四川、贵州。

寄主：蔷薇科蔷薇属多种植物。

（19）洪氏长鞘三节叶蜂 *Arge hongweii* Wei, 1999（图 3-14）

Arge hongweii Wei, in Wei & Nie, 1999b: 173.

主要特征：雌虫体长 11.0–12.0mm；虫体金属蓝黑色，仅后足胫节内侧基部 2/3 白色；体毛银色；翅基半部透明，端半部浅烟褐色，翅痣下具方形深烟色暗斑，2M 室无烟斑，翅痣和翅脉黑色；颚眼距微窄于单眼直径；颜面隆起，中脊发达，较锐利；中窝上端开放，侧脊高，向下收敛，下端会合呈 Y 形；单眼后区中部稍隆起，宽长比稍大于 2，单眼后沟十分显著；背面观后头两侧前半部微膨大，后半部明显收敛；触角短于胸部长，第 3 节明显弯曲，稍短于中胸背板，基部细，亚端部显著侧扁；前翅 R+M 脉段点状，2Rs 室显著长于 1Rs 室，2Rs 室上缘 1.2 倍长于下缘；后翅臀室：臀室柄：cu-a 脉=55：35：12；腹部第 7 腹板中部延长（图 3-14D）；锯鞘稍短于后足股节，背面观见图 3-14A，侧面观见图 3-14B；锯腹片节缝无叶刺，具短小刺毛，锯刃低钝隆出，第 1 刃间段宽于第 2 刃间段。雄虫体长 8.0–9.0mm，下生殖板端部钝截形；阳茎瓣见图 3-14E；抱器长稍大于宽，外端角稍尖出（图 3-14C）。

分布：浙江（临安、泰顺）、河南、安徽、江西、湖南、福建、广东、广西。

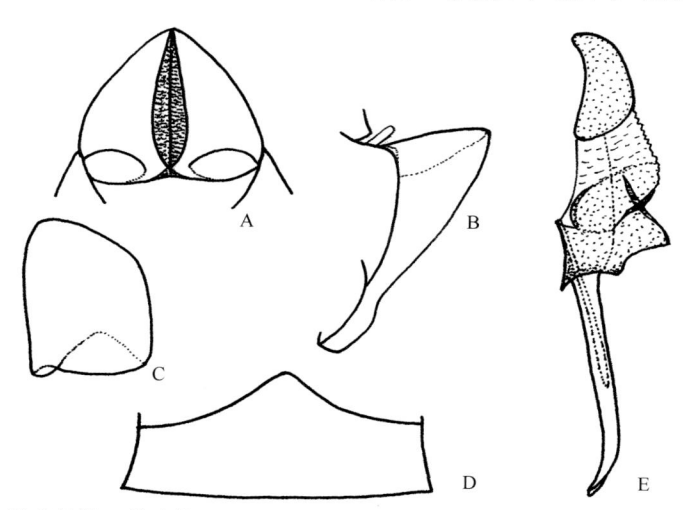

图 3-14 洪氏长鞘三节叶蜂 *Arge hongweii* Wei, 1999（仿自魏美才和聂海燕，1999b）
A. 锯鞘背面观；B. 锯鞘侧面观；C. 抱器；D. 雌虫第 7 腹板；E. 阳茎瓣

（20）片角黑毛三节叶蜂 *Arge imitator* Takeuchi, 1939（图 3-15）

Arge imitator Takeuchi, 1939: 406.

主要特征：雌虫体长 10.0mm；体黑色，具很强的蓝色光泽；体毛黑褐色；翅深烟色，具显著光泽，端部不变淡，翅痣与翅脉黑色；体光滑，颜面和唇基具细小刻点和明显皱纹；颚眼距稍短于前单眼直径；颜面隆起，具明显中脊；侧脊发达，向下强烈收敛会合；中窝上端向额区完全开放；单眼后沟缺如，单眼后区强烈下沉；后头背面观两侧稍膨大；触角稍短于头、胸部之和，第 3 节端部几乎不侧扁膨大，最宽处约 1.2 倍宽于基部；前翅 R+M 脉点状，Rs 脉第 3 段约 3 倍于 Rs 第 4 段，3r-m 脉弧形弯曲，2Rs 室长于 1Rs 室，上缘长 1.2 倍于下缘；后翅臀室、臀柄长度比为 25：13；锯鞘背面观见图 3-15A；侧面观锯鞘短于后足股节，腹缘弯曲（图 3-15C）；锯腹片无长叶状节缝刺突，具窄刺毛带，锯刃低钝隆起，具多数细小亚基齿，第 1 刃间段微长于第 2 刃间段。雄虫体长 7.0–9.0mm；体蓝色光泽稍弱，触角长于头、胸部之和；下生殖板端部具较宽缺口；抱器窄长见图 3-15D；阳茎瓣见图 3-15B，端突平扁。

分布：浙江（临安）、吉林、辽宁、河南、湖北、江西、湖南、福建、广西、四川、贵州；日本。

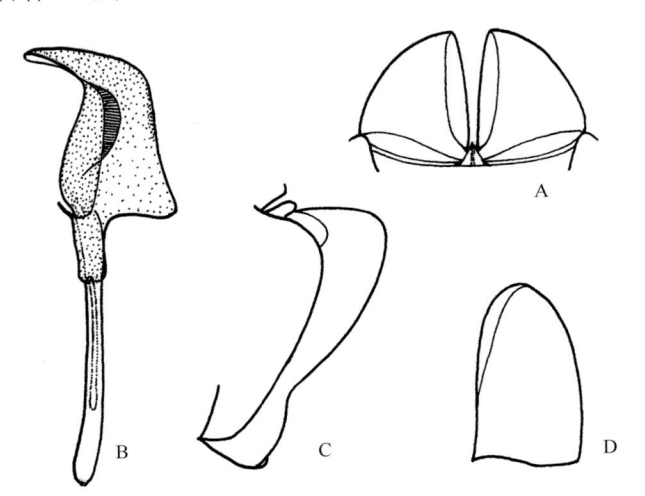

图 3-15 片角黑毛三节叶蜂 *Arge imitator* Takeuchi, 1939
A. 锯鞘背面观；B. 阳茎瓣；C. 锯鞘侧面观；D. 抱器

(21) 江氏黑足三节叶蜂 *Arge jiangi* Wei, 1997（图 3-16）

Arge jiangi Wei, *in* Wei & Wen, 1997: 26.

主要特征：雌虫体长 11.5–12.0mm；体蓝黑色，蓝色光泽极强，体及足毛银色；翅透明，痣下具宽烟色横带，横带在 2M 室内较模糊，翅痣和翅脉黑色；体光滑，体毛短于单眼直径；唇基缺口浅圆，颚眼距稍短于单眼直径；唇基上区圆钝隆起，无中脊；侧脊向下收敛，末端圆钝，结合部低钝；中窝上端几乎封闭，仅以小沟与额区相连；单眼后沟显著弯曲，单眼后区宽长比稍大于 2；后头两侧稍收缩；触角等长于胸部背板，第 3 节显著弯曲，最宽处约 1.3 倍宽于第 2 节；前翅 R+M 脉点状；2Rs 室显著长于 1Rs 室，上下缘几乎等长；3r-m 脉中部明显外鼓；后翅臀室长 1.6 倍于臀室柄；下生殖板端缘平截；锯鞘背面观短钝，互相靠近（图 3-16B），侧面观短于后足股节，亚基部明显凹入，端部圆钝（图 3-16C）。锯腹片较宽短，无长刺；锯刃倾斜，稍突出，端部 6 锯刃连接，中部锯刃见图 3-16A。雄虫未知。

分布：浙江（开化、丽水）、湖北、江西、湖南、福建、广东、广西、重庆。

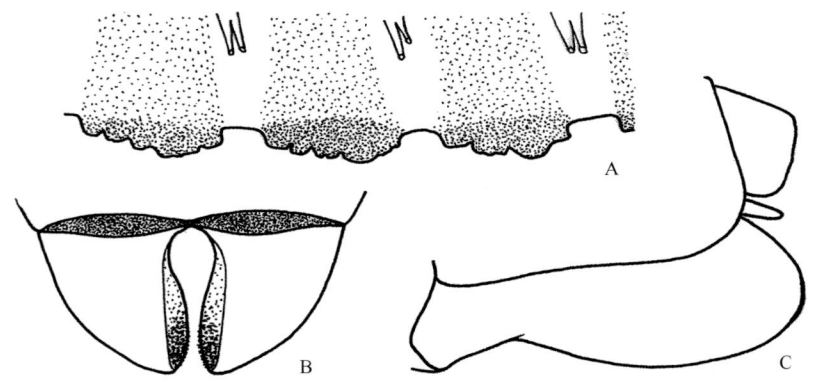

图 3-16 江氏黑足三节叶蜂 *Arge jiangi* Wei, 1997（仿自 Wei and Wen, 1997）
A. 中部锯刃；B. 锯鞘背面观；C. 锯鞘侧面观

第三章 叶蜂亚目 Tenthredinomorpha

（22）舌板淡毛三节叶蜂 *Arge lingulopygia* Wei & Nie, 1998（图 3-17）

Arge lingulopygia Wei & Nie, 1998b: 351.

主要特征：雌虫体长 12–13mm；体蓝黑色，具强光泽，仅后足胫节内侧基部 2/3 白色；体毛银褐色；翅淡烟褐色，翅痣下具深烟色暗斑，2M 室非烟褐色，翅痣和翅脉黑色；唇基端缘缺口浅弧形，颚眼距等于单眼直径；复眼间距等于眼高；颜面隆起，具细小刻点，中脊发达，较锐利；中窝上端开放，侧脊高，向下收敛，下端会合呈 Y 形；单眼后区稍隆起，宽长比等于 2；单眼后沟十分显著，中部向前弯曲；背面观后头两侧亚平行；触角短于胸部，第 3 节明显弯曲，基部细，亚端部侧扁，1.6–1.7 倍宽于基部；前翅 R+M 脉段点状，1M 室无背柄，2Rs 室不短于 1Rs 室，3r-m 脉下部 3/4 处内斜，2Rs 室上缘长 1.3 倍于下缘，Rs 脉第 3 段接近 3 倍于第 4 段长；后翅臀室柄 2 倍于 cu-a 脉长，显著短于臀室；腹部较狭长，第 7 腹板强烈延长成舌状（图 3-17A）；锯鞘显著短于后足股节，侧面观见图 3-17B，背面观见图 3-17C；锯腹片节缝无叶刺，具短刺突列；锯刃低钝隆出，第 1 刃间段宽于第 2 刃间段；雄虫体长 7–7.5mm；下生殖板端部圆钝，阳茎瓣见图 3-17D；抱器长微大于宽，端部圆钝，外端角不突出。

分布：浙江（安吉、临安）、河南、安徽、湖南、福建、广东、广西、贵州。

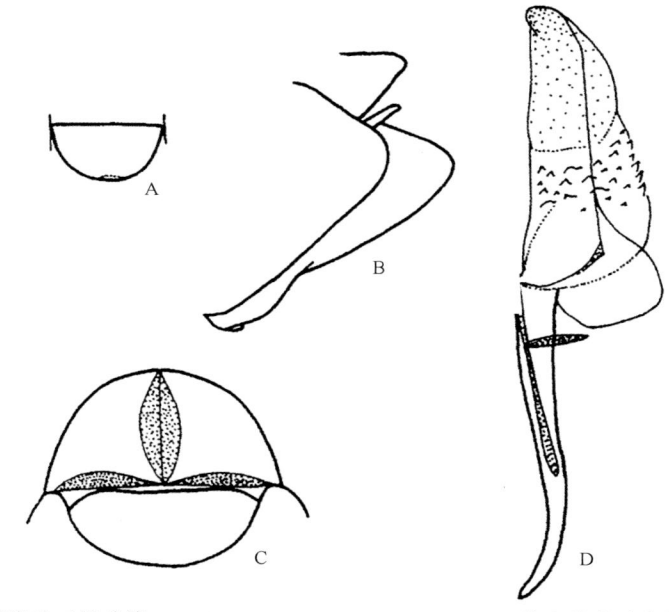

图 3-17 舌板淡毛三节叶蜂 *Arge lingulopygia* Wei & Nie, 1998（仿自魏美才和聂海燕, 1998b）
A. 雌虫第 7 腹板；B. 锯鞘侧面观；C. 锯鞘背面观；D. 阳茎瓣

（23）高域环腹三节叶蜂 *Arge listoni* Wei, 2020（图 3-18，图版 I-13）

Arge listoni Wei, *in* Chen *et al.*, 2020: 53.

主要特征：雌虫体长 8.0–9.0mm；体黑色，头胸部具弱铜色金属光泽（图 3-18A），触角鞭节暗红褐色（图 3-18C），腹部第 2 节全部、第 3 节大部分或全部黄褐色；中足胫节基部 4/5、后足胫节基部 3/5 白色；体毛银色；翅烟褐色透明，翅痣和翅脉黑褐色，痣下具在 2M 室完全中断的烟色横带斑；唇基和颜面具密集刻点，额区高度光滑，胸部侧板和腹部背板光滑，无刻点刻纹；颚眼距等长于前单眼直径；颜面强烈隆起，具较低但明显的中纵脊（图 3-18B），中窝上端与额区连通；额区中部凹入；单眼后沟模糊，单眼后区不隆起；背面观后头两侧稍收缩，约等于复眼 1/2 长（图 3-18A）；触角等长于胸部，第 3 节向端部稍微逐渐加宽，最宽处约 1.5 倍于基部宽；前翅 R+M 脉段约为 1r-m 脉 1/2 长，1Rs 室显著短于 2Rs 室，2Rs 室上缘长 1.1 倍于下缘，Rs 第 3 段 2.8 倍于 Rs 第 4 段长；后翅臀室 1.75 倍于臀室柄长；腹部第 7 节腹板后缘平直；锯鞘侧面观微短于后足股节，亚基部明显凹入，腹缘弧形弯曲（图 3-18D）；背面观锯鞘各叶亚三角形，长约等于宽，端部不尖出（图 3-18F）；锯腹片见图 3-18E，端部锯刃连接（图 3-18G），基部锯刃互相远离，第 1、2 锯刃间距最宽（图 3-18H）。雄虫体长 6.5mm；腹部全部蓝黑色，头胸部无铜色光泽；颜面中纵脊高，中窝窄长，上缘具半封闭的横脊；额区长等于宽；下生殖板宽大于长，端部截形；生殖铗见图 3-18I；阳茎瓣见图 3-18J。

分布：浙江（临安）、山西、山东、河南、陕西、甘肃、湖北、湖南、重庆。

图 3-18　高域环腹三节叶蜂 *Arge listoni* Wei, 2020（引自 Chen *et al.*, 2020，有删减）
A. 头部背面观；B. 头部前面观；C. 触角；D. 锯鞘侧面观；E. 锯腹片；F. 锯鞘背面观；G. 锯腹片端部腹侧；H. 基部锯刃；I. 生殖铗；J. 阳茎瓣

（24）简瓣淡毛三节叶蜂 *Arge melanocephalia* Wei & Nie, 1998（图 3-19）

Arge melanocephalia Wei & Nie, 1998b: 352.

主要特征：雌虫体长 11.0mm；体黑色，胸、腹部蓝色光泽不明显；后足胫节基部腹侧 2/3 白色，外侧基端白色；翅浅烟色，翅痣下具完整的烟褐色横带，2M 室内烟色稍变淡；前缘脉黑褐色，翅痣黑色；体毛银色；唇基端缘不薄，缺口深三角形；颚眼距微宽于单眼直径，颜面圆钝隆起，无中脊，中窝与额区连通；侧脊低，亚平行，下端不会合；单眼后区稍隆起，宽长比大于 2，单眼后沟宽浅；背面观后头稍膨大，几乎与复眼等长；触角与胸部等长，第 3 节亚端部显著膨大，2 倍宽于基部；前翅 R+M 脉段等于 Sc 脉一半长，1M 室无背柄，1Rs 室长于 2Rs 室，2Rs 室上缘约等长于下缘；后翅臀室柄与臀室长度比为 2：3；第 7 腹板后缘截形；锯鞘显著短于后足股节，侧面观中部下侧明显凹入，端缘斜截，顶端稍钝（图 3-19A）；背面观锯鞘各叶长稍大于宽，端部稍突出（图 3-19B）。雄虫体长 8.0mm，下生殖板端部亚截形，阳茎瓣见图 3-19C。

分布：浙江（安吉、龙泉）、河南、湖南、广西、重庆。

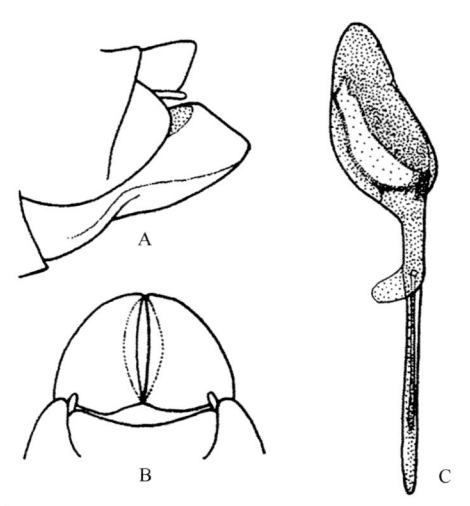

图 3-19 筒瓣淡毛三节叶蜂 *Arge melanocephalia* Wei & Nie, 1998（引自魏美才和聂海燕，1998b）
A. 锯鞘侧面观；B. 锯鞘背面观；C. 阳茎瓣

（25）刻颜黄腹三节叶蜂 *Arge obtusitheca* Wei, 1999（图 3-20）

Arge obtusitheca Wei, in Wei & Nie, 1999b: 178.

主要特征：雌虫体长 8.0mm；头胸部和足黑色，具显著蓝色光泽；腹部黄褐色，第 1 背板大部分和锯鞘内侧黑褐色，2-6 背板中央有时具模糊黑色斑纹；体毛黑褐色，颜面和中胸腹板细毛浅褐色，腹部腹板和锯鞘毛黄褐色。翅深烟褐色，翅痣和翅脉黑色；唇基后部具横脊，端缘缺口深弧形；颚眼距 0.9 倍于侧单眼直径；颜面强烈隆起，具锐利中纵脊；中窝上端与额区之间具较低的横脊，半开放；侧脊低，向下强烈收敛，端部会合；后头背面观前部两侧平行，后部收缩，短于复眼；颜面部具密集刻点和不很密的皱纹；

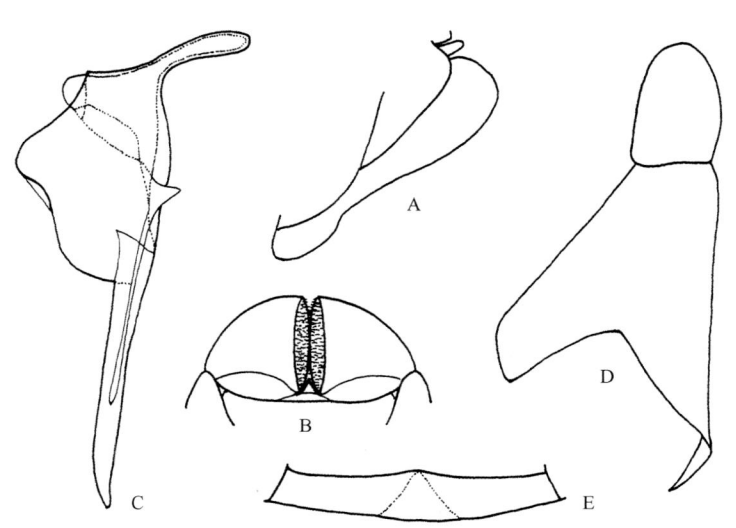

图 3-20 刻颜黄腹三节叶蜂 *Arge obtusitheca* Wei, 1999（引自魏美才和聂海燕，1999b）
A. 锯鞘侧面观；B. 锯鞘背面观；C. 阳茎瓣；D. 生殖铗；E. 雌虫第 7 腹板

触角细长，第 3 节稍长于胸部背板，亚端部不膨大，不侧扁；前翅 R+M 脉短于 Sc，2Rs 室微长于 1Rs 室，上缘 1.3 倍长于下缘；后翅臀室封闭，臀室、臀室柄、cu-a 脉长度比为 37：25：12；腹部背板光滑，下生殖板端部近似截形（图 3-20E）；锯鞘背面观亚三角形，端部不尖出（图 3-20B）；侧面观短于后足股节，亚基部曲折，端部宽圆（图 3-20A）；锯腹片无粗大缝刺，第 2、3 锯刃间距显著长于 1、2 锯刃间距。雄虫体长 7.0mm；腹部背板大部分黑褐色，下生殖板端部宽截形；抱器和副阳茎见图 3-20D；阳茎瓣见图 3-20C，端突狭长，伸向前上方。

分布：浙江（临安、四明山、龙泉）、河南、湖北、江西、湖南、福建、广西、贵州。

（26）玫瑰直鞘三节叶蜂 *Arge pagana* (Panzer, 1797)（图 3-21，图版 II-1）

Tenthredo pagana Panzer, 1797: 16.

Arge pagana: Konow, 1905: 20.

Tenthredo tricolor Gmelin, 1790: 2657.

Tenthredo nigripennis Panzer, 1804: 168.

Hylotoma flaviventris Fallén, 1807: 202.

Hylotoma assimilis Radoszkowsky, 1889: 232.

主要特征：雌虫体长 7.0–8.5mm；体黑色，头、胸部具微弱的蓝色光泽，腹部黄褐色，第 1 背板黑褐色；体背侧细毛黑褐色，腹侧细毛银褐色，锯鞘毛黄褐色；翅深烟色，端部稍淡，翅痣与翅脉黑色；颚眼距约等长于单眼直径；颜面隆起，无明显中脊（图 3-21A）；中窝上端向额区开放；后头背面观两侧亚平行（图 3-21C）；触角细，稍短于头、胸部之和，最宽处约 1.3 倍宽于基部（图 3-21G）；前翅 R+M 脉稍短于

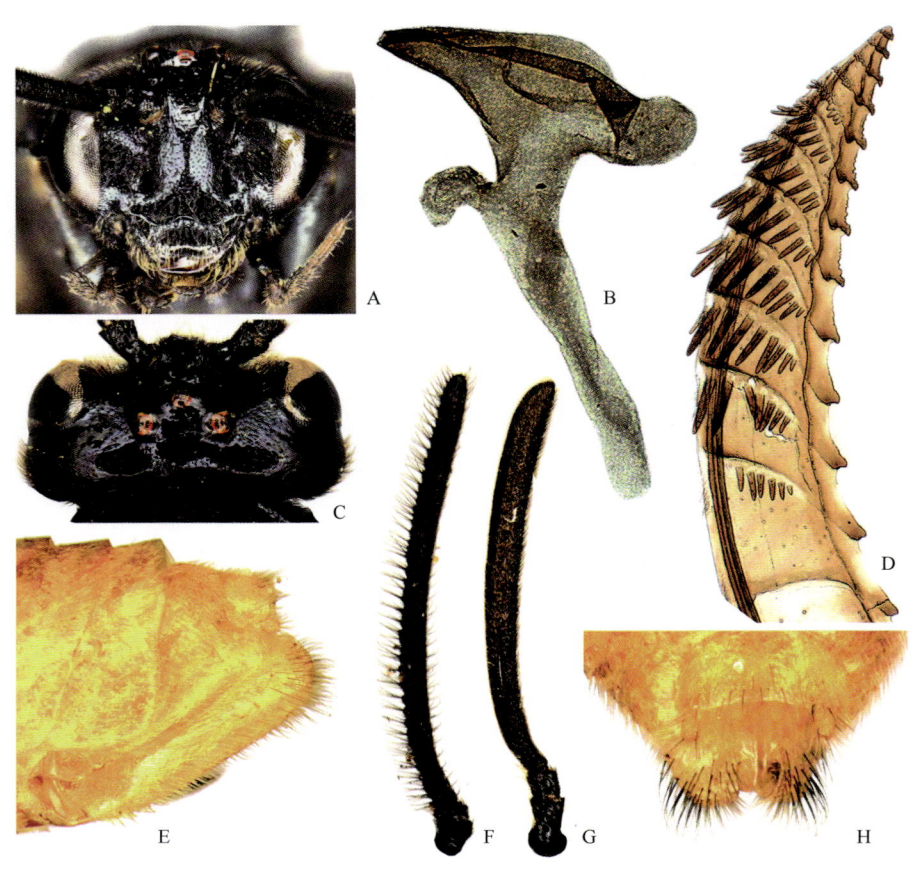

图 3-21 玫瑰直鞘三节叶蜂 *Arge pagana* (Panzer, 1797)（德国标本）
A. 头部前面观；B. 阳茎瓣；C. 头部背面观；D. 锯腹片；E. 锯鞘侧面观；F. 雄虫触角；G. 雌虫触角；H. 锯鞘背面观

Sc 脉游离段，Rs 脉第 3 段长 2–3 倍于 Rs 第 4 段，2Rs 室明显长于 1Rs 室，上缘长 1.3 倍于下缘；后翅臀室、臀柄与 cu-a 脉长度比为 40：28：13；锯鞘背面观见图 3-21H；侧面观锯鞘长于后足股节，腹缘直，端部圆钝（图 3-21E）；锯腹片第 1 锯节中上部具长叶状节缝刺突 5 或 6 枚，最上端粗刺约等长于第 2 锯节背缘 1/3 长，锯刃具多数亚基齿（图 3-21D）。雄虫体长 5.0–7.0mm；触角见图 3-21F；颚眼距稍短于单眼直径，后头背面观两侧明显收缩；下生殖板端部截形；阳茎瓣见图 3-21B。

分布：浙江（临安）、内蒙古、北京、河北、山西、山东、河南、陕西、宁夏、甘肃、安徽。本种是欧洲常见叶蜂种类。中国北方有分布，但与欧洲种群已经有遗传分化。在中国南方的分布记录需要核实，可能多数是无斑直鞘三节叶蜂 *A. geei* 的错误鉴定。

寄主：蔷薇科蔷薇属植物。欧洲常见园林花卉害虫。

(27) 黑痣环腹三节叶蜂 *Arge paracincta* Wei, 2005（图 3-22，图版 II-2）

Arge paracincta Wei, 2005a: 448.

主要特征：雌虫体长 12.0mm；头部、胸部侧板和足具较强蓝色光泽，胸部背侧和腹部具较弱蓝色光泽；前胸背板横沟中部、翅基片大部分、小盾片后缘和邻近的盾侧凹浅褐色，腹部第 3–4 节全部和各足胫节大部分白色；头部、胸部细毛浅褐色；前翅烟黄色透明，痣下具紫烟色大型横斑，顶端伸达翅顶角，腹侧不超过 M 脉；前缘脉暗褐色，翅痣和其余翅脉黑色（图 3-22C）；体较粗壮，头部、胸部被密短细毛；唇基缺口深窄，颚眼距明显短于单眼直径；颜面显著隆起，具明显中脊；复眼间距窄于眼高；中窝浅平，上端封闭，侧脊向下显著收敛，下端闭合；单眼后沟显著，后头两侧收缩；触角稍长于头部、胸部之和，第 3 节大部分显著膨大侧扁；前翅 R+M 脉段点状，2Rs 室长于 1Rs 室，上缘微长于下缘；后翅臀室稍长于臀室柄；腹部基部 4 节光裸无毛；锯鞘十分短钝，背面观见图 3-22A，侧面观腹缘弧形凸出，端部圆钝（图 3-22B）；锯腹片中部显著宽于基部和端部，无叶状节缝刺突，锯刃低，微弱倾斜突出（图 3-22D）。雄虫未知。

分布：浙江（龙泉）、贵州。

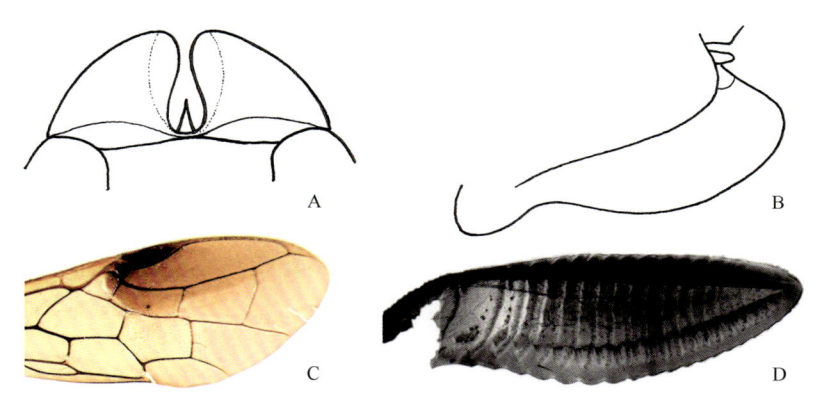

图 3-22 黑痣环腹三节叶蜂 *Arge paracincta* Wei, 2005
A. 锯鞘背面观；B. 锯鞘侧面观；C. 前翅翅斑；D. 锯腹片

(28) 扁角黑毛三节叶蜂 *Arge parasimilis* Wei, 2003（图 3-23）

Arge parasimilis Wei, in Wei & Nie, 2003d: 177.

主要特征：雌虫体长 9.0–11.0mm；体黑色，具强蓝色光泽，体毛黑褐色；翅深烟色，端部微变淡，翅痣与翅脉黑色；颜面具细小刻点，唇基十分光滑；颚眼距约等长于前单眼直径；颜面隆起，具明显中脊；侧脊向下强烈收敛，下端会合；中窝上端向额区完全开放；单眼后沟弱或缺如，单眼后区强烈下沉；后头背面观两侧膨大；触角稍短于头、胸部之和，第 3 节稍弯曲，端部 1/3 左右侧扁膨大，最宽处约 1.7 倍宽于基部；前翅 R+M 脉较短，Rs 脉第 3 段约 2 倍于 Rs 第 4 段，2Rs 室约等长于 1Rs 室，上缘长 1.2 倍于下缘；后翅臀室、臀柄与 cu-a 脉长度比为 60∶35∶12；锯鞘背面观各叶宽大于长，微弱膨大，端部圆钝，但不向两侧明显鼓出（图 3-23D）；侧面观锯鞘短于后足股节，腹缘弯曲，端部圆钝（图 3-23B）；锯腹片无长叶状节缝刺突，具窄刺毛带，锯刃倾斜，具多数细小亚基齿，中基部锯刃明显突出，端部锯刃低平；第 1 刃间段微窄于第 2 刃间段（图 3-23E）。雄虫体长 6.0–8.0mm；下生殖板端部圆形；抱器长稍大于宽，端部突出（图 3-23A）；阳茎瓣稍粗壮，中部收窄，端缘具浅弧形缺口，端腹侧突具斜脊（图 3-23C）。

分布：浙江（安吉、临安）、江西、湖南、福建、广西、重庆。

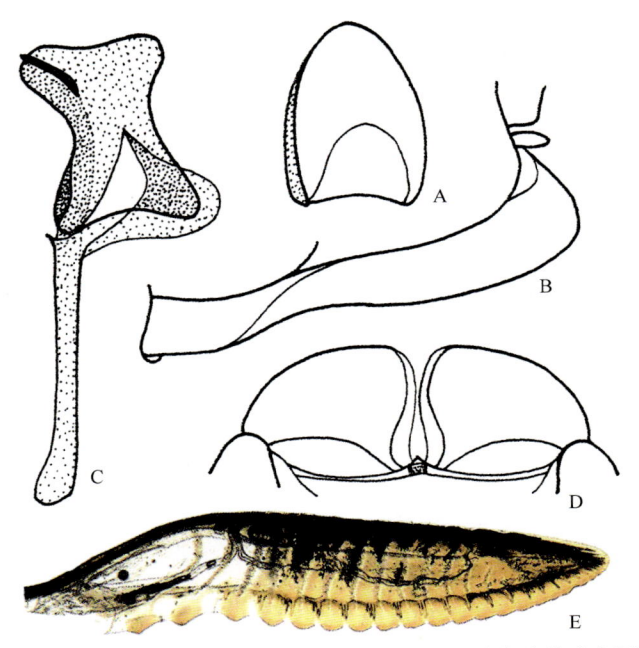

图 3-23　扁角黑毛三节叶蜂 *Arge parasimilis* Wei, 2003（A–D 引自魏美才和聂海燕，2003d）
A. 抱器；B. 锯鞘侧面观；C. 阳茎瓣；D. 锯鞘背面观；E. 锯腹片

（29）柄室黑毛三节叶蜂 *Arge petiodiscoidalis* Wei, 1999（图 3-24）

Arge petiodiscoidalis Wei, in Wei & Wen, 1999: 131.

主要特征：雌虫体长 11.0–12.5mm；体黑色，具蓝色金属光泽；体毛黑褐色；翅烟褐色，翅痣和翅脉均为黑褐色，翅痣下具一界限不分明的圆形烟斑，覆盖 1Rs 室端半、2R1 室基部和 1Rs 室大部分；体形粗壮；唇基缺口浅弧形，颚眼距微长于前单眼直径；复眼间距稍大于眼高；颜面强烈隆起，无中纵脊；中窝很深，并以中纵沟与额区连通，侧脊短钝，下端不会合；背面观后头两侧明显膨大，约与复眼等长；颜面、唇基、上唇、颚眼距及额脊具均匀细小刻点；触角微短于胸部长，最宽处约 1.4 倍于第 2 节宽；前翅 R+M 脉段缺失，1M 室具短背柄，2Rs 室微长于 1Rs 室，2Rs 上缘长约 1.25 倍于下缘；后翅臀室与臀室柄长度比为 1.4∶1，臀室柄几乎 2 倍长于 cu-a 脉；腹部第 7 节腹板后缘平直；锯鞘背面观十分短宽，端缘钝，内顶角直角形突出（图 3-24A）；侧面观锯鞘微短于后足股节，中部明显凹入，顶端钝（图 3-24B）。锯腹片第 1 刃间段显著长于第 2 刃间段，锯刃三角形突出，具细小亚基齿，节缝刺毛带窄，无叶状刺突。雄虫未知。

分布：浙江（临安）、河南、福建、广西。

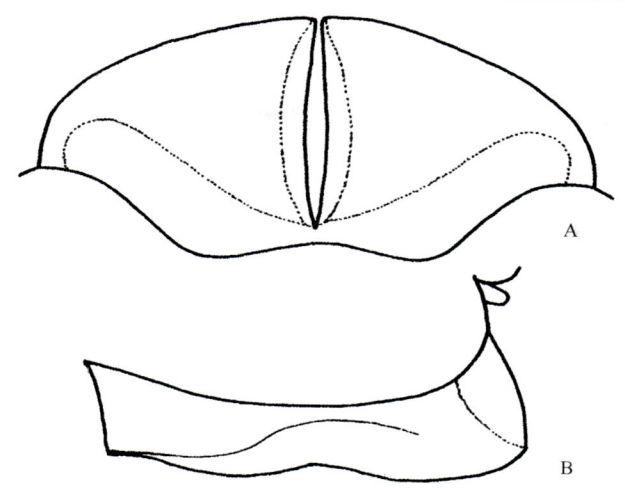

图 3-24　柄室黑毛三节叶蜂 *Arge petiodiscoidalis* Wei, 1999（仿自魏美才和文军，1999）
A. 锯鞘背面观；B. 锯鞘侧面观

（30）短角黄腹三节叶蜂 *Arge przhevalskii* Gussakovskij, 1935（图 3-25）

Arge przhevalskii Gussakovskij, 1935: 244, 409.

主要特征：体长 6.0–7.5mm；两性头、胸部黑色，具显著蓝色光泽；腹部第 1 节背板黑色，其余部分包括锯鞘全部黄褐色，无黑斑；足全部黑色，具蓝色光泽；翅烟褐色，端部不显著变淡，翅痣和翅脉黑褐色，前缘脉暗褐色；颜面和唇基刻点浅弱稀疏，刻点间隙光滑；胸腹部无明显刻点或刻纹，光泽较强；头部颜面明显隆起，中纵脊锐利，触角窝间侧脊显著，向下收敛并会合，中窝上沿完全开放，贯通额区至前单眼；触角细，短于胸部，亚端部微弱膨大；雌虫腹部第 7 腹板后缘近似平截；锯鞘粗短，侧面观短于后足股节，亚基部明显弯折内凹，端部稍突出；背面观端部较尖，各叶宽约等于长，外缘较直；锯腹片无叶状节缝刺毛。雄虫体长 5.5–6.0mm；下生殖板端部圆钝；抱器长约等于宽，端部窄圆；阳茎瓣具倾斜的端腹侧突，其长宽比大于 2，端部稍扁平扩展，尾突高位（图 3-25）。

分布：浙江（临安）、内蒙古、河北、山西、河南、陕西、宁夏、甘肃、湖北、湖南、四川、贵州。

寄主：蔷薇科蔷薇属 *Rosa* 植物。

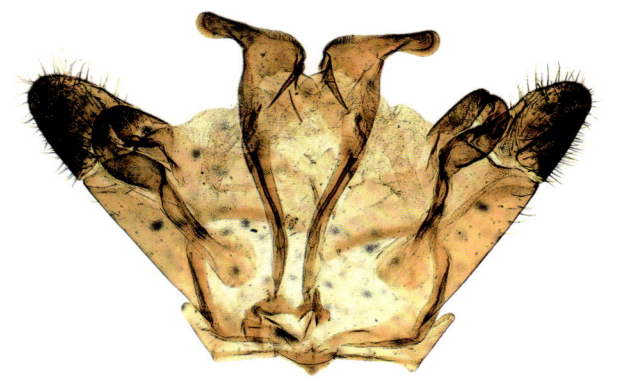

图 3-25　短角黄腹三节叶蜂 *Arge przhevalskii* Gussakovskij, 1935 雄性外生殖器

（31）黄腹粗钳三节叶蜂 *Arge pseudopagana* Wei & Niu, 2010（图 3-26）

Arge pseudopagana Wei & Niu, 2010: 338.

主要特征：雌虫体长 8.0mm；头部、胸部、足、腹部第 1 节背板黑色，无蓝色光泽，腹部其余部分和锯鞘黄褐色；翅均匀烟褐色，翅痣与翅脉黑褐色；头部、胸部体毛黑褐色，腹侧细毛黄褐色；体毛约等长于单眼直径；唇基缺口深弧形；颚眼距 1.2 倍于单眼直径；颜面隆起，具低钝模糊中纵脊；中窝极深，前后缘开放，侧脊向下强烈收敛，末端不会合；复眼内缘微向下收敛，间距明显宽于眼高；后头背面观两侧微弱膨大，稍短于复眼；触角明显短于头、胸部之和，第 3 节中部微弱弯曲，亚端部稍膨大，最宽处约 1.5 倍于基部；前翅 R+M 脉点状，Rs 脉第 3 段稍长于第 4 段，2Rs 室明显长于 1Rs 室，上缘几乎不长于下缘；后翅臀室、臀柄与 cu-a 脉长度比为 63：43：18；下生殖板中突端部钝截，侧缘几乎平直；锯鞘背面观见图 3-26C，各叶长大于宽，端部圆钝；侧面观锯鞘短于后足股节，腹缘微弱弯曲，几乎平直（图 3-26B）；锯腹片无叶状节缝刺突，节缝刺毛带等于带间距的 1/2；锯刃十分平直，端半部锯刃完全连接，基半部锯刃稍分离（图 3-26A），亚基齿极细小，第 5 锯刃具约 40 枚细小亚基齿（图 3-26E）。雄虫体长 7.0mm；颚眼距等长于单眼直径，下生殖板端部圆钝；阳茎瓣见图 3-26D。

分布：浙江（临安、龙泉）。

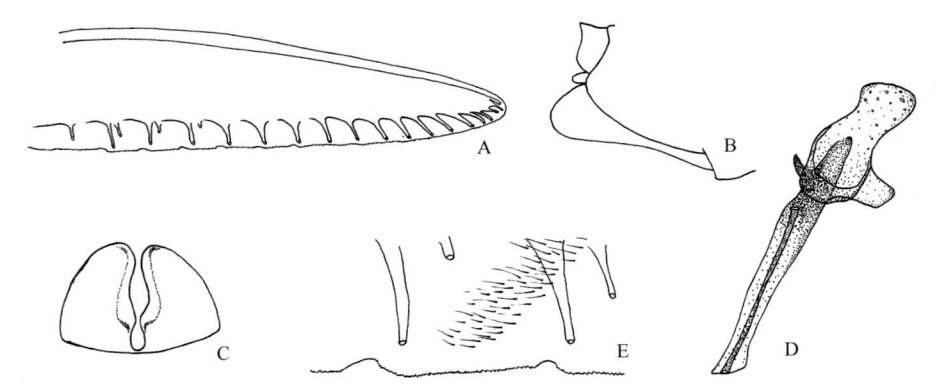

图 3-26 黄腹粗钳三节叶蜂 *Arge pseudopagana* Wei & Niu, 2010（仿自魏美才和牛耕耘，2010）
A. 锯腹片；B. 锯鞘侧面观；C. 锯鞘背面观；D. 阳茎瓣；E. 第 5 锯刃

（32）混毛长鞘三节叶蜂 *Arge pseudosiluncula* Wei & Nie, 1998（图 3-27）

Arge pseudosiluncula Wei & Nie, 1998b: 353.

主要特征：雌虫体长 9mm；体及足蓝黑色，具强光泽；触角黑色，无显著光泽；翅烟褐色，翅痣之下具极弱的烟斑，翅脉及翅痣黑褐色；体毛双色，头、胸部背侧细毛黑褐色，腹侧细毛银色；唇基端缘薄，缺口宽浅弧形，颚眼距等于单眼直径；复眼大，间距等于眼高；颜面隆起，中纵脊锐利，下端延伸到唇基基部并分为左、右二支；中窝上端开放，侧脊高，向下稍收敛，下端会合；额区显著下陷，具单眼中沟，无明显的单眼后沟；单眼后区低平，宽长比几乎等于 4，无侧沟；背面观后头两侧平行；触角微长于胸部，第 3 节较细长，亚端部微膨大，宽约 1.25 倍于基部；前翅 R+M 脉段短于 Sc 脉，1Rs 室等长于 2Rs 室，2Rs 室上缘约等长于下缘；锯鞘端部显著尖出，背面观见图 3-27A，侧面观短于后足股节，亚基部明显凹入，端部突出（图 3-27B）。雄虫体长 8mm；触角鞭节扁长，稍短于头、胸部之和，具直立长毛；下生殖板端部截形；阳茎瓣头叶宽短，中部收缩，端缘平直，稍倾斜（图 3-27C）。

分布：浙江（德清、安吉、临安、四明山、龙泉）、河南、安徽、湖北、湖南。

本种锯腹片与 *Cibdela* 的种类近似，但锯鞘和阳茎瓣形态与该属不同。本种的分类地位还需要研究。

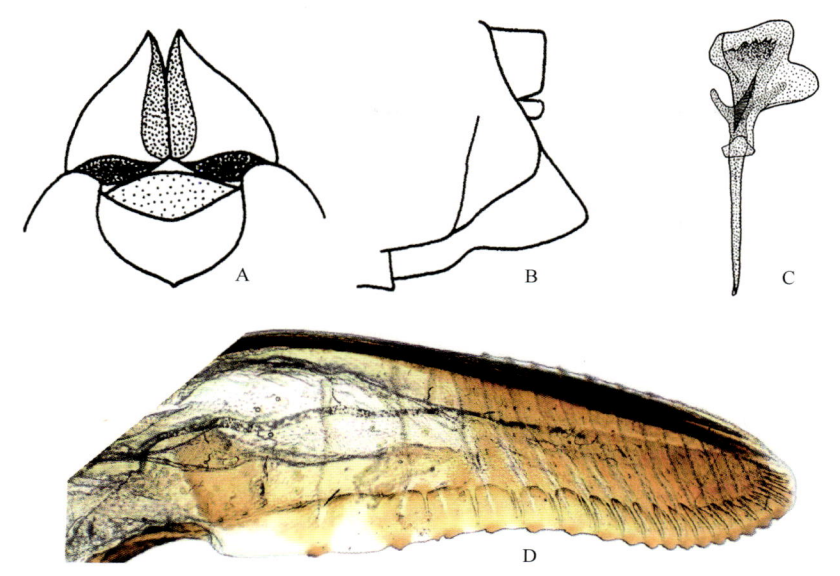

图 3-27　混毛长鞘三节叶蜂 *Arge pseudosiluncula* Wei & Nie, 1998（A–C 仿自魏美才和聂海燕，1998b）
A. 锯鞘背面观；B. 锯鞘侧面观；C. 阳茎瓣；D. 锯腹片

（33）刻颜淡毛三节叶蜂 *Arge punctafrontalis* Wei & Nie, 1998（图 3-28）

Arge punctafrontalis Wei & Nie, 1998b: 351.

主要特征：雌虫体长 8.5mm；体黑色，头部铜色光泽明显；触角鞭节黑褐色，各足胫节和跗节黄褐色，后足胫节端部和各足跗节末端黑褐色；体毛银色；翅透明，前缘脉和臀脉大部分浅褐色，翅痣黑褐色，翅痣下具一小型烟褐色斑纹，仅在翅痣和 1Rs 室附近明显，2M 室内无烟斑；体形粗壮，颜面和内眶上部具细密刻点；唇基缺口深三角形；颚眼距等于侧单眼直径；复眼间距等于眼高；唇基上区强烈隆起，中脊低钝，中窝小型，上下端均开放，侧脊低钝，向下收敛，额区中部凹入；单眼后区下倾，宽长比等于 3，侧沟和单眼后沟均显著；背面观后头两侧稍膨大，几乎与复眼等长；触角等长于胸部，第 3 节亚端部稍微膨大，但不侧扁；前翅 R+M 脉段约等于 Sc 脉一半长，1M 室无背柄，2Rs 室微长于 1Rs 室，2Rs 室上缘微长于下缘；锯鞘显著短于后足股节，背面观两侧缘圆钝，末端不尖；侧面观亚基部明显凹入，端部钝（图 3-28A）；锯腹片无节缝粗长刺突。雄虫体长约 7.0mm，头部铜色光泽较明显，各足胫节端部和跗节全部黑褐色，前翅烟斑微弱，颜面中脊比较明显，后头两侧亚平行，阳茎瓣见图 3-28B，头叶无侧突，尾突上翘。

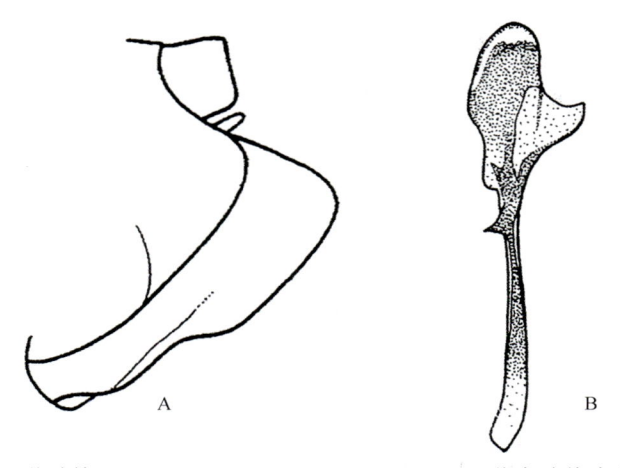

图 3-28　刻颜淡毛三节叶蜂 *Arge punctafrontalis* Wei & Nie, 1998（仿自魏美才和聂海燕，1998b）
A. 锯鞘侧面观；B. 阳茎瓣

分布：浙江（临安）、河南、湖南。

（34）杜鹃黑毛三节叶蜂 *Arge similis* (Snellen van Vollenhoven, 1860)（图 3-29，图版 II-3）

Hylotoma similis Snellen van Vollenhoven, 1860: 128.
Arge similis: Konow, 1905: 21.
Hylotoma imperator F. Smith, 1874: 374.

主要特征：雌虫体长 7.0–10.0mm；体黑色，具强蓝色光泽，体毛黑褐色；翅深烟色，端部微变淡，翅痣与翅脉黑色；唇基十分光滑，体毛短于单眼直径；颚眼距约等长于前单眼直径；颜面隆起，具明显中脊；侧脊发达，强烈向下收敛，下端会合；中窝上端向额区完全开放；额区隆起，中部凹入，复眼间距宽于眼高；无单眼后沟，单眼后区稍下沉，背面观后头两侧平行或微膨大；触角约等长于头、胸部之和或稍短，第 3 节最宽处约 1.5 倍于基部宽（图 3-29A、B）；前翅 R+M 脉较短，Rs 脉第 3 段约 2 倍于 Rs 第 4 段，2Rs 室约等长于 1Rs 室，上缘 1.2 倍长于下缘；后翅臀室、臀柄与 cu-a 脉长度比为 50∶30∶11；背面观锯鞘较小，各叶长稍大于基部宽，向端部显著收窄，内缘近基部具浅凹（图 3-29C）；侧面观锯鞘短于后足股节，腹缘亚基部明显弯曲；锯腹片无长叶状节缝刺突，具窄刺毛带，第 1、2 锯刃间距稍窄于第 2、3 锯刃间距，亚基齿细小模糊（图 3-29F），第 3–5 锯刃端部圆钝（图 3-29D）。雄虫体长 6.0–8.0mm；下生殖板端部圆形；阳茎瓣头叶较粗壮，Z 形，中部明显收窄，端缘中部稍凹，端腹侧突具锐利侧脊（图 3-29E）。

分布：浙江（安吉、临安、四明山、衢州、丽水、遂昌、龙泉）、山东、河南、陕西、上海、安徽、湖北、江西、湖南、福建、台湾、广东、广西、重庆、四川、贵州；印度、缅甸。

寄主：杜鹃花科 Ericaceae 杜鹃属 *Rhododendron* 植物。

本种在中国东半部十分常见，是园林植物杜鹃上的常见害虫。但中国种群与日本和朝鲜半岛种群在单眼后区和锯腹片的形态结构和线粒体基因组方面均具有一定差异，中国种群的分类地位需要进一步研究。

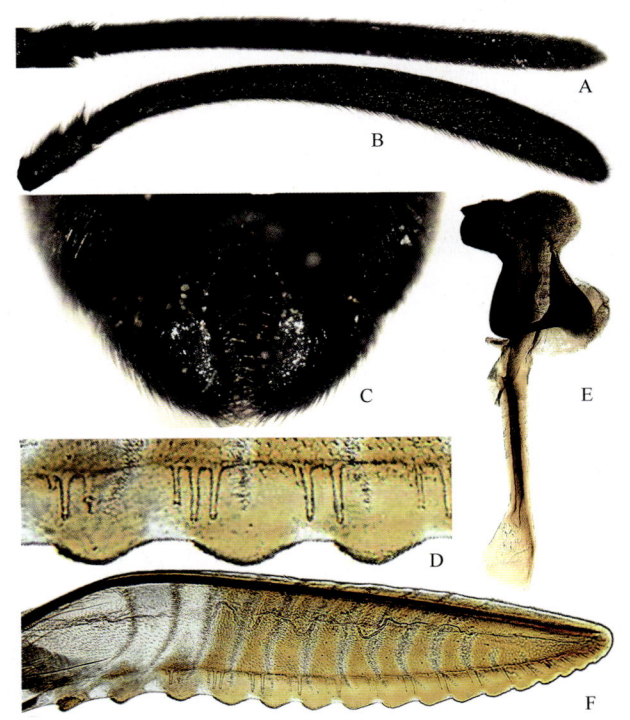

图 3-29 杜鹃黑毛三节叶蜂 *Arge similis* (Snellen van Vollenhoven, 1860)
A. 雌虫触角侧面观；B. 雌虫触角前面观；C. 锯鞘背面观；D. 第 3–5 锯刃；E. 阳茎瓣；F. 锯腹片

（35）圆钝环钳三节叶蜂 *Arge simillima* (F. Smith, 1874)（图 3-30）

Hylotoma simillima F. Smith, 1874: 375.
Arge simillima: Konow, 1905: 21.
Arge forficula Jakowlew, 1891: 17–18.
Arge coriacea Jakowlew, 1891: 21.
Arge simillima var. *asahi* Takeuchi, 1932: 34.

主要特征：雌虫体长 10.0–14.0mm；体和足全部黑色，无明显金属光泽；体毛黑色；翅深烟褐色，翅痣和翅脉黑色；中胸背板和侧板表面光滑，无明显刻纹，光泽强；腹部背板和腹板具密集刻纹，中端部背板和腹板尤甚，光泽弱，锯鞘基部光滑，光泽强；唇基前缘缺口宽浅，宽度显著大于唇基宽度的1/2，深度浅于唇基长的1/2；中窝后缘多少隆起，与额区间具隆起界限；触角窝间区域不显著隆起，侧面观与单眼面持平；颜面中纵脊较钝，具明显与中纵脊平行的垂直刻纹或刻点列；颜面具低弱中纵脊。后翅臀室与臀室柄长度之比为1.25–1.6。尾须短小，长宽比约等于3；第7腹板后缘中部具明显缺口；锯鞘明显延长，腹面观显著长于后足股节，端部强烈弯曲呈环形，末端互相接触（图3-30B）；背面观锯鞘环钳形（图3-30A）；锯腹片十分狭长，中端部锯刃长直，几乎完全不隆起（图3-30D），基部第4锯刃低三角形突出（图3-30C）。雄虫体长9.0–11.0mm；抱器端部两侧近似均匀收窄，内外侧无肩状部；阳茎瓣头叶尾突较大，长于阳茎瓣头叶宽度的1/2。

分布：浙江（临安）、吉林、河北、山西、陕西、宁夏、甘肃、青海、四川；俄罗斯（东西伯利亚），韩国，日本。

寄主：小檗科 Berberidaceae 小檗属 *Berberis* 植物。

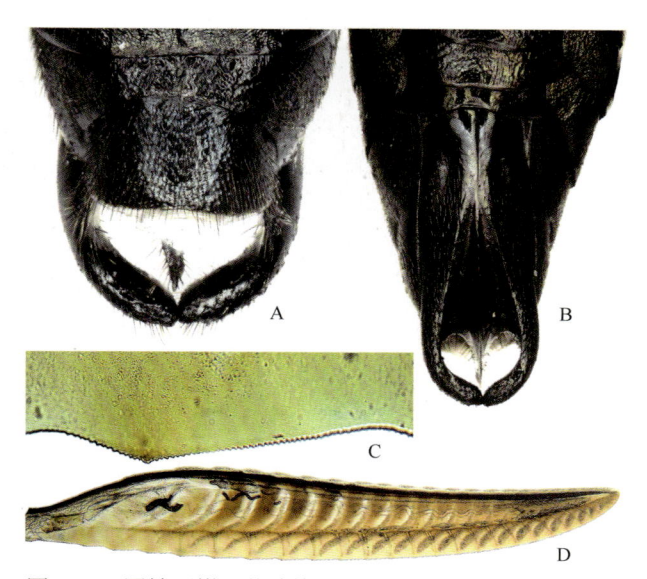

图3-30　圆钝环钳三节叶蜂 *Arge simillima* (F. Smith, 1874)
A. 锯鞘背面观；B. 锯鞘腹面观；C. 锯腹片基部第4锯刃；D. 锯腹片

（36）中华淡毛三节叶蜂 *Arge sinensis* Wei, 2003（图 3-31）

Arge sinensis Wei, *in* Wei & Nie, 2003d: 181.

主要特征：雌虫体长 7.0–8.0mm；体黑色，具弱蓝色光泽；触角红褐色，前缘有时暗褐色或黑褐色；后足胫节基部3/5白色，各足基跗节大部分浅褐色至白色，跗节其余部分暗褐色或黑褐色；前翅浅烟色透明，翅脉、翅痣黑褐色，痣下具较宽且内侧界限比较明显、外侧无界限的烟褐色横带，在 2M 室内不变淡；体毛银白色；颜面隆起，中纵脊明显但不锐利；中窝上缘半封闭；颚眼距微宽于前单眼直径；后头两侧稍膨大；单眼后沟细而明显；触角稍短于头、胸部之和，第 3 节稍长于胸部，最宽处 1.3–1.5 倍宽于基部；前翅 R+M 脉短于 Sc 脉游离段，Rs 第 3 段约等长于 Rs 第 2 段，3 倍长于 Rs 第 4 段；2Rs 室约等长于 1Rs 室，上缘微长于下缘；后翅臀室 1.5 倍长于臀柄；腹部第 7 腹板后缘直；背面观锯鞘各叶长微大于宽（图 3-31A）；侧面观稍短于后足股节（图 3-31D）；第 1、2 锯刃间距长于第 2、3 锯刃间距，锯刃钝圆形突出，具细齿。雄虫体长 7.0mm；但触角红褐色至黑褐色；下生殖板端部圆钝；阳茎瓣头叶端腹侧稍突出，尾突较窄长（图 3-31C）；抱器长大于宽，内端角突出（图 3-31B）。

分布：浙江（临安）、辽宁、北京、河北、河南、福建、贵州、云南。

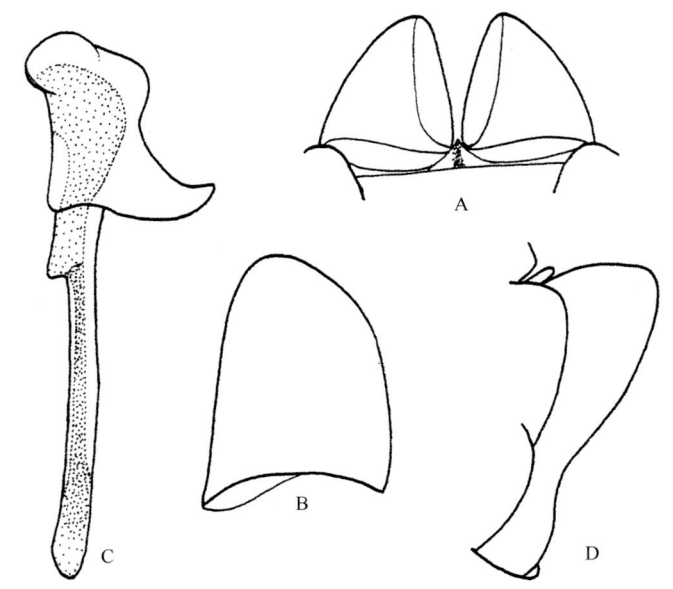

图 3-31 中华淡毛三节叶蜂 *Arge sinensis* Wei, 2003（引自魏美才和聂海燕，2003d）
A. 锯鞘背面观；B. 抱器；C. 阳茎瓣；D. 锯鞘侧面观

（37）中华黄腹三节叶蜂，新组合 *Arge sinica* (Wei & Nie, 1998) comb. nov.（图 3-32）

Alloscenia sinica Wei & Nie, 1998b: 347.

主要特征：雌虫体长 9.0mm；头、胸部及足蓝黑色，具强光泽，腹部除第 1 背板基部黑色以外均黄褐色；翅浅烟灰色，外缘渐透明，前缘脉和翅痣黑褐色；体毛浅褐色；额区、颜面和唇基具刻点，胸部和腹部几乎光滑，无明显刻点或刻纹；唇基平坦，端缘亚截形，颚眼距狭于前单眼直径；颜面宽钝隆起，无中纵脊；中窝浅平，侧脊低，向下稍收敛，下端宽阔开放；单眼后区隆起，宽长比等于 2，单眼后沟浅宽，侧沟锐深；复眼很小，间距显著大于眼高，背面观后头强烈膨大，显著长于复眼；触角粗短，第 3 节微长于头宽，向端部渐膨大，末端圆钝；中胸前盾片无中纵沟，小盾片平坦；中、后足胫节各具 1 个亚端距；前翅 R+M 脉点状，2Rs 室等长于 1Rs 室，cu-a 脉中位偏外侧，基臀室开放，2A+3A 脉短直；后翅 M 室长于 Rs 室一半；产卵器约等长于后足股节，侧面观腹缘显著凹入，背缘鼓凸，端部窄圆，明显向后方延伸（图 3-32A）；背面观锯鞘各叶长显著大于宽，内缘向后明显分歧，侧缘两侧平行，端部窄圆（图 3-32B）。雄虫未知。

分布：浙江（安吉）。

本种原放在 *Alloscenia* 内。该属与 *Arge* 的区别是前翅基臀室端部开放。这一特征目前已被证明并不可靠。在 *Arge* 属内有部分种类的前翅基臀室端部也是开放的。故将本种移入 *Arge* 内，构成新组合。

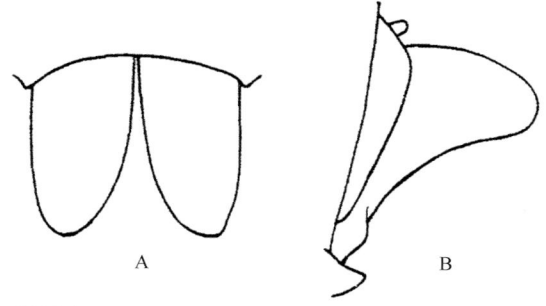

图 3-32　中华黄腹三节叶蜂，新组合 Arge sinica (Wei & Nie, 1998) **comb. nov.**（引自魏美才和聂海燕，1998b）
A. 锯鞘背面观；B. 锯鞘侧面观

（38）管突黄腹三节叶蜂 *Arge siphovulva* Wei & Nie, 1998（图 3-33）

Arge siphovulva Wei & Nie, 1998b: 350.

主要特征：雄虫体长 7.5mm；体黑色，具中等强度光泽，腹部腹侧黄褐色；翅烟褐色，翅痣下无烟色横斑，翅脉和翅痣黑褐色；体毛黑褐色；唇基平坦，端缘缺口三角形；颚眼距稍长于侧单眼直径，颜面隆起，具细小密集刻点，中脊细而锐利；复眼中等大，间距宽于眼高；中窝狭窄，上端开放，侧脊细高，向下逐渐收敛；单眼后区宽长比等于 3，单眼后沟细浅，侧沟细深；背面观后头两侧弧形弯曲，前半部亚平行，中部稍鼓出，后半部强烈收敛；头部后缘中部向前强烈凹入；触角侧扁，与胸部等长，立毛稍短于触角宽；中胸背板前叶无中纵沟，中胸小盾片稍隆起；中后足胫节具亚端距，后足基跗节微长于其后 3 节之和，爪简单；前翅无 R+M 脉段，1M 室具显著的短背柄，1Rs 室稍短于 2Rs 室，3r-m 脉强烈倾斜，下半部强烈内弯，2Rs 室上缘长 1.5 倍于下缘，Rs 脉第 3 段长 2.2 倍于第 4 段，cu-a 脉中位稍偏外侧，基臀室封闭；后翅臀室封闭。雄虫体长约 6.5mm；下生殖板端部圆钝；阳茎瓣见图 3-33，端腹侧突十分宽大，端缘宽截形，侧叶倾斜，尾突伸向后下侧。雌虫未知。

分布：浙江（安吉）、吉林；韩国。

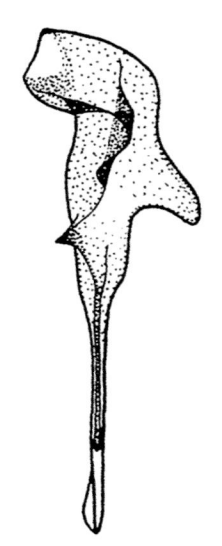

图 3-33　管突黄腹三节叶蜂 *Arge siphovulva* Wei & Nie, 1998 阳茎瓣（引自魏美才和聂海燕，1998b）

（39）横带宽钳三节叶蜂 *Arge suspicax* Konow, 1908（图 3-34）

Arge suspicax Konow, 1908b: 82.

Arge punctifrons Kuznetzov-Ugamskij, 1927: 233.
Arge masudai Takeuchi, 1932: 38.

主要特征：体长 7.2–8.2mm（图 3-34C）；体黑色，头、胸部具较强蓝色光泽，腹部黄褐色，锯鞘蓝黑色；足黄褐色，各足基节、转节、股节基部、前中足胫节端部、后足胫节端部 1/5、基跗节端部和其余跗分节全部黑色；前翅基部 2/3 浅黄褐色，半透明，端部 1/3 及后翅浅烟色透明，前翅翅脉基半黄色，端半褐色，翅痣下具明显的深褐色烟斑，在 M 脉下缘颜色变为褐黄色；体毛淡黄色；触角第 3 节稍短于头、胸部之和，颚眼距等于单眼直径；唇基上区强烈隆起，无明显中纵脊；中窝上缘封闭，侧脊低，下端不愈合；后头两侧微膨大，无单眼中沟和后沟；前翅 R+M 脉微短于 Sc 脉，2Rs 室上缘显著长于下缘；后翅臀室长 1.4 倍于臀柄，臀柄长 2.1 倍于 cu-a 脉；锯鞘背面观粗钳形，基部和端部近似等宽，端部互相靠近（图 3-34B）；侧面观稍短于后足股节，亚基部凹入；锯腹片锯刃明显倾斜，端部较突出，节缝刺毛短小（图 3-34A）。雄虫体长 6.5–7.0mm；触角具直立长毛；颚眼距微短于单眼直径；颜面侧脊锐利，额区狭短，强烈下陷；阳茎瓣头叶较宽，端缘斜截，端腹侧突指状，伸向上前方，无明显尾突（图 3-34D）。

分布：浙江（临安）、吉林、辽宁、河北、山东、宁夏；日本，俄罗斯（西伯利亚）。

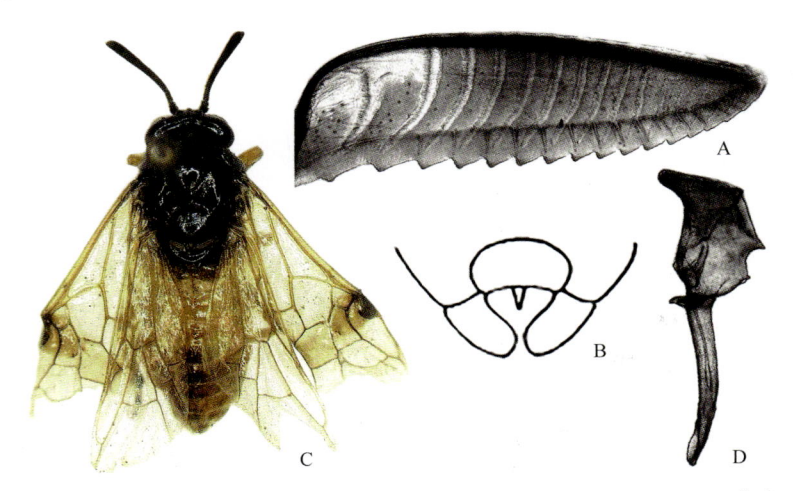

图 3-34 横带宽钳三节叶蜂 *Arge suspicax* Konow, 1908（A, D. 仿自 Shinohara *et al.*, 2008；B. 仿自 Takeuchi, 1939；C. 仿自 Taeger *et al.*, 2018）
A. 锯腹片；B. 锯鞘背面观；C. 雌成虫背面观；D. 阳茎瓣

(40) 横脊淡毛三节叶蜂 *Arge transcarinata* Wei, 1999（图 3-35）

Arge transcarinata Wei, *in* Wei & Nie, 1999b: 175.

主要特征：雌虫体长 9mm；虫体包括触角和足黑色，具弱蓝色光泽，触角基部背侧 1/3 左右为暗棕褐色，前足股节端部、前中足胫节基部、前足胫节端部和跗节腹缘、中足基跗节腹缘、后足股节基部 1/4、后胫节基部 1/2 白色或淡黄褐色；前翅基半部透明，端半部具很弱的褐色光泽，痣下具一边界不十分确定的黑色横带，2M 室不透明，翅痣和翅脉大部分黑褐色；体毛银色；颚眼距等长于单眼直径，颜面中纵脊锐利，侧脊下端强烈聚敛并会合，中窝上端具横脊，单眼后沟显著，后头两侧稍收缩；触角第 3 节弯曲，明显长于胸部，最宽处约 1.6 倍宽于柄节端宽；前翅 R+M 脉段点状或缺如；2Rs 室明显短于 1Rs 室，上缘不长于下缘；后翅臀室与臀柄长度比为 42∶35；下生殖板中叶稍突出，两侧切入，不明显长于侧叶（图 3-35C）；锯鞘背面观较宽短，端部不尖，侧缘弯曲（图 3-35A）；侧面观见图 3-35B；锯腹片无叶状节缝刺突，具窄刺毛带。雄虫体长 8.5mm；体蓝色光泽更弱，触角暗红褐色，翅斑不明显，中足胫节除端部外均白色，下生殖板端部圆钝截形；阳茎瓣头叶花生果形，端部圆钝，尾突窄（图 3-35E）；抱器长稍大于宽，端部较突出（图3-35D）。

分布：浙江（龙泉）、河南、陕西、福建。

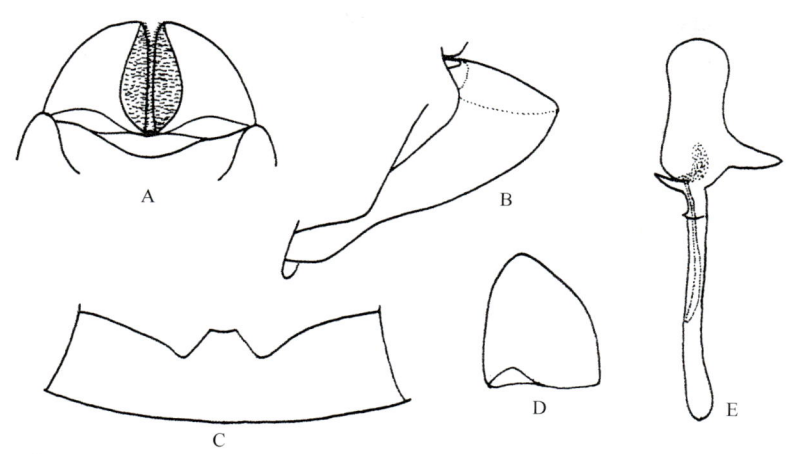

图3-35 横脊淡毛三节叶蜂 *Arge transcarinata* Wei, 1999（引自魏美才和聂海燕，2003d）
A. 锯鞘背面观；B. 锯鞘侧面观；C. 雌虫第7腹板；D. 抱器；E. 阳茎瓣

（41）脊颜红胸三节叶蜂 *Arge vulnerata* Mocsáry, 1909（图3-36）

Arge vulnerata Mocsáry, 1909: 4.

主要特征：体长8.0–11.0mm；体和足黑色，头部和足具蓝色光泽，腹部具蓝紫色光泽，前中胸背板和中胸侧板上半部红褐色；翅浓烟褐色半透明，具弱蓝紫色光泽，翅脉和翅痣黑色；体毛黑褐色，中胸侧板细毛黄褐色；体粗壮，头部前侧全部和背侧前部具较密集的细小刻点；颚眼距稍长于单眼直径，唇基缺口深弧形；颜面强烈隆起，中纵脊锐利；中窝上端不封闭，侧脊下端愈合，无单眼中沟和后沟；背面观后头两侧稍收缩；触角稍长于头、胸部之和，第3节明显弯曲，亚端部稍膨大，最宽处1.6–1.8倍于基部宽；前翅R+M脉短于Sc脉，Rs第3段2倍长于第4段，2Rs室约等长于或微长于1Rs室，上缘稍长于下缘；后翅臀室与臀柄长度比为45：20，臀柄1.5倍长于cu-a脉；锯鞘背面观各叶近似三角形，内缘直，外缘几乎平直（图3-36D），侧面观锯鞘见图3-36E；锯腹片宽短，无叶状节缝刺突，具窄刺毛带，端部背侧缺口显著，第1、2锯刃间距宽于第2、3锯刃间距，基部锯刃圆钝突出（图3-36A）。雄虫体长6.0–9.0mm；胸部黑蓝色，前胸背板大部分、中胸侧板大部分、中胸背板侧叶部分红褐色，极少背板大部分红色；下生殖板端部窄截，抱器长明显大于宽（图3-36C）；阳茎瓣头叶Z形，端部钩状，端腹侧突端部扁平（图3-36B）。

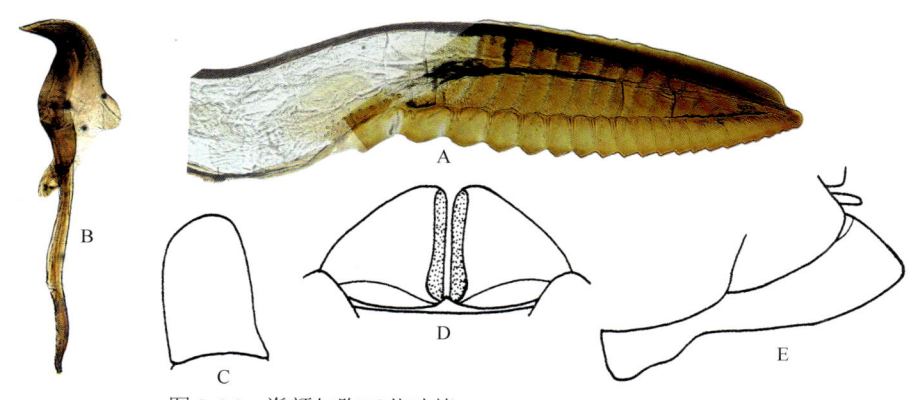

图3-36 脊颜红胸三节叶蜂 *Arge vulnerata* Mocsáry, 1909
A. 锯腹片；B. 阳茎瓣；C. 抱器；D. 锯鞘背面观；E. 锯鞘侧面观

分布：浙江（安吉、临安、苍南、四明山、龙泉）、吉林、辽宁、河南、陕西、江苏、安徽、湖北、江西、湖南、福建、台湾、广东、海南、广西、四川、贵州；越南。

寄主：豆科 Fabaceae 野葛 *Pueraria lobata*。

（42）丸子黄腹三节叶蜂 *Arge wanziae* Wei, 2020（图3-37，图版Ⅱ-4）

Arge wanziae Wei, *in* Chen *et al*., 2020: 51.

主要特征：雌虫体长7.5mm。头部、胸部、腹部第1节和9–10节、足和锯鞘黑色，具显著蓝色光泽，触角无蓝光（图3-37A），腹部2–8节黄褐色；体毛银色；前翅基部2/3深烟褐色，端部近透明；后翅基部3/5浅烟褐色，端部透明；翅痣与烟斑内翅脉黑色，端部翅脉浅褐色；后眶大部分、上眶、单眼后区刻点细小、稀疏，额窝底部几乎光滑，头部其余部分刻点较密集；中胸前侧片具极细小的具毛刻点，中胸后上侧片刻点较密集，后胸侧板和腹部背板光滑，9–10背板和锯鞘具弱刻纹；颚眼距0.8倍于侧单眼直径；颜面明显隆起，无明显中脊；侧脊向下收敛，末端会合（图3-37C）；中窝上端向额区半开放，额区中部稍凹；复眼间距1.15倍于眼高；单眼后沟模糊，单眼后区宽长比约等于2，后头背面观两侧膨大，侧缘长约0.8倍于复眼（图3-37B）；触角细，等长于胸部，第3节中端部几乎不膨大（图3-37A）；前翅R+M脉段0.5倍于Sc脉游离段长，2Rs室上缘长1.05倍于下缘；后翅臀室、臀柄与cu-a脉长度比为53∶38∶15；锯鞘背面观见图3-37E，侧面观见图3-37D；锯腹片无长叶状节缝刺突，锯刃低三角形突出，亚基齿细小，第1刃间段明显长于第2刃间段（图3-37F）。雄虫未知。

分布：浙江（临安）、湖南。

图3-37 丸子黄腹三节叶蜂 *Arge wanziae* Wei, 2020（仿自 Chen *et al*., 2020）
A. 触角；B. 头部背面观；C. 头部前面观；D. 锯鞘侧面观；E. 锯鞘背面观；F. 锯腹片

（43）吴氏黑毛三节叶蜂，新组合 *Arge wui* (Wei & Nie, 1998) comb. nov.（图3-38）

Alloscenia wui Wei & Nie, 1998b: 346.

主要特征：雌虫体长8.0mm；体黑蓝色，具强烈光泽；体毛黑褐色；翅烟褐色，翅痣和翅脉黑色。体大部分光滑，颜面具细弱稀疏刻点，胸部侧板和腹部背板无明显刻纹；唇基平坦光滑，端缘锐薄，缺口深弧形；颚眼距等于前单眼直径；复眼较大，内缘向下稍收敛；颜面中脊显著，中窝深，底部具瘤突；侧脊细高，向下强烈收敛，下端低平；单眼后沟和侧沟模糊，单眼后区横宽且下沉，背面观后头两侧稍微膨大；

触角稍长于胸部，亚端部稍侧扁并加宽；中胸背板前叶无中纵沟；中足和后足胫节各具 1 个亚端距；前翅 R+M 脉段点状，2Rs 室明显短于 1Rs 室，基臀室开放，2A+3A 脉短且直，cu-a 脉中位；后翅 M 室约为 Rs 室一半长，臀室柄短于臀室；锯鞘背面观见图 3-38A，各叶背部稍鼓起，长不大于宽，端部窄圆；侧面观见图 3-38B，不长于后足股节，亚基部稍凹入，端部圆钝。雄虫未知。

分布：浙江（安吉）。

本种原放在 *Alloscenia* 内。该属与 *Arge* 的区别是前翅基臀室端部开放。这一特征目前证明并不可靠。在 *Arge* 内有部分种类的前翅基臀室端部也是开放的。故将本种移入 *Arge* 内，构成新组合。

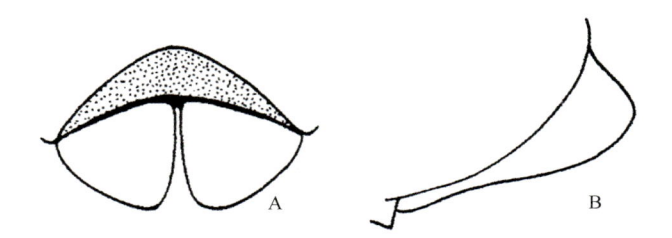

图 3-38　吴氏黑毛三节叶蜂，新组合 *Arge wui* (Wei & Nie, 1998) comb. nov.（引自魏美才，1998）
A. 锯鞘背面观；B. 锯鞘侧面观

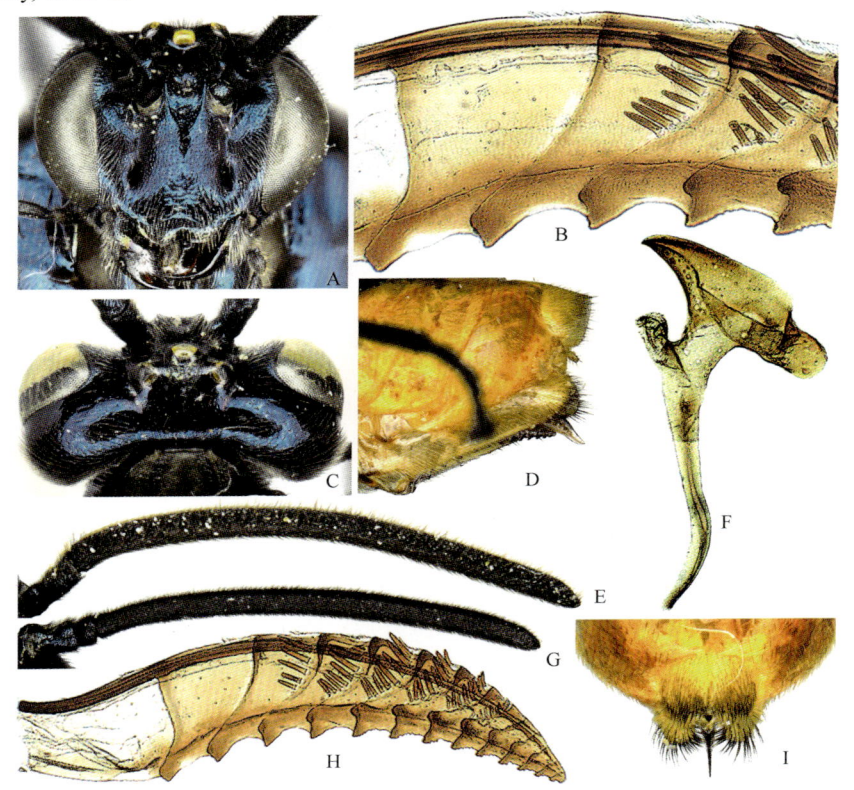

（44）列斑直鞘三节叶蜂 *Arge xanthogaster* (Cameron, 1876)（图 3-39，图版 II-5）

Hylotoma xanthogastra Cameron, 1876: 459.

Arge xanthogastera: Konow, 1905: 21.

Arge xanthogaster: Okutani, 1965: 171.

Hylotoma victoriae Kirby, 1882: 73.

图 3-39　列斑直鞘三节叶蜂 *Arge xanthogaster* (Cameron, 1876)
A. 雌虫头部前面观；B. 锯腹片 1–3 节；C. 雌虫头部背面观；D. 锯鞘侧面观；E. 雄虫触角；F. 阳茎瓣；G. 雌虫触角；H. 锯腹片；I. 锯鞘背面观

主要特征：雌虫体长 8.0–10.0mm；体黑色，头、胸部具强蓝黑色光泽，腹部黄褐色，第 1–8 背板多少具黑色横斑；体背侧细毛和锯鞘、触角毛黑褐色，腹侧细毛银褐色；翅深烟色，端部稍淡于基部，翅痣与翅脉黑色；唇基缺口浅弧形；颚眼距约等长于单眼直径；颜面隆起，无明显中脊，中窝侧脊锐利，向下强收敛，末端尖，中窝上端向额区开放（图 3-39A）；单眼后沟和中沟模糊，单眼后区下沉；后头背面观两侧稍收缩（图 3-39C）；触角细，稍短于头、胸部之和，第 3 节稍弯曲侧扁，中端部不明显膨大，最宽处约 1.3 倍宽于基部（图 3-39G）；前翅 R+M 脉短，Rs 脉第 3 段约 3 倍于 Rs 第 4 段，2Rs 室明显长于 1Rs 室，上缘 1.3 倍长于下缘；后翅臀室、臀柄与 cu-a 脉长度比为 50∶30∶12；锯鞘背面观短小，中部具缺口，端缘钝截形（图 3-39I）；侧面观锯鞘长于后足股节，腹缘直，端部圆钝（图 3-39D）；锯腹片第 1 锯节无粗刺毛，第 2 节粗刺毛 6–7 枚，最长刺毛 0.5–0.55 倍于锯节背缘长；锯刃粗大，外侧具多个细小亚基齿（图 3-39H）。雄虫体长 6.0–7.0mm；腹部背板背侧至少具多个横斑；下生殖板端部截形；阳茎瓣头叶横形，明显后倾，前端尖，后端圆钝（图 3-39F）。

分布：浙江（安吉、临安、四明山）、河南、安徽、湖北、江西、湖南、福建、台湾、广东、香港、广西、重庆、四川、贵州、云南；印度，越南。

（45）月季直鞘三节叶蜂，新种 *Arge yueji* Niu & Wei, sp. nov.（图 3-40）

雌虫：体长 7.0–8.0mm。体黑色，头、胸部具非常显著的蓝色光泽；触角鞭节黑褐色，无蓝色光泽；腹部黄褐色，第 1 背板黑褐色；头胸部和触角被毛黑色，锯鞘毛部分黑色，部分浅褐色；前翅深烟色，端部稍淡，前缘室色泽深，翅痣与翅脉黑色；后翅弱烟褐色。

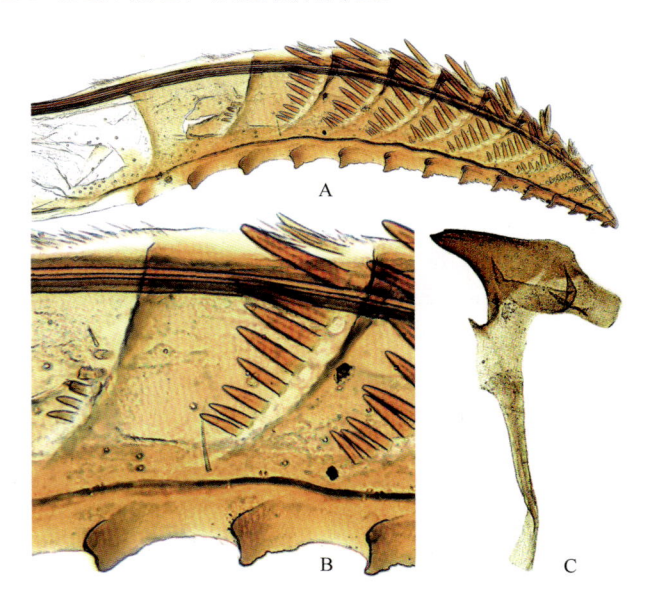

图 3-40 月季直鞘三节叶蜂，新种 *Arge yueji* Niu & Wei, sp. nov.
A. 锯腹片；B. 锯腹片第 2–3 节；C. 阳茎瓣

体十分光滑，头部前上侧具细小稀疏刻点，其余部分无明显刻点；体毛短于单眼直径。唇基端部锐薄，缺口浅弧形；颚眼距约等长于单眼直径；颜面隆起，无明显中脊；中窝明显，侧脊较低，强烈向下收敛，末端稍尖，不明显会合；中窝底部具陷窝，上端向额区开放；额区隆起，中部稍凹；复眼内缘微向下收敛，间距宽于眼高；POL 小于 OOL，明显大于 OCL；中单眼位于复眼面之上，单眼后沟和中沟模糊；单眼后区下沉，宽长比约等于 2；侧沟明显，向后稍收敛；后头背面观两侧明显膨大。触角细，稍短于胸部，第 1 节等长于触角窝间距，第 3 节稍弯曲，几乎不侧扁，中端部不明显膨大，末端较钝，最宽处约 1.2 倍宽于基部，纵脊低弱。小盾片平坦，低于背板平面；中、后足胫节各具 1 个亚端距；后足基跗节稍长于其后 3 节之和；前翅 R+M 脉短于 Sc 脉游离段，Rs 脉第 3 段长约 3.5 倍于 Rs 第 4 段，1r-m 脉较直，3r-m 脉在上缘 1/3 处弧形向内弯曲，2Rs 室上缘长于 1Rs 室，上缘长 1.3 倍于下缘，cu-a 脉中位外侧；后翅臀室、臀柄与 cu-a 脉长度比为 31∶26∶10。锯鞘背面观短小，中部具缺口，端缘钝截形；侧面观锯鞘长于后足股节，腹缘直，端部圆钝；锯腹片第 1 节下半侧具 5–6 根短小粗刺突，长度为第 1 锯节背缘长度的 1/8，第 3–6 锯节各具 11 根粗刺突，第 2、7 锯节各具 10 根粗刺毛，第 2 节最长粗刺突微长于第 2 锯节背缘长度的 1/2（图 3-40A、B）。

雄虫：体长 5.0–6.0mm；体色与构造类似于雌虫，触角第 3 节均匀侧扁，最宽处约等于第 2 节端部，触角毛明显长于单眼直径；下生殖板宽大于长，端部钝截形；抱器长约等于宽，端部圆钝；阳茎瓣头叶横形，向后倾斜，前端尖，后端钝截形（图 3-40C）。

分布：浙江（临安、龙泉）、吉林、北京、河北、山西、陕西、江苏、安徽、湖北、福建。

词源：本种种加词是其寄主植物的中文拼音。

正模：♀，湖南幕阜山燕子坪，海拔 1330m，2007.VII.1，张媛（ASMN）。副模：1♀，浙江龙泉凤阳山官埔垟，27°55.153′N、119°11.252′E，838m，2009.IV.22，聂帅国；2♀，同正模；2♀1♂，吉林长白山，1400m，2014.VII.9，褚彪；1♀，河北平泉，1995.VI.26，卜文俊；1♀，陕西佛坪，33°30.375′N、107°49.012′E，832m，2006.IV.30，朱巽，♂，湖北江陵，1988.V，李传仁（ASMN）。其他非模式标本：15♀8♂，北京、陕西、江苏、浙江（北京农业大学）；10♀3♂，安徽、福建（江西师范大学）。

鉴别特征：本种与 *Arge pagana* Panzer 最近似，但头、胸部蓝色光泽十分显著，锯腹片第 2 节仅下部具 5–6 根短小叶状刺突，其长度仅为第 2 锯节背缘长度的 1/8；第 4–7 锯节各具 11 根粗长刺突，第 3、8 节各具 10 根粗刺毛等，与后者不同。*Arge pagana* 的头、胸部蓝色光泽十分微弱，锯腹片第 2 节中上部具 5–7 根叶状刺突，其最长者长度约为第 2 锯节背缘长度的 1/4；4–6 节各具 9 根粗长刺突，第 3 节具 7 根粗刺毛，第 7、8 节各具 8 根粗刺毛。

5. 扁胫三节叶蜂属 *Athermantus* Kirby, 1882

Athermantus Kirby, 1882: 54. Type species: *Hylotoma imperialis* F. Smith, 1860, by monotypy.

主要特征：大型三节叶蜂，十分粗壮；头部在复眼后强烈膨大，复眼内缘接近平行，间距宽于复眼长径；唇基具浅弧形缺口，颚眼距稍长于单眼直径；下唇的前颌显著延长，明显长于唇舌和下唇须；后眶圆，无后颊脊；颜面强烈隆起，顶面圆钝，两侧陡峭，无中纵脊；中窝区小型，侧脊短小，下端不闭合；额区小，额脊钝；前单眼在复眼后缘连线上；单眼后区不显著后倾；触角粗短，第 1 节主体宽大于长，第 2 节宽长比不小于 2，雌虫鞭节端部显著膨大，雄虫鞭节具直立毛；前胸背板侧斜沟深；腹部 1、2 背板具狭窄膜质中缝；各足胫节端部明显扁平、扩大，胫节外侧具宽浅纵沟，后足胫节等长于跗节；胫节端距简单，端部尖，短于胫节端部宽；中后足胫节无亚端距；后足基跗节约等长于其后 3 跗分节之和；跗垫较小，爪无内齿和基片；前后翅 R1 室均封闭；前翅翅痣狭长，2R1 室基部宽圆，不窄于 2R1 中部 1/2 宽，cu-a 脉中位内侧；后翅 Rs 室几乎 2 倍于 M 室长，臀室长于臀室柄 2 倍；产卵器粗短，亚基部明显弯曲，端部圆钝，腹面观锯鞘长仅稍大于宽，背面观锯鞘宽明显大于长；锯背片狭长，几乎全长等宽；锯腹片宽大，背缘膜厚，节缝刺毛短小稀疏，纹孔下域高，锯刃简单，亚基齿细小；抱器长大于宽，阳茎瓣较窄长，尾突粗大。幼虫体红褐色，胸足和体背大部分瘤突黑色。

分布：东亚南部。本属已知 3 种，中国均有分布，浙江分布 3 种。

寄主：壳斗科石栎 *Lithocarpus glaber*。本属寄主是首次报道。

分种检索表

1. 翅膜、翅痣和翅脉全部黄褐色；体毛黑褐色；前翅 R 脉段明显长于 R+M 脉段；阳茎瓣头叶端部较宽短，明显倾斜，长宽比约等于 2 ·· 黑毛扁胫三节叶蜂 *A. imperialis*

- 基部 2/3 翅膜烟褐色，端部翅膜渐变透明，翅脉黑褐色，翅痣至少基半部黑色 ·· 2
2. 体毛全部黑色；侧面观后眶上部宽于复眼横径；翅痣全部黑色；前翅 R 脉段明显短于 R+M 脉段；阳茎瓣头叶较窄，几乎不倾斜，长宽比约等于 3.5 ·· 黑翅扁胫三节叶蜂 *A. melanoptera*
- 头、胸部体毛银色；侧面观后眶上部窄于复眼横径；翅痣基半部黑色，端半部浅褐色；前翅 R 脉段明显长于 R+M 脉段；阳茎瓣头叶端部较宽，基部不倾斜，长宽比约等于 2.6 ·· 淡毛扁胫三节叶蜂 *A. leucopilosus*

（46）黑毛扁胫三节叶蜂 *Athermantus imperialis* (F. Smith, 1860)（图 3-41，图版 II-6）

Hylotoma imperialis F. Smith, 1860: 254.
Cibdela flavipennis Enderlein, 1919: 116.
Hylotoma flavipennis Matsumura, 1912: 213.
Athermantus imperialis: Kirby, 1882: 54.

主要特征：体长 13.0–18mm；体蓝黑色，具强烈金属蓝紫色光泽，体毛黑褐色；翅烟黄色透明，具强光泽；翅脉和翅痣黄褐色；体大型，十分粗壮；头部的唇基、上唇、上颚、颜面和附近的内眶部分、额区、单眼后区和邻近的上眶内侧具细小致密的刻点；内眶和上眶大部分具较稀疏的刻点；唇基缺口浅弧形；复眼内缘互相平行，间距宽于眼高；颚眼距 1.2 倍长于单眼直径；颜面显著隆起，顶部宽平，无中纵脊；中窝较小，仅具 1 圆形凹坑，侧脊非常低钝模糊，下端不愈合，中窝后端稍封闭；单眼后区宽长比稍小于 2；后头和后眶显著膨大，背面观后头约等长于复眼；触角粗短，第 3 节稍长于头宽（11∶9），中端部显著膨大；各足胫节端部显著侧扁膨大，外侧具纵沟；前翅 R+M 脉微短于 Sc 脉，2Rs 室等长于 1Rs 室，cu-a 脉交于 M 室内侧 1/3–2/5，后翅 M 室仅为 Rs 室 1/2 长，臀室柄 1.5–2 倍长于 cu-a 脉和 4 倍长于臀室宽；背面观锯鞘短宽，端部圆钝（图 3-41B）；侧面观亚基部稍弯曲，端部圆钝（图 3-41A）；锯背片窄长，背缘平直，仅中部具透明节缝（图 3-41D）；锯腹片宽大，背缘膜厚，锯节狭窄，锯刃圆钝突出（图 3-41F）。雄虫体长 13.0mm；抱器长大于宽，端部突出（图 3-41C）；阳茎瓣头叶双脊形，稍弯曲（图 3-41E）。

分布：浙江（长兴、安吉、临安、龙泉）、江西、湖南、福建、台湾、广东、海南、广西、重庆、四川、贵州、云南；印度，印度尼西亚。

寄主：壳斗科石栎 *Lithocarpus glaber*。寄主是首次报道。

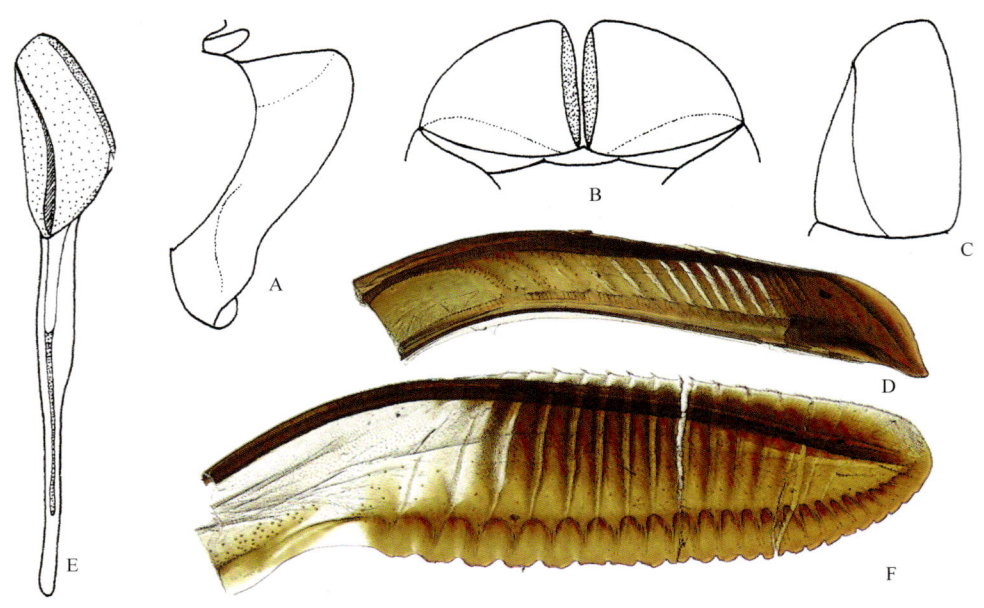

图 3-41 黑毛扁胫三节叶蜂 *Athermantus imperialis* (F. Smith, 1860)
A. 锯鞘侧面观；B. 锯鞘背面观；C. 抱器；D. 锯背片；E. 阳茎瓣；F. 锯腹片

本种是中国最早记录的两种叶蜂之一，模式产地是天目山。

（47）淡毛扁胫三节叶蜂 Athermantus leucopilosus Wen & Wei, 2002（图3-42）

Athermantus leucopilosus Wen & Wei, 2002: 852-854.

主要特征：体长11mm；体黑色，具强烈蓝绿色光泽；翅烟褐色，基部1/3较透明，痣下具小而弱的烟斑，翅痣和脉褐色；体毛银色，触角、足和中胸背板后半部被暗褐色细毛；颚眼距等长于单眼直径；复眼狭长，高宽比为2，内缘向下微收敛，间距大于眼高；颜面强烈隆起，两侧缘陡峭，中部不凹入；中窝浅小，上端开放；侧脊低钝；额区小而深；POL：OOL=3：5；单眼后沟浅宽；单眼后区宽长比大于2，后头强烈膨大，背面观上眶稍短于复眼长径；触角稍长于头、胸部之和，第3节端部1/3处稍膨大，鞭节立毛稍短于鞭节宽；各足胫节和基跗节显著侧扁，后胫距明显短于胫节端部宽；前翅R+M脉段稍短于Sc脉游离段，cu-a脉交于M室内侧1/3；1r脉与Rs脉第2段近直角形相交，2Rs室长于1Rs室，下缘微长于上缘；下生殖板端缘较窄，近中部具浅弧形缺口（图3-42C）；抱器见图3-42A，阳茎瓣见图3-42B。雌虫未知。

分布：浙江（龙泉）、海南、广西。

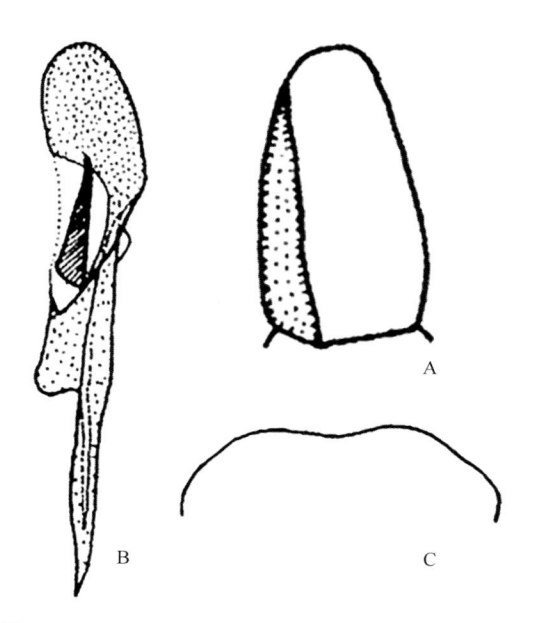

图3-42　淡毛扁胫三节叶蜂 Athermantus leucopilosus Wen & Wei, 2002（仿自文军和魏美才，2002）
A. 抱器；B. 阳茎瓣；C. 雄虫下生殖板

（48）黑翅扁胫三节叶蜂 Athermantus melanoptera Wei, 2019（图3-43，图版II-7）

Athermantus melanoptera Wei, in Luo et al., 2019: 314.

主要特征：体长13.0mm；体黑色，具强烈金属蓝紫色光泽；翅基部3/5深烟褐色，端部2/5渐变透明，翅脉和翅痣黑褐色，翅毛和体毛黑褐色；颜面中部刻点稀疏，侧脊上部、额区、内眶上半部、单眼区和上眶内侧刻点较粗、十分密集；腹部背板高度光滑；复眼内缘互相近平行，间距1.2倍于复眼长径；复眼长短径之比为1.65，颚眼距1.1倍于单眼直径；颜面显著隆起，顶部宽平，与唇基几乎处于同一平面；中窝较深，仅具1圆形凹坑，侧脊非常低短，上半部向下显著收敛，下半部近似平行（图3-43B），中窝后端以浅沟与额窝连通，OOL：POL：OCL=20：17：19；单眼后区宽长比几乎等于2，中部稍隆起，低于单眼顶面；后头和后眶显著膨大，背面观后头约等长于复眼（图3-43A），后眶上部宽于复眼横径（图3-43D）；触角粗壮，长 2 倍于头宽；前翅 Rs 第 3 段等长于 Rs 第 4 段，cu-a 脉交于 1M 室内侧 0.4 处；后翅 M 室背缘长仅为 Rs 室 1/2，臀室长 3 倍于臀室柄，臀室柄 1.3 倍于 cu-a 脉长；下生殖板宽明显大于长，端部截形（图 3-43C）；抱器长大于宽，端部圆钝（图 3-43F）；阳茎瓣头叶几乎不弯曲，尾突宽大（图 3-43E）。雌虫未知。

分布：浙江（临安）。

图 3-43 黑翅扁胫三节叶蜂 Athermantus melanoptera Wei, 2019
A. 头部背面观；B. 头部前面观；C. 雄虫下生殖板；D. 头部侧面观；E. 阳茎瓣；F. 生殖铗

6. 似三节叶蜂属 *Cibdela* Konow, 1899

Cibdela Konow, 1899a: 76. Type species: *Hylotoma janthina* Klug, 1834, by subsequent designation of Rohwer, 1910a.

主要特征：体中型，稍粗壮；头部在复眼不显著膨大，复眼内缘中部明显弯曲，间距等于或稍宽于复眼长径；唇基平坦，前缘截形或具极浅的弧形缺口，颚眼距稍长于单眼直径；后眶圆，无后颊脊；颜面中度隆起，顶面宽大圆钝，无中纵脊；触角窝间侧脊低短，下端不闭合；额区小，额脊钝；后单眼在复眼后缘连线上；单眼后区明显后倾；触角第 1 节长显著大于宽，第 2 节宽显著大于长，雌虫鞭节端部显著膨大侧扁，雄虫鞭节具直立毛；各足胫节端部稍扁平、扩大，胫节外侧具浅纵沟；胫节端距简单，端部尖，短于胫节端部宽；跗垫较小，爪无内齿和基片；前后翅 R1 室均封闭，前翅翅痣窄长，2R1 室基部不宽圆，R+M 脉段明显长于 Sc 脉游离段，cu-a 脉中位，后翅臀室封闭；产卵器粗短，亚基部明显弯曲，端部突出，背面观锯鞘各叶亚基部显著凹陷，端部明显突出；锯背片狭长，几乎全长等宽；锯腹片宽大，背缘膜厚，节缝刺毛短小稀疏，纹孔下域很高，锯刃简单，亚基齿细小，亚端部锯刃强烈突出，间距狭窄；抱器长大于宽，阳茎瓣较窄长，无端突和侧突。

分布：东亚南部，东南亚。包括本书建立的新组合，本属世界已知 19 种，中国分布 11 种，浙江记载 7 种。

本属与三节叶蜂属 *Arge* 相似，但前翅 R+M 脉段很长，唇基前缘截形或近似截形，锯腹片端部锯刃强烈突出，两侧深切，并与基部锯刃方向不同。

分种检索表

1. 后足胫节具亚端距 ··· 2
- 后足胫节无亚端距 ··· 5

2. 胸部至少背板或侧板部分细毛银色；颜面刻点细小、稀疏 ·· 3
- 体毛全部黑色；颜面刻点显著且较密；触角亚端部最宽处不大于触角柄节 1.5 倍 ··· 黑毛似三节叶蜂，新组合 *C. nigropilosis* comb. nov.
3. 除小盾片外，体毛全部银色；触角鞭节亚端部强烈膨大、侧扁，最宽处约 2 倍于触角柄节宽度 ··· 淡毛似三节叶蜂，新组合 *C. huangae* comb. nov.
- 胸部背板大部分细毛黑色，侧板细毛大部分银色 ··· 4
4. 触角亚端部强烈膨大侧扁，最宽处 1.8–2 倍于触角柄节宽 ············ 扁角似三节叶蜂，新组合 *C. siluncula* comb. nov.
- 触角亚端部若膨大侧扁，最宽处约 1.3 倍于触角柄节宽 ············ 肖氏似三节叶蜂，新组合 *C. xiaoweii* comb. nov.
5. 体背侧细毛全部银色 ··· 6
- 体背侧细毛黑褐色；翅基部弱烟褐色，不透明 ··· 浙江似三节叶蜂 *C. zhejiangia*
6. 翅基部透明，痣下斑显著 ·· 斑翅似三节叶蜂，新组合 *C. maculipennis* comb. nov.
- 翅基部烟褐色，不透明，痣下斑较不显著 ··· 中华似三节叶蜂 *C. chinensis*

（49）中华似三节叶蜂 *Cibdela chinensis* Rohwer, 1921（图 3-44）

Cibdela chinensis Rohwer, 1921: 91.

主要特征：雌虫体长 9.0–11.0mm；体蓝黑色，具强金属光泽；翅深烟褐色，基半部不透明，翅痣和翅脉黑色，翅痣下方色泽较深（图 3-44）；体毛全部银褐色；体光滑，仅颜面具细小刻点；唇基端缘缺口极浅，几乎截形；上唇短宽；颚眼距稍宽于或等于前单眼直径；复眼大，下缘间距稍窄于复眼长径；颜面显著隆起，顶面圆钝，无中纵脊；中窝深，底部具一中沟，向上伸抵前单眼；侧脊显著，亚平行，下端不会合；后单眼距明显大于单眼与复眼距离；单眼中沟较细深，后沟较宽浅；后头背面观两侧弧形弯曲，明显收缩；触角微短于头、胸部之和，第 3 节等长于中胸背板，中部弯曲，亚端部显著侧扁，最宽处约 2 倍于基部宽；各足胫节均无亚端距；前翅 R+M 脉长于 Sc 脉游离段，2Rs 室稍长于 1Rs 室；后翅臀室柄等长于 cu-a 脉的 2 倍；锯鞘背面观类似图 3-47B，侧面观类似图 3-47A；锯腹片具 18–19 锯刃，基部锯刃长平，稍突出，第 1 刃间段长于第 2 刃间段，亚端部锯刃强烈突出，刃间段强烈切入。雄虫体长 8–8.5mm；阳茎瓣头叶狭窄，端部窄圆。

分布：浙江（临安）、湖南、福建、广东、海南、广西、四川、贵州、云南。

图 3-44 中华似三节叶蜂 *Cibdela chinensis* Rohwer, 1921 前翅

（50）淡毛似三节叶蜂，新组合 *Cibdela huangae* (Wei, 2013) comb. nov.（图 3-45，图版 II-8）

Arge huangae Wei, *in* Wei, Liu *et al.*, 2013: 264.

主要特征：体长 10–11mm；体蓝黑色，具强金属光泽；翅显著烟褐色，基半部的中央色泽稍浅，但不透明，翅端部烟色较淡，翅痣和翅脉黑色；头、胸部刺毛全部淡色；体光滑，颜面具明显的细小刻点；唇基端部几乎截形，缺口不明显；颚眼距稍宽于前单眼直径；复眼大，间距等于眼高；颜面显著隆起，顶面圆钝，无中纵脊；中窝深，向上伸抵前单眼；侧脊显著，下端不会合（图3-45B）；后单眼距约等于单复眼距；触角等长于胸部，第3节中部弯曲，亚端部强烈侧扁，最宽处约2.7倍于基部宽（图3-45D）；中后足胫节具亚端距；前翅R+M脉长于Sc脉游离段；后翅臀室1.5倍于臀室柄长，臀室柄等长于cu-a脉2.3倍；锯鞘背面观见图3-45A，侧面观见图3-45C；锯腹片见图3-45E，基部锯刃端部尖，中部锯刃端部较钝。雄虫体长8–9mm；下生殖板宽大于长，端部钝截形；阳茎瓣见图3-45F。

分布：浙江（德清、杭州、临安、龙泉）、河南、湖北、江西、湖南、福建、广东、海南、广西、重庆、贵州。

根据分子系统学研究结果，*Arge siluncula* 种团全部并入 *Cibdela* 属，构成新组合。

图3-45 淡毛似三节叶蜂，新组合 *Cibdela huangae* (Wei, 2013) comb. nov.
A. 锯鞘背面观；B. 雌虫头部前面观；C. 锯鞘侧面观；D. 雌虫触角；E. 锯腹片；F. 阳茎瓣

（51）斑翅似三节叶蜂，新组合 *Cibdela maculipennis* (Cameron, 1899) comb. nov.（图3-46）

Hylotoma maculipennis Cameron, 1899: 9.

主要特征：体长8–10mm；体黑色，具强蓝色金属光泽；翅基半部的中央透明，前缘和后缘以及翅端部1/2烟褐色，翅痣和翅脉黑色，痣下具显著黑斑；体毛大部分银褐色；体光滑，无显著的刻点和刻纹；唇基端部缺口浅弱弧形；颚眼距稍宽于或等于前单眼直径；复眼间距约等于眼高；颜面显著隆起，顶面圆钝，无中纵脊；后单眼距明显大于单复眼距；单眼中沟较细深，后沟较宽浅；后头背面观两侧弧形弯曲，明显收缩；触角微短于头、胸部之和，第3节等长于中胸背板，亚端部显著侧扁，最宽处约2倍于基部宽；各足胫节均无亚端距；前翅R+M脉长于Sc脉游离段，2Rs室约等长于1Rs室；后翅臀室柄长于cu-a脉2倍，M室稍短于Rs室；锯鞘背面观类似图3-47B，侧面观类似图3-47A；锯腹片较宽大，具18–19锯刃，基部锯刃长平，稍突出，第1刃间段长于第2刃间段，亚端部锯刃强烈突出，刃间段强烈切入。雄虫未知。

分布：浙江（德清、临安）、湖北、湖南、福建、台湾、广东、海南、广西、重庆、四川、贵州、云南；印度。

图 3-46 斑翅似三节叶蜂，新组合 *Cibdela maculipennis* (Cameron, 1899) comb. nov. 前翅

（52）黑毛似三节叶蜂，新组合 *Cibdela nigropilosis* (Wei & Niu, 2010) comb. nov. （图 3-47，图版 II-9）

Arge nigropilosis Wei & Niu, 2010: 340.

主要特征：体长 9.0–10.0mm；体和足蓝黑色，具强金属光泽；翅深烟褐色，翅痣下具模糊烟黑色斑，翅痣和翅脉黑色；体毛全部黑色；体光滑，颜面、唇基、额区具密集细小刻点；体毛明显短于单眼直径；唇基端缘截形；颚眼距等于侧单眼直径；复眼间距等于眼高；颜面无中纵脊；中窝底部具一中沟伸抵前单眼；侧脊锐利，下端不会合；POL：OOL：OCL=11：12：12；单眼中沟和后沟宽浅模糊；后头背面观两侧弧形弯曲，亚平行或微膨大；触角等长于胸部，第 3 节稍短于中胸背板，中部匀称弯曲，亚端部明显侧扁，最宽处约 2 倍于基部宽；中、后足胫节具亚端距；前翅 R+M 脉长于 Sc 脉游离段，2Rs 室稍长于 1Rs 室；后翅臀室柄等长于 cu-a 脉 2 倍，M 室明显短于 Rs 室；锯鞘背面观见图 3-47B，侧面观见图 3-47A；锯腹片具 23 个锯刃，具 3–4 列排列紧密、窄细的节缝刺突，中基部锯刃向内侧倾斜突出，第 1 刃间段长于第 2 刃间段，亚端部和端部锯刃向前强烈突出，刃间段强烈切入，亚基齿不明显（图 3-47D）。雄虫体长 7.0mm；下生殖板端部圆钝，阳茎瓣见图 3-47C。

分布：浙江（安吉、临安、四明山、衢州、遂昌、龙泉）、河南、湖北、湖南、福建、广东、海南、广西、贵州。

图 3-47 黑毛似三节叶蜂，新组合 *Cibdela nigropilosis* (Wei & Niu, 2010) comb. nov.
A. 锯鞘和产卵器侧面观；B. 锯鞘背面观；C. 阳茎瓣；D. 锯腹片

根据分子系统学研究结果，*Arge siluncula* 种团全部并入 *Cibdela* 属，构成新组合。

（53）扁角似三节叶蜂，新组合 *Cibdela siluncula* (Konow, 1906) comb. nov.（图 3-48）

Arge siluncula Konow, 1906b: 255.
Hylotoma sauteri Enslin, 1911c: 181.
Arge sauteri: Rohwer, 1916: 83.

主要特征：体长 9.0–11.0mm；体黑色，具强蓝色金属光泽，头、胸部细毛银色；翅烟褐色，翅痣和翅脉黑褐色，翅痣下具显著的烟斑（图 3-48）；头部具非常细小的刻点；体毛短，头部和中胸侧板细毛约等长于单眼直径，中胸背板细毛显著短于单眼直径；唇基端缘几乎截形；颚眼距微长于单眼直径；颜面宽阔隆起，无中纵脊，中窝底部深，上端向额区开放；侧脊较低钝，下端不会合；POL：OOL = 22：17，单眼后沟不明显；背面观后头两侧亚平行或稍收缩；复眼间距约等于眼高；触角第 3 节等长于胸部，端部 3/4 显著膨大侧扁，最宽处 2.5 倍宽于基部；中后足胫节具亚端距；前翅 R+M 脉等长于 Sc 脉游离段，2Rs 室稍长于 1Rs 室，2Rs 上下缘约等长；后翅 Rs 室长于 M 室 1/3，臀室柄 2 倍长于 cu-a 脉；锯鞘背面观三角形，端部尖出，背面平坦，基部凹入；侧面观锯鞘腹缘稍曲折，端缘斜截；锯腹片具 18–19 锯刃，基部锯刃明显倾斜突出，第 1、2 锯刃间距显著长于第 2、3 锯刃间距，亚端部锯刃强烈突出，刃间段强烈切入。雄虫体长 7.0–8.0mm；下生殖板端部钝截形，阳茎瓣头叶明显向后侧倾斜，端部稍扩展，无各种突叶。

分布：浙江（临安、丽水）、河南、江西、湖南、福建、台湾、广东、海南、广西、重庆、贵州；越南。
根据分子系统学研究结果，*Arge siluncula* 种团全部并入 *Cibdela* 属，构成新组合。

图 3-48　扁角似三节叶蜂，新组合 *Cibdela siluncula* (Konow, 1906) comb. nov.，成虫侧面观（引自 Taeger *et al*., 2018）

（54）肖氏似三节叶蜂，新组合 *Cibdela xiaoweii* (Wei, 1999) comb. nov.（图 3-49）

Arge xiaoweii Wei, in Wei & Wen, 1999: 132.

主要特征：体长 9.0–10.0mm；体蓝黑色，具强金属光泽；翅显著烟褐色，基半部中央色泽稍浅，不透明，前缘和后缘以及痣下烟斑浓黑褐色，翅端部烟色较淡，翅痣和翅脉黑色；体毛黑褐色；体光滑，颜面具明显的细小刻点；唇基端部几乎截形；颚眼距稍宽于前单眼直径；复眼间距等于眼高；颜面显著隆起，顶面圆钝，无中纵脊；中窝深，底部中沟伸抵前单眼；侧脊显著，下端不会合；后单眼距约等于单复眼距；后头背面观两侧弧形弯曲，亚平行或微膨大；触角微短于头、胸部之和，第 3 节长于中胸背板，亚端部明显侧扁，最宽处约 2 倍于基部宽；中后足胫节具亚端距；前翅 R+M 脉不长于 Sc 脉游离段，2Rs 室约等长于 1Rs 室；后翅臀室柄等长于 cu-a 脉 2 倍；锯鞘背面观见图 3-49A，侧面观见图 3-49B；锯腹片具 18–19 锯刃，基部锯刃长平，稍突出，第 1 刃间段长于第 2 刃间段，亚端部锯刃强烈突出，刃间段强烈切入。雄虫体长 7.5–8.0mm；下生殖板端部钝截形，阳茎瓣见图 3-49C。

分布：浙江（临安、龙泉）、河南、广东、广西、贵州。

根据分子系统学研究结果，*Arge siluncula* 种团全部并入 *Cibdela* 属，构成新组合。

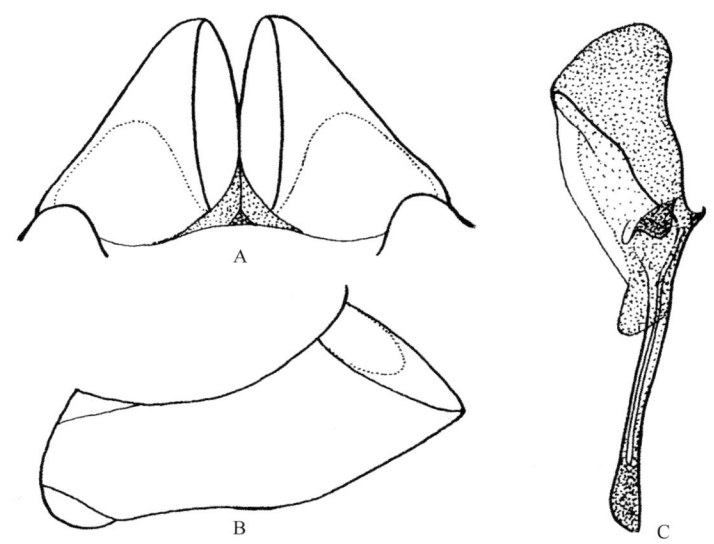

图 3-49　肖氏似三节叶蜂，新组合 *Cibdela xiaoweii* (Wei, 1999) comb. nov.（引自 Wei and Nie, 2003d）
A. 锯鞘背面观；B. 锯鞘侧面观；C. 阳茎瓣

（55）浙江似三节叶蜂 *Cibdela zhejiangia* Wei & Nie, 1998（图 3-50）

Cibdela zhejiangia Wei & Nie, 1998b: 348.

主要特征：体长 9–10mm；体蓝黑色，具强金属光泽；翅烟褐色，翅痣黑色，痣下具显著黑斑；体毛大部分银褐色，头顶和胸部背板以及中胸侧板上部细毛黑褐色；颜面、唇基、额区和附近具细微稍密的刻点；唇基端部缺口浅弧形，颚眼距等于前单眼直径，复眼间距稍窄于眼高；颜面显著隆起，顶面圆钝，无中纵脊；侧脊下端不会合；后单眼距明显大于单复眼距；后头背面观两侧弧形弯曲，微收缩；触角等长于胸部，第 3 节微短于中胸背板，亚端部显著侧扁，最宽处约 1.8 倍于基部宽；各足胫节均无亚端距；前翅 R+M 脉长于 Sc 脉游离段，2Rs 室长于 1Rs 室；后翅臀室柄 2 倍长于 cu-a 脉；锯鞘背面观见图 3-50A，侧

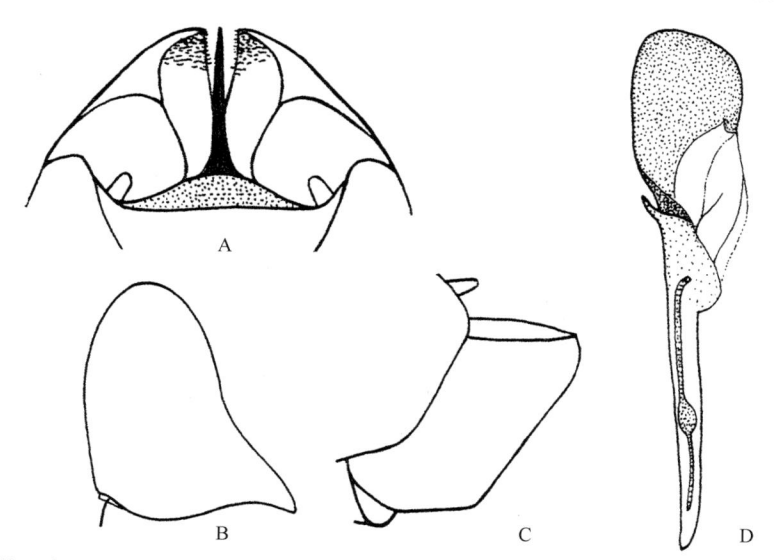

图 3-50　浙江似三节叶蜂 *Cibdela zhejiangia* Wei & Nie, 1998（仿自魏美才和聂海燕，1998b）
A. 锯鞘背面观；B. 抱器；C. 锯鞘侧面观；D. 阳茎瓣

面观见图 3-50C；锯腹片具 18–19 锯刃，基部锯刃长平，稍突出，第 1 刃间段长于第 2 刃间段，亚端部锯刃强烈突出，刃间段强烈切入；雄虫体长 8.0mm，翅烟色较浅，烟斑弱；抱器见图 3-50B，阳茎瓣见图 3-50D。

分布：浙江（安吉、杭州、临安）、河南、湖北、湖南、福建、广东、广西、贵州。

7. 刺背三节叶蜂属 *Spinarge* Wei, 1998

Spinarge Wei, 1998A: 219. Type species: *Spinarge sichuanensis* Wei, 1998, by original designation.

主要特征：中小型叶蜂，体长 7–14mm；头部宽度稍窄于胸部宽；触角窝上位，位于复眼中部或中上位水平，触角窝间区域平坦或低钝隆起，具两条明显纵脊；唇基上区显著隆起，额唇基沟浅弱模糊；唇基平坦，前缘具明显缺口；颚眼距 0.5–2 倍于单眼直径；后眶圆钝，无后颊脊；额区小型，额脊低钝或缺如；雄虫触角侧扁，几乎不向端部加粗，具明显立毛；雌虫触角第 1 节长大于宽，第 2 节宽大于长，第 3 节向亚端部或多或少加粗，无显著立毛；前翅和后翅的 R1 室均封闭，并在其端部具一明显小翅室，前翅 1R1、1Rs、2Rs 室分离，1M 脉与 Sc 脉的相交点和 Rs+M 脉的起源点相距较近或在一个点上，R+M 脉段很短或点状，cu-a 脉位于 1M 室下缘中位外侧，臀室具长收缩中柄，基臀室封闭；后翅 Rs 室、M 室和臀室均封闭，臀室具长柄；中足和后足胫节通常各具一个亚端距，部分种类缺亚端距，后足胫节和跗节不明显侧扁；爪简单，无内齿和基片；雄虫腹部第 5 背板具发达性沟和中位刺突。

分布：东亚，古北区。本属已知 13 种，除 1 种为古北区广布种外，其余全部分布于东亚。中国已记载 7 种，浙江发现 2 种。

寄主：椴树科 Tiliaceae 椴树属 *Tilia*，蔷薇科花楸属 *Sorbus*、李属 *Prunus*，桦木科桦木属 *Betula* 等植物。

（56）亮翅刺背三节叶蜂 *Spinarge hyalina* Wei & Nie, 1998（图 3-51）

Spinarge hyalina Wei & Nie, 1998b: 347.

主要特征：雄虫体长 9mm；体和足全部蓝黑色，具强光泽，触角黑褐色；翅透明，翅脉褐色，翅痣下侧具浅烟褐色横斑；体毛全部银色；唇基端缘锐薄，缺口深三角形，上唇短宽；颚眼距等于前单眼直径；颜面短，中脊较低，中窝浅平，上端封闭，下端开放，侧脊高，向下稍收敛，额窝低洼；单眼后区短且明显下倾，侧沟宽浅，单眼后沟不明显；复眼大，背面观后头两侧圆钝，强烈收缩；颜面和额区散布细小刻点，虫体其余部分光滑，无刻点；触角约等长于胸部，第 3 节明显侧扁，具等长于触角宽的直立长毛；中胸背板前叶具浅平中纵沟，中胸小盾片低钝隆起；中足和后足胫节各具 1 个亚端距；前翅 R+M 脉段点状，

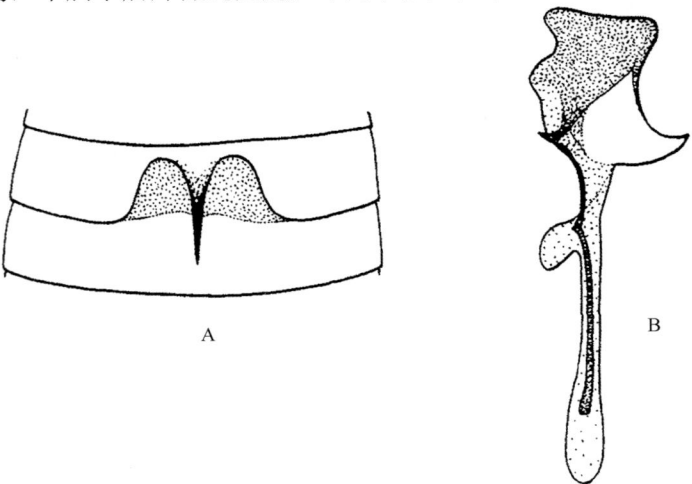

图 3-51 亮翅刺背三节叶蜂 *Spinarge hyalina* Wei & Nie, 1998（引自魏美才和聂海燕，1998b）
A. 雄虫腹部第 5 背板；B. 阳茎瓣

2Rs 室显著长于 1Rs 室，cu-a 脉中位；后翅 M 室稍短于 Rs 室，臀室柄显著短于臀室长；腹部第 1 背板膜区较小，倒 T 形，各节背板十分光滑，第 5 背板具 1 长大刺突，端部伸至第 6 背板中部后侧（图 3-51A）；下生殖板端部钝圆；阳茎瓣头叶较短宽，端部宽截形，背侧和腹侧角均稍突出，腹缘中部明显凸出，背缘弧形深凹，尾角较窄，明显突出并上翘（图 3-51B）。雌虫未知。

分布：浙江（安吉）。

（57）丽水刺背三节叶蜂 *Spinarge lishui* Liu, Li & Wei, 2021（图 3-52，图版 II-10）

Spinarge lishui Liu, Li & Wei, 2021b: 231.

主要特征：雌虫体长 10–10.5mm；虫体和足蓝黑色，光泽强；翅基部 2/3 深烟褐色，端部 1/3 近透明，翅痣和翅脉黑褐色；体毛黑色；颜面和头部背侧具细小刻点，唇基和唇基上区刻点稍大，胸部侧板具稀疏

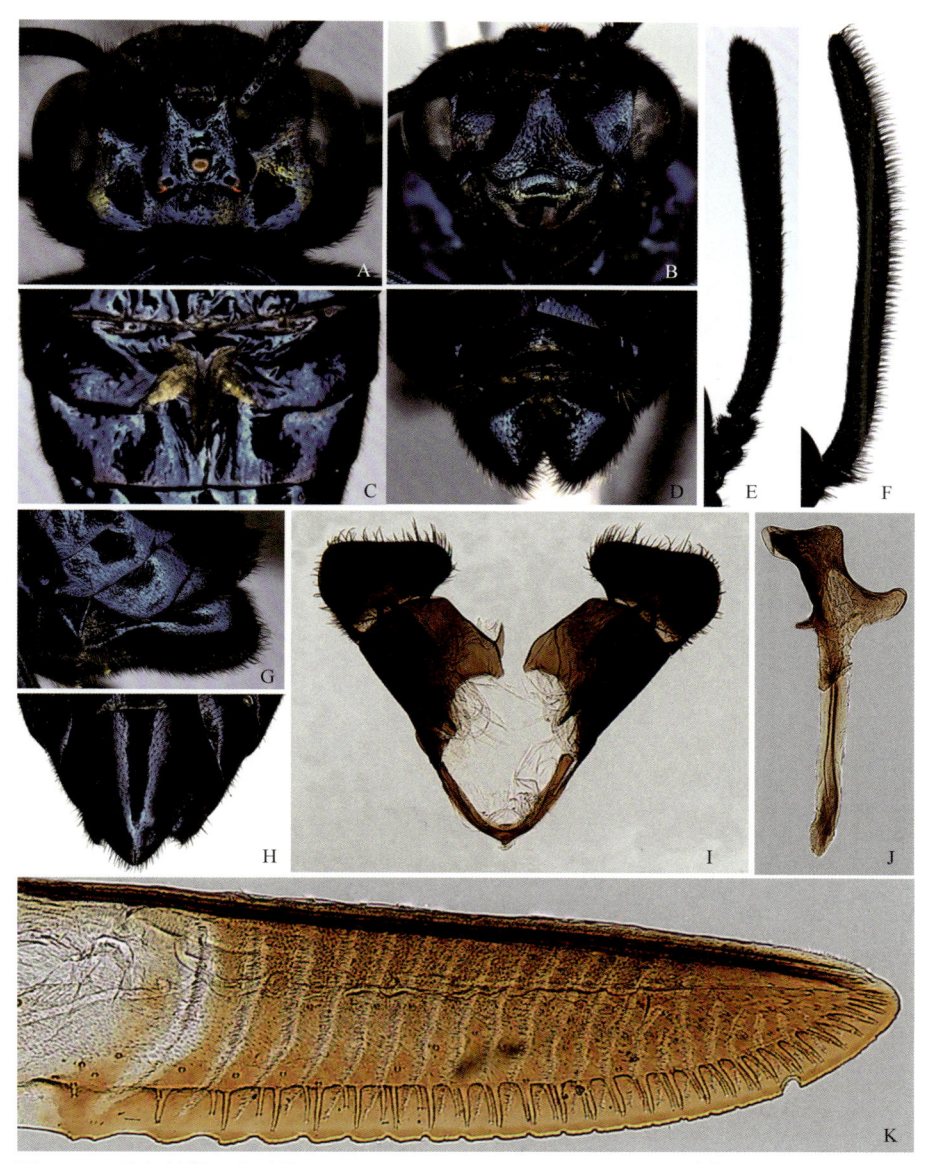

图 3-52　丽水刺背三节叶蜂 *Spinarge lishui* Liu, Li & Wei, 2021（引自 Liu *et al.*, 2021b）

A. 头部背面观；B. 头部前面观；C. 雄虫腹部第 5、6 背板；D. 锯鞘背面观；E. 雌虫触角；F. 雄虫触角；G. 锯鞘侧面观；H. 雄虫下生殖板；I. 生殖铗；J. 阳茎瓣；K. 锯腹片

具毛刻点；唇基前缘缺口弧形，颚眼距 1.2 倍于前单眼直径，唇基上区强烈隆起，无中纵脊（图 3-52B）；中窝大，侧脊低，上缘与额区间具狭窄浅沟连通；单眼后区稍隆起，宽 2 倍于长，后头两侧微弱膨大，上眶短于复眼；POL∶OOL∶OCL = 5∶6∶5（图 3-52A）；触角长 1.35 倍于头宽，第 3 节端部稍膨大（图 3-52E）；前翅 R+M 脉点状，2Rs 室等长于 1Rs 室，Rs 脉第 3、4 段等长，2Rs 室上下缘等长；后翅臀室 2 倍于臀室柄长；锯鞘短粗，背面观见图 3-52D，侧面观见图 3-52G；锯腹片节缝刺毛带狭窄，锯刃低弱，中端部锯刃互相连接（图 3-52K）。雄虫体长 7.5–8.5mm；触角见图 3-52F；腹部第 5 背板中部刺突伸至第 6 背板中部（图 3-52C）；下生殖板长稍大于宽，端部狭窄突出（图 3-52H）；抱器宽大于长，内侧突出，生殖茎节内缘陡峭（图 3-52I）；阳茎瓣尾突窄，上翘，端腹侧突几乎水平向突出，长约等于宽，背顶角不突出（图 3-52J）。

分布：浙江（丽水）。

8. 朱氏三节叶蜂属 *Zhuhongfuna* Wei & Nie, 1999

Zhuhongfuna Wei & Nie, 1999B: 20-21. Type species: *Zhuhongfuna sinica* Wei & Nie, 1999, by original designation.

主要特征：体形十分粗壮，雌虫通常不短于 13mm；头部稍窄于胸部宽；触角窝上位，位于复眼中部或中上位水平，触角窝间区域平坦或低钝隆起，具两条明显纵脊；唇基上区显著隆起，顶部宽平，完全无中纵脊，侧脊低弱；额唇基沟可分辨；唇基平坦，前缘具明显缺口；颚眼距 0.5-2 倍于单眼直径；唇基前缘具弧形或浅三角形缺口；后眶下部 1/3 具后颊脊；虫体黑色部分（包括足）具强金属紫蓝色光泽；腹部底色为黄褐色，具复杂的黑色横带斑；或大部分蓝黑色，第 3 背板两侧、基部腹板、部分节间黄褐色；2–7 背板如果只具有中位点状黑斑，则前中足股节背侧具齿突；前翅翅痣下方具延伸到前翅端部的大型烟斑；触角棒状，第 1 节长大于宽，第 2 节宽等于或稍大于长，第 3 节较短，亚端部显著膨大、侧扁；前后翅 R1 室端部封闭，前翅 cu-a 脉中位，基臀室封闭；后翅 Rs 和 M 室封闭，臀室具长柄；中、后足胫节具亚端距；爪无基片和内齿；锯鞘粗短，背侧亚基部无明显凹陷，锯腹片节缝无叶状粗长刺突。

分布：东亚南部。本属目前已知 6 种，全部分布于亚洲东南部。中国已知 2 种，浙江发现 1 种。

（58）天目朱氏三节叶蜂，新组合 *Zhuhongfuna tianmushana* (Wei & Nie, 1998) comb. nov. （图 3-53，图版 II-11）

Arge tianmushana Wei & Nie, 1998b: 349.

主要特征：体长 12mm；体和足蓝黑色，胸部、腹部具较弱的紫色光泽；腹部第 2–3 背板后缘狭边、第 7–8 背板中央大斑及第 10 背板全部、第 2–3 腹板全部、第 4–6 腹板后缘狭边、第 7 腹板后缘 1/3 黄褐色，第 8 背板斑块显著小于第 7 背板斑块；体毛银色；翅烟褐色，翅痣和翅脉黑色，翅痣下具黑褐色长大横斑伸向前翅顶角，覆盖径室和肘室；唇基端缘缺口深三角形，颚眼距约为单眼直径的 1.3 倍；颜面鼓起，无中脊，中窝点状，侧脊低钝，向下显著收敛，下端不会合，中窝上端向前单眼凹开放，额脊与侧脊连接；单眼后沟细弱，侧沟显著，单眼后区隆起，低单眼面，后端下倾，宽长比小于 2，背面观后头明显膨大；触角短于胸部，第 3 节亚端部稍侧扁；后足跗节短于胫节，后胫节具 1 个亚端距；前翅 R+M 脉稍短于 Sc 脉，cu-a 脉中位偏内侧，2Rs 室长于 1Rs 室，2Rs 室上缘稍长于下缘；后翅 M 室明显短于 Rs 室，臀室柄 2 倍长于 cu-a 脉，短于臀室长；锯鞘背面观见图 3-53C。雄虫体长 9.2mm；腹部 2–3 和 6–10 背板黄褐色，第 2 背板具大型黑色横斑，第 3 背板具 1 较小黑斑，外生殖器和下生殖板后部黄褐色，颜面侧脊锐利，后头较短且不膨大，触角具立毛；阳茎瓣见图 3-53D。

分布：浙江（安吉、临安）、河南。

本种原隶属于三节叶蜂属，其后眶后侧具短的后颊脊，应移入本属，构成新组合。

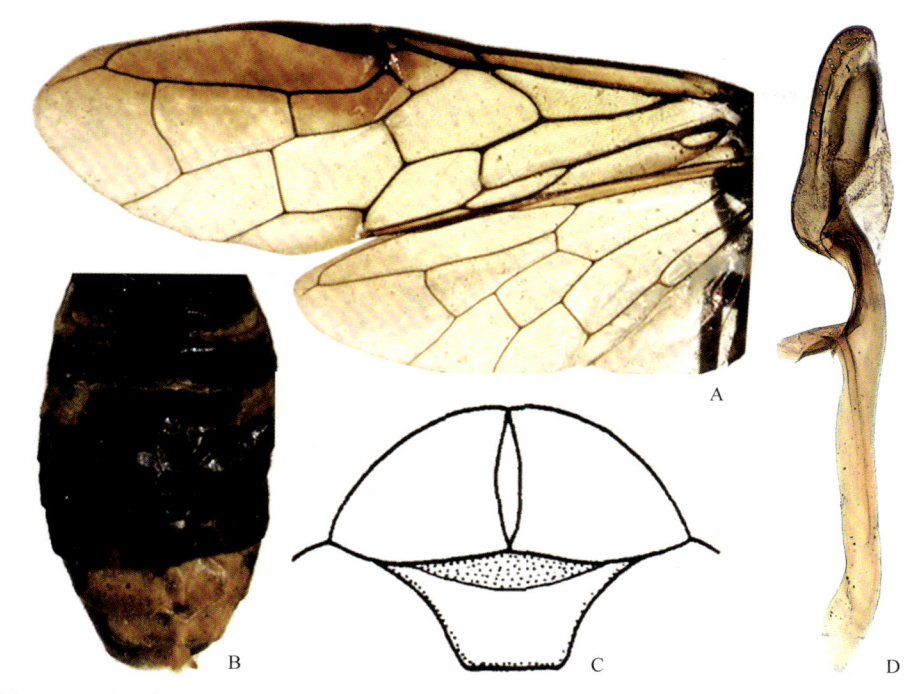

图 3-53 天目朱氏三节叶蜂，新组合 *Zhuhongfuna tianmushana* (Wei & Nie, 1998) comb. nov.
A. 前、后翅；B. 腹部背侧；C. 锯鞘背面观；D. 阳茎瓣

9. 小头三节叶蜂属 *Tanyphatnidea* Rohwer, 1912

Tanyphatnidea Rohwer, 1912: 207. Type species: *Tanyphatnidea microcephala* Rohwer, 1912, by original designation.

主要特征：体中大型；头部很小，雌虫不宽于、雄虫稍宽于中胸一半宽，背面观后头两侧明显收缩；唇基横方形，宽长平滑，端部截形，唇基上沟显著；口器发达，左上颚简单，右上颚基部具小齿；下颚须6节，基部2节短小；下唇须4节；复眼大型，内缘弯曲，间距宽于复眼长径；内眶陡峭，单眼后区萎缩；后眶较窄，圆钝，无后颊脊；触角显著长于头宽，第1节长稍大于宽，第2节宽明显大于长，第3节狭长，端部多少膨大；后胸淡膜区宽大，淡膜区间距通常小于淡膜区长径一半；前翅 Sc 脉发达，位于 M 脉内侧，R+M 脉短小，2r-m 脉中部稍鼓出，2Rs 室上下缘约等长，基臀室封闭，前后翅 R1 室均封闭并具明显的附室，后翅 Rs 室大于 M 室2倍，臀室封闭，具长柄；各足胫节无亚端距，爪简单，无内齿和基片；腹部宽大，第1背板中部分裂；锯鞘强壮，锯腹片宽长、简单，无叶状节缝刺毛；副阳茎发达，高大于宽；阳茎瓣端部具宽大腹侧突。

分布：东亚南部。包括本书建立的新组合，本属已知5种，中国分布5种，浙江发现3种。

根据对 *Pampsilota* 模式种的研究，确认东亚地区原归入该属的种类不属于该属。*Pampsilota* 的头部正常，构造与 *Arge* 相同。*Pampsilota* 目前仅发现于非洲。亚洲该属的分布记录均属于 *Tanyphatnidea* 种类。目前东亚地区分布的原放置在本属内的种类均移入小头三节叶蜂属。

分种检索表

1. 雌虫锯鞘端部圆钝；胸部、触角和腹部第1背板黑色 ·· 2
- 雌虫锯鞘端部尖；胸腹部和触角大部分黄褐色，头部和触角端部黑色 ·················· 中华小头三节叶蜂 *T. sinensis*
2. 触角鞭节短于胸部，端部明显膨大 ·· 黑胸小头三节叶蜂 *T. interstitialis*
- 触角鞭节长于胸部，端部不明显膨大 ·· 隆盾小头三节叶蜂 *T. scutellis*

(59) 黑胸小头三节叶蜂，新组合 *Tanyphatnidea interstitialis* (Cameron, 1877) comb. nov.（图 3-54）

Hylotoma interstitialis Cameron, 1877: 91.
Pampsilota interstitialis: Malaise, 1934b: 473.
Hylotoma euterpes Turner, 1920: 86.

主要特征：雌虫体长 10mm；头、胸部和足黑色，具蓝色光泽，腹部黄褐色，第 1 背板和锯鞘背侧黑色；翅浓烟褐色，具虹彩光泽，翅痣和翅脉黑褐色；体毛黑褐色；体光滑，无刻点；唇基和上唇均具浅缺口；颚眼距稍短于前单眼直径；中窝宽浅点状，前后端开放，与额区连通，侧脊高锐；后头两侧强烈收缩；单眼后区短且后斜，宽长比为 2；侧沟痕状，向后收敛；OOL：POL = 7：6；触角短于胸部长，无脊面向端部微弱加宽（图 3-54D），具脊面向端部显著膨大（图 3-54C）；小盾片前沟横弧形，小盾片平坦；后胸淡膜区宽大，淡膜区间距约为淡膜区长径的 0.5（图 3-54A）；前翅 R+M 脉段点状，2Rs 室上缘长约 2 倍于下缘，3r-m 脉下端强烈内斜；锯鞘背面观短钝（图 3-54B），侧面观腹缘弧形上弯；锯刃突出，两侧对称，具不规则的细齿。雄虫腹部第 2–8 背板具蓝黑色横斑，下生殖板端部和尾须蓝黑色；下生殖板端部圆钝；阳茎瓣见图 3-54E，颈部较粗短；抱器短圆，长几乎不大于宽。

分布：浙江（德清）、海南、云南；印度，越南。

本种从 *Pampsilota* 移入 *Tanyphatnidea* 属，构成新组合。

图 3-54 黑胸小头三节叶蜂，新组合 *Tanyphatnidea interstitialis* (Cameron, 1877) comb. nov.
A. 小盾片、后胸和腹部第 1 背板；B. 锯鞘背面观；C. 触角具脊面；D. 触角无脊面；E. 阳茎瓣

(60) 隆盾小头三节叶蜂，新组合 *Tanyphatnidea scutellis* (Wei, 1997) comb. nov.（图 3-55，图版 II-12）

Pampsilota scutellis Wei, 1997a: 39.

主要特征：雌虫 10mm；体黑色，头、胸部和足具蓝色光泽；腹部黄褐色，第 1 背板和锯鞘背侧黑色；翅黑褐色，具虹彩光泽，翅痣和翅脉黑褐色；体毛黑褐色；体光滑，无刻点；唇基上区均匀隆起，中央无平坦区，颚眼距稍短于前单眼直径；中窝宽浅点状，前后端开放，侧脊高锐，后头强烈收缩；单眼后区短且后斜，无单眼后沟和中沟，OOL：POL = 7：5；触角长于胸部，具脊面不明显扩大（图 3-55E）；小盾片强烈隆起，后端显著高出中胸盾板平面（图 3-55D）。后胸淡膜区间距等于淡膜区长径；前翅 R+M 脉段点状，2Rs 室上缘长约 2 倍于下缘，2r-m 脉弯曲，下端强烈内斜；锯鞘背面观短钝，互相稍分离（图 3-55A）；锯刃突出，两侧对称，具不规则的细齿。雄虫腹部第 2–8 背板具蓝黑色横斑，下生殖板端部和尾须蓝黑色；抱器和生殖茎节见图 3-55B，阳基腹铗内叶十分尖长；阳茎瓣颈部

窄长，顶角尖出（图 3-55C）。

分布：浙江（德清、临安、龙泉）、陕西、安徽、湖北、湖南、福建、广东、广西、四川、贵州。

本种从 *Pampsilota* 移入 *Tanyphatnidea*，构成新组合。

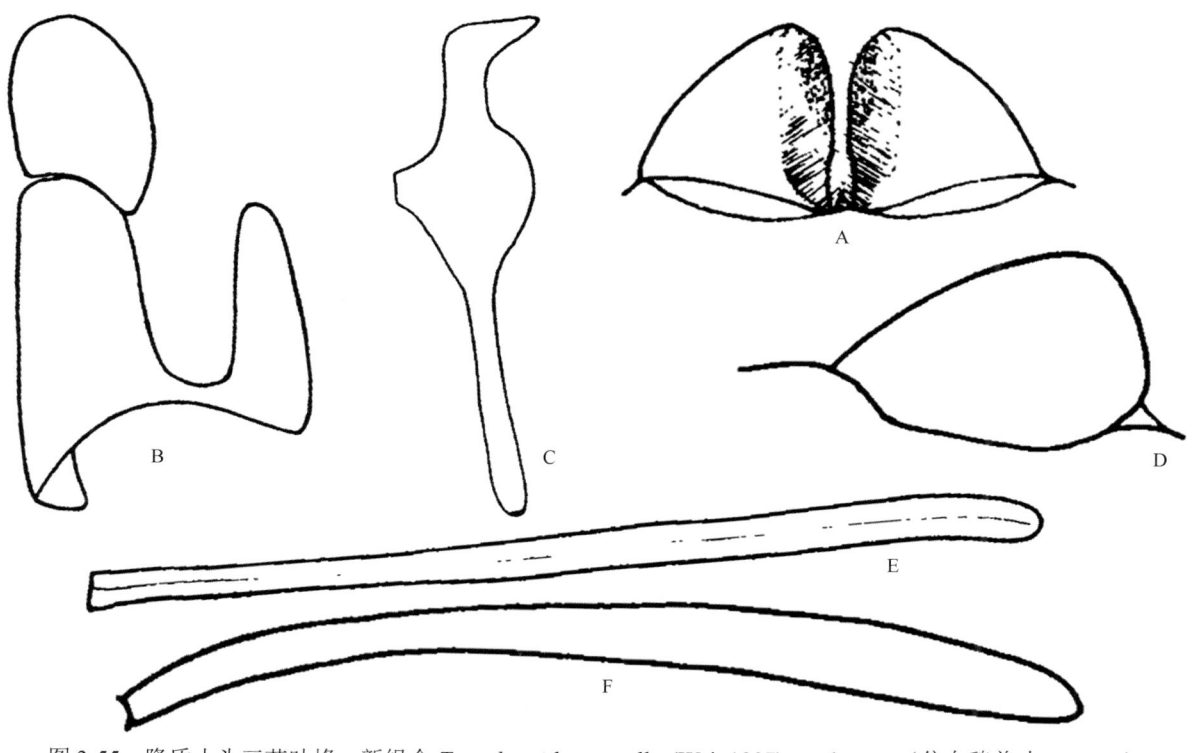

图 3-55 隆盾小头三节叶蜂，新组合 *Tanyphatnidea scutellis* (Wei, 1997) comb. nov.（仿自魏美才，1997a）
A. 锯鞘背面观；B. 生殖铗；C. 阳茎瓣；D. 小盾片；E. 触角具脊面；F. 触角无脊面

（61）中华小头三节叶蜂 *Tanyphatnidea sinensis* (Kirby, 1882)（图 3-56）

Hylotoma microcephala Cameron, 1876: 460 [nec Vollenhoven, 1860].
Hylotoma sinensis Kirby, 1882: 72.
Pampsilota sinensis: Rohwer, 1915: 41.
Tanyphatnidea sinensis: Wei, 1997a: 36.

主要特征：雌虫体长 10–11mm；体黄褐色，头部和触角端部黑色，唇基上区、上唇、口须、触角大部分黄褐色；翅烟褐色，端部稍透明；足黄褐色；体光滑，无明显刻点；头部横形，背面观后头强烈收缩；单眼区各沟均模糊，单眼后区短，后部下倾；额区稍隆起，额脊钝，额窝不明显，前端与中窝连通；中窝长形，侧脊高锐；颚眼距明显长于前单眼直径；触角较粗短，亚端部显著膨大，宽度大于鞭节基部 2 倍；中胸小盾片平坦；前翅 2r-m 脉稍弯曲，2Rs 室上缘稍长于下缘；后翅 M 室极小；下生殖板端部分成 3 裂叶；锯鞘窄长，背面观侧缘中部均匀鼓出，接近端部处弯曲（图 3-56A），侧面观后背缘近端部不明显凹入，腹缘平直（图 3-56B）；锯腹片宽大，中基部锯刃两侧对称突出，具多数不规则细齿，中部以外的锯刃渐低平。雄虫体长 8–9.5mm，前胸侧板、中胸小盾片、中胸腹板、后胸背板和足黑色；下生殖板端部圆钝；抱器短宽，端部稍突出；阳茎瓣颈部粗短，端角短而倾斜。

分布：浙江（临安）、湖南、福建、台湾、广东、广西；印度，尼泊尔，缅甸。

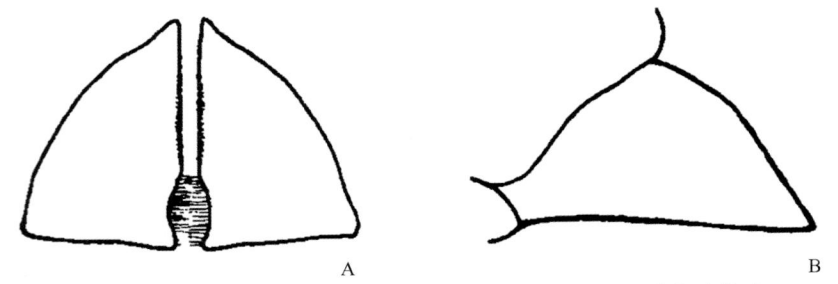

图 3-56　中华小头三节叶蜂 *Tanyphatnidea sinensis* (Kirby, 1882)（引自魏美才，1997a）
A. 锯鞘背面观；B. 锯鞘侧面观

（二）脊颜三节叶蜂亚科 Sterictiphorinae

主要特征：小型叶蜂；两性触角异型，雌虫触角短小，第 3 节棒状，无立毛，雄虫第 3 节音叉状，具密集立毛；头部前面观宽不小于高 1.5 倍，触角窝低位，接近额唇基沟；复眼较小，间距显著宽于复眼长径，后眶圆钝，无后颊脊；前后翅 R1 室端部开放，前翅 cu-a 脉位于中室外侧位；中后足胫节无亚端距；雌虫产卵器短小；阳茎瓣骨化弱，柄部极长。

分布：世界广布。本亚科已知 26 属 347 种，在新热带区属种多样性最高，北美洲、东亚和欧洲也比较丰富，澳洲区仅 2 属 5 种，旧热带区北部分布 1 种。中国分布 5 属 29 种，浙江发现 4 属 5 种。

分属检索表

1. 前翅具显著 Sc 脉游离段；口器退化，下颚须 5 节，下唇须 3 节，右上颚无基齿；后翅臀室开放，无长柄；前翅基臀室痕状封闭 ·· 显脉三节叶蜂属 *Ortasiceros*
- 前翅无 Sc 脉游离段；口器正常，下颚须 6 节，下唇须 4 节，右上颚具基齿 ································ 2
2. 后翅臀室开放，无长柄；前翅 R+M 脉段点状，短于 Rs 脉第 1 段，基臀室开放，端臀室具柄式；头部前面观宽 2 倍于高，颊眼距 2 倍于单眼直径，触角窝距狭窄，稍隆起 ································ 近脉三节叶蜂属 *Aproceros*
- 后翅臀室封闭，具臀柄；前翅 R+M 脉段长于 1r-m 脉 ·· 3
3. 前翅基臀室开放；后翅臀室柄长于臀室宽 2 倍；触角窝间颜面窄低脊状，触角窝与唇基间距短于触角窝直径，前面观头宽 2 倍于头高 ·· 平颜三节叶蜂属 *Aprosthema*
- 前翅基臀室封闭；后翅臀室柄等于或稍短于臀室宽；触角窝间颜面高脊状隆起，触角窝与唇基间距长于触角窝直径，前面观头宽 1.5 倍于头高 ·· 脊颜三节叶蜂属 *Sterictiphora*

10. 近脉三节叶蜂属 *Aproceros* Malaise, 1931

Aproceros Malaise, 1931a: 152. Type species: *Aproceros umbricola* Malaise, 1931, by original designation.

主要特征：体小型；头部十分横宽，背面观复眼很短且两侧强烈收缩，前后缘在中部均稍凹入，前面观头部宽 2 倍于高；口器正常，下颚须 6 节，下唇须 4 节，右上颚具基齿；颊眼距宽大，2 倍于单眼直径；复眼较小，间距约 2 倍于复眼长径；唇基横宽，端部近似截形；触角窝下位，触角窝间距十分狭窄，窄低脊状隆起；雌虫触角短小，不明显侧扁扩大，端部较尖；雄虫触角较长，第 3 节双叉式，具立毛；胫节稍长于跗节，中、后足胫节无亚端距；爪简单，无基片和内齿；前后翅 R1 室背缘均宽阔开放，无附室；前翅前缘室较窄，Sc 脉游离段完全缺失，2Rs 室上缘显著长于下缘，基臀室开放，端臀室具柄式，R+M 脉段点状，短于 Rs 脉第 1 段，cu-a 脉交于 1M 室下缘中部外侧；后翅臀室开放，2A 脉短小；产卵器短小、简单，锯腹片骨化很弱；雄虫阳茎瓣具长柄，头叶短小。

分布：东亚。本属已知 11 种，分布于东亚北部地区，主要分布于中国和日本，其中 1 种近年来作为外来物种入侵欧洲。中国记载 5 种，浙江发现 1 种。

寄主：榆科榆属 *Ulmus*、蔷薇科李属植物 *Prunus* spp.。

（62）横盾近脉三节叶蜂 *Aproceros scutellis* Wei & Nie, 1998（图 3-57）

Aproceros scutellis Wei & Nie, 1998b: 348.

主要特征：雄虫体长 5.3mm；体黑色，各足基节末端、转节、股节末端和胫跗节黄褐色，跗节端部和后足胫节末端黑褐色；体毛灰褐色；翅烟褐色，端部渐变透明，翅脉和翅痣黑褐色；唇基和上唇短宽，端缘截形，颊眼距稍宽于单眼直径，唇基上区脊状隆起；额区和单眼三角显著均匀隆起，额脊不明显，额区前缘与触角窝之间具横沟；头部背面观宽长比等于 3，后眶极短且强烈收缩，后头缘平直；前面观复眼间距 2 倍于眼高，复眼内缘向下显著收敛；单眼后区稍隆起，宽长比约等于 5；触角等长于头、胸部之和，第 3 节双叉形，明显侧扁，后支微短于前支，立毛等于鞭节宽；中胸背板前叶中沟浅平，小盾片稍隆起，宽明显长于长，前缘弧形突出；体光滑，仅中胸背板前叶侧沟底部具明显刻点；前翅 R+M 脉点状，1Rs 室和 2Rs 室上缘几乎等长，3r-m 脉显著倾斜但不强烈弯曲，2Rs 室上缘长 1.3 倍于下缘，基臀室开放；后翅 2A+3A 脉很短；下生殖板端部突出，阳茎瓣见图 3-57。雌虫未知。

分布：浙江（安吉）。

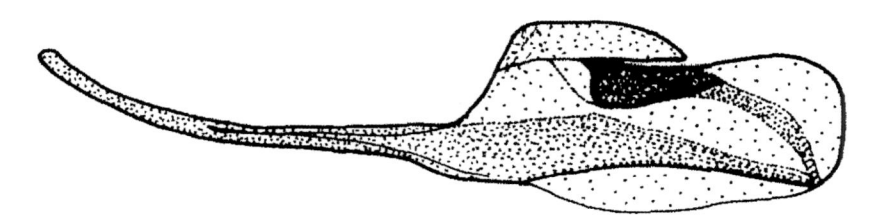

图 3-57 横盾近脉三节叶蜂 *Aproceros scutellis* Wei & Nie, 1998 阳茎瓣（引自魏美才和聂海燕，1998b）

11. 平颜三节叶蜂属 *Aprosthema* Konow, 1899

Aprosthema Konow, 1899b: 149. Type species: *Hylotoma brevicornis* Fallen, 1808, by subsequent designation of Rohwer, 1911a.
Lyrola Ross, 1937: 55. Type species: *Schizocera brunniventris* Gresson, 1880, by original designation.
Copidoceros Forsius, 1921: 77–78. Type species: *Copidoceros desertus* Forsius, 1921, by original designation.

主要特征：体型较小，粗壮；头部横宽，前面观头宽不大于头高 2 倍，背侧较平，背面观后头稍延长，两侧稍收缩，前后缘中部不凹入；下颚须 6 节，下唇须 4 节，右上颚具基齿；唇基短且平坦，端缘亚截形；颜面短小，明显陷入；触角窝下位，触角窝之间颜面窄低脊状，触角窝与唇基间距窄于触角窝直径；内眶宽，显著隆起；颊眼距约等于单眼直径；额区低平，额脊低钝；复眼内缘向下收敛，间距明显大于眼高；触角 1、2 节短小，雌虫触角第 3 节不明显侧扁扩大，端部稍尖，雄虫触角第 3 节双叉式，具长立毛；中胸小盾片平坦；后胸淡膜区扁，互相接近；中胸前侧片宽大，显著隆出，中胸后侧片狭窄；前后翅 R1 室均开放，无附室；前翅 Sc 脉游离段缺失，R+M 脉段长于 1r-m 脉，3r-m 脉位于 Rs 脉第 3 段外侧；臀室具柄式，基臀室端部宽阔开放；后翅臀室封闭，臀室柄长于臀室宽 2 倍；各足胫节无亚端距，胫距端部尖锐；爪简单，无内齿和基片；阳茎瓣柄部细长，侧叶很短或缺。

分布：古北区，新北区。本属是三节叶蜂科第 2 大属，已知 59 种，主要分布于欧洲，北美洲只分布 2 种。中国记载 6 种，可能还有少量种类待发现。浙江目前发现 2 种。

寄主：豆科野豌豆属 *Vicia*、山黧豆属 *Lathyrus* 等植物。

（63）天目平颜三节叶蜂 *Aprosthema tianmunicum* Wei & Wen, 2000（图 3-58）

Aprosthema tianmunica Wei & Wen, 2000: 294.

Aprosthema tianmunicum: Wei, Nie & Taeger, 2006: 513.

主要特征：雌虫体长 6.5–6.6mm；体黑色，前胸背板和翅基片黄褐色；足淡褐色，基节、中足股节基半、胫节端部、后足股节端部和胫节端半黑褐色；翅浅烟色透明，翅脉和翅痣黑褐色；体毛淡金黄色；头、胸部具细小刻点。触角第 3 节（图 3-58A）微弯曲，显著短于中胸长，微长于颜面与内眶之和；颚眼距明显长于前单眼直径；内眶高于复眼平面；额区宽，平坦，在单眼前具一明显陷坑；头部背面观宽长比微小于 2，后头两侧明显收缩，短于复眼 1/2 长；OOL 明显大于 POL；单眼后区后端明显隆起，宽长比约为 1.3，无中沟；中胸前盾片中沟宽浅，小盾片微低于背板平面；前翅 R+M 脉等长于或微短于 1r-m 脉，3r-m 脉中部均匀弧形外鼓，Rs 第 2 段等长于 Rs 第 3 段，第 4 段微长于第 3 段与第 2 段之和，1Rs 室与 2Rs 室几乎等长，cu-a 脉交臀室于端部 1/4，臀室柄 1.8 倍于 cu-a 脉；后翅臀室 2.1 倍于臀室柄长，臀室柄 1.3 倍于 cu-a 脉长；锯鞘末端尖锐，侧面观和背面观分别见图 3-58B、C。雄虫未知。

分布：浙江（临安）。

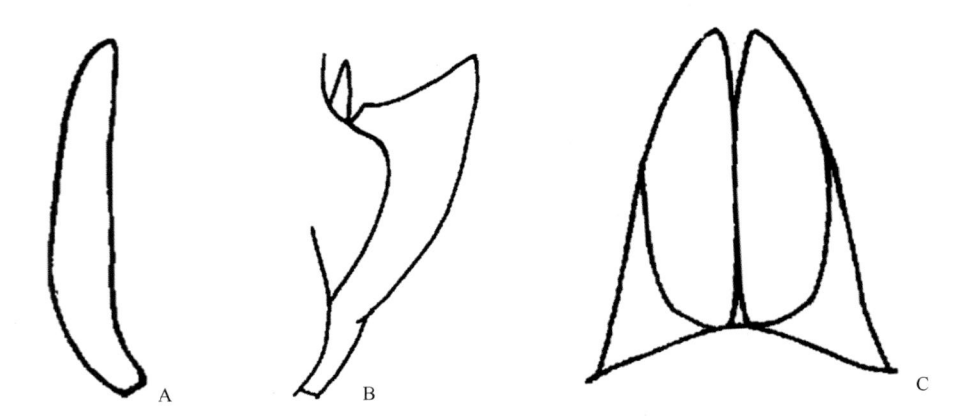

图 3-58　天目平颜三节叶蜂 *Aprosthema tianmunicum* Wei & Wen, 2000（仿自魏美才和文军，2000）
A. 触角第 3 节；B. 锯鞘侧面观；C. 锯鞘背面观

（64）短顶平颜三节叶蜂 *Aprosthema brevivertexis* Wei, 2021（图 3-59，图版 III-1）

Aprosthema brevivertexis Wei, in Wu, Niu & Wei, 2021: 226.

主要特征：雌虫体长 6.5mm；体黑色，前胸背板、翅基片、中胸后侧片后缘、后胸背板凹部黄褐色；足黄褐色，基节基部、各足股节基部 1/3、中足胫节端部、后足胫节端部 1/3 黑色；翅浅烟灰色，透明，端半部具烟斑，翅痣黑褐色（图 3-59A）；体毛褐色。盾纵沟底部、小盾片前凹底部具短小横脊列，小盾片后缘具 1 列粗大刻点；胸部侧板无明显刻点，前侧片中部具宽阔无毛裸带（图 3-59I）；颚眼距 0.9 倍于前单眼直径；内眶明显隆起，高于复眼平面，单眼前具一弧形陷痕；头部背面观宽长比微大于 2，后头两侧稍收缩（图 3-59C）；单眼后区微弱隆起，最高处低于单眼平面，宽长比约为 2.2，具浅弱中沟；触角第 3 节明显短于头部横宽，端部强烈扁平（图 3-59D）；小盾片宽明显大于长，刻点后具细缘脊；前翅 R+M 脉稍短于 1r-m 脉，3r-m 脉弱弧形外鼓，Rs 脉第 2 段 1.3 倍于第 3 段长，第 4 段稍长于第 3 段与第 2 段之和，1Rs 室明显长于 2Rs 室；后翅臀室 2.4 倍于臀室柄长，臀室柄 1.3 倍于 cu-a 脉长；锯鞘末端尖，侧面观和背面观分别见图 3-59H、G；锯腹片见图 3-59F、J。雄虫未知。

分布：浙江（临安）。

图 3-59　短顶平颜三节叶蜂 *Aprosthema brevivertexis* Wei, 2021（引自 Wu *et al*., 2021）
A. 雌成虫；B. 头部前面观；C. 头部背面观；D. 触角；E. 头部侧面观；F. 锯腹片；G. 锯鞘背面观；H. 锯鞘侧面观；I. 中胸前侧片；J. 锯腹片端部

12. 显脉三节叶蜂属 *Ortasiceros* Wei, 1997

Ortasiceros Wei, 1997B: 298. Type species: *Ortasiceros zhengi* Wei, 1997, by original designation.

主要特征：体小型；头部横宽，前面观宽 2.5 倍于高，背缘稍鼓出，背面观头部短小，在复眼后显著变窄，后缘较直；复眼小型，内缘向下强烈收敛，间距明显宽于复眼长径；颜面强烈下凹，内眶多少鼓出，额侧沟显著；触角窝间距非常短，显著短于内眶宽；额区小型，微下陷；唇基前缘缺口浅弱；上颚简单，无基齿，口器退化，下颚须 5 节，下唇须 3 节；颚眼距约等于或微长于前单眼直径；触角短小，基部 2 节宽大于长，雌虫鞭节短于头宽，微侧扁，雄虫触角鞭节音叉形，具长立毛；后胸淡膜区非常宽大；后足胫节稍长于跗节；爪无基片和内齿；前翅前缘室较宽，Sc 脉显著，R+M 脉段长于 Rs 第一段，cu-a 脉交于 1M 室中部外侧，R1 室和基臀室痕状封闭，后翅 Rs 和 M 室封闭、互相近等长，R1 室和臀室开放，2A 脉很短；锯鞘短小，双贝壳状；锯腹片每节具一纹孔，纹孔远离锯齿；雄虫阳茎瓣头叶与柄部等长，头叶具 1 宽 1 窄、几乎等长的两个叶片，副阳茎很大，与生殖茎节完全合并。

分布：东亚。本属已知 7 种，中国记载 6 种，浙江发现 1 种。

寄主：本属寄主植物未知。

（65）中华显脉三节叶蜂 *Ortasiceros chinensis* (Gussakovskij, 1935)（图 3-60）

Aprosthema chinensis Gussakovskij, 1935: 313, 446–447.

Ortasiceros nigriceps Wei, 1997B: 301.

主要特征：雌虫体长 5.7mm；体和足除头部黑色、额区具一小黄点外均黄褐色；翅褐色，颜色由基部向端部稍变浅；体光亮，无刻点和刻纹；头部背面观较短宽，内眶稍鼓出，后头很短，两侧明显收缩；前单眼凹深圆，中窝小但明显；唇基上区平坦；颚眼距等于前单眼直径；复眼内缘明显向下收敛，复眼间距 1.5 倍于复眼高；触角微短于头宽，第 3 节中部稍加宽，端部较尖（图 3-60B）；小盾片前缘近似平截；前翅 R+M 脉段几乎等长于 1M 脉，2Rs 室上缘稍长于下缘，2M 室高大于长；后翅臀室柄明显长于 cu-a 脉；锯鞘侧面观端角钝方，背面观端部尖；锯腹片具 8 个显著锯齿，其中第 5、6 锯齿各具 14–16 个小齿。雄虫体长 4.9mm，前翅基部 2/3 浓烟褐色，端部 1/3 近透明；生殖茎节十分宽大（图 3-60A）；阳茎瓣两叶片长度相若，宽叶片 4 倍于窄叶片宽，外缘强烈鼓凸（图 3-60C）。

分布：浙江（德清）、吉林、北京、河北、山东、河南。

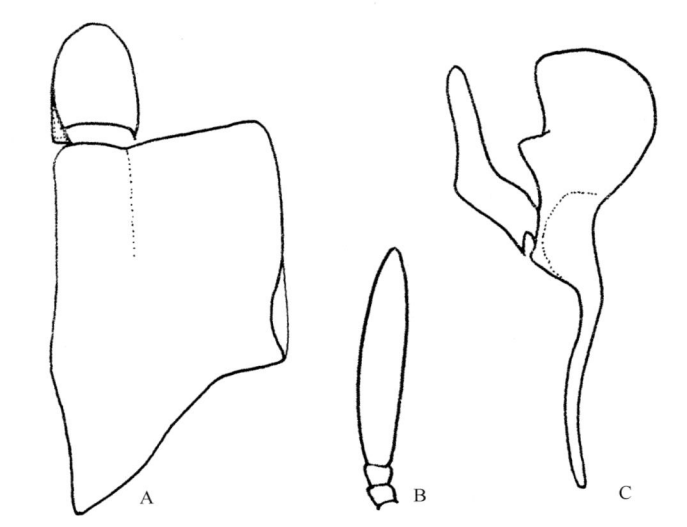

图 3-60 中华显脉三节叶蜂 *Ortasiceros chinensis* (Gussakovskij, 1935)
A. 雄虫生殖铗；B. 雌虫触角；C. 阳茎瓣

13. 脊颜三节叶蜂属 *Sterictiphora* Billberg, 1820

Sterictiphora Billberg 1820: 99. Type species: *Hylotoma furcata* Fabricius, by original designation.
Schizocerus Berthold, 1827: 441. Type species: *Hylotoma furcata* (Villers, 1789), by subsequent designation of Westwood, 1839.
Cyphona Dahlbom, 1835: 3, 6. Type species: *Tenthredo furcata* Villers, 1789, by subsequent designation of Rohwer, 1911a.

主要特征：体小型；头部横宽，前面观宽不小于高的 1.5 倍，背缘鼓出；背面观后头多少延长，两侧近似平行或稍膨大；复眼较小，间距显著大于眼高，内缘向下收敛；口器正常，下颚须 6 节，下唇须 4 节，右上颚具小型基齿；唇基平坦，端缘亚截形；颚眼距宽于前单眼直径；触角窝下位，触角窝之间的颜面显著窄脊状隆起，触角窝间距窄于触角窝与唇基间距；触角第 1 节长大于宽，第 2 节宽大于长，雌虫触角第 3 节较短小，不膨大侧扁，端部不尖，雄虫触角第 3 节音叉形，具较长立毛；各足胫节无亚端距，爪简单，无基片和内齿；前后翅 R1 室均开放，无附室；前缘室宽大，Sc 脉游离段缺失；R+M 脉段长于 1r-m 脉，cu-a 脉交于 1M 室中部外侧，臀室具长中柄，基臀室封闭；后翅臀室封闭，具短柄，柄长约等宽于或稍窄于臀室最大宽度；锯鞘短小贝壳形，锯腹片骨化弱；雄虫阳茎瓣具长柄，双叶形。

分布：古北区，新北区。本属世界已知 42 种，中国记载 11 种，实际分布种类超过 20 种。浙江目前仅发现 1 种。

寄主：蔷薇科李属 *Prunus*、悬钩子属 *Rubus*、花楸属 *Sorbus* 植物。

(66) 黑色脊颜三节叶蜂 *Sterictiphora nigritana* Wei, 1998 （图 3-61）

Sterictiphora nigritana Wei, in Wen, Wei & Nie, 1998: 62.

主要特征：雄虫体长 5.2–5.5mm；触角漆黑色，头部、胸部、腹部各节、各足股节及以内部分黑色，具明显的蓝色金属光泽；口须、各足余部除后足胫节端部 1/6 褐黑色外均黄白色；翅浅烟色透明，翅脉和翅痣暗褐色，痣下无明显烟斑；体毛淡褐色；头部前侧和单眼后区前部具较密集的细小刻点，中胸背板沟底具刻点，小盾片外缘和后缘具稀疏粗大刻点，边缘具密集刻点，侧板无刻点；触角第 3 节明显短于头、胸部之和；颚眼距单眼直径；颜面强烈隆起，具锐利中纵脊；中窝小坑状，侧脊低钝；后头两侧明显收缩；OOL：POL=1.5：1；单眼后区隆起，宽长比约为 3，中部前侧具一短中沟；中胸前盾片具中纵脊；小盾片前沟十分宽深，小盾片宽约等于长，前部 1/3 具中纵沟（图 3-61C）；前翅 R+M 脉等长于 Rs 脉第 1 段，3r-m 脉于上部 1/5 处往下向内侧强烈斜，R1 脉于翅痣后稍远处即消失，Rs 第 4 段稍长于第 2 段，几乎等长于第 3 段，cu-a 脉交臀室于外侧 1/3（图 3-61A）；后翅臀室 5 倍于柄长，臀柄微短于 cu-a 脉；阳茎瓣见图 3-61B，端部具复杂的折叶（图 3-61E）。雌虫体长 6.5mm；触角简单棒状，单眼后区宽 2 倍于长，颚眼距等长于单眼直径；锯鞘长，侧面观见图 3-61D。

分布：浙江（四明山、丽水）、安徽、湖南、重庆。

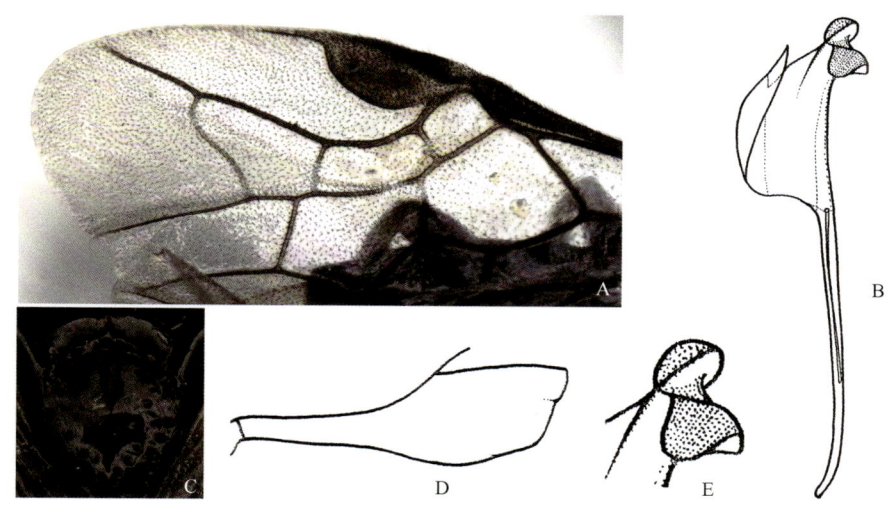

图 3-61 黑色脊颜三节叶蜂 *Sterictiphora nigritana* Wei, 1998
A. 雄虫前翅端半部；B. 阳茎瓣；C. 雄虫中胸小盾片；D. 锯鞘侧面观；E. 阳茎瓣端部折叶

IV. 叶蜂总科 Tenthredinoidea

主要特征：胸部无中胸腹板侧沟，中胸小盾片附片常存在；雄性外生殖器具发达副阳茎；前翅 2r 脉通常存在，臀室通常完整，少数具短中柄，如果基臀室开放，则端臀室不短于臀室柄长；胫节无亚端距；幼虫触角 2–5 节。

分布：世界广布，主要分布于北半球，南半球只有少数类群。

目前包括 5 科。中国和浙江省均有分布。

五、残青叶蜂科 Athaliidae

主要特征：体小型，较粗短。触角多于 10 节，第 1 节短小，鞭节简单丝状或端部稍膨大；头部横形，前后向扁平，后头短，无后颊脊；上颚对称双齿式，下颚茎节狭长；颚眼距显著，复眼大型；触角窝距狭于复眼-触角窝距；胸部不延长；前胸背板短小，无侧纵脊，侧板腹侧远离，腹板游离，无基前桥；中胸小盾片具显著附片，盾侧凹发达，中胸前气门后片不与侧板合并，侧板无胸腹侧片，腹板无明显腹前桥；中胸侧板缝上半 Z 形弯曲，前侧片上部具横沟，上后侧片强烈鼓凸，下后侧片具耳形突，气门隐蔽式；淡膜区发达；后胸侧板宽大，后气门后片大型，不与腹部第 1 背板愈合；前翅前缘室狭窄，C 脉末端明显膨大，1M 室背侧通常具短柄，1M 脉与 1m-cu 脉近似平行，cu-a 脉位于中室内侧；臀室完整，臀横脉强倾斜；后翅具双闭中室，臀室具长柄；胫节无亚端距，后足跗节短小，爪小型；腹部无侧缘脊，产卵器短，锯腹片骨化弱；阳茎瓣骨化很弱，头部显著弯曲，具耳状侧突（图 3-62C）。幼虫暴露取食，触角 5 节，体表具瘤，胴体部各节具 6 个小环节。

分布：古北区，东洋区，旧热带区。有 1 种近年入侵北美洲。本科已知 5 属 100 种，中国已记载 4 属 32 种。浙江发现 2 属 6 种。

寄主：幼虫取食十字花科 Brassicaceae、唇形科 Lamiaceae、景天科 Crassulaceae、车前科 Plantaginaceae、玄参科 Scrophulariaceae 等植物。

（三）残青叶蜂亚科 Athaliinae

14. 残青叶蜂属 *Athalia* Leach, 1817

Athalia Leach, 1817: 126. Type species: *Tenthredo spinarum* Fabricius, 1793, by subsequent designation of Curtis, 1836.

主要特征：头部前后向强扁平，无棱角；复眼大，内缘向下强烈收敛，间距约等于或窄于复眼长径；背面观后头短小，明显向后收缩；颚眼距等于或狭于单眼直径；侧窝闭式，额区模糊；上颚简单，内齿不明显；唇基形态变化较大，东亚种类唇基端部弧形或弓形突出；上唇较大，唇根隐蔽；单眼后区扁宽，侧沟及单眼后沟均模糊；后眶狭窄、圆钝，无后颊脊；触角棒状，10–13 节，第 2 节长明显大于宽，第 3 节稍短于其后两节之和；前胸背板沟前部不长于单眼直径，无缘脊；前胸侧板腹面尖，互相远离；中胸侧板前缘脊明显，无分离的胸腹侧片；后胸后侧片中部极短、强烈倾斜；前翅 R+M 脉段缺，1M 脉显著长于 1m-cu 脉；臀横脉中位，强烈倾斜，位于 1M 脉中部内侧；后翅 Rs 和 M 室封闭，Rs 室小于 M 室；臀室封闭，臀室柄约 2 倍于 cu-a 脉长；雄虫后翅无缘脉；前足胫节内端距端部不分叉，后足胫节长于股节，后基跗节短于其后 3 节之和；爪无基片，内齿缺；腹部第 1 背板具中缝。幼虫黑色，无白色小瘤突。

分布：古北区，东洋区，旧热带区。本属世界已知约 94 种，主要分布于非洲和东亚。中国记载 26 种，浙江发现 5 种。

寄主：十字花科芸薹属 *Brassica*、萝卜属 *Raphanus*、蔊菜属 *Rorippa*、荠属 *Capsella*、辣根属 *Armoracia*、山芥属 *Barbarea*、葱芥属 *Alliaria*、碎米荠属 *Cardamine*、大蒜芥属 *Sisymbrium*，唇形科筋骨草属 *Ajuga*、活血丹属 *Glechoma*、地笋属 *Lycopus*、黄芩属 *Scutellaria*，景天科景天属 *Sedum*，车前科金鱼草属 *Antirrhinum*、车前属 *Plantago*，以及玄参科婆婆纳属 *Veronica* 等植物。十字花科是其主要寄主。

分种检索表

1. 胸部全部黑色；前中足全部、后足膝部和胫跗节黑色 ·················· 缅甸残青叶蜂 *A. birmanica*

- 胸部红褐色，背板有时具部分黑斑；各足股节大部分或全部黄褐色 ·· 2
2. 各足股节全部和胫节大部分黄褐色，胫节末端和各足 1-3 跗分节端部黑色 ············· **短斑残青叶蜂 A. ruficornis**
- 中后足胫节外侧全部黑色 ··· 3
3. 唇基前缘钝截形，侧角显著；锯刃乳头状强烈突出；各足股节全部黄褐色，胫节全部黑色 ················
 ·· **隆齿残青叶蜂 A. tanaoserrula**
- 唇基前缘弧形突出，两侧短，无明显侧角；锯刃倾斜，非乳头状突出 ··· 4
4. 中后足胫节末端黑色 ·· **日本残青叶蜂 A. japonica**
- 股节全部黄褐色，端部完全无黑斑 ·· **黑胫残青叶蜂 A. icar**

（67）缅甸残青叶蜂 *Athalia birmanica* Benson, 1962（图 3-62，图版 III-2）

Athalia birmanica Benson, 1962: 371.

主要特征：雌虫体长 5.0–6.0mm；体黑色；唇基、上唇、腹部、后足基节、转节和股节、后胸侧板黄褐色；翅烟黑色，翅脉及翅痣黑色（图 3-62D）；唇基无侧角，颚眼距线状，中窝圆点状；触角细长，12 节，长约为头宽的 2 倍，各鞭分节均长大于宽；后足胫节端距稍短于胫节端部宽；下生殖板中央微呈角状突出；锯腹片 15 锯刃，锯刃平坦，亚基齿多数；雄虫下生殖板端部圆尖，末背板端缘几乎平直；抱器长大于宽，端部圆钝，内侧下端稍突出（图 3-62A）；阳基腹铗内叶两头尖出（图 3-62B）；阳茎瓣头叶侧齿靠近尖突，前叶宽大（图 3-62C）。

分布：浙江（安吉、临安、龙泉）、湖南、台湾、贵州、云南；印度（锡金），缅甸（北部）。

寄主：未确定。但在国内东部的十字花科蔬菜地比较常见，推测为十字花科植物。

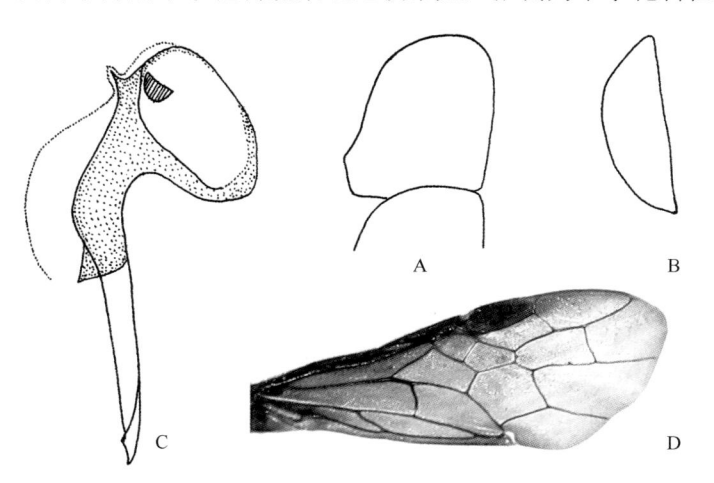

图 3-62 缅甸残青叶蜂 *Athalia birmanica* Benson, 1962
A. 抱器；B. 阳基腹铗内叶；C. 阳茎瓣；D. 前翅

（68）黑胫残青叶蜂 *Athalia icar* Saini & Vasu, 1997（图 3-63，图版 III-3）

Athalia icar Saini & Vasu, 1997: 90.
Athalia proxima Wei & Nie, 2003c: 128, Wei, Niu, Li *et al*., 2018: 301, nec Klug, 1815.

主要特征：雌虫体长 6.0–8.0mm；体黄褐色，头部及触角全部、中胸盾侧凹、附片、后胸背板、锯鞘、各足胫节外侧全部及各足跗节黑色；翅烟褐色，向端部渐淡，翅痣和翅脉黑褐色；体毛大部分淡色，头部毛和锯鞘毛暗褐色；唇基短，前缘弓形突出，无侧角和侧边（图 3-63A）；颚眼距等长于单眼直径，中窝明显；触角 11 节，第 2 节长显著大于宽，第 7 节长明显大于宽，第 3 节短于第 4+5 节之和（图 3-63C）；后足胫节内端距约等长于胫节端部宽；下生殖板中突极小，两侧缺口浅弱；锯腹片锯刃低平，刃间段短，凹入，刃齿细小，内侧 8–9 个，外侧 20–22 个。雄虫体长 5.6–7.0mm，颚眼距线状，复眼内缘强收敛；生殖铗见图 3-63E，抱器长大于宽，外顶角突出，内侧下端具尖角；阳基腹铗内叶头部截形，尾部稍突出，内侧明显突出（图 3-63D）；阳茎瓣见图 3-63F。

分布：浙江（临安、四明山、舟山、丽水、缙云、龙泉）、黑龙江、吉林、辽宁、北京、山东、河南、陕西、甘肃、江苏、上海、安徽、湖北、江西、湖南、福建、台湾、广东、海南、香港、广西、重庆、四川、贵州、云南、西藏；日本，印度，缅甸，马来西亚，印度尼西亚。

寄主：本种幼虫取食十字花科芸薹属 *Brassica* 和萝卜属 *Raphanus* 的蔬菜叶片。

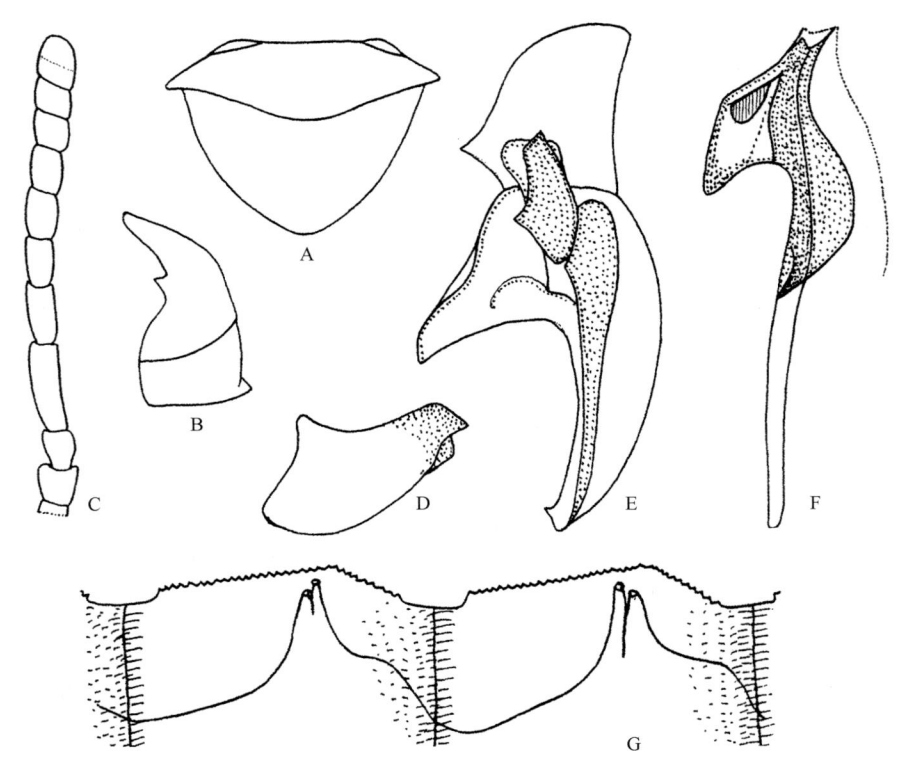

图 3-63 黑胫残青叶蜂 *Athalia icar* Saini & Vasu, 1997
A. 唇基和上唇；B. 左上颚；C. 雌虫触角；D. 阳基腹铗内叶；E. 生殖铗；F. 阳茎瓣；G. 中部锯刃

（69）日本残青叶蜂 *Athalia japonica* (Klug, 1815)（图 3-64）

Tenthredo japonica Klug, 1815: 131.
Athalia japonica: Klug, 1834: 253.

主要特征：雌虫体长 7.0–10.5mm；体黄褐色，头部、后胸背板两侧、腹部第 1 背板大部分、中后足股节最末端、各足胫节外侧、各足跗分节除基部外均黑色，锯鞘大部分黑色，头部唇基上区有时黄褐色；翅烟黑色，翅痣和翅脉黑色；唇基短宽，无侧角和侧边，端缘微呈弧形凸出；颚眼距窄于单眼直径；复眼间距窄于眼高；中窝深圆形，大于侧窝；中单眼前具 1 与单眼等大的凹陷；触角 11 节，末端 2 节愈合，明显粗于第 3 节端部，除第 10 节外各节均长大于宽；后足胫节端距稍长于胫节端部宽；腹部下生殖板见图 3-64D；锯鞘窄长，侧面观稍短于前足胫节，端部圆尖；锯腹片 16 刃，锯刃低斜三角形，亚基齿内侧 8–9 个，外侧 17–20 个（图 3-64E）。雄虫体长 5.8–7.5mm；唇基和上唇浅色，前中足胫节端部 1/4、中后足胫节基部、后足胫节端部 1/3 外侧黑色；生殖铗见图 3-64C，抱器短宽，阳基腹铗内叶端部尖，尾部圆钝（图 3-64B）；阳茎瓣见图 3-64A。

分布：浙江（安吉）、吉林、辽宁、内蒙古、北京、河北、山西、河南、陕西、甘肃、青海、江苏、上海、台湾、四川、云南、西藏；朝鲜，日本，印度，俄罗斯（东西伯利亚）。

寄主：十字花科芸薹属 *Brassica* spp.、碎米荠属 *Cardamine* spp.、萝卜属 *Raphanus* spp.等植物。

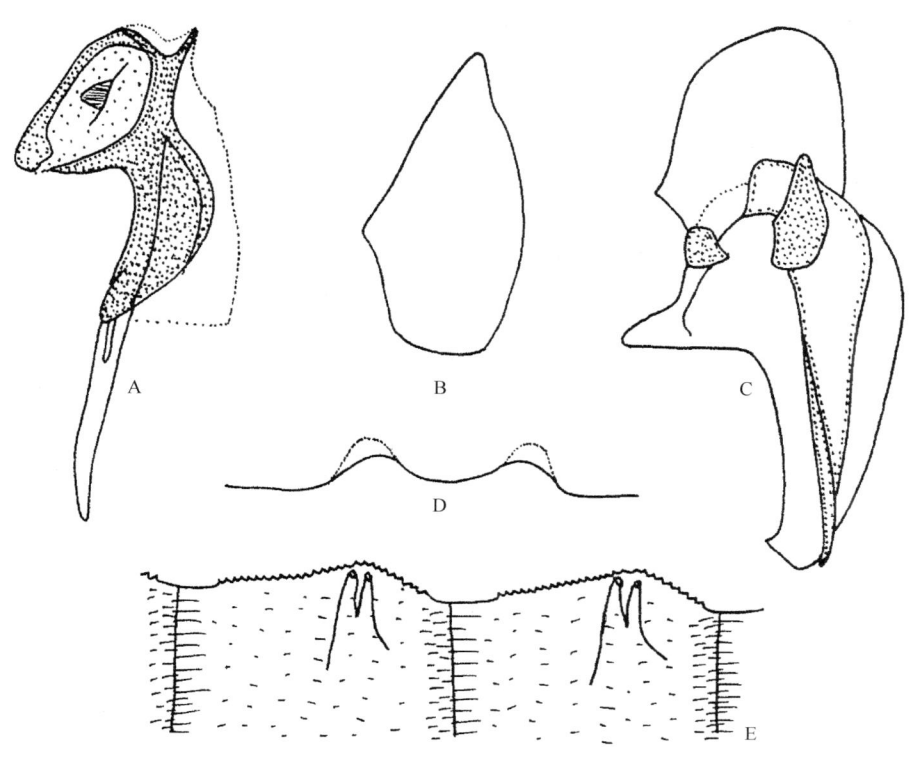

图 3-64 日本残青叶蜂 *Athalia japonica* (Klug, 1815)
A. 阳茎瓣；B. 阳基腹铗内叶；C. 生殖铗；D. 雌虫第 7 腹板后缘；E. 中部锯刃

（70）短斑残青叶蜂 *Athalia ruficornis* Jakovlew, 1888（图 3-65）

Athalia spinarum var. *ruficornis* Jakovlew, 1888: 373.
Athalia leucostoma: Cameron, 1904: 108.
Athalia spinarum japanensis Rohwer, 1910a: 109.
Athalia rosae ruficornis: Benson, 1962: 346.
Athalia ruficornis: Wei *et al.*, 2018: 302.

主要特征：雌虫体长 7.2–8.5mm；体黄褐色，头部额唇基沟以上部分、各足胫节末端和跗分节端部 1/2 左右、前胸侧板前端、中胸背板侧叶大部分、盾侧凹、后胸背板除小盾片之外、腹部第 1 背板基部中央部分及锯鞘黑色，中胸背板侧叶上的黑斑较小，不超出翅基片连线以前；翅透明，微带黄色，翅痣、C 脉及 Sc+R 黑色，其余翅脉黄褐色；唇基短宽，无侧角和侧边，端缘钝弧形凸出；颚眼距稍宽于 1/2 触角窝间距，微宽于单眼直径；复眼间距等于眼高，中窝浅弱模糊，单眼后沟缺；触角 10 节，末端 2 节愈合，粗于第 3 节端部，第 8、9 节长短于宽，第 3 节等长或稍短于第 4+5 节之和，第 2 节长稍大于宽；后足胫节内端距短于胫节端部宽；下生殖板中突中等大，两侧凹入；锯鞘窄长，端部圆尖；锯腹片 16 刃，锯刃低平，刃间段凹入，亚基齿小且多（图 3-65A）。雄虫体长 5.1–7.2mm；颚眼距约等于单眼半径，下生殖板端部宽钝；生殖铗见图 3-65D，抱器长形，内突不明显；阳基腹铗内叶亚方形，头尾部截形（图 3-65B）；阳茎瓣见图 3-65C。

分布：浙江（杭州、舟山、东阳）、黑龙江、吉林、辽宁、内蒙古、北京、天津、河北、山西、山东、河南、陕西、宁夏、甘肃、青海、江苏、上海、安徽、湖北、江西、福建、台湾、广西、重庆、四川、云南；朝鲜，日本，喜马拉雅东部地区，俄罗斯（东西伯利亚）。

寄主：十字花科芸薹属 *Brassica*、萝卜属 *Raphanus* 多种蔬菜。

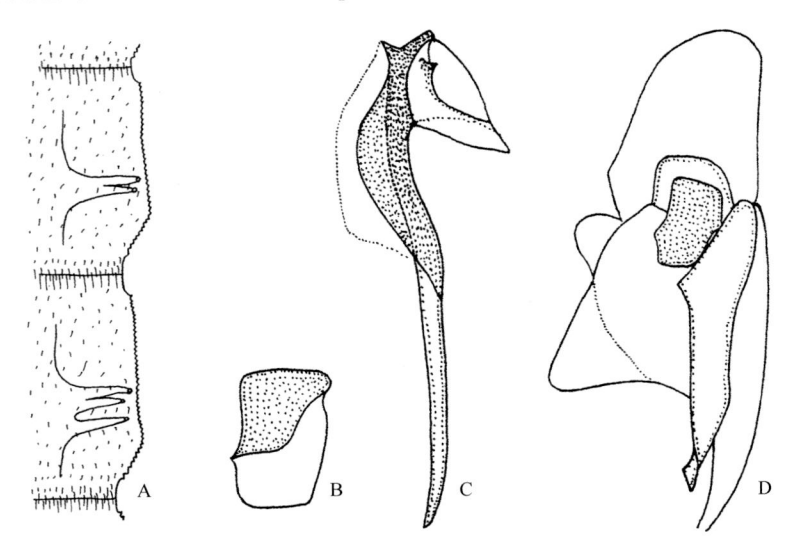

图 3-65　短斑残青叶蜂 *Athalia ruficornis* Jakovlew, 1888
A. 中部锯刃；B. 阳基腹铗内叶；C. 阳茎瓣；D. 生殖铗

（71）隆齿残青叶蜂 *Athalia tanaoserrula* Chu & Wang, 1962（图 3-66）

Athalia tanaoserrula Chu & Wang, 1962: 512.
Athalia kwangsiensis Chu & Wang, 1962: 512.

主要特征：雌虫体长 5.5–7.0mm；体黄褐色，头部额唇基沟以上部分、前胸侧板前端、小盾片后端、盾侧凹、附片、后胸背板、锯鞘、各足胫跗节黑色，小盾片和附片有时全部黄褐色，触角腹面颜色有时较浅；翅深烟褐色，翅痣及翅脉黑色；上唇宽大，半圆形；唇基宽大，端部直截形，具侧角及侧边（图 3-66A）；颚眼距等于 1/2 触角窝间距，稍窄于单眼直径；复眼间距窄于眼高；中窝甚浅平，中单眼前具弧形凹陷；触角 11 节，末端 2 节愈合，第 8 节以远宽大于长，第 2 节长大于宽，第 3 节稍短于第 4 节 2 倍长；后足胫

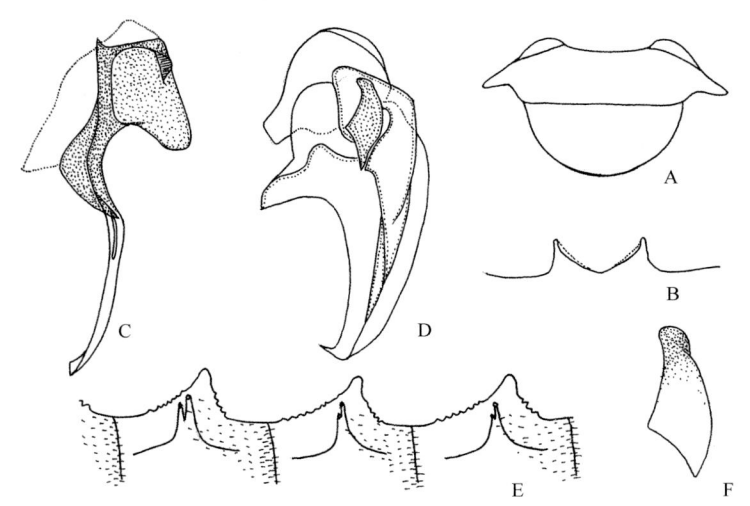

图 3-66　隆齿残青叶蜂 *Athalia tanaoserrula* Chu & Wang, 1962
A. 唇基和上唇；B. 第 7 腹板后缘中突；C. 阳茎瓣；D. 生殖铗；E. 中部锯刃；F. 阳基腹铗内叶

节内端距等长于胫节端部宽；下生殖板中突两侧具锐裂（图 3-66B）；锯鞘窄长；锯腹片 15 刃，锯刃尖，强烈突出，内外侧具 6–8 个细齿，排列紧密（图 3-66E）。雄虫体长 5.2–6.5mm；颚眼距线状，复眼间距窄于复眼高的 1/2；下生殖板端部钝截形；生殖铗见图 3-66D，抱器短圆，内基角突出；阳基腹铗内叶亚长三角形，尾部突出（图 3-66F）；阳茎瓣见图 3-66C。

分布：浙江（临安、四明山、丽水）、陕西、甘肃、江苏、上海、安徽、湖北、湖南、福建、广东、广西、重庆、四川、贵州、云南、西藏。

15. 小齿叶蜂属 *Dentathalia* Benson, 1931

Athalia (*Dentathalia*) Benson, 1931: 111. Type species: *Athalia scutellariae* Cameron, 1880, by original designation.
Dentathalia: Niu *et al.*, 2022: 1.

主要特征：唇基很短，宽长比大于 4；上唇宽大；复眼大，内缘向下强收敛，间距不宽于复眼长径；背面观后头短小，向后收缩；颚眼距不宽于单眼半径；侧窝闭式，额区模糊；单眼后区扁宽，侧沟及单眼后沟均模糊；后眶狭窄、圆钝，无后颊脊；触角棒状，不少于 10 节，第 2 节长明显大于宽；前胸背板沟前部不长于单眼直径，无缘脊；前胸侧板腹面尖，互相远离；中胸侧板前缘脊明显，无分离的胸腹侧片；后胸后侧片中部极短、强烈倾斜；前翅 R+M 脉段缺；1M 脉显著长于 1m-cu 脉；臀横脉中位，强烈倾斜，位于 1M 脉内侧；后翅 Rs 和 M 室封闭，Rs 室小于 M 室；臀室封闭，臀室柄约 2 倍于 cu-a 脉长；前足胫节内端距端部不分叉，后足胫节长于股节，后基跗节短于其后 3 节之和；爪无基片，具小型内齿；腹部第 1 背板具中缝。幼虫黑色，每个体节具 1 排白色瘤突。

分布：古北区。本属已知 5 种，亚洲分布 4 种，欧洲分布 1 种（但线粒体基因组数据显示至少有 3 种）。中国记载 3 种，浙江发现 1 种。

寄主：唇形科黄芩属 *Scutellaria* 植物。

本属此前合并在残青叶蜂属内。最新的基于基因组的系统发育研究结果表明本支系是独立于残青叶蜂属外的单系群，应予恢复属级地位（Niu *et al.*, 2022）。

（72）狭鞘残青叶蜂 *Athalia stenotheca* Wei, 2003（图 3-67）

Athalia stenotheca Wei, in Wei & Nie, 2003c: 129.

主要特征：雌虫体长 5.5mm。体黄褐色，头部额唇基沟以上部分、前胸侧板顶端、锯鞘、中足胫节末端、前中足跗节各分节端部、后足胫节端部 1/3 及其跗节黑色，触角背侧暗褐色，腹侧浅褐色；翅烟褐色，翅痣和翅脉黑褐色；唇基无侧角和侧边，端缘微呈弧形凸出；颚眼距线状；复眼间距显著窄于眼高；中窝深圆形，大于侧窝；中单眼前具 1 与单眼等大的凹陷；单眼后区隆起，宽长比约等于 3；触角 13 节，末端 3 节愈合，第 7 节及其后各节宽大于长，第 2 节长稍大于宽，第 3 节 2 倍长于第 4 节（图 3-67A）；后足胫节端距约等长于胫节端部宽；前翅 cu-a 脉中位，后翅臀室柄稍长于 cu-a 脉；锯鞘窄长，侧面观等长于前足胫节，锯鞘端约等长于锯鞘基，端部圆钝（图 3-67D）；锯腹片 16 刃，锯刃斜三角形突出，亚基齿内侧 7–9 个，外侧 10–12 个（图 3-67G）。雄虫体长 5.2–5.5mm；复眼内缘间距仅等于复眼高的 1/2，中足胫节末端无黑环；生殖铗见图 3-67C，抱器长大于宽，端部收窄；阳基腹铗内叶头部和尾部均突出（图 3-67F）；阳茎瓣见图 3-67B。

分布：浙江（东阳、龙泉）、福建。

寄主：未知。推测为唇形科黄芩属或其近缘植物。

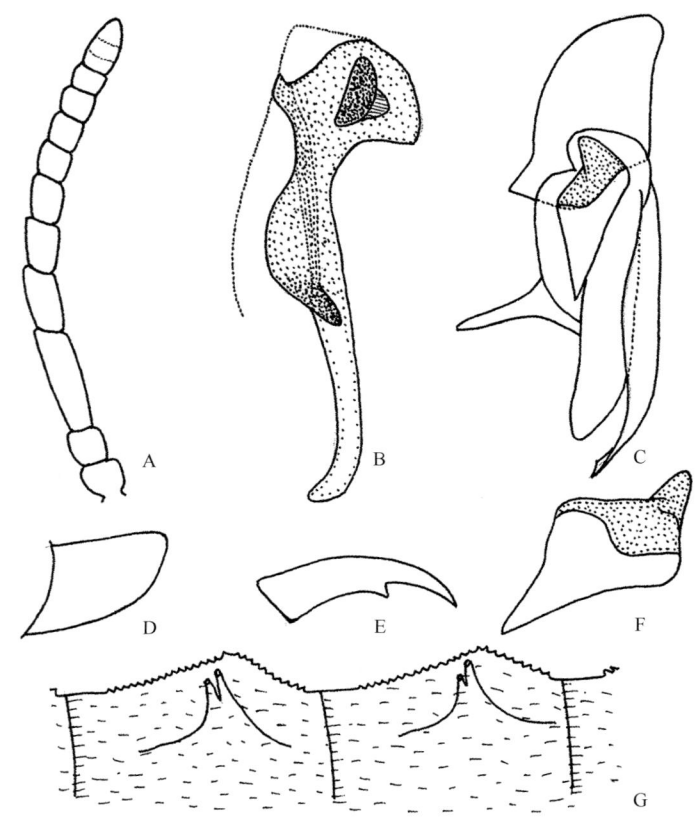

图 3-67　狭鞘残青叶蜂 Dentathalia stenotheca (Wei, 2013)（仿自魏美才和聂海燕，2003c）
A. 触角；B. 阳茎瓣；C. 生殖铗；D. 锯鞘端；E. 爪；F. 阳基腹铗内叶；G. 中部锯刃

六、松叶蜂科 Diprionidae

主要特征：体短宽，长 5–12mm；后头孔开式；头部短宽，无后颊脊；上颚外观狭片状，具额唇基缝；触角窝中下位；触角短，14–32 节，雄性羽状，雌性锯齿状或栉齿状；前胸侧板腹面尖出，互相远离，腹板游离；中胸小盾片发达，附片十分狭窄；中胸上后侧片近水平向横置且突出，中胸侧腹板沟缺如；中胸小盾片宽大，淡膜区窄长；后胸侧板不与腹部第 1 背板愈合；前翅 C 室宽大，R 脉端部下垂，2r 脉缺如，Rs 脉基端消失，cu-a 脉位于 M 室中部，臀室完整；后翅具 6 个闭室，R1 室端部开放；足粗短，胫节无亚端距，基跗节短小，爪小型；腹部筒形，背板无侧缘脊，第 1 背板具中缝；产卵器短小，节缝强烈骨化，具翼突列。幼虫多足型，腹部具 8 对足，触角 3 节。成虫飞行速度慢，但主要在树冠活动。

分布：全北区，南端分布到北非、中南半岛和中美洲。根据翅脉和雄虫触角构造，本科可分为 2 亚科：松叶蜂亚科 Diprioninae（已知 9 属 136 种）和单栉松叶蜂亚科 Monocteninae（已知 3 属 16 种）。包括本书描述的新种，本科已知 12 属约 154 种，主要分布于北温带针叶林中，不少种类是针叶树重要害虫。本科已报道化石 2 属 2 种。中国已发现 9 属 44 种，未来应会发现更多种类。浙江报道 5 属 11 种。

寄主：松属 *Pinus*、柏木属 *Cupressus*、冷杉属 *Abies*、铁杉属 *Tsuga*、油杉属 *Keteleeria*、雪松属 *Cedrus* 等裸子植物。

分属检索表

1. 后胸淡膜区小型，彼此间距明显大于 1 个淡膜区长；后胸小盾片长度至少等于淡膜区宽；后足胫节长距明显短于后足基跗节；后翅臀室柄长于 cu-a 脉 1.5 倍 ·· 2
- 后胸淡膜区大型，间距明显小于 1 个淡膜区宽；后胸小盾片长度短于淡膜区宽 ··· 3

2. 触角微弱侧扁，端部尖，第 4 节具栉齿；阳茎瓣头叶宽三角形，端部尖；锯腹片很宽，第 2 锯节长于第 1 锯节，骨化腹缘长，凹弧形，两端具明显齿突 ·· 松叶蜂属 *Diprion*
- 触角显著侧扁，端部钝截形，第 4 节无栉齿；阳茎瓣未知；锯腹片较窄，第 2 锯节明显短于第 1 锯节，骨化腹缘很短，无两个齿突 ·· 大松叶蜂属 *Macrodiprion*
3. 后翅臀室柄远远长于臀室最大宽度；腹部背板具致密横向刻纹；后足胫节内端距显著短于后足基跗节；颚眼距 2–3 倍长于触角第 2 节长 ··· 4
- 后翅臀室柄最多微长于臀室最大宽度；腹部背板光滑，具细弱刻纹；后足胫节内端距与基跗节等长或接近等长；颚眼距不长于触角第 2 节 ·· 黑松叶蜂属 *Nesodiprion*
4. 体红褐色，具少量黑斑；锯腹片中部强烈加宽，向端部迅速变尖，具节缝部长高比明显小于 2，腹缘弧形上凹，节缝栉突列长弧形；阳茎瓣头叶十分狭窄，强烈弧形弯曲，侧突长大，水平向或上翘 ··················· 弧松叶蜂属 *Hugilpinia*
- 体黑色或绿色具黑斑；锯腹片中部不强烈加宽，向端部迅速变尖，具节缝部长高比不小于 2，腹缘平直或几乎平直，节缝栉突列短；阳茎瓣头叶较宽，不呈窄弧形弯曲，侧突极短或缺如，不明显伸出 ·················· 吉松叶蜂属 *Gilpinia*

（四）松叶蜂亚科 Diprioninae

主要特征：体短宽，长 5–12mm。触角短，14–32 节，雄性羽状，雌性短锯齿状；前胸侧板腹面尖出，互相远离，腹板游离；前翅臀室完整，中部明显收缩，但不合并，中位外侧具稍倾斜的横脉。

分布：全北区。本亚科包括 9 属，已知 138 种。中国分布 8 属 43 种。浙江发现 5 属 11 种。

16. 松叶蜂属 *Diprion* Schrank, 1802

Pteronus Jurine, in Panzer, 1801b: 163. Type species: no type species selected. Suppressed by Opinion, 157 (ICZN, 1945).
Diprion Schrank, 1802: 252. Type species: *Tenthredo pini* Linné, 1758, by subsequent designation of Rohwer, 1910a.
Lophyrus Latreille, 1803: 302. Homonym of *Lophyrus* Poli, 1791. Type species: *Tenthredo pini* Linné, 1758, by monotypy.
Pteronus Panzer, 1806: 46. Type species: *Tenthredo pini* Linné, 1758, by subsequent designation of Rohwer, 1911a.
Anachoreta Gistel, 1848: ix. New name for *Lophyrus* Latreille, 1803.

主要特征：体形十分粗壮；颚眼距宽大，2–3 倍于触角第 2 节长；雌虫触角较短，基部 2 节短小，鞭节多少侧扁，端部不加宽或强扁，单栉齿状，栉齿短小，第 4 节具明显齿突；雄虫触角长双栉齿状；前翅臀室基部 1/3 明显收缩，但不形成中柄，臀横脉显著；后翅臀室柄明显长于臀室最大宽，长于 cu-a 脉 1.5 倍；头、胸部刻点显著，腹部背板刻纹细密，光泽微弱；中胸小盾片宽大于长，前缘圆钝或钝角形突出，具多数密集刻点，背面观附片仅端部可见，侧缘被小盾片遮蔽；后胸小盾片较大，中部长度至少等于淡膜区长径，淡膜区较小，彼此互相远离，间距通常大于淡膜区长径 1.5 倍；后足胫节内端距显著短于后足基跗节，简单刺突状；爪小型，具小内齿；雌虫产卵器刷垫明显，锯腹片较窄长，第 2 锯节明显长于第 1 锯节，骨化腹缘不短于刃间膜，具双齿突（图 3-68C）；阳茎瓣头叶宽大，三角形，端部较尖，背缘具一排小齿突（图 3-68D）。

分布：古北区，东洋区。本属已知 16 种，主要分布于古北区，少量分布于东洋区，1 种近年被传入北美洲。中国已知 6 种。浙江发现 3 种。

松叶蜂科的吉松叶蜂属 *Gilpinia*、大松叶蜂属 *Macrodiprion* 和松叶蜂属 *Diprion* 3 属的分类研究存在较多问题。根据雌雄外生殖器构造类型（参见检索表），原天目松叶蜂不是本属成员，本书移至大松叶蜂属；东亚南部分布的 *Gilpinia bodyarensis* Saini & Thind, 1993、*Gilpinia ghanii* Smith, 1971、*Gilpinia indica* (Cameron, 1913)均应移入本属构成新组合：*Diprion bodyarensis* (M.S. Saini & Thind, 1993) comb. nov.、*Diprion ghanii* (D.R. Smith, 1971) comb. nov.、*Diprion indica* (Cameron, 1913) comb. nov.。

分种检索表

1. 体黑色,无淡斑;雌虫翅烟黑色;锯腹片第 2 锯节中部长约 2.5 倍于第 1 锯节,骨化腹缘明显倾斜;阳茎瓣头叶背缘稍凹,缘齿上端伸过头部 ·· 烟翅松叶蜂 *D. infuscalae*
- 胸、腹部具明显淡斑;雌虫翅透明;锯腹片第 2 锯节中部长 1.2–2 倍于第 1 锯节宽,骨化腹缘水平 ························ 2
2. 雌虫锯腹片 11 锯节,第 2 锯节中部长约 2 倍于第 1 锯节,骨化腹缘等长于第 2 刃间段,第 1 锯节栉突列直;阳茎瓣头叶较宽,背缘直 ··· 六万松叶蜂 *D. liuwanensis*
- 雌虫锯腹片 10 锯节,第 2 锯节稍长于第 1 锯节,骨化腹缘约 2 倍于第 2 刃间段长,第 1 锯节栉突列弧形弯曲;阳茎瓣头叶狭长,背缘凹弧形 ··· 南华松叶蜂 *D. nanhuaensis*

(73) 烟翅松叶蜂 *Diprion infuscalae* (Wang & Wei, 2019)(图 3-68,图版 III-4)

Gilpinia infuscalae Wang & Wei, *in* Wang *et al.*, 2019: 592.
Diprion infuscalae: Wang & Wei, 2024: 81.

主要特征:雌虫体长 8–10mm;虫体包括触角和足全部黑色,翅烟黑色,翅痣和翅脉黑褐色,翅痣端部稍淡;头、胸部刻点密集,腹部背板具细密刻纹,无光泽;颚眼距宽 1.7 倍于中单眼直径;触角长 1.2 倍于头宽,19 节,鞭节短锯齿状,端部尖;中胸小盾片前缘约呈 106°钝角状突出;后胸淡膜叶间距长于淡膜叶长径;后翅臀室柄长稍大于臀室最宽处的 2 倍,约 2.5 倍于 cu-a 脉长;后足胫节内距等于基跗节长度的 1 半,爪具小内齿;锯鞘背面观可见锯鞘刷,后面观锯鞘刷窄长,位于锯鞘端的上半部(图 3-68B);锯腹片具 11 个锯节,端半部腹缘几乎平直,第 2 锯节最长,向基部和端部明显收窄,第 1 锯节显著短于第 2 锯节,宽度约为第 2 锯节的 1/3,1、2 栉突列互相近似平行,第 2 锯节后缘弱弧形后鼓,第 2 和第 3 锯节栉突列向下明显分歧,第 3–8 锯节栉突列互相平行,第 2 锯节骨化腹缘明显倾斜,微长于第 2 刃间膜,两端突出,第 2 锯刃两端突出,中部稍凹,第 3–9 锯刃短截形(图 3-68C)。雄虫体长 6–8mm,但翅透明,股节端部、胫跗节大部分浅褐色,触角鞭分节长双栉齿状(图 3-68A),阳茎瓣头叶近似三角形,端部圆钝,背缘细齿伸过头端(图 3-68D)。幼虫体黄色,头部及胸足黑色。

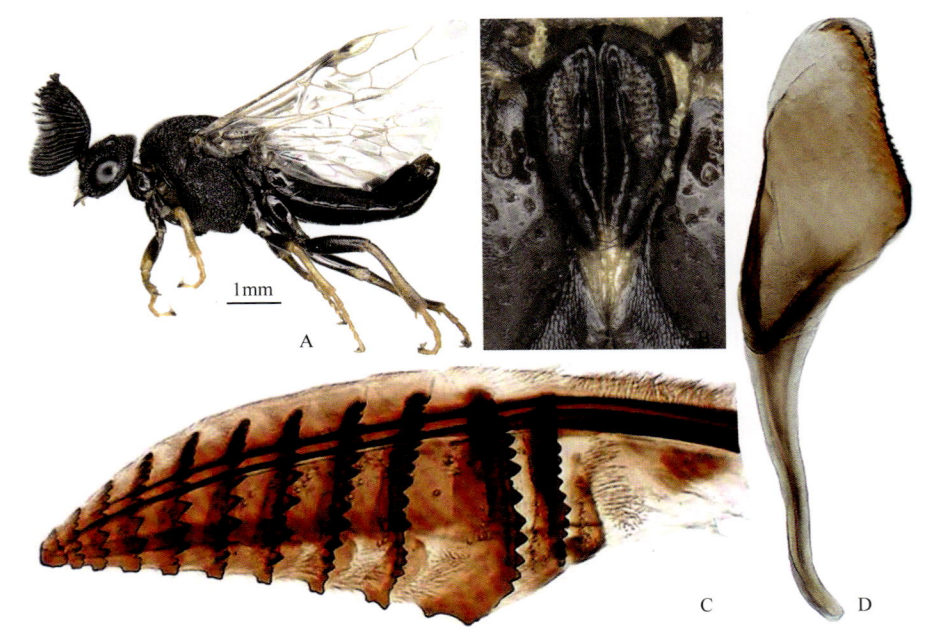

图 3-68 烟翅松叶蜂 *Diprion infuscalae* (Wang & Wei, 2019)
A. 雄成虫;B. 雌虫锯鞘后面观,示锯鞘刷;C. 锯腹片;D. 阳茎瓣

分布：浙江（余杭）、江西、福建。

寄主：松科马尾松 *Pinus massoniana*。

本种淡膜区较小，间距宽；阳茎瓣头叶近似三角形，背缘细齿列长；锯腹片端半部近似三角形，中部最宽，第2锯节宽大，骨化腹缘长等特征显示其非吉松叶蜂属成员，而是松叶蜂属种类。

（74）六万松叶蜂 *Diprion liuwanensis* Huang & Xiao, 1983（图 3-69）

Diprion liuwanensis Huang & Xiao, *in* Xiao, Huang & Zhou, 1983: 277.

主要特征：雌虫体长 8.5–10mm；虫体包括触角和足黑色，触角基部2节、唇基和头部后缘、前胸背板、腹部第1及2背板全部和第3背板前缘、第4–7背板前缘中央和两侧、第8背板大部分、2–6腹板黄褐色，后胸背板除小盾片外大部分黄褐色，前足胫跗节部分浅褐色；翅基半部透明，翅痣一线外侧明显烟褐色，翅痣基部黑褐色，端部浅褐色；颚眼距等长于触角1、2节之和，单眼后区宽长比等于1.7；小盾片宽显著大于长，前缘中部稍突出；后胸淡膜区间距1.5倍于淡膜区长径，后胸小盾片中部长等于淡膜区长径，宽几乎4倍于长（图3-69C）；头、胸部刻点粗密，间隙狭窄；中胸背板前叶和侧叶顶部刻点间隙光滑；中胸前侧片刻点网状，腹部背板中部具稀疏刻点，横刻纹细密；锯鞘刷长稍短于锯鞘端的 1/2（图3-69B）；锯腹片11锯节，第2锯节长于第1锯节2倍，第1、2锯节节缝栉突列下端内倾斜，第2锯节骨化腹缘弧形上凹，约等长于第2刃间段，具两个齿突（图3-69D）。雄虫体长7–10mm；各足胫节、跗节和下生殖板红褐色；阳茎瓣见图3-69A。

分布：浙江（临安、庆元）、安徽、江西、广东、广西。

寄主：松科马尾松、黄山松。

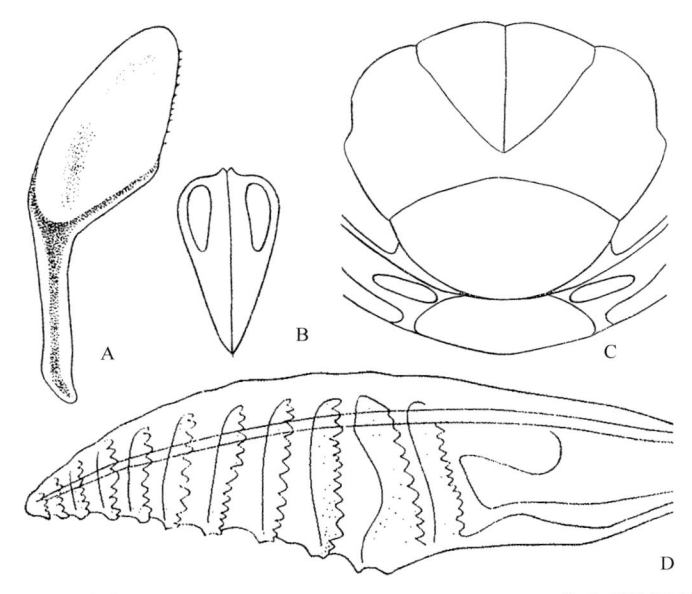

图 3-69 六万松叶蜂 *Diprion liuwanensis* Huang & Xiao, 1983（仿自萧刚柔等，1992）
A. 阳茎瓣；B. 锯鞘端后面观；C. 胸部背板；D. 锯腹片

（75）南华松叶蜂 *Diprion nanhuaensis* Xiao, 1983（图 3-70）

Diprion nanhuaensis Xiao, *in* Xiao, Huang & Zhou, 1983: 277, 280.

主要特征：雌虫体长 9–10mm；虫体包括触角和足大部分黑色或黑褐色，触角第1节端部、第2节大部分浅褐色，前胸背板全部、中胸背板侧缘、小盾片后缘、后胸背板除小盾片外黄褐色，腹部 1–2 节背板全部、第 3 背板大部分、4–6 背板两侧、2–6 腹板黄褐色；翅透明，翅痣基部黑色，端部褐色，前中足基节腹面、转节、前足股节端部、前足胫节大部分和跗节、中足胫节端部浅褐色；单眼后区宽长比等于 1.5，颚眼距等长于触角 1、2 节之和；触角 20–22 节；后胸淡膜区间距 1.5 倍于淡膜区长径；腹部背板具致密粗刻纹（图 3-70E），第 1 背板刻纹稍弱，中部具少许刻点；锯腹片粗短，10 节，第 2 锯节稍长于第 1 锯节，骨化腹缘水平向，显著长于刃间膜，具双齿突（图 3-70F）。雄虫体长 7–9mm，体黑色，仅触角第 1 及 2 节、上唇、股节端部、胫节、跗节和下生殖板褐色或暗褐色；翅痣端部黄白色；阳茎瓣头叶狭长三角形，长宽比大于 3，端部窄圆（图 3-70C）。老熟幼虫头部黑褐色，胸、腹部淡黄白色，具 3 条黑色纵线纵贯全长，每个体节具 1 个宽的和多条极细的黑色横带（图 3-70D）。

分布：浙江（临安）、陕西、安徽、贵州、云南。

寄主：多种松科植物。

图 3-70 南华松叶蜂 *Diprion nanhuaensis* Xiao, 1983（B、C. 仿自萧刚柔等，1992）
A. 小盾片、淡膜区和后小盾片；B. 锯鞘后面观；C. 阳茎瓣；D. 幼虫；E. 腹部背板刻纹；F. 锯腹片

17. 吉松叶蜂属 *Gilpinia* Benson, 1939

Gilpinia Benson, 1939a: 341. Type species: *Lophyrus polytomus* Hartig, 1834, by original designation.

主要特征：体形粗壮；颚眼距宽大，2–3 倍于触角第 2 节长；雌虫触角较短，端部不加宽或强扁，栉齿短小，不明显长于鞭分节轴长，第 2 节宽大于长，第 3 节明显长于第 4 节；雄虫触角长双栉齿状；前翅臀室基部 1/3 明显收缩，但不形成中柄，臀横脉显著；后翅臀室柄明显长于臀室最大宽，等于或长于 cu-a 脉 1.5 倍长；头、胸部刻点显著，腹部背板刻纹细密，光泽微弱；中胸小盾片宽大于长，前缘钝角形突出，夹角稍大于 90°；后胸小盾片的中部长度短于淡膜区的长径，淡膜区大，彼此靠近，间距小于淡膜区长径；后足胫节内端距显著短于后足基跗节，简单刺突状或宽鳞叶状；爪小型，具小内齿；雌虫锯腹片窄长，背缘通常平直，锯节部长宽比不小于 2，骨化腹缘显著短于刃间膜，腹缘短直或三角形，第 1 锯节通常显著长于第 2 锯节；雄虫阳茎瓣头叶窄三角形或椭圆形，侧突极短或不明显。

分布：古北区，东洋区。包括本书描述的新种，本属目前已知 31 种，主要分布于欧亚大陆，个别种类近年被传入北美洲。中国已知 13 种。浙江目前发现 2 种。

寄主：松科松属植物。

本书之前，*Gilpinia* 属的内容比较混乱，除本属真正的成员外，还夹杂了部分 *Diprion*、*Macrodiprion* 以及 *Hugilpinia* 的种类。基于雌虫锯腹片和雄虫外生殖器的比较形态研究和基于线粒体基因组系统发育的研究结果，Wei 和 Niu (2023)、Wang 和 Wei (2024) 将不属于 *Gilpinia* 的种类分别移到相应的属内，其中 3 种移入 *Diprion* 内，3 种移入 *Macrodiprion* 内，7 种移入 *Hugilpinia* 内。

（76）环刺吉松叶蜂，新种 *Gilpinia circulospina* Wei, sp. nov.（图 3-71，图版 III-5）

雄虫：体长 6.8mm。体黑色，口须、前胸背板后缘、翅基片大部分、腹部背板缘折大部分、腹板除基部外黄褐色；足黄褐色，基节大部分、股节腹侧近基部黑褐色；翅透明，翅痣大部分浅褐色，基部暗褐色，翅脉大部分浅褐色；体毛银色。

唇基大部分光滑，端部截形；颚眼距 2.8 倍于触角第 2 节长，触角窝间距 0.8 倍于内眶宽；额区中部稍凹；头部背侧刻点较粗大密集，间隙光滑；单眼后区明显隆起，宽长比稍大于 4，单眼后沟弧形弯曲；触角长双栉齿状，25 节；中胸背板前叶和侧叶大部分光滑，刻点十分细小稀疏；中胸小盾片前角呈 100°突出，刻点较密集，间隙光滑；淡膜区间距 0.6 倍于淡膜区长径，后小盾片中部长 0.8 倍于淡膜区长径（图 3-71A）；中胸前侧片上半部刻点较密集，间隙具细刻纹，腹侧刻点十分稀疏，表面光滑；后足胫节内端距长 0.6 倍于基跗节长；爪小型，内齿显著，长于端齿；后翅臀室柄长 2.5 倍于 cu-a 脉长；腹部第 1 背板中部具少许刻点，其余背板具细密横向刻纹，腹板具稀疏刻点和微弱刻纹，光泽较强；下生殖板宽大于长，端部圆钝；抱器长约等于宽，端部窄圆；阳茎瓣头叶窄长梭形，端部显著收窄，尾突十分狭长，侧突短小，可分辨（图 3-71B），中部具弧形着色区，其上具 6 枚弧形排列的刺突，腹侧具 3 枚大齿突排成一行（图 3-71C）。

雌虫：未知。

分布：浙江（临安）。

词源：本种种加词指其阳茎瓣头叶具弧形排列的刺突。

正模：♂，China, Xitianmushan（西天目山），1100–800m, 2018.IV.8, leg. Wen-Xuan Bi（ASMN）[英文标签]。

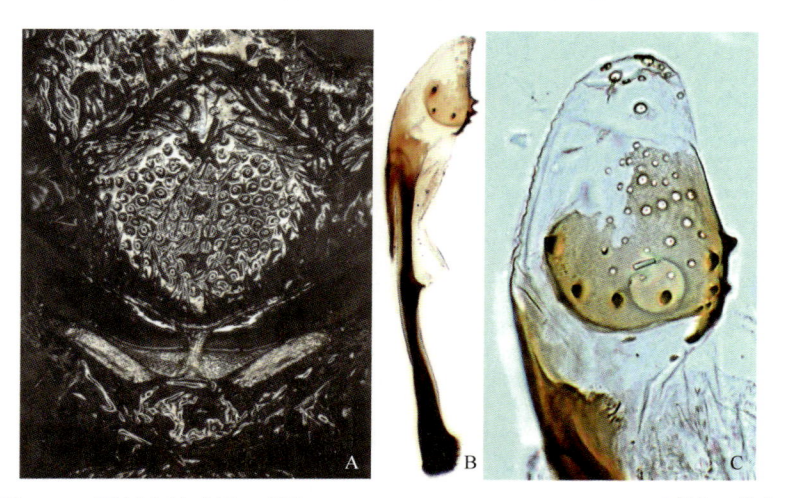

图 3-71 环刺吉松叶蜂，新种 *Gilpinia circulospina* Wei, sp. nov. 正模，雄虫
A. 小盾片和淡膜区；B. 阳茎瓣；C. 阳茎瓣头叶放大

鉴别特征：本种与 *G. marshalli* (Forsius, 1931) 体色相同，但阳茎瓣头叶端部显著收窄，腹缘具 3 枚大齿，中部仅具 6 枚刺突（后者阳茎瓣头叶端部圆钝，不明显收窄，腹缘中部具 2 枚大齿突，中部具 16 枚左右的刺突）。本种与 *G. yongrenica* Xiao & Huang, 1984 稍近似，但后者腹部腹板全部黑色，阳茎瓣头叶明显较宽，腹侧中部具 2 枚大齿，中部刺突 10 枚，排成 2 直行等，明显不同。

（77）红松吉松叶蜂 *Gilpinia pinicola* Xiao & Huang, 1985（图 3-72）

Gilpinia pinicola Xiao & Huang, in Xiao, Huang & Zhou, 1985: 30.

主要特征：雌虫体长 8.5mm；体黄褐色，头部在复眼间横过触角基部和单眼后区前缘有一个黑色的宽横带，触角除基部 2 节外黑褐色，中胸背板前叶中央、侧叶大部分、小盾片后缘、腹部第 1 背板两侧大部分、第 2 背板全部、第 3–7 背板后缘大部分黑褐色，第 8 背板后缘中央小部分黑褐色；翅透明，微带黄色光泽，翅脉黑褐色，前缘脉以及翅痣黄色，翅痣边缘黑褐色；头、胸部刻点小且密，中胸背板前叶刻点较稀疏，腹部第 1 背板中央具稀疏刻点，第 2–9 背板具细横皱纹；触角 19 节，中部各节的栉齿稍长于各节长度；唇基前缘具前弧形缺口，颚眼距 0.7 倍于触角窝间距，OOL∶POL∶OCL = 8∶13∶6；单眼后区侧沟和单眼后沟明显；锯鞘侧刷垫长卵圆形；锯腹片 10 锯节，第 2 至 10 节腹缘平直，第 2 锯节稍高于第 3 锯节；第 1 锯节栉突列弧形弯曲，中部前突，下端不伸抵锯腹片腹缘；第 1 和第 2 锯节栉突列较直，向腹面强烈分歧，第 2、3 节缝栉突列向下微弱分歧，第 4 和第 5 锯节的栉突列向腹面显著分歧，第 7–10 锯节几乎无栉齿，第 2 锯节骨化腹缘小三角形突出，后缘斜截。雄虫未知。

分布：浙江（泰顺）、黑龙江、湖北、湖南、广东。

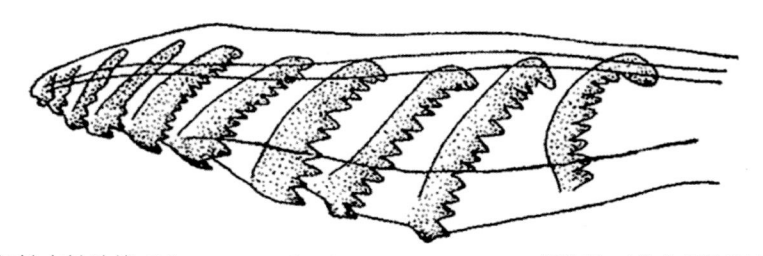

图 3-72 红松吉松叶蜂 *Gilpinia pinicola* Xiao & Huang, 1985 锯腹片（仿自萧刚柔等，1992）

18. 弧松叶蜂属 *Hugilpinia* Wei & Niu, 2023

Hugilpinia Wei & Niu, 2023: 295. Type species: *Gilpinia tabulaeformis* Xiao, 1992, by original designation.

主要特征：体形粗壮；颚眼距中等宽，1.5–2 倍于触角第 2 节长；雌虫触角较短，端部渐尖，第 3 节起具单栉齿，中部栉齿显著长于鞭分节轴，第 2 节宽大于长，第 3 节明显长于第 4 节；雄虫触角长双栉齿状；前翅臀室基部 1/3 明显收缩，但不形成中柄，臀横脉显著；后翅臀室柄明显长于臀室最大宽，长于 cu-a 脉 1.5 倍长（图 3-73A）；头胸部刻点显著，腹部背板刻纹细密，光泽微弱；中胸小盾片宽大于长，前缘圆钝或钝角形突出，具粗大刻点，背面观附片部分或大部分可见；后胸小盾片的中部长度短于淡膜区的长径，淡膜区大，彼此靠近，间距通常不宽于淡膜区长径；后足胫节内端距显著短于后足基跗节，简单刺突，爪小型，具小内齿（图 3-73B）；雌虫锯腹片中部强烈加宽，锯端长宽比小于 2，腹缘显著弧形上凹，骨化腹缘短小，显著短于刃间膜，腹缘短直，第 1 锯节通常长于第 2 锯节，节缝栉突列弧形弯曲，弧形近似等距（图 3-73D）；雄虫阳茎瓣头叶极狭窄，弧形弯曲，端部具分离的突叶，侧突平伸或向上（图 3-73C）。已知种类虫体主要为红褐色，具少量黑斑或暗色斑。

分布：古北区，东洋区。本属目前包括 8 种，其中中国分布 6 种，欧洲和东南亚各分布 1 种。浙江报道 1 种。

寄主：松科松属植物。

鉴别特征：本属与 *Gilpinia* 近似，但虫体红褐色，雌虫锯腹片和雄虫阳茎瓣构造完全不同。本属锯腹片中部强烈加宽，锯端长宽比小于 2，腹缘弧形上弯，节缝栉突列长弧形弯曲；阳茎瓣头叶十分狭长，弧形弯曲，端部具分离的突叶，侧突长大，平伸或向上等，与松叶蜂科各属不同。

（78）荔浦弧松叶蜂 *Hugilpinia lipuensis* (Xiao & Huang, 1985)（图 3-73）

Gilpinia lipuensis Xiao & Huang, *in* Xiao, Huang & Zhou, 1985: 35.
Hugilpinia lipuensis: Wei & Niu, 2023: 300.

主要特征：雌虫体长 8.5mm；虫体橘褐色，触角除基部 2 节黄褐色外均黑褐色，上唇、上颚端部、单眼区、小盾片后缘和后胸小盾片黑褐色，腹部背板后缘色泽稍暗；翅透明，翅痣基部和边缘黑褐色，中部和端部近透明；足黄褐色，胫节基部 2/3 黄白色；中胸前侧片和小盾片刻点较大，刻点间距显著，头部背侧和胸部其余部分刻点细小、稀疏，光滑间隙宽大；腹部第 1 背板中部具少许刻点，背板其余部分具细横刻纹；触角 19 节，稍短于头宽，中部鞭分节栉齿稍长于鞭分节轴；颚眼距 1.5 倍于单眼直径，单眼后区宽长比约等于 2.5；后翅臀室柄长于 cu-a 脉 2 倍（图 3-73A）；锯腹片 11 锯节，第 1 节栉突列明显短于第 2 节栉突列，中部明显中断（图 3-73D）。雄虫体长 7mm；唇基、前胸背板后侧角、腹部背板两侧和腹板黄褐色；触角 22 节；阳茎瓣头叶十分狭长，显著弯曲，侧突长，伸向斜上方（图 3-73C）。

分布：浙江（湖州）、安徽、广西、贵州。

寄主：松科马尾松。

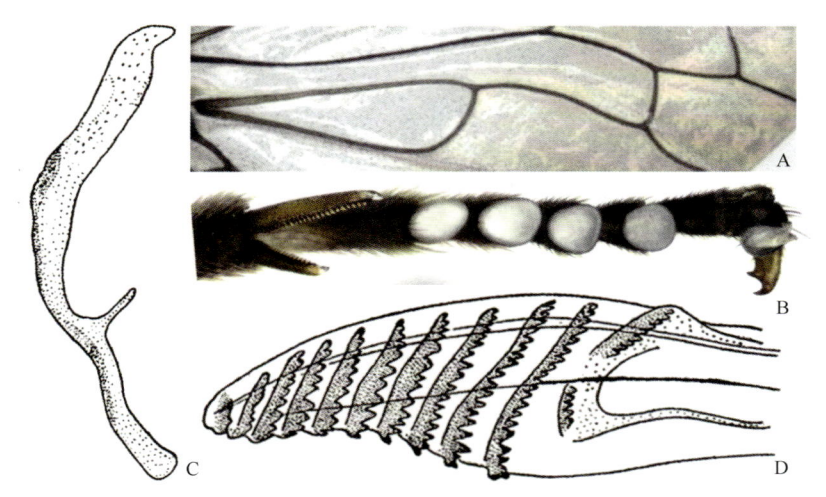

图 3-73 荔浦弧松叶蜂 *Hugilpinia lipuensis* (Xiao & Huang, 1985)（C、D. 仿自萧刚柔等，1992）
A. 后翅臀室和附近区域；B. 后足胫节端距和跗节；C. 阳茎瓣；D. 锯腹片

19. 大松叶蜂属 *Macrodiprion* Enslin, 1914

Lophyrus (*Macrodiprion*) Enslin, 1914c: 177. Type species: *Lophyrus nemorum* (Fabricius, 1793), by monotypy.
Lophyrus (*Macrodiprion*) Enslin, 1917: 541. Type species: *Lophyrus nemoralis* Enslin, 1917, by monotypy.
Macrodiprion: Benson, 1939a: 341.

主要特征：体形十分粗壮；颚眼距中等宽，1.5–2.5 倍于触角第 2 节长；雌虫触角中端部粗壮，明显侧扁，端部不尖，常钝截形，第 3、4 节无栉齿，最多腹端角稍突出，中部栉齿短于鞭分节轴，第 2 节宽大于长，第 3 节稍长于第 4 节（图 3-74B）；雄虫触角长双栉齿状；前翅臀室基部 1/3 明显收缩，但不形成中柄，臀横脉显著；后翅臀室柄 1.5–2.5 倍于 cu-a 脉长；头、胸部刻点显著，腹部背板刻纹细密，光泽微弱；中胸小盾片宽大于长，前缘钝截形或弱突出，具粗大刻点，背面观附片部分或大部分可见；后胸小盾片的中部长度等于或稍短于淡膜区长径，淡膜区间距通常等于或稍宽于淡膜区长径；后足胫节内端距简单，显著短于后足基跗节，爪小型，具明显内齿；雌虫锯腹片中部微弱加宽，锯端长宽比大于 2，腹缘平直或几乎平直，骨化腹缘短小，显著短于刃间膜，第 1 锯节明显长于第 2 锯节，弱弧形弯曲，第 2、3 锯节栉突列向下多稍分歧（图 3-74G）；雄虫阳茎瓣头叶宽大，侧缘突出，侧突不明显。已知种类虫体主要为黑色具淡斑。

分布：古北区。以东亚为主。含本书描述的 1 新种和建立的新组合，本属已知 7 种，其中中国记载 6 种，浙江发现 4 种。本属中国实际发现的种类超过 10 种。

寄主：松科松属植物。

原 *Gilpinia* 属的以下 3 种最近被移入本属：*Macrodiprion lishui* (Li, Liu & Wei, 2021)、*M. massoniana* (Xiao, 1992)、*M. wui* (Wang & Wei, 2019)，*M. wui* (Wang & Wei, 2019) 与 *M. wui* Xu, 1997 同名，这里更名为 *M. wuxingyui* Wei, nom. nov.。本书将原 *Diprion* 属的 1 种移入本属构成新组合：*M. tianmunicus* (Zhou & Huang, 1983) comb. nov.。

分种检索表

1. 中胸背板前叶两侧具淡斑 ··· 2
- 中胸背板前叶全部黑色 ··· 3
2. 唇基中部、唇基上区全部黑色；锯腹片第 2 栉突列全长弧形弯曲；雌虫体长 9.2mm ·· 龙塘大松叶蜂，新种 ***M. longtangensis*** sp. nov.
- 唇基和唇基上区全部黄白色；锯腹片第 2 栉突列下端外几乎平直；雌虫体长 13mm ······ 马尾松大松叶蜂 ***M. massoniana***
3. 中胸前侧片中部具显著白斑；颚眼距稍短于触角第 1 节长；锯鞘刷等长于锯鞘端 1/2；锯腹片 9 锯节，端部急尖 ··· 丽水大松叶蜂 ***M. lishui***
- 中胸前侧片全部黑色；颚眼距等长于触角基部 2 节之和；锯鞘刷等长于锯鞘端 1/3；锯腹片 10 锯节，端部渐尖 ··· 天目大松叶蜂，新组合 ***M. tianmunicus*** comb. nov.

（79）丽水大松叶蜂 *Macrodiprion lishui* (Li, Wang & Wei, 2022)（图 3-74，图版 III-6）

Gilpinia lishui Li, Wang & Wei, *in* Li *et al.*, 2022: 63.
Macrodiprion lishui: Wang & Wei, 2024: 81.

主要特征：雌虫体长 10–10.5mm；虫体大部分黑色，唇基后部、唇基上区、后眶和头部后缘窄环、触角基部 2 节、前胸背板两侧宽带、中胸小盾片宽横带、中胸前侧片中部三角形大斑、腹部第 1 背板大部分、2–4 背板两侧斑、5–8 背板前缘、各节腹板前半部、第 7 腹板中突黄白色，触角鞭节基部背侧浅褐色；足黄白色，基节基部、股节大部分、后足胫节端部黑褐色；体毛淡色；翅透明，端半部稍带烟灰色，翅痣大部分黑色，中端部的中央浅褐色；颚眼距等长于触角第 3 节，稍长于单眼直径；额区中部凹，单眼后区隆起，宽长比等于 3，OOL=POL（图 3-74A）；触角 22 节，3、4 节无齿突（图 3-74B）；中胸小盾片前缘几乎钝截形，中部微弱突出；淡膜区间距等长于淡膜区长径；头胸部刻点粗大密集，间隙狭窄光滑；腹部背板刻纹密集；后翅臀室柄 2.3 倍于 cu-a 脉长；锯鞘刷稍长于锯鞘端 1/2（图 3-74C）；锯腹片 9 锯节，端部急尖，第 1 锯节栉突列直，第 2 锯节栉突列上部 1/3 处微弯，第 2、3 锯节栉突列向下稍分歧（图 3-74G、C）。雄虫未知。

分布：浙江（丽水）。

图 3-74　丽水大松叶蜂 *Macrodiprion lishui* (Li, Wang & Wei, 2021)雌虫（引自 Li *et al.*，2022）
A. 头部背面观；B. 触角；C. 锯鞘后面观；D. 爪；E. 锯腹片基部环节；F. 中胸侧板；G. 锯腹片

（80）龙塘大松叶蜂，新种 *Macrodiprion longtangensis* Wei & Wang, sp. nov.（图 3-75，图版 III-7）

雌虫：体长 9.2mm；体黑褐色，唇基两侧、上唇大部分、内眶下端、颚眼距、后眶和后头窄环、前胸背板两侧大部分、中胸背板前叶两侧、小盾片中部横带、腹部第 1 背板大部分、第 2–7 背板前半部和第 8 背板除了后缘狭边、各节腹板前半部淡黄褐色，触角基部 4–5 节黄褐色，6–8 节背侧渐变暗褐色；足暗红褐色，基节基部黑色，胫节基部 3/4 和基跗节基半部黄白色；翅烟褐色透明，后翅较淡，翅痣暗褐色，腹侧色泽稍深；体毛褐色。

头、胸部刻点粗大密集，刻点间隙狭窄（图 3-75A、B、F）；腹部第 1 背板刻纹稍弱，其余背板刻纹密集，光泽较弱。

图 3-75　龙塘大松叶蜂，新种 *Macrodiprion longtangensis* Wei & Wang, sp. nov. 正模，雌虫
A. 头部背面观；B. 头部前面观；C. 触角（端部断落）；D. 小盾片和淡膜区；E. 锯鞘刷；F. 中胸前侧片刻点；G. 锯腹片

唇基前缘钝截形，上唇短小横宽；颚眼距 2.2 倍于前单眼直径，触角窝-复眼内缘间距 1.3 倍于触角窝间距（图 3-75B）；额区中部稍凹，单眼后沟显著，单眼后区明显隆起，宽长比等于 3，具明显中纵沟；POL：OOL：OCL = 4：5：3（图 3-75A）；触角 26 节，第 2 节长 0.7 倍于单眼直径，第 3–5 节腹侧端部稍膨大，无齿突，中部鞭分节齿突稍长于各节主轴（图 3-75C）；中胸小盾片宽 1.5 倍于长，前缘 150°钝角状突出，后端钝角状突出；后胸淡膜区狭窄，间距 0.9 倍于淡膜区长径，淡膜区长短径比为 4.7（图 3-75D）；后小盾片两端弱弧形前弯，宽长比等于 3.8，中部长度明显短于淡膜区长径；后足胫节内端距简单刺突状，长 0.6 倍于基跗节长，0.9 倍于胫节端部宽；后足 2–5 跗分节总长 2.5 倍于基跗节长；爪具明显内齿；背面观锯鞘刷宽 1.4 倍于尾须宽，后面观锯鞘刷狭窄，长 2.7 倍于宽；锯腹片具 10 锯节，自第 2 锯节起逐渐变窄，第 1 锯节长 1.5 倍于第 2 锯节，腹缘无锯刃，第 1 锯节至锯腹片端部总长 2.6 倍于锯腹片最大宽，节缝栉突列 1 和 4–8 大致互相平行，第 1 节缝栉突列倾斜，靠近但未伸抵腹缘，第 2 栉突列弧形强烈弯曲，第 2、3 栉突列向下明显分歧，第 3–5 栉突列向下稍收敛（图 3-75G）。

雄虫：未知。

分布：浙江（临安）。

寄主：未知。

词源：本种以模式标本采集地命名。

正模：♀，浙江清凉峰龙塘山，30°06.68′N、118°55.05′E，2010.IV.26，李泽建（ASMN）。

鉴别特征：本种唇基中部、唇基上区全部黑褐色，唇基两侧和内眶下部具明显淡斑，锯腹片第 2 栉突列全长弧形强烈弯曲，与同属其余种类显著不同，容易鉴别。

（81）马尾松大松叶蜂 *Macrodiprion massoniana* (Xiao, 1992)（图 3-76）

Gilpinia massoniana Xiao, 1992: 193.

Macrodiprion massoniana: Wang & Wei, 2024: 81.

主要特征：雌虫体长 13mm；虫体大部分黑色，唇基、唇基上区、后颊、头部后缘包括单眼后区、前胸背板两侧、中胸背板前叶后部两侧、小盾片中部横带、腹部第 1 背板大部分、2–8 背板前部、1–7 腹板前部淡黄色；触角基部暗黄色，端部黑色；各足转节、胫节基部黄褐色，跗节红褐色，股节背侧红黑色；翅透明，翅痣前部黑黄色，后部黑色；头部、小盾片、后小盾片和中胸前侧片刻点粗密，中胸背板前叶和侧叶刻点细密，腹部背板刻纹细密；锯腹片窄长，中部稍加宽，10 锯节，第 1、2 节栉突列互相平行，下部向前倾斜，第 3–5 节栉突列上部明显分歧，第 1 锯节稍长于第 2 锯节（图 3-76A）。雄虫体长 11mm；体黑色，触角基部 2 节和前胸背板侧角淡黄；阳茎瓣见图 3-76B，头叶和突出的侧叶之间明显凹入。

分布：浙江（德清）、安徽。

寄主：马尾松。

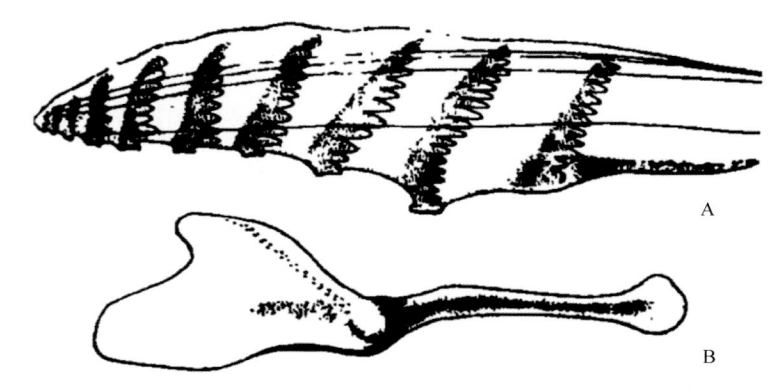

图 3-76 马尾松大松叶蜂 *Macrodiprion massoniana* (Xiao, 1992)（引自萧刚柔，1992）

A. 锯腹片；B. 阳茎瓣

（82）天目大松叶蜂，新组合 *Macrodiprion tianmunicus* (Zhou & Huang, 1983) comb. nov.（图 3-77）

Diprion tianmunicus Zhou & Huang, *in* Xiao *et al*., 1983: 277, 280, 283.

主要特征：雌虫体长 10–11mm；头部大部分黑褐色，口须、上唇、唇基后半部、唇基上区、单眼后区的后缘红褐色或黄褐色，触角 26 节，1–4 节褐色，5 节以外颜色渐深到黑褐色，各节背侧色泽较浅；胸部黑褐色，前胸背板后侧大部分、中胸小盾片前半部黄色；翅透明，翅端部稍带烟褐色，翅脉黑褐色，翅痣基部黑褐色，端部黄褐色；足黑褐色，中后足基节端部、胫节除端部外、基跗节除端部外黄白色；腹部黑色，第 1、2 背板中央前半部、3–5 背板前缘小部、6–8 背板前半部、腹板 2–7 前半部黄色；颚眼距约等长于触角第 1、2 节长度之和；单眼后区宽长比约等于 2.7；后胸淡膜区间距稍大于淡膜区长径，后胸小盾片中央长度约等长于淡膜区长径；头胸部刻点细密，刻点间隙狭窄；小盾片刻点粗密；腹部背板具细密横皱纹，背板侧面及腹面无明显刻点。锯鞘刷小型，长仅为锯鞘端的 1/3（图 3-77A）；锯腹片 10 锯节，第 1 锯节栉突列稍弯曲，第 2 锯节栉突列明显弧形弯曲，第 2、3 锯节栉突列向下明显分歧，第 2 锯节骨化腹缘凹弧形（图 3-77B）。

分布：浙江（天目山、临安）、江西（庐山）。

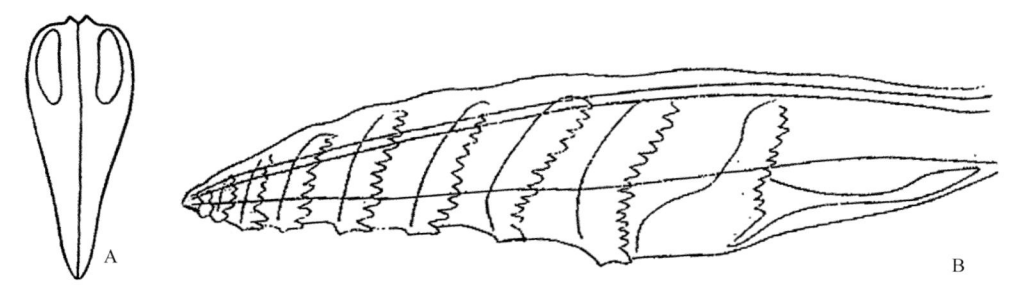

图 3-77 天目大松叶蜂，新组合 *Macrodiprion tianmunicus* (Zhou & Huang, 1983) comb. nov.（仿自萧刚柔等，1992）
A. 锯鞘端后面观；B. 锯腹片

20. 黑松叶蜂属 *Nesodiprion* Rohwer, 1910

Nesodiprion Rohwer, 1910a: 104. Type species: *Lophyrus japonicus* Marlatt, 1898, by original designation.

主要特征：体形粗短；颚眼距较短，通常线状，最宽不长于触角第 2 节（图 3-78B）；两性触角均为长双栉状，雌虫栉齿稍短（图 3-78F、H）；后足胫节内端距与基跗节等长或近似等长，明显长于外端距（图 3-78C）；爪具小型内齿（图 3-78D）；中胸小盾片前端角钝角形显著突出，背面观附片全长可见；后胸淡膜区宽大，淡膜区间距约等宽于或窄于淡膜区宽，后胸小盾片短于淡膜区宽度（图 3-78G）；前翅臀室无收缩中柄，具倾斜横脉，1m-cu 脉几乎垂直，后翅臀室柄短，约等于或微长于臀室最大宽度（图 3-78E）；翅面具稀疏的微毛，翅边缘无毛；腹部背板光滑，光泽较强，有时具细弱刻纹；锯鞘刷小型；锯腹片窄长，中部不加宽，腹缘平直，第 1 锯节长于第 2 锯节，第 1 节栉突列直，第 2 栉突列弧形弯曲，第 2 节骨化腹缘明显短于刃间膜（图 3-78J）；阳茎瓣头叶中下部收窄，端部加宽，端缘钝截形（图 3-78I）。

分布：东亚。本属已知 14 种，其中日本和中国的部分种类分类地位需要厘定。中国已记载 6 种，浙江目前发现 1 种。

寄主：松科松属、冷杉属 *Abies*、铁杉属 *Tsuga* 等植物。

（83）双枝黑松叶蜂 *Nesodiprion biremis* (Konow, 1899)（图 3-78，图版 III-8）

Lophyrus biremis Konow, 1899c: 43.

Nesodiprion biremis Rohwer, 1910a: 104.

Nesodiprion zhejiangensis Xiao & Huang, 1984: 247. **Syn. nov.**

主要特征：雌虫体长 6.5–8mm；体黑色，触角基部 2 节浅褐色，前胸背板两侧、小盾片大斑、腹部 7–8 节背板两侧椭圆形斑黄白色；足黑色，各足基节端部、转节、各足股节端部、前中足胫节全部、后足胫节除端部外、各足跗节全部黄白色；翅近透明，端半部稍暗，翅痣和翅脉黑褐色，翅痣基部具小型点状淡斑；头部背侧刻点较粗大，间隙狭窄，上眶刻点较稀疏，刻点间隙不小于刻点直径；小盾片刻点粗大，间隙显著；后小盾片刻点粗糙密集；腹部第 1 背板中部具稀疏但显著的刻点，其余部分大部分光滑（图 3-78G）；触角第 1 鞭分节的锯齿稍短于第 2 节的锯齿（图 3-78F）；后翅臀室柄稍长于 cu-a 脉；锯鞘耳突很小；锯腹片具 11 锯节，第 1 锯节栉突列几乎垂直，第 2 锯节栉突列弧形弯曲，骨化腹缘稍倾斜，端部突出；第 2、3 节缝栉突列向腹侧稍分歧，第 3–8 节缝栉突列近似平行，第 2、3 锯刃均明显倾斜，第 5–7 锯刃单齿形（图 3-78J）。雄虫体长 5.5–7.5mm；小盾片黑色，刻点密集；阳茎瓣头叶端部较宽，端缘圆钝，背顶角明显突出，腹缘强烈凹入（图 3-78I）。幼虫头部和前胸背板黄褐色，单眼处具小黑斑，胸腹部背侧青绿色，两侧具黑色纵条带，腹侧淡黄色，胸足黑色，腹足黄绿色，臀节黄褐色。

分布：浙江（安吉、长兴、临安、龙泉）、山东、河南、陕西、安徽、湖北、江西、湖南、福建、广东、广西、四川、贵州、云南。

寄主：松属多种植物。

图 3-78 双枝黑松叶蜂 *Nesodiprion biremis* (Konow, 1899)
A. 雌虫头部背面观；B. 雌虫头部侧面观；C. 后足胫节距和跗节；D. 爪；E. 前翅和后翅；F. 雌虫触角；G. 淡膜区和腹部第 1 背板；H. 雄虫触角；I. 阳茎瓣；J. 锯腹片

Nesodiprion zhejiangensis Xiao & Huang, 1984 这个名字在国内使用十分广泛，但经与 *Lophyrus biremis* Konow, 1899 的模式标本比较，没有明显的外部形态特征差异。线粒体基因组测序结果显示，*Nesodiprion zhejiangensis* Xiao & Huang, 1984 与 *Nesodiprion biremis* (Konow, 1899)确认是同种，*Nesodiprion zhejiangensis* Xiao & Huang, 1984 应降为 *Nesodiprion biremis* (Konow, 1899)的次异名。

七、锤角叶蜂科 Cimbicidae

主要特征：体中大型，长 7–35mm。头部短宽，后头孔开式，无口后桥；上颚和唇基常较发达；触角窝上位，触角锤状，6–7 节，基部 2 节短小，第 3 节细长，端部 3 节强烈膨大，常部分或全部愈合；前胸背板中部极短，两侧宽大，后缘强烈凹入；前胸具基前桥，腹板与侧板愈合；中胸小盾片发达，无附片；中胸后上侧片凹入，侧腹板沟缺如；后胸侧板与腹部第 1 背板愈合，无明显的愈合线；胫节无亚端距，各足胫节具 1 对简单端距，基跗节短小；前翅和翅痣狭长，具 2r 脉，无 Sc 脉游离段，R+M 脉段长，cu-a 脉邻近 1M 脉，臀室完整，亚基部收缩或具横脉，后翅具 7–8 个闭室；腹部腹侧平坦，背侧鼓起，侧缘脊发达，第 1 背板通常无中缝；锯鞘短，产卵器长；幼虫独栖性，多足型，腹部具 8 对足，触角 2 节，部分种类具蜡腺。

分布：古北区，新北区，新热带区。东亚地区的多样性最高。本科已知 21 属 210 种。中国分布 16 属 102 种，浙江发现 6 属 20 种。

锤角叶蜂科成虫飞行较快，具响声。雌雄成虫常异型，有时雄虫还具两种类型，一类体粗壮，上颚十分发达，用于争斗；一类体较小，上颚短小。

分属检索表

1. 复眼内缘向下强烈分歧，前翅臀室具长收缩中柄 ··· 2
- 复眼内缘亚平行；前翅臀室具短横脉或点状中柄 ··· 3
2. 爪简单，头、胸部具密集长毛；体金属光泽缺或弱 ··· 丑锤角叶蜂属 *Zaraea*
- 爪中裂式，内齿大，头、胸部具稀疏长毛或缺失；体常具显著金属光泽 ························· 丽锤角叶蜂属 *Abia*
3. 上唇微小，宽度远小于唇基 1/4 宽 ·· 4
- 上唇大型，宽度不小于唇基 1/3 宽 ·· 5
4. 唇基明显窄于复眼内缘最短距离，唇基上沟稍发育；前翅臀室在基部 1/3 具短的收缩中柄；爪简单，无内齿；胫距短于胫节端部宽，端部圆钝 ·· 舌锤角叶蜂属 *Praia*
- 唇基明显宽于复眼内缘最短距离，与唇基上区融合，唇基上沟缺失；前翅臀室在基部 1/4 具横脉；爪中裂式；胫距长于胫节端部宽，端部尖 ·· 童锤角叶蜂属 *Agenocimbex*
5. 头、胸部具有密集长毛；上唇基部宽，端部尖；触角 6 节；腹部第 1 背板无侧缘脊；跗垫大，第 1、2 跗垫长，几乎接触 ··· 唇锤角叶蜂属 *Labriocimbex*
- 头、胸部具稀疏长毛；上唇端部宽大；触角 7–8 节；腹部第 1 背板两侧至少基半部具纵脊；第 1、2 跗垫短小，相互远离，间距不小于 1 个跗垫长 ··· 细锤角叶蜂属 *Leptocimbex*

（五）丽锤角叶蜂亚科 Abiinae

主要特征：体中型；后头孔腹侧骨化桥缺失；复眼向下明显分歧，背面观雄性复眼间距短甚至接近；唇基平坦，前缘平截或近似平截，唇基上沟明显；单眼后区侧沟缺失；前翅臀室具显著收缩中柄；后足基节相互靠近；锯背片端部仅具 1 个尖突；生殖茎节发达，抱器甚小，阳基腹铗内叶长；阳茎瓣头叶简单，近似三角形，端部收窄。

分布：全北区。东亚属种多样性最高。本亚科已知 4 属。中国均有分布。浙江发现 2 属。

21. 丽锤角叶蜂属 *Abia* Leach, 1817

Abia leach, 1817: 113. Type species: *Tenthredo sericea* Linnaeus, 1767, by subsequent designation of Curtis, 1825.

主要特征：体多中型，少数大型；体表具密集细小刻点和强烈金属光泽；唇基隆起，前缘平截，无明显缺口；颚眼距小于单眼直径；唇基上沟明显；复眼内缘向下强烈分歧，雌性复眼在头顶间距宽，雄性复眼间距窄；眼后头部稍膨大；后眶无颊脊；触角 7 节，端部明显膨大；中胸前侧片和腹板强烈隆起；小盾片前缘直，后胸淡膜叶相远离；各足基节相互靠近；爪中裂式，内齿较大；前翅臀室具长收缩中柄，无横脉；后翅臀室封闭，轭区无横脉，轭室不封闭；雄性腹部第 4–7 背板中部常具压陷的绒毛垫块；产卵器狭长，锯刃较短，高约等于宽，不强烈突出；阳茎瓣头叶近似垂直，亚三角形，端部渐窄。

分布：古北区，新北区。主要分布于欧亚大陆，东亚多样性最高。本属全世界已知 27 种，中国记录 12 种，浙江报道 4 种。

寄主：忍冬科 Caprifoliaceae 毛核木属 *Symphoricarpos*、忍冬属 *Lonicera*、黄锦带属 *Diervilla*、孀草属 *Knautia*、魔噬花属 *Succisa*、冬青属 *Ilex*，蔷薇科 Rosaceae 草莓属 *Fragaria* 等植物。

分种检索表

1. 翅黄色，中部无暗斑，端缘烟灰色；体具强蓝紫色光泽 ·················· 黄翅丽锤角叶蜂 *A. imperialis*
- 翅透明，中部具明显烟褐色或暗褐色斑纹；体无强蓝紫色光泽，具铜绿色光泽 ·················· 2
2. 前翅前缘从基部到顶角具明显烟褐色宽纵斑；腹部 2–3 背板大部分光滑，光泽强 ·················· 紫宝丽锤角叶蜂 *A. formosa*
- 前翅翅痣下具横斑或近三角形褐斑；腹部第 3 背板具细密刻纹，光泽暗淡 ·················· 3
3. 前翅翅痣下具近三角形大褐色斑，覆盖 1M 室至少 1/2 ·················· 绿宝丽锤角叶蜂 *A. berezowskii*
- 前翅翅痣下具淡褐色斑，非三角形，覆盖 1M 室极小部分 ·················· 黑丽锤角叶蜂 *A. melanocera*

（84）绿宝丽锤角叶蜂 *Abia berezowskii* Semenov, 1896（图 3-79）

Abia berezowskii Semenov, 1896b: 171.

主要特征：体长 10–15mm；体黑色，具强铜绿或金属绿光泽；具粗密刻点；上唇褐色，淡膜叶黄褐色；触角褐色；腹部至少第 9 背板、腹板黄褐色；锯鞘棕黑色；翅淡黄色透明，翅痣褐色；前翅的翅痣下方具三角形烟褐色斑，顶角具烟褐色带斑；头、胸部刻点密集，胸部刻点较细；唇基稍窄于复眼内侧间距，前缘平截，上唇平坦；前幕骨陷显著，与触角窝下缘间距约 1.4 倍于中单眼直径；唇基上沟深；颚眼距稍大于中单眼直径（图 3-79B）；额区凹盆圆形；额脊缓隆，钝弧形；头顶间距约等于单眼后头距，单眼后区具狭窄的中纵沟（图 3-79A）；触角 7 节，第 3 节明显弯曲，第 7 节长于第 6 节，端部明显收窄（图 3-79F）；中胸侧板和腹板强烈隆凸（图 3-79C），小盾片前缘直型，淡膜叶柳叶状，后小盾片顶部观浅弧形，不增厚；雌虫锯腹片 45 锯刃，锯刃较瘦长，不弯曲，具明显的柄部，内外侧亚基齿不对称（图 3-79G）。雄虫复眼在头顶间距稍大于中单眼直径；腹部第 4–7 背板中部具红褐色绒毛垫，宽长比为 2∶1；抱器宽大于长，内顶角较突出，阳基腹铗尾部宽大，阳基腹铗内叶短小，端部圆钝（图 3-79D）；阳茎瓣头叶近似三角形，端部稍突出（图 3-79E）。

分布：浙江（安吉、临安）、山西、河南、陕西、宁夏、甘肃、湖北、湖南、广西、重庆、四川、贵州、云南；俄罗斯，朝鲜，日本。

图 3-79　绿宝丽锤角叶蜂 *Abia berezowskii* Semenov, 1896
A. 雌虫头部背面观；B. 雌虫头部前面观；C. 中后胸侧板；D. 生殖铗；E. 阳茎瓣；F. 触角；G. 锯腹片中部锯刃

（85）紫宝丽锤角叶蜂 *Abia formosa* Takeuchi, 1927（图 3-80，图版 III-9）

Abia formosa Takeuchi, 1927b: 201.

主要特征：体长 10–13mm；体黑色；头、胸部具细密刻点和较强铜紫色光泽，内眶边缘较光亮，胸部侧板刻点稍大，间隙具细微刻纹，光泽弱；腹部 2–3 背板大部分光滑；翅透明，淡黄色，翅痣黄褐色；前翅前缘从基部到顶角具烟褐色带斑；唇基前缘稍微弧形凹陷；前幕骨陷显著，与触角窝下缘间距约等于 1.4 倍中单眼直径；唇基上沟深，显著；颚眼距 1.2 倍于中单眼直径（图 3-80B）；头顶复眼间距 0.7 倍于单眼后头距，中纵沟浅弱（图 3-80A）；中胸小盾片具中纵沟；后小盾片顶部观浅弧形，不增厚；淡膜叶长卵形，间距 1.9 倍于淡膜叶宽；锯腹片细长，端部向上弯曲，呈细柳叶形，35 锯刃，节缝刺毛带非常狭窄，并在

图 3-80　紫宝丽锤角叶蜂 *Abia formosa* Takeuchi, 1927
A. 雌虫头部背面观；B. 雌虫头部前面观；C. 触角；D. 锯腹片中部锯刃；E. 中胸侧板和后胸侧板

锯腹片纵线处明显弯折；锯刃明显倾斜弯折，端部圆钝，亚基齿细小且多，内侧亚基齿 6–7 个，外侧亚基齿 10–13 个，基部 2 齿较明显，端部齿稍小（图 3-80D）；刃间膜弧形突出，宽度 1.7 倍于锯刃最大宽。

分布：浙江（临安）、陕西、安徽、湖南、福建、台湾、四川。

(86) 黄翅丽锤角叶蜂 *Abia imperialis* Kirby, 1882（图 3-81，图版 III-10）

Abia imperialis Kirby, 1882: 15.

主要特征：体长 13–15mm；体大部分蓝紫色，具强光泽；触角、锯鞘黑色，光泽弱；翅烟黄色，无明显翅斑；唇基宽大，前缘几乎平截；上唇平坦，端缘圆弧形；颚眼距约等于单眼直径（图 3-81B）；前幕骨陷显著，与触角窝下缘间距约 2 倍于中单眼直径；唇基上区前幕骨陷之间强烈隆起，中间具一条 V 形纵沟；头顶具明显的中纵沟（图 3-81A）；背面观雌性复眼间距约等于单眼后头距，雄性复眼间距稍小于中单眼直径；触角端部分节明显，第 7 节长且宽于第 6 节，端部稍收窄，端部钝截形（图 3-81F）；中胸小盾片中间无凹陷；侧面观锯鞘平截，锯腹片细长，端部向上弯曲，共 46 锯刃；中部锯刃明显倾斜突出，亚基齿细小（图 3-81G）；刃间膜稍突出，宽度 1.2 倍于锯刃基部宽。雄虫腹部第 4–7 节背板中央具大矩形黑色绒毛垫，长宽比为 3；抱器宽稍大于长，内侧稍突出（图 3-81D）；阳茎瓣头叶端部明显倾斜，腹缘凹入（图 3-81E）。

分布：浙江（临安、龙泉）、上海、湖北、湖南、福建。

寄主：忍冬科金银忍冬 *Lonicera maackii*。

图 3-81　黄翅丽锤角叶蜂 *Abia imperialis* Kirby, 1882
A. 雌虫头部背面观；B. 雌虫头部前面观；C. 中胸侧板和后胸侧板；D. 生殖铗；E. 阳茎瓣；F. 触角；G. 锯腹片中部锯刃

(87) 黑丽锤角叶蜂 *Abia melanocera* Cameron, 1899（图 3-82）

Abia melanocera Cameron, 1899: 6–7.

主要特征：雄虫体长 9mm；体黑褐色，具显著铜绿色金属光泽；头、胸部刻点密集，中胸前侧片刻点稍大，间隙光滑（图 3-82D）；腹部背板具细密刻点，刻纹细弱；触角 7 节，基部 2 节黑色，第 3–4 浅褐色，第 5–7 节黑褐色，第 7 节稍长于第 6 节，端部明显收窄（图 3-82B）；腹部第 4–7 背板中部毛垫红褐色，第 6–8 背板和下生殖板后缘黄褐色；翅黄褐色透明，翅痣红褐色，前翅 1R1 室、2R$_{1S}$ 室基半部具暗褐斑；翅脉黄褐色，Sc 脉红棕色；唇基前缘截形，颚眼距约 1.2 倍于中单眼直径；前幕骨陷显著，与触角窝下缘间距约 1.6 倍于中单眼直径；唇基上沟深，显著；唇基上区稍隆起，顶部较平坦；额区五边形；额脊较钝弱（图 3-82C）；复眼内缘向下强烈分歧，下缘间距约 1.7 倍于中单眼直径；单眼后区中纵沟较浅，但明显，间距窄于单眼直径 2 倍（图 3-82A）；眼后头部稍发达；淡膜叶长卵形，2.3 倍于淡膜叶宽；第 4–7 背板中部毛垫宽长比为 1.7：1；抱器较小，长约等于宽，内顶角显著突出，阳基腹铗内叶端部圆钝突出（图 3-82E）；阳茎瓣头叶端部较尖，中部明显收窄（图 3-82F）。雌虫未知。

分布：浙江（临安）、广西；印度东北部。

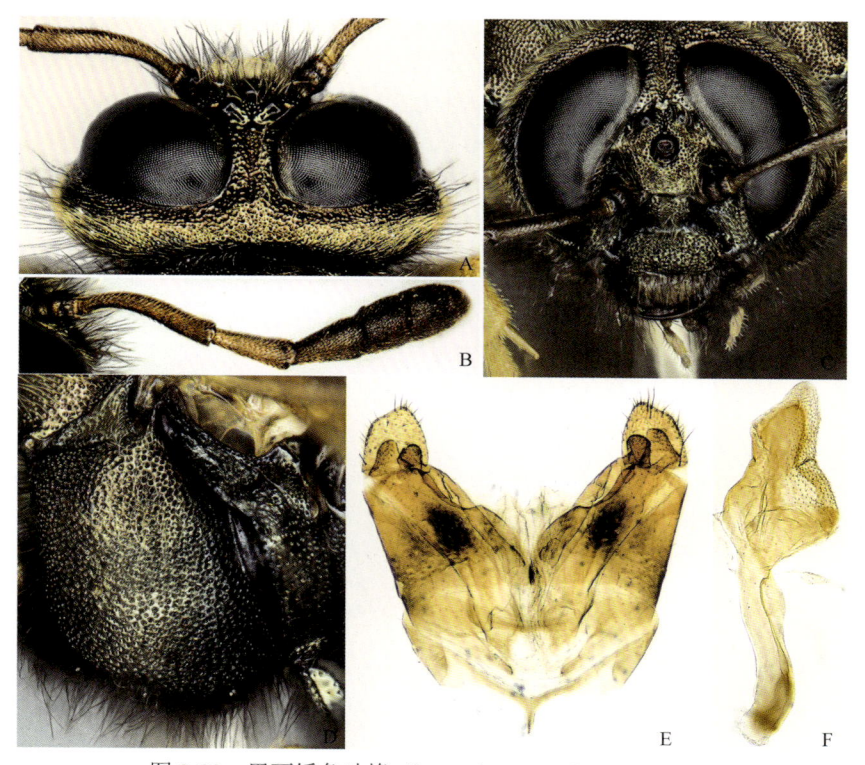

图 3-82 黑丽锤角叶蜂 Abia melanocera Cameron, 1899
A. 雄虫头部背面观；B. 触角；C. 雄虫头部前面观；D. 中胸侧板和后胸侧板；E. 生殖铗；F. 阳茎瓣

22. 丑锤角叶蜂属 Zaraea Leach, 1817

Zaraea Leach, 1817, 113. Type species: *Tenthredo fasciata* Linnaeus, 1758, by monotypy.

主要特征：体中小型；头、胸部黑色，被密集长毛；体无大刻点，具细密刻纹，无光泽或光泽微弱；唇基显著窄于复眼间距，前缘截形，无缺口，唇基上沟显著；颚眼距明显大于中单眼直径；雌性复眼在头顶间距较宽，雄性窄，明显窄于中单眼直径；触角 6–7 节，端部棒状；爪简单，不分裂，无内齿；前翅 1r-m 和 2m-cu 脉不顶接，臀室具长收缩中柄，后翅轭区无横脉；腹部背板常较平坦，第 1 背板后缘无淡膜区；有些种的雄性腹部第 4–7 节背板中部具压陷绒毛垫块；锯腹片窄长，锯刃较窄，稍突出；阳茎瓣亚三角形，端部渐尖。

分布：古北区，新北区。主要分布于欧亚大陆。本属全世界已知 27 种。中国已记录 11 种，但有较多新种待描述。浙江目前发现 7 种，本书记述 2 种。

寄主：忍冬科毛核木属 Symphoricarpos、忍冬属 Lonicera、鬼吹箫属 Leycesteria，木通科 Lardizabalaceae 木通属 Akebia，蔷薇科稠李属 Padus 等植物。

（88）萌萌丑锤角叶蜂 *Zaraea mengmeng* Yan, Li & Wei, 2020（图 3-83，图版 III-11）

Zaraea mengmeng Yan, Li & Wei, in Yan et al., 2020: 106.

主要特征：体长 11–13mm；体大部分黑色；触角从第 4 节端半部起黄褐色；上颚和上唇红褐色；后胸及腹部第 1 节黄白色；胫节黑褐色，跗节浅褐色；翅淡黄色透明，前翅具黑色三角形横带斑，体无金属光泽，具很细的皱纹和细密刻点；上唇、上颚强反光，具较粗刻点；单眼后区刻点明显，刻点间具弱刻纹（图 3-83A）；中胸前侧片刻点粗大、稀疏，腹侧腹面刻纹微弱，表面光滑，刻点稀疏（图 3-83C）；唇基近梯形，显著窄于复眼下缘间距；上唇近似三角状，稍隆起，唇基上沟较明显；前幕骨陷与触角窝间距等于触角基部 2 节长；颚眼距宽，约 2 倍于中单眼直径；触角 7 节，第 7 节约等长于第 6 节，端部圆钝（图 3-83F）；腹部第 1 背板基半部具弱中纵脊；前翅 1r-m 和 2m-cu 不顶接，间距约等于 1r-m 的 3/4；锯刃很短，倾斜，亚基齿细小，刃间膜几乎平直（图 3-83G）。雄虫复眼在头顶处靠拢，仅一线宽；抱器宽约 2 倍于长，端缘圆钝（图 3-83D）；阳茎瓣头叶近似斜四边形（图 3-83E）。

分布：浙江（临安）、安徽。

寄主：蔷薇科短梗稠李 *Padus brachypoda*。

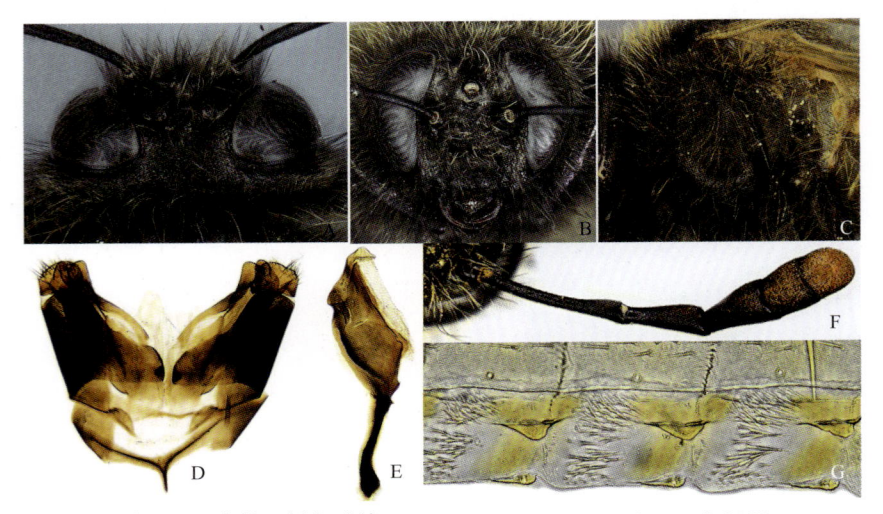

图 3-83　萌萌丑锤角叶蜂 *Zaraea mengmeng* Yan, Li & Wei, 2020
A. 雌虫头部背面观；B. 雌虫头部前面观；C. 胸部侧板；D. 生殖铗；E. 阳茎瓣；F. 触角；G. 锯腹片

（89）亮斑丑锤角叶蜂 *Zaraea metallica* (Mocsáry, 1909)（图 3-84）

Abia metallica Mocsáry, 1909: 1–2.

Zaraea metallica: Takeuchi, 1939: 438.

主要特征：体长 9–11mm；体大部分黑色；上唇和上颚端部红褐色；触角褐色；淡膜叶土褐色；第 1–4 腹板黄褐色，第 5–6 腹板中部黑褐色；翅淡黄色透明，前翅具中空三角形烟斑，头部和前胸背板上侧密被黑色长毛；中胸侧板上半部皱纹细密，无明显刻点及光泽，下半部具明显刻点；唇基近似扇形，稍隆起，显著窄于复眼下缘间距；上唇圆三角形，稍隆起，基部宽度明显短于唇基前缘宽；唇基上沟明显；前幕骨陷与触角窝间距约等于触角基部 2 节长；颚眼距宽，约为中单眼直径的 1.5 倍；复眼在头顶处靠拢，明显短于触角第 3 节中部宽；触角 6 节，第 3 节明显弯曲，触角锤状部明显，第 5、6 节分节完整，第 6 节端部圆钝，长稍短于第 5 节；腹部第 4–6 背板具压陷绒毛垫块，有较明显凹陷，宽长比 2：1；前翅臀室基部 1/3 处具长中柄，1r-m 脉和 2m-cu 脉未顶接，间距约为 1r-m 脉的 2/3；抱器横宽，端部截形；阳茎瓣头叶稍倾斜，较宽大。

分布：浙江（临安）、黑龙江、吉林、辽宁、甘肃；俄罗斯（乌苏里江），日本。

图 3-84　亮斑丑锤角叶蜂 *Zaraea metallica* (Mocsáry, 1909)
A. 雄虫头部背面观；B. 雄虫头部前面观；C. 中胸侧板和后胸侧板；D. 触角；E. 生殖铗；F. 阳茎瓣

（六）锤角叶蜂亚科 Cimbicinae

主要特征：体中到大型；后头孔具腹侧骨化桥；复眼内缘亚平行或向下弱度收敛；唇基前缘宽度等于或大于复眼下缘间距；单眼后区侧沟存在；触角至少 6 节（*Pseudoclavellaria* 除外），显著长于头宽；前翅臀室亚基位具短横脉或点状收缩；锯腹片锯节强烈缩短，节数通常超过 40 节，端部背侧强烈内曲，锯背片端部具 2 尖齿。

分布：古北区，新北区。东亚的属种多样性显著高于其他地区。本亚科全世界已知 11 属 117 种。中国已记录 77 种，实际分布超过 100 种。浙江目前发现 14 种。

23. 童锤角叶蜂属 *Agenocimbex* Rohwer, 1910

Agenocimbex Rohwer, 1910a: 104. Type species: *Cimbex maculata* Marlatt, 1898, by original designation.

主要特征：体中大型；唇基明显宽于复眼内缘间距，明显鼓起，唇基上沟完全缺失；上唇小，舌状；颚眼距小，稍长于单眼直径；复眼内缘浅弧形凹入，互相近似平行；触角窝上突不隆起；额区平坦，中窝浅；额脊低钝；单眼后沟明显；单眼后区宽大于长，背面观头部在复眼两侧明显收敛；触角 8 节，长于头部，棒状部长于 4、5 节之和；前翅 cu-a 脉与 1M 脉顶接，臀室具短横脉；后翅轭区不具横脉；足的股节腹侧无齿，胫节端距端部尖；爪中分裂式，内齿发达；腹部第 1 背板后缘具大型淡膜区；颜面和胸部具密集绒毛，腹部毛稀疏；产卵器较短宽，节缝浓缩，锯腹片长三角形，基部宽，端部渐尖，锯刃突出；阳茎瓣头叶具三角形顶叶。

分布：东亚。本属全世界已知 3 种，中国记录 1 种，浙江分布 1 种。

寄主：榆科 Ulmaceae 朴属 *Celtis* 植物。

（90）朴童锤角叶蜂 *Agenocimbex maculatus* (Marlatt, 1898)（图 3-85，图版 III-12）

Cimbex jucunda Mocsáry, 1896: 1.
Cimbex maculata Marlatt, 1898: 498.
Agenocimbex maculatus: Wei *et al.*, 2006: 551.

主要特征：体长 11–15mm；头、胸部黑色，前胸背板大部分、中胸前侧片大部分、中胸后侧片后缘窄斑、后胸前侧片后缘不规则斑黄色；腹部黄色，各节背板具 3 个纵列小圆形黑斑，第 2 背板中部黑斑半圆形，显著大于其他黑斑；翅淡黄色透明，翅痣黑褐色；足黑色；体具多色密毛，头部前侧和胸部细毛大部分金黄色（图 3-85C），头部背侧细毛黑色，前侧细毛白色（图 3-85A）；单眼后区和中胸背板（包括小盾片）具细密刻点；头部、小盾片和足具弱蓝色金属光泽，中胸背板具淡紫色金属光泽，其余部分无金属光泽；上唇平坦，小三角形，端部较尖；唇基与唇基上区愈合；颚眼距稍长于中单眼直径；背面观复眼后的头部短于复眼的 1/2，单眼后区宽为长的 2.5 倍；POL : OOL : OCL = 1 : 1 : 1；触角 8 节，第 8 节宽约 2.5 倍于第 3 节基部（图 3-85F）；后小盾片无尖突；后足胫节端距端部尖锐，爪内齿稍短于外齿；腹部第 1 背板无中纵脊和侧纵脊，其后具大淡膜区，侧缘弧形弯折；锯腹片具约 28 锯节，节缝十分狭窄，锯刃十分突出，稍倾斜，高大于基部宽，内外侧具小型亚基齿（图 3-85G）。雄虫阳茎瓣顶叶高三角形突出，中部横折较弱（图 3-85E）；阳基腹铗内叶端部极宽（图 3-85D）。老熟幼虫头部黑色，胴体黄褐色，被白色粉和多列不规则小型黑斑。

分布：浙江（杭州、临安）、北京、陕西、江苏、安徽、江西、湖南、福建、广东、云南；日本。
寄主：榆科朴树 *Celtis sinensis* 和珊瑚朴 *Celtis julianae*。

图 3-85 朴童锤角叶蜂 *Agenocimbex maculatus* (Marlatt, 1898)
A. 雌虫头部背面观；B. 雌虫头部前面观；C. 中胸侧板；D. 生殖铗；E. 阳茎瓣；F. 触角；G. 中部锯刃

24. 唇锤角叶蜂属 *Labriocimbex* Yan & Wei, 2019

Labriocimbex Yan & Wei, *in* Yan *et al.*, 2019: 8. Type species: *Labriocimbex sinicus* Yan & Wei, 2019, by original designation.

主要特征：体中大型，黑色，体表具致密刻纹，无金属光泽与淡斑，头、胸部具密集长毛；复眼内缘直，互相平行；背面观后头明显膨大；颚眼距宽大，稍短于复眼长径的 1/2；上唇基部宽于唇基的 1/3，端部渐尖；唇基横宽，端缘弧形凹入，显著宽于复眼间距，唇基上沟微弱发育；上颚粗壮且长，具明显柄部和三齿，基部第 1 齿端部截形；下颚须 6 节，端部 2 节显著短于第 4 节；下唇须 4 节；触角棒前节 5 节，棒状部较短，显著膨大；小盾片较平坦，前缘亚截形，后缘圆钝；淡膜叶相互远离；后足基节延长不明显；股节粗且短，腹侧无齿突；后足胫节内距等长于胫节端部宽，端部圆钝、膜质；跗垫大，第 1、2 跗垫长，几乎接触；前翅 cu-a 脉与 1M 脉顶接，臀室内侧具短横脉；后翅轭区无横脉；锯腹片窄长，锯节短，锯刃较低；阳茎瓣头叶倾斜，斜脊显著发育，顶角稍突出。

分布：东亚南部。本属已报道 2 种，中国记录 1 种，浙江分布 1 种。

寄主：蔷薇科樱桃 *Cerasus pseudocerasus*。

（91）中华唇锤角叶蜂 *Labriocimbex sinicus* Yan & Wei, 2019（图 3-86，图版 IV-1）

Labriocimbex sinicus Yan & Wei, in Yan *et al*., 2019: 14.

主要特征：体长 18–24mm；大部分黑色，仅后胸大部分黄褐色，淡膜叶土黄色；翅淡褐色透明，翅痣黑色；体毛大部分基部黑色，端部黄白色；无金属光泽；头、胸部和足具细密刻纹和细小刻点；上颚基半部外缘增厚，明显高于上颚端半部和上唇；颚眼距 2.3 倍于侧单眼直径；单眼后区近似方形；复眼内缘亚平行，间距稍长于复眼长径（图 3-86B）；POL：OOL：OCL=1.1：1.4：2.5；中窝圆深，侧窝模糊；额区中部明显凹入，额侧沟浅；中单眼半圆形，侧单眼亚圆形；单眼后沟明显，中沟深长；单眼后区方形，中纵沟不明显，侧沟浅弱并向后分歧（图 3-86A）；触角 7 节，第 7 节分节模糊，棒状部强烈膨大（图 3-86F）；头、胸部有密集长毛（图 3-86C）；腹部背板明显被不对称毛，第 1–2 背板大部分及第 3–4 背板后缘被密集长毛，其余部分被稀疏短毛；锯腹片中部锯刃倒梯形，端部截形（图 3-86G）。雄虫后胸背板和腹部第 1 节全部黑色，无黄斑；阳茎瓣顶叶突出，背侧稍内凹（图 3-86E）。

分布：浙江（临安、龙泉）、湖南。

寄主：幼虫取食蔷薇科樱桃 *Cerasus pseudocerasus* 叶片。

图 3-86　中华唇锤角叶蜂 *Labriocimbex sinicus* Yan & Wei, 2019
A. 雌虫头部背面观；B. 雌虫头部前面观；C. 中胸侧板和后胸侧板；D. 生殖铗；E. 阳茎瓣；F. 触角；G. 中部锯刃

25. 细锤角叶蜂属 *Leptocimbex* Semenov, 1896

Leptocimbex Semenov, 1896a: 95–97. Type species: *Leptocimbex potanini* Semenov, 1896, by monotypy.

主要特征：体大型，常较瘦长；体表具细密刻点，光泽偏弱，体色多变，头、胸部无密集长毛，有时具稀疏长毛；唇基显著宽于复眼下缘间距，前缘具宽浅弧形凹陷，唇基上沟发育；上唇宽大，端部稍宽于基部；颚眼距大于中单眼直径，短于复眼长径的 1/3；复眼内缘直，互相平行；背面观后头两侧明显膨大；单眼后区侧沟常明显；额区卵形或近方形，额脊常明显；触角 7–8 节，长于头宽，棒状部明显；足的股节腹缘无齿突；雄性后足基节变粗，内侧具尖脊或齿；前翅臀室具明显短横脉，极少具短柄，cu-a 脉与 1M 脉顶接或近似；后翅轭区无横脉；腹部第 1 背板具侧纵脊，第 1 背板后缘膜片小；锯腹片窄长，锯节短，锯刃较突出；阳茎瓣头叶倾斜，斜脊显著发育，顶角稍突出。

分布：东亚。本属目前全世界已记载 36 种，实际种类可能接近 100 种。中国已记录 33 种，推测实际种类超过 80 种。浙江已发现 11 种。

寄主：槭树科 Aceraceae 槭属 *Acer*、壳斗科栎属 *Quercus* 等植物。

本属雄虫常具两种类型。普通雄虫的头部和上颚较雌虫稍大，战斗型雄虫头部显著大于雌虫，其后头明显膨大，上颚十分强壮，咬合力突出，且后足也明显较强壮。

分种检索表

1. 腹部第 1 背板全部红棕色，头、胸部棕褐色或棕、黑色，无明显黄斑 ··· 2
- 腹部第 1 背板黑色具黄色、橘色后缘或大部分黄色，基部黑色 ··· 3
2. 雄虫翅均匀烟褐色，雌虫前半部烟色较浓；两性头部、胸部、腹部均棕褐色，触角鞭节大部分黑色，第 3 节稍淡；腹部第 1 背板侧纵脊很短 ·· **红棕细锤角叶蜂 *L. tonkinensis***
- 翅透明，前部 1/3 具纵贯全翅长的烟褐色纵斑；头部、胸部、触角和腹部第 1 背板棕褐色，腹部 2–10 节黑色；腹部第 1 背板侧纵脊纵贯背板全长 ··· **红黑细锤角叶蜂 *L. rufoniger***
3. 腹部第 1 背板大部分黑色；头部背侧黑色，单眼后沟显著，单眼后区宽明显大于长；雄虫上唇无中纵脊；腹部 2–7 腹板大部分黑色 ·· **短顶细锤角叶蜂 *L. brevivertexis***
- 腹部第 1 背板大部分亮黄色，仅基缘黑色 ·· 4
4. 头部背侧黄褐色，无黑斑；后小盾片中突不明显；足至少转节部分淡色；单眼后区侧沟浅弱模糊，向后分歧；腹部第 1 背板后部具明显刻点 ·· **筱原细锤角叶蜂 *L. shinoharai***
- 头部背侧黑褐色，或黄褐色、棕褐色具显著黑斑 ··· 5
5. 头部背侧全部黑色，两性腹部 6–8 节背板大部分黄白色，与前面背板后缘红褐色横带斑呈显著对比；中窝侧壁明显隆起；后端中断；后小盾片中部明显突出 ··· 6
- 头部背侧黄棕褐色，有时具显著黑斑 ··· 7
6. 中胸小盾片具深长的中纵沟 ··· **沟盾细锤角叶蜂，新种 *L. goudun* sp. nov.**
- 中胸小盾片圆钝隆起，无中纵沟 ·· **断突细锤角叶蜂 *L. tuberculatus***
7. 触角窝上突强烈隆起，后部强烈下沉或突然中断，不与额脊平缓连接；中窝和侧窝很深；腹部第 1 节背板侧缘纵脊不完整，后部 2/5–1/2 低钝或缺如 ··· 8
- 触角窝上突低弱，不强烈隆起，如果稍隆起，则后部不突然降低，与额脊平直连接；中窝通常较浅；腹部第 1 背板侧缘纵脊完整，前后几乎等高 ··· 10
8. 触角 6–7 节分节不明显，黄褐色；前翅臀室无横脉，基部 1/3 处具点状收缩柄；腹部第 1 背板中纵脊伸至背板后缘；单眼后区长显著长于宽 ··· **缩臀细锤角叶蜂 *L. constrictus***
- 触角 6–7 节分节明显，黑褐色；前翅臀室具显著横脉 ·· 9
9. 头、胸部仅上唇两侧具黑色长毛；雄虫上唇具明显中纵脊；腹部第 1 背板中纵脊中基部强烈隆起，顶端锐，端部消失；腹部 3–8 背板具明显的中位黑斑 ·· **格氏细锤角叶蜂 *L. grahami***
- 头、胸部被黑色长毛；雄虫上唇无明显中纵脊；腹部第 1 背板中纵脊微弱隆起，顶端低钝；腹部 3–8 背板基缘具窄黑色条带，无中位黑斑 ··· **黑毛细锤角叶蜂 *L. nigropilosus***
10. 中窝很宽浅，与额窝等深；复眼后上侧无后眶沟；颚眼距与复眼长径之比为 3∶7；复眼内缘间距稍短于复眼长径；中胸背板前叶全部黑色，侧叶黑色，中部具 Y 形黄褐斑 ···························· **浅窝细锤角叶蜂 *L. afoveatus***

- 中窝较窄深，明显深于额窝；复眼后上侧后眶沟显著；颚眼距与复眼长径之比为 1∶3；复眼内缘间距约 0.65 倍于复眼长径；中胸背板前叶两侧和侧叶后缘黄褐色，无 Y 形淡斑 ·················· **条斑细锤角叶蜂 L. linealis**

（92）浅窝细锤角叶蜂 *Leptocimbex afoveatus* Wei & Yan, 2014（图 3-87，图版 IV-2）

Leptocimbex afoveata Wei & Yan, *in* Yan, Xiao & Wei, 2014: 314.

主要特征：体长 15.0mm；头部、触角和腹部大部分黄褐色，头部仅单眼区、中窝和侧窝的底部黑色，胸部大部分黑色，微带铜紫色金属光泽；头部背侧无明显刻点，具细密表皮刻纹，光泽微弱（图 3-87A）；胸部侧板无明显刻点，刻纹致密（图 3-87E）；上唇无中纵脊，两侧缘稍上翘；唇基前缘缺口浅弧形，颚眼距约 4.0 倍于中单眼直径，中窝宽浅，与额窝等深并完全会合，无界限；复眼后上侧无明显后眶沟；颚眼距与复眼长径之比为 3∶7；复眼内缘间距稍短于复眼长径（图 3-87B）；触角棒状节长 2.7 倍于宽，端部突出，最宽处约 2.5 倍于第 3 节基部（图 3-87C）；中胸背板前叶中沟和盾纵沟明显；中胸小盾片顶部圆钝隆起，几乎等高于中胸背板平面；后胸小盾片中部稍微隆起，不呈尖角状；中胸前侧片中部具圆钝斜脊；腹部第 1 背板中纵脊较低，仅伸抵背板中部；侧缘纵脊完整，纵贯背板全长，中后部无缺口；锯腹片中部锯刃端部圆钝，具约 10 个内侧和约 10 个外侧亚基齿，刃间膜不明显凸出，几乎等宽于锯刃（图 3-87D）。

分布：浙江（临安）。

图 3-87 浅窝细锤角叶蜂 *Leptocimbex afoveatus* Wei & Yan, 2014
A. 雌虫头部背面观；B. 雌虫头部前面观；C. 触角；D. 锯腹片；E. 中胸侧板和后胸侧板

（93）短顶细锤角叶蜂 *Leptocimbex brevivertexis* Wei & Yan, 2013（图 3-88，图版 IV-3）

Leptocimbex brevivertexis Wei & Yan, *in* Yan & Wei, 2013: 131.

主要特征：体长 12–17mm；体大部分黑褐色，唇基和上唇黄褐色；头、胸部具较弱但明显的金属铜色光泽，头部刻点和刻纹细密，胸部刻纹致密，中胸前侧片无光泽；腹部 2–7 腹板大部分黑色；上唇无中纵脊；唇基前缘缺口浅弧形，颚眼距约 2.3 倍于中单眼直径；复眼内缘向下稍微收敛，下缘间距约等于复眼高（图 3-88B）；额区稍低于复眼面，中部稍凹，额脊低钝；中窝较浅，不深于侧窝；侧窝弯曲，短沟状；触角窝上突低钝，与额脊逐渐融合；单眼中沟深；单眼后沟完整，底部光滑；单眼后区稍隆起，后部微弱下倾，宽长比约为 1.3；侧沟较细，但明显可辨，沟底光滑，稍向后分歧（图 3-88A）；触角 7 节，棒状节中部具浅弱环沟，最宽处约 2.3 倍于触角第 2 节基部宽（图 3-88F）；中胸小盾片低钝隆起；后小盾片中部呈短角状突出；中胸前侧片中部圆钝隆起，不具倾斜横脊（图 3-88C）；腹部第 1 背板具较低但完整的中纵脊；锯腹片弯曲，50 锯刃，锯刃窄长，几乎对称，强烈凸出，亚基齿较大，刃间膜弧形突出，稍短于锯刃宽的 2 倍（图 3-88G）。抱器短圆，长约等于宽，刺毛密集，基部明显收窄；阳基腹铗内叶瘦长，尾部细（图 3-88D）；阳茎瓣头叶顶角突出，背缘上部较陡，中下部鼓凸（图 3-88E）。

分布：浙江（临安）、湖南。

图 3-88 短顶细锤角叶蜂 *Leptocimbex brevivertexis* Wei & Yan, 2013
A. 雌虫头部背面观；B. 雌虫头部前面观；C. 中胸侧板和后胸侧板；D. 生殖铗；E. 阳茎瓣；F. 触角；G. 中部锯刃

（94）缩臀细锤角叶蜂 *Leptocimbex constrictus* Wei & Nie, 1998（图 3-89）

Leptocimbex constricta Wei & Nie, 1998b: 345.

主要特征：体长 22mm；头部和腹部黄褐色，胸部黑色；腹部第 1 背板基部具近半圆形黑斑，占背板 1/2 强；第 2 背板全为黑色；从第 3 背板起，中部具窄黑色纵带，两侧具三角形黑斑，相互连接，均向末端渐减弱；体长形，较粗壮，具细密不明显刻点，光泽弱；唇基前缘具宽浅凹陷，底缘稍呈弧形；上唇呈半椭圆形，侧缘翘起，前缘宽弧形突出，中部增厚；颚眼距约等于触角基部 2 节之和；复眼内缘平行；唇基沟无；触角上突较短；额脊微弱（图 3-89C）；单眼后沟明显；单眼后区亚方形，宽为长的 2/3，侧沟前大部分和中沟仅具模糊痕迹；眼后头发达（图 3-89A）；触角末节膨大程度较弱，最宽处宽度约 2.2 倍于第 3 节基部宽（图 3-89B）；前翅臀室无横脉，基部 1/3 处具点状收缩柄；后小盾片中部三角形钝出；中胸前侧片具弱横脊，具粗皱纹（图 3-89D）；腹部第 1 背板侧纵脊薄且锐，基半部高，中纵脊粗且钝，从侧面观呈三角突起。

分布：浙江（安吉）。

图 3-89　缩臀细锤角叶蜂 *Leptocimbex constrictus* Wei & Nie, 1998
A. 雌虫头部背面观；B. 触角；C. 雌虫头部前面观；D. 中胸侧板和后胸侧板

（95）沟盾细锤角叶蜂，新种 *Leptocimbex goudun* Wei, sp. nov.（图 3-90，图版 IV-4）

雌虫：体长 17mm。体大部分黑色，具弱铜色金属光泽；头部前侧在触角窝以下部分和腹部第 1 背板除陡峭前坡外亮黄色，后眶中部条斑和下端、上颚中端部、前胸背板后缘、翅基片、小盾片和侧脊、腹部第 2-5 背板逐渐加宽的后缘、腹部背板缘折和腹板大部分橘褐色，触角全部和触角窝沿、上颚基部、腹部 6-8 背板大部分淡黄褐色；足黑褐色，基节内侧宽斑、股节末端、胫跗节大部分黄褐色，股节腹侧条斑橘色；前翅基部 1/3 全部、端部 2/3 前侧具深烟褐色纵带，R1 室前侧稍淡，翅痣棕色。

头部前侧黄色部分几乎无刻点；头部背侧、中胸背板前叶和侧叶、胸部侧板具致密刻纹，杂以模糊刻点，刻点界限不清晰；小盾片前坡和中胸腹侧刻点稀疏，间隙光滑，小盾片后坡刻点较密集；腹部第 1 背板中部具稀疏浅大刻点，光泽强；腹部其余背板具密集刻纹，端部背板光泽稍明显。

图 3-90　沟盾细锤角叶蜂，新种 *Leptocimbex goudun* Wei, sp. nov. 正模，雌虫
A. 头部前面观；B. 头部背面观；C. 小盾片和淡膜区；D. 触角；E. 锯腹片；F. 中部锯刃；G. 锯背片端部

上唇具低钝中纵脊；颚眼距等长于触角第 1 节，复眼间距稍窄于复眼长径，中窝和侧窝均极深；触角窝上突强烈隆起，后端渐低，不与额脊连接；单眼后区长微大于宽，侧沟模糊，底部不光滑，单眼后沟光

滑，单眼中沟短深（图 3-90B）；触角 7 节，等长于胸部，第 3 节长于第 4、5 节之和，第 7 节明显膨大，最宽处 2.5 倍于第 3 节端部，第 7 节长宽比等于 1.5（图 3-90D）；小盾片显著隆起，中纵沟极深，将小盾片一分为二；淡膜区小，间距 4.3 倍于淡膜区长径，后小盾片中部低钝三角形突出（图 3-90C）；中胸前侧片中部斜脊显著；腹部第 1 背板中纵脊和侧纵脊纵贯全场，中纵脊前部很高；后足跗节第 1、2 跗垫间距等长于第 1 跗垫长；锯背片端部无粗刺突，具小刺突 1 枚（图 3-90G）；锯腹片见图 3-90E，中部锯刃见图 3-90F，稍倾斜，间距稍宽于锯刃基部宽。

雄虫：未知。

分布：浙江（四明山）。

词源：本种小盾片具深长中纵沟，以此特征的中文拼音命名。

正模：♀，浙江余姚四明山棠下线 2km，29°41′55″N，121°02′49″E，海拔 840m，2006.V.4，刘萌萌、刘琳。

鉴别特征：本种与断突细锤角叶蜂 *Leptocimbex tuberculatus* Malaise, 1939 非常近似，但小盾片具深长中纵沟，颚眼距等长于触角第 1 节，锯背片端部无粗尖突，具 1 枚小刺突；锯腹片锯刃明显倾斜，陷入较浅，刃间膜较长且不显著突出等，容易与之鉴别。

（96）格氏细锤角叶蜂 *Leptocimbex grahami* Malaise, 1939（图 3-91，图版 IV-5）

Leptocimbex grahami Malaise, 1939: 6.

主要特征：体长 19–21mm；头部和腹部黄褐色，胸部黑色；触角窝以下淡黄褐色，侧窝和中窝底部、单眼区倒三角形斑黑色（图 3-91B）；触角基部黄褐色，端部颜色加深至棕褐色（图 3-91F）；翅基片、前胸背板上缘和上侧片黄褐色；中胸背板中叶侧上角和下方具 3 个红褐色斑；小盾片黄褐色，中间具棕黑色斑；腹部第 1 背板除基部小部分和中脊黑色外，其余柠檬黄色；第 2 背板全黑色；第 3–8 背板中间具窄黑色纵带，各背板两侧具三角形黑色斑，均向腹部末端逐渐减弱；体具细密刻点，头和腹部刻点不明显，胸部刻点明显，光泽弱；单眼后沟显著（图 3-91A）；触角棒状部明显膨大，端部钝截形（图 3-91F）；中胸侧板下缘具明显横脊（图 3-91C）；腹部第 1 背板侧纵脊基半部明显，后半部不明显，中纵脊在背板基大部分强烈隆起，顶部锐，端部消失；锯腹片中部锯刃稍倾斜突出，刃间膜明显宽于锯刃（图 3-91G）。雄虫上唇侧缘强烈翘起，具明显中纵脊；抱器长稍大于宽，端部钝截形（图 3-91D）；阳茎瓣稍窄，明显倾斜，背缘较直（图 3-91E）。

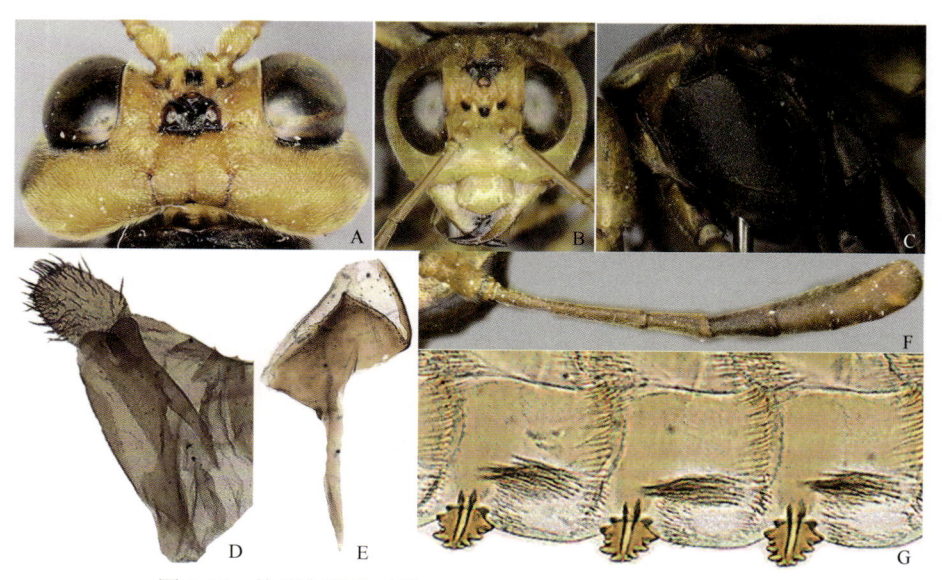

图 3-91 格氏细锤角叶蜂 *Leptocimbex grahami* Malaise, 1939

A. 雌虫头部背面观；B. 雌虫头部前面观；C. 中胸侧板和后胸侧板；D. 生殖铗；E. 阳茎瓣；F. 触角；G. 中部锯刃

分布：浙江（临安、龙泉）、河南、陕西、湖北、湖南、四川、贵州。

（97）条斑细锤角叶蜂 *Leptocimbex linealis* Wei & Deng, 1999（图 3-92，图版 IV-6）

Leptocimbex linealis Wei & Deng, 1999: 140.

主要特征：体长 19mm；体大部分黄褐色，头和腹部大部分为黄色或黄褐色，胸部翅以下全为黑色；触角窝以上，复眼中内侧和单眼区具黑色不规则环斑；前翅前缘从基部到顶角具烟褐色带斑；臀室具明显横脉；体修长，具不明显的细密刻点，光泽弱；腹部第 1 背板具细密刻点，带油状光泽，基部圆弧形黑斑近占 1/2；第 2-3 背板几乎全为黄色，仅后缘中间具很小倒三角形黄斑；基前缘具宽浅凹陷，宽度约为唇基端宽的 1/2 强，凹陷底缘近直形；上唇平坦，侧缘翘起，前缘圆弧形突出；颚眼距约等于触角基部 2 节之和（图 3-92B）；触角纤细，棒状部不明显加宽，第 7 节具明显的分节痕迹（图 3-92F）；单眼后区侧沟和中沟不显著（图 3-92A）；中胸侧板较平坦，无皱纹，下缘无明显横脊（图 3-92C）；小盾片前缘平截，侧缘平行，后缘圆弧突出；后小盾片仅中部向后稍突；腹部第 1 背板侧纵脊尖锐、显著，中纵脊弱，仅基半部稍隆起；锯刃稍倾斜，亚基齿较大，刃间膜稍宽于锯刃（图 3-92G）。抱器长约等于宽，端部圆钝（图 3-92D）；阳茎瓣头叶明显倾斜，顶叶较高，背缘不直（图 3-92E）。

分布：浙江（临安）、河南、安徽、江西、湖南。

图 3-92 条斑细锤角叶蜂 *Leptocimbex linealis* Wei & Deng, 1999
A. 雌虫头部背面观；B. 雌虫头部前面观；C. 中胸侧板和后胸侧板；D. 生殖铗；E. 阳茎瓣；F. 触角；G. 中部锯刃

（98）黑毛细锤角叶蜂 *Leptocimbex nigropilosus* Yan & Wei, 2021（图 3-93）

Leptocimbex nigropilosus Yan & Wei, in Yan, Li *et al*., 2021: 40.

主要特征：体长 14–20mm；头部和腹部黄褐色，胸部除中、后胸小盾片外全黑色；头部上唇两侧、唇基、触角窝及后头脊被较密集黑色长毛，长度为侧单眼直径的 4.5 倍；胸部黑色长毛较稀疏；腹部第 1 节背板两侧黑色长毛较明显；腹部 3–8 背板基缘具窄黑色条带，无中位黑斑；体具细密刻点；上唇和唇基光滑，光泽强；头部背侧具细刻纹，单眼区具紫红色金属光泽；胸部刻点较明显；中胸侧板具铜绿色金属弱光泽（图 3-93D）；颚眼距约 2.5 倍于中单眼直径，触角窝上突强烈隆起，后部强烈下沉，不与额脊平缓连接（图 3-93B）；额脊低弱隆起，额区棱形，较平坦；中窝宽深；侧窝深细；POL：OOL：OCL = 7：16：26；单眼后区微隆起，长 1.5 倍于宽（图 3-93A）；触角棒状部明显，最大宽度约为第 4 节端宽的 3.5 倍（图 3-93C）；前翅前缘具烟褐色纵带；臀室具明显横脉；腹部第 1 背板中纵脊微弱隆起，顶端低钝。抱器长约等于宽，端部圆钝，具密集短黑刺毛（图 3-93E）；阳茎瓣头叶较短宽，顶叶高，背缘几乎平直，中叶顶端尖，背缘强烈弯曲（图 3-93F）。

分布：浙江（临安）。

图 3-93 黑毛细锤角叶蜂 *Leptocimbex nigropilosus* Yan & Wei, 2021
A. 雄虫头部背面观；B. 雌虫头部前面观；C. 触角；D. 中胸侧板和后胸侧板；E. 生殖铗；F. 阳茎瓣

（99）红黑细锤角叶蜂 *Leptocimbex rufoniger* Malaise, 1939（图 3-94）

Leptocimbex rufoniger Malaise, 1939: 8.

主要特征：体长 17–23mm；头、胸部和腹部第 1 节棕褐色，腹部第 2–10 节黑色，背板后缘有时浅褐色；唇基上区、唇基和上唇柠檬黄色，触角窝突之间具一黑点，单眼区具小三角形黑斑（图 3-94A，B）；

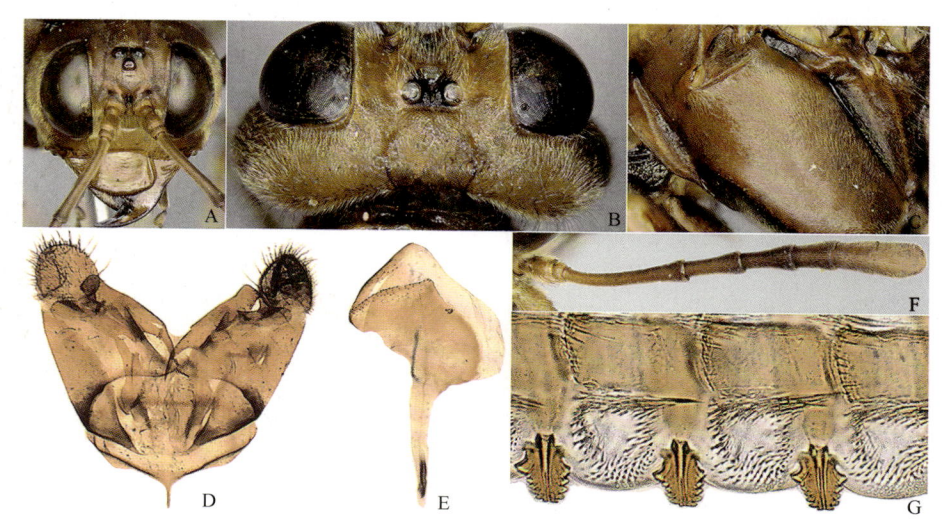

图 3-94 红黑细锤角叶蜂 *Leptocimbex rufoniger* Malaise, 1939
A. 雌虫头部前面观；B. 雌虫头部背面观；C. 中胸侧板和后胸侧板；D. 生殖铗；E. 阳茎瓣；F. 触角；G. 中部锯刃

中胸背板侧叶前端具黑斑；腹板黑色，中间具纵红褐色带斑；前翅前部 1/3 从基部到顶角烟褐色纵斑明显；体具十分细密刻点，光泽弱；腹部第 1 背板刻点细，具油质光泽；单眼后沟明显，中沟稍弱；单眼后区长稍大于宽；侧沟浅弱，稍弯曲，向后稍分歧（图 3-94B）；触角 7 节，棒状部最大宽度不大于第 4 节端宽的 1.5 倍，第 7 节中部具不完整的分节缝（图 3-94F）；中胸小盾片稍隆起，前缘平截，后缘圆弧形凸出；中胸侧板下缘无横脊（图 3-94C）；后小盾片不隆起；前翅臀室具明显但较短的横脉；腹部第 1 背板两侧全长具明显的侧纵脊，中纵脊明显弱于侧纵脊，在背板基部 3/4 明显，端部消失；锯腹片锯刃微弱倾斜，亚基齿显著，刃间膜明显宽于锯刃（图 3-94G）。雄虫生殖铗见图 3-94D；阳茎瓣头叶倾斜，背缘不直，中叶顶端方角状，几乎与顶叶端部对齐（图 3-94E）。

分布：浙江（临安）、陕西、湖北、湖南、福建、重庆、四川。

（100）筱原细锤角叶蜂 *Leptocimbex shinoharai* Yan & Wei, 2018（图 3-95，图版 IV-7）

Leptocimbex shinoharai Yan & Wei, *in* Yan *et al*., 2018: 372–383.

主要特征：体长 18–19mm；头部大部分黄褐色，腹部第 1–2 背板基半部和腹部第 3–6 背板基部黑色；头部大部分光泽微弱，具明显细浅刻点；唇基与上唇具光泽，革质，无明显刻点与刻纹；腹部第 1 背板光泽强烈，基半部无明显刻点与刻纹，端半部具细浅刻点，均匀分布；腹部其余各节背板稍具光泽，密布细小浅显刻点，刻纹细密；上唇中部具低中纵脊；中窝较宽浅，侧窝较小，细深；触角窝上沿明显隆起；额区中部稍突出；单眼中沟明显，后沟浅弱（图 3-95B）；POL：OOL：OCL=8：15：29；单眼后区微弱隆起，宽长比约为 0.8，后缘稍弯曲，边界明显（图 3-95A）；中胸前侧片中部明显脊状隆起，横脊钝出（图 3-95C）；淡膜区较狭长；腹部第 1 背板中纵脊明显隆起，顶部较钝，后端不伸达背板后缘，侧纵脊显著，伸至后缘；锯刃明显倾斜，刃间膜强烈突出，端部与锯刃末端齐平（图 3-95G）。雄虫上唇中部具明显中纵脊，单眼后区中部条斑及复眼外缘斑黑色；抱器长稍大于宽，端部圆（图 3-95D）；阳茎瓣头叶强烈倾斜，顶叶宽大，中叶顶端突出（图 3-95E）。

分布：浙江（安吉、临安）、湖南。

图 3-95 筱原细锤角叶蜂 *Leptocimbex shinoharai* Yan & Wei, 2018
A. 雌虫头部背面观；B. 雌虫头部前面观；C. 中胸侧板和后胸侧板；D. 生殖铗；E. 阳茎瓣；F. 触角；G. 中部锯刃

（101）红棕细锤角叶蜂 *Leptocimbex tonkinensis* (Konow, 1902)（图 3-96，图版 IV-8）

Clavellaria tonkinensis Konow, 1902: 384.

Leptocimbex tonkinensis: Malaise, 1939: 8.

主要特征：体长 19–26mm；暗红棕色，只有单眼区和触角第 3 节端部及以外黑色（图 3-96F），前翅基部具淡黄褐色斑带，透明；体具不明显细密刻点，弱青铜光泽；腹部第 1 背板具刻点，中部稀少疏松，光泽强；唇基前缘具宽浅弧形凹陷；上唇较平坦，侧缘翘起；颚眼距约等于触角基部 2 节之和；唇基上沟无；唇基上区具"八"字沟，下达前幕骨陷，上达触角窝内侧；额区亚方形，长显著大于宽，中部浅凹陷；触角窝上突较锐利；额脊较弱，与触角窝上突基本相接（图 3-96B）；单眼后沟明显；单眼后区亚梯形，长大于宽，侧沟较深、明显，向后显著分歧，中沟浅弱；眼后头部发达，明显膨大；触角第 3 节细长，第 7 节的分节痕迹模糊，明显长于 5、6 节之和（图 3-96F）；小盾片前缘亚截形，隆起，向后倾斜，后缘弧形，且前部具中纵沟；中胸侧板较平坦，下缘倾斜横脊显著（图 3-96C）；后小盾片向后稍突；锯腹片锯刃宽大，稍倾斜，强烈突出，亚基齿非常细小，刃间膜中部显著突出（图 3-96G）。雄虫中、后足基节两侧具小齿，股节前侧具黑纵带，后足胫节大部分为黑色；生殖铗见图 3-96D，抱器长约等于宽，端部收窄；阳茎瓣头叶较短宽，顶叶宽大突出，背缘弧形弯曲，中叶无尖顶，背缘弧形弯曲（图 3-96E）。

分布：浙江（龙泉）、湖南、海南、广西；越南。

寄主：壳斗科栎属 *Quercus* 植物。

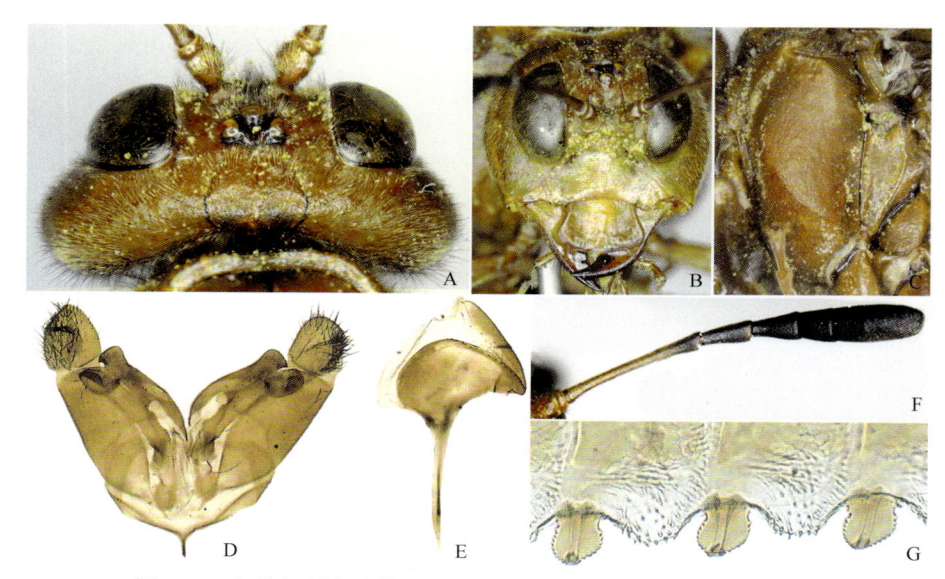

图 3-96 红棕细锤角叶蜂 *Leptocimbex tonkinensis*（Konow, 1902）
A. 雌虫头部背面观；B. 雌虫头部前面观；C. 中胸侧板和后胸侧板；D. 生殖铗；E. 阳茎瓣；F. 触角；G. 中部锯刃

（102）断突细锤角叶蜂 *Leptocimbex tuberculatus* Malaise, 1939（图 3-97）

Leptocimbex tuberculata Malaise, 1939: 6.

主要特征：体长 15–20mm；体黑色，触角窝以下黄色或棕褐色；眼后区从上颚基部向头顶延伸达到单眼后区的纵带为红褐色（图 3-97A）；触角黄褐色或基部棕红色，锤状部深棕色（图 3-97F）；前胸背板、翅基片黄褐色或棕红色；中胸小盾片基半部棕红色或全为棕色，两侧脊颜色稍淡；腹部第 1 背板黄色，第 3–5 背板后缘黄褐色或红棕色窄横带，从第 6 背板到最后背板具一个大的近圆形的黄褐色斑；腹部腹板棕褐色；体具细密刻点，光泽弱，触角窝以下具强光泽；小盾片具较粗深刻点；腹部第 1 背板有稀疏明显刻点，具强油状光泽；雌虫触角窝上突后端垂直截形，同中单眼脊分离完全（图 3-97B）；后小盾片全部参与隆起，形成往上的尖突；腹部第 2 背板全黑，第 5 背板或第 6 背板大黄褐色斑近圆形；锯刃短宽，端部窄，亚基齿较大，刃间膜明显鼓凸，稍宽于锯刃（图 3-97G）。雄性上唇端部具中脊；触角窝上突向后渐下降；腹部从第 2 背板起，几乎全部背板黄褐色；头顶"八"字形纵带为红褐色，达复眼上部内缘，眼后区红褐色纵带基半部特别宽，向上达单眼后区的侧纵沟；阳茎瓣顶叶较短，背缘弧形鼓出，中叶背缘稍倾斜，顶角钝（图 3-97E）。

分布：浙江（临安）、吉林、辽宁、山西、陕西、甘肃、安徽、湖北、江西、湖南、福建、广东、四川。

图 3-97 断突细锤角叶蜂 *Leptocimbex tuberculatus* Malaise, 1939
A. 雌虫头部背面观；B. 雌虫头部前面观；C. 中胸侧板和后胸侧板；D. 生殖铗；E. 阳茎瓣；F. 触角；G. 中部锯刃

26. 舌锤角叶蜂属 *Praia* Wankowicz, 1880

Praia Wankowicz, 1880: 571. Type species: *Praia taczanowskii* Wankowicz, 1880, by monotypy.

主要特征：体中型，头胸部具密集长毛；唇基明显窄于复眼间距，前缘具弱弧形缺口，唇基上沟发育；上唇小，窄舌形，端部窄于基部；颚眼距短，稍长于单眼直径，明显短于复眼长径的 1/4；复眼内缘弱弧形凹入，向下微弱收敛，间距宽于复眼长径；上颚较短，柄部短小，基齿端部亚截形，具弱弧形缺口；触角短，锤状部明显膨大，6、7 节可见分节，但不十分显著；触角窝上突不隆起；额区平坦，中凹陷浅，额脊低钝；单眼后沟明显，单眼后区宽大于长；背面观后头两侧微弱膨大，稍短于复眼；前翅翅痣狭长，臀室在基部 1/3 处具很短的收缩中柄，cu-a 脉与 1M 脉顶接；后翅轭区无横脉；腹部第 1 背板后缘无大淡膜区；背板具横向带斑；后足股节无腹侧齿突；胫节端距很短，端部钝圆，膜质；跗节的跗垫大型，间距短；爪不分裂，无内齿；锯腹片窄长，基部节缝部密集，向端部渐密集；锯刃小，几乎不突出；阳茎瓣头叶宽大，稍倾斜，顶角圆钝，斜脊发育；抱器长约等于宽。

分布：古北区。本属全世界已知 4 种，中国均有分布。浙江分布 1 种。
寄主：桦木科桦木属 *Betula*、蔷薇科稠李属 *Padus* 等植物。

（103）天目舌锤角叶蜂 *Praia tianmunica* Yan & Wei, 2020（图 3-98，图版 IV-9）

Praia tianmunica Yan & Wei, in Yan *et al.*, 2020: 233.

主要特征：体长 13–15mm；大部分黑色；触角锤状部、上唇须和下唇须末端两节棕褐色；上颚端部、单眼、翅基片红褐色；腹部背板第 1 节几乎全部（仅基部 1/5 黑色），第 2 背板两侧缘、第 3–5 背板两侧及后部 1/3 弱横带黄褐色；第 6 背板后缘具黄褐色细横带；头、胸部及腹部第 1 背板具密集长毛；体具稀疏细浅刻点，无明显光泽，刻纹微细密集；上唇形如卵三角形，小而平坦；颚眼距稍大于侧单眼直径；额区平坦，中窝深，额脊低钝；无触角窝上突（图 3-98B）；单眼后区短宽矩形，侧沟浅弧形，显著向后收敛（图3-98A）；前翅臀室具短收缩中柄，前翅端臀室约 1.5 倍于基臀室长；锯腹片具 39 节缝，中部锯刃节缝刺毛带狭窄，刃间膜稍突出，锯刃倾斜低台状，锯刃分别具 4–5 个内侧和 6–7 个外侧亚基齿（图 3-98G）。雄虫腹部第 1、2 背板全黑色，第 3–6 背板基部极窄带黑色，具中位黑斑，大部分黄色；抱器亚方形（图 3-98D）；阳茎瓣头叶宽大，顶角圆，中叶顶角方形（图 3-98E）。

分布：浙江（临安）。

图 3-98　天目舌锤角叶蜂 *Praia tianmunica* Yan & Wei, 2020
A. 雌虫头部背面观；B. 雌虫头部前面观；C. 中胸侧板；D. 生殖铗；E. 阳茎瓣；F. 触角；G. 中部锯刃

八、七节叶蜂科 Heptamelidae

主要特征：体小型，狭长；头部大，亚球形，后头孔开式，无口后桥；上颚端位三齿式；触角 7–8 节，细丝状或粗丝状；胸部不延长，前胸背板短小，无侧纵脊，腹板游离，无基前桥；小盾片具大型附片，盾侧凹发达；侧板宽大，中胸前气门后片不与侧板合并，无胸腹侧片，后上侧片不隆起，下部凹入，腹板无明显腹前桥；后胸短小，淡膜区发达，后胸侧板宽大，不与腹部第 1 背板愈合；前足胫节具 1 对端距，各足无亚端距，后足胫跗节等长，基跗节显著长于其余跗节之和；前翅翅痣短宽，宽于 2r 脉长，前缘脉端部膨大，前缘室显著，2A+A 脉明显弱化；1M 脉长于 1m-cu 脉 2 倍，显著弓曲，与 1m-cu 脉向翅痣方向强烈聚敛，R+M 脉段通常明显长于 Rs 脉第 1 段，Rs+M 脉基部不明显反曲，臀室具横脉，cu-a 脉邻近 M 脉基部；后翅 M 室显著大于闭 Rs 室，臀室具柄式；腹部无侧缘脊；产卵器狭长，锯腹片发达，节缝完整，锯刃规则形；抱器短宽，生殖茎节和副阳茎窄长，阳茎瓣狭长形。幼虫取食蕨类叶片或蛀食蕨类假叶柄，触角 4 或 5 节，腹部具多对腹足，无臀突和尾须，1–8 腹节各具 4–5 个小环节。

分布：古北区，东洋区。1 种新近传入北美洲。本科已知 2 属 50 种，中国已记载 2 属 21 种。本书记述浙江 2 属 4 种，含 2 新种。

（七）七节叶蜂亚科 Heptamelinae

分属检索表

1. 触角粗短，鞭节明显粗于梗节，梗节长约等于宽，短于柄节；前翅 cu-a 脉位于 1M 室内侧 1/5–1/4，远离 1M 脉；爪无基

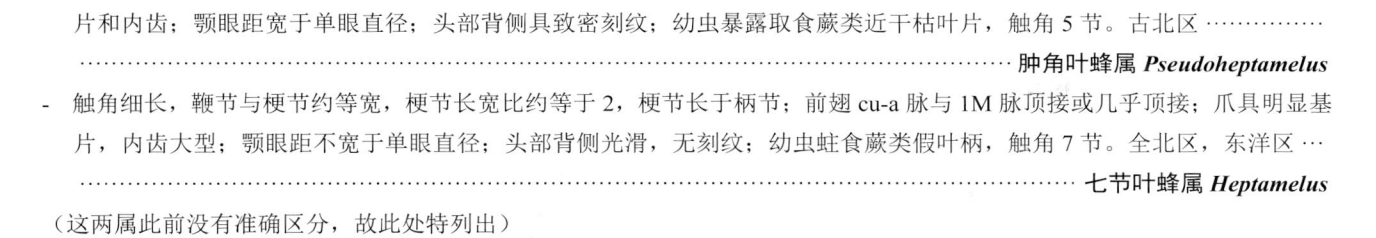

片和内齿；颚眼距宽于单眼直径；头部背侧具致密刻纹；幼虫暴露取食蕨类近干枯叶片，触角 5 节。古北区 ·· 肿角叶蜂属 *Pseudoheptamelus*

- 触角细长，鞭节与梗节约等宽，梗节长宽比约等于 2，梗节长于柄节；前翅 cu-a 脉与 1M 脉顶接或几乎顶接；爪具明显基片，内齿大型；颚眼距不宽于单眼直径；头部背侧光滑，无刻纹；幼虫蛀食蕨类假叶柄，触角 7 节。全北区，东洋区 ·· 七节叶蜂属 *Heptamelus*

（这两属此前没有准确区分，故此处特列出）

27. 七节叶蜂属 *Heptamelus* Haliday, 1855

Melicerta Stephens, 1835: 94–95. Homonym of *Melicerta* Schrank, 1803 [Rotatoria]. Type species: *Melicerta ochroleuca* Stephens, 1835, by monotypy.

Heptamelus Haliday, 1855: 60–61. Type species: *Melicerta ochroleuca* Stephens, 1835, by monotypy.

Caenoneura Thomson, 1870: 270–271. Type species: *Caenoneura dahlbomi* Thomson, 1870, by monotypy.

主要特征：体型微小，长 3–8.5mm；头部光滑，无明显刻纹和刻点；触角 7 节，第 2 节长于第 1 节，1、2 节长宽比均大于 2，第 3 节稍长于第 4 节；复眼大型，内缘向下显著收敛，间距窄于复眼长径；唇基平坦，前缘缺口浅；颚眼距等于或短于单眼直径；中窝模糊，侧窝痕状，开放；背面观后头显著收缩，无后颊脊；爪具发达基片，爪齿中裂式，内齿通常稍短于端齿，偶尔长于端齿；翅痣短宽，2r 脉短于翅痣宽；前翅 1M 脉和 cu-a 脉顶接或几乎顶接，后翅 Rs 室甚小，常小于 M 室长的 1/2，臀室柄不短于 cu-a 脉；尾须短小，长宽比不大于 2，侧面观显著短于锯鞘端；产卵器约等长于后足胫节，锯鞘端短于锯鞘基；抱器宽大于长，端部钝截形；阳茎瓣头叶瘦长，无端部折叶（图 3-101B）。幼虫触角 4 节；胸部无背叶，腹部表面光滑，各节各具 4 个小环节；幼虫蛀食蕨类假叶柄，仅末龄幼虫具腹足。

分布：全北区，东洋区。本属已知 47 种，除 2 种分布于欧洲（其中 1 种北美洲人为传入，未定殖）外，其余种类全部分布于亚洲东半部，特别是东亚中南部地区。中国已记载 20 种。浙江发现 3 种。

寄主：幼虫蛀食 *Athyrium*、*Blechnum* 和 *Polypodium* 等蕨类植物茎。

分种检索表

1. 唇基宽长比不大于 2，质地薄且至少端部浅褐色 ··· 2
- 唇基宽长比约等于 2.5；唇基黑色，质地厚硬，侧齿不尖 ····················· 吴氏七节叶蜂，新种 *H. wui* sp. nov.
2. 唇基和触角鞭节黑色，侧齿尖锐；胸部黑色，无淡斑 ······························ 黑背七节叶蜂 *H. nigrodorsatus*
- 唇基至少端半部浅褐色，侧齿不尖；胸部侧板具明显淡斑，触角鞭节浅褐色 ··········· 红角七节叶蜂 *H. ruficornis*

（104）黑背七节叶蜂 *Heptamelus nigrodorsatus* Wei, 1997（图 3-99，图版 IV-10）

Heptamelus nigrodorsatus Wei, in Wei & Nie, 1997A: 111.

主要特征：雌虫体长 6.8mm；体黑色，口须大部分、中胸腹板中线、腹部腹板部分浅褐色，触角第 1–2 节和翅基片褐色；足黄褐色，后足胫节端半部渐变黑色；翅透明，端部浅烟褐色，翅痣和翅脉黑褐色；小盾片具十分稀疏浅弱刻点，附片高度光滑；中胸侧板具分散大刻点，刻点间隙等于或微大于刻点直径；唇基平坦，长宽比约等于 1.2，前缘缺口弧形（图 3-99B）；上唇很小，横形；复眼大，内缘向下强烈收敛，间距显著小于眼高，颚眼距线状；中窝微小，但明显；侧窝痕状；颜面部明显高出复眼顶面，额区无痕迹；中单眼前凹缺如，具中单眼环沟，无单眼后沟；POL：OOL：OCL=5：7：9；单眼后区宽长比为 5：4；侧沟深长，向后明显分歧，接近但未伸抵头部后缘；触角鞭节稍长于头部宽，第 3 节 1.4 倍于第 4 节长，第 7 节长宽比稍大于 2，第 7 节长于第 6 节；爪内齿长于外齿；前翅 R+M 脉稍短于 3r-m 脉，2Rs 室微短于 1Rs

室，2r 和 2m-cu 交于 2Rs 室内侧 2/5；后翅 R1 室封闭，臀室柄约等长于 cu-a 脉；锯鞘长直（图 3-99A），锯腹片节缝强烈倾斜。雄虫未知。

分布：浙江（临安）、福建、广西。

图 3-99　黑背七节叶蜂 *Heptamelus nigrodorsatus* Wei, 1997
A. 锯鞘侧面观；B. 唇基；C. 小盾片和附片

（105）红角七节叶蜂 *Heptamelus ruficornis* Wei, 1997（图 3-100）

Heptamelus ruficornis Wei, in Wei & Nie, 1997A: 115.

主要特征：雄虫体长 3mm；体黑褐色，上唇、唇基端半部、上颚基半部、触角基部两节、翅基片、中胸腹板、中胸侧板下部、腹部腹板全部浅褐色，触角鞭节、中胸背板前叶和侧叶暗褐色，足浅褐色；翅微具烟色，翅痣黑褐色；体毛银褐色；唇基稍延长，平坦，宽长比约等于 2，前缘缺口较窄，弧形，侧角钝（图 3-100A）；颚眼距线状；复眼大，内缘向下强烈收敛，间距不大于眼高的 1/2；中窝和侧窝均消失，侧窝处痕状隆起；颜面部和额区前部明显隆起并前突，高出复眼顶面，额脊完全缺如；中单眼前凹微小，弧形，无中单眼环沟，单眼后沟中部宽阔中断，POL：OOL：OCL=4：7：8；单眼后区宽长比为 5：4；侧沟深长且直，向后稍分歧，接近但未伸抵头部后缘；触角第 3 节长 1.6 倍于第 4 节，第 6 节长宽比等于 2.3，第 7 节长于第 6 节；小盾片光滑，附片基部具显著的刻点凹陷区；中胸侧板具少数模糊刻点，刻点间隙显著大于刻点直径；爪内齿几乎不短于外齿；前翅 R+M 稍长于 3r-m 脉，2Rs 室等长于 1Rs 室，长约 2 倍于宽，2r 和 2m-cu 分别交于 2Rs 室上下缘的内侧 3/7；后翅臀室柄稍长于 cu-a 脉；下生殖板长大于宽。雌虫未知。

分布：浙江（临安）。

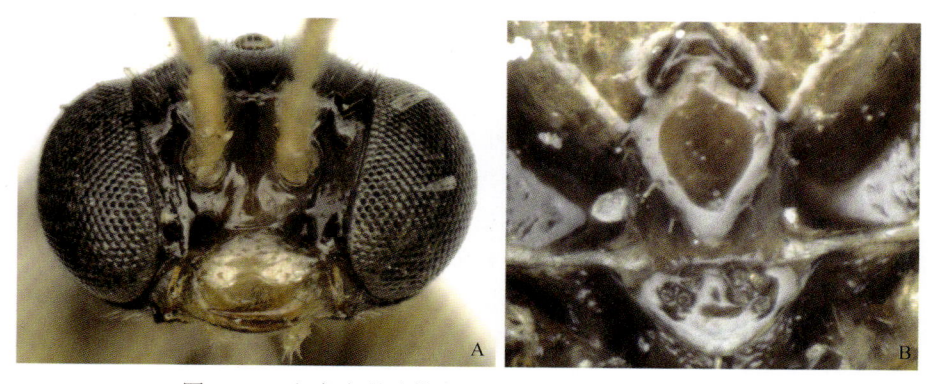

图 3-100　红角七节叶蜂 *Heptamelus ruficornis* Wei, 1997
A. 头部前面观；B. 小盾片和附片

（106）吴氏七节叶蜂，新种 *Heptamelus wui* Wei, sp. nov.（图3-101）

雄虫：体长3mm。体黑色；上唇、口须大部分、触角第3节基部、翅基片、下生殖板端部和抱器暗褐色，触角第1和第2节以及足浅褐色；翅烟灰色透明，翅痣黑褐色，翅脉褐色至暗褐色；体毛部分灰褐色，部分暗褐色。

中胸背板和小盾片具稀疏浅弱刻点，附片光滑，基部具显著的凹陷区和刻点（图3-101C）；中胸侧板具显著的刻点，刻点间隙小于刻点直径。唇基较窄，不显著延长，平坦，端部不薄，宽长比约等于2.5，前缘缺口较窄，深弧形，侧角钝；上唇很小，横形；复眼大，内缘向下强烈收敛，间距显著窄于眼高，颚眼距线状；中窝刻点状，几乎消失；侧窝消失，痕状隆起；颜面部和额区前部明显隆起并前突，高出复眼顶面；额区圆钝隆起，额脊完全缺如；中单眼前凹微小，弧形，无中单眼环沟；单眼中沟缺如，单眼后沟中部宽阔中断；POL：OOL：OCL=5：9：10；单眼后区宽长比为5：4；侧沟深长且直，向后明显分歧，未伸抵头部后缘（图3-101A）；触角长1.3倍于头宽，鞭节端部稍膨大，第3节长1.9倍于第4节，第6节长宽比等于1.8，第7节长1.6倍于第8节；后胸淡膜区较小，淡膜区间距几乎等于淡膜区长径；后足基跗节等长于第2–5跗分节之和；爪内齿几乎等于外齿；前翅R+M脉明显长于3r-m脉或2r脉，但明显短于M脉，2Rs室短于1Rs室，长宽比稍小于2，2r和2m-cu分别交于2Rs室上缘内侧3/7和下缘外侧3/7，Rs脉第1段痕状，M脉显著弯曲，cu-a脉位于M脉稍偏内侧和臀横脉稍外侧，不与二者顶接，臀横脉倾斜，2A+3A脉弱化；后翅R1室封闭，臀室柄长1.5倍于cu-a脉，Rs室和M室很小；腹部1–4背板具明显的次生间背板，下生殖板长稍大于宽；抱器宽稍大于长，端部收窄，副阳茎三角形，阳基腹铗内叶端部尖长（图3-101D）；阳茎瓣见图3-101B。

雌虫：未知。

分布：浙江（临安）。

词源：本种以浙江林业大学吴鸿教授姓氏命名，感谢他对叶蜂分类研究的大力支持。

正模：♂，浙江天目山，1985年，浙江林学院学生教学实习时采集。

鉴别特征：本种与广西分布的*H. rufipes* Wei, 1997最近似，但本种唇基较短，侧角不尖，前翅2r-m脉位于2Rs室中部外侧，后翅臀室柄显著长于cu-a脉，触角第6节长宽比小于2，中胸侧板刻点多且间距窄等，与之不同。

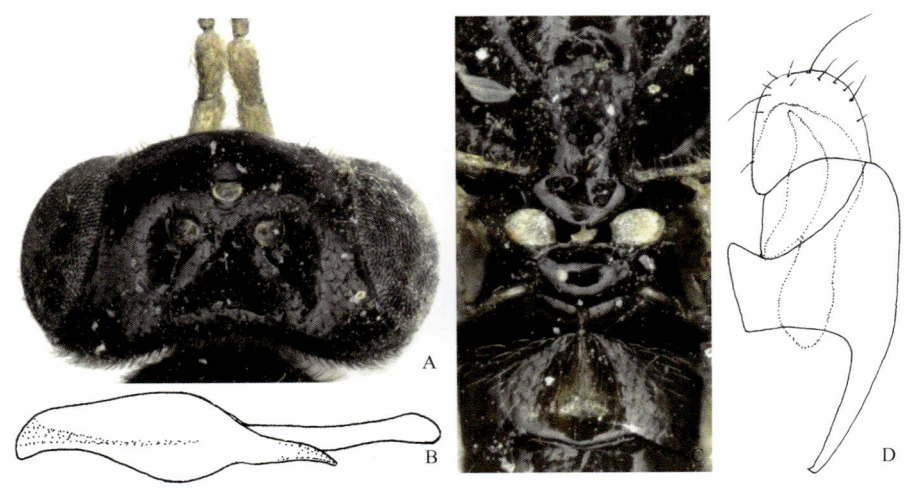

图3-101 吴氏七节叶蜂，新种 *Heptamelus wui* Wei, sp. nov. 正模，雄虫
A. 头部背面观；B. 阳茎瓣；C. 小盾片、淡膜区和腹部第1背板；D. 生殖铗

28. 肿角叶蜂属 *Pseudoheptamelus* Conde, 1932 中国新记录属

Pseudoheptamelus Conde, 1932: 13. Type species: *Pseudoheptamelus runari* Conde, 1932, by original designation.

主要特征：头部背侧大部分具致密刻纹；触角7-8节，粗壮，端部稍膨大，第2节长约等于宽，明显短于第1节，第3节显著长于第4节，第8节分节不完整；唇基较厚，前缘缺口明显；颚眼距宽于单眼直径；中窝和侧窝较小，显著，中窝封闭，侧窝开放；后头很短，两侧显著收缩，无后颊脊；单眼后区短宽，侧沟深短；爪简单，无基片和内齿；前翅1M脉和cu-a脉不顶接，cu-a脉位于1M室下缘内侧1/5；后翅Rs室大于M室的1/2，臀室柄约等于或稍长于cu-a脉；尾须长宽比不小于2，端部尖；产卵器等长于或稍短于后足胫节，明显长于中足胫节；锯鞘端具明显的侧脊；抱器长大于宽，端部圆；阳茎瓣头叶宽，具鹤嘴形端侧折叶。幼虫触角5节；胸部具明显扩大的背叶，胸腹部表面具小瘤突，各节各具5个小环节；幼虫暴露取食蕨类叶片，各龄幼虫均具腹足。

分布：古北区。包括本书描述的新种本属已知3种，欧洲、日本和中国各分布1种。中国目前已发现4种。浙江发现1种。

寄主：蕨类。幼虫暴露取食蕨类近干枯的叶片（Vikberk and Liston, 2009）。

（107）天目肿角叶蜂，新种 *Pseudoheptamelus tianmunicus* Wei, sp. nov.（图3-102，图版IV-11）

雌虫：体长7mm。体黑色，口须、下唇、唇基、上颚大部分、前胸背板后缘宽边、翅基片、腹部2-4背板中部黄褐色；足黄褐色，基节基部、后足胫节末端、后基跗节端部1/5和2-5跗分节黑褐色；翅透明，翅痣和翅脉大部分暗褐色；体毛银灰色。

头部背侧具致密刻纹，无光泽（图3-102A）；内眶下部1/3、唇基上区、颚眼距、小盾片两侧、盾侧凹和中胸前侧片具微弱刻纹，表面较光滑，小盾片除前端外具明显刻点；头胸部各沟底和凹部、附片大部分、中胸后侧片前半部较光滑，光泽强；附片具粗大刻点，后小盾片（图3-102D）和中胸前侧片上半部具稀疏刻点；腹部背板具弱横刻纹，第3、4背板中部前侧具小型光滑区域。

图3-102 天目肿角叶蜂，新种 *Pseudoheptamelus tianmunicus* Wei, sp. nov. 雌虫

A. 头部背面观；B. 锯鞘背面观；C. 锯鞘侧面观；D. 小盾片、后小盾片和淡膜区；E. 爪；F. 锯腹片；G. 第2、3锯刃；H. 唇基和上唇；I. 触角

头部背面观宽2.2倍于长，复眼后头部很短且强收缩，OOL：POL：OCL=10：7：4；单眼中沟浅V形，单眼后沟中部模糊，两侧较深；侧沟短深，向后分歧；单眼后区微弱隆起，宽长比约等于4（图3-102A）；中窝小但明显，圆形；侧窝浅沟状；复眼下缘间距1.15倍于复眼长径；唇基宽0.55倍于复眼下缘间距，前缘缺口缘弧形，深约0.4倍于唇基长，侧缘向前显著收窄（图3-102H）；颚眼距1.3倍于中单眼直径；触角7节，长0.6倍于前翅C脉，第7节不分节，约等长于第3节（图3-102I）；中胸小盾片长1.2倍于宽，附片长1.2倍于中单眼直径，后小盾片显著隆起，长高比等于1.3（图3-102D）；前翅2r脉交于2Rs室上缘基

部 1/5，后翅臀室柄长 1.15 倍于 cu-a 脉，cu-a 脉稍倾斜；后足基跗节长 0.8 倍于 2–5 跗分节之和；爪见图 3-102E。腹部第 3、4 背板具明显的间背板；背面观尾须端部伸抵锯鞘末端（图 3-102B）；侧面观锯鞘见图 3-102C；锯腹片具 13 锯刃，锯刃较平直，基部 6 锯节近腹缘距（图 3-102F）；第 1、2 锯刃无亚基齿，具 1 内端突，第 3 锯刃具锐利亚基齿（图 3-102G）。

雄虫：未知。

分布：浙江（临安）。

词源：本种以模式标本产地命名。

正模：♀，浙江临安西天目山禅源寺，30°19′26″N、119°26′21″E，481m，2014.IV.13，胡平、刘婷（ASMN）。**副模：**1♀，浙江临安西天目山禅源寺，30.323°N、119.442°E，405m，2018.IV.3，李泽建、刘萌萌、高凯文、姬婷婷（ASMN）。

鉴别特征：本种触角 7 节，全部黑色，中胸小盾片的附片具稀疏刻点，表面光滑，触角第 7 节等长于第 3 节，无分节痕迹，中胸前侧片上半部刻纹微弱，刻点清晰，刻点间隙光滑等，与本属已知的两种均明显不同，容易鉴别。

九、叶蜂科 Tenthredinidae

主要特征：小至大型叶蜂，体长 2.5–20mm。头部短，横宽，后头孔下侧开放，无口后桥；具额唇基缝；触角窝偏下位，无触角沟；触角丝状，极少栉齿状，通常 9 节，少数超过 9 节，最多达 30 节，第 1 节较小，远短于第 3 节，鞭节通常无分支；前胸腹板游离，无基前桥；中胸小盾片发达，具附片；中后胸盾侧凹深大，后上侧片不强烈鼓凸，中胸侧腹板沟缺如，后胸侧板不与腹部第 1 背板愈合；前足胫节端距 1 对，各足胫节无亚端距，跗垫显著；前翅 C 室较狭窄，R 脉端部平直或下垂，2r 脉常存在，少数缺如，Rs 脉基端极少消失，1M 室通常无背柄，至少具 1 个完整的端臀室，翅痣窄于 2r 脉长；后翅通常具 5–7 个闭室；腹部无侧缘脊，第 1 背板常具中缝；产卵器短小，稍伸出腹端。幼虫多足形，腹部具 6–8 对足，触角 5 节，潜叶和蛀干种类腹足有时部分退化。

分布：世界广布。叶蜂科是膜翅目基部支系中最大的科，已知 430 余属 6500 种以上。虽然本科为世界性分布，但东亚地区属种多样性最高。目前包括 19 亚科，中国分布 18 亚科。中国记载 260 属 1650 余种（不含本书记述的新类群），本书记述 17 亚科 153 属 540 种。

叶蜂科幼虫通常在寄主体表自由取食，少数类群在寄主内部取食，包括蛀芽、蛀茎、潜叶和做瘿四类。

叶蜂科分亚科检索表

1. 前翅臀室完整，具横脉或无横脉，2A+3A 脉有时明显弱化，但可分辨；如果臀室哑铃形，具长中柄，或基臀室端部开放，则 1M 脉与 1m-cu 脉完全平行；阳茎瓣单叶状，无明显骨化刺突，极少具端钩或刺突 ································· 2
- 前翅基臀室开放；如果臀室哑铃形，则 1M 脉与 1m-cu 脉向翅痣方向显著收敛；阳茎瓣头叶多叶状，或具明显的骨化刺突 ································· 13
2. 前翅缺 1r-m 脉，Rs+M 脉基部显著弧形弯曲，臀室闭式，具外侧位倾斜横脉；上颚对称 4 齿式；头、胸部具粗糙刻点；阳茎瓣腹端小钩 ································· **麦叶蜂亚科 Dolerinae**
- 前翅具 1r-m 脉 ································· 3
3. 前翅 Rs+M 脉基部明显反弯，R+M 脉段长于 1r-m 脉 1/2；如 Rs+M 脉基部不明显弯曲，则 1M 脉弧形弓曲，R+M 脉长于 1r-m 脉，臀室完整，具亚端位横脉；后翅具双闭中室；中胸后侧片窄，中胸翅后桥狭窄，后胸侧板具亚方形中区；产卵器具长柄，端部尖，阳茎瓣头叶倾斜，具背缘细齿；中胸具胸腹侧片（Rocaliinae 例外） ································· 4
- 前翅 Rs+M 脉基部不反曲；1M 脉直，或亚基部弯曲；锯鞘长，产卵器无长柄；阳茎瓣头叶不明显倾斜，无明显背缘细齿 ································· 6
4. 前翅 Rs+M 脉基部不明显反曲，R 脉段通常长于 1r-m 脉；1M 脉显著弧形弓曲，与 1m-cu 脉强烈聚敛，臀室具横脉；后翅

M 室显著大于 Rs 室，臀室具长柄，柄部长于 cu-a 脉；上颚端位 3 齿式；虫体和胸部粗短，胸腹侧片有或无 ··· **短叶蜂亚科 Rocaliinae**

- 前翅 Rs+M 脉基部明显反曲，R 脉段不长于 1r-m 脉；1M 脉不显著弓曲，直或稍弯曲，臀室通常无横脉；后翅 M 室不显著大于 Rs 室，臀室无柄式，或仅具短柄，短于 cu-a 脉；上颚双齿式，如为多齿式，则内齿常亚基位；具胸腹侧片 ······ 5

5. 头部侧窝向前开放，上侧与额侧区之间具横脊；额区总是明显发育，额脊圆钝或锐利 ··· **长背叶蜂亚科 Strongylogasterinae**

- 头部侧窝独立，不向前侧开放，上侧与额侧区之间无横脊分割；额区通常不发育，额脊低钝或缺如 ··· **蕨叶蜂亚科 Selandriinae**

6. 前翅 1M 脉显著长于 1m-cu 脉，二者向翅痣方向明显收敛；R 脉段平直，端部不向下弯；如果 1M 脉与 1m-cu 脉收敛程度较弱，则臀横脉很短，位于明显收缩的臀室中部 ·· 7

- 前翅 1M 脉与 1m-cu 脉互相平行或近似平行；臀横脉亚端位或亚基位，如果臀横脉中位，则 R 脉段端部向下明显弯折，且 1M 脉不明显长于 1m-cu 脉 ·· 9

7. 触角 10–17 节；颚眼距宽于单眼直径的 2.5 倍；颜面强烈凹陷；前翅 1M 脉与 1m-cu 脉向翅痣强烈收敛。后翅径室开放；幼虫扁形，潜叶生活 ··· **潜叶蜂亚科 Fenusinae（部分）**

- 触角 9 节；颚眼距不明显宽于单眼直径；颜面不凹陷；幼虫不扁，暴露生活 ······················· 8

8. 前翅 1M 脉明显弓曲，与 1m-cu 脉向翅痣显著收敛；臀横脉长，亚端位 ················ **黏叶蜂亚科 Caliroinae**

- 前翅 1M 脉较直，与 1m-cu 脉向翅痣弱收敛；臀横脉很短，中位 ······················ **缩室叶蜂亚科 Lycaotinae**

9. 前翅 Rs 脉第 1 段起点靠近 1m-cu 脉端部，Rs 脉第 1 段显著长于 Rs 脉第 1 段与 1m-cu 脉上端的距离；雌虫锯背片具发达悬膜叶 ··· **巨基叶蜂亚科 Megabelesinae**

- 前翅 Rs 脉第 1 段起点远离 1m-cu 脉端部，Rs 脉第 1 段明显短于 Rs 脉第 1 段与 1m-cu 脉上端的距离；雌虫锯背片无悬膜叶 ··· 10

10. 后胸侧板中部不明显加宽，气门明显出露；头部侧窝封闭式，无触角窝侧沟；后头短小，两侧通常显著收缩，无后颊脊；后胸后背板中部十分狭窄；前翅 R+M 脉段点状，臀横脉很长且强烈倾斜，其长度通常约等长于 cu-a 脉，位于臀室亚端部；触角端部 4 节左右具触角器；上颚对称双齿式，内齿大 ·· **大基叶蜂亚科 Belesinae**

- 头部侧窝开放，具显著触角窝侧沟；后头通常多少膨大或延长，后颊脊多少存在，极少缺失；前翅 R+M 脉段点状或很长，臀横脉变化较大；触角如具触角器，则臀室具中位收缩柄；上颚内齿很小，或左右异形，极少具大型对称双齿 ··· 11

11. 前翅 R 脉端部多少下垂，通常十分明显；后胸后背板显著倾斜，通常较短或很短；阳茎瓣简单，无端侧突和背突 ···· 12

- 前翅 R 脉平直，端部绝不下垂；R+M 脉段点状或缺，极少长于 Rs 脉第 1 段；后胸后背板通常较宽大，几乎平坦；阳茎瓣通常具显著骨化的端侧突 ·· **平背叶蜂亚科 Allantinae**

12. 前翅臀室具亚端位横脉，R 脉端部通常平直，极少微弱下垂；R+M 脉段通常短于 Rs 脉第 1 段；左右上颚通常不对称 ·· ·· **刻胸叶蜂亚科 Eriocampinae**

- 前翅臀室具亚基位横脉，或具明显中部或亚基部收缩柄，极少具中位倾斜横脉；R 脉端部明显下垂，R+M 脉段总长于 Rs 脉第 1 段 ··· **叶蜂亚科 Tenthredininae**

13. 后翅具封闭的 Rs 室；前翅 R+M 脉段约等长于 1m-cu 脉，极少较短 ·· 14

- 后翅 Rs 室开放；前翅 R+M 脉段点状或缺失，如果较明显，则 2r 脉存在 ··· 17

14. 胸腹侧片狭窄或缺；前翅 R+M 脉点状，臀室中位宽收缩式，具基臀室；2r 脉常存在；阳茎瓣具顶叶突和刺突；幼虫腹部无翻缩脉，第 8 腹节具腹足。北美洲 ··· **无腺叶蜂亚科 Susaninae**

- 胸腹侧片发达；前翅 R+M 脉段长；2r 脉常缺；幼虫具翻缩腺，第 8 腹节无腹足 ···································· 15

15. 前翅具小型基臀室；2m-cu 脉交于 2Rs 室，1Rs 室约等长于 2Rs 室；锯腹片较短，骨化强；阳茎瓣具简单端刺 1–2 枚，无叶状长突 ·· 16

- 前翅 2m-cu 脉交于 1Rs 室，至多与 1r-m 脉顶接，1Rs 室不短于 2Rs 室，或 1r-m 脉缺，且 cu-a 脉几乎与 1M 脉顶接；基臀室通常缺，2A+3A 脉短直（*Craterocercus* 具基臀室）；锯腹片长形，阳茎瓣具顶端叶状长突和前伸亚端刺 ······· ··· **突瓣叶蜂亚科 Nematinae**

16. 触角第1、2节两节宽大于长，鞭分节细长，长宽比大于5；唇基上区显著突出，额区和额脊显著；阳茎瓣端部分化为背叶、腹叶和中部长刺突三部分。幼虫通常暴露取食，极少做瘿···枝角叶蜂亚科 Cladiinae
- 触角粗短，基部2节长大于宽，鞭分节较粗短，长宽比小于4；唇基上区亚平坦，额区模糊，无额脊；阳茎瓣端部不分化，有时具单独的刺突。幼虫蛀食果实或叶柄···实叶蜂亚科 Hoplocampinae
17. 前翅1M脉与1m-cu脉向翅痣强烈收敛，后翅Rs和M室均开放；阳茎瓣简单或具端丝，无侧刺突或侧叶（指形横突）；体微小，短于4.5mm。幼虫全部潜叶，无腹足···潜叶蜂亚科 Fenusinae（部分）
- 前翅1M脉与1m-cu脉互相平行或向翅痣微弱收敛，后翅M室通常封闭，少数开放；阳茎瓣简单或具端丝、侧刺突或侧叶（指形横突）；体中大型，长于5mm。幼虫暴露取食，具腹足···18
18. 阳茎瓣简单或具指状横突，无端刺突或侧刺突；胸腹侧片发达，胸腹侧片缝显著···········等节叶蜂亚科 Phymatocerinae
- 阳茎瓣常具侧刺突，极少具端刺突；通常无胸腹侧片，或胸腹侧片狭窄、痕状···········蓟叶蜂亚科 Blennocampinae

（八）刻胸叶蜂亚科 Eriocampinae

主要特征：体形十分粗短；头部后颊脊短或长，极少缺如；上颚通常不对称，齿式2-1或3-2；前胸背板沟前部狭窄；后胸后背板中部狭窄，显著倾斜，后小盾片前凹大型、横宽；中胸后侧片中部显著向后延伸，覆盖后胸气门；前翅R脉长，平直或端部微弱下垂；cu-a脉中位或内侧位，1M脉与1m-cu脉近似平行；臀室完整，臀横脉外侧位；后翅Rs和M室通常封闭，雄虫有时具缘脉；各足基节短小，后足基跗节不短于或稍短于其后4跗分节之和；产卵器发达，柄部短；阳茎瓣无端侧钩或端背突。

分布：全北区。主要分布于东亚。本亚科目前包括2族4属，其中1属全北区分布，1属为新北区特有，2属仅分布于东亚地区，但其中 *Pseudosiobla* 的地位有待确定。中国分布3属，浙江发现2属3种。

刻胸叶蜂亚科是刚建立的新亚科（Wan et al., 2024），本亚科通常被放在平背叶蜂亚科（Taeger et al., 2010; Abe and Smith, 1991）或叶蜂亚科（Wei and Nie, 1998A），但基于基因组数据的分子系统发育研究结果表明本亚科与平背叶蜂亚科和叶蜂亚科关系颇远。

分属检索表

1. 前翅R＋M脉点状，R脉长数倍于Sc脉游离段；左上颚对称双齿型；锯腹片的锯刃无细齿。**刻胸叶蜂族 Eriocampini** ···**刻胸叶蜂属 *Eriocampa***
- 前翅R＋M脉段显著，不短于Rs脉第1段长，R脉不明显长于Sc脉游离段；左上颚三齿型；锯腹片的锯刃具细齿。**异颚叶蜂族 Conaspidiini** ···**异颚叶蜂属 *Conaspidia***

29. 刻胸叶蜂属 *Eriocampa* Hartig, 1837

Eriocampa Hartig, 1837: 279. Type species: *Selandria ovata* (Linnaeus, 1760), by monotypy.
Eriocampa subgenus *Brachyocampa* Zirngiebl, 1956: 323–325. Type species: *Eriocampa dorpatica* Konow, 1887, by original designation.

主要特征：体形十分粗壮；唇基前缘具深缺口；上唇小，端缘弧形；上颚不对称，右上颚单齿，左上颚具1中位小齿；颚眼距短于单眼半径；复眼较大，内缘向下收敛，间距狭于眼高；触角窝间距稍宽于内眶；额脊完整，通常比较锐利；侧窝向下开放；单眼后区隆起，近方形或横宽；后颊脊锐利，伸至头顶，颊沟显著；侧面观后眶明显窄于复眼宽；背面观后头短于复眼，两侧收缩；触角丝状，第2节长显著大于宽，第3节长于第4节，末端4节稍短缩；前胸背板具侧纵脊，沟前部宽约等于单眼直径；前胸侧板腹面钝三角形，稍接触或不接触；中胸背板前叶前部隆起，具中纵沟，后部1/3下沉，具锐利中纵脊；小盾片平坦或微隆起；中胸前侧片前缘平坦，具细高缘脊，无胸腹侧片；后胸淡膜区小，间距3–4.5倍于淡膜区长径；前翅 2Rs 显著长于 1Rs 室，R+M 脉短小；臀横脉约呈 30°倾斜，位于 1M 脉基部内侧；cu-a 脉位于 1M 室下缘基部 1/4–1/3 处；后翅 R1 室端部尖，Rs 和 M 室封闭，臀室具短柄，雄虫后翅无缘脉；后足股节与转节之和短于胫节，胫节等于或微长于跗节；前足胫节内距端部分叉；后足基跗节不膨大，无刺突，稍短于 2–5 跗分节之和；爪基片发达，内齿侧位；锯鞘稍短于后足胫节，锯鞘端长于锯鞘基；阳茎瓣缺顶侧突。

分布：古北区，新北区。本属已知现生种 20 种，另有化石种 8 种。中国已记载 6 种，浙江发现 1 种。

寄主：忍冬科荚蒾属 *Viburnum*、桦木科桤木属 *Alnus*、虎耳草科茶藨子属 *Ribes*、鼠李科鼠李属 *Rhamnus* 等植物。

（108）纹腹刻胸叶蜂 *Eriocampa mitsukurii* Rohwer, 1910（图 3-103）

Eriocampa mitsukurii Rohwer, 1910a: 112.

主要特征：雌虫体长 9mm；体黑色；前胸背板后角、中胸背板前叶、翅基片、翅痣和翅脉大部分红褐色；翅透明；头部除额区、上颚、唇基大部分和上唇外具粗糙密集刻点，额区刻点稀疏，光泽强；中胸小盾片、后小盾片、中胸侧板具粗大密集刻点，光泽弱；中胸背板前叶前半具细密刻点，前叶后半部、侧叶全部、小盾片的附片光滑无刻点，具强光泽，小盾片中部刻点间隙光滑；腹部光滑，具稀疏细弱刻纹和刻点，光泽强；唇基具宽圆形缺口，中窝方形，较深；侧窝很深，额区长大于宽，额脊高；单眼后区隆起，具中纵脊，宽 1.3 倍于长；单眼后沟细浅，侧沟深，弯曲，向后分歧；OCL：OOL：POL = 13：12：7；复眼间距微窄于眼高，侧面观后眶显著宽于复眼 1/2；背面观后头长于复眼 1/2，两侧中部显著膨大突出；触角第 3 节稍短于第 4、5 节之和；小盾片前缘微突出，附片小，宽三角形；后小盾片近长方形，具尖锐中纵脊，淡膜区间距 4 倍于淡膜区长径；前翅 2r 脉交于 2Rs 室上缘外侧 1/3，后翅臀室柄稍短于 cu-a 脉 1/2；后足基跗节等于其后各跗分节之和，爪内齿短于外齿；锯刃无外侧亚基齿，内侧亚基齿不明显。雄虫体长 7–8mm。

分布：浙江（舟山）、台湾；日本，俄罗斯（东西伯利亚）。

寄主：桦木科桤木属 *Alnus* 植物。

图 3-103　纹腹刻胸叶蜂 *Eriocampa mitsukurii* Rohwer, 1910 阳茎瓣（仿自 Taeger *et al*., 2018）

30. 异颚叶蜂属 *Conaspidia* Konow, 1898

Conaspidia Konow, 1898b: 279. Type species: *Conaspidia sikkimensis* Konow, 1898, by monotypy.

主要特征：唇基前缘缺口显著，深度 0.3–0.7 倍于唇基长，侧叶短钝或窄长；颚眼距线状至等长于单眼直径；复眼较大，内缘直，向下收敛或近似平行，间距等于或宽于复眼长径；触角窝间距窄于内眶；背面观后头明显延长，侧缘亚平行或膨大；后眶宽大，后颊脊通常锐利、完整，极少种类缺失后颊脊；左上颚 3 齿，基部 2 齿和端齿间具深切，端齿内侧具肩状部；右上颚单齿，基部宽大；触角丝状，第 2 节长大于宽，第 3 节通常长于第 4 节，无触角器；前胸背板沟前部最宽处稍长于单眼直径，无前缘脊；前胸侧板腹侧接触面较短，约等于单眼直径；后胸淡膜区小型，间距宽于淡膜区长径 2.5 倍；中胸前侧片上半部具粗大刻点；前翅 R 脉不长于 R+M 脉，末端下垂，R+M 脉段不短于 Sc 脉游离段，cu-a 脉中位或稍偏内侧；臀横脉外侧位，强烈倾斜；后翅 Rs 和 M 室封闭，臀室具柄式；后足基节小，股节不伸出腹部末端，前足胫节内距端部分叉，后足胫节约等长于跗节，后基跗节不长于 2–5 跗分节之和；爪具小型基片和内齿；阳茎瓣无端侧突和背、腹缘细齿。

分布：东亚。本属已知 23 种，中国已记载 17 种。浙江目前发现 2 种。

寄主：五加科刺楸属 *Kalopanax*、楤木属 *Aralia* 植物。

（109）双突异颚叶蜂 *Conaspidia bicuspis* Malaise, 1945（图 3-104，图版 IV-12）

Conaspidia bicuspis Malaise, 1945: 110.

主要特征：雌虫体长 12mm。体橙黄色，口器、唇基、触角和腹部腹板淡黄色，小盾片顶点、腹部第 2 背板基部、第 6–8 背板两侧向端部逐渐缩短的横斑黑色；翅淡褐色透明，基部带黄色，翅痣下具宽度等于翅痣一半长的烟色横带，翅端具烟褐色斑，翅痣基半部黑色，前缘脉和翅痣端半部黄褐色；足黄褐色，股节末端具不明显的黑斑；体大部分光滑，光泽强，中胸前侧片上半部具粗大刻点；唇基缺口宽大，深约为唇基 2/3 长，侧叶窄，上唇宽大（图 3-104A）；左上颚基齿尖长，与中齿间隙狭窄，前后缘平行（图 3-104E）；颚眼距线状，复眼下缘间距约等于复眼长径；单眼后区长大于宽，侧沟深，近似平行；POL：OOL：OCL=7：12：23；背面观后头两侧平行，稍短于复眼，后颊脊完整；触角等长于腹部，第 3 节明显长于第 4 节；小盾片强烈隆起，具双顶，后坡几乎垂直，高 2 倍于附片长（图 3-104B）；淡膜区小型，间距 6 倍于淡膜区长径；爪内齿显著短于外齿；前翅 cu-a 脉交于 1M 室于中部，后翅臀室柄短于 cu-a 脉一半长；锯腹片锯刃乳状突出（图 3-104D）。雄虫体长 9–10.5mm。

分布：浙江（安吉）、安徽、湖北、江西、湖南、广东、贵州。

寄主：未知。

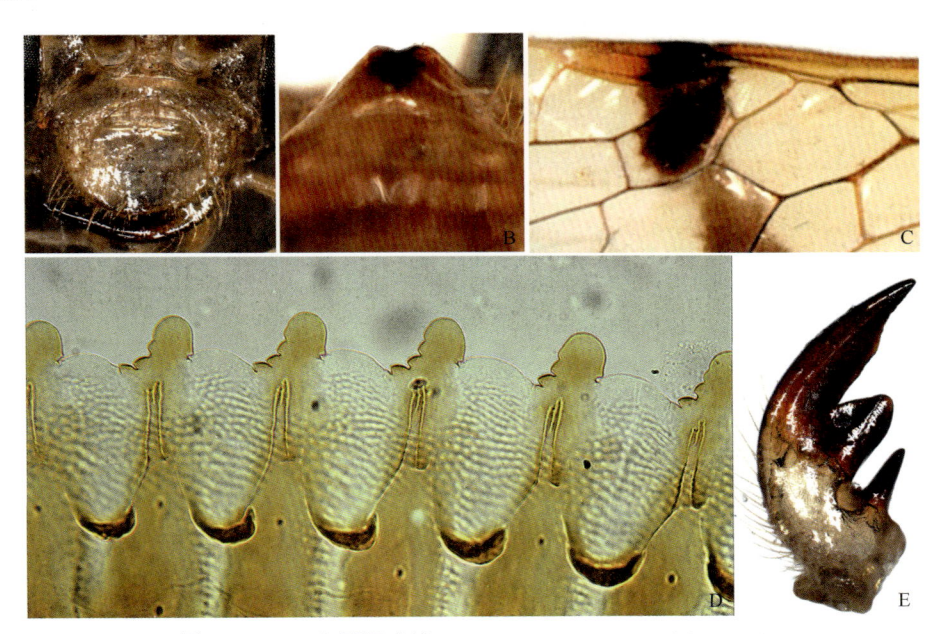

图 3-104 双突异颚叶蜂 *Conaspidia bicuspis* Malaise, 1945
A. 唇基和上唇；B. 小盾片后面观；C. 前翅翅痣和中室附近；D. 锯腹片中部锯刃；E. 左上颚

（110）王氏异颚叶蜂 *Conaspidia wangi* Wei, 2015（图 3-105，图版 IV-12）

Conaspidia wangi Wei, in Qi et al., 2015: 224.

主要特征：雌虫体长12mm；体橙褐色，腹部第5背板具1对黑斑，锯鞘端黑色，触角中端部、胸部腹板和足淡黄色；翅弱烟褐色透明，基部带黄色，前缘脉黄褐色，翅痣黑色，翅痣下侧具深烟褐色横带，翅端具烟褐色斑；头部背侧具少许粗浅刻点；小盾片两侧具浅大刻点，中胸前侧片上半部散布数枚超大刻点，间隙光滑；腹部背板光滑；唇基前缘缺口深约0.6倍于唇基长，侧叶短（图3-105B）；颚眼距0.3倍于单眼直径；复眼下缘间距1.2倍于复眼长径；单眼后区长稍大于宽，侧沟近似平行，背面观后头两侧明显膨大（图3-105A）；后颊脊下部1/3缺，上部2/3低弱；左上颚基齿短小三角形（图3-105C）；触角稍长于头、胸部之和，第3节长于第4节；小盾片后端隆起，单峰，后坡垂直，高约1.25倍于附片长；淡膜区间距3.8倍于淡膜区长径（图3-105G）；前翅cu-a脉中位，后翅臀室柄等长于cu-a脉1/2；爪内齿明显长于外齿（图3-105F）；锯腹片柳叶刀形，基部收窄，端部尖（图3-105D）；锯刃平直，中部锯刃具23–24枚细小亚基齿（图3-105H）。雄虫未知。

分布：浙江（泰顺）、贵州。

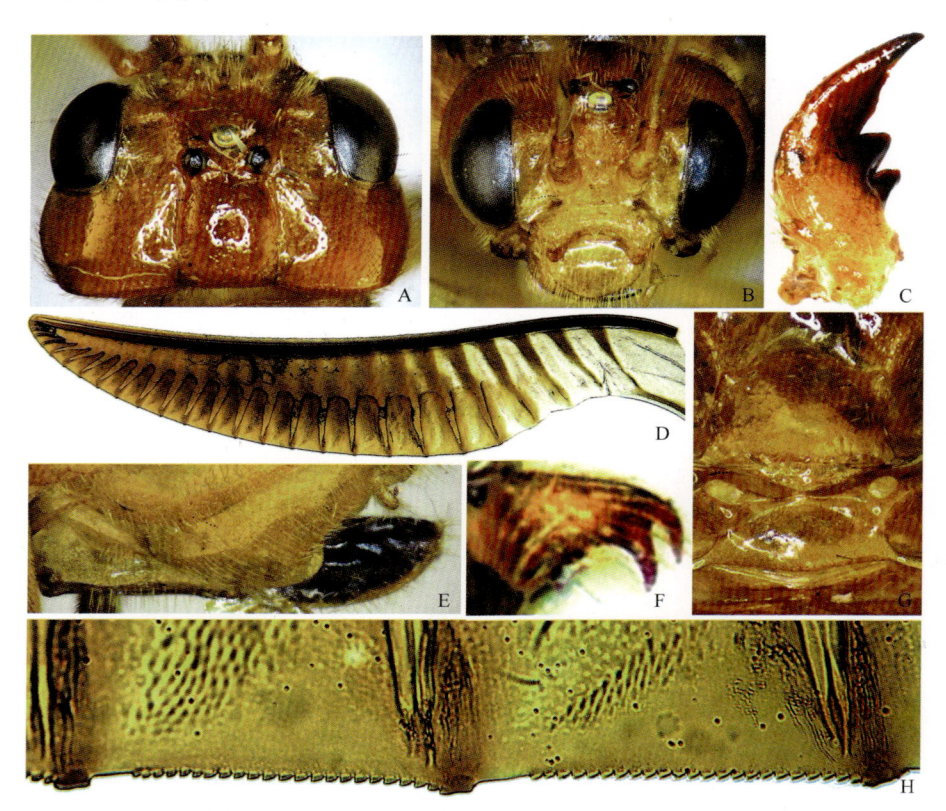

图3-105 王氏异颚叶蜂 *Conaspidia wangi* Wei, 2015
A. 头部背面观；B. 头部前面观；C. 左上颚；D. 锯腹片；E. 锯鞘侧面观；F. 爪；G. 小盾片、淡膜区和后小盾片；H. 锯腹片中部锯刃

（九）实叶蜂亚科 Hoplocampinae

主要特征：小型叶蜂，体形较粗短；头部小，分化弱，前后向较扁，触角窝位置不向前突；上颚短小，2–3齿，左右对称或近似对称；下颚内颚叶端部具尖突；复眼间距大于复眼长径，唇基端缘截形或具浅弱缺口；颚眼距不大于单眼直径，后眶短，无后颊脊；下颚须6节，下唇须4节；触角短丝状，基部2节长显著大于宽，鞭分节长度近似，第3节稍长；胸腹侧片痕状；爪小型，无内齿或具微小内齿；前翅翅痣较宽，具2r脉，R+M脉段长于1m-cu脉，1M脉与1m-cu脉向翅痣强烈收敛，cu-a脉中位，臀室具显著中位收缩柄；后翅R1室和Rs室封闭；锯腹片不显著骨化，无节缝齿突；雄虫阳茎瓣无背叶。

分布：全北区。中国分布1族4属，浙江发现1族3属6种，含4新种。

寄主：蔷薇科苹果属 *Malus*、李属 *Prunus*、梨属 *Pyrus*、樱属 *Cerasus*、花楸属 *Sorbus*、唐棣属 *Amelanchier*、

山楂属 *Crataegus* 等植物。

实叶蜂亚科包括 1 族 5 属，已知约 60 种。其中 1 属北美洲特有，3 属东亚特有。实叶蜂属全北区广布，种类多样性北美洲较高，东亚多样性较低，但这可能与中国本类群的调查研究不足有关。本类群的成虫羽化时间比一般的叶蜂要早 1–2 个月。成虫产卵于蔷薇科等花的子房内或附近，幼虫孵化后隐蔽蛀食其果实。

分属检索表

1. 爪具小型内齿；上颚双齿式；后翅具双闭中室。幼虫蛀食苹果属、梨属植物果实 ················· 实叶蜂属 *Hoplocampa*
- 爪无内齿；上颚三齿式；后翅 Rs 室封闭，M 室开放。幼虫蛀食李属和樱属植物果实 ··································· 2
2. 后翅臀室封闭；雄虫阳茎瓣表面无微小刺突，具 1 枚亚端位粗刺突；生殖轴节中部宽大；头部前后向不明显压扁。幼虫蛀食李属植物果实 ··· 李实叶蜂属 *Monocellicampa*
- 后翅臀室开放；雄虫阳茎瓣具密集小刺突，无 1 枚亚端位粗刺突；生殖轴节中部狭窄；头部前后向强烈压扁。幼虫蛀食樱属植物果实 ··· 樱实叶蜂属 *Analcellicampa*

31. 实叶蜂属 *Hoplocampa* Hartig, 1837

Tenthredo (*Hoplocampa*) Hartig, 1837: 276–277. Type species: *Tenthredo* (*Allantus*) *brevis* Klug, 1816, by subsequent designation of Rohwer, 1911a.

Macgillivraya Ashmead, 1898c: 257. Homonym of *Macgillivraya* Forbes, 1852 [Mollusca]. Type species: *Macgillivraya oregonensis* Ashmead, 1898, by original designation.

Macgillivrayella Ashmead, 1900: 606. Name for *Macgillivraya* Ashmead, 1898.

主要特征：体小型、粗短；唇基宽大平坦，端缘具缺口；复眼内缘向下稍收敛，间距宽于复眼长径，颚眼距约等长于单眼直径；左、右上颚对称，具 2 齿，外观微弱弯曲，从基部向端部均匀收窄；后眶圆钝，无眶沟，无后颊脊；额区稍隆起，无额脊；单眼小，单眼后区横宽；背面观头部在复眼后较短且明显收窄；触角细，短于头、胸部之和，基部 2 节长显著大于宽，鞭分节长度近似，各节长宽比不大于 3；中胸前侧片圆鼓，胸腹侧片平坦，胸腹侧片缝微弱；前足胫节内距端部分叉，后足胫节等长于跗节，基跗节等长于其后 3 跗分节之和，后胫端距短于胫节端部宽；爪小，无基片，内齿微小；前翅 1M 脉与 1m-cu 脉向翅痣强烈收敛，R+M 脉段长于 cu-a 脉，Sc 脉位于 1M 脉端部或外侧，Rs 脉第 1 段完整，1Rs 室短于 2Rs 室，2r 脉和 2m-cu 脉均交于 2Rs 室内，cu-a 脉中位，臀室中部内侧收缩，具长中柄，基臀室封闭（图 3-106C）；后翅 R1 和 Rs 室封闭，M 室开放，臀室完整，臀柄长（图 3-106D）；尾须短小；产卵器短于后足股节，锯鞘端等长于锯鞘基，无侧突；锯腹片节缝骨化弱，无节缝栉齿列；阳茎瓣无背叶，无亚端位腹侧粗刺突，端缘有时具形态和数量各异的刺毛。

分布：古北区，东洋区北缘，新北区。本属世界已知约 40 种，另报道化石种 2 种。北美洲分布 21 种，欧洲分布 14 种，其中 2 种欧美两地区共有。东亚地区目前仅记载 8 种，中国实叶蜂属区系分类研究还非常薄弱，目前仅报道 6 种，实际分布种类可能超过 20 种。浙江目前发现 3 种，均为新种。

寄主：蔷薇科苹果属、梨属植物。

分种检索表

1. 前翅透明，无烟斑，翅脉和翅痣全部黑褐色；前翅 R+M 脉段微长于 R 脉；前胸背板、翅基片、中胸前侧片上半部大部分黄褐色；足大部分黄褐色，仅后足基节部分、后足胫节末端和跗节黑褐色；阳茎瓣具长且弯曲的端突 ··· 黄肩实叶蜂，新种 *H. flavicollis* sp. nov.
- 前翅基半部翅脉黄褐色，翅端半部明显烟褐色或翅痣大部分黄褐色；前翅 R+M 脉段至少 4 倍于 R 脉长；前胸背板、中胸前侧片全部黑色；各足基节、转节和中后足股节大部分黑褐色；阳茎瓣无明显端突 ··· 2
2. 前翅端半部显著烟褐色，翅痣黑褐色；头部全部黑色，触角黑褐色；唇基前缘缺口三角形，底部尖；翅基片黑色 ········
   ··· **天目实叶蜂，新种 *H. tianmunica* sp. nov.**
- 前翅端半部弱烟褐色，翅痣大部分黄褐色；头部至少唇基黄褐色，触角中端部黄褐色；唇基前缘缺口弧形，底部圆钝；翅基片黄褐色 ·· **黄唇实叶蜂，新种 *H. xanthoclypea* sp. nov.**

（111）黄肩实叶蜂，新种 *Hoplocampa flavicollis* Wei, sp. nov.（图 3-106）

雄虫：体长 4.0mm；头部和触角黄褐色，头部背侧具大黑斑（图 3-106A），触角鞭节背侧稍暗；胸部黑色，前胸背板、翅基片、中胸前侧片上半部大斑（图 3-106E）黄褐色；腹部黑色；足黄褐色，后足基节基部、后足胫节端部背侧和跗节大部分黑褐色；翅透明，翅痣和翅脉黑褐色；体毛银褐色。

体较光滑，头部背侧具细微、稍密集的刻点，唇基刻点不明显；前中胸背板具细弱刻点，侧板无刻点和刻纹，腹部背板具极微弱的细刻纹；体毛极短；唇基端部缺口深弧形，深约 0.3 倍于唇基长；上唇端部圆；颚眼距 0.8 倍于前单眼直径，复眼下缘间距稍宽于眼高（图 3-106B）；中窝倒 T 形，明显；额区稍隆起，额脊模糊；单眼三角较扁，POL 1.1 倍于 OOL；单眼中沟和后沟明显；单眼后区稍隆起，宽长比约等于 4，无中纵沟，侧沟短小，向后稍分歧；背面观后眶和后头极短，两侧弧形收敛（图 3-106A）；触角短丝状，第 3–8 节几乎等长，长宽比约等于 2.6，第 9 节明显长于第 8 节；中胸背板前叶具微弱中沟，小盾片平坦；胸腹侧片十分平坦光滑；后胸淡膜区间距 1.3 倍于淡膜区长径；前足胫节内距端部稍分叉，后足胫节内端距长约为胫节端部宽的 0.8，基跗节稍短于其后 3 节之和，爪内齿小，中位；前翅 R+M 脉段短于 M 脉 1/2 长，1.3 倍于 R 脉长，2r 脉交于 2Rs 室的外侧 1/3，cu-a 脉交于 1M 室下缘中部；2Rs 室明显长于 1Rs 室，臀室亚中部收缩柄长于 cu-a 脉（图 3-106C）；后翅臀室柄长约 1.7 倍于 cu-a 脉（图 3-106D）；下生殖板长大于宽，端部截形；抱器三角形，端部窄，副阳茎背缘具明显缺口（图 3-106F）；阳茎瓣端部具强烈弯曲的长刺突，刺突基部显著加宽，端部渐细，末端圆钝（图 3-106G）。

雌虫：未知。

分布：浙江（临安）。

图 3-106　黄肩实叶蜂，新种 *Hoplocampa flavicollis* Wei, sp. nov. 正模，雄虫
A. 头部背面观；B. 头部前面观；C. 左前翅；D. 左后翅；E. 中胸侧板；F. 生殖铗；G. 阳茎瓣

词源：本种种加词 *flavicollis* 指其前胸背板黄褐色。

正模：♂，浙江清凉峰龙塘山，30°06.680′N、118°54.050′E，海拔 930 m，2010.IV.27，姚明灿。副模：1♂，浙江临安天目山老殿，30°20.57′N、119°26.0′E，海拔 1106m，2015.IV.11，李泽建（ASMN）。

鉴别特征：本种属于 *H. flava* 种团，与 *H. flava* 比较近似，但本种腹部黑色，翅痣黑褐色，胸部侧板光滑无刻点，下生殖板端部截形，阳茎瓣端突的基部具明显缺口，刺突末端圆钝加宽等，与该种明显不同。本种与天目实叶蜂 *H. tianmunica* Wei, sp. nov. 在天目山分布区重叠，但后者隶属于 *H. pyricola* 种团，两种体色和构造差别很大，容易鉴别。

（112）天目实叶蜂，新种 *Hoplocampa tianmunica* Wei, sp. nov.（图 3-107，图版 V-1）

雌虫：体长 4.8mm；体黑色；上唇端缘、颚眼距腹缘和触角鞭节腹侧褐色；各足基节、转节、前足股节基部和中后足股节大部分黑色，前足股节除基部外、中后足股节末端和各足胫跗节黄褐色；翅基半部透明，带烟黄色光泽，端半部显著烟褐色，翅痣和翅脉黑褐色；体毛银褐色。

体较光滑，头部背侧具细微、稍密集的刻点，唇基刻点不明显；前中胸背板具细弱刻点，侧板无刻点和刻纹，腹部背板具极微弱的细刻纹；体毛极短；唇基端部缺口三角形，深约 0.4 倍于唇基长；上唇端部圆；颚眼距 0.8 倍于前单眼直径；复眼下缘间距显著宽于眼高（图 3-107G）；唇基上沟浅弱；中窝横形、微弱；额区稍隆起，额脊宽钝模糊；单眼三角极扁，POL 1.2 倍于 OOL；单眼中沟模糊，单眼后沟明显；单眼后区稍隆起，无中纵沟，侧沟短小，向后明显分歧；背面观后眶和后头极短，两侧弧形收敛（图 3-107A）；触角短丝状，第 3–8 节几乎等长，长宽比约等于 3.5，第 9 节明显长于第 8 节（图 3-107H）；中胸背板前叶具微弱中沟，小盾片平坦；胸腹侧片十分平坦光滑（图 3-107B）；后胸淡膜区间距 1.2 倍于淡膜区长径；前足胫节内距端部稍分叉，后足胫节内端距长约为胫节端部宽的 0.7，基跗节稍长于其后 2 节之和；爪无基片，内齿小，中位（图 3-107E）；前翅 R+M 脉段等长于 M 脉，4 倍于 R 脉长，2r 脉交于 2Rs 室的外侧 3/7，cu-a 脉交于 1M 室下缘中部；2Rs 室明显长于 1Rs 室，臀室亚中部收缩柄约等长于 cu-a 脉；后翅臀室柄长约 1.85 倍于 cu-a 脉；产卵器微短于后足胫节（9∶10），侧面观锯鞘端端部窄圆（图 3-107I）；背面观锯鞘端窄长三角形，端部钝尖（图 3-107F）；锯腹片窄长，具大型翼突距和节缝栉突列，亚基齿发达。

雄虫：未知。

分布：浙江（临安）。

词源：本种以模式标本产地命名。

图 3-107 天目实叶蜂，新种 *Hoplocampa tianmunica* Wei, sp. nov. 正模，雌虫
A. 头部背面观；B. 中胸侧板；C. 左上颚；D. 右上颚；E. 爪；F. 锯鞘端背面观；G. 头部前面观；H. 触角；I. 锯鞘侧面观

正模：♀，浙江临安天目山开山老殿，30°20.57′N、119°26.0′E，海拔 1106m，2015.IV.4，刘萌萌、刘琳（ASMN）。

鉴别特征：本种属于 *H. pyricola* 种团，并与梨实蜂 *H. pyricola* Rohwer 近似，但前翅端半部显著烟褐色，基半部烟黄色透明，翅痣全部黑褐色，颚眼距窄于前单眼直径，腹部背板具细横刻纹等，容易与该种鉴别。

（113）黄唇实叶蜂，新种 *Hoplocampa xanthoclypea* Wei & Niu, sp. nov.（图 3-108）

雌虫：体长 4.5–5.0mm（图 3-108A）；体黑褐色；口器、唇基、颚眼距、内眶下端、触角鞭节、翅基片、后胸淡膜区黄褐色，有时内眶和后眶大部分以及额区部分暗褐色或锈褐色，偶尔头部完全锈褐色至黄褐色；触角基部 2 节、各足基节、转节和股节大部分暗褐色，胫节和跗节黄褐色；翅透明，翅痣和翅脉黄褐色；体毛银褐色。

图 3-108 黄唇实叶蜂，新种 *Hoplocampa xanthoclypea* Wei & Niu, sp. nov.
A. 雌成虫；B. 前翅；C. 后翅；D. 头部前面观；E. 爪；F. 雌虫腹部端部侧面观；G. 头部背面观；H. 锯腹片中部锯刃；I. 雌虫触角；J. 生殖铗；K. 锯腹片；L. 阳茎瓣

体较光滑，头、胸部背侧具十分细微的刻点，具弱油质光泽，胸部侧板和腹部背板无刻点和刻纹。唇基较平坦，宽长比约等于 3，端部缺口深弧形，侧角钝；上唇较大，端部圆；上颚内齿端位；颚眼距等宽于前单眼直径；复眼较小，长椭圆形，内缘较直，互相平行，下缘间距显著宽于眼高；唇基上区稍隆起，侧面观唇基上区和额区之间不明显曲折；唇基上沟浅弱；中窝横形微弱；侧窝开放；额区稍隆起，额脊宽钝模糊；单眼小，单眼三角极扁，POL=OOL；单眼中沟模糊，单眼后沟较明显；单眼后区稍隆起，无中纵沟，侧沟浅弱短小，向后稍分歧；背面观后眶和后头极短，两侧弧形收敛；后眶稍鼓出，无后颊脊。触角短丝状，基部2节长宽比约等于1.5，第3–8节几乎等长，长宽比约等于3，第3节稍短于基部2节之和及第9节。中胸背板前叶无中沟，后端较尖；小盾片平坦，附片较短；胸腹侧片十分平坦光滑，胸腹侧片缝痕状；后胸淡膜区十分变宽，淡膜区间距等于淡膜区长径；前足胫节端距短小，内距端部稍分叉；后足胫节端距十分短小，长约为胫节端部宽的1/2；基跗节稍短于其后3节之和，显著短于其余4跗分节之和；爪小型，无基片，内齿小，接近端齿（图3-108E）；前翅C脉端部微弱膨大，M脉与1m-cu脉向翅痣强烈收敛，R+M脉等长于M脉，2r脉交于2Rs室的外侧1/4，cu-a脉交于1M室下缘中部；2Rs室稍长于1Rs室，臀室亚中部收缩柄约等长于或微长于cu-a脉，基臀室封闭。后翅具封闭的Rs和M室，臀室具柄式，柄长稍短于cu-a脉2倍；产卵器稍短于后足胫节（7：8），侧面观锯鞘端长三角形，端部稍尖（图3-108F）；背面观锯鞘端窄三角形，端部钝尖；锯腹片窄长，13锯刃，第2–11节缝具大型翼突距，基部3节缝栉突列发达，第4–8节缝下部具栉突列（图3-108K）；第1、2锯刃基角微小，其余锯刃基角尖长，亚基齿发达，第5–7锯刃见图3-108H。

雄虫：体长4.5mm；体色和构造类似雌虫，但唇基上沟以上部分全部黑色，触角鞭节黄色，前中足股节有时大部分浅褐色；下生殖板长大于宽，端部钝截形；抱器和副阳茎见图3-108J，阳茎瓣见图3-108L，无端突。

分布：浙江（临安）、北京、山东、河南。

词源：本种种加词指其唇基黄褐色。

正模：♀，山东商河县林业局示范林场，2017.IV.2，闫家河（ASMN）。副模：34♀3♂，数据同正模；9♀3♂，山东商河梨园，2017.IV.10，闫家河；1♀1♂，北京朱家庄，1953.IV.12，采集人不详；2♀1♂，无标签；1♀，浙江临安，采集人不详；1♀，河南安阳，梨树，1957.IV.16，韩运发（中南林学院）（ASMN）。

鉴别特征：本种唇基、颚眼距和内眶下部黄褐色，与日本和朝鲜半岛分布的梨实蜂 *Hoplocampa pyricola* Rohwer 容易鉴别。国内梨产区几乎都有梨实蜂的为害记载，包括云南、海南、四川、江苏、湖南、甘肃、陕西、山西、河北、吉林以及东部各省份。根据我们掌握的标本，应均为本种的早期错误鉴定。

生物学：本种寄主为梨树。一年一代，以老熟幼虫越冬，成虫4月羽化，雌虫产卵于花萼组织内，幼虫孵化后，先取食花萼，梨花开后再转食果实，导致落果。

32. 李实叶蜂属 *Monocellicampa* Wei, 1998

Monocellicampa Wei, 1998B: 16. Type species: *Monocellicampa pruni* Wei, 1998, by original designation.

主要特征：体小型、粗短；头部稍扁，向后倾斜；上唇短小，唇基端缘具显著缺口；复眼内缘向下收敛，间距宽于复眼长径，颚眼距短于单眼直径；唇基上区平坦，触角窝间距稍宽于内眶（图3-109A）；左、右上颚对称，均具3齿，外观微弱弯曲，从基部向端部均匀收窄；无眶沟，无后颊脊；中窝和侧窝发育，无额脊；单眼小，单眼后区横宽，宽长比大于2，背面观头部在复眼后较短且明显收窄（图3-109F）；触角细，短于头、胸部之和，基部2节长显著大于宽，第3节稍长于第4节，其余鞭分节长度近似，各节长宽比不大于4（图3-109E）；小盾片平坦，前角钝角形突出；中胸胸腹侧片平坦，胸腹侧片缝痕状（图3-109B）；前足胫节内距端部分叉，后足胫节等长于跗节，基跗节约等长于其后3跗分节之和；爪无基片和内齿；前翅1M脉与1m-cu脉向翅痣强烈收敛，R+M脉段约等长于cu-a脉，2r脉和2m-cu脉均交于2Rs室内，cu-a脉中位偏外侧，臀室具长中柄，基臀室封闭；后翅R1、Rs和臀室封闭，M室开放，臀柄长于cu-a脉；尾须细，长宽比为4–5；产卵器短于后足股节，锯鞘端长于锯鞘基，无侧突；锯腹片和节缝骨化弱，无节缝栉齿列（图3-109H）；雄虫生殖轴节中部极宽，约5倍于侧臂最窄处；阳茎瓣无背叶，无微小刺突，具1枚短粗刺突（图3-109D, I）。

分布：中国，韩国。本属已知2种。东亚地区可能有一些种类尚待记述。国内记载的"李实蜂"分布很广，实际上不是一个种类，而各自采用的拉丁名也有数个，但基本上都是错误的。

寄主：蔷薇科李属 Prunus 的多种植物。

（114）小齿李实叶蜂 Monocellicampa pruni Wei, 1998（图 3-109，图版 V-2）

Monocellicampa pruni Wei, 1998B: 16.

Hoplocampa fulvicornis: Zhang, 2002: 1; Qiu, 2004: 478; Tang, 2012: 43; Tong & Feng, 2015: 11.

Hoplocampa minuta: Wang *et al.*, 1999: 588; Wang, Wei & Shi, 2014: 246.

Hoplocampa minutominuto [sic!]: Wang & Dou, 2002: 254; Zhang & Yang, 2005: 49; Zhang, Yang & Li, 2005: 64; Wang *et al.*, 2006: 24; Zhao, 2021: 6.

Hoplocampa sp.: Zou & You, 1956: 1; Zou & Cao, 1958: 181; Yu & Sun, 1993: 444; Shi, 2007: 737.

Priophorus varipes: Chen, Chen & Zhang, 2003: 175.

主要特征：雌虫体长 5–6mm；体黑色，触角（图 3-109E）和尾须褐色；足黑褐色，前足股节大部分浅褐色，中后足股节背侧褐色；翅浅烟灰色，翅痣和翅脉暗褐色；头部和胸部背板刻点细小、密集，光泽弱；中胸前侧片上半部刻点较背板显著细弱稀疏，有明显光泽（图 3-109B），腹板刻点稀疏，光泽较强；腹部背侧具细弱皮质刻纹；唇基端部具深弧形缺口，颚眼距约 0.4 倍于中单眼直径（图 3-109A）；单眼后区宽长比约等于 2（图 3-109F）；触角第 3 节约 1.3 倍于第 4 节长，第 8 节长宽比约等于 2.8（图 3-109E）；前翅 Sc 脉游离段位于 1M 脉上端，R+M 脉段等长于 Rs+M 脉，臀室中部内侧收缩柄长于 cu-a 脉；后翅 M 室开放，臀室柄约 1.3 倍于 cu-a 脉长；锯腹片 14 锯节，节缝很弱（图 3-109H），中部锯刃显著隆起，具 5–7 个细小外侧亚基齿（图 3-109G）。雄虫体长 5.0mm；触角和足色较浅；下生殖板长约 1.5 倍于宽，端缘浅弧形突出；生殖铗见图 3-109J；阳茎瓣端叶不明显分化（图 3-109I），刺状突较短小，但十分显著（图 3-109D）。

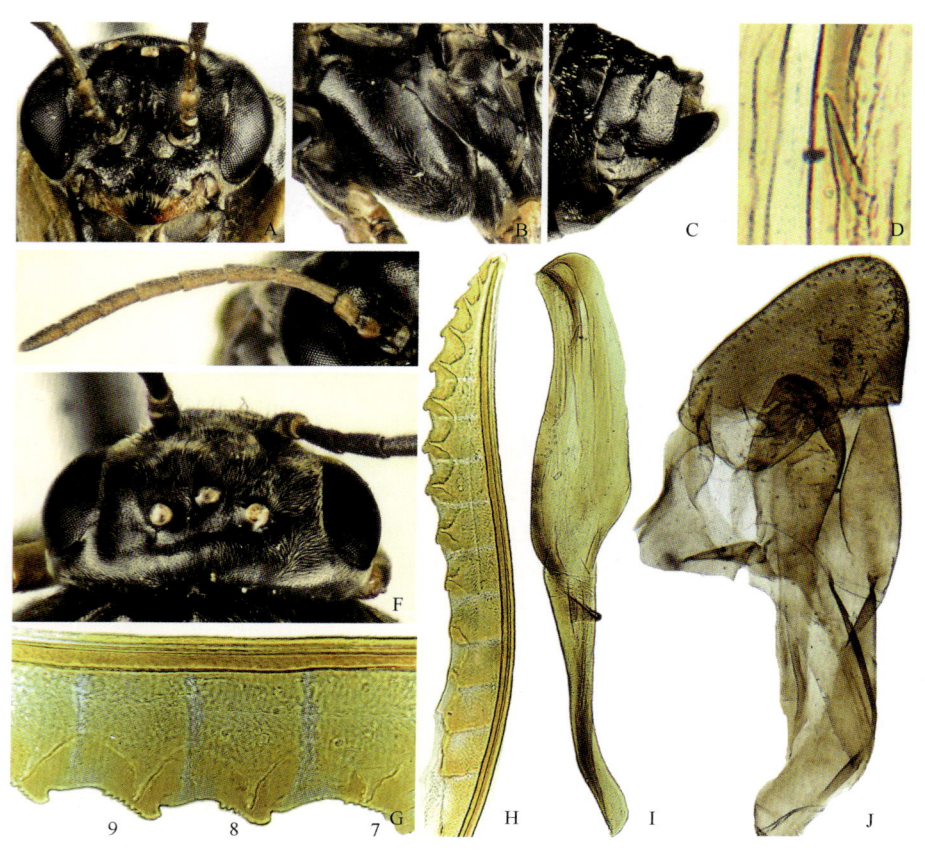

图 3-109 小齿李实叶蜂 *Monocellicampa pruni* Wei, 1998

A. 雌虫头部前面观；B. 雌虫胸部侧板；C. 雌虫腹部末端侧面观；D. 雄虫阳茎瓣端刺突；E. 雌虫触角；F. 雌虫头部背面观；G. 第 7–9 锯节；H. 锯腹片；I. 阳茎瓣；J. 生殖铗

分布：浙江（安吉）、北京、河北、山西、山东、河南、陕西、江苏、安徽、重庆、四川。

寄主：李属多种植物。

33. 樱实叶蜂属 *Analcellicampa* Wei & Niu, 2019

Analcellicampa Wei & Niu, *in* Niu, Zhang *et al.*, 2019: 6. Type species: *Hoplocampa danfengensis* G. Xiao, 1994, by original designation.

主要特征：体小型、粗短；头部前后向显著压扁（图 3-111C），复眼后头部短且明显收窄；唇基端缘具缺口；复眼内缘向下收敛，间距宽于复眼长径，颚眼距约等长于或短于单眼直径；左、右上颚对称，外观微弱弯曲，从基部向端部均匀收窄，中齿较短，其下侧具圆钝肩部；无眶沟，无后颊脊，无额脊；单眼后区极短宽，宽长比为 3–4；触角细，等于或短于头、胸部之和，显著短于前翅 C 脉，基部 2 节长显著大于宽，第 3 节稍长于第 4 节，第 5–9 节长宽比不大于 3；胸腹侧片缝可分辨（图 3-110D，图 3-111F）；前足胫节内距端部不分叉，具高位膜叶；后足胫节约等长于跗节，基跗节等长于其后 3 个跗分节之和，后胫端距稍短于胫节端部宽，跗垫微小；爪无基片和内齿（图 3-111J）；前翅 1M 脉与 1m-cu 脉向翅痣强烈收敛，R+M 脉段长于 cu-a 脉，2r 脉和 2m-cu 脉均交于 2Rs 室内，cu-a 脉中位或稍偏外侧，臀室中部内侧具长中柄，基臀室封闭；后翅 R1 和 Rs 室封闭，M 室开放，臀室不封闭，2A 脉短小；尾须长；锯鞘端稍长于锯鞘基，无侧突；锯腹片和节缝骨化弱，无节缝栉齿列和近腹缘距，锯基长度短于锯腹片全长的 1/3；锯刃倾斜，亚基齿细小；雄虫生殖轴节中部宽度约 2.5 倍于侧臂最窄处宽度；阳茎瓣具端叶，无粗大刺突，表面具密集短小刺突（图 3-110B）；抱器宽大于长。

分布：中国。本属目前已发现 9 种，全部分布于中国东部的黄河以南区域，寄主均为樱属植物，并存在多种同域分布现象。东亚樱属植物多样性很高，可能还有较多的樱实叶蜂属种类有待发现。浙江目前已发现 2 种。

寄主：蔷薇科樱属 *Cerasus* 多种植物。

(115) 斑背樱实叶蜂，新种 *Analcellicampa maculidorsata* Niu & Wei, sp. nov.（图 3-110，图版 V-3）

雌虫：体长 5mm。体大部分黑色，上颚大部分、下唇和口须、腹部 4–6 背板缘折大部分、7–10 背板全部、各节腹板、产卵器和尾须黄褐色，触角鞭节腹侧浅褐色；足黄褐色，各足胫跗节背侧黑褐色；体毛银色。翅透明，翅痣褐色，翅脉大部分暗褐色。

头部背侧具细密刻点，唇基刻点浅弱，表面有光泽；中胸背板前叶和侧叶刻点细小密集；小盾片大部分刻点稍大，间隙明显，两侧后部和盾侧凹光滑；中胸前侧片刻点十分细小、稀疏，光泽显著，中胸后侧片具细小刻点和微弱刻纹；腹部背板具微弱但明显的刻纹，有光泽。

头、胸部细毛极短，短于单眼直径 0.2 倍。唇基前缘缺口三角形，深度约为唇基长的 0.4 倍；颚眼距 0.6 倍于中单眼直径；侧窝小而明显，中窝稍深，额区前部和中窝区域宽大，中部凹入（图 3-110A）；复眼内缘向下微弱收敛，下缘间距 1.3 倍于复眼长径；额区后部稍隆起，额脊微显；中单眼前凹浅横沟形，无单眼中沟，单眼后沟宽浅，OOL：POL：OCL=9：8：5；单眼后区横形，后部稍隆起，侧沟缺；背面观后头两侧强烈收缩；触角稍短于头、胸部之和，显著短于前翅 C 脉，第 3、4 节长度比为 1.35，第 8 节长宽比为 2.2，第 9 节稍长于第 8 节。小盾片平坦，附片十分狭窄；中胸前侧片中部不隆起，胸腹侧片缝平滑但明显（图 3-110D）；后足胫节稍长于跗节，基跗节约等长于其后 3 跗分节之和；前翅 Sc 脉游离段位于 1M 脉上端内侧，cu-a 脉中位；后翅 2A 脉 2–2.5 倍于 cu-a 脉长。产卵器等长于后足股节，0.75 倍于后足胫节；锯鞘端 1.5 倍于锯鞘基，端部窄圆，尾须十分细长，长度与中部宽度之比约等于 10（图 3-110F），背面观锯鞘基部宽约等于尾须 3 倍宽，尾须几乎伸至锯鞘末端（图 3-110E）；锯腹片具 16 个锯刃和 12 个半透明节缝，端部 6 锯节无节缝（图 3-110G）；锯刃明显倾斜突出，内侧亚基齿不明显，亚端部锯刃具 7–8 枚外侧微弱亚基齿。

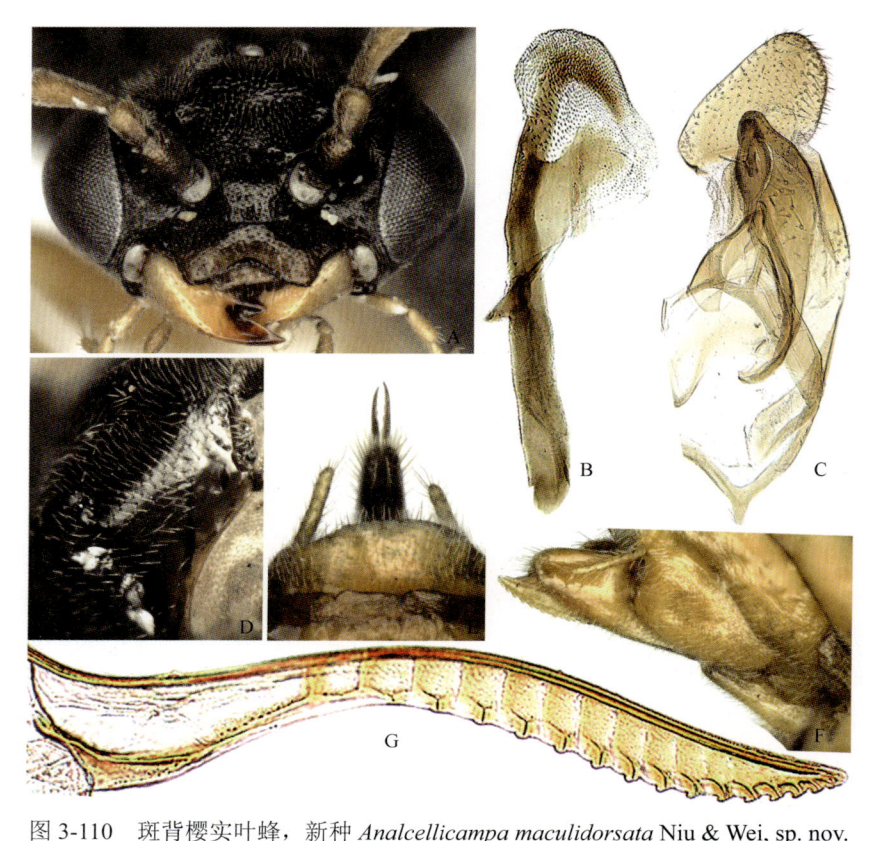

图 3-110　斑背樱实叶蜂，新种 *Analcellicampa maculidorsata* Niu & Wei, sp. nov.
A. 雌虫头部前面观；B. 阳茎瓣；C. 生殖铗；D. 中胸前上侧片和胸腹侧片；E. 锯鞘和尾须背面观；F. 锯鞘侧面观；G. 锯腹片

雄虫：体长 3.5mm；类似于雌虫，但触角背侧暗褐色，腹侧黄褐色；腹部黑褐色，仅下生殖板黄褐色；下生殖板长大于宽，端部钝截形；抱器宽显著大于长，明显倾斜（图 3-110C）；阳茎瓣端部宽圆，无突出的端叶，短刺毛密集（图 3-110B）。

分布：浙江（丽水）、湖北、江西、湖南。

寄主：樱属 *Cerasus* 植物。

词源：新种种加词指其腹部背侧具大黑斑。

正模：♀，湖南武冈云山电视塔，26°38.630′N、110°37.299′E，1380m，2012.IV.9，李泽建、潘载扬（ASMN）。**副模**：9♀26♂，数据同正模；8♀6♂，湖南武冈云山云峰阁，26°38′59″N、110°37′10″E，1170m，2016.III.27，魏美才、牛耕耘；8♀20♂，湖南武冈云山电视塔，26°38.630′N、110°37.299′E，1380m，2011.IV.13，李泽建、魏力；3♀6♂，浙江丽水白云森林公园，800m，2020.II.25，李泽建。非模式标本：15♀6♂，江西修水布甲乡太阳村，2019.III.15–21，魏美才、杨继云；15♀26♂，湖北省十堰市樱桃沟，32°45′35″N、110°47′56″E，320m，2019.III.18，刘舒歆、章瑶瑶（ASMN）。

鉴别特征：本种体大部分黑色，雌虫腹部 7–10 背板和腹板大部分黄褐色，雄虫体黑色，仅下生殖板黄褐色，此色斑型在属内只此一种。本种锯腹片亚端部锯刃倾斜突出，但不尖锐，阳茎瓣头叶的端部无明显端突，与本属已知种类不同。

（116）黄褐樱实叶蜂 *Analcellicampa xanthosoma* Niu & Wei, 2019（图 3-111）

Analcellicampa xanthosoma Niu & Wei, in Niu et al., 2019: 7.

雌虫：体长 5mm。体黄褐色，头部（图 3-111A）、中胸背板前叶和侧叶中部、小盾片中部、附片、后小盾片大部分、腹部 1–3 背板中央窄带暗褐色或黑褐色；翅透明，翅痣和翅脉浅褐色；头部背侧具细密刻点，盾侧凹大部分和小盾片两侧角高度光滑，腹部第 1 背板具明显细刻纹；唇基前缘缺口浅三角形，深度约为唇基长的 0.3 倍；颚眼距 0.6 倍于中单眼直径（图 3-111B）；单眼后沟短横沟状，OOL：POL：OCL=9：8：6；单眼后区宽长比约等于 3，背面观后头两侧强烈收缩；触角约等长于头、胸部之和，第 3、4 节长度比为 1.5，第 8 节长宽比为 2.2，第 9 节长于第 8 节；中胸前侧片见图 3-111F；爪见图 3-111J；前翅 Sc 脉游离段与 1M 脉顶接，cu-a 脉中位外侧，后翅 2A 脉明显长于 cu-a 脉 2 倍；腹部第 1 背板见图 3-111E；产卵器等长于中足跗节，锯鞘端 1.6 倍于锯鞘基（图 3-111G）；尾须长度与中部宽度之比约等于 12（图 3-111G，H），背面观锯鞘基部宽约等于尾须 3 倍宽，尾须伸至锯鞘末端（图 3-111H）；锯腹片具 14 个锯刃和 10 个清晰节缝，亚端部锯刃具 7–8 枚外侧微弱亚基齿（图 3-111I）。

雄虫：未知。

分布：浙江（临安、丽水）、湖南。

寄主：樱属 *Cerasus* 植物。

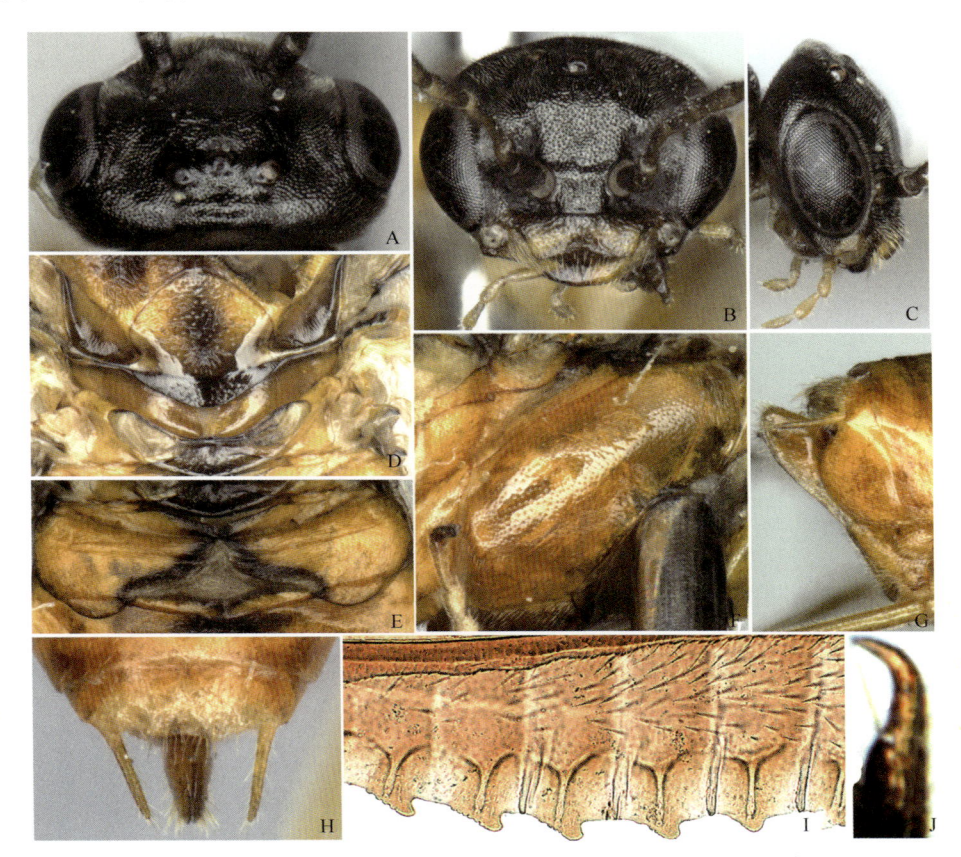

图 3-111　黄褐樱实叶蜂 *Analcellicampa xanthosoma* Niu & Wei, 2019 雌虫（引自 Niu *et al.*, 2019）
A. 头部背面观；B. 头部前面观；C. 头部侧面观；D. 中胸小盾片和后胸淡膜区；E. 腹部第 1 背板；F. 中胸侧板；G. 锯鞘和尾须侧面观；H. 锯鞘和尾须背面观；I. 锯腹片中部锯节；J. 爪

（十）枝角叶蜂亚科 Cladiinae

主要特征：中小型叶蜂，虫体较瘦长；头部不前后向扁平，触角窝之间区域明显龙骨状前突；触角细长，9 节，基部 2 节宽大于长；复眼小型，间距宽于复眼长径；唇基较长；上颚片状，内齿小型；触角窝距狭窄，颚眼距大于单眼直径，无后颊脊；胸腹侧片发达，平滑或狭高脊状；中后胸侧板间具显著膜区；后足基跗节很短；爪小型，通常无基片，常具短内齿；前翅 2r 脉缺如，1M 脉弯曲，与 1m-cu 脉向翅痣强烈收敛，1m-cu 和 2m-cu 脉分别交于 1Rs、2Rs 室，C 室大，R 脉段短于 Sc 脉，R＋M 脉段显著，基臀室小型、封闭，端臀室具柄式；后翅 Rs 和 M 室封闭，臀室具柄式；锯腹片常较短，骨化强，多具栉状翼突；阳茎瓣具简单长端刺，背叶短小或不明显。幼虫暴露取食植物叶片。

分布：古北区，新北区。枝角叶蜂亚科包括 2 族 6 属。中国分布 2 族 5 属，浙江发现 2 族 4 属 16 种，含 6 新种。

分属检索表

1. 中胸前侧片前缘具显著隆起的窄高胸腹侧片，胸腹侧片缝宽深沟状；体具粗糙皱刻纹；触角 3–8 节均具齿突 ··· 庄子叶蜂属 *Zhuangzhoua*
- 中胸前侧片前侧具十分平坦的宽平的胸腹侧片，胸腹侧片缝细线状；体表光滑，无明显刻纹；触角简单丝状，最多 3–6 节具齿突 ·· 2
2. 雌虫触角 3–5 节端部背侧具小齿突，雄虫触角 3–5 节背侧端部具长齿突；背面观尾须长于锯鞘端 1/2；锯腹片粗短，8 节，骨化很强；阳茎瓣端突 2 个，显著分歧 ··· 枝角叶蜂属 *Cladius*
- 两性触角 3–5 节端部无齿突，最多第 3 节基部具突角；背面观尾须短于锯鞘 1/2 长 ························ 3
3. 产卵器粗短，8–12 节，通常 9 节，节缝骨化强，具节缝栉突列，锯刃骨化强，刃齿十分粗大；雄虫触角简单丝状，基部不突出；阳茎瓣端突近平行或收敛，腹侧刺突短小；背面观雌虫锯鞘中部通常明显膨大，基部和端部窄 ··· 拟栉叶蜂属 *Priophorus*
- 产卵器窄长，多于 13 节，节缝骨化微弱，无明显节缝栉突列，锯刃细小，骨化弱；雄虫触角第 3 节明显弯曲，基部有时突出；阳茎瓣端突显著分歧，腹侧刺突较长；背面观雌虫锯鞘中部和基部等宽，端部变窄 ····· 简栉叶蜂属 *Trichiocampus*

34. 枝角叶蜂属 *Cladius* Illiger, 1807

Cladius Illiger, 1807: 190. Type species: *Tenthredo difformis* Panzer, 1799, by subsequent designation of Latreille, 1810.
Eudryas Gistel, 1848: VIII. New name for *Cladius* Illiger, 1807. Homonym of *Eudryas* Boisduval, 1836 [Lepidoptera].

主要特征：触角细长，基部 2 节宽大于长，雌雄异型；雌虫触角丝状，第 3 节长宽比小于 3，腹缘微弱凹入；雄虫触角基部 3–5 个鞭分节背侧具显著齿突；胸腹侧片宽大平坦，胸腹侧片缝平缝状；前翅 R+M 脉段短，约等长于 R 脉，1M 脉与 1m-cu 脉向翅痣强烈收敛，2m-cu 脉交于 2Rs 室下缘，cu-a 脉交于 1M 室下缘中部，臀室哑铃形，具长收缩中柄；后翅 R1、Rs、M 和臀室均封闭，臀室具长柄；爪无基片，内齿短（图 3-113E）；锯腹片粗短，具 8 个锯节，节缝栉突列发达（图 3-112C）；背面观尾须长于锯鞘端 1/2；阳茎瓣具 2 个端突和 1 个较短的被毛背叶（图 3-112D），阳基腹铗内叶的内缘凹入（图 3-112E）。

分布：古北区，新北区。本属 Taeger 等（2010，2018）将其和拟栉叶蜂属 *Priophorus*、简栉叶蜂属 *Trichiocampus* 合并在一起。本属已知 3 种，中国均有分布。浙江发现 2 种。

寄主：蔷薇科草莓属 *Fragaria*、蚊子草属 *Filipendula*、蔷薇属 *Rosa*、地榆属 *Sanguisorba*、沼委陵菜属 *Comarum*，唇形科野芝麻属 *Lamiastrum* 等植物。

（117）多齿枝角叶蜂 *Cladius pectinicornis* (Geoffroy, 1785)（图 3-112）

Tenthredo pectinicornis Geoffroy, *in* Fourcroy, 1785: 374.
Cladius pectinicornis: Benson, 1958: 141.
[本种异名极多，详细异名参见 Dalla Torre（1894）和 Smith（1974）]

主要特征：雌虫体长 6–7mm；体黑色，中后足转节、各足胫节、前中足跗节大部分、后足基跗节大部分白色；体毛银褐色；翅烟灰色，向端部逐渐变透明，翅痣和翅脉黑褐色；体光滑，具较强光泽，小盾片后缘具不明显的刻点，虫体其余部分无明显刻点，头部背侧无毛瘤；颚眼距微窄于触角窝间距，复眼间距

1.5 倍于复眼高；单眼后区微隆起，宽长比约等于 3；侧沟较深直，向后分歧；触角显著长于腹部，鞭节端部细尖，第 2 节宽大于长，第 3 节明显短于第 4 节，腹缘向内明显弯曲，第 3–4 节端部背侧稍突出（图 3-112A）；中胸前侧片下部具显著的光滑无毛横带；前足基跗节长于其后 3 节之和，后足胫节内距稍短于基跗节 1/2 长，基跗节稍短于其后 4 节之和，爪内齿短于端齿；后翅臀室柄 2 倍于 cu-a 脉长；第 7 节腹板后缘强烈延伸，锯鞘等长于前足胫节，锯鞘端腹缘弱弧形凹入，背缘稍鼓出，端部截形；背面观侧缘平行，向端部收窄，尾须伸至锯鞘端部；锯腹片细长，第 1 节缝大部分垂直，具齿突，下端向端部强烈倾斜（图 3-112C）。雄虫体长 5mm；触角基部 5 节见图 3-112G；抱器和副阳茎见图 3-112B，阳基腹铗内叶中部不收窄（图 3-112E）；阳茎瓣见图 3-112D。

分布：浙江（临安）、黑龙江、吉林、辽宁、甘肃、新疆、湖北；韩国，日本，俄罗斯（西伯利亚），印度，缅甸，中亚，西亚，欧洲。

寄主：蔷薇科草莓属 *Fragaria*、蚊子草属 *Filipendula*、蔷薇属 *Rosa*、地榆属 *Sanguisorba*、沼委陵菜属 *Comarum*，唇形科野芝麻属 *Lamiastrum* 等植物。

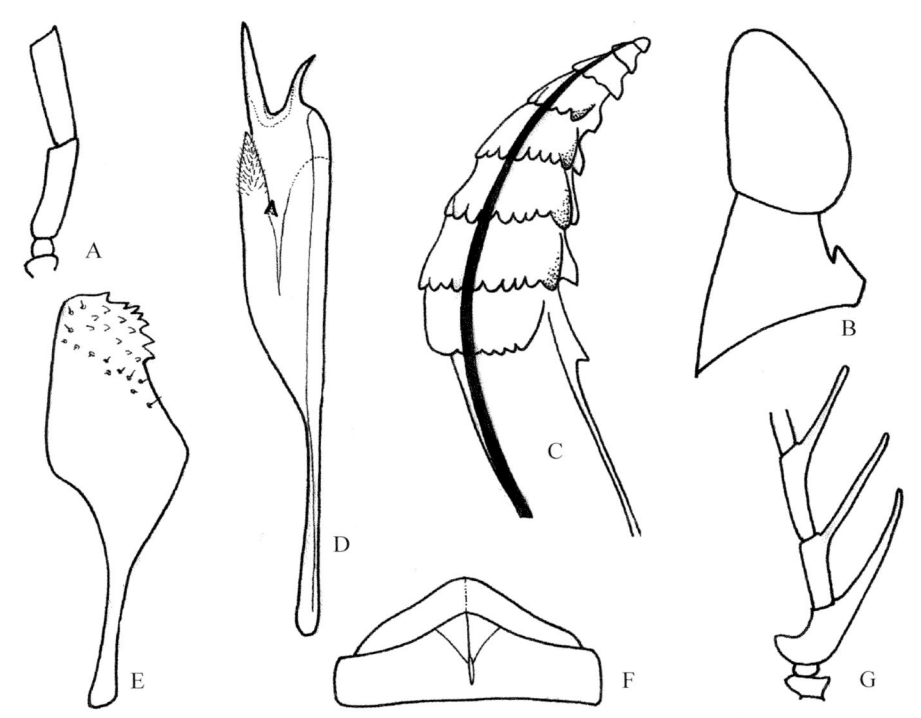

图 3-112 多齿枝角叶蜂 *Cladius pectinicornis* (Geoffroy, 1785)（引自 Wei, 2001）
A. 雌虫触角基部 4 节；B. 抱器和生殖茎节；C. 锯腹片；D. 阳茎瓣；E. 阳基腹铗内叶；F. 腹部端部两节背板；G. 雄虫触角基部 5 节

（118）短尾枝角叶蜂 *Cladius similis* Wei, 2001（图 3-113）

Cladius similis Wei, 2001: 37.

主要特征：雌虫体长 6–7mm；体黑色，中后足转节、各足胫节、前中足跗节大部分、后足基跗节大部分白色；翅显著烟灰色，向端部逐渐变透明，翅痣和翅脉黑褐色；体光滑，具较强光泽，头部背侧无毛瘤；颚眼距微窄于触角窝间距；单眼中沟和后沟模糊，几乎消失，仅在二者交叉处具 1 点状凹陷；具中单眼围沟；单眼后区微隆起，宽长比约等于 3；触角显著长于腹部，鞭节端部细尖，第 3 节约等长于第 4 节，腹缘向内弯曲，第 3–4 节端部背侧不明显突出（图 3-113F）；胸腹侧片平滑，中胸前侧片下部具光滑无毛横带；前足基跗节长于其后 3 节之和，后足胫节内距稍短于基跗节 1/2 长，基跗节稍短于其后 4 节之和；爪内齿明显短于端齿（图 3-113E）；前翅 R+M 脉等长于 Rs 脉第 1 段，cu-a 脉中位偏外侧；后翅臀室柄 2 倍于 cu-a

脉；第 7 节腹板后缘强烈延伸；锯鞘等长于前足胫节，端部圆钝；背面观端部圆钝，尾须伸至锯鞘中部（图 3-113G）；锯腹片窄长，第 1 节缝向基部倾斜，具 2–3 枚齿突（图 3-113A）。雄虫体长 5mm；触角见图 3-113D；抱器和副阳茎见图 3-113B，抱器较窄；阳基腹铗内叶中部弯曲（图 3-113C），阳茎瓣见图 3-113H。

分布：浙江（临安、庆元、龙泉）、河南、湖北、湖南、福建。

寄主：未知。

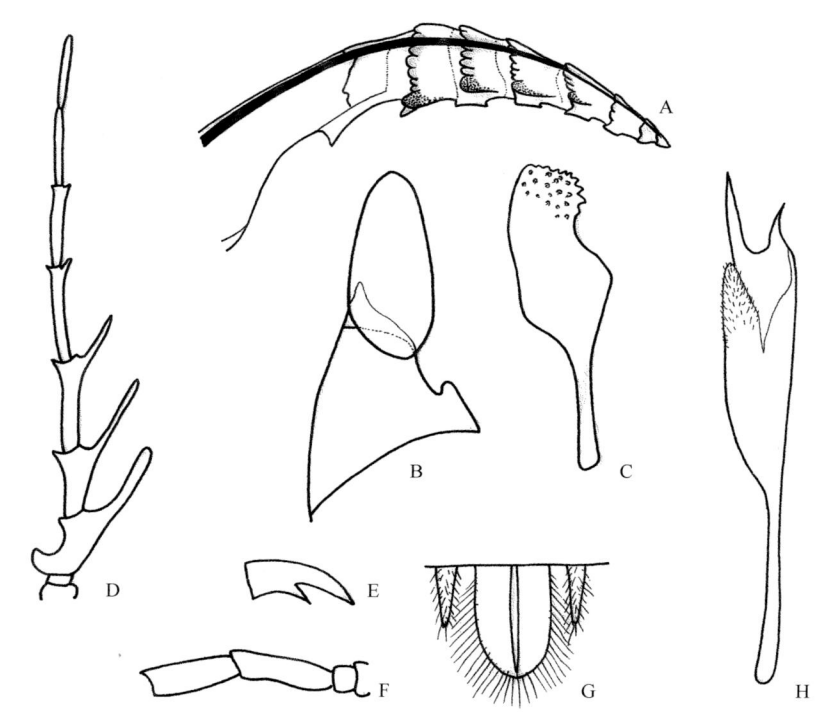

图 3-113　短尾枝角叶蜂 *Cladius similis* Wei, 2001（引自 Wei, 2001）
A. 锯腹片；B. 抱器和生殖茎节；C. 阳基腹铗内叶；D. 雄虫触角；E. 爪；F. 雌虫触角基部 4 节；G. 锯鞘和尾须背面观；H. 阳茎瓣

35. 拟栉叶蜂属 *Priophorus* Dahlbom, 1835

Nematus (*Priophorus*) Dahlbom, 1835: 4, 7. Type species: *Tenthredo compressicornis* Fabricius, 1804, by subsequent designation of Blank *et al.*, 2009.

Stevenia Brullé, 1846: 667. Type species: *Pristiphora varipes* Lepeletier, 1823, by monotypy.

Prionophorus Agassiz, 1848: 888. Name for *Nematus* (*Priophorus*) Dahlbom, 1835.

主要特征：体形瘦长；头部横宽，后头通常较短，两侧收缩，无后颊脊，触角窝间距窄于内眶，颚眼距明显长于单眼直径，接近等长于触角窝间距；触角细长，雌雄差异较小，基部 2 节宽大于长，第 3 节约等长于第 4 节，基部不明显弯曲，无指突，鞭分节长度相若，各节长宽比大于 4；雄虫触角鞭节稍侧扁，鞭分节无栉齿突；后足胫节长于跗节，基跗节显著短于其后 4 节之和；中胸小盾片平坦，附片宽大；胸腹侧片宽大平坦，胸腹侧片缝平缝状；爪基片有或无，内齿显著；前翅 R+M 脉段短，约等长于 R 脉，1M 脉与 1m-cu 脉向翅痣强烈收敛，2m-cu 脉交于 2Rs 室下缘，cu-a 脉交于 1M 室下缘中部，臀室哑铃形，具长收缩中柄，基臀室封闭；后翅 R1、Rs、M 和臀室均封闭，臀室具长柄；尾须较短，长宽比一般小于 3；锯腹片较宽短，8–10 节，节缝显著骨化，具发达栉齿列，锯刃强骨化，前后角突出，无细小亚基齿（图 3-114C）；阳茎瓣具 1 个狭长端突、1 个较短的背叶和 1 个长度各异的腹侧端突（图 3-114D）；抱器窄长，阳基腹铗内叶明显分化。

第三章 叶蜂亚目 Tenthredinomorpha

分布：古北区，新北区。本属已知约 25 种，中国记载 12 种，但目前发现超过 30 种。浙江目前发现 12 种，包括 6 个新种（部分种类在其他省市也有分布）。

寄主：樟科月桂属 *Laurus*，蔷薇科野樱梅属 *Aronia*、悬钩子属 *Rubus*、榅桲属 *Cydonia*、蛇莓属 *Duchesnea*、草莓属 *Fragaria* 等植物。

本属种类除足色外的体色比较单一，外观也十分相似，但雌雄外生殖器有显著分化，需要检视雌虫产卵器和雄虫阳茎瓣与阳基腹铗内叶才能准确鉴定种类。

分种检索表

1. 阳茎瓣头叶窄长，具 1 个细长中突和 2 个分离的短小膜质叶突；阳基腹铗内叶尾突细长；雌虫锯腹片第 1 节缝栉齿有或无，第 2 节缝很直，中上部不向锯鞘端部方向更弯曲，如果稍弯曲则第 1 锯节无锯刃 ································· 2
- 阳茎瓣头叶较宽，具 1 个细长中突和 1 个腹侧的长度不等的膜质叶突，背侧短叶突很短并贴在长突基部；阳基腹铗内叶尾突短小；雌虫锯腹片第 1 节缝栉齿显著，第 2 节缝中上部明显向锯腹片端部方向更弯曲，第 1 锯节具显著锯刃 ································· 9
2. 锯腹片第 1 节缝无小齿列，第 2 节缝直或中部向基侧鼓凸 ································· 3
- 锯腹片第 1 节缝具显著小齿列 ································· 5
3. 爪具宽大基片；单眼后区大型，宽几乎等于长；额区具中沟；锯腹片 9 节，第 1 节缝微弱弧形弯曲，强烈倾斜，与第 2 节缝强收敛，第 1 锯刃具多齿，第 2 节缝垂直，中部不内弯；第 3–8 锯刃腹缘平跟鞋形 ································· 巨顶拟栉叶蜂，新种 *P. megavertexus* sp. nov.
- 爪无明显基片或基片很小；单眼后区短小，宽长比不小于 2；额区无中沟；锯腹片 9–10 节，第 1 锯刃单齿；第 3–6 锯刃高跟鞋形或双突形 ································· 4
4. 锯腹片第 1 节缝显著 S 形弯曲，并与第 2 节缝弱度收敛，第 2 节缝稍前倾，中部不向基部弯曲；锯刃腹缘缺口深，双突形 ································· 波缝拟栉叶蜂，新种 *P. curvatinus* sp. nov.
- 锯腹片第 1 节缝平直，显著倾斜，与第 2 节缝强度收敛，第 2 节缝垂直，中部弧形内弯；锯刃腹缘缺口较弱，两侧不对称，高跟鞋形 ································· 吴氏拟栉叶蜂 *P. wui*
5. 锯腹片第 1 节缝上端明显向前倾斜，如果倾斜程度较弱则锯腹片具 8 个环节，基部 2 个节缝弱度收敛，第 2 节缝显著弧形弯曲；阳茎瓣背侧和腹侧的膜质叶突长度相近；阳基腹铗内叶窄长；后足胫节内端距 1–1.5 倍于胫节端部宽 ································· 6
- 锯腹片具 9 个环节，第 1 节缝垂直于锯腹片腹缘，基部 2 个节缝强度收敛，第 2 节缝长直，完全不弯曲；阳茎瓣腹侧的膜质叶突很短；阳基腹铗内叶短宽；后足胫节内端距等长于胫节端部宽 ································· 短距拟栉叶蜂，新种 *P. sulcatus* sp. nov.
6. 前足转节黑色，或者锯鞘端部钝截形，第 2 节缝直或中部微向外侧鼓凸；锯腹片缺第 1 锯刃，第 1 节缝具 7–8 个小齿 ································· 7
- 各足转节白色；锯鞘端部明显突出，非钝截形，如果稍呈钝截形，则锯腹片第 2 节缝中部向内鼓凸；锯腹片第 1 锯刃显著 ································· 8
7. 前足转节黑色，后足股节基部无白色部分；锯鞘端部宽截形；锯腹片具 8 个环节，第 1 节缝弱度倾斜 ································· 截鞘拟栉叶蜂，新种 *P. truncatatheca* sp. nov.
- 前足转节白色，后足股节基部白色；锯鞘端部钝截形；锯腹片具 9 个环节，第 1 节缝显著倾斜 ································· 斜缝拟栉叶蜂，新种 *P. xiefeng* sp. nov.
8. 背面观锯鞘基部不收窄；后足胫节内端距长 1.5 倍于胫节端部宽；锯腹片短粗，第 1 节缝短小，具 4 个小齿，上端远离锯腹片背缘；第 2 节缝微弱倾斜，中部稍向内侧鼓凸，第 2 和第 3 锯节高长比约为 2；单眼中沟深长 ································· 白转拟栉叶蜂 *P. leucotrochanteris*
- 背面观锯鞘基部显著收窄；后足胫节内端距长等于胫节端部宽；锯腹片较窄长，第 1 节缝较长，具 6–7 个小齿，背侧伸抵锯腹片背缘；第 2 节缝长直，第 2 和第 3 锯节高长比显著小于 2；单眼中沟浅弱 ································· 黑跗拟栉叶蜂 *P. nigrotarsalis*
9. 锯腹片第 1 节缝垂直于锯腹片，并与第 2 节缝强收敛；第 5、6 节缝栉突列长度稍短于第 5、6 锯节宽度，近腹缘距邻近锯刃；雄性第 8 背板后缘强烈突出；后足胫节黑色 ································· 10
- 锯腹片第 1 节缝长且显著倾斜于锯腹片，与第 2 节缝微弱收敛或近似平行；第 5、6 节缝栉突列长度约等于第 5、6 锯节宽度（高度）1/2–2/3，近腹缘距远离锯刃；雄性第 8 背板后缘强烈突出；后足胫节大部分白色 ································· 11

10. 雌虫第 7 腹板后缘中突端部尖出；锯鞘背面观狭窄，基部收缩；雄虫阳茎瓣头叶宽大，侧面齿突较密，且向腹侧角逐渐变大；阳茎瓣侧突不明显 ··· 黑足拟栉叶蜂 *P. niger*
- 雌虫第 7 腹板后缘中突端部截形；锯鞘背面观较宽，基部不收缩；雄虫阳茎瓣头叶较窄，侧面齿突稀疏且小，向腹侧角逐渐更稀疏；阳茎瓣侧突明显 ··· 小齿拟栉叶蜂 *P. paranigricans*
11. 背面观锯鞘较窄，端部逐渐变尖；第 5、6 节缝栉突列长度约等于第 5、6 锯节宽度的 2/3；阳茎瓣头叶较宽，腹侧角不突出，附近具少量小齿突 ··· 狭鞘拟栉叶蜂 *P. nigricans*
- 背面观锯鞘中部宽，基部明显变窄；第 5、6 节缝栉突列长度约等于第 5、6 锯节宽度的 1/2；阳茎瓣头叶较窄，腹侧角突出，附近具很多小齿突 ·· 丽水拟栉叶蜂，新种 *P. lishui* sp. nov.

（119）波缝拟栉叶蜂，新种 *Priophorus curvatinus* Wei, sp. nov.（图 3-114）

雌虫：体长约 7mm。体黑色，后足转节和各足胫节白色，胫节末端、前中足胫节背侧大部分和跗节黑色；翅均匀浅烟色透明，翅痣和翅脉暗褐色；体毛浅褐色，触角、锯鞘和翅面细毛黑褐色。

体光滑，具较强光泽，无刻点和刻纹；头部背侧无毛瘤。唇基端部缺口浅弧形；颚眼距等宽于触角窝间距；中窝长，上端开放，侧窝下端开放；额区平坦，额侧脊稍发育，额区前缘脊发达，显著隆起；单眼中沟深，无单眼后沟；单眼后区宽 3 倍于长，侧沟深直，向后明显分歧；背面观后头较短，两侧显著收缩；触角明显短于胸、腹部之和，第 3–5 节长度比为 17：20：17，鞭节端部细尖。中胸小盾片平坦，附片宽大；中胸侧板和腹板细毛不连续分布，具光裸横带；前足基跗节约等长或微长于其后 3 节之和；后足胫节端距等长于胫节端部宽，基跗节明显短于其后 4 节之和；爪无基片，内齿约为端齿 2/3 长；前翅 1M 脉稍弯曲，2Rs 室约等长于 1Rs 室，R+M 脉段很短，cu-a 脉亚中位，2m-cu 脉交于 2Rs 室下缘外侧 1/3；后翅臀室柄长几乎 2 倍于臀室宽。锯鞘背面观见图 3-114B，端部渐尖，亚基部膨大，基部收缩，尾须十分短小，锯鞘侧面观见图 3-114F；锯腹片较短宽，具 10 个锯节和锯刃；第 1 节缝长，S 形弯曲，无栉齿，第 1 锯刃显著；第 2 节缝直，稍倾斜，与第 1 节缝向下稍微收敛，锯刃腹缘强烈凹入，双突形（图 3-114C）。

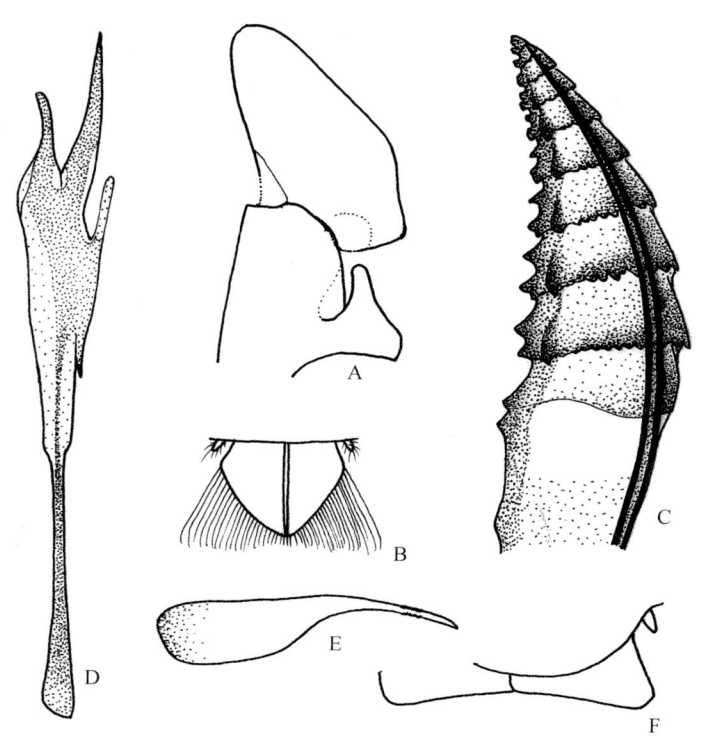

图 3-114 波缝拟栉叶蜂，新种 *Priophorus curvatinus* Wei, sp. nov.
A. 抱器和副阳茎；B. 锯鞘背面观；C. 锯腹片；D. 阳茎瓣；E. 阳基腹铗内叶；F. 锯鞘侧面观

雄虫：体长 6–6.5mm；类似于雌虫，但颚眼距稍短于触角窝间距，触角鞭节强烈侧扁，第 3 节稍弯曲，明显短于第 4 节和第 5 节，无横突；胸部侧板和腹板间裸带有时模糊；腹部第 8 背板后缘强烈突出，第 9 背板不出露；抱器和副阳茎见图 3-114A；阳基腹铗内叶尾细长（图 3-114E）；阳茎瓣头叶狭长三角形，背端刺突长，稍弯曲，腹端刺突较长，稍弯曲，端部不尖，背缘具毛叶细长，与长刺突分离，端部钝。

分布：浙江（临安、嵊泗）、湖北。

词源：本种锯腹片第 1 锯节节缝 S 形弯曲，据此命名。

正模：♀，浙江天目山，1988.V.17，何俊华（ASMN）。副模：2♂♂，浙江天目山，1987.IX.4，樊晋江；2♀♀，浙江天目山，1989.V.17，楼晓明、樊晋江；1♀，浙江嵊泗，1982.V.11，陈其瑚；2♂♂，湖北咸丰坪坝营，1999.VII.21，邓铁军（ASMN）。

鉴别特征：本种与 *P. wui* Wei 近似，但前中足转节黑色，颚眼距较宽，前胸侧板下部具无毛的裸带，锯腹片第 1 节缝 S 形弯曲，第 2 节缝直，中部不向内凸，锯刃腹缘强烈凹入等与之明显不同。

（120）白转拟栉叶蜂 *Priophorus leucotrochanteris* Wei & Nie, 1998（图 3-115）

Priophorus leucotrochanteris Wei & Nie, 1998b: 360.

主要特征：雌虫体长 5.5mm；体及足黑色，各足基节端部、转节、股节端部、前足胫节内侧和基部、中后足胫节除最末端外、前中足跗节大部分白色至浅黄褐色；体毛银色；体光滑，无显著刻点，头部背侧具不明显的毛瘤；颚眼距稍窄于触角窝间距；单眼后区宽长比等于3；侧沟长点状，向后明显分歧；OOL：POL=3：4；触角细，明显侧扁，第 3 节稍短于第 4 节；中胸前侧片下部无光滑无毛的横带；前足基跗节长于其后 3 节之和；后足胫节端距约为胫节端部宽的 1.5 倍和后足基跗节长的 1/2；爪具模糊的基片，内齿长约为端齿的 2/3；后翅 M 室与 Rs 室外缘齐平，臀室柄约 1.9 倍长于 cu-a 脉；锯鞘背面观宽短，端部钝，基部不收缩，宽约为后足胫节端部宽的 2 倍（图 3-115B）；侧面观锯鞘腹缘直，端部尖（图 3-115C）；锯腹片较粗短，8 节，第 1 节缝短直，具 4 个小齿，第 2 节缝直，具 9–10 齿，第 1、2 节缝向下明显但不强烈收敛，第 2–6 节缝具显著齿列，第 2、3 锯节高长比约等于 2，互相平行，锯刃突出，第 3–5 锯刃腹缘明显窄三角形凹入（图 3-115A）。雄虫未知。

分布：浙江（安吉）。

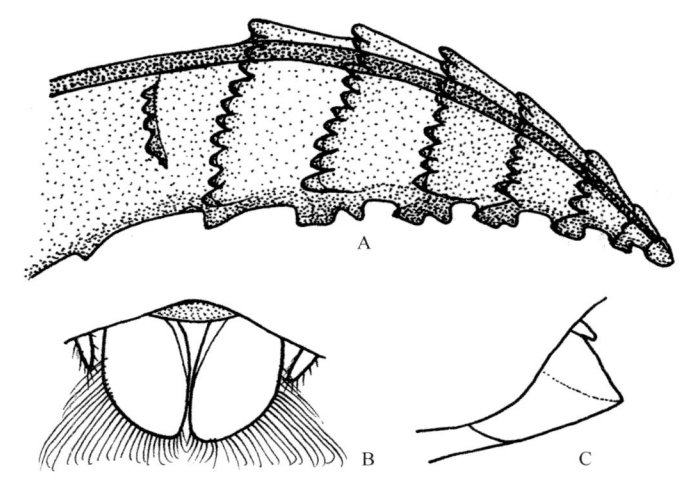

图 3-115 白转拟栉叶蜂 *Priophorus leucotrochanteris* Wei & Nie, 1998
A. 锯腹片；B. 锯鞘背面观；C. 锯鞘侧面观

（121）丽水拟栉叶蜂，新种 *Priophorus lishui* Wei & Li, sp. nov.（图 3-116）

雌虫：体长 4.5mm。体黑色，具强光泽；前中足第 1 转节褐色，第 2 转节和足转节、各足胫节大部分白色，胫节端部和跗节黑褐色；头、胸部背侧细毛黑褐色，侧板细毛浅褐色；翅均匀深烟褐色，翅痣和翅脉黑褐色。

图 3-116 丽水拟栉叶蜂，新种 *Priophorus lishui* Wei & Li, sp. nov.
A. 头部和触角；B. 生殖铗；C. 锯鞘背面观；D. 阳茎瓣；E. 锯腹片

体光滑，具强光泽，头部背侧无刻点和毛瘤，颜面具稀疏浅弱刻点，中胸背板刻点十分稀疏。唇基较长，端缘具弧形缺口；颚眼距稍窄于触角窝间距；中窝大，长圆形，上端稍开放；额区几乎不发育，额脊不能分辨；单眼中沟稍发育，单眼后沟明显；单眼后区稍隆起，宽长比等于 4.5；侧沟短点状，向后分歧；背面观后头很短，长约为复眼的 1/4，两侧强烈收缩；触角细，稍侧扁，微短于胸、腹部之和，第 3、4、5 节几乎等长，均不宽于柄节（图 3-116A）。小盾片附片宽大平滑，长 2.5 倍于单眼直径；中胸前侧片下部后侧具光滑无毛区，无完整的裸带；前足基跗节明显长于其后 3 节之和；后足胫节端距明显长于胫节端部宽，0.4 倍于后足基跗节长；后足基跗节稍短于其后 4 节之和；爪无基片，内齿发达，长约为端齿的 3/4；前翅 2m-cu 脉交于 2Rs 下缘内侧 1/3，R+M 脉段不长于 1r-m 脉，cu-a 脉中位偏外侧；后翅臀室柄约 1.8 倍于 cu-a 脉长。下生殖板中部强烈突出，端部窄，具浅弱缺口；尾须长宽比等于 3；锯鞘背面观稍窄于后足胫节端部，中部不膨大，向端部收窄，无侧角，鞘毛伸向后侧（图 3-116C）；侧面观鞘端稍短于鞘基，端部圆钝，腹缘直；锯腹片见图 3-116E，较窄长，具 9 个锯节，第 1 节缝很长且上端明显向端部倾斜，具 9–10 枚小齿，第 2 节缝强倾斜并稍弯曲，与第 1 节缝向锯腹片腹缘弱度收敛，第 4–6 节缝翼突距位于锯腹片中部偏上侧，锯刃腹缘较平直，不强烈向下尖出（图 3-116E）。

雄虫：体长 4mm；体色和构造类似于雌虫，但足黑色，触角鞭节强烈侧扁，第 3 节明显短于但宽于第 4 节，基部稍呈弧形突出，腹缘稍凹入，直立细毛约等长于该节宽的 1/3；爪内齿稍小；下生殖板长显著大于宽，端部钝圆形；第 8 背板中部强烈后延，覆盖第 9 背板大部分，第 9 背板仅边缘出露；生殖铗见图 3-116B，阳基腹铗内叶狭窄，较直，尾部十分细长；阳茎瓣头叶窄，腹侧角突出但无小齿，中部区域具少量小刺突和 1 个大型黑色区，背端刺突长大，亚基部显著弯曲，腹端刺突透明，长 0.4 倍于长突，端部尖，背缘具毛叶不突出（图 3-116D）。

分布：浙江（丽水）。

词源：本种以模式标本采集地命名。

正模：♀，LSAF21014，浙江丽水莲都区丽水市林科院，28.464°N、119.901°E，68m，2021.III.29–31，李泽建（ASMN）。副模：1♂，数据同正模；7♂，浙江丽水九龙湿地新亭村，28.402°N、119.828°E，海拔50m，2017.IV.4，李泽建、刘萌萌（ASMN）；3♀1♂，LSAF21005，浙江丽水莲都区丽水市林科院，28.464°N、119.901°E，68m，2021.III.14，李泽建；1♀1♂，LSAF21010，地点同上，2021.III.19，李泽建；3♀，LSAF21014，地点同上，2021.III.29–31，李泽建；1♀，LSAF21015，地点同上，2021.IV.6，李泽建（丽水林业科学院，LSAF）。

鉴别特征：本种雌虫与 *P. paranigricans* Wei, 2002 近似，但锯腹片第 1 节缝较长且反向倾斜，节缝翼突位于锯节中部以上；雄虫更近似于 *P. nigricans* (Cameron, 1902)，但阳基腹铗内叶尾部较长，阳茎瓣中部具大型着色区，腹端刺突较细长。线粒体基因组数据比较表明，本种与 *P. paranigricans* 的 COI 序列 K2P（kimura 2-parameter）距离为 11%。

（122）巨顶拟栉叶蜂，新种 *Priophorus megavertexus* Wei, sp. nov.（图 3-117）

雌虫：体长 8mm。体黑色，各足基节端部、转节、股节端部、各足胫跗节大部分黄白色，胫节端部和跗节端半部暗褐色。翅均匀烟褐色，前缘脉大部分浅褐色，端部和翅痣暗褐色。体毛银色，锯鞘毛基部暗褐色。

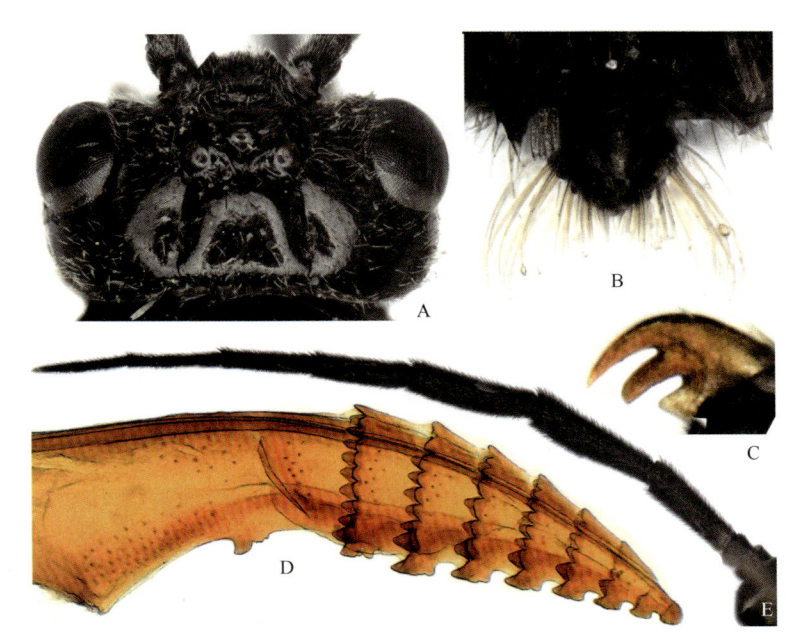

图 3-117 巨顶拟栉叶蜂，新种 *Priophorus megavertexus* Wei, sp. nov. 雌虫
A. 头部背面观；B. 锯鞘背面观；C. 爪；D. 锯腹片；E. 触角

体光滑，无显著刻点，头部背侧无毛瘤。唇基端缘具弧形缺口；颚眼距 0.9 倍于触角窝间距；复眼间距显著大于眼高；中窝深长，上端不完全开放；侧窝沟状，与触角窝侧沟会合；额区发育，额侧脊钝；单眼中沟较浅，单眼后沟显著；单眼后区长大，微隆起，宽长比等于 0.9；侧沟长，向后明显分歧；OCL：OOL：POL=7：4：4；背面观后头两侧弱度收缩，长约 0.8 倍于复眼长径（图 3-117A）。触角稍短于胸、腹部之和，端部细尖，第 3 节明显短于第 4 节，基部无横突，第 4 节宽于第 1 节（图 3-117E）。小盾片附片宽大平滑；中胸前侧片下部具宽大光滑无毛横带，侧板细毛和腹板细毛分布不连续。前足基跗节稍长于其后 3 节之和；后足胫节 1.6 倍于跗节长，端距微短于胫节端部宽，0.4 倍于后足基跗节长；后足基跗节几乎等长于其后 4 节之和；爪具宽大锐利基片，内齿稍短于端齿（图 3-117C）。前翅 cu-a 脉交于 M 室下缘中部，2m-cu 脉交于 2Rs 下缘内侧 1/5，R+M 脉段约等于 1r-m 脉 1/2 长，M 脉明显弯曲，与 1m-cu 脉向翅痣强烈收敛；后翅 M 室外侧超出 Rs 室外缘，臀室柄 2 倍于 cu-a 脉长。腹部第 7 腹板后缘中突端部具深弧形缺口；

尾须小，明显弯曲，端部尖，长宽比大于 3；锯鞘背面观两侧近似平行，基部不明显收窄，端部圆钝，鞘毛弧形弯曲（图 3-117B）；锯腹片宽大，9 节，第 1 节缝无齿突，微弱弧形弯曲，强烈倾斜，第 1 锯刃大型、多齿，第 2 节缝栉突列垂直，锯刃显著突出，腹缘几乎平直（图 3-117D）。

雄虫：未知。

分布：浙江（龙泉）。

词源：本种单眼后区十分宽大，以此命名。

正模：♀，浙江凤阳山凤阳湖，27°52.72′N、119°10.76′E，1550m，2008.VIII.3，蒋晓宇（ASMN）。副模：5♀♀，数据同正模（ASMN）。

鉴别特征：本种爪基片宽大、锐利，触角第 3、4 鞭分节明显加宽，单眼后区极大，长几乎等于宽，后足胫节长 1.6 倍于跗节，锯腹片第 1 锯刃多齿等，与本属已知种类差别甚大，非常容易鉴别。

（123）黑足拟栉叶蜂 *Priophorus niger* Wei, 2002（图 3-118）

Priophorus niger Wei, in Wei & Nie, 2002a: 443.

主要特征：雌虫体长 4.9–5.1mm；体黑色，具强光泽，前中足胫节和跗节暗褐色；头、胸部背侧细毛黑褐色，侧板细毛浅褐色；翅均匀烟褐色，翅痣和翅脉黑褐色；颚眼距约等宽于触角窝间距；单眼后区宽长比约为 3.5；头部背侧无刻点和毛瘤；触角细，约等长于胸、腹部之和，第 3、4、5 节长度比为 22∶23∶22；前足基跗节等长于其后 3 节之和；爪无基片，内齿长约为端齿的 2/3；中胸前侧片下部具显著的光滑无毛横带；前翅 2m-cu 脉交于 2Rs 室下缘内侧 1/3，后翅臀室柄长约 2 倍于 cu-a 脉；尾须长宽比大于 2；下生殖板端部尖锐（图 3-118H）；锯鞘背面观中部稍膨大，向端部尖出，侧角不突出（图 3-118I）；侧面观较宽大，锯鞘端稍短于锯鞘基，端部截形；锯腹片具 9 个锯刃，第 1 节缝长且垂直于锯腹片腹缘，具多个显著齿突，第 2 节缝显著倾斜，与第 1 节缝向锯腹片腹缘显著收敛，锯刃尖长（图 3-118F）。雄虫体长 4.3mm；触角鞭节强烈侧扁，第 3 节基部弧形突出，腹缘明显凹入，第 3 节细毛微长于节宽的 1/3；爪内齿较小；下

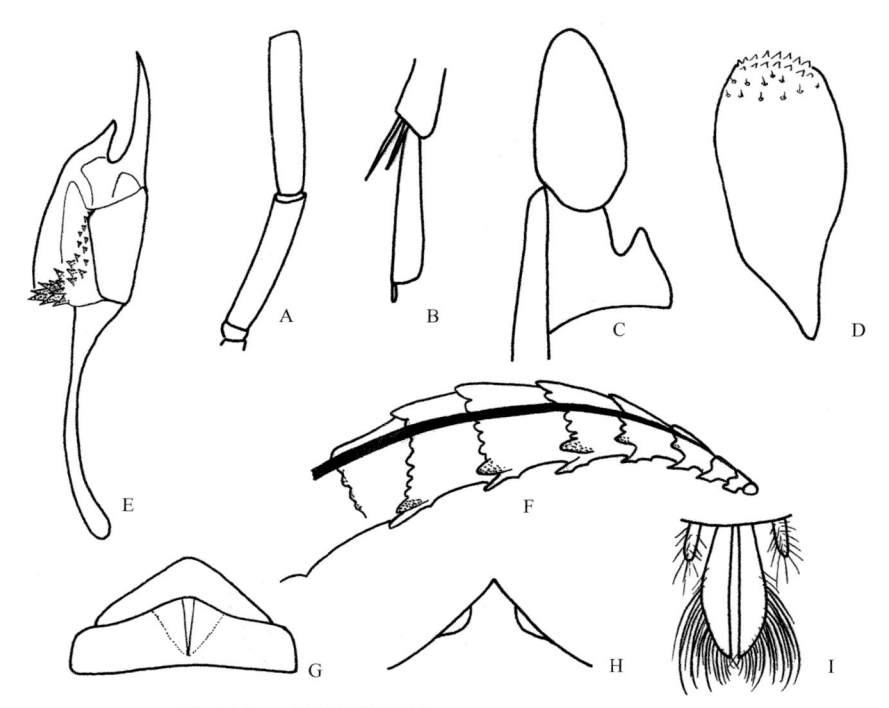

图 3-118　黑足拟栉叶蜂 *Priophorus niger* Wei, 2002

A. 雌虫触角基部 4 节；B. 后足胫节端距和基跗节；C. 抱器和副阳茎；D. 阳基腹铗内叶；E. 阳茎瓣；F. 锯腹片；G. 雄虫腹部端部 2 节背板；H. 雌虫下生殖板中突；I. 锯鞘背面观

第三章　叶蜂亚目 Tenthredinomorpha

生殖板长大，端部钝尖；第 8 背板发达，端部强烈突出，第 9 背板大部分隐藏（图 3-118G）；抱器和副阳茎见图 3-118C；阳基腹铗内叶粗短，尾柄短小（图 3-118D）；阳茎瓣头叶腹侧下端角方形，不突出，附近具粗大齿突，向中部齿突逐渐变小，背端刺突长大，亚基部不显著弯曲，腹端刺突短小，背缘具毛叶宽钝（图 3-118E）。

分布：浙江（杭州、余杭、临安）、湖北、湖南、广西、贵州、云南。

（124）狭鞘拟栉叶蜂 *Priophorus nigricans* (Cameron, 1902)（图 3-119）

Cladius nigricans Cameron, 1902: 448.
Priophorus hisakus Okutani, 1959: 35.
Priophorus nigricans: Benson 1963: 18.

主要特征：雌虫体长 4.5–5.5mm；体黑色，具光泽；中后足转节、前足股节端部、各足胫节大部分白色，中后足胫节端部和跗节黑褐色；头胸部背侧细毛黑褐色，侧板细毛浅褐色；翅均匀深烟褐色，翅痣和翅脉黑褐色；体光滑，头部背侧和胸、腹部无刻点和毛瘤；颚眼距稍窄于触角窝间距；单眼后区宽长比等于 3.5；侧沟短点状，向后稍分歧；触角细，稍侧扁，短于胸、腹部之和，第 3、4、5 节细长，长度比为 15∶17∶17；中胸前侧片下部具光滑无毛横带；前足基跗节长于其后 3 节之和；爪无基片，内齿长约为端齿的 2/3；后翅臀室柄长约 2 倍于 cu-a 脉；下生殖板端部平钝；尾须长宽比大于 2；锯鞘背面观约等宽于后足胫节端部，中部不膨大，端部尖出（图 3-119G）；锯腹片窄长，具 9 个锯刃和节缝；第 1 节缝很长且明显倾斜于锯腹片腹缘，下端向基部倾斜，具多数细齿；第 2 节缝显著倾斜并微弯曲，与第 1 节缝向锯腹片腹缘微弱收敛，几乎互相平行，中部节缝翼突距高位，锯刃尖长（图 3-119A）。雄虫体长 4–5mm；触角鞭节强烈侧扁，第 3 节明显短于第 4 节，基部稍呈弧形突出，腹缘稍凹入（图 3-119D），直立细毛约等长于该节宽的 1/3；第 8 背板端部不突出，第 9 背板宽大（图 3-119F）；抱器和副阳茎见图 3-119B；阳基腹铗内叶尾很短（图 3-119C）；阳茎瓣头叶较宽，下端角附近不突出，齿突小且少，并向中部区域逐渐减少，背端刺突较长，亚基部显著弯曲，腹端刺突很短，端部尖，背缘具毛叶不突出（图 3-119E）。

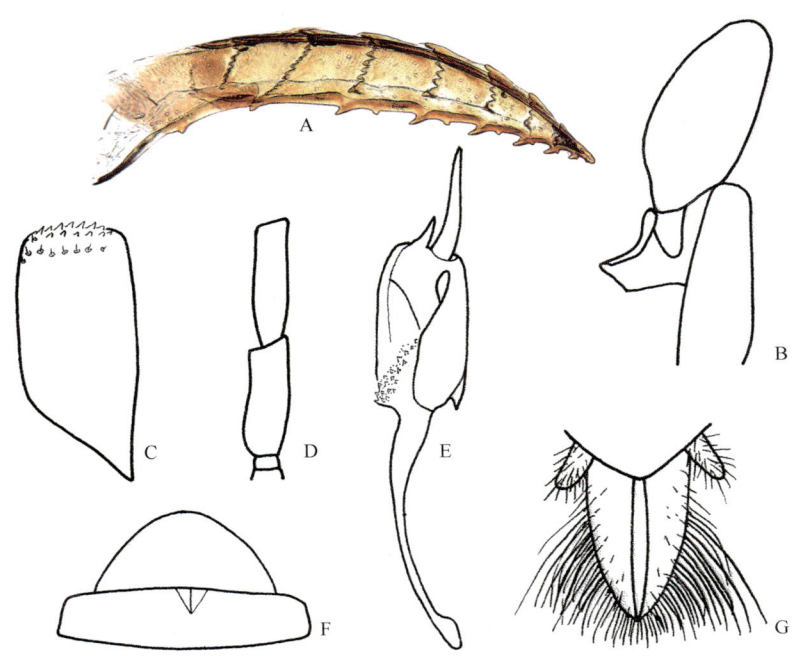

图 3-119 狭鞘拟栉叶蜂 *Priophorus nigricans* (Cameron, 1902)
A. 锯腹片；B. 抱器和副阳茎；C. 阳基腹铗内叶；D. 雄虫触角基部 4 节；E. 阳茎瓣；F. 雄虫端部 2 节背板；G. 锯鞘背面观

分布：浙江（德清、杭州、余杭、临安）、陕西、甘肃、上海、安徽、湖北、湖南、台湾、广西、重庆、四川、贵州；日本，印度，缅甸。

寄主：蛇莓 *Duchesnea indica*（据 Okutani, 1959）。

（125）黑跗拟栉叶蜂 *Priophorus nigrotarsalis* Wei, 1998（图 3-120）

Priophorus nigrotarsalis Wei, *in* Nie & Wei, 1998a: 117.

主要特征：体长 5–6.5mm；体黑色，基节端部、转节、胫节大部分、前中足跗节大部分浅黄褐色；翅浅烟灰色，翅痣黑褐色。体毛褐色，头部细毛黑褐色。体光滑，无明显刻点，头部背侧具不明显的毛瘤。颚眼距 2 倍于单眼直径，单眼后区宽 2.8 倍于长；触角第 3 节短于第 4 节，基部无突；中胸侧板毛被连续；前足基跗节长于其后 3 节之和；爪基部稍加宽，无基片，具大内齿。后翅臀室柄长 2 倍于 cu-a 脉；锯鞘背面观近三角形，基部显著收缩，端部尖，外侧鞘毛端部显著弯曲（图 3-120B）；锯腹片（图 3-120E）较窄，具 8 节缝，基部 2 节缝直，向下明显收敛，第 1 节缝具 6–7 齿，第 2 节缝长直，具 10–11 齿，第 2、3 节缝栉突列互相平行；第 1 锯刃显著，中部锯刃腹缘缺口深。雄虫体长 4–5mm；触角鞭节明显侧扁，腹部第 8 背板完全覆盖第 9 背板；抱器和副阳茎见图 3-120A；阳茎瓣头叶近似三角形，具 3 个端突，中部长突稍弯曲，腹侧端突稍弯曲，几乎等长于长突的 1/2，端部钝（图 3-120D）。

分布：浙江（临安）、河北、河南、陕西、甘肃、湖北、湖南。

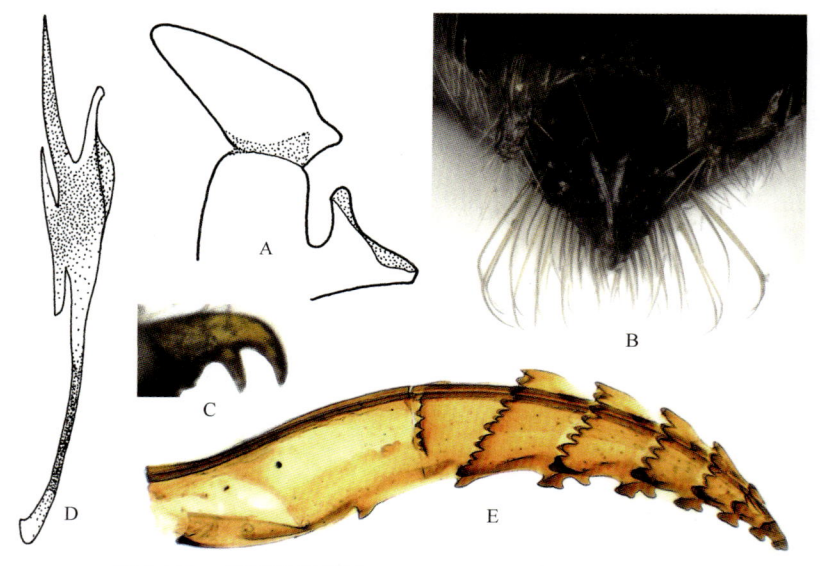

图 3-120　黑跗拟栉叶蜂 *Priophorus nigrotarsalis* Wei, 1998
A. 抱器和副阳茎；B. 锯鞘背面观；C. 爪；D. 阳茎瓣；E. 锯腹片

（126）小齿拟栉叶蜂 *Priophorus paranigricans* Wei, 2002（图 3-121）

Priophorus paranigricans Wei, *in* Wei & Nie, 2002a: 444.

主要特征：雌虫体长 4.5–5.5mm；体黑色，具强光泽，股节端部、前中足胫节和跗节褐色，后足胫节褐色至暗褐色，端部黑褐色；头、胸部背侧细毛黑褐色，侧板细毛褐色；翅均匀烟褐色，翅痣和翅脉黑褐色；除颜面外，体无明显刻点和毛瘤；颚眼距稍窄于触角窝间距；单眼后区稍隆起，宽长比稍小于 3；触角细，约等长于胸、腹部之和，第 3、4、5 节细，长度比为 18：21：19；中胸前侧片下部具光滑无毛横带；前足基跗节长于其后 3 节之和；后足胫节端距稍长于胫节端部宽；后足基跗节微长于其后 3 节之和；爪无基片，内齿长约为端齿的2/3（图3-121D）；后翅臀室柄约2倍于cu-a脉长；尾须长宽比大于2；锯鞘背面观中部稍膨大，向端部尖出，侧角微突出（图3-121A）；侧面观端部截形；锯腹片具9个锯刃，第1节缝很短且垂直于锯腹片腹缘，具3–4枚齿突，第2节缝显著倾斜并弯曲，与第1节缝向锯腹片腹缘显著收敛，锯刃尖长（图3-121G）。雄虫体长4–5mm；触角鞭节强烈侧扁，第3节基部稍呈弧形突出（图3-121F），细毛约等长于该节宽的1/2；下生殖板端部钝截形；第8背板端部突出，第9背板稍出露（图3-121E）；抱器和副阳茎见图3-121C；阳基腹铗内叶尾细短（图3-121B）；阳茎瓣头叶较窄，腹侧下端角附近显著突出，齿突不明显，中部区域具稍大且较密齿突，背端刺突较长，亚基部显著弯曲，腹端刺突短，端部尖，背缘具毛叶短小（图3-121H）。

分布：浙江（德清、杭州、余杭、临安、普陀）、湖北、湖南、福建、广东、广西、重庆、四川、贵州、西藏。

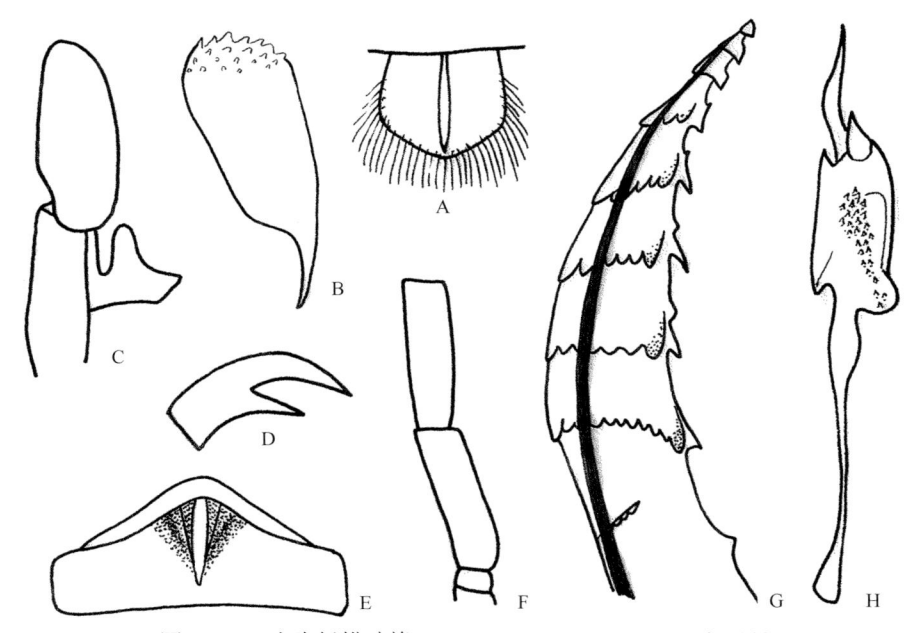

图3-121　小齿拟栉叶蜂 *Priophorus paranigricans* Wei, 2002
A. 锯鞘背面观；B. 阳基腹铗内叶；C. 抱器和副阳茎；D. 爪；E. 雄虫第8、9背板；F. 雄虫触角基部4节；G. 锯腹片；H. 阳茎瓣

（127）短距拟栉叶蜂，新种 *Priophorus sulcatus* Wei, sp. nov.（图3-122）

雌虫：体长7mm。体黑色；中、后足转节白色，各足胫节白色，胫节末端和跗节黑色。翅均匀浅烟色透明，翅痣和翅脉暗褐色。体毛浅褐色，触角、锯鞘和翅面细毛黑褐色。

体光滑，具较强光泽，无刻点和刻纹；头部背侧具毛瘤。唇基平坦，端部亚截形；复眼较小，间距宽于眼高；颚眼距稍窄于触角窝间距；中窝圆形，侧窝下端开放；额区平坦，额脊不明显；无单眼中沟和后沟；单眼后区宽2倍于长，侧沟深直，向后稍分歧；背面观后头短且显著收缩；触角基部2节宽大于长，鞭节丢失。中胸小盾片平坦，附片宽大；中胸侧板和腹板细毛连续分布，无光裸横带；前足基跗节长于其后3节之和，后足胫节内端距等长于胫节端部宽，基跗节短于其后4节之和；爪近中裂式，内齿稍短于端齿；前翅M脉较直，与1m-cu脉向翅痣强烈收敛，2Rs室稍长于1Rs室，R+M脉等长于Rs脉第1段，cu-a脉中位；后翅臀室柄长2倍于臀室宽。尾须十分短小，长大于宽；锯鞘背面观亚基部膨大，端部尖，明显突出，基部稍收缩，鞘毛直，伸向外侧方（图3-122D）；锯腹片不狭窄，具9个锯节和锯刃，第1锯刃明显，第1节缝垂直于锯腹片腹缘，具5–6个齿突，第2节缝直且强烈倾斜，与第1节缝向下强烈收敛，第2、3节缝栉突列互相平行，中部锯刃高跟鞋型，前侧突短小，节缝翼突接近锯腹片腹缘（图3-122C）。

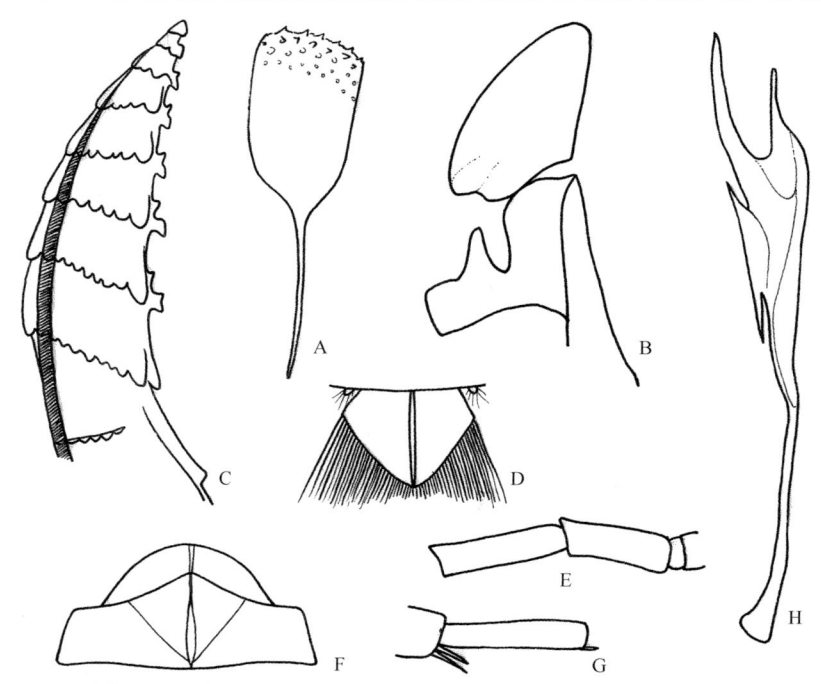

图 3-122 短距拟栉叶蜂，新种 Priophorus sulcatus Wei, sp. nov.
A. 阳基腹铗内叶；B. 抱器和副阳茎；C. 锯腹片；D. 锯鞘背面观；E. 雄虫触角基部 4 节；F. 雄虫端部 2 节背板；G. 后足胫节端距和基跗节；H. 阳茎瓣

雄虫：体长 6.7mm；体色和构造类似于雌虫，触角鞭节明显侧扁，第 3 节稍短于第 4 节，腹缘浅弧形凹入（图 3-122E）；单眼后区宽长比等于 3，侧沟稍弯曲；翅烟褐色较浓，端部渐透明；腹部第 8–9 背板见图 3-122F，第 9 背板出露；抱器和副阳茎见图 3-122B；阳基腹铗内叶尾十分细长（图 3-122A）；阳茎瓣见图 3-122H，头叶狭长，背端刺突长，亚基部微弯曲，腹端刺突长 0.7 倍于长突，端部不尖，背缘具毛叶细尖。

分布：浙江（临安）、上海、福建。

词源：本种雄虫第 8 背板侧沟显著，以此命名。

正模：♀，浙江开化古田山古田山庄，29.243°N、118.111°E，海拔 316m，2018.IV.18–20，李泽建（ASMN）。副模：1♀，福建鼓山，350m，1953.IV.3，采集人不详；2♂♂，上海，1931.V，采集人不详（中国科学院动物研究所）；1♀，浙江天目山，1993.VI.15，魏美才（ASMN）。

鉴别特征：本种与 P. morio 比较近似，但胫节端部和跗节黑色，后足胫节内端距较短，锯腹片具 9 个节缝，雄虫阳茎瓣腹端突较短等，与之不同。

（128）截鞘拟栉叶蜂，新种 Priophorus truncatatheca Wei, sp. nov.（图 3-123）

雌虫：体长 6.8mm。体黑色；基节端部、中后足转节、前足股节端部、前中足胫跗节、后足胫节大部分、后足基跗节基半部黄白色，后足胫节端部和后足基跗节端半部以远黑褐色，翅基片外半部浅褐色；翅烟褐色，翅痣和翅脉黑褐色；头部背侧细毛暗褐色，胸腹部体毛浅褐色，鞘毛褐色。

体光滑，头部和前胸背板具较密集的毛瘤，中胸背板具细弱稀疏刻点，侧板光滑。唇基端缘具弧形缺口；颚眼距等宽于触角窝间距；复眼大，内缘向下稍收敛，间距明显大于眼高；中窝大深，椭圆形，上端不开放；侧窝沟状，与触角窝侧沟会合；额区不发育，无额脊；单眼中沟模糊，后沟浅弱；单眼后区稍隆起，宽长比约等于 2；侧沟较深长，向后微弱分歧，OOL：POL：OCL=12：11：10，背面观后头两侧收缩，长约为复眼的 0.4 倍（图 3-123A）；触角细，明显短于胸、腹部之和，第 3、4、5 节细长，长度比为 18：18：17。小盾片附片宽大平滑，长 2 倍于侧单眼直径；中胸前侧片下部无光滑无毛的横带，侧板细毛和腹板细毛分布连续；前足基跗节长于其后 3 节之和；后足胫节端距约为胫节端部宽的 1.5 倍和后足基跗节长的1/2，后基跗节等长于其后4节之和；爪具小型基片，内齿稍短于外齿（图3-123D）；前翅cu-a脉交于M室下缘中部稍偏外侧，2m-cu脉交于2Rs下缘内侧1/3，R+M脉段稍短于1r-m脉，2Rs室稍短于1Rs室，Rs脉第1段印痕状；后翅臀室柄长约1.9倍于cu-a脉。锯鞘背面观端部钝截形，中部明显加宽，基部收窄，外侧刺毛端部明显弯曲（图3-123B）；侧面观锯鞘端端部圆钝，尾须短小，锥形，长宽比约等于2（图3-123C）；锯腹片（图3-123E）8锯节，较窄长，第1节缝具5齿，上端稍向端部倾斜，与第2节缝栉突列稍聚敛，第2节缝栉突列显著倾斜，微弱弯曲，第1锯节腹缘无锯刃，第3–5锯刃腹缘明显凹入。

雄虫：未知。

分布：浙江（临安、龙泉）。

词源：本种背面观锯鞘端部钝截形，以此命名。

正模：♀，浙江龙泉凤阳山上瑜桥，27°53.064′N、119°10.436′E，1638m，2009.IV.23，李泽建（ASMN）。

副模：2♀♀，浙江龙泉凤阳山上瑜桥，27°53.064′N、119°10.436′E，1638m，2009.IV.23，聂帅国、赵赴（ASMN）。

鉴别特征：本种在已知种中与白转拟栉叶蜂 *P. leucotrochanteris* 最近似，但本种前足转节黑色，颚眼距等宽于触角窝间距，单眼后区宽长比约等于2，OOL：POL：OCL=12：11：10，锯鞘基部明显收窄，锯腹片缺第1锯刃，第2节缝栉突列强烈倾斜并弧形弯曲，中部锯刃腹缘缺口宽大等，与该种明显不同，容易鉴别。

图3-123 截鞘拟栉叶蜂，新种 *Priophorus truncatatheca* Wei, sp. nov. 雌虫
A. 头部背面观；B. 锯鞘背面观；C. 锯鞘侧面观；D. 爪；E. 锯腹片

（129）吴氏拟栉叶蜂 *Priophorus wui* Wei, 1995（图3-124）

Priophorus wui Wei, 1995: 546.

主要特征：体长7.8mm；体黑色，中后足基节端部、各足转节、前足股节前上侧端部1/3、各足胫节大部分、前中足跗节浅黄褐色，前中足胫节外侧端部2/3具条状暗褐色斑，后足胫节端部和后足跗节黑色，翅基片外缘稍呈褐色；翅透明，翅痣、体毛浅褐色；体光滑，头部具弱小毛瘤；颚眼距稍窄于触角窝间距；额区发育，额侧脊可分辨；单眼后区宽长比等于3，OOL=POL；触角细，短于胸、腹部之和，第3、4、5节长度比为18：21：19；中胸前侧片下部无光滑无毛的横带；前足基跗节稍长于其后3节之和，后足胫节端距约为胫节端部宽的1.6倍和后足基跗节长的1/2，后足基跗节微短于其后4节之和，但明显长于其后3节之和；爪具模糊的基片，内齿长约为端齿的2/3；前翅cu-a脉交于M室下缘中部稍偏外侧，2m-cu脉交于2Rs下缘内侧1/6，R+M脉段稍短于1r-m脉，2Rs室稍短于1Rs室；后翅臀室柄长约1.8倍于cu-a脉；尾须长宽比大于2；锯鞘背面观三角形，端部稍尖；锯腹片（图3-124C）10节，较粗短，第1节缝直，无齿列，与中部向基侧稍弓曲的第2节缝强烈聚敛，第2–7节缝具齿列，锯刃突出，腹缘稍凹入。雄虫未知。

分布：浙江（安吉、庆元、龙泉）。

因排版错误，本种最初发表时的锯腹片图与 *Pristiphora zhejiangensis* Wei 的锯腹片图在《华东百山祖昆虫》一书中被互相颠倒，在此更正。

图 3-124 吴氏拟栉叶蜂 *Priophorus wui* Wei, 1995
A. 头部背面观；B. 锯鞘背面观；C. 锯腹片

（130）斜缝拟栉叶蜂，新种 *Priophorus xiefeng* Wei, sp. nov.（图 3-125）

雌虫：体长 6.8mm。体黑色；基节端部、中后足转节、前足股节端部、前中足胫跗节、后足胫节大部分、后足基跗节基半部黄白色，后足胫节端部和后足基跗节端半部以远黑褐色，翅基片外半部浅褐色；翅烟褐色，翅痣和翅脉黑褐色；头部背侧细毛暗褐色，胸、腹部体毛浅褐色，鞘毛褐色。

体光滑，头部和前胸背板具较密集的毛瘤，中胸背板具细弱稀疏刻点，侧板光滑。唇基端缘具弧形缺口；颚眼距等宽于触角窝间距；复眼大，内缘向下稍收敛，间距明显大于眼高；中窝大深，椭圆形，上端不开放；侧窝沟状，与触角窝侧沟会合；额区不发育，无额脊；单眼中沟模糊，后沟浅弱；单眼后区稍隆起，宽长比约等于 2；侧沟较深长，向后微弱分歧，OOL：POL：OCL=12：11：10，背面观后头两侧收缩，长约为复眼的 0.4 倍（图 3-125A）；触角细，明显短于胸、腹部之和，第 3、4、5 节细长，长度比为 18：18：17。小盾片附片宽大平滑，长 2 倍于侧单眼直径；中胸前侧片下部无光滑无毛的横带，侧板细毛和腹板细毛分布连续；前足基跗节长于其后 3 节之和；后足胫节端距约为胫节端部宽的 1.5 倍和后足基跗节长的 1/2，后基跗节等长于其后 4 节之和；爪具小型基片，内齿稍短于外齿（图 3-123D）；前翅 cu-a 脉交于 M 室下缘中部稍偏外侧，2m-cu 脉交于 2Rs 下缘内侧 1/3，R+M 脉段稍短于 1r-m 脉，2Rs 室稍短于 1Rs 室，Rs 脉第 1 段印痕状；后翅臀室柄长约 1.9 倍于 cu-a 脉。锯鞘背面观端部钝截形，中部明显加宽，基部收窄，外侧刺毛端部不明显弯曲（图 3-125B）；侧面观锯鞘端端部圆钝，尾须短小，锥形，长宽比约等于 2（图 3-125C）；锯腹片（图 3-125D）9 锯节，较窄长，第 1 节缝具 7 小齿，上端向锯腹片端部显著倾斜，与第 2 节缝栉突列向下稍聚敛，第 2 节缝栉突列强度倾斜，不弯曲，第 1 锯节腹缘无锯刃，第 3–5 锯刃腹缘明显凹入。

雄虫：未知。

分布：浙江（临安、龙泉）、安徽。

词源：本种种加词为汉语单词"斜缝"的音译，因其锯腹片第 1 节缝显著倾斜、第 2 节缝强度倾斜，故以此命名。

正模：♀，安徽天柱山炼丹湖，30°44.544′N、116°27.423′E，1117m，2006.VI.22，游群（ASMN）。副模：1♀，安徽岳西县鹞落坪，31°2′20″N、116°5′45″E，700m，2007.VI.14，蒋晓宇；1♀，浙江临安清凉峰千顷塘，黄盘诱，2012.VIII；1♀，浙江凤阳山凤阳湖，27°52.72′N、119°10.76′E，1550m，2008.VIII.3，蒋

晓宇（ASMN）。

鉴别特征：本种前足转节和后足基跗节大部分黄白色，颚眼距等长于触角窝间距，锯腹片第1、2节缝显著倾斜，第2节缝长直等，与贵州的 *P. obtusus* Wei, 2006 近似，但本种后足股节黑色；单眼后区宽长比等于2，侧沟长，向后微弱分歧，锯腹片腹缘显著弯曲，具9锯节，锯刃前侧齿突明显高于后侧齿突等，可以鉴别。本种与截鞘拟栉叶蜂 *Priophorus truncatatheca* Wei, sp. nov. 分布区有交叉，二种锯鞘形态近似，锯腹片均无第1锯刃，可能亲缘关系较密切，但本种锯鞘毛较直，尾须圆柱形，锯腹片9节，第1、2节缝栉突列强烈倾斜，第2节缝栉突列不弯曲等，可以鉴别。

图3-125 斜缝拟栉叶蜂，新种 *Priophorus xiefeng* Wei, sp. nov. 雌虫
A. 头部背面观；B. 锯鞘背面观；C. 锯鞘侧面观；D. 锯腹片

36. 简栉叶蜂属 *Trichiocampus* Hartig, 1837

Trichiocampus Hartig, 1837: 176. Type species: *Nematus grandis* Lepeletier, 1823, by subsequent designation of Rohwer, 1911a.

主要特征：体较瘦长；头部横宽，复眼间距显著宽于复眼长径，唇基前缘具缺口；颚眼距明显宽于单眼直径，后眶圆钝，无后颊脊；触角细长，基部2节宽大于长，鞭节雌雄差异较明显，第3节基部不明显弯曲，无指突，鞭分节长度相若，各节长宽比大于4；雄虫基部鞭分节明显侧扁，有时具弯突；后足胫节长于跗节，基跗节显著短于其后4节之和；中胸小盾片平坦，附片宽长；胸腹侧片平坦光滑，胸腹侧片缝痕状；爪无基片，通常具内齿，少数种类无内齿；前翅2r脉缺如，R+M脉段短，约等长于R脉，1M脉与1m-cu脉向翅痣强烈收敛，2m-cu脉交于2Rs室下缘，cu-a脉交于1M室下缘中部，臀室哑铃形，具长收缩中柄，基臀室封闭；后翅R1、Rs、M和臀室均封闭，臀室具长柄；尾须很短，背面观末端不伸抵锯鞘中部，锯鞘简单，端部收窄；锯腹片较窄长，多于13节，节缝骨化微弱，无明显栉齿列，锯刃骨化程度弱，前后角不突出，常具细小亚基齿（图3-126A）；阳茎瓣具2个分歧的端突和1个较短的被毛背叶（图3-126E）。

分布：全北区。本属已知12种，中国已知6种。浙江发现2种，本书记述1种。

寄主：杨柳科杨属 *Populus*、柳属 *Salix*，榆科榆属 *Ulmus*，蔷薇科李属 *Prunus* 等。

(131) 集刃简栉叶蜂 *Trichiocampus pruni* Takeuchi, 1956（图3-126）

Trichiocampus pruni Takeuchi, 1956: 78.
Cladius takeuchii Liston, Taeger & Blank, *in* Blank *et al.*, 2009: 20.

主要特征：雌虫体长 6–7mm；体完全黑色；翅浓烟褐色，翅痣和翅脉黑色；体毛黑褐色；体光滑，具较强光泽，无刻点和刻纹，头部背侧无毛瘤；唇基平坦，端部缺口深弧形；复眼较小，内缘向下稍收敛，间距 1.7 倍于眼高；颚眼距稍宽于触角窝间距；中窝圆形，侧窝下端开放；额区稍隆起，额脊不明显；中单眼前凹大于单眼，单眼中沟和后沟宽浅；单眼后区隆起，宽长比稍小于 3，侧沟深直，向后稍分歧；背面观后头稍短于复眼，两侧显著收缩；触角细长丝状，第 3 节稍短于并稍窄于第 4 节，基部 4 节见图 3-126D；中胸侧板和腹板细毛不连续分布，具光裸横带；前足基跗节等长于其后 3 节之和，后足胫节端距等长于胫节端部，基跗节等长于其后 3 节之和；爪近中裂式，内齿稍短于端齿；前翅 R+M 脉段不长于 Sc 脉游离段，2Rs 室稍长于 1Rs 室，cu-a 脉中位；后翅臀室柄 2 倍于 cu-a 脉长；背面观锯鞘基部不缢缩，端部尖出（图 3-126B），尾须十分短小；侧面观锯鞘末端圆钝，腹缘弧形鼓出；锯腹片具长柄，锯刃向端部强烈集中，锯节很短，基部锯节高长比大于 8，基部节缝较直，端部节缝强烈倾斜（图 3-126A），锯刃乳状突出，全缘具细齿（图 3-126C）。雄虫体长 5–6mm，体色和构造类似于雌虫，阳茎瓣见图 3-126E。

分布：浙江（临安、龙泉）、湖北、福建、四川、云南；日本。

寄主：蔷薇科李属 *Prunus*（Takeuchi, 1956）。

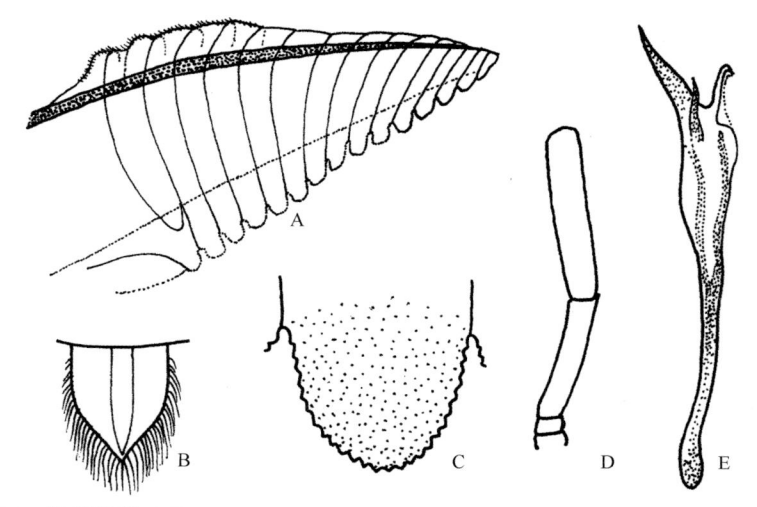

图 3-126　集刃简栉叶蜂 *Trichiocampus pruni* Takeuchi, 1956（E. 仿自 Takeuchi, 1956）
A. 锯腹片；B. 锯鞘背面观；C. 亚基部锯刃放大；D. 雌虫触角基部 4 节；E. 阳茎瓣

37. 庄子叶蜂属 *Zhuangzhoua* Liu, Niu & Wei, 2017

Zhuangzhoua Liu, Niu & Wei, 2017: 802. Type species: *Zhuangzhoua smithi* Liu, Niu & Wei, 2017, by original designation.

主要特征：体粗壮；上颚外内齿小，唇基前缘具缺口；颚眼距约等于单眼直径；复眼下缘间距宽于复眼长径；后头背面观显著短于复眼；触角粗短丝状，3–8 节背侧端部具明显的齿突；小盾片前缘三角形突出；附片中部长度等长于单眼直径；后胸淡膜区间距等长于淡膜区长径；中胸胸腹侧片狭窄，强烈隆起，高脊状，上部向后强烈弯曲，胸腹侧片沟宽深（图 3-127）；前足胫节内端距端部分叉，后足胫节 1.3 倍于跗节长，外侧具纵沟，胫节端距微长于胫节端部宽；后基跗节等长于其后 3 节之和，跗垫较小；爪无基片，内齿约等长于外齿；前翅无翅斑；臀室基部 1/3 具短点状收缩中柄；cu-a 脉中位，1M 脉与 1m-cu 脉向翅痣方向强烈收敛；R+M 脉段 2 倍（雌虫）或 1.5 倍（雄虫）于 R 脉长，R 脉长于 Sc 脉游离段；2r 脉缺如；2Rs 室等长于 1Rs 室，2m-cu 脉交于 2Rs 室内；R1 室端部封闭，臀室封闭，臀室柄短于 cu-a 脉；腹部背板刻纹致密；尾须短小，长宽比约等于 2；产卵器约等长于后足股节，背面观锯鞘端部膨大；锯腹片粗短，具较弱但可分辨的节缝栉突列，锯刃粗壮，无细小亚基齿；阳茎瓣头叶宽大，背叶较宽，腹叶窄，刺突显著（图 3-127）；抱器宽大于长。

分布：东亚。本属是中国特有属，已知仅 1 种。浙江有分布。

（132）红背庄子叶蜂 Zhuangzhoua smithi Liu, Niu & Wei, 2017（图 3-127，图版 V-4）

Zhuangzhoua smithi Liu, Niu & Wei, 2017: 803.

主要特征：雌虫体长 10–11mm。体黑色，头部除唇基大部分、颚眼距、口器和触角外，前胸背板、前胸侧板大部分、中胸背板除小盾片附片外、中胸前侧片上缘红褐色；翅浅烟褐色，翅痣和翅脉黑褐色；头、胸部背侧刻点和刻纹不明显，中胸侧板具微弱不规则刻纹；腹部各节背腹板均具致密刻纹，光泽暗淡；唇基前缘缺口深约 0.45 倍于唇基长，额脊宽钝；单眼后沟宽深，单眼后区宽约 3 倍于长，具明显中纵沟；触角见图 3-127I，第 3–8 节背侧枝突长约 0.25 倍于各节主干长；后足胫节内端距约 0.28 倍于基跗节长；爪内齿稍长于外齿；前翅臀室收缩中柄约 0.3 倍于 cu-a 脉长，后翅臀室柄约 0.85 倍于 cu-a 脉长；锯腹片具 12 锯刃（图 3-127L），锯刃明显倾斜，无亚基齿，节缝栉突小；第 4–6 锯刃见图 3-127K。雄虫体长 9mm；头部、前胸侧板、中胸侧板全部黑色；触角 3–8 背侧枝突强烈扁平，长约等于各节主干长度（图 3-127J）；下生殖板长短于宽，端缘圆钝；阳茎瓣头叶前缘具 1 宽 1 窄两个端突，亚端刺突显著，伸向斜上方（图 3-127N）；生殖铗见图 3-127m，抱器宽稍大于长。

分布：浙江（临安）、甘肃。

图 3-127 红背庄子叶蜂 Zhuangzhoua smithi Liu, Niu & Wei, 2017（引自 Liu et al., 2017）
A. 头部背面观；B. 中胸侧板；C. 小盾片和附片；D. 头部前面观；E. 腹部端部侧面观；F. 腹部背板；G. 左上颚；H. 右上颚；I, J. 触角；K. 中部锯刃；L. 锯腹片；M. 生殖铗；N. 阳茎瓣. J, M, N. 雄虫，其余雌虫

（十一）突瓣叶蜂亚科 Nematinae

主要特征：中小型叶蜂。唇基短宽，前缘具缺口；复眼小型，间距宽于复眼长径；颚眼距通常宽于单眼直径；唇基上区通常龙骨状突出，触角窝间距狭窄；后头短狭，无后颊脊；单眼后区横宽；触角细长，9

节，基部 2 节短宽；鞭分节近似等长；前胸腹板前缘强烈突出；具胸腹侧片和胸腹侧片前片，胸腹侧片缝通常浅细或痕状；中胸后侧片稍隆起，中后胸侧板间具膜区，后胸侧板大型，后气门后片狭片状；后足基跗节短，爪通常无基片，常具内齿；前翅 C 室宽大，Sc 脉发达，M 脉弯曲，与 1m-cu 脉向翅痣强烈收敛，R+M 脉约 2 倍于 Rs 脉第 1 段长，1Rs 室不短于 2Rs 室；2r 脉常缺，2A+3A 脉通常直，1m-cu 和 2m-cu 脉均交于 1Rs 室，cu-a 脉交于 M 室下缘中部；后翅具双闭中室，臀室具柄式；尾须细长，长宽比常大于 4；锯腹片柄部较长，节缝形态变化大；阳茎瓣具顶叶突和亚端位粗壮刺突。

分布：世界广布。主要分布于北半球，新热带区、澳洲区和旧热带区多样性很低。浙江省发现 6 属 17 种，包括 3 新种。

本亚科幼虫通常暴露取食植物叶片，极少种类做瘿。已知约 35 属，超过 1000 种。本亚科中国区系调查不够充分，目前报道 17 属近 100 种。

分属检索表

1. 前翅 2A+3A 脉与 1A 脉会合，基臀室封闭；幼虫高度扁平·· 扁幼叶蜂属 *Platycampus*
- 前翅 2A+3A 脉平直，基臀室开放；幼虫正常亚圆柱形··· 2
2. 前翅具 2r 脉，2Rs 室长大；上颚外面观从基部向端部均匀逐渐变窄；唇基较长；爪内齿长于端齿；阳茎瓣腹侧刺突横向上指·· 樟叶蜂属 *Moricella*
- 前翅无 2r 脉，2Rs 室短小；上颚外面观刀片状，基部突然变宽；唇基很短；爪内齿短于端齿；阳茎瓣腹侧刺突纵向前指·· 3
3. 侧面观触角窝间区域圆钝，不显著向前突伸，内眶明显凹入；唇基突出，前缘缺口显著；翅痣淡色；尾须细长··· 钝颜叶蜂属 *Amauronematus*
- 侧面观触角窝间区域角状弯折，显著向前突伸，内眶不明显凹入；唇基很短，前缘缺口浅弱；翅痣通常暗色；尾须较短··· 4
4. 前翅 C 脉端部不明显膨大，C 室在 Rs+M 脉起点处的宽度等于或宽于 C 脉宽度；爪内齿发达，内齿和外齿之间呈锐角状，无基片；锯鞘背面观较窄长；唇基具较深缺口··· 突瓣叶蜂属 *Nematus*
- 前翅 C 脉端部显著膨大，C 室在 Rs+M 脉起点处的宽度显著窄于 C 脉宽度；爪具发达基片或内齿微小；锯鞘背面观端部钝截形或具缺口；唇基很短，端部缺口很浅或无··· 5
5. 爪无基片，内齿小型，不长于外齿·· 槌缘叶蜂属 *Pristiphora*
- 爪具发达基片，内齿大型，长于外齿··· 厚爪叶蜂属 *Stauronematus*

38. 樟叶蜂属 *Moricella* Rohwer, 1916

Moricella Rohwer, 1916: 111. Type species: *Moricella rufonota* Rohwer, 1916, by original designation.

主要特征：体粗短；上颚外侧从基部向端部均匀变细，颚眼距显著，唇基宽大，中部具缺口，内眶平坦；复眼内缘直，互相平行，底部间距显著宽于眼高；触角窝距宽于内眶 1/2；触角明显长于头宽 2 倍，端部尖，第 3 节长于第 4 节；下颚须第 5 节长于后股节宽；中胸小盾片前沟浅，附片大；淡膜区间距 0.5–0.6 倍于淡膜区长径；胸腹侧片宽大平滑，中胸侧板前缘无细脊，后胸侧板较窄，前缘强烈弯曲，具大膜区；前足内胫距无膜叶，后足基跗节等于其后 3 节之和，第 4 跗分节短宽，爪内齿宽且长于外齿；前翅 C 脉末端稍膨大，R 脉短于 Sc 脉，R+M 脉不短于 M 室，1M 与 1m-cu 脉向翅痣显著收敛，cu-a 脉中位，2r 脉交于 2Rs 室亚基部，2m-cu 脉与 3r-m 脉顶接，2M 室短，2Rs 室短于 1Rs 室；后翅 cu-a 脉稍内斜，短于臀室柄，上端交于 M 室中部偏内侧；腹部约等长于头、胸部之和，第 1 背板三角形小膜区；锯鞘具侧叶，锯腹片长条形，具近腹缘距，锯刃内侧尖出，腹缘具规则细小刃齿；雄虫第 8 背板具中脊，抱器宽显著大于长，阳茎瓣背叶窄长，端部上翘，腹叶上粗刺突直，指向阳茎瓣背缘。

分布：东亚南部。本属已知 3 种，中国分布 2 种。浙江目前发现 2 种，本书记述 1 种。

寄主：樟科 Lauraceae 樟属 *Cinnamomum* 植物。

（133）红胸樟叶蜂 *Moricella rufonota* Rohwer, 1916（图 3-128，图版 V-5）

Moricella rufonota Rohwer, 1916: 111.

主要特征：雌虫体长 7–8mm；体黑色，前胸背板、翅基片、中胸背板除附片外、中胸前侧片上侧 2/3 红褐色，各足基节端部、转节全部、前中足胫跗节、后足胫节基部 2/3 白色至浅黄褐色；翅均匀浅烟色，翅痣和脉黑褐色；体粗短，光滑，具强光泽，无刻点和刻纹；颚眼距稍宽于单眼直径 1/3；唇基端缘中部具小型缺刻（图 3-128D）；单眼后区宽 2 倍于长，后部强烈隆起，侧沟细浅，向后显著分歧（图 3-128A）；触角明显长于头宽的 2 倍，端部细尖，第 3 节稍长于第 4 节（图 3-128F）；中胸侧板前缘无细脊，后胸侧板较窄，前缘强烈弯曲，具大膜区，气门后片片状；前足胫节内距无膜叶，后足基跗节等于其后 3 节之和；爪无基片，内齿宽且长于外齿（图 3-128E）；前翅 2Rs 室短于 1Rs 室，长宽比约等于 2；后翅 cu-a 脉短于臀室柄；锯鞘微长于前足胫节，侧叶约等宽于后足胫节背侧端部宽；锯腹片 16 锯刃，无节缝；锯刃斜直，中部锯刃具 15 个外侧亚基齿。雄虫体长 6mm；触角具短立毛（图 3-128G），下生殖板长大于宽，端部圆钝；阳茎瓣背叶端部上弯，侧突横向。

分布：浙江（杭州、余杭、临安、宁波、舟山）、江苏、上海、安徽、湖北、江西、湖南、福建、台湾、广东、香港、广西、四川、贵州。

寄主：樟科樟树 *Cinnamomum camphora*。

图 3-128 红胸樟叶蜂 *Moricella rufonota* Rohwer, 1916
A. 雌虫头部背面观；B. 雌虫中胸侧板；C. 锯鞘侧面观；D. 雌虫头部前面观；E. 爪；F. 雌虫触角；G. 雄虫触角；H. 阳茎瓣

39. 扁幼叶蜂属 *Platycampus* Schiödte, 1839

Nematus (*Leptopus*) Hartig, 1837: 184. Homonym of *Leptopus* Latreille, 1809 [Hemiptera]. Type species: *Nematus hypogastricus* Hartig, 1837, by monotypy.

Platycampus Schiödte, 1839b: 20. Name for *Nematus* (*Leptopus*) Hartig, 1837.

Erasminus Gistel, 1848: 9. Name for *Nematus* (*Leptopus*) Hartig, 1837.

Camponiscus Newman, 1869: 215. Type species: *Camponiscus healaei* Newman, 1869, by monotypy.

主要特征：体中型，稍窄；唇基较长，宽显著窄于复眼下缘间距，端缘具明显缺口；左上颚外侧向端部逐渐变尖，颚眼距宽于单眼直径；复眼间距显著宽于复眼长径，触角窝间区域显著前突，内眶不下沉；后头不延长，两侧收缩，单眼后区十分短宽，后眶无后颊脊；触角细，短于前翅 C 脉和翅痣之和，第 2 节宽大于长，第 3 节不长于第 4 节；小盾片平坦，长约等于宽，附片无中脊；中胸前侧片平坦、光滑，具平坦的胸腹侧片，胸腹侧片缝细沟状；前翅 C 脉端部逐渐稍膨大，2r 脉缺，R 脉段显著，R+M 脉段不短于 cu-a 脉，1m-cu 和 2m-cu 脉向翅痣强烈收敛，2m-cu 脉交于 1Rs 室下缘亚端部，2Rs 室与 1Rs 室近似等长，2A+3A 脉向上延伸并入 1A 脉，基臀室封闭，臀室具长中柄；后翅 R1、Rs、M 和臀室均封闭，臀室柄长于 cu-a 脉；后足胫节和跗节近似等长，胫节内端距稍长于外距，并长于后足胫节端部宽；基跗节等长于其后 3 节之和，跗垫显著；爪内齿大，无基片；锯鞘较长，背面观较窄长，端部尖；尾须细长；阳茎瓣具背叶和腹叶具较狭长，端刺突前伸；幼虫扁平，胸、腹部两侧强烈扩展。

分布：古北区，新北区。包括本书记述的新种，本属已知 9 种。中国发现 5 种，2 种分布于浙江。本书记述 1 种。

寄主：桦木科桤木属 Alnus。

本属最突出的特征是幼虫极度扁平。

（134）细沟扁幼叶蜂，新种 *Platycampus linealis* Liu & Wei, sp. nov.（图 3-129）

雄虫：体长 7.5mm。体黑色，各足黄褐色。翅弱烟灰色透明，翅痣及翅脉黑褐色。

上唇光泽强，刻点浅弱稀疏，刻纹不明显；唇基光泽强，刻点浅小较密集，无明显刻纹；额区、内眶光泽强，刻点细小密集，刻纹不明显；上眶、单眼后区光泽强烈，刻点浅小较密集，无刻纹；中胸背板光泽强，刻点浅小较密集，刻点间无明显刻纹；中胸小盾片光泽强烈，刻点浅弱稀疏，无刻纹；中胸小盾片附片光亮，刻点模糊且十分稀疏，具少量细刻纹；中胸前侧片光泽强烈，刻点细小较密集，无刻纹；中胸后侧片光亮，无明显刻点，后下侧片下部具细刻纹；后胸侧板光亮，前侧片端部具毛细刻点，无明显刻纹。腹部各节背板光泽强烈，背侧刻点细小较密集，刻纹较细密。

上唇基部微隆起，端部圆钝；唇基宽大，显著窄于复眼下缘间距，前缘缺口三角形，深约为唇基长的 3/10，侧叶圆钝；颚眼距 1.2 倍于中单眼直径；复眼内缘向下收敛，间距约 1.8 倍于复眼高；中窝浅，中部具细纵沟，延伸至额区；侧窝浅，下端开放；额区不隆起，中部略凹，前缘脊隆起并弯曲，具中线，侧脊明显；额侧沟较宽浅，前部被横脊中断；单眼中沟宽浅，单眼后沟细浅，无中单眼前凹，围沟发育不明显；单眼三角扁，POL：OOL：OCL=1：1.7：1.3；单眼后区隆起，中纵沟不明显，宽长比约等于 3.0，侧沟窄深，向后分歧明显；背面观上眶约 0.3 倍于复眼长径，两侧缘向下收敛。触角细丝状，3–5 节侧扁，短于胸、腹部之和，端部尖细；第 3 节微长于第 4 节。中胸背板前叶中纵沟浅细，伸抵端部；中胸小盾片平坦，无中纵脊，长约 1.1 倍于宽，稍低于中胸背板平面；附片无中纵脊，长约为小盾片长的 1/3；中胸前侧片下部具光裸区；后胸后侧片后缘圆钝，无附片；淡膜区间距约 0.9 倍于淡膜区宽。前足基跗节等于其后 3 节之和；后足胫节内端距约 0.5 倍于基跗节长，后足胫节约 1.1 倍于后足跗节长，基跗节不加粗，约 0.7 倍于其后 4 跗分节之和，跗垫微小；爪内齿稍短于外齿。前翅 M 脉亚基部稍弯曲，上端较接近倾斜的 Sc 脉，稍长于 R+M 脉；基臀室闭合，前翅 cu-a 脉位于 1M 室基部 1/2 处，2Rs 室长约 1.8 倍于宽，约 2 倍于 1R1 室长，外缘直，Rs 脉痕状；后翅具封闭的 M 和 Rs 室，臀室柄约 1.5 倍于 cu-a 脉长，cu-a 脉直。背面观尾须向端部变窄，端部宽约为基部 1/2 宽；生殖铗和阳茎瓣见图 3-129。

雌虫：未知。

分布：中国（浙江）。

词源：新种种名根据其中窝中部具细长纵沟而命名。

正模：♂，浙江清凉峰龙塘山，30°06.680′N、118°54.050′E，海拔 930m，2010.IV.26，姚明灿采（ASMN）。

鉴别特征：本种体黑色，各足黄褐色；阳茎瓣狭叶状突短于宽叶状突，且宽叶状突中部向端部急剧变窄，夹角呈 135°，易于与其他扁幼叶蜂种类区分。

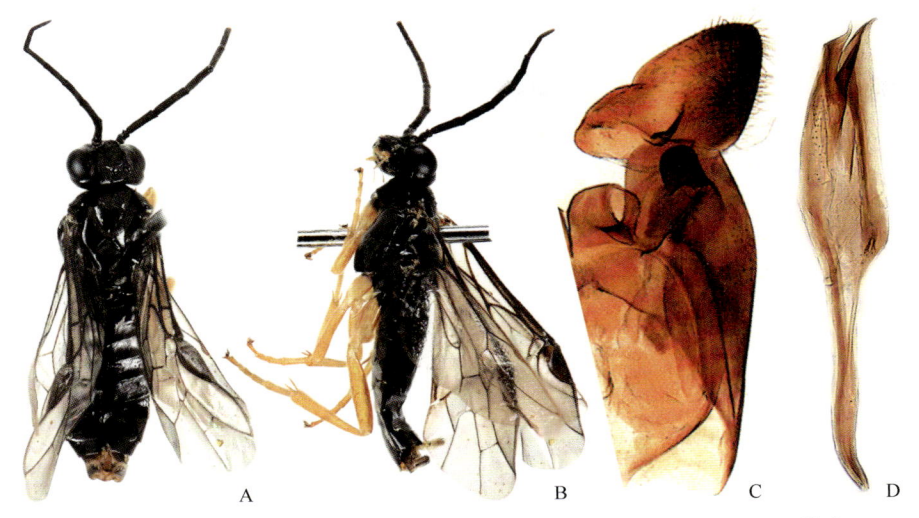

图 3-129 细沟扁幼叶蜂，新种 *Platycampus linealis* Liu & Wei, sp. nov. 雄虫
A. 成虫背面观；B. 成虫侧面观；C. 生殖铗，右侧；D. 阳茎瓣

40. 钝颜叶蜂属 *Amauronematus* Konow, 1890

Amauronematus Konow, 1890: 233. Type species: *Nematus stenogaster* Förster, 1854, by subsequent designation of Lacourt, 1999.

Brachycolus Konow, 1895: 166. Homonym of *Brachycolus* Buckton, 1879 [Hemiptera]. Type species: *Nematus viduatus* (Zetterstedt, 1838), by subsequent designation of Rohwer, 1911a.

Decanematus Malaise, 1931c: 31. Type species: *Decanematus longiserra* Malaise, 1931, by original designation.

主要特征：体中小型；唇基突出，端缘具明显缺口；复眼间距宽于复眼长径，触角窝间区域圆钝，不显著前突，内眶明显下沉；触角短于前翅 C 脉和翅痣之和，前翅 C 脉端部弱度膨大，2r 脉缺，1M 和 1m-cu 脉向翅痣强烈收敛，2m-cu 脉交于 1Rs 室下缘，R+M 脉段不短于 cu-a 脉，2Rs 室明显短于 1R 室，2A+3A 脉直，基臀室开放；后翅 R1、Rs、M 和臀室均封闭，臀室柄长于 cu-a 脉；后足胫节端距几乎等长，约等长于后足胫节端部宽；爪具内齿，无基片；锯鞘较长，背面观通常较窄长；尾须细长；阳茎瓣具背叶和端刺突。

分布：全北区。本属的界限尚未完全确定，已知种类可能超过 130 种。中国种类还缺少深入调查和研究，目前仅记载 3 种。本书记述 1 种。

寄主：杨柳科多种植物。

（135）柳蜷钝颜叶蜂 *Amauronematus saliciphagus* Wu, 2009（图 3-130，图版 V-6）

Amauronematus saliciphagus Wu, 2009: 98.

Euura saliciphaga: Taeger *et al*., 2018, no page.

主要特征：雌虫体长 4.5–5.5mm；体黑褐色，唇基、上唇、颚眼距、上眶和后眶部分、前胸背板后缘、翅基片、腹部第 10 背板后部、尾须黄褐色或浅褐色，后足转节、前足股节端部 2/3、中足股节端部 1/3、各足胫节大部分浅褐色，胫节端部和跗节暗褐色至黑褐色；体毛灰色；翅透明，前缘脉和翅痣浅褐色；头部背侧刻点细小，前胸背板、中胸背板前叶和侧叶刻点较明显，小盾片和侧板光滑，腹部背板具细刻纹；唇基小，缺口显著，复眼间距稍宽于复眼长径，颚眼距约等宽于单眼直径（图 3-130C）；触角窝间区域圆钝隆起（图 3-130B）；单眼后区宽长比稍小于 3，侧沟显著（图 3-130A）；触角短于前翅 C 脉，端部不细尖，第 3、4、5 节长度比为 10∶12∶11；中胸背板前叶无中纵沟，附片长约等于小盾片长的 1/3；前翅 2Rs 室长 0.6 倍于 1Rs 室，长大于宽，后翅臀室柄 1.7 倍于 cu-a 脉长；爪内齿稍短于外齿；产卵器稍长于后足跗节，短于后足胫节，锯鞘端稍长于锯鞘基（图 3-130E）；锯鞘背面观较窄，端部稍尖，尾须细长，端部伸出锯鞘末端（图 3-130D）；锯腹片狭长，基部第 10 节缝具明显的小齿列，锯刃倾斜（图 3-130F）。雄虫体长 4.0–5.0mm；触角几乎等长于前翅 C 脉；下生殖板长大于宽，端部收窄；抱器亚三角形，长约等于宽，端部窄圆；阳茎瓣背叶狭窄，粗刺突伸抵端部，腹叶端角方形。

分布： 浙江（杭州）、北京、河北、山东、甘肃、江苏。

寄主： 柳树。本种是中国北方柳树重要卷叶害虫。

Taeger 等(2010, 2018) 将本种移入 *Euura* 内是不合适的。

图 3-130　柳蜷钝颜叶蜂 *Amauronematus saliciphagus* Wu, 2009 雌虫
A. 头部背面观；B. 头部侧面观；C. 头部前面观；D. 尾须和锯鞘背面观；E. 锯鞘侧面观；F. 锯腹片

41. 厚爪叶蜂属 *Stauronematus* Benson, 1953

Stauronema Benson, 1948: 22. Homonym of *Stauronema* Sollas, 1877 [Spongidae]. Type species: *Nematus platycerus* Hartig, 1840, by subsequent designation of Liston, 2007.

Stauronematus Benson, 1953: 153. Name for *Stauronema* Benson, 1948.

主要特征： 体小型；唇基极短，端部近似截形；下颚须长于下唇轴节和茎节之和，下唇须 2 倍于唇舌长；左上颚外面观窄长，基部突然加宽；颚眼距约等于触角窝间距 1/2，触角窝间区显著前突，脊状；触角基部 2 节短小，宽大于长，雌虫触角丝状，稍侧扁，约等长于前翅 C 脉和翅痣之和，雄虫触角等长于虫体，强烈侧扁，鞭分节腹端角突出；胸腹侧片平坦，胸腹侧片缝细弱；前翅 C 室末端狭窄，C 脉端部强烈膨大；2r 脉缺，Sc 位于 1M 脉端部内侧，2m-cu 脉交于 1Rs 室内，基臀室开放；后翅 R1、Rs、M、臀室全部封闭，臀室柄显著长于 cu-a 脉；爪短，具显著基片，内齿长于外齿（图 3-131E）；尾须伸出锯鞘端部，长宽比约等于 5；锯鞘背面观端部圆，基部明显收缩；锯腹片具节缝细刺毛带，无栉齿列，锯刃倾斜突出；雄虫第 8 背板中突非脊状，不伸出具浅缺口的第 8 背板后缘；阳茎瓣头叶较直，粗刺突自腹瓣背侧伸出。幼虫腹部第 3 节第 1、2、4 环节具刺毛。

分布：古北区。

寄主：杨柳科柳属、榆科榆属植物。

本属世界已知 3 种，中国报道 2 种（中国实际分布种类超过 10 种），其中欧洲种 *Stauronematus platycerus* (Hartig, 1840)或 *S. compressicornis* (Fabricius, 1804)在国内的记录经分子测序研究确认是错误鉴定（刘萌萌等，2018）。浙江目前发现 2 种。

本属幼虫为害杨树叶片时，从叶片中部任意地方开始取食，呈孔洞状，并在其取食地方附近分泌蜡丝，形成多个残桩。

(136) 中华厚爪叶蜂 *Stauronematus sinicus* Liu, Li & Wei, 2018（图 3-131，图版 V-7）

Stauronematus sinicus Liu, Li & Wei, *in* Liu *et al.*, 2018: 95.
Stauronematus compressicornis Xiao *et al.*, 1992: 124, nec Fabricius, 1804.

主要特征：雌虫体长 5–6mm；体黑色，上唇、口须、翅基片、各足基节、转节、股节、前中足胫节除了端缘斑、跗节、后足胫节基部 3/4 和后足第 1、2 跗分节黄白色，前中足胫节端缘、后足 3–5 跗分节、爪和锯鞘基黑褐色，触角基部较淡；翅透明，翅痣和翅脉大部分黑褐色；头部背侧、中胸小盾片及附片、胸部侧板和腹部背板无刻纹或刻点；唇基很短，端部截形；颚眼距约等于中单眼直径，复眼下缘间距 2.3 倍于复眼高；POL：OOL：OCL = 11：10：8；单眼后区几乎宽长比为 2.2，无中纵沟；侧沟细浅，向后分歧；触角稍短于胸、腹部之和，端部尖细，第 3 节稍侧扁（图 3-131A）；中胸前侧片下部具明显光裸区；后足胫节内端距 0.4 倍于基跗节长，爪基片狭锐，内齿发达，长于外齿（图 3-131E）；后翅臀室柄 1.5 倍于 cu-a 脉长；锯鞘约 1.9 倍于后足基跗节长，锯鞘端等长于锯鞘基（图 3-130D）；背面观尾须端部稍伸出锯鞘端部；锯腹片 17 锯刃，基部第 1–5 锯刃亚基齿细小，第 6–17 锯刃亚基齿较宽大（图 3-131C），第 1 节缝显著倾斜、完整，第 2 节缝上部 1/3 处显著向外侧弯曲，第 3–12 节缝上半部具显著刺毛带，锯基腹索踵基角突出（图 3-131F）。雄虫体长 4.5–5mm；后足跗节黑褐色，触角显著侧扁（图 3-131B）；生殖铗见图 3-131G；阳茎瓣（图 3-131H）窄长，背叶较宽，腹叶刺突尖长，伸向背叶背顶角，肩状部前伸，端部尖，腹叶腹缘中下部稍内凹。

图 3-131 中华厚爪叶蜂 *Stauronematus sinicus* Liu, Li & Wei, 2018（引自刘萌萌等，2018）
A. 雌虫触角；B. 雄虫触角；C. 锯腹片中部锯节；D. 锯鞘侧面观；E. 雌虫爪；F. 锯腹片基部；G. 生殖铗；H. 阳茎瓣

分布：浙江（临安）、北京、山东、河南、陕西、甘肃、江苏、湖北、贵州。

寄主：杨柳科杨属 Populus 植物。

（137）天目厚爪叶蜂，新种 *Stauronematus tianmunicus* Wei, sp. nov.（图 3-132）

雌虫：体长 8mm。体黑色，翅基片黑褐色，尾须浅褐色，后胸淡膜区灰褐色；足淡黄褐色，前足基节基半部、中后足基节外侧角、中足股节端部 1/3、后足股节端部 1/2、中足胫节端部、后足胫节端部 2/3、后足胫节端距和基跗节基部黑色，端跗节暗褐色；翅浅灰色，翅脉和翅痣黑褐色；体毛和锯鞘毛银褐色，翅毛黑褐色。

体光滑，具较强光泽，胸部无刻点，腹部背板无微细刻纹。中胸背板前叶平坦，无中纵沟，后角尖；小盾片较宽大，平坦，小盾片前沟角状向前弯曲；附片短，端部圆钝，附片前沟深；后胸淡膜区扁宽，淡膜区间距 1.3 倍于淡膜区长径；前足胫节内距端部不分叉，基跗节显著长于其后 3 节之和；后足胫节中端部显著膨大侧扁，内外侧均具中纵沟，胫节端距约等长于胫节端部宽（图 3-132F）；后足基跗节稍长于其后 4 节之和；爪基片发达，内齿显著长于外齿（图 3-132B）；前翅 R+M 脉段约等长于 1M 脉段，与 Sc 脉游离段基部间距稍短于 Sc 脉游离段之长，Rs 脉基部消失，2Rs 室不十分短小，长宽比约等于 1.5，cu-a 脉中位微偏内侧；后翅臀室柄 1.5 倍于后 cu-a 脉长，2 倍长于臀室宽。锯鞘背面观见图 3-132D，明显窄于后足胫节端部宽度，端部窄圆，亚基部微弱膨大，锯鞘毛较短；尾须很细，稍伸出鞘末端，刺毛极短；侧面观锯鞘端部稍尖，腹缘弧形（图 3-132E），明显短于后足第 1–2 跗分节之和；锯腹片具 17 节缝和 22 锯刃，第 1 节缝较直，上部向端部稍倾斜，仅上端具节缝刺毛列，第 2–4 节缝中下部向端部弯曲，上部具逐渐延长的节缝刺毛带，第 5–17 节缝下部明显弯曲，中上部具多列刺毛，端部 5 个锯节无节缝；锯基腹索踵狭长，端部稍窄于基部，具端棘突，第 1 锯刃和锯基腹索踵之间强烈凹入（图 3-132A）；锯刃内侧明显突出，第 8–9 锯刃见图 3-132C。

雄虫：未知。

分布：浙江（临安）。

词源：本种以模式标本产地命名。

正模：♀，浙江天目山，1947.VIII.28，采集人不详（ASMN）。

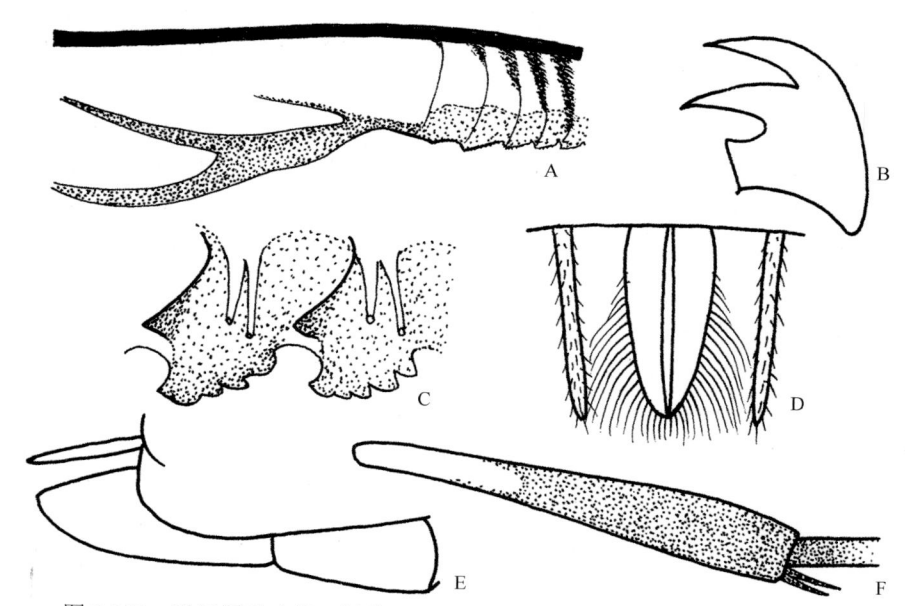

图 3-132 天目厚爪叶蜂，新种 *Stauronematus tianmunicus* Wei, sp. nov. 雌虫
A. 锯腹片基部；B. 爪；C. 基部起第 8–9 锯刃；D. 锯鞘和尾须背面观；E. 锯鞘侧面观；F. 后足胫节

鉴别特征：本种与中华厚爪叶蜂 *Stauronematus sinicus* 近似，但本种翅基片黑褐色，尾须浅褐色，中足

股节端部 1/3、后足股节端部 1/2、中足胫节端部、后足胫节端部 2/3 黑色，体长 8mm，以及后足胫节中端部显著膨大侧扁、锯鞘窄长、锯腹片的锯基腹索踵和锯刃之间部分强烈凹入、锯基腹索踵窄长、端部具棘突等，差别十分明显，易于鉴别。

42. 突瓣叶蜂属 *Nematus* Panzer, 1801

Nematus Panzer, 1801a: 82:10. Type species: *Tenthredo* (*Nematus*) *lucida* Panzer, 1801, by monotypy.
Hypolaepus Kirby, 1882: 324–325. Type species: *Hypolaepus abbotii* Kirby, 1882, by monotypy.
Holcocneme Konow, 1890: 233, 238. Type species: *Nematus vicinus* Serville, 1823, by subsequent designation of Blank *et al*., 2009.
Nematus (*Holcocnema*) Schulz, 1906: 80. Name for *Holcocneme* Konow, 1890.
Holcocnemis Konow, 1907c: 331. Name for *Holcocneme* Konow, 1890.

主要特征：体中小型，多数较小；唇基稍长，端部具明显缺口；下颚须长于下唇轴节和茎节之和，下唇须 2 倍于唇舌长；左上颚外面观窄长，基部突然加宽；颚眼距一般 0.2–3 倍于单眼直径，无后颊脊，触角窝间区显著前突，脊状；触角基部 2 节短小，宽大于长，触角丝状，不明显侧扁；胸腹侧片平坦，胸腹侧片缝细弱；前翅 C 室末端较宽，Rs+M 脉处 C 室不窄于该处 C 脉宽，C 脉端部微弱膨大或不膨大；2r 脉缺，Sc 位于 1M 脉端部内侧，2m-cu 脉交于 1Rs 室内，基臀室开放；后翅 R1、Rs、M、臀室全部封闭；后足基跗节狭长圆柱形，极少扁平扩展；爪小型，无基片，内齿通常较大，稍短于外齿，与外齿间夹角狭窄；尾须长宽比小于 5；锯鞘背面观端部通常圆钝，少数钝截形，基部不收缩；锯腹片节缝细刺毛带有或无，无栉齿列，锯刃倾斜突出；雄虫第 8 背板中突非脊状，不伸出第 8 背板后缘；阳茎瓣头叶形态各异，粗刺突通常自腹瓣背侧伸出。

分布：古北区，新北区，新热带区。主要分布于全北区。本属已知种类超过 260 种，是叶蜂科第 4 大属。目前国内已记载仅 22 种，实际种类应不少于 50 种。浙江目前发现 9 种，本书记述 7 种。

寄主：本属寄主广泛，包括杨柳科杨属、柳属，桦木科桦木属 *Betula*、桤木属 *Alnus*、鹅耳枥属 *Carpinus*、榛属 *Corylus*、蓼科蓼属 *Polygonum*、酸模属 *Rumex*、忍冬科忍冬属 *Lonicera*，虎耳草科茶蔍子属 *Ribes*，豆科驴食草属 *Onobrychis*、车轴草属 *Trifolium*，蔷薇科花楸属 *Sorbus*、李属 *Prunus*、梨属 *Pyrus*、假升麻属 *Aruncus*、山楂属 *Crataegus*、壳斗科栗属 *Castanea*、水青冈属 *Fagus*、栎属 *Quercus*、槭树科槭属 *Acer*，木犀科梣属 *Fraxinus*，杜鹃花科越橘属 *Vaccinium*，榆科榆属 *Ulmus*，毛茛科耧斗菜属 *Aquilegia*、翠雀属 *Delphinium*、芍药属 *Paeonia*，茜草科虎刺属 *Damnacanthus*、松科的落叶松属 *Larix*、云杉属 *Picea* 等植物。

Prous 等（2014）基于短片段分子数据调整了突瓣叶蜂属 *Nematus* 和瘿叶蜂属 *Euura* 的范围，建立了大量新组合和属级新异名，但其 *Nematus* 和 *Euura* 边界不明，也没有对应形态特征区分二属，本书暂不予采用。

分种检索表

1. 后足基跗节强烈侧扁膨大，宽厚比大于 2.5 ·· 2
- 后足基跗节圆柱形或微侧扁，不明显侧扁，宽厚比小于 1.5 ·· 3
2. 体具深蓝色金属光泽；后足基节端部 1/3、胫节基部黄白色；前翅基部 3/5 浅灰色，端部 2/5 烟褐色；后足基跗节窄于胫节端部；爪内齿等长于外齿 ··· 钟氏突瓣叶蜂 *N. zhongi*
- 体无金属光泽；后足基节大部分、后足胫节基部 2/5 白色；前翅均匀浅灰色；前足基跗节显著宽于胫节端部；爪内齿稍短于外齿 ··· 无带突瓣叶蜂，新组合 *N. eglabratus* comb. nov.
3. 头部红褐色；爪内齿长于外齿；锯鞘端显著短于锯鞘基 ····························· 小须突瓣叶蜂 *N. trochanteratus*
- 头部黑色；爪内齿短于外齿 ··· 4
4. 唇基前缘缺口明显深于唇基 1/2 长；单眼后区宽长比为 1.5；后翅臀室柄等长于 cu-a 脉；锯腹片无节缝刺毛列，18 锯刃，基半部强烈加宽，第 1、2 节缝上端明显分歧；胸腹部黑色无淡斑 ························ 杏突瓣叶蜂 *N. prunivorus*

- 唇基前缘缺口明显浅于唇基 1/2 长；单眼后区宽长比不小于 1.9；后翅臀室柄 1.5–2 倍于 cu-a 脉长；锯腹片基半部不强烈加宽，具多个节缝刺毛带，第 1、2 节缝互相平行 ·· 5
5. 除前胸背板后侧角和翅基片前部外，头部、胸部、腹部全部黑色；锯端等长于锯鞘基，背面观锯鞘端部较宽，侧面观锯鞘端和锯鞘基之间具显著缺口；锯腹片 15 或 23 节，锯端显著长于锯基，第 1 节缝与其后节缝类似，节缝刺毛带多列，上部密集；锯基腹索踵宽大，长宽比约等于 2 ·· 6
- 腹部具显著淡斑；锯鞘狭窄，锯鞘端明显短于锯鞘基，侧面观二者之间几乎平直；锯腹片 12 节，锯端等长于锯基，第 1 节缝显著强骨化，节缝刺毛单列；锯基腹索踵窄长，长宽比大于 4 ····························· 邓氏突瓣叶蜂 *N. dengi*
6. 上唇、前胸背板、翅基片黑色；后足胫节基部 3/5 黄白色；单眼后区宽长比约等于 1.9；后翅臀室柄 1.5 倍于 cu-a 脉长；锯腹片 15 锯刃，外侧亚基齿较粗大；第 1–11 节缝具刺毛带；锯基长 0.6 倍于锯端 ······················ 白榆突瓣叶蜂 *N. pumila*
- 上唇黄白色，前胸背板后缘、翅基片前部黄褐色；后足胫节基部 1/3 黄白色；单眼后区宽长比约等于 3；后翅臀室柄 1.8 倍于 cu-a 脉长；锯腹片 23 锯刃，外侧亚基齿细小；第 2–15 节缝具刺毛带；锯基长 0.4 倍于锯端 ··· 申氏突瓣叶蜂 *N. sheni*

（138）邓氏突瓣叶蜂 *Nematus dengi* Wei, 2003（图 3-133）

Nematus dengi Wei, *in* Wei & Nie, 2003b: 54–55.

主要特征：雌虫体长 6–7mm；体黑色，翅基片、腹部 2–7 节背板两侧前缘、外缘和缘折以及 2–7 节腹板黄褐色；足黄褐色，基节外基角、后足股节末端背侧、后足胫节和后足跗节黑色；体毛和锯鞘毛灰褐色；翅浅烟褐色，前缘脉浅褐色，翅痣和其余翅脉黑色；头部背侧具微弱毛瘤和明显的刻纹，中胸侧板光滑，腹部背板刻纹十分明显；上唇端部截形，复眼间距显著宽于眼高，颚眼距显著宽于中单眼直径（图 3-133B）；额区稍隆起，具低弱但明显的额脊；单眼后区宽长比稍大于 2，无中纵沟（图 3-133A）；中胸侧板和腹板细毛连续分布，无光裸横带；爪内齿稍短于外齿；前翅 2Rs 室长明显大于宽，后翅臀室柄几乎 2 倍长于 cu-a 脉；锯鞘短于后足基跗节，侧面观鞘端短于鞘基，末端稍上翘（图 3-133C），背面观窄长，尾须细短；锯腹片 12 锯刃，锯端约等长于锯基，第 2–8 节缝具长节缝栉刺毛（图 3-133D）。雄虫体长 4.5–5.5mm；抱器长稍大于宽，端部显著倾斜（图 3-133F）；阳茎瓣头叶窄长，粗刺突较短，基部下侧圆钝背叶宽，端部收窄，伸向下方（图 3-133E）。

图 3-133 邓氏突瓣叶蜂 *Nematus dengi* Wei, 2003
A. 雌虫头部背面观；B. 雌虫头部前面观；C. 锯鞘侧面观；D. 锯腹片；E. 阳茎瓣；F. 生殖铗

分布：浙江（龙王山、杭州、天目山、临安、龙泉）、河北、山西、河南、甘肃、安徽、湖北、江西、湖南、福建、广西、贵州。

（139）无带突瓣叶蜂，新组合 *Nematus eglabratus* (Wei, 1999) comb. nov.（图 3-134）

Craesus eglabratus Wei, in Wei & Nie, 1999b: 170.

主要特征：雌虫体长 9–10mm；体黑色，后足基节大部分、后足转节、前中足胫节基部 1/2、后足胫节基部 2/5、前中足基跗节白色；翅均匀浅灰色，基半部透明；头部背面刻点细小，额区附近刻点稍密；胸部光亮，具十分稀疏细小的刻点，前胸背板侧叶、小盾片后部和附片刻点稍密；中胸侧板和腹板之间无光裸带，刺毛均匀分布；腹部背板光滑，具不明显微细刻纹；唇基短宽，端缘中部缺口窄三角形，颚眼距稍宽于前单眼直径 1/2（图 3-134B）；中窝纵沟状，深且长；额脊发达，前部具低弱缺口；单眼后区稍隆起，宽长比等于 1.5，具模糊中纵沟（图 3-134A）；触角几乎等长于胸、腹部之和，明显长于前翅 C 脉和翅痣之和；后足基跗节侧扁膨大，长 1.8 倍于其后 4 跗分节之和；爪内齿稍短于外齿；下生殖板中突尖三角形；锯腹片 14 锯刃，锯刃突出，无明显的内侧亚端齿，第 1 节缝中部弱弧形内弯，第 2 节缝弱 S 形弯曲，第 2–10 节缝具刺毛带，刺毛带最宽处约为锯节 2/3 宽。雄虫体长约 8mm；下生殖板端部圆尖，阳茎瓣端突细长，腹侧肩部突出，背叶窄，端部圆钝（图 3-134G）。

分布：浙江（丽水）、河南、安徽。

本种原隶属于 *Craesus* 属，其后足基跗节十分宽扁。现在该属已经整体并入 *Nematus* 内，因此，应建立新组合。

图 3-134　无带突瓣叶蜂，新组合 *Nematus eglabratus* (Wei, 1999) comb. nov.
A. 头部背面观；B. 头部前面观；C. 中胸侧板；D. 锯鞘侧面观；E. 锯腹片；F. 生殖铗；G. 阳茎瓣

（140）杏突瓣叶蜂 *Nematus prunivorus* Xiao, 1995（图 3-135）

Nematus prunivorus Xiao, 1995: 497.
Nematus maculiclypeatus Wei, in Wei & Nie, 2003b: 55, 197. **Syn. nov.**

主要特征：雌虫体长 10–11mm；体黑色，具紫蓝色光泽；唇基两侧、唇基上区黄褐色；前胸背板、翅基片全部黑色；淡膜区深黄色；足基节端部、转节、股节基端、胫节基端黄白色；跗节黑褐色或黑色。头部刻点细且稀疏，中胸背板除小盾片外刻点细密；中胸前侧片刻点细且稀疏，刺毛连续，无显著的光裸无毛横带（图 3-135C）；腹部背板无刻点，具斜刻纹；唇基前缘凹入部分宽且深于唇基 1/2 长，侧叶近似三角形（图 3-135B）；颚眼距显著窄于中单眼直径；额区几乎不隆起，额脊低钝但明显；单眼中沟显著，单眼后沟模糊；单眼后区平坦，中纵沟发达，宽长比为 1.5，侧沟较浅细，互相近似平行（图 3-135A）；前足基跗节稍短于其后 3 节之和；爪中裂式，内齿稍短于外齿；后翅臀室柄等长于 cu-a 脉。锯鞘短于前足胫节，尾须伸出锯鞘末端，锯鞘端等长于锯鞘基，腹缘弱弧形鼓出（图 3-135D）；锯腹片基部十分宽大，端部显著变尖，具 18 锯刃，第 1 锯节宽大，上端几乎 3 倍于第 2 锯节，第 1、2 节缝上端明显分歧，第 3–8 节缝上端具很短的栉刺毛，锯刃低平；锯基腹索踵长且宽，无前端突，基角显著突出，锯基等长于锯端。雄虫体长 8–9mm；头部、中胸前侧片、中胸背板前叶刻点较粗密，腹部背板具刻点；阳茎瓣头叶十分宽大，背缘中部明显鼓凸，背叶近似三角形，端部明显收窄，中位刺突较短尖，伸向前方，腹侧肩状部不突出。

分布：浙江（泰顺、淳安）、福建。

寄主：蔷薇科杏 *Armeniaca vulgaris*。

本种模式产地是浙江淳安。经与 *Nematus prunivorus* Xiao, 1995 标本比较，确认 *Nematus maculiclypeatus* Wei, 2003（模式产地福建武夷山挂墩）是 *N. prunivorus* 的次异名。

图 3-135　杏突瓣叶蜂 *Nematus prunivorus* Xiao, 1995 雌虫
A. 头部背面观；B. 头部前面观；C. 中胸侧板；D. 锯鞘侧面观；E. 锯腹片

（141）白榆突瓣叶蜂 *Nematus pumila* Liu, Li & Wei, 2019（图 3-136）

Nematus pumila Liu, Li & Wei, *in* Liu et al., 2019: 75.

主要特征：雌虫体长 9mm；体和足黑色，后足基节大部分、前中足转节、后足股节基部 1/6、前中足胫节基部 4/5、后足胫节基部 3/5 黄白色；翅基部 1/2 较透明，端部 1/2 烟褐色，翅痣黑褐色；体具较强光泽，头、胸部背侧具稀疏微弱刻点，中胸侧板光滑；唇基端部具宽弧形缺口（图 3-136B）；复眼间距显著宽于眼高，具后眶沟，颚眼距明显窄于中单眼直径，约等于触角窝间距的 1/2；额区具低钝但明显的额侧脊，前部额脊显著；单眼后区前部具弱中纵沟，宽长比等于 1.9；侧沟浅弱弧形弯曲（图 3-136A）；触角微侧扁，稍长于腹部，第 3 节短于第 4 节；中胸侧板和腹板细毛不连续分布，具光裸横带；爪内齿宽于但微短于外齿；前翅 2Rs 室长明显大于宽，后翅臀室柄长 1.5 倍于 cu-a 脉；锯鞘稍长于前足胫节，背面观较宽短，端部截形，尾须伸出锯鞘末端（图 3-136C）；侧面观见图 3-136D，锯鞘端等长于锯鞘基，腹缘弧形突出；锯腹片 15 锯刃，第 1 节缝较直，上端前倾，第 2–10 节缝中部向基部弯曲，第 3–10 节缝具显著节缝栉刺毛带，第 1–2 节缝上端具短刺毛带，锯刃尖锐，锯基腹索踵宽大，锯基长 0.6 倍于锯端（图 3-136E）。雄虫体长 8mm；生殖铗见图 3-136F，抱器宽稍大于长，端缘显著倾斜，外顶角圆钝凸出，副阳茎长大；阳茎瓣头叶腹缘弧形鼓出，刺突短，端部尖，背叶窄，端部圆钝（图 3-136G）。

分布：浙江（临安）、河北、安徽、贵州。

寄主：榆科榆树 *Ulmus pumila*。

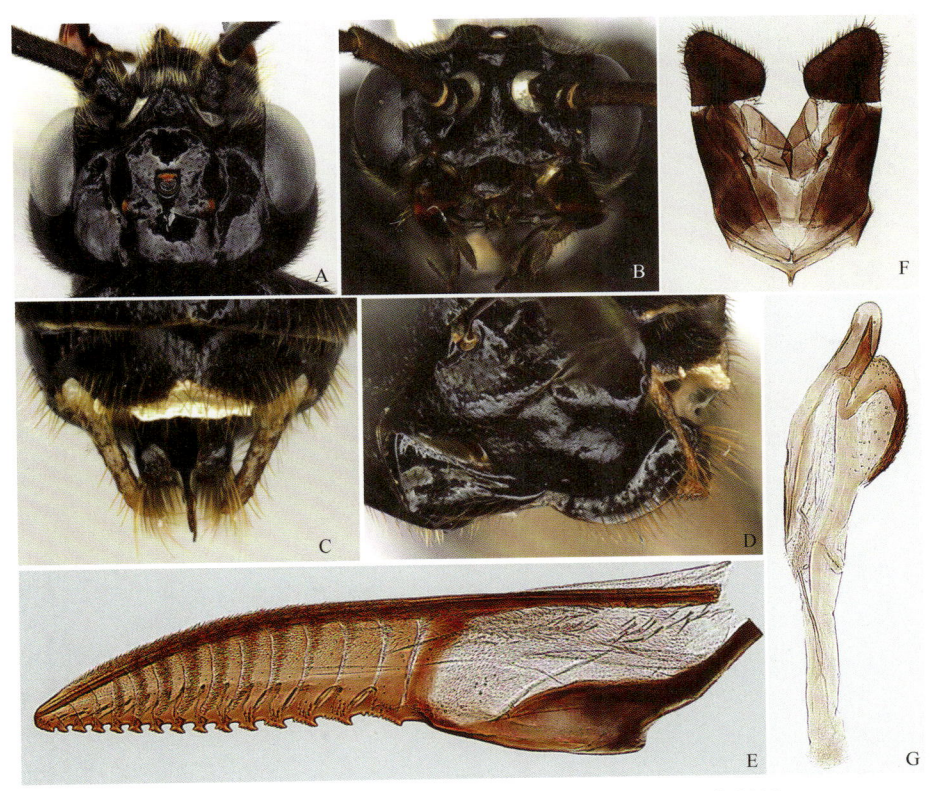

图 3-136 白榆突瓣叶蜂 *Nematus pumila* Liu, Li & Wei, 2019
A. 头部背面观；B. 头部前面观；C. 锯鞘背面观；D. 锯鞘侧面观；E. 锯腹片；F. 生殖铗；G. 阳茎瓣

（142）申氏突瓣叶蜂 *Nematus sheni* Wei, 1999（图 3-137）

Nematus sheni Wei, in Wei & Nie, 1999: 169.

主要特征：体长 9–10mm；体黑色，上唇、前胸背板后角小斑、翅基片前缘、前中足基节端部、后足基节大部分、各足转节、后足股节基部、前中足胫节腹侧大部分和背侧基部 1/4、后足胫节基部 1/3 黄白色；体毛和锯鞘毛浅褐色；翅均匀浅灰色透明，前缘脉外侧、翅痣和其余翅脉黑褐色；头部背面光滑，中窝和侧窝附近、侧单眼之前区域和后眶具毛瘤；胸部光滑，前胸背板侧叶、中胸背板前叶两侧、附片具细小毛瘤；腹部光滑，第 1 背板具微细刻纹；唇基短，前缘缺口浅弧形（图 3-137B）；颚眼距稍宽于前单眼直径 1/2；复眼下缘间距明显宽于复眼高；中窝椭圆形，底部具纵沟，额区扇形，边界明显，前部额脊发达；单眼后区稍隆起，宽长比约等于 3，无中纵沟（图 3-137A）；爪内齿稍短于外齿；前翅 2Rs 室长微大于宽，后翅臀室柄 1.8 倍于 cu-a 脉长；锯鞘背面观亚基部明显膨大，端部尖出，尾须伸抵锯鞘末端；下生殖板中突矛形；侧面观锯鞘端稍长于锯鞘基，腹缘弧形凸出（图 3-137D）；锯腹片 23 锯刃，锯端长于锯基 2 倍，第 1 节缝不弯曲，第 2-15 节缝具狭窄刺毛带，锯刃倾斜，亚基齿细小（图 3-137E）。

分布：浙江（临安）、吉林、河南、陕西、甘肃。

图 3-137　申氏突瓣叶蜂 *Nematus sheni* Wei, 1999
A. 雌虫头部背面观；B. 雌虫头部前面观；C 雌虫胸部侧板；D. 锯鞘侧面观；E. 锯腹片

（143）小须突瓣叶蜂 *Nematus trochanteratus* (Malaise, 1931)（图 3-138，图版 V-8）

Pteronidea trochanterata Malaise, 1931: 149.

Nematus trochanterata: Wei, 2002a: 82.

Nematus (*Holcocneme*) *pieli* Takeuchi, 1938a: 80.

Nematus hequensis G. Xiao, 1990: 549.

主要特征：体长 8-9mm；体和触角黑色，头部红褐色，触角窝沿和单眼后区中央狭窄条斑黑褐色（图 3-138A）；足黑色，前中足基节端部、后足基节大部分、各足转节、前中足胫节、后足胫节基部 1/3 浅黄褐色，前中足各跗分节背侧端部暗褐色；头部背面光滑，后眶具细弱刻点；胸部光滑，前胸背板侧叶具细小毛瘤；腹部背板具十分微细的刻纹；体粗短；唇基平坦，端缘具深达唇基 1/2 长的弧形缺口，上唇宽大，端缘近截形（图 3-138B）；颚眼距微宽于中单眼直径；中窝小，椭圆形；额区亚桶形，额脊明显；单眼后区宽长比等于 2，无中纵沟；触角等长于前翅 C 脉和翅痣之和，显著短于体长；中胸背板前叶中纵沟显著，但不伸抵后端角；后足胫节内端距为后足基跗节 1/2 长，基跗节等长于其后 3 跗分节之和；爪内齿明显长于外齿；后翅臀室柄约等长于 cu-a 脉；锯鞘短小，锯鞘端显著短于锯鞘基（图 3-138D）；锯腹片 17 锯刃，第 1 节缝直，锯基腹索踵短高，长宽比为 1.9，内角凸出，第 2–9 节缝具密集的节缝刺毛带，第 1 锯节显著长于第 2 锯节，锯刃倾斜凸出（图 3-138E）。

分布：浙江（临安）、黑龙江、吉林、辽宁、山西、甘肃、江苏。

图 3-138　小须突瓣叶蜂 Nematus trochanteratus (Malaise, 1931) 雌虫
A. 头部背面观；B. 头部前面观；C. 中胸侧板；D. 锯鞘侧面观；E. 锯腹片

（144）钟氏突瓣叶蜂 Nematus zhongi Liu, Li & Wei, 2021（图 3-139，图版 V-9）

Nematus zhongi Liu, Li & Wei, 2021a: 159.

主要特征：雌虫体长 10–11mm；体黑色，具深蓝色金属光泽；后足基节端部 1/3、转节、胫节基部、淡膜区、腹部第 1 背板中部三角形斑黄白色；前足股节端部、胫节和跗节腹侧黄褐色；前足胫节和跗节背侧黑褐色；前翅烟斑褐色，翅基部 3/5 浅灰色，端部 2/5 烟褐色，翅痣及翅脉大部分黑色；头部背侧具毛瘤和皱纹；中胸背板刻点浅显密集；中胸前侧片刻点浅小密集（图 3-139C）；唇基缺口三角形，上唇基部隆起，端部较圆钝；颚眼距约等长于中单眼直径（图 3-139B）；中窝长沟形，较深，底部具纵沟；额区微隆起，前缘脊显著隆起，弓形弯曲，侧脊较低钝；单眼后区微隆起，中纵沟前半段明显，后半段弱，宽长比等于 1.7（图 3-139A）；触角第 2 节宽长比为 1.3，第 3 节等长于第 4 节，稍长于第 5 节（10∶9）；淡膜区间距等于淡膜区宽；后足胫节内端距 0.4 倍于基跗节长，约为后足胫节端部宽的 1.5 倍长，后足胫节 1.1 倍于后足跗节长，基跗节侧扁，宽长比为 0.3，1.6 倍于其后 4 跗分节之和，最宽处等于后足胫节端部宽；爪内齿等长于外齿；锯鞘 0.8 倍于后足基跗节长，约等长于前足胫节，锯鞘端 1.3 倍于鞘基长（图 3-139D）；背面观尾须端部伸出锯鞘端部；锯腹片 14 锯刃，无内侧亚基齿；第 1、2 节缝上部明显弯曲，第 2–10 节缝具刺毛带，刺毛带最宽处稍大于锯节 5/6 宽；锯基腹索踵长且宽，长度约 3.7 倍于第 1 锯刃，锯基长 0.8 倍于锯端（图 3-139E）。

分布：浙江（龙泉）、贵州。

图 3-139 钟氏突瓣叶蜂 Nematus zhongi Liu, Li & Wei, 2021
A. 头部背面观；B. 头部前面观；C. 中胸侧板；D. 锯鞘侧面观；E. 锯腹片

43. 槌缘叶蜂属 *Pristiphora* Latreille, 1810

Pristiphora Latreille, 1810: 294, 435. Type species: *Pteronus testaceus* Jurine, 1807, by original designation.

Nematus (*Diphadnus*) Hartig, 1837: 225. Type species: *Nematus fuscicornis* Hartig, 1837, by subsequent designation of Gimmerthal, 1847.

Neotomostethus MacGillivray, 1908a: 290. Type species: *Neotomostethus hyalinus* MacGillivray, 1908, by original designation.

Pristiphora (*Sala*) Ross, 1937: 85. Type species: *Nematus chloreus* Norton, 1867, by original designation.

主要特征：体小型；唇基极短，端部近似截形；下颚须长于下唇轴节和茎节之和，下颚须 2 倍于唇舌长；左上颚外面观窄长，基部突然加宽；颚眼距 0.2–1.5 倍于单眼直径，触角窝间区显著前突，脊状；触角基部 2 节短小，宽大于长，触角丝状，不明显侧扁；胸腹侧片平坦，胸腹侧片缝细弱；前翅 C 室末端狭窄，C 脉端部强烈膨大；2r 脉缺，Sc 通常位于 1M 脉端部内侧，1m-cu 脉与 2m-cu 脉向翅痣强烈收敛，2m-cu 脉交于 1Rs 室内，2A+3A 脉直，基臀室开放；后翅 R1、Rs、M、臀室全部封闭，臀室柄长于 cu-a 脉；爪小型，无基片，内齿通常明显短于并远离外齿，少数亚洲南部种类内齿较长；尾须较短，长宽比小于 5；锯鞘背面观端部通常三突形，少数截形，基部不收缩；锯腹片节缝细刺毛带有或无，无栉齿列，锯刃倾斜突出；雄虫第 8 背板中突非脊状，不伸出第 8 背板后缘；阳茎瓣头叶形态各异，粗刺突通常自腹瓣中部或腹侧伸出，有时向上弯折。幼虫腹部第 3 节第 2、4 环节具刺毛，第 1 环节裸。幼虫取食树叶时不留下丝质残桩。

分布：古北区，新北区，新热带区；东亚。

本属已知种类超过 220 种，是叶蜂科第 5 大属。中国已记载 34 种，推测不少于 60 种。本书记述浙江 5 种，包括 1 新种。

第三章 叶蜂亚目 Tenthredinomorpha

分种检索表

1. 腹部背板、腹板、唇基全部黑色，翅基片和各足股节全部黄白色；背面观锯鞘无中齿；锯腹片具15节缝，节缝无刺毛带，锯刃内侧具1大齿 ·· 内齿槌缘叶蜂 *P. basidentalia*
- 腹部腹板黄褐色，或腹部端部多节大部分红褐色；后足股节至少端部黑褐色；背面观锯鞘具明显中齿；锯腹片具18-23节缝，节缝刺毛带有或无，锯刃内侧无大齿 ·· 2
2. 体形粗壮；腹部端部数节背板和腹板大部分或全部红褐色；锯腹片具22-23节缝，第4-16节缝中下部具短小节缝刺毛带；头部背侧无毛瘤 ·· 中华槌缘叶蜂 *P. sinensis*
- 体形较瘦长；腹部背板黑色，腹板大部分或全部黄褐色；锯腹片具18-20节缝，无节缝刺毛带，或节缝刺毛十分密集，每节至少4列以上；头部背侧具毛瘤 ·· 3
3. 唇基白色；锯腹片1-3节缝不完整，上端远离背索，中部锯节具4-6排节缝刺毛带；后足股节端部黑斑小型 ·· 浙江槌缘叶蜂 *P. zhejiangensis*
- 唇基黑色；锯腹片1-3节缝完整，上端伸达背索，各锯节无节缝刺毛带；后足股节端部1/4-1/3黑色 ·· 4
4. 后足胫节几乎全部黑色，跗节大部分黑褐色；爪内齿稍短于外齿，间距狭窄；锯腹片基部锯刃内切很浅，中部锯刃较基部锯刃明显突出 ·· 黑胫槌缘叶蜂，新种 *P. nigrotibialina* sp. nov.
- 后足胫节除端部外黄白色，后足1-3跗分节黄褐色；爪内齿显著短于外齿，间距较宽；锯腹片中基部锯刃内切均较深，中部锯刃不明显突出 ·· 长踵槌缘叶蜂 *P. longitangia*

（145）内齿槌缘叶蜂 *Pristiphora basidentalia* Wei & Nie, 1998（图3-140）

Pristiphora basidentalia Wei & Nie, 1998b: 360.

主要特征：雌虫体长5mm；体黑色，上唇、翅基片和足黄褐色，后足胫节端部1/5-1/4和后足跗节黑色；翅痣黑褐色；体毛褐色至浅褐色，头、胸部背侧细毛暗褐色；头部背侧具密集毛瘤；颚眼距稍长于单眼直径，额区微隆起，额脊细弱，稍可分辨；后单眼距等于单复眼距，几乎2倍于单眼后头距；单眼后区

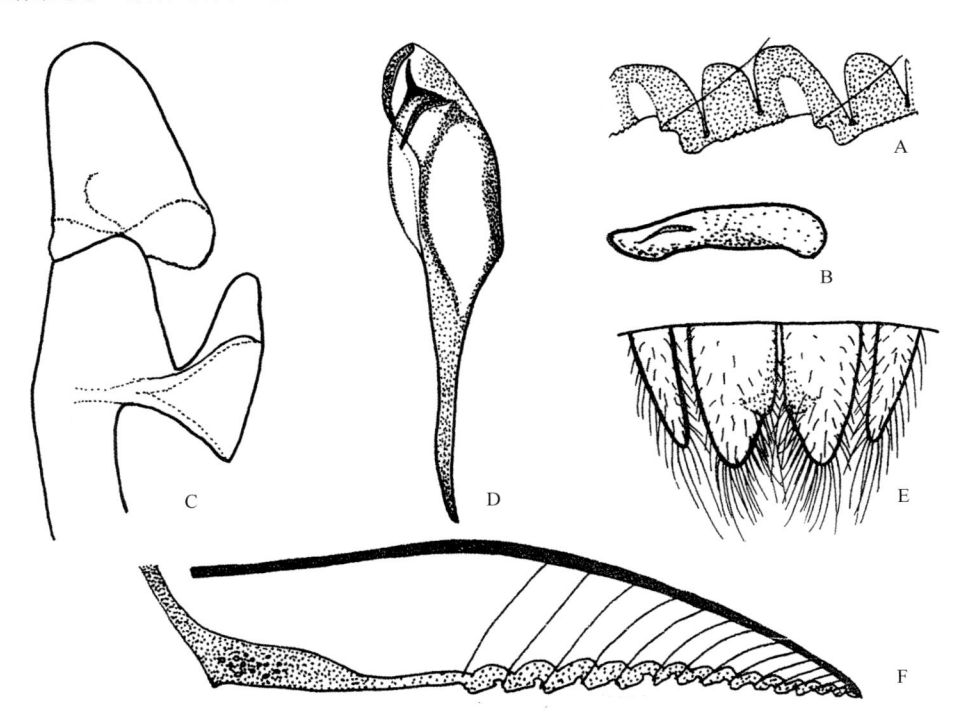

图3-140 内齿槌缘叶蜂 *Pristiphora basidentalia* Wei & Nie, 1998
A. 基部锯刃；B. 阳基腹铗内叶；C. 抱器和副阳茎；D. 阳茎瓣；E. 锯鞘背面观；F. 锯腹片

宽长比几乎等于 4；触角约等于胸、腹部长之和，第 3 节约等长于第 4 节；后足基跗节等长于其后 3 节之和，胫节内距约等长于后足基跗节一半长；爪内齿很短，三角形；前翅 R+M 脉段等长于 M 脉段，2Rs 室稍大于 1R1 室，长稍大于宽；后翅臀室柄 1.8 倍于 cu-a 脉长；锯鞘背面观端部约等宽于后足胫节端部背面，侧角不向两侧突出，无中齿，尾须端部与鞘端几乎齐平（图 3-140E）；锯腹片 15 节，节缝上端伸达背索，无节缝刺毛列，锯基腹索踵窄长，端部无棘突（图 3-140F）；锯刃短，内侧具 1 个明显的内侧亚端齿（图 3-140A）。雄虫体长 4.8mm；下生殖板长大于宽，端部缘突出，末端窄截形；抱器和副阳茎见图 3-140C；阳基腹铗内叶见图 3-140B；阳茎瓣头叶刺突细，明显弯曲（图 3-140D）。

分布：浙江（安吉、临安）。

（146）长踵槌缘叶蜂 Pristiphora longitangia Wei & Nie, 1998（图 3-141）

Pristiphora longitangia Wei & Nie, 1998b: 361.

主要特征：雌虫体长 6–7mm；体黑色，上唇大部分、前胸背板后角狭边、翅基片全部、中胸前上侧片部分、腹部背板后缘狭边、腹部腹面全部包括背板缘折黄褐色；足黄褐色，后足股节端部 1/3 以下、后足胫节端部 1/3–1/2 黑色，后足第 4–5 跗分节黑褐色；翅痣黑褐色；体毛和锯鞘毛银褐色，头部背侧细毛暗褐色；头部背侧具密集毛瘤；颚眼距稍长于单眼半径，额区平坦，无额脊；后单眼距大于单复眼距，几乎 2 倍长于单眼后头距；单眼后区宽长比稍大于 3；触角约等于胸、腹部长之和，第 3 节稍长于第 4 节；后足基跗节明显长于其后 3 节之和，内胫节距长于后足基跗节一半；爪内齿明显短于外齿（图 3-141C）；前翅 R+M 脉段长于 M 脉段，2Rs 室短小，长稍大于宽，后翅臀室柄 1.5 倍于后 cu-a 脉长；锯鞘背面观端部宽稍窄于后足胫节端部，三尖形，侧突不向两侧突出（图 3-141D）；锯腹片具 19 节缝和 20 锯刃，节缝较直，向端部强烈倾斜，无节缝刺毛列，锯基腹索踵窄长，具端突（图 3-141A）；中基部锯刃内侧均稍突出，亚基齿细小（图 3-141B）。雄虫体长 5.5mm；下生殖板长大于宽，中部突出；抱器窄长；阳茎瓣端部背叶边缘明显弯折，刺突较尖，不明显弯曲。

分布：浙江（安吉、临安、丽水、龙泉）、湖南、福建、广东、海南、广西。

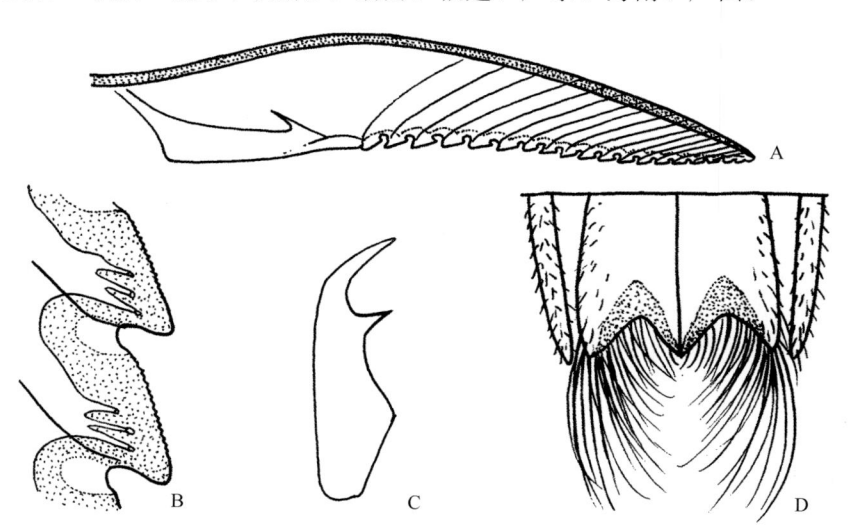

图 3-141 长踵槌缘叶蜂 Pristiphora longitangia Wei & Nie, 1998（仿自魏美才和聂海燕，1998b）
A. 锯腹片；B. 基部锯刃；C. 爪；D. 锯鞘背面观

（147）黑胫槌缘叶蜂，新种 Pristiphora nigrotibialina Wei, sp. nov.（图 3-142）

雌虫：体长 6mm；体黑色；口须大部分、后胸淡膜区、腹部腹面包括背板缘折黄褐色，上唇褐色，翅基片暗褐色至黑褐色；足黄褐色，中足股节末端、后足股节端部 1/4–1/3、中足胫节端部、后足胫节几乎全部、跗节大部黑褐色，前中足跗节浅褐色。翅浅灰色透明，端部色泽稍深，前缘脉褐色，翅痣和其余翅脉黑褐色。体背侧细毛暗褐色，腹侧细毛褐色，触角毛和翅毛黑色。

体光滑，具较强光泽，头部背侧具较弱的毛瘤，胸部背侧具不明显的细弱刻点，腹部背板具十分微细的刻纹。唇基端缘截形；颚眼距等于单眼直径和触角窝间距的1/2稍强；中窝小型，深点状；额区稍隆起，额脊微弱发育，几乎不能分辨；复眼中等大，内缘向下稍收敛，间距宽于眼高；后眶较狭窄，无后颊脊；单眼三角极扁，后单眼距明显大于单复眼距，几乎2倍长于单眼后头距；单眼后区隆起，宽长比等于3.5；侧沟深直，向后分歧；单眼后沟明显，中沟模糊；背面观后头很短，两侧强烈收缩。触角稍侧扁，稍短于胸、腹部长之和，第3节稍长于第4节，鞭节端部较细尖。中胸小盾片平坦，附片大；后胸淡膜区间距稍大于淡膜区长径；中胸侧板光滑。前足基跗节稍长于其后3节之和；后足基跗节明显长于其后3节之和，内胫节距长于后足基跗节一半；爪无基片，内齿稍短于外齿（图3-142A）。前翅R+M脉段稍长于弯曲的1M脉段，与亚缘脉远离，Rs脉基部消失，2Rs室短小，微大于1R1室，长稍大于宽，cu-a脉中位；后翅臀室柄1.5倍于后cu-a脉长。锯鞘背面观端部稍窄于后足胫节端部背面宽，侧突稍向两侧突出，锯鞘毛较长；尾须伸至鞘端（图3-142C）；锯腹片具19节缝和20锯刃，节缝较直，向端部强烈倾斜，无节缝刺毛列，锯基腹索踵较宽长，长宽比稍小于4，端部与基部几乎等宽，中部稍窄，具端突，基角方形；基部锯刃微弱突出（图3-142B），中部锯刃内侧显著突出（图3-142D）。

雄虫：未知。

分布：浙江（湖州、龙泉）、广西。

词源：本种后足胫节黑褐色，与近缘种类明显不同，故以此命名。

正模：♀，浙江凤阳山，1982.VII，宋齐生（ASMN）。副模：1♀，浙江湖州，1993.IX.27，何俊华；1♀，广西融水元宝山，800–1500m，2001.VIII.20，肖炜（ASMN）。

鉴别特征：本种与 *Pristiphora caiwanzhii* Wei, 1998 最近似，但锯基腹索踵较宽且前后部宽度一致，中部窄，基角方形，翅基片和后足胫节全部黑褐色等，与之不同。

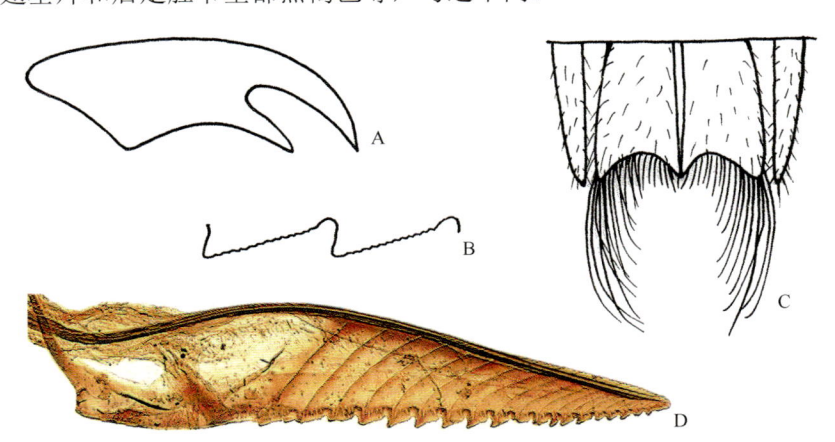

图3-142 黑胫槌缘叶蜂，新种 *Pristiphora nigrotibialina* Wei, sp. nov. 雌虫
A. 爪；B. 基部锯刃；C. 锯鞘和尾须背面观；D. 锯腹片

（148）中华槌缘叶蜂 *Pristiphora sinensis* Wong, 1977（图3-143，图版V-10）

Pristiphora sinensis Wong, 1977: 101.
Pristiphora huangi Xiao, 1990: 550.

主要特征：雌虫体长8–10mm；体黑色，翅基片前半部白色，腹部中端部背板和腹板红褐色；足黄褐色，各足基节大部分、股节腹侧大部分、股节背侧端部、后足胫节端部1/4和后足跗节黑色；体毛银褐色，头部背侧细毛暗褐色；翅深烟褐色，翅痣和翅脉黑褐色；体光滑，具较强光泽，头、胸部无显著刻点和刻纹，头部背侧无毛瘤，腹部背板具微细刻纹；复眼较小，间距 1.5 倍宽于眼高；颚眼距稍窄于中单眼直径；额脊明显；单眼后区宽长比稍小于 2，具弱中纵沟；侧沟细浅，向后稍分歧；背面观后头约等长于复眼；触角第 3 节稍长于第 4 节；中胸侧板和腹板细毛连续分布，无光裸横带；前足基跗节显著短于其后 3 节之和，后足胫节端距短于胫节端部宽；爪内、外齿均很短小，几乎等长（图 3-143C）；前翅 2Rs 室长大于宽，后翅臀室柄稍长于 cu-a 脉；锯鞘背面观显著宽于后足胫节端部，侧突发达；尾须基部细，亚端部显著膨大，伸出锯鞘末端（图 3-143A）；锯腹片 22–23 节，4–16 节中下部具短小栉刺毛列，第 1 锯节几乎 3 倍宽于中端部锯节（图 3-143E），锯刃突出，亚基齿细小（图 3-143F）。雄虫体长 7–8mm；各足股节和翅基片大部分黑色，腹部大部分黑色；下生殖板长大于宽，端部圆钝；抱器近三角形，顶端窄圆；阳茎瓣背叶宽大，明显卷折，刺突短小倾斜（图 3-143D）。

分布：浙江（杭州、临安）、内蒙古、北京、河北、山西、山东、河南、陕西、江苏、湖北、湖南、福建、广东、广西、四川、贵州。

寄主：蔷薇科桃、李、梨、樱桃、梅花、杏，主要为害桃树。

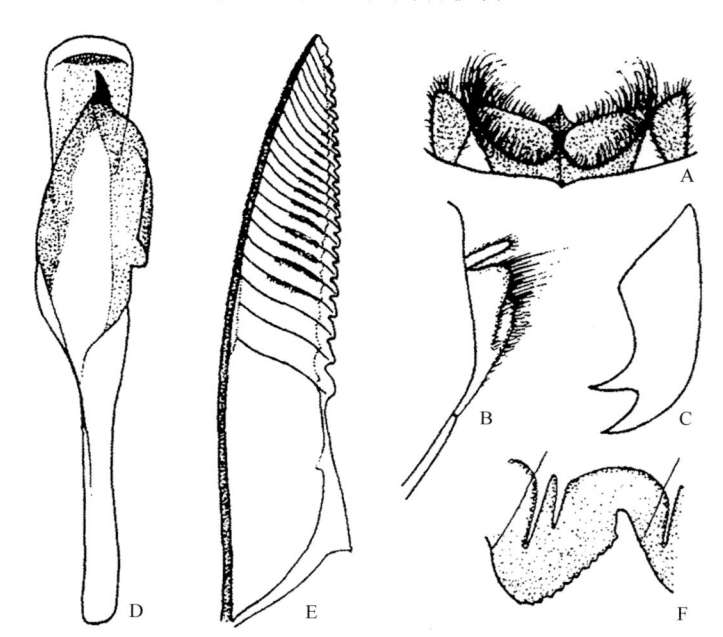

图 3-143 中华槌缘叶蜂 *Pristiphora sinensis* Wong, 1977（引自魏美才和聂海燕，2003b）
A. 锯鞘和尾须背面观；B. 锯鞘侧面观；C. 爪；D. 阳茎瓣；E. 锯腹片；F. 基部锯刃

（149）浙江槌缘叶蜂 *Pristiphora zhejiangensis* Wei, 1995（图 3-144）

Pristiphora zhejiangensis Wei, 1995: 546.

主要特征：雌虫体长 5mm。体黑色，唇基和口器、腹部各节背板腹缘及腹板白色，前胸背板后角、翅基片及足黄褐色，前中足胫节最末端、后足股节端部背侧、后足胫节端部及后足跗节黑褐色；翅浅烟色，翅痣和翅脉黑褐色；体毛褐色至浅褐色，头、胸部背侧细毛暗褐色；体光滑，头部背侧具密集毛瘤，侧板光滑；唇基端缘具明显的浅弧形缺口，颚眼距稍长于单眼直径，额脊细弱，稍可分辨；单眼后区宽长比等于 3；侧沟细浅，向后分歧；触角约等于胸、腹部长之和，第 3 节稍长于第 4 节；前足基跗节明显短于其后 3 节之和；后足基跗节稍长于其后 3 节之和，胫节内距约等长于后足基跗节一半长；爪内齿短小（图 3-144C）；前翅 R+M 脉段短于 1M 脉，2Rs 室长稍大于宽，后翅臀室柄 1.5 倍于 cu-a 脉长；锯鞘三尖形，背面观见图 3-144B，端部约等宽于后足胫节端部，两侧突出，锯鞘毛较长，端部靠近，尾须端部与鞘端齐平；锯腹片 19 节 20 刃；1–3 节缝不完整，上端远离背索，中部节缝刺毛 4–6 列，十分密集；锯刃短，端部平直，锯基腹索踵窄长，长宽比约等于5，端部具棘突（图3-144A）。雄虫体长4.5mm；下生殖板长大于宽，端部突出；抱器长约等于宽，端部窄；阳茎瓣头叶窄长，背叶端部倾斜，稍弯折，刺突直。

分布：浙江（庆元）、湖南、贵州。

因排版错误，本种在《华东百山祖昆虫》一书中发表时，锯腹片图与 *Priophorus wui* Wei 的锯腹片图被互相颠倒。

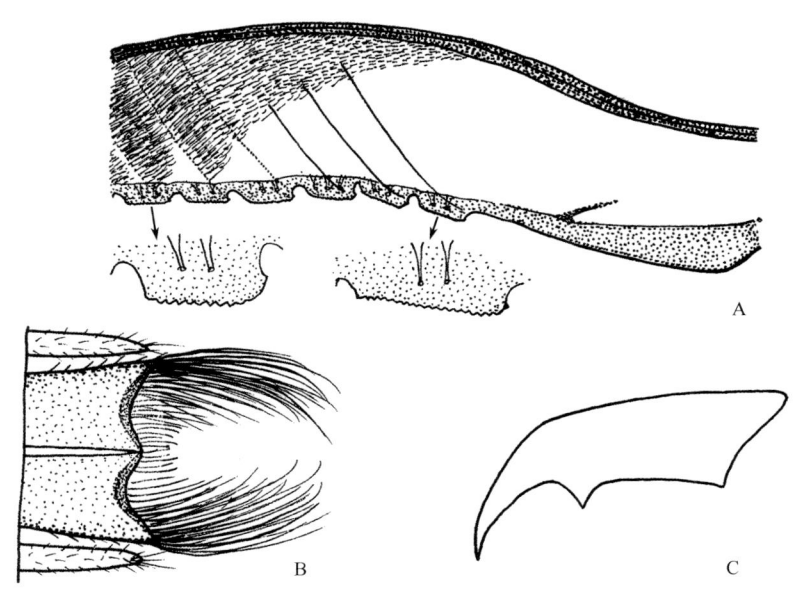

图3-144 浙江槌缘叶蜂 *Pristiphora zhejiangensis* Wei, 1995
A. 锯腹片基半部；B. 锯鞘和尾须背面观；C. 爪

（十二）短叶蜂亚科 Rocaliinae

主要特征：体小型，头部后头和后眶很短，复眼大型、鼓凸；侧窝发达，圆形，不开放；触角9节，丝状，有时侧扁；上颚端位对称三齿式；胸部不延长，前胸背板具侧纵脊，中胸侧板通常具胸腹侧片（但浙江分布的2属均无胸腹侧片）；后足胫节通常长于跗节，基跗节常显著短于其余跗节之和；爪基片微弱；前翅1M脉显著弓曲，与1m-cu脉向翅痣方向显著聚敛，R脉段通常长于Rs脉第1段，R+M脉段长，臀室完整，具外侧位横脉，cu-a脉远离M脉基部，位于M室下缘中部或外侧；Rs+M脉基部不明显反曲；后翅M室和Rs室封闭，M室大于Rs室，臀室柄部通常长于cu-a脉；产卵器短小、原始，锯腹片具柄式，无锯刃或具不规则锯刃；阳茎瓣简单，无端侧突、侧突和刺突，背缘具细齿。

分布：东亚。1种近年入侵欧洲。本亚科已知6属，中国均有分布。浙江已发现2属3种。

寄主：蕨类。

44. 短唇叶蜂属 *Birmindia* Malaise, 1947

Birmindia Malaise, 1947: 33. Type species: *Birmindia albipes* Malaise, 1947, by original designation.

主要特征：体型微小、粗短；头部背面观宽长比大于2，后头长约等于单眼直径，两侧强烈收缩；唇基甚短且横宽，端缘平截；上颚对称三齿型，端齿几乎不弯曲，内齿短小；颚眼距线状，后眶圆钝，无后颊脊；复眼大，内缘向下聚敛，间距窄于复眼长径；额区平坦，稍具轮廓，无额脊；中窝和侧窝封闭；单眼后区宽显著大于长，侧沟宽短、很深；触角丝状，第1、2节等长，长宽比约等于2，第3节2倍于第4节长；前胸背板具侧纵脊，中胸无胸腹侧片，中胸前侧片前缘具细脊，中胸上后侧片凹入，后胸侧板宽大；

附片不宽于小盾片，淡膜区间距约等于淡膜区长径；前足胫节内距端部分叉，后足胫节 1–1.2 倍于跗节长，胫节端距短于后足胫节端部宽；后足基跗节约等长于其余跗分节之和，第 1、2 跗分节无跗垫，第 3、4 跗分节具小型跗垫；爪基片明显，内齿中位，短于端齿（图 3-145D）；前翅 C 脉末端明显膨大，1M 脉基部强烈弯曲，与 1m-cu 脉向翅痣强烈聚敛，1M 脉显著长于 1m-cu 脉，R+M 脉段约等长于 1m-cu 脉，cu-a 脉外侧 1/3 位，臀室亚基部强烈收缩，具倾斜的外侧位横脉，2A+3A 脉明显弱化（图 3-145A）；后翅具双闭中室，臀室具长柄，cu-a 脉垂直（图 3-145C）；腹部第 1 背板膜区显著；锯腹片十分短宽，无长柄，无锯刃及节缝（图 3-145G）；阳茎瓣扭形（图 3-145I）；生殖茎节宽大，抱器狭窄（图 3-145B）。

分布：东亚。本属已知 5 种，中国记载 3 种。浙江发现 2 种。

寄主：蕨类。

（150）黑角短唇叶蜂 *Birmindia gracilis* (Forsius, 1931)（图 3-145）

Birmindia gracilis Forsius 1931: 31.
Birmindia albipes Malaise, 1947: 34.

主要特征：雌虫体长 4–5mm；体黑色，光滑，几乎光裸无毛，具强光泽；口须和翅基片大部分黄褐色，上唇浅褐色；足白色，仅基节部分黑色；翅均匀浅烟褐色，翅痣和翅脉黑褐色；中窝细横沟状，低位，上侧具细长纵沟与额区连通；额区平坦，稍具轮廓；单眼后区隆起，宽约为长的 2.3 倍，侧沟短宽且深，单眼后沟细浅，中沟浅宽；触角细丝状，等长于胸部，第 3 节稍长于第 4、5 节之和；中胸背板前叶具中沟；后足胫距短于后胫端宽；后基跗节几乎等长于其余跗分节之和；爪见图 3-145D；前翅 R+M 脉长 2 倍于 Rs 脉第 1 段，2Rs 室稍长于 1Rs 室，外下角不尖，2r 脉交于 2Rs 室上缘近顶角处（图 3-145A）；后翅 R1 室端部尖，具小柄，臀室柄长 2.5 倍于臀室宽（图 3-145C）；腹部第 1 背板后缘具浅宽三角形缺口及膜区；锯鞘极短，端部圆钝，背面观不伸出腹部末端；锯背片粗短，无节缝（图 3-145E）；锯腹片短宽三角形（图 3-145G）。雄虫体长 4mm；抱器狭长，端部钝截形；副阳茎宽长，阳基腹铗内叶狭长（图 3-145B）；阳茎瓣具顶钩叶（图 3-145I）。

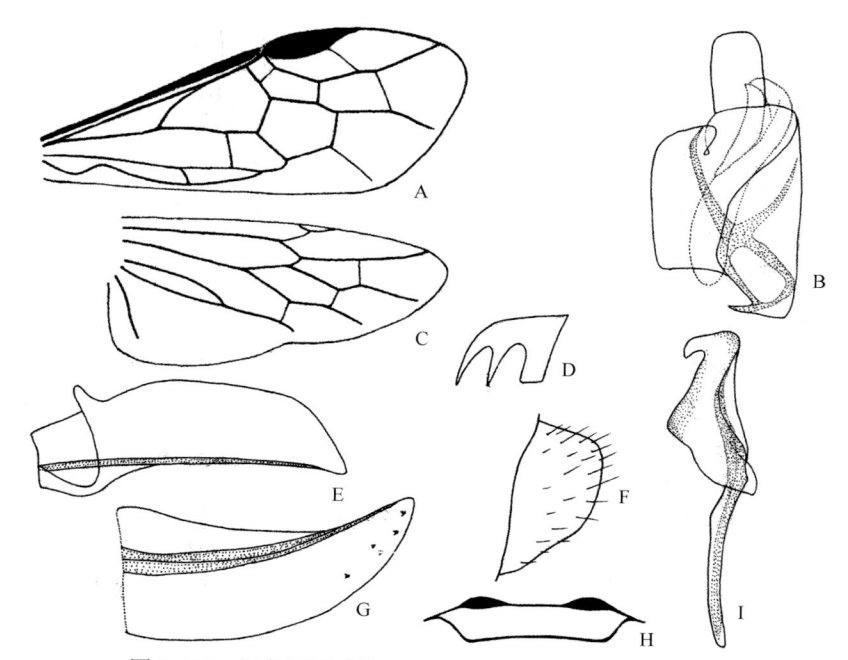

图 3-145 黑角短唇叶蜂 *Birmindia gracilis* (Forsius, 1931)
A. 前翅；B. 生殖铗；C. 后翅；D. 爪；E. 锯背片；F. 锯鞘端部侧面观；G. 锯腹片；H. 唇基；I. 阳茎瓣

分布：浙江（临安、舟山、庆元、龙泉、衢州）、宁夏、甘肃、湖北、湖南、福建、广西、重庆、四川、贵州、云南；印度，缅甸。

（151）黑鳞短唇叶蜂 *Birmindia tegularis* Wei, 2006（图 3-146）

Birmindia tegularis Wei, 2006a: 608.

主要特征：体长 4–5mm；体黑色，光滑无刻点，几乎光裸无毛，具强光泽；口须大部分黄褐色；足白色，仅基节部分黑色；翅均匀烟褐色，翅痣和翅脉黑褐色；体毛银褐色；上唇短小横宽，端部钝截形；颚眼距线状；中窝细横沟状，低位，两侧开放，上侧具细长纵沟与额区连通；侧窝较大，圆形；额区明显隆起，额区平坦，额脊低钝；单眼后区宽 2.3 倍于长，侧沟短宽且深，向后分歧；单眼后沟细浅，中沟较宽深；上眶内侧倾斜，后缘具伪脊；中胸背板前叶中沟模糊；后足胫节明显长于跗节，胫节端距短于后胫端宽；后基跗节几乎等长于其余跗分节之和；cu-a 脉位于 1M 下缘外侧 2/5 处；腹部第 1 背板后缘具浅宽三角形缺口及膜区；锯鞘极短，端部圆钝，背面观不伸出腹部末端；锯腹片短宽三角形，无锯刃及节缝（图 3-146C）；雄虫体长 4mm；阳茎瓣头叶稍扭曲，具顶钩叶（图 3-146A）；抱器窄，长宽比大于 2，端部圆钝（图 3-146B）。

分布：浙江（开化）、江西、四川、贵州、云南。

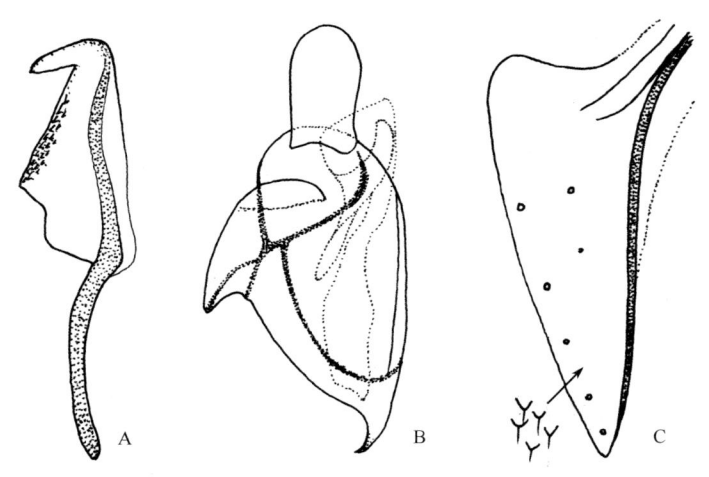

图 3-146 黑鳞短唇叶蜂 *Birmindia tegularis* Wei, 2006
A. 阳茎瓣；B. 生殖铗；C. 锯腹片

45. 短叶蜂属 *Rocalia* Takeuchi, 1952

Rocalia Takeuchi, 1952: 54–55, 57. Type species: *Rocalia longipennis* Takeuchi, 1952, by original designation.

主要特征：体型微小；复眼大型，内缘向下收敛；唇基横宽，端部截形或稍呈弧形突出；上颚对称三齿型，端齿几乎不弯折；额区隆起，具额脊；单眼后区十分短宽，后缘具伪脊；后头及后眶极狭，几乎不宽于单眼直径，无后颊脊，紧靠复眼后侧，有时具钝脊；颚眼距不长于单眼直径；触角丝状，第 2 节宽大于长，第 3 节稍长于第 4 节；足粗短，后足胫节明显长于跗节，基跗节短于其后 4 跗分节之和；爪具基片和内齿（图 3-147C）；前胸背板具侧纵脊，小盾片附片较宽长，无胸腹侧片；前翅 C 脉端部稍膨大，稍狭于翅痣宽的 1/2，翅痣短宽，约与 2r 脉等长；R+M 脉段长，但短于 1r-m 脉的 2 倍；1M 脉与 1m-cu 脉向翅痣弱聚敛，1M 脉稍长于 1m-cu 脉；cu-a 脉位于 1M 室下缘外侧 1/3；臀室基部强烈收缩，但 2A 脉不与 1A 脉接触；后翅臀室具柄式，柄长为臀室宽的 1.2–2 倍；腹部第 1 背板后缘缺口三角形；锯腹片和锯背片细长，具缘齿；阳茎瓣简单长形，不弯曲。

分布：东亚。本属已知 14 种，除 1 种传入欧洲外，全部分布于东亚地区。中国已记载 11 种，浙江目前仅发现 1 种。

寄主：幼虫暴露取食蕨类孢子。

(152) 横沟短叶蜂 *Rocalia similis* Wei & Nie, 1998（图 3-147，图版 VI-1）

Rocalia similis Wei & Nie, 1998b: 359.

主要特征：雌虫体长 5.8mm；体黑色，口须、翅基片及足亮黄色，唇基、上唇、上颚、前胸背板后角、腹部背板暗褐色，腹板浅褐色；翅均匀浅烟色，翅痣和翅脉黑褐色；头部光滑，唇基、内眶、上眶、后眶、额区及周围、单眼后区均具稀疏大刻点，侧窝以下头部具网状皱纹；前胸背板具细密刻纹，中胸前侧片上部具稀疏刻点，中胸背板侧叶具少数小刻点；体毛极少，几乎光裸；唇基较长，端缘微内凹；复眼间距宽于眼高；中窝横沟状，与侧窝连通，上部具突出横脊；额区长桶形，中部下凹，额脊高细，不锐利；单眼中沟深点状；单眼后沟两侧细浅，中央缺；单眼后区宽：长=9：4；侧沟宽深，外侧开放，邻近上眶部分强烈下凹，后缘狭高，锐脊状；后眶长约等于单眼直径，后颊脊全缘式，颚眼距线状；触角各鞭分节均侧扁，长宽比小于 3；中胸前盾片强烈隆起，侧面观顶角近直角形；小盾片十分平坦，前缘弧形，外缘和后缘稍突出，后缘无刺突；附片稍长于单眼直径；爪亚端齿微短于端齿；前翅翅痣宽度等于 2r 长，R+M 脉 1.5 倍于 Rs 脉第 1 段，后翅臀室柄长稍长于倾斜的 cu-a 脉；腹部第 1 背板后缘缺口三角形；锯鞘端部截形（图 3-147D）；锯背片狭长，长片背侧近端部具 3 个小齿（图 3-147A）；锯腹片十分狭长，腹缘细齿低平（图 3-147B）。雄虫体长 5mm；触角显著侧扁，下生殖板长约等于宽，端部收窄。

分布：浙江（安吉、四明山、开化、庆元）、湖南、福建。

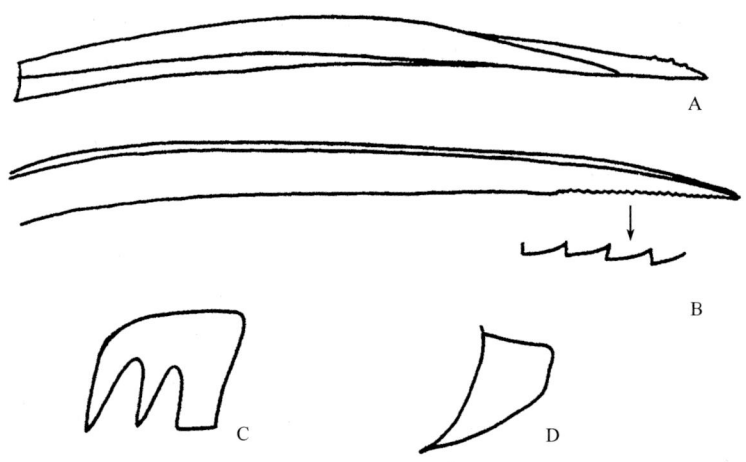

图 3-147 横沟短叶蜂 *Rocalia similis* Wei & Nie, 1998
A. 锯背片；B. 锯腹片及端部锯齿放大；C. 爪；D. 锯鞘端侧面观

（十三）蕨叶蜂亚科 Selandriinae

主要特征：小型叶蜂，体偏粗短或稍瘦；上颚通常对称双齿式，极少三齿；颚眼距通常不长于单眼直径；触角丝状，9 节；中胸较粗短，不明显延长；前翅 Rs+M 脉亚基部明显向翅的基部弯曲，R+M 脉段不长于 Rs 脉第 1 段，Rs 脉第 1 段多少弱化，cu-a 脉中位或外侧位，臀室封闭，通常无横脉，极少具外侧位横脉；后翅 Rs 室与 M 室近似等大，臀室无柄式或具短柄；中胸前侧片具明显的胸腹侧片，后胸侧板宽大；锯鞘短小，锯腹片具明显的长柄，节缝不发育或稍发育，锯刃通常不规则，少数类群稍规则，部分类群无锯刃；阳茎瓣头叶倾斜，背缘具细小缘齿。幼虫通常自由取食蕨类假叶片。

分布：世界广布。除澳洲区外各大区均有分布，但东亚南部多样性最高，南美洲多样性次之。蕨叶蜂亚科已知约52属，主要分布于东亚南部和南美洲。中国分布27属，浙江目前发现15属81种，含22新种。

寄主：主要为蕨类植物，少数为禾本科、莎草科、报春花科等植物。

分属检索表

1. 后翅臀室显著具柄式 ··· 2
- 后翅臀室无柄式，偶尔cu-a脉交于臀室末端，但臀室无明显的柄部 ·· 5
2. 胸腹侧片平滑，胸腹侧片缝痕状；触角第2节长大于宽；锯腹片无近腹缘距和锯刃，具节缝和扁平瘤；爪具基片，内齿稍短于端齿；阳茎瓣无中位横叶 ··· 3
- 胸腹侧片隆起，胸腹侧片缝沟状；触角第2节长等于宽；锯腹片具锯刃，常具近腹缘距，无扁平瘤；爪无基片，内齿微小或缺如；阳茎瓣具中位横叶 ··· 柄臀叶蜂属 *Birka*
3. 前翅臀室具中位横脉 ··· 华脉叶蜂属 *Sinonerva*
- 前翅臀室无横脉 ··· 4
4. 头部侧窝之间具横沟和数条细横脊；雄虫阳茎瓣具明显尾钩 ······························· 沟额叶蜂属 *Corrugia*
- 头部背侧光滑，侧窝之间无横沟和细横脊；雄虫阳茎瓣无尾钩 ························· 平缝叶蜂属 *Nesoselandria*
5. 后翅Rs和M室很长，Rs室向径脉宽阔开放 ································· 长室叶蜂属 *Alphastromboceros*
- 后翅Rs和M室正常，Rs室不向径脉开放 ··· 6
6. 头部侧窝每侧各1对，或长沟状，底部具瘤突；爪基片发达，内齿大型，侧位 ··········· 侧齿叶蜂属 *Neostromboceros*
- 头部侧窝每侧1个，底部无瘤突；爪基片小或缺，内齿后位，爪如侧位，则绝无爪基片 ························· 7
7. 唇基具缺口和弱横脊，端缘锐薄；上颚强烈弯曲，外缘呈90°–100°角；触角细长；爪内齿较小 ··· 拟齿叶蜂属 *Edenticornia*
- 唇基无横脊，端缘不锐薄；上颚不强烈弯曲，外缘弯曲度显著大于100°；触角如较长，则不细 ·············· 8
8. 体瘦长，多少侧扁，腹部尤其明显；触角第2节长约等于宽；爪无基片，内齿大，侧位，等于或长于端齿 ··· 弯沟叶蜂属 *Euforsius*
- 体非瘦长，不侧扁；触角第2节长大于宽；爪内齿后位，短于外齿，或具明显的爪基片 ················· 9
9. 头部无后颊脊，最多具短小口后脊；前翅1M脉与1m-cu脉向翅痣明显收敛；胸腹侧片缝浅弱；触角细或几乎不短于虫体；唇基通常具明显缺口；爪内齿小型 ··· 10
- 头部后颊脊发达，至少伸达后眶中部，通常伸至后眶上端，偶尔后颊脊细低，但明显可辨；前翅1M脉与1m-cu脉互相平行，或微收敛；胸腹侧片缝深；触角较粗短，端部尖出或明显短缩；唇基无明显缺口；爪内齿发达或缺如 ················ 12
10. 复眼发达，内缘向下显著收敛，间距稍宽于复眼1/2高；触角粗丝状，第3、4节几乎等长，或者额区圆钝，无额脊；颚眼距线状或缺如 ··· 11
- 复眼中型，内缘向下微弱收敛，间距几乎等于眼高；触角细丝状，第3节长于第4节；额区显著发育，具钝额脊；颚眼距约等于单眼半径 ··· 痕缝叶蜂属 *Parapeptamena*
11. 触角细，短于腹部，第3节长于第4节；额区平坦，无额脊；锯腹片不明显延长，翼突距很小，不多于5个；唇基端部亚截形；体长3–5mm ··· 尖臀叶蜂属 *Nesoselandriola*
- 触角粗，长于腹部，第3节不长于第4节；额区分化，具低钝但显著的额脊；唇基具显著缺口；锯腹片十分狭长，翼突距大，多于6个；唇基具显著缺口；体长于6mm ··· 长片叶蜂属 *Neothrinax*
12. 额脊高锐；触角端部逐渐细尖，但端部数节不明显短缩 ··· 13
- 额脊十分低弱；触角端部不明显细尖，但端部数节明显短缩；胸腹侧片缝上端不反曲 ···················· 14
13. 爪无基片，内齿微小；胸腹侧片缝上端不延长、不弯曲 ························· 微齿叶蜂属 *Atoposelandria*
- 爪内齿显著，具小型基片；胸腹侧片缝上端明显延长，并向后下方弯曲 ························· 脊额叶蜂属 *Kulia*
14. 后眶狭窄，后颊脊细低；爪基片微小，内齿微小或缺如 ······················· 狭眶叶蜂属 *Linorbita*
- 后眶宽大，后颊脊显著；爪具明显的基片，内齿显著 ······················· 凹颚叶蜂属 *Aneugmenus*

46. 沟额叶蜂属 *Corrugia* Malaise, 1944

Nesoselandria subgenus *Corrugia* Malaise, 1944: 13. Type species: *Nesoselandria* (*Corrugia*) *sulciceps* Malaise, 1944, by original designation.
Corrugia: Wei, 1997b: 1568.

主要特征：体微小，长 3.5–6mm；唇基端部截形或近似截形，上唇横宽；上颚短小，对称双齿式；颚眼距不宽于单眼直径；复眼大型，内缘向下收敛，间距小于眼高；额区平坦，前缘具横沟，贯通侧窝，并常具细低的额脊，横贯于复眼之间；中窝小型或缺失，侧窝圆形，较大；单眼后区扁宽，后缘具伪脊；后眶短，边缘圆钝，无后颊脊；背面观后头短小，两侧显著收缩；触角细长，第 2 节长明显大于宽，第 3 节稍长于第 4 节；胸腹侧片平坦光滑，胸腹侧片缝痕状；爪具小型基片，亚端齿细长，稍短于端齿；前翅 1M 脉与 1m-cu 脉向翅痣收敛，Rs 脉第一段消失，R+M 脉段短，约等长于 2r-m 脉的 1/2，cu-a 脉交于 1M 室下缘中部外侧，臀室完整，无横脉；后翅臀室具柄式；产卵器十分短小，锯鞘端长于锯鞘基；锯腹片宽短，端部尖，端刺突十分明显，节缝通常 4–6 个，骨化弱或非骨化；锯腹片腹缘无锯刃，具分散的扁平瘤（图 3-148A）；阳茎瓣头叶长形，稍倾斜，具显著尾钩，背缘下部具 1 显著刺突（图 3-148B）。

分布：东亚。本属已知 25 种，中国已记载 17 种，主要分布于中国南方和中南半岛。浙江发现 6 种。
寄主：蕨类。幼虫取食蕨类叶片。

分种检索表

1. 后足股节黄褐色或白色，背侧有时暗褐色 ··· 2
- 后足股节大部分或全部黑色 ·· 4
2. 单眼后区较长，宽长比等于 2；股节全部白色 ··· 山地沟额叶蜂 *C. montana*
- 单眼后区很短，宽长比等于 4–5 ·· 3
3. 各足股节全部、后足胫节除末端外白色；锯腹片端突极短 ·· 中华沟额叶蜂 *C. sinica*
- 后足股节背侧和后足胫节大部分黑褐色；锯腹片端突细长 ·· 斑股沟额叶蜂 *C. femorata*
4. 单眼后区较长，宽长比等于 2.5 ·· 宽顶沟额叶蜂 *C. kuanding*
- 单眼后区很短，宽长比等于 4–5 ·· 5
5. 后足股节大部分和后足基跗节端半部黑色，股节基缘和后足基跗节基半部黄白色，后足胫节除基部外黑色；单眼后区宽长比等于 4 ··· 台湾沟额叶蜂 *C. formosana*
- 后足股节黑色，股节端部、后足胫节大部分和后足 1–2 跗分节全部白色；单眼后区宽长比等于 4.5 ································
  ·· 黑股沟额叶蜂 *C. sulciceps*

（153）斑股沟额叶蜂 *Corrugia femorata* Wei, 1997（图 3-148）

Corrugia femorata Wei, 1997b: 1568.

主要特征：雌虫体长 4mm；体黑色，各足转节、后足股节和各足基跗节白色，后足股节背侧褐色或黑褐色，淡色个体各足胫节浅褐色，端部黑褐色或基部和中部各具 1 淡色环纹，深色个体各足胫节黑褐色，仅基部颜色稍浅；翅浅烟色，翅痣和翅脉黑褐色；唇基平坦，端缘缺口十分浅宽，近似截形，颚眼距线状；触角窝距约为内眶宽的 2 倍，中窝小，横弧形；唇基上区无中脊；额区下缘横沟较深且直，额区下部细横脊不明显；额区平坦，额脊模糊；单眼后区宽长比等于 4.5；侧沟长点状，约等长于单眼直径，向后明显分歧；上眶微凹入，后缘具显著伪脊；无单眼中沟和后沟，POL：OOL =1：1.2；头部背侧具细小刻点；触角稍短于头、胸部之和，第 2 节长宽比为 1.6，第 3 节 1.3 倍长于第 4 节，第 8 节长宽比等于 2；后足胫节内距微长于胫节端部宽，后基跗节稍短于其后 4 节之和；爪内齿微短于外齿，外齿强烈弯曲；前翅 1M 脉与 1m-cu 脉向翅痣稍微收敛，R+M 脉微短于 1r-m 脉，2Rs 室稍短于 1R1+1Rs，2r 明显弯曲并交于 2Rs 外侧 1/3–2/5；后翅臀室柄为 cu-a 脉 1/2–2/3 长；腹部背板光滑，无毛瘤；锯鞘短小，侧面观末端圆钝，背面观端部尖出，明显伸出腹端；锯背片具细长端突；锯腹片具 5 个明斑型节缝，端突细长（图 3-148A），锯基腹索踵有耳形叶突。雄虫体长 3.5mm；阳茎瓣头叶端部宽圆，背腹缘弧形弯曲，尾钩上伸，端部窄（图 3-148B）。

分布：浙江（临安）、福建、广东、广西、四川、贵州。

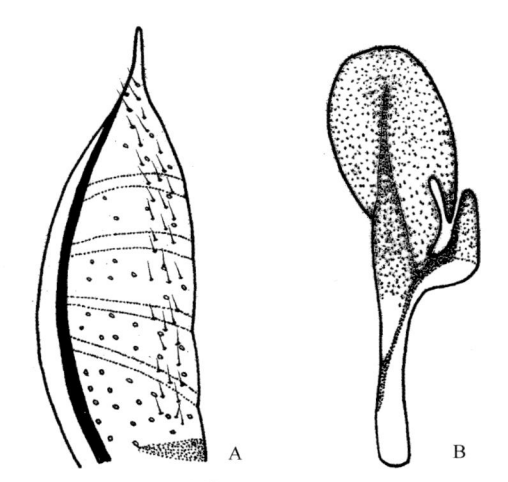

图 3-148 斑股沟额叶蜂 *Corrugia femorata* Wei, 1997
A. 锯腹片；B. 阳茎瓣

(154) 宽顶沟额叶蜂 *Corrugia kuanding* Xiao, Niu & Wei, 2021（图 3-149）

Corrugia formosana: Wei, 1997b: 1568. Misidentification.
Corrugia kuanding Xiao, Niu & Wei, 2021: 311.

主要特征：雌虫体长 4.5–5mm（图 3-149A）；体黑色，中后足转节和各足基跗节浅褐色；翅均匀烟褐色，翅痣和翅脉黑褐色；唇基平坦，端缘缺口浅平；颚眼距线状；触角窝距 1.3 倍于内眶宽；复眼大，内缘向下稍收敛，间距微狭于复眼高；背面观后眶及后头极狭窄，不足复眼 1/5 长；中窝横弧形，两侧开放；侧窝深圆，其间具浅横沟，横沟缘脊显著；额区侧脊细脊状；单眼后区稍隆起，宽长比约等于 2.5，POL：OOL=1：1.2；侧沟细长，稍弯曲，向后分歧；无单眼中沟和后沟，具前单眼环沟；头部背侧具细小稀疏刻点，额区前缘具细皱纹；触角微长于头、胸部之和，第 2 节长宽比为 1.8，第 3 节长 1.3 倍于第 4 节，第 8 节长宽比大于 2；后足胫节内距长于胫节端部宽，后基跗节等长于其后 4 节之和；爪基片小，内齿微短于外齿，外齿强烈弯曲；前翅 1M 脉与 1m-cu 脉向翅痣稍收敛，R+M 脉短于 1r-m 脉，2Rs 室稍长于 1Rs 室，2r 明显弯曲并交于 2Rs 外侧 1/5，cu-a 脉交于 M 室下缘外侧 2/5–3/7；后翅臀室柄约为 cu-a 脉 1/3 长；腹部背板具微细刻纹和毛瘤；锯鞘短三角形，伸出腹端；锯腹片具 4 个清晰节缝，侧刺毛较多，细长（图 3-149G）。雄虫体长 3.5–4mm；下生殖板端部钝截形；抱器长宽比稍小于 2，端部圆；阳茎瓣尾突窄长，端部下弯（图 3-149D、H）。

分布：浙江（德清、安吉、四明山、开化、丽水、松阳）、北京、湖北、湖南、福建、广东、海南、广西、重庆、贵州。

图 3-149　宽顶沟额叶蜂 Corrugia kuanding Xiao, Niu & Wei, 2021（引自 Xiao et al., 2021）
A. 雌虫背面观；B. 锯腹片端突；C. 生殖铗，左侧；D. 阳茎瓣；E. 雌虫头部前面观；F. 雌虫头部背面观；G. 锯腹片；H. 阳茎瓣尾钩放大

（155）台湾沟额叶蜂 *Corrugia formosana* (Rohwer, 1916)（图 3-150）

Nesoselandria formosana Rohwer, 1916: 102.
Corrugia formosana: Wei, 1997b: 1568.

主要特征：雌虫体长 5–6mm；体黑色，后足股节大部分和后足基跗节端半部黑色，股节基缘和后基跗节基半部黄白色，后足胫节除基部外黑色；翅均匀烟褐色；唇基平坦，端缘缺口浅平；颚眼距线状；复眼大，内缘向下稍收敛，间距微狭于复眼高；背面观头部宽长比约等于 2，后眶及后头极狭窄，不足复眼 1/5 长；中窝明显，横弧形，两侧开放；侧窝深圆，其间具稍浅的横沟，横沟缘脊显著；额区侧脊细脊状；单眼区和单眼后区稍隆起，单眼后区宽长比约等于 4；侧沟很短，近似平行；无单眼中沟和后沟，具前单眼环沟；头部背侧具极细小稀疏的刻点，额区前缘具细皱纹；触角微长于头、胸部之和，第 2 节长宽比为 1.8，第 3 节长 1.3 倍于第 4 节，第 8 节长宽比大于 2；胸腹侧片平滑，胸腹侧片缝痕状；后足胫节内距长于胫节端部宽；后基跗节等长于其后 4 节之和；爪基片小而明显，内齿微短于外齿，外齿强烈弯曲；前翅 cu-a 脉交于 M 室下缘外侧 2/5，后翅臀室柄约为 cu-a 脉 1/3 长。

分布：浙江（临安）、福建、台湾、广东；日本。

图 3-150 台湾沟额叶蜂 *Corrugia formosana* (Rohwer, 1916)（仿自 Xiao et al., 2021）
A. 雌虫触角；B. 雌虫侧面观；C. 雌虫背面观；D. 雌虫头部背面观

（156）山地沟额叶蜂 *Corrugia montana* (Forsius, 1929)（图 3-151）

Anapeptamena montana Forsius, 1929: 56.
Nesoselandria montana: Haris, 2006: 294, 307.
Corrugia montana: Wei, 1997b: 1568.

主要特征：体长 3.5–4mm；虫体和触角黑色，足黄白色，各足基节基部黑褐色，后足跗节端部暗褐色；翅浅烟灰色透明，翅痣和翅脉暗褐色；体光滑，无明显刻点和刻纹；头部额区前部横沟显著，侧窝大；单眼后区宽长比等于 2，侧沟显著；触角等长于腹部，第 1 节长于第 2 节，第 3 节 1.5 倍于第 4 节长，第 9 节长于第 8 节，长宽比约等于 3；唇基前缘具浅弱缺口，颚眼距线状；后足胫节稍长于跗节，后足基跗节明显短于其后 4 跗分节之和；爪基片小型，内齿显著，稍短于外齿；锯腹片具 4 个明斑型节缝，侧面中部具 3-4 列长刺毛，扁平瘤集中于锯腹片腹缘，端突狭长，末端尖（图 3-151）。

分布：浙江（丽水）、湖北、福建、四川；苏门答腊。

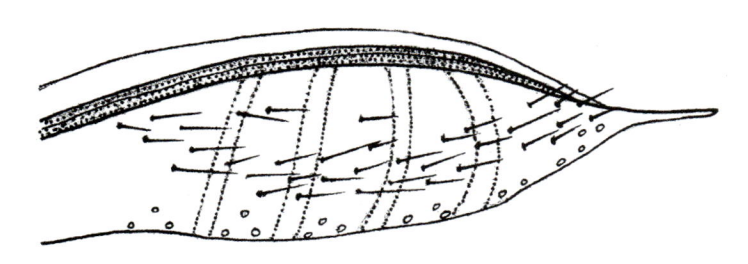

图 3-151 山地沟额叶蜂 *Corrugia montana* (Forsius, 1929) 锯腹片

（157）中华沟额叶蜂 *Corrugia sinica* Wei, 1997（图 3-152）

Corrugia sinica Wei, 1997c: 19.

主要特征：雌虫体长 4mm；体黑色，口须和足黄褐色，前胸背板后角及翅基片浅褐色；各足基节基部、前足股节中部、后足胫节末端和后足爪黑褐色；翅均匀烟褐色，翅痣和翅脉黑褐色；头部背侧具细小稀疏刻点，额区前缘具细皱纹；腹部背板无毛瘤，光滑；唇基平坦，端缘缺口极浅；颚眼距线状；触角窝距 1.8

倍于内眶宽；复眼大，内缘向下稍收敛，间距微宽于复眼一半高；背面观头部宽长比小于 2，后眶及后头极狭窄，不足复眼 1/5 长；中窝横沟状，两侧开放；侧窝深圆，其间具浅横沟，横沟缘脊显著；额区侧脊微具痕迹，无细脊；单眼后区稍隆起，宽长比约等于 5，侧沟圆点状，向后稍分歧，POL∶OOL =1∶1.3；触角等长于头、胸部之和，第 2 节长宽比为 1.8，第 3 节 1.3 倍于第 4 节长；后足胫节内距短于胫节端部宽，后基跗节等长于其后 4 节之和；爪基片小而明显，内齿微短于外齿，外齿强烈弯曲；前翅 1M 脉与 1m-cu 脉向翅痣明显收敛，R+M 脉短于 1r-m 脉，2Rs 室稍短于 1R1+1Rs，2r 明显弯曲并交于 2Rs 外侧 1/3；后翅臀室柄约为 cu-a 脉 1/2 长；锯背片具细长端突；锯腹片宽短，端突短小，锯腹片基部 1/3 外背缘具长条形披毛区，锯基腹索踵中央中断，扁平瘤散布于锯腹片中段（图 3-152）。雄虫未知。

分布：浙江（临安）、福建、广东。

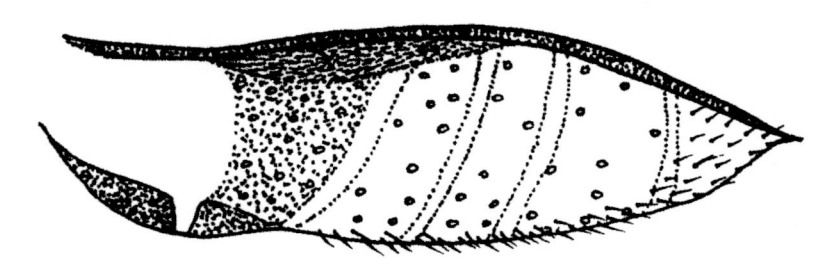

图 3-152 中华沟额叶蜂 *Corrugia sinica* Wei, 1997 锯腹片（引自魏美才和聂海燕，2003a）

（158）黑股沟额叶蜂 *Corrugia sulciceps* Malaise, 1944（图 3-153）

Nesoselandria (*Corrugia*) *sulciceps* Malaise, 1944: 14.

主要特征：雌虫体长 3.5–4.5mm；体黑色，足白色，基节大部分、各足股节除末端以外、各足胫节末端、跗节端半黑褐色；翅浅烟色，基半微淡，翅痣和翅脉黑褐色；头部背侧具细小稀疏刻点，额区前缘具细皱纹，胸部背板无刻点；唇基端缘亚截形，颚眼距线状；触角窝距 1.4 倍于内眶宽；复眼大，内缘向下稍收敛，间距微狭于复眼高；背面观头部宽长比约等于 2，后眶及后头极狭窄，不足复眼 1/5 长；单眼后区稍隆起，宽长比等于 4.5，侧沟点状，伸至后缘，互相平行，无单眼中沟和后沟，具前单眼环沟；上眶后缘具明显伪脊；中窝横弧形；额区横沟完整，具不规则皱纹，额脊十分低弱，不明显；触角细，约等于头、胸部之和，第 2 节长宽比为 1.6，第 3、4 节长度比为 9∶7，第 8 节长宽比大于 2；后足胫节内距长于胫节端部宽，后基跗节等长于其后 4 节之和；爪基片小而明显，亚端齿稍短于端齿；前翅 1M 脉与 1m-cu 脉向翅痣稍收敛，R+M 脉短于 1r-m 脉，2r 明显弯曲并交于 2Rs 外侧，cu-a 脉交于 M 室下缘外侧 2/5；后翅臀室柄长于后小脉 1/2；锯鞘伸出腹端，背面观三角形；锯腹片 6 节，节缝明斑型，扁平瘤较均匀散布，端突较短，向末端迅速变尖（图 3-153）。雄虫体长 3.5–4mm。

分布：浙江（杭州）、福建；缅甸，喜马拉雅山。

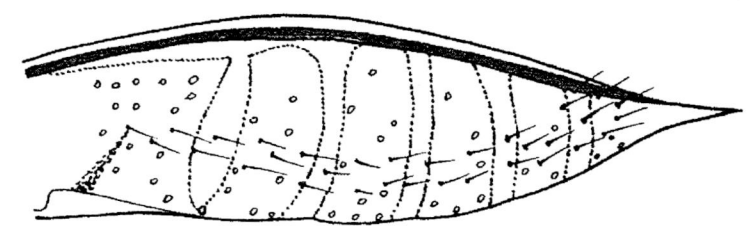

图 3-153 黑股沟额叶蜂 *Corrugia sulciceps* Malaise, 1944 锯腹片（引自魏美才和聂海燕，2003a）

47. 平缝叶蜂属 *Nesoselandria* Rohwer, 1910

Nesoselandria Rohwer, 1910c: 657. Type species: *Paraselandria imitatrix* Ashmead, 1905, by original designation.
Neobusarbia Takeuchi, 1928: 40. Type species: *Neobusarbia flavipes* Takeuchi, 1928, by original designation.
Melisandra Benson, 1939b: 110. Type species: *Selandria morio* Fabricius, 1781, by original designation.

主要特征：体型微小，长 3.5–6mm；唇基平坦，端缘平截或具浅三角形缺口；上颚短小，对称双齿式；后眶圆，无后颊脊；复眼大，内缘向下收敛，间距明显小于复眼长径；背面观后头短小，两侧显著收缩；无触角窝上突，中窝和侧窝发育，侧窝圆形，封闭；额区平坦，无额脊；单眼后区近似平坦，宽大于长；触角细长，第 2 节长明显大于宽，第 3 节长于第 4 节，端部鞭分节无触角器；胸腹侧片光滑，胸腹侧片缝痕状；中胸后上侧片隆起；后足基跗节等于或短于其后跗分节之和；爪具小型基片，亚端齿通常仅稍短于端齿，端齿显著弯曲；前翅臀室完整，无臀横脉，1M 脉与 1m-cu 脉向翅痣明显收敛，R+M 脉段明显，但不显著长于 1r-m 脉，Rs+M 脉基部弧形弯曲，cu-a 脉中位外侧；后翅臀室具柄式；锯鞘短小，锯腹片粗短，无锯刃，节缝明斑状或缺，少数具明显骨化的节缝，具扁平瘤突，阳茎瓣头叶显著倾斜，具背缘细齿，无尾钩，后缘下端无分离的刺突。

分布：古北区，新北区，东洋区。本属是蕨叶蜂亚科两个大属之一。已知种类超过 80 种，除 1 种为全北区分布外，其余种类全部分布于东亚地区，东南南部地区多样性远高于其他地区。中国已知 49 种，实际种类可能超过 100 种。浙江目前发现 29 种，本书记述 27 种，包括 12 新种。

寄主：蕨类。幼虫暴露取食蕨类叶片。

分种检索表

1. 至少腹部腹面大部分浅褐色至白色，如仅基部白色，则触角第 3 节大部分白色，且阳茎瓣具横叶；足白色；雌虫翅基片和前胸背板后部黄褐色或白色 ··· 2
- 腹部黑色或黑褐色，触角第 3 节黑色；阳茎瓣通常无横叶 ·· 11
2. 唇基部分或全部、或上颚基半部白色或浅褐色；各足跗节白色，端跗节褐色；颚眼距通常线状；雄虫阳基腹铗中部分裂。*N. flavipes* group ·· 3
- 唇基和上颚黑褐色或黑色；雄虫阳基腹铗中部通常不分裂。*N. birmana* group ·· 6
3. 锯腹片无端突，8 节缝，腹侧扁平瘤极少，背侧具较多扁平瘤；触角第 3 节长于第 4 节 1.5 倍；唇基黑褐色，中央稍淡；上颚基半部白色 ·· 斑颚平缝叶蜂，新种 *N. mandibulata* sp. nov.
- 锯腹片具细长端突，腹侧具较多扁平瘤；触角第 3 节短于第 4 节 1.5 倍 ·· 4
4. 单眼后区隆起；锯腹片具 7 节缝，端部 3 个节缝较清晰，其余节缝稍模糊，近明斑状；侧沟互相亚平行或稍分歧 ··· 5
- 单眼后区不隆起；锯腹片具 8–9 个清晰的节缝；锯鞘稍伸出腹端；唇基全部、上颚大部分黄白色 ··· 黄氏平缝叶蜂 *N. huangi*
5. 唇基褐色；锯鞘尖长，强烈突出；前翅 2r 交于 2Rs 室外侧 1/4；后翅 Rs 和 M 室外缘脉的走向相同；阳茎瓣头部接近横形 ··· 尖鞘平缝叶蜂 *N. acuminiserra*
- 唇基端半部白色，上颚大部分黑色；锯鞘不强烈突出；前翅 2r 交于 2Rs 室外侧 2/5；后翅 Rs 和 M 室外缘脉的走向交叉；阳茎瓣头部非横形 ·· 何氏平缝叶蜂，新种 *N. hei* sp. nov.
6. 触角基部 2 节全部和第 3 节基部白色；单眼后区侧沟明显；锯腹片端突长约等于中部锯节宽；雄虫阳基腹铗尾部向上弯转 ··· 台湾平缝叶蜂 *N. taiwana*
- 触角基部 2 节背侧多少黑褐色或全部黑褐色 ·· 7
7. 单眼后区宽长比等于 1.8；锯腹片狭长，端突尖长 ································· 大顶平缝叶蜂，新种 *N. megavertexa* sp. nov.
- 单眼后区宽长比大于 2；锯腹片较短宽 ·· 8
8. 锯腹片节缝明斑型，端突短小，从基部向端部迅速尖出；阳基腹铗具不长的侧裂，尾部细，短于头部；阳茎瓣具头部侧叶

	和侧叶缘齿，无刺突；阳基腹铗内叶无尾钩；单眼后区侧沟多少向后分歧 ·· 聂氏平缝叶蜂 *N. nieae*
-	锯腹片节缝发育清晰，端突细长；阳基腹铗具长侧裂或无侧裂，尾部粗大，长于头部；阳茎瓣如具头部侧叶和侧叶缘齿，则阳基腹铗无侧裂或阳茎瓣具头部刺突 ··· 9
9.	腹部 2-5 背板具三角形淡斑；阳基腹铗尾部具结节，无侧裂，阳基腹铗内叶窄长，具尾钩；阳茎瓣具大型横侧叶和缘齿；锯腹片耳形突宽大 ··· 结铗平缝叶蜂 *N. nodalisa*
-	腹部背板无淡斑；阳基腹铗尾部无结节，阳基腹铗内叶无尾钩；阳茎瓣无横侧叶 ··· 10
10.	阳茎瓣头部十分短宽，椭圆形，具小型刺突，无端横叶，臀角宽圆，缘齿小而多；锯腹片耳形突中部向前突然加宽；阳基腹铗内叶短小，尾部无横突。中国南部 ··· 南华平缝叶蜂，新种 *N. southa* sp. nov.
-	阳茎瓣头部具亚三角形端横叶，无亚端位小刺突，臀角突出，明显收窄，缘齿大而少；锯腹片耳形突向前逐渐加宽；阳基腹铗内叶窄长，尾部具横突。浙江 ··· 舟山平缝叶蜂，新种 *N. zhoushana* sp. nov.
11.	胸部黄褐色。*N. rufothoracina* group ··· 黄胸平缝叶蜂，新种 *N. rufothoracina* sp. nov.
-	胸部黑色 ·· 12
12.	前足股节黑褐色；翅基片和前胸背板后缘黑褐色，后足胫节端部和基跗节黑色；颚眼距明显宽于单眼半径。*N. imitatrix* group ··· 汪氏平缝叶蜂 *N. wangae*
-	各足股节（通常胫节全部）均黄褐色；翅基片和前胸背板后缘黄褐色或黑褐色 ·· 13
13.	翅基片淡色，前胸背板至少后角淡色；唇基黑色；颚眼距近线状。*N. sinica* group ··· 14
-	前胸背板和翅基片黑色；锯腹片通常无明显节缝，具明斑，端突短或无 ·· 22
14.	单眼后区侧沟缺如，极少痕状，紧贴侧单眼后具 1 小型凹窝；前胸背板黑色，后缘具狭窄黄边；各足基节和胫节白色；锯腹片窄明斑型，8 节缝，具长端突；阳茎瓣简单；阳基腹铗无侧裂；抱器亚方形，约与副阳茎等大 ···················· 15
-	单眼后区侧沟发达，长沟状 ··· 16
15.	后足基跗节黄褐色 ·· 小窝平缝叶蜂 *N. shanica*
-	后足基跗节黑褐色 ·· 黑跗平缝叶蜂 *N. simulatrix*
16.	前胸背板除后缘狭边外均黑色；触角基部 2 节通常黑色，如第 1 节颜色稍淡，则阳茎瓣头部与柄部呈 10°-30° 的锐角形，或具横侧叶；锯腹片节缝模糊明斑型 ··· 17
-	前胸背板大部分和触角第 1 节淡色；阳茎瓣横形，头部与柄部的夹角大于 70°；锯腹片和锯背片具长端突 ·········· 20
17.	触角第 3 节 1.2 倍于第 4 节长，第 1-2 节黑色；各足跗节黄褐色；单眼后区侧沟长点状，具细浅单眼中沟，单眼后区宽长比等于 2.5 ·· 日本平缝叶蜂 *N. nipponica*
-	触角第 3 节长于第 4 节 1.3 倍；后足跗节黑褐色，或触角第 3 节 1.5 倍于第 4 节长 ·· 18
18.	阳茎瓣具端位横侧叶或大刺突，阳基腹铗显著侧裂，副阳茎显著大于抱器；单眼后区宽长比显著大于 2；单眼后区侧沟分歧 ·· 19
-	阳茎瓣无端位横侧叶或刺突，阳基腹铗不侧裂，副阳茎不大于抱器；单眼后区宽长比小于 2；单眼后区侧沟几乎互相平行 ··· 聚刺平缝叶蜂，新种 *N. dentella* sp. nov.
19.	阳茎瓣头端具 1 个大刺突；抱器窄长，基部不细，长 2 倍于宽；阳基腹铗内叶短棒状，无弯曲的尾钩；雌虫锯腹片端突短小，节缝模糊 ··· 中华平缝叶蜂 *N. sinica*
-	阳茎瓣头叶小，头端无大刺突，具横侧叶和尾钩；抱器如果窄长，则基部狭窄；阳基腹铗内叶三角形，具弯曲的尾钩；雌虫未知 ·· 钩突平缝叶蜂，新种 *N. armata* sp. nov.
20.	单眼后区隆起，侧沟短，向后分歧；锯腹片耳形突长约等于高，具 8 节缝；雄虫阳茎瓣横向狭长 ··· 短耳平缝叶蜂，新种 *N. brevissima* sp. nov.
-	单眼后区不隆起或侧沟互相平行；锯腹片耳形突长高比不小于 2 ·· 21
21.	后翅臀室柄短于 cu-a 脉 1/3；锯腹片具 9 节缝，耳形突所在暗色部位的扁平瘤多于 30 枚；耳形突稍长于该处锯腹片宽的 1/4；具显著的单眼中沟 ··· 白肩平缝叶蜂 *N. collaris*
-	后翅臀室柄长于 cu-a 脉 1/2；锯腹片具 8 节缝，耳形突所在暗色部位的扁平瘤少于 20 枚；耳形突长度稍短于该处锯腹片宽的 1/2；无单眼中沟 ··· 长耳平缝叶蜂，新种 *N. elongata* sp. nov.
22.	雌虫颚眼距大于单眼半径，小于单眼直径；阳基腹铗无侧裂或侧裂极浅，阳茎瓣端部无侧叶和横突、刺突；副阳茎不大

于或稍大于抱器 2 倍。N. longigena group ··· 23
- 雌雄颊眼距均线状；阳基腹铗常具侧裂，阳茎瓣端部具侧叶或刺突，副阳茎通常大于抱器 2 倍；锯腹片节缝明斑型；雄虫触角细丝状，不膨大。N. morio group ··· 24
23. 触角细长；雄虫抱器长明显大于宽，显著小于副阳茎；雌虫复眼间距明显宽于眼高；阳基腹铗中部具小型侧裂··· 半颊平缝叶蜂 N. metotarsis
- 触角粗壮；雄虫抱器长约等于宽，大于副阳茎；雌虫复眼间距窄于眼高；阳基腹铗无侧裂；锯腹片具 8 个骨化节缝，端突很短··· 粗角平缝叶蜂，新种 N. crassicornis sp. nov.
24. 单眼后区显著隆起，后端明显高于前端，与单眼等高（♂）或高出单眼平面（♀）；爪内齿显著短于外齿；雄虫阳基腹铗中部外叶约为内叶的 1/4–1/3 长 ·· 25
- 单眼后区平坦，后端不高于前端，显著低于单眼平面；爪内齿稍短于外齿 ·· 26
25. 后足基跗节黄褐色；唇基端部亚截形；锯腹片具 9 个明显的狭明斑状节缝和长端突；触角端部 4 节稍微短缩··· 陈氏平缝叶蜂 N. cheni
- 后足基跗节黑褐色；唇基端部具明显缺口；锯腹片具 8 个模糊的明斑状节缝和短端突；触角端部 4 节显著短缩··· 小齿平缝叶蜂 N. morio
26. 单眼后区宽长比大于 2.5；雌体长为 3.5–4.5mm；雄虫阳基腹铗中部侧裂叶很长，外叶为内叶的 3/5，阳茎瓣具横叶 ··· 深裂平缝叶蜂 N. schizovolsella
- 单眼后区宽长比小于 2.5；雌体长约为 5mm；雄虫阳基腹铗中部侧裂叶短或不分裂，阳茎瓣头叶倾斜，无横叶和粗大尾突 ·· 27
27. 体细长；触角第 3 节长宽比大于 6；抱器宽约等于长，端部钝截形，内顶角微突出；阳基腹铗中部不分裂；阳茎瓣小，头叶无端腹侧突，背缘鼓，尾角突出 ··· 纤细平缝叶蜂，新种 N. tenuis sp. nov.
- 体粗短；触角第 3 节长宽比小于 5；抱器长宽比约等于 2，端部圆，内顶角不突出；阳基腹铗中部浅分裂；阳茎瓣较大，头叶具端腹侧突，背缘几乎平直，尾角方形 ·· 马氏平缝叶蜂 N. maliae

(159) 尖鞘平缝叶蜂 Nesoselandria acuminiserra Wei, 1997（图 3-154）

Nesoselandria acuminiserra Wei, 1997b: 1565.

主要特征：雌虫体长 5.5–6.0mm；体黑色，口须、触角第 1 节、前胸背板、翅基片、足和腹部腹板大部分白色，触角第 2 节基部和唇基端部 1/2 浅褐色，跗节端部暗褐色；翅烟褐色，翅脉和翅痣黑褐色；体

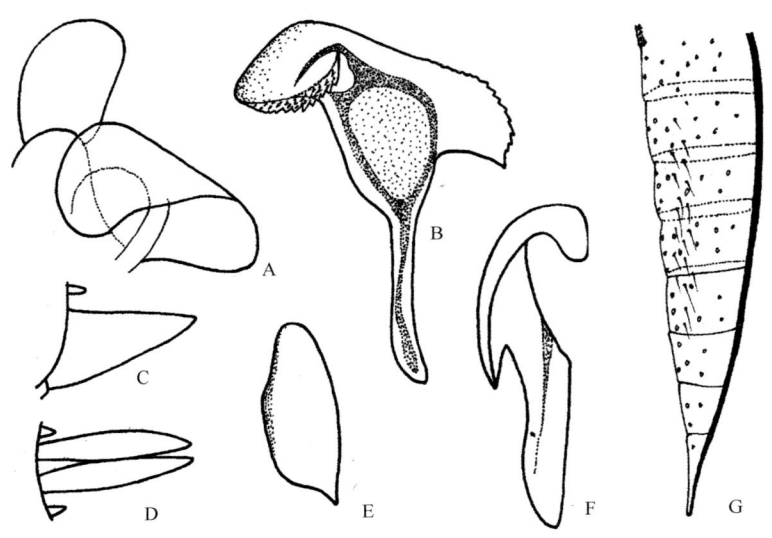

图 3-154 尖鞘平缝叶蜂 Nesoselandria acuminiserra Wei, 1997
A. 生殖铗；B. 阳茎瓣；C. 锯鞘端侧面观；D. 锯鞘端背面观；E. 阳基腹铗内叶；F. 阳基腹铗；G. 锯腹片

毛浅褐色；头、胸部无刻点或刻纹，腹部背板具微细刻纹；唇基端部缺口浅弧形，颚眼距狭线状，可分辨；复眼大，内缘向下显著收敛；中窝扁方形，底部具横沟；侧窝圆形，大于单眼直径；额区稍隆起，无额脊；单眼中沟、后沟和侧沟均细浅；单眼后区稍隆起，宽长比约为2.5，侧沟亚平行，伸达头部后缘；触角细长，各节长度比为8：8：25：18：15：10：9：8：8，第3节长粗比为6-7，触角细毛半平伏；爪内齿与端齿等长；前翅2r脉位于2Rs室外侧1/4，2Rs室外下角强烈延伸，2r-m脉与2m-cu脉的走向以及后翅Rs和M室的外缘走向均互相平行，后翅臀室柄不长于cu-a脉1/4长；锯鞘背面观与侧面观均较长尖，锯腹片窄长，端部3个节缝线状，其余节缝明斑状，端突尖长（图3-154G）。雄虫体长4.8–5.0mm；抱器和副阳茎见图3-154A，副阳茎显著大于抱器，抱器长大于宽；阳基腹铗内叶较短，阳基腹铗具较短的侧裂；阳茎瓣头部近似横形，端部具横叶和显著缘齿，无刺突。

分布：浙江（文成）、湖北、重庆、四川。

(160) 钩突平缝叶蜂，新种 *Nesoselandria armata* Wei, sp. nov.（图3-155）

雄虫：体长3.5mm。体黑色；口须、前胸背板后缘、翅基片、前胸腹板、腹部最基部腹板及足黄褐色，跗节端部暗褐色；翅均匀浅烟色，翅痣和翅脉黑褐色，翅基部颜色稍淡；体毛银褐色。

头部、胸部、腹部光滑，无刻点和刻纹，具强光泽。唇基缺口弧形，较显著，侧角突出；颚眼距线状；复眼大，内缘向下显著收敛，间距远小于眼高；额区稍隆起，无额脊；中窝横弧形，上缘和两侧多少开放；侧窝圆形；单眼后区平坦，宽长比等于2.5；侧沟深直，长点状，不伸达后头边缘，互相平行；单眼中沟深长，伸达单眼后区中部；无单眼后沟，中单眼围沟微弱发育；POL：OOL = 4：5；后眶狭窄，背面观头部宽长比约等于2，复眼后短小且强烈收缩；触角丝状，稍短于头、胸部之和，第2节长稍大于宽，第3节1.5倍于第4节长，第7节长等于宽，端部4节微膨大并短缩，其长度之和约等于第4、5节之和。中胸背板前叶具中纵沟，小盾片平坦；后胸淡膜区扁宽，淡膜区间距等于淡膜区长径1/2；后足胫节端距等长于胫节端部宽，基跗节稍短于其后4节之和；爪基片明显，内齿稍短于外齿；前翅1M脉与1m-cu脉向翅痣明显收敛，R+M脉等长于1r-m脉，2Rs室短于1R1+1Rs，外下角尖出，2r稍弯曲，交于其外侧1/3，cu-a脉交于M室下缘外侧1/3；后翅臀室柄等于cu-a脉的1/4–1/3长。抱器长明显大于宽，端部明显宽于基部，外端缘弧形，副阳茎大于抱器2倍，顶角尖出（图3-155A）；阳基腹铗中位裂口深且宽（图3-155C），阳基腹铗内叶具尾钩（图3-155B）；阳茎瓣头叶较小，端部向腹侧突出，无刺突，具横叶，尾角尖出（图3-155D）。

雌虫：未知。

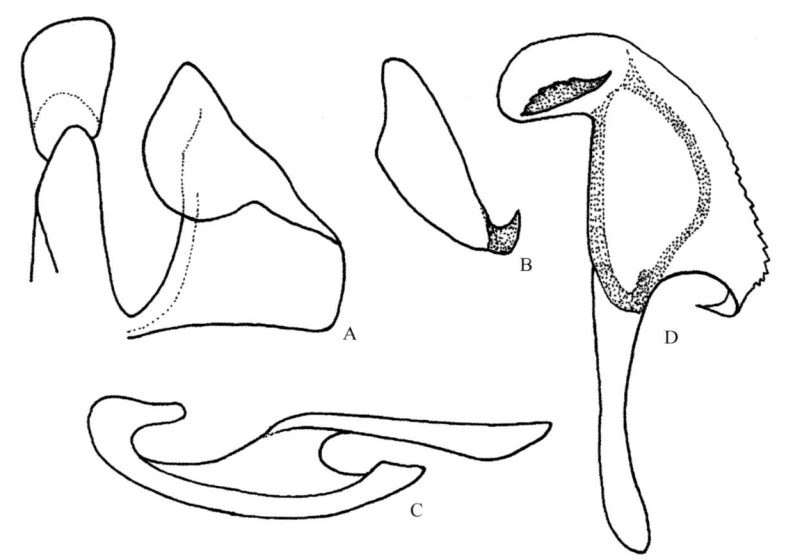

图3-155 钩突平缝叶蜂，新种 *Nesoselandria armata* Wei, sp. nov. 雄虫
A. 生殖铗；B. 阳基腹铗内叶；C. 阳基腹铗；D. 阳茎瓣

分布：浙江（庆元）、湖南（崀山）。

词源：本种阳基腹铗内叶具尾钩，以此命名。

正模：♂，浙江庆元百山祖，1994.IV.15，吴鸿（ASMN）。副模：7♂♂，湖南新宁崀山，1000m，1999.V.4，肖炜（ASMN）。

鉴别特征：本种体色与 Nesoselandria sinica Wei 相似，但外生殖器构造与 Nesoselandria schizovolsella Wei 近似。Nesoselandria sinica 阳基腹铗侧裂的外叶较短，阳基腹铗内叶无明显上弯的尾钩，阳茎瓣头部具发达的刺突，无横叶等与本种明显不同；Nesoselandria schizovolsella 前胸背板和翅基片黑色，抱器内角强烈突出，阳基腹铗中位裂口很深，侧裂的外叶很长，阳茎瓣头部近似方形等，与本种不同，易于鉴别。

（161）短耳平缝叶蜂，新种 Nesoselandria brevissima Wei, sp. nov.（图 3-156）

雌虫：体长 4.0–4.5mm。体黑色；触角第 1 节大部分、下唇和口须、前胸腹板全部、各足全部浅黄色至白色，前胸背板后缘和翅基片以及触角第 2 节腹侧浅褐色，触角第 1 节背侧有时暗褐色，足的跗节端部暗褐色；翅均匀烟褐色，翅脉和翅痣黑褐色，翅基部不淡于其余部分；体毛银褐色。

头、胸部光滑，无明显刻点和刻纹。背面观头部宽长比约等于 2；唇基具浅三角形缺口，侧角方形；颚眼距线状，明显可见；复眼大，内缘向下明显收敛，间距显著小于眼高；中窝横弧形，侧窝圆形；额区圆钝，前缘无额脊；单眼大，直径大于触角第 3 节基部宽；单眼后区隆起，约等高于单眼顶面，宽长比约等于 3；侧沟短沟状，明显向后分歧，不伸达后缘；单眼中沟显著，单眼后沟模糊；OOL 稍大于 POL；后头两侧短小，显著收敛；触角等于头、胸部之和长，第 3 节长 1.3 倍于第 4 节；鞭分节不膨大，端部 4 节明显短缩，其和稍长于第 4、5 节之和，第 8 节长宽比等于 2，触角毛半平伏。中胸背板前叶具中沟，小盾片平坦，附片宽平；胸腹侧片缝痕状；后足胫跗节等长，后基跗节约等于其后跗分节之和；爪基片显著，内齿微短于端齿；前翅 R+M 脉段明显长于痕状的 Rs 脉第 1 段，2r 脉交于 2Rs 室上缘外侧 1/3，2m-cu 交于 2Rs 室内侧 1/3，2Rs 室外下角显著尖出；后翅臀室柄部短于 cu-a 脉 1/2 长，Rs 和 M 室外缘向前稍收敛。锯鞘短小，端部钝尖；锯腹片端部具长突，背缘无明显膜叶，近腹侧刺毛 3 列；扁平瘤稀疏，背侧明显少于腹侧；具 8 个清晰的节缝；耳形突（锯基腹索踵端部）短三角形，长约等于宽（图 3-156E）；锯背片 4 节缝，端部尖。

雄虫：体长 3.5mm；抱器宽约等于长，端部圆钝，副阳茎不大于抱器（图 3-156A）；阳基腹铗简单，中部不侧裂（图 3-156D）；阳基腹铗内叶粗短，尾部短小（图 3-156C）；阳茎瓣强倾斜，近似横向，比较狭长，无侧叶和侧刺突，背缘几乎平直，尾角尖（图 3-156B）。

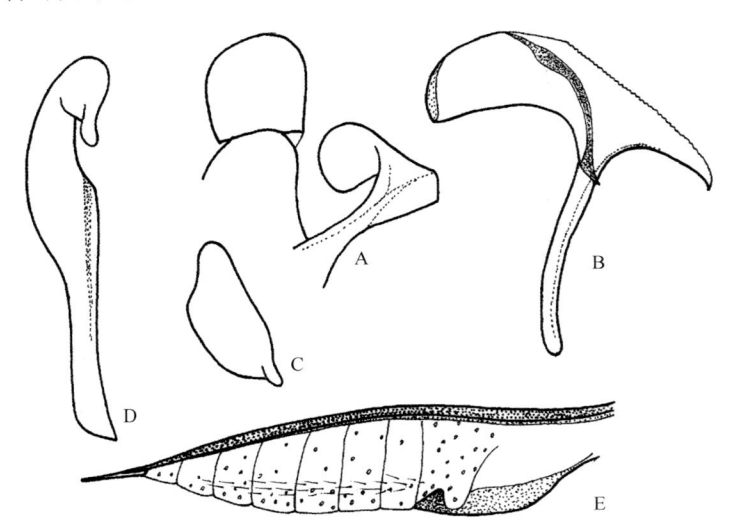

图 3-156 短耳平缝叶蜂，新种 Nesoselandria brevissima Wei, sp. nov.
A. 生殖铗；B. 阳茎瓣；C. 阳基腹铗内叶；D. 阳基腹铗；E. 锯腹片

分布：浙江（德清、临安）、安徽、湖南。

词源：本种锯腹片耳形突较短，以此命名。

正模：♀，浙江德清，1996.V.27，陈学新（ASMN）。副模：1♀，浙江莫干山，1992.VI.12，陈学新；1♀，湖南浏阳，1985.V.1，童心旺；1♂，浙江西天目山，1992.VI.9，林伟；1♂，安徽九华山，1989.VI.6，采集人不详（ASMN）。

鉴别特征：本种与 *N. collaris* Wei 比较近似，但单眼后区隆起，侧沟短，向后分歧；锯腹片具 8 节缝，耳形突长约等于高，锯背片 4 节缝等，可与之鉴别。

（162）陈氏平缝叶蜂 *Nesoselandria cheni* Wei & Xiao, 1997（图 3-157）

Nesoselandria cheni Wei & Xiao, in Xiao, Ma & Wei, 1997: 6.

主要特征：雌虫体长 5.5–5.8mm；体黑色，具光泽；足黄褐色，各足基节基半部黑褐色，跗节端部和爪褐色；翅烟褐色，亚基部稍深于翅的其余部分，翅痣及翅脉暗褐色；体毛浅褐色；体光滑，无刻点，额区中部具微细模糊刻纹，腹部背板具微细刻纹；唇基前缘微凹，侧角钝；颚眼距宽线状，短于单眼半径；中窝较浅，底部具小瘤突；侧窝深大，圆形；额区稍隆起，具十分低钝但可分辨的额脊；单眼中沟较深，后沟宽浅；单眼后区顶面与单眼面持平，宽长比稍大于 2；侧沟深宽，向后分歧；复眼内缘向下收敛，间距明显宽于复眼高；POL : OOL : OCL =1.0 : 1.3 : 0.8；触角明显短于头、胸部之和，第 1 节稍膨大，第 2 节长稍大于宽，第 3 节长 1.5 倍于第 4 节，端部 4 节长度之和明显大于第 4、5 节之和，触角毛半平伏；中胸背板前叶中沟显著，淡膜区间距稍小于淡膜区宽度；后足胫节端距等于后基跗节长的 1/4，后基跗节略短于其后 4 节之和；爪基片小型，内齿短于外齿；前翅 Rs+M 脉段约等长于 Rs 脉第 1 段，2r 脉交于 2Rs 室近端部 2/5 处，2m-cu 脉交于 2Rs 室近基部 1/3 处，2Rs 室等于 1Rs+1R1 室之和的 1.3 倍，外下角稍延伸；后翅臀室柄短于 cu-a 脉长的一半；侧面观锯鞘端部钝尖；锯腹片 9 节，节间为狭窄明斑型，刺毛分布在 1–8 节上，长而稀疏，不呈明显的带状，有扁平瘤，端部尖突细长，无背缘膜。雄虫未知。

分布：浙江（衢州）、湖南、广西。

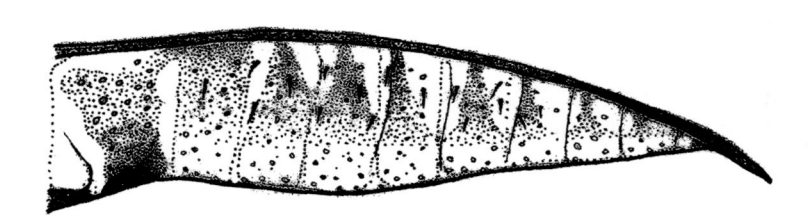

图 3-157　陈氏平缝叶蜂 *Nesoselandria cheni* Wei & Xiao, 1997 雌虫锯腹片

（163）白肩平缝叶蜂 *Nesoselandria collaris* Wei, 1995（图 3-158）

Nesoselandria collaris Wei, 1995: 545.

主要特征：雌虫体长 3.5–4.5mm；体黑色，触角第 1 节全部、第 2 节基部和端部、口须、前胸背板和腹板、翅肩片、前缘脉基端、各足全部淡黄色；翅均匀浅烟褐色，翅脉和翅痣黑褐色；体毛银褐色；头部光滑，无刻纹，高倍镜下可见细小刻点，胸部光滑无刻点；背面观头部宽长比等于 2；唇基具浅弧形缺口，颚眼距线状；复眼大，内缘向下明显收敛，间距明显小于眼高；中窝横沟形，侧窝圆形；额区前缘具低钝额脊；单眼大，直径等长于触角第 3 节基部宽；单眼后区微隆起，明显低于单眼顶面，宽长比约等于 3；侧沟长，亚平行，不伸达后缘，单眼中沟显著，OOL=POL；触角短于头、胸部之和，第 3 节长 1.2 倍于第 4 节，鞭分节不膨大，端部 4 节明显短缩，其和稍长于第 4、5 节之和，第 8 节长宽比等于 2；中胸背板前叶具中沟；胸腹侧片缝十分细弱，但可分辨；后足胫节内距等长于胫节端部宽，后基跗节微短于其后跗分节之和；爪基片显著，内齿微短于端齿；前翅 R+M 脉段微长于痕状的 Rs 脉第 1 段，2r 脉交于 2Rs 室上缘外侧 2/5，2m-cu 脉交于 2Rs 室内侧 1/4，2Rs 室外下角尖出；后翅臀室柄部约等于 cu-a 脉 1/4 长；锯鞘短小，锯腹片端部具长突，背缘无膜叶，亚腹侧刺毛不显著带状，扁平瘤均匀分布，具 9 个清晰节缝，基部耳形突低矮（图 3-158）。雄虫未知。

分布：浙江（杭州、临安、松阳、庆元）、福建。

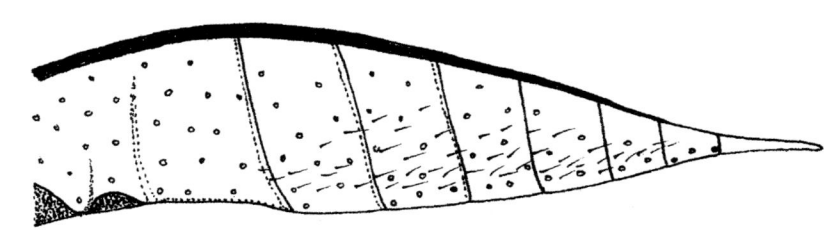

图 3-158 白肩平缝叶蜂 *Nesoselandria collaris* Wei, 1995 雌虫锯腹片

(164) 粗角平缝叶蜂，新种 *Nesoselandria crassicornis* Wei, sp. nov. （图 3-159）

雌虫：体长 4mm。体黑色；足黄褐色，各足基节基半部黑色，前足股节基部背侧具不明显的暗褐色短斑，各足跗节端部暗褐色；口须黄褐色；翅均匀烟褐色，翅脉和翅痣黑褐色；体毛灰褐色，体淡色部分细毛淡色；触角毛黑褐色。

体光滑，无刻点和皱纹，腹部背板具十分微细的刻纹。唇基端缘缺口浅弧形，侧角方形；复眼内缘向下明显收敛，间距稍窄于眼高；内眶最窄处窄于触角窝间距；颚眼距约等宽于单眼半径；中窝横弧形，两侧开放；侧窝圆形；额区隆起，额脊微发育，具小型中单眼前凹；单眼后区不隆起，宽长比为 3；侧沟长点状，向后显著分歧；单眼中沟和单眼后沟十分浅宽且弱；后头很短，两侧强烈收缩；触角粗丝状，短于头、胸部之和，第 2 节长稍大于宽，第 3 节长 1.4 倍于第 4 节，第 8 节长宽比约为 1.3。前翅 R+M 脉段约等长于 1r-m 脉，Rs 脉印痕状，2r 交于 2Rs 室外侧 1/3，2m-cu 脉交于 2Rs 室内侧 1/3；后翅径室无附柄，臀室柄约等于 cu-a 脉 1/3 长；后足基跗节短于其后 4 节之和；爪具小型基片，内齿微短于外齿。锯鞘短小，侧面观端部圆钝；锯腹片粗短，无长端突，具 8 个清晰节缝，节缝上端不伸抵锯腹片背缘，扁平瘤分布均匀，近腹缘处具 2–3 列刺毛，背缘无膜叶（图 3-159B）。

雄虫：体长 3.8–4mm；体色和构造类似于雌虫，但后足胫节端部和跗节暗褐色，颚眼距窄于单眼直径的 1/3，触角鞭节更短粗，第 3 节基部细柄状，复眼内缘下端间距窄于眼高；抱器短宽，亚方形，端缘钝截形，副阳茎稍小于抱器，外缘无肩状突出部（图 3-159A）；阳基腹铗无中位侧裂；阳基腹铗内叶较瘦，尾部短（图 3-159C）；阳茎瓣锤形，头叶较短，无刺突和侧叶，尾角稍突出（图 3-159D）。

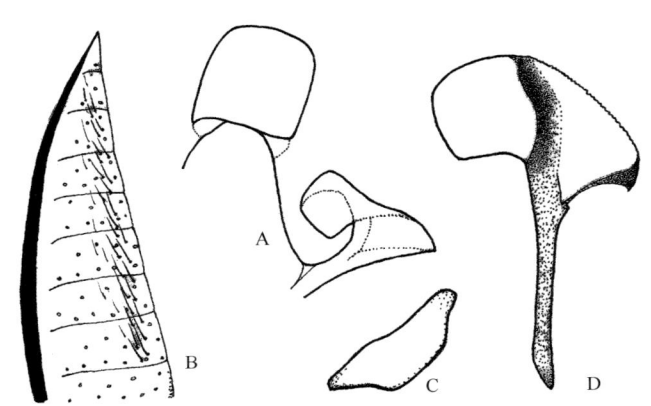

图 3-159 粗角平缝叶蜂，新种 *Nesoselandria crassicornis* Wei, sp. nov.
A. 生殖铗；B. 锯腹片；C. 阳基腹铗内叶；D. 阳茎瓣

分布：浙江（德清）、湖南。

词源：本种触角鞭节较粗壮，以此命名。

正模：♂，副模：1♀1♂，湖南炎陵桃源洞，900–1000m，1999.IV.23，魏美才；1♂，浙江德清筏头，1995.V.27，何俊华（ASMN）。

鉴别特征：本种与杨氏平缝叶蜂 Nesoselandria yangi Wei, 1997 比较近似，但雄虫抱器亚方形，端缘钝截形；单眼后区侧沟长点状，较深且宽，前足股节完全黄褐色，雌虫锯腹片节缝十分清晰等，与之不同，易于鉴别。本种与下文描述的纤细平缝叶蜂 Nesoselandria tenuis Wei, sp. nov. 也很近似，但后者体细长，触角鞭节中基部细长，端部稍膨大，第 3 节长宽比大于 6，阳茎瓣很小，不强烈倾斜等与本种明显不同。

(165) 聚刺平缝叶蜂，新种 *Nesoselandria dentella* Wei, sp. nov.（图 3-160）

雄虫：体长 4.0mm。体黑色；口须、翅基片及足黄褐色，各足基节基半部和后足跗节大部分黑褐色或暗褐色；翅均匀浅烟色，翅痣和翅脉黑褐色；体毛灰褐色。

体粗短，光滑，无刻点和刻纹。唇基前缘缺口浅弧形，侧角圆钝；颚眼距细线状；复眼大，内缘向下显著收敛，间距小于眼高；额区明显隆起，额脊不明显；中窝横弧形，上缘和两侧封闭；侧窝大，圆形；单眼后区稍隆起，宽长比稍小于 2；侧沟长点状，深且宽，不伸达后头边缘，向后几乎平行；单眼中沟浅宽且弱；无单眼后沟，中单眼围沟微弱发育；POL：OOL = 5：6；后眶狭窄，无颊脊；背面观头部宽长比等于 2，后头两侧强烈收缩；触角丝状，微短于头、胸部之和，第 2 节长宽比稍小于 2，第 3 节长 1.5 倍于第 4 节，第 8 节长宽比小于 2。中胸背板前叶具中纵沟，小盾片平坦；胸腹侧片缝痕状；后胸淡膜区扁宽；后足胫节端距等长于胫节端部宽，基跗节等长于其后 4 节之和；爪基片明显，内齿明显短于外齿；前翅 1M 脉与 1m-cu 向翅痣明显收敛，R+M 脉稍长于 1r-m 脉，2Rs 室短于 1R1+1Rs 室之和，外下角显著尖出，2r 脉交于 2Rs 外侧 1/3，cu-a 脉交于 1M 室下缘外侧 1/3；后翅臀室柄约等于 cu-a 脉 1/3 长。抱器损坏；阳基腹铗无侧裂（图 3-160A）；阳基腹铗内叶短小，尾部稍尖（图 3-160D）；副阳茎小于抱器（图 3-160B）；阳茎瓣无端位刺突，瓣头明显倾斜，前叶中部具较密集的小刺突，尾角尖出（图 3-160C）。

雌虫：未知。

分布：浙江（德清）。

词源：本种阳茎瓣头前侧中部具显著小齿突，以此命名。

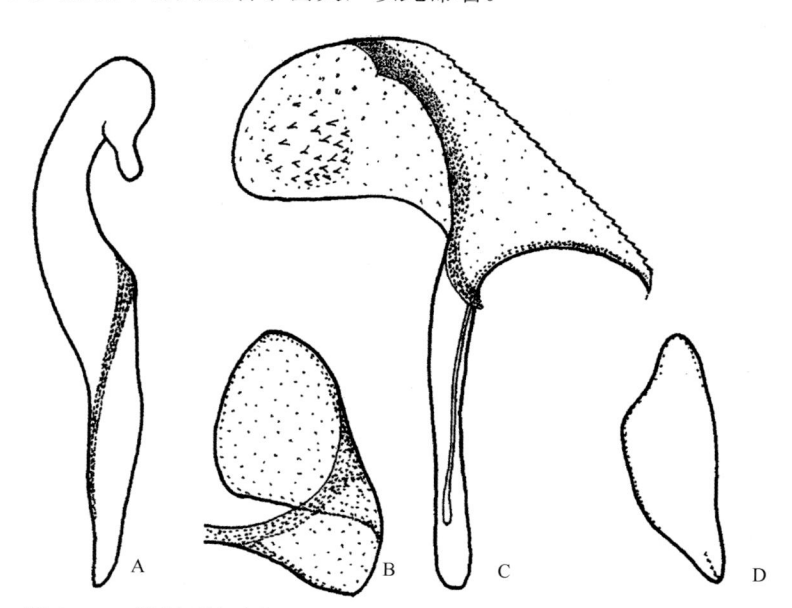

图 3-160 聚刺平缝叶蜂，新种 *Nesoselandria dentella* Wei, sp. nov. 雄虫
A. 阳基腹铗；B. 副阳茎；C. 阳茎瓣；D. 阳基腹铗内叶

正模：♂，浙江莫干山，1992.VI.12，吴鸿（ASMN）。

鉴别特征：本种与 Nesoselandria sinica Wei 在体色和外形上很接近，但触角鞭节较粗短，阳茎瓣头叶无侧刺突，阳基腹铗无侧裂，阳基腹铗内叶短小等，与之明显不同，易于鉴别。

（166）长耳平缝叶蜂，新种 *Nesoselandria elongata* Wei, sp. nov.（图3-161）

雌虫：体长 4.5mm。体黑色；触角第1节全部、第2节基部和端部、下唇和口须、前胸背板和腹板全部、翅肩片、前缘脉基端、各足全部淡黄色；翅均匀浅烟褐色，翅脉和翅痣黑褐色；体毛和触角毛银褐色。

虫体稍狭长。体光滑，无明显刻点和刻纹，高倍镜下，头部表面可见细小刻点。背面观头部宽长比等于 2；唇基前缘具浅弧形缺口，侧角方钝；颚眼距线状；复眼大，内缘向下强烈收敛，间距显著小于眼高；中窝横弧沟形，两侧开放，侧窝圆形；额区平坦，前缘具低钝额脊；单眼大，直径等长于触角第3节基部宽；单眼后区隆起，中部与单眼顶面持平，宽长比约等于2.5；侧沟长沟状，亚平行，不伸达头部后缘，无单眼中沟和后沟，OOL=POL；后头短小，两侧显著收敛；触角不短于头、胸部之和，第3节长1.3倍于第4节，鞭分节不膨大，端部4节稍短缩，其和稍长于第4、5节之和，第8节长宽比约等于2。中胸背板前叶具中沟，小盾片平坦，附片宽平；胸腹侧片缝十分细弱，但可分辨；后足胫跗节等长，胫节内距等长于胫节端部宽，后基跗节微短于其后跗分节之和；爪基片显著，内齿微短于端齿；前翅 R+M 脉段微长于痕状的 Rs 脉第1段，2r脉交于2Rs室上缘外侧3/7，2m-cu交于2Rs室内侧1/4，2Rs室外下角强烈尖出；后翅臀室柄部长于 cu-a 脉 1/2。锯鞘短小，端部圆钝；锯背片具细长端突；锯腹片背腹侧色泽相近，端部具细长尖突，背缘无膜叶，亚腹侧刺毛显著带状，具8个清晰节缝，腹侧扁平瘤稍多，耳形突所在暗色部位的扁平瘤少于20枚，耳形突窄长，其长度稍短于该处锯腹片宽的1/2（图3-161）。

雄虫：未知。

分布：浙江（松阳）。

词源：本种锯腹片耳形突窄长，以此命名。

正模：浙江松阳，1994.VII.17，陈学新（ASMN）。

鉴别特征：本种与 Nesoselandria collaris Wei, 1995 近似，但该种后翅臀室柄长度短于 cu-a 脉 1/3；锯腹片具9节缝，刺毛不呈带状，耳形突长度仅稍长于该处锯腹片宽的1/4，耳形突所在暗色部位的扁平瘤多于30枚；头部具显著的单眼中沟等与本种不同，易于鉴别。

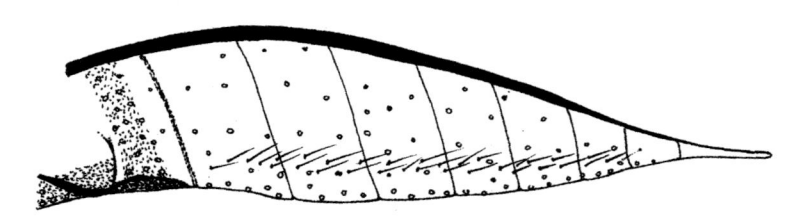

图 3-161 长耳平缝叶蜂，新种 *Nesoselandria elongata* Wei, sp. nov. 雌虫锯腹片

（167）何氏平缝叶蜂，新种 *Nesoselandria hei* Wei, sp. nov.（图3-162）

雌虫：体长 4.5mm。体黑色；口须、触角第1节全部、第2节基部、唇基端部1/2、前胸背板大部分和腹板全部、翅基片、足、腹部背板缘折和腹板大部分白色，上颚基半部浅褐色，跗节端部和爪暗褐色；翅烟褐色，翅脉和翅痣黑褐色，触角毛银灰色，体毛浅褐色。

体光滑，无明显刻点和刻纹。唇基端部缺口浅弧形，接近平截，侧角方钝；颚眼距狭线状，几乎消失；复眼很大，内缘向下强烈收敛，下缘间距显著窄于眼高；中窝扁方形，底部具横沟；侧窝圆形，大于单眼直径；额区稍隆起，前缘具十分模糊的钝脊，无明显刻点和刻纹；单眼中沟较深长，单眼后沟微弱；侧沟较细深，稍向后分歧，几乎伸达头部后缘；单眼后区隆起，宽长比约为3；后眶狭窄，无后颊脊；触角细，稍长于头、胸部之和，各节长度比为 8：8：25：20：15：10：9：8：7，第2节长宽比稍小于2，第3节长粗比等于 7–8，细毛半平伏。中胸背板前叶具深中纵沟，附片宽平；后胸淡膜区间距约等宽于淡膜区宽度；后足基跗节等长于其后 4 个跗分节之和，爪内齿稍短于端齿；前翅 2r 脉位于 2Rs 室外侧 2/5，2Rs 室短于 1R1+1Rs，外下角稍延伸，2r-m 脉与 2m-cu 脉的走向互相平行；后翅 Rs 和 M 室的外缘走向向前缘明显收敛，臀室柄较短，不长于 cu-a 脉 1/2。锯鞘背面观与侧面观端部均较圆钝；锯腹片中部稍宽于亚基部，背侧色泽稍深于腹侧，扁平瘤分布不均，近腹缘处较多，端部 6 个节缝显著线状，其余节缝半明斑状，端突细尖（图 3-162E）。

雄虫：体长 4mm；抱器长大于宽，内缘直，外缘弧形弯曲，副阳茎明显大于抱器，内缘具肩（图 3-162D）；阳基腹铗中部具较深的侧裂（图 3-162B）；阳基腹铗内叶较短，具很小的尾突（图 3-162A）；阳茎瓣头部倾斜，端部具横叶和小型缘齿，无刺突，尾角突出（图 3-162C）。

分布：浙江（德清、安吉、临安、丽水）。

词源：本种以著名膜翅目学者何俊华先生姓氏命名，以感谢他对浙江叶蜂区系研究的大力支持。

正模：♀，浙江安吉龙王山，1996.VI.24，李强（ASMN）。副模：1♂，浙江德清筏头，1995.V.27，何俊华；1♀，浙江临安西天目山禅源寺，481m，胡平、刘婷；1♀，浙江丽水碧湖镇新亭村，28.41°N、119.83°E，105m，2015.III.22，李泽建（ASMN）。

鉴别特征：本种属于 *N. flavipes* 种团成员，并与尖鞘平缝叶蜂 *Nesoselandria acuminiserra* Wei, 1997 近似，但本种唇基端半部白色，阳基腹铗侧裂深，阳茎瓣头部显著倾斜，非近横形，锯鞘端部圆钝，锯腹片端部 6 节缝非明斑状，后翅 Rs 和 M 室外缘脉的走向交叉等，易与之鉴别。

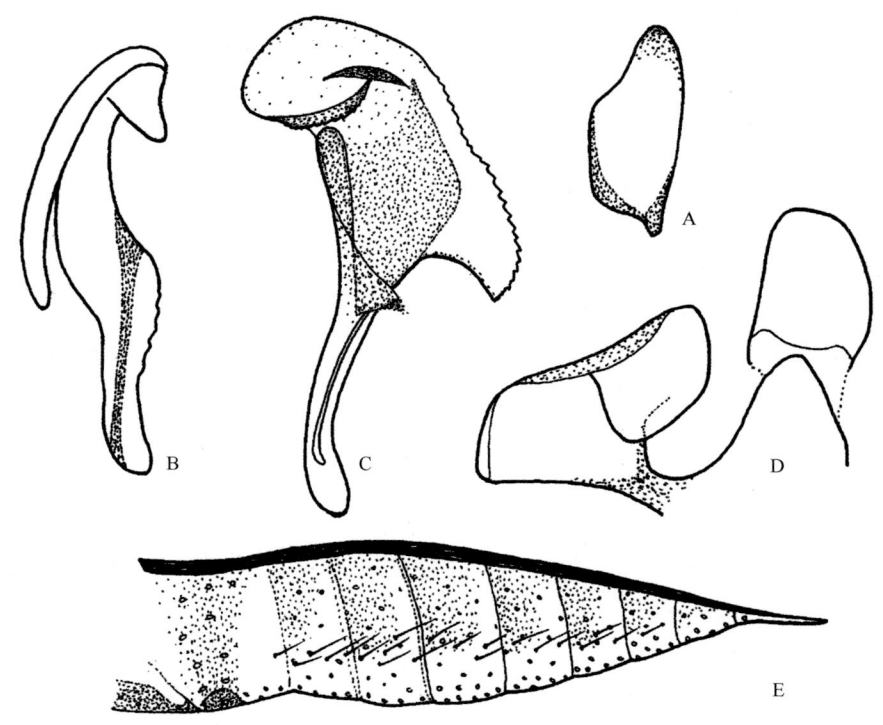

图 3-162 何氏平缝叶蜂，新种 *Nesoselandria hei* Wei, sp. nov.
A. 阳基腹铗内叶；B. 阳基腹铗；C. 阳茎瓣；D. 抱器和副阳茎；E. 锯腹片

（168）黄氏平缝叶蜂 *Nesoselandria huangi* Wei, 2003（图 3-163）

Nesoselandria huangi Wei, in Wei & Nie, 2003a: 13.

主要特征：雌虫体长 5mm；体黑色，上唇、上颚大部分、唇基、口须、触角基部 2 节、前胸背板、翅基片和腹部 2–5 节腹板黄白色；足黄褐色，跗节端部暗褐色；体毛银色；翅均匀烟褐色，翅痣和翅脉黑褐色；体粗短；虫体光滑，无刻点和刻纹；唇基端部具极浅的弧形缺口；颚眼距几乎消失；复眼大，内缘向下显著收敛，间距小于眼高，触角窝以上部分复眼内缘几乎平行；中窝短小，横弧形，封闭；侧窝深圆形，稍大于中窝；额区微弱隆起，额脊不发育，前部无小凹陷；单眼中沟微弱发育，单眼后沟模糊，中单眼围沟发育；单眼后区不隆起，宽长比稍大于 2；侧沟显著，细短且浅，不弯曲，向后几乎平行，不伸抵头部后缘；POL：OOL：OCL = 6：9：8；背面观头部在复眼后短小且强烈收缩；触角细，长于头、胸部之和，第 1、2 节长宽比约为 1.5，第 3 节长 1.3 倍于第 4 节，端部 4 节显著变细并缩短，第 8 节长宽比约为 2，触角毛平伏；后胸淡膜区宽长比为 2.5；后足胫节端距等长于后足胫节端部宽，基跗节等长于其后 4 节之和；爪基片明显，内齿稍短于外齿；前翅 1M 脉与 1m-cu 向翅痣明显收敛，R+M 等长于 1r-m 脉，2Rs 室外下角尖出，2r 交于其外侧 1/3，cu-a 交于 1M 室下缘外侧 1/3；后翅臀室柄稍短于 cu-a 脉 1/2；锯鞘背面观伸出腹部末端；锯腹片具 8–9 个狭窄的节缝，扁平瘤分散，端突细长（图 3-163）；锯背片具 7–8 节缝，端突尖长。雄虫未知。

分布：浙江（龙泉）、安徽、福建。

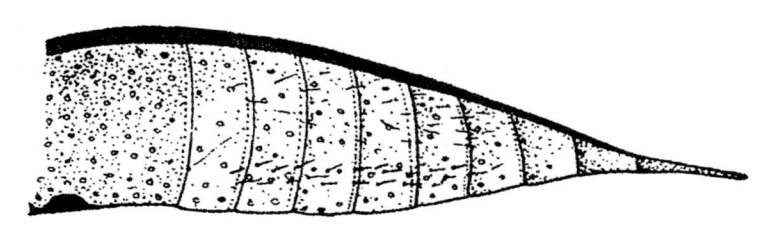

图 3-163 黄氏平缝叶蜂 *Nesoselandria huangi* Wei, 2003，雌虫锯腹片

（169）马氏平缝叶蜂 *Nesoselandria maliae* Wei, 2002（图 3-164，图版 VI-2）

Nesoselandria maliae Wei, in Wei & Nie, 2002a: 429.

主要特征：雌虫体长 4–4.5mm。体黑色；足黄褐色，前足基节大部分和后足跗节大部分黑褐色；体毛褐色，头部背侧细毛暗褐色；翅均匀烟褐色，翅痣和翅脉黑褐色；体粗短；头、胸部光滑，无刻点和刻纹，腹部背板具微细刻纹；唇基端部具极浅三角形缺口；颚眼距几乎消失；上唇小，横宽；复眼大，内缘向下显著收敛，间距小于眼高；中窝浅，横弧形，上缘封闭；侧窝深圆形，大于中窝；额区稍发育，前部具 1 明

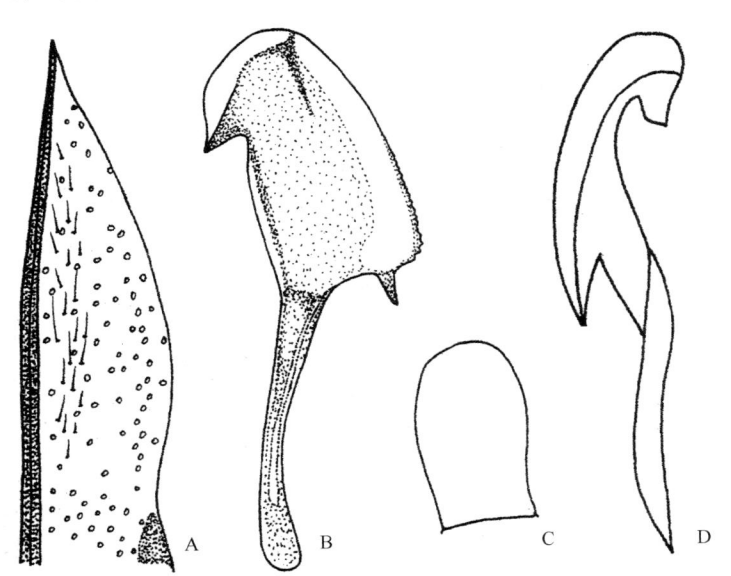

图 3-164 马氏平缝叶蜂 *Nesoselandria maliae* Wei, 2002
A. 锯腹片；B. 阳茎瓣；C. 抱器；D. 阳基腹铗

显的小凹，额脊低钝；单眼中沟细长，伸至单眼后区中部；单眼后区稍隆起，宽长比稍大于 2；侧沟细长，不弯曲，向后显著分歧；POL∶OOL = 6∶9；触角细，等长于头、胸部之和，第 1、2 节长宽比约为 1.5，第 3 节长 1.5 倍于第 4 节，鞭节不膨大，端部 4 节显著缩短，第 8 节长宽比约为 1.5；触角毛较长；后足胫节端距短小，基跗节等长于其后 4 节之和；爪基片明显，内齿显著短于外齿，长于爪轴厚度；前翅 M 脉与 1m-cu 脉向翅痣明显收敛，R+M 脉等长于 1r-m 脉，2Rs 室外下角尖出，2r 交于其外侧 1/3；后翅臀室柄短，锯腹片无明显节缝，具较多扁平瘤，中部以外向端部强烈尖出，端突短小（图 3-164A）。雄虫体长 3.5mm；下生殖板端部钝截形；抱器窄长（图 3-164C）；副阳茎稍大于抱器；阳基腹铗中部显著分裂（图 3-164D）；阳茎瓣具亚端位刺突，尾角方形，下侧具刺突（图 3-164B）。

分布：浙江（德清、临安、宁波、四明山、遂昌）、宁夏、湖南、福建、广东、广西、重庆、四川、贵州。

（170）斑颚平缝叶蜂，新种 Nesoselandria mandibulata Wei, sp. nov.（图 3-165）

雌虫：体长 5mm。体黑色；口须、上唇、上颚基半部、触角第 1 节全部、第 2 节背侧基部和腹侧、前胸背板和腹板全部、翅基片、足、腹部背板缘折和腹板大部分白色；唇基黑褐色，中央褐色；腹部背板背侧的两侧角白色，爪暗褐色；翅均匀浅烟褐色，翅脉和翅痣黑褐色；触角毛银灰色，体毛浅褐色。

体较窄长；体无明显刻点和刻纹，腹部背板不具微细刻纹。唇基端部缺口较明显，浅弧形，侧角方形，稍突出；颚眼距狭线状；复眼很大，内缘向下明显收敛，下缘间距显著窄于眼高；中窝小圆形，两侧微延伸；侧窝圆形，大于单眼直径；额区不隆起，前缘具十分模糊的钝脊；单眼中沟和后沟浅弱；侧沟稍明显，向后明显分歧；单眼后区明显隆起，宽长比约为 2.5；后眶狭窄，无后颊脊；触角细，约等长于头、胸部之和，第 2 节长宽比等于 2，第 3 节长 1.5 倍于第 4 节，端部 4 节稍短缩，微长于第 4、5 节之和，第 8 节宽比等于 2，触角细毛半平伏。中胸背板前叶具弱中纵沟，附片宽平；后胸淡膜区间距窄于淡膜区宽度；后足基跗节等长于其后 4 个跗分节之和，爪内齿稍短于端齿；前翅 2r 脉位于 2Rs 室外侧 2/5，2Rs 室稍短于 1R1、1Rs 之和，外下角稍延伸，2r-m 脉与 2m-cu 脉的走向互相平行；后翅臀室柄短，不长于后小脉的 1/3。锯鞘背面观与侧面观端部均较圆钝；锯腹片粗短，中部明显宽于亚基部，中部背侧色泽稍深于腹侧，扁平瘤分布不均，近腹缘处较少，背侧较多；锯腹片具 8 个节缝，端部 7 个节缝显著线状，第 8 节缝不明显，端突十分短小，锯基腹索踵耳形突扁长（图 3-165）。

雄虫：未知。

分布：浙江（临安）。

词源：本种上颚基半部白色，以此命名。

正模：♀，浙江天目山，1990.VI.2-4，何俊华（ASMN）。

鉴别特征：本种上唇和上颚基半部黄白色，唇基中部褐色，属于 *flavipes* 种团成员，并与尖鞘平缝叶蜂 *Nesoselandria acuminiserra* Wei, 1997 比较近似，但本种锯鞘端部圆钝，锯腹片粗短，端突极短，节缝清晰，耳形突扁长等，与后者差别较大，易于鉴别。本种唇基黑褐色，上唇和上颚基半部白色，与同属中国已知种类均不相同，容易识别。

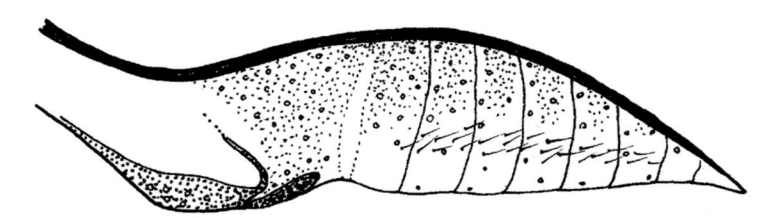

图 3-165 斑颚平缝叶蜂，新种 *Nesoselandria mandibulata* Wei, sp. nov. 雌虫锯腹片

（171）大顶平缝叶蜂，新种 Nesoselandria megavertexa Wei, sp. nov.（图 3-166）

雌虫：体长 5.8mm。体黑色，口须、前胸背板、翅基片、后胸侧板背缘和腹侧、腹部背板缘折和 2-5

节腹板黄褐色，触角柄节腹侧中部浅褐色；足黄褐色，后足跗节端部暗褐色；体毛银色，触角毛褐色；翅均匀烟褐色，翅痣和翅脉黑褐色。

体较粗短；头部背侧具极微小刻点，中胸背板前叶和侧叶具细小刻点，头、胸部其余部分光滑；腹部背板具微弱刻纹。唇基端部截形，边缘稍薄；上唇较宽，端部圆钝；颚眼距线状，几乎消失；复眼大，内缘向下显著收敛，间距显著小于眼高；触角窝以上部分复眼内缘向上明显分歧；中窝横沟形封闭；侧窝深圆形，稍大于中窝；额区微弱隆起，额脊不发育，前部无明显的小凹陷；单眼中沟和后沟模糊，中单眼围沟发育；单眼后区宽大，稍隆起，宽长比约等于1.8；侧沟细浅，不明显弯曲，长约等于单眼直径2倍，向后微弱分歧，不伸抵头部后缘；POL：OOL：OCL = 13：15：15；后眶狭窄，无颊脊；背面观头部在复眼后短小且强烈收缩（图3-166A）；触角细，长于头、胸部之和，第1、2节长宽比约为1.5，第3节长1.26倍于第4节长，鞭节不膨大，端部4节稍变细并缩短，第8节长宽比约为2.7，第9节长宽比等于3.4，触角毛半平伏（图3-166C）。中胸背板前叶具中纵沟，小盾片平坦，附片光滑；胸腹侧片宽大平滑，胸腹侧片缝痕状；后胸淡膜区十分横宽，宽长比大于3，淡膜区间距0.25倍于淡膜区长径；后足胫节端距稍长于后足胫节端部宽，基跗节等长于其后4节之和；爪基片明显，内齿稍短于外齿；前翅1M脉与1m-cu向翅痣明显收敛，R+M脉段长1.2倍于1r-m脉，2Rs室显著短于1R1+1Rs，外下角强烈尖出，2r脉稍弯曲，交于其外侧1/3，cu-a脉交于M室下缘外侧1/3，2m-cu脉交于2Rs室基部1/4；后翅臀室柄等于cu-a脉1/2长。锯鞘短小，背面伸出腹部末端，端部窄钝；锯腹片狭长，10锯节，中部7-8个节缝较清晰，扁平瘤较少，端突细长，耳形突狭长，长高比不小于4，中部下侧刺毛带仅具1-2列刺毛（图3-166D）。

雄虫：未知。

分布：浙江（临安）。

词源：本种单眼后区较宽大，以此命名。

正模：♀，浙江清凉峰龙塘山，30°06.680′N、118°54.050′E，930m，2010.IV.27，李泽建（ASMN）。

鉴别特征：本种隶属于 *N. birmana* 种团，并与 *Nesoselandria birmana* Malaise, 1944 和 *Nesoselandria nieae* Wei, 2003 较近似，但本种体型较大；单眼后区宽长比小于2，侧沟长不短于单眼直径2倍；触角柄节黑色，仅腹侧中部具浅褐色斑，第8节长宽比不小于2.5，第9节长宽比等于3；后胸淡膜区很大，间距狭窄等，与后两种明显不同。

图3-166 大顶平缝叶蜂，新种 *Nesoselandria megavertexa* Wei, sp. nov. 雌虫
A. 头部和前胸背板背面观；B. 头部前面观；C. 触角；D. 锯腹片

（172）半颊平缝叶蜂 *Nesoselandria metotarsis* Wei, 1995（图3-167）

Nesoselandria metotarsis Wei, 1995: 545.

主要特征：雌虫体长 3.8–4.5mm；体黑色，足黄褐色，前足基节全部、中后足基节基半部黑色，前足股节基部暗褐色，胫节末端背侧、各足跗节背侧全长具条状黑纹；翅烟褐色，端部稍淡，翅脉和翅痣黑褐色；体毛褐色，体淡色部分细毛淡色；体光滑，无刻点和皱纹；唇基端缘亚截形，缺口微弱；复眼内缘向下稍收敛，间距明显宽于眼高；颚眼距稍宽于单眼半径，无颊脊；中窝横形，两侧开放；额区稍隆起，无额脊，具中单眼前凹；单眼后区宽长比为 3；侧沟深点状，亚平行；具单眼中沟，无单眼后沟；后单眼距等于 3/5 单复眼距；触角丝状，约等长于头、胸部之和，第 3 节 1.2 倍长于第 4 节；前翅 R+M 脉段长于 1r-m 脉，Rs 脉印痕状，2r 交于 2Rs 室外侧 1/3，2m-cu 脉交于 2Rs 室内侧 1/3；后翅臀室柄约等于 cu-a 脉 1/2 长；后足基跗节短于其后 4 节之和；爪具小型基片，内齿微短于外齿；锯腹片粗短，无长端突，具 7–8 个模糊的节缝，扁平瘤在腹侧稍多，近腹缘处具 2–3 列刺毛，背缘无膜叶（图 3-167D）。雄虫体长 3.5mm；后足胫节端部 1/4 和后足跗节黑褐色，颚眼距微窄于单眼直径 1/3；抱器窄长，外端缘弧形（图 3-167A）；副阳茎稍大于抱器（图 3-167E）；阳基腹铗中部裂口小（图 3-167B）；阳基腹铗内叶见图 3-167F；阳茎瓣见图 3-167C，头叶无刺突和横叶。

分布：浙江（庆元）、湖南、福建。

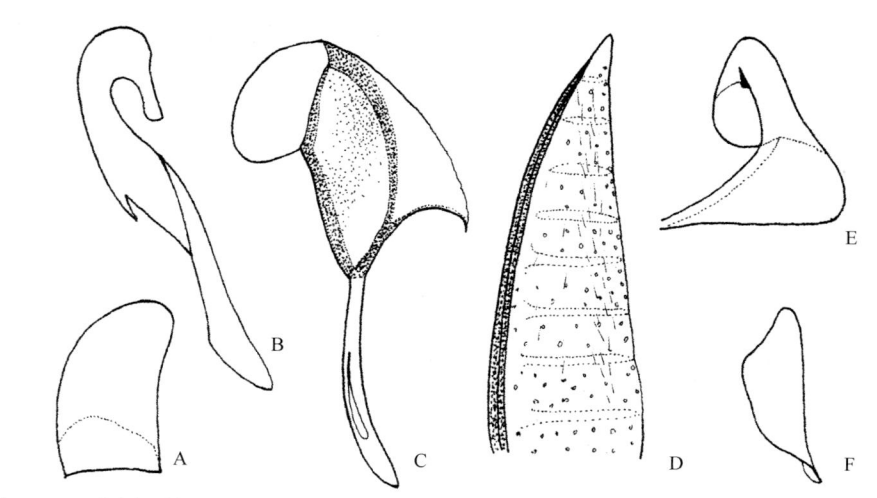

图 3-167　半颊平缝叶蜂 *Nesoselandria metotarsis* Wei, 1995（引自魏美才和聂海燕，2003a）
A. 抱器；B. 阳基腹铗；C. 阳茎瓣；D. 锯腹片；E. 副阳茎；F. 阳基腹铗内叶

（173）小齿平缝叶蜂 *Nesoselandria morio* (Fabricius, 1781)（图 3-168）

Tenthredo morio Fabricius, 1781: 414.
Nesoselandria morio: Takeuchi, 1941: 266.

主要特征：雌虫体长 4–4.5mm；体黑色，足黄褐色，各基节大部分和后跗节大部分黑褐色；体背侧细毛黑褐色，腹侧细毛灰褐色；翅暗烟褐色，翅痣和翅脉黑褐色；体较粗短；头、胸部无明显刻点和刻纹，腹部背板具微细刻纹；唇基端部具极浅三角形缺口；颚眼距线状；上唇小，横宽；复眼大，内缘向下显著收敛，间距小于眼高；中窝浅横弧形，两侧和上缘开放；侧窝深圆形，大于中窝；额区稍发育，前部具 1 小凹，前端不封闭，额脊低钝；单眼中沟细长，伸至单眼后区前部；单眼后区宽长比稍大于 2；侧沟细长，不弯曲，向后显著分歧；POL：OOL = 6：9；触角细，等长于头、胸部之和，第 1、2 节长宽比约为 1.5，第 3 节 1.5 倍长于第 4 节，鞭节不膨大，第 8 节长宽比约为 1.5；触角毛较长；中胸背板前叶具中纵沟；基跗节微短于其后 4 节之和；爪基片明显，内齿短，等长于爪轴厚度；前翅 1M 脉与 1m-cu 脉向翅痣明显收敛，R+M 等长于 1r-m 脉，2Rs 室显著短于 1R1+1Rs，外下角尖出，2r 交于其外侧 1/3；后翅臀室柄短于 cu-a 脉 1/2；锯腹片节缝明斑型，扁平瘤较多，端突短小（图 3-168B）。雄虫体长 3.5mm；下生殖板端部钝截形；抱器窄长，副阳茎明显大于抱器；阳基腹铗中部显著分裂；阳茎瓣具端腹侧突，尾角方，下侧具刺突

（图 3-168E），阳基腹铗内叶窄。

分布：浙江（杭州、衢州）、黑龙江、吉林、山西、山东、安徽、湖北、湖南、福建、四川、贵州；韩国，欧洲，俄罗斯（西伯利亚），北美洲。

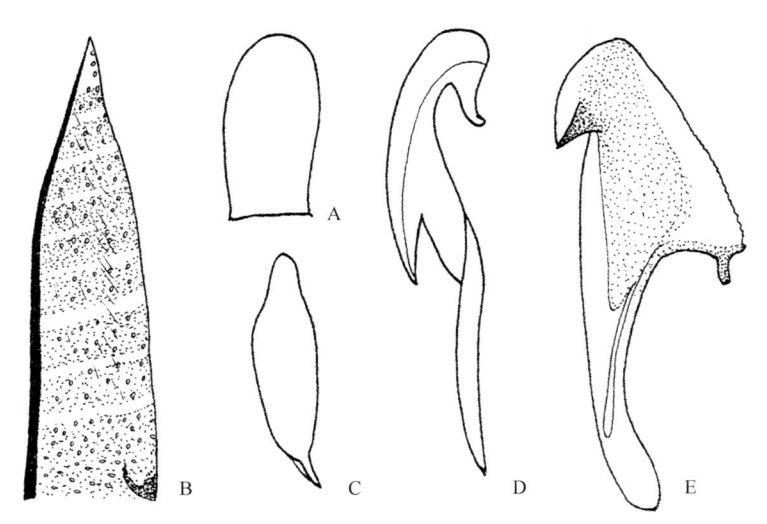

图 3-168　小齿平缝叶蜂 Nesoselandria morio (Fabricius, 1781)（引自魏美才和聂海燕，2003a）
A. 抱器；B. 锯腹片；C. 阳基腹铗内叶；D. 阳基腹铗；E. 阳茎瓣

（174）聂氏平缝叶蜂 Nesoselandria nieae Wei, 2003（图 3-169）

Nesoselandria nieae Wei, in Wei & Nie, 2003a: 19.

主要特征：雌虫体长 4–5mm。体黑色，上唇、口须、触角第 1 节部分、前胸背板后缘、翅基片、腹部 2–5 节腹板和足白色至淡黄褐色，后足跗节端部暗褐色；翅透明，烟色不明显；翅痣和翅脉黑褐色；体毛银褐色；体光滑，无明显刻点和刻纹；唇基端缘缺口浅宽弧形；颚眼距线状；复眼大，内缘向下收敛，间距稍狭于眼高；中窝横沟状，侧窝深圆，大于中窝；额区微隆起，额脊痕状；POL：OOL=4：5，无单眼后沟，中沟细长；单眼后区宽长比约等于 2.5；侧沟细，长于单眼直径，向后稍分歧；触角细丝状，等长于腹部，第 2 节长宽比等于 2，第 3 节 1.4 倍长于第 4 节，端部 4 节之和明显长于第 4、5 节之和，第 8 节长宽比小于 2；中胸背板前叶具中纵沟；后基跗节等长于其后 4 节之和；爪基片显著，内齿稍短于外齿；前翅 1m-cu 脉交于 M 室外侧 1/3，Rs 基段消失，2Rs 外下角尖出；后翅臀室柄短于 cu-a 脉 1/2 长；锯鞘小，稍伸出腹端；锯腹片具明斑型节缝，端突较短，扁平瘤较多，锯基腹索踵具斜脊，前侧的耳形突长宽比稍小

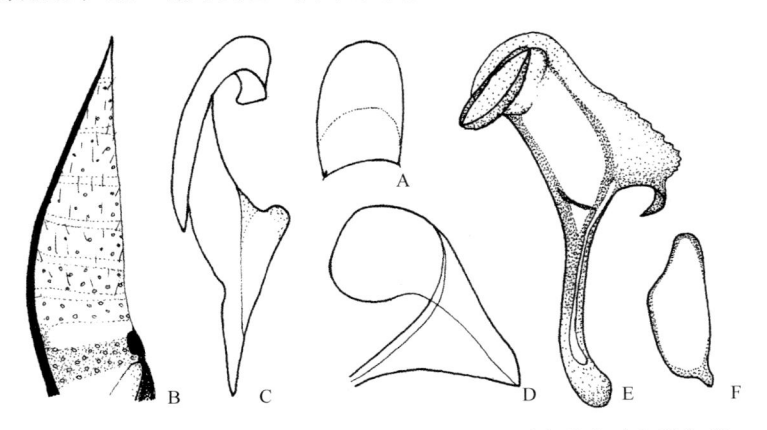

图 3-169　聂氏平缝叶蜂 Nesoselandria nieae Wei, 2003（引自魏美才和聂海燕，2003a）
A. 抱器；B. 锯腹片；C. 阳基腹铗；D. 副阳茎；E. 阳茎瓣；F. 阳基腹铗内叶

于 2（图 3-169B）。雄虫体长 3mm；单眼后区宽长比几乎等于 3，抱器长大于宽（图 3-169A）；阳基腹铗具小型侧裂，内侧中部显著突出（图 3-169C）；阳基腹铗内叶尾突小，无尾钩（图 3-169F）；阳茎瓣具横侧叶，无端位刺突，尾角下侧具扭突（图 3-169E）；副阳茎大于抱器 2 倍（图 3-169D）。

分布：浙江（德清、杭州、临安）、湖南、福建、贵州。

（175）日本平缝叶蜂 *Nesoselandria nipponica* Takeuchi, 1929（图 3-170）

Nesoselandria nipponica Takeuchi, 1929b: 519.

主要特征：雌虫体长 5mm；体黑色，翅基片浅褐色；足黄褐色，基节基部黑色，跗节端部暗褐色；体毛银色；翅均匀浅烟褐色，翅痣和翅脉黑褐色；体粗短，除中胸背板前叶具浅弱细小刻点外，虫体无明显刻点和刻纹；唇基端部具极浅的弧形缺口，上唇短小；颚眼距长 0.4 倍于侧单眼直径；复眼内缘向下显著收敛，间距等于眼高，触角窝以上部分复眼内缘向上明显分歧；中窝横弧形，封闭，前侧具明显小瘤突；侧窝深，圆形，稍大于中单眼；额区微弱隆起，额脊不发育；单眼中沟不明显，单眼后沟模糊，中单眼围沟发育；单眼后区后部稍隆起，宽长比约等于 2.5；侧沟显著，长约 1.8 倍于单眼直径，几乎不弯曲，向后稍分歧，不伸抵头部后缘；POL：OOL：OCL = 10：15：9；触角细，长于头、胸部之和，第 1、2 节长宽比约为 1.5，第 3 节 1.2 倍长于第 4 节，鞭节不膨大，端部 4 节稍变细并缩短，第 8 节长宽比约为 2.5，第 9 节短于第 8 节；触角毛半平伏；中胸背板前叶具中纵沟；后胸淡膜区横宽，淡膜区间距 0.8 倍于淡膜区长径；后足胫节端距稍长于后足胫节端部宽，基跗节明显短于其后 4 节之和；爪基片明显，内齿稍短于外齿；前翅 1M 脉与 1m-cu 脉向翅痣明显收敛，R+M 脉等长于痕状的 1r-m 脉，2Rs 室稍短于 1R1+1Rs，外下角显著尖出，2r 脉交于其外侧 1/3，cu-a 脉交于 1M 室下缘外侧 0.4；后翅臀室柄稍短于 cu-a 脉 1/2；锯腹片无节缝，中下部具扁平瘤，端突短小（图 3-170A）。雄虫体长 3.5mm，下生殖板端部钝截形。

分布：浙江（临安）、四川；俄罗斯（远东），日本。

本种国内浙江和四川分布的标本与日本的标本相比，颚眼距接近等宽于单眼直径，单眼后区宽长比约为 2.2，锯腹片较窄长，有可能不是同种。此处的特征描述和图片基于日本标本进行描述与拍摄。

图 3-170 日本平缝叶蜂 *Nesoselandria nipponica* Takeuchi, 1929
A. 锯腹片；B. 雌成虫侧面观；C. 雌虫头部和胸部前端背面观

（176）结铗平缝叶蜂 *Nesoselandria nodalisa* Wei, 2002（图 3-171）

Nesoselandria nodalisa Wei, in Wei & Huang, 2002b: 18.

主要特征：雌虫体长 4mm；体黑色，触角第 1–2 节腹侧、口须、前胸背板后部、翅基片、腹部 2–6 腹板和足黄褐色，2–5 节背板中部具大三角形淡斑；翅近透明，翅脉和翅痣黑褐色；体毛浅褐色；体光滑，具强光泽，头部背侧具模糊细小刻点，胸部无刻点和刻纹，腹部背板具微细刻纹；唇基缺口浅弧形；颚眼距线状；头部背面观宽长比约等于 2，后头短小，背面观短于复眼 1/4 长，两侧强烈收缩；单眼后区稍隆起，宽长比大于 2，具中纵沟；侧沟短直沟状，向后分歧；单眼后沟模糊，中沟显著，OOL：POL = 7：5；中单眼前凹小圆，额区前部两侧稍隆起，无凹陷，无额脊；中窝横沟状；侧窝深圆，大于单眼直径；触角长于头、胸部之和，第 3、4 节长度比为 5：4，末端 3 节之和与第 3 节等长，第 9 节略长于第 8 节；中胸背板前叶具中纵沟；后足基跗节等长于其后 4 节之和；爪内齿稍短于外齿；前翅 R+M 脉稍长于 Rs 脉第 1 段，2Rs 室稍长于 1Rs 室，外下角强烈尖出，2r 脉交于 2Rs 室上缘外侧 1/4，2m-cu 脉交于 2Rs 下缘内侧 1/4；后翅 Rs 室稍短于 M 室，臀室具柄式；锯腹片具 7 个节缝；第 1–5 节缝上部 2/3 显著骨化；端突很长，扁平瘤较少（图 3-171E）。雄虫体长 3.5mm；腹部背板淡斑连成一体，下生殖板端部圆突；抱器长约 2 倍于宽，端部圆，副阳茎大于抱器 3 倍（图 3-171A）；阳基腹铗尾短小、扭曲（图 3-171D）；阳基腹铗内叶狭长，尾钩尖出（图 3-171C）；阳茎瓣背缘平直，尾角锐角状突出，前部横侧叶宽大，具小缘齿（图 3-171B）。

分布：浙江（龙泉）、广西。

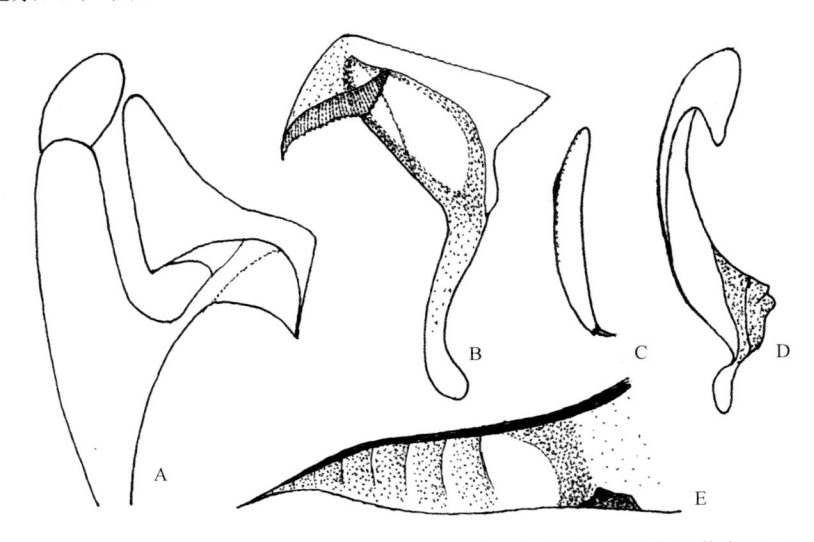

图 3-171 结铗平缝叶蜂 *Nesoselandria nodalisa* Wei, 2002（引自魏美才和黄宁廷，2002b）
A. 生殖铗，左侧；B. 阳茎瓣；C. 阳基腹铗内叶；D. 阳基腹铗；E. 锯腹片

（177）黄胸平缝叶蜂，新种 *Nesoselandria rufothoracina* Wei, sp. nov.（图 3-172）

雌虫：体长 4.5mm。体大部分黑色；前胸全部、中胸背板除附片外、中胸前侧片上部 2/5、后侧片上端黄褐色（图 3-172B）；足黄白色，端部 2 个跗分节暗褐色；翅均匀烟褐色，翅痣和翅脉黑褐色；体毛褐色。头、胸部光滑，头部背侧具极细小的刻点，腹部背板具明显细刻纹。体形粗短；唇基短宽，端缘缺口显著浅弧形，上唇短小；颚眼距线状，0.2 倍于单眼直径；复眼大，内缘向下收敛，间距约 0.8 倍于复眼长径；后眶狭窄，中上部约等宽；中窝横弧形；侧窝深圆，稍大于单眼；额区微隆起，无额脊；POL：OOL= 3：4，单眼后沟浅弱，中沟深；单眼后区稍隆起，宽长比约等于 2.6；侧沟较深直，长 1.5 倍于单眼直径，向后稍分歧；后头短小，强烈收缩（图 3-172A）；触角细丝状，稍短于腹部（9：10），第 2 节长宽比等于 1.8，第 3 节长 1.25 倍于第 4 节，端部 3 节稍短缩，其和稍长于第 4、5 节之和，第 8、9 节近似等长，长宽比约等于 1.7（图 3-172C）。中胸背板前叶具中纵沟；小盾片平坦，附片宽大平滑；胸腹侧片宽大平滑，胸腹侧片缝痕状；后胸淡膜区间距 0.8 倍于淡膜区长径；后足胫节内端距稍长于胫节端部宽，基跗节几乎等长于其后 4 节之和；爪基片显著，内齿稍短于外齿；前翅 1M 脉微弯曲，与 1m-cu 脉向翅痣收敛，R+M 脉段稍短于痕状的 Rs 脉第 1 段，cu-a 脉交 1M 室于外侧 0.4，2Rs 外下角强烈尖出，2m-cu 交于 2Rs 室下缘内侧 0.3；后翅臀室柄长 0.4 倍于 cu-a 脉长。锯鞘小，稍伸出腹端；锯腹片具 7 个明斑型节缝，扁平瘤较少，

主要分布于腹侧，锯基腹索踵前部耳形突宽大，基部着色区扁平瘤稀疏，锯腹片端突短小（图 3-172D）。

雄虫：未知。

分布：浙江（临安）、湖南。

词源：本种胸部大部分黄褐色，是本属第 1 个具有此种体色型的种类，以此命名。

正模：♀，湖南新宁一渡水，2005.IV.6，肖炜（ASMN）。副模：1♀，数据同正模；1♀，浙江临安天目山禅源寺，30.322°N、119.442°E，405m，2015.IV.11，肖炜、李涛（ASMN）。

鉴别特征：本种体色十分特殊，很容易识别。浙江和湖南的标本构造一致。本属已发现（含未发表种类）超过 100 种，本种是唯一的黄胸种类。

图 3-172 黄胸平缝叶蜂，新种 Nesoselandria rufothoracina Wei, sp. nov. 雌虫
A. 头部和胸部前端背面观；B. 头部和胸部侧面观；C. 触角；D. 锯腹片

（178）小窝平缝叶蜂 *Nesoselandria shanica* Malaise, 1944（图 3-173）

Nesoselandria shanica Malaise, 1944: 14.

主要特征：雌虫体长 4.5–5.5mm；体黑色，前胸背板后缘、翅基片及足黄褐色，基节基部、前中足跗节端半部和后足第 2–5 跗分节暗褐色；翅均匀浅烟色，翅痣和翅脉黑褐色；体光滑，无刻点和刻纹；体粗短；唇基端部亚截形，颚眼距线状；复眼大，内缘向下显著收敛，间距远小于眼高；中窝横弧形，侧窝圆形；额区平坦，额脊仅前端微弱发育；单眼后区平坦，宽长比等于 1.5，侧沟消失，紧贴后单眼处具 1 小型凹陷，无单眼中沟和后沟，POL：OOL = 6：7；背面观头部宽长比稍小于 2；触角细，长于头、胸部之和，第 2 节长宽比等于 2，第 3 节 1.3 倍长于第 4 节，第 8 节长宽比大于 2；中胸背板前叶具中纵沟；后胸淡膜区扁宽，间距 0.4 倍于淡膜区长径；后足胫节端距等长于胫节端部宽，基跗节等长于其后 4 节之和；爪基片明显，内齿稍短于外齿；前翅 1M 脉与 1m-cu 脉向翅痣明显收敛，R+M 脉短于 1r-m 脉，2Rs 室外下角尖出，2r 脉交于其外侧 1/3，cu-a 脉交于 1M 室下缘外侧 2/5；后翅臀室柄约等于 cu-a 脉 1/2 长；锯腹片狭长，端突长，具 8 个较清晰节缝，节缝后侧具窄明斑（图 3-173D）。雄虫体长 4.0mm；下生殖板端部钝截形；抱器亚方形（图 3-173B），阳基腹铗中部不分裂（图 3-173C）；阳茎瓣无端位刺突，尾角尖出（图 3-173A），副阳茎不明显大于抱器（图 3-173E），阳基腹铗内叶短小（图 3-173F）。

分布：浙江（嘉兴、临安、舟山）、江苏、福建；缅甸。

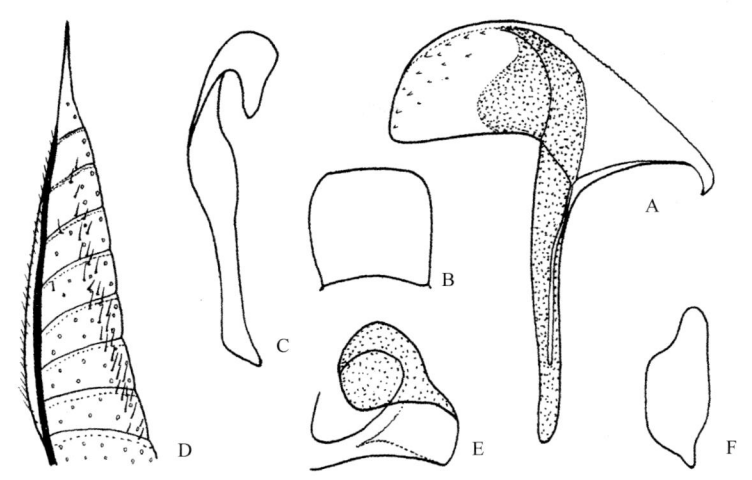

图 3-173 小窝平缝叶蜂 Nesoselandria shanica Malaise, 1944（引自魏美才和聂海燕，2003a）
A. 阳茎瓣；B. 抱器；C. 阳基腹铗；D. 锯腹片；E. 副阳茎；F. 阳基腹铗内叶

（179）深裂平缝叶蜂 Nesoselandria schizovolsella Wei, 2003（图 3-174）

Nesoselandria schizovolsella Wei, in Wei & Nie, 2003a: 15.

主要特征：雌虫体长 3.5–4.5mm；体黑色，足黄褐色，前足基节大部分和跗节暗褐色；翅浅烟色，翅脉和翅痣黑褐色；体毛黑褐色；头、胸部光滑，无刻点和刻纹，腹部背板具细弱刻纹；背面观头部宽长比大于 2；唇基缺口浅弧形，颚眼距线状；复眼下缘间距稍大于眼高；中窝三叉形，侧窝圆形；单眼后区微隆起，宽长比约等于 3；侧沟细深，几乎伸达头部后缘，向后稍分歧，中沟及后沟细浅；触角细，约等长于头、胸部之和，第 3 节长 1.5 倍于第 4 节，端部 4 节明显短缩，第 8 节长宽比不大于 1.5；胸腹侧片缝细弱，但可分辨；后足胫节内距不短于胫节端部宽；后基跗节微短于 2–5 跗分节之和；爪基片显著，内齿微短于端齿；前翅 R+M 脉段微长于痕状 Rs 脉第 1 段，cu-a 脉位于 1M 室外侧 2/5，2r 脉交于 2Rs 室上缘外侧 2/5，2m-cu 脉交于 2Rs 室下缘内侧 2/5，2Rs 室外下角尖出；后翅臀室柄微短于 cu-a 脉 1/2；锯腹片具 7 个明斑状节缝，无端突，扁平瘤多（图 3-174D）；锯背片具 5 个节缝，无长端突。雄虫体长 3.5–4.0mm；抱器长稍大于宽，端部圆钝（图 3-174A）；阳基腹铗中部深裂，外叶稍短于内叶（图 3-174E）；阳茎瓣无头叶刺突，具横叶，尾部具长突（图 3-174B）；副阳茎外侧具显著肩部（图 3-174F）；阳基腹铗内叶短小，后缘突出，具尾钩（图 3-174C）。

分布：浙江（临安）、福建。

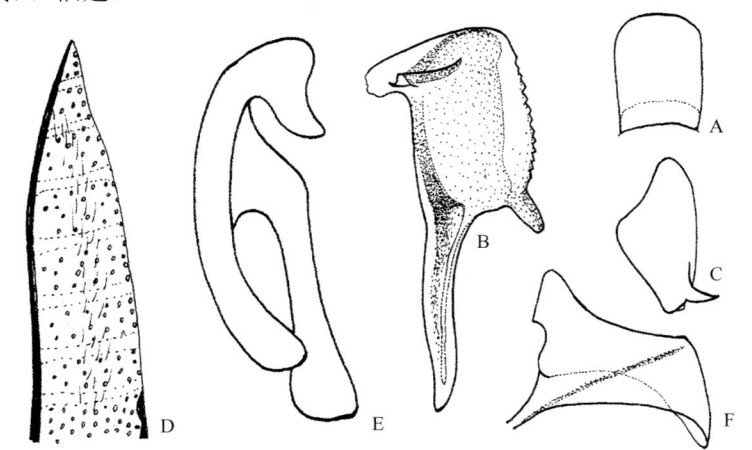

图 3-174 深裂平缝叶蜂 Nesoselandria schizovolsella Wei, 2003（引自魏美才和聂海燕，2003a）
A. 抱器；B. 阳茎瓣；C. 阳基腹铗内叶；D. 锯腹片；E. 阳基腹铗；F. 副阳茎

(180) 黑跗平缝叶蜂 Nesoselandria simulatrix Zhelochovtsev, 1951（图 3-175）

Nesoselandria simulatrix Zhelochovtsev, 1951: 132.
Nesoselandria nigrotarsalia Wei, in Wei & Nie, 2003a: 13. **Syn. nov.**

主要特征：雌虫体长 4mm；体黑色，触角第 1 节、前胸背板后缘、翅基片及足黄褐色，跗节黑褐色或暗褐色；翅均匀浅烟色，翅痣和翅脉黑褐色；体光滑，无刻点和刻纹；体较粗短；唇基端部缺口浅平，颚眼距线状；复眼大，内缘向下显著收敛，间距远小于眼高；额区平，额脊缺如；中窝横弧形封闭，侧窝圆形；单眼后区平坦，宽长比等于 1.5，侧沟消失，紧贴后单眼处具 1 小型圆坑；无单眼中沟和后沟，中单眼围沟微弱发育；POL:OOL=4:5，背面观头部宽长比稍小于 2；触角细丝状，长于头、胸部之和，各节比长为 10:9:22:17:11:10:9:8:9，第 8 节长宽比约等于 2；中胸背板前叶具中纵沟；后胸淡膜区间距 0.4 倍于淡膜区长径；后足胫节端距等长于胫节端部宽，基跗节等长于其后 4 节之和；爪内齿稍短于外齿；前翅 1M 脉与 1m-cu 脉向翅痣明显收敛，R+M 脉等长于 1r-m 脉，2Rs 室稍短于 1R1+1Rs，外下角尖，2r 脉交于其外侧 1/3，cu-a 脉交于 1M 室下缘外侧 0.4；后翅臀室柄约等于 cu-a 脉 1/3–1/2；锯腹片狭长，端突尖长，具 8 个节缝，节缝后侧具明斑（图 3-175C）。雄虫体长 3.5mm；抱器方形，长约等于宽，端部钝截形，副阳茎小于抱器（图 3-175A）；阳基腹铗不侧裂（图 3-175D）；阳基腹铗内叶短小（图 3-175E）；阳茎瓣无端位刺突，尾角尖，头叶具短刺（图 3-175B）。

分布：浙江（安吉）、江苏、湖南、福建。

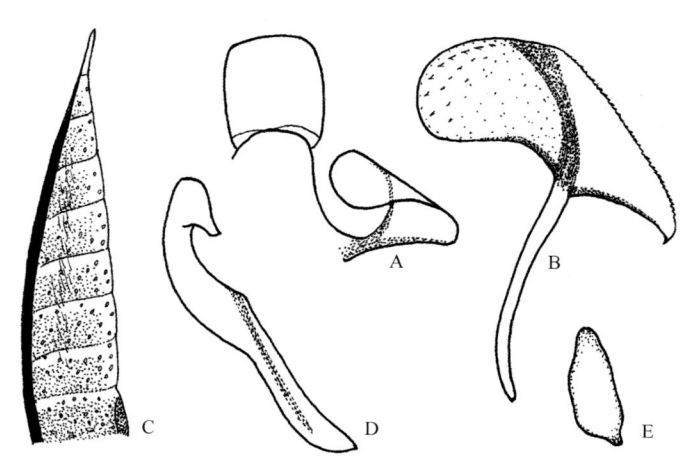

图 3-175 黑跗平缝叶蜂 *Nesoselandria simulatrix* Zhelochovtsev, 1951（引自魏美才和聂海燕，2003a）
A. 抱器和副阳茎；B. 阳茎瓣；C. 锯腹片；D. 阳基腹铗；E. 阳基腹铗内叶

(181) 中华平缝叶蜂 Nesoselandria sinica Wei, 1997（图 3-176）

Nesoselandria sinica Wei, 1997b: 1567.

主要特征：雌虫体长 4.0–5.0mm；体黑色，口须、前胸背板后缘狭边、翅基片及足黄褐色，跗节黑褐色或暗褐色；翅均匀浅烟色，翅痣和翅脉黑褐色；体毛银褐色；体无刻点和刻纹，光滑；体粗短；唇基缺口浅三角形。颚眼距线状；复眼大，内缘向下显著收敛，间距远小于眼高；额区微隆起，额脊微可分辨；中窝横弧形封闭；侧窝大圆形；单眼后区平坦，宽长比等于 2.5；侧沟深，不达后头边缘，长点状，向后显著分歧；单眼中沟细长，无单眼后沟，中单眼围沟微发育；POL:OOL=4:5；背面观头部宽长比等于 2；触角细丝状，等长于头、胸部之和，各节比长为 9:8:22:14:13:10:9:8:8，第 8 节长宽比约等于 2；中胸背板前叶具中纵沟；后胸淡膜区间距 0.5 倍于淡膜区长径；后足胫节端距等长于胫节端部宽，基跗节等长于其后4节之和；爪内齿稍短于外齿；前翅1M脉与1m-cu脉向翅痣明显收敛，R+M脉长于1r-m脉，2Rs室短于1R1+1Rs，外下角尖，2r脉交于其外侧1/3，cu-a脉交于1M室下缘外侧1/3；后翅臀室柄约等于cu-a脉1/3长；锯腹片粗短，端突很短，节缝弱明斑型（图3-176D）。雄虫体长3.5–4.0mm；阳茎瓣具端位刺突，尾角尖出（图3-176B）；抱器窄长，小于副阳茎（图3-176A）；阳基腹铗、副阳茎和阳基腹铗内叶分别见图3-176C、E、F。

分布：浙江（杭州、临安、丽水）、陕西、甘肃、安徽、湖北、湖南、福建、广西、四川、贵州。

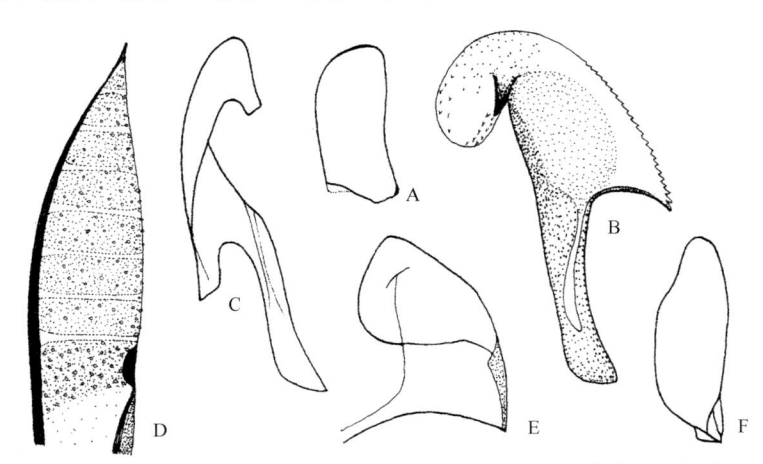

图3-176 中华平缝叶蜂 *Nesoselandria sinica* Wei, 1997（引自魏美才和聂海燕，2003a）
A. 抱器；B. 阳茎瓣；C. 阳基腹铗；D. 锯腹片；E. 副阳茎；F. 阳基腹铗内叶

（182）南华平缝叶蜂，新种 *Nesoselandria southa* Wei, sp. nov.（图3-177）

雌虫：体长4.5–5.0mm。体黑色；口须、触角第1节腹侧、前胸背板大部分、翅基片、足及腹部腹面黄褐色；体毛银褐色；翅均匀浅烟色，翅痣和翅脉黑褐色，翅基端透明。

体光滑，无明显刻点和刻纹。体较窄长；唇基端部缺口十分浅平，侧角方形；颚眼距线状；复眼大，内缘向下显著收敛，间距显著小于眼高；额区平坦，额脊缺；中窝横弧形，上缘封闭，两侧几乎开放；侧窝圆形，较小，仅稍大于侧单眼；单眼后区隆起，顶面几乎与单眼面持平，宽长比稍小于3；侧沟短沟状，向后明显分歧；单眼中沟和后沟十分宽浅模糊，中单眼围沟微弱发育；POL：OOL = 4：5；后眶狭窄，无颊脊；背面观头部在复眼后短小且强烈收缩，背面观头部宽长比稍小于2；触角细丝状，等长于头、胸部之和，第2节长宽比稍小于2，第3节1.4倍长于第4节，短于复眼下缘间距，第8节长宽比约等于2，端部4节长度之和几乎不长于第4、5节之和。中胸背板前叶具中纵沟；胸腹侧片缝十分平滑；后胸淡膜区扁宽，淡膜区间距0.6倍于淡膜区长径；后足胫节端距等长于胫节端部宽，基跗节稍短于其后4节之和；爪基片明显，内齿等长于外齿；前翅不明显长于虫体，1r-m脉下端不外斜，2m-cu脉上端与1r-m脉的距离显著长于1r-m脉的1/2长，1M脉与1m-cu脉向翅痣明显收敛，R+M脉长于1r-m脉，2Rs室稍短于1R1+1Rs室之和，外下角尖出，2r脉交于2Rs外侧1/3，cu-a脉交于1M室下缘外侧1/3；后翅臀室柄约等于cu-a脉1/4长。锯鞘短三角形，背面观端部伸出腹部末端；锯腹片较短，端突较细长，具7个节缝，节缝向背缘几乎不收敛，后侧具明斑，耳形突较高（图3-177F）。

雄虫：体长3.5mm；体色和构造类似于雌虫，但触角端部5节明显短缩并稍膨大，侧窝稍大；抱器长显著大于宽，端部圆钝，明显小于副阳茎（图3-177A）；副阳茎背缘水平弓起，头叶小（图3-177B）；阳基腹铗中部显著侧裂（图3-177E）；阳基腹铗内叶短小，两端尖（图3-177D）；阳茎瓣头部较短，近椭圆形，具短粗端位刺突，无横叶，尾部宽大，具小型缘齿（图3-177C）。

分布：浙江（临安、普陀、嵊泗）、湖南、广西、贵州、云南。
词源：本种较广泛分布于中国南方，特以英语南方"south"命名。
正模：♂，浙江西天目山，1989.VI.6，何俊华；副模：1♀，广西龙胜花坪，1982.VI.26，何俊华；1♀，云南大理蝴蝶泉，1981.V.3，何俊华；1♀，浙江嵊泗，1982.V.3，万兴生；1♀，浙江普陀，1982.V.2，万兴生；3♀♀，湖南涟源龙山，1999.V.9–11，张开健、肖炜；1♀，湖南株洲，1996.IV.18，魏美才、聂海燕；1♀，贵州永康，1998.X.28，汪廉敏；1♀，贵州花溪，1981.V.29，李法圣；1♀，云南呈贡，1922.VI；1♀，云南昆明，1940.VII.1，采集人不详（ASMN）。

鉴别特征：本种隶属于 *N. birmana* group 并类似于 *N. birmana* Malaise, 1944，但本种锯腹片端部具细长尖突，节缝不向上端显著收敛，阳茎瓣头部侧叶无大缘齿，阳基腹铗内叶短小，阳基腹铗具明显的侧裂等，与之明显不同，易于鉴别。

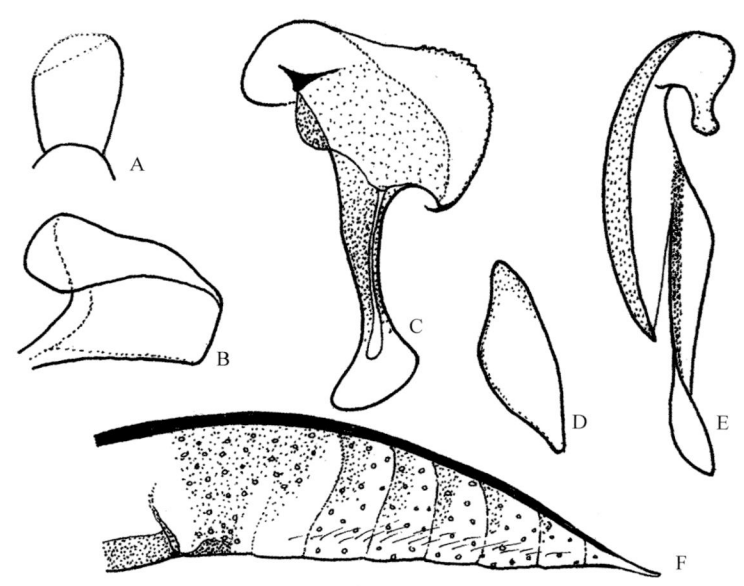

图 3-177 南华平缝叶蜂，新种 *Nesoselandria southa* Wei, sp. nov.
A. 抱器；B. 副阳茎；C. 阳茎瓣；D. 阳基腹铗内叶；E. 阳基腹铗；F. 锯腹片

（183）纤细平缝叶蜂，新种 *Nesoselandria tenuis* Wei, sp. nov.（图 3-178）

雌虫：体长约 5mm；体黑色，下颚须端部 3 节、下唇须大部分和足黄褐色，前足基节除端部外黑色，跗节端部 2 分节暗褐色。翅均匀烟褐色，基部颜色不浅，翅脉和翅痣黑褐色。体毛浅褐色。

体形较窄。头、胸部光滑，无明显刻点，腹部具微弱刻纹。唇基端缘缺口浅弧形，侧角方形；复眼大，内缘向下明显收敛，间距显著窄于眼高；内宽最窄处窄于触角窝间距；颚眼距约呈线状；中窝横沟形封闭；侧窝小圆形，稍大于单眼；额区稍隆起，额脊微显，无中单眼前凹；单眼后区中部微弱隆起，宽长比约为 1.7；侧沟较浅长，向后显著分歧；单眼中沟和单眼后沟十分浅弱；POL：OOL：OCL=5：7：7；后头两侧显著收敛；触角细丝状，约等长于头、胸部之和，第 2 节长宽比约等于 1.8，第 3 节 1.3 倍于第 4 节长，端部 4 节明显短缩，其合长微长于第 4、5 节之和，第 8 节长宽比小于 2。前翅 R+M 脉段稍长于痕状的 Rs 脉第 1 段，2r 脉交于 2Rs 室外侧 1/3，2m-cu 脉交于 2Rs 室内侧 1/3，cu-a 脉交于 1M 室外侧 1/3；后翅臀室柄约等于 cu-a 脉 1/3 长；后足基跗节等长于其后 4 节之和；爪具小型基片，内齿微短于外齿。锯腹片基部宽，向端部迅速变尖，无明显端突，端部 3 节缝下侧较明显，其余节缝不明显，锯基腹索踵端部宽（图 3-178E）。

雄虫：体长 3.5mm；单眼后区宽长比约等于 2，侧沟向后稍分歧；下生殖板端部圆突；抱器长微大于宽，内缘直，外缘微呈弧形，端部钝截形，与副阳茎近似等大，副阳茎小型，背缘弧形，外侧无肩状部，头叶小（图 3-178C）；阳基腹铗中部不侧裂（图 3-178A）；阳基腹铗内叶近似长方形，尾突小（图 3-178B）；阳茎瓣小，微倾斜，无端位刺突和横叶，尾部小，尾角近方形（图 3-178D）。

分布：浙江（德清、遂昌）、湖北、江西、湖南、贵州、云南。

词源：本种体形较狭窄，以此命名。

正模: ♂, Yunnan, Lvchun (云南绿春), 1996.V.31, Bu Wenjun (ASMN)。副模: 1♂, 云南保山, 1979.VIII.22, 刘国卿; 1♂, 湖北神农架大龙潭, 2200m, 2002.VI.30, 钟义海; 1♂, 浙江遂昌白云山, 1993.VII.26, 何俊华; 1♂, 贵州贵阳花溪, 1994.VII, 汪廉敏; 1♀1♂, 湖南炎陵桃源洞, 900–1000m, 1999.IV.23, 魏美才; 1♂, 浙江德清筏头, 1995.V.27, 何俊华; 2♀8♂, 江西萍乡武功山, 600m, 2004.V.1, 魏美才 (ASMN)。

鉴别特征: 本种隶属于 *N. morio* group, 与 *Nesoselandria maliae* Wei, 2002 最近似, 但本种体形窄细; 雌虫单眼后区宽长比等于 1.7, 触角鞭节细; 雄虫下生殖板端部圆突, 阳茎瓣小型, 微弱倾斜, 无端腹侧突和尾角下突; 抱器长微大于宽, 端部钝截形, 阳基腹铗中部不侧裂等, 与该种明显不同。本种阳茎瓣很小, 头叶仅微弱倾斜, 尾部收窄, 与已知种类均不相同, 易于识别。

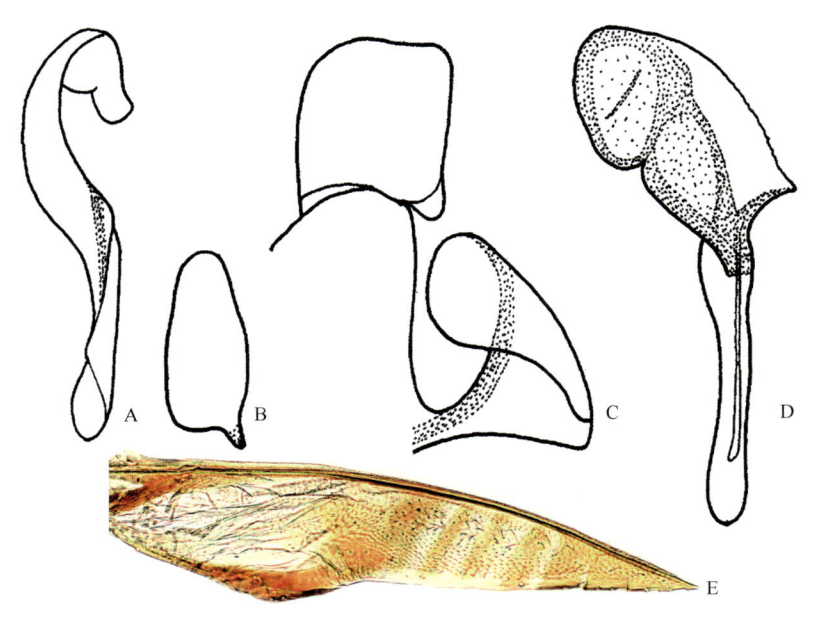

图 3-178 纤细平缝叶蜂, 新种 *Nesoselandria tenuis* Wei, sp. nov.
A. 阳基腹铗; B. 阳基腹铗内叶; C. 抱器和副阳茎; D. 阳茎瓣; E. 锯腹片

(184) 汪氏平缝叶蜂 *Nesoselandria wangae* Wei, 2002 (图 3-179)

Nesoselandria wangae Wei, in Wei & Nie, 2002a: 431.

主要特征: 雌虫体长 4.5mm; 体黑色, 足黄褐色, 前足基节外侧基部和股节大部分、前中足胫节端部 2/3、后足胫节端部 5/6、前中足跗节暗褐色, 后足跗节黑褐色; 翅显著烟褐色, 翅痣和翅脉黑褐色; 体毛浅褐色; 体光滑, 无刻纹, 额区具微细刻点; 背面观头部宽长比大于 2; 唇基缺口浅, 颚眼距约等于单眼直径; 复眼大, 内缘向下微收敛, 间距大于眼高; 中窝直横沟形; 侧窝小型, 圆深; 额区稍发育, 前部两侧具模糊额脊; POL:OOL=6:9; 单眼中沟和后沟缺; 单眼后区微隆起, 宽长比微小于 2; 侧沟深长, 微弱弯曲, 向后稍分歧; 触角细, 约等长于头、胸部之和, 第 2 节长宽比等于 2, 第 3、4 节长度比为 1.5, 端部 4 节稍短缩, 第 8 节长宽比约为 1.8; 中胸背板前叶具中沟, 胸腹侧片缝十分细弱, 可分辨; 后足胫节内距不短于胫节端部宽, 后基跗节微短于其后跗分节之和; 爪基片显著, 内齿微短于端齿; 前翅 R+M 脉段等长于痕状的 Rs 脉第 1 段, cu-a 脉位于 M 室端部 1/3, 2r 脉交于 2Rs 室上缘外侧 1/3, 2m-cu 脉交于 2Rs 室下缘内侧 2/5, 2Rs 室外下角稍尖出; 后翅臀室柄长于 cu-a 脉 1/2; 锯腹片具 8–9 个骨化节缝, 端突稍短 (图 3-179B)。雄虫体长 3.5mm; 颚眼距等于 1/3 单眼直径, 触角较粗; 抱器亚方形, 端部截形 (图 3-179C); 阳基腹铗中部不裂 (图 3-179A); 阳茎瓣无头叶刺突, 尾叶突出 (图 3-179D)。

分布: 浙江 (庆元、文成)、陕西、湖北、湖南、福建、广东、广西、重庆、贵州。

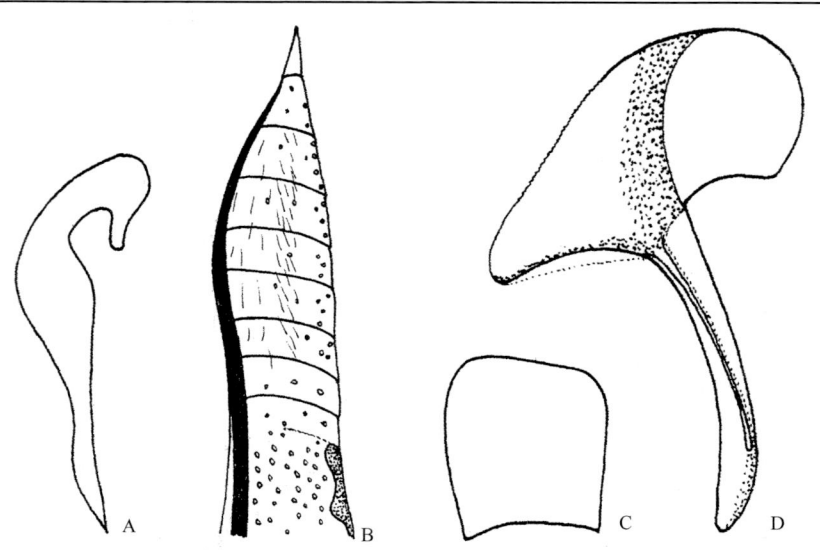

图 3-179 汪氏平缝叶蜂 Nesoselandria wangae Wei, 2002（引自魏美才和聂海燕，2002a）
A. 阳基腹铗；B. 锯腹片；C. 抱器；D. 阳茎瓣

（185）舟山平缝叶蜂，新种 Nesoselandria zhoushana Wei, sp. nov.（图 3-180）

雌虫：体长 4.5mm。体黑色；口须大部分、前胸背板沟后部、翅基片、足及腹部腹面黄褐色；翅均匀浅烟色，翅痣和翅脉黑褐色；体毛银褐色。

体光滑，头部背侧具稀疏微细刻点，腹部背板具微弱刻纹。唇基端部缺口浅弧形，侧角方形；颚眼距线状；复眼大，内缘向下显著收敛，间距显著小于眼高；触角窝间距明显宽于内眶；额区平坦，额脊前部微弱发育；中窝横弧形封闭，底部具反弧形横沟；侧窝圆形，较小，稍大于侧单眼；单眼后区后缘稍隆起，宽长比约等于 2.5；侧沟微弱弯曲，向后显著分歧；单眼中沟和后沟宽浅，中单眼围沟微弱发育；POL：OOL = 4：5；后眶狭窄，无颊脊；背面观头部在复眼后短小且强烈收缩，背面观头部宽长比稍小于 2（图 3-180A）；触角细丝状，等长于头、胸部之和，第 2 节长宽比稍小于 2，第 3 节 1.2 倍长于第 4 节，明显短于复眼下缘间距，第 8 节长宽比约等于 2.2，第 9 节几乎不长于第 8 节（图 3-180C）。中胸背板前叶具中纵沟；胸腹侧片缝十分平滑；后胸淡膜区扁宽，淡膜区间距 0.6 倍于淡膜区长径；后足胫节端距稍长于胫节端部宽，基跗节稍短于其后 4 节之和；爪基片明显，内齿等长于外齿；前翅稍短于虫体，1r-m 脉下端稍外斜，2m-cu 脉上端与 1r-m 的距离显著长于 1r-m 的 1/2 长，1M 脉与 1m-cu 脉向翅痣明显收敛，R+M 脉长于 1r-m 脉，2Rs 室显著短于 1R1+1Rs 室之和，外下角尖出，2r 脉交于 2Rs 外侧 1/3，cu-a 脉交于 1M 室下缘外侧 1/3；后翅臀室柄点状。锯鞘短三角形，背面观端部伸出腹部末端；锯腹片端突较细长，具 6 个明显节缝，节缝向背缘几乎不收敛，后侧具明斑，耳形突向前逐渐加宽（图 3-180F）。

雄虫：体长 3.5mm；后翅臀室柄显著，下生殖板端部圆钝；抱器长几乎 2 倍于宽，端部圆钝，显著小于副阳茎（图 3-180E）；阳基腹铗中部显著侧裂，外支端部不尖，阳基腹铗内叶窄长，尾部具宽短横突（图 3-180E）；阳茎瓣头部短，具近似三角形端横叶，边缘具小齿（图 3-180D），无亚端位小刺突，尾部显著加宽，具大型缘齿和短小尾突，臀角突出，向端部明显收窄，阳茎瓣背脊和腹脊向尾部明显分歧（图 3-180B）。

分布：浙江（舟山）。

词源：本种以模式标本产地命名。

正模：♂，浙江省舟山市朱家尖东沙，29°54′32″N、122°25′20″E，120m，2016.V.1，魏美才（ASMN）。副模：1♀1♂，数据同正模（ASMN）。

鉴别特征：本种隶属于 N. birmana group，体色极似 N. southa，sp. nov.，但本种阳茎瓣头部具近三角形端横叶，无亚端位小刺突，臀角突出，向端部明显收窄，缘齿大而少；阳基腹铗内叶窄长，尾部具粗短横突；锯腹片耳形突向前逐渐加宽等，与之明显不同，易于鉴别。

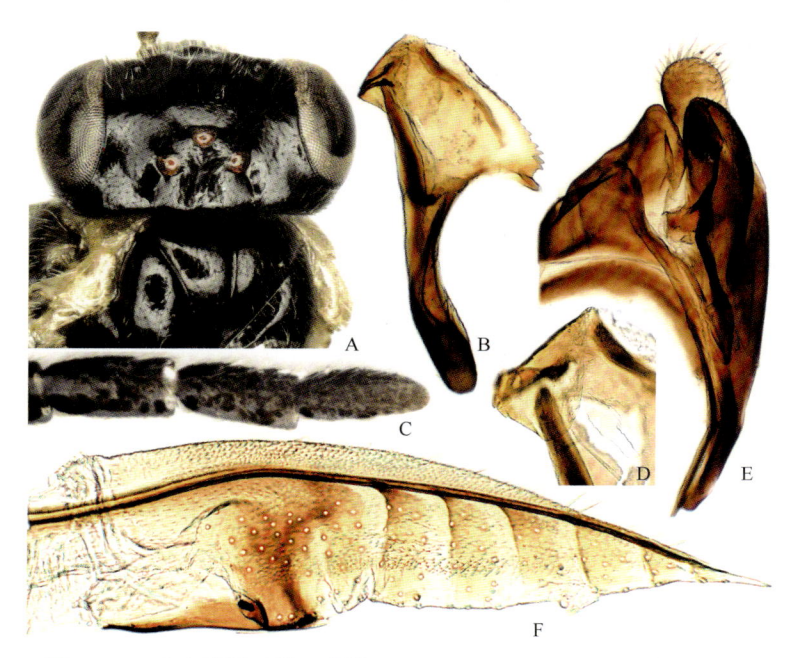

图 3-180　舟山平缝叶蜂，新种 *Nesoselandria zhoushana* Wei, sp. nov.
A. 雌虫头部和胸部前部背面观；B. 阳茎瓣；C. 触角端部 3 节；D. 阳茎瓣端横叶；E. 生殖铗；F. 锯腹片

48. 长室叶蜂属 *Alphastromboceros* Kuznetzov-Ugamskij, 1928

Alphastromboceros Kuznetzov-Ugamskij, 1928: 33–34. Type species: *Strongylogaster konowi* Jakowlew, 1891, by monotypy.
Parastromboceros Takeuchi, 1941: 250–251. Type species: *Stromboceros filicis* Malaise, 1931, by original designation.

主要特征：小型叶蜂，体形瘦长，雌虫腹部多少侧扁；唇基平坦，无横脊，前缘具明显的浅三角形缺口；上唇小型，端部圆钝；颊眼距狭于单眼直径（♀）或线状（♂）；上颚粗短，对称双齿式，内齿端位，端齿外侧弧形微弱弯曲；额区稍隆起，额脊圆钝，明显可辨；后眶较宽，后颊脊至少中下部显著；复眼大，内缘向下收敛，间距窄于复眼长径，触角窝距狭于复眼-触角窝距；触角短，第 2 节长等于或大于宽，第 3 节长于第 4 节；胸腹侧片发达，胸腹侧片缝显著；后胸淡膜区间距等于或稍大于淡膜区宽；前足胫节内端距端部分叉，后足基跗节短于其后 4 节之和；爪具发达的基片，无亚端齿；前翅前缘脉端部微弱膨大，翅痣狭长，1M 脉与 1m-cu 脉平行，R+M 脉段短于 1r-m 脉，Rs+M 脉基部弯曲度小，Rs 脉第 1 段完整，臀室无横脉，cu-a 脉位于 1M 室中部外侧，2M 室长显著大于宽；后翅 Rs 室和 M 室十分狭长，长宽比不小于 4，Rs 室向径脉显著开放；臀室无柄式；锯鞘端小，锯腹片无明显节缝，具近腹缘的翼突距和细小刃齿，无亚中位翼突距；阳茎瓣头叶较宽大，具背缘细齿，阳基腹铗内叶双尾型。

分布：东亚。本属已知 5 种，中国均有分布，浙江发现 4 种，本书记述 3 种。
寄主：蕨类。幼虫取食蕨类叶片。

分种检索表

1. 雌虫股节大部分黑色；雄虫足大部分黑色 ·· 黑胫长室叶蜂 *A. nigritibia*
- 雌虫后足股节全部黄褐色或黄白色 ·· 2
2. 雄虫后足股节和胫节黄褐色 ·· 异尾长室叶蜂 *A. caudatus*
- 雄虫后足股节背侧和胫节大部分黑褐色 ··· 黑距长室叶蜂 *A. nigrocalcus*

(186) 异尾长室叶蜂 *Alphastromboceros caudatus* Wei & Nie, 1998（图 3-181）

Alphostromboceros caudatus Wei & Nie, 1998b: 354.
Alphastromboceros caudatus: Wei, Nie & Taeger, 2006: 518.

主要特征：雌虫体长 7.5mm；体黑色，足除基节基半部黑色之外，其余全部黄褐色，胫节距浅褐色；体毛黑褐色；翅弱烟色透明，翅痣和翅脉黑色；头部光滑无刻点，在复眼后强烈收缩；复眼内缘向下收敛，间距稍窄于眼高；颚眼距不大于单眼半径；颊脊伸达后眶中部；前单眼凹小而浅；单眼后区宽稍大于长，侧沟短直，向后微弱收敛；单眼后沟细浅，中沟深；额侧沟发达，额区隆起，额脊低钝，额区前端微弱开放；中窝小且浅平，上部具深窝，侧窝深；唇基前缘缺口深弧形；触角稍短于头、胸部之和，第 2 节宽约等于长，第 3 节长 1.3 倍于第 4 节，端节背面观长为宽的 3 倍以上，第 8 节长宽比等于 2；胸腹侧片缝深；小盾片后缘两侧具模糊刻点；前翅 2r 脉接近第 2r-m 横脉，2Rs 室长于 1Rs 室，外下角显著前伸，cu-a 脉位于 1M 室下缘外侧 3/7；后翅 Rs 室与 R 脉会合面较短；后足胫节距长约为基跗节的 1/4，基跗节稍短于其后 4 跗分节之和；爪内齿明显短于外齿；锯鞘侧面观端部圆钝，锯腹片无节缝，具 7 个锯刃，锯刃具细齿（图 3-181A）。雄虫体长 5.5–6mm；颚眼距线状；下生殖板端部窄圆；抱器短，端部倾斜圆钝；阳基腹铗内叶内侧近尾端具端部方形的窄长枝突（图 3-181B）；阳茎瓣端部圆钝，具明显小齿，侧叶较小，瓣头中部明显收缩（图 3-181C）。

分布：浙江（德清、安吉、杭州、临安）。

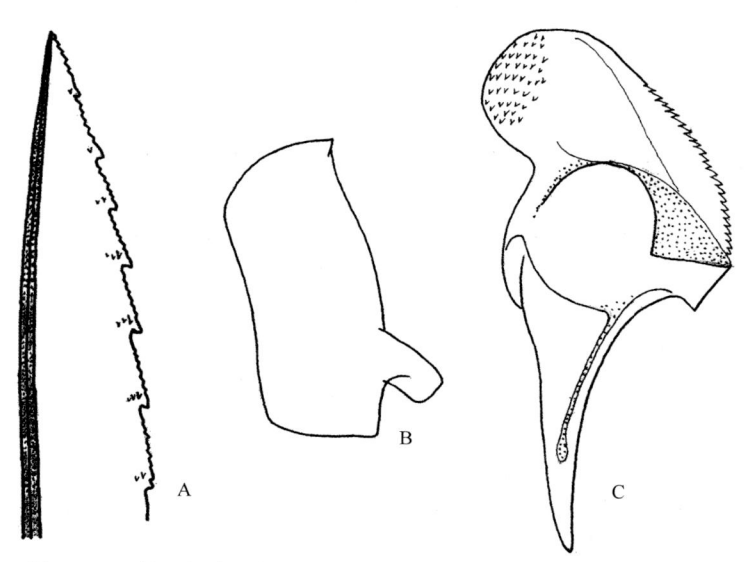

图 3-181 异尾长室叶蜂 *Alphastromboceros caudatus* Wei & Nie, 1998
A. 锯腹片；B. 阳基腹铗内叶；C. 阳茎瓣

(187) 黑距长室叶蜂 *Alphastromboceros nigrocalcus* Wei & Nie, 1999（图 3-182）

Alphostromboceros nigrocalcus Wei & Nie, 1999a: 93.
Alphastromboceros nigrocalcus: Wei, Nie & Taeger, 2006: 518.

主要特征：雌虫体长 7.5mm；体黑色，足黄褐色，各足基节基半部黑色，前足股节背侧暗褐色至黑褐色，跗节端半部稍呈暗褐色，中后足胫节距黑褐色；体毛黑褐色；翅烟褐色透明，翅痣和翅脉黑色；头部光滑；复眼内缘向下收敛，间距稍窄于眼高；颚眼距不大于单眼半径；颊脊伸达后眶中部；单眼后区宽稍大于长，侧沟短深且直，向后微弱收敛；单眼后沟细浅，中沟深；额侧沟发达，额区隆起，额脊低钝，额区前端微弱开放；中窝深大，显著大于侧窝，侧窝深；唇基前缘缺口深弧形；触角稍短于头、胸部之和，第 2 节长稍大于宽，第 3 节长 1.3 倍于第 4 节，端部 5–6 节稍侧扁，端节背面观长宽比大于 3，第 8 节长宽比等于 2；胸腹侧片缝较深；前翅 2r 脉末端远离 2r-m 脉，位于 2Rs 室上缘外侧 1/3，2Rs 室长于 1Rs 室，外下角显著前伸，cu-a 脉位于 M 室下缘中部外侧 2/5，后翅 Rs 室与 R 脉的会合面较短；后足胫节距等长于基跗节 1/4，基跗节稍短于其后 4 跗分节之和；爪内齿明显短于外齿；锯鞘侧面观端部圆钝；锯腹片无环缝，具 6–7 个锯刃，锯刃具多个细齿（图 3-182F）。雄虫体长 6mm；各足基节大部分、股节背侧、胫节大部分和跗节黑褐色至黑色，颚眼距十分狭窄。

分布：浙江（杭州、临安）、河南、湖北、湖南、广西、四川。

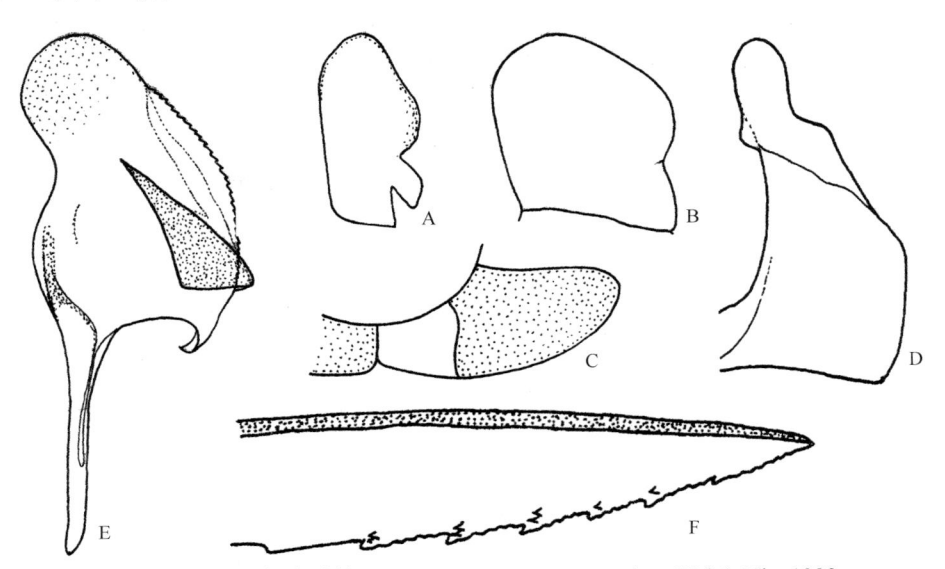

图 3-182 黑距长室叶蜂 *Alphastromboceros nigrocalcus* Wei & Nie, 1999
A. 阳基腹铗内叶；B. 抱器；C. 锯鞘端侧面观；D. 副阳茎；E. 阳茎瓣；F. 锯腹片端半部

(188) 黑胫长室叶蜂 *Alphastromboceros nigritibia* Wei, 1998（图 3-183）

Alphostrombocerus nigritibia Wei, in Nie & Wei, 1998c: 126.
Alphastromboceros nigritibia: Wei, Nie & Taeger, 2006: 518.

主要特征：雌虫体长 6mm。体黑色，各足股节端部和胫节基部浅褐色，中后足胫节距黑褐色；体毛黑褐色；翅烟灰色透明，翅痣和翅脉黑色；体光滑；头部复眼后强烈收缩；唇基前缘缺口浅三角形；复眼内缘向下收敛，间距稍窄于眼高；颚眼距 0.3 倍于单眼直径，颊脊伸达后眶下部 0.4；单眼后区宽大于长，侧沟短深，向后微弱分歧；单眼后沟细浅，中沟较宽深；额侧沟发达，额区隆起，额脊低钝，前端平坦；中窝浅平，上部具深沟，侧窝深；触角稍短于头、胸部之和，第 2 节长大于宽，第 3 节 1.3 倍于第 4 节长，侧面观端部 2 节长宽比稍大于 2；胸腹侧片缝深；小盾片后缘两侧具模糊刻点；前翅 2r 脉不弯曲，交于 2Rs 室上缘外侧 1/3，2Rs 室稍长于 1Rs 室，外下角微弱延伸，Rs+M 脉基部弯曲度很弱，cu-a 脉位于 M 室下缘中部外侧 3/7；后翅 Rs 室与 R 脉的会合面很短；足较细长，后足胫节距长 0.3 倍于基跗节长，基跗节稍长于其后 3 跗分节之和，显著短于其后 4 节之和；爪内齿明显短于外齿。雄虫体长 5.5–6mm；后足股节腹侧浅褐色；下生殖板端部圆钝；阳基腹铗内叶外侧直，内缘中部鼓凸，具短方形枝突（图 3-183A）；阳茎瓣头部较窄，背缘齿细小（图 3-183B）。

分布：浙江（临安）、内蒙古、河南、陕西、湖南、贵州。

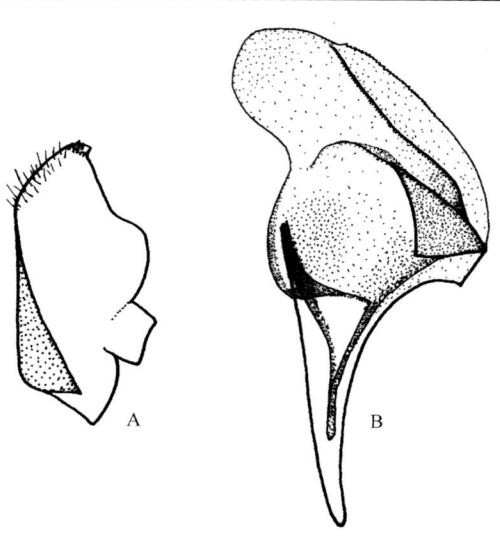

图 3-183 黑胫长室叶蜂 *Alphastromboceros nigritibia* Wei, 1998
A. 阳基腹铗内叶；B. 阳茎瓣

49. 凹颚叶蜂属 Aneugmenus Hartig, 1837

Emphytus (*Aneugmenus*) Hartig, 1837: 253. Type species: *Tenthredo* (*Emphytus*) *coronata* Klug, 1818, by monotypy.
Colposelandria Enslin, 1912b: 110–111. Type species: *Colposelandria jacobsoni* Enslin, 1912, by original designation.
Polyselandria MacGillivray, 1914a: 104. Type species: *Selandria floridana* MacGillivray, 1895, by original designation.
Selandria (*Selandropha*) Zirngiebl, 1956: 322. Type species: *Selandria stramineipes* (Klug, 1816), by original designation.

主要特征：小型叶蜂，体形较粗短；唇基平坦，端部截形或具浅平缺口；上颚对称双齿型，端部不急剧弯曲，基叶背侧具漏斗形凹陷；后眶中部宽于单眼直径，颚眼距明显；后颊脊发达，通常伸达头顶，背面观后头两侧收缩；复眼大，内缘向下聚敛，下缘间距约等于眼高；额区稍隆起，额脊低钝，稀较显著；侧窝圆形，封闭；触角丝状，第 2 节长稍大于宽，第 3 节长于第 4 节，末端 4 节显著短缩；胸腹侧片发达，胸腹侧片缝明显，细沟状，上部不向后侧弯曲；前足胫节内距端部分叉；后足胫节端距长于胫节端部宽，基跗节短于其余跗分节之和；爪具明显基片，亚端齿显著，后位；前翅 1M 脉与 1m-cu 脉近似平行，R+M 脉段较短，但显著，cu-a 脉位于中室外侧 1/3 附近，臀室完整，无横脉；后翅具封闭 Rs 和 M 室，臀室无柄式；雌虫锯鞘较短，产卵器柄部（锯基）稍长于主体（锯端）；雄虫有时具性沟，阳茎瓣头叶倾斜，无中位横叶，具背缘细齿。

分布：古北区，新北区，新热带区。主要分布于东亚。本属已知 26 种，其中亚洲分布 15 种，中国已记载 11 种。浙江目前发现 4 种。

寄主：多种蕨类和报春花科珍珠菜属 *Lysimachia* 植物等。

分种检索表

1. 腹部具大型淡斑；各足股节和胫节黄白色；唇基白色 ··· 2
- 腹部除第 10 背板具小白斑外，几乎全部黑色；各足股节大部分黑色；唇基黑色 ························· 3
2. 中胸前侧片中部具大型淡斑；腹部腹板黑色，各节背板缘折具显著淡斑 ········· 黄带凹颚叶蜂 *A. pteridii*
- 中胸前侧片全部黑色；腹部腹板和背板缘折大部分黄白色 ··················· 宽唇凹颚叶蜂 *A. japonicus*
3. 额脊锐利；上唇、各足转节和前胸背板全部黑色；翅基片雌虫白色，雄虫黑色；淡膜区间距窄于淡膜区长径 ··· 锐脊凹颚叶蜂 *A. nigrofemoratus*

- 额脊低钝模糊；上唇、各足转节和前胸背板后缘白色；两性翅基片黑色具白斑；淡膜区间距宽于淡膜区宽 ·················
·················圆膜凹颚叶蜂 *A. cenchrus*

(189) 圆膜凹颚叶蜂 *Aneugmenus cenchrus* Wei, 1997（图 3-184）

Aneugmenus cenchrus Wei, 1997b: 1573.

主要特征：雌虫体长 7–8mm；体黑色，上唇、前胸背板后缘、中胸前上侧片、翅基片外缘、各足基节端部、转节、股节端部、前中足胫节、后足胫节除末端外、各足 1–2 跗分节白色，前中足胫节内侧部分黑色；翅浅烟色透明，翅脉和翅痣黑褐色；体背侧细毛黑褐色，腹侧细毛浅褐色；体光滑，小盾片后部具少许刻点；复眼下缘间距窄于眼高；唇基稍隆起，缺口浅弧形；上颚近似直角状弯曲，颚眼距线状，后颊脊伸至头顶；中窝马蹄形，侧窝深大，底部具瘤突；额区稍隆起，额脊低钝，前侧开放；中单眼之前无圆形陷窝；单眼后区宽稍大于长，无中纵沟；侧沟深且弯曲，伸达后缘；单眼中沟浅弱，后沟两侧浅，中部缺；复眼后头部较短且强烈收缩；触角等长于前缘脉，第 3 节 1.3 倍长于第 4 节，等于 7–9 节之和，6–9 节之和等长于第 4、5 节之和；胸腹侧片隆起，胸侧腹片缝细沟状；淡膜区近圆形，间距显著宽于淡膜区宽；前翅 Rs+M 脉基部钝角状反曲，无赘柄，Rs 脉第 1 段明显；后翅 Rs 显著大于 M 室，臀室端部具短赘柄；爪具明显基片，内齿稍短于端齿；锯腹片具 7 个稍突出的锯刃，中位节缝翅突 5 个。雄虫体长 5–6mm；后足胫节端部 1/3 及后基跗节黑色，腹部性沟浅；抱器和副阳茎见图 3-184B，抱器端部圆钝；阳基腹铗内叶见图 3-184A；阳茎瓣见图 3-184D。

分布：浙江（临安、四明山）、河南、陕西、甘肃、安徽、湖北、江西、湖南、广西、重庆、四川、贵州。

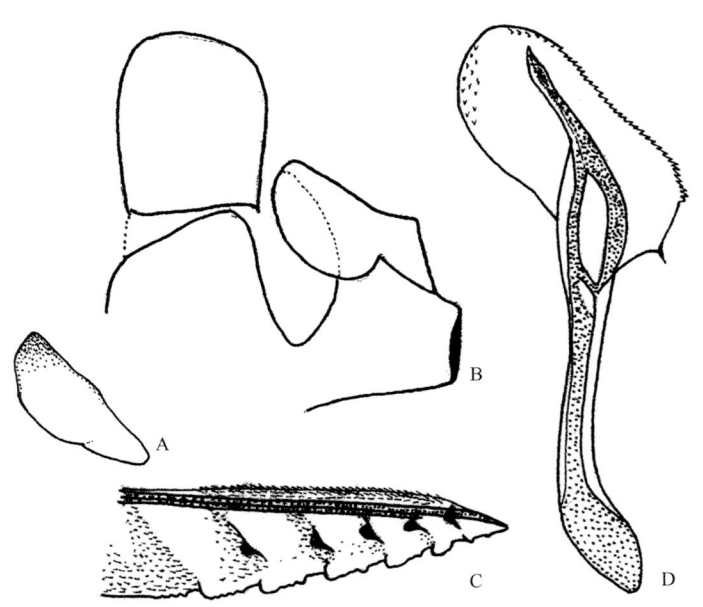

图 3-184 圆膜凹颚叶蜂 *Aneugmenus cenchrus* Wei, 1997
A. 阳基腹铗内叶；B. 抱器和副阳茎；C. 锯腹片；D. 阳茎瓣

(190) 宽唇凹颚叶蜂 *Aneugmenus japonicus* Rohwer, 1910（图 3-185）

Aneugmenus japonicus Rohwer, 1910a: 108.
Aneugmenus gratus Zhelochovtsev, 1951: 139.

主要特征：雌虫体长 5.5mm；体黑色；唇基、上唇、上颚基半部、触角第 1 节大部分或全部、第 2 节部分、前胸背板侧叶大部分、翅基片、中胸前上侧片、中胸后侧片后缘狭边、腹部腹面包括背板缘折和足淡黄色至白色，第7腹板部分黑褐色，后足第3–4跗分节暗褐色；翅浅烟色透明，基端浅褐色，翅痣和翅脉黑褐色；体背侧细毛褐色；体光滑，小盾片后缘具刻点；复眼间距明显窄于眼高；唇基平坦，缺口深弧形；颚眼距线状，后颊脊伸达复眼上部后侧；额区桶形，中部稍凹，额脊低钝，前端开放；单眼后区宽长比约等于2；侧沟向后分歧；触角细，约等长于头、胸部之和，第3节等长于末端3节之和，1.3倍于第4节长；爪具明显的基片，内齿粗大，显著短于端齿；锯腹片端部尖，具5锯刃，锯刃突出，几乎无细齿，节缝翅突4个，低位（图3-185C）。雄虫体长5mm；腹部具浅而明显的性沟，后足胫节末端和跗节黑褐色；抱器和副阳茎见图3-185A；阳基腹铗内叶见图3-185B，端部钩状；阳茎瓣见图3-185D；抱器和阳茎瓣头叶均端部宽于基部。

分布：浙江（德清、临安、四明山、丽水、龙泉）、河南、陕西、江苏、安徽、江西、湖南、福建、台湾、广东、广西、贵州；日本，俄罗斯（东西伯利亚），萨哈林岛（库页岛）。

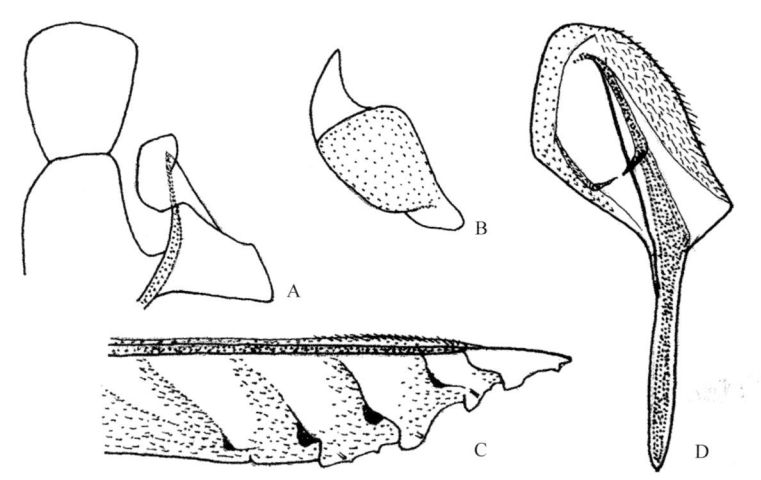

图3-185 宽唇凹颚叶蜂 *Aneugmenus japonicus* Rohwer, 1910
A. 抱器和副阳茎；B. 阳基腹铗内叶；C. 锯腹片；D. 阳茎瓣

（191）锐脊凹颚叶蜂 *Aneugmenus nigrofemoratus* Niu & Wei, 2013（图3-186，图版 VI-3）

Aneugmenus carinifrons Malaise *sensu* Wei & Nie, 2003a: 21, nec. Malaise, 1931.
Aneugmenus nigrofemoratus Niu & Wei, 2013: 227.

主要特征：雌虫体长7mm；体黑色，翅基片、中后足基节端部、各足膝部、前中足胫节大部分、后足胫节基部3/4、前中足基跗节黄白色，后足基跗节浅褐色或褐色；翅烟灰色透明，翅脉和翅痣黑褐色；体被黑褐色短毛；体光滑，小盾片后部具少许刻点；复眼内缘间距明显窄于眼高；唇基缺口浅弧形；颚眼距线状，后颊脊伸达复眼上部后侧；中窝马蹄形；侧窝深，底部具瘤突；额区桶形，中部稍凹，额脊锐利，中单眼之前具圆形陷窝；单眼后区隆起，宽长比约等于1.5，无中纵沟；侧沟深长，向后分歧；单眼后沟和中沟浅；头部背面观在复眼后很短且强烈收缩；触角等长于胸部，第3节1.3倍长于第4节，长于末端3节之和，端部4节之和等长于第4、5节之和；胸腹侧片宽大隆起，胸腹侧片缝细浅沟状，上端向后弯曲；后胸淡膜区扁宽，两端尖，宽度稍小于淡膜区间距；后足跗节稍短于胫节，基跗节几乎不短于其后4节之和；爪内齿约为端齿2/3长；前翅Rs+M脉基部角状反曲，具小赘柄，Rs脉第1段痕状，2Rs室长于1Rs室，外下角尖出，2r脉交于2Rs室上缘外侧1/3，cu-a脉交于1M室下缘外侧1/3；后翅Rs和M室几乎等大；锯刃6个，具少数不规则细齿，节缝翅突6个，高位（图3-186D）。雄虫体长6mm；腹部无性沟，翅基片黑色；抱器和副阳茎见图3-186E，抱器端部宽，斜截；阳基腹铗内叶见图3-186E；阳茎瓣瓣头狭长，具内端叶（图3-186F）。

分布：浙江（杭州、临安、龙泉）、江西、湖南、福建、广西、四川、贵州。

寄主：报春花科珍珠菜属 *Lysimachia* 植物（矮桃）。

图 3-186 锐脊凹颚叶蜂 *Aneugmenus nigrofemoratus* Niu & Wei, 2013（选自 Niu and Wei, 2013）
A. 爪；B. 锯鞘侧面观；C. 锯鞘背面观；D. 锯腹片端半部；E. 生殖铗；F. 阳茎瓣

（192）黄带凹颚叶蜂 *Aneugmenus pteridii* Malaise, 1944（图 3-187）

Aneugmenus pteridii Malaise, 1944: 6.

主要特征：雌虫体长 6mm；体黑色，唇基、上唇、上颚基部、口须、翅肩片、前胸背板侧叶、腹部末节背板、中胸前侧片中央横斑、腹部背板缘折、翅基端及足白色至浅黄色，中胸小盾片中央具白斑；各足跗节部分黑褐色，基跗节通常大部分黄褐色；翅均匀浅烟色，翅脉和翅痣黑褐色；体光滑，额脊附近稍具横皱，小盾片后部具少许刻点；复眼大，内缘向下明显收敛，间距稍窄于眼高；唇基平坦，缺口很浅；上唇大，半圆形；颚眼距等于或大于 1/2 单眼直径，后颊脊发达；侧窝圆深，大于中窝；中窝马蹄形，额区稍隆起，额脊细低但明显；单眼后区隆起，长宽比为 1：2，无中纵沟，前部具细低的中纵脊；侧沟深，稍弯曲，向后明显分歧，几乎伸抵头部后缘；头部背面观在复眼后较短且收缩；触角细，稍长于胸部，短于

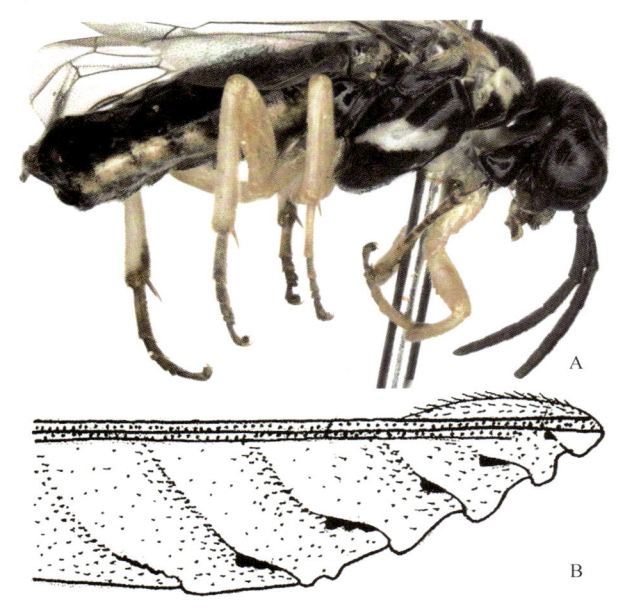

图 3-187 黄带凹颚叶蜂 *Aneugmenus pteridii* Malaise, 1944
A. 雌成虫；B. 锯腹片端半部

头、胸部之和，第 3 节长 1.2 倍于第 4 节，等长于末端 3 节之和，端部 4 节几乎不长于第 4、5 节之和；胸腹侧片隆起，胸腹侧片缝细沟状，上端不向后弯曲；后胸淡膜区扁宽，宽度稍短于淡膜区间距；后足跗节稍短于胫节，基跗节短于其后 4 节之和；爪内齿较细，约为端齿 1/2 长；锯鞘突出于腹端，端部圆钝；锯腹片具 6 刃，端部背缘膜突出；锯刃突出，无细齿（图 3-187）。雄虫未知。

分布：浙江（安吉、临安、四明山、磐安、丽水、庆元、龙泉）、河南、陕西、甘肃、安徽、湖北、江西、湖南、福建、广西、重庆、四川、贵州、云南；缅甸。

寄主：蕨科 *Pteridium aquilinum*（依据 Malaise, 1944）。

50. 柄臀叶蜂属 *Birka* Malaise, 1944

Birka Malaise, 1944: 4. Type species: *Tenthredo* (*Allantus*) *cinereipes* Klug, 1816, by original designation.
Birka (*Lineobirka*) Wei & Nie, 1997e: 50, 58. Type species: *Birka* (*Lineobirka*) *lineata* Wei & Nie, 1997, by original designation.

主要特征：小型叶蜂，体形较粗短；唇基端部截形或亚截形，颚眼距不宽于单眼直径；后眶较宽，圆钝，无后颊脊，背面观后头短，两侧缘稍收缩；额区稍隆起，无明显额脊；复眼大，内缘向下收敛；触角短丝状，第 2 节长宽相若，第 3 节长于第 4 节，鞭节端部数节长度不明显短缩，无触角器；中胸背板前叶后部无洼区和中纵脊；小盾片平坦，附片宽平；胸腹侧片显著，胸腹侧片缝沟状，上部不弯曲；中胸后上侧片隆起；前足胫节内距端部分叉，后足胫节端距约等长于胫节端部宽，后足基跗节短于其余跗节之和；爪微小，无基片，亚端齿微小，中位，有时缺；前翅前缘脉端部膨大，翅痣较宽大，1M 脉与 1m-cu 脉近似平行，R+M 脉段较短，Rs+M 脉基部弱弧形反弯，cu-a 脉位于 1M 室下缘外侧 1/3，臀室无横脉，2M 室长稍大于宽；后翅具双闭中室，Rs 室短于 M 室，臀室具柄式，cu-a 脉垂直；腹部第 1 背板中部膜区较小；锯鞘短，锯腹片无骨化节缝，具长柄，端半部具半透明横斑，锯刃 6-8 个，翼突距 5-9 个；雄虫腹部无性沟，阳茎瓣头叶明显倾斜，具中位横形侧叶和背缘细齿。

分布：古北区，新北区。本属已知 19 种，其中指名亚属 5 种，1 种古北区广布，3 种分布于古北区西部，1 种分布于新北区；*Lineobirka* 亚属 14 种，目前已知仅分布于东亚。中国记载 14 种，浙江目前已发现 6 种。

寄主：蕨类。

分种检索表

1. 翅基片部分或全部白色；前胸背板后缘具显著宽白斑 ·· 2
- 翅基片全部黑色；前胸背板黑色或具白斑 ··· 4
2. 头部背侧具明显皱纹和刻点；腹部背板具显著细刻纹；爪无内齿；单眼后区宽长比等于 2.5；颚眼距 0.4 倍于单眼直径 ··· ··· 中华柄臀叶蜂，新种 *B. sinica* sp. nov.
- 头部背侧光滑，无明显刻点和皱纹；腹部背板无明显刻纹；爪具微小内齿；颚眼距不长于单眼直径 0.2 倍 ············ 3
3. 唇基端部截形；雌虫单眼后区宽长比等于 1.8，侧沟细长 ······················· 九龙柄臀叶蜂 *B. jiulong*
- 唇基端部具缺口；雌虫单眼后区宽长比大于 3，侧沟短点状 ··················· 长鞘柄臀叶蜂 *B. longitheca*
4. 前胸背板黑色；单眼后区侧沟短沟状，显著窄于单眼；锯腹片具 7 个以下翼突距 ················· 5
- 前胸背板后缘具显著白斑；单眼后区宽长比等于 3，侧沟短点状，约与单眼等大；锯腹片具 9 个小型翼突距 ·········· ··· 坑顶柄臀叶蜂 *B. punctiformis*
5. 前翅 cu-a 脉中位，后翅臀室柄点状；阳茎瓣端部圆钝 ······················· 雁荡柄臀叶蜂 *B. yandangia*
- 前翅 cu-a 脉交于 1M 室外侧 1/3，后翅臀室柄显著；阳茎瓣端部明显突出 ································· ·· 天目柄臀叶蜂，新种 *B. tianmunica* sp. nov.

第三章 叶蜂亚目 Tenthredinomorpha

（193）九龙柄臀叶蜂 *Birka jiulong* Liu, Li & Wei, 2020（图 3-188，图版 VI-4）

Birka jiulong Liu, Li & Wei, *in* Liu *et al*., 2020: 243.

主要特征：雌虫体长 6.0–7.0mm；体黑色，前胸背板大部分、翅基片大部分、基节端部、后足转节腹侧、前足股节大部分、中后足股节端部、各足胫节大部分黄白色；翅基部烟灰色，翅痣黑褐色；体光滑，无明显刻点或刻纹；唇基端部截形，颚眼距 0.2 倍于中单眼直径；复眼下缘间距 1.5 倍于复眼长径；POL：OOL：OCL=9：10：7；单眼后区明显隆起，宽长比约为 1.8，中沟模糊，侧沟长，微弱弯曲，向后稍分歧；触角稍长于头部宽，第 3 节约 1.4 倍于第 4 节，第 8 节长宽比约为 1.5，约等长于第 9 节；爪具微小内齿；后翅臀室柄约 0.5 倍于 cu-a 脉长；锯鞘侧面观锯鞘端部倾斜；背面观锯鞘中部明显延长，端部尖；锯腹片具 8 个锯刃，无刃齿，端部具 5 个翼突距和 7 个近腹缘距，锯端稍短于锯基（图 3-188F）。雄虫体长 5.0–6.0mm；翅基片大部分黑色；颚眼距线状，下生殖板长宽比约为 1.2，端缘圆弧形；抱器长约稍大于宽，端部倾斜，背缘较直，内顶角稍突出，腹缘弧形弯曲；抱器长稍大于宽，端部倾斜，副阳茎较大，阳基腹铗内叶无尾（图 3-188H）；阳茎瓣头叶较窄长，端部腹侧显著延长，末端稍下垂，横侧叶中部偏下位（图 3-188G）。

分布：浙江（丽水）。

图 3-188 九龙柄臀叶蜂 *Birka jiulong* Liu, Li & Wei, 2020（仿自 Liu *et al*., 2020）
A. 雌虫头部背面观；B. 雌虫头部前面观；C. 锯鞘侧面观；D. 雌虫触角；E. 锯腹片；F. 锯腹片端半部；G. 阳茎瓣；H. 生殖铗

（194）长鞘柄臀叶蜂 *Birka longitheca* Wei, 1997（图 3-189）

Birka longitheca Wei, *in* Wei & Nie, 1997e: 54.

主要特征：雌虫体长 5.0–5.5mm；体黑色，前胸背板后角、翅基片、中胸前上侧片大部分、后足基节端部及转节、各足股节端部黄褐色，口须、上唇和前中足转节浅褐色；各足胫节及基跗节黄褐色，末端微呈深褐色，其余跗节黑褐色；翅透明，前缘脉及翅痣深褐色；体毛灰褐色；体光滑，无刻点；唇基缺口浅，唇基上沟浅细；复眼大，内缘向下明显收敛，间距窄于眼高；颚眼距线状；中窝和侧窝圆，侧窝大于中窝；额区 U 形，额脊低钝，稍可分辨；单眼后区稍低于单眼顶面，宽长比等于 3.2，具弱中纵沟；侧沟短点状，互相平行；单眼后沟细浅，中沟宽浅，伸至后头；POL：OOL=4：5；触角长 1.5 倍于头宽，第 3、4 节长度比为 19：15，第 8 节长宽比为 1.75；后足基跗节稍短于其后 4 个跗分节之和，爪具微小亚端齿；2Rs 室稍短于 1Rs 室，外下角稍延伸，2r 脉交于其端部 1/3；1M 脉明显弯曲，与 1m-cu 脉向翅痣稍收敛；后翅 cu-a

脉微外倾，长4倍于臀柄；后胸淡膜区间距小于淡膜区长径；锯鞘背面观窄长，端部尖，侧面观端部圆钝（图3-189D）；锯腹片具4个小型翼突距，刺毛带较宽。雄虫体长4.8mm；抱器长稍大于宽，端部圆；阳茎瓣头部近垂直，具大型侧叶和中位横叶。

分布：浙江（德清、丽水）、上海。

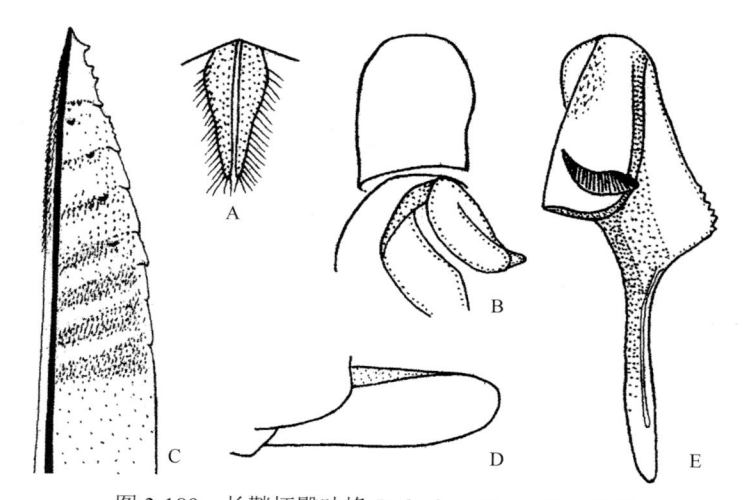

图3-189 长鞘柄臀叶蜂 *Birka longitheca* Wei, 1997
A. 锯鞘背面观；B. 抱器和阳基腹铗内叶；C. 锯腹片；D. 锯鞘端侧面观；E. 阳茎瓣

(195) 坑顶柄臀叶蜂 *Birka punctiformis* Wei, 1997（图3-190）

Birka punctiformis Wei, in Wei & Nie, 1997e: 56.

主要特征：雌虫体长5.8mm；体黑色，前胸背板后缘、各足膝部和胫节基部4/5白色；翅烟褐色，基部较暗，向端部稍变浅，翅痣和翅脉黑褐色；体毛灰褐色；体形较粗短，光滑，无刻点；唇基端部截形；复眼大，内缘向下显著收敛，间距约等于眼高；颚眼距线状；中窝大于侧窝，额区稍隆起，额脊明显；单眼中沟细长，伸至单眼后区；单眼后沟细弱；单眼后区宽长比等于3，侧沟短点状，约与单眼等大，甚深（图3-190A）；单眼后区稍隆起，侧面观不高于单眼顶面；背面观后头短，两侧强烈收缩；触角短，末端不细，长约1.6倍于宽，各节比长为10∶6∶22∶14∶12∶10∶8∶7∶7，第2节长等于宽，第8节长宽比等于1.8；后足基跗节稍短于其后4个跗分节之和，爪无亚端齿；胸腹侧片缝沟状，后胸淡膜区间距约等于淡膜区长径；前翅R+M脉段短，Rs脉第1段存在，2Rs室短于1Rs室，外下角不尖出；后翅臀室具明显短柄；锯鞘背面观较短，端部窄圆（图3-190B），侧面观狭长（图3-190C）；锯腹片具9个小型翼突距，锯刃具明显细齿，节缝刺毛带背侧互相远离，1–3刺毛带腹侧连接（图3-190D）。雄虫未知。

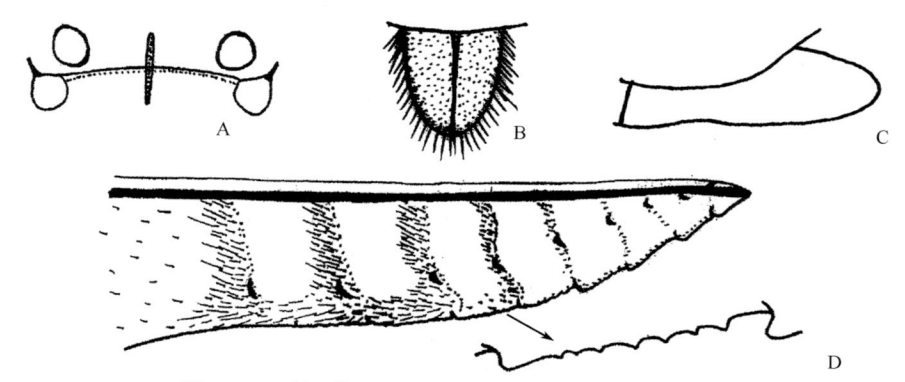

图3-190 坑顶柄臀叶蜂 *Birka punctiformis* Wei, 1997
A. 侧单眼和单眼后区；B. 锯鞘背面观；C. 锯鞘侧面观；D. 锯腹片及锯刃放大

分布：浙江（德清）。

（196）中华柄臀叶蜂，新种 *Birka sinica* Wei, sp. nov.（图 3-191）

雌虫：体长 7mm。体黑色，口须黑褐色，翅基片全部、前胸背板后缘宽边、后胸淡膜区、腹部第 8–10 背板中部、各足基节端缘、前足股节端部 3/5、中足股节端部 1/2、后足股节端部 1/3 左右、各足胫节全部、前中足第 1–2 跗分节、后足基跗节黄白色，跗节其余部分暗褐色；体毛浅褐色，锯鞘毛黑褐色；翅透明，略带浅烟灰色，翅痣和翅脉黑褐色。

唇基、上颚基部具密集小刻点；中窝侧壁、内眶和额区具密集皱刻纹，上眶和单眼后区具较稀疏刻点，后眶刻点密集（图 3-191A）；前胸背板光滑，刻点不明显；中胸背板大部分刻点细小、稀疏浅弱，小盾片后半部刻点稍密集，附片和后胸背板光滑；中胸前侧片光滑，无明显刻点或刻纹；中胸后下侧片近后缘、后胸侧板背缘和前缘具明显细刻纹；腹部各节背板具细密刻纹。

图 3-191 中华柄臀叶蜂，新种 *Birka sinica* Wei, sp. nov.
A. 雌虫头部背面观；B. 前胸背板和翅基片；C. 锯鞘背面观；D. 锯鞘侧面观；E. 爪；F. 锯腹片；G. 生殖铗；H. 阳茎瓣；I. 雌虫触角；J. 阳基腹铗内叶

体形粗短。唇基端缘具浅三角形缺口，深度约为唇基 1/6 长；颚眼距 0.4 倍于侧单眼直径；后眶中部宽度约 1.6 倍于侧单眼直径；复眼较大，内缘向下明显收敛，间距等于复眼高；触角窝间距 0.75 倍于内眶宽；中窝大于侧窝，横椭圆形；额区大，平坦，筒形，长大于宽，额脊十分宽钝，几乎不隆起；单眼中沟和单眼后沟细弱；单眼后区稍隆起，明显低于单眼面，具显著中纵沟，宽长比等于 2.5；侧沟较窄深，后端接近后头边缘，向后稍分歧，长约 1.5 倍于单眼直径（图 3-191A）；触角长 1.5 倍于头部宽，第 2 节长等于宽，第 3 节 1.35 倍于第 4 节长，长宽比等于 4，第 8 节长宽比约为 1.9（图 3-191I）。中胸背板前叶中沟浅弱，小盾片前端较尖；后胸淡膜区间距等宽于淡膜区长径；中胸胸腹侧片缝显著，细沟状；中胸前侧片被毛不均匀，腹侧具宽阔光裸横带；后足胫节 1.25 倍于后足跗节长；爪无内齿；前翅 1M 脉平行于 1m-cu 脉，R+M 脉段 0.9 倍于 Rs 脉第 1 段长，2Rs 室约等长于 1Rs 室，外下角稍延伸，2r 脉交于 2Rs 上缘中部外侧，1r-m 脉与 2r-m 脉向后侧明显分歧；后翅臀室柄约等长于 cu-a 脉 1/4 长。腹部第 1 背板中部膜区极小，几乎消失；锯鞘背面观窄三角形，末端稍尖锐（图 3-191C）；侧面观锯鞘端 1.7 倍于锯鞘基长，末端钝截形（图 3-191D）；锯腹片具 5 个小型翼突距和 7 个锯刃，锯刃无小齿（图 3-191F）。

雄虫：体长 6mm；体色与构造与雌虫十分近似，但复眼较大且突出，下缘间距明显小于复眼高，后眶较窄，颚眼距细线状；下生殖板长明显大于宽，端部圆钝；抱器近似三角形，内顶角突出，外缘弧形弯曲（图3-191G），阳基腹铗内叶顶端尖，中部内侧明显鼓出（图3-191J）；阳茎瓣头叶斜方形，端腹侧明显突出，尾角圆钝，横侧叶较宽，稍偏下侧（图3-191H）。

分布：浙江（临安）、甘肃（小陇山）、湖南（八大公山）。

词源：本种以中华命名。

正模：♀，浙江清凉峰浙川，30°08.309′N、118°51.759′E，900m，2010.IV.25，肖炜（ASMN）。副模：2♀6♂，数据同正模，肖炜、姚明灿；1♂，甘肃小陇山麻沿林场，34°03′26.0″N、105°45′18.8″E，1420m，2009.IV.16，武星煜；1♂，甘肃小陇山麦积林场太阳山，34°25′11.0″N、105°46.′30.1″E，1620m，2009.IV.17，裴军礼；1♀，湖南桑植八大公山，2000.V.1，魏美才（ASMN）。

鉴别特征：本种唇基端部具明显缺口，头部背侧具密集刻点和刻纹，小盾片后部具显著刻点，腹部背板具密集细刻纹，爪无内齿，雌虫颚眼距0.4倍于侧单眼直径，与同属其他种类差别较大，很容易鉴别。

（197）天目柄臀叶蜂，新种 *Birka tianmunica* Wei, sp. nov.（图3-192）

雄虫：体长4mm。体黑色，各足膝部和胫节除末端外白色；翅均匀烟褐色，翅痣和翅脉黑色；体毛浅褐色。

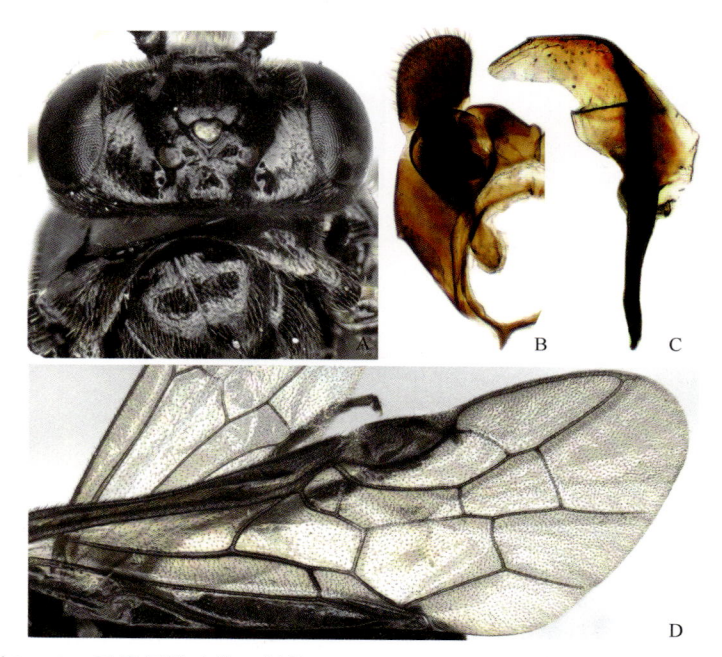

图3-192 天目柄臀叶蜂，新种 *Birka tianmunica* Wei, sp. nov. 雄虫，正模
A. 头部背面观；B. 生殖铗；C. 阳茎瓣；D. 前翅

体较粗短，光滑，无明显刻点。唇基平坦，端缘截形；颚眼距线状，后眶极狭；复眼大型，内缘向下明显收敛，间距等于复眼长径；中窝宽大，横方形，封闭；侧窝深圆，下端以低脊与触角窝侧沟分开；额区近圆形，额脊低弱宽钝，几乎不能分辨；POL=OOL；单眼中沟和单眼后沟宽浅，单眼中沟不伸过单眼后沟；单眼后区中后部显著隆起，后缘圆钝下倾，宽长比大于2.5；侧沟短宽，点状，向后分歧，不伸达后头边缘；背面观后头很短且强烈收缩（图3-192A），后眶狭窄，无后颊脊；触角粗短，第2节长等于宽，鞭节几乎不长于头宽，第3节长1.5倍于第4节，第8节长约1.3倍于宽。中胸背板前叶具细中沟，胸腹侧片缝浅细沟状；后胸淡膜区橄榄形，两端尖，淡膜区间距0.6倍于淡膜区长径；后足基跗节稍短于其后4个跗分节之和；爪内齿不明显；前翅1M室较长，1M脉与1m-cu脉向翅痣明显收敛，cu-a脉稍倾斜，交于1M室下缘外侧1/3；2Rs室长显著大于宽，外下角不延伸，3r-m脉几乎垂直，2r脉交于2Rs上缘外侧近1/3，2m-cu交于2Rs下缘内侧1/3（图3-192D）；后翅臀室柄明显。腹部第1背板膜区及中缝狭窄；下生殖板长

约等于宽，端部圆钝；抱器长大于宽，端部稍倾斜，内顶角微突出，阳基腹铗尾部膨大，阳基腹铗内叶较短，中部不鼓，尾部稍弯曲；阳茎瓣头叶显著倾斜，端部明显延长，背缘几乎平直，中位横侧叶显著（图 3-192C）。

雌虫：体长 6mm；锯腹片狭长。

分布：浙江（临安）。

词源：本种以模式标本产地命名。

正模：1♂，浙江清凉峰浙川，30°08.309′N、118°51.759′E，900m，2010.IV.25，李泽建（ASMN）。副模：1♂，浙江临安天目山禅源寺，30°19′26″N、119°26′21″E，481m，2014.IV.15，刘婷、余欣杰；1♀2♂，浙江清凉峰龙塘山，30°06.680′N、118°54.050′E，930m，2010.IV.27，李泽建、肖炜；2♂，浙江临安清凉峰千顷塘，30°18.032′N、119°07.067′E，850m，2010.IV.24，肖炜；1♂，浙江清凉峰浙川，30°08.309′N、118°51.759′E，900m，2010.IV.25，李泽建（ASMN）。

鉴别特征：本种与雁荡柄臀叶蜂 B. yandangia Wei 最接近，但本种前翅较狭长，cu-a 脉位于 1M 室下缘外侧 1/3，2Rs 室长显著大于宽，复眼下缘间距明显短于复眼长径，阳茎瓣头叶端部延长，与之不同。

(198) 雁荡柄臀叶蜂 *Birka yandangia* Wei, 1997（图 3-193）

Birka yandangia Wei, in Wei & Nie, 1997e: 51.

主要特征：雌虫体长 7mm，雄虫体长 5.5mm；体黑色，各足膝部和胫节除末端外白色，前足胫节背缘、中足胫节背侧中线黑色；翅均匀烟褐色，翅痣和翅脉黑色；体毛灰褐色；体较粗短，光滑，无刻点；唇基端缘截形，颚眼距线状，后眶狭窄；复眼大型，内缘向下强烈收敛，间距明显狭于眼高；中窝宽大，横方形，封闭；侧窝深圆，下端以低脊与触角窝侧沟分开；额区近圆形，额脊钝而明显可辨，前缘脊中部稍低；POL 约等长于 OOL；单眼中沟和单眼后沟细，单眼中沟伸过单眼后沟，延伸至单眼后区后部，但明显逐渐变浅；单眼后区中部强烈隆起，后缘强烈下倾，宽长比约等于 2.5；侧沟短宽，点状，互相平行，不伸达后头边缘（图 3-193A）；触角粗短，鞭节微长于头宽，第 3 节 1.5 倍长于第 4 节，第 8 节长约 1.3 倍大于宽；淡膜区宽圆形，间距明显小于淡膜区长径；爪内齿小型或难以分辨（图 3-193E）；前翅 1M 室小型，1M 脉与 1m-cu 脉向翅痣明显收敛，cu-a 强烈倾斜，交于 1M 室下缘中部；2Rs 室明显短于 1Rs 室，外下角不明显延伸，3r-m 脉几乎垂直，2r 交于 2Rs 上缘外侧 1/4，2m-cu 交于 2Rs 下缘内侧 1/4；后翅臀室柄点状；并胸腹节膜区及中缝狭窄；下生殖板长约等于宽，端部圆钝；抱器长稍大于宽，端部稍倾斜（图 3-193B）；阳茎瓣头叶倾斜，端部宽圆，横侧叶中位（图 3-193C）。

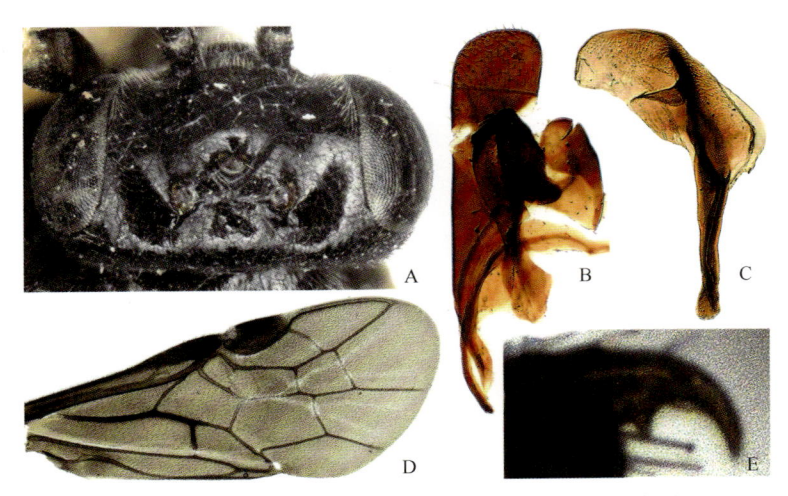

图 3-193 雁荡柄臀叶蜂 *Birka yandangia* Wei, 1997 雄虫
A. 头部背面观；B. 生殖铗；C. 阳茎瓣；D. 前翅；E. 爪

分布：浙江（临安、乐清）。

51. 弯沟叶蜂属 *Euforsius* Malaise, 1944

Euforsius Malaise, 1944: 55. Type species: *Stromboceridea jacobsoni* Forsius, 1929, by original designation.

主要特征：中型叶蜂，体形瘦长；唇基平坦，端缘平截或具十分浅弱的弧形缺口；上唇短小、横宽；上颚对称双齿式，内齿远离端齿，端齿中部呈 100°–110° 弯曲；复眼大，内缘向下微弱收敛，下缘间距短于复眼长径；额区微弱下沉，额脊细低或模糊；颚眼距窄于单眼半径；后颊脊明显发育，上端伸至后眶上部；背面观头部在复眼后较短且两侧明显收缩；触角粗丝状，短于前翅前缘脉，端部稍细尖，第 2 节长约等于宽，第 3 节长于第 4 节；前胸背板侧纵脊发达；中胸背板前叶后部 1/3 具显著中纵脊，两侧明显凹入，底部平坦；后胸淡膜区间距约等宽于淡膜区长径；中胸侧板前缘脊发达，胸腹侧片缝宽深沟状，上部较宽浅，明显向后弯曲；中胸后侧片具钝横脊；前足胫节内端距端部分叉；后足胫节稍长于跗节，后基跗节约等长于其后 4 跗分节之和；爪无基片，内齿发达，侧位并靠近端齿；前翅 1M 脉与 1m-cu 脉向翅痣方向微弱收敛，臀室无横脉；后翅 Rs 和 M 室封闭，臀室无柄式；产卵器短小，不长于后足基跗节；锯腹片狭长，端部约 1/4 具可分辨的骨化节缝，同时具翼突距和近腹缘距，锯刃亚基齿不明显；阳茎瓣简单，无刺突，背缘具细齿。

分布：东亚，东南亚。本属已知 9 种，中国记载 7 种。浙江发现 3 种，本书记述 2 种。

（199）皮勒弯沟叶蜂 *Euforsius pieli* Wei & Nie, 1998（图 3-194）

Euforsius pieli Wei & Nie, 1998b: 355.

主要特征：雌虫体长 9.5mm；体黑色，唇基、上唇、触角第 1 节端部背侧、前胸背板后缘、翅基片外侧、中胸前上侧片、前中足基节端部、前足股节前腹缘、后足基节端部 2/3、各足转节、胫节除两端外、腹部第 1 背板后缘和两侧、第 2 背板后缘狭边白色，前中足跗节和胫节端距浅褐色，腹部黄褐色，1–3 背板两侧及锯鞘黑色；翅浅烟灰色透明，翅脉和翅痣黑褐色；体毛银色，腹部黄褐色部分的细毛黄褐色，锯鞘毛黑褐色；体窄长，腹部强烈侧扁；体光滑，小盾片后缘具稀疏刻点，中胸胸腹侧片缝上部具少许模糊刻点；上唇宽大于长，平坦，端部圆；唇基平坦，端部具很浅的角状缺口；额区稍低于复眼顶面，前缘半开放，侧脊明显；中窝与侧窝等大，亚方形，底部具马蹄形细沟；前单眼围沟发达；单眼中沟和后沟细浅；单眼后区平坦，宽明显大于长；侧沟深，稍弯曲，互相平行；复眼大，内缘向下显著收敛，间距远窄于眼高；触角稍短于头、胸部之和，第 3 节 1.3 倍长于第 4 节；后胸淡膜区间距大于淡膜区宽；后足基跗节等

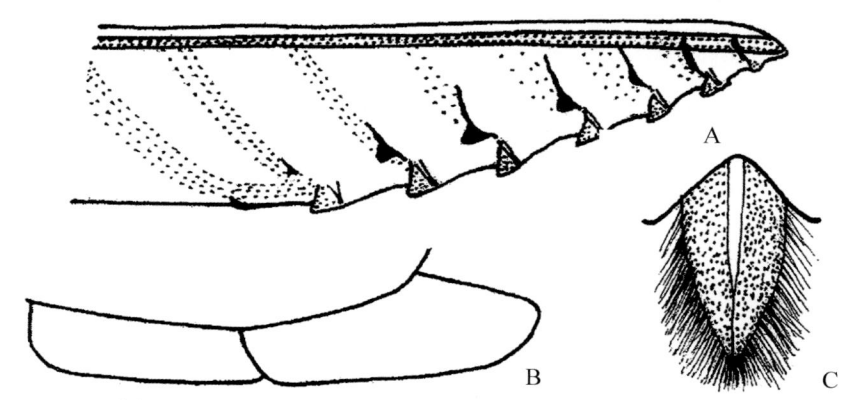

图 3-194 皮勒弯沟叶蜂 *Euforsius pieli* Wei & Nie, 1998 雌虫
A. 锯腹片端半部；B. 锯鞘侧面观；C. 锯鞘背面观

长于其后 4 跗分节之和；爪亚端齿稍短于端齿；前翅 cu-a 脉中位稍偏外侧，2Rs 室稍长于 1Rs 室，外下角显著延伸，2r 脉交于 2Rs 室中部微偏外侧；锯鞘侧面观见图 3-194B，背面观见图 3-194C。锯腹片 7 刃，翼突距发达（图 3-194A）。雄虫体长 8–9mm，腹部全部黑色；下生殖板长大于宽，端部圆钝。

分布：浙江（安吉、临安）、湖南。

（200）天目弯沟叶蜂 *Euforsius tianmunicus* Wei & Nie, 1997（图 3-195）

Euforsius tianmunicus Wei & Nie, 1997B: 33.

主要特征：雌虫体长 12mm；体黑色，唇基、上唇、触角第 1 节端部背侧、前胸背板后缘、翅基片外侧、中胸前上侧片部分、前中足基节端部、前足股节前腹缘、后足基节端部 2/3、各足转节、胫节除两端外、腹部第 1 背板后缘和两侧、第 2 背板后缘狭边白色；腹部黄褐色，1–3 节背板具黑斑，锯鞘黑色；翅浅烟色透明，前缘脉和翅痣大部分浅褐色；体毛银色，腹部黄褐色部分的细毛黄褐色，锯鞘毛黑褐色；体窄长，腹部明显侧扁；体光滑，小盾片后部具较密集的粗大刻点，中胸前侧片上半部具粗大网状刻点，刻点间距小于刻点直径，刻点间隙具微细刻纹，有光泽；上唇宽大于长，端部圆钝；额区稍低于复眼顶面，前缘不开放，额脊低细；中窝明显大于侧窝，亚方形，底部具马蹄形细沟；前单眼围沟、单眼中沟和后沟显著；单眼后区宽稍大于长，侧沟深，向后稍分歧；复眼大，下缘间距远窄于眼高；触角明显长于头、胸部之和，第 3 节 1.2 倍长于第 4 节；后胸淡膜区间距大于淡膜区宽；后足基跗节等长于其后 4 个跗分节之和，爪亚端齿稍短于但宽于端齿；前翅 cu-a 脉中位偏外侧，2Rs 室稍长于 1Rs 室，外下角显著延伸，2r 脉交于 2Rs 室外侧 2/5；锯鞘侧面观见图 3-195D，背面观端部细尖；锯腹片 8 刃，翼突距不明显（图 3-195B）。雄虫体长 10mm；前中足转节暗褐色，腹部大部分黑色；阳茎瓣宽大。

分布：浙江（临安、磐安）。

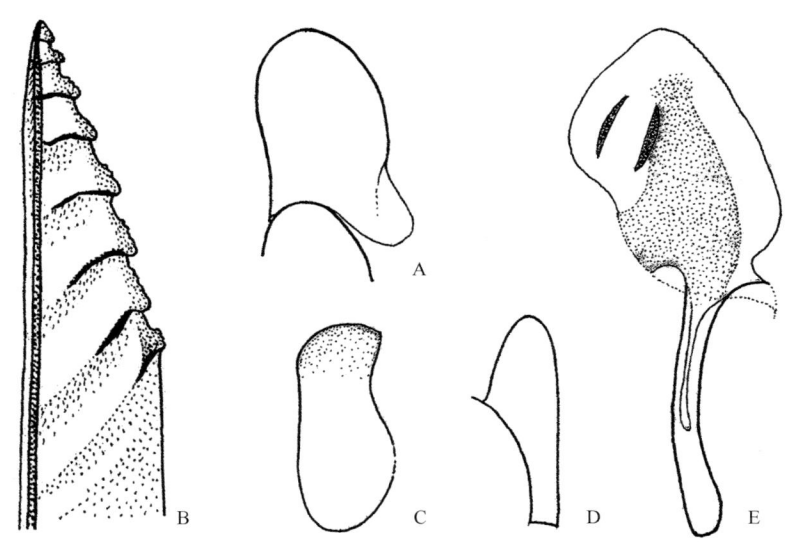

图 3-195 天目弯沟叶蜂 *Euforsius tianmunicus* Wei & Nie, 1997
A. 抱器；B. 锯腹片端半部；C. 阳基腹铗内叶；D. 锯鞘端侧面观；E. 阳茎瓣

52. 脊额叶蜂属 *Kulia* Malaise, 1944

Kulia Malaise, 1944: 48. Type species: *Stromboceros sinensis* Forsius, 1927, by original designation.

主要特征：小型叶蜂，体形粗短；头部背侧具稀疏毛瘤和刻点，胸、腹部光滑；唇基平坦，无横脊，前缘缺口浅弧形；上颚粗短，对称双齿式，端齿约65°内折，上颚基叶背侧无凹坑；复眼大，内缘向下收敛，间距约等于复眼长径，颚眼距线状；额区宽卵形，前部明显隆起，额脊锐利、完整，侧窝封闭；后眶宽圆，后颊脊缺；触角粗丝状，中基部较粗壮，端部渐变细尖，第2节长大于宽，第3节长于第4节，鞭分节长度不迅速缩减；前胸侧板具显著侧纵脊，两侧具亚方形平坦区域；中胸胸腹侧片宽，胸腹侧片缝狭沟状，侧面观倒V形，上端横沟细浅，侧板前缘细脊显著；前足胫节内距端部分叉，后足胫节和跗节等长，基跗节稍短于其余跗分节之和；爪亚端齿较大、中位，爪基片小型；前翅前缘脉端部稍膨大，翅痣不很短宽，R+M脉段明显但较短，Rs+M脉基部急弯，cu-a脉位于1M室下缘中部外侧，1M脉与1m-cu脉互相近似平行；后翅封闭的Rs和M室较长，Rs室具柄，臀室通常无柄式，极少具短柄；雄虫腹部无性沟，阳茎瓣倾斜，具背缘细齿。

分布：东亚，欧洲。本属已知4种，但有可能属于同一种类的变异或地理种群。浙江发现1种。

本属曾经被认为是 *Pseudostromboceros* 的次异名，但二者头部和爪的构造不同。

（201）中华脊额叶蜂指名亚种 *Kulia sinensis sinensis* (Forsius, 1927)（图3-196）

Stromboceros sinensis Forsius, 1927: 8.

Kulia sinensis: Malaise, 1944: 48.

Pseudostromboceros sinensis: Wei, 1997b: 1569.

Selandria carinifrons Malaise, 1931a: 136.

Selandria planiceps Malaise, 1931a: 137.

主要特征：雌虫体长7-8mm；体黑色；前胸背板后缘、翅基片部分、后足转节、各足膝部、各足胫节除端部外均白色，腹部各背板后缘有时具狭窄白边；翅浓烟褐色，端部微淡，翅脉和翅痣黑色；体光滑，被覆黑褐色细毛，额区及周围具稀疏毛瘤及细微皱纹，小盾片后缘具刻点；唇基端部明显变薄，缺口浅弧形；上唇三角形，端部尖；复眼大，内缘向下轻微收敛，下缘间距微大于眼高；颚眼距宽线状；中窝扁圆，底部具横沟；侧窝深圆，底部具瘤突；额区卵形，额脊锐利；后眶具短口后脊；单眼后区隆起，宽几乎2倍于长；侧沟深直，伸达头部后缘，向后稍分歧；背面观后头短小，显著收缩；触角丝状，端部渐尖，第3节几乎不长于第4节，5-8节下缘端部稍突出呈齿状，第8节长宽比大于2；中胸背板前叶中沟明显；胸腹侧片宽，胸腹侧片缝细沟状，倒V形，上端后弯；爪基片小，亚端齿稍短于端齿；前翅Rs+M脉基部急弯，常具小型赘柄；cu-a脉位于中室外侧1/3，1M脉与1m-cu脉平行；2Rs室稍长于1Rs室，外下角强烈延伸；后翅臀室无柄式；锯鞘小，背面观中部明显加宽；锯腹片见图3-196C，锯刃具细齿。雄虫体长6-7mm；

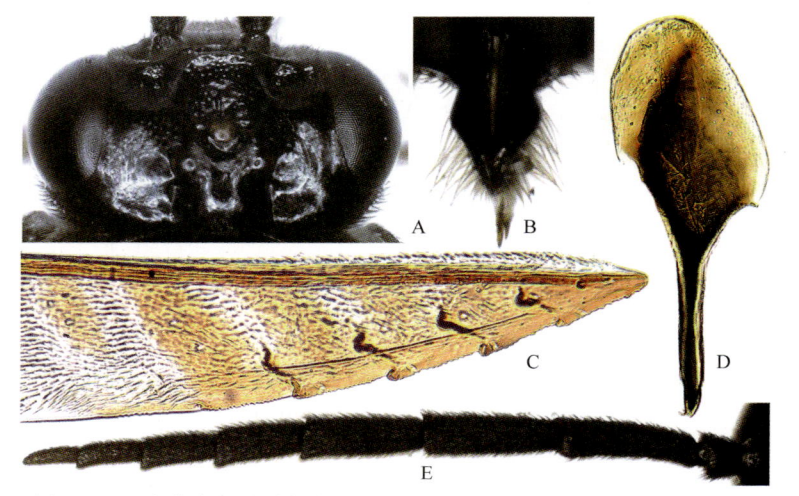

图3-196 中华脊额叶蜂指名亚种 *Kulia sinensis sinensis* (Forsius, 1927)
A. 雌虫头部背面观；B. 锯鞘背面观；C. 锯腹片端半部；D. 阳茎瓣；E. 雌虫触角

翅基片、前胸背板后缘及后足胫节通常完全黑色，偶尔部分污白色；腹部无性沟，阳茎瓣头叶宽大，端部圆（图 3-196D）。

分布：浙江（湖州、安吉、临安、四明山、丽水、庆元、龙泉）、黑龙江、吉林、辽宁、内蒙古、北京、河北、山西、山东、河南、陕西、江苏、安徽、湖北、江西、湖南、福建、广东、广西、重庆、四川、贵州、云南；韩国，日本。

53. 狭眶叶蜂属 *Linorbita* Wei & Nie, 1998

Linorbita Wei & Nie, 1998d: 10. Type species: *Linorbita wuae* Wei & Nie, 1998, by original designation.

主要特征：小型叶蜂，体粗短，光滑；上颚对称双齿式，端齿不强烈弯曲，内齿远离端齿；唇基平坦，端缘缺口浅弧形；触角窝间距宽于内眶；颚眼距线状，后眶极狭，短于单眼直径，后头短且强烈收缩，后颊脊细低但锐利，上端伸达上眶后部；侧窝深圆，独立；复眼大，内缘向下强烈聚敛，间距狭于眼高；额区稍隆起，U 形，额脊低钝；触角约等于头、胸部之和，不侧扁，第 2 节长 1.5 倍于宽，第 3 节长于第 4 节，无触角器；前胸背板具侧纵脊，中胸背板前叶后端无明显中脊和洼区，小盾片平坦，附片发达；胸腹侧片发达，胸腹侧片缝沟状，侧板前缘具脊；中胸后上侧片稍隆起，前下角点状凹入；前足胫节内距简单或端部分叉；后足基跗节约等长于其余跗分节之和；爪具微小基片，亚端齿短小，靠近爪基部，或无内齿；后胫内端距等长于胫端宽；前翅前缘脉末端明显膨大，1M 脉与 1m-cu 脉向翅痣收敛，R+M 脉显著，短于痕状的 Rs 脉第 1 段长，cu-a 脉位于 1M 室端部 1/3，臀室无横脉；后翅 Rs 和 M 室封闭，臀室具短柄；雄性后翅无缘脉，腹部无性沟；锯腹片具节缝和锯刃，节缝骨化较强，翼突距弱；锯背片端半部长三角形；阳茎瓣简单宽长，无侧叶和显著刺突。

分布：中国。本属已知 8 种，主要分布于中国东部。浙江发现 4 种，包括 1 新种。
寄主：蕨类。

分种检索表

1. 后足股节背侧具黑色条斑；前足胫节内距具高位钝膜叶，远离端部；翅基片白色，内侧边缘具黑边；上唇淡色 ·········· 2
- 后足股节全部黄白色，背侧无黑色条斑；前足胫节内距端部分叉；翅基片前部或后部黑褐色；上唇黑褐色 ············· 3
2. 后足胫跗节黄褐色，仅端部 2 个跗分节稍暗 ··· 大窝狭眶叶蜂 *L. foveatinus*
- 后足胫节端部黑色，后足跗节除基跗节外黑色 ··· 虞氏狭眶叶蜂 *L. yuae*
3. 翅基片前部黑色，后部白色；单眼后区隆起，无侧沟 ··· 天目狭眶叶蜂，新种 *L. tianmunica* sp. nov.
- 翅基片前部淡黄褐色，后部黑褐色；单眼后区低平，侧沟显著 ··· 近齿狭眶叶蜂 *L. ungulica*

（202）大窝狭眶叶蜂 *Linorbita foveatinus* (Wei, 1997)（图 3-197）

Aneugmenus yuae foveatinus Wei, 1997d: 43
Linorbita foveatinus: Wei & Niu, 2010: 348.

主要特征：雌体长 6.0–6.5mm；体黑色，上唇、口须大部分、前胸背板背侧平台、中胸前上侧片、翅基片和足淡黄色，基节基半部黑色，各足股节背缘具狭窄黑色条斑；翅近透明，翅痣和翅脉黑褐色；体粗壮，光滑无刻点和刻纹；唇基端缘缺口浅弧形，上唇横宽，端部圆钝；复眼大，内缘收敛，间距稍狭于眼高，后眶倾斜，最宽处约等于单眼直径，颊脊显著（图 3-197B）；中窝深横沟状，不弯曲，背侧具短横脊；侧窝深圆形，大于中窝；额区稍隆起，侧脊低弱；POL：OOL：OCL=5：8：7，无单眼后沟；单眼后区较大，宽长比等于 1.9，中部稍隆起（图 3-197A）；侧沟细浅，伸达后缘；触角端部渐细，端部 4 节之和明显长于第 4、5 节之和；淡膜区扁宽，淡膜区间距稍窄于淡膜区长径；胸腹侧片隆起；并胸腹节具显著膜区；

前足胫节内距具 1 尖出的高位膜叶（图 3-197D）；后足基跗节约等长于其后 4 节之和；爪内齿显著短于外齿，基片小而明显；前翅 2Rs 室微长于 1Rs 室，外下角稍突出，2m-cu 脉交于 2Rs 下缘内侧 1/3，2r 脉交于 2Rs 上缘外侧 1/4；后翅臀室无柄式；锯鞘侧面观腹缘较直，端部窄圆（图 3-197C）；背面观基部稍宽，向端部渐窄，末端圆钝（图 3-197F）。雄虫未知。

分布：浙江（龙泉）、湖南。

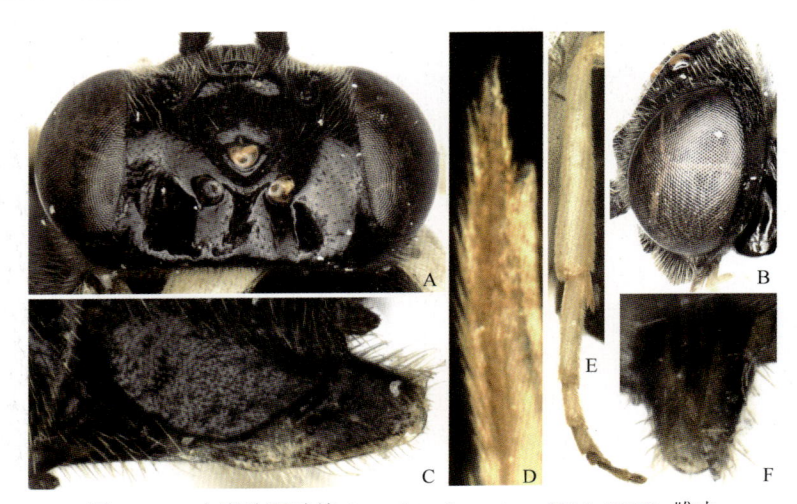

图 3-197　大窝狭眶叶蜂 Linorbita foveatinus (Wei, 1997) 雌虫
A. 头部背面观；B. 头部侧面观；C. 锯鞘侧面观；D. 前足胫节内端距；E. 后足胫跗节；F. 锯鞘背面观

（203）天目狭眶叶蜂，新种 Linorbita tianmunica Wei, sp. nov.（图 3-198）

雌虫：体长 5.5mm。体黑色，上唇黑褐色，口须污褐色，前胸背板后缘、翅基片后半部白色；足黄褐色，各足基节除端部外、前中足跗节端部、后足胫节端缘、后足基跗节端部和 2-5 跗分节黑褐色，前中足股节背侧亚端部具模糊黑斑；翅均匀烟灰色，翅痣和翅脉黑褐色；体毛大部分浅褐色，头、胸部背侧细毛多数暗褐色。

体光滑，无明显刻点和刻纹，光泽强。唇基端缘缺口浅弧形；上唇很短，端部宽圆；上颚外缘弧形弯曲；复眼大，内缘向下明显收敛，间距显著窄于眼高；后眶倾斜，上部稍宽于单眼直径，颊脊细低，伸达后眶上端；颚眼距线状；中窝较小，底部具短纵沟；侧窝深圆形，大于中窝；额区稍隆起，U 形，侧脊可分辨，前缘稍凹，无前缘脊；POL：OOL：OCL=7：8：6；单眼中沟模糊，无单眼后沟；单眼后区中部明显隆起，宽长比大于 2，侧沟缺，侧单眼外后侧具明显的圆形凹坑；背面观后头短且强烈收缩；触角约等长于头、胸部之和，第 2 节长 1.5 倍于宽，第 3 节 1.3 倍长于第 4 节，短于末端 3 节之和，鞭节端部稍尖，第 7、8 节长宽比约等于 1.6，第 6-9 节之和微长于第 4、5 节之和。中胸背板前叶具极浅弱中纵沟，小盾片平坦；附片宽大平滑；淡膜区间距 0.9 倍于淡膜区长径；前足胫节内距端部分叉，膜质叉端部尖，稍短于但明显宽于主叉（图 3-198C）；后足基跗节约等长于其后 4 节之和；爪内齿显著短于外齿，邻近爪基片，爪基片微小；前翅 1M 脉和 1m-cu 脉向翅痣稍收敛；R+M 脉较短，Rs+M 脉亚基部弧形反曲，不呈角状；2Rs 室稍长于 1Rs 室，2m-cu 脉交于 2Rs 下缘内侧 1/3；后翅臀室无柄式。腹部第 1 背板具狭窄膜区；侧面观锯鞘短于前足基跗节，锯鞘端宽短三角形，高等于长，等长于锯鞘基，端部较尖（图 3-198B）；背面观锯鞘三角形。

雄虫：未知。

分布：浙江（临安）。

词源：本种以模式标本采集地命名。

正模：♀，浙江西天目山仙人顶，1990.VI.2-4，汪信庚（ASMN）。

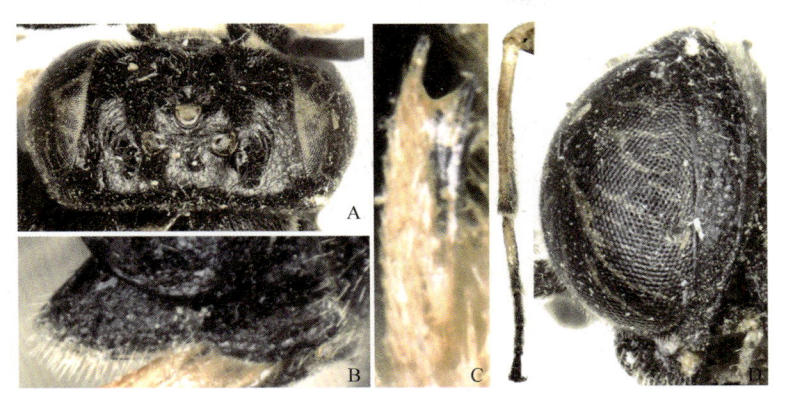

图 3-198　天目狭眶叶蜂，新种 Linorbita tianmunica Wei, sp. nov. 雌虫
A. 头部背面观；B. 锯鞘侧面观；C. 前足胫节内端距；D. 后足胫跗节；E. 头部侧面观

鉴别特征：本种翅基片前部黑色，后部白色，中胸前上侧片黑色，单眼后区明显隆起，无侧沟，侧单眼外后侧具圆形凹坑，锯鞘端短宽三角形，等长于锯鞘基等特征，与同属已知各种均完全不同（本属其他已知种的翅基片全部白色，或大部分白色，后侧或内侧具黑边，中胸前上侧片白色，单眼后区平坦或微弱隆起，侧沟显著，侧单眼外后侧无圆形凹坑，锯鞘端窄长，明显长于锯鞘基，端部钝截形或窄圆形）。本种上唇黑褐色，后足股节黄褐色，背侧无黑色条斑，前足胫节内端距端部分叉，内叉尖，明显骨化，距主叉较远，应隶属于 L. wuae 种团。

（204）近齿狭眶叶蜂 Linorbita ungulica (Wei, 1997)（图 3-199）

Aneugmenus ungulicus Wei, 1997d: 44.
Linorbita ungulica: Wei & Nie, 2003a: 24.

主要特征：雌虫体长 6.0–6.5mm；体黑色，口须大部分、前胸背板后缘宽边、翅基片前部 2/3、中胸前上侧片及足淡黄褐色，各足基节除端部外黑色，后足胫节最端部及后跗节全部黑色；翅均匀弱烟灰色，翅痣和翅脉黑褐色；体毛暗褐色；体粗壮光滑，无明显刻点和刻纹；唇基端缘缺口浅弧形，上唇很短；颚眼距线状；后眶倾斜，等宽于单眼直径；复眼大，内缘向下强烈收敛，间距显著窄于眼高；中窝圆形，侧窝明显大于中窝；额区低台状隆起，侧额脊不明显，前缘具短钝横脊；POL：OOL：OCL=3：4：3；单眼中沟细浅，后沟缺；单眼后区低平，宽长比等于 2.3，无中脊和中纵沟；侧沟较短，向后明显分歧；背面观后头极短且强烈收缩（图 3-199A）；触角中部不膨大，端部不尖出，稍长于胸部，第 2 节长显著大于宽，第 3 节长 1.5 倍于第 4 节，末端 3 节之和约等长于第 3 节；中胸背板前叶具浅细中沟；淡膜区扁圆形，间距明

图 3-199　近齿狭眶叶蜂 Linorbita ungulica (Wei, 1997)
A. 雌虫头部背面观；B. 生殖铗；C. 阳茎瓣；D. 锯鞘侧面观；E. 前足胫节距；F. 雌虫爪

显小于淡膜区长径；前足胫节内距分叉，内叉端部较尖但远离主叉（图3-199E）；后足基跗节微短于其后4节之和；爪基片微小，内齿短，靠近基片（图3-199F）；后翅臀室无柄式；cu-a脉交于臀室近末端；侧面观锯鞘端长于锯鞘基，端部钝截形（图3-199D），背面观三角形。雄虫体长4.5mm；下生殖板长稍大于宽，端部圆钝；生殖铗见图3-199B；阳茎瓣见图3-199C，端部宽圆。

分布：浙江（临安）、湖南、福建、广西。

（205）虞氏狭眶叶蜂 Linorbita yuae (Wei, 1997)（图3-200）

Aneugmenus yuae yuae Wei, 1997d: 44.

主要特征：雌虫体长6.0–6.2mm；体黑色，上唇、口须、前胸背板后半部、中胸前上侧片、翅基片和足淡黄色，前中足基节基部、后足基节基部2/3黑色，各足股节背缘具狭窄模糊黑条斑，后足胫节和基跗节黄褐色，其余跗分节黑色；翅均匀浅烟色，翅痣和翅脉黑褐色；体粗壮，无明显刻点。唇基端缘缺口浅弧形，上唇短小；复眼大，内缘收敛，间距稍狭于眼高；颚眼距线状；后眶等宽于单眼直径，颊脊清晰；中窝深横沟状，不弯曲；侧窝深圆形，与中窝等大；额区稍隆起，额脊低弱；单眼中沟弱，无单眼后沟；POL：OOL：OCL= 4：7：7；单眼后区大，稍隆起，宽长比为1.6；侧沟细长，向后显著分歧（图3-200A）；触角约等长于头胸部之和，第3节长1.3倍于第4节，约等长于末端3节之和，触角端部强烈变尖，中部明显较粗；中胸背板前叶具中沟；前足胫节内距简单，具高位尖膜叶（图3-200E）；后足基跗节约等长于其后4节之和；爪见图3-200D；前翅1M脉和1m-cu脉向翅痣稍微收敛；Rs+M脉亚基部弧形反曲，不呈角状，2Rs显著短于1Rs，2r-m脉交于2Rs内侧1/6；后翅臀室无柄式；并胸腹节具显著膜区；侧面观锯鞘端窄长，显著长于锯鞘基，腹缘近似平直，短部窄截形（图3-200B）；锯腹片9节缝，基部起第3–5节缝具较小型节缝栉突列，锯基腹索踵较窄，向前端逐渐变尖。雄虫未知。

分布：浙江（临安、丽水）。

图3-200 虞氏狭眶叶蜂 Linorbita yuae (Wei, 1997)
A. 雌虫头部背面观；B. 锯鞘侧面观；C. 雌虫头部侧面观；D. 爪；E. 前足胫节内距；F. 锯鞘背面观

54. 侧齿叶蜂属 Neostromboceros Rohwer, 1912

Stromboceros (Neostromboceros) Rohwer, 1912: 236. Type species: Stromboceros (Neostromboceros) metallica Rohwer, 1912, by original designation.

Stypoza Enderlein, 1920: 367. Type species: *Stypoza cyanea* Enderlein, 1920, by original designation.

主要特征：中小型叶蜂；上颚对称双齿式，基叶背侧无凹窝；唇基平坦，端缘截形或具弧形缺口；复眼较大，内缘向下收敛，间距雌虫约等于复眼长径，雄虫通常窄于复眼长径；后眶边缘明显弯折，具后颊脊，但发育程度不同；侧窝通常成对，有时单个，极少缺失，触角窝间距约等于内眶宽；触角丝状，通常不短于头、胸部之和，第 2 节通常长大于宽，鞭节有时侧扁，或具触角器；前胸背板具明显侧纵脊；小盾片平坦，附片宽平；中胸侧板前缘具缘脊，胸腹侧片发达，胸腹侧片缝沟状，上端不明显反弯；后胸淡膜区小，间距约等于或大于淡膜区宽；前足胫节内距端部分叉；后足基跗节等于或稍短于其余跗分节之和；爪具发达基片，内齿大，侧位；前翅臀室完整，无臀横脉，1M 脉与 1m-cu 脉亚平行，Rs+M 脉基部角状弯曲，有时具赘柄，1r-m 脉不完全，cu-a 脉中位或偏外侧；后翅臀室无柄式，Rs 室较长，有时无基背柄；锯鞘较短，锯腹片狭长，常具缘齿和翼突，少数种类缺齿状突，具骨化节缝；雄虫腹部背板常具性沟；阳茎瓣头叶显著倾斜，顶侧叶和副阳茎顶叶均较发达。

分布：东亚，东南亚。本属已知约 140 种，是蕨叶蜂亚科最大的属，主要分布于东亚南部，是中国东部地区最常见的叶蜂类群之一。该属的鉴别特征是爪基片发达，内齿侧位，靠近端齿。中国已记载 59 种，浙江已发现 24 种，本书记述 22 种，包括 5 新种。

寄主：蕨类。幼虫暴露取食蕨类叶片。

分种检索表

1. 胸部背板、翅基片、中胸侧板上半、腹部 1–5 节背板背侧大部分红褐色或暗黄褐色；唇基和触角基部 2 节黄白色，触角基部 2 节长大于宽 ·· 红背侧齿叶蜂 *N. rufithorax*
- 胸部和腹部黑色，有时局部具白斑，如果腹部大部分红褐色，则触角第 2 节宽大于长 ·········· 2
2. 触角第 2 节宽显著大于长，第 3 节短于第 4 节 ··················· 隆唇侧齿叶蜂 *N. rohweri*
- 触角第 2 节长明显大于宽，第 3 节不短于第 4 节，通常长于第 4 节 ······················· 3
3. 唇基大部分或全部白色，如果大部分浅褐色，则单眼后区长约等于宽 ······················· 4
- 唇基全部黑色；单眼后区宽大于长 ·· 10
4. 各足股节全部及胫节大部分或全部浅黄色或白色 ·· 5
- 至少前中足股节部分黑色 ·· 7
5. 头部侧窝单个；上颚黑色；单眼后区宽显著大于长 ············ 白足侧齿叶蜂 *N. leucopoda*
- 头部侧窝 1 对 ·· 6
6. 上颚基部黑褐色，唇基中部黄白色，端缘和基部黑褐色；头部无额侧沟；单眼后区长等于宽 ·· 长顶侧齿叶蜂，新种 *N. longiverticinus* sp. nov.
- 上颚基部白色，唇基白色；头部具额侧沟；单眼后区宽大于长 ········· 脊突侧齿叶蜂 *N. bicarinata*
7. 雌虫后足股节全部黄白色 ·· 8
- 雌虫后足股节部分或全部黑色 ··· 9
8. 后足胫节端部 1/3 和跗节全部黑色，翅基片白色；前中足股节端部 1/3 暗褐色至黑褐色；触角细，额脊显著。雄虫未知 ·· 反斑侧齿叶蜂 *N. revetina*
- 后足胫节除末端外和基跗节大部分白色，翅基片大部分黑色；前中足股节端部 1/3 白色；触角不细，额脊较弱。雄虫后足股节基部有时黑色 ···································· 印缅侧齿叶蜂 *N. indobirmanus*
9. 侧窝 1 对，明显互相分离；头部背侧明显向后延伸，背面长大于高；前中足股节基部 1/3 以上黄色，其余部分黑色；上颚基部具显著白斑 ······························ 斑股侧齿叶蜂 *N. maculifemoratus*
- 侧窝 1 个，弯沟状；头部背侧不明显向后延伸，背面长小于高；前中足股节绝大部分、后足股节端部 4/5 黑色；上颚无白斑 ·· 黑跗侧齿叶蜂 *N. nigritarsis*
10. 上唇黑色；翅基片白色；唇基前缘缺口深于唇基 1/3 ··················· 白肩侧齿叶蜂 *N. tegularis*

-	上唇总是白色；翅基片通常至少具黑斑（nigrocollis 除外）；唇基前缘通常截形，极少具浅弧形缺口 ········· 11
11.	额区两侧弯曲纵沟显著；后股节中基部黑色，端部有时淡色 ········· 12
-	额区两侧平滑，无弯曲的纵沟，如果具浅弱额侧沟，则后足股节基部 1/3 左右黄褐色 ········· 14
12.	单眼后区宽显著大于长 ········· 13
-	单眼后区长几乎等于宽；后足胫节端部和跗节全部黑色 ········· 圆额侧齿叶蜂 *N. circulofrons*
13.	雌虫触角不侧扁或微侧扁，雄虫触角明显侧扁，后足股节端部有时黄白色；后足胫节端部和跗节黑色 ········· 环沟侧齿叶蜂 *N. congener*
-	雌雄触角均明显侧扁，后足股节全部黑色；后足胫节端部和跗节浅褐色 ········· 淡跗侧齿叶蜂，新种 *N. flavitarsis* sp. nov.
14.	两性后足股节全部黄白色 ········· 15
-	雌虫后足股节大部分或全部黑色，雄虫股节有时部分黄褐色 ········· 17
15.	前胸背板黑色，无淡边；头部侧窝弧沟形，不成对；单眼后侧沟互相平行 ········· 16
-	前胸背板后缘具较宽黄边；头部侧窝成对，互相分离；侧沟强烈分歧 ········· 童氏侧齿叶蜂 *N. tongi*
16.	各足胫节端部和跗节黑色；翅基片黑褐色；额脊模糊；中窝马蹄形，前侧具瘤突；侧窝底部瘤突小型 ········· 大窝侧齿叶蜂，新种 *N. megafoveatus* sp. nov.
-	各足胫节和跗节黄色；翅基片黄白色；额脊发达；中窝横形，微弯曲，前侧无瘤突；侧窝底部瘤突大型 ········· 黑肩侧齿叶蜂 *N. nigrocollis*
17.	翅基片外侧白色，内侧黑色；单眼后区宽几乎等于长；中窝横弧形或横沟形 ········· 18
-	翅基片全部黑色；单眼后区宽明显大于长，极少约等于长；中窝 H 形 ········· 19
18.	各足股节基部白色，余部黑色；胫节端部和跗节大部分黑色 ········· 吴氏侧齿叶蜂，新种 *N. wui* sp. nov.
-	后足股节全部黑色；后足胫节基半部以上黄白色 ········· 列毛侧齿叶蜂 *N. pseudodubius*
19.	后足跗节黑色；锯腹片端部腹缘鼓凸，端突短 ········· 日本侧齿叶蜂 *N. nipponicus*
-	后足跗节黄褐色或浅褐色；如果后足跗节仅腹侧浅褐色，则锯腹片端部腹缘直，端突长 ········· 20
20.	后足跗节几乎全部黄褐色或浅褐色；单眼后区宽明显大于长；触角不短于腹部，长于头胸部之和 ········· 21
-	后足跗节腹侧浅褐色，背侧黑褐色；单眼后区宽几乎等于长；触角明显短于腹部，稍短于头胸部之和 ········· 李氏侧齿叶蜂，新种 *N. lii* sp. nov.
21.	触角约等长于腹部；后翅 R1 室长，基端常伸抵 R 脉 ········· 长室侧齿叶蜂 *N. dolichocellus*
-	触角长于腹部；后翅 R1 室正常，基端常远离 R 脉 ········· 细角侧齿叶蜂 *N. tenuicornis*

（206）脊突侧齿叶蜂 *Neostromboceros bicarinata* Wei, 2006（图 3-201）

Neostromboceros bicarinata Wei, 2006a: 603.

主要特征：雌虫体长 7.5mm；体黑色，上唇、唇基、上颚基部、口须大部分、前胸背板后缘、翅基片、中胸前上侧片、腹部各腹板后缘狭边和第 10 背板大部分白色；足黄褐色，基节基缘、各足跗节末端黑褐色，前足股节端部背侧具黑褐斑；体毛浅褐色；翅透明，微带烟灰色，翅痣和翅脉黑褐色；唇基端部横截形，上唇端部圆钝；颚眼距线状，复眼内缘向下稍收敛，额侧沟发达；中窝马蹄形，底部前侧具瘤突；侧窝每侧 1 对，较小，上窝与额侧沟连接；额区长方形，中部凹入，前缘开放；两侧额脊低钝，互相平行；单眼中沟浅弱，单眼后沟缺；单眼后区稍隆起，宽 1.5 倍于长，侧沟弧形弯曲，几乎伸抵后头边缘，中部外鼓；后头短且强烈收缩，后眶狭窄，颊脊短弱；触角微短于腹部，中部不侧扁、不膨大，无触角器，第 3 节长约 1.3 倍于第 4 节；胸腹侧片缝细沟状；体光滑，小盾片后缘具 1 列小刻点；后胸淡膜区小，间距几乎 2 倍于淡膜区长径；爪基片锐利，内齿宽于但微短于外齿；前翅 Rs+M 脉基部角状反曲，无明显赘脉；Rs 基段消失；后翅臀室无柄式；锯鞘侧面观较窄，端部圆钝，背面观基部不明显膨大，端部稍窄；锯腹片端部短钝，无节缝，亚端部具显著斜脊，近腹缘距和翼突距各 5 个，距离不规则，其间具较密的长刺毛。雄虫体长 6.5mm，下生殖板端部钝截形。雄虫是首次报道。

分布：浙江（临安、磐安）、湖南、贵州。

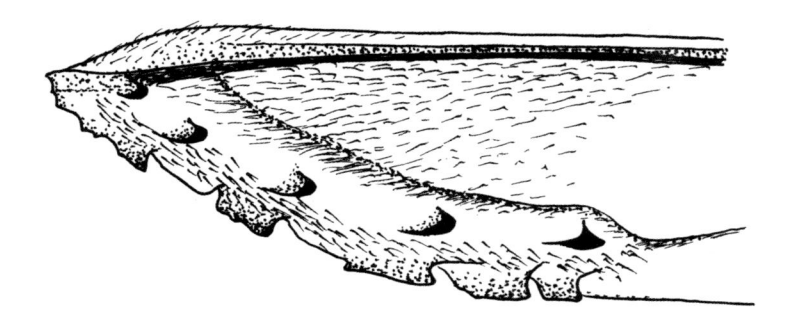

图 3-201 脊突侧齿叶蜂 *Neostromboceros bicarinata* Wei, 2006 锯腹片端部（引自魏美才，2006a）

（207）圆额侧齿叶蜂 *Neostromboceros circulofrons* Wei, 2002（图 3-202，图版 VI-5）

Neostromboceros circulofrons Wei, in Wei & Nie, 2002a: 432.
Neostromboceros pseudosinuatus Wei, in Wei & Nie, 2003a: 36.

主要特征：体长 8–9.5mm；体黑色，头部背侧微具青光；上唇、前胸背板后缘、翅基片前端、中胸前上侧片、各足基节端半部、各足转节、前中胫节外侧大部分、后足股节腹缘基半部、后足胫节基部 4/5、腹部第 7–9 背板中部、第 10 背板大部分白色，前中足胫节腹侧和端部、前中足跗节暗褐色，后足胫节端部和跗节黑褐色；前翅浅烟褐色，翅痣和翅脉黑褐色，后翅透明；体毛浅褐色；体光滑，仅小盾片后缘具 1 列小刻点；唇基平坦，端部具十分宽浅的缺口，缺口底部平直，侧角稍突出；颚眼距线状；中窝横弧形，侧窝 1 对，很小，互相分离；额区圆，额脊宽钝，前端不开放，具额侧沟；单眼中沟显著，后沟模糊；单眼后区长约等于宽；侧沟显著，不伸抵头部后缘；后眶宽圆，后颊脊很短；触角稍短于腹部，第 2 节长显著大于宽，鞭节中部显著侧扁，端部渐尖，第 3 节长 1.25 倍于第 4 节，第 6、7 节长宽比几乎等于 2；爪基片锐利，内齿宽于但约等长于外齿；后翅臀室无柄式；锯腹片具 4 个翼突距和 5 个近腹缘距，翼突距和近腹缘距之间具 3–4 列长刺毛（图 3-202D）。雄虫体长约 7mm；腹部性沟发达，下生殖板长大于宽，端部窄圆；抱器长显著大于宽，端部圆钝（图 3-202A），阳基腹铗内叶短小，中部突出（图 3-202B）；阳茎瓣头叶简单，稍弯曲，端部宽圆（图 3-202C）。

分布：浙江（临安、丽水、龙泉）、陕西、湖北、江西、湖南、福建、广东、广西、重庆、贵州。

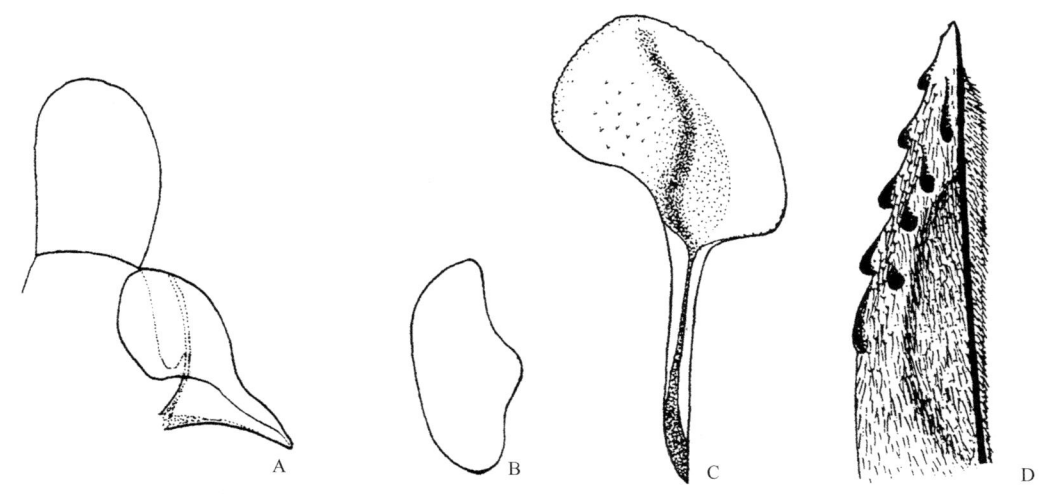

图 3-202 圆额侧齿叶蜂 *Neostromboceros circulofrons* Wei, 2002
A. 抱器和副阳茎；B. 阳基腹铗内叶；C. 阳茎瓣；D. 锯腹片端部

（208）环沟侧齿叶蜂 Neostromboceros congener (Konow, 1900)（图 3-203）

Stromboceros congener Konow, 1900: 64.
Stromboceros (*Neostromboceros*) *karnyi* Forsius, 1931: 33.
Neostromboceros congener: Malaise, 1944: 40.

主要特征：雌虫体长 7.0–8.5mm；体黑色，上唇、前胸背板后缘、翅基片前半部、中胸前上侧片、各足基节端部、转节、股节末端、前中足胫节外侧大部分、后足胫节基部 2/3、腹部第 1 背板后缘，以及 7–9 节背板中央白色；翅透明，翅痣和翅脉黑褐色；体毛银褐色；体光滑，唇基具细小刻点，小盾片后缘具 1 列刻点；唇基短，端缘截形；上颚端半部强烈弯曲，颚眼距线状；复眼较大，内缘向下稍收敛，间距等于眼高；后眶较宽，后颊脊缺；额区小，近圆形，额脊十分低钝，前部不中断，额区两侧具弯曲纵沟连接上侧窝与侧沟；中窝横沟形，侧窝 1 对，上侧窝稍大于下侧窝；单眼中沟清晰，无单眼后沟；POL：OOL：OCL=6：10：10；单眼后区宽大于长，稍隆起；侧沟较深直，向后稍分歧，不伸达头部后缘；背面观后头长于单眼直径 2 倍，两侧明显收缩；触角较细，稍短于腹长，鞭节中部微粗于两端，不侧扁或微侧扁，无触角器，第 3、4 节长度比为 1.3，第 8 节长宽比短于 2，触角毛短且平伏；胸腹侧片稍隆起，胸腹侧片缝浅沟状；后胸淡膜区间距 1.5 倍于淡膜区长径；后足基跗节等长于其后 4 节之和；爪基片锐利，亚端齿约与端齿等长；前翅 Rs+M 脉基部角状反曲，无赘脉；锯鞘背面观狭三角形，侧面观端部钝截；锯腹片端部见图 3-203B，具 5 个中等大翼突距和 6 个近腹缘距，翼突列与缘齿列间具 2–3 列短小刺毛。雄虫体长 6–7.5mm；触角鞭节明显侧扁，性沟发达；抱器短圆（图 3-203A），阳基腹铗内叶见图 3-203C，阳茎瓣见图 3-203D。

分布：浙江（临安）、湖南、福建、广西、贵州、云南；印度尼西亚。

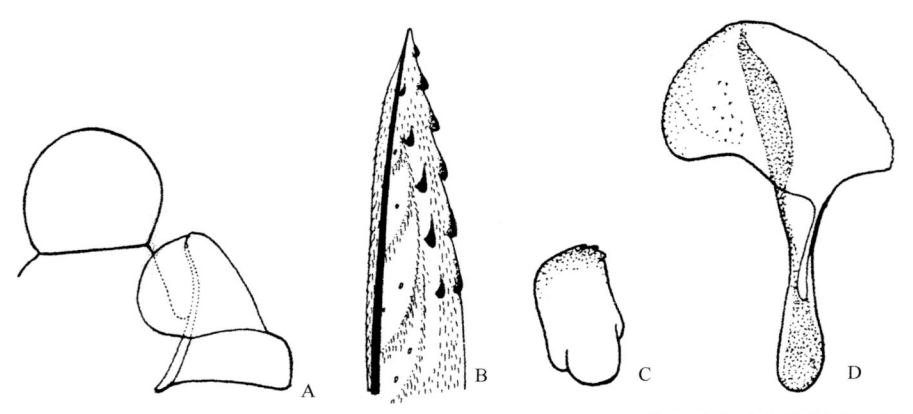

图 3-203 环沟侧齿叶蜂 *Neostromboceros congener* (Konow, 1901)（引自魏美才和聂海燕，2003a）
A. 抱器和副阳茎；B. 锯腹片端部；C. 阳基腹铗内叶；D. 阳茎瓣

（209）长室侧齿叶蜂 Neostromboceros dolichocellus Wei, 2003（图 3-204）

Neostromboceros dolichocellus Wei, in Wei & Nie, 2003a: 32.

主要特征：雌虫体长 7.5mm；体黑色，上唇、前胸背板后缘、中胸前上侧片、各足转节、股节最末端、前中足胫节外侧、后足胫节和各足跗节大部分黄褐色，跗节端部黑褐色；翅亚透明，翅痣和翅脉黑色；体毛银褐色；体光滑，仅小盾片后缘具 1 列小刻点；唇基端部亚截形，颚眼距线状；复眼内缘向下稍收敛，间距等于眼高，后颊脊发达；中窝八字形，侧窝各 1 对，互相分离；额脊显著，无额侧沟；单眼中沟浅，无单眼后沟；POL：OOL：OCL=9：16：20；单眼后区平坦，宽明显大于长；侧沟细长，向后分歧，伸至单眼后区中部；背面观后头两侧明显收缩；触角较细，约等长于腹长，鞭节中部微粗于两端，不侧扁，无触角器，第3节长1.2倍于第4节，第8节长宽比等于2；后足基跗节等长于其后4节之和；爪基片锐利，亚端齿几乎与端齿等长；前翅 Rs+M 脉基部角状反曲，无明显赘脉；后翅 Rs 室伸抵 Sc+R 脉，臀室无柄式；锯鞘背面观短三角形；锯腹片具4个中等大翼突距和5个近腹缘距，翼突距与缘齿间具短平瘤突，无长刺毛（图3-204A）。雄虫体长5.8mm；前中足股节端半、后足股节大部分黄褐色，具发达性沟；抱器长稍大于宽，副阳茎头叶宽大（图3-204C），阳基腹铗内叶尾部窄（图3-204B），阳茎瓣头叶弯曲，中部窄，前腹端具1短钝刺突，顶角较突出（图3-204D）。

分布：浙江（临安、丽水、龙泉）、安徽、湖南、福建、广东、广西、四川、贵州、云南、西藏。

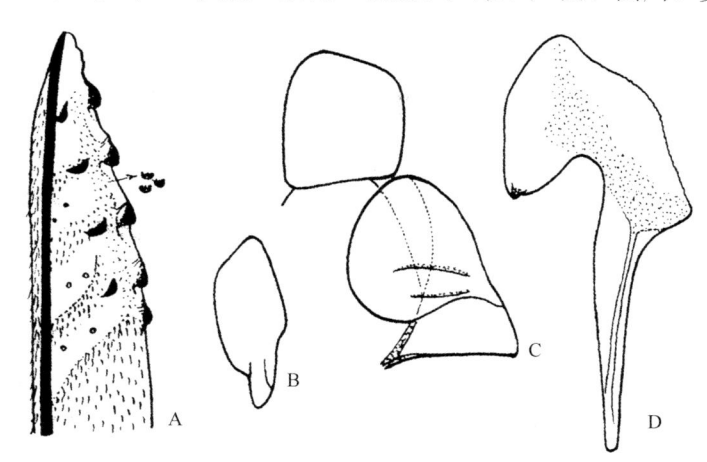

图3-204 长室侧齿叶蜂 Neostromboceros dolichocellus Wei, 2003（仿自魏美才和聂海燕，2003a）
A. 锯腹片端部；B. 阳基腹铗内叶；C. 抱器和副阳茎；D. 阳茎瓣

（210）淡跗侧齿叶蜂，新种 Neostromboceros flavitarsis Wei, sp. nov.（图3-205）

雌虫：体长6.5–8mm。体黑色，具光泽，无金属光泽；上唇、前胸背板后缘、翅基片大部分、中胸前上侧片、各足基节端部、转节、前中足胫节基部外侧、后足胫节基部2/3、各足第1–3跗分节白色或黄褐色，各腹节后缘狭边、8–9节背板中央白色；翅透明，翅痣和翅脉黑褐色；体毛银褐色。

体光滑，唇基具细小刻点，小盾片后缘具1列刻点，虫体其余部分无刻点。唇基短，端缘几乎截形；上唇短宽，端部圆钝；上颚端半部强烈弯曲；颚眼距线状；复眼较大，内缘向下明显收敛，间距窄于眼高；后颊脊缺，具很短的口后脊；颜面宽平；额区小，长形，额脊宽钝，前部稍中断；额区两侧具浅弱弯曲的额侧沟；中窝横弧形，不开放；侧窝1对，上侧窝大于下侧窝；单眼中沟清晰，无单眼后沟；POL：OOL：OCL=6：10：13；单眼后区长微大于宽，稍隆起；侧沟较深长，向后稍分歧，伸过单眼后区中部，不伸达头部后缘；后眶较宽，边缘圆钝，无后颊脊，下端具极短的口后脊；背面观后头长于单眼直径2倍，两侧明显收缩；触角稍长于头、胸部之和，鞭节中部明显粗于两端，亚端部侧扁，无触角器，端部稍尖，第3、4节长度比为1.3–1.4，第8节长宽比不大于2，触角毛短。中胸背板前叶具中纵沟；胸腹侧片隆起，胸腹侧片缝沟状；后胸淡膜区亚圆形，间距1.6倍于淡膜区长径；后足基跗节等长于其后4节之和；爪基片锐利，亚端齿稍短于端齿；前翅 R+M 脉段显著短于1r-m脉，Rs+M 脉基部钝角状反曲，无赘脉；Rs 基段部分痕状，留存残枝，2r脉交于2Rs室上缘外侧，2Rs室稍长于1Rs室，外下角尖出，cu-a脉位于中室中部微偏外侧；后翅 Rs 与 M 室正常，Rs 室不接近 Sc+R 脉，臀室无柄式。锯鞘背面观狭长三角形，侧面观端部钝截；锯腹片端部较钝，具4个较小的翼突距和6个近腹缘距，翼突与缘齿间具3–4列较长刺毛（图3-205A）。

雄虫：体长6–6.5mm；体色近似于雌虫，跗节褐色；复眼内缘向下强烈收敛，腹部具性沟；抱器长稍大于宽，端部倾斜，副阳茎头叶宽大（图3-205C），阳基腹铗内叶头部宽于尾部（图3-205B），阳茎瓣较短，头叶近似短圆形（图3-205D）。

分布：浙江（德清）、江西、湖南、广西、四川、云南。

词源：本种雌虫后足跗节大部黄褐色，区别于近缘种 N. congener，以此命名。

正模：♀，湖南涟源龙山，1999.V.10，肖炜、张开健（ASMN）。副模：7♂，数据同正模（ASMN）；1♀，云南芒市，1955.V.17，杨星池；4♀，四川峨眉山，1957.IV–VI，黄克仁、王宗元、朱复兴；1♀，四川峨眉山，1957.VI.22，波波夫；1♀1♂，江西牯岭，1935.VII.8，O. Piel；1♀，浙江莫干山，1936.V.6，O. Piel（中国科学院动物研究所）。

鉴别特征：本种与 Neostromboceros congener (Konow)近似，但后足跗节大部分浅褐色或黄褐色，股节黑色，锯腹片近腹缘距多于并大于翼突距，阳茎瓣形状明显不同等，可以与之鉴别。

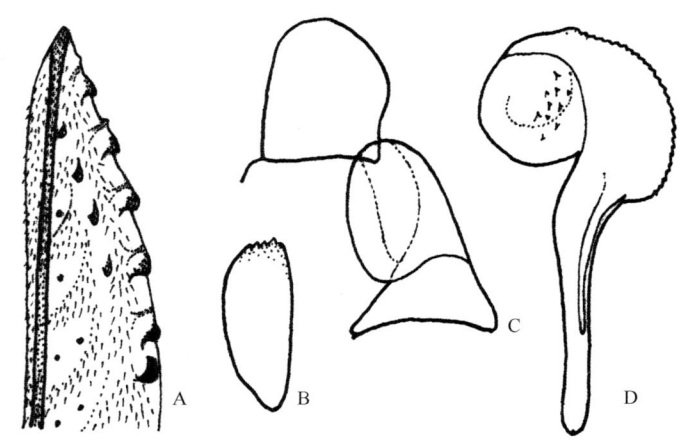

图 3-205 淡跗侧齿叶蜂，新种 Neostromboceros flavitarsis Wei, sp. nov.
A. 锯腹片端部；B. 阳基腹铗内叶；C. 抱器和副阳茎；D. 阳茎瓣

（211）印缅侧齿叶蜂 Neostromboceros indobirmanus Malaise, 1944（图 3-206）

Neostromboceros indobirmanus Malaise, 1944: 39.

主要特征：雌虫体长 7.0–7.5mm；体黑色，上唇、唇基、口须大部分、前胸背板后缘和侧角、翅基片外缘、中胸前上侧片、后胸淡膜区、腹部各节背腹板后缘狭边白色；足黄褐色，前中足基节基部 2/3、后足基节基部、前中足股节基部 1/2–2/3、后足胫节末端和后足基跗节端部以外黑褐色；体毛浅褐色；翅透明，端部 1/2 带烟灰色，翅痣和翅脉黑褐色；体光滑，仅小盾片后缘具 1 列不明显的小刻点；唇基平坦，端部具浅弧形缺口，颚眼距稍窄于单眼直径 1/3；复眼内缘向下稍收敛，间距约等宽于眼高；中窝马蹄形，前侧

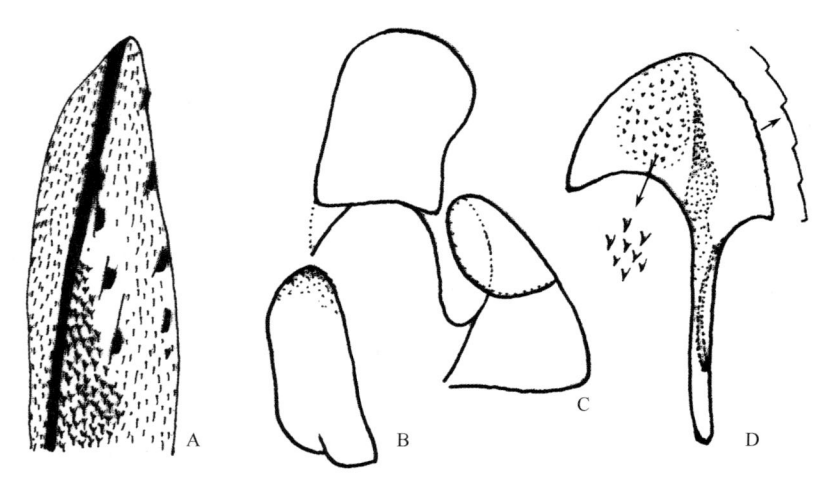

图 3-206 印缅侧齿叶蜂 Neostromboceros indobirmanus Malaise, 1944
A. 锯腹片端部；B. 阳基腹铗内叶；C. 抱器和副阳茎；D. 阳茎瓣

具较大瘤突；侧窝单个，弧形，两端凹入；额区桶形，额脊低钝，无额侧沟，单眼中沟和单眼后沟细浅；单眼后区宽明显大于长，侧沟细浅，向后稍分歧；后颊脊短弱；触角较细，等长于头、胸部之和，中部稍膨大，无触角器，第 3 节约 1.4 倍长于第 4 节；爪基片锐利，内齿稍宽于但明显短于外齿；前翅 Rs+M 脉基部弧形反曲，无赘脉；锯鞘侧面观端部圆钝；背面观基部强烈收缩，亚基部较宽，端部尖出；锯腹片细长，端部背缘膜很宽，表面刺毛短小，翼突距和近腹缘距小型，均为 4 个，翼突距和近腹缘距之间具 4–5 列很短的小刺突。雄虫体长 6.0–6.5mm；后足胫节端部 1/3 和跗节全部、前中足跗节大部分黑褐色，腹部性沟发达；抱器长显著大于宽，端部宽圆，副阳茎头叶较小（图 3-206C），阳茎瓣头叶端腹侧显著尖出（图 3-206D）。

分布：浙江（临安）、贵州、云南、西藏；缅甸，老挝，印度（锡金）。

(212) 白足侧齿叶蜂 *Neostromboceros leucopoda* Rohwer, 1916（图 3-207）

Neostromboceros leucopoda Rohwer, 1916: 104.
Neostromboceros fuscitarsis Takeuchi, 1929a: 87.
Neostromboceros yakushimensis Takeuchi, 1941: 254.

主要特征：雌虫体长 7.0–7.5mm；体黑色，上唇、唇基、前胸背板后缘、翅基片、中胸前上侧片及足白色，各足基节基部及跗节末端 2 节暗褐色，口须污褐色；翅烟褐色，翅脉和翅痣黑褐色；体毛淡色；体光滑，无蓝色光泽，小盾片后缘具少许刻点；唇基平坦，端缘缺口浅三角形；颚眼距几乎缺失，后颊脊低短；复眼下缘间距显著小于眼高；中窝横沟形，微弯曲；侧窝斜长椭圆形，单个，底部具瘤突；额区微隆起，窄 U 形，额脊显著，无额侧沟；POL：OOL = 3：4；单眼后区中部隆起，宽显著大于长；侧沟细长，几乎伸抵头部后缘；背面观后头短，两侧显著收狭；触角丝状，稍短于头、胸部之和，中部几乎不加粗，不侧扁，无触角器，第 2 节长大于宽，第 3 节长 1.2–1.3 倍于第 4 节，第 8 节长宽比小于 2；胸腹侧片隆起，胸腹侧片缝浅沟状；后足基跗节微长于其后跗分节之和；爪基片锐利，爪亚端齿稍短于端齿；前翅 Rs+M 脉亚基部角状反曲，无赘柄，后翅 Rs 脉远离 R 脉，臀室无柄式；锯鞘背面观和侧面观均为三角形，末端较尖；锯腹片具 4–5 个翼突和 4 个近腹缘距，翼突和近腹缘距之间具 3–5 列小刺，端部背缘膜较宽（图 3-207A）。雄虫体长 6.0–6.5mm；腹部具性沟；抱器长大于宽，副阳茎头叶小（图 3-207C）；阳基腹铗内叶见图 3-207B；阳茎瓣见图 3-207D。

分布：浙江（临安、丽水、龙泉）、河南、陕西、甘肃、安徽、江西、湖南、福建、台湾、广东、广西、重庆、四川、贵州、云南；日本（屋久岛），越南。

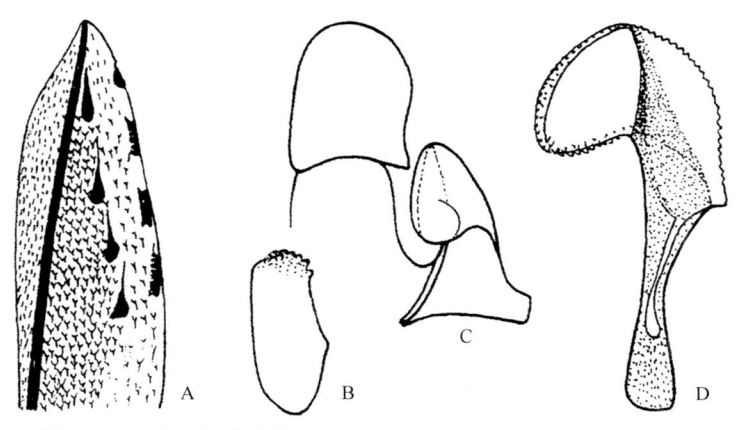

图 3-207 白足侧齿叶蜂 *Neostromboceros leucopoda* Rohwer, 1916
A. 锯腹片端部；B. 阳基腹铗内叶；C. 抱器和副阳茎；D. 阳茎瓣

（213）李氏侧齿叶蜂，新种 *Neostromboceros lii* Wei, sp. nov.（图 3-208）

雌虫：体长 6.7mm。体和足黑色，上唇、前胸背板后缘狭边、中胸前上侧片、后胸淡膜区及各足基节端部、转节、各足胫节外侧除端部外白色，口须和触角端部暗褐色，各足股节端部和跗节腹侧浅褐色；翅近透明，翅脉和翅痣黑褐色；体毛银色，背侧毛稍暗，锯鞘毛暗褐色。

体光滑，无蓝色光泽，小盾片后缘具 1 列刻点。唇基平坦，端缘近截形，上唇横宽，端部圆；复眼内缘向下显著收敛，间距等于复眼长径；后眶宽圆，无后颊脊，下端口后脊极短；上颚端部弧形弯曲；颚眼距明显，长约 0.25 倍于单眼直径；中窝短宽，横沟形，几乎不弯曲；侧窝每侧 1 对，互相靠近但完全分离，上窝大于下窝；额区明显隆起，窄 U 形，额脊显著，前缘稍低，但不中断；额区和额区两侧的内眶下沉，无额侧沟；POL : OOL : OCL = 8 : 13 : 13；单眼后区前部微隆起，宽几乎等于长；侧沟细长微弯，几乎伸抵头部后缘，向后微弱分歧；单眼中沟和单眼后沟不明显；背面观后头短，两侧显著收狭（图 3-208A）。触角粗短，稍短于头、胸部之和，亚端部加粗，稍侧扁，无触角器，第 2 节长 1.3 倍于宽，第 3 节长 1.25 倍于第 4 节，第 6、7 节长稍大于宽，并宽于第 4、5 节，第 8 节长宽比稍小于 1.5，第 6–9 节之和微长于第 4、5 节之和（图 3-208D）。中胸背板前叶具明显中沟；小盾片低平，附片很短，中部长约等于前单眼直径；淡膜区小，间距 1.4 倍于淡膜区长径；胸腹侧片稍隆起，表面光滑，胸腹侧片缝浅沟状；后足基跗节稍短于其后跗分节之和；爪基片宽大，爪亚端齿明显短于端齿；前翅 1M 脉稍弯曲，与 1m-cu 脉亚平行；Rs+M 脉亚基部弧形反曲，无赘柄，Rs 脉第 1 段缺失，2Rs 室稍长于 1Rs 室，外下角强烈延伸，2r 脉脉直，交于 2Rs 室上缘端部近 1/4，2m-cu 脉交于 2Rs 室下缘内侧 1/5，cu-a 脉交于 M 室中部外侧；后翅 Rs 室内顶角距离 R 脉较近，但不接触，臀室无柄式。锯鞘侧面观末端窄圆，腹侧近平直；锯腹片见图 3-208E，端部见图 3-208B，翼突距 5 个，近腹缘距 6 个，端部锯刃具几枚小齿，背缘膜不突出。

雄虫：未知。

分布：浙江（安吉）。

词源：本种以模式标本采集者李强教授姓氏命名。

正模：♀，浙江安吉龙王山，1996.VI.26，李强。

鉴别特征：本种触角亚端部粗扁，单眼后区方形，后眶圆钝，无后颊脊，中窝短宽横沟形等，与 *N. dubius* Malaise, 1944 较近似，但本种翅基片黑色，触角 6–9 节显著短粗，稍长于第 4、5 节之和，第 6、7 节长均稍大于宽并明显宽于第 4、5 节，锯腹片端部十分尖长，背缘不明显鼓凸等，与该种不同。本种触角端部 4 节显著粗短，与同属已知种类均不相同。

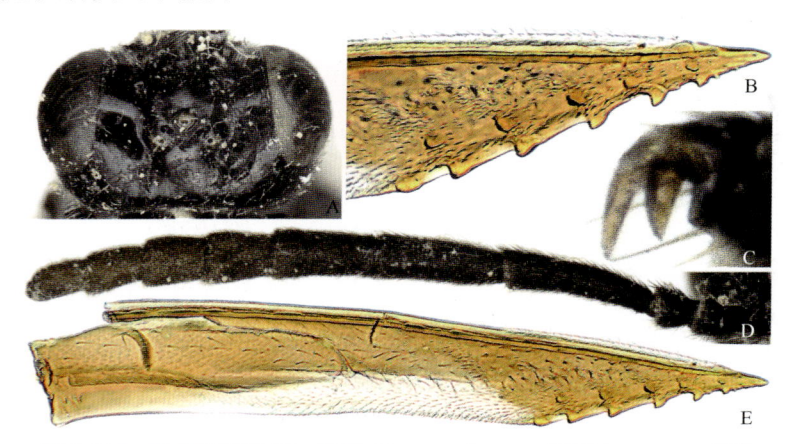

图 3-208 李氏侧齿叶蜂，新种 *Neostromboceros lii* Wei, sp. nov. 雌虫
A. 头部背面观；B. 锯腹片端部；C. 爪；D. 触角；E. 锯腹片

（214）长顶侧齿叶蜂，新种 *Neostromboceros longiverticinus* Wei, sp. nov.（图 3-209）

Neostromboceros sinanensis: Wei & Nie, 1998b: 356, nec. Takeuchi, 1941.

雌虫：体长 6.5mm。体黑色，上唇、前胸背板后缘狭边、翅基片、中胸前上侧片、后胸淡膜区及足白色，各足跗节末端 2 节暗褐色，口须污褐色，唇基中部黄白色，端缘和基部黑褐色；翅淡烟褐色，翅脉和翅痣黑褐色；体被淡色细毛，锯鞘毛黑褐色。

体光滑，无蓝色光泽，小盾片后缘具少许刻点。唇基平坦，端缘缺口宽浅弧形，上唇较宽大，端部圆；后颊脊细低，伸至后眶上部；上颚端半部显著弯曲，颚眼距近线状；复眼大型，内缘向下强烈收敛，间距显著小于眼高；中窝横弧沟形，弯曲；侧窝每侧 1 对，互相靠近但完全分离，上窝稍大，额区明显隆起，窄 U 形，额脊显著，前缘稍低，但不中断；额区和额区两侧的内眶部分稍下沉，无额侧沟；POL：OOL：OCL＝9：12：15；单眼后区明显隆起，宽约等于长；侧沟稍深，微弯，伸抵单眼后区中部，互相近似平行，后部变为细脊状；单眼中沟和单眼后沟不明显；背面观后头短，两侧显著收狭。触角细丝状，稍短于头、胸部之和，无触角器，不侧扁，第 2 节长显著大于宽，第 8 节长宽比等于 2，各节长度比为 7：5：16：12：9：7：6：6：7。中胸背板前叶具浅弱中沟，附片短且平滑；淡膜区小而窄，间距 1.7 倍于淡膜区长径；胸腹侧片狭窄，明显隆起，胸腹侧片缝宽深沟状；后足基跗节几乎等长于其后跗分节之和；爪基片锐利，爪内齿明显短于端齿；前翅 1M 脉稍弯曲，与 1m-cu 脉亚平行；Rs+M 脉亚基部弧形反曲，无赘柄，Rs 第 1 段大部分缺如，2Rs 室稍长于 1Rs 室，外下角明显延伸，2r 脉直，交于 2Rs 室上缘端部 1/4，2m-cu 脉远离 1r-m 脉，cu-a 脉交于 M 室外侧 3/7；后翅 Rs 靠近 R 脉，臀室无柄式。锯鞘背面观和侧面观均为亚三角形，末端圆钝；锯腹片端部见图 3-209D，无翼突距，具 5 个近腹缘距，端部锯刃具细齿，背缘膜不突出。

雄虫：未知。

分布：浙江（安吉）。

词源：本种单眼后区较长，以此命名。

正模：♀，浙江安吉龙王山，1995.V.20，吴鸿。

鉴别特征：本种与 *N. sinanensis* Takeuchi, 1941 近似，但单眼后区明显隆起，长等于宽，POL：OOL：OCL＝9：12：15，单眼后头距明显长于单复眼距，唇基基部和端缘黑褐色，各足基节基部非黑色，触角第 4 节明显长于第 5 节，爪内齿短于外齿等，与之不同。在《浙江龙王山昆虫》中，本种被错误地鉴定为 *N. sinanensis* Takeuchi，同时，该文中所提到的四川分布记录也是错误的，因此，后者在中国的分布记录应移除。

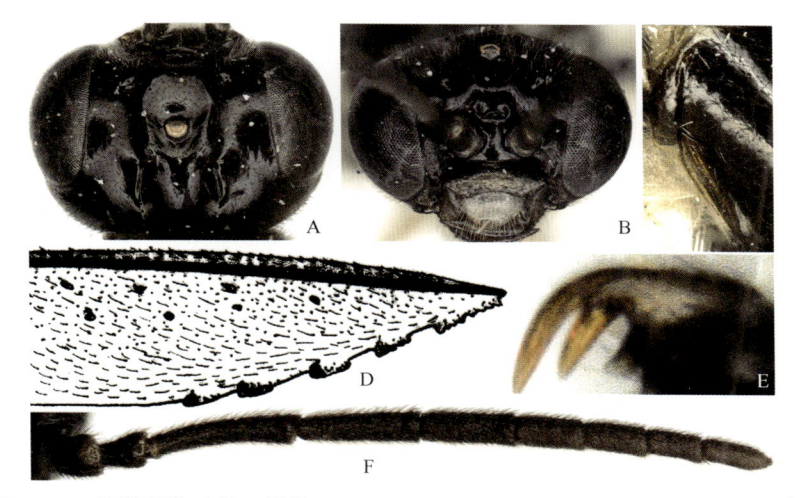

图 3-209　长顶侧齿叶蜂，新种 *Neostromboceros longiverticinus* Wei, sp. nov. 雌虫
A. 头部背面观；B. 头部前面观；C. 胸腹侧片；D. 锯腹片端部；E. 爪；F. 触角

（215）斑股侧齿叶蜂 *Neostromboceros maculifemoratus* Wei, 2002（图 3-210）

Neostromboceros maculifemoratus Wei, in Wei & Nie, 2002a: 434.

雌虫：体长 9mm；体黑色，唇基、上唇、口须大部分、上颚亚基半部、前胸背板后缘和侧缘狭边、翅基片大部分、中胸前上侧片、中胸前侧片上端角、腹部 7–10 背板中部和足白色，各足基节基缘、前足股节端部 2/3、中后足股节端半部、前中足胫节腹侧和端部、后足胫节端部 1/4 黑色，各足跗节背侧黑褐色；体毛浅褐色；翅浅烟褐色，翅痣和翅脉黑褐色；体光滑，小盾片后缘具刻点，腹部背板具细弱刻纹；上唇宽大，端部圆；上颚不强烈弯曲；唇基端缘缺口浅弧形，颊眼距线状；复眼大，内缘向下显著收敛，间距小于眼高；中窝宽横沟形；侧窝小，双窝形，下窝小于上窝；额区微隆起，额脊较明显，无额侧沟；单眼中沟和后沟缺；单眼面稍高于复眼面；单眼后区宽大于长；侧沟前端较深，向后渐浅并分歧，不伸抵头部后缘；后眶宽大，下部 1/3 具短后颊脊；背面观头部在复眼后明显收缩；触角稍短于腹部，几乎不侧扁，第 3 节 1.3 倍长于第 4 节，端部 4 节明显长于第 4、5 节之和，第 7、8 节长宽比等于 2；足较粗短，后基跗节短于其后 4 个跗分节之和；爪内齿短于外齿；前翅 Rs+M 脉亚基部角状反曲，无赘柄；2Rs 室外下角稍延伸，不尖锐，后翅臀室无柄式；锯鞘稍长于锯鞘基，端部窄圆；锯腹片基部明显膨大，端部背缘膜较鼓凸（图 3-210D），具 6 个翼突距，近腹缘距和锯刃融合，锯刃具小齿（图 3-210A）。

雄虫：体长 6.5mm；前中足股节黄褐色，背侧具黑色条斑，后足股节端部 1/3 黑褐色，跗节大部分黄褐色；爪内齿长大于宽；腹部无性沟；下生殖板端部截形；抱器长大于宽，内缘凹入，阳基腹铗内叶中部内侧明显突出（图 3-210B）；阳茎瓣头叶窄长，端部显著延长，具尾突（图 3-210C）。

分布：浙江（衢州）、广西、贵州。

本种雌虫是首次报道和描述。

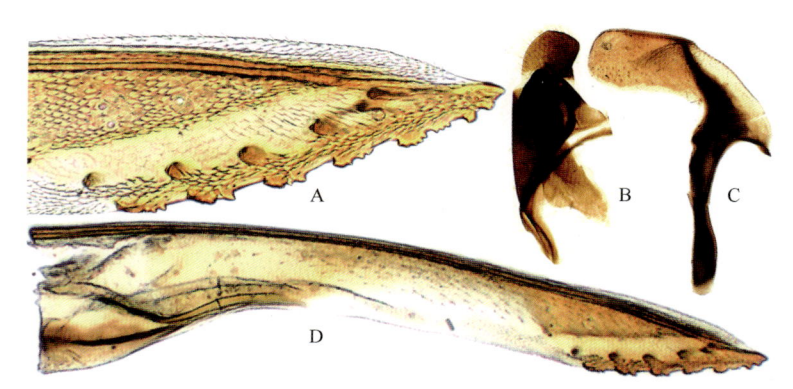

图 3-210 斑股侧齿叶蜂 *Neostromboceros maculifemoratus* Wei, 2002
A. 锯腹片端部；B. 生殖铗；C. 阳茎瓣；D. 锯腹片

(216) 大窝侧齿叶蜂，新种 *Neostromboceros megafoveatus* Wei, sp. nov.（图 3-211）

雌虫：体长 7.5mm；体黑色，上唇白色，端缘黑褐色，翅基片暗褐色至黑褐色，中胸前上侧片和后胸淡膜区白色，口须大部分、腹部各节腹板后缘狭边浅褐色；足黄褐色，各足基节基部、后足胫节端部 2/5、后足跗节全部和前中足跗节端部黑褐色；体毛银褐色；翅浓烟褐色，端部稍淡，翅痣和翅脉黑褐色。

体光滑，小盾片后缘和两侧具粗大刻点，前胸背板具微弱细小刻点。唇基平坦，端缘具宽浅弧形缺口；上唇宽大于长，端部圆；颊眼距线状；上颚发达，端半部强烈弯曲；复眼大，内缘向下显著收敛，间距明显窄于眼高；侧窝 1 个，大型，底部具 1 瘤突；中窝马蹄形，前侧具瘤突；额区稍隆起，桶形，额脊低钝模糊，前缘较平，无额侧沟（图 3-211B）；单眼中沟模糊，无单眼后沟；单眼后区稍隆起，宽显著大于长；侧沟弯曲，前半部较深，向后分歧，后半部渐浅，向后稍收敛；背面观后头短且两侧强烈收缩（图 3-211A）；后眶较窄，圆钝，后颊脊缺如，具短小口后脊（图 3-211C）。触角细，不侧扁，约等长于头、胸部之和，短于腹部，第 2 节长大于宽，第 3 节 1.3 倍长于第 4 节，中部鞭节不明显膨大，端部 4 节明显短缩，其长度之和等于第 4、5 节之和。中胸胸腹侧片强烈隆起，胸腹侧片缝宽沟状；小盾片附片短小；后胸淡膜区间距显著大于淡膜区宽度；后足基跗节微长于其后 4 节之和；爪基片发达，内齿短于外齿；前翅 R+M 脉段显著短于 1r-m 脉，Rs+M 脉基部圆钝弯曲，无明显折角和赘脉；Rs 脉第 1 段痕状，2Rs 室等长于 1Rs 室，外下角稍尖出；cu-a 脉交于 1M 室外侧 0.4；后翅 Rs 与 M 室正常，臀室无柄式。锯鞘约等长于后足基跗节，鞘端长于鞘基，端部窄圆；锯腹片基部加宽，端部稍突出，背缘膜稍发育（图3-211E）；具3个翼突距和5个锯刃，端部锯刃具细齿（图3-211D）。

雄虫：体长5.5mm；复眼间距狭窄，腹部无性沟；下生殖板长等于宽，端部圆钝；抱器上稍大于宽，端部圆，内缘下侧凹入，副阳茎窄长，阳基腹铗内叶中部内侧强烈突出（图3-211F）；阳茎瓣头叶较短，端部圆，尾角尖（图3-211G）。

分布：浙江（杭州、临安）。

词源：本种头部侧窝较大，以此命名。

正模：♂，浙江杭州，1989.VI.24，陈学新（ASMN）。副模：1♂，浙江杭州，1986.VII.20，采集人不详；1♀，浙江临安天目山禅源寺，30.323°N、119.442°E，405m，2016.V.4，李泽建、陈志伟（ASMN）。

鉴别特征：本种与 *N. nigrocollis* Wei, 1998 较近似，但本种翅基片大部分、后足胫节端部和跗节黑色，翅浓烟褐色，中窝马蹄形，额脊低钝，锯腹片具3个翼突距等，与之明显不同，易于鉴别。本种翅浓烟褐色，稍类似于印度尼西亚分布的 *N. celebensis* (Forsius 1931)，但上唇和中胸前上侧片白色，各足股节全部和胫节大部分黄褐色，触角较短等，与之不同。

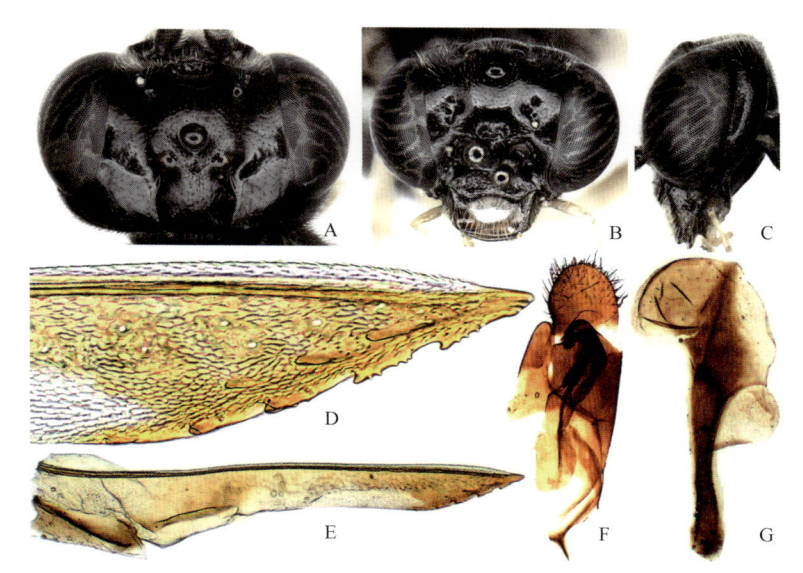

图3-211 大窝侧齿叶蜂，新种 *Neostromboceros megafoveatus* Wei, sp. nov.
A. 头部背面观；B. 头部前面观；C. 头部侧面观；D. 锯腹片端部；E. 锯腹片；F. 生殖铗；G. 阳茎瓣

（217）黑跗侧齿叶蜂 *Neostromboceros nigritarsis* Wei & Nie, 1998（图3-212）

Neostromboceros nigritarsis Wei & Nie, 1998b: 356.

主要特征：雌虫体长7mm；体黑色，唇基、上唇、口须、前胸背板后缘、翅基片外缘和中胸前上侧片白色，各足基节端部、中后足股节基部和转节白色，胫节基部2/3浅褐色，前中足跗节暗褐色，后足跗节黑色；翅透明，翅脉和翅痣黑色；体毛银褐色；体光滑，无金属蓝色光泽，小盾片后缘具少许刻点；唇基端缘缺口宽弧形，颚眼距缺失；复眼大型，内缘向下强烈收敛，间距显著小于眼高（图3-212A）；后眶较窄，后颊脊十分低短；中窝横沟形，侧窝单窝式，底部具长瘤突；额区稍隆起，U形，侧脊钝，无额侧沟；POL∶OOL = 3∶4；单眼后区宽显著大于长，侧沟微弯，向后几乎不分歧；触角丝状，等长于头、胸部之和，端部4节显著侧扁，第3节1.3倍长于第4节，第8节长宽比等于1.5；中胸背板前叶中沟深；淡膜区间距1.3倍于淡膜区长径；胸腹侧片隆起，胸腹侧片缝浅沟状；后足基跗节稍长于其后4节之和；爪内齿短于外齿；前翅Rs+M脉亚基部角状反曲，无赘柄，Rs第1段缺如，2Rs室短于1Rs室，外下角强烈延伸，后翅臀室无柄式；锯鞘侧面观末端窄（图3-212C）；锯腹片端部背缘膜明显鼓凸（图3-212F）；翼突5枚，十分狭长，互相连接；锯腹片表面鳞片状，鳞片末端具很短的小刺（图3-212E）。雄虫未知。

分布：浙江（安吉、临安、磐安）、湖南、福建、贵州。

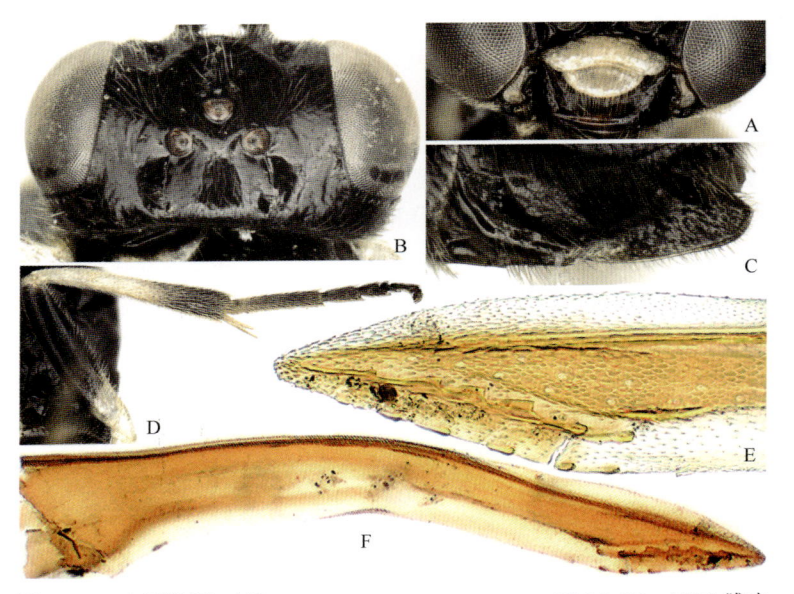

图3-212 黑跗侧齿叶蜂 *Neostromboceros nigritarsis* Wei & Nie, 1998 雌虫
A. 头部前面观；B. 头部背面观；C. 锯鞘侧面观；D. 后足；E. 锯腹片端部；F. 锯腹片

（218）黑肩侧齿叶蜂 *Neostromboceros nigrocollis* Wei, 1998（图3-213）

Neostromboceros nigrocollis Wei, in Nie & Wei, 1998c: 124.

主要特征：雌虫体长6.5mm；体黑色，上唇、口须大部分、翅基片、中胸前上侧片和腹部各节背、腹

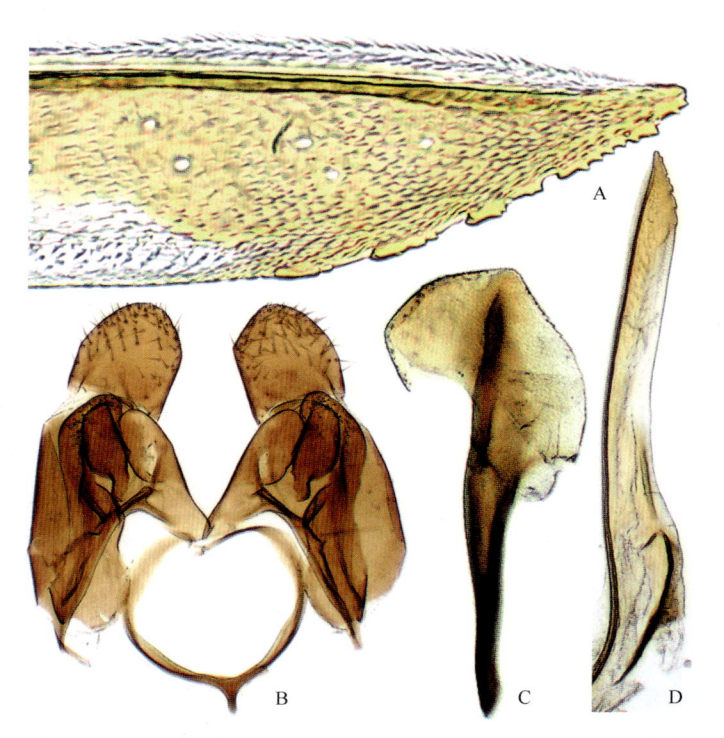

图3-213 黑肩侧齿叶蜂 *Neostromboceros nigrocollis* Wei, 1998
A. 锯腹片端部；B. 生殖铗；C. 阳茎瓣；D. 锯腹片

板的后缘狭边黄白色；足浅黄褐色，各足跗节端部稍暗；体毛银褐色；翅浅灰色透明，翅痣和翅脉黑褐色；体光滑，小盾片后缘具 1 列粗大刻点，前胸背板具微弱细小刻点；唇基端缘缺口微弱弧形，颚眼距线状；上颚端半部强烈弯曲；复眼大，内缘向下显著收敛，间距窄于眼高；侧窝 1 个，大型，底部具大瘤突；中窝横形，前侧无瘤突；额区桶形，中部凹，额脊较细，无额侧沟；单眼中沟模糊，无单眼后沟；单眼后区宽稍大于长，侧沟稍弯曲，向后稍分歧；背面观后头短且两侧强烈收缩；后颊脊细低，几乎伸抵上眶后缘；触角细长，不侧扁，约等长于腹部，第 3 节 1.3 倍长于第 4 节，端部 4 节不显著短缩，长度之和大于第 4、5 节之和；中胸胸腹侧片强烈隆起，胸腹侧片缝宽沟状；后胸淡膜区间距显著大于淡膜区宽度；后足基跗节等长于其后 4 节之和；爪基片发达，内齿稍短于外齿；前翅 Rs+M 脉基部圆钝弯曲，无折角和赘脉；Rs 脉第 1 段痕状，2Rs 室外下角尖出；后翅臀室无柄式；锯鞘侧面观末端窄圆，腹缘直；背面观亚三角形，端部尖；锯腹片无翼突距，锯刃 5 个，形状不规则（图 3-213）；锯腹片端部背缘膜不明显突出。雄虫体长 5.5mm；下生殖板宽大于长，端部圆；腹部性沟不明显；抱器长大于宽，端部圆，阳基腹铗内叶具尾突；阳茎瓣简单。

分布：浙江（临安）、河南、安徽、广东。

（219）日本侧齿叶蜂 *Neostromboceros nipponicus* Takeuchi, 1941（图 3-214）

Neostromboceros nipponicus Takeuchi, 1941: 257.

主要特征：雌虫体长 7.5–9.0mm；体黑色，上唇、前胸背板后缘、中胸前上侧片、各足基节端部、转节、前中足胫节外侧大部分、后足胫节外侧基部 1/2 左右白色；翅近透明，翅痣和翅脉黑色；体毛银褐色；体粗短，光滑，小盾片后缘具稀疏大刻点；唇基端部亚截形，上唇半圆形，上颚端半部强烈弯曲；颚眼距近线状，后颊脊在后眶中下部较明显；复眼内缘向下稍收敛，间距等于眼高；后头两侧稍收狭；中窝外观方形，底部马蹄形或 H 形；侧窝成对，约等大；额脊低弱，无额侧沟；单眼后区宽稍大于长，侧沟明显，稍弯曲，不伸抵头部后缘；单眼中沟细浅，无单眼后沟；POL：OOL：OCL=10：17：20；触角稍长于头、胸部之和，鞭节中部稍粗于两端，不侧扁，无触角器，第 3、4 节长度比为 1.25，第 8 节长宽比稍小于 2；胸腹侧片隆起，胸腹侧片缝沟状；后足基跗节等长于其后 4 节之和；爪基片锐利，亚端齿几乎与端齿等长；前翅 R+M 脉段显著短于 1r-m 脉，Rs+M 脉基部角状反曲，无明显赘脉；Rs 基段消失，2Rs 室长于 1Rs 室，外下角尖出；后翅 Rs 与 M 室正常，臀室无柄式；锯鞘背面观短三角形，末端尖，侧面观末端宽截形；锯腹片端部见图 3-214B，翼突距较小，5 个，近腹缘距较大，6 个。雄虫体长 7–8mm；复眼内缘向下显著收敛，腹部具性沟；阳茎瓣头叶明显弯曲，顶角突出（图 3-214D）。

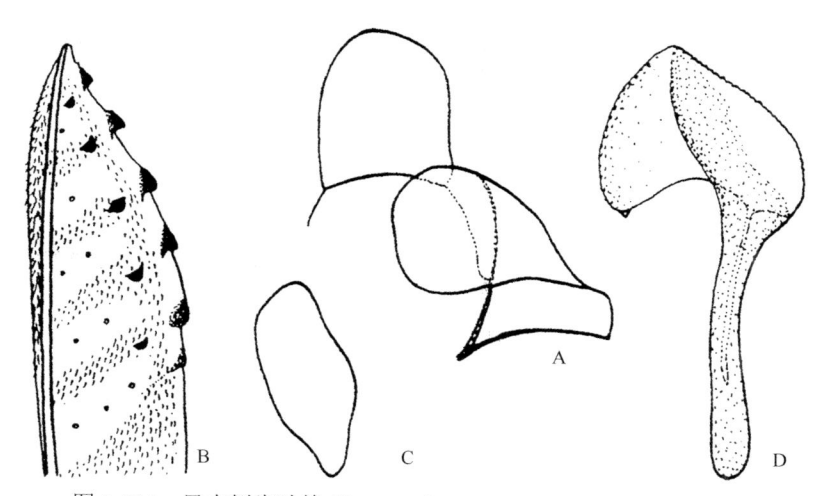

图 3-214 日本侧齿叶蜂 *Neostromboceros nipponicus* Takeuchi, 1941
A. 抱器和副阳茎；B. 锯腹片端部；C. 阳基腹铗内叶；D. 阳茎瓣

分布：浙江（龙王山、临安、四明山、丽水）、河北、山东、河南、陕西、安徽、湖北、江西、湖南、福建、广东、广西、重庆、四川、贵州、云南；日本。

（220）列毛侧齿叶蜂 *Neostromboceros pseudodubius* Wei, 2003（图 3-215）

Neostromboceros pseudodubius Wei, in Wei & Nie, 2003a: 37.

主要特征：雌虫体长 7–8mm；体和足黑色，无金属光泽；上唇、前胸背板后缘、翅基片外缘、中胸前上侧片、各足基节端部、转节、前足股节末端前缘、前中足胫节外侧大部分、后足胫节外侧基半部左右、7–9节背板中央白色；翅透明，翅痣和翅脉黑褐色；体毛银褐色；体光滑，小盾片后缘具 1 列刻点；唇基端缘截形，上颚端半部强烈弯曲，颚眼距线状；复眼较大，内缘向下微弱收敛，间距宽于眼高；后颊脊缺，具口后脊；颜面宽平，额区 U 形，额脊宽钝，前部和两侧中部中断，无额侧沟；中窝横弧形；侧窝 1 对，上窝大于下窝；单眼中沟浅弱，无单眼后沟；POL：OOL：OCL=6：10：14；单眼后区宽微大于长，侧沟较深短，向后微分歧，伸至单眼后区中部；触角稍长于头、胸部之和，鞭节稍侧扁，中部稍粗于两端，第 3、4 节长度比为 1.4，第 8 节长宽比约等于 2；胸腹侧片隆起，胸腹侧片缝沟状；后足基跗节等长于其后 4 节之和；爪亚端齿微短于端齿；前翅 Rs+M 脉基部角状反曲，2Rs 室稍长于 1Rs 室，外下角尖出；后翅臀室无柄式；锯腹片端部比较尖长，具 4 个中等大翼突距和 5 个近腹缘距，翼突列与缘齿列间具 2–3 列长刺毛。雄虫体长约 6mm；腹部无性沟，下生殖板宽稍大于长，端部窄圆；抱器长大于宽，端缘中部突出（图 3-215C）；阳茎瓣见图 3-215B。

分布：浙江（安吉、临安）、河南、安徽、江西、湖南、福建、广东、广西、贵州。

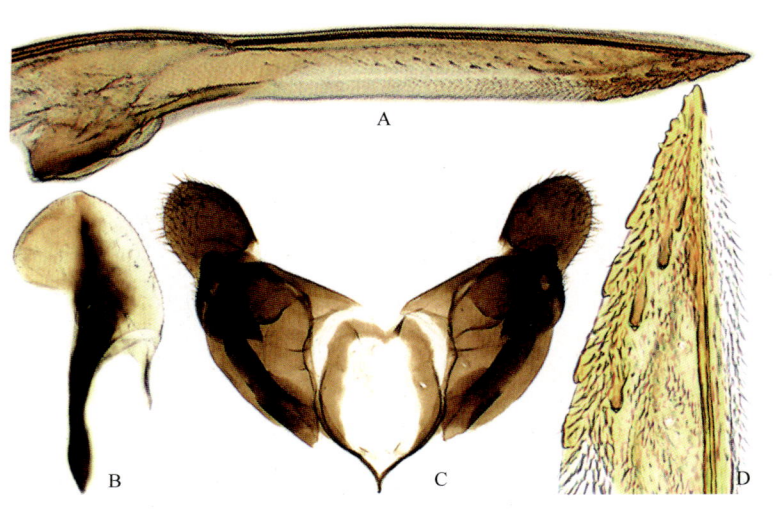

图 3-215 列毛侧齿叶蜂 *Neostromboceros pseudodubius* Wei, 2003
A. 锯腹片；B. 阳茎瓣；C. 生殖铗；D. 锯腹片端部

（221）反斑侧齿叶蜂 *Neostromboceros revetina* Wei & Nie, 1999（图 3-216）

Neostromboceros revetina Wei & Nie, 1999a: 95.

主要特征：雌虫体长 6.0mm；体黑色，上唇、唇基、口须大部分、前胸背板后角、翅基片和中胸前上侧片白色；足黄褐色，基节基部、后足胫节端部和后足跗节黑褐色，前中足股节端部 1/3 暗褐色，跗节端部黑褐色；体毛浅褐色；翅透明，端部 1/2 微带灰色，翅痣和翅脉黑褐色；体光滑，小盾片后缘具 1 列小刻点；唇基平坦，端部具很浅的弧形缺口；上唇端部圆钝，上颚不强烈弯曲，颚眼距线状；复眼内缘向下稍收敛，间距狭于眼高；中窝马蹄形，前侧具瘤突；侧窝单个，弧形，两端凹入较深；额区桶形，中部微凹，额脊低钝完整，无额侧沟；单眼中沟模糊，单眼后沟缺；单眼后区宽明显大于长，侧沟细浅弯曲，几乎伸抵后头边缘，向后稍分歧；后眶狭窄，颊脊短弱；触角细，约等长于腹部，中部不膨大，端部不尖，第3节1.3倍长于第4节；中胸胸腹侧片较平坦，胸腹侧片缝细沟状；爪基片锐利，内齿稍宽于但微短于外齿；前翅Rs+M脉基部微呈角状反曲，Rs基段消失，2Rs室外下角尖出；后翅臀室无柄式；锯鞘侧面观较宽，端部稍尖；背面观基部强烈收缩，亚基部较宽，向端部明显尖出；锯腹片细长，端部背缘膜显著突出（图3-216A），翼突距5个，近腹缘距6个，翼突距和近腹缘距距离宽，之间具4–5列短刺突。雄虫体长5.0mm；足几乎全部黄褐色，腹部具性沟；生殖铗见图3-216D，阳茎瓣头叶明显弯曲，边缘具小齿，尾角具刺突（图3-216C）。

分布：浙江（德清、临安）、河南、安徽、湖北、湖南、福建、广西、贵州。

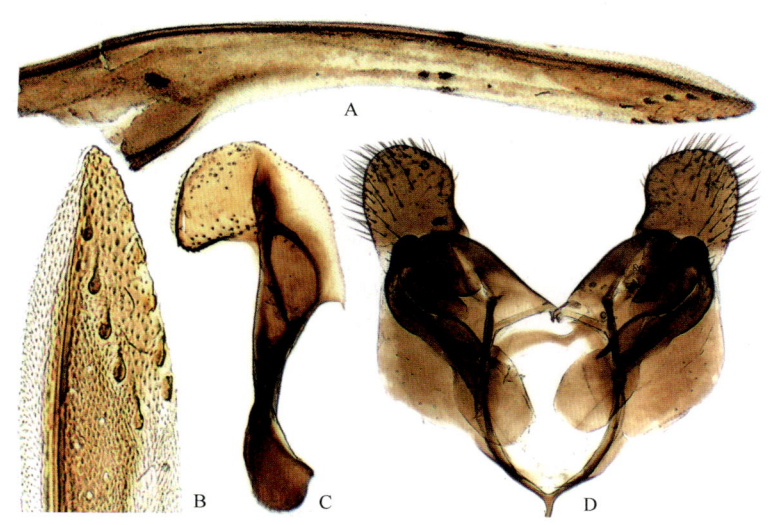

图3-216 反斑侧齿叶蜂 *Neostromboceros revetina* Wei & Nie, 1999
A. 锯腹片；B. 锯腹片端部；C. 阳茎瓣；D. 生殖铗

（222）隆唇侧齿叶蜂 *Neostromboceros rohweri* Malaise, 1944（图3-217）

Neothrinax sauteri Rohwer, 1916: 105.
Neostromboceros rohweri Malaise, 1944: 43.

主要特征：雌虫体长9.0–10.0mm；体黑色，上唇、上颚基部外侧、唇基、前胸背板后缘、翅基片外侧、触角第1节大部分、第2节端缘、各足基节端部、转节、前足股节端部、前中胫节外侧、后足胫节基部1/2、跗节除后足第5分节外均黄白色；腹部红褐色，基部4节背板大部分及锯鞘黑色，鞭节基部红褐色；翅基部2/3透明，端部1/3弱烟灰色，翅痣黑褐色；体狭长，光滑，小盾片后缘具少许刻点；唇基具低钝横脊，端缘薄，具宽弧形缺口；颚眼距线状；复眼大，下缘间距窄于眼高；颜面低于复眼平面，后颊脊很低短；额区中央凹入，额脊低钝，无额侧沟；中窝横弧形，侧窝单个圆形，底部具瘤突；单眼后区宽显著大于长，侧沟短且弯曲，向后强烈分歧；POL：OOL：OCL=5：11：13；触角细长丝状，约等长于腹部，第2节宽2倍于长，第3节显著短于第4节，第5–9节明显侧扁；中胸背板前叶后部具长中纵脊；胸腹侧片隆起，胸腹侧片缝宽沟状，足较细长，后足基跗节明显长于其后各跗分节之和，爪基片锐利，亚端齿明显短于端齿；前翅1M脉与1m-cu脉向翅痣明显收敛；cu-a脉位于中室中部；Rs+M脉基部角状反曲，具小赘脉；后翅臀室无柄式；腹部细长侧扁；锯腹片细长，端部尖，翼突距3大2小，锯刃6个具细齿，亚端部背缘膜不突出。雄虫体长7–8mm；腹部大部分黑色，2–5腹板淡色；下生殖板长等于宽，端部圆钝；阳茎瓣宽大，背缘平直。

分布：浙江（安吉、临安、开化）、江西、湖南、福建、台湾、四川。

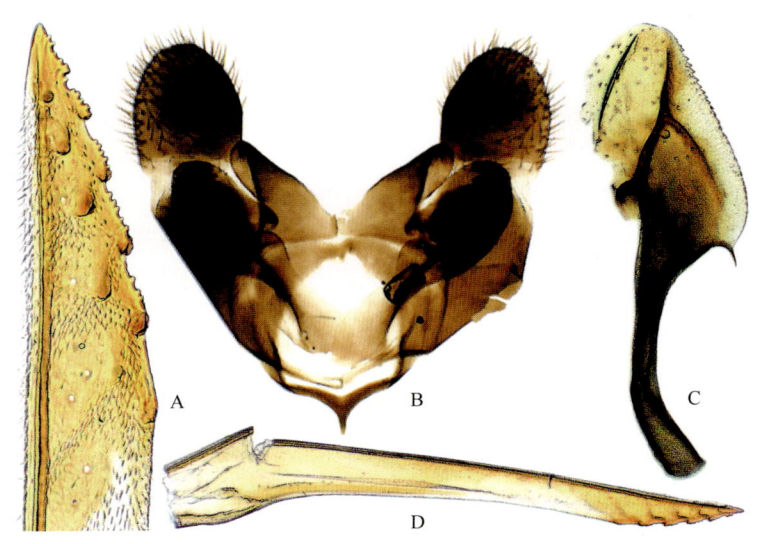

图 3-217 隆唇侧齿叶蜂 *Neostromboceros rohweri* Malaise, 1944
A. 锯腹片端部；B. 生殖铗；C. 阳茎瓣；D. 锯腹片

（223）红背侧齿叶蜂 *Neostromboceros rufithorax* Malaise, 1944（图 3-218，图版 VI-6）

Neostromboceros rufithorax Malaise, 1944: 45.

主要特征：雌虫体长 10–11mm；体大部分黑色，上唇、唇基、触角基部 2 节大部分黄白色，胸部背板、翅基片、中胸侧板上半、腹部 1–5 节背板背侧大部分红褐色；基节端部、转节、股节端部、各足胫节除末端以外均淡黄褐色，前中足跗节和胫节端距暗褐色，后足跗节和其胫节端距黑褐色；翅基半透明，端半显著烟褐色；体被黄褐色长毛；头部光滑，胸部背侧板具细小稀疏具毛刻点；唇基端缘亚截形；上颚短，端部弧形弯曲；颚眼距线状；复眼下端间距窄于眼高；颜面宽平，唇基上区短小，稍凹陷；中窝亚横方形，底部具横沟，远大于侧窝；侧窝每侧 1 对，极小，上窝小于下窝；额区平坦，额脊极低钝，无额侧沟；单眼后区平坦，宽几乎等于长；侧沟细浅模糊，很短；触角窝上沿强烈突伸呈檐状；后头较宽，两侧几乎不收窄；无后颊脊，具口后脊；触角微长于头、胸部之和，基部 2 节长大于宽，第 3 节 1.2 倍长于第 4 节，鞭节不侧扁，中部微粗，向端部迅速变尖，第 8 节长宽比等于 4；淡膜区间距 1.6 倍于淡膜区长径；后足基跗节约等长于其后跗分节之和；爪基片锐利，亚端齿宽于但微短于端齿；前翅 cu-a 脉位于中室中部；腹部短宽；锯鞘背面观心形，中间膨大，端部圆钝；侧面观末端圆钝；锯腹片端半部窄长，无翼突距，近腹缘

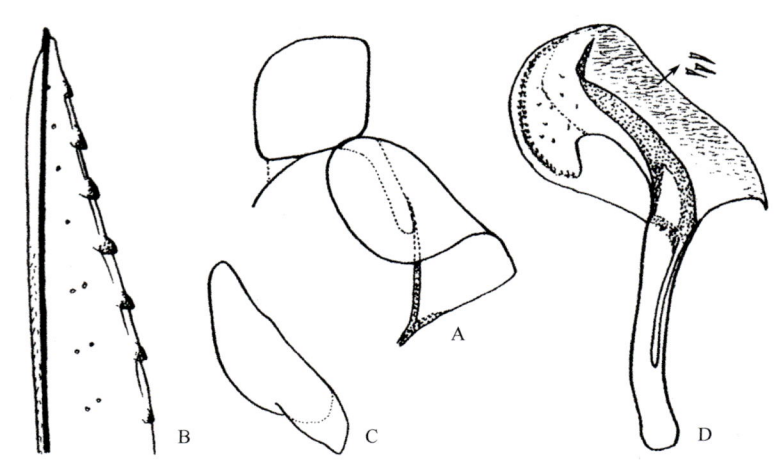

图 3-218 红背侧齿叶蜂 *Neostromboceros rufithorax* Malaise, 1944（引自魏美才和聂海燕，2003a）
A. 抱器和副阳茎；B. 锯腹片端部；C. 阳基腹铗内叶；D. 阳茎瓣

距 7 个（图 3-218B）。雄虫体长 9–10mm；单眼后区宽大于长，后头显著收窄，下生殖板端部圆钝，无明显性沟。

分布：浙江（庆元）、江西、湖南、福建、广东、广西、重庆、四川、云南；越南。

（224）白肩侧齿叶蜂 Neostromboceros tegularis Malaise, 1944（图 3-219）

Neostromboceros tegularis Malaise, 1944: 36.

主要特征：雌虫体长 5.5–6mm。体黑色，前胸背板后角、翅基片、中胸前上侧片白色；足白色，仅基节基部和跗节末端黑色；翅近透明，端部微呈烟色，翅痣和翅脉黑色；体毛大部分银色，头、胸部背侧细毛大部分暗褐色；体高度光滑，无刻点和刻纹；唇基中部具低横脊，端缘锐薄，缺口深弧形；上唇端部明显突出；上颚端齿约呈 100°弯折（图 3-219A）；颚眼距等长于单眼半径；复眼内缘向下微弱收敛，下缘间距等长于复眼长径；中窝宽横沟形，侧窝单个，椭圆形，小于中窝；额脊显著，额区稍凹，无额侧沟；单眼后区稍隆起，宽大于长；侧沟显著，稍弯曲，向后明显分歧，无单眼后沟；后头短且两侧收窄；后眶圆钝，下端具很短的后颊脊；触角细丝状，长于头、胸部之和，第 3 节明显长于第 4 节，鞭节中部微粗于末端数节，第 8 节长宽比大于 2（图 3-219F）；后足基跗节等长于其后跗分节之和，爪亚端齿稍短于端齿；前翅 1M 脉与 1m-cu 脉亚平行，cu-a 脉位于中室外侧 1/3 处；后翅 Rs 室较长，臀室无柄式；锯鞘背面观短三角形；锯腹片狭长，锯基腹索踵很长（图 3-219E），端部无翼突距和近腹缘距，腹侧骨化，具不规则细齿（图 3-219D）。雄虫体长约 5mm；颚眼距线状，唇基横脊模糊，腹部无性沟；抱器长大于宽（图 3-219B）；阳茎瓣头叶较宽，头部突出（图 3-219C）。

分布：浙江（龙泉）、湖南、福建、贵州；缅甸。

图 3-219 白肩侧齿叶蜂 *Neostromboceros tegularis* Malaise, 1944
A. 成虫头部前面观；B. 生殖铗；C. 阳茎瓣；D. 锯腹片端部；E. 锯腹片；F. 成虫触角

（225）细角侧齿叶蜂 Neostromboceros tenuicornis Wei, 1997（图 3-220）

Neostromboceros tenuicornis Wei, 1997b: 1575.

主要特征：雌虫体长 7.0–7.5mm；体黑色，无金属光泽，上唇、前胸背板后缘、中胸前上侧片、各足基节端部、转节、腿节末端、前中足胫节外侧大部分、后足胫节基部 3/4–4/5 白色，跗节灰褐色，背侧颜色暗于腹侧；翅透明，翅痣和翅脉黑色；体毛银褐色；体光滑，小盾片后缘具少许刻点；唇基平坦，端缘亚截形；上唇大，半圆形；颚眼距短于 1/3 单眼直径；复眼大，内缘向下显著收敛，间距狭于眼高；中窝马蹄形，侧窝分离成对，互相靠近，上窝稍大；额区 U 形，额脊显著，无额侧沟；单眼后区宽显著大于长，侧沟深长，稍向后分歧，伸过单眼后区中部；单眼中沟和后沟均细浅，POL∶OOL = 1∶2；后头短且强烈收窄；后颊脊低弱，伸抵后眶下侧 1/3；触角细丝状，长于腹部，第 3 节微长于第 4 节，鞭节中部不粗于基部，亦不侧扁，第 8 节长宽比大于 2；后胸淡膜区间距显著宽于淡膜片长径；后足基跗节等长于其后跗分节之和，爪亚端齿微短于端齿；前翅 Rs+M 脉基部微呈角状反曲，无明显赘脉，后翅 R1 室正常，基端常远离 R 脉；锯鞘背面观长三角形，基部收缩，末端尖；侧面观末端窄圆，腹缘较平直；锯腹片端部见图 3-220B，具 5 个小型翼突距，6 个近腹缘距。雄虫体长 6.5–7.5mm；各足股节大部分黄褐色，前中股节基部 1/2、后足股节仅基部黑色，胫跗节均黄褐色；腹部基部收缩，具性沟；阳茎瓣头叶顶端突出，端腹侧具小突（图 3-220D）。

分布：浙江（德清、安吉、临安）、河南、湖北、湖南、福建、广西、重庆、四川、贵州。

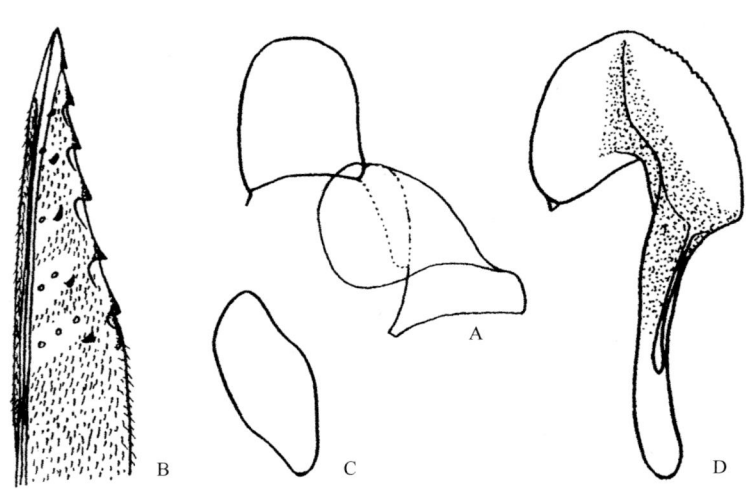

图 3-220 细角侧齿叶蜂 Neostromboceros tenuicornis Wei, 1997
A. 抱器和副阳茎；B. 锯腹片端部；C. 阳基腹铗内叶；D. 阳茎瓣

（226）童氏侧齿叶蜂 Neostromboceros tongi Wei & Nie, 1999（图 3-221）

Neostromboceros tongi Wei & Nie, 1999a: 94.

主要特征：雌虫体长 6.5mm；体黑色，上唇、口须大部分、前胸背板后缘宽边、翅基片、中胸前上侧片、第 10 节背板全部、腹部各节背板和腹板后缘狭边及足白色，各足基节基缘和第 4–5 跗分节黑褐色；体毛银褐色；翅透明，端半部微带灰色，翅痣和翅脉黑褐色；体光滑，小盾片后缘具 2–3 排粗大刻点，前胸背板和胸腹侧片具细弱刻点；唇基端缘截形，颚眼距约为侧单眼直径的 1/3；上颚端半部强烈弯曲；复眼内缘向下稍收敛，间距窄于眼高；侧窝 1 对，微小且互相远离；中窝宽深横弧形；额区短桶形，前端微膨大；额脊在两侧较显著，前缘较弱，额侧沟缺失；无单眼中沟，单眼后沟不明显；单眼后区宽显著大于长，侧沟微弯曲，向后显著分歧；背面观后头短且两侧强烈收缩；后颊脊十分细低，伸抵后眶上部；触角细，不侧扁，约等长于腹部，第 3 节 1.25 倍长于第 4 节，中部鞭节不明显膨大，无触角器；中胸胸腹侧片强烈隆起，胸腹侧片缝宽沟状；后足基跗节微长于其后 4 节之和；爪基片发达，内齿宽于但微短于外齿；前翅 Rs+M 脉基部圆钝弯曲；锯鞘侧面观较窄长，端部圆尖；背面观基部明显收缩，亚基部膨大，向端部明显尖出；锯腹片锯刃不规则，翼突距微小，几乎消失（图 3-221A）。雄虫体长 5.5mm；颚眼距线状，触角短于腹部长，具触角器，后颊脊微弱，腹部性沟发达，下生殖板端部圆钝。

分布：浙江（临安）、河南、湖北、湖南、广东、四川、贵州。

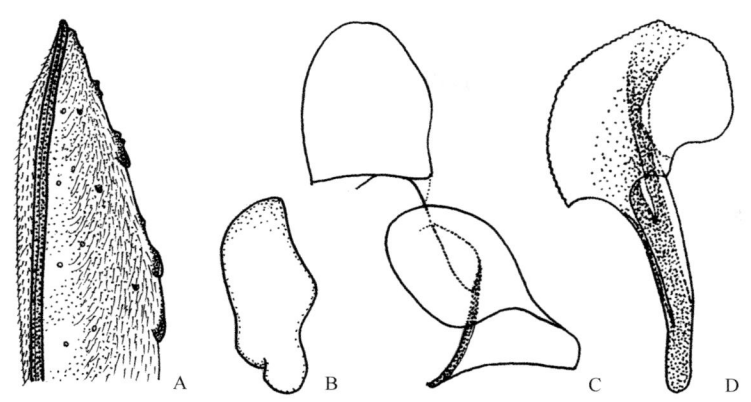

图3-221 童氏侧齿叶蜂 *Neostromboceros tongi* Wei & Nie, 1999
A. 锯腹片端部；B. 阳基腹铗内叶；C. 抱器和副阳茎；D. 阳茎瓣

(227) 吴氏侧齿叶蜂，新种 *Neostromboceros wui* Wei, sp. nov. (图3-222)

雌虫：体长6.5mm。体黑色，具光泽，但无金属光泽；上唇、前胸背板后缘、翅基片外缘、中胸前上侧片、各足基节端半部、转节、前中足股节基部1/4、后足股节基部1/3、前中足胫节外侧基部3/4、后足胫节基部2/3、后胸淡膜区、腹部第1背板后缘宽边、7–10节背板中央、其余背腹板后缘狭边白色，口须污褐色，前中足跗节大部分浅褐色，后足跗节背侧暗褐色，腹侧浅褐色。翅浅烟灰色，翅痣和翅脉黑褐色。体毛银色，触角毛和鞘毛黑色。

体光滑，唇基具细小刻点，小盾片后缘具1列刻点。唇基短，端缘截形；上唇半圆形；上颚端半部强烈弯曲；颚眼距线状；复眼较大，内缘向下收敛，间距窄于眼高。后颊脊不明显，具口后脊；额区桶形，额脊低钝，前部不中断；额区两侧具弯曲纵沟连接上侧窝与单眼后区侧沟；中窝横沟形；侧窝1对，较小，上侧窝稍大于下侧窝；单眼中沟和单眼后沟细弱；POL：OOL：OCL=5：10：10；单眼后区宽约等于长，微隆起；侧沟较浅短，向后平行，不伸过单眼后区中部；背面观后头稍长于单眼直径2倍，两侧明显收缩；触角细，稍长于腹部，鞭节中部不粗于两端，中部不侧扁，端部稍侧扁，具模糊触角器；第3、4节长度比为1.3，第8节长宽比等于2。中胸背板前叶具中纵沟，小盾片平坦；胸腹侧片稍隆起，胸腹侧片缝浅沟状；后胸淡膜区间距1.5倍于淡膜区长径；后足基跗节等长于其后4节之和；爪基片锐利，亚端齿与端齿等长；前翅R+M脉段显著短于1r-m脉，Rs+M脉基部弧状反曲，无赘脉；Rs基段痕状，2r交于2Rs室上缘外侧1/3，2Rs室稍长于1Rs室，外下角尖出，cu-a脉位于中室外侧1/3处；后翅Rs与M室正常，Rs室不接近Sc+R脉，臀室无柄式。锯鞘背面观亚三角形，端部不尖；侧面观端部钝截，腹缘平直；锯腹片端部见图3-222A，具5个中等大翼突距和5个近腹缘距，翼突列与缘齿列间具2–3列长刺毛，背缘膜不突出。

雄虫：体长5.5mm；体色和构造类似于雌虫，但触角端部4节明显短缩，触角器显著，爪内齿长于外齿，性沟发达；阳基腹铗内叶、抱器和副阳茎、阳茎瓣分别见图3-222B、C、D。

分布：浙江（临安、四明山、丽水、庆元）、湖南。

词源：本种以吴鸿先生姓氏命名。

正模：♀，浙江丽水遂昌白马山林场，28.619°N、119.148°E，1235m，2015.VI.21–30，徐真旺，马氏网（ASMN）。副模：1♀，地点同上，2015.VIII.21–30，李泽建、徐真旺，马氏网；2♀，地点同上，2015.VIII.1–10，李泽建、徐真旺，马氏网；1♀，浙江庆元百山祖生态百年之路，27°44′22″N、119°10′58″E，1234m，2016.V.6，刘萌萌、刘琳；1♀，浙江临安天目山开山老殿，30.343°N、119.433°E，1106m，2016.VI.11，高凯文；1♀1♂，浙江宁波四明山度假村，29°43.550′N、121°4.883′E，813m，2015.VII.22，刘婷、刘琳；1♀，湖南炎陵桃源洞，1999.IV.24，魏美才（ASMN）；1♂，浙江庆元，1965.VII.22，金根桃（上海昆虫研究所）。

鉴别特征：本种唇基黑色，具额侧沟，隶属于*N. congener*种团，并与*N. congener* (Konow) 也比较近似，但本种股节基部1/4–1/3白色，雄虫爪内齿长于外齿，两性外生殖器构造有明显差异等，易与之鉴别。本种与福建的*N. angulatus* Wei, 2001也比较近似，但本种唇基端部截形，侧窝成对，具额侧沟，前胸背板后缘白色等，与之不同。

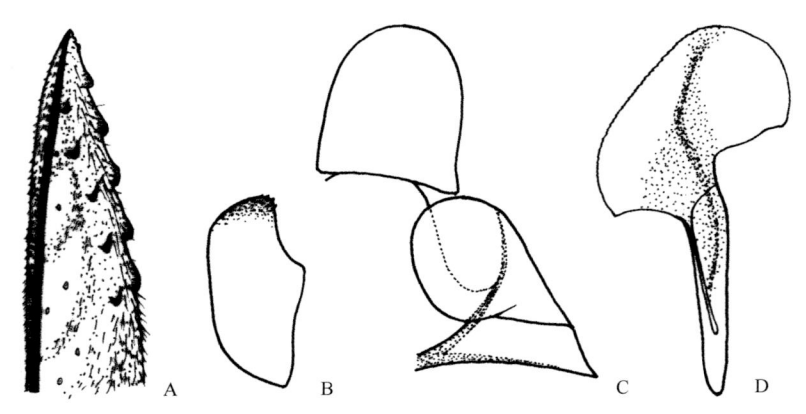

图 3-222 吴氏侧齿叶蜂，新种 Neostromboceros wui Wei, sp. nov.
A. 雌虫锯腹片端部；B. 阳基腹铗内叶；C. 抱器和副阳茎；D. 阳茎瓣

55. 长片叶蜂属 *Neothrinax* Enslin, 1912

Neothrinax Enslin, 1912b: 112. Type species: *Neothrinax javana* Enslin, 1912, by original designation.
Neothrinax (*Paraneothrinax*) Wei, in Wei & Nie, 1998g: 5. Type species: *Neothrinax* (*Paraneothrinax*) *incisus* Wei, 1998, by original designation.

主要特征：小型叶蜂，体较粗壮；唇基具明显缺口；上颚小，弧形弯曲，内齿粗壮，背侧具浅漏斗形凹窝；复眼大型，内缘向下稍收敛，颚眼距线状；触角窝距狭于内眶，中窝和侧窝圆形，独立；额区隆起，额脊低钝；单眼后区横宽；后眶狭窄，颊脊低短，下位；背面观后头短小，两侧明显收缩；触角粗丝状，第 3 节稍短于第 4 节，端部 4 节不显著缩短；中胸背板前叶中沟和中脊不明显发育；小盾片平坦，附片大型；中胸胸腹侧片大且平滑，胸腹侧片缝细弱，侧板前缘光滑无细脊；中胸后上侧片下端具 1 小型陷窝，无横脊；前足距节内距端部分叉，后足胫节端距稍长于胫节端部宽，基跗节约等长于其后 4 节之和；爪基片微小，内齿粗大，稍短于外齿，后位；前翅 2Rs 室与 1Rs 室等长，1M 脉弯曲，与 1m-cu 向翅痣强烈收敛，Rs+M 脉基部显著弯曲，cu-a 脉交于 1M 室下缘中部外侧，臀室横脉有或无；后翅 M 室和 Rs 室均封闭，臀室无柄式；腹部第 1 背板具中缝，膜区小；锯鞘长于后足基跗节，鞘端长于鞘基；锯腹片狭长，具长柄，端部具多个翼突距，锯刃发育，节缝稍发育；体高度光滑，无明显刻点和刻纹。

分布：东亚南部。本属已知 19 种，中国已记载 5 种。浙江发现 1 种。
寄主：蕨类。

(228) 端白长片叶蜂 *Neothrinax apicalis* Wei, 1998（图 3-223）

Neothrinax apicalis Wei, in Wei & Nie, 1998g: 6.

主要特征：雌虫体长 7.0mm；体黑色，唇基、上唇、前胸背板、翅基片、中胸前上侧片、中胸前盾片 V 形斑、中胸前侧片后缘长条形斑白色，触角端部 4 节黄褐色，下唇和口须污褐色，腹部 6–10 节除第 6 背板中央外均为红褐色，锯鞘黑色；足黄褐色，前足基节大部分、中后足基节基部黑色，跗节端部暗褐色；翅透明，翅脉和翅痣黑色；体毛淡褐色；体形稍粗短；唇基小，稍鼓起，缺口浅弧形；复眼大，内缘较直，下缘间距明显短于眼高；中窝马蹄形，中央稍隆起；侧窝底部具小瘤突；额区 U 形，高出复眼面，额脊稍发育；单眼中沟较显著，单眼后沟细浅，POL：OOL=9：10；单眼后区宽长比为 3：2，侧沟细浅，向后微分歧；后颊脊仅下部稍发育；触角粗丝状，约等长于头、胸部之和，第 2 节长微短于宽，第 3 节几乎不长于第 4 节，端部 4 节稍短缩，其长度之和等于第 4、5 节之和；胸腹侧片平坦，胸腹侧片缝细弱；后胸淡膜区间距等宽于淡膜区长径；前足胫节内端距端部分叉；后足基跗节与其后 4 节之和约等长；爪内齿微短于并平行于外齿；前翅 cu-a 脉交于 1M 室下缘外侧 1/3，2Rs 上、下缘约等长；臀室无横脉；后翅臀室无柄式；锯鞘背面观基部约等宽于后基跗节，侧面观见图 3-223A；锯腹片细长，端部见图 3-223B，锯刃 8 个，翼突距 6 个。雄虫未知。

分布：浙江（临安）。

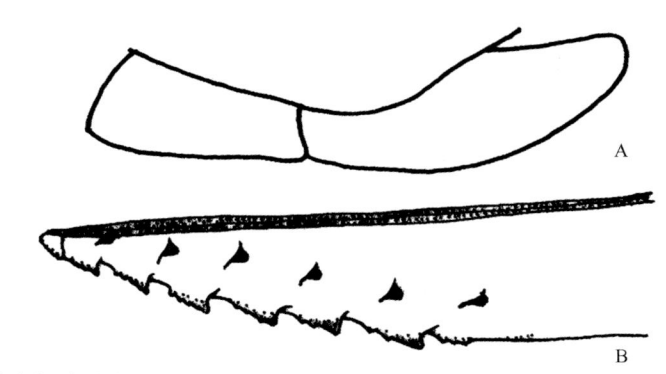

图 3-223 端白长片叶蜂 *Neothrinax apicalis* Wei, 1998 雌虫（仿自魏美才和聂海燕，1998g）
A. 锯鞘侧面观；B. 锯腹片端部

56. 尖臀叶蜂属 *Nesoselandriola* Wei & Nie, 1998

Nesoselandriola Wei & Nie, 1998f: 1, 5. Type species: *Nesoselandriola circularis* Wei & Nie, 1998, by original designation

主要特征：微小叶蜂，体形较粗短；上颚对称双齿式，端齿弧形弯曲，内齿中位；唇基平坦，端部具浅弧形缺口；触角窝间距显著宽于内眶；复眼大型，内缘向下强烈收敛，间距远窄于眼高，颚眼距线状或缺；后眶极窄；颊脊缺；额区平滑，额脊缺或仅前部稍发育；侧窝和中窝圆形，独立；触角细丝状，基部两节长显著大于宽，第 3 节长于第 4 节，端部 4 节不显著缩短；中胸背板前叶常无中纵沟，小盾片的附片宽大；胸腹侧片宽大平滑，胸腹侧片缝痕状；中胸后上侧片鼓出，后下侧片显著凹入；前足内胫距末端分叉，后足基跗节等长于其后跗分节之和；爪基片小但显著，内齿短于端齿；前翅前缘脉末端显著膨大，Rs+M 脉基部弱弧形反弯，1M 脉弯曲并与 1m-cu 脉向翅痣方向收敛，cu-a 脉位于中室外侧位，臀室完整，无横脉；后翅具封闭的 Rs 和 M 室，臀室端部尖，无柄式，赘脉缺或极短；腹部第 1 背板中部后侧膜区很小；锯腹片具发达的锯刃和小型翼突距，节缝痕状；阳茎瓣尾叶发达，副阳茎发达。

分布：中国南部。本属已知 5 种，全部分布于中国。浙江发现 1 种。

（229）黄足尖臀叶蜂 *Nesoselandriola albipes* Wei & Nie, 1998（图 3-224）

Nesoselandriola albipes Wei & Nie, 1998f: 2.

主要特征：雌虫体长 3.5mm；体黑色，翅基片、腹部腹板和足黄色，跗节端部黑褐色；翅浅烟色，翅脉和翅痣黑褐色；体粗短；上颚端齿弧形弯曲，内齿中位；唇基平坦，端缘缺口弧形，深约为唇基 1/4 长；颚眼距狭线状；后眶极窄，颊脊十分低弱；中窝模糊，几乎消失；侧窝圆形，稍大于单眼；额区稍隆起，平滑，高出复眼平面，但无额脊；头部宽长比约等于 2.5，背面观后头两侧强烈收缩；单眼后区稍隆起，宽长比为 2.5；侧沟宽深，向后强烈分歧；单眼中沟和后沟缺失，OOL∶POL = 4∶3；触角鞭节丢失，第 2 节长大于宽；中胸背板前叶中纵沟发育；小盾片附片大型，光滑；胸腹侧片平滑，胸腹侧片缝可分辨；中胸后上侧片鼓出，后下侧片显著凹入；爪内齿稍短于外齿；前翅 C 脉末端显著膨大，Rs+M 脉基部弱弧形反曲，Rs 基段退化成痕状，R+M 脉约等长于第 1r-m 横脉；1M 脉弯曲，与 1m-cu 脉向翅痣明显收敛，cu-a 脉位于中室外侧 1/3；后翅封闭的 Rs 室稍小于 M 室，m-cu 脉位于 Rs 室下缘外侧 1/3，臀室端部稍尖，无赘柄（图 3-224A）；锯腹片端部具发达的锯刃和小型翼突距，膜状节缝处刺毛较少（图 3-224B）。雄虫未知。

分布：浙江（临安）、福建。

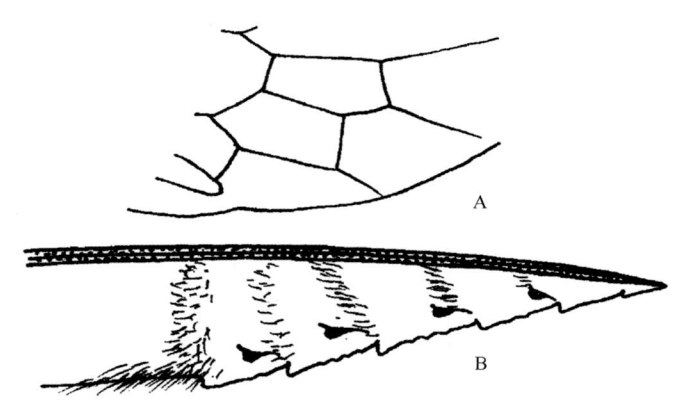

图 3-224　黄足尖臀叶蜂 *Nesoselandriola albipes* Wei & Nie, 1998 雌虫（引自魏美才和聂海燕，1998f）
A. 后翅中室和臀室端部；B. 锯腹片端部

57. 痕缝叶蜂属 *Parapeptamena* Wei & Nie, 1998

Parapeptamena Wei & Nie, 1998d: 12. Type species: *Parapeptamena nigritarsis* Wei & Nie, 1998, by original designation

主要特征：小型叶蜂，体形稍窄；上颚对称双齿式，内齿基位，端齿近直角形弯曲；唇基平坦，端缘稍薄，无横脊，缺口浅；上唇短宽，端部圆钝；颚眼距宽线状，复眼中等大，内缘向下微弱收敛，间距稍小于复眼长径；侧窝独立，单个，额脊稍显；后眶短，无颊脊，具短的口后脊；触角细长丝状，第 2 节长稍大于宽，第 3 节稍长于第 4 节，端部 4 节几乎 2 倍长于第 3 节；胸部不明显延长，小盾片平坦，附片大；胸腹侧片宽大平坦，胸腹侧片缝痕状，表面平滑；前足胫节内端距端部深分叉形，后足基跗节等长于其后 4 节之和；爪具微小基片，内齿粗大，稍短于外齿；前翅 1M 脉与 1m-cu 脉向翅痣明显收敛，cu-a 脉位于 M 室中部外侧，臀室无横脉，Rs 基部反曲，无赘柄；后翅 Rs 和 M 室封闭，cu-a 脉位于臀室末端；锯腹片不十分细长，具翼突距和节缝，锯刃具模糊刃齿。

分布：中国南部。本属已知 1 种。浙江发现 1 新种。

(230) 白肩痕缝叶蜂，新种 *Parapeptamena albicollis* Wei, sp. nov.（图 3-225）

雌虫：体长 6.5mm。体黑色，具强光泽；上唇、前胸背板全部、翅基片、气门后片、中胸前侧片上角乳白色，口须及腹部腹侧除第 7 腹板外浅黄褐色；足亮黄褐色，后足胫距和各足跗节端部暗褐色；翅浅烟灰色透明，翅痣和翅脉黑褐色，前缘脉基部浅褐色；体毛浅褐色，头胸部背侧细毛和触角毛黑褐色。

唇基稍隆起，端缘不薄，无横脊，缺口浅三角形；上唇短小横宽，端部圆钝；上颚对称双齿式，内齿基位，端齿近直角形弯曲；颚眼距约等于单眼直径的 1/3；复眼大，内缘向下显著收敛，间距明显小于眼高；侧窝独立，单个，深圆形；中窝横沟形，两侧开放；额区平坦，中央稍凹陷，短桶形，额脊明显且完整，前端不开放，无额侧沟；后眶短，无明显颊脊，具短的口后脊；单眼中沟明显，后沟细弱，具前单眼环沟；单眼后区显著隆起，宽 2 倍于长；侧沟浅宽且短，向后强烈分歧；背面观后头短小，两侧强烈收缩；触角丝状，稍短于腹部，第 2 节长几乎不大于宽，第 3 节微长于第 4 节，长度比为 8：7，端部 4 节稍短缩，长度之和 2 倍于第 3 节长，明显长于第 4、5 节之和，无触角器。中胸背板前叶具中纵沟，小盾片平坦，附片宽大；胸腹侧片宽大平坦，胸腹侧片缝痕状，表面平滑；后胸淡膜区横宽，间距等于淡膜区长径；前翅 1M

脉与 1m-cu 脉向翅痣明显收敛，cu-a 位于 M 室中部外侧 1/3，Rs 基部弧形反曲，无赘柄，Rs 脉第 1 段痕状，R+M 脉段明显短于第 1r-m 脉，1r-m 脉下端外倾，2Rs 室明显短于 1Rs 室，臀室无横脉；后翅 Rs 和 M 室封闭，cu-a 位于臀室近末端处，臀室具较长的赘柄（图 3-225B）；前足胫节内距端部深叉形，后基跗节稍长于其后 4 节之和；爪具小基片，内齿粗大，稍短于外齿（图 3-225C）。锯腹片端部见图 3-225A，较窄长，具 5 个翼突距和较完整的节缝，端部 2 锯刃各具 2–3 个模糊小齿，其余锯刃无小齿。

雄虫：未知。

分布：浙江（临安）。

词源：本种前胸背板白色，以此命名。

正模：♀，浙江西天目山，1990.IV.2–4，何俊华（ASMN）。

鉴别特征：本种与属模式种近似，但唇基和上颚全部黑色，中胸前侧片上角白色，腹部第 6 腹板黄褐色，唇基端部不薄，额脊完整，额区前部不开放，触角较粗短，锯腹片的锯刃较突出等，易于鉴别。

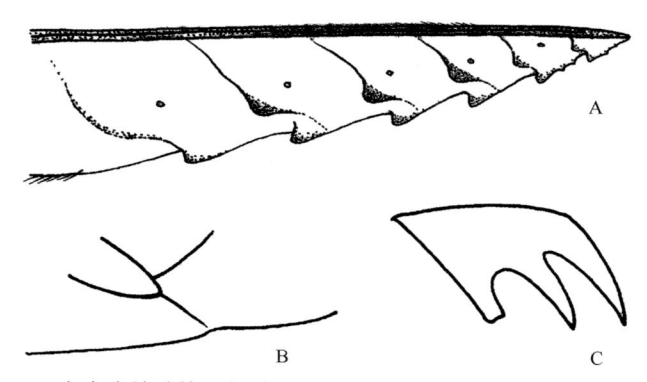

图 3-225　白肩痕缝叶蜂，新种 *Parapeptamena albicollis* Wei, sp. nov. 雌虫
A. 锯腹片端部；B. 后翅臀室端部；C. 爪

58. 拟齿叶蜂属 *Edenticornia* Malaise, 1944

Denticornia (*Edenticornia*) Malaise, 1944: 53–54. Type species: *Edenticornia birmana* Malaise, 1944, by original designation.

主要特征：中型叶蜂，体较窄长；唇基具弱横脊，前缘锐薄，缺口浅弧形；上颚粗壮，几乎对称双齿式，端部 2/3 约呈 90°–100° 强弯曲；复眼大，内缘向下收敛；额区明显，中部稍凹，额脊低钝；颚眼距线状；背面观后头收窄，明显短于复眼；后眶圆钝，后颊脊伸达后眶中部；触角丝状，第 2 节长大于宽，第 3 节明显长于第 4 节，鞭节各节端部不扩展，外观腹侧不明显呈齿状；中胸背板前叶后部尖，具钝中脊；胸腹侧片显著，胸腹侧片缝细深；后胸淡膜区小，间距宽于淡膜区长径；前足胫节内距低位分叉，后足基跗节等长于其余跗分节之和；爪基片小，亚端齿后位，短于端齿；前翅 1M 脉与 1m-cu 脉向翅痣稍聚敛，Rs+M 脉基部弧形弯曲，cu-a 脉位于 1M 室下缘中部外侧，2M 室长稍大于宽，臀室完整，无横脉；后翅具双闭中室，Rs 室和 M 室近等长，Rs 室具基背柄，臀室无柄式；锯腹片无骨化节缝，具翼突距，锯刃 6–7 个；阳茎瓣头叶倾斜，具背缘细齿。

分布：东亚。本属已知 5 种，中国均有分布。浙江发现 1 种。

寄主：蕨类。

（231）浙江拟齿叶蜂 *Edenticornia zhejiangensis* Wei & Nie, 1998（图 3-226，图版 VI-7）

Edenticornia zhejiangensis Wei & Nie, 1998b: 359.

主要特征：雌虫体长约 7mm；体黑色，唇基、上唇、前胸背板后缘、中胸前上侧片、各足基节端部、转节、前中足股节端部、后足股节基部 1/4–1/3、前足胫节外侧、中后足胫节基部 3/4 白色，唇基端缘具 1 条暗褐色横带，前中足跗节褐色，后足跗节大部分黑褐色，翅基片外缘前部具小白斑；翅浅烟灰色，端部微暗，翅脉和翅痣黑褐色；体光滑，无刻点；唇基端部近截形；复眼大，内缘间距窄于眼高；颚眼距线状；中窝与侧窝约等大，圆形；额区约等高于复眼顶面，中部稍凹，额脊较低，额区前缘开放；单眼中沟细浅，单眼后沟模糊；单眼后区宽稍大于长，侧沟深且弯曲，不伸抵头部后缘；后单眼距显著小于单复眼距；背面观后头较短且强烈收缩；触角约等长于头、胸部之和，第 3 节 1.3 倍长于第 4 节；后胸淡膜区间距 1.5 倍于淡膜区长径；后足基跗节等长于其后 4 节之和；爪具小型基片，内齿明显短于外齿（图 3-226E）；锯鞘侧面观端部窄圆（图 3-226G），背面观见图 3-226F；锯腹片具 7 刃和 6 翅突（图 3-226D）。雄虫体长 5.5–6mm；胫跗节黄褐色，后足胫节端部黑褐色，后足跗节黑褐色；抱器内下角突出（图 3-226C）；阳茎瓣体后侧尾叶长，瓣柄短宽并强烈弯曲（图 3-226A）。

分布：浙江（德清、安吉、临安、四明山、龙泉、泰顺）、天津、河北、山东、河南、安徽、湖北、江西、湖南、福建、广东、广西、贵州；越南。

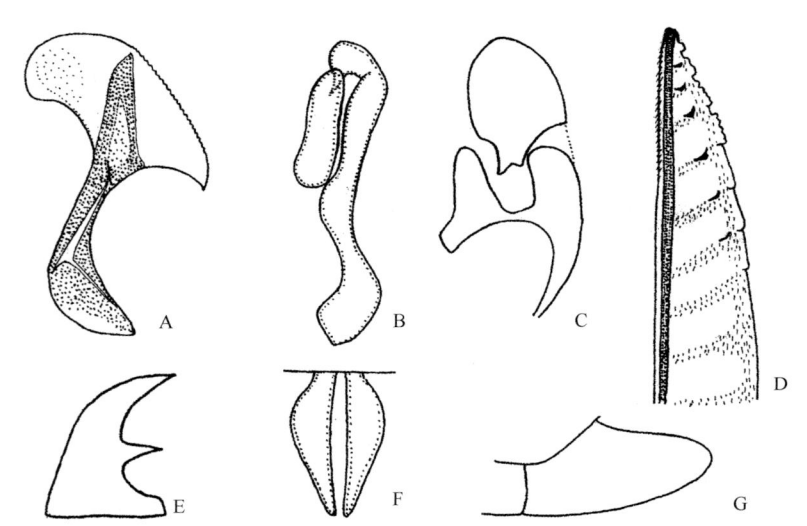

图 3-226　浙江拟齿叶蜂 *Edenticornia zhejiangensis* Wei & Nie, 1998
A. 阳茎瓣；B. 阳基腹铗和阳基腹铗内叶；C. 抱器和生殖茎节；D. 锯腹片端部；E. 爪；F. 锯鞘背面观；G. 锯鞘侧面观

59. 华脉叶蜂属 *Sinonerva* Wei, 1998

Sinonerva Wei, 1998: 1. Type species: *Sinonerva albipes* Wei, 1998, by original designation.

主要特征：体小型，较短粗；上颚对称双齿式，内齿中位，端齿均匀弯曲；唇基端部窄，前缘缺口浅平；颚眼距缺；复眼大，内缘向下强烈收敛，下缘间距窄于复眼长径；后眶窄，圆钝，无颊脊；触角窝距宽于内眶，侧窝独立，额区稍发育，单眼后区宽大于长；触角丝状，稍长于头宽，第 2 节长显著大于宽，第 3 节明显长于第 4 节；胸腹侧片宽大平滑，以细缝与中胸前侧片分离，中胸后侧片具横沟，上部稍隆凸，后胸侧板方大；小盾片附片大型，淡膜区间距小于淡膜区长径；腹部第 1 背板膜区小型；前足胫节内侧端距端部稍分叉，后足基跗节短于其后 4 节之和；爪具小基片，内齿短于外齿（图 3-227A）；前翅 C 脉端部膨大，R+M 脉段约等长于痕状的 Rs 脉第 1 段，1M 脉与 1m-cu 脉亚平行，Rs+M 脉基部向翅痣反曲，cu-a 脉位于 1M 室端部 2/5 处，臀室具中位短横脉（图 3-227D）；后翅 R1 室端部尖，M 和 Rs 室封闭，Rs 室远离 Sc+R 脉，臀室具柄式，柄部明显短于 cu-a 脉；阳茎瓣具端侧突和尾突，背缘具细齿。

分布：中国。本属已知仅属模 1 种，分布于浙江。

（232）白足华脉叶蜂 *Sinonerva albipes* Wei, 1998（图 3-227）

Sinonerva albipes Wei, 1998: 2.

主要特征：雄虫体长 3.6mm；体黑色，光滑无刻点，具明显光泽；上唇和上颚端半暗红褐色；各足基节大部分和跗节端半部黑褐色；翅均匀烟灰色，翅脉和翅痣黑褐色；唇基缺口浅弧形；单眼后区稍隆起，宽长比等于 2，具细而明显的中纵沟，侧沟细且稍弯曲，亚平行；单眼后沟宽浅，中沟模糊；OOL：POL：OCL= 6：5：4；中窝宽浅，后部具一横沟，侧窝深圆，稍大于单眼；额区前部边界稍可分辨；触角 1.2 倍长于头宽，第 2 节长宽比等于 1.5，第 3 节 1.5 倍长于第 4 节，末端 3 节之和等长于第 3 节；附片约为小盾片 1/3 长，淡膜区间距 0.5 倍于淡膜区长径；爪具小型基片，内齿稍短于外齿；后足基跗节微长于其后 3 个跗分节之和；前翅臀室横脉位于臀室正中部，后翅臀室柄短于臀室宽，长约为 cu-a 脉长的 1/2；下生殖板短宽，抱器长宽比约等于 2，两侧近似平行，端部圆钝，内侧不突出；阳茎瓣头叶倾斜，端缘钝截形，端腹侧突和尾突较尖。雌虫未知。

分布：浙江（无具体地点）。

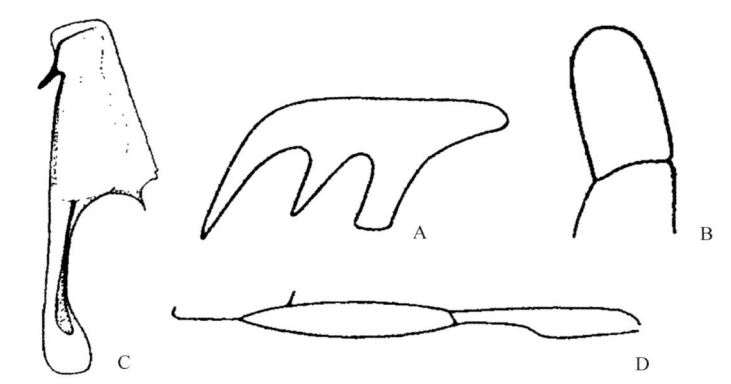

图 3-227 白足华脉叶蜂 *Sinonerva albipes* Wei, 1998（仿自魏美才，1998）
A. 爪；B. 抱器；C. 阳茎瓣；D. 前翅臀室

60. 微齿叶蜂属 *Atoposelandria* Enslin, 1913

Atoposelandria Enslin, 1913: 197. Type species: *Selandria furstenbergensis* Konow, 1885, by monotypy.

主要特征：小型叶蜂，体形较粗壮；唇基窄小，平坦或具弧形钝弱横脊，前缘中部具深缺口；复眼大，内缘向下强烈收敛；上颚小，对称双齿式，端齿接近 100°弯曲；颊眼距线状，短于单眼半径；额区稍隆起，额脊锐利（图 3-228A）；侧窝圆形，封闭；后眶狭窄，后颊脊发达，伸达头顶两侧；单眼后区宽大于长，背面观后头两侧强烈收缩；触角较粗短，第 2 节宽大于或等于长，第 3 节明显长于第 4 节，端部 4 节稍短缩，无触角器（图 3-228G）；前胸侧板腹侧端部狭窄，无接触面；中胸背板前叶后部 1/3 不低洼，无中纵脊；胸腹侧片显著，平坦或微弱隆起，胸腹侧片缝细浅或较深；淡膜区间距约等于淡膜区长径；前足胫节内距端部分叉（图 3-228D），后足胫节约等长于跗节，基跗节短于其余跗分节之和；爪无基片，亚端齿缺，或十分微小，紧靠基部，远离端齿；前翅 R+M 脉段明显，Rs+M 脉基部明显向内侧弧形弯曲，cu-a 脉位于中室外侧，1M 脉与 1m-cu 脉几乎平行；后翅 Rs 室和 M 室封闭，Rs 具基背柄，臀室无柄式；锯鞘短小，锯腹片具节缝、节缝翼突和锯刃；雄虫后翅无缘脉，腹部通常无性沟，阳茎瓣具背缘细齿（图 3-228C）。

分布：古北区。本属已知 4 种。中国记载 3 种，浙江发现 1 新种。
寄主：蕨类。

(233) 黑鳞微齿叶蜂，新种 *Atoposelandria lishui* Wei, sp. nov.（图 3-228）

雄虫：体长 5mm。体黑色，前胸背板后角大斑、翅基片外侧白色；足黑色，后足转节、各足股节端部 1/4 左右、各足胫节除了狭窄端缘、前中足 1–3 跗分节黄白色，后足基跗节背侧浅褐色；翅几乎透明，翅痣和翅脉黑褐色；体背侧细毛暗褐色，侧板细毛浅褐色。

头部背侧具密集毛瘤和刻点，杂以不规则细脊纹；上眶中部和中单眼前后均具小型光滑区域；中胸背板具细小刻点，小盾片两侧刻点稍粗密，附片光滑；侧板无刻纹；腹部背板刻纹微弱，第 1 背板中部具细刻纹，两侧部分光滑；中胸前侧片刺毛密集，无光裸横带，腹侧前缘具宽弧形裸区。

唇基具低弱横脊，前缘缺口浅弧形，浅于唇基 1/4 长；颚眼距细线状；复眼大，内缘向下强收敛，下缘间距显著窄于复眼长径；上颚十分短小；额脊完整，十分锐利（图 3-228A）；侧窝稍大于中窝；单眼中沟宽深，盆状；无单眼后沟；单眼后区中部明显前突，宽长比约等于 2，无中纵沟；侧沟宽深，短点状，约等长于单眼直径；后眶狭窄，约等宽于单眼直径，上端稍窄于中部，后颊脊较低弱；背面观后头十分短小，两侧强烈收缩；触角等长于头、胸部之和，第 2 节长等于宽，第 3 节长 1.3 倍于第 4 节，第 6–8 节腹侧端部微突出，第 8 节长宽比等于 1.4（图 3-228G）。中胸背板前叶中纵沟浅弱，小盾片前端强烈突出，附片中部长 1.3 倍于单眼直径；后胸淡膜区间距稍窄于淡膜区长径；胸腹侧片缝浅细沟状；后足跗节微长于胫节，基跗节稍长于其后 3 跗分节之和（图 3-228F）；爪具极微小内齿，紧靠爪基部（图 3-228E）；前翅 2r 脉几乎不弯曲，交于 2Rs 室外侧 1/3，cu-a 脉交于 1M 室下缘外侧 0.38 处；后翅臀室末端赘柄很短；腹部端半部强烈侧扁，无性沟，下生殖板宽大于长，端部钝截形；抱器长大于宽，端部圆钝，内缘直；阳基腹铗内叶短小，棒槌形；副阳茎小于抱器；阳茎瓣头叶较宽，头部圆，稍窄，背缘微弱鼓出，具细小缘齿，尾部宽大，尾角稍钝（图 3-228C）。

雌虫：未知。

分布：浙江（丽水）。

词源：本种以模式标本采集地命名。

正模：♂，浙江丽水莲都区白云山，28.49°N、119.91°E，340m，2014.III.31，李泽建（ASMN）。副模：1♂，数据同正模（ASMN）。

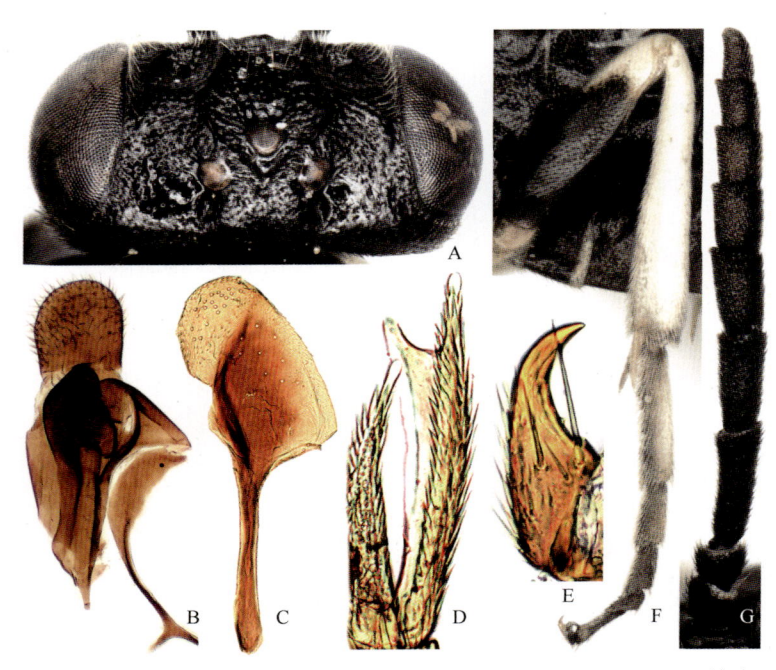

图 3-228 黑鳞微齿叶蜂，新种 *Atoposelandria lishui* Wei, sp. nov. 雄虫
A. 头部背面观；B. 生殖铗，左侧；C. 阳茎瓣；D. 前足胫节内外端距；E. 爪；F. 后足；G. 触角

鉴别特征：本种与 *Atoposelandria furstenbergensis* (Konow, 1885)近似，但翅基片内侧黑色，外侧白色；后足股节大部分黑色，端部白色，后足转节白色，后足胫节末端和跗节大部分黑褐色，爪的内齿极其微小；头部毛瘤密集；腹部背板刻纹微弱，第1背板大部分光滑等，与该种不同。

（十四）长背叶蜂亚科 Strongylogasterinae

主要特征：中小型叶蜂，体较狭长；触角9节，鞭节粗壮或细长；头部侧窝开式，额区明显分化，额脊通常显著；唇基端部亚截形或具缺口，颚眼距显著或狭窄；上颚对称2–3齿，内齿中位或亚端位；触角窝间距狭于或等于复眼-触角窝距；复眼内缘向下稍收敛；后头通常较短，少数稍延长；前胸背板具侧纵脊，中胸前背板长三角形，明显前突，后端常具高中脊；胸腹侧片痕状或隆肩形，中胸上后侧片明显下凹，具横脊；前翅翅痣狭长，R脉段不长于Rs脉第1段，Rs+M脉基部向翅痣显著反曲，2M室狭长，1M脉亚基部弯曲，与1m-cu脉亚平行；后翅闭M室稍大于Rs室，臀室无柄式，如为具柄式，则柄部不长于cu-a脉；阳茎瓣简单，无各种突叶；锯腹片狭长，柄部长。

分布：古北区，新北区，东洋区。本亚科已知19属，中国分布13属。浙江省已发现10属23种，含3新种。

寄主：蕨类。幼虫暴露取食蕨类叶片。

分属检索表

1. 触角窝间距不窄于内眶；触角第2节长明显大于宽；后颊脊发达 ··· 2
- 触角窝间距明显窄于内眶；触角第2节宽大于长（桫椤叶蜂属 *Rhoptroceros* 例外）；虫体窄长。**长背叶蜂族 Strongylogasterini**
·· 7
2. 腹部微长于头、胸部之和，中胸背板前叶不明显向前突出；额脊狭窄、锐利；复眼间距不窄于复眼长径；后翅臀室具柄式，柄部不短于cu-a脉1/2长；中胸侧板前缘脊显著；单眼后区侧沟细浅；翅面刺毛短。**具柄叶蜂族 Strombocerini** ········ 3
- 腹部显著长于头、胸部之和，中胸背板前叶显著向前突出；额脊较粗钝；复眼间距明显窄于复眼长径；后翅臀室无柄式，或具短柄，柄部显著短于cu-a脉1/2长；中胸侧板前缘十分光滑，无缘脊；单眼后区侧沟极宽深；翅面具长刺毛。**毛翅叶蜂族 Canoniasini**。后颊脊低弱；后翅臀室具短柄；爪具2齿，内齿短于外齿 ································ **异齿叶蜂属 *Niasnoca***
3. 前翅臀室具垂直横脉；爪具基片和内齿 ·· **脉柄叶蜂属 *Busarbidea***
- 前翅臀室无横脉 ·· 4
4. 中胸背板前叶后部圆钝，不平滑，无中纵脊；前足胫节内距简单，端部不分叉 ······························· 5
- 中胸背板前叶后部1/3平坦光滑，具锐利中纵脊 ··· 6
5. 爪具大型基片，无内齿 ··· **斑柄叶蜂属 *Abusarbia***
- 爪无基片，具发达的内齿 ··· **齿柄叶蜂属 *Busarbia***
6. 前翅1M脉与1m-cu脉向翅痣方向显著收敛；触角第3节显著短于第4节；爪无基片，内齿亚端位，几乎不短于端齿 ·· **敛柄叶蜂属 *Astrombocerina***
- 前翅1M脉与1m-cu脉互相平行；触角第3节显著长于第4节；爪具基片，内齿基位，显著短于端齿 ·· **具柄叶蜂属 *Stromboceros***
7. 触角第2节长显著大于宽，鞭节粗短，中部粗于两端；爪内齿长于外齿；唇基缺口很深；后眶圆钝，完全无后颊脊；体高度光滑，无刻点或刻纹 ·· **桫椤叶蜂属 *Rhoptroceros***
- 触角第2节宽显著大于长，鞭节细丝状或粗丝状，中部不加粗；爪内齿短于外齿；唇基缺口浅弱；后眶多少具颊脊；至少部分虫体多少具刻点或刻纹 ·· 8
8. 前翅臀室具横脉 ·· 9
- 前翅臀室无横脉；胸腹侧片隆起，胸腹侧片缝深沟状；后颊脊低弱或不明显 ········ **长背叶蜂属 *Strongylogaster***
9. 中胸胸腹侧片平滑，胸腹侧片缝痕状或细浅，上后侧片具膜窗；爪内齿微小或缺；后翅臀室通常具柄式，少数无柄 ·· **窗胸叶蜂属 *Thrinax***

- 中胸胸腹侧片明显隆起，胸腹侧片缝沟状，上后侧片无膜窗；爪内齿较大；后翅臀室无柄式 …… **似窗叶蜂属 Canonarea**

61. 斑柄叶蜂属 *Abusarbia* Malaise, 1944

Abusarbia Malaise, 1944: 25. Type species: *Abusarbia shanibia* Malaise, 1944, by original designation.

主要特征：体小，瘦窄形；复眼内缘直，互相平行或向下稍收敛，间距等于或稍宽于复眼长径；上颚对称双齿式，内齿亚端位，外观不强烈弯曲；颜面具白斑或完全白色，与额区间强烈弯曲，额脊锐利、完整；中窝宽大，周围具脊，侧窝向前开放；触角窝间距不窄于内眶；后眶窄，后颊脊发达，伸达上眶后部，单眼后区无缘脊；单眼后区宽大于长，侧沟显著；触角细丝状，长于头宽 2 倍，第 2 节长宽比约等于 2，第 3 节稍短于或长于第 4 节，端部鞭分节具触角器；中胸背板前叶后部无大型低平洼区和长中纵脊，具短中脊；胸腹侧片宽大平坦，胸腹侧片缝显著；前翅臀室完整，无横脉；1M 脉弯曲，与 1m-cu 脉向翅痣明显聚敛，R+M 脉段等于或长于 Rs 脉第 1 段，Rs+M 脉基部显著反弯，2M 室长微大于宽；后翅 Rs 和 M 室封闭，大小近似，臀室具柄式，柄部短于 cu-a 脉长；前足胫节内端距端部尖细，不分叉；爪粗短，具宽大、锐利基片，无内齿；两性中胸侧板均具横向白斑；产卵器明显短于后足基跗节长，锯腹片具 4–5 个大型缘齿和翼突距，锯腹片柄部显著长于锯腹片主体；阳茎瓣稍呈肾形，具背缘细齿。

分布：东亚。本属已知 6 种。包括本书记述的新种，中国已记载 5 种，浙江发现 2 种，包括 1 新种。

寄主：蕨类。

（234）中华斑脉叶蜂 *Abusarbia sinica* Wei & Nie, 1998（图 3-229）

Abusarbia sinica Wei & Nie, 1998b: 356.

主要特征：雌虫体长 5.5mm；体黑色，唇基、上唇、口须、唇基上区、足、翅基片、前胸背板后缘宽边、中胸前上侧片、中胸前侧片大三角形横斑、中胸后侧片下端和后胸侧板下部 1/3 黄白色，腹部 2–6 腹板黄褐色，额区前缘两侧角具微小浅褐色斑点，跗节端部 2 节黑色；翅烟褐色，翅脉和翅痣黑褐色，翅痣后半浅褐色；体毛银褐色；体光滑，中胸小盾片后缘具显著刻点，头胸部背侧具十分模糊微弱的刻点；唇基稍隆起，端缘薄，缺口深弧形；颚眼距稍窄于单眼半径；复眼内缘平行，下缘间距稍宽于眼高；中窝深

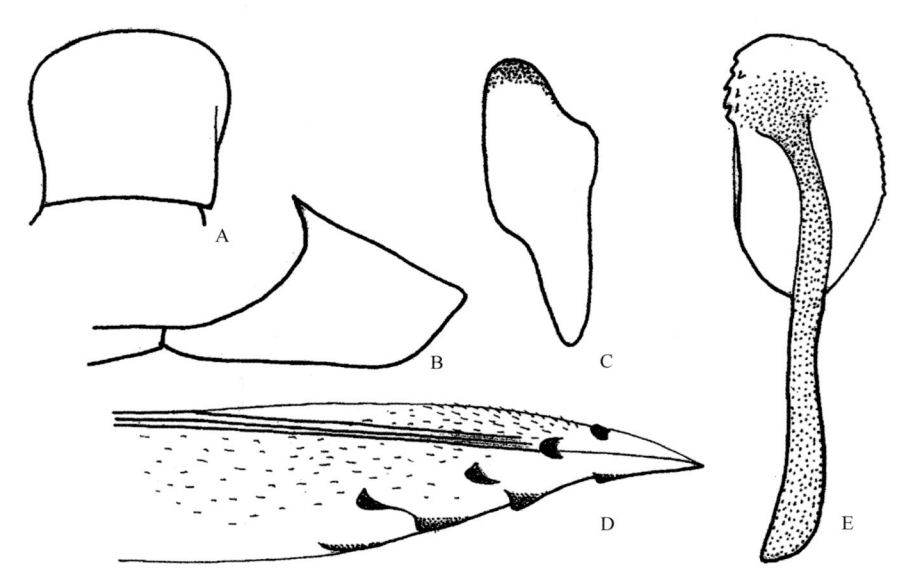

图 3-229 中华斑脉叶蜂 *Abusarbia sinica* Wei & Nie, 1998
A. 抱器；B. 锯鞘端侧面观；C. 阳基腹铗内叶；D. 锯腹片端部；E. 阳茎瓣

大，椭圆形；侧窝窄，下缘开放；额区中部稍凹陷，额脊锐利完整；单眼后区宽 1.3 倍于长，无中纵脊；单眼后沟细；侧沟深直，向后显著分歧；后头较短，背面观两侧强烈收缩；触角细，短于腹部，稍长于头、胸部之和，第 3 节稍长于第 4 节；后胸淡膜区间距宽于淡膜区长径；前翅 2Rs 室与 1Rs 室约等长，cu-a 脉亚中位；后翅臀室柄等于 cu-a 脉 1/2 长，锯鞘短小，侧面观见图 3-229B；背面观三角形，端部尖；锯腹片窄长，端部尖，具 4 个近腹缘距和 4 个翼突距（图 3-229D）。雄虫体长 4mm；颜面、额区前缘和内眶大部分黄色，中窝底部黑色，触角柄节全部、梗节和第 3 节背侧、中胸背板前叶外侧前半部、前胸背板后缘和翅基片黄色，中胸侧板黄色横斑很大，腹部基部腹板黄褐色；下生殖板端部圆；抱器宽大于长，端部圆钝（图 3-229A）；阳基腹铗简单，尾部大；阳基腹铗内叶见图 3-229C；阳茎瓣见图 3-229E。

分布：浙江（临安、丽水）、河南、安徽、江西、湖南、福建、广东、广西、四川、贵州。

（235）黑眶斑脉叶蜂，新种 *Abusarbia nigrorbita* Wei, sp. nov.（图 3-230）

雌虫：体长 5.5–6mm。体黑色；唇基、上唇、口须、唇基上区、中窝周围、额区前缘横脊、足、翅基片、前胸背板后缘宽边、中胸背板前叶两侧条斑、中胸前上侧片、中胸前侧片大三角形横斑、中胸后侧片下端和后胸侧板下部 1/3 白色或淡黄色，具绿色光泽，腹部 2–6 腹板黄褐色，额区前缘两侧角具微小浅褐色斑点，后足胫节端距和各足跗节端部 2–3 节黑褐色，触角第 1 节暗褐色，腹侧浅褐色；翅烟褐色，翅脉和翅痣黑褐色，翅痣后半浅褐色；体毛银褐色，触角毛黑褐色。

体光滑，中胸小盾片后缘具显著刻纹和模糊刻点，头、胸部背侧无刻点。唇基稍隆起，端缘锐薄，缺口深弧形；颚眼距稍窄于单眼半径；复眼内缘平行，下缘间距约等宽于眼高；中窝深，椭圆形；侧窝窄，下缘开放；额脊锐利完整，额区中部稍凹陷；单眼后区稍隆起，宽微大于长，无中纵脊；单眼后沟细；侧沟深直，向后稍分歧；后头较短，背面观两侧强烈收缩；触角细，短于腹部长，稍长于头、胸部之和，第 3 节稍长于第 4 节；中胸背板前叶中纵沟显著；后胸淡膜区间距宽于淡膜区长径；前翅 2Rs 室大于 1Rs 室，2r 脉交 2Rs 室于端部 1/4，cu-a 脉亚中位；后翅臀室柄短于 cu-a 脉 1/2 长。腹部第 1 背板膜区倒 T 形；锯鞘短小狭窄，侧面观端部窄截形（图 3-230E）；背面观三角形，端部尖出；锯腹片窄长，端部尖，具 4 个近腹缘距和 3 个翼突距（图 3-230C）。

雄虫：未知。

分布：浙江（临安）、湖南。

词源：本种内眶全部黑色无白斑，以此命名。

正模：♀，湖南炎陵桃源洞，1999.IV.24，肖炜、魏美才（ASMN）。副模：5♀♀，湖南炎陵桃源洞，1999.IV.23–24，肖炜、魏美才；1♀，浙江西天目山，1990.VI.2–4，何俊华（ASMN）。

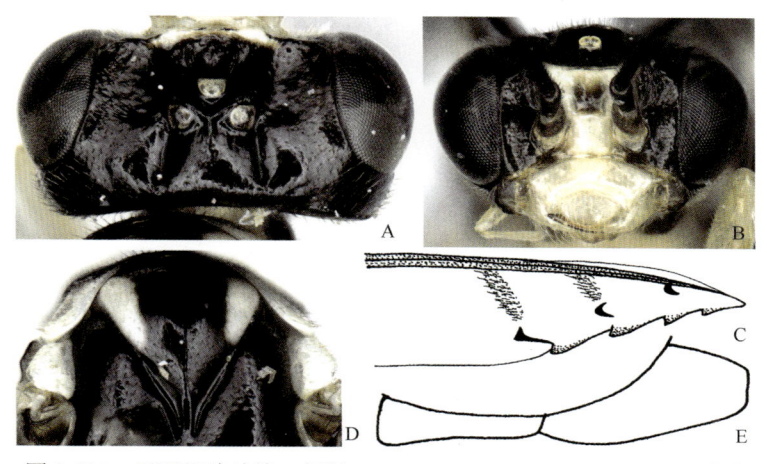

图 3-230 黑眶斑脉叶蜂，新种 *Abusarbia nigrorbita* Wei, sp. nov. 雌虫
A. 头部背面观；B. 头部前面观；C. 锯腹片端部；D. 胸部前端；E. 锯鞘侧面观

鉴别特征：本种与 *A. sinica* Wei & Nie, 1998 最近似，但雌虫中胸背板前叶两侧具显著条斑，锯腹片具 3 个翼突距，侧面观锯鞘端狭窄，端部窄截形等，可与之鉴别。

62. 敛柄叶蜂属 *Astrombocerina* Wei & Nie, 1998

Astrombocerina Wei & Nie, 1998b: 358, 383–384. Type species: *Astrombocerina fulva* Wei & Nie, 1998, by original designation.

主要特征：体小型，窄长；唇基前缘缺口浅；上颚对称双齿式，内齿中位，外齿弱度弧形弯折；颚眼距约等于单眼直径，复眼内缘向下微弱收敛，下缘间距稍宽于复眼长径；触角窝间距宽于内眶，侧窝和中窝大型，侧窝前侧完全开放，颜面与额区间显著弯折，额脊和侧窝上缘横脊锐利；后眶狭窄，具短后眶沟，后颊脊较低弱，全缘式；单眼后区横宽，后缘具脊；背面观后头短小，明显收缩；触角细，长于腹部，第 1、2 节长宽比大于 2，第 3 节显著短于第 4 节，第 4 节长于第 5 节 1.5 倍，末端 4 节具触角器；中胸背板前叶后部 1/3 低平，具狭高中纵脊；胸腹侧片发达，胸腹侧片缝沟状；前翅 1M 脉与 1m-cu 脉向翅痣收敛，Rs+M 脉基部显著反弯，R+M 脉段短于 1r-m 横脉长，cu-a 脉中位偏外侧，臀室完整，无横脉；后翅 Rs 和 M 室封闭，近似等大，臀室具短柄；前足胫节内距端部分叉，后足胫节微短于跗节，基跗节约等长于其余跗分节之和；爪无明显基片，内齿亚端位，稍短于端齿；产卵器明显短于后足基跗节长，锯腹片端部尖长，具大型中位翅突；阳茎瓣简单，头叶稍弯曲，无刺突，具背缘细齿。

分布：中国。本属目前已发现 3 种，但仅报道 1 种，分布于中国南部，在浙江也有分布。

寄主：蕨类。

（236）黄褐敛柄叶蜂 *Astrombocerina fulva* Wei & Nie, 1998（图 3-231）

Astrombocerina fulva Wei & Nie, 1998b: 358.

主要特征：雌虫体长 7.5mm；体黄褐色，单眼三角及邻近额区部分、触角、中胸背板前叶中斑、侧叶中纵纹及内侧点状斑纹、盾侧凹、后胸后背板黑色，腹部各节背板中部具宽横形黑褐色斑，中后足跗节腹侧暗褐色；翅透明，前缘脉及翅痣浅褐色，其余翅脉黑色；体背侧细毛大部分黑褐色，其余大部分浅褐色；体光滑，无刻点，虫体背侧高倍镜下可见十分微细的刻纹；唇基平坦，无横脊，端缘缺口浅三角形；复眼内缘平行，间距稍宽于眼高；中窝与侧窝等大；额区前缘横脊弯曲弧形；单眼后区前部具短中纵脊；POL 2 倍于 OOL；触角长于腹部，长约为头宽的 2.8 倍，各节相对长度为 16：11：35：45：28：17：17：15：15，第 3 节显著短于第 4 节，第 4 节长宽比约为 13，长于第 5 节 1.5 倍；中胸背板前叶后部 1/3 平滑，具狭高中脊；后足胫节端距等长，内距 2 倍长于胫节端部宽；后基跗节等长于其余跗分节之和；锯鞘端侧面观见图 3-231C；锯腹片具 6 个较大缘齿和 5 个翼突距（图 3-231D）；锯背片见图 3-231A。雄虫体长 7mm；触角第 1 节腹侧和腹部背板大部分黄褐色，附片有时黑褐色；下生殖板端部圆钝；抱器长大于宽；阳基腹铗内叶尾部尖长。

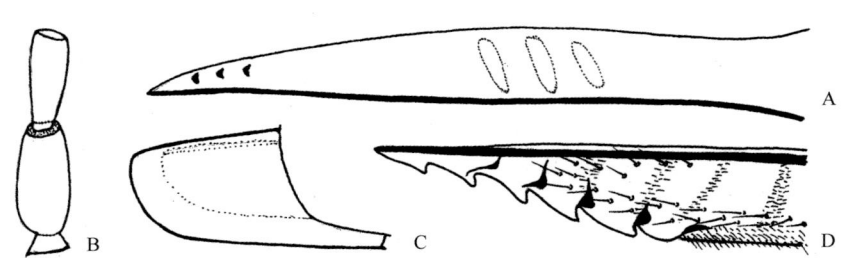

图 3-231 黄褐敛柄叶蜂 *Astrombocerina fulva* Wei & Nie, 1998 雌虫
A. 锯背片；B. 触角柄节和梗节；C. 锯鞘端侧面观；D. 锯腹片端部

分布：浙江（安吉、临安）、江西、湖南、四川、贵州。

63. 齿柄叶蜂属 *Busarbia* Cameron, 1899

Busarbia Cameron, 1899: 37. Type species: *Busarbia viridipes* Cameron, 1899, by monotypy.

主要特征：体小型，窄长；唇基前缘具弧形浅缺口，颚眼距显著，不长于单眼直径；复眼大型，内缘直，互相近似平行或向下稍收敛，间距约等宽或稍宽于复眼长径；上颚内齿亚端位，外侧弧形弯曲；颜面与额区之间明显强弯折，触角窝间距宽于内眶，中窝和侧窝大型，背缘具横脊，侧窝向前开放；后眶较窄，后颊脊发达；单眼后区横宽，侧沟显著；触角细长，长于头宽 2 倍，基部 2 节长宽比大于 2，端部 4 节具触角器；中胸背板前叶后部不凹，无明显隆起的中纵脊；胸腹侧片发达，胸腹侧片缝细深，中胸后侧片横脊低，后上侧片微鼓，前下角深陷；前翅 1M 脉与 1m-cu 脉向翅痣强烈收敛，R+M 脉段不短于 Rs 脉第 1 段长，Rs+M 脉基部弱弧形反弯，2M 室长稍大于宽，cu-a 脉交于 1M 室下缘中部，臀室无横脉；后翅 Rs 和 M 室封闭，臀室具柄式；前足胫节内距简单，端部不分叉，后足胫节和跗节近似等长，基跗节约等长于其余跗分节之和；爪无基片，中裂式，亚端齿靠近但稍短于端齿；产卵器不长于后足基跗节，锯腹片柄部长，具大型中位翅突和 4–5 个显著锯刃；阳茎瓣头叶简单，具背缘细齿。

分布：东亚南部。本属已知 9 种，中国记载 4 种。浙江发现 1 种。
寄主：蕨类。

(237) 台湾齿柄叶蜂 *Busarbia formosana* (Rohwer, 1916)（图 3-232）

Anapeptamena formosana Rohwer, 1916: 100.
Busarbia formosana: Malaise, 1944: 20.

主要特征：雌虫体长 5mm；体黑色，唇基、上唇、上颚、口须、触角第 1 节、前胸背板后角、翅基片、中胸前上侧片、中胸前盾片后缘中部三角形斑及足白色，腹部 2–6 背板黄褐色；翅透明，前缘脉及翅痣黑色；头部光滑，中胸背板前叶具细小刻点和模糊刻纹，侧叶顶部具微细刻纹，小盾片后部具刻点，胸部侧板和腹部背板光滑；唇基明显鼓起，具钝横脊，端缘具薄边；颚眼距几乎等长于单眼直径；中窝大，宽微大于长；单眼后区宽稍大于长，具短中脊，后缘脊仅两侧角稍发育；侧沟弯曲，向后明显分歧；触角稍长

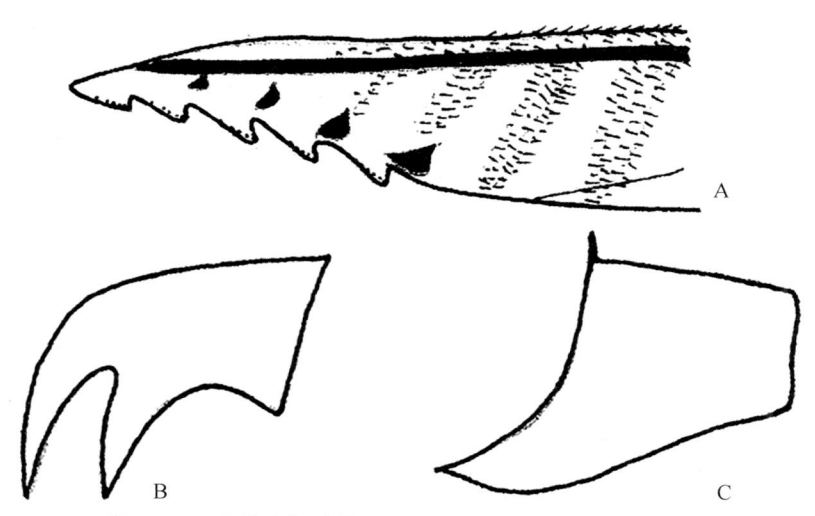

图 3-232 台湾齿柄叶蜂 *Busarbia formosana* (Rohwer, 1916)
A. 锯鞘端；B. 爪；C. 锯鞘端侧面观

于腹部，第 3 节稍短于第 4 节，6–8 节明显侧扁；后足基跗节微长于其余跗分节之和，爪亚端齿几乎与端齿等长（图 3-232B）；锯鞘显著短于后足基跗节，锯鞘端较窄，长于锯鞘基，侧面观腹缘亚基部明显弧形凸出，端部截形（图 3-232C）；锯腹片具 5 个小型缘齿和 4 个翼突距，端部翼突距明显小于基侧翼突距，锯腹片侧面几无长刚毛，节缝模糊，每节具多列致小刺毛（图 3-232A）。雄虫体长 4mm；触角基部 2 节全部、鞭节基半部背侧白色；下生殖板长约等于宽，端部圆钝。

分布：浙江（临安）、安徽、湖南、台湾、广西、四川。

64. 脉柄叶蜂属 *Busarbidea* Rohwer, 1915

Busarbidea Rohwer, 1915: 46. Type species: *Busarbidea himalaiensis* Rohwer, 1915, by original designation.
Canoniades Forsius, 1929: 59. Type species: *Canoniades jacobsoni* Forsius, 1929, by original designation.

主要特征：体小型，较狭长，光滑；上颚对称双齿式，中端部显著弯曲；唇基前缘具缺口，端缘薄；触角窝间距不窄于内眶；额脊十分锐利，在单眼之间不中断，侧窝内外均具锐脊；后头短缩，后颊脊十分发达，至少伸达上眶后部；颚眼距短于单眼半径；复眼内缘向下明显收敛，额区与颜面之间不明显弯折；触角长丝状，短于头宽 2 倍，第 1、2 节细长，均不短于宽的 2 倍，端部 4 节具触角器；中胸背板前叶后部 1/3 圆钝隆起，不凹，无明显中纵脊；胸腹侧片明显隆起，胸腹侧片沟深，中胸后侧片横脊低，后上侧片微鼓，前下角深陷；前足胫节内端距端部分叉，后足胫距长于胫端宽，后足基跗节约与其余跗分节之和等长；爪基片锐利，具亚端齿；前翅 R+M 脉段约与 1r-m 脉等长，1M 脉与 1m-cu 脉明显向翅痣聚敛，臀室具近垂直的横脉，Rs+M 脉基部弧形反曲，C 脉末端稍膨大，cu-a 脉中位，2M 室长显著大于宽；后翅具双闭中室，大小近似，臀室具柄式，cu-a 脉垂直；产卵器约等长于后基跗节，锯鞘端约等长于锯鞘基；锯腹片柄部长，节缝明斑型，不骨化，具 4–6 个骨化锯刃和 4–6 枚翼突距；副阳茎较大；阳茎瓣头叶近长方形，有时稍倾斜，具背缘细齿。

分布：东亚。本属已知 19 种，中国已知 12 种。浙江发现 6 种，包括 2 新种。

寄主：蕨类。

分种检索表

1. 腹部 2–5 腹板黄褐色；爪内齿短小，贴近爪基片，几乎与基片不分离 ·· 2
- 腹部腹板全部黑褐色；爪内齿与基片显著分离 ··· 3
2. 触角第 3 节 1.2–1.3 倍于第 4 节长；头部颜面及背侧具粗密皱刻纹和稀疏浅大刻点；单眼后区宽长比约等于 1.8；触角第 1 节背侧、第 2 节全部黑色ꞏꞏꞏꞏꞏꞏꞏꞏꞏꞏꞏꞏꞏꞏꞏꞏꞏꞏꞏꞏꞏꞏꞏꞏꞏꞏꞏꞏꞏꞏꞏ 刻点脉柄叶蜂，新种 *B. punctata* sp. nov.
- 触角第 3 节等长于第 4 节；头部背侧无明显刻点和皱刻纹；单眼后区宽长比等于 1.3；触角第 1 节全部、第 2 节基部白色 ··· 中华脉柄叶蜂 *B. sinica*
3. 唇基大部分或全部黑色 ·· 4
- 唇基全部白色 ·· 5
4. 触角基部 2 节白色；唇基中部具白斑，前缘截形；单眼后区长等于宽 ················· 淡梗脉柄叶蜂 *B. pedicellidea*
- 触角基部 2 节黑色；唇基全部黑色，前缘具显著缺口；单眼后区宽稍大于长 ········· 黑腹脉柄叶蜂 *B. nigriventris*
5. 后足 1–3 跗分节背侧黄褐色，腹侧暗褐色；雌虫单眼后区长等于宽，中纵脊显著，额区前部具中纵脊 ············· ·· 斑跗脉柄叶蜂 *B. bicoloritarsis*
- 后足 1–3 跗分节完全黄褐色；雌虫单眼后区宽明显大于长，中纵脊不明显，额区前部无中纵脊 ························ ·· 萌萌脉柄叶蜂，新种 *B. mengmeng* sp. nov.

（238）斑跗脉柄叶蜂 *Busarbidea bicoloritarsis* Wei & Nie, 1998（图 3-233）

Busarbidea bicoloritarsis Wei & Nie, 1998b: 357.

主要特征：雌虫体长 5.8mm；体黑色，具光泽；唇基、上唇、上颚基斑、口须和触角基部 2 节白色，梗节端部黑褐色，前胸背板后缘、翅基片、中胸前上侧片白色；足黄褐色，后足跗节腹面黑褐色，背侧黄褐色（图 3-233C）；翅均匀烟灰色，翅脉和翅痣黑褐色；体光滑，具光泽，仅侧窝和中窝间脊具粗密刻点，小盾片后缘具 1 列刻点；上唇宽大平坦，端部圆尖；唇基较平坦，端缘具薄边，端缘缺口浅弧形；复眼大，内缘向下明显收敛，间距窄于眼高；颚眼距线状；额区较宽，前侧角间距 2.5 倍于前侧角与复眼间距，额脊完整，十分锐利，侧脊不明显向外鼓出；中窝深大，侧窝宽纵沟形；中单眼前具 1 小型深窝；单眼后区隆起，宽约等于长，中脊发达完整，几乎伸抵单眼后区后缘；侧沟深直，互相接近平行；单眼后沟细弱；OOL：POL=2：1；背面观后头强烈收缩，颊脊发达；触角细，微长于腹部，稍短于头宽的 2 倍，基部 2 节长宽比均不小于 2，第 3 节几乎不长于第 4 节，端部 4 节明显短缩，具触角器；中胸背板前叶中沟弱；前翅 2Rs 室等长于 1Rs 室，2r 脉交于 2Rs 室上缘外侧 1/3，臀横脉直，后翅臀室柄等于 cu-a 脉一半长；后足基跗节微短于其后 4 节之和，爪内齿稍短于外齿，与基片显著分离；锯腹片具 5 个近腹缘距和 5 个小型翼突距。雄虫体长 4mm，体色和构造类似于雌虫，但触角梗节黑褐色或浅褐色（图 3-233B），单眼后区宽大于长，下生殖板端缘亚截形。

分布：浙江（安吉、临安）。

图 3-233 斑跗脉柄叶蜂 *Busarbidea bicoloritarsis* Wei & Nie, 1998
A. 雌虫头部前面观；B. 雌虫头部背面观；C. 后足跗节

（239）萌萌脉柄叶蜂，新种 *Busarbidea mengmeng* Wei, sp. nov.（图 3-234）

雌虫：体长 7mm；体黑色，具光泽；唇基、上唇、上颚基半部、口须和触角柄节全部和梗节基部白色，前胸背板后缘、翅基片、中胸前上侧片白色；足黄褐色，各足第 4、5 跗分节黑褐色。翅均匀烟褐色，翅脉和翅痣黑褐色；体毛背侧褐色，腹侧银色。

体光滑，具光泽，仅侧窝和中窝间脊具粗密刻点，小盾片后缘具 1 列刻点。上唇平坦，端部圆；唇基较平坦，端缘具薄边，缺口浅弧形；复眼大，内缘向下明显收敛，间距明显窄于眼高；颚眼距线状；额区较窄，前侧角间距短于前侧角与复眼内缘间距的 2.2 倍，额脊完整，十分锐利，侧脊直，不向外鼓出；中窝深大，侧窝宽纵沟形，上缘具横脊；中单眼前无深窝；单眼后区隆起，宽 1.2 倍于长，前部具中脊；侧沟深直，向后稍分歧；单眼后沟细弱；OOL：POL=2；背面观后头强烈收缩，颊脊发达。触角细，约等长于腹部，短于头宽 2 倍，基部 2 节长宽比均不小于 2，第 3 节几乎不长于第 4 节，端部 4 节明显短缩，具触角器。中胸背板前叶中沟弱。前翅 2Rs 室稍长于 1Rs 室，外下角突出，2r 脉交于 2Rs 室上缘外侧 1/3，臀横脉微倾斜；后翅臀室柄 0.6 倍于 cu-a 脉长。后足基跗节等长于其后 4 节之和；爪内齿稍短于外齿，与基片显著分离；锯腹片端半部具 5 个近腹缘距和 5 个小型翼突距；锯背片端部很尖。

雄虫：未知。

分布：浙江（临安）。

词源：本种以模式标本采集人之一刘萌萌博士名字命名。

正模：♀，LSAF16152，浙江临安天目山禅源寺，30.322°N、119.442°E，405m，2016.V.25，李泽建、刘萌萌（ASMN）。副模：2♀，LSAF16157，浙江临安天目山开山老殿，30.343°N、119.433°E，1106m，2016.V.30，李泽建、刘萌萌（ASMN、LSAF 各 1）。

鉴别特征：本种与斑跗脉柄叶蜂 *B. bicoloritarsis* Wei & Nie, 1998 很近似，但后足 1–3 跗分节完全黄褐色；雌虫单眼后区宽明显大于长，中纵脊不明显；额区较窄，前侧角间距短于前侧角与复眼内缘间距的 2.2 倍，额区前部无中纵脊。

图 3-234　萌萌脉柄叶蜂，新种 *Busarbidea mengmeng* Wei, sp. nov. 雌虫
A. 后足跗节；B. 爪；C. 头部前面观；D. 头部背面观

（240）黑腹脉柄叶蜂 *Busarbidea nigriventris* Wei, 1997（图 3-235）

Busarbidea nigriventris Wei, 1997b: 1571.

主要特征：雌虫体长 5mm；体黑色，上唇、口须、前胸背板后缘狭边、翅基片及足浅黄褐色，各足基节基部、后股节背侧中部条斑、前中足跗节末端、后足跗节全部黑褐色；翅显著烟褐色，端部稍淡，翅痣和翅脉黑褐色；体毛大部分银褐色，头、胸部背侧细毛黑褐色；体光滑，无刻点，具光泽，仅小盾片后缘具 1 列刻点；上唇平坦，端部圆；唇基亚基部明显隆起，端缘薄，缺口浅弧形；颚眼距线状；复眼内缘较直，向下显著收敛，间距狭于眼高；中窝边框、侧窝上缘横脊及额脊刃状隆起；中窝倒梯形，中央具圆形小凹坑，侧窝与中窝等大；额区封闭，亚三角形，侧臂弧形外鼓；单眼中沟模糊，无单眼后沟；OOL 两倍于 POL；单眼后区稍隆起，长稍短于宽（♂）或近方形（♀），无中脊，侧沟深直；颊脊接近全缘式，仅在单眼后区后缘缺失；后头强烈收缩，背面观等于复眼 1/4 长；触角等长于头、胸部之和，第 3 节长 1.3 倍于第 4 节，末端 4 节明显短缩；中胸背板前叶中沟消失；前翅 2Rs 室等于或微大于 1Rs 室，后翅臀室柄约等于 cu-a 脉 1/2 长；爪内齿明显短于外齿，与基片显著分离（图 3-235C）；锯鞘短小，端缘钝截，腹侧平直；锯腹片端部见图 3-235E，具 6 个近腹缘距和 6 个翼突距。雄虫体长 4mm；下生殖板端缘钝截形；外生殖器见图 3-235A、B、D。

分布：浙江（临安）、河南、安徽、湖北、江西、湖南、福建、广西、贵州。

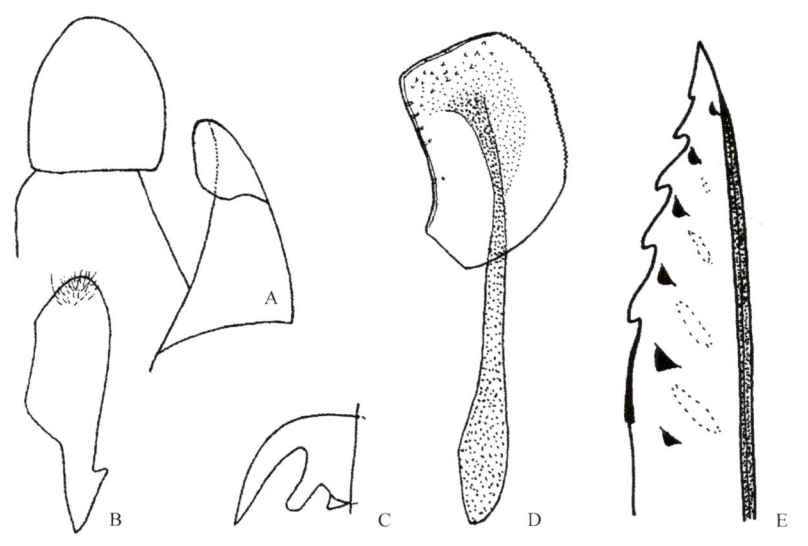

图 3-235　黑腹脉柄叶蜂 *Busarbidea nigriventris* Wei, 1997
A. 雄虫生殖铗；B. 阳基腹铗内叶；C. 爪；D. 阳茎瓣；E. 雌虫锯腹片端部

（241）淡梗脉柄叶蜂 *Busarbidea pedicellidea* Wei & Nie, 1998（图 3-236）

Busarbidea pedicellidea Wei & Nie, 1998b: 357.

主要特征：雌虫体长 5.2mm；体黑色，具光泽；上唇、上颚基斑、口须和触角基部 2 节白色，梗节端部黑褐色，前胸背板后缘、翅基片和足白色，唇基端缘中部浅褐色，各足爪节褐色；翅透明，Rs 室及其附近区域稍带烟灰色，翅脉和翅痣黑褐色，翅痣基部和端部各具 1 个小型浅褐色斑；体毛银灰色；体较窄，光滑，仅小盾片后缘具 1 列大刻点；上唇平坦，端部圆；唇基亚基部稍隆起，端缘薄，端部几乎截形；颚眼距线状，复眼大，内缘向下收敛，间距窄于眼高；额脊完整，十分锐利，侧脊直；中单眼前具 1 小型深窝，无单眼中沟和后沟；单眼后区方形，长等于宽，无中脊；侧沟深长，亚平行，向后微弱分歧；背面观后头强烈收缩，颊脊发达；OOL 两倍于 POL；触角微长于腹部，短于头宽 2 倍，基部 2 节长宽比均不小于

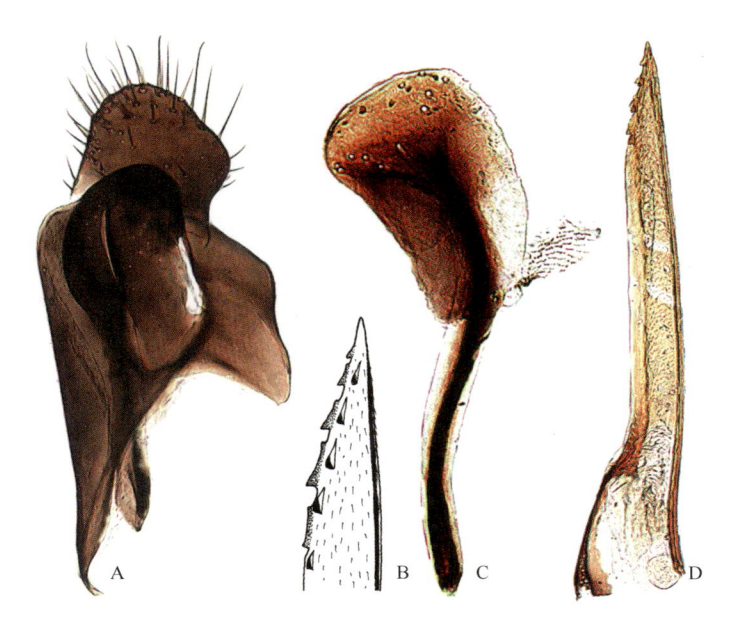

图 3-236　淡梗脉柄叶蜂 *Busarbidea pedicellidea* Wei & Nie, 1998
A. 雄虫生殖铗；B. 锯腹片端部；C. 阳茎瓣；D. 锯腹片

2，第 3 节很细，直径小于单眼直径，长约 1.3 倍于第 4 节，末端 4 节明显短缩，腹侧触角器痕状；中胸背板前叶具浅中沟；前翅 2Rs 室稍短于 1Rs 室，外缘几乎直，2r 脉交于其上缘亚中部，臀横脉直；后翅臀室柄稍短于 cu-a 脉；后足基跗节约等长于其后 4 节之和，爪内齿明显短于外齿；锯鞘侧面观腹缘弧形，稍突出；锯腹片见图 3-236D，具互相靠近的 5 个近腹缘距和 5 个翼突距，近腹缘距外端角明显。雄虫体长 4.5mm；抱器端部钝截形（图 3-236A）。

分布：浙江（安吉、临安）、安徽。

(242) 刻点脉柄叶蜂，新种 *Busarbidea punctata* Wei, sp. nov.（图 3-237）

雌虫：体长 5.6mm。体黑色，唇基除基缘外、上唇、上颚亚基部横带、口须、触角柄节腹侧、前胸背板后缘、翅基片、腹部 2-5 腹板及足黄褐色，各足第 4、5 跗分节暗褐色。翅透明，翅痣和翅脉黑褐色；体毛银褐色，头、胸部背侧杂以灰褐色细毛。

体光滑，头部具显著的粗疏刻纹，杂以明显的浅大刻点（图 3-237A–C）；中胸背板前叶和侧叶具细小稀疏刻点，小盾片后坡具多行粗刻点，胸部侧板光滑，腹部背板具弱刻纹。

唇基稍隆起，端缘很薄，缺口深弧形；上唇近似半圆形；颚眼距线状，十分狭窄；复眼大，内缘向下明显收敛，间距等于复眼长径（图 3-237A）；中窝宽大，近梯形，中部深；侧窝上缘具锐利横脊，不与额侧沟连通；额区扇形，明显隆起，中央稍低沉，侧脊稍高于前脊；OOL : POL =2.2 : 1；单眼后区稍隆起，宽长比为 1.8，具细低中纵脊；侧沟深，较直，向后分歧；后头短且明显收缩，长 0.35 倍于复眼（图 3-237C）；触角长约 1.6 倍于头宽，稍长于头、胸部之和，第 2 节长宽比等于 2，第 3 节 1.2–1.3 倍于第 4 节长，端部 4 节明显侧扁并短缩，具触角器（图 3-237H）。中胸背板前叶具模糊的中纵沟，后部具十分细低的中纵脊；小盾片平坦；中胸前侧片中下部具宽阔裸带；后足胫跗节等长，基跗节几乎等长于其后 4 节之和；爪具短而明显的基片，外齿长大，内齿端部钝，贴近基片，稍分离（图 3-237G）；前翅 1M 脉弯曲，R+M 脉等长于 1r-m 脉，2r 脉均匀弯曲，交于 2Rs 室上缘外侧 1/3，2Rs 室明显长于 1Rs 室，cu-a 脉中位，臀横脉垂直；后翅臀室柄 0.7 倍于 cu-a 脉长。锯鞘端等长于锯鞘基，腹缘平直，端部圆钝（图 3-237D）；锯腹片端部具 5 个近腹缘距和 5 个翼突距，最基部的近腹缘距比较低弱模糊（图 3-237F）。

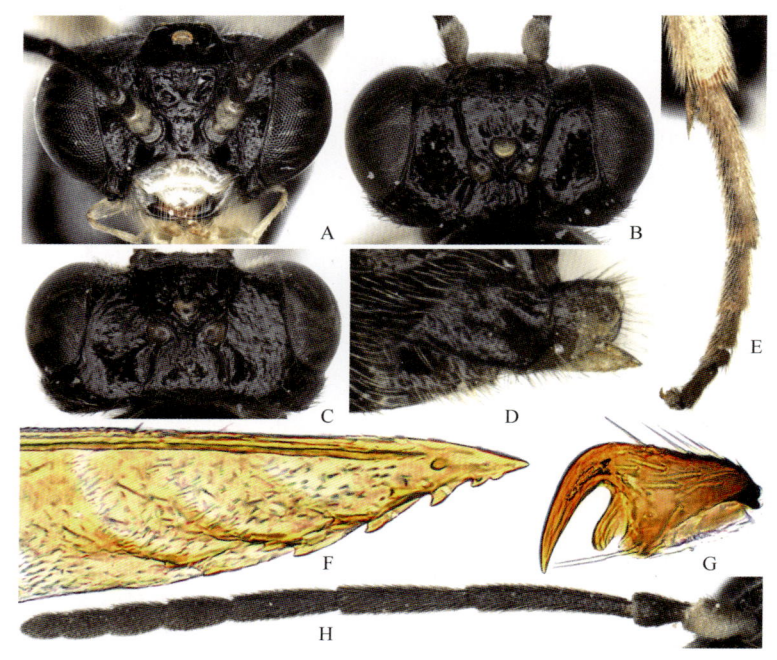

图 3-237 刻点脉柄叶蜂，新种 *Busarbidea punctata* Wei, sp. nov.
A. 雌虫头部前面观；B. 雄虫头部背面观；C. 雌虫头部背面观；D. 锯鞘侧面观；E. 雄虫后足跗节；F. 锯腹片端部；G. 爪；H. 雌虫触角

雄虫：体长 4.5mm；体色与构造几乎与雌虫相同，但跗节腹侧明显较暗（图 3-237E），触角长仅 1.4 倍于头宽，第 3 节明显长于第 4 节；单眼后区宽长比等于 2，侧沟很深，OOL：POL =2.8：1（图 3-237B）；下生殖板长等于宽，端缘圆钝。

分布：浙江（临安）。

词源：本种头部背侧具粗浅大刻点，与同属其他种类不同，以此命名。

正模：♀，浙江清凉峰龙塘山，30°06.680′N、118°54.050′E，930 m，2010.IV.27，李泽建（ASMN）。副模：1♀1♂，数据同正模（ASMN）。

鉴别特征：本种与台湾脉柄叶蜂 Busarbidea formosana Rohwer, 1916 最近似，但后者颚眼距等长于单眼半径；头部背侧光滑，无刻点；单眼后区长，宽长比约等于 1.2；触角柄节全部白色；爪内齿较长，不贴近爪基片；锯鞘端端部渐窄，基部明显凸出，端部窄圆等，二者容易鉴别。本种后足跗节色斑与斑跗脉柄叶蜂 B. bicoloritarsis Wei & Nie, 1998 近似，但腹部色斑、触角鞭分节长度比、头部刻点和单眼后区长度等构造在两种间差别较大。

（243）中华脉柄叶蜂 Busarbidea sinica Wei, 1997（图 3-238）

Busarbidea sinica Wei, in Wei & Nie, 1997b: 63.

主要特征：雌虫体长 5.5–6.0mm；体黑色，唇基、上唇、上颚基半部、口须、触角柄节、前胸背板后半部、翅基片、腹部 2–6 腹板及足黄褐色；翅透明，微带浅烟色，翅痣和翅脉黑褐色；体毛银褐色，头、胸部背侧杂以灰褐色细毛；体光滑，小盾片后缘具 1 列刻点；唇基基部中央稍隆起，端缘很薄，亚截形；上唇近似半圆形，颚眼距线状；复眼大，内缘向下微收敛，间距不明显狭于眼高；中窝宽大，近梯形，中部深；侧窝上缘具锐利横脊隔离额侧沟；额区扇形，中央不明显下沉，侧脊高于前脊；POL：OOL=2.5：1；单眼后区稍隆起，宽长比为 1.3，无明显中纵脊；侧沟深直，向后稍分歧；后头短且明显收缩；触角长约 1.6 倍于头宽，稍长于头、胸部之和，第 3 节与第 4 节等长，第 4 节明显长于第 5 节，端部 4 节稍侧扁并短缩，具触角器；中胸背板前叶前半部具模糊中纵沟，后半部具细低中纵脊；后足胫跗节等长，基跗节等长于其后 4 节之和；爪具短而明显的基片，内齿短粗，贴近基片（图 3-238A）。前翅 1M 脉弯曲，R+M 脉等长于 1r-m 脉，2r 脉均匀弯曲，交于 2Rs 室上缘外侧 1/3，2Rs 室明显长于 1Rs 室，后翅臀室柄稍短于 cu-a 脉；锯鞘侧面观见图 3-238E；锯腹片端部尖，具 6 个近腹缘距和 6 个翼突距，最基部的近腹缘距较低弱模糊（图 3-238F）。雄虫体长 4mm；触角长 1.4 倍于头宽，下生殖板端缘平截；抱器端部圆钝（图 3-238D），阳基腹铗内叶尾部尖长（图 3-238C），阳茎瓣头部较窄长，端部截形（图 3-238B）。

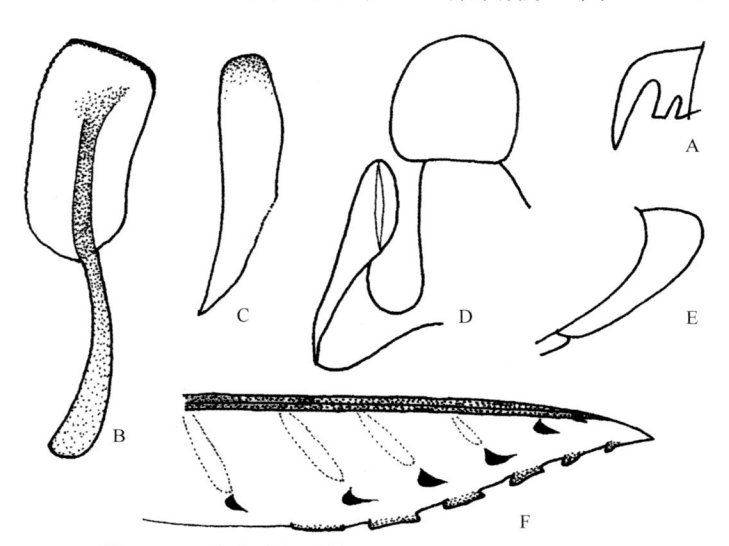

图 3-238 中华脉柄叶蜂 Busarbidea sinica Wei, 1997
A. 爪；B. 阳茎瓣；C. 阳基腹铗内叶；D. 雄虫生殖铗；E. 雌虫锯鞘端部侧面观；F. 锯腹片端部

分布：浙江（临安）、湖北、湖南。

65. 具柄叶蜂属 *Stromboceros* Konow, 1885

Stromboceros Konow, 1885a: 19. Type species: *Tenthredo delicatulus* Fallén, 1808, by subsequent designation of Rohwer, 1911.
Strombocerina Malaise, 1942: 90. Name for *Stromboceros* Konow, 1885.

主要特征：体小型，狭长；唇基平坦，前缘缺口浅弧形；上颚对称双齿式，内齿亚端位，外缘弱度弯折；复眼较大，内缘向下稍收敛；触角窝间距宽于内眶，中窝大，钝方形；额脊完整，细高，额区与颜面之间不明显弯折（图 3-239F）；后眶窄，具显著后眶沟，后颊脊发达，但不伸达后头上侧；触角细，约等长于头宽 2 倍，基部 2 节细长，第 3 节长于第 4 节，端部鞭分节具触角器（图 3-239G）；中胸背板前叶后半部洼入，中纵脊长且显著，小盾片平坦，附片窄长（图 3-239C）；前足胫节内端距端部分叉，后足基跗节微长于其余跗分节之和；爪短宽，基片小，具显著亚端齿（图 3-239E）；前翅 1M 脉与 1m-cu 脉互相平行，R+M 脉段短于第 1r-m 脉长，Rs+M 脉基部明显弯曲，臀室完整，无横脉（图 3-239A）；后翅 Rs 室长于 M 室，臀室具短柄式，cu-a 脉几乎垂直；阳茎瓣头叶亚三角形；虫体光滑，局部具刻纹；锯腹片具长柄，节缝刺毛呈带状，具大型近腹缘距和小型翼突距；阳茎瓣具背缘细齿。

分布：古北区。本属目前只有 1 个确定种类，是古北区偏北部广布种类，在国内东部地区分布广泛，浙江也有发现。

Taeger 等(2010) 在本属名下列出了 45 种，但其中只有 1 种属于本属成员，1 种是 *Arbusia* Malaise 的种类，其余 43 种均是南美洲种类，属于其他近缘类群。

（244）斑盾具柄叶蜂 *Stromboceros delicatula* (Fallen, 1808)（图 3-239）

Tenthredo delicatula Fallén, 1808: 122.
Tenthredo eborina Klug, 1817: 196.
Allantus melanocephalus Stephens, 1835: 72.
Synairema alpina Bremi-Wolf, 1849: 93.
Selandria phthisica Vollenhoven, 1869: 123.
Strongylogaster viridis André, 1881: 412.
Stromboceros delicatulus: Takeuchi, 1936: 94.
Strombocerina delicatula: Malaise, 1942: 90.

主要特征：雌虫体长 7–7.5mm；体主要为黄绿色，头部和触角黑色，唇基、上唇、口须、上颚基半部、触角第 1 节黄绿色，前胸背板中央、中胸背板前叶中部、侧叶大部分、盾侧凹、附片、后胸背板大部分、中胸腹板、中胸后侧片上部黑色，腹部背板有时具黑色横斑；足黄绿色，各足跗分节端部褐色；翅透明，前缘脉两端和翅痣黄绿色，其余翅脉黑褐色；体毛银色；体狭长，光滑，无刻点，头部内眶、额脊、中窝、侧窝、小盾片后缘和两侧具细弱刻纹；体毛十分稀疏；额区稍凹陷，额脊完整，额区与颜面之间不明显弯折，额侧区凹入（图 3-239F）；OOL 2 倍于 POL；单眼后区稍隆起，宽长比稍小于 2，前部具不很明显的中纵脊；侧沟深宽且直，互相平行；背面观后头较短，两侧明显收缩（图 3-239D）；触角第 3 节稍长于第 4 节（图 3-239G）；爪内齿端部钝截形（图 3-239E）；锯鞘侧面观端部钝截形，背面观向端部稍变窄，端部钝截形；锯腹片 5 个粗大缘齿和 5 个较小翅突，表面长刺毛多且均匀分布。雄虫体长 6–6.5mm；触角腹侧大部分、有时第 2 节全部黄绿色，腹部背板几乎全部黄褐色，仅两侧微暗；下生殖板端缘平钝。

分布：浙江（德清）、黑龙江、吉林、辽宁、内蒙古、河南、陕西、湖北、贵州；朝鲜，韩国，日本，俄罗斯（西伯利亚），欧洲。

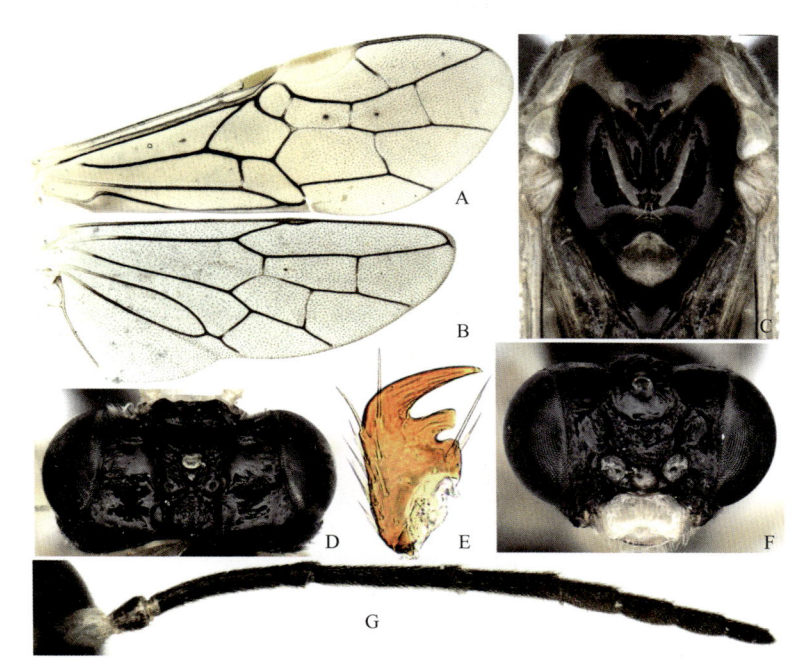

图 3-239　斑盾具柄叶蜂 *Stromboceros delicatula* (Fallen, 1808)
A. 前翅；B. 后翅；C. 中胸背板；D. 雌虫头部背面观；E. 爪；F. 雌虫头部前面观；G. 雌虫触角

66. 异齿叶蜂属 *Niasnoca* Wei, 1997

Niasnoca Wei, 1997d: 43. Type species: *Niasnoca apicalis* Wei, 1997, by original designation.

主要特征：体小型，狭长，高度光滑，被毛极少，腹部显著长于头、胸部之和；头部短，等宽于胸部，复眼后强烈收窄；唇基横方形，前缘缺口浅弱；复眼大型，内缘向下强烈收敛，间距稍宽于复眼长径 1/2，颚眼距不明显；上颚小，对称双齿式，外齿明显弯曲；触角窝间距不窄于内眶宽，均较狭窄；中窝和侧窝大且深，上侧具横脊；额区显著凹入，额脊较窄但不锐利，显著隆起；单眼后区宽大于长，侧沟极宽深；后眶狭窄，具低弱后颊脊；触角长丝状，不侧扁，第 1 节球状部粗大，第 2 节长稍大于宽，第 3 节明显短于第 4 节，无触角器；前胸背板具侧纵脊，前胸侧板腹侧尖，不会合；中胸背板明显延长，前叶显著前突，无明显中纵沟，后部具低脊；小盾片平坦，前端突出，附片宽大平滑；后胸淡膜区间距约等宽于淡膜区长径；胸腹侧片宽大平滑，胸侧片缝极细弱，侧板前缘十分光滑，无缘脊；中胸后上侧片下端具凹窝，后胸侧板宽大，亚方形；前翅 R+M 脉约等长于 Rs 脉第 1 段，1M 与 1m-cu 脉向翅痣明显收敛，1M 约 2 倍于 1m-cu 脉长；Rs+M 脉基部显著反弯，cu-a 脉交于 1M 室中位外侧，臀横脉稍倾斜，2M 室长明显大于宽；后翅 Rs 和 M 室封闭，臀室具短柄，柄部显著短于 cu-a 脉 1/2 长；翅面具密集长刺毛；前足胫节内端距端部分叉，后足基跗节长于其后 4 个跗分节之和；爪无基片，内齿短于并远离外齿；产卵器十分短小，锯鞘端狭窄，背缘下弯；锯腹片十分狭长，无明显节缝、锯刃和翼突距；阳茎瓣头叶狭窄，背缘具细齿。

分布：中国南部。中国特有属，已知 3 种。浙江分布 1 种。

（245）斑角异齿叶蜂 *Niasnoca apicalis* Wei, 1997（图 3-240）

Niasnoca apicalis Wei, 1997d: 44.

主要特征：雌虫体长 8 mm；体黑色，唇基端半部、上唇、口须、触角第 1 节除基部外和第 6–8 节、前胸背板大部分、翅基片、中胸前上侧片、小盾片、后小盾片、后胸后背板中部和足白色或淡黄褐色，后足股节端部 5/6 和后足胫节端部 1/2 黑色，中足胫节端部和各足端跗节端部褐色；腹部黄褐色，第 1–7 节背板各具 1 对大黑斑；第 9–10 背板黑色，中部各具 1 个褐斑；翅透明，翅痣和翅脉黑褐色；体毛大部分黑褐色；额区、中胸背板和侧板光裸，体毛几乎缺如；体具强光泽，十分光滑，无刻点；唇基平坦，宽长比等于 2，端缘缺口极浅，侧角近直角形；上唇短小，端缘弧形；额区亚前部和中窝宽阔连通，侧面具高且比较锐利的额脊；单眼中沟宽深，无单眼后沟；POL：OOL：OCL=5：7：6；单眼后区隆起，2 倍宽于长（图 3-240A）；触角丝状，等长于腹部（图 3-240E）；胸腹侧片缝极细弱，痕状；前翅 2Rs 室约等长于 1Rs 室，外下角稍尖出，2r 脉交于其亚中部；后翅臀室柄短于倾斜的 cu-a 脉 1/3；爪具小型内齿（图 3-240C）；锯鞘小型，背面观端部无缺口，侧面观见图 3-240F；锯腹片见图 3-240D，镰刀状弯曲，具 5 个微弱的明斑状节缝，端部圆钝（图 3-240D）。雄虫未知。

分布：浙江（临安、舟山、遂昌、庆元）、湖南、福建、广东、广西。

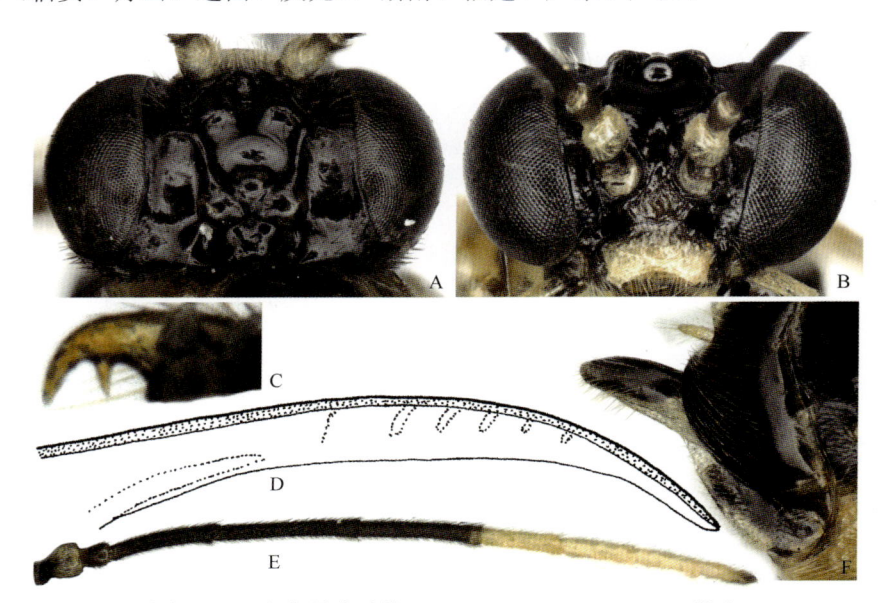

图 3-240　斑角异齿叶蜂 *Niasnoca apicalis* Wei, 1997 雌虫
A. 头部背面观；B. 头部前面观；C. 爪；D. 锯腹片；E. 触角；F. 锯鞘侧面观

67. 窗胸叶蜂属 *Thrinax* Konow, 1885

Thrinax Konow, 1885a: 19, 22–23. Type species: *Thrinax contigua* Konow, 1885, by original designation.
Hemitaxonus Ashmead, 1898d: 311. Type species: *Taxonus dubitatus* (Norton, 1862), by original designation.
Epitaxonus MacGillivray, 1908b: 365–366. Type species: *Taxonus albidopictus* Norton, 1868, by original designation.
Sahlbergia Forsius, 1910: 49–50. Type species: *Sahlbergia struthiopteridis* Forsius, 1910, by monotypy.

主要特征：小型叶蜂，体瘦长；唇基前缘缺口浅弧形；上颚粗短，对称双齿式，外齿微弱弯曲；复眼较小，内缘间距常宽于复眼长径，触角窝间距明显窄于内眶；颚眼距显著，0.3–1.5 倍于单眼直径；侧窝大，向前开放，额脊显著隆起，额区洼入；单眼后区宽大于长，侧沟较深；后眶边缘圆钝，具后颊脊；背面观后头短，两侧明显收缩；触角细长，稀少较粗，第 1 节主体和第 2 节宽明显大于长，第 3 节等于或短于第 4 节，无触角器；中胸背板明显延长，前叶显著前突，后部常具中纵脊；小盾片平坦，附片显著；中胸前侧片大部分光滑，胸腹侧片十分平坦，胸腹侧片缝细浅，或几乎消失；中胸后上侧片具 1 明显的膜质区（膜窗）；前足胫节内端距端部分叉，后足胫节约等长于跗节，端距不长于胫节端部宽，后足基跗节明显或稍短于其余跗分节之和；爪小型，无基片，亚端部具微小内齿，或无内齿；前翅 1M 脉与 1m-cu 脉向翅痣明显收敛，1M 脉短于 1m-cu 脉 2 倍，但明显长于 1m-cu 脉；cu-a 脉中位或偏外侧，臀室具近似垂直的横脉，2M 室长明显大于宽；后翅 Rs 和 M 室均封闭，臀室无柄式或具短柄；锯鞘狭窄，无侧突，背面观和侧面观均明显尖出；锯腹片端部无明显锯刃，腹缘具多数不规则细齿，无节缝和翅突；阳茎瓣体长椭圆形，具背缘细齿，无侧突。

分布：古北区，新北区。本属已知 25 种，其中新北区 3 种，古北区西部 1 种，其余种类均分布于东亚。中国已记载 9 种。浙江目前发现 4 种。

本属 2009 年之前使用的属名为 *Hemitaxonus* Ashmead，当时的 *Thrinax* Konow 包括的种类现在均已归属于 *Strongylogaster*。读者需要仔细辨析相关种类的拉丁名称。

分种检索表

1. 唇基和上唇大部分或全部黄色或白色 ·· 2
- 唇基全部黑色 ··· 3
2. 上颚大部分、唇基上区和唇基红褐色，后足胫节和基跗节黄褐色，前胸背板后缘淡边很窄；颚眼距等于单眼直径 ·· 刘氏窗胸叶蜂 *Th. liui*（雌）
- 上颚和唇基上区黑色，唇基黄褐色，基部黑色，后足胫跗节部分黑色，前胸背板后缘淡边很宽；颚眼距等于单眼半径 ·· 白唇窗胸叶蜂 *Th. rufoclypeus*
3. 胸腹侧片缝细浅可辨；翅基片黑色；颚眼距等于单眼直径 ··································· 刘氏窗胸叶蜂 *Th. liui*（雄）
- 胸腹侧片缝十分模糊；翅基片黄白色；颚眼距不宽于单眼半径 ······································· 4
4. 唇基上区强烈隆起，背面观显著高于触角窝沿，唇基上沟模糊；翅烟褐色，1M 脉长 4.3 倍于 R+M 脉，2r 脉位于 3r-m 脉内侧；锯鞘尖长 ··· 角突窗胸叶蜂 *Th. goniata*
- 唇基上区稍隆起，背面观几乎与触角窝沿持平，唇基上沟明显；翅透明，1M 脉长 3 倍于 R+M 脉，2r 脉与 3r-m 相接；锯鞘短钝 ··· 台湾窗胸叶蜂 *Th. formosana*

（246）台湾窗胸叶蜂 *Thrinax formosana* (Takeuchi, 1928)（图 3-241）

Hemitaxonus formosanus Takeuchi, 1928: 43.
Thrinax formosana: Blank, 2002: 698.

主要特征：雌虫体长 5–5.5mm；体黑色，前胸背板全部、翅基片、各足转节、前中足股节端部 1/3、后足股节端部黄褐色，前中足胫节基部和前足胫节前缘浅褐色；腹部黄褐色，仅腹部基部和端部 2–3 节黑色；翅浅烟灰色透明，翅痣和翅脉黑褐色；体光滑，后眶具少许小刻点，腹部第 1 背板具明显细刻纹；唇基上区仅稍隆起（图 3-241C），背面观几乎与触角窝沿持平（图 3-241D）；颚眼距微短于单眼半径；后颊脊较伸达后眶上部；额区前端微具缺口；上眶前部凹入；单眼后区宽长比稍大于 2；侧沟深点状，互相平行；触角第 3 节等长于第 4 节；胸腹侧片平坦，胸腹侧片缝痕状；中胸后上侧片具大型膜区；后胸背板淡膜区较大，间距 0.9 倍于淡膜区长径；爪无亚端齿；前翅 2Rs 室长于 1Rs 室；后翅臀室柄长约为臀室宽的 1/2；锯鞘端部圆尖，背面观三角形；锯腹片细长，半透明斑互相邻近，表面刺毛密且端部尖，无明显锯刃，具多数不规则细齿（图 3-241F）。雄虫体长 5–5.5mm；前足股节端部 1/3、中足股节端部黄褐色，触角稍粗，具密集刻纹，腹部基部和端部黑色；抱器长稍大于宽，端部圆突（图 3-241A）；阳基腹铗内叶近似三角形，尾端截形（图 3-241B）；阳茎瓣体长椭圆形，背缘齿不明显（图 3-241E）。

分布：浙江（德清、临安）、台湾。

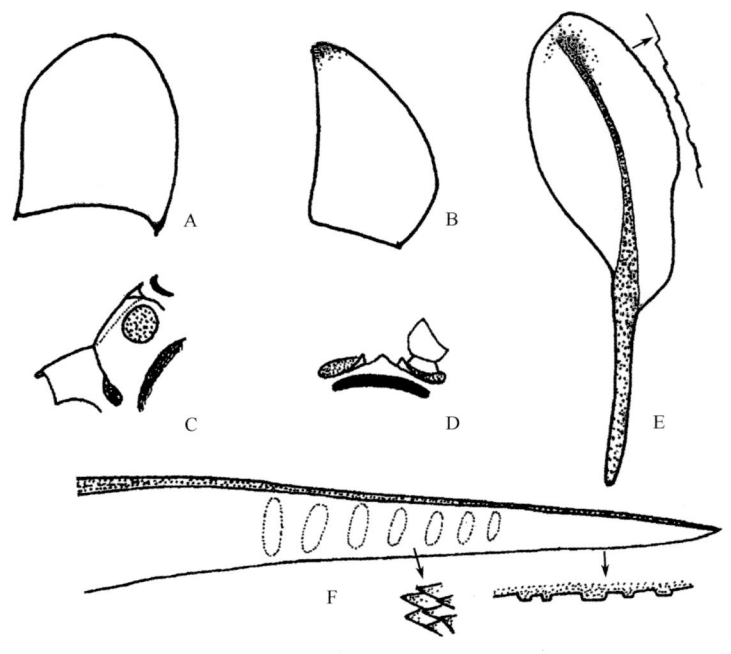

图 3-241 台湾窗胸叶蜂 *Thrinax formosana* (Takeuchi, 1928)
A. 抱器；B. 阳基腹铗内叶；C. 唇基和唇基上区侧面观；D. 唇基上区背面观；E. 阳茎瓣；F. 锯腹片

（247）角突窗胸叶蜂 *Thrinax goniata* (Wei, 1997)（图 3-242）

Hemitaxonus goniatus Wei, 1997b: 1575.
Thrinax goniata: Blank, 2002: 698.

主要特征：雌虫体长 6.3–6.5mm；头、胸部、足、腹端节及锯鞘黑色，前胸背板、翅基片、各足转节、前足股节端部 1/3、中足股节端部和后足膝部、前足胫节前缘、腹部 1–9 背板及腹板黄褐色；翅均匀浅烟褐色，翅痣和翅脉黑褐色；头部触角窝以下部分被细毛，其余部分光裸；体光滑，仅后眶具少许细小刻点；

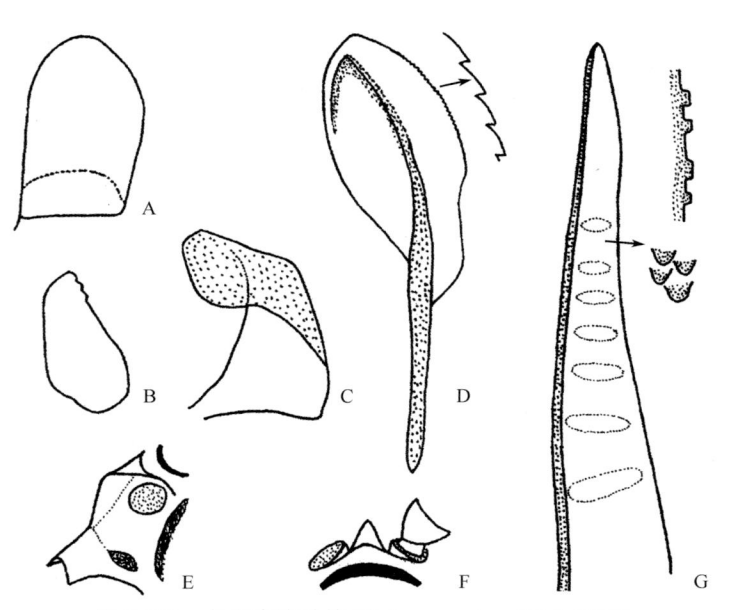

图 3-242 角突窗胸叶蜂 *Thrinax goniata* (Wei, 1997)
A. 抱器；B. 阳基腹铗内叶；C. 副阳茎；D. 阳茎瓣；E. 唇基和唇基上区侧面观；F. 唇基上区背面观；G. 锯腹片

唇基缺口浅三角形，唇基上区强烈隆起呈龙骨状（图3-242E），背面观高出触角窝沿数倍（图3-242F）；额脊高且完整，额区近圆形，两侧各具1个亚方形的凹区；单眼后区宽长比等于2；单眼后沟和中沟浅弱；颚眼距等于单眼直径1/3；后颊脊伸达后眶上部；触角长为头宽的2.2倍，第3节微长于第4节；胸腹侧片不明显，胸腹侧片缝难以分辨，中胸后上侧片具较大膜区；后胸淡膜区间距0.9倍于淡膜区长径；爪无内齿；前翅cu-a脉位于M室外侧1/3，2Rs室短于1Rs室；后翅臀室柄长仅为臀室宽的1/3；腹部第1腹节背板缺口三角形；锯鞘细长，端部尖，腹缘直；锯腹片半透明斑间距较远，侧刺鳞片状（图3-242G）。雄虫体长5.7mm；腹部基部2节和端部2节背板黑色，前中足股节端部1/3黄褐色；触角粗壮侧扁，具显著刻纹；抱器长显著大于宽，端部突出，内外缘较直（图3-242A）；阳基腹铗内叶端部不尖，尾端圆钝（图3-242B）；阳茎瓣见图3-242D，头叶近似长椭圆形，尾角不突出。

分布：浙江（安吉、临安、金华）、湖南、福建、广东、重庆、四川。

（248）刘氏窗胸叶蜂 *Thrinax liui* (Wei, 2005)（图3-243）

Hemitaxonus liui Wei, in Wei & Lin, 2005: 436, 461.
Thrinax liui: Blank, 2002: 698.

主要特征：雌虫体长6mm；体黑色，唇基、上唇、唇基上区、上颚大部分红褐色，前胸背板后缘狭边、翅基片和足黄褐色，各足基节基部黑色，前中足股节基端、跗节端部暗褐色，腹部腹板部分或大部分褐色；翅浅烟灰色透明，翅痣黑褐色；体毛浅色；体光滑，唇基、颚眼距、后眶、小盾片后半部具明显刻纹，头、胸部其余部分无明显刻点和刻纹，腹部背板具极微弱表皮刻纹；复眼中等大，内缘向下微弱收敛，间距明显宽于眼高，颚眼距约等于单眼直径，后颊脊较发达，伸达后眶上部；中窝近圆形，底部具三叉沟；单眼后区宽2倍大于长；触角第3、4、5节几乎等长；中胸胸腹侧片缝痕状，下半较明显，侧板前缘光滑无细脊；中胸后上侧片具中等大的长膜窗；爪无内齿；前翅2Rs室明显短于1Rs室，后翅臀室柄等长于cu-a脉1/2–3/5；锯鞘简单窄长，端部尖，背面观和侧面观均为狭长三角形（图3-243E）；锯腹片细长，半透明斑8–9个，互相较远离，表面刺毛鳞片状，较稀疏且端部具1尖刺，锯腹片腹缘无明显锯刃，具少数不规则细齿。雄虫体长5mm；唇基、唇基上区、前胸背板、各足基节大部分、转节大部分、前中足股节基半部、后足股节大部分和腹部腹板黑褐色；触角第3节显著短于第4节；抱器长大于宽，端部圆突（图3-243A）；副阳茎头端和尾部均突出（图3-243B）；阳茎瓣明显弯曲，瓣头背缘齿明显，尾角方形（图3-243D）。

分布：浙江（安吉）、河南、陕西、甘肃、湖北、湖南、四川、贵州。

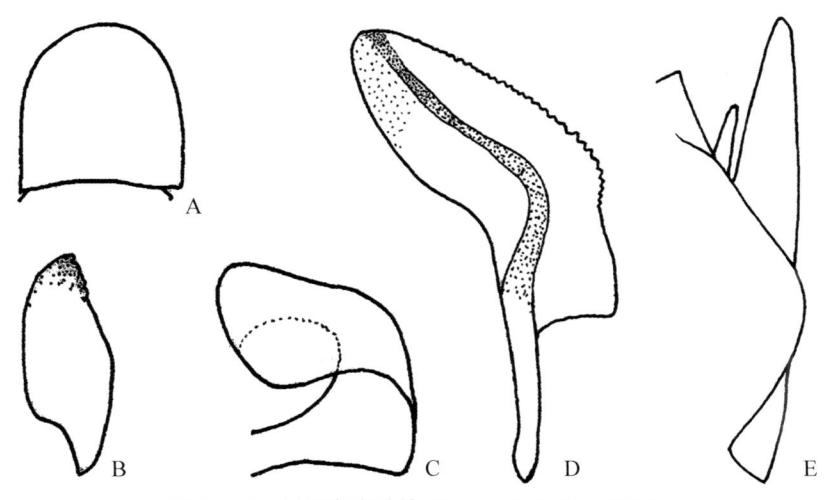

图3-243 刘氏窗胸叶蜂 *Thrinax liui* (Wei, 2005)
A. 抱器；B. 阳基腹铗内叶；C. 副阳茎；D. 阳茎瓣；E. 锯鞘侧面观

(249) 白唇窗胸叶蜂 *Thrinax rufoclypeus* (Wei, 1998)（图 3-244）

Hemitaxonus rufoclypeus Wei, in Nie & Wei, 1998c: 126.
Thrinax rufoclypeus: Blank, 2002: 698.

主要特征：雌虫体长 6.5–7.5mm；体黑色，光滑，后眶具少许小刻点，小盾片后部具细弱刻纹，腹部第 1 背板具微细刻纹，虫体其余部分无明显刻点；唇基黄褐色，前胸背板后缘窄边、翅基片黄白色，腹部第 5 节大部分、第 6 节两侧、5–6 腹板全部红褐色；足黑色，基节大部分、转节、股节端部、胫节基部 1/3–2/5、后足基跗节基部 1/3 黄白色，股节除端部外黄褐色，后足胫节和基跗节黄褐色；翅透明，翅痣黑褐色；唇基上区上部明显隆起，背面观显著高于触角窝沿；颚眼距约等于单眼半径，后颊脊伸达后眶上部；额区前端无明显缺口；单眼后区隆起，宽长比稍大于 2；侧沟深宽点状，互相平行；触角第 3 节等长于第 4 节；胸腹侧片平坦，胸腹侧片缝痕状；中胸后上侧片具大椭圆形膜区；前翅 2r 脉交于 2Rs 室上缘中部，后翅臀室柄显著，爪无亚端齿；后翅臀室柄长约为臀室宽的 1/2；锯鞘短窄，端部圆尖，背面观三角形，端部尖；锯腹片细长，半透明斑 8–9 个，无明显锯刃，具少数不规则细齿。雄虫翅基片黑色，后足股节、胫节、跗节的背侧具黑褐色条斑，腹部腹板大部分、有时中部数节背板全部黄褐色；抱器长大于宽，端部外侧稍突出（图 3-244A）；阳茎瓣体窄长椭圆形，中部稍宽，无突出尾角（图 3-244C）。

分布：浙江（庆元）、河南、陕西、甘肃、湖北、贵州。

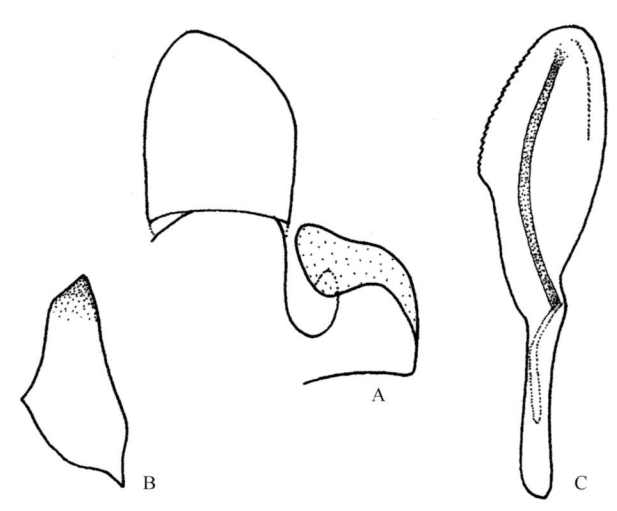

图 3-244 白唇窗胸叶蜂 *Thrinax rufoclypeus* (Wei, 1998)
A. 生殖铗；B. 阳基腹铗内叶；C. 阳茎瓣

68. 似窗叶蜂属 *Canonarea* Malaise, 1947

Canonarea Malaise, 1947: 37. Type species: *Canonarea albooralis* Malaise, 1947, by original designation.

主要特征：小型叶蜂，体形瘦长；中后胸光滑，几乎光裸无毛；复眼间距稍宽于复眼长径；唇基平坦，显著窄于复眼下缘间距，前缘缺口浅弧形；触角窝间距窄于内眶，侧窝大，下侧开放；上颚对称双齿式，颚眼距不宽于单眼直径；头部光滑，额脊显著隆起，较窄高，额区多少洼入；后眶短，具显著后颊脊；背面观后头短，两侧显著收缩，单眼后区宽显著大于长，侧沟深；触角丝状，较细长，不明显侧扁，第 2 节宽大于长，第 3 节等于或短于第 4 节，无触角器；胸腹侧片隆起，胸腹侧片缝显著沟状，中胸后上侧片无膜窗；中胸背板长形，前叶显著前突，后部具中脊；前足胫节内距端部分叉，后足胫节和跗节近似等长，基跗节明显短于其余跗分节之和；爪无基片，内齿较大；前翅 1M 脉与 1m-cu 脉稍向翅痣收敛，cu-a 脉中位或稍偏外侧，臀室具横脉，2M 室长明显大于宽；后翅 Rs 和 M 室封闭，臀室无柄式；锯鞘简单，无侧枝或耳形突，端部尖，尾须短小（图 3-245B）；锯腹片端部具分节痕迹，锯刃分化，具多数不规则细齿，无节缝和翅突，锯背片和锯腹片均具数个长方形较透明淡斑（图 3-245C）；雄虫副阳茎发达，阳茎瓣体长椭圆形，具背缘细齿，无侧突。

分布：东亚。本属有时与 *Strongylogaster* 合并。目前已知 2 种，中国均有分布。浙江发现 1 种。

（250）黄腹似窗叶蜂 *Canonarea nigrooralis* Malaise, 1947（图 3-245）

Canonarea nigrooralis Malaise, 1947: 39.
Hemitaxonus nigrooralis: Naito, 1990: 744.

主要特征：雌虫体长 5.5–6.5mm；体黑色，前胸背板大部分或后缘宽边白色，上唇、翅基片、腹部全部以及尾须黄褐色；足黑褐色，前足基节端部、中后足基节端部 3/4、转节、前中足股节端部、后足股节端半部、各足胫节最基端黄褐色，前足胫节和跗节浅褐色，中足胫节和跗节褐色；翅均匀浅烟褐色透明，翅痣和翅脉黑褐色；体毛银褐色；体光滑，几乎光裸无毛，小盾片两侧和后缘具少许模糊刻点，腹部背板无横刻纹；上唇短小，横宽；唇基端部缺口浅弱弧形；颚眼距稍窄于前单眼直径；复眼较大，内缘向下明显收敛，间距几乎不宽于眼高；额区中部微凹入，额脊高于复眼顶面，前端微低，无明显缺口；上眶前部显著凹入；POL 微短于 OOL；单眼后区横宽，微隆起，宽长比约等于 2；侧沟深宽点状，很短，互相平行，几乎伸达头部后缘；触角丝状，第 3、4 节等长，稍长于第 5 节，其余鞭分节向端部逐渐微弱缩短；前翅 2r 脉交 2Rs 室于 3r-m 脉内侧，2Rs 室稍短于 1Rs 室；锯鞘简单窄长，侧面观长约 2 倍于基部宽，端部尖（图 3-245B）；背面观狭长三角形，端部尖；锯腹片细长，具半透明斑状节缝，无翅突，表面刺毛鳞片状，较稀疏，端缘具 5–8 个尖刺；锯腹片腹缘有 7 个明显锯刃，端部锯刃具少数不规则小齿（图 3-245C）。雄虫体长 4.5mm，各足股节、胫节和跗节全部黑色，腹部黑色，腹板部分浅褐色。本种雄虫是首次报道。

分布：浙江（临安）、湖南、台湾、广西；印度（北部），缅甸（北部）。

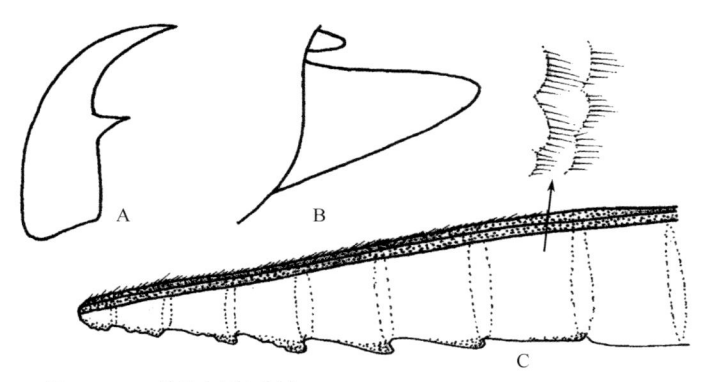

图 3-245 黄腹似窗叶蜂 *Canonarea nigrooralis* Malaise, 1947
A. 爪；B. 锯鞘端侧面观；C. 锯腹片端部及表面刺毛放大

69. 长背叶蜂属 *Strongylogaster* Dahlbom, 1835

Tenthredo (*Strongylogaster*) Dahlbom, 1835: 4, 13. Type species: *Tenthredo multifasciata* Geoffroy, 1785, by subsequent designation of Opinion, 1953 (ICZN, 2000a).
Strongylogaster (*Pseudotaxonus*) Costa, 1894: 157–158. Type species: *Strongylogaster filicis* (Klug, 1817), by monotypy.
Polystichophagus Ashmead, 1898d: 310. Type species: *Tenthredo* (*Allantus*) *filicis* Klug, 1817, by monotypy.
Prototaxonus Rohwer, 1910d: 49–50. Type species: *Prototaxonus typicus* Rohwer, 1910, by original designation.

主要特征：中等体型叶蜂；体与翅均狭长形，胸、腹部明显延长，中胸背板明显前突，腹部显著长于头、胸部之和；复眼内缘弱弧形鼓凸，中部间距宽于复眼长径，内缘向下微弱收敛，触角窝间距等于或窄于内眶；唇基短，明显窄于复眼间距，端缘具浅弱弧形缺口；上颚粗短且对称，2–3齿，内齿亚端位；后眶圆，通常无后颊脊，或仅后眶下部1/3具短脊；背面观后头明显短于复眼，两侧圆钝收缩；额区界限清晰，中部明显洼入，额脊钝脊型隆起；单眼后区宽明显大于长，侧沟短深；颚眼距明显，0.3–1.3倍于单眼直径；触角粗丝状，第1节主体和第2节宽明显大于长，鞭分节长度近似，第3节等于或短于第4节；胸腹侧片狭窄，明显隆起，高出中胸侧板平面，胸腹侧片缝宽沟形；中胸后上侧片横脊上部凹入，无膜窗；后胸侧板宽大；前足胫节内距端部分叉；后足胫节和跗节近似等长，基跗节约等长于其后3节之和；爪较小，无基片，内齿齿缺或小型；前翅C脉端部稍膨大，1M脉和1m-cu脉向翅痣方向微弱或显著收敛，Rs+M脉基部明显弯曲，cu-a脉亚中位或外侧位，臀横脉常缺，个别种类具臀横脉，2M室长显著大于宽；后翅Rs和M室均封闭，大小近似，臀室无柄式或具短柄；锯鞘常具侧枝或侧叶，少数简单；锯腹片具齿部明显长于柄部，常具较弱的锯刃，节缝不明显发育，无翼突；阳茎瓣头叶倾斜，背缘具细齿。

分布：古北区，新北区。本属已知44种，是长背叶蜂亚科最大的属，其中北美洲分布11种，欧洲分布7种，东亚分布30种（古北区西部共有5种）。中国已记载17种，浙江目前发现6种，本书记述5种。Liu等（2021d）将 *S. filicis* (Klug, 1814) 列入浙江分布，应该是吉林标本混入浙江天目山标本导致。

寄主：多种蕨类植物。

Taeger等(2010)在本属名下还列出了南美洲分布的11种。这11种均是在20世纪初叶由G. Enderlein描述、目前分类地位尚未确定的种类，但基于原始描述，可以肯定这些种类都不属于本属。此外，本属形态分化较复杂，是否是单系群还需要进一步研究确认。

分种检索表

1. 后翅臀室无柄式；爪具明显内齿；唇基全部黑色，雌虫股节至少基部1/3黑色；锯鞘具耳状侧叶，鞘毛长 ·············· 2
- 后翅臀室具柄式；爪无内齿；唇基白色，股节全部黄色或黄褐色；锯鞘具小枝突 ·············· 4
2. 爪内齿大型，靠近并稍短于端齿；头部背侧、中胸背板前叶大部分、侧叶和胸部侧板具密集粗大刻点和刻纹；锯鞘耳形突很大 ·············· 3
- 爪内齿很小，远离端齿；中胸背板前叶、侧叶和侧板高度光滑，无刻点和刻纹，头部背侧无刻点，局部具微弱刻纹；锯鞘耳形突很短 ·············· 天目长背叶蜂 *S. tianmunica*
3. 触角鞭节黑色；中胸背板前叶两侧刻点粗糙致密 ·············· 狭缘长背叶蜂 *S. multifasciata*
- 触角至少基部3节红褐色；中胸背板前叶两侧刻点稀疏 ·············· 斑角长背叶蜂 *S. xanthocera*
4. 腹部中部数节红褐色；中胸前侧片具显著刻纹；内眶皱纹弱，具光泽；颚眼距大于单眼直径 ·············· 斑腹长背叶蜂 *S. macula*
- 腹部各节黑色，后缘浅色；中胸前侧片光滑无刻纹；内眶具细密刻纹；颚眼距等于单眼直径 ·············· 台湾长背叶蜂 *S. formosana*

（251）台湾长背叶蜂 *Strongylogaster formosana* (Rohwer, 1916)（图3-246）

Thrinax formosana Rohwer, 1916: 100.

Strongylogaster formosana: Naito, 1990: 743.

主要特征：雌虫体长约6.5–9mm；体黑色，上唇、唇基大部分、口须、前胸背板后缘宽边、翅基片、后胸背板淡膜区、腹部各节背板后缘模糊的狭边白色或黄褐色；足黄褐色，基节基半部黑色，跗节端部黑褐色；翅透明，翅痣和翅脉黑褐色；头部在侧窝以下部分和后眶具细密刻纹，额区以及两侧光滑；胸部光滑，前胸背板和中胸侧板后部、后胸侧板具细刻纹，小盾片后缘具少许刻点；腹部背板刻纹细，第2–3背板微弱；唇基缺口浅，颚眼距等于单眼直径；中窝亚方形，额脊锐利完整，额区宽五边形，中部平坦光滑；额侧区凹入，光滑；单眼后区宽长比微大于2；单眼中沟深，后沟较浅；POL：OOL=6：7；后眶短，后颊脊伸达上眶两侧，后眶沟宽深；触角稍短于头宽的3倍；胸腹侧片较窄，明显隆起，胸腹侧片缝沟状；爪细长，无亚端齿；前翅臀室无横脉，cu-a 脉交于 M 室外侧 3/7；后翅臀室柄长度稍短于臀室宽；锯鞘短小，端部两侧具短直枝突，枝突细，互相近似平行，尾须伸至锯鞘末端，端部渐细，长 5 倍于宽，鞘毛和尾须毛均十分短小（图 3-246A）；锯腹片 9–10 刃，端部锯刃不突出，锯刃具 5–7 个明显的细齿，端部 2 锯刃平坦，不连接，节缝明斑状（图 3-246F）。雄虫体长 6.5–7.5mm；腹部全部黑色；抱器长大于宽，端缘中部稍突出（图 3-246B）；阳基腹铗内叶端部钝，具不规则端齿，尾部短钩状弯折，内外缘均不突出（图 3-246C）；副阳茎短高（图 3-246E）。

分布：浙江（安吉、临安、龙泉）、湖南、福建、台湾、广西。

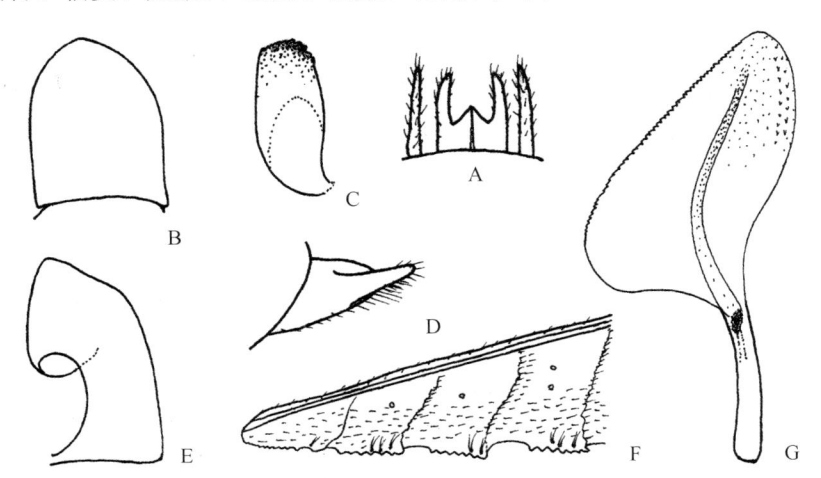

图 3-246 台湾长背叶蜂 *Strongylogaster formosana* (Rohwer, 1916)
A. 锯鞘和尾须背面观；B. 抱器；C. 阳基腹铗内叶；D. 锯鞘侧面观；E. 副阳茎；F. 锯腹片端部；G. 阳茎瓣

（252）狭缘长背叶蜂 *Strongylogaster multifasciata* (Geoffroy, 1785)（图 3-247）

Tenthredo lineata Christ, 1791: 450.
Tenthredo multifasciata Geoffroy, 1785: 368.
Strongylogaster multifasciata: Dalla Torre, 1894: 136.
Strongylogaster iridipennis F. Smith, 1874: 377.
Strongylogaster cretensis Konow, 1887: 26.
Strongylogaster annularis Matsumura, 1912: 219.

主要特征：雌虫体长 11–13mm；体黑色，翅基片、股节最末端、各足胫节基部 1/3、腹部各节背板后缘黄褐色，各足基节大部分、转节、股节基部、腹部大部分黑褐色或暗褐色，足的其余部分红褐色；翅浅烟灰色透明，翅痣大部分浅褐色，基部较暗；体毛银色；头、胸部刻点和皱纹十分粗糙致密，单眼后区和上眶具狭窄光滑区域，小盾片后半部刻点较少，附片大部分和后胸后背板大部分光滑，腹部背板刻纹细密，第 1 背板刻纹粗密；唇基缺口窄深，深达唇基长 2/5；额区稍隆起，额脊微具轮廓；单眼后区宽稍大于长，侧沟细浅，向后稍分歧；后眶鼓出，后颊脊低弱；颚眼距稍窄于单眼直径；触角长约等于头宽 2 倍；后足基跗节微长于其后 3 节之和；爪内齿短于端齿（图 3-247A）；前翅臀室无臀横脉，cu-a 脉交于 1M 室外侧 3/7，2Rs 室显著长于 1Rs 室，后翅臀室无柄式；锯鞘具大耳形侧叶，背面观见图 3-247D，侧面观甚狭长并具长缨毛（图 3-247E）；锯腹片骨化较强，表面具较短密的刺毛，节缝明斑型；锯刃显著突出，12 个，亚基齿明显（图 3-247F）。雄虫体长约 10mm；腹部第 1、2 背板完全黑色，其余背板和腹板几乎全部黄褐色；足大部分黄褐色，基节基部黑色；下生殖板长稍大于宽，端部圆钝；阳茎瓣头部较粗短，背缘较直（图 3-247G），阳基腹铗内叶见图 3-247C、H。

分布：浙江（临安）、吉林、四川；欧洲。

寄主：*Pteridium*、*Pteris*、*Polystichum* 等属蕨类植物。

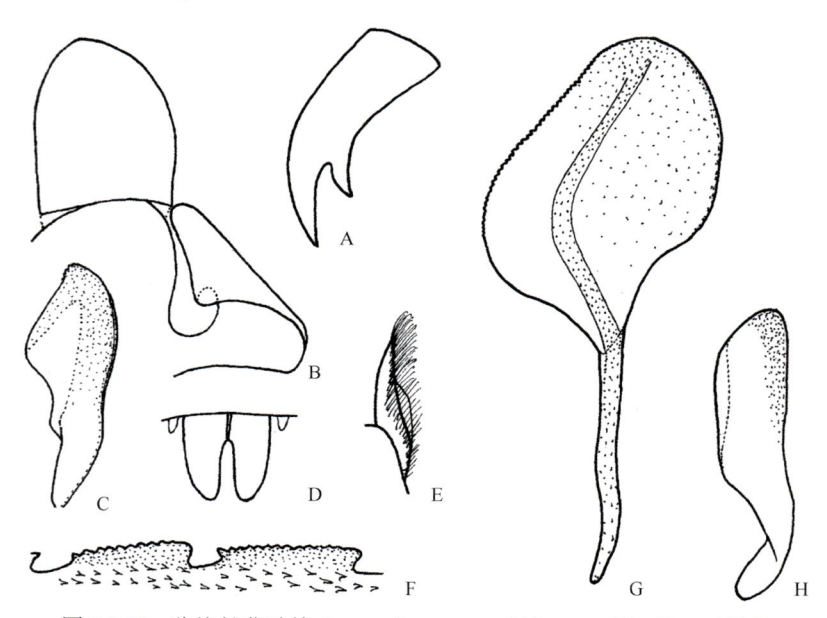

图 3-247　狭缘长背叶蜂 *Strongylogaster multifasciata* (Geoffroy, 1785)
A. 爪；锯鞘；B. 抱器和副阳茎；C. 阳基腹铗内叶；D. 锯鞘和尾须背面观；E. 锯鞘侧面观；F. 锯腹片的锯刃；G. 阳茎瓣；H. 阳基腹铗内叶侧面观

（253）斑腹长背叶蜂 *Strongylogaster macula* (Klug, 1817)（图 3-248）

Tenthredo (*Allantus*) *macula* Klug, 1817b: 217.
Thrinax intermedia Konow, 1885a: 23.
Strongylogaster macula: Benson, 1952: 59.

主要特征：雌虫体长 5–7mm；体黑色，唇基、上唇、前胸背板后缘宽斑和侧缘狭边、翅基片和口须大部分黄褐色，腹部中部背板具不定形黄褐色斑，基部和端部背板黑色，背板缘折中部纵带黄褐色；足黄褐

图 3-248　斑腹长背叶蜂 *Strongylogaster macula* (Klug, 1817) 雌虫
A. 头部前面观；B. 头部背面观；C. 锯鞘和尾须背面观；D. 锯腹片；E. 中胸侧板；F. 触角

色至橘褐色，基节基部黑色，后足胫节和跗节背侧具黑褐色条带；翅透明，前缘脉除基部外、翅痣全部黑褐色，其余翅脉大部分黑褐色，尾须和锯鞘暗褐色；体毛大部分银色；头部、中胸背板前叶两侧、前胸背板、腹部背板、中胸后侧片和后胸侧板具细密刻纹，头部刻纹稍粗糙，但额区及其侧面具明显光泽（图3-248A、B），中胸前侧片中上部具细小刻点，刻点间隙具显著细刻纹，表面较光滑，腹侧部分高度光滑，刺毛不均匀（图3-248E）；触角窝间距几乎等宽于内眶，唇基前缘缺口浅弧形，颚眼距大于单眼直径（图3-248A），后颊脊显著；中窝大，圆形，侧窝上缘细脊高；单眼后区扁宽，侧沟深卵圆形（图3-248B）；触角粗长，稍短于3倍头宽，第3节短于第4和第5节；爪无亚端齿；前翅无臀横脉，2r脉交于3r-m脉内侧；后翅臀室柄稍短于臀室宽；锯鞘较短，侧突细短枝状，向后端稍分歧；尾须细长，伸抵锯鞘端部（图3-248C）；锯腹片锯刃低平，亚基齿细小（图3-248D）。雄虫体长5–6mm；触角与腹部等长，阳茎瓣头叶近似长方形，稍倾斜。

分布：浙江（临安、龙泉）、陕西、甘肃、安徽、湖北、江西、湖南、广东、广西、重庆、四川、贵州；日本，东北亚，欧洲，北美洲。

寄主：*Arachniodes*、*Athyrium*、*Pteridium*等属蕨类植物。

(254) 天目长背叶蜂 *Strongylogaster tianmunica* Liu, Li & Wei, 2021（图3-249）

Strongylogaster tianmunica Liu, Li & Wei, 2021d: 3.

主要特征：雌虫体长10–12mm；体黑色，前胸背板后缘狭边及侧角大斑、翅基片、腹部第2–8背板后缘窄边、第1–6节腹板后缘窄边、第10背板中央纵脊及后缘狭边、前中足基节端缘、后足基节端部、前足股节端部1/2、中后足股节端部1/3和各足胫节基部1/2黄白色，各足胫节端部1/2及跗节大部分黑褐色；翅透明，翅痣黑褐色；体毛银色；单眼后区和上眶具光滑区域；唇基及唇基上区刻点密集粗糙，无光泽；中胸背板、小盾片及附片、中胸前侧片（图3-249I）和后胸后侧片光滑，中胸后侧片和后胸前侧片具细弱

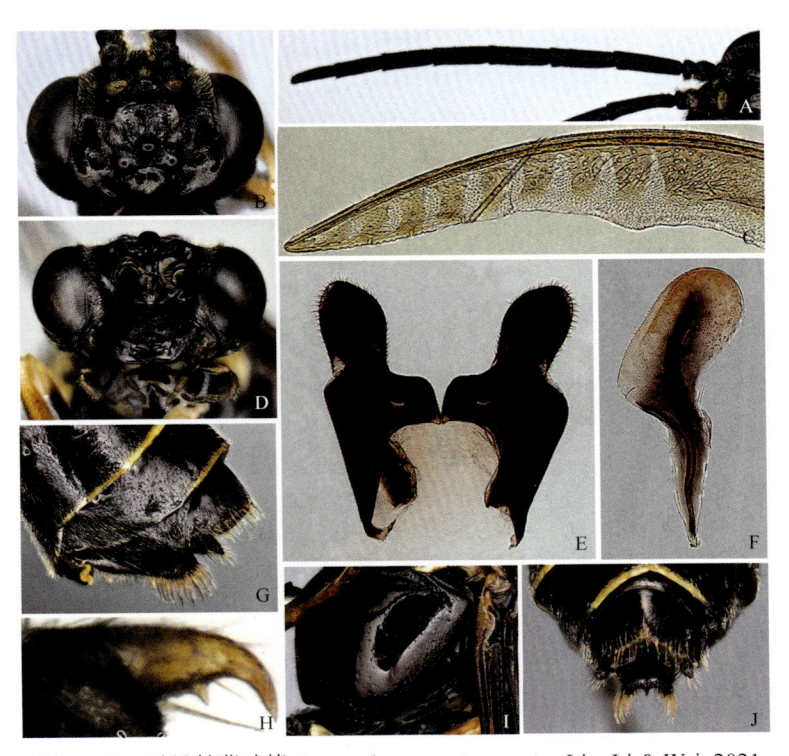

图3-249 天目长背叶蜂 *Strongylogaster tianmunica* Liu, Li & Wei, 2021
A. 雌虫触角；B. 雌虫头部背面观；C. 锯腹片中端部；D. 雌虫头部前面观；E. 生殖铗；F. 阳茎瓣；G. 锯鞘和尾须侧面观；H. 爪；I. 雌虫中胸侧板；J. 锯鞘和尾须背面观

刻纹，腹部第 1 背板无明显刻点与刻纹，其余各节背板与腹板具细弱刻纹；额区几乎不隆起，额脊微发育；单眼中沟和后沟细浅，单眼后区宽 2 倍于长，后颊脊十分低短；颚眼距约等于单眼直径的 2/3；触角约 2.8 倍于头宽，第 3 节微长于第 4 节（图 3-249A）；胸腹侧片明显隆起，胸腹侧片缝沟状（图 3-249I）；爪内齿短小（图 3-249H）；前翅无臀横脉，后翅臀室无柄式；锯鞘具短耳状鞘刷，具长缨毛，尾须短，长宽比约等于 2（图 3-249G，J）；锯腹片骨化稍强，端部腹缘较平直，具连续小齿（图 3-249C）。雄虫体长 8–10mm；腹部第 5–8 背板后缘狭边黄白色，下生殖板端部圆弧形，抱器端长大于宽（图 3-249E）；阳茎瓣头叶端部和尾角圆钝（图 3-249F）。

分布：浙江（临安）。

寄主：未知。

（255）斑角长背叶蜂 *Strongylogaster xanthocera* (Stephens, 1835)（图 3-250）

Tenthredo xanthocera Stephens, 1835: 81.
Strongylogaster xanthocera: Benson, 1952: 58.

主要特征：雌虫体长 11–13mm；体黑色，上唇、触角至少基部 3 节、前胸背板后缘狭边、股节末端、各足胫节端部 2/3、各足跗节全部淡红褐色，翅基片、腹部 2–10 节后缘、各足胫节基部 1/3 淡黄色；翅透明，翅痣大部分浅褐色；头、胸部刻点和皱纹十分粗糙，单眼后区和上眶具少许光滑区域，小盾片后半部、附片大部分、中胸后侧片前缘光滑，腹部各节背板刻纹细密；唇基缺口深达唇基长的 1/3 以上；中窝模糊，侧窝纵沟状；额区几乎不隆起，额脊微发育；单眼中沟和后沟细浅，单眼后区宽长比微大于 2，侧沟细浅，向后稍分歧；后眶鼓出，后颊脊十分低短；颚眼距等于单眼直径；触角微短于头、胸部之和，约等于头宽的 2 倍，爪内齿稍短于端齿（图 3-250B）；前翅无臀横脉，cu-a 脉交于 1M 室外侧 2/5，2Rs 室长于 1Rs 室，后翅臀室无柄；锯鞘具大型耳状侧叶（图 3-250D），侧面观甚狭长（图 3-250E）；锯腹片骨化稍强，锯刃显著突出，12 个，最端部的 1 个不明显（图 3-250A）；下生殖板中部明显突出（图 3-250C）。雄虫体长 9–10mm；腹部第 1–2 背板完全黑色，其余背板大部分黄褐色，中部背板常具不定形褐斑。

分布：浙江（临安）、陕西、安徽、湖南、福建；欧洲。

寄主：*Pteridium* 等属蕨类植物。

本种中国种群与欧洲种群已经产生了较明显的遗传分化（COI 的 K2P 距离为 1.7%–2.3%，欧洲种群 17 个样本间差异为 0%–0.8%）。

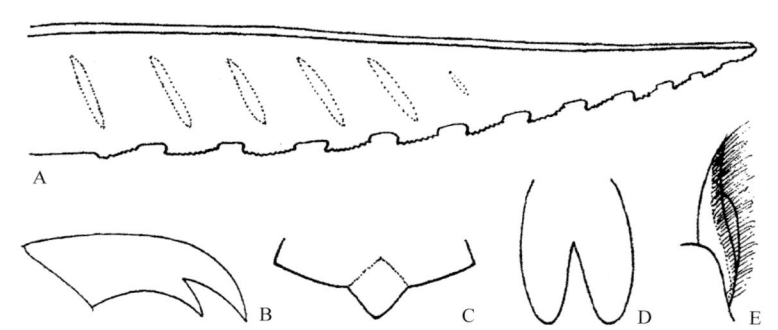

图 3-250 斑角长背叶蜂 *Strongylogaster xanthocera* (Stephens, 1835)（仿自魏美才和聂海燕，2003b）
A. 锯腹片；B. 爪；C. 雌虫下生殖板；D. 锯鞘背面观（缨毛略）；E. 锯鞘侧面观

70. 桫椤叶蜂属 *Rhoptroceros* Konow, 1898

Rhoptroceros Konow, 1898b: 276. Type species: *Rhoptroceros procinctus* Konow, 1898, by monotypy.
Rhopographus Konow, 1899a: 79. Name for *Rhoptroceros* Konow, 1898.

Jacobsoniella Forsius, 1929: 65, nec. Melichar, 1914. Type species: *Jacobsoniella brachycera* Forsius, 1929, by original designation.

主要特征：中型叶蜂，体及翅窄长，腹部明显长于头、胸部之和；唇基较窄，明显弯曲，中部稍鼓，前缘具深三角形缺口；唇舌强烈延长；复眼大，内缘直，向下明显收敛，下缘间距稍窄于复眼长径，颚眼距等长或稍短于单眼直径；触角窝间距明显窄于内眶，额区发育，明显凹入，额脊钝；中窝较小，侧窝纵沟形，向前开放，背缘具横脊，于额侧区分离；后头明显延长，后眶圆钝，具后眶沟，完全无后颊脊；单眼后区隆起，宽大于长，侧沟深；触角短粗，短于头宽2倍，中部明显膨大，基部2节长明显大于宽，第3节显著长于第4节，第7、8节长稍大于宽；前胸背板具侧纵脊，前胸侧板腹侧尖，不接触；中胸背板明显延长，前叶隆起，显著前突，后部具锐利中脊，侧纵沟宽深；小盾片前角突出，附片宽大、平滑；胸腹侧片明显隆起，胸腹侧片缝深沟状，侧板前缘具脊；淡膜区大，间距小于淡膜区长径；前足胫节内端距端部分叉，后足基跗节约等于其后4跗分节之和；爪粗壮，无基片，亚端齿长于端齿（图3-251）；前翅翅痣窄长，R+M脉段很短，Rs+M脉基部强烈反弯，1M脉显著长于并与1m-cu脉几乎平行，cu-a脉中位，臀横脉接近垂直，2M室长显著大于宽；后翅具双闭中室，臀室无柄；腹部中部膨大，端部明显侧扁；锯鞘短，耳形侧突很大；锯腹片无节缝，具不规则缘齿，无节缝、锯刃和翼突距；阳茎瓣头叶近似斜方形。

分布：中国南部；越南，印度尼西亚。本属已知5种，中国记载4种，浙江分布1种。

寄主：桫椤科Cyatheaceae的蕨类植物。

(256) 黑胸桫椤叶蜂 *Rhoptroceros cyatheae* (Wei & Wang, 1995) （图3-251，图版Ⅵ-8）

Rhopographus cyatheae Wei & Wang, *in* Wei, Wang & Yang, 1995: 27.
Rhoptroceros cyatheae: Blank *et al.*, 2009: 54.

主要特征：雌虫体长11–12mm；体黑色，触角基部2节、唇基、前胸背板后半部、翅基片前缘、腹部第3节背板和第3–4节腹板全部、第1和5–8背板后缘、第10节背板大部分和尾须黄褐色；足黑色，各足膝部、前足胫节基部4/5、中足胫节基部2/3、后足胫节基部1/4白色；翅浅烟灰色透明，前缘具显著烟褐

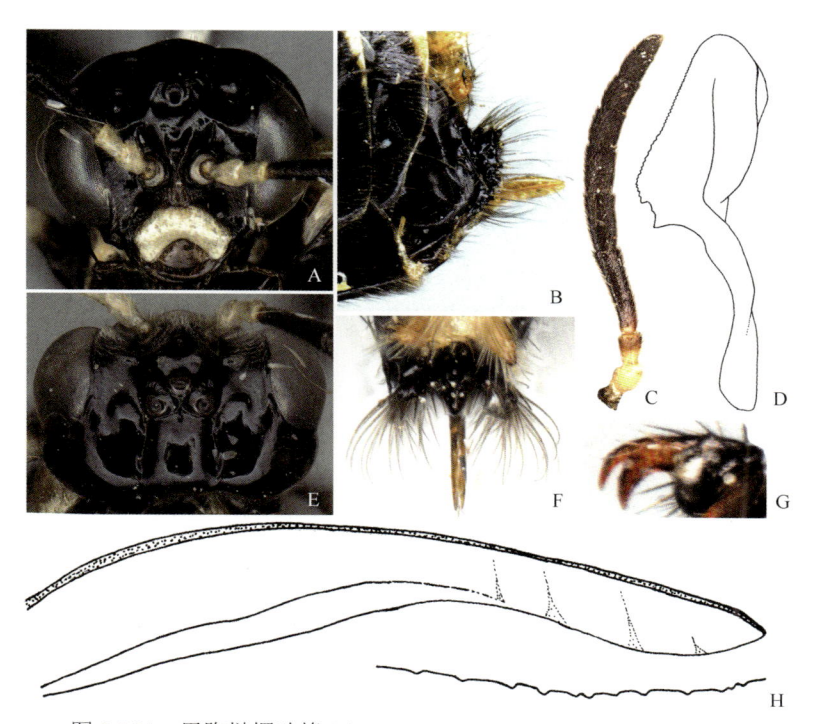

图3-251 黑胸桫椤叶蜂 *Rhoptroceros cyatheae* (Wei & Wang, 1995)
A. 雌虫头部前面观；B. 锯鞘侧面观；C. 雌虫触角；D. 阳茎瓣；E. 雌虫头部背面观；F. 锯鞘背面观；G. 爪；H. 锯腹片和端部腹缘细齿

色纵带；翅痣和缘脉浅褐色；体具稀疏银褐色细毛；体光滑，无刻点，中胸背板和侧板几乎光裸，腹部 4–9 节背板具细弱刻纹；颚眼距等宽于单眼半径；后头较长，两侧强烈收缩；额脊前缘中部中断；单眼后区明显隆起，长显著大于宽，侧沟较深，向后稍分歧（图 3-251E）；触角明显短于头、胸部长度之和，鞭节中部膨大侧扁，显著宽于第 3 节基部，第 3 节 1.4 倍长于第 4 节（图 3-251C）；前胸背板侧纵脊发达，后侧缘上下叶等大；爪见图 3-251G；前翅 2Rs 室长于 1Rs 室，外下角尖出，2r 脉交于其亚中部；锯鞘侧面观侧叶耳状突出，具长缨毛（图 3-251B），背面观见图 3-251F；锯腹片腹缘具不规则的小齿（图 3-251H）。雄虫体长 8–9mm；唇基有时部分黑色，前中足胫节基部 1/3 白色，后足胫节全部黑色；下生殖板端部圆形突出，抱器长约等于宽，端部圆钝；阳茎瓣见图 3-251D。

分布：浙江（龙泉）、湖南、福建、广东、海南、广西、重庆、四川、贵州；越南。

寄主：桫椤属 *Alsophila* 植物。

（十五）麦叶蜂亚科 Dolerinae

主要特征：体形粗壮；头、胸部具密集刻点，体毛常较密集；复眼小型，间距内圆弧形鼓凸，下缘间距宽于眼高；上颚发达，对称 4–5 齿式；额区分化不明显，无明显额脊；颚眼距宽于单眼直径，后颊脊全缘式，后头延长；触角 9 节，简单丝状；前胸背板沟前部宽，具弱侧纵脊；无胸腹侧片，具胸腹侧片前片；中胸后侧片宽，具横脊；气门下叶大型，后气门后片狭条状；小盾片平坦，附片具中脊，后小盾片前凹大型；前翅无 1r-m 脉，具 2r 脉，R 脉端部不下折，1M 脉与 1m-cu 脉向翅痣收敛，Rs+M 脉基部反曲，臀室完整，具外侧位的倾斜横脉；后翅具封闭的 Rs 和 M 室，臀室具短柄；后足胫节显著长于后足股节，后足胫节长于跗节；前足胫距不等长，内距端部分叉，后足胫距短于胫节端部宽，后足基跗节短于其后 3 节之和；爪无基片，具小型内齿；锯腹片分化复杂；阳茎瓣具背缘细齿。

分布：古北区，新北区。本亚科已知 5 属约 200 种。中国分布 4 属，已知 60 余种。浙江发现 3 属 17 种，含 5 新种。

寄主：禾本科 Poaceae、莎草科 Cyperaceae 的多属植物及木贼科 Equisetaceae 的蕨类。

本亚科不少种类雌雄体色有很大差异，少量种类同一性别体色也有变化，需要结合雌雄外生殖器特征进行鉴定。此外，虽然目前还不知道锯鞘缨毛的确切功能，本类群的锯鞘缨毛构型变化十分复杂，种内又相当稳定，是本亚科种类鉴定非常好用的特征之一。

分属检索表

1. 体小型；复眼内缘明显凹入；后基跗节等于其后 3 节之和；阳茎瓣中部宽，端部窄；抱器小型，中端部宽，小于副阳茎；锯腹片具翼突距和近腹缘距 ·· 凹眼叶蜂属 *Loderus*
- 体中大型；复眼内缘直或鼓凸；后基跗节等于其后 2 节之和；抱器大型，狭长，基部最宽，大于副阳茎 ·············· 2
2. 锯鞘端与锯鞘基等长，腹缘弧形或钝角形弯曲；锯腹片短，10–13 节，中部不宽于基部，每节具中位栉状翼突和近腹缘距；锯背片具密集节间瘤；雄虫下生殖板短宽；成虫腹部通常具红环 ···················· 麦叶蜂属 *Dolerus*
- 锯鞘端明显长于锯鞘基，腹缘平直，端缘斜截；锯腹片长形，中部宽于基部，多于 15 节，每节无中位栉状翼突，近腹缘距缺或微小；锯背片光裸；雄虫下生殖板长显著大于宽；成虫腹部通常黑色 ···················· 新麦叶蜂属 *Neodolerus*

71. 凹眼叶蜂属 *Loderus* Konow, 1890

Loderus Konow, 1890: 236, 240. Type species: *Tenthredo pratorum* Fallén, 1808, by original designation.
Dolerus (*Dicrodolerus*) Goulet, 1986: 103. Type species: *Dosytheus apricus* Norton, 1861, by original designation.
Dolerus (*Oncodolerus*) Goulet, 1986: 99. Type species: *Loderus acidus* MacGillivray, 1923, by original designation.

主要特征：体小型；唇基隆起，前缘具明显缺口；额区模糊，中窝和侧窝不明显；后眶圆钝，后颊脊发达；复眼肾形，内缘凹弧形弯曲，间距明显宽于复眼长径；雌雄触角同形，粗丝状，第 2 节宽大于长，第 3 节长于第 4 节；前胸背板沟前部狭窄，前胸侧板腹缘尖，接触面狭窄或缺；胸腹侧片退化，中胸前侧片前缘具脊，中胸后侧片宽大，中部具高锐横脊，后缘中部向后延伸，覆盖后胸气门；前足胫节内端距分叉，后足胫节明显长于跗节，基跗节长于其后 2 节之和，等于其后 3 节之和；爪小，无基片，内齿微小或缺；前翅 R 脉平直，R+M 脉段显著，Rs+M 脉基部显著弧形弯曲，1r-m 横脉缺，1M 脉显著长于 1m-cu 脉，互相向翅痣明显收敛，cu-a 脉中位；臀室完整，具强烈倾斜的中位臀横脉；后翅 Rs 和 M 室封闭，臀室具短柄式；锯腹片狭长，具翼突与近腹缘距；阳茎瓣头叶窄长，中部较宽，端部窄，常具小型腹钩；抱器小型，中端部宽，小于副阳茎；头、胸部常具粗大刻点。

分布：古北区，新北区。本属已知 19 种及 7 亚种，中国已记载 13 种。浙江目前只发现 1 种。

寄主：木贼科木贼属 *Equisetum* 蕨类。

(257) 台湾凹眼叶蜂 *Loderus formosanus* Rohwer, 1916（图 3-252）

Loderus formosanus Rohwer, 1916: 90.

主要特征：雌虫体长 9mm；体黑色，上唇暗褐色，前胸背板前缘及后缘、翅基片、腹部 2–4 节、各足股节端部、胫节除末端外白色，第 2 腹节背板中部具黑斑，锯鞘端和尾须黄褐色；翅浅烟色，体毛银色；头部刻点细密，上眶和后眶上端具少许光滑间隙；胸部刻点致密且均匀，腹部光滑，无明显刻纹；唇基缺口宽三角形，深达唇基 1/2 长，无横脊；颚眼距等长于单眼半径；中窝模糊，侧窝小型，额区平坦；单眼后区平坦，宽微大于长；侧沟短浅，互相平行，后头两侧稍收缩；OOL：POL：OCL=19：10：20；单眼后沟和中沟模糊；触角粗短，等长于头、胸部之和，端部尖，第 3 节长于第 4 节，第 6、7 节长宽比均小于 2；中胸背板前叶中沟平坦，小盾片隆起，附片中纵脊宽钝；产卵器短于后足跗节；锯鞘端显著短于锯鞘基，端部钝尖；背面观鞘毛稍弯曲，夹角 45°–55°；锯腹片窄长，12 节，节缝具刺毛，近腹缘距长大，锯刃强壮，内侧尖（图 3-252A）。雄虫体长约 7mm；体色和构造同雌虫，下生殖板端部宽截形。

分布：浙江（杭州）、台湾。

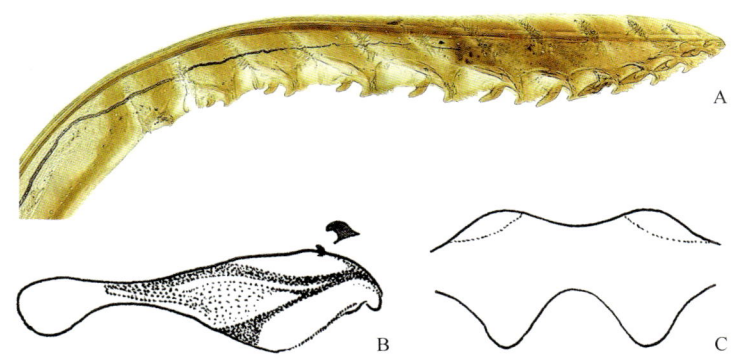

图 3-252 台湾凹眼叶蜂 *Loderus formosanus* Rohwer, 1916
A. 锯腹片（引自 taeger *et al*., 2018）；B. 阳茎瓣；C. 唇基

72. 麦叶蜂属 *Dolerus* Panzer, 1801

Dolerus Jurine, in Panzer, 1801b: 163. Type species: *Dolerus gonager* (Fabricius, 1781), by subsequent designation of Latreille, 1810. Suppressed by Opinion, 135 (ICZN, 1939).

Dolerus Panzer, 1801a: 82:11, 82:13. Type species: *Tenthredo pedestris* Panzer, 1801, by subsequent designation of Rohwer, 1911a.

Dosytheus Leach, 1817: 127–128. Type species: *Tenthredo eglanteriae* Fabricius, 1793, by subsequent designation of Brullé, 1846.

Dositheus Agassiz, 1848: 374. Name for *Dosytheus* Leach, 1817.
Dolerus (*Equidolerus*) Taeger & Blank, 1996: 259. Type species: *Tenthredo pratensis* Linné, 1758, by original designation.
Dolerus (*Juncilerus*) Zhelochovtsev, *in* Zhelochovtsev & Zinovjev, 1988: 183. Type species: *Dolerus madidus* (Klug, 1818), by original designation.

主要特征：中大型叶蜂，成虫腹部通常具红环；上颚对称多齿型；唇基隆起，前缘具显著缺口；额区模糊，中窝和侧窝不明显；后眶圆钝，后颊脊发达；复眼肾形，内缘直或鼓出，间距宽于复眼长径；颚眼距通常不短于触角第 2 节；雌雄触角常异型，雌虫触角较短，雄虫触角较长，第 2 节宽大于长，第 3 节于第 4 节；前胸背板沟前部狭窄，前胸侧板腹缘尖，接触面狭窄或缺；胸腹侧片退化，中胸前侧片前缘具脊，中胸后侧片宽大，中部具高锐横脊，后缘中部向后延伸，覆盖后胸气门；前足胫节内端距分叉，后足胫节明显长于跗节，基跗节短于其后 2 节之和；爪小，无基片，内齿小；前翅 R 脉平直，R+M 脉段显著，Rs+M 脉基部显著弧形弯曲，1r-m 横脉缺，1M 脉显著长于 1m-cu 脉，互相向翅痣明显收敛，cu-a 脉中位；臀室完整，具强烈倾斜的中位臀横脉；后翅 Rs 和 M 室封闭，臀室具短柄式；锯鞘端与锯鞘基等长，腹缘弧形或钝角形弯曲；锯腹片短，10–13 节，中部不宽于基部，每节具中位栉状翼突和近腹缘距；锯背片具密集节间瘤；雄虫下生殖板短宽；阳茎瓣头叶通常较宽，端部不尖，无小型腹钩；抱器大型，狭长，基部最宽，大于副阳茎；头、胸部常具粗大刻点。

分布：古北区，新北区。本属已知 90 余种，中国已记载 22 种。浙江目前仅发现 2 种。

寄主：木贼科木贼属 *Equisetum* 蕨类、灯心草科 Juncaceae 灯心草属 *Juncus* 植物等。

（258）卡氏麦叶蜂 *Dolerus cameroni* Kirby, 1882（图 3-253，图版 V-11）

Dolerus bicolor Cameron, 1876: 469.
Dolerus cameroni Kirby, 1882: 229.

主要特征：雌虫体长 12.5–13.5mm；体红褐色，头部、中胸背板侧叶除前端以外、小盾片、附片、后胸背板、中后胸侧板及腹板、足及翅黑色；体毛双色，淡色部分细毛淡黄色，黑色部分细毛黑褐色，鞘毛暗褐色；翅烟黑色，翅痣和翅脉黑色；头、胸部背侧刻点细密，上眶刻点间隙稍光滑，中胸背板前叶刻点细弱，中胸前侧片刻点大而不规则，具明显光滑间隙；附片和腹部 1、2 背板中央具极细的刻纹，其余背板光滑；体毛短密，头、胸部背侧细毛仅为单眼直径的 1/3，中胸侧板细毛长约为侧单眼直径的 1/2；唇基缘缺口浅于唇基 1/5 长；颚眼距微短于侧单眼直径，颊沟几乎消失；小盾片附片中脊高钝；后足跗垫大，第 1、2 跗垫间距仅为第 1 跗垫长的 1/2；腹部第 1 背板两侧各具 1 显著凹坑；锯鞘端明显短于鞘基；背面观缨毛构型见图 3-253C；侧面观锯鞘端见图 3-253B；锯腹片 11 节，翼突与亚缘突均尖长（图 3-253D）；

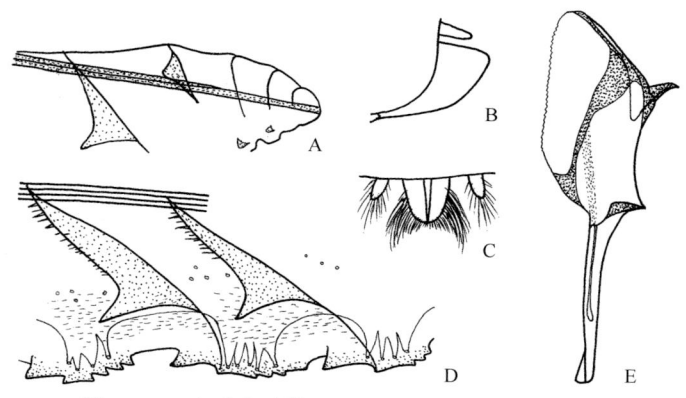

图 3-253 卡氏麦叶蜂 *Dolerus cameroni* Kirby, 1882
A. 锯腹片端部；B. 锯鞘端侧面观；C. 锯鞘缨毛和尾须背面观；D. 锯腹片中部锯节；E. 阳茎瓣

锯腹片端部见图 3-253A。雄虫体长 11.8–12.5mm；体完全黑色，触角粗长，后足跗垫很小，腹部第 7 节背板中脊两侧具"八"字形膜区；阳茎瓣背缘平直，具细齿，腹端钩侧指，与瓣体平面垂直（图 3-253E）。

分布：浙江（四明山、衢州）、内蒙古、北京、河北、山西、河南、陕西、甘肃、江苏、上海、湖北、湖南、福建、广东、海南、广西、重庆、四川。

寄主：木贼科木贼属 *Equisetum* 蕨类。

(259) 富红麦叶蜂 *Dolerus zaplutus* Wei, 2003（图 3-254）

Dolerus zaplutus Wei, *in* Wei, Nie & Xiao, 2003: 79.

主要特征：雌虫体长 8.2mm；体红褐色，头部包括触角、足、中胸腹板、小盾片中部、尾须和锯鞘端黑色；体毛银色，鞘毛褐色；翅透明，翅痣和翅脉黑色；头部、前胸背板、中胸背板前叶两侧、中胸前侧片和小盾片后半部刻点致密，侧板刻点稍大于第 1 腹节气门，上眶及单眼后区刻点间隙光滑，中胸腹板及中胸背板刻点稀疏细小，侧叶刻点尤弱，附片基部及两侧具弱刻纹，其余部分光滑，腹部背板光滑；第 1 背板无细毛，头、胸部细毛长约 1.5 倍于单眼直径；唇基端缘缺口宽 U 形，深度为唇基长的 1/2；颚眼距等长于单眼直径，颚沟浅；单眼后区宽长比为 1.7；侧沟深直；触角稍长于头、胸部之和，短于腹部，第 3、4 节长度比为 1.3；附片中脊显著，两侧各具 1 碟形凹陷；后足第 1、2 跗垫间距等长于第 2 跗垫；锯鞘背面观缨毛几乎平行（图 3-254D）；锯鞘侧面观见图 3-254B，鞘端显著短于鞘基；锯腹片 14 节，端部强烈突出，翼突长片状，下端具低位的长突，近腹缘距发达，纹孔每节 2–3 个（图 3-254A）；锯刃突出，稍斜，具 3–4 个较大的齿（图 3-254C），翼突以下的节缝具刺突，背侧光裸或具稀疏短刺毛。雄虫体长 8mm；中胸小盾片、附片、后胸背板、中胸侧板下半部以及腹板、腹部全部黑色，翅浅烟色；第 8 背板具三角形裸区；阳茎瓣头叶较窄，端部渐窄，无钩突（图 3-254E）。

分布：浙江（温州）、陕西、福建。

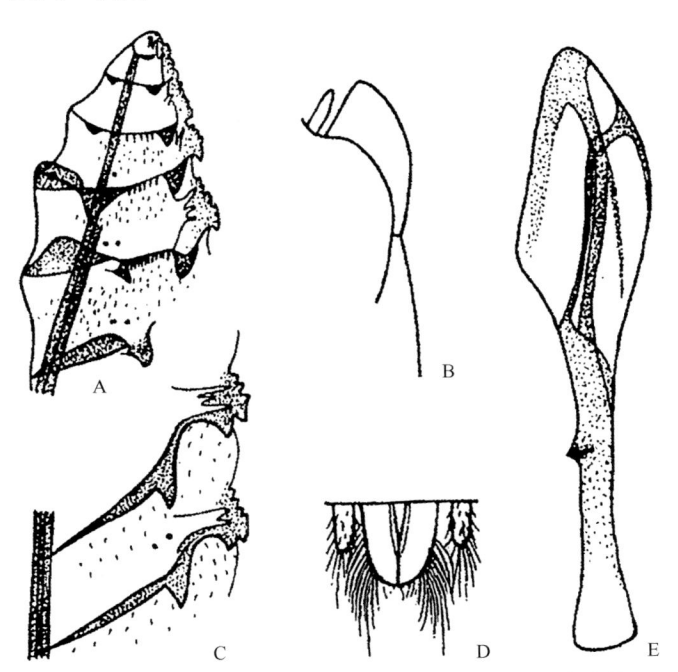

图 3-254 富红麦叶蜂 *Dolerus zaplutus* Wei, 2003（引自魏美才等，2003）
A. 锯腹片端部；B. 锯鞘侧面观；C. 锯腹片第 5、6 锯节；D. 锯鞘缨毛和尾须背面观；E. 阳茎瓣

73. 新麦叶蜂属 *Neodolerus* Goulet, 1986

Dolerus (*Neodolerus*) Goulet, 1986: 42. Type species: *Dolerus sericeus* Say, 1824, by original designation.
Dolerus (*Achaetoprion*) Goulet, 1986: 56. Type species: *Dosytheus maculicollis* Norton, 1861, by original designation.
Dolerus (*Poodolerus*) Zhelochovtsev, *in* Zhelochovtsev & Zinovjev, 1988: 176. Type species: *Dolerus nigratus* (O.F. Müller, 1776), by original designation.

主要特征：中大型叶蜂，成虫腹部通常全部黑色；上颚对称多齿型；唇基隆起，前缘具显著缺口；额区模糊，中窝和侧窝不明显；后眶圆钝，后颊脊发达；复眼肾形，内缘直或鼓出，间距宽于复眼长径；颚眼距通常不短于触角第 2 节；雌雄触角常异型，雌虫触角较短，雄虫触角较长，第 2 节宽大于长，第 3 节长于第 4 节；前胸背板沟前部狭窄，前胸侧板腹缘较钝，接触面较明显；胸腹侧片退化，中胸前侧片前缘具脊，中胸后侧片宽大，中部具高锐横脊，后缘中部向后延伸，覆盖后胸气门；前足胫节内端距分叉，后足胫节明显长于跗节，基跗节短于其后 2 节之和；爪小，无基片，内齿小；前翅 R 脉平直，R+M 脉段显著，Rs+M 脉基部显著弧形弯曲，1r-m 横脉缺，1M 脉显著长于 1m-cu 脉，互相向翅痣明显收敛，cu-a 脉中位；臀室完整，具强烈倾斜的中位臀横脉；后翅 Rs 和 M 室封闭，臀室具短柄式；锯鞘端明显长于锯鞘基，腹缘直，端缘斜截；锯腹片长，多于 15 节，中部宽于基部，每节无中位栅状翼突，近腹缘距缺或微小；锯背片节缝光裸。雄虫下生殖板长显著大于宽；阳茎瓣头叶通常较宽，端部不尖，无小型腹钩；抱器大型，狭长，基部最宽，大于副阳茎；头、胸部常具粗大刻点。

分布：古北区，新北区。本属已知 100 余种，中国已记载 27 种，实际种类可能不少于 50 种。浙江发现 14 种。麦叶蜂属拆分为麦叶蜂属和新麦叶蜂属后，部分种类未转移，本书建立 6 个新组合。

寄主：禾本科 Poaceae、莎草科 Cyperaceae 的多属植物。

新麦叶蜂属与麦叶蜂属锯鞘和锯腹片构造差别较大。新麦叶蜂属锯鞘端长于锯鞘基，腹缘平直；锯腹片较长，多于 15 节，节缝无大型翼突距和近腹缘距，锯刃亚基齿细小。

分种检索表

1. 雌虫 ·· 2
- 雄虫 ··· 15
2. 胸部全部黑色 ·· 3
- 胸部具显著红色斑纹 ··· 4
3. 腹部 2–8 背板具细密横向刻纹；单眼后区和上眶中部无明显大片光滑区域；锯鞘毛强烈弯曲；小盾片的附片具明显中脊 ··· 弱突新麦叶蜂，新组合 *N. shanghaicus* comb. nov.
- 腹部 2–8 背板光滑，无横向刻纹；单眼后区和上眶中部具明显大片光滑区域；锯鞘毛几乎不弯曲；小盾片的附片无明显中脊 ··· 小鞘新麦叶蜂，新种 *N. thecetta* sp. nov.
4. 中胸背板侧叶全部黑色；锯鞘端部明显膨大，缨毛伸向侧方，左右侧缨毛夹角大于 100° ················ 5
- 中胸背板侧叶红褐色；锯鞘端部不膨大，逐渐收窄 ··· 6
5. 中胸前侧片上部红褐色；前侧片刻点大，间隙平坦、光滑；中胸背斑前叶中部具明显的黑斑 ············ 中华新麦叶蜂，新组合 *N. shanghaiensis* comb. nov.
- 中胸前侧片全部黑色；前侧片刻点粗糙、密集，无明显光滑间隙；中胸背板前叶无黑斑 ··············· 小麦新麦叶蜂，新组合 *N. tritici* comb. nov.
6. 中胸背板细毛短而致密，毡状，金黄色 ··· 丽毛新麦叶蜂 *N. poecilomallosis*
- 中胸背板细毛稀疏且较长，非毡状，黄褐色 ··· 7
7. 前胸背板、中胸背板前叶全部和翅基片黑色，背面观尾须端部伸抵锯鞘末端 ······························ 黑领新麦叶蜂，新组合 *N. yokohamensis* comb. nov.

- 前胸背板大部分或全部红褐色；背面观尾须仅伸抵锯鞘中部以内 ··· 8
8. 翅基片黑色；锯腹片中部锯刃具 3–5 枚细小亚基齿 ························ **黑鳞新麦叶蜂，新种 *N. nigrotegularis* sp. nov.**
- 翅基片红褐色；锯腹片中部锯刃具 10 枚以上的亚基齿 ··· 9
9. 唇基或中胸前侧片上半部红褐色 ··· 10
- 唇基和中胸前侧片全部黑色 ·· 11
10. 唇基红褐色，胸部侧板黑色；锯鞘缨毛弯曲度弱，弧度较均匀；中部锯刃外侧长于内侧 1/2，锯腹片表面刺毛与锯刃距离约为锯刃外侧 1/2 长 ··· **红唇新麦叶蜂，新种 *N. rufoclypeus* sp. nov.**
- 唇基黑色，中胸前侧片上半部红褐色；锯鞘外侧缨毛端部强烈弯曲；中部锯刃外侧等于内侧 1/2 长，锯腹片表面刺毛与锯刃距离等于锯刃外侧长 ··· **赵氏新麦叶蜂，新种 *N. zhaoi* sp. nov.**
11. 锯鞘缨毛夹角接近 90°–130°，鞘毛轮廓长明显短于宽 ·· 12
- 锯鞘缨毛夹角小于 60°，鞘毛轮廓长不短于宽 ··· 13
12. 锯鞘两侧缨毛夹角约 120°；锯刃外侧显著短于内侧 ······················ **展缨新麦叶蜂，新种 *N. zhanying* sp. nov.**
- 锯鞘两侧缨毛夹角约 90°；锯刃内外侧约等长 ···························· **黑缨新麦叶蜂，新组合 *N. guisanicollis* comb. nov.**
13. 中胸背板前叶中部黑色，两侧红褐色；锯刃至少三角形突出，亚基齿 10 枚左右 ·· 14
- 中胸背板前叶全部红褐色；锯刃倾斜，微弱突出，具 13–15 枚细小亚基齿 ··························· **副新麦叶蜂 *N. vulneraffis***
14. 体黑色部分具强金属蓝色光泽；锯腹片中部锯刃强烈尖出，端部呈锐角三角形 ·· **大麦新麦叶蜂，新组合 *N. hordei* comb. nov.**
- 体黑色部分无明显金属蓝色光泽；锯腹片中部锯刃钝三角形突出，端部不尖 ·················· **华东新麦叶蜂 *N. affinis***
15. 胸部背板具红褐色或金黄色密毛，毡状，看不到背板表面；阳茎瓣头叶背侧亚端部圆钝鼓出，无背侧尖突；端腹钩非常短小，但明显突出，位于最前下角 ·· **丽毛新麦叶蜂 *N. poecilomallosis***
- 胸部背板细毛稀疏，背板表面非常清晰；阳茎瓣头叶背侧圆钝或具尖突，或在端部鼓凸，亚端部不鼓凸；端部腹侧具大型腹钩，或无腹钩，如果具小刺突，则位于前下角上方 ··· 16
16. 阳茎瓣具大型腹端钩，长度不短于阳茎瓣头叶端部宽的 0.35 倍 ·· 17
- 阳茎瓣腹端钩很小，位于端腹角上侧，几乎不伸出或稍伸出头叶本体 ··· 21
17. 阳茎瓣背缘顶角强烈突出，端部较尖或很尖，阳茎瓣头叶显著非方形 ······································· 18
- 阳茎瓣背缘顶角不突出，亚端部具短三角形突，阳茎瓣头叶近似宽大长方形；中胸背板前叶和侧叶红褐色，翅基片黑色或红色 ··· **副新麦叶蜂 *N. vulneraffis***
18. 阳茎瓣背缘在端突之后平直，尾角方形，中脊上侧无明显的加厚区；胸部通常全部黑色；体具显著金属蓝色光泽 ·· **大麦新麦叶蜂，新组合 *N. hordei* comb. nov.**
- 阳茎瓣背缘在端突之后弧形弯曲，尾角圆钝，中脊上方具明显的加厚区；体无明显金属蓝色光泽 ················ 19
19. 阳茎瓣背顶角端突较尖长，端部很尖，尾角下侧不明显凹入；阳茎瓣中脊很直；胸部通常黑色 ··· **黑领新麦叶蜂，新组合 *N. yokohamensis* comb. nov.**
- 阳茎瓣背顶角端突较短，不十分尖锐，尾角下侧明显凹入；阳茎瓣中脊弧形弯曲；中胸背板侧叶通常红色 ········ 20
20. 阳茎瓣腹端钩短于阳茎瓣头叶端缘宽的 1/2；翅基片、中胸背板前叶两侧和侧叶大部分红褐色，前胸背板通常黑色 ··· **华东新麦叶蜂 *N. affinis***
- 阳茎瓣腹端钩长于阳茎瓣头叶端缘宽的 1/2；翅基片、前胸背板大部分、中胸背板前叶和侧叶全部红褐色 ··· **黑缨新麦叶蜂，新组合 *N. guisanicollis* comb. nov.**
21. 阳茎瓣头叶背缘端部明显突出，头叶尾部不收窄；中胸前侧片上半部刻点稀疏，间隙宽阔光滑 ·· **中华新麦叶蜂，新组合 *N. shanghaiensis* comb. nov.**
- 阳茎瓣头叶背缘端部圆钝或近似方形，不明显突出，头叶尾部明显收窄，显著窄于前端；中胸前侧片上半部刻点粗糙密集，无明显的光滑间隙 ··· 22
22. 阳茎瓣头叶腹侧刺突不伸出头叶本体；前胸背板和中胸背板前叶通常红色 ········· **小麦新麦叶蜂，新组合 *N. tritici* comb. nov.**
- 阳茎瓣头叶腹侧刺突伸出头叶前侧；前胸背板和中胸背板前叶全部黑色 ·· 23
23. 阳茎瓣头叶背侧前后角均近方形，腹侧端部刺突尖细，几乎不弯曲；前胸背板大部分、中胸背板前叶和侧叶全部红褐色，翅基片黑色···黑鳞新麦叶蜂，新种 *N. nigrotegularis* sp. nov.
- 阳茎瓣头叶背侧前角宽圆，后角窄圆，腹侧端部刺突较粗短，明显弯曲；胸部全部黑色·····················
···弱突新麦叶蜂，新组合 *N. shanghaicus* comb. nov.

（260）华东新麦叶蜂 *Neodolerus affinis* (Cameron, 1876)（图 3-255）

Dolerus affinis Cameron, 1876: 470.
Neodolerus affinis: Wei, Nie & Xiao, 2003: 79.

主要特征：雌虫体长 9.5–11.0mm；体黑色，前胸背板、翅基片、中胸前盾片两侧及后部、侧叶全部红褐色；足黑色；体毛淡色；翅透明，翅痣和翅脉黑褐色；头部和中胸侧板刻点粗糙密集，上眶稍具光滑间隙；中胸背板刻点浅且均匀，前叶侧面刻点稍密，小盾片前部和附片光滑；第 1 腹节背板光滑，其余背板具明显横向刻纹；体毛稀疏，单眼后区细毛不长于单眼直径；唇基端缘缺口窄 U 形，深达唇基 1/2 长；颚眼距微长于侧单眼直径；后头两侧明显收缩，颊沟浅但显著；锯鞘长于后足股节，鞘端显著长于鞘基，腹缘直；锯鞘缨毛弧形渐弯，夹角约 45°，尾须短（图 3-255A）；锯腹片无翼突距和近腹缘距；锯刃 22 个，明显突出，外侧亚基齿微弱，10 枚左右，内侧无亚基齿（图 3-255B）。雄虫体长 8.0–8.5mm；前胸背板黑色，其余体色同雌虫；体毛较长，单眼后区毛长于单眼直径；下生殖板长显著大于宽，末端宽圆；阳茎瓣中脊较粗，腹端钩大型，椭圆孔显著，背顶角短钩状，背缘弧形鼓凸，后缘中部凹入（图 3-255C）。

分布：浙江（德清、杭州、丽水）、江苏、上海、安徽、湖南。

本种为华东地区特有种。Lee 和 Sung（1989）曾将本种降为 *D. ephippiatus* Smith, 1874 的次异名，但这两种不仅在体色上具有稳定的差异，腹部刻纹、金属光泽、锯腹片构造和阳茎瓣亦差别十分显著，显然为不同种类。

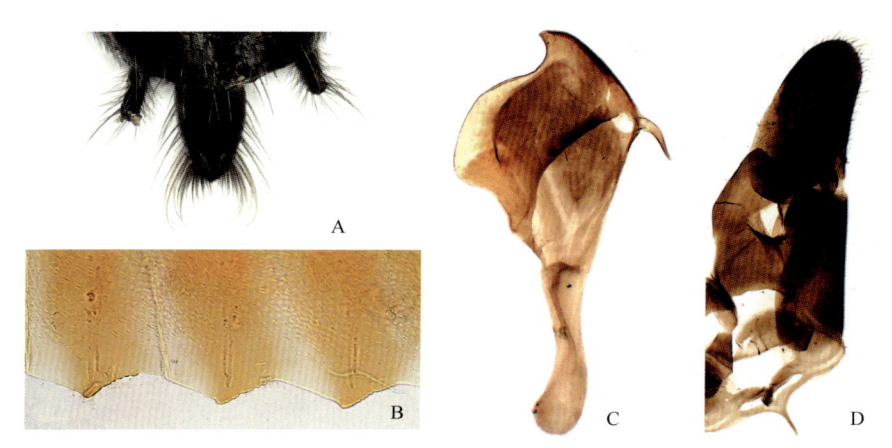

图 3-255 华东新麦叶蜂 *Neodolerus affinis* (Cameron, 1876)
A. 锯鞘缨毛和尾须背面观；B. 锯腹片第 7–9 锯刃；C. 阳茎瓣；D. 生殖铗（右侧）

（261）黑缨新麦叶蜂，新组合 *Neodolerus guisanicollis* (Wei, 1999) comb. nov.（图 3-256）

Dolerus guisanicollis Wei, in Wei, Wen & Deng, 1999: 23.

主要特征：雌虫体长 11.3mm；体黑色，前胸背板、中胸背板除小盾片以外、翅基片红色；翅浅烟色；体毛淡色，尾须毛及锯鞘毛黑色；唇基缺口小 U 形，深度约为唇基长的 2/5，侧叶宽，颚眼距等于侧单眼直径；头部刻点密集，后头刻点较大，具显著光滑间隙；中胸前侧片刻点密致弱均匀，背板前叶刻点稀疏微弱，侧面不显著密集，侧叶刻点十分稀疏，几乎光滑；小盾片附片光滑；腹部 2–9 节背板具细密刻纹；单眼后区细毛约等长于单眼直径；后头微收缩，颊沟弱，单眼后区宽长比=1.5；小盾片的附片无中脊；锯

第三章　叶蜂亚目 Tenthredinomorpha ·279·

鞘缨毛和尾须背面观见图 3-256A；锯腹片 23 刃，无翼突距和近腹缘距；锯刃突出，内外侧等长，端侧具 10–13 枚较钝的小齿（图 3-256B）。雄虫体长 7.5mm，体色与雌虫相同；下生殖板长大于宽，端部圆钝；阳茎瓣头叶背缘鼓凸，腹端钩大型，椭圆孔极窄，中脊中部很细，背端突三角形，耳形脊下端宽（图 3-256C）；生殖铗见图 3-256D。

分布：浙江（德清、临安）、河南、陕西、湖南。

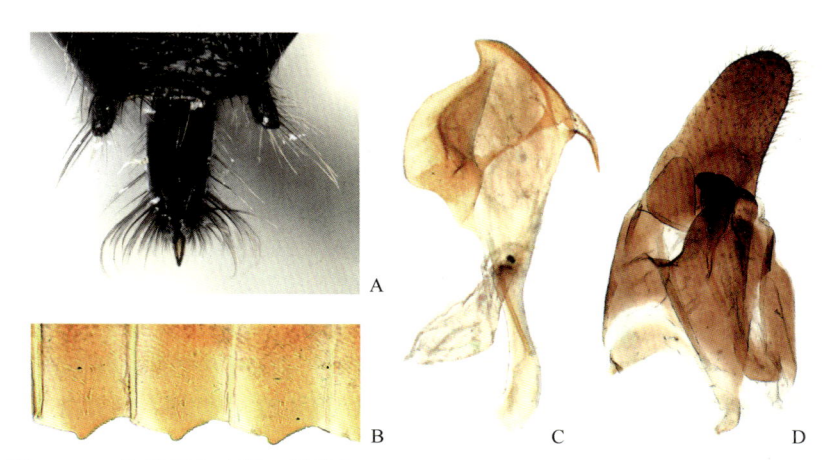

图 3-256　黑缨新麦叶蜂，新组合 *Neodolerus guisanicollis* (Wei, 1999) comb. nov.
A. 锯鞘缨毛和尾须背面观；B. 锯腹片第 7–9 锯刃；C. 阳茎瓣；D. 生殖铗（右侧）

（262）大麦新麦叶蜂，新组合 *Neodolerus hordei* (Rohwer, 1925) comb. nov.（图 3-257）

Dolerus hordei Rohwer, 1925: 481.

主要特征：雌虫体长 11.0–11.5mm。体黑色，具明显的蓝色光泽，前胸背板大部分、翅基片、中胸背板前叶两侧狭边和侧叶红褐色；体毛淡色，翅透明；头部和中胸侧板刻点粗糙，中胸背板前叶中部及侧叶刻点均匀，具光滑间隙，腹部 2–9 背板具显著刻纹；唇基横脊低弱，端缘缺口宽 U 形，深达唇基长 1/2，颚眼距稍宽于侧单眼直径；后头膨大，颊沟弱；触角约等于腹长，第 3 节长于第 4 节；中胸背板各叶强烈隆起，前叶中沟深，附片无中脊；头、胸部细毛稀疏且短，不长于单眼直径；锯鞘端明显长于锯鞘基，锯鞘缨毛较长，弧形弯曲，端部靠近（图 3-257A）；锯腹片无翼突距和近腹缘距，锯刃强烈突出，端部尖，

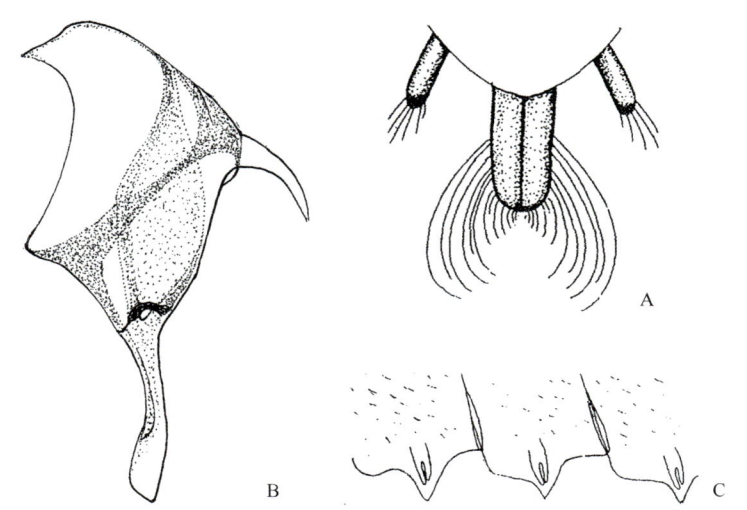

图 3-257　大麦新麦叶蜂，新组合 *Neodolerus hordei* (Rohwer, 1925) comb. nov.
A. 锯鞘缨毛和尾须背面观；B. 阳茎瓣；C. 锯腹片中部锯刃

亚基齿不明显（图 3-257C）。雄虫体长 8.5mm，体黑色，中胸背板有时具少许红斑，头部、胸部、腹部具很强烈的钢蓝色光泽，中胸小盾片附片具细刻纹和模糊中脊；阳茎瓣头叶宽大，腹端钩大型，背顶角突出，端部尖，背缘平直，臀角方（图 3-257B）。

分布：浙江（湖州、丽水）、江苏、安徽、江西；韩国，日本。

寄主：大麦 *Hordeum* spp.。

（263）黑鳞新麦叶蜂，新种 *Neodolerus nigrotegularis* Wei, sp. nov.（图 3-258）

雌虫：体长 8.5mm。体黑色，前胸背板大部分、中胸背板前叶及侧叶红褐色，翅基片黑色，足全部黑色；翅透明，翅痣和翅脉黑褐色；体毛银色，鞘毛浅褐色。

头部刻点粗糙密集，后头稍具光滑间隙，无大块光滑区域；前胸背板和中胸侧板刻点粗糙密集，中部背板刻点较小，较稀疏，前叶两侧及小盾片刻点稍密，小盾片的附片刻纹显著，后小盾片及腹部第 1 节背板光滑，腹部其余背板横向刻纹显著。单眼后区细毛长 1.5 倍于单眼直径，中胸前背板和中胸前侧片细毛端部显著弯曲，稍短于前足基跗节端部宽。

唇基隆起，前缘缺口窄 U 形，底部直，侧叶宽，缺口深达唇基长的 3/7；颚眼距等于侧单眼直径；背面观后头两侧收缩，后眶颊沟显著；单眼后区宽长比=1.7，侧沟较浅宽，单眼后沟明显。中胸背板前叶隆起，后端尖，中纵沟浅；小盾片平坦，附片中部鼓起，但无明显纵脊；前翅 cu-a 脉中位，后翅臀室柄明显短于 cu-a 脉 1/2 长。锯鞘几乎等长于后足股节，锯鞘端长约 1.4 倍于锯鞘基，侧面观腹缘近平直，端部突出；背面观锯鞘向端部收窄，缨毛长且弧形弯曲，端部不明显靠近或分歧，尾须末端细毛长，几乎伸达鞘毛端部（图 3-258C）；锯腹片 18 刃，无亚缘突和翼突距，内侧栉状刺毛分成二带，上部具长刚毛，外侧刺毛十分均匀，节缝处不密（图 3-258A）；锯刃明显突出，外侧具 3–5 枚亚基齿（图 3-258E），基部锯刃无小齿。

雄虫：体长 7.5mm；体和足黑色，无金属光泽；下生殖板长大于宽，端部圆钝；抱器长大于宽，内缘稍凹，端部窄圆；副阳茎大，端部倾斜，外侧亚基部具明显的缺口（图 3-258F）；阳茎瓣头叶向端部明显加宽，中脊细，背顶角急弯，尾角方，侧突低位（图 3-258D），头叶端部腹侧上部具小而直的尖锐刺突（图 3-258B）。

分布：浙江（安吉、杭州、衢州）。

词源：本种翅基片黑色，以此命名。

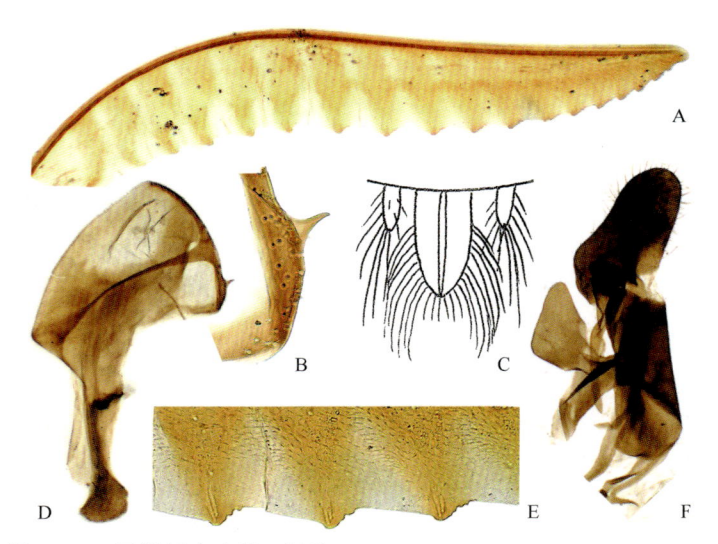

图 3-258 黑鳞新麦叶蜂，新种 *Neodolerus nigrotegularis* Wei, sp. nov.
A. 锯腹片；B. 阳茎瓣头叶端部刺突放大；C. 锯鞘缨毛和尾须背面观；D. 阳茎瓣；E. 第 7–9 锯刃；F. 生殖铗

正模：♀，浙江杭州，1962.V，无采集人信息（ASMN）。副模：1♀，杭州，1935.III，无采集人信息；4♂，浙江安吉，1986.III.17，陈其瑚（ASMN）；1♂，浙江衢县，1959.III.6，无采集人信息（中国科学院动物研究所）。

鉴别特征：本种雌虫翅基片黑色，前胸背板大部分、中胸背板前叶和侧叶全部红褐色，胸部背板毛稀疏，可以与红胸种团其他种类鉴别。本种雄虫阳茎瓣构型类似 *N. shanghaicus* 种团的上海麦叶蜂 *N. shanghaicus*，但后者两性全部黑色，阳茎瓣头叶背顶角缘弧形，端部腹侧小刺突粗短弯曲，阳茎瓣侧突高位等，可以鉴别。

（264）丽毛新麦叶蜂 *Neodolerus poecilomallosis* (Wei, 1997)（图 3-259）

Dolerus poecilomallosis Wei, 1997b: 1579.
Neodolerus poecilomallosis: Wei, Nie & Xiao, 2003: 79.

主要特征：雌虫体长 9.5-10mm；体黑色，中胸背板前叶和侧叶红色；头部背侧及中胸侧板上半细毛灰褐色，前胸背板、翅基片、足及小盾片部分被毛淡色，中胸背板毛金黄色，致密毡状；小盾片毛黑色；翅烟黑色；唇基端缘缺口深 V 形，颚眼距稍长于单眼直径；后头稍收缩，颊沟显著；单眼后区宽稍大于长，侧沟浅且弯曲；触角细，长于头、胸部之和，第 3 节稍长于第 4 节；附片短，具钝中脊；头胸部包括翅基片和背板全部具十分细小密集的刻点，附片具刻纹；腹部第 1 背板光滑，其余背板刻纹均匀细密；单眼后区细毛约等长于单眼直径；锯鞘端长 1.5 倍于锯鞘基，背面观狭长，缨毛弧形弯曲（图 3-259A），侧面观见图 3-259B；锯腹片 18 刃，无亚缘突，锯刃突出，但细齿不明显（图 3-259C）。雄虫体长 8mm，体色及刻点同雌虫；后头强烈收缩，触角粗壮，下生殖板较短，长稍大于宽；阳茎瓣背突宽钝，亚端位，侧脊后端低位，腹端钩短小（图 3-259D）。

分布：浙江（安吉、临安）、陕西、安徽、湖北、湖南、福建、重庆、四川。

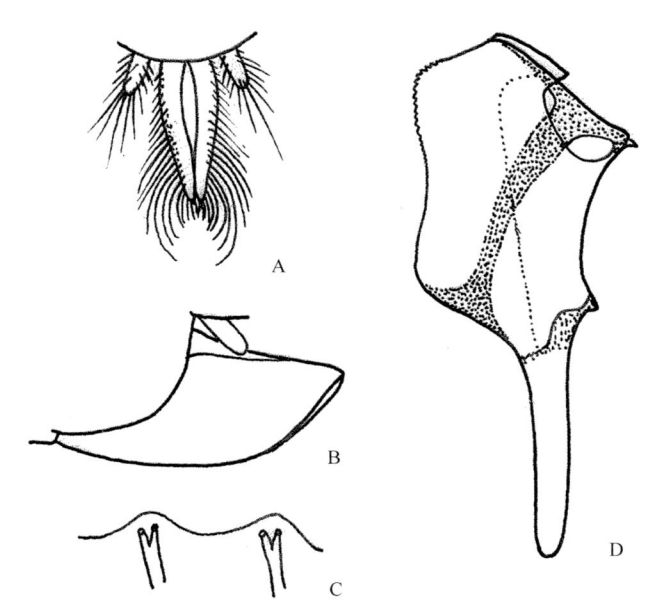

图 3-259 丽毛新麦叶蜂 *Neodolerus poecilomallosis* (Wei, 1997)（引自魏美才等，2003）
A. 锯鞘缨毛和尾须背面观；B. 锯鞘端侧面观；C. 锯腹片中部锯刃；D. 阳茎瓣

（265）红唇新麦叶蜂，新种 *Neodolerus rufoclypeus* Wei, sp. nov.（图 3-260）

雌虫：体长 9.5mm。体和足黑色，前胸背板、翅基片、中胸前上侧片、中胸背板前叶及侧叶全部红褐色，中胸前侧片背顶角暗红褐色；翅浅烟灰色透明，翅痣和翅脉黑褐色；体毛银色，鞘毛暗褐色。

头部刻点粗糙密集，无大块光滑区域，仅侧沟外侧稍光滑；前胸背板和中胸侧板上半部刻点粗糙密集，中胸背板刻点较小，稀疏，前叶两侧及小盾片中后部刻点密集，小盾片前端光滑，附片无刻纹，后小盾片具稀疏细小刻点；中胸腹侧刻点较稀疏，后胸前侧片大部分光滑；腹部第 1 背板光滑，两侧中部具少许刻纹，腹部其余背板横向刻纹显著。单眼后区细毛等长于单眼直径，中胸前侧片细毛直，稍短于前足基跗节端部宽。

唇基隆起，前缘缺口宽弧形，底部圆钝，侧叶窄，缺口深为唇基长的 3/7；颚眼距 1.1 倍于侧单眼直径；背面观后头两侧微弱收缩，后眶颊沟不显著；单眼后区宽长比=1.8，侧沟较宽深，向后稍收敛，单眼后沟明显。中胸背板前叶隆起，后端尖，中纵沟浅；小盾片平坦，附片中部几乎不鼓起，无纵脊；前翅 cu-a 脉中位，后翅臀室柄短于 cu-a 脉 1/3；后足胫节内侧具纵沟，外侧平，无纵沟。锯鞘几乎等长于后足股节，锯鞘端长约 1.25 倍于锯鞘基，侧面观腹缘近平直，端部突出；背面观锯鞘向端部收窄，缨毛长且弧形弯曲，端部不明显靠近或分歧，尾须末端细毛短，未伸达锯鞘端部（图 3-260C）；锯腹片 21 刃，无亚缘突和翼突距（图 3-260A）；中部锯刃明显突出，外侧明显短于内侧，外侧具不明显的亚基齿（图 3-260D），基部锯刃外侧稍长，亚基齿可分辨（图 3-260B）。

雄虫：未知。推测阳茎瓣类似 *N. affinis* 型，具大型腹端钩和背端突。

分布：浙江（丽水）。

词源：本种唇基红色，与近缘种类不同，以此命名。

正模：♀，浙江丽水市碧湖镇新亭村，28.41°N、119.83°E，海拔 105m，2015.III.22，李泽建（ASMN）。

鉴别特征：本种隶属于 *N. affinis* 种团，与黑缨新麦叶蜂 *Neodolerus guisanicollis* (Wei, 1999) 最近似，但唇基红褐色，锯鞘背面观明显较短，缨毛弧形弯曲，伸向后方，外侧刺毛端部间距约等宽于锯鞘，锯腹片 21 刃，中部锯刃较低，外侧明显短于内侧，亚基齿较少且不明显。黑缨新麦叶蜂的唇基黑色，锯鞘背面观明显较窄长，两侧缨毛端部强烈弯曲，端部距离接近锯鞘宽的 2 倍，锯腹片 23 刃，中部锯刃较高，内外侧约等长，亚基齿较多且明显。本种唇基红褐色，前缘缺口底部宽弧形，与 *N. affinis* 种团已知种容易鉴别。

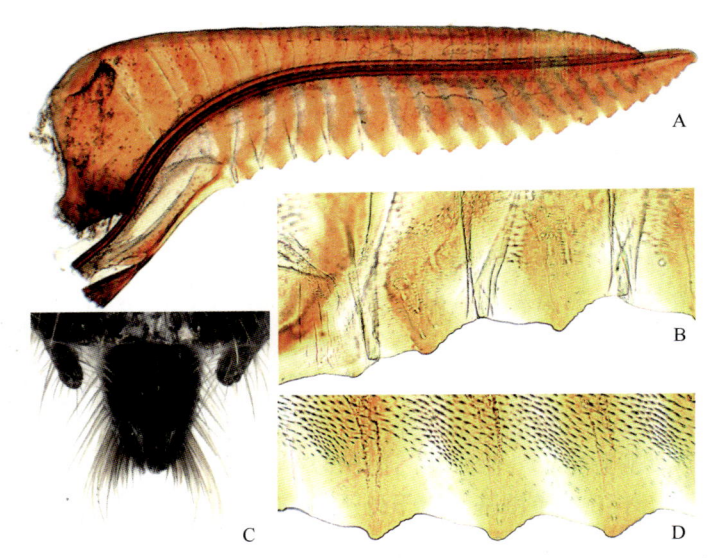

图 3-260 红唇新麦叶蜂，新种 *Neodolerus rufoclypeus* Wei, sp. nov. 雌虫
A. 锯背片（上）和锯腹片（下）；B. 基部锯刃；C. 锯鞘缨毛和尾须背面观；D. 第 7–9 锯刃

（266）弱突新麦叶蜂，新组合 *Neodolerus shanghaicus* (Wei, Nie & Taeger, 2006) comb. nov.（图 3-261）

Dolerus shanghaiensis Wei & Nie, 1997C: 64, nec. Haris, 1996.
Dolerus shanghaicus Wei, Nie & Taeger, 2006: 524.

主要特征：雌虫体长 8.0mm；体黑色，无淡色斑纹；翅浅烟色，体毛浅色；头、胸部刻点浓密，上眶、中胸背板各叶凸出部稍具光滑间隙，前叶刻点密集，两侧尤甚；附片、后小盾片及腹部第 1 背板光滑，腹部其余背板均具细横刻纹；头、胸部细毛均较密，短于单眼直径；唇基端缘缺口宽浅三角形，深为唇基长 1/3；颊眼距稍短于侧单眼直径；后头甚短且显著收缩，颞沟模糊；单眼后区隆起，宽大于长，侧沟深直，向后缘微收敛；触角第 3 节稍长于第 4 节；中胸背板前叶后角尖，中沟细；小盾片附片中脊低钝；侧面观锯鞘较狭长（图 3-261B）；锯鞘缨毛及尾须背面观见图 3-261D；锯腹片狭长，具小型亚缘突，中基部节缝的中部钝角形弯折，下侧具 1 列刺毛，上部节缝裸（图 3-261A）；锯刃 16 个，端部刃平坦，具 7–8 个小齿，中基部刃较突出，外侧腹缘具 4–5 较大的细齿。雄虫体长 6.5mm，体色刻纹同雌虫；触角较粗长；阳茎瓣头叶端部稍宽，背顶角圆钝，背缘具细齿，腹端钩短小并弯曲（图 3-261C）；第 8 背板中部具脊（图 3-261E）。

分布：浙江（临安、丽水）、山西、甘肃、江苏、上海、江西。

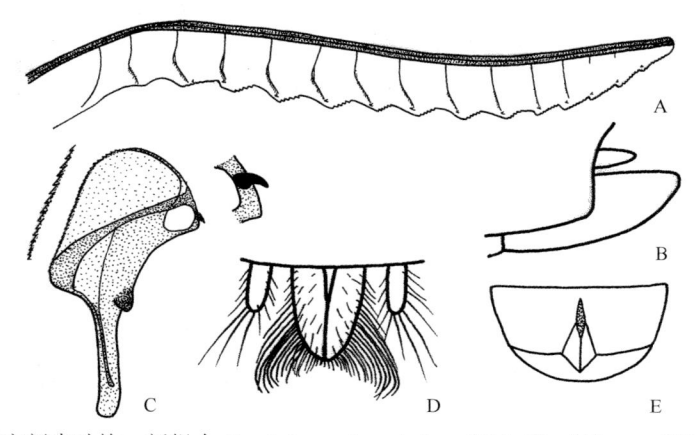

图 3-261 弱突新麦叶蜂，新组合 *Neodolerus shanghaicus* (Wei, Nie & Taeger, 2006) comb. nov.
A. 锯腹片；B. 锯鞘端侧面观；C. 阳茎瓣；D. 锯鞘缨毛和尾须背面观；E. 雄虫末背板和下生殖板端部

（267）中华新麦叶蜂，新组合 *Neodolerus shanghaiensis* (Haris, 1996) comb. nov.（图 3-262）

Dolerus shanghaiensis Haris, 1996: 187.
Dolerus sinensis Wei, 1997e: 22.

主要特征：雌虫体长 7.5–8.0mm；体黑色，无金属光泽，前胸背板、中胸背板前叶、翅基片及中胸前侧片上半 2/3 红褐色，前叶前端中部具 1 小型三角形黑斑；翅透明；体被淡色细毛，鞘毛褐色；上眶和单眼后区刻点间隙大，具细刻纹；中胸背板前叶侧面及小盾片刻点稍密，附片光滑；中胸前侧片刻点稀疏，间隙光滑，刻点间距约等于刻点直径；第 1 腹节背板光滑，其余背板具细横刻纹；单眼后区细毛微长于单眼直径，中胸前侧片细毛稀疏，微短于前基跗节端宽；唇基端缘缺口浅小，深约为唇基 1/5 长；颊眼距等于单眼直径，复单眼后区宽长比=1.7；小盾片的附片中脊模糊；锯鞘端明显长于锯鞘基，端部突出（图 3-262A），锯鞘缨毛和尾须背面观见图 3-262C；锯腹片 23 刃，基部 3–4 节具小型亚缘突（图 3-262D）；中部锯刃突出，中部刃具 14–17 个小齿（图 3-262E）。雄虫体长 6.8–7.5mm；体色类似于雌虫，但中胸前侧片仅上部 1/5–1/3 红色；下生殖板长大于宽，端部宽截形；阳茎瓣背缘凹入，凹缘上半缘齿粗大，下半缘齿细小，腹侧近顶角处具短小前指刺突（图 3-262B）。

分布：浙江（杭州）、北京、河北、山西、山东、河南、陕西、甘肃、江苏、上海、安徽、江西、湖南。
寄主：小麦 *Triticum aestivum*。

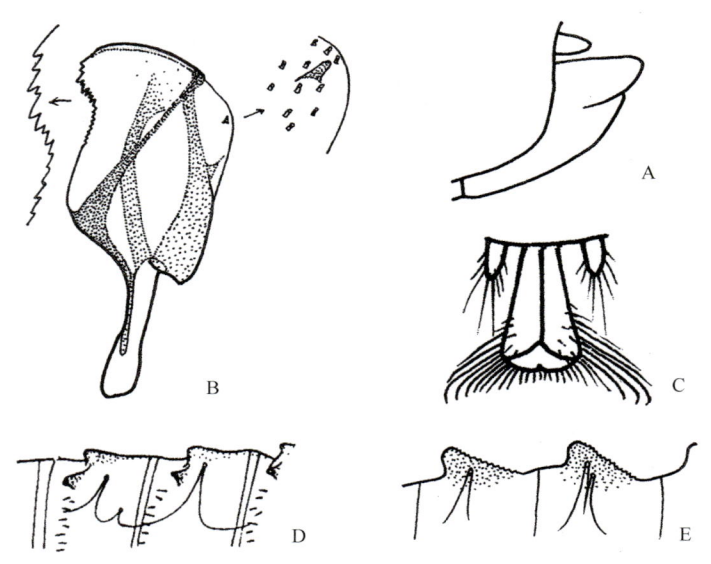

图 3-262　中华新麦叶蜂，新组合 Neodolerus shanghaiensis (Haris, 1996) comb. nov.
A. 锯鞘侧面观；B. 阳茎瓣；C. 锯鞘缨毛和尾须背面观；D. 锯腹片基部锯刃；E. 锯腹片中部锯刃

（268）小鞘新麦叶蜂，新种 Neodolerus thecetta Wei, sp. nov.（图 3-263）

雌虫：体长 8.5mm。体和足黑色，触角鞭节黑褐色；翅浅烟灰色透明，翅痣和翅脉黑褐色；体毛大部分银色，胸部背板细毛暗褐色，鞘毛浅褐色。

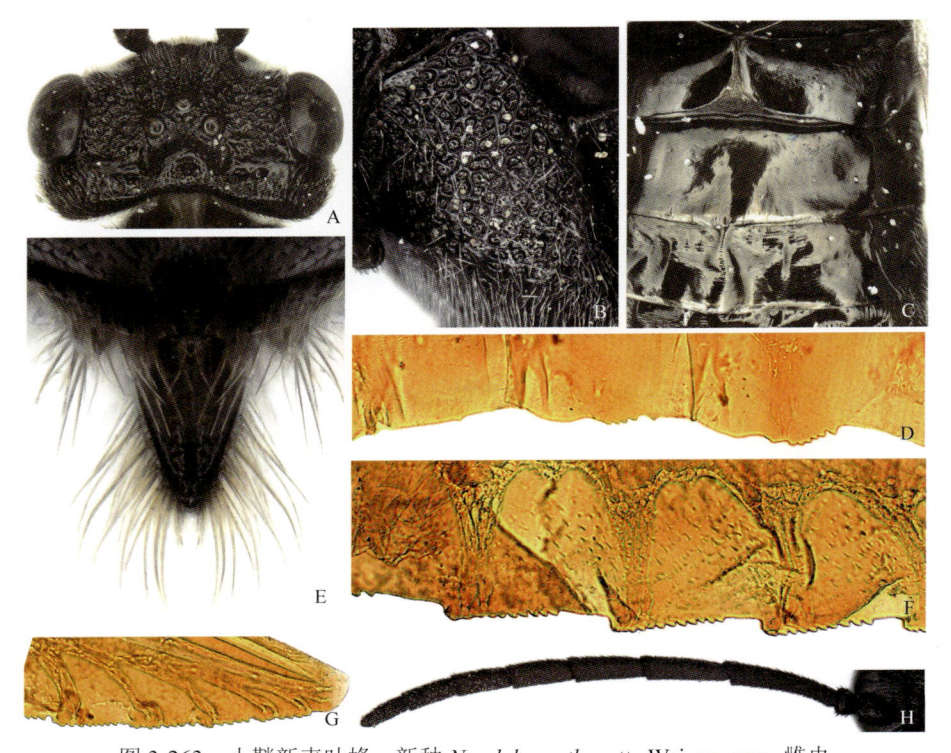

图 3-263　小鞘新麦叶蜂，新种 Neodolerus thecetta Wei, sp. nov. 雌虫
A. 头部背面观；B. 中胸前侧片；C. 腹部 1-3 背板局部；D. 锯腹片基部 3 锯刃；E. 锯鞘缨毛和尾须背面观；F. 锯腹片第 7-9 锯刃；G. 锯腹片端部锯刃；H. 触角

头部刻点粗糙密集，上眶大部分、单眼后区中后部具大块光滑区域；前胸背板刻点粗糙密集，中胸背板刻点细小，稀疏，前叶两侧及小盾片后部刻点较密集，小盾片前部光滑，附片无刻纹，后小盾片具细弱

刻纹，无刻点；中胸侧板上半部刻点密网状（图 3-263B），中胸腹侧刻点十分细小、稀疏，后胸前侧片大部分光滑；腹部背板高度光滑（图 3-263C），端部背板具少许微弱刻纹。单眼后区细毛稍短于单眼直径，中胸前侧片细毛端部弯曲，约等长于单眼直径。

唇基隆起，前缘缺口近似三角形，底部窄，缺口深为唇基长的 3/7；颚眼距等宽于侧单眼直径；背面观后头两侧显著收缩，后眶颊沟弱；单眼后区宽长比=1.5，侧沟较稍窄，向后稍收敛，单眼后沟宽浅（图 3-263A）。中胸背板前叶隆起，中纵沟浅，后端尖，具短中脊；小盾片平坦，附片中部几乎不鼓起，无纵脊；后足胫节内外侧均无纵沟；前翅 cu-a 脉交于 1M 室中部外侧，后翅臀室柄等长于 cu-a 脉 1/3。锯鞘长 0.8 倍于后足股节，锯鞘端长约 1.2 倍于锯鞘基，侧面观腹缘中部稍凹，端半部弧形上弯，端部稍尖；背面观锯鞘向端部明显收窄，缨毛长，几乎不弯曲，内侧缨毛几乎不短于外侧缨毛，端部距离窄于锯鞘宽，尾须短小，末端细毛，未伸达锯鞘端部（图 3-263E）；锯腹片大约具 16 刃，无翼突距，具小型亚缘突，中基部节缝的中部向内侧稍弯曲；基部锯刃见图 3-263D；中部锯刃微弱突出，几乎平直，具约 10 枚明显的亚基齿，内侧缘极短小（图 3-263D、F）；端部 4 锯刃完全连接，锯腹片末端钝截形（图 3-263G）。

雄虫：未知。
分布：浙江（杭州、龙泉）。
词源：本种锯鞘较短小，以此命名。
正模：♀，浙江龙泉凤阳山官埔垟，27°55.353′N、119°11.252′E，838m，2009.IV.21，李泽建（ASMN）。
副模：1♀，浙江杭州，1991.VI.12，楼晓明（头部丢失，ASMN）。

鉴别特征：本种隶属于 *N. shanghaicus* 种团，并与 *N. shanghaicus* 近似，但腹部背板光滑，基部背板无刻纹，端部背板具微弱刻纹；锯鞘缨毛较直，内侧毛不明显短于外侧毛；锯腹片中部锯刃平直，几乎不隆起，具 10 枚亚基齿等，与后者不同。

（269）小麦新麦叶蜂，新组合 *Neodolerus tritici* (Chu, 1949) comb. nov.（图 3-264，图版 V-12）

Dolerus tritici Chu, 1949: 79.

主要特征：体长 8.5–10mm。体黑色，无金属光泽，前胸背板、中胸背板前叶和翅基片红褐色。翅透明，体被淡色细毛，鞘毛褐色。唇基前缘缺口浅于唇基 1/3 长，颚眼距稍短于侧单眼直径，后头收缩且短于复眼短径，颊沟清晰，单眼后区宽长比=1.9，侧沟深；小盾片附片长，具锐利中脊。头部、中胸侧板和小盾片刻点粗糙，上眶和小盾片前部具光滑间隙，附片刻纹致密；腹部第 1 背板刻纹细弱，其余背板均具细密

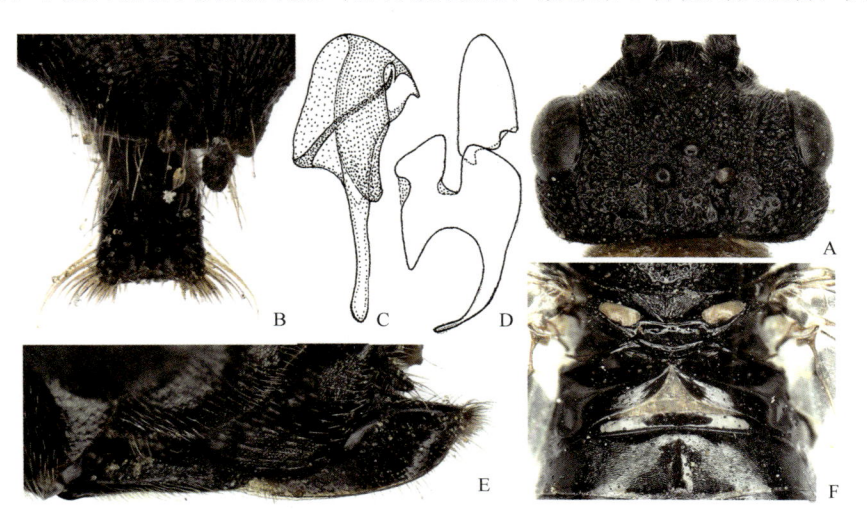

图 3-264 小麦新麦叶蜂，新组合 *Neodolerus tritici* (Chu, 1949) comb. nov.
A. 雌虫头部背面观；B. 锯鞘缨毛和尾须背面观；C. 阳茎瓣；D. 生殖铗（右侧）；E. 锯鞘侧面观；F. 附片至腹部第 2 背板

刻纹。单眼后区细毛短于单眼直径；中胸侧板细毛短于前基跗节端宽；锯鞘背面观末端加宽，鞘毛短直，伸向两侧（图 3-264B）；侧面观鞘端显著长于鞘基（图 3-264E）；锯腹片节缝简单锯刃较突出，具多数细齿。雄虫体长 8.0–9.0mm，体色类似于雌虫；触角粗壮，长于腹部，第 3 节短于第 4 节；下生殖板长 1.23 倍于宽，端部圆钝；阳茎瓣头叶无端背突和腹侧钩，背顶角宽圆，尾角窄圆，均不突出，前下角附近具短突，背缘全长具细齿（图 3-264C）。

分布：浙江（临安）、北京、天津、河北、山东、陕西、甘肃、江苏、安徽、湖南。

寄主：小麦 Triticum aestivum。

（270）副新麦叶蜂 Neodolerus vulneraffis Wei, 2003（图 3-265）

Neodolerus vulneraffis Wei, in Wei, Nie & Xiao, 2003: 77.

主要特征：雌虫体长 11–12mm；体和足黑色，前胸背板大部分、翅基片、中胸背板前叶及侧叶全部红褐色；体毛淡色，鞘毛黑褐色；翅浅烟色，翅痣黑色；头部和中胸侧板刻点粗糙密集，后头具少许光滑间隙，附片及腹部第 1 节背板光滑，腹部 2–10 背板具显著横向刻纹；体毛稀疏，单眼后区细毛短于单眼直径；唇基端缘缺口 U 形；颚眼距宽于单眼直径；后头两侧微收敛，颞沟浅；单眼后区横宽，侧沟宽深；复眼小，间距约 2 倍于眼高；触角长于头、胸部之和，第 3 节微长于第 4 节；小盾片附片短且无中脊；锯鞘端显著长于鞘基，端部尖（图 3-265A）；锯鞘缨毛显著弯曲，伸向后方，轮廓椭圆形，尾须短小（图 3-265C）；锯腹片 21 刃，无翼突距和近腹缘距；中端部锯刃近平坦，17–20 齿（图 3-265E），基部锯刃突出，13–15 齿（图 3-265D）。雄虫体长 9.0–9.7mm，体色类似于雌虫；触角第 3 节短于第 4 节，后头细毛长于单眼直径；下生殖板长稍大于宽；阳茎瓣瓣体宽大、方形，不显著倾斜，背缘仅小凸角处具细齿，腹端钩大型（图 3-265B）。

分布：浙江（德清、杭州、临安、龙泉）、河南、陕西、江苏、安徽、江西、湖南、福建、广东、广西；韩国。

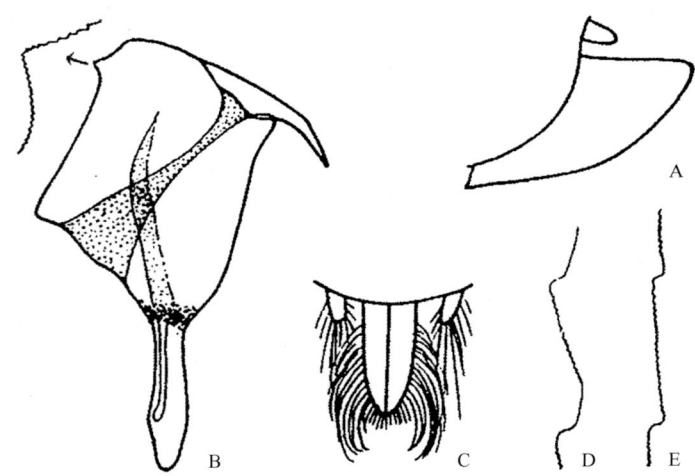

图 3-265　副新麦叶蜂 Neodolerus vulneraffis Wei, 2003（引自魏美才等，2003）
A. 锯鞘端侧面观；B. 阳茎瓣；C. 锯鞘缨毛和尾须背面观；D. 锯腹片基部锯刃；E. 锯腹片中部锯刃

（271）黑领新麦叶蜂，新组合 Neodolerus yokohamensis (Rohwer, 1925) comb. nov.（图 3-266）

Dolerus yokohamensis Rohwer, 1925: 482

主要特征：雌虫体长 10mm；体和足黑色，中胸背板侧叶红色，体无金属蓝色光泽；体毛淡色，翅浅烟色；头、胸部刻点十分粗密，单眼后区和上眶刻点间隙甚狭，中胸背板刻点稍稀，附片及后小盾片光滑，腹部第 1 背板光滑，其余背板具细横刻纹；头、胸部被毛稀疏，单眼后区细毛短于单眼直径；唇基缺口宽 U 形；颚眼距等于侧单眼直径 1.5 倍，后头两侧收缩（图 3-266D）；复眼小，颊沟浅；单眼后区横宽，侧沟宽深，后沟浅；中胸背板各叶均强烈隆起；小盾片隆起，附片与淡膜区等长；锯鞘端明显长于锯鞘基，锯鞘缨毛较长，明显弯曲，端部距离宽于锯鞘，尾须几乎伸抵锯鞘端部（图 3-266A）；锯腹片 19 刃，锯刃平坦，具 18–20 个细齿。雄虫体长 8.5mm，体全部黑色，腹部具暗蓝色光泽；中胸背板前叶中后部光滑，侧叶及小盾片全部具刻点，附片具细刻纹，腹部第 1 背板光滑；单眼后区细毛长于单眼直径；阳茎瓣背缘弯曲，端突较大，腹钩大型（图 3-266B）；抱器内缘不凹入，副阳茎大型（图 3-266C）。

分布：浙江（杭州）；日本。

图 3-266　黑领新麦叶蜂，新组合 Neodolerus yokohamensis (Rohwer, 1925) comb. nov.
A. 锯鞘缨毛和尾须背面观；B. 阳茎瓣；C. 生殖铗；D. 雌虫头、胸部背面观

（272）展缨新麦叶蜂，新种 Neodolerus zhanying Wei, sp. nov. （图 3-267）

雌虫：体长 9mm。体和足黑色，前胸背板除前下角外、翅基片、中胸背板前叶及侧叶全部红褐色；翅浅烟灰色透明，翅痣和翅脉黑褐色；体毛银色，鞘毛暗褐色。

头部刻点粗糙密集，无明显光滑区；中胸背板刻点较小，十分稀疏，前叶两侧无密集刻点，小盾片后部刻点稀疏，前中部几乎光滑，附片无刻纹，后小盾片具细小刻点；中胸侧板上半部刻点粗糙，刻点间脊细但光滑，中胸腹侧和后胸前侧片大部分光滑；腹部第 1 背板光滑，腹部其余背板横向刻纹显著。单眼后区细毛等长于单眼直径，中胸前侧片细毛端部弯曲，稍短于前足基跗节端部宽。

唇基隆起，前缘缺口窄深，底部圆，侧叶宽，缺口深为唇基长的 1/2；颚眼距 1.1 倍于侧单眼直径；背面观后头两侧微弱收缩，后眶颊沟不显著；单眼后区宽长比=1.4，侧沟较宽深，向后明显收敛，单眼后沟明显。中胸背板前叶隆起，后端尖，中纵沟明显；小盾片微隆起，附片中部微鼓，无纵脊；后足胫节内外侧均具明显纵沟；前翅 cu-a 脉中位，后翅臀室柄短于 cu-a 脉 1/3。锯鞘几乎等长于后足股节，锯鞘端长约 1.3 倍于锯鞘基，侧面观腹缘近平直，端部突出；背面观锯鞘向端部稍收窄，缨毛较短且强烈向两侧展开，端部远离，间距约 2 倍于锯鞘宽，尾须和细毛短，未伸达锯鞘端部（图 3-267A）；锯腹片 23 刃，无亚缘突和翼突距；中部锯刃稍突出，外侧斜面显著短于内侧斜面，外侧具明显的细小亚基齿约 10 枚（图 3-267B），亚端部锯刃外侧稍长，亚基齿可分辨（图 3-267C）。

雄虫：未知。

分布：浙江（临安）。

词源：本种种加词 zhanying 是展缨的中文拼音。本种锯鞘缨毛强烈外展，与近缘种类不同，以此命名。

正模：♀，浙江丽水碧湖镇新亭村，28.41°N、119.83°E，105m，2015.III.22，李泽建（ASMN）。

鉴别特征：本种与红唇新麦叶蜂 Neodolerus rufoclypeus Wei, sp. nov. 较近似，但唇基和中胸前上侧片黑色，单眼后区宽长比等于 1.4，唇基缺口窄，中胸背板前叶两侧和小盾片前半部无粗大刻点，小盾片后部刻点稀疏，后足胫节内外侧具均纵沟，锯鞘缨毛向两侧强烈展开，外侧缨毛端部距离 2 倍于锯鞘宽，中部

锯刃外侧斜面短于内侧斜面，与该种不同。

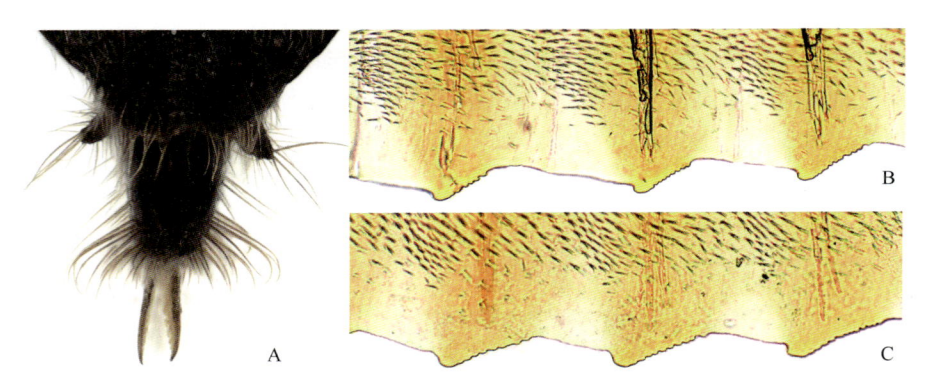

图 3-267　展缨新麦叶蜂，新种 *Neodolerus zhanying* Wei, sp. nov. 雌虫
A. 锯鞘缨毛和尾须背面观；B. 锯腹片第 7–9 锯刃；C. 锯腹片第 17–19 锯刃

（273）赵氏新麦叶蜂，新种 *Neodolerus zhaoi* Wei, sp. nov.（图 3-268）

雌虫：体长 10mm。体和足黑色，前胸背板、翅基片、中胸背板前叶及侧叶全部、中胸前上侧片、中胸前侧片上半部红褐色；翅浅烟灰色透明，翅痣和翅脉黑褐色；体毛银色，鞘毛暗褐色。

头部刻点粗糙密集，上眶中部和单眼后区具狭窄但明显的小条状光滑区；中胸背板刻点小，十分稀疏，前叶两侧和小盾片具粗糙密集刻点，小盾片前部中央光滑，附片无刻纹，后小盾片具细密刻点和刻纹；中胸侧板上半部刻点粗糙密集，中胸腹侧刻点极细小稀疏，后胸前侧片腹侧光滑；腹部第 1 背板边缘光滑，两侧中部具刻点和刻纹，腹部其余背板横向刻纹显著。单眼后区细毛短于单眼直径，中胸前侧片细毛端部稍弯曲，明显短于前足基跗节端部宽。

唇基隆起，前缘缺口窄深，底部圆，缺口深为唇基长的 1/2；复眼较大，间距 1.6 倍于复眼长径，颚眼距 1.1 倍于侧单眼直径；背面观后头两侧微弱收缩，后眶颊沟不显著；单眼后区宽长比=1.8，侧沟较宽深，向后明显收敛，单眼后沟明显。中胸背板前叶隆起，后端尖，中纵沟不明显；小盾片微隆起，附片中部微鼓，无纵脊；后足胫节内侧具弱纵沟，外侧平，无纵沟；前翅 cu-a 脉中位，后翅臀室柄短于 cu-a 脉 1/3。锯鞘几乎等长于后足股节，锯鞘端长约 1.4 倍于锯鞘基，侧面观腹缘近平直，端部突出；背面观锯鞘向端部明显收窄，缨毛较长且明显向两侧展开，端部远离，间距稍宽于锯鞘宽，尾须和细毛短，未伸达锯鞘端部（图 3-268A）；锯腹片 20 刃，无亚缘突和翼突距；中部锯刃明显突出，外侧斜面长仅约为内侧斜面长的 1/2，外侧亚基齿稍明显，8–10 枚（图 3-268B）。

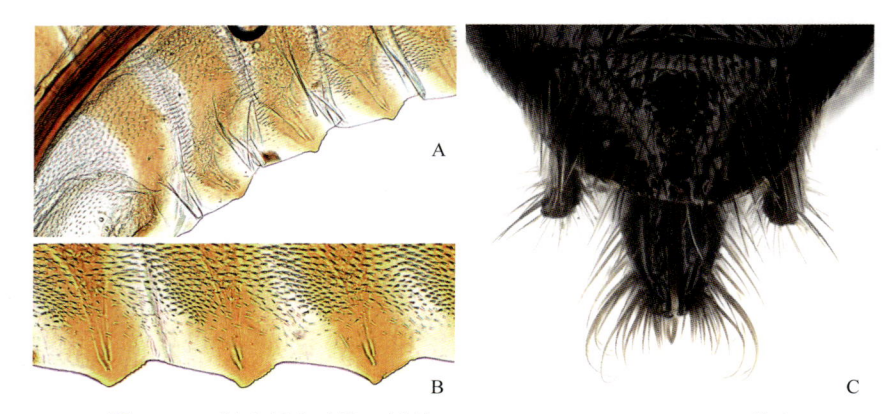

图 3-268　赵氏新麦叶蜂，新种 *Neodolerus zhaoi* Wei, sp. nov. 雌虫
A. 锯腹片基部锯刃；B. 锯腹片第 7–9 锯刃；C. 锯鞘缨毛和尾须背面观

雄虫：未知。

分布：浙江（龙泉）。
词源：本种以模式标本采集者姓氏命名。
正模：♀，浙江龙泉凤阳山官埔垟，27°55.353′N、119°11.252′E，838m，2009.IV.27，赵赴（ASMN）。
鉴别特征：本种中胸前侧片上半部红褐色、锯鞘缨毛端部显著弯曲，与东北亚分布的斑胸新麦叶蜂，新组合 *Neodolerus ephippiatus* (F. Smith, 1874) comb. nov.较相似，但本种体明显较小，中胸前侧片仅上半部红褐色，单眼后区宽长比等于 1.8，锯刃隆起度较低，中部锯刃外侧斜面仅约为内侧斜面 1/2 长等，与该种不同。

（十六）巨基叶蜂亚科 Megabelesinae

主要特征：体大型；触角 9–23 节，第 2 节短宽，鞭节长丝状或栉齿状；复眼小，间距宽，内缘互相近似平行；唇基端部截形；额区明显，侧窝开放；上颚对称双齿式；触角窝间距狭窄，具触角窝上沿片；后眶圆，颊脊短弱；前胸背板沟前部短，前胸侧板腹面宽阔接触，无胸腹侧片和前片，中胸后侧片发达，具横脊，下片具深凹，胸部后气门隐蔽，气门下页发达，后气门后片线状，后小盾片前凹大；后足基节发达，股节伸出腹端；后胫距短于胫节端部宽，爪内齿发达。前翅 4 肘室，R 脉长于 Sc 脉，末端不下折；M 脉与 1m-cu 脉平行，2m-cu 脉与 1r-m 脉顶接或在其内侧；1m-cu 脉邻近 Rs 脉第 1 段；cu-a 脉接近 M 脉；臀横脉中位，强烈倾斜；锯背片具大型悬膜叶；阳茎瓣简单，无顶侧突和侧刺突。幼虫自由生活，具聚集习性。
分布：东亚。本亚科已知 5 属，中国均有分布。浙江发现 1 属 3 种，但 *Cladiucha* 在浙江应该也有分布。
寄主：木兰科 Magnoliaceae 木兰属、木莲属等植物。

74. 巨基叶蜂属 *Megabeleses* Takeuchi, 1952

Megabeleses Takeuchi, 1952: 32. Type species: *Megabeleses crassitarsis* Takeuchi, 1952, by original designation.

主要特征：体形粗壮；唇基端部亚截形，上唇短宽；上颚粗短，对称双齿式；颚眼距窄于单眼直径，后眶圆钝，具后颊脊；复眼内缘向下明显收敛，间距宽于眼高；触角窝间距不宽于触角窝-内眶间距；侧窝向下开放；额区微隆起，额脊低钝；单眼后区宽大于长；后颊脊低弱，伸至后眶上部；触角不短于腹部，第 2 节宽大于长，第 3 节稍长于第 4 节，第 3–8 节互相几乎等长；前胸背板沟前部稍宽于单眼直径，前缘具细脊；前胸侧板腹侧短钝截形接触，小盾片平坦，后缘具横脊，附片短小；淡膜区间距 1.5–2 倍于淡膜区长径；中胸前侧片明显隆起，无脊和顶点，无胸腹侧片，侧板前缘具细脊；后侧片宽大，具中位横脊，背叶宽大；后胸前侧片腹侧强烈延长，长于中足基节；前足胫节内端距端部分叉，后足基节端部伸达腹部第 4、5 腹板；后足基跗节膨大，等于或稍长于其后 4 节之和；爪无基片，内齿后位，明显长于端齿；前翅翅痣窄，cu-a 脉邻近 1M 脉，R+M 脉段短小，1M 脉与 1m-cu 脉互相平行，1m-cu 脉几乎与 Rs 脉第 1 段顶接，臀横脉强烈倾斜，位于臀室中部外侧；后翅 Rs 室开放，M 室封闭，臀室具短柄式；锯鞘端长于锯鞘基，锯背片具发达的悬膜（图 3-270F）；锯腹片窄长，锯刃平直，亚基齿细小且多；雄虫后翅无缘脉，触角鞭节具立毛；阳茎瓣无缘齿，侧突不明显。
分布：中国，日本。本属已知 5 种，中国分布 4 种，浙江发现 3 种。
寄主：木兰科木兰属 *Magnolia*、含笑属 *Michelia*、鹅掌楸属 *Liriodendron* 植物。

分种检索表

1. 体无金属光泽；腹部背板无刻点，具密集细刻纹；后足胫节和跗节大部分黄白色，小盾片附片白色，后足股节基半部白色；腹部第 1 背板后缘缺口很深，中部长约为侧缘长的 1/3。寄主：木兰 ················· 木兰巨基叶蜂 *M. magnoliae*
- 至少腹部具弱蓝色金属光泽；腹部背板具显著刻点，无明显微细刻纹；后足胫跗节黑色，小盾片附片黑色，后足股节黑色，背侧有时具白条斑；腹部第 1 背板后缘中部缺口较浅，中部长约为侧缘长的 1/2。寄主：鹅掌楸 ················· 2
2. 前翅 2Rs 室无翅疤；中胸前侧片刻点稍稀疏，表面光滑；阳茎瓣中脊较窄，腹侧下部的淡色区域明显长于上部的深色区域

- 前翅 2Rs 室具明显翅疤；中胸前侧片刻点密集，表面具弱刻纹，阳茎瓣中脊较宽，腹侧下部的淡色区域明显短于上部的深色区域 ·· 凤阳巨基叶蜂 *M. fengyangshana*

（274）凤阳巨基叶蜂 *Megabeleses fengyangshana* Li, Liu & Wei, 2022（图 3-269）

Megabeleses fengyangshana Li, Liu & Wei, *in* Li *et al*., 2022: 105.

主要特征：雄虫体长 8–8.5mm；体黑色，具弱蓝色金属光泽；后足基节外侧具白斑；翅透明，翅痣和翅脉黑色，2Rs 室具明显翅疤；体毛银褐色；头部背侧具浅弱模糊刻点，额区和上眶刻点稍密，唇基和唇基上区刻点密集，小盾片两侧和后缘刻点粗密，附片刻点粗糙密集；中胸前侧片刻点十分密集，刻点间几乎无光滑间隙，具弱刻纹；腹部各节背板均具显著刻点；颚眼距线状，单眼后区宽稍大于长，后颊脊低短，伸至后眶上部；触角长于腹部，第 3 节等长于第 4 节；小盾片平坦，前端三角形突出，长等于宽，后缘横脊显著；腹部第 1 背板中部长等于两侧最长部分的 1/2；后足基跗节细圆柱形，稍长于其后 4 跗分节之和；后足基跗节稍膨大，下生殖板长约等于宽，端部圆钝；阳茎瓣见图 3-269F，中脊较宽，腹侧下部的淡色区域明显短于上部的深色区域。雌虫体长 11–12mm；锯腹片 29 节，中部锯刃具 28–30 枚细小亚基齿。

分布：浙江（龙泉）。

寄主：鹅掌楸 *Liriodendron chinense*。

图 3-269　凤阳巨基叶蜂 *Megabeleses fengyangshana* Li, Liu & Wei, 2022 雄虫
A. 头部背面观；B. 生殖铗；C. 胸部侧板；D. 头部前面观；E. 下生殖板；F. 阳茎瓣；G. 后足跗爪

（275）鹅掌楸巨基叶蜂 *Megabeleses liriodendrovorax* Xiao, 1993（图 3-270，图版 VI-9）

Megabeleses liriodendrovorax Xiao, 1993a: 148.

主要特征：雌虫体长 12–13mm；体黑色，腹部背板具弱蓝色金属光泽；后足基节外侧和腹部第 1 背板两侧具白斑；翅透明，翅痣和翅脉黑色，2Rs 室无翅疤；体毛银褐色；头部背侧具浅弱模糊刻点，额区和上眶刻点稍密，唇基和唇基上区刻点密集，小盾片两侧和后缘及附片刻点粗密；中胸前侧片隆起部刻点稍稀疏，刻点间隙狭窄、光滑；腹部各节背板均具显著刻点；颚眼距线状，单眼后区宽稍大于长，后颊脊低短，伸至后眶上部；触角等长于腹部，第 3 节微长于第 4 节；小盾片前端三角形突出，长约等于宽，后缘低横脊状；

第三章 叶蜂亚目 Tenthredinomorpha

腹部第 1 背板中部长等于两侧最长部分的 1/2；后足基跗节细圆柱形，稍长于其后 4 跗分节之和；锯鞘端 2 倍于锯鞘基长，背面观锯鞘狭长三角形，基部宽 2 倍于尾须；锯腹片 30 节，中部锯刃具 40–44 个细小亚基齿（图 3-270G）；锯背片中部悬膜等宽于锯背片（图 3-270F）。雄虫体长 9–11mm；后足基跗节稍膨大，下生殖板长约等于宽，端部钝截形；阳茎瓣中脊较窄，腹侧下部的淡色区域明显长于上部的深色区域（图 3-270C）。

分布：浙江（安吉、临安、丽水）、安徽、江西、湖南。

寄主：鹅掌楸 *Liriodendron chinense*。

图 3-270　鹅掌楸巨基叶蜂 *Megabeleses liriodendrovorax* Xiao, 1993
A. 腹部背板刻点；B. 锯鞘侧面观；C. 阳茎瓣；D. 抱器和副阳茎；E. 后足跗节；F. 锯背片；G. 中部锯刃

（276）木兰巨基叶蜂 *Megabeleses magnoliae* Wei, 2010（图 3-271）

Megabeleses magnoliae Wei, 2010: 40.

主要特征：雌虫体长 10–11mm；体黑色，无蓝色金属光泽；上唇、前胸背板后缘和后侧缘、翅基片、小盾片附片、腹部第 1 背板后部 3/4、后足基节端部和外侧大部分、后足转节全部、后足股节基半部黄白色；尾须、前足股节端部、中足股节基端、端部和背侧大部分、前中足胫跗节、后足胫节除末端外、后足跗节全部黄褐色。前翅透明，翅痣黑褐色；头部额区和内眶刻点粗糙密集；上眶和单眼后区刻点粗大稀疏；中胸背板前叶前半部刻点较密，后半部刻点稀疏，小盾片无明显光滑区域，刻点粗密；附片刻点粗糙致密；中胸前侧片上半部刻点粗糙密集，无光滑间隙；腹部背板无明显刻点，各节背板均具明显的细弱刻纹；颚眼距等于单眼半径；单眼后区宽微大于长；后颊脊低短，伸至后眶上部；触角明显长于腹部，第 3 节微长于第 4 节；小盾片后缘横脊状；腹部第 1 背板中部长度为两侧最长部分的 1/3；后基跗节基部较细，中端部稍膨大；锯腹片 24–25 节，中部锯刃具 20–25 个亚基齿；锯背片中部悬膜稍窄于锯背片。雄虫体长 9–10mm；抱器宽稍大于长，顶角稍突出，阳茎瓣端缘具明显缺口，背角尖（图 3-271）。

分布：浙江（临安、开化）、安徽。

寄主：白玉兰 *Magnolia denudata*、紫玉兰 *Magnolia liliflora*。

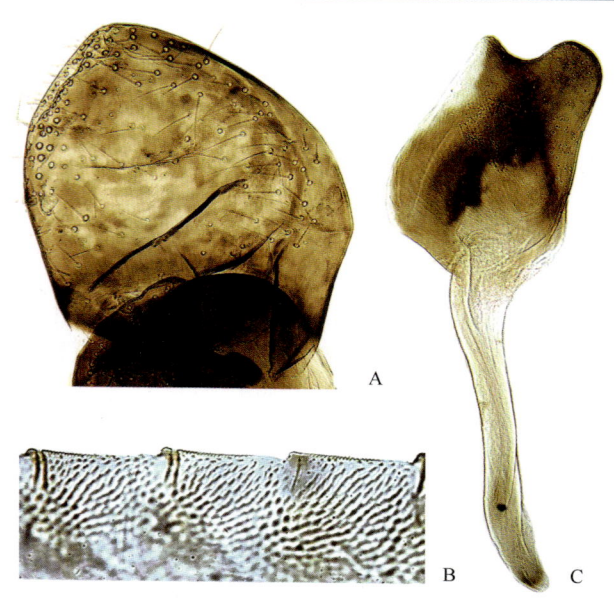

图 3-271 木兰巨基叶蜂 *Megabeleses magnoliae* Wei, 2010
A. 抱器；B. 锯腹片中部锯刃；C. 阳茎瓣

（十七）平背叶蜂亚科 Allantinae

主要特征：体中大型；左右上颚通常不对称；触角窝间距狭于复眼和触角窝距；额区分化，侧窝前端开放；前胸背板沟前部多宽于单眼直径，具后叶斜脊前沟；侧板腹面通常钝截形接触；无胸腹侧片和胸腹侧片前片；后胸侧板缝缺失或痕状；后气门后片线状，稀少狭片状；前翅翅痣狭长，Sc脉退化，M脉稍长于并与1m-cu脉平行，cu-a脉中位或亚基位，径室无明显附柄，第2M室长形；后翅径室无背柄，常具腹柄，Rs翅室通常开放；锯鞘端长于鞘基，锯腹片发达，锯刃规则，各锯节具2个或2个以上纹孔；阳茎瓣具顶侧突和腹缘细齿，具侧突（ergot）。

分布：古北区，东洋区，新北区，旧热带区。东亚地区多样性显著高于其他分布区。本亚科含约70属，中国分布52属。浙江省发现33属88种，本书记述33属80种，包括15新种。

寄主：比较广泛。参见各属。

分属检索表

1. 左、右上颚双齿式，基本对称或完全对称；前胸背板沟前部分通常约等宽于单眼直径；前胸侧板腹侧尖出，互相不接触或短截形接触，极少宽阔接触；后胸后背板中部通常十分狭窄，极少较宽；唇基缺口浅于唇基1/2长，无横脊 ············· 2
- 左、右上颚不对称，左上颚齿数多于右上颚；后头部较发达；前胸背板沟前部分通常明显宽于单眼直径2倍；前胸侧板腹侧接触面较宽；后胸后背板发达，中部不显著收窄；唇基缺口通常深于唇基1/2长，或唇基具横脊；后翅中室有或无 ············· 12

2. 上颚内齿小型，左上颚内齿明显小于右上颚，亚对称 ············· 3
- 上颚对称，内齿较大；两性后翅无封闭中室，雄虫无缘脉，或唇基具中齿且腹部背板具膜斑；后足胫节端部和基跗节端部圆钝，不膨大，不外翘；前翅R+M脉段短小或缺如，远短于R脉长；胸部侧板无粗大刻点；阳茎瓣无指状端突或端突刺突状，头叶非宽大三角形 ············· 5

3. 后翅雌虫Rs和M室均封闭，雄虫具缘脉；后足胫节端部和基跗节端部明显突出，稍向外翘；前翅R+M脉段较长，不短于R脉长；胸部侧板刻点十分粗大；阳茎瓣具宽大端突或宽大三角形。**中美叶蜂族 Dimorphopterygini** ············· 4
- 后翅Rs室开放，雄虫无缘脉；后足胫节端部和基跗节端部绝不突出；前翅R+M脉段短小，远短于R脉；胸部侧板无刻点或浅弱刻点；阳茎瓣小型，无端背侧突，亦非宽大三角形。**狭蕨叶蜂族 Fernini** ············· **大蕨叶蜂属 *Ferna***

4. 后足基跗节端部具枝状突；阳茎瓣无背突，宽三角形 ············· **枝跗叶蜂属 *Armitarsus***

- 后足基跗节端部背侧不呈枝状；阳茎瓣长方形，具背突 ·· 中美叶蜂属 *Dimorphopteryx*
5. 唇基具中齿；腹部背板具膜斑；前胸侧板腹侧尖，互相远离，无显著接合面；后翅 M 室封闭。Empriini ······················
   ·· 斑腹叶蜂属 *Empria*
- 唇基无中齿；腹部背板无膜斑；前胸侧板腹侧钝截形，常具接合面；后翅 M 室开放。狭背叶蜂族 **Ametastegiini** ········ 6
6. 前翅 cu-a 脉全部位于 M 脉下端内侧；前胸背板沟前部分 2–3 倍宽于单眼直径，前胸侧板腹侧截形接触；后胸后背板中部
   较宽，无倒三角形膜区 ·· 7
- 前翅 cu-a 脉位于 M 脉下端外侧；前胸背板沟前部分约等宽于单眼直径，前胸侧板腹侧尖，互相远离；后胸后背板中部狭
   窄，如果较宽，则中部前侧具倒三角形膜区；锯腹片节缝无叶状扁刺 ·· 8
7. 后翅臀室具柄式；后足基跗节短于其后 4 个跗分节之和；复眼较小，间距宽于复眼长径；锯腹片中部节缝具叶状扁刺 ···
   ·· 史氏叶蜂属 *Dasmithius*
- 后翅臀室无柄式；后足基跗节稍长于其后 4 个跗分节之和；复眼较大，间距等宽于复眼长径；锯腹片节缝无叶状扁刺 ···
   ·· 平唇叶蜂属 *Allanempria*
8. 头部后颊脊至少伸至后眶中部；前翅 1M 室无背柄，R+M 脉存在 ··· 9
- 头部无后颊脊；前翅 Rs 脉第 1 段存在 ··· 11
9. 爪具明显内齿；触角第 2 节长大于宽；体正常，不十分狭长 ·· 10
- 爪无内齿；触角第 2 节长小于宽；体形细长；Rs 脉第 1 段缺 ··· 细曲叶蜂属 *Stenempria*
10. 前翅 Rs 脉第 1 段消失，1R1 室和 1Rs 室合并（前翅 3 肘室）··· 原曲叶蜂属 *Protemphytus*
- 前翅 Rs 脉第 1 段存在，1R1 室和 1Rs 室分离（前翅 4 肘室）··· 狭背叶蜂属 *Ametastegia*
11. 前翅 1M 室具短而明显的背柄，无 R+M 脉段；触角第 2 节宽大于长；爪小型，具小型内齿 ······· 直脉叶蜂属 *Hemocla*
- 前翅 1M 室无背柄，具短 R+M 脉段；触角第 2 节长显著大于宽；爪小型，无内齿和基片 ············· 单齿叶蜂属 *Ungulia*
12. 前翅 Rs 脉第 1 段消失，1R1 室和 1Rs 室合并；唇基缺口很浅，具明显横脊；前翅 cu-a 脉位于中室下缘中部内侧。平背
    叶蜂族 **Allantini** ·· 13
- 前翅 Rs 脉第 1 段存在，1R1 室和 1Rs 室分离；唇基缺口通常较深，无横脊 ··· 23
13. 前翅臀室无横脉；翅端具烟斑；无后颊脊 ··· 圆颊叶蜂属 *Parallantus*
- 前翅臀室具横脉；后颊脊发达 ··· 14
14. 前翅 R+M 脉段明显长于 1r-m 脉；后翅无封闭中室，臀室具柄式 ·· 15
- R+M 脉段不长于 1r-m 脉；前翅无显著烟斑；腹部亚基部不收缩 ·· 16
15. 前翅透明，端部无烟斑；腹部第 2–4 节不收缩，与第 1 节和 5–6 节近似等宽；体光滑，亮黄色 ·······························
   ·· 俏叶蜂属 *Hemathlophorus*
- 前翅端部具明显烟斑；腹部第 2–4 节显著收缩，明显窄于第 1 节和 5–6 节；胸部具明显刻点和刻纹，体非亮黄色 ········
   ·· 狭腹叶蜂属 *Athlophorus*
16. 唇基平坦或均匀隆起，缺口深达唇基 1/2 长，侧角窄；体大部分光滑，多亮黄色；后翅无封闭中室 ··················· 17
- 唇基具发达横脊，缺口浅弧形，端缘锐薄；唇基上区龙骨状隆起 ·· 18
17. 后翅臀室无柄式，径室的附室很小；爪内齿稍长于外齿 ·· 丽叶蜂属 *Linomorpha*
- 后翅臀室具柄式，径室的附室较大；爪内齿短于外齿 ·· 雅叶蜂属 *Stenemphytus*
18. 后翅具封闭 M 室；体形狭长，触角细长；体黑色，具淡斑 ·· 19
- 后翅无封闭 M 室；体形不显著狭长，触角不细长 ·· 20
19. 后翅臀室无柄式；前足胫节内距简单，端部不分叉；触角不明显侧扁 ·· 后室叶蜂属 *Asiemphytus*
- 后翅臀室具柄式；前足胫节内距端部分叉；触角鞭节明显侧扁 ··· 大曲叶蜂属 *Macremphytus*
20. 前翅 cu-a 脉与 1M 脉顶接，2m-cu 脉靠近 1r-m 横脉 ··· 十脉叶蜂属 *Allantoides*
- 前翅 cu-a 脉位于中室内侧 1/3 处，2m-cu 脉远离 1r-m 横脉 ·· 21
21. 后翅臀室具柄式；体黑色，具少量淡斑；胸部具显著粗大刻点 ·· 22
- 后翅臀室无柄式；体黄褐色，具少量黑斑；胸部高度光滑 ·· 美叶蜂属 *Taxonemphytus*
22. 触角长于头宽的 2 倍；阳茎瓣狭长。成虫多发生于秋天 ··· 秋叶蜂属 *Apethymus*

-	触角短于头宽的 2 倍；阳茎瓣体较宽。成虫发生于春夏季 ·· 曲叶蜂属 *Emphytus*
23.	唇基和上唇不对称，唇基很宽，中部很短；左右上颚不对称，左上颚 3 齿，基齿尖长，中齿窄，右上颚 3 齿，中齿宽大，基齿小而尖。**裂齿叶蜂族 Xenapeteini**。爪具发达基片，无内齿；前翅臀室亚基部明显收缩；后颊脊发达 ·· 纵脊叶蜂属 *Xenapatidea*
-	唇基和上唇对称；左右上颚不对称，左上颚双齿，右上颚单齿，均为基部尖齿 ··· 24
24.	后头较短，背面观明显短于复眼长径；唇基缺口浅且无横脊，上唇小；前胸侧板接触面短于前胸腹板长；爪无基片；后翅无闭合中室，臀室具长柄；体光滑，无明显刻点。**小唇叶蜂族 Clypeini** ··· 25
-	后头较长，背面观约等于复眼长径；唇基具显著横脊，或缺口深于唇基 1/2 长；前胸背板沟前部宽，侧板接触面不短于腹板长；爪通常具基片；后胸后背板长且平坦。**元叶蜂族 Taxonini** ··· 27
25.	头部无后颊脊；前足胫节内端距分叉或具高位膜叶；雌虫产卵器正常，侧面观长高比不大于 3 ······························· 26
-	头部后颊脊发达；前足胫节内端距端部不分叉；雌虫锯鞘十分窄长，侧面观长高比大于 4 ····· 狭鞘叶蜂属 *Thecatiphyta*
26.	上颚亚基部强烈弯折；唇基宽显著大于长；具短后颊脊 ·· 小唇叶蜂属 *Clypea*
-	上颚外侧弧形弯曲；唇基宽稍大于长；无后颊脊 ·· 玛叶蜂属 *Mallachiella*
27.	唇基缺口明显浅于唇基 1/2 长；上唇小，唇根不出露 ··· 28
-	唇基缺口明显深于唇基 1/2 长；上唇宽大，通常唇根出露 ·· 31
28.	前翅 cu-a 脉交于 1M 室下缘中部；后翅臀室无柄式；触角细长，通常不短于虫体 ··· 29
-	前翅 cu-a 脉交于 1M 室下缘内侧 1/4–1/3；后翅臀室通常具柄式；触角较粗短，明显短于虫体；前足胫节内端距端部分叉 ··· 30
29.	唇基具显著横脊，前缘缺口底部圆弧形；前足胫节内距端部不分叉或具高位膜叶；爪基片小，内齿明显短于外齿；后翅 R1 室的附室大型 ·· 近曲叶蜂属 *Emphystegia*
-	唇基平坦，无横脊，前缘缺口底部平直；前足胫节内端距端部分叉；爪基片发达，内齿长于外齿；后翅 R1 室的附室不明显 ··· 片爪叶蜂属 *Darjilingia*
30.	爪基片微小，内齿中小型；唇基几乎平坦，无横脊，前缘缺口底部近平直；体大部分黑色，具少量淡斑 ·· 蔡氏叶蜂属 *Caiina*
-	爪具明显基片，内齿大；唇基具明显横脊，前缘缺口底部弧形；体黄褐色，有时具少量黑斑 ·············· 金氏叶蜂属 *Jinia*
31.	前翅 cu-a 脉位于 1M 室下缘基部 1/5–1/4 处 ··· 32
-	前翅 cu-a 脉位于 1M 室下缘中部；后翅 M 室通常封闭 ··· 元叶蜂属 *Taxonus*
32.	后翅具封闭的 Rs 室，无封闭 M 室，臀室无柄式；触角粗壮、侧扁 ··· 前室叶蜂属 *Allomorpha*
-	后翅无封闭的 Rs 和 M 室，臀室具柄式；触角细，不侧扁 ·· 带斑叶蜂属 *Emphytopsis*

75. 中美叶蜂属 *Dimorphopteryx* Ashmead, 1898 中国新记录属

Dimorphopteryx Ashmead, 1898d: 308. Type species: *Allantus pinguis* Norton, 1860, by original designation.

主要特征：体较狭长；唇基具显著缺口，颚眼距约等于单眼直径；上颚对称双齿式，内齿亚端位，小型；颊脊发达，接近全缘式；复眼中型，间距宽于眼高，额脊不发达；触角细长丝状或稍侧扁，鞭分节除端节外均具小齿状端腹突；前胸背板具侧纵脊，侧叶沟前部约 3 倍宽于单眼直径，具亚缘脊，前胸腹板腹侧钝截形接触；中胸前侧片和小盾片具粗大刻点；中胸后侧片大，气门叶十分突出；小盾片前缘弧形突出，淡膜区间距与淡膜区长径之比大于 2；后胸后背板倾斜，中部狭窄，后小盾片前凹大型；腹部第 1 背板具中缝，气门前位；后足胫节末端外侧稍突出，后基跗节显著长于其后 4 节之和，端部背侧稍突出；后足股节细短，不伸抵腹端；爪基片微弱，内齿端位，等于或长于外齿，位于端齿侧面；前翅 R+M 脉约等长于 Rs 脉第 1 段，2Rs 室长于 1R1+1Rs，cu-a 脉位于中室内侧，臀横脉长斜，位于臀室中部外侧；后翅臀室无柄式，雌虫具双闭中室，雄虫具缘脉；阳茎瓣端部具背突。

分布：东亚，新北区。本属已知 5 种，全部分布于北美洲。中国目前发现 10 种，分布于中部南部。其

中浙江分布 3 种，均为新种。

寄主：桦木科桤木属 *Alnus*，壳斗科栎属 *Quercus*、栗属 *Castanea*，蔷薇科山楂属 *Crataegus*、李属 *Prunus*、梨属 *Pyrus*。

分种检索表

1. 雄虫触角 3–8 节黑褐色，腹侧具不明显的褐色条带，第 9 节全部浅褐色；爪内齿长于外齿；雌虫未知 ··· 王氏中美叶蜂，新种 *D. wangi* sp. nov.
- 雄虫触角鞭节黄褐色，1–5 鞭分节背侧具狭窄黑色条带；爪内齿短于外齿；雌雄 ·············· 2
2. 后足股节基部 1/5 黄白色 ·· 天目中美叶蜂，新种 *D. tianmunicus* sp. nov.
- 后足股节基部 1/3 黄白色 ·· 长环中美叶蜂，新种 *D. laticinctus* sp. nov.

（277）长环中美叶蜂，新种 *Dimorphopteryx laticinctus* Wei, sp. nov.（图 3-272，图版 VI-10）

雌虫：体长 9.5mm。体大部分黑色，口须大部分和上唇白色，触角 6–9 节、翅基片、腹部 2–5 背腹板大部分黄褐色，第 2 背板中部和第 4、5 背板两侧具大黑斑，触角鞭节腹侧浅褐色；足黄褐色，前、中足基节除端部外、后足基节外侧中基部黑色，中足股节中部具模糊黑斑，后足股节端部 2/3 黑色（图 3-272D）；翅透明，翅痣和翅脉深褐色。

头部背侧和后眶光滑，具十分稀疏的浅弱刻点，光泽较强，唇基刻点较密，内眶中下部和额区前部刻纹粗密；中胸背板前叶和侧叶刻点稀疏、浅弱，小盾片刻点较粗大，稍密集，两侧后部具光滑区，附片光滑；中胸前侧片上半部具粗大密集网状刻点，无刻点间隙，后侧片凹部具密集刻纹，中胸前侧片腹侧几乎光滑；腹部背板光滑无刻点，光泽极强。

唇基缺口弧形，底部圆钝，深约为唇基 1/3 长；颚眼距等于单眼半径；额脊完整，仅前缘中部稍开放，额窝明显下沉；单眼后区稍隆起，宽 1.15 倍于长，侧沟较深，微弱弯曲，背面观后头两侧微弱收敛，0.8 倍于复眼长径（图 3-272A）；侧面观后眶中部宽约为复眼横径 1/2；触角长于头、胸部之和，第 3、4 节长度比为 1.2（图 3-272C）；中胸小盾片低钝隆起，附片小；前翅 2Rs 微长于 1R1 与 1Rs 之和，2r 脉交于 2Rs 室上缘中部，cu-a 脉交于 1M 室下缘内侧 2/5 处，R+M 脉稍长于 R 脉；后足胫节与跗节等长，基跗节长于其后各跗分节之和，爪内齿短于外齿并稍分离（图 3-272F）；锯腹片 35 节（图 3-272E），第 7–9 节见图 3-272B。

雄虫：未知。

变异：前翅 R+M 脉长度稍有变化。

分布：浙江（临安）。

词源：本种后足股节基部黄色环较天目中美叶蜂长，以此命名。

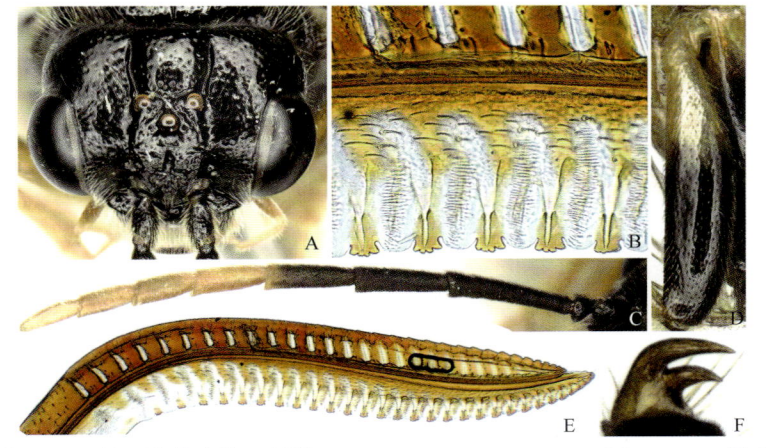

图 3-272　长环中美叶蜂，新种 *Dimorphopteryx laticinctus* Wei, sp. nov. 雌虫
A. 头部背面观；B. 锯腹片中部锯节；C. 触角；D. 后足股节；E. 产卵器；F. 爪

正模：♀，浙江临安西天目山仙人顶，30°20.59′N、119°25.36′E，1504m，2011.VI.13，魏力、胡平（ASMN）。
副模：2♀，浙江临安西天目山仙人顶，30°20.59′N、119°25.36′E，1506m，2011.VI.13，李泽建；1♀，浙江临安西天目山，30°20.64′N、119°26.41′E，1100m，2011.VI.12–16，李泽建；1♀，浙江西天目山，1994.VI.4，林永丽（ASMN）。

鉴别特征：本种与北美洲的 *D. melanognathus* Rohwer 近似，但本种触角端部 4 节黄褐色，后足股节大部分黑色，中胸背板盾纵沟十分狭窄等，与北美洲种类明显不同，容易鉴别。

（278）天目中美叶蜂，新种 *Dimorphopteryx tianmunicus* Wei, sp. nov.（图 3-273）

雌虫：体长 9.5mm。体大部分黑色，口须大部分和上唇白色，触角 6–9 节、翅基片、腹部 2–5 背腹板大部分黄褐色，第 2 背板中部和第 4、5 背板两侧具大黑斑，触角鞭节腹侧浅褐色；足黄褐色，前、中足基节除端部外、后足基节外侧中基部黑色，中足股节中部具模糊黑斑，后足股节端部 3/4 黑色；翅透明，翅痣和翅脉深褐色。

头部背侧和后眶光滑，具十分稀疏的浅弱刻点，光泽较强，唇基刻点较密，内眶中下部和额区前部刻纹粗密；中胸背板前叶和侧叶刻点稀疏、浅弱，小盾片中部光滑，两侧和后缘刻点粗大密集，附片光滑；中胸前侧片上半部具粗大密集网状刻点，无刻点间隙，后侧片凹部具密集刻纹，中胸前侧片腹侧几乎光滑；腹部背板光滑无刻点，光泽极强。

唇基缺口弧形，底部圆钝，深约为唇基 1/3 长（图 3-273E）；颚眼距等于单眼半径；额脊完整，仅前缘中部稍开放，额窝明显下沉；单眼后区稍隆起，宽 1.3 倍于长，侧沟较深，近似平行，背面观后头两侧微弱收敛，0.8 倍于复眼长径（图 3-273A）；侧面观后眶中部宽约为复眼横径 1/2；触角长于头、胸部之和，第 3、4 节长度比为 1.2；中胸小盾片低钝隆起，附片小；前翅 2Rs 微长于 1R1 与 1Rs 之和，2r 脉交于 2Rs 室上缘中部，cu-a 脉交于 1M 室下缘内侧 2/5 处，R+M 脉 0.6 倍于 R 脉长；后足胫节与跗节等长，基跗节长于其后各跗分节之和，爪内齿微短于外齿（图 3-273F）；锯鞘端微长于鞘基；锯腹片 35 刃（图 3-273H），第 7–9 锯刃见图 3-273B。

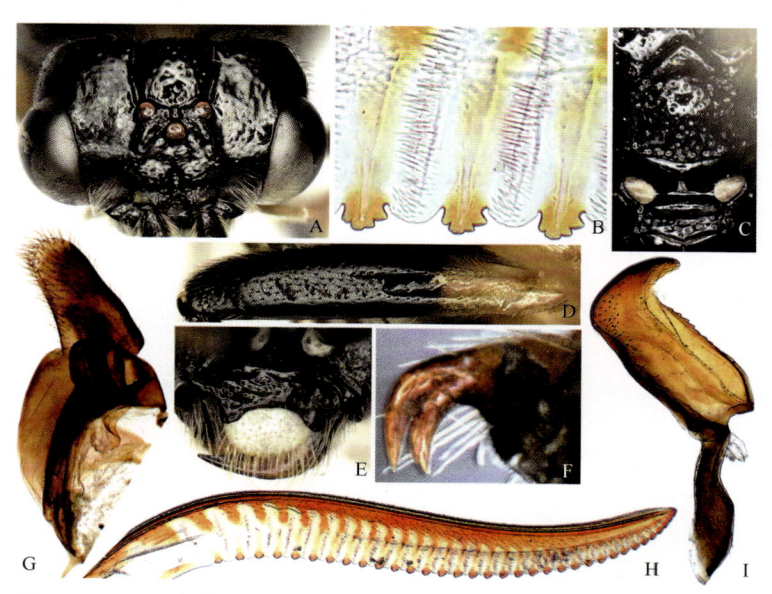

图 3-273 天目中美叶蜂，新种 *Dimorphopteryx tianmunicus* Wei, sp. nov.
A. 雌虫头部背面观；B. 锯腹片第 7–9 锯刃；C. 雄虫小盾片和后小盾片；D. 雌虫后足股节；E. 雌虫唇基和上唇；F. 雌虫爪；G. 生殖铗；H. 锯腹片；I. 阳茎瓣

雄虫：体长 9mm；体色和构造与雌虫近似，但触角 6、7 节背侧常暗褐色，中足股节无黑斑，后足股节背侧暗褐色至黑褐色，腹部第 2 背板大部分黑色，后翅具缘脉，无闭中室；后胸淡膜区间距 1.7 倍于淡膜区长径（图 3-273C）；下生殖板长大于宽，端部窄圆；抱器窄长，端部圆钝（图 3-273G）；阳茎瓣背缘中部具 7–8 枚粗齿（图 3-273I）。

变异：腹部淡色斑纹和前翅 R+M 脉长度稍有变化。

分布：浙江（临安）。

词源：本种以其模式标本产地命名。

正模：♀，浙江临安西天目山仙人顶，30°20.59′N、119°25.36′E，1504m，2011.VI.13，魏力、胡平（ASMN）。副模：3♀15♂，浙江临安西天目山仙人顶，30°20.59′N、119°25.36′E，1506m，2011.VI.13，李泽建；1♀1♂，浙江临安西天目山，马氏网，1337m，2012.VI.10，李泽建；1♂，数据同正模；4♀68♂，浙江临安西天目山仙人顶，30.349°N、119.424°E，1506m，2017.VI.8，刘萌萌、高凯文、姬婷婷；3♂，浙江西天目山，1989.VI.6，陈学新，1990.VI.2–4，施祖华、何俊华（ASMN）。

鉴别特征：本种与长环中美叶蜂非常近似，并同域分布，但本种后足股节基部黄褐色部分占股节长度的 1/4，单眼后区较短，爪内齿紧贴外齿，几乎等长等，可以与之鉴别。线粒体基因组数据表明，两种之间的遗传分化已经非常明显，线粒体 13 个蛋白质编码基因中，差异最大的 NAD6 达到 13.6%，最小的 ATP6 为 4.7%。

（279）王氏中美叶蜂，新种 *Dimorphopteryx wangi* Wei, sp. nov.（图 3-274）

雄虫：体长 9mm。体大部分黑色，口须大部分和上唇白色，触角鞭节暗褐色，第 9 节浅褐色；翅基片外侧、腹部背侧具椭圆形淡斑覆盖 3–6 背板中部和第 2 背板中部后缘，2–6 腹板大部分黄白色；足黄褐色，前、中足基节除端部外、后足基节外侧中基部黑色，后足股节背侧暗褐色；翅透明，翅痣和翅脉深褐色。

头部背侧和后眶光滑，具十分稀疏的浅弱刻点，光泽较强，唇基刻点较密，内眶中下部和额区前部刻纹较粗密；中胸背板前叶和侧叶刻点稀疏、浅弱，小盾片刻点较粗大，稍密集，附片光滑；中胸前侧片上半部具粗大密集网状刻点，无刻点间隙，后侧片凹部具密集刻纹，中胸前侧片腹侧几乎光滑；腹部背板光滑无刻点，光泽极强。

图 3-274 王氏中美叶蜂，新种 *Dimorphopteryx wangi* Wei, sp. nov. 雄虫，正模
A. 唇基和上唇；B. 头部背面观；C. 爪；D. 阳茎瓣；E. 生殖铗；F. 小盾片和后小盾片；G. 触角

唇基缺口较深，底部窄圆，深约为唇基 1/2 长（图 3-274A）；颚眼距稍窄于单眼半径；额脊完整，仅前缘中部稍开放，额窝微弱下沉，中窝底部具沟；单眼后区稍隆起，宽 1.5 倍于长，侧沟很深，近似平行，背面观后头两侧明显收敛，0.6 倍于复眼长径（图 3-274B）；侧面观后眶中宽约为复眼横径的 1/2；触角长于头、胸部之和，第 3、4 节长度比为 1.2（图 3-274G）；中胸小盾片低钝隆起，附片小，后胸淡膜区间距 2.2 倍于淡膜区长径（图 3-274F）；前翅 2Rs 微长于 1R1 与 1Rs 之和，2r 脉交于 2Rs 室上缘中部，cu-a 脉交于 1M 室下缘内侧 2/5 处，R+M 脉 0.8 倍于 R 脉长；后足胫节与跗节等长，基跗节长于其后各跗分节之和，爪内齿稍长于外齿（图 3-274C）；下生殖板长大于宽，端部窄圆；抱器较短，端部圆钝（图 3-274E）；阳茎瓣端背突较宽，背缘中部小齿较大（图 3-274D）。

雌虫：未知。

分布：浙江（泰顺）。

词源：本种以模式标本采集者姓氏命名。

正模：♂，浙江泰顺乌岩岭，27°42′N、119°40′E，1000m，2005.VII.28；王义平（ASMN）。副模：3♂，数据同正模（ASMN）。

鉴别特征：本种与 *D. tianmunicus* 近似，但触角几乎全部暗褐色，翅基片内侧黑褐色，唇基缺口较窄深，单眼后区侧沟较宽深，后胸淡膜区间距 2.2 倍于淡膜区长径，阳茎瓣端背突较短宽等，可与之鉴别。

76. 枝跗叶蜂属 *Armitarsus* Malaise, 1931 中国新记录属

Armitarsus Malaise, 1931a: 100. Type species: *Armitarsus punctifemoratus* Malaise, 1931, by original designation.

主要特征：体粗短；唇基前缘具显著缺口，颚眼距狭窄；上颚亚对称双齿式，内齿亚端位；后颊脊短弱，后头短缩；触角粗扁，第 2 节宽大于长，鞭分节末端锯齿形；前胸背板具侧纵脊，侧叶沟前部宽约 3 倍于单眼直径，具亚缘脊；前胸侧板腹面钝截形接触；中胸背板前叶后端无平滑区；小盾片大型，刻点粗大，前缘角状突出，后胸淡膜区间距大于淡膜区长径 2 倍，后胸后背板倾斜，中部狭窄；中胸后侧片宽大，气门叶突出；雄虫后足股节伸抵腹端，后胫节末端背侧明显突出，后足胫距约等长于胫节端宽；后足基跗节长于其后 4 节之和，末端具枝突（图 3-275D）；爪基片微弱，内齿后位，短于外齿；前翅 R 脉较长直，端部不显著下垂，R+M 脉段约与第 Rs 脉第 1 段等长，cu-a 脉内侧 1/3 位，臀横脉长且倾斜，位于臀室外侧 1/3，2Rs 室长于 1R1+1Rs 室，后翅具封闭的 Rs 和 M 室，臀室无柄式；雄虫后翅具缘脉；并胸腹节具中缝，气门前位；雄虫阳茎瓣宽大，无背突。

分布：东亚北部。本属已知 7 种。中国已发现 3 种，浙江发现 1 种。天目山是本属分布的最南记录。

寄主：桦木科桤木属 *Alnus* 植物。

（280）斑角枝跗叶蜂 *Armitarsus punctifemoratus* Malaise, 1931（图 3-275）中国新记录种

Armitarsus punctifemoratus Malaise, 1931a: 100.

主要特征：雌虫体长 9–10mm，雄虫体长 9.5–12mm。体黑色，上唇白色（图 3-275B），触角端部 2 节（图 3-275C）、前中足胫跗节褐色，后足转节黄褐色；翅烟褐色，翅痣和翅脉黑色；体毛淡色，头部背侧

图 3-275 斑角枝跗叶蜂 *Armitarsus punctifemoratus* Malaise, 1931 雄虫
A. 头部背面观；B. 头部前面观；C. 触角；D. 后足跗节

细毛稍暗；唇基缺口深达 1/3 唇基长，底部平截，侧叶三角形，上唇端部稍突出（图 3-275B）；颚眼距窄于单眼半径；额脊低钝，中窝消失，侧窝痕状；单眼后沟缺，侧沟亚平行，单眼后区近方形（图 3-275A）；后颊脊锐利，伸至上眶后缘中部；雄虫触角强烈侧扁，稍短于胸、腹部之和，第 3 节显著长于第 4 节，各鞭节端部具显著角突（图 3-275C）；中胸小盾片平坦，附片宽三角形；淡膜区小，淡膜区间距 3.5 倍于淡膜区长径；中胸前侧片前缘脊锐利；前翅 2Rs 长于 1R1 与 1Rs 之和，cu-a 脉交于 M 室基部 1/3；后足基跗节明显长于其后各跗分节之和（图 3-275D）；头部刻点浅密，上唇光滑；前胸背板、中胸背板前叶、小盾片、后小盾片、中胸前侧片、并胸腹节背板中央具粗糙密集刻点，中胸盾片具浅密刻点，中胸后侧片、后胸侧板具密集刻纹，小盾片附片光滑，后足基节、股节、胫节、基跗节具密集刻纹和刻点。

采集记录：1♀，浙江天目山，1931.VIII.4（中国科学院动物研究所，IZAS）。

分布：浙江（临安）、辽宁；俄罗斯（东西伯利亚），韩国，日本。

77. 斑腹叶蜂属 *Empria* Lepeletier & Serville, 1828

Empria Lepeletier & Serville, in Latreille et al., 1828: 571. Type species: *Dolerus (Empria) pallimacula* Lepeletier, 1823, designated by Brulle, 1946.

Tenthredo (Poecilostoma) Dahlbom, 1835: 13. Type species: *Tenthredo guttata* Fallén, 1808, by subsequent designation of Opinion, 1963 (ICZN, 2000c).

Prosecris Gistel, 1848: 10. Unnecessary new name for *Poecilostoma* Dahlbom, 1835.

Poecilosoma Thomson, 1870: 265. Emendation. Preoccupied by *Poecilosoma* Huebner, 1819.

Poecilostomidea Ashmead, 1898b: 256. Type species: *Emphytus maculatus* Norton, 1867, by original designation.

Tethatneura Ashmead, 1898b: 256. Type species: *Selandria ignota* Norton, 1867, by original designation.

Tetraneura Konow, 1905: 102. Emendation. Preoccupied by *Tetraneuna* Hartig, 1814.

Parataxonus MacGillivray, 1908b: 367. Type species: *Taxonus multicolor* (Norton, 1862), by original designation.

Leucempria Enslin, 1913: 187. Type species: *Tenthredo candidata* Fallén, 1808, by original designation.

Empria subgenus *Triempria* Enslin, 1914b: 213. Type species: *Empria tridens* (Konow, 1896), by original designation.

主要特征：小型叶蜂，体长短于 10mm；上颚对称双齿型；唇基平坦，前缘缺口浅三角形，通常具中齿；复眼间距宽于复眼长径；颚眼距 1–2 倍于单眼直径；后颊脊伸达后眶中部以上；触角不长于腹部，第 2 节长等于或稍大于宽，第 3 节约等于或稍长于第 4 节；前胸侧板腹侧端部窄，互相不接触或微接触；小盾片平坦，后胸后背板中央强烈收缩；中胸无胸腹侧片，中胸腹板前缘光滑，无细缘脊；后足基跗节短于 2–5 跗分节之和；爪基片微小或缺，内齿短小或缺；前翅具 3–4 肘室，R+M 脉段短小，Rs 脉第 1 段存在或缺，1M 脉与 1m-cu 脉平行，cu-a 脉亚中位，2M 室长稍大于宽，臀横脉甚斜，上端与 1M 脉基部持平，基臀室长约 2 倍于端臀室；后翅 M 室通常封闭，稀少开放；R1 室端部窄，无明显附室；臀室具柄，cu-a 脉垂直；锯鞘端明显长于锯鞘基，锯腹片窄长，锯刃倾斜或乳状突出；雄虫后翅无缘脉；腹部背板具成对不透明白斑，极少缺失；阳茎瓣头叶具腹缘细齿，端侧突常显著。

分布：古北区，新北区；各有 1 种分布于北非及中美洲。本属可能不是单系群。世界已知 44 种，东亚区分布 7 种。中国已记载 5 种，实际分布种类可能超过 20 种。浙江发现 5 种，本书记述 3 种。

寄主：蔷薇科草莓属 *Fragaria*、委陵菜属 *Potentilla*、蚊子草属 *Filipendula*、悬钩子属 *Rubus*、路边青属 *Geum*，杨柳科柳属 *Salix*，桦木科桦木属 *Betula*、榛属 *Corylus*、桤木属 *Alnus*，报春花科 Primulaceae 琉璃繁缕属 *Anagallis*，以及柳叶菜科 Onagraceae 柳叶菜属 *Epilobium* 等植物。

分种检索表

1. 前翅基臀室端部腹缘宽阔开放；腹部 2–4 背板具膜斑；前翅 1R1 与 1Rs 室分离；锯刃倾斜，末端稍突出；唇基黑色，前胸背板后缘白色 ·· 吴氏斑腹叶蜂 *E. wui*

- 前翅臀室端部封闭 ··· 2
2. 腹部仅 2–3 节背板具成对膜斑；额区两侧无额侧沟；雌虫粗壮，锯刃叶状凸出；雄虫触角 3–4 节宽扁，宽于第 1 节；阳茎瓣腹缘平直，端部具顶侧突 ··· 张氏斑腹叶蜂 E. zhangi
- 腹部 2–5 节背板具成对膜斑；额区两侧具显著额侧沟；雌虫体形窄小，锯刃倾斜，稍突出；雄虫触角 3–4 节稍扁，窄于第 1 节；阳茎瓣腹缘明显弧形凹入，端部无顶侧突 ··· 沟额斑腹叶蜂 E. sulcata

（281）吴氏斑腹叶蜂 Empria wui Wei & Nie, 1998（图 3-276）

Empria wui Wei & Nie, 1998b: 363.

主要特征：雌虫体长 6mm；体黑色，翅基片外缘狭边和前胸背板后缘白色，腹部 2–4 节背板各具 1 对肾形膜质淡斑（图 3-276B）；足黑色，各足膝部、胫节基部及后足基跗节基部黄褐色；翅浅烟灰色，翅痣和翅脉黑色；体毛浅褐色；体无显著刻点，头部背面具微弱刻纹，表面不光滑；胸部背板和侧板光滑无刻纹；腹部背板具微细刻纹。唇基三尖形，中齿很小，侧齿较突出，颚眼距发达，几乎 2 倍于单眼直径；复眼小型，间距显著大于眼高，内缘互相平行（图 3-276D）；背面观后头后部明显收缩，稍短于复眼长径，单眼后区平坦，宽长比稍大于 2，具低短的中纵脊；侧沟短深，向后显著分歧；单眼后沟稍浅，单眼中沟细深；POL∶OOL∶OCL=3∶5∶3（图 3-276C）；中窝和侧窝均纵沟状，额区两侧无明显的纵沟；触角微短于头宽的 2 倍，长于头、胸部之和，第 2 节长等于宽，第 3 节稍长于第 4 节，端部 5 节几乎等长，均稍短于第 4 节；触角毛短；前翅具 3 个 Rs 室，基臀室端部宽阔开放，2A+3A 脉残柄长（图 3-276A）；后翅无封闭的 Rs 室和 M 室；后足基跗节仅稍短于其后跗分节之和，爪具小型内齿，无基片（图 3-276F）；锯鞘窄长，端部稍尖，长几乎 2 倍于鞘基（图 3-276G）；背面观锯鞘长于尾须 2 倍；锯腹片具 18 锯刃，锯刃突出，亚基齿细小（图 3-276E、H）。雄虫未知。

分布：浙江（安吉）、山西。

图 3-276 吴氏斑腹叶蜂 Empria wui Wei & Nie, 1998 正模，雌虫
A. 翅；B. 腹部膜斑；C. 头部背面观；D. 头部前面观；E. 锯腹片；F. 爪；G. 锯鞘侧面观；H. 第 7–8 锯刃

（282）沟额斑腹叶蜂 Empria sulcata Wei & Nie, 1998（图 3-277，图版 VI-11）

Empria sulcata Wei & Nie, 1998b: 364.

主要特征：雌虫体长约 7mm；体黑色，前胸背板后缘和翅基片黄色，前足股节端部 2/3、中足股节端部 1/3、后足股节末端、前中足胫跗节前缘、后足胫节基部 3/4 和后足基跗节基部黄褐色，腹部 2–5 背板膜斑白色，各节背板和腹板后缘具狭窄白边；翅浅烟灰色透明，翅脉和翅痣黑褐色；体毛银褐色；体光滑，无明显刻点，头部背侧和腹部背板具微细刻纹；唇基三尖形，中齿小，侧齿尖；颚眼距约等长于前单眼直径（图 3-277B）；中窝和额区连通，后颊脊发达；额区稍隆起，额脊低钝；额侧沟锐深，与单眼后区侧沟和颜侧沟连通；单眼后区稍隆起，无中脊，宽 2.5 倍于长；侧沟短直，与单眼后沟等深，互相平行（图 3-277A）；单眼中沟深长；复眼大型，间距稍大于眼高，内缘向下明显收敛；背面观后头收缩，短于复眼 1/3 长；触角粗壮，约等长于腹部，第 2 节宽大于长，鞭分节各节几乎等长；前翅 1Rs 室和 1R1 室合并，基臀室完整，端部不开放；后翅具封闭的 M 室，无 Rs 室，臀室柄明显短于 cu-a 脉；后足基跗节等于其后 3 节之和；爪内齿显著，具小型基片（图 3-277D）。雄虫体长 5.8mm；下生殖板端缘钝；抱器长大于宽，端部圆；阳茎瓣具明显颈状部，腹缘上部弧形凹入，下部强烈突出（图 3-277E）。

分布：浙江（安吉）、湖南。

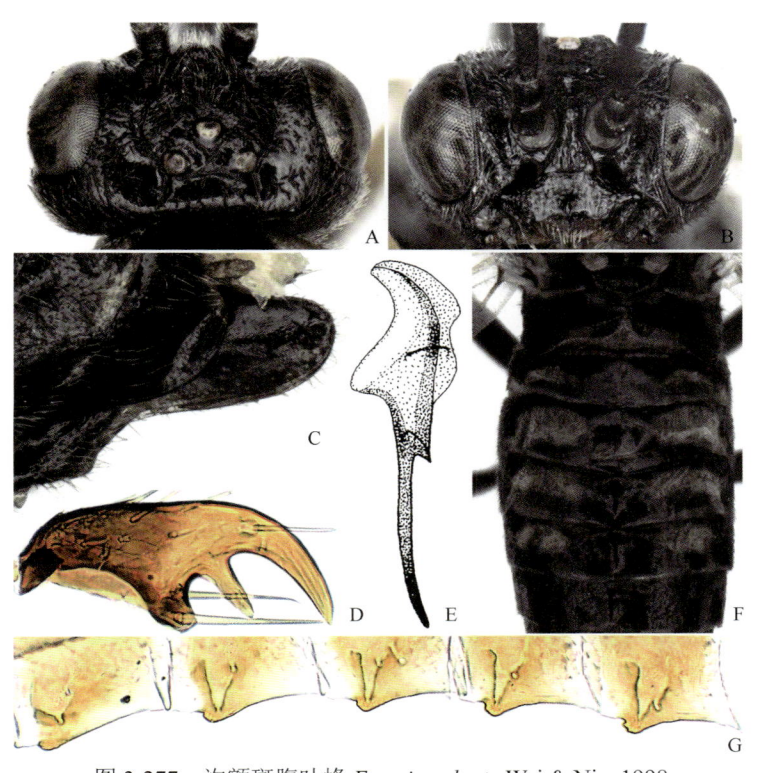

图 3-277　沟额斑腹叶蜂 *Empria sulcata* Wei & Nie, 1998
A. 雌虫头部背面观；B. 雌虫头部前面观；C. 锯鞘侧面观；D. 爪；E. 阳茎瓣；F. 腹部背板膜斑；G. 锯腹片第 1–5 锯刃

（283）张氏斑腹叶蜂 *Empria zhangi* Wei & Yan, 2009（图 3-278）

Empria zhangi Wei & Yan, in Yan, Wei & He, 2009: 248–250.

主要特征：体长 6.5–7mm；体黑色，前胸背板后侧角宽斑、翅基片、腹部各节背板和腹板的后缘狭边、2–3 背板成对大膜斑（图 3-278B）、第 4 背板小膜斑黄白色；足黑色，前足股节端部 1/3、中后足胫节基部 3/4、后足基跗节基半部黄褐色；翅透明，翅痣和翅脉黑褐色；体毛浅褐色；中胸侧板无刻点和刻纹，前侧片下半部和后胸侧板中部光裸无毛；腹部背板具弱刻纹；唇基前缘缺口深弧形，中齿模糊，颚眼距等长于单眼直径，复眼下缘间距 1.3 倍于复眼长径（图 3-278A）；单眼后区宽 2.5 倍于长，侧沟向后分歧；触角第 8 节长宽比等于 2.8；爪内齿等于端齿一半长；前翅 Rs 脉第 1 段缺，臀室封闭，cu-a 脉中位（图 3-278D），后翅 Rs 室封闭，臀室柄短于 cu-a 脉 1/2 长（图 3-278F）；锯鞘端宽大，端部圆钝（图 3-278G）；锯刃乳状突出，具 1 个内侧和 4 个外侧亚基齿（图 3-278E、H）。雄虫体长约 6mm；抱器长大于宽，端部圆钝（图 3-278I）；阳茎瓣头叶宽大，稍倾斜，端部圆钝，具小型顶侧突（图 3-278C）。

分布：浙江（临安）、陕西、甘肃、湖南、广西。

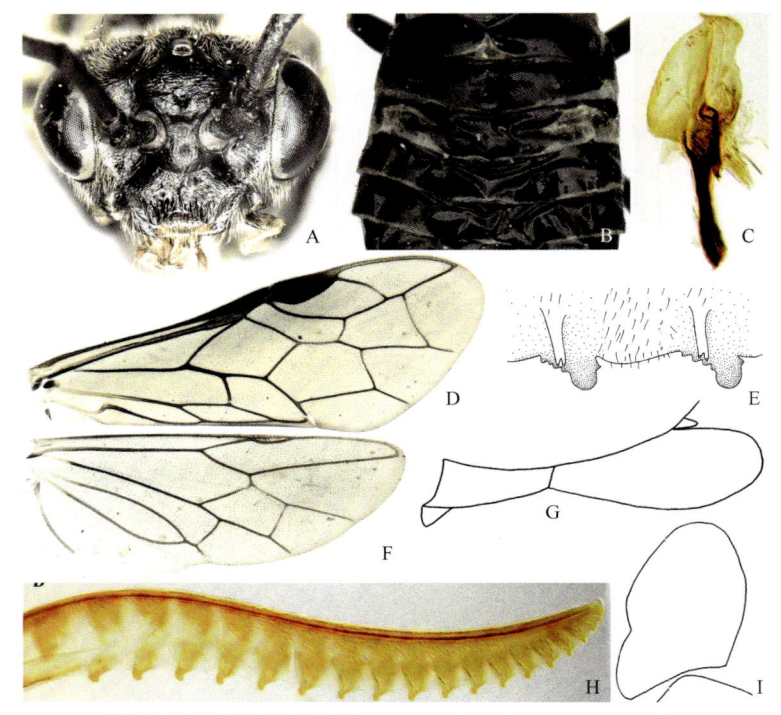

图 3-278　张氏斑腹叶蜂 *Empria zhangi* Wei & Yan, 2009
A. 雌虫头部前面观；B. 雌虫腹部 1–5 背板；C. 阳茎瓣；D. 雌虫前翅；E. 锯腹片中部锯刃；F. 雌虫后翅；G. 锯鞘侧面观；H. 锯腹片；I. 抱器

78. 狭背叶蜂属 *Ametastegia* Costa, 1882

Ametastegia Costa, 1882: 198. Type species: *Ametastegia fulvipes* Costa, 1882, by monotypy.
Aomodyctium Ashmead, 1898d: 309. Type species: *Strongylogaster abnormis* Provancher, 1885, by subsequent designation of Rohwer, 1911a.
Unitaxonus Macgillivray, 1921: 32. Type species: *Unitaxonus repentinus* MacGillivray, 1921, by original designation.

主要特征：小型叶蜂，体长短于 10mm；上颚小，对称双齿型，内齿较大；唇基前缘缺口浅弧形，上唇小，端部圆；复眼较大，内缘向下收敛，间距约等于复眼长径，颚眼距约等于单眼直径；后眶圆，后颊脊发达，伸达后眶中部以上；背面观后头两侧收缩，上眶显著短于复眼；触角稍长于头、胸部之和，第 2 节通常长大于宽，第 3 节长于第 4 节，末端 4 节明显短缩；前胸侧腹板接触面等于或稍短于触角第 2 节长；中胸无胸腹侧片，中胸腹板前缘具明显细脊；小盾片平坦，后胸后背板中央狭窄，强烈收缩；前足胫节内端距端部分叉；后足胫节和跗节约等长，基跗节等于或长于 2–5 跗分节之和；爪基片微小，基部明显扩大，亚端齿基位，较小；前翅 R+M 脉段点状，1R1 室和 1Rs 室分离，2Rs 室等于或稍长于 1Rs 室，明显短于 1Rs+1R1 室，cu-a 脉中位，臀横脉较直，稍倾斜，基臀室封闭，长约 2 倍于端臀室；后翅无封闭中室，R1 室端部窄，无明显附室，臀室具柄，柄部短于臀室宽，cu-a 脉倾斜；锯鞘较短，锯腹片少于 20 节，锯刃多少突出；雄虫后翅无缘脉；阳茎瓣较小，头叶较窄，具端侧刺突和腹缘细齿。

分布：古北区，新北区。本属已知约 30 种，中国已记载 17 种。浙江发现 7 种，本书记述 5 种，包括

第三章　叶蜂亚目 Tenthredinomorpha

1 新种。

寄主：蓼科 Polygonaceae 蓼属 *Polygonum*、酸模属 *Rumex*、荞麦属 *Fagopyrum*，虎耳草科 Saxifragaceae 茶藨子属 *Ribes*，藜科 Chenopodiaceae 藜属 *Chenopodium*，千屈菜科 Lythraceae 千屈菜属 *Lythrum*，以及堇菜科 Violaceae 堇菜属 *Viola* 等植物。

分种检索表

1. 背面观后头不长于复眼的 1/3；雌虫胸部部分红褐色，锯腹片节缝下端具 1 大齿，锯刃突出 ································· 2
- 背面观后头长于复眼的 1/3；雌虫胸部黑色，中胸侧板无白斑，唇基黑色；各足胫跗节均黄色，前胸背板后缘及翅基片浅褐色；单眼后区侧沟十分模糊，几乎消失；锯腹片节缝下端无大齿，锯刃端部近平截 ········ **白跗狭背叶蜂 *A. leucotarsis***
2. 唇基黑色，中胸侧板无小白斑 ································· 3
- 唇基黄白色 ································· 4
3. 后足股节几乎全部黄褐色，末端或外侧亚端部具不明显的黑斑或褐斑；单眼后区侧沟互相平行；头部具密集毛瘤；唇基端部缺口十分微弱，亚截形 ································· **瘤额狭背叶蜂，新种 *A. subtruncata* sp. nov.**
- 后足股节端部 1/3 以上黑色；单眼后区侧沟向后明显分歧；头部背侧毛瘤稀疏；唇基端部缺口显著 ································· **尖刃狭背叶蜂 *A. acutiserrula***
4. 后足胫节外侧大部分黑褐色；中胸前侧片后下角具 1 小型白色圆斑；抱器端部圆钝；阳茎瓣顶叶很厚 ································· **刘氏狭背叶蜂 *A. liuzhiweii***
- 后足胫节外侧白色；中胸前侧片后下角无白斑；抱器狭长，端部窄截形；阳茎瓣顶叶薄 ···· **白鳞狭背叶蜂 *A. albotegularis***

（284）尖刃狭背叶蜂 *Ametastegia acutiserrula* Wei, 1999（图 3-279）

Ametastegia acutiserrula Wei, in Wei & Nie, 1999b: 171.

主要特征：雌虫体长 8mm；体黑色，唇基、口器、各足基节、转节、前中足腿节大部分、后足腿节基半、前中胫节前侧及外侧、后足胫节基部 1/3 黄褐色至白色，跗节黑褐色，中胸侧板大部分、前中胸背板红褐色，中胸背板前叶中部具三角形黑斑；翅烟褐色，翅痣和翅脉黑色；颚眼距稍宽于单眼直径，后颊脊发达；中窝纵沟状，与额区连通；唇基缺口半圆形，唇基上区强烈隆起，额区隆起，额脊粗钝；单眼中沟和后沟细而明显，单眼后区宽大于长，侧沟中部稍外弯，向后分歧；复眼大，间距小于眼高，内缘向下显著收敛；后头背面观强烈收缩，长约为复眼的 1/3；触角较粗，伸达腹部第 3 节，第 3 节长于第 4 节；头部具稀疏毛瘤，胸部光滑；后基跗节长于 2–5 分节之和，爪具小型内齿；后翅臀室柄短于 1/3cu-a 脉长；锯背片端部背侧具密集小齿；锯腹片 15 刃，锯刃仅外侧具亚基齿，近腹缘距较小但明显（图 3-279A、B）；锯腹片背缘全长被细毛，第 1 锯刃钝三角形，第 3–9 锯刃端部尖出，末端窄圆（图 3-279B、C）。雄虫体长 6.5mm；体色类似于雌虫，但唇基中部和后足胫节黑色，胸部完全黑色；颚眼距等长于单眼直径，触角较粗短；抱器长显著大于宽，中部收窄，端部圆钝；阳茎瓣端部圆钝，顶侧突尖。

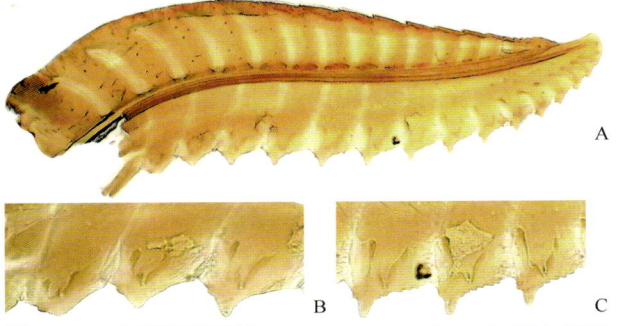

图 3-279　尖刃狭背叶蜂 *Ametastegia acutiserrula* Wei, 1999
A. 锯背片和锯腹片；B. 锯腹片第 1–3 锯刃；C. 锯腹片第 6–8 锯刃

分布：浙江（龙泉）、河南、江西、湖南。

（285）白鳞狭背叶蜂 *Ametastegia albotegularis* Wei & Nie, 1998（图 3-280）

Ametastegia albotegularis Wei & Nie, 1998b: 365.

主要特征：雄虫体长 5.4mm；体黑色，唇基端半部、上唇、口须、翅基片白色；足黄褐色，前中足股节端部后侧、后足股节端部 1/3、后足胫节端部 1/3 和后足跗节黑色，后足各跗分节基部具白环；翅浅灰色透明，翅脉和翅痣黑色；体毛银褐色；体光滑，小盾片后部具少许刻点，唇基和唇基上区下部具少许毛瘤；唇基平坦，端缘缺口弧形，缺口稍浅于唇基 1/2 长，颊眼距稍狭于单眼直径；唇基上区强烈隆起，中窝深圆形，与额区隔离，侧窝大型；额区隆起，额脊宽钝，围成圆形；前单眼围沟完整，单眼中沟短而显著；单眼后沟中部缺失，两侧较浅细；单眼后区稍隆起，宽 1.8 倍于长，侧沟深直，向后强烈分歧；后头背面观两侧强烈收缩，短于复眼 1/4 长；后颊脊伸达上眶后缘；触角粗壮，第 2 节长等于宽，第 3、4 节几乎等长；后足基跗节等长于其后 4 节之和，爪内齿显著短于外齿；前翅 R+M 脉很短，2Rs 室微短于 1Rs 室，3r-m 脉微弱弯曲，2r 脉交于 2Rs 室背缘外侧；后翅 cu-a 脉稍微倾斜，几乎等长于臀室柄；下生殖板端部圆钝；抱器窄长，端部稍加宽，内缘稍凹（图 3-280A）；阳茎瓣顶叶薄，侧刺突尖，腹缘下部显著鼓出（图 3-280B）。雌虫未知。

分布：浙江（安吉）。

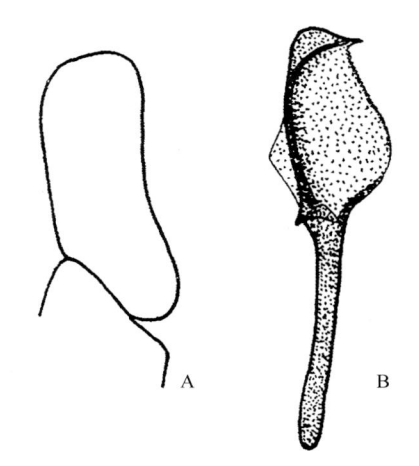

图 3-280　白鳞狭背叶蜂 *Ametastegia albotegularis* Wei & Nie, 1998（引自魏美才和聂海燕，1998b）
A. 抱器；B. 阳茎瓣

（286）白跗狭背叶蜂 *Ametastegia leucotarsis* Wei, 1999（图 3-281，图版 VI-12）

Ametastegia leucotarsis Wei, *in* Wei & Nie, 1999c: 153.

主要特征：雌虫体长 6–7mm；体黑色，翅基片前端和前胸背板后角有时浅褐色；足淡黄褐色至白色，跗节端部稍呈暗褐色；翅均匀烟灰色，翅脉和翅痣黑褐色；体毛银褐色；体细长，光滑，光泽强，唇基、唇基上区、内眶和后眶下端、颊眼距和额区附近具细小刻点和毛瘤，小盾片后缘具少许小刻点；唇基端缘缺口浅弧形，颊眼距稍窄于单眼直径；唇基上区显著隆起，中窝浅弱，横沟形；额区长圆，强度隆起，中部微凹，额脊宽钝，前缘中断；单眼后区稍隆起，宽约 1.2 倍大于长，侧沟浅弱模糊，稍弯曲，2 倍长于单眼直径，向后稍分歧；后头背面观两侧稍收缩，等长于复眼的 1/2；后颊脊低弱，伸达上眶后缘；复眼内缘向下稍收敛，间距等于眼高；触角约等长于头、胸部之和，第 2 节长大于宽，第 3 节明显长于第 4 节；爪内齿短于外齿 1/2 长；后翅臀室柄为 cu-a 脉 1/2–2/3 长；锯鞘显著短于中足胫节，侧面观端部圆尖，鞘端等长于鞘基；锯背片具 11 节缝，端部明显尖出，背缘齿十分低弱（图 3-281A）；锯腹片具 13 锯刃，锯刃低三角形倾斜突出，第 1 锯刃长于其余锯刃，第 5–7 锯刃见图 3-281B，内侧亚基齿 4–5 枚，外侧亚基齿 14–16 枚，亚基齿较小，亚方形，互相靠近，各节缝下端无近腹缘距，纹孔线长，纹孔 1 对，中部锯刃刃间段约等长于锯刃内坡长（图 3-281B）。雄虫未知。

分布：浙江（临安、四明山）、河南、安徽、江西、湖南、福建、广东、贵州。

图 3-281　白跗狭背叶蜂 *Ametastegia leucotarsis* Wei, 1999 雌虫
A. 锯背片和锯腹片；B. 锯腹片第 5–7 锯刃

（287）刘氏狭背叶蜂 *Ametastegia liuzhiweii* Wei & Niu, 2010（图 3-282）

Ametastegia sinica Wei, in Wei & Wen, 1998b: 136 (part).
Ametastegia liuzhiweii Wei & Niu, 2010: 351.

主要特征：雌虫体长 7–8mm；体黑色，唇基、口器、各足基节、转节、前中足腿节基部 4/5、后足腿节基部 3/5、前中胫节前侧及外侧、后足胫节基部 1/2 左右黄白色，中胸前侧片后下角具小型白斑，跗节黑褐色，中胸侧板上半部、前中胸背板红褐色；翅均匀烟褐色，翅痣和翅脉大部分黑褐色；体毛和锯鞘毛浅褐色，头部背侧和触角毛黑褐色；体光滑，头部背面无明显的毛瘤；颚眼距稍窄于单眼直径，后颊脊伸达

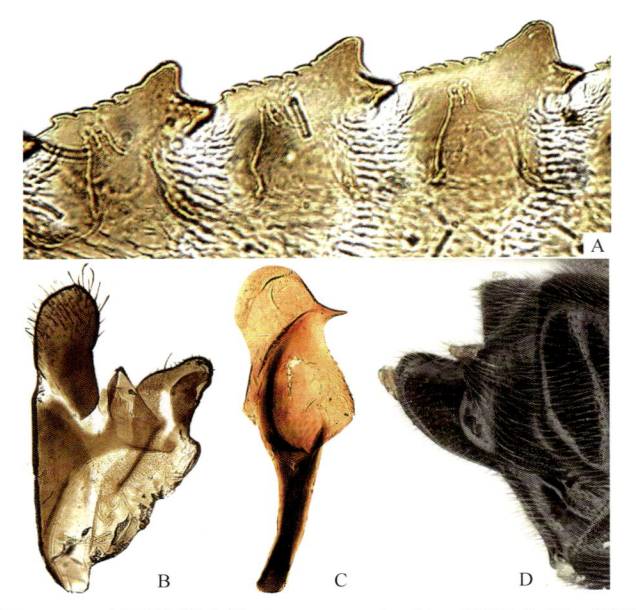

图 3-282　刘氏狭背叶蜂 *Ametastegia liuzhiweii* Wei & Niu, 2010
A. 锯腹片第 5–7 锯刃；B. 生殖铗；C. 阳茎瓣；D. 锯鞘侧面观

后眶上部；唇基平坦，缺口半圆形，深达唇基长的 1/2，唇基上区强烈隆起；额区中部稍凹，额脊宽钝，前部开放，中窝纵沟状，与额区连通；单眼中沟细深且长，单眼后沟细弱；单眼后区稍隆起，宽 1.5 倍于长；侧沟较浅，中部稍外弯；复眼大，间距稍小于眼高，内缘向下稍收敛；后头背面观强烈收缩；触角较细，伸达腹部第 3 节背板，第 3 节稍长于第 4 节，短于末端 3 节之和；后足基跗节等长于其后 4 节之和；爪粗短，具小型基片，内齿短于外齿 1/2 长；前翅 1R1 室长大于宽；2Rs 室微长于 1Rs 室；后翅 cu-a 脉明显弯曲，臀室柄约为 cu-a 脉 1/2 长；锯鞘明显弯折，锯鞘端侧面观短宽，背缘直，腹缘弧形（图 3-282D）；锯腹片 13–14 刃，锯刃明显突出，仅外侧具亚基齿，中部锯刃具 5–7 个较大的亚基齿，5–12 节具显著的三角形近腹缘距，第 5–7 锯刃见图 3-282A；锯腹片背缘端部 1/4 裸，无细毛。雄虫体长 6.5mm，后足胫节黑色，胸部黑色，中胸侧板白斑较模糊；抱器长宽比约等于 2，中部稍收窄（图 3-282B）；阳茎瓣顶叶很厚，顶侧突尖（图 3-282C）。

分布：浙江（德清、临安、龙泉）、河南、湖南、广西。

（288）瘤额狭背叶蜂，新种 *Ametastegia subtruncata* Wei, sp. nov.（图 3-283）

雄虫：体长 5mm。体黑色；口须大部分和足黄褐色，各足股节端部背侧暗褐色，前中胫节后侧、后足胫节端部 1/3 和后侧全部、各足跗节暗褐色至黑褐色，中胸前侧片后下角无小型白色圆斑。翅透明，具较弱的烟褐色光泽，翅痣和翅脉大部分黑褐色。体、足和锯鞘毛浅褐色，头、胸部背侧细毛和触角毛黑褐色。

体光滑，光泽强，头部背面具显著毛瘤，唇基具明显刻点，虫体其余部分无刻点和刻纹。颊眼距稍窄于单眼直径；后颊脊发达，伸达后眶上端；唇基大部分平坦，缺口很浅，稍呈弧形，浅于唇基长的 1/4，侧角亚方形；唇基上区强烈隆起；额区隆起，中部几乎不凹；额脊十分宽钝，前部开放；中窝微小，与额区连通；单眼中沟明显，单眼后沟微弱，单眼后区几乎不隆起，宽稍大于长；侧沟浅弱模糊，中部稍外弯，向后亚平行；复眼较大，间距稍小于眼高，内缘向下稍收敛；后头背面观稍收缩，长约为复眼 1/3；触角较细短，约等长于头、胸部之和，第 2 节长大于宽，第 3 节长于第 4 节，但微短于末端 3 节之和。后足胫节内距显著长于胫节端部宽，稍长于后基跗节 1/3；后基跗节等长于其后 4 节之和；爪粗短，具小型基片，内齿中位，短于外齿 1/2 长。前翅 R+M 脉短，1R1 室长大于宽；2Rs 室明显长于 1Rs 室，1r-m 脉明显内斜；2r 脉交于 2Rs 室背缘外侧 2/5；臀室横脉呈 65°–70° 倾斜；后翅 cu-a 脉明显弯曲，臀室柄稍短于 cu-a 脉长；下生殖板端部钝截形，中部微弱鼓出；抱器（图 3-283A）长宽比约等于 1.7，端部圆钝，稍窄于基部，中部部明显收窄；阳茎瓣较窄长，顶叶很薄，腹缘几乎平直，侧突显著，顶侧突短小（图 3-283B）。

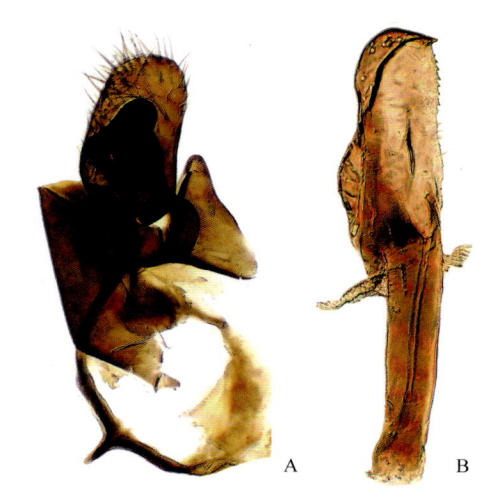

图 3-283 瘤额狭背叶蜂，新种 *Ametastegia subtruncata* Wei, sp. nov. 雄虫
A. 生殖铗；B. 阳茎瓣

雌虫：未知。
分布：浙江（临安）。
词源：本种阳茎瓣腹缘几乎完全平直，以此命名。
正模：♂，浙江天目山，1985.VI，吴鸿（ASMN）。
鉴别特征：本种与福建的白胫狭背叶蜂 *Ametastegia tibialis* Wei, 2001 最近似，但后者头部无毛瘤，唇基端部缺口宽深，额脊明显隆起，单眼后区横宽，侧沟较深，前翅 2Rs 室等长于 1Rs 室，中窝深长，后头两侧强烈收缩；而本种头部具密集毛瘤，唇基端部缺口十分微弱，亚截形，额脊不明显，单眼后区亚方形，侧沟模糊，前翅 2Rs 室明显长于 1Rs 室，中窝浅平等，后头两侧收缩程度较弱等，二者容易鉴别。本种阳茎瓣和抱器构型与同属其余种类差别较明显。

79. 直脉叶蜂属 *Hemocla* Wei, 1995

Hemocla Wei, 1995: 547, 549–550. Type species: *Hemocla infumata* Wei, 1995, by original designation.

主要特征：小型瘦长叶蜂，体长 4–5mm；上颚小，对称双齿型，端部 2/3 强烈弯曲；唇基后部和唇基上区均匀隆起，唇基前缘缺口浅宽，底部平直；复眼中型，内缘向下收敛，间距宽于复眼长径，触角窝距狭于内眶宽，额唇基沟浅弱；颚眼距约 1.5 倍于单眼直径；后眶边缘圆钝，后颊脊缺，具极短小口后脊；背面观后头短缩，单眼后区横宽；额区隆起，高于复眼面；触角较粗短，第 2 节宽大于长，第 3 节稍长于第 4 节，无触角器；前胸背板沟前部狭窄，无前缘细脊；前胸侧板腹侧钝截形接触；中胸无胸腹侧片，中胸腹板前缘具明显细脊；小盾片平坦，后胸后背板中央狭窄，强烈收缩；后胸后侧片大型，无缘片；后胸淡膜区小型，间距显著大于淡膜区宽；前足胫节内距端部不分叉，具高位膜叶；后足胫跗节等长，基跗节稍长于 2–4 跗分节之和；爪短小，内齿小型，爪基片微小（图 3-284F）；前翅 Rs 脉第 1 段缺，R+M 脉段缺，Rs 与 M 脉显著共短柄，1M 与 1m-cu 脉互相平行，cu-a 脉中位，臀室完整，臀横脉外侧位，位于 1M 脉内侧，约呈 50°倾斜（图 3-284A）；后翅无封闭中室，R1 室端部圆，无赘柄，cu-a 脉几乎垂直于 M 脉和臀室柄（图 3-284B）；阳茎瓣具端侧钩突和腹缘细齿。

分布：中国。本属为中国特有属，已知 2 种，浙江均有分布。

（289）短柄直脉叶蜂 *Hemocla brevinervis* Wei, 1997（图 3-284）

Hemocla brevinervis Wei, 1997b: 1580.

主要特征：雌虫体长 4.5–5.5mm；体黑色，前足胫节前缘污白色；翅烟褐色，端部稍淡；体背侧细毛、触角和翅面细毛黑褐色，体腹侧细毛和足毛银褐色；体光滑，无刻点；体毛极短；唇基缺口宽三角形；中窝显著，额区稍隆起，额脊低钝，前端向中窝开放；单眼后区宽明显大于长，具浅细单眼中沟和后沟；侧沟短深且直，向后微分歧，伸达单眼后区中部；背面观后头稍短于复眼一半长，两侧稍收缩；触角等长于头、胸部之和，鞭节稍侧扁，末端 4 节约等长；胸部约与头部等宽；前胸侧板腹侧接触面长大于单眼直径 2 倍；后翅臀室柄明显短于 cu-a 脉，约等于或稍短于臀室宽；锯鞘很短，端部钝尖呈圆弧形；锯腹片 13 刃，锯刃稍突出，外侧亚基齿 7–9 个，内侧亚基齿 3–5 个（图 3-284D）。雄虫体长 4.5mm，下生殖板端缘圆钝，抱器长大于宽，阳基腹铗内叶内侧缘强烈弯曲；阳茎瓣头叶较窄，顶叶短小，腹缘较直，最宽处位于头叶下部 1/3 处，侧突短（图 3-284C）。

分布：浙江（临安、庆元、龙泉）、陕西、甘肃、安徽、湖北、湖南、福建、广西、重庆、四川、贵州。

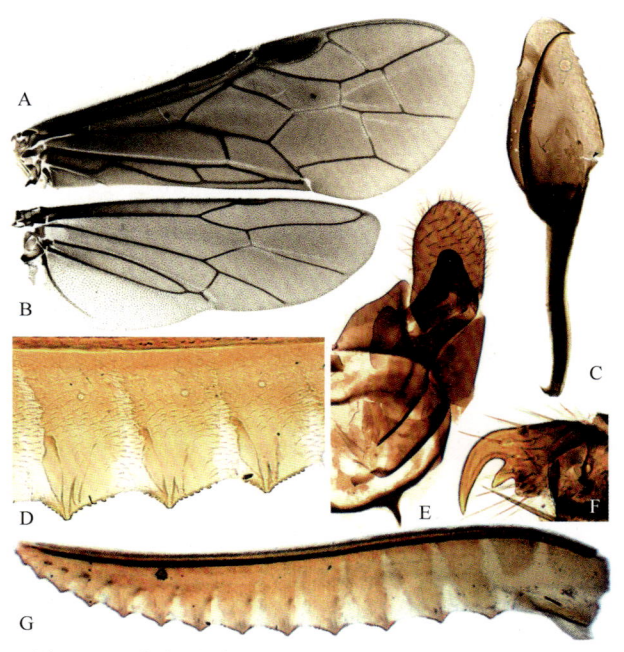

图 3-284 短柄直脉叶蜂 *Hemocla brevinervis* Wei, 1997
A. 前翅；B. 后翅；C. 阳茎瓣；D. 锯腹片第 5–7 锯刃；E. 生殖铗；F. 爪；G. 锯腹片

（290）烟翅直脉叶蜂 *Hemocla infumata* Wei, 1995（图 3-285）

Hemocla infumata Wei, 1995: 547.

主要特征：雄虫体长 5mm；体黑色，前足胫节前缘污白色；翅烟褐色，端部稍变淡；体背侧细毛、触角和翅面细毛黑褐色，体腹侧细毛和足毛银褐色；体光滑，无刻点和刻纹，头部无毛瘤；上唇短小；唇基缺口宽浅弧形，侧角稍尖；唇基基部和唇基上区显著隆起；颚眼距 1.5 倍宽于单眼直径；中窝深大，上端稍开放；侧窝小，下端半开放；额区强烈隆起，额脊宽钝，前端向中窝开放；单眼后区宽 1.3 倍于长，具浅细单眼中沟和后沟；侧沟短深且直，向后微分歧，伸达单眼后区中部；背面观后头稍短于复眼一半长，两侧明显收缩；触角等长于头、胸部之和，鞭节稍侧扁，第 3 节长 1.5 倍于第 4 节，末端 4 节约等长；胸部约与头部等宽；前胸侧板腹侧接触面长等于单眼直径 2 倍；小盾片平坦；后胸淡膜区亚三角形，间距稍

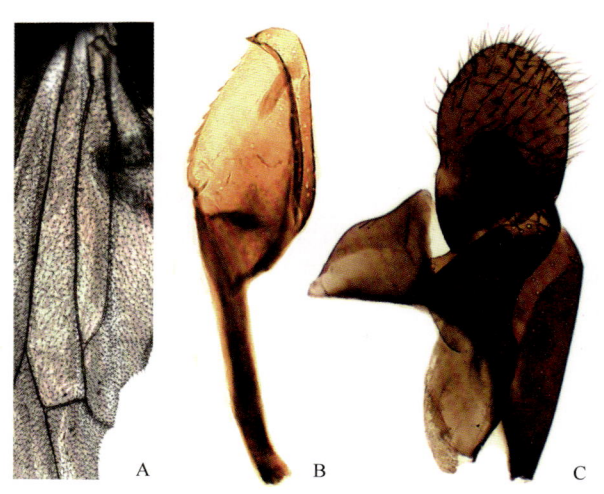

图 3-285 烟翅直脉叶蜂 *Hemocla infumata* Wei, 1995 雄虫
A. 后翅臀室和臀室柄；B. 阳茎瓣；C. 生殖铗

大于淡膜区长径；前足基跗节长于其后 3 节之和；后足胫节内距等长于胫节端部宽，短于后基跗节 1/3；后足基跗节等长于其后 4 节之和；爪端齿强烈弯曲，内齿亚基位，短于端齿的 1/2；前翅 2r 交于 2Rs 室中部偏外侧，2Rs 室长稍大于宽；后翅臀室柄明显长于 cu-a 脉，cu-a 脉垂直（图 3-285A）；下生殖板宽大于长，端缘圆钝；抱器长大于宽，端部圆钝，副阳茎亚三角形，阳基腹铗内叶内侧缘弯曲度较弱，副阳茎背缘明显弯曲，顶角较窄（图 3-285C）；阳茎瓣腹缘中部鼓出，侧突显著（图 3-285B）。雌虫未知。

分布：浙江（庆元）、湖南。

80. 原曲叶蜂属 *Protemphytus* Rohwer, 1909

Protemphytus Rohwer, 1909a: 92. Type species: *Emphytus coloradensis* Weldon, 1907, by original designation.
Ametastegia (*Emphytina*) Rohwer, 1911b: 399–400. Type species: *Emphytina pulchella* Rohwer, 1911b, by original designation.
Simplemphytus MacGillivray, 1914b: 363. Type species: *Simplemphytus pacificus* MacGillivray, 1914, by monotypy.
Ocla Malaise, 1957: 13. Type species: *Ocla albinigripes* Malaise, 1957, by original designation.

主要特征：体小，瘦长；上颚对称双齿型，外齿微弱弯曲；唇基平坦，前缘缺口浅弧形，额唇基沟明显；颚眼距 0.8–1.5 倍于单眼直径，后颊脊发达；额区隆起，额脊不明显；复眼大，间距约等长于复眼长径，背面观后头两侧收缩；触角丝状，约等长于头、胸部之和，短于腹部，第 2 节长大于宽，第 3 节通常长于第 4 节；前胸背板沟前部短小，无前缘细脊；前胸侧板腹侧较圆钝，通常稍接触，少数不接触或接触面较宽；后胸后背板中央强烈收缩、倾斜；无胸腹侧片，中胸腹板前缘具明显细脊；前足胫节内距端部分叉，后足基跗节等于或稍短于 2–5 跗分节之和；爪无基片，具基位内齿，短于端齿；前翅 R+M 脉点状，Rs 脉第 1 段完全缺失，1M 脉与 1m-cu 脉平行；cu-a 脉位于中室下缘中部；臀室完整，臀横脉约 85°倾斜，外侧位；后翅无封闭中室，臀室具柄式，cu-a 脉倾斜；雄虫后翅无缘脉；体光滑，无刻点，或局部具细小刻点或刻纹；阳茎瓣具端侧突和腹缘细齿。

分布：古北区，新北区，东洋区北缘，新热带区。本属与狭背叶蜂属 *Ametastegia* 很近似，有时合并于狭背叶蜂属内（Taeger et al., 2010），但本属前翅 1R1 和 1Rs 室合并，很好识别。本属已知 33 种，主要分布于东亚和北美洲。中国已记载 14 种，浙江发现 5 种，包括 1 新种。

寄主：牻牛儿苗科 Geraniaceae 老鹳草属 *Geranium* 等植物。

分种检索表

1. 唇基大部分或全部白色；虫体十分细长 ··· 狭细原曲叶蜂 *P. tenuisomatus*
- 唇基全部黑色；虫体正常，不十分细长 ·· 2
2. 翅基片完全黑色 ··· 3
- 翅基片部分或全部黄白色 ··· 4
3. 头部具显著毛瘤；触角短于头、胸部之和 ·························· 短角原曲叶蜂，新种 *P. brevicornis* sp. nov.
- 头部光滑，无毛瘤；触角长于头、胸部之和 ·· 陈氏原曲叶蜂 *P. cheni*
4. 翅基片内侧黑色，外侧白色；后足股节基半部白色，端半部黑色，两性后足胫节基部 1/3 白色 ·· 天目原曲叶蜂 *P. tianmunicus*
- 翅基片全部白色；后足股节全部白色，后足胫节几乎全部白色 ······························· 短颊原曲叶蜂 *P. genatus*

（291）短角原曲叶蜂，新种 *Protemphytus brevicornis* Wei, sp. nov.（图 3-286）

雌虫：体长 6mm。体黑色，口须和后胸淡膜区浅褐色，上唇黑褐色，腹部各节背板后缘狭边白色；足浅黄褐色，各足基节外侧角、各足跗节端部暗褐色；翅一致浅烟褐色透明，翅痣和翅脉黑褐色；体背侧细毛暗褐色，腹侧细毛银褐色。

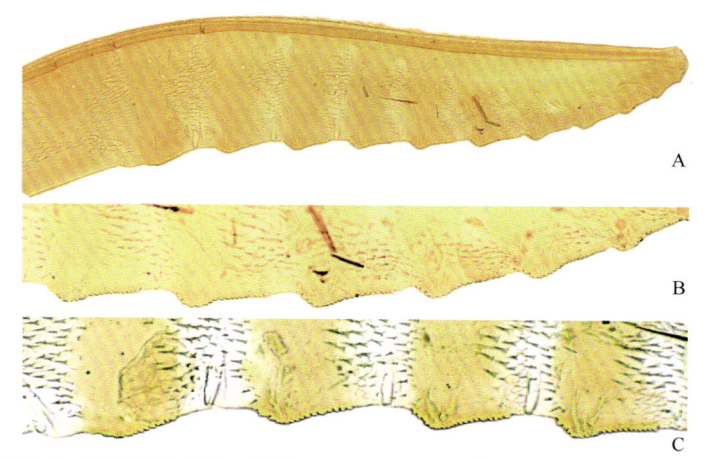

图 3-286 短角原曲叶蜂，新种 *Protemphytus brevicornis* Wei, sp. nov. 雌虫
A. 锯腹片；B. 第 5–9 锯刃；C. 第 1–4 锯刃

体光滑，无刻点和刻纹；头部具显著的细小毛瘤；胸、腹部光滑。上唇较小，横形；唇基基半部中央显著隆起，前缘缺口宽，深弧形，侧角不尖；颚眼距稍窄于单眼直径；复眼大型，内缘向下明显收敛，间距约等于眼高；后颊脊较弱，伸至后眶中上部；额区较小，显著隆起，额脊宽钝，前部额脊较明显；中窝较深，纵沟形，与额区相连；侧窝小，下端开放；OOL 约 2 倍长于 POL；单眼后区长稍大于宽，微隆起；侧沟浅弱，仅近侧单眼处较深，互相近平行或向后微弱分歧；单眼后沟细弱，单眼中沟模糊；背面观后头稍长于复眼 1/2，两侧几乎不收缩，后角近方形。触角不明显侧扁，稍短于头、胸部之和，端部几乎不尖；第 2 节长稍大于宽，第 3 节 1.5 倍长于第 4 节，端部 4 节之和明显长于第 4、5 节之和。前胸侧板腹侧接触面稍短于触角第 2 节长；中胸背板前叶具中沟；小盾片平坦；淡膜区圆形，间距约等于淡膜区长径。前足基跗节长于其后 3 节之和；后足胫节端距稍长于胫节端部宽，不长于后基跗节 1/3，基跗节等长于第 2–5 跗分节之和；爪无基片，内齿约为端齿 1/2 长，亚基位。前翅无 Rs 脉第 1 段，cu-a 脉中位，臀横脉位于 M 脉基部外侧；2r 脉几乎不弯曲，交于 2Rs 室背缘中部，2Rs 室稍长于 1R1+1Rs 室的 1/2，长大于宽，2r-m 几乎垂直；后翅无封闭中室，臀室柄稍长于倾斜的 cu-a 脉的 1/2。腹部第 1 背板无膜区很小；锯鞘较窄长，端部圆钝；锯腹片节缝刺毛较稀疏，呈宽带状，各节中部刺毛稍长于两端刺毛，具 11 个锯刃，锯刃低长三角形（图 3-286A）；第 1–4 锯刃见图 3-286C，内侧亚基齿 4–5 枚，外侧亚基齿 15–17 枚，节缝下端无近腹缘距，亚基齿小，亚方形；纹孔线内侧支较长，外侧支较模糊，可见部分很短（图 3-286C）；第 5–9 锯刃见图 3-286B。

雄虫：未知。

分布：浙江（临安）。

词源：本种触角较短，以此命名。

正模：♀，浙江天目山，350m，1963.V.16（ASMN）。

鉴别特征：本种与 *P. birmanus* Malaise, 1948 以及 *P. formosanus*（Rohwer, 1916）比较近似，但本种头部具显著毛瘤，翅烟色极浅，触角短于头、胸部之和，前翅 2r 脉交于 2Rs 室中部，锯腹片仅具 11 个锯刃，锯刃较低平等，与后两种明显不同，易于鉴别。

（292）陈氏原曲叶蜂 *Protemphytus cheni* Wei, 2003（图 3-287）

Protemphytus cheni Wei, *in* Wei et al., 2003: 57.
Ametastegia (*Protemphytus*) *cheni*: Taeger et al., 2010: 254.

主要特征：雌虫体长 7mm；体黑色，口须中部浅褐色；足黄褐色，各足基节外基角、后足胫节末端和各足跗节黑褐色，前足股节背侧端部和中足胫节末端暗褐色；翅显著烟褐色，翅痣和翅脉黑褐色；体毛银褐色；体光滑，无刻点和刻纹，头部无毛瘤；唇基基半部隆起，前缘缺口浅弧形，侧角尖；颚眼距稍窄于单眼直径，复眼内缘间距等于眼高；后颊脊仅伸至后眶中部；额区较小，显著隆起，额脊宽钝；中窝深长形，与额区相连；单眼后区宽稍大于长，侧沟浅细，明显弯曲，向后稍分歧；无单眼后沟，单眼中沟浅；背面观后头长于复眼 1/2，两侧弧形，亚平行；触角稍长于头、胸部之和，基部较细，亚端部明显侧扁，不细尖；第 2 节宽等于长，第 3 节明显长于第 4 节；后足后基跗节等长于其后跗分节之和，爪内齿约为端齿 1/2 长；前翅 M 室具短小背柄；2Rs 室长约为 1R1+1Rs 室的 5/6；后翅臀室柄短于 cu-a 脉 1/2 长；锯鞘短小，端部圆钝；锯腹片狭长，具长柄，中部具 4–6 个细弱模糊节缝，无节缝刺毛带（图 3-287A）；锯腹片 13 刃，1–3 刃无亚基齿，4–12 刃具 2–4 个不规则亚基齿（图 3-287D、E）。雄虫体长 6–7mm；后足股节端部背侧和后足胫节黑色，颚眼距线状，后头较短且明显收缩；下生殖板端部窄圆；生殖铗见图 3-287B；阳茎瓣腹缘鼓凸，背缘较平直，顶叶小，端侧突尖（图 3-287C）。

分布：浙江（临安）、湖北、福建、贵州。

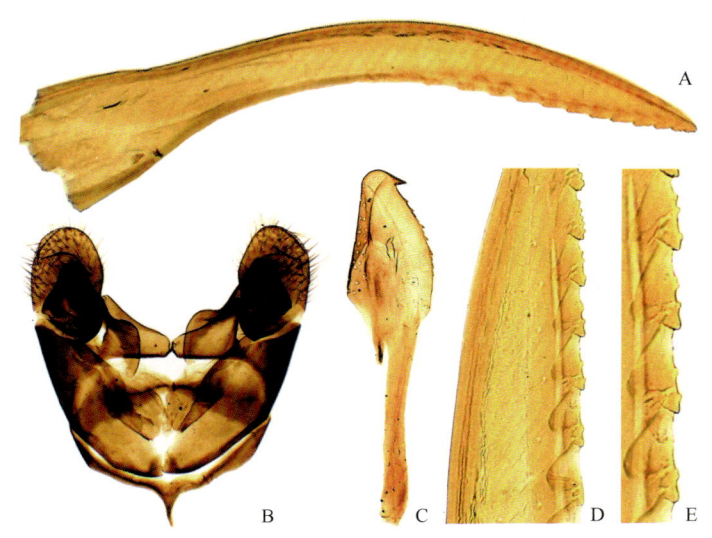

图 3-287 陈氏原曲叶蜂 *Protemphytus cheni* Wei, 2003
A. 锯腹片；B. 生殖铗；C. 阳茎瓣；D. 中端部锯刃；E. 中部锯刃放大

（293）短颊原曲叶蜂 *Protemphytus genatus* Wei, 1997（图 3-288）

Protemphytus genatus Wei, 1997b: 1581.

主要特征：体长雌虫 6–6.5mm，雄虫 5.0–6.0mm；体黑色，口须、翅基片和足白色，上唇褐色，后足跗节黑褐色，前翅前缘脉基部 1/3 淡黄色，端部 2/3 和翅痣黑褐色；体光滑，头部具细密小毛瘤，后单眼侧后部具小片光滑区域；唇基缺口宽浅，底部平直；颚眼距稍短于单眼直径，唇基上区隆起；中窝显著，额区台状隆起，额脊低钝；单眼后区宽大于长，单眼中沟痕状，无单眼后沟，后侧沟近单眼处深，向后渐浅并显著分歧，不伸抵后头边缘；背面观后头显著收缩，约为复眼 1/4 长；后颊脊伸抵后眶上端；触角长于头、胸部之和，第 3 节稍长于第 4 节；后足基跗节等于其后 4 节之和；前翅 2r 脉交于 2Rs 室端侧 1/5–1/4 处，cu-a 脉交于 1M 室下缘中部，臀横脉约呈 70°倾斜；后翅臀室柄短于 cu-a 脉 1/2 长；锯鞘背缘稍弯曲，腹缘弧形；锯腹片 17 锯刃，锯柄短，节缝显著，刺毛带菱形，中部宽阔会合（图 3-288A）；锯刃低三角形倾斜，具较短的无齿刃间段，第 1–3 锯刃见图 3-288B；中部锯刃内侧亚基齿 2 个，外侧亚基齿 8–11 个，亚基齿稍大，明显分离（图 3-288E）。雄虫下生殖板长大于宽，末端钝圆；抱器长大于宽，端部明显收窄，内缘中部下侧突出（图 3-288C）；阳茎瓣头叶近似狭长方形，顶叶倾斜，端缘斜直，背缘中部弧形凹入，腹缘较直，具密集缘齿，侧突窄小（图 3-288D）。

分布：浙江（临安）、山东、河南、湖北、湖南、四川、贵州。

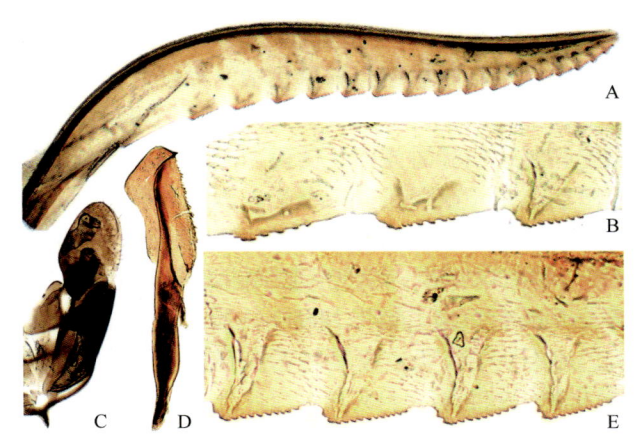

图 3-288 短颊原曲叶蜂 *Protemphytus genatus* Wei, 1997
A. 锯腹片；B. 第1–3锯刃；C. 生殖铗；D. 阳茎瓣；E. 第6–9锯刃

（294）狭细原曲叶蜂 *Protemphytus tenuisomatus* Wei & Nie, 2002（图 3-289）

Protemphytus tenuisomatus Wei & Nie, 2002b: 837.

主要特征：雌虫体长 6–7mm；体黑色，口须大部分、上唇、唇基、上颚基部、前胸背板后缘宽边、翅基片全部、后胸淡膜区、中胸前侧片后下角小斑白色；足淡黄褐色，各足基节基部、后足胫节最基端和最末端以及各足跗节稍呈暗褐色；翅均匀浅烟灰色，翅脉和翅痣黑褐色；体细长，光滑，光泽强；唇基、唇基上区、内眶和后眶下端、颚眼距和额区附近具细小刻点和毛瘤；颚眼距稍窄于单眼半径；单复眼距长于后单眼间距 2 倍；单眼后区稍隆起，宽约 1.2 倍于长，侧沟仅在近单眼处较深，向后端逐渐变浅弱模糊，互相平行，后端不伸抵后头边缘；后头背面观两侧稍收缩，等长于复眼 1/2；后颊脊低弱，伸达上眶后缘；触角约等长于头、胸部之和，第 2 节宽大于长，第 3 节 1.3 倍长于第 4 节；后足基跗节等长于其后 4 节之和；爪粗短，具小型基片，内齿短于外齿 1/2 长；前翅 2Rs 室稍长于 1R1+1Rs 室的 1/2；后翅臀室柄长约为 cu-a 脉 1/2 长；锯鞘较小，稍短于中足胫节，侧面观端部圆钝，鞘端长于鞘基（图 3-289B）；锯腹片较短，节缝刺毛较少，稍呈带状；具 12–13 锯刃，锯刃低长三角形，第 6–7 锯刃见图 3-289E，内侧亚基齿 3 枚，外侧亚基齿 13–14 枚，节缝下端无近腹缘距，亚基齿细小。雄虫体长 6mm；各足股节端部背侧、各足胫节后侧及各足跗节黑褐色，背面观后头极短且强烈收缩，约为复眼 1/4 长；下生殖板短小，长约等于宽，端缘圆钝；抱器长大于宽，端部突出（图 3-289C）；阳茎瓣头叶较宽，腹缘弧形凸出，背缘中部凹入，顶叶短，端刺突突出（图 3-289D）；阳基腹铗内叶见图 3-289A。

分布：浙江（德清、临安、丽水）、湖北、湖南、海南。

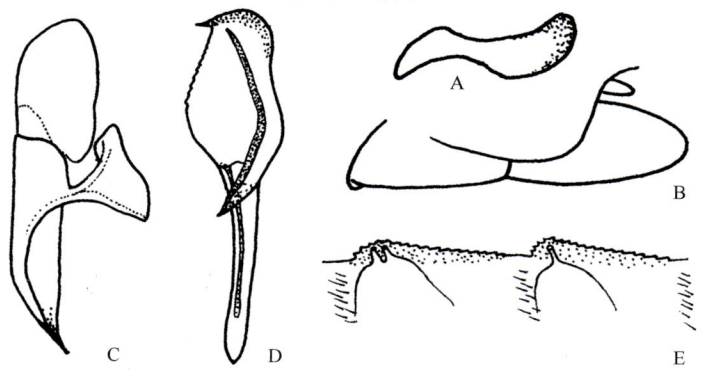

图 3-289 狭细原曲叶蜂 *Protemphytus tenuisomatus* Wei & Nie, 2002
A. 阳基腹铗内叶；B. 锯鞘侧面观；C. 生殖铗；D. 阳茎瓣；E. 锯腹片第6–7锯刃

(295) 天目原曲叶蜂 *Protemphytus tianmunicus* Wei & Nie, 1998（图 3-290）

Protemphytus tianmunicus Wei & Nie, 1998b: 364.
Ametastegia tianmunica: Taeger *et al.*, 2010: 256.

主要特征：雌虫体长 7–8mm；体黑色，上唇及口须、翅基片外半部和气门后片黄褐色，前胸背板后缘有时具不明显的黄缘；足黑褐色，各足基节大部分、转节、前足股胫跗节前侧全部和股节后侧基部 1/3、中后足股节基部 1/3、中后足胫节基部 1/3–2/5 浅褐色至白色；翅透明，翅痣和翅脉黑褐色；体毛银褐色；体光滑，无刻点和刻纹；头部具稀疏细小毛瘤；颚眼距微窄于单眼直径；后颊脊发达，伸至上眶后缘；单眼后区近方形，侧沟浅宽，中部稍外弓，两端较深，互相近平行，无单眼后沟；背面观后头约等于复眼 1/3 长，两侧明显收缩；触角稍短于腹部，基部较粗，第 2 节宽大于长，第 3 节明显长于第 4 节；爪无明显基片，内齿约为端齿 1/2 长；前翅 2Rs 室长约为 1R1+1Rs 室的 1/2；后翅臀室柄短于倾斜的 cu-a 脉 1/2 长；锯鞘较窄长，端部稍尖（图 3-290C）；锯腹片 15 刃，中部明显宽于基部，节缝刺毛带窄，锯刃甚尖锐，外侧亚基齿细小，6–8 个，第 4–5 锯刃见图 3-290E。雄虫体长 6–7mm；后足胫节仅基部 1/4 白色，颚眼距稍窄于中单眼半径，后头更短且强烈收缩；下生殖板端部窄圆；抱器端部收窄，内缘中部弯折，背缘弱弧形突出（图 3-290A），阳基腹铗内叶狭长（图 3-290B）；阳茎瓣头叶宽大，腹缘鼓凸，顶叶稍高窄，顶侧突短小，侧突短（图 3-290F）。

分布：浙江（临安）、安徽、湖南、福建。

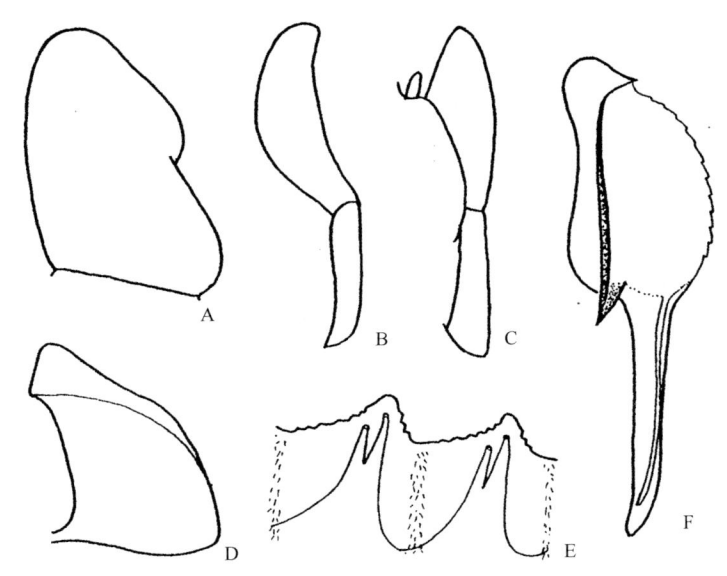

图 3-290 天目原曲叶蜂 *Protemphytus tianmunicus* Wei & Nie, 1998
A. 抱器；B. 阳基腹铗内叶；C. 锯鞘侧面观；D. 副阳茎；E. 锯腹片第 4–5 锯刃；F. 阳茎瓣

81. 单齿叶蜂属 *Ungulia* Malaise, 1961

Ungulia Malaise, 1961: 243–244. Type species: *Taxonus nigritarsis* Cameron, 1902, by original designation.

主要特征：小型叶蜂，长 4–6mm，体狭细；上颚对称双齿型，内齿邻近端齿，外齿微弱弯曲；唇基平坦，前缘缺口浅弧形，额唇基沟明显；复眼大，内缘直，互相近似平行或微弱收敛，间距稍宽于复眼长径；颚眼距宽大，约等长于触角第 2 节；背面观后头明显短于复眼，两侧收缩，单眼后区宽大于长；后眶边缘圆，无后颊脊；触角细长丝状，约等长于腹部，第 2 节长大于宽，第 3 节等长于第 4 节，末端数节不侧扁；

前胸背板沟前部短小,无前缘细脊;前胸侧板腹侧较尖,互相远离,无接触面;后胸后背板中央强烈收缩、倾斜;中胸侧板无胸腹侧片,中胸腹板前缘光滑,无细脊;前足胫节内距端部分叉,后足胫节和跗节等长,后足基跗节等于2–5跗分节之和;爪简单,明显弯曲,无基片和内齿;前翅Rs脉第1段完整,1R1室和1Rs室分离,1M脉与1m-cu脉平行,cu-a脉交于1M室腹缘外侧1/3,臀室完整,臀横脉约85°倾斜,外侧位,基臀室长约2倍于端臀室长;后翅无封闭中室,臀室具柄式,cu-a脉倾斜;锯鞘较短,锯鞘端稍长于锯鞘基;锯腹片无近腹缘距,节缝显著,锯刃具细小亚基齿;雄虫后翅无缘脉,阳茎瓣头叶宽大,具细长端侧突和腹缘细齿,抱器长显著大于宽;体光滑,刻点不明显。

分布:东亚。本属已知7种,全部分布于东亚偏南部。中国已记载1种,浙江有分布。

(296) 斑腹单齿叶蜂 *Ungulia fasciativentris* Malaise, 1961 (图 3-291)

Ungulia fasciativentris Malaise, 1961: 244.

主要特征:雌虫体长5–6mm;体黑色,口器、唇基、翅基片、前胸背板后缘、腹部腹面和足白色至淡黄色,中胸前侧片具白色横斑,腹部3–5背板中央具黄褐色中斑,各足膝部、后足胫节端部和各足跗节黑褐色;翅浅烟褐色透明,翅痣和翅脉黑褐色;体背侧细毛暗褐色;体纤细光滑,小盾片后部具少数刻点;唇基平坦,前缘缺口极弱;颚眼距约等于单眼直径2倍;中窝大型,后端不与额区通连;额区显著隆起,中部稍凹,额脊宽钝,前部不开放;单眼中沟和后沟细浅;单眼后区平坦,宽长比稍小于2,侧沟较深,向后显著分歧;背面观后头约等于复眼1/3长,两侧明显收缩;触角第3节几乎不长于第4节;前翅1R1室稍短于第1Rs和2Rs室之和,后翅臀室柄约等于cu-a脉1/2长;锯鞘侧面观等长于后足基跗节,锯鞘端近似三角形,端部较尖(图3-291B),背面观十分细长;锯腹片较宽短,12锯刃,表面具显著的网状纹路,锯刃稍突出,端部圆钝,中部锯刃具7–8个外侧亚基齿和3–4个内侧亚基齿,亚基齿细小(图3-291A)。雄虫体长4–5mm;体色类似于雌虫,但腹部背板有时全部黑色;触角较粗短,稍侧扁;下生殖板端部圆钝;阳茎瓣具扭曲的顶叶,端侧突狭长,头叶腹缘强烈鼓出,背缘微弱鼓出(图3-291C)抱器窄长,长宽比几乎等于2,内侧腹角稍突出,背缘直,端部圆钝(图3-291D)。

分布:浙江(安吉)、河南、陕西、湖北、湖南、重庆、四川、贵州、云南;印度,尼泊尔,缅甸。

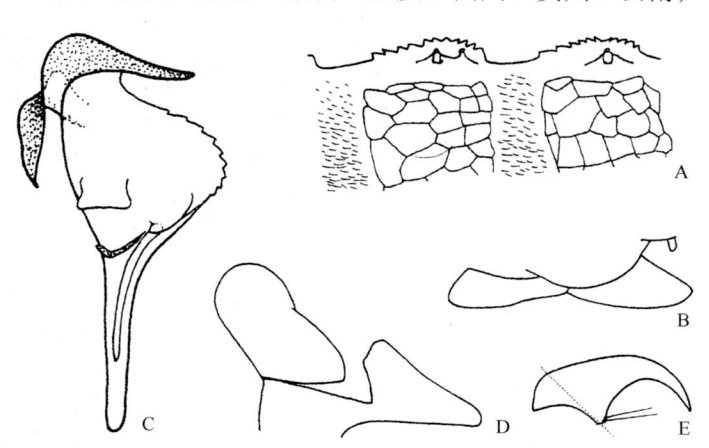

图 3-291 斑腹单齿叶蜂 *Ungulia fasciativentris* Malaise, 1961
A. 锯腹片第5–6锯刃;B. 锯鞘侧面观;C. 阳茎瓣;D. 抱器和副阳茎;E. 爪

82. 细曲叶蜂属 *Stenempria* Wei, 1997

Stenempria Wei, 1997E: 123. Type species: *Stenempria elongata* Wei, 1997, by original designation.

第三章　叶蜂亚目 Tenthredinomorpha · 315 ·

主要特征：小型叶蜂，体极狭长；上颚对称双齿式，内齿端位；唇基小，端部亚截形，缺口极浅；上唇短小；颚眼距不窄于单眼直径；唇基上区隆起，额唇基沟弯曲；复眼较大，内缘向下微弱收敛，间距宽于复眼长径；触角窝间距等于内眶，侧窝向下开放；额区显著隆起，但无额脊；后眶宽圆，后颊脊明显，伸至后眶中部；背面观后头较短，稍收缩；触角丝状，短于腹部，无触角器，第 2 节长等于或短于宽，第 3 节不显著长于第 4 节，鞭分节长度近似；前胸侧板腹面尖，无明显接触面；中胸背板沟前部短小；中胸背板显著延长，侧叶中部长于小盾片，小盾片低平，附片窄小；后胸淡膜区向后稍延长，间距约等于淡膜区长径；后胸后背板中部宽平，具三角形裂缝；中胸侧板无胸腹侧片，侧板前缘光滑，无缘脊；后胸侧板宽大，背叶线状；足细长，前足胫节内距端部分叉，后足胫跗节近似等长，后基跗节约等长于其后 3 跗分节之和；爪微小，弯曲，具明显的小基片，无内齿（图 3-292E）；翅窄长，Rs 脉第 1 段缺失，1R1+1Rs 合室显著长于 2Rs 室，1M 脉与 1m-cu 脉平行，R+M 脉短小，cu-a 脉中位或稍偏外侧，2M 室长宽比约等于 2，臀横脉 45°倾斜，上端与 1M 脉基部持平；后翅 Rs 和 M 室开放，臀室具柄式，柄长短于倾斜的 cu-a 脉；腹部狭长，第 1 背板方形，膜区不明显；锯鞘长大，锯背片和锯腹片多于 20 环节，锯背片无节缝刺毛，锯刃倾斜突出，锯腹片节缝刺毛带宽，刺毛密集（图 3-292C）；雄虫阳茎瓣头叶较宽大，具粗短颈部，端侧突小，腹缘细齿弱（图 3-292H）；抱器宽大于长，副阳茎较小，梯形，无端突。

分布：中国。本属已发现 4 种，但仅报道 2 种，本书记述浙江 1 新种。

本属原始描述记述爪无基片，有误。本属爪基片虽较小，但明显可辨（图 3-292E）。

（297）浙江细曲叶蜂，新种 *Stenempria zhejiangensis* Wei, sp. nov.（图 3-292，图版 VII-1）

雌虫：体长 7.5mm；体黑色，上唇、口须、翅基片、前胸背板后缘宽边、腹部第 3 背板前后缘和中带、第 4 背板中带、第 2 腹板后半、第 3 腹板全部、第 4 腹板前后部、第 7 腹板中突黄褐色；足黑色，各足基节端部、转节、前中足股节端半部、胫节全部和基跗节、后足胫节基半部以上和基跗节大部分黄褐色；翅透明，翅痣和翅脉黑褐色；体毛和鞘毛银色。

图 3-292　浙江细曲叶蜂，新种 *Stenempria zhejiangensis* Wei, sp. nov.
A. 雌虫头部前面观；B. 雌虫头部背面观；C. 产卵器；D. 生殖铗；E. 爪；F. 中部锯刃；G. 锯鞘侧面观；H. 阳茎瓣；I. 雌虫后胸至腹部第 1 节

体纤细，头部具细密刻纹，中胸背板光滑，侧板上部具微弱毛瘤，腹部背板具微弱刻纹。小盾片无刻点；颚眼距稍宽于单眼直径；中窝深，封闭，前缘具显著围脊；额区明显隆起，中部不凹，额脊模糊；单眼后区向后下方强烈倾斜，宽长比约等于2，侧沟细浅，向后分歧；背面观后头稍短于复眼1/2长；触角第2节长等于宽，第3节稍长于第4节，具短小的第10节。前翅R+M脉点状，cu-a脉中位外侧，后翅臀室柄短于cu-a脉1/2长。爪见图3-292E。锯鞘侧面观等长于后足基部2个跗分节之和，锯鞘端明显长于锯鞘基；背面观锯鞘窄长；锯腹片较细长，具22个锯刃，节缝刺毛带较宽，锯刃倾斜，端部显著隆起，中部锯刃具3–5个显著外侧亚基齿和1个内侧亚基齿（图3-292F）。

雄虫：体长6.5mm；腹部第4背板全部黑色；触角9节，较粗短，稍侧扁，第2节宽显著大于长；下生殖板长稍大于宽，端部钝截形；生殖铗见图3-292D；阳茎瓣端部渐窄，端侧突小型，尾角具横脊（图3-292H）。

分布：浙江（临安、丽水）。

词源：本种以模式标本采集地命名。

正模：♀，LSAF16063，浙江丽水白云山生态林场管护站，28.536°N、119.931°E，965m，2016.IV.6–30，李泽建、叶和军，马氏网（ASMN）。副模：5♀，LSAF16063，浙江丽水白云山生态林场管护站，28.536°N、119.931°E，965m，2016.IV.6–30，李泽建、叶和军，马氏网（ASMN，LSAF）；1♂，LSAF14007，浙江临安西天目山老殿，30.34°N、119.43°E，1140m，2014.IV.9–10，李泽建；3♂，LSAF14007，浙江临安西天目山老殿，30.34°N、119.43°E，1140m，2014.IV.11，胡平、刘婷；1♂，浙江临安西天目山禅源寺，481m，胡平、刘婷；2♂，浙江临安西天目山老殿，30.34°N、119.43°E，1140m，2014.IV.10，聂海燕、胡平（ASMN）。

鉴别特征：本种与湖北神农架分布的属模狭长细曲叶蜂 Stenempria elongata Wei, 1997 近似，但腹部第3背板具1对大型黑斑，中窝前缘具显著围脊，雌虫触角具短小的第10节，锯腹片的锯刃隆起度较高，亚基齿较大且少等，与该种不同，容易鉴别。

83. 史氏叶蜂属 *Dasmithius* Xiao, 1987

Dasmithius Xiao, 1987a: 299. Type species: *Caliroa camelliae* Zhou & Huang, 1980, by original designation.

主要特征：体小型，匀称；上颚对称双齿式，内齿短于端齿；唇基平坦，端缘缺口极浅弧形，具不规则齿缘；复眼中等大，内缘向下稍收敛，间距明显宽于复眼长径，触角窝间距显著窄于内眶；颚眼距显著，约等于单眼直径；背面观头部横宽，后头两侧近平行，明显短于复眼；后颊脊发达，伸至上眶后部；额区和额脊模糊，单眼后区横宽；触角粗短，中部稍侧扁，第2节长约等于宽，第3节稍长于第4节，中端部鞭分节短缩；前胸背板侧叶斜脊和斜脊前沟显著发育，两侧沟前部长几乎3倍于单眼直径；前胸侧板腹面端部截形，互相宽阔接触；中胸无胸腹侧片，侧板前缘脊显著；小盾片平坦，前端明显突出，无纵横脊或顶点；后胸后背板中部稍收缩，不十分狭窄，长约2倍于单眼直径；淡膜区间距微宽于淡膜区长径；中胸后侧片中部宽大，完全覆盖气门；后胸侧板宽大，后上侧片狭条状；后足胫节稍长于股节与转节之和，约等长于跗节；前足胫节内距分叉，后足胫节距粗短片状；后足基跗节细，短于其后4个跗分节之和；爪基片微小且钝，内齿短于外齿；前翅Rs脉第1段完整，2Rs室稍长于1Rs室；1M脉与1m-cu脉平行，R+M脉点状，cu-a脉位于中室下缘基部1/3，臀横脉30°倾斜，基臀室长2倍于端臀室；后翅无封闭中室，R1室具小附室，臀室具柄式，柄部等长于cu-a脉；锯鞘约等长于中足胫节，锯鞘端短于锯鞘基；锯腹片长直，骨化较强，端部尖，节缝具粗大的叶状刺毛，锯刃较低平，无近腹缘距；阳茎瓣狭窄，端侧突短尖，副阳茎外侧具明显肩状部。

分布：中国南部。本属已知仅属模1种。浙江也有分布。

寄主：山茶科 Theaceae 山茶属 *Camellia* 植物。

(298) 油茶史氏叶蜂 Dasmithius camelliae (Zhou & Huang, 1980)（图 3-293，图版 VII-2）

Caliroa camellia Zhou & Huang, 1980: 125.
Dasmithius camelliae: Xiao, 1987a: 299.

主要特征：雌虫体长 7–7.5mm；体黑色，上唇、前胸背板后缘、翅基片大部分白色；足黄褐色，各足基节基部和股节大部分黑褐色；翅透明，翅痣和翅脉黑褐色，翅痣基部白色；体毛和锯鞘毛银褐色；头部额区、唇基、小盾片和中胸前侧片具显著刻点和皱纹，中胸背板刻点稀弱；颚眼距稍狭于单眼直径；额区隆起，额脊低钝模糊；内眶上部和单眼区侧后部下凹；复眼较小，内缘向下收敛，间距显著大于眼高；中窝小，纵沟状，上端开放；侧窝纵沟状；POL：OOL：OCL=5：11：7；单眼中沟和后沟细；单眼后区稍隆起，宽大于长；侧沟与单眼后沟几乎等深，向后稍分歧；后头约等长于复眼1/2，两侧几乎平行；触角粗短，短于头、胸部之和；前胸背板前叶沟前部 2 倍宽于单眼直径；小盾片平坦；后足胫节距等长于胫节端部宽；后基跗节微短于其后 4 跗分节之和；锯鞘稍短于后足股节，锯鞘端显著短于锯鞘基，侧面观端部圆钝；锯腹片 16 刃，第 1–10 节缝具粗大叶状刺毛（图 3-293I, L）；锯腹片锯刃倾斜，无内侧亚基齿，外侧亚基齿 5–7 个，刃齿端部圆钝（图 3-293I）。雄虫体长 6.5mm；下生殖板端部钝截形；抱器长三角形，副阳茎宽，内侧具长突（图 3-293G）；阳茎瓣较窄，端侧刺尖，腹缘较直，无缘齿，背缘稍鼓出（图 3-293F）。

分布：浙江（德清、庆元）、江西、湖南、福建、广西。

寄主：茶 *Camellia sinensis*。

图 3-293 油茶史氏叶蜂 *Dasmithius camelliae* (Zhou & Huang, 1980)
A. 雌虫头部前面观；B. 雌虫小盾片至腹部第 1 背板；C. 锯鞘侧面观；D. 爪；E. 雌虫头部背面观；F. 阳茎瓣；G. 生殖铗；H. 中胸侧板；I. 锯腹片中部锯节；J. 前足胫节内端距；K. 雌虫触角；L. 产卵器

84. 平唇叶蜂属 *Allanempria* Wei, 1998

Allanempria Wei, 1998C: 150. Type species: *Allanempria rufithoracica* Wei, 1998, by original designation.

主要特征：体形较粗壮；上唇小，唇基平坦，前缘缺口浅弱；上颚粗壮，亚对称双齿型；颚眼距明显，但短于单眼直径；后眶稍宽，后眶沟深长，后颊脊完整，上端伸达上眶后缘；复眼中等大，内缘向下微弱收敛，下缘间距约等于复眼长径，内眶宽于触角窝间距；背面观后头较短，两侧缘近似平行；触角短于头、胸部长度之和，基部 2 节长均大于宽，第 3 节长于第 4 节；前胸侧板腹侧缘钝截形，宽阔接触；前胸背板沟前部最宽处宽约 2 倍于单眼直径；中胸前侧片无胸腹侧片，侧板前缘细脊显著；中胸小盾片小型，后胸后背板较宽平，中部不收缩；足较短，后足胫节约等长于后足股节和转节之和，前足胫节内侧端距端部分叉，后足胫节内距短于胫节端部宽，后足基跗节稍长于其后 4 个跗分节长度之和；爪具小型基片，内齿稍短于外齿；前翅具 4 肘室，2Rs 室长于 1Rs 室，R+M 脉段点状，cu-a 脉交于 1M 室基部 1/5，臀横脉长且强烈倾斜，显著位于 1M 脉基部内侧；后翅无封闭的 Rs 和 M 室，R1 室端部尖，臀室无柄式，cu-a 脉明显外倾且弯曲；锯鞘简单，锯腹片无叶状节缝粗刺。

分布：中国南部。本属已知 2 种，浙江分布 1 种。

（299）红胸平唇叶蜂 *Allanempria rufithoracica* Wei, 1998（图 3-294）

Allanempria rufithoracica Wei, 1998C: 151.

主要特征：雌虫体长 10mm；头部和触角黑色，上唇、口须、内眶白色，唇基后缘、唇基上区、中窝、头部后侧面和触角第 3、4 节红褐色；胸部红褐色，翅基片后部、中胸腹板中部、后胸腹板、后胸后背板大部分黑褐色，中胸腹板中部有时无黑斑；腹部黑色，第 1 背板后缘、第 2 腹节全部和第 8–10 背板中部黄褐色；足黑色，前中足基节后侧、后足基节全部、后足股节基部、后足胫节除末端外白色或浅黄褐色，前中足胫跗节和后足基跗节大部分浅褐色或暗褐色；翅透明，在 M 室和 2Rs 室处各具 1 个较弱的烟色横斑，翅痣基半部黄褐色，端半部黑色，C 脉大部分、Sc 前侧和 R1 脉浅褐色，其余翅脉大部分黑褐色；体毛和锯鞘毛银色；头胸部刻点密集，光泽弱，中胸附片和后胸背板无刻点，具微弱刻纹，后胸后背板和腹部背板具明显的横向刻纹；POL：OOL：OCL=7：12：11；前翅 R+M 脉点状，cu-a 脉位于中室下缘基部 1/4，臀横脉 35°倾斜；锯鞘稍短于后足股节，鞘端等长于鞘基，侧面观端部较尖，背面观窄三角形；锯腹片 28 刃，具明显节缝刺毛带（图 3-294A）；基部锯刃微弱突出，亚基齿细小（图 3-294B）；中端部锯刃倒梯形突出，中部锯刃具 7–8 亚基齿，刃间膜明显鼓凸，但低于锯刃。雄虫未知。

分布：浙江（龙泉）、湖南、福建、广西。

图 3-294 红胸平唇叶蜂 *Allanempria rufithoracica* Wei, 1998
A. 锯腹片；B. 锯腹片基部锯刃；C. 锯腹片端部；D. 锯腹片中部锯刃

85. 小唇叶蜂属 *Clypea* Malaise, 1961

Clypea Malaise, 1961: 246–247. Type species: *Clypea sinobirmana* Malaise, 1961, by original designation.

主要特征：体小型，瘦长，不长于 10mm；上颚较短小，外齿外侧显著弯折，稍大于 100°，左上颚双齿，右上颚单齿；上唇小，前部圆突，唇根不出露；唇基稍隆起，明显窄于复眼内缘间距，前缘缺口较深，半圆形，侧叶突出；颚眼距窄于单眼直径，后眶圆，后颊仅下部具脊；背面观后头长约为复眼长径的一半，两侧不膨大；复眼大型，内缘向下显著聚敛，间距狭于复眼长径，单眼后区横宽；触角短于腹部长，第 2 节长大于宽，第 3 节等于或稍长于第 4 节；前胸背板沟前部较短，最宽处约 1.5 倍于单眼直径；前胸侧板腹侧接触面稍长于或等于触角第 2 节长；无胸腹侧片，中胸前侧片前缘具细脊；小盾片和中胸侧板平坦，后胸后背板发达，中部不明显收缩；前足胫节内端距端部分叉，后足胫节约等长于股节与第 2 转节之和，后足基跗节约等长于跗节；爪基片很小，内齿仅稍短于端齿，互相靠近；前翅 Rs 脉第 1 段完整，R+M 脉点状，1M 脉平行于 1m-cu 脉，cu-a 脉位于中室基部 1/3 处；臀室完整，臀横脉 45°–60° 倾斜；后翅无封闭中室，R1 室无显著附室，臀室具柄式，柄长不短于 cu-a 脉，cu-a 脉稍外斜，不与臀室柄垂直；锯腹片锯刃突出，亚基齿细小；虫体具强光泽，体除唇基外无明显刻点；雄虫后翅无缘脉，阳茎瓣较窄长，具明显端侧突和腹缘细齿，抱器长大于宽，副阳茎窄高，外侧无明显肩状部。

分布：东亚南部。本属已知 7 种，中国均有分布。浙江发现 5 种。

分种检索表

1. 后足股节基部白色部分短于股节 1/5 长 ··· 2
- 后足股节基部白色部分约等于股节 1/4–2/5 长 ·· 3
2. 后足胫节基部、端部和跗节大部分黑色；两性腹部背板黑色，淡斑微小或缺如；翅基片全部黑色 ···黑腹小唇叶蜂 *C. nigroventris*
- 雌虫后足胫节大部分、雄虫后足胫节跗节全部红褐色；雌性腹部 3–6 节大部分或全部红褐色，雄虫腹部背板具显著淡斑；翅基片外缘白色 ··白唇小唇叶蜂 *C. alboclypea*
3. 后足胫跗节全部红褐色或黄褐色 ···红胫小唇叶蜂 *C. rubitibia*
- 后足胫节端部、跗节大部分黑褐色 ·· 4
4. 雌虫腹部大部分黑褐色，端部具范围变化的红褐色斑纹；后足胫节大部分黑色 ························淡跗小唇叶蜂 *C. nigrita*
- 雌虫腹部 3–10 节红褐色，无明显黑斑；后足胫节基部 2/3 左右黄褐色·······························中华小唇叶蜂 *C. sinica*

(300) 白唇小唇叶蜂 *Clypea alboclypea* Wei, 2002（图 3-295）

Clypea alboclypea Wei, *in* Wei & Huang, 2002a: 96–97.

主要特征：雌虫体长 11.0–11.5mm；体黑色，唇基全部、上唇、上颚基部、前胸背极狭窄的后缘和翅基片外缘白色，腹部中部 3–5 节红褐色；各足基节基部 1/2 左右、各足股节除基部外、后足胫节基部和端部以及后足跗节大部分黑色，前中足胫节跗节褐色至暗褐色，后足胫节大部分红褐色，各足基节端部、转节、股节基部 1/5–1/4 白色，胫节端距黄褐色；翅透明，翅痣和脉黑褐色；体毛银褐色；唇基缺口宽深，侧叶端部窄圆；颚眼距线状；单眼后区宽几乎不大于长；后翅臀室柄稍长于 cu-a 脉；锯鞘见图 3-295C；锯腹片 15 锯刃，锯刃低三角形突出，端部圆钝，前后坡中部稍凹，中部锯刃亚基齿内侧 6–7 个，外侧 9–11 个（图 3-295D）。雄虫体长 9–10mm，腹部全部黑色；阳茎瓣窄长，中部弯曲，向腹面鼓凸（图 3-295B）；抱器稍弯曲，长显著大于宽，端部圆钝（图 3-295A）。

分布：浙江（临安）、河南、陕西、甘肃、湖北、湖南、四川。

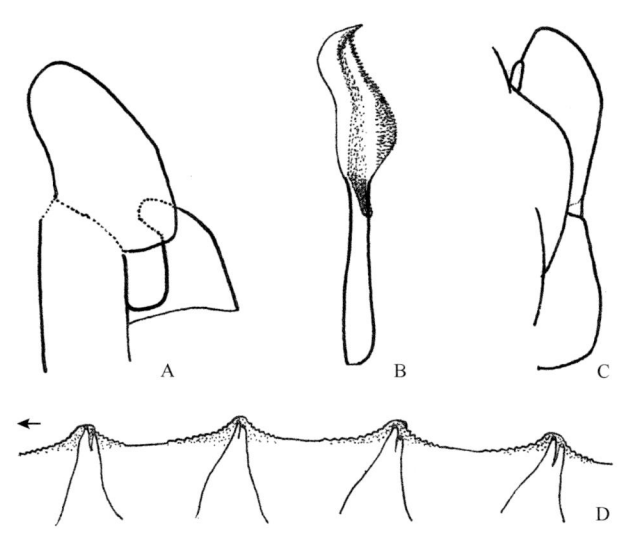

图 3-295 白唇小唇叶蜂 *Clypea aboclypea* Wei, 2002（仿自魏美才和黄宁廷，2002A）
A. 生殖铗；B. 阳茎瓣；C. 锯鞘侧面观；D. 锯腹片第 5–8 锯刃

（301）淡跗小唇叶蜂 *Clypea nigrita* Wei, 2005（图 3-296）

Clypea nigrita Wei, in Wei & Xiao, 2005: 469.

主要特征：雌虫体长 7.5–8mm；体黑色，唇基端部 2/3、上唇、上额基部、前胸背板后缘狭边、各足基节大部分、转节、前中足股节基部 1/6、后足股节基部 2/5 白色，前足胫跗节大部分、后足胫节基部 2/3、翅基片外缘、口须淡褐色，腹部腹板和末端数节背板多少具浅橘褐色斑纹；体毛淡褐色；翅浅烟褐色透明，翅痣和翅脉黑色；虫体大部分光滑无刻点；唇基缺口宽深，侧角短三角形；颚眼距宽线状；中窝圆形，侧窝纵沟状，额区明显隆起，额脊宽钝，前端开放；单眼后区宽稍大于长，单眼中沟和后沟细弱，侧沟深长，向后微弱分歧；背面观后头明显收缩，约等于复眼一半长；后颊脊短弱；触角第 3 节稍长于第 4 节，末端 4 节侧扁，具触角器；爪内齿稍短于外齿；前翅 3r-m 脉长直，强烈倾斜，cu-a 脉交于 1M 室下缘内侧基部 2/5；后翅 cu-a 脉与臀室柄等长且几乎互相垂直；锯鞘端长于锯鞘基，端部窄圆（图 3-296D）；中部锯刃倾斜突出，亚基齿细小，刃间段很短（图 3-296E）。雄虫体长 5.5–6mm；前中足黄褐色，仅股节背侧端半部和胫节背侧黑褐色，后足胫节和跗节全部浅褐色至黄褐色；单眼后区宽显著大于长；抱器长显著大于宽。

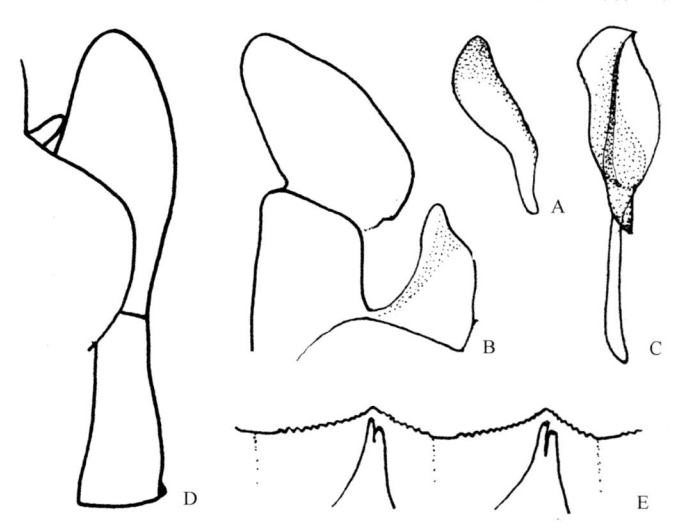

图 3-296 淡跗小唇叶蜂 *Clypea nigrita* Wei, 2005（引自魏美才和肖炜，2005）
A. 阳基腹铗内叶；B. 生殖铗；C. 阳茎瓣；D. 锯鞘侧面观；E. 锯腹片中部锯刃

端部较窄，副阳茎窄高，端部稍尖（图 3-296B），阳基腹铗内叶狭窄，尾部细（图 3-296A）；阳茎瓣头叶窄，腹缘弧形稍突出，背缘中部稍凹，顶侧突短小（图 3-296C）。

分布：浙江（临安）、安徽、江西、湖南、福建、广东、贵州。

（302）黑腹小唇叶蜂 *Clypea nigroventris* Wei, 1998（图 3-297）

Clypea nigroventris Wei, in Wei & Wen, 1998b: 137, 141.

主要特征：雌虫体长 9mm；体黑色，唇基端部 2/3、上唇、前胸背板后缘狭边、各足基节端部、转节、股节基缘白色，前足胫跗节、口须和腹部中部数节背板后缘暗褐色，腹部淡斑微小或缺；体毛淡褐色；翅透明，翅痣和翅脉黑色；颚眼距线状；单眼后区宽稍大于长；触角第 3、4 节几乎等长，末端 4 节具不发达的触角器；后翅 cu-a 脉与臀室柄等长；锯鞘端约 1.6 倍于锯鞘基长，端部较尖（图 3-297D）；锯腹片 17 刃，锯刃倾斜突出，中部锯刃具约 8 枚内侧亚基齿，14–15 枚外侧亚基齿，刃间段平坦，短于锯刃 1/2 长（图 3-297A）。雄虫体长 7.5mm；各足基节大部分、前中足股节大部分、后足股节基部 1/3 淡黄色，后足胫节除基部和端部外红褐色，翅基片外缘浅褐色，后翅 cu-a 脉短于臀室柄长；下生殖板端部圆钝；阳基腹铗内叶粗短，端部钝截形，稍倾斜（图 3-297C）；阳茎瓣狭长，顶侧突尖长，头叶背缘和腹缘均弱弧形鼓凸，腹缘具较密集的细小缘齿，侧突细长（图 3-297B）。

分布：浙江（临安）、河南、陕西。

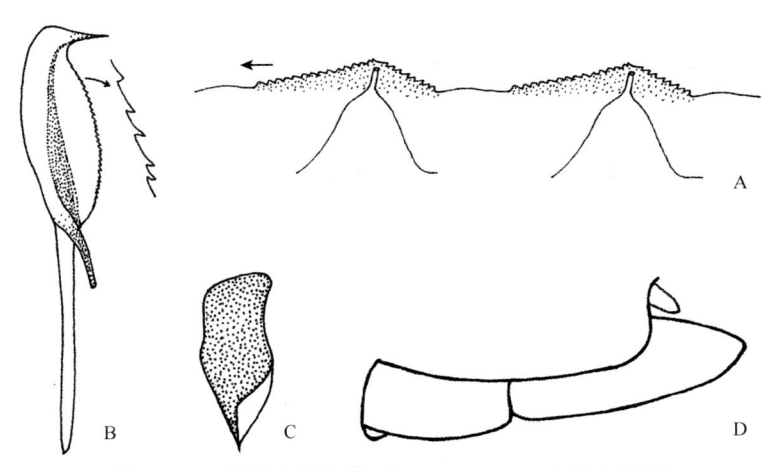

图 3-297 黑腹小唇叶蜂 *Clypea nigroventris* Wei, 1998
A. 锯腹片中部锯刃；B. 阳茎瓣；C. 阳基腹铗内叶；D. 锯鞘侧面观

（303）红胫小唇叶蜂 *Clypea rubitibia* Wei, 2006（图 3-298）

Clypea rubitibia Wei, 2006a: 614.

主要特征：雌虫体长 9.0–9.5mm；头、胸部黑色，唇基端半部、上唇、上颚基半部、口须、前胸背极狭窄的后缘、翅基片外缘和淡膜区白色；腹部橘红色，第 1、2 节背板和锯鞘黑色；足杂色，各足基节大部分、转节、前中足腿节基部、后足股节基部 1/4 白色，各足基节基部、前中足股节大部分、后足股节端部 3/4 黑色，前中足胫节、跗节大部分浅褐色，胫节后侧暗褐色，后足胫节和跗节全部橘褐色；翅透明，翅痣和翅脉黑褐色；体毛银褐色，头部背侧细毛稍暗；体光滑，唇基和前胸背板具细弱刻点，腹部背板具不明显的刻纹，其余部分无刻点和刻纹；颚眼距窄于单眼直径的 1/2，后颊脊低短，伸至后眶下部 1/3；背面观后头等长于复眼 1/2，两侧几乎不收缩；触角稍长于头、胸部之和；前足胫节内距简单，端部不分叉；后足胫节端距短于后基跗节 1/2 长，基跗节等长于其后跗分节之和；锯鞘约等长于前足胫节，鞘端微长于鞘基；

锯腹片 15 锯刃，锯刃钝角状倾斜突出，顶端不突然突出，中部锯刃亚基齿内侧 6–8 个，外侧 13–15 个，中端部节缝的刺毛带较宽，前后几乎连接。雄虫未知。

分布：浙江（临安）、江西、湖南、贵州。

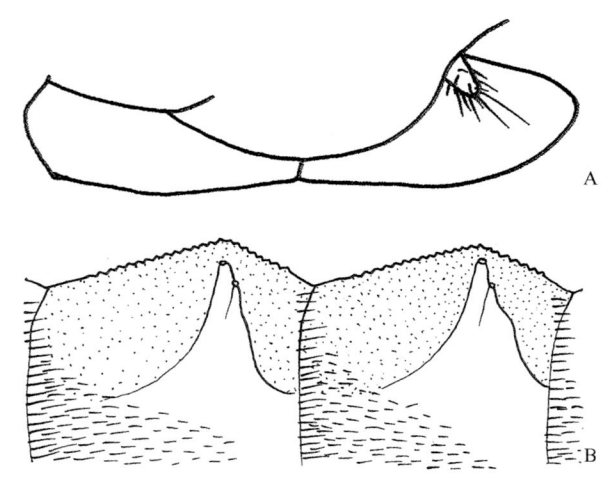

图 3-298　红胫小唇叶蜂 *Clypea rubitibia* Wei, 2006（引自魏美才，2006a）
A. 锯鞘侧面观；B. 锯腹片中部锯刃

（304）中华小唇叶蜂 *Clypea sinica* Wei, 1997（图 3-299，图版 VII-3）

Clypea sinica Wei, 1997b: 1582.

主要特征：雌虫体长 8.5–9.5mm；头、胸部黑色，唇基侧角端部、上唇、上颚基部、口须、前胸背极狭窄的后缘和翅基片外缘白色；足黑褐色，各足基节大部分、转节、前中足腿节基部、后足股节基部 1/3 白色，膝部、前中足胫节跗节前外侧、后足胫节基部 1/2–2/3 黄褐色，后足跗节暗褐色；腹部黄褐色，第 1、2 节背板和锯鞘黑色；翅透明，端部烟灰色，翅痣和脉黑褐色；体毛银褐色；体光滑，唇基具细弱刻点；唇基稍鼓起，侧角甚尖，缺口深约为唇基 1/2 长；颚眼距窄于单眼直径的 1/2；中窝圆形，侧窝纵沟状；额区隆起，额脊宽钝，中部明显低凹，前端开放；单眼后区稍隆起，宽大于长；侧沟深直，向后分歧；后颊脊至后眶下部 1/3；背面观后头等长于复眼 1/2，两侧几乎不收缩；触角约等长于头、胸部之和；第 2 节长大于宽，第 3 节微长于第 4 节；爪内齿稍短于端齿；前翅 2Rs 室长于 1Rs 室，后翅无封闭中室，臀室柄长于 cu-a 脉；锯腹片中部锯刃明显突出，端部窄圆，内侧亚基齿 5–6 枚，外侧亚基齿 9–10 枚（图 3-299C），节缝刺毛带狭窄。雄虫体长 6.8mm；翅基片和腹部通常完全黑色，各足胫跗节全部橘褐色；抱器长大于宽，显著倾斜（图 3-299B）；阳基腹铗内叶尾部较窄，明显扭曲（图 3-299A）；阳茎瓣头叶腹缘弧形，背缘稍凹，顶侧突短小（图 3-299D）。

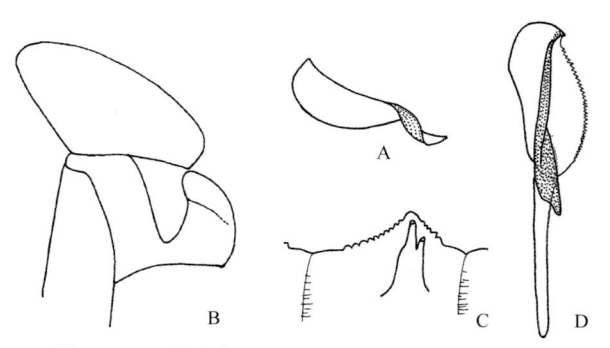

图 3-299　中华小唇叶蜂 *Clypea sinica* Wei, 1997
A. 阳基腹铗内叶；B. 生殖铗；C. 锯腹片中部锯刃；D. 阳茎瓣

分布：浙江（德清、临安、四明山、龙泉）、河南、安徽、湖北、江西、湖南、福建、广西、重庆、四川、贵州、云南。

86. 圆颊叶蜂属 *Parallantus* Wei & Nie, 1998

Parallantus Wei & Nie, 1998b: 366. Type species: *Parallantus maculipennis* Wei & Nie, 1998, by original designation.

主要特征：小型叶蜂，体长短于 10mm；翅具斑纹，体光滑，无大刻点；上颚较小，左右不对称，左上颚双齿型，右上颚单齿型，上颚外侧弧形弯曲；上唇较宽大，端部圆钝，唇根隐藏；唇基隆起，明显窄于复眼间距，具模糊横脊，前缘缺口深，半圆形，侧角尖锐；唇基上区高脊状隆起；复眼内缘向下稍收敛，下缘间距约等于复眼长径，触角窝间距窄于内眶宽；后头短，背面观稍短于复眼长径的一半，复眼后两侧明显收窄；后眶圆，无后颊脊，后颊仅在靠近上颚基部处具很短的龙骨状突；颚眼距明显；触角稍短于头宽 2 倍，第 1 节细，长 2 倍于宽，第 2 节长稍大于端部宽，第 3 节稍长于第 4 节；前胸侧板在腹面宽阔接触，中胸无胸腹侧片，侧板前缘具高脊，后侧片中部稍鼓，无横脊或横沟；中胸小盾片平坦，前缘钝三角形突出，附片小；后胸后背板发达，中部不收缩，淡膜区间距约 2 倍于淡膜区长径；后足胫节长于股节与转节之和，胫节等长于跗节，后基跗节稍长于其后跗分节之和；爪中裂式，爪基片较小但锐利，亚端齿约等长于端齿；前翅具 3 肘室，1R1 和 1Rs 室合并，2Rs 室稍短于 1Rs 室，1M 脉与 1m-cu 脉平行，R+M 脉点状，Rs+M 脉基部直，cu-a 脉基位，交于 1M 室基部 1/6 处，臀室无横脉（图 3-300A）；后翅无封闭的中室，R1 室端部尖，无附室，臀室具长柄；腹部第 1 背板各叶三角形，中部膜区大三角形；锯鞘较短，锯鞘端长于锯鞘基；锯刃具大齿；副阳茎具顶叶和肩状部，阳茎瓣较窄，具短顶侧突，腹缘具细齿。

分布：东亚南部。本属已知 2 种，中国均有分布。浙江分布 1 种。

本属前翅臀室无横脉，在平背叶蜂亚科内已知仅此 1 属。

（305）斑翅圆颊叶蜂 *Parallantus maculipennis* Wei & Nie, 1998（图 3-300）

Parallantus maculipennis Wei & Nie, 1998b: 367.

主要特征：雌虫体长 8mm；头部黑色，内眶、唇基上区、唇基、上唇、上颚基部、后眶靠近复眼处部分黄色；触角黑色，第 1 节外侧黄色；中胸红褐色，胸部腹板和中胸后下侧片、后胸侧板黑色；腹部黑色，第 2 节背板两侧以及腹板、第 5 节背板除极狭的后缘外、该节腹板和第 10 节背板黄色；足黑色，前足基节端部 1/2、中后足基节除腹面中部外、各足转节、前足和中足胫节、跗节全部、后足胫节基部 1/2 黄褐色，后足跗节暗褐色；翅透明，前翅翅痣及其附近具圆形褐斑；体毛浅褐色；颚眼距约等于单眼直径的 1/2；单眼后区宽稍大于长，单眼中沟、侧沟、后沟均明显，但不深；额区稍隆起，额脊不明显；中窝甚深，侧窝沟状，与触角窝上沟相连；触角稍短于头宽 2 倍；后翅臀室柄长约等于 cu-a 脉 1/2；锯鞘侧面观短，端部截形，具较长缨毛；锯腹片具 18 刃，中部锯刃见图 3-300E。雄虫体长 7mm；体黑色，上眶小白斑与内眶白斑分离，胸部黑色，前胸背板后缘及翅基片前半、中胸前上侧片和中胸后下侧片下部白色，腹部黑色，仅第 5 腹节除后缘外白色，抱器端部白色；各足股节腹侧白色，后足胫节除基部 1/5 及腹侧外均黑褐色；下生殖板长，端部窄圆；副阳茎见图 3-300D，阳茎瓣见图 3-300C。

分布：浙江（临安）、江西、福建；越南。

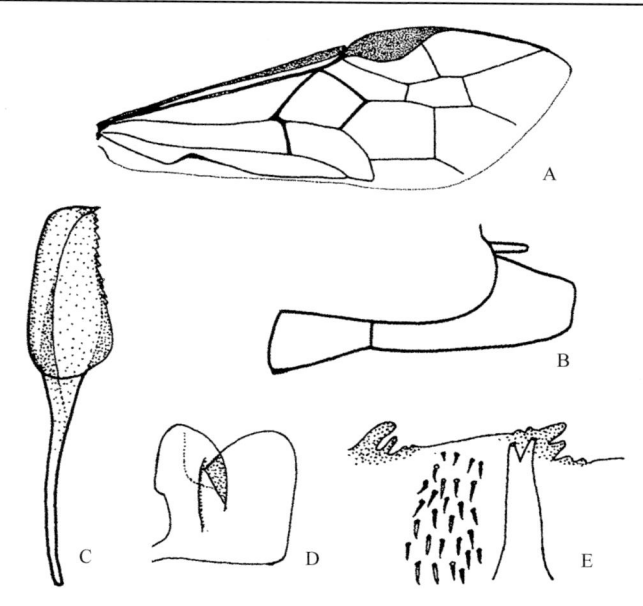

图 3-300　斑翅圆颊叶蜂 *Parallantus maculipennis* Wei & Nie, 1998
A. 前翅翅脉；B. 锯鞘侧面观；C. 阳茎瓣；D. 副阳茎；E. 锯腹片中部锯刃

87. 狭鞘叶蜂属 *Thecatiphyta* Wei, 2009

Sainia Wei, 1997b: 1583, 1616. Homonym of *Sainia* Moore, 1882 [Lepidoptera]. Type species: *Sainia bella* Wei, 1997, by original designation.

Thecatiphyta Wei, in Blank *et al.*, 2009: 70. Name for *Sainia* Wei, 1997.

主要特征：小型叶蜂，体狭长，短于 10mm；上颚较小，左、右上颚不对称，外齿弱度弯折，右上颚双齿，左上颚单齿；上唇稍大，平坦，唇根不出露；唇基平坦，无横脊，前缘缺口浅圆，额唇基沟显著；颚眼距窄于单眼直径的 1/2，触角窝间距窄于内眶；复眼大，后眶短于复眼长径的 1/2，复眼内缘向下明显收敛，间距窄于复眼长径；后颊脊发达，伸达复眼上后侧；单眼后区宽大于长；触角稍长于头、胸部之和，第 3 节稍长于或等于第 4 节；前胸背板沟前部狭窄，无前缘细脊；前胸侧腹板接触面圆钝，较窄；小盾片和中胸侧板平坦且光滑，无胸腹侧片，中胸前侧片前缘具细脊；后胸后背板宽大、平坦，中部不收缩；前足胫节内端距端部不分叉，后足胫节不长于后足股节与转节之和；后足胫节等长于跗节，基跗节等长于其后跗分节之和；爪基片微小，内齿稍短于外齿；前翅 R+M 脉点状，Rs 脉第 1 段完整，1M 脉平行于 1m-cu 脉，cu-a 脉位于中室下缘基部 1/3 处；臀室完整，臀横外侧位，30°倾斜；后翅无封闭中室，R1 室具短柄和小附室，臀室柄约等于 cu-a 脉长，cu-a 脉倾斜；锯鞘十分窄长，侧面观锯鞘端长宽比大于 4（图 3-301E）；锯背片和锯腹片窄长，长为宽的 18–20 倍；虫体具强光泽，体无显著刻点。雄虫后翅无缘脉，阳茎瓣具 1 个宽长背侧叶和 1 个扭曲的小型背钩，腹缘具细齿（图 3-301A）；抱器长显著大于宽，副阳茎较小，肩状部不显（图 3-301B）。

分布：中国。本属已知 2 种，分布于中国中东部。浙江发现 1 种。

（306）武夷狭鞘叶蜂 *Thecatiphyta longitheca* (Wei, 2003)（图 3-301）

Sainia longitheca Wei, in Wei *et al.*, 2003: 63.
Thecatiphyta bella: Wei, in Blank *et al.*, 2009: 70.

主要特征：雌虫体长 8mm；体黑色，唇基与上唇白色，腹部第 2–6 背板黄褐色，第 2 节与第 6 节背板两侧各具极小的黑斑，腹部腹板完全黄褐色；足黄褐色；前中足基节基部、后足基节基半部、中后足股节后足胫节端部黑褐色，前足股节基部褐色；翅浅烟灰色透明，翅痣和翅脉暗褐色，翅痣基部 1/3 浅褐色；体毛浅褐色；体光滑，无刻点和刻纹，光泽较强；唇基平坦，前缘缺口圆形，深约为唇基 1/2 长；颚眼距窄于单眼直径的 1/2；后颊脊低长，伸达复眼上后侧；单复眼距 2 倍长于后单眼距，稍长于单眼后头距；单眼后区稍隆起，宽稍大于长；侧沟深长，稍弯曲，亚平行；头部在复眼后稍收缩，长约为复眼的 2/5；触角稍长于头、胸部之和，粗细一致，末端数节侧扁，第 2 节长于端部宽，第 3 节几乎等长于第 4 节；锯鞘十分细长（图 3-301E），锯鞘端狭长，长于锯鞘基 3 倍；锯背片和锯腹片窄长，长为宽的 18–20 倍，锯腹片见图 3-301D、F、G；纹孔线低，大部分平直。雄虫体长 6.0mm；除后足股节背侧暗褐色外，足其余部分均黄褐色；腹部黄褐色，仅第 1 背板黑褐色；阳茎瓣见图 3-301A，生殖铗见图 3-301B。

分布：浙江（龙泉）、湖南、福建。

图 3-301 武夷狭鞘叶蜂 *Thecatiphyta longitheca* (Wei, 2003)
A. 阳茎瓣；B. 生殖铗；C. 阳基腹铗内叶；D. 锯腹片第 4–6 锯刃；E. 锯鞘侧面观；F. 锯腹片端部锯刃；G. 锯腹片

88. 玛叶蜂属 *Mallachiella* Malaise, 1934

Malachiella Malaise, 1934b: 471. Type species: *Malachiella rufithorax* Malaise, 1934, by original designation.
Mallachiella Malaise, 1963: 180. Justified emendation for *Malachiella* Malaise, 1934.

主要特征：小型叶蜂，体长 5–9mm；上颚较小，不对称，左上颚双齿，外侧弧形弯曲，右上颚单齿；唇基甚长，仅稍短于宽，几乎平坦，前缘缺口较深，侧角较窄，显著突出（图 3-302A）；唇基上区平坦，触角窝间距微宽于内眶；上唇横短，唇根隐蔽；颚眼距狭窄，雌虫窄于单眼半径，雄虫近线状；复眼大，内缘向下强烈收敛，间距窄于复眼长径；后头很短，背面观不长于复眼 1/3，两侧缘向后强烈收缩；后眶圆钝，无后颊脊，具很短的口后脊；额区明显分化，额脊钝，中窝显著；单眼后区横宽；触角约等于或微长于头、胸部之和，第 2 节长大于宽，第 3 节稍长于第 4 节，末端数节稍侧扁，无触角器；前胸背板沟前部短，不长于单眼直径，无亚缘脊；前胸腹板腹侧接触面较短；中胸前侧片无胸腹侧片，具侧板前缘细脊；后胸后背板较发达，中部不明显收缩；小盾片平坦，附片短小，后胸淡膜区间距稍宽于淡膜区长径；前足胫节内端距端部尖细，具高位膜叶（图 3-303F）；后足胫节不长于腿节和转节之和，几乎等长于跗节；后基跗节等长或稍短于其后跗分节之和；爪无明显爪基片，亚端齿短于端齿；前翅通常 4 肘室，极少 3 肘室，1Rs 室约等长于 2Rs 室，1M 脉与 1m-cu 脉平行，cu-a 脉位于中室下缘基部 1/3 附近，臀横脉与臀脉呈 35°–45° 相交（图 3-303A）；后翅无封闭中室，R1 室无明显附室，臀室具柄式，柄长不短于 cu-a 脉（图 3-303B）；产卵器不短于后足基跗节，锯鞘端稍长于锯鞘基；锯刃倾斜突出，亚基齿细小；抱器长大于宽，副阳茎窄长（图 3-303H）；阳茎瓣头叶窄长，具长端侧突和长腹缘细齿（图 3-303C），侧突显著。

分布：中国南部，印度北部，尼泊尔。本属中国已知 4 种，浙江发现 2 新种。

本属已知 7 种，其中记载于越南的 *Mallachiella achterbergiana* Haris, 2008 唇基截形，额区不分化，前翅 cu-a 脉中位，臀横脉很长，肯定不是本属成员，根据其成虫照片和形态描述，推测是基叶蜂亚科的平额叶蜂属 *Formosempria* 成员。

（307）天目玛叶蜂，新种 *Mallachiella tianmunica* Wei, sp. nov.（图 3-302）

雌虫：体长 7.5mm。体黑色，唇基和上唇全部、上颚基部、前胸背板后缘狭边、各足基节端半部、转节全部、股节基端白色，腹部第 3、4 节背板后缘浅褐色，口须大部分、前中足胫节和跗节的前腹侧浅褐色，后足胫节大部分浅褐色，胫节端部和跗节黑褐色。翅透明，翅痣和翅脉黑褐色。体毛银色。

体光滑，无明显刻点，腹部 2–10 背板具极微弱刻纹。唇基宽稍大于长，前缘缺口深 0.4 倍于唇基长，侧齿尖（图 3-302A）；颚眼距 0.25 倍于单眼直径；单眼后区宽长比约等于 1.3，无单眼后沟，侧沟深，向后微弱分歧；背面观头部在复眼后部分长 0.6 倍于复眼（307C）；触角第 2 节长显著大于宽，第 3 节长于第 4 节，第 7、8 节长宽比约等于 1.9。后胸淡膜区亚三角形，间距 1.7 倍于淡膜区长径；前翅 4 肘室，1Rs 和 1R1 室分离，2r 脉与 3r-m 脉顶接，臀横脉约 40°倾斜；后翅臀室柄长 1.2 倍于 cu-a 脉；爪内齿稍短于外齿；锯鞘稍长于后足基部 2 个跗分节之和；锯鞘端稍长于锯鞘基，端部圆钝；锯腹片锯刃倾斜突出。

雄虫：体长 5.5mm；体色和构造类似于雌虫，但后足胫节端部黑色部分较明显；生殖铗见图 3-302E，副阳茎向端部稍收窄；阳基腹铗内叶端部较窄长，尾部较宽（图 3-302B）；阳茎瓣见图 3-302D，端侧突尖长，腹缘细齿间距较宽。

分布：浙江（临安）。

词源：本种以模式标本产地命名。

正模：♀，浙江西天目山，1983.IX.10–12，王金福（ASMN）；副模：2♂，浙江天目山，1936.V.27，马骏超（中国科学院动物研究所）。

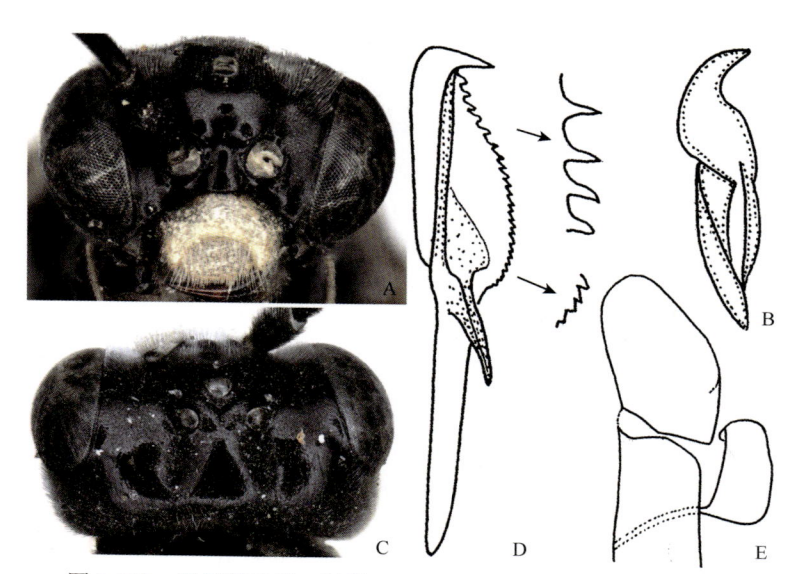

图 3-302 天目玛叶蜂，新种 *Mallachiella tianmunica* Wei, sp. nov.
A. 雌虫头部前面观；B. 阳基腹铗内叶；C. 雌虫头部背面观；D. 阳茎瓣；E. 生殖铗

鉴别特征：本种唇基全部白色，各足股节黑色，仅基缘白色，两性胸部均黑色，前翅 2r 脉与 3r-m 脉顶接等，与已知种类差别很大，容易鉴别。

（308）三室玛叶蜂，新种 *Mallachiella tricellis* Wei, sp. nov.（图 3-303）

雌虫：体长 6.5mm。体和足黑色，唇基除基部外、上唇全部、上颚基部、前足基节端部、中后足基节大部分、转节全部、前足股节腹侧、中后足股节基半端、后足胫节基半部以上黄白色，前胸背板和中胸背板全部、中胸前侧端部稍淡，片上部 2/5 和中胸后上侧片红褐色，口须大部分、前中足胫节和跗节的腹侧浅褐色。翅烟灰色，翅痣和翅脉黑褐色。体毛银色。

体光滑，无明显刻点，腹部背板无刻纹。唇基宽大于长，前缘缺口深 0.4 倍于唇基长，侧齿较短；颚眼距线状；中窝较深，额脊钝；单眼后区明显隆起，宽长比约等于 1.8，无单眼后沟，侧沟深，向后稍分歧；背面观头部在复眼后部分长 0.35 倍于复眼，两侧收缩；触角第 2 节长显著大于宽，第 3 节长于第 4 节，第 7、8 节长宽比约等于 1.4。后胸淡膜区椭圆形，间距 1.2 倍于淡膜区长径；前翅 3 肘室，1Rs 和 1R1 室合并，2r 脉远离 3r-m 脉，交于 2Rs 室背缘中部，cu-a 脉交于 1M 脉基部 1/4，臀横脉约 40°倾斜（图 3-303A）；后翅臀室柄长几乎等于 cu-a 脉（图 3-303B）；爪内齿稍短于外齿；锯鞘稍长于后足基部 2 个跗分节之和，锯鞘端稍长于锯鞘基，端部圆钝；锯腹片 15 锯刃（图 3-303E）；锯刃微弱倾斜突出，亚基齿细小，内侧 6 枚，外侧 11–12 枚（图 3-303G）。

雄虫：体长 6mm；胸部全部黑色，中足股节除末端外黄白色，其余体色和构造类似于雌虫；生殖铗见图 3-303H，副阳茎向端部不收窄，阳基腹铗内叶端部较窄，尾部狭长；阳茎瓣见图 3-303I，端侧突尖长，腹缘细齿间距窄（图 3-303C）。

分布：浙江（衢州）、湖南、广西、贵州。

词源：本种。

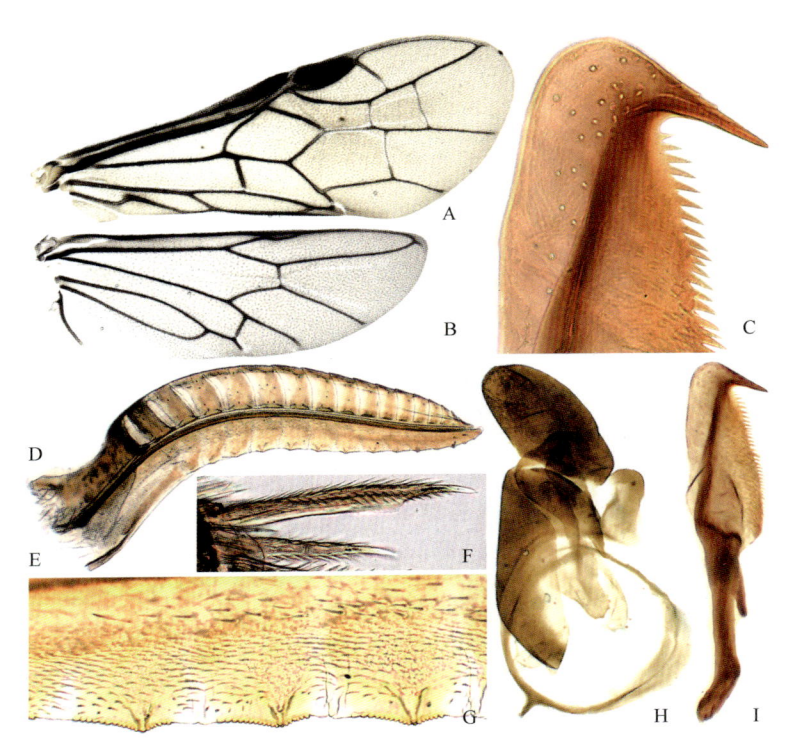

图 3-303 三室玛叶蜂，新种 *Mallachiella tricellis* Wei, sp. nov.
A. 前翅；B. 后翅；C. 阳茎瓣端部放大；D. 锯背片；E. 锯腹片；F. 前足胫节端距；G. 锯腹片第 5–7 锯刃；H. 生殖铗；I. 阳茎瓣

正模：♀，湖南道县月岩林场，海拔 480m，2008.VII.22，蔡波（ASMN）。副模：1♀，浙江省衢州市古田山庄酒店门口，海拔 230m，2018.VII.4，朱佳晨、李小飞、李泽恺；1♂，湖南道县月岩林场，海拔 480m，2008.VII.22，陆国导；1♂，贵州遵义仙女洞，600m，2004.V.29，林杨；1♂，贵州荔波茂兰，1998.X.27，汪廉敏（ASMN）。

鉴别特征：本属已知种类前翅 1R1 和 1Rs 室均完全分离，本种前翅 1R1 和 1Rs 室合并，与已知种类均不相同，容易鉴别。

89. 大蕨叶蜂属 *Ferna* Malaise, 1961

Ferna Malaise, 1961: 257. Type species: *Ferna longiserra* Malaise, 1961, by original designation.

主要特征：中小型叶蜂，体形较窄，胸部光滑；上颚亚对称双齿型，左侧内齿微小，较靠近端齿，右上颚内齿稍大，远离端齿；上唇短小，平坦，端部圆钝，唇根隐蔽；唇基平坦，明显窄于复眼间距，前缘缺口近半圆形；复眼内缘近平行，间距宽于复眼长径，触角窝间距窄于内眶；颚眼距通常大于单眼直径；后眶圆，无后颊脊；触角十分细长，稍侧扁，基部 2 节长大于宽，第 3、4 节近等长；前胸背板沟前部较窄，无亚缘细脊；前胸侧板腹面较尖，稍接触；小盾片平坦，中胸侧板无胸腹侧片，中胸侧板前缘具细缘脊；后胸后背板中部明显收缩；前足胫节内距端部分叉，后足胫跗节等长，后基跗节短于其后 4 跗分节之和；爪无明显基片，亚端齿通常较短或甚小，中位；前翅具 3 个 Rs 室，R+M 脉段短，Rs 脉第 1 段存在，cu-a 脉中位或稍偏外侧，臀横脉外侧位，倾斜 50°–70°；后翅通常具封闭 M 室，Rs 室开放，极少 M 室也开放，臀室柄通常不短于 cu-a 脉的 1/2 长，cu-a 脉与臀室柄垂直或倾斜，R1 室端部尖，无附室；雄虫后翅无缘脉；体光滑，腹部腹板黄褐色，背板黑色；锯腹片长，节缝显著，锯刃通常倾斜突出；抱器长大于宽，倾斜；阳茎瓣体较宽大，多少倾斜，具显著端侧突和腹缘细齿，无端背侧突。

分布：东亚南部。本属已知约 31 种，中国已记载 7 种，实际分布种类超过 25 种。浙江仅发现 1 新种。

寄主：蕨类。

（309）傲慢大蕨叶蜂，新种 *Ferna arrogantia* Wei, sp. nov.（图 3-304）

雄虫：体长 4.5mm。体背侧黑色，头部触角窝以下部分、内眶条斑、中窝侧壁和触角窝上沿、前胸背板后半部、翅基片、中胸背板前叶后端、侧叶中部小斑、小盾片大斑、胸腹部腹侧黄白色，胸部侧板上缘黑色，下缘具褐色横带（图 3-304C）；触角黑褐色，鞭节腹侧浅褐色；足黄白色，后足股胫节背侧窄条斑和跗节大部分暗褐色至黑褐色；翅近透明，翅痣和翅脉黑褐色；体背侧毛褐色，腹侧毛银色。

唇基缺口半圆形，颚眼距 1.9 倍于中单眼直径（图 3-304A）；中窝深长，后端延伸至前单眼，额区显著隆起；单眼后区宽 1.7 倍于长，侧沟稍深，基部不宽，端部微弱收敛；背面观后头长 0.4 倍于复眼，两侧显著收缩（图 3-304D）；触角稍短于虫体，第 2 节长微大于宽，第 3 节明显短于第 4 节，鞭节具短直立毛。前胸侧板腹侧端部尖，微接触；中胸小盾片平坦，前端尖，附片中部长约等于侧单眼直径；淡膜区圆形，间距 1.5 倍于淡膜区长径；后足胫节内端距细，稍长于胫节端部宽，约 0.3 倍于基跗节长；爪内齿微小，中位；下生殖板宽大于长，端部圆钝；抱器长大于宽，端部渐窄（图 3-304E）；阳茎瓣见图 3-303F。

雌虫：未知。

分布：浙江（临安）。

词源：本种阳茎瓣形态傲慢，在属内比较特异，以此命名。

正模：♂，LSAF15001，浙江临安天目山老殿，1000m，2014.IV–V，马氏网，叶岚、徐骏（ASMN）。

鉴别特征：本种颚眼距几乎 2 倍于中单眼直径，后眶除下端外全部黑色，触角鞭节腹侧浅褐色，爪的内齿极微小、中位，阳茎瓣几乎横形，端侧突尖长等，与同属已知种类差别显著，容易鉴别。

大蕨叶蜂属此前最东分布记录是河南伏牛山和贵州梵净山。本种的发现将本属分布区大幅度扩展到华东地区东部。

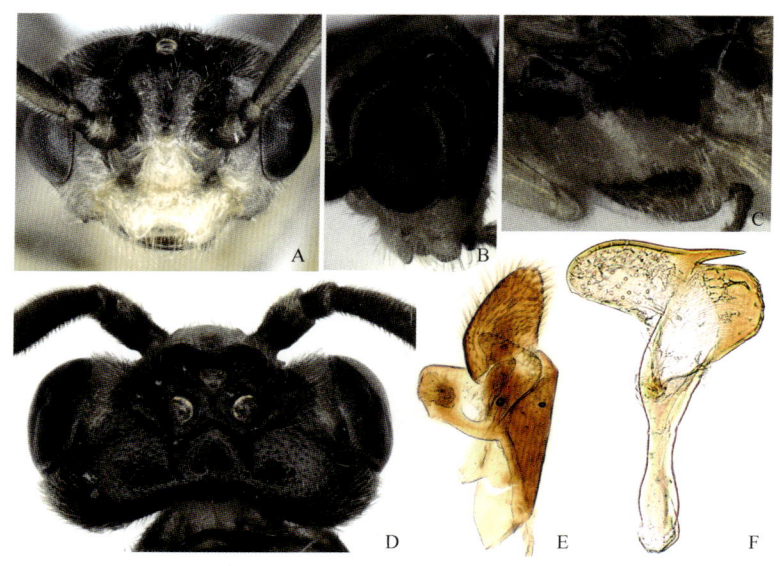

图 3-304 傲慢大蕨叶蜂，新种 *Ferna arrogantia* Wei, sp. nov. 雄虫
A. 头部前面观；B. 头部侧面观；C. 中胸侧板；D. 头部背面观；E. 生殖铗；F. 阳茎瓣

90. 曲叶蜂属 *Emphytus* Klug, 1815

Tenthredo (*Emphytus*) Klug, 1815: 124. Type species: *Tenthredo cincta* Linné, 1758, by subsequent designation of Curtis, 1833.

主要特征：小型叶蜂，体形偏窄；唇基具显著横脊，前缘缺口三角形或弧形，侧叶短钝；上唇根隐蔽；后眶宽，后颊脊发达，伸至上眶后缘；上颚不对称，端部显著弯折，左上颚双齿，右上颚简单，无内齿；侧窝向前开放；触角较粗短，短于头宽 2 倍，第 2 节长大于宽，第 3 节等于或稍长于第 4 节；背面观后头明显延长，两侧缘亚平行；前胸背板沟前部发达，明显长于单眼直径 1.5 倍，具亚前缘脊；前胸侧板腹侧宽，接触面长于单眼直径；中胸小盾片平坦，后胸后背板发达，中部平坦，不收缩；无胸腹侧片，中胸前侧片前缘具细脊；前足胫节内端距端部分叉，后足胫节端距近等长，不长于后足基跗节 1/3 长，后足基跗节约等长于其后 4 个跗分节之和；爪内齿稍短于外齿，爪基片较小，但明显，下端角近方形；前翅具 3 肘室，Rs 脉第 1 段完全缺失，1R1 室和 1Rs 室合并，其和长明显长于 2Rs 室；1M 脉与 1cu-a 脉平行，R+M 脉点状，cu-a 脉位于中室下缘基部 1/3 处附近；臀室完整，臀横脉倾斜，位于臀室中部外侧和 1M 脉基部内侧；后翅无封闭中室，R1 室端部稍尖，无显著附室，臀室具短柄；雄虫后翅无缘脉；腹部正常，亚基部不明显收缩；阳茎瓣具端侧突和腹缘细齿，端部无分离的大钩形突。

分布：古北区，新北区。本属已知约 32 种，主要分布于古北区北部，只有 1 种分布到东亚南部。中国已记载 9 种，浙江发现 1 种。

寄主：蔷薇科李属 *Prunus*、蔷薇属 *Rosa*、草莓属 *Fragaria* 等植物。

（310）亚美曲叶蜂 *Emphytus nigritibialis* (Rohwer, 1911)（图 3-305，图版 VII-4）

Allantus cinctus nigritibialis Rohwer, 1911b: 407.
Allantus nigritibialis: Smith, 1979: 119.
Emphytus nigritibialis: Wei, 1997b: 1584.

主要特征：体长 8.5–9.5mm；体黑色，翅基片前半部白色；后足基节端部 1/3、前中足第 2 转节、后足转节全部、前足股节末端、胫跗节外侧、后足胫节基部 1/4 白色；腹部第 5 节背板白色，后部中央具黑斑；

翅浅烟灰色透明，前缘脉褐色，翅痣和其余翅脉黑褐色，翅痣基部具白斑；体毛银色；体光滑，中胸前侧片上部和中胸小盾片两侧具细小刻点和皱纹，光泽稍弱，附片刻纹密集，腹部背板具细小毛瘤；头部约与胸部等宽，后头部等长于复眼，两侧平行；上唇较宽大平滑；唇基和唇基上区稍隆起，唇基的弧形横脊较低，端缘缺口深弧形，边缘薄；复眼中等大，内缘向下明显收敛，间距等于眼高；单眼后区宽微大于长；侧沟稍深，向后稍分歧；触角第3节等长于第4节；后足胫跗节等长，基跗节微长于其后跗分节之和；前翅cu-a脉位于中室下缘基部1/4，2r位于第2Rs室上缘亚中部；锯腹片21锯刃，锯刃甚小，端部平截，具1长大的前位亚基齿，无后侧亚基齿，节缝刺毛带互相分离。雄虫未知。

分布：浙江（湖州、临安、四明山、丽水）、吉林、河北、山西、河南、陕西、宁夏、甘肃、江苏、安徽、湖南、福建、香港、四川、贵州；俄罗斯（西伯利亚），韩国，日本，北美洲。

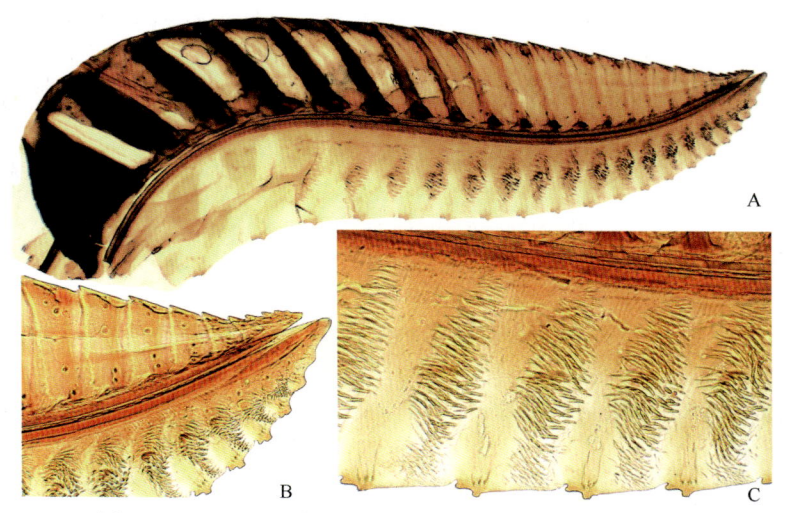

图 3-305　亚美曲叶蜂 Emphytus nigrotibialis Rohwer, 1911
A. 产卵器；B. 产卵器端部；C. 锯腹片中部锯刃

91. 十脉叶蜂属 *Allantoides* Wei, 2018

Allantoides Wei & Niu, 2018, in Wei *et al.*, 2018: 116. Type species: *Macrophya luctifer* F. Smith, 1874, by original designation.

主要特征：小型叶蜂，体形匀称；唇基具中位横脊，前缘缺口深弧形，侧叶短钝；上唇宽大，唇根隐蔽；后眶宽，后颊脊发达，伸至上眶后缘；上颚不对称，端部显著弯折，左上颚双齿，右上颚无内齿；侧窝向前开放；唇基上区平坦，触角窝间距小于内眶宽；复眼大，间距宽于复眼长径，颊眼距窄于单眼直径；触角粗丝状，短于头宽2倍，第2节长约等于宽，第3节等于或稍长于第4节，雄虫鞭节微弱侧扁；背面观后头明显延长，两侧缘亚平行；前胸背板沟前部长于单眼直径2倍，具亚前缘脊；前胸侧板腹侧宽，接触面长于单眼直径；小盾片平坦，后胸后背板中部平坦，不收缩；无胸腹侧片，中胸前侧片前缘具细脊；前足胫节内端距端部分叉，后足胫节端距近等长，不长于后足基跗节 1/3 长，后足基跗节约等长于其后 4 个跗分节之和；爪内齿稍短于外齿，爪基片显著；前翅 Rs 脉第 1 段缺失，1R1 室和 1Rs 室合并，其和长明显长于 2Rs 室；2m-cu 脉靠近但不与 1r-m 脉顶接，明显位于其外侧；1M 脉与 1cu-a 脉平行，R+M 脉点状，cu-a 脉位于中室下缘基部 1/6 处以内；臀室完整，臀横脉倾斜，位于臀室中部外侧和 1M 脉基部内侧；后翅无封闭中室，R1 室端部圆钝，无明显附室，臀室具柄。雄虫后翅无缘脉；腹部亚基部微弱收缩或不收缩；阳茎瓣具腹缘细齿和小型端侧突，端部无分离的大钩形突；锯鞘端长于锯鞘基；前翅无明显的翅痣下烟斑。

分布：东亚。本属已知2种，广泛分布于亚洲东部，浙江均有分布。

寄主：蓼科蓼属 *Polygonum*、酸模属 *Rumex* 等。

（311）黑唇十脉叶蜂 *Allantoides luctifer* (F. Smith, 1874)（图 3-306）

Macrophya luctifera Smith, 1874: 378.
Emphytus sinensis Malaise, 1947: 25.
Allantus luctifer: Takeuchi, 1952: 41.
Allantus melanocoxa Rohwer, 1916: 85.
Allantoides luctifer: Wei & Niu, in Wei et al., 2018: 117.

主要特征：雌虫体长 8–9.5mm；体黑色，中后足基节外侧、后足转节、后足胫节基部外侧、翅基片前缘及腹部第 1、2、4、5 背板腹侧缘，第 9、10 背板中央白色；翅基半部浅烟褐色，端半部深烟褐色；翅痣黑褐色，基部白色，其余翅脉大部分黑褐色；体毛银色；体光滑，小盾片两侧具稀疏刻点，其余部分无刻点和刻纹，光泽强；单眼后区稍隆起，长大于宽；侧沟细浅，中部稍外弯，后端收敛；背面观后头两侧平行；触角较粗，短于头、胸部之和，端部数节端部腹侧稍呈锯齿状突出；前翅 2Rs 室显著短于 1R1+1Rs 室，cu-a 脉位于中室基部 1/6 内侧；锯鞘较窄长，微伸出腹端，端部圆尖；锯腹片 20 刃，锯刃末端双齿状，刃间膜台阶状（图 3-306C）。雄虫体长 7mm；抱器长宽比大于 2（图 3-306D）；阳茎瓣较窄长，顶角突出，腹缘直，稍倾斜（图 3-306E）。

分布：浙江（临安、宁波、四明山、丽水）、黑龙江、吉林、辽宁、内蒙古、北京、天津、河北、山西、山东、河南、陕西、宁夏、甘肃、江苏、上海、安徽、江西、湖南、福建、台湾、重庆、四川、贵州；俄罗斯（东西伯利亚），韩国，日本。

本种是东亚区最常见的叶蜂种类之一。

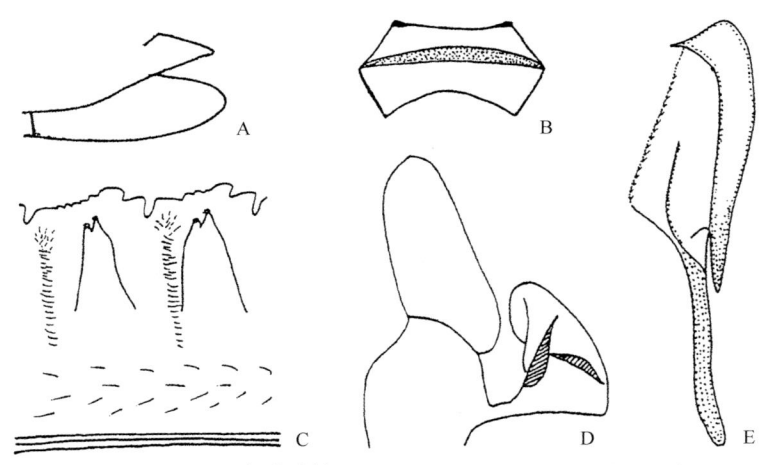

图 3-306 黑唇十脉叶蜂 *Allantoides luctifer* (F. Smith, 1874)
A. 锯鞘端侧面观；B. 雌虫唇基；C. 锯腹片中部锯刃；D. 生殖铗；E. 阳茎瓣

（312）白唇十脉叶蜂 *Allantoides nigrocaeruleus* (F. Smith, 1874)（图 3-307，图版 VII-5）

Dolerus nigrocaeruleus Smith, 1874: 384.
Allantus nigrocaeruleus: Takeuchi, 1952: 41.
Allantoides nigrocaeruleus: Wei & Niu, in Wei et al., 2018: 117.

主要特征：雌虫体长 8.5–10.5mm；体黑色，光滑；唇基、上唇、上颚基部、前胸背板后缘、翅基片外缘、气门后片、各足基节、转节、前中足腿节基部、后足腿节基部 2/5、前中足胫节前侧、后足胫节基部 1/2、腹部各节背腹板后缘白色；中胸前侧片后部具小型白斑；前翅浅烟色，基部稍淡，端部稍深，翅痣黑褐色，基部具淡斑，其余翅脉黑褐色；背面观后头两侧稍收缩，略短于复眼；单眼后区平坦，长稍大于宽；侧沟细浅，互相近似平行；颚眼距小于单眼直径1/2；触角细，5–8节稍粗，3、4节长度比为4∶3；前翅cu-a脉位于中室基部1/6内侧，几乎与1M脉基部顶接；后翅臀室柄约等长于cu-a脉1/2长，cu-a脉倾斜；锯鞘较窄长，侧面观端部钝截（图3-307A）；锯腹片具20锯刃，锯刃倾斜突出，中部锯刃内侧亚基齿2枚，外侧亚基齿7–8枚，亚基齿细小，刃间膜平直，非台阶形（图3-307B）。雄虫体长7.5–8.0mm，体形较雌虫瘦长，足和腹部3–4节大部分红褐色，抱器较宽大，端部收窄，长约1.5倍于宽（图3-307C）；阳茎瓣头叶较宽大，端部圆钝，腹缘平直（图3-307D）。

分布：浙江（安吉、临安、四明山、浦江）、吉林、北京、天津、山东、河南、陕西、江苏、安徽、湖北、江西、湖南、福建、台湾、广东、广西、重庆、贵州、云南；韩国，日本。

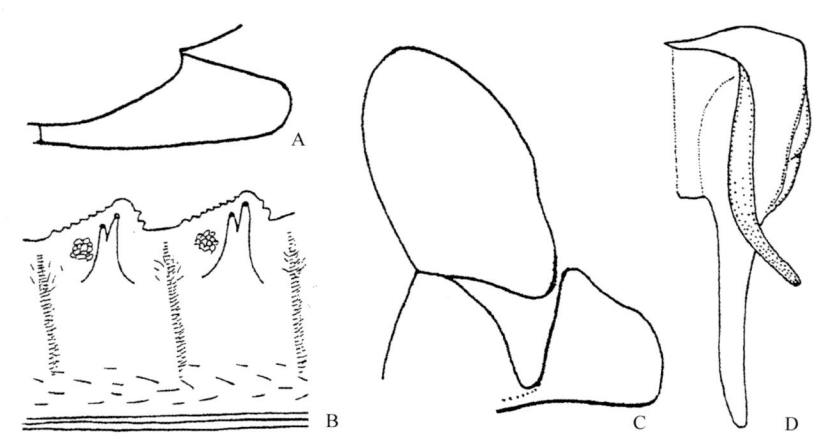

图3-307　白唇十脉叶蜂 *Allantoides nigrocaeruleus* (F. Smith, 1874)
A. 锯鞘端侧面观；B. 锯腹片中部锯刃；C. 生殖铗；D. 阳茎瓣

92. 秋叶蜂属 *Apethymus* Benson, 1939

Apethymus Benson, 1939b: 112–113. Type species: *Dolerus* (*Emphytus*) *abdominalis* Lepeletier, 1823, by original designation.
Kjellia Malaise, 1947: 3. Type species: *Allantus kolthoffi* (Forsius, 1927), by original designation.

主要特征：中大型叶蜂，体形窄长，通常长于10mm；上唇宽大，唇根隐蔽；唇基具隆起的横脊，前缘锐薄，缺口浅弧形；上颚不对称，端齿强烈弯折，左上颚双齿型，右上颚单齿型或具1较钝的亚端齿；颚眼距不明显长于单眼直径，后眶宽大，后颊脊发达，伸达上眶后缘；唇基上区隆起，触角窝间距显著窄于内眶；背面观后头延长，约等长于复眼，侧缘近似平行；触角显著长于头宽的2倍，第3节与第4节约等长。头部背面，中胸侧板以及小盾片刻点粗糙稀疏，但决不光滑。前胸背板沟前部发达，长于单眼直径2倍，具前缘脊；前胸侧板腹侧宽，接触面长于单眼直径；中胸小盾片平坦，后胸后背板发达，中部平坦，不收缩；无胸腹侧片，中胸前侧片前缘具细脊；前足胫节内端距端部分叉，后足胫节等长于后足股节和转节之和；后足胫节1对端距近等长，不长于后足基跗节1/3长；后足基跗节约等长于其后4个跗分节之和；爪基片较短，但明显，内齿短于外齿。前翅Rs脉第1段完全缺失，1R1室和1Rs室合并，其和长约等于或稍长于2Rs室；2m-cu脉不与1r-m脉顶接，明显位于其外侧；1M脉与1cu-a脉平行，R+M脉点状，cu-a脉位于中室下缘基部1/5处附近；臀室完整，臀横脉明显倾斜，位于臀室中部外侧和1M脉基部内侧；后翅无封闭中室，径室无小附室，臀室具柄式；雄虫后翅无缘脉。阳茎瓣具腹缘细齿和小型端侧突，端部无分离的大钩形突。

分布：古北区。本属已知22种，中国已记载7种。浙江省发现4种，包括1新种。
寄主：壳斗科栗属 *Castanea* 植物。

本属已知种类以卵越冬，成虫主要在秋天羽化，与一般叶蜂以幼虫越冬，成虫在春夏季节羽化，颇不相同。

分种检索表

1. 触角全部黑色；后足股节黑色，后足胫节基半部白色，端半部黑色；后足跗节白色；翅基片全部白色 ··· 周氏秋叶蜂，新种 A. zhoui sp. nov.
- 触角端部数节白色 ··· 2
2. 后足股节基部和胫跗节全部黄褐色，后足跗节大部分黄白色 ··· 3
- 后足跗节黑色或黑褐色 ·· 4
3. 前中足转节和翅基片黑色。雄虫 ··· 扁角秋叶蜂 A. compressicornis
- 前中足转节和翅基片黄白色。雌雄 ··· 黄胫秋叶蜂 A. xanthotibialis
4. 后足胫节全部黑色或黑褐色；触角第 3 节短于第 4 节；翅基片和小盾片黑色 ················· 扁角秋叶蜂 A. compressicornis
- 后足胫节基部具白环；触角第 3、4 节等长；翅基片和小盾片白色 ······························· 刻胸秋叶蜂 A. kolthoffi

（313）扁角秋叶蜂 *Apethymus compressicornis* Zhu & Wei, 2008（图 3-308）

Apethymus compressicornis Zhu & Wei, 2008b: 786–789.

主要特征：雌虫体长 13mm；体黑色，上唇、触角第 6 节端部、7–9 节全部、腹部 8–10 背板中部小斑白色；腹部第 2 背板前后缘与两侧大斑、第 2–3 腹板大部分和后足转节黄褐色；足黑色，后足胫节中部有时褐色；翅浅烟褐色透明，翅痣黑褐色，基部具淡斑；体毛银色；唇基、唇基上区、额区和内眶中部具粗密刻点，中胸小盾片后半部刻点密集，附片中部具粗大刻点；中胸前侧片上部具粗大刻点并杂以细小刻点和粗皱刻纹；腹部各节背板具细弱刻纹；唇基具钝横脊，颚眼距等长于单眼直径；单眼后区方形，宽稍大于长，侧沟较深；背面观头部在复眼后两侧近似平行，约等长于复眼；后足胫节长于跗节，基跗节长于 2–5 跗分节之和；锯鞘十分短小，约等长于后足基跗节；锯腹片较长，向端部逐渐收窄，节缝刺毛带较宽，刺毛较稀疏（图 3-308B）；锯刃稍倾斜突出，具 1 个较大的内侧亚基齿和 7–8 个较小的外侧亚基齿，外侧亚基齿基部较大，向端部逐渐变小且模糊，刃间膜明显鼓凸，稍短于锯刃宽度，端缘低于锯刃端部，纹孔下域上部微弱收窄，左右上角间距约 2 倍于每节内纹孔线上角间距（图 3-308C）。雄虫体长 10mm，体色和雌虫相似，足橘褐色，各足基节、前中足转节、后足股节端部黑色；下生殖板长微大于宽，端部钝截形。

分布：浙江（临安）、陕西、安徽。

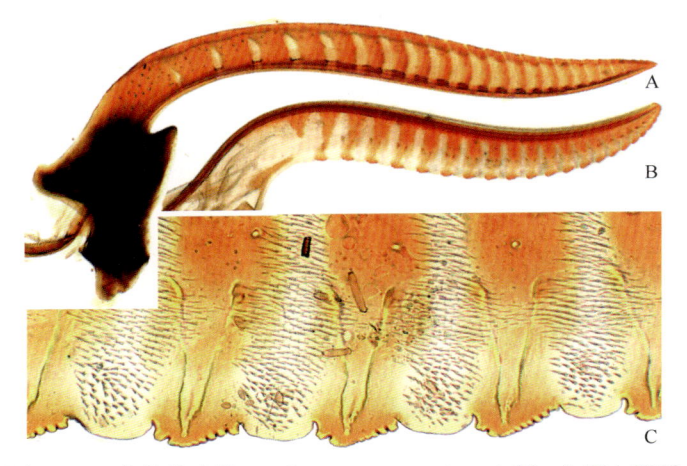

图 3-308 扁角秋叶蜂 *Apethymus compressicornis* Zhu & Wei, 2008
A. 锯背片；B. 锯腹片；C. 第 7–9 锯刃和 6–9 刃间段

(314) 刻胸秋叶蜂 *Apethymus kolthoffi* (Forsius, 1927)（图 3-309）

Allantus (Emphytus) kolthoffi Forsius, 1927: 10–12.
Apethymus proceratis Lee & Ryu, 1996: 23–24.

主要特征：雌虫体长 10–10.5mm，体黑色，上唇、触角第 6 节端半部及第 7、8 节两节，以及翅基片、小盾片中部、腹部第 2 背板两侧及后足胫节基部 1/3–1/2、后足转节白色；触角第 9 节及前中足胫节褐色；翅透明，翅痣和翅脉黑褐色；颚眼距线状，右上颚具明显的内齿；头部额脊完整，明显隆起，单眼后区宽显著大于长；背面观头部在复眼后稍膨大，短于复眼；中胸前侧片上半部刻点稀疏，但具明显皱纹；后足胫节等长于跗节，后足基跗节约等于其后跗分节之和；锯鞘明显长于后足基跗节，侧面观端部突出；锯腹片 22 锯刃，锯节窄，基部锯节尤甚，节缝明显，侧缝附近具密集的短刺列（图 3-309A）；锯刃低平，无明显内侧亚基齿，外侧亚基齿 12–14 个，中部锯刃的刃间段很短，微鼓（图 3-309F），纹孔线互相靠近，几乎平行（图 3-309C），基部锯刃刃间段约等长于锯刃外坡（图 3-309B）。雄虫 7–9mm；小盾片白斑不明显或较小，抱器端半部白色，翅基片中部黑褐色；触角明显侧扁；下生殖板长稍大于宽，端部宽圆，近似钝截形；抱器长大于宽，端部倾斜，外顶角圆钝突出（图 3-309D）；阳茎瓣较窄，端部圆钝，顶侧突短小，腹缘中部明显鼓出，下部显著收窄，下端角不明显，背缘中部稍凹，背顶角钝（图 3-309E）。

分布：浙江（临安）、黑龙江、吉林、山西、河南、陕西、江苏；韩国。

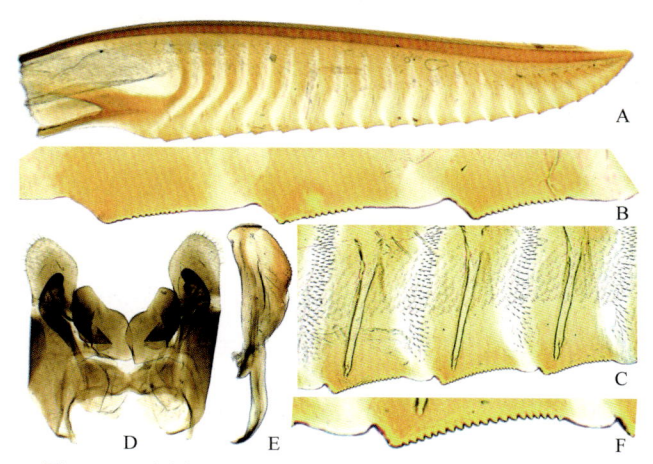

图 3-309 刻胸秋叶蜂 *Apethymus kolthoffi* (Forsius, 1927)
A. 锯腹片；B. 锯腹片第 1–3 锯刃；C. 锯腹片第 7–9 锯刃；D. 生殖铗；E. 阳茎瓣；F. 锯腹片第 8 锯刃

(315) 黄胫秋叶蜂 *Apethymus xanthotibialis* Wei, 2007（图 3-310，图版 VII-6）

Apethymus xanthotibialis Wei, in Liao et al., 2007: 725.

主要特征：雌虫体长 13mm；体黑色，上唇、触角第 6 节端部、7–9 节全部、翅基片、腹部第 2 背板、3–5 背板后缘、8–10 背板中央、2–5 腹板大部分黄白色，腹部第 2 背板中部具黑斑；足黄褐色，各足基节大部分、后足股节端部 4/5 黑色，前中足股节基部暗褐色；体毛银色；翅浅褐色，翅痣和翅脉黑褐色，翅痣基部具小白斑；唇基缺口底部弧形，深约为唇基 1/2 长；颚眼距等长于单眼直径；单眼后区稍隆起，宽微大于长；侧沟较深，向前稍收敛，中部弧形弯曲；背面观后头几乎等长于复眼，两侧缘近平行；触角等长于腹部，第 3 节稍短于第 4 节，鞭节中部稍侧扁；额区、唇基、前胸背板背侧具粗密刻点和刻纹，头部其余部分几乎无刻点；中胸背板刻点细匀，小盾片刻点稍大且密，后胸后盾片高度光滑；中胸前侧片上半部刻点粗大密集，下半部刻点细小稀疏，中胸后侧片和后胸侧板局部具细刻纹；腹部第1背板大部分光滑，其余背板具微弱刻纹和模糊刻点；爪内齿短于外齿；后翅臀室柄长约等于 cu-a 脉 3/5；锯鞘约等长于后足基跗节，锯腹片22节，中部锯节刃间膜约等宽于锯刃，第9–10节锯刃见图3-310C，具一个内侧亚基齿和5–6个外侧亚基齿。雄虫抱器和阳茎瓣分别见图3-310A、B。

分布：浙江（庆元、泰顺）、湖北、湖南、广东、广西。

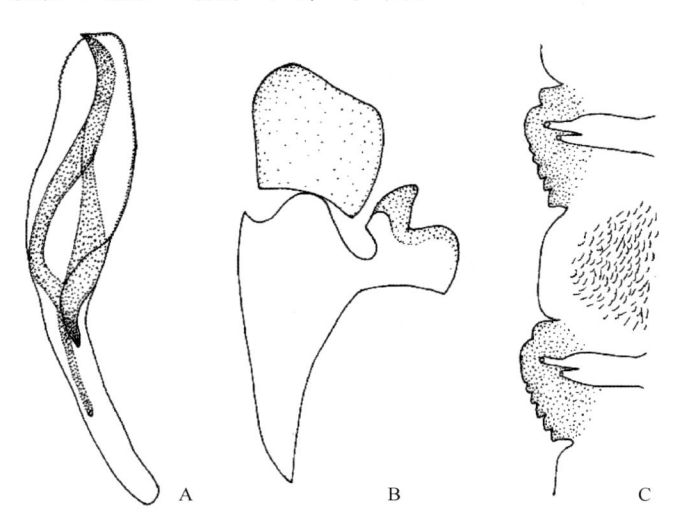

图3-310 黄胫秋叶蜂 *Apethymus xanthotibialis* Wei, 2007（引自廖芳均等，2007）
A. 阳茎瓣；B. 抱器、副阳茎和生殖茎节；C. 锯腹片第9–10锯刃

（316）周氏秋叶蜂，新种 *Apethymus zhoui* Wei, sp. nov.（图3-311）

雌虫：体长10mm（图3-311A）。体黑色；上唇、翅基片、后胸淡膜区、后足转节全部、后足胫节基部1/2和1–3跗分节白色，前中足胫节和跗节褐色；腹部第2背板白色，中部具1倒梯形的黑斑，第10背板大部分白色，腹部其余各节背板及腹板的后缘均具狭窄白边。翅透明，前翅C脉、Sc+R脉前侧和A脉、后翅前缘脉浅褐色，翅痣和其余翅脉黑褐色，翅痣基部无白斑。体毛浅褐色。

头、胸部具明显的刻点，有光泽；唇基、额区、中胸小盾片、中胸前侧片大部分具密集刻点和刻纹，光泽较弱；中胸腹板和腹部无刻点，光滑，光泽强，腹部背板具微细刻纹。上唇平坦；唇基中部强烈隆起，但无横脊，前缘缺口深弧形；复眼内缘互相平行，间距宽于眼高；额区模糊，额脊不明显；单眼后区稍隆起，宽约等于长，前部1/3具中纵沟；上眶稍凹；侧沟弧形，较浅，中部稍外弯，互相亚平行；单眼中沟浅，后沟模糊；POL∶OOL∶OCL=5∶8∶9；颚眼距约等于单眼半径；右上颚简单，无亚端齿；背面观后头两侧微弱膨大，长约等于复眼。触角长约为头宽的2.4倍，第3节约等长于第4节，第5–8节腹缘端部稍突出。中胸背板前叶具中沟，小盾片稍隆起，附片很短小；淡膜区横形，间距1.3倍于淡膜区长径。后足胫节内端距短于胫节端部宽，基跗节等长于其后跗分节之和；爪内齿约等长于外齿，爪基片明显。前翅cu-a脉位于M室下缘内侧基部1/8，2Rs室短于1R1+1Rs室；后翅cu-a脉交于臀室末端，臀室无明显的柄部。锯鞘侧面观端部窄圆，鞘端长或微长于鞘基；锯腹片具23–24锯刃，无明显节缝刺毛列（图3-311B）；锯刃微弱倾斜突出，无内侧亚基齿，具15–17个细小外侧亚基齿，刃间膜很短，微突出，纹孔线稍倾斜，几乎不弯曲（图3-311D）。

雄虫：未知。

分布：浙江（杭州）、北京、河北。

词源：本种以正模标本采集者姓氏命名。

正模：♀，浙江杭州，1957.Ⅵ.8，周正雨（ASMN）。副模：1♀，北京，无其他采集信息（ASMN）。非模式标本（图片）：1♀，河北秦皇岛，2022，刘新月。

鉴别特征：本种稍近似日本的 *Apethymus hakusanensis* Togashi, 1976，但本种唇基无显著横脊，后足跗节白色，前胸背板黑色，腹部第 2 背板两侧具大白斑，中胸侧板和小盾片刻点密集，锯刃构造不同等，易于鉴别。

图 3-311　周氏秋叶蜂，新种 *Apethymus zhoui* Wei, sp. nov. 雌虫
A. 成虫（刘新月提供）；B. 锯腹片；C. 锯腹片第 3–4 锯刃；D. 锯腹片第 7–9 锯刃

93. 后室叶蜂属 *Asiemphytus* Malaise, 1947

Asiemphytus Malaise, 1947: 30–31. Type species: *Macremphytus deutziae* Takeuchi, 1929, by original designation.

主要特征：中型叶蜂，体形狭长，不短于 10mm，雌雄虫体型和色斑差别较大；上唇宽大，唇根隐蔽；唇基具低弱横脊，端缘薄，缺口浅弧形，侧叶短钝；唇基上区微弱隆起，额唇基沟深，触角窝间距窄于内眶；上颚不对称，端齿强烈弯折，左上颚双齿，右上颚单齿；复眼大，不显著突出，颜面和额区不下沉，复眼间距约等于复眼长径；颚眼距短于单眼直径，后眶宽大，后颊脊发达，伸达上眶后缘；背面观后头延长，约等长于复眼，侧缘不膨大，单眼后区宽大于长；触角细，长于头、胸部之和，第 3 节短于第 4 节，鞭节几乎不侧扁；前胸背板沟前部宽于单眼直径 2 倍，具前缘脊；前胸侧板腹侧宽，接触面长于单眼直径；中胸小盾片平坦，后胸后背板发达，中部平坦，不收缩；无胸腹侧片，中胸前侧片前缘具细脊；前足胫节内端距端部不分叉（图 3-312A）；后足胫节约等长于跗节，长于股节和转节之和，1 对端距近似等长，短于基跗节 1/3 长；后足基跗节长于其后 4 个跗分节之和；爪具小型基片，内齿明显短于外齿（图 3-312E）；前翅 Rs 脉第 1 段缺失，1R1 室和 1Rs 室合并，其和长约等长于 2Rs 室；1M 脉与 1cu-a 脉平行，R+M 脉点状，cu-a 脉位于中室下缘基部，靠近 1M 脉；臀室完整，臀横脉显著倾斜，位于臀室中部外侧和 1M 脉基部内侧；后翅具封闭 M 室，R1 室附室不明显，臀室通常无柄式，极少具短柄；锯腹片窄长，锯刃倾斜突出，内侧无肩状部；雄虫后翅无缘脉；阳茎瓣头叶较窄，具腹缘细齿和显著的端侧突，端部无分离的大钩形突；体光滑，局部具刻点或刻纹。

分布：东亚。本属已知 9 种，中国已记载 5 种。浙江目前已发现 4 种，本书记述 3 种。

寄主：虎耳草科 Saxifragaceae 溲疏属 *Deutzia* 植物。

分种检索表

1. 头部红褐色 ··· 2
- 头部黑色 ··· 黄盾后室叶蜂 *A. esakii*
2. 单眼后区长微大于宽；雌虫锯腹片第 6 锯刃等宽于刃间段，左右几乎对称，具 2-3 个内侧亚基齿、4 个外侧亚基齿；锯腹片背侧长刺毛 1-2 列 ·· 红头后室叶蜂 *A. rufocephalus*
- 单眼后区长稍小于宽；雌虫锯腹片第 6 锯刃显著宽于刃间段，左右不对称，具 3 个内侧亚基齿、8 个外侧亚基齿；锯腹片背侧长刺毛 2-3 列 ·· 斑唇后室叶蜂 *A. maculoclypeatus*

（317）黄盾后室叶蜂 *Asiemphytus esakii* (Takeuchi, 1933)（图 3-312）

Macremphytus esakii Takeuchi, 1933b: 74.
Asiemphytus esakii: Malaise, 1947: 31.

主要特征：雌虫体长 12-12.5mm；体黑色，上唇、唇基端半部、触角末端三节、腹部第 2 背板前角、末端 2 节背板中部、后足基节大部分、转节、股节基端、第 2-5 跗分节白色；口须部分、中胸小盾片及后胸小盾片中部、腹部腹板大部分黄褐色；前足胫节与跗节及后足胫节基半部棕褐色；翅透明，翅痣和翅脉黑褐色，翅痣基部浅褐色；体毛银色；体狭长，光滑，唇基具细密刻点和刻纹，中胸前侧片上部具少数稀疏刻点，刻点之间光滑，小盾片后侧具少数刻点；唇基前缘缺口浅宽，边缘薄；中窝深，底部具纵沟，伸至中单眼，侧窝沟状；单眼中沟和后沟细深，中沟前臂发达；单眼后区长大于宽，侧沟深长，稍弯曲；背面观后头稍短于复眼，两侧亚平行；触角长于腹部，第 2 节宽大于长，第 3 节稍短于第 4 节，鞭节侧扁；爪基片微小，内齿显著短于外齿；前翅 2Rs 室稍短于 1R1+1Rs；锯鞘等长于中足基跗节，侧面观端部较窄钝；锯腹片 18 刃，基部第 1 刃无明显细齿，中基部锯刃长约为刃间膜的 2 倍，具 3 个内侧细齿和 5-6 个外侧细齿（图 3-312C）。雄虫体长 9mm；翅基片与前中足转节全部黄褐色；抱器基半部宽，端半部窄（图 3-312B）；阳茎瓣端侧突长，腹缘背位（图 3-312F）；阳基腹铗内叶较直，中部明显收缩（图 3-312D）。

分布：浙江（安吉、临安、磐安、龙泉）、河南、安徽、湖北、江西、湖南、福建、台湾、重庆、四川、贵州；日本。

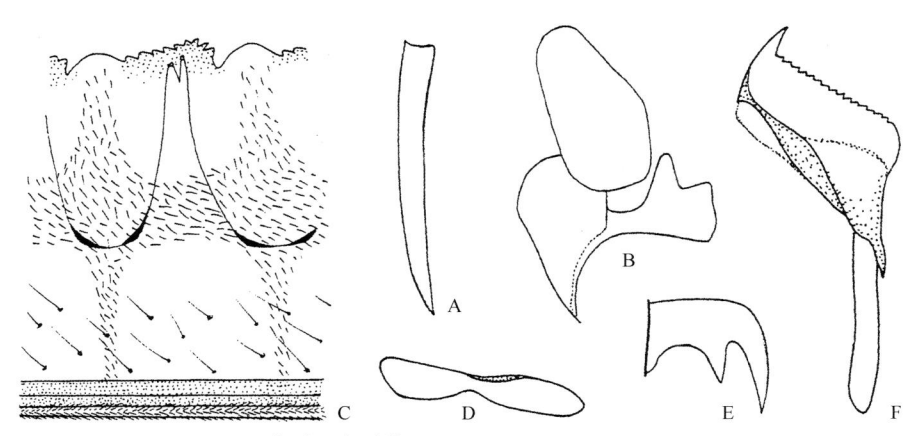

图 3-312 黄盾后室叶蜂 *Asiemphytus esakii* (Takeuchi, 1933)
A. 前足胫节内端距；B. 生殖铗；C. 锯腹片中部锯刃；D. 阳基腹铗内叶；E. 爪；F. 阳茎瓣

（318）斑唇后室叶蜂 *Asiemphytus maculoclypeatus* Wei, 2002（图 3-313，图版 VII-7）

Asiemphytus maculoclypeatus Wei, in Wei & Huang, 2002a: 97-98, 100.

主要特征：体长雌虫 12–13mm；体和足黑色，头部红褐色，唇基基半部、触角窝周围和单眼区黑色，上唇、内眶下半部条斑、触角末端 3 节全部及第 6 节端部、腹部第 2–4 背板前缘狭边和两侧小斑、2–5 腹板中部、5–10 背板中部三角形斑、后足基节大部分、股节基端背侧和第 2–5 跗分节浅黄色，中胸背板前叶后部、侧叶小部分、小盾片、附片、后胸小盾片暗红褐色；前足股节端部和胫跗节浅褐色，中足胫跗节暗褐色，后足胫节大部分红褐色，基部和端部黑色；翅透明，前缘脉和翅痣大部分浅褐色；头部背侧光滑，中胸前侧片上部具少数十分稀疏模糊的刻点痕迹，表面光滑；颚眼距等长于单眼半径；单眼后区长稍小于宽，侧沟较浅，互相近似平行；头部在复眼后明显收窄；触角第 2 节长约等于宽，第 3 节明显短于第 4 节，亚端部明显侧扁；锯腹片具 19–20 个锯刃，锯刃较低平，中部锯刃具 3 个内侧亚基齿和 8 个外侧亚基齿，刃间段微弱鼓凸，明显短于锯刃（图 3-313E）；锯腹片背侧长刚毛 2–3 列。雄虫体长 10mm，体暗黄褐色，具少量不明显的黑斑；抱器长大于宽，显著倾斜，外缘直，内缘弧形均匀鼓凸（图 3-313A）；副阳茎肩状部较平（图 3-313B）；阳基腹铗内叶见图 3-313C；阳茎瓣头叶稍窄，端侧突显著，腹缘弱弧形鼓出（图 3-313D）。

分布：浙江（临安）、天津、河北、山西、河南、陕西、甘肃、安徽、湖南、四川。

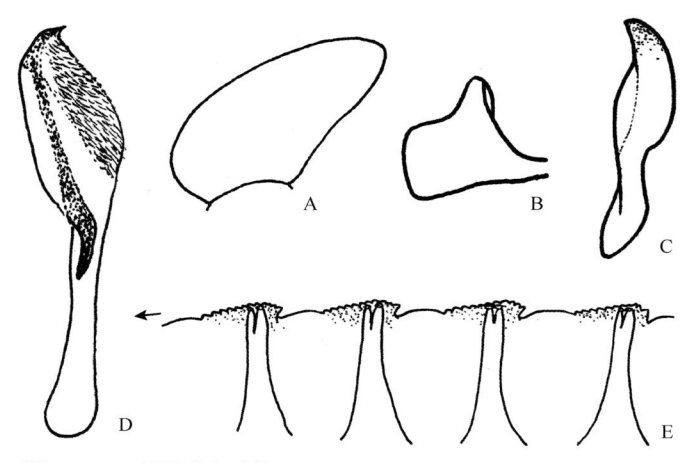

图 3-313 斑唇后室叶蜂 *Asiemphytus maculoclypeatus* Wei, 2002
A. 抱器；B. 副阳茎；C. 阳基腹铗内叶；D. 阳茎瓣；E. 锯腹片中部锯刃

（319）红头后室叶蜂 *Asiemphytus rufocephalus* Wei, 1997（图 3-314）

Asiemphytus rufocephalus Wei, 1997e: 23–24.

主要特征：雌虫体长 11.5mm；体黑褐色，头部红褐色，触角窝周围和唇基大部分黑色；触角黑色，端部 3 节全部和第 6 节端半部白色；上唇、后足基节与转节、后足 2–4 跗分节、腹部腹板大部分、第 1 背板两侧、第 2 背板周边白色，后足胫节基部 2/3 红棕色，前足胫节腹侧与跗节黄褐色；翅透明，翅痣浅褐色；头胸部光滑，无大刻点，中胸小盾片具浅平的小刻点，中胸前侧片上部具稀疏细小的毛瘤，无刻点（图 3-314F）；腹部各节背板均具细密的表皮刻纹；唇基后部与唇基上区稍隆起，唇基前缘缺口较深，弧状（图 3-314E）；中窝和侧窝小，刻点状，甚深；右上颚基部具 1 明显的小齿；单眼后区长微大于宽，侧沟前部 2/3 较深，互相近似平行，背面观头部在复眼后两侧近似平行（图 3-314D）；触角第 2 节长等于宽，第 3 节短于第 4 节，鞭节端部数节稍侧扁（图 3-314H）；锯鞘侧面观背缘直，腹缘弧形，端部尖；锯腹片 19 刃，节缝刺毛带宽并在中部宽阔接触，锯刃仅稍突出于刃间膜水平，具 2–3 个内侧亚基齿与 4 个外侧亚基齿（图 3-314C）；锯腹片背侧刚毛稀疏，仅 1 至 2 列，靠近背缘。雄虫未知。

分布：浙江（临安）、河南、陕西、湖南、四川。

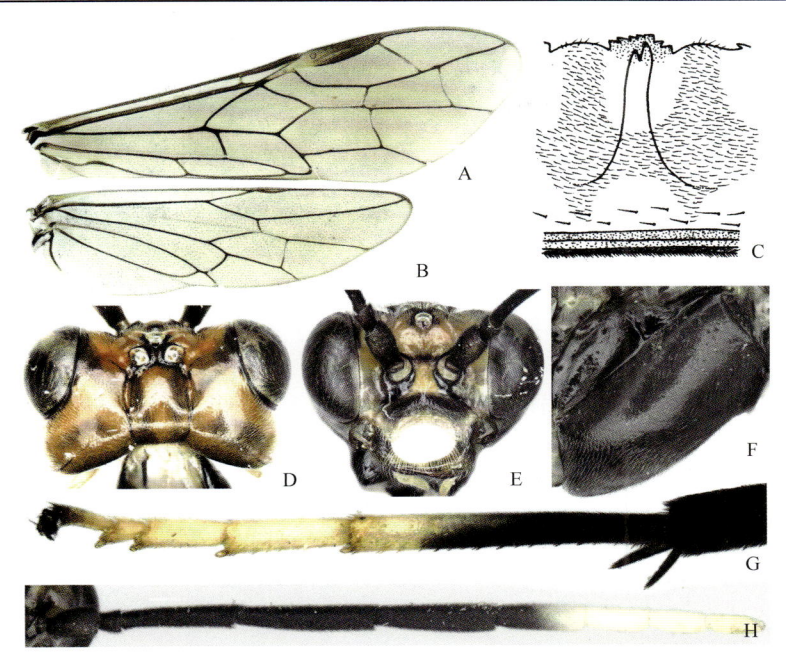

第三章 叶蜂亚目 Tenthredinomorpha · 339 ·

图 3-314 红头后室叶蜂 *Asiemphytus rufocephalus* Wei, 1997 雌虫
A. 前翅；B. 后翅；C. 中部锯刃；D. 头部背面观；E. 头部前面观；F. 中胸侧板；G. 后足跗节；H. 触角

94. 大曲叶蜂属 *Macremphytus* MacGillivray, 1908

Macremphytus MacGillivray, 1908b: 368–369. Type species: *Harpiphorus varianus* (Norton, 1861), by original designation.

主要特征：中大型叶蜂，体形粗壮；上唇宽大，唇根隐蔽；唇基具高横脊，端缘薄，缺口深弧形，侧角尖；唇基上区强隆起，额唇基沟浅，触角窝间距窄于内眶；上颚不对称，端齿强烈弯折，左上颚双齿型，右上颚单齿型；复眼大，不显著突出，颜面和额区不下沉，复眼间距约等于复眼长径；颚眼距短于单眼直径，后眶宽，后颊脊发达，伸达上眶后缘；背面观后头延长，侧缘膨大，单眼后区方形；触角粗壮，长于头、胸部之和，第 2 节长大于宽，第 3 节稍短于第 4 节，鞭节显著侧扁；前胸背板沟前部宽于单眼直径 2 倍，具前缘脊；前胸侧板腹侧宽，接触面长于单眼直径；中胸小盾片平坦，后胸后背板发达，中部平坦，不收缩；无胸腹侧片，中胸前侧片前缘具细缘脊；前足胫节内端距端部分叉（图 3-315G）；后足胫节约等长于跗节，长于股节和转节之和，两个端距近似等长，短于基跗节 1/3 长；后足基跗节长于其后 4 个跗分节之和；爪具明显基片，内齿稍短于外齿（图 3-315B）；前翅 Rs 脉第 1 段缺失，1R1 室和 1Rs 室合并，1M 脉与 1cu-a 脉平行，R+M 脉点状，cu-a 脉位于中室下缘基部，靠近 1M 脉；臀室完整，臀横脉显著倾斜，位于臀室中部外侧和 1M 脉基部内侧；后翅具封闭 M 室，R1 室附室不明显，臀室总是具柄式。雄虫后翅无缘脉；阳茎瓣头叶较宽大，具腹缘细齿和小型端侧突，端部无分离的大钩形突；锯刃斜三角形突出，内侧无肩状部。

分布：东亚，新北区。本属已知 7 种，东亚分布 2 种。中国仅记载 1 种，浙江有分布。

（320）粗角大曲叶蜂 *Macremphytus crassicornis* Wei, 1997（图 3-315）

Macremphytus crassicornis Wei, 1997A: 116.

主要特征：雌虫体长 12–13mm；体和足黑色，前胸背板后角小斑、翅基片外缘、后胸小盾片全部、后足基节端部、后足转节和股节基部、腹部各节背腹板后缘狭边白色，前足股节前侧端部和后足基跗节基部褐色，触角鞭节基部 1–2 节有时红褐色；翅痣和翅脉大部分黑褐色；体光滑，小盾片和额区具小刻点，中胸前侧片中上部大刻点密集网状，刻点间隙十分狭窄；唇基基部横脊很高，前缘甚陡；背面观后头两侧稍微膨大，长约等于复眼，单眼后区稍隆起，长稍大于宽，侧沟较深，向后稍分歧；触角稍短于腹部，明显侧扁，端部渐尖；前翅 2Rs 室稍短于 1R1+1Rs 室，cu-a 脉交于 1M 室下缘内侧 1/3；后翅臀室柄稍短于 cu-a 脉 1/2 长；锯鞘短小，端部较尖，背腹缘均弧形弯曲（图 3-315F）；锯腹片具 19 锯节，节缝刺毛带十分狭窄，互相远离；中部锯刃显著倾斜，具 1 个内侧亚基齿和 6 个左右的外侧亚基齿，纹孔 1 对，明显分离，纹孔线互相靠近，刃间段短于锯刃，稍鼓凸（图 3-315E）。雄虫体长 8–10mm，体色和构造类似于雌虫，抱器长稍大于宽，外顶角显著突出，端缘显著倾斜（图 3-315D）；副阳茎具明显肩状部，顶突窄（图 3-315A）；阳茎瓣头叶稍倾斜，腹缘几乎平直，全长具小齿，背缘稍鼓，端侧突短小（图 3-315C）。

分布：浙江（临安）、河南、陕西、甘肃、安徽、湖南、广西、四川、贵州。

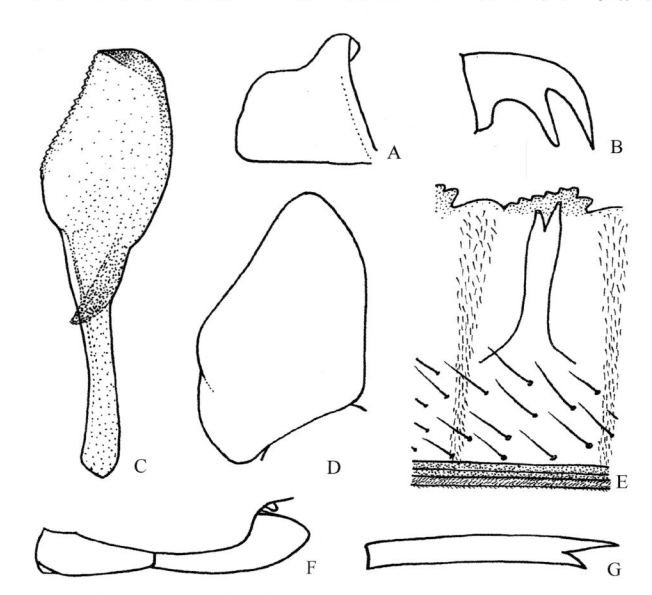

图 3-315　粗角大曲叶蜂 *Macremphytus crassicornis* Wei, 1997
A. 副阳茎；B. 爪；C. 阳茎瓣；D. 抱器；E. 锯腹片中部锯刃；F. 锯鞘侧面观；G. 前足胫节内端距

95. 丽叶蜂属 *Linomorpha* Malaise, 1947

Linomorpha Malaise, 1947: 21. Type species: *Linomorpha tricolor* Malaise, 1947, by original designation.

主要特征：小型叶蜂，体瘦长，光滑，色彩较艳丽，短于 10mm；上颚小型，左右不对称，右上颚单齿，左上颚双齿；上唇宽大平坦；唇基几乎平坦，具微弱横脊，前缘缺口深，半圆形，侧角尖；颚眼距窄于单眼直径；复眼较大，内缘向下收敛，间距约等于复眼长径；后头延长，后颊脊发达，额区隆起，额脊钝；触角较细，几乎不侧扁，长于头宽 2 倍，第 2 节长大于宽，第 3 节不短于第 4 节；前胸侧板腹面较宽，腹侧宽阔接触；中胸无胸腹侧片，前侧片前缘具细脊；小盾片和中胸侧板平坦光滑；后胸后背板发达，中部不收缩；前足胫节内端距端部分叉；后足胫节长于股节和转节之和，胫节端距近似等长，后基跗节等长于其后 4 个跗分节之和；爪具短而尖锐的基片，内齿稍长于端齿；前翅 Rs+M 脉段极短，具 3 个 Rs 室，Rs 第 1 段缺，1R1+1Rs 合室 2.0–2.5 倍于 2Rs 室长，后者长微大于端部宽，cu-a 脉位于中室基部 1/4–2/5 处，臀横脉呈 70°–80° 倾斜；后翅无封闭中室，R1 室端部具发达的附室，臀室无柄式，端部截形，cu-a 脉交于臀室背端角；锯鞘短小，长度明显短于后足基跗节，约为中足股节 1/2 长；雄虫后翅无缘脉，阳茎瓣具端侧钩和腹缘细齿。

分布：东南亚。本属已知 4 种（但其中 2 种应移入美叶蜂属），中国分布 3 种。浙江发现 1 种。

（321）横斑丽叶蜂 *Linomorpha flava* (Takeuchi, 1938)（图 3-316，图版 VII-8）

Emphytus flavus Takeuchi, 1938a: 71.

Linomorpha flava: Wei, 1997A: 115.

主要特征：雌虫体长 7.5–8mm；体黄色，头部额区及单眼三角区具 1 锚形黑斑，侧沟末端和单眼后区后缘黑色；前胸背板两侧和侧板前端各具 1 大黑斑，中胸背板前叶及侧叶各具 1 条状黑斑，后背片和后胸侧板黑色；中胸侧板和腹板具 1 大 X 形黑斑；腹部 2–8 背板基部各具 1 黑色横带；触角 2–9 节黑褐色，背面或中部常稍淡色；后足股节端部 2/3 黑色，后足胫节端部暗褐色；翅透明，前缘脉大部分和翅痣基部 1/4 黄褐色，其余翅脉黑褐色；体毛银褐色；体光滑，无毛瘤和刻点，腹部背板具十分微细的刻纹；唇基前缘缺口半圆形，颚眼距明显窄于单眼直径；POL：OOL：OCL=4：10：10；单眼中沟深长，后沟细浅；单眼后区宽几乎不大于长，侧沟浅细，稍向后分歧；后头微短于复眼，头部在复眼后两侧近平行，后缘稍收缩；触角长于头宽 2 倍，第 3 节微长于第 4 节；爪具短而尖锐的基片，亚端齿长于端齿（图 3-316A）；前翅 cu-a 脉位于中室基部 1/4 处；锯鞘明显短于后足基跗节，鞘端长于鞘基，侧面观见图 3-316F；锯腹片约 18 锯刃，锯刃叶状，具 1 个内侧亚基齿和 2–3 个模糊的外侧亚基齿，节缝附近具细刺毛（图 3-316E）。雄虫体长 5.5–6mm；触角中部大部分浅褐色，腹部中部背板后缘黑斑中断，后足股节黑斑小；抱器和副阳茎见图 3-316B；阳茎瓣具 1 尖锐的端片刺，腹缘显著鼓凸，侧突小（图 3-316D）；阳基腹铗内叶扭曲（图 3-316C）。

分布：浙江（湖州、德清、杭州、临安、四明山、磐安、丽水、龙泉）、江苏、安徽、江西、湖南、福建、广东、重庆。

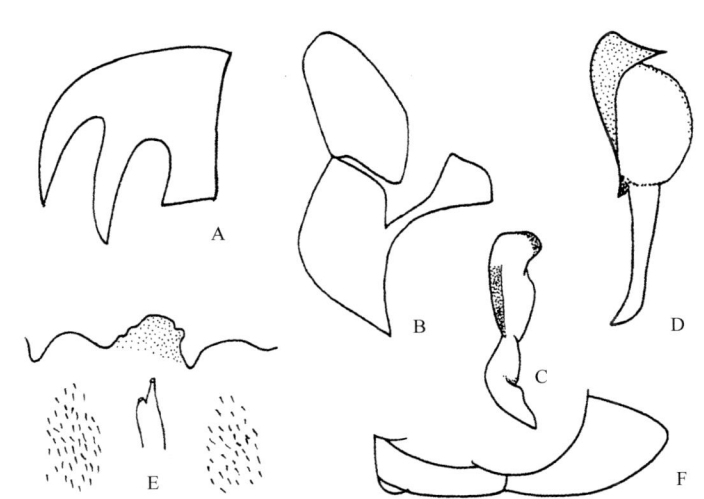

图 3-316 横斑丽叶蜂 *Linomorpha flava* (Takeuchi, 1938)
A. 爪；B. 生殖铗；C. 阳基腹铗内叶；D. 阳茎瓣；E. 锯腹片中部锯刃；F. 锯鞘侧面观

96. 美叶蜂属 *Taxonemphytus* Malaise, 1947

Taxonemphytus Malaise, 1947: 27. Type species: *Taxonemphytus fulva* Malaise, 1947, by original designation.

主要特征：体长 7–16mm；体形瘦长，光滑，黄褐色杂以黑斑；上颚小型，左右不对称，右上颚单齿，左上颚双齿；上唇宽大平坦，唇根不出露；唇基显著隆起，具端位横脊，前缘陡峭，缺口深，半圆形，侧角尖；颚眼距约等于或稍短于单眼直径；复眼较大，内缘向下收敛，间距约等于或大于复眼长径，触角窝间距明显窄于内眶；后头稍延长，背面观等于或短于复眼，侧缘亚平行；后眶圆钝，后颊脊明显但较低；额区发育，额脊钝；触角稍扁，长于头宽 2 倍，第 2 节长约等于宽，第 3 节约等于或稍短于第 4 节；前胸背板沟前部窄于单眼直径 2 倍，无亚缘脊；前胸侧板腹面较宽，腹侧宽阔接触；中胸无胸腹侧片，前侧片前缘具窄高缘脊；小盾片和中胸侧板平坦光滑，附片短小；后胸后背板发达，中部不收缩，淡膜区小，间距稍大于淡膜区长径；前足胫节内端距端部分叉；后足胫节长于股节和转节之和，约等长于跗节，胫节端距短，近似等长，后基跗节约等长于其后 4 分节之和；爪具短而尖锐的基片，内齿约等于或短于端齿；前翅 Rs＋M 脉段短，具 3 个 Rs 室，Rs 脉第 1 段缺，1R1+1Rs 合室稍长于 2Rs 室，后者长显著大于端部宽，cu-a 脉位于中室基部 1/6–1/5 处，臀横脉呈 45°–70°倾斜；后翅无封闭中室，R1 室端部附室较小或微小，臀室无柄式，极少具短柄，端部非截形，cu-a 脉交于臀室近端部，靠近赘脉基部，赘脉长 3–4 倍于 cu-a 脉基部与赘脉基部距离。雄虫后翅无缘脉，抱器长大于宽，副阳茎无肩状部；阳茎瓣宽大，具端侧钩和腹缘细齿；成虫秋季发生。

分布：中国。本属已知仅模式种 1 种，但目前已发现 7 种。浙江发现 1 种，是新组合种。

（322）黑股美叶蜂，新组合 Taxonemphytus silaceus (Koch, 1988) comb. nov.（图 3-317）

Apethymus silaceus Koch, 1988: 156.

主要特征：雌虫体长 10–11.5mm；头部、腹部和足亮黄褐色，额区具大黑斑，额脊淡色，腹部第 1 背板两侧具短黑斑；触角基部 5 节橘褐色，端部 4 节黄白色；后足股节黑色；胸部黑色，前胸背板前后缘狭边、翅基片、中胸背板侧叶两侧和后部 V 形斑、小盾片和附片、后胸背板大部分、中胸前侧片上部方形大斑橘褐色；翅透明，前缘脉、亚前缘脉前侧和翅痣基部 1/5 黄褐色，翅痣其余部分和其余翅脉黑褐色；体光滑，光泽强，无刻点和刻纹；唇基隆起，前缘缺口圆形，深 0.55 倍于唇基长；颚眼距 0.9 倍于单眼直径；复眼内缘向下明显收敛，间距 1.25 倍于复眼长径；中窝大深；单眼后区宽长比等于 1.2，侧沟细浅，向后微弱收敛；背面观后头两侧近似平行，长 0.6 倍于复眼；触角稍短于腹部，第 8 节长宽比约等于 2.5；淡膜区稍大于单眼，间距 1.4 倍于淡膜区长径；爪内齿约等长于外齿；前翅 cu-a 脉交于 1M 室内侧 1/4，2r 脉交于 2Rs 室外侧 1/3，后翅 cu-a 脉交于臀室末端（图 3-317I）；锯腹片基部宽，端部明显较窄（图 3-317E）；

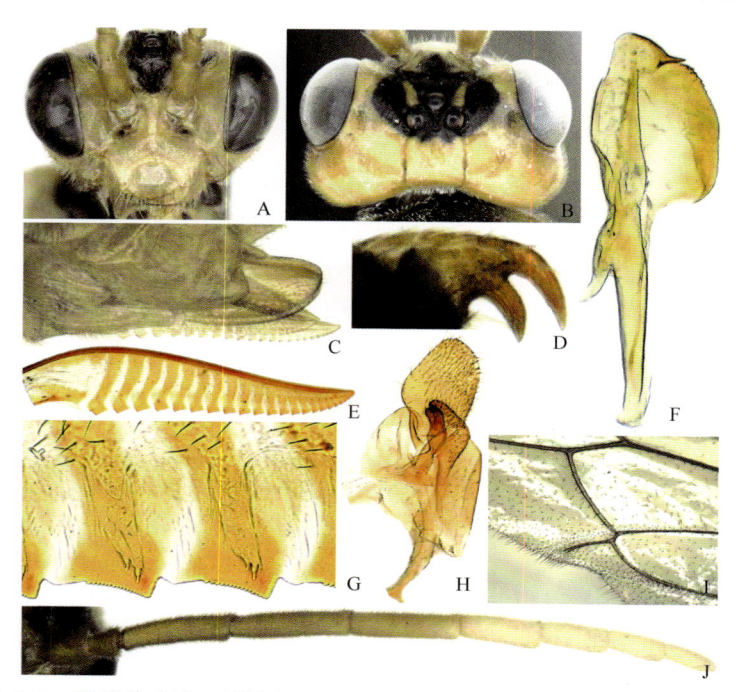

图 3-317 黑股美叶蜂，新组合 *Taxonemphytus silaceus* (Koch, 1988) comb. nov.
A. 雌虫头部前面观；B. 雌虫头部背面观；C. 锯鞘侧面观；D. 爪；E. 锯腹片；F. 阳茎瓣；G. 锯腹片第 6–7 锯刃；H. 生殖铗；I. 后翅臀室端部；J. 雌虫触角

锯刃倾斜隆起，亚基齿细小，内侧不明显，外侧 15–17 枚（图 3-317G）。雄虫体长 8–9mm；头部背侧黑斑很大，中胸背板和侧板全部黑色，各足基节基部黑色；触角稍侧扁，下生殖板长大于宽，端部钝截形；阳茎瓣见图 3-317F，顶叶小，侧突尖。

分布：浙江（临安）、陕西、江西、湖南、重庆。

本种后翅臀室无柄式，唇基显著隆起，具端位横脊，前缘陡峭，缺口较深；头、胸部高度光滑，体主要黄褐色等，显示不是秋叶蜂属的成员，应隶属于本属，故建立新组合。

97. 雅叶蜂属 *Stenemphytus* Wei & Nie, 1999

Stenemphytus Wei & Nie, 1999C: 15–16. Type species: *Stenemphytus superbus* Wei & Nie, 1999, by original designation.

主要特征：小型叶蜂，长 5–10mm；体狭长，无刻点，高度光滑；上唇较小、平滑，唇根不出露；上颚不对称，端部强烈弯折，左上颚双齿型，基齿宽大，右上颚无内齿；唇基无明显横脊，前缘缺口深，半圆形，侧角狭窄，端部尖；唇基上区平坦；复眼较大，内缘近似平行，下缘间距约等于复眼长径，触角窝间距约等宽于内眶；颚眼距稍短于单眼直径；后眶宽大，后颊脊发达；后头长，背面观头部在复眼后部分约等于复眼长径；触角丝状，远长于头宽 2 倍，第 1 节长大于宽 2 倍，第 2 节长稍大于宽，第 3 节与第 4 节约等长，稍长于第 5 节；前胸背板沟前部窄，微宽于单眼直径，无亚缘脊，前胸侧板在腹面宽阔接触，前胸腹板粗棒状；中胸小盾片平坦，附片小；侧板无胸腹侧片，前侧片前缘具细脊；后胸后背板发达，中部不收缩，淡膜区小，间距宽于淡膜区长径；前足胫节内端距端部分叉，后足胫节明显长于股节与转节之和，后足基跗节等长于其后 4 个跗分节之和；爪基片较小，端部尖锐，内齿稍短于外齿；前翅 Rs 脉第 1 段缺失，1R1+1Rs 合室长 1.5–2 倍于 2Rs 室之长；R+M 脉段点状，1M 脉与 1m-cu 脉平行，2m-cu 脉位于 1r-m 脉外侧，cu-a 脉位于中室下缘基部约 1/4，臀室完整，臀横脉 50°–70°倾斜；后翅无封闭中室，R1 室端部钝截形，具发达的附室，臀室具柄式，柄长明显短于 cu-a 脉；腹部第 1 背板后缘缺口极浅小；阳茎瓣具端侧突和腹缘细齿；雄虫后翅无缘脉。

分布：东亚。本属已知 4 种，中国记载 3 种。浙江发现 1 种。

（323）优雅叶蜂 *Stenemphytus superbus* Wei & Nie, 1999（图 3-318，图版 VII-9）

Stenemphytus superbus Wei & Nie, 1999C: 16.

主要特征：雌虫体长 8mm；体亮黄色，头部额区及单眼三角区具 1 锚形黑斑，侧沟末端和单眼后区后缘以及两侧附近具黑色横斑；前胸背板两侧各具 1 黑斑，中胸背板前叶及侧叶各具 1 条状黑斑，小盾片后缘和附片黑色，后胸后背片和后胸侧板大部分黑色；中胸侧板下后部具大黑斑；腹部第 1、3–5、7 背板各具 1 黑色横带，第 2、6 背板中部各具 1 个小型黑色圆斑，第 8 背板具 3 个黑色圆斑，锯鞘端和触角 1–3 节内侧黑色，触角末端 3 节黑褐色，后足股节端部 2/3 具黑斑，后足胫节端部黑褐色，各足跗节末端暗褐色；翅透明，前缘脉大部分和翅痣基部黄褐色，其余翅脉黑褐色（图 3-318A）；体毛黄褐色；体光滑，无毛瘤、刻点或刻纹；颚眼距约等于单眼直径；额区隆起，中部稍凹，前缘开放；中窝界限模糊，底部具 1 深凹，侧窝纵沟状；POL：OOL：OCL=4：10：13；单眼中沟细长，后沟细弱，单眼后区长大于宽，侧沟浅细，微弯曲，互相平行；头部在复眼后两侧近平行，后缘稍收缩，几乎不短于复眼；触角稍长于头宽 2 倍，等长于腹部，第 3 节等长于第 4 节；前翅 1R1+1Rs 室约为 2Rs 室 1.8 倍长，后者长大于端部宽，cu-a 脉位于中室基部 1/3 处，Rs+M 极短，臀横脉交臀脉约呈 70°；后翅臀室柄长稍短于 cu-a 脉 1/2；锯鞘明显长于后足基跗节，鞘端稍长于鞘基（图 3-318C）；锯腹片 26–28 锯刃，锯刃末端截形，具 1 个内侧亚基齿和 3 个外侧亚基齿，节缝附近具较多细短刺毛（图 3-318D）。雄虫体长 6–7mm。

分布：浙江（丽水、松阳）、湖南、福建、四川。

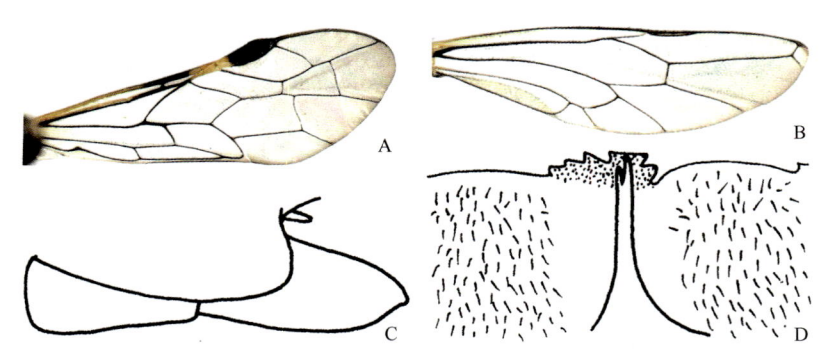

图 3-318　优雅叶蜂 *Stenemphytus superbus* Wei & Nie, 1999 雌虫
A. 前翅；B. 后翅；C. 锯腹片；D. 锯腹片中部锯刃

98. 狭腹叶蜂属 *Athlophorus* Burmeister, 1847

Athlophorus Burmeister, 1847: 5–8. Type species: *Athlophorus klugii* Burmeister, 1847, by monotypy.
Emphytoides Konow, 1898b: 274. Type species: *Emphytoides perplexus* Konow, 1898, by subsequent designation of Rohwer, 1911.

主要特征：中型叶蜂，瘦长，体形拟态小型胡蜂，体长 6–15mm；上颚较大，不对称，左上颚具大型基齿，端齿内侧无肩状部（图 3-319G），右上颚简单，基部有时具 1 小型尖齿（图 3-319H）；唇基具显著横脊，前缘缺口深，1/3 圆形；上唇较大，平坦光滑，唇根隐藏；颚眼距不宽于单眼直径；复眼大，内缘互相平行，间距稍宽于复眼高；触角窝间距宽于触角窝与复眼间距；内眶不陡峭；侧窝浅沟状；无明显额脊；单眼后区长通常大于宽，侧沟细浅；头部在复眼后延长，背面观后头稍短于复眼，两侧平行或稍收缩；后颊脊发达，伸至头顶；触角较细，一般不长于腹部，第 2 节长大于宽，第 3 节不短于第 4 节，端部 4 节短缩，具触角器；前胸背板沟前部宽 3–4 倍于单眼直径，具亚缘细脊；小盾片附片很小；后胸后背板长，中部不收缩；淡膜区小，间距约 2 倍于淡膜区长径；前足胫节内端距端部分叉；后足胫节远长于股节，等长于跗节，胫节端距近似等长，内距约等长于胫节端部宽；后足基跗节等于或稍长于其后跗分节之和；爪基片小，端部尖，内齿稍短于外齿；前翅 1M 脉与 1m-cu 脉平行，Rs 脉第 1 段缺失，2Rs 室仅稍短于 1R1+1Rs，R+M 脉段长于 1r-m 脉，cu-a 脉与 1M 脉顶接或甚接近，臀室中部外侧具 75°–80°倾斜的横脉，翅痣附近通常具大型烟褐斑；后翅无封闭中室，R1 室具明显附室，臀室具短柄，无缘脉；腹部第 2 腹节总是狭于第 1 腹节，亚端部腹节明显膨大；锯腹片窄长，锯刃倾斜突出，亚基齿细小；头部、中胸侧板及小盾片常具粗糙刻点；阳茎瓣较宽大，具顶侧突和腹缘细齿。

分布：东亚南部。本属已知约 46 种，中国已记载 18 种，分布于中国秦岭-伏牛山以南地区。浙江目前仅发现 2 种，本书记述 1 种。估计浙江应有更多种类。

（324）细角狭腹叶蜂 *Athlophorus graciloides* Malaise, 1947（图 3-319）

Athlophorus graciloides Malaise, 1947: 12.

主要特征：雌虫体长 9.5mm；体和足黑色，上唇白色，各足第 2 转节、前中足胫节前侧、后足胫节基部、前胸背板后缘、翅基片前缘、腹部 2–4 背板中部狭条及每侧的三角形斑纹、第 4 背板后缘以及 1–3 腹板全部为黄褐色，末节背板中部具白斑；翅透明，翅痣和翅脉黑褐色，翅痣处具 1 圆形褐斑，覆盖第 2R1 室大部分、3R1 室基半部、1Rs 和 2Rs 室上部；头部仅唇基和额脊具细密刻点；颚眼距短于单眼直径，复眼间距稍宽于眼高；单眼后区平坦，长稍大于宽，侧沟细深，亚平行；背面观后头稍短于复眼，两侧稍微收缩；触角约等于头、胸部与第 1 腹节之和，第 3 节稍长于第 4 节；中胸盾片前叶侧面及前胸背板具细密刻点；中胸小盾片平坦，刻点稍粗大；中胸前侧片刻点大而稀疏，刻点间隙部分光滑，中胸腹板和中胸背板侧叶光滑；后足基跗节明显长于其后 4 个跗分节之和；爪内齿短于外齿；前翅 R+M 脉稍短于 1r-m 脉，后翅臀室具短柄；腹部第 1、2 背板光滑，其余背板具细刻纹；第 2 腹节远狭于其他腹节；锯腹片节缝清晰，具 18 锯刃，每个锯刃具 7–8 个后侧亚端齿。雄虫体长 7.0mm；抱器和副阳茎见图 3-319E；阳基腹铗内叶具大型尾柄；阳茎瓣见图 3-319I。

分布：浙江（临安）、湖南、福建、台湾、广西。

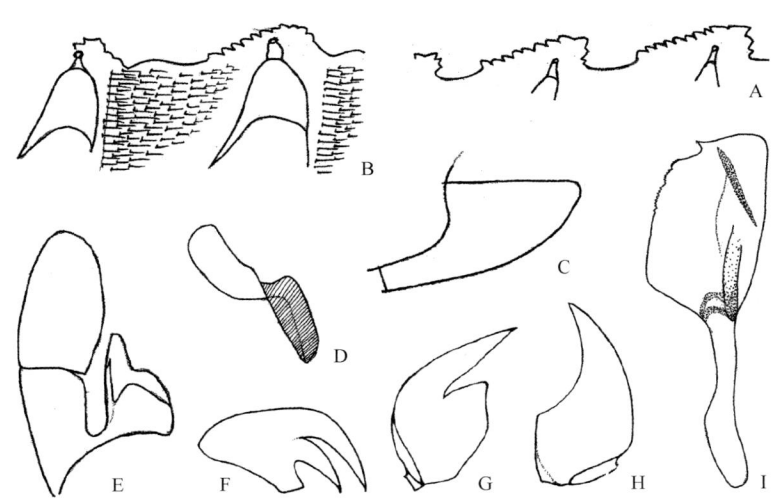

图 3-319 细角狭腹叶蜂 Athlophorus graciloides Malaise, 1947
A. 第 5 锯刃；B. 第 14–15 锯刃；C. 锯鞘端侧面观；D. 阳基腹铗内叶；E. 生殖铗；F. 爪；G. 左上颚；H. 右上颚；I. 阳茎瓣

99. 俏叶蜂属 *Hemathlophorus* Malaise, 1945

Hemathlophorus Malaise, 1945: 96. Type species: *Athlophorus formosanus* Enslin, 1911, by original designation.

主要特征：中型叶蜂，体狭长，光滑，几乎无刻点；上唇较大，平坦；唇基微隆起，前缘缺口宽圆，侧角三角形，唇基上区几乎平坦；颊眼距不宽于单眼直径；上颚不对称，右上颚单齿，具基叶，左上颚具发达的基位内齿，端齿强烈弯曲；复眼中等大，内缘向下稍收敛，间距稍宽于复眼长径；侧窝沟状，向前开放；单眼后区亚方形；头部在复眼后明显延长，后眶最宽处约等宽于复眼横径，后颊脊发达；触角细，不短于腹部，第 2 节长大于宽，第 3 节短于第 4 节；前胸背板沟前部宽大，最宽处 3 倍于单眼直径；前胸侧板腹侧接触面等长于前胸腹板，前胸腹板棒槌状；小盾片圆钝隆起，无脊和顶点；附片平滑，无纵脊；中胸侧板下部不突出，无胸腹侧片，前侧片前缘具细脊；后胸后背板宽长，中部不收缩；腹部亚基部不收缩；足细长，前足胫节内端距端部分叉，后足股节与胫节长度之比为 7：10，后胫节稍长于跗节，后胫端距等长，短于基跗节 1/3 长，后基跗节长于其后 4 个跗分节之和；爪具锐利基片，内齿等于或长于外齿；前翅 1R1 室和 1Rs 室合并，2Rs 室约为 1R1+1Rs 合室的 1/2；1M 脉强烈弓曲，与 1m-cu 脉向翅痣稍分歧，R+M 脉段约等长于 cu-a 脉，后者位于中室下缘基部 1/5；臀横脉稍倾斜，位于臀室中部外侧；2m-cu 脉与 1r-m 脉几乎顶接或位于其内侧；后翅无封闭中室，臀室具短柄，R1 室端部具小型附室；翅无斑纹、无缘脉；锯腹片锯刃较短，叶片状或亚三角形突出；阳茎瓣宽大，腹缘具细齿，顶侧突大，钩状。

分布：东亚南部。本属已知 4 种，中国记载 3 种。浙江发现 1 种。

（325）短颊俏叶蜂 *Hemathlophorus brevigenatus* Wei, 2005（图 3-320，图版 VII-10）

Hemathlophorus brevigenatus Wei, 2005: 824.

主要特征：雌虫体长 10.5mm；体亮柠檬黄色，头部背侧具"士"字形黑斑覆盖单眼区、单眼后区中部和后缘，黑斑在单眼处分别向前和两侧扩展，不伸达中窝底部和复眼内缘；触角第 1、2 节腹侧具黑斑，鞭节黑色，第 3、4 节背侧暗黄褐色；中胸背板前叶和侧叶各具 1 个椭圆形黑斑，侧叶黑斑后端在小盾片前连接，附片黑褐色，前胸背板中部、中胸盾侧凹底部、中后胸后背板中部黑色；中胸腹板两侧、中胸前侧片前上角和后胸后侧片后下角各具 1 个黑斑；腹部第 1 背板基部两侧具三角形黑斑，第 3–4、6–7 节背板亚基部具黑色横带，第 2、5、8 节背板中部具圆形小黑斑；后足基节腹侧端半部、后足股节端部 1/4、后足胫节端部、锯鞘端黑色；翅透明，前缘脉和翅痣基部黄褐色，翅痣大部分黑褐色；唇基端缘缺口稍深于唇基 1/2 长，底部弧形；颚眼距等长于单眼半径；POL：OOL：OCL =2：4：5；背面观后头稍短于复眼；触角第 3 节显著短于第 4 节；前翅 R+M 脉段短于 cu-a 脉，cu-a 脉基部几乎与 1M 脉基部顶接；后翅 R1 室的附室宽约等于单眼直径，臀室柄短；后基跗节长于其后 4 个跗分节之和；爪内齿微短于外齿；锯鞘端长于鞘基，腹缘鼓出（图 3-320C），背面观锯鞘缨毛长，明显弯曲（图 3-320D）；锯腹片 15 锯刃，锯刃窄高，亚基齿较细小，中部锯刃内外侧亚基齿各 4–7 个，刃间膜约等宽于锯刃（图 3-320E）。雄虫体长 7mm，中胸腹板黑色。

分布：浙江（临安、松阳）、陕西、湖南、福建、广西、重庆、贵州。

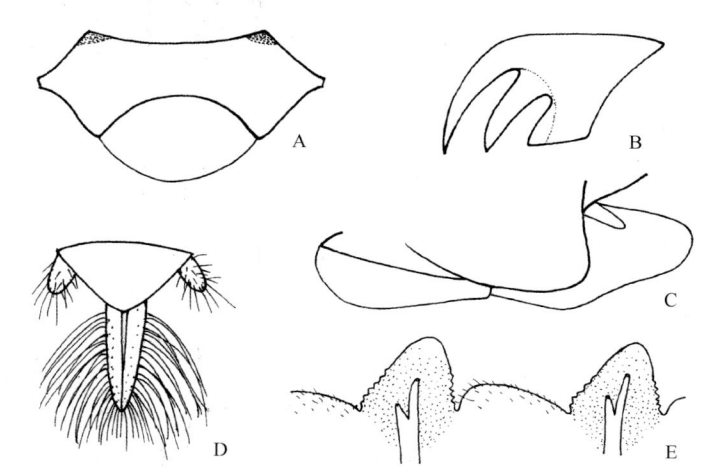

图 3-320 短颊俏叶蜂 *Hemathlophorus brevigenatus* Wei, 2005
A. 唇基和上唇；B. 爪；C. 锯鞘侧面观；D. 锯鞘和尾须背面观；E. 锯腹片中部锯刃

100. 蔡氏叶蜂属 *Caiina* Wei, 2004

Caiina Wei, 2004: 69. Type species: *Caiina brevitheca* Wei, 2004, by monotypy.

主要特征：中小型叶蜂，体较粗壮；胸部侧板刻点粗糙；上颚短小，不对称，左上颚双齿，端齿尖细且短，右上颚单齿；唇基平坦，无横脊，前缘缺口浅弧形；上唇宽大平坦；唇基上区平坦，无隆脊；颚眼距短于单眼直径；后眶宽大，后颊脊发达；背面观后头与复眼近等长；侧窝前端开放，触角窝间距窄于触角窝-复眼间距；复眼中等发达，内缘亚平行，间距稍宽于眼高；触角等长于腹部，第 2 节长大于宽，第 3 节约等长于或稍长于第 4 节，鞭节稍侧扁，具触角器；前胸背板沟前部宽于单眼直径 2 倍，前胸侧板接触面等长于触角第 1 节；小盾片和附片平坦无脊，后胸后背板发达，中部不收缩；前足胫节内距分叉，后足胫节等长于股节和转节之和，明显短于跗节，后足胫节端距近等长；基跗节细，长于其后 4 节之和；爪基片十分微小，内齿中小型，约等长于外齿；前翅 Rs 脉第 1 段存在，2Rs 室稍长于 1Rs 室，R+M 脉点状，1M 脉与 1m-cu 脉平行，cu-a 脉位于 1M 室中部内侧，臀横脉约呈 35°倾斜，位于 1M 脉内侧；后翅臀室具短柄或无柄式，cu-a 脉倾斜，R1 室端部圆钝，附室微小；锯鞘短于后足基跗节，鞘端等长于鞘基；锯腹片刺毛带几乎连接，锯刃平刃或平台状稍突出；阳茎瓣头叶较窄，具显著端侧钩和腹缘细齿。

分布：中国。中国特有属以叶蝉分类学家蔡平教授姓氏命名。本属已知 3 种，浙江发现 2 新种，其中 1 种湖南东南部也有分布。

(326) 黄股蔡氏叶蜂，新种 Caiina xanthofemorata Wei & Li, sp. nov.（图 3-321，图版 VII-11）

雌虫：体长 10mm。体黑色，触角端部 4 节、上唇、唇基、上颚大部分、口须大部分、前胸背板后缘、翅基片、中胸背板前叶后端、小盾片、后小盾片、腹部第 1 背板后侧中部三角形大斑、第 8 背板后缘中部、第 10 背板、第 2-7 背板后缘狭边、第 2 背板两侧、各节腹板大部分、锯鞘基腹侧黄白色；足橘黄色，前中足基节除基缘外、各足转节、后足跗节黄褐色，后足基节除端部外黑色；体毛浅褐色。翅透明，微带烟灰色，翅痣黑褐色，基部具白色斑。

头部光滑，唇基具粗浅刻点，额脊具稀疏浅弱刻点；中胸背板前叶大部分和侧叶刻点细小、稀疏，前叶后端和后小盾片光滑，小盾片刻点较细而密集，附片刻点粗密；中胸前侧片上部刻点粗糙密集，杂以刻纹，腹侧刻点较稀疏细小，刻点间隙具刻纹；腹部各节背板均具细弱刻纹。唇基端部缺口宽浅，底部平直，深约为唇基 1/3 长，侧叶短三角形；上唇倾斜，端部稍突出；颚眼距约 0.6 倍于侧单眼半径；复眼间距显著宽于复眼长径；额盆与中窝贯通，额脊显著；单眼后区隆起，宽 1.4 倍于长，侧沟直，互相近似平行；背面观后头 0.8 倍于复眼长径，两侧缘向后稍扩大；后颊脊伸抵上眶后缘；触角稍长于腹部和前翅 C 脉，鞭节端半部明显侧扁，第 3 节等长于第 4 节。中胸背板前叶中沟显著，后端不尖，无纵脊；小盾片几乎不隆起，附片很短，无中脊；后足基跗节等长于其后 4 个跗分节之和，爪基片很小，内齿稍宽于并等长于外齿；前翅 cu-a 脉交于 1M 室下缘内侧 0.22 处，2Rs 室稍长于 1Rs 室，2m-cu 脉与 1r-m 脉顶接；后翅 Rs 和 M 室封闭，臀室具点状短柄。锯鞘等长于后足基跗节，鞘端等长于鞘基；锯腹片窄长，23 节，锯刃平直（图 3-321A）；中部锯刃具 14-16 枚细小亚基齿（图 3-321B）。

雄虫：体长 8mm；触角端部 4 节暗褐色；腹部第 3 节起浅褐色，端部稍暗，小盾片白斑较小；后翅具完整缘脉。

变异：一个副模的右后翅 Rs 室开放。

分布：浙江（临安、丽水、庆元）。

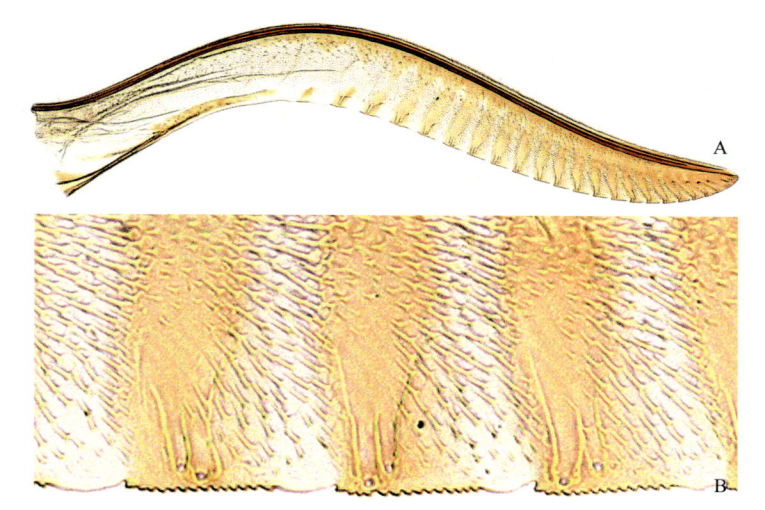

图 3-321 黄股蔡氏叶蜂，新种 Caiina xanthofemorata Wei & Li, sp. nov. 雌虫
A. 锯腹片；B. 锯腹片第 5-7 锯刃

词源：本种后足股节橘黄色，以此命名。

正模：♀，浙江清凉峰龙塘山，30°06.680′N、118°54.050′E，930m，2010.IV.27，李泽建（ASMN）。副模：1♀，浙江天目山禅源寺，30.323°N、119.442°E，405m，2018.IV.8，李泽建、刘萌萌、姬婷婷（ASMN）；1♀1♂，浙江丽水白云山生态林场太山管护站，28.536°N、119.931°E，965m，2016.IV.6-30，李泽建、叶和

军（ASMN）；3♀，LSAF22015，浙江庆元县巾子峰桃花廊，27.685°N、119.011°E，530m，2022.IV.8，李泽建、朱志成；1♀，LSAF22021，浙江庆元县巾子峰栖霞山庄，27.676°N、119.013°E，739m，2022.IV.20，李泽建（LSAF）。

鉴别特征：本种与短鞘蔡氏叶蜂 *C. brevitheca* Wei, 2004 最近似，但后翅 Rs 室封闭，单眼后区宽显著大于长，后足基跗节不长于其后 4 节之和，锯鞘等长于后足基跗节，后足基节除端部外黑色，股节和胫节全部黄褐色，与该种不同。

(327) 星雨蔡氏叶蜂，新种 *Caiina xingyuae* Wei & Li, sp. nov.（图 3-322）

雌虫：体长 9.5mm。体黑色，触角端部 4 节、上唇、上颚基半部、口须大部分、前胸背板后缘、翅基片、小盾片、后小盾片、腹部第 1 背板后侧中部三角形大斑、第 8 背板后缘中部、第 9 背板中部和侧后缘、第 10 背板、第 2–7 背板后缘狭边、第 2 背板两侧、第 2–6 节腹板大部分、锯鞘基腹侧黄白色，腹部 2–4 节背板稍淡；足橘黄色，各足基节端半部、各足转节、后足跗节黄褐色；体毛浅褐色。翅透明，微带烟灰色，翅痣黑褐色，基部具白色大斑。

头部光滑，唇基具粗糙密集刻点，额脊具稀疏浅弱刻点；中胸背板前叶和侧叶刻点细小、稀疏，后小盾片光滑，小盾片刻点较细、稍密集，附片刻点粗密；中胸前侧片上半部刻点粗糙密集，杂以刻纹，腹侧刻点较稀疏细小，刻点间隙具刻纹；腹部各节背板均具明显刻纹。唇基端部缺口宽浅，底部平直，深约为唇基的 0.4 倍，侧叶短三角形；上唇倾斜，端部稍突出；颚眼距约等长于侧单眼直径；复眼间距显著宽于复眼长径；额盆与中窝贯通，额脊显著；单眼后区隆起，宽 1.4 倍于长，侧沟细浅，明显弯曲；背面观后头 0.8 倍于复眼长径，两侧缘向后稍扩大；后颊脊伸抵上眶后缘；触角稍长于腹部和前翅 C 脉，鞭节端半部明显侧扁，第 3 节稍长于第 4 节。中胸背板前叶中沟弱，后端不尖，无纵脊；小盾片几乎不隆起，附片很短，无中脊；爪基片很小，内齿稍宽于并等长于外齿；前翅 cu-a 脉交于 1M 室下缘内侧 0.33 处，2Rs 室长于 1Rs 室，2m-cu 脉位于 1r-m 脉外侧；后翅 Rs 封闭，M 室开放，臀室柄长 0.3 倍于 cu-a 脉。锯鞘等长于后足基跗节，鞘端等长于鞘基，锯鞘端宽三角形；锯腹片向端部明显收窄，具约 20 锯刃，锯刃平台状（图 3-322A）；节缝刺毛密集带状，中部锯刃具约 5–7 枚粗大亚基齿，刃间膜短小，稍鼓凸（图 3-322B）。

雄虫：未知。

分布：浙江（庆元、龙泉）、湖南。

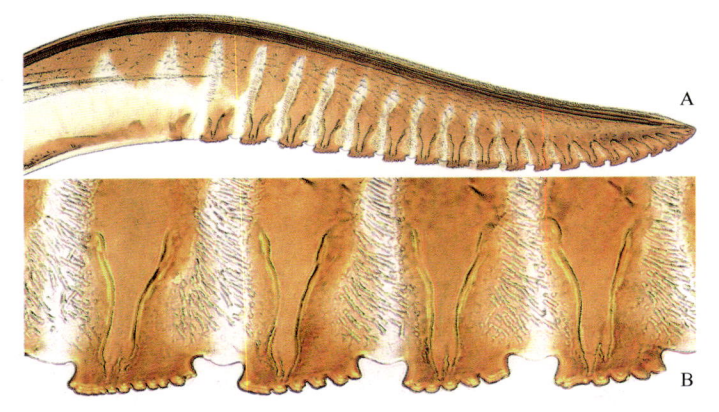

图 3-322 星雨蔡氏叶蜂，新种 *Caiina xingyuae* Wei & Li, sp. nov. 雌虫
A. 锯腹片；B. 锯腹片第 5–8 锯刃

词源：本种以正模标本采集者之一的名字命名。

正模：♀，湖南桂东齐云山水电站沟，25°45.361′N、113°55.598′E，752m，2015.IV.5，申婉娜、唐星雨（ASMN）。副模：7♀，LSAF22015，浙江庆元县巾子峰桃花廊，27.685°N、119.011°E，530m，2022.IV.8，李泽建、朱志成（3 头存于 ASMN，4 头存于 LSAF）；2♀，LSAF19025，浙江龙泉凤阳山凤阳湖，27.877°N、

119.180°E，1549m，2019.V.12，李泽建、李秀芳（LSAF）；4♀，LSAF22017，浙江庆元县巾子峰栖霞山庄，27.676°N、119.013°E，739m，2022.IV.10，朱志成，乙醇（LSAF）。

鉴别特征：本种与黄股蔡氏叶蜂 Caiina xanthofemorata Wei & Li, sp. nov. 近似，并部分同域分布，但本种唇基、各足基节基半部、中胸背板前叶黑色，颚眼距等长于单眼直径，触角第 3 节长于第 4 节，锯鞘端明显较宽，锯腹片较宽短，锯刃平台状突出，亚基齿明显较大且少等，与该种有显著差异。

101. 片爪叶蜂属 *Darjilingia* Malaise, 1934

Darjilingia Malaise, 1934b: 467. Type species: *Taxonus gribodoi* Konow, 1896, by original designation.

主要特征：中型叶蜂，体窄长或稍粗壮；上颚不对称，右上颚单齿，左上颚双齿；唇基宽，平坦，前缘缺口不深，侧叶较短钝（图 3-323H）；唇基上区平坦，无显著隆脊；颚眼距不长于单眼直径，后眶宽大，后颊脊发达；侧窝前端开放，触角窝间距窄于触角窝-复眼间距；背面观后头明显延长；触角细，长于腹部，第 3 节通常短于第 4 节，雄虫触角稍侧扁；前胸背板沟前部宽于单眼直径 2 倍，前胸侧腹板接触面甚宽，前胸腹板棒槌状；中胸小盾片和附片平坦无脊，后胸后背板发达，中部不收缩；前翅 Rs 脉第 1 段存在，2Rs 室稍长于 1Rs 室，R+M 脉点状，1M 脉与 1m-cu 脉平行，cu-a 脉中位，臀横脉约呈 35° 倾斜，位于 1M 脉内侧；后翅无封闭中室，臀室无柄式，R1 室具短柄但无附室；雄虫后翅无缘脉；前足胫节内距端部分叉，后足胫节等长于股节与第 2 转节之和，后足胫节内端距发达，稍短于后基跗节 1/2 长；后基跗节细，长于其后 4 节之和；爪基片十分发达，宽片状，亚端齿长且宽于端齿（图 3-323A）；锯腹片锯刃突出，亚基齿不明显，或十分细小，刃间膜短小；阳茎瓣头叶较宽，端部通常收窄，腹缘具细齿，端侧突显著（图 3-323C）。

分布：中国南部；印度，缅甸。本属已知 16 种，中国已记载 5 种。浙江发现 4 种，本书记述 1 种。

（328）多变片爪叶蜂 *Darjilingia formosana* (Rohwer, 1916)（图 3-323）

Parasiobla formosana Rohwer, 1916: 87.
Darjilingia formosana: Wei & Xiao, 2005: 471; Wei *et al.*, 2006: 523.
Darjilingia varia Togashi, 1990a: 422 [part].

主要特征：雌虫体长 8.5–9mm；体黑色，触角末端 3 节、唇基、上唇、上颚基部、前胸背板后缘狭边、中胸小盾片中部、附片、后胸小盾片和腹部背板后缘狭边白色，口须和腹部 2–5 腹板大部分黄褐色；翅基片及足橘褐色，各足基节基部、后足股节端部、后胫节末端及后基跗节大部分黑褐色，各足基节大部分、转节、前中足股节基缘、后足股节基部 1/3、后足基跗节基部和端部、2–5 跗分节白色；翅透明，翅痣黑褐色，基部淡斑极小，翅脉黑褐色；体光滑，仅唇基和小盾片两侧具稀疏小刻点；唇基前缘缺口深约为唇基 1/2 长（图 3-323H），颚眼距约等于单眼半径；中窝较大且深，侧窝纵沟状；额脊宽钝，额区前部开放；单眼中沟和后沟较细深；单眼后区长短于宽，侧沟深直，互相平行；后头显著收缩，等长于复眼 1/2；触角微长于腹部，端部 3 节显著侧扁，第 3 节约等长于第 4 节（图 3-323G）；后足胫节内端距 2 倍于胫节端部宽，近等长于后基跗节 1/2，基跗节稍长于其后 4 节之和（图 3-323F）；后翅臀室无柄式；锯鞘稍短于中足基跗节，鞘端稍长于鞘基，端部尖（图 3-323D）；锯腹片 20 锯刃，锯刃半圆形突出，约为刃间膜 2 倍宽，亚基齿不明显，刃间膜鼓凸，节缝刺毛稀短（图 3-323E）。雄虫体长 7.5mm，后足股节红褐色，基部无黄褐色环；抱器长，端部窄，副阳茎内端突细长（图 3-323B）；阳茎瓣梨形，腹缘强烈隆出，中部具叶状突，端侧突小（图 3-323C）。

分布：浙江（临安、丽水、龙泉）、湖北、江西、湖南、福建、台湾、广东、广西、重庆、四川、贵州、云南。

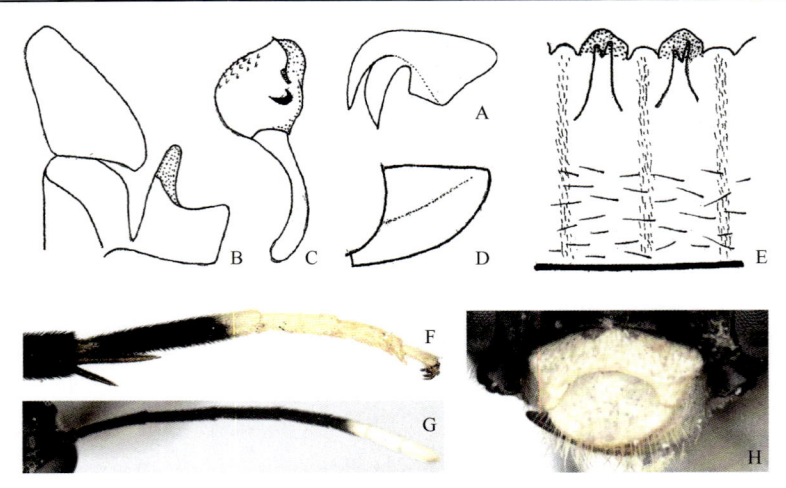

图 3-323　多变片爪叶蜂 *Darjilingia formosana* (Rohwer, 1916)
A. 爪；B. 生殖铗；C. 阳茎瓣；D. 锯鞘端侧面观；E. 锯腹片中部锯刃；F. 雌虫后足胫节距和跗节；G. 雌虫触角；H. 雌虫唇基和上唇

102. 近曲叶蜂属 *Emphystegia* Malaise, 1961

Emphystegia Malaise, 1961: 249. Type species: *Emphystegia apicimacula* Malaise, 1961, by monotypy.

主要特征：中型叶蜂，体形窄长；上唇较小，唇根隐蔽；唇基具低弱横脊，端缘薄，缺口浅弧形，侧叶短钝；唇基上区几乎不隆起，额唇基沟深，触角窝间距窄于内眶；上颚不对称，端齿强烈弯折，左上颚双齿型，右上颚单齿型；复眼较大，间距约等于复眼长径；颚眼距不长于单眼直径，后眶宽大，后颊脊发达，伸达上眶后缘；背面观后头延长，短于复眼，侧缘不明显膨大，单眼后区宽大于长；触角长于腹部，第 2 节长等于宽，第 3 节短于第 4 节，鞭节侧扁。体光滑，局部具细弱刻点或刻纹；前胸背板沟前部发达，大于单眼直径 2 倍，具前缘脊；前胸侧板腹侧宽，接触面长于单眼直径；中胸小盾片平坦，后胸后背板发达，中部平坦，不收缩；无胸腹侧片，中胸前侧片前缘具细脊；前足胫节内端距端部不分叉或具高位膜叶（图 3-325D）；后足胫节等长于跗节，稍长于股节和转节之和，1 对端距近似等长，稍长于胫节端部宽，短于基跗节 1/3 长；后足基跗节约等长于或长于其后 4 个跗分节之和（图 3-325C）；爪基片明显，内齿短于外齿；前翅 Rs 脉第 1 段完整，1R1 室和 1Rs 室分离，二者之和长于 2Rs 室；1M 脉与 1cu-a 脉平行，R+M 脉点状，cu-a 脉位于中室下缘中部；臀室完整，臀横脉显著倾斜，位于臀室中部外侧和 1M 脉基部内侧；后翅无封闭中室，R1 室具较大附室，臀室无柄式（图 3-325B）；锯鞘短于后足基跗节，锯鞘端长于锯鞘基；锯刃低台状隆起，亚基齿细小（图 3-325E、H）；雄虫后翅无缘脉；阳茎瓣头叶较窄，具腹缘细齿和小型端侧突，端部无分离的大钩形突，中脊中下部具耳状突叶（图 3-325G）。

分布：东亚。本属已知 4 种，中国均有分布，其中 1 种缅甸北部也有分布。浙江发现 2 种。

（329）短刃近曲叶蜂 *Emphystegia breviserra* Wei, 1997（图 3-324）

Emphystegia breviserra Wei, 1997b: 1588, 1610–1611.

主要特征：雌虫体长 8.5–10mm；体黑色，唇基、上唇、上颚基部、前胸背板后缘、气门后片、小盾片中部、各足第 2 转节、2–6 腹板大部分、第 2 背板周缘白色；前足股节、胫节和跗节、中足股节端半部以及胫节和跗节、后足胫节基部 2/3 红褐色；翅基片黑褐色；触角基部 2 节红褐色；体光滑，无明显刻点和刻纹；背面观头部在复眼后不收缩，两侧缘平行，稍短于复眼；颚眼距等长于单眼直径；前翅 2Rs 室稍长于 1Rs 室；锯鞘侧面观较宽，锯腹片 22 锯刃，纹孔互相远离，锯刃基端明显高于刃间膜平面，中部锯刃倾斜，具15-16枚细小亚基齿。雄虫体长约8mm；触角柄节大部分和梗节全部黑色，前中足基节端部和外侧、各足转节全部黄白色，前中足股节、胫跗节大部分橘褐色，股节基部黑褐色；颚眼距约等于单眼半径，后头两侧明显收缩；下生殖板长约等于宽，端部圆钝；抱器长大于宽，端部圆钝，副阳茎端突尖长，肩状部马鞍形（图3-324B）；阳茎瓣顶叶较突出，背缘几乎平直，耳状侧突中位（图3-324D）。

分布：浙江（临安）、陕西、湖北、湖南、福建、广西、重庆、四川、贵州、云南。

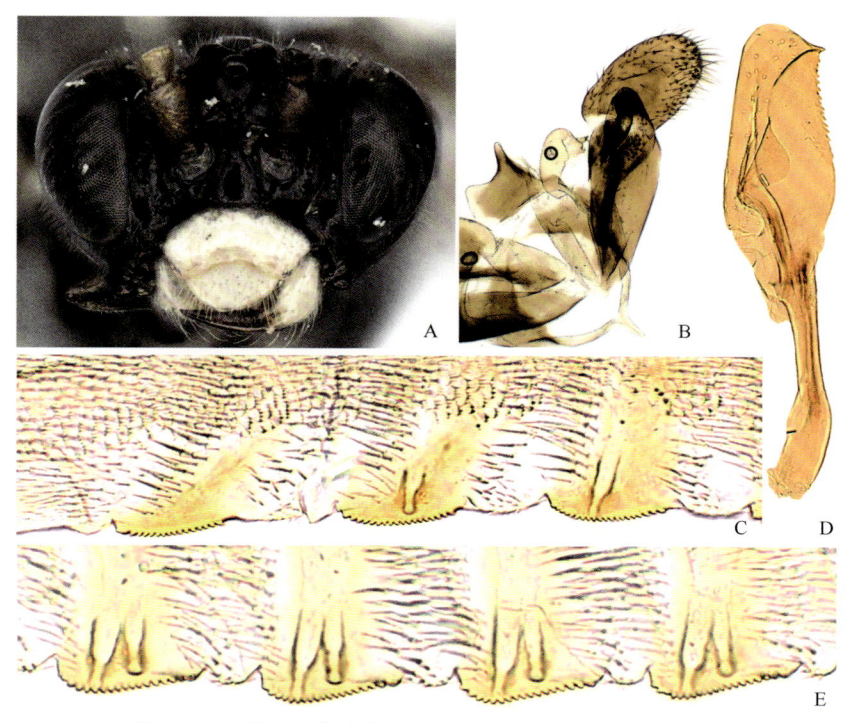

图3-324 短刃近曲叶蜂 *Emphystegia breviserra* Wei, 1997
A. 雌虫头部前面观；B. 生殖铗；C. 锯腹片第1-3锯刃；D. 阳茎瓣；E. 锯腹片第8-11锯刃

（330）黑胫近曲叶蜂 *Emphystegia nigrotibia* Wei & Nie, 1998（图3-325）

Emphystegia nigrotibia Wei & Nie, 1998b: 365.

主要特征：雌虫体长10mm；体及足黑色；唇基、上唇、上颚基半白色；触角基部2节黄褐色，鞭节基部颜色微淡于中端部；前胸背板后缘、中胸小盾片中央、后小盾片中央、前中足第2转节、后足基节外侧条斑、后足转节和腹部第2节白色；腹部第2节背板具1大方形黑斑，其余背板后缘具极狭窄的白边，第8和第10背板中央白色，第1背板具三角形淡膜区，第2-5节腹板淡黄色，第6腹板后部黄褐色；前足股节基部黑色，其余部分及其胫跗节黄褐色，中足胫跗节棕褐色；翅浅灰色，前缘脉浅褐色，翅痣黑褐色；体光滑，无刻点；唇基基部隆起，端缘锐薄，缺口浅弧形；中窝深，与额区连通，额脊向前开放；单眼后区隆起，方形，侧沟深弧形，单眼后沟细浅但完整；背面观后头两侧亚平行，中部稍鼓出，后缘中部强烈凹入，深于后头1/2长；触角稍短于胸、腹部之和，第3节稍短于第4节；后足基跗节长于其后跗分节之和；前翅R+M脉短，2Rs室微长于1Rs室，cu-a脉中位稍偏内侧；锯腹片24刃，中部数刃见图3-325H。雄虫体长9mm，各足转节全部白色，触角基部黑色；颚眼距0.6倍于单眼直径，后头两侧收缩；下生殖板长约等于宽，端部圆钝；抱器长大于宽，端部窄圆，副阳茎端突短宽三角形，肩状部较平坦（图3-325F）；阳茎瓣头叶较宽，顶叶突出度弱，背缘弧形弯曲，耳状图中位下侧（图3-325G）。

分布：浙江（安吉、临安、磐安、开化）、山西、河南、陕西、安徽、广西。

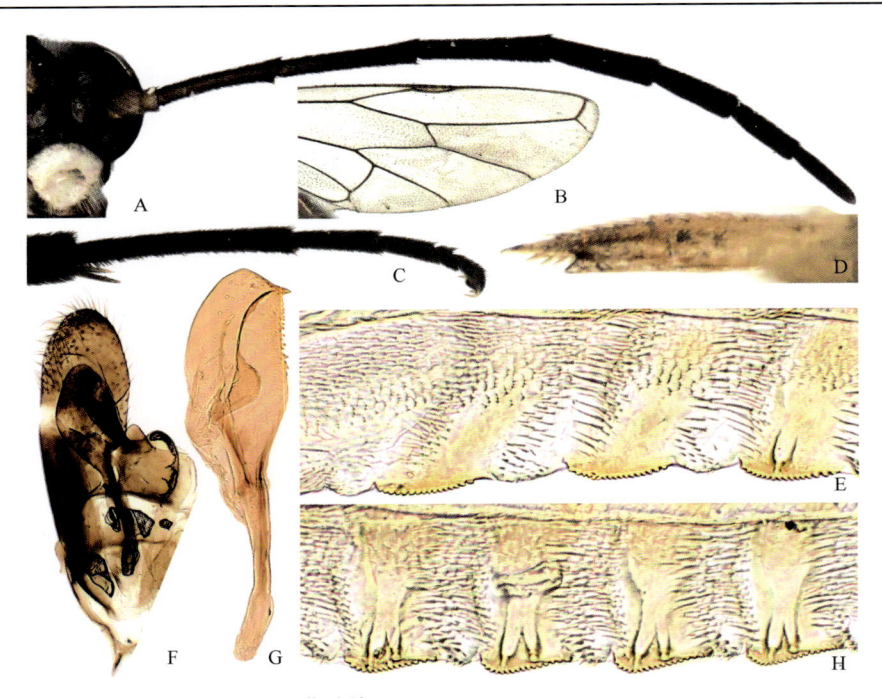

图 3-325　黑胫近曲叶蜂 *Emphystegia nigrotibia* Wei & Nie, 1998
A. 唇基、上唇和触角；B. 后翅端半部翅脉；C. 后足胫节端距和跗节；D. 前足胫节内端距；E. 锯腹片第 1–3 锯刃；F. 生殖铗；G. 阳茎瓣；H. 锯腹片第 8–11 锯刃

103. 带斑叶蜂属 *Emphytopsis* Wei & Nie, 1998

Emphytopsis Wei & Nie, 1998b: 368. Type species: *Emphytopsis punctatus* Wei & Nie, 1998, by original designation.

主要特征：中型叶蜂，体长形，不粗壮；体多黄褐色，腹部具黑色横带斑；上颚不对称，左上颚具一个大型尖锐基齿和一个短钝亚端齿（图 3-328C），右上颚无内齿，具 1 个大型基叶（图 3-328D）；上唇宽大平垣，上唇根通常出露；唇基隆起，前缘缺口宽深，侧叶窄长，左叶显著宽于右叶（图 3-328F）；复眼大型，内缘向下微收敛，颚眼距不长于单眼直径；后颊脊发达，伸达后侧沟；背面观后头约等于复眼长径，两侧平行或膨大；侧窝开放，纵沟形；单眼后区长等于或大于宽；触角细丝状，稍长于头、胸部之和，柄节和梗节长宽比约等于 2，第 3 节长于第 4 节；前胸背板沟前部宽度 3 倍于单眼直径，前胸侧板腹侧接触面长；中胸小盾片圆钝隆起，无脊和顶点，附片短小，无中脊；后胸后背板宽平，中部不收缩；中胸前侧片平坦；前足胫节内端距端部分叉（图 3-326D）；后足胫节端距粗短，短于胫节端部宽（图 3-328B）；爪基片小，亚端齿稍短于端齿（图 3-328I）；前翅 Rs 脉第 1 段完整，2Rs 室明显长于 1Rs 室；R+M 脉明显，但短于 1r+m 脉；1M 脉与 1m-cu 脉平行，cu-a 脉位于 1M 室下缘近基部；臀横脉约呈 40°倾斜，位于 1M 脉内侧；后翅无封闭中室，R1 室端部附室较小但明显，臀室具明显短柄，cu-a 脉显著倾斜（图 3-327A）；锯腹片窄长，锯刃突出，亚基齿多变；雄虫后翅无缘脉；腹部第 1 背板各叶三角形，第 2 节不收缩；产卵器等于或长于后足基跗节，锯鞘约等长于后足基跗节，锯鞘端等长于锯鞘基，锯刃突出；阳茎瓣瓣体十分狭窄，顶叶和端侧突小，腹缘细齿微弱，侧突发达（图 3-328J）。

分布：东亚。本属已知 12 种，中国分布 8 种，日本分布 4 种。浙江发现 4 种，包括 1 新种。

分种检索表

1. 唇基缺口深度约为唇基长的 0.4 倍；中胸后下侧片全部黑色，腹部 3–8 背板缘折黑色；锯鞘基具黑色条斑；后足基跗节长 0.75 倍于其后 4 跗分节长度之和；颚眼距 0.9 倍于单眼直径···李氏带斑叶蜂 *E. lii*

第三章 叶蜂亚目 Tenthredinomorpha · 353 ·

- 唇基缺口深度约为唇基长的 0.6 倍；中胸后下侧片黄色，后缘具黑色条斑，腹部 3–6 和第 8 背板缘折全部黄褐色；锯鞘基无黑色条斑；后足基跗节 0.9–1.05 倍于其后 4 跗分节长度之和；颚眼距约等于单眼半径 ··· 2
2. 腹部 1–4 背板黑斑几乎等大，外侧互相接触；单眼后区长稍大于宽；额区具明显刻点；淡膜区圆形，间距 2 倍于淡膜区长径 ·· **凤阳带斑叶蜂，新种 E. fengyangshana sp. nov.**
- 腹部 1–4 背板黑斑外侧互相远离，第 2 背板黑斑显著缩小；单眼后区方形或长显著大于宽；淡膜区横形，间距约 1.5 倍于淡膜区长径 ·· 3
3. 中胸前侧片隆起部刻点稀疏细小，刻点间隙宽大、光滑；额区光滑无刻点；单眼后区长约等于宽；中部锯刃具 4 个外侧亚基齿 ··· **方顶带斑叶蜂 E. quadrata**
- 中胸前侧片隆起部刻点粗密，刻点间隙十分狭窄，远小于刻点直径；额区具显著刻点；单眼后区长明显大于宽；中部锯刃具 2 个外侧亚基齿 ··· **刻胸带斑叶蜂 E. punctata**

（331）**凤阳带斑叶蜂，新种 Emphytopsis fengyangshana Wei & Li, sp. nov.**（图 3-326）

　　雌虫：体长 10mm。体浅黄褐色；单眼三角以及不相连的单眼后区中后部方斑、上颚端部、前胸背板两侧缘条斑、前胸侧板外侧、中胸背板前叶椭圆形斑、侧叶 1 大 1 小长椭圆形纵斑、中胸后背板大部分、后胸淡膜区两侧小斑、后胸后背板大部分、中胸腹板、中胸后侧片后缘条斑、腹部 1–8 背板各一对宽横斑黑色，横斑间距稍宽于单眼直径，1–4 背板黑斑外缘互相连接；触角黑褐色，基部 3–4 节外侧稍淡；锯鞘端黑色。足淡黄褐色；后足股节端半部、胫节端部 1/3 黑色。体毛银褐色。翅透明，前缘脉基部浅褐色，翅痣基部 1/4 黄白色，翅痣端部 3/4 黑褐色。

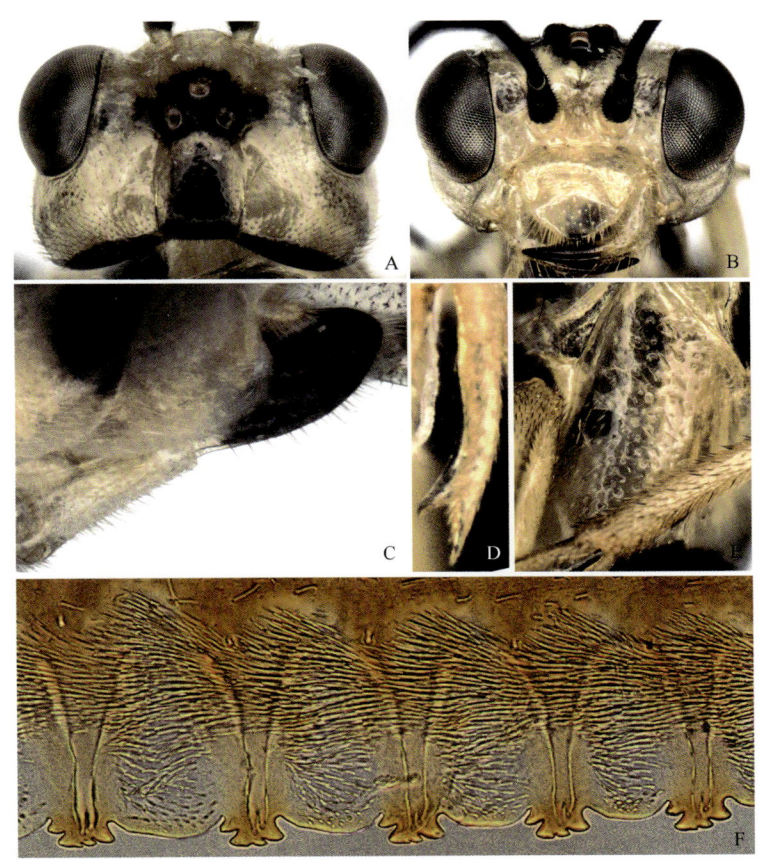

图 3-326　凤阳带斑叶蜂，新种 Emphytopsis fengyangshana Wei & Li, sp. nov. 雌虫
A. 头部背面观；B. 头部前面观；C. 锯鞘侧面观；D. 前足胫节内距；E. 中胸前侧片；F. 锯腹片第 5–9 锯刃

唇基具分散刻点，单眼后区刻点微细稀疏，额区刻点浅弱但明显，头部其余部分光滑；中胸背板刻点

分散细小，小盾片后半部刻点稍大但不密集，附片刻点密集，后胸背板光滑；中胸前侧片中上部具浅弱大刻点，间隙宽大光滑（图3-326E）；中胸腹板刻点稀疏细小；腹部各节背板具微细刻纹。

上唇端部钝三角形突出；唇基缺口0.6倍于唇基长，右侧叶明显较窄；颚眼距0.6倍于单眼直径（图3-326B）；复眼下缘间距微宽于复眼高；POL∶OOL∶OCL=3∶6∶9；单眼后区微弱隆起，长1.2倍于宽；侧沟中部微弱外弯，后端向后稍收敛，背面观后头明显短于复眼（9∶14），两侧缘微弯曲（图3-326A）；触角第2节长宽比大于2，第3节稍长于第4节。后胸淡膜区小圆形，间距2倍于淡膜区长径；前翅R+M脉段短，2r脉交于2Rs室中部外侧，cu-a脉交于1M室基部0.3；后翅臀室柄约等长于cu-a脉1/3。锯鞘等长于后足基跗节，鞘端等长于鞘基，侧面观端部近三角形（图3-326C），背面观鞘毛短直，端部不弯曲；锯腹片18锯刃，各节中下部节缝刺毛密集，节缝刺毛带互相接触，第8–9刃间膜明显鼓凸，稍宽于锯刃，第5–9锯刃具1个低位大型内侧亚基齿和3个外侧亚基齿（图3-326F）。

雄虫：未知。

分布：浙江（龙泉）。

词源：本种以模式标本产地命名。

正模：♀，浙江龙泉凤阳山凤阳湖，27.871°N、119.180°E，1574m，2018.VII.7–8，李泽建（ASMN）。

鉴别特征：本种与方顶带斑叶蜂 *E. quadrata* Wei & Xu, 2011 最近似，但除锯腹片锯刃构造不同外，本种腹部1–4背板黑斑近似等大，外侧缘互相接触；单眼后区长大于宽；额区具明显刻点；后胸淡膜区圆形，间距2倍于淡膜区长径等，与该种也明显不同；后者腹部第2节黑斑很小，3–5背板黑斑外侧互相远离，单眼后区方形，额区无明显刻点，后胸淡膜区横形，间距约1.3倍于淡膜区长径，锯刃亚基齿较多，大小近似。

（332）李氏带斑叶蜂 *Emphytopsis lii* Wei, 2011（图3-327）

Emphytopsis lii Wei, in Wei, Xu & Niu, 2011: 12.

主要特征：雌虫体长8.5mm（图3-327A）；体黄褐色，头部背侧具短"土"字形黑斑（图3-327A），触角柄节、前胸背板后侧缘、前胸侧板、中胸背板前叶和侧叶大斑、中胸前侧片腹侧、后下侧片和后胸侧板

图3-327 李氏带斑叶蜂 *Emphytopsis lii* Wei, 2011 雌虫
A. 成虫背面观；B. 头部背面观；C. 唇基和上唇；D. 腹部侧面观；E. 中胸侧板；F. 触角；G. 锯腹片中部锯刃；H. 锯鞘侧面观

大部分（图 3-327D）、腹部第 1 背板、第 2–8 背板各 1 对横斑和锯鞘除基部外黑色，腹部第 2 背板黑斑较小，3–8 背板缘折大部分黑色；触角鞭节红褐色；足黄褐色，后足股节端部 0.6 左右黑褐色，后足胫节端部暗褐色；体毛银色；翅透明，翅痣基半部黄褐色，端半部黑褐色；唇基刻点粗密，额区、单眼后区和后眶上端具少许刻点，头部其余部分光滑；胸部背板刻点稀疏，小盾片刻点较密，附片粗糙；中胸前侧片上半部刻点粗大，较密集，间隙光滑，腹侧刻点细小（图 3-327E）；腹部第 1 背板光滑，其余背板具微弱刻纹；唇基缺口深 0.4 倍于唇基长，颚眼距 0.9 倍于单眼直径（图 3-327C）；单眼后区长稍大于宽；后翅淡膜间距 1.8 倍于淡膜区长径；后足基跗节长 0.75 倍于其后 4 跗分节之和；爪内齿 0.6 倍于外齿长；后翅臀室柄点状；锯鞘长 1.4 倍于后足基跗节；锯腹片 20 刃，中部锯刃具 2 个内侧亚基齿和 10 个外侧亚基齿（图 3-327G）。雄虫未知。

分布：浙江（临安）。

（333）刻胸带斑叶蜂 *Emphytopsis punctata* Wei & Nie, 1998（图 3-328，图版 VII-12）

Emphytopsis punctata Wei & Nie, 1998b: 368.

主要特征：雌虫体长 10mm；体及足黄褐色，单眼三角、中胸腹板侧面、中胸背板前叶中部、侧叶中部黑色，腹部各节背板后缘具 1 对黑褐色横斑，锯鞘端部黑色；后足膝部、胫节末端、触角鞭节暗褐色；翅透明，翅痣基部 1/4 黄褐色，其余部分黑褐色；唇基具横脊，前缘缺口深，唇基上区平坦；颚眼距稍短于单眼直径，单眼后区长大于宽，无中纵脊；中胸背板刻点较稀疏浅平，但明显可辨，小盾片及附片刻点较密集；中胸前侧片中央部分刻点较密集，周围部分刻点较稀疏，具明显的光滑间隙，中胸腹板具浅细刻点；后足基跗节约等长于其后跗分节之和，爪亚端齿稍短于端齿；腹部背板具明显表皮刻纹；锯鞘背面观窄长，侧面观较短，端部稍尖出；锯腹片 22 锯刃，锯刃窄而突出，刃间膜宽，中部锯刃具 1 个大型内侧亚基齿和 2 个外侧亚基齿，节缝刺毛带中央接触面宽（图 3-328E）。雄虫体长 9.5mm；前胸侧板、中胸腹板、中胸后侧片和足无黑斑，腹部 3–8 节背板黑斑较小，触角黄褐色；下生殖板长大于宽，端部圆钝；阳茎瓣见图 3-328J。

分布：浙江（临安）、安徽、江西。

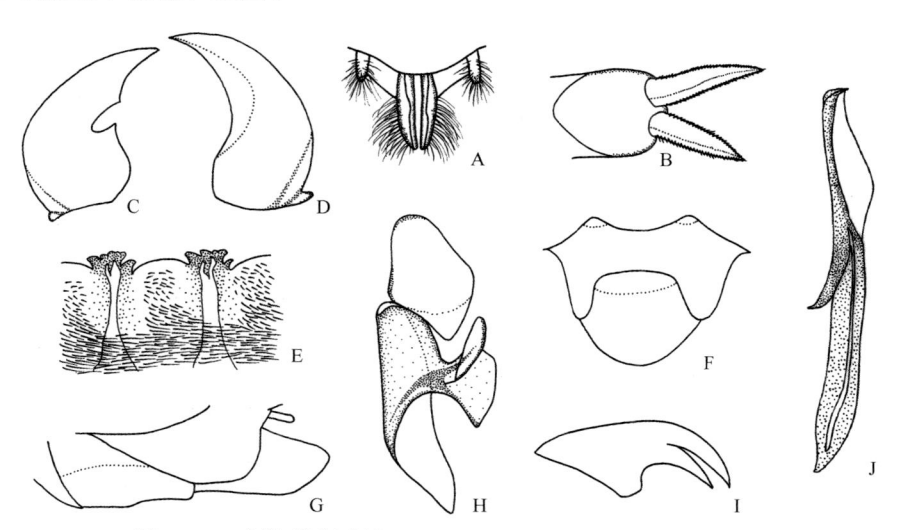

图 3-328　刻胸带斑叶蜂 *Emphytopsis punctata* Wei & Nie, 1998
A. 锯鞘背面观；B. 后足胫节端距；C. 左上颚；D. 右上颚；E. 锯腹片中部锯刃；F. 唇基和上唇；G. 锯鞘侧面观；H. 生殖铗；I. 爪；J. 阳茎瓣

（334）方顶带斑叶蜂 *Emphytopsis quadrata* Wei & Xu, 2011（图 3-329）

Emphytopsis quadrata Wei & Xu, *in* Wei, Xu & Niu, 2011: 6.

主要特征：雌虫体长 10mm；体浅黄褐色，单眼三角以及不相连的单眼后区后部方斑、上颚端部、前胸背板两侧缘条斑、前胸侧板外侧、中胸背板前叶椭圆形斑、侧叶 1 大 1 小长椭圆形纵斑、中胸后背板大部分、后胸淡膜区两侧小斑、后胸后背板后缘 1 对小斑、中胸腹板、中胸后侧片后缘条斑、腹部 1–8 背板各 1 对宽横斑黑色，横斑间距宽于单眼直径，锯鞘端黑色；足黄褐色，后足股节端部 1/3、胫节端部 1/4 黑色；触角大部分黑褐色；翅透明，翅痣基部 1/3 浅褐色，翅痣端部 2/3 黑褐色；中胸前侧片和中胸腹板刻点稀疏细小，刻点间隙宽大、光滑；唇基缺口 0.6 倍于唇基长，颚眼距稍短于单眼直径；POL：OOL：OCL=3：7：9；单眼后区长等于宽，背面观后头明显短于复眼；锯鞘等长于后足基跗节；锯腹片 18 锯刃，中部锯刃具 1 个大型内侧亚基齿和 4 个外侧亚基齿。雄虫体长 8.5mm；腹部第 1 背板和虫体腹侧全部黄白色，腹部第 2 背板黑斑最大，第 3–7 背板黑斑小型；下生殖板宽大于长，端部圆钝。

分布：浙江（临安、四明山）、安徽。

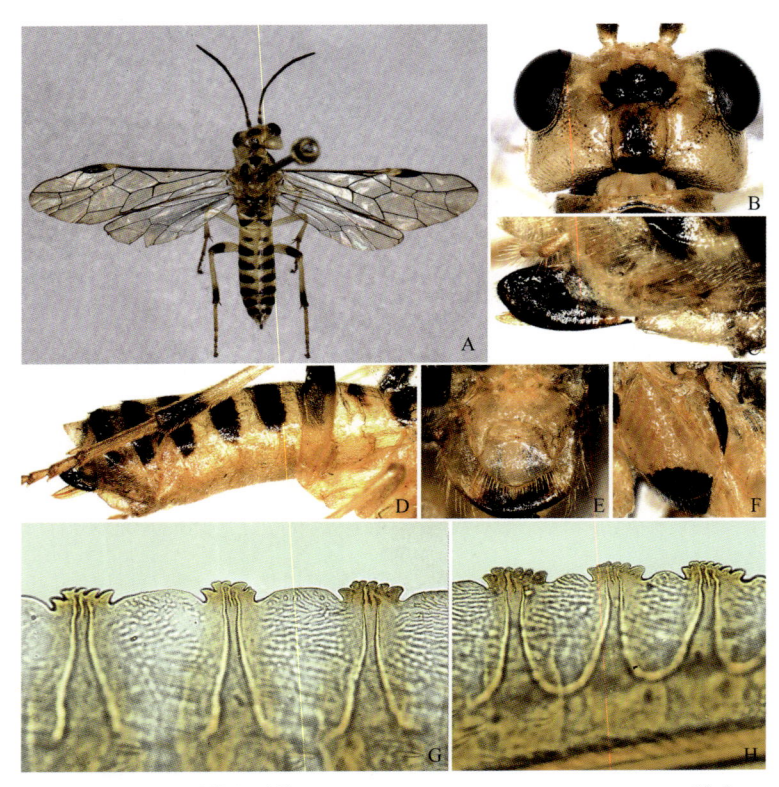

图 3-329　方顶带斑叶蜂 *Emphytopsis quadrata* Wei & Xu, 2011 雌虫
A. 成虫背面观；B. 头部背面观；C. 锯鞘侧面观；D. 腹部侧面观；E. 唇基和上唇；F. 中胸侧板；G. 锯腹片第 6–8 锯刃；H. 锯腹片第 11–13 锯刃

104. 金氏叶蜂属 *Jinia* Wei & Nie, 1999

Jinia Wei & Nie, 1999C: 9–10, 13. Type species: *Jinia fulvana* Wei & Nie, 1999, by original designation.

主要特征：中型叶蜂，体形窄长；体黄褐色具少量黑斑；上唇宽大，唇根隐蔽；唇基具低弱横脊，缺口浅弧形（图 3-330A）；唇基上区弱度隆起，额唇基沟深，触角窝间距窄于内眶；上颚不对称，端齿强烈弯折，左上颚双齿型，右上颚单齿型；复眼小，间距宽于复眼长径；颚眼距长于单眼直径，后眶宽大，后颊脊发达，伸达上眶后缘；背面观后头延长，约等长于复眼，侧缘近似平行或稍膨大，单眼后区宽不大于长；触角显著长于头宽的 2 倍，第 2 节长大于宽，第 3 节短于第 4 节，鞭节侧扁，具触角器；体光滑，局部具细弱刻点或刻纹。前胸背板沟前部发达，约等于单眼直径 3 倍，具前缘脊；前胸侧板腹侧宽，接触面长于单眼直径；中胸小盾片平坦，后胸后背板发达，中部平坦，不收缩；无胸腹侧片，中胸前侧片前缘具细脊；前足胫节内端距端部分叉或具高位膜叶；后足胫节等长于跗节，端距近等长，约等长于后足胫节端部宽；后足基跗节约等长于其后 4 个跗分节之和；爪基片较短，内齿短于外齿；前翅 Rs 脉第 1 段完整，1R1 室和 1Rs 室分离，其和长约等于 2Rs 室；2m-cu 脉位于 1r-m 脉外侧；1M 脉与 1cu-a 脉平行，R+M 脉点状，cu-a 脉位于中室下缘基部 1/5–1/4 处；臀室完整，臀横脉明显倾斜，位于臀室中部外侧和 1M 脉基部内侧；后翅具封闭 M 室，Rs 室开放，R1 室无小附室，端部伸抵翅外缘，臀室具柄式；锯鞘短，约等长于后足基跗节，锯腹片长，锯刃内侧无肩状部；雄虫后翅无缘脉，阳茎瓣具腹缘细齿和小型端侧突，端部无分离的大钩形突。

分布：中国。本属已知 4 种，浙江发现 1 种。

（335）黄胸金氏叶蜂 *Jinia zhengi* Wei & Nie, 1999（图 3-330，图版 VIII-1）

Jinia zhengi Wei & Nie, 1999C: 10.

主要特征：雌虫体长 15mm；体和足橘褐色，触角第 5 节端部和端部 4 节黑色，上唇和上颚基部、小盾片、各足基节大部分和转节黄白色；翅透明，无烟斑，前缘脉和翅痣基部 2/5 黄褐色，翅痣端部 3/5 及其余翅脉黑褐色（图 3-330D）；体光滑，唇基前部具粗糙刻点和皱纹，上唇具稀疏细小刻点（图 3-330A），小盾片后缘具模糊刻点，虫体其余部分无明显刻点和刻纹；唇基具明显钝横脊，前缘缺口浅弧形（图 3-330A）；复眼内缘直，间距显著大于复眼长径；颚眼距稍长于单眼直径；单眼后区长大于宽，具弱中纵沟，侧沟两端向前、后方向稍收敛，中部明显外弯；背面观后头两侧明显膨大；触角明显侧扁，第 3 节稍短于第 4 节；前翅 cu-a 脉交于 1M 室基部 1/3；锯鞘短小，锯鞘端等长于锯鞘基，端部上角稍突出（图 3-330B）；前足胫节内端距具高位膜叶，膜叶端部锐角形（图 3-330C）；锯腹片 21 锯刃，节缝刺毛带短，中部前后连接；第 1 锯刃较低，第 2–3 锯刃亚三角形突出，端部钝（图 3-330E）；第 5–7 锯刃近似半圆形，强烈突出，亚基齿不明显，刃间膜显著短于锯刃宽，中部凸出（图 3-330F）；亚端部锯刃城垛形突出，端部钝，无刃间膜（图 3-330G）。雄虫未知。

分布：浙江（庆元、龙泉）、湖南。

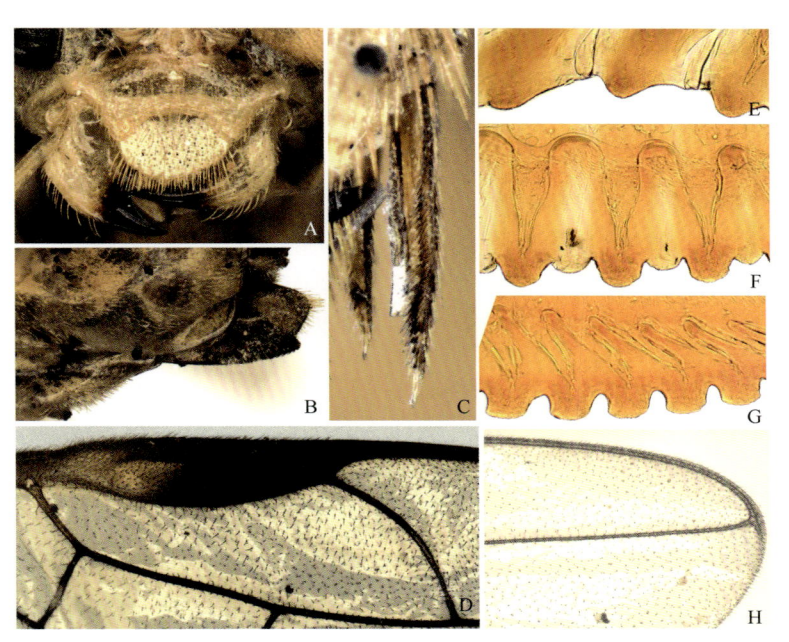

图 3-330 黄胸金氏叶蜂 *Jinia zhengi* Wei & Nie, 1999 雌虫
A. 唇基和口器；B. 锯鞘侧面观；C. 前足胫节端距；D. 前翅翅痣；E. 锯腹片第 1–3 锯刃；F. 锯腹片第 5–7 锯刃；G. 锯腹片亚端部锯刃；H. 后翅 r1 室端部

105. 前室叶蜂属 *Allomorpha* Cameron, 1876

Allomorpha Cameron, 1876: 463. Type species: *Allomorpha incisa* Cameron, 1876, by monotypy.

主要特征：体粗壮，中大型叶蜂；雌雄异型，雌虫黑色具少量淡斑，雄虫大部分黄褐色；头、胸部具显著粗大刻点，中胸侧板刻点粗糙；后头两侧平行或稍膨大，背面观约等于复眼长径；前面观复眼内缘向下稍收敛，间距稍宽于复眼长径；额脊低钝，单眼后区宽等于或大于长；唇基前缘缺口极深，几达唇基基部，侧叶窄长；上唇大而平坦，唇根外露；上颚不对称，左上颚三齿，中齿方形，基齿短尖，端齿内侧无明显肩状部；右上颚单齿；后颊脊发达；颚眼距窄于单眼直径；触角粗壮，与腹部等长，第 2 节长大于端部宽，第 3 节远长于第 4 节，第 5–8 节明显宽扁，雌虫触角中部白色；前胸侧腹板接触面很宽，后胸后背板发达，中部不收窄；后足胫节等长于转节与股节之和，后基跗节与其后跗分节之和等长；前足内胫距端部分叉；后足胫距粗短，近似等长，均短于后基跗节 1/4 长；爪中裂式，亚端齿稍短，爪基片较小；前翅 1R1 和 1Rs 室分离，cu-a 脉位于中室基部 1/3 处，臀横脉倾斜 40°左右，R+M 脉点状；后翅具封闭 Rs 室，无封闭 M 室，R1 室附室微小，臀室无柄式或具极短柄；锯腹片狭长，多于 20 节；锯刃较短小，端部斜截形，刃间膜较长，明显隆起；抱器长大于宽，副阳茎外侧无明显肩状部；阳茎瓣头叶十分狭窄，剃刀形，阳茎瓣尾明显宽于头叶。

分布：东亚。本属已知 6 种，中国分布 5 种，另外 1 种分布于日本。浙江目前发现 7 种，本书记述 5 种，包括 1 个新种。

寄主：山矾科 Symplocaceae 山矾属 *Symplocos* 植物。

分种检索表

1. 后足胫节黑色 ··· 2
- 后足胫节部分淡色：黄褐色、红褐色或白色 ·· 3
2. 内眶黑色，下部具狭窄短条；锯腹片 24 环节。雄虫未知 ············· 斑唇前室叶蜂，新种 *A. nigrotibialis* sp. nov.
- 头部内眶大部分黄白色；锯腹片 32–33 环节。雌虫 ···································· 异色前室叶蜂 *A. fulva*
3. 后足胫节大部分暗红褐色；锯腹片具 26–27 锯刃 ·································· 黑眶前室叶蜂 *A. nigriceps*
- 后足胫节大部分黄白色或黄褐色 ··· 4
4. 虫体全部黄褐色，翅痣全部黄褐色，触角末端稍暗。雄虫 ···························· 异色前室叶蜂 *A. fulva*
- 虫体大部分黑色，具少量淡斑；触角末端黑色 ·· 5
5. 内眶和后眶大部分黄褐色；后足胫节黄褐色；翅痣浅褐色或黄褐色；锯腹片具 32–33 锯刃 ········· 黄眶前室叶蜂 *A. incisa*
- 后眶全部黑色，内眶仅下端具白斑；后足胫节黄白色；翅痣大部分黑褐色；锯腹片具 24 锯刃 ··· 白胫前室叶蜂 *A. tibialis*

（336）异色前室叶蜂 *Allomorpha fulva* Takeuchi, 1938（图 3-331）

Allomorpha incisa Camerom sensu Takeuchi, 1938a: 73, nec. Cameron, 1876.
Allomorpha fulva Takeuchi, 1938a: 74.

主要特征：雌虫体长 12.5mm；体黑色，唇基、上唇和上颚基部 2/3、唇基上区、内眶和后眶下部狭斑、后眶上斑、触角第 4–5 节、翅基片、小盾片、附片、后小盾片、腹部第 1 背板中部、第 2 背板大部分、第 7 背板中央纵条、第 8 背板中央、第 10 背板大部分、第 2 背板侧接缘、第 2–5 腹板中央白色，第 3–6 背板中央有时具白色狭条斑，有时头部除额区外全部为黄色；触角第 3 节暗棕色，第 5 节末端黑褐色；足黑色，前中足股节中部以外浅褐色，股节色稍深；翅透明，中部微带烟灰色，翅痣大部分黄褐色，前缘脉浅黄色，翅痣后缘和其余翅脉黑褐色；体毛银褐色；唇基刻点较稀疏，额区刻点较密，头部其余部分刻点细浅微弱，小盾片刻点不密，中胸后侧片和后胸侧板刻纹致密，腹部背板刻纹微弱；上唇端部尖；左上颚亚端部的肩状部弧形；唇基稍隆起，前缘缺口长于唇基 3/4 长，侧叶窄长；颚眼距等于单眼直径；单眼后区方形，侧沟深长，稍弯曲，向后稍分歧；触角第 5 节长宽比小于 3，末端 4 节之和长于第 3、4 节之和；前翅 cu-a 脉交于 M 室基部 1/6，后翅臀室无柄式；锯鞘等长于中足胫节，鞘端明显长于鞘基；锯腹片 32–33 锯刃，锯刃倾斜，具 6–7 个细齿，刃间膜倾斜，基端低，外端高；锯腹片侧面密布细长刚毛。雄虫体长 11.5mm；体和足黄褐色，额区具黑斑，触角末端数节稍暗，中胸背板前叶前端黑褐色；生殖铗见图 3-331B，阳茎瓣见图 3-331C。

分布：浙江（德清、临安、丽水）、江苏、安徽、江西、福建。

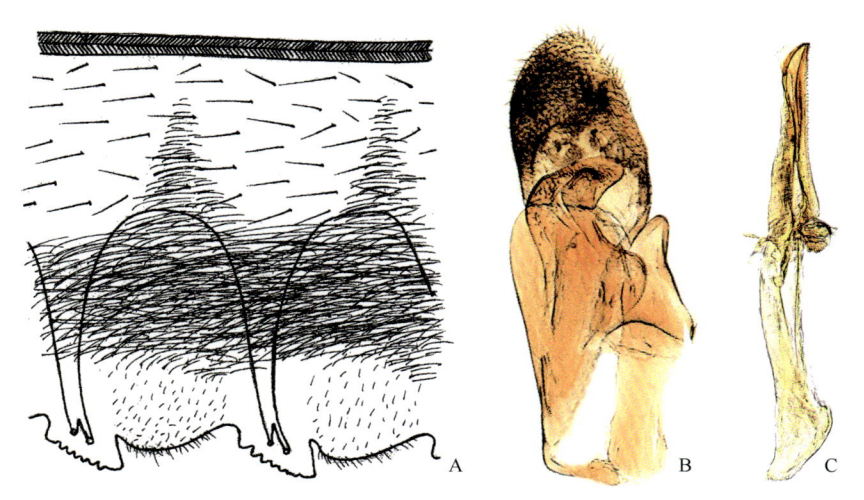

图 3-331 异色前室叶蜂 *Allomorpha fulva* Takeuchi, 1938
A. 锯腹片中部锯刃；B. 生殖铗；C. 阳茎瓣

（337）黄眶前室叶蜂 *Allomorpha incisa* Cameron, 1876（图 3-332）

Allomorpha incisa Cameron, 1876: 463.

主要特征：雌虫体长 13mm；体黑色，唇基、上唇和上颚大部分白色，复眼周围具白环，后眶上部无白斑，翅基片白色；足污白色至浅褐色，中后足股节、后足胫节端部和后足跗节黑褐色；翅痣浅褐色或黄

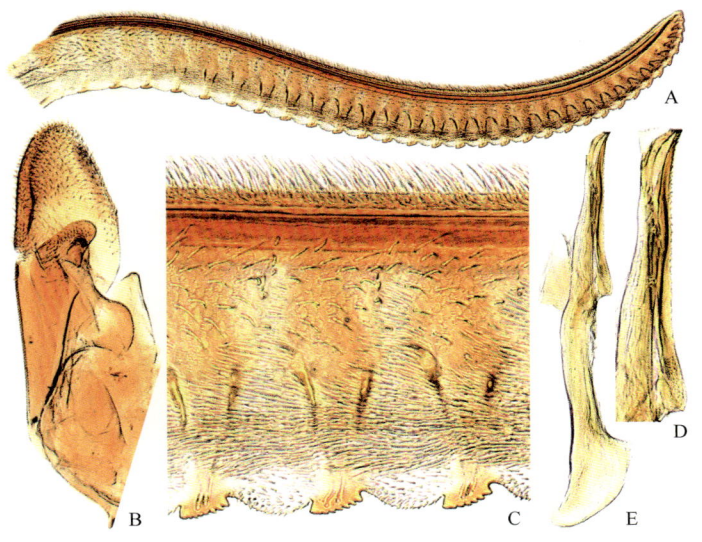

图 3-332 黄眶前室叶蜂 *Allomorpha incisa* Cameron, 1876
A. 锯腹片；B. 生殖铗；C. 锯腹片中部锯刃；D. 阳茎瓣头叶；E. 阳茎瓣

褐色；腹部黑色，第 2 背板两侧通常白色；头部在复眼后两侧稍收缩，颊眼距稍窄于单眼直径；锯鞘侧面观末端圆钝；锯腹片狭长，32–33 锯刃（图 3-332A）；锯刃端部平截，具 6–7 个细小亚基齿，刃间膜微弱倾斜，远端稍高；锯腹片侧面刺毛带较密集（图 3-332C）。雄虫体长约 9.5mm；头、胸部黑色，唇基、上唇、内眶、后眶、触角第 3 节腹面、4–5 节全部、翅基片、前胸背板后缘和小盾片白色；足黄褐色，各足基节基部、后足膝部黑色，腹部黑色，各背板中部和腹板均红褐色；抱器近似长三角形，内侧弱弧形鼓凸，端部窄，副阳茎三角形，端部狭窄（图 3-332B）；阳茎瓣头叶较短，明显短于阳茎瓣柄部，狭长三角形，瓣尾十分宽大（图 3-332E）。

分布：浙江（杭州、丽水）、江西、湖南、云南。

寄主：山矾科白檀 *Symplocos paniculata*。

(338) 黑眶前室叶蜂 *Allomorpha nigriceps* Wei, 1997（图 3-333，图版 VIII-2）

Allomorpha nigriceps Wei, in Wei et al., 1997: 68.

主要特征：雌虫体长 12mm；体、足和触角黑色；唇基、上唇和上颚大部分、中胸小盾片、附片、后小盾片、第 2 背板两侧大斑、第 8 和第 10 背板中部、腹部 2–4 腹板中央小斑、触角第 4–5 节、后足基节端部和后足转节白色，触角 1、2 节及翅基片大部分、前足股节端半部前缘、前中足胫跗节、后足胫节大部分和后足胫节端距红褐色或暗红褐色，触角第 3 节暗褐色至黑褐色；翅透明，翅痣基部黄褐色，前缘脉浅褐色，翅痣大部分和其余翅脉黑褐色；体毛银褐色；额区刻点较密，头部其余部分刻点细浅微弱，上眶具 1 大片无刻点区；胸部刻点较密，小盾片刻点稍密，中胸后侧片和后胸侧板刻纹致密；腹部背板刻纹微弱；唇基前缘缺口长于唇基 2/3 长，侧叶窄长；颊眼距等于单眼半径；单眼中沟较深，后沟较细浅；单眼后区近方形；侧沟深长，稍弯曲，向后稍分歧；后头两侧前半部稍膨大，后部收缩，稍短于复眼；触角约等长于前缘脉，第 3 节明显长于第 4 节，第 5 节长宽比为 3；锯腹片 26–27 锯刃，锯刃端部不倾斜，稍低于刃间膜平面，具 5–6 个细齿，锯腹片侧面刺毛不十分浓密，在中部会合，背腹端均明显呈带状（图 3-333B）。雄虫体长 9–10mm，触角第 3 节、前中足股节大部分和后足股节基半部红褐色，各足转节白色，后头两侧显著收缩；下生殖板端部窄截形；抱器长椭圆形，端部窄圆（图 3-333C）；阳茎瓣头叶明显短于柄部（图 3-333D）。

分布：浙江（临安）、河南、安徽、江西、湖南、福建、广西。

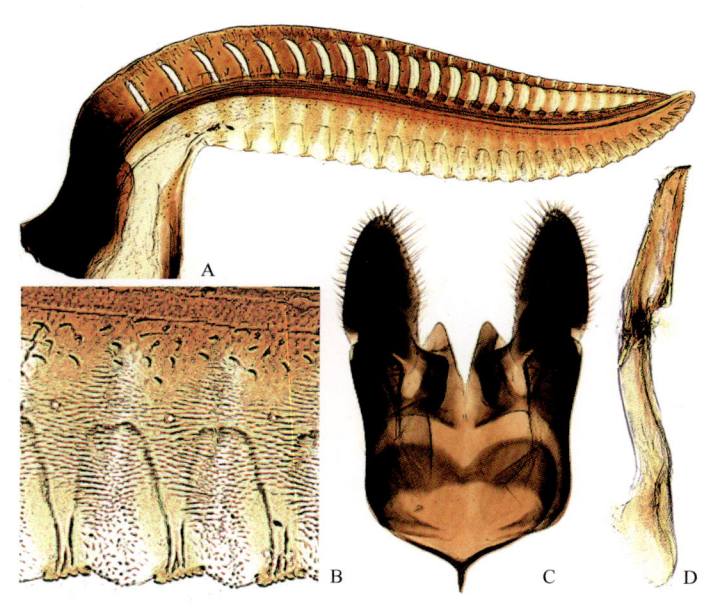

图 3-333 黑眶前室叶蜂 *Allomorpha nigriceps* Wei, 1997
A. 锯背片和锯腹片；B. 锯腹片中部锯刃；C. 生殖铗；D. 阳茎瓣

(339) 斑唇前室叶蜂，新种 *Allomorpha nigrotibialis* Wei, sp. nov. （图 3-334）

雌虫：体长 10mm。体和足黑色，内眶下部条斑、上颚基半部外侧、唇基、触角第 3 节全部和第 4 节除端部外、小盾片和附片、后小盾片、腹部第 2 背板两侧大斑、第 3-6 背板气门附近小斑、第 10 背板后缘、2-4 腹板基部中央小斑、后足基节外侧、前中足转节背侧、后足转节全部白色，上唇除边缘外黑褐色，翅基片外缘、前足胫跗节和各足胫节距浅褐色。翅透明，前缘脉大部分和翅痣基部 1/5 浅褐色，翅痣端部 4/5 和其余翅脉黑褐色。体毛银褐色。

唇基刻点较稀疏，额区和内眶中部刻点粗糙密集，单眼后区和上眶刻点稀疏，后眶刻点细浅，具光泽；前胸背板背侧刻点粗密，背板凹部刻纹致密；中胸背板刻点不十分密集，小盾片刻点粗糙致密，后胸小盾片无明显刻点，具细弱刻纹；中胸前侧片中上部刻点致密粗糙，粗皱纹状，无光泽，下部刻点稀疏；腹部背板刻纹微弱；后足基节大部分光滑，刻点稀疏，光泽强。

唇基缺口深 0.8 倍于唇基长，上唇宽大，端部突出（图 3-334A）；左上颚基部小齿显著（图 3-334B）；背面观头部两侧在复眼后微弱收窄，稍短于复眼；单眼后区长大于宽，侧沟弱弧形弯曲，互相近似平行，中部稍外鼓；POL：OOL：OCL=7：3：9；中窝小，与额区中纵沟连接；触角第 2 节长宽比大于 2，第 3、4 节长度之比为 5：4，第 8 节长宽比约等于 2（图 3-334E）。后足基跗节稍长于其后 4 跗分节之和，爪内齿稍短于外齿。后翅 R1 室端部钝截形，具短柄。锯腹片具 24 个锯刃，锯刃端部明显倾斜，具 1 个内侧亚基齿和 5-6 个外侧亚基齿，亚基齿较小，锯腹片背侧半部具密集长毛，腹侧半部具稀疏短刺毛，裸区显著（图 3-334C、D）。

雄虫：未知。

分布：浙江（临安）、江西、贵州。

词源：本种后足胫节黑褐色，以此命名。

正模：♀，浙江天目山三里坪，海拔 800m，2011.VII.21，刘艳霞，线粒体基因组编号 CSCS1151（ASMN）。

鉴别特征：本种与黑斑前室叶蜂 *Allomorpha nigromacula* Wei, 1997 最近似，但中胸小盾片和附片白色，锯腹片锯刃亚基齿较小且多，与该种不同。

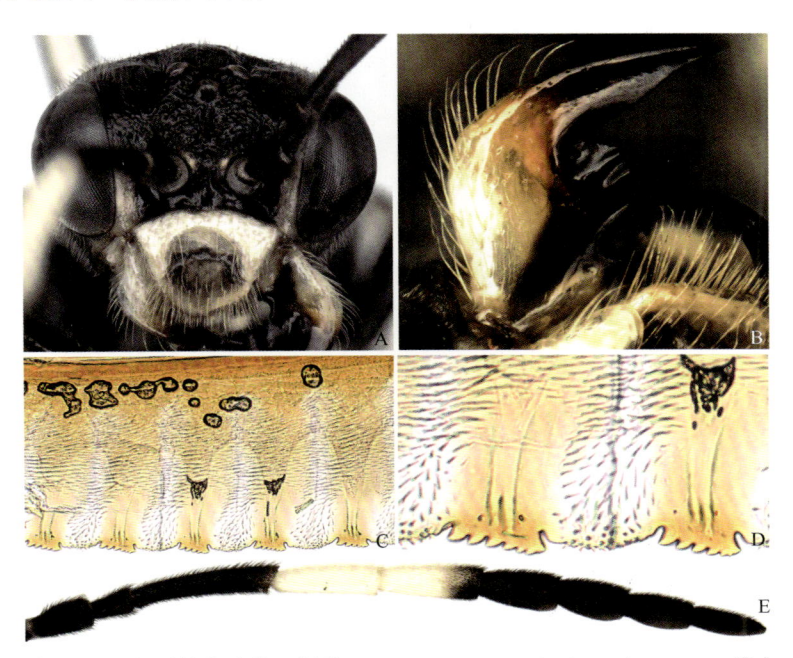

图 3-334 斑唇前室叶蜂，新种 *Allomorpha nigrotibialis* Wei, sp. nov. 雌虫
A. 头部前面观；B. 左上颚；C. 锯腹片第 7-11 锯刃；D. 第 8-9 锯刃；E. 触角

（340）白胫前室叶蜂 Allomorpha tibialis Wei, 1997（图 3-335）

Allomorpha nigriceps Wei, in Wei *et al.*, 1997: 67.

主要特征：雌虫体长 12mm；体、足和触角黑色，唇基、上唇和上颚大部分、内眶下半部、翅基片、中胸小盾片、附片、后小盾片、腹部第 2 背板两侧大斑和中央条斑、第 8 和第 10 背板中部、腹部 2–5 腹板大部分、触角第 4–5 节、各足基节外侧斑和端部、前中足第 2 转节、后足转节全部和后足胫节基部 5/6 黄白色，前足股节前缘部分暗褐色，前中足胫节大部分黄褐色，中后足跗节暗褐色或黑褐色；翅透明，翅痣基部黄褐色，翅痣大部分黑褐色；体毛银褐色；额区和单眼后区中部刻点较密，头部其余部分刻点细浅微弱，上眶处具 1 大片无刻点区；胸部刻点较密，小盾片刻点稍密，中胸后侧片和后胸侧板刻纹致密；腹部背板刻纹微弱；唇基稍隆起，前缘缺口长于唇基 3/4；颚眼距等于单眼半径；单眼后区方形，侧沟深长，稍弯曲，向后稍分歧；后头两侧前半部稍膨大，后部收缩，稍短于复眼；锯鞘长于中足基跗节，鞘端稍长于鞘基；锯腹片 24 锯刃，锯刃端部不倾斜，等高于刃间膜平面，具 3–4 个大齿，锯腹片侧面刺毛十分浓密，互相稍分离，明显呈宽带状（图 3-335A、B）。雄虫体长 9–10mm；前中足全部和后足股节基部黄褐色，第 3–4 节背板中部浅褐色；抱器宽，端部圆钝（图 3-335C）；阳茎瓣端部短于柄部，瓣头腹内角较方，腹侧近端部具密集粗长刺毛（图 3-335D）。

分布：浙江（临安）、安徽、江西、湖南、福建。

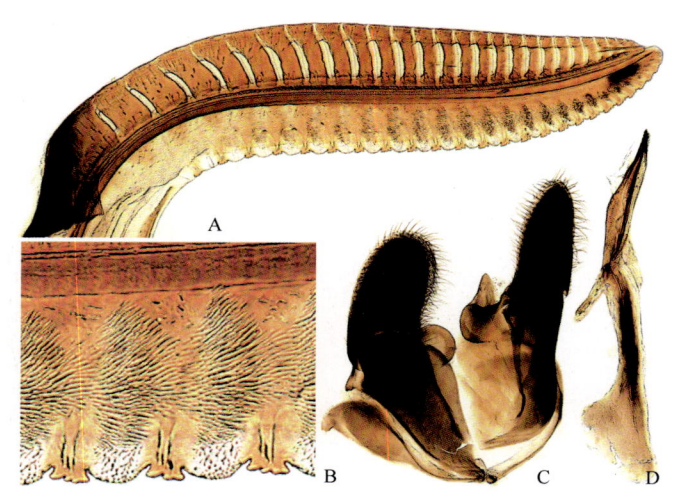

图 3-335　白胫前室叶蜂 *Allomorpha tibialis* Wei, 1997
A. 锯背片和锯腹片；B. 锯腹片中部锯刃；C. 生殖铗；D. 阳茎瓣

106. 元叶蜂属 *Taxonus* Hartig, 1837

Tenthredo (*Taxonus*) Hartig, 1837: 297–298. Type species: *Tenthredo* (*Allantus*) *nitida* Klug, 1817, by subsequent designation of Rohwer, 1911.

Ermilia Costa, 1859: 106. Type species: *Ermilia pulchella* Costa, 1859, by monotypy.

Parasiobla Ashmead, 1898d: 308. Type species: *Allantus rufocinctus* Norton, 1860, by original designation.

Strongylogastroidea Ashmead, 1898d: 308. Type species: *Strongylogaster apicalis* (Say, 1836), by original designation.

Hypotaxonus Ashmead, 1898d: 311. Type species: *Allantus pallipes* Say, 1823, by original designation.

主要特征：唇基显著隆起，前缘缺口宽深，底部平钝，侧叶窄长；上唇宽大、平坦，唇根外露（图 3-337C）；额唇基沟显著，唇基上区低弱隆起，触角窝间距窄于内眶宽；后眶宽，后颊脊发达，伸至上眶后缘；上颚不对称，端部显著弯折，左上颚 2–3 齿（图 3-337D），右上颚简单，无内齿；侧窝向前开放；复眼较大，间距稍宽于复眼长径，颚眼距 0.5–1.2 倍于单眼直径；触角较细长，长于头宽 2 倍，第 2 节长大于宽，第 3 节通常长于第 4 节，少数种类较短，鞭节有时侧扁；背面观后头明显延长，两侧缘亚平行；前胸背板沟前部发达，明显长于单眼直径 2 倍，具亚前缘脊；前胸侧板腹侧宽，接触面长于单眼直径；中胸小盾片平坦，后胸后背板发达，中部平坦，不收缩；无胸腹侧片，中胸前侧片前缘具细脊；前足胫节内端距端部分叉，后足胫节端距不等长，内距长于后足基跗节 1/3，后足基跗节约等长于其后 4 个跗分节之和；爪内齿稍短于外齿，爪基片较大，下端角近方形（图 3-337E）；前翅具 4 肘室，Rs 脉第 1 段完整，1R1 室和 1Rs 室分离；1M 脉与 1cu-a 脉平行，R+M 脉点状，cu-a 脉位于中室下缘中部；臀室完整，臀横脉倾斜，位于臀室中部外侧和 1M 脉基部内侧；后翅具 0–2 个封闭中室，R1 室无附室，臀室通常无柄式。雄虫后翅有时具缘脉；阳茎瓣具腹缘细齿和端侧突；锯腹片锯刃具明显延长的内侧肩状部。

分布：古北区，新北区。本属已知 62 种，中国记载 36 种。浙江省已发现 14 种，包括 1 新种。

分种检索表

1. 头部黄褐色或暗红褐色 ·· 2
- 头部黑色，唇基和口器有时部分或全部白色 ··· 8
2. 触角中部黄白色，端部黑色，基部红褐色或黑色 ··· 3
- 触角中部颜色不淡于鞭节基部 ··· 4
3. 锯鞘端黑色，翅痣端部 1/3–1/2 黑褐色 ··· 竹内元叶蜂 *T. takeuchii*
- 锯鞘端和翅痣全部黄褐色 ·· 白基元叶蜂 *T. leucocoxus*
4. 中胸腹板黑色，雄虫后翅缘脉不完整 ··· 川陕元叶蜂 *T. chuanshanicus*
- 中胸腹板黄褐色 ·· 5
5. 触角末端 3–4 节黑色 ··· 6
- 触角中部黑色，基部黄褐色，端部 2–3 节白色 ·································· 蓬莱元叶蜂 *T. formosacolus*
6. 腹部背板无黑斑，中胸侧板刻点稀疏，具光滑间隙；雄虫后翅具缘脉 ············· 大元叶蜂，新组合 *T. major* comb. nov.
- 腹部背板中部数节具成对黑斑，中胸侧板刻点常密集；雄虫后翅无缘脉 ·································· 7
7. 单眼后区长大于宽；锯腹片 28 锯刃，刃间膜圆凸；雄虫后翅具闭 M 室，Rs 室开放 ··················
·· 浙皖元叶蜂，新种 *T. zhewanicus* sp. nov.
- 单眼后区长约等于宽；锯腹片 24 锯刃，锯刃倾斜，刃间膜平直；雄虫触角端部 4 节黑色，后翅无封闭中室 ····
·· 开室元叶蜂 *T. immarginervis*
8. 雌虫后翅具 2 个封闭中室，雄虫后翅具缘脉 ·· 9
- 雌虫后翅至多具 1 个封闭的中室，雄虫后翅无缘脉 ·· 12
9. 唇基黑色；触角 3 色或大部分红褐色；腹部不同颜色，具红褐色环节 ··································· 10
- 唇基白色或红褐色；触角 2 色，末端 3–4 节白色，其余黑色；腹部无红环 ····························· 11
10. 两性触角鞭节中部白色，两端黑色；胸部大部分黑色，腹部两端黑色，中部红褐色 ······· 红环元叶蜂 *T. annulicornis*
- 两性触角鞭节红褐色；雌虫胸部和腹部第 1 背板红褐色，头部、中胸腹板及腹部 2–9 节黑色；··········
·· 红胸元叶蜂 *T. rufithorax*
11. 触角几乎等长于胸、腹部之和，鞭节显著侧扁，端部 4 节之和长于第 3、4 节长度之和 ········· 丝角元叶蜂 *T. smerinthus*
- 触角等长或稍短于腹部，鞭节稍侧扁，端部 4 节之和短于第 3、4 节长度之和；中胸前侧片刻点稀疏，间隙宽且光滑 ···
··· 天目元叶蜂 *T. tianmunicus*
12. 触角端部数节白色；两性后翅无封闭中室 ·· 13
- 触角全部黑色，有时中部具红褐色环节；两性后翅 Rs 室开放，M 室封闭；头部背侧刻点粗糙密集，中胸前侧片刻点粗糙 ··· 热氏元叶蜂 *T. zhelochovtsevi*
13. 唇基白色；中胸前侧片上部刻点稀疏 ··· 白唇元叶蜂 *T. alboclypea*
- 唇基黑色；中胸前侧片刻点密集 ··· 黑唇元叶蜂 *T. attenatus*

(341) 白唇元叶蜂 *Taxonus aboclypea* (Wei, 1997)（图 3-336，图版 VIII-3）

Parasiobla aboclypea Wei, 1997b: 1589, 1611.
Taxonus aboclypea: Blank *et al.*, 2009: 59.

主要特征：雌虫体长 9mm；体黑色，触角末端 3 节、唇基大部分、上唇、上颚基半、口须、前胸背板后缘和翅基片白色，小盾片大部分和足红褐色，各足基节基部、后足膝部、中足跗节、后足跗节黑褐色，腹部第 1 背板后缘、2–6 背板后缘和侧面小部分、2–6 腹板黄褐色；翅透明，前缘脉和翅痣基部褐色；颚眼距短于单眼直径；触角长于前缘脉，鞭节端部数节宽且扁，第 3、4 节约等长；后翅无封闭中室；头、胸部光滑，唇基和小盾片后部刻点较大，中胸前侧片上半部刻点粗大、稀疏，间隙光滑；锯腹片 21 锯刃，锯刃倾斜；中部锯刃内侧具 1 大型亚基齿，外侧具 5–6 个小亚基齿，刃间膜稍鼓起，明显短于锯刃（图 3-336C）。雄虫体长 7–8mm；后翅无缘脉；抱器狭长，长宽比大于 2，端部窄圆，内缘中部稍鼓；副阳茎内端突较窄，外侧肩状部平台状（图 3-336A）；阳茎瓣长尾鸟形，端侧突短小，颈部明显，背缘中部明显突出，尾突伸向下后方，腹缘弧形鼓出，细缘齿微小（图 3-336B）。

分布：浙江（临安、四明山、龙泉、乐清）、陕西、湖北、湖南、广东、广西、重庆、四川、贵州、云南。

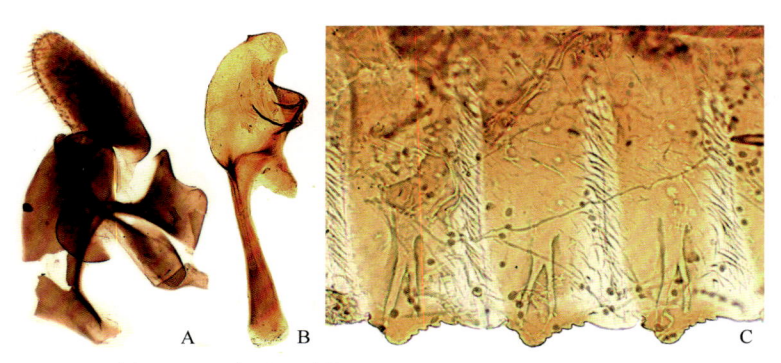

图 3-336 白唇元叶蜂 *Taxonus aboclypea* (Wei, 1997)
A. 生殖铗；B. 阳茎瓣；C. 锯腹片第 7–9 锯刃

(342) 红环元叶蜂 *Taxonus annulicornis* Takeuchi, 1940（图 3-337，图版 VIII-4）

Taxonus annulicornis Takeuchi, 1940: 480.

主要特征：雌虫体长约 10mm；体黑色，上唇、上颚基部、触角第 3 节腹侧端部、第 4–5 节全部、前胸背板后缘、小盾片中部、后胸背板侧脊、各足基节除基部以外和转节白色；唇基、触角基部 2 节、翅基片、前中足除了基节和转节、后足股节基部 2/3、后足胫节和基跗节、腹部第 2 节背板侧面和腹板以及第 3–6 节全部红褐色，内眶上端条斑和后足 2–5 跗分节黄褐色，触角第 3 节背侧暗褐色或黑褐色，端部 4 节和后足股节端部黑色；翅烟灰色，翅痣基部黄褐色，端部 3/4 和翅脉黑褐色，前缘脉浅褐色；体毛银褐色；体光滑，唇基、前胸背板和小盾片两侧刻点明显，中胸背板和腹板具细弱刻点，中胸前侧片刻点致密；中窝较大且深；单眼后区长明显小于宽，后头微短于复眼；触角等长于前缘脉，第 3 节明显长于第 4 节；爪基片锐利，内齿短于外齿；后翅具 2 个闭中室，臀室无柄式；锯鞘约等长于中足胫节，鞘端稍长于鞘基，末端斜截，顶角尖出；锯腹片 21 锯刃，刃间膜不倾斜，约与锯刃等宽，锯刃两侧对称，各具 4–5 个内侧和外侧亚基齿，节缝刺毛带中等宽（图 3-337A）。雄虫体长 8mm；唇基大部分、触角基部 3 节和第 6 腹节大部分黑褐色至黑色，小盾片无白斑或白斑较小；后翅无闭中室，具完整缘脉；抱器长稍大于宽，端部斜截形（图 3-337B）；副阳茎内侧突指状，较长；阳基腹铗内叶尾小；阳茎瓣头叶斜方形，无颈状部，腹缘具细齿（图 3-337G）。

分布：浙江（德清、安吉、临安、四明山、丽水、龙泉）、陕西、江苏、安徽、湖北、江西、湖南、福建。

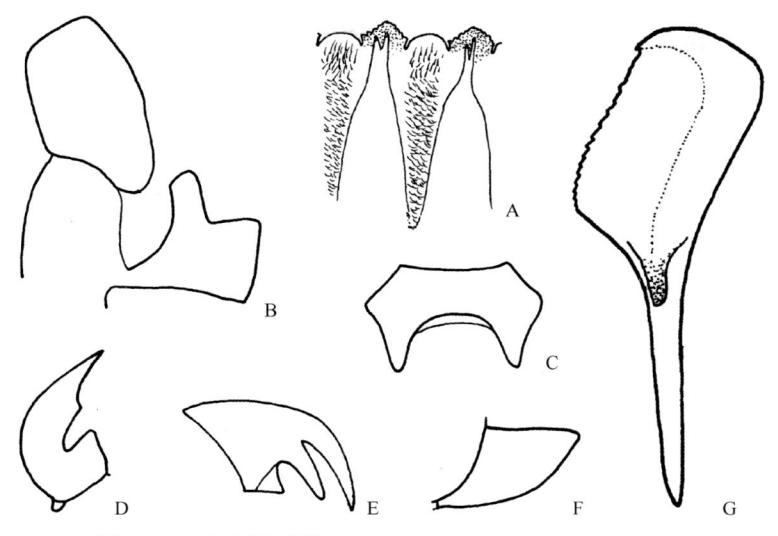

图 3-337　红环元叶蜂 *Taxonus annulicornis* Takeuchi, 1940
A. 锯腹片中部锯刃；B. 生殖铗；C. 唇基；D. 左上颚；E. 爪；F. 锯鞘端侧面观；G. 阳茎瓣

（343）黑唇元叶蜂 *Taxonus attenatus* Rohwer, 1921（图 3-338）

Taxonus attenatus Rohwer, 1921: 94.
Taxonus attenuatus: Forsius, 1931: 39. Misspelling.

主要特征：雌虫体长 9.5mm；体黑色，上唇、上颚基部、触角端部 3 节和腹部 2–6 节背板气门附近白色；翅基片、小盾片中部、腹部基部腹板中部红褐色至黄褐色；足红褐色，各足基节大部分、后足胫节两端及后基跗节黑色，前中足跗节大部分黑褐色，各足基节端部、转节、后足第 2–5 跗分节白色；翅透明，缘脉和翅痣基部浅褐色，其余翅脉黑褐色；体毛银褐色；体光滑，唇基、小盾片后缘及中胸前侧片上半部分具粗大密集刻点；颚眼距短于单眼直径；复眼中等大，内缘向下稍收敛，间距宽于眼高；单眼后区方形，侧沟较深，向后稍分歧；背面观后头稍短于复眼长径，两侧明显收缩；触角约等长于腹部，第 3 节等长或稍长于第 4 节，末端 4 节强烈侧扁；爪内齿宽于但稍短于外齿；前翅 2Rs 稍长于 1Rs 室，后翅无封闭中室，臀室无柄式或具点状短柄；锯腹片 18 锯刃，刃间膜明显短于锯刃，锯刃具 4 个后侧亚基齿和 1 个内侧亚基齿，节缝刺毛带狭。雄虫体长 7.8mm；后翅无缘脉；抱器近长方形，端部斜截形；阳茎瓣颈部宽短，侧突宽大。

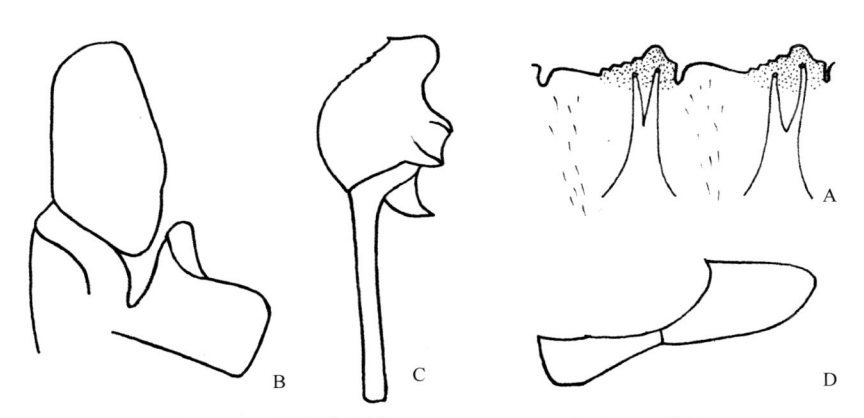

图 3-338　黑唇元叶蜂 *Taxonus attenatus* Rohwer, 1921
A. 锯腹片中部锯刃；B. 生殖铗；C. 阳茎瓣；D. 锯鞘侧面观

分布：浙江（湖州、杭州、临安、四明山、舟山、丽水、松阳、龙泉、龙泉、乐清）、河南、陕西、甘肃、江苏、湖北、湖南、福建、广西、重庆、四川、贵州、云南。

（344）川陕元叶蜂 *Taxonus chuanshanicus* Wei, 1997（图 3-339）

Taxonus chuanshanicus Wei, 1997b: 1590, 1611–1612.

主要特征：雌虫体长 11–12mm；体橘褐色，触角 4–7 节、额区锚形斑纹、后侧沟、前胸背板侧凹、中胸后上侧片、后胸侧板、中胸背板前侧缘、中胸腹板、后胸后背板部分黑色，腹部第 2–6 背板各具 1 对黑斑；头部触角窝以下部分和各足基节大部分、转节淡黄褐色；翅痣浅褐色；体光滑，中胸前侧片刻点粗糙网状，小盾片具少许刻点；单眼后区长大于宽，前半部具中脊，侧沟深；颚眼距短于单眼直径；触角第 3 节与第 4 节等长，鞭节明显侧扁；爪亚端齿与端齿等长；后翅 Rs 和 M 室封闭，臀室无柄式；锯腹片窄长，具 32 个左右锯刃，节缝刺毛带十分狭窄，互相远离（图 3-339C）；锯刃倾斜突出，端部圆钝，亚基齿细小，内侧 4–5 枚，外侧 6–7 枚，刃间膜短于锯刃，稍鼓凸（图 3-339E）。雄虫体长 10mm，后翅缘脉不完整；抱器较粗短，背缘直，腹缘弧形稍鼓凸，端部收窄，阳基腹铗中部急弯呈 Z 形（图 3-339A）；阳基腹铗内叶头部较窄且直，具弧形弯曲的大尾（图 3-339B）；阳茎瓣头叶端部狭窄，端侧突短小，顶叶短小，颈部较狭长，背侧突近似三角形（图 3-339D）。

分布：浙江（临安、龙泉）、河南、陕西、湖南、重庆、四川、贵州。

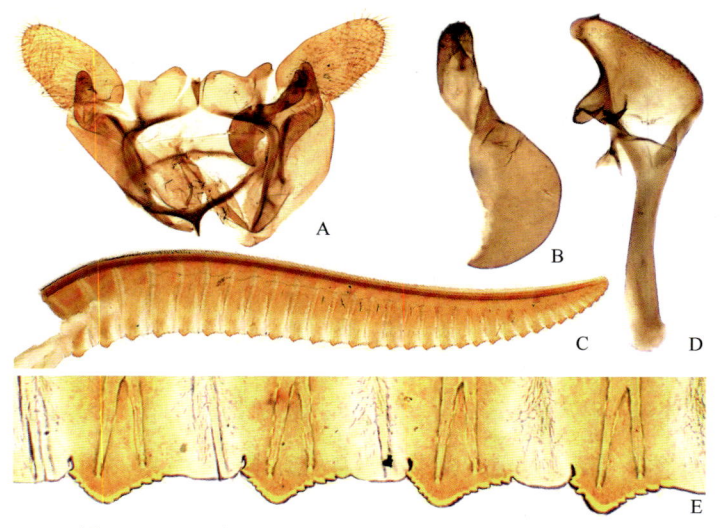

图 3-339 川陕元叶蜂 *Taxonus chuanshanicus* Wei, 1997
A. 生殖铗；B. 阳基腹铗内叶；C. 锯腹片；D. 阳茎瓣；E. 锯腹片第 7–10 锯刃

（345）蓬莱元叶蜂 *Taxonus formosacolus* (Rohwer, 1916)（图 3-340）

Strongylogastroidea formosacola Rohwer, 1916: 86.
Taxonus formosacolus: Takeuchi, 1938a: 72.
Indotaxonus sinensis Malaise, 1957: 21.
Indotaxonus flavissimus Haris, 2006: 345.

主要特征：雌虫体长 13–15mm；体暗黄褐色，侧窝底部、单眼小区、单眼后区侧沟底部、上颚端部、触角第 4–6 节、前胸背板侧面凹部、中胸后侧凹部、后胸侧板黑色；后胸后背板和腹部 2–6 背板各具 1 对黑褐色斑纹，第 2 节黑斑甚小，第 3、4 节黑斑较大；翅浅烟黄色透明，前缘脉和痣黄褐色，其余翅脉黑褐色；体毛黄褐色；唇基、小盾片两侧和中胸腹板具细弱刻点，中胸前侧片凸出部刻点较密，无刻纹，大刻点之间具狭细的刻点间隙和小刻点；唇基前缘缺口约深达唇基 2/3 长，颚眼距约等于单眼直径，单眼后区长宽比大于 1.5，侧沟深，亚平行；后头微短于复眼，两侧平行；触角稍长于前缘脉，鞭节稍侧扁，第 3、4 节几乎等长；后足基跗节稍长于其后 4 节之和；爪基片锐利，内齿等长并宽于端齿；后翅具 2 个闭中室，臀室无柄式；锯鞘约等长于前足胫节，鞘端显著长于鞘基；锯腹片长，32 锯刃，锯刃倾斜，具 2–3 个内侧亚基齿和 3–4 个外侧亚基齿，刃间膜向后倾斜，隆凸，节缝刺毛带甚狭窄（图 3-340B）。雄虫体长 10mm，触角鞭节中部多为暗褐色，腹部背板仅第 2 背板具 1 对小黑斑；后翅缘脉不完全，在臀室和 M 室之间开放；抱器长椭圆形，端部圆尖；阳茎瓣颈部狭长，侧突长，具分支（图 3-340D）。

分布：浙江（德清、安吉、临安、四明山）、河南、陕西、安徽、湖北、江西、湖南、福建、台湾、广东、广西、四川、贵州；越南。

图 3-340　蓬莱元叶蜂 *Taxonus formosacolus* (Rohwer, 1916)
A. 产卵器；B. 锯腹片第 7–10 锯刃；C. 生殖铗；D. 阳茎瓣

（346）**开室元叶蜂 *Taxonus immarginervis* (Malaise, 1957)**（图 3-341）

Indotaxonus immarginervis Malaise, 1957: 21–22.
Taxonus immarginervis: Nie & Wei, 1999a: 145.

主要特征：体长 9–10.5mm；体黄褐色，触角末端 4 节、中窝、侧窝、单眼三角区、单眼后侧沟、前胸背板侧凹、前胸侧板前缘、前胸腹板、中胸背板侧叶侧面、中胸后侧片大部分、中胸腹板中沟及前缘、后胸侧板、后胸后部黑色；后足基节外侧及腹部背板 3–5 节两侧各具 1 对黑斑；翅透明，前缘和痣基半部黄

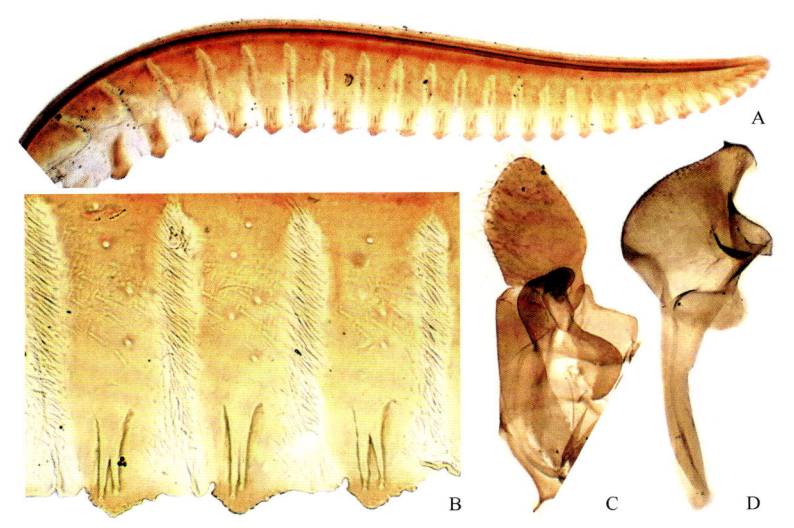

图 3-341　开室元叶蜂 *Taxonus immarginervis* (Malaise, 1957)
A. 锯腹片；B. 锯腹片第 7–9 锯刃；C. 生殖铗；D. 阳茎瓣

褐色，痣端半部黑褐色或暗褐色；单眼后区长微大于宽；颚眼距大于单眼直径；触角长于前缘脉，鞭节弱度侧扁，第 3 节约等长于第 4 节；体光滑，中胸前侧片具粗糙刻点；锯腹片 24 锯刃，锯刃亚三角形突出，节缝刺毛带较窄，间距显著宽于刺毛带宽，刺毛不十分密集（图 3-341A）；中部锯刃倾斜，内侧亚基齿 1 个，外侧亚基齿小，2–3 个，刃间膜平坦，内侧切入深（图 3-341B）。雄虫体长 8–9mm，后翅无封闭中室，亦无缘脉；抱器较短宽，端缘强烈倾斜，内顶角突出，外缘短直，内缘上部 3/5 直，下部明显弯曲；副阳茎内顶角突较短，外侧肩状部平直；阳基腹铗内叶尾部宽大（图 3-341C）；阳茎瓣头叶短宽，端部狭窄，颈部显著，腹缘弧形鼓凸（图 3-341D）。

分布：浙江（龙泉）、陕西、湖南、广西、四川、贵州、云南；缅甸。

（347）白基元叶蜂 *Taxonus leucocoxus* Wei & Nie, 1998（图 3-342）

Taxonus leucocoxus Wei & Nie, 1998b: 369.

主要特征：体长 11mm；体黄褐色，唇基、上唇、上颚基半部、触角第 4 和 5 节、前中足基节端部、各足转节及后足基节全部白色，触角端部 4 节黑色；翅浅黄色，翅脉黑褐色，前缘脉及翅痣黄褐色；唇基隆起，前缘缺口深方形，侧角狭长；上唇大而平滑；颚眼距稍短于单眼直径，后颊脊完整，中窝大，漏斗形，额区稍隆起，侧脊仅在接近单眼处较明显；前单眼两侧各具 1 条深沟，前侧具 1 圆形陷窝，单眼后沟两侧显著，中央中断，单眼后区隆起，长稍大于宽，侧沟深，微弱弯曲，端部不伸抵头部后缘；背面观后头微膨大，稍短于复眼长径；触角伸达腹部第 2 背板，第 3 节明显长于第 4 节，第 6–8 节稍膨大并侧扁；唇基具明显刻点，头部其余部分刻点十分细微，中胸小盾片刻点细弱，附片光滑，中胸前侧片刻点粗糙密集，刻点之间无光滑间隙；爪内齿短于外齿；前翅 R+M 脉段点状，2Rs 室长于 1Rs 室，cu-a 脉中位，后翅臀室柄点状，Rs 室和 M 室均封闭；锯腹片 26 锯刃，节缝刺毛密集宽带状，完整分离（图 3-342A）；基部锯刃较低，中端部锯刃缘弧形突出，亚基齿细小，刃间膜短，明显鼓凸（图 3-342B）；雄虫体长 9mm，头、胸部和腹部基部大部分黑色，翅痣中端部较暗；抱器长宽比小于 2，副阳茎内侧突较高，外侧肩状部隆起（图 3-342C）；阳茎瓣头叶宽大，背缘近似平直，腹缘稍鼓，顶叶十分短宽（图 3-342D）。

分布：浙江（安吉、临安、龙泉）、河南、江西、湖南、福建。

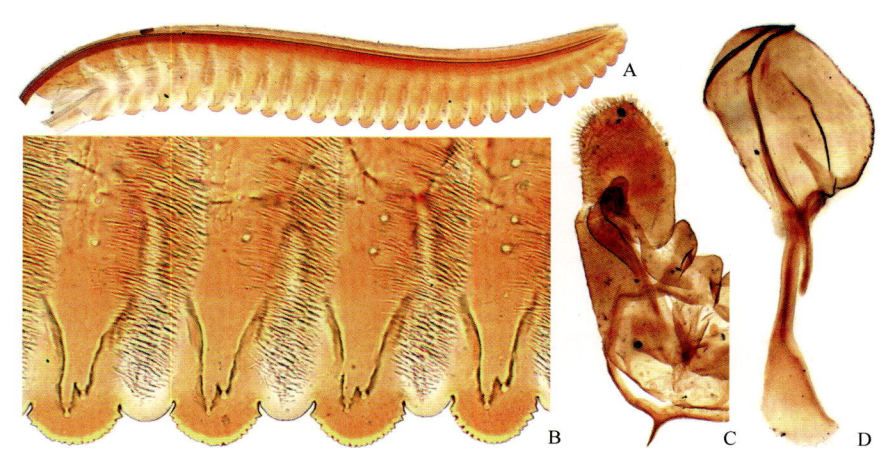

图 3-342 白基元叶蜂 *Taxonus leucocoxus* Wei & Nie, 1998
A. 锯腹片；B. 锯腹片第 7–10 锯刃；C. 生殖铗；D. 阳茎瓣

（348）大元叶蜂，新组合 *Taxonus major* (Malaise, 1957) comb. nov.（图 3-343，图版 VIII-5）

Indotaxonus major Malaise, 1957: 22.

主要特征：雌虫体长 17mm；体形粗壮；体主要黄褐色，触角末端 4 节、上颚末端、前胸背板侧面中央、中后胸后侧片上缘和锯鞘端缘黑色；翅透明，前缘脉及翅痣黄褐色；后头稍膨大，单眼后区长大于宽，颚眼距短于单眼直径；触角长于前缘脉，鞭节末端数节侧扁；后足胫端距短，不及后基跗节 1/3 长；前翅 cu-a 脉中位偏内侧，2Rs 室远长于 1Rs 室；后翅 Rs 和 M 室封闭，臀室无柄或具极短的柄；体光滑，头、胸部具极细小的刻点，中胸侧片具稀疏的大刻点，刻点间隙光滑，并杂有细小刻点；锯鞘短，背端尖；锯腹片较宽，向端部稍收窄，25 锯刃，背侧绒毛密集（图 3-343A、C）；锯刃及刃间膜均对称鼓凸，无明显亚基齿，节缝刺毛密长，完全分离（图 3-343B）。雄虫体长 12mm，体色和刻点同雌虫；后翅无封闭中室，缘脉完整；抱器长稍大于宽，内、外缘均直，向端部逐渐收窄，末端圆钝，副阳茎指状突较高，外侧肩状部平直（图 3-343D）；阳茎瓣头叶宽大，近似斜方形，无颈状部，顶叶横宽，腹缘几乎平直，下腹角明显，细缘齿显著（图 3-343E）。

分布：浙江（临安）、河南、安徽、湖北、江西、湖南。

Indotaxonus Malaise, 1957 是 *Taxonus* Hartig, 1837 的次异名（Wei and Nie, 1998a），因此，*I. major* Malaise, 1957 应移入 *Taxonus*，构成新组合。

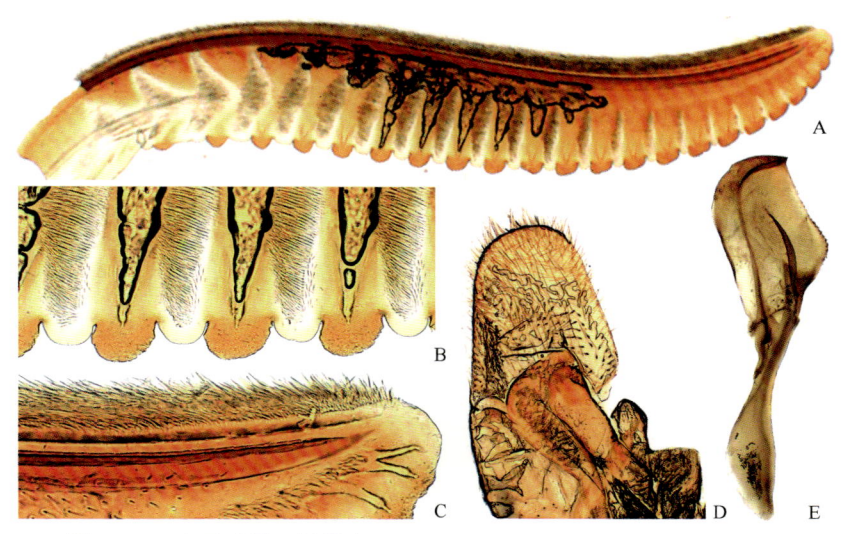

图 3-343　大元叶蜂，新组合 *Taxonus major* (Malaise, 1957) comb. nov.
A. 锯腹片；B. 锯腹片第 7–9 锯刃；C. 锯腹片端部背侧绒毛；D. 生殖铗；E. 阳茎瓣

（349）红胸元叶蜂 *Taxonus rufithorax* Wei, 2003（图 3-344）

Taxonus rufithorax Wei, *in* Wei, Nie & Xiao, 2003: 72.

主要特征：雌虫体长 10–11mm；体黑色，胸部红褐色，上唇、上颚中部白色；触角第 3–5 节红褐色，第 6–9 节颜色渐深；前胸侧板和胸部各节腹板黑色，腹部第 1 背板红褐色；足暗红褐色，前中足基节大部分、后足基节基部、前中足股节基部和后足股节端部 2/3 黑色，各足基节余部、转节、中足股节基部、后足股节基部 1/3 白色；尾须黄褐色；翅浅烟灰色，翅脉和翅痣黑褐色，翅痣基部 1/4 黄褐色；体毛银色；唇基、前胸背板两侧凹部、小盾片两侧、中胸背板前叶两侧、中胸前侧片凸出部刻点粗糙密集，额脊具稀疏大刻点；上唇宽大平滑，唇基前缘缺口约深达唇基 4/7 长，侧叶窄长；复眼间距等宽于眼高，颚眼距窄于单眼半径，单眼后区长稍小于宽；触角明显短于前缘脉，丝状，不侧扁，第 3 节明显长于第 4 节；爪内齿显著短于端齿；后翅具 2 个闭中室；锯腹片 28 锯刃（图 3-344A）；锯刃微突出，内侧亚基齿 2 个，外侧亚基齿 9–10 个，刃间膜很短；节缝刺毛带较宽，互相分离（图 3-344B）。雄虫体长 8–9mm；触角黑褐色；胸部黑色，前胸背板后缘狭边和翅基片浅褐色；后足股节中基部浅褐色，中端部背侧黑褐色，后足胫跗节暗褐色；腹部黑色，第 3、4 背板部分和 2–5 腹板部分浅褐色；下生殖板宽大于长，端部圆钝；抱器长大于宽，端部圆钝，副阳茎内端突较短，肩状部钝（图 3-344C）；阳茎瓣头叶较宽，背腹缘均较平直，顶叶不明显（图 3-344D）。雄虫是首次报道。

分布：浙江（临安、开化）、江西、湖南、福建。

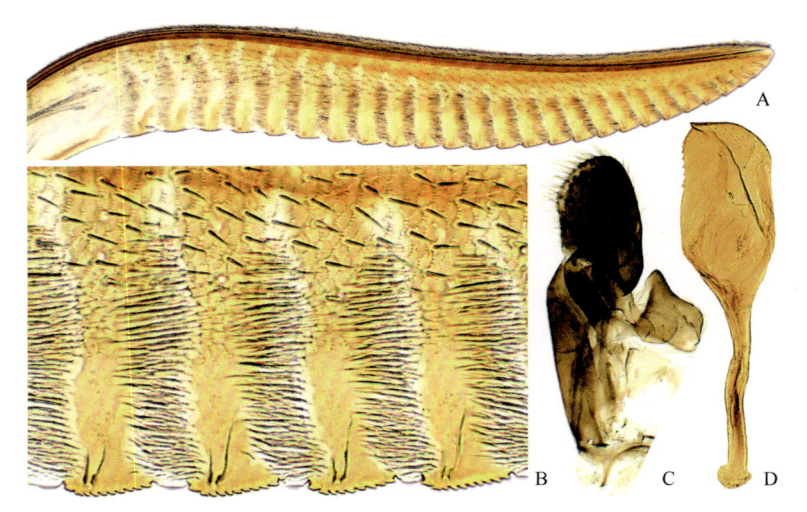

图 3-344 红胸元叶蜂 *Taxonus rufithorax* Wei, 2003
A. 锯腹片；B. 锯腹片第 7–10 锯刃；C. 生殖铗；D. 阳茎瓣

（350）丝角元叶蜂 *Taxonus smerinthus* Wei, 2003（图 3-345）

Taxonus smerinthus Wei, *in* Wei, Nie & Xiao, 2003: 72.

主要特征：雌虫体长 10mm；体黑色，唇基、上唇、上颚基部、口须、触角末端 3 节、各足基节端部、转节、前胸背板后缘、腹部腹板、第 8 节背板中央半圆形斑纹、第 10 节背板大部分和锯鞘基部白色；翅肩片、各足腿节和胫节红褐色，小盾片中央、前足跗节、后足 2–5 跗分节、各足基节后侧、2–5 背板侧面基部黄褐色；第 2 背板黄褐色，中部具大黑斑；翅透明，翅脉和翅痣黑褐色，前缘脉和翅痣基部浅褐色；体毛银褐色；小盾片两侧和后缘、中胸前侧片凸出部刻点致密粗糙，具刻纹，无刻点间隙，腹部背板具微细刻纹；唇基前缘缺口深达唇基 2/3 长，侧叶窄；复眼间距宽于眼高，颚眼距约等于单眼半径，中窝大深；单眼后区长约等于宽，触角丝状，远长于前缘脉，鞭节显著侧扁，第 3 节稍短于第 4 节，末端 4 节之和长于第 3、4 节之和；爪内齿微短于端齿；前翅 cu-a 脉中位，后翅具 2 个闭中室，臀室无柄式；锯腹片 22 锯

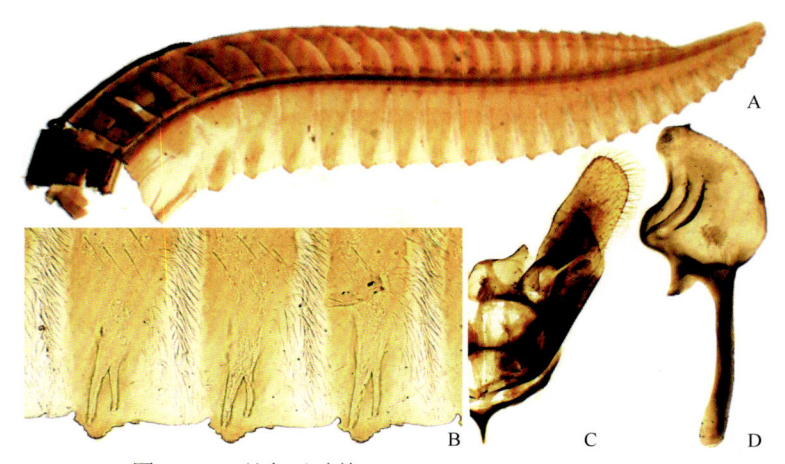

图 3-345 丝角元叶蜂 *Taxonus smerinthus* Wei, 2003
A. 产卵器；B. 锯腹片第 7–9 锯刃；C. 生殖铗；D. 阳茎瓣

刃，锯刃倾斜，内侧亚基齿 1–2 个，外侧亚基齿 3–4 个，刃间膜稍后斜，长于锯刃，节缝刺毛带窄，互相远离（图 3-345B）。雄虫体长 9mm；腹部背板中部和中胸前侧片后下部具大白斑，后翅缘脉完整；抱器窄长，内外缘几乎平直；副阳茎内突倾斜（图 3-345C）；阳茎瓣头叶短宽，颈部短，顶叶狭窄，背突端部圆钝（图 3-345D）。

分布：浙江（临安）、湖南、福建、广东、广西、四川、贵州、云南。

（351）竹内元叶蜂 *Taxonus takeuchii* Wei, 1997（图 3-346）

Taxonus takeuchii Wei, 1997b: 1591.

主要特征：雌虫体长 10mm；体黄褐色，触角末端 4 节、侧窝底部、上颚末端、单眼中沟和后沟、单眼后区侧沟后端、中胸背板前叶中沟和锯鞘端黑色；头部在触角窝以下部分、触角第 4–5 节、腹部腹板、各足基节和转节浅黄褐色；翅透明，翅痣黑褐色，基部 1/3 和前缘、前缘脉和 R1 脉黄褐色，其余翅脉黑褐色；体毛黄褐色；体光滑，具强光泽；头部额区和中胸腹板具细微刻点，小盾片两侧和唇基刻点较明显，中胸前侧片前部和后部刻点细弱，中部刻点较大，刻点间隙光滑，杂以小刻点，虫体其余部分光滑，无刻点和刻纹；唇基稍隆起，前缘缺口深达唇基 3/5 长，侧叶窄长；复眼间距宽于眼高；颚眼距约为单眼直径的 1/3；中窝小，较深；单眼后区长明显大于宽，侧沟后部稍收敛；后头微短于复眼，两侧平行；触角等长于前缘脉，第 3 节长于第 4 节，第 5–8 节稍扁宽；后足基跗节等长于其后 4 节之和；爪基片锐利，内外齿等长；后翅 Rs 和 M 室封闭，臀室无柄式；锯腹片 23 锯刃，锯刃对称，具 14–16 亚基齿，刃间膜对称圆凸。雄虫体长 9mm；单眼三角区、中后胸后上侧片有时黑色；后翅缘脉不完整，在 Rs 室外侧开放；阳茎瓣颈状部宽长，侧突分叉。

分布：浙江（德清、临安、龙泉）、安徽、湖北、湖南、福建。

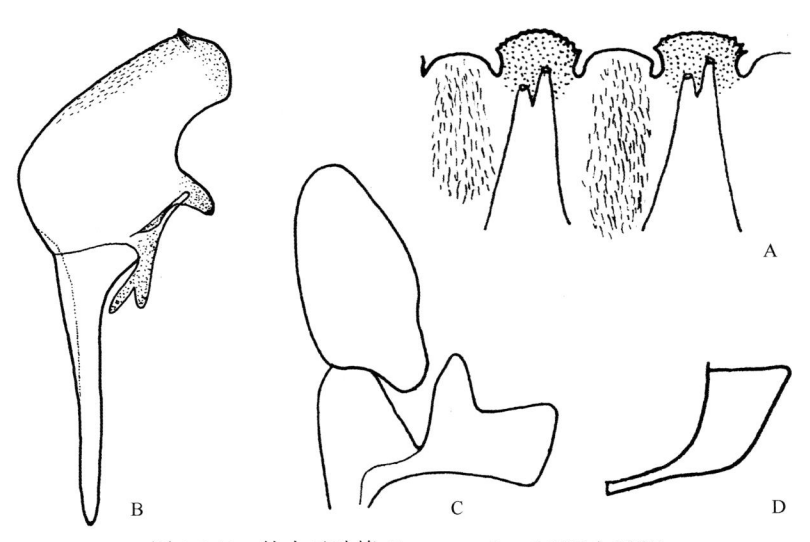

图 3-346 竹内元叶蜂 *Taxonus takeuchii* Wei, 1997
A. 锯腹片中部锯刃；B. 阳茎瓣；C. 生殖铗；D. 锯鞘端侧面观

（352）天目元叶蜂 *Taxonus tianmunicus* Wei & Nie, 1998（图 3-347）

Taxonus tianmunicus Wei & Nie, 1998b: 369.

主要特征：雌虫体长 10mm；体黑色，触角末端 3 节、唇基、上唇、上颚基部、小盾片中央、各足转节、中后足基节端部和外后侧、后足 2–5 跗分节白色，翅基片、腹部腹板、第 2 背板前侧角、2–8 背板后缘黄褐色；足红褐色，中后足基跗节黑褐色；翅透明，翅痣暗褐色，基部稍淡；背面观后头两侧收缩，单眼后区方形，中窝小坑状；颚眼距线状，不宽于 1/3 单眼直径；触角长于前翅前缘脉，末端 4 节短且侧扁，长度之和明显短于第 3、4 节之和；前翅 cu-a 脉中位偏内侧；后翅具双闭中室，臀室具柄式；体光滑，中胸前侧片上部具稀疏大刻点，刻点间隙大且光滑；锯鞘侧面观长，端部稍尖；锯腹片 21 锯刃，锯刃稍倾斜（图 3-347A）；刃间膜突出，明显短于锯刃，节缝刺毛较密长，互相平行，刺毛带间距稍宽于刺毛带宽（图 3-347B）。雄虫体长约 9mm，体色和构造类似于雌虫，但中胸小盾片白斑很小，腹部中央具不定形红褐色斑，后翅缘脉完整；抱器长宽比约等于 2，背缘较平直，端部稍窄，内顶角稍突出；副阳茎指状突高，外侧肩状部平坦（图 3-347C）；阳茎瓣头叶较短，端部窄，颈部较短，背侧突臀位，十分宽大，腹缘显著弧形鼓凸（图 3-347D）。

分布： 浙江（安吉、临安、丽水）、安徽；越南。

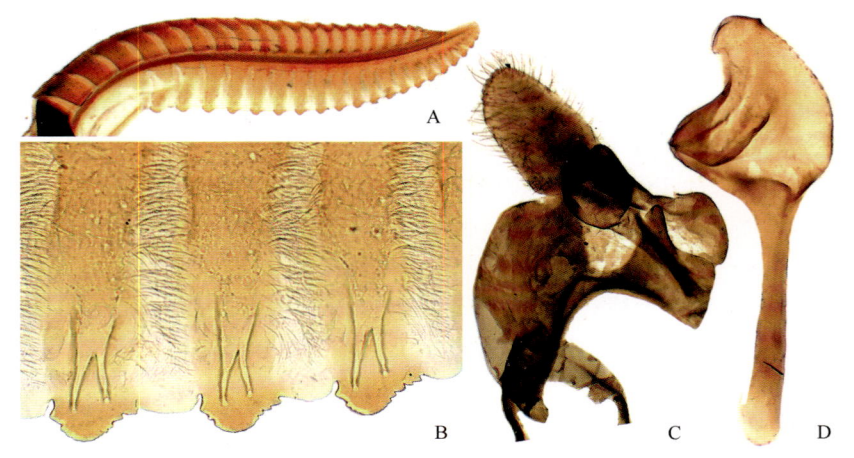

图 3-347　天目元叶蜂 *Taxonus tianmunicus* Wei & Nie, 1998
A. 产卵器；B. 锯腹片第 7–9 锯刃；C. 生殖铗；D. 阳茎瓣

（353）浙皖元叶蜂，新种 *Taxonus zhewanicus* Wei, sp. nov.（图 3-348，图版 VIII-6）

雌虫： 体长 13mm。体和足橘褐色，触角末端 4 节、单眼区各沟底部、前胸背板侧凹、中胸背板前侧边、中胸腹板前缘、中胸后侧片大部分、后胸侧板大部分、后胸后背板后部黑色，锯鞘端稍暗，腹部 3–5 背板各具 1 对黑斑，唇基、上唇、上颚大部分、内眶下部、触角第 4 和 5 节全部、小盾片、腹部第 2 背板两侧、腹板大部分、中后足基节、各足转节黄白色；翅透明，前缘脉和翅痣全部黄褐色；体毛银色。

唇基具微弱模糊刻点，头部背侧无明显刻点；中胸前侧片上半部的隆起部分刻点密集网状，刻点间隙细脊状，中胸后上侧片具细刻纹，虫体其余部分光滑，无刻点或刻纹。

唇基前缘缺口深 0.65 倍于唇基长；上唇横宽，中部稍突出，唇根出露；颚眼距 0.5 倍于侧单眼直径，复眼间距宽于复眼长径；背面观后头两侧平行，单眼后区长 1.25 倍于宽，具细弱中脊，侧沟细浅，微弱弯曲；触角长于前缘脉，鞭节显著侧扁，第 3 节等长于第 4 节；前翅 cu-a 脉中位，臀横脉倾斜约 70°；后翅 Rs 和 M 室均封闭，cu-a 脉出自臀室末端，臀室无柄式。产卵器微长于后基跗节，鞘端显著长于鞘基，端部圆钝；锯腹片 25 刃，背缘绒毛较稀疏（图 3-348A）；节缝刺毛带较窄，间距宽；锯刃近似半圆形突出，不明显倾斜，亚基齿细小，刃间膜稍突出，短于锯刃（图 3-348B）。

雄虫： 体长 9.5mm；体色和刻点很接近雌虫，但腹部黑斑较模糊；后翅缘脉缺，具封闭的 Rs 室，M 室开放；抱器长明显大于宽，向端部逐渐变窄，末端圆钝，内顶角不突出，副阳茎指状突短小，外侧肩状部宽平（图 3-348C）；阳茎瓣长尾鸟形，颈部较窄长，腹缘向下弧形突出，侧突和尾突分离（图 3-348D）。

分布： 浙江（临安）、安徽。

词源： 本种种加词由模式标本产地浙江和安徽的缩写合成。

第三章 叶蜂亚目 Tenthredinomorpha

正模：♀，安徽大别山半山腰，31°07.984′N，115°46.563′E，海拔764m，2006.VII.24，刘飞（ASMN）。**副模**：3♀♀1♂，浙江天目山，1947.VII.37–IX.4（中国科学院动物研究所）。

鉴别特征：本种与 *T. immarginervis* (Malaise)在外形和色斑上比较接近，但后者后头明显收缩，单眼后区长几乎等于宽，体较小，雄虫后翅既无缘脉又无封闭中室，锯刃明显倾斜，抱器外顶角显著突出等，区别明显。本种雄性后翅只具封闭的 Rs 室（类似于 *Allomorpha* 属），在 *Taxonus* 属内只此 1 种。

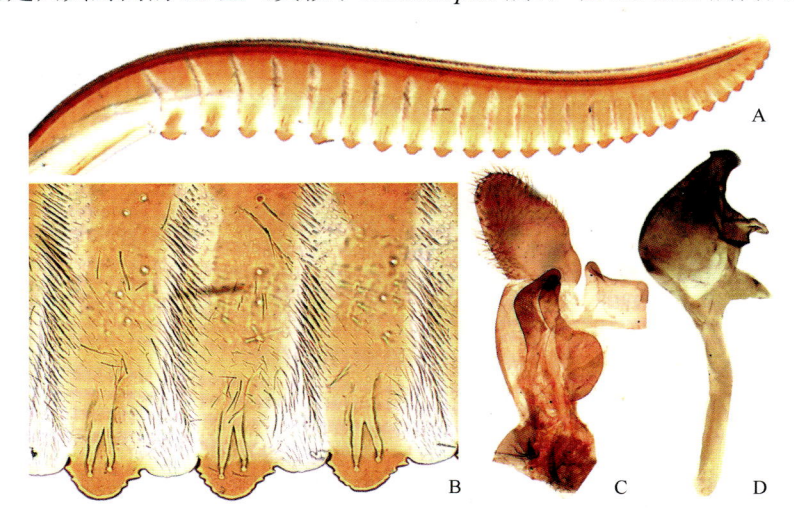

图 3-348　浙皖元叶蜂，新种 *Taxonus zhewanicus* Wei, sp. nov.
A. 产卵器；B. 锯腹片第 7–9 锯刃；C. 生殖铗；D. 阳茎瓣

（354）热氏元叶蜂 *Taxonus zhelochovtsevi* Viitasaari & Zinovjev, 1991（图 3-349）

Taxonus zhelochovtsevi Viitasaari & Zinovjev, 1991: 176.

主要特征：雌虫体长 8.5–10mm；体黑色，仅后足基节端部和后足转节白色，触角中部数节有时红褐色；翅透明，翅痣下具烟褐斑，翅痣黑褐色，基部浅色；颚眼距等于侧单眼直径；单眼后区长大于宽，侧沟深长，亚平行；背面观后头几乎与复眼等长，两侧微弱膨大或互相平行；触角丝状，不明显侧扁，稍短于前缘脉，第 3 节稍长于第 4 节；后翅具封闭的 M 室，Rs 室开放；头、胸部密布粗糙刻点，后头和中胸背板刻点间具狭窄光滑间隙，中胸前侧片刻点粗糙，后侧片光滑；锯鞘较短，端部圆钝；锯腹片 22 锯刃，锯刃窄，微倾斜，具 1 个内侧亚基齿和 3 个外侧亚基齿，刃间膜很宽且对称，节缝刺毛十分密长。雄虫体长约 8mm，体色与雌虫相同，后翅无缘脉，翅室与雌虫相同；抱器长宽比约等于 2，端缘斜截，内顶角稍突出，背缘直；副阳茎内角窄长，外侧肩状部平直（图 3-349B）；阳茎瓣头叶显著倾斜，极宽大，无颈状部，顶叶短宽，端侧突短三角形，腹缘微鼓（图 3-349C）。

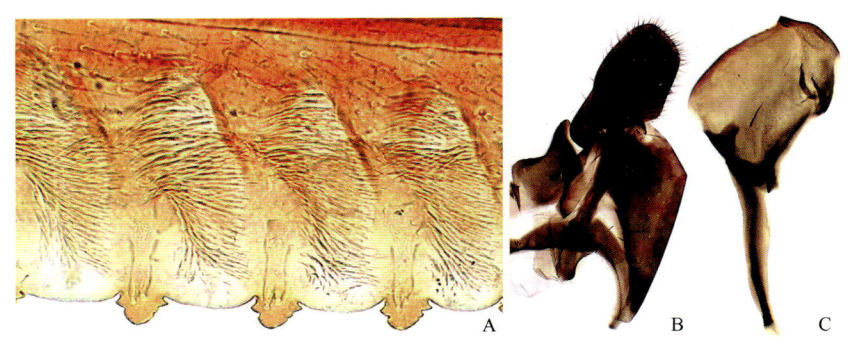

图 3-349　热氏元叶蜂 *Taxonus zhelochovtsevi* Viitasaari & Zinovjev, 1991
A. 锯腹片第 7–9 锯刃；B. 生殖铗；C. 阳茎瓣

分布：浙江（临安）、吉林、辽宁、北京、河北、山西、河南、陕西、宁夏、甘肃、湖北、湖南、四川、贵州；俄罗斯（东西伯利亚）。

107. 纵脊叶蜂属 *Xenapatidea* Malaise, 1957

Xenapatidea Malaise, 1957: 17. Type species: *Xenapatidea tricolor* Malaise, 1957, by original designation.

主要特征：体大型，粗壮；上唇宽大、倾斜，唇根不出露；唇基极宽短，中部狭窄，侧叶三角形，缺口深弧形；上颚不对称三齿型，左上颚基齿尖长，内齿短方形，右上颚内齿十分宽短，基齿小；颚眼距近线状；后头背面观与复眼等长，后颊脊发达；单眼后区长明显大于宽，额区平坦，中窝与侧窝退化；复眼较小，间距明显大于眼高；触角丝状，长于头、胸部之和，第 2 节长显著大于宽，第 3 节明显长于第 4 节，端部 4 节具触角器；前胸背板沟前部长约 2 倍于单眼直径，无缘脊，前胸侧板腹侧接触面长于触角第 1 节，腹板窄条状；无胸腹侧片，前侧片前缘具缘脊；小盾片强隆起，具显著纵脊，附片窄小；后胸后背板宽大平坦，淡膜区小型，间距宽于淡膜区长径 2 倍；后胸后侧片窄小，背叶狭条状，后气门半出露；前足胫节内端距端部分叉，后足胫节和跗节约等长，胫节端距微长于胫节端部宽；后足基跗节等长于其后跗分节之和；爪无内齿，爪基片锐利，端齿强烈弯曲；前翅无 R+M 脉，cu-a 脉中位偏内侧，Rs+M 脉基部游离，1M 脉与 1m-cu 脉互相平行，2M 室长约 2 倍于宽；臀室亚基部明显收缩，臀横脉 50°–60°倾斜，外侧位；后翅 Rs 和 M 室封闭，臀室无柄式，R1 室端部窄圆，附室小或缺如；第 1 腹节背板具短中脊，后缘膜区较短宽，不伸达背板基部；锯鞘端刀片状，腹缘弧形弯曲，长约 2 倍于锯鞘基；锯腹片细长，锯刃平直，亚基齿细小而多；抱器长大于宽，阳茎瓣具顶侧突，无背腹缘细齿。

分布：东亚南部。本属已知 12 种，中国已记载 6 种。浙江目前发现 2 种。

（355）寡毛纵脊叶蜂 *Xenapatidea procincta* (Konow, 1903)（图 3-350，图版 VIII-7）

Taxonus procinctus Konow, 1903: 117.
Xenapatidea procincta: Koch, 1996: 242.

主要特征：雌虫体长 10.5–12.5mm。头部黑色，唇基和触角 1、2 节通常浅褐色，胸部橘红色，前中胸腹板黑色；腹部黑色，第 2–3 节黄色至白色；足黄褐色，基节、中足腿节中间大部分、后足股节端半部黑色，前足股节后侧、后足胫节末端、中后跗节端半部黑褐色；翅透明，翅痣大部分黑褐色，基部浅褐色，痣下具大型褐斑，内侧止于痣下，不伸抵 1M 室，烟斑内侧色泽很深，端部色泽逐渐变淡；头、胸部背侧细毛暗褐色；体粗壮，额脊、内眶和唇基具小且模糊的刻点；中胸前侧片光滑，隆起部分具模糊浅弱的刻点；中胸小盾片后部和两侧具密集粗大刻点；头、胸部具密集细毛，腹部背板被毛稀疏且短，几乎光裸；左右上颚见图 3-350G、H；后头背面观微长于复眼；单眼后区长稍大于宽，无明显中纵脊；触角稍短于头、胸部之和，第 3 节 1.4 倍长于第 4 节；小盾片中纵脊十分明显；中胸侧板中部显著隆起；爪基片亚基部具显著缺口；锯鞘窄长，端部尖；锯腹片 30 刃，背缘除端部外几乎光裸。雄虫体长 9–10mm；触角基部和后足股节大部分黑褐色，阳茎瓣见图 3-350A。

分布：浙江（德清、安吉、临安、磐安）、河南、陕西、安徽、湖北、江西、湖南、福建、广西、四川、贵州、云南。

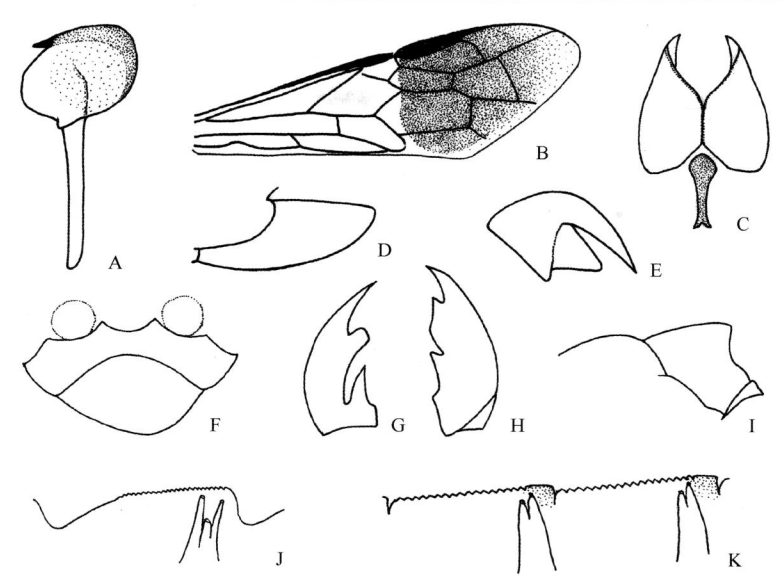

图 3-350 寡毛纵脊叶蜂 *Xenapatidea procincta* (Konow, 1903)
A. 阳茎瓣；B. 前翅；C. 前胸侧板和腹板腹面观；D. 锯鞘端侧面观；E. 爪；F. 唇基和上唇；G. 左上颚；H. 右上颚；I. 中胸小盾片侧面观；J. 第 1 锯刃；K. 中部锯刃

（356）方顶纵脊叶蜂 *Xenapatidea reticulata* Wei, 2006（图 3-351）

Xenapatidea reticulata Wei, 2006b: 1003.

主要特征：雌虫体长 12mm；头部和触角全部黑色；胸部红褐色，前胸侧板腹缘和后胸侧板大部分黑色；腹部黑色，第 1 背板后侧膜区、第 2 节背板和腹板全部黄白色；足黄褐色，各足基节大部分、股节大部分、前中足胫节后侧、后足胫节端部 1/3、中后足跗节后侧黑褐色；翅透明，端部 2/5 浓烟褐色，烟斑基部不接触 Rs 脉基段和 1m-cu 脉，翅端烟色逐渐变淡，烟斑不伸抵翅的边缘（图 3-351A）；翅痣大部分黑褐色，基部浅褐色；单眼后区方形，具显著中纵脊；额区、内眶和单眼后区前部刻点致密，具光泽；背面观

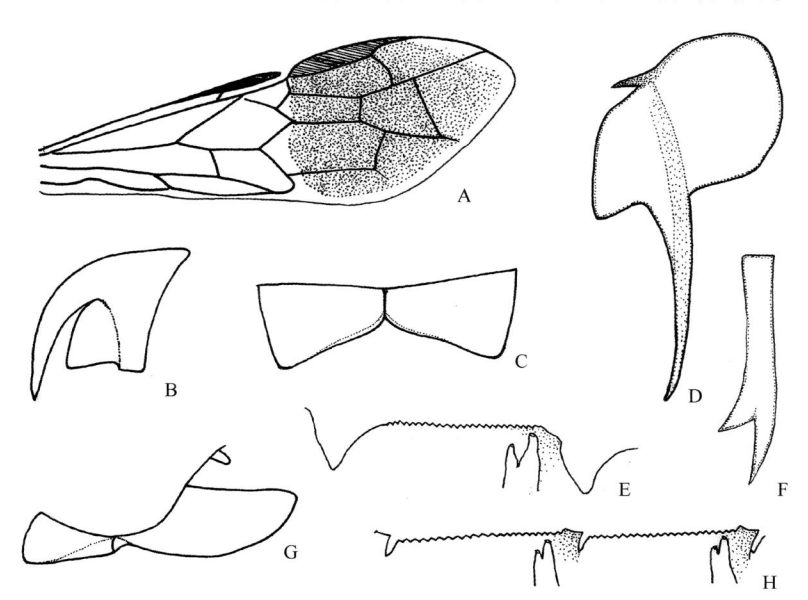

图 3-351 方顶纵脊叶蜂 *Xenapatidea reticulata* Wei, 2006
A. 前翅；B. 爪；C. 腹部第 1 背板；D. 阳茎瓣；E. 第 1 锯刃；F. 前足胫节内端距；G. 锯鞘侧面观；H. 中部锯刃

后头两侧缘直，约等长于复眼；小盾片后部和两侧刻点密集；中胸前侧片中部具致密、粗糙刻点；腹部1、2节背板大部分光裸，其余背板具黄褐色细毛；锯鞘端长2倍于锯鞘基，端部突出，腹缘弧形（图3-351G）；锯腹片锯刃平坦，第1锯刃两侧切入很深，中部锯刃具23-24枚外侧细小亚基齿。雄虫体长8.5-9mm；小盾片纵脊更显著，下生殖板端部圆钝；阳茎瓣头叶明显倾斜，背顶角圆钝凸出，内侧下角突出（图3-351D）。

分布：浙江（磐安）、陕西、甘肃、湖北、江西、湖南。

（十八）叶蜂亚科 Tenthredininae

主要特征：中大型叶蜂；触角9节，丝状，极少短锯齿状或栉齿状；具触角窝上沿片，触角窝距狭窄；额区较小，额脊通常不明显发育，侧窝通常显著，向前开放，极少退化；头部在复眼后较发达，后眶较宽，通常具颊脊；前胸背板沟前部发达，中胸无胸腹侧片；中胸后侧片宽大，盖住后胸气门，后下侧片中上部多少凹入；后胸淡膜区小型，间距宽于淡膜区宽度；后小盾片前凹大型；前翅翅痣窄长，Rs脉基段存在，1R1和1Rs分离，臀室完整，通常具内侧位横脉，极少具中位横脉或中部收缩柄；Sc脉发达，前缘室宽大；R脉很短，末端显著下垂；R+M脉段很长，1M脉与1m-cu脉等长且互相平行；后翅Rs和M室通常全部封闭，臀室封闭；后足胫节端距长于胫节端部宽，爪内齿发达；阳茎瓣无骨化的顶侧突或侧刺突。

分布：古北区，东洋区北缘，新北区。本亚科目前已知约50属，中国分布38属。浙江省发现16属150种，包括11个新种。

分属检索表

1. 复眼内缘直或稍突出，下部不强烈收敛，有时稍分歧；上颚对称双齿式或无内齿，或上颚不对称，左上颚2-3齿，右上颚单齿，则前翅臀横脉中位倾斜，且后足跗节侧扁 ·· 2
- 复眼内缘明显弯曲，下部较上部更强烈收敛；上颚对称或近似对称3-5齿，且前翅臀室具基位横脉或具亚中部收缩柄 ··· 9
2. 上颚不对称，左上颚2-3齿，右上颚单齿；前翅臀横脉中位倾斜；后足跗节侧扁 ················· 侧跗叶蜂属 *Siobla*
- 左右上颚对称2齿；前翅臀横脉基位或无横脉；后足基跗节不明显侧扁 ··· 3
3. 前翅臀室具点状中部收缩柄；唇基小，端部具显著缺口；触角第3节显著短于4、5节之和；阳茎瓣头叶宽大、横形 ··· 凹唇叶蜂属 *Perineura*
- 前翅臀室具亚基部短横脉，无亚中位收缩柄，极少无横脉；唇基若具缺口，则阳茎瓣头叶非横形 ······················· 4
4. 唇基端部具明显缺口，如果缺口较小，则前翅无横脉 ·· 5
- 唇基端部无缺口，前翅具亚基位短横脉 ··· 7
5. 前翅臀室无横脉；触角第3节稍短于第4、5节之和；阳茎瓣头叶简单，直且狭窄，前后几乎等宽 ······················· 6
- 前翅臀室亚基位具短直横脉；触角第3节最多稍长于第4节，显著短于第4、5节之和；阳茎瓣头叶明显扭曲，形态复杂 ··· 隐斑叶蜂属 *Lagidina*
6. 唇基端缘不突出，中部具显著缺口；爪内齿明显短于外齿；体大部分黑色 ································· 黑盔叶蜂属 *Corymbas*
- 唇基端缘明显弧形突出，中部具小型缺口；爪内齿等于或长于外齿；体大部分黄褐色 ············· 新盔叶蜂属 *Neocorymbas*
7. 头部后眶圆钝，无后颊脊 ··· 钝颊叶蜂属 *Aglaostigma*
- 头部后眶后缘方形，后颊脊发达，伸至后眶上部 ··· 8
8. 前翅深烟褐色；触角第3节显著长于第4+5节之和；腹部第1节背板具中缝 ····························· 小臀叶蜂属 *Colochela*
- 前翅透明；触角第3节约等长于第4节；腹部第1节背板合并，无中缝 ····································· 禾叶蜂属 *Tenthredopsis*
9. 上颚不对称多齿式，内齿和外齿不在一个平面上；复眼内缘稍鼓凸，向下收敛；前胸侧板腹侧尖，互相远离；后足股节长于胫节和转节之和；前翅臀室中位收缩，无横脉 ··· 天目叶蜂属 *Tianmuthredo*
- 上颚内外齿在同一个平面上；复眼内缘明显凹缘，向下显著收敛；前胸侧板腹侧宽阔接触 ······························· 10
10. 后足基节显著延长，后足节伸抵腹部末端；后足胫节等长于后足股节和第2转节之和；头部侧窝和触角窝侧沟退化，内眶几乎不倾斜，后头短小收缩；阳茎瓣具显著的尾钩 ··· 11

- 后足基节不延长, 后股节不伸抵腹部末端; 后足胫节明显长于后足股节和第 2 转节之和; 头部侧窝和触角窝侧沟发达, 内眶倾斜, 后头发达; 阳茎瓣无尾钩·· 12
11. 体形修长; 复眼内缘大部分互相平行, 仅下端角显著内突; 前翅臀室中柄长, 无横脉; 触角细长, 第 3 节不显著长于第 4 节; 颚眼距常宽于单眼直径 ··· 方颜叶蜂属 *Pachyprotasis*
- 体形通常明显粗短; 复眼内缘全长向下收敛, 下端角不显著内突; 前翅臀室具短直横脉, 或具很短的收缩中柄; 触角较粗短, 第 3 节显著长于第 4 节; 颚眼距不宽于单眼直径 ··· 钩瓣叶蜂属 *Macrophya*
12. 腹部第 1 背板部分或全部合并, 十分光滑, 中缝缺或不明显; 唇基宽大平坦, 前缘缺口浅 ·································· 13
- 腹部第 1 背板不合并, 具显著中缝; 唇基形态变化大 ··· 15
13. 虫体全部具金属蓝色或绿色光泽; 唇基十分宽大、平坦, 端缘截形或近似截形, 缺口不明显或极弱, 有时微弱突出; 腹部第 1 背板具模糊中缝, 不明显隆起 ··· 金蓝叶蜂属 *Metallopeus*
- 虫体无明显金属光泽; 唇基端部具显著缺口; 腹部第 1 背板完全愈合、隆起, 高度光滑, 无中缝 ······················ 14
14. 唇基缺口狭深; 触角窝上突狭高, 与额脊连接; 爪内齿不短于端齿; 体形很狭长 ··· 狭并叶蜂属 *Propodea*
- 唇基端缘具浅宽缺口, 缺口底部平直; 无触角窝上突; 爪内齿短于端齿; 体形粗壮·· 壮并叶蜂属 *Jermakia*
15. 左右上颚对称 3 齿式; 复眼内下角位于唇基侧角之外 ··· 齿唇叶蜂属 *Rhogogaster*
- 左右上颚对称 4 齿式; 复眼内下角位于唇基侧角之内 ·· 叶蜂属 *Tenthredo*

108. 小臀叶蜂属 *Colochela* Malaise, 1937

Colochela Malaise, 1937: 48. Type species: *Colochela rufidorsata* Malaise, 1937, by original designation.

主要特征: 体粗壮; 前翅烟黑色; 头部较小, 稍狭于胸部; 唇基宽大, 端缘截形或亚截形; 上颚十分短粗, 近似对称双齿型; 上唇短小, 口须稍短缩; 复眼短椭圆形, 内缘鼓出, 向下显著收敛, 下缘间距等于或稍宽于眼高; 颚眼距短于单眼直径; 触角窝间距宽于触角窝-复眼间距; 后眶圆钝, 后颊脊缺如; 额区小, 额脊宽钝模糊; 单眼后区宽大于长; 背面观后头两侧收缩; 内眶近平坦, 稍倾斜; 无触角窝上突; 触角较粗短, 不长于头、胸部之和, 第 2 节长大于宽, 第 3 节接近等长于其后 2 节之和; 前胸背板沟前部约 2 倍于侧单眼直径, 无前缘细脊; 前胸侧板腹侧面窄 U 形接触, 中胸腹板 T 形; 中胸小盾片前缘角状突出, 附片较小; 中胸前侧片前缘脊发达; 后胸小盾片前凹宽深, 淡膜区间距约 2 倍于淡膜区长径, 后胸后背板中部极窄, 被前突的腹部第 1 节背板中脊分为 2 部分; 后足基节小型, 胫节稍长于跗节; 前足胫节内端距端部分叉, 后足胫节端距稍长于胫节端部宽; 后基跗节约等长于其后 3 个跗分节之和, 跗垫中等大; 爪无基片, 内齿明显长于并宽于外齿; 前翅狭长, R 脉短, 端部下垂; 1M 脉短于 1m-cu 脉, 2Rs 室明显长于 1R1+1Rs 室, cu-a 脉基位, 臀室亚基部强烈收缩, 具短直基位横脉, 或无横脉; 后翅具双闭中室, 臀室具短柄; 锯腹片骨化较强, 亚基齿不明显或缺如; 阳茎瓣无背钩, 具少数背缘细齿。

分布: 东亚。本属已知 3 种, 中国均有分布。浙江发现其中 1 种。

寄主: 未知。

(357) 黑色小臀叶蜂 *Colochela nigrata* Wei & Niu, 2016 (图 3-352, 图版 VIII-8)

Colochela nigrata Wei & Niu, in Niu & Wei, 2016: 460.

主要特征: 体长雌虫 14.5mm; 体和足黑色, 体毛全部黑色; 前后翅均深烟褐色, 翅痣和翅脉黑色; 头部背侧和胸部侧板刻点细密, 无粗大刻点, 腹部各节背板刻纹致密, 无明显光泽; 唇基前缘具浅弱缺口，颚眼距 0.2–0.3 倍于单眼直径；单眼后区隆起，宽 1.5 倍于长，侧沟较宽，稍弯曲，十分显著，互相近似平行；触角粗短，长 0.8 倍于头、胸部之和，第 3 节等长于其后 2 节之和；锯鞘侧面观端部较狭窄，背面观缨毛较少，弱弧形弯曲，尾须粗短，长宽比等于 2；锯腹片 27 节，骨化程度中等，具较宽明斑，约与着色部分等宽，节缝直，刺毛带长且清晰，节缝刺毛短小稀疏（图 3-352A）；锯刃很短，明显突出，亚基齿显著，内侧 1 枚，外侧 2 枚，刃间膜宽大，几乎平直，纹孔线很短，明显短于刃间膜长，纹孔 1 个（图 3-352B）。雄虫体长 13.5mm；下生殖板宽大于长，端部圆；抱器长稍大于宽，端部窄圆，内腹角微弱突出（图 3-352C），阳基腹铗内叶窄长；阳茎瓣头叶扁平，显著倾斜，端部钩状弯曲，无明显卷叶，具明显的臀角（图 3-352D、E）。

分布：浙江（临安）、陕西、安徽、湖北、湖南、广西、重庆。

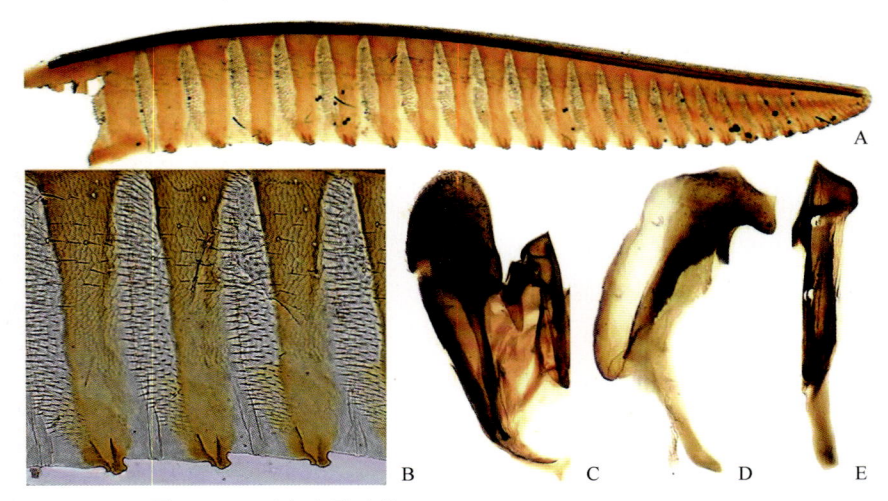

图 3-352 黑色小臀叶蜂 Colochela nigrata Wei & Niu, 2016
A. 锯腹片；B. 锯腹片中部锯刃；C. 生殖铗；D. 阳茎瓣侧面观；E. 阳茎瓣背面观

109. 黑盔叶蜂属 *Corymbas* Konow, 1903

Corymbas Konow, 1903: 120. Type species: *Corymbas koreana* Konow, 1903, by monotypy.
Siobloides Takeuchi, 1919: 15–16, 18. Type species: *Macrophya fujisana* Matsumura, 1912, by original designation.

主要特征：头部稍狭于胸部宽；上唇小，端部圆；唇基宽约等于唇基长的 2 倍，端部具明显窄深缺口；口须不短缩；颚眼距通常窄于单眼直径；上颚粗短，对称双齿型；后眶窄，后颊脊完整；复眼大，内缘直，向下显著收敛，下缘间距通常约等于或稍宽于复眼长径；后头短缩，背面观短于复眼 1/2 长；触角窝间距窄于触角窝-复眼内缘间距；触角窝上突不明显隆起，与低钝额脊融合，额区不低于复眼面；单眼后区横宽；触角粗壮，约等长于头、胸部之和，亚端部数节多少膨大、侧扁，第 2 节长约等于或稍大于宽，第 3 节显著长于第 4 节；前胸背板侧叶沟前部约 2 倍宽于单眼直径，前缘脊不完整；前胸侧板腹侧三角形，接触面短小；无胸腹侧片，具胸腹侧片前片；小盾片坦，前缘钝角状突出，附片宽大、平坦；后胸淡膜区间距 1.8–2.5 倍于淡膜区长径；腹部第 1 背板中部显著前突，完全分隔后胸后背板；中胸后侧片气门叶不突出；后足基节发达，后股节通常伸抵腹部端部；前足胫节内距端部分叉；后足胫节内端距显著长于外距，约等长于后基跗节一半，后基跗节约等于其后 4 节之和，跗垫微小；爪基片短小，内齿明显短于外齿；前翅 R 脉短，下垂；R+M 脉段明显短于 Rs+M 脉段，长于 R 脉；2Rs 室等长于或稍短于 1R1+1Rs 室；1M 等长于并平行于 1m-cu 脉；臀室无横脉，cu-a 脉位于 1M 室下缘基部约 1/6 处；后翅 Rs、M 室封闭，臀室无柄式。雄虫后翅具完整缘脉；锯腹片骨化程度微弱，无节缝栉突列，锯刃稍倾斜，亚基齿多、细小；阳茎瓣头叶狭长，无钩突和背腹缘细齿，端部具小齿列（图 3-353G）。

分布：东亚。本属已知 6 种，中国已记载 3 种。浙江发现 2 种，包括 1 新种。

寄主：杜鹃花科杜鹃属 *Rhododendron*、忍冬科六道木属 *Abelia*、蔷薇科悬钩子属 *Rubus* 及路边青属 *Geum* 等植物。

（358）光额黑盔叶蜂 *Corymbas glabrifrons* Wei & Zhang, 2009（图 3-353）

Corymbas glabrifrons Wei & Zhang, 2009: 51.

主要特征：雌虫体长 11–13mm；体和足黑色，上唇白色；触角第 3 节端部、第 4–5 节大部分黄白色，腹部第 3、4 节背板两侧、第 2 腹板后缘、第 3–4 腹板全部、第 5 腹板边缘黄褐色，前足股节前缘、前足胫跗节大部分浅褐色，后足转节黄白色，后足胫节暗褐色至红褐色，后足基跗节褐色，第 2–5 跗分节大部分黄白色；翅透明，前缘脉和翅痣大部分黑褐色，翅痣基部 1/5 浅褐色；头胸部背侧细毛浅黄褐色，侧腹面细毛银色，鞘毛浅褐色；中胸小盾片大部分刻点大而稀疏，后缘刻点粗糙致密，附片光滑无刻点，中胸前侧片上半部刻点密集，中胸后侧片大部分、后胸侧板刻点和刻纹密集，后足基节外侧刻点密集；腹部第 1 背板光滑，其余背板具微细刻纹；唇基缺口稍深于唇基 1/3 长，底部圆；颚眼距等于侧单眼直径；触角稍短于腹部，第 3 节短于第 4 节长的 2 倍；爪内齿短于外齿；锯腹片 29 刃，节缝刺毛带较窄，刺毛稀疏，锯刃倾斜，内侧切口显著深于外侧，具 4–5 个内侧和 5–6 个外侧亚基齿，亚基齿细小模糊（图 3-353F）。雄虫体长 8–10mm；腹部第 3–4 背板背側黄褐色，两侧黑色；后翅缘脉完整，无封闭中室；下生殖板长约等于宽，端部钝截形；抱器长三角形，端部窄（图 3-353H）；阳茎瓣见图 3-353G。

分布：浙江（临安、龙泉）、湖南、福建、广西。

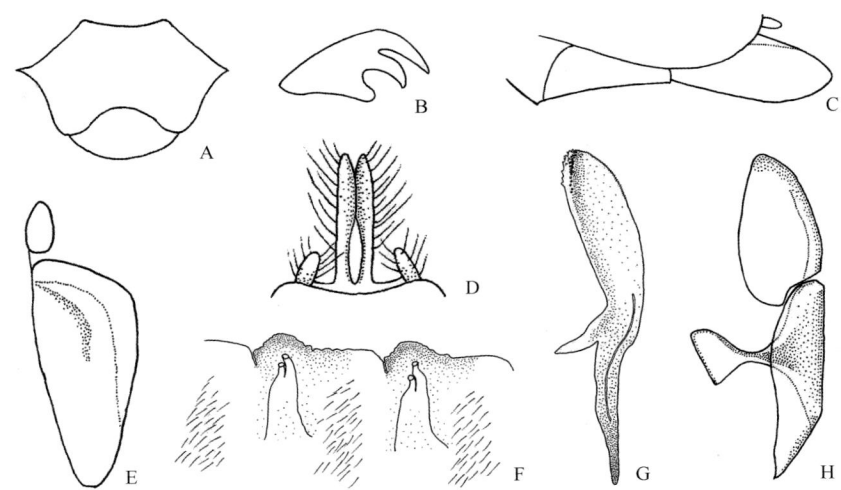

图 3-353 光额黑盔叶蜂 *Corymbas glabrifrons* Wei & Zhang, 2009（引自 Wei and Zhang, 2009）
A. 雌虫唇基和上唇；B. 雌虫爪；C. 锯鞘侧面观；D. 锯鞘背面观；E. 雌虫后胸后侧片；F. 锯腹片中部锯刃；G. 阳茎瓣；H. 生殖铗

（359）小窝黑盔叶蜂，新种 *Corymbas minutifovea* Wei & Niu, sp. nov.（图 3-354，图版 VIII-9）

雌虫：体长 11mm。体黑色，上唇边缘污白色；触角黑色，第 3 节端部小斑、第 4–5 节大部分白色，第 5 节端部腹侧黑褐色；腹部第 2、3 节背板两侧及缘折、第 9 背板中部小斑，以及第 2–3 腹板大部分黄白色，尾须褐色；各足基节和转节黑色；前足褐色，股节基部黑色；中足股节、胫节和跗节褐色，股节两端和胫节端部稍暗；后足股节大部分黑褐色，胫跗节暗棕褐色，胫节端部黑褐色。前翅均匀淡烟褐色，后翅透明，前缘脉和翅痣大部分暗褐色，翅痣基部及前缘褐色。头、胸部背侧细毛浅褐色，侧板毛银色，鞘毛浅褐色。

上唇基半部刻点较密，端半部刻点浅弱，唇基刻点粗大密集具皱纹，暗淡无光；内眶刻点下部细密，上部浅弱稀疏，触角窝上突、中窝和额脊刻点粗糙致密，无光泽；上眶和单眼后区刻点稀疏，表面光滑；后眶刻点细小稀疏；中胸背板前叶前侧刻点细密，后半部和侧叶大部分刻点细小稀疏，间隙光滑；小盾片前坡刻点密集，间隙狭窄，后坡刻点粗密，附片光滑，后小盾片刻点粗密，盾侧凹刻纹细密，后胸后背板大部分光滑；中胸前侧片上半部刻点粗糙致密，间隙不明显，腹侧刻点较稀疏，表面光滑；侧板前下角具光滑区域，后侧片刻纹密集，后下侧片前后缘较光滑；后胸前侧片刻点密集，后侧片刻点粗糙致密；腹部第1背板大部分光滑，两侧刻点较小，致密；第2背板具微弱刻纹，其余背板刻纹稍明显，无明显刻点。

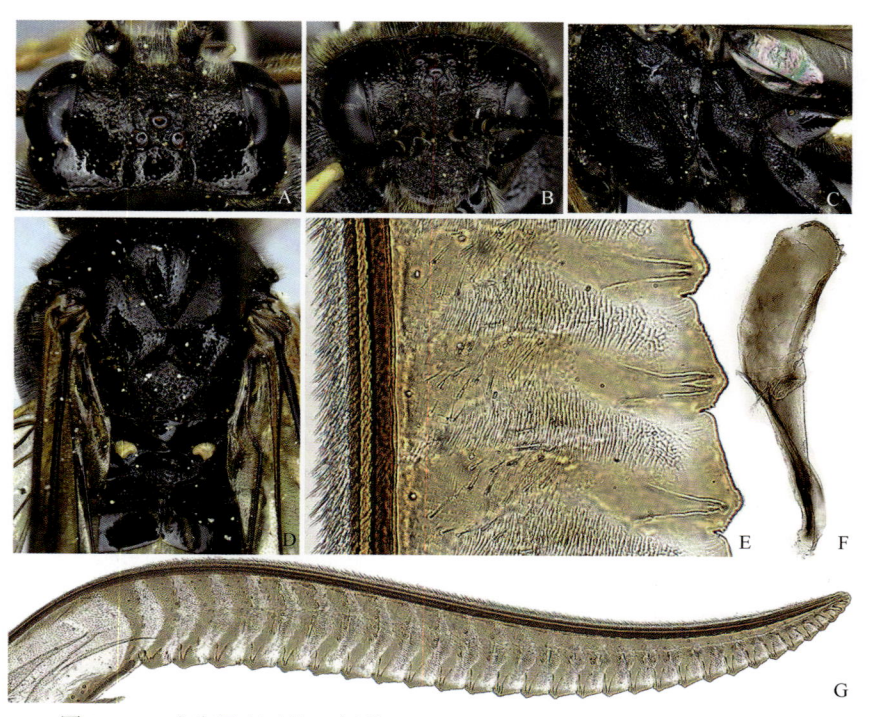

图 3-354 小窝黑盔叶蜂，新种 Corymbas minutifovea Wei & Niu, sp. nov.
A. 头部背面观；B. 头部前面观；C. 中后胸侧面观；D. 胸部背面观；E. 锯腹片中部锯刃；F. 阳茎瓣；G. 锯腹片。A–E, G. 雌虫；F. 雄虫

唇基前缘缺口小，近似三角形，深度约等于唇基的1/5，宽远小于唇基侧叶；颚眼距约0.7倍于侧单眼直径；复眼内缘向下强烈收敛，下缘间距约等于眼高；中窝极小，浅弱模糊；侧窝窄深，额区中部具明显纵沟，额脊低钝；单眼中沟宽深，后沟稍浅；单眼后区稍隆起，低于单眼顶面，侧沟深，稍弯曲，向后稍分歧；POL：OOL：OCL = 1：2.1：3；后颊脊锐利；背面观后头短于复眼1/2长；触角长0.8倍于腹部，明显短于前缘脉，第3节长1.6倍于第4节。中胸小盾片无中纵脊；后胸淡膜区长径、淡膜区间距、附片中部长度之比=1：2.6：0.9；后足胫节内距稍长于后足基跗节1/2，后足基跗节稍短于其后4节跗分节之和。产卵器1.4倍于后足基跗节长，侧面观窄长，端部稍尖，背缘较直，锯鞘端长1.5倍于锯鞘基；锯腹片狭长，29刃，节缝刺毛带较宽，刺毛密集（图3-354G）；锯刃倾斜，内侧显著切入，亚基齿十分细小（图3-354E）。

雄虫：体长10mm；腹部第3背板大部分、第4背板中部三角形斑黄褐色；复眼下缘间距显著窄于眼高，颚眼距等于单眼直径1/3，后翅缘脉完整，无封闭中室；下生殖板长约等于宽，端部圆钝；抱器三角形，端部窄；阳茎瓣见图3-354F。

分布：浙江（临安）、陕西、安徽、江西、湖南、四川。

词源：本种中窝极小，以此命名。

正模：♀，湖南平江幕阜山燕子坪，28°58.728′N、113°49.422′E，1330m，2009.V.12，李泽建（ASMN）。**副模**：3♀，陕西留坝桑园林场，33°44.937′N、107°08.343′E，1250m，2007.V.18，朱巽、蒋晓宇；2♀，陕

西丹凤寺坪镇，900–1200m，朱巽、刘守柱；1♀，陕西留坝桑园砖头坝，33°44.833′N、107°13.550′E，1158m，2014.VI.15，祁立威、康伟楠；4♀，陕西太白县青峰峡生态园，33°1.445′N、107°26.13′E，1632m，2014.VI.11，魏美才；1♀，陕西周至楼观台，34°02.939′N、109°19.303′E，899m，2006.V.25，杨青；1♂，陕西佛坪县凉风垭顶，33°41.117′N、107°51.250′E，2125m，2014.VI.18，魏美才；1♀，四川峨眉山 32km，29°33.858′N、103°17.422′E，1516m，2014.V.24，胡平、刘婷；1♀，安徽霍山茅山林场，500–900m，2004.V.13，肖炜；1♂，江西庐山，1964.V；3♂，浙江临安天目山禅源寺，30.323°N、119.442°E，405m，2014.IV.15，胡平；4♂，浙江临安天目山禅源寺，30.323°N、119.442°E，405m，2014.IV.12–15，李泽建、刘婷、余鑫杰；28♂，浙江临安天目山开山老殿，30.343°N、119.433°E，1106m，2017.IV.23–29，李泽建、刘萌萌、高凯文、姬婷婷；2♂，浙江临安天目山禅源寺，30.323°N、119.442°E，405m，2017.IV.16–20，姬婷婷；5♀5♂，浙江临安天目山禅源寺，30.323°N、119.442°E，405m，2016.IV.3–25，李泽建、刘萌萌、陈志伟；1♀，浙江临安天目山开山老殿，30.343°N、119.433°E，1106m，2017.V.18，姬婷婷；6♀3♂，浙江临安天目山禅源寺，30.323°N、119.442°E，405m，2018.IV.11–20，刘萌萌、高凯文、姬婷婷；4♂，LSAF18030，浙江临安天目山开山老殿，30.343°N、119.433°E，1106m，2018.IV.19，刘萌萌、姬婷婷；1♀1♂，浙江临安天目山禅源寺，30.323°N、119.442°E，405m，2020.IV.25–27，李泽建；1♀1♂，浙江临安天目山禅源寺，30.322°N、119.443°E，362m，2019.IV.23–25，李泽建、姬婷婷；1♂，浙江临安天目山仙人顶，，30.350°N、119.424°E，1506m，2019.V.3，李泽建；1♀，浙江凤阳山凤阳湖，2019.VI.29，李泽建；1♀1♂，浙江临安西天目山禅源寺，30.323°N、119.442°E，405m，2021.IV.18，李泽建、刘萌萌。

鉴别特征：本种与 *C. nipponica* Takeuchi, 1936 近似，但雌虫颚眼距约 0.6 倍于中单眼直径，明显短于触角窝间距 1/2；两性触角第 3 节端部具明显白斑；小盾片附片完全无中纵脊痕迹；中窝明显小于和浅于侧窝；锯腹片窄长，具 29 个锯刃等，与之容易鉴别。

110. 新盔叶蜂属 *Neocorymbas* Saini, Singh & Singh, 1985

Neocorymbas M.S. Saini, D. Singh, M. Singh & T. Singh, 1985: 325–327. Type species: *Neocorymbas smithi* M.S. Saini, D. Singh, M. Singh & T. Singh, 1985, by original designation.

主要特征：本属与黑盔叶蜂属近似，但唇基较长，宽长比明显小于 2，端缘缺口宽浅弧形（图 3-355A），宽度大于唇基端缘 1/2 宽，如果唇基端缘缺口很窄小，则唇基端缘强烈向前弧形鼓出；爪内齿靠近端齿并约等长于或长于端齿（图 3-355B）。

分布：东亚南部。本属已知 4 种。中国分布 2 种，浙江发现 1 种。

寄主：山矾科山矾属 *Symplocos* 植物。

(360) 中华新盔叶蜂 *Neocorymbas sinica* Wei & Ouyang, 1997（图 3-355，图版 VIII-9）

Neocorymbas sinica Wei & Ouyang, in Wei, Ouyang & Huang, 1997: 69–70.
Corymbas nigroyunanensis Haris & Roller, 1999: 234–236.

主要特征：雌虫体长 13mm；体黑褐色，具丰富淡斑，上唇、唇基除基部外、上颚基半部、触角第 3 节端部、第 4 节全部和第 5 节大部分（图 3-355F）、前胸背板侧缘和后缘宽边、翅基片、腹部第 2–5 背板两侧、第 7 节背板中部、第 8 背板大部分、第 10 背板全部、各节背板缘折和腹板淡黄色；头部暗红褐色，具大黑斑，覆盖唇基上区、内眶下部、颜面、额区、单眼后区部分或全部，后眶中部黑褐色；小盾片和中胸背板侧叶内侧和后侧红褐色；足黄褐色，各足基节大部分和后足股节黑色；翅透明，翅痣和前缘脉黄褐色，其余翅脉黑褐色；唇基前缘突出，中部具微小缺口，侧缘弧形，覆盖上唇大部分（图 3-355A）；颚眼距等于单眼直径；单眼后区宽长比等于 1.3；额区具较密集刻点，中胸侧板具密集刻点；触角第 3 节较细，稍短于第 4、5 节之和，第 6 节长宽比约等于 2（图 3-355F）；爪内齿长于外齿（图 3-355B）；腹部背板均无刻纹和显著刻点；锯腹片锯刃明显倾斜，内侧亚基齿 3 枚，外侧亚基齿 4–5 枚（图 3-355D）；阳茎瓣头叶狭长，端部具多枚小齿（图 3-355E）。雄虫体长 9–10mm；体大部分黑色，腹部具淡斑；抱器长大于宽，端部狭窄，副阳茎小三角形（图 3-355C）；阳茎瓣狭窄，端部具小齿。

分布：浙江（临安、丽水）、陕西、安徽、湖北、江西、湖南、福建、四川、贵州。

寄主：白檀 *Symplocos paniculata*。

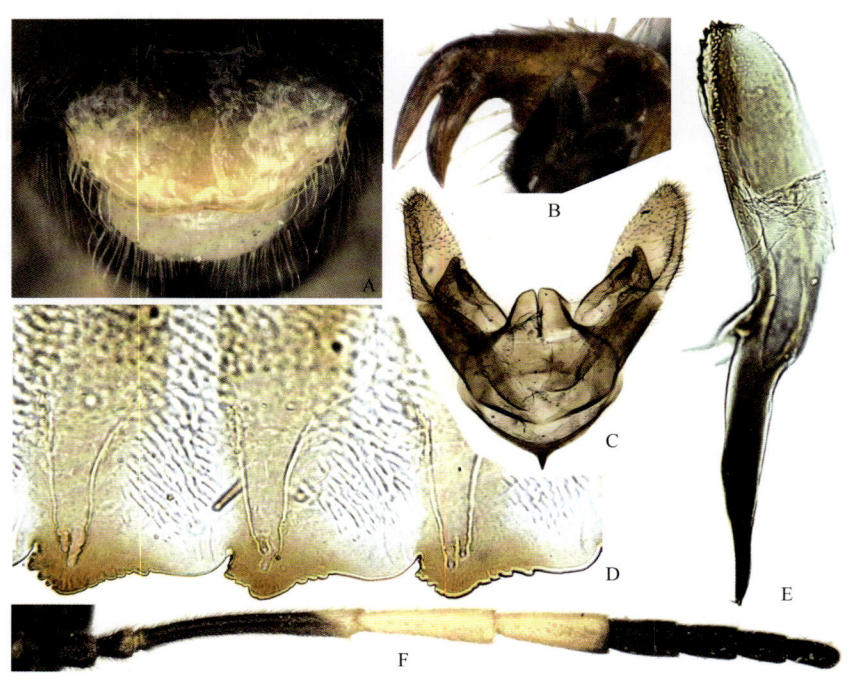

图 3-355 中华新盔叶蜂 *Neocorymbas sinica* Wei & Ouyang, 1997
A. 雌虫唇基和上唇；B. 雌虫爪；C. 生殖铗；D. 锯腹片中部锯刃；E. 阳茎瓣；F. 雌虫触角

111. 侧跗叶蜂属 *Siobla* Cameron, 1877

Siobla Cameron, 1877: 88–89. Type species: *Siobla mooreana* Cameron, 1877, by subsequent designation of Ashmead, 1898.
Encarsioneura Konow, 1890: 236, 240. Type species: *Tenthredo* (*Allantus*) *sturmii* Klug, 1817, by monotypy.
Megasiobla Dovnar-Zapolskij, 1930: 86. Type species: *Megasiobla zenaida* Dovnar-Zapolskij, 1930, by original designation.

主要特征：中大型叶蜂，体形粗壮，头、胸部通常具粗糙密集刻点；上唇小型，端部圆钝，唇根隐蔽；唇基窄于复眼下缘间距，端部截形；颚眼距窄于单眼直径；上颚粗短，不对称，右上颚单齿，左上颚 2–3 齿；复眼中大型，内缘直，向下强烈收敛；触角窝上突通常不隆起，中窝宽大，侧窝宽沟状，向前开放；额区不明显分化，单眼三角小；背面观后头稍延长，两侧通常向后收缩；后颊脊发达；触角稍侧扁，基部 2 节长大于宽，第 3 节显著长于第 4 节；前胸背板沟前部稍宽于单眼直径，无缘脊；前胸侧板腹侧接触面窄；中胸小盾片前凹横沟形；后胸淡膜区小，间距大于淡膜区长径 2 倍；后小盾片前凹发达；后胸后背片中部狭窄；中胸无胸腹侧片，中胸侧板前缘脊发达，中胸后侧片宽大，具中位横脊；后胸后侧片窄，后角不延伸；后足基节发达，股节常伸出腹部末端；前足胫节内端距端部分叉，后足胫节端距短于基跗节 1/2 长；后足跗节显著侧扁，基跗节长于其后 3 节之和但短于其后 4 节之和；爪无显著基片，内齿常长于外齿；前翅 R 脉短，明显下垂；R+M 脉长于 R 脉，短于 1M 脉；1M 和 1m-cu 脉平行，互相近等长，cu-a 脉邻近 1M 脉基部；2Rs 室不长于 1R1+1Rs 室；臀横脉强烈倾斜，位于臀室中部外侧；

后翅 Rs 和 M 室封闭，臀室封闭，具短柄；腹部第 1 背板具中缝，气门靠近前上角；产卵器细长，强烈骨化；阳茎瓣无端侧突。

分布：古北区，东洋区北缘。本属已知 119 种，中国已记载 100 种。浙江仅发现 6 种，包括 1 新种。

寄主：凤仙花科 Balsaminaceae 凤仙花属 *Impatiens*、蓼科蓼属 *Polygonum* 及酸模属 *Rumex*、商陆科 Phytolaccaceae 商陆属 *Phytolacca* 植物等。

分种检索表

1. 触角黑色，端部 4 节白色；两性唇基均黑色；雌虫体黑色，具少量淡斑；雄虫腹部黑色，中部 3–4 节橘褐色；雄虫阳茎瓣头叶端部不明显窄于中基部 ·· 杨氏侧跗叶蜂，新种 *S. yangi* sp. nov.
- 触角黄褐色或黑褐色，端部 3–4 节绝非白色；雌虫唇基非黑色；雄虫阳茎瓣头叶端部明显窄于中部或基部 ············· 2
2. 中胸前侧片腹侧具明显的腹刺突；体大部分黄褐色，中胸侧板周围黑色；小盾片刻点致密；触角全部黄褐色 ··· 刺胸侧跗叶蜂 *S. spinola*
- 中胸前侧片腹侧圆钝，无腹刺突 ·· 3
3. 雌虫触角黄褐色，端部 4 节黑色，雄虫触角暗褐色，端部 4 节黑色或全部黑色；小盾片显著高于背板顶面，前、后坡均陡峭 ··· 4
- 触角色斑不同于上述，整体为黄褐色或黑褐色；小盾片约等高于或稍高于背板平面，前坡不陡 ························· 5
4. 锯腹片末端和锯刃均十分尖锐；阳茎瓣头叶端部突出，宽约为头叶最宽处的 1/3 ················· 张氏侧跗叶蜂 *S. zhangi*
- 锯腹片端部窄圆，锯刃不尖锐；阳茎瓣头叶椭圆形，端部不突出 ····························· 三斑侧跗叶蜂 *S. trimaculata*
5. 体主要黄褐色；腹部背板光滑，无明显刻纹；翅透明，无明显烟斑；各锯刃端部钝；阳茎瓣头叶明显窄于中后部 ··· 大黄侧跗叶蜂 *S. maxima*
- 体主要黑色；腹部背板具细刻纹；翅端部具明显烟斑；锯刃端部较尖；阳茎瓣头叶端部微窄于中部 ··· 小斑侧跗叶蜂 *S. pseudoferox*

（361）大黄侧跗叶蜂 *Siobla maxima* Turner, 1920（图 3-356）

Siobla maxima Turner, 1920: 88.

Siobla straminea immaculata Wei, *in* Wei & Nie, 2002c: 123.

Siobla schedli Haris, 2007: 80.

主要特征：雌虫体长 14–15mm，雄虫体长 12–13mm；体色变异较大；雌虫体黄褐色，上唇、上颚基半部黄白色，胸侧板大部分、中胸背板前叶大斑、侧叶外侧大椭圆形斑和内侧独立点斑、后胸后侧片大部分等以及腹部第 1–2 背板基部中央、第 6–7 背板宽横斑黑色；足黄褐色，前中足基节基部后侧小斑、后足基节基部中等大斑、后足股节后侧端部斑黑色；雄虫大部分黑色，触角全部黑色至全部黄褐色，口器部分、前胸背板后缘宽边、翅基片、中后胸小盾片及附片、腹部第 1–2 背板全部、第 3–4 背板斑以及各节腹板黄褐色；足黄褐色，后足基节外侧和背侧大部分、后足股节后侧全部、外侧端部黑色；雌虫头部背侧刻点较密集；中胸背板刻点显著较头部稀疏，刻点间隙稍宽，光泽较强；小盾片前坡刻点密集，间隙狭窄光泽弱；腹部第 1 背板高度光滑，无刻纹，第 2–9 背板刻纹不明显，第 4–9 背板具稀疏浅弱刻点；触角约等长于头、胸部之和，鞭节几乎不侧扁，亚端部不明显膨大；跗垫小型；锯鞘端长 1.5 倍于锯鞘基；锯腹片狭窄，19 刃，骨化弱，锯刃大部分低弱，几乎不突出（图 3-356A）。雄虫复眼内缘向下显著收敛，下缘间距 0.6 倍于眼高，颊眼距线状，背面观头部在复眼后两侧显著收缩；下生殖板长约等于宽，端部圆凸；阳茎瓣见图 3-356D；生殖铗见图 3-356E。

分布：浙江（临安、龙泉）、河南、陕西、安徽、湖北、江西、湖南、福建、台湾、广西、重庆、四川、贵州；越南。

寄主：商陆科商陆 *Phytolacca* spp.。

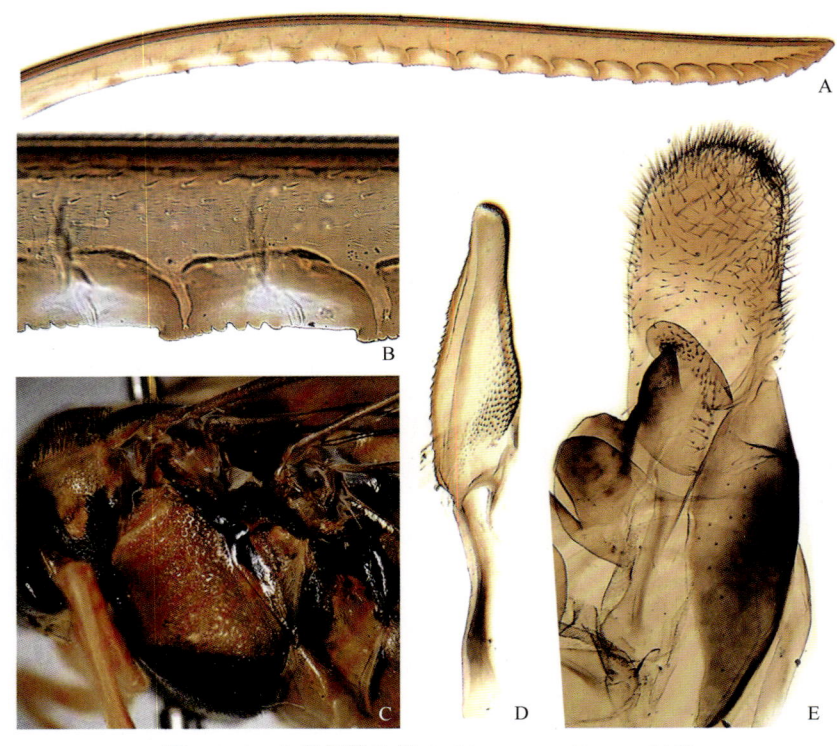

图 3-356　大黄侧跗叶蜂 *Siobla maxima* Turner, 1920
A. 锯腹片；B. 锯腹片中部锯刃；C. 中胸侧板；D. 阳茎瓣；E. 生殖铗

（362）小斑侧跗叶蜂 *Siobla pseudoferox* Wei & Nie, 2003（图 3-357）

Siobla pseudoferox Wei & Nie, in Wei, Nie & Xiao, 2003: 84.

主要特征：雌虫体长 14.5–15.5 mm；体黑褐色，前胸背板后缘宽边、中后胸小盾片及附片、腹部 1–4 背板两侧、8–10 背板浅黄褐色，触角、眼眶、单眼后区、前胸背板前缘、翅基片大部分、中胸背板侧叶内侧三角形斑、腹部第 1 背板后缘、2–3 背板背侧及锯鞘黄褐色；足黄褐色，基节基部斑、中足股节后侧窄

图 3-357　小斑侧跗叶蜂 *Siobla pseudoferox* Wei & Nie, 2003
A. 锯腹片；B. 锯腹片端部；C. 雌虫头部侧面观；D. 雄虫头部侧面观；E. 阳茎瓣；F. 生殖铗

条斑、后足股节端部 2/3–3/4 黑色；体毛黄褐色；翅烟黄色透明，端部具显著烟斑，前缘脉和翅痣黄褐色；头、胸部细毛明显短于前单眼直径，端部直；头部背侧刻点较密集，额区和内眶刻点致密；腹部第 1 背板高度光滑，第 2–9 背板具微弱刻纹，第 4–9 背板具稀疏浅弱刻点；颚眼距约等于单眼直径；复眼下缘间距约等于复眼高；触角鞭节不侧扁；第 1 跗垫等长于基跗节基部宽；锯鞘侧面观明显短于中足胫节，锯鞘端 1.3 倍于锯鞘基长；锯腹片骨化较强（图 3-357A，B）。雄虫体长约 13.5mm，头、胸部大部分黑色，仅唇基端部、口器、前胸背板后缘、翅基片、中胸背板盾侧凹前部、小盾片和附片、后胸小盾片和盾侧凹大部分黄褐色，腹部第 1 背板基部和两侧、第 4 背板两侧、第 5–8 背板大部分、下生殖板黑色；复眼下缘间距 0.8 倍于复眼高，颚眼距 0.2 倍于单眼直径，后足跗垫小型；下生殖板长等于宽，端部圆钝；阳茎瓣见图 3-357E；生殖铗见图 3-357F。

分布：浙江（临安）、河南、安徽。

（363）刺胸侧跗叶蜂 *Siobla spinola* Wei, 2006（图 3-358）

Siobla spinola Wei, 2006a: 618.

主要特征：雌虫体长 15mm；体橘褐色；口器、内眶大部分、颚眼距、前胸背板大部分、中胸背板前叶宽 V 形斑、小盾片和附片、中后胸侧板大部分、后胸背板大部分黄色，触角、腹部腹侧和 1–2 背板黄褐色；幕骨陷底部、单眼区及侧沟、前胸背板外侧边及中部横斑、中胸背板前叶中沟及后端矢形斑、侧叶前外缘、盾侧凹后部、小盾片前凹、后胸后背板中部、中胸侧板前缘和后缘、中胸前侧片下部模糊横带、后胸侧板后缘等黑色；足黄褐色，后足胫跗节橘褐色；体毛黄褐色；翅烟黄色透明，翅痣黄褐色。雄虫与雌虫近似，但黄色部分较少，橘褐色部分较多；头、胸部具粗糙密集的刻点，光泽较弱；腹部大部分光滑，无明显刻纹和刻点；后足基节腹侧、股节背侧刻点明显；体毛不长于侧单眼直径；复眼内缘向下稍收敛，下缘间距等于眼高；雌虫颚眼距约等于单眼直径；雄虫颚眼距等于单眼半径；触角等长于前翅 C 脉，鞭节稍侧扁；中胸背板前叶后端具中纵脊；中胸小盾片等高于中胸背板；中胸前侧片中部鼓出，腹侧具短钝但

图 3-358 刺胸侧跗叶蜂 *Siobla spinola* Wei, 2006
A. 锯腹片端部；B. 锯腹片中部锯节；C. 生殖铗（右侧）；D. 阳茎瓣；E. 雌成虫背面观；F. 锯腹片

明显的腹刺突；锯腹片细长（图 3-358F），锯刃倾斜（图 3-358A，B）。雄虫阳茎瓣侧面中部明显鼓出，具多列短小刺突，端部较窄（图 3-358D）；生殖铗见图 3-358C。

分布：浙江（龙泉）、河南、贵州。

(364) 三斑侧跗叶蜂 Siobla trimaculata Niu & Wei, 2010（图 3-359）

Siobla trimaculata Niu & Wei, 2010: 918.

主要特征：雌虫体长 11–12mm；体和足橘褐色，触角第 5 节腹侧及端部 4 节、单眼圈、前胸背板中部波状横斑、中胸背板各叶中部纵斑、小盾片前凹、中后胸盾侧凹底部、后胸后背板大部分、前胸侧板、中胸前侧片前缘和腹缘 X 形斑、中胸后侧片上缘、后胸侧板前缘和背缘、腹部第 2 背板基部横沟、第 5 节背板大部分、第 6 节和第 7 节中部三角形小斑、中后足基节基部外侧小斑黑色；翅烟黄色，无烟斑，前缘脉和翅痣黄褐色；体毛黄褐色；头部背侧和后侧刻点密集，无明显的光滑间隙；前胸侧板、中胸后下侧片、后胸前侧片大部分、后胸后侧片后角中胸小盾片的附片光滑，无刻纹；腹部背板无明显的刻纹，5–9 背板具稀疏、浅弱刻点；复眼内缘向下明显收敛，下缘间距 1.3 倍于复眼高，颚眼距约等于侧单眼直径；单眼后区具模糊的中纵脊，宽 1.3 倍于长；背面观后头两侧稍短于复眼，侧缘角状弯曲，向后显著收敛；颊脊全缘式；触角约等长于腹部，4–9 节外侧具纵沟；中胸背板前叶中纵沟深，侧板无腹刺突；锯鞘端 1.3 倍于锯鞘基长；锯腹片显著骨化，腹侧节缝显著，亚基齿微细（图 3-359A）。雄虫虫体和触角黑色，腹部 2–4 节黄褐色，足红褐色具黑斑；头部背侧细毛密集，端部弯曲，长约 1.5 倍于单眼直径；颚眼距 0.3 倍于侧单眼直径；后足跗垫稍大；阳茎瓣较宽大（图 3-359E）；生殖铗见图 3-359F，抱器弯曲，向端部明显变窄。

分布：浙江（龙泉）、陕西、湖南、广西。

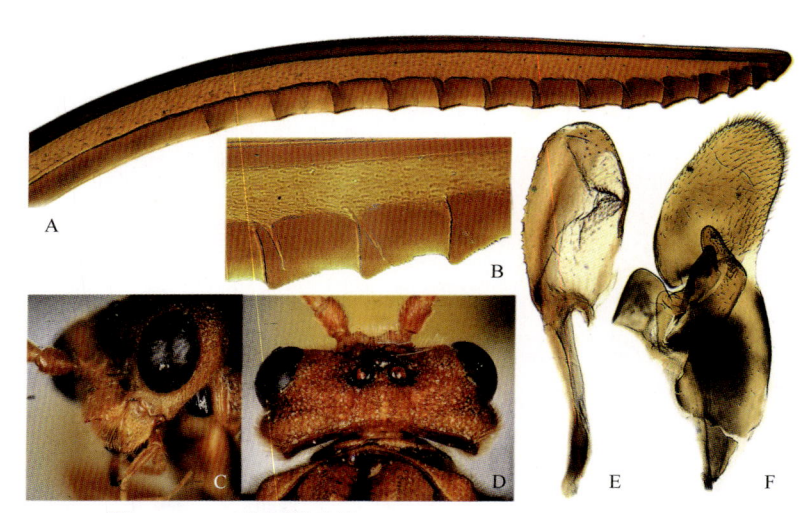

图 3-359 三斑侧跗叶蜂 Siobla trimaculata Niu & Wei, 2010
A. 锯腹片；B. 锯腹片亚端部锯刃；C. 雌虫头部侧面观；D. 雌虫头部背面观；E. 阳茎瓣；F. 生殖铗

(365) 杨氏侧跗叶蜂，新种 Siobla yangi Niu & Wei, sp. nov.（图 3-360）

雌虫：体长 14.5mm。体黑色，上唇通常大部分白色，端缘黑褐色；口须大部分、上颚基半部后侧边浅褐色；触角第 5 节端部及第 6–9 节白色，第 9 节端部黑褐色；腹部第 2 节背板黄白色，中部 1/3 具基部会合的黑斑，第 8–10 背板大部分、第 2 节腹板中部黄褐色；锯鞘端缘浅褐色。足大部分黄白色，各足基节大部分、前中足转节大部分、前足股节除了前侧长条斑、中足股节除了基部背侧短条斑、后足股节除了基部 1/5 以下、中足胫节末端、后足胫节基端点斑和端部 4/7 黑色，后足基跗节大部分黑褐色或暗褐色。翅透明，前缘脉基部褐色，R1 脉和翅痣黄褐色，其余翅脉黑褐色至黑色。体毛银色。

头部背侧、中胸背板、小盾片、后小盾片、中胸前侧片上半部具致密粗糙刻点，刻点间隙明显窄于刻点直径，无明显刻纹，光泽较弱；上唇刻点稀疏浅弱，光泽较强；小盾片前凹、中胸小盾片附片和后胸后背板大部分光滑无刻纹，光泽强；中胸侧板前缘刻点稍稀疏，腹侧刻点稍稀疏，刻点间隙光滑，光泽较强；中胸后下侧片大部分无刻点，前侧半部具细密刻纹，后缘较光滑；后胸前侧片背缘刻点细弱模糊，具弱刻纹，腹侧大部分光滑，刻点稀疏；后侧片大部分光滑，背缘具粗密刻点；后足基节外侧刻点浅弱模糊，十分稀疏；腹部第 1 背板高度光滑；第 2 背板刻纹较弱，其余各节背板均具明显刻纹，第 4–9 背板具稀疏浅弱刻点。

唇基前缘截形；上唇隆起，横宽，端部圆钝；复眼内缘向下收敛，间距等于复眼高；颚眼距 0.9 倍于中单眼直径；触角窝上突稍隆起，与低钝的额脊融合；中窝宽大，后部与额区会合，底部具坑；额区等高于复眼面；侧窝深沟状；单眼中沟细浅，后沟宽浅；侧沟较深，明显弯曲，向后稍分歧；单眼后区隆起，稍低于单眼面，宽 1.3 倍于长，具弱中纵脊；后头背面观 0.8 倍于复眼长径，两侧前部 1/3 处微弱弯曲，不向外鼓，后部 2/3 显著收缩。头部背侧细毛稀疏、短直，不长于单眼直径。触角粗丝状，明显短于前翅 C 脉，约等长于头、胸部和腹部第 1 背板之和，第 3 节约 1.9 倍于第 4 节长，鞭节不侧扁，亚端部稍膨大，第 7 节长宽比等于 1.9。中胸背板前叶中沟模糊；小盾片稍高出背板平面，无脊和顶点，顶部圆钝，附片显著倾斜。后足胫节内端距 0.5 倍于基跗节长，基跗节稍长于其后 3 节之和，长宽比约等于 4.7，跗垫很小。前翅 cu-a 脉位于 1M 室下缘内侧 1/6；2Rs 室等长于 1Rs+1R1 室，外下角稍突出，2r 脉交于 2Rs 室上缘外侧 2/5，R 脉长短于 R+M 脉 1/2。后翅臀室柄等于 cu-a 脉 1/3 长。锯鞘稍短于中足胫节，鞘端长 1.3 倍于鞘基，鞘端侧面观端部圆钝；锯腹片骨化程度弱，17 刃，无节缝，锯刃微隆起（图 3-360D），中部锯刃具 8–9 个外侧亚基齿（图 3-360G）。

雄虫：体长 12mm；体色类似于雌虫，但体淡色部分为橘褐色，腹部第 2–4 节背板、第 2–5 节腹板、第 6 节腹板部分橘褐色；各足转节黄褐色，第 1 转节腹侧具黑斑，股节橘褐色至红褐色，后足股节内侧端部 1/3–1/2、外侧端部 1/5–1/4 黑色；各足胫跗节黄褐色，后足胫节端部内侧具较小但明显的黑斑；头、胸部背侧细毛浅褐色；前翅端部烟斑较明显；构造类似于雌虫，但颚眼距线状，复眼下间距 0.6 倍于复眼高，背面观后头两侧约等于复眼 1/2 长，两侧向后显著收敛；下生殖板长稍大于宽，端部圆；阳茎瓣见图 3-360H；生殖铗见图 3-360I。

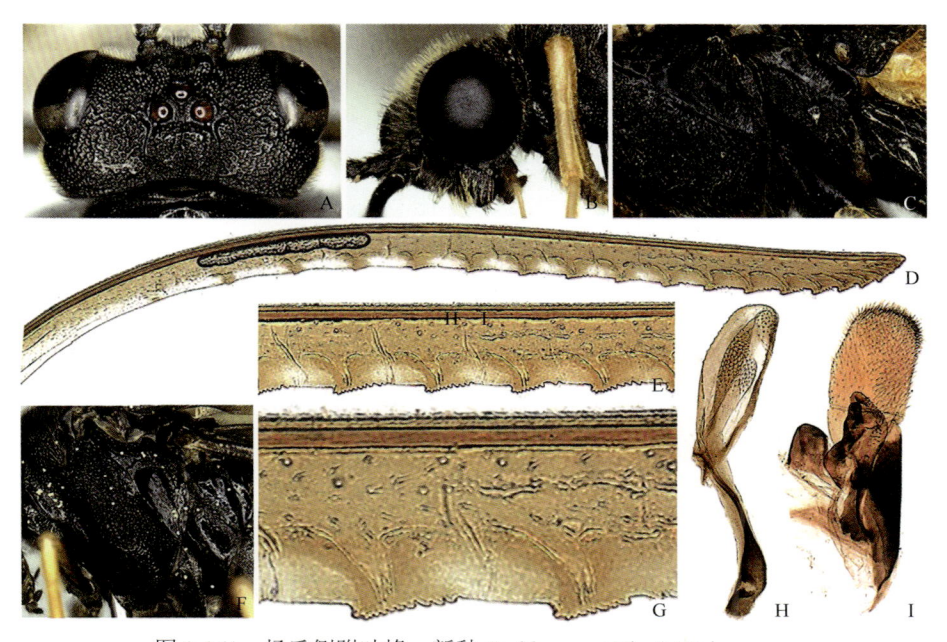

图 3-360 杨氏侧跗叶蜂，新种 *Siobla yangi* Niu & Wei, sp. nov.

A. 雌虫头部背面观；B. 雄虫头部侧面观；C. 雄虫中后胸侧板；D. 锯腹片；E. 锯腹片中部锯刃；F. 雌虫胸部侧板；G. 锯腹片中部锯刃放大；H. 阳茎瓣；I. 生殖铗

变异：雌虫触角第1节内侧有时具点状红褐斑；后足基节腹侧有时大部分黄褐色，前中足转节有时大部分黄褐色，后足基跗节黑褐色范围有变化；雄虫腹部第5背板有时部分橘褐色。

分布：浙江（临安）、安徽。

词源：本种以著名昆虫分类学家杨集昆先生姓氏命名。

正模：♀，浙江临安西天目山开山老殿，30.343°N、119.433°E，1106m，2017.VI.17，刘萌萌（ASMN）。**副模**：13♂，浙江临安清凉峰龙塘山，30°7.04′N、118°52.41′E，1380m，2011.VI.8，李泽建；1♀，浙江临安清凉峰千顷塘，30°18.03′N、119°7.05′E，1200m，2011.VI.9，魏美才、牛耕耘；13♀4♂，浙江临安西天目山，30°20.64′N、119°26.41′E，1100m，2011.VI.12–16，魏美才、牛耕耘；2♀54♂，浙江临安西天目山仙人顶，30°20.59′N、119°25.26′E，1506m，2011.VI.13，李泽建、魏力、胡平；3♀1♂，浙江临安清凉峰龙塘山，30°07.04′N、118°52.41′E，1380m，2012.VI，李泽建；1♀47♂，浙江临安西天目山仙人顶，30.349°N、119.424°E，1506m，2017.VI.18，刘萌萌、高凯文、姬婷婷；16♀87♂，浙江临安西天目山开山老殿，30.343°N、119.433°E，1106m，2017.V，李泽建、刘萌萌、高凯文、姬婷婷；6♀23♂，浙江临安西天目山开山老殿，30.343°N、119.433°E，1106m，2017.VI.17，刘萌萌、高凯文、姬婷婷；39♂，浙江临安西天目山仙人顶，30.349°N、119.424°E，1506m，2017.V.27–28，李泽建、刘萌萌、高凯文、姬婷婷；1♀，安徽金寨天堂寨，31.139°N、115.787°E，2006.VI.2，李泽建；6♀8♂，安徽金寨天堂寨，31.139°N、115.787°E，2006.VI.2，周虎（ASMN）。

鉴别特征：本种与 *Siobla venusa* 很近似，但两性上唇通常大部分白色，雌虫锯腹片锯刃较突出；雌虫后足胫节端部黑色部分通常长于基部白色部分，后基跗节通常大部分黑色；雄虫后足基节腹侧端部通常全部黑色，没有褐斑，与该种不同。基于多区域、多样本线粒体基因组数据的 *Siobla* 属种间系统发育关系支持 *S. yangi* 支系与 *S. venusta* 支系完全分离。

（366）张氏侧跗叶蜂 *Siobla zhangi* Wei, 2005（图 3-361，图版 VIII-11）

Siobla zhangi Wei, 2005a: 477.

主要特征：雌虫体长13mm；体黄褐色，触角端部4节和中胸腹板中部黑色，中胸背板具3个较小的黑斑，腹部5–7背板中部具黑斑；足黄褐色；体毛（包括小盾片）黄褐色；翅淡烟黄色，端部1/3具内缘突出的烟褐色斑纹，前缘脉和翅痣黄褐色，其余翅脉大部分黑褐色；唇基刻点稀疏，端缘鼓出，中部缺口浅小；头部背侧和后侧刻点密集，光泽弱，光滑间隙狭窄；颚眼距约等于侧单眼直径；额侧脊十分细锐；单眼后区稍隆起，低于单眼平面，无中脊，宽稍大于长；触角长于腹部，第3、4、5节长度比为45：27：25；附片光滑无刻纹，无中脊；中胸盾片和小盾片前部刻点稍稀疏，小盾片后坡刻点密集；中胸前侧片下

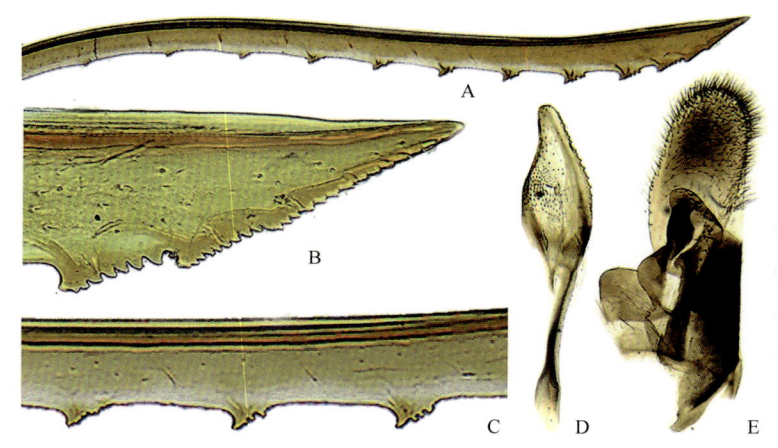

图 3-361 张氏侧跗叶蜂 *Siobla zhangi* Wei, 2005
A. 锯腹片；B. 锯腹片端部；C. 锯腹片中部锯节；D. 阳茎瓣；E. 生殖铗

部角状隆起，隆起部以上部分刻点密集；小盾片强烈隆起，远高于背板平面，前后缘均陡，无纵脊；腹部背板无明显的微细刻纹，3–9 背板夹杂稀疏微弱的刻点；锯腹片狭长，亚端部稍宽，锯刃尖锐（图 3-361A）。雄虫体长 11–12mm；体大部分黑色，上唇和腹部 2–4 腹板、第 2 背板两侧淡黄白色，唇基端半部、上颚大部分、口须、前胸背板后缘狭边、翅基片、小盾片大部分、附片大部分、腹部第 1 背板后缘、第 2–4 背板大部分橘褐色；翅基半部近透明，端半部具显著烟斑；阳茎瓣椭圆形，端部渐窄（图 3-361D）；生殖铗见图 3-361E。

分布：浙江（临安）、湖南、贵州。

112. 钝颊叶蜂属 *Aglaostigma* Kirby, 1882

Aglaostigma Kirby, 1882: 325. Type species: *Aglaostigma eburneiguttatum* W. F. Kirby, 1882, by monotypy.
Laurentia Costa, 1890: 14. Homonym of *Laurentia* Ragonot, 1888 [Lepidoptera]. Type species: *Laurentia craverii* Costa, 1890, by monotypy.
Bivena MacGillivray, 1894: 327. Type species: *Bivena maria* MacGillivray, 1894, by original designation.
Homoeoneura Ashmead, 1898d: 313. Type species: *Pachyprotasis delta* Provancher, 1878, by original designation.
Neopus Viereck, 1910: 585. Type species: *Tenthredo quattuordecimpunctatus* Norton, 1862, by original designation.
Macrophyopsis Enslin, 1912a: 42. Type species: *Macrophya nebulosa* André, 1881, by original designation.
Kincaidia MacGillivray, 1914a: 137. Type species: *Tenthredopsis ruficorna* MacGillivray, 1893, by original designation.
Astochus MacGillivray, 1914a: 107–108. Type species: *Astochus fletcheri* MacGillivray, 1914, by original designation.
Paralloma Malaise, 1933: 53. Type species: *Rhogogaster lichtwardti* Konow, 1892, by original designation.
Neurosiobla Conde, 1935: 79–81. Type species: *Neurosiobla malaisei* Conde, 1935, by original designation.
Laurentia (Laurentina) Malaise, 1937: 44. Type species: *Laurentia (Laurentina) ruficornis* Malaise, 1937, by original designation.
Aglaostigma (Stigmatozona) Malaise, 1945: 99, 177. Type species: *Aglaostigma (Stigmatozona) sinensis* Malaise, 1945, by original designation.

主要特征：上唇小，端部圆钝；唇基平坦，前缘截形，宽度显著小于复眼下缘间距；额唇基沟深，唇基上区平坦；上颚对称双齿式；复眼大，内缘直，向下稍收敛，间距显著宽于复眼长径；后眶圆钝，无后颊脊，单眼后区后缘具脊；背面观头部在复眼后不显著延长，两侧亚平行或稍膨大；单眼后区横宽；前胸背板沟前部窄，最宽处约等于单眼直径的 2 倍，具细弱前缘脊；触角长丝状，第 2 节长通常大于宽，第 3 节约等长于或长于第 4 节；前胸侧板腹侧接触面约不接触或稍接触，接触面窄于单眼直径，前胸腹板三角形；小盾片平坦，后胸后背板中部较窄，明显倾斜；中胸前侧片无胸腹侧片，侧板前缘脊显著，中胸后侧片较宽大，中部覆盖气门；后足基节通常不延长，后足股节大多不伸出腹部末端；前足胫节内距端部分叉，后足胫节约等长于跗节，胫节内端距长于基跗节 1/3，基跗节明显短于 2–5 跗分节之和；爪无基片，内齿大型，靠近外齿；前翅 R 脉短，下垂；R+M 脉长于 1r-m 脉，1M 脉约等长于并平行于 1m-cu 脉或互相分歧，2Rs 室显著短于 1R1+1Rs 室，臀室具内侧位短直横脉，cu-a 脉交于 1M 室基部 1/3 附近；后翅雌虫具 1–2 个封闭中室，臀室通常具柄，少数无柄，雄虫后翅具缘脉；腹部第 1 背板中缝有或无，有时具细中脊；阳茎瓣无端侧突；锯腹片窄长，骨化较强，亚基齿大，常具节缝齿突列；阳茎瓣头叶较宽，常具显著侧突。

分布：古北区，新北区。本属已知种类约 56 种，中国已记载 29 种。浙江目前发现 9 种，本书记述 4 种。
寄主：天南星科 Araceae 天南星属 *Arisaema*、百合科 Liliaceae 藜芦属 *Veratrum*、凤仙花科凤仙花属 *Impatiens*、菊科蜂斗菜属 *Petasites*、伞形科 Apiaceae 当归属 *Angelica* 等植物。

分种检索表

1. 腹部 1–6 节黄褐色，7–10 节黑色；锯腹片无明显的节缝齿列；阳茎瓣纵椭圆形·················· **花莲钝颊叶蜂 *A. karenkonis***

- 腹部颜色不同于上述；锯腹片具明显的节缝齿列；阳茎瓣头叶横形 ·· 2
2. 体黄褐色，具少量小黑斑；触角端部数节黑色；雌虫锯鞘长大，腹缘弧形上凹，端部截形；阳茎瓣头叶锤形，向两侧弱度扩展 ·· **长鞘钝颊叶蜂 *A. occipitosum***
- 体酱褐色，腹部第 4 背板黄白色，与前后节颜色明显不一致；触角暗黄褐色；锯鞘较短；阳茎瓣头叶向一侧显著扩展 ······ 3
3. 中胸小盾片酱褐色 ·· **红角钝颊叶蜂 *A. ruficorne***
- 中胸小盾片黄白色 ·· **双环钝颊叶蜂 *A. pieli***

（367）花莲钝颊叶蜂 *Aglaostigma karenkonis* (Takeuchi, 1929)（图 3-362，图版 VIII-12）

Tenthredopsis karenkonis Takeuchi, 1929a: 89.
Laurentia sinica Takeuchi, 1940: 477.
Aglaostigma karenkonis: Wei, Nie & Taeger, 2006: 517.

主要特征：雌虫体长 8.5–9mm，雄虫体长 8–8.5mm；触角基部 1–5 节黄褐色，端部 6–9 节黑色（雄虫触角黄褐色，端部 4 节背侧常具黑斑）；足大部分黄褐色，前中足基节基大部分和中足基节基部黑色，各足股节和胫节完全黄褐色；头、胸部大部分区域黑色，但上唇、唇基除中央基部黑斑外、唇基上区两侧、内眶、前胸背板后角和翅基片白色；颚眼距约 0.8 倍于中单眼直径；单眼后区宽长比为 2；腹部第 1–6 背板完全黄褐色；前翅翅痣基部 2/3 黑褐色，端部 1/3 浅黄褐色，翅痣下方具窄于翅痣的浅烟褐色横带，横带中部内侧弯曲；后翅亚透明，无烟褐色横带；锯腹片 19 锯刃，节缝显著骨化，节缝栉突列不明显分化，纹孔 1 对，互相靠近，纹孔线短小、清晰、互不连接，中部纹孔下域宽高比约等于 2.5；中部锯刃齿式 1/7–8（内侧亚基齿 1 枚，外侧亚基齿 7–8 枚），刃齿小型，分化清晰；抱器长显著大于宽，端部窄圆，由基部向端部逐渐变窄，副阳茎低矮（图 3-362E），阳茎瓣头叶宽圆，头叶背缘具多枚清晰的细齿（图 3-362F）。

分布：浙江（德清）、山东、台湾。

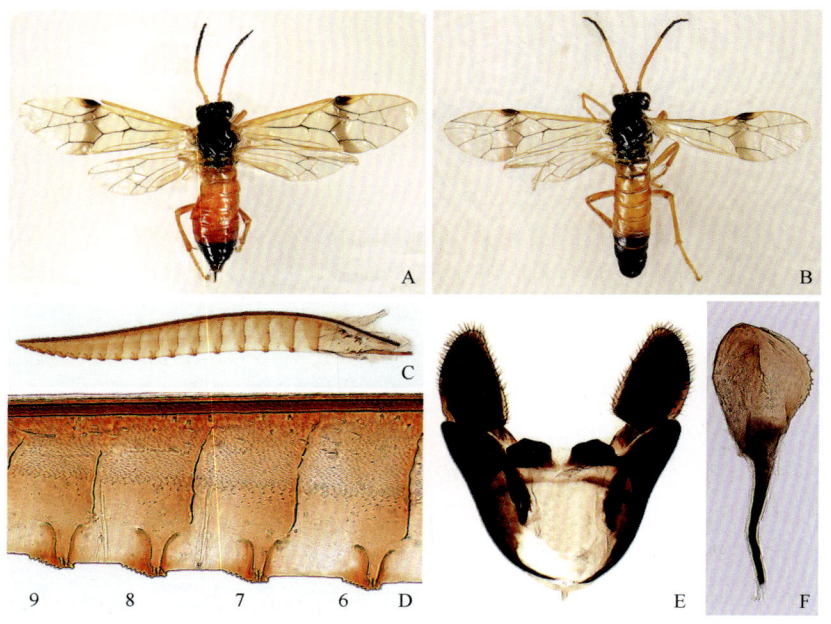

图 3-362 花莲钝颊叶蜂 *Aglaostigma karenkonis* (Takeuchi, 1929)（仿自 Li *et al.*, 2022）
A. 雌成虫背面观；B. 雄成虫背面观；C. 锯腹片；D. 锯腹片第 6–9 节；E. 生殖铗；F. 阳茎瓣

（368）长鞘钝颊叶蜂 *Aglaostigma occipitosum* (Malaise, 1931)（图 3-363）

Macrophyopsis occipitosa Malaise, 1931a: 118–119.

Aglaostigma occipitosum: Wei, Nie & Taeger, 2006: 517.

主要特征：体长 12–14mm；体和足暗黄褐色，唇基、上唇、内眶、触角 3–5 节、基节端部、转节、跗节大部分、腹部腹板大部分黄白色，胸部背板各叶顶部和沟缝处具不定形黑斑，触角端部 4 节黑褐色；翅烟褐色透明，前缘脉和翅痣黄褐色，翅痣下烟色横带斑模糊；颚眼距 1.3 倍于前单眼直径，单眼后区宽长比小于 2，侧沟深，后缘脊模糊；触角第 3 节稍长于第 4 节。后足基跗节稍长于 2–4 跗分节之和，爪内齿稍长于外齿；后翅 Rs 和 M 室封闭，臀室具短柄；产卵器长大，稍短于后足胫节，腹缘显著弯曲，端部截形；锯腹片节缝不明显，但具多枚节缝栉突列，纹孔 1 对，互相靠近，纹孔线短小、清晰，前后纹孔线连接，中部纹孔下域宽高比大于 4；中部锯刃具多于 10 枚的强骨化小齿，内侧亚基齿大型，1 枚（图 3-363D）。雄虫头、胸部大部分黑色，具丰富黄白斑，触角背侧黑褐色，腹部浅褐色，下生殖板宽大，长大于宽，端部具缺口；阳茎瓣头叶向背腹侧短三角形扩展（图 3-363B）。

分布：浙江（临安）、吉林、辽宁、河北、山西、河南、陕西、宁夏、甘肃、安徽、湖北、湖南、重庆、四川、贵州；俄罗斯（西伯利亚），韩国，日本。

寄主：菊科蜂斗菜属 *Petasites*、伞形科 Apiaceae 当归属 *Angelica* 等植物。

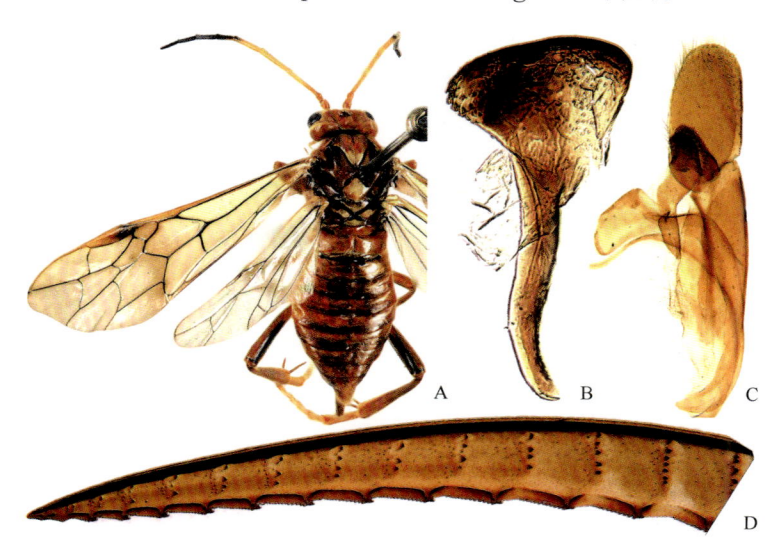

图 3-363 长鞘钝颊叶蜂 *Aglaostigma occipitosum* (Malaise, 1931)
A. 雌虫背面观；B. 阳茎瓣；C. 生殖铗；D. 锯腹片

（369）双环钝颊叶蜂 *Aglaostigma pieli* (Takeuchi, 1938)（图 3-364）

Laurentia pieli Takeuchi, 1938a: 63.

Aglaostigma pieli: Wei, 2002b: 104.

主要特征：体长雌虫 10–13mm，雄虫 8–10mm；体和足暗红褐色，唇基、上唇、唇基上区、内眶和后眶大部分、前胸背板后缘、小盾片、附片、后胸后侧片大部分、腹部第 1 及第 4 背板全部、7–10 背板大部分黄白色，胸部背板各叶顶部、中胸腹板、后胸大部分、腹部 2–3 节大部分黑褐色，各足基节部分暗褐色；翅烟褐色，翅痣浅褐色；颚眼距等宽于单眼直径；单眼后区宽长比等于 2，后缘脊明显；触角第 3 节明显长于第 4 节；头部背侧和胸部侧板具致密刻纹和模糊刻点，无光泽；腹部背板具细密刻纹。后足基跗节等长于 2–4 跗分节之和，爪内齿长于外齿；后翅 Rs 和 M 室封闭，臀室具短柄；腹部第 1 背板具中缝；产卵器短于中足胫节，端部截形；锯腹片节缝不明显，但具多枚分离的节缝栉突列，纹孔 1 对，互相靠近，纹孔线短小、清晰，前、后纹孔线不完全连接，中部纹孔下域宽高比约等于 5；亚基部锯刃具 12–13 枚强骨化的亚基齿。雄虫体大部分黑色，上唇、内眶条斑、前胸背板后缘、后胸后侧片大部分、腹部第 4 节黄白色；阳茎瓣头叶向腹侧三角形扩展，近顶端区域无小齿（图 3-364B）。

分布：浙江（临安、庆元、龙泉）、河北、山东、河南、陕西、甘肃、江苏、安徽、湖北、湖南、福建、广西、重庆、四川、贵州；韩国。

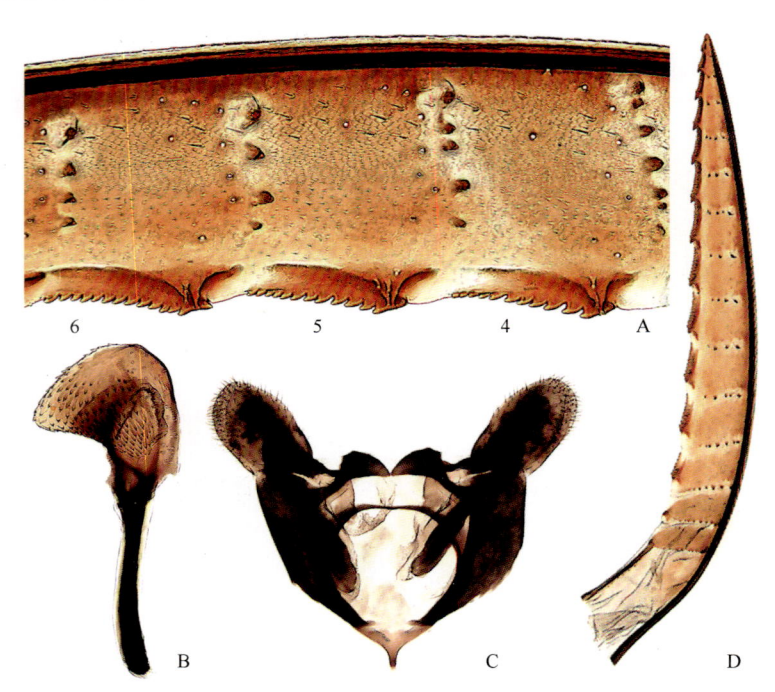

图 3-364 双环钝颊叶蜂 *Aglaostigma pieli* (Takeuchi, 1938)
A. 锯腹片第 4–6 锯刃；B. 阳茎瓣；C. 生殖铗；D. 锯腹片

（370）红角钝颊叶蜂 *Aglaostigma ruficorne* (Malaise, 1937)（图 3-365）

Laurentia (Laurentina) ruficornis Malaise, 1937: 46.
Aglaostigma ruficorne: Wei, Nie & Taeger, 2006: 517.

主要特征：雌虫体长 10–11mm；体酱褐色；唇基大部分、内眶和后眶宽斑、前胸背板侧缘和后缘、中胸背板侧叶内侧小三角斑、后胸后侧片后半部、腹部第 1 节背板全部、第 4 背板、第 7–8 背板侧斑和第 10 背板中部亮黄色，触角端部数节、前胸背板两侧部分、中胸背板前叶和侧叶部分、中后胸腹板、中胸后侧片后缘、后胸后侧片前半部、腹部第 2–3 背板和第 5 背板黑色；各足基节、股节内侧大部分黑色，后足转节和跗节端部黄褐色；体毛银色；翅亚透明，翅痣和前缘脉浅褐色；体形粗壮；唇基前缘截形。颚眼距稍窄于单眼直径。头部背侧具密集皱纹，光泽弱；触角短于腹部，第 3 节长于第 4 节；小盾片圆钝平坦，附片光滑；中胸侧板具密集刻纹；爪无基片，内齿稍长于外齿；前翅臀室具亚基位横脉，后翅 Rs 和 M 室封闭，臀室具短柄；腹部第 1 背板具中缝，腹部各节背板均具细密刻纹；锯腹片节缝不明显，具多枚分离的节缝栉突列，纹孔 1 对，互相靠近，纹孔线短小、不清晰，前后纹孔线不连接，中部纹孔下域宽高比大于 6；亚基部锯刃具 6–7 枚小齿（图 3-365D）。雄虫体长 9mm；体黑色，仅上唇、唇基大部分、内眶和后眶狭斑、前胸背板后缘、后胸后侧片大部分和腹部第 4 节背板腹板黄褐色，后翅具完整缘脉；阳茎瓣向腹侧三角形扩展（图 3-365B）。

分布：浙江（临安、开化）、湖北、湖南、广西、重庆、云南；缅甸（北部）。

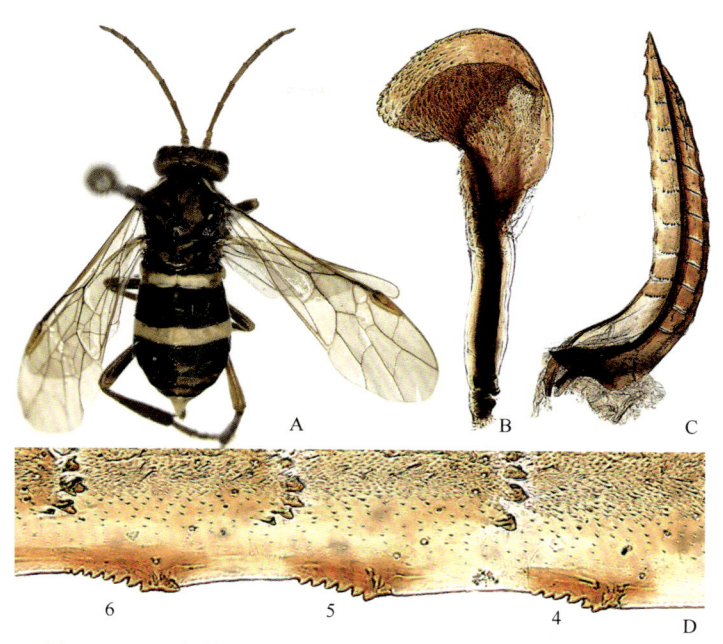

图 3-365　红角钝颊叶蜂 *Aglaostigma ruficorne* (Malaise, 1937)
A. 雌虫背面观；B. 阳茎瓣；C. 锯腹片和锯背片；D. 锯腹片第 4–6 锯刃

113. 隐斑叶蜂属 *Lagidina* Malaise, 1945

Lagidina Malaise, 1945: 167–168. Type species: *Macrophya irritans* F. Smith, 1874, by original designation.

主要特征：大型叶蜂，体长形；上唇小，端部圆钝；唇基小，平坦，前缘具明显缺口，宽度显著小于复眼下缘间距；额唇基沟深，唇基上区平坦；上颚对称双齿式；复眼大，内缘直，向下明显收敛，间距显著宽于复眼长径；后眶宽大，后颊脊发达；背面观头部在复眼后不显著延长，两侧收缩；单眼后区横宽；前胸背板沟前部较窄，最宽处约等于单眼直径的 2 倍，具细前缘脊；触角丝状，第 2 节宽大于或等于长，极少长大于宽，第 3 节显著短于其后 2 节之和；前胸侧板腹侧多少接触，前胸腹板长三角形；小盾片台状隆起，后胸后背板十分宽大、平坦；中胸前侧片无胸腹侧片，侧板前缘脊显著，中胸后侧片宽大，中部覆盖气门；后足基节延长，后足股节通常伸出腹部末端；前足胫节内距端部分叉，后足胫节约等长于跗节，胫节内端距长于基跗节 1/3，基跗节约等于或长于其后跗分节之和；爪无基片，内齿短于外齿；前翅 R 脉短，下垂；R+M 脉长于 1r-m 脉，1M 脉约等长于并平行于 1m-cu 脉，2Rs 室显著短于 1R1+1Rs 室，臀室具亚基位短直横脉，cu-a 脉交于 1M 室基部 1/3 附近；后翅具 0–2 个封闭中室，臀室具柄或无柄。雄虫后翅缘脉有或无；阳茎瓣窄长、弯曲，无端侧突；锯腹片窄长，骨化弱。

分布：东亚。本属已知 7 种，中国分布 5 种。浙江发现 3 种。

寄主：唇形科 Lamiaceae 活血丹属 *Glechoma*、堇菜科 Violaceae 堇菜属 *Viola* 植物。

分种检索表

1. 体大部分黄褐色，头部额区和单眼后区前部具黑斑；中胸背板具 3 个分离的黑斑；雌虫触角 3 色，基部黄褐色，中部黑色，端部白色，雄虫触角黄褐色，端部数节黑色；唇基左右不对称 ·················· 歪唇隐斑叶蜂 *L. trimaculata*
- 体大部分黑色，具少量白斑，中胸背板黑斑不分离；触角黑色，端部白色；唇基对称，具半圆形缺口 ·················· 2
2. 头部眼眶、前胸背板和翅基片黑色；触角端部 2 节白色 ·················· 黑肩隐斑叶蜂 *L. nigrocollis*
- 头部眼眶、前胸背板后缘和翅基片白色；触角端部 3 节白色 ·················· 白唇隐斑叶蜂 *L. pieli*

(371) 歪唇隐斑叶蜂 *Lagidina trimaculata* (Cameron, 1876)（图 3-366，图版 IX-1）

Tenthredo trimaculata Cameron, 1876: 467.
Lagidina apicalis Wei & Nie, in Wei, Nie & Xiao, 2003: 83.

主要特征：雌虫体长 13mm；体黄褐色，上唇和触角端部 3 节白色，唇基、小盾片、附片、后小盾片、腹部腹板大部分和各足转节淡黄色，上颚端部、触角第 5–6 节、额区部分或全部、单眼后区中央、侧单眼两侧、前胸背板两侧大部分、前胸侧板和腹板、中胸背板前叶和侧叶各 1 个大斑、中胸侧板除上端角外、中胸腹板全部、后胸侧板除外缘外黑色；足黄褐色；翅亚透明，翅痣和前缘脉黄褐色；唇基前缘具圆弧形不对称缺口，具粗糙刻点和粗皱纹，左侧叶大，右侧叶萎缩；颚眼距稍宽于单眼直径；单眼后区稍隆起，宽长比等于 1.5；头部背侧和后侧具稀疏小刻点，额区两侧刻点稍密集；触角稍长于腹部，第 2 节宽明显大于长，第 3 节微短于第 4 节，鞭节微侧扁（图 3-366D）；中胸侧板刻点较密集，间隙狭窄；后足基节稍膨大，股节不伸抵腹端；后足基跗节显著长于其余跗分节之和，爪无基片，内齿稍短于外齿；后翅 Rs 和 M 室封闭，M 室短小，臀室具短柄；腹部各节背板光滑，基缘具 1 对刻纹较密的短条状区；锯腹片 20 刃；锯刃稍突出，亚基齿较模糊（图 3-366C）。雄虫体长 12–13mm，触角强烈侧扁，端部 4 节黑褐色（图 3-366G），中胸侧板中央黄褐色，后翅具完整缘脉，下生殖板端部窄截形；抱器简单，长大于宽（图 3-366E）；阳茎瓣头叶骨化强，柄部细（图 3-366F）。

分布：浙江（临安、四明山、开化、丽水、龙泉）、安徽、湖北、江西、湖南、福建、广东、广西、四川、贵州。

记载在天目山地区有分布的 *Lagidina platycerus* (Marlatt, 1898)，应为本种的错误鉴定。

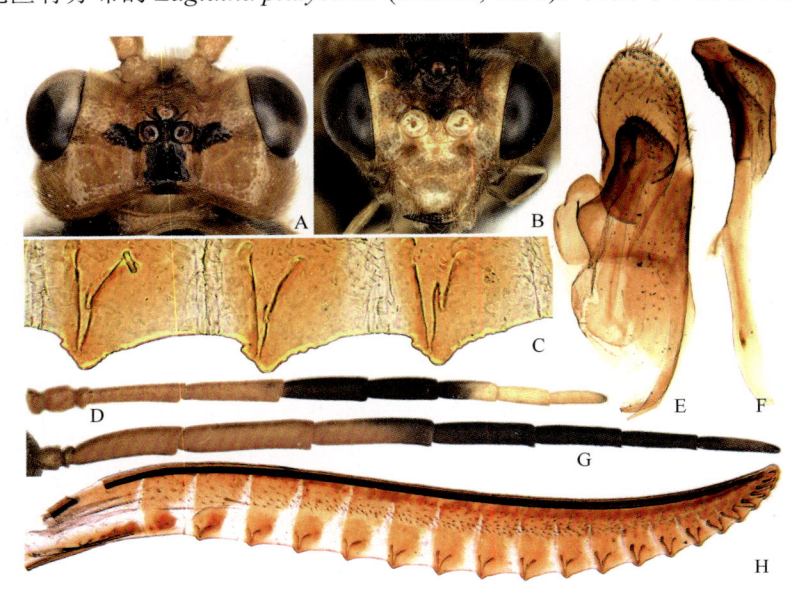

图 3-366 歪唇隐斑叶蜂 *Lagidina trimaculata* (Cameron, 1876)
A. 成虫头部背面观；B. 成虫头部前面观；C. 锯腹片第 8–10 锯刃；D. 雌虫触角；E. 生殖铗；F. 阳茎瓣；G. 雄虫触角；H. 锯腹片

(372) 黑肩隐斑叶蜂 *Lagidina nigrocollis* Wei & Nie, 1999（图 3-367，图版 IX-2）

Lagidina nigrocollis Wei & Nie, 1999c: 155–156, 164–165.

主要特征：雌虫体长 12mm；体黑色，触角端部 2 节、上唇端部、小盾片、后小盾片中央、腹部 2–6 背板前上角小斑白色；足暗红褐色，各足基节大部分、前中足转节、后足股节端部、后足胫节末端及后足跗节黑色；翅痣和翅脉黑褐色，翅痣基部黄褐色；唇基前缘具窄深圆形缺口，侧叶对称；颚眼距等于单眼直径；单眼后区宽长比等于2.5，无中纵沟，侧沟向后分歧；头部背侧和后侧具粗糙密集刻点，额区刻点无明显光滑间隙（图3-367A）；触角第2节长稍大于宽，第3节明显长于第4节，鞭节不明显侧扁（图3-367C）；中胸侧板刻点密集，具狭窄间隙；后翅Rs和M室封闭，臀室具短柄；腹部第1背板基半部具粗密刻纹，其余背板具细弱刻纹和刻点；锯腹片19锯刃，节缝刺毛带较狭窄，互相远离（图3-367G）；中部锯刃互相远离，内侧亚基齿1枚，显著，外侧亚基齿模糊；纹孔1对，纹孔线短，互相不连接（图3-367E）。雄虫体长11mm；上唇端部浅褐色，后翅缘脉在Rs室外侧开放，下生殖板端部宽截形，具小型中突；抱器强骨化，短宽，两侧中部窄耳状强烈延伸呈马桶座形（图3-367F）；阳茎瓣头叶十分狭窄，基部横向平台状，中端部狭窄，端部具密集小瘤突，阳茎瓣尾部粗大（图3-367D）。

分布：浙江（临安）、山西、河南、陕西、湖北、湖南、贵州。

图3-367 黑肩隐斑叶蜂 *Lagidina nigrocollis* Wei & Nie, 1999
A. 雌虫头部背面观；B. 雌虫头部前面观；C. 雌虫触角；D. 阳茎瓣；E. 锯腹片第8–10锯刃；F. 抱器；G. 锯腹片

（373）白唇隐斑叶蜂 *Lagidina pieli* (Takeuchi, 1940)（图3-368）

Lagium pieli Takeuchi, 1940: 475.
Lagidina pieli: Wei & Nie, 1999c: 156.

主要特征：雌虫体长12–13mm；体黑色，触角端部3节、唇基、上唇、唇基上区、后眶下端、内眶上部条斑、后眶上部条斑、前胸背板后缘和两侧宽边、翅基片、小盾片、后小盾片、中后胸后侧片后缘、腹部第1节背板两侧大斑白色；足黄褐色，各足基节大部分、前中足股节大部分、后足股节端部1/2左右、前中足胫节端部后侧、后足胫节端部、中足基跗节后侧、后足基跗节大部分黑色，后足胫节端距黑褐色；体毛银色，鞘毛黑褐色；翅浅烟灰色，翅痣基部1/3黄褐色，端部2/3黑褐色；唇基前缘具窄圆形缺口，侧叶对称；颚眼距窄于单眼直径；单眼后区宽长比等于2.5；头部背侧具粗糙密集刻点，额区刻点无明显间隙；触角稍长于腹部，第2节宽等于长，第3节稍长于第4节，鞭节稍侧扁；小盾片台状隆起，顶部平坦，具少数刻点，具显著横脊，后坡陡，具模糊刻点；后胸后背板长大，具细密刻纹；中胸侧板刻点密集，具狭窄间隙；后足股节不伸抵腹端；爪内齿稍短于外齿；后翅Rs和M室封闭，M室短小，臀室具短柄；锯腹片 21 刃，锯刃倾斜突出，节缝刺毛带不明显（图 3-368D）；锯刃内侧亚基齿 1 枚，外侧亚基齿细弱，7–8 枚（图 3-368C）。雄虫体长 12–13mm，触角强烈侧扁，端部 3 节和头部背侧小斑暗黄褐色，后翅无缘脉；下生殖板端部宽截形，中央具小型中突；生殖铗强烈骨化（图 3-368E），阳茎瓣头叶端部狭窄，尾部较粗（图 3-368F）。

  分布：浙江（临安、丽水、龙泉）、安徽、湖北、江西、湖南、福建、广东、四川、贵州、云南。天目山是本种的模式产地。

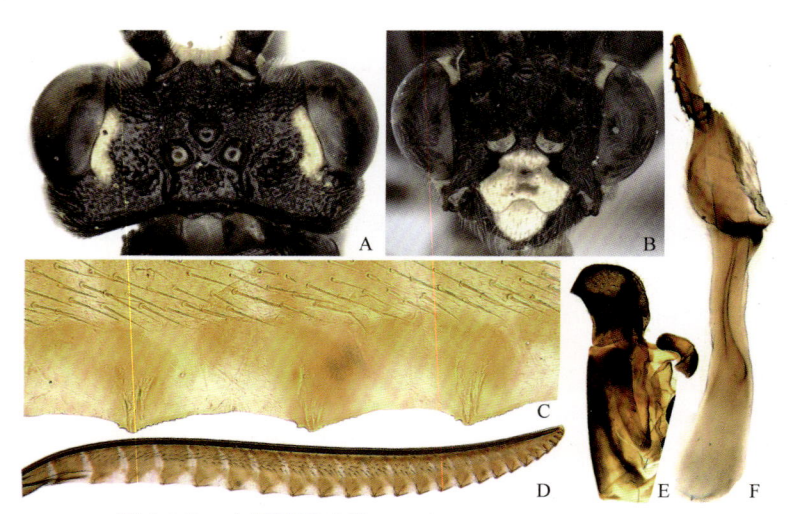

图 3-368　白唇隐斑叶蜂 *Lagidina pieli* (Takeuchi, 1940)
A. 雌虫头部背面观；B. 雌虫头部前面观；C. 锯腹片第 8–10 锯刃；D. 锯腹片；E. 生殖铗；F. 阳茎瓣

114. 凹唇叶蜂属 *Perineura* Hartig, 1837

Perineura Hartig, 1837: 303. Type species: *Tenthredo rubi* Panzer, 1803, by monotypy.
Synairema Hartig, 1837: 314. Type species: *Tenthredo delicatula* Klug, 1817, by monotypy.

  主要特征：小型叶蜂，体长形；上唇小，端部圆钝；唇基很小，平坦，宽度约等于复眼下缘间距 1/2，前缘具明显缺口；额唇基沟深，唇基上区平坦；上颚对称双齿式；触角窝间距显著窄于内眶；复眼大，内缘直，向下明显收敛，间距显著宽于复眼长径；后眶圆钝，后颊脊低弱；背面观头部在复眼后不延长，两侧显著收缩；单眼后区横宽；前胸背板沟前部较窄，最宽处约等于单眼直径 2 倍，两侧前缘无脊；触角长丝状，第 2 节宽约等于长，第 3 节不长于第 4 节；前胸侧板腹侧尖，互相远离，前胸腹板 T 形；小盾片平坦，前端尖；后胸后背板中部狭窄，不延长；中胸前侧片无胸腹侧片，侧板前缘脊显著，中胸后侧片宽大，中部覆盖气门；后足基节不延长，后足股节不伸出腹部末端；前足胫节内距端部分叉，后足胫节长于跗节，胫节内端距长于基跗节 1/3，基跗节短于其后跗分节之和；爪无基片，基部稍扩展，内齿显著短于外齿；前翅 R 脉短，下垂；R+M 脉长于 1r-m 脉，1M 脉约等长并平行于 1m-cu 脉，2Rs 室显著短于 1R1+1Rs 室，臀室中部内侧具短收缩中柄或很短直的横脉，cu-a 脉交于 1M 室基部 1/3 附近；后翅具 2 个封闭中室，臀室无柄式；雄虫后翅通常具缘脉；阳茎瓣头叶横形，向一侧强烈扩展，无骨化的端侧突；锯腹片窄长，骨化弱。

  分布：东亚。本属已知 11 种，主要分布于日本，欧洲和中国各分布 1 种。浙江也有分布。

  寄主：虎耳草科绣球属 *Hydrangea*、钻地风属 *Schizophragma* 植物。

（374）黄腹凹唇叶蜂 *Perineura xanthogaster* Wei & He, 2009（图 3-369，图版 IX-3）

Perineura xanthogaster Wei & He, *in* Yan, Wei & He, 2009: 250.

主要特征：雄虫体长 8.5mm；头、胸部黑色，唇基、上唇、上颚基部、内眶和上眶相连的 L 形斑、前胸背板后缘、翅基片、中胸背板侧叶内侧窄三角形斑、小盾片大部分、附片端部、后小盾片中部、中胸侧板中后部窄横带白色；腹部橘褐色，第 1 背板大部分、2–9 背板两侧黑褐色；足基部 1/3 左右黄白色，向端部渐变黄褐色；翅透明，翅痣黑褐色，基部具淡斑，翅痣下侧具边界模糊的烟褐色横带；体毛浅褐色；体大部分光滑，光泽很强，后眶具弱刻纹，中胸背板前叶前部具稀疏小刻点，小盾片后部具少许粗刻点，腹部具微弱刻纹；颚眼距 1.5 倍于单眼直径；中窝和额区贯通；单眼后区低，宽长比约等于 3，侧沟明显，向后显著分歧；触角第 3 节微长于第 4 节；小盾片前端三角形，附片中部长于淡膜区长径，淡膜区间距微宽于淡膜区长径；后足基跗节稍短于其后 4 节之和；锯鞘约等长于前足股节，锯鞘端显著长于锯鞘基，端部较尖；背面观锯鞘狭长，尾须短小；锯腹片窄长，锯刃几乎平直。雄虫眼眶大部分、胸部侧板大部分黄色，腹部第 2 节以远全部橘褐色；抱器狭窄，长宽比几乎等于 3（图 3-369C）；阳茎瓣头叶横形，端部窄（图 3-369B）。

分布：浙江（临安）、湖北、江西、湖南。

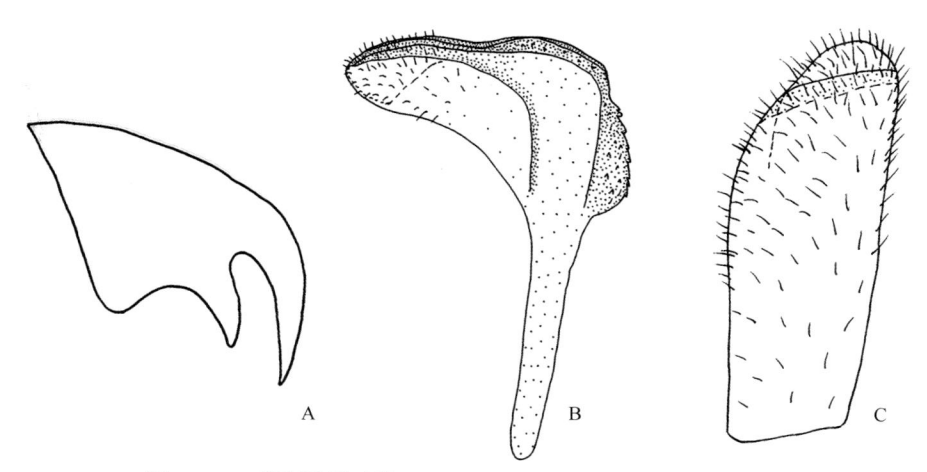

图 3-369 黄腹凹唇叶蜂 *Perineura xanthogaster* Wei & He, 2009
A. 爪；B. 阳茎瓣；C. 抱器

115. 禾叶蜂属 *Tenthredopsis* Costa, 1859

Tenthredopsis Costa, 1859: 98. Type species: *Tenthredo tessellata* Klug, 1817, by subsequent designation of Rohwer, 1911.
Ebolia Costa, 1859: 105. Type species: *Ebolia floricola* Costa, 1859, by monotypy.
Thomsonia Konow, 1884: 327. Type species: *Perineura thomsonia* Konow, 1884, by subsequent designation of Rohwer, 1911.
Eutenthredopsis Enslin, 1913: 99. Type species: *Tenthredo litterata* Geoffroy, 1785, by original designation.

主要特征：中型叶蜂，体长形；上唇小，端部圆钝；唇基平坦，前缘截形或中部微弱突出，宽度显著小于复眼下缘间距；额唇基沟深，唇基上区平坦；上颚对称双齿式；复眼大，内缘直，向下稍收敛，间距显著宽于复眼长径；后眶较窄，后颊脊完整；背面观头部在复眼后不显著延长，两侧收缩；单眼后区横宽；前胸背板沟前部窄，最宽处等于单眼直径 2 倍，具细弱前缘脊；触角长丝状，第 2 节宽大于或等于长，第 3 节约等长于第 4 节；前胸侧板腹侧接触面约等宽于单眼直径，前胸腹板长三角形；小盾片平坦，后胸后背板中部较窄，明显倾斜；中胸前侧片无胸腹侧片，侧板前缘脊显著，中胸后侧片宽大，中部覆盖气门；后足基节稍延长，后足股节不伸出腹部末端；前足胫节内距端部分叉，后足胫节约等长于跗节，胫节内端距长于基跗节 1/3，基跗节约等于其后跗分节之和；爪无基片，内齿稍短于外齿；前翅 R 脉短，下垂；R+M 脉长于 1r-m 脉，1M 脉约等长于并平行于 1m-cu 脉，2Rs 室显著短于 1R1+1Rs 室，臀室具内侧位短直横脉，cu-a 脉交于 1M 室基部 1/3 附近；后翅雌虫具 2 个封闭中室，臀室具柄，雄虫后翅缘脉完整；腹部第 1 背板无中缝，具细中脊；锯腹片窄长，骨化较强，仅中端部具亚基齿；阳茎瓣头叶前半部明显固化，近三角形，无端侧突，表面具齿突列。

分布：古北区。本书报道浙江 3 种，但浙江可能还有更多未记述的种类。

寄主：禾本科剪股颖属 *Agrostis*、鸭茅属 *Dactylis*、拂子茅属 *Calamagrostis*、冰草属 *Agropyron*、发草属 *Deschampsia*、黑麦草属 *Lolium*、甜茅属 *Glyceria*、干沼草属 *Nardus*、短柄草属 *Brachypodium*、早熟禾属 *Poa*、燕麦草属 *Arrhenatherum*，以及莎草科薹草属 *Carex* 等多种草本植物。

本属中文名原使用合叶蜂属，根据寄主植物为禾本科多属植物，现更名为禾叶蜂属。禾叶蜂属是欧亚大陆最常见的叶蜂类群之一。本属种类颜色变异较大，已知种类数目前尚难以确定。全世界已描述的种类超过 60 种。中国已记载 8 种，其中 *T. insularis* Takeuchi 有多个亚种。根据分子系统学最新研究结果，多数亚种可能都应提升为种。

分种检索表

1. 触角黄褐色，端部 4 节黑色；体黄褐色，几乎无黑斑 ······················· 缅甸禾叶蜂 *T. birmanica*
- 触角黑色全部黑色或黄褐色，有时中部具黄白环；体大部分黑色 ··· 2
2. 触角黑色，6–7 节黄白色 ··· 环角禾叶蜂 *T. insularis*
- 触角无黄白色环节 ··· 红角禾叶蜂 *T. ruficornis*

（375）缅甸禾叶蜂 *Tenthredopsis birmanica* Malaise, 1945（图 3-370）

Tenthredopsis birmanica Malaise, 1945: 175.

主要特征：雌虫体长 12–14mm；体黄褐色至橘褐色，小盾片后缘、中后胸后侧片后缘具小型黑斑，唇基、口器、内眶条斑、翅基片、小盾片大部分和各足转节黄白色；触角黄褐色，端部 4 节黑褐色；翅透明，前缘脉和翅痣黄褐色，其余翅脉大部分黑色；头部额区附近具微弱刻纹，中胸背板前叶和侧叶具细小稀疏刻点，小盾片后侧具密集刻点，中胸前侧片上部具明显刻纹和细小刻点，头部、胸部、腹部其余部分大部分光滑，无明显刻纹；唇基横方形，两侧近似平行；中窝深，与额窝贯通；触角窝上突低度隆起，与额脊会合；单眼后区宽明显大于长，后缘脊显著，侧沟宽深；小盾片平坦，前端尖；锯腹片狭长，节缝倾斜，稍骨化，节缝齿突列明显，端半部具明显锯刃（图 3-370A），第 12–13 节的锯刃具 3–4 个粗大亚基齿，伸向前方，端部锯刃的亚基齿逐渐变小；纹孔下域较长，背缘稍鼓，刃间段较直（图 3-370B）。雄虫未知。

分布：浙江（临安）、陕西、甘肃、安徽、湖北、湖南、福建、广西、四川；缅甸（北部）。

图 3-370　缅甸禾叶蜂 *Tenthredopsis birmanica* Malaise, 1945
A. 锯腹片；B. 锯腹片端部

（376）环角禾叶蜂 *Tenthredopsis insularis* Takeuchi, 1927（图 3-371，图版 IX-4）

Tenthredopsis insularis Takeuchi, 1927b: 201.
Tenthredopsis (*Thomsonia*) *insularis brunnescens* Malaise, 1945: 174.
Tenthredopsis (*Thomsonia*) *insularis continentalis* Malaise, 1945: 174.

Tenthredopsis (*Thomsonia*) *insularis deannulata* Malaise, 1945: 175.

主要特征：雌虫体长 12–13mm；体黑色，触角 6–7 节、唇基、上唇、内眶条斑、上眶横斑、前胸背板后缘、翅基片、小盾片和后小盾片、腹部背板中央纵条斑、背板缘折、腹板大部分黄白色；足红褐色，各足基节大部分和后足股节部分黑色，各足转节和后足跗节大部分白色；翅透明，前缘脉端部和翅痣大部分黑褐色，翅痣基部和前缘脉大部分黄褐色；头部额区附近具微弱刻纹，中胸背板前叶和侧叶具细小稀疏刻点，小盾片后侧具密集刻点，中胸前侧片中上部和后侧片大部分具明显刻纹，头部、胸部、腹部其余部分大部分光滑，无明显刻纹；唇基横方形，两侧缘向前稍收敛；中窝深，与额窝贯通；触角窝上突低度隆起，与额脊会合；单眼后区宽明显大于长，后缘脊显著，侧沟宽深；小盾片平坦，前端尖；锯鞘端部钝截形；锯腹片端部 1/3 左右具明显的锯刃，节缝齿突列较明显（图 3-371D），亚端部锯刃各具 3–4 枚较粗大的亚基齿，端部锯刃齿显著突出，伸向前方（图 3-371C）。雄虫体长 10–11mm；触角背侧黑褐色，腹侧稍淡，无白色环节；体色变化较大；抱器狭窄，端部圆钝；副阳茎顶突靠近内侧，外侧肩状部平缓（图 3-371B）；阳茎瓣见图 3-371A。

分布：浙江（临安、四明山、龙泉）、河北、山西、河南、陕西、宁夏、甘肃、安徽、湖北、江西、湖南、福建、台湾、广西、重庆、四川、贵州、云南、西藏；缅甸（北部）。

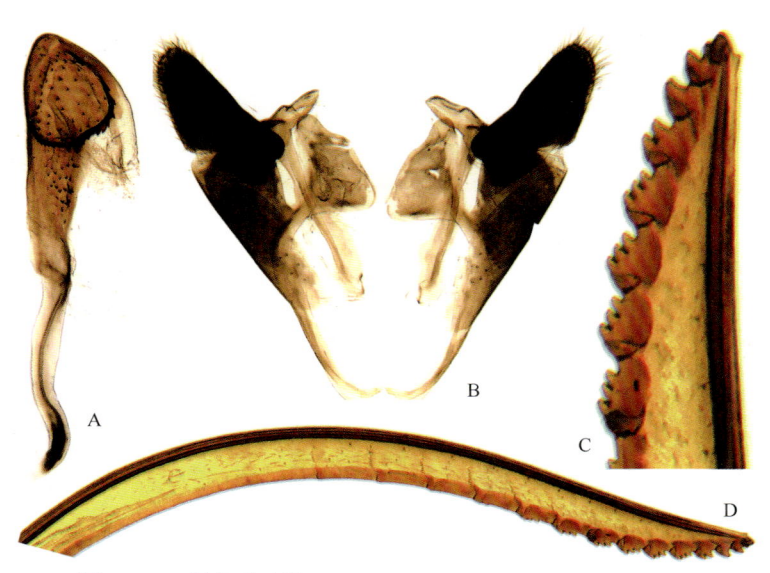

图 3-371　环角禾叶蜂 *Tenthredopsis insularis* Takeuchi, 1927
A. 阳茎瓣；B. 生殖铗；C. 锯腹片端部；D. 锯腹片

（377）红角禾叶蜂 *Tenthredopsis ruficornis* Malaise, 1945（图 3-372）

Tenthredopsis insularis ruficornis Malaise, 1945: 176.

主要特征：雌虫体长 9–11mm；体黑色，唇基、上唇、前胸背板后缘、翅基片、小盾片黄白色，胸部腹侧大部分黄褐色，局部具小型黑斑；腹部黄褐色，通常无明显黑斑，有时两侧部分黑色；足橘褐色，通常无明显黑斑，跗节大部分黄白色；触角红褐色，基部 3 节背侧有时黑褐色；头部额区附近具微弱刻纹，中胸背板前叶和侧叶具细小稀疏刻点，小盾片后侧具稍明显的刻点，中胸前侧片中上部和后侧片大部分具微弱刻纹，头部、胸部、腹部其余部分大部分光滑，无明显刻纹；唇基两侧缘向前明显收敛；颚眼距稍长于单眼直径；中窝深，与额窝贯通；触角窝上突低度隆起，与额脊会合；单眼后区宽约 2 倍于长，后缘脊显著，侧沟十分宽深；小盾片平坦，前端尖；锯鞘端部钝截形；锯腹片十分狭长，端部尖细，节缝栉突列不明显（图 3-372D），端半部具明显锯刃，锯刃微弱倾斜，亚基齿较小，不伸向前方（图 3-372C）。雄虫体长 8–9mm，体色类似于雌虫；抱器端部狭窄，内缘浅弧形弯曲，外缘几乎平直，腹内角明显突出；副阳茎端部近中位，外侧肩状部很弱；阳基腹铗内叶弯曲，尾部不膨大（图 3-372B）；阳茎瓣头叶锥形，具较粗大的缘齿和横突叶（图 3-372A）。

分布：浙江（临安）、河南、湖北、湖南、福建、云南；缅甸。

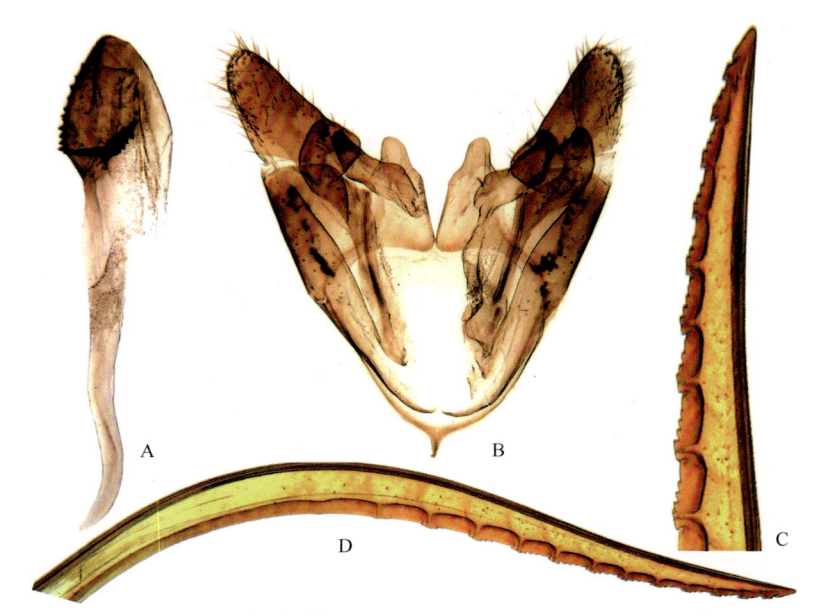

图 3-372　红角禾叶蜂 *Tenthredopsis ruficornis* Malaise, 1945
A. 阳茎瓣；B. 生殖铗；C. 锯腹片端部；D. 锯腹片

116. 天目叶蜂属 *Tianmuthredo* Wei, 1997

Tianmuthredo Wei, 1997F: 11. Type species: *Tianmuthredo nigrodorsata* Wei, 1997, by original designation.

主要特征：小型叶蜂，体粗短；唇基明显鼓起，显著窄于复眼间距，前缘缺口深弧形，侧角尖；上唇鼓起，前缘具缺口；上颚短，近端部稍弯折，左右上颚不对称，各具背侧和腹侧两组多个切齿；口须短小；颊眼距约 2 倍于单眼直径，后颊脊细低但明显；复眼较大，内缘微凹，向下明显收敛，间距稍宽于复眼长径；额区分化，触角窝沟不与额侧沟连通；触角窝间距宽于触角窝与内眶间距；后眶窄于复眼横径，无后眶沟；背面观后头短于复眼，两侧收缩，单眼后区宽大于长；触角丝状 9 节，不长于胸部，梗节长大于宽，第 3 节长于第 4、5 节之和，第 7 节长宽比小于 2；前胸侧板腹面尖，互相远离；中胸背板沟前部狭窄，无亚缘脊；无胸腹侧片和胸腹侧片前片，中胸前侧片前缘具细脊；后胸后侧片后缘圆钝；淡膜区较大，间距等于淡膜区长径；小盾片低钝隆起，后小盾片小型；前足胫节内端距细，端部分叉；后足胫节明显长于股节和转节之和，胫节内端距稍长于胫节端部宽，后基跗节稍长于 2–4 跗分节之和；爪短，中裂式，无基片，内齿短于外齿；前翅臀室具显著收缩中柄，无臀横脉，R 脉短，端部稍下垂，R+M 脉段约等长于 Rs 脉第 1 段，2Rs 室不明显延长，cu-a 脉中位，2M 室长稍大于宽；后翅具封闭的 Rs 和 M 室，M 室大于 Rs 室，臀室封闭，具短柄；腹部第 1 背板膜区较大，三角形，背板各叶近似三角形；阳茎瓣简单，无背缘齿，端部具横叶；锯腹片具乳状突和平直的细小亚基齿。

分布：东亚。本属已知 2 种，分别分布于中国和俄罗斯（东西伯利亚）。浙江已知 1 种。

寄主：未知。

第三章　叶蜂亚目 Tenthredinomorpha · 401 ·

（378）黑背天目叶蜂 *Tianmuthredo nigrodorsata* Wei, 1997（图 3-373，图版 IX-5）

Tianmuthredo nigrodorsata Wei, 1997F: 12.

主要特征：雌虫体长 8mm；体淡黄褐色，头部背侧具大黑斑覆盖单眼区、额区、单眼后区和相连的内眶部分，以及中窝底部黑色（图 3-373A）；触角黑色，柄节大部分黄褐色；胸腹部背侧黑色，前胸背板、中胸背板前叶前侧角、腹部背板侧缘狭边和第 7 背板后缘以后部分淡黄色；足黄白色，基节后侧基部具黑斑，股节至跗节末端的后侧全长具黑色条斑；中胸前侧片上部具狭窄黑色条斑；翅烟黄色透明，前缘脉和翅痣全部黄褐色，其余翅脉大部分暗褐色至黑褐色；体毛金黄色，短且稀疏；头部、胸部、腹部的背侧具较密集刻点，刻点间隙具细密刻纹和油质光泽，腹侧具细弱刻纹，光泽较强；唇基中部强烈鼓起，端缘缺口弧形，上唇横宽，端部钝截形（图 3-373B、G）；左上颚基叶宽大，端部齿状，端齿内侧肩状部很宽（图 3-373C）；右上颚齿列复杂（图 3-373D）；锯鞘等长于中足胫节长，锯鞘端明显长于锯鞘基，背顶角明显突出；锯腹片窄长，具 15 个乳状突。雄虫体长 7mm；头部背侧黑斑大（图 3-373E），触角、中胸背板和腹板黑色，前翅前缘脉和翅痣黑褐色；下生殖板长大于宽，端部圆钝（图 3-373F）；阳茎瓣头叶横形（图 3-373F）；抱器长大于宽，端部渐窄，末端圆钝。

分布：浙江（临安）。

图 3-373　黑背天目叶蜂 *Tianmuthredo nigrodorsata* Wei, 1997
A. 雌虫头部背面观；B. 雌虫头部前面观；C. 左上颚；D. 右上颚；E. 雄虫头部背面观；F. 雄虫腹部末端背面观；G. 雌虫唇基和上唇；H. 锯背片和锯腹片；I. 锯腹片端部；J. 雌虫触角

117. 钩瓣叶蜂属 *Macrophya* Dahlbom, 1835

Tenthredo (*Macrophya*) Dahlbom, 1835: 4, 11. Type species: *Tenthredo montana* Scopoli, 1763, by subsequent designation of Opinion, 1958 (ICZN, 2000b).

Zalagium Rohwer, 1912: 216–217. Type species: *Zalagium clypeatum* Rohwer, 1912, by original designation.

Macrophya (*Pseudomacrophya*) Enslin, 1913: 135. Type species: *Macrophya punctumalbum* (Linné, 1767), by monotypy.

Paramacrophya Forsius, 1918: 151–152. Type species: *Tenthredo blanda* Fabricius, 1775, by subsequent designation of Malaise, 1945.

主要特征：体粗壮；上唇与唇基常隆起，唇基端缘常截形或具弧形、三角形缺口；复眼中大型，内缘向下显著收敛，下内角位于唇基外侧；颚眼距狭于中单眼直径；触角窝上突不发育；中窝常窝状，侧窝常沟状；额区不显或微显，额脊模糊或缺；单眼中沟细浅，单眼后沟模糊细弱；单眼后区很短，后部常下倾；背面观后头较短，两侧缘收缩，后颊脊发达。触角 9 节，多粗丝状，无侧纵脊，第 2 节长通常大于宽，第 3 节长于第 4 节，中端部鞭节一般稍膨大、缩短。前胸背板侧叶斜脊和斜脊前沟发育，前胸侧板腹面宽，接触面不窄于单眼直径；中胸小盾片多隆起，顶面圆钝，一般无明显顶点和脊；小盾片附片具中纵脊；中胸前侧片中部不同程度鼓起，刻点多粗糙密集，前侧无胸腹侧片，具缘脊；中胸后上侧片皱纹粗密；中胸后下侧片前缘区域光滑，无刻点与刻纹，其他区域刻点稀疏粗大，刻纹细密；后胸后背板中部狭窄；后胸前侧片刻点细小浅弱，后胸后侧片刻点多光亮；后侧片附片缺失或发达。前翅臀室中柄呈线状或长点状，或具短直横脉，后翅有 2 个闭合中室，无缘脉。后足基节发达，后足胫节等长于股节，后胫节内端距多为后足基跗节的 2/3 长，后基跗节多稍长于其后 4 跗分节之和，爪齿中裂式，内齿大型。

分布：古北区，新北区。世界已知 316 种，中国记录 179 种，浙江记录 26 种。

分种检索表

1. 体形粗短；唇基小型，或唇基长宽相似，端缘半圆形凹入，侧角很尖；复眼内缘向下稍微收敛，下内角位于唇基外侧；颚眼距通常不狭于中单眼直径；后胸后侧片无附片；锯腹片锯刃低平，具多枚细齿 ·· 2
- 体形较匀称；唇基大型，横宽，侧角通常不尖锐；复眼内缘向下显著收敛，下内角位于唇基之上；颚眼距狭于中单眼直径；锯腹片锯刃通常倾斜 ·· 4
2. 唇基横形，前缘中央缺口浅，侧齿通常短尖；复眼内缘端距显著长于唇基宽，通常不短于复眼高，上唇很短；颚眼距长于中单眼直径；触角通常黑色，无黄斑；后足跗节简单；前翅臀室具显著中柄；唇基通常黑色；雄虫阳茎瓣头叶纵向椭圆形，长明显大于宽，具明显侧突 ··· *M. crassuliformis* group
- 唇基亚方形，前缘缺口深，侧齿尖长；复眼内缘下端距等长于唇基宽，显著短于眼高，上唇长形；颚眼距短于中单眼直径；触角通常基部黄色；雄虫阳茎瓣通常细长，无侧突。*M. flavomaculata* group ··· 3
3. 单眼后区大部分黄白色；锯腹片锯刃弧形突出，刃齿细小多枚；阳茎瓣头叶细长形 ·· 黄斑钩瓣叶蜂 *M. flavomaculata*
- 单眼后区大部分黑色；锯腹片锯刃较平直，刃齿大型少数；阳茎瓣头叶宽椭圆形 ············ 何氏钩瓣叶蜂 *M. hejunhuai*
4. 后胸后侧片后角延伸，具明显附片（碟形、大延展型、平台型）···················· 5
- 后胸后侧片后角不延伸，无附片，如后角稍延伸，则附片十分狭窄 ··············· 14
5. 后胸后侧片大延展形，毛窝内具长毛；体具蓝色至蓝黑色金属光泽。*M. regia* group ············ 6
- 后胸后侧片附片碟形，毛窝内具短毛与细小刻点；体通常黑色，绝无蓝色金属光泽 ······························· 7
6. 体长 13–13.5mm；额区稍微下沉，几乎不低于复眼顶面；唇基与上唇均完全白色；触角中端部显著膨大，端部 4 节短缩；后胸后侧片具小型附片，具碟形凹陷毛窝；后足基节腹侧无白斑；后足股节腹侧无白带；前翅臀室收缩中柄约 1.7 倍于 cu-a 脉长；锯腹片锯刃亚基齿细小且多枚，中部锯刃齿式为 2/15–16；阳茎瓣头叶长约 1.24 倍于宽，尾侧突窄长 ·· 丽蓝钩瓣叶蜂 *M. regia*
- 体长 12.5–13mm；额区显著下沉，显著低于复眼顶面；唇基与上唇均大部分白色，边缘具黑边；触角中端部不明显膨大，端部 4 节稍短缩；后胸后侧片具大型附片，宽大浅平；后足基节腹侧端部具明显白斑；后足股节腹侧具显著白带；前翅臀室无柄式，具短直横脉；锯腹片锯刃亚基齿较大且少数，中部锯刃齿式为 1/4–6；阳茎瓣头叶长约 1.13 倍于宽，尾侧突短小 ··· 肖蓝钩瓣叶蜂 *M. xiaoi*
7. 腹部第 7 背板两侧通常具长白斑；数节背板刻纹细密。*M. histrio* group ·············· 8
- 腹部第 7 背板常黑色，无长白斑；背板刻纹稀疏细弱。*M. coxalis* group ··············· 9

8. 后胸后侧片附片浅平毛窝约 2.0 倍于淡膜区；后足基节外侧基部具明显长白斑 ················ 密纹钩瓣叶蜂 *M. histrioides*
- 后胸后侧片附片浅平毛窝约 1.5 倍于淡膜区；后足基节外侧完全黑色，无黄白斑 ·············· 黑脊钩瓣叶蜂 *M. nigrihistrio*
9. 后足胫节完全黑色 ·· 小碟钩瓣叶蜂 *M. minutifossa*
- 后足胫节不完全黑色，背侧具显著白斑 ·· 10
10. 腹部各节背板完全黑色，无侧白斑；后足转节完全白色；后胸后侧片附片碟形毛窝约 1.6 倍于中单眼直径宽；淡膜区间距约 2.5 倍于淡膜区长径；前翅臀室中柄约等于 1r-m 脉长 ··· 深碟钩瓣叶蜂 *M. coxalis*
- 腹部至少有 1 节背板侧白斑显著；其余特征不同于上述 ·· 11
11. 后足胫节背侧具细长白斑，白斑等于或长于后足胫节 1/2 长 ·· 12
- 后足胫节背侧亚端部具宽短白斑，白斑短于后足胫节 1/2 长 ·· 13
12. 腹部仅第 2–5（6）背板具侧白斑，第 2 背板侧白斑最大；腹部第 6–9 背板完全黑色 ·· 寡斑钩瓣叶蜂 *M. oligomaculella*
- 腹部至少有 9 节背板具显著白斑；腹部各节背板侧白斑窄长，明显窄于背板 1/2 长 ········ 白环钩瓣叶蜂 *M. albannulata*
13. 前中足转节腹侧具黑斑，后足转节白色；头部背侧光泽强烈，额区与单眼后区刻点较稀疏浅弱，刻点间光滑间隙明显；前胸背板后缘白边较宽；腹部第 2–4 背板具侧白斑，向后依次渐小（雄虫：后足股节不完全黑色，腹侧具白色条斑）·· ·· 浅碟钩瓣叶蜂 *M. hyaloptera*
- 各足转节均白色；第 2–4 背板侧白斑显著（雄虫：前胸背板后缘和翅基片外缘白色；头部背侧光泽稍强，光滑间隙明显；后足股节腹侧基部约 2/3 具白斑；阳茎瓣头叶前缘无明显尖突，尾侧突细长）········ 副碟钩瓣叶蜂 *M. paraminutifossa*
14. 后足多少具红褐色斑纹。*M. sanguinolenta* group ·· 15
- 后足通常大部分黑色，绝无红斑部分 ·· 18
15. 触角中部数节白色 ·· 红胫钩瓣叶蜂 *M. rubitibia*
- 触角完全黑色，绝无白斑部分 ·· 16
16. 后足股节完全黑色，胫节具红褐色斑纹 ··· 大别山钩瓣叶蜂 *M. dabieshanica*
- 后足股节具红色斑纹，胫节通常大部分黑色，绝无红斑部分 ·· 17
17. 上唇与唇基几乎全部白色；中胸小盾片不完全黑色，中央具明显白斑；后足胫节背侧亚端部白斑短宽 ·· 童氏钩瓣叶蜂 *M. tongi*
- 上唇除端部白斑外，唇基几乎完全黑色；中胸小盾片完全黑色；后足胫节背侧亚端部白斑狭长 ·· 糙额钩瓣叶蜂 *M. opacifrontalis*
18. 中胸小盾片顶面十分平坦，后缘侧脊显著；腹部第 1 背板刻纹粗糙呈网状。*M. vittata* group ··· 糙板钩瓣叶蜂 *M. vittata*
- 中胸小盾片顶面通常圆钝，不平坦，后缘侧脊通常无；腹部第 1 背板无网状刻纹 ·· 19
19. 触角不完全黑色，仅鞭节端部数节亮黄白色。*M. zhaoae* group ··· 20
- 触角通常完全黑色 ·· 21
20. 体长 10.0–11.0mm；触角中部较明显膨大；中胸小盾片背侧具稀疏大刻点，小盾片顶部中央具完整黑色纵条斑；后足股节和胫节端部具黑斑 ·· 赵氏钩瓣叶蜂 *M. zhaoae*
- 体长 13.0–15.0mm；触角中部微弱膨大；中胸小盾片黑色纵条斑不连续；后足股节完全橘褐色 ·· 丽水钩瓣叶蜂 *M. lishuii*
21. 中胸前侧片中部与中胸小盾片顶面具 2 个小黄斑。*M. formosana* group ············· 长腹钩瓣叶蜂 *M. dolichogaster*
- 中胸前侧片通常完全黑色，中胸小盾片通常完全白色或黑色 ··· 22
22. 体形较粗短；唇基前缘缺口普通型，侧角较短宽；前翅臀室通常具短直横脉，少数种类具明显收缩柄；雌虫锯腹片锯刃通常明显突出。*M. sibirica* group ·· 23
- 体形较修长；唇基前缘缺口常深弧形，侧角较窄长；前翅臀室具明显中柄，无横脉；雌虫锯腹片锯刃通常平直。*M. malaisei* group ·· 25
23. 腹部第 1 背板中央后缘白边不明显；各足转节均完全黑色 ······························· 接骨木钩瓣叶蜂 *M. carbonaria*

- 腹部第 1 背板中央后缘具 1 对小白斑；前中足转节黑色，后足转节大部分或完全白色 ·· 24
24. 后足胫节仅背侧中部具白斑，长度不超过后足胫节 1/2 长 ························ 反刻钩瓣叶蜂 *M. revertana*
- 后足胫节中部具显著白环，白环长度不短于后足胫节 1/2 长 ························ 鼓胸钩瓣叶蜂 *M. convexina*
25. 前中足转节至少腹侧具明显黑斑，后足转节完全白色；后足胫节背侧亚端部 2/7 长斑白色；后足跗节完全黑色；锯刃明显突出，刃间距宽于锯刃 ·· 玛氏钩瓣叶蜂 *M. malaisei*
- 各足转节均完全白色；其余特征不同于上述 ··· 26
26. 额区十分光滑，无刻点与刻纹；单眼后区宽长比为 1.8；前胸背板后缘两侧黄白边明显，中央向两侧逐渐变宽；腹部第 1 背板中央后缘宽边黄白色，两侧全黑，2–7 背板两侧具明显白斑；后足股节基部 2/5 黄白色，端部 3/5 黑色 ·· 光额钩瓣叶蜂 *M. glabrifrons*
- 头部额区具较粗糙密集刻点；单眼后区白斑显著，宽长比为 1.5；前胸背板后缘及侧缘白边宽大；腹部第 1 背板中央后缘白边明显狭于侧角横斑，2–6 背板侧白斑显著，第 7 背板侧角后缘白斑小型；后足股节基部 1/5 以下黄白色 ·· 缨鞘钩瓣叶蜂 *M. pilotheca*

（379）白环钩瓣叶蜂 *Macrophya albannulata* Wei & Nie, 1998（图 3-374）

Macrophya albannulata Wei & Nie, 1998b: 373.

主要特征：本种属于 *Macrophya coxalis* 种团。雌虫体长 10–10.5mm，雄虫体长 7.5–8mm。后足胫节背侧亚端部狭长白色条斑显著长于胫节 1/2 长；腹部第 1 背板后缘狭边、第 2–9 背板后缘两侧 1/3 左右长斑、第 10 背板后缘白色；头部背侧刻点较密集，刻点间隙明显窄于刻点直径；单眼后区宽长比为 90：40，POL：OOL：OCL=30：65：40；后胸后侧片附片碟形凹陷稍大于淡膜区；雌虫锯腹片中部锯刃齿式 2/10–11；雄虫阳茎瓣头叶前缘较圆滑，无尖突。

图 3-374 白环钩瓣叶蜂 *Macrophya albannulata* Wei & Nie, 1998
A. 雌虫头部背面观；B. 雌虫头部前面观；C. 雄虫头部前面观；D. 雌虫触角；E. 雄虫中胸侧板和后胸侧板；F. 锯鞘侧面观；G. 锯腹片；H. 锯腹片第 8–10 锯刃；I. 生殖铗；J. 阳茎瓣

分布：浙江（安吉、临安、余姚、松阳、龙泉）、陕西、安徽、湖北、江西、湖南、广东、广西、重庆、四川、贵州。

（380）接骨木钩瓣叶蜂 *Macrophya carbonaria* F. Smith, 1874（图 3-375）

Macrophya carbonaria F. Smith, 1874: 380.

主要特征：本种属于 *Macrophya sibirica* 种团。雌虫体长 10.5–11mm。上唇端缘三角形斑白色；各足转节均黑色；头部背侧刻点浅显稀少，刻点间隙几乎等宽于刻点直径；单眼后区宽长比为 90∶45，POL∶OOL∶OCL=30∶62∶53；中胸侧板与额区刻点等大；中胸侧板中部微弱隆起，无顶角；中胸小盾片顶面与中胸背板顶面近齐平。

分布：浙江（临安）、辽宁；俄罗斯（东西伯利亚），萨哈林岛（库页岛），日本。

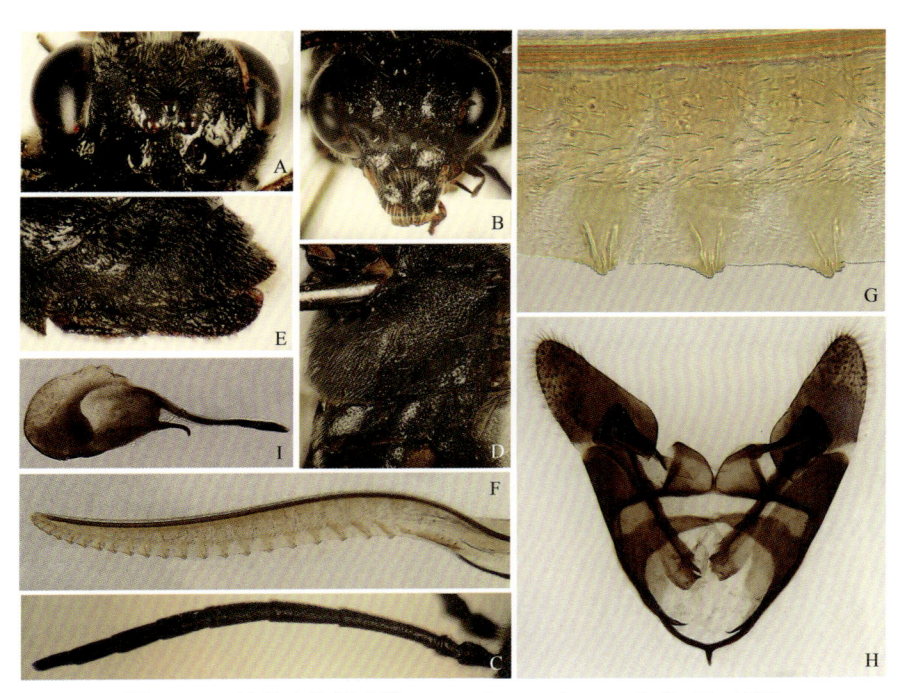

图 3-375 接骨木钩瓣叶蜂 *Macrophya carbonaria* F. Smith, 1874
A. 雌虫头部背面观；B. 雌虫头部前面观；C. 雌虫触角；D. 雌虫中胸侧板和后胸侧板；E. 锯鞘侧面观；F. 锯腹片；G. 锯腹片第 8–10 锯刃；H. 生殖铗；I. 阳茎瓣

（381）鼓胸钩瓣叶蜂 *Macrophya convexina* Wei & Li, 2013（图 3-376，图版 IX-6）

Macrophya convexina Wei & Li, *in* Li, Huang & Wei, 2013: 869.

主要特征：本种属于 *Macrophya sibirica* 种团。雌虫体长 12–13mm，雄虫体长 9–10mm。单眼后区后缘两侧细横斑、前胸背板后缘、翅基片外缘和中胸小盾片 2 个小斑白色；后足转节完全白色，腹侧无黑斑；头部背侧刻点十分稀疏细浅，刻点间隙不明显，大部分区域光滑；单眼后区宽长比为 95∶55，POL∶OOL∶OCL=36∶70∶58；雌虫锯腹片中部锯刃齿式为 2–3/10–11；阳茎瓣头叶前部较窄。

分布：浙江（临安）、陕西、湖南。

图 3-376　鼓胸钩瓣叶蜂 Macrophya convexina Wei & Li, 2013

A. 雌虫头部背面观；B. 雌虫头部前面观；C. 雄成虫头部前面观；D. 雌虫触角；E. 雌虫中胸侧板和后胸侧板；F. 锯鞘侧面观；G. 锯腹片；H. 锯腹片第 8–10 锯刃；I. 生殖铗；J. 阳茎瓣

（382）深碟钩瓣叶蜂 *Macrophya coxalis* (Motschulsky, 1866)（图 3-377）

Dolerus coxalis Motschulsky, 1866: 182.
Macrophya ignava F. Smith, 1874: 379.
Emphytus japonicus Kirby, 1882: 203.
Macrophya discreta Forsius, 1925a: 4: 9.

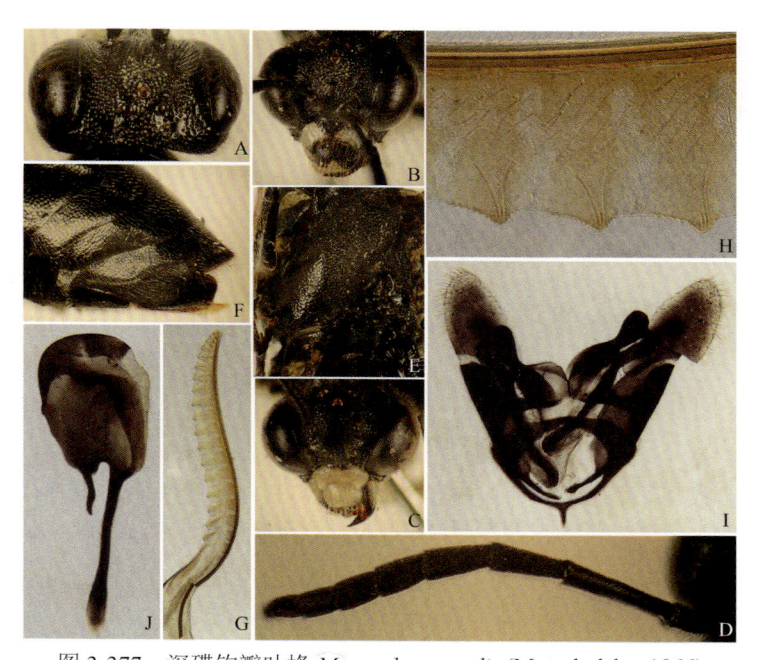

图 3-377　深碟钩瓣叶蜂 Macrophya coxalis (Motschulsky, 1866)

A. 雌虫头部背面观；B. 雌虫头部前面观；C. 雄成虫头部前面观；D. 雌虫触角；E. 雌虫中胸侧板和后胸侧板；F. 锯鞘侧面观；G. 锯腹片；H. 锯腹片第 8–10 锯刃；I. 生殖铗；J. 阳茎瓣

第三章 叶蜂亚目 Tenthredinomorpha ·407·

主要特征：本种属于 *Macrophya coxalis* 种团。雌虫体长 9–9.5mm，雄虫体长 7–7.5mm。腹部各节背板完全黑色，无侧白斑；后足转节完全白色；头部背侧刻点十分细密，刻点间隙十分狭窄，明显窄于刻点直径；单眼后区宽长比为 95：45，POL：OOL：OCL=40：65：50；后胸后侧片附片碟形毛窝约 1.6 倍于中单眼直径宽；淡膜区间距约 2.5 倍于淡膜区宽；前翅臀室中柄约等于 1r-m 脉长。

分布：浙江（临安、江山、龙泉）、黑龙江、吉林、辽宁、安徽、湖北、江西、湖南、福建；朝鲜，日本。

（383）大别山钩瓣叶蜂 *Macrophya dabieshanica* Wei & Xu, 2013（图 3-378）

Macrophya dabieshanica Wei & Xu, in Wei, Xu & Li, 2013: 328.

主要特征：本种属于 *Macrophya sanguinolenta* 种团 *Macrophya koreana* 亚种团。雌虫体长 11.5–12mm，雄虫体长 10–10.5mm。唇基缺口较浅，深度仅为唇基 1/3 长，侧叶短三角形；头部背侧刻点稀疏细浅，刻点间隙明显宽于刻点直径；单眼后区宽长比为 85：37，POL：OOL：OCL=27：68：40；触角等长于腹部，亚端部几乎不膨大侧扁，第 6、7 节长宽比明显大于 2，第 3 节长于复眼长径；后胸小盾片和后胸后背板中部中纵脊锐利；前翅臀室中柄短于 R+M 脉；雌虫锯腹片刺毛带互相不接触，中部锯刃倾斜突出，刃间段仅稍短于锯刃；雄虫后足跗节黑褐色，阳茎瓣顶角位于端部背侧，背缘下侧齿叶明显突出等。

分布：浙江（龙泉）、安徽。

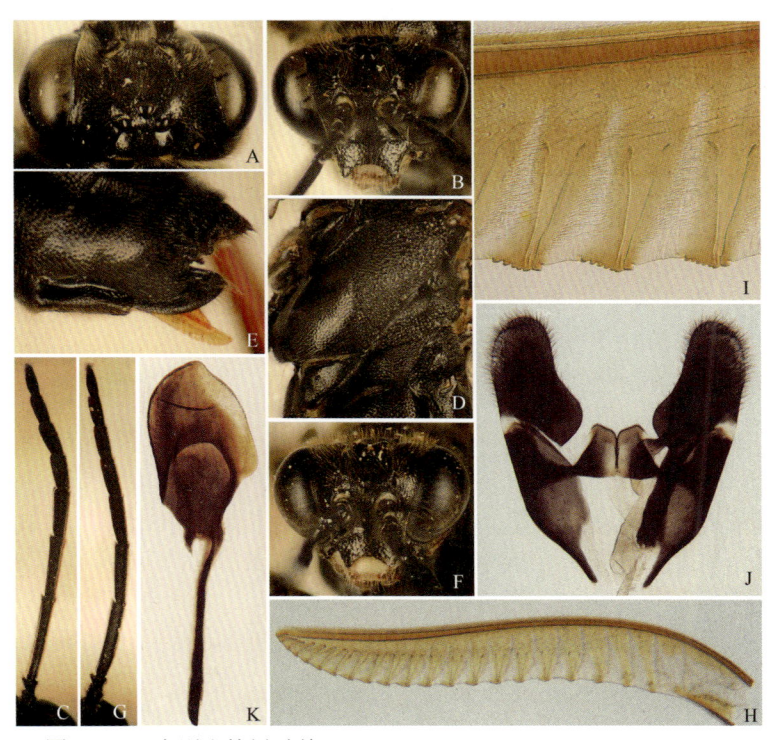

图 3-378 大别山钩瓣叶蜂 *Macrophya dabieshanica* Wei & Xu, 2013
A. 雌虫头部背面观；B. 雌虫头部前面观；C. 雌虫触角；D. 雌虫中胸侧板和后胸侧板；E. 锯鞘侧面观；F. 雄成虫头部前面观；G. 雄虫触角；H. 锯腹片；I. 锯腹片第 8–10 锯刃；J. 生殖铗；K. 阳茎瓣

（384）长腹钩瓣叶蜂 *Macrophya dolichogaster* Wei & Ma, 1997（图 3-379，图版 IX-7）

Macrophya dolichogaster Wei & Ma, 1997: 77.

主要特征：本种属于 *Macrophya formosana* 种团。雌虫体长 10–10.5mm，雄虫体长 8–9mm。中胸前侧片中央具 1 个显著黄白斑；头部背侧刻点密集，刻点间隙狭窄，明显狭于刻点直径，上框大部分区域光滑；单眼后区宽长比为 88∶42，POL∶OOL∶OCL=25∶60∶42；前翅臀室无柄式，具短直横脉；雌虫锯腹片中部锯刃齿式为 2/7–10。

分布：浙江（临安、丽水）、陕西、江苏、安徽、湖北、江西、湖南、福建、台湾、广东、海南、广西、重庆、四川、贵州、云南。

图 3-379　长腹钩瓣叶蜂 *Macrophya dolichogaster* Wei & Ma, 1997
A. 雌虫头部背面观；B. 雌虫头部前面观；C. 雌虫触角；D. 雌虫中胸侧板和后胸侧板；E. 锯鞘侧面观；F. 雄虫头部前面观；G. 雄虫触角；H. 锯腹片；I. 锯腹片第 8–10 锯刃；J. 生殖铗；K. 阳茎瓣

（385）黄斑钩瓣叶蜂 *Macrophya flavomaculata* (Cameron, 1876)（图 3-380）

Macrophya flavomaculata Cameron, 1876: 464.

主要特征：本种属于 *Macrophya flavomaculata* 种团。雌虫体长 10–11mm，雄虫体长 7.5–8.5mm。头部背侧光滑，无明显刻点；单眼后区宽长比为 70∶55，POL∶OOL∶OCL=30∶60∶55；触角柄节与梗节黄色，鞭节黑色；单眼后区大部分黄色；中胸前侧片具 1 个黄斑；后足大部分黄色，少部具黑斑；后足胫节中部具宽黄斑；雌虫锯腹片锯刃弧形突出，中部锯刃刃齿十分细弱，数目不清晰，节缝刺毛带较宽，刺毛稀疏。

分布：浙江（临安、磐安）、河南、陕西、安徽、湖北、江西、湖南、福建、广西、贵州。

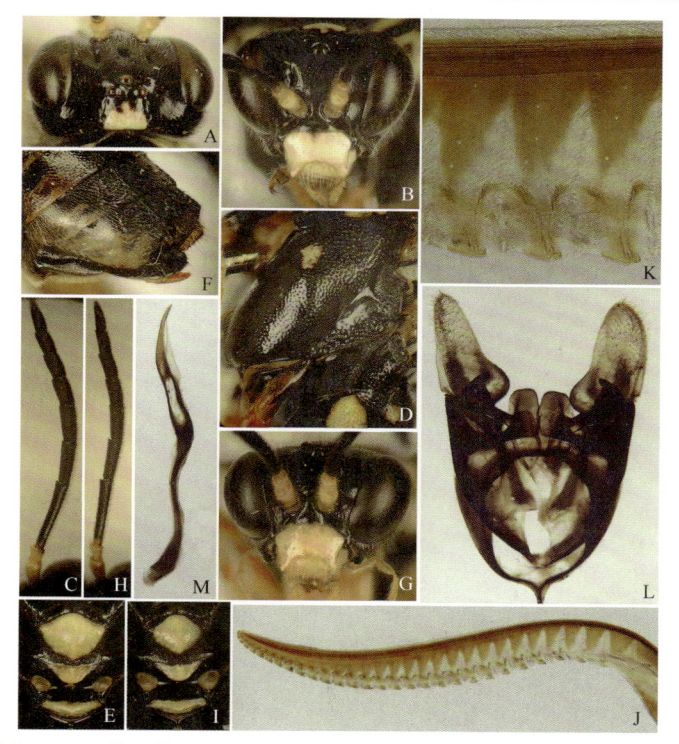

图 3-380 黄斑钩瓣叶蜂 *Macrophya flavomaculata* (Cameron, 1876)

A. 雌虫头部背面观；B. 雌虫头部前面观；C. 雌虫触角；D. 雌虫中胸小盾片背面观；E. 雌虫中胸侧板和后胸侧板；F. 锯鞘侧面观；G. 雄虫头部前面观；H. 雄虫触角；I. 雄虫中胸小盾片背面观；J. 锯腹片；K. 锯腹片第8-10 锯刃；L. 生殖铗；M. 阳茎瓣

（386）光额钩瓣叶蜂 *Macrophya glabrifrons* Li, Liu & Wei, 2017（图 3-381）

Macrophya glabrifrons Li, Liu & Wei, in Li *et al.*, 2017: 301.

图 3-381 光额钩瓣叶蜂 *Macrophya glabrifrons* Li, Liu & Wei, 2017

A. 雌虫头部背面观；B. 雌虫头部前面观；C. 雌虫触角；D. 雌虫中胸侧板和后胸侧板；E. 锯鞘侧面观；F. 雄虫头部前面观；G. 雄虫触角；H.锯腹片；I. 锯腹片第7-9 锯刃；J. 生殖铗；K.阳茎瓣

主要特征：本种属于 *Macrophya malaisei* 种团。雌虫体长 10mm，雄虫体长 7–7.2mm。上唇和唇基完全白色；头部背侧光泽强烈，额区无刻点，十分光滑；单眼后区宽长比为 1.8，POL：OOL：OCL=32：62：40；前胸背板后缘两侧黄白边明显，中央向两侧逐渐变宽；腹部第 1 背板中央后缘宽边黄白色，两侧全黑；第 2–7 背板两侧具明显白斑；各足转节完全黄白色；后足股节基部 2/5 黄白色，端部 3/5 黑色。

分布：浙江（临安）、湖北。

（387）何氏钩瓣叶蜂 *Macrophya hejunhuai* Li, Liu & Wei, 2019（图 3-382）

Macrophya hejunhuai Li, Liu & Wei, *in* Liu *et al*., 2019: 12.

主要特征：本种属于 *Macrophya flavomaculata* 种团。雌虫体长 9mm，雄虫体长 7mm。唇基和上唇黄白色，单眼后区后缘狭边和两侧缘白色，后足基节外侧具大白斑；腹部第 1 背板中央后缘、第 2–7 背板两侧三角形长斑和第 10 背板中央黄白色；头部背侧光泽较强烈，额区及附近区域具十分浅弱刻点，大部分几乎光滑，但刻点依稀可见，刻纹不明显；单眼后区宽长比为 2，POL：OOL：OCL=35：62：40；触角第 3 节长约 1.6 倍于第 4 节；锯腹片锯刃低平；阳茎瓣头叶稍倾斜，端部圆钝，尾侧突较短，靠近柄部。

分布：浙江（临安）。

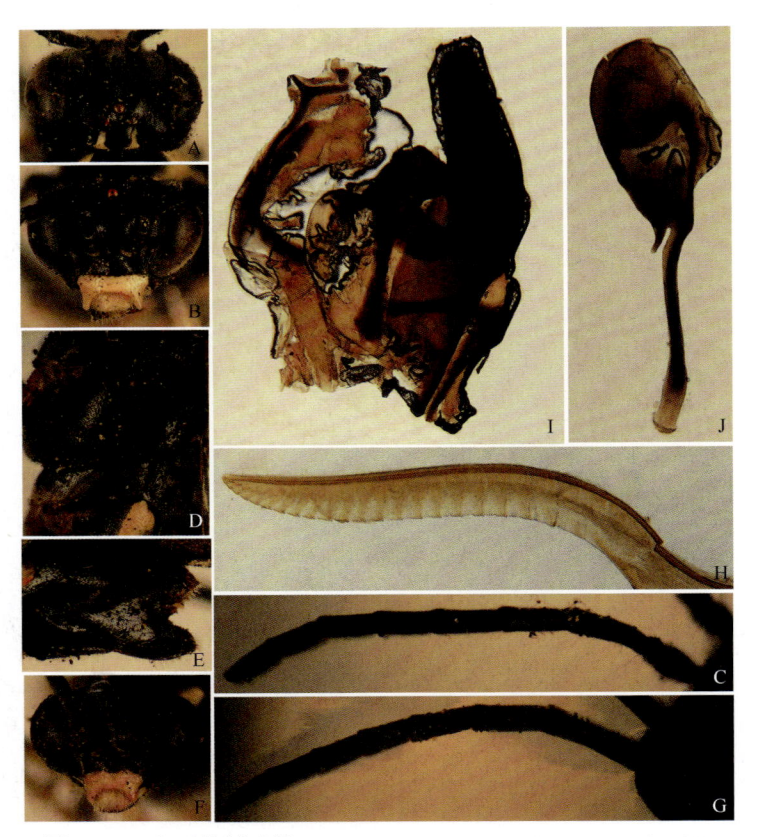

图 3-382 何氏钩瓣叶蜂 *Macrophya hejunhuai* Li, Liu & Wei, 2019
A. 雌虫头部背面观；B. 雌虫头部前面观；C. 雌虫触角；D. 雌虫中胸侧板和后胸侧板；E. 锯鞘侧面观；F. 雄虫头部前面观；G. 雄虫触角；H. 锯腹片；I. 生殖铗；J. 阳茎瓣

（388）密纹钩瓣叶蜂 *Macrophya histrioides* Wei, 1998 （图 3-383）

Macrophya histrioides Wei, in Wei & Nie, 1998h: 158.

主要特征：本种属于 *Macrophya histrio* 种团。雌虫体长 9–9.5mm，雄虫体长 6.5–7mm。触角全部、单眼后区、前胸背板除了后缘、中胸小盾片附片前半部、后胸小盾片、中胸后下侧片、后胸后侧片和前中足基节几乎全部黑色；头部背侧刻点细密浅显，刻点间隙窄于刻点直径，具明显刻纹；单眼后区宽长比为 90：40，POL：OOL：OCL=26：60：40；中胸背板完全黑色；中胸前侧片中部具明显黄白色横斑；后胸后侧片附片毛窝明显大于淡膜区；后足基节外侧具小型长白斑；后足股节基部 1/3 黄白色，端部 2/3 黑色；腹部第 1–6 背板两侧完全黑色，无带状列白斑，各节背板刻纹较粗密。

分布：浙江（杭州）、山西、河南、陕西、湖北。

图 3-383　密纹钩瓣叶蜂 *Macrophya histrioides* Wei, 1998
A. 雌虫头部背面观；B. 雌虫头部前面观；C. 雌虫触角；D. 雌虫中胸侧板和后胸侧板；E. 锯鞘侧面观；F. 锯腹片；G. 锯腹片第 8–10 锯刃

（389）浅碟钩瓣叶蜂 *Macrophya hyaloptera* Wei & Nie, 2003 （图 3-384）

Macrophya hyaloptera Wei & Nie, in Wei, Nie & Xiao, 2003: 97.

主要特征：本种属于 *Macrophya coxalis* 种团。雌虫体长 10–10.5mm，雄虫体长 6.5–7mm。雌虫唇基大部分白色，基部具黑斑；上唇黑褐色，具白斑；雄虫唇基和上唇大部分白色；各足基节除外侧具白色条斑外，全部黑色；前中足转节黑色，后足转节白色；后足胫节背侧亚端部具小白斑；头部背侧光泽强烈，刻点稀疏浅弱，表面光滑；单眼后区宽长比为 80：45，POL：OOL：OCL=25：60：45；触角第 2 节长稍大于宽，第 3 节长 1.7 倍于第 4 节，鞭节亚端部明显膨大，端部较尖；后胸侧板附片碟形凹陷稍小于淡膜区；

雌虫锯腹片锯刃稍倾斜隆起，中部锯刃齿式 2/6–10，纹孔下域宽大于高；雄虫阳茎瓣头叶短宽，前缘无尖突，尾侧突很长，并远离柄部。

分布：浙江（临安）、河南、陕西、甘肃、湖北、湖南、福建、贵州、云南。

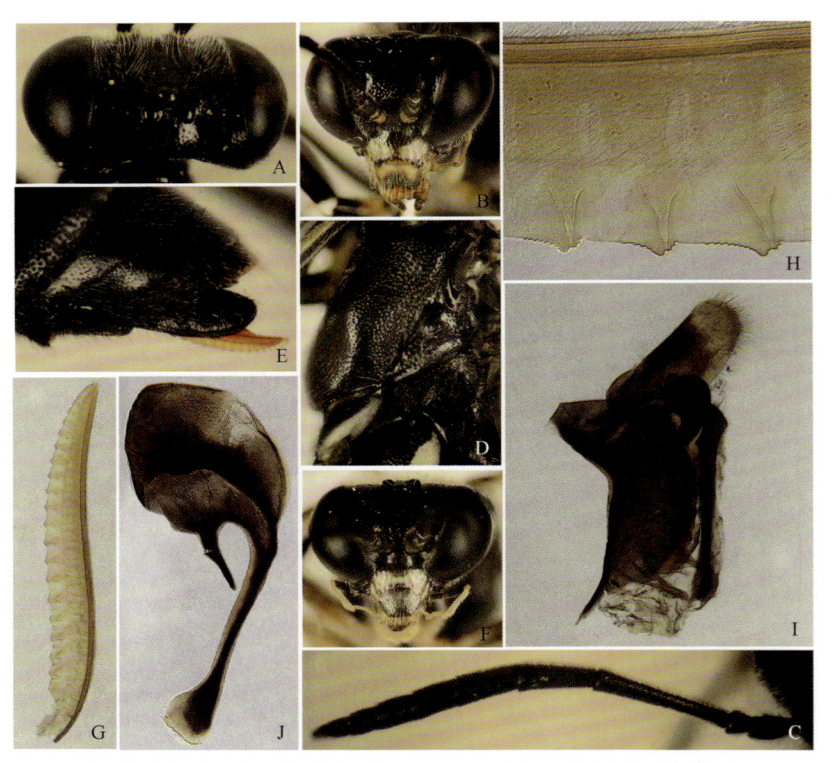

图 3-384　浅碟钩瓣叶蜂 *Macrophya hyaloptera* Wei & Nie, 2003
A. 雌虫头部背面观；B. 雌虫头部前面观；C. 雌虫触角；D. 雌虫中胸侧板和后胸侧板；E. 锯鞘侧面观；F. 雄虫头部前面观；G. 锯腹片；H. 锯腹片第 8–10 锯刃；I. 生殖铗；J. 阳茎瓣

（390）丽水钩瓣叶蜂 *Macrophya lishuii* Li, Liu & Wei, 2020（图 3-385）

Macrophya lishuii Li, Liu & Wei, *in* Liu, Li & Wei, 2020b: 67.

主要特征：本种属于 *Macrophya zhaoae* 种团。雌虫体长 15mm；唇基、上唇、单眼后区、中胸后侧片大斑、触角端部 4 节黄白色，中胸小盾片黑色纵条斑不连续，足黄白色，后足股节橘褐色，各足基节基部黑色，后足胫节端部、胫节端距和爪黑色；腹部第 1–8 背板后缘一字形黄白斑明显；头部背侧几乎光滑，无明显刻点；单眼后区宽长比为 58：38，侧沟浅弱，向后稍分歧；POL：OOL：OCL=22：50：38；触角中部稍加粗，第 2 节长大于宽，第 3 节长 1.4 倍于第 4 节长；爪内齿明显长于外齿；锯腹片具 20 锯刃，节缝刺毛带十分狭窄，锯刃亚三角形强突出，中部锯刃通常具 1 个内侧亚基齿和 3–6 个外侧亚基齿，纹孔下域高大于长。雄虫未知。

分布：浙江（遂昌）。

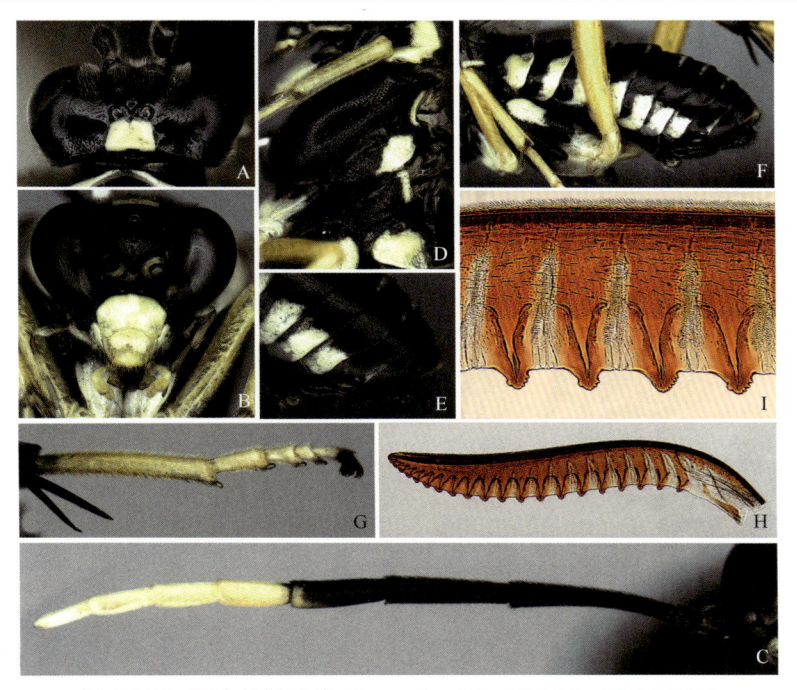

第三章 叶蜂亚目 Tenthredinomorpha ·413·

图 3-385 丽水钩瓣叶蜂 *Macrophya lishuii* Li, Liu & Wei, 2020
A. 雌虫头部背面观；B. 雌虫头部前面观；C. 雌虫触角；D. 雌虫中胸侧板和后胸侧板；E. 锯鞘侧面观；F. 腹部侧面观；G. 后足跗节和爪侧面观；H. 锯腹片；I. 锯腹片第 7–10 锯刃

（391）玛氏钩瓣叶蜂 *Macrophya malaisei* Takeuchi, 1937（图 3-386）

Macrophya malaisei Takeuchi, 1937: 441.

图 3-386 玛氏钩瓣叶蜂 *Macrophya malaisei* Takeuchi, 1937
A. 雌虫头部背面观；B. 雌虫头部前面观；C. 雌虫触角；D. 雌虫中胸侧板和后胸侧板；E. 锯鞘侧面观；F. 雄虫头部前面观；G. 雄虫触角；H. 锯腹片；I. 锯腹片第 8–10 锯刃；J. 生殖铗；K. 阳茎瓣

主要特征：本种属于 *Macrophya malaisei* 种团。雌虫体长 9–9.5mm，雄虫体长 6.5mm。头部背侧光泽微弱，额区及附近区域刻点密集显著，刻点间光滑间隙十分狭窄，无明显刻纹；上唇不完全黑色，端缘三角形小斑白色；唇基不完全黑色，两侧具圆形小白斑；单眼后区两侧细横斑和前胸背板后缘白色；单眼后区宽长比为 90∶32，POL∶OOL∶OCL=30∶62∶32；后足胫节背侧亚端部白斑显著；锯鞘稍短于后足基跗节；锯腹片锯刃明显突出，刃间段很长，中部锯刃明显突出，纹孔下域高显著大于宽；阳茎瓣头叶较小，后缘骨化弱，端部圆钝，尾突很小。

分布：浙江（临安）、安徽、湖北；日本。

（392）小碟钩瓣叶蜂 *Macrophya minutifossa* Wei & Nie, 2003（图 3-387）

Macrophya minutifossa Wei & Nie, in Wei, Nie & Xiao, 2003: 95.

主要特征：本种属于 *Macrophya coxalis* 种团。雌虫体长 10–10.5mm，雄虫体长 7–7.5mm。唇基和上唇全部白色；后足胫节完全黑色，背侧无白斑；后足基节外侧条形斑白色；头部背侧刻点略显密集，刻点间隙稍窄于刻点直径；单眼后区宽长比为 90∶50，POL∶OOL∶OCL=30∶62∶50；触角第 2 节长大于宽，第 3 节稍弯曲，长 1.6 倍于第 4 节，鞭节中部明显膨大；雌虫锯腹片锯刃低度倾斜隆起，中部锯刃齿式 2/16–17，亚基齿十分细小且多枚，纹孔下域较低，宽稍大于高；抱器黄白色，端缘弧形；阳茎瓣头叶前缘截形，顶角明显尖突，背缘基部具明显齿突，尾侧突较长，远离柄部。

分布：浙江（临安）、甘肃、江西、湖南、福建、台湾、广东、广西、四川、贵州、云南。

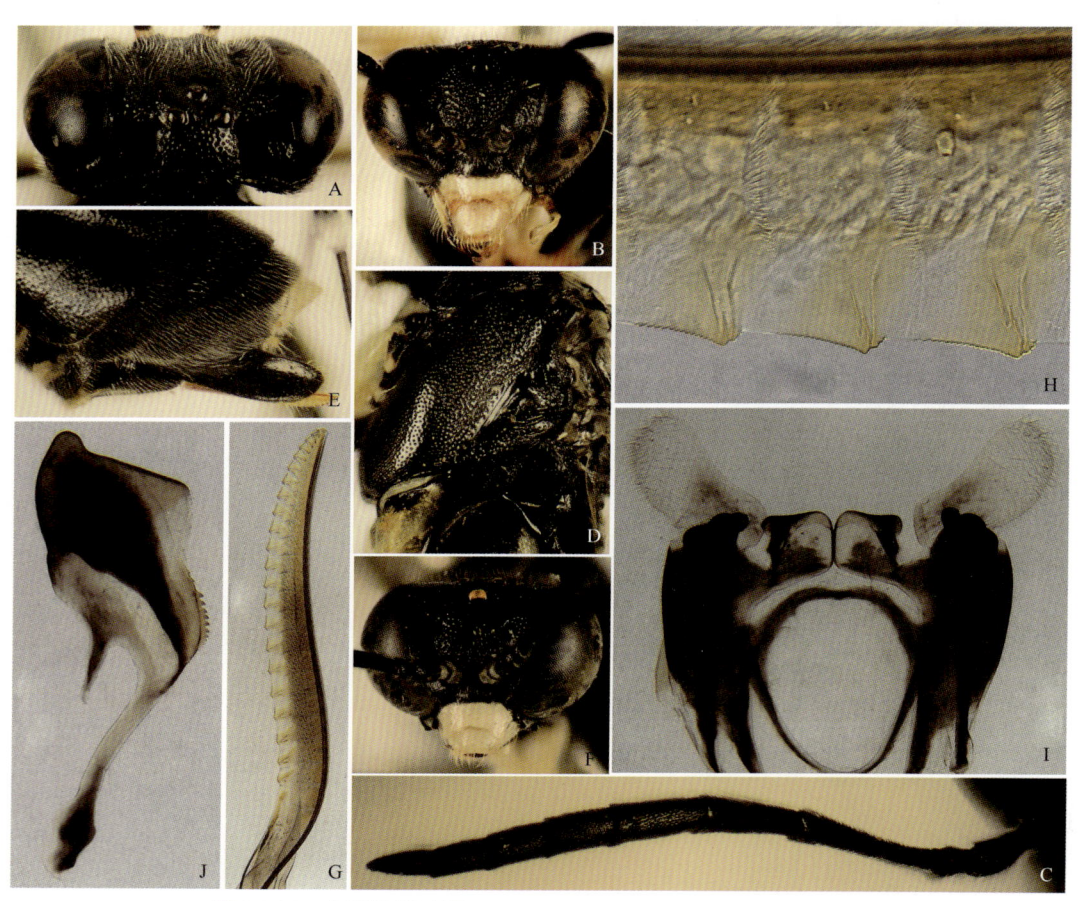

图 3-387 小碟钩瓣叶蜂 *Macrophya minutifossa* Wei & Nie, 2003
A. 雌虫头部背面观；B. 雌虫头部前面观；C. 雌虫触角；D. 雌虫中胸侧板和后胸侧板；E. 锯鞘侧面观；F. 雄虫头部前面观；G. 锯腹片；H. 锯腹片第 8–10 锯刃；I. 生殖铗；J. 阳茎瓣

（393）黑脊钩瓣叶蜂 *Macrophya nigrihistrio* Li, Liu & Wei, 2020（图 3-388）

Macrophya nigrihistrio Li, Liu & Wei, *in* Liu, Li & Wei, 2020a: 59.

主要特征：本种属于 *Macrophya histrio* 种团。雌虫体长 9mm，雄虫体长 6.5–7mm。唇基和上唇黄白色；中胸前侧片具 1 窄横斑，不呈 Z 形，后胸前侧片上部具 1 较小的不规则黄斑；腹部仅第 7 背板具较长的横斑，第 8 背板具圆形小斑，第 10 背板大部分黄色，第 2–6 背板无明显侧白斑；后足基节外侧完全黑色，无黄白斑；头部背侧刻点十分密集，刻点间隙明显狭于刻点直径，具细密刻纹；单眼后区宽长比为 75：35，POL：OOL：OCL=25：60：35；后胸后侧片附片浅平毛窝约 1.5 倍于淡膜区；锯腹片中部锯刃明显突出，构型近似三角形，外侧骨化明显，内侧骨化弱，外侧亚基齿 5–6 枚，内侧亚基齿 1–2 枚，纹孔下域窄高。雄虫阳茎瓣头叶宽大，横形，前端稍突出，侧突较短。

分布：浙江（临安）、湖北。

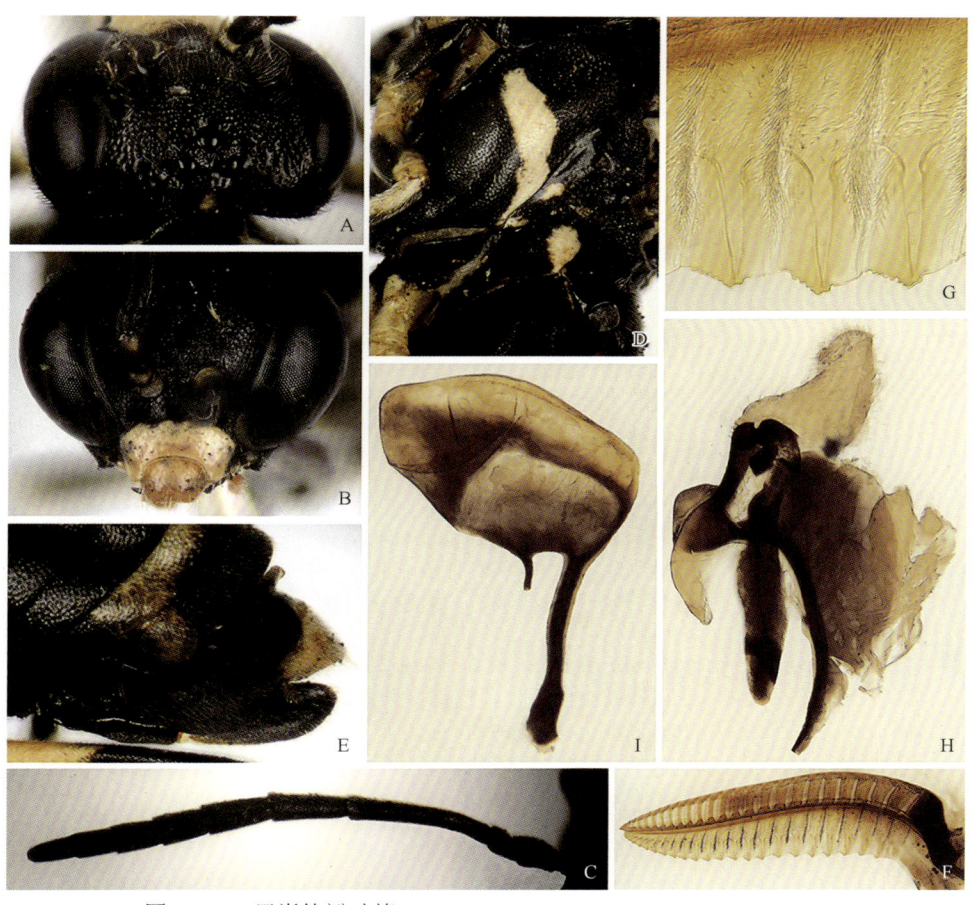

图 3-388　黑脊钩瓣叶蜂 *Macrophya nigrihistrio* Li, Liu & Wei, 2020
A. 雌虫头部背面观；B. 雌虫头部前面观；C. 雌虫触角；D. 雌虫中胸侧板和后胸侧板；E. 锯鞘侧面观；F. 锯腹片；G. 锯腹片第 8–10 锯刃；H. 阳茎瓣；I. 生殖铗

（394）寡斑钩瓣叶蜂 *Macrophya oligomaculella* Wei & Zhu, 2009（图 3-389）

Macrophya oligomaculella Wei & Zhu, *in* Zhu & Wei, 2009: 253.

主要特征：本种属于 *Macrophya coxalis* 种团。雌虫体长 10–10.5mm，雄虫体长 6.5–7mm。唇基大部分白色，基部具黑斑；头部背侧刻点较为密集，刻点间隙窄于刻点直径，无明显刻纹；触角亚端部明显膨大，

第 3 节长约 1.8 倍于第 4 节；单眼后区宽长比为 85∶40，POL∶OOL∶OCL=22∶60∶40；中胸小盾片明显锥形隆起，顶部具尖顶，明显高出中胸背板平面；前中足转节腹侧具模糊黑斑；后足胫节背侧中部约 3/5 细长斑白色；腹部第 2–5（6）背板侧缘白斑逐渐变窄；后胸后侧片附片碟形毛窝直径约 1.2 倍于中单眼直径；锯腹片中部锯刃较低平，纹孔处稍突出，亚基齿细小，内侧 2 枚，外侧 10–12 枚。雄虫阳茎瓣头叶宽短，稍倾斜，端部圆钝，侧突细长。

分布：浙江（临安、龙泉）、江西、湖南、福建、广西。

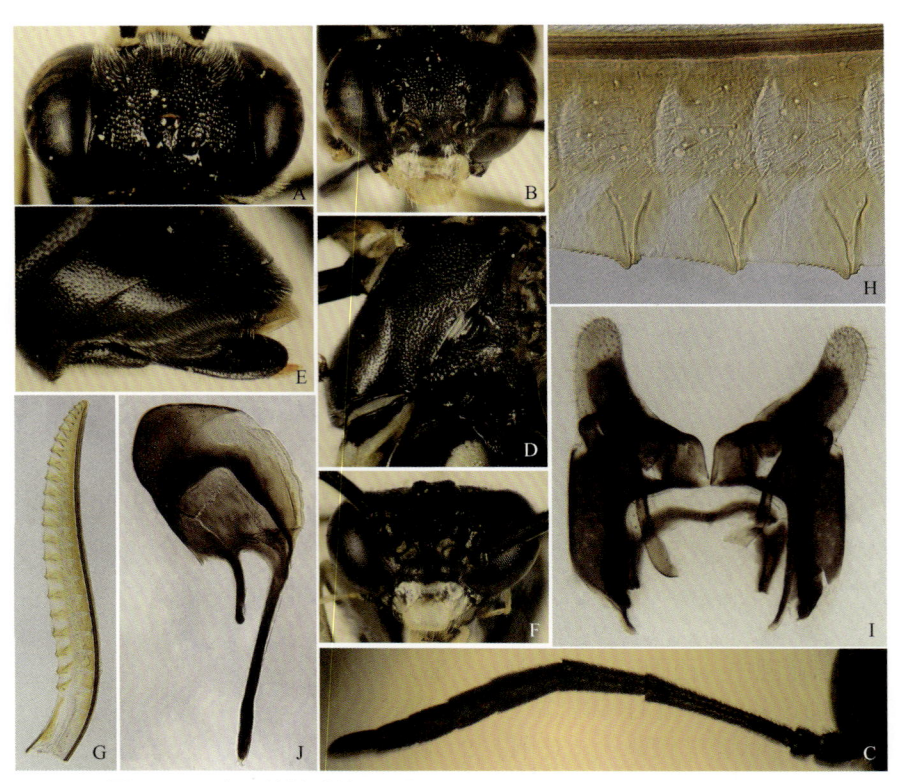

图 3-389　寡斑钩瓣叶蜂 *Macrophya oligomaculella* Wei & Zhu, 2009
A. 雌虫头部背面观；B. 雌虫头部前面观；C. 雌虫触角；D. 雌虫中胸侧板和后胸侧板；E. 锯鞘侧面观；F. 雄虫头部前面观；G. 锯腹片；H. 锯腹片第 8–10 锯刃；I. 生殖铗；J. 阳茎瓣

（395）糙额钩瓣叶蜂 *Macrophya opacifrontalis* Li, Lei & Wei, 2014（图 3-390）

Macrophya opacifrontalis Li, Lei & Wei, *in* Li Lei, Wang & Wei, 2014: 300.

主要特征：本种属于 *Macrophya sanguinolenta* 种团 *Macrophya tongi* 亚种团。雌虫体长 10–10.5mm，雄虫体长 7–7.5mm。头部背侧具较明显的光泽，额区刻点稍大，较粗糙密集，刻点间光滑间隙稍窄于刻点直径，其他区域刻点浅显稀疏；中胸前侧片刻点粗糙密集，光泽不明显；雌虫唇基和上唇大部分黑色，上唇端缘浅褐色；雄虫唇基端部白色，基部黑色，上唇和上颚外侧大部分白色；单眼后区后缘、翅基片外缘白色；触角第 2 节短宽，鞭节中部不显著加粗，第 3 节长约 1.5 倍于第 4 节长；单眼后区宽长比为 70∶20，POL∶OOL∶OCL=33∶60∶20；中胸小盾片完全黑色；腹部第 1 节背板两侧角后缘具小型白斑，第 2–9 节背板完全黑色；雌虫锯腹片中部锯刃明显倾斜突出，中部锯刃齿式为 1/6，纹孔下域近似三角形，明显向背侧快速收敛；阳茎瓣头叶近似椭圆形。

分布：浙江（临安）、江苏、江西、湖南、贵州。

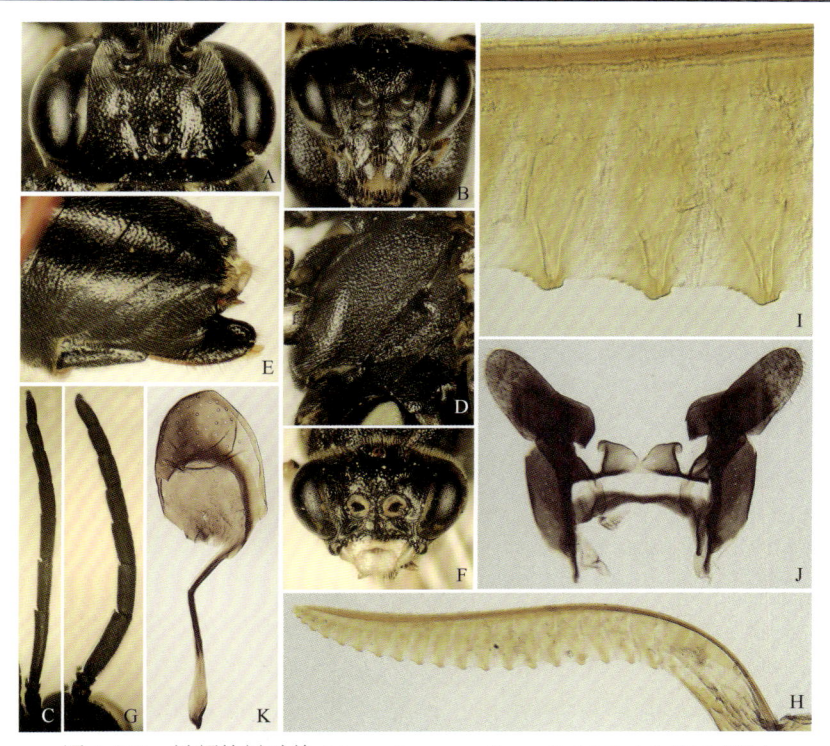

第三章　叶蜂亚目 Tenthredinomorpha

图 3-390　糙额钩瓣叶蜂 *Macrophya opacifrontalis* Li, Lei & Wei, 2014
A. 雌虫头部背面观；B. 雌虫头部前面观；C. 雌虫触角；D. 雌虫中胸侧板和后胸侧板；E. 锯鞘侧面观；F. 雄虫头部前面观；G. 雄虫触角；H. 锯腹片；I. 锯腹片第 8–10 锯刃；J. 生殖铗；K. 阳茎瓣

（396）副碟钩瓣叶蜂 *Macrophya paraminutifossa* Wei & Nie, 2003（图 3-391）

Macrophya paraminutifossa Wei & Nie, in Wei, Nie & Xiao, 2003: 96.

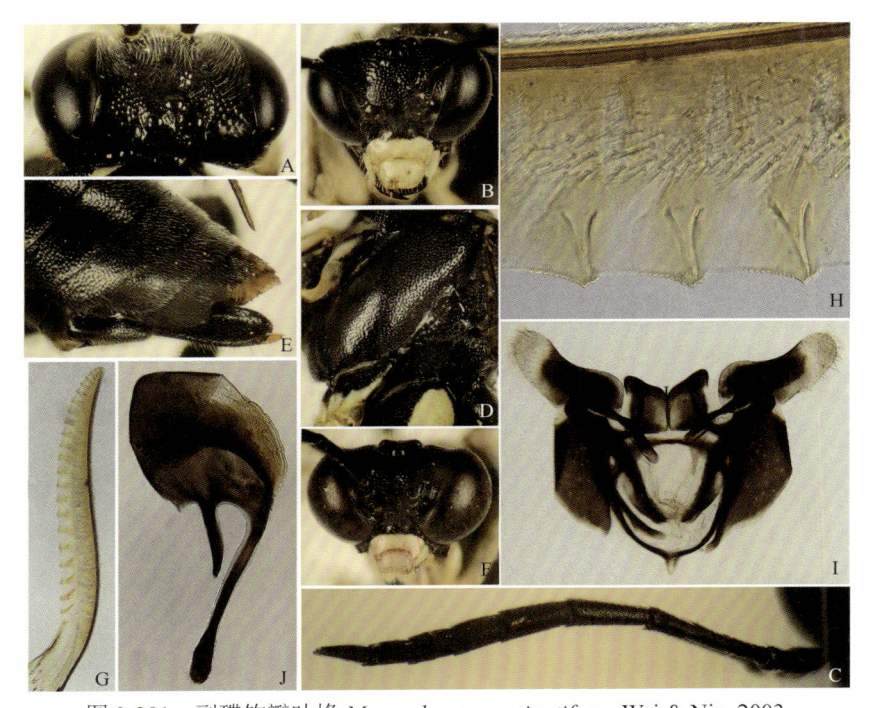

图 3-391　副碟钩瓣叶蜂 *Macrophya paraminutifossa* Wei & Nie, 2003
A. 雌虫头部背面观；B. 雌虫头部前面观；C. 雌虫触角；D. 雌虫中胸侧板和后胸侧板；E. 锯鞘侧面观；F. 雄虫头部前面观；G. 锯腹片；H. 锯腹片第 8–10 锯刃；I. 生殖铗；J. 阳茎瓣

主要特征：本种属于 *Macrophya coxalis* 种团。雌虫体长 10–10.5mm，雄虫体长 6.5mm。唇基和上唇白色，后足基节外侧具卵形大白斑，后足胫节背侧亚端部具显著白斑；头部背侧刻点较为密集，刻点间隙狭于刻点直径；单眼后区宽长比为 80∶35，POL∶OOL∶OCL=32∶60∶35；触角第 2 节长大于宽，第 3 节端部甚加粗，长 1.45 倍于第 4 节，鞭节亚端部明显膨大；锯腹片锯刃弱度倾斜隆起，中部锯刃齿式为 2/10–11，亚基齿较细小，纹孔下域较低矮，宽明显大于高；阳茎瓣头叶较短宽，明显倾斜，前缘无尖突，钝角形突出，尾侧突十分窄长，远离柄部；抱器明显弯曲，内侧弧形凹缘。

分布：浙江（临安、丽水、龙泉）、江西、湖南、福建、广东、贵州。

（397）缨鞘钩瓣叶蜂 *Macrophya pilotheca* Wei & Ma, 1997（图 3-392）

Macrophya pilotheca Wei & Ma, 1997: 78.
Macrophya brevitheca Wei & Nie, *in* Wei, Nie & Xiao, 2003: 97.

主要特征：本种属于 *Macrophya malaisei* 种团。雌虫体长 9–9.5mm，雄虫体长 6.5–7mm。唇基和上唇完全白色，单眼后区后缘和两侧白色，中胸背板侧叶中部具 1 对小白斑，中胸小盾片中央具大白斑，腹部第 2–6 背板侧白斑显著，第 7–8 背板侧角后缘侧白斑小型，后足基节外侧基部卵形白斑大型；锯鞘十分短小，稍长于后足胫节内端距；头部背侧光泽较强烈，刻点不明显密集，刻点间光滑间隙显著；单眼后区宽长比为 1.5，POL∶OOL∶OCL=35∶62∶45；触角第 2 节长约等于宽，第 3 节长 1.6 倍于第 4 节；雌虫锯腹片锯刃十分低平，亚基齿细小且多枚，内侧具 1 明显的尖突，锯刃节间膜很短，不突出，中部锯刃齿式为 1/13–14，纹孔下域高显著大于宽；阳茎瓣头叶宽椭圆形，前端圆钝，侧突短小。

分布：浙江（丽水）、安徽、江西、湖南、福建、广西。

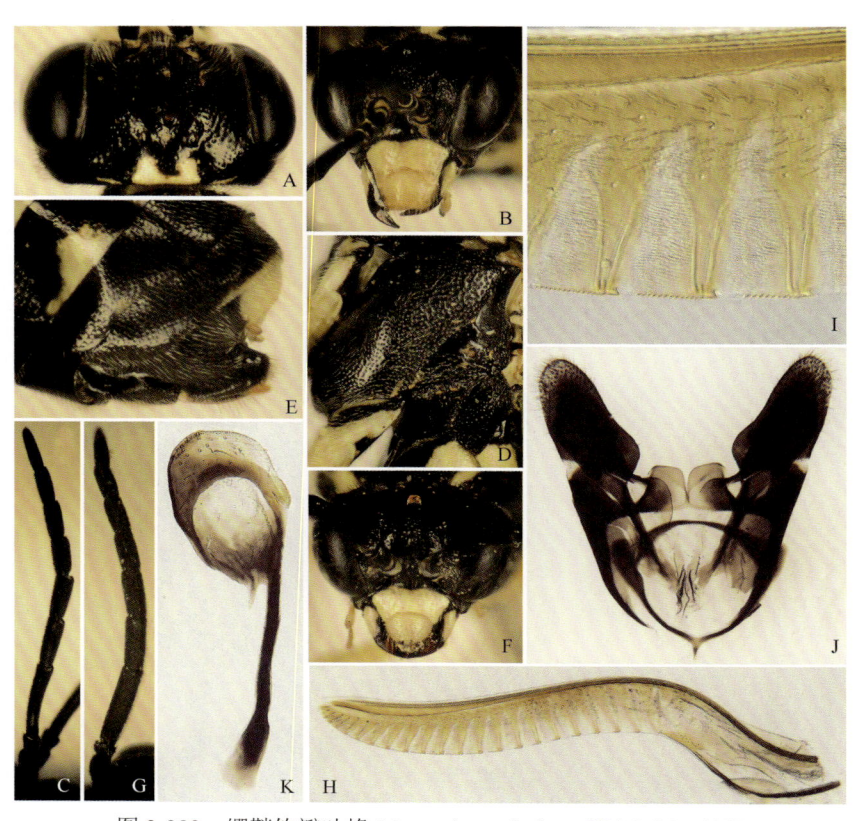

图 3-392 缨鞘钩瓣叶蜂 *Macrophya pilotheca* Wei & Ma, 1997
A. 雌虫头部背面观；B. 雌虫头部前面观；C. 雌虫触角；D. 雌虫中胸侧板和后胸侧板；E. 锯鞘侧面观；F. 雄虫头部前面观；G. 雄虫触角；H. 锯腹片；I. 锯腹片第 8–10 锯刃；J. 生殖铗；K. 阳茎瓣

寄主：木犀科女贞属3种植物：小叶女贞 *Ligustrum quihoui*、金叶女贞 *Ligustrum vicaryi*、小蜡 *Ligustrum sinense*。

（398）丽蓝钩瓣叶蜂 *Macrophya regia* Forsius, 1930（图 3-393）

Macrophya regia Forsius, 1930: 33.

主要特征：本种属于 *Macrophya regia* 种团。雌虫体长 13–13.5mm，雄虫体长 7–8mm。体具明显金属蓝色光泽；唇基和上唇完全白色，唇基前缘具弧形缺口；额区稍微下沉，几乎不低于复眼顶面；后头很短，两侧强烈收缩；触角长，中端部显著膨大，端部4节短缩，第3节长1.6倍于第4节；后胸后侧片具小型附片，具碟形凹陷毛窝；头部背侧刻点较为密集，刻点间隙狭于刻点直径；单眼后区宽长比为70：45，侧沟弧形弯曲；POL：OOL：OCL=20：63：45；后足基节腹侧无白斑，后足股节腹侧无白带；前翅臀室收缩中柄约1.7倍于 cu-a 脉长；产卵器较长，锯腹片锯刃低度倾斜，亚基齿细小且多枚，中部锯刃齿式为 2/15–16，纹孔下域近似方形，节缝刺毛带极狭窄，刺毛很短；阳茎瓣头叶短宽，长约1.24倍于宽，顶叶显著，帽状，尾侧突窄长。

分布：浙江（临安）、湖北、湖南、福建、广西、贵州；印度，缅甸。

图 3-393 丽蓝钩瓣叶蜂 *Macrophya regia* Forsius, 1930
A. 雌虫头部背面观；B. 雌虫头部前面观；C. 雌虫触角；D. 雌虫中胸侧板和后胸侧板；E. 锯鞘侧面观；F. 雄虫头部前面观；G. 锯腹片；H. 锯腹片第 8–10 锯刃；I. 生殖铗；J. 阳茎瓣

（399）反刻钩瓣叶蜂 *Macrophya revertana* Wei, 1998（图 3-394）

Macrophya revertana Wei, *in* Wei & Nie, 1998h: 157.

主要特征：本种属于 *Macrophya sibirica* 种团。雌虫体长 11.5–12mm，雄虫体长 6.5–7.5mm。唇基黑色，

上唇基部黑色，端部白色；单眼后区完全黑色；中胸小盾片完全黑色，无白斑；腹部第1背板后缘两侧具明显小白斑；头部背侧刻点十分稀疏浅显，刻点间隙明显宽于刻点直径，大部分区域光滑；单眼后区宽长比为85∶55，侧沟较宽浅，向后分歧；POL∶OOL∶OCL=25∶70∶55；触角较细，中部不膨大，第2节长明显大于宽，第3节长约1.6倍于第4节；中胸前侧片刻点显著，大且密于额区，刻点间隙狭窄，光泽弱；锯腹片锯刃明显突出，外侧弧形弯曲，锯刃齿式为2/7–8，纹孔下域很低，宽显著大于长；抱器较短，向端部明显变窄；阳茎瓣头叶近似圆形，背缘骨化较弱，尾突较短，靠近柄部。

分布：浙江（临安）、山西、河南、陕西、甘肃、安徽、湖北、湖南。

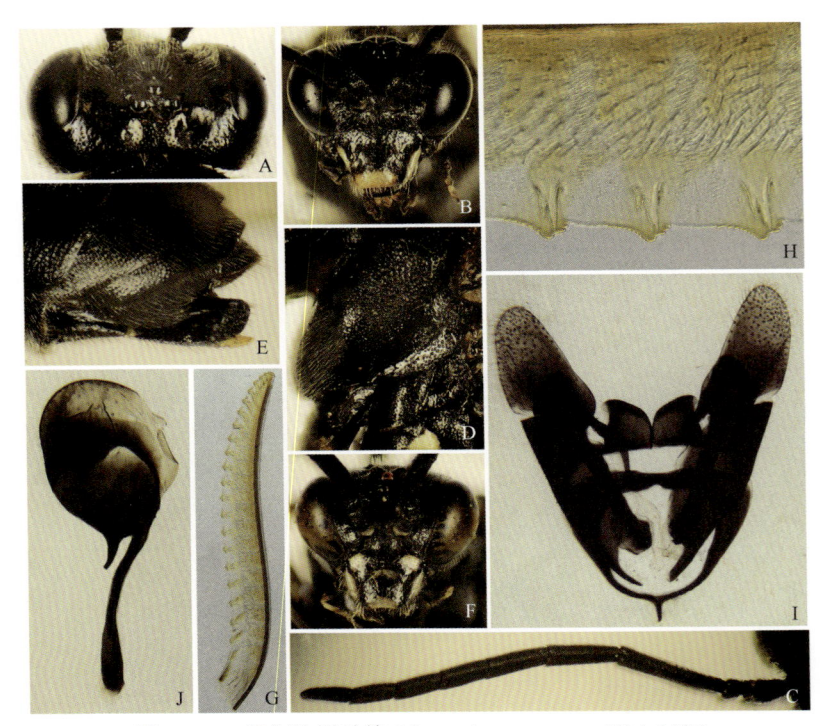

图3-394　反刻钩瓣叶蜂 *Macrophya revertana* Wei, 1998
A. 雌虫头部背面观；B. 雌虫头部前面观；C. 雌虫触角；D. 雌虫中胸侧板和后胸侧板；E. 锯鞘侧面观；F. 雄虫头部前面观；G. 锯腹片；H. 锯腹片第8–10锯刃；I. 生殖铗；J. 阳茎瓣

（400）红胫钩瓣叶蜂 *Macrophya rubitibia* Wei & Chen, 2002（图3-395）

Macrophya rubitibia Wei & Chen, in Chen & Wei, 2002: 212.

主要特征：本种属于 *Macrophya saguinolenta* 种团 *Macrophya depressina* 亚种团。雌虫体长10–10.5mm，雄虫体长7–7.5mm。雌虫唇基黑色，中部具模糊白斑，上唇白色，雄虫唇基和上唇全部白色；雌虫触角第4–5节白色，雄虫触角全部黑色；头部背侧刻点较为密集，刻点间隙稍狭于刻点直径；单眼后区很短，宽长比为90∶25，侧沟向后显著分歧；POL∶OOL∶OCL=25∶60∶25；前中足转节大部分黑色，少部具白斑；后足股节大部分红褐色，基部白色，端部及外侧端半部具黑斑；头部颜面与额区略下沉，单眼顶面微低于复眼顶面；中胸小盾片微弱隆起，顶面平坦，后缘横脊不明显；腹部无中列白斑，第2–5背板侧缘具明显白斑，第8–10背板中央具白斑；锯腹片锯刃明显突出，亚基齿细小模糊，纹孔下域高大于宽，向上收窄；抱器较小，亚三角形，向端部明显渐窄；阳茎瓣头叶卵形，端部稍窄，末端圆钝，尾突很短小。

分布：浙江（临安、余姚）、天津、山西、河南、甘肃、湖北。

第三章 叶蜂亚目 Tenthredinomorpha

图 3-395 红胫钩瓣叶蜂 *Macrophya rubitibia* Wei & Chen, 2002
A. 雌虫头部背面观；B. 雌虫头部前面观；C. 雌虫触角；D. 雌虫中胸侧板和后胸侧板；E. 锯鞘侧面观；F. 雄虫头部前面观；G. 雄虫触角；H. 锯腹片；I. 锯腹片第 8–10 锯刃；J. 生殖铗；K. 阳茎瓣

（401）童氏钩瓣叶蜂 *Macrophya tongi* Wei & Ma, 1997（图 3-396）

Macrophya tongi Wei & Ma, 1997: 80.

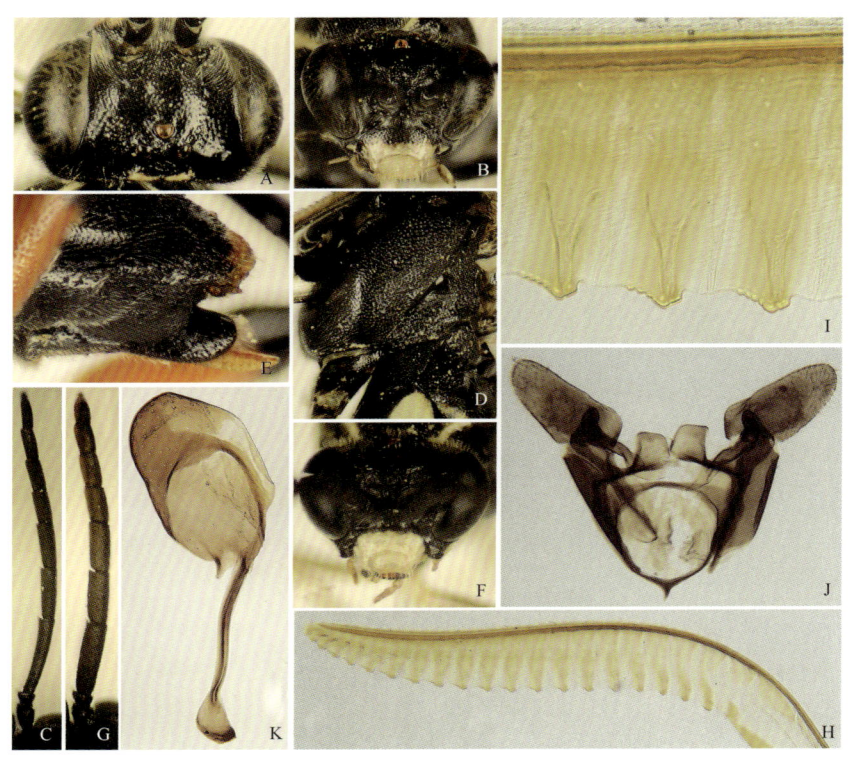

图 3-396 童氏钩瓣叶蜂 *Macrophya tongi* Wei & Ma, 1997
A. 雌虫头部背面观；B. 雌虫头部前面观；C. 雌虫触角；D. 雌虫中胸侧板和后胸侧板；E. 锯鞘侧面观；F. 雄虫头部前面观；G. 雄虫触角；H. 锯腹片；I. 锯腹片第 8–10 锯刃；J. 生殖铗；K. 阳茎瓣

主要特征：本种属于 *Macrophya sanguinolenta* 种团 *Macrophya tongi* 亚种团。雌虫体长 9–9.5mm，雄虫体长 6.5–7mm。雌虫唇基端半部白色，基半部黑色，上唇完全白色，雄虫唇基和上唇全部白色；头部背侧刻点稀疏细浅，刻点间隙明显宽于刻点直径，大部分区域光滑，无明显刻纹；单眼后区短宽，宽长比为 75：30，侧沟向后明显分歧；POL：OOL：OCL=30：60：30；前胸背板后缘具白色狭边；中胸小盾片不完全黑色，中央具白斑，后胸小盾片中央两侧大部分白色；后足胫节背侧亚端部具显著白斑；触角中端部不膨大，第 2 节宽稍大于长，第 3 节长 1.5 倍于第 4 节；雄虫触角鞭节粗短，稍侧扁；锯腹片锯刃明显倾斜突出，中部锯刃约等长于刃间距，锯刃齿式为 1/4–5，纹孔下域高明显大于宽；抱器较窄，端部稍收窄；阳茎瓣头叶长大于宽，端部背侧稍突出，尾突短宽。

分布：浙江（临安、丽水）、陕西、安徽、江西、湖南、广西。

（402）糙板钩瓣叶蜂 *Macrophya vittata* Mallach, 1936（图 3-397，图版 IX-8）

Macrophya vittata Mallach, 1936: 221.
Macrophya abbreviata Takeuchi, 1938a: 65.

主要特征：本种属于 *Macrophya vittata* 种团。雌虫体长 12.5–13mm，雄虫体长 8–9mm。唇基白色，上唇具黑斑；头、胸部刻点粗大密集，光泽较弱；颜面稍凹陷；唇基缺口浅弱，侧角短钝；头部背侧刻点十分密集，刻点间隙明显狭于刻点直径，无明显刻纹；单眼后区宽长比为 70：40，POL：OOL：OCL=14：

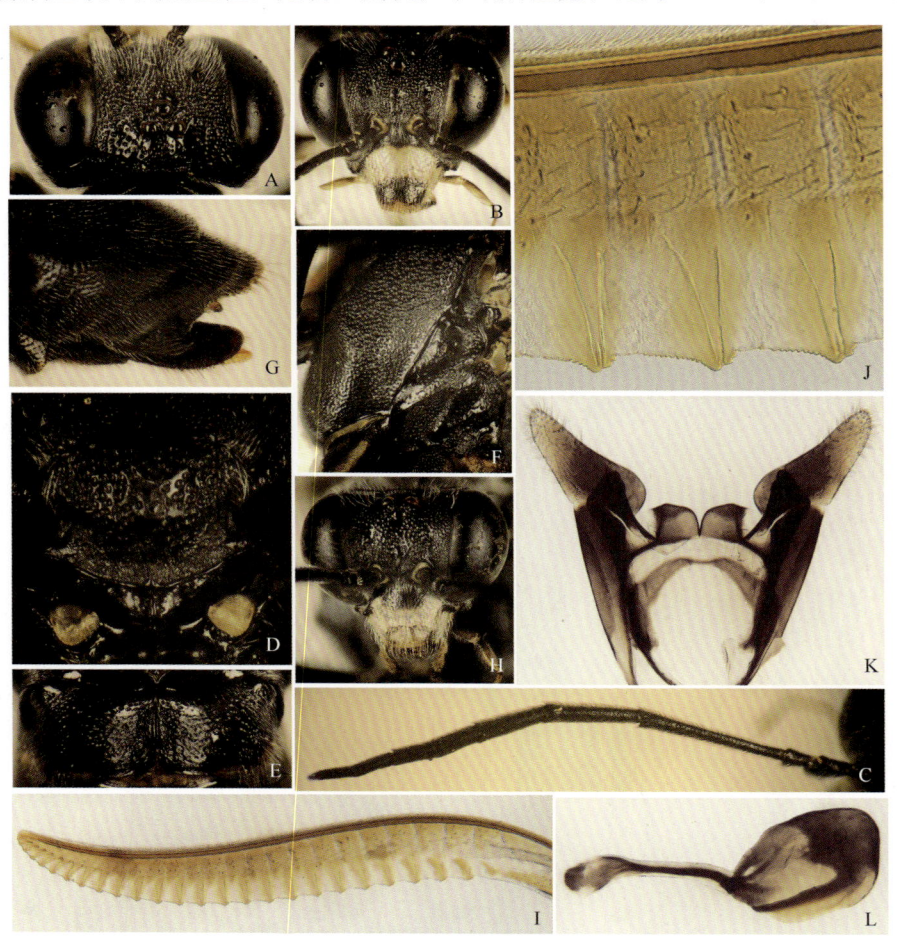

图 3-397　糙板钩瓣叶蜂 *Macrophya vittata* Mallach, 1936
A. 雌虫头部背面观；B. 雌虫头部前面观；C. 雌虫触角；D. 雌虫中胸小盾片；E. 腹部第 1 背板；F. 雌虫中胸侧板和后胸侧板；G. 锯鞘侧面观；H. 雄虫头部前面观；I. 锯腹片；J. 锯腹片第 8–10 锯刃；K. 生殖铗；L. 阳茎瓣

56∶40；腹部第 1 和 10 背板不完全黑色，后缘具白斑，其余各节背板完全黑色；腹部第 1 背板刻纹粗糙网状，无光滑区域；前翅翅痣下具宽阔浅烟色横带等；触角细长，第 3 节长 1.6 倍于第 4 节；抱器十分狭窄。

分布：浙江（安吉、临安）、河南、陕西、甘肃、湖北、湖南、四川、贵州；日本。

（403）肖蓝钩瓣叶蜂 *Macrophya xiaoi* Wei & Nie, 2003（图 3-398）

Macrophya xiaoi Wei & Nie, in Wei, Nie & Xiao, 2003: 92.

主要特征：本种属于 *Macrophya regia* 种团。雌虫体长 12.5–13mm，雄虫体长 7–8mm。唇基和上唇白色，边缘黑色；额区显著下沉，显著低于复眼顶面；触角较细，中端部不明显膨大，端部 4 节稍短缩，第 2 节长宽比约等于 2，第 3 节长 1.5 倍于第 4 节；头部背侧刻点较为密集，刻点间隙稍狭于刻点直径；单眼后区宽长比为 75∶50，侧沟稍弯曲，近似平行；POL∶OOL∶OCL=20∶55∶50；后胸后侧片具大型附片，宽大浅平；后足基节腹侧端部具明显白斑，后足股节腹侧具显著白带；前翅臀室无柄式，具短直横脉；锯腹片锯刃亚基齿较大，亚基齿明显，中部锯刃齿式 1/4–6，纹孔下域高明显大于宽；阳茎瓣头叶短小，长约 1.13 倍于宽，端部宽，端缘圆钝，尾侧突短小，不与柄部分离。

分布：浙江（安吉）、湖北、湖南、福建、广西、重庆。

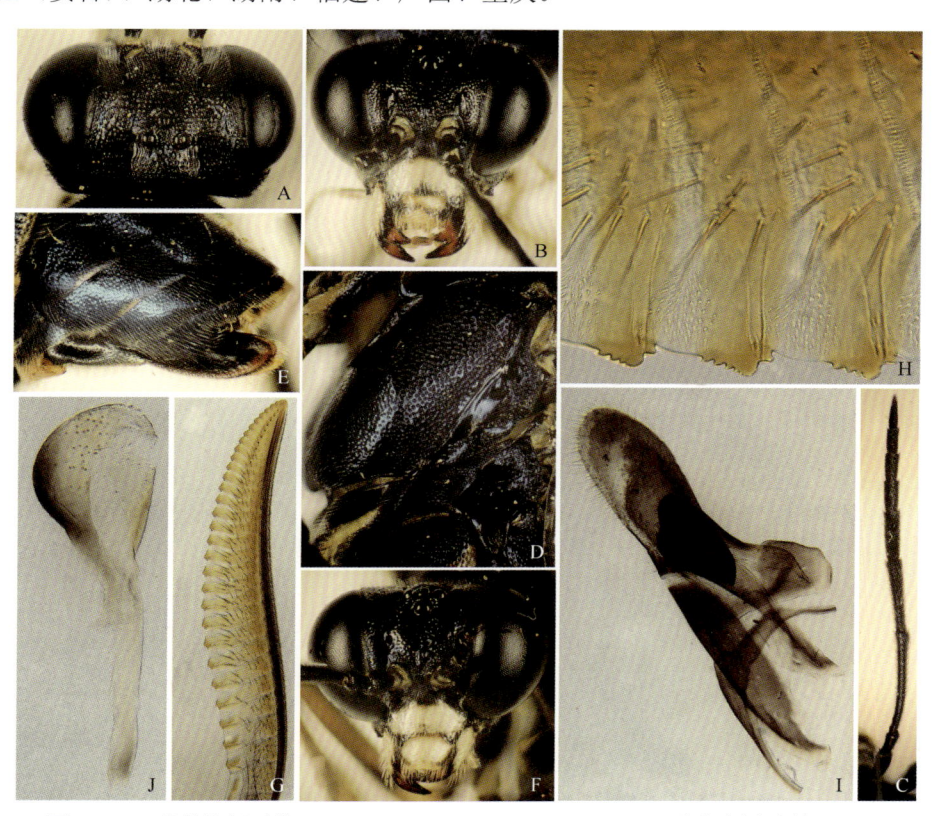

图 3-398 肖蓝钩瓣叶蜂 *Macrophya xiaoi* Wei & Nie, 2003 （引自李泽建等，2018）
A. 雌虫头部背面观；B. 雌虫头部前面观；C. 雄虫触角；D. 雌虫中胸侧板和后胸侧板；E. 锯鞘侧面观；F. 雄虫头部前面观；G. 锯腹片；H. 锯腹片第 8–10 锯刃；I. 生殖铗；J. 阳茎瓣

（404）赵氏钩瓣叶蜂 *Macrophya zhaoae* Wei, 1997（图 3-399）

Macrophya zhaoae Wei, in Wei & Ma, 1997: 81.

主要特征：本种属于 *Macrophya zhaoae* 种团。雌虫体长 10–11mm，雄虫体长 7.5mm。两性唇基和上唇全部、中胸后侧片后缘上部斑、后胸后侧片、雌虫单眼后区黄色；头部背侧刻点稀疏浅弱，刻点间隙大部分区域光滑；单眼后区宽长比为 70：36，侧沟浅，向后明显分歧，POL：OOL：OCL=28：53：36；触角端部 3 节白色，第 2 节长稍大于宽，第 3 节长 1.2 倍于第 4 节，鞭节中部明显膨大；后足基节腹侧黑色；雌虫锯腹片较短，柳叶刀形，亚端部显著加宽，中部锯刃低弱弧形突出，亚基齿十分细小、模糊，纹孔下域宽大于长。雄虫抱器端部显著收窄，阳茎瓣头叶不规则形，具明显的顶叶，背侧尾角突出，侧突较短，靠近柄部。

分布：浙江（临安）、湖北。

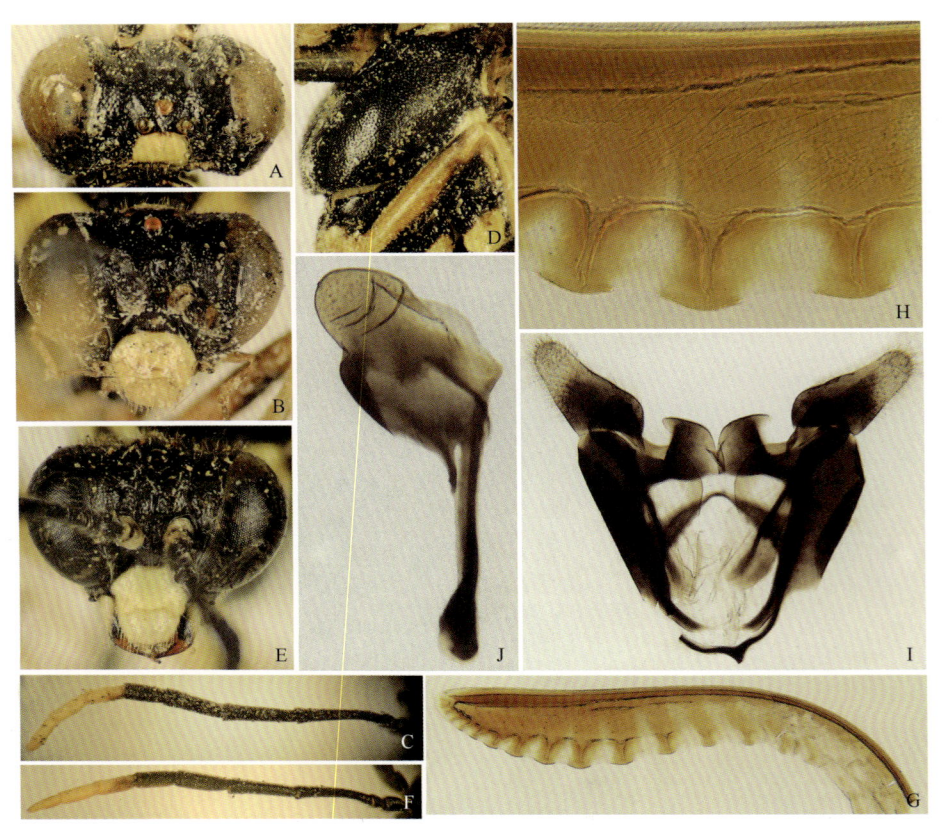

图 3-399　赵氏钩瓣叶蜂 *Macrophya zhaoae* Wei, 1997　（引自李泽建等，2018）
A. 雌虫头部背面观；B. 雌虫头部前面观；C. 雌虫触角；D. 雌虫中胸侧板；E. 雄虫头部前面观；F. 雄虫触角；G. 锯腹片；H. 锯腹片第 7–9 锯刃；I. 生殖铗；J. 阳茎瓣

118. 方颜叶蜂属 *Pachyprotasis* Hartig, 1837

Pachyprotasis Hartig, 1837: 295. Type species: *Tenthredo rapae* Linné, 1767, by subsequent designation of Westwood, 1839.
Lithracia Cameron, 1902: 441. Type species: *Lithracia flavipes* Cameron, 1902: 441–442, by monotypy.

主要特征：体中型，体长多为 8–10mm；体黑色，具黄色、白色或红色斑纹；唇基及上唇隆起，唇基端部弧形或截形凹入，深为唇基 1/4–1/2 长，上唇端部多为截形；复眼内缘向下平行，极少向内收敛，但在雄虫中，有时反向外发散；颚眼距宽，在雌虫中约等宽于单眼直径，但在雄虫中有时宽达单眼直径的 2–3 倍；额区隆起，但在有些种类中隆起不明显，额脊不明显；中窝及侧窝坑状或沟状；单眼中沟、后沟缺或不明显；多数种类头部向后强烈收敛；触角细长，多为胸、腹部长之和，雄虫多长于胸、腹部长之和，第 3 节等长于或稍长于第 4 节，部分种类鞭节端部侧扁，但在雄虫中绝大多数种类鞭节强烈侧扁；额区及邻近的复眼内眶多具刻点及刻纹，光泽明显或不明显；中胸前盾片、盾片刻点多细密；中胸小盾片棱形或圆钝形隆起，两侧脊多明显；中胸前侧片刻点多细密、浅，上角反而有时具大、深、稀疏刻点；腹部刻点多分散，刻纹不明显；第 1 节背板中裂；锯鞘端部多为长椭圆形；翅多透明，有些种类端部具烟褐色；前翅具 3 个封闭 R1 室及 2 个封闭 Rs 室，后翅具 2 个封闭中室；前翅 cu-a 脉一般位于中室基部 1/3 处，2Rs 室稍长于或等长于 1Rs 室，前翅臀室中柄长，绝大多数种类后翅臀室具柄；后足股节端部长达腹部端部，距节内距一般为基跗节 3/5 长，基跗节稍长于或等长于其后 4 个跗分节之和，爪内齿一般长于外齿。

分布：古北区，新北区。本属目前已知 211 种及 14 亚种，主要分布于东亚，欧洲分布 5 种，有 1 种分布到北美洲和中美地区。中国已记载 149 种。本书记述浙江分布的 25 种及 1 亚种。

分种检索表

1. 触角端部白色或近端部数节白色 ··· 2
- 触角全部黑色或褐色，或者背侧全部黑色，腹侧全部淡色（雄虫） ··· 3
2. 触角黑色，第 5–6 节白色，第 7–9 节黑色；后足股节基半部黄白色，端半部黑色，胫节黑色，中部背侧具宽的黄白斑；头部背侧刻点极其细弱 ·· 白环方颜叶蜂 *P. alboannulata*
- 触角黑色，第 7 节端半部以远部分白色；后足股节及胫节红褐色，端部黑色；头部背侧刻点分散，大小适中 ·· 南岭方颜叶蜂 *P. nanlingia*
3. 后足股节及胫节红褐色，基部及端部或具白色或黑色部分 ··· 4
- 后足黄白色或黑色，无红色部分 ·· 10
4. 后足跗节黑色，第 5 跗分节或具白色或红褐色部分 ··· 5
- 后足跗节白色或红褐色，第 1 跗分节基部及第 5 跗分节端部或具黑色 ·· 6
5. 头部背侧光滑，刻纹缺失或不明显，刻点分散；中胸前盾片两侧仅端部黄白色 ······· 吴氏方颜叶蜂 *P. wui*
- 头部背侧粗糙，刻纹明显，刻点密集；中胸前盾片两侧全部黄白色 ················ 永州方颜叶蜂 *P. parawui*
6. 中胸侧板刻点不粗糙、规则，刻点间隙光滑 ·· 7
- 中胸侧板刻点粗糙、不规则，刻点间隙不光滑；后足基节、股节及胫节大部红褐色，基节基部外侧具 1 明显白斑 ·· 红褐方颜叶蜂 *P. rufinigripes*
7. 头部额区光滑，无刻纹；额脊圆滑，额区不内陷 ·· 8
- 头部额区不光滑，具明显刻纹；额脊尖锐，额区内陷 ·· 9
8. 体长 11–12mm；头部内眶全部黄白色；中胸侧板刻点大、深，刻点间隙光滑；中胸前侧片基部及底部各具 1 大的白斑；后足基节外侧黑色，具卵圆形白斑；腹部各节背板具大的三角形白斑 ············ 黄跗方颜叶蜂 *P. xanthotarsalia*
- 体长 8.0–8.5mm；内眶仅底部白色，顶部黑色；中胸侧板刻点小、浅，刻点间隙不光滑；中胸前侧片黑色，无白斑；后足基节无黑斑和白斑；腹部各节背板三角形白斑较小 ············ 红股方颜叶蜂 *P. rufofemorata*
9. 中胸侧板刻点浅、小，刻点间隙光滑，无明显刻纹；腹部 4–6 背板端部各 1 个三角形白斑 ·· 河南方颜叶蜂 *P. henanica*
- 中胸侧板刻点深、大，刻点间隙不光滑，具明显刻纹；腹部各节背板黑色，无明显白斑 ·· 锥角方颜叶蜂 *P. subulicornis*
10. 后足 2–4 跗分节全部白色 ··· 11
- 后足跗节大部分或全部黑色，或者 2–5 跗分节至少端部黑色 ·· 16
11. 中胸侧板黑色，基部有时具白斑，或底部贯穿全长黑色横斑 ·· 12
- 中胸侧板黄白色，上部 2/5 黑色；腹部背板黑色，中部各节背板具三角形黄白斑；头部背侧刻点明显，中胸侧板刻点浅、弱、分散 ·· 短角方颜叶蜂 *P. brevicornis*
12. 中胸侧板及腹部背板具明显白斑；小盾片圆钝形隆起，两侧脊圆滑 ·· 13
- 中胸侧板及腹部黑色，无白斑；中胸小盾片棱形隆起，两侧脊锐利 ············· 商城方颜叶蜂 *P. eulongicornis*
13. 头部额区及邻近内眶刻点密集，刻点间距小于刻点直径；刻纹明显，光泽稍弱 ······································· 14
- 头部额区及邻近内眶刻点分散，刻点间距至少 2 倍宽于刻点直径；刻纹不明显，光泽强

....黑胸方颜叶蜂 *P. nigrosternitis*

14. 腹部背板全部黑色，无白斑；头部及胸部背板黑色，或具小的白斑 ·· 15
- 腹部各节背板后缘具明显黄白斑；头部及胸部背侧具大的白斑 ····························· 李氏方颜叶蜂 *P. lii*

15. 臀室中柄短于或等长于基臀室 1/2 长，中窝坑状；后足基节外侧具明显白斑；纹孔线几乎与锯腹片平行 ············
  ·· 骨刃方颜叶蜂 *P. scleroserrula*
- 臀室中柄明显长于基臀室 1/2 长，中窝沟状；后足基节无具明显白斑；纹孔线与锯腹片约呈垂直状态 ············
  ·· 陕西方颜叶蜂 *P. shaanxiensis*

16. 后足至少基节至股节基半部白色，中胸侧板及腹板黄白色；或侧板黑色，底部具大型横白斑，腹板黑色 ·········· 17
- 后足黑色，基节基部外侧具白斑；中胸侧板及中胸腹板黑色，无白斑 ··············· 斑基方颜叶蜂 *P. coximaculata*

17. 中胸侧板黄白色，底部具贯穿全长黑色横斑，且宽于中胸侧板宽的 1/4，或中胸侧板黑色，基部有时具白斑 ······ 18
-. 中胸侧板黄白色，底部或具窄短黑色横斑，但不宽于中胸侧板宽的 1/8 ·· 22

18. 中胸前侧片黄白色，底部具宽的黑色横斑，或中胸前侧片黑色，中部具黄白色横斑，且宽于中胸前侧片宽度的 1/4 ··· 19
- 中胸前侧片黑色，中部有时具黄白色横斑，但不宽于中胸前侧片宽度的 1/8 ··· 20

19. 中胸前侧片刻点极其细弱、分散，刻点间距远宽于刻点直径；中胸侧板黑色，底部具 1 宽的黄白横斑 ············
  ·· 游离方颜叶蜂 *P. erratica*
- 中胸前侧片刻点大、深、密集，刻点间距远窄于刻点直径；中胸侧板黄白色，中胸前侧片顶角黑色，底部具 1 宽的黑色
  横斑 ··· 显刻方颜叶蜂 *P. puncturalina*

20. 后足基节白色，无黑条纹；头部背侧刻点大、深 ·· 21
- 后足基节具狭长条纹；头部背侧刻点浅、小 ··································· 小条方颜叶蜂 *P. lineatella*

21. 雌虫体长 7mm；单眼后区宽 1.5 倍于长 ·································· 习水方颜叶蜂 *P. paramelanogaster*
- 雌虫体长 8–9mm；单眼后区宽 1.3 倍于长 ·································· 蔡氏方颜叶蜂 *P. caii*

22. 头部背侧具明显刻点 ·· 23
- 头部背侧无刻点 ··· 似摹方颜叶蜂 *P. simulans*

23. 后足胫节近端部无黄白环；后足各跗分节全部黑色，无白色部分 ·· 24
- 足胫节近端部具宽的黄白环；后足各跗分节基部黄白色，端部黑色 ····················· 多环方颜叶蜂 *P. antennata*

24. 中胸小盾片隆起，两侧脊钝；单眼后区宽 1.5 倍于长；头部背侧刻点浅、稀疏；中胸前侧片黄白色，底部无黑色横斑 ···
  ·· 25
- 中胸小盾片不隆起，顶部平，两侧具锐利侧脊；单眼后区宽近 2 倍于长；头部背侧光滑几无刻点；中胸前侧片黄白色，
  底部具黑色横斑 ··· 脊盾方颜叶蜂 *P. gregalis*

25. 中胸侧板全部黄白色；中胸前盾片两侧全部黄白色；后足股节黑色条纹自端部伸达基部 ········· 色拉方颜叶蜂 *P. sellata*
- 中胸侧板上部黑色；中胸前盾片仅端部箭头形斑黄白色；后足股节仅端缘黑色 ···
  ·· 色拉方颜叶蜂矢斑亚种 *P. sellata sagittata*

（405）白环方颜叶蜂 *Pachyprotasis alboannulata* Forsius, 1935（图 3-400，图版 IX-9）

Pachyprotasis alboannulata Forsius, 1935: 28–29.

主要特征：本种属于 *Pachyprotasis formosana* 种团。雌虫体长 11–13mm，雄虫体长 11mm；头部黄白色，背侧具大黑斑覆盖额区、单眼区和单眼后区；胸、腹部黑色，前胸背板后缘、中胸背板前叶后部、小盾片、后小盾片以及中胸前侧片中部前侧和腹板、后侧片后缘具较大黄白斑，腹部各节背板具大的三角形黄白斑，触角第 5–6 节黄白色；后足黑色，基节外侧具大的黄白斑，转节及股节基半部、各跗分节除端缘外其余部分白色，胫节中部背侧具宽的黄白斑。雄虫头部大部分黑色，仅内眶下部、唇基大部分和口器黑色；头部背侧刻点极其细弱；小盾片棱形强烈隆起，光滑无刻点；雄虫阳茎瓣狭长。

分布：浙江（临安、松阳）、河南、陕西、甘肃、湖北、湖南、广西、四川、云南；印度，缅甸。

图 3-400　白环方颜叶蜂 *Pachyprotasis alboannulata* Forsius, 1935

A. 雌虫胸部背面观；B. 雌虫胸部侧面观；C. 雌虫头部前面观；D. 雌虫头部背面观；E. 雄虫胸部背面观；F. 雄虫胸部侧面观；G. 雄虫头部前面观；H. 雄虫头部背面观；I. 雌虫触角；J. 雄虫触角；K. 锯鞘侧面观；L. 锯腹片中部锯刃；M. 生殖铗；N. 阳茎瓣

（406）南岭方颜叶蜂 *Pachyprotasis nanlingia* Wei, 2006（图 3-401）

Pachyprotasis nanlingia Wei, 2006a: 620–621.

主要特征：本种属于 *Pachyprotasis formosana* 种团。雌虫体长 9.0–10.5mm；头黑色，上唇、唇基、唇基上区、复眼眶底部、内眶狭边及相连的上眶斑白色，唇基外缘及上唇中部不规则斑浅褐色；触角黑色，第 7 节端半部以远白色；胸部背板黑色，中胸前盾片端部箭头形斑、中胸小盾片、附片及后胸小盾片白色；中胸侧板黑色，中部或具 1 个不规则黄白斑，腹板黄白色；腹部背板黑色，各节背板端部具三角形白斑，各节背板气门附近具白斑，腹板黄白色；足黄褐色，各足转节黄白色，前、中足胫跗节背侧具模糊黑色条纹，后足股节及胫节端部黑色；头部背侧光滑，刻点分散、大小适中，中胸侧板刻点大、深、明显。

分布：浙江（临安）、湖北、江西、湖南、福建、广西、重庆、贵州。

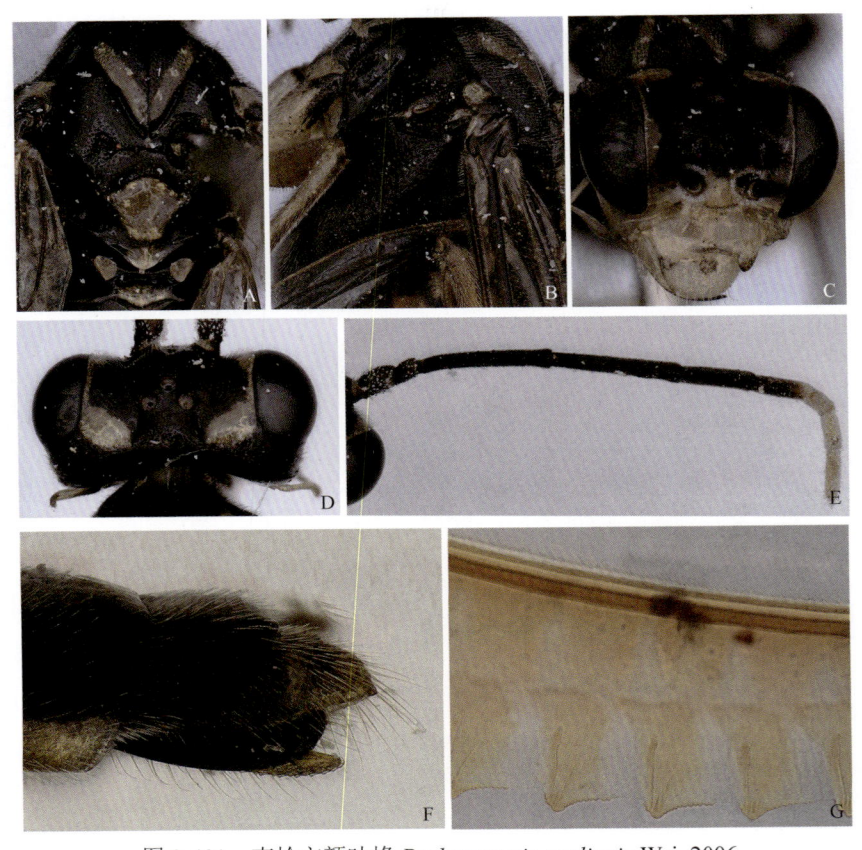

图 3-401　南岭方颜叶蜂 *Pachyprotasis nanlingia* Wei, 2006
A. 雌虫胸部背面观；B. 雌虫胸部侧面观；C. 雌虫头部前面观；D. 雌虫头部背面观；E. 雌虫触角；F. 锯鞘侧面观；G. 锯腹片中部锯刃

（407）河南方颜叶蜂 *Pachyprotasis henanica* Wei & Zhong, 2002（图 3-402）

Pachyprotasis henanica Wei & Zhong, in Zhong & Wei, 2002: 217.

主要特征：本种属于 *Pachyprotasis flavipes* 种团。雌虫体长 8.5mm，雄虫体长 8mm；头黑色，上唇、唇基、唇基上区、复眼眶底部、内眶狭边及相连的上眶斑白色；胸部背板黑色，中胸前盾片端部箭头形斑、中胸小盾片、附片及后胸小盾片白色；中胸侧板黑色，中部前缘或具 1 个不规则黄白斑，腹板黄白色；腹部背板黑色，各节背板端部具三角形白斑，各节背板气门附近具白斑，腹板黄白色；前、中足黄白色，股节端半部及胫节橘黄色，后足红褐色，基节、转节及股节基部 1/4 黄白色，基节外侧具黑色条斑；头部背侧及中胸侧板刻点大、深、明显。

分布：浙江（临安）、河南、甘肃、安徽、湖南、贵州。

图 3-402　河南方颜叶蜂 *Pachyprotasis henanica* Wei & Zhong, 2002

A. 雌虫胸部背面观；B. 雌虫胸部侧面观；C. 雌虫头部前面观；D. 雌虫头部背面观；E. 雄虫胸部背面观；F. 雄虫胸部侧面观；G. 雄虫头部前面观；H. 雄虫头部背面观；I. 锯鞘侧面观；J. 锯腹片中部锯刃；K. 生殖铗；L. 阳茎瓣

（408）吴氏方颜叶蜂 *Pachyprotasis wui* Wei & Nie, 1998（图 3-403）

Pachyprotasis wui Wei & Nie, 1998b: 372.

主要特征：本种属于 *Pachyprotasis rapae* 种团。雌虫体长 9.5mm，雄虫体长 6.5mm；头黑色，上唇、唇基、复眼眶底部、内眶狭边及相连的上眶斑白色；胸部背板黑色，中胸前盾片端部箭头形斑、中胸小盾片、附片及后胸小盾片白色；中胸侧板黑色，中部具 1 个宽的黄白横斑，中胸前侧片后下角及后胸侧板后部黄白色；腹部背板黑色，各节背板端部具三角形白斑，各节背板缘折部分及各节腹板全部黄白色；足黄白色，前、中足股节端部背侧以远黑色，后足胫节端部 1/5 及跗节全部黑色，后足股节端半部及胫节基部 4/5 红褐色；头部背侧及中胸侧板光滑，刻点分散、浅、小；中胸前盾片圆钝形隆起。

分布：浙江（安吉、临安、龙泉）、陕西、江西、湖南、福建。

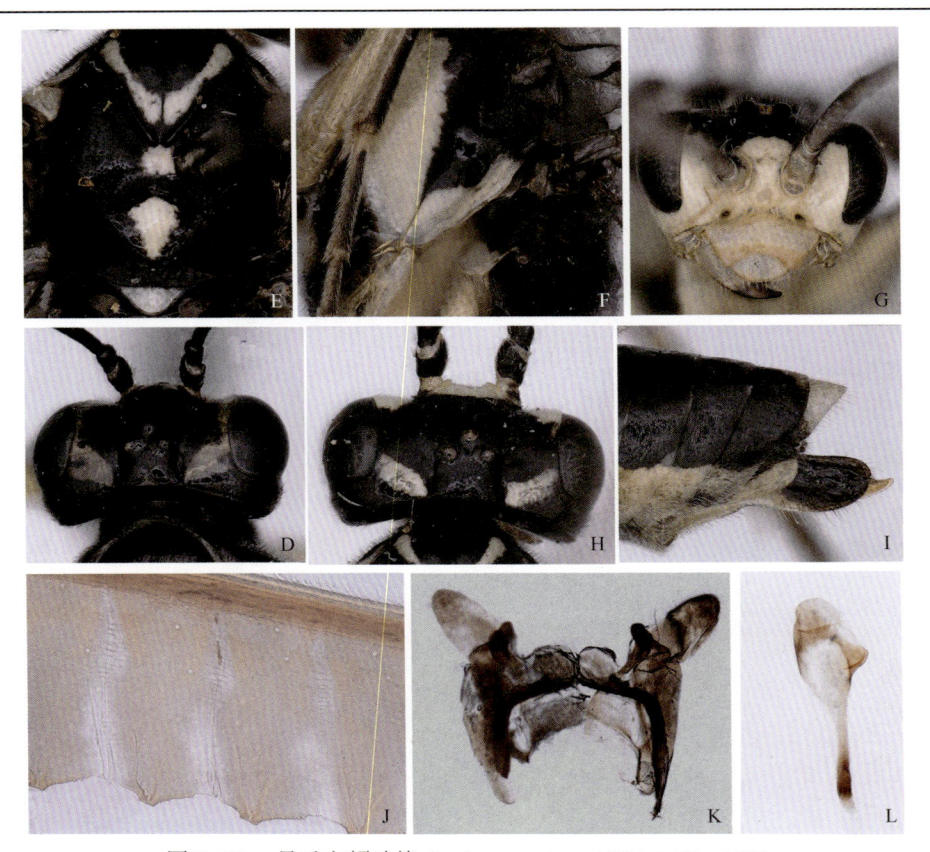

图 3-403　吴氏方颜叶蜂 *Pachyprotasis wui* Wei & Nie, 1998

A. 雌虫胸部背面观；B. 雌虫胸部侧面观；C. 雌虫头部前面观；D. 雌虫头部背面观；E. 雄虫胸部背面观；F. 雄虫胸部侧面观；G. 雄虫头部前面观；H. 雄虫头部背面观；I. 锯鞘侧面观；J. 锯腹片中部锯刃；K. 生殖铗；L. 阳茎瓣

（409）永州方颜叶蜂 *Pachyprotasis parawui* Zhong, Li & Wei, 2020（图 3-404）

Pachyprotasis parawui Zhong, Li & Wei, 2020: 319.

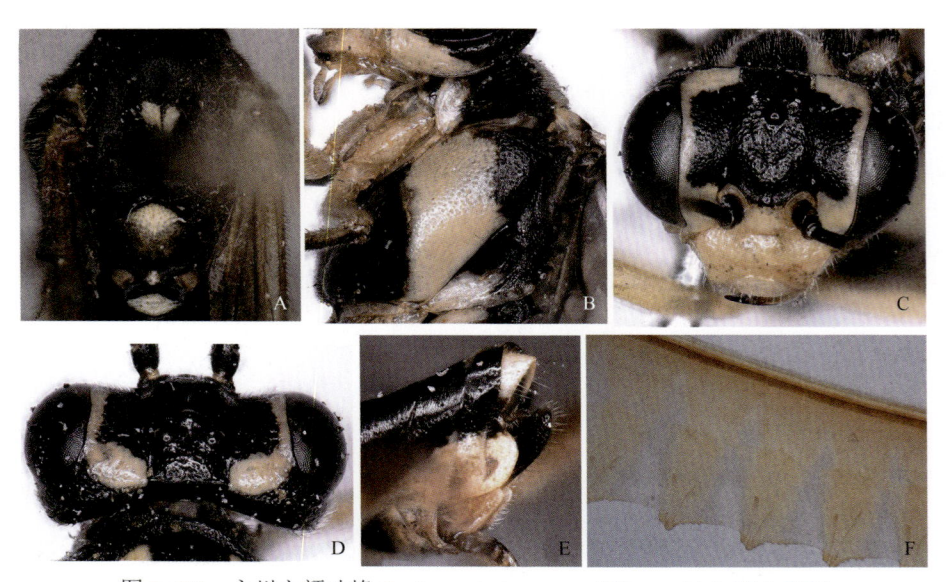

图 3-404　永州方颜叶蜂 *Pachyprotasis parawui* Zhong, Li & Wei, 2020

A. 雌虫胸部背面观；B. 雌虫胸部侧面观；C. 雌虫头部前面观；D. 雌虫头部背面观；E. 锯鞘侧面观；F. 锯腹片中部锯刃

第三章　叶蜂亚目 Tenthredinomorpha ·431·

主要特征：本种属于 *Pachyprotasis flavipes* 种团。雌虫体长 8.5mm；体背侧黑色，头部内眶狭边和相连的上眶横斑和下眶方斑、唇基和口器全部、小盾片后部、小盾片和后小盾片白色，小盾片附片中部白色；体腹侧黄白色，侧斑上部和下部具大黑斑，胸部侧板白斑宽大，横贯前后缘；后足部分红褐色；本种与 *P. wui* Wei & Zhong 相似，但头部额区及中胸前侧片刻点较之大、深，刻点间隙具明显刻纹，不光滑；单眼后区宽约为长的 3 倍；锯腹片形状与之不一致。

分布：浙江（临安、丽水、龙泉）、湖南、云南。

（410）红褐方颜叶蜂 *Pachyprotasis rufinigripes* Wei & Nie, 1998（图 3-405）

Pachyprotasis rufinigripes Wei & Nie, 1998b: 372–373.

主要特征：本种属于 *Pachyprotasis flavipes* 种团。雌虫体长 9.0mm；头黑色，上唇、唇基、上眶斑白色；胸部背板黑色，中胸前盾片端部箭头形斑、中胸小盾片、附片及后胸小盾片白色；中胸侧板黑色，中部前缘或具 1 个不规则黄白斑；腹部背板黑色，各节背板端部具三角形白斑，各节背板气门附近具白斑，各节腹板后缘黄白色；足红褐色，后足基节外侧具 1 个明显白斑，股节及胫节端缘黑色，基跗节黑色；头部背侧刻点大、深、明显，中胸侧板刻点大、深、密集。

分布：浙江（安吉、临安、丽水）、湖南。

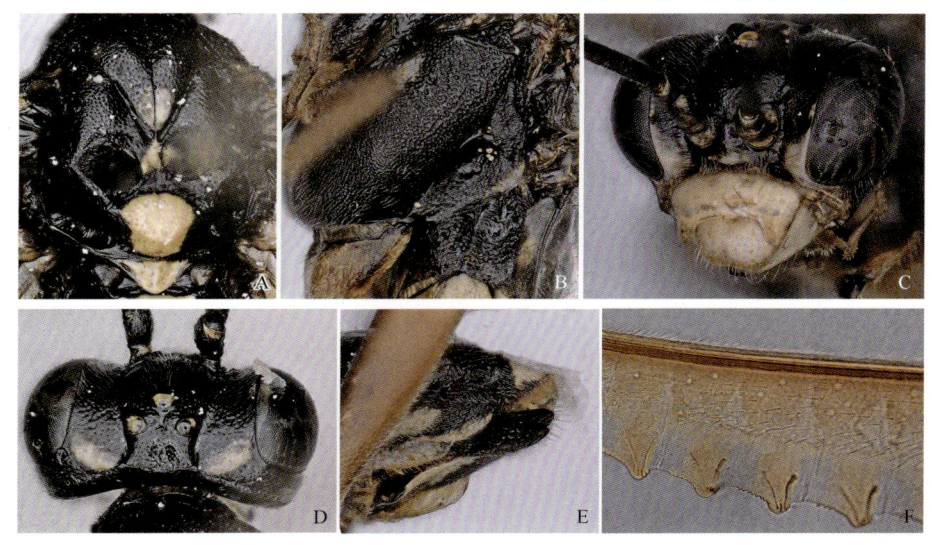

图 3-405　红褐方颜叶蜂 *Pachyprotasis rufinigripes* Wei & Nie, 1998
A. 雌虫胸部背面观；B. 雌虫胸部侧面观；C. 雌虫头部前面观；D. 雌虫头部背面观；E. 锯鞘侧面观；F. 锯腹片中部锯刃

（411）红股方颜叶蜂 *Pachyprotasis rufofemorata* Zhong, Li & Wei, 2020（图 3-406）

Pachyprotasis rufofemorata Zhong, Li & Wei, 2020: 319.

主要特征：本种属于 *Pachyprotasis flavipes* 种团。雌虫体长 8.0–8.5mm；体黑色，黄白色部分为：下眼眶、颚眼距、唇基和口器、中胸前盾片端部箭头型形斑、小盾片除了两侧、附片端部大部分、后小盾片、腹部 1–7 节背板后缘后部三角形斑；体腹侧黑色，仅腹部各节背板缘折部分基部三角形大斑、各节腹板极窄后缘黑色；头部背侧光滑无刻纹；额区明显隆起，不内陷，额脊钝圆；中窝浅坑状；中胸前侧片刻点大、明显；后足基节黄白色，无黑色条斑；锯刃基部钝圆形隆起。

分布：浙江（临安）、湖南。

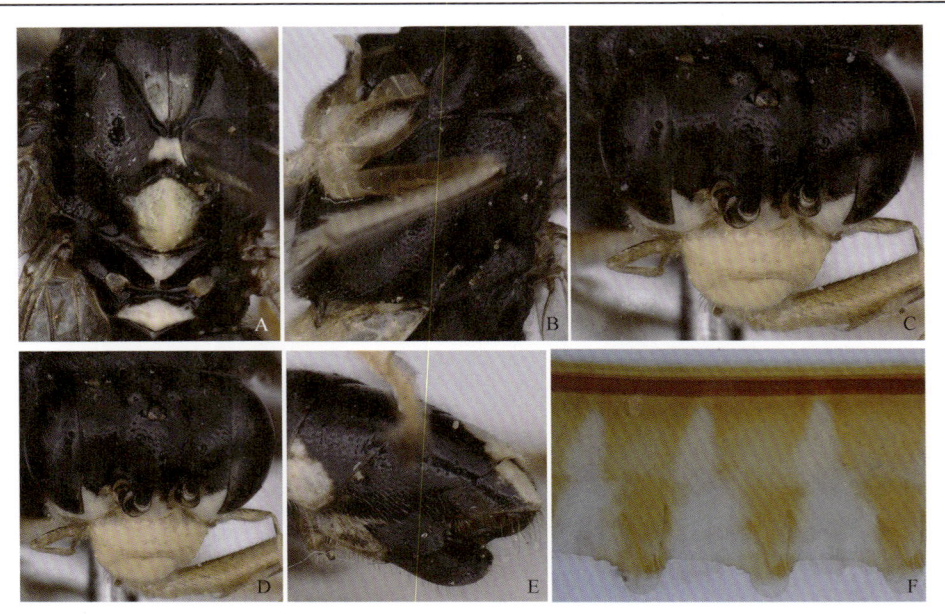

图 3-406　红股方颜叶蜂 *Pachyprotasis rufofemorata* Zhong, Li & Wei, 2020
A. 雌虫胸部背面观；B. 雌虫胸部侧面观；C. 雌虫头部前面观；D. 雌虫头部背面观；E. 锯鞘侧面观；F. 锯腹片中部锯刃

（412）商城方颜叶蜂 *Pachyprotasis eulongicornis* Wei & Nie, 1999（图 3-407）

Pachyprotasis eulongicornis Wei & Nie, 1999b: 172–173.

主要特征：本种属于 *Pachyprotasis opacifrons* 种团。雌虫体长 9mm；体黑色，白色部分仅为：上唇及唇基除中部暗褐色斑外其余部分、唇基上区、内眶下部、中胸小盾片及后胸小盾片中部小斑、后胸侧板后部、后足基节背侧、前中足腹侧、后足 2–5 跗分节；头部背侧及中胸侧板刻点大、深、明显；中胸小盾片棱形隆起，两侧脊锐利。

分布：浙江（龙泉）、河南、安徽、湖南、四川。

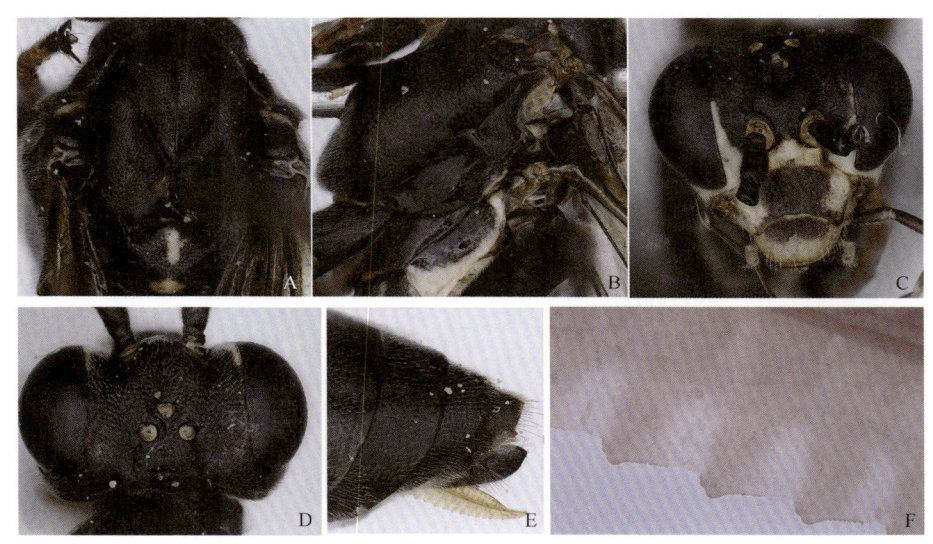

图 3-407　商城方颜叶蜂 *Pachyprotasis eulongicornis* Wei & Nie, 1999
A. 雌虫胸部背面观；B. 雌虫胸部侧面观；C. 雌虫头部前面观；D. 雌虫头部背面观；E. 锯鞘侧面观；F. 锯腹片中部锯刃

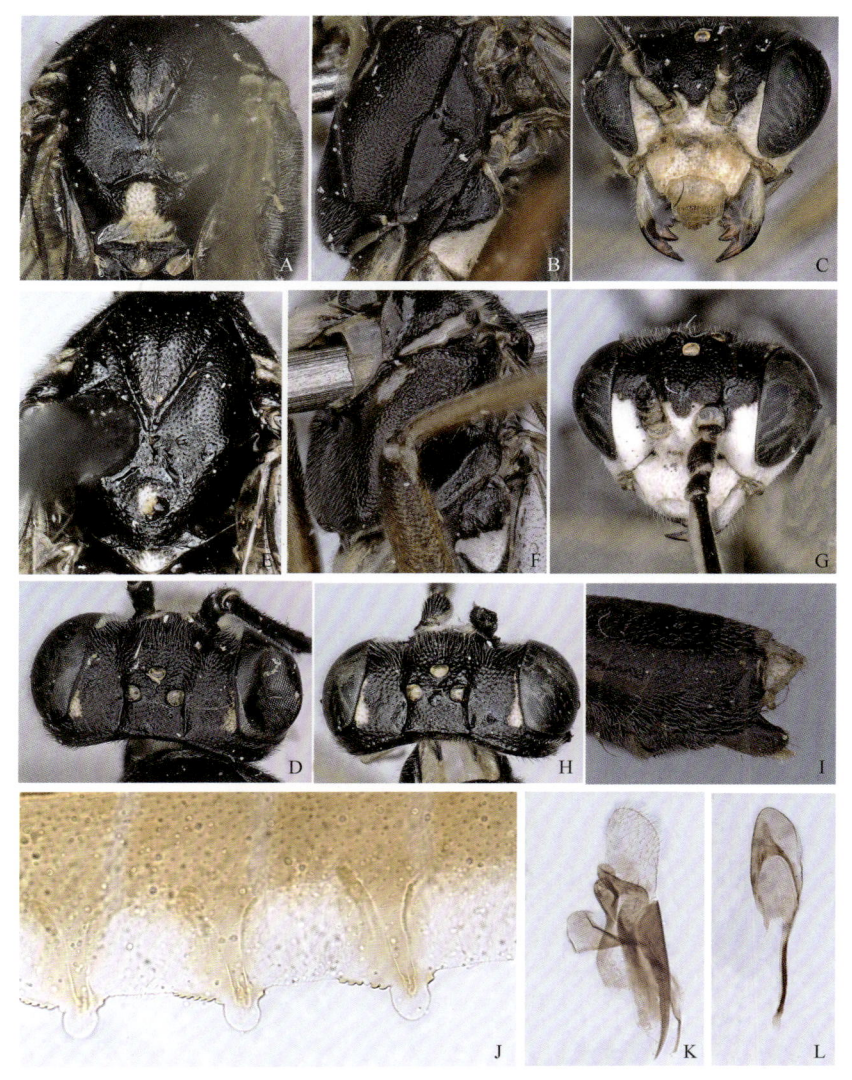

（413）锥角方颜叶蜂 *Pachyprotasis subulicornis* Malaise, 1945（图 3-408）

Pachyprotasis subulicornis Malaise, 1945: 153.
Pachyprotasis subulicornis: Wei, 2005a: 487.

主要特征：本种属于 *Pachyprotasis flavipes* 种团。雌虫体长 7.0mm，雄虫体长 6.0–6.5mm；头黑色，上唇、唇基、唇基上区白色；胸部背板黑色，仅中胸小盾片中部、附片及后胸小盾片中部白色；中胸侧板黑色，中部前缘或具 1 个不规则黄白斑；后足黑色，股节及胫节红褐色，端部黑色，跗节除基跗节基大半部及端跗节端部外其余部分黄白色；头部背侧及中胸侧板刻点大、深、明显。

分布：浙江（临安、龙泉）、河南、陕西、安徽、湖北、江西、湖南、福建、广东、广西、贵州、云南；印度，中国云南-缅甸边境。

图 3-408 锥角方颜叶蜂 *Pachyprotasis subulicornis* Malaise, 1945
A. 雌虫胸部背面观；B. 雌虫胸部侧面观；C. 雌虫头部前面观；D. 雌虫头部背面观；E. 雄虫胸部背面观；F. 雄虫胸部侧面观；G. 雄虫头部前面观；H. 雄虫头部背面观；I. 锯鞘侧面观；J. 锯腹片中部锯刃；K. 生殖铗；L. 阳茎瓣

（414）黄跗方颜叶蜂 *Pachyprotasis xanthotarsalia* Wei & Nie, 2003（图 3-409）

Pachyprotasis xanthotarsalia Wei & Nie, *in* Wei, Nie & Xiao, 2003: 88.

主要特征：本种属于 *Pachyprotasis flavipes* 种团。雌虫体长 11.0–12.0mm，雄虫体长 10.5mm；胸部背板黑色，黄白色部分为：中胸前盾片两侧 V 形斑、盾片中部斑、中胸小盾片、附片及后胸小盾片；胸部侧板黑色，中胸前侧片基部具 1 不规则白斑，腹板中部白色，腹部 2–6 节背板中部及缘折部分各具 3 个不相连的三角形黄白斑；前、中足橘黄色，后足黄褐色，基节外侧黑色，基部具 1 大白斑，端部黑色，股节及胫节端缘黑色；头部背侧刻点浅弱、分散，刻点间隙光滑无刻纹，中胸侧板刻点大、深、明显。

分布：浙江（临安）、安徽、江西、湖南、福建、贵州。

图 3-409　黄跗方颜叶蜂 *Pachyprotasis xanthotarsalia* Wei & Nie, 2003
A. 雌虫胸部背面观；B. 雌虫胸部侧面观；C. 雌虫头部前面观；D. 雌虫头部背面观；E. 雄虫胸部背面观；F. 雄虫胸部侧面观；G. 雄虫头部前面观；H. 雄虫头部背面观；I. 锯鞘侧面观；J. 锯腹片中部锯刃；K. 生殖铗；L. 阳茎瓣

（415）短角方颜叶蜂 *Pachyprotasis brevicornis* Wei & Zhong, 2002（图 3-410）

Pachyprotasis brevicornis Wei & Zhong, 2002: 227.

主要特征：本种属于 *Pachyprotasis opacifrons* 种团。雌虫体长 7.5–8.5mm，雄虫体长 6.5mm；头部黑色，上唇、唇基、唇基上区、复眼眶底部、内眶狭边黄白色；胸部背板黑色，中胸前盾片端部箭头形斑、盾片中部蝴蝶形斑及小盾片中部黄白色；中胸侧板黄白色，上部 2/5 黑色；腹部背板黑色，中部各节背板具三角形黄白斑，各节背板缘折部分及各节腹板黄白色；足黄白色，后足股节端部 3/5、胫节及基跗节黑色；头部背侧刻点明显，中胸侧板刻点浅、弱、分散。

分布：浙江（临安）、北京、山西、河南、陕西、宁夏、湖北、四川、云南。

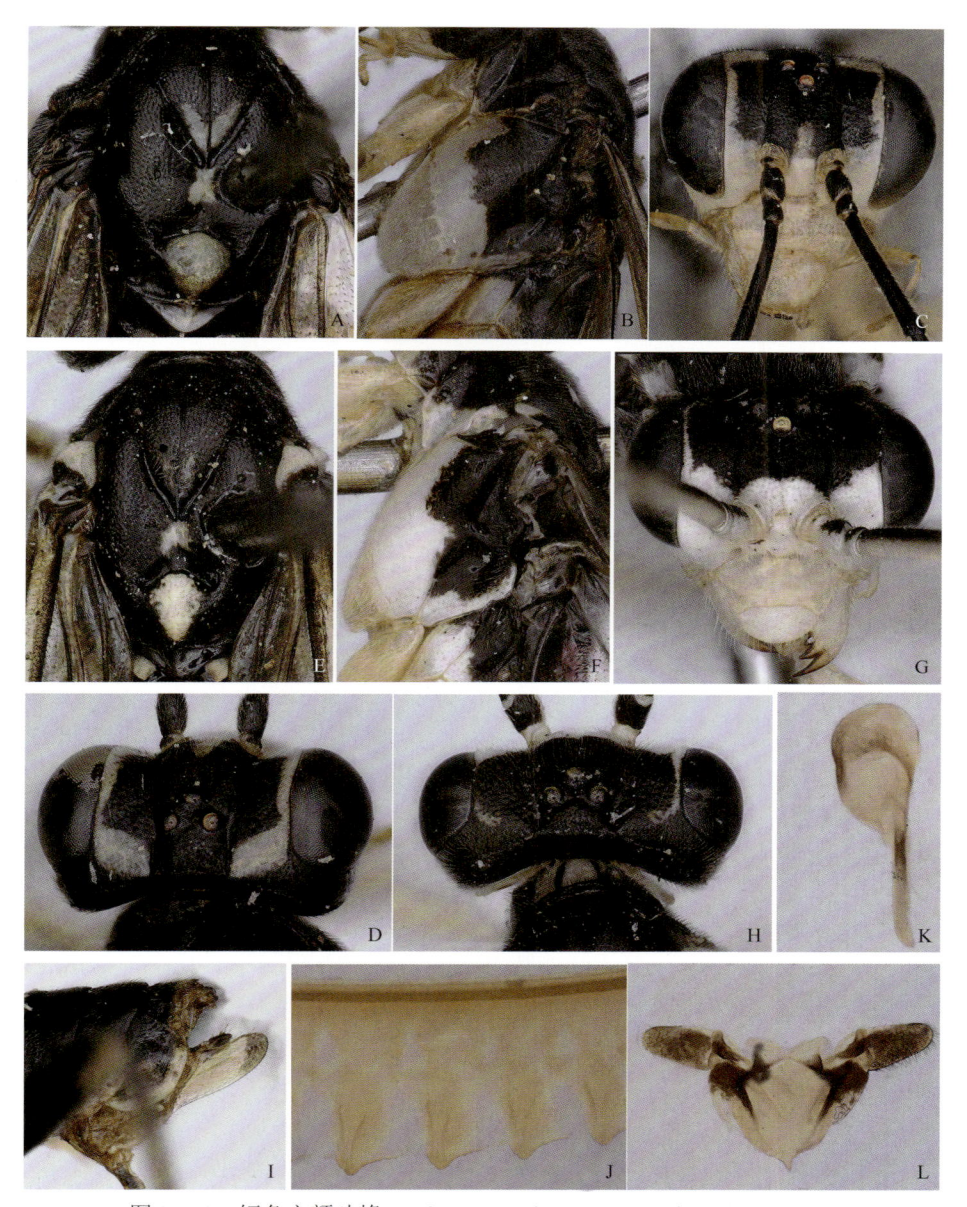

图 3-410 短角方颜叶蜂 *Pachyprotasis brevicornis* Wei & Zhong, 2002
A. 雌虫胸部背面观；B. 雌虫胸部侧面观；C. 雌虫头部前面观；D. 雌虫头部背面观；E. 雄虫胸部背面观；F. 雄虫胸部侧面观；G. 雄虫头部前面观；H. 雄虫头部背面观；I. 锯鞘侧面观；J. 锯腹片中部锯刃；K. 阳茎瓣；L. 生殖铗

（416）黑胸方颜叶蜂 *Pachyprotasis nigrosternitis* Wei & Nie, 1998（图 3-411）

Pachyprotasis nigrosternitis Wei & Nie, 1998b: 370–371.

主要特征：本种属于 *Pachyprotasis opacifrons* 种团。雌虫体长 9.0mm，雄虫体长 9.0mm；头部黑色，上唇、唇基、唇基上区、复眼眶底部、内眶狭边及相连的上眶斑黄白色；胸部背板黑色，中胸前盾片端部箭头形斑、盾片中部蝴蝶形斑及中胸小盾片中部黄白色；中胸侧板黑色，仅中胸腹板具白斑；腹部背板黑色，各节背板具三角形黄白斑，各节背板缘折部分后缘及各节腹板后缘黄白色；足黄白色，后足股节端半部及胫节黑色；头部背部及中胸侧板刻点大小、深浅适中。

分布：浙江（安吉、临安）、湖南、福建。

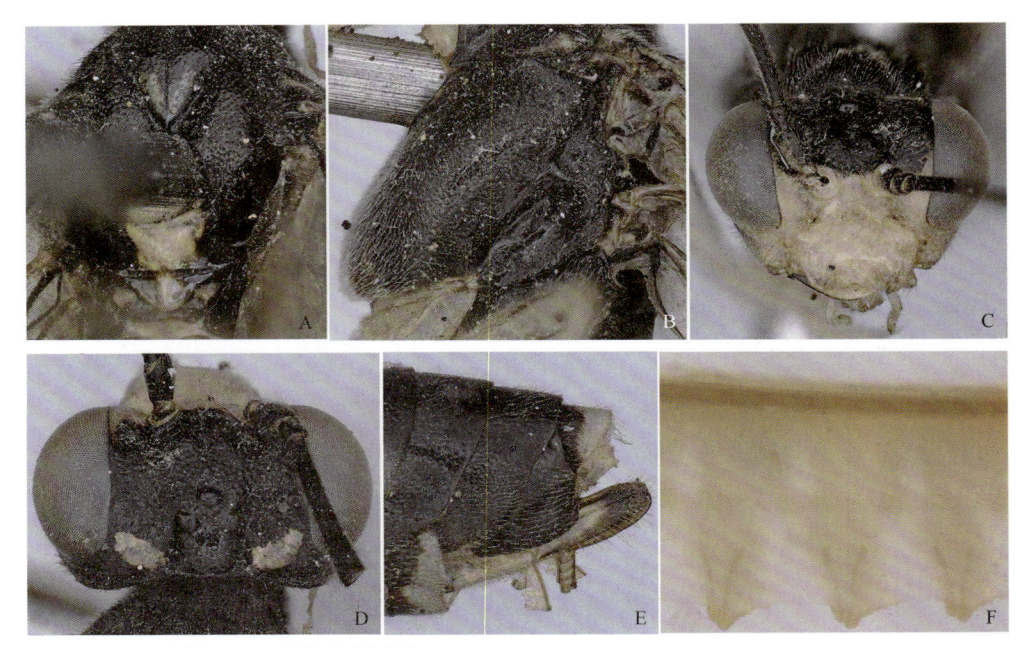

图 3-411　黑胸方颜叶蜂 *Pachyprotasis nigrosternitis* Wei & Nie, 1998
A. 雌虫胸部背面观；B. 雌虫胸部侧面观；C. 雌虫头部前面观；D. 雌虫头部背面观；E. 锯鞘侧面观；F. 锯腹片中部锯刃

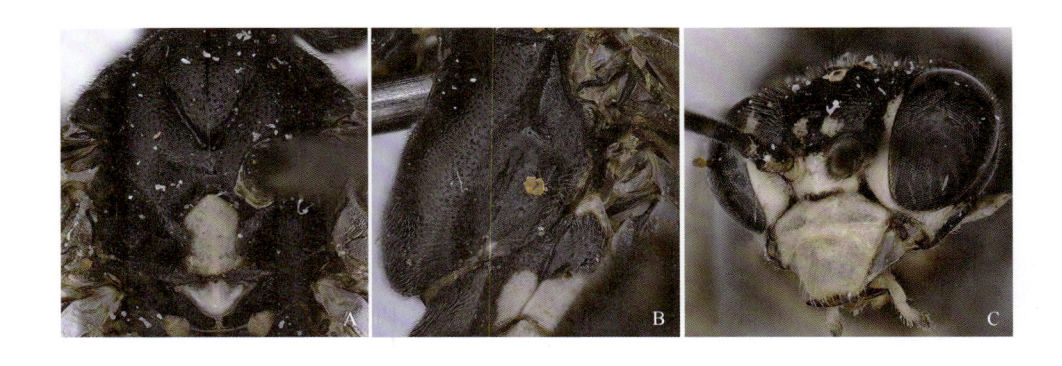

（417）骨刃方颜叶蜂 *Pachyprotasis scleroserrula* Wei & Zhong, 2007（图 3-412）

Pachyprotasis scleroserrula Wei & Zhong, *in* Zhong & Wei, 2007: 955–956.

主要特征：本种属于 *Pachyprotasis opacifrons* 种团。雌虫体长 8.0mm，雄虫体长 7.0mm；体黑色，白色部分仅为：上唇、唇基、中胸小盾片除两侧外其余部分、附片及后胸小盾片中部、后胸侧片后部；后足黑色，基节外侧具明显白斑，转节黄白色，外侧具黑斑；中胸小盾片圆钝形隆起，两侧脊圆滑，顶部光滑无刻点；锯刃无齿，纹孔线几乎与锯腹片平行。

分布：浙江（临安）、河南、陕西、宁夏、湖北、云南。

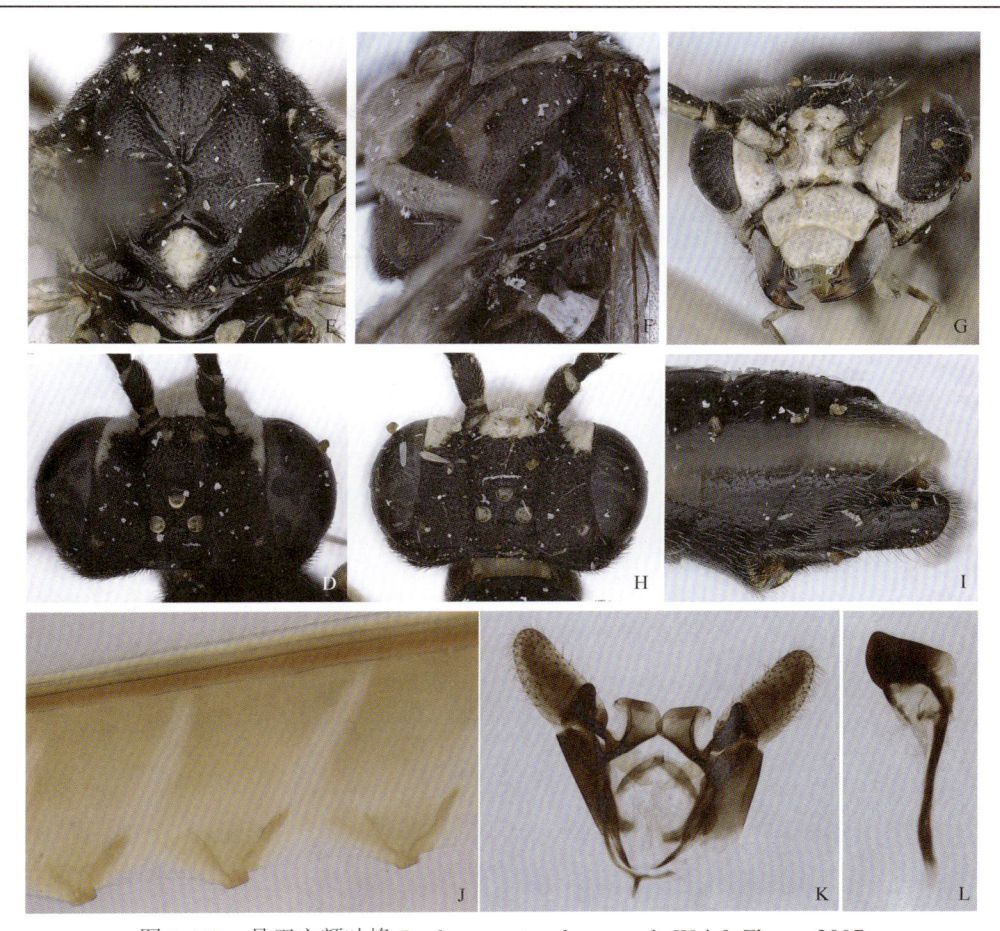

第三章 叶蜂亚目 Tenthredinomorpha

图 3-412 骨刃方颜叶蜂 *Pachyprotasis scleroserrula* Wei & Zhong, 2007
A. 雌虫胸部背面观；B. 雌虫胸部侧面观；C. 雌虫头部前面观；D. 雌虫头部背面观；E. 雄虫胸部背面观；F. 雄虫胸部侧面观；G. 雄虫头部前面观；H. 雄虫头部背面观；I. 锯鞘侧面观；J. 锯腹片中部锯刃；K. 生殖铗；L. 阳茎瓣

（418）陕西方颜叶蜂 *Pachyprotasis shaanxiensis* Zhu & Wei, 2008（图 3-413）

Pachyprotasis shaanxiensis Zhu & Wei, 2008: 177.

主要特征：本种属于 *Pachyprotasis opacifrons* 种团。雌虫体长 8.0mm，雄虫体长 7.0mm；头部黑色，上唇、唇基、唇基上区、复眼眶底部黄白色；胸部背板黑色，仅中胸小盾片中部黄白色；中胸侧板黑色，基部或具不规则白斑；腹部背板黑色，各节背板缘折部分后缘及各节腹板后缘黄白色；足黄白色，前、中足股节基部背侧以远黑色，后足股节端半部、胫节及基跗节黑色；头部背侧刻点密集、大、深，中胸侧板刻点大、深，不规则。

分布：浙江（临安）、陕西、湖北。

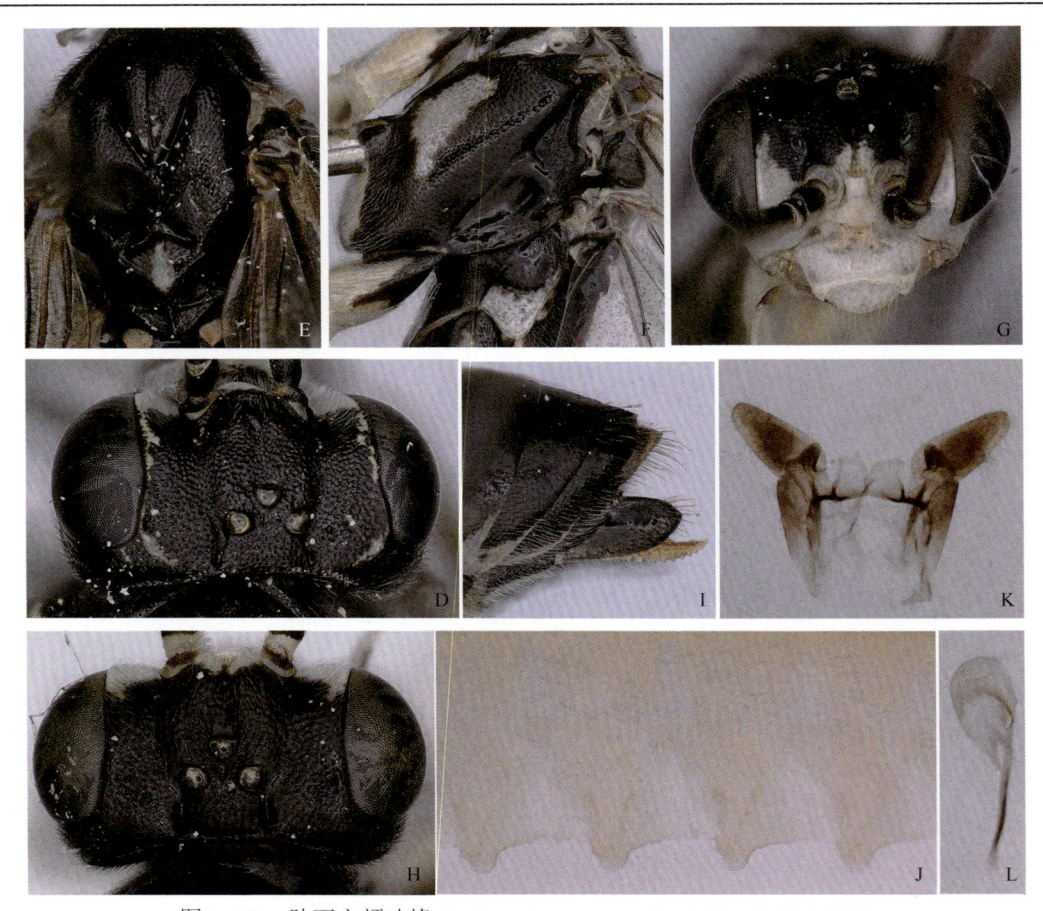

图 3-413　陕西方颜叶蜂 *Pachyprotasis shaanxiensis* Zhu & Wei, 2008

A. 雌虫胸部背面观；B. 雌虫胸部侧面观；C. 雌虫头部前面观；D. 雌虫头部背面观；E. 雄虫胸部背面观；F. 雄虫胸部侧面观；G. 雄虫头部前面观；H. 雄虫头部背面观；I. 锯鞘侧面观；J. 锯腹片中部锯刃；K. 生殖铗；L. 阳茎瓣

（419）斑基方颜叶蜂 *Pachyprotasis coximaculata* Zhong, Li & Wei, 2015（图 3-414）

Pachyprotasis coximaculata Zhong & Wei, *in* Zhong, Li & Wei, 2015: 5.

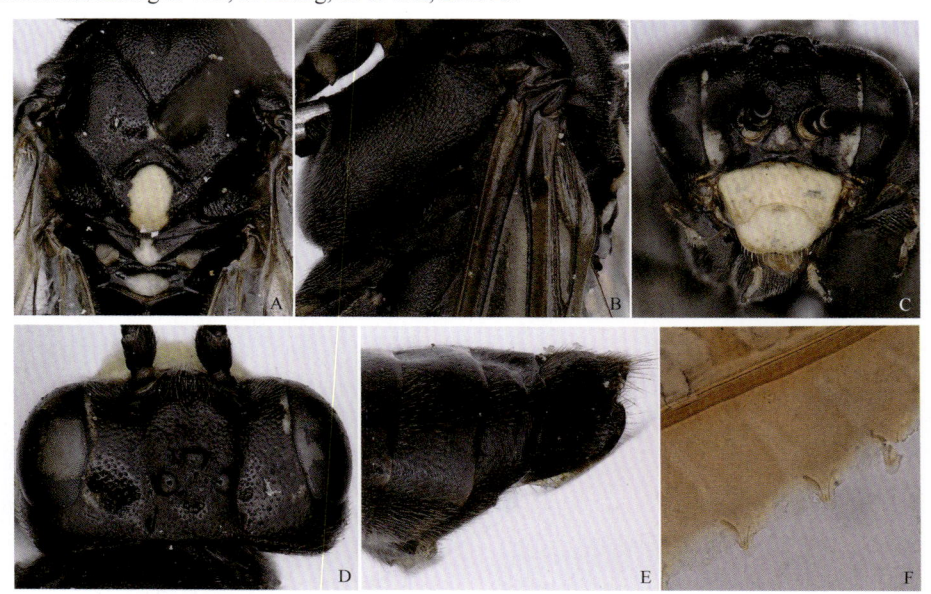

图 3-414　斑基方颜叶蜂 *Pachyprotasis coximaculata* Zhong, Li & Wei, 2015

A. 雌虫胸部背面观；B. 雌虫胸部侧面观；C. 雌虫头部前面观；D. 雌虫头部背面观；E. 锯鞘侧面观；F. 锯腹片中部锯刃

主要特征：本种属于 *Pachyprotasis melanosoma* 种团。雌虫体长 9mm；体黑色，白色部分仅为：中胸小盾片除两侧外其余部分、附片中部、后胸小盾片、腹部第 2–5 节背板后缘三角形斑；后足黑色，基节外侧具 1 明显白斑，转节白色；前翅 2Rs 室短于 1Rs 室，臀室中柄极短，为基臀室 1/4 长；锯刃强烈凸出。

分布：浙江（临安）、陕西、甘肃、上海。

（420）游离方颜叶蜂 *Pachyprotasis erratica* (F. Smith, 1874)（图 3-415）

Pachyprotasis erratica F. Smith, 1874: 381.

主要特征：本种属于 *Pachyprotasis rapae* 种团 *Pachyprotasis erratica* 亚种团。雌虫体长 9mm；体背侧黑色，黄白色部分为：中胸前盾片两侧 V 形斑、盾片中部蝴蝶形斑、中胸小盾片、附片、后胸小盾片、腹部各节背板后缘窄三角形斑；胸部侧板黑色，中部具 1 个宽的黄白色横带斑；中胸前侧片及头部背侧刻点极其细弱、分散，刻点间隙光滑，光泽强。

分布：浙江（临安、开化、丽水）、吉林、陕西、江西、湖南、福建（武夷山）、台湾、贵州；日本，俄罗斯（西伯利亚），萨哈林岛（库页岛）。

图 3-415　游基方颜叶蜂 *Pachyprotasis erratica* (F. Smith, 1874)
A. 雌虫胸部背面观；B. 雌虫胸部侧面观；C. 雌虫头部前面观；D. 雌虫头部背面观；E. 锯鞘侧面观；F. 锯腹片中部锯刃

（421）显刻方颜叶蜂 *Pachyprotasis puncturalina* Zhong, Li & Wei, 2018（图 3-416）

Pachyprotasis puncturalina Zhong, Li & Wei, 2018: 286–295.

主要特征：本种属于 *Pachyprotasis rapae* 种团 *Pachyprotasis erratica* 亚种团。雌虫体长 10.0mm，雄虫体长 7.0mm；体背侧黑色，中胸前盾片两侧 V 形斑、盾片中部蝴蝶形斑、中胸小盾片、附片、后胸小盾片、腹部各节背板后缘窄三角形斑黄白色；体腹侧黄白色，中胸前侧片顶角黑色，底部具 1 个宽的黑色横斑；足黄白色，前、足股节端部 1/3 背侧以远具黑色条纹，后足股节端部 1/3、胫节及跗节全部黑色；头部背侧光滑，刻点浅弱、分散，中胸前侧片刻点大、深。

分布：浙江（临安）、湖南、广东。

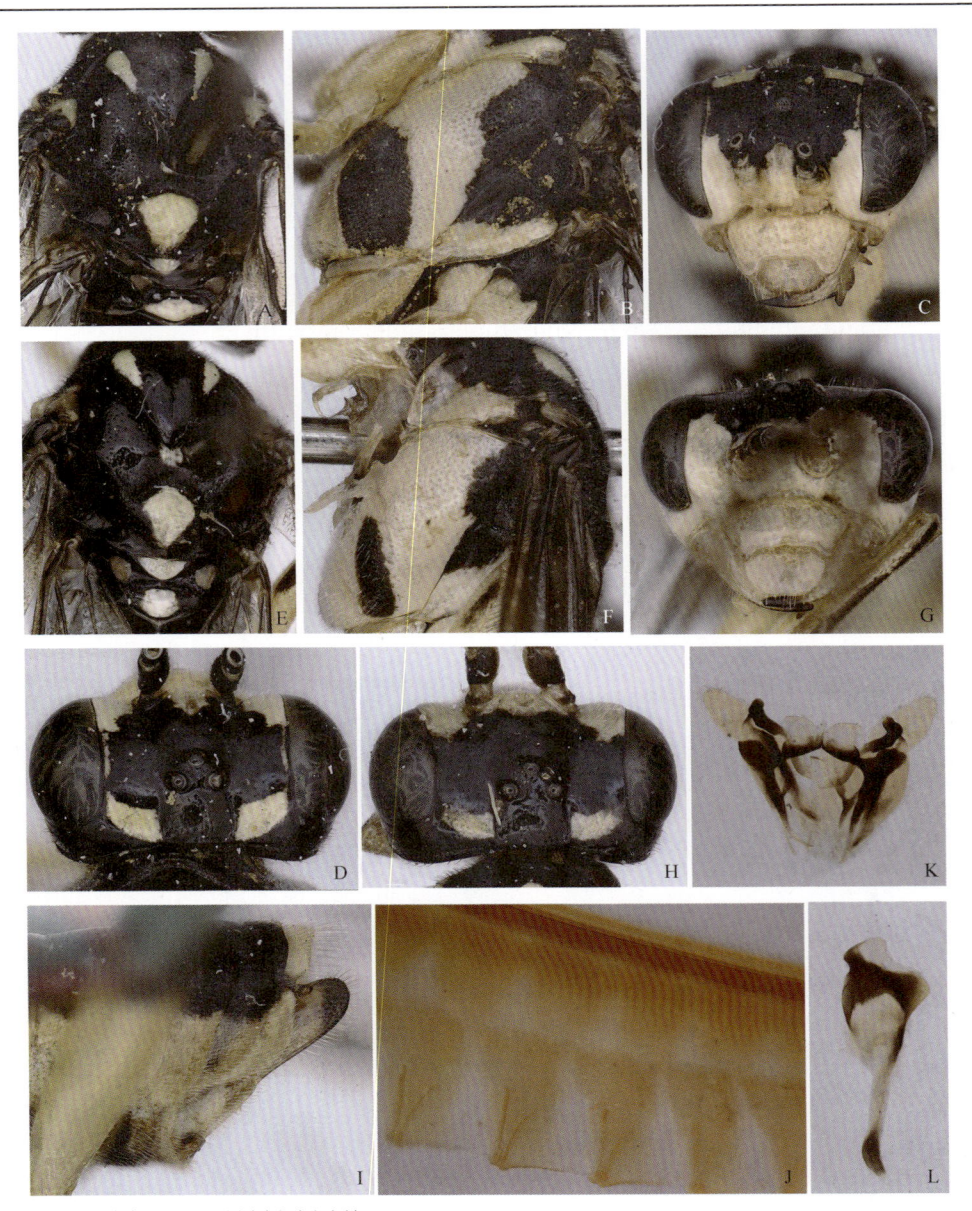

图 3-416　显刻方颜叶蜂 *Pachyprotasis puncturalina* Zhong, Li & Wei, 2018
A. 雌虫胸部背面观；B. 雌虫胸部侧面观；C. 雌虫头部前面观；D. 雌虫头部背面观；E. 雄虫胸部背面观；F. 雄虫胸部侧面观；G. 雄虫头部前面观；H. 雄虫头部背面观；I. 锯鞘侧面观；J. 锯腹片中部锯刃；K. 生殖铗；L. 阳茎瓣

（422）蔡氏方颜叶蜂 *Pachyprotasis caii* Wei, 1998（图 3-417）

Pachyprotasis caii Wei, *in* Wei & Nie, 1998E: 165–166.

主要特征：本种属于 *Pachyprotasis rapae* 种团 *Pachyprotasis erratica* 亚种团。雌虫体长 9mm，雄虫体长 8mm；头部黑色，黄白色部分为：唇基、上唇及相连的唇基上区、复眼眶底部、内眶狭边及相连的上眶斑；胸部黑色，黄白色部分为：中胸前盾片端部箭头形斑、盾片中部小斑、小盾片中部；中胸侧板黑色，基部或具不规则白斑，中胸腹板白色；腹部黑色，无明显白斑；足黄白色，前、中足股节背侧基部以远具黑色条斑，后足股节端半部、胫节及跗节黑色；头部及胸部侧板刻点深、明显。

分布：浙江（临安）、山西、山东、河南、陕西、甘肃、湖北、四川。

图 3-417 蔡氏方颜叶蜂 *Pachyprotasis caii* Wei, 1998

A. 雌虫胸部背面观；B. 雌虫胸部侧面观；C. 雌虫头部前面观；D. 雌虫头部背面观；E. 雄虫胸部背面观；F. 雄虫胸部侧面观；G. 雄虫头部前面观；H. 雄虫头部背面观；I. 锯鞘侧面观；J. 锯腹片中部锯刃；K. 生殖铗；L. 阳茎瓣

（423）小条方颜叶蜂 *Pachyprotasis lineatella* Wei & Nie, 1999（图 3-418）

Pachyprotasis lineatella Wei & Nie, *in* Nie & Wei, 1999b: 111–112.

主要特征：本种属于 *Pachyprotasis rapae* 种团 *Pachyprotasis erratica* 亚种团。雌虫体长 9.0–10.0mm，雄虫体长 9.0mm；体背侧黑色，黄白色部分为：中胸前盾片端部箭头形斑、盾片中部小斑、中胸小盾片除两侧外其余部分、附片中后部、后胸小盾片、腹部 3–6 节背板窄短后缘；体腹侧黑色，仅中胸腹板及后胸侧板后部黄白色；此种体色与 *P. caii* Wei 近似，但单眼后区宽长比等于 2；头部背侧刻点较之浅弱；后足基节腹侧具窄细黑色条纹；锯腹片稍凸出等特征，可与之区别。

分布：浙江（临安）、辽宁、河北、山西、河南、陕西、湖北、江西、湖南、四川、贵州。

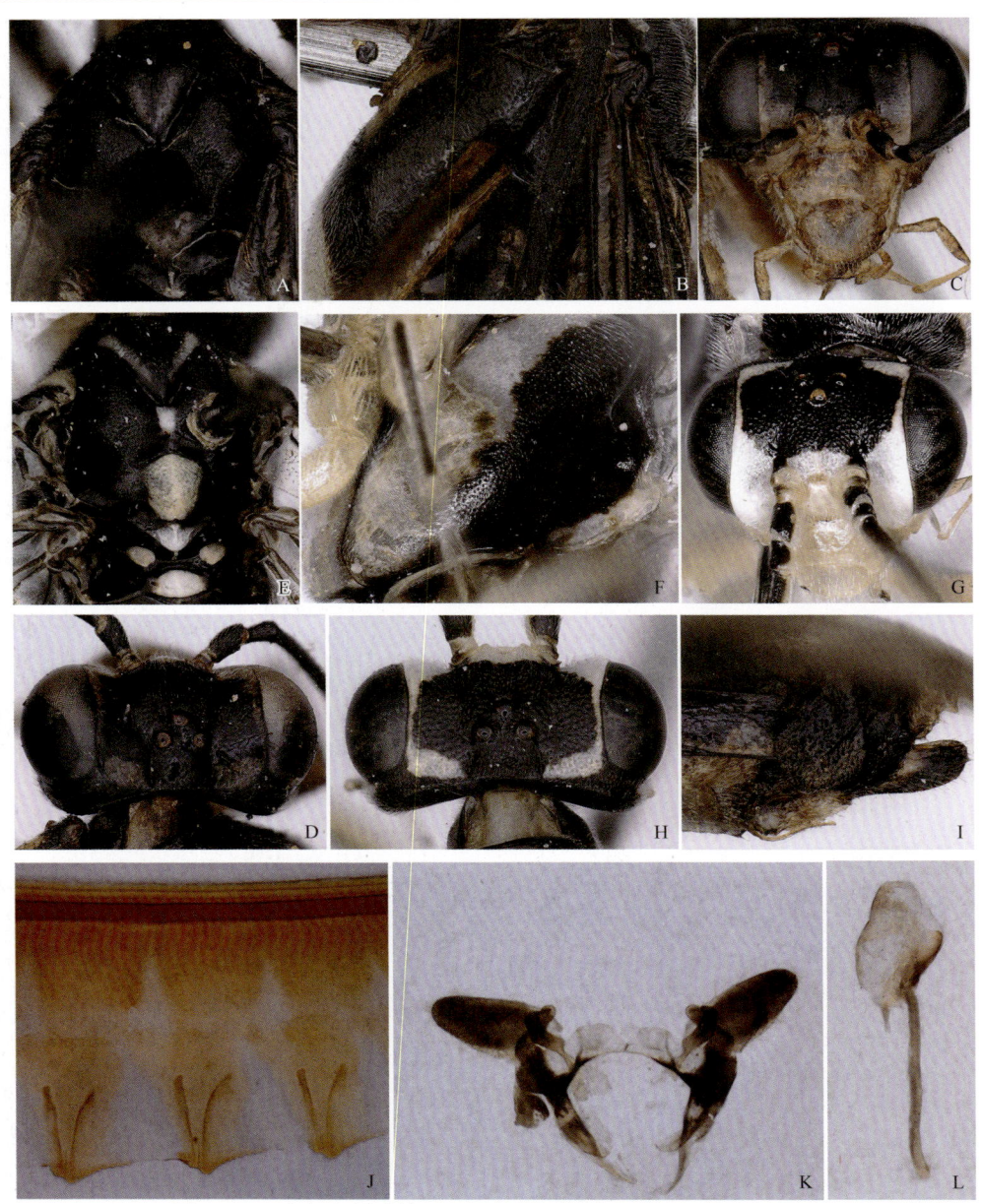

图 3-418 小条方颜叶蜂 *Pachyprotasis lineatella* Wei & Nie, 1999

A. 雌虫胸部背面观；B. 雌虫胸部侧面观；C. 雌虫头部前面观；D. 雌虫头部背面观；E. 雄虫胸部背面观；F. 雄虫胸部侧面观；G. 雄虫头部前面观；H. 雄虫头部背面观；I. 锯鞘侧面观；J. 锯腹片中部锯刃；K. 生殖铗；L. 阳茎瓣

（424）习水方颜叶蜂 *Pachyprotasis paramelanogaster* Wei, 2005（图 3-419）

Pachyprotasis paramelanogaster Wei, *in* Wei & Xiao, 2005: 485–486.

主要特征：本种属于 *Pachyprotasis rapae* 种团 *Pachyprotasis erratica* 亚种团。雌虫体长 7mm，雄虫体长 6.5mm；头部黑色，唇基、上唇及相连的唇基上区、复眼眶底部、内眶狭边及相连的上眶斑黄白色；胸部黑色，中胸前盾片端部箭头形斑、盾片中部蝴蝶形斑及中胸小盾片中部白色；中胸侧板黑色，底部具黄白色横斑；腹部背板黑色，3–5 节背板后缘中部具明显黄白斑；头部背侧及中胸侧刻点大、深。

分布：浙江（临安）、宁夏、贵州、云南。

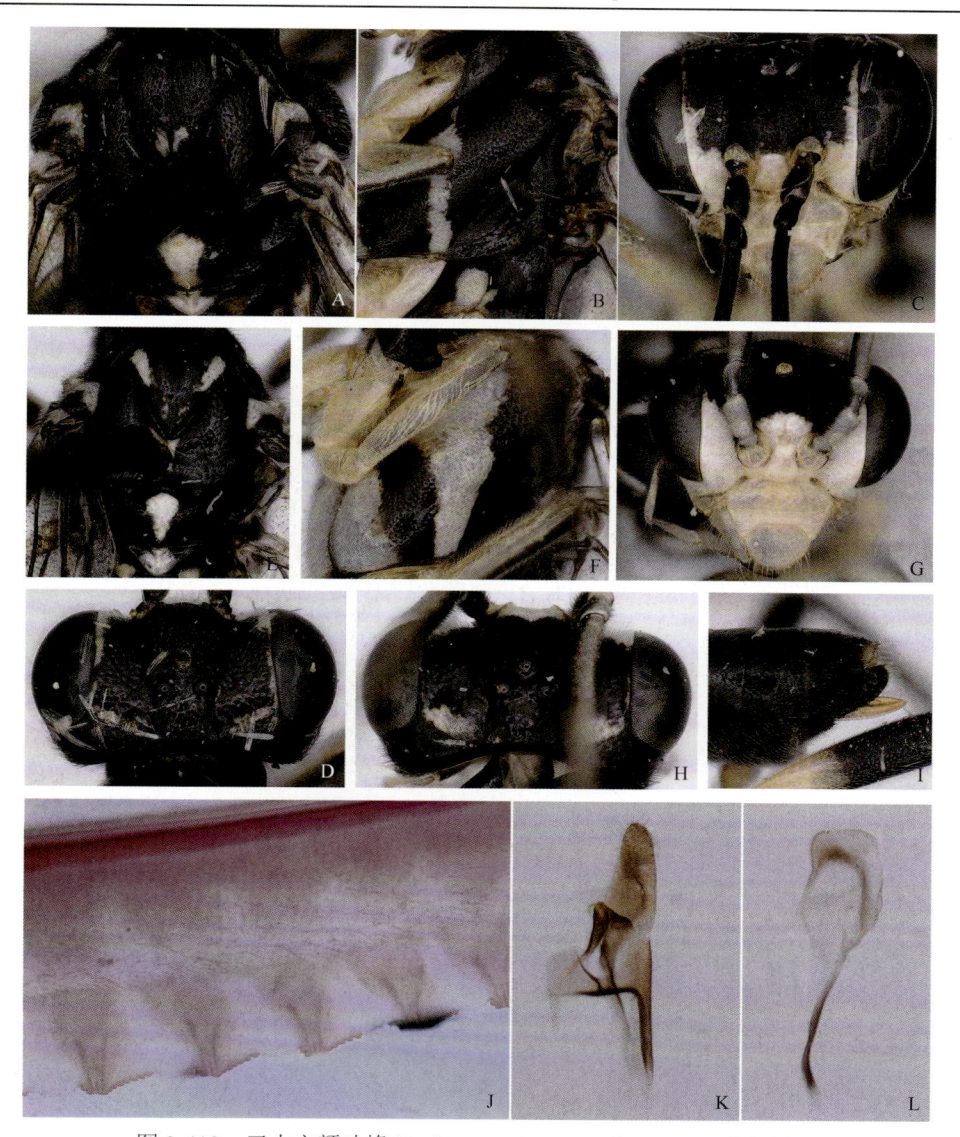

第三章 叶蜂亚目 Tenthredinomorpha ·443·

图 3-419 习水方颜叶蜂 *Pachyprotasis paramelanogaster* Wei, 2005
A. 雌虫胸部背面观；B. 雌虫胸部侧面观；C. 雌虫头部前面观；D. 雌虫头部背面观；E. 雄虫胸部背面观；F. 雄虫胸部侧面观；G. 雄虫头部前面观；H. 雌虫头部背面观；I. 锯鞘侧面观；J. 锯腹片中部锯刃；K. 生殖铗；L. 阳茎瓣

(425) 多环方颜叶蜂 *Pachyprotasis antennata* (Klug, 1817)（图 3-420）

Tenthredo antennata Klug, 1817a: 129.
Pachyprotasis antennata: Lorenz & Kraus, 1957: 77.
Rhogogaster nipponica Rohwer, 1910a: 113.

主要特征：本种属于 *Pachyprotasis rapae* 种团 *Pachyprotasis sellata* 亚种团。雌虫体长 9.5mm，雄虫体长 8–9mm；胸部背侧黑色，中胸前盾片两侧端部箭头形斑、盾片中部蝴蝶形斑、中胸小盾片、附片、后胸小盾片黄白色；胸部腹侧除侧板顶部黑色外其余部分黄白色；腹部背板除 2–5 背板后缘具模糊黄白条纹外，其余部分几乎全部黑色，腹部侧板黄白色；后足黑色，股节基部 2/3 黄白色，胫节近端部具黄白环，2–4 跗分节除端缘外黄白色。

分布：浙江（丽水）、黑龙江、河北、山西、河南、陕西、宁夏、甘肃、青海、湖北、湖南；蒙古国，日本，俄罗斯（西伯利亚），欧洲。

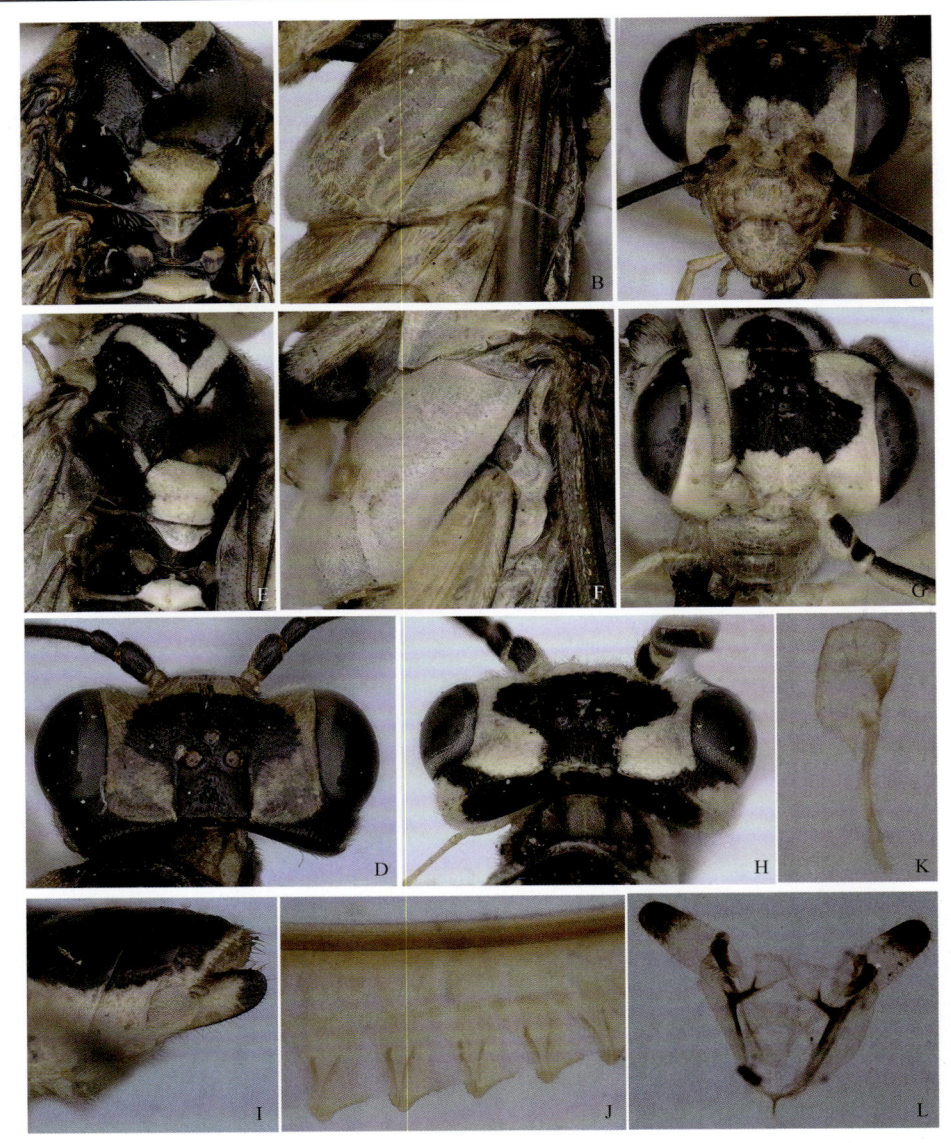

图 3-420　多环方颜叶蜂 *Pachyprotasis antennata* (Klug, 1817)

A. 雌虫胸部背面观；B. 雌虫胸部侧面观；C. 雌虫头部前面观；D. 雌虫头部背面观；E. 雄虫胸部背面观；F. 雄虫胸部侧面观；G. 雄虫头部前面观；H. 雄虫头部背面观；I. 锯鞘侧面观；J. 锯腹片中部锯刃；K. 阳茎瓣；L. 生殖铗

（426）脊盾方颜叶蜂 *Pachyprotasis gregalis* Malaise, 1945（图 3-421）

Pachyprotasis gregalis Malaise, 1945: 160.

主要特征：本种属于 *Pachyprotasis rapae* 种团 *Pachyprotasis sellata* 亚种团。雌虫体长 8mm，雄虫体长 7mm；体背侧黑色，黄白色部分为：中胸前盾片两侧 V 形斑、盾片中部小斑、中胸小盾片、附片、后胸小盾片、腹部各节背板后缘；体腹侧黄白色，黑色部分为：中胸侧板上部、中胸前侧片底部 1 个窄的横斑、后胸侧板绝大部分、腹部各节腹板除后缘外其余部分；后足黄白色，股节端部 1/3 以远部分黑色；头部背侧光滑，刻点十分浅弱、分散。

分布：浙江（杭州、丽水）、安徽、江西、湖南、广西；中国云南-缅甸边境。

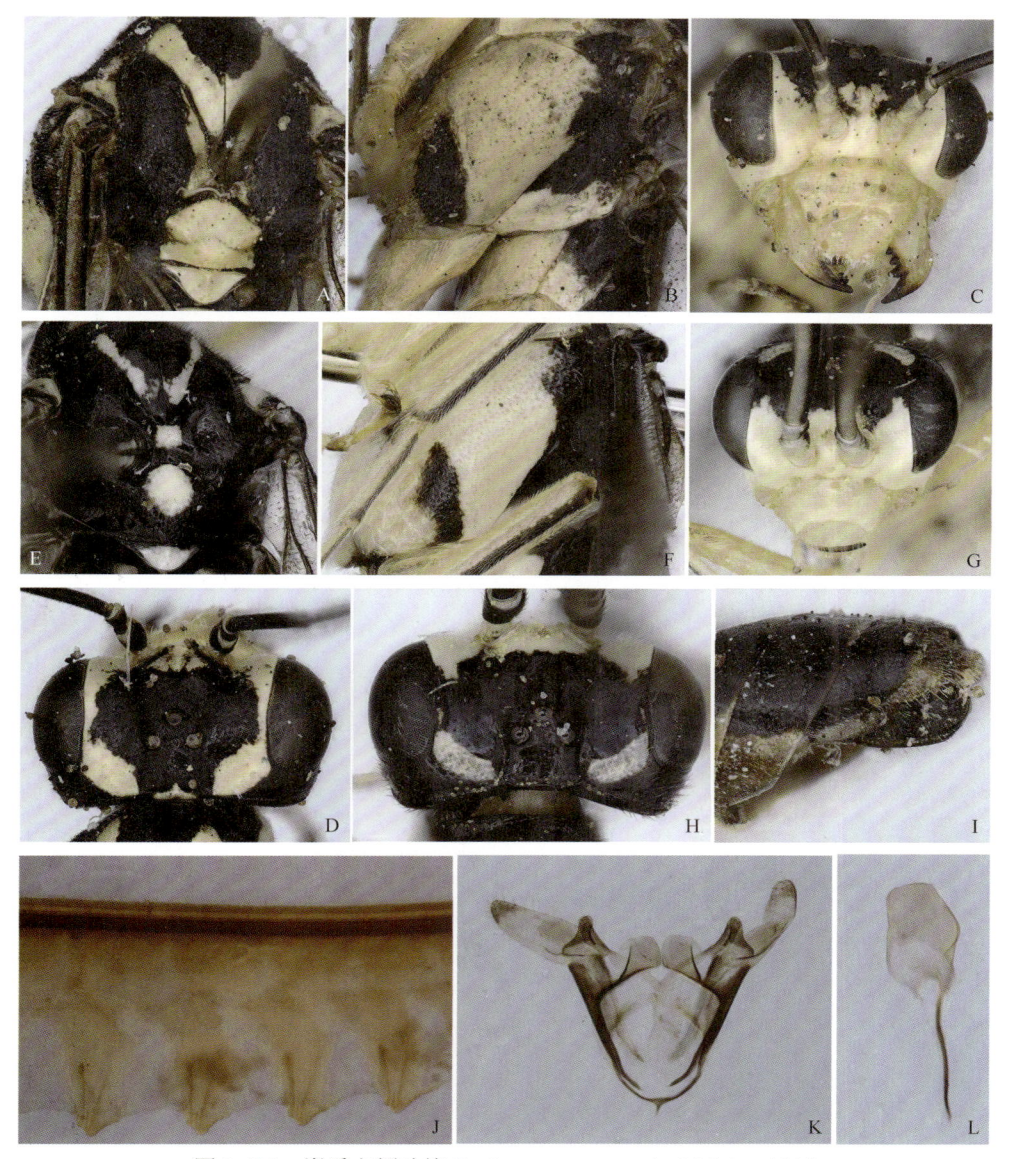

图 3-421 脊盾方颜叶蜂 *Pachyprotasis gregalis* Malaise, 1945

A. 雌虫胸部背面观；B. 雌虫胸部侧面观；C. 雌虫头部前面观；D. 雌虫头部背面观；E. 雄虫胸部背面观；F. 雄虫胸部侧面观；G. 雄虫头部前面观；H. 雄虫头部背面观；I. 锯鞘侧面观；J. 锯腹片中部锯刃；K. 生殖铗；L. 阳茎瓣

（427）似摹方颜叶蜂 *Pachyprotasis simulans* (Klug, 1817)（图 3-422）

Tenthredo simulans Klug, 1817a: 128.

Pachyprotasis simulans: Dalla Torre, 1894: 44.

主要特征：本种属于 *Pachyprotasis rapae* 种团 *Pachyprotasis sellata* 亚种团。雌虫体长 8.0mm；体背侧黑色，中胸前盾片两侧端部箭头形斑、盾片中部蝴蝶形斑、中胸小盾片、附片、后胸小盾片、腹部各节背板后缘黄白色；体腹侧黄白色，中胸前侧片顶角、后侧片基大半部、后胸后侧片基半部黑色；后足黄白色，股节端部 1/3 外侧窄的条斑及端部 2/3 内侧宽的条斑黑色，胫节背侧全长及端缘、跗节除各跗分节基部腹侧外其余部分黑色；头部背侧光滑，无刻点及刻纹，光泽强；中胸前侧片刻点浅弱、分散；锯鞘端部尖三角形。

分布：浙江（临安）、吉林、辽宁、黑龙江、山西、陕西、湖北、湖南；俄罗斯（西伯利亚），蒙古国，欧洲。

图 3-422 似摹方颜叶蜂 *Pachyprotasis simulans* (Klug, 1817)

A. 雌虫胸部背面观；B. 雌虫胸部侧面观；C. 雌虫头部前面观；D. 雌虫头部背面观；E. 雄虫胸部背面观；F. 雄虫胸部侧面观；G. 雄虫头部前面观；H. 雄虫头部背面观；I. 锯鞘侧面观；J. 锯腹片中部锯刃；K. 生殖铗；L. 阳茎瓣

（428）色拉方颜叶蜂 *Pachyprotasis sellata* Malaise, 1945（图 3-423，图版 IX-10）

Pachyprotasis sellata Malaise, 1945: 161.

主要特征：本种属于 *Pachyprotasis rapae* 种团 *Pachyprotasis sellata* 亚种团。雌虫体长 10.0mm，雄虫体长 9.0mm；头部黄白色，额区及相连的单眼后区、上眶斑及后头黑色；体背侧黑色，中胸前盾片两侧 V 形斑、盾片中部小斑、中胸小盾片、附片、后胸小盾片、腹部各节背板后缘中部黄白色，体腹侧黄白色，仅侧板沟附近黑色；足黄白色，前、中足股节端部背侧以远具黑色条纹，后足股节端部、胫节及跗节全部黑色；头部光滑，刻点适中，中胸侧板刻点细小；中胸小盾片近棱形隆起。

分布：浙江（临安、丽水）、吉林、北京、河北、山西、江西、四川、贵州、云南；缅甸。

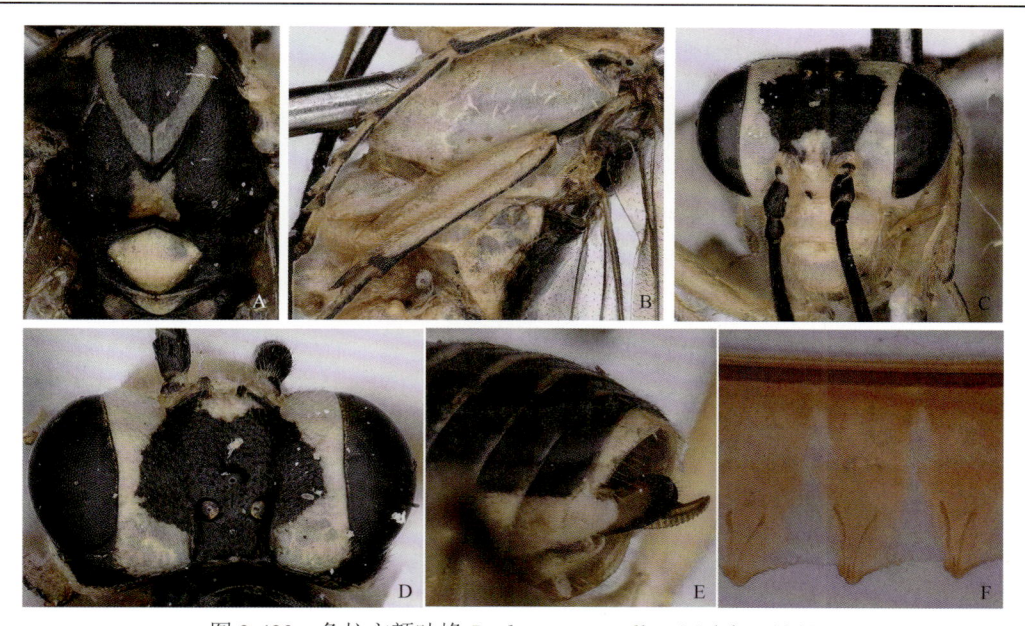

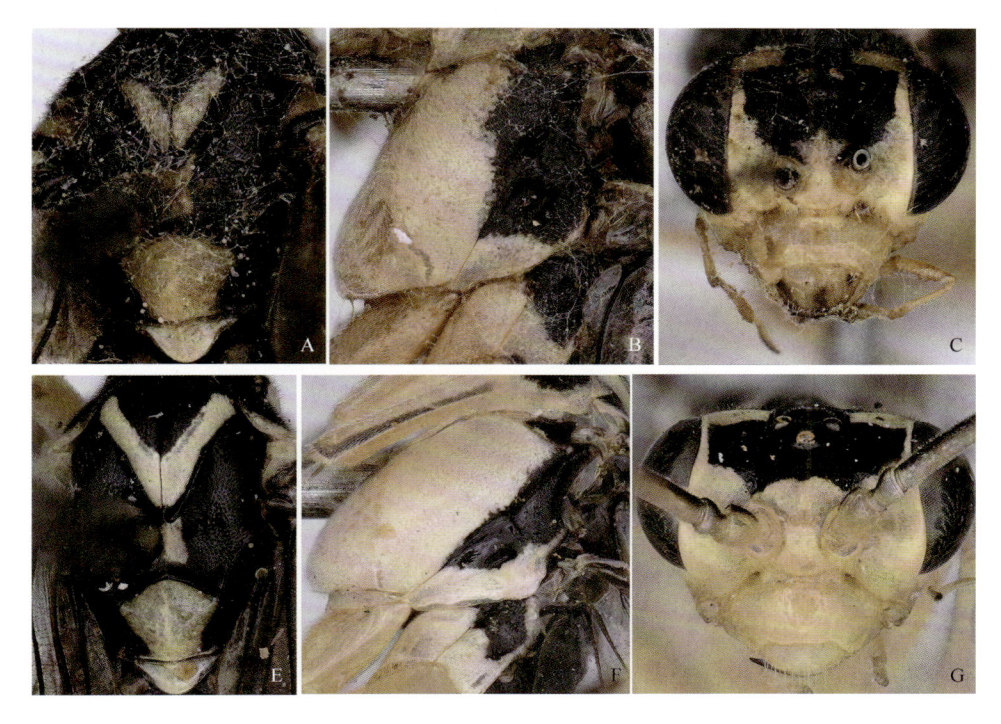

图 3-423 色拉方颜叶蜂 *Pachyprotasis sellata* Malaise, 1945
A. 雌虫胸部背面观；B. 雌虫胸部侧面观；C. 雌虫头部前面观；D. 雌虫头部背面观；E. 锯鞘侧面观；F. 锯腹片中部锯刃

（429）色拉方颜叶蜂矢斑亚种 *Pachyprotasis sellata sagittata* Malaise, 1945（图 3-424）

Pachyprotasis sellata sagittata: Malaise, 1945: 161.

主要特征：本种属于 *Pachyprotasis rapae* 种团 *Pachyprotasis sellata* 亚种团。雌虫体长 8.0–10.0mm，雄虫体长 7.0–9.0mm；该亚种与 *Pachyprotasis sellata* Malaise 区别于：中胸前盾片仅端部箭头形斑黄白色；中胸侧板上部黑色；后足股节仅端缘黑色。

分布：浙江（临安、开化、丽水、龙泉）、吉林、辽宁、北京、河北、山西、河南、陕西、甘肃、安徽、湖北、江西、湖南、福建、广西、四川、贵州、云南；缅甸。

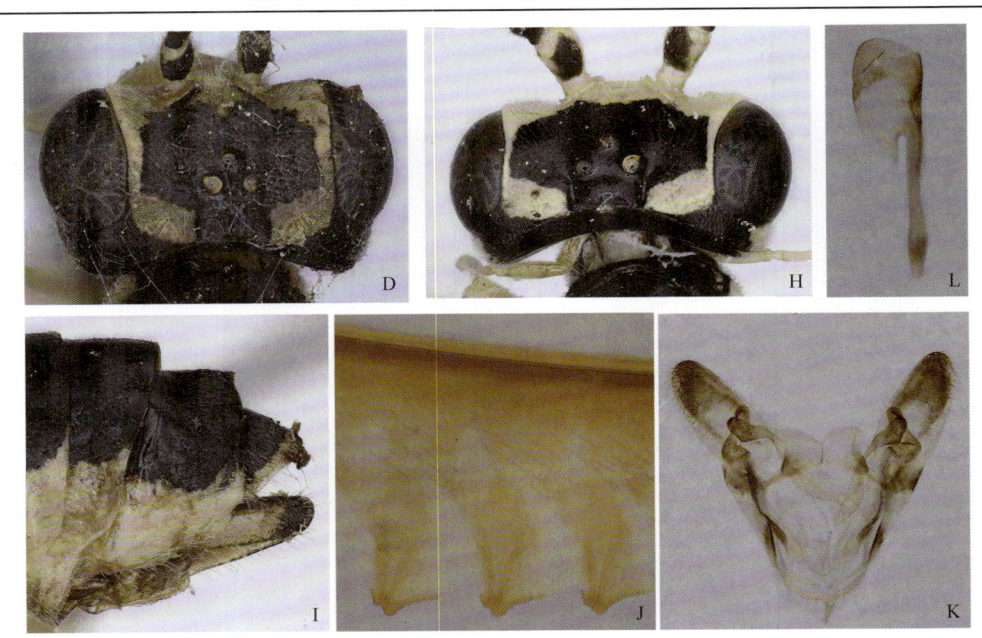

图 3-424 色拉方颜叶蜂矢斑亚种 *Pachyprotasis sellata saggitata* Malaise, 1945
A. 雌虫胸部背面观；B. 雌虫胸部侧面观；C. 雌虫头部前面观；D. 雌虫头部背面观；E. 雄虫胸部背面观；F. 雄虫胸部侧面观；G. 雄虫头部前面观；H. 雄虫头部背面观；I. 锯鞘侧面观；J. 锯腹片中部锯刃；K. 生殖铗；L. 阳茎瓣

（430）李氏方颜叶蜂 *Pachyprotasis lii* Wei & Nie, 1998（图 3-425）

Pachyprotasis lii Wei & Nie, 1998b: 344–391.

主要特征：本种属于 *Pachyprotasis opacifrons* 种团，雌虫体长 13mm，雄虫体长 10mm；体黑色，白色部分为：唇除中部外其余部分、唇基除端部外其余部分、触角窝以下颜面、中胸前盾片端部 V 形斑、小盾片及后小盾片中部、腹部 2–6 节背板中部后缘三角形斑、各节背板气门周围、各节腹板中部后缘三角形斑；后足黑色，转节至股节基部 1/3、基跗节端半部背侧、2–4 跗分节、端跗节基大半部黄白色；中胸小盾片棱形，稍隆起，两侧脊锐利，刻点稍密集、浅弱；头部额区及邻近内眶刻点密集，刻点间隙不光滑，具明显刻纹；中胸背板及中胸前侧片下部刻点细密，中胸前侧片上部刻点稍大、浅。

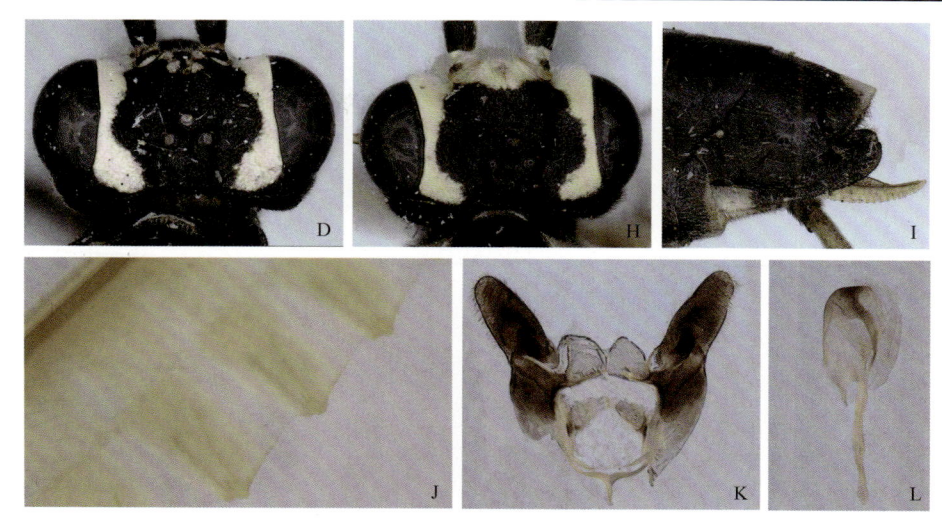

图 3-425　李氏方颜叶蜂 *Pachyprotasis lii* Wei & Nie, 1998
A.雌虫胸部背面观；B. 雌虫胸部侧面观；C. 雌虫头部前面观；D. 雌虫头部正面观；E. 雄虫胸部背面观；F. 雄虫胸部侧面观；G. 雄虫头部前面观；H. 雄虫头部背面观；I. 锯鞘侧面观；J. 锯腹片中部锯刃；K. 生殖铗；L. 阳茎瓣

分布：浙江（临安、松阳）、湖南、福建。

119. 壮井叶蜂属 *Jermakia* Jakowlew, 1891

Jermakia Jakowlew, 1891: 58–59. Type species: *Allantus cephalotes* Jakowlew, 1888, by original designation.

主要特征：体粗壮；上唇横宽，端部圆钝；唇基端缘缺口宽浅，底部平直，侧叶短；无额唇基沟，上颚亚对称多齿式；复眼大型，内缘凹，向下逐渐强烈收敛，间距窄于复眼长径；背面观后头发达，两侧膨大，颊脊全缘式；颚眼距约等于或稍宽于单眼直径，触角窝上沿前突，背侧平坦，无触角窝上突，额区与单眼后区十分平坦，不明显分化，单眼后区侧沟不明显；触角不长于头、胸部之和，基部 2 节长大于宽，第 3 节显著长于第 4 节；前胸背板沟前部宽大，侧叶最宽处宽于单眼直径 3 倍，具亚缘脊；前胸侧板腹缘宽阔接触，前胸腹板短棒状，侧臂不明显；中胸小盾片强烈隆起，前缘亚截形；中胸侧板鼓凸，无胸腹侧片，侧板前缘脊显著，具尖锐腹刺突；后胸淡膜区间距大于淡膜区长径 3 倍，后胸后背板中部狭窄，显著倾斜；腹部第 1 背板中部短且显著隆起，光滑无中缝；前足胫节内距大，端部分叉；后足胫节短于跗节，基跗节短于其后 3 节之和；爪无基片，内齿近端位，短于外齿；前翅狭长，前缘具纵向褐斑，R 脉短，下垂；R+M 脉约等长于 M 脉，Sc 脉痕状，cu-a 脉基位，2Rs 室约等长于 1R1+1Rs 室，臀室内侧 2/5 处具短直横脉；后翅具封闭 Rs 和 M 室，臀室无柄式或具短柄。雄虫后翅无缘脉；锯腹片细长柔软；阳茎瓣头叶简单。

分布：东亚。本属已知 6 种，中国分布 5 种。浙江发现 2 种。

(431) 光背壮井叶蜂 *Jermakia glabrata* Nie & Wei, 1997 （图 3-426）

Jermakia glabrata Nie & Wei, 1997: 87.

主要特征：雌虫体长 15mm；体黑色，唇基、上唇基缘、触角窝上突、复眼上顶角附近小斑（图 3-426A、C）、触角基部 2 节和第 3 节基部、翅基片、中胸小盾片前部 2/3、腹部 6–9 背板后缘及锯鞘暗黄褐色，前胸背板后缘和前腹缘、后胸前侧片大部分、腹部第 1 背板除基缘外、第 5 背板除基部两侧以外均亮黄色（图 3-426B）；足黑色，基节端缘、转节端缘、股节末端、各足胫节腹面和跗节棕褐色；翅透明，前缘脉和痣棕褐色，翅基部至顶角具 1 纵长深色烟带；体毛银色。额区和单眼后区稍下沉，单眼面低于复眼顶面，单眼三角大，单眼后区长大于宽；触角第 3、4 节比长为 3∶2；头部除唇基、口器和触角窝上突外刻点均十分密集，无明显的刻点间隙（图 3-426A）；中胸刻点十分致密，小盾片显著角状隆起，前缘和后坡具稀疏大刻点，其余部分光滑；附片具光滑中脊，两侧刻点粗糙（图 3-426D）；中胸腹刺突短钝；前翅 cu-a 脉位于中室内侧 2/5，后翅臀室具柄式，柄长约为 cu-a 的 1/4 长；腹部 1–5 背板光滑，无刻纹，6–10 背板具弱刻纹（图 3-426B）；锯腹片具 27 锯刃，刃间段很短，节缝刺毛几乎抵达腹缘。

分布：浙江（临安）、山东。天目山是本种模式产地。

图 3-426 光背壮并叶蜂 *Jermakia glabrata* Nie & Wei, 1997 雌虫
A. 头部背面观；B. 腹部 1–6 背板；C. 头部前面观；D. 小盾片和后小盾片

（432）东方壮并叶蜂 *Jermakia sibirica* (Kriechbaumer, 1869)（图 3-427，图版 IX-11）

Allantus sibiricus Kriechbaumer, 1869: 590–591.
Jermakia sibirica: Konow, 1908b: 89.
Tenthredo spectabilis Mocsáry, 1878: 199.
Allantus cephalotes Jakowlew, 1888: 374.
Allantus bistriatus Mallach, 1936: 220.

主要特征：体长 13–15mm；体黑色，唇基两侧（图 3-427B）、上颚基部、前胸背板前外角和后缘、翅基片、后胸前侧片大部分，以及腹部第 1、5 背板后侧 2/3 和第 9 背板侧缘亮黄色，小盾片和腹部第 6 节有时具淡斑；触角基半部暗褐色；足黑色，前中足股节前侧部分、各足胫节前腹侧、各足跗节浅褐色。前翅烟色纵斑从基部伸至端部，前缘脉和翅痣浅褐色，R 室透明。头部背侧刻点密集，具狭窄光滑间隙（图 3-427A）；中胸背板刻点细小，间隙具细密刻纹，小盾片刻点间隙光滑，胸部侧板刻点粗糙致密，无光泽；腹部第 1 背板光滑，无刻点和细毛，第 2 背板具微弱刻纹和浅弱稀疏刻点，大部分光裸无毛（图 3-427C），其余背板具显著微细刻纹和浅弱刻点，被毛均匀。后翅臀室无柄式。

分布：浙江（临安）、黑龙江、吉林、辽宁、内蒙古、北京、河北、山西、山东、河南、陕西、宁夏、新疆、上海、湖北、四川；蒙古国、朝鲜、俄罗斯（西伯利亚）。

图 3-427　东方壮并叶蜂 Jermakia sibirica (Kriechbaumer, 1869) 雌虫
A. 头部背面观；B. 头部前面观；C. 腹部第 1-4 背板

120. 金蓝叶蜂属 Metallopeus Malaise, 1934

Metallopeus Malaise, 1934b: 453. Type species: Tenthredo clypeata Cameron, 1876, by original designation.

主要特征：体粗壮，全虫体具强烈金属光泽；唇基大型，平滑，端缘亚截形，唇基上沟缺；颚眼距宽于单眼直径，腹缘鼓凸；复眼突出，与上眶等长，内缘凹缘型，向下强烈收敛，间距狭于眼高，颜面沉陷；触角窝上突发达，强烈隆起，中窝和侧窝深纵沟状，中窝底部有时具瘤突，额区小，单眼后区各沟发达，后眶宽且鼓出，颊脊十分发达，刃状隆出；背面观后头膨大（♀）或稍收缩（♂）；头部背侧常具浮凸脊纹，或光滑具细小刻点；触角较短，第 2 节长大于宽，第 3 节长于第 4 节；中胸小盾片锥状隆起；中胸侧板表面十分粗糙，具发达纵脊和横脊，中胸腹刺突发达；腹部第 1 节背面中央分裂；后足腿节不伸达腹端；爪内齿显著长于外齿；翅脉 Tenthredo 型，臀室具亚基位短直横脉，cu-a 脉内侧位，R+M 脉段长；后翅 Rs 和 M 室封闭，雄虫后翅无缘脉；阳茎瓣头叶横形，具闭环结构。

分布：东亚南部。本属已知 17 种，主要分布于东亚西南的高山地区，东部非常稀见。中国分布 11 种，浙江仅发现 1 种。

(433) 绿丽金蓝叶蜂 Metallopeus chlorometallicus Wei, 1998（图 3-428，图版 IX-12）

Metallopeus chlorometallicus Wei, in Wei & Nie, 1998e: 144.

主要特征：雌虫体长约 18mm；头部、胸部、腹部、触角鞭节大部分和足铜绿色，具强金属光泽，上唇白色；触角金蓝色，末端 3-4 节紫黑色；前翅弱烟色，翅痣和翅脉黑褐色；体毛银色。唇基具浅弧形缺口，中央具宽浅中沟；颚眼距 2 倍于单眼直径；中窝前端开放，底部无明显瘤突，侧脊狭高，向额区稍分歧，与额脊之间具切口，额脊低短（图 3-428A）；单眼中沟细浅，后沟细深；单眼后区长微大于宽，强烈隆起，具高中纵脊，侧沟深直，互相平行；背面观后头两侧中部强烈鼓出，后眶沟宽深，后眶中部具宽钝纵脊，下部具不规则皱纹；后颊脊锐利，全缘式，下部具瘤突（图 3-428B）；头部背面光滑，具低皱，无细小刻点（图 3-428C）；触角长于头、胸部之和，第 3 节稍长于第 4 节；中胸背板具细小刻点，小盾片具锐利顶突，附片中脊发达；中胸前侧片具锐利纵脊，中下部刻点粗密，上部刻点少而大，腹板具致密刻纹，腹刺突锐利；前翅 2Rs 室显著长于 1R1 和 1Rs 室之和；腹部第 1 背板光滑无刻纹，第 2-7 背板刻纹致密，第 8-10 背板及各节腹板刻纹微弱，光泽极强。锯鞘狭长，锯刃低平。雄虫未知。

分布：浙江（龙泉）、山西、河南、甘肃、湖北、四川。

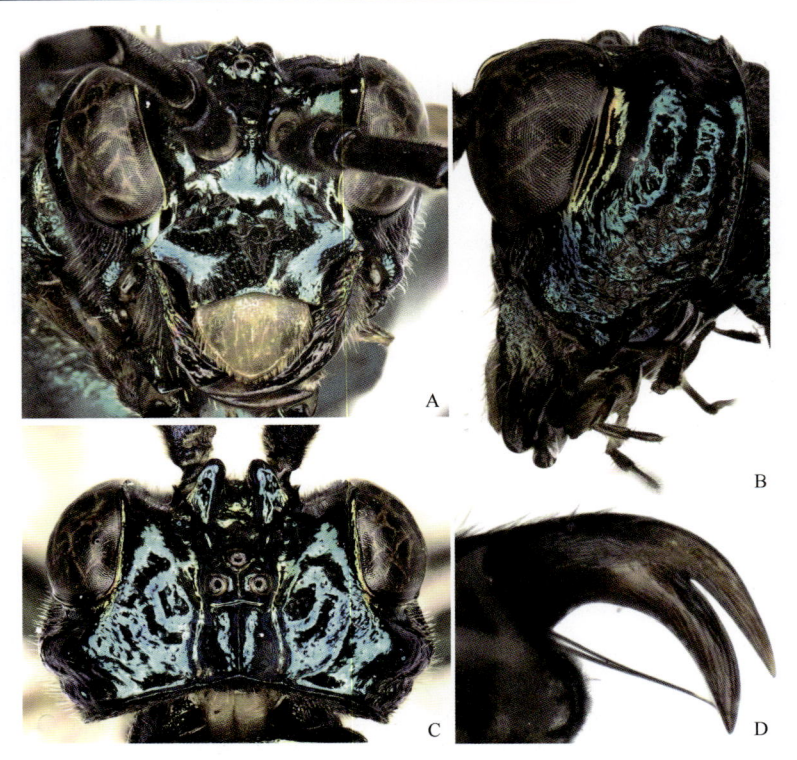

图 3-428　绿丽金蓝叶蜂 *Metallopeus chlorometallicus* Wei, 1998 雌虫
A. 头部前面观；B. 头部侧面观；C. 头部背面观；D. 爪

121. 狭并叶蜂属 *Propodea* Malaise, 1945

Dipteromorpha Kirby, 1882: 324. Homonym of *Dipteromorpha* Felder, 1874 [Lepidoptera]. Type species: *Macrophya rotundiventris* Cameron, 1876, by monotypy.

Propodea Malaise, 1945: 83, 99, 179–180. Name for *Dipteromorpha* Kirby, 1882.

主要特征：体狭长；上唇宽大，端部圆钝；唇基平坦，前缘中部缺口弧形，浅于唇基 1/3 长；左、右上颚亚对称 4 齿式（图 3-429G、H）；颚眼距窄于单眼直径；复眼大，内缘凹，向下强烈收敛，间距狭于复眼长径 1/2；内眶窄陡，触角窝间距窄于内眶宽；触角窝上突明显隆起，与额脊融合，额区前缘开放；中窝和侧窝大深，前、后端均开放；单眼后区宽不大于长，前部明显隆起；背面观后头短于复眼 1/2 长，两侧强烈收缩；后颊脊锐利，全缘式，下部无褶；后眶窄于复眼宽；触角长丝状，第 2 节长大于宽，第 3 节长于第 4 节。前胸背板前缘脊发达，沟前叶最宽处约 4 倍于单眼直径；前胸侧板腹侧接触面长；中胸小盾片尖锥形隆起，附片具低钝中脊；中胸侧板前缘细脊高，前侧片中部前侧具发达竖脊和相连的弧形横脊，腹刺突尖长；中胸后下侧片具大凹窝，无气门上叶；后小盾片前凹微小；淡膜区间距 1–2 倍于淡膜区宽；后胸后背板倾斜，中部脊状突出；腹部第 1 背板光滑，无中缝；足细长，前足胫节内端距分叉，后足基节短，股节细，短于胫节，不伸抵腹部末端，后基跗节短于其后 4 节之和，跗垫微小；爪无基片，内齿大，中裂式；前翅 R 脉短，下垂；R+M 脉不短于 cu-a 脉，2Rs 室长于 1R1+1Rs 室，1M 约等长并平行于 1m-cu 脉，cu-a 脉位于 1M 室下缘基部，臀横脉位于臀室基部 1/3 内侧；后翅 Rs 和 M 室封闭，臀室无柄式，雄虫后翅无缘脉。

分布：东亚。本属已知 13 种，在东亚地区分布比较广泛。中国已记载 12 种，浙江仅发现 1 种。

寄主：领春木科 Eupteleaceae 领春木属 *Euptelea* 植物。

（434）黄翅狭并叶蜂 Propodea spinosa (Cameron, 1899)（图 3-429，图版 X-1）

Tenthredo spinosa Cameron, 1899: 12.
Jermakia dentisterna Rohwer, 1921: 97.
Propodea spinosa: Malaise, 1945: 180.

主要特征：雌虫体长 16mm；头、胸部黑色，唇基和上唇黄白色（图 3-429A），前胸背板后角及翅基片黄褐色；触角基部两节和第 3 节基部黑褐色，其余浅褐色；腹部暗褐色，第 1 背板侧缘和中部前侧、第 2 背板 T 形斑、第 2–6 背板缘折褐色，第 2–6 背板中部模糊条斑、第 6–9 背板缘折、第 5–7 腹板褐色；足黄褐色，各足基节黑色，后足股节和胫节红褐色；翅烟黄色，前翅端部无烟黑色斑纹，前缘脉及翅痣浅褐色。后颊脊较低；单眼后区宽大于长，强烈隆起，具明显中纵脊；背面观头部在复眼后两侧显著收缩（图 3-429D）；触角窝上突低弱隆起；小盾片低锥状隆起，具顶尖，无横脊，两侧具稀疏大刻点，附片光滑无刻点，无中纵脊；中胸前侧片平坦，前缘弧形脊显著、完整，上下贯通，具粗大稀疏刻点和细弱刻纹，中胸后侧片刻纹明显（图 3-429B）；中胸腹刺突强壮，端部尖，腹刺突前脊明显（图 3-429E）；腹部第 1 背板光滑，其余背板具细弱刻纹；爪内齿约等于外齿；锯刃倾斜，亚基齿大（图 3-429I）。雄虫体长 16mm；前胸背板全部黑色；后头很短，头部背面观在复眼后强烈收缩；下生殖板长稍大于宽，阳茎瓣见图 3-429C。

分布：浙江（安吉）、湖南、广西、四川、贵州、云南；印度，尼泊尔，缅甸。

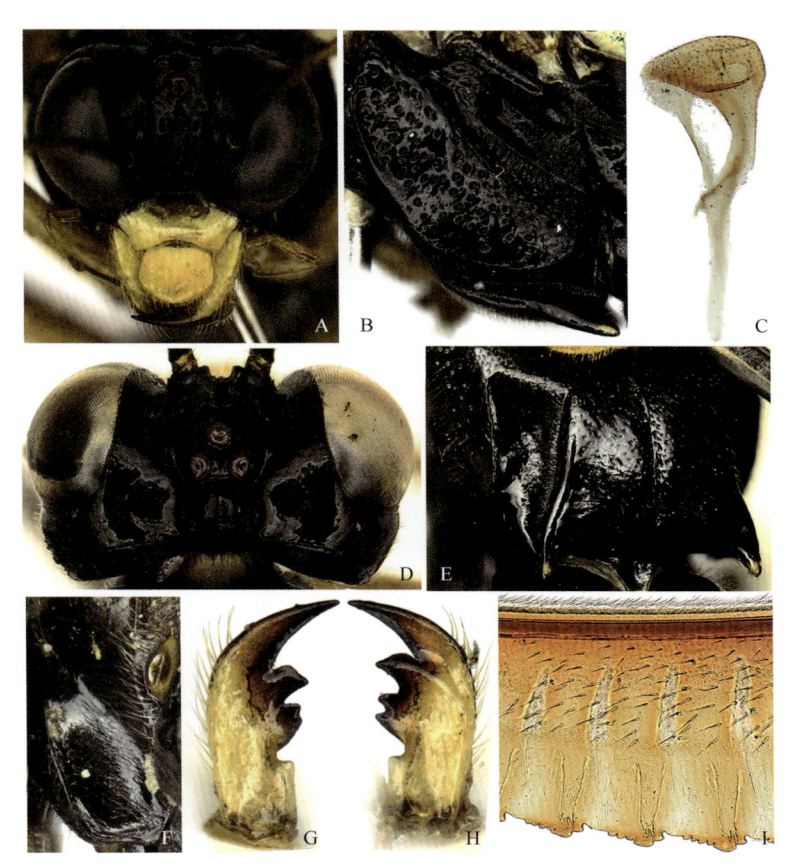

图 3-429 黄翅狭并叶蜂 *Propodea spinosa* (Cameron, 1899)
A. 雌虫头部前面观；B. 中胸侧板；C. 阳茎瓣；D. 雌虫头部背面观；E. 中胸腹板；F. 前胸背板沟前叶；G. 左上颚；H. 右上颚；I. 锯腹片中部锯刃

122. 齿唇叶蜂属 *Rhogogaster* Konow, 1884

Rhogogaster Konow, 1884: 338. Type species: *Tenthredo viridis* Linné, 1758, by subsequent designation of Rohwer, 1911.

Rhogogastera Konow, 1885b: 123. Name for *Rhogogaster* Konow, 1884.

主要特征：上唇宽大，端部钝截；唇基平坦，前缘缺口显著，侧叶端部常具小齿；复眼大，内缘凹，向下强收敛，间距等于或宽于复眼长径，显著宽于唇基宽度；上颚亚对称，具三大齿和1个小基叶，右上颚第3齿近方形；触角窝上突不发育或稍发育，内眶倾斜，触角窝侧沟深，额脊低钝；单眼后区横宽，后缘无脊；后颊脊伸至后眶上部；触角丝状，短于腹部，第2节长显著大于宽，第3节明显长于第4节，短于4、5节之和；前胸背板沟前部最宽处约3倍于单眼直径，无前缘脊；前胸侧板腹侧接触面明显；无胸腹侧片，中胸侧板平坦，前缘脊显著，无腹刺突；后胸后背板中部狭窄，倾斜；后胸后侧片背叶狭条状；前足胫节内端距端部分叉，后足胫节显著长于后足股节，端距短于基跗节1/2长；后基跗节约等于2–4跗分节之和；爪无基片，内齿短于外齿，雄虫内齿长于外齿；前翅R脉短，下垂；R+M脉不短于1r-m脉，2Rs室不长于1R1+1Rs室，1M脉约等长于并平行于1m-cu脉，cu-a脉中部内侧位，臀室内侧具短直横脉；后翅Rs和M室封闭，臀室具柄式，雄虫后翅无缘脉。

分布：古北区，新北区。本属主要分布于全北区北部，已知40种，中国记载19种。浙江仅发现1种。

寄主：蔷薇科蔷薇属植物。

（435）斑痣齿唇叶蜂 *Rhogogaster robusta* Jakovlew, 1891（图3-430，图版X-2）

Rhogogastera robusta Jakowlew, 1891: 38–39.
Rhogogaster robusta: Benson, 1965: 109.

主要特征：体长雌虫14–15mm，雄虫12–13mm；体黄绿色，头部背侧W形大黑斑、触角柄节背侧、梗节和鞭节全部、前胸背板中部和侧板中部、中胸背板前叶和侧叶大部分、中胸腹板、后胸背板凹部、腹

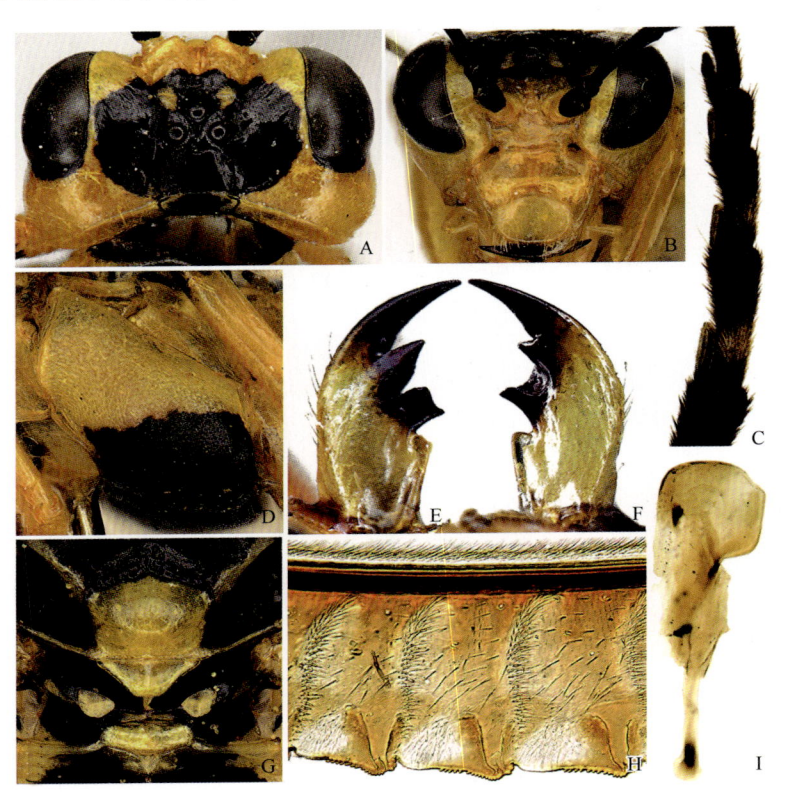

图3-430 斑痣齿唇叶蜂 *Rhogogaster robusta* Jakowlew, 1891
A. 雌虫头部背面观；B. 雌虫头部前面观；C. 雌虫后足跗垫；D. 雌虫中胸侧板；E. 左上颚；F. 右上颚；G. 雌虫中胸小盾片和后胸小盾片；H. 锯腹片中部锯刃；I. 阳茎瓣

部各节背板中部 2/3 左右、2-6 腹板前部 2/3、锯鞘端部黑色；翅浅烟褐色，翅痣绿色，端部黑褐色；足黄绿色，中足股节端部 1/4、后足股节端部 2/5、各足胫节端部、前中足跗分节端部和后足跗节全部黑色。唇基缺口深约为唇基 1/3 长，侧叶具齿；颚眼距明显宽于单眼直径；单眼后区宽 1.5 倍于长，侧沟较深，稍弯曲，向后明显分歧；触角第 3 节长 1.3 倍于第 4 节；头部背侧高度光滑，光泽强；小盾片具钝横脊，中胸前侧片具细密刻纹，无光泽；后翅臀室具柄；阳茎瓣头叶锤形（图 3-430I）。

分布：浙江（临安）、吉林、山西、河南、陕西、甘肃、湖北。

123. 叶蜂属 *Tenthredo* Linné, 1758

Tenthredo Linné, 1758: 555. Type species: *Tenthredo scrophulariae* Linné, 1758, by subsequent designation of Latreille, 1810.

Allantus Jurine, *in* Panzer, 1801b: 163. Type species: no type species selected.

Allantus Jurine, 1807: 52–53. Homonym of *Allantus* Panzer, 1801. Type species: *Tenthredo scrophulariae* Linné, 1758, by subsequent designation of Curtis, 1839.

Parastatis Kirby, 1881: 107. Type species: *Parastatis indica* W.F. Kirby, 1881 [= *Tenthredo largifasciata* (Konow, 1900)], by monotypy.

Labidia Provancher, 1886: 21. Type species: *Labidia columbiana* Provancher, 1886 [= *Tenthredo* (*Tenthredo*) *opima* (Cresson, 1880)], by monotypy.

Rethrax Cameron, 1899: 32–33. Type species: *Rethra carinata* Cameron, 1899 [= *Tenthredo cyanata* Konow, 1898], by monotypy.

Fethalia Cameron, 1902: 439–440. Type species: *Fethalia nigra* Cameron, 1902 [= *Tenthredo opposita* (F. Smith, 1878)], by monotypy.

Clydostomus Konow, 1908a: 19. Type species: *Clydostomus cestatus* Konow, 1908, by subsequent designation of Rohwer, 1911.

Tenthredella Rohwer, 1910a: 117. Type species: *Tenthredo atra* Linné, 1758, by original designation.

Tenthredina Rohwer, 1910a: 116. Type species: *Tenthredo flavida* Marlatt, 1898 [= *Tenthredo* (*Tenthredina*) *smithii* Kirby, 1882], by original designation.

Zamacrophya Rohwer, 1912: 221–222. Type species: *Zamacrophya nigrilabris* Rohwer, 1912 [= *Tenthredo* (*Tenthredo*) *ocampa* Ross, 1951], by original designation.

Jakovleviella Malaise, 1937: 48. Type species: *Macrophya pusilloides* Malaise, 1934, by original designation.

Ebba Malaise, 1945: 104, 181. Type species: *Ebba soederhellae* Malaise, 1945, by original designation.

Eurogaster Zirngiebl, 1953: 236. Type species: *Rhogogaster arctica* Kiær, 1898 [= *Tenthredo* (*Eurogaster*) *aaliensis* (Strand, 1898)], by original designation.

Cuneala Zirngiebl, 1956: 322, 325. Type species: *Cuneala tricolor* Zirngiebl, 1956 [= *Tenthredo* (*Elinora*) *longipes* (Konow, 1886)], by original designation.

Tenthredo (*Cephaledo*) Zhelochovtsev, *in* Zhelochovtsev & Zinovjev, 1988: 218. Type species: *Tenthredo costata* Klug, 1817, by original designation.

Tenthredo (*Maculedo*) Zhelochovtsev, *in* Zhelochovtsev & Zinovjev, 1988: 222. Type species: *Tenthredo maculata* Geoffroy, 1785, by original designation.

Tenthredo (*Olivacedo*) Zhelochovtsev, *in* Zhelochovtsev & Zinovjev, 1988: 220. Type species: *Tenthredo olivacea* Klug, 1817, by original designation.

Tenthredo (*Temuledo*) Zhelochovtsev, *in* Zhelochovtsev & Zinovjev, 1988: 219. Type species: *Tenthredo temula* Klug, by original designation.

Tenthredo (*Zonuledo*) Zhelochovtsev, *in* Zhelochovtsev & Zinovjev, 1988: 217. Type species: *Tenthredo zonula* Klug, 1817, by original designation.

Murciana Lacourt, 1988: 310. Type species: *Murciana sebastiani* Lacourt, 1988, by original designation.

Absentia Togashi, 1990b: 182. Type species: *Absentia abatae* Togashi, 1990, by original designation.
Tenthredo (*Dorhettenyx*) Lacourt, 1997: 376. Type species: *Tenthredo indica* Cameron, 1876, by original designation.
Tenthredo (*Endotethryx*) Lacourt, 1997: 376. Type species: *Tenthredo albicornis* Fabricius, 1781 [= *Tenthredo* (*Endotethryx*) *crassa* Scopoli, 1763], by original designation.
Sainiella Lacourt, 1997: 380. Type species: *Allantus felderi* Radoszkowsky, 1871, by original designation.
Blankia Lacourt, 1998: 487. Type species: *Tenthredo* (*Allantus*) *koehleri* Klug, 1817, by original designation.

主要特征：体形多样；上唇宽大，端部圆钝至近截形；唇基平坦或隆起，前缘三齿型或具缺口，缺口深度浅于唇基1/3长；左、右上颚亚对称4齿式；颚眼距0.3–3.5倍于单眼直径；复眼大型，内缘凹，向下强烈收敛，间距通常狭于复眼长径和唇基宽，少数较宽；内眶窄陡，少数平坦，触角窝间距窄于同一高度内眶宽；触角窝上突变异大；背面观后头通常不短于复眼1/2长；后颊脊通常锐利，全缘式；触角形态各异，第2节通常长大于宽；前胸背板前缘脊发达，沟前叶稍短于后叶，最宽处3–4倍于单眼直径；前胸侧板腹侧接触面稍短于前胸腹板长；中胸小盾片形态各异；中胸侧板无胸腹侧片，前缘细脊高，腹刺突通常无，偶尔有；后胸后背板倾斜，中部脊状突出；后胸后侧片窄长条形，后角不向后延伸；腹部筒形，第1背板具中缝；前足胫节内端距分叉，后足基节短，股节细，短于胫节，通常不伸抵腹部末端，后胫内端距长大，后基跗节约等长于其后3节之和，跗垫大小各异；爪通常无基片，内齿大，中裂式，少数种类有爪基片；前翅R脉短，下垂；R+M脉通常不短于cu-a脉，1M约等长于并平行于1m-cu脉，cu-a脉位于1M室下缘近基部，臀横脉位于臀室基部1/3内侧；后翅Rs和M室封闭，臀室通常无柄式，部分种类有柄式；雄虫后翅无缘脉。

分布：古北区，东洋区北缘，新北区。本属极其异质，已知种类超过1000种，中国已知324种（未包括本书记述的新种）。浙江省目前发现约75种，本书记述71种，包括9新种。在叶蜂属各种团中，白端种团和短角种团是最大的2个种团，种类均不少于100种，但浙江分别仅发现1种和3种。中西部地区最有代表性的绿色种团群，浙江地区仅发现 *T. grahami* 种团的1个广布种，但东部地区分布为主的 *T. fortunii* 种团、*T. sinensis* 种团和 *T. pompilina* 种团种类则十分丰富。

寄主：本属种类多样性极高，寄主植物复杂。

分种检索表

1. 头部、胸部、腹部均为金属蓝色，仅口器和足部具少量白斑；体形粗壮。**宽蓝种团 T. lasurea group** ··· **平盾宽蓝叶蜂 T. pseudolasurea**
- 至少头部非金属蓝色 ··· 2
2. 中胸前侧片中部强烈隆起，顶端具火山口状大凹窝；身体色斑复杂，非纯色；体形粗壮，雌虫后头明显膨大。**窝板种团 T. omphalica group** ··· 3
- 中胸前侧片隆起或平坦，但无显著的火山口状大凹窝 ··· 4
3. 中胸腹板刺突显著，明显尖出；中胸小盾片纵脊高；前翅烟色条斑不连续；头部背侧具密集刻点 ··· **刻首窝板叶蜂，新种 T. rugossicephala sp. nov.**
- 中胸腹板刺突不明显，末端很钝或缺如；前翅烟色条斑完整；头部光滑，上眶和单眼后区具细弱刻点，额区具微弱刻点 ··· **黑胸窝板叶蜂 T. omphalica**
4. 腹部第2节多少明显收缩，窄于第1节，亚端部腹节明显膨大；头部内眶通常十分平坦，不明显倾斜；体多杂色，主色黄褐色或橘褐色，杂以黄白色和黑褐色、黑色不规则斑纹。**槌腹种团 T. fortunii group** ················· 5
- 腹部第2节不明显收缩，与第1节等宽或更宽，亚端部腹节不显著膨大；头部内眶通常向额区显著倾斜，如果较平坦，则虫体主要或黑色，淡斑极少 ··· 17
5. 前翅沿Rs脉具显著烟褐色纵条斑；如果烟斑较弱，则触角鞭节强烈短缩，棒状，第3节1.6–2.0倍于第4节长 ··· 6
- 前翅透明，无烟褐色纵条斑，前翅顶角有时微带烟褐色，但不呈带状；触角鞭节不强烈短缩，第3节1.2–1.9倍于第4节长 ··· 9

第三章 叶蜂亚目 Tenthredinomorpha

6. 小盾片附片高度光滑，无刻点；单眼后区宽长比等于 1.6，头部背侧无明显刻点；小盾片具明显中纵脊；触角鞭节黑褐色 ··· 斜盾槌腹叶蜂 *T. plagionotella*
- 附片具显著刻点，不光滑 ··· 7
7. 中胸小盾片平坦，无中纵脊；中胸侧板具显著刻点；触角鞭节暗褐色，后足胫跗节暗褐色；触角第 3 节 1.4 倍于第 4 节长；前翅烟色条斑主要位于 Rs 室内，R1 室前缘近透明；单眼后区宽稍大于长；后翅臀室柄点状 ··· 室带槌腹叶蜂 *T. nubipennis*
- 中胸小盾片隆起，具显著中纵脊；中胸侧板光滑，有时具浅弱刻点；前翅烟色条斑主要位于 Rs 脉两侧；后臀室柄显著；单眼后区宽长比不小于 1.5 ··· 8
8. 小盾片宽长比小于 2，隆起度较弱，前坡显著短于后坡，中纵脊短小 ················ 三斑槌腹叶蜂 *T. dolichomisca*
- 小盾片宽长比等于 2，强烈隆起，前坡不短于后坡，中纵脊长 ···················· 刻附槌腹叶蜂 *T. pseudocylindrica*
9. 中胸小盾片强烈隆起，具显著中纵脊或顶脊 ·· 10
- 中胸小盾片平坦或显著隆起，但无中纵脊；附片通常十分光滑，无任何刻点 ································· 11
10. 小盾片附片具显著的稀疏大刻点，中胸侧板光滑，刻点十分微小稀疏；单眼后区宽稍大于长；体黄褐色，腹部 7–9 背板各具 4 个亮黄斑 ··· 直脉槌腹叶蜂 *T. erectonervula*
- 小盾片附片十分光滑，无明显刻点；单眼后区宽长比等于 1.5；腹部 6–8 背板各具 1 对黄褐色斑 ··· 九斑槌腹叶蜂 *T. novemmacula*
11. 头部背侧具大黑斑；中胸背板除小盾片和附片外全部黑色；小盾片、附片、腹部第 1 背板、第 2–6 背板两侧白色；中胸侧板具密集刻纹；后翅臀室柄显著；触角浅褐色。体长 9–11mm ··········· 侧斑槌腹叶蜂 *T. mortivaga*
- 头部背侧黄褐色或红褐色，如有黑斑绝不覆盖头部背侧全部；腹部背板两侧无白斑列；中胸侧板光滑，有时具少数细弱刻点；触角鞭节部分或全部黑褐色；体长于 10mm ·· 12
12. 触角端部 3–4 节黄褐色，其余鞭分节黑褐色；中胸侧板隆起，顶端不尖；触角不明显长于头、胸部之和，亚端部膨大，第 3、4 节长度比为 1.4–1.5；单眼后区宽大于长 ·· 13
- 触角鞭节黑褐色或暗红褐色，端部颜色不淡于中基部；中胸侧板几乎不隆起或强烈隆起，顶端尖；触角明显长于头、胸部之和，第 3、4 节长度比为 1.2–1.4，鞭节亚端部不明显膨大 ····································· 15
13. 唇基缺口稍短于唇基 1/2 长；体形十分粗壮，长 20mm；锯刃形态一致，强烈乳状突出，具内、外侧亚基齿 ··· 大槌腹叶蜂，新种 *T. megasomata* sp. nov.
- 唇基缺口稍深于唇基 1/2 长；体长 15–16mm；锯刃平直，具亚基齿；或锯刃显著突出，但无外侧亚基齿，且中部和亚端部锯刃形态明显不同 ·· 14
14. 腹部 5–8 背板各具 4 个黄斑，中部 2 个黄斑不大于侧缘黄斑；锯刃乳状突出，外侧亚端齿很少 ··· 突刃槌腹叶蜂 *T. fortunii*
- 腹部 4–5 背板各具 2 个黄斑，6–8 节背板各具 3 个黄斑，中斑显著大于侧缘黄斑；锯刃低平，无内侧亚基齿，中部锯刃亚基齿 25–26 枚 ··· 长刃槌腹叶蜂 *T. longiserrula*
15. 触角鞭节黑色；中胸前侧片上半部具刻点，中部显著锥状隆起；腹部 2–8 背板基部 1/2 以上黑褐色或暗褐色，端部 1/2 以下浅褐色或黄褐色；头、胸部背侧具明显黑斑 ························· 林氏槌腹叶蜂 *T. lini*
- 触角鞭节黄褐色或暗褐色，外侧有时具黑色条斑；中胸前侧片不明显隆起或微弱隆起，无尖顶；腹部 2–8 背板基部 1/3 以下黑褐色或暗褐色，端部 2/3 以上浅褐色或黄褐色；头、胸部背侧无明显黑斑 ··············· 16
16. 单眼后区宽长比等于 1.2；小盾片的附片十分光滑，无刻点；雌虫后足基节和股节无黑斑；锯刃对称三角形突出，内、外坡等长；体长 17–18mm ·· 肖氏槌腹叶蜂 *T. xiaoweii*
- 单眼后区宽长比等于 1.5；附片两侧具粗密刻点；雌虫后足基节和股节基部具明显黑斑；锯刃不对称突出，外坡面明显长于内坡面；体长 12–13mm ·· 细条槌腹叶蜂 *T. tilineata*
17. 虫体主要黄褐色或红褐色，无绿色斑纹；前翅端部 1/3 左右烟黑色，翅斑显著 ··· 18
- 不同时具备以上两项特征 ··· 31
18. 中胸侧板腹刺突显著。**刺斑种团** *T. genitalis* group ·· 19
- 中胸侧板圆钝，无腹刺突。**平斑种团** *T. sinensis* group ·· 20

19.	中胸侧板中部具单个尖突，刻纹细弱；后颊脊折痕微弱；雌虫腹部端部无黑斑；唇基缺口底部的宽度不宽于侧叶宽的 2 倍···黄端刺斑叶蜂 *T. fulviterminata*
-	中胸侧板中部具两个尖突，刻纹较粗糙；后颊脊折痕十分显著；雌虫腹部端部具黑斑；唇基缺口底部的宽度宽于侧叶宽的 2 倍···黑端刺斑叶蜂 *T. fuscoterminata*
20.	后足股节、胫节和跗节黑色；腹部第 1 背板全部黑色，2–4 背板中部具方形黑斑，第 5 背板背侧大部分黑色··斑腹平斑叶蜂 *T. elegans*
-	后足股节全部黄褐色；腹部 1–4 背板无大型黑斑，最多背板前缘中部具狭窄条斑··21
21.	后足胫节外侧全部和跗节黑色；头部无黑斑，中胸腹板黄褐色··22
-	后足胫节大部分或部分黄褐色，有时背侧或端半部黑色，则锯刃为叶片状···23
22.	腹部端部黑色；中胸小盾片附片具显著刻点，中胸侧板刻点粗糙密集；后翅端部烟斑界限分明。雌虫···刻胸平斑叶蜂 *T. poeciloptera*
-	腹部端部黄褐色或褐色；小盾片附片光滑，无刻点，中胸侧板中部刻点稀疏，间隙光滑；后翅端部烟斑界限不明确；小盾片顶端显著尖出；触角第 3 节微长于第 4 节··浙闽平斑叶蜂 *T. zheminnica*
23.	头部额区后部和单眼后区黑色；各足跗节淡色；触角基部 4 节黄褐色，外侧具黑色条斑，端部 5 节全部黑色；爪内齿短于外齿；附片具刻点；前翅烟斑不伸抵翅痣，内侧界限不显著；锯刃几乎平直，亚基齿细小且多··东缘平斑叶蜂 *T. terratila*
-	头部额区和单眼后区无黑斑；后足跗节黑色；或锯刃强烈突出···24
24.	前翅烟斑短，内侧仅伸抵 2r 脉端部，3R1 室基部 1/3 和 2R1 室全部黄褐色；附片高度光滑，无刻点，无中脊···中华平斑叶蜂 *T. sinensis*
-	前翅烟斑正常，内侧伸抵 2r 脉基部，3R1 室全部和 2R1 室端部烟褐色···25
25.	前翅烟斑内侧伸抵翅痣亚基部，烟斑内侧颜色深，外侧颜色迅速变浅；翅痣端半部黑褐色，基半部黄褐色···变色平斑叶蜂 *T. melanotarsus*
-	前翅烟斑内侧仅伸抵翅痣端部，烟斑内侧颜色不显著深于端部；翅痣无黑褐色···26
26.	腹部全部黄褐色，端部无黑斑；中胸腹板黄褐色；中胸侧板几乎无刻点；附片光滑，具少许刻点；后足跗节黑色；小盾片具中脊；爪内齿长于外齿···27
-	至少腹部端部黑褐色··28
27.	中胸侧板突低钝；触角第 3 节几乎等长于第 4 节；锯鞘几乎等长于后足胫节，显著长于中足胫节···突刃平斑叶蜂，新种 *T. baishanzua* sp. nov.
-	中胸侧板平坦，几乎不隆起；触角第 3 节短于第 4 节；前翅烟斑接触翅痣端部。雄虫（雌虫腹部端部黑色）···刻胸平斑叶蜂 *T. poeciloptera*
28.	中胸侧板具密集刻点，前缘具低纵脊，下缘具横脊；附片具显著中纵脊，两侧显著凹入，刻点不明显；爪内齿长于外齿···锚附平斑叶蜂 *T. concaviappendix*
-	中胸侧板光滑，有时具少许刻点和细弱刻纹，无显著横脊和纵脊；附片中脊低弱，两侧不明显凹入或稍凹入··········29
29.	锯鞘与后足胫节长度比为 11：12；前翅翅斑与翅痣连接；触角第 2 节黑色，第 3 节稍短于第 4 节；中胸侧板几乎不隆起；小盾片具低的中纵脊；胸部腹板黄褐色；后胸前侧片大部分黄褐色；后翅臀室无柄式········黄氏平斑叶蜂 *T. huangbkii*
-	锯鞘与后足胫节长度比为 6：10；前翅烟斑不与翅痣连接；触角第 3 节长于第 4 节；中胸侧板显著隆起；小盾片无中脊；附片至少两侧刻点较密···30
30.	后足跗节黄褐色；头、胸部背侧细毛大部分黄褐色；后胸前侧片白色；雌虫中胸腹板黑色····钩瓣平斑叶蜂 *T. becquarti*
-	足跗节黑色；头、胸部背侧大部分细毛黑褐色或触角第 2 节全部黑色；后胸前侧片无白斑；雌虫中胸腹板黄褐色···黑毛平斑叶蜂 *T. melli*
31.	触角基部黑色或红褐色，端部黑色，第 4–6 节黄白色。**环角种团 *T. ichneumonia* group**···································32
-	触角 3–6 节颜色一致，全部黑色或全部淡色，如果淡色则多为黄褐色、黄绿色，极少红褐色或黄褐色，外侧具黑色条斑，如果 3–6 节部分淡色则触角大部分淡色··33
32.	触角第 4 节黑色，端缘有时具很短的淡斑；通常第 5 节全部、第 6 节部分淡色；头部额区黑斑独立，不与复眼连接；后

	足跗节黑褐色；翅透明，端部无明显烟褐色斑；腹部背板背侧具明显淡斑	宽斑环角叶蜂 *T. magretella*
-	触角第 4 节端半部白色，第 6 节全部黑色；头部额区黑斑与复眼后缘黑斑连接；后足跗节黄白色；翅端部明显烟褐色；腹部背板背侧无明显淡斑	奇腹环角叶蜂 *T. thaumatogaster*
33.	前翅透明，翅痣下侧具烟褐色横带斑；体黑色，具少量淡斑，腹部第 4 节背腹板后缘淡色；后头很短，两侧强收缩；触角细长，鞭节黑色。横斑种团 *T. pompilina* group	34
-	前翅翅痣下侧无烟褐色横带斑，端部有时具烟褐色斑	40
34.	腹部背板具显著的蓝色光泽	35
-	腹部背板黑色，无蓝色光泽	36
35.	中后足转节黑色；中胸侧板皱纹粗密；头部背侧具刻点	龙王横斑叶蜂，新种 *T. longwang* sp. nov.
-	中后足转节白色；中胸侧板上部光滑；头部背侧无刻点	光额横斑叶蜂 *T. nitidifrontalia*
36.	后足胫跗节红褐色或黄褐色	弱带横斑叶蜂，新种 *T. yipingi* sp. nov.
-	后足胫跗节黑色，有时具白斑	37
37.	翅基片全部白色；唇基端部和足黑色；翅烟色横斑宽大	白鳞横斑叶蜂 *T. albotegularina*
-	翅基片部分黑色	38
38.	触角第 3 节等长于第 4 节，腹部第 2 背板两侧黑色，通常无明显白斑；唇基和上唇完全白色	细腰横斑叶蜂 *T. emphytiformis*
-	触角第 3 节短于第 4 节，如果仅微弱短于第 4 节，则腹部第 2 背板侧缘白色	39
39.	体长 7–9mm；小盾片显著隆起，顶端突出	脊盾横斑叶蜂 *T. pompilina*
-	体长 11–12mm；小盾片圆钝隆起，顶端不突出	窄带横斑叶蜂 *T. parapompilina*
40.	触角长于腹部，明显侧扁，鞭节外侧全长黑色，内侧端 4 节黑色，基部 3 节红褐色或黄褐色；体暗黄褐色，具黑斑。条角种团 *T. striaticornis* group	天目条角叶蜂 *T. tienmushana*
-	触角鞭节色斑不同上述，如中部鞭分节内侧淡色、外侧具黑色条斑，则虫体黑色	41
41.	虫体非主要绿色，无明显绿色斑纹；如果胸、腹部腹侧具黄绿色斑纹，则触角明显短于头宽的 2 倍，或者头部背侧具界限十分清晰的密集刻点，胸部背侧刻点致密	42
-	虫体部分或全部绿色，至少具显著绿色斑纹；触角长于头宽的 2 倍，头部背侧无界限清晰的密集刻点，胸部背侧刻点缺如，或稀疏细小	67
42.	前翅端部 1/3 具显著烟斑，触角鞭节全部黑色，并明显长于腹部，亚端部不膨大。斑翅种团 *T. maculipennis* group	43
-	前翅无明显烟斑，或具纵向窄长烟斑，不覆盖翅端部的全部，或触角部分淡色，或触角明显短于腹部	44
43.	前翅烟斑小，亚圆形，位于前翅端部 1/5 外侧；头部背侧、附片、中胸侧板高度光滑，无刻点；胸部侧板细毛不短于单眼直径的 1.5 倍；触角柄节黄色；体黑色，腹部第 3、4 节全部黄白色	双环斑翅叶蜂 *T. flavobalteata*
-	前翅烟斑大，非亚圆形，位于前翅端部 1/3；头部背侧、附片、中胸侧板具粗糙密集刻点；胸部侧板细毛不长于单眼直径；触角柄节黑色；体黄褐色，微带绿色光泽，腹部第 1–5 背板前部黑色，后部黄褐色	帅国斑翅叶蜂，新种 *T. shuaiguoi* sp. nov.
44.	触角不长于头宽 2 倍，第 3 节显著长于第 4 节；体形偏粗短或短小；触角窝上突总是平坦；腹部无红环。短角种团群	45
-	触角不短于头宽 2 倍，或者触角窝上突显著隆起，后端中断	54
45.	体形粗壮，触角亚端部通常多少膨大，明显短于头、胸之和；复眼下缘间距窄于唇基；体主要黑色，具少量淡斑。棒角种团 *T. mongolica* group	46
-	体形短小或窄小，触角细，亚端部不明显膨大。短角种团 *T. potanini* group	52
46.	前翅烟色纵条斑发达，明显伸至翅痣内侧，或全部浓烟褐色、烟黄色	47
-	前翅通常透明，最多仅端部烟褐色，翅痣基部内侧无烟条斑	50
47.	中胸腹板刺突角发达；小盾片圆钝；唇基黄白色，上唇黑色	吕氏棒角叶蜂 *T. lui*
-	无中胸腹板刺突	48
48.	触角和唇基全部黑色；翅烟褐色具宽纵向烟斑；头部和中胸前侧片刻点很大，刻点间隙光滑；腹部第 1 背板部分白色，	

	第 3、4 背板具白色横带斑 ··· 龙泉棒角叶蜂，新种 *T. longquan* sp. nov.
-	触角至少柄节或梗节部分淡色，唇基大部分或全部淡色；头部背侧无明显粗刻点，具显著刻纹；雌虫腹部第 3 背板大部分黄白色，第 4 节背板大部分、第 5–6 节背板全部黑色 ··· 49
49.	小盾片和附片大部或全部黑色，附片具粗大密集刻点；后足胫跗节暗红褐色；颊眼距微宽于侧单眼直径 ··· 单带棒角叶蜂 *T. ussuriensis unicinctasa*
-	小盾片横带、附片全部白色，附片具稀疏、浅弱刻点，表面光滑；后足胫跗节橘褐色；颊眼距 1.3 倍于侧单眼直径 ··· 中正棒角叶蜂，新种 *T. zhongzheng* sp. nov.
50.	后翅臀室具柄式，臀柄显著；中胸前侧片具淡斑；触角柄节、前胸背板后缘、翅基片大部分或全部黄褐色；雌虫后足胫跗节通常红褐色 ··· 蒙古棒角叶蜂 *T. mongolica*
-	后翅臀室无柄式；中胸前侧片无淡斑 ··· 51
51.	触角全部橘褐色；腹部第 1 背板端半部黄白色，其余背板黑色，第 3 背板之后各节具橘褐色横带斑 ··· 玉带棒角叶蜂 *T. yudai*
-	触角鞭节黑褐色；腹部第 1 背板黑色，第 3 背板大部分、第 4 背板两侧黄白色 ··· 褐跗棒角叶蜂 *T. rubitarsalitia*
52.	中胸前侧片上半部黄绿色具黑色纵斑 ··· 短条短角叶蜂 *T. vittipleuris*
-	中胸前侧片上半部全部黄绿色，无黑色条斑 ··· 53
53.	中胸侧板全部黄绿色，无明显黑斑；腹部第 3 背板基部具黑斑，第 4 节全部黄绿色，第 2、5–7 背板全部或大部分黑色；触角柄节和翅痣黄褐色 ··· 大斑短角叶蜂 *T. sapporensis*
-	中胸前侧片腹侧半部黑色；腹部各节背板基部宽带黑色，端部横带黄绿色；触角全部黑色，翅痣黑褐色 ··· 丽水短角叶蜂，新种 *T. lishui* sp. nov.
54.	体黄褐色或红褐色，具少量黑斑；如果虫体腹侧大部分淡色，背侧大部分黑色，则复眼下缘间距稍宽于唇基，且头、胸部背侧刻点密集 ··· 55
-	体大部分或全部黑色，至少头、胸部主要黑色，有时腹部部分或大部分红褐色；复眼下缘间距通常窄于唇基 ··· 64
55.	体黄褐色，头、胸部和腹部腹侧具微弱绿色倾向，腹部背板锈褐色；头部背侧具小型黑斑两侧不接触复眼；翅痣黄褐色；触角鞭节黑色；头、胸部具微弱刻纹，非光滑，也无粗糙刻点或粗糙皱刻纹。亚黄种团 *T. cestanella* group。头部背侧具大黑斑覆盖额区和内眶上半部，两侧接近复眼；触角柄节黄褐色 ··· 斜脊亚黄叶蜂 *T. carinacestanella*
-	体如果黄褐色，并具有绿色倾向，则头、胸部背侧或侧板具粗密刻点，或触角鞭节部分显著淡色，或头、胸部背侧黑斑很大 ··· 56
56.	触角全部黑色；体黄褐色，头、胸部背侧具大黑斑；腹部 2–8 背板两侧各具 1 对小黑点斑。光柄种团 *T. flavobrunneus* group ··· 双点光柄叶蜂 *T. biminutidota*
-	触角部分淡色；头部背侧无大黑斑；腹部背板无成对黑点斑。大黄组 *T. issiki* group ··· 57
57.	中胸小盾片具明显中纵脊；中胸前侧片中部锥状隆起，通常具明显尖顶或斜脊，中胸前侧片至少隆起部具显著刻纹，不光滑；腹部端部非黑色 ··· 58
-	中胸小盾片无明显纵脊；中胸前侧片低钝隆起，无顶尖或斜脊；如果小盾片具明显横脊或顶尖，则腹部端部黑色，或侧板光滑，无粗刻纹；爪内齿明显短于外齿 ··· 61
58.	后翅臀室具柄式；爪内齿明显短于外齿；单眼后区宽等于长 ··· 尖胸斑黄叶蜂 *T. issiki*
-	后翅臀室无柄式；爪内齿长于外齿；单眼后区宽大于长 ··· 59
59.	腹部 2–8 背板具显著中位黑斑；触角第 3 节几乎等长于第 4 节；头部背侧黑斑不向两侧延伸 ··· 环纹斑黄叶蜂 *T. katchinica*
-	腹部背板无黑斑；触角第 3 节长于第 4 节；头部背侧黑斑在侧窝和单眼后区后角处明显向两侧延伸 ··· 60
60.	触角窝上突明显隆起，后端中断；额脊全部黑色；前胸背板全部黄白色；爪内齿显著长于外齿 ··· 黄胸大黄叶蜂 *T. xanthopleurita*
-	触角窝上突几乎平坦，后端不中断，与额脊平坦连接；额脊浅褐色；前胸背板沟前部大部分黑色；爪内齿等长于外齿 ··· 褐脊大黄叶蜂 *T. pseudoxanthopleurita*
61.	触角和足黄褐色；附片和中胸前侧片无明显刻点；触角中部稍膨大侧扁，第 3 节等长于第 4 节 ···

....小顶大黄叶蜂 *T. microvertexis*
- 触角端部 3–4 节黑色..62
62. 后足股节具明显黑斑，雌虫后足股节背侧几乎全部黑色；头部背侧黑斑大型，覆盖额区、单眼区、内眶和上眶内侧；附片刻点粗密..环角斑黄叶蜂 *T. indigena*
- 两性后足股节全部黄褐色，无黑斑；头部背侧黑斑小型，内眶大部和单眼后区中部黄褐色；附片光滑无刻点..........63
63. 单眼后区侧沟、额区和单眼区全部黑色；单眼后区宽明显大于长；中胸前侧片光滑，无刻点，具极微弱细刻纹；附片中纵脊低弱短小；锯刃倾斜，隆起度低，外侧亚基齿细小，7–9 枚；小盾片顶部圆钝，无凹陷...程氏大黄叶蜂 *T. chenghanhuai*
- 单眼后区和额区黄褐色；单眼后区宽微大于长；中胸前侧片具明显细小刻点和微细刻纹；附片中纵脊显著；锯刃强烈隆起，外侧亚基齿显著，7 枚；小盾片顶部具浅碟形凹陷..凹盾大黄叶蜂 *T. maculicula*
64. 触角鞭节全部黑色..65
- 触角部分淡色，第 7–8 节总是部分或全部白色，与第 3–5 节对比明显。白端种团 *T. lagidina* group ....牛氏白端叶蜂 *T. niui*
65. 触角第 3 节明显短于第 4 节。逆角种团 *T. sauteri* group 66
- 触角第 3 节明显长于第 4 节..67
66. 内眶全部淡色，额区黑斑仅在上眶处与复眼内缘连接，黑色连接面稍宽于单眼直径；中胸小盾片大部分白色，仅后缘狭边黑色；中胸前侧片上端白色，中部淡斑不明显；后足股节后侧全部黑色...黄眶逆角叶蜂 *T. pieli*
- 内眶除上端外全部黑色，额区黑斑仅在上眶处与复眼内缘分离；中胸小盾片前半部白色，后半部黑色；中胸前侧片除了上端和中部淡斑显著...断斑逆角叶蜂 *T. sporadipunctata*
67. 后翅臀室无柄式..68
- 后翅臀室具柄式..69
68. 体黑色，具少量淡斑；触角窝上突低度隆起，后端不突然中断。顺角种团 *T. malimilova* group..分附顺角叶蜂 *T. malimilova*
- 体绿色，具少量黑斑；触角窝上突强度隆起，后端突然中断。长突种团 *T. grahami* group ....环斑长突叶蜂 *T. omega*
69. 触角窝上突显著隆起；体小型，雌虫长约 10mm。突柄种团 *T. subflava* group 70
- 触角窝上突平坦，不隆起；体较大，雌虫长于 13mm。平柄种团 *T. nigropicta* group 72
70. 触角窝上突较窄高，明显隆起，顶面向后几乎不倾斜降低，向后显著分歧，后端垂直中断，不与额脊融合 71
- 触角窝上突较宽，前部明显隆起，顶面明显向后倾斜降低，后端渐低，与额脊间以浅弱横沟分离，或几乎不分离，触角窝上突之间向后微弱分歧..光额突柄叶蜂 *T. subflava*
71. 单眼后区宽长比等于 1.3；腹部背板基部 1/3 以上黑色，带斑完整；小盾片具顶尖和短纵脊..纵脊突柄叶蜂 *T. longitudicarina*
- 单眼后区宽长比约等于 1.7；腹部背板基部 1/4 以下黑色，带斑不完整；小盾片无顶尖和中纵脊..纤弱突柄叶蜂 *T. tenuisomania*
72. 头部背侧黑斑两侧接触复眼，额区包括额脊全部黑色；中部锯刃外侧亚基齿 6 枚............平盾平柄叶蜂 *T. flatoscutellerila*
- 头部背侧黑斑两侧不接触复眼，额脊淡色；中部锯刃外侧亚基齿 4 枚..............................淡脊平柄叶蜂 *T. tessariella*

(436) 平盾宽蓝叶蜂 *Tenthredo pseudolasurea* Wei & Nie, 2003（图 3-431）

Tenthredo pseudolasurea Wei & Nie, *in* Wei, Nie & Xiao, 2003: 118

主要特征：雌虫体长 14mm；上唇端缘、上颚端部 1/3、触角、前足股节、胫节及跗节后侧、中足股节后侧及胫跗节、后足胫跗节、锯鞘黑色，股节后侧微带蓝色光泽；上唇、唇基、上颚基部 2/3、后眶下端三角形斑块、前胸背板沟前部下角、前胸背板后缘、翅基片外缘和后缘、附片侧缘、后胸前侧片后角、并胸腹节侧角、腹部第 3 背板侧缘、第 4 背板后侧角、第 2、3 腹板后缘及第 4、5 腹板，以及前足基节、转节、股节、胫节、跗节的前侧、中足基节端部、转节、股节前侧及胫节前侧端部小斑块等白色；身体其余部分金属蓝色；翅透明，端半部烟灰色，翅痣和翅脉黑色，翅痣下方具模糊的烟色横斑；体粗短；唇基缺口浅，底部圆弧形，侧叶宽，端缘钝截；颚眼距窄于单眼直径；触角窝上突微弱隆起，向上与低钝额脊融合；单眼后区长稍大于宽；触角长于腹部，第3节稍短于第4节；小盾片微隆起，顶部圆钝；中胸前侧片腹缘稍隆起，中胸腹板无刺突；爪内齿微长于外齿；锯腹片26刃，锯刃低钝突出，锯齿模糊，节缝刺毛带十分狭窄；头部背侧、小盾片和附片具较大但不密集的刻点，头部前侧几乎光滑；前侧片具粗糙密集刻点，光泽较弱。雄虫体长12mm，体形稍细，上唇全部和后足股节腹侧白色；下生殖板长略大于宽，端部圆钝。

分布：浙江（松阳）、福建、重庆、四川。

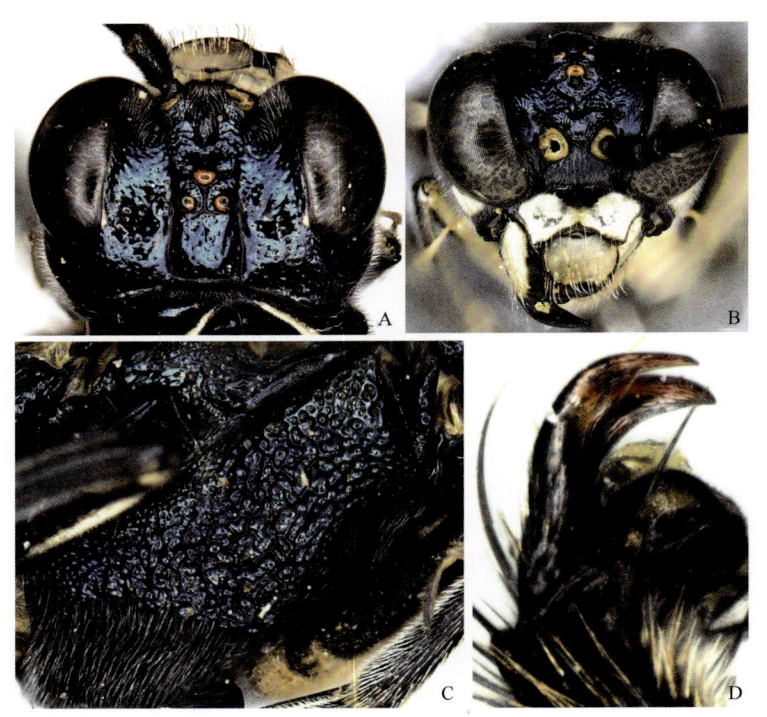

图 3-431 平盾宽蓝叶蜂 *Tenthredo pseudolasurea* Wei & Nie, 2003 雌虫
A. 头部背面观；B. 头部前面观；C. 中胸前侧片；D. 爪

（437）黑胸窝板叶蜂 *Tenthredo omphalica* Wei & Nie, 2003（图 3-432）

Tenthredo omphalica Wei & Nie, in Wei, Nie & Xiao, 2003: 100.

主要特征：雌虫体长14–15mm（图3-432A）；头部黄褐色，上唇、唇基、上颚基半部、内眶和后眶亮黄色，中窝和侧窝底部、上眶和单眼后区的倒W形斑黑色，单眼后区黑斑较浅；触角鞭节黑褐色；胸部黑色，前胸背板沟前部两侧中央、后缘宽边、翅基片、小盾片、附片、后胸背板两侧突出部黄色，中胸背板前叶两侧V形斑、侧叶内侧小三角斑黄褐色；腹部暗黄褐色，第1节背板后半中部、第3背板和腹板亮黄色，第1背板大部分、第2背板全部、第4背板基部黑色或黑褐色，腹板部分黑色；足黄褐色，具黑色条斑；前足股胫跗节颜色较淡；翅浅烟褐色透明，翅痣和前缘脉浅褐色，前翅具纵贯全长的深烟褐色条斑；体粗短；颚眼距稍宽于单眼直径；单眼后区宽长比等于1.1；头部光滑，上眶和单眼后区具细弱刻点；触角稍短于头、胸部之和，第3节1.5倍长于第4节；小盾片锥状强烈隆起，具弱纵脊，附片具粗大密集刻点和弱中纵脊；中胸侧板具密集皱纹，无光泽，下部显著隆起，顶端具火山口状凹陷，中胸无腹刺突；后翅臀室无柄式；锯腹片25刃，锯刃稍突出。雄虫体长13mm，头部背侧黑斑较大，腹部第2背板具T形黑斑，翅无颜色纵带斑（图 3-432B）。

分布：浙江（临安）、河南、安徽、湖北、湖南、福建、重庆、四川。

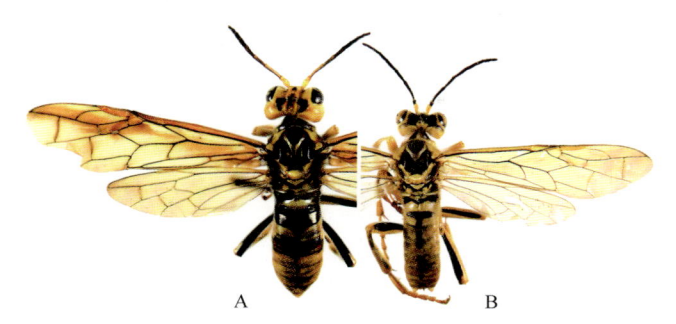

图 3-432　黑胸窝板叶蜂 *Tenthredo omphalica* Wei & Nie, 2003
A. 雌虫背面观；B. 雄虫背面观

(438) 刻首窝板叶蜂，新种 *Tenthredo rugossicephala* Wei & Niu, sp. nov.（图 3-433）

雌虫：体长 16–17mm。头部淡黄褐色，背侧大黑斑覆盖触角窝以上至上眶后缘（图 3-433A），触角柄节黄白色，梗节浅褐色，3–6 节内侧暗褐色，外侧和端部 3 节黑褐色（图 3-433H）；胸部黑色，前胸背板除了前缘和横沟中部、翅基片、盾侧凹前壁、小盾片（后缘狭边除外）、附片、后胸背板大部分、中胸前侧片上半部大方形斑亮黄色；腹部黄褐色，第 1 节背板周缘、第 2 节背板和腹板大部分、第 4 背板背侧大部分、第 5 背板大部分、第 6 背板两侧黑色；足黄褐色，各足基节、转节、前中足股节后侧、后足股节全部黑色，后足胫节后侧黑褐色。体毛银色，头、胸部背侧中部细毛暗褐色。翅烟黄色，翅痣和前缘脉浅褐色，其余翅脉大部分黑褐色，前翅基部和翅痣下具断续的深烟褐色斑，端部稍暗。

体粗短。头部背侧具粗糙密集刻点和皱刻纹，光泽弱；中胸背板前叶和侧叶刻点细密，附片刻点粗大密集，小盾片大部分光滑；中胸前侧片上半部刻点稍小且密，杂以不规则皱纹，具弱光泽，腹侧半部刻点细密并具明显刻纹，无光泽；腹部第 1 背板高度光滑，第 2、3 背板刻纹细弱，其余背板刻纹明显。唇基显著宽于复眼间距，前缘具稍短于唇基 1/3 长的圆弧形缺口，上唇宽大，端部圆形（图 3-433B）；颚眼距稍宽于单眼直径，颊脊全缘式；后头背面观稍短于复眼，中部明显膨大；触角窝上突低平，不隆起；中窝浅平宽大；内眶微倾斜；单眼后区平坦，宽约等于长；单眼后沟和中沟明显，侧沟浅细，中部明显外微。触角长 1.5 倍于头宽，稍长于胸部，第 3 节长 1.4 倍于第 4 节，鞭节亚端部不膨大（图 3-433H）。小盾片锥状强烈隆起，具明显顶点，但纵脊不显；附片具细低中纵脊；中胸侧板中部显著隆起，顶端具宽大不规则火山口状凹陷，腹刺突显著，三角形突出（图 3-433C）。后足基跗节稍短于其后 3 节之和，内胫距微长于基跗节 1/2；爪长形，无基片，内齿短于外齿（图 3-433E）。前翅 cu-a 脉位于 1M 室下缘内侧 1/3，2Rs 室外下角稍突出，2r 脉交于 2Rs 室上缘中部外侧；后翅臀室具点状短柄。腹部第 1 节背板短，显著隆起；下生殖板中突宽大，半圆形，两侧无侧突（图 3-433F）；锯鞘约等长于后足 1、2 跗分节之和，鞘端微长于鞘基；锯腹片 24 刃，锯刃倾斜突出，第 7–9 刃见图 3-433G，内侧亚基齿 1 枚，外侧亚基齿 4–5 枚。

雄虫：体长 14.5mm；体色等类似于雌虫，但触角鞭节全部黑色，头部背侧几乎全部黑色，胸部侧板黄色，仅侧板缝黑色，腹部第 2、5–8 背板等宽的横斑黑色，后足股节腹侧黄褐色；颚眼距等宽于单眼直径，后头显著短于复眼，两侧强烈收窄；小盾片隆起度稍低，胸部腹刺突较短；下生殖板宽明显大于长，端部圆钝；生殖铗复杂，阳基腹铗内叶尾部强烈膨大并上弯、包围阳茎瓣头叶下侧，阳基腹铗尾部显著加宽，阳茎瓣头叶较窄，腹侧具密集刺毛（图 3-433I）。

分布：浙江（龙泉）。

词源：本种头部背侧具粗密刻点和皱纹，以此命名。

正模：♀，浙江凤阳山，2017.VII.1，李泽建（ASMN）。**副模**：1♀，浙江凤阳山，1984.VII.19；1♂，浙江凤阳山，1984.VII.14，沈立荣（ASMN）。

鉴别特征：本种隶属于 *T. omphalica* group，并与黑胸窝板叶蜂 *Tenthredo omphalica* Wei & Nie, 2003 近似，但本种除阳茎瓣和锯腹片构造差别之外，雌虫头部背侧大部分黑色，中胸前侧片上半部具大型黄色方斑，雄虫腹部第2、5–8背板横斑黑色；两性头部背侧具粗糙刻点和皱刻纹；小盾片强烈隆起，胸部腹刺突显著；雌虫下生殖板中突宽大，无侧突等，与之差别显著。

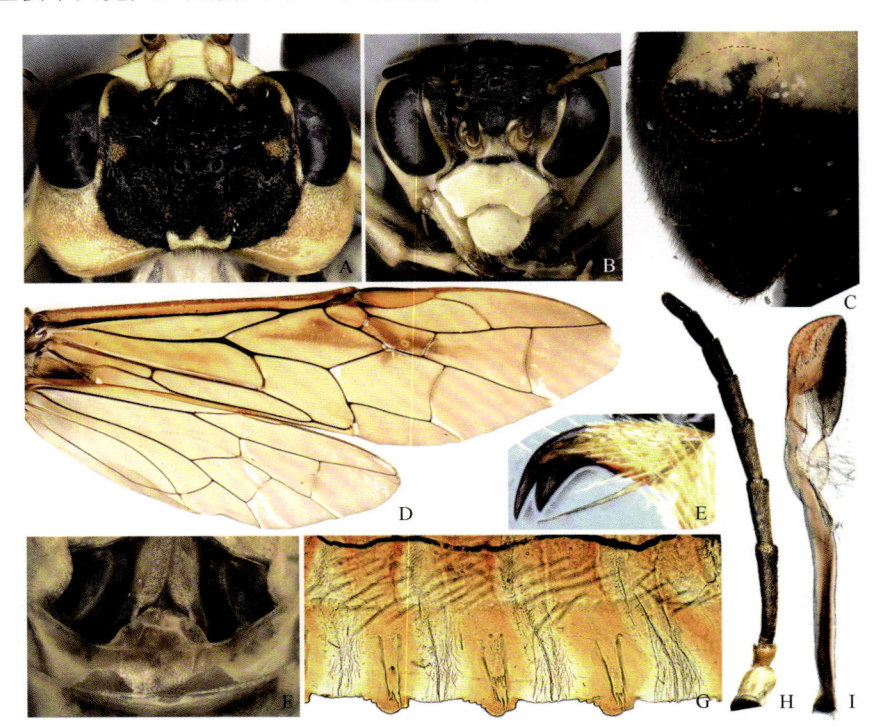

图 3-433　刻首窝板叶蜂，新种 *Tenthredo rugossicephala* Wei & Niu, sp. nov.
A. 雌虫头部背面观；B. 雌虫头部前面观；C. 中胸前侧片下部，示顶部凹窝和腹刺突；D. 翅；E. 雌虫爪；F. 雌虫下生殖板；G. 锯腹片第7–9锯刃；H. 雌虫触角；I. 阳茎瓣

（439）三斑槌腹叶蜂 *Tenthredo dolichomisca* Wei & Niu, 2008（图 3-434）

Tenthredo dolichomisca Wei & Niu, in Niu & Wei, 2008: 516.

主要特征：雌虫体长12–15mm；头、胸部黄褐色，唇基、内眶上部浅褐色，上唇、外眶下部、中单眼两侧三角形斑、前胸背板后缘、中胸小盾片附片、中胸前侧片上半部、中胸后侧片上半部、后胸前侧片黄白色，中窝、侧窝块斑、单眼围沟、单眼后头区大型方形斑、上眶椭圆形斑、中胸小盾片下部、腹部第1背板长条斑黑色，中胸盾片边缘大块斑黑褐色；腹部黑褐色，第1背板大部分、第6–10背板块状斑、腹部侧板大部分、腹板全部黄白色；翅透明，具长条形烟斑，翅痣浅黄褐色；小盾片附片具粗大密集刻点，中胸前侧片刻点密集均匀；唇基缺口深度0.3倍于唇基长，颚眼距约0.7倍于单眼直径；复眼下缘间距0.5倍于复眼长径；单眼后区明显隆起，宽长比等于0.8；触角细长，0.7倍于头、胸部之和，第3节1.2倍于第4节长，鞭节亚端部微弱膨大；中胸小盾片隆起，具中纵脊，侧板无腹刺突；后翅臀室具柄式，锯刃明显倾斜突出，中部锯刃具1个内侧亚基齿和10–13个细小外侧亚基齿。雄虫未知。

分布：浙江（临安）、河南、湖北、湖南、广西。

图 3-434　三斑槌腹叶蜂 *Tenthredo dolichomisca* Wei & Niu, 2008 雌成虫侧面观

（440）直脉槌腹叶蜂 *Tenthredo erectonervula* Wei & Nie, 2003（图 3-435）

Tenthredo erectonervula Wei & Nie, *in* Wei, Nie & Xiao, 2003: 103.

主要特征：雌虫体长 13.5mm；体黄褐色，中窝和侧窝、单眼后区、额区除额脊外、上眶、后眶上部、触角梗节和鞭节、翅基片部分、前胸背板中部、前胸侧板、中胸背板前叶中部、侧叶、小盾片中央、后胸背板凹部、腹部第 2–4 背板基部 1/2 左右、第 5 背板大部分、第 6–8 背板基部及两侧和中央、后足基节外侧和股节背侧条斑、中后足胫节中部及其跗节褐色至暗褐色；翅浅烟色透明，无纵斑，翅痣黄褐色；唇基具等于唇基 1/3 长的圆形缺口，颚眼距等于单眼半径；单眼后区平坦，宽长比等于 1.3；头部光滑，上眶和单眼后区具少数细弱刻点；触角短于头、胸部之和，第 3 节长 1.5 倍于第 4 节，鞭节亚端部微膨大；小盾片强烈隆起，具显著纵脊，附片具大刻点和低弱纵脊；中胸侧板光泽强，下部明显隆起，具少数分散刻点，中胸腹板无刺突；后翅臀室具显著短柄；腹部第 1 节显著宽于第 2 节，下生殖板中突小，两侧斜截（图 3-435C）；锯鞘端显著长于锯鞘基，端部明显收窄（图 3-435A）；锯腹片 28 刃，第 8–9 锯刃见图 3-435F。雄虫体长 12mm，颚眼距狭窄，下生殖板端部圆钝；阳茎瓣头叶简单宽椭圆形，端部稍宽（图 3-435E）；阳基腹铗内叶小鸟形（图 3-435B）；抱器长稍大于宽，端部圆钝（图 3-435G）；副阳茎见图 3-435D。

分布：浙江（临安、龙泉）、江西、湖南、福建、广东、广西、贵州。

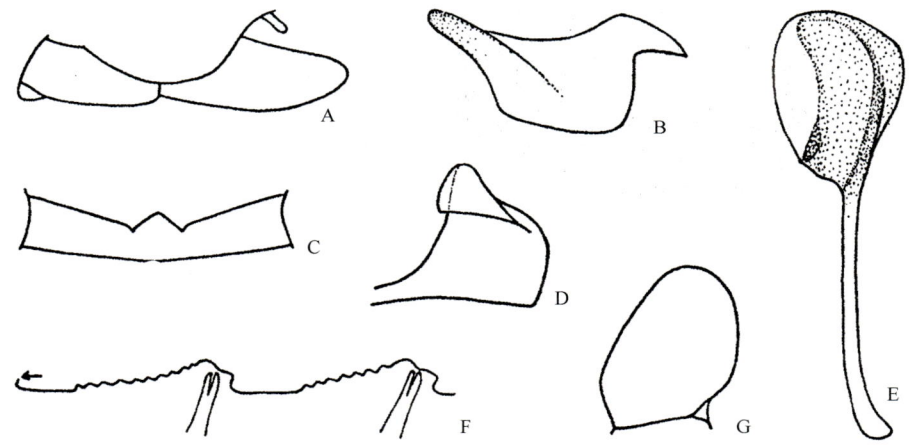

图 3-435　直脉槌腹叶蜂 *Tenthredo erectonervula* Wei & Nie, 2003（引自魏美才等，2003）
A. 锯鞘侧面观；B. 阳基腹铗内叶；C. 雌虫下生殖板；D. 副阳茎；E. 阳茎瓣；F. 第 8–9 锯刃；G. 抱器

（441）突刃槌腹叶蜂 *Tenthredo fortunii* Kirby, 1882（图 3-436，图版 X-3）

Tenthredo obscura Cameron, 1876: 469.
Tenthredo fortunii Kirby, 1882: 307.
Tenthredo formosana Enslin, 1911b: 104.

主要特征：雌虫体长 15–16mm；体背侧大部分暗褐色，触角 2–5 节黑褐色，头部、胸部、腹部腹侧亮黄褐色，触角端部 4 节大部分黄褐色；后足股节背侧条斑、前足胫节后侧条斑、中后足胫节前后侧 2 条斑、各足跗分节基部、腹部 1–2 节背板基缘黑褐色；触角柄节、额区侧臂和内眶、翅基片、前胸背板后缘、中胸背板前叶两侧、侧叶内侧小斑、小盾片大部分、附片、盾侧凹、后胸背板、腹部 1–4 和第 10 背板大部分亮黄色，2–4 背板两侧缘、后缘和中央纵条褐色，5–8 背板暗黄褐色，每节具 4 个大小近似的黄斑；翅浅烟色透明，无纵斑，翅痣和前缘脉黄褐色；唇基前缘具深于唇基 1/2 长的圆形缺口，颚眼距短于单眼半径；触角窝上突低平；单眼后区稍隆起，宽长比等于 1.45；头部光滑，具少许细刻点；触角稍长于头、胸部之和，第 3 节长 1.4 倍于第 4 节，鞭节亚端部不膨大；小盾片圆钝隆起，无纵脊，附片光滑；中胸侧板下部钝锥形隆起，具少数刻点，中胸腹板无刺突；后翅臀室具短柄；腹部第 1 节显著宽于第 2 节；锯刃乳状突出，亚基齿极少（图 3-436E）。雄虫体长 15mm，颚眼距近线状，下生殖板端部钝截形；抱器长大于宽，阳茎瓣见图 3-436F。

分布：浙江（临安、开化、丽水、龙泉）、河南、安徽、湖北、江西、湖南、福建、台湾、广东、广西、四川、贵州；印度。

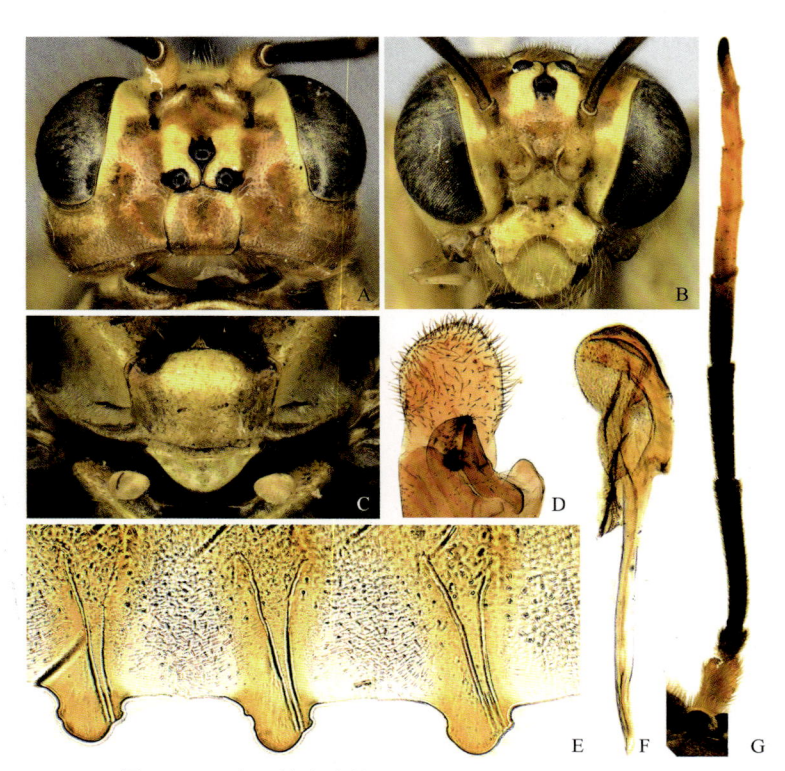

图 3-436 突刃槌腹叶蜂 *Tenthredo fortunii* Kirby, 1882
A. 雌虫头部背面观；B. 雌虫头部前面观；C. 中胸小盾片和附片；D. 抱器和阳基腹铗内叶；E. 锯腹片第 7–9 锯刃；F. 阳茎瓣；G. 雌虫触角

（442）林氏槌腹叶蜂 *Tenthredo lini* Wei & Nie, 2003（图 3-437）

Tenthredo lini Wei & Nie, *in* Wei, Nie & Xiao, 2003: 103.

主要特征：雌虫体长 13.5–17mm；体黄褐色，中窝和侧窝底部、单眼后区后部、额区及附近和上眶内侧具暗褐色斑纹，前胸背板沟底、前胸侧板、中胸背板侧叶大斑、小盾片中部、后小盾片、触角鞭节黑褐色；中胸腹板两侧、中胸前侧片前缘、侧板沟、后胸后侧片、腹部第1背板基部、后足基节外侧和股节内侧条斑黑色；腹部2–10节背腹板暗褐色，基部颜色较深，渐变为黑褐色；翅无纵斑，翅痣和前缘脉黄褐色；唇基具圆形缺口，颚眼距微短于单眼直径；单眼后区宽长比等于1.5；头部光滑，无刻点和刻纹；触角丝状，稍长于头、胸部之和，第3节1.3倍长于第4节，鞭节不膨大；小盾片具微弱纵脊，附片无刻点和纵脊；中胸侧板下部稍隆起，刻点稍密，中胸腹板无刺突；后翅臀室无柄式；腹部第1节微宽于第2节；锯腹片24刃，中部锯刃倾斜突出，具9–10个外侧亚基齿（图3-437C）。雄虫体长13mm；头部背面黑斑大型，下生殖板长明显大于宽，端缘截形；抱器长稍大于宽，端部圆钝（图3-437D）；阳茎瓣头叶短宽，内侧稍突出，短圆倾斜钝截形（图3-437E）。

分布：浙江（临安）、江西、湖南、福建、广东、广西、贵州。

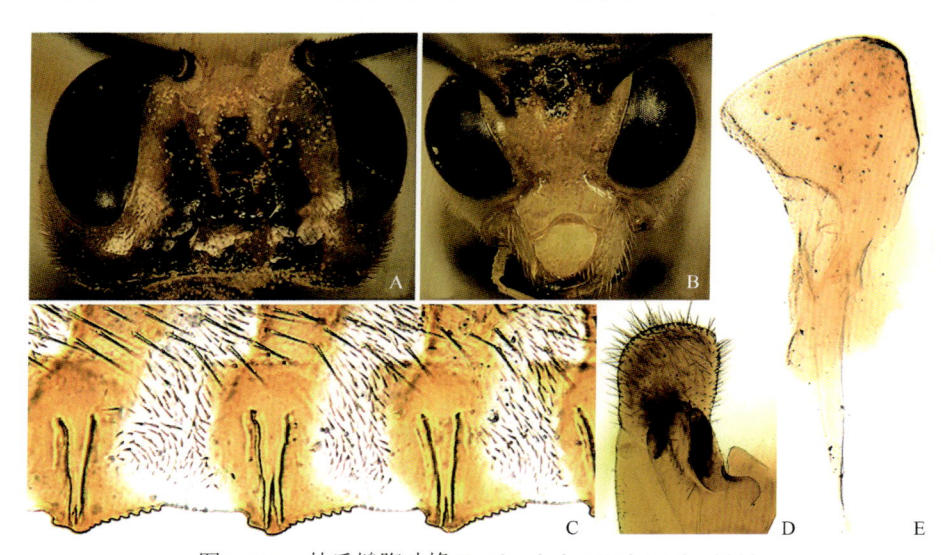

图 3-437　林氏槌腹叶蜂 *Tenthredo lini* Wei & Nie, 2003
A. 雌虫头部背面观；B. 雌虫头部前面观；C. 锯腹片第5–7锯刃；D. 抱器和阳基腹铗内叶；E. 阳茎瓣

（443）长刃槌腹叶蜂 *Tenthredo longiserrula* Wei, 2002（图 3-438）

Tenthredo longiserrula Wei, *in* Wei & Nie, 2002d: 134.

主要特征：雌虫体长14–15mm；头、胸部黄褐色，上唇、唇基、内眶、外眶上半部、中单眼两侧大斑、盾纵沟两侧、中胸小盾片、盾侧凹、后胸背板亮黄色，中胸小盾片附片、中后胸侧板黄白色，触角窝中窝大斑、侧窝长条斑、中单眼围沟、侧单眼两侧蝌蚪形斑、单眼中后沟、后头脊、盾纵沟、中胸前盾片中沟、中胸小盾片前缘黑色；腹部黑褐色，第1–3背板大部分亮黄色，具黑色条斑，6–10背板具黄色斑；触角除鞭节1–3节黑褐色外，均为亮黄色；足亮黄色，后足股节背侧具黑色条斑；翅透明，无烟斑，翅痣黄褐色；小盾片附片无刻点和刻纹；中胸前侧片具浅弱细小刻点；唇基前缘缺口深0.43倍于唇基长，颚眼距0.7倍于单眼直径；单眼后区宽长比等于0.9，后缘脊模糊；触角细长，0.8倍于头、胸部之和，第3节1.1倍于第4节长，鞭节亚端部不膨大，不短缩，第7、8节长宽比约等于3；中胸小盾片无中纵脊；中胸前侧片无腹刺突；后翅臀室具柄式；腹部第1节等宽于第2节；锯刃低，倾斜，中部锯刃很低，具1个内侧亚基齿和25–26个细小外侧亚基齿（图3-438B）。雄虫体长13–15mm；下生殖板长大于宽，端缘弧形；阳茎瓣头叶无明显侧突，端部圆钝（图3-438D）。

分布：浙江（临安、金华）、河南、安徽、湖北、江西、湖南、广西。

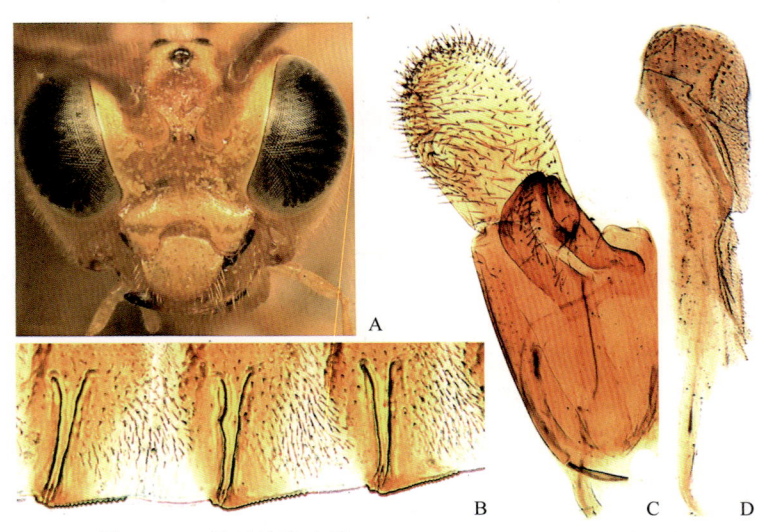

图 3-438　长刃槌腹叶蜂 Tenthredo longiserrula Wei, 2002
A. 雌虫头部前面观；B. 锯腹片第 6–8 锯刃；C. 生殖铗；D. 阳茎瓣

（444）大槌腹叶蜂，新种 Tenthredo megasomata Wei & Niu, sp. nov.（图 3-439）

雌虫：体长 19–20mm（图 3-439A）。体黄褐色，上唇、唇基、内眶、侧单眼前部大方形斑、中胸小盾片附片、外眶大部分、中胸前侧片大斑、中胸后侧片大部分、后胸前侧片、腹部第 1 背板前 1/2 黄白色，中窝上侧缘、侧窝底部、单眼中沟和后沟、后头脊、前盾片中沟、盾纵沟、中胸小盾片前部、腹部第 1 背板前缘狭边黑色；腹部 1–6 背板连接处狭窄横带黑褐色；触角梗节、1–5 鞭分节黑褐色，柄节大部分、6–7 鞭分节亮黄色；足黄褐色，前足胫节外侧、跗节背侧长条斑、中足胫节跗节背侧长条斑、后足股节及胫节和跗节背侧长条斑黑褐色；翅透明，1R1、1Rs、2Rs 和 3R1 室外侧具边界不清晰的烟斑，前缘脉和翅痣黄褐色，其余翅脉大部分暗褐色。

头部光泽较强，额区刻点细小浅弱；小盾片刻点较粗大、密集；附片光滑，无刻点和刻纹；中胸前侧片上半部具浅弱细小刻点，下半部刻点稍大；腹部第 1 背板光滑，刻点极浅弱稀疏，其余各节背板光泽较弱，刻点细密，刻纹模糊。

唇基前缘缺口底部浅弧形，深 0.4 倍于唇基长，侧叶端缘宽钝（图 3-439B）；颚眼距约 0.6 倍于单眼直径；复眼下缘间距 0.64 倍于复眼长径；额区平坦，低于复眼顶面，无额脊；触角窝上突不隆起，中窝底部无中脊；单眼中沟宽深、后沟细浅；POL：OOL：OCL=5：13：11；单眼后区宽长比等于 1.1，后缘脊模糊，侧沟细浅，向后明显分歧；背面观后头约等于复眼 1/3 长，两侧向后明显收缩（图 3-439C）；后颊脊全缘式，下部无褶皱。触角细，长 0.75 倍于头、胸部之和，第 3 节 1.4 倍于第 4 节长，鞭节亚端部不膨大，端部 4 节不短缩，第 7、8 节长宽比约等于 2.8。中胸小盾片隆起，纵脊模糊；小盾片附片隆起，中纵脊明显；中胸前侧片中部稍隆起，顶部圆，无腹刺突。后足胫节内距 0.45 倍于后足基跗节长，约等于其后 3 跗分节之和；爪内齿短于外齿。前翅 cu-a 脉位于 1M 室基部约 2/9 处，2r 脉交于 2Rs 室中部，2Rs 室 1.2 倍于 1Rs 室长；后翅臀室具短柄式。背面观腹部第 1 节不隆起，等宽于第 2 节；侧面观腹部棒槌状，5–7 节高于其余背板；第 7 腹板中突两侧截形，无耳叶突，中突明显（图 3-439E）；产卵器等于后足基跗节长，侧面观端缘背顶角稍突出；背面观锯鞘狭长，鞘毛明显弯曲；锯腹片较窄长，28 锯刃，节缝明斑上端尖，向下渐宽，刺毛较稀疏（图 3-439D）；锯刃窄，明显倾斜突出，中部锯刃具 1 个内侧亚基齿和 1 个外侧亚基齿（图 3-439D）。

雄虫：体长 17mm；下生殖板长约等于宽，端部圆钝；抱器长明显大于宽，端部突出；阳茎瓣头叶近似椭圆形，侧脊明显（图 3-439F）。

分布：浙江（龙泉）。

词源：本种是 *T. fortunei* 种团体型最大的种类，以此命名。
正模：♀，浙江龙泉凤阳山官埔垟，27°55′N、119°11′E，海拔 838m，2009.Ⅳ.27（ASMN）。
鉴别特征：本种与 *T. fortunii* Kirby 近似，锯刃构型也属同一类型，但本种体型明显较大，唇基前缘缺口明显宽浅，单眼后区宽微大于长，后缘具低弱缘脊，颚眼距宽于单眼半径，锯腹片节缝上端尖，锯刃更窄高，间距较窄等，与该种不同。

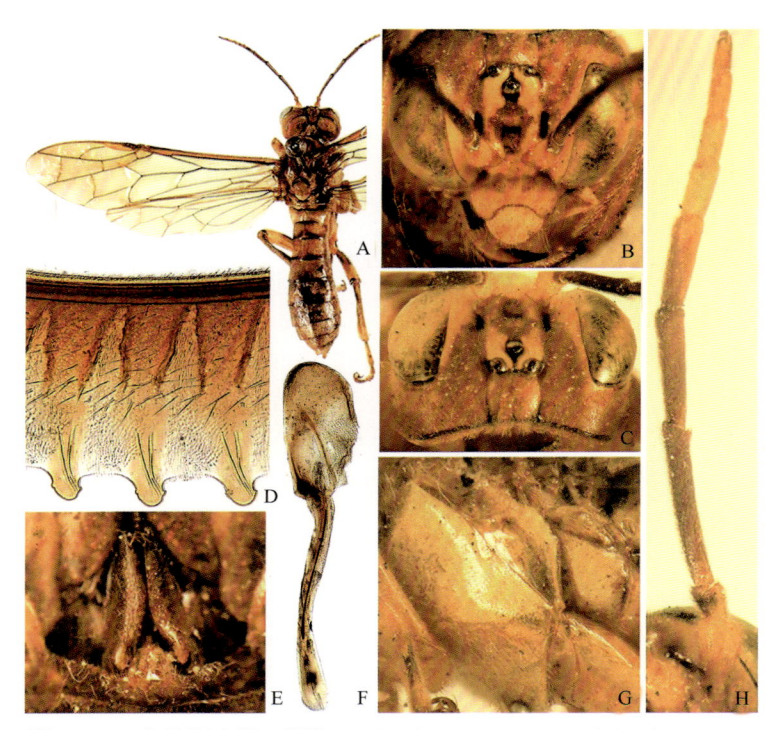

图 3-439 大槌腹叶蜂，新种 *Tenthredo megasomata* Wei & Niu, sp. nov.
A. 雌虫背面观；B. 雌虫头部前面观；C. 雌虫 头部背面观；D. 锯腹片第 8–10 锯刃；E. 下生殖板；F. 阳茎瓣；G. 雌虫中胸侧板；H. 雌虫触角

（445）侧斑槌腹叶蜂 *Tenthredo mortivaga* Marlatt, 1898（图 3-440）

Tenthredo mortivaga Marlatt, 1898: 501–502.
Tenthredopsis basalis Matsumura, 1912: 46–47.

主要特征：雌虫体长 9–11mm。体黑色，头部额区前缘以前部分、后眶中下部、触角第 1 节、前胸背板后缘和翅基片、小盾片、附片、后小盾片、后胸后背板、腹部第 1 背板、第 2–5 背板缘折和第 2–5 腹板黄白色，腹部端部 3–5 节红褐色，触角梗节和鞭节褐色；各足基节大部分黑色，基节端部、转节、前中足股节、前足胫节淡黄色，后足股节和中后足胫跗节红褐色；翅透明，前缘脉浅褐色，翅痣暗褐色；唇基缺口弧形，浅于唇基 1/3 长，颚眼距窄于单眼直径；单眼后区宽长比大于 2；触角窝上突平坦；头部背侧具不规则弱刻纹，有光泽；小盾片圆钝隆起，刻点浅弱稀疏，无脊；附片光滑，无纵脊；中胸侧板微弱隆起，具明显细皱纹；腹部背板刻纹弱，第 2 背板常窄于第 1 背板；爪内齿短于外齿，后翅臀室具点状柄；锯刃明显倾斜突出，中部锯刃具 1 个内侧亚基齿和 3–5 较大的外侧亚基齿（图 3-440I）。雄虫体长 10–13mm；生殖铗见图 3-440E；阳茎瓣头叶近似三角形，背顶角圆钝（图 3-440C）。

分布：浙江（杭州、四明山、衢州、丽水、松阳、龙泉）、河北、河南、陕西、甘肃、江苏、安徽、湖南、福建、广西；俄罗斯（东西伯利亚），韩国，日本。

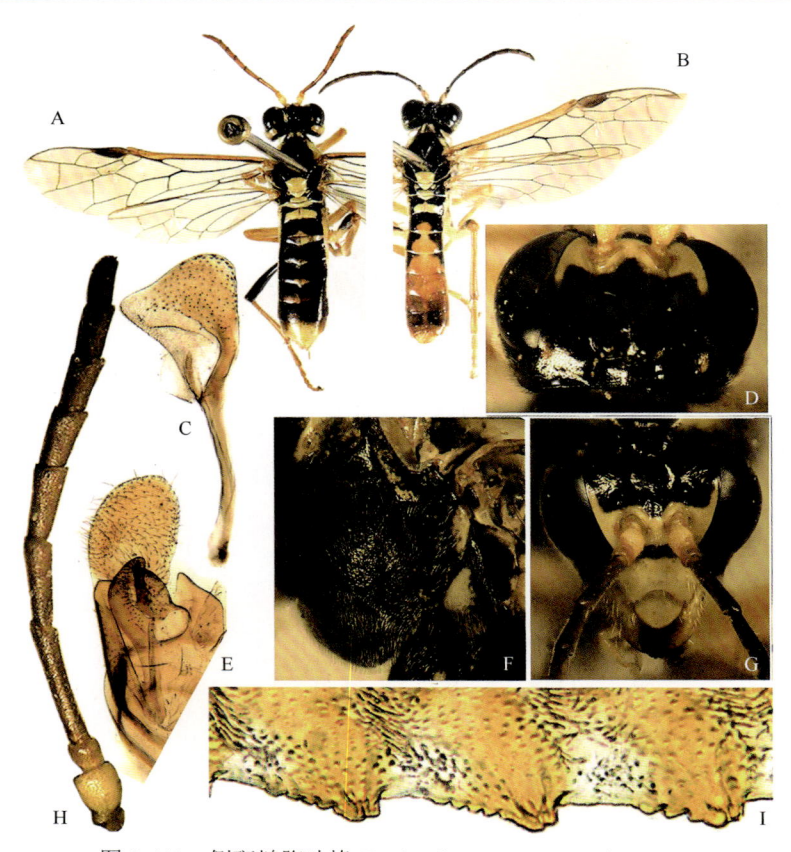

图 3-440 侧斑槌腹叶蜂 *Tenthredo mortivaga* Marlatt, 1898

A. 雌虫背面观；B. 雄虫背面观；C. 阳茎瓣；D. 雌虫头部背面观；E. 生殖铗；F. 雌虫中胸侧板；G. 雌虫头部前面观；H. 雌虫触角；I. 锯腹片第 6–8 锯刃

（446）九斑槌腹叶蜂 *Tenthredo novemmacula* Niu, Hu & Wei, 2017（图 3-441）

Tenthredo novemmacula Niu, Hu & Wei, 2017: 192.

主要特征：雌虫体长 13–15mm；体黄褐色，上唇、唇基、内眶、外眶中部、中单眼和侧单眼前小斑、侧沟周围及两侧圆斑、单眼后头区后缘脊、前胸背板前缘、中胸前盾片、中胸小盾片两侧三角形斑、中胸

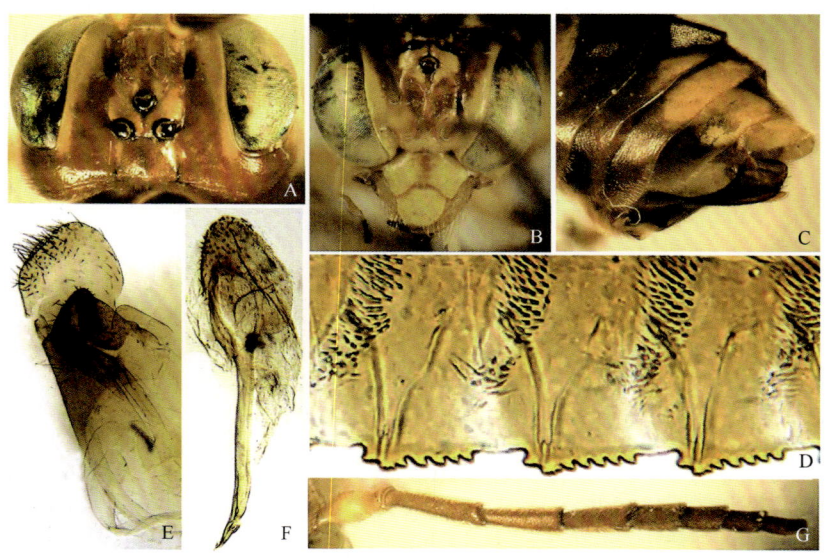

图 3-441 九斑槌腹叶蜂 *Tenthredo novemmacula* Niu, Hu & Wei, 2017

A. 雌虫头部背面观；B. 雌虫头部前面观；C. 腹部端部侧面观；D. 锯腹片第 8–10 锯刃；E. 生殖铗；F. 阳茎瓣；G. 雌虫触角

小盾片附片、中胸前侧片上半部、中胸后侧片背侧、后胸前侧片、腹部第 1 背板前 1/2 及侧板亮黄色，侧窝、上眶大部分、后眶大部分、中胸盾片、腹部 5–7 背板大部分黑褐色；触角柄节、梗节和 7–9 节黄褐色，3–6 节黑褐色；足亮黄色，前中足胫节跗节背侧、后足股节外侧、胫节跗节背侧黄褐色条斑；翅透明无烟斑，前缘脉黄褐色，翅痣黄褐色；小盾片附片光滑；前缘缺口深 0.5 倍于唇基长，颚眼距 0.75 倍于单眼直径；单眼后区宽长比等于 1.5；触角细，长 0.6 倍于头、胸部之和，第 3 节 1.3 倍于第 4 节长，鞭节亚端部微弱膨大；小盾片强烈隆起，中纵脊明显；中胸前侧片明显隆起，无腹刺突；后翅臀室具短柄式；锯刃明显倾斜突出，中部锯刃具 1 个内侧亚基齿和 4 个大外侧亚基齿。雄虫阳茎瓣见图 3-441。

分布：浙江（临安）、安徽、江西、湖南。

（447）室带槌腹叶蜂 *Tenthredo nubipennis* Malaise, 1945（图 3-442）

Tenthredo nubipennis Malaise, 1945: 191.

主要特征：体长雄虫 12–13mm，雌虫 15–17mm。体棕褐色，具少数不明显的黑色条斑和较多淡黄色斑纹，足无黑色条斑，触角鞭节黑褐色，端部不明显变淡；翅浅烟褐色，沿 Rs 脉及下侧具显著纵向烟斑，翅痣浅褐色；唇基缺口较深，侧叶较突出；触角窝上突和额脊低弱，无中窝；头部背侧具细小稀疏但明显的刻点，光泽较强；单眼后区宽大于长，无中脊；触角等长于头、胸部之和，第 3 节长 1.4 倍于第 4 节，鞭节亚端部稍膨大；中胸背板具显著刻点，小盾片圆形隆起，无顶点和中纵脊，刻点显著；附片具刻点，无明显中脊；中胸前侧片具浅弱但显著的刻点，下部低钝隆起，无中胸腹刺突；腹部第 1、2 背板之间显著缢缩，中端部腹节明显膨大；后翅臀室具短柄；锯鞘等长于后足 1–3 跗分节之和，锯腹片约 32 刃，节缝刺毛密集，第 8–10 锯刃见图 3-442D，锯刃低平，外侧亚基齿显著，7–8 枚。雄虫下生殖板端部钝截形；抱器宽大于长，阳基腹铗内叶粗壮（图 3-442E）；阳茎瓣见图 3-442F。

分布：浙江（临安、松阳、溪口、龙泉）、陕西、安徽、湖北、江西、湖南、福建、广东、广西、重庆、贵州。

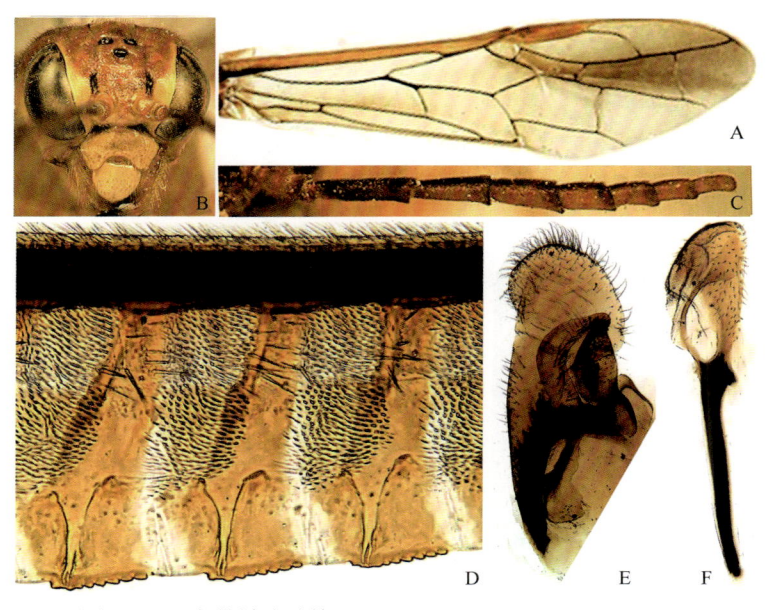

图 3-442　室带槌腹叶蜂 *Tenthredo nubipennis* Malaise, 1945
A. 前翅；B. 雌虫头部前面观；C. 雌虫触角；D. 中部锯节；E. 生殖铗；F. 阳茎瓣

（448）斜盾槌腹叶蜂 *Tenthredo plagionotella* Niu, Hu, Luo & Wei, 2019（图 3-443）

Tenthredo plagionotella Niu, Hu, Luo & Wei, 2019: 324.

主要特征：雌虫体长 15–17mm；体棕褐色，上唇、唇基、上颚大部分、内眶条斑、前胸背板后缘和沟前部侧叶、中胸背板侧叶内侧条斑、小盾片中部、附片、后胸后背板中部、胸部侧板、腹部第 1–4 背板后部、1–5 背板缘折、6–9 背板气门后侧斑、腹部腹板大部分、锯鞘端大部分黄白色；中窝和侧窝底部小斑、单眼围沟、后足中部细条斑、中胸小盾片前缘和后缘、淡膜区侧斑，以及腹部 1、2 背板节间细横条斑黑褐色；触角第 1–5 节暗黄褐色，6–9 节暗褐色；足亮黄棕色，基节大部分、股节大部分、胫节端部较淡；翅透明，前翅前侧长条形烟褐斑位置明显靠前，前缘脉和翅痣浅黄褐色（图 3-443C）；唇基前缘缺口深 0.4 倍于唇基长，底部圆钝，侧叶三角形；颚眼距约 0.6 倍于单眼直径；单眼后区隆起，宽长比等于 1.6，后缘脊低弱，稍可分辨；触角长 2 倍于头部宽，第 3 节 1.5 倍于第 4 节长，鞭节亚端部不膨大；中胸前侧片中部锥状隆起，顶端突出但不尖，无腹刺突，上半部和隆起部周围刻点较大但浅弱；小盾片强烈隆起，顶部稍尖，中纵脊短但明显，附片光滑，无刻点和刻纹；后翅臀室具点状柄；锯腹片具 32 锯刃，锯刃具 3 个巨型裂齿，刃间膜短（图 3-443D）。雄虫体长 11–13mm；抱器长大于宽，端部收窄（图 3-443E）；阳茎瓣见图 3-443F。

分布：浙江（临安）、安徽、江西、湖南、广东。

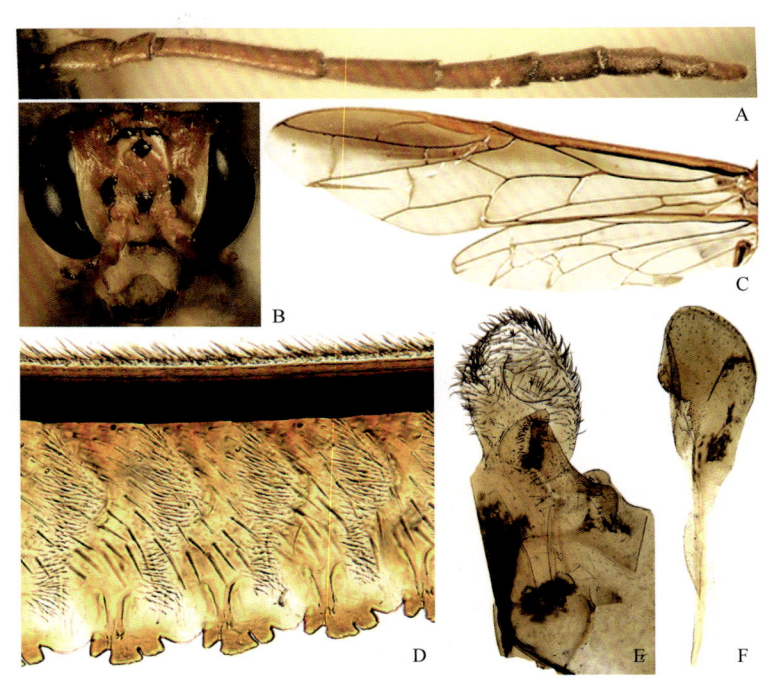

图 3-443 斜盾槌腹叶蜂 *Tenthredo plagionotella* Niu, Hu, Luo & Wei, 2019（仿自 Niu *et al.*, 2019）
A. 雌虫触角；B. 雌虫头部前面观；C. 翅；D. 锯腹片第 9–11 锯刃；E. 生殖铗（左侧）；F. 阳茎瓣

（449）刻附槌腹叶蜂 *Tenthredo pseudocylindrica* Wei & He, 2008（图 3-444）

Tenthredo pseudocylindrica Wei & He, *in* Yan, Wei & He, 2008: 283.

主要特征：雌虫体长 15mm（图 3-444A）；头、胸部橘褐色，腹部深褐色，唇基、上唇、唇基上区、内眶狭斑、后眶下部、前胸背板沟前部、后缘及侧缘、中胸背板侧叶内侧短条斑、盾侧凹、附片、中胸前侧片上部大斑、后侧片后缘、后胸背板大部分、后胸前侧片、第 1 背板大部分、第 2 及 3 背板后缘和外角、第 4–8 节背板后侧角椭圆斑、第 6–8 节背板中部椭圆形对斑、第 10 节背板、各节腹板大部分黄白色；触角基部 2 节橘褐色，鞭节黑褐色，向端部逐渐加深为黑色；足黄色，具黑褐色条斑；翅透明，烟黄色，前缘脉和翅痣浅褐色，围绕 Rs 脉具边界不很确定的暗烟色纵条斑；小盾片具锐利中纵脊，前坡几乎光滑，后坡和附片具密集粗刻点；中胸前侧片高度光滑，光泽很强，中部低锥状隆起，腹板具细小稀疏刻点；单眼后区宽1.4倍于长；触角等长于头、胸部之和，亚端部稍膨大，第3节长约为第4节的1.4倍；中胸前侧片中部明显隆起，隆起部顶部端圆钝，侧板腹侧无刺突；后翅臀室柄显著；锯腹片34刃，锯刃低长，微弱突出，外侧亚基齿细小，约13枚（图3-444C）。雄虫体长14mm；胸部侧板和腹板全部黄白色，腹部端部黑褐色（图3-444B）；阳茎瓣见图3-444E。

分布：浙江（临安、龙泉）、安徽、湖北、江西、湖南、广西。

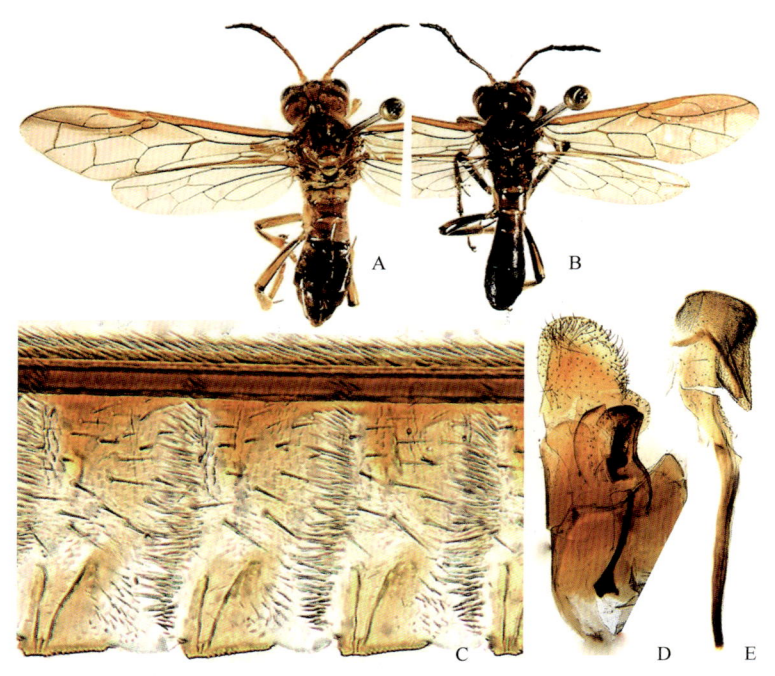

图3-444 刻附槌腹叶蜂 *Tenthredo pseudocylindrica* Wei & He, 2008
A. 雌虫背面观；B. 雄虫背面观；C. 锯腹片第10–12锯刃；D. 生殖铗；E. 阳茎瓣

（450）细条槌腹叶蜂 *Tenthredo tilineata* Wei & Nie, 2002（图3-445）

Tenthredo tilineata Wei & Nie, 2002a: 458.

主要特征：雌虫体长12–13mm；体棕褐色；前单眼凹、侧单眼外侧小型斜斑、单眼后沟、单眼后区中脊中部、中窝和侧窝底部、上颚末端、中胸背板前叶中沟、侧叶外前角小斑、中后胸后侧片前缘中部、小盾片后缘、后胸后背板后缘、腹部第1–2背板前缘黑色，唇基、上唇、上颚外侧大部分、下眶、颜面、额脊、单眼后区两侧小斑、内眶狭边、后眶大部分、口须、前胸背板前部和后缘、中胸背板前叶两侧部分、侧叶内侧长三角形斑、小盾片前部、附片、中后胸前侧片大部分、腹部第1背板大部分、其余背板和腹板后缘淡黄色；触角较细，背侧黑褐色，腹侧褐色，约与腹部等长，第3、4节长度比为4：3；足黄褐色，后足基节前外侧、后足股节基部1/3前侧、前中足胫节后侧、后足胫节前侧和后侧具黑色条斑；翅浅烟褐色，无烟斑，翅痣黄褐色；唇基缺口浅于唇基1/3长；单眼后区宽1.5倍于长；小盾片光滑，圆钝无脊，附片和中胸前侧片光滑；腹部第1–2背板之间明显缢缩；后翅臀室具短柄；锯腹片中部锯刃倾斜突出，外侧亚基齿明显，3–5枚（图3-445C）。雄虫体长约11.5mm；抱器长约等于宽，端部收窄（图3-445D）；阳茎瓣见图3-445E。

分布：浙江（临安）、湖南、广西、贵州。

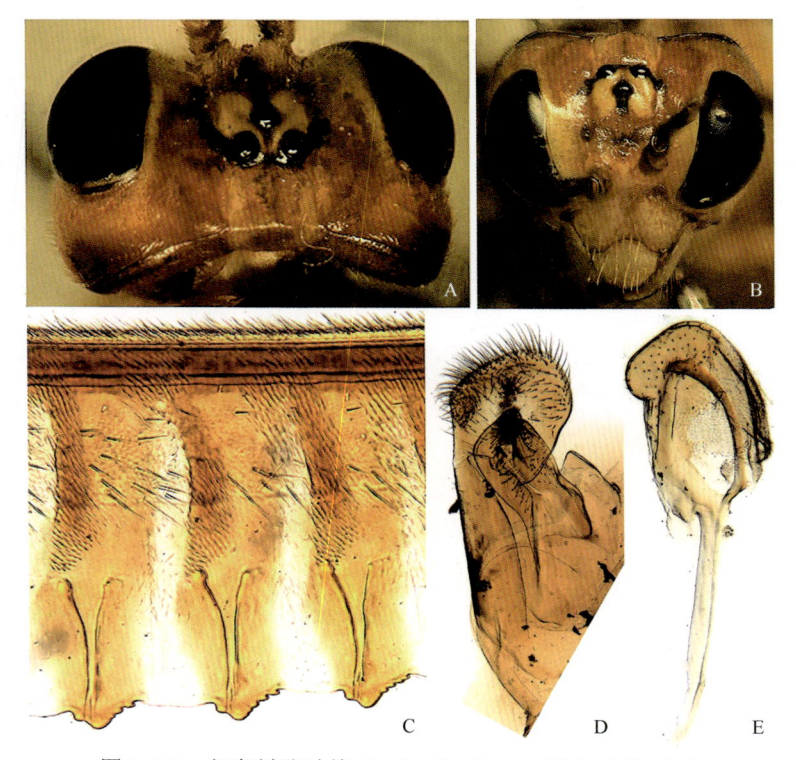

图 3-445 细条槌腹叶蜂 *Tenthredo tilineata* Wei & Nie, 2002
A. 雌虫头部背面观；B. 雌虫头部前面观；C. 锯腹片第 7–9 锯刃；D. 生殖铗；E. 阳茎瓣

（451）肖氏槌腹叶蜂 *Tenthredo xiaoweii* Wei & Nie, 2003（图 3-446）

Tenthredo xiaoweii Wei & Nie, *in* Wei, Nie & Xiao, 2003: 104.

主要特征：体长 17–18mm；体背侧和触角梗节暗黄褐色，头、胸部腹侧和触角柄节、翅基片、前胸背板后缘、中胸背板前叶两侧、侧叶内侧小斑、小盾片前部、附片、盾侧凹、腹部 1 背板大部分亮黄褐色，腹部腹面黄褐色；中窝和侧窝底部、单眼圈、触角鞭节、前胸背板沟底中段、中后胸侧板缝、淡膜区两侧

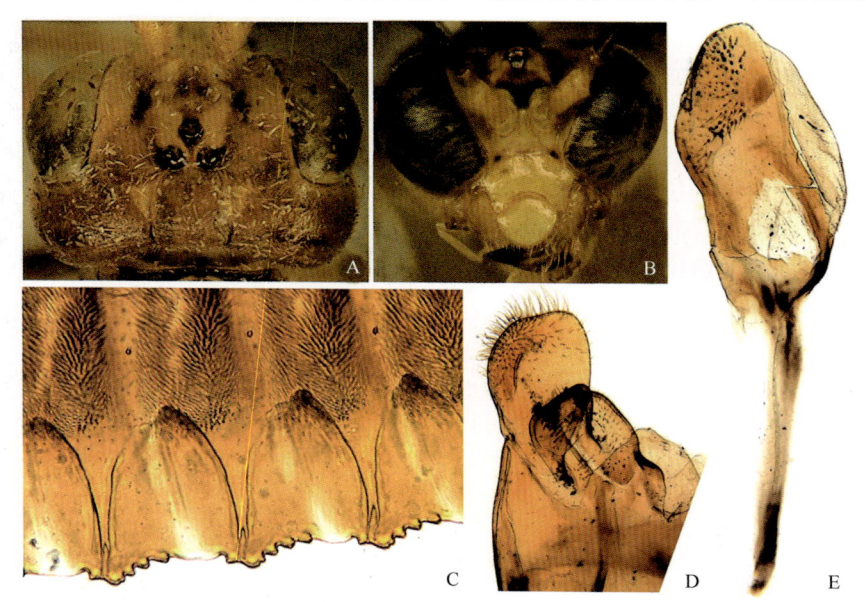

图 3-446 肖氏槌腹叶蜂 *Tenthredo xiaoweii* Wei & Nie, 2003
A. 雌虫头部背面观；B. 雌虫头部前面观；C. 锯腹片第 9–11 锯刃；D. 生殖铗（左侧上部）；E. 阳茎瓣

小斑、中足胫节基部2/3、后足胫节基部4/5、腹部3–5节背板基缘黑褐色；翅浅烟色透明，端部稍暗，无纵斑，翅痣和前缘脉黄褐色；唇基缺口弧形，深约为唇基长的1/3；颚眼距等于单眼半径；单眼后区宽长比等于1.2 触角等长于头、胸部之和，第3节1.5倍长于第4节，鞭节亚端部不膨大；小盾片无纵脊和尖顶，刻点细弱，附片光滑；中胸侧板无刻点和刻纹，下部尖锥形隆起；中胸腹板无刺突；后翅臀室具点状短柄；腹部第1节等宽于第2节；锯腹片窄长，33–34刃，节缝刺毛十分密集；锯刃倾斜，内侧亚基齿1枚，外侧亚基齿4–5枚，较大且明显分离（图3-446C）。雄虫体长16mm，后足股节背侧和中后足胫节具黑色条斑，下生殖板端部钝截形；抱器见图3-446D，阳基腹铗内叶短宽；阳茎瓣见图3-446E。

分布：浙江（平湖、临安）、湖南、福建、广西。

（452）突刃平斑叶蜂，新种 *Tenthredo baishanzua* Wei & Niu, sp. nov.（图3-447）

雌虫：体长18mm。体和足红褐色；上颚末端、触角第2节和鞭节全部、后足胫节端部1/3–1/2、后足跗节全部黑色。翅烟黄色，前翅端部1/3弱具黑褐色烟斑，烟斑内侧接近但不接触翅痣末端，边界弯折但清晰，翅斑内翅脉黑色，其余翅脉全部黄褐色。体毛淡黄褐色，触角第2–9节被毛，以及头部、胸部、腹部背侧细毛大部分黑褐色，少量黄褐色。

唇基表面光滑，光泽强，刻点粗大、稀疏；额区和邻近的内眶部分具微细刻纹和稍密集的刻点，光泽较弱；上眶大部分、单眼后区刻点细小，稍密集，后眶大部分具极稀疏浅弱刻点，无刻纹，光泽强；颚眼距具微弱刻纹；前胸背板大部分无刻纹和刻点，光泽强，后角和后缘刻点稍明显；中胸背板前叶和侧叶顶部具细密小刻点，其余部分刻点细小稀疏；小盾片前坡刻点稀疏细小，后坡刻点明显，稍密集；附片两侧具粗大密集刻点；后胸背板大部分光滑；中胸前侧片上半部无明显刻纹，刻点十分稀疏、很浅弱，中部隆起部分具少数粗大密集刻点；中胸前侧片腹侧无刻纹，刻点细小均匀，光泽强；中胸后侧片和后胸侧板无明显刻点和刻纹；腹部第1、2背板高度光滑，无刻点和刻纹，第3–10背板具极微弱刻点和刻纹，光泽强。

唇基中部微弱隆起，前缘不薄，缺口宽深，底部宽圆，深约为唇基长的1/2，侧叶窄，端部圆钝（图3-447D）；上唇宽大，近似圆形；颚眼距约等于侧单眼直径；复眼内缘向下强烈收敛，下缘间距0.7倍于复眼高；内眶较陡峭；触角窝上突微弱隆起，前部不高于后部，互相平行，与低钝隆起的额脊会合；中窝窄长，底部无中纵突；单眼中沟稍深，后沟宽浅；单眼后区明显隆起，约等高于单眼顶面，宽长比约等于1.1，具低弱但明显的中纵脊，后缘脊明显；侧沟较宽深，中部向外微弱弯曲，近似平行；背面观后头两侧中部微弱膨大，后部向后稍收敛，约等长于复眼4/5长（图3-447B）；侧面观后眶等于复眼宽；后颊脊完整、锐利，下部不弯折。触角细长，稍侧扁，等长于头、胸部和腹部1–3背板之和，长于前翅C脉，第3节0.95倍于第4节长，第8节长宽比约等于3，第5节稍宽于基部和端部。中胸小盾片钝锥状隆起，顶角微弱突出，稍高于中胸盾板平面，无明显中纵脊；附片宽三角形，具明显中纵脊（图3-447C）；中胸前侧片中部低钝锥状隆起，无显著尖突，下部无腹刺突；后胸淡膜区较小，间距1.8倍于淡膜区长径。前翅2Rs室微短于1R1+1Rs室，2r脉交于2Rs室上缘外侧1/3，cu-a脉交于1M室下缘基部1/4；后翅臀室无柄式。后足胫节内胫距长约0.7倍于基跗节，基跗节1.05倍于其后3个跗分节之和；爪内齿明显宽于并长于外齿（图3-447E）。第7节腹板后缘中部不凹入，具大三角形中突，外侧缘明显向后延伸，但无三角形侧突；锯鞘1.2倍于中足胫节长，1.8倍于后足基跗节长，鞘端1.5倍于鞘基长；锯腹片多于26刃，锯刃叶片状突出，中部内侧锯刃见图3-447F。

雄虫：未知。

分布：浙江（庆元）。

词源：本种以模式标本产地命名。

正模：♀，浙江庆元百山祖，1050m，1963.VII.25，金根桃（中国科学院上海昆虫研究所）。

鉴别特征：本种与尖胸平斑叶蜂 *Tenthredo acuminipleuralis* Wei & Nie, 2003近似，但本种唇基前缘缺口等于唇基1/2长，单眼后区后缘具明显缘脊，触角第3节短于第4节，爪内齿长于外齿，后翅臀室无柄式，中胸前侧片无尖突，额区刻点明显，后眶刻点十分浅弱稀疏，附片两侧和中胸前侧片中部具粗大刻点，后足胫节端部 1/3–1/2 黑褐色，第 7 腹板后缘两侧无尖突，锯刃半圆形突出等，与该种不同。

图 3-447　突刃平斑叶蜂，新种 Tenthredo baishanzua Wei & Niu, sp. nov. 雌虫
A. 成虫背面观；B. 头部背面观；C. 小盾片、附片和淡膜区；D. 头部前面观；E. 爪；F. 锯刃；G. 后足

（453）钩瓣平斑叶蜂 *Tenthredo becquarti* (Takeuchi, 1940)（图 3-448）

Tenthredella becquarti Takeuchi, 1940: 465.

Tenthredo becquarti: Wei, Nie & Xiao, 2003: 165.

主要特征：体长 14–15mm；体橘褐色，复眼内缘、后眶下端、颚眼距、上唇、唇基、后胸前侧片白色，上颚端部、触角第 3 节腹缘及第 4–9 节全部、中胸腹板、腹部第 5 背板除侧角外、6–10 背板、6–7 腹板及

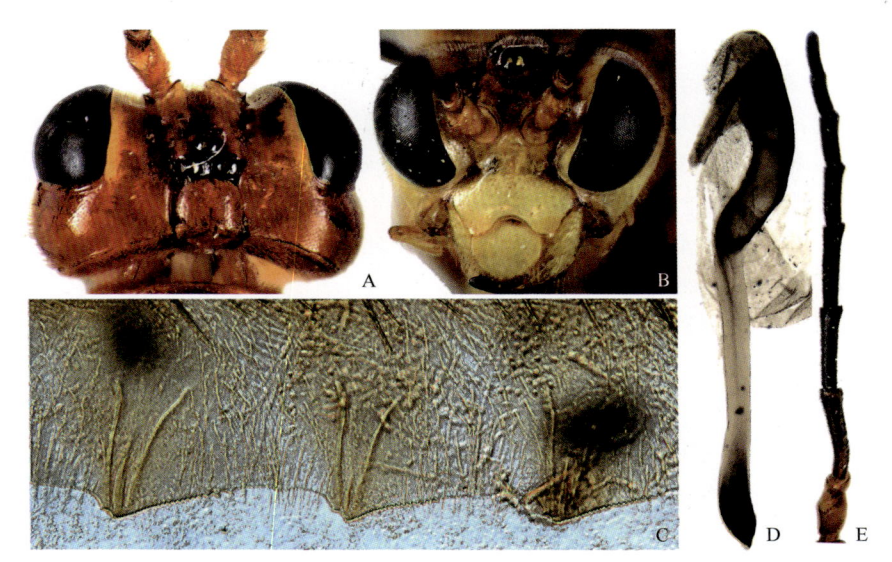

图 3-448　钩瓣平斑叶蜂 *Tenthredo becquarti* (Takeuchi, 1940)
A. 雌虫头部背面观；B. 雌虫头部前面观；C. 锯腹片第 7–9 锯刃；D. 阳茎瓣；E. 雌虫触角

锯鞘黑色；翅烟黄色，翅痣外侧深烟褐色，烟斑不与翅痣接触，翅痣和前缘脉黄褐色；小盾片大部分、附片侧角、中胸腹板、后胸后侧片具细密刻点，附片中部、后胸背板、后胸前侧片光滑无刻点，中胸前侧片和后侧片具细密刻点和刻纹，腹部背板光滑；唇基缺口窄浅，底部圆弧形，侧叶较宽（图 3-448B）；颚眼距等于单眼直径；触角窝上突几乎不隆起；单眼后区近方形；触角长于头、胸部之和，第 3 节稍长于第 4 节（图 3-448E）；中胸小盾片隆起，顶部圆钝，附片无中纵脊；中胸前侧片具腹缘脊，无腹刺突；后翅 cu-a 脉交于臀室末端；爪无基片，内齿短于外齿；锯鞘长于后基跗节，鞘端稍长于鞘基；锯腹片 27 刃，锯刃倾斜，亚基齿极细，中部锯刃内侧亚基齿 1 枚，外侧亚基齿 24–27 枚（图 3-448C）。雄虫体长 13mm；中胸腹板、腹部第 5 背板、腹部各腹板、下生殖板黄褐色；下生殖板近方形，端部圆钝；阳茎瓣头叶较窄，弧形弯曲（图 3-448D）。

分布：浙江（临安）、河南、安徽、湖北、湖南、福建。

（454）锚附平斑叶蜂 *Tenthredo concaviappendix* Wei, 1999（图 3-449）

Tenthredo concaviappendix Wei, in Wei, Wen & Deng, 1999: 21.

主要特征：雌虫体长 11mm，雄虫未知；体和足黄褐色，复眼、单眼、触角第 1 节端缘和外侧条斑、2–9 节全部、腹部第 6 节背侧大斑及 7–10 节全部黑色，后足跗节黑褐色；翅烟黄色，端部 1/3 烟黑色，翅痣和缘脉黄褐色，黑斑内缘界限显著，邻近但不接触翅痣；后翅端缘烟黑色，边界明显；中胸背板和小盾片细毛黑色，附片无黑毛；唇基缺口较小，半圆形，深度稍短于唇基一半长；触角窝上突小，不明显隆起，与额脊平缓连接，额区稍低于复眼平面；单眼后区长等于宽，中央具细低中纵脊；侧沟深，向后稍分歧；背面观后头两侧稍收缩，长约为复眼一半，颊脊完整无褶；触角约等长于胸、腹部之和，第 3 节稍短于第 4 节，第 5–9 节稍侧扁；唇基两侧和后颊下端具少许较小刻点，额区和内眶中部刻点较密集，头部背侧其余部分刻点细疏，中胸背板刻点细小稀疏；小盾片强烈隆起，具短而锐利的顶角，中纵脊不明显，两侧及后缘具少许刻点；附片后缘及中央隆起，两侧中部凹入，无明显刻点和刺毛；中胸侧板角状隆起，刻点粗大密集，无腹刺突；爪内齿明显长于外齿；后翅臀柄点状；腹部背板无明显刻纹；锯鞘端显著长于鞘基；锯腹片 27 刃，第 7–10 锯刃见图 3-449C，锯刃微弱倾斜，亚基齿显著，内侧 2–3 枚，外侧 5–6 枚。

分布：浙江（临安）、河南、湖南。

图 3-449 锚附平斑叶蜂 *Tenthredo concaviappendix* Wei, 1999 雌虫
A. 头部背面观；B. 头部前面观；C. 锯腹片第 7–10 锯刃；D. 爪；E. 触角

(455) 斑腹平斑叶蜂 *Tenthredo elegans* (Mocsáry, 1909)（图 3-450，图版 X-4）

Allantus elegans Mocsáry, 1909: 31.

Tenthredo elegans: Wei, Nie & Xiao, 2003: 109.

Tenthredo gribodoi Konow, 1898a: 89, nec. Costa, 1894.

Tenthredella birmensis Rohwer, 1917: 151, name for *Tenthredo gribodoi* Konow, 1898.

主要特征：体长 14–16mm；体黄褐色，触角第 1 节外侧小斑、2–9 节、腹部第 1 节背板、2–4 背板中部、5–10 背板除侧角外、后足股节、胫节、跗节及锯鞘端部黑色；翅烟黄褐色，端部深烟黑色，烟斑与翅痣末端接触，翅痣和中基部翅脉黄褐色；头部额区具细密刻点，单眼后区和上眶具稀浅刻点，附片、后胸背板光滑无刻点，小盾片及盾侧凹、中胸侧板、后胸侧板光滑，刻点稀浅，中胸背板刻点细密；腹部背板光滑无刻点；头、胸部背侧短毛黑色；唇基缺口浅宽，底部圆；颚眼距等宽于单眼直径；触角窝上突不隆起，向上与低钝额脊融合；单眼后区长大于宽，侧沟深，微外弯；背面观后头两侧不收敛，约等于 1/2 复眼长径；侧面观后眶等于复眼宽；触角长于头、胸部之和，第 3、4 节等长；小盾片尖锐隆起，附片具低钝中脊；中胸前侧片腹缘微弱隆起，无腹刺突；后翅臀室无柄式；爪内齿微长于外齿；锯鞘短于后胫节，鞘端长于鞘基；锯腹片 30 刃，基部不细，节缝刺毛带狭窄；锯刃三角形突出，亚基齿细小，中部锯刃内外侧亚基齿各 7–9 枚（图 3-450C）。雄虫体长 13–15mm，下生殖板长稍大于宽，端缘钝截；阳茎瓣头叶端部圆钝，腹侧明显突出，中部斜脊弧形弯曲，中央具窄椭圆形透明区（图 3-450F）。

分布：浙江（龙泉）、湖南、福建、广东、广西、四川、云南；缅甸（北部），越南（北部）。

图 3-450 斑腹平斑叶蜂 *Tenthredo elegans* (Mocsáry, 1909)
A. 头部背面观；B. 唇基和上唇前面观；C. 锯腹片第 7–9 锯刃；D. 爪；E. 雌虫后足；F. 阳茎瓣

(456) 黄氏平斑叶蜂 *Tenthredo huangbkii* Wei & Nie, 2003（图 3-451）

Tenthredo huangbkii Wei & Nie, *in* Wei, Nie & Xiao, 2003: 109.

主要特征：雌虫体长 19mm；体黄褐色，触角 2–9 节、腹部第 6 背板中部、第 7 背板除侧角外、8–10 背板、锯鞘和后足跗节黑色，腹部端部黑色部分具明显蓝色光泽；翅烟黄色，翅痣外侧端部烟黑色部分与翅痣端部接触，C 脉与翅痣黄褐色，M+Cu 脉主干黑色；唇基缺口浅，底部圆；颚眼距等于单眼直径；触角窝上突微弱隆起，与低平额脊融合；单眼后区长微大于宽，侧沟深，微外弯；背面观后头两侧亚平行，后头稍长于 1/2 复眼长径；侧面观后眶等于复眼宽；触角细，稍长于头、胸部之和，第 3 节稍短于第 4 节（图 3-451C）；中胸小盾片强烈隆起，顶部较尖；附片小，具低中纵脊，两侧稍凹；中胸前侧片腹缘微弱隆起，不具脊突，无腹刺突；后翅臀室无柄式；爪内齿长于外齿；锯鞘稍短于后胫节，鞘端稍长于鞘基；锯腹片 30 刃，锯刃三角形突出，刃间段狭窄，锯齿十分细小，中部锯刃内外侧亚基齿各 14–16 枚，节缝刺毛带十分狭窄（图 3-451B）；头部额区、中窝、内眶中部具明显刻点和刻纹，其余部分光滑无刻点；前胸背板、中胸侧板和腹板、后胸侧板和腹部光滑无刻点；中胸背板和小盾片具细密刻点，附片无明显刻点。雄虫体长 16mm；下生殖板宽大于长，端部截形；阳茎瓣头叶三角形，腹侧显著突出。

分布：浙江（临安）、福建。

图 3-451　黄氏平斑叶蜂 *Tenthredo huangbkii* Wei & Nie, 2003 雌虫
A. 头部背面观；B. 锯腹片中部锯刃；C. 触角；D. 雌成虫背面观；E. 锯腹片（基部缺）

（457）变色平斑叶蜂 *Tenthredo melanotarsus* Cameron, 1876（图 3-452）

Tenthredo melanotarsus Cameron, 1876: 467.
Tenthredo melanotarsis Konow, 1898a: 89. Unjustified emendation.

主要特征：雌虫体长 16–18mm（图 3-452A）；体黄褐色，触角柄节外侧斑和 2–9 节、后足胫节末端、跗节及锯鞘黑色，腹部 2、3 背板后缘中部具窄小黑色条纹，第 6 背板中部、7–10 背板全部黑蓝色，具强光泽；翅烟黄色，从翅痣中部起至端部烟黑色，烟色向端部迅速变浅，翅痣基部 2/3 黄褐色，端部 1/3 黑色；头部额区具细密刻点和刻纹，其余部位光滑，中胸小盾片附片、中胸后侧片、后胸背板和侧板光滑无刻点，中胸背板具均匀细密刻点，中胸前侧片腹缘刻点粗浅，腹部背腹板光滑无刻点；头、胸部背侧细毛黑褐色，其余部分细毛褐色；唇基前缘缺口浅弧形，深度约为唇基长的 1/4（图 3-452C），颚眼距稍宽于单眼直径；触角窝上突不隆起，与低钝额脊融合；单眼后区长大于宽（图 3-452D）；触角较细，长于头、胸部之和，第 3 节微长于第 4 节（图 3-452F）；中胸小盾片隆起，具弱中纵脊，顶端尖，附片具低弱中纵脊；中胸前侧片中部稍隆起，无尖突，腹板无刺突；后翅臀室无柄式；爪内齿明显长于外齿；锯鞘长于后基跗节，鞘端长于鞘基；锯腹片 26 刃，锯刃短叶片状突出，亚基齿细小（图 3-452G）。雄虫体长 14–17mm（图 3-452B）；腹部第 1 背板后缘中部具小型黑斑，第 2、3 背板中部黑斑显著；下生殖板蓝黑色；阳茎瓣头叶端部截形，腹侧三角形扩展，斜脊直（图 3-452H）。

分布：浙江（临安、泰顺、宁波）、上海、湖南、福建、广西；印度北部，不丹，尼泊尔。

图 3-452　变色平斑叶蜂 Tenthredo melanotarsus Cameron, 1876
A. 雌虫背面观；B. 雄虫背面观；C. 雌虫头部前面观；D. 雌虫头部背面观；E. 雌虫后足；F. 雌虫触角；G. 锯腹片第 9–11 锯刃；H. 阳茎瓣；I. 雌虫后足爪

（458）黑毛平斑叶蜂 *Tenthredo melli* Mallach, 1933（图 3-453）

Tenthredo melli Mallach, 1933: 273.

主要特征：体长 15–17mm；体黄褐色；触角梗节和鞭节、腹部第 6–10 背板、第 6–7 腹板、锯鞘、后足 1–4 跗分节黑色；唇基、上唇、上颚外侧、颚眼距、后眶下端、复眼内缘、后胸前侧片白色；翅烟黄色，翅痣外侧端部均匀深烟色，烟斑内侧不与翅痣接触，前缘脉与翅痣黄褐色，其余翅脉两色（图 3-453F）；头、胸部背侧具黑色细毛；单眼后区、前胸侧板、中胸背板、附片两侧具浅弱细密刻点和刻纹，中胸前侧片具稀疏刻点；腹部背板光滑无刻点，具细弱皱纹；唇基前缘缺口宽浅，深度短于唇基 1/3 长；颚眼距稍宽于单眼直径；触角窝上突微隆起，与低弱额脊融合；单眼后区长稍大于宽，侧沟深直，向后稍分歧；背面观后头两侧亚平行，后头明显短于复眼；侧面观后眶宽于复眼；触角稍长于头、胸部之和，第 3 节长于第 4 节（图 3-453G）；中胸小盾片隆起，具弱中纵脊；附片具低弱中纵脊；中胸前侧片腹缘稍隆起，腹板无刺突；后翅臀室无柄式；爪内齿明显短于外齿（图 3-453E）；锯鞘短于后基跗节，鞘端长 2 倍于鞘基；锯腹片 25 刃，锯刃微弱倾斜，亚基齿十分细小，中部锯刃外侧亚基齿 30–40 枚（图 3-453C）。雄虫体长 13–5mm；腹部腹板完全黄褐色；下生殖板长大于宽，端部圆钝；阳茎瓣狭长，头叶端部渐窄，无侧叶（图 3-453D）。

分布：浙江（临安）、安徽、湖北、江西、湖南、福建、广东、广西、重庆、四川、贵州。

本种是叶蜂属平斑种团中国最常见种类。

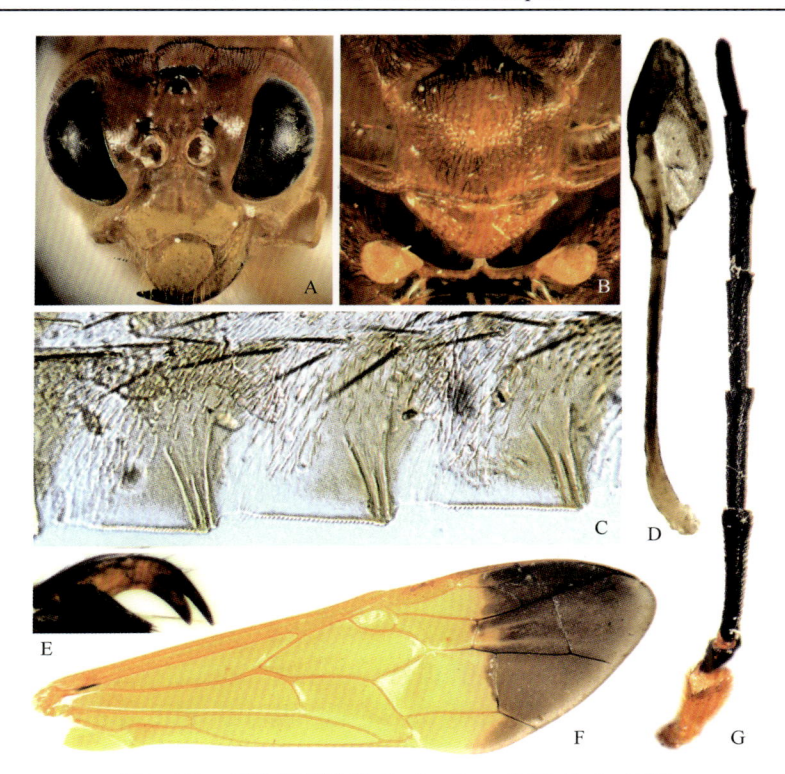

图 3-453 黑毛平斑叶蜂 *Tenthredo melli* Mallach, 1933
A. 成虫头部背面观；B. 中胸小盾片和附片；C. 锯腹片第 7–9 锯刃；D. 阳茎瓣；E. 雌虫后足爪；F. 雌虫前翅；G. 雌虫触角

（459）刻胸平斑叶蜂 ***Tenthredo poeciloptera*** Enslin, 1911（图 3-454，图版 X-5）

Tenthredo poeciloptera Enslin, 1911c: 180.

主要特征：雌虫体长 17–18mm；体红褐色，上颚端部、触角第 1 节外侧条斑、第 2 节大部分、鞭节全部、腹部第 7 背板端部、第 8 背板大部分、第 9–10 背板全部、锯鞘端黑色，后足胫跗节黑褐色；唇基、上唇、上颚大部分、颚眼距、后眶下端、复眼内缘黄褐色；翅烟黄色，前翅端部 1/3 均匀烟黑色，烟斑内侧

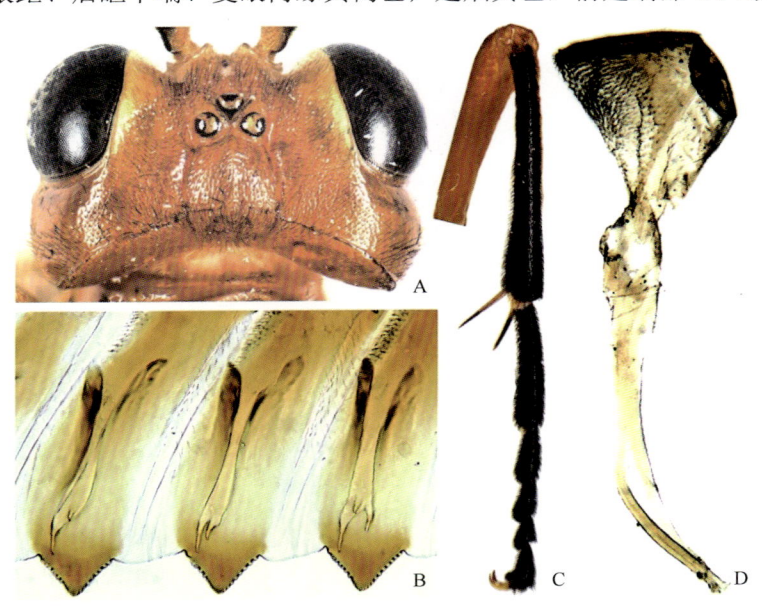

图 3-454 刻胸平斑叶蜂 *Tenthredo poeciloptera* Enslin, 1911
A. 雌虫头部背面观；B. 锯腹片第 7–9 锯刃；C. 后足胫跗节；D. 阳茎瓣

接近但不与翅痣端部接触，后翅端部 1/8 左右具稍弱的烟斑；前翅烟斑内翅脉黑色，其余翅脉和翅痣黄褐色；体毛黄褐色，头、胸部背侧具暗褐色细毛；额区具明显的微细刻纹和细密小刻点，小盾片前坡和后坡刻点浅弱模糊，无刻纹，附片刻点粗糙密集，中胸前侧片大部分光滑，无刻纹和刻点，隆起部顶端附近具少数模糊刻点，腹部背板高度光滑；唇基缺口深约为唇基 3/7 长，颚眼距 1.1 倍于侧单眼直径；触角窝上突微弱隆起；单眼后区长稍大于宽，具微细中纵脊（图 3-454A）；触角微弱侧扁，等长于头、胸部和腹部第 1–3 背板之和，第 3 节稍短于第 4 节；小盾片具明显顶脊，附片无中纵脊；中胸前侧片中部低钝隆起，无腹刺突；后翅臀室无柄式；爪内齿明显长于外齿，锯鞘显著长于中足胫节，锯腹片 37–38 刃，锯刃三角形突出，亚基齿细小（图 3-454B）。雄虫体长 15–16mm；腹部端部无黑斑，后足胫节暗褐色；阳茎瓣长，头叶三角形，斜脊细（图 3-454D）。

分布：浙江（平湖、临安、龙泉）、台湾。

（460）中华平斑叶蜂 *Tenthredo sinensis* Mallach, 1933（图 3-455，图版 X-6）

Tenthredo sinensis Mallach, 1933: 271.
Tenthredo mallachi Wei, Nie & Taeger, 2006: 545.

主要特征：雌虫体长 17–20mm；体瘦长，黄褐色，触角鞭节和腹部端部 3–4 节黑色；体毛黄褐色；足黄褐色，跗节端部暗褐色；翅烟黄色，前翅端部 1/5 强明显烟黑色，内侧边界清晰，远离翅痣，仅伸抵 2r 脉端部，前缘脉和翅痣黄褐色，翅烟黄色具部分黑色翅脉，后翅端部无烟斑；头部背侧、胸腹部背侧覆盖黑色细毛；唇基缺口宽大，稍深于唇基 1/2 长，缺口中部宽几乎 2 倍于唇基侧叶（图 3-455B）；单眼后区宽稍大于长，无中脊；侧沟较深，稍弯曲（图 3-455A）；触角窝上突平坦，额脊不明显；触角等长于前翅 C 脉，第 3 节 1.25 倍于第 4 节长；后翅臀室具显著短柄；小盾片圆钝隆起，无顶脊，后坡刻点浅弱模糊；附片光滑，具明显的细浅中沟，无刻点；中胸侧板中部强度隆起，光滑，无明显刻点，无腹刺突；腹部第 1 背板光滑无刻纹，大部分光裸无毛，仅中缝附近具部分黑色细毛；爪具小型基片，内齿明显短于外齿（图 3-455D）；锯鞘短于后足基跗节，锯腹片 25 刃，中部锯刃内侧亚基齿 1 枚，外侧亚基齿 2–3 枚，较模糊（图 3-455C）。雄虫体长 14–16m；后足基跗节细长，不膨大；下生殖板长大于宽，端部圆钝；阳茎瓣头叶短小，端部斜截形，内顶角突出（图 3-455F）。

分布：浙江（临安、丽水、龙泉）、河南、陕西、安徽、湖北、湖南、广东、广西、贵州。

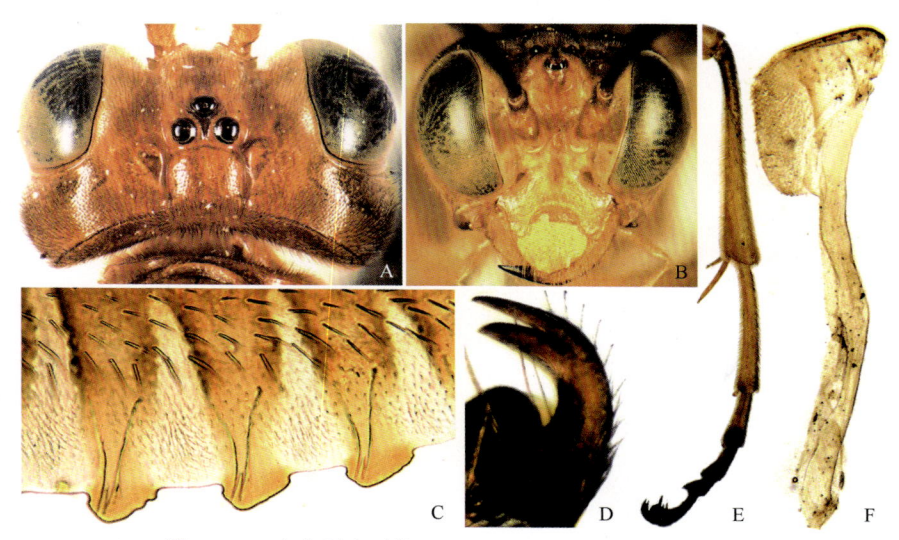

图 3-455 中华平斑叶蜂 *Tenthredo sinensis* Mallach, 1933
A. 雌虫头部背面观；B. 雌虫头部前面观；C. 锯腹片第 7–9 锯刃；D. 雌虫爪；E. 后足胫跗节；F. 阳茎瓣

第三章 叶蜂亚目 Tenthredinomorpha

（461）东缘平斑叶蜂 *Tenthredo terratila* Wei & Nie, 2002（图 3-456，图版 X-7）

Tenthredo terratila Wei & Nie, 2002d: 127.

主要特征：雌虫体长 18–19mm；体和足黄褐色，额侧沟大部分、单眼区、单眼后区、前胸背板侧叶中部、侧板上部、中胸背板前叶小斑、侧叶 1 大 1 小斑纹、中胸前侧片前侧小斑、后侧片上半部、后胸后侧片、后足基节后侧小斑黑色；触角基部 4 节红褐色，2–4 节外侧黑色，第 3 节端部和第 4 节全部内侧黄色，端部 5 节黑色；翅弱烟黄色透明，端部 1/3 具远离翅痣的显著烟褐色斑，前缘脉和翅痣黄褐色；唇基端部缺口宽浅弧形，底部圆钝，深 0.3 倍于唇基长；颚眼距约 2 倍于单眼直径；触角窝上突明显隆起，后端与额脊微弱分离；单眼后区宽稍大于长，具细中纵脊，侧沟深直，向后分歧（图 3-456A）；触角等长于腹部，第 3 节稍长于第 4 节（图 3-456D）；小盾片顶部圆，具模糊纵脊；附片平坦，具刻点；胸部侧板光滑；中胸前侧片下部圆钝隆起，无腹刺突；腹部背板几乎光滑；后翅臀室无柄式；锯腹片锯刃几乎平直，微倾斜，中部锯刃具 2–3 个内侧亚基齿、26–30 个外侧亚基齿，亚基齿细小（图 3-456C）。雄虫体长 16mm；单眼后区黑斑小或缺，中后胸侧板无黑斑，几乎全部黄白色；阳茎瓣头叶椭圆形，端部圆钝（图 3-456E）。

分布：浙江（临安）、河南、陕西、江西、湖南、广西、贵州。

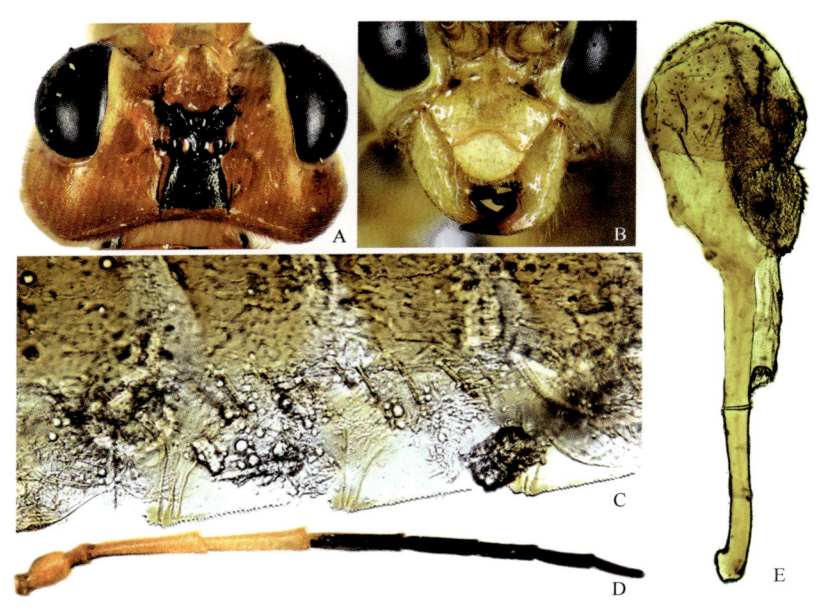

图 3-456 东缘平斑叶蜂 *Tenthredo terratila* Wei & Nie, 2002
A. 雌虫头部背面观；B. 雌虫唇基和上唇；C. 锯腹片第 7–9 锯刃；D. 雌虫触角；E. 阳茎瓣

（462）浙闽平斑叶蜂 *Tenthredo zheminnica* Wei & Nie, 1998（图 3-457，图版 X-8）

Tenthredo zheminnica Wei & Nie, 1998b: 354.

主要特征：雌虫体长 17mm；体红褐色，触角梗节和鞭节、后足胫节和跗节以及锯鞘端黑色；翅烟黄色，前翅端部 1/3 烟黑色，黑斑基部界限显著并抵达翅痣末端，翅脉两色；后翅端缘烟灰色，其基部界限不明显；体背侧细毛黑褐色，腹侧细毛黄褐色；唇基端缘缺口宽浅弧形，浅于唇基 1/3 长，底部钝圆，侧角端部斜截（图 3-457B）；颚眼距约等于前单眼直径；后颊脊完整，无褶皱；额区凹入，中窝侧壁宽钝隆起；额区及内眶具细弱刻点；单眼后区宽稍大于长，具明显中纵脊；单眼后沟宽浅，侧沟深，稍弯曲；背面观后头微弱收缩，明显短于复眼（图 3-457A）；触角稍长于腹部，第 3 节微长于第 4 节；中胸小盾片具中纵脊，光滑无刻点；附片光滑，中部稍隆起但不呈龙骨状，无中缝；侧板角状隆起，顶部及其附近具大刻点，其余部分光滑，腹板无刺突；爪瘦长，内齿明显长于外齿（图 3-457D）；后翅 cu-a 脉交于臀室末端；锯鞘端稍长于鞘基；锯腹片基部不细，节缝刺毛带狭窄，具 28–30 刃，锯刃圆钝突出，稍倾斜（图 3-457C）。雄虫体长 15–16mm；下生殖板宽稍大于长，端缘钝截；阳茎瓣头叶三角形，端部钝截（图 3-457F）。

分布：浙江（安吉、临安）、湖北、福建、广西、重庆、贵州。

图 3-457 浙闽平斑叶蜂 Tenthredo zheminnica Wei & Nie, 1998
A. 雌虫头部背面观；B. 雌虫头部前面观；C. 锯腹片第 7–9 锯刃；D. 雌虫爪；E. 后足胫跗节；F. 阳茎瓣

（463）黄端刺斑叶蜂 *Tenthredo fulviterminata* Wei, 1998（图 3-458，图版 X-9）

Tenthredo fulviterminata Wei, *in* Wei & Nie, 1998i: 171.

主要特征：雌虫体长 15–16mm；体橘褐色，头部触角窝以下部分、内眶狭边和足的转节淡黄色，触角第 4 节以远、后足跗节和前翅端部 1/3 黑褐色，前翅端斑色泽均一，内界直且清晰，伸抵翅痣末端，翅面其余部分烟黄色，前缘脉和翅痣黄褐色，其余翅脉大部分黑褐色；体毛黄褐色；唇基平坦，端部缺口宽，

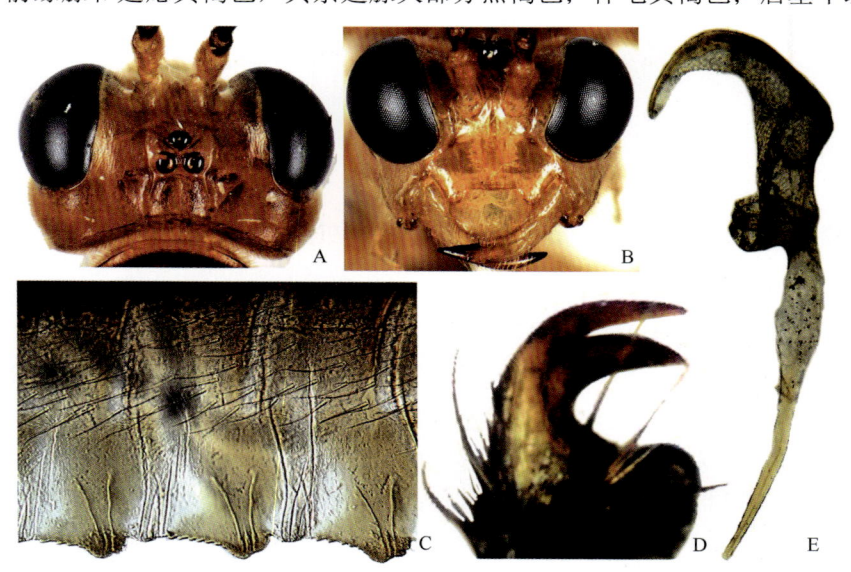

图 3-458 黄端刺斑叶蜂 *Tenthredo fulviterminata* Wei, 1998
A. 雌虫头部背面观；B. 雌虫头部前面观；C. 锯腹片第 7–9 锯刃；D. 雌虫爪；E. 阳茎瓣

第三章　叶蜂亚目 Tenthredinomorpha　　　　　　　　　　　　　　　　　　　　· 485 ·

底部平直，深约为 0.3 倍于唇基长，侧叶短三角形（图 3-458B）；颚眼距约 1.5 倍于单眼直径，后颊脊下部具较弱的褶皱；触角窝上突隆起，向后分歧并与额脊连接，不中断；单眼后区宽大于长，具模糊中脊，侧沟较深，明显弯曲，向后分歧（图 3-458A）；触角细，稍长于腹部，第 3 节微长于第 4 节；体光滑，除附片两侧外无明显刻点；中胸小盾片锥状隆起，具顶角，附片具低钝中脊；中胸侧板下部尖角状隆出，具单峰；中胸腹板具短而明显的腹刺突；爪内齿几乎不短于外齿（图 3-458D）；锯腹片 21 刃，节缝刺毛带狭窄，锯刃倾斜，外侧明显弧形凹入，亚基齿较小，6–7 枚（图 3-458C）。雄虫体长约 14mm；抱器长几乎不大于宽，端部圆钝；阳茎瓣头叶窄长，骨化弱，强烈上弯（图 3-458E）。

　　分布：浙江（临安）、河北、河南、陕西、甘肃、湖北、湖南。

（464）黑端刺斑叶蜂 *Tenthredo fuscoterminata* Marlatt, 1898（图 3-459，图版 X-10）

Tenthredo fuscoterminata Marlatt, 1898: 502.

　　主要特征：雌虫体长 15–17mm；体黄褐色，触角鞭节、后足跗节和腹部端部 3–4 节黑色；翅烟黄色，端部 1/3 具烟黑色斑纹，斑纹内缘直，伸达翅痣端部，界限清晰，前缘脉和翅痣黄褐色，其余翅脉大部分黑褐色；唇基端部缺口十分浅宽，底部平直，侧叶短三角形（图 3-459B）；颚眼距稍宽于单眼直径；后颊脊完整，下部具折；触角窝上突明显隆起，十分狭窄，向后互相近似平行并与额脊完全连接；背面观后头稍短于复眼，单眼后区长等于宽，无中纵脊，侧沟深，稍弯曲（图 3-459A）；触角稍短于腹部，第 3 节明显长于第 4 节；头部背侧具微细刻纹，胸部背侧包括小盾片和附片具细密刻点及刻纹；中胸小盾片尖锥状隆起；中胸侧板中部角状隆出，具双峰，表面具密集皱刻纹，具明显的腹刺突；腹部第 1 背板光滑，其余背板具极弱刻纹，光泽显著；爪具短小基片，内齿几乎不短于外齿（图 3-459C）；后翅臀室无柄式；锯腹片中部锯刃微弱隆起，外侧微弱凹入，亚基齿稍大，5–6 枚（图 3-459D）。雄虫体长 14–15mm；腹部端部黄褐色，末端稍暗；后基跗节稍膨大；下生殖板宽大于长，端部圆钝；抱器长微大于宽，端部圆钝；阳茎瓣骨化弱，柄部细长，头叶端部稍上弯（图 3-459F）。

　　分布：浙江（临安）、黑龙江、吉林、辽宁、北京、天津、河北、山西、河南、陕西、甘肃、湖北、湖南、重庆、四川、云南；俄罗斯（西伯利亚），朝鲜，日本。

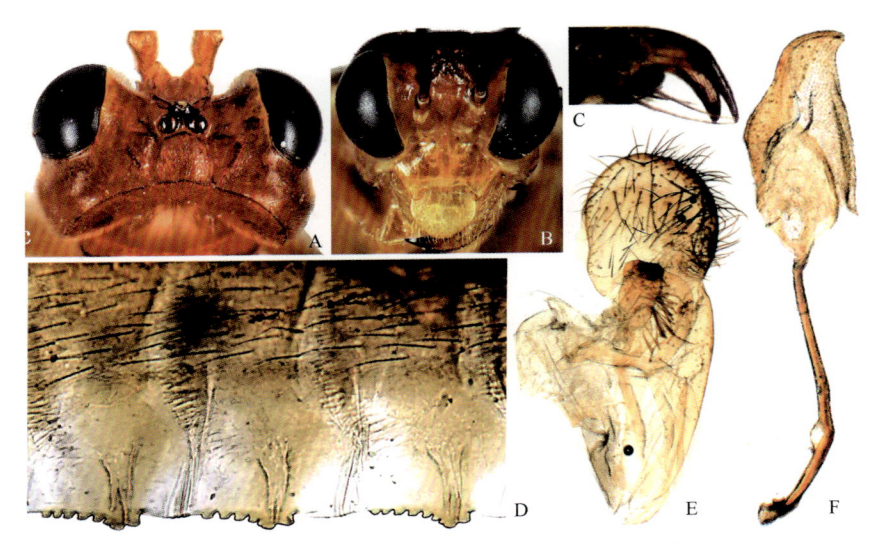

图 3-459　黑端刺斑叶蜂 *Tenthredo fuscoterminata* Marlatt, 1898
A. 雌虫头部背面观；B. 雌虫头部前面观；C. 雌虫爪；D. 锯腹片第 7–9 锯刃；E. 生殖铗；F. 阳茎瓣

（465）天目条角叶蜂 *Tenthredo tienmushana* (Takeuchi, 1940)（图 3-460，图版 X-10）

Tenthredella tienmushana Takeuchi, 1940: 467-468.

Tenthredo tienmushana: Wei & Nie, 2002d: 128.

主要特征：雌虫体长 16–17mm；体暗黄褐色，唇基、口器、内眶、触角 4–5 节内侧、前胸背板沟前部大斑、翅基片、中胸背板前叶后端、小盾片大部分、中胸前侧片上部大斑、后胸前侧片、腹部第 1 背板大部分黄色，单眼区和单眼后区、触角鞭节除了 1–4 节内侧、前胸背板后部、中胸背板侧叶大斑、后胸背板大部分、中后胸后侧片大部分、中胸腹板边缘黑色；翅烟褐色，前缘脉和翅痣浅褐色；触角窝上突狭窄，明显隆起，向后分歧，后端中断；单眼后区宽稍大于长，具细中纵脊，侧沟弧形弯曲，向后稍分歧（图 3-460A）；触角第 3 节长于第 4 节（图 3-460F、G）；小盾片圆钝隆起；爪内齿短于外齿，后翅臀室无柄式；头部大部分光滑，单眼后区具细小刻点；中胸背板和侧板刻纹细密，附片刻点致密，光泽微弱；锯腹片 25 锯刃，节缝刺毛带较窄；中部锯刃倾斜突出，具 2 个内侧、8–9 个外侧亚基齿（图 3-451D）。雄虫体长约 15mm；单眼后区大部分黄褐色，触角 3–5 节内侧大部分、胸部侧板大部分黄白色；下生殖板宽大于长，端部圆凸；抱器长大于宽，端部明显收窄（图 3-460B）；阳茎瓣柄部细长，头叶椭圆形，无端丝（图 3-460C）。

分布：浙江（临安、龙泉）、北京、河北、河南、陕西、甘肃、安徽、湖北、湖南、广西、重庆、四川、云南。

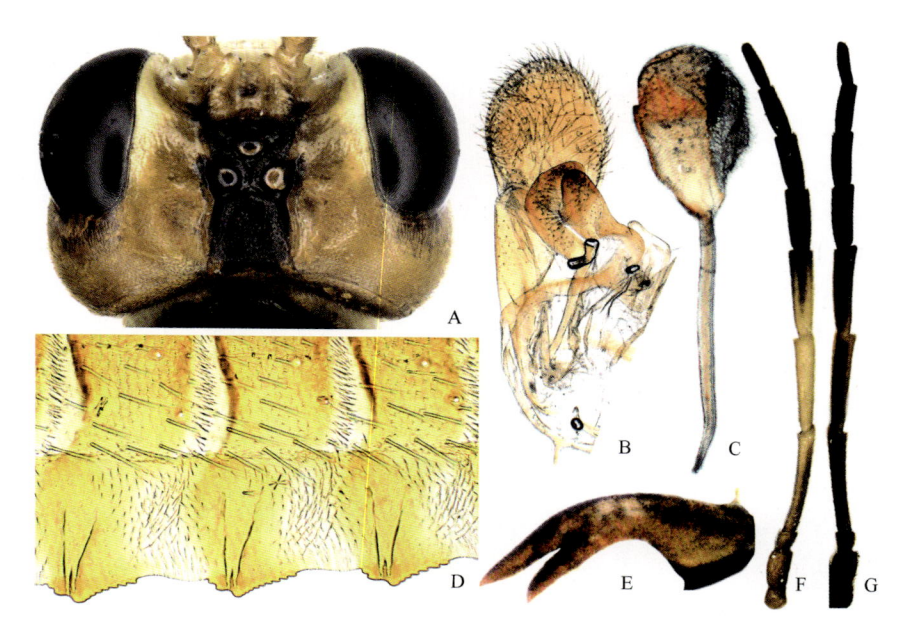

图 3-460　天目条角叶蜂 *Tenthredo tienmushana* (Takeuchi, 1940)
A. 雌虫头部背面观；B. 生殖铗（左侧）；C. 阳茎瓣；D. 锯腹片第 7–9 锯刃；E. 雌虫爪；F. 触角内侧；G. 触角外侧

（466）程氏大黄叶蜂 *Tenthredo chenghanhuai* Wei, 2002（图 3-461）

Tenthredo chenghanhuai Wei, 2002e: 194–195, 198.

主要特征：体长 16–17mm；虫体、触角和足黄褐色，单眼周围和额区小斑、侧窝后端、单眼后区两侧条斑、触角 6–9 节全部和第 5 节端部、中胸背板侧叶条斑、侧板前缘、上缘和后缘、腹板两侧模糊条斑、后胸背板除后小盾片以外、后胸后侧片、后足基节外侧基部黑色；上唇、颚眼距、内眶不规则条斑、触角 3–5 节背侧、前胸背板后角、小盾片顶部、中胸侧板中部淡黄褐色；翅透明，端部微带烟灰色，前缘脉和翅痣黄褐色；体光滑，光泽强；中胸前侧片大部分和小盾片附片十分光滑；腹部具微细刻纹；唇基平坦，前缘缺口弧形，深约为唇基 1/3 长，底部圆钝；颚眼距约 2 倍于单眼直径；触角窝上突稍隆起；单眼后区长明显短于宽，侧沟深；背面观后头两侧微向后收敛，稍短于复眼；触角粗扁，显著长于腹部，第 3 节稍短于第 4 节；小盾片强烈隆起，无中纵脊，顶端钝；附片无明显中脊；中胸前侧片腹缘微弱隆起，中胸腹板无刺突；后翅臀室无柄式；爪无基片，内齿明显短于外齿；锯腹片锯刃明显倾斜突出，亚基齿内侧 1 枚，外侧 7–9 枚（图 3-461A）。雄虫体长 15mm；抱器窄长，外缘直，长宽比不小于 2（图 3-461C）；阳茎瓣短宽，头叶近三角形，端部圆钝，侧脊弧形（图 3-461B）。

分布：浙江（龙泉）、河南、陕西、湖北、湖南、重庆、四川、贵州。

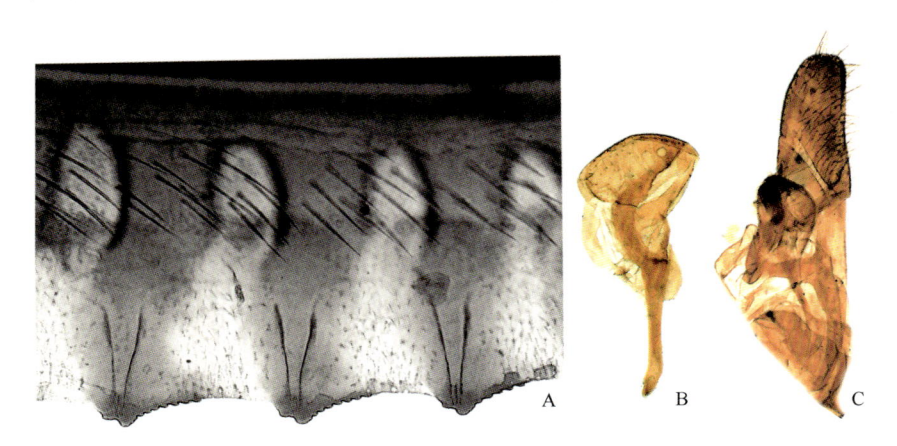

图 3-461　程氏大黄叶蜂 *Tenthredo chenghanhuai* Wei, 2002
A. 锯腹片第 7–9 锯刃；B. 阳茎瓣；C. 生殖铗（右侧）

（467）环角斑黄叶蜂 *Tenthredo indigena* Malaise, 1945（图 3-462）

Tenthredo indigena Malaise, 1945: 214.

主要特征：雌虫体长 10–11.5mm（图 3-462C），雄虫体长 8.5–9.5mm；头部黄白色，唇基上区、覆盖额区和邻近的内眶、单眼后区黑色（图 3-462B、D），触角基部 2 节橘褐色，第 3 节后侧黑色，端部和第 4 节全部、第 5 节基半部白色，鞭节其余部分黑色；胸部黑色，前胸背板大部分、翅基片、中胸背板前叶后部、小盾片和附片全部、后小盾片、中胸前侧片中上部大斑（图 3-462A）、后胸前侧片白色；腹部红褐色，第 1 节大部分白色，第 6、7 节背板部分或大部分黑褐色；足黄白色，后足股节背侧全长黑色；翅淡烟灰色，无翅斑，前缘脉和翅痣浅褐色；唇基宽于复眼下缘间距，前缘缺口宽浅弧形，深约为唇基 1/4 长；颚眼距约

图 3-462　环角斑黄叶蜂 *Tenthredo indigena* Malaise, 1945 雌虫副模（引自 Taeger *et al*., 2018，有裁剪）
A. 中胸侧板；B. 头部背面观；C. 雌成虫背面观；D. 头部前面观

等于单眼直径；触角窝上突和额脊明显隆起；背面观后头两侧明显收窄，单眼后区宽大于长，侧沟伸直（图 3-462B）；触角稍长于腹部，第 3 节长于第 4 节；头部背面无明显刻点；中胸侧板平坦，光滑无刻点，无脊和刺突；小盾片具明显横脊，光滑，无显著刻点；附片具中纵脊，刻点密集；后翅臀室无柄式；爪内齿短于外齿。

分布：浙江（临安、松阳、庆元、龙泉）、河南、湖北、四川。

（468）尖胸斑黄叶蜂 *Tenthredo issiki* (Takeuchi, 1933)（图 3-463）

Tenthredella issiki Takeuchi, 1933a: 18.
Tenthredo issiki: Wei, Nie & Taeger, 2006: 544.

主要特征：雌虫体长约 18mm；虫体、触角和足黄褐色，鞭节基部和梗节、腹部背板色泽稍暗；侧窝底部、单眼区各沟、前胸背板亚前缘弧形横带、中胸背板侧缘、后胸背板洼部、中胸前侧片上半部边缘、后胸侧板中部不规则小斑黑色；翅淡烟黄色透明，端部烟褐色，烟斑内侧边界不清晰，前缘脉和翅痣黄褐色；体光滑，光泽强；头部大部分、小盾片、附片大部分、中胸侧板上半部、腹部第 1 背板光滑，无刻点和刻纹，附片后缘具 1 列刻点；中胸背板前叶和侧叶与中胸腹板具微细刻点，腹部其余背板具微细刻纹；唇基前缘缺口窄三角形，深约为唇基长的 0.3 倍；颚眼距约 1.2 倍于单眼直径；触角窝上突稍隆起；单眼后区长约等于宽，侧沟深直，向后稍分歧；背面观后头两侧稍膨大，稍短于复眼；触角粗扁，约等长于腹部，第 3 节长 1.25 倍于第 4 节；小盾片强烈隆起，中纵脊锐利；附片中脊低弱；中胸前侧片中部高锥状隆起，无腹刺突；后翅臀室具柄式；爪无基片，内齿短于外齿；锯腹片 35 刃，节缝刺毛带宽且密集，下部 1/3 裸；锯刃短，微倾斜，亚基齿内侧 1 枚，外侧 4 枚（图 3-463C）。雄虫体长 15mm；下生殖板宽大于长，端部截形；抱器长约等于宽，内侧基部突出（图 3-463D）；阳茎瓣短宽，端部稍突出，侧脊弱，柄部短（图 3-463E）。

分布：浙江（临安、庆元、宁波）、湖南、台湾、广西、贵州。

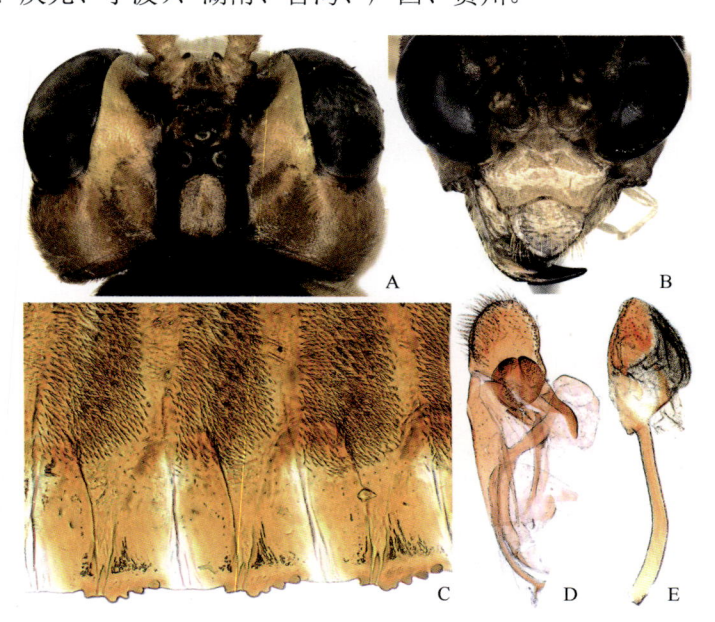

图 3-463 尖胸斑黄叶蜂 *Tenthredo issiki* (Takeuchi, 1933)
A. 雌虫头部背面观；B. 雌虫头部前面观下部；C. 锯腹片第 8–10 锯刃；D. 生殖铗（左侧）；E. 阳茎瓣

（469）环纹斑黄叶蜂 *Tenthredo katchinica* Malaise, 1945（图3-464）

Tenthredo katchinica Malaise, 1945: 212.

主要特征：雌虫体长12-14mm；头部和触角黄白色，额区、单眼区和单眼后区斑黑色（图3-464B）；胸部黑色，前胸背板全部、中胸背板中部方斑、小盾片和附片及两侧附近、后小盾片和后背板中部大斑、中胸前侧片上侧大斑、后下侧片后半部黄白色（图3-464A）；腹部第1背板和腹板黄白色，其余背板黄褐色，2-8背板中部具明显的纵向黑斑（图3-464B）；足黄褐色；翅淡烟黄色透明，前缘脉和翅痣黄褐色；头部背侧无明显刻点；胸部背侧具细小刻点，小盾片刻点不明显，附片具粗浅大刻点；侧板上半部刻纹微弱，腹侧刻纹稍密；腹部除第1背板光滑外，具细刻纹；唇基缺口深弧形，底部圆钝；颚眼距稍宽于单眼直径；单眼后区宽1.5倍于长，侧沟深，向后几乎不分歧；触角窝上突明显隆起，向后倾斜，后端中断，额脊低弱；触角等长于腹部，第3节约等长于第4节；小盾片隆起，无纵脊，具横脊；中胸前侧片中部隆起，顶部不扁，无腹刺突；爪内齿明显长于外齿；锯腹片24锯刃，中部锯倾斜突出，具细小亚基齿（图3-464C）。雄虫体长11-13mm；侧板大部分黄褐色。

分布：浙江（临安）、安徽、四川；缅甸（北部）。

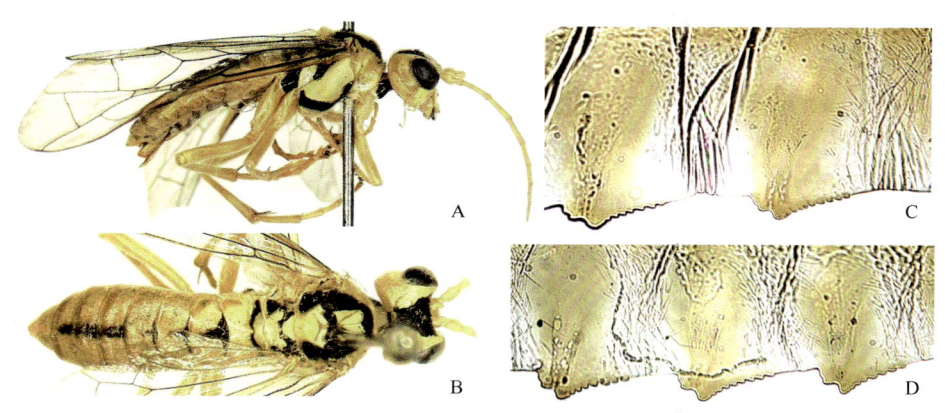

图3-464 环纹斑黄叶蜂 *Tenthredo katchinica* Malaise, 1945（a、b引自Taeger *et al.*, 2018）
A. 雌虫侧面观，副模；B. 雌虫背面观，副模；C. 锯腹片第5-6锯刃；D. 锯腹片第11-13锯刃

（470）凹盾大黄叶蜂 *Tenthredo maculicula* Wei, 2005（图3-465）

Tenthredo maculicula Wei, *in* Wei & Xiao, 2005: 496.

主要特征：体长14-16mm；体和足暗黄褐色，单眼区小斑、触角6-9节全部和第5节部分、前胸背板凹部、中胸背板侧叶条斑、中胸后侧片后缘、后胸背板凹部、后胸侧板上部、中后足基节外侧基部黑色，中胸腹板两侧有时具黑斑；头部颜面以下部分、后眶下端、内眶狭条斑、前胸背板后角、中胸背板前叶后角、小盾片和附片大部分、中胸侧板上下2个斑、后胸前侧片下部、腹部第1背板两侧、各足基节大部分和转节淡黄色；翅烟黄色透明，端部色泽稍深，C脉与翅痣黄褐色，其余翅脉大部分黑色；体毛黄褐色，小盾片细毛黑色；体光滑，光泽强；头、胸部背侧具稀疏微细刻点，小盾片、附片光滑；唇基缺口深弧形，底部圆钝；触角窝上突稍隆起，不突出，额脊低弱；单眼后区隆起，长等于宽；背面观后头较短，两侧向后收敛；侧面观后眶窄于复眼宽，无褶皱；触角显著长于腹部，第3节等长于第4节，鞭节中端部不明显侧扁；小盾片强烈隆起，无中纵脊，顶端常具凹陷；附片具细锐的中脊；中胸前侧片腹缘微弱隆起，中胸腹板无刺突；锯刃显著突出，外侧亚基齿7枚。雄虫未知。

分布：浙江（临安、松阳）、湖南、四川、贵州。

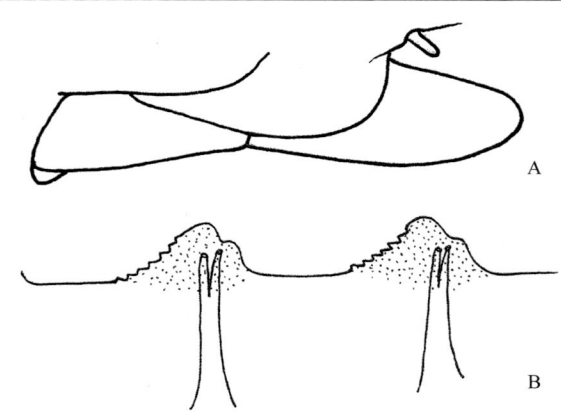

图 3-465　凹盾大黄叶蜂 Tenthredo maculicula Wei, 2005（引自魏美才和肖炜，2005）
A. 锯鞘；B. 锯腹片第 7–8 锯刃

（471）小顶大黄叶蜂 Tenthredo microvertexis Wei, 2006（图 3-466）

Tenthredo microvertexis Wei, 2006a: 630.

主要特征：体长 15–16mm；体黄褐色，单眼周围和额区小斑、单眼后区侧沟、前胸背板沟前部、中胸背板前叶前外角、侧叶外侧条斑、中胸侧板前缘、上缘和后缘的狭窄边缘、腹板两侧模糊条斑、后胸背板除后小盾片外、后胸后侧片、后足基节外侧基部黑色；头部颜面以下大部分、后眶下端、内眶上部、前胸背板后角、中胸背板前叶后角、小盾片和附片、后小盾片、中胸侧板中央大斑、后胸前侧片、腹部第 1 背板大部分、各足基节大部分淡黄色；翅淡烟黄色，翅痣黄褐色；体毛黄褐色，小盾片细毛黑色；头部后眶、上眶、单眼后区、中胸背板前叶和侧叶具稀疏微细刻点，中胸前侧片大部分和小盾片附片光滑，腹部具微细刻纹；唇基缺口弧形，深约为唇基 1/3 长，颚眼距 1.5 倍于单眼直径；触角窝上突很小，稍隆起；单眼后区长明显短于宽，侧沟深直，向后微收敛；后头约等于 1/2 复眼长径；侧面观后眶稍窄于复眼宽，无褶；触角显著长于腹部，第 3 节稍短于第 4 节；小盾片强烈隆起，无中纵脊，具弱横脊，附片无中脊；中胸前侧片腹缘微隆起，无腹刺突；后翅臀室无柄式；爪内齿明显短于外齿；锯鞘端部钝截形；锯刃明显倾斜突出，第 1、2 锯刃和第 9、10 锯刃分别见图 3-466B、A。雄虫体长 13mm；后足基跗节显著膨大，下生殖板端部钝截形；抱器窄长，副阳茎近方形；阳茎瓣头部圆钝，亚三角形（图 3-466E）。

分布：浙江（松阳、龙泉）、陕西、湖北、湖南、广西、四川、贵州。

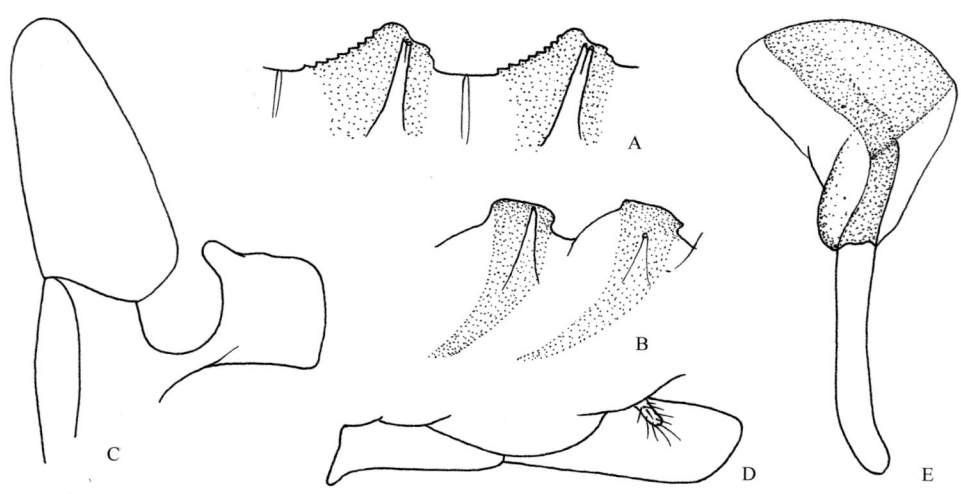

图 3-466　小顶大黄叶蜂 Tenthredo microvertexis Wei, 2006（引自魏美才，2006a）
A. 锯腹片第 9、10 锯刃；B. 锯腹片第 1、2 锯刃；C. 抱器和副阳茎；D. 锯鞘；E. 阳茎瓣

第三章　叶蜂亚目 Tenthredinomorpha

（472）褐脊大黄叶蜂 *Tenthredo pseudoxanthopleurita* Liu, Li & Wei, 2021（图 3-467）

Tenthredo pseudoxanthopleurita Liu, Li & Wei, 2021e: 228.

主要特征：雌虫体长 12–13mm；体黄褐色，唇基、上唇黄白色，单眼区小斑（图 3-467C）、中胸背板前叶和侧叶各 1 个大斑、后胸背板凹部、中胸前侧片前缘狭边和腹侧横带、侧板缝和后胸侧板大部分黑色；翅淡烟黄色透明，前缘脉和翅痣黄褐色；体毛黄褐色；头部背侧光滑，刻点细小稀疏；胸部背侧具密集细刻点，侧板隆起部刻点稍密，刻点间隙具细弱刻纹，其余部分刻点稀疏，表面光滑；腹部背板具细刻纹；唇基缺口底部圆钝，深 0.4 倍于唇基长；颚眼距明显宽于单眼直径；后头约等长于复眼 1/2，两侧明显收窄；单眼后区宽大于长，侧沟较深，向后稍分歧，触角窝上突微弱隆起，后端不中断，与额脊平坦连接；触角明显长于腹部，第 3 节稍长于第 4 节；小盾片强隆起，具明显的尖顶；中胸前侧片中部隆起，顶部突出；爪内齿等长于外齿；锯腹片 21 锯刃，中部锯刃倾斜隆起，外侧亚基齿细小，6–8 枚（图 3-467E）。雄虫体长 12–12.5mm；头部单眼区和附近黑斑前外角明显延伸，单眼后区全部黑色；下生殖板长大于宽，端部圆；抱器长稍大于宽，端部圆钝；阳茎瓣头叶狭长，显著弯曲，向上伸出（图 3-467H）。

分布：浙江（临安）、四川。

图 3-467　褐脊大黄叶蜂 *Tenthredo pseudoxanthopleurita* Liu, Li & Wei, 2021（选自 Liu, Li & Wei, 2021）
A. 雌成虫背面观；B. 雄成虫背面观；C. 雌虫头部背面观；D. 雌虫胸部侧板；E. 锯腹片第 5–8 锯刃；F. 雌虫头部前面观；G. 雄虫头部背面观；H. 阳茎瓣

（473）黄胸大黄叶蜂 *Tenthredo xanthopleurita* Wei, 1998（图 3-468）

Tenthredo xanthopleurita Wei, in Nie & Wei, 1998b: 177.

主要特征：雌虫体长 14–15mm；头部和触角黄白色，额区、单眼区和单眼后区斑黑色（图 3-468A）；胸部黑色，前胸背板全部、中胸背板中部方斑、小盾片和附片、后小盾片和后背板中部、中胸前侧片上侧大斑、后下侧片后半部黄白色；腹部第 1 背板和腹板黄白色，其余背板橘褐色；足黄褐色；翅淡烟黄色透明，前缘脉和翅痣黄褐色；体毛黄褐色，仅腹部 2–7 背板细毛黑褐色；头部背侧刻点细小稀疏；胸部背侧具较密集细刻点，小盾片刻点不明显，附片具粗浅刻点；侧板上半部刻纹微弱，腹侧刻纹较密；腹部背板具细刻纹；唇基缺口底部宽直，深 0.25 倍于唇基长；颚眼距明显宽于单眼直径；单眼后区宽 1.6 倍于长，侧沟深，向后明显分歧；触角窝上突明显隆起，后端中断，额脊低弱；触角明显长于腹部，第 3 节稍长于第 4 节；小盾片强隆起，具高尖顶和纵脊；中胸前侧片中部隆起，顶部突出，无腹刺突；爪内齿明显长于外齿；锯腹片中部锯刃乳状突出、光滑，无亚基齿（图 3-468B）。雄虫体长 12–13mm；侧板大部分黄褐色；下生殖板长大于宽，端部圆钝；抱器长稍大于宽，端部圆；阳茎瓣柄部细长，头叶十分狭长，显著上弯（图 3-468D）。

分布：浙江（临安）、河南、陕西、甘肃、湖北、湖南、四川、贵州。

叶蜂属内目前仅此 1 种锯刃完全光滑，无亚基齿。

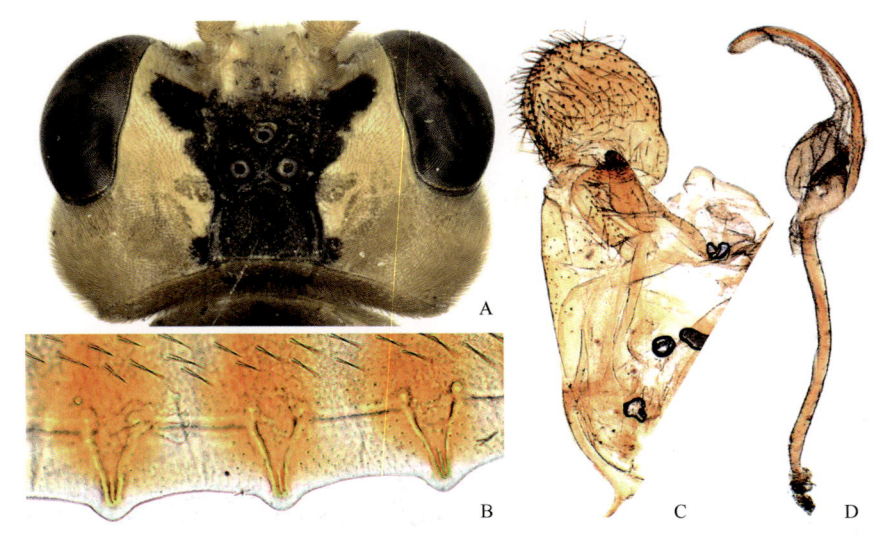

图 3-468 黄胸大黄叶蜂 Tenthredo xanthopleurita Wei, 1998
A. 雌虫头部背面观；B. 锯腹片第 7–9 锯刃；C. 生殖铗（左侧）；D. 阳茎瓣

（474）斜脊亚黄叶蜂 Tenthredo carinacestanella Liu, Li & Wei, 2021（图 3-469，图版 X-12）

Tenthredo carinacestanella Liu, Li & Wei, 2021e: 226.

主要特征：雌虫体长 16–18mm；体和足黄褐色，具弱绿色倾向，头部额区至后头脊 H 形斑、后头孔围斑、前胸背板前缘狭边、中胸前盾片菱形斑、中胸盾片 U 形斑、盾侧凹底部、腹部 1–2 背板前缘斑、3–5 背板前缘狭边黑色，腹部 5–10 背板暗黄褐色；触角除柄节外全部黑色；足黄绿色；体毛大部分银色，头、胸部背侧杂以少量黑毛，鞘毛黄色；翅透明，无烟斑，翅痣和 C 脉黄褐色，其余翅脉黑色；头、胸部背侧刻点细小浅弱，中胸小盾片后坡刻点稍密集，附片刻点较大而稀疏，中胸侧板刻纹细密，腹部各节背板刻纹细弱；体毛短于单眼直径；唇基前缘缺口深约为唇基 1/5 长，颚眼距 0.8 倍于中单眼直径；复眼内缘下端间距 0.8 倍于复眼长径；触角窝上突明显隆起，后端与额脊融合；单眼后区宽长比约为 1.5，颊脊完整，下部无褶皱；触角丝状，0.9 倍于头、胸部之和，第 3 节 1.4 倍于第 4 节长；小盾片强烈隆起；中胸前侧片中部锥状隆起，具倾斜横脊，无腹刺突；锯腹片中部锯刃几乎平直，具 1 个内侧亚基齿和 15–18 个外侧亚基齿（图 3-469A）。雄虫体长 11–12mm；触角第 3 节 1.2 倍于第 4 节长，阳茎瓣头叶弯曲细长条形（图 3-469E）。

分布：浙江（临安）、湖南。

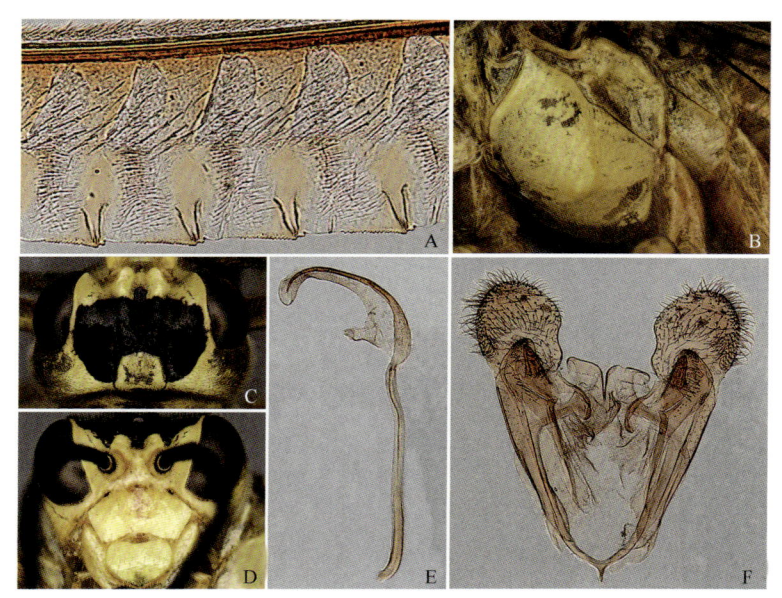

第三章 叶蜂亚目 Tenthredinomorpha · 493 ·

图 3-469 斜脊亚黄叶蜂 *Tenthredo carinacestanella* Liu, Li & Wei, 2021（仿自 Liu *et al.*, 2021）
A. 锯腹片中部锯刃；B. 中胸侧板；C. 雌虫头部背面观；D. 雌虫头部前面观；E. 阳茎瓣；F. 生殖铗

（475）宽斑环角叶蜂 *Tenthredo magretella* (Rohwer, 1916)（图 3-470）

Tenthredella magretella Rohwer, 1916: 93.
Tenthredo magretella: Malaise, 1945: 207.

主要特征：体长 15–17mm；体黑色，唇基除中部不定形斑外、上唇、上颚除端部外、颚眼距、颜面、内眶沿复眼边缘白色，上眶大部分或内侧具近似三角形白斑，后眶具白条斑，单眼后区后缘具小白斑，触角第 5、6 节白色，前胸背板沟前部、后胸小盾片、中胸前侧片腹缘具白斑，前胸背板后角端缘全部或部分、中胸前盾叶后角、小盾片及附片、后胸后背片、中胸后侧片背缘、后胸前侧片后角、后胸后侧片背缘白色，腹部 2–4 背板前缘、第 5 及 8–10 背板中部、第 2–7 背板侧角及 2–7 腹板锈褐色；前中足基节端部白色，各足转节、前中足股节大部分、各足胫节橘褐色；翅近透明，翅痣和翅脉黑色；唇基缺口浅，底部宽圆，颚

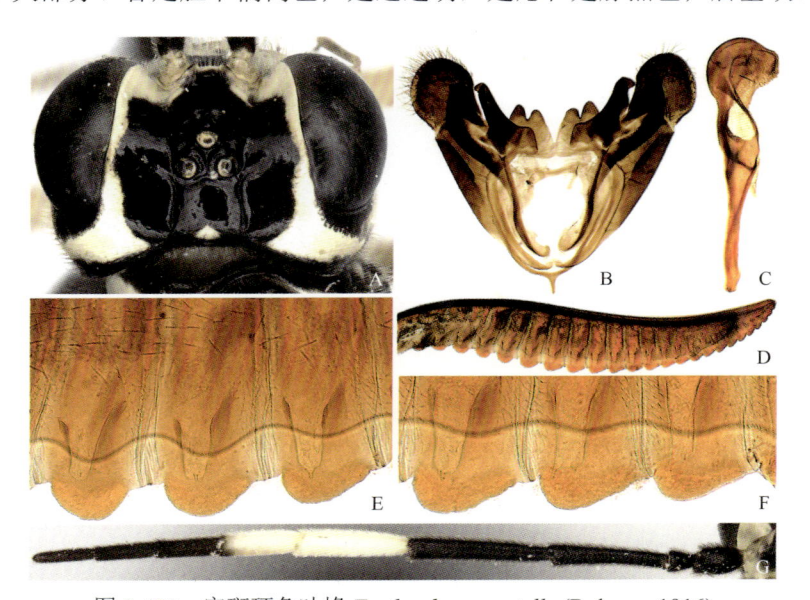

图 3-470 宽斑环角叶蜂 *Tenthredo magretella* (Rohwer, 1916)
A. 雌虫头部背面观；B. 生殖铗；C. 阳茎瓣；D. 锯腹片；E. 第 5–7 锯刃；F. 第 12–14 锯刃；G. 雌虫触角

眼距微窄于单眼直径；触角窝上突几乎不隆起，单眼后区宽稍大于长；背面观后头两侧向后强烈收敛，后头稍短于 1/2 复眼长径；触角长于头、胸部之和，第 3 节明显短于第 4 节；中胸小盾片圆钝隆起，无顶角和脊，中胸前侧片腹缘微鼓；后翅臀室无柄式；爪内齿等长于外齿；锯腹片 24 刃，基部细于亚中部，锯刃突出，亚基齿细小模糊，节缝刺毛带十分狭窄；体光滑，头部额区具模糊微弱刻点，中胸侧板中后部具显著较密的刻点，小盾片、附片和腹部背板光滑无刻点。雄虫体长 13mm，下生殖板长大于宽，端缘钝截；副阳茎双突（图 3-470B）；阳茎瓣头叶中部收窄，端部腹侧稍突出，侧脊细（图 3-470C）。

分布：浙江（临安、松阳、庆元、龙泉、泰顺）、河南、安徽、江西、湖南、福建、台湾、广西、重庆、四川、贵州；印度（锡金），缅甸。

（476）奇腹环角叶蜂 *Tenthredo thaumatogaster* Wei & Nie, 2003（图 3-471）

Tenthredo thaumatogaster Wei & Nie, *in* Wei, Nie & Xiao, 2003: 115.

主要特征：体长 14–16mm；体黑色，唇基、上唇、上颚除端部外、颚眼距、颜面、内眶沿复眼边缘、上眶外侧斜条斑、后眶下部 1/3、触角第 4–5 节大部分、前胸背板后角、翅基片、中胸背板前叶后端、小盾片除后缘外、附片、后小盾片中部、中胸前侧片上下 1 对大斑、腹板中部、后胸前侧片腹侧、腹部第 1–2 背两侧及后缘狭边白色，腹部 2–7 节腹侧全部和锯鞘腹缘浅褐色；足黄白色，中后足基节大部分、前中足股节后侧条斑、各足股节大部分、各足胫节背侧大部分、前中足跗节背侧条斑黑色；翅近透明，端部稍暗，翅痣暗褐色；体光滑，头、胸部背侧具模糊微弱刻点，小盾片前坡、附片和中胸前侧片上部几乎光滑，腹部背板刻纹极微弱；唇基缺口弧形，底部圆，深约 0.4 倍于唇基长；颚眼距微长于单眼直径；触角窝上突小，明显隆起，后端低平；单眼后区宽大于长，后缘脊显著，后颊脊无褶；触角长于腹部，第 3、4 节等长；中胸小盾片圆钝无脊，附片具细弱纵脊；中胸前侧片几乎平坦；后翅臀室无柄式；后基跗节稍膨大，爪内齿短于外齿；锯腹片 25 刃，基部不细于中部，锯刃突出，亚基齿细小，节缝刺毛带狭窄（图 3-471E、F）。雄虫体长 12–13mm，后基跗节强烈膨大，下生殖板宽大于长，端缘截形；抱器窄长（图 3-471D）；阳茎瓣见图 3-471C。

分布：浙江（龙泉）、湖南、福建、广西、四川。

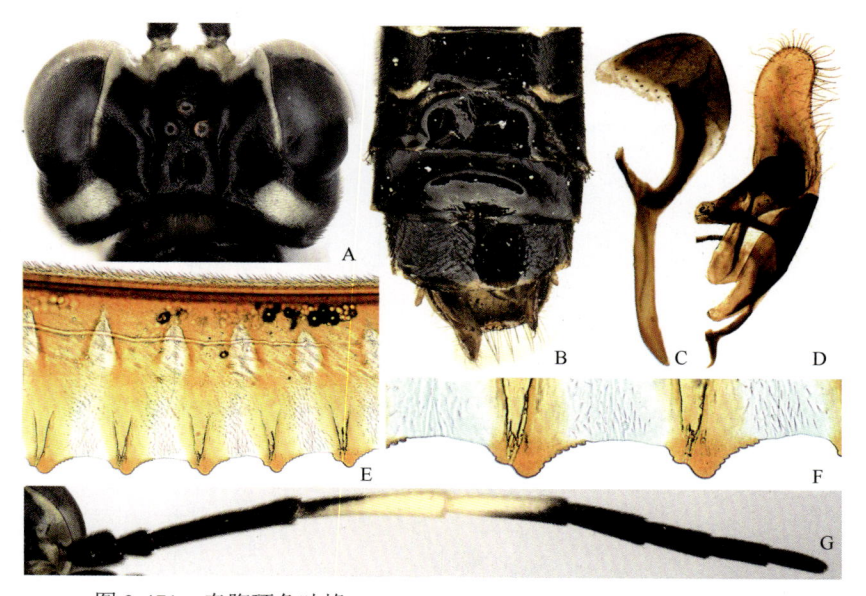

图 3-471 奇腹环角叶蜂 *Tenthredo thaumatogaster* Wei & Nie, 2003
A. 雌虫头部背面观；B. 雄虫腹部端部背面观；C. 阳茎瓣；D. 生殖铗（右侧）；E. 锯腹片第 7–11 锯刃；F. 第 8–9 锯刃放大；G. 雌虫触角

第三章　叶蜂亚目 Tenthredinomorpha ·495·

(477) 牛氏白端叶蜂 *Tenthredo niui* Wei, 1998 (图 3-472)

Tenthredo niui Wei, in Nie & Wei, 1998b: 182.

主要特征：雌虫体长 16–17mm；体黑色，唇基中部、上唇、上颚大部分、唇基上区中部、内眶窄条斑和相连的上眶宽斑、弯曲的后眶条斑、触角 6–8 节和第 5 节端部 2/3、前胸背板后角边缘、翅基片大部分、小盾片、后小盾片后缘、后胸前侧片腹侧小斑、腹部 1–5 背板两侧（3、4 背板侧斑较大）、2–4 腹板大部分黄白色；足黑色，前中足股节前侧端半部、各足胫跗节几乎全部黄白色；翅端半部微弱烟褐色，翅痣和翅脉黑褐色；头部刻点密集，眼眶光滑；胸部背侧刻点粗密，侧板皱刻纹致密；腹部背板具细弱刻纹；唇基缺口弧形，浅于唇基 1/3 长；触角窝上突微弱隆起，后端平；颚眼距 1.6 倍于单眼直径；单眼后区宽长比等于 1.3；触角长于头、胸部之和，第 3 节稍长于第 4 节；小盾片圆钝隆起，无脊；中胸侧板钝锥形隆起，无腹刺突；后翅臀室无柄式，爪内齿短于外齿；锯腹片窄长，基部不细，节缝刺毛带狭窄，25 刃；锯刃倾斜凸出，外侧亚基齿细小，10–12 枚（图 3-472C）。雄虫体长 14mm；腹部 3、4 背板大部分浅褐色；阳茎瓣柄部细，头叶较窄，具上弯的窄端突（图 3-472E）。

分布：浙江（临安）、河南、陕西、甘肃、湖北、四川。

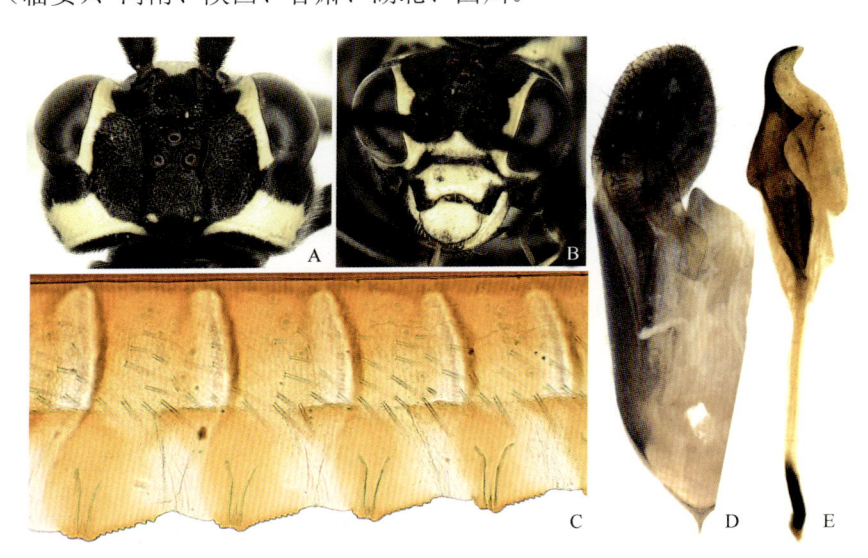

图 3-472　牛氏白端叶蜂 *Tenthredo niui* Wei, 1998
A. 雌虫头部背面观；B. 雌虫头部前面观；C. 锯腹片第 5–8 锯刃；D. 生殖铗（左侧）；E. 阳茎瓣

(478) 白鳞横斑叶蜂 *Tenthredo albotegularina* Wei & Nie, 2003 (图 3-473)

Tenthredo albotegularina Wei & Nie, in Wei, Nie & Xiao, 2003: 117.

主要特征：雌虫体长 10–11mm；体黑色，唇基中部具完整白色横带，上唇除前缘外、上颚基部、后眶下端、翅基片及前足股节、胫节、跗节前侧白色，腹部第 3、4 背板两侧缘折大部分黄褐色；翅烟灰色，翅痣下具深烟黑色横带，带宽大于翅痣长，翅痣和翅脉黑褐色；体毛很短，银色；头部背侧具疏浅刻点和弱皱纹；中胸背板具明显细小刻点，小盾片刻点较密集，中后胸侧板具均匀小刻点，无皱纹，具光泽；小盾片的附片、后胸后背片光滑无刻点，腹部第 1 背板几乎光滑，其余背板具细弱刻纹；唇基缺口宽弧形，稍深于唇基 1/3 长；上唇宽大于长，端部圆钝（图 3-473A）；颚眼距窄于单眼直径；触角窝上突和额脊隆起、互相连接；单眼后区宽明显大于长，侧沟较深，向后稍分歧；背面观后头两侧收缩（图 3-473B）；触角等长于头、胸部之和，第 3 节显著长于第 4 节（图 3-473E）；小盾片和附片平坦，无纵脊，中胸前侧片中部微隆起，无腹刺突；后翅臀室无柄式；爪内齿短于外齿（图 3-473C）；锯腹片 23 锯刃，节缝刺毛带较宽，锯刃平直，亚基齿细小（图 3-473F）。雄虫体长 9mm；体腹侧大部分和抱器黄白色，下生殖板长等于宽，端部圆；抱器长显著大于宽，端部圆钝；阳茎瓣头叶无端突。

分布：浙江（临安）、福建、贵州。

图 3-473　白鳞横斑叶蜂 *Tenthredo albotegularina* Wei & Nie, 2003 雌虫
A. 头部前面观；B. 头部背面观；C. 爪；D. 前翅翅斑；E. 触角；F. 锯腹片第 7–9 锯刃

（479）细腰横斑叶蜂 *Tenthredo emphytiformis* Malaise, 1931（图 3-474）

Tenthredo emphytiformis Malaise, 1931c: 3.

主要特征：雌虫体长 8.5–11mm；体黑色，唇基、上唇、上颚大部分、前胸背板后缘狭边、翅基片边缘、附片两侧缘、后胸后背板中部白色；腹部第 1 背板两侧、第 4 背板前缘和两侧及腹板全部黄褐色；前足跗节腹侧大部分白色，前中足股节和胫节前侧大部分黄白色，各足跗节大部分浅褐色，跗分节端部黑褐色；翅透明，翅痣下具深烟黑色横带，带宽等于翅痣长，翅痣和翅脉黑褐色；体毛很短，银色；头部背侧大部分光滑，额区具弱皱纹和模糊刻点；唇基缺口宽弧形，稍深于唇基长的 0.4 倍；上唇宽大，端部圆钝（图 3-474B）；颚眼距窄于单眼直径；触角窝上突和额脊隆起、互相连接；单眼后区宽约 2 倍于长，侧沟较深，向后分歧；背面观后头很短，两侧明显收缩（图 3-474A）；触角长于头、胸部之和，第 3 节约等长于第 4 节（图 3-474D）；中胸背板具细小刻点；小盾片圆钝隆起，无脊，前坡光滑，后坡刻点较明显，中胸前侧片中部微隆起，上半部具明显皱刻纹，下部无腹刺突；小盾片的附片具皱刻纹和显著中纵脊；腹各节背板均具细弱刻纹；后翅臀室无柄式；爪内齿短于外齿；锯腹片 22 锯刃，节缝刺毛带较窄，位于节缝上半部；锯刃突出，外侧亚基齿细小（图 3-474C）。

分布：浙江（临安）、吉林、辽宁、河北、山西、江西、四川；俄罗斯（东西伯利亚），日本。

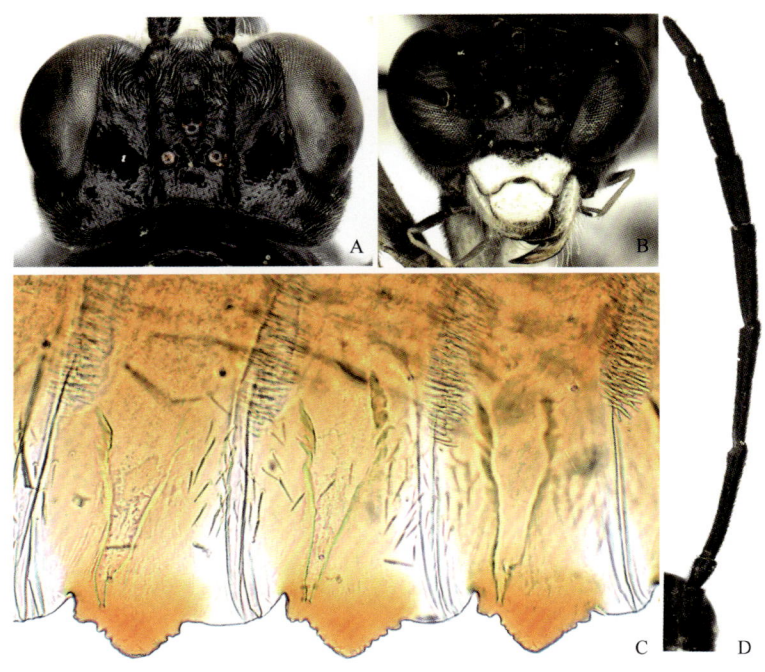

图 3-474 细腰横斑叶蜂 *Tenthredo emphytiformis* Malaise, 1931 雌虫
A. 头部背面观；B. 头部前面观；C. 锯腹片第 7–9 锯刃；D. 触角

（480）龙王横斑叶蜂，新种 *Tenthredo longwang* Wei & Niu, sp. nov.（图 3-475）

雌虫：体长 13.5mm。体黑色，唇基、上唇除边缘外、上颚基半部、后眶下部三角形小斑、前胸背板前下角和后缘狭边、翅基片边缘、附片两侧缘、后胸后背板中部小斑、前足基节和转节腹侧、腹部各节背板后缘狭边、腹板后缘宽边和第 2 背板缘折白色；前足股节、胫节、跗节前侧大部分、中足股节端部前侧和胫节末端前侧黄白色；翅透明，端部稍暗，翅痣下具边界不很清晰的深烟褐色横带，带宽等于翅痣长（图 3-475C），翅痣和翅脉黑褐色；体毛很短，银色。

头部单眼后区和上眶光滑无刻点，额区具显著粗大刻点，后眶刻点细小；中胸背板前叶和侧叶刻点细小稀疏，小盾片刻点十分粗大、不密集，附片具细刻纹；中胸前侧片上半部具粗糙密集皱纹，下侧刻点细小密集；腹部各节背板具细弱刻纹。

唇基显著宽于复眼下缘间距，前缘缺口窄弧形，深约 0.3 倍于唇基长；上唇宽大，端部圆钝，唇根显著（图 3-475B）；颚眼距 0.6 倍于单眼直径；触角窝上突低弱，与低弱额脊融合；单眼后区宽约 1.2 倍于长，前部明显隆起；侧沟较浅，向后微弱收缩；背面观后头短，两侧明显收缩（图 3-475A），后颊脊完整，下部无褶；触角细，明显长于腹部，亚端部不膨大，第 3 节显著短于第 4 节，约等长于复眼长径；小盾片明显圆钝隆起，无纵横脊；附片短，中部长 1.2 倍于单眼直径，具显著中纵脊；中胸前侧片中部钝锥形隆起，无腹刺突；后足胫节内端距长 0.7 倍于基跗节；爪具短钝基片，内齿长于外齿；后翅臀室无柄式。腹部第 2 节宽于第 1 节；锯鞘约等长于后足基部 3 跗分节之和，鞘端显著长于鞘基；锯腹片基部稍细，31 锯刃，节缝刺毛带狭窄，位于节缝上半部；锯刃微弱突出，端缘倾斜凹弧形，外侧亚基齿细小，5–6 枚（图 3-475E）。

雄虫：未知。

分布：浙江（安吉）。

词源：本种以模式标本产地命名。

正模：♀，浙江安吉龙王山，1993.VIII.31，何俊华（ASMN）。

鉴别特征：本种与 *Tenthredo frontata* Malaise, 1945 最近似，但本种体型较大，长约 13.5mm，腹部粗壮；单眼后区侧沟向后收敛；前翅翅痣下烟色横带斑宽度等长于翅痣；小盾片的附片很短，稍长于单眼直径；锯腹片锯刃低平等，与该种不同。后者体型小，长约 11mm，腹部窄；单眼后区侧沟向后分歧，前翅烟色横带斑明显短于翅痣长，附片中部长 1.5 倍于单眼直径，锯腹片锯刃明显突出。

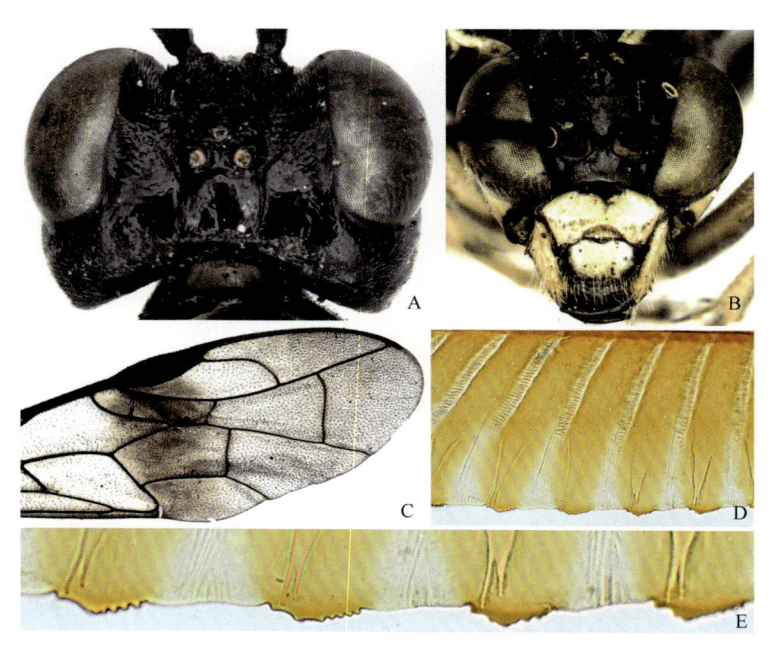

图 3-475　龙王横斑叶蜂，新种 *Tenthredo longwang* Wei & Niu, sp. nov. 雌虫，正模
A. 头部背面观；B. 头部前面观；C. 前翅端半部；D. 锯腹片第 5–8 锯节；E. 第 5–8 锯刃

（481）光额横斑叶蜂 *Tenthredo nitidifrontalia* Wei & Zhang, 2013（图 3-476，图版 XI-1）

Tenthredo nitidifrontalia Wei & Zhang, *in* Zhang & Wei, 2013: 606.

主要特征：雌虫体长 13–13.5mm；体黑色，腹部第 1 背板具微弱紫色光泽，腹部其余背板和腹板具显著蓝色光泽；上颚基半部、上唇基部大斑、唇基两侧斑、唇基上区中部、后眶下部三角形斑、前胸背板前下角长斑、翅基片边缘、附片两侧斑及相连的侧脊、后胸小盾片侧脊、后胸后背板中部小斑、后胸前侧片中部小斑等白色，腹部第 1 背板后缘狭边及侧角大斑、第 4 背板基缘、第 7–8 背板侧斑、第 10 背板端部、

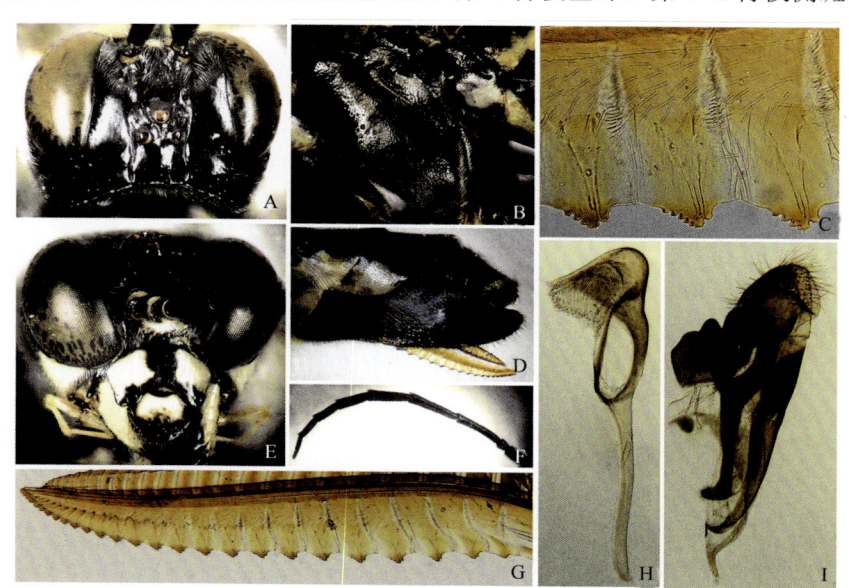

图 3-476　光额横斑叶蜂 *Tenthredo nitidifrontalia* Wei & Zhang, 2013
A. 雌虫头部背面观；B. 中胸侧板；C. 锯腹片第 7–9 锯刃；D. 腹部端部侧面观；E. 头部前面观；F. 触角；G. 锯腹片；H. 阳茎瓣；I. 生殖铗

第 3 腹板端缘、第 4 腹板全部、第 5 腹板端大部分、第 6–7 腹板几乎全部白色；足大部分黑色，前足基节腹侧大部分、中后足基节端部、各足转节腹侧大部分、前足股胫跗节前侧、中足股节前侧端部 4/7 以及胫节前侧端部小斑白色；翅大部分透明，翅痣下侧具几乎等宽于翅痣的烟褐色横带斑，翅痣与翅脉黑褐色；头部背侧无刻点和刻纹；中胸背板刻点细小，小盾片顶面光亮，具少许稍大刻点，后坡刻点较密，附片和后胸小盾片光滑；中胸前侧片上半部刻点较小、不密集，腹侧刻点稍密，隆起的顶部附近散布 10 余枚较大刻点（图 3-476B）；腹部背板光亮，除侧缘外无明显刻纹；唇基缺口宽浅，单眼后区宽大于长；触角长于腹部，第 3 节等长于第 4 节；爪内齿长于外齿，后翅臀室无柄式；锯腹片 25 锯刃，锯刃倾斜突出，亚基齿显著。雄虫体长 12mm。

分布：浙江（松阳）、湖南、广西。

（482）窄带横斑叶蜂 *Tenthredo parapompilina* Wei & Nie, 1999（图 3-477）

Tenthredo parapompilina Wei & Nie, *in* Nie & Wei, 1999c: 119.

主要特征：雌虫体长 11–12mm；体和足黑色，唇基除前缘外、上颚基半部、上唇基部、后眶下端小斑、前胸背板前下角和后缘狭边、翅基片周缘狭边、附片外缘、腹部第 1 背板侧缘、第 4 背板基部、第 4 腹板全部、各足第 1 转节端部、前足股节、胫节、跗节前侧、中足股节端部前侧和胫节前腹侧黄白色；翅痣下侧具深烟褐色横带，横带边缘模糊，宽度短于翅痣，前缘脉和翅痣黑褐色；体毛很短，银色；头部背侧光滑，无明显刻点和皱纹；中胸背板具稀疏细小刻点，小盾片前坡光滑，后坡刻点稍密集，附片两侧具明显细刻纹；中胸前侧片上半部具密集皱刻纹，腹侧具细密刻点，后侧片大部分光滑，刻点稀疏；腹部第 1 节背板大部分光滑，两侧具模糊刻点，其余背板具细弱刻纹；唇基显著宽于复眼下缘间距，前缘缺口宽弧形，深约等于唇基 1/3 长；上唇宽大，端部圆；颚眼距 0.4 倍于单眼直径（图 3-477B）；触角窝上突微隆起，与模糊额脊连接；单眼后区宽 1.5 倍于长，侧沟细浅，向后几乎不分歧，背面观后头短，两侧显著收缩，后颊脊完整，下部无褶（图 3-477A）；触角稍长于腹部，第 3 节明显短于第 4 节；小盾片显著隆起，无中脊，附片具中脊；中胸前侧片中部稍隆起，无腹刺突；后翅臀室无柄式；爪内齿几乎等长于外齿；锯腹片 25 刃，节缝刺毛带窄；锯刃倾斜突出，亚基齿显著（图 3-477C）。雄虫体长 9mm；唇基、上唇、前中足基节大部分、转节全部白色；下生殖板长大于宽，端部圆钝；生殖铗见图 3-477D；阳茎瓣见图 3-477E。

分布：浙江（临安）、河南、甘肃、湖北、湖南。

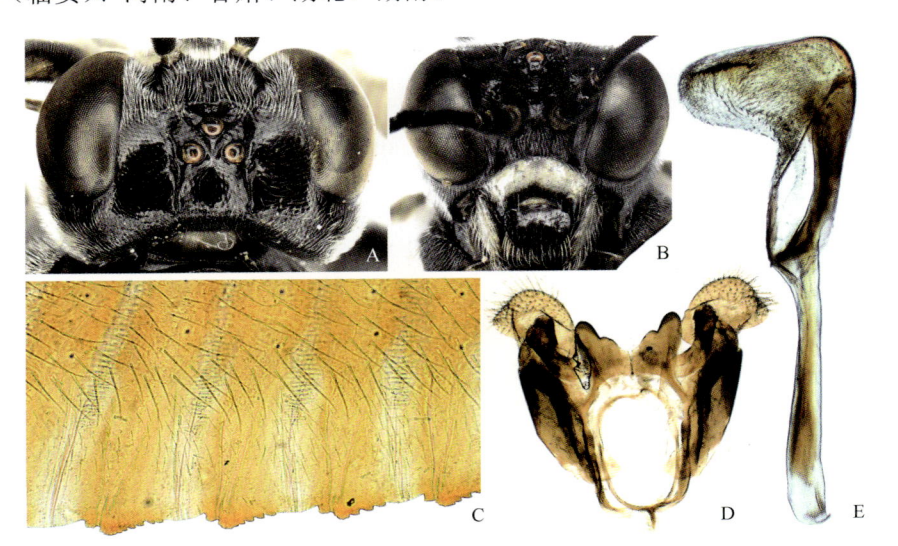

图 3-477 窄带横斑叶蜂 *Tenthredo parapompilina* Wei & Nie, 1999
A. 雌虫头部背面观；B. 雌虫头部前面观；C. 锯腹片第 5–7 锯刃；D. 生殖铗；E. 阳茎瓣

（483）脊盾横斑叶蜂 *Tenthredo pompilina* Malaise, 1945（图 3-478）

Tenthredo pompilina Malaise, 1945: 222.

主要特征：雌虫体长 7–9mm；体和足黑色，唇基部分、上颚基半部、上唇大部分、后眶下端小斑、前胸背板后缘狭边、翅基片周缘、附片外缘、腹部第 1–2 背板后缘、第 4 背板基部、第 4 腹板大部分、前足股节、胫节、跗节前侧、中足股节端部前侧白色；翅痣下侧具深烟褐色横带，横带宽度不短于翅痣长，翅脉和翅痣黑褐色；头部背侧无明显刻点，具微弱皱纹；附片、后胸后背片光滑；中胸背板具明显刻点，小盾片后半刻点较密集，中胸侧板具密集皱刻纹；腹部各节背板均具细弱刻纹；唇基前缘缺口宽弧形，深约 0.3 倍于唇基长；上唇端部圆；颚眼距窄于单眼直径；触角窝上突微隆起，与低弱额脊连接；单眼后区宽 1.7 倍于长，侧沟稍深，向后稍分歧；触角细，稍长于腹部，第 3 节短于第 4 节；小盾片显著隆起，通常具低钝中脊；附片具明显中脊；中胸前侧片中部隆起，无腹刺突；后翅臀室无柄式；爪内齿稍短于或几乎等长于外齿；锯腹片锯刃明显倾斜突出。雄虫体长约 7.5mm；唇基和上唇全部、前中足基节大部分、各足转节、第 2 腹板端部、第 3–4 腹板全部黄白色；下生殖板长稍大于宽，端部圆钝；阳茎瓣头叶端部腹侧明显突出，斜脊细。

分布：浙江（安吉、临安、龙泉、泰顺）、河南、陕西、安徽、江西、湖南、广西、四川、贵州、云南、西藏；印度（北部），缅甸（北部）。

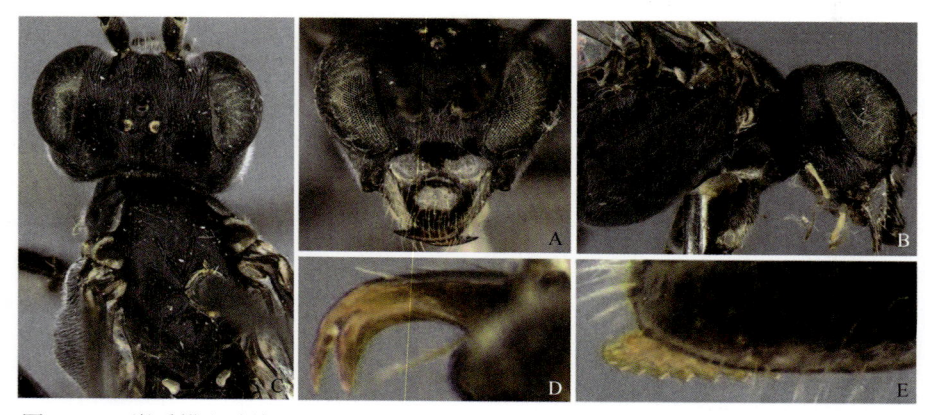

图 3-478 脊盾横斑叶蜂 *Tenthredo pompilina* Malaise, 1945（仿自 Taeger et al., 2018）
A. 雌虫头部前面观；B. 雌虫头、胸部侧面观；C. 雌虫头、胸部背侧；D. 雌虫爪；E. 锯鞘和锯腹片端部

（484）弱带横斑叶蜂，新种 *Tenthredo yipingi* Wei & Niu, sp. nov.（图 3-479，图版 XI-2）

雌虫：体长约 9mm。体和足黑色，唇基和上唇全部、上颚大部分、下颚须端部 3 节、下唇须、颚眼距上侧点斑、前胸背板后缘、翅基片、附片外缘、后胸后背板中部小斑、腹部第 1 背板后缘、第 4 背板前缘、第 1–5 背板两侧、第 4 腹板黄白色，前足基节端部、前足转节腹侧、前中足股节前侧、前中足胫跗节大部分黄褐色，第 7 腹板中突和后足胫跗节黄褐色；前翅大部分淡烟褐色，R 室透明，翅痣下侧具界限不明确的模糊烟褐色横带斑，横带宽度明显窄于翅痣长，前缘脉大部分和 R1 脉浅褐色，其余翅脉和翅痣黑褐色；体毛大部分银色，头、胸部背侧细毛褐色。

头部额区和附近刻点较密集，上眶和单眼后区刻点不明显，后眶刻点极细小，唇基光滑；中胸背板具明显刻点，小盾片前坡光滑，后坡刻点密集，附片具细密刻纹；中胸前侧片上半部具粗糙密集皱纹，腹侧具细密小刻点，后侧片具密集刻纹；腹部各背板均具细弱刻纹。

唇基前缘缺口宽弧形，深约 0.3 倍于唇基长；上唇端部圆突，颚眼距 0.6 倍于单眼直径（图 3-479B）；触角窝上突稍隆起，与低弱额脊连接；单眼后区宽约 1.9 倍于长，侧沟后端稍深，向后稍分歧（图 3-479A）；

触角细，稍长于腹部，中端部稍侧扁，第3节明显短于第4节（图3-479G）；小盾片显著圆钝隆起，无中脊，附片具明显中脊；中胸前侧片中部明显隆起，无腹刺突（图3-479E）；后翅臀室无柄式；爪无基片，内齿几乎不短于外齿（图3-479C）；锯腹片窄长，基部不细，具25锯刃，节缝刺毛带仅上半部发育（图3-479H）；锯刃几乎三角形突出，亚基齿细小（图3-479F）。

雄虫：未知。

分布：浙江（临安）。

词源：本种以王义平博士名字命名，感谢他对浙江叶蜂区系分类研究的大力支持。

正模：♀，LSAF17091，浙江临安天目山仙人顶，30.349°N、119.424°E，1506m，2017.VI.8，刘萌萌、高凯文、姬婷婷（ASMN）。副模：1♀，LSAF16156，浙江临安天目山仙人顶，30.350°N、119.424°E，1506m，2016.V.29，李泽建、刘萌萌；2♀，LSAF17101，浙江临安天目山仙人顶，30.349°N、119.424°E，1506m，2017.VII.10–16，高凯文（ASMN）。

鉴别特征：本种前翅翅痣下侧具烟褐色横带斑，隶属于 *T. pompilina* 种团，本种后足胫节和跗节红褐色，唇基、上唇、翅基片黄白色，腹部1–4背板侧缘黄斑连续等，与本种团已知种类均不相同，容易鉴别。

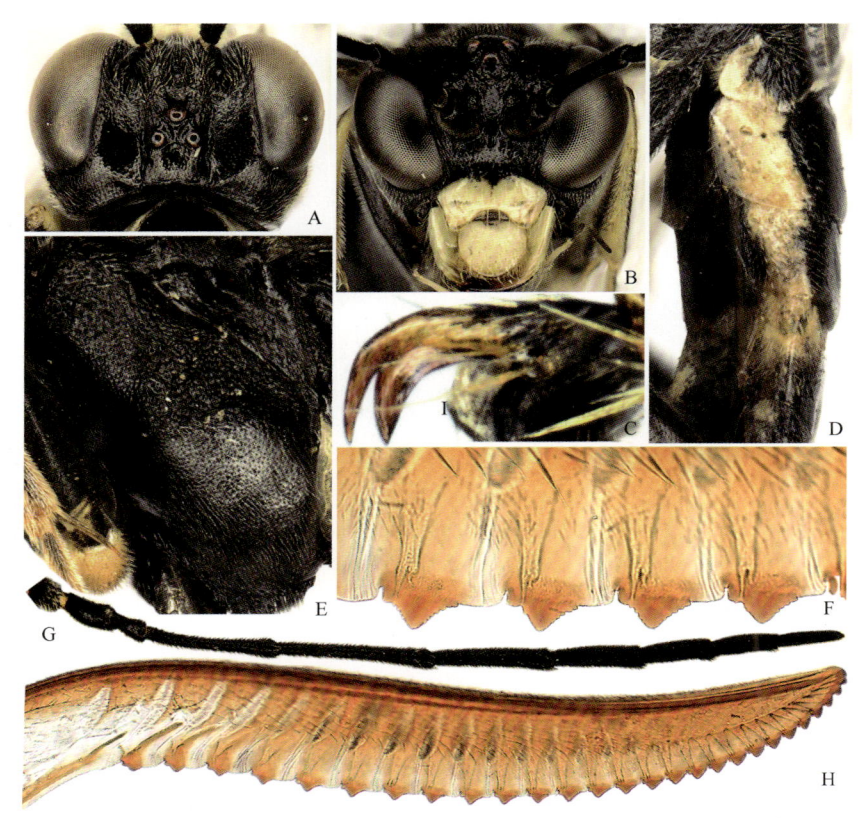

图3-479 弱带横斑叶蜂，新种 *Tenthredo yipingi* Wei & Niu, sp. nov. 雌虫
A. 头部背面观；B. 头部前面观；C. 爪；D. 腹部1–4背板侧缘；E. 中胸侧板；F. 锯腹片第5–8锯刃；G. 触角；H. 锯腹片

（485）吕氏棒角叶蜂 *Tenthredo lui* Wei, 2005（图3-480）

Tenthredo lui Wei, in Wei & Xiao, 2005: 494.

主要特征：雌虫体长10–11mm；体黑色，唇基、上颚基部外侧、后胸前侧片下半部、腹部第1背板两侧大斑、4–5背板两侧后缘、第6背板后部横带、第7背板后缘、第10背板黄白色，各节腹板后缘浅褐色；足黑色，前足股节至跗节前侧以及后足基节端部白色；前翅翅痣下侧具边界模糊的宽烟褐色横带，翅痣和前缘脉浅褐色至褐色，其余翅脉大部分黑褐色；体毛很短，大部分银色，背侧毛褐色；唇基鼓起，缺口宽浅弧形，深 0.2 倍于唇基长（图 3-480A）；颚眼距 0.8 倍于单眼直径；触角窝上突十分低平，与低弱额脊会合；单眼后区宽约 1.2 倍于长，侧沟稍深，向后稍收敛（图 3-480A）；后颊脊完整，下部无褶；头部背侧具粗糙密集刻点和皱纹，唇基高度光滑，后眶刻点细小；触角微长于头宽，第 3 节 1.9 倍于第 4 节长，5–9 节棒槌状膨大，7、8 节长约等于宽（图 3-480G）；中胸背板刻点细小，小盾片显著隆起，后坡具低纵脊，刻点粗密，顶部光滑；附片具光滑钝中脊和稀疏刻点与刻纹；中胸前侧片显著隆起，上半部刻点十分粗大，密集网格状，刻点间脊狭高，腹刺突短小锐利（图 3-480D）；爪内齿等长于外齿；后翅臀室无柄式；腹部 1–4 背板高度光滑无毛，其余背板具绒毛；锯腹片 19 刃，锯刃倾斜突出，亚基齿细小（图 3-480E）。雄虫体长 9mm，腹部除第 10 背板外，无完整横带斑；下生殖板长大于宽，端部黄色，圆钝；阳茎瓣见图 3-480C。

分布：浙江（临安）、陕西、湖北、贵州。

图 3-480　吕氏棒角叶蜂 *Tenthredo lui* Wei, 2005
A. 雌虫头部背面观；B. 雌虫头部前面观；C. 阳茎瓣；D. 中胸侧板（箭头指向腹刺突）；E. 锯腹片第 5–7 锯刃；F. 生殖铗；G. 雌虫触角

（486）蒙古棒角叶蜂 *Tenthredo mongolica* (Jakowlew, 1891)（图 3-481，图版 XI-3）

Allantus mongolicus Jakowlew, 1891: 55–56.
Tenthredo coreana Takeuchi, 1927a: 383–384.
Tenthredo coreana var. *nigripes* Takeuchi, 1927a: 384.
Tenthredo erasa Malaise, 1945: 258.

主要特征：雌虫体长 10–12mm；体黑色，唇基、上唇大部分、上颚基部、触角基部、前胸背板前下角和后缘大斑、翅基片大部分或全部、小盾片斑、中胸前侧片后下角小斑、后胸前侧片、腹部 1 及 4 背板后缘、第 3 和 5–6 背板侧斑、第 8–10 背板中部黄褐色；足黑色，转节大部分或全部、前中足股节前侧黄白色，后足胫跗节红褐色；翅透明，无烟斑，翅痣和缘脉浅褐色；唇基前缘缺口较窄，深约 0.3 倍于唇基长；上唇端部圆；颚眼距等长于单眼直径；触角窝上突平坦，额脊不明显；单眼后区宽长比等于 2，后缘脊锐利，下部无褶；触角粗短，微长于头宽，亚端部显著膨大，鞭节短于头宽，第 3 节长几乎 2 倍于第 4 节长，6–8 节宽大于长；小盾片圆钝隆起，无纵脊，附片具模糊中脊和明显刻点；中胸前侧片显著均匀鼓起，无凹痕和腹刺突；头部背侧具显著光泽，中胸背板刻点较密，小盾片大部分光滑；侧板上半部刻点粗密，腹侧刻点细密；腹部第1背板大部分光滑，其余背板具微弱刻纹；爪内齿短于外齿；后翅臀室具柄式；锯鞘端窄长；锯刃几乎平直，亚基齿细小。雄虫体长 9–10mm；股节大部分亮黄色，后足胫跗节黑色；下生殖板宽大于长，端部圆钝；阳茎瓣见图 3-481E。

分布：浙江（具体地点不明）、黑龙江、内蒙古、北京、河北、陕西、宁夏、四川；俄罗斯（西伯利亚），蒙古国，朝鲜。袁德成（1993）记载浙江有本种分布。作者未见本种的浙江标本。

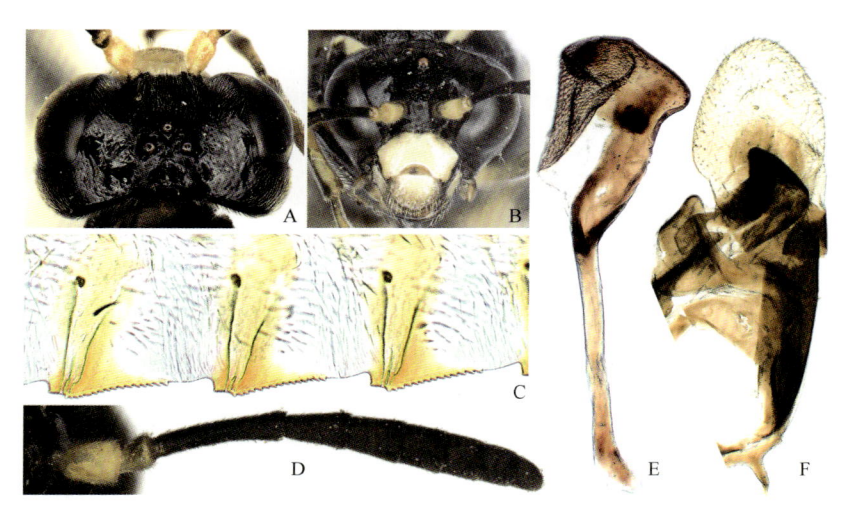

图 3-481 蒙古棒角叶蜂 *Tenthredo mongolica* (Jakowlew, 1891)
A. 雌虫头部背面观；B. 雌虫头部前面观；C. 锯腹片第 7–9 锯刃；D. 雌虫触角；E. 阳茎瓣；F. 生殖铗

（487）褐跗棒角叶蜂 *Tenthredo rubitarsalitia* Wei & Xu, 2012（图 3-482，图版 XI-4）

Tenthredo rubitarsalitia Wei & Xu, in Yan, Xu & Wei, 2012: 364, 367.

主要特征：雌虫体长 11–12mm；体黑色，腹部背板具明显紫色光泽；上唇、唇基、上颚基半部、腹部第 3 背板大部分、第 4 背板两侧黄白色，后眶窄长条斑、触角梗节和柄节、翅基片大部分、前胸背板后缘狭边、腹部第 5 背板后缘狭边、第 6–8 背板后缘宽斑、各节腹板后缘宽边、第 10 背板全部黄褐色；后足胫节大部分、各足跗节橘褐色；翅无烟斑，翅痣橘褐色；头部背侧具粗糙皱纹和模糊刻点，光泽弱；附片光泽稍强，刻点粗大；胸部侧板具致密皱刻纹，无光泽；腹部各节背板均具细密横向刻纹；唇基缺口浅小，

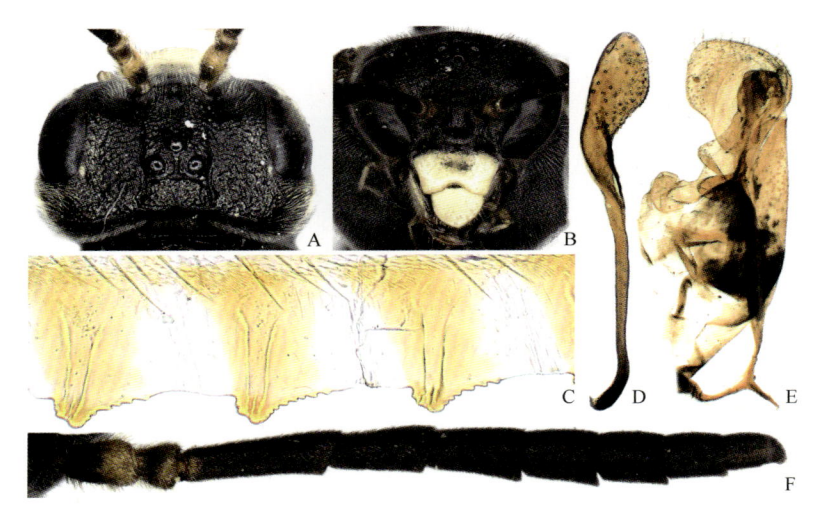

图 3-482 褐跗棒角叶蜂 *Tenthredo rubitarsalitia* Wei & Xu, 2012
A. 雌虫头部背面观；B. 雌虫头部前面观；C. 锯腹片第 7–9 锯刃；D. 阳茎瓣；E. 生殖铗；F. 雌虫触角

颚眼距 1.2 倍于侧单眼直径；单眼后区宽 2 倍于长；触角粗短，长约 0.9 倍于头、胸部之和，第 3 节 1.5 倍于第 4 节长，第 8 节长宽比等于 1.3；小盾片锥状隆起，中胸前侧片中部钝角状隆起，腹侧无腹刺突；后翅臀室无柄式；爪无基片，内齿明显短于外齿；锯刃倾斜突出，中部锯刃具 2 个内侧亚基齿和 6–7 个外侧亚基齿（图 3-482C）。雄虫体长 7.5mm；触角等长于头、胸部之和，鞭节中端部不膨大；下生殖板宽几乎 2 倍于长，端部钝截形；阳茎瓣具长柄，头叶较窄，稍倾斜（图 3-482D）。

分布：浙江（临安）、陕西、甘肃、安徽、湖南。

（488）龙泉棒角叶蜂，新种 *Tenthredo longquan* Wei & Niu, sp. nov.（图 3-483，图版 XI-5）

雌虫：体长 13.5mm。体黑色，上颚基半部外侧斑、后胸前侧片腹缘、腹部第 1 背板后缘窄边、第 3 背板两侧短条斑、第 4 背板后半部、第 4–5 腹板后部横带黄白色；足黑色，前中足转节至跗节前侧、后足基节端部和内缘黄白色，后足胫跗节暗褐色；翅大部分烟褐色，R 室前侧、R1 室前侧稍透明，沿 Rs 脉附近深烟褐色，翅痣和前缘脉褐色，其余翅脉大部分暗褐色；体毛大部分银色，鞘毛浅褐色。

头、胸部具十分粗大的刻点；头部背侧刻点密集（图 3-483A），唇基、后眶刻点稀疏；小盾片顶部刻点稍疏，附片光滑；中胸前侧片上半部刻点网状，间隙狭窄，无明显平坦区域，腹侧刻点较小且十分稀疏，后侧片刻点十分细小，具细密刻纹（图 3-483E）；后胸背板和侧板几乎光滑；腹部第 1 背板高度光滑，腹部其余背板无明显刻纹和刻点（图 3-483C）。

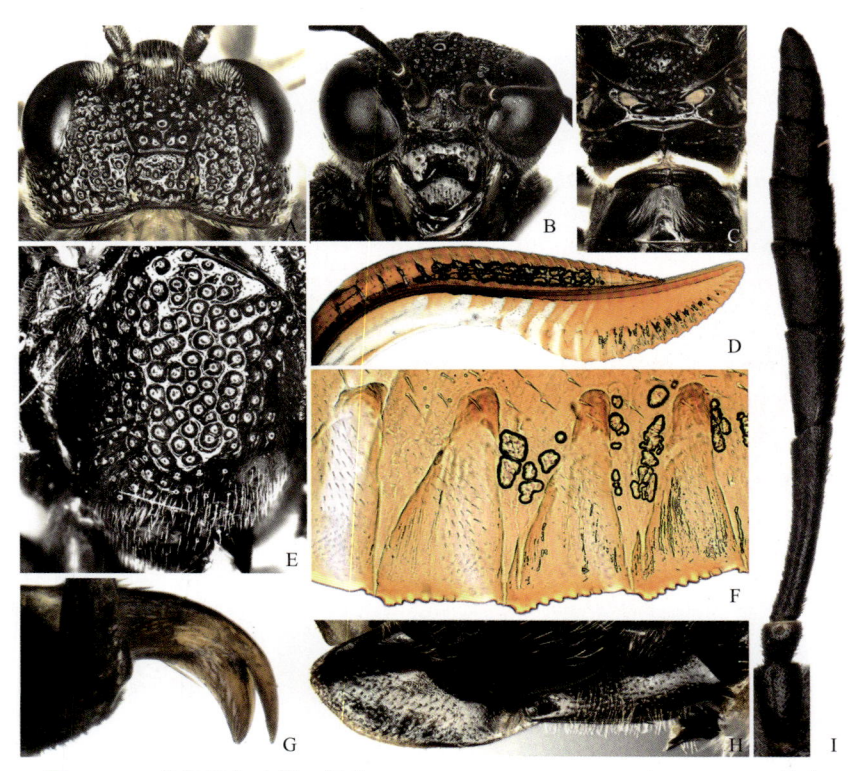

图 3-483 龙泉棒角叶蜂，新种 *Tenthredo longquan* Wei & Niu, sp. nov. 雌虫
A. 头部背面观；B. 头部前面观；C. 小盾片至腹部第 2 背板；D. 产卵器；E. 中胸侧板；F. 锯腹片第 7–9 锯刃；G. 爪；H. 锯鞘侧面观；I. 触角

唇基几乎平坦，前缘缺口宽弧形，深 0.3 倍于唇基长，上唇端部钝三角形突出（图 3-483B）；颚眼距 0.8 倍于单眼直径；触角窝上突十分低平，与低弱额脊会合，中窝较浅，额区中部具短沟，互相连接；单眼后区宽约 1.2 倍于长，单眼后沟平直，十分显著，侧沟稍浅，向后稍收敛，单眼后区后缘脊中部明显凹于两侧（图 3-483A）；后颊脊完整，下部无褶；触角长 1.4 倍于头宽，第 3 节细，长 2 倍于第 4 节，亚端部棒槌状膨大，第 7 节宽稍大于长，第 9 节短小（图 3-483I）。中胸小盾片显著隆起，顶部圆钝，具低钝但可分辨的纵脊，附片具细低中脊（图 3-483C）；中胸前侧片中部显著隆起，无纵脊或凹坑，无腹刺突（图 3-483E）

爪无基片，内齿稍短于或约等长于外齿（图 3-483G）；前翅 cu-a 脉交于 1M 室基部 1/8，后翅臀室无柄式。腹部第 1 背板大部分和第 2 背板中部光裸无毛；第 7 腹板两侧明显前突；产卵器短，约等长于前足胫节，锯鞘端短宽，等长于锯鞘基，腹缘弧形（图 3-483H）；锯腹片刀片状，中部显著加宽，中部内侧狭窄，约 20 锯节（图 3-483D）；中端部锯刃低平，亚基齿明显（图 3-483F）。

雄虫：未知。

分布：浙江（龙泉）。

词源：本种以模式标本产地所在的龙泉寺之名命名。

正模：♀，浙江凤阳山兰巨乡龙泉寺，2012.VII.18，王师君（ASMN）。

鉴别特征：本种与褐翅棒角叶蜂 Tenthredo scrobiculata (Konow, 1898) 非常近似，但本种腹部第 3 背板两侧白色横带很短，第 5 背板全部黑色；中单眼前无大型凹窝，中窝和额区中沟连接；单眼后区侧沟弧形弯曲，两端收敛，单眼后区后缘脊中部明显凹于两侧；中胸前侧片大刻点密集，间隙狭窄；前翅 R 室前侧透明；第 7 腹板两侧明显前突，锯鞘端较宽，腹缘弧形弯曲。

（489）单带棒角叶蜂 *Tenthredo ussuriensis unicinctasa* Nie & Wei, 2002（图 3-484）

Tenthredo ussuriensis unicinctasa Nie & Wei, 2002: 138.

主要特征：雌虫体长 13–14mm；体黑色，唇基、上唇、上颚基部 2/3、前胸背板后角、中胸小盾片前坡部分、中后胸盾侧凹后缘、后胸后背片前端、腹部第 3 背板全部、第 4 背板侧角、第 8–9 背板中部、第 3–4 腹板后缘及前中足股节、胫节前侧、跗节亮黄色，触角柄节与梗节、翅基片、后足胫节、跗节暗红褐色；前翅全长具浓烟褐色纵条带，C 脉与翅痣浅褐色，其余翅脉黑色；唇基光滑，后眶具细浅刻纹，头部

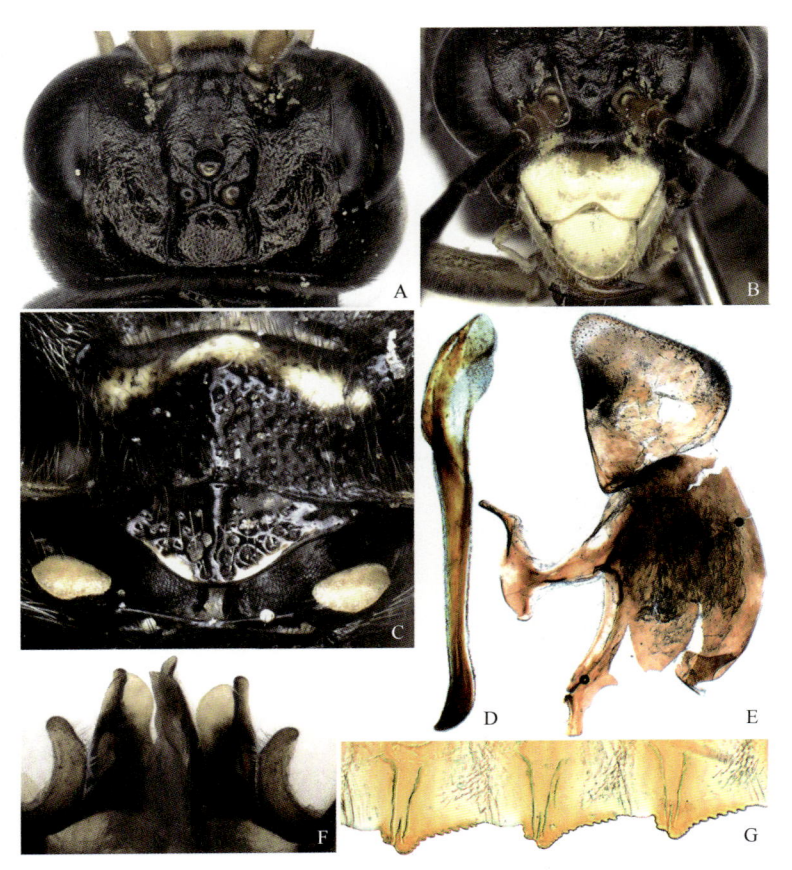

图 3-484　单带棒角叶蜂 *Tenthredo ussuriensis unicinctasa* Nie & Wei, 2002

A. 雌虫头部背面观；B. 雌虫头部前面观；C. 小盾片和附片；D. 阳茎瓣；E. 生殖铗；F. 阳茎瓣、副阳茎、阳基腹铗内叶尾部组合；G. 锯腹片第 7–9 锯刃

其余部分具模糊刻点和皱纹；前胸背板、中胸背板刻点细密，小盾片前半部刻点稀疏，光泽强，后坡和附片具粗大密集刻点；中胸前侧片上半部具密集皱刻纹，下半部具细密小刻点；腹部第 1 背板光滑，其余背板具细密刻纹；唇基缺口浅小，深约为唇基长的 1/4，上唇端部突出；颚眼距微宽于单眼直径；触角窝上突不隆起，中窝缺；单眼后区宽大于长，侧沟较深，微外弯；背面观后头两侧微外鼓，后眶约与复眼等宽；触角短于头、胸部之和，第 3 节 1.65 倍于第 4 节长；小盾片显著隆起，顶部钝尖，附片具宽钝中脊；中胸前侧片强烈隆起，无腹刺突；后翅臀室无柄式；爪内齿等于外齿；锯腹片 24 刃，锯刃倾斜，中部锯刃外侧亚基齿 6–9 枚。雄虫体长 10mm；虫体腹侧大部分黄绿色，胸部侧板具黑色条斑，腹部第 1、3、4 背板后缘具黄白色横带，第 8 背板后缘具宽弧形缺口；下生殖板宽大于长，端部截形；外生殖器强壮，抱器基部窄，端部显著加宽，阳基腹铗内叶尾双翘尾，副阳茎狭长、弯曲，阳茎瓣狭窄。

分布：浙江（临安）、北京、天津、河北、山西、河南、陕西、甘肃、安徽、湖北、湖南、重庆。

（490）中正棒角叶蜂，新种 Tenthredo zhongzheng Wei & Niu, sp. nov.（图 3-485，图版 XI-6）

雌虫：体长 13mm。体和足黑色，唇基、上唇、上颚基半部外侧、前胸背板后缘狭边、中胸小盾片中部横带、附片全部、后胸后背片前端、腹部第 3 背板全部、第 4 背板侧角、第 8 背板中部、第 10 背板、第 3–4 腹板后缘黄白色，触角柄节、翅基片全部和锯鞘端中部短直斑橘褐色；前中足股节至跗节前侧黄褐色，后足股节端部外侧条斑、后足胫节、跗节除末端外橘褐色；前翅全长具宽深烟色纵带斑，C 脉与翅痣浅褐色，后翅透明。体毛银色。

唇基光滑无刻点，具强光泽，后眶具微细刻点，头部背侧具模糊刻点和明显皱纹，光泽较弱；中胸背板前叶和侧叶刻点细密，小盾片前坡和附片、盾侧凹前坡光滑，无刻点，小盾片前后坡具粗浅刻点；中胸前侧片上半部具致密粗皱刻纹，暗淡无光；腹部第 1 节大部分光滑无刻点，两侧和其余背板具细密刻纹。

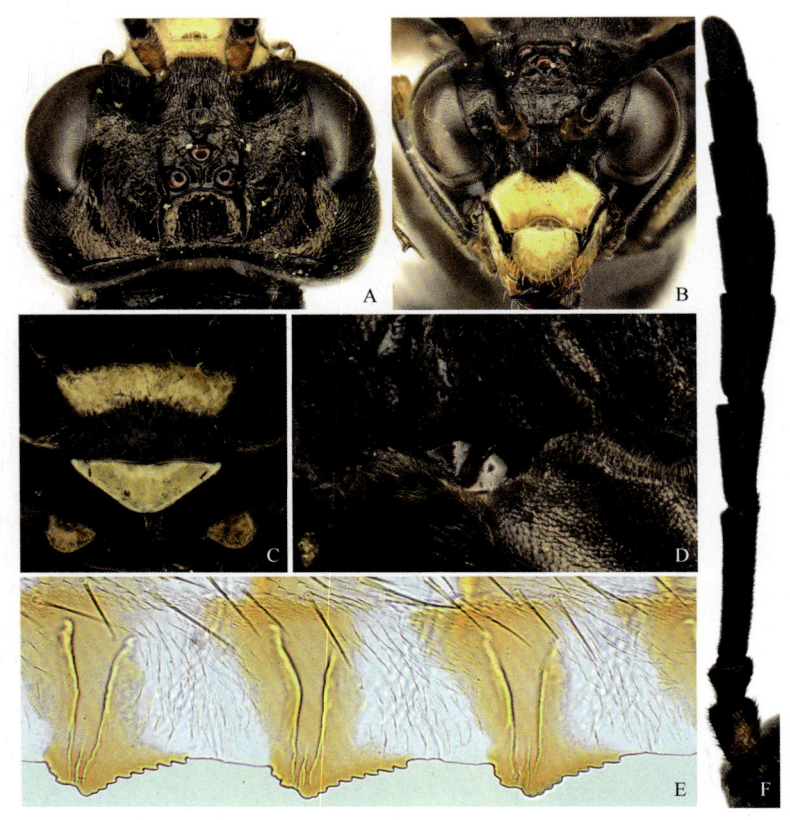

图 3-485 中正棒角叶蜂，新种 Tenthredo zhongzheng Wei & Niu, sp. nov. 雌虫
A. 头部背面观；B. 头部前面观；C. 小盾片和附片；D. 下生殖板侧突；E. 锯腹片第 8–10 锯刃；F. 触角

唇基平坦，前缘缺口宽浅弧形，深约 0.3 倍于唇基长；上唇宽圆，端部突出（图 3-485B）；颚眼距 1.3 倍于侧单眼直径；触角窝上突不隆起，中窝浅平；单眼中、后沟细浅，单眼后区微隆起，具后缘脊，宽 1.5 倍于长，侧沟较深，微外弯（图 3-485A）；背面观后头两侧微外鼓，后头约等于 2/3 复眼长径；侧面观单眼平面略高于复眼平面，后眶微窄于复眼横径，后颊脊完整、无褶；触角长 1.4 倍于头宽，明显短于头、胸部之和，第 3 节长 1.67 倍于第 4 节，亚端部明显膨大，第 7、8 节长宽比约等于 1.5（图 3-485F）。前胸背板沟前部宽约 4.5 倍于单眼直径；小盾片显著隆起，顶部突出，附片平坦无中脊，后胸淡膜区间距 2 倍于淡膜区长径（图 3-485C）；中胸前侧片中部显著隆起，无腹刺突。前翅 2Rs 室约等长于 1R1+1Rs 室，2r 脉交于 2Rs 室上缘外侧 1/3，cu-a 脉交于 1M 室下缘基部 1/3，后翅 cu-a 脉具明显短柄。后足内胫距等于 1/2 后基跗节长，爪无基片，内齿明显短于外齿。腹部第 1 背板明显鼓起，窄于第 2 节；锯鞘等长于后足基部 2 跗分节之和，鞘端显著长于鞘基；锯腹片 21 刃，节缝刺毛带较窄；锯刃倾斜，中部锯刃内侧亚基齿 2 枚，外侧亚基齿 8-9 枚（图 3-485E）。

雄虫：未知。

变异：湖南大围山标本小盾片隆起程度更高，附片具零星刻点。

分布：浙江（临安、奉化）、湖南。

词源：本种以江西师范大学校训"中正"命名。

正模：♀，浙江省奉化市溪口镇 213 省道 98km，29°42′13″N、121°10′25″E，海拔 530m，2016.V.3，魏美才（ASMN）。副模：2♀，湖南大围山春秋坳，28°25.734′N、114°06.407′E，海拔 1300m，2010.V.3，李泽建（ASMN）；1♀，浙江天目山，1980.V.3，李法圣（中国农业大学）。

鉴别特征：本种与华东地区分布比较广泛的单带棒角叶蜂 *T. unicinctasa* Nie & Wei, 2002 比较近似，但本种小盾片附片平坦，无中纵脊，表面光滑，无刻点或仅具极稀疏刻点，触角亚端部显著膨大，第 7、8 节长宽比等于 1.5，唇基缺口较宽，单眼后区侧沟前部较深，后翅臀室具柄等，与后者不同。

（491）玉带棒角叶蜂 *Tenthredo yudai* Liu, Li & Wei, 2021（图 3-486，图版 XI-7）

Tenthredo yudai Liu, Li & Wei, 2021e: 230.

主要特征：雌虫体长 11.0–12.0mm（图 3-486A）；体大部分黑色，上唇大部分、唇基及腹部第 1 背板端半部及两侧缘黄白色，前胸背板后缘及中胸小盾片顶部矩形斑橘褐色，口须大部分、上颚大部分、颊及附近区域、唇基上区中部、触角、翅基片、各足基节腹侧端部、转节、股节外侧、胫节、跗节、腹部端部背板、端部腹板和锯鞘大部分红褐色；翅浅烟褐色透明，前翅 C 脉、翅痣浅褐色；头、胸部背侧刻点粗糙密

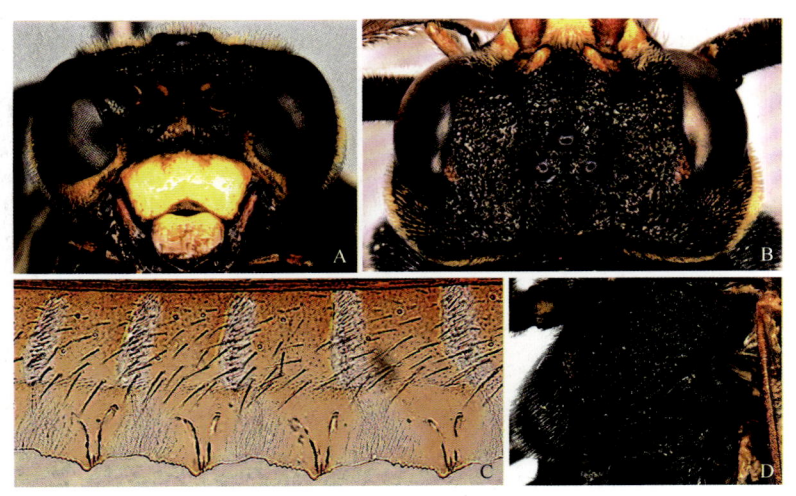

图 3-486 玉带棒角叶蜂 *Tenthredo yudai* Liu, Li & Wei, 2021 雌虫
A. 头部前面观；B. 头部背面观；C. 锯腹片第 5–8 锯刃；D. 中胸侧板

集，头部刻点稍大，侧板刻点不规则，具脊纹，腹部除第 1 背板较光滑外，其余背板具细密刻纹；唇基宽大，缺口三角形，深约为唇基 1/3 长；颚眼距几乎等宽于单眼直径；触角窝上突不明显发育；单眼中沟深，单眼后区宽约 1.5 倍于长，侧沟微弱弯曲，向后明显分歧；后头两侧微弱膨大；触角长 0.8 倍于腹部长，第 3 节 1.5 倍于第 4 节长，亚端部不明显膨大；小盾片圆钝隆起，无纵脊或横脊；中胸前侧片具低弱弧形斜脊，无腹刺突；中部锯刃具 2–3 个内侧亚基齿和 8–9 个外侧亚基齿，亚基齿细小模糊。雄虫未知。

分布：浙江（临安）。

(492) 丽水短角叶蜂，新种 *Tenthredo lishui* Wei & Niu, sp. nov.（图 3-487）

雌虫：体长 11.2mm。头部黄白色，背侧具大黑斑，后眶上部和后头黑色，内眶和后眶淡斑在复眼后狭窄连接，单眼后区后缘白色（图 3-487B、C），触角黑色；胸部黑色，前胸背板大部分、中胸背板前叶两侧狭条斑、侧叶后缘、小盾片前部 2/3、附片、后胸小盾片、后背片除后缘外、前胸腹板、中胸前侧片上半部、后侧片大部分（图 3-487G）、后胸前侧片除前缘外、后胸后侧片除前部洼区外黄白色；腹部黄白色，第 2 背板大部分黑色，其余背板基部 1/2–3/5、第 2 腹板除后缘狭边外、其余腹板两侧角小斑黑色；锯鞘大部分黑色，锯鞘基腹缘端部 4/5 黄白色（图 3-487D）；足黄白色，前中足股节至跗节背侧全长具黑色狭条斑，后

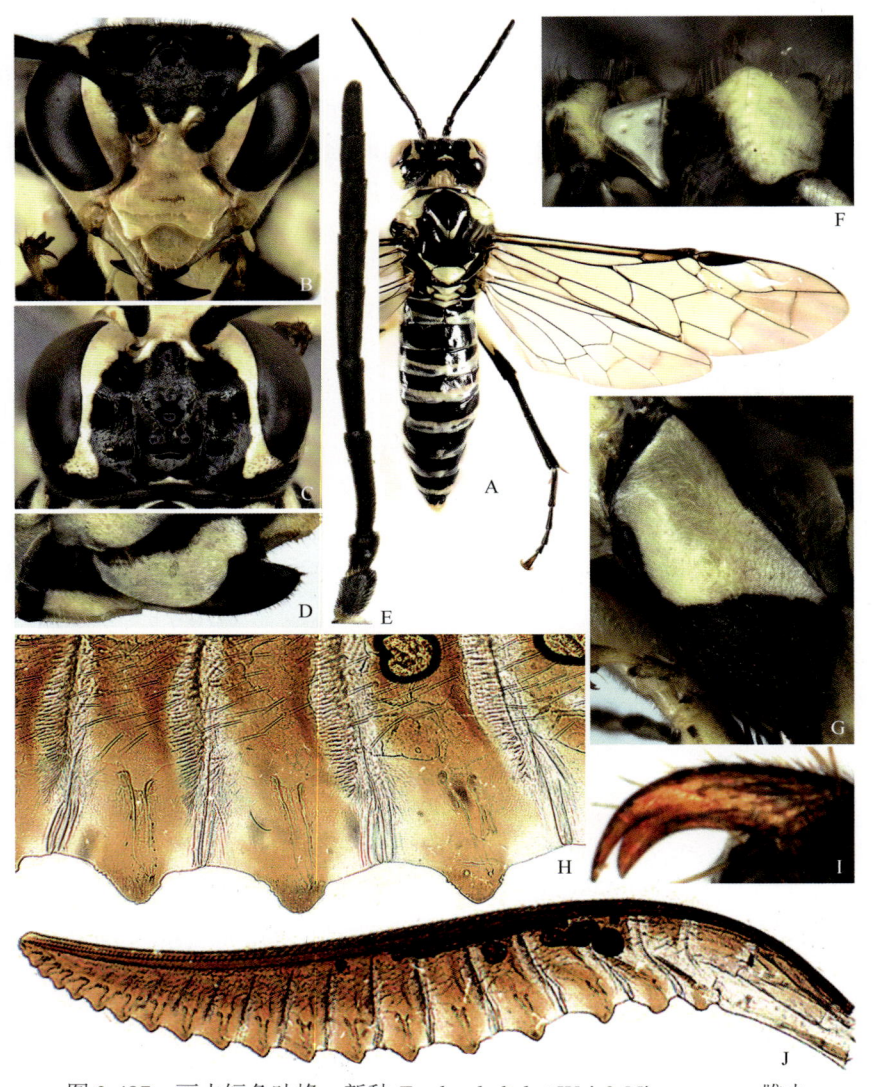

图 3-487 丽水短角叶蜂，新种 *Tenthredo lishui* Wei & Niu, sp. nov. 雌虫
A. 成虫背面观；B. 头部前面观；C. 头部背面观；D. 锯鞘侧面观；E. 触角；F. 小盾片和附片侧面观；G. 中胸侧板；H. 锯腹片第 4–6 锯刃；I. 爪；J. 锯腹片

足股节背侧条斑和外侧端部 1/3、后足胫跗节大部分黑色；体毛大部分银色，头部额区、中胸背板前叶和侧叶被毛黑褐色；翅透明，翅痣和翅脉黑褐色。

头部光滑，无刻点和刻纹；中胸背板前叶和侧叶具细密小刻点，小盾片前坡光滑，后坡具模糊刻纹；附片光滑，具几枚稀疏刻点；中胸侧板具微弱油质光泽和微弱刻纹，无刻点；后胸光滑；腹部第 1 背板光滑，其余背板具微细刻纹。

唇基和唇基上区平坦，唇基缺口浅宽，底部窄，深约为唇基长的 1/4，上唇端部突出（图 3-487B）；侧面观上颚稍延伸，颚眼距 1.3 倍于单眼直径；触角窝上突几乎不隆起，中窝稍发育，额区平坦；背面观后头短小，两侧明显收缩，后颊脊完整，下部无褶；单眼中沟等长于单眼后区，单眼后区宽 2 倍于长，侧沟向后明显分歧，后缘脊低弱模糊（图 3-487C）；触角短丝状，亚端部不膨大，短于头、胸部之和，第 3 节 1.5 倍于第 4 节长（图 3-487E）；小盾片显著隆起，具顶和模糊纵脊，附片中纵脊不明显（图 3-487F）；中胸前侧片中部明显隆起，无凹窝，无腹刺突（图 3-487G）；后足胫节内距等长于基跗节一半；爪无基片，内齿短于外齿（图 3-487I）；后翅臀室无柄式。腹部第 1 背板平坦，第 7 腹板后缘两侧几乎平直；产卵器等长于后足股节，锯鞘端明显长于锯鞘基（图 3-487D）；锯腹片基部稍窄，具 19 锯刃，节缝刺毛带较窄（图 3-487J）；锯刃明显凸出，亚基齿细小模糊（图 3-487H）。

雄虫：未知。

分布：浙江（丽水）。

词源：本种以模式标本产地命名。

正模：♀，浙江丽水白云山生态林场，28.536°N、119.931°E，海拔 965m，2015.IV.1–8，李泽建，马氏网诱集（ASMN）。

鉴别特征：本种与亚洲南部分布较广的 *T. salvazii* (Malaise, 1945) 以及日本分布的 *T. zomborii* Togashi, 1977 比较近似，但本种头部光滑，无刻点或刻纹，背侧黑斑独立，黑斑外侧不与复眼内缘接触，唇基前缘缺口宽浅三角形，中胸背板前叶两侧具明显的 V 形淡斑，腹部除第 2 背板后缘淡斑狭窄外各节背板后缘均具宽度近似的淡色横带斑，小盾片前坡和附片几乎光滑，锯腹片锯刃强烈突出等，与后两种明显不同。

（493）短条短角叶蜂 *Tenthredo vittipleuris* Malaise, 1945（图 3-488）

Tenthredo vittipleuris Malaise, 1945: 233.

主要特征：雌虫体长 10–11mm；体背侧大部分黑色，头部触角窝以下部分、上眶点斑、后眶中下部、前胸背板大部分、前胸侧板、翅基片大部分、小盾片前部 2/3、附片、后小盾片中部、后胸后背板大部分，腹部第 1、3–4、8–10 背板后缘窄横带，以及各节背板缘折和腹板大部分黄绿色，小盾片后缘黑色，各节腹板后侧角黑色；中后胸侧板黄褐色，中胸前侧片上半部中央垂直条斑（上端不伸抵侧板背缘）、前侧片腹侧、后侧片前缘和后胸后侧片前缘黑色；足黄绿色，各足股节背侧全长、前中足胫跗节背侧具黑色条斑，后足胫节和跗节全部黑色；翅端部 1/3 微弱烟灰色，翅痣和翅脉黑色；体毛银色，头、胸部背侧细毛稍暗；唇基平坦，前缘缺口浅弧形，深约 0.22 倍于唇基长，上唇端部宽圆；颚眼距 1.1 倍于单眼直径，侧面观上颚稍延长；触角窝上突不隆起，额区中部稍凹；背面观后头短小，两侧明显收缩，后颊脊完整，下部无褶；单眼后区宽 2 倍于长，后缘脊明显，侧沟后部较深，向后稍分歧；触角短丝状，亚端部不膨大，短于头、胸部之和，第 3 节明显长于第 4 节；小盾片明显隆起，无脊；附片具低弱纵脊；中胸侧板中部明显隆起，无腹刺突；爪无基片，内齿短于外齿；后翅臀室无柄式；头部背侧具弱皱纹，无明显刻点；中胸背板前叶和侧叶具细小刻点，小盾片和附片光滑；腹部 2–10 背板具微弱刻纹；锯鞘约等长于中足股节。雄虫体长 8–9mm，虫体腹侧除中胸前侧片具垂直黑色窄条斑外全部黄绿色；下生殖板宽大于长，端部圆钝；阳基腹铗内叶宽短 W 形；阳茎瓣头叶窄椭圆形，柄部长。

分布：浙江（临安、龙泉）、河南、陕西、安徽、湖北、湖南、四川、贵州、云南；缅甸（北部）。

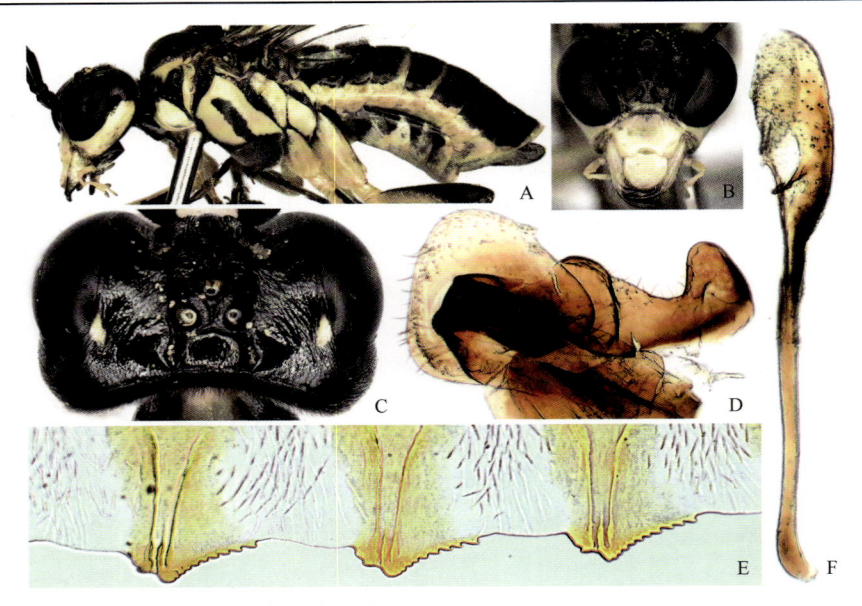

图 3-488　短条短角叶蜂 *Tenthredo vittipleuris* Malaise, 1945
A. 雌虫侧面观；B. 头部前面观；C. 头部背面观；D. 抱器和阳基腹铗内叶；E. 第 8–10 锯刃；F. 阳茎瓣

（494）大斑短角叶蜂 ***Tenthredo sapporensis* (Matsumura, 1912)**（图 3-489）

Allantus sapporensis Matsumura, 1912: 58.
Tenthredo pseudocontraria Wei, *in* Wei & Nie, 1998d: 197.
Allantus leucosternus Malaise, 1934a: 15.
Tenthredo sapporensis: Wei, Nie & Taeger, 2006: 547.

主要特征：体长 10–12mm；体黄绿色（干标本枯黄色），头部背侧具方形黑色大斑，两侧接触复眼；触角除柄节外、中胸背板前叶和侧叶大部分、后胸背板凹部黑色，腹部第 2 和 5–7 背板具大型黑色横斑，第 1、3 背板基部黑色；足黄绿色，各足股节、胫节、跗节的背侧具黑色条斑，后足跗节大部分黑褐色；翅透明，前缘脉和翅痣黄褐色；体毛淡色；唇基大型、平坦，前缘缺口窄，深度约 0.3 倍于唇基长，上唇宽大，端部圆突；侧面观上颚明显延长，颚眼距约 1.3 倍于单眼直径；触角窝上突缺如，额区平坦；背面观后头短，两侧收缩，单眼后区宽长比约等于 1.7，后缘具细脊；后颊脊完整，下部无褶；触角短丝状，等长

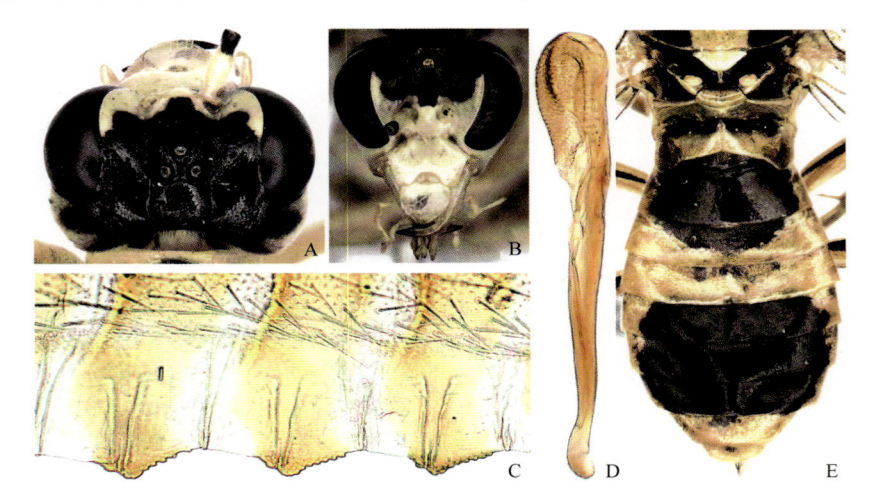

图 3-489　大斑短角叶蜂 *Tenthredo sapporensis* (Matsumura, 1912)
A. 雌虫头部背面观；B. 雌虫头部前面观；C. 锯腹片第 5–7 锯刃；D. 阳茎瓣；E. 雌虫腹部背面观

于胸部，第 3 节 1.6 倍于第 4 节长；头部背侧具微弱刻纹，中胸背板具细小刻点，附片具浅弱刻点，小盾片几乎光滑；中胸前侧片具稍密的微细刻纹；小盾片锥形隆起，具横脊，附片具纵脊；中胸前侧片下部高锥形隆起，无腹刺突；腹部第 1 背板刻纹弱，其余背板具微细刻纹；爪无基片，内齿短于外齿；后翅臀室无柄式。雄虫体长 9–9.5mm；第 2、3 背板黑斑等大；唇基缺口深 0.4 倍于唇基长，颚眼距等于侧单眼直径，单眼后区宽长比等于 2，下生殖板宽约 2 倍于长，端部截形；阳茎瓣头叶窄椭圆形，具长柄。

分布：浙江（临安）、山西、河南、陕西、宁夏、甘肃、安徽、湖北、湖南、广东、重庆、四川；俄罗斯（西伯利亚），日本。

（495）双环斑翅叶蜂 *Tenthredo flavobalteata* Cameron, 1876（图 3-490）

Tenthredo flavobalteata Cameron, 1876: 468.

主要特征：雌虫体长 12–14mm；体黑色，唇基、上唇、后眶下半、触角上突前半及触角柄节、前胸背板后角端缘、前胸侧板后缘、翅基片、中胸盾侧凹后缘、后胸背板后缘、前足除基节以外、中足除基节全部及胫节后侧端部 2/3 外、后足转节、股节基部、胫节基部 3/4、腹部第 3、4 节全部黄白色；翅端部具亚圆形深烟色斑纹，翅痣和 C 脉浅褐色；体被褐色细毛；头部背侧光滑，中胸前侧片具十分稀疏细弱的刻点，光泽强；胸部背板具稀疏刻点，其余部分光滑；唇基缺口宽浅，侧叶小；颚眼距近线状；触角窝上突低钝，向后与低钝额脊融合；单眼后区具微弱中纵脊，宽稍大于长；侧沟略深，微外弯；背面观后头两侧收敛，后头约等于 1/2 复眼长径；侧面观后眶稍窄于复眼宽；触角丝状，约等于腹部，第 3 节长 1.3 倍于第 4 节，鞭节不侧扁；小盾片显著隆起，具顶点，后坡具弱中纵脊；附片光滑，无中纵脊；中胸侧板腹缘微隆起，无腹刺突；后翅臀室无柄式；爪内齿宽于外齿且微短于外齿；锯鞘稍长于后基跗节，侧面观见图 3-490D；锯腹片 21 刃，锯刃倾斜，中部锯刃外侧亚基齿细小（图 3-490F）。雄虫体长 11mm；后眶下端无白斑，下生殖板长大于宽，端部圆钝，抱器显著长于宽（图 3-490B）；阳茎瓣柄部不长，头叶端部钝截形，内侧稍突出（图 3-490E）。

分布：浙江（临安、庆元）、河南、上海、湖北、江西、湖南、福建、香港、重庆、四川、贵州。

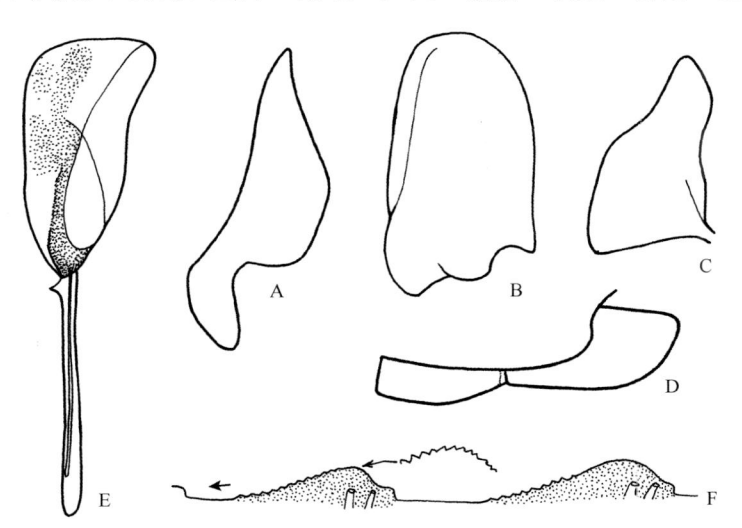

图 3-490 双环斑翅叶蜂 *Tenthredo flavobalteata* Cameron, 1876
A. 阳基腹铗内叶；B. 抱器；C. 副阳茎；D. 锯鞘；E. 阳茎瓣；F. 锯腹片第 7–8 锯刃

（496）帅国斑翅叶蜂，新种 *Tenthredo shuaiguoi* Wei & Niu, sp. nov.（图 3-491，图版 XI-8）

雌虫：体长 16mm。体和足黄褐色，具黑斑；头部背侧大黑斑覆盖中窝至单眼后区除后缘脊以外部分，两侧不接触复眼（图 3-491A），触角全部黑色；前胸背板后沟、中胸背板前叶中部、侧叶顶部、小盾片中部、盾侧凹底部、中胸前侧片后侧下部短条斑、后胸背板凹部、腹部第 1–5 背板基半部、6–9 背板全部黑色，第 10 背板浅褐色；中后足股节背侧全长具黑色条斑，后足胫节褐色，跗节黄色；前翅基部 2/3 弱烟黄色，端部 1/3 深烟褐色，前侧暗于后侧，前缘脉和翅痣黄褐色，其余翅脉大部分黑褐色；体毛大部分银色，头、胸部背侧细毛暗褐色。

唇基刻点粗大、稀疏；头部背侧刻点较密集，刻点间隙具细密刻纹，内眶边缘刻点稀疏（图 3-491A）；后眶刻点细小，上部较密，下部稀疏；前胸背板刻点较稀疏，中胸背板前叶和侧叶具细小刻点，刻点间隙具细密刻纹；小盾片刻点粗大密集，具刻纹，附片具密集粗刻点；后小盾片刻点稀疏，表面光滑；后胸后背板光滑；中胸前侧片上半部刻点较粗，边界模糊，具细刻纹，无光泽；腹侧刻点细小，刻点间隙具刻纹，后侧片和后胸侧板具细弱刻纹；腹部第 1 背板几乎光滑，其余背板具微细刻纹。

唇基平坦，前缘缺口窄深，底部圆钝，深约为唇基长的 1/2，上唇宽大端部圆突（图 3-491C）；颚眼距 1.5 倍于单眼直径；触角窝上突前部明显隆起，后端低平；中窝宽大，底部平坦；额区小，无额脊；背面观后头两侧稍收缩，后颊脊完整，下部无褶；单眼中沟深，前宽后窄；单眼后区宽 1.4 倍于长，侧沟弯曲，后缘脊显著（图 3-491A）；触角丝状，亚端部不膨大，等长于腹部，第 3 节 1.22 倍于第 4 节长。中胸小盾片显著隆起，具圆顶，无脊；附片中纵脊明显；中胸前侧片中部明显隆起，无凹窝，无腹刺突（图 3-491C）；后胸淡膜区间距 1.7 倍于淡膜区长径；后足胫节内距等长于基跗节一半；爪具基片，内齿短于外齿（图 3-491B）；后翅臀室无柄式。腹部第 1 背板稍鼓，第 7 腹板后缘两侧向后弧形延伸（图 3-491D）；产卵器窄，等长于后足基跗节，锯鞘端明显长于锯鞘基；锯腹片窄长，基部不细，具 23 锯刃，节缝刺毛带短窄；锯刃几乎平直，中部锯刃外侧具 18 枚细小亚基齿（图 3-491E）。

雄虫：未知。

分布：浙江（龙泉）。

词源：本种以模式标本采集者名字命名。

正模：♀，浙江龙泉凤阳山上瑜桥，27°53.064′N、119°10.436′E，1638m，2009.IV.23，聂帅国（ASMN）。

鉴别特征：本种与东北亚分布的 *T. basizonata* Malaise, 1938 最近似，但后者雌虫中胸背板前叶和侧叶全部黑色；中胸前侧片大部分黑色，前侧具淡斑；第 7 腹板两侧缘几乎平直；锯腹片锯刃倾斜隆起，约 2 倍于刃间段长，第 8–10 锯刃具亚基齿约 14 枚等，与本种差别显著。

图 3-491 帅国斑翅叶蜂，新种 *Tenthredo shuaiguoi* Wei & Niu, sp. nov. 雌虫
A. 雌虫头部背面观；B. 爪；C. 头、胸部侧面观；D. 第 7 腹板；E. 锯腹片第 8–10 锯刃

（497）双点光柄叶蜂 *Tenthredo biminutidota* Liu & Wei, 2016（图 3-492，图版 XI-9）

Tenthredo biminutidota Liu & Wei, in Liu, Wu, Xiao & Wei, 2016: 320.

主要特征：雌虫体长 14mm；头部、触角黑色，唇基、上唇、上颚大部分、唇基上区、颚眼距、内眶狭边、后眶全部、上眶外侧角、触角柄节腹侧黄色；胸部黄褐色，前胸背板横沟大部分、中胸背板前叶除后部 1/4 外、侧叶全部、盾侧凹黑色；腹部背板背侧及尾须褐色，第 1 背板基部 1/3、其余背板基缘狭边黑褐色，每节背板背侧两侧边缘各有 1 对黑色点斑，背板缘折、腹板和产卵器黄色，锯鞘端缘暗褐色；足黄褐色，前足股节端部后背侧短条斑、中足股节背侧长条斑、后足股节背侧全长条斑、前中足胫节后背侧细条斑、后足胫节大部分黑色；翅透明，端部 2/5 微弱烟褐色，前缘脉和翅痣黄褐色；头、胸部背侧细毛黄色；头部背侧几乎光滑，小盾片前坡光滑，后坡具浅弱刻点，附片光滑，具数枚浅弱大刻点，中胸前侧片隆起部分刻点较明显，上部光滑，腹部背板具细弱刻纹；颚眼距等长于单眼直径；触角窝上突几乎不隆起，与额脊平坦连接；单眼后区宽大于长；触角稍短于腹部，第 3 节明显长于第 4 节；小盾片圆钝隆起，具短中纵脊，附片具低钝中脊；中胸前侧片中部钝锥形隆起，无腹刺突；后翅臀室具柄；爪内齿明显短于外齿；锯腹片具 30 节锯刃。雄虫体长 13mm；下生殖板宽显著大于长，端部钝截形；阳茎瓣见图 3-492C。

分布：浙江（临安）、陕西、湖南、四川、贵州。

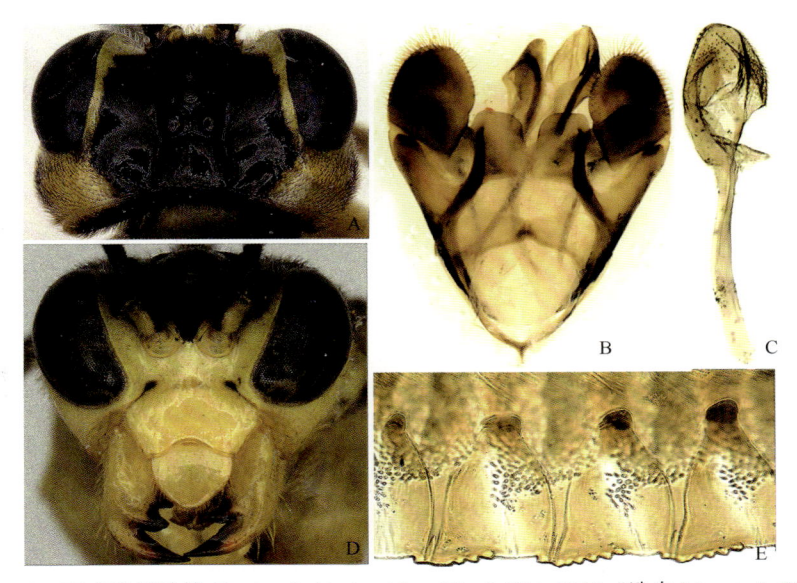

图 3-492 双点光柄叶蜂 *Tenthredo biminutidota* Liu & Wei, 2016（选自 Liu et al., 2016）
A. 雌虫头部背面观；B. 生殖铗背面观；C. 阳茎瓣；D. 雌虫头部前面观；E. 锯腹片第 12–14 锯刃

（498）光额突柄叶蜂 *Tenthredo subflava* Malaise, 1945（图 3-493）

Tenthredo subflava Malaise, 1945: 238.
Tenthredo subflava victorialis Malaise, 1945: 238.
Tenthredo valvurata D. Singh & M.S. Saini, 1987: 336.

主要特征：雌虫体长 11–12mm；体黄绿色，头部背侧宽 H 形斑、触角除柄节腹侧外、中胸背板前叶和侧叶纵斑、腹部各节背板基缘宽斑黑色；足黄绿色，股节背侧和胫节后侧细条斑黑色；体毛银色；翅透明，前缘脉和翅痣黄绿色；唇基前缘缺口深弧形，深约等于唇基 1/3 长，底部圆钝；复眼下缘间距显著宽于唇基，稍大于复眼长径 1/2；颚眼距短于单眼直径；触角窝上突前部明显隆起，后端低平，与低钝额脊之间稍分离或不明显分离；单眼后区宽长比等于 1.8–2，背面观后头两侧收缩，后颊脊完整，下部无褶；触角约等长于头胸部之和，第 3 节长 1.3 倍于第 4 节；小盾片显著隆起，顶部圆钝，无纵脊和尖顶；中胸前侧片中部具尖突，无腹刺突；爪无基片，内齿短于外齿；后翅臀室具柄式；头部背侧光滑，无刻纹，中胸背板具浅弱刻点，表面光滑；中胸前侧片具极弱刻纹，光泽强；腹部第 1 背板光滑，第 2–10 背板具微弱刻纹；锯腹片中部刺毛带宽，纹孔线短；中部锯刃微弱倾斜，齿式 1/4–5（图 3-493D）。雄虫体长 10mm；触角柄节黄绿色，腹部中端部黑斑较小；下生殖板宽大于长，端部圆钝；阳茎瓣简单，端部圆钝，腹端部稍突出（图3-493C）。

分布：浙江（临安）、河南、陕西、宁夏、湖北、江西、湖南、重庆、四川、云南；印度（北部），缅甸（北部）。

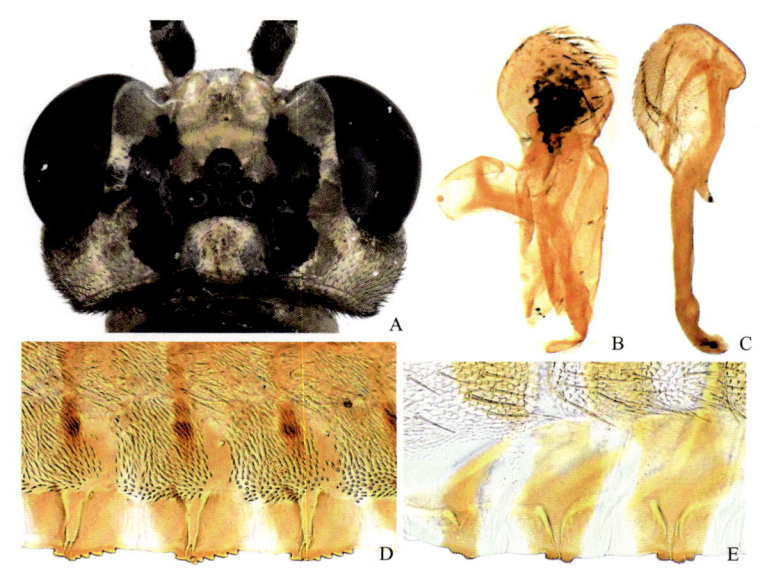

图3-493 光额突柄叶蜂 *Tenthredo subflava* Malaise, 1945
A. 雌虫头部背面观；B. 生殖铗；C. 阳茎瓣；D. 锯腹片第7–9锯刃；E. 第1–3锯刃

（499）纵脊突柄叶蜂 *Tenthredo longitudicarina* Wei, 2006（图3-494，图版XI-10）

Tenthredo longitudicarina Wei, 2006a: 635.

主要特征：雌虫体长10mm；活体时体和足翠绿色，具少数黑斑带：触角黑色（柄节外侧窄条绿色），头部背侧H形黑斑横跨单眼区，单眼圈黑色，两侧臂外缘弧形，中部最宽，但不接触复眼，前端伸达侧窝底部，后端接触上眶后缘内顶角，中窝底部具小黑斑；中胸背板前叶和侧叶顶部各具1个大黑斑，侧叶黑斑内侧具小黑斑；腹部第1背板基缘、2–8背板基部1/3以上黑色，横带完整；各足股节端部后侧和胫节后侧具黑色细条带，后足跗节黑色；翅透明，翅痣和前缘脉绿色；头、胸部背侧细毛大多黑褐色；唇基端部缺口弧形，深约为唇基1/3长；颚眼距等于单眼直径；复眼内缘间距窄于眼高和唇基宽；触角窝上突强烈隆起，互相远离，向后分歧，后端突然中断，与平板状的额区完全分离；单眼后区宽长比等于1.3，后缘具脊；后眶稍窄于复眼，颊脊全缘式，下部无褶；触角等长于腹部，第3节明显长于第4节；体光滑，单眼后区、

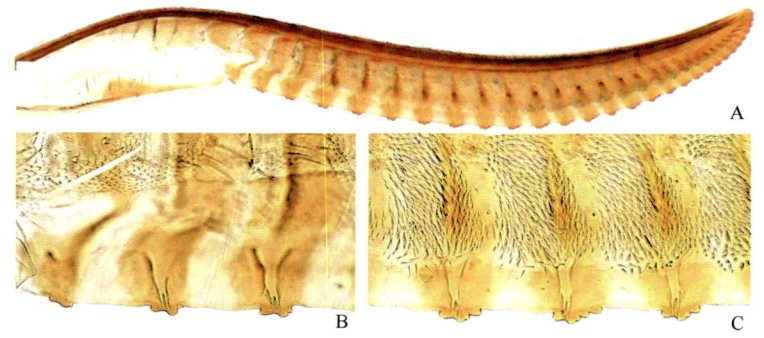

图3-494 纵脊突柄叶蜂 *Tenthredo longitudicarina* Wei, 2006 雌虫
A. 锯腹片；B. 第1–3锯刃；C. 第8–10锯刃

上眶和后眶具微细刻纹；小盾片锥状强烈隆起，具顶尖和短纵脊，附片无中纵脊；中胸侧板尖锥状隆起，顶尖较长，无腹侧突；爪内齿明显短于外齿；后翅臀室具短柄式；锯腹片 28 刃，节缝刺毛带浓密，锯节下部 1/3 完全光裸；锯刃低台状突出（图 3-494B、C）。

分布：浙江（龙泉）、贵州。

（500）纤弱突柄叶蜂 *Tenthredo tenuisomania* Wei, 1998（图 3-495）

Tenthredo tenuisomania Wei, *in* Wei & Nie, 1998D: 193-194.

主要特征：体长 10-11mm；体黄绿色，头部背侧 H 形斑、触角除柄节腹侧外、中胸背板前叶和侧叶纵斑、腹部各背板基缘黑色；足黄绿色，股节端部背侧和胫节后侧细条斑黑色；体毛银色；翅透明，前缘脉和翅痣黄绿色；唇基前缘缺口平，浅于唇基 1/3 长；颚眼距短于单眼直径；触角窝上突明显隆起，狭窄，后端突然中断，不与额脊会合；单眼后区宽长比等于 1.7，背面观后头两侧明显收缩；触角约等长于头、胸部之和，第 3 节长 1.3 倍于第 4 节；小盾片显著隆起，顶部圆钝，无中纵脊和顶尖；中胸前侧片中部具尖突，无腹刺突；爪内齿短于外齿，后翅臀室具明显短柄；头部背侧光滑，无刻纹；中胸背板具浅弱刻点，表面光滑；中胸前侧片具极弱刻纹，光泽强；腹部 2-10 背板具微弱刻纹；锯腹片具 29 锯刃，节缝刺毛带密集；锯刃短，不倾斜，稍突出，外侧亚基齿较大，3-4 枚（图 3-495C）；阳茎瓣简单，端部钝截。

分布：浙江（龙泉）、河南、陕西、四川。

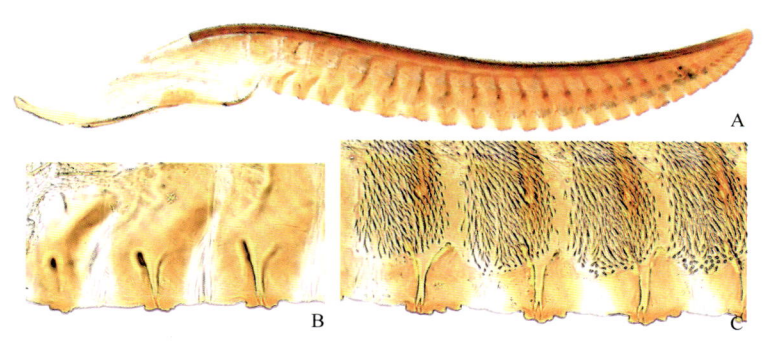

图 3-495 纤弱突柄叶蜂 *Tenthredo tenuisomania* Wei, 1998 雌虫锯腹片
A. 锯腹片；B. 第 1-3 锯刃；C. 第 8-10 锯刃

（501）平盾平柄叶蜂 *Tenthredo flatoscutellerila* Wei & Nie, 2003（图 3-496）

Tenthredo flatoscutellerila Wei & Nie, *in* Wei, Nie & Xiao, 2003: 120.
Tenthredo nigropicta: Yuan, 1991: 92, nec. Smith, 1874.

主要特征：雌虫体长 13-14mm；体黑色具丰富淡斑，上唇、唇基、唇基上区、内眶下半、单眼后区后角、后眶大部分、上眶三角形斑块、前胸背板后缘和沟前部下半、翅基片、中胸盾侧沟上下侧、小盾片前缘侧角、附片、盾侧凹上半及前后缘、后胸盾侧凹前后缘、中胸前侧片中央大部分、后侧片后缘和后胸前侧片黄白色，腹部各背板后缘具黄褐色横带（图 3-496D），各背板两侧及腹板全部黄褐色；前、中足除基节基部、胫节端部具黑斑外，其余黄褐色，后足基节基部外侧及端部前、后侧具黑斑，股节、胫节端部 4/5 及跗节黑色，其余黄褐色；翅透明，C 脉和翅痣浅褐色；头部背侧、中胸前侧片上半部和腹部第 1 背板光滑，无刻点或刻纹，胸部背板刻点细弱，腹部其余背板刻纹微细；唇基缺口深 0.45 倍于唇基长，底部圆；复眼下缘间距窄于复眼 1/2 长径，颚眼距窄于单眼半径；触角窝上突和额脊不隆起，单眼后区宽大于长，侧沟浅细；背面观后头短，明显收缩（图 3-496A）；触角稍长于头、胸部之和，第 3 节明显长于第 4 节；小盾片低钝隆起，顶部平坦无脊，附片平坦，具浅弱刻点；后翅臀室具短柄；爪内齿短于外齿；锯腹片 35 刃，锯刃低平，中部锯刃内侧亚基齿 1 枚，外侧亚基齿 6 枚（图 3-496F）。雄虫体长 13mm；头、胸部、腹部的腹侧部分及前、中足几乎完全白色，腹部背板中部具大型黄褐色斑纹；抱器基部狭窄（图 3-496C），阳茎瓣见图 3-496B。

分布：浙江（临安）、江西、湖南、福建。

寄主：禾本科蕨叶苦竹 *Pleioblastus distinctus*。

袁德成（1991）记载 *Tenthredo nigropicta* 分布于福建和浙江，魏美才等（2003）沿用了这个分布记录。但该记录应为本种的错误鉴定。*Tenthredo nigropicta* (Smith, 1874)在中国包括浙江和福建的分布记录应予去除。

图 3-496　平盾平柄叶蜂 *Tenthredo flatoscutellerila* Wei & Nie, 2003
A. 雌虫头部背面观；B. 阳茎瓣；C. 生殖铗；D. 雌虫背面观；E. 锯腹片；F. 第 7-8 锯刃；G. 第 1-3 锯刃

（502）淡脊平柄叶蜂 *Tenthredo tessariella* Wei & Nie, 2003（图 3-497）

Tenthredo tessariella Wei & Nie, in Wei, Nie & Xiao, 2003: 120.

主要特征：雌虫体长 13-14mm；体黑色具丰富淡斑，上唇、唇基、唇基上区、内眶宽条斑和后眶大部分、单眼后区后侧角、前胸背板后缘和沟前部下半、翅基片、中胸盾侧沟上下侧、小盾片大部分、附片、盾侧凹上半及前后缘、后胸盾侧凹前后缘、中胸前侧片中央大部分、后侧片后缘和后胸前侧片黄白色，腹部各背板后缘具黄褐色横带，各背板两侧及腹板全部黄褐色；前、中足除基节基部、胫节端部具黑斑外，其余黄褐色，后足基节基部外侧及端部前、后侧具黑斑，股节、胫节端部 4/5 及跗节黑色，其余黄褐色；翅透明，C 脉和翅痣浅褐色；头部背侧、中胸前侧片上半部和腹部第 1 背板光滑，无刻点或刻纹，胸部背

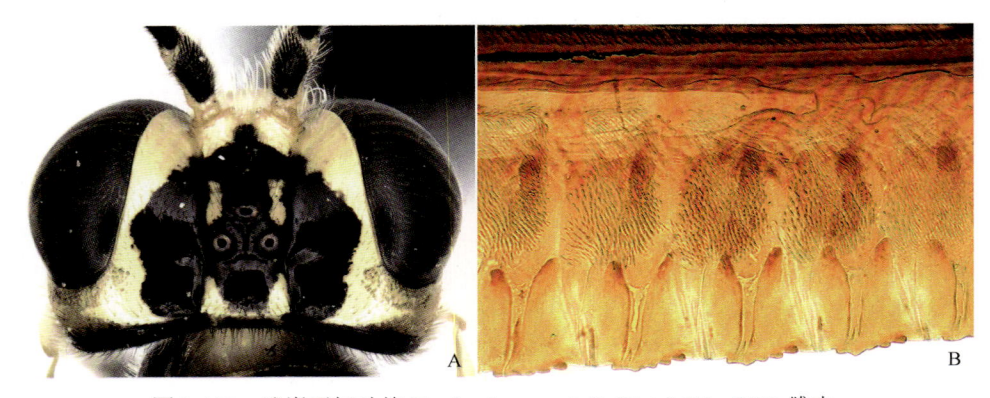

图 3-497　淡脊平柄叶蜂 *Tenthredo tessariella* Wei & Nie, 2003 雌虫
A. 头部背面观；B. 锯腹片第 7-10 锯刃

板刻点细弱，腹部其余背板刻纹微细；唇基缺口深 0.45 倍于唇基长，底部圆钝；复眼下缘间距窄于复眼 1/2 长径，颚眼距窄于单眼半径；触角窝上突和额脊不隆起，单眼后区宽大于长，侧沟浅细；背面观后头短，明显收缩（图 3-497A）；触角稍长于头、胸部之和，第 3 节明显长于第 4 节；小盾片低钝隆起，顶部平坦无脊，附片平坦，具浅弱刻点；后翅臀室具短柄；爪内齿短于外齿；锯腹片 33 刃，锯刃低平，中部锯刃内侧亚基齿 1 枚，外侧亚基齿 4 枚（图 3-497B）。雄虫体长 13mm；头、胸部、腹部的腹侧部分及前、中足几乎完全白色，腹部背板中部具大型黄褐色斑纹；抱器亚圆形，大部分半透明，基部狭窄，阳茎瓣头叶椭圆形。

分布：浙江（临安）、江西、湖南、福建。

（503）黄眶逆角叶蜂 *Tenthredo pieli* (Takeuchi, 1938)（图 3-498）

Tenthredella pieli Takeuchi, 1938a: 60.
Tenthredo pieli: Wei, Nie & Taeger, 2006: 546.
Tenthredo sauteri: Wei, Nie & Xiao, 2003: 123; Wei & Xiao, 2005: 489, nec. Rohwer, 1916.

主要特征：体长 11–13mm；体黑色，头部触角窝突以下全部、内眶和后眶条斑（不连接）、单眼后区后缘狭边（图 3-498A）、前胸背板前缘和后缘、翅基片、中胸背板前叶后端、小盾片大部分、附片、后胸后背板中部、中胸前侧片中部小斑和上端、后侧片后缘和后胸前侧片、腹部第 1 背板两侧黄白色；腹部第 3、4 背板前缘和第 4–7 背板两侧、第 2–5 腹板后部浅褐色，第 2–10 背板中部前侧均具小型淡斑，第 8–10 背板淡斑稍大；足大部分黑色，各足转节和前足大部分黄褐色，中足股节背侧、后足胫节大部分和各足跗分节部分黄褐色；体毛淡褐色；翅无烟斑，翅痣和翅脉暗褐色；头部、小盾片和附片、腹部背板高度光滑，中胸前侧片具较密集的刻点，表面光泽显著；唇基缺口宽，深度 0.4 倍于唇基长；颚眼距稍窄于单眼直径；触角窝上突几乎不隆起；复眼间距约等于眼高 1/2；单眼后区宽稍大于长，后缘脊显著，侧沟深直；背面观后头两侧显著收缩，后颊脊无褶；触角稍长于腹部，第 3 节短于第 4 节；小盾片圆钝隆起，后顶角微显，附片平坦；中胸前侧片下部稍隆起，无腹刺突；后翅臀室无柄式；爪无基片，内齿长于外齿；节缝刺毛带狭窄，锯刃倾斜（图 3-498C）。雄虫体长 10–11mm；下生殖板长大于宽，端部收窄，端缘截形；阳茎瓣头部具细长端突，侧脊细（图 3-498B）。

分布：浙江（临安）、河南、上海、安徽、湖北、江西、湖南、福建、广西、四川、贵州。

魏美才等（2003）在福建、魏美才和肖炜（2005）在贵州习水记录的 *T. sauteri* 是本种的错误鉴定。本种除后足股节大部分黑色外，与 *T. sauteri* 的色斑和外部形态几乎相同。

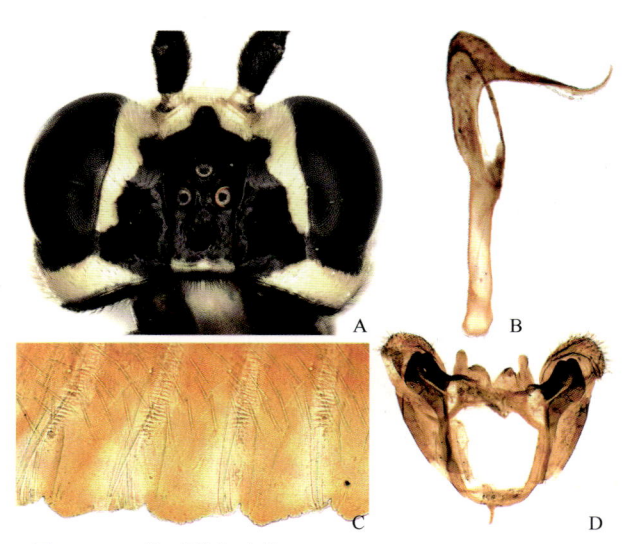

图 3-498 黄眶逆角叶蜂 *Tenthredo pieli* (Takeuchi, 1938)
A. 雌虫头部背面观；B. 阳茎瓣；C. 锯腹片第 5–7 锯刃；D. 生殖铗

(504) 断斑逆角叶蜂 *Tenthredo sporadipunctata* Malaise, 1945（图 3-499）

Tenthredo sauteri sporadipunctata Malaise, 1945: 227.
Tenthredo sporadipunctata: Wei, Nie & Xiao, 2003: 124.
Tenthredo saringeri Haris & Roller, 2007. **Syn. nov.**

主要特征：体长 12–13mm；体黑色，头部触角窝突、唇基上区、内眶上部三角形斑（图 3-499A）、后眶中上部弧形条斑和下端、前胸背板前下角和后缘、翅基片、中胸背板前叶后端、小盾片前部 2/3、附片、后胸后背板中部、中胸前侧片中部横斑和上端、后侧片后缘和后胸前侧片中斑黄白色；腹部各节背板后缘狭边、除第 3 背板外的各节背板侧缘、第 2 腹板后部、第 3 腹板中部、第 4–7 腹板全部黄褐色；足大部分黑色，前中足基节大部分、后足基节内侧、各足转节、各足股节前腹侧黄褐色，前中足胫跗节腹侧浅褐色；体毛淡褐色；翅无烟斑，翅痣和翅脉黑褐色；体高度光滑，仅中胸前侧片顶部具几枚刻点；唇基鼓起，缺口浅宽，深 0.3 倍于唇基长；颚眼距稍窄于单眼直径；触角窝上突不隆起；复眼间距约等于眼高 1/2；单眼后区宽 1.6 倍于长，后缘脊显著，侧沟较浅，稍弯曲，背面观后头两侧显著收缩，后颊脊无褶；触角稍长于腹部，第 3 节短于第 4 节；小盾片圆钝隆起，无脊，附片平坦；中胸前侧片下部稍隆起，无腹刺突；后翅臀室无柄式；爪无基片，内齿稍长于外齿；节缝刺毛带狭窄，锯刃缘弧形凸出（图 3-499C）。雄虫体长 10–11mm；下生殖板长大于宽，端部圆钝，阳茎瓣头部具短小端突，侧脊细（图 3-499B）。

分布：浙江（临安）、福建；缅甸，越南。

讨论：*Tenthredo saringeri* Haris & Roller, 2007 的正模标本已检视，确认是 *Tenthredo sporadipunctata* Malaise, 1945 的同物异名。

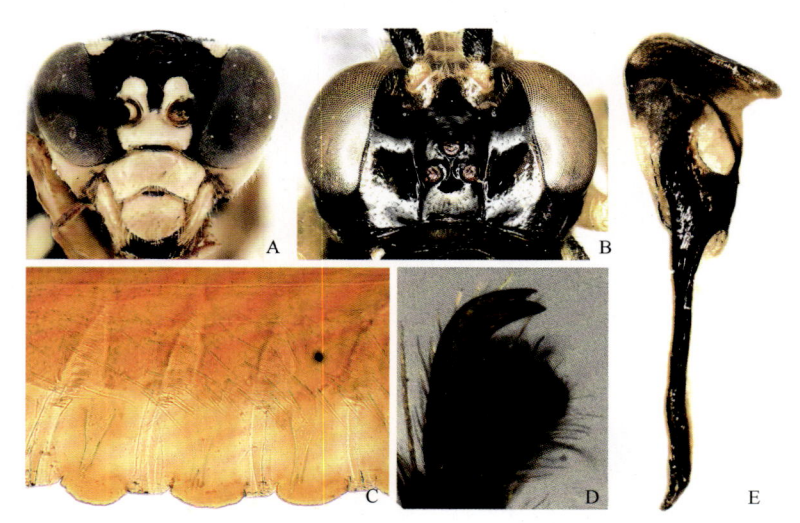

图 3-499 断斑逆角叶蜂 *Tenthredo sporadipunctata* Malaise, 1945（A. 仿自 Blank *et al.*, 2009）
A. 雌虫头部前面观；B. 雌虫头部背面观；C. 锯腹片第 7–9 锯刃；D. 爪；E. 阳茎瓣

(505) 分附顺角叶蜂 *Tenthredo malimilova* Wei, 2005（图 3-500）

Tenthredo malimilova Wei, in Wei & Xiao, 2005: 488.
Tenthredo danangiensis Haris, 2006: 352.

主要特征：体长 13mm；体黑色，唇基、上唇、上颚大部分、后眶下部 2/5、触角柄节、前胸背板后缘、翅基片、中胸背板前叶后端、小盾片前半部、附片两侧、中胸前侧片中部小斑、后胸前侧片中部、腹部第 1 背板中部后侧、第 10 背板全部、腹板大部分和锯鞘基腹侧淡黄褐色；前中足黄褐色，中足胫节和跗节背侧条斑黑色；后足黑色，基节端部、转节和股节基部黄褐色；体毛淡褐色；翅端部浅烟色，翅痣和翅脉黑褐色；头部光滑；唇基缺口弧形，浅于唇基 1/3 长；颚眼距窄于单眼直径；触角窝上突低小，与低钝额脊连接；复眼间距窄于眼高 1/2；单眼后区宽 1.5 倍于长，侧沟深直；背面观后头等于复眼 1/2 长，两侧强烈收缩；后颊脊无褶；触角等长于腹部，第 3、4 节比长为 4:3；小盾片圆钝隆起，无脊，前半部光滑，后半部具明显刻点，附片无中脊，高度光滑；中胸前侧片下部稍隆起，刻点较大且密，具刻点间隙，无腹板刺突；后翅臀室无柄式；爪内齿稍短于外齿；腹部第 1–2 背板光滑，其余背板具模糊刻纹；锯腹片 23 刃，锯刃低斜，中部锯刃外侧亚基齿 7–8 枚。雄虫体长 11–12mm；中胸腹板、中胸前侧片大部分、后侧片后缘、后胸侧板大部分、前中足基节全部、后足股节腹侧黄白色；下生殖板宽大于长，端部具小缺口；阳茎瓣较短，头部三角形（图 3-500D）。

分布：浙江（开化、龙泉）、江西、湖南、福建、广东、海南、广西、贵州；越南。

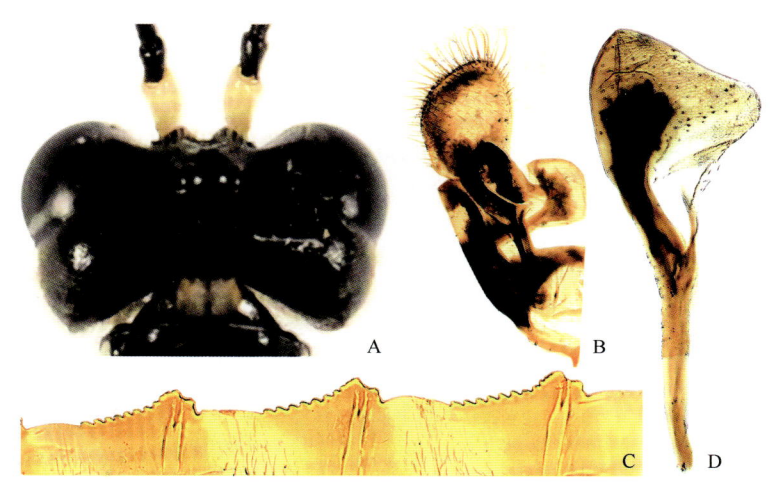

图 3-500 分附顺角叶蜂 *Tenthredo malimilova* Wei, 2005
A. 雌虫头部背面观；B. 生殖铗（左侧）；C. 锯腹片第 8–10 锯刃；D. 阳茎瓣

（506）环斑长突叶蜂 *Tenthredo omega* (Takeuchi, 1936)（图 3-501）

Tenthredella pseudolivacea var. *omega* Takeuchi, 1936: 76.
Tenthredella pseudolivacea omega: Naito, 1978: 259.
Tenthredo longitubercula Wei, *in* Wei & Nie, 1998D: 189.

主要特征：雌虫体长约 15mm；体和足翠绿色（干标本枯黄色），头部背侧具冠状黑斑，覆盖单眼区、额区和相连的中窝和侧窝底部、邻近的内眶和上眶部分（图 3-501A）；触角黑色，柄节全部和梗节大部分绿色；中胸背板前叶和侧叶具大黑斑，腹部 1–8 节背板基部具黑色横斑；股节端部背侧具黑色条斑，中后足跗节背侧黑色；翅透明，翅痣绿色；小盾片毛黑褐色；唇基端部具窄弧形缺口，颚眼距等宽于单眼直径；触角窝上突强烈隆起，高稍大于宽，互相平行，后端垂直中断；单眼后区宽长比等于 1.3（图 3-501A）；触角等长于头、胸部之和，第 3 节 1.4 倍于第 4 节长；头部内眶上部具明显细刻纹；小盾片强烈隆起，具模糊钝横脊，无中纵脊；中胸侧板平坦，刻纹微细，无腹刺突；腹部各节背板刻纹微弱；爪内齿短于外齿；后翅臀室无柄式；锯鞘端稍短于后足基部 3 个跗分节之和；锯腹片狭长，骨化强，节缝刺毛仅 1–2 列；中部锯刃几乎平直，外侧亚基齿细小，13–15 枚，纹孔下域长高比大于 3（图 3-501B）。雄虫体长 13–14mm；抱器橄榄形，具密集黑色长毛，端部收窄（图 3-501D）；阳茎瓣椭圆形，无端突（图 3-501E）。

分布：浙江（临安、丽水）、吉林、辽宁、河北、山西、河南、陕西、宁夏、甘肃、湖北、湖南、四川、贵州；日本，东北亚。

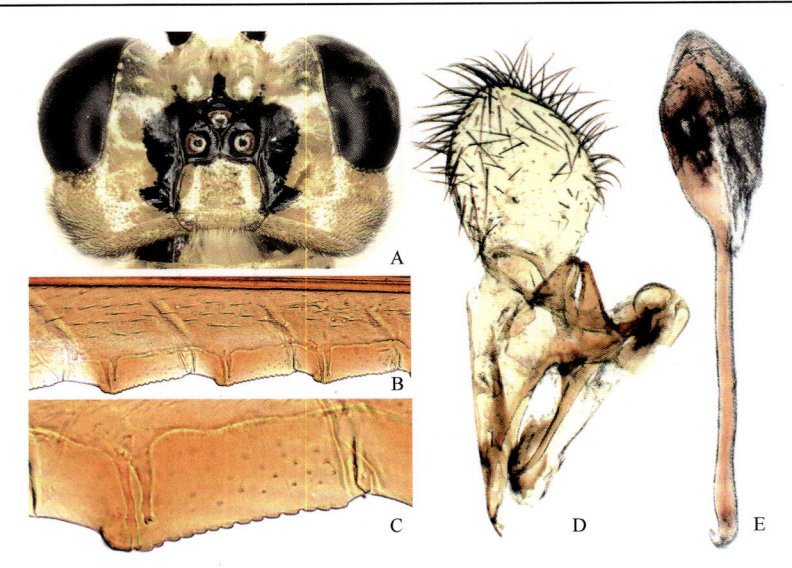

图 3-501　环斑长突叶蜂 Tenthredo omega (Takeuchi, 1936)
A. 雌虫头部背面观；B. 锯腹片第 5–7 锯刃；C. 锯腹片第 6 锯刃；D. 生殖铗（左侧）；E. 阳茎瓣

（十九）黏叶蜂亚科 Caliroinae

主要特征：小型或微小叶蜂，体形粗短，短于 10mm；触角 9 节，第 2 节通常长大于宽，极少宽大于长；前胸侧板腹侧尖，互相远离；中胸胸腹侧片缺或狭窄，后胸侧板发达，后气门后片狭条状；前翅翅痣短宽，具 2r 脉，1R1 室和 1Rs 室分离，cu-a 脉强烈倾斜，R+M 脉段较长，臂室完整，具亚端位横脉，横脉强烈倾斜，1M 脉与 1m-cu 脉向翅痣方向强烈收敛；足较粗短，爪常有发达的基片，内齿常缺，如果具内齿则着生于爪基部斜坡上；锯腹片发达，节缝骨化，锯刃规则；幼虫自由生活，胸足和腹足发达。

分布：古北区，新北区。本亚科已知 7 属，中国分布 6 属。浙江省已发现 5 属 16 种，包括 5 新种。

分属检索表

1. 中胸侧板具狭条状胸腹侧片；触角窝距一般宽于复眼-触角窝距；后翅常具封闭中室；触角具触角器，第 2 节长大于宽；幼虫蛞蝓式，自由生活，体表有黏液 ·· 2
- 中胸侧板无胸腹侧片；触角无触角器，触角窝距狭于复眼-触角窝距；后翅缺封闭中室；幼虫自由取食，体表无黏液 ··· 4
2. 前翅 cu-a 脉内侧位，2A+3A 脉收缩部平缓无突角；头部无单眼后沟；后基跗节等于其后 4 节之和；触角末端 4 节通常明显收缩；复眼间距不宽于复眼长径 ··· 3
- 前翅 cu-a 脉中位，2A+3A 脉收缩部角状突出；头部具单眼后沟；后基跗节短于其后 4 节之和；爪具内齿，无基片；触角末端 4 节不收缩；复眼间距宽于眼高 ··· 类黏叶蜂属 *Endemyolia*
3. 爪具发达基片，无内齿；后眶无刻点列；抱器长约等于宽，极少长大于宽，基部明显收窄 ················· 黏叶蜂属 *Caliroa*
- 爪基部加宽，但无宽大基片，具内齿；后眶具显著刻点列；抱器长明显大于宽，基部不收窄 ······ 新黏叶蜂属 *Neopoppia*
4. 触角第 2 节宽大于长，鞭节各分节互相约等长；爪无基片，具小型内齿；前翅 1Rs 和 2Rs 室等长，2m-cu 脉与 2r-m 脉相接；后翅臀室柄短于 cu-a 脉 ··· 华波叶蜂属 *Sinopoppia*
- 触角第 2 节长大于宽，第 3 节几乎 2 倍于第 4 节长；爪具基片，无内齿；前翅第 1Rs 室短于 2Rs 室，2m-cu 脉交于 2Rs 室下缘；后臀室柄长于 cu-a 脉 ··· 宽齿叶蜂属 *Arla*

124. 宽齿叶蜂属 *Arla* Malaise, 1957

Arla Malaise, 1957: 18. Type species: *Arla carbonaria* Malaise, 1957, by original designation.

Kihadaia Togashi, 1995: 91–92. Type species: *Kihadaia rufithorax* Togashi, 1995, by original designation.

主要特征：体形粗短；上颚对称双齿式，端齿微弱弯曲；唇基端部截形，上唇小，端部圆，口须粗短；复眼中型，内缘向下稍收敛，间距大于眼高；颚眼距短于单眼直径，无后颊脊；背面观后头稍膨大，单眼后区横宽；额脊低钝，侧窝独立；触角短，丝状，短于头、胸部之和，第2节长大于宽，第3节显著长于第4节；中胸无胸腹侧片；后胸淡膜区小，间距宽；前足胫节内距端部分叉，后足胫节和跗节等长，基跗节短于其后4节之和；爪短，基片发达，无亚端齿；前翅1M脉与1m-cu脉向翅痣强烈聚敛，1M脉显著长于1m-cu脉，Rs第1段完整，cu-a脉中位，臀室完整，臀横脉斜长，外侧位；后翅无封闭中室，臀室完整，具柄式，柄部长于cu-a脉；产卵器短于后足胫节，锯鞘端与锯鞘基近等长，锯腹片粗壮，每节1纹孔，锯刃倾斜。

分布：东亚。本属已知3种，中国记载2种，浙江发现1种。

(507) 茱萸宽齿叶蜂 *Arla evodiae* (Xiao, 1993)（图 3-502，图版 XI-11）

Caliroa evodiae Xiao, 1993b: 618.
Arla evodiae: Wei & Nie, 1998a: 7.

主要特征：雌虫体长7–9mm；体和足黑色，前胸背板和侧板、中胸背板、前侧片前缘和上角红褐色；翅烟褐色，翅痣和翅脉黑褐色；体毛黑褐色，胸部毛淡褐色；头部具细小刻点，额脊上的刻点稍明显；胸、腹部光滑，中胸背板前叶具十分稀疏细小的刻点；颚眼距稍狭于单眼直径；触角窝距显著狭于复眼-触角窝距；中窝深大，半圆形，前侧具瘤突；侧窝独立，小圆形；额区小，额脊宽钝，显著隆起；中单眼围沟深，单眼中沟和后沟细深；后头微膨大，背面观长约为复眼的1/2；单眼后区隆起，宽长比稍小于1.5；侧沟细长，稍弯曲，向后分歧；OOL：POL：OCL=5：4：5；触角丝状，短于头、胸部之和，明显长于头宽，第3节稍长于第4节2倍，微长于第4+5节，第5节长宽比等于2；后胸淡膜区小，间距等于淡膜区长径；前胫内距分叉很短；前翅Rs脉第1段显著，2Rs室微长于1R1+1Rs；后翅臀室柄等长于cu-a脉，cu-a脉远离内中室；产卵器短于后胫节，鞘端与鞘基等长，背面观锯鞘狭长，侧面观鞘端亚三角形，端部较尖；锯腹片约20节，每节1纹孔，刃间段约等长于锯刃；锯刃稍突出，端部近平截，中部锯刃具5–8个亚基齿（图3-502）。雄虫未知。

分布：浙江（临安）、河南、陕西、湖南、福建、广西、重庆、四川、贵州。
寄主：芸香科 Rutaceae 吴茱萸属 *Evodia* 植物。

本种与日本分布的取食黄檗 *Phellodendron amurense* Rupr.的黄檗宽齿叶蜂 *Arla rufithorax* (Togashi, 1995) 很近似。

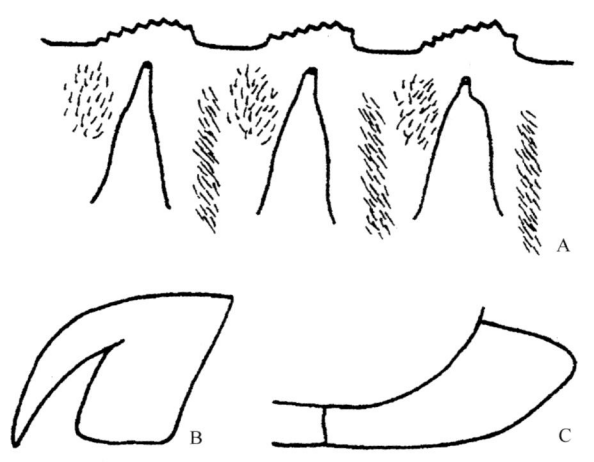

图 3-502 茱萸宽齿叶蜂 *Arla evodiae* (Xiao, 1993)
A. 锯腹片中部锯刃；B. 爪；C. 锯鞘端侧面观

125. 黏叶蜂属 *Caliroa* Costa, 1859

Caliroa Costa, 1859: 59. Type species: *Caliroa sebetia* Costa, 1859 [= *C. cothurnata* (Serville, 1823)], by monotypy.
Eriocampoides Konow, 1890: 233, 239. Type species: *Tenthredo limacina* Retzius, 1783, by subsequent designation of MacGillivray, 1909.
Periclistoptera Ashmead, 1898c: 255. Type species: *Monostegia alba* (Norton, 1867), by original designation.

主要特征：小型叶蜂，体长 3.5–10mm；唇基端缘常具浅缺口，稀少截形，上唇短宽；复眼大型，内缘向下聚敛，间距窄于眼高，颚眼距通常线状；后眶圆钝，无后颊脊，无刻点列，下部具短低口后脊，背面观后头短，两侧强烈收缩；额脊低钝，少数隆起，侧窝独立，触角窝间距宽于复眼-触角窝距；单眼后区隆起，宽大于长；触角细丝状，第 2 节长大于宽，不短于第 1 节，第 3 节显著长于第 4 节，末端 4 节明显短缩，具触角器；中胸侧板前缘具脊，胸腹侧片狭窄，稍隆起，胸腹侧片缝沟状（图 3-503E）；前足胫节内距端部分叉，后足胫节约等长于跗节，端距等长，后足基跗节等于其后 4 节之和（图 3-503D）；爪具发达基片，无内齿，端齿强烈弯折（图 3-503B）；前翅 1M 脉与 1m-cu 脉向翅痣强烈聚合，R+M 脉段明显；臀室完整，横脉强烈倾斜，外侧位，基臀室收缩部圆滑，2A 脉无内侧附突，cu-a 脉位于 1M 室中部内侧；后翅封闭中室 0–2 个，臀室封闭；锯腹片锯刃较突出；雄虫后翅有时具缘脉，阳茎瓣具端钩和小型侧齿。幼虫蛞蝓形，体表覆盖一层黏液，在叶片反面取食。

分布：古北区，新北区。有 1 种被传入热带地区包括非洲、南美洲和澳大利亚。本属已知 58 种，此外还发现 3 个化石种，中国已记载 28 种。浙江发现 11 种，含 3 新种。

寄主植物：幼虫在植物叶片背面取食下表皮和叶肉。寄主植物比较广泛。

分种检索表（包括新黏叶蜂属 2 种）

1. 体黑色，具弱蓝色金属光泽，前翅基部 2/3 烟褐色，端部稍淡；额脊发达，额区具粗大刻点；阳茎瓣十分狭窄，端部尖；雌虫体长 8mm ·· 浙闽黏叶蜂 *C. zheminica*
- 体黑色，完全无金属光泽；额区无粗大刻点；阳茎瓣较宽；雌虫体长短于 8mm ························· 2
2. 后足胫节完全黑色或黑褐色，极少外侧黑褐色，内侧大部分黄褐色 ··································· 3
- 后足胫节至少基部 1/6 以上全部白色至浅褐色 ·· 8
3. 雄虫后翅具不完整缘脉，无小且封闭的 M 和 Rs 室；前翅 cu-a 脉位于 M 室基部 1/4；后足基跗节黑色 ·· 微小黏叶蜂，新种 *C. minuta* sp. nov.
- 雄虫后翅无缘脉，后翅常具 Rs 室；前翅 cu-a 脉位于 M 室基部 1/3；或后足基跗节大部分淡色 ········· 4
4. 后足基跗节大部分或全部黄褐色；单眼后区宽长比等于 4 ·· 5
- 后足基跗节黑色；单眼后区宽长比小于 3 ··· 6
5. 后足基跗节端部和其余跗分节黑褐色；锯刃较低平，亚基齿大型，外侧 3–4 个，内侧 2–3 个 ··· 陷齿黏叶蜂 *C. caviserrula*
- 后足基跗节全部和 2–3 跗分节均黄褐色；锯刃近似三角形突出，亚基齿十分细小，外侧 7–9 枚，内侧 4–5 枚 ··· 细齿黏叶蜂 *C. minutidenta*
6. 单眼后区宽长比稍大于 2，侧沟互相平行或向后微弱分歧；颚眼距显著；后翅臀室具短柄，Rs 室开放，M 室封闭 ··· 狭瓣黏叶蜂 *C. parallela*
- 单眼后区宽长比不大于 2，侧沟向后分歧；颚眼距狭线状或缺如；后翅臀室无柄式 ························· 7
7. 翅明显烟褐色，2r 脉交于 2Rs 室上缘外侧 2/5；单眼后区宽长比等于 1.5；额脊明显 ·· 圆刃黏叶蜂 *C. pseudocerasi*
- 翅几乎透明，2r 位于 2Rs 室中部内侧；单眼后区宽长比等于 2；额脊不明显；锯腹片锯刃短宽，端部圆钝，亚基齿细小模糊 ·· 刘氏黏叶蜂 *C. liui*

8. 后足胫节全部黄白色,股节端部部分淡色	9
- 后足胫节部分黑色,股节全部黑色	11
9. 各足基节和转节黑色	10
- 各足基节端部、后足转节全部白色;雄虫腹部全部黑色;下生殖板长大于宽,端部窄圆 **如是新黏叶蜂,新种 *N. rushiae* sp. nov.**	
10. 雄虫腹部 2–5 背板黄褐色,下生殖板两侧强收窄,端部钝截形;雌虫各足股节基半部左右黑褐色,后翅 Rs 和 M 室均封闭 **香椿黏叶蜂 *C. toonae***	
- 雄虫腹部背板全部黑色,下生殖板两侧均匀收窄,端部圆钝;雌虫未知 **黄股新黏叶蜂,新种 *N. xanthofemorata* sp. nov.**	
11. 前翅 1r-m 脉下端显著向外倾斜,与 3r-m 脉几乎平行,2r 脉交于 2Rs 室外侧 1/3;后足胫节基部 2/3 白色;锯刃窄叶状,亚基齿每侧 4–5 枚 **卜氏黏叶蜂,新种 *C. bui* sp. nov.**	
- 前翅 1r-m 脉不向外倾斜,与 3r-m 脉向下分歧,2r 脉交于 2Rs 室中部附近;后足胫节端部 2/3 黑色,或锯刃宽叶状,中部锯刃每侧具 6–8 枚亚基齿	12
12. 后足胫节基部 1/3 白色;锯刃窄叶状突出,高大于宽,端部狭窄,第 2、3 锯刃显著高于刃间膜 **狭环黏叶蜂 *C. angustata***	
- 后足胫节基部 1/2 以上白色;锯刃短叶状突出,宽大于高,端部圆钝,第 2、3 锯刃几乎等高于刃间膜 **宽环黏叶蜂,新种 *C. cinctila* sp. nov.**	

(508)狭环黏叶蜂 *Caliroa angustata* Forsius, 1927(图 3-503)

Caliroa (*Eriocampoides*) *angustata* Forsius, 1927: 5.

主要特征:雌虫体长 4.5mm;体黑色,无金属光泽,前中足胫跗节大部分、后足胫节基部 1/3 左右和跗节基部白色,前中足股节端部 1/3 褐色;翅基部 2/3 深烟褐色,端部 1/3 渐透明;体毛银色,额区毛黑褐色;体光滑,仅小盾片后缘具 1 列刻点;唇基具弧形缺口;复眼大,内缘向下稍收敛,间距明显窄于眼高,颚眼距线状;中窝三叉形,侧窝深大;额区隆起,额脊宽钝;前单眼围沟完整,无单眼中沟和后沟;POL:OOL = 5:3;单眼后区显著隆起,长宽比等于 2,侧面观显著高于单眼顶面,最高处近后缘;侧沟深直,向后平行;触角等长于前翅 C 脉,第 3 节稍短于第 4+5 节,端部 4 节显著短缩并尖出,稍长于第 3 节;后胸淡膜区间距宽于淡膜区长径;后足胫节内距短于胫节端部宽;前翅 R+M 脉微长于痕状的 Rs 脉第 1 段,cu-a 脉位于 M 室内侧 2/5,2r 脉和 2m-cu 脉分别交于 2Rs 室上缘亚中部和下缘基部 1/3,2Rs 室稍短于

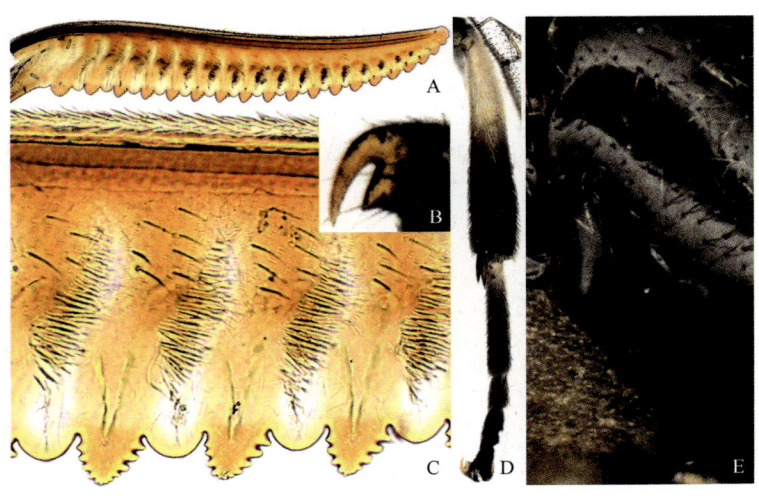

图 3-503 狭环黏叶蜂 *Caliroa angustata* Forsius, 1927
A. 锯腹片;B. 爪;C. 锯腹片第 5–7 锯刃;D. 后足胫节和跗节;E. 胸腹侧片

1R1+1Rs；后翅臀室无柄式，Rs 和 M 室封闭；锯腹片 19 刃，节缝刺毛中段密集带状，第 1 锯刃明显宽于其余锯刃（图 3-503A）；锯刃窄叶状突出，稍倾斜，中部锯刃具 5–6 个内侧亚基齿和 5–7 个外侧亚基齿（图 3-503C），锯刃宽于刃间膜，刃间膜强烈隆起；锯背片节缝无刺毛。雄虫未知。

分布：浙江（临安）、山东、江苏。

本种在浙江其他地区的分布记录和福建的分布记录不是本种。

(509) 卜氏黏叶蜂，新种 *Caliroa bui* Wei, sp. nov.（图 3-504）

雌虫：体长 4.5mm；体黑色，前中足胫跗节大部分、后足胫节基部 2/3 和基跗节基部 1/3 白色，前中足胫节末端和跗节端部暗褐色；翅基部 2/3 深烟褐色，端部 1/3 较透明，翅痣和翅脉黑褐色；体毛包括头、胸部背侧和锯鞘被毛均为银色。

体光滑，包括小盾片后缘均无明显的刻点；虫体无金属光泽。唇基具较浅的弧形缺口，侧角钝；上唇短宽；颚眼距线状；复眼大，内缘向下几乎不收敛，间距约等于眼高；中窝显著，稍呈三叉形，两侧和上缘均不明显开放；侧窝深圆形，大于中窝；额区明显隆起，额脊宽钝；前单眼围沟完整，无单眼中沟和后沟；POL：OOL = 5：3；单眼后区显著隆起，长宽比等于 1.9，侧面观显著高于单眼顶面，最高处位于中部；侧沟深直，向后几乎平行；后眶较狭窄，无后颊脊；头部背侧刻点不明显；背面观头部宽长比等于 2，后头很短且强烈收缩（图 3-504B）；触角细，长于前翅 C 脉或头、胸部之和，第 2 节长宽比等于 2；第 3 节明显短于第 4+5 节（16：19），端部 4 节稍短缩并尖出，长于第 3 节（19：16），无明显触角器。中胸背板前叶具较深的中沟；小盾片平坦，附片较短小；胸腹侧片缝深沟状，胸腹侧片狭窄，脊状隆起；后胸淡膜区横宽，间距等于淡膜区长径；后足胫节内距等长于胫节端部宽；后足跗节约等长于胫节，基跗节约等长于其后 4 节之和；爪基片宽大，下端角尖出，无内齿，端齿长；前翅翅痣短宽，端部斜截，R+M 脉稍长于痕状的 Rs 脉第 1 段，cu-a 脉位于 M 室内侧 1/3，2r 脉和 2m-cu 脉分别交于 2Rs 室上缘中部偏外侧和下缘基部 1/5 处，2r 脉显著长于 Rs 脉第 4 段，M 脉明显弯曲，2Rs 室稍短于 1R1+1Rs；后翅臀室无柄式，无赘脉，Rs 和 M 室全部封闭。锯鞘侧面观端部宽圆，背面观两侧亚平行，端部圆钝；锯腹片 22 刃，节缝刺毛中段较密集，呈带状，互相不接触（图 3-504A）；锯刃窄高，强烈突出，端部窄圆，具 4–5 个内侧亚基齿和 4–5 个外侧亚基齿；从基部数第 5–8 锯刃见图 3-504D，基部起第 1–11 锯刃明显窄于刃间膜，端半部锯刃逐渐宽于刃间膜，第 1 锯刃显著宽于第 2 锯刃；锯背片节缝无刺毛。

雄虫：未知。

分布：浙江（临安）。

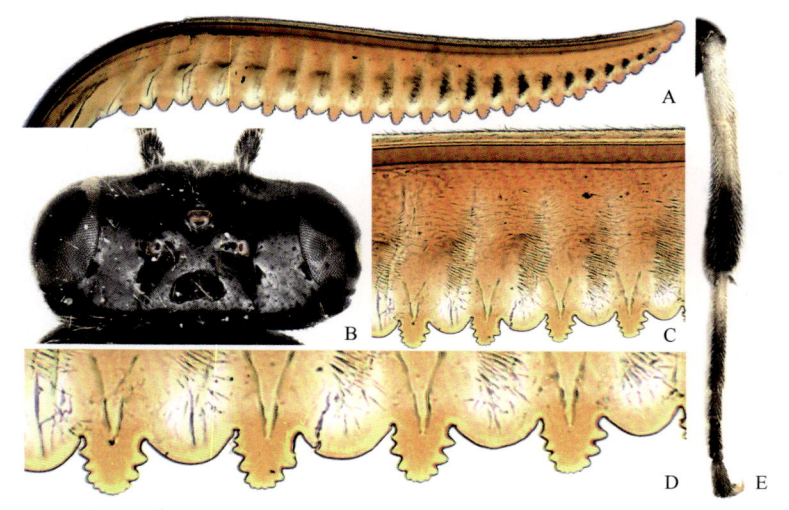

图 3-504　卜氏黏叶蜂，新种 *Caliroa bui* Wei, sp. nov. 雌虫
A. 锯腹片；B. 头部背面观；C. 锯腹片第 5–8 锯节；D. 锯腹片第 5–8 锯刃；E. 后足胫节和跗节

词源：本种以模式标本采集者南开大学卜文俊教授姓氏命名。

正模：♀，浙江天目山，1999.VIII.18，卜文俊（ASMN）。

鉴别特征：本种与 Caliroa angustata Forsius 最近似，但本种后足胫节基部 2/3 和基跗节基部 1/3 白色；唇基端部缺口较浅，单眼后区最高处位于中部；头部背侧和小盾片后缘无明显刻点；触角细，长于头、胸部之和，第 3 节较短；前翅 2r 脉明显长于 Rs 脉第 4 段；锯腹片 22 刃，锯刃十分窄高，不明显倾斜，基半部锯刃明显窄于刃间膜等，与之不同，易于鉴别。

（510）陷齿黏叶蜂 Caliroa caviserrula Wei, 1997（图 3-505）

Caliroa caviserrula Wei, 1997C: 53.

主要特征：雌虫体长 3.5mm；体黑色，各足胫节黑褐色，跗节暗褐色，基跗节基半部腹侧浅褐色；前翅浅烟灰色，端部不明显变淡；体毛黑褐色；头、胸部背侧具细小稀疏刻点；唇基平坦，端部几乎截形；颚眼距线状；复眼大，内缘几乎平行，下缘间距稍窄于眼高；颜面和额区不隆起；中窝浅横沟状，侧窝圆形，较深；额区平坦，无明显额脊；无单眼中沟和后沟，中单眼环沟发达，无中单眼前凹；POL：OOL：OCL=2：1：1；后眶很短，具很短的口后脊；头部在复眼之后很短，强烈收缩；单眼后区隆起，宽长比约等于 4；侧沟宽深，近圆点状，向后分歧（图 3-505）；触角短于头、胸部之和，显著短于前翅 C 脉，第 3 节等长于第 4、5 节之和，明显长于末端 3 节之和，短于端部 4 节之和；胸腹侧片狭窄；足粗短；前翅 1M 脉基部 1/3 显著弯曲，R+M 脉段稍短于痕状的 Rs 脉第 1 段，cu-a 脉交于 M 室内侧 1/3，2r 和 2m-cu 脉均交于 2Rs 室内侧 1/3 左右，2Rs 室等长于 1R1 和 1Rs 室之和；后翅臀室无柄式，Rs 室封闭，M 室开放，R1 脉端部弱化，R1 室端部不完全封闭（图 3-505B）；锯鞘侧面观窄长，端部窄圆（图 3-505D）；锯腹片 16 锯刃，除第 1 和端部 3 个锯节外，各节均具 1 发达刺毛簇；锯刃低陷倾斜，亚基齿粗大，外侧 3–4 个，内侧 2–3 个（图 3-505E）。雄虫未知。

分布：浙江（松阳）、福建。

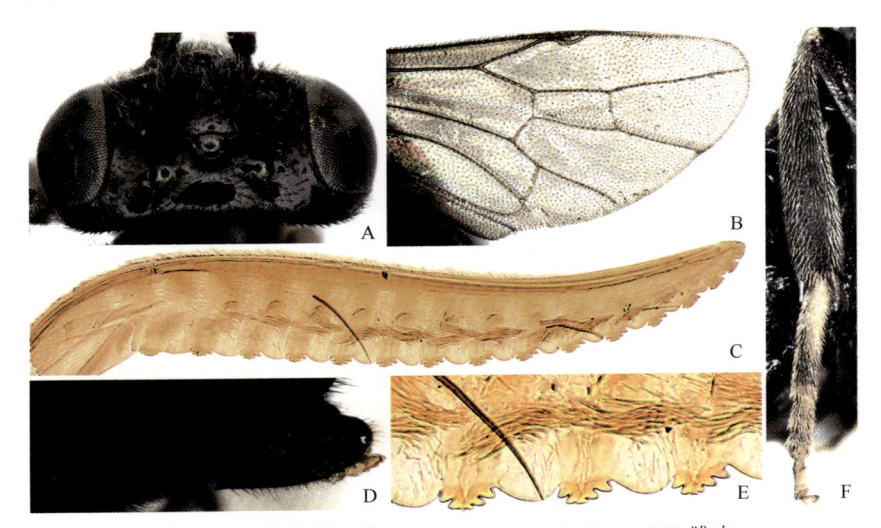

图 3-505　陷齿黏叶蜂 Caliroa caviserrula Wei, 1997 雌虫
A. 头部背面观；B. 后翅端半部；C. 锯腹片；D. 锯鞘侧面观；E. 锯腹片第 5–7 锯刃；F. 后足胫跗节

（511）宽环黏叶蜂，新种 Caliroa cinctila Wei, sp. nov.（图 3-506）

雌虫：体长 4.8mm。体黑色；前中足胫跗节大部分、后足胫节基部 1/2 和基跗节基部 1/4 浅黄色至白色，前中足胫节末端和跗节端部暗褐色，前中足股节端部 1/3 褐色；翅基部 2/3 深烟褐色，端部较透明；头部的额区和触角被毛浅褐色，虫体其余部分包括锯鞘被毛银色。

体光滑，无刻点，仅小盾片后缘具 1 列不明显的刻点；虫体无金属光泽。唇基具显著的三角形缺口，上唇短宽，颚眼距线状；复眼大，内缘向下稍收敛，间距等于眼高；中窝显著，三叉形，向两侧和上缘 3 个方向开放；侧窝深圆形，额区明显隆起，额脊宽钝，前单眼围沟完整，无单眼中沟和后沟；POL∶OOL＝5∶3；单眼后区隆起，侧面观显著高于单眼顶面，长宽比等于 2.5；侧沟深直，向后稍分歧；后眶十分狭窄，无后颊脊；背面观头部宽长比等于 2，后头很短且强烈收缩；触角等长于前翅 C 脉，第 3 节细长，稍短于第 4+5 节（13∶15），端部 4 节显著短缩，约等长于第 3 节，无明显触角器。胸腹侧片缝深沟状，胸腹侧片狭窄，呈脊状隆起；前足胫节内距端部分叉，后足胫节内距明显短于胫节端部宽；后足跗节稍短于胫节，基跗节约等长于其后 4 节之和；爪基片宽大，端齿强烈弯曲；前翅 R+M 脉等长或微长于痕状的 Rs 脉第 1 段，cu-a 脉位于 1M 室内侧 2/5，2r 脉和 2m-cu 脉分别交于 2Rs 室上缘亚中部和下缘基部 1/3 处，2r 脉等长于 Rs 脉第 4 段，1M 脉微弯曲，2Rs 室约等长于 1R1+1Rs；后翅臀室无柄式，Rs 和 M 室全部封闭。锯鞘侧面观狭窄，端部窄圆；锯腹片 18 刃，节缝刺毛密集，呈带状（图 3-506A）；锯刃短叶状突出，宽大于高，稍倾斜，具 3–4 个内侧亚基齿和 4–5 个外侧亚基齿，端部模糊的小齿 4–5 个（图 3-506C）；刃间膜稍隆起，稍窄于锯刃，第 2、3 锯刃几乎与刃间膜等高，第 1 锯刃 2 倍宽于第 2 锯刃（图 3-506B）。

雄虫：体长 3.5mm；体色同雌虫；后翅无封闭中室，具完整缘脉；下生殖板宽大于长，端部圆钝；抱器长稍大于宽，端部突出。

幼虫：体玉白色，背侧可见绿色消化道，头部黄褐色，老熟幼虫体长 12mm，胸部稍宽于腹部（陈汉林等，1999）。

分布：浙江（临安、松阳、文成）。

词源：后足胫节具宽白环，以此命名。

正模：♀，浙江临安清凉峰顺溪坞，2012.V，黄盘诱（ASMN）。副模：1♀，数据同正模；2♀，浙江松阳，陈汉林（ASMN）；1♀，浙江天目山，1936.VI.11，采集者不详；1♀，浙江文成，1985.IX.16，刘福明（中南林学院）；1♀，浙江松阳，1989.VII.15，何俊华（浙江农业大学）；1♂，LSAF14034，浙江磐安大盘山，28.58°N、119.97°E，1235m，2014.VII.21，李泽建、刘萌萌（ASMN）。

鉴别特征：本种与 *Caliroa angustata* Forsius, 1927 十分近似，但后足胫节基部 1/2 和基跗节基部 1/4 白色，头胸部背侧细毛浅褐色，复眼间距等于眼高，单眼后区侧沟互相平行，触角端部 4 节长度之和不长于第 3 节，锯腹片锯刃较低矮，宽明显大于高等，可以与之鉴别。

寄主：麻栎 *Quercus acutissima*、白栎 *Q. fabri*、短柄枹栎 *Q. glandulifera* 等壳斗科植物（陈汉林等，1999）。

陈汉林等（1999）记载的分布于浙江的蛞蝓叶蜂 *Caliroa annulipes* (Klug, 1816)，是本种的错误鉴定。*Caliroa annulipes* 分布于欧洲和俄罗斯（西伯利亚）地区，目前未发现在中国有分布，其后足胫节基部 1/3 和基跗节大部分白色，雄虫后翅具 2 个封闭中室，无缘脉等，与本种差别显著。

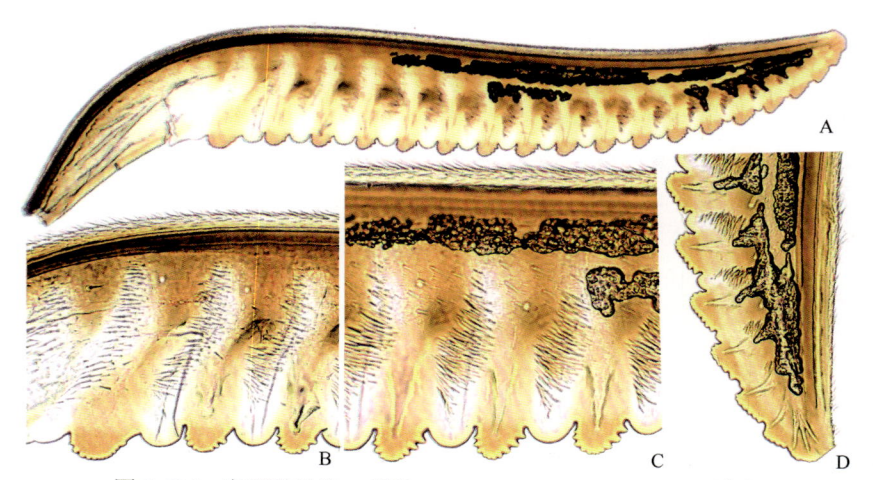

图 3-506　宽环黏叶蜂，新种 *Caliroa cinctila* Wei, sp. nov. 雌虫
A. 锯腹片；B. 锯腹片第 1–3 锯节；C. 锯腹片第 5–7 锯节；D. 锯腹片端部

(512) 刘氏黏叶蜂 *Caliroa liui* Wei, 1997（图 3-507）

Caliroa liui Wei, *in* Wei & Nie, 1997f: 80.

主要特征：雌虫体长 4.5mm。体黑色，无金属色泽，体毛黑褐色；翅均匀浅烟褐色，翅痣和翅脉黑褐色；头部背侧在高倍镜下可见十分细小的刻点，小盾片后缘具 1 列刻点；唇基前缘具弧形缺口；后眶狭窄，颚眼距线状；复眼大，内缘向下显著收敛，间距短于眼高；中窝显著，向两侧和上缘 3 个方向开放；侧窝圆形，约与中窝等大；额区无额脊，无单眼中沟和后沟；POL：OOL = 4：3；单眼后区稍隆起，低于单眼顶面，长宽比等于 2；侧沟深直，向后稍分歧；触角细，等长于腹部，第 3 节几乎不短于第 4+5 节（19：20），端部 4 节之和短于第 3 节（35：38），具触角器；附片较短小；胸腹侧片缝深沟状，胸腹侧片狭窄，脊状隆起；后足胫节内距明显短于胫节端部宽；后足跗节短于胫节，基跗节约等长于其后 4 节之和；R+M 脉等长或微长于痕状的 Rs 脉第 1 段，cu-a 脉位于 M 室内侧 2/5，2r 脉和 2m-cu 脉分别交于 2Rs 室上缘内侧 3/7 和下缘基部 1/3 处，2r 脉短于 Rs 脉第 4 段，1M 脉直，基部微弯曲；后翅臀室无柄式，中室 0–2 个；锯鞘微短于后足跗节，端部窄圆；锯腹片 15 刃，锯刃低宽，端缘弧形弯曲，具微细小齿，第 1 锯刃微大于第 2 锯刃。雄虫体长 4mm；触角第 3 节约等长于第 4+5 节，后翅无中室，臀室无赘柄，具缘脉；抱器长稍大于宽，具长毛（图 3-507D）；阳茎瓣头叶宽，端部明显突出，颈状部明显（图 3-507C）。

分布：浙江（临安）、河南、陕西、甘肃、湖南、福建、广东、贵州。

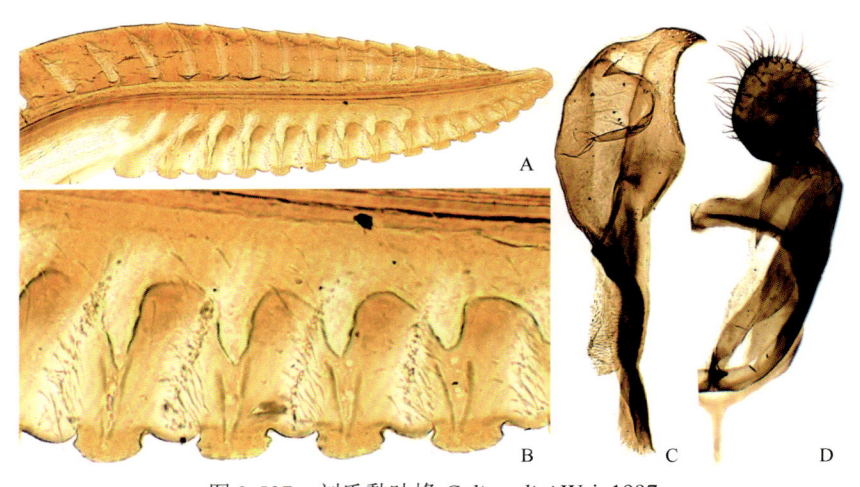

图 3-507 刘氏黏叶蜂 *Caliroa liui* Wei, 1997
A. 锯背片和锯腹片；B. 锯腹片第 5–8 锯刃；C. 阳茎瓣；D. 生殖铗

(513) 微小黏叶蜂，新种 *Caliroa minuta* Wei, sp. nov.（图 3-508）

雌虫：体长 3.7mm。体和足黑色，触角梗节端部、前足股节端部前侧、前中足胫节中部 1/3、后足胫节中部腹侧 1/2 左右、前中足跗节大部分、后足跗节腹侧浅褐色；头、胸部背侧细毛黑褐色，胸部侧板细毛浅褐色。翅基半 3/5 烟褐色，端部 2/5 较透明，翅痣和翅脉黑褐色。

唇基前缘几乎截形，颚眼距细线状；复眼大型，内缘向下稍收敛，间距 0.85 倍于复眼长径；中窝大，三叉形，两侧开放，侧窝短浅沟形；额区平坦，无额脊；中单眼处明显凹陷，POL：OOL=4：3，无单眼中沟及单眼后沟；单眼后区明显隆起，中部最高，宽长比几乎等于 4，侧沟短小，向后微弱分歧；头部背侧具稀疏细弱刻点；后眶极狭；触角细，等长于头、胸部之和，第 3 节稍长于第 4+5 节以及端部 3 节之和，明显短于末端 4 节之和，端部 4 节具触角器。中胸背板具明显细弱刻点，小盾片无明显刻点；胸腹侧片狭窄；淡膜区较大，横宽，间距等于淡膜区长径；后足胫节等长于跗节，端距等长于胫节端宽，基跗节等长于其后跗分节之和；爪端齿细长，基片端部短尖（图 3-508B）；前翅 1M 脉亚基部显著弯曲，R+M 脉长于

1r-m 脉，2r 不长于痣宽，交于 2Rs 室中部，2Rs 稍长于 1R1 与 1Rs 之和，外下角稍延伸，1r-m 脉下端垂直，cu-a 脉交于 1M 室内侧 1/3；后翅无缘脉，R1 室端部宽阔开放，Rs 封闭，M 室开放，臀室无柄式。锯鞘稍短于后足跗节，锯鞘端侧面观较窄，背顶角突出；背面观锯鞘中部稍加宽，端部圆钝；锯腹片窄长，16 节，节缝刺毛簇显著，刺毛十分密长（图 3-508G）；锯刃短宽，刃间段稍突出，亚基齿较小，内侧 3 枚，外侧 4–5 枚（图 3-508I）。

雄虫：体长 3.2mm；类似于雌虫，但前中足胫节腹侧褐色，后足胫节腹侧 2/3 浅褐色；后翅具不完整缘脉，Rs 室外缘大部分无缘脉（图 3-508E）；下生殖板宽等于长，端部圆钝，抱器长大于宽，端部钝截形，内侧中部明显突出，无副阳茎（图 3-508C）；阳茎瓣头叶较宽，端部具钩突，侧刺突粗长（图 3-508D）。

分布：浙江（临安）、湖南、广西。

词源：本种体型甚小，以此命名。

正模：♀，浙江临安西天目山禅源寺，30°19′26″N、119°26′21″E，481m，2014.IV.13，胡平、刘婷（ASMN）。**副模**：8♂，浙江临安西天目山禅源寺，30°19′26″N、119°26′21″E，481m，2014.IV.13，胡平、刘婷（1♂用于基因组测序）；1♂，浙江临安清凉峰，2012.V，黄盘诱集；1♂，湖南炎陵桃源洞，900–1000m，1999.IV.23，魏美才；1♂，广西武鸣大明山，1368m，2011.V.23，刘艳霞、薛俊哲（ASMN）。

鉴别特征：本种与陷齿黏叶蜂 *Caliroa caviserrula* Wei, 1997 很近似，但后者胫节黑色，雌虫锯腹片较宽，刺毛簇距离锯刃较远，锯刃明显较窄，亚基齿较大而少，可以鉴别。本种雄虫后翅缘脉在 Rs 室外侧消失，阳茎瓣侧刺突粗长，与已知雄虫的种类均不相同。

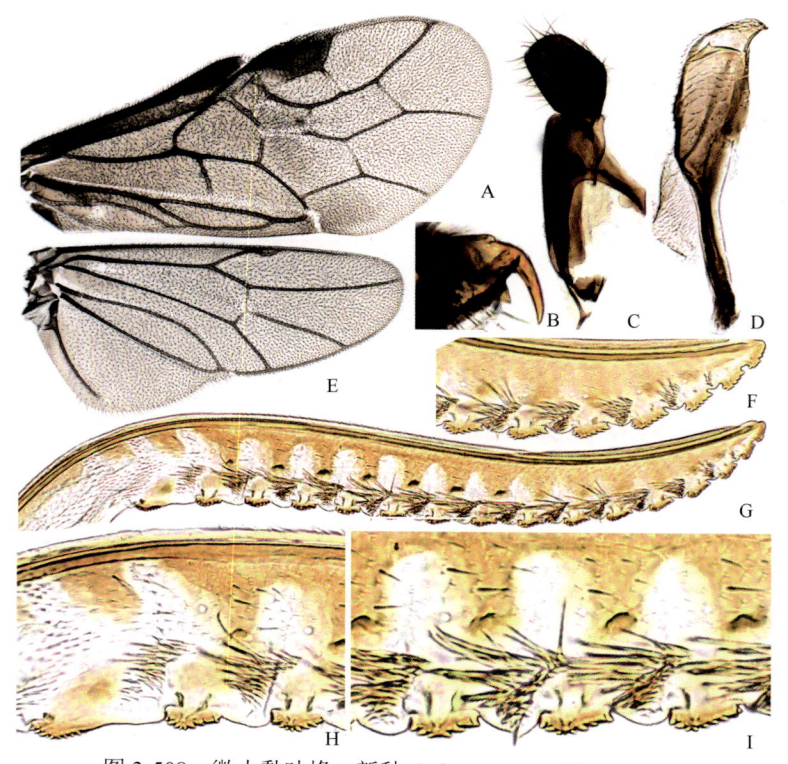

图 3-508 微小黏叶蜂，新种 *Caliroa minuta* Wei, sp. nov.
A. 雄虫前翅；B. 爪；C. 生殖铗；D. 阳茎瓣；E. 雄虫后翅；F. 锯腹片端部；G. 锯腹片；H. 锯腹片第 1–3 锯节；I. 锯腹片第 5–7 锯节

（514）细齿黏叶蜂 *Caliroa minutidenta* Wei & Niu, 2010（图 3-509）

Caliroa minutidenta Wei & Niu, 2010: 350.

主要特征：雌虫体长 3.6mm；体黑色，各足跗节浅褐色；前翅均匀烟灰色，端部不明显变淡，翅痣和翅脉黑褐色，体毛黑褐色；头部背侧具十分微细的稀疏刻点，胸部背侧刻点稍明显，侧板光滑，腹部背板具微弱刻纹；唇基缺口浅弧形，颚眼距线状；复眼大，内缘向下稍收敛，下缘间距窄于眼高；中窝沟状，明显弯曲，侧窝深圆形；额区平坦，无额脊，前端具1不明显的小凹；无单眼中沟和后沟；POL：OOL：OCL=12：7：5；后眶很短，具短口后脊；单眼后区微弱隆起，宽长比等于4；侧沟短点状，互相平行；触角短于头、胸部之和，第3节微长于第4和第5节之和，明显长于末端3节之和，但短于端部4节之和；淡膜区较小，间距稍大于淡膜区宽，胸腹侧片狭窄；足粗短，后足胫节端距显著短于胫节端部宽，后足基跗节等长于其后4节之和；前翅1M脉基部1/4显著弯曲，R+M脉段稍短于痕状的Rs脉第1段，cu-a脉交于M室内侧1/3，2r脉交于2Rs室上缘内侧3/7，2m-cu脉交于2Rs室下侧内缘1/3，2Rs室稍等于1R1和1Rs室之和；后翅臀室无柄式，具Rs室，无M室，R1脉端部明显弱化，R1室端部不明显封闭；锯鞘侧面观较窄，端部圆钝；锯腹片具17锯刃，刺毛簇显著（图3-509A）；锯刃亚三角形突出，几乎不倾斜，亚基齿除基部第1个稍大外均很细小，内侧具4–5枚，外侧7–9枚（图3-509C）。雄虫未知。

分布：浙江（龙泉）。

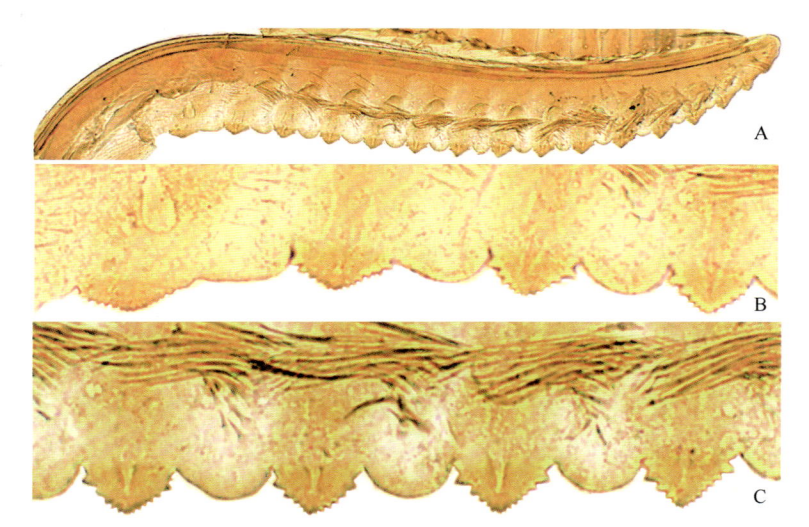

图3-509 细齿黏叶蜂 *Caliroa minutidenta* Wei & Niu, 2010 雌虫
A. 锯腹片；B. 锯腹片第1–4锯刃；C. 锯腹片第5–8锯刃

（515）狭瓣黏叶蜂 *Caliroa parallela* Wei & Nie, 1998（图3-510）

Caliroa parallela Wei & Nie, 1998b: 362.

主要特征：雌虫体长4.5–5mm。体黑色，仅前足膝部及其胫跗节浅褐色；翅烟褐色，翅痣和翅脉黑色；体毛黑褐色；唇基缺口浅三角形，颚眼距等于单眼直径1/3；额区稍隆起，中窝三角形，两侧和上端开放，单眼中沟显著；单眼后区宽长比稍大于2，侧沟深直，互相平行或向后微弱分歧，单眼后沟浅弱；触角短于胸部，第3节明显长于第4、5节之和，约等于末端4节之和；头部背侧刻点十分微细，腹部背板具微细但明显的横向刻纹。前翅R+M脉与1r-m脉等长，2r脉交于2Rs室中部偏内侧，cu-a脉位于M室内侧1/3，2Rs室等于1R1室和1Rs室之和，上下缘亚平行；后翅具闭M室，Rs室开放，臀室具短柄；锯鞘尖长；锯腹片17刃，节缝刺毛不十分密集，呈带状；锯刃叶状突出，稍倾斜，端部圆钝，具3–4个细小内侧亚基齿和3–4个细小外侧亚基齿，端部具模糊的小齿，刃间膜明显窄于锯刃，稍鼓凸（图3-510C）。雄虫体长4.5mm；单眼后区宽长比等于2.5；下生殖板宽稍大于长，端部圆钝；抱器长大于宽，基部窄，中部明显扩张，端部收窄（图3-510A）；阳基腹铗内叶较短，头部较宽（图3-510B）；阳茎瓣头叶较窄长，端部狭窄，刺突较短尖（图3-510D）。

分布：浙江（临安）、河南、陕西、安徽。

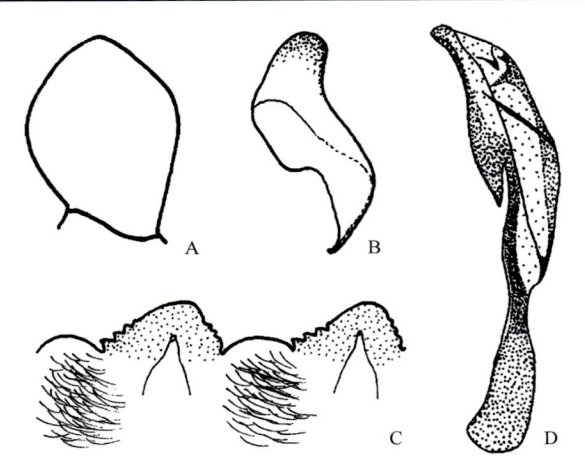

图 3-510　狭瓣黏叶蜂 *Caliroa parallela* Wei & Nie, 1998
A. 抱器；B. 阳基腹铗内叶；C. 锯腹片中部锯刃；D. 阳茎瓣

（516）圆刃黏叶蜂 *Caliroa pseudocerasi* Wei, 2002（图 3-511）

Caliroa pseudocerasi Wei, in Wei & Nie, 2002a: 442.

主要特征：雌虫体长 5.5mm。体黑色，无金属色泽，体毛黑褐色；翅均匀浅烟褐色，翅痣和翅脉黑褐色；唇基具弧形缺口，颚眼距线状；复眼大，内缘向下显著收敛，间距短于眼高；中窝显著，向两侧和上缘 3 个方向开放，侧窝圆形；额区微隆起，具低弱额脊；前单眼围沟完整，无单眼中沟和后沟，POL：OOL=4：3；单眼后区显著隆起，侧面观高于单眼顶面，宽长比等于 1.5；侧沟深直，向后明显分歧；后眶十分狭窄；头部背侧在高倍镜下可见细小刻点；触角细，约等长于腹部，第 3 节等长于第 4+5 节，端部 4 节短于第 4 节（10：13），具触角器；小盾片后缘具 1 列刻点；中胸侧板光滑，胸腹侧片狭窄；后足跗节短于胫节，基跗节约等长于其后 4 节之和；前翅翅痣短宽，端部斜截；R+M 脉等长于痕状的 Rs 脉第 1 段，cu-a 脉位于 1M 室中部偏内侧，2r 脉和 2m-cu 脉分别交于 2Rs 室上缘外侧 2/5 和下缘基部 1/3 处，2r 脉长于 Rs 脉第 4 段，1M 脉直，基部微弯曲；后翅臀室无柄式，Rs 和 M 室通常全部封闭；锯鞘微短于后足跗节，鞘端稍长于鞘基，侧面观较宽，端部窄圆；锯腹片 18 刃（图 3-511A），锯刃稍倾斜突出，端缘弧形，具微细亚基齿，内侧 3–4 枚，外侧 5–6 枚（图 3-511C）。雄虫体长 5mm，后翅无封闭中室，臀室无赘柄；下生殖板端部窄圆；抱器近似球形，具长毛，基部很窄，端部圆钝（图 3-511D）；阳茎瓣宽大，背顶角较方（图 3-511E）。

分布：浙江（龙泉）、河南、湖南、广西、四川、贵州。

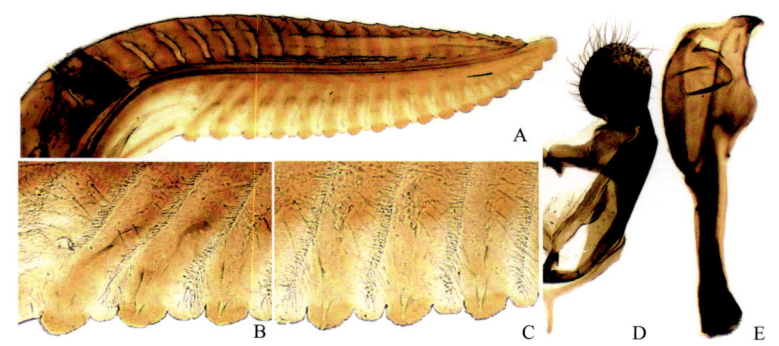

图 3-511　圆刃黏叶蜂 *Caliroa pseudocerasi* Wei, 2002
A. 锯背片和锯腹片；B. 锯腹片第 1–3 锯刃；C. 锯腹片第 5–7 锯刃；D. 生殖铗；E. 阳茎瓣

（517）香椿黏叶蜂 *Caliroa toonae* Li & Guo, 1995（图 3-512）

Caliroa toonae Li & Guo, 1995: 98.

主要特征：雌虫体长 3.5mm。体黑色，各足股节端部、胫跗节全部黄褐色；翅微弱烟灰色，几乎完全透明，翅痣和翅脉黑色，体毛银色；唇基缺口浅弧形，颚眼距等于单眼直径 1/4；额区前部和边缘隆起，中窝浅小，中单眼盆宽深，中单眼顶面不高于额脊，单眼中沟和后沟缺；单眼后区明显隆起，宽长比约等于 3，侧沟深直，向后稍分歧；后眶短，无后颊脊；触角细丝状，约等长于头、胸部之和，第 3 节明显短于第 4、5 节之和及末端 4 节之和，第 7 节长宽比约等于 1.8；头部背侧刻点浅弱模糊，胸部背板和侧板具稀疏浅弱刻点，腹部背板具微细但明显的横向刻纹；前翅 1M 脉基部显著弯曲，R+M 脉长于 1r-m 脉，2r 脉交于 2Rs 室上缘中部，cu-a 脉位于 M 室内侧 2/5，2Rs 室等于 1R1 室和 1Rs 室之和，上、下缘平行；后翅 R1 室端部、M 室和 Rs 室均封闭，M 室明显短于 Rs 室，臀室无柄式；锯腹片 17 刃，节缝刺毛带较窄，互相远离，刺毛较密集（图 3-512A），锯背片和锯腹片末端具锐齿（图 3-512B）；锯刃台状突出，微倾斜，基部显著收窄，端部具 4–5 个亚基齿，中部锯刃的刃间膜鼓凸，宽于锯刃（图 3-512C）。雄虫体长 3mm，腹部 2–5 节背板和各足股节大部分黄褐色；复眼大，间距约 0.6 倍于复眼长径，颚眼距线状；下生殖板长等于宽，端半部两侧强烈收窄，端部钝截形；抱器长大于宽，基部窄，端部圆钝（图 3-512D）；阳茎瓣无端突，侧刺突短小（图 3-512E）。

分布：浙江（丽水）、陕西。

寄主：楝科 Meliaceae 香椿属 *Toona* 植物。

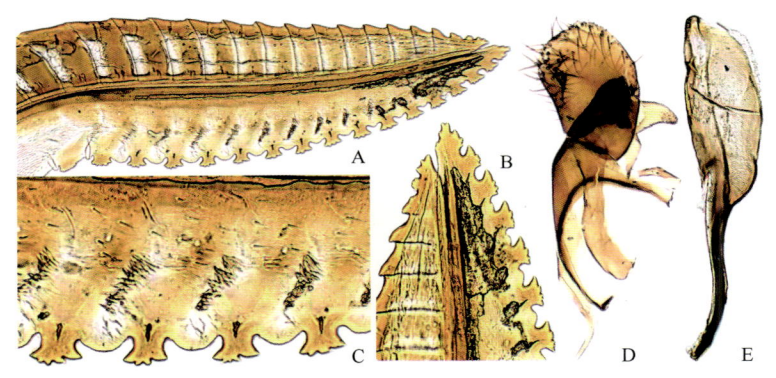

图 3-512　香椿黏叶蜂 *Caliroa toonae* Li & Guo, 1995
A. 锯背片和锯腹片；B. 锯背片和锯腹片端部；C. 锯腹片第 4–7 锯节；D. 生殖铗；E. 阳茎瓣

（518）浙闽黏叶蜂 *Caliroa zheminica* Wei, 1997（图 3-513，图版 XI-12）

Caliroa zheminica Wei, in Wei & Nie, 1997f: 79

主要特征：雌虫体长 8mm；体和足黑色，具弱蓝色光泽，各足胫节和后足跗节暗褐色，前中足跗节褐色；翅烟褐色，翅痣和翅脉黑色；体毛浅褐色；唇基缺口深弧形，颚眼距狭线状；复眼大，内缘向下微收敛，间距稍狭于眼高；中窝不深，与额区之间以浅弱模糊的纵沟相连，侧窝大深；额脊宽钝，额区中部陷入，中单眼顶部高出额脊，无单眼中沟和后沟，POL：OOL=9：5；单眼后区显著隆起，宽长比约等于 2，侧沟细，向后分歧；头部背面具显著刻点，中窝底部和内眶刻点较细小稀疏，额脊处刻点较粗大；触角第 3 节等长于第 4+5 节，等长于末端 4 节之和；中胸背板具细小稀疏刻点，小盾片后缘具少数大刻点；胸腹侧片发达；后足胫节端距明显短于胫节端宽，爪基片腹缘显著凹入，近似内齿状；前翅 1M 脉微弱弯曲，R+M 脉短于 2r 脉，cu-a 脉交于 M 室内侧 2/5，2Rs 室约等于 1R1 及 1Rs 室之和，2r 脉交于 2Rs 上缘中部；后翅具 Rs 室小型，封闭，M 室开放，臀室无柄式，R1 室封闭；锯鞘端部尖出，背面观向末端稍变尖细；锯腹片具 25–27 刃，第 6–8 锯刃处最宽，锯刃圆钝隆出，具 9–13 个小齿，节缝刺毛带较窄（图 3-513C）。雄虫体长 7mm，后翅无封闭中室；下生殖板末端圆钝突出；抱器亚方形；阳茎瓣狭长，刺突不发达，表面具多数小刺。

分布：浙江（杭州）、福建。

寄主：金缕梅科枫香树 *Liquidambar formosana*。

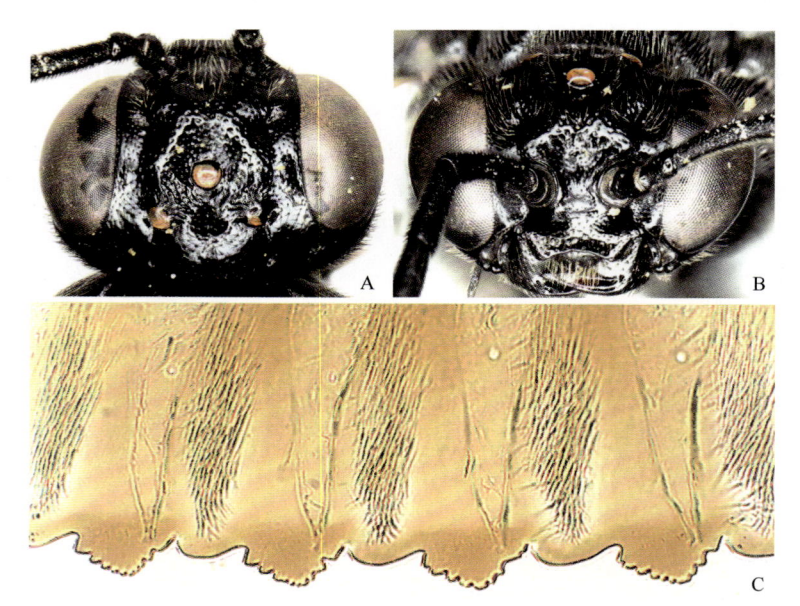

图 3-513 浙闽黏叶蜂 *Caliroa zheminica* Wei, 1997 雌虫
A. 头部背面观；B. 头部前面观；C. 锯腹片中部锯刃

126. 新黏叶蜂属 *Neopoppia* Rohwer, 1912

Neopoppia Rohwer, 1912: 226. Type species: *Neopoppia metallica* Rohwer, 1912, by original designation.
Sinocaliroa Wei, 1998D: 27. Type species: *Sinocaliroa zomborii* Wei, 1998, by original designation.

主要特征：小型叶蜂，体长 4–8mm；唇基端缘具浅缺口，上唇短小横宽；复眼大型，内缘向下弱度聚敛，间距约等于或稍窄于复眼长径，颚眼距近线状；后眶圆钝，无后颊脊，具刻点列，下部具短低口后脊，背面观后头短，两侧强烈收缩；额脊低钝，侧窝独立，触角窝间距微宽于复眼-触角窝距；单眼后区隆起，宽明显大于长；触角丝状，第 2 节长显著大于宽，约等长于第 1 节，第 3 节显著长于第 4 节，末端 4 节明显短缩，具触角器；中胸侧板前缘具脊，胸腹侧片狭窄，稍隆起，胸腹侧片缝沟状；前足胫节内距端部分叉，后足胫节约等长于跗节，端距等长，后足基跗节等于其后 4 节之和；爪具钝基片，内齿着生于基片斜坡上，端齿强烈弯折（图 3-515D）；前翅 1M 脉与 1m-cu 脉向翅痣方向强烈收敛，R+M 脉段明显；臀室完整，横脉强烈倾斜，外侧位，基臀室收缩部圆滑，2A 脉无内侧附突，cu-a 脉位于 1M 室中部内侧；后翅封闭中室 2 个，臀室封闭，无柄式；锯腹片锯刃较突出；雄虫后翅具缘脉，阳茎瓣具端钩，无小型侧齿；抱器长显著大于宽，基部不收窄。幼虫未知。

分布：中国南部，东洋区。本属已知 4 种，中国分布 1 种。浙江发现 2 新种。

寄主：未知。

（519）黄股新黏叶蜂，新种 *Neopoppia xanthofemorata* Wei, sp. nov.（图3-514）

雄虫：体长4.5mm。体黑色，无蓝色光泽；各足基节和转节黑色，股节除基缘外、胫节和跗节全部黄褐色；翅透明，翅痣和翅脉黑褐色；体毛黑褐色。

头、胸部光滑，光泽较强，后眶具粗密刻纹和刻点，小盾片后缘具1列刻点；腹部背板具显著的微细刻纹。唇基缺口深弧形，颚眼距狭线状；复眼大，内缘向下稍收敛，间距0.8倍于眼高；中窝三叉形，两侧开放；侧窝较大而深，侧窝与中窝之间明显隆起；额区显著，中部平坦，额脊宽钝，中单眼明显高出额区，无单眼中沟和后沟，POL：OOL：OCL=7：5：3；单眼后区显著隆起，宽长比约等于3，侧沟短直，向后微弱分歧；背面观头部在复眼后短小，两侧稍收缩；下端具短后颊脊；触角约等长于头、胸部之和，第3节稍短于第4+5节，明显短于末端4节之和，第7节长宽比等于1.5，端部4节腹侧具触角器。中胸前盾片中沟显著；胸腹侧片狭窄，脊状隆起；后胸淡膜区约等宽于淡膜区长径；后足胫节等长于跗节，内端距明显短于胫节端宽；后足基跗节等长于其后4节之和；爪基部倾斜，内齿短，着生于斜坡上；前翅1M脉基部稍弯曲，R+M脉等长于1r-m脉，cu-a脉交1M室于内侧0.3，2Rs室约与1R1及1Rs室之和等长，外下角约呈50°延伸，2r脉约与翅痣等宽，交于2Rs上缘外侧1/4（图3-514A）；后翅具完整缘脉，无封闭中室，臀室无柄式，R1室端部封闭（图3-514B）。下生殖板宽显著大于长，端部宽圆；抱器长显著大于宽，基部几乎不收窄，背顶角突出，无副阳茎（图3-514C）；阳茎瓣头叶较宽，具明显的端钩，侧刺突极短小（图3-514D）。

雌虫：体长5mm；各足股节大部分黑色，仅端部黄褐色；后翅M室开放，Rs室封闭，臀室无柄式；锯腹片锯刃叶片状突出。

分布：浙江（临安）。

词源：本种各足股节黄褐色，以此命名。

正模：♂，LSAF16143，浙江临安天目山开山老殿，30.343°N、119.433°E，1106m，2016.IV.14，李泽建、刘萌萌、陈志伟（ASMN）。副模：3♂，数据同正模；1♀，浙江临安天目山仙人顶，30°20′58″N、119°25′25″E，1443m，2014.IV.14，刘婷、余欣杰；1♂，浙江临安天目山开山老殿，30.343°N、119.433°E，1106m，2015.IV.11，刘萌萌、刘琳（ASMN）。

鉴别特征：本种股节大部分、胫跗节全部黄褐色，下生殖板十分横宽，阳茎瓣具明显的端钩，侧刺突极短，与同属已知种类均不相同。本种体色与香椿黏叶蜂 *Caliroa toonae* Li & Guo, 1995 较近似，但本种腹部全部黑色，爪具小型内齿，下生殖板宽大于长，侧缘弧形，端部圆钝，抱器长明显大于宽，顶角狭窄，阳茎瓣具明显的端钩，侧刺突极短等，与该种不同。

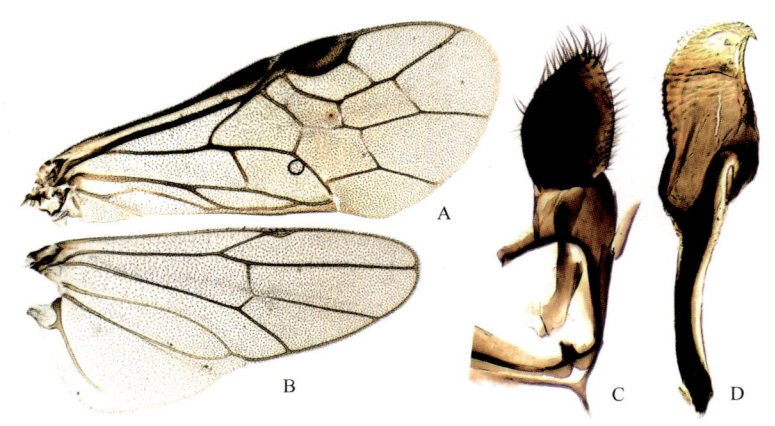

图3-514 黄股新黏叶蜂，新种 *Neopoppia xanthofemorata* Wei, sp. nov. 雄虫
A. 前翅；B. 后翅；C. 生殖铗；D. 阳茎瓣

(520) 如是新黏叶蜂，新种 *Neopoppia rushiae* Wei, sp. nov.（图 3-515，图版 XII-1）

雌虫：体长 5.5mm。体黑色，口须和足黄褐色，前中足基节大部分、后足基节基半部黑褐色，前中足股节中基部渐变褐色，后足胫节端距暗褐色；翅透明，前翅端半部具极弱的烟灰色，翅痣和翅脉黑褐色；体背侧细毛暗褐色，侧板细毛银褐色。

头部背侧和胸部侧板具极细弱稀疏的刻点，后眶和中胸背板刻点稍明显，小盾片两侧后部具稍明显的刻点；腹部背板光滑，刻纹极微弱。

唇基前缘缺口弧形；复眼大，内缘向下微弱收敛，间距等长于复眼长径，颚眼距等于侧单眼直径的 1/3；中窝三叉形，侧窝深圆形，大于中窝，侧窝与中窝之间隆起（图 3-515A）；额区边缘稍隆起，中部稍凹，额脊可分辨，中单眼顶面与额脊等高；单眼中沟和后沟缺，POL：OOL：OCL=6：5：4；单眼后区稍隆起，宽长比等于 2.5，侧沟深直而短，向后稍分歧（图 3-515B）；后眶较窄，下端具明显口后脊；触角细，稍长于头、胸部之和，第 2 节长宽比等于 2，第 3 节明显短于第 4+5 节，几乎等长于末端 4 节之和，第 4 节 1.3 倍长于第 5 节，第 7 节长微大于宽，端部 4 节距触角器（图 3-515F）。小盾片附片宽大，胸腹侧片狭窄，脊状；后胸淡膜区间距 1.2 倍于淡膜区长径；后足胫节等长于跗节，内端距稍长于胫节端宽；后基跗节等长于其后 4 节之和；爪基片小，内齿位于基片斜坡上（图 3-515H）；前翅 1M 脉几乎不弯曲，R+M 脉稍长于 1r-m 脉，2r 交 2Rs 室于中部，2Rs 稍长于 1R1 室，外下角几乎不延伸，1r-m 脉下端稍外倾，3r-m 脉较直，cu-a 脉交 1M 室于内侧 2/5；后翅 R1 室、Rs 室和 M 室均封闭，臀室无柄式。锯鞘端背面观端部明显加宽（图 3-515I）；锯腹片 21 锯刃，节缝刺毛带明显分离（图 3-515C）；锯刃窄高，微弱倾斜，亚基齿细小，刃间膜明显鼓凸（图 3-515G）。

雄虫：体长 5.2mm；各足基节除端部外均黑褐色，各足股节中基部暗褐色；后翅具完整缘脉，无封闭的 Rs 和 M 室；下生殖板长明显大于宽，向端部渐收窄，端部圆钝；抱器长宽比稍小于 2（图 3-515D）；阳茎瓣端突倾斜，侧刺突显著（图 3-515E）。外生殖器未扭转 180°。

分布：浙江（临安）。

词源：本种以江南才女柳如是之名命名。

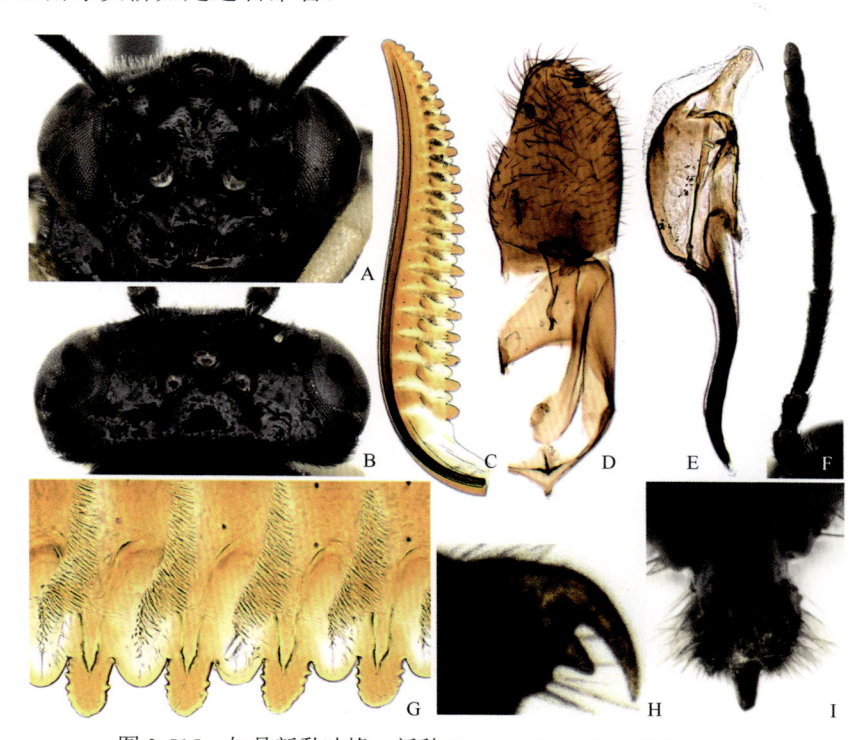

图 3-515 如是新黏叶蜂，新种 *Neopoppia rushiae* Wei, sp. nov.
A. 雌虫头部前面观；B. 雌虫头部背面观；C. 锯腹片；D. 生殖铗；E. 阳茎瓣；F. 雌虫触角；G. 锯腹片第 5–8 锯刃；H. 爪；I. 锯鞘背面观

正模：♀，LSAF18028，浙江临安天目山禅源寺，30.323°N、119.442°E，405m，2018.IV.17–18，李泽建、刘萌萌、姬婷婷（ASMN）。副模：1♂，浙江临安天目山禅源寺，30.323°N、119.442°E，405m，2018.IV.8，李泽建、刘萌萌、姬婷婷；1♀，浙江临安天目山禅源寺，30.323°N、119.442°E，405m，2020.IV.26，李泽建；2♀，浙江临安天目山禅源寺，30.323°N、119.442°E，405m，2021.IV.19，李泽建、刘萌萌（ASMN）。

鉴别特征：本种两性足的基节端部、转节全部、股节大部分、胫跗节全部黄褐色，前翅 1M 脉基部不弯曲，锯刃强烈突出，阳茎瓣头叶端部向一侧倾斜等，与同属已知种类均不相同，容易鉴别。

本种雄虫外生殖器未扭转 180°，可能是个例。

127. 类黏叶蜂属 *Endemyolia* Wei, 1998

Endemyolia Wei, 1998D: 28. Type species: *Endemyolia genata* Wei, 1998, by original designation.

主要特征：小型黑色叶蜂，体长 4–7mm；唇基端缘截形，上唇短小横宽；复眼中等大，内缘向下稍聚敛，间距不窄于眼高，颚眼距约等于或窄于单眼直径；后眶圆钝，无后颊脊，无大刻点列；背面观后头短，两侧强烈收缩；额区无额脊，侧窝独立，触角窝间距等于或宽于复眼-触角窝距；单眼后区宽大于长；触角细丝状，第 2 节长大于宽，第 3 节显著长于第 4 节，末端 4 节不明显短缩，具触角器；中胸胸腹侧片狭窄，稍隆起，胸腹侧片缝沟状；前足胫节内距端部分叉，后足胫节等长于跗节，后足基跗节短于其后 4 节之和；爪无基片，具内齿，端齿不强烈弯折；前翅 1M 脉与 1m-cu 脉向翅痣强烈聚合，R+M 脉段长；臀室完整，横脉强烈倾斜，外侧位，基臀室收缩部具显著折角，2A 脉具内侧附突，cu-a 脉位于 1M 室下缘中部；后翅臀室封闭，具柄式；雄虫后翅有时具缘脉，副阳茎发育，较小；阳茎瓣简单，无端钩，具小型刺突。

分布：东亚。本属已知 6 种，中国记载 5 种。浙江分布 1 种。

（521）淡胫类黏叶蜂 *Endemyolia tibialis* Wei, 1998（图 3-516，图版 XII-2）

Endemyolia tibialis Wei, 1998D: 30.

主要特征：雌虫体长约 5mm；体黑色，无金属色泽；足黄褐色，各足基节、前中足转节、各足股节基部 3/4 以及后足胫节端距黑色，触角鞭节端半部腹侧、后足转节、后足胫节端部和第 3–4 跗分节暗褐色，体毛浅褐色；翅均匀浅烟褐色，翅痣和翅脉黑褐色；唇基端部几乎截形，颚眼距线状；复眼大，间距明显

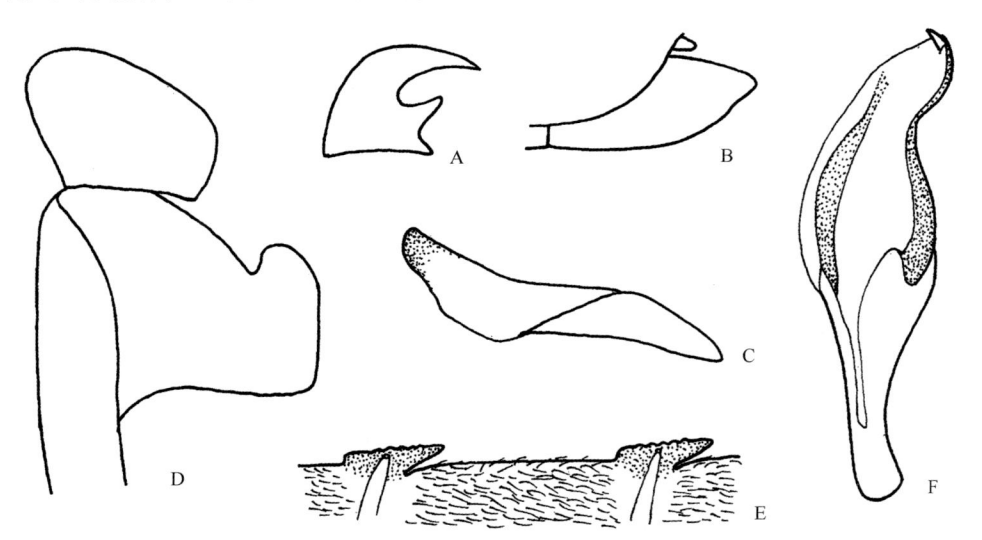

图 3-516 淡胫类黏叶蜂 *Endemyolia tibialis* Wei, 1998
A. 爪；B. 锯鞘端侧面观；C. 阳基腹铗内叶；D. 生殖铗；E. 锯腹片中部锯刃；F. 阳茎瓣

宽于眼高；中窝不显著，底部横沟形，两侧不开放，上缘开放；侧窝小圆形；额区明显隆起，额脊宽钝低弱；前单眼围沟微发育，单眼中沟和后沟细深；POL：OCL：OOL = 3：4：5；单眼后区明显隆起，侧面观高于单眼顶面，长宽比稍小于 2，具浅弱中纵沟；侧沟深直，向后稍分歧；头部背侧光滑；触角稍短于头、胸部之和，第 3 节显著短于第 4+5 节，1.5 倍长于第 4 节；小盾片平坦，后缘具 1 列模糊刻点；胸腹侧片几乎缺如；后足基跗节稍短于其后 4 节之和；爪见图 3-516A；前翅 cu-a 脉位于 M 室内侧 3/7；后翅臀室具短柄式，Rs 和 M 室全部开放；锯鞘侧面观背顶角微呈钩形（图 3-516B）；锯腹片 19 锯刃，刃间膜直，2-2.5 倍长于锯刃宽度，锯刃倾斜，具 5-7 枚亚基齿（图 3-516E），节缝刺毛宽带状，不互相连接。雄虫体长约 4.5mm；抱器横斜形，副阳茎小（图 3-516D），阳基腹铗内叶窄长（图 3-516C）；阳茎瓣头叶弯曲，顶端具小型刺突（图 3-516F）。

分布：浙江（临安、四明山、龙泉、文成）、湖南。

128. 华波叶蜂属 *Sinopoppia* Wei, 1997

Sinopoppia Wei, 1997G: 48–49. Type species: *Sinopoppia nigroflagella* Wei, 1997, by original designation.

主要特征：小型叶蜂，雌雄异色；头短，横形；唇基端部亚截形；上唇小，端部圆；上颚对称双齿式，微弱弯曲；复眼很小，卵形，内缘亚平行，下缘间距明显宽于复眼长径；颚眼距线状，无后颊脊，具后眶沟；单眼后区横宽；额区稍隆起，额脊低钝，侧窝不独立；触角短，第 2 节宽大于长，第 3 节稍长于第 4 节，5–9 节约等长；前胸侧板腹面尖，互相不接触；中胸小盾片附片大，侧板无胸腹侧片，中胸前侧片前缘具细脊；后胸淡膜区扁宽，间距窄；前足胫节内端距端部分叉，后足胫节明显长于跗节，后基跗节明显短于其后 4 跗分节之和；爪无基片，内齿短于端齿；前翅 Rs 脉第 1 段完整，1Rs 室等长于 2Rs 室，R+M 脉段短于 R 脉，1M 脉与 1m-cu 脉向翅痣强烈聚敛，2m-cu 脉与 2r-m 脉相接，cu-a 脉近中位，臀横脉外侧位、强烈倾斜；后翅无封闭中室，臀室封闭，具柄式，臀柄短于垂直的 cu-a 脉；产卵器短小，锯腹片外侧刺毛带状，锯刃倾斜；副阳茎小型，抱器长大于宽；阳茎瓣粗短，头叶无顶侧突或侧突，具 1 列侧齿。

分布：中国。目前仅发现 1 种，浙江是其模式产地。

本属是中国特有属，形态特异，其亚科的位置目前尚未确定，暂时放在本亚科内。

（522）黑鞭华波叶蜂 *Sinopoppia nigroflagella* Wei, 1997（图 3-517，图版 XII-3）

Sinopoppia nigroflagella Wei, 1997G: 49.

主要特征：雌虫体长 7mm。体橘黄色，触角鞭节、后胸背板、腹部第 1 背板和第 10 背板、锯鞘端、后足胫节末端和各足跗节黑色；翅深烟灰色，翅痣和翅脉黑褐色；体光滑，无刻点；复眼间距 1.5 倍于眼高；单眼后区宽长比为 1.7：1；额区稍隆起，额脊低钝；中窝大且深，前端开放；单眼后沟和中沟深；侧沟深长，向后分歧；OOL：POL：OCL=17：11：11；触角等长于头、胸部之和，第 2 节短锥形，第 3 节稍长于第 4 节，第 6–9 节各节长宽比小于 3；前胸侧板腹面不接触，小盾片附片大；后胸淡膜区扁宽，间距窄；爪长形，无基叶，内齿明显短于端齿（图 3-517E）；前翅 Rs 脉第 1 段显著，第 1Rs 室最长，R+M 脉段短，1M 脉直，第 2m-cu 脉与第 3r-m 横脉几乎相接；后翅 R1 室端部圆，无附室，臀室柄明显短于 cu-a 脉（图 3-517A）；锯鞘端加宽，等长于锯鞘基，端部圆钝；锯腹片长形，外侧刺毛带状，锯刃倾斜，亚基部锯刃见图 3-517F，亚基齿细小。雄虫体长 6.5mm，头部除唇基和口器之外全部黑色；胸部红褐色，前胸侧板、中胸侧板中下部、小盾片、后胸节、前中胸腹板及各足基节、转节和跗节黑色，腹部黑色；触角粗短，鞭节各节几乎等长，腹缘稍突出；抱器窄长，副阳茎小三角形（图 3-517B）；阳茎瓣体长椭圆形，腹缘齿较大（图 3-517D）。

分布：浙江（临安、丽水）、陕西、甘肃、江苏、安徽、湖南。

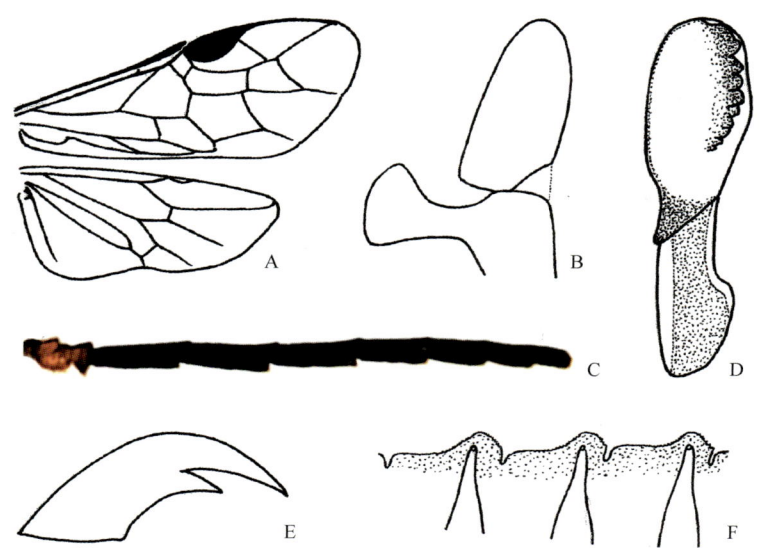

图 3-517　黑鞭华波叶蜂 Sinopoppia nigroflagella Wei, 1997
A. 翅脉；B. 生殖铗；C. 触角；D. 阳茎瓣；E. 爪；F. 锯腹片亚基部锯刃

（二十）潜叶蜂亚科 Fenusinae

主要特征：体型微小，体长 2.5–10mm；触角简单丝状，一般 9 节，部分类群多于 9 节；头部侧窝独立，额脊退化，额区通常不分化；背面观后头短且明显收缩；上颚对称 2–3 齿；唇基明显窄于复眼下缘间距，端部亚截形或具浅弱缺口；前胸侧板腹侧尖且互相远离；后胸侧板大型，后胸气门后片小型；前翅 C 脉末端明显膨大，Rs 脉第 1 段弱化或消失，1M 脉弯曲，与 1m-cu 脉向翅痣强烈聚敛，cu-a 脉通常中位，极少亚基位，臀室通常具柄式，基臀室小或无，极少臀室完整；后翅无封闭中室，臀室和径室端部有时开放，臀室具长柄；幼虫潜叶生活，体扁平，腹足退化，但腹部 2–7 节和第 10 节具腹足痕迹；胸腹部背板小环节数减少。

分布：古北区，新北区，新热带区。本亚科已知 27 属，中国分布 18 属。浙江已发现 7 属 9 种，包括 2 新种。

分属检索表

1. 头部具后颊脊；前翅 2A+3A 端部上曲，后翅 R1 室端部宽阔开放；无胸腹侧片；爪基片大型，无内齿；触角 9 节 ··· **额潜叶蜂属 Sinoscolia**
- 头部无后颊脊 ··· 2
2. 具胸腹侧片；前翅 2A+3A 脉直，基臀室开放；后翅 R1 室端部开放，臀室封闭；触角基部 2 节长大于宽；爪具宽大基片 ··· **鞘潜叶蜂属 Paraparna**
- 无胸腹侧片 ·· 3
3. 触角 9 节；后翅 R1 室和臀室均封闭；前翅基臀室不封闭；爪具基片 ··· 4
- 触角不少于 10 节；后翅 R1 室和臀室均开放；前翅基臀室封闭；爪细长，无基片 ·························· 5
4. 触角第 2 节长明显大于宽；前翅 2A+3A 脉端部上曲；爪基片较弱，端部圆钝；锯鞘具鞘刷 ············ **钩潜叶蜂属 Setabara**
- 触角第 2 节长明显短于宽；前翅 2A+3A 脉直，端部不上曲；爪基片宽大，端部锐利；锯鞘无鞘刷 ··· **昧潜叶蜂属 Metallus**
5. 触角 10 节，第 2 节长柱形，长宽比不小于 2；前翅 1M 脉约 2 倍于 1m-cu 脉长，1M 室不短于前翅 1/4 长 ··· **缅潜叶蜂属 Birmella**
- 触角 10–14 节，第 2 节长等于宽；前翅 1M 脉明显短于 2 倍 1m-cu 脉长，1M 室短于前翅 1/4 长 ········ 6
6. 触角 12–14 节；前足跗节约 1.5 倍于胫节长；后足第 4 跗分节不显著延长；Rs 脉第 1 段缺失 ···· **异潜叶蜂属 Parabirmella**

- 触角通常 10 节，偶尔 11 节；前足跗节 1.2 倍于前足胫节长；后足第 4 跗分节腹侧稍延长；前翅 Rs 脉第 1 段存在···柄潜叶蜂属 *Afenella*

129. 柄潜叶蜂属 *Afenella* Malaise, 1964

Afenella Malaise, 1964: 39. Type species: *Afenella tegularis* Malaise, 1964, by monotypy.

主要特征：体型微小，体长 2.5–5mm；复眼较大，内缘向下平行或稍收敛，下缘间距明显宽于复眼长径；唇基前缘截形；上颚对称 3 齿式；颚眼距雌虫约等于单眼直径，无后颊脊；触角窝间距稍窄于内眶，中窝较大，侧窝浅细沟状，向前开放；额区弱隆起，无额脊；单眼后区宽显著大于长；触角稍长于头宽，10–11 节，第 2 节长稍大于宽，第 3 节显著长于第 4 节；中胸前侧片前缘具细缘脊，无胸腹侧片；前足胫节内端距端部分叉，跗节长 1.2 倍于胫节，后足胫节约等长于跗节；爪简单细长，弧形弯曲，无基片和内齿；前翅翅痣短宽，1M 脉与 1m-cu 脉向翅痣强收敛，1M 脉基部弧形弯曲，端部与 Rs+M 脉交于同一点，Rs 脉第 1 段存在，cu-a 脉外侧位，1m-cu 脉约等于 1M 脉的 1/3 长，2r 脉交于 2Rs 室外侧，臀室具中柄式，2A+3A 脉端部向上弯曲并与 1A 脉汇合，基臀室封闭；后翅 R1 室端部宽阔开放，R1 脉很短，臀室开放，2A 脉短小，Rs 和 M 室均开放；腹部背板光滑，无细刻纹，第 1 背板后缘具宽大方形膜区；锯鞘简单，无侧突；锯腹片锯刃倾斜突出；阳茎瓣头叶镰刀形，具窄长端突。

分布：东亚南部。本属已知 3 种，国内记载 2 种。本书记述浙江 1 新种。

（523）短角柄潜叶蜂，新种 *Afenella brevicornis* Wei, sp. nov.（图 3-518）

雄虫：体长 2.5mm。体黑色，上唇和触角暗褐色；足黑褐色，前中足股节端部以远褐色；翅烟灰色，翅痣和翅脉暗褐色；体毛银色。

体光滑，包括腹部背板无刻点和刻纹刻点。头部宽长比约为 2.5，背面观触角窝之间稍突出；上唇横宽，颚眼距线状；复眼内缘向下微收敛，间距 1.25 倍于复眼长径；触角窝间距几乎不宽于复眼-触角窝距，中窝深长纵沟状，侧窝小圆点形；额区稍隆起，无明显额脊，无中单眼前凹；单眼中沟宽点状，后沟浅弱但明显；单眼后区隆起，宽长比等于 2.3，侧沟长点状，向后微弱收敛；后头很短，背面观短于复眼 1/4 长，两侧强烈收缩；POL：OOL：OCL=6：7：4；触角稍粗扁，10 节，总长约 1.2 倍于头宽，鞭节与柄节等宽，约等长于头宽，第 2 节椭圆形，长大于宽，第 3 节长宽比稍大于 2，1.6 倍于第 4 节长，第 10 节明显长于第 9 节（图 3-518C）。中胸背板前叶具显著中纵沟；小盾片平坦，附片很短；淡膜区间距稍短于淡膜区宽；后足胫节稍长于跗节，后基跗节等长于其后 3 节之和；爪无内齿，端齿细长；前翅 R+M 脉段明显，1M 脉基部 1/3 显著弧形弯曲，2Rs 室大，几乎不短于 1R1+1Rs 室，cu-a 脉位于 1M 室下缘外侧 2/5，2M 室高微大于长，Rs 脉第 1 段完全消失（图 3-518A）；后翅 R1 脉和 3A 脉均很短，R1 室和臀室宽阔开放（图 3-518B）。腹部第 1 背板膜区很大；下生殖板长大于宽，端部窄圆；抱器长大于宽，端部突出，副阳茎短小，端部圆（图 3-518E）；阳茎瓣头叶宽大，具三角形背顶叶和狭长腹侧端突（图 3-518D）。

雌虫：未知。

分布：浙江（临安）、湖南。

词源：本种触角极短，与同属种类差别显著，以此命名。

正模：♂，湖南株洲，中南林学院内，2002.III.28，魏美才（ASMN）。副模：1♂，浙江清凉峰龙塘山，30°06.680′N，118°54.050′E，930m，2010.IV.27，李泽建（ASMN）。

鉴别特征：本种触角很短，10 节，微长于头宽，鞭节无直立毛，第 3 节很短，长宽比稍大于 2；颚眼距线状等，与同属已知种类均明显不同，容易鉴别。

图 3-518　短角球潜叶蜂，新种 *Afenella brevicornis* Wei, sp. nov.
A. 前翅；B. 后翅；C. 触角；D. 阳茎瓣；E. 生殖铗

130. 缅潜叶蜂属 *Birmella* Malaise, 1964

Birmella Malaise, 1964: 38. Type species: *Birmella truncata* Malaise, 1964, by original designation.

主要特征：体型微小，体长 2.5–4mm；复眼较大，内缘向下平行或稍收敛，下缘间距雌虫约等宽于或宽于复眼长径；唇基前缘截形或具浅弱缺口；上颚对称 3 齿式；颚眼距通常线状，极少较宽；后眶窄，无后颊脊；中窝较大，侧窝浅细沟状，向前开放；额区平坦，无额脊；单眼后区宽显著大于长；触角长于头宽，短于腹部，10 节，第 2 节长 2 倍于宽，第 3 节显著长于第 4 节，端节显著长于次末节；中胸前侧片前缘无细缘脊，无胸腹侧片；前足胫节内端距端部分叉，跗节长 1.3–1.5 倍于胫节，后足胫节等长于跗节；基跗节不长于其后 3 跗分节之和，爪简单细长，弧形弯曲，无基片和内齿；前翅翅痣宽大，1M 室长大，占前翅长的 1/4 或以上；1M 脉与 1m-cu 脉向翅痣强收敛，1M 脉基部弧形弯曲，端部与 Rs+M 脉交于同一点，Rs 脉第 1 段缺失，cu-a 脉外侧位，1m-cu 脉显著短于 1M 脉的 1/2 长，2r 脉交于 2Rs 室外侧，臀室具中柄式，2A+3A 脉明显弱化，端部向上弯曲并与 1A 脉汇合，基臀室封闭；后翅 R1 室端部宽阔开放，臀室开放，2A 脉短小，Rs 和 M 室均开放；腹部背板光滑，无细刻纹，第 1 背板钩状，后缘具宽大膜区；锯鞘简单，无侧突；锯腹片无节缝刺毛带，锯刃倾斜突出；阳茎瓣头叶狭窄，具长短不等的端叶。

分布：中国南部，缅甸北部。本属已知 5 种，中国记载 3 种。浙江发现 1 新种。

寄主：未知。

（524）黑股缅潜叶蜂，新种 *Birmella melanopoda* Wei, sp. nov.（图 3-519）

雌虫：体长 2.5mm，前翅长 2.6mm。体和触角黑色；足大部分黑褐色，前中足股节端部 2/5 和胫节大部分浅褐色，后足膝部和胫节基部浅褐色，胫跗节大部分暗褐色。体毛褐色。翅均匀烟褐色，翅痣和翅脉黑褐色。

体无明显刻点；体毛短。唇基宽短，前缘截形，颚眼距线状；复眼内缘向下微收敛，下缘间距稍宽于复眼长径；中窝几乎等大于额区，近圆形，具宽浅中沟；单眼后区宽 2.5 倍于长，侧沟较深，短点状，互相近似平行；单眼中沟和后沟宽浅；POL：OOL：OCL = 11：12：6；触角约等长于头、胸部之和，鞭节侧扁，第 3 节长 2 倍于第 4 节，第 8、9 节长宽比约等于 1.9，第 10 节 1.1 倍于第 9 节长。中胸前侧片腹侧光裸无毛；小盾片平坦，后胸淡膜区间距等宽于淡膜区；前翅 1M 室较短，长度等于前翅的 1/4，1M 脉亚基部明显弯曲；后足基跗节稍短于其后 3 节之和。腹部第 1 背板各叶显著钩状（图 3-519F）。锯鞘长于前足胫节，腹缘明显弯曲（图 3-519A）；背面观锯鞘狭长（图 3-519D）；锯腹片具 8 个锯刃，第 2–8 锯刃见图 3-519B；节缝刺毛完全缺失，锯腹片端部圆钝，无缺口。

雄虫：体长 2.8mm；体色类似于雌虫，但胫节较暗；下生殖板长大于宽，端部圆；抱器长明显大于宽，端部圆钝（图 3-519H）；阳茎瓣中部狭窄，端部较宽（图 3-519I）。

分布：浙江（临安）、贵州。

词源：本种足大部分黑褐色，以此命名。

正模：♀，浙江清凉峰龙塘山，30°06.680′N、118°54.050′E，930m，2010.IV.27，李泽建（ASMN）。副模：♀，贵州遵义大沙河，1300m，2004.V.25，林杨；1♂，贵州遵义大沙河，1300m，2004.V.24，林杨；1♂，贵州赤水金沙，500m，2000.IX.23，肖炜（ASMN）。

鉴别特征：除阳茎瓣构形特殊外，本种足大部分黑褐色，触角鞭节明显侧扁，约等宽于梗节，与同属已知种类均不同，容易鉴别。

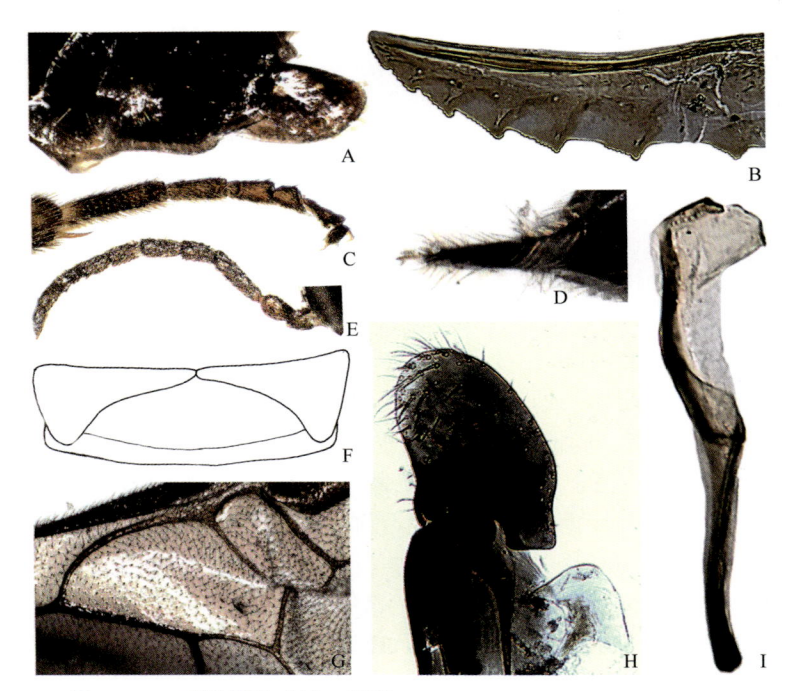

图 3-519 黑股缅潜叶蜂，新种 *Birmella melanopoda* Wei, sp. nov.
A. 锯鞘侧面观；B. 锯腹片中端部；C. 后足跗节；D. 锯鞘背面观；E. 触角；F. 腹部第 1 背板；G. 前翅 1M 室和附近；H. 生殖铗（左侧）；I. 阳茎瓣

131. 昧潜叶蜂属 *Metallus* Forbes, 1885

Metallus Forbes, 1885: 87. Type species: *Metallus rubi* Forbes, 1885, by monotypy.
Entodecta Konow, 1886c: 243. Type species: *Tenthredo pumila* Klug, 1816, by subsequent designation of MacGillivray, 1909.
Polybates MacGillivray, 1909: 261, 264. Type species: *Polybates slossonae* MacGillivray, 1909, by original designation.

主要特征：体型微小，体长 2.5–5mm；复眼较大，内缘向下平行或稍收敛，下缘间距宽于复眼长径，触角窝间距大于复眼-触角窝距；唇基前缘截形或具浅弱缺口；上颚对称 3 齿式；颚眼距短于单眼直径；后眶窄，无后颊脊；中窝小和侧窝小，封闭；额区平坦，无额脊；单眼后区宽显著大于长；触角长于头宽，短于腹部，9 节，第 2 节宽大于长，第 3 节稍长于第 4 节，雌虫鞭节微弱侧扁，雄虫鞭节显著侧扁；中胸前侧片前缘无细缘脊，无胸腹侧片；前足胫节内端距端部不分叉，跗节长 1.2–1.3 倍于胫节，后足胫节等长于跗节；基跗节不短于其后 3 跗分节之和；爪基片宽大，无内齿；前翅翅痣宽大，1M 室短，1M 脉与 1m-cu 脉向翅痣强收敛，1M 脉弧形弯曲，端部远离 Rs+M 脉，R+M 脉段显著，Rs 脉第 1 段部分存在，cu-a 脉外侧位，1m-cu 脉明显长于 1M 脉的 1/2，2r 脉交于 2Rs 室背侧亚中部，臀室具柄式，2A+3A 脉直，不弱化，基臀室开放；后翅 R1 室和臀室封闭，Rs 和 M 室均开放；腹部背板光滑，无细刻纹，第 1 背板三角形，后

第三章 叶蜂亚目 Tenthredinomorpha ·541·

缘具大膜区；锯鞘简单，无侧突；锯腹片具节缝刺毛带，锯刃倾斜突出；阳茎瓣头叶较宽大，无明显端叶和侧突，柄部细长。

分布：中国南部，缅甸北部。本属可能是潜叶蜂亚科最大的属。已知约21种，中国已记载10种。浙江发现3种。

寄主：蔷薇科悬钩子属 *Rubus* 植物。

分种检索表

1. 前中足股节大部分和后足跗节黑色 ···黑跗昧潜叶蜂 *M. nigritarsus*
- 各足股节全部和跗节黄褐色 ·· 2
2. 体长小于3.3mm；单眼后区宽长比约等于3；锯腹片具11锯刃，刃间膜宽且几乎平直；阳茎瓣具细长端突···················
  ···微小昧潜叶蜂 *M. minutus*
- 体长于3.8–4.5mm；单眼后区宽长比约等于2；锯腹片具14锯刃，刃间膜较窄且明显凸出；阳茎瓣无端突···················
  ···马氏昧潜叶蜂 *M. mai*

(525) 马氏昧潜叶蜂 *Metallus mai* Wei, 1994（图3-520）

Metallus mai Wei, 1994: 117.

主要特征：雌虫体长3.8–4.5mm；体黑色，足白色，前足基节、前足股节基部2/3背侧黑褐色；翅显著烟褐色，翅痣和翅脉黑褐色；体背侧细毛黑褐色，虫体其余部分细毛浅褐色；体光滑，前胸背板、翅基片、中胸背板前叶和侧叶具细弱刻点；头部宽长比约为2.5，唇基端部缺口不明显；颚眼距线状；复眼内缘亚平行，间距微宽于眼高；中窝和侧窝发育，亚圆形，几乎等大；额区平坦，无额脊，单眼中沟点状，后沟细；单眼后区隆起，宽长比等于2，侧沟长点状，向后强烈分歧；后头很短，背面观短于复眼1/4长，两侧强烈收缩；POL：OOL=5：6；触角长1.6倍于头宽，第2节宽2倍于长，第3节1.2倍于第4节长，第8节长宽比约等于2.5；后基跗节等长于其后3节之和；前翅R+M脉段长于1r-m横脉，M脉基部1/3弧形弯曲，Rs脉第1段仅在径脉上保留短柄；后翅臀室柄约等长于或稍长于cu-a脉；腹部第1背板膜区稍大；产卵器短于后足跗节，锯鞘侧面观较宽，端部稍尖出（图3-520B）；锯腹片14刃，锯刃宽短叶状突出，亚基齿不

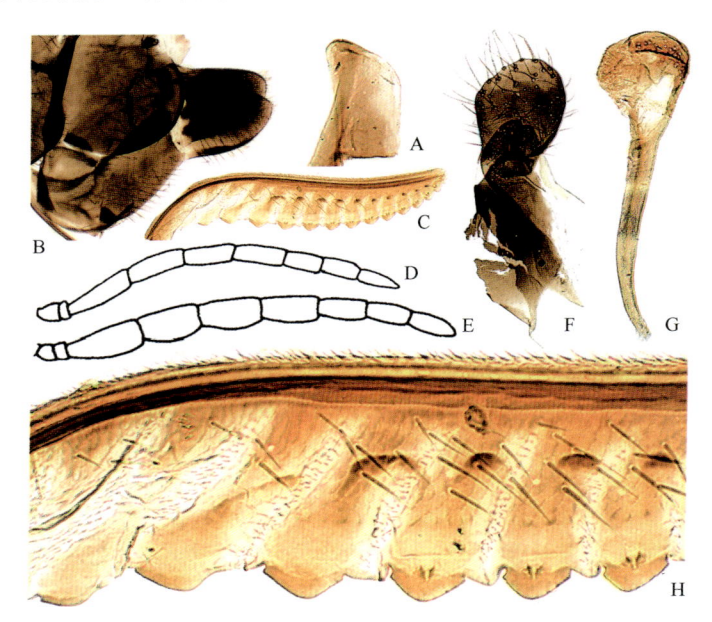

图3-520 马氏昧潜叶蜂 *Metallus mai* Wei, 1994
A. 副阳茎；B. 锯鞘侧面观；C. 锯腹片；D. 雌虫触角；E. 雄虫触角；F. 生殖铗；G. 阳茎瓣；H. 锯腹片第2–7锯节和锯刃

明显，刃间膜很短、倾斜鼓出（图 3-520C、H）。雄虫体长约 3mm，触角鞭节强烈侧扁，第 5–8 节长宽比均约等于 2（图 3-520E）；抱器长形（图 3-520F），副阳茎窄高（图 3-520A）；阳茎瓣侧突小，端部圆钝（图 3-520G）。

分布：浙江（临安、龙泉）、福建。

（526）微小昧潜叶蜂 *Metallus minutus* Nie & Wei, 1998（图 3-521）

Metallus minutus Nie & Wei, 1998c: 311.

主要特征：雌虫体长 2.6–3mm；体黑色，上唇和口须浅褐色，足黄褐色，前足基节大部分、中后足基节基半部黑褐色；翅均匀烟褐色，翅痣和翅脉黑褐色；体毛和锯鞘毛褐色；体光滑，头部无明显刻点；头部宽长比稍大于 2，颊眼距线状；复眼间距微宽于眼高；中窝和侧窝亚圆形，中窝较大而浅，侧窝小；额区稍隆起，无额脊，具明显的小圆形中单眼前凹，单眼中沟点状，后沟细；单眼后区稍隆起，宽长比等于 3，侧沟深点状，向后明显分歧；后头很短，背面观短于复眼 1/4 长，两侧强烈收缩；POL：OOL：OCL=5：6：3；触角长 1.7 倍于头宽，第 3 节稍长于第 4 节，第 8 节长宽比约等于 2；后基跗节稍长于其后 3 节之和；前翅 R+M 脉段等长于 1r-m 横脉，1M 脉基部 1/3 强烈弯曲；后翅臀室柄稍长于 cu-a 脉；产卵器约等长于后足跗节，锯鞘侧面观较宽，背缘平直，腹缘弧形弯曲，端部稍尖；锯腹片具 11 个倾斜锯刃，第 1 锯刃很小（图 3-521A）；中部锯刃具 2–3 个内侧和外侧亚基齿，刃间膜长，微弱突出（图 3-521C）。雄虫体长 2.5–2.8mm；触角暗褐色，鞭节强烈侧扁，第 2 和第 6–8 节长宽比约等于 2，后翅臀室柄部明显长于 cu-a 脉；下生殖板端部圆钝；抱器倾斜，基部明显收窄（图 3-521D），阳基腹铗内叶狭长；阳茎瓣端部具长突，长突腹缘具细齿（图 3-521B）。

分布：浙江（临安）、湖南。

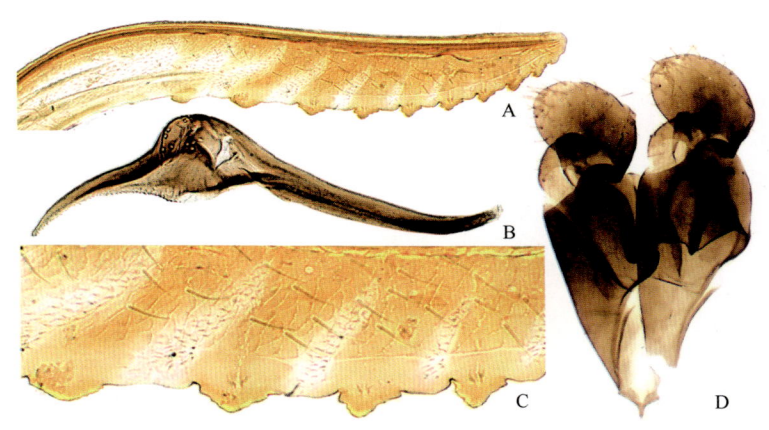

图 3-521 微小昧潜叶蜂 *Metallus minutus* Nie & Wei, 1998
A. 锯腹片；B. 阳茎瓣；C. 锯腹片第 2–5 锯刃；D. 生殖铗

（527）黑跗昧潜叶蜂 *Metallus nigritarsus* Nie & Wei, 1998（图 3-522）

Metallus nigritarsus Nie & Wei, 1998c: 310.

主要特征：雌虫体长 4.5mm；体黑色，口须和足白色，各足基节基部 3/4、各足股节基部 3/4 和后足跗节黑色；翅均匀深烟褐色，翅痣和翅脉黑褐色；体背侧和锯鞘毛黑褐色，胸部两侧细毛浅褐色；体光滑，头部无明显刻点，胸部背板具细弱刻点；头部宽长比约为 2.5，颊眼距宽线状；中窝和侧窝发育，亚圆形，中窝较大，底部长；额区平坦，无额脊，无中单眼前凹，单眼中沟短点状，后沟细而明显；单眼后区稍隆起，宽长比稍大于 2，侧沟点状，向后强烈分歧，后头很短，背面观短于复眼 1/5 长，两侧强烈收缩，POL

OOL=5：6；触角长 1.7 倍于头宽，第 3 节长 1.2 倍于第 4 节，第 8 节长宽比约等于 1.5；后足基跗节稍长于其后 3 节之和；前翅 R+M 脉段长于 1r-m 横脉，1M 脉基部 1/3 强烈弯曲，Rs 脉第 1 段痕状；后翅臀室柄明显长于 cu-a 脉；产卵器短于后足跗节，锯鞘侧面观较宽，背缘平直，腹缘弧形弯曲，端部稍尖出；锯腹片 14 刃，锯刃叶状突出，明显倾斜，宽于刃间膜，具 2 个内侧和 4 个外侧细小亚基齿，刃间膜很短（图 3-522B）。雄虫体长约 3.5mm；触角鞭节强烈侧扁，第 3 和第 6–8 节长宽比均约等于 2，单眼后区宽长比等于 2.5；抱器长大于宽，副阳茎端部平直（图 3-522D）；阳茎瓣头部圆钝，腹侧中部突出，尾侧突细小（图 3-522C）。

分布：浙江（遂昌）、福建。

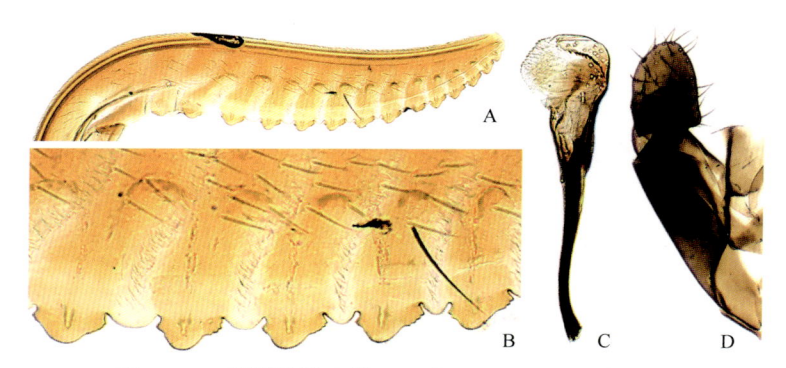

图 3-522　黑跗昧潜叶蜂 *Metallus nigritarsus* Wei, 1998
A. 锯腹片；B. 锯腹片第 3–7 锯刃；C. 阳茎瓣；D. 生殖铗

132. 鞘潜叶蜂属 *Paraparna* Wei & Nie, 1998

Paraparna Wei & Nie, 1998C: 22. Type species: *Paraparna rubiginosa* Wei & Nie, 1998, by original designation.

主要特征：体型微小，长 2.5–5mm；复眼较大，内缘向下稍收敛，下缘间距宽于复眼长径，触角窝间距窄于复眼-触角窝距；唇基前缘截形；上颚对称 3 齿式；颚眼距短于单眼半径；后眶较宽，无后颊脊；中窝大，圆形；侧窝较大，圆形，封闭；额区稍隆起，无额脊；单眼后区宽大于长；触角长于头宽，短于腹部，9 节，第 2 节长大于宽，第 3 节明显长于第 4 节，鞭节不侧扁；中胸前侧片前缘具缘脊，胸腹侧片和胸腹侧片沟显著；前足胫节内端距端部分叉，跗节长 1.3 倍于胫节，后足胫节等长于跗节；基跗节不短于其后 3 跗分节之和；爪基片宽大，无内齿（图 3-523B）；前翅翅痣宽大，1M 室短，1M 脉与 1m-cu 脉向翅痣强收敛，1M 脉弧形弯曲，端部远离 Rs+M 脉，R+M 脉段长于 Rs 脉第 1 段，Rs 脉第 1 段存在，cu-a 脉中位或稍偏外侧，1m-cu 脉明显长于 1M 脉的 1/2，2r 脉交于 2Rs 室背侧近端部，臀室具柄式，2A+3A 脉直，不弱化，基臀室开放；后翅 R1 室端部宽阔开放，臀室封闭，臀室柄长于 cu-a 脉，Rs 和 M 室均开放；腹部背板具细刻纹，第 1 背板三角形，后缘膜区中等大；锯鞘狭长，稍短于后足胫节，无侧突；锯腹片锯刃近平直，亚基齿锐利；阳茎瓣构造未知。

分布：中国。本属已知仅 1 种，分布于浙江。但中国华北和东北还各有一个未描述的种类。

（528）褐足鞘潜叶蜂 *Paraparna rubiginosa* Wei & Nie, 1998（图 3-523）

Paraparna rubiginosa Wei & Nie, 1998C: 22.

主要特征：雌虫体长 4mm。体黑色，上唇和触角鞭节暗褐色；足橘褐色，各足基节和转节黑褐色；翅浅烟褐色透明，翅痣和翅脉暗褐色；体毛褐色；体粗短，光滑，前胸背板散布细小具毛刻点，小盾片后缘具 1 列小刻点，腹部第 1 背板刻纹微弱，其余背板刻纹显著；头部宽长比稍大于 2，背面观触角窝之间十分平坦；颊眼距线状，复眼内缘向下强烈收敛；中窝很大，浅圆形；侧窝较小，亚圆形；额区明显鼓出，显著高出复眼顶面，中单眼前凹浅，单眼中沟点状，单眼后沟细，单眼三角扁平，POL∶OOL∶OCL=10∶10∶7；单眼后区强烈隆起，后端高出单眼面，宽长比等于 2.5，侧沟深宽点状，向后稍分歧；后头短，背面观约等于复眼 1/2 长，两侧显著收缩；触角微长于头宽，第 2 节长几乎 2 倍于宽，第 8 节最短，长宽比约等于 1.3；后胸淡膜区横宽，间距等于淡膜区长径；后足胫节端距短于胫节端部宽，后基跗节等长于其后 3 节之和，爪基片长大于宽，端齿细尖；前翅 R+M 脉段几乎 2 倍于 1r-m 横脉长，1M 脉基部 1/3 显著弧形弯曲，2Rs 室长于 1Rs+1R1 室，cu-a 脉中位；后翅臀室柄约 2 倍长于 cu-a 脉；腹部第 1 背板膜区三角形；产卵器约等长于后足胫节，锯鞘侧面观窄长，端部圆钝，背面观狭长；锯腹片 17–18 刃，锯刃平直，内齿尖（图 3-523D），刃间膜约等宽于锯刃，节缝刺毛带宽，但刺毛稀疏。雄虫未知。

分布：浙江（临安）。

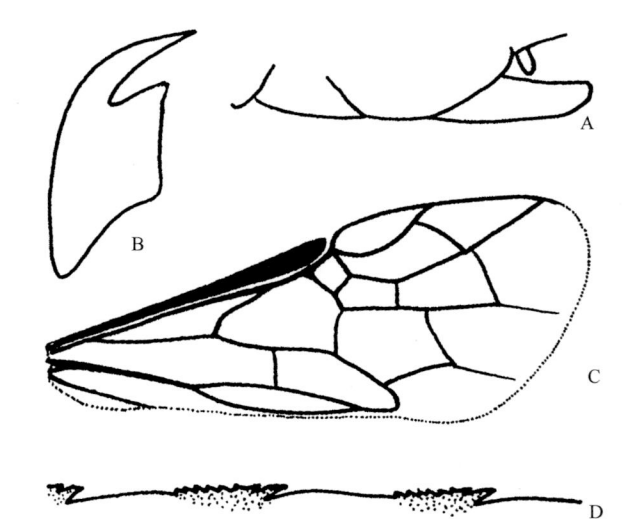

图 3-523 褐足鞘潜叶蜂 *Paraparna rubiginosa* Wei & Nie, 1998
A. 锯鞘侧面观；B. 爪；C. 前翅；D. 锯腹片第 5–6 锯刃

133. 异潜叶蜂属 *Parabirmella* Wei & Nie, 1998

Parabirmella Wei & Nie, 1998b: 362. Type species: *Parabirmella curvata* Wei & Nie, 1998, by original designation.

主要特征：体型微小，体长 2.5–4mm；复眼中等大，内缘向下显著收敛，下缘间距明显宽于复眼长径；唇基前缘截形；上颚对称 3 齿式；颊眼距不宽于单眼半径；后眶圆，无后颊脊；中窝较大，侧窝浅细沟状，向前开放；额区明显隆起，无明显额脊；单眼后区宽显著大于长；触角细长丝状，稍短于腹部，12–14 节，第 2 节长不大于宽，第 3 节显著长于第 4 节，端节长于次末节；中胸前侧片前缘无细缘脊，无胸腹侧片；前足胫节内端距端部分叉，跗节长 1.5 倍于胫节，后足胫节等长于跗节；基跗节不长于其后 3 跗分节之和，爪简单细长，弧形弯曲，无基片和内齿；前翅翅痣宽大，1M 室短，1M 脉与 1m-cu 脉向翅痣强收敛，1M 脉整体弧形弯曲，端部与 Rs+M 脉交于同一点，Rs 脉第 1 段缺失，cu-a 脉外侧位，1m-cu 脉显著短于 1M 脉的 1/2 长，2r 脉交于 2Rs 室外侧较远处，臀室具中柄式，2A+3A 脉端部向上弯曲并与 1A 脉汇合，基臀室封闭；后翅 R1 室和臀室开放，2A 脉短小，Rs 和 M 室均开放，2A 脉几乎消失；腹部背板光滑，无细刻纹，第 1 背板后缘具宽大膜区；锯鞘较短，锯鞘端较宽，无侧突；阳茎瓣头叶狭窄，具窄长横向端叶。

分布：中国。中国特有属，已知 3 种，分别分布于浙江、湖北和青海。浙江已知 1 种。

寄主：未知。

（529）弓脉异潜叶蜂 *Parabirmella curvata* Wei & Nie, 1998（图3-524）

Parabirmella curvata Wei & Nie, 1998b: 363.

主要特征：雄虫体长3mm；体黑色，前中足胫节和跗节暗褐色；翅烟褐色，翅脉和翅痣黑褐色；体毛灰褐色；体小型，光滑，无刻点和明显刻纹；上唇短宽，端部圆钝；唇基上沟深，颜面短，唇基上区稍隆起；颚眼距等于单眼直径1/3；中窝深长，前端半开放，后端封闭，稍大于侧窝，侧窝下端半开放；额区明显隆起，无额脊；中单眼前凹显著，纵沟状；单眼后沟和中沟完全融合，较宽深；单眼三角较高，POL：OOL：OCL=9：10：5；单眼后区隆起，宽长比约等于4，侧沟短点状；背面观后头两侧几乎平行，后眶稍短于复眼一半长；触角粗短，12节，约等长于头、胸部之和，第2节长约等于宽，鞭节粗于柄节，具稍倾斜的密集立毛，鞭分节微侧扁，第3节基部细，长1.8倍于第4节，第4–11节长均稍大于宽，第12节长宽比约等于2，2倍长于第11节，端部尖（图3-524E）；后足胫节端距约等长于胫节端部宽；前翅Rs脉第1段完全缺失，1M脉强烈弯曲，端部3/5几乎与Sc+R脉平行，R+M脉点状，2m-cu脉交2Rs室于下缘中部，cu-a脉中部稍偏外侧，2r脉交于2Rs室外侧较远处；后翅R1脉几乎全部消失，2A+3A脉基部残留；腹部第1背板膜区宽大，亚方形；下生殖板长约等于宽，端部圆钝；抱器显著倾斜，长大于宽，阳基腹铗尾部很长，阳基腹铗内叶尾部尖长（图3-524C）；阳茎瓣头叶强烈弯曲，端突窄长（图3-524D）。雌虫未知。

分布：浙江（安吉）。

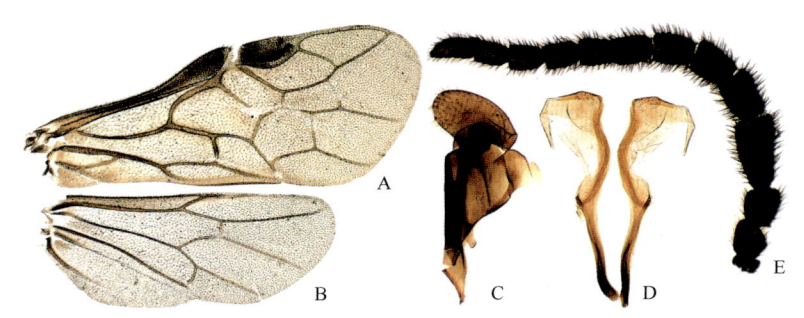

图3-524 弓脉异潜叶蜂 *Parabirmella curvata* Wei & Nie, 1998 雄虫
A. 前翅；B. 后翅；C. 生殖铗；D. 阳茎瓣；E. 触角

134. 钩潜叶蜂属 *Setabara* Ross, 1951

Parabates MacGillivray, 1909: 261. Homonym of *Parabates* Förster, 1868 [Ichneumonidae]. Type species: *Parabates histrionicus* MacGillivray, 1909, by original designation.
Setabara Ross, 1951: 31. Name for *Parabates* MacGillivray, 1909.

主要特征：体型微小，体长3–4mm；复眼较大，内缘向下稍收敛，下缘间距稍宽于复眼长径；唇基前缘截形或具浅弱缺口；上颚对称3齿式，第3齿较小；颚眼距不宽于单眼直径，通常较窄；触角窝间距窄于内眶；后眶圆，无后颊脊；中窝较大，侧窝小圆，均封闭；额区明显隆起，额脊微显，圆钝；单眼后区宽显著大于长；触角丝状，长于头部，9节，第2节长大于宽，第3节显著长于第4节；中胸前侧片前缘细缘脊不完整，无胸腹侧片；前足胫节内端距端部分叉，跗节长1.1–1.2倍于胫节，后足胫节等长于跗节；基跗节不长于其后3跗分节之和；爪弧形弯曲，具较钝的基片，无内齿；前翅翅痣宽大，1M室短，1M脉与1m-cu脉向翅痣强收敛，1M脉整体弧形弯曲，端部与Rs+M脉几乎交于同一点，R+M脉段很短，Rs脉第1段缺失，cu-a脉中位或稍偏内侧，1m-cu脉显著短于1M脉的1/2长，2r脉交于2Rs室亚端部，臀室具柄式，2A+3A脉端部稍向上弯曲但不与1A脉汇合，基臀室不封闭；后翅R1室和臀室封闭，臀室柄几乎2

倍于 cu-a 脉长，Rs 和 M 室均开放；腹部背板具微弱细刻纹，第 1 背板近似三角形，后缘具宽大膜区；锯鞘较短，约等长于中足胫节，锯鞘端无侧突，具明显的鞘刷；锯腹片具节缝刺毛带，锯刃 8–12 个，中部锯刃倾斜突出；阳茎瓣头叶较宽，具较宽的端突和背侧短刺突。

分布：东亚，新北区。本属已报道 3 种，分别记录于北美洲、中国浙江和印度北部，但印度的种类因不符合命名法被废弃。中国发现 1 种，目前记录仅分布于浙江。

寄主：蔷薇科李属 *Prunus* 植物。

（530）中华钩潜叶蜂 *Setabara sinica* Wei & Niu, 2014（图 3-525）

Setabara sinica Wei & Niu, 2014: 100.

主要特征：雄虫体长 3.7mm；体黑色，口须褐色；足黄褐色，基节、转节和股节基部 1/3 黑色；体毛褐色；前翅端半部烟褐色，基半部较淡，翅痣和翅脉黑褐色。唇基具稀疏细小刻点，后头边缘和前胸背板具稀疏小刻点，中胸背板前叶和侧叶具细刻纹，腹部第 1、2 背板刻纹极弱，其余背板具细刻纹，小盾片、附片和胸部侧板光滑。唇基端缘近似截形，缺口极浅弧形；颚眼距短于单眼直径 1/5；复眼下缘间距几乎等长于复眼长径；中窝宽大，具中纵沟；侧窝圆深，向前稍开放；额区平坦，单眼中沟明显，单眼后沟细浅；单眼后区宽长比等于 2.8，侧沟较深，短点状，向后分歧；POL∶OOL∶OCL = 9∶8∶5；触角长 1.1 倍于头宽，鞭节不侧扁，细于梗节，第 3 节长 2 倍于第 4 节，第 4 节长宽比等于 2.2，第 8 节长宽比等于 1.8；淡膜区间距约等于淡膜区长径；后足基跗节长 0.9 倍于其后 3 节之和；前翅 cu-a 脉位于中室中部内侧，后翅臀室柄长 2 倍于 cu-a 脉；下生殖板端部圆钝；阳茎瓣头叶见图 3-525E。

分布：浙江（临安）。

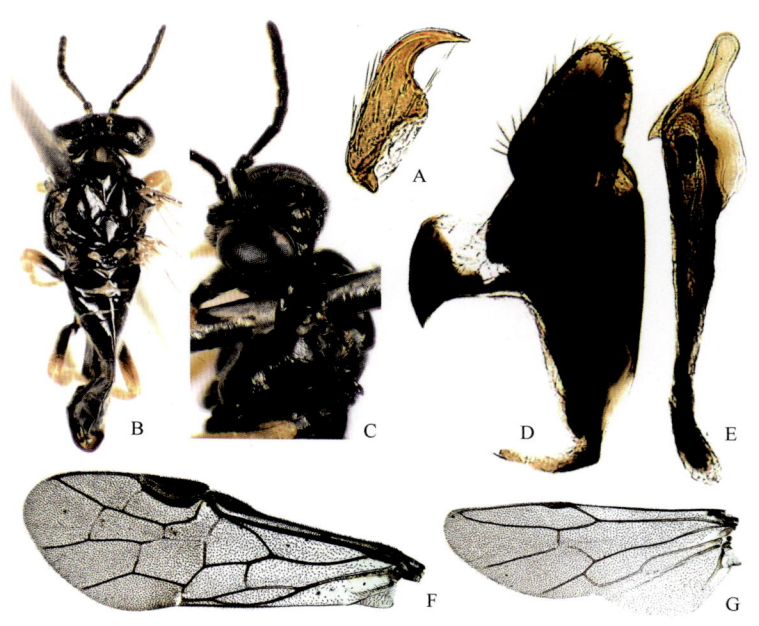

图 3-525 中华钩潜叶蜂 *Setabara sinica* Wei & Niu, 2014 雄虫（引自 Wei and Niu, 2014）
A. 爪；B. 成虫背面观；C. 头、胸部侧面观；D. 生殖铗（右侧）；E. 阳茎瓣；F. 左前翅；G. 左后翅

135. 额潜叶蜂属 *Sinoscolia* Wei & Nie, 1998

Sinoscolia Wei & Nie, 1998C: 20. Type species: *Sinoscolia brevicornis* Wei & Nie, 1998, by original designation.

主要特征：体型微小，体长 3–5mm；复眼较大，内缘向下收敛，下缘间距宽于复眼长径；唇基前缘截形或具浅弱缺口；上颚不对称，左上颚 2 齿，右上颚 3 齿；颚眼距不宽于单眼直径；触角窝间距窄于内眶；后眶较宽，后颊脊发达；中窝较大，侧脊显著；侧窝较小，封闭；额区明显隆起，额脊显著；单眼后区宽显著大于长；触角细丝状，长于头部，9 节，第 2 节长显著大于宽，第 3 节显著长于第 4 节；中胸前侧片前缘细缘脊完整，无胸腹侧片；前足胫节内端距端部分叉，跗节几乎等长或稍长于胫节，后足胫节等长于跗节；基跗节不长于其后 3 跗分节之和；爪强烈弯曲，具宽大锐利基片，无内齿；前翅翅痣宽大，1M 室短，1M 脉与 1m-cu 脉向翅痣强收敛，1M 脉整体弧形弯曲，端部与 Rs+M 脉靠近但不交于同一点，R+M 脉段显著，但不长于 1r-m 脉，Rs 脉第 1 段缺失，cu-a 脉中位，1m-cu 脉显著短于 1M 脉的 1/2 长，2r 脉交于 2Rs 室中部外侧，臀室具柄式，2A+3A 脉端部向上弯曲但不与 1A 脉汇合，基臀室不封闭；后翅 R1 室端部宽阔开放，臀室封闭，臀室柄显著长于 cu-a 脉，Rs 和 M 室均开放；腹部背板具极微弱刻纹，第 1 背板宽大，后缘膜区很小；锯鞘短于中足胫节，锯鞘端无侧突；锯腹片无节缝刺毛带，锯刃微弱倾斜；阳茎瓣头叶较宽，具腹侧叶。

分布：中国。本属已知仅 1 种，但国内已发现 3 种，其中 2 种幼虫潜叶危害枫杨。

寄主：胡桃科枫杨属 *Pterocarya* 植物。

（531）短角额潜叶蜂 *Sinoscolia brevicornis* Wei & Nie, 1998（图 3-526）

Sinoscolia brevicornis Wei & Nie, 1998C: 21.

主要特征：雌虫体长 3.8mm；体亮黑色，上唇、上颚基半部、翅基片、前足股节大部分、中足股节端半部、后足股节端部 1/3、各足胫节和跗节黄褐色；翅浅烟色透明，翅痣和翅脉黑褐色；体毛浅褐色；体粗短光滑，前胸背板背侧刻点较粗密，小盾片后缘无刻点，腹部背板具微弱细刻纹；背面观触角窝之间平坦；唇基端部截形，颚眼距等于单眼半径；复眼内缘向下稍收敛，间距明显宽于眼高；中窝宽大且深；侧窝稍小，深圆形；额区明显鼓出，高出复眼顶面，中部凹，额脊发达完整，无中单眼前凹，单眼中沟不明显，单眼后沟深，单眼三角扁，POL：OOL：OCL=5：7：5；单眼后区明显隆起，后端等高于单眼顶面，宽长比等于 3，具中纵沟；侧沟深宽，互相平行；后头很短，两侧强烈收缩，后颊脊伸达上眶顶部；触角细丝状，长 1.4 倍于头宽，第 8 节长宽比约等于 1.6；后基跗节等长于其后 3 节之和；爪基片大，端齿狭长（图 3-526A）；前翅（图 3-526B）R+M 脉段稍短于 1r-m 脉，1M 脉基部弧形弯曲，2Rs 室等长于 1Rs+1R1 室，2r 脉直，交于 2Rs 室端部；后翅（图 3-526C）臀室柄约 1.5 倍于 cu-a 脉长；产卵器短，锯鞘端侧面观端部圆钝，背面观狭长；锯腹片窄长，12 刃，刃间膜窄，锯刃稍突出，亚基齿细小（图 3-526D）。雄虫未知。

分布：浙江（四明山）。

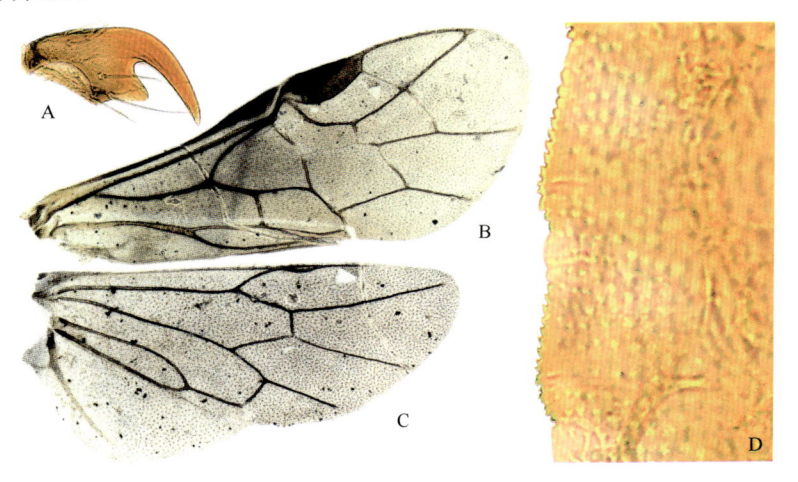

图 3-526　短角额潜叶蜂 *Sinoscolia brevicornis* Wei & Nie, 1998
A. 爪；B. 前翅；C. 后翅；D. 锯腹片第 6–7 锯刃

（二十一）大基叶蜂亚科 Belesinae

主要特征：体中型；触角9节，端部数节具触角器；头部额区平坦，额脊不明显，侧窝独立，具触角窝沿片；后眶圆钝，较短，无颊脊；颚眼距狭窄；唇基端部截形或稍突出；上颚简单，对称双齿式；复眼大型，间距狭于眼高；前胸侧板腹侧尖，互相远离；中胸胸腹侧片常缺，腹板前片大三角形，中胸翅后桥狭窄，后气门出露；后胸淡膜区大型，后气门后片狭条形，后背板中部狭窄；前翅4肘室，臀室通常完整，1M脉与1m-cu脉互相平行，臀横脉长且强倾斜，倾角小于30°；后翅常无封闭Rs室；后足基跗节不短于其后4跗分节之和；爪齿侧裂式，常具大型基片；阳茎瓣具侧叶或刺突，无背、腹缘齿；锯腹片发达。

分布：古北区，东洋区，新热带区，旧热带区。本亚科已知约25属，中国分布12属。本书记述浙江6属21种，包括8新种。

大基叶蜂亚科是蔺叶蜂亚科群成员，非洲的Distegini各属可能应隶属于本亚科。

分属检索表

1. 后足基节小型，股节不伸出腹端，基跗节等长于其后4跗分节之和，胫节端距短小；阳茎瓣具侧刺，常具侧叶；体型较小 2
- 后足基节大型，伸抵腹部第5腹板以远，股节端部显著伸出腹端，基跗节长于其后4跗分节之和，后足胫节端距长大；阳茎瓣具亚端位侧刺和侧叶；体型较大 3
2. 触角中部粗于两端，第2节长等于宽，仅为第1节一半长；两性足同型，均具爪基片；侧面观锯鞘宽片状 .... 平额叶蜂属 *Formosempria*
- 触角细丝状，中部不粗，第2节约与第1节等长，长大于宽；雄性后足爪三齿式，雌性足正常；侧面观锯鞘狭片状 .... 异爪叶蜂属 *Hemibeleses*
3. 中胸侧板具胸腹侧片；前足胫距异型，内距短小，外距粗大；后足基跗节侧扁，外侧具宽纵沟；爪基片发达；前翅cu-a脉位于中室中部内侧，后翅无缘脉；产卵器不明显分化为鞘端、鞘基2部分 4
- 中胸侧板无胸腹侧片；前足胫距近等长，内距发达；后足基跗节圆柱形膨大，外侧无纵沟；前翅cu-a脉中位，后翅具缘脉；产卵器分化为鞘端和鞘基2部分 5
4. 后足基跗节仅为胫节端部宽的1/2，外侧纵沟浅窄；爪无基片，具内齿；前翅cu-a脉位于中室内侧2/5处 .... 畸距叶蜂属 *Nesotaxonus*
- 后足基跗节宽于后胫节端部，扁片状，外侧纵沟十分宽深；爪通常具基片和内齿，少数种类无基片 .... 凹跗叶蜂属 *Eusunoxa*
5. 后翅无封闭的中室；触角窝间距约等于复眼-触角窝距 .... 异基叶蜂属 *Abeleses*
- 后翅具封闭的M室；触角窝距约2倍宽于复眼-触角窝距 .... 基叶蜂属 *Beleses*

136. 异爪叶蜂属 *Hemibeleses* Takeuchi, 1929

Hemibeleses Takeuchi, 1929b: 513–514. Type species: *Hemibeleses nigriceps* Takeuchi, 1929, by original designation.

主要特征：体型瘦小，长4–8mm；体光滑，无明显刻点；上唇小，端部圆钝；唇基平坦，显著窄于复眼下缘间距，端缘截形或弱弧形突出；上颚短小，对称双齿型，端齿弱度弯折；后眶窄，边缘圆钝，无后颊脊；颚眼距窄于单眼半径，通常线状；复眼大，内缘亚平行，触角窝间距宽于内眶；背面观后头狭小，两侧强烈收缩；额区模糊，侧窝圆形封闭，内眶平坦；触角细丝状，第2节长1–2倍于宽，约与第1节等长，第3节等于或长于第4节，端部鞭分节具触角器；前胸背板沟前部狭窄，无缘脊；前胸侧板腹侧尖，互相远离，无接触面；中胸无胸腹侧片，具细低前缘脊；小盾片平坦，后胸后背板中央狭窄；后足基节小，后足股节端部不伸抵腹部末端；后足胫节长于股节，约与跗节等长；前足胫节内端距端部分叉，后足胫节端距约等长于基跗节1/3；后足基跗节约等长于2–5跗分节之和，第1、2跗分节无跗垫，第3、4跗分节跗垫微小；雌虫爪基片发达，外齿长于内齿（图 3-527F）；雄虫后足爪常 3 齿式，互相紧贴，无基片（图 3-527G）；前翅 R 脉平直，R+M 脉点状，2Rs 室短于 1R1+1Rs 室，外下角锐角形突出，1M 脉长于 1m-cu 脉，互相平行，cu-a 脉亚中位或稍偏外侧，臀横脉强度倾斜，稍短于 cu-a 脉长，位于臀室中部外侧；后翅无封闭中室，R1 室端部具小柄，臀室具短柄；雄虫后翅有时具缘脉；锯鞘基和锯鞘端分离；阳茎瓣椭圆形，无端突，具亚端位水平长刺突（图 3-527H）。

分布：东亚。本属已知 19 种。中国本属种类尚待研究厘定，目前仅记载 6 种。浙江目前发现 6 种，本书记述 4 种，均为新种。

寄主：茜草科 Rubiaceae 茜草属 *Rubia*、拉拉藤属 *Galium* 等植物。

分种检索表

1. 中、后胸全部黑色；雄虫后翅无缘脉 ··· 2
- 中胸显著部分黄褐色；雄虫后翅具缘脉；锯刃明显倾斜，外坡显著长于内坡，第 1 刃间段强烈凹入 ··········· 3
2. 腹部腹板黄白色；中胸背板光滑无刻纹；雄虫下生殖板端部窄圆；雌虫锯刃对称突出，端部截形，第 1 刃间段平直 ··· 李氏异爪叶蜂，新种 *H. lii* sp. nov.
- 腹部腹板黑色；中胸背板具细密刻纹；雄虫下生殖板端部宽圆；雌虫未知 ········· 刘氏异爪叶蜂，新种 *H. liuae* sp. nov.
3. 唇基黑褐色；锯腹片末端两个锯刃之间不连接，具深缺口；阳茎瓣头叶稍窄，侧刺突伸向斜上方，未伸抵阳茎瓣头叶腹缘 ··· 黑唇异爪叶蜂，新种 *H. nigroclypeatus* sp. nov.
- 唇基黄白色；锯腹片末端两个锯刃之间互相连接；阳茎瓣头叶短宽，侧刺突伸向斜下方，并伸抵阳茎瓣头叶腹缘 ··· 天目异爪叶蜂，新种 *H. tianmunicus* sp. nov.

（532）李氏异爪叶蜂，新种 *Hemibeleses lii* Wei, sp. nov.（图 3-527）

雌虫：体长 4.5mm。体黑色，唇基、口器、前胸背板大部分、翅基片、中胸前上侧片、腹部腹面黄白色，上颚末端红褐色；足全部黄白色；翅近透明，翅痣和翅脉黑褐色；体毛银色。

体光滑，头、胸部背侧具稀疏浅弱小刻点，小盾片后部具浅弱刻点。唇基前缘弧形凸伸；复眼大，内缘向下明显收敛，间距约等于复眼长径，颊眼距线状；中窝稍大，侧窝较小，均亚圆形；额区低台状隆起，额脊不明显；单眼后区稍隆起，宽约为长的 2.8 倍，侧沟短直，向后明显分歧，单眼后沟明显，中单眼前具 1 短纵沟；触角细，约等长于腹部，鞭节粗细一致，第 3 节几乎等长于第 4 节，第 4 节长宽比约等于 6，端部 4 节明显侧扁。小盾片附片宽大，后胸淡膜区间距 0.9 倍于淡膜区长径；中胸前侧片下部具光裸横带；后足基跗节等长于 2–5 跗分节之和，爪亚端齿明显短于外齿；前翅 cu-a 脉交于 1M 室外侧 0.55 处，2Rs 室长于 1Rs 室，短于 1R1+1Rs 室，内下角明显向内延伸，外下角强烈尖出，腹缘与背缘长之比大于 1.5，2Rs 室下缘长 1.4 倍于 1Rs 室下缘，2r 脉交于 2Rs 室背缘外侧 1/4，2m-cu 脉交于 2Rs 室下缘内侧 0.28 处；后翅臀室柄稍短于 cu-a 脉 1/2 长，cu-a 脉弧形弯曲。锯鞘约等长于中足胫节，鞘端等长于鞘基；锯腹片 16 刃，锯刃几乎对称突出，第 1、2 锯刃间段平直（图 3-527B），端部 4–5 锯刃低三角形，亚基齿相连（图 3-527A）；中部锯刃梯形，端部窄截形，亚基齿内侧 6–7 个，外侧约 8 个（图 3-527C）。

雄虫：体长 3.8mm。体色同雌虫；触角第 3 节微长于第 4 节，后翅无缘脉；后足爪具紧贴的 3 个齿和基片（图 3-527G）；下生殖板长大于宽，侧缘凹入，端部窄（图 3-527E）；后翅臀室柄稍长于 cu-a 脉 1/2；抱器见图 3-527D，阳茎瓣见图 3-527H。

分布：浙江（临安、丽水）。

词源：本种以模式标本采集人姓氏命名。

正模：♀，LSAF14003，浙江丽水莲都区白云山，28.49°N、119.91°E，340m，2014.III.30，李泽建（ASMN）。**副模**：1♀，数据同正模；1♂，LSAF14008，浙江临安西天目山禅源寺，30.322°N、119.443°E，362m，2014.IV.11，李泽建；1♂，LSAF16052，浙江丽水莲都区丽水市林科院，28.464°N、119.901°E，68m，2016.III.3–10，李泽建，马氏网（ASMN）。

鉴别特征：本种与四川和河南分布的 *H. gracilicornis* Wei, 1999 最近似，但后者复眼下缘间距窄于复眼长径，前翅 cu-a 脉交于 1M 室下缘中部，单眼后区侧沟微弱分歧，腹部背板缘折和腹板全部白色等，与本种不同。

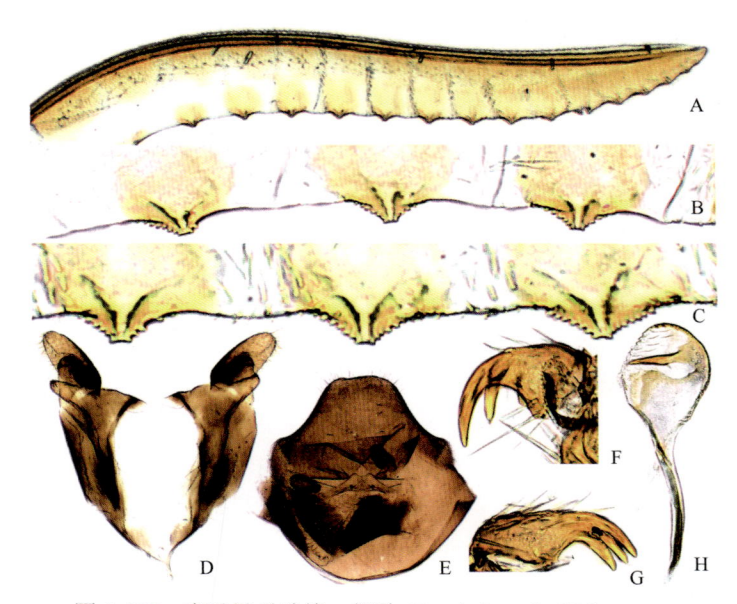

图 3-527 李氏异爪叶蜂，新种 *Hemibeleses lii* Wei, sp. nov.
A. 锯腹片；B. 第 1–3 锯刃；C. 第 5–7 锯刃；D. 生殖铗；E. 下生殖板；F. 雌虫爪；G. 雄虫爪；H. 阳茎瓣

（533）刘氏异爪叶蜂，新种 *Hemibeleses liuae* Wei, sp. nov.（图 3-528）

雄虫：体长 4.3mm。体黑色，唇基、口器、前胸背板沟后部、翅基片、中胸前上侧片、后胸前侧片黄白色，上颚末端红褐色；足全部黄白色；翅近透明，翅痣和翅脉黑褐色；体毛银色。

头部背侧具稀疏浅弱小刻点，中胸背板除附片外具细密刻纹，后小盾片周围具明显刻点，腹部背板具微弱刻纹，虫体其余部分光滑。唇基前缘强烈弧形凸伸，中部长 2 倍于侧缘（图 3-528A）；复眼大，内缘向下明显收敛，间距微窄于复眼长径，颚眼距线状；中窝大，底部具深纵沟；侧窝小，圆形；额区台状隆起，额脊不明显（图 3-528A）；单眼后区稍隆起，宽约为长的 2.5 倍；侧沟短，约等长于单眼直径，向后稍分歧，单眼后沟浅弱，中单眼前无纵沟；触角细，稍短于腹部，鞭节粗细一致，第 3 节长 1.2 倍于第 4 节，第 4 节长宽比约等于 4，端部 4 节明显侧扁。后胸淡膜区间距 0.9 倍于淡膜区长径；中胸前侧片下部具光裸横带；后足基跗节等长于 2–5 跗分节之和，后足爪具 3 齿；前翅 cu-a 脉交于 1M 室中部，2Rs 室微长于 1Rs 室，内下角明显向内延伸，外下角强烈尖出，腹缘与背缘长之比大于 1.5，2Rs 室下缘长 1.2 倍于 1Rs 室下缘，2r 脉交于 2Rs 室背缘外侧 1/3，2m-cu 脉交于 2Rs 室下缘内侧 1/3；后翅无缘脉，臀室柄稍短于 cu-a 脉，cu-a 脉弧形弯曲；下生殖板长大于宽，端部宽圆；抱器狭窄，长宽比约等于 4，内缘直；阳基腹铗内叶窄长，中部稍弯曲（图 3-528B）；阳茎瓣头叶短宽、倾斜，腹缘倾斜，侧刺突几乎平直，微伸出腹缘（图 3-528C）。

雌虫：未知。

分布：浙江（临安）。

词源：本种以模式标本采集人姓氏命名。

正模：♂，浙江临安天目山禅源寺，30°19′26″N、119°28′21″E，401m，2014.IV.15，刘婷、余欣杰（ASMN）。

鉴别特征：本种与西藏墨脱地区分布的 *H. lactatus* Saini & Vasu, 1995 最近似，但后者唇基端部截形；触角第 3 节等长于第 4 节；各足股节、中足胫节端半部、后足胫节端部 2/3 黑褐色；前翅端半部弱烟褐色，基半部透明；雄虫唇基黑色，抱器窄长，内缘弧形凹入，阳茎瓣头叶较窄等，与本种不同。

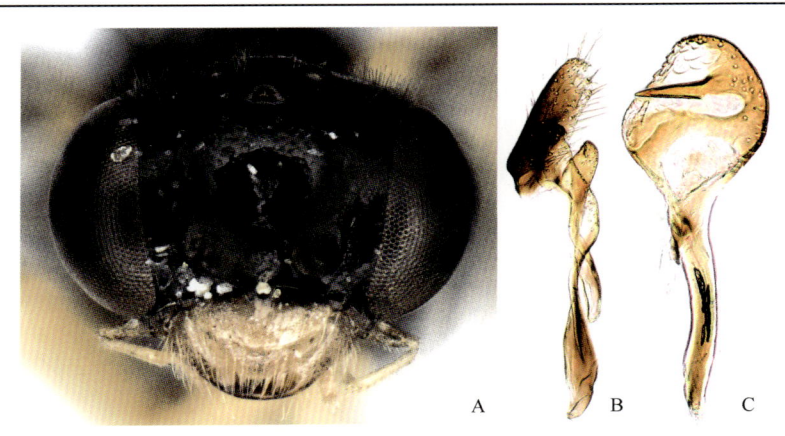

图 3-528　刘氏异爪叶蜂，新种 Hemibeleses liuae Wei, sp. nov. 雄虫
A. 头部前面观；B. 抱器、阳基腹铗和阳基腹铗内叶；C. 阳茎瓣

（534）黑唇异爪叶蜂，新种 *Hemibeleses nigroclypeatus* Wei, sp. nov.（图 3-529）

雌虫：体长 5.0mm。头部和触角黑色，唇基黑褐色，上唇和口须黄褐色，唇基上区和上颚大部分浅褐色；胸、腹部黄褐色，后胸背板凹部及腹部第 1、2、8–10 背板和锯鞘端黑色；足淡黄色，后足胫节末端和后足跗节稍暗；翅烟灰色，翅痣和翅脉黑褐色；体毛黄褐色。

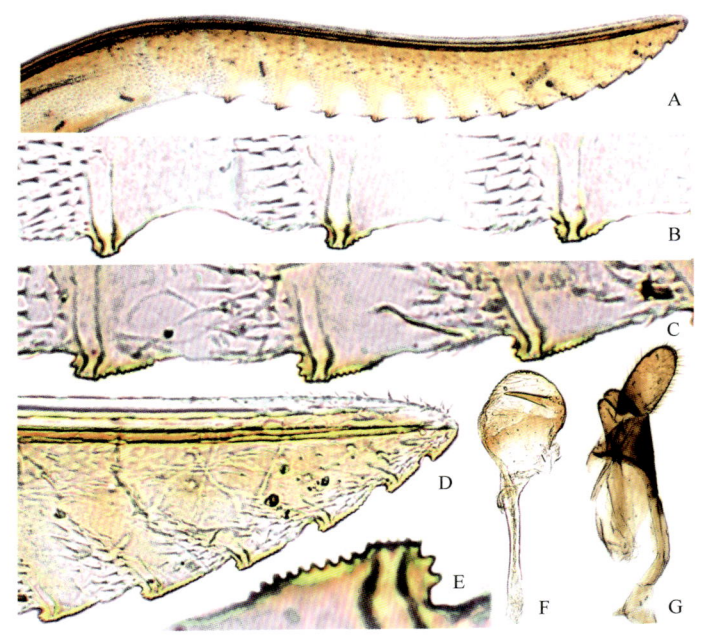

图 3-529　黑唇异爪叶蜂，新种 *Hemibeleses nigroclypeatus* Wei, sp. nov.
A. 锯腹片；B. 第 1–3 锯刃；C. 第 5–7 锯刃；D. 锯腹片端部；E. 第 6 锯刃放大；F. 阳茎瓣；G. 生殖铗

体光滑，无明显刻点，腹部背板刻纹不明显。唇基前缘钝截形，复眼大，内缘向下微弱收敛，间距微长于复眼长径，颚眼距线状；中窝三角形，侧窝小圆形；额区几乎不隆起，无额脊；单眼后区稍隆起，宽约为长的 1.8 倍，侧沟细直，向后稍分歧，单眼后沟模糊，中单眼前无纵沟；触角细，仅留存 6 节，鞭节粗细一致，第 3 节明显长于第 4 节，第 4 节长宽比稍小于 6。后胸淡膜区间距 0.9 倍于淡膜区长径；中胸前侧片下部具光裸横带；爪亚端齿明显短于外齿；前翅 cu-a 脉交于 1M 室外侧 0.55 处，2Rs 室明显长于 1Rs 室，短于 1R1+1Rs 室，内下角向内强烈延伸，外下角强烈尖出，腹缘与背缘长之比大于 1.5，2Rs 室下缘长 1.4 倍于 1Rs 室下缘，2r 脉交于 2Rs 室背缘外侧 2/5，2m-cu 脉交于 2Rs 室下缘内侧 0.22 处；后翅臀室柄点状或缺，cu-a 脉弧形弯曲。锯鞘约稍短于中足胫节，鞘端等长于鞘基，端部圆钝；锯腹片 14 刃，锯刃显著倾斜突出，第 1、2 刃间段强烈凹入（图 3-529B），端部锯刃几乎平直，亚基齿不连接，刃间段明显凹入（图 3-529D）；中部锯刃亚基齿内侧 3 枚，外侧 10 余枚（图 3-529C、E）。

雄虫：体长 4.8mm。体色类似于雌虫，但唇基上区、中胸背板前叶中部、侧叶大部分、小盾片和附片全部、中胸前侧片腹侧大斑、下生殖板黑色；前翅 2r 脉交于 2Rs 室背缘外侧 1/4，2m-cu 脉交于 2Rs 室下缘内侧 0.4 处；后翅臀室具柄式，缘脉完整，cu-a 脉外侧具三角形闭室；后足爪具紧贴的 3 个齿；下生殖板长大于宽，侧缘不明显凹入，端部甚窄；抱器窄长，端部窄圆（图 3-529G）；阳茎瓣头叶倾斜，侧刺突伸向斜上方，未伸抵头叶腹缘（图 3-529F）。

分布：浙江（临安）。

词源：本种唇基黑褐色，以此命名。

正模：♂，浙江西天目山老殿-仙人顶，1050–1547m，1988.V.17–18，陈学新（ASMN）。副模：1♀1♂，采集时间和地点同正模，樊晋江（ASMN）。

鉴别特征：本种与缅甸分布的 *H. nigronotum* Malaise, 1961 比较近似，但后者（外生殖器构造未知）两性中后胸背板全部黑色，雄虫中胸侧板上部黑褐色，下部无黑斑，唇基白色；触角细长，第 4 节长宽比等于 6 等，与本种不同。

（535）天目异爪叶蜂，新种 *Hemibeleses tianmunicus* Wei, sp. nov.（图 3-530，图版 XII-4）

雌虫：体长 5.5mm。头部和触角黑色，唇基和口器黄白色；胸、腹部黄褐色，后胸背板大部分、腹部第 1 和第 8–10 背板全部、第 2–7 背板背侧除中央外以及锯鞘端黑色，尾须浅褐色；足黄白色，后足胫节末端和后足跗节大部分暗褐色；翅微弱烟褐色透明，翅痣和翅脉黑褐色；体毛银色。

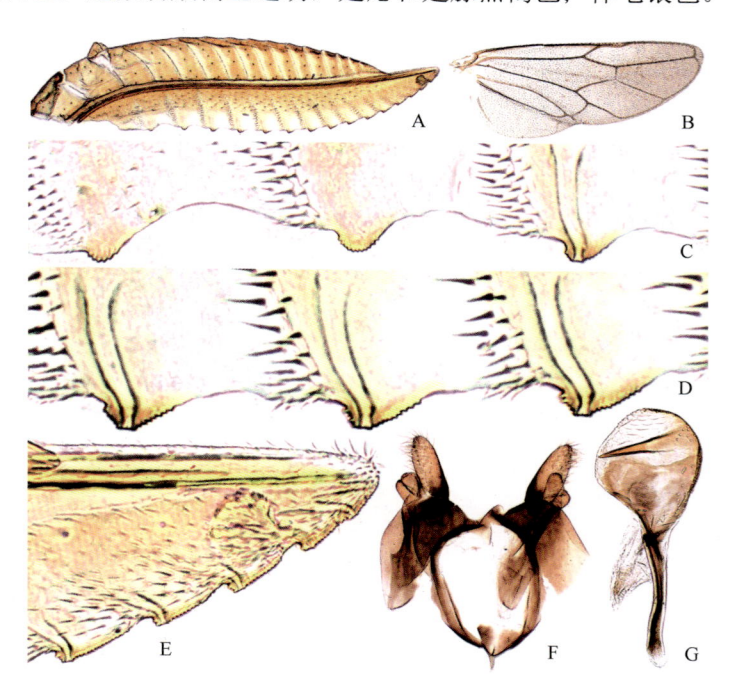

图 3-530 天目异爪叶蜂，新种 *Hemibeleses tianmunicus* Wei, sp. nov.
A. 产卵器；B. 雄虫后翅；C. 第 1–3 锯刃；D. 第 5–7 锯刃；E. 锯腹片端部；F. 生殖铗；G. 阳茎瓣

体光滑，头、胸部背侧具稀疏浅弱小刻点，小盾片后部具浅弱刻点，腹部 2–10 背板具极微弱刻纹。唇基前缘微弱弧形突出；复眼大，内缘向下明显收敛，间距稍窄于复眼长径；中窝稍大三角形，侧窝小圆形；额区低台状隆起，额脊微显；单眼后区稍隆起，宽约为长的 2.2 倍，侧沟稍深直，向后明显分歧，单眼后沟明显，中单眼前无纵沟；触角细，约等长于腹部，鞭节粗细较一致，第 3 节明显长于第 4 节，第 4 节长宽比约等于 5，端部 4 节明显侧扁。小盾片附片宽大，后胸淡膜区间距 0.9 倍于淡膜区长径；中胸前侧片下部具光裸横带；后足基跗节等长于 2–5 跗分节之和，爪亚端齿明显短于外齿；前翅 cu-a 脉交于 1M 室外侧 0.55 处，2Rs 室长于 1Rs 室，短于 1R1+1Rs，内下角明显向内延伸，外下角强烈尖出，腹缘与背缘长之比大于 1.5，2Rs 室下缘长 1.2 倍于 1Rs 室下缘，2r 脉交于 2Rs 室背缘外侧 1/3，2m-cu 脉交于 2Rs 室下缘内侧 0.18 处；后翅臀室柄稍短于 cu-a 脉 1/2 长，cu-a 脉弧形弯曲。锯鞘稍长于中足胫节，鞘端微长于鞘基；锯腹片 16 刃，锯刃倾斜突出（图 3-530A），第 1、2 刃间段强烈凹入（图 3-530C）；中部锯刃亚基齿细小，内侧 5–6 枚，外侧 10–12 枚，刃间膜不平直（图 3-530D），端部锯刃平直，末端 2 锯刃亚基齿相连（图 3-530E）。

雄虫：体长 4.8mm。中胸背板和侧板下部具明显黑斑，腹部背板大部分黑色；后翅具完整缘脉；后足爪具紧贴的 3 个齿和微小爪基片；下生殖板长大于宽，端部窄圆；抱器十分下场，端部窄圆（图 3-530F）；阳茎瓣头叶宽短，侧刺突长，伸达头叶腹缘（图 3-530G）。

变异：本种腹部背板的黑斑范围有一定变化，淡色类型第 3–7 背板全部黄褐色。

分布：浙江（临安）。

词源：本种以其模式标本产地命名。

正模：♀，浙江临安天目山禅源寺，30°19′26″N，119°28′21″E，401m，2014.IV.15，刘婷、余欣杰（ASMN）。**副模**：1♀，数据同正模；2♀1♂，浙江临安天目山禅源寺，30°19′26″N、119°28′21″E，401m，2014.IV.15，胡平；2♀，地点同上，2014.IV.16，聂海燕、胡平；9♀1♂，浙江临安天目山禅源寺，30°19.30′N、119°26.58′E，362m，2015.IV.12，刘萌萌、刘琳；1♀，LSAF15025，浙江临安天目山禅源寺，30.323°N、119.442°E，405m，2015.IV.5–6，李泽建、李涛；5♀，LSAF15028，浙江临安天目山禅源寺，30.323°N、119.442°E，405m，2015.IV.10–12，李泽建；1♀，LSAF18013，浙江临安天目山禅源寺，30.323°N、119.442°E，405m，2018.IV.6，李泽建、刘萌萌、高凯文、姬婷婷（ASMN）。

鉴别特征：本种与日本分布的 *H. nigriceps* Takeuchi, 1929 比较近似，但后者唇基上区淡色，雌虫中胸背板侧叶具黑斑，小盾片黑色，上颚基部外侧黑色，腹部 3–8 节黄褐色，雄虫下生殖板端部宽圆等，与本种不同。

137. 平额叶蜂属 *Formosempria* Takeuchi, 1929

Formosempria Takeuchi, 1929a: 85. Type species: *Formosempria varipes* Takeuchi, 1929, by original designation.

主要特征：小型叶蜂，体粗短，长 7–10mm；上颚较粗壮，对称双齿型；唇基端部平截或稍突出，上唇横宽；复眼大，内缘向下收敛，间距约等于或窄于复眼长径；颚眼距线状，触角窝间距约等于内眶，触角窝上沿稍突出；后眶圆钝，无后颊脊，后头极狭；额区平坦，无额脊；单眼后区横宽；触角较短，中部稍粗，向端部渐细，第 2 节长于端部宽，但明显短于第 1 节，无触角器；前胸背板沟前部狭窄，前胸侧板腹侧远离；中胸前侧片无胸腹侧片，具侧板前缘细脊，后胸气门暴露；小盾片平坦，后胸后背板中央极狭，后胸侧板较窄并显著弯曲；各足基节正常，股节不伸出腹端；前足胫节内侧距分叉；后足胫节不短于腿节与第 2 转节之和；爪具发达基片，亚端齿稍短于端齿；前翅 1R1 室和 1Rs 室分离，C 脉末端膨大，R+M 脉点状或缺如，1M 与 1m-cu 脉平行，2Rs 室短于 1R1+1Rs，内、外下角均锐角形突出，cu-a 脉中位，臀横脉甚斜，等于 cu-a 脉长；后翅无封闭中室，臀室具柄式，R1 室无赘柄，雄虫无缘脉；锯鞘基和锯鞘端分化，锯鞘背面观狭长，侧面观宽短；锯腹片锯刃微弱突出，亚基齿十分微细；阳茎瓣具粗大的骨化侧突；抱器长大于宽，副阳茎很小，几乎不发育。

分布：东亚南部。本属已知 5 种，中国记载 4 种。浙江发现 1 种。

寄主：茜草科鸡矢藤属 *Paederia* 植物。

Taeger 等(2010)、Smith 等(2014)等将本属归入平背叶蜂亚科是完全错误的。比较形态研究和分子系统学研究均支持本属隶属于蔺叶蜂亚科群的基叶蜂亚科，而与叶蜂亚科群的平背叶蜂亚科相差甚远。

(536) 紫腹平额叶蜂 *Formosempria metallica* Wei, 2003（图 3-531）

Formosempria metallica Wei, in Wei & Nie, 2003c: 136.

主要特征：雌虫体长 8.5mm；体黑色，腹部具较强的紫色光泽，仅各足基节端部、转节、前中足股节基部、后足股节基部 1/3、前中足胫节外侧及其跗节基半部、后足胫节基部 1/3 和基跗节基半部黄褐色；翅浅烟色，端部 1/3 稍深，翅痣和翅脉黑褐色；头、胸部细毛银褐色；体光滑，头、胸部背侧具极细小稀疏刻点，体其余部分无明显刻点；唇基端缘中部弧形突出，颚眼距缺失，复眼内缘向下明显收敛，间距稍窄于眼高；中窝长点状，侧窝小圆形；单眼中沟细浅，后沟浅弱；单眼后区平坦，宽大于长；侧沟浅弱，但可分辨，后端稍深，向后分歧；触角等长于体长 1/2，中部稍粗，第 3 节长于第 4 节，端部不明显粗于基部；后足基跗节微长于 2–5 跗分节之和；前翅 R+M 脉点状，2Rs 室显著长于 1Rs 室，2r 交于 2Rs 室上缘中部偏内侧；锯鞘背面观十分细长，缨毛短直；侧面观锯鞘等长于后足股节，腹缘弯折，鞘端等长于鞘基，端部宽圆；锯腹片 21 刃，锯刃突出，约与刃间段等长，亚基齿内侧 7 个，外侧 11–13 个（图 3-531B、E）。雄虫体长 7mm，翅烟色更浓，后足胫节仅基部白色；下生殖板端部钝截形；抱器长椭圆形，宽比约等于 2，副阳茎低矮，背侧明显凸出（图 3-531D）；阳茎瓣头叶宽大，侧刺突粗短（图 3-531C）。

分布：浙江（平湖、杭州、临安）、河南、湖北、湖南、福建、台湾（新记录）、香港、广西、贵州。

图 3-531 紫腹平额叶蜂 *Formosempria metallica* Wei, 2003
A. 产卵器；B. 第 5–7 锯刃；C. 阳茎瓣；D. 生殖铗；E. 锯腹片第 6 锯刃；F. 雄虫后足爪

Smith 等（2014）在未能检视 *F. varipes* 模式标本、未解剖 *F. annamensis* 的情况下，将本种和侧沟平额叶蜂 *F. annamensis* Malaise, 1961 均定为台湾平额叶蜂 *F. varipes* Takeuchi, 1929 的次异名是错误的。台湾平额叶蜂 *F. varipes* 的单眼后区显著隆起，侧沟很深，后足基跗节短于其后 4 个跗分节之和，背面观锯鞘端部加宽，各足股节仅基部白色，后足胫节基部 2/3 白色等，与紫腹平额叶蜂和 *F. annamensis* 差别很大。侧沟平额叶蜂和紫腹平额叶蜂的单眼后区侧沟、阳茎瓣、副阳茎和锯腹片锯刃差别显著，亦非同种。

138. 异基叶蜂属 *Abeleses* Enslin, 1911

Abeleses Enslin, 1911a: 99. Type species: *Abeleses formosanus* Enslin, 1911, by original designation.

主要特征：中型叶蜂，体形较粗壮；上唇半圆形，唇根隐藏；唇基平坦，端部截形，宽度窄于复眼下缘间距；上颚对称双齿型，颚眼距线状或缺；复眼大，间距小于眼高，触角窝间距明显宽于内眶；后眶圆，无后颊脊，后头极狭；侧窝和中窝均封闭，额区平坦或微显，额脊低钝或缺；单眼后区宽大于长；触角细长，具触角器，第 2 节长大于宽；前胸背板沟前部狭窄，不宽于单眼直径，无缘脊；前胸侧板腹侧尖，无接触面；中胸小盾片平坦，附片较小；后胸后背板中部狭窄、倾斜；中胸侧板无胸腹侧片，前缘具细脊；后足基节发达，股节端部伸出腹端；前足胫节端距近似等长，内距端部分叉；后足胫节端距不等长，内距显著长于胫节端部宽；后足基跗节圆柱形，不侧扁，长于 2–5 跗分节之和；爪具显著基片，齿中裂式，内外齿近等长（图 3-532A）；前翅 R 脉平直，R+M 脉点状；1M 脉稍长于 1m-cu 脉，互相平行，cu-a 脉中位，臀室完整，臀横脉中位，长于 cu-a 脉，强烈倾斜；后翅 M 室和 Rs 室均开放，臀室无柄式。雄虫后翅无缘脉；锯鞘基和锯鞘端分离；锯背片节缝具刺毛列；阳茎瓣端部具侧刺突（图 3-532E）。

分布：东亚。本属已知 13 种，中国已记载 9 种。浙江目前发现 5 种，包括 3 新种。

寄主：未知。

分种检索表

1. 体和足黄褐色，仅触角端部 5 节左右、中胸侧板腹侧半部、中后胸后下侧片黑色 ⋯**黄褐异基叶蜂，新种 *A. ravus* sp. nov.**
- 至少头部和腹部末端黑色，足大部分黑色；触角至少基半部黑色 ⋯⋯⋯⋯⋯⋯⋯⋯⋯⋯⋯⋯⋯⋯⋯⋯⋯⋯ 2
2. 胸部背侧全部、腹部 1–5 背板大部分红褐色；前翅端半部明显烟褐色；触角梗节和鞭节全部黑色；头部额区刻点致密，胸部侧板光滑；后足胫跗节橘褐色 ⋯⋯⋯⋯⋯⋯⋯⋯⋯⋯⋯⋯⋯⋯⋯**红背异基叶蜂，新种 *A. rufonotis* sp. nov.**
- 胸部黑色，最多前胸背板后缘和小盾片中部白色；前翅全部透明；头部额区刻点稀疏，间隙光滑，胸部侧板刻点粗大或后足跗节端半部白色 ⋯⋯⋯⋯⋯⋯⋯⋯⋯⋯⋯⋯⋯⋯⋯⋯⋯⋯⋯⋯⋯⋯⋯⋯⋯⋯⋯⋯⋯⋯⋯⋯⋯⋯⋯⋯ 3
3. 中胸侧板刻点粗大；触角端半部白色；后足胫节雌虫全部黑色，雄虫亚基部具窄红环；后足基跗节强烈膨大，十分粗壮 ⋯⋯ 4
- 中胸侧板光滑，无明显刻点；触角全部黑色；后足胫节大部分红褐色，端部黑色；后足基跗节细长，不明显膨大 ⋯⋯⋯⋯⋯⋯⋯⋯⋯⋯⋯⋯⋯⋯⋯⋯⋯⋯⋯⋯⋯⋯⋯⋯⋯⋯⋯⋯**黑角异基叶蜂，新种 *A. nigrocornis* sp. nov.**
4. 后足股节基部 1/4 白色，后足胫节全部黑色 ⋯⋯⋯⋯⋯⋯⋯⋯⋯⋯⋯⋯⋯⋯⋯⋯⋯⋯**台湾异基叶蜂 *A. formosanus***
- 后足股节全部黑色，后足胫节中部具明显红环 ⋯⋯⋯⋯⋯⋯⋯⋯⋯⋯⋯⋯⋯⋯⋯⋯**红胫异基叶蜂 *A. rufotibialis***

（537）台湾异基叶蜂 *Abeleses formosanus* Enslin, 1911（图 3-532）

Abeleses formosanus Enslin, 1911a: 99.
Abeleses formosanus notatus Enslin, 1911a: 99. **Syn. nov.**

主要特征：雌虫体长 8–9mm；体黑色，上唇、触角末端 4 节、前胸背板后缘狭边、中后胸小盾片中部、腹部 2–10 节背板后缘狭边白色；足黑色，后足基节端部、后足转节、后足股节基部 1/4、前足胫跗节全部、中足胫节基部、中足跗节中部白色，后足 3–4 跗分节浅褐色至黄褐色；翅透明，翅痣和翅脉黑褐色；体毛银褐色，头部背侧细毛稍暗；头、胸部和足均匀分布较大刻点，刻点间隙光滑，额脊上的刻点较密，胸部背侧刻点较弱，腹部基部背板无明显刻点，中端部背板具细弱刻点；颚眼距线状；中窝宽深圆形，大于侧窝；额区小，稍隆起，额脊低钝；单眼中沟点状，单眼后沟细弱，中单眼环沟发达；单眼后区隆起，宽长比小于 2；侧沟宽深，互相近平行；触角等长于前翅 C 脉，第 3 节等长于第 4 节；前足胫节内距端部分叉；后足胫节端距稍短于基跗节 1/2 长，基跗节强烈膨大，显著长于其后 4 节之和；前翅 2m-cu 脉位于 2r-m 脉外侧；锯鞘约等长于后足基跗节，鞘端长于鞘基，末端上翅（图 3-532B）；锯腹片 29 刃，锯刃突出，分为 3 枝，内、外枝末端具齿（图 3-532D）。雄虫体长 7mm；下生殖板短小，端部圆钝；抱器长宽比稍小于 2，端部钝截形（图 3-532F）；阳茎瓣头叶腹侧亚端部弧形凸出（图 3-532E）。

分布：浙江（德清、临安、磐安、松阳）、河南、安徽、江西、湖南、福建、台湾、广东、广西、重庆、四川。

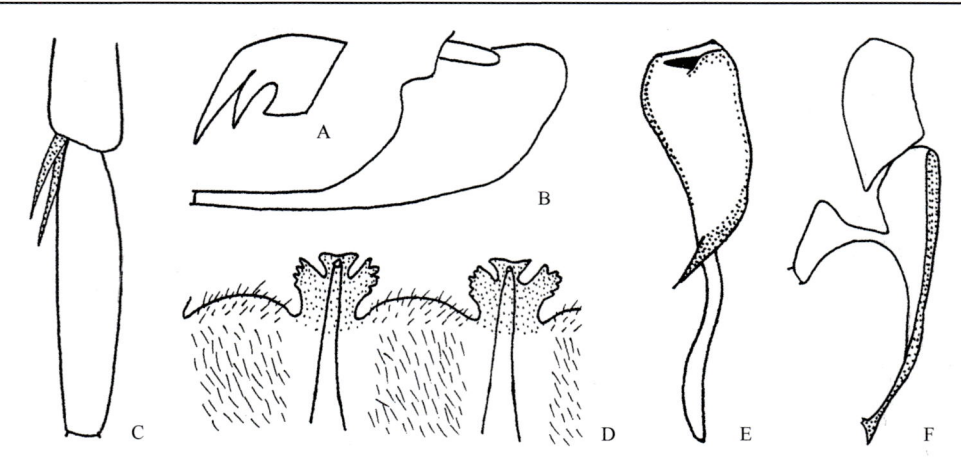

图 3-532 台湾异基叶蜂 *Abeleses formosanus* Enslin, 1911
A. 爪；B. 锯鞘端；C. 后足基跗节；D. 锯腹片中部锯刃；E. 阳茎瓣；F. 生殖铗

（538）黑角异基叶蜂，新种 *Abeleses nigrocornis* Wei, sp. nov.（图 3-533，图版 XII-5）

雌虫：体长 8.5mm。体黑色，无蓝光，上唇、前胸背板后缘狭边、翅基片外缘和淡膜区白色；足黑色，后足基节端部、前中足第 2 转节、后足转节全部、前足股节端部前侧、后足股节基端、前足胫节前侧、前中足跗节大部分、后足基跗节端部 1/4、2–4 跗分节全部白色；后足胫节大部分红褐色，基部和端部黑色。翅透明，翅痣和翅脉黑褐色。体毛和锯鞘毛银褐色，触角毛黑色。

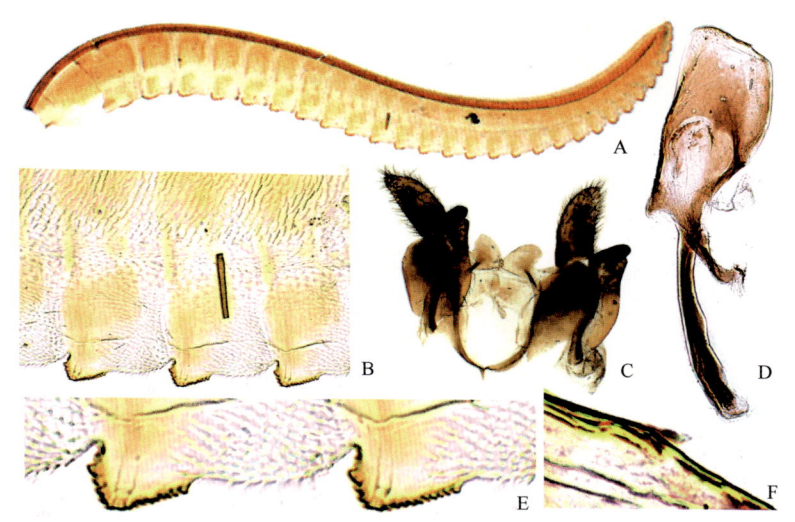

图 3-533 黑角异基叶蜂，新种 *Abeleses nigrocornis* Wei, sp. nov.
A. 锯腹片；B. 第 9–11 锯节；C. 生殖铗；D. 阳茎瓣；E. 第 10–11 锯刃；F. 阳茎瓣端侧突局部放大

头部背侧和小盾片具中等大的浅弱刻点，刻点间隙光滑；单眼后区两侧、小盾片的附片、胸部侧板、后足基节、腹部背板光滑，无刻点和刻纹。上唇半圆形；唇基端缘微弱弧形鼓出，颚眼距线状；复眼大型，内缘向下强烈收敛，间距显著窄于眼高；中窝浅小，宽纵沟形，大于侧窝，侧窝小圆形；无后颊脊；额区不隆起，额脊不明显；单眼后沟细弱，中单眼环沟浅细；单眼后区稍隆起，宽长比微大于 2；侧沟细浅，向后稍分歧；后头背面观十分短小，两侧强烈收缩。触角等长于腹部，第 3 节长 1.2 倍于第 4 节，端部 4 节显著短缩，4 节之和明显短于第 3、4 节之和，具触角器，末端尖，无直立长毛。小盾片平坦，附片窄小，后胸淡膜区间距等于淡膜区长径；前足胫节内距端部不分叉，具低弱膜叶；后足基节后缘伸至腹部第 5 腹板基部，胫节内端距约 0.4 倍于基跗节长，1.5 倍于外距长；后基跗节不明显膨大，1.2 倍于其后 4 节之和；爪基片发达，内齿显著短于外齿。前翅 2m-cu 脉与 1r-m 脉顶接，cu-a 脉中位；后翅臀室赘柄很短。锯鞘稍短于后足基跗节，锯鞘端长 1.5 倍于锯鞘基，背缘弧形上弯；锯腹片骨化较弱，29 锯刃（图 3-533A），表面具短细刺毛，无明显节缝刺毛带；锯刃显著倾斜，亚基齿细小，内侧 5-6 枚，外侧 11-12 枚，刃间膜长于锯刃，几乎不鼓凸（图 3-533B）；锯背片节缝刺毛 1 列，短小稀疏。

雄虫：体长 7-7.5mm；体色类似于雌虫，但前中足转节大部分浅褐色；复眼下缘间距 0.65 倍于复眼长径；下生殖板长微大于宽，端部圆钝；抱器刀片形，背顶角突出，内圆弧形鼓出，背缘平直，副阳茎高大于宽（图 3-533C）；阳茎瓣头叶较窄长，背缘直，腹缘较长（图 3-533D），端侧突极短小，几乎难以分辨（图 3-533F）。

分布：浙江（临安）、湖南、广西。

词源：本种触角全部黑色，以此命名。

正模：♀，湖南大围山栗木桥，28°25.520′N、114°05.198′E，海拔 980m，2010.V.7，李泽建（ASMN）。**副模**：1♀，数据同正模；1♀，湖南大围山春秋坳，28°25.734′N、114°06.407′E，海拔 1300m，2010.V.3，朱朝阳；3♀1♂，湖南道县猴子坳，25°30.379′N、111°21.905′E，海拔 806m，2008.IV.25，游群；1♀，湖南浏阳大围山，600–1500m，2005.V.5，王德明；1♀，湖南石门壶瓶山，2000.IV.30，肖炜；1♀，湖南涟源龙山，1999.V.11，肖炜；1♀，广西猫儿山观景台，25°52.125′N、110°29.865′E，海拔 926m，2006.V.18，肖炜；1♀，浙江天目山，1988.V.18，何俊华；1♂，浙江临安天目山禅源寺，30.322°N、119.443°E，362m，2016.IV.13，李泽建、刘萌萌、陈志伟（ASMN）。

鉴别特征：本种与中国台湾分布的黑跗异基叶蜂 *Abeleses coeruleus* Rohwer, 1916 比较近似，但后者头部黑色，具蓝色光泽，背侧刻点粗密，单眼后区宽长比等于 1.5，侧沟较直；后足胫节内短距约等长于后基跗节 1/3；后足胫节和跗节全部黑色；前胸背板后缘无白边；前翅 2m-cu 脉远离 1r-m 脉；锯鞘背缘不弯曲，顶端不上翘。

(539) 黄褐异基叶蜂，新种 *Abeleses ravus* Wei, sp. nov.（图 3-534）

雄虫：体长 7.8–8.2mm（图 3-534）。体和足暗黄褐色；触角第 4 节端部腹侧、第 5 节端部和腹侧、6–9 节全部、中胸腹板与后下侧片、后胸侧板后部黑色，单眼三角和上颚端部黑褐色，中胸背板前叶和侧叶顶部各具 1 个暗褐色斑；各足基节和转节黄白色。翅透明，翅痣及前缘脉黄褐色，其余翅脉浅褐色。体毛黄褐色，触角被毛大部分浅褐色。

头部背侧刻点均匀、细浅，额脊和小盾片后部刻点稍密，中胸侧板上半部具极稀疏、细小刻点，虫体其余部分无刻点和刻纹，光泽强。

唇基较窄，端缘钝截形；复眼大，内缘向下明显收敛，下缘间距 0.6 倍于复眼长径，颊眼距狭线状；中窝宽浅纵沟形，大于侧窝，侧窝小圆形，较深；额区明显隆起，额脊清晰；单眼中沟宽浅，后沟细浅但明显；单眼后区稍隆起，宽 1.5 倍于长，侧沟较浅，互相近似平行；后眶极短；触角等长于腹部，第 3 节 1.2 倍于第 4 节长，第 5 节端部稍粗，端部 4 节具触角器；前翅 2r 脉交于 2Rs 室外侧 2/5，2Rs 室稍长于 1Rs 室，cu-a 脉中位；后翅 cu-a 脉弓形外鼓，无缘脉；前足胫节内端距端部明显分叉，后足胫节内距长 0.38 倍于基跗节长；后足基跗节不明显加粗（图 3-534E），稍长于 2–5 跗分节之和。下生殖板长约等于宽，端部圆钝；抱器窄长椭圆形，长宽比大于 2，端部窄，副阳茎宽大于高（图 3-534C）；阳茎瓣头叶稍窄，腹缘中部突出，端侧突粗短（图 3-534D）。

雌虫：未知。

分布：浙江（临安）。

词源：本种以体色命名。

正模：♂，浙江天目山，1936.VII.26，O. Piel（中国科学院动物研究所）。**副模**：7♂♂，浙江天目山，1936.VII.26，O. Piel（中国科学院动物研究所）。

鉴别特征：除此新种外，本属已知种类虫体均主要为黑色，具少量淡斑，少数种类胸部部分红褐色；除缅甸异基叶蜂 *A. birmanus* Malaise 的触角 3 色，端部黑色外，其余种类触角亦均黑色，端部有时白色。

A. birmanus 腹部2、3背板及触角4、5节白色，触角第3节短于第4节等，容易与本种区别。

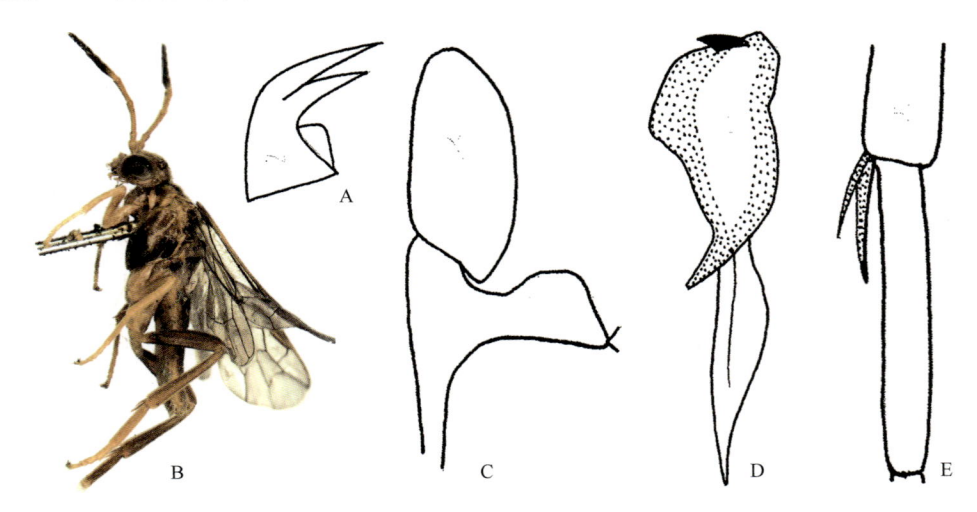

图 3-534　黄褐异基叶蜂，新种 *Abeleses ravus* Wei, sp. nov.　雄虫
A. 爪；B. 成虫侧面观；C. 抱器和副阳茎；D. 阳茎瓣；E. 后足胫节端部和基跗节

（540）红背异基叶蜂，新种 *Abeleses rufonotis* Wei, sp. nov.（图3-535）

雌虫：体长9mm。体黑色，无金属光泽；触角第1节背侧大部分、上唇和淡膜区白色；前胸背板背侧、中胸背板全部、后胸背板除后背片外、中胸前侧片上部小三角形斑、腹部第1背板除中部和侧缘外、2–5节全部红褐色；各足基节大部分、股节大部分黑褐色，后足基节端部和后足转节、后足股节基缘、前中足股节端部前侧、前中足胫节前侧黄白色，后足胫节全部和基跗节大部分红褐色，跗节其余部分黑褐色；前翅基部2/3透明，端部1/3烟褐色，前缘脉除端部外浅褐色，翅痣和其余翅脉黑褐色；体毛大部分银色，腹部端部被毛和锯鞘毛黑色。

头部额区和内眶刻点粗糙密集，间隙不明显，唇基和单眼后区刻点稀疏，上眶和中胸背板不明显，小盾片后部具模糊粗刻点，中胸侧板和腹部背板光滑，无刻点。

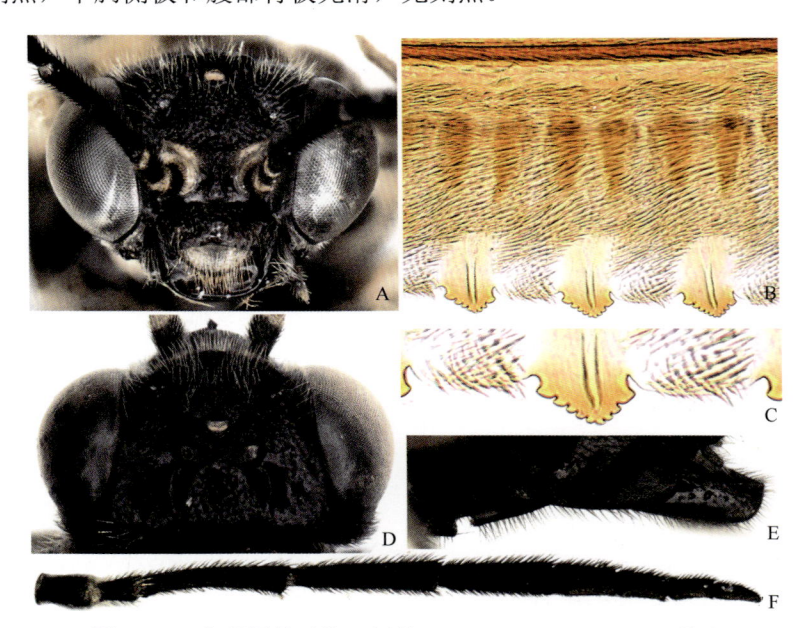

图 3-535　红背异基叶蜂，新种 *A. rufonotis* Wei, sp. nov.　雌虫
A. 头部前面观；B. 锯腹片第9–11锯节；C. 第10锯刃；D. 头部背面观；E. 锯鞘侧面观；F. 触角

唇基端部近截形，具极微弱的弧形缺口；复眼大，内缘向下明显收敛，下缘间距 0.75 倍于复眼长径，颚眼距缺（图 3-535A），后眶极短；中窝宽沟形，稍大于侧窝，侧窝小圆形；额区平坦，额脊不明显；单眼后沟细弱，中单眼前具浅凹；单眼后区微弱隆起，宽长比等于 1.3，侧沟细浅，稍弯曲，互相近似平行，POL：OOL：OCL=4：5：5（图 3-535D）；触角短于腹部，第 3 节微长于第 4 节，第 5 节端部微加粗，端部 4 节明显短缩，具触角器，端部尖（图 3-535F）。小盾片附片短小，后胸淡膜区间距等宽于淡膜区长径；前足胫节内端距不分叉，具极低弱的膜叶；后足胫节内端距长 0.36 倍于基跗节长，基跗节细，长于 2–5 跗分节之和；爪基片锐利，内齿明显短于外齿；前翅 2r 脉交于 2Rs 室外侧 1/4，2Rs 室明显长于 1Rs 室，外下角强烈尖出，cu-a 脉交于 1M 室下缘中部稍偏内侧，2m-cu 脉与 1r-m 脉的距离短于 1r-m 脉的 1/2 长；后翅臀室无赘脉。锯鞘稍长于后足基跗节，锯鞘端长于锯鞘基，背缘几乎平直，腹缘弧形鼓凸，端部圆钝（图 3-535E）；锯腹片窄长，骨化弱，28 锯节，表面刺毛密集；中部锯刃倾斜突出，亚基齿内侧 4 枚，外侧 5 枚（图 3-535B、C）；锯背片节缝刺毛 1 列，短小稀疏。

雄虫：未知。

分布：浙江（安吉、泰顺）。

词源：本种胸部背侧大部分红褐色，以此命名。

正模：♀，浙江泰顺乌岩岭，27°42′N、119°40′E，海拔 1000m，2005.VII.28，王义平（ASMN）。副模：1♀，浙江安吉龙王山，1993.VIII.31，陈学新（ASMN）。

鉴别特征：本种与云南分布的邦氏异基叶蜂 *Abeleses banfilovi* (Wei, 1997) 最近似，但后者唇基大部分和触角柄节黄褐色；各足股节和后足跗节黑色，后足胫节黄色；腹部黑色，仅 3、4 节红褐色，胸部侧板大部分红褐色等，与本种容易鉴别。

(541) 红胫异基叶蜂 *Abeleses rufotibialis* Wei, 2003（图 3-536）

Abeleses rufotibialis Wei, in Wei & Nie, 2003c: 131.

主要特征：雄虫体长 7mm；体黑色，上唇、触角第 6–9 节、腹部 2–10 节后缘狭边白色，前胸背板外缘狭边和中胸小盾片中部有时浅褐色；足黑色，后足转节部分、前足膝部和胫跗节全部、中足胫节基部、中足跗节中部浅褐色，后足胫节中基部红褐色；翅浅烟灰色透明，翅痣和翅脉黑色；体背侧细毛暗褐色，腹侧细毛浅褐色；头、胸部和后足基节、股节均匀分布较大刻点，刻点间隙光滑，额脊上刻点较密，胸部背侧刻点较弱；唇基端缘钝截形，颚眼距线状；复眼下缘间距窄于眼高；中窝宽深圆形，等大于侧窝；额区稍隆起，额脊明显，中单眼环沟发达；单眼后区隆起，宽长比小于 2；侧沟宽深，互相近平行；触角长

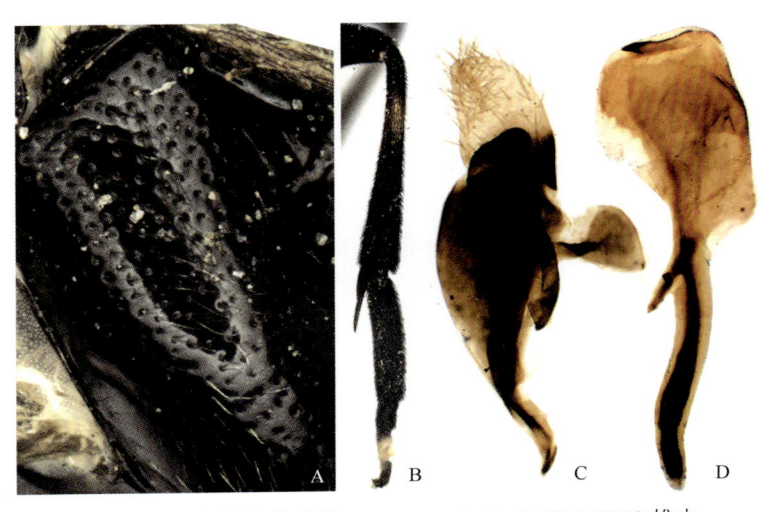

图 3-536 红胫异基叶蜂 *Abeleses rufotibialis* Wei, 2003 雄虫
A. 中胸前侧片；B. 后足胫节和跗节；C. 生殖铗；D. 阳茎瓣

于前翅 C 脉，第 3 节微长于第 4 节，端部 4 节短缩，具触角器，末端尖；前足胫节内距端部分叉；后足基节伸至腹部第 6 腹板；胫节端距约等于基跗节 1/2 长；基跗节显著膨大，长 5 倍于宽，几乎 2 倍长于其后 4 节之和；前翅第 2m-cu 脉位于 2r-m 脉外侧，cu-a 脉中位；后翅无封闭中室，臀室无柄式；下生殖板短小，端部圆钝；抱器和副阳茎见图 3-536C；阳茎瓣头叶端部钝截形，顶侧突显著，腹缘短，背缘直（图 3-536D）。雌虫未知。

分布：浙江（景宁）、河南、陕西、甘肃、湖南、福建。

139. 基叶蜂属 *Beleses* Cameron, 1876

Anisoneura Cameron, 1876: 463. Homonym of *Anisoneura* Guenée, 1852 [Lepidoptera]. Type species: *Anisoneura stigmaticalis* Cameron, 1876, by monotypy.

Beleses Cameron, 1877: 88. Name for *Anisoneura* Cameron, 1876.

Belesidea Rohwer, 1916: 97. Type species: *Belesidea multipicta* Rohwer, 1916, by original designation.

主要特征：中型叶蜂，体形较粗壮；上唇半圆形，唇根隐藏；唇基平坦，端部截形，宽度明显窄于复眼下缘间距；上颚粗短，对称双齿型；颚眼距线状或缺；复眼大，间距小于或等于复眼长径，触角窝间距明显宽于内眶；后眶圆，无后颊脊，后头极狭，背面观两侧显著收缩；侧窝和中窝均封闭，额区平坦或微显，额脊钝或缺，单眼后区宽大于长；触角细长，具触角器，第 2 节长大于宽；前胸背板沟前部狭窄，不宽于单眼直径，无缘脊；前胸侧板腹侧尖，无接触面；中胸小盾片平坦，侧板无胸腹侧片，后胸后背板中部狭窄、倾斜；中胸侧板无胸腹侧片，前缘具细脊；后足基节发达，股节端部伸出腹端；前足胫节端距近似等长，内距端部分叉；后足胫节端距不等长，内距显著长于胫节端部宽；后足基跗节圆柱形，不侧扁，长于 2-5 跗分节之和；爪具显著基片，齿中裂式，内外齿近等长；前翅 R 脉平直，R+M 脉点状；1M 脉稍长于 1m-cu 脉，互相平行；cu-a 脉中位；臀室完整，臀横脉中位，长于 cu-a 脉，强烈倾斜；后翅具闭 M 室，Rs 室开放，臀室无柄式。雄虫后翅通常具缘脉，如无缘脉，则 M 室封闭；锯鞘基和锯鞘端显著分离；阳茎瓣端部具骨化的端侧突。

分布：东亚。本属已知 24 种，中国已记载 18 种。浙江发现 8 种，包括 1 新种。

寄主：尚未确定。猕猴桃属植物上曾发现一种幼虫危害。

分种检索表

1. 体大部分黄褐色，局部具少量黑斑；前翅烟斑有或无 ·· 2
- 体主要黑色，具黄白色或黄褐色斑纹；翅透明，无明显烟斑 ·· 6
2. 前翅端部 1/3 具显著烟褐色斑纹；腹部端部或亚端部具黑斑；锯腹片十分狭长 ······························ 3
- 前翅透明，完全无烟斑；腹部完全黄褐色，无黑斑；锯腹片不狭长 ·· 4
3. 触角中端部黑色，基部暗红褐色；腹部端部 3-4 节黑色；锯刃平直或微弱隆起，前后侧亚基齿对称；雌虫翅痣全部黄褐色 ·· **黑尾基叶蜂 *B. stigmaticalis***
- 触角端部黄白色，第 3、4 节红褐色或部分黑褐色；腹部端部黄褐色，仅 4-7 背板部分黑褐色；锯刃显著倾斜，微弱隆起，内侧亚基齿 3-4 枚，外侧亚基齿 7-8 枚；两性翅痣端半部黑色，基半部黄褐色 ··· **钝颚基叶蜂 *B. atrofemorata***
4. 后足胫节端部和后足跗节全部黑色，后基跗节显著膨大；触角 3-5 节背侧黑色；锯腹片中部锯节具 1 对强骨化的倾斜节缝栉突，锯刃亚基齿很大，不规则 ··· **短距基叶蜂 *B. brachycalcar***
- 后足胫节和跗节全部黄褐色，后基跗节不膨大或稍膨大；触角最多 2、3 节内侧黑褐色；锯腹片中部锯节不骨化，无节缝栉突，锯刃亚基齿细小、规则 ··· 5
5. 触角 3、4 节暗红褐色，无黑斑；胸部背侧和两侧均具黑斑；锯鞘端小，鞘毛长且弯曲；中部节缝强骨化，具翼突，锯刃亚基齿粗大 ··· **黄足基叶蜂，新种 *B. xanthopoda* sp. nov.**

- 触角第 3 节内侧黑褐色, 第 4 节黄褐色; 胸部背侧和两侧均无黑斑; 锯鞘甚长, 鞘毛短直; 锯腹片节缝简单, 锯刃亚基齿细小 ················· 中华基叶蜂 *B. sinensis* (雌虫)
6. 中胸侧板光滑, 无刻点, 后下角具 1 个白色短条斑; 后足基跗节大部分黑色, 端部 1/3 左右白色 ················· 宽斑基叶蜂 *B. latimaculatus*
- 中胸侧板具显著刻点, 无黑斑或具 3 个白条斑; 后足跗节全部黄褐色或全部黑色 ················· 7
7. 中胸侧板上、前、后侧共具 3 条大白斑; 中胸小盾片具显著白斑; 触角细长, 第 3、4 节均长于复眼长径; 头部背侧黑斑独立, 两侧不接触复眼 ················· 天目基叶蜂 *B. tianmuensis*
- 中胸侧板和中胸背板均无白斑; 触角短小, 第 3、4 节均明显短于复眼长径; 头部背侧黑斑不独立, 两侧接触复眼 ······ 8
8. 雄虫。唇基和颜面全部、前胸背板周边、翅基片、腹部腹板黄白色; 后足黄褐色; 触角第 3 节长 1.3 倍于第 4 节, 第 6–9 节之和长于第 4 节 (雌虫体黄褐色) ················· 中华基叶蜂 *B. sinensis* (雄虫)
- 雌虫; 雄虫未知。唇基和颜面全部、前胸背板和翅基片、腹部腹板全部黑色; 后足股节至跗节黑色, 仅胫节基部白环和第 3 跗分节部分白色; 触角第 3 节约等长于第 4 节, 第 6–9 节之和短于第 4 节 ················· 短毛基叶蜂 *B. brachypolosis*

(542) 钝颚基叶蜂 *Beleses atrofemorata* Turner, 1920 (图 3-537)

Beleses atrofemorata Turner, 1920: 88.

主要特征: 雌虫体长 13mm; 体黄褐色, 单眼三角、触角 2–4 节内侧和背侧、后足股节端部、后足胫节末端和后足跗节端半部黑色, 腹部 4–8 背板中部具黑褐色斑纹; 前翅端部 2/5 显著烟褐色, 翅痣基半部、前缘脉、1r 脉、Rs 脉第 1 段、M 室外缘脉、后翅缘脉、R+M 脉黄褐色, 翅痣端半部和其余翅脉黑褐色; 体被黄色短毛, 头、胸部背侧杂以黑色细毛; 头部背侧刻点致密, 小盾片后部刻点稍密, 中胸侧板和后足基节刻点稀疏, 胸部背板刻点微弱, 腹部光滑; 唇基端缘截形, 上颚短钝, 齿宽短; 颚眼距线状; 复眼下缘间距稍窄于眼高, 中窝和侧窝几乎等大; 额脊低钝; 单眼后区宽大于长, 侧沟较深, 互相近平行; 触角短于腹部, 第 3 节明显长于第 4 节, 端部 4 节长度之和 1.5 倍于第 4 节; 前足胫节内距端部分叉; 后足胫节端距几乎等长于基跗节 1/2 长, 基跗节细, 长于其后 4 节之和, 爪基片发达; 前翅 cu-a 脉位于 1M 室内侧 2/5; 锯鞘稍长于前足胫节, 鞘端腹缘显著凹入, 末端上翘, 外腹缘稍凹; 锯腹片 39 刃, 刺毛密集, 中部锯刃稍倾斜, 亚基齿较小, 内侧 3–4 个, 外侧 7–8 个 (图 3-537C)。雄虫体长 10mm; 中胸背板前叶具 1 盾形黑斑, 后足跗节完全黑色, 抱器长大于宽, 外端角突出, 副阳茎高等于宽 (图 3-537D); 阳茎瓣头叶端侧突显著, 下腹角突出 (图 3-537E)。

分布: 浙江 (龙泉)、江西、湖南、福建、广东、广西、贵州; 越南 (北部), 老挝。

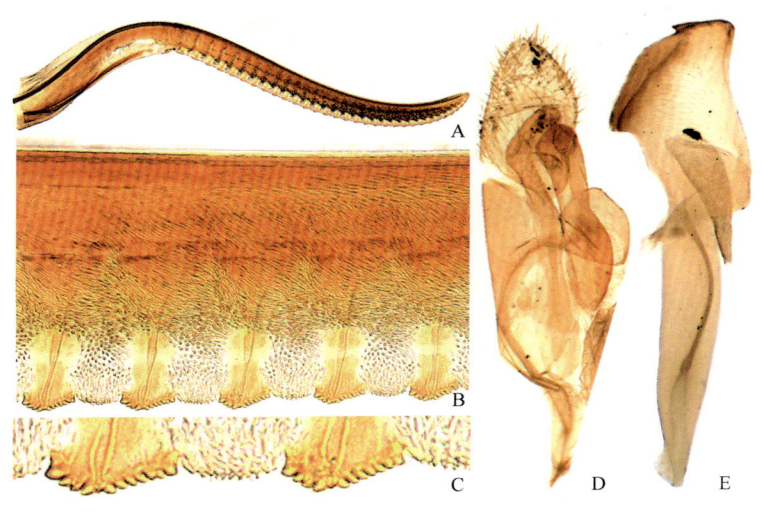

图 3-537 钝颚基叶蜂 *Beleses atrofemorata* Turner, 1920
A. 锯腹片; B. 锯腹片第 8–12 锯节; C. 锯腹片第 9–10 锯刃; D. 生殖铗; E. 阳茎瓣

（543）短距基叶蜂 *Beleses brachycalcar* Wei, 2005（图 3-538）

Beleses brachycalcar Wei, 2005a: 499–500, 515–516.

主要特征：雌虫体长 13mm；体背侧暗黄褐色，腹侧淡黄褐色，触角 2 节端部、3–5 节背侧、后足股节端部背侧、后足胫节末端和后足 1–3 跗分节黑色，触角端部 4 节白色；翅透明，前缘脉、亚前缘脉和翅痣黄褐色，其余翅脉大部分黑褐色；头部背侧刻点显著，额区刻点密集，中胸前侧片上半部刻点较细小，腹部 1、2 背板光滑，其余背板具模糊的不规则刻纹；复眼内缘向下收敛，间距等于复眼长径；唇基端部截形，颚眼距线状；中窝和侧窝显著，额脊明显；单眼后区宽稍大于长，侧沟浅宽，向后稍分歧；触角约等长于腹部，中部稍粗，无立毛，第 3 节稍短于第 4 节，端部 4 节之和等长于第 4 节；前足胫节内距端部分叉，后足胫节内距长 0.35 倍于基跗节长；后足基跗节显著膨大，亚基部最宽，长 1.5 倍于 2–5 跗分节之和（图 3-538G），爪基片显著，内齿约等长于外齿；锯鞘狭窄，等长于后足基跗节，具密集长毛，背面观鞘毛弧形弯曲（图 3-538B、H）；锯腹片几乎光裸，16 刃，锯刃粗壮，强骨化，第 1–6 刃双齿，中部锯刃 3–4 齿，端部数刃单齿，第 3–7 节缝中部各具 1 对大齿状翼突，其中上翼突明显横向扩展，第 8 节缝具 1 齿（图 3-538A、C）；锯背片节缝刺毛甚密。雄虫体长 9.5mm，体色类似于雌虫，下生殖板长大于宽，端部窄圆；阳茎瓣头叶腹缘弧形鼓凸，端侧突显著（图 3-538E）；抱器长大于宽（图 3-538D）。

分布：浙江（遂昌、松阳）、陕西、湖北、贵州。

图 3-538 短距基叶蜂 *Beleses brachycalcar* Wei, 2005
A. 锯腹片；B. 锯鞘端侧面观；C. 锯腹片第 4–7 锯节；D. 生殖铗；E. 阳茎瓣；F. 锯腹片端部；G. 雌虫后足胫节端部和跗节；H. 锯鞘端部背面观；I. 雌虫触角

（544）短毛基叶蜂 *Beleses brachypolosis* Wei, 2003（图 3-539）

Beleses brachypolosis Wei, in Wei & Nie, 2003c: 133.

主要特征：雌虫体长 9mm；体黑色，上唇、触角末端 4 节和第 4 节端半部白色；足黑色，各足基节端部、转节、前足股节端部、前中足胫节前侧和跗节大部分、后足胫节亚基部短环浅褐色至黄白色；翅透明，翅痣和翅脉黑褐色；体毛和锯鞘毛银褐色；体光滑，额区、内眶和单眼后区中部具刻点，刻点间隙光滑，小盾片后缘具浅弱刻点，胸部侧板上半部具极细小刻点，腹侧和腹部背板光滑无刻点；体毛短，无立毛；唇基端缘截形，颚眼距线状；复眼大，下缘间距微宽于复眼长径1/2；中窝宽深，大于侧窝；额脊宽钝，触角窝上沿明显；单眼后区显著隆起，宽1.5倍于长，侧沟近平行；触角稍短于前翅C脉与翅痣之和，第3节等长于第4节，长于端部4节之和；前足胫节内距端部分叉，后足胫节端距微长于基跗节1/3；基跗节不膨大，显著长于其后4节之和；爪基片宽大，内齿明显短于外齿；前翅2m-cu脉与1r-m脉顶接；锯鞘等长于前足胫节，鞘端长于鞘基，侧面观稍窄长，末端窄圆（图3-539B），锯鞘毛短；锯腹片25刃，中下部刺毛密集，中部锯刃平直（图3-538C、E），端部9锯刃完全连接；锯背片节缝无刺毛。雄虫未知。

分布：浙江（衢州）、河南、福建。

图3-539 短毛基叶蜂 *Beleses brachypolosis* Wei, 2003 雌虫
A. 锯腹片；B. 锯鞘侧面观；C. 锯腹片第8–12锯节；D. 第1、2锯刃；E. 第9–11锯刃；F. 后足跗节；G. 触角

（545）宽斑基叶蜂 *Beleses latimaculatus* Wei & Niu, 2012（图3-540，图版XII-6）

Beleses latimaculatus Wei & Niu, in Niu, Xue & Wei, 2012: 589.
Beleses multipictus sensu Wei & Nie, 2002b: 837, 839, nec. Rohwer, 1916.

主要特征：雌虫体长9mm；体黑色，口器、唇基、内眶下部宽条斑、上部窄条斑和相连接的上眶中部斜斑（图3-540B）、触角第5节端部至第9节、前胸背板后缘、中胸背板前叶后部1/3、小盾片、附片端部、后小盾片、后胸后背板中央、中胸前上侧片、前侧片后下部斜斑（图3-540F）、后侧片后缘、腹部2-6节腹板、第2–5背板前缘和后缘黄白色；前中足基节大部分、后足基节中央和后侧、各足转节、前中足股节基部、后足基跗节端部和第2–5跗分节全部白色，前中足股节和胫节大部分黄褐色，跗节背侧暗褐色或黑褐色，后足股节和胫节大部分红褐色，股节端部和基端、胫节端部1/4及基跗节大部分黑褐色；前翅淡烟灰色透明，前缘脉除端部外浅褐色，翅痣和其余翅脉黑褐色；头部背侧具较密集的浅弱刻点，小盾片后部具模糊刻点，中胸前侧片高度光滑，无刻点（图3-540F），腹部背板光滑；颚眼距线状，额区平坦，中窝和侧窝显著，单眼后区宽大于长；触角细，明显长于腹部，第3节微短于第4节；后足基跗节细长（图3-540A）；锯腹片23锯节，中部锯刃倾斜突出，亚基齿细小，内侧5–6枚，外侧12–13枚。雄虫体长7mm；后翅具缘脉，抱器长大于宽（图 3-540G）；阳茎瓣背腹缘均较直，端侧突显著（图 3-540C）。

分布：浙江（磐安）、陕西、湖北、江西、湖南、福建、广东、海南、广西、重庆。

图 3-540　宽斑基叶蜂 *Beleses latimaculatus* Wei & Niu, 2012
A. 后足跗节；B. 雌虫头部背面观；C. 阳茎瓣；D. 雌虫触角；E. 锯腹片；F. 雌虫胸部侧板；G. 生殖铗；H. 锯腹片第 9–11 锯刃

（546）中华基叶蜂 *Beleses sinensis* Wei, 2002（图 3-541）

Beleses sinensis Wei, 2002c: 175–176, 178–179.

主要特征：雌虫体长 10mm；体和足黄褐色，口器、颚眼距、后眶下部、唇基上区、中窝和侧窝前缘、触角第 5–8 节、前中足、后足转节和股节基部、后足跗节中部、腹部腹板、9–10 节背板黄褐色，触角第 2、3 节内侧和单眼内侧黑色；翅浅烟灰色，前缘脉及翅痣黄褐色，体毛黄褐色；体光滑，额区和内眶中部刻

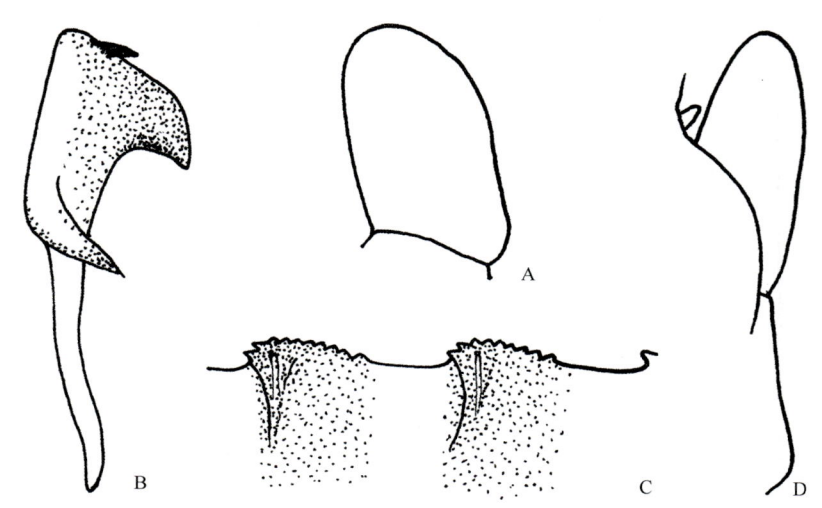

图 3-541　中华基叶蜂 *Beleses sinensis* Wei, 2002
A. 抱器；B. 阳茎瓣；C. 锯腹片中部锯刃；D. 锯鞘

点稍密，间隙显著；中胸背板刻点十分浅弱稀疏，小盾片后部刻点模糊；中胸前侧片上半部刻点稀疏，腹部光滑；颚眼距线状，中窝和侧窝显著，额脊明显；单眼后区隆起，宽1.5倍于长；触角第3节长1.15倍于第4节，稍短于端部4节之和；前足胫节内距端部分叉，后足胫节端距长0.4倍于基跗节，后基跗节细长；爪基片显著，内齿短于外齿；锯鞘窄长（图3-541D）；锯腹片22刃，中部锯刃倾斜突出，亚基齿内侧2枚，外侧7–8枚（图3-541C）。雄虫体长7mm；体黑色，口器、唇基上区、中窝和侧窝前缘、前胸背板前缘和后缘、翅基片、后胸腹板、前中足除基节基缘以外、后足基节大部分、转节、股节基部1/3、跗节大部分、触角5–8节全部、1–4节腹侧黄褐色，腹部3–5节背板、2–6节腹板和后足股节大部分、后足胫节橘褐色；后翅具完整缘脉；抱器长大于宽，端部圆钝（图3-541A）；阳茎瓣头叶端部宽，端侧突显著，腹侧端部强烈突出（图3-541B）。

分布：浙江（临安）、河南、陕西、湖南。

（547）黑尾基叶蜂 *Beleses stigmaticalis* (Cameron, 1876) （图3-542，图版XII-7）

Anisoneura stigmaticalis Cameron, 1876: 464.
Beleses stigmaticalis: Cameron, 1877: 88.

主要特征：雌虫体长12–13mm；体暗黄褐色，唇基和口器淡黄褐色，触角第4节端部至第9节、腹部7–10节和锯鞘黑色；前翅基部2/3和后翅近透明，前翅端部1/3烟黑色，前缘脉、翅痣、R+M脉至下侧的2m-cu脉黄褐色，其余翅脉黑褐色；体毛大部分黄褐色，体背侧被毛黑褐色；额区和两侧刻点较密，中胸侧板和后足基节刻点十分稀疏，稍可分辨，腹部高度光滑，无刻点和刻纹；唇基端缘截形，颚眼距线状；复眼大型，内缘向下强烈收敛，下缘间距0.7倍于复眼长径；中窝和侧窝显著，额脊明显；单眼后区宽1.3倍于长；侧沟向后稍分歧；触角等长于腹部，第3节几乎不长于第4节，明显短于端部4节之和；前足胫节内距端部分叉，后足胫节端距几乎等长于基跗节1/2长；后基跗节不明显膨大，长1.2倍于其后4节之和；爪基片大，内齿显著短于外齿（图3-542D）；锯鞘末端明显上翘（图3-542C）；锯腹片极狭长，37刃，锯刃弱弧形鼓出，中部亚基齿内侧6–7个，外侧9–10个（图3-542B），锯背片节缝刺毛短小稀疏。雄虫体长10mm，后翅具完整缘脉，下生殖板长大于宽，端部窄圆；抱器长大于宽，副阳茎高约等于宽（图3-542E）；阳茎瓣头叶顶端突出，端侧突显著，腹侧具尖锐突叶（图3-542F）。

分布：浙江（临安、松阳）、天津、河北、河南、陕西、甘肃、上海、安徽、湖北、江西、湖南、四川。本种在广西和印度的分布记录是错误鉴定。

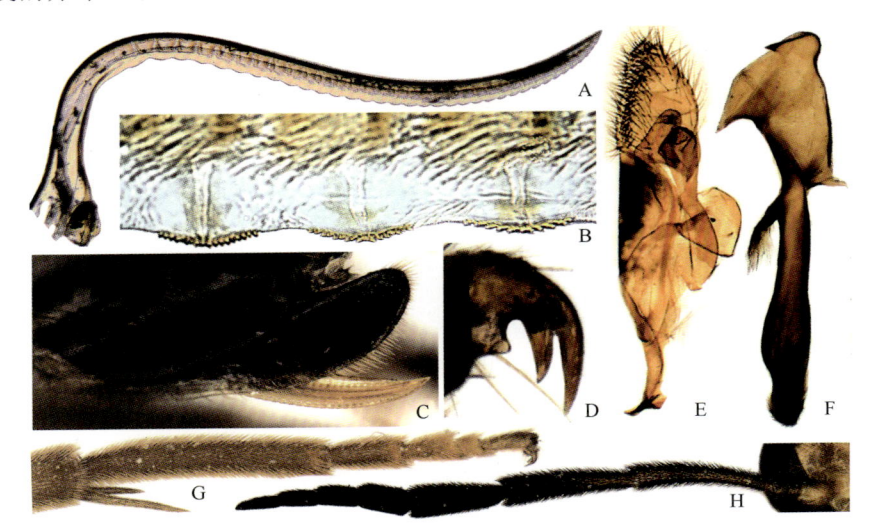

图3-542 黑尾基叶蜂 *Beleses stigmaticalis* (Cameron, 1876)
A. 锯腹片；B. 锯腹片第9–11锯刃；C. 锯鞘侧面观；D. 爪；E. 生殖铗；F. 阳茎瓣；G. 雌虫后足跗节；H. 雌虫触角

(548) 天目基叶蜂 *Beleses tianmuensis* Haris, 2008（图 3-543）

Beleses tianmuensis Haris, 2008: 284.

主要特征：雌虫体长 10–11mm；体黑色，具丰富淡斑：口器、唇基、触角窝上缘、眼眶宽带、触角第 5 节基部 1/4 以远、前胸背板后缘、中胸背板前叶后部 1/3、侧叶后缘斜斑、小盾片、后小盾片中部、淡膜区下侧、中胸前上侧片、前侧片前上侧椭圆斑、后缘上半部细条斑、下部倒三角形斑、后侧片后缘、腹部第 2 背板两侧、第 3 背板侧斑、第 7–9 背板侧斑、第 9 背板中部后缘、第 10 背板全部和抱器白色，腹部腹板中部浅褐色；足黄褐色，前中足基节基部、后足基节大部分、后足股节端部 1/3、后足胫节端部 1/5 黑色；体毛银褐色；翅透明，前缘脉和翅痣基部 3/5 前侧浅褐色，翅痣其余部分和其余翅脉黑褐色；额区和单眼后区刻点较密，小盾片后缘刻点粗密，中胸背板刻点微细，中胸前侧片上半部刻点显著，光滑间隙大于刻点，腹侧大部分光滑，腹部背板光滑；复眼下缘间距 0.7 倍于复眼长径，中窝和侧窝显著，额脊钝；单眼后区显著隆起，宽 1.3 倍于长，后头两侧不收缩；触角细，稍长于腹部，第 3 节短于第 4 节，第 4 节稍长于端部 4 节之和，第 3、4 节均长于复眼长径；前足胫节内距端部明显分叉，后足胫节端距长 0.4 倍于基跗节长；基跗节明显膨大；爪基片大，内齿明显短于外齿；锯鞘稍长于后基跗节，端部狭窄，鞘毛短直；锯腹片较宽大，24 节，节缝刺毛带较密（图 3-543A）；锯刃倾斜突出，亚基齿显著，内侧 2–3 枚，外侧 5–6 枚，刃间膜鼓凸（图 3-543C）。雄虫体长 9mm；下生殖板长等于宽，端部钝截形；抱器长大于宽，端部圆钝（图 3-543E）；阳茎瓣头叶背缘直，端侧突显著，腹缘端部明显凸出（图 3-543D）。

分布：浙江（临安）。

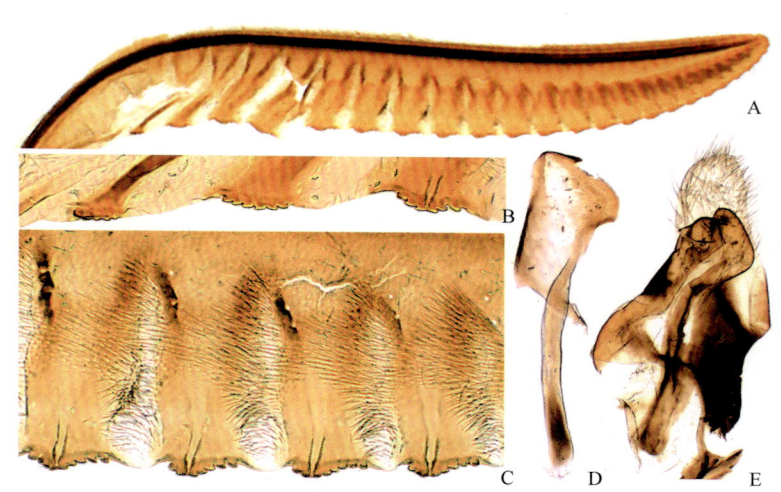

图 3-543 天目基叶蜂 *Beleses tianmuensis* Haris, 2008
A. 锯腹片；B. 锯腹片第 1–3 锯刃；C. 锯腹片第 5–8 锯刃；D. 阳茎瓣；E. 生殖铗

(549) 黄足基叶蜂，新种 *Beleses xanthopoda* Wei, sp. nov.（图 3-544，图版 XII-8）

雌虫：体长 12mm。体和足黄褐色；口器和唇基、足的基节和转节、触角第 5 节以远淡黄色，触角 3、4 节暗红褐色，后股节端部暗褐色，中胸背板前叶和侧叶顶部、中胸前侧片下部各具 1 个黑褐色大斑；翅透明，翅痣、前缘脉、亚前缘脉黄褐色，其余翅脉黑褐色。体毛和锯鞘毛均黄褐色。

头部背侧刻点较密集，近上眶内侧较光滑；胸部背板刻点浅弱稀疏，中胸前侧片刻点明显淡，不密集，后足基节无明显刻点；腹部第 1、2 背板高度光滑，其余背板具细小刻点。

唇基端缘弱弧形突出，颚眼距线状；复眼大，内缘向下强烈收敛，间距 0.8 倍于复眼长径；中窝和侧窝显著；额区小，几乎不隆起，额脊明显，中单眼盆较深；单眼后区明显隆起，具弱中纵脊，宽 1.4 倍于长；侧沟直，后部显著加深，互相近平行；后头背面观十分短小，两侧不明显收敛。触角等长于腹部，第3节稍短于第4节，第5–6节微弱膨大，端部4节具触角器，长度之和1.1倍于第4节（图3-544G）。小盾片低台状隆起，附片窄小；前足内胫距端部明显分叉；后足基节伸至第5腹板基部，胫节内端距0.38倍于基跗节长；基跗节稍膨大，显著长于其后4节之和（图3-544D）；爪基片发达，内齿侧位，显著短于外齿。前翅cu-a脉位于中室中部偏内侧，2m-cu脉几乎与1r-m脉顶接；后翅臀室无赘柄。锯鞘稍短于后足基跗节，鞘端短三角形，等长于鞘基，末端尖，背缘直，腹缘弧形，鞘毛密长，明显弯曲（图3-544C）；锯腹片较宽，骨化强，约19节，表面刺毛不密集（图3-544A）；锯刃强骨化，明显凸出，亚基齿大且不规则（图3-544B）；锯背片节缝刺毛十分粗密。

雄虫：体长9mm，体色和构造类似于雌虫；下生殖板长大于宽，端部圆钝；后翅具缘脉；抱器长大于宽，外顶角稍突出，背缘直较直，副阳茎低平（图3-544E）；阳茎瓣头叶较宽，端部斜截，端刺突显著，背缘直，腹缘亚端部稍鼓，无尖突（图3-544F）。

分布：浙江（临安）。

词源：本种足全部黄褐色，以此命名。

正模：♀，浙江临安清凉峰千顷塘，30°18.03′N、119°07.05′E，1200m，2011.VI.9，魏美才、牛耕耘（ASMN）。副模：8♂♂，数据同正模（ASMN）。

鉴别特征：本种与短距基叶蜂 *Beleses brachycalcar* Wei, 2005 最近似，锯腹片和阳茎瓣构型也一致，但本种触角和足均无黑色部分，锯鞘端短三角形，锯腹片第4–7节的上翼突较小，不明显横向扩展，近腹缘距较尖长，阳茎瓣头叶腹缘突出程度明显较弱等，可以鉴别。

图3-544 黄足基叶蜂，新种 *Beleses xanthopoda* Wei, sp. nov.
A. 锯腹片；B. 第5–7锯节；C. 锯鞘背面观；D. 雌虫后足跗节；E. 生殖铗；F. 阳茎瓣；G. 雌虫触角

140. 凹跗叶蜂属 *Eusunoxa* Enslin, 1911

Eusunoxa Enslin, 1911a: 99. Type species: *Eusunoxa formosana* Enslin, 1911, by original designation.

主要特征：中小型叶蜂，体长5–10mm；上颚粗短，对称双齿型，内齿远离端齿；唇基端部平截或具浅弱弧形缺口，上唇短小，端部圆钝；颊眼距明显，但短于单眼直径；触角窝距宽于内眶，触角窝上沿不突出；后眶狭窄，无后颊脊；额区平坦，额脊不显；复眼大，间距等于或小于复眼长径；背面观后头极狭窄，单眼后区横宽；触角丝状，不长于腹部，具触角器，第2节长大于宽；前足胫节内距端部不分叉，常具中位低膜叶，外侧距甚短；后足基节十分发达，伸抵第6腹节之后，股节大部分伸出于腹部端部以外，后足胫节内距稍短于1/2基跗节长；基跗节强烈宽扁呈片状，外侧显著凹入，横截面碟形，长约2倍于2–5

跗分节之和；爪基片有或无，亚端齿侧位，短于端齿；前胸背板沟前部很短，侧板腹面远离；中胸小盾片平坦，侧板具宽大胸腹侧片，胸腹侧片沟显著，中胸后侧片宽大，中央具横凹；前翅 cu-a 脉中位偏内侧，2Rs 室稍长于 1Rs 室；后翅具封闭 M 室，臀室具柄式。雄虫后翅无缘脉，M 室封闭；锯鞘短小，锯鞘基和锯鞘端几乎愈合成光滑整体；锯背片愈合面长；锯腹片无节缝，端半部具刺毛；阳茎瓣无刺突，具端侧突，抱器多少弯曲。

分布：东亚南部。本属已知 15 种，根据爪基片有无，分为 *Eusunoxa* 和 *Asunaxa* 两个亚属，前者爪短，基片发达，后者爪长，无爪基片。中国已记载 3 种。浙江发现 2 种，分属 2 个亚属。

（550）黄跗凹跗叶蜂 *Eusunoxa* (*E.*) *fulvitarsis* Wei & Xue, 2012（图 3-545，图版 XII-9）

Eusunoxa fulvitarsis Wei & Xue, *in* Niu, Xue & Wei, 2012: 590.

主要特征：雌虫体长 7mm；体黄褐色，触角第 4 节中部以远黑褐色，后足股节端部黑色；翅透明，前缘脉和翅痣前侧浅褐色，翅痣大部分及其余翅脉黑褐色；体毛黄褐色；体光滑，头部额区和附近具粗糙密集刻点，刻点间隙光滑；唇基和中胸背板具微弱的分散刻点，虫体其余部分无明显刻点；唇基端缘具微弱弧形缺口，颚眼距约等于单眼半径；复眼下缘间距微窄于眼高，中窝和侧窝浅小；单眼中沟缺，单眼后沟模糊，中单眼环沟深；单眼后区隆起，宽显著大于长；侧沟深直，向后分歧；触角约等于前翅 C 脉，第 3 节微短于第 4 节，约等长于端部 2 节之和；前足跗节 2 倍长于胫节；后足基节发达，伸至腹部第 6 腹板；胫节端距微长于基跗节 1/3 长，基跗节扁片状，等宽于后足胫节端部宽，几乎 2 倍于其后 4 节之和；爪片发达，端部尖；前翅 cu-a 脉位于 1M 室内侧 2/5，2r 脉交于 2Rs 室亚端部；锯鞘约等长于后基跗节 1/2，侧面观末端尖，背面观锯鞘尖长，鞘毛直；锯腹片无节缝，17 刃，锯刃突出，外侧亚基齿 12–13 枚，基部 7 刃具 6–8 个内侧亚基齿，端部锯刃无内侧亚基齿，第 6 刃以外的锯腹片具扁刺毛（图 3-545F）。雄虫体长 5.8–6.5mm；前缘脉及痣黑褐色，头、胸部背侧细毛大多暗褐色，后足基节伸抵第 7 腹板；抱器外缘深凹（图 3-545C）；阳茎瓣头叶窄椭圆形，端部窄圆，端侧突宽大（图 3-545D）。

分布：浙江（安吉、临安）、湖南、广西、重庆、四川、贵州、云南。

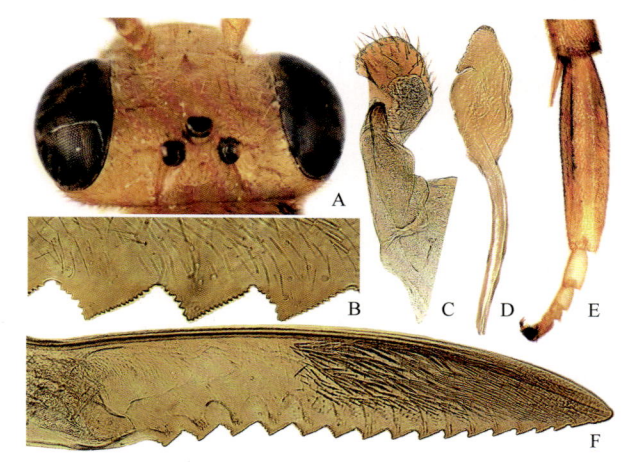

图 3-545　黄褐凹跗叶蜂 *Eusunoxa* (*E.*) *fulvitarsis* Wei & Xue, 2012
A. 雌虫头背面观；B. 锯腹片第 5–7 锯刃；C. 生殖铗；D. 阳茎瓣；E. 雌虫后足跗节；F. 锯腹片

（551）大黄凹跗叶蜂 *Eusunoxa* (*A.*) *major* Wei, 2003（图 3-546，图版 XII-10）

Asunoxa major Wei, *in* Wei & Nie, 2003c: 135.
Eusunoxa major: Taeger *et al.*, 2010: 280.

第三章　叶蜂亚目 Tenthredinomorpha ·569·

主要特征：体长 11mm；体黄褐色，无黑斑，触角 3–5 节暗黄褐色；翅透明，前缘脉、亚前缘脉和翅痣黄褐色，其余翅脉褐色；体毛黄褐色；额区具粗糙密集刻点，刻点间隙狭细，上眶、唇基、单眼后区刻点稀疏，胸部背板和侧板上半部具稀疏小刻点；唇基端缘微凹入，颚眼距微长于单眼半径；复眼大，内缘向下几乎不收敛，间距明显窄于眼高；颜面低平，中窝微小，侧窝浅弱；单眼中沟深点状，后沟细弱，中单眼环沟深；单眼后区稍隆起，宽 2 倍于长，具短中纵沟；侧沟宽深且直，向后明显分歧；触角约等长于前翅 C 脉，第 3 节稍长于第 4 节，显著短于端部 2 节之和；前足胫节内距 2 倍长于外距；后足基节伸至腹部第 4 腹板；后胫端距长于基跗节 1/3，基跗节强扁片状，明显宽于后足胫节端部，2 倍长于其后 4 节之和；爪长，无基片，内齿短于外齿（图 3-546C）；前翅 2m-cu 脉位于 2Rs 室内侧 1/3，cu-a 脉位于 1M 室内侧 2/5；锯鞘稍长于后基跗节 1/2，侧面观末端窄圆，腹缘弱弧形（图 3-546F），背面观锯鞘尖长；锯腹片三角形，无节缝，15 刃，第 6 刃以外的锯腹片具稀疏但排列规则的短弯叶状刺毛（图 3-546A、E）；锯刃三角形突出，基部 6 刃连接（图 3-546B），第 7–15 锯刃上侧具小型近腹缘距（图 3-546D）；锯背片无节缝刺毛，具密集纵脊纹（图 3-546G）。雄虫未知。

分布：浙江（龙泉）、福建、广西。

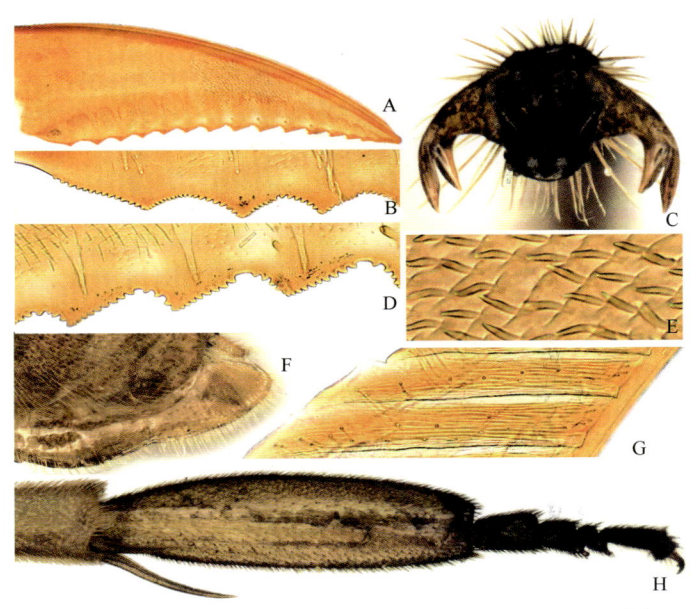

图 3-546　大黄凹跗叶蜂 *Eusunoxa* (*A*.) *major* Wei, 2003 雌虫
A. 锯腹片；B. 第 1–3 锯刃；C. 爪；D. 第 6–8 锯刃；E. 锯腹片端半部刺毛；F. 锯鞘侧面观；G. 锯背片中部锯节；H. 后足胫节端距和跗节

141. 畸距叶蜂属 *Nesotaxonus* Rohwer, 1910

Taxonus (*Nesotaxonus*) Rohwer, 1910a: 111–112. Type species: *Phyllotoma flavescens* Marlatt, 1898, by original designation.

主要特征：中型叶蜂，体长 7–12mm；上唇短小，端部圆钝；唇基平坦，显著窄于复眼下缘间距，端缘截形；上颚粗短，对称双齿型，端齿弱度弯折；后眶窄，边缘圆钝，无后颊脊；颚眼距窄于单眼直径；复眼较大，内缘向下稍收敛，间距宽于复眼长径；背面观后头狭小，两侧强烈收缩；额区模糊，中窝和侧窝圆形封闭，内眶平坦；触角粗丝状，第 2 节长大于宽，短于第 1 节，第 3 节稍长于第 4 节，端部鞭分节具触角器；前胸背板沟前部狭窄，无缘脊，侧后角具斜脊和沟；前胸侧板腹侧尖，互相远离，无接触面；中胸具宽大胸腹侧片，具前缘脊，胸腹侧片沟显著；小盾片平坦，后胸后背板中央狭窄；后足基节大，伸抵第 4 腹板后缘，后足股节端部伸抵腹部末端；后足胫节长于股节，约与跗节等长；前足胫节内端距显著长于外距，具高位膜叶，后足胫节端距长于基跗节 1/3；后足基跗节稍侧扁，外侧具前纵沟，长于 2–5 跗分节之和，1、2 跗分节无跗垫，3、4 跗分节跗垫微小；爪无基片，外齿稍长于内齿，内齿侧位；前翅 R 脉平直，R+M 脉点状；2Rs 室约等长于 1R1+1Rs 室，外下角突出；1M 脉长于 1m-cu 脉，互相平行，cu-a 脉交于 1M 室基部 1/3；臀横脉强度倾斜，稍短于 cu-a 脉长，位于臀室中部外侧；后翅 Rs 室开放，M 室封闭，R1 室端部具小柄，臀室具短柄；雄虫后翅无缘脉；锯鞘基和锯鞘端完全愈合，无分界线；锯背片背侧愈合面长，锯腹片无节缝，表面刺毛均匀分布；阳茎瓣头叶椭圆形，无端侧突，具端叶，柄部短。

分布：东亚。本属已知 2 种，中国均有分布。浙江分布 1 种。

寄主：茜草科鸡矢藤属 *Paederia* 植物（Takeuchi, 1949）。

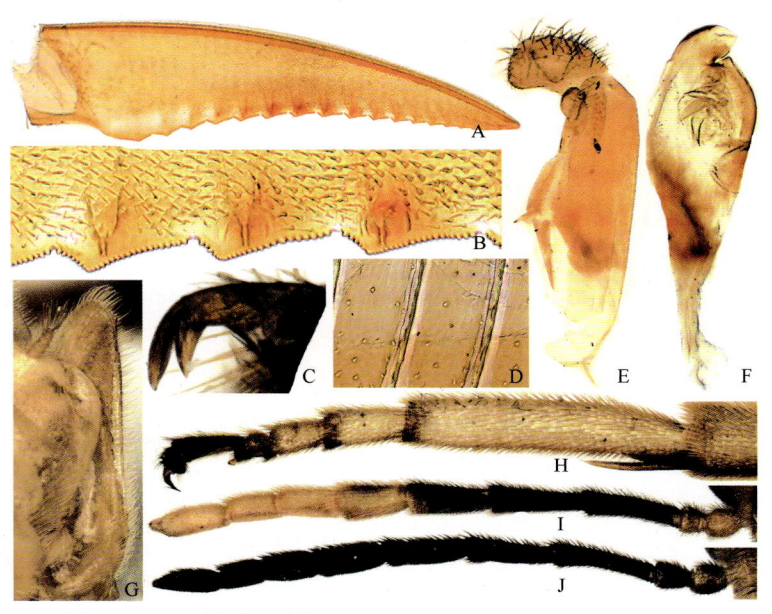

（552）凹板畸距叶蜂 *Nesotaxonus flavescens* (Marlatt, 1898) Species reestabl.（图 3-547，图版 XII-11）

Phyllotoma flavescens Marlatt, 1898: 494.
Poecilosoma unicolor Matsumura, 1912: 62–63.
Poecilosoma flavescens: Konow, 1905: 104.
Nesotaxonus flavescens: Rohwer, 1910a: 111.

主要特征：雌虫体长 9–11mm；体黄褐色，触角 3–5 节黑褐色（图 3-547I），头部、前胸背板、各足基节、转节、跗节黄白色；翅透明，翅痣与前缘脉大部分黄褐色，前缘脉端部黑褐色，前翅基部烟黄色，端部 1/3 微弱烟褐色；体毛黄褐色；额区和内眶上部刻点粗密，间隙具刻纹，暗淡无光，唇基和内眶下部刻点浅弱细小，头部其余部分和胸、腹部无刻点或刻纹，具强光泽；唇基端缘具微弱缺口，颚眼距约等于单眼半径；中窝大，侧窝甚小，额脊不明显；单眼后区稍隆起，宽长比为 1.6；侧沟深直，向后微弱分歧，单眼后沟中央间断；前翅 cu-a 脉交于 1M 室下缘近中部，2r 脉交于 2Rs 室外侧 1/3，3r-m 脉强烈弯曲，中部内凹，2m-cu 脉远离 1r-m 脉，后翅臀室具短柄；锯鞘约等长于后足基跗节，腹缘直（图 3-547G）；锯腹片 19 刃，锯刃突出，亚基齿不连续，间隔很短（图 3-547B）。雄虫体长 7–9mm，触角 2–9 节黑色（图 3-547J）；后足胫节大部分黑褐色，翅均匀烟褐色，翅痣浅褐色；下生殖板端缘具弧形缺口，缺口深度有变化；抱器反弯，生殖茎节很长（图 3-547E）；阳茎瓣见图 3-547F。

分布：浙江（临安、丽水）、北京、河南、陕西、江苏、上海、安徽、湖北、湖南、福建、台湾、重庆、四川、贵州；日本。

图 3-547 凹板畸距叶蜂 *Nesotaxonus flavescens* (Marlatt, 1898)
A. 锯腹片；B. 第 6–8 锯刃；C. 爪；D. 锯背片表面；E. 生殖铗；F. 阳茎瓣；G. 锯鞘侧面观；H. 雌虫后足胫节端距和跗节；I. 雌虫触角；J. 雄虫触角

寄主：鸡矢藤 *Paederia tomentosa*（Takeuchi，1949）。

本种曾被认为是 *N. fulvus* (Cameron, 1877)的次异名（魏美才，1997b；Wei *et al.*, 2006；Taeger *et al.*, 2010, 2018）。该异名对 *N. fulvus* 的解释是基于 Cameron (1877)的错误原始描述。基于模式标本和云南一带采集的丰富标本材料，可以确认 *N. fulvus* 与 *N. flavescens* 不是同物异名，*N. fulvus* 的雌虫触角 2–6 节、后足胫节大部分和基跗节基部黑色，前翅端部烟斑明显，雄虫后足跗节黑色，抱器背腹缘均显著弯曲，下生殖板端部圆钝等，与 *N. flavescens* 差别显著，后者应予以恢复种级地位。

（二十二）缩室叶蜂亚科 Lycaotinae

主要特征：中小型叶蜂，体较粗壮；唇基端部截形或亚截形，上颚对称双齿式；复眼内缘向下收敛，后头不显著延长；侧窝小，浅细沟状，不向前开放；触角通常粗短丝状，极少鞭分节具齿；前胸背板沟前部短小，侧板腹侧尖，互相远离；小盾片平坦；中胸胸腹侧片有或无，侧板前缘具细脊；后胸淡膜区宽大，间距窄于淡膜区长径；后胸侧板宽大，气门外露；前足胫节内端距较长，后足胫节通常长于跗节，端距十分短小；后足基跗节明显短于其后 4 跗分节之和；爪无基片，内齿短于外齿或缺如；前翅 R 脉平直，显著长于 Sc 脉游离段，端部不下垂；1M 脉与 1m-cu 脉向翅痣明显收敛或近似平行，Rs 脉第 1 段存在，臀室具亚中位短收缩柄或短斜横脉；后翅具封闭的 Rs 和 M 室，臀室具短柄式；雄虫有时具缘脉；阳茎瓣头叶窄长，端侧突有或无。

分布：世界广布。本亚科各属的种类多样性均比较低，除敛片叶蜂属外，各属已知种类都不多于 3 种，零星分布于各大动物地理区，包括北美洲、南美洲、澳洲和欧亚大陆，仅非洲地区没有分布。

包括本书记述的新属，本亚科目前已知约 11 属，中国发现 3 属，其中张华叶蜂属 *Zhanghuaus* Wei 以前放在基叶蜂亚科，敛片叶蜂属 *Tomostethus* Konow 以前放在蔺叶蜂亚科内。下文给出分属检索表用以鉴别三者。浙江目前发现 2 属 2 新种。

分属检索表

1. 爪具发达基片和大型内齿；后翅臀室无柄式；触角 3–8 节长双叉状；锯腹片具节缝栉突；唇基缺口显著；中胸前侧片无胸腹侧片 ·· 张华叶蜂属 *Zhanghuaus*
- 爪无基片，内齿短小或缺；后翅臀室具柄；触角简单丝状，鞭分节不分叉；锯腹片无节缝栉突 ·· 2
2. 前翅臀室中部具短斜横脉；爪具内齿；中胸侧板无胸腹侧片；锯鞘端部简单，无鞘刷，背面观锯鞘端部狭窄 ··· 中正叶蜂属 *Zhongzhengus*
- 前翅臀室中部具短收缩柄，无横脉；爪无内齿；中胸侧板具宽大胸腹侧片；锯鞘端部具鞘刷，背面观锯鞘向端部明显膨大 ··· 敛片叶蜂属 *Tomostethus*

142. 敛片叶蜂属 *Tomostethus* Konow, 1886

Tomostethus Konow, 1886b: 214. Type species: *Tenthredo nigrita* Fabricius, 1804, by subsequent designation of Rohwer, 1911.

主要特征：体中小型，偏粗短；唇基端部亚截形，颚眼距窄于单眼直径；复眼较大，内缘向下收敛，间距约等于或宽于复眼长径；中窝大，侧窝前端开放，触角窝上突和额脊较明显，触角窝间距窄于内眶；单眼后区鼓起，宽显著大于长；后眶圆钝，后颊脊短小，具后眶沟；触角很短，约等长于头宽，第 2 节长大于宽，第 3 节长于第 4 节 1.5 倍；前胸侧板腹侧尖，互相远离，无接触面；中胸背板鼓起，小盾片前端尖，附片宽大；后胸淡膜区大，间距窄于淡膜区长径；中胸前侧片具宽大胸腹侧片，胸腹侧片缝显著；前足胫节内端距端部分叉；后足胫节长于跗节，基跗节约等长于其后 3 节之和，爪无基片和内齿；前翅 C 脉端部逐渐膨大，R+M 脉点状，R 脉长且平直；1M 脉明显长于 1m-cu 脉，互相向翅痣方向显著收敛；cu-a 脉中位，2A+3A 脉长，中部起前弯且逐步靠近 1A 脉，几乎接触；1R1 室短小，2M 室长约等于高，基臀室与端臀室几乎等长；后翅 Rs 室开放，M 室封闭，臀室柄不长于 cu-a 脉，cu-a 脉垂直；腹部第 1 背板宽大，中部后侧膜区很小；产卵器短于后足股节，锯鞘端具明显的锯鞘刷；锯腹片骨化弱，锯刃低弱弧形鼓出；阳茎瓣头叶窄长，端部具横指的刺突。

分布：古北区，新北区。东亚种类多样性最大。本属已知 8 种，东亚已记录 4 种。中国多地均有报道，目前已发现超过 9 种。浙江目前发现 2 种，本书记述 1 新种。

寄主：木犀科梣属 Fraxinus、木犀属 Osmanthus 植物。

敛片叶蜂属原隶属于蓟叶蜂亚科。分子系统学研究结果表明本属与缩室叶蜂亚科更近缘，故本书将此属转移至本亚科内。

（553）华东敛片叶蜂，新种 *Tomostethus huadong* Wei, sp. nov.（图 3-548，图版 XII-12）

雌虫：体长 7mm；体和足黑色，腹部 2–8 背板后缘狭边和 2–7 腹板后缘狭边灰白色；体毛和锯鞘毛暗褐色；翅弱烟灰色，翅痣和翅脉黑褐色。

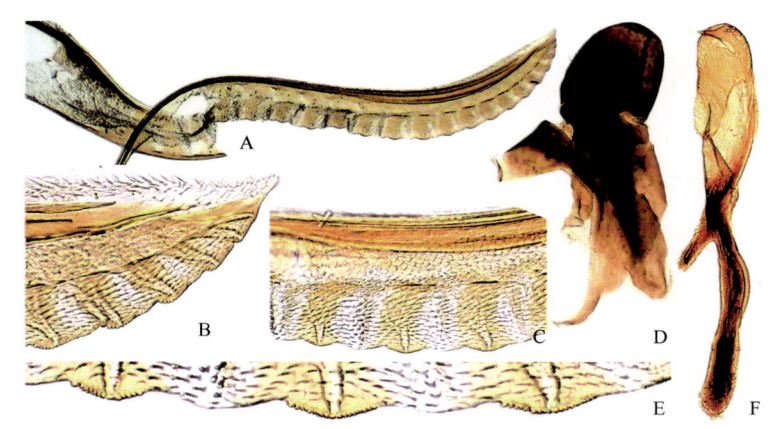

图 3-548 华东敛片叶蜂，新种 *Tomostethus huadong* Wei, sp. nov.
A. 锯腹片；B. 锯腹片端部；C. 锯腹片中部锯节；D. 生殖铗；E. 第 7–9 锯刃；F. 阳茎瓣

唇基具明显的细小稀疏刻点，触角窝上沿背侧和后眶刻点较明显；额区具极微弱刻纹，杂以细小稀疏刻点；上眶和单眼后区光滑，具极稀疏的细小刻点；触角基部 2 节较光滑，鞭节表面刻纹密集；前胸背板刻点较明显，中胸背板前叶、侧叶和小盾片无刻纹，刻点不明显，附片高度光滑；中胸前侧片上半部具十分稀疏的具毛细小刻点，表面光滑，下半部光滑，具很宽的无毛裸区，胸腹侧片上部 3/5 具刺毛；后侧片光滑；腹部背板第 1 背板光滑，第 2–10 背板具细刻纹，腹板刻纹不明显。

唇基端缘具浅弱缺口；复眼内缘向下明显收敛，下缘间距等于复眼长径；触角窝上沿明显，额区隆起，额脊钝，中窝大且深，侧窝浅小；中单眼前纵沟显著，单眼后沟较浅、直，单眼中沟深长，伸至单眼后区前部 1/4；单眼后区宽长比等于 2，侧沟深，后端微收敛；触角稍长于头宽，第 3 节稍短于 4、5 节之和（7：8），第 7、8 节长稍大于宽。后胸淡膜区间距 0.75 倍于淡膜区长径；前翅 2A+3A 脉端部靠近但不与 1A 脉汇合，cu-a 脉中位；后翅臀室柄长 0.75 倍于 cu-a 脉；后足胫节端距明显短于胫节端部宽，后基跗节等长于 2–4 跗分节之和。产卵器明显短于后足跗节，侧面观锯鞘端等长于锯鞘基，腹缘平直，端部背侧 1/2 截形，锯鞘刷明显，两侧弧形弯曲；背面观锯鞘端端部明显加宽，锯鞘毛伸向后侧；锯腹片窄长，中部和亚端部不明显膨大，19 刃，节缝刺毛带密集，互相连接（图 3-548C）；中部锯刃弧形突出，两侧各具 8–10 枚细小亚基齿（图 3-548E），锯腹片端部尖，端部锯刃长且平直（图 3-548B）。

雄虫：体长 6.5mm；体色和构造类似于雌虫，但复眼后头部更短，下生殖板长约等于宽，端部圆钝；抱器长大于宽，端缘中部不突出，内缘下部 1/3 无明显缺口，副阳茎内突显著（图 3-548D）；阳茎瓣头叶窄长，背缘弱弧形鼓出，端部圆钝，端位横刺突狭长三角形，侧突长大（图 3-548F）。

变异：1 雌虫明显较大，体长 8mm。

分布：浙江（杭州）、上海。

词源：本种分布于华东地区，以此命名。

正模：♀，上海闵行区江川路街道，31°0′32.83″N、121°24′57.38″E，海拔14m，2022.III.24，汤亮（ASMN）。
副模：3♀19♂，采集信息同上；1♂，浙江杭州，1995.V.5（ASMN）。

鉴别特征：本种与危害白蜡的白蜡敛片叶蜂 *T. fraxini* Wei, 2022 很近似，但除寄主植物不同外，形态特征有显著差异：翅色浅，体毛暗褐色；触角较长，第3节短于4、5节之和，第7、8节长明显大于宽；单眼后区无中纵沟；胸腹侧片上部3/5具刺毛；锯腹片中部不明显宽于基部，中部锯刃两侧对称，亚基齿均明显，数量一致，端部锯刃长直；雄虫下生殖板端部圆钝；抱器端部圆钝；阳茎瓣头叶端部圆钝，端侧突较短，侧突（ergot）长大。白蜡敛片叶蜂的翅色深，体毛银色；触角较短，第3节长于4、5节之和，第7、8节长等于宽；单眼后区具中纵沟；胸腹侧片上部2/5具刺毛；锯腹片中部明显宽于基部，中部锯刃两侧不对称，外侧亚基齿不明显且显著少于内侧亚基齿，端部锯刃短且突出；雄虫下生殖板端部钝截形；抱器端部突出；阳茎瓣头叶端部截形，端侧突较长，侧突很短。

寄主：木犀科桂花 *Osmanthus* sp.。

143. 中正叶蜂属，新属 *Zhongzhengus* Wei, gen. nov.

属征：中型叶蜂，体形粗壮；唇基端部截形，上唇短小，宽大于长；上颚粗壮，对称双齿式；口须正常，不短缩，下颚须6节，下唇须4节；颚眼距缺；复眼中等大，内缘向下明显收敛，间距宽于复眼长径；后眶圆钝，无后颊脊，具极短的口后脊；触角窝间距明显窄于内眶；后头短小，单眼后区横宽；中窝宽大，侧窝小，封闭；额区隆起，额脊钝；触角粗短丝状，第2节长大于宽，第3节显著长于第4节，鞭分节无齿突；前胸背板无侧纵脊，后侧角具显著斜脊和斜脊前沟；侧板腹侧尖，互相远离；小盾片平坦，前端尖，附片宽大；后胸淡膜区宽大，间距显著窄于淡膜区长径；中胸前侧片无胸腹侧片，具前缘脊；后胸气门出露；前翅R脉长于Sc脉游离段2倍，端部不下垂，R+M脉短小，1M脉与1m-cu脉向翅痣明显收敛，1M脉长几乎2倍于1m-cu脉，cu-a脉中位外侧，臀室具中位短斜横脉，2m-cu脉几乎与1r-m脉顶接，1R1室向基部不扩大，2Rs室微长于1Rs室；后翅Rs室开放，M室封闭，臀室具短柄式；足粗短，前足胫节内端距端部分叉，后足胫节明显长于跗节，外侧具纵沟，端距短于胫节端部宽；基跗节显著短于其后4跗分节之和，跗垫椭圆形；爪无基片，内齿短小，中位；腹部第1背板宽大，中部后缘无明显膜区；产卵器约等长于后足跗节，鞘端长于鞘基；锯腹片窄长，无粗大节缝刺毛；锯刃倾斜突出；阳茎瓣未知。

模式种：*Zhongzhengus tianmunicus* Wei, sp. nov.。

分布：中国（浙江）。

词源："中正"是江西师范大学校训。本属是作者调到江西师范大学后研究确认的第1个新属，特以此命名。

鉴别特征：本属与东南亚分布的 *Malaisea* Forsius, 1933 最近似，但后者前翅1M脉与1m-cu脉向翅痣不明显收敛，1M室具短背柄；2Rs室明显长于1Rs+1R1室，1R1室向基部显著扩展，2m-cu脉远离1r-m脉；前胸背板后侧角无斜脊和斜脊前沟；下唇须和下颚须显著短缩，下颚须4节，下唇须3节；唇基端部具浅缺口；跗垫狭窄等，与本属明显不同，容易鉴别。

（554）天目中正叶蜂，新种 *Zhongzhengus tianmunicus* Wei, sp. nov.（图3-549，图版XIII-1）

雌虫：体长10mm。体黑色，无淡色斑纹；翅烟黑色，基部明显深于端部，翅痣和翅脉黑色；体毛大部分黑褐色，头部背侧细毛暗褐色。

头部背侧具稀疏细小刻点，沟底细刻纹较明显；胸部背板具稀疏小刻点，中胸背板前叶后部和附片光滑，无刻纹；侧板光滑，下侧具光裸横带；腹部第1背板刻纹较弱，其余背板具细密表皮刻纹。

复眼长径显著大于高，下缘间距1.25倍于复眼长径（图3-549B）；触角窝上沿稍隆起；单眼中沟宽深，后沟细浅；单眼后区明显隆起，无中纵脊，最高处位于中部；侧沟较宽深，互相近似平行（图 3-549A）；背面观后头两侧后部微弱鼓出，长约 0.4 倍于复眼；触角约等长于胸部，4–8 鞭分节圆柱形，不膨大，不突出，第 3 节长 1.6 倍于第 4 节，第 4、5 节长宽比约等于 2，第 8 节长宽比等于 1.5，约等长于第 9 节（图 3-549H）。小盾片宽微大于长，前端钝三角形突出；附片中部稍长于单眼直径（图 3-549J）。前翅 cu-a 脉交于 1M 室下缘中部稍偏外侧，1R1 室近方形，1r-m 脉下端外弯，2r 脉交于 2Rs 室外侧 1/4；后翅臀室柄长 0.6 倍于 cu-a 脉。前足胫节内距端部不对称分叉（图 3-549C）；中足胫节端距见图 3-549D；后足胫节端距近似等长，约等于胫节端部宽的 1/2；爪短小，内齿中位，十分短小（图 3-549I）。锯鞘基腹缘弧形鼓出，锯鞘端长 1.3 倍于锯鞘基，腹缘弧形弯曲，背缘直（图 3-549F），鞘毛弯曲；锯腹片窄长，向端部逐渐收窄，表面几乎被刺毛全覆盖，节缝不骨化（图 3-549K）；锯刃倾斜突出，刃间段从基部向端部显著变短，亚基齿细小（图 3-549L）。

雄虫：未知。

分布：浙江（临安）。

词源：本种以模式标本产地命名。

正模：♀，浙江临安天目山开山老殿，30.343°N、119.433°E，1106m，2017.IV.28–29，李泽建、刘萌萌、高凯文、姬婷婷（ASMN）。

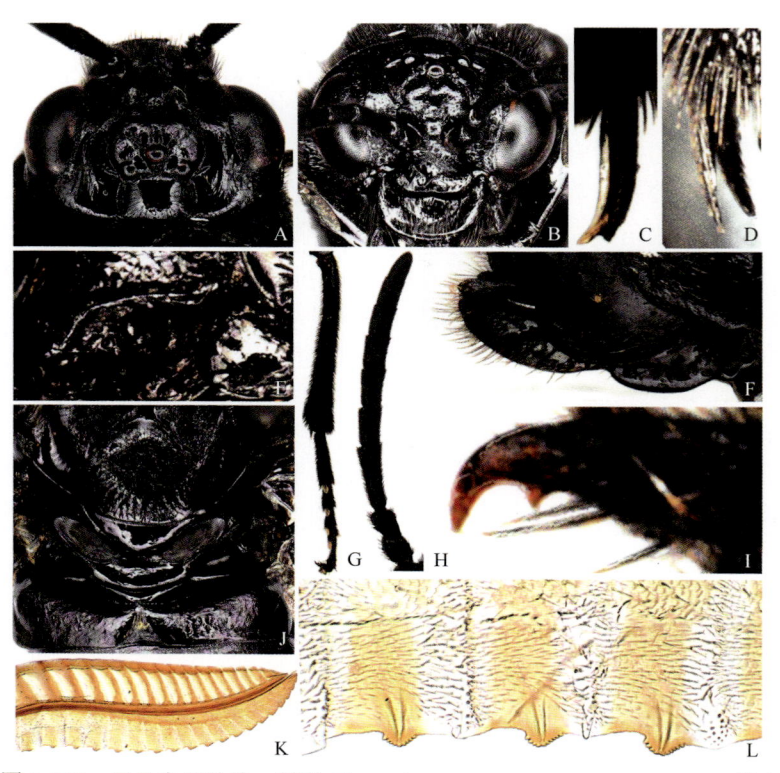

图 3-549 天目中正叶蜂，新种 *Zhongzhengus tianmunicus* Wei, sp. nov. 雌虫
A. 头部背面观；B. 头部前面观；C. 前足胫节内端距；D. 中足胫节端距；E. 前胸背板后侧角；F. 锯鞘侧面观；G. 后足胫节和跗节；H. 触角；I. 爪；J. 小盾片至腹部第 1 背板；K. 产卵器；L. 锯腹片第 2–4 锯刃

（二十三）等节叶蜂亚科 Phymatocerinae

主要特征：中小型叶蜂；后头短小，头部额区明显分化，额脊通常显著；唇基明显窄于复眼下缘间距，端部截形或具浅角状缺口，颚眼距一般狭于单眼直径，少数约等长于单眼径；上颚对称双齿型；触角窝间距显著窄于内眶；前胸背板沟前部短于 1.5 倍单眼宽，侧板腹面尖，互相分离；中胸通常具胸腹侧片，中胸后侧片狭于后胸侧板宽，具横脊，气门出露，中胸翅后桥狭窄，后气门后片狭窄或线状，淡膜区一般发

达；前翅 R+M 脉点状或缺，1M 脉与 1m-cu 脉平行或亚平行，2M 室一般短宽，cu-a 脉中位或亚基位，臀室具柄式，基臀室通常开放，极少封闭；后翅 Rs 室开放，M 室常封闭，少数开放，臀室绝大部分具柄式；后足胫节稍长于股节，等于或长于跗节，基跗节一般短小；锯鞘发达，长于锯鞘基；产卵器长形，锯刃规则；阳茎瓣简单或具指状横突叶，常具腹齿，无明显侧叶和斜指的侧刺突。

分布：古北区，新北区。本亚科已知约 49 属，中国分布 40 属。浙江省发现 22 属 62 种，本书记述 22 属 59 种，包括 25 新种。分属检索表中保留检索了 *Tomostethus* 属。

分属检索表

1. 爪齿梳状，内齿 5–6 枚。栉爪叶蜂族 Anisoarthrini ··· 脊栉叶蜂属 *Neoclia*
- 爪齿 1–2 个，非梳状 ··· 2
2. 中胸前侧片前缘平滑，无胸腹侧片和前缘脊；阳茎瓣无侧刺、侧叶或侧突，具细长端突；爪粗短，基片十分宽大，内齿侧位。角瓣叶蜂族 Senoclideini ··· 角瓣叶蜂属 *Senoclidea*
- 中胸前侧片至少具显著的前缘脊；阳茎瓣简单，无细长端突，有时具亚端位指形突；爪正常，无基片，或基片较小 ···· 3
3. 触角器发达，端部 4 节常显著短缩；复眼间距狭于眼高，2A+3A 脉上曲；具发达的爪基片和内齿；触角第 2 节长显著大于宽；无后颊脊 ··· 弯眶叶蜂属 *Phymatoceridea*
- 无触角器，如否则端部 4 节不明显短缩，且复眼间距宽于眼高，或无爪基片，或触角第 2 节大于长，或具后颊脊 ···· 4
4. 触角第 3–5 节长度接近，或第 3 节明显短于第 4 节，第 6–9 节依次微变短，第 2 节通常宽大于或等于长；爪无基片 ···· 5
- 触角鞭节依次向端部显著缩短，第 3–5 节绝不等长，第 2 节通常长大于宽 ···································· 14
5. 复眼大型，间距显著狭于眼高；后头极狭，狭于触角鞭节宽；唇基亚方形，宽长比小于 2，前后等长，侧角直角形，端缘截形；无颊脊，颚眼距线状；胸腹侧片弱。后翅具闭 M 室，前翅 2A+3A 脉分叉；后臀柄长于后 cu-a 脉；阳茎瓣狭长，抱器横宽形 ··· 狭唇叶蜂属 *Yuccacia*
- 复眼小型，雌虫复眼间距明显宽于眼高；后头宽于触角鞭节宽；唇基短宽，侧角钝角形，或端缘具缺口，前端显著短于后端；阳茎瓣宽形，抱器长大于宽 ··· 6
6. 唇基具缺口且触角简单；前胸背板侧后缘常具斜脊前沟；阳茎瓣具指状横突；锯腹片常具缝刺列；后翅臀室柄不长于 cu-a 脉 ··· 7
- 唇基无缺口；前胸背板侧后缘无斜脊前沟；阳茎瓣无指状横突，锯背片无缝刺列，锯腹片无叶状刺，每节具单纹孔；后翅臀室柄长于 cu-a 脉 ··· 9
7. 爪具三齿和小型基片；前胸背板上侧纵脊 ··· 基齿叶蜂属 *Nesotomostethus*
- 爪具 1–2 齿，无爪基片；前胸背板无侧纵脊 ·· 8
8. 胸腹侧片显著；前翅 2A+3A 脉分叉或上曲；后翅无封闭 M 室；后颊脊发达 ·················· 近脉叶蜂属 *Phymatoceropsis*
- 无胸腹侧片；前翅 2A+3A 脉直；后翅具封闭 M 室；后颊脊缺 ······························· 宽距叶蜂属 *Eurhadinoceraea*
9. 胸腹侧片和胸腹侧片缝显著；前翅 2A+3A 脉端部分叉；触角较细，无触角器 ························ 10
- 无胸腹侧片和胸腹侧片缝；前翅中室不延长，2A+3A 脉端部上曲；腹部无刻纹；后眶无陷窝 ········ 13
10. 后翅 M 室封闭 ··· 11
- 后翅 M 室开放；后眶沟不明显，下端无陷窝；爪无内齿 ·································· 弯瓣叶蜂属 *Aphymatocera*
11. 后眶沟显著，下端具圆形陷窝 ··· 12
- 后眶圆钝，无后眶沟，无圆形陷窝 ··· 卜氏叶蜂属 *Bua*
12. 爪具内齿；后眶窝单个，前侧无凹窝 ··· 等节叶蜂属 *Phymatocera*
- 爪无内齿；后眶窝 2 个，1 大 1 小，互相靠近 ··· 双窝叶蜂属 *Phymatoceriola*
13. 中胸侧板前缘平坦，不反翘，下侧无沟；触角粗长，末端 4 节明显短缩，具十分发达的触角器 ······ 异角叶蜂属 *Revatra*
- 中胸前侧片前缘反翘，下侧具浅沟，类似胸腹侧片分界；触角鞭节细长，末端 4 节不短缩，无触角器 ··· 五福叶蜂属 *Dicrostema*
14. 胸腹侧片发达；2A+3A 脉向上弯曲或直；阳茎瓣通常简单，较少具端位横突 ························ 15
- 无胸腹侧片；2A+3A 脉直；爪无基片；阳茎瓣头叶较宽，具横突 ·· 22

15. 前翅 2A+3A 脉端部上曲；爪无基片，后跗节短于其后 4 节之和；阳茎瓣无端位横突，或头叶狭窄具横突 ·············	16
- 前翅 2A+3A 脉端部直；常具爪基片；阳茎瓣具端位横向指状突，阳茎瓣头叶较宽 ·····································	19
16. 前足胫节内距端部分叉，锯鞘后端向两侧稍扩展；前翅 R 脉 2 倍长于 Sc 脉；阳茎瓣头叶狭窄，具端位横突 ············· **敛片叶蜂属 Tomostethus**	
- 前足胫节内距端部不分叉，有时具高位膜叶；锯鞘简单，后端不扩展；前翅 R 脉短于 Sc 脉，末端下垂 ··············	17
17. 爪内齿垂直于外齿，不短于外齿；触角基部 2 节短宽；体细长 ················· **立片叶蜂属 Pasteelsia**	
- 爪内齿明显倾斜柄显著短于外齿；触角基部 2 节通常长大于宽；体不十分细长 ··············	18
18. 爪小型，内齿微小，长度约等长于或微长于爪轴厚度；体无金属光泽；体小型 ············· **真片叶蜂属 Eutomostethus**	
- 爪大型，内齿发达，长于爪轴厚度 2 倍；体具金属蓝色光泽；体中大型 ············· **蓝片叶蜂属 Amonophadnus**	
19. 无爪基片，内齿微小；阳茎瓣指状横突长宽比大于 2；后足胫节稍长于跗节，基跗节短于其后 4 节之和；具后颊脊，复眼内缘收敛 ················· **小片叶蜂属 Stethomostus**	
- 爪具基片，内齿稍短于端齿；阳茎瓣端部的指状横突短，长宽比约等于 1 ··············	20
20. 后足基跗节等长于其后 4 节之和；爪基片大，内齿侧位，与端齿贴近；触角鞭节较粗壮，鞭分节腹缘明显鼓出，第 5 节长宽比小于 2；胸腹侧片发达；复眼内缘亚平行；后颊脊显著，至少伸中至后眶中部；后翅臀室柄等长于后小脉 ··············	21
- 后足基跗节显著短于其后 4 节之和；爪基片小，内齿中位，位于基片和端齿连线上；触角鞭节细长，第 5 节长宽比等于 3；胸腹侧片弱，仅下半较明显；复眼内缘显著向下聚敛；后颊脊缺，具短口后脊；后翅臀柄 2 倍长于臀室宽 ············· **拟片叶蜂属 Emegatomostethus**	
21. 后翅无封闭中室；后颊脊伸达上眶后缘；前胸侧板腹面短钝接触，背板具侧纵脊 ············· **珠片叶蜂属 Allantopsis**	
- 后翅具封闭 M 室；后颊脊伸达后眶中上部；前胸侧板腹面尖，背板无侧纵脊 ············· **巨片叶蜂属 Megatomostethus**	
22. 后翅具封闭的 M 室；后头膨大；爪具内齿；上颚 2 齿 ············· **胖蔺叶蜂属 Monophadnus**	
- 后翅无封闭的 M 室；后头不膨大；爪无内齿；上颚 3 齿 ············· **儒雅叶蜂属 Rya**	

144. 真片叶蜂属 *Eutomostethus* Enslin, 1914

Tomostethus (*Eutomostethus*) Enslin, 1914a: 167. Type species: *Tomostethus luteiventris* (Klug, 1816), by subsequent designation of Enslin, 1914.

Tomostethopsis Sato, 1928: 178–179. Type species: *Tomostethopsis metallicus* Sato, 1928, by original designation.

Forsia Malaise, 1931c: 29–30. Type species: *Forsia tomostethi* Malaise, 1931, by original designation.

主要特征：小型叶蜂；唇基端部截形或亚截形，颚眼距狭于单眼直径；上颚粗短，对称双齿式；后颊脊多少发育，长短不一，无后眶沟；额区明显发育，额脊钝，侧窝与触角窝侧沟连通；单眼后区横宽；触角较粗短，第 2 节长大于或等于宽，第 3 节明显长于第 4 节，无触角器；前胸背板侧叶后部具斜脊和斜脊前沟，前胸侧板腹侧尖，互相远离；中胸具胸腹侧片，胸腹侧片缝沟状；小盾片平坦，附片发达；后胸淡膜区大，间距窄于淡膜长径；前足胫节内端距简单，端部不分叉，有时具亚端位膜叶；后足胫节明显长于跗节，后足基跗节等于或长于其后 3 节之和，短于其后 4 节之和；爪小型，无基片，内齿微小或稍大，短于外齿，中位，极少缺；前翅 R 脉短，向下倾斜，R+M 脉短；2Rs 室短于 1R1+1Rs 室，极少较长；1M 脉与 1m-cu 脉平行或向翅痣方向稍收敛，cu-a 脉中位或外侧位；基臀室开放，2A+3A 脉末端分叉，上支显著向上弯曲，少数种类几乎封闭基臀室；后翅 M 室封闭，Rs 室开放，臀室具柄式，柄长 1.2–2 倍于 cu-a 脉长；腹部第 1 背板后缘膜叶小，三角形；阳茎瓣头叶简单，无侧叶或侧突，有时具数枚背缘细齿；锯背片节缝裸，锯腹片狭长，锯刃倾斜；抱器具内侧尾叶；雌雄有时异色。

分布：古北区，东洋区，新北区。本属已知约 100 种，是蔺叶蜂亚科群第一大属。中国已记载 41 种，实际分布种类可能超过 100 种。浙江目前发现 23 种，其中有 9 新种。

寄主：幼虫取食禾本科 Poaceae 竹类、灯心草科 Juncaceae 灯心草属 *Juncus* 植物叶片。

分种检索表

1. 后头和小盾片至少后缘具显著的大刻点 ··· 2
- 后头和小盾片无分散大刻点，小盾片后侧有时具刻纹或微小刻点 ·· 11
2. 各足胫节大部分白色或黄褐色；前足胫节内端距具膜叶 ··· 3
- 胫节完全黑色 ··· 9
3. 后足股节和转节白色或黄褐色。*E. zhangi* group ·· 张氏真片叶蜂 *E. zhangi*
- 至少后足股节大部分黑色，通常股节和转节均黑色，股节端部有时白色 ··· 4
4. 雌虫胸部黑色，有时具红斑。*E. tianmunicus* group ·· 5
- 雌虫胸部红色。*E. vegetus* group ·· 6
5. 雌虫中胸背板前叶两侧和侧叶中部红色 ·· 斑胸真片叶蜂，新种 *E. maculothoracicus* sp. nov.
- 雌虫胸部黑色，无红斑 ·· 天目真片叶蜂，新种 *E. tianmunicus* sp. nov.
6. 锯腹片 16–18 锯刃；前足胫节内端距膜叶十分低弱，边缘均匀弧形；后足基跗节通常部分白色，有时大部分黑褐色；小盾片后部刻点粗糙密集 ··· 7
- 锯腹片 23–24 锯刃；前足胫节内端距显著，端部钝角形；后足基跗节总是黑色 ·· 8
7. 小盾片总是全部黑色；锯腹片基部锯刃窄高，外缘陡峭，具 4–5 个亚基齿，第 7–9 锯刃齿式为 5/8–9 ··· 周氏真片叶蜂，新种 *E. zhouhui* sp. nov.
- 小盾片通常全部红褐色，极少部分黑色；锯腹片基部锯刃低矮三角形，外缘平缓，具约 10 个细弱亚基齿，第 7–9 锯刃齿式为 5/13–15 ··· 三色真片叶蜂 *E. tricolor*
8. 小盾片后缘黑色，后部 1/3 具多列密集刻点；锯腹片端部 4 个锯刃具显著亚基齿，亚端部刃间膜短小，圆形凹入；单眼后区强隆起，高于单眼面；后颊脊显著，伸至上眶后缘 ·· 高顶真片叶蜂，新种 *E. litaoi* sp. nov.
- 小盾片全部红褐色，后缘具 1–2 列刻点；锯腹片端部 4 个锯刃光滑，无亚基齿，亚端部刃间膜稍长，平直；单眼后区微弱隆起，低于单眼面；后颊脊低弱，伸至后眶中部稍上侧 ·· 条刻真片叶蜂 *E. vegetus*
9. 前足胫节内距无膜叶，颜部无显著刻纹或具粗密皱纹；额区和上眶具粗大刻点；雌虫胸部红色；翅浓烟黑色。*E. punctatus* group ·· 黑足真片叶蜂 *E. nigripes*
- 前足胫节内距具中位膜叶，颜部具刻纹；上眶无刻点或具小刻点；翅非浓黑色 ·· 10
10. 上眶中部具明显小刻点，侧板无刻点；雌虫胸部包括附片红褐色；中部锯刃突刃形；腹部背板无青蓝色光泽。*E. rugosulus* group ·· 皱颜真片叶蜂 *E. rugosulus*
- 上眶无刻点，最多头部后缘具少许刻点；雌虫胸部黑色；中部锯刃平刃形；腹部具青蓝色光泽。*E. glabrogaster* group ·· 光腹真片叶蜂，新种 *E. glabrogaster* sp. nov.
11. 各足胫节黑色 ·· 12
- 各足胫节大部分或全部白色；前足胫节内距具膜叶 ··· 20
12. 前足胫节内距具膜叶；两性胸部均黑色。*E. glabrogaster* group ··· 13
- 前足胫节内距无膜叶 ·· 17
13. 后颊脊发达，伸至后眶上端；腹部如果青蓝色，则完全光滑，无刻纹 ·· 14
- 后颊脊短弱，仅伸抵后眶下部 1/3；腹部背板青蓝色，具明显细刻纹 ·· 湖南真片叶蜂 *E. hunanicus*
14. 腹部具明显青蓝色光泽；锯腹片中部锯刃具 15–16 枚外侧亚基齿，刃间膜倾斜；纹孔 1 个，指向锯刃亚中部 ··· 光腹真片叶蜂，新种 *E. glabrogaster* sp. nov.
- 腹部无显著青蓝色光泽；锯腹片中部锯刃具 8–10 枚外侧亚基齿；纹孔指向锯刃内顶端，或纹孔 1 对 ················· 15
15. 额区近似三角形，侧脊细高；中部锯刃具 1 对纹孔，指向锯刃中部，刃间段明显倾斜 ··· 角额真片叶蜂，新种 *E. triangulatus* sp. nov.
- 额区亚圆形或近似三角形，额侧脊宽钝；中部锯刃具 1 个纹孔，指向锯刃基内角 ·· 16
16. 后眶最宽处窄于单眼直径 2 倍；额区前缘无横脊；第 7 刃间段明显倾斜，不长于第 7 锯刃外坡 1/2，锯刃上侧裸区宽长比等于 2 ··· 长齿真片叶蜂 *E. longidentus*

- 后眶最宽处宽于单眼直径 2 倍；额区前缘横脊显著；锯腹片第 7 刃间段不倾斜，几乎等长于第 7 锯刃外坡，第 7 锯刃上侧裸区宽等于长···**纹瓣真片叶蜂 *E. reticulatus***
17. 雌虫胸部红色；腹部背板光滑无刻纹。***E. katonis* group** ··· 18
- 雌虫胸部黑色。***E. wui* group** ··· 19
18. 中胸侧板仅上部 1/4 红色，唇基通常暗红褐色；触角粗壮 ··**褐唇真片叶蜂 *E. clypeatus***
- 中胸侧板上半部红色，唇基黑色；触角细···**狭瓣真片叶蜂 *E. katonis***
19. 腹部背板带弱金属蓝色光泽，刻纹显著；锯腹片中部锯刃突出；阳茎瓣头叶宽短··
   ··**泽建真片叶蜂，新种 *E. lizejiani* sp. nov.**
- 腹部背板光滑，无任何刻纹；中部锯刃平直；阳茎瓣头叶窄长···**吴氏真片叶蜂 *E. wui***
20. 后足转节白色，后足股节大部分或全部白色；雌虫胸部黑色。***E. albicomus* group**·· 21
- 后足转节黑色，后足股节黑色，端部有时部分白色；雌虫胸部红褐色。***E. formosanus* group**·· 22
21. 后颊脊低弱且短；翅基片黑色··**狭颜真片叶蜂 *E. albicomus***
- 后颊脊发达，伸至后眶上端；翅基片部分淡色···**斑鳞真片叶蜂，新种 *E. maculitegulatus* sp. nov.**
22. 后足胫节几乎全部白色，仅末端黑色；锯腹片 24–28 锯刃··· 23
- 胫节大部分黑褐色，基部背侧 1/3 白色；前足胫节内距膜叶低钝，需仔细辨认；锯腹片 16–18 刃·······································
   ···**台湾真片叶蜂 *E. formosanus***
23. 颚眼距缺；后颊脊低短，位于后眶下部 1/3；前足胫节内距膜叶尖锐；基跗节大部分黑色；锯腹片中部锯刃显著突出，齿式 0/5–7··**多刃真片叶蜂 *E. multiserrus***
- 颚眼距 0.4 倍于单眼直径；后颊脊低长，伸至后眶上部；前足胫节内距膜叶极低弱；基跗节大部分白色；锯腹片中部锯刃弱度突出，齿式 1–2/9–11 ···**何氏真片叶蜂，新种 *E. hei* sp. nov.**

（555）狭颜真片叶蜂 *Eutomostethus albicomus* Wei & Nie, 1998（图 3-550）

Eutomostethus albicomus Wei & Nie, 1998b: 375.

主要特征：雌虫体长 6.8–7.0mm；体黑色，各足基节端部、转节、股节端部、胫节和基跗节黄褐色；翅均匀烟色，翅痣和翅脉黑褐色；体毛银褐色；体光滑，无显著刻点；颚眼距狭线状，复眼内缘向下强烈收敛，间距约等于复眼高的 2/3，后颊脊延伸至后眶上端；中窝宽深，稍大于侧窝；额区亚圆形，额脊低钝，下缘中部开放，中单眼前凹横形，额侧沟发达，单眼中沟深，后沟细；单眼后区隆起，宽长比为 2；侧沟宽深且直，亚平行；背面观后头短且强烈收缩；触角明显短于前缘脉，第 2 节长微大于宽，第 3 节 1.3 倍长于第 4 节，第 8 节长宽比小于 1.5；前足内胫距具膜叶，爪小型，内齿微小，短于爪轴厚度；前翅 M 脉与 1m-cu 脉向翅痣稍收敛，2Rs 室等长于 1R1 室与 2Rs 室之和，后翅臀室柄 2 倍长于 cu-a 脉；锯鞘稍短于

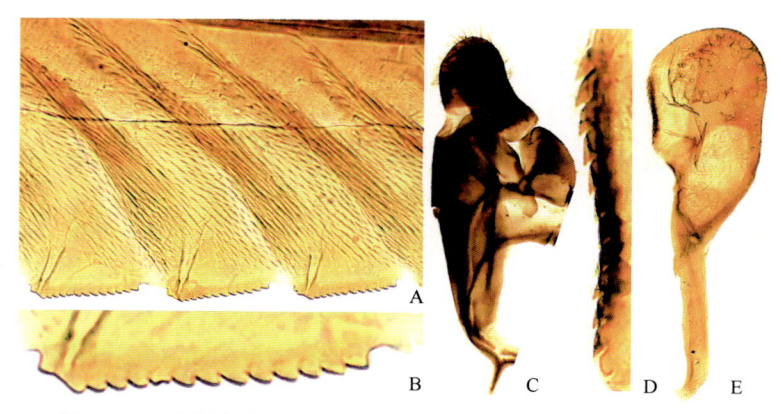

图 3-550　狭颜真片叶蜂 *Eutomostethus albicomus* Wei & Nie, 1998
A. 锯腹片第 7–9 锯刃；B. 第 7 锯刃放大；C. 生殖铗；D. 阳茎瓣腹缘齿列；E. 阳茎瓣

后足胫节，侧面观窄长，背缘较直；锯腹片 22 刃，锯刃近平直，基部刃间段较长，齿式为 2–3/9–10；中部刃间段短小，齿式为 1–2/13–15（图 3-550A，B）；锯腹片刺毛带状，不完全分离。雄虫体长 6.0mm，复眼下缘间距等于眼高 1/2，后眶狭窄；下生殖板端部钝截形，抱器内腹角突出（图 3-550C）；阳茎瓣头叶宽，端部圆，腹侧缘齿中位，约 12 枚（图 3-550E）。

分布：浙江（湖州、临安、龙泉）、江西、湖南、福建、海南、广西。

(556) 褐唇真片叶蜂 *Eutomostethus clypeatus* Wei, 2003（图 3-551）

Eutomostethus clypeatus Wei, in Wei & Nie, 2003c: 144.

主要特征：雌虫体长 8.0–8.5mm；体黑色，前胸背板、中胸背板、翅基片、中胸小盾片、中胸侧板上部 1/4 红褐色，唇基暗红褐色；足黑色；翅深烟褐色，翅痣和翅脉黑色；体毛褐色，头部和锯鞘毛黑褐色；体光滑，无刻点和刻纹；头、胸部细毛显著短于单眼直径；颚眼距线状；后颊脊伸至复眼后部顶端；复眼内缘向下强烈收敛，间距稍窄于眼高；额区心形，前端不开放，侧脊和前缘脊宽平；额侧沟显著，前单眼凹小；单眼后区隆起，宽长比为 1.5；侧沟宽深，向后稍分歧；背面观后头约等长于复眼 1/3，两侧稍收缩；触角约等长于前翅 C 脉，鞭节中部微粗，第 2 节长稍大于宽，第 3 节 1.3 倍长于第 4 节，第 8 节长宽比稍小于 2；胸腹侧片隆起；前足胫节内距无膜叶；后足基跗节稍长于其后 3 节之和；爪端齿较长，内齿明显短于爪轴厚度；前翅 1M 脉与 1m-cu 脉向翅痣稍收敛，2Rs 室微长于 1R1+1Rs 室，cu-a 脉位于 M 室中部外侧，基臀室不封闭；后翅臀室柄 2.15 倍于 cu-a 脉长；锯鞘明显长于中足胫节，鞘端长于鞘基，侧面观较狭窄；锯腹片 26–27 锯刃，外侧刺毛带状，带间具刺毛，不完全分离；中部锯刃稍倾斜，亚基齿内侧 0–1 个，外侧 7–8 个。雄虫未知。

分布：浙江（临安）、湖北、福建。

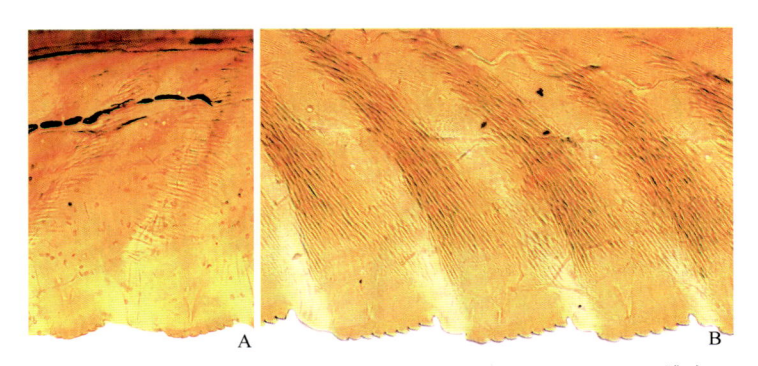

图 3-551 褐唇真片叶蜂 *Eutomostethus clypeatus* Wei, 2003 雌虫
A. 锯腹片第 1、2 锯节；B. 第 8–10 锯节

(557) 台湾真片叶蜂 *Eutomostethus formosanus* (Enslin, 1911)（图 3-552）

Tomostethus formosanus Enslin, 1911d: 94.
Eutomostethus formosanus: Rohwer, 1916: 111.

主要特征：雌虫体长 5.0–5.5mm；体黑色，前胸背板、中胸背板和侧板上半部红褐色；足黑色，各足膝部、胫节基部 1/3 白色；头部细毛暗褐色，胸部细毛黄褐色；翅烟灰色，端部稍浅，翅痣和翅脉黑色；体光滑，颜面凹处具细小刻纹，虫体其余部分无刻点；颚眼距线状；后颊脊伸至复眼后部 1/2 稍上侧；复眼内缘向下明显收敛，间距稍宽于眼高；中窝宽大，侧窝纵沟形；额区宽扇形或亚圆形，额脊较细低；单眼后区隆起，宽长比稍小于 2；背面观后头约等长于复眼 1/3 长，两侧明显收缩；触角短于前翅 Sc+R 脉，基部 2 节长大于宽，第 3 节 1.5 倍长于第 4 节，第 8 节长宽比小于 1.5；前足内胫距具钝膜叶；后足基跗节长于其后 3 节之和；爪小型，内齿微小；前翅基臀室不封闭，后翅臀室柄 2 倍长于 cu-a 脉；锯鞘约等长于中足胫节，鞘端宽三角形，等长于鞘基，背缘直，腹缘弧形弯曲；锯腹片 16–18 锯刃，基部锯刃亚三角形突出，齿式为 6/7–9；中端部锯刃倾斜，9–10 刃齿式为 4–5/13–15；锯背片基部弧形延伸。雄虫体长 4.0–4.5mm，胸部黑色，足通常全部黑色，有时部分胫节基部背侧黄白色，复眼间距狭于眼高；阳茎瓣腹缘中部凹入，缘齿较小，上侧位，8–10 枚。

分布：浙江（杭州、临安、宁波、舟山、衢州、开化、丽水）、北京、河南、江苏、上海、安徽、湖北、江西、湖南、福建、台湾、广东、海南、广西、重庆、四川、贵州、云南。

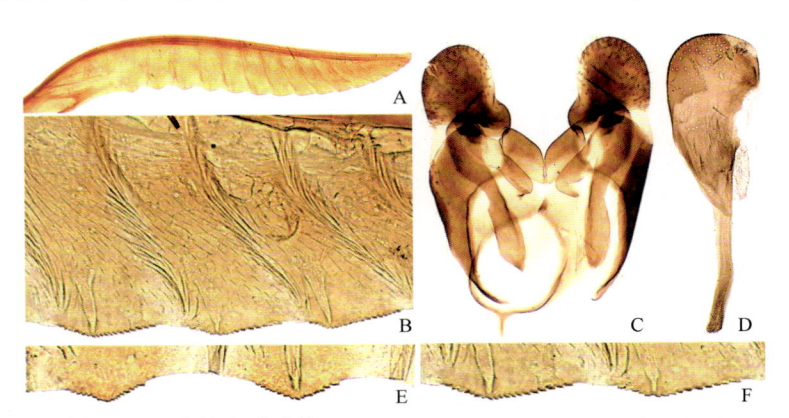

图 3-552　台湾真片叶蜂 *Eutomostethus formosanus* (Enslin, 1911)
A. 锯腹片；B. 锯腹片第 7–9 锯节；C. 生殖铗；D. 阳茎瓣；E. 第 1、2 锯刃；F. 第 7、8 锯刃

（558）光腹真片叶蜂，新种 *Eutomostethus glabrogaster* Wei, sp. nov.（图 3-553）

雌虫：体长 6–7mm。体黑色，上颚端部、前足胫节两端、各足跗节各小节端部和爪暗红褐色，腹部背面具青蓝色光泽；体毛棕黑色，长度约等长于中单眼直径；翅浅烟褐色，翅痣和翅脉黑褐色。

体光滑，具强光泽；唇基具浅细刻点，颜面具刻纹，头部、背部背侧刻点浅弱稀疏；胸部无明显刻点，前胸背板、翅基片刻点较细密；腹部背板光滑，无刻点和刻纹（图 3-553A）。

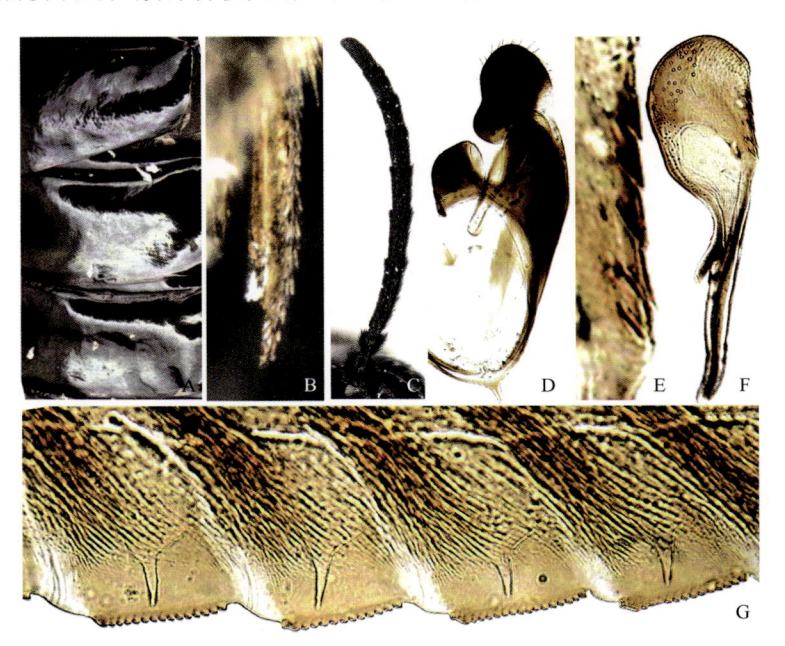

图 3-553　光腹真片叶蜂，新种 *Eutomostethus glabrogaster* Wei, sp. nov.
A. 腹部 1–3 背板一侧；B. 前足胫节内端距；C. 雌虫触角；D. 生殖铗；E. 阳茎瓣腹侧缘齿；F. 阳茎瓣；G. 锯腹片中部锯刃

唇基前缘平截，颚眼距稍窄于单眼半径；中窝较宽深，侧窝宽深，稍向后分歧；上眶宽平；额区小，额脊稍隆起；单眼中沟宽深，后沟浅细；单眼后区强烈隆起，高于单眼面；后颊脊较明显，伸至后眶上端；复眼大型，内缘向下收敛，POL：OOL=3：4；头部背面观较短，两侧收缩；触角短于头、胸部之和，明显长于头宽，第 2 节长稍大于宽，第 3 节与第 4 节长之比为 22：15，第 8 节长宽比微小于 2（图 3-553C）。后胸淡膜区间距约为其长径的 2/3；前足胫节内端距具明显膜叶（图 3-553B）；爪小，无基片，内齿微小、中位；前翅 2r 脉位于 2Rs 室外侧 1/3 处，1M 脉与 1m-cu 脉稍收敛，1R1+1Rs 室稍短于 2Rs 室长，2Rs 室外下角强烈尖出，cu-a 脉中位；后翅臀室柄长 1.5–1.8 倍于 cu-a 脉长。锯鞘长于后足股节，稍短于后足胫节，锯鞘端明显长于锯鞘基，腹缘弧形，背缘直，端部圆钝；锯腹片 23 锯刃，节缝刺毛较密集，中部锯刃具 0–1 个内侧亚基齿，外侧亚基齿通常 15–16 枚，刃间膜显著倾斜；纹孔 1 个，指向锯刃亚中部，不接触腹缘，纹孔域裸区横形，宽约 2 倍于高（图 3-553G）。

雄虫： 体长 5–6mm；体色与构造类似于雌虫，但后头很短，两侧强烈收缩；抱器长等于基部宽（图 3-553D）；阳茎瓣头叶端部圆钝，背缘稍鼓，腹缘平直（图 3-553F），中下侧具 6 枚（1 小 5 大）缘齿（图 3-553E）。

分布： 浙江（临安、龙泉）、安徽、湖南、福建、广西。

寄主： 毛竹 Phyllostachys leterocycle var. pubescens。

词源： 本种腹部背板高度光滑，以此命名。

正模： ♀，湖南涟源龙山，1999.V.11，肖炜（ASMN）。副模：2♀1♂，湖南幕阜山沟里，28°57.939′N、113°49.711′E，860m，2007.IV.26，李泽建；5♀7♂，湖南幕阜山天门寺，28°58.789′N、113°49.745′E，1350m，2008.V.6–23，刘飞、张媛、赵赴；1♀，湖南幕阜山云腾山庄，28°58.236′N、113°49.129′E，1100m，2008.V.20，刘飞；2♀，湖南幕阜山燕子坪，28°58.728′N、113°49.422′E，1330m，2008.V.20，刘飞；1♀，湖南幕阜山一峰尖，28°59.297′N、113°49.547′E，1604m，2008.V.22，张媛；1♀，湖南涟源龙山，1999.V.11，肖炜；1♀，湖南道县都庞岭，370m，2009.IV.27，魏美才；6♀，福建武夷山挂墩，1000–1500m，2004.V.12–18，周虎；1♀，福建武夷山磨石坑，30°64′N，117°84′E，900–1100m，2004.V.11，梁旻雯；1♀，安徽青阳九华山，600m，2007.V.9，徐翊；2♀1♂，浙江龙泉凤阳山官埔垟，27°55.153′N、119°11.252′E，838m，2009.IV.21–27，聂帅国、刘飞、李泽建；1♀，浙江龙泉凤阳山小溪沟，27°54.676′N、119°11.881′E，1160m，2009.IV.22，聂帅国；1♀，湖南溆浦，2022.V.4，肖炜；4♀3♂，湖南大围山春秋坳，1300m，2010.V.3，朱朝阳；4♀，广西武鸣大明山杜鹃花海，1300m，2012.IV.23，魏美才、牛耕耘；1♀，广西猫儿山铁杉林，1980m，2006.VI.8，廖芳均（ASMN）。

鉴别特征： 本种与梵净山分布的 E. elevatinus Wei, 2006 最近似，但本种腹部背板高度光滑，无刻纹；触角第 8 节长宽比小于 2；锯腹片中部锯刃具 15–16 枚外侧亚基齿等，与该种不同。后者触角第 8 节长宽比大于 2；腹部背板具细密刻纹；锯腹片中部锯刃具 9–10 枚外侧亚基齿。

（559）何氏真片叶蜂，新种 *Eutomostethus hei* Wei, sp. nov.（图 3-554，图版 XIII-2）

雌虫： 体长 7mm。头部和触角黑色，无蓝色光泽；胸部红褐色，前胸侧斑和腹板、附片、后胸背板除淡膜区下侧外、中胸前侧片腹侧 1/3、后下侧片后缘、后胸侧板全部黑色；腹部黑色，具明显蓝色光泽；足黑色，前足胫节前侧、中足胫节大部分、前中足基跗节中基部浅褐色，后足胫节除端部外和基跗节大部分黄白色；体毛银褐色；前翅浅烟褐色，翅痣和翅脉黑褐色，后翅透明。

体大部分光滑，具强光泽；唇基具浅细刻点，额区、内眶和上眶无明显刻纹和刻点；胸部光滑，无刻点或刻纹；腹部背板具微弱刻纹，光泽较强。

唇基前缘平截，颚眼距 0.4 倍于单眼直径；中窝宽深，底部具宽低纵脊，中窝侧壁狭窄；额区小，亚圆形，额脊稍隆起，前侧低平，单眼中沟和后沟较深；单眼后区微弱隆起，低于单眼面，宽 2 倍于长，侧沟深，向后稍分歧；后颊脊较明显，伸至后眶上端；复眼大型，内缘向下收敛，间距微宽于复眼长径；POL：OOL：OCL=5：6：4；头部背面观较短，两侧明显收缩；触角等长于头、胸部之和，第 2 节长约等于宽，

第 3 节 1.3 倍于第 4 节长，第 8 节长宽比等于 2。后胸淡膜区间距 0.4 倍于淡膜区长径；前足胫节内距具低弱膜叶，膜叶厚度小于端距中部厚度 1/3，端缘弧形，无顶角（图 3-554G）；爪内齿明显（图 3-554D）；前翅 2r 脉位于 2Rs 室外侧 1/4 处，1M 脉与 1m-cu 脉向翅痣明显收敛，1R1+1Rs 室下缘稍短于 2Rs 室长，2Rs 室外下角稍尖出，cu-a 脉中位；后翅臀室柄长 1.6 倍于 cu-a 脉长。锯鞘等长于后足胫节，锯鞘端明显长于锯鞘基，腹缘几乎平直，背缘直，端部宽圆；锯腹片 24 锯刃，节缝刺毛较密集，端部背侧具小型缺口，端部 3 个锯刃无亚基齿（图 3-554C）；中部锯刃具 0–1 个内侧亚基齿，外侧亚基齿 10–11 枚，刃间膜显著倾斜（图 3-554B）。

雄虫：体长 6mm；胸部黑色，前足股节前侧大部分、前足胫节全部、各足跗节大部分浅褐色；背面观后头很短，两侧强烈收缩；爪内齿较短，下生殖板长等于宽，端部截形；抱器长等于基部宽，内角宽大，弯折处近似直角，阳基腹铗内叶中部明显收缩（图 3-554E）；阳茎瓣头叶长方形，端部宽钝，背腹缘近似平直，腹侧无缘齿（图 3-554F）。

分布：浙江（临安）、陕西、湖南。

词源：本种以模式标本采集者之一的姓氏命名。

正模：♀，湖南宜章莽山，1000m，2003.IV.15，肖炜（ASMN）。副模：1♀，陕西佛坪大古坪，1320m，2006.IV.28，何末军；1♂，浙江龙泉凤阳山黄茅尖，27.893°N、119.186°E，1935m，2018.V.16，李泽建、刘萌萌（ASMN）。

鉴别特征：本种与多刃真片叶蜂 Eutomostethus multiserrus Wei, 1997 近似，但颚眼距显著，宽 0.4 倍于单眼直径；后颊脊长，伸至后眶上部；前足胫节内距膜叶极低弱；前翅 1M 脉与 1m-cu 脉明显收敛，2Rs 室长于 1R1+1Rs 室之和；后足基跗节大部分白色；锯腹片 24 锯刃，倾斜突出，中部锯刃齿式 1–2/9–11；阳茎瓣头叶长方形，腹缘无齿等，与之差别显著。

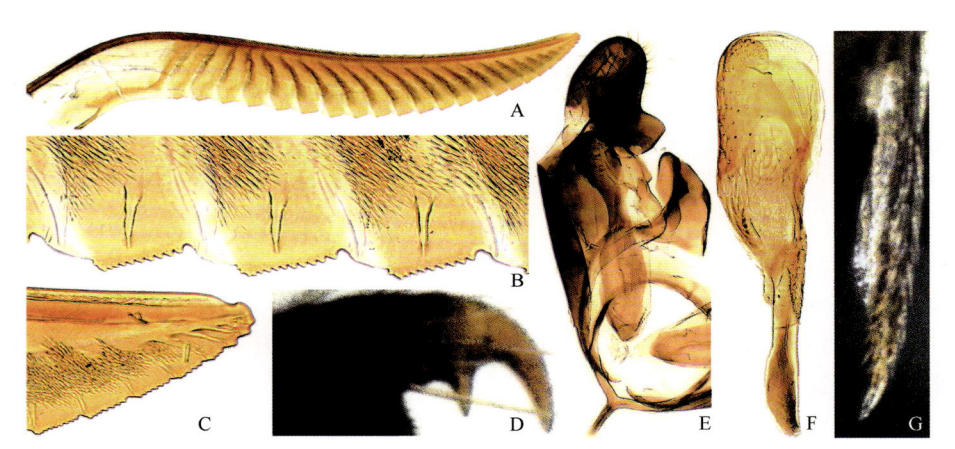

图 3-554 何氏真片叶蜂，新种 Eutomostethus hei Wei, sp. nov.
A. 锯腹片；B. 锯腹片第 7–9 锯刃；C. 锯腹片端部；D. 爪；E. 生殖铗；F. 阳茎瓣；G. 前足胫节内距

（560）湖南真片叶蜂 Eutomostethus hunanicus Wei & Ma, 1997（图 3-555）

Eutomostethus hunanicus Wei & Ma, in Xiao, Ma & Wei, 1997: 8, 10.

主要特征：雌虫体长 8.0mm；体和足全部黑色，具光泽，腹部背面具显著青蓝色光泽；体毛棕黑色；翅浅烟褐色，翅痣和翅脉黑褐色；头、胸部光滑，近小盾片后缘具细小模糊刻点；腹部背板具明显的微细刻纹，光泽稍弱；唇基前缘平截，颚眼距稍窄于单眼半径；背面观后头较短，两侧平行或微收缩；后颊脊低弱，伸至后眶中部以下；中窝较宽深，上眶宽平，额区小，额脊前部半开放；侧沟宽深，向后稍分歧；单眼后区高出单眼面，宽大于长，POL：OOL = 0.9：1.4；触角短于头、胸部之和，明显长于头宽，第 2 节长稍大于宽，第 3 节为第 4 节的 1.4 倍，第 8 节长宽比明显小于 2；前足胫节内距具明显膜叶；爪内齿微小，中位；前翅 1M 脉与 1m-cu 脉稍收敛，1R1+1Rs 室等长于 2Rs 室，cu-a 脉中位；产卵器稍长于后足跗节，鞘端长于鞘基，端部稍突出；锯腹片 24 节，锯刃近三角形凸出，齿式为 1/4，内侧亚基齿模糊，外侧亚基齿显著（图 3-555C）。雄虫体长 6–7mm；后头很短，两侧强烈收缩，复眼内缘向下强烈收敛，间距狭窄；抱器长等于宽，基部内侧明显凸出；阳茎瓣头叶稍宽，表面无网状花纹，多小瘤突，端部圆钝，背腹缘均无明显缺口，腹侧下半部具细小缘齿（图 3-555E）。

分布：浙江（临安、龙泉）、陕西、江西、湖南、广东、广西、重庆、贵州。

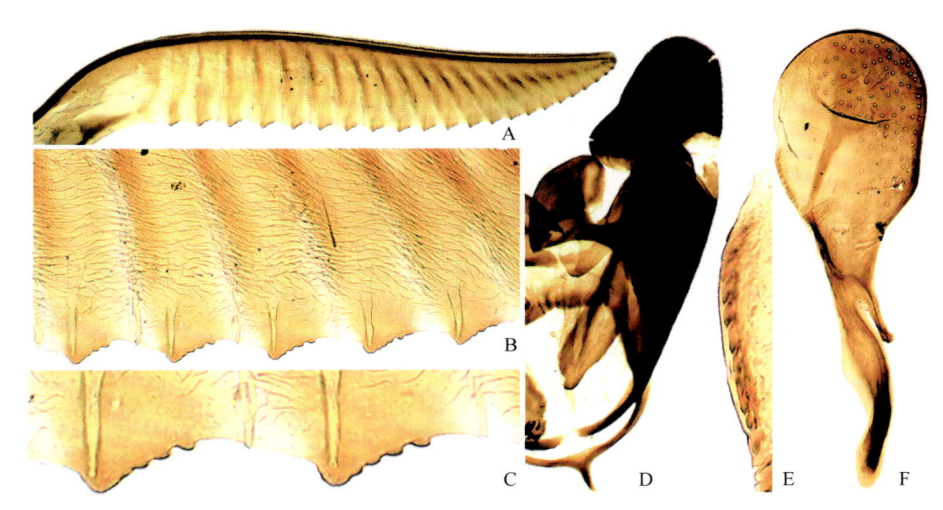

图 3-555　湖南真片叶蜂 *Eutomostethus hunanicus* Wei & Ma, 1997
A. 锯腹片；B. 锯腹片第 7–11 锯节；C. 锯腹片第 8–9 锯刃；D. 生殖铗；E. 阳茎瓣腹缘细齿；F. 阳茎瓣

（561）狭瓣真片叶蜂 *Eutomostethus katonis* (Takeuchi, 1929)（图 3-556）

Tomostethus katonis Takeuchi, 1929a: 83.
Eutomostethus katonis: Wei & Nie, 2002b: 836.

主要特征：雌虫体长 7.0–7.5mm；体和足黑色，前胸背板、中胸除附片和侧板下部 1/3 外全部红褐色；前翅显著烟褐色，翅痣和翅脉黑色；头部背侧细毛暗褐色，胸部背侧细毛浅褐色，侧板细毛银色；体光滑，无刻点和刻纹，光泽强；唇基端部截形，颚眼距约等长于单眼直径 1/4；后颊脊较低，伸至后眶上端；复眼较大，内缘向下强烈收敛，间距稍窄于复眼长径；额区近圆形，中部具宽纵沟，前端开放，侧脊宽平；中

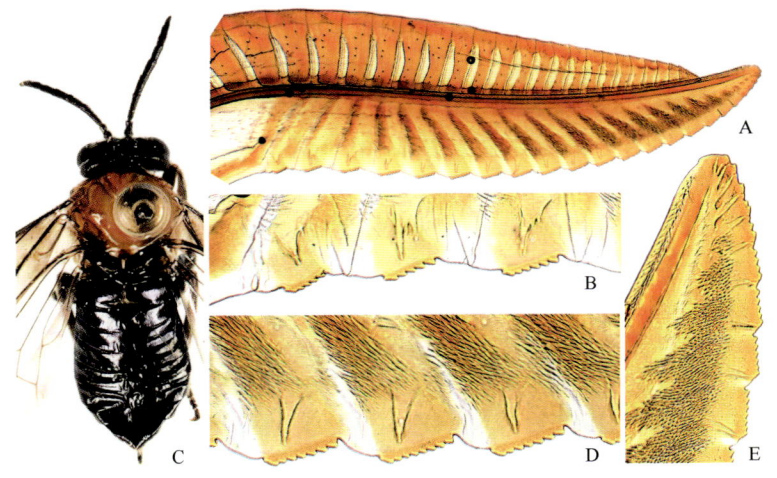

图 3-556　狭瓣真片叶蜂 *Eutomostethus katonis* (Takeuchi, 1929) 雌虫
A. 锯背片和锯腹片；B. 锯腹片第 1–3 锯刃；C. 成虫；D. 锯腹片第 7–9 锯刃；E. 锯腹片端部锯节

窝宽大，底部平坦；单眼中沟宽深，后沟细弱；单眼后区稍隆起，长宽比为1.6；侧沟宽深，明显弯曲，向后稍分歧；背面观后头短于复眼1/3长，两侧明显收缩；触角短于前翅C脉，第2节长大于宽，第3节1.3倍长于第4节，第8节长宽比稍小于2，第9节长宽比小于3；前足胫节内距完全无膜叶；后足胫节明显长于跗节，基跗节稍短于其后4节之和；爪较长，内齿稍倾斜，约等长于爪轴厚度；前翅1M脉与第1m-cu脉向翅痣稍收敛，2Rs室微长于1R1+1Rs室，基臀室不封闭；后翅臀室柄1.5–1.7倍于cu-a脉长；锯鞘稍短于后足胫节；锯腹片22锯刃，外侧刺毛带状，中部锯刃稍突出倾斜，锯刃齿式1/6–7，刃间膜鼓凸，强烈倾斜。雄虫未知。

分布：浙江（临安）、湖南、福建、台湾。

本种在海南的分布记录（魏美才和聂海燕，2002b）是尖峰真片叶蜂 *E. tienfangiensis* Haris, 2000 的错误鉴定。

（562）泽建真片叶蜂，新种 *Eutomostethus lizejiani* We, sp. nov.（图3-557）

雌虫：体长6mm。体和足黑色，仅前足股节前侧部分褐色；体毛黑褐色；翅浓烟褐色，翅痣和翅脉黑褐色。

头部背侧凹部具细弱小刻点，唇基和内眶散布少许刻点，额区和中窝无明显刻纹，后头边缘具稀疏模糊细刻点，仅单眼间区域具细刻纹；腹部背板具显著细刻纹，但不密集，表面有弱蓝色光泽。

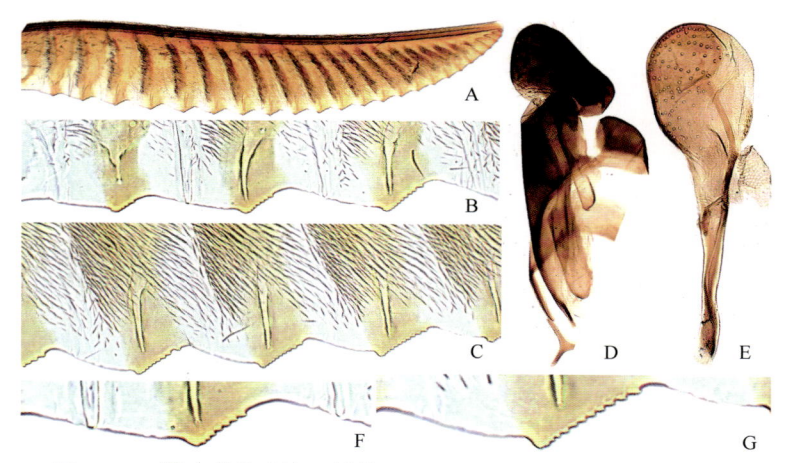

图3-557　泽建真片叶蜂，新种 *Eutomostethus lizejiani* Wei, sp. nov.
A. 锯腹片；B. 锯腹片第1–3锯刃；C. 锯腹片第7–9锯刃；D. 生殖铗；E. 阳茎瓣；F. 第1锯刃；G. 第9锯刃

唇基前缘弧形微弱凸出，颊眼距细线状；复眼内缘向下强烈收敛，下缘间距稍宽于复眼长径；触角窝上突和中窝侧壁圆钝隆起，中部几乎不下沉，中窝宽深，底部圆，前侧中间具一低弱纵脊；侧窝较宽，前侧开放；额区五边形，额侧脊长，前侧边短，无前缘脊，中部稍凹；OOL：POL：OCL=13：7：8，单眼中沟和后沟模糊；单眼后区明显隆起，最高处位于中部，约等高于单眼顶面，宽长比为2.2；侧沟宽深，互相平行；背面观后头等长于复眼1/2，两侧微弱收缩；后眶圆，向上逐渐加宽，最宽处约2倍于单眼直径，后颊脊低弱，伸至后眶中部偏下；触角明显短于头、胸部之和，第2节长微大于宽，第3节长为第4节的1.4倍，第8节长宽比稍小于2，第9节约等长于第8节，长宽比稍大于2；前足胫节内距无膜叶，后足胫节稍长于跗节，基跗节稍长于2–4跗分节之和；爪内齿微小，中位，明显短于爪轴厚度；前翅2r脉位于2Rs室外侧1/4，1M脉与1m-cu脉向翅痣微弱收敛，1R1+1Rs室稍长于2Rs室，cu-a脉近中位，基臀室不封闭；后翅臀室柄1.3倍长于cu-a脉；锯鞘微弱短于后足胫节，鞘端宽大，长于鞘基，背缘直，腹缘弧形；锯腹片中部微弱较宽，24锯节，节缝刺毛密集带状（图3-557A）；锯刃明显突出，内侧无亚基齿，外侧亚基齿细小，中基部刃间膜长且显著倾斜（图3-557B、C）。

雄虫：体长5.5mm；复眼大，强烈突出，下缘间距窄于复眼长径；颊眼距缺如，单眼中沟和后沟明显，背面观后头很短，两侧强烈收缩；下生殖板长约等于宽，端部圆钝；抱器宽稍大于长，内腹角宽大突出（图 3-557D）；阳茎瓣柄部长，头部宽椭圆形，端部圆，腹侧下部具一列细小缘齿（图 3-557E）。

分布：浙江（临安、丽水）、河南、陕西。

词源：本种以模式标本采集者之一的姓氏命名。

正模：♀，浙江临安西天目山禅源寺，30.322°N、119.443°E，362m，2015.IV.10，李泽建（ASMN）。

副模：1♀，浙江丽水莲都区丽水市林科院，28.464°N、119.901°E，68m，2016.III.3–10，李泽建，马氏网（ASMN）。

鉴别特征：本种与河南、陕西分布的狭突真片叶蜂 Eutomostethus lineituberculus Wei & Niu, 2009 非常近似，但两性触角窝上突中部不凹，单眼后区宽长比稍大于 2；腹部背板具弱蓝色光泽，无紫色光泽，刻纹较弱；雌虫前翅 2r 脉交于 2Rs 室亚端部，锯腹片节缝刺毛更密集，阳茎瓣头叶较窄，椭圆形，端部背腹缘均非钝角状，腹缘齿列仅位于下端，柄部较长等，与该种不同。

（563）高顶真片叶蜂，新种 *Eutomostethus litaoi* Wei, sp. nov.（图 3-558）

雌虫：体长 7mm。头部和触角黑色，无蓝色光泽；胸部红褐色，前胸侧板和腹板、小盾片后缘 1/4、附片、后胸背板、中胸前侧片腹侧 1/3、后下侧片后缘、后胸侧板全部黑色；腹部黑色，无蓝色光泽；足黑色，前中足股节端部、后足股节背侧中端部、前中足胫节大部分、中足基跗节、后足胫节和基跗节全部黄白色，后足第 2 跗分节和后足转节部分浅褐色；头部背侧细毛暗褐色，胸部细毛银色；翅弱烟灰色，翅痣和翅脉黑褐色。

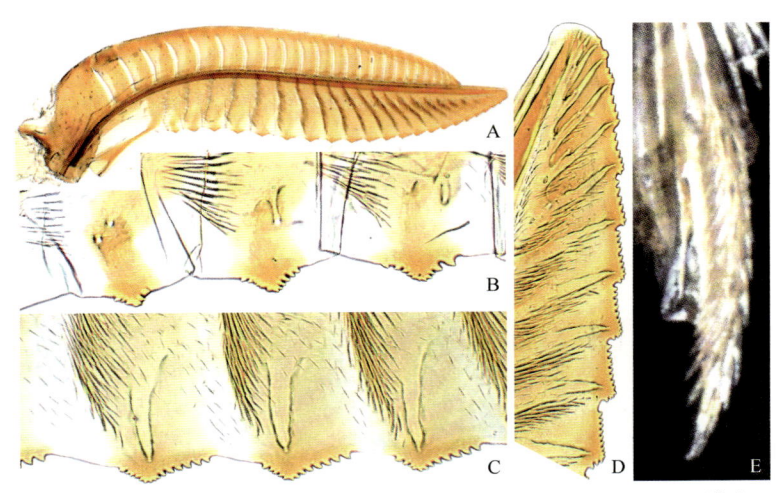

图 3-558 高顶真片叶蜂，新种 *Eutomostethus litaoi* Wei, sp. nov. 雌虫
A. 锯背片和锯腹片；B. 锯腹片第 1–3 锯刃；C. 锯腹片第 7–9 锯刃；D. 锯腹片端部锯刃；E. 前足胫节内距

体大部分光滑，具强光泽；头部背侧隆起部光滑，无明显刻纹和刻点，沟底具细小刻点，后眶和后头后缘、小盾片两侧和后部具粗大密集刻点，腹部背板无刻纹；体毛短。

唇基前缘平截，颚眼距细线状；中窝宽深，底部具宽低纵脊，中窝侧壁宽；额区小，亚圆形，额脊宽圆，单眼中沟宽深，后沟细浅；单眼后区明显隆起，高于单眼面，宽约 2 倍于长，侧沟宽深，向后几乎不分歧；后颊脊显著，伸至上眶后缘；复眼大，内缘向下收敛，间距几乎等宽于复眼长径；POL：OOL：OCL=4：6：5；头部背面观短，两侧明显收缩；触角短于头、胸部之和，第 2 节长明显大于宽，第 3 节 1.5 倍于第 4 节长，第 8 节长宽比稍小于 2。后胸淡膜区大，间距 0.6 倍于淡膜区长径；前足胫节内距膜叶宽度约等于端距中部 1/2 宽，端部方角形（图 3-558E）；后足胫节长于跗节，爪内齿明显，短于爪轴中部厚度；前翅 2r 脉位于 2Rs 室外侧 1/4 处，1M 脉与 1m-cu 脉明显收敛，1R1+1Rs 室约等长于 2Rs 室，2Rs 室外下角稍尖出，cu-a 脉交于 1M 室外侧 0.4 处，基臀室不封闭；后翅臀室柄长 1.8 倍于 cu-a 脉长。锯鞘稍短于后足胫节，锯鞘端明显长于锯鞘基，腹缘弧形，背缘直，端部窄圆；锯腹片 24 锯刃，节缝刺毛较密集（图 3-558A）；基部锯刃三角形突出（图 3-558B），中部锯刃矮三角形突出，锯刃齿式 5–6/8–9，刃间膜直，稍倾斜（图 3-558C）；

端部锯刃连续，具明显亚基齿，亚端部刃间膜短小，圆形凹入（图 3-558D）。

雄虫：未知。

分布：浙江（临安）、湖南。

词源：本种以正模标本采集人姓氏命名。

正模：♀，浙江临安天目山禅源寺，30°19.30′N、119°26.58′E，362m，2015.IV.12，李涛（ASMN）。副模：1♀，数据同正模；1♀，湖南大围山春秋坳，28°25.734′N、114°06.407′E，海拔 1300m，2010.V.3，姚明灿；1♀，湖南大围山栗木桥，28°25.520′N、114°05.198′E，海拔 980m，2010.IV.30，姚明灿（ASMN）。

鉴别特征：本种与条刻真片叶蜂 E. vegetus (Konow)比较近似，但本种后颊脊显著，伸至上眶后缘；单眼后区强隆起，高于单眼面；小盾片红褐色，后部 1/4 黑色，后部 1/3 具多列密集刻点；中胸前侧片上部 2/3 红褐色；锯腹片端部 4 个锯刃具显著亚基齿，亚端部刃间膜短小，圆形凹入等，可以鉴别。

（564）长齿真片叶蜂 *Eutomostethus longidentus* Wei, 2003（图 3-559）

Eutomostethus longidentus Wei, *in* Wei & Nie, 2003c: 140.

主要特征：雌虫体长 6.5–7.0mm；体和足黑色，具强光泽；翅深烟褐色，翅痣和翅脉黑色；体毛黑褐色；体光滑，无明显刻点，腹部背板高度光滑；唇基端部截形，颚眼距线状，复眼大，内缘向下强烈收敛，间距稍窄于眼高。后眶上部宽稍窄于单眼直径 2 倍，后颊脊伸至复眼上缘后部；中窝宽深，稍大于侧窝；额区微隆起，额脊宽钝平滑，无前缘脊，额侧沟发达；单眼后区中部明显隆起，宽长比为 1.5；侧沟深，亚平行；后头稍长于复眼 1/3，两侧明显收缩；触角短于前翅 C 脉，第 2 节长显著大于宽，第 3 节 1.5 倍长于第 4 节；前足胫节内距具显著膜叶；爪较小，内齿微小，端齿较长且斜；前翅 1M 脉与 1m-cu 脉向翅痣稍收敛，2Rs 室稍长于 1R1+1Rs 室，cu-a 脉位于 M 室中部偏外侧；后翅臀室柄约 1.5 倍长于 cu-a 脉；锯鞘稍短于后足胫节，鞘端显著长于鞘基；锯腹片 23 刃，中部锯刃刃间段短小，端部锯刃连接；中部锯刃具 1–2 个内侧亚基齿和 7–9 个外侧亚基齿，锯刃近平直，亚基齿较大。雄虫体长 5.0–5.5mm；复眼下缘间距短于眼高，后头很短，两侧强烈收缩，后眶狭窄，颚眼距缺如；下生殖板端部钝截形；抱器见图 3-559E，阳茎瓣见图 3-559D。

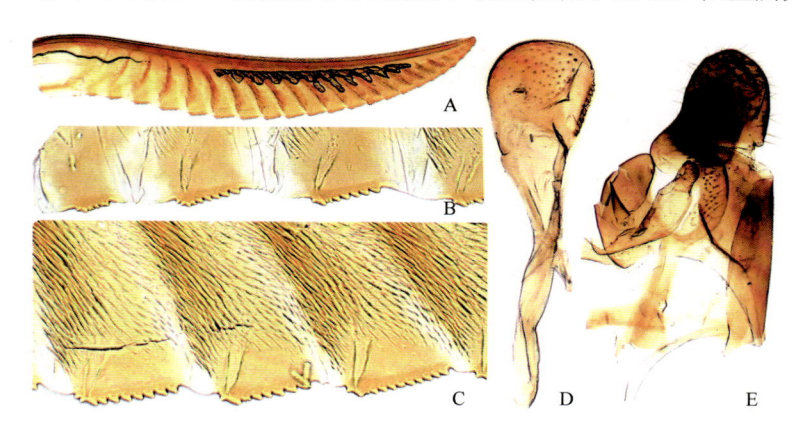

图 3-559 长齿真片叶蜂 *Eutomostethus longidentus* Wei, 2003
A. 锯腹片；B. 锯腹片第 1–3 锯刃；C. 锯腹片第 7–9 锯刃；D. 生殖铗；E. 阳茎瓣

分布：浙江（杭州、丽水、遂昌、松阳、龙泉）、河北、河南、安徽、江西、湖南、福建、广西、四川、贵州。

寄主：毛竹。

（565）斑鳞真片叶蜂，新种 *Eutomostethus maculitegulatus* Wei, sp. nov.（图 3-560）

雄虫：体长 5mm。体黑色，具弱蓝色光泽；翅基片外缘黄褐色；足黑色，各足基节端缘、前中足转节部分、后足转节、各足股节末端、各足胫节大部分、基跗节大部分黄褐色；翅均匀烟褐色，翅痣和翅脉黑褐色；体毛银褐色。

唇基和颜面具细弱刻点，额区前部、中窝和侧窝具弱刻纹；前胸背板和中胸背板前部、小盾片后缘具模糊刻点；腹部背板高度光滑，无刻纹。体毛短于单眼直径。

唇基端部截形，颚眼距线状；复眼大，内缘向下强烈收敛，间距约等于复眼高的2/3；后颊脊延伸至后眶上端，等高于复眼背缘；中窝宽大且深，大于侧窝2倍，底部无明显中脊；侧窝深，宽沟形；额区短桶形，明显隆起，额脊宽钝，前缘脊窄，开放；无中单眼前凹；额侧沟发达；单眼中沟深短，后沟细；单眼后区隆起，稍高于单眼面，宽长比为2；侧沟宽深且直，互相平行；背面观后头极短，两侧强烈收缩；触角微短于头、胸部之和，第1节长稍大于宽，第2节长约等于宽，第3节长1.3倍于第4节，鞭节粗壮，末端稍尖，端部4节不明显短缩，第8节长宽比等于2。中胸小盾片平坦，后胸淡膜区横宽，淡膜区间距0.4倍于淡膜区长径；胸腹侧片缝深沟状；前足内胫距具狭窄的高位膜叶，膜叶端部低弧形；后基跗节稍长于其后3节之和；爪小型，内齿微小，约为爪轴厚度的1/2；前翅1M脉与1m-cu脉向翅痣稍收敛，2Rs室稍长于1R1室与2Rs室之和，端臀室与柄长之比为7：6，cu-a脉位于M室中部或稍偏外侧；后翅臀室柄2–2.2倍于cu-a脉长；下生殖板长稍大于宽，端部钝截形；抱器长等于基部宽，基腹角强烈内突，副阳茎窄高（图3-560E）；阳茎瓣头叶较窄，背缘直，腹缘弧形突出，端部圆钝，腹侧无缘齿，斜脊显著（图3-560F）。

雌虫：体长6.3mm；体色类似于雄虫，但后足股节大部分黄白色，中部黑褐色；颚眼距宽线状，复眼内缘间距微宽于复眼长径；触角较细长，第9节很细，明显长于第8节，长宽比约等于4；爪内齿稍短于爪轴厚度；锯鞘稍短于后足胫节，鞘端较窄，长于鞘基；锯腹片20锯刃，刺毛密集，端缘截形（图3-560A、D）；锯刃倾斜突出，亚基齿较粗大；纹孔1个，指向锯刃中部，裸区亚方形，长约等于高（图3-560C）。

分布：浙江（龙泉）、福建。

词源：本种翅基片内侧黑色，外侧黄褐色，以此命名。

正模：♂，副模：5♂，浙江凤阳山西岔村，27°53.08′N、119°12.82′E，1168m，2008.VIII.1，蒋晓宇、熊正燕；1♀1♂，LSAF18054，浙江龙泉凤阳山凤阳湖，27.871°N、119.180°E，2018.VI.15，李泽建、刘萌萌、姬婷婷；1♂，福建武夷山，2002.V.11，姜吉刚（ASMN）。

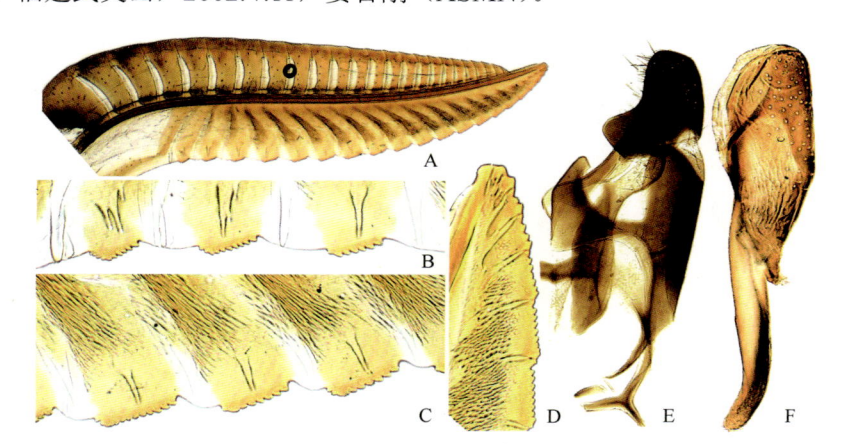

图3-560 斑鳞真片叶蜂，新种 *Eutomostethus maculitegulatus* Wei, sp. nov.
A. 锯背片和锯腹片；B. 锯腹片第1–3锯刃；C. 锯腹片第7–9锯刃；D. 锯腹片端部；E. 生殖铗；F. 阳茎瓣

鉴别特征：本种与 *E. albicomus* Wei, 2002 近似，但后颊脊发达，伸至后眶上端；翅基片外侧黄褐色；锯腹片锯刃明显倾斜，亚基齿较少；雄虫抱器内缘强弯折，副阳茎窄高；阳茎瓣腹缘无明显的缘齿等，与该种不同。本种锯腹片、抱器和阳茎瓣构型均较类似何氏真片叶蜂 *Eutomostethus hei* Wei, sp. nov.，但后者雌虫胸部红褐色，两性翅基片一色，后足转节黑色，阳茎瓣头叶更窄，抱器腹内角更长。

(566) 斑胸真片叶蜂，新种 *Eutomostethus maculothoracicus* Wei, sp. nov.（图 3-561）

雌虫：体长 6.0–6.5mm。体黑色，中胸背板前叶两侧条斑和侧叶内侧三角形斑暗红褐色；足黑色，各足股节端部、胫节除末端外黄白色，基跗节部分浅褐色；前翅弱烟褐色，端部和后翅几乎透明，翅痣和翅脉黑褐色。体毛暗褐色，鞘毛浅褐色。

体大部分光滑，小盾片后缘和两侧具粗大稀疏刻点，后眶、上眶和单眼后区后缘一线刻点粗糙密集，唇基具稀疏小刻点，颜面和头部背侧凹部与沟底具细小刻点和刻纹，侧板和腹部背板光滑。

唇基端部截形，颚眼距线状但十分明显；后眶最宽处 1.9 倍于中单眼直径，后颊脊显著，伸达上眶后缘；复眼较大，内缘向下显著收敛，间距微大于眼高；中窝宽深，底部具纵脊；额区圆形，额脊宽钝，明显隆起，前缘额脊中部细低，额盆明显下沉，中单眼前凹模糊；单眼中沟深圆，后沟浅细；单眼后区隆起，最高点位于前部，宽长比等于 2；侧沟深，稍弯曲，向后稍分歧；背面观后头约等长于复眼 1/3，两侧明显收缩。触角较细，等长于前翅 Sc+R 脉，第 2 节长 1.5 倍于宽，第 3 节 1.5 倍于第 4 节长，第 8 节长宽比约等于 1.9，第 9 节显著长于第 8 节，长宽比稍小于 3。胸腹侧片较宽，明显隆起，胸腹侧片缝深沟状；前足胫节内距具显著膜叶，膜叶端部角状；后足胫节稍长于跗节，基跗节微长于其后 3 节之和；爪内齿微小，显著短于爪轴厚度；前翅 1M 脉与 1m-cu 脉几乎平行，2Rs 室几乎等长于 1R1+1Rs 室，端臀室明显长于柄部，cu-a 脉中位外侧，基臀室不封闭；后翅臀室柄约等长于 cu-a 脉 2 倍。锯鞘侧面观明显短于后足胫节，鞘端稍长于鞘基，腹缘弧形，背缘直；锯腹片 20 刃，末端稍钝，光裸无毛，节缝刺毛带较窄，互相远离；中基部锯刃突出，齿式为 4–5/5–8，纹孔贴近锯刃端部，周围裸区小，7–9 锯刃的刃间膜不短于锯刃外坡长（图 3-561D）。

雄虫：未知。

分布：浙江（临安）。

词源：本种胸部黑色，背板具暗红褐色斑纹，以此命名。

正模：♀，浙江临安天目山仙人顶，30°20′42″N、119°25′42″E，1506m，2016.VI.13，高凯文（ASMN）。副模：1♀，浙江临安天目山仙人顶，30°20′42″N、119°25′42″E，1506m，2016.V.29，李泽建、刘萌萌（ASMN）。

鉴别特征：本种刻点和外生殖器与 *E. tricolor* Malaise 等种类比较近似，但本种胸部主要黑色，淡斑小；锯腹片具 20 锯刃，节缝刺毛带较窄，带间刺毛稀疏等，可以鉴别。

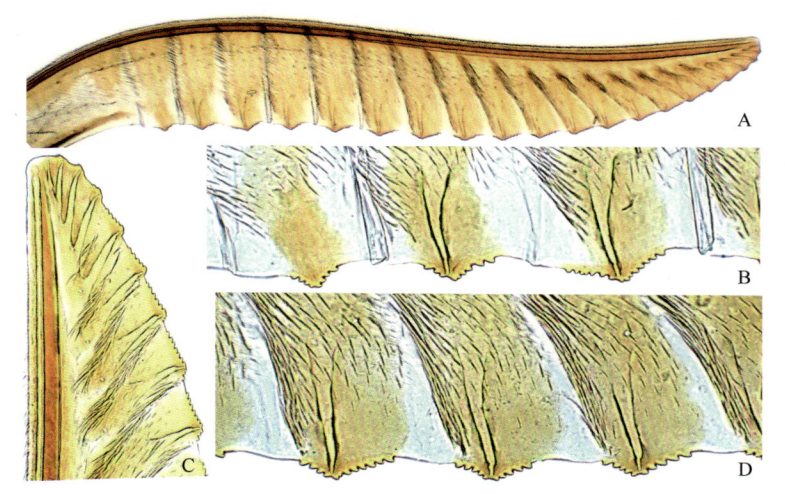

图 3-561 斑胸真片叶蜂，新种 *Eutomostethus maculothoracicus* Wei, sp. nov.
A. 锯锯腹片；B. 锯腹片第 1–3 锯刃；C. 锯腹片端部；D. 锯腹片第 7–9 锯刃

(567) 多刃真片叶蜂 *Eutomostethus multiserrus* Wei, 1997（图 3-562）

Eutomostethus thaianus Togashi, 1988: 114. Nec. Togashi, 1982.

第三章 叶蜂亚目 Tenthredinomorpha · 589 ·

Eutomostethus multiserrus Wei, 1997b: 1595. Name for *E. thaianus* Togashi, 1988.

主要特征：雌虫体长 6–7mm；体黑色，前胸背板、中胸背板前叶和侧叶、小盾片和附片、中胸侧板上部 2/3 红褐色；足黑色，后足转节边缘、各足股节末端、后足股节背侧端半部条斑、前中足胫节外侧大部分、后足胫节除末端外均白色；翅均匀烟灰色，翅痣和翅脉黑褐色；体毛黄褐色，头部背侧毛稍暗；体光滑，唇基和上唇具少许细小刻点，其余部分无明显刻点或刻纹；唇基端部截形，颚眼距缺；复眼间距微大于眼高，后头短，强烈收缩；后颊脊很短，位于后眶下部 1/3；额区小，亚圆形，前侧中部具钝瘤突，额脊宽钝；后单眼间具圆形凹窝；单眼后区明显隆起，高于单眼面，宽长比约等于 1.8；侧沟深直，互相平行；触角等于头、胸部之和，第 2 节长大于宽，第 3 节 1.6 倍于第 4 节长，第 8 节长宽比稍小于 2；前足胫节内距具明显的锐利膜叶，端部尖锐（图 3-562D）；后足胫节长于跗节，后基跗节稍长于其后 3 跗分节之和；爪内齿微小、中位；前翅 1M 脉与 1m-cu 脉向翅痣稍收敛，2Rs 室稍长于 1R1 室与 2Rs 室之和，cu-a 脉位于 M 室中部偏外侧，基臀室端部几乎封闭；后翅臀室柄 1.5 倍于 cu-a 脉长；锯鞘明显短于后足胫节，鞘端长于鞘基；锯腹片具 25–26 锯刃，节缝刺毛较稀疏，锯刃明显突出。雄虫未知。

分布：浙江（丽水）、湖南、云南；泰国。

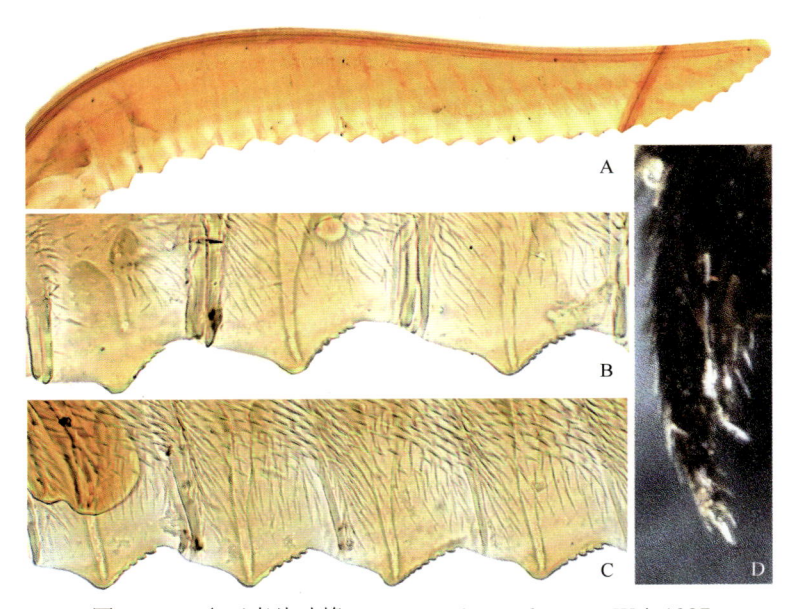

图 3-562 多刃真片叶蜂 *Eutomostethus multiserrus* Wei, 1997
A. 锯腹片；B. 锯腹片第 1–3 锯刃；C. 锯腹片第 7–10 锯刃；D. 前足胫节内距

（568）黑足真片叶蜂 *Eutomostethus nigripes* Wei, 2003（图 3-563）

Eutomostethus nigripes Wei, in Wei & Nie, 2003c: 142.

主要特征：雌虫体长 9–10mm；体黑色，前胸背板、中胸除附片和腹板中部黑褐色外均红褐色；体毛暗褐色；翅深烟褐色，翅痣和翅脉黑褐色；体光滑，小盾片后缘和两侧、上眶和后眶、唇基具粗大稀疏刻点，颜面具细小刻点，中胸侧板上部具少数小刻点；唇基端部截形，颚眼距线状；后颊脊伸达后眶上端；复眼内缘向下显著收敛，间距稍大于眼高；额区前缘额脊中部具宽深缺口，单眼中沟深，后沟浅细；单眼后区隆起，宽长比为 1.5；侧沟深且弯曲，向后稍分歧；背面观后头 0.4 倍于复眼长径，两侧明显收缩；触角等长于前翅 Sc+R 脉，第 2 节长稍大于宽，第 3 节长 1.3 倍于第 4 节，第 8 节长宽比约为 1.8；前足胫节内距无膜叶；后足胫节显著长于跗节，爪内齿短于爪轴厚度；前翅 1M 脉与 1m-cu 脉近平行，2Rs 室明显长于 1R1+1Rs 室，端臀室与柄部等长，cu-a 脉中位，基臀室不封闭；后翅臀室柄约等长于 cu-a 脉；锯鞘侧面观稍短于后足胫节，鞘端长于鞘基；锯腹片 24 刃，节缝刺毛带互相远离（图 3-563A）；中基部锯刃突出，齿式为 5/7–9；纹孔远离锯刃端部，裸区很高（图 3-563C）。雄虫体长 7mm；复眼间距狭于眼高 1/2，下生殖板端缘亚截形；阳茎瓣头叶宽，端腹侧明显扩大，腹缘齿移向前侧端，十分细小（图 3-563E）；抱器和副阳茎见图 3-563D。

分布：浙江（临安）、安徽、湖北、江西、湖南、福建、广东、广西。

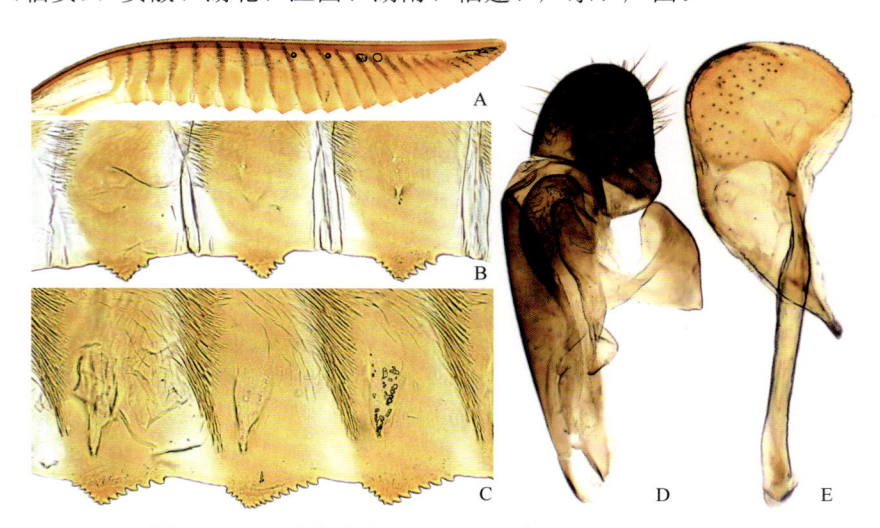

图 3-563　黑足真片叶蜂 *Eutomostethus nigripes* Wei, 2003
A. 锯腹片；B. 锯腹片第 1–3 锯刃；C. 锯腹片第 7–9 锯刃；D. 生殖铗；E. 阳茎瓣

（569）纹瓣真片叶蜂 *Eutomostethus reticulatus* Wei, 2003（图 3-564，图版 XIII-3）

Eutomostethus reticulatus Wei, in Wei & Nie, 2003c: 143

主要特征：雌虫体长 7mm；体和足全部黑色，翅深烟褐色，端部烟色渐浅，翅痣和翅脉黑色，体毛浅褐色，头部细毛黑褐色；体光滑，唇基、后头后侧、小盾片后缘和两侧具十分细小的刻点，腹部背板光滑；唇基端部弱弧形突出，颚眼距线状；后颊脊伸至后眶上部；复眼间距微宽于眼高；中窝宽大，侧窝沟状；额区扁坛形，额脊钝，明显隆起，前缘不开放，中单眼前凹横窝状；单眼后区隆起，宽长比为 1.5；侧沟深宽，向后稍分歧；背面观后头较短，稍长于复眼 1/3，两侧微收缩，后眶最宽处宽于单眼直径 2 倍；触角短于前翅 C 脉，几乎不加粗，第 1、2 节长几乎不大于宽，第 3、4 节长度之比为 1.5，第 8 节长宽比约等于 2；

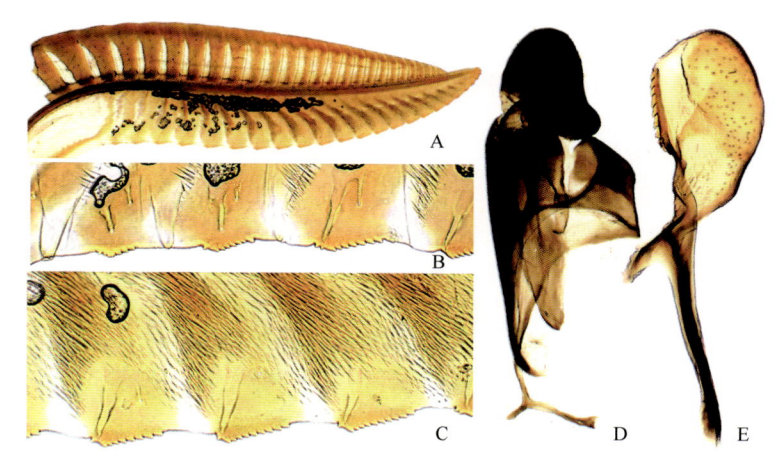

图 3-564　纹瓣真片叶蜂 *Eutomostethus reticulatus* Wei, 2003
A. 锯背片和锯腹片；B. 锯腹片第 1–3 锯刃；C. 锯腹片第 7–9 锯刃；D. 生殖铗；E. 阳茎瓣

第三章 叶蜂亚目 Tenthredinomorpha

前足胫节内距具显著膜叶，爪内齿短于爪轴厚度；前翅 1M 脉与第 1m-cu 脉亚平行，2Rs 室等长于 1R1+1Rs 室，基臀室不封闭；后翅臀室柄 1.7–1.9 倍于 cu-a 脉长；锯鞘约等长于中足胫节，鞘端微长于鞘基，侧面观端部窄圆；锯腹片 23 刃，末端背缘短钩状突出，节缝刺毛密集带状；中部锯刃平坦，齿式为 0–1/6–7。雄虫体长 5.5–6.0mm；复眼间距狭于眼高，触角较细；阳茎瓣体宽长，背缘鼓凸，腹缘齿粗大，约 10 枚，瓣体表面具密集网状纹，侧突长（图 3-564E）。

分布：浙江（临安、松阳）、安徽、福建。

（570）皱颜真片叶蜂 *Eutomostethus rugosulus* Wei, 2003（图 3-565）

Eutomostethus rugosulus Wei, *in* Wei & Nie, 2003c: 141.

主要特征：雌虫体长 6.0mm；体黑色，前胸背板、中胸背板前叶和侧叶、中胸前侧片上部 2/3 和后上侧片红褐色；足黑色，仅前足胫节前缘污褐色；体毛黄褐色，头部细毛暗褐色；翅透明，烟色微弱，翅痣和翅脉黑褐色；体光滑，小盾片后部、后眶和上眶后缘散布较粗大刻点，颜面特别是侧窝具细密刻纹；唇基截形，颚眼距线状；复眼内缘向下显著收敛，间距稍狭于眼高；后颊脊延伸至上眶后端，上端较低弱；额区三角形，低平，前缘脊细低，侧脊宽平，中单眼前凹小且深；单眼后沟显著，中沟宽深；单眼后区隆起，宽长比约为 1.6；侧沟深，微弯曲，向后稍分歧；背面观后头短且显著收缩；触角丝状，约等于前翅 Sc+R 脉，第 2 节长明显大于宽，第 3 节 1.3 倍长于第 4 节，第 8 节长宽比小于 1.5；前足胫节内距具端部尖锐的膜叶，后基跗节显著短于其后 4 节之和；爪内齿微小；前翅 1M 脉与 1m-cu 脉平行，2Rs 室等长于 1R1+1Rs 室，端臀室与柄部等长，cu-a 脉位于中室中部外侧；后翅臀室柄稍短于 cu-a 脉 2 倍；锯鞘稍短于后足胫节，鞘端长于鞘基，侧面观较短宽；锯腹片 23 刃，刺毛带状，基部锯刃强烈倾斜，中部锯刃突出，齿式为 3–4/6–7。雄虫未知。

分布：浙江（临安、舟山、丽水）、福建。

寄主：毛竹。

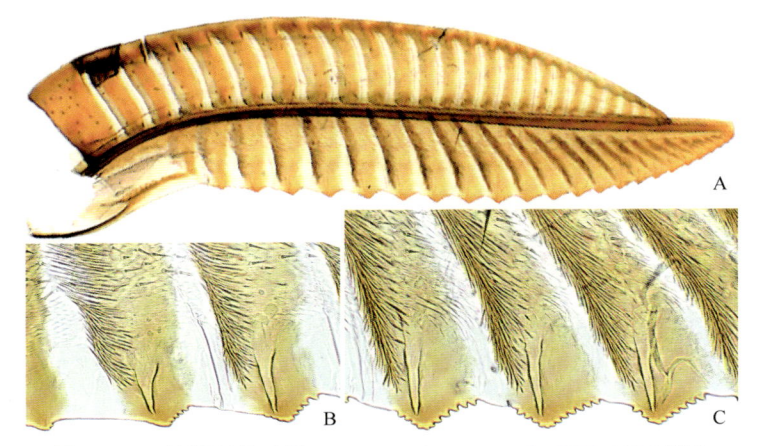

图 3-565 皱颜真片叶蜂 *Eutomostethus rugosulus* Wei, 2003 雌虫
A. 锯背片和锯腹片；B. 锯腹片第 1–3 锯刃；C. 锯腹片第 7–9 锯刃

（571）天目真片叶蜂，新种 *Eutomostethus tianmunicus* Wei, sp. nov.（图 3-566）

雌虫：体长 5.5mm。体和足黑色，各足股节端部、胫节除末端外黄白色，后足转节和基跗节部分黄白色；前翅烟褐色，翅痣和翅脉黑褐色。体毛暗褐色，鞘毛浅褐色。

体大部分光滑，小盾片后缘和两侧具粗大稀疏刻点，后眶、上眶和单眼后区后缘一线刻点粗糙密集，颜面和头部背侧凹部与沟底具细小刻点和刻纹，侧板和腹部背板光滑。

唇基端部截形，颚眼距线状但明显；后眶最宽处 1.6 倍于中单眼直径，后颊脊显著，伸达上眶后缘；

复眼较大，内缘向下明显收敛，间距微大于眼高；中窝宽深，底部具瘤突；额区圆形，额脊宽钝，明显隆起，前缘开放，额盆明显下沉，中单眼前凹模糊；单眼中沟深圆，后沟浅细；单眼后区隆起，最高点位于前部，宽长比等于2；侧沟深，稍弯曲，向后稍分歧；背面观后头约等长于复眼1/4，两侧明显收缩。触角较细，等长于前翅Sc+R脉，第2节长1.5倍于宽，第3节1.4倍于第4节长，第8节长宽比约等于1.7，第9节显著长于第8节，长宽比约等于2.5。胸腹侧片稍窄，明显隆起，胸腹侧片缝深沟状；前足胫节内距具显著膜叶，膜叶端部角状；后足胫节明显长于跗节，基跗节微长于其后3节之和；爪内齿微小，显著短于爪轴厚度；前翅1M脉与1m-cu脉向翅痣稍收敛，2Rs室几乎等长于1R1+1Rs室，端臀室等长于柄部，cu-a脉中位外侧位，基臀室不封闭；后翅臀室柄约等长于cu-a脉2倍。锯鞘侧面观明显短于后足胫节，鞘端宽，长于鞘基，腹缘弧形，背缘直；锯腹片20刃，末端稍钝，光裸无毛，节缝刺毛带较窄，互相远离（图3-566A）；基部锯刃突出，齿式为4–5/4–6（图3-566B），中部锯刃齿式为4–5/7–8，纹孔贴近锯刃端部，周围裸区小，第7–9锯刃的刃间膜明显短于锯刃外坡长（图3-566C）。

雄虫：体长4.5mm；体色和刻点与雌虫类似，但后足胫节端部和跗节黑色；复眼下缘间距窄于复眼长径；下生殖板长稍大于宽，端部圆钝；抱器长大于宽，内圆弧形，副阳茎较高（图3-566D）；阳茎瓣头叶较窄长，腹部端部具明显缺口，腹缘齿细小（图3-566E）。

分布：浙江（临安）。

寄主：毛竹。

词源：本种以模式标本产地命名。

正模：♀，浙江西天目山，1994.VI.4，何俊华（ASMN）。副模：1♂，采集数据同正模；1♀，浙江天目山，1988.V.17，何俊华；1♂，浙江西天目山，1990.VI.2–4，何俊华；1♂，浙江天目山，1987.IX.3，樊晋江；1♀5♂，浙江天目山，1987–1988；1♂，浙江安吉龙王山，1500m，1996.V.13，吴鸿；1♀，浙江临安天目山仙人顶，30°20′42″N、119°25′42″E，1506m，2016.V.29，李泽建、刘萌萌；1♀，浙江临安天目山仙人顶，30°20′42″N、119°25′42″E，1506m，2018.VI.12–13，李泽建、刘萌萌、姬婷婷（ACMN）。

鉴别特征：本种与 *E. maculothoracicus* Wei, sp. nov. 非常近似，但本种体型较小，胸部全部黑色，无淡斑，翅色稍深；后眶较狭窄；锯腹片中部锯刃刃间段明显短于锯刃外坡长，可以鉴别。

Wei（2000）曾将本种鉴定为锡金真片叶蜂 *E. sikkimensis* (Forsius, 1931)，这两种体色相同。但 *E. sikkimensis* 的锯腹片具17锯刃，第7–9锯刃各具12枚细小外侧亚基齿，与本种不同。因此，锡金真片叶蜂 *E. sikkimensis* 在中国的分布记录应予以去除。

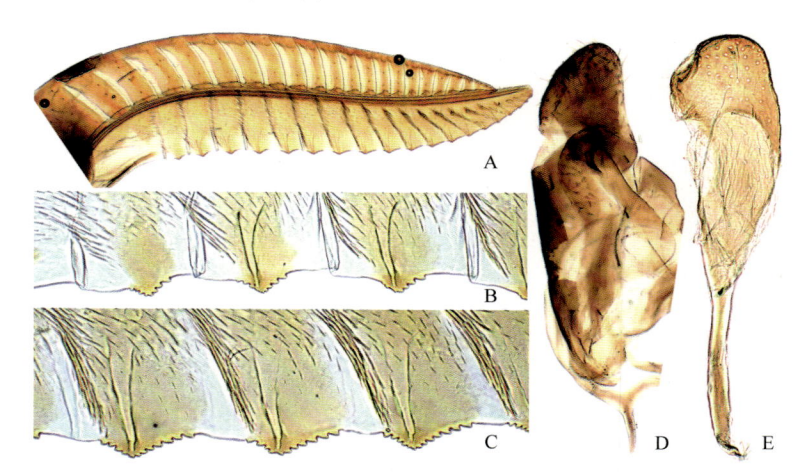

图3-566 天目真片叶蜂，新种 *Eutomostethus tianmunicus* Wei, sp. nov.
A. 锯背片和锯腹片；B. 锯腹片第1–3锯刃；C. 锯腹片第7–9锯刃；D. 生殖铗；E. 阳茎瓣

（572）角额真片叶蜂，新种 *Eutomostethus triangulatus* Wei, sp. nov.（图3-567）

雌虫：体长7mm。体和足黑色，头、胸部细毛黑褐色；翅浅烟褐色，翅痣和翅脉黑色。

体光滑，颜面凹处无细密刻纹，唇基、触角窝上突和额脊具细小刻点，虫体其余部分无明显刻点和刻纹，腹部背板高度光滑。

唇基端部截形，颚眼距线状；复眼较大，内缘向下明显收敛，间距约等宽于复眼长径；后眶上部宽约1.8倍于侧单眼直径，后颊脊上部较低弱，伸至复眼后上侧；中窝宽大，侧窝纵沟形；额区平坦三角形，额脊狭细，较直，向前显著分歧，前缘无脊；中单眼前凹不明显；单眼中沟宽深，后沟细浅；侧沟较深，中部稍外弯，两端微弱收敛；单眼后区稍隆起，不高于单眼面，宽长比约等于1.8；背面观后头约等长于复眼1/3，两侧明显收缩。触角短于前翅Sc+R脉，第2节长几乎不大于宽，基部窄，第3节长1.5倍于第4节，第8节长宽比约等于1.8，第9节几乎不长于第8节。胸腹侧片缝沟状，胸腹侧片隆起；前足胫节内距具端部角状的显著膜叶；后足胫节长于跗节，基跗节明显长于其后3节之和，短于其后4节之和；爪小型，内齿显著，稍短于爪轴厚度；前翅1M脉与1m-cu脉向翅痣微弱收敛，2Rs室稍长于1R1+1Rs室，端臀室等长于柄部，基臀室不封闭，cu-a脉位于M室中部或稍偏外侧；后翅臀室柄1.5–1.8倍于cu-a脉长。锯鞘显著长于中足胫节，稍短于后足胫节，鞘端长于鞘基，背腹缘较直，向端部稍收窄；锯腹片较窄，中基部等宽，23锯刃，刺毛带状（图3-567A），末端背侧具缺口；锯刃几乎平坦，中部锯刃具1对纹孔，端部伸向锯刃亚中部，纹孔域裸区横方形，长稍大于高，锯刃齿式为0–1/9–11，刃间段较长，显著倾斜鼓凸（图3-567C）。

雄虫：体长 5.5–6.2mm；体色与构造类似于雌虫，但复眼间距狭于复眼长径；下生殖板长约等于宽，端部圆钝；抱器长大于宽，基内角稍突出，副阳茎较低矮（图3-567F）；阳茎瓣头叶较宽，背侧圆鼓，腹缘平直（图3-567D），缘齿大，6枚，端部具显著的尖突（图3-567E）。

分布：浙江（临安）。

词源：本种额脊三角形，以此命名。

正模：♀，浙江临安清凉峰龙塘山，30°06.03′N、118°51.42′E，1787m，2011.VI.8，李泽建（ASMN）。**副模**：73♂，数据同正模；2♀，浙江临安清凉峰龙塘山，30°06.37′N、118°53.14′E，1000m，2011.VI.8，魏美才、牛耕耘；10♂，浙江临安清凉峰龙塘山，30°06.98′N、118°52.71′E，1300m，2011.VI.8，魏美才、牛耕耘；1♀，浙江临安清凉峰千顷塘，30°18.03′N、119°07.05′E，1200m，2011.VI.9，魏美才、牛耕耘（ASMN）。

鉴别特征：本种与纹瓣真片叶蜂 *E. reticulatus* 最近似，但额区三角形，侧脊很细，锯腹片中部锯刃具1对纹孔，纹孔端部伸向锯刃中部，刃间段短且明显倾斜鼓凸，阳茎瓣腹缘具6枚左右的端部尖细的缘齿等，与该种不同。

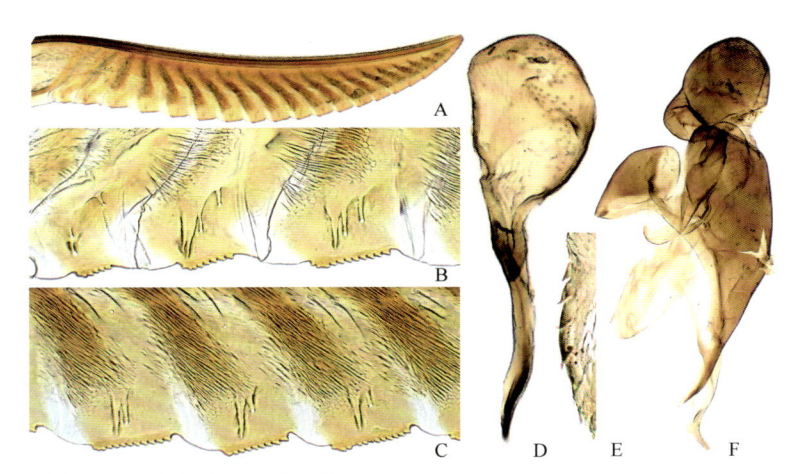

图3-567 角额真片叶蜂，新种 *Eutomostethus triangulatus* Wei, sp. nov.
A. 锯腹片；B. 锯腹片第1–3锯刃；C. 锯腹片第7–9锯刃；D. 阳茎瓣；E. 阳茎瓣腹缘齿；F. 生殖铗

（573）三色真片叶蜂 *Eutomostethus tricolor* (Malaise, 1934)（图3-568）

Tomostethus tricolor Malaise, 1934a: 31.

Eutomostethus hyalinus Takeuchi, 1936: 99.

Eutomostethus occipitalis Wei & Nie, 1998b: 376, 389.

主要特征：雌虫体长 4.5–5.5mm；体黑色，前胸背板、中胸除附片中胸侧板下部外红褐色；足黑色，股节端部、胫节大部分白色，基跗节黑色或部分白色；体毛黄褐色；翅亚透明，烟色很浅，翅痣和翅脉黑褐色；体光滑，小盾片后部和后眶、上眶散布粗大刻点，颜面和额区的凹部具显著细密刻纹；唇基端部截形，颚眼距线状；后颊脊伸至上眶后缘；复眼间距等于眼高；额区亚圆形，额脊宽钝，中单眼前凹小；单眼中沟宽深，后沟细深；单眼后区隆起，宽长比稍小于 2；侧沟短深且直，向后分歧；后头很短，两侧强烈收缩；触角约等长于前翅 Sc+R 脉，第 2 节长大于宽，第 3 节 1.5 倍长于第 4 节，第 8 节长稍大于宽；前足胫节内距具低弱膜叶，端部低钝无角；后足胫节稍长于跗节，爪小型，内齿微小；前翅 1M 脉与 1m-cu 脉向翅痣微收敛，2Rs 室稍短于 1R1+1Rs 室，基臀室不封闭，cu-a 脉位于 M 室中部稍偏外侧；后翅臀室柄 1.7–1.9 倍于 cu-a 脉长；锯鞘明显短于后足胫节，鞘端长于鞘基，锯腹片 16–17 刃，刺毛稍呈带状，中基部锯刃较突出，齿式为 5/13–15。雄虫体长 3.5–4.5mm；胸部黑色，复眼间距狭于眼高；阳茎瓣腹缘齿退化，仅有约 4 枚小齿；瓣体侧面观狭长，中部不凸出。

分布：浙江（临安、舟山、丽水、龙泉）、吉林、辽宁、北京、河北、山西、山东、河南、陕西、甘肃、安徽、湖北、江西、湖南、福建、台湾、广西、重庆、四川、贵州、云南、西藏；俄罗斯（东西伯利亚），韩国，日本。

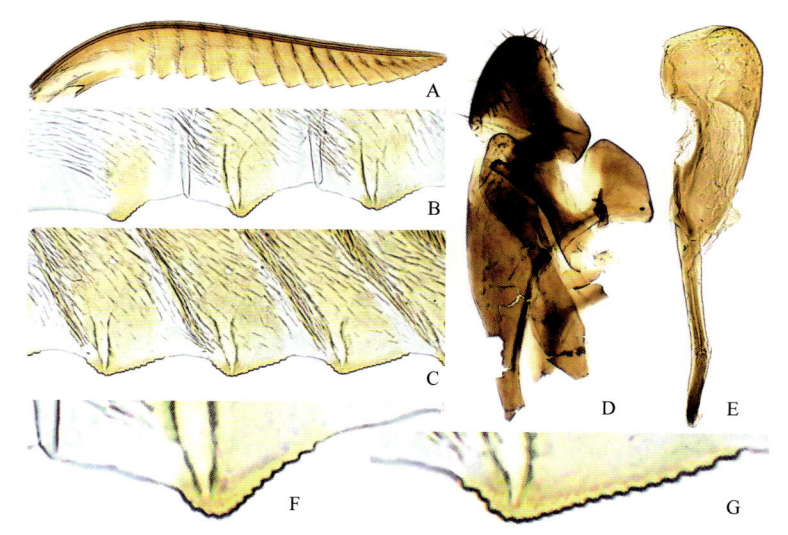

图 3-568 三色真片叶蜂 *Eutomostethus tricolor* (Malaise, 1934)
A. 锯腹片；B. 锯腹片第 1–3 锯刃；C. 锯腹片第 7–9 锯刃；D. 生殖铗；E. 阳茎瓣；F. 第 2 锯刃；G. 第 9 锯刃

（574）条刻真片叶蜂 *Eutomostethus vegetus* (Konow, 1898)（图 3-569）

Tomostethus vegetus Konow, 1898b: 272.
Eutomostethus vegetus: Wei, 2000: 303.

主要特征：雌虫体长 5.5–6mm；体和足黑色，前胸背板、中胸背板除附片外和中胸前侧片上半部红褐色，各足股节端部、胫节除末端外白色；头部细毛暗褐色，胸部细毛黄褐色，翅浅烟灰色，向端部变浅，翅痣和翅脉黑色；体光滑，小盾片后缘具 1–2 列明显刻点，腹部背板光滑；唇基端部亚截形，颚眼距线状；后颊脊低弱，伸至复眼后部 1/2 附近；复眼间距等宽于眼高；中窝宽大；额区亚圆形，额脊较宽钝，前缘开放；无中单眼前凹；侧沟深宽，稍弯曲；单眼后区隆起，低于单眼顶面，宽长比稍小于 2；背面观后头稍短于复眼 1/3 长，两侧明显收缩；触角短于前翅 Sc+R 脉，基部 2 节长大于宽，第 3 节 1.4 倍长于第 4 节，第 8 节长宽比约等于 1.5；前足内胫距具显著方形膜叶；爪小型，内齿微小；前翅 1M 脉与 1m-cu 脉向翅痣收敛，2Rs 室等长于或稍短于 1R1+1Rs 室，基臀室不封闭，cu-a 脉位于 1M 室中部；后翅臀室柄长约 2 倍于 cu-a 脉；锯鞘约等长于中足胫节，鞘端宽三角形；锯腹片 16 锯刃，第 2、3 锯刃低三角形突出，齿式为 6/8–9，中端部锯刃倾斜，齿式为 4–5/8–9；锯腹片端部 4 个锯刃光滑，无亚基齿，亚端部锯刃明显分离，刃间膜平直。雄虫体长 4.5–5mm，胸部黑色，复眼间距狭于眼高；阳茎瓣腹缘中部凹入，端部具小缘齿若干。

分布：浙江（临安）、江西、广西、云南；缅甸北部。

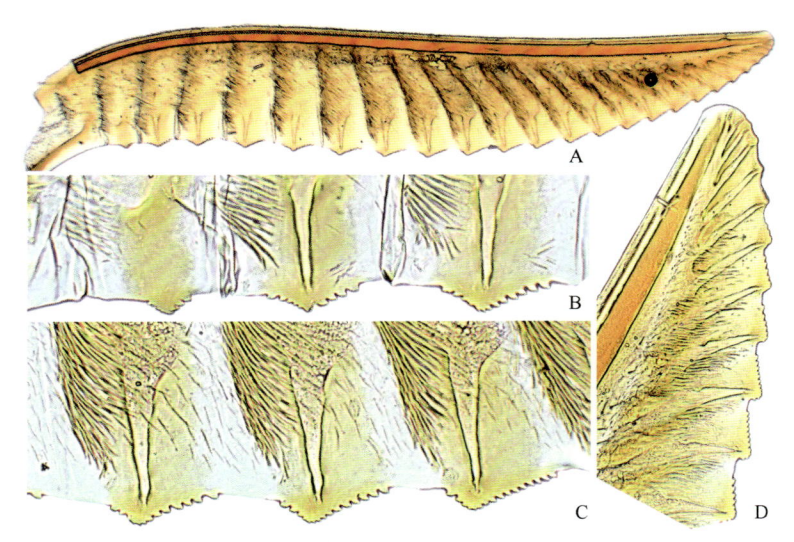

图 3-569 条刻真片叶蜂 *Eutomostethus vegetus* (Konow, 1898)
A. 锯腹片；B. 第 1–3 锯刃；C. 第 7–9 锯刃；D. 锯腹片端部锯节

（575）吴氏真片叶蜂 *Eutomostethus wui* **Wei, 2005**（图 3-570）

Eutomostethus wui Wei, *in* Wei & Xiao, 2005: 502.

主要特征：雌虫体长 6.5mm；体及足黑色，腹部背板具弱蓝色光泽，体背侧细毛黑褐色；翅浅烟褐色，基部色泽稍暗于端部，翅痣和翅脉黑色；体光滑，无显著刻点和刻纹；唇基短宽，端部截形；颚眼距宽线

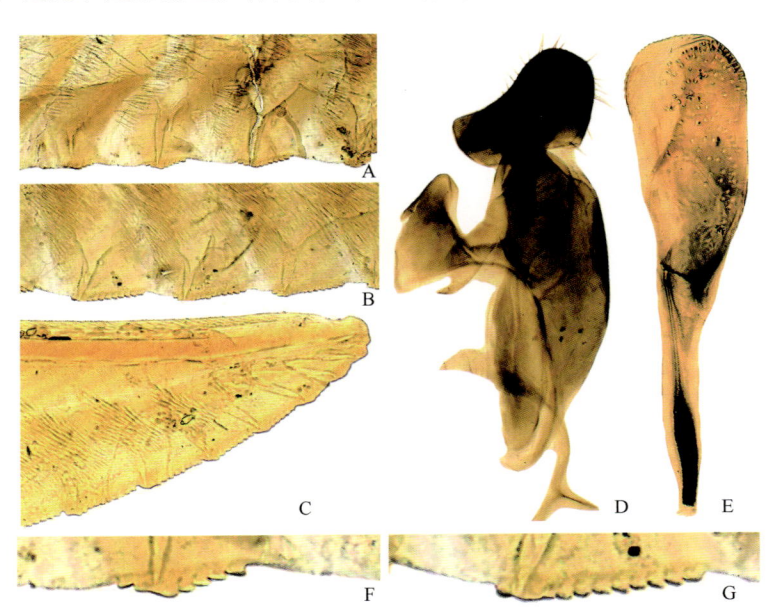

图 3-570 吴氏真片叶蜂 *Eutomostethus wui* Wei, 2005
A. 第 1–3 锯刃；B. 第 7–9 锯刃；C. 锯腹片端部；D. 生殖铗；E. 阳茎瓣；F. 第 2 锯刃；G. 第 7 锯刃

状；后颊脊伸抵后眶上端；复眼内缘向下明显收敛，间距约等于眼高；中窝大于侧窝，椭圆形，底部具钝突；额区亚三角形，额脊宽钝，前部不中断；单眼前凹横沟状，单眼中沟深，后沟显著；OOL 2倍长于POL；单眼后区等高于单眼顶面，宽长比等于1.6；侧沟宽深，互相近平行；头部在复眼后两侧平行，背面观约等于复眼1/3长；触角约等长于头、胸部之和，第2节长大于宽，第3节1.6倍长于第4节，第8节长1.5倍于宽；前足胫节内距无膜叶；爪内齿微小；前翅1M脉与1m-cu脉向翅痣稍收敛，cu-a脉交于1M室下缘中部偏外侧，2Rs室稍长于1Rs+1R1室，基臀室开放；后翅臀室柄和cu-a脉长度比约等于1.7；锯鞘窄，鞘端明显长于鞘基；锯腹片24刃，刺毛带状；中部刃齿式为1–2/10–11，锯刃几乎平直（图3-570B）。雄虫体长5mm，复眼间距显著狭于眼高，后头很短且强烈收缩，下生殖板端部钝截形；抱器宽大于长，腹内角强烈突出，副阳茎近三角形（图3-570D）；阳茎瓣头叶窄长，腹缘上部具5–6枚细小缘齿（图3-570E）。

分布：浙江（临安）、湖南、贵州。

（576）张氏真片叶蜂 *Eutomostethus zhangi* Wei, 2003（图3-571）

Eutomostethus zhangi Wei, in Wei & Nie, 2003c: 143.

主要特征：雌虫体长6.0–6.5mm；体黑色，足白色，前足基节大部分和转节、中后足基节基部、前足股节基半部、中足股节基部和跗节端部黑褐色；体毛浅褐色，头、胸部背侧毛暗褐色；翅近透明，翅痣和翅脉黑褐色；体光滑，小盾片后部、上眶后部和后眶散布粗大刻点，颜面和额区光滑，无明显刻纹；颚眼距线状；后眶最宽处约1.5倍于单眼直径，后颊脊伸至上眶后部；复眼间距显著窄于复眼长径；额区扁圆形，侧脊宽钝，前缘脊低弱，额区中部前侧具低弱纵脊，单眼中沟宽深，后沟细浅；单眼后区隆起，宽几乎2倍于长；侧沟深直，向后微分歧；背面观后头很短且强烈收缩；触角约等长于前翅Sc+R脉，第2节长大于宽，第3节1.7倍长于第4节，第8节长1.8倍于宽，第9节长于第8节；前足胫节内距具明显膜叶，后足胫节长于跗节，爪内齿微小；前翅1M脉与1m-cu脉向翅痣微弱收敛，2Rs室等长于1R1+1Rs室，端臀室与其柄部等长，cu-a脉中位偏外侧，基臀室不封闭；后翅臀室柄1.5–1.8倍于cu-a脉长；锯鞘稍长于后足跗节，鞘端长于鞘基；锯腹片22刃，节缝刺毛带状；中部锯刃倾斜，齿式为4–5/7–8，刃齿明显。雄虫体长5.0–5.5mm；前翅烟褐色，端部稍淡；下生殖板长等于宽，端部圆钝；抱器长大于宽，腹内角稍延伸，副阳茎短宽（图3-571D）；阳茎瓣头叶腹侧中部明显扩大，具5–6枚细小缘齿（图3-571E）。

分布：浙江（龙泉）、河南、湖南、福建。

本种原始描述记述的锯腹片构造有误。

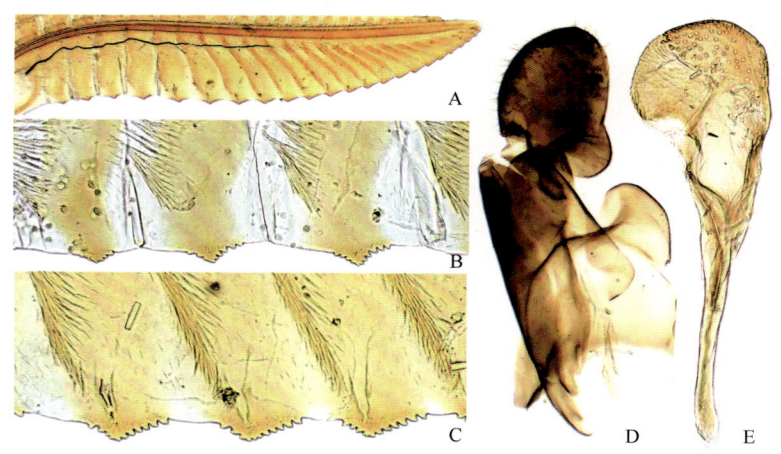

图3-571　张氏真片叶蜂 *Eutomostethus zhangi* Wei, 2003
A. 锯腹片；B. 锯腹片第1–3锯刃；C. 锯腹片第7–9锯刃；D. 生殖铗；E. 阳茎瓣

（577）周氏真片叶蜂，新种 *Eutomostethus zhouhui* Wei, sp. nov.（图 3-572）

雌虫：体长 5.5mm。头部、触角和腹部黑色，无蓝色光泽；胸部大部分红褐色，前胸侧板和腹板、小盾片全部和附片、后胸背板、中胸前侧片腹侧 1/3–1/2、后下侧片、后胸侧板全部黑色；足黑色，前中足股节端部、后足股节端部和背侧中端部、各足胫节除末端外、各足基跗节部分黄白色；体毛和锯鞘毛大部分银色；翅弱烟灰色，翅痣和翅脉黑褐色。

头部背侧沟底和中窝具密集刻纹，后眶和后头后缘、小盾片两侧和后部具粗大密集刻点，腹部背板高度光滑，无刻纹；体毛短。

唇基前缘平截，颚眼距细线状；中窝宽深，底部具宽低纵脊，中窝侧壁宽；额区小，亚圆形，额脊宽圆，前缘开放；单眼中沟宽深，后沟较浅；单眼后区明显隆起，等高于单眼面，宽约 2 倍于长，侧沟宽深，近似平行；后眶最宽处 1.8 倍于单眼直径，后颊脊显著，伸至上眶后缘；复眼大，内缘向下收敛，间距等宽于复眼长径；POL：OOL：OCL=11：15：11；头部背面观短，两侧明显收缩；触角短于头、胸部之和，第 2 节长明显大于宽，第 3 节 1.5 倍于第 4 节长，第 8 节长宽比稍小于 2，第 9 节长宽比大于 2。后胸淡膜区大，间距 0.7 倍于淡膜区长径；前足胫节内距膜叶显著，宽度约等于端距中部 1/2 宽，端角明显；后足胫节长于跗节，后基跗节稍短于 2–5 跗分节之和；爪内齿微小，明显短于爪轴中部厚度，靠近爪基部；前翅 2r 脉位于 2Rs 室外侧 2/5，1M 脉与 1m-cu 脉向翅痣明显收敛，1R1+1Rs 室约等长于 2Rs 室，2Rs 室内下角强烈内突，外下角微伸出，cu-a 脉交于 1M 室外侧 0.4 处，基臀室不封闭；后翅臀室柄长 1.8–2 倍于 cu-a 脉长。锯鞘短于后足胫节，等长于后足转节和股节之和，锯鞘端宽大，明显长于锯鞘基，腹缘弱弧形，背缘直，端部宽圆，顶角稍突出；锯腹片 18 锯刃，节缝刺毛带狭窄（图 3-572A），带间距稀疏刺毛（图 3-572C）；基部锯刃短三角形突出（图 3-572B），中部锯刃矮三角形突出，具 5–7 枚内侧细小亚基齿和 8–10 枚外侧亚基齿，刃间膜直，稍倾斜（图 3-572C）；锯腹片端部背缘平直，锯刃明显凸出，具亚基齿。

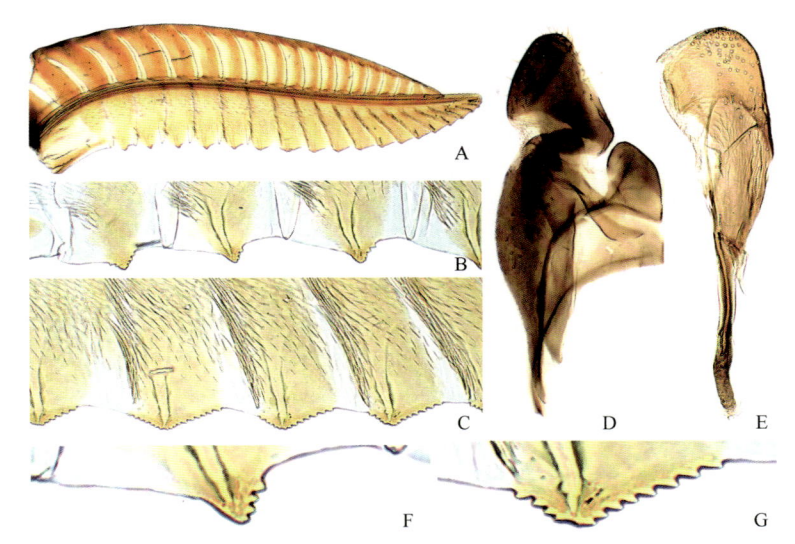

图 3-572 周氏真片叶蜂，新种 *Eutomostethus zhouhui* Wei, sp. nov.
A. 锯背片和锯腹片；B. 第 1–3 锯刃；C. 第 7–9 锯刃；D. 生殖铗；E. 阳茎瓣；F. 第 2 锯刃；G. 第 9 锯刃

雄虫：体长 4.5–5mm；胸部黑色，其余体色同雌虫；复眼更突出，下缘间距窄于复眼长径；下生殖板长等于宽，端部圆钝；抱器长约等于宽，内缘倾斜（图 3-572D）；阳茎瓣头叶自端部向侧突逐渐收窄，背缘较直，腹缘前部具 5–6 枚微小缘齿，中部斜脊很细，弧形（图 3-572E）。

分布：浙江（龙泉）、福建。

词源：本种以模式标本主要采集人的姓氏命名。

正模：♀，福建武夷山黄岗山，2158m，2004.V.20，周虎、张少冰、梁旻雯（ASMN）。副模：4♀3♂，数据同正模；3♀，浙江龙泉凤阳山小溪沟，27°54.676′N、119°11.881′E，1160m，2009.IV.22，赵赴。

鉴别特征：本种最初被鉴定为三色真片叶蜂 *E. tricolor* Malaise，但小盾片全部黑色，锯腹片基部锯刃短高三角形，无内侧亚基齿，中部锯刃具 8–10 枚外侧亚基齿，阳茎瓣头叶具弧形细斜脊等，与三色真片叶蜂不同。

145. 蓝片叶蜂属 *Amonophadnus* Rohwer, 1921

Amonophadnus Rohwer, 1921: 103. Type species: *Amonophadnus submetallicus* Rohwer, 1921, by original designation.
Corporaalinus Forsius, 1925b: 86. Type species: *Corporaalinus azureus* Forsius, 1925, by original designation.

主要特征：唇基端部截形或亚截形，颚眼距狭于单眼直径；上颚粗短，对称双齿式；后颊脊多少发育，长短不一，无后眶沟；额区明显发育，额脊钝，侧窝与触角窝侧沟连通；单眼后区横宽，触角较粗短，第 2 节长大于或等于宽，第 3 节明显长于第 4 节，无触角器；前胸背板侧叶后部具斜脊和斜脊前沟，前胸侧板腹侧尖，互相远离；中胸具胸腹侧片，胸腹侧片缝沟状；小盾片平坦，附片发达，后胸淡膜区大，间距窄于淡膜区长径；前足胫节内端距简单，端部不分叉，有时具亚端位膜叶；后足胫节明显长于跗节，后足基跗节等于或长于其后 3 节之和，短于其后 4 节之和；爪大型，无基片，内齿发达，短于外齿，中位；前翅 R 脉短，向下倾斜，R+M 脉短；2Rs 室短于 1R1+1Rs 室，极少较长；1M 脉与 1m-cu 脉平行或向翅痣方向稍收敛，cu-a 脉中位或外侧位；基臀室开放，2A+3A 末端分叉，上支向上弯曲，少数种类几乎封闭基臀室；后翅 M 室封闭，Rs 室开放，臀室具柄式，柄长 1.2–2 倍于 cu-a 脉长；腹部第 1 背板后缘膜叶小，三角形；阳茎瓣头叶简单，无侧叶或侧突；锯背片节缝裸，锯腹片狭长，锯刃倾斜；抱器内侧基部突出；阳茎瓣无刺突。

分布：古北区，东洋区，新北区。本属已知 8 种。中国已记载 5 种，浙江发现 2 种。

寄主：禾本科竹类。

(578) 德清蓝片叶蜂 *Amonophadnus deqingensis* (Xiao, 1993)（图 3-573）

Eutomostethus deqingensis Xiao, 1993c: 51.
Amonophadnus deqingensis: Wei & Nie, 2003c: 146.

主要特征：雌虫体长 8–9mm；体黑色，除触角及足外具蓝色光泽；体毛黑褐色；翅浓烟灰色，翅痣和翅脉黑色；体粗短，光滑，头、胸部背侧具十分稀疏细小的具毛刻点，其余部分无刻点；唇基端缘稍突出，颚眼距线状；后颊脊很短小，位于后眶下端；复眼大，间距约等于复眼长径，内缘向下强烈收敛；中窝近圆形，近额脊处稍宽；侧窝纵沟形，额区亚三角形，额脊宽钝，前单眼凹前部具瘤突；单眼中沟狭深，后沟较细；单眼后区宽长比约为 1.4，侧沟稍弯曲，后端收敛；后单眼距仅为单复眼距的 1/2；背面观后头约等于复眼的 1/2 长，两侧明显收缩；触角明显短于前翅 C 脉，第 2 节和第 8 节长明显大于宽，第 3、4 节长度比为 1.6，鞭节亚端部稍膨大；前足内胫距具膜叶，后基跗节稍短于其后跗分节之和；爪内齿小，稍倾斜（图 3-573F）；前翅 1M 脉与 1m-cu 脉近平行，2Rs 室明显长于 1R1+1Rs 室，端臀室长 1.1 倍于臀室柄，cu-a 脉中位；后翅臀室柄 1.5 倍长于 cu-a 脉；锯鞘稍长于后足跗节，侧面末端窄圆，鞘端长于鞘基；锯背片基腹角近方形；锯腹片 28–29 刃，刺毛密集，不呈带状；基部锯刃突出，内侧亚基齿 4–6 枚（图 3-573B）；中部锯刃低平，齿式为 2–3/14（图 3-573C、D）。雄虫体长 5–6mm；体蓝色光泽较弱，颚眼距几乎缺失，后眶甚狭；阳茎瓣腹缘钝截形，缘齿稍大，9–10 枚（图 3-573G）。

分布：浙江（德清）、湖南、福建、广东、广西。

寄主：毛竹 *Phyllostachys leterocyche* var. *pubescens*、石竹 *Ph. Nuda*、浙江淡竹 *Ph. Meyeri*。

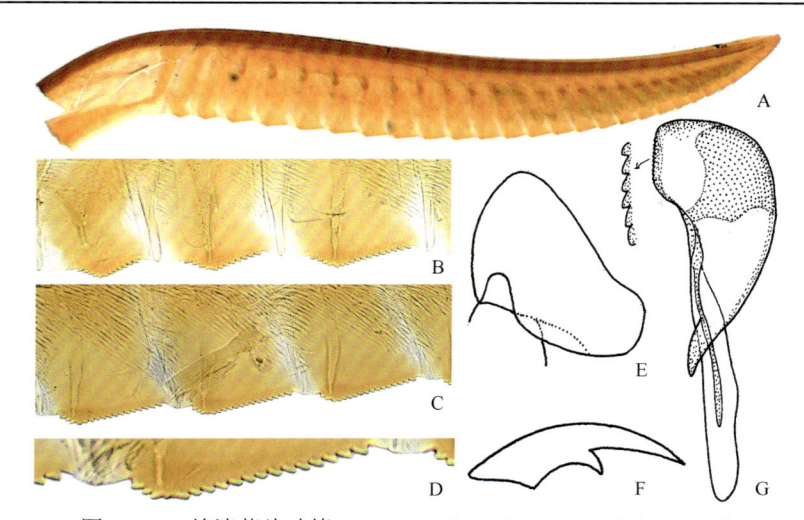

第三章　叶蜂亚目 Tenthredinomorpha ·599·

图 3-573　德清蓝片叶蜂 Amonophadnus deqingensis (Xiao, 1993)
A. 锯腹片；B. 锯腹片第 1–3 锯刃；C. 锯腹片第 7–9 锯刃；D. 第 8 锯刃；E. 抱器；F. 爪；G. 阳茎瓣

（579）白胫蓝片叶蜂 *Amonophadnus nigritus* (Xiao, 1990)（图 3-574，图版 XIII-4）

Eutomostethus nigritus Xiao, 1990: 550.

Amonophadnus nigritus: Wei & Nie, 2003c: 146.

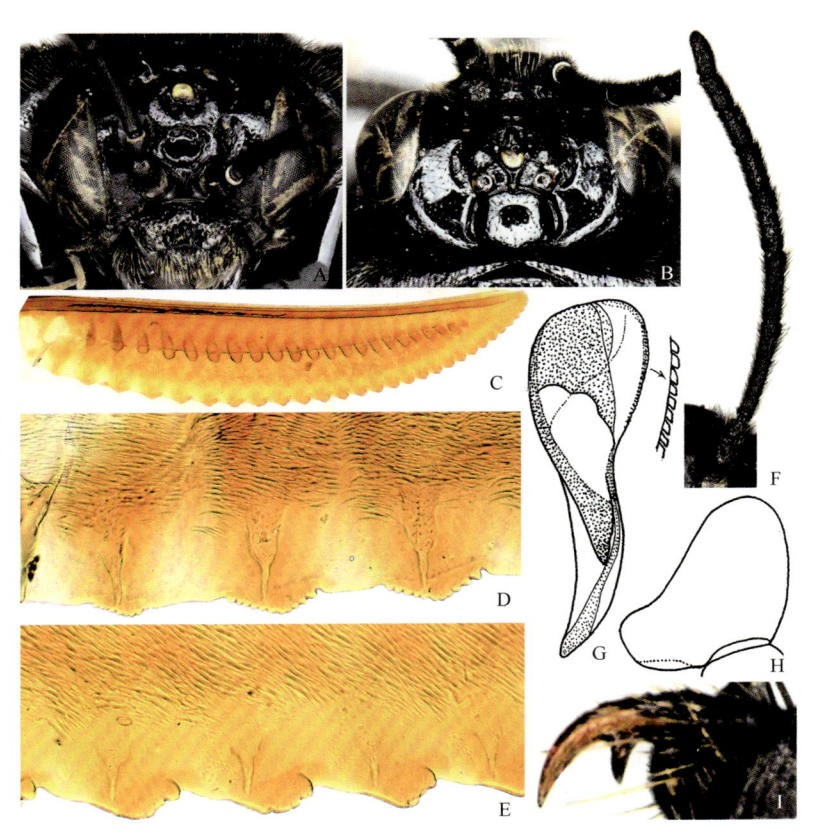

图 3-574　白胫蓝片叶蜂 Amonophadnus nigritus (Xiao, 1990)
A. 雌虫头部前面观；B. 雌虫头部背面观；C. 锯腹片；D. 锯腹片第 1–3 锯刃；E. 锯腹片第 7–9 锯刃；F. 雌虫触角；G. 阳茎瓣和腹缘齿；H. 抱器；I. 爪

主要特征：雌虫体长 8–10mm；体黑色，具微弱蓝色光泽；后足基节端部、后足转节、各足腿节末端和胫节白色至黄褐色，前中足跗节颜色常较淡，后足跗节大部分至全部黑褐色，有时基跗节黄褐色；体毛褐色，侧板细毛稍淡，翅深烟色，翅脉和翅痣黑色；体光滑，后眶、上眶和颜面散布稀疏细小的具毛刻点；唇基端缘微呈凹弧状，颚眼距线状；后颊脊十分低短；复眼大，间距稍小于眼高，内缘向下强烈收敛；中窝亚圆形，侧窝宽沟状，额区隆起，扁桶形，额脊宽钝，前单眼凹前部具 1 较大瘤突；单眼中沟宽，后沟显著；单眼后区隆起，长短于宽；侧沟较长直，向后分歧；后头短于复眼 1/2，两侧微膨大；触角长丝状，稍短于前翅 C 脉，亚端部不膨大，第 2 节和第 8 节长显著大于宽，第 3 节 1.4 倍长于第 4 节；前足胫节内距具膜叶，后足跗节稍短于其后 4 节之和；爪内齿约为端齿 1/2 长（图 3-574I）；前翅 1M 脉与 1m-cu 脉向翅痣收敛，2Rs 室明显长于 1R1+1Rs 室，端臀室与其柄长之比为 11∶8，cu-a 脉中位外侧；后翅臀室柄稍长于 cu-a 脉 1.5 倍；锯鞘等长于后足跗节，鞘端长于鞘基；锯腹片 28–29 刃，刺毛密集，不呈带状，锯刃显著突出，基部锯刃亚基齿清晰（图 3-574D），中部锯刃显著倾斜，齿式为 0/3（图 3-574E）。雄虫体长 6–7mm；复眼间距较窄，单眼后区较宽；抱器见图 3-574H；阳茎瓣见图 3-574G，腹缘齿显著。

分布：浙江（湖州、德清、临安、衢州、龙泉）、安徽、湖北、江西、湖南、福建、海南、广西。

寄主：毛竹 *Phyllostachys leterocycle* var. *pubescens*。

146. 立片叶蜂属 *Pasteelsia* Malaise, 1964

Pasteelsia Malaise, 1964: 32. Type species: *Pasteelsia constricta* Malaise, 1964, by original designation.

主要特征：小型叶蜂；唇基端部亚截形，颚眼距狭于单眼直径；上颚粗短，对称双齿式；后眶宽圆，后颊脊多少发育，长短不一，无后眶沟；额区明显发育，额脊钝，侧窝与触角窝侧沟连通；单眼后区横宽；触角较粗壮，第 2 节长大于或等于宽，第 3 节明显长于第 4 节，无触角器；前胸背板侧叶后部具斜脊和斜脊前沟，前胸侧板腹侧尖，互相远离；中胸胸腹侧片宽大、平坦，胸腹侧片缝浅细沟状；小盾片平坦，附片发达；后胸淡膜区大，间距窄于淡膜区长径；前足胫节内端距简单，端部不分叉，有时具亚端位膜叶；后足胫节明显长于跗节，后足基跗节等于或长于其后 3 节之和，短于其后 4 节之和；爪较长，中裂式，无明显基片，内齿长，约等长于或长于外齿；前翅 R 脉短，向下倾斜，R+M 脉短小；2Rs 室不短于 1R1+1Rs 室；1M 脉与 1m-cu 脉平行或向翅痣方向稍收敛，cu-a 脉中位；基臀室端部稍开放或几乎封闭，2A+3A 脉末端分叉，上支显著向上弯曲；后翅 M 室封闭，Rs 室开放，臀室具柄式，柄长 1.2–2 倍于 cu-a 脉长；腹部第 1 背板后缘膜叶小，三角形；锯背片节缝裸，锯腹片狭长，锯刃倾斜；阳茎瓣头叶简单，无侧叶或侧突，具腹缘细齿；抱器内侧基部稍突出。

分布：东亚。本属有可能是蓝片叶蜂属的内群。世界已知 6 种，中国已记载 2 种，实际种类可能超过 10 种。浙江发现 1 新种。

寄主：禾本科竹类植物。

(580) 黄腹立片叶蜂，新种 *Pasteelsia fulviventris* Wei, sp. nov.（图 3-575）

雄虫：体长 6mm。体黑色，无蓝色光泽，口须和腹部腹板黄褐色，翅基片前侧部分浅褐色；足黄白色，后足跗节端部稍暗；前翅浅烟褐色，后翅透明，翅痣及翅脉黑褐色；体毛浅褐色。

体光滑，光泽强，唇基具稀疏刻点，其余部分无明显刻点或刻纹。唇基端部截形，颚眼距缺；复眼大，内缘向下强烈收敛，间距明显窄于复眼长径；后眶圆，无后颊脊；中窝宽圆，侧壁完整，底部具低钝纵脊；额区圆形，额脊宽钝，前缘脊缺；单眼中沟短宽，后沟浅弱，中部明显前突；单眼后区低于单眼面，宽长比等于 2，侧沟深直，稍长于单眼直径，互相平行，OOL∶POL∶OCL=5∶5∶4；后头很短，两侧强烈收缩；触角粗丝状，稍短于头、胸部之和，第 2 节长稍大于宽，稍窄于第 3、4 节，第 3 节 1.2 倍于第 4、5 节长，第 8 节长宽比稍小于 2，第 9 节明显长于第 8 节，长宽比几乎等于 3。前翅 1M 脉与 1m-cu 脉向翅痣稍收敛，2Rs 室微长于 1R1＋1Rs 室；2A+3A 脉端部强烈上弯，基臀室几乎封闭，端臀室长 1.3 倍于 1M 室下缘长；后翅臀室柄长 1.8 倍于 cu-a 脉；前足胫节内距具明显膜叶，膜叶端部钝角状；后足胫节约等长于跗节，基跗节等长于其后 4 跗分节之和；爪内齿与爪轴几乎垂直，长于并宽于端齿（图 3-575B）。下生殖板长稍大于宽，端部圆钝；抱器长大于宽，内顶角较突出，副阳茎窄高（图 3-575C）；阳茎瓣头叶稍倾斜，端缘具细齿，腹缘齿较小（图 3-575D）。

雌虫：未知。

分布：浙江（龙泉）。

词源：本种腹部腹板黄褐色，以此命名。

正模：♂，浙江龙泉凤阳山凤阳湖，27.871°N、119.180°E，1574m，2018.V.16，李泽建、刘萌萌（ASMN）。**副模**：3♂，浙江凤阳山凤阳尖，27°54.03′N、119°09.64′E，1708m，2018.VIII.2，蒋晓宇、熊正燕；1♂，浙江龙泉凤阳山黄茅尖，27.893°N、119.180°E，1935m，2018.V.16，李泽建、刘萌萌（ASMN）。

鉴别特征：本种与鼓眶立片叶蜂 *P. dilatana* Malaise, 1964 稍近似，但足全部黄白色，腹板黄褐色，复眼下缘间距明显窄于复眼长径，后头很短且两侧强烈收缩，腹部无蓝色光泽等，差别显著。本种胸部黑色，腹部腹板黄褐色，足全部白色，后头收缩等，与同属已知种类均不相同。

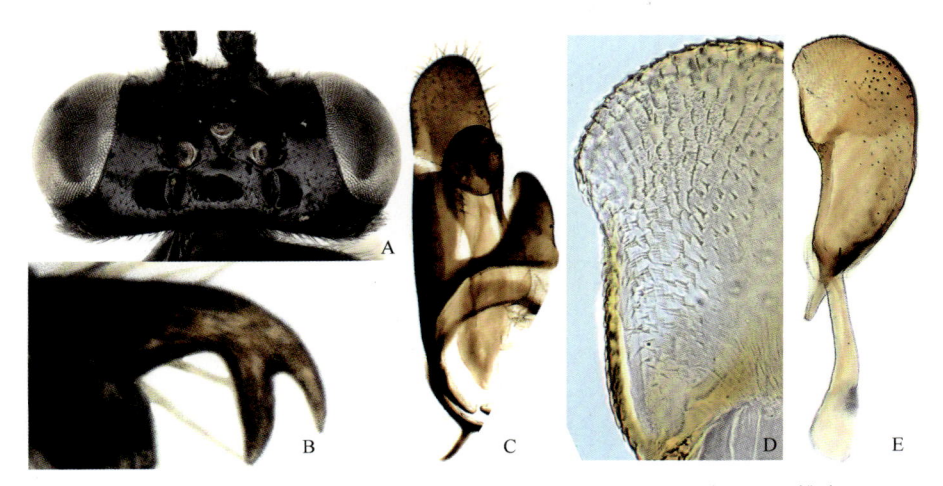

图 3-575 黄腹立片叶蜂，新种 *Pasteelsia fulviventris* Wei, sp. nov. 雄虫
A. 头部背面观；B. 爪；C. 生殖铗；D. 阳茎瓣头叶缘齿；E. 阳茎瓣

147. 拟片叶蜂属 *Emegatomostethus* Wei, 1997

Emegatomostethus Wei, in Wei & Nie, 1997D: 96. Type species: *Emegatomostethus femosus* Wei, 1997, by original designation.

主要特征：小型叶蜂，虫体光滑，无粗大刻点，翅透明，无翅斑；上颚粗短，对称双齿式；唇基端部截形，无横脊，上唇短小；复眼大，内缘向下明显收敛，下缘间距雌虫宽于复眼长径，雄虫稍窄于复眼长径；后眶短圆，颚眼距、后颊脊及后眶沟均缺；背面观后头很短，两侧显著收缩；中窝窄纵沟形，前、后端均开放，侧窝深；额区明显隆起，单眼后区宽小于长；触角细丝状，中部不加粗，明显长于腹部，第 2 节长显著大于宽，第 3 节长于第 4 节，鞭节各分节长宽比均大于 2，无触角器；胸腹侧片隆肩形，较狭窄，胸腹侧片缝沟状；后胸淡膜区小型，间距宽于淡膜区长径；前足胫节内距简单，端部不分叉，具亚端位膜叶；后足胫节长于跗节，基跗节显著短于其后 4 节之和；爪具明显小基片，内齿中位，稍短于外齿；前翅 1 脉与 1m-cu 脉平行，cu-a 脉中位，2A+3A 脉直，2Rs 室不长于 1R1+1Rs 室；后翅具封闭 M 室，臀室柄约等长于 cu-a 脉；锯背片无垂叶，具明显节缝，锯腹片较短，骨化弱，表面刺毛较稀疏，锯刃低度隆起，亚基齿细小；纹孔单个，纹孔线很短；抱器短，亚圆形，基部收窄，内侧不突出；阳茎瓣头叶不规则，端缘截形，具端侧折叶，无刺突和缘齿。

分布：中国。本属已知仅 1 种，只分布于中国中东部。浙江有分布。

寄主：未知。

（581）美丽拟片叶蜂 *Emegatomostethus sauteri* (Enslin, 1911)（图 3-576）

Tomostethus sauteri Enslin, 1911c: 181.
Emegatomostethus femosus Wei, *in* Wei & Nie, 1997D: 97.

主要特征：雌虫体长 5.5mm；体黄褐色，头部和触角、腹部第 10 背板、各足胫节端部、跗节大部分、锯鞘端黑褐色；体毛银色；翅近透明，前缘脉、亚前缘脉和翅痣黑褐色，其余翅脉浅褐色；体光滑，具强光泽，上眶中后部及后眶散布十分稀疏细小的刻点，体毛很短；复眼下缘间距 1.1 倍于复眼长径；中窝窄长，侧窝很深；额区圆钝隆起，额脊宽平，前部狭窄开放，额区中部具狭窄纵沟，无额盆；单眼中沟细深，后沟细浅；单眼后区宽 1.5 倍于长，侧沟细浅，明显弯曲，向后稍分歧；后头约等长于复眼 1/3；触角细，长 2 倍于头宽，第 3 节长 1.25 倍于第 4 节，第 4 节微短于第 5 节（图 3-576I）；前足胫节内距膜叶端部方形；爪见图 3-576D，内齿稍短于外齿；前翅 2r 脉交于 2Rs 室外侧 1/5，2Rs 室外下角尖出；锯鞘等长于前足胫节，鞘端长于鞘基；锯背片具垂叶；锯腹片 14 刃，锯刃中部微弱隆起，亚基齿细小，第 6 锯刃具 7 个内侧亚基齿和 12 个外侧亚基齿，刃间膜短直。雄虫体长 4.0mm，唇基浅褐色，腹部末端黑色；下生殖板长大于宽，端部圆钝；抱器长稍大于宽，端部圆；阳茎瓣见图 3-576C。

分布：浙江（杭州、舟山、丽水）、河南、湖北、福建、台湾、广西。

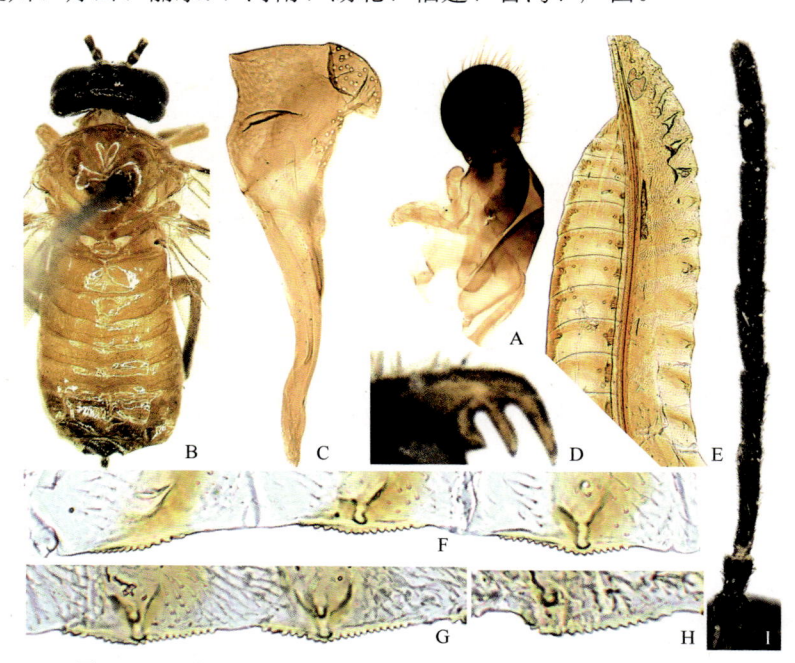

图 3-576 美丽拟片叶蜂 *Emegatomostethus sauteri* (Enslin, 1911)
A. 生殖铗；B. 雌虫背面观（模式标本，截自 TAEGER *ET AL*., 2018）；C. 阳茎瓣；D. 爪；E. 锯背片和锯腹片；F. 锯腹片第 1–3 锯刃；G. 锯腹片第 5–6 锯刃；H. 锯腹片第 9 锯刃；I. 雌虫触角

148. 巨片叶蜂属 *Megatomostethus* Takeuchi, 1933

Megatomostethus Takeuchi, 1933a: 30. Type species: *Monophadnoides crassicornis* Rohwer, 1910, by original designation.

主要特征：中小型叶蜂，体粗壮，头部和小盾片具粗大刻点，常具明显翅斑；上唇小，端部圆钝；唇基端部亚截形，颚眼距线状；后眶宽圆，后颊脊发育，具浅弱后眶沟；上颚粗短，对称双齿式；复眼大，内缘亚平行，间距约等于复眼长径；额区明显发育，额脊钝，侧窝向前开放，与触角窝侧沟连通；单眼后区横宽；触角粗短，无触角器，中部显著加粗，第 2 节长大于宽，第 3 节明显长于第 4 节，第 7 节长微大于宽；前胸背板侧叶后部具斜脊和斜脊前沟，前胸侧板腹侧窄圆，接触面不宽于单眼直径；中胸具隆起的胸腹侧片，胸腹侧片缝宽深沟状；小盾片平坦，附片发达；后胸淡膜区稍小，间距约等于淡膜区长径；前足胫节内端距简单，端部不分叉，具亚端位膜叶；后足胫节明显长于跗节，后足基跗节等长于其后 4 节之和；爪大，基片发达，腹端角尖，内齿侧位，稍短于外齿；前翅 R 脉短，向下倾斜，R+M 脉短，2Rs 室约等于 1R1+1Rs 室，1M 脉稍长于并与 1m-cu 脉互相平行，cu-a 脉中位或稍偏内侧，基臀室开放，2A+3A 脉直，不分叉，端部不向上弯曲；后翅 M 室封闭，Rs 室开放，臀室具柄式，柄长短于 cu-a 脉；腹部第 1 背板后缘膜叶小，三角形；锯腹片具双纹孔；抱器长大于宽，腹侧基部不突出；阳茎瓣头叶形状不规则，具端位侧叶，无腹缘齿。

分布：东亚。本属已知 4 种，中国均有分布。浙江发现 2 种。

寄主：毛茛科 Ranunculaceae 铁线莲属 *Clematis* 植物。

（582）粗角巨片叶蜂 *Megatomostethus crassicornis* (Rohwer, 1910)（图 3-577，图版 XIII-5）

Monophadnoides crassicornis Rohwer, 1910a: 107.
Megatomostethus crassicornis: Takeuchi, 1933a: 30.

主要特征：雌虫体长 8–9mm；体和足黑色，后足基节末端及各足转节、后足胫节基部 1/3、前足胫节腹面及前中足跗节腹面黄褐色；翅均匀浅烟褐色，无翅斑，翅痣和翅脉黑色，后翅透明；体毛银色；唇基、上唇和前胸背板具稍密集的小刻点，上颚基部、触角窝上突、额区和内眶中部具粗糙密集刻点，单眼后区刻点细小稀疏，小盾片后缘和两侧及附片具粗大刻点，后眶刻点稀疏，后缘刻点细密；中胸前侧片上半部细毛密集，下半部大部分光滑，具稀疏刻点；腹部背板光滑；唇基亚端部具低钝横脊，颚眼距细线状；触角窝上突明显隆起，中窝深，上、下端均开放；额脊不明显，单眼中沟细深，后沟细浅；单眼后区宽稍大于长，OOL∶POL∶OCL=3∶2∶4，侧沟较浅，亚基部明显弯曲，中端部直，互相近似平行；后头两侧长

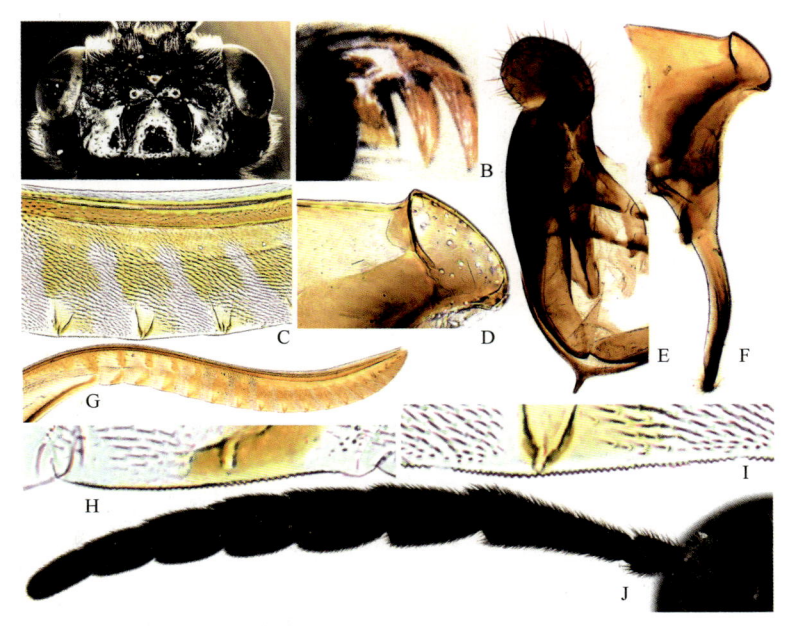

图 3-577 粗角巨片叶蜂 *Megatomostethus crassicornis* (Rohwer, 1910)
A. 雌虫头部背面观；B. 爪；C. 锯腹片中部锯节；D. 阳茎瓣环形脊和侧突；E. 生殖铗；F. 阳茎瓣；G. 锯腹片；H. 锯腹片第 1 锯刃；I. 锯腹片第 7 锯刃；J. 雌虫触角

约等于复眼 1/2，不明显收缩；触角中部粗，端部细，第 3 节微短于第 4+5 节（图 3-577J）；淡膜区间距 1.2 倍于淡膜区长径；锯鞘约等长于中足胫节，鞘端长于鞘基；锯腹片 18 锯刃，锯刃低平，亚基齿极微小，刃间段很短，第 1、7 锯刃均具 40 余枚亚基齿；锯背片垂叶显著。雄虫体长 6mm；下生殖板长等于宽，端部圆钝；抱器倾斜椭圆形（图 3-577E）；阳茎瓣头叶端缘直，背顶角具环形脊和短小的耳形侧突（图 3-577D、F）。

分布：浙江（杭州、临安、舟山、磐安、丽水）、北京、河南、陕西、甘肃、安徽、湖南、台湾；韩国、日本。

寄主：铁线莲属 *Clematis* 植物。

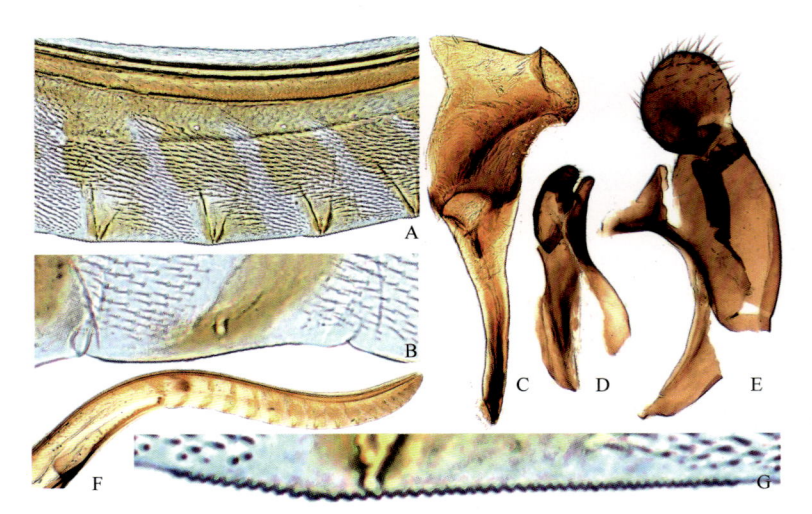

(583) 黑转巨片叶蜂 *Megatomostethus maurus* (Rohwer, 1916)（图 3-578）

Tomostethus maurus Rohwer, 1916: 110.

Megatomostethus maurus: Takeuchi, 1933a: 30.

主要特征：雌虫体长 8.0mm；体黑色，后足转节、后足胫节基部和后足基跗节基部白色；体毛银色；前、后翅基半部透明，端半部浅烟色，翅痣和翅脉黑褐色；唇基刻点较大、密集，上唇和前胸背板刻点较细小，稍密集，上颚基部、触角窝上突、额区和内眶中部具粗糙密集刻点，单眼后区刻点细小稀疏，小盾片后缘和两侧及附片具粗大刻点，后眶刻点稀疏，后缘刻点细密；中胸前侧片上半部细毛密集，下半部大部分光滑，具稀疏刻点；腹部背板光滑；唇基亚端部具低钝横脊，颚眼距细线状；前单眼围沟浅，呈环形；触角十分粗壮，中部显著加粗，第 3 节显著短于第 4、5 节之和；前翅 2Rs 室稍长于 1R1+1Rs 室，cu-a 脉交于 1M 室中部偏内侧；后胸淡膜区较大，间距约等于淡膜区宽；锯腹片 17 刃，表面刺毛较密集，不呈带状，锯刃十分低平（图 3-578A）；刃间段很短，亚基齿极为细小且多，中基部锯刃具 40–50 枚亚基齿（图 3-578G）。雄虫体长约 6.0mm；体色及构造同雌虫，触角中部不十分粗壮，前翅均匀烟褐色；下生殖板长等于宽，端部宽钝；抱器圆形，几乎不倾斜（图 3-578E）；阳茎瓣见图 3-578C。

分布：浙江（临安、磐安）、河南、湖南、台湾、广西、云南。

本种与粗角巨片叶蜂 *Megatomostethus crassicornis* (Rohwer, 1910) 差异较小，是否同种需要进一步研究确认。

图 3-578 黑转巨片叶蜂 *Megatomostethus maurus* (Rohwer, 1916)
A. 锯腹片第 7–9 锯节；B. 锯腹片第 1 锯刃；C. 阳茎瓣；D. 阳基腹铗和阳基腹铗内叶；E. 抱器和生殖茎节；F. 锯腹片；G. 锯腹片第 7 锯刃

149. 珠片叶蜂属 *Allantopsis* Rohwer, 1913

Allantopsis Rohwer, 1913: 274. Type species: *Allantopsis thoracica* Rohwer, 1913, by original designation.

Onychostethomostus Togashi, 1984a: 1–2. Type species: *Onychostethomostus gilvipes* Togashi, 1984, by original designation. **Syn. nov.**

主要特征：小型叶蜂；唇基端部截形，颚眼距短于单眼半径；后颊脊发育，具浅弱后眶沟；上颚强壮、粗短，对称双齿式；复眼大，内缘向下微弱收敛，间距约等于复眼长径；额区明显发育，额脊钝，侧窝向前开放，与触角窝侧沟连通；单眼后区横宽；触角较粗短，第2节长约2倍于宽，第3节明显长于第4节，无触角器，第7节长微大于宽，中端部鞭分节稍膨大；前胸背板侧叶后部具斜脊和斜脊前沟，前胸侧板腹侧窄圆，稍接触；中胸具隆起的胸腹侧片，胸腹侧片缝宽深沟状；小盾片平坦，附片发达；后胸淡膜区稍小，间距约等于淡膜区长径；前足胫节内端距简单，端部不分叉，具亚端位膜叶；后足胫节等长于跗节，后足基跗节等长于其后4节之和；爪大，基片发达，腹端角尖，内齿侧位，稍短于外齿；翅有时具烟斑，前翅R脉短，向下倾斜，R+M脉短；2Rs室稍短于1R1+1Rs室；1M脉稍长于并与1m-cu脉互相近似平行或微弱收敛，cu-a脉中位；基臀室开放，2A+3A脉直，不分叉，不向上弯曲（图3-579A）；后翅M室和Rs室均开放，臀室具柄式，柄长短于cu-a脉（图3-579C）；腹部第1背板后缘膜叶很小，三角形；锯腹片具高低位双纹孔；抱器椭圆形，基内角不突出；阳茎瓣端缘截形，具端侧叶，无腹缘齿（图3-580F）。

分布：东亚。本属已知4种，中国已记载3种。浙江发现4种，本书记述3种，包括2新种。

寄主：未知。

Rohwer（1913）建立的 *Allantopsis* 属所基于的模式种 *Allantopsis thoracica* Rohwer, 1913 标本部分残破。Rohwer（1913）认为该属是平背叶蜂亚科成员。但保留的虫体构造包括翅脉可以确认是蔺叶蜂支系成员，并与 *Stethomostus* 等属关系密切。经比较模式标本，作者确认该属与 *Onychostethomostus* Togashi, 1984 完全相同，后者应降为 *Allantopsis* 的次异名。

分种检索表

1. 翅透明，无烟褐色斑纹；腹部第1背板黑色；触角全部黑色；锯腹片中部锯刃明显凸出，刃间段显著；纹孔线下域低矮，高度明显小于纹孔间距 ·· 2
- 前翅具显著烟斑；腹部第1背板除后缘狭边外黄褐色；触角柄节背侧黄褐色；锯腹片锯刃微弱突出；纹孔线下域窄高，高度大于纹孔间距 ·· **平刃珠片叶蜂，新种 *A. flatoserrula* sp. nov.**
2. 后足胫节端部暗褐色；雌虫后胸黄褐色，雄虫胸部黑色；单眼后区宽长比约等于1.1；中部锯刃内坡长于外坡的1/2 ··· **黑腹珠片叶蜂，新组合 *A. insularis* comb. nov.**
- 后足胫节全部黄色；雌虫后胸黑色，雄虫胸部红褐色；单眼后区宽长比约等于1.8；中部锯刃内坡长约为外坡的1/2长 ··· **淡足珠片叶蜂，新种 *A. leucopoda* sp. nov.**

（584）平刃珠片叶蜂，新种 *Allantopsis flatoserrula* Wei, sp. nov.（图3-579）

雌虫：体长7.0mm。头部和触角黑色，触角柄节大部分黄褐色，腹侧具黑斑；胸部暗红褐色，腹部第1背板黄褐色，后缘狭边和腹部其余部分全部黑色；足黑色，各足基节、转节、前中足股节腹侧、后足股节全部、后足胫节基半部黄白色，后足基跗节除端部1/3外浅褐色；翅浅烟灰色透明，前翅中部具近圆形烟斑，亚端部具宽烟色横带斑，内外侧界限十分清晰，前缘脉大部分、翅痣基部1/4和翅脉大部分黑褐色，后翅端部2/5深灰色；体毛浅褐色。

后颊脊前侧、中胸小盾片后缘和两侧、胸腹侧片沟底部具粗密刻点，唇基刻点细小稀疏，虫体其余部分无明显刻点和刻纹。

复眼间距等于复眼长径，颚眼距缺；中窝长方形，底部纵脊极低；侧窝稍深于中窝，纵沟形；额区稍隆起，具宽浅中纵沟，额脊宽钝；中单眼围沟完整，后沟细浅；单眼后区稍隆起，宽1.1倍于长；侧沟深，向后显著分歧；背面观后头短于复眼1/3长，两侧显著收缩；后颊脊伸至后眶上端；触角短于头、胸部之和，第2节长几乎2倍于宽，鞭分节明显膨大，第3节稍细，1.4倍于第4节长，第7、8节长几乎不大于宽。附片短小，后胸淡膜区间距等于淡膜区长径；后足胫节稍长于跗节，爪内齿稍短于外齿；前翅2Rs室稍短于 1R1+1Rs 室，外缘直截，2Rs 室外下角不延伸，cu-a 脉中位，2r 脉交于 2Rs 室外侧 1/4，2m-cu 脉靠近但不接触 1r-m 脉（图 3-579A）；后翅臀室柄明显短于 cu-a 脉（图 3-579C）。锯鞘等长于后足股节，鞘端狭窄，明显长于鞘基；锯腹片 18 刃，表面刺毛稀疏，不呈带状，无近腹缘距，各节纹孔 1 对，纹孔线高明显大于纹孔间距（图 3-579B）；锯刃倾斜突出，亚基齿细小，中部锯刃具 8–9 枚内侧亚基齿和 16–18 枚外侧亚基齿（图 3-579E）。

雄虫：未知。

分布：浙江（泰顺）。

词源：本种锯刃低平，以此命名。

正模：♀，浙江泰顺乌岩岭，27°42′N、119°40′E，海拔 1000m，2005.VII.28，王义平（ASMN）。

鉴别特征：本种与喜马拉雅东部分布的 *A. thoracica* (Rohwer, 1913) 体色和翅斑非常近似，但后者股节暗褐色，腹部第 1 背板和触角全部黑色；前翅中部翅斑小，端部翅斑的外缘边界模糊，2Rs 室外下角显著延伸，2r 脉交于 2Rs 室端部外侧等，可以与本种区别。

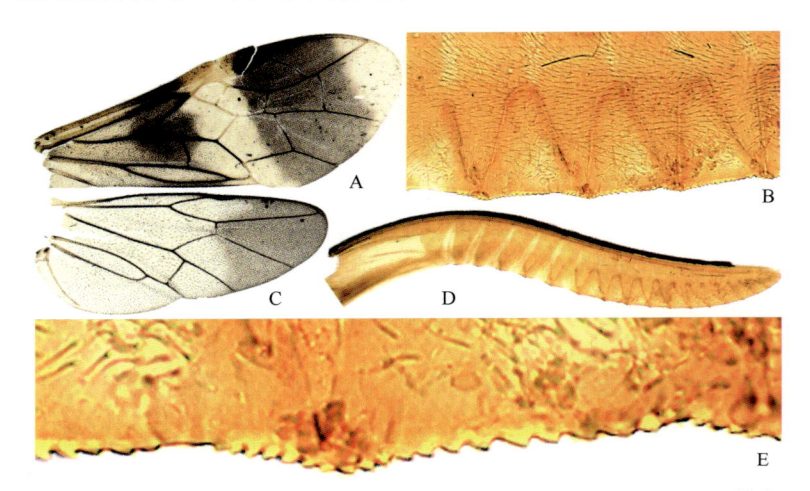

图 3-579 平刃珠片叶蜂，新种 *Allantopsis flatoserrula* Wei, sp. nov. 雌虫
A. 前翅；B. 锯腹片第 6–8 锯刃；C. 后翅；D. 锯腹片；E. 第 7 锯刃

（585）黑腹珠片叶蜂，新组合 *Allantopsis insularis* (Rohwer, 1916) comb. nov.（图 3-580，图版 XIII-6）

Atomostethus insularis Rohwer, 1916: 109–110.

Onychostethomostus insularis: Wei & Nie, 1998b: 376.

主要特征：雌虫体长 6–7mm；头部和触角、腹部全部黑色，胸部红褐色，前胸侧板和腹板黑色，中胸侧板腹侧有时黑色；足淡黄褐色，前中足股节背侧部分、前中足胫节外侧端半部、各足胫节末端、跗节端部暗褐色；翅浅烟灰色，端半部中央具模糊烟斑；体毛浅褐色，长约等于单眼直径；后颊脊前侧、中胸小盾片后缘和两侧以及附片、胸腹侧片沟底部具粗大刻点，唇基刻点细小稀疏，虫体其余部分无明显刻点和刻纹；复眼间距等于眼高，颚眼距缺；中窝小型，很深；侧窝极深，纵沟形；额区低弱隆起，具狭窄中纵沟，额脊宽钝；中单眼围沟完整，后沟细浅；单眼后区稍隆起，宽稍大于长；侧沟宽深，稍弯曲，向后明显分歧；背面观后头短于复眼 1/3 长，两侧显著收缩；后颊脊伸至后眶上端；触角短于头、胸部之和，第 2 节长约 2 倍于宽，鞭分节稍膨大，第 3 节稍细，1.5 倍于第 4 节长，第 7、8 节长稍大于宽；锯鞘等长于后足股节，鞘端长于鞘基；锯腹片 15–16 刃，刺毛稀疏，不呈带状，无近腹缘距，锯刃倾斜突出，亚基齿细小，中部锯刃具 9–10 枚内侧亚基齿和 14–15 枚外侧亚基齿（图 3-580C、H）。雄虫体长 5.5–6.2mm；体黑色，胸部无红色斑纹；下生殖板长微大于宽，端部圆钝；抱器长稍大于宽，阳基腹铗内叶狭长，端部尖长（图 3-580E）；阳茎瓣见图 3-580F。

分布：浙江（临安）、北京、山东、河南、陕西、甘肃、安徽、湖北、湖南、福建、台湾、广东、四川、贵州。

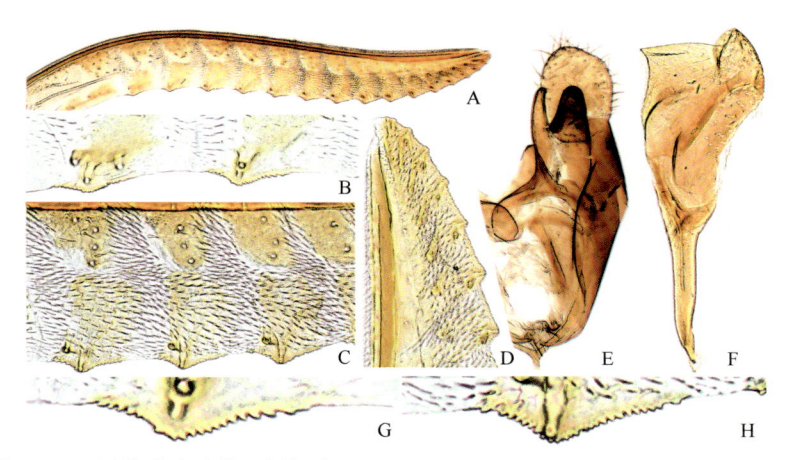

图 3-580　黑腹珠片叶蜂，新组合 *Allantopsis insularis* (Rohwer, 1916) comb. nov.
A. 锯腹片；B. 锯腹片第 1–2 锯刃；C. 锯腹片第 7–9 节；D. 锯腹片端部；E. 生殖铗；F. 阳茎瓣；G. 锯腹片第 2 锯刃；H. 锯腹片第 8 锯刃

（586）淡足珠片叶蜂，新种 *Allantopsis leucopoda* Wei, sp. nov.（图 3-581）

雌虫：体长 5.0–5.5mm。头部和触角、腹部全部黑色，胸部红褐色，前胸侧板前部和腹板、中胸侧板腹侧、后胸全部黑色；足黄白色，跗节端部褐色；翅浅烟灰色，无烟斑，翅痣和翅脉黑褐色；体毛浅褐色。

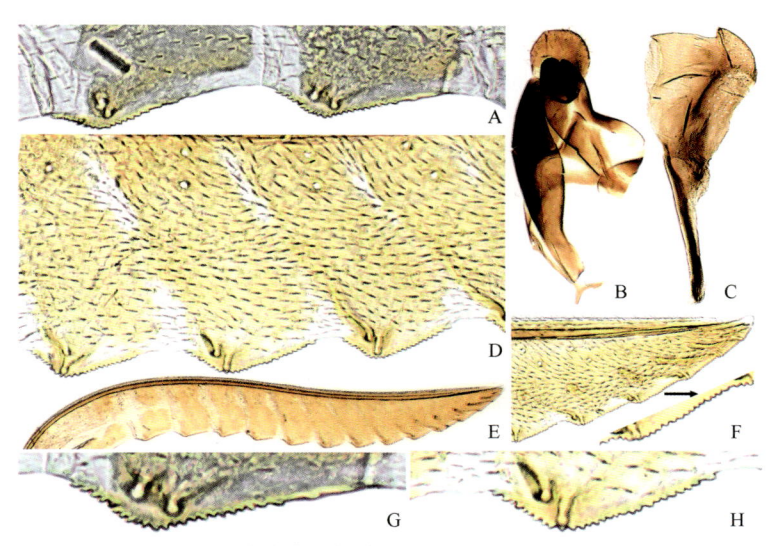

图 3-581　淡足珠片叶蜂，新种 *Allantopsis leucopoda* Wei, sp. nov.
A. 锯腹片第 1、2 锯刃；B. 生殖铗；C. 阳茎瓣；D. 锯腹片第 7–9 节；E. 锯腹片；F. 锯腹片端部；G. 锯腹片第 2 锯刃；H. 锯腹片第 8 锯刃

后颊脊前侧、中胸小盾片后缘和两侧以及附片、胸腹侧片沟底部具粗大刻点，唇基刻点细小稀疏，虫体其余部分无明显刻点和刻纹。复眼间距等于复眼长径，颚眼距缺；中窝长方形，底部具低纵脊；侧窝稍深于中窝，纵沟形；额区低弱隆起，具宽浅中纵沟，额脊宽钝；中单眼围沟完整，后沟细浅；单眼后区稍隆起，宽 1.8 倍于长；侧沟深直，向后稍分歧；背面观后头短于复眼 1/3 长，两侧显著收缩；后颊脊伸至后眶上端；触角短于头、胸部之和，第 2 节长几乎 2 倍于宽，鞭分节稍膨大，第 3 节稍细，1.5 倍于第 4 节长，第 7、8 节长稍大于宽。附片短小，后胸淡膜区间距稍窄于淡膜区长径；后足胫节稍长于跗节，爪内齿短于外齿；前翅 2Rs 室短于 1R1+1Rs 室，cu-a 脉中位，2r 脉交于 2Rs 室外侧 1/4，2m-cu 脉靠近 1r-m 脉；后翅臀室柄微短于 cu-a 脉长。锯鞘稍长于后足股节，鞘端狭窄，明显长于鞘基；锯腹片 14 刃，表面刺毛稀疏，

不呈带状，无近腹缘距，各节纹孔 1 对，锯刃倾斜突出，亚基齿细小，中部锯刃具 8–9 枚内侧亚基齿和 16–18 枚外侧亚基齿（图 3-581D）。

雄虫：体长 5.3mm；体黑色，前胸背板、中胸背板和小盾片（不含附片）、中胸侧板上端红褐色；下生殖板长约等于宽，端部圆钝；抱器长稍大于宽，端部圆钝，阳基腹铗内叶狭长，中部明显弯曲，端部狭窄（图 3-581B）；阳茎瓣见图 3-581C。

分布：浙江（临安）。

词源：本种足完全黄白色，以此命名。

正模：♀，LSAF15028，浙江临安西天目山禅源寺，30.322°N、119.443°E，362m，2015.IV.10，李泽建（ASMN）。副模：1♀，浙江临安清凉峰龙塘山，30°06.680′N、118°54.050′E，930m，2010.IV.27，姚明灿；3♀，地点和时间同正模，刘萌萌、刘琳；1♀，浙江临安天目山开山老殿，30°20.57′N、119°26.05′E，1106m，2015.IV.4，李涛；3♀1♂，LSAF16044，浙江临安西天目山禅源寺，30.322°N、119.443°E，362m，2016.IV.15，李泽建；2♀，LSAF15026，浙江临安西天目山禅源寺，30.322°N、119.443°E，362m，2015.IV.8，李泽建（ASMN）。

鉴别特征：本种与 A. insularis 十分近似，但后胸黑色，足全部淡色；单眼后区宽长比约等于 1.8（后者 1.1）；锯鞘短更狭窄；锯腹片无明显的近腹缘距，中部锯刃内坡长约为外坡的 1/2 长，端部锯刃明显更低平，亚基齿更多。

150. 直片叶蜂属 *Stethomostus* Benson, 1939

Stethomostus Benson, 1939b: 111. Type species: *Tenthredo fuliginosa* Schrank, 1781, by original designation.

主要特征：小型叶蜂；唇基端部截形，颚眼距短于单眼半径；上颚粗短，对称双齿式；后眶狭窄，后颊脊发育，具后眶沟；复眼大，内缘向下收敛，间距通常宽于复眼长径；额区明显发育，额脊钝，侧窝向前开放，与触角窝侧沟连通；单眼后区横宽；触角细，第 2 节长大于宽，第 3 节明显长于第 4 节，无触角器，第 7 节长明显大于宽；前胸背板侧叶后部具斜脊和斜脊前沟，前胸侧板腹侧尖，不接触；中胸具隆起的胸腹侧片，胸腹侧片缝窄沟状；小盾片平坦，附片发达；后胸淡膜区间距窄于淡膜区长径；前足胫节内端距端部显著分叉；后足胫节稍长于跗节，后足基跗节短于其后 4 节之和；爪小型，无基片，内齿微小、中位，远离外齿，或无内齿；前翅 R 脉短，向下倾斜，R+M 脉短；2Rs 室短于 1R1+1Rs 室；1M 脉稍长于并与 1m-cu 脉互相平行或微弱收敛，cu-a 脉中位；基臀室开放，2A+3A 脉直，不分叉，不向上弯曲；后翅 M 室和 Rs 室均开放，臀室具柄式，柄长约等短于 cu-a 脉长；腹部第 1 背板后缘膜叶小三角形；抱器长大于宽，基内角不突出；阳茎瓣头叶宽，端部截形，亚端部具横向指形突，腹缘具细齿；锯腹片少于 20 节，刺毛稀疏，不呈带状，每节具单纹孔，锯刃倾斜突出，亚基齿细小。

分布：古北区。本属已知 6 种，中国已记载 4 种，但实际分布种类超过 10 种。浙江发现 3 种，本书记述 2 种，包括 1 新种。

寄主：毛茛科毛茛属 *Ranunculus* 植物。

（587）普通直片叶蜂 *Stethomostus vulgaris* Wei, 1997（图 3-582，图版 XIII-7）

Stethomostus vulgaris Wei, 1997b: 1597.

主要特征：雌虫体长 6.0–6.5mm；体黑色，上唇、唇基端部或大部分、中胸前上侧片、翅基片、各足基节端部、转节、股节端部、胫节基部 1/2–2/3、腹部腹板大部分浅黄褐色，前胸背板全部深黄褐色；翅均匀浅烟褐色；体背侧细毛暗褐色，腹侧细毛浅褐色；体光滑，额区、内眶和唇基具细小稀疏刻点，小盾片后部及附片刻点较大且多；唇基端部亚截形，颚眼距线状；复眼内缘向下强烈收敛，间距约等宽于眼高；后颊脊发育，伸至后眶上部，后眶沟细深；中窝深长，侧窝宽沟状；额区鼓形，中部凹入，额脊宽钝，明显隆起，前缘半开放；单眼后区宽几乎 2 倍于长；侧沟深直，亚平行；触角细，微短于前翅 C 脉长，第 3 节长 1.4 倍于第 5 节；胸腹侧片狭窄；爪内齿微小；前翅 2Rs 室明显短于 1R1+1Rs 室，外下角不明显延伸，后翅臀室柄微长于 cu-a 脉；锯鞘约等长于中足胫节，鞘端长于鞘基，侧面观亚三角形，末端稍尖；锯腹片 15 刃，锯刃倾斜突出，第 7 刃齿式为 6–7/8–10，中部锯刃刃间段约等长于锯刃（图 3-582C）。雄虫体长约 5.5mm；腹部背板 3–5 节中部具中形黄褐色斑纹，复眼下缘间距窄于复眼长径，下生殖板宽大于长，端部钝截形；抱器宽短，背顶角突出（图 3-582D）；阳茎瓣头叶端部和背腹缘均平直，背顶角窄突，指形突较短（图 3-582E）。

分布：浙江（平湖、临安）、湖北、湖南、福建、广西、重庆、四川、贵州。

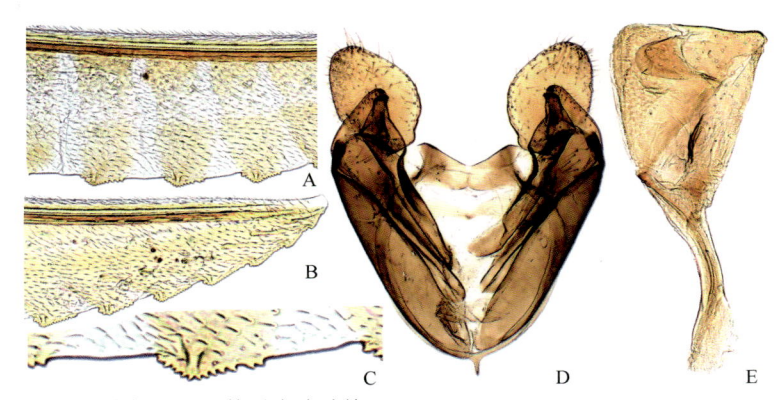

图 3-582　普通直片叶蜂 *Stethomostus vulgaris* Wei, 1997
A. 锯腹片第 5–7 锯刃；B. 锯腹片端部；C. 锯腹片第 6 锯刃；D. 生殖铗；E. 阳茎瓣

（588）浙江直片叶蜂，新种 *Stethomostus zhejiangensis* Wei, sp. nov.（图 3-583）

雌虫：体长 6mm。体和足黑色；上颚基部横带、上唇和唇基全部白色，前胸背板沟后部的大部分、翅基片大部分和中胸前上侧片黄白色；各足基节端部、转节、股节端部 1/3、胫节除末端外、基跗节大部分白色；翅近透明，翅痣和翅脉黑褐色；体毛浅褐色。

头部背侧具稀疏、模糊小刻点，唇基和后眶具明显刻点；胸部背板和侧板上部具极微弱的具毛刻点，小盾片后部两侧和后缘刻点较密，附片刻点粗大、稀疏，间隙光滑，中胸前侧片腹侧半部表面光滑，腹部背板具微弱的细刻纹。

唇基端部中央具浅弱的小缺口，上颚无第 3 齿；颚眼距线状，复眼下缘间距等宽于复眼长径；中窝宽深，底部具低长瘤突；额区稍隆起，中纵沟狭窄，额脊宽钝，中单眼前凹很小；单眼中沟深，侧臂极长，后沟细浅；单眼后区低于单眼顶面，宽长比等于 2；侧沟深宽、短直，互相平行；背面观后头很短，两侧显著收缩；OOL：POL：OCL=8：6：5；后颊脊伸至后眶上部，后眶沟显著；触角丝状，长 1.3 倍于头宽，第 2 节长明显大于宽，第 3 节长 1.4 倍于第 4 节，第 7、8 节长宽比约等于 1.6，第 9 节稍长于第 8 节。中胸胸腹侧片隆肩形，胸腹侧片沟狭深；后胸淡膜区间距约等于淡膜区长径；后足胫节长于跗节，基跗节约等于其后 3 节之和；爪细小，具微小中位内齿；前翅 2Rs 室长于 1Rs 室，短于 1R1+1Rs 室，cu-a 脉中位；后翅臀室柄稍长于 cu-a 脉。锯鞘等长于中足胫节，鞘端稍长于鞘基，端部窄圆；锯腹片具 16 锯刃（图 3-583A），锯刃倾斜突出，亚基齿细小，中部锯刃内侧亚基齿 6–8 枚，外侧亚基齿 9–12 枚（图 3-583B、C）。

雄虫：体长 4mm，体色、刻点和构造类似于雌虫；下生殖板宽稍大于长，端部宽钝；抱器长大于宽，外顶角突出，基内角圆钝，副阳茎低三角形（图 3-583D）；阳茎瓣头叶端部和腹缘平直，背缘中部凹入，背顶角宽钝，侧突很短，三角形，端部窄圆（图 3-583E）。

分布：浙江（临安、丽水）。
词源：本种以模式标本分布地命名。
正模：♀，浙江临安西天目山禅源寺，30.323°N、119.442°E，405m，2018.III.31，刘萌萌、高凯文、姬

婷婷（ASMN）。副模：1♀1♂，数据同正模；2♀，浙江临安天目山开山老殿，30.343°N、119.433°E，1106m，2015.IV.4–5，肖炜、刘萌萌、刘琳；1♀，浙江临安天目山开山老殿，1000m，马氏网诱集，2014.IV–V，叶岚、徐骏；1♀，浙江临安清凉峰龙塘山，30°06.680′N、118°54.050′E，930m，2010.IV.27，肖炜；1♀，浙江丽水碧湖镇新亭村，28.41°N、119.83°E，105m，2015.III.18，李泽建（ASMN）。

鉴别特征：本种与日本分布的 *Stethomostus babai* Togashi, 1984 最近似，但前胸背板沟前部黑色，翅基片具黑斑，腹部背板和腹板无淡斑，爪具内齿，单眼后区宽长比约等于 2 等，与之不同。

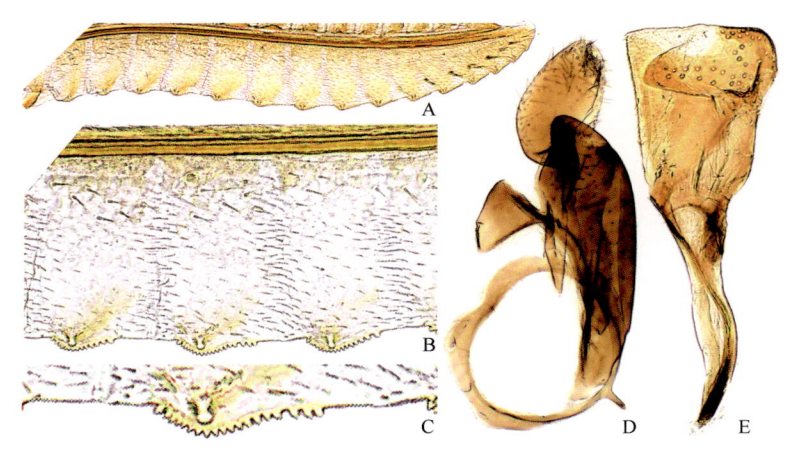

图 3-583　浙江直片叶蜂，新种 *Stethomostus zhejiangensis* Wei, sp. nov.
A. 锯腹片；B. 锯腹片第 5–7 锯节；C. 锯腹片第 6 锯刃；D. 生殖铗；E. 阳茎瓣

151. 胖蔺叶蜂属 *Monophadnus* Hartig, 1837

Tenthredo subgenus *Monophadnus* Hartig, 1837: 271. Type species: *Tenthredo albipes* Gmelin, 1790, by subsequent designation of Ashmead, 1898c.

Selandria subgenus *Monophadnus* Hartig, Norton, 1867: 250.

Monophadnus: Konow, 1886c: 244.

Monophadnus subgenus *Doderia* Malaise, 1935: 167. Type species: *Tenthredo* (*Allantus*) *spinolae* Klug, 1816, by original designation.

主要特征：小型叶蜂，体粗短；唇基端部近似截形，上唇小，端部圆钝；颚眼距窄于单眼直径；复眼小，椭圆形，间距宽于眼高，内缘近似平行；后眶沟浅，无后颊脊，具短口后脊；侧窝向前开放，与颜侧沟会合；额脊钝，单眼后区横宽，背面观后头通常膨大；触角十分粗短，短于腹部，第 2 节长大于宽，第 3 节显著长于第 4 节；小盾片平坦，中胸侧板无胸腹侧片；后胸淡膜区扁宽，长径等于或宽于淡膜区间距；后小盾片前部下倾；前足内胫距端部分叉；后足胫节长于跗节，基跗节短于其后 3 节之和；爪无基叶，内齿小至中型，靠近端齿；前翅 2Rs 室长于 1Rs 室，1M 脉与 1m-cu 脉近等长且相互平行，cu-a 脉中位；前翅臀室具柄式，端臀室短，3A 脉直；后翅具闭 M 室，Rs 室开放，臀室具柄式，柄部不长于 cu-a 脉，cu-a 脉垂直；腹部第 1 背板膜区中等大，第 9 背板背侧露出在第 8 背板之外；产卵器短于后足胫节，锯鞘端简单，无侧突，锯腹片宽短，少于 20 节，每节 1–2 纹孔，锯刃低平或突出，亚基齿细小；抱器亚圆形，基部收窄，基内角不突出；阳茎瓣简单或具顶侧叶，无侧刺突和侧叶。

分布：古北区，新北区。本属已知约 17 种。北美洲已知 7 种，欧洲 4 种（含 1 全北区广布种），东亚地区 7 种。浙江发现 4 种，包括 3 新种。本属在南美洲、东南亚地区记载的种类均非本属成员。

寄主：毛茛科 Ranunculaceae 的 *Corydalis* spp.、*Clematis* spp.、*Ranunculus* spp. 等。

分种检索表

1. 触角简单，端部不膨大，无棘毛圈；雌虫产卵器长于后足跗节，锯腹片具 17–18 锯刃，锯刃端部具加厚区；雄虫腹部背板全部黄褐色，阳茎瓣腹缘细齿小且少于 10 枚 ··· 2
- 触角 3–8 节端部明显膨大，具棘毛圈；雌虫产卵器短于后足跗节，锯腹片具 15 锯刃，锯刃端部无加厚区；雄虫腹部第 1 背板全部黑色，其余背板中部具黑斑，阳茎瓣腹缘细齿多于 20 枚 ············ **环棘胖蓝叶蜂，新种 *M. denticornis* sp. nov.**
2. 各足基节和转节黑色 ··· **中华胖蓝叶蜂 *M. sinicus***
- 各足基节除基缘外和转节全部黄褐色 ·· 3
3. 雄虫触角第 6 节宽大于长；爪较粗短，内齿大，靠近端齿；背面观后头两侧明显膨大；阳茎瓣指状突端部长大于宽 ············ **杭州胖蓝叶蜂，新种 *M. hangzhou* sp. nov.**
- 雄虫触角第 6 节长大于宽；爪较细长，内齿小，远离端齿；背面观后头两侧明显收缩；阳茎瓣指状突端部宽大于长 ············ **兰溪胖蓝叶蜂，新种 *M. lanxi* sp. nov.**

（589）环棘胖蓝叶蜂，新种 *Monophadnus denticornis* Wei, sp. nov.（图 3-584）

雌虫：体长 8–9 mm。头部包括触角黑色，胸、腹部和足黄褐色；前胸侧板腹侧和腹板、中胸腹板、中胸盾侧凹、后小盾片、锯鞘端、前中足基节、各足转节、各足胫节末端及跗节黑色。翅深烟褐色，翅痣和翅脉黑褐色；体毛黄褐色。

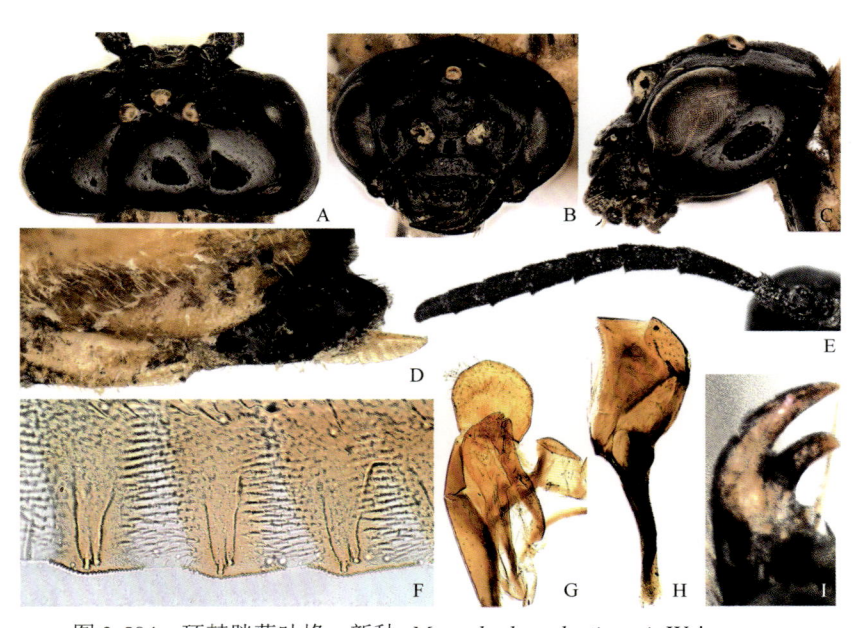

图 3-584 环棘胖蓝叶蜂，新种 *Monophadnus denticornis* Wei, sp. nov.
A. 头部背面观；B. 头部前面观；C. 头部侧面观；D. 产卵器；E. 触角；F. 中部锯刃；G. 生殖铗；H. 阳茎瓣；I. 爪；A–F, I. 雌虫；G, H. 雄虫

体光滑，唇基具稀疏、细小的具毛刻点，虫体其余部分无明显刻点或刻纹；体毛极短且稀疏。唇基前缘缺口不明显，颚眼距稍短于前单眼直径；复眼小，向下明显收敛，最短距离 1.6 倍于复眼长径（图 3-584B）；中窝浅，侧窝深；触角窝上沿明显隆起，单眼中沟和后沟浅弱，单眼后区显著隆起，侧沟浅宽，稍弯曲，向后微弱分歧；后头较长，两侧膨大，背面观复眼与上眶几乎等长；OOL：POL：OCL = 19：15：21；侧面观后眶约等宽于复眼横径，后颊脊完全缺失；触角长与头宽之比为 13：9，各节比长为 15：9：25：16：15：13：12：11：12，3–8 节端缘向外扩展，并着生 1 圈棘毛（图 3-584E）；中胸背板前叶强烈隆起，中纵沟明显，盾纵沟深；小盾片平坦，附片中部长 1.6 倍于前单眼直径；前足胫节内端距端部分叉，各叉端部较尖；后足胫节和跗节长度比为 11.5：8.5，内端距长 0.6 倍于胫节端部宽；基跗节等长于其后 3 节之和；

爪内齿大，短于端齿（图 3-584I）；前翅 2Rs 室稍长于 1R1+1Rs 室，cu-a 脉交于 1M 室中位外侧，2r 脉交于 2Rs 室外侧 1/4；后翅臀室柄稍短于 cu-a 脉长；产卵器较短，与后足跗节长度比为 5.5∶8.5，鞘端长于鞘基（3∶2.5），鞘端窄（图 3-584D）；锯腹片 15 刃，外侧刺毛带状不均匀分布，每节具 2 纹孔，锯刃稍倾斜突出，无加厚区或近腹缘距，端半部锯刃相连，中部锯刃亚基齿内侧 6 枚，外侧 25–27 枚（图 3-584F）。

雄虫：体长 7.0–7.5mm，体色及构造类似于雌虫，但小盾片的附片暗褐色，各足基节全部、转节、股节中基部黑色，腹部第 1 背板全部、其余背板中部黑色；后头明显短于复眼，两侧缘平行，颚眼距仅 0.25 倍于前单眼直径；下生殖板长约等于宽，端部圆钝；抱器近似圆形（图 3-584G）；阳茎瓣指状突大，腹缘齿细小，多于 20 枚，顶角突出（图 3-584H）。

分布：浙江（杭州）、北京、陕西、江苏。

词源：本种种加词指新种的触角鞭分节端缘突出，外观锯齿状。

正模：♀，**副模**：8♀1♂，江苏徐州，魏美才，1985.VI（ASMN）；1♀，北京三堡，1972.VIII.11；1♀，北京十三陵，1962.IX.12，谢汝忠；1♂，北京八达岭，1962.VII.19，李铁生；1♂，八达岭，1972.VIII.11，毛金龙；3♂♂，北京三堡，1962.IX.12，周勤；3♀♀3♂♂，Paitia，1930.VIII；1♀，杭州，1924.IX.29；1♀，陕西华阴，1500m，1978.VIII.24（中国科学院动物研究所）。

鉴别特征：本种触角 3–8 节端部环状膨大并具棘毛圈，阳茎瓣腹缘弧形，具 20 余枚小齿，雄虫腹部背板黄色，具显著黑斑等，与同属已知种类均不同，易于识别。

（590）杭州胖蔺叶蜂，新种 *Monophadnus hangzhou* Wei, sp. nov.（图 3-585）

Monophadnus sinicus Wei, 1997b: 1599. In part.

雌虫：体长 5.5mm。头部包括触角黑色；胸、腹部和足黄褐色，中胸前侧片腹侧、后侧片下部、后胸侧板大部分、中胸小盾片的附片、后小盾片、各足基节基缘和锯鞘除基部外黑色。翅深烟褐色，翅痣和翅脉黑褐色；体毛黄褐色。

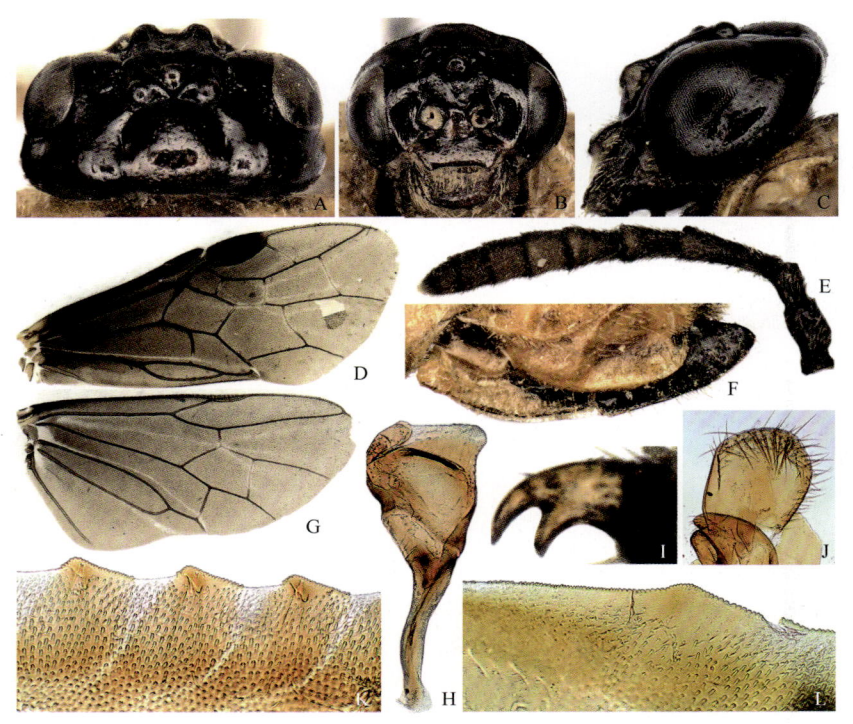

图 3-585 杭州胖蔺叶蜂，新种 *Monophadnus hangzhou* Wei, sp. nov.
A. 头部背面观；B. 头部前面观；C. 头部侧面观；D. 前翅；E. 触角；F. 产卵器；G. 后翅；H. 阳茎瓣；I. 爪；J. 抱器；K. 中部锯刃；L. 第 1 锯刃；A–G, I, K, L. 雌虫；H, J. 雄虫

体光滑，唇基具稀疏、细小刻点，虫体其余部分无明显刻点或刻纹；体毛极短且稀疏。唇基截形，端缘具极浅平的缺口；颊眼距线状；中窝深，前端开放；复眼大，内缘向下微弱收敛，间距 1.3 倍于复眼长径（图 3-585B）；单眼中沟、后沟及侧沟均较浅，单眼后区显著隆起，宽稍大于长，侧沟弯曲，向后分歧；后头膨大，背面观复眼长径与上眶之比为 1.55：1（图 3-585A）；后眶中部稍窄于复眼横径（图 3-585C）；触角短，稍长于头宽（9.5：8），第 3 节长 1.85 倍于第 4 节长，第 6–8 节宽大于长（图 3-585E）；前足胫节内端距端部分叉，各叉端部尖；后足胫节与跗节比长为 3：2，基跗节等于其后 3 节之和；爪内齿亚中位，稍短于端齿（图 3-585I）；前翅 2Rs 室稍短于 1R1+1Rs 室，cu-a 脉交于 1M 室中位外侧，2r 脉交于 2Rs 室中部偏外侧（图 3-585D）；后翅臀室柄稍短于 cu-a 脉长（图 3-585G）；产卵器长于后足跗节（8：6），鞘端稍长于鞘基（图 3-585F）；锯腹片 18 节，外侧刺毛均匀，不呈带状，每节 1 纹孔，纹孔端部具 1 骨化板（图 3-585K），第 1 锯刃极长，刃间段短（图 3-585L），中部锯刃亚基齿内侧 5 枚，外侧 18–20 枚（图 3-585K）。

雄虫：体长 5.0mm；体色和刻纹类似于雌虫，但触角微长于头宽（9：8），后足胫节与跗节比长为 5：4；下生殖板长约等于宽，端部圆钝；抱器长约等于宽，端部圆钝（图 3-585J）；阳茎瓣头叶近似三角形，腹缘明显凹入，缘齿细小，少于 10 枚，指状突较短，但端部长大于宽，腹端角明显突出（图 3-585H）。

分布：浙江（杭州）。

词源：本种以其模式产地命名。

正模：♀，浙江杭州，1986.VII.4，施立明（ASMN）。副模：1♀，浙江杭州，1986.VII.1，施立明；1♀，浙江杭州，1981.VI.28，高其康；1♂，浙江杭州，1979.VII.21，马云（ASMN）。

鉴别特征：本种与中华胖蔺叶蜂 *M. sinicus* Wei, 1997 最近似，但本种各足基节大部分和转节全部黄褐色，锯腹片中部锯刃较突出，刃间段较长，内侧亚基齿 5 枚，阳茎瓣指状突较短，几乎不伸出阳茎瓣端缘等，与之不同。

（591）兰溪胖蔺叶蜂，新种 *Monophadnus lanxi* Wei, sp. nov.（图 3-586）

雄虫：体长 5.5mm。头部包括触角黑色；胸、腹部和足黄褐色，中胸前侧片腹侧半部、后侧片和后胸侧板大部分、中胸小盾片后缘和附片、后小盾片、各足基节基缘黑色，跗节端部 2 分节黑褐色。翅深烟褐色，翅痣和翅脉黑褐色；体毛黄褐色。

图 3-586 兰溪胖蔺叶蜂 *Monophadnus lanxi* Wei, sp. nov. 雄虫
A. 头部背面观；B. 触角；C. 抱器；D. 头部前面观；E. 爪；F. 阳茎瓣；G. 前足胫节内端距

体光滑，无明显刻点或刻纹；体毛极短且稀疏。唇基端缘具浅弧形缺口；颊眼距线状；中窝宽深，前

端开放；复眼大，内缘向下微弱收敛，间距 1.3 倍于复眼长径（图 3-586D）；单眼中沟、后沟及侧沟均较浅，单眼后区显著隆起，宽稍大于长，侧沟弧形弯曲，前后端收敛；后头两侧明显收缩，背面观复眼长径与上眶之比为 1.5：1（图 3-586A）；后眶中部宽约等于复眼横径 1/2；触角短，长 1.4 倍于头宽，第 3 节长 1.7 倍于第 4 节长，等长于第 4、5 节之和，第 6–8 节长大于宽（图 3-586B）；前足胫节内端距端部分叉，外叶短小，内叶长大，端部宽圆（图 3-586G）；后足胫节与跗节比长为 7：6，基跗节明显短于其后 3 节之和；爪细长，内齿中位，显著短于端齿（图 3-586E）；前翅 2Rs 室稍短于 1R1+1Rs 室，cu-a 脉交于 1M 室中位外侧，2r 脉交于 2Rs 室中部偏外侧；后翅臀室柄等长于 cu-a 脉；下生殖板长约等于宽，端部圆钝；抱器长约等于宽，端部圆钝（图 3-586C）；阳茎瓣头叶近似三角形，腹端角窄，强烈突出，阳茎瓣腹缘明显凹入，缘齿细小，少于 10 枚，指状突较短，端部宽大于长，未伸出阳茎瓣端缘（图 3-586F）。

雌虫：未知。

分布：浙江（兰溪）。

词源：本种以其模式产地命名。

正模：♂，浙江兰溪白沙，1985.VIII.8，陈学新（ASMN）。

鉴别特征：本种体色与 *M. hangzhou* 很近似，但雄虫触角第 6–8 节长均大于宽；前足胫节内端距端部分叉的内叶长大，端部宽圆；爪较细长，内齿小，远离端齿；背面观后头两侧明显收缩；阳茎瓣端腹侧突较窄且明显突出，指状突较短，端部宽大于长。后者雄虫触角第 6–8 节宽大于长；前足胫节内端距端部分叉的内叶约等长于外叶，端部尖；爪较粗短，内齿大，靠近端齿；背面观后头两侧明显膨大；阳茎瓣端腹侧突较宽短，指状突较长，端部长大于宽。

（592）中华胖蔺叶蜂 *Monophadnus sinicus* Wei, 1997（图 3-587）

Monophadnus sinicus Wei, 1997b: 1599.

主要特征：雌虫体长 7.0–7.5mm。头部和触角黑色；胸、腹部黄褐色，胸部侧板下部、中胸小盾片后缘和附片、后小盾片、各足基节、转节和锯鞘黑色，跗节大部分黑褐色。翅深烟褐色，翅痣和翅脉黑褐色。体光滑，无明显刻点或刻纹；唇基截形，颚眼距线状；复眼大，内缘向下微弱收敛，间距 1.3 倍于复眼长径；单眼后区显著隆起，宽稍大于长；后头膨大，背面观复眼长径与上眶之比为 1.55：1；触角短，稍长于头宽；前足胫节内端距端部分叉，各叉端部尖；后足胫节明显长于跗节；爪内齿亚中位，稍短于端齿；前翅 2Rs 室稍短于 1R1+1Rs 室；后翅臀室柄稍短于 cu-a 脉长；产卵器长于后足跗节，鞘端稍长于鞘基；锯腹片 18 节，外侧刺毛均匀，不呈带状，每节 1 纹孔，纹孔端部具 1 骨化板（图 3-587A），第 1 锯刃极长，无

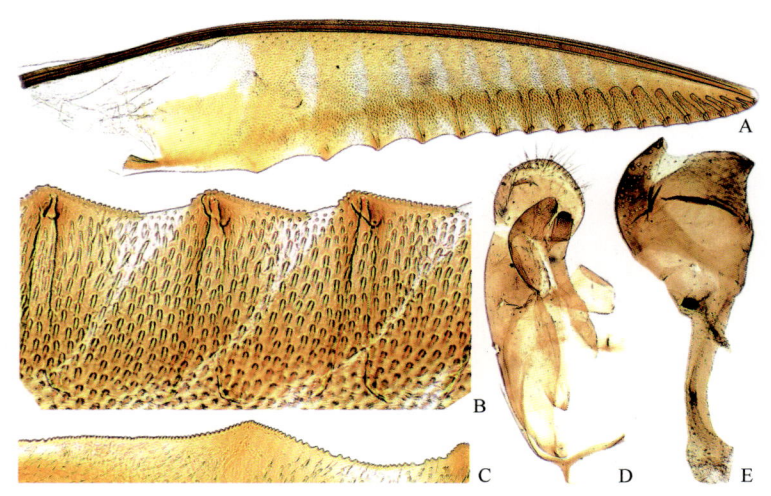

图 3-587 中华胖蔺叶蜂 *Monophadnus sinicus* Wei, 1997
A. 锯腹片；B. 中部锯刃；C. 第 1 锯刃；D. 生殖铗；E. 阳茎瓣

刃间段（图 3-587C），中部锯刃亚基齿内侧 2–3 枚，外侧 18–20 枚（图 3-587B）。雄虫体长 6.5–7.0mm；体色和刻纹类似于雌虫，但触角微长于头宽；下生殖板长约等于宽，端部圆钝；抱器长约等于宽，端部圆钝（图 3-587D）；阳茎瓣头叶近似三角形，腹端角明显突出，腹缘明显凹入，缘齿细小，少于 10 枚，指状突较长，明显伸出阳茎瓣端缘之外（图 3-587E）。

分布：浙江（德清）、黑龙江、吉林、辽宁、内蒙古、北京、河北、山西、山东、河南、陕西、甘肃、江苏、安徽、湖南、福建、广西、重庆。

152. 儒雅叶蜂属 *Rya* Malaise, 1964

Rya Malaise, 1964: 25–26. Type species: *Rya tegularis* Malaise, 1964, by original designation.

主要特征：小型叶蜂；上唇小，端部圆钝；唇基平坦，端部亚截形；上颚粗短，对称三齿式；颚眼距线状；复眼大，椭圆形，内缘向下稍收敛，间距微大于眼高；后眶圆，具后眶沟，后颊脊低短；触角窝间距稍窄于复眼-触角窝距，触角窝沿不延伸；中窝深，侧窝向前开放，与颜侧沟会合；额区稍隆起，额脊钝；单眼后区横宽，侧沟向后分歧，后头收缩；触角短丝状，第 2 节稍短于第 1 节，长宽比大于 1.5，第 3 节长于第 4 节，无触角器；前胸背板侧叶后部具斜脊和斜脊前沟，前胸侧板腹侧窄圆，稍接触；小盾片台状隆起，侧板无胸腹侧片，下部具浅宽斜沟，前缘稍翘起，具脊；后胸淡膜区长径为于淡膜区间距；前足内胫距端部分叉，后足胫节长于跗节，后足基跗节等于其后 3 跗分节之和；爪简单，无基片和内齿。前翅 1M 脉与 1m-cu 脉向翅痣稍聚敛；2Rs 室稍长于 1Rs 室，cu-a 脉中位，R+M 脉点状；端臀室短，基臀室开放，2A+3A 脉直；后翅无封闭中室，cu-a 脉内斜，臀室柄稍长于 cu-a 脉；雄虫后翅无缘脉；产卵器显著短于后足胫节，锯腹片约 14 节，锯刃强烈乳状突出，叶突基部不收缩，亚基齿细小；阳茎瓣头叶宽大，端部圆钝，无侧刺，具指状端侧突。

分布：东亚。本属已知仅 1 种。中国记载 1 种，浙江也有分布。

寄主：未知。

（593）白肩儒雅叶蜂 *Rya tegularis* Malaise, 1964（图 3-588，图版 XIII-8）

Rya tegularis Malaise, 1964: 26.

主要特征：雌虫体长 5mm；体黑色，翅基片、股节端部、胫节、基跗节基部白色，上唇、前胸背板后缘、各足基节端部、转节及股节中部红褐色；翅透明，翅痣及翅脉黑褐色；体毛淡色；单眼后区宽 2 倍于长，侧沟深，不达后缘，单眼后沟细浅且直；OOL：POL：OCL=5：4：3；后眶下部 2/5 具后颊脊，后眶沟显著；触角等长于头、胸部之和，第 3、4、5 节长度比为 32：19：18；头部光亮，额区以下具轻微皱纹，小盾片两侧和后部及附片具粗大稀疏刻点，腹部各节背板均具细微表皮刻纹，第 1 节刻纹稍强；后胸淡膜区间距 0.7 倍于淡膜区长径；前翅 2Rs 长于 1Rs 室，后翅臀室柄稍长于 cu-a 脉；锯鞘端等长于锯鞘基，侧面观三角形，背缘稍下凹；锯背片裸，锯腹片骨化弱，节缝不显著，锯刃倾斜，具大型膜质叶突和 1 个较大的内侧亚基齿及 6–8 个细小外侧亚基齿。雄虫体长 4.6–5.2mm，下生殖板宽稍大于长，端部圆钝；抱器长 1.7 倍于宽，内顶角突出，基内角近似方形，副阳茎近似三角形，阳基腹铗尾部窄长且直（图 3-588C）；阳茎瓣头叶端部和腹缘弱弧形鼓出，侧突狭窄，长大于宽（图 3-588D）。

分布：浙江（德清、天目山、临安、磐安、丽水）、辽宁、陕西、甘肃、安徽、湖南、福建、广西；缅甸。

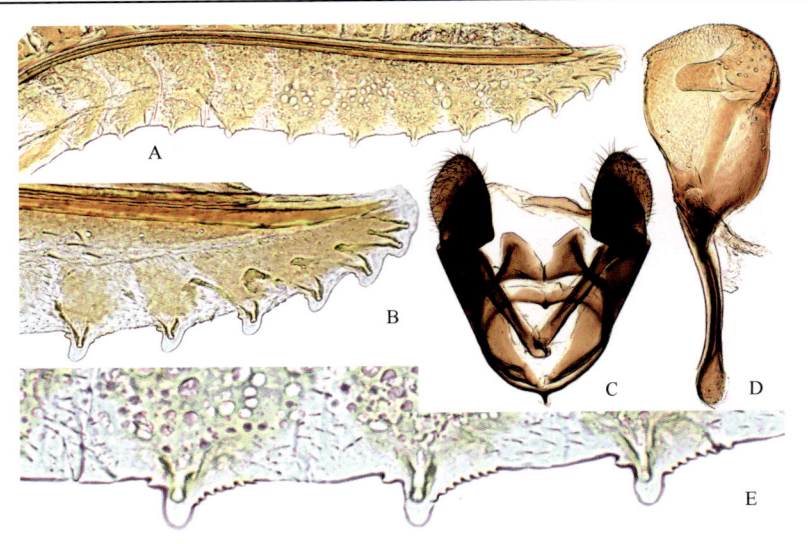

图 3-588　白肩儒雅叶蜂 *Rya tegularis* Malaise, 1964
A. 锯腹片；B. 锯腹片端部；C. 生殖铗；D. 阳茎瓣；E. 锯腹片第 5–7 锯刃

153. 弯瓣叶蜂属 *Aphymatocera* Sato, 1928

Aphymatocera Sato, 1928: 182. Type species: *Aphymatocera coreana* Sato, 1928, by original designation.

主要特征：小型叶蜂，体形粗壮；唇基端部截形，上唇短小，横宽；上颚粗短，对称双齿式；颚眼距等宽于单眼直径；复眼小，内缘亚平行，间距明显大于复眼长径；后眶圆钝，无后颊脊，后眶沟不明显；触角窝间距狭于复眼与触角窝距，触角窝上沿突出；中窝和侧窝发达，侧窝向前开放，上侧和颜侧沟会合；额区小，额侧脊低钝；单眼后区横宽，侧沟点状；后头短小，后单眼位于复眼后缘连线之后；两性触角异型，雌虫触角粗短，雄虫触角细长，第 2 节宽大于长，第 3 节雌虫等长于、雄虫短于第 4 节，鞭节各节几乎等长，无触角器；前胸侧板腹面尖，无接合面；中胸侧板下部裸，前缘脊显著，胸腹侧片狭高，胸腹侧片缝沟状；中胸小盾片平坦，前端突出，前凹小型，附片宽大；后胸淡膜区扁宽，间距窄于淡膜区长径；后胸侧板宽大；前足内胫距端部分叉，外胫距退化，等于 1/2 内距长；后足胫节长于跗节，基跗节等于其后 3 节之和；爪简单，无内齿和基叶；前翅 4 肘室，Rs 脉第 1 段完整，1M 脉与 1m-cu 脉向翅痣收敛或近似平行，具 R+M 脉段，cu-a 脉中位，2A+3A 脉端部分叉，上叉细弱；后翅无封闭中室，R1 室端部尖，无附室，臀室封闭，臀室柄长于垂直的 cu-a 脉；腹部第 1 背板膜区小；锯鞘端短宽，约等长于锯鞘基；锯腹片宽长，锯刃倾斜突出，亚基齿细小；抱器长大于宽，基内角不突出；阳茎瓣头叶宽大，明显倾斜，具缘齿，无侧刺和侧叶。

分布：东亚。本属已知仅 1 种，分布于朝鲜和中国东北。本书记述浙江 1 新种。

寄主：未知。

（594）中华弯瓣叶蜂，新种 *Aphymatocera sinica* Wei, sp. nov.（图 3-589，图版 XIII-9）

雌虫：体长 6.0mm。体和足黑色，前胸背板后半部、翅基片、前足股节端半部、中后足股节端部 1/4、胫节全部、基跗节部分黄白色，唇基两侧和端部黄褐色，上唇中部黑褐色，周缘浅褐色，口须部分浅褐色；翅透明，翅痣和翅脉黑褐色，仅 Sc+R 脉前侧、翅痣基部和末端浅褐色；体毛银灰色。

头部背侧较光滑，触角窝上突具不规则粗刻点，后眶具密集细小刻点，单眼后区具细小刻点；唇基表面光泽显著，刻点稀疏；触角表面光泽较强，刻纹弱；中胸背板包括小盾片背侧具细小稀疏刻点，小盾片后部 1/3 刻点粗糙密集，附片光滑，具微弱刻纹；后小盾片光滑；中胸前侧片上半部被毛，下半部光裸高度光滑；腹部背板具明显细刻纹。

颚眼距稍窄于单眼直径；额区较平坦，短扇形，额侧脊低钝，前缘脊弧形，十分显著；单眼中沟和后沟浅宽；单眼后区隆起，宽长比等于3；侧沟深直，稍长于单眼直径；复眼窄长，长短径之比等于2，背面观复眼长径为上眶的2倍，后头两侧收缩；OOL：POL：OCL=7：5：3；触角细，等长于头、胸部之和，不明显侧扁，第2节基部稍细，第3节微短于第4、5节，第3–5节之和等长于第6–9节之和。后胸淡膜区两端尖，间距0.75倍于淡膜区长径；前翅2Rs室稍长于1Rs室，外下角不突出，1M脉与1m-cu脉向翅痣明显收敛，2m-cu脉靠近1r-m脉；后翅臀室柄长1.3倍于cu-a脉；锯鞘等长于后足胫节，锯鞘端三角形，背缘稍凹，背顶角突出；锯腹片宽大，中部宽于基部，节缝刺毛带状（图3-589A）；锯刃倾斜突出，无内侧亚基齿，外侧亚基齿10余枚（图3-589B、C）。

雄虫：体长5.5mm；唇基全部黑色；颚眼距线状，额脊缺；触角显著长于头、胸部之和，第2节扁盘状，鞭节强烈侧扁，具短直立毛和致密刻纹，第3节显著短于第4节，第3–5节之和约等长于第7–9节之和；下生殖板宽大于长，端部钝圆；抱器长稍大于宽，端部圆钝；阳茎瓣头叶短宽，显著倾斜，背缘短于腹缘，顶叶较低（图3-589E）。

分布：浙江（杭州、丽水）。

词源：本种以中国命名。

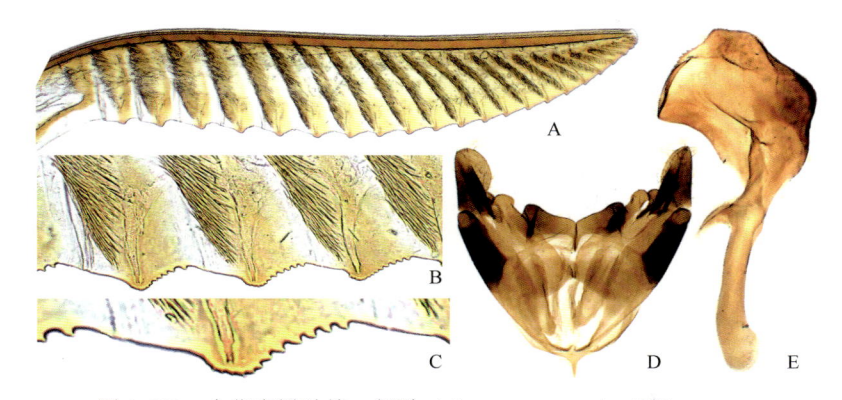

图3-589 中华弯瓣叶蜂，新种 *Aphymatocera sinica* Wei, sp. nov.
A. 锯腹片；B. 锯腹片第5–7锯刃；C. 锯腹片第6锯刃；D. 生殖铗；E. 阳茎瓣

正模：♀，LSAF14001，浙江丽水碧湖镇平一村，28.21°N、119.47°E，100m，2014.III.18，李泽建（ASMN）。副模：2♀1♂，浙江丽水九龙湿地新亭村，28.402°N、119.828°E，50m，2017.III.27，李泽建、刘萌萌、高凯文、姬婷婷；1♂，浙江丽水碧湖镇新亭村，28.41°N、119.83°E，105m，2015.III.18，李泽建；1♂，浙江杭州，1985.III.20，魏美才（ASMN）；1♂，LSAF15015，浙江丽水碧湖镇新亭村，28.41°N、119.83°E，105m，2015.III.18，李泽建；1♂，LSAF17016，浙江丽水九龙湿地新亭村，28.402°N、119.828°E，50m，2017.III.26，李泽建、刘萌萌，乙酸乙酯；1♀，LSAF14001，浙江丽水碧湖镇平一村，28.21°N、119.47°E，100m，2014.III.18，李泽建（LSAF）。

鉴别特征：本种与属模较近似，但后者雌虫唇基黑色，颚眼距较宽，额区隆起，侧脊细，雌虫后头两侧膨大，无明显后眶沟，OOL和POL接近，前翅1M脉与1m-cu脉几乎平行，抱器和阳茎瓣头叶明显较窄等，明显不同。

154. 宽距叶蜂属 *Eurhadinoceraea* Enslin, 1920

Rhadinoceraea (*Eurhadinoceraea*) Enslin, 1920: 316. Type species: *Rhadinoceraea roseni* Enslin, 1920, by original designation.
Sterigmos Zombori, 1977: 237–238. Type species: *Tenthredo fulviventris* Scopoli, 1763, by original designation.

主要特征：小型叶蜂，体形粗短；上唇小，端部圆钝；唇基平坦，端缘具浅三角形缺口；颚眼距窄于单眼直径；复眼小，内缘向下收敛，间距宽于眼高；后眶圆钝，无后颊脊和口后脊，具后眶沟；背面观后头两侧膨大，单眼后区横宽；额区明显，额脊低钝；中窝深大，侧窝向前开放，与颜侧沟会合；触角窝间距狭于复眼与触角窝距；触角细长，第 2 节宽大于长，鞭节各节约等长，无触角器，雄虫触角鞭节具短直立毛；前胸背板侧叶后部具斜脊和斜脊前沟，前胸侧板腹侧较尖，稍接触或不接触；中胸小盾片平坦，附片发达，侧板无胸腹侧片，具缘脊；后胸淡膜区宽扁，间距窄于淡膜区长径；后小盾片具明显前凹；前足胫节内端距宽扁且弯曲，末端分叉，外距细小；后足胫节显著长于跗节，基跗节稍长于其后 3 节之和；爪无基片，内齿中位，短于外齿；前翅 Sc 脉不明显，R 脉长，端部下垂，R+M 脉点状；1M 脉长于 1m-cu 脉，互相平行；cu-a 脉中位，近似垂直；2Rs 室短于 1R1+1Rs 室；基臀室开放，2A+3A 脉直，端臀室 1.3 倍于 1M 室下缘长；后翅 Rs 室开放，具闭 M 室，臀室柄约等长于 cu-a 脉；腹部第 1 背板膜区中小型；锯腹片窄长，少于 20 节，具近缘腹距，锯刃低平；抱器长大于宽，基内角不突出；阳茎瓣具较短的顶侧叶，阳基腹铗内叶狭长。

分布：古北区。本属已知 16 种，主要分布于东亚。中国已记载 11 种，浙江发现 1 种。

寄主：毛茛科铁线莲属 *Clematis* 和白头翁属 *Pulsatilla* 植物。

（595）移刃宽距叶蜂 *Eurhadinoceraea flectoserrula* Wei, 1999（图 3-590）

Eurhadinoceraea flectoserrula Wei, 1999: 418.

主要特征：雌虫约体长 8mm；体黄褐色，口须、上颚端半部、上唇、单眼三角、触角、附片、后胸背板、中胸腹板和锯鞘端黑色；足黑色，后足基节和股节黄褐色；翅明显烟褐色，翅痣和翅脉黑褐色；体毛银色；体光滑，仅小盾片后缘和附片具少数刻点；唇基端缘亚截形，缺口微弱，颚眼距线状；中窝浅小，额脊低钝，单眼中沟和后沟显著；单眼后区平坦，宽长比为 1.7，侧沟弯曲，末端稍深；后头两侧平行，背面观复眼与上眶长度比为 1.6；触角稍短于头、胸部之和，各节相对长度为 14：10：27：23：22：19：17：17：18，第 2 节锥形，基部收窄，第 7、8 节长宽比小于 2.5，第 9 节长宽比为 2.8；中胸小盾片的附片发达；爪具小型内齿；前翅 3r-m 脉直，2r 脉交于 2Rs 室上缘端部 1/4；后翅臀室柄稍短于垂直的 cu-a 脉；产卵器短于后足跗节，鞘端稍长于鞘基，侧面观鞘端圆钝，背顶角稍突出；锯腹片 15 刃，节缝刺毛长且较密集，刺毛带间具稀疏刺毛，各节均具平直近腹缘距，锯刃低平，中部锯刃具 5–6 个城垛形小平齿，位于两纹孔之间。雄虫未知。

分布：浙江（舟山）。

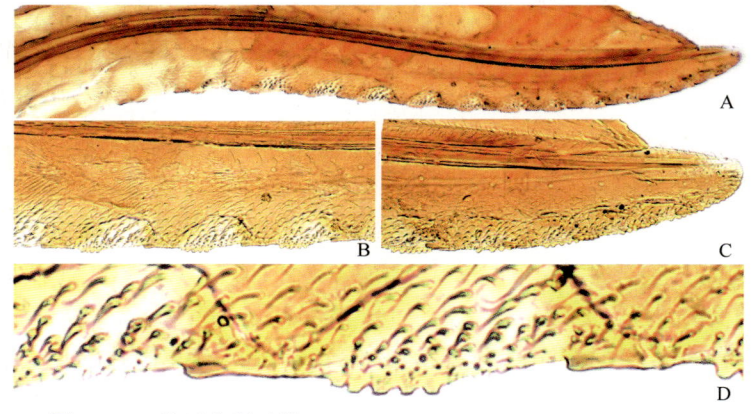

图 3-590 移刃宽距叶蜂 *Eurhadinoceraea flectoserrula* Wei, 1999
A. 锯腹片；B. 锯腹片第 5–7 锯刃；C. 锯腹片端部锯节；D. 锯腹片第 6 锯刃

155. 基齿叶蜂属 *Nesotomostethus* Rohwer, 1910

Nesotomostethus Rohwer, 1910a: 106–107. Type species: *Blennocampa religiosa* Marlatt, 1898, by original designation.

主要特征：中小型叶蜂，体形粗短；上唇小，端部圆钝；唇基平坦，端缘具浅角状缺口；颚眼距等于或短于单眼半径；后眶圆，无后颊脊，后眶沟模糊；复眼小型，间距远大于眼高；触角窝间距窄于内眶；侧窝开放，与触角窝沟相连；触角细长丝状，第 2 节长等于或短于宽，第 3 节微长于或等于第 4 节，鞭节各节长度相近，无触角器，雄虫触角鞭节具短直立毛；前胸背板侧叶后部具锐利斜脊和斜脊前沟，前胸侧板腹侧较尖，稍接触或不接触；中胸小盾片平坦，附片发达；中胸侧板前缘反翘，与侧板主体间具浅弱斜沟，无明显胸腹侧片，具前缘脊；后胸淡膜区间距狭窄；前足胫节内距端部分叉，后足胫节等于或稍长于跗节，后足基跗节短于其后 4 节之和；爪基片小而钝，具 2 个明显的内齿；前翅 Sc 脉不明显，R 脉长，端部下垂，R+M 脉点状；1M 脉长于 1m-cu 脉，二者互相平行或向翅痣微弱收敛；cu-a 脉中位，明显弯曲；2Rs 室长于 1R1+1Rs 室；基臀室开放，2A+3A 脉直，端臀室 2 倍于 1M 室下缘长；后翅具闭 M 室，Rs 室开放，臀室柄稍短于 cu-a 脉；锯腹片窄长，无节缝刺毛带，锯刃平刃形；雄虫阳茎瓣宽大，端部具宽大卷叶，无侧刺和侧叶；抱器短宽，基内角不突出。

分布：东亚。本属已知 7 种，中国记载 6 种，浙江发现 3 种，包括 1 新种。

寄主：毛茛科铁线莲属 *Clematis* 植物。

分种检索表

1. 头部背侧具大黑斑，覆盖额区和内眶上半部，上唇和触角全部黑色；中胸背板除附片外、中胸和后胸侧板黄褐色；中后足胫节大部、跗节全部黑色；中胸前侧片光滑，无大刻点 ················· 黑唇基齿叶蜂 *N. rufus*
- 头部除单眼三角外全部黄褐色；触角至少柄节和梗节黄褐色；中胸背板、中胸和后胸侧板黑色；各足胫节和跗节黄褐色；中胸前侧片上半部具稀疏粗大刻点 ·················· 2
2. 前胸背板后缘、翅基片黑色；触角鞭节背侧黑褐色，腹侧黄褐色或浅褐色 ················· **黑肩基齿叶蜂，新种** *N. nigrotegularis* sp. nov.
- 前胸背板和翅基片黄褐色；雌虫触角鞭节黄褐色，端部稍暗 ················· 黄肩基齿叶蜂 *N. secundus*

（596）黑肩基齿叶蜂，新种 *Nesotomostethus nigrotegularis* Wei & Niu, sp. nov.（图 3-591，图版 XIII-10）

雌虫：体长 9–10mm。体和足黄褐色，单眼三角区小斑、前胸背板后缘、中后胸除腹板中缝外、腹部第 1 背板、锯鞘端除腹缘外黑色，上颚端部和触角鞭节背侧黑褐色；翅基部 2/3 翅脉及痣黑色，翅基部 2/3 深烟黑色，翅痣和翅脉黑色，端部 1/3 透明，翅脉大部分黄褐色；体大部分光裸，体毛极少且短，黄褐色。

体高度光滑，头部背侧（图 3-591A）、中胸前侧片上半部（图 3-591D）和后胸小盾片具稀疏中等大刻点，中胸小盾片两侧和后部以及附片具粗大刻点（图 3-591E）；腹部背板无刻纹。

体形粗短，头、胸部之和等长于腹部。唇基前缘缺口极浅弱；颚眼距明显，稍窄于 1/3 单眼直径；复眼下缘间距 1.25 倍于复眼长径；背面观后头稍长于复眼 1/2，两侧几乎不收缩；额区微弱隆起，额脊低钝；中单眼前凹横向，单眼中沟宽，后沟细浅；单眼后区稍隆起，宽长比为 1.6，侧沟向后明显分歧；触角等长于头、胸部与腹部第 1 背板之和，第 2 节长微大于宽，第 3 节稍长于第 4 节，鞭节其余各节几乎等长（图 3-591I）。前翅 1M 脉与 Rs 脉不共柄，2r 脉交于 2Rs 室上缘亚中部，2Rs 室长于 1R1+1Rs 室；后翅臀室柄明显短于 cu-a 脉。后足胫节稍长于跗节，基跗节稍长于其后 3 跗分节之和；爪具短基片，中齿稍短于外齿（图 3-591H）。雌虫下生殖板两侧缺口较深；锯鞘等长于后足股节，鞘端稍长于鞘基，腹缘弧形（图 3-591F）；锯腹片窄长，锯刃平坦，亚基齿小，城垛形，近腹缘距显著（图 3-591K）。

雄虫：体长 7.5–8mm，体色和构造均与雌虫类似，但腹部第 2、3 背板部分黑色，触角鞭节黑褐色，腹侧浅褐色（图 3-591J），后头两侧明显收缩；下生殖板长稍大于宽，端部圆钝；抱器长约等于宽，端部宽于基部（图 3-591C）；阳茎瓣短宽，端部折叶宽大（图 3-591G）。

分布：浙江（临安、四明山）、湖南、福建、广西。

寄主：铁线莲属 *Clematis* 植物。

词源：本种翅基片黑色，以此命名。

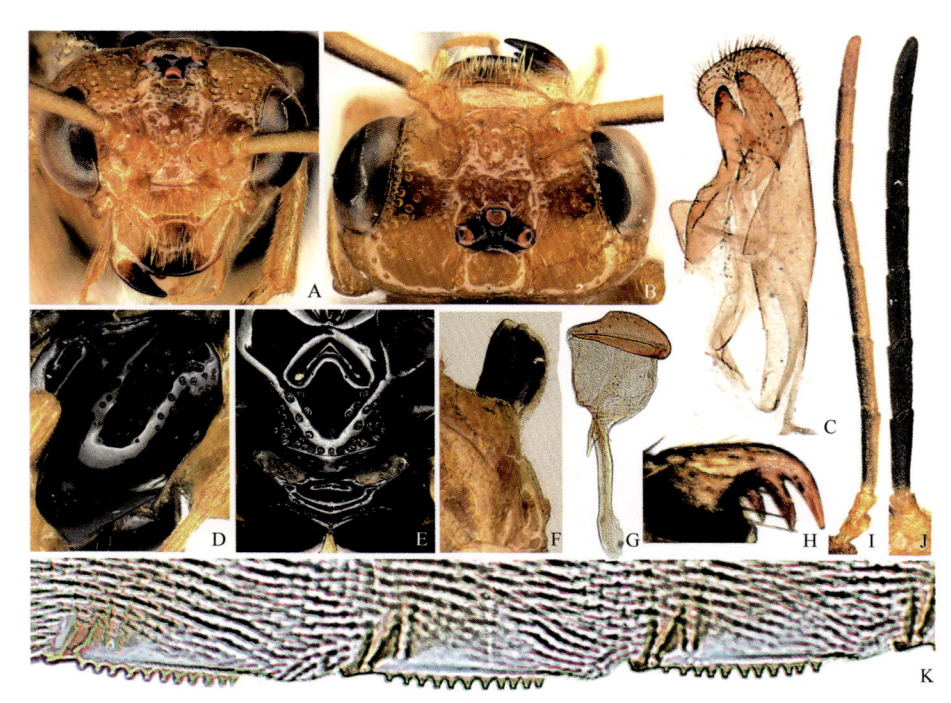

图 3-591 黑肩基齿叶蜂，新种 *Nesotomostethus nigrotegularis* Wei & Niu, sp. nov.
A. 雌虫头部前面观；B. 雌虫头部背面观；C. 生殖铗；D. 中胸前侧片；E. 小盾片和后胸背板；F. 锯鞘；G. 阳茎瓣；H. 爪；I. 雌虫触角；J. 雄虫触角；K. 锯腹片第 7–9 锯刃和近腹缘距

正模：♀，浙江奉化溪口 213 省道 98km，29°42′13″N、121°10′25″E，530m，2016.V.3，魏美才（ASMN）。**副模**：1♀，浙江省余姚市四明山黎白线 8km，29°44′33″N、121°4′46″E，900m，2016.V.4，刘萌萌、刘琳；1♀，浙江省奉化市溪口镇 213 省道 98km，29°42′13″N、121°10′25″E，530m，2016.V.5，刘萌萌、刘琳；1♂，LSAF15029，浙江临安天目山禅源寺，30.323°N、119.442°E，405m，2015.IV.12，李泽建；2♀，福建建阳武夷山，1000m，1998.VI.16，魏美才；1♀1♂，湖南涟源龙山，1999.V.11，张开健；1♀，湖南武冈云山，1300m，1999.V.2，肖炜；3♂，湖南武冈云山云峰阁，26°38.983′N、110°37.169′E，1170m，2013.IV.14–15，李泽建；2♂，湖南武冈云山，1100m，2005.IV.25，刘守柱、周虎；1♂，湖南云山胜力寺，26°38.799′N、110°36.960′E，1120m，王晓华；1♂，湖南绥宁黄桑，600–900m，2005.IV.21，肖炜；1♀，广西兴安高寨，25°52.520′N、110°18.335′E，524m，2006.III.30，肖炜；1♀2♂，广西兴安同仁村，25°37.207′N、110°39.093′E，337m，2006.IV.19，游群、廖芳均。

鉴别特征：本种与黄肩基齿叶蜂 *Nesotomostethus secundus* Rohwer, 1916 很近似，但前胸背板后部和翅基片黑色，两性触角鞭节背侧全长具黑色条带，雌虫下生殖板两侧缺口较深，容易鉴别。

（597）黑唇基齿叶蜂 *Nesotomostethus rufus* (Cameron, 1876)（图 3-592）

Monophadnus rufus Cameron, 1876: 461.
Nesotomostethus rufus: Takeuchi, 1948: 55.

主要特征：雌虫体长 8–9mm；体黄褐色，上唇大部分、上颚中部、单眼圈、颚眼距部分、触角全部、后胸背板大部分黑色，小盾片附片有时黑色；足黄褐色，各足胫节外侧大部分或全部以及跗节黑褐色；翅烟褐色，端部稍淡，翅痣和翅脉黑褐色；虫体除口器周围具黄褐色细毛外，几乎全部光裸；体高度光滑，头部背侧、小盾片两侧及附片具稀疏粗大刻点。复眼下缘间距 1.2 倍于复眼长径；唇基端缘具浅三角形缺口，颚眼距线状；后头稍短于复眼，两侧几乎不收缩；额区横方形，额脊低钝，互相近似平行；单眼后区约等高于单眼面，宽长比约为 1.6，侧沟向后明显分歧，单眼中沟及后沟显著；触角约等长于腹部，第 2 节宽大于长，鞭分节几乎等长；前翅 1M 脉与 Rs 脉共柄或几乎接触，2r 脉交于 2Rs 室上缘中部附近，2Rs 室长于 1Rs+1R1 室；后翅臀室柄与 cu-a 脉等长；后足胫节稍长于跗节，爪中齿稍短于外齿；产卵器约等长于中足胫节，锯鞘端窄长，侧面观长高比大于 2，稍长于锯鞘基，端部窄圆；锯腹片狭长，锯刃平直。雄虫体长 7mm；唇基端部黑色，头部背侧黑色横斑覆盖单眼和触角窝之间全部区域，其余体色同雌虫；下生殖板宽大于长，端部圆钝。

分布：浙江（临安）、山西、河南、甘肃、上海、湖北、香港。

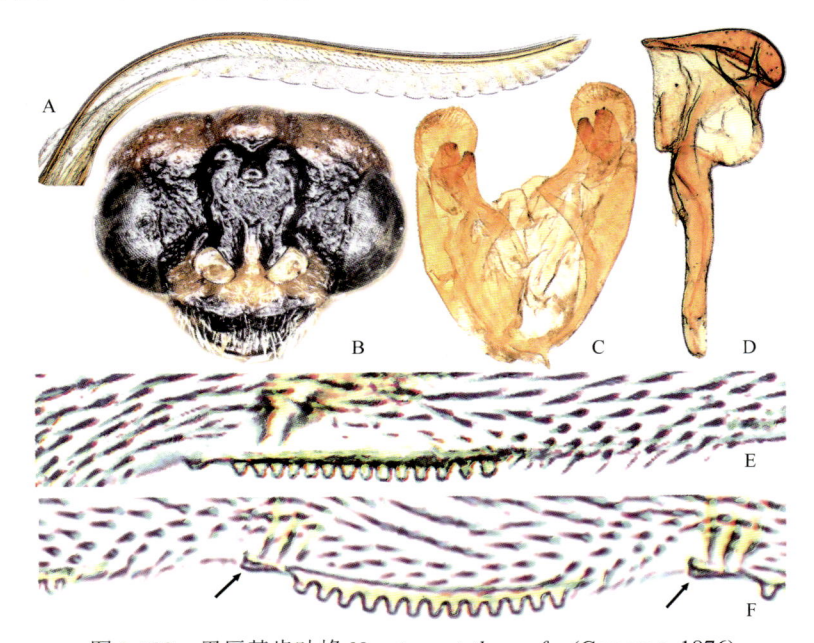

图 3-592 黑唇基齿叶蜂 *Nesotomostethus rufus* (Cameron, 1876)
A. 锯腹片；B. 雄虫头部前面观；C. 生殖铗；D. 阳茎瓣；E. 锯腹片第 1 锯刃；F. 锯腹片第 9 锯刃（箭头指向为近腹缘距）

（598）黄肩基齿叶蜂 *Nesotomostethus secundus* Rohwer, 1916（图 3-593）

Nesotomostethus secundus Rohwer, 1916: 96.

主要特征：雌虫体长约 10mm；体黄褐色，单眼三角小斑黑色，触角鞭节暗褐色，中胸除翅基片、前上侧片、中胸腹板连接缝外全部黑色，腹部第 1 背板和锯鞘端黑色；翅基部 3/4 包括翅痣和翅脉黑色，端部 1/4 渐变透明，翅脉黄褐色；足全部黄褐色；体光滑，额区、内眶上部和上眶、中胸前侧片上半部、小盾片后部及附片具稀疏大刻点，表面光滑，虫体其余部分无明显刻点或刻纹；唇基前缘缺口浅宽，中部截形；复眼小，下缘间距 1.5 倍于复眼长径，颚眼距稍窄于单眼半径，后头两侧微膨大；单眼后区隆起，高于单眼面，宽长比为 1.5，侧沟向后明显分歧，单眼中沟及后沟深宽；触角稍长于头、胸部之和，第 2 节宽微大于长，第 3 节稍长于第 4 节，鞭节其余各节几乎等长；前翅 1M 脉与 Rs 脉不共柄，2r 脉交于 2Rs 室上缘中部；后翅臀室柄短于 cu-a 脉；爪中齿微短于外齿；锯鞘稍长于中部胫节。雄虫体长 6mm，体色和构造类似于雌虫，仅后头明显收缩，下生殖板长稍大于宽，端部圆钝。

分布：浙江（德清、临安、乐清）、台湾。

图 3-593 黄肩基齿叶蜂 Nesotomostethus secundus Rohwer, 1916 雌虫
A. 成虫背面观；B. 成虫侧面观

156. 等节叶蜂属 *Phymatocera* Dahlbom, 1835

Tenthredo (*Phymatocera*) Dahlbom, 1835: 4, 11. Type species: *Tenthredo* (*Allantus*) *aterrima* Klug, 1816, by monotypy.
Pectinia Brullé, 1846: 664–665. Type species: *Tenthredo* (*Allantus*) *aterrima* Klug, 1816, by monotypy.
Phymatoceros Konow, 1905: 77 (key), 82. Name for *Tenthredo* (*Phymatocera*) Dahlbom, 1835.

主要特征：中型叶蜂，体较粗壮；上唇短，端部圆钝；唇基平坦，端部截形；上颚粗短，对称双齿式；复眼中小型，内缘向下稍收敛，复眼间距通常宽于眼高，触角窝间距明显窄于内眶，颚眼距不宽于单眼半径；侧窝向前开放，与颜侧沟会合；后眶圆，无后颊脊，后眶沟显著，前部具底部膜质的后眶窝；单眼后区横形，背面观头部两侧收缩；触角细长，第 2 节宽大于长，第 3 节短于第 4 节，其余鞭分节各节约等长，鞭分节各节表面具密集刻纹，末端膨大呈瘤状，雄虫触角鞭节具短直立毛；前胸背板后角折叶小型，具斜脊和斜脊前沟；前胸侧板腹侧尖，不明显接触或稍接触；胸腹侧片狭窄，胸腹侧片缝沟状；小盾片大型，附片极小；后胸淡膜区宽大，间距狭窄；前足胫节内距端部分叉，后足胫节和跗节等长，基跗节短于其后 4 节之和；爪无基片，具明显内齿；前翅 Sc 脉不明显，R 脉长直，端部不下垂，R+M 脉点状；2Rs 室等长于或长于 1R1+1Rs 室；1M 脉长于并与 1m-cu 脉向翅痣稍收敛，cu-a 脉中位内侧；基臀室开放，端臀室长于中室下缘，2A+3A 脉显著分叉，上叉末端接近 1A 脉；后翅具闭 M 室，Rs 室开放，臀室柄长于 cu-a 脉；腹部具明显刻纹，第 9 背板十分发达；产卵器短于后足胫节，鞘端长于鞘基；锯腹片常具小型近腹缘距，锯刃低平，阳茎瓣简单，无侧刺突和指状端侧突。

分布：古北区。本属已知 7 种，中国已记载 5 种。浙江发现 2 种，包括 1 新种。

寄主：百合科黄精属 *Polygonatum* 植物。

(599) 长鞘等节叶蜂 *Phymatocera longitheca* Wei, 2003（图 3-594）

Phymatocera longitheca Wei, *in* Wei & Nie, 2003c: 152.

主要特征：雌虫体长 12mm；体和足黑色，体毛黑色；翅黑褐色，翅痣和翅脉黑色；头部背侧和胸部背侧刻纹细弱，中胸小盾片附片、中胸侧板和腹板光泽极强；腹部背腹板刻纹极强，无光泽；唇基端部亚截形，缺口极浅；颚眼距中部缺失；复眼内缘向下强烈收敛，间距稍宽于眼高；后眶沟宽，眶窝很深，底部膜质；额区小，前缘开放，具模糊中纵沟，额脊钝；单眼中沟和后沟深；OOL：POL：OCL=15：8：11；单眼后区隆起，宽长比稍大于 2，具明显中纵沟；侧沟深直，互相平行；后头短，两侧亚平行，中部微膨大；触角约等长于前翅 C 脉与翅痣之和，第 2 节宽显著大于长，第 3 节显著短于第 4 节，第 4、5 节几乎等长，稍长于第 6、7 节，第 3–8 节端部微弱膨大；中胸背板前叶中沟深，附片短；胸腹侧片前片狭条形，与胸腹侧片合并；爪内齿亚端位，与端齿等长；后翅臀室柄明显长于cu-a脉；产卵器长于后足跗节，稍短于后足胫节；鞘端1.5倍长于鞘基，末端背侧稍突出；锯腹片21节，具小型近腹缘距；锯刃低平，无内侧亚基齿，端部10个锯刃平直，互相连接（图3-594H）。雄虫体长8.5mm；触角鞭节腹缘具明显长于鞭节宽的直立细毛；阳茎瓣头部较宽，端部圆钝。

分布：浙江（临安）、湖南、福建、广西。

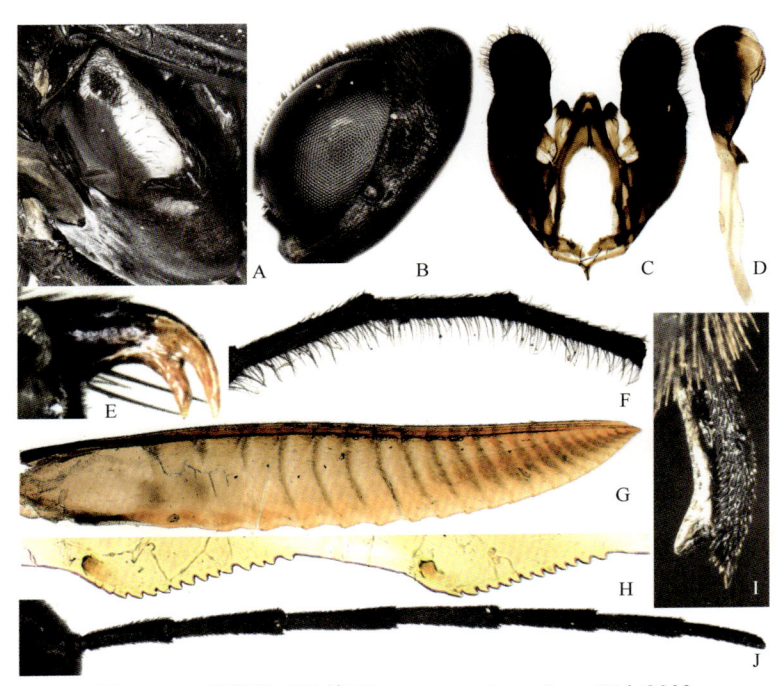

图3-594　长鞘等节叶蜂 *Phymatocera longitheca* Wei, 2003
A. 雌虫中胸侧板；B. 雌虫头部侧面观；C. 生殖铗；D. 阳茎瓣；E. 雌虫爪；F. 雄虫触角4–6节；G. 锯腹片；H. 锯腹片第5–6锯刃；I. 前足胫节内端距；J. 雌虫触角

（600）纹背等节叶蜂，新种 *Phymatocera striatana* Wei, sp. nov.（图3-595，图版XIII-11）

雌虫：体长8mm。体和足全部黑色；翅黑褐色，翅痣和翅脉黑色；体毛黑色。

头、胸部具极短的密集刺毛。唇基具稀疏细小刻点，后眶小刻点稍密，头部背侧无刻点；中胸背板前叶和侧叶具微细刻点，小盾片、附片和侧板无刻点和刻纹；腹部背板细刻纹密集，有弱光泽；触角鞭节刻纹明显（图3-595I）。

复眼内缘向下收敛，间距稍宽于复眼长径；颚眼距缺；中窝深圆，底部光滑；额区不明显隆起，额脊低弱；单眼中沟V形，后沟浅弱；后眶沟明显，眶窝深，底部膜质；单眼后区宽长比约等于2.5，侧沟短宽、深直，互相平行；后头两侧亚平行，后侧缘圆钝，背面观复眼与上眶长之比为2.5；OOL：POL：OCL=5：5：3；触角丝状，稍长于腹部，第3节明显短于第4节（图3-595I）。中胸背板前叶中沟浅宽，小盾片附片短；胸腹侧片前片缺，胸腹侧片宽大，胸腹侧片缝沟状；后胸淡膜区间距0.5倍于淡膜区长径；爪较小，内齿亚中位，与端齿近等长（图3-595A）；前翅2Rs室几乎等长于1R1+1Rs室，cu-a脉位于1M室内侧3/7；后翅臀室柄长1.3倍于cu-a脉。产卵器等长于中足胫节，鞘端显著长于鞘基，末端尖，鞘毛较长，伸向后方；锯腹片17–18刃，节缝刺毛稀疏（图3-595G），无近腹缘距，锯刃乳头状强烈突出，亚基齿细小（图3-595H）。

雄虫：体长6mm。体色和构造类似于雌虫，但头部背侧具细小刻点；触角鞭节强烈扁平，腹缘具约等长于鞭节1/3宽的直立细毛，第9节明显长于第8节（图3-595J），后翅臀室柄长1.5倍于cu-a脉；下生殖板长大于宽，端部圆钝；抱器长大于宽，端部圆钝，副阳茎三角形；阳茎瓣见图3-595E。

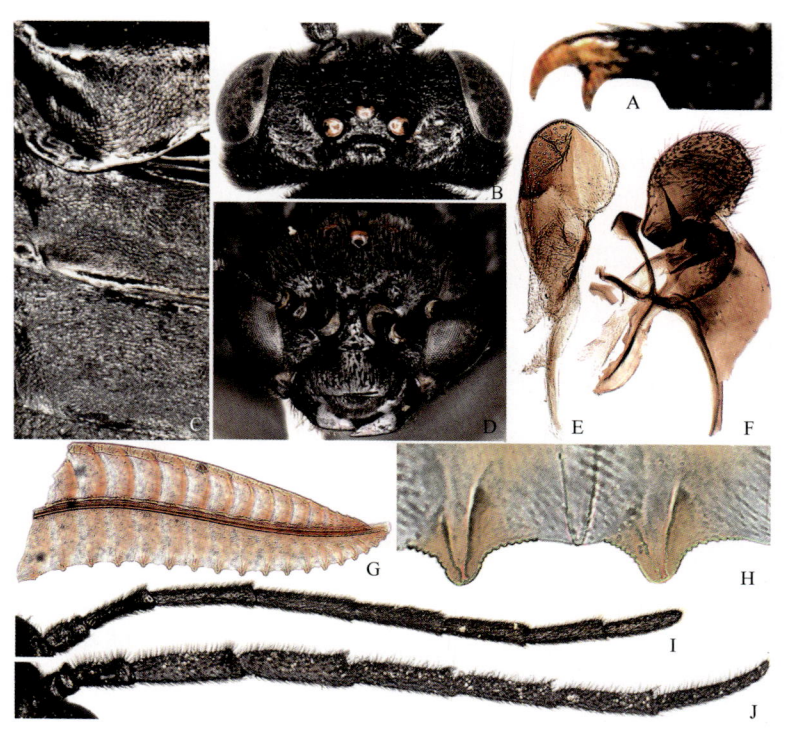

图 3-595　纹背等节叶蜂，新种 *Phymatocera striatana* Wei, sp. nov.

A. 雌虫爪；B. 雌虫头部背面观；C. 腹部背板刻纹；D. 雌虫头部前面观；E. 阳茎瓣；F. 生殖铗；G. 锯背片和锯腹片；H. 锯腹片第 5–6 锯刃；I. 雌虫触角；J. 雄虫触角

分布：浙江（临安、四明山、开化、丽水）、陕西、湖南。

词源：本种腹部第 1 背板刻纹明显，以此命名。

正模：♀，湖南幕阜山沟里，28°57.939′N、113°49.711′E，860m，2007.IV.26，李泽建、张媛（ASMN）。副模：1♂，数据同正模；1♀，湖南道县庆里源站，25°29.540′N、111°23.158′E，370m，2008.IV.24，赵赴。副模：2♀1♂，浙江临安天目山禅源寺，30.323°N、119.442°E，405m，2016.IV.17，李泽建、刘萌萌、陈志伟；1♀，浙江开化钱江源国家公园古田山古田山庄，29.243°N、118.111°E，316m，2018.IV.18–20，李泽建；1♂，浙江丽水白云山生态林场太山管护站，28.536°N、119.931°E，965m，2015.IV.9–17，李泽建、叶和军；1♀，浙江临安天目山禅源寺，30.323°N、119.442°E，405m，2020.IV.26，李泽建；1♀，浙江临安天目山禅源寺，30.323°N、119.442°E，405m，2020.IV.27，李泽建；1♀，浙江临安西天目山禅源寺，30.323°N、119.442°E，405m，2021.IV.17，李泽建、刘萌萌；1♀，浙江庆元县巾子峰栖霞山庄，27.676°N、119.013°E，739m，2022.IV.0，朱志成；1♀1♂，浙江清凉峰龙塘山，30°06.680′N、118°54.050′E，930m，2010.IV.27，李泽建（ASMN）。

鉴别特征：本种大小、体色和刻纹等与凸刃等节叶蜂 *Phymatocera foveata* Wei, 1998 较近似，但雌虫锯刃乳头状强烈突出，与之不同（后者锯刃低斜三角形突出）。

157. 双窝叶蜂属 *Phymatoceriola* Sato, 1928

Phymatoceriola Sato, 1928: 183. Type species: *Phymatoceriola suigenensis* Sato, 1928, by original designation.

主要特征：小型叶蜂，体较粗壮；上唇短，端部圆钝；唇基平坦，端部亚截形；上颚粗短，对称双齿式；复眼中型，内缘向下明显收敛，复眼间距宽于眼高，触角窝间距显著窄于内眶，颚眼距不宽于单眼半径；侧窝向前开放，与颜侧沟会合；后眶圆，无后颊脊，后眶沟显著，下部具 1 大 1 小两个底部膜质的眶窝；单眼后区横形，背面观头部两侧收缩；触角细长，第 2 节宽大于长，第 3 节短于第 4 节，其余鞭分节各节约等长，鞭分节各节表面具密集刻纹，末端稍膨大，雄虫触角鞭节具短直立毛；前胸背板后角折叶明显，无斜脊和斜脊前沟；前胸侧板腹侧尖，不明显接触或稍接触；胸腹侧片狭窄，胸腹侧片缝沟状；小盾片大型，附片小；后胸淡膜区宽大，间距狭窄；前足胫节内距端部分叉，后足胫节长于跗节，基跗节短于其后4节之和；爪无基片和内齿；前翅Sc脉游离段痕状，R脉长直，端部不下垂，R+M脉点状，Rs脉第1段存在；2Rs室等长于或长于1R1+1Rs室；1M脉长于并与1m-cu脉向翅痣稍收敛，cu-a脉亚中位；基臀室封闭，端臀室长于中室下缘，2A+3A脉显著分叉，上叉末端与1A脉会合；后翅具闭M室，Rs室开放，臀室柄长于cu-a脉；腹部具明显刻纹，第9背板十分发达；产卵器约等长于后足胫节，鞘端窄长，显著长于鞘基；锯背片节缝清晰，无节缝刺毛，锯腹片狭长，具单列节缝刺毛和骨化的节缝栉突列，锯刃低平；阳茎瓣简单，无侧刺突和指状突。

分布：东亚中北部。本属已知5种，但其中2种是同种的雌雄个体。中国已记载1种。浙江发现1新种。

寄主：未知。

（601）聂氏双窝叶蜂，新种 *Phymatoceriola niei* Wei, sp. nov.（图3-596，图版XIII-12）

雌虫：体长6mm。体和足黑色，无明显淡斑；翅深烟灰色，翅痣和翅脉黑褐色；头部背侧细毛暗褐色，虫体其余部分细毛黑褐色。

头、胸部背侧具不明显的稀疏微弱刻点，有光泽，小盾片的附片光滑；中胸侧板刻点不明显；腹部背板具较明显的细弱刻纹，第9背板细刻纹较明显，锯鞘端刺毛间区域高度光滑，具强光泽。

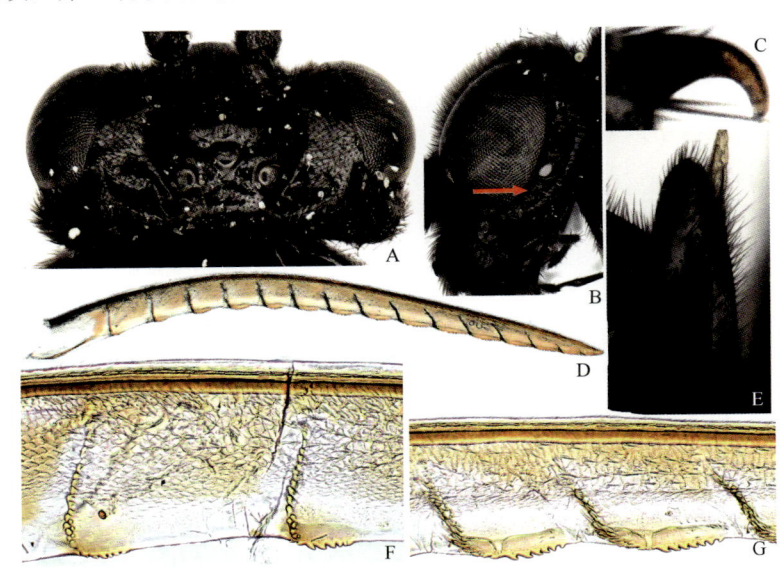

图3-596 聂氏双窝叶蜂，新种 *Phymatoceriola niei* Wei, sp. nov. 雌虫
A. 头部背面观；B. 头部侧面观，箭头示大膜窝前侧小窝；C. 爪；D. 锯腹片；E. 锯鞘端；F. 锯腹片第1、2锯节；G. 锯腹片第7、8锯节

颚眼距线状；复眼下缘间距1.1倍于复眼长径；中窝明显，额区微显；单眼中沟较宽深，后沟细浅；单眼后区明显隆起，宽长比约等于3，侧沟短圆点状，向后分歧，前侧向前外方开放（图3-596A）；背面观后头两侧不明显收缩，长约等于复眼1/3，OOL：POL=1.4；后眶沟显著，下端较大膜窝明显小于单眼，下侧的小膜窝明显可辨，距离大膜窝的距离小于大膜窝直径（图3-596B）；触角稍长于头、胸部之和及前翅C脉，第3节稍短于第4节，端节长宽比约等于4，明显短于第8节。小盾片前端圆钝突出，附片长1.2倍于侧单眼直径；后胸淡膜区间距0.6倍于淡膜区长径；胸腹侧片沟显著；前翅1R1室宽稍大于长，2Rs室长于1R1+1Rs室，内下角明显内突，外下角强烈延长尖出，夹角约30°，2r脉交于2Rs室亚端部，cu-a脉位于1M室中部偏外侧，2A脉上弯封闭基臀室；后足基跗节等长于其后3节之和；爪较短小，明显弯曲（图3-596C）。腹部第1背板后侧膜区小型；第9背板中部明显出露；产卵器几乎等长于后足胫节，侧面观较窄，端部窄尖（图3-596E），背面观狭长；锯腹片稍骨化，节缝刺毛粗长，刺毛带互相远离；锯刃微弱鼓出，亚基齿较粗大，纹孔线下域极扁长，长高比不小于7（图3-596G）；亚端部锯刃亚基齿相连，锯刃端部

短截形，背缘光裸无毛。

雄虫：未知。

分布：浙江（龙泉）。

词源：本种以正模标本采集者姓氏命名。

正模：♀，浙江龙泉凤阳山上瑜桥，27°53.044′N、119°10.436′E，1638m，2009.IV.23，聂帅国（ASMN）。副模：1♂，浙江临安天目山老殿，马氏网，叶岚、徐骏、1000m，2014.IV–V（ASMN）。

鉴别特征：本种与日本分布的 P. nipponensis Togashi, 1984 近似，但单眼后区侧沟短圆点状，向后分歧；触角第 3 节短于第 4 节，第 8 节长于第 9 节；后眶膜窝间距约等于大膜窝长的 1/2；前翅 2Rs 外下角强烈延伸，夹角约为 30 度；锯鞘狭长，锯腹片锯刃长平等，与该种不同。

158. 近脉叶蜂属 *Phymatoceropsis* Rohwer, 1916

Phymatoceropsis Rohwer, 1916: 107–109. Type species: *Phymatoceropsis fulvocincta* Rohwer, 1916, by original designation.

主要特征：小型叶蜂，体粗短，雌雄体色通常明显不同；上唇端部圆钝；唇基平坦，端缘具浅三角形缺口；雌虫颚眼距约等于或稍短于单眼直径，雄虫较短；上颚十分粗短，对称双齿式，内齿明显短于外齿，内齿下侧具钝肩；后眶圆，后颊脊发达，无后眶沟；复眼小型，内缘近似平行，间距远宽于复眼长径；触角窝间距窄于内眶，额区微显，侧窝向前开放，与触角窝上沟连通；背面观后头两侧稍收缩，单眼后区横宽；触角细长，第 2 节宽大于长，第 3–5 节互相近似等长，端部鞭分节无触角器，雄虫触角鞭节具短直立毛；前胸背板侧叶后部具斜脊和斜脊前沟，前胸侧板腹侧较尖，稍接触或不接触；胸腹侧片狭长，隆肩形，胸腹侧片缝深沟状；中胸附片大，后胸淡膜区间距稍狭于淡膜区长径；前足胫节内距端部显著分叉，后足胫节长于跗节，基跗节等长于其后 3 节之和；爪短，无基片，内齿小型，中位，明显短于外齿；前翅 Sc 脉不明显，R 脉长，端部下垂，R+M 脉段点状，1M 脉与 1m-cu 脉亚平行，cu-a 脉中位，2Rs 室约等长于或短于 1R1+1Rs 室；基臀室开放，2A+3A 脉端部分叉或上曲，端臀室很短，约等长于 1M 室下缘；后翅无封闭中室，臀室柄约等长于 cu-a 脉；腹部第 1 背板具大型膜区，背板侧叶近三角形；雌虫锯腹片锯刃较平坦，锯背片具节缝刺毛列；雄虫阳茎瓣具指状端侧突。

分布：东亚。本属已知 9 种，中国已记载 7 种。浙江发现 1 种。

寄主：未知。

（602）黑腹近脉叶蜂 *Phymatoceropsis melanogaster* He, Wei & Zhang, 2005（图 3-597，图版 XIV-1）

Phymatoceropsis melanogaster He, Wei & Zhang, 2005: 618.

主要特征：雌虫体长 7–7.5mm；头、胸部黄褐色，触角暗褐色至黑褐色，唇基、上唇和足全部黄白色，中胸小盾片的附片、后胸和腹部黑色；翅近透明，翅痣和翅脉黑褐色；体毛黄褐色，鞘毛浅褐色；体光滑，除小盾片后缘具模糊粗大刻点外，其余部分无刻点或刻纹；复眼较小，内缘向下稍收敛，下缘间距 1.6 倍于复眼长径；颚眼距 0.7 倍于单眼直径；额区扇形，明显隆起，额脊低钝；单眼中沟显著，后沟模糊；OOL：POL：OCL=7：3：5，单眼后区宽稍隆起，宽 1.7 倍于长；侧沟浅，向后分歧；前翅 cu-a 脉中位，2Rs 室外下角不延伸，3r-m 脉波状；后翅臀室柄稍短于 cu-a 脉；锯鞘短于中足胫节，鞘端近似三角形，等长于鞘基；锯腹片 19 锯刃，端部顶角突出，背缘具长毛（图 3-597B），基部锯刃中部微弱鼓出，中部锯刃倾斜突出，亚基齿细小，内侧 5–7 个，外侧 12–13 个（图 3-597C）。雄虫体长 6–6.5mm；体黑色，唇基、上唇、上颚基半部、前胸背板后缘、翅基片、中胸前上侧片、腹部腹板大部分黄褐色，腹部第 2、3 背板中部多少浅褐色，体毛银色；下生殖板长等于宽，端部圆钝；抱器长约等于宽，端部收窄（图 3-597E）；阳茎瓣头叶端部的突出部宽圆，指形突粗壮，腹内角粗短喙状（图 3-597D）。

分布：浙江（临安）、河北、陕西、江西、湖南。

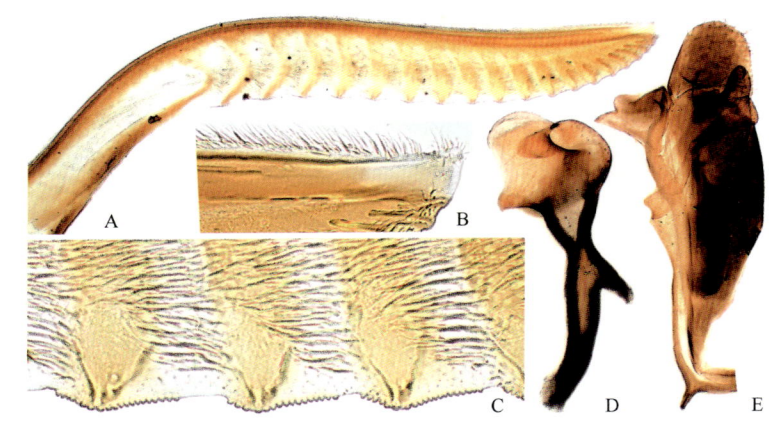

图 3-597 黑腹近脉叶蜂 *Phymatoceropsis melanogaster* He, Wei & Zhang, 2005
A. 锯腹片；B. 锯腹片端部背侧；C. 锯腹片第 7–9 锯刃；D. 阳茎瓣；E. 生殖铗

159. 异角叶蜂属 *Revatra* Wei & Nie, 1998

Revatra Wei & Nie, 1998b: 376. Type species: *Revatra sinica* Wei & Nie, 1998, by original designation.

主要特征：小型叶蜂，体形匀称；唇基长，两侧向前显著收敛，端部截形；颚眼距线状；复眼小型，内缘直，向下稍微聚敛，间距大于眼高；后眶圆钝，具弱后眶沟，无后颊脊；单眼后区横宽，后头两侧亚平行；额区平坦，额脊模糊；中窝深，侧窝与颜侧沟会合，颜侧沟中部中断，触角窝上突狭高；触角窝间距显著狭于复眼与触角窝间距；触角粗长、侧扁，雌虫 5–9 节具发达触角器，第 2 节宽 2 倍于长，第 3 节不长于第 4 节；雄虫触角无触角器，鞭分节具细密刻纹和极短的立毛；前胸背板无侧纵脊和侧缘斜脊，前胸侧板腹侧尖，无会合面；小盾片的附片短小；中胸无胸腹侧片，侧板前缘具细脊；后胸淡膜区扁形，宽大于淡膜区间距；后小盾片前凹缺；前足内胫距端部稍分叉，膜叶较窄，端部尖锐；后足胫节不短于跗节，基跗节长于其后 3 节之和，短于 2–5 跗分节之后；爪简单，端齿微弱弯曲，无基片，内齿微小，中位；前翅 4 肘室，2Rs 室短于 1R1+1Rs 室，1M 脉弯曲，与 1m-cu 脉亚平行，cu-a 脉中位，3A 脉分叉，上叉伸向前侧，不封闭基臀室；后翅具闭 M 室，臀室柄稍长于 cu-a 脉，cu-a 脉垂直；腹部第 1 背板膜区小，第 9 背板中部出露宽；产卵器长，约等长于后足胫节，鞘端与鞘基等长；锯背片无节缝刺毛；锯腹片外侧刺毛带状；锯刃明显倾斜突出；抱器长大于宽，阳茎瓣简单，无侧刺突和端侧指形突，具腹缘细齿。

分布：中国。中国特有属。已知仅 1 种，本书报道浙江 1 新种。

寄主：未知。

（603）白鳞异角叶蜂，新种 *Revatra albotegula* Wei, sp. nov.（图 3-598）

雌虫：体长 7–8mm。体和足黑色，翅基片大部分白色，后足转节大部分、各足股节端部、胫节除端部外、各足基跗节大部分浅褐色；翅微弱烟褐色，翅脉及翅痣黑褐色；体毛浅褐色。

体光滑，仅后眶具细密刻纹，唇基具稀疏小刻点，腹部背板高度光滑。

中窝圆形封闭，较浅；侧窝深，与额区两侧凹部以低钝横脊分离；额区平坦，额脊微显；单眼后沟细浅；单眼后区宽长比约为 2.5，侧沟短深，向后分歧，OOL：POL：OCL=7：4：4；背面观复眼稍长于上眶 2 倍，后头两侧收缩；触角侧扁，等长于腹部，中部稍粗于基部和端部（图 3-598I）。中胸背板前叶中沟较深，小盾片平坦，附片短于淡膜区中部横径；后足跗节短于胫节，基跗节稍长于 2–4 跗分节之和；前翅 2r 脉交于 2Rs 室外侧 1/5；后翅臀室柄长 1.2 倍于 cu-a 脉；爪小，内齿微小，远离端齿。锯鞘等长于后足胫节，腹缘平直，鞘端等长于鞘基；锯腹片22刃，端部锯刃不连接，锯腹片端部圆钝，背顶角稍鼓（图3-598F），倒数第8锯刃平直，具约17枚细小亚基齿（图3-598G）；中基部锯刃三角形突出，端部窄圆，亚基齿细小，内外侧亚基齿约8枚，从基部向端部明显逐渐变小（图3-598B）。

雄虫：体长6mm；翅基片内侧2/3和后足转节大部分黑色；背面观后头两侧显著收缩；触角长于腹部，强烈侧扁，缺触角器，第3节端部最粗，向端部显著变细（图3-598H）；下生殖板长等于宽，端部圆钝；抱器较宽，外缘弱弧形鼓凸，腹缘波状弯曲，副阳茎三角形，各角圆钝（图3-598D）；阳茎瓣头叶腹缘几乎平直（图3-598E）。

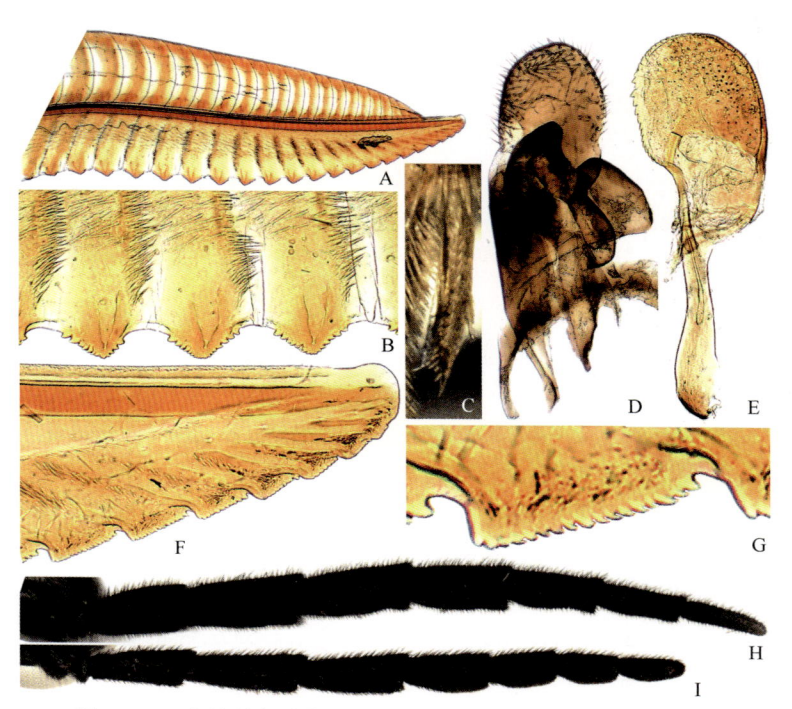

图3-598　白鳞异角叶蜂，新种 Revatra albotegula Wei, sp. nov.
A. 锯背片和锯腹片；B. 锯腹片第7–9锯刃；C. 前足胫节内端距；D. 生殖铗；E. 阳茎瓣；F. 锯腹片端部；G. 端部起倒数第8锯刃（F图的最基部锯刃）；H. 雄虫触角；I. 雌虫触角

分布：浙江（安吉、临安、泰顺）、安徽、福建。

词源：本种翅基片白色，以此命名。

正模：♀，浙江临安天目山禅源寺，30.322°N、119.443°E，362m，2015.IV.12，李泽建（ASMN）。副模：1♀，LSAF15029，浙江临安天目山禅源寺，30.323°N、119.442°E，405m，2015.IV.12，李泽建；1♀，浙江磐安县安文镇花溪村，马氏诱捕器，2014.IV–VI，叶岚；1♀3♂，浙江泰顺乌岩岭，27°42′N、119°40′E，海拔1000m，2005.VII.28，王义平；1♀，浙江临安清凉峰顺溪（原标签如此），30°02.069′N、118°55.857′E，500m，2010.IV.23，李泽建；1♀，浙江天目山，1985.VI，吴鸿；1♂，浙江安吉龙王山，1995.V.20，吴鸿；1♂，安徽黄山，1964.IV.1；1♀，福建挂墩，1980.VI.30，经林77级（ASMN）。

鉴别特征：魏美才和聂海燕（1998b）基于北京标本描述了中华异角叶蜂 R. sinica Wei & Nie, 1998，提到中国南方的标本与北方标本可能不是同种。对外生殖器的解剖研究表明，南方种群和北方种群在雌雄外生殖器构造上明显不同。南方标本中，广西与安徽、浙江、福建的标本也不是同种。白鳞异角叶蜂 R. albotegularis 与模式种的差别是：翅基片白色；锯腹片锯刃端部窄尖突出，亚基齿细小且多，中部锯刃对称，内外侧亚基齿8枚左右，从基部向端部逐渐变小，锯腹片端部圆钝，背侧微弱鼓出，倒数第7刃平直，具约17枚细小亚基齿；抱器短宽，阳茎瓣腹缘明显鼓凸等。后者翅基片黑色；锯腹片锯刃不对称，端部宽截形，中部锯刃内侧亚基齿1–2枚，外侧亚基齿7枚，亚基齿基部较小，向端部逐渐变大；锯腹片端部截形，背顶角突出，倒数第7锯刃端部平截，具7个大亚基齿；抱器较窄长；阳茎瓣腹缘较平直。

160. 五福叶蜂属 *Dicrostema* Benson, 1952

Dicrostema Benson, 1952: 101. Type species: *Selandria gracilicornis* Zaddach, 1859, by original designation.

主要特征：小型叶蜂，体形较粗短；上颚粗短，对称双齿式；唇基平坦，端缘截形；颚眼距不宽于前单眼直径；复眼中型，内缘向下微弱收敛，间距明显宽于眼高；后眶沟微弱，无皱刻纹或大刻点；无后颊脊，具明显口后脊；触角窝间距狭于触角窝-复眼间距；中窝前端开放；侧窝向前开放，后端不与额侧沟会合，额侧沟微弱；单眼后区横宽；触角丝状，端部不膨大，长不小于 2 倍头宽，第 2 节宽明显大于长，第 3、4 节等长，其余鞭分节长度近似，无触角器；前胸背板无侧纵脊，侧后角上、下折叶近似等大，斜脊前沟不明显；中胸小盾片平坦，前端三角形尖出，后缘具刻点；附片宽大；后胸淡膜区宽显著大于淡膜区间距；中胸前侧片前缘具脊，胸腹侧片下半部发育，胸腹侧片缝下端沟状；后胸侧板宽大，后气门出露；前足胫节内端距端部分叉；后足胫节微长于跗节，胫节端距微长于胫节端部宽；基跗节稍长于其后 3 节之和，跗垫明显；爪小型，无基片，具微小内齿；前翅 1M 脉直，与 1m-cu 脉近平行，1R1 室宽稍大于长，1M 室上端不明显延伸，cu-a 脉偏内侧位，3A 端部显著分叉；后翅具闭 M 室，Rs 室开放，臀室柄短于垂直的 cu-a 脉，R1 室端部尖，无附室，无赘柄；腹部第 1 背板膜区大三角形；腹部背板光滑无刻纹；产卵器稍长于中足胫节，鞘端等长于鞘基；锯腹片外侧刺毛狭带状，不密集；锯刃低三角形突出，亚基齿细小；抱器长大于宽，端部窄；阳茎瓣宽大，无侧刺突，具端位横突和腹缘细齿。

分布：东亚，欧洲。本属已知 3–4 种，主要分布于东亚。浙江发现 1 新种。

寄主：五福花科五福花属 *Adoxa* 植物。

本属的分类地位尚未确定，欧美部分学者倾向于将其与北美洲的 *Paracharactus* MacGillivray, 1908 合并。但这两属的胸腹侧片、后颊脊、翅脉和阳茎瓣构型有显著差异，寄主植物也完全不同，不应合并。

（604）短沟五福叶蜂，新种 *Dicrostema brevisulca* Wei, sp. nov.（图 3-599，图版 XIV-2）

雌虫：体长 7.5mm；体黑色，唇基、上唇、前胸背板后缘宽带、翅基片、淡膜区和腹部第 1 背板中部膜区黄白色；足黄白色，各基节基半部、前足股节基部黑色；体毛和锯鞘毛浅褐色。翅近透明，翅痣和翅脉黑褐色。

体光滑，颚眼距具微细刻纹，后眶具细密小刻点，头部背侧和中胸前侧片上半部具极微小的具毛刻点，小盾片后缘和两侧具粗密大刻点，虫体其余部分光滑，无刻点或刻纹。

复眼下缘间距 1.6 倍于复眼长径，颚眼距 0.7 倍于单眼直径；额区平台状隆起，中部不凹，额脊不明显；中窝宽深，侧窝纵沟状；单眼中沟明显，后沟细浅；单眼后区中部明显隆起，等高于单眼顶面，宽长比等于 1.8；侧沟短深，宽度约等于侧单眼半径，向后明显分歧；背面观后头两侧圆钝，约 0.5 倍于复眼长径；后眶最宽处窄于复眼宽的一半，口后脊不明显，后眶沟显著；触角丝状，稍侧扁，2.3 倍于头宽，明显长于腹部，第 3、4、5 节长度比约为 8∶8∶7，第 8 节长宽比约等于 4。中胸背板前叶中纵沟深，小盾片附片长 1.8 倍于侧单眼直径；中胸前侧片前缘下侧具短沟；淡膜区间距 0.7 倍于淡膜区长径；后足胫节 1.1 倍于跗节长，基跗节长 0.8 倍于其后 4 跗分节之和；爪小，端齿明显弯曲，内齿短小；前翅 cu-a 脉交于 1M 室下缘中部内侧，2Rs 室稍长于 1R1+1Rs 室，内外侧下角均显著延伸；后翅臀室柄几乎等长于 cu-a 脉。腹部第 1 背板各叶后缘 S 形弯曲；产卵器稍短于中足胫节，鞘端稍长于鞘基，腹缘弧形弯曲，端部窄；锯背片具 1 列稀疏的节缝刺毛；锯腹片 18 锯刃，节缝刺毛较稀疏，长短差异较大；中部锯刃低三角形突出，亚基齿内侧约 8 枚，外侧 14–15 枚，纹孔线很短（图 3-599G、H）。

雄虫：体长 6.5mm；与雌虫类似，但各足股节基部黑色，触角较长，具短直立毛，鞭分节具密集刻纹；前翅 cu-a 脉位于 1M 室基部 1/3；下生殖板长约等于宽，端部圆钝；抱器背缘弧形弯曲（图 3-599D）；阳茎瓣头叶宽大，长于柄部，指形端侧突很短，卵圆形（图 3-599E）。

分布：浙江（临安）。

词源：本种中胸前侧片前缘下侧具短沟，以此命名。

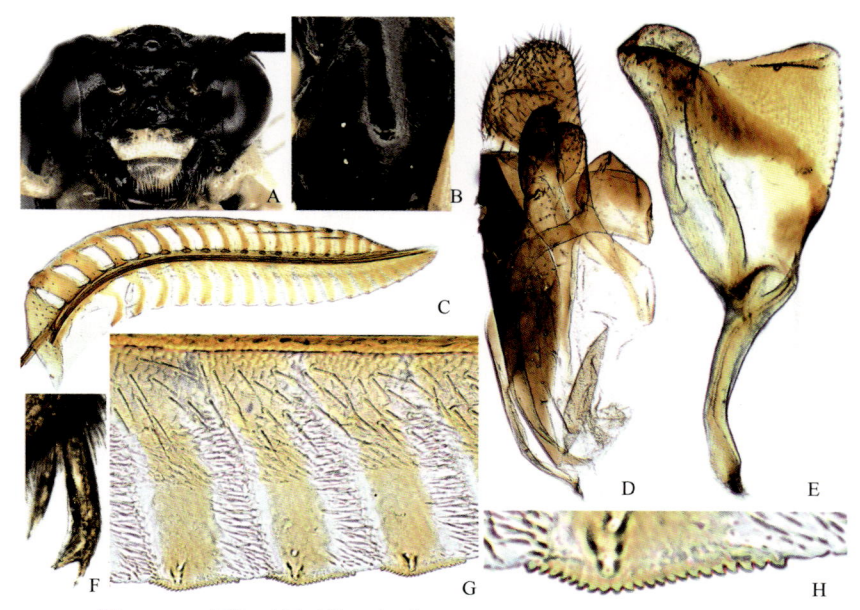

图 3-599　短沟五福叶蜂，新种 *Dicrostema brevisulca* Wei, sp. nov.
A. 雌虫头部前面观；B. 中胸前侧片；C. 锯背片和锯腹片；D. 生殖铗；E. 阳茎瓣；F. 前足胫节端距；G. 锯腹片第 7–9 锯刃；H. 锯腹片第 7 锯刃

正模：♀，浙江临安天目山老殿，30.343°N、119.433°E，1106m，2015.IV.4–5，李泽建（ASMN）。副模：1♀1♂，浙江临安天目山老殿，30.34°N、119.44°E，1140m，2014.IV.9–10，李泽建；1♂，浙江清凉峰龙塘山，30°06.680′N、118°54.050′E，930m，2010.IV.27，姚明灿；1♀，浙江临安天目山老殿，30.343°N、119.433°E，405m，2018.IV.1，刘萌萌、姬婷婷、高凯文（ASMN）。

鉴别特征：本种两性唇基、雌虫股节和胫节全部黄白色，雄虫股节基部黑色，颚眼距 0.7 倍于单眼直径，单眼后区短宽，爪内齿明显，锯刃明显隆起，锯背片具 1 列节缝刺毛等，与同属已知种类均不同。

161. 卜氏叶蜂属 *Bua* Wei & Nie, 1998

Bua Wei & Nie, 1998B: 78. Type species: *Bua metallica* Wei & Nie, 1998, by original designation.

主要特征：小型叶蜂，体偏瘦；上颚粗短，对称双齿式，近似等长；唇基端部亚截形，侧角钝；复眼较小，内缘向下显著收敛，间距宽于复眼长径；触角窝间距狭于复眼与触角窝距离，触角窝上沿片发育；颚眼距显著，雌虫约等长于、雄虫稍短于单眼直径；中窝侧壁狭，侧窝前端开放；后头两侧不显著收缩，后单眼位于复眼连线上；后眶圆，无后眶沟，后颊脊低弱，雄虫稍明显；触角细长，基部 2 节短宽，3–5 节约等长，6–9 节稍短，无触角器，雄虫无直立长毛；前胸背板后缘无斜脊前沟，无侧纵脊；前胸侧板腹侧尖；中胸小盾片平坦，附片宽大；胸腹侧片发达，隆肩形，胸腹侧片缝深沟状；侧板前缘脊显著，中胸腹板前片较大；中胸后侧片具横脊，后上侧片下部显著凹入；后胸淡膜区宽大，间距狭窄；后小盾片前凹大；前足胫节内距亚端部具膜叶，后足胫节长于跗节；爪微小，无基片，端齿不强烈弯曲，内齿短小、中位；前翅 2A+3A 脉端部上曲，C 脉端部膨大，R 脉与 Sc 脉等长，1M 室长，1M 脉长于 1m-cu 脉，二者向翅痣收敛，cu-a 脉亚中位，端臀室稍长于中室，明显短于臀室柄，2Rs 室长于 1R1+1Rs 室，2M 室稍长形；后翅具闭 M 室，臀室柄 1.6–2.2 倍于 cu-a 脉长；锯鞘长大，锯腹片每节具单纹孔；锯背片无节缝刺毛；抱器内侧显著突出；阳茎瓣头叶简单，无侧刺、侧叶和端侧突。

分布：中国。中国特有属，已报道 2 种。中国目前发现 7 种，浙江分布 1 新种。

寄主：未知。

（605）纹腹卜氏叶蜂，新种 *Bua coriacea* Wei, sp. nov.（图 3-600，图版 XIV-3）

雄虫：体长 6.5mm。体和足全部黑色。翅均匀烟褐色，翅痣和翅脉黑色。体毛黑褐色。

体光滑，光泽较强；唇基具稍密集的明显刻点，头部背侧具稀疏细小刻点，小盾片后缘两侧具数枚明显刻点，腹部背板具显著细刻纹，虫体其余部分无明显刻点和刻纹。

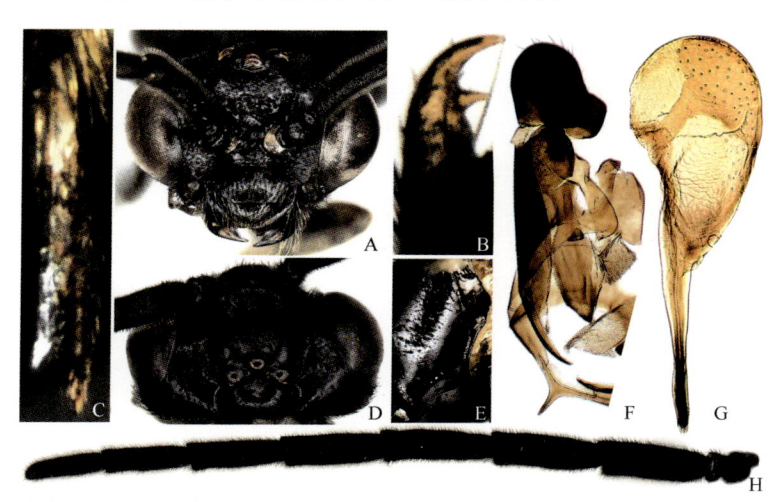

图 3-600 纹腹卜氏叶蜂，新种 *Bua coriacea* Wei, sp. nov. 雄虫，正模
A. 头部前面观；B. 爪；C. 前足胫节内距；D. 头部背面观；E. 胸腹侧片；F. 生殖铗；G. 阳茎瓣；H. 触角

唇基端部截形，颚眼距 0.6 倍于侧单眼直径；复眼内缘向下强烈收敛，间距稍宽于眼高（图 3-600A）；后颊脊弱，伸抵后眶中部，后眶沟缺；中窝宽大，前缘封闭；侧窝深长沟状；额区扇形，明显隆起，两侧额脊宽钝，前部额脊不明显；中单眼前凹短横沟状；单眼中沟宽深，后沟稍浅；额侧沟发达；单眼后区稍隆起，宽长比稍大于 2；侧沟短深，不弯曲，互相平行或微弱收敛；背面观后头稍短于复眼 1/2 长，两侧明显收缩（图 3-600D）；触角扁，长于腹部，基部 2 节宽明显大于长，第 3 节稍弯曲，基部收窄，等长于第 4、5 节，第 9 节稍短于且细于第 8 节，第 4、8 节长宽比均约等于 4（图 3-600H）。中胸小盾片平坦，附片宽三角形，中部长于淡膜区横径；后胸淡膜区间距稍窄于淡膜区长径；胸腹侧片较宽且隆起，表面光裸，胸腹侧片缝深沟状；前足胫节内距具亚端位膜叶，膜叶端部尖；后基跗节微长于其后 3 节之和，第 5 跗分节扁平；爪小型，端齿稍弯，内齿小，中位（图 3-600B）；前翅 1M 脉与 1m-cu 脉向翅痣稍收敛，2Rs 室约等长于 1R1+1Rs 室，cu-a 脉位于 M 室中部偏外侧，2r 脉交于 2Rs 室中部稍偏外侧，2A+3A 脉端部向上弯曲，封闭基臀室；后翅具臀室柄 1.9–2 倍于 cu-a 脉长。腹部第 1 背板中部膜区很小；下生殖板长稍大于宽，端部宽钝；抱器长等于宽，腹内角突出部较短（图 3-600F）；阳茎瓣头叶背腹缘不对称（图 3-600G）。

雌虫：未知。

分布：浙江（龙泉）。

词源：本种腹部背板具明显细刻纹，以此命名。

正模：♂，浙江龙泉凤阳山黄茅尖，27.893°N、119.180°E，1935m，2018.V.16，李泽建、刘萌萌；副模：1♂，数据同正模（ASMN）。

鉴别特征：本种腹部背板具明显细刻纹；单眼后区侧沟短直，向后互相平行或微弱收敛；口后脊较低长；抱器长等于宽，腹内角突出部较短等，与已知两种均不相同。

162. 弯眶叶蜂属 *Phymatoceridea* Rohwer, 1916

Phymatoceridea Rohwer, 1916: 108. Type species: *Phymatoceridea formosanus* Rohwer, 1916, by original designation.

主要特征：体形瘦小；唇基端缘缺口弧形或三角形，颚眼距线状或缺；复眼长径大，内缘直，向下明显收敛，间距小于复眼长径；复眼后缘中部内弯，后眶极狭，中部稍宽，约等宽于单眼直径，无后眶沟和后颊脊，后头狭短；单眼后区横宽；额区不明显，中窝和侧窝均小型，后者独立，无颜侧沟；触角窝间距2倍以上宽于触角窝与复眼距离；触角细丝状，基部2节长宽比大于2，第3节等长或微长于第4节，末端4节不长于第4+5节，端部2节具触角器；中胸小盾片平坦，附片中等长；中胸胸腹侧片十分平坦，胸腹侧片缝光滑痕状，侧板前缘无脊；后胸侧板与腹板部分退化；后胸淡膜区扁宽，宽约等于淡膜区间距；后小盾片平坦扇形，无明显前凹；前足内胫距端部深度分叉，后足胫跗节等长，中后足基跗节不短于其后4节之和；爪基片发达，端部尖，内齿与端齿接近，侧位，等长或稍短于端齿；前翅C脉端部膨大，具R+M脉段；4肘室，1R1室不短于1Rs室，1M脉与1m-cu脉平行或向上稍分歧，cu-a脉中位，1m-cu脉交于2Rs室基部，3A脉直，基臀室开放；后翅R1室无附室，M室开放，臀室柄2倍长于近似垂直的cu-a脉；腹部第1背板膜区极大，方形；产卵器短于后足胫节，锯背片节缝具1–2列刺毛；锯腹片约17节，内侧无长刺列，外侧刺毛稀疏，带状分布；每节具1–2纹孔；中端部锯刃斜台状，亚基齿小；抱器基部宽，端半狭长，腹内角强烈突出，副阳茎小，阳茎瓣头叶宽大，无侧刺和侧叶，具很短的端侧突。

分布：东亚南部。本属已知14种，中国已记载9种。浙江发现4种，本书记述3种，包括1新种。

寄主：未知。

本属具光滑的胸腹侧片，前翅 cu-a 脉中位，阳茎瓣无侧刺和中位侧叶，具短小的端侧突，与 Blennocampinae 的 *Waldheimia* 等属关系较远，本书将其归入 Phymatocerinae 亚科。

分种检索表

1. 头部背侧刻点非常浅弱、模糊，额区几乎光滑 ··· 光额弯眶叶蜂 *Ph. glabrifrons*
- 头部背侧刻点显著，额区不光滑 ·· 2
2. 前足基节全部黄白色；锯腹片中部锯刃较长，稍倾斜，具12–15枚细小亚基齿；抱器基内角宽大 ·············
 ·· 黑柄弯眶叶蜂 *Ph. nigroscapa*
- 前足基节大部分黑色；锯腹片中部锯刃短且强突出，具7–8枚较大的外侧亚基齿；抱器基内角狭窄 ············
 ·· 端环弯眶叶蜂，新种 *Ph. apicalis* sp. nov.

（606）端环弯眶叶蜂，新种 *Phymatoceridea apicalis* Wei, sp. nov.（图 3-601）

雌虫：体长 4.0–4.5mm。体黑色，口须和足淡黄褐色，触角基部2节腹侧浅褐色，背侧暗褐色，前足基节除端部外、中后足基节基缘黑色，后足胫节末端和基跗节基部黑褐色；翅弱烟褐色，翅痣和翅脉黑色。体毛和鞘毛银灰色。

唇基具刻纹和浅细刻点；触角窝上沿至后单眼间区域刻点大且较密，间隙狭窄、光滑，具弱光泽，侧窝下侧具细密刻纹，上眶和单眼后区刻点不明显，后眶刻点细小、稀疏；中胸背板具细微稀疏刻点，小盾片和附片、中胸侧板高度光滑；腹部背板光滑，无明显刻纹。

唇基缺口深弧形，侧角尖；上唇短小；颚眼距线状；触角窝间距约为复眼与触角窝间距的 2.4 倍；中窝浅，具弱纵沟，侧窝深小，圆形，明显小于单眼；复眼大，下缘间距 0.6 倍于眼高；额区微隆起，无额脊，前单眼围沟发达，单眼后沟和中沟十分模糊，OOL：POL：OCL=9：8：8，单眼排列呈扁三角形；单眼后区稍隆起，宽 2.3 倍于长；侧沟细深，稍弯曲，向后明显分歧，长于单眼直径；触角细，各节比长为 14：12：29：26：24：19：13：12：17。中胸小盾片平坦，附片短小；胸腹侧片缝痕状；后胸淡膜区较宽大，间距稍大于淡膜区长径；前足胫节外距微小，内距端部细尖（图 3-601K）；后足基跗节等长于其后 4 节之和；爪内齿短于端齿（图 3-601C）；前翅 1M 脉与 1m-cu 脉向翅痣分歧；2Rs 室短于 1R1+1Rs 室，内下角垂直，外下角极强烈尖出，2r 脉交于 2Rs 室上缘外侧 1/4–1/3；后翅臀室柄等长于 cu-a 脉 2 倍。腹部第 1 背板后缘膜区宽大三角形；锯鞘等长于前足胫节，侧面观背缘下倾，端部钝尖，近似三角形（图 3-601E），背面观狭长，缨毛长，半圆形弯曲；锯腹片 17 节，节缝刺毛带完整（图 3-601L）；第 1 锯刃短小，第 2、3

第三章 叶蜂亚目 Tenthredinomorpha

锯刃较长直，稍倾斜（图 3-601G）；中部锯刃台状倾斜突出，具 3–4 个内侧亚基齿和 7–8 个外侧亚基齿，刃间段强烈切入（图 3-601I、M）；端部锯刃间切入深（图 3-601J）；锯背片具 2–3 列缝刺。

雄虫：体长 3.8mm；体色同雌虫；复眼下缘间距短于复眼长径 1/2；下生殖板长等于宽，端部窄圆形突出；抱器窄长，基部较窄小，端部不膨大（图 3-601D）；阳茎瓣头叶稍宽，具很宽的颈状部，背腹缘亚中部稍鼓（图 3-601F）。

分布：浙江（杭州、磐安）、湖南。

词源：本种种名指其后足胫节端部黑色。

正模：♀，湖南莽山鬼子寨，24°57.002′N、112°48.111′E，1240m，2007.VII.5，刘飞（ASMN）。副模：1♀，湖南高泽源山脚，25°22.418′N、111°16.219′E，454m，2008.IV.26，费汉榄；1♂，湖南道县猴子坳，25°30.879′N、111°21.905′E，806m，2008.IV.25，苏天明；1♂，湖南道县瞭望台，25°29.220′N、111°21.564′E，1000m，2008.V.22，游群；1♀，浙江磐安大盘山花溪风景区，491m，2019.VII.21，刘萌萌；1♀，浙江磐安大盘山花溪风景区，491m，2015.VII.28，刘萌萌、刘婷、刘琳；1♂，湖南炎陵桃源洞，1995.V.20，郑波益（英文标签）（ASMN）。其他标本：1♀，浙江杭州，1981.VI.12，楼晓明。

鉴别特征：本种与印度尼西亚分布的 *Ph. mjobergi* Forsius, 1927 较近似，但触角柄节腹侧浅褐色，背侧暗褐色，前足基节大部分、前胸背板全部黑色，后足胫节端部黑褐色；单眼后区侧沟明显长于单眼直径等，与该种不同。

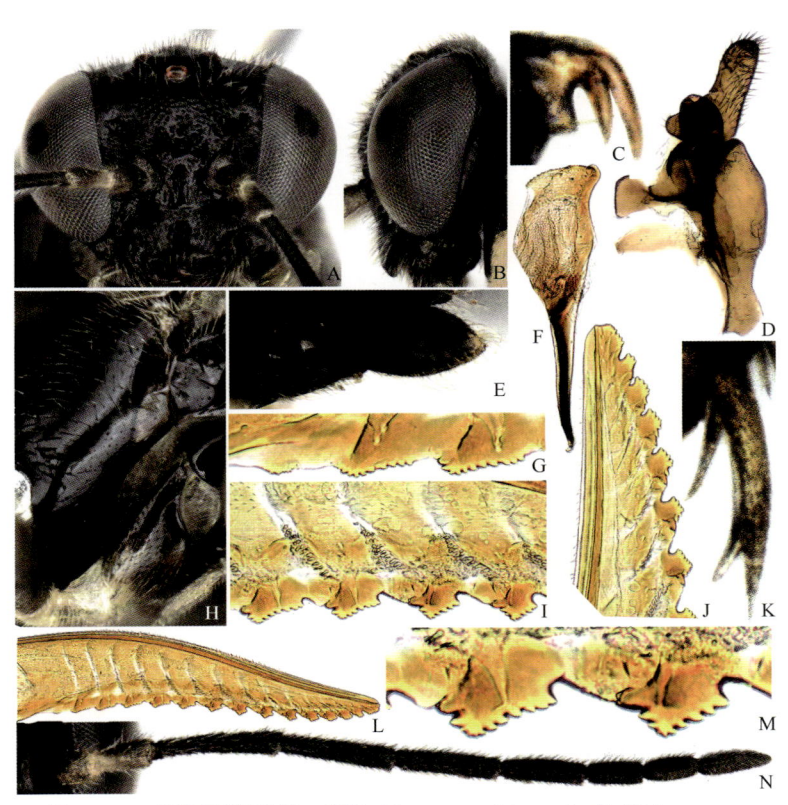

图 3-601 端环弯眶叶蜂，新种 *Phymatoceridea apicalis* Wei, sp. nov.
A. 雌虫头部前面观；B. 雌虫头部侧面观；C. 爪；D. 生殖铗；E. 锯鞘侧面观；F. 阳茎瓣；G. 锯腹片第 1–3 锯刃；H. 胸腹侧片和前足基节；I. 锯腹片第 6–9 锯节；J. 锯腹片端部；K. 前足胫节端距；L. 锯腹片；M. 锯腹片第 7、8 锯刃；N. 雌虫触角

（607）光额弯眶叶蜂 *Phymatoceridea glabrifrons* Wei, 1999（图 3-602）

Phymatoceridea glabrifrons Wei, in Wei & Nie, 1999b: 173.

主要特征：雌虫体长 4mm；体黑色，口须、触角第 1 节腹侧和体毛浅褐色；足白色，前足基节基半部

和后足基节基部、后足胫节端部 1/5 和后足基跗节黑褐色，后足第 2–5 跗分节浅褐色；翅均匀烟褐色，翅痣、翅面细毛和翅脉黑褐色；唇基无明显刻点和刻纹，端部具深弧形缺口；颚眼距线状；复眼大，下缘间距稍宽于眼高 1/2；中窝横沟形，侧窝深圆，小于单眼；额区微隆起，无额脊，前缘近中窝处具小型凹陷；单眼中沟缺如，后沟中部缺如，两侧稍发育；单眼后区宽长比稍大于 2；侧沟宽深，向后显著分歧；POL 等于 OOL；额区及附近具十分稀疏浅弱的刻点，刻点间隙大于刻点，表面光滑；触角很细，第 3 节微长于第 4 节，明显长于第 5 节，触角器弱；胸部光滑，无刻点和刻纹；胸腹侧片缝细沟状；爪基片小而锐利，内齿稍短于端齿；前翅 2Rs 室短于 1R1+1Rs 室，外下角强烈尖出；后翅臀室柄长 2 倍于 cu-a 脉；腹部背板具细弱刻纹；锯鞘侧面观端部较圆钝；锯腹片 17–18 刃，节缝刺毛带完整；基部锯刃几乎平直，中端部锯刃台状倾斜突出（图 3-602B、E）；锯背片具 2 列缝刺。雄虫体长 3.2mm；前后足基节大部分黑褐色，后足胫节端部 1/3 黑褐色；下生殖板端部钝截形；抱器端部不弯曲；阳茎瓣腹缘顶角尖出，背顶角和臀角均突出（图 3-602C）。

分布：浙江（临安）、河南、湖北、广西。

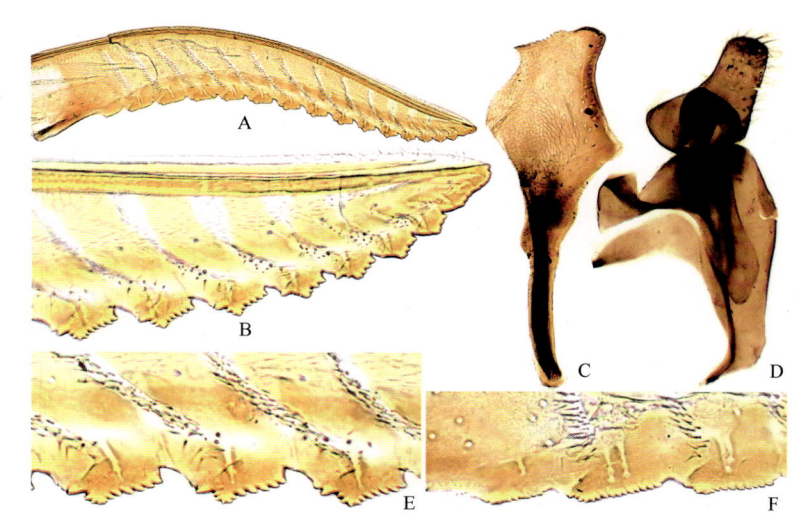

图 3-602 光额弯眶叶蜂 *Phymatoceridea glabrifrons* Wei, 1999
A. 锯腹片；B. 锯腹片端部；C. 阳茎瓣；D. 生殖铗；E. 锯腹片第 7–9 锯节；F. 第 1–3 锯刃

（608）黑柄弯眶叶蜂 *Phymatoceridea nigroscapa* Wei, 2003（图 3-603，图版 XIV-4）

Phymatoceridea nigroscapa Wei, *in* Wei & Nie, 2003c: 160.

主要特征：雌虫体长 5mm；体黑色，口须和足黄褐色，后足胫节末端稍暗；翅烟灰色，翅痣和翅脉黑色；体毛银灰色；额区和附近刻点大且密，间隙光滑，具光泽；头部其余部分和胸、腹部光滑，中胸背板具细微稀疏的刻点，腹部中端部背板具微细刻纹；唇基缺口深弧形，侧角尖；触角窝间距 2.6 倍于复眼与触角窝间距；中窝浅平，侧窝微小；复眼大，下缘间距微宽于眼高 1/2；额区微隆起，无额脊，前单眼围沟发达；单眼后沟和中沟十分模糊；OOL：POL=14：13，单眼排成扁三角形；单眼后区稍隆起，宽 2.4 倍于长；侧沟细深，向后明显分歧，长于单眼直径；触角细，第 3 节稍长于第 4 节；胸腹侧片缝痕状；后胸淡膜区间距等于淡膜片长径；后足基跗节等长于其后 4 节之和；爪基片小，内齿稍短于端齿；前翅 1M 脉与 1m-cu 脉向翅痣分歧，2Rs 室短于 1R1+1Rs 室，外下角强烈尖出，cu-a 脉中位，2r 脉交于 2Rs 室上缘外侧 1/4–1/3；后翅臀室柄长 2.3 倍于 cu-a 脉；腹部第 1 背板后缘膜区宽三角形；锯鞘稍长于前足胫节，背缘鼓，端部圆钝；锯腹片 19 节，节缝刺毛带完整，基部锯刃长直，中部锯刃倾斜台状突出，具 12–15 枚细小亚基齿（图 3-603B、F）。雄虫体长 4mm；下生殖板端缘圆钝；抱器端部稍膨大，基内角宽圆（图 3-603C）；阳茎瓣稍宽（图 3-603D）。

第三章　叶蜂亚目 Tenthredinomorpha ·635·

分布：浙江（临安、开化）、安徽、湖南、福建、广东、四川、贵州。

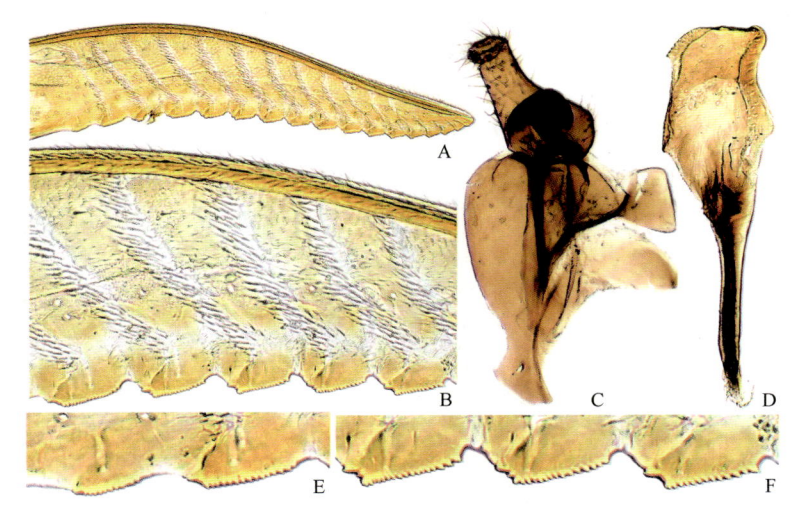

图 3-603　黑柄弯眶叶蜂 *Phymatoceridea nigroscapa* Wei, 2003
A. 锯腹片；B. 锯腹片第 5–9 锯节；C. 生殖铗；D. 阳茎瓣；E. 锯腹片第 1–2 锯刃；F. 第 7–9 锯刃

163. 狭唇叶蜂属 *Yuccacia* Wei & Nie, 1998

Yuccacia Wei & Nie, 1998c: 5. Type species: *Yuccacia albipes* Wei & Nie, 1998, by original designation.

主要特征：小型叶蜂，体形匀称；体光滑，无刻纹；唇基宽长比小于 2，端部截形，侧角直角形；上颚短小，端位双齿式；颚眼距缺或线状；复眼大型，内缘强度收敛，间距等于 1/2 复眼长径；后眶狭窄，宽度短于触角鞭节宽，无后眶沟和后颊脊，口后脊等长于单眼直径；触角窝间距狭于复眼与触角窝距离；触角窝上沿片小，侧窝开放，额侧沟不发育；单眼后区扁宽；触角匀称丝状，约等于头、胸部之和长，第 2 节宽大于长，鞭节向端部依次微微缩短，第 5 节长宽比约等于 3；前胸侧板腹面尖，互相不接触；前胸背板后角折叶较大；小盾片平坦，附片宽大；中胸侧板无胸腹侧片前片；胸腹侧片狭窄，下半清晰，上半模糊；中胸后侧片具横脊；后胸淡膜区宽大，间距小于淡膜区一半宽，后小盾片前凹小型；足较粗短，前足胫节内距端部分叉，后足胫跗节等长，基跗节等于其后 3 节之和；爪具微小基片，内齿较大，靠近端齿，端齿强烈弯折；前翅 4 肘室，2Rs 室短于 1R1+1Rs 室，2M 室短，2A+3A 脉端部分叉，cu-a 脉中位，端臀室 1.4 倍长于 1M 室，R 脉长于 Sc 脉；后翅具闭 M 室，臀室柄稍长于 cu-a 脉；腹部第 1 背板宽大，中部膜区小；锯鞘短于中足胫节，鞘端长于鞘基；锯腹片窄长，节缝刺毛稀疏，锯刃低平，亚基齿十分细小且多；抱器极短宽，横形，内上角突出；阳茎瓣狭长片状，顶端尖或具长突。

分布：东亚。本属已知 3 种，其中日本分布 1 种，越南分布 1 种。中国记载 1 种，浙江也有分布。
寄主：未知。

日本分布的 *Paracharactus leucopodus* Rohwer, 1910 是本属成员。该种爪大型，具小型基片，内齿长大，端齿强烈弯曲，抱器横宽，阳茎瓣头叶狭长等，与 *Paracharactus* 差别甚大。

（609）淡足狭唇叶蜂 *Yuccacia albipes* Wei & Nie, 1998（图 3-604，图版 XIV-5）

Yuccacia albipes Wei & Nie, 1998c: 5.

主要特征：雌虫体长 7mm；体黑色，唇基和口器除上颚末端外白色，前胸背板、翅基片、中胸背板除小盾片和附片以外、中胸侧板上部 1/3 红褐色，触角浅褐色；足淡黄白色，基节基缘狭边黑色，胫节端距、后足跗节腹面黑褐色；翅透明，翅痣和翅脉黑褐色；体毛银褐色；体光滑，无明显刻点或刻纹；颚眼距狭线状；复眼下缘间距等于 1/2 眼高（图 3-604C）；额区小，稍隆起，额脊低钝，前缘开放；单眼后区隆起，宽长比为 2；侧沟十分宽深，长点状，向后分歧；单眼后沟细深，单眼中沟宽点状；触角匀称丝状，约等于头、胸部之和，第 3 节略短于第 4 节，其他鞭分节向端部依次稍微缩短，第 5 节长宽比约等于 3；后胸淡膜区宽大，间距 0.4 倍于淡膜区长径；足粗短，后足基跗节等于其后 3 节之和；爪基片明显，内齿大（图 3-604D）；前翅 2Rs 室短于 1R1+1Rs 室；产卵器；锯腹片 20 锯刃，节缝直（图 3-604A）；节缝刺毛 2 列，较粗长，锯腹片端部圆钝，背缘具刺毛（图 3-604B）；中部锯刃稍倾斜，亚基齿极为细小，内侧 5–6 枚，外侧约 20 枚（图 3-604I）。雄虫体长 5.5mm；触角鞭节具细密短毛；下生殖板端部窄圆；抱器短宽横形，宽长比稍大于 2，内侧顶角尖出，副阳茎高大于宽（图 3-604G）；阳茎瓣狭长片状，顶叶窄长（图 3-604H）。

分布：浙江（临安、丽水）、福建。

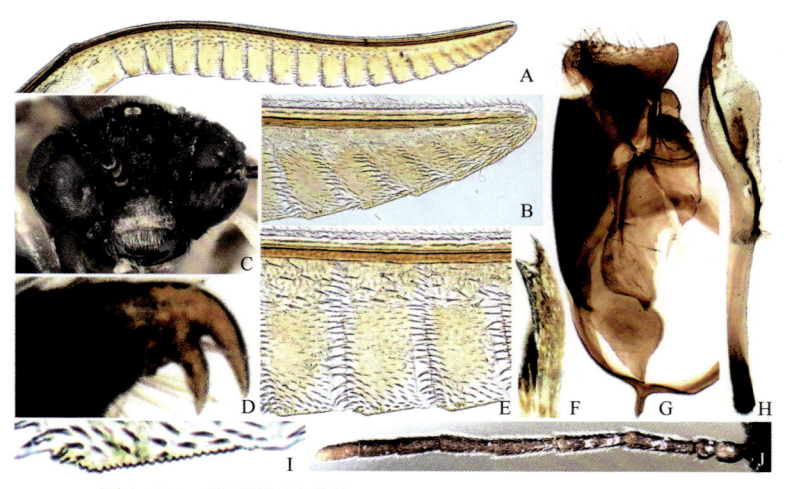

图 3-604 淡足狭唇叶蜂 *Yuccacia albipes* Wei & Nie, 1998
A. 锯腹片；B. 锯腹片端部；C. 雌虫头部前面观；D. 爪；E. 锯腹片第 7–9 锯刃；F. 前足胫节端距；G. 生殖铗；H. 阳茎瓣；I. 锯腹片第 8 锯刃；J. 雌虫触角

164. 脊栉叶蜂属 *Neoclia* Malaise, 1937

Neoclia Malaise, 1937: 49. Type species: *Neoclia sinensis* Malaise, 1937, by original designation.

主要特征：中大型叶蜂，体形粗壮，体大部分橘褐色，前翅具翅斑；唇基端缘具浅缺口或截形，上唇短小；上颚粗短，对称二齿，内齿较短；复眼大，内缘直，向下明显收敛，间距窄于复眼长径，颚眼距线状；触角窝间距窄于复眼与触角窝间距；中窝宽大，前缘封闭；侧窝较深，前侧半开放；额区小，额脊发育；后眶圆钝，无后眶沟，具细弱后颊脊；背面观后头较短，两侧微收缩；触角细丝状，长于头、胸部之和，第 2 节短小，长约等于宽，第 3 节短于或等于第 4 节，第 8 节长宽比大于 2；前胸背板无侧纵脊，侧缘斜脊和前沟不明显；前胸侧板腹角短钝，会合面短，不密接；小盾片平坦，附片宽；中胸胸腹侧片隆脊状，胸腹侧片缝沟状，侧板前缘具脊；后胸侧板宽大；后胸淡膜区扁宽，间距短于淡膜区长径；前足胫节端距等长，内胫距端部分叉；后足胫节长于跗节，基跗节约等长于其后 3 节之和；爪梳状，具显著基片和 5–6 个爪齿；前翅 C 脉端部稍膨大，翅痣较狭长，R 脉端部下垂，1M 脉与 1m-cu 脉平行，并与 Rs+M 脉共短柄，cu-a 脉位于中室内侧 1/5–1/4，2A+3A 脉端部分叉，上叉短，2Rs 室明显长于 1R1+1Rs 室；后翅具封闭 M 室，Rs 室开放，R1 室端部圆，无明显闭室，臀室柄约等于 cu-a 脉长；腹部第 1 背板宽大，中部膜区微小；第 1 气门位于该节侧面中部；锯腹片宽短，强骨化，节缝刺毛带状；锯刃低平，亚基齿小，纹孔高位；生殖铗强骨化，抱器短宽；阳茎瓣狭长，无侧突，具腹缘齿；体光滑，无粗大刻点。

分布：东亚南部。本属已知 3 种，中国记载 1 种，浙江有分布。

寄主：未知。

（610）中华脊柑叶蜂 *Neoclia sinensis* Malaise, 1937（图 3-605，图版 XIV-6）

Neoclia sinensis Malaise, 1937: 50.

主要特征：雌虫体长 11.0–13.5mm；体红褐色，头部、触角、腹部末端 3 节、锯鞘和跗节末端黑色，第 1 腹节背板中部和其余背板中央有时稍具暗色条纹；翅透明，烟黄色，前翅端部 1/3 黑褐色，后翅末端灰色；体毛二色，体黑色部分具黑褐色细毛，红褐色部分具黄褐色细毛；体光滑，仅头部具细小刻点；唇基前缘缺口很浅弱；侧窝显著深于中窝，额区三角形，额脊低；单眼后区宽长比等于 2，侧沟深直，向后强烈分歧；单眼后沟模糊，中沟深短；触角各节长度比为 17：9：41：45：43：37：28：22：22（图 3-605H）；前翅 cu-a 脉位于 1M 室基部 1/5，后翅臀室柄微长于臀室宽；爪具 6 齿（图 3-605E）；锯鞘短，不伸出腹端，侧面观狭尖；锯腹片 24 刃，背缘几乎光裸，外侧刺毛虎尾状，沿节缝分布，内侧背缘具 5–6 列粗刚毛，其余部分光裸；锯刃平直，内角微突出，亚基齿不尖，9–11 个，刃间段几乎缺失（图 3-605B、F）。雄虫体长 9.5–11.0mm；体色与构造均类似于雌虫；生殖茎节长大；抱器短宽横形，内侧明显高于外侧，副阳茎反曲，小型，阳基腹铗内叶中部球形，端部长方形（图 3-605D）；阳茎瓣狭长，端部窄截（图 3-605G），腹缘具 2 列不规则小齿（图 3-605C）。

分布：浙江（临安、舟山）、河南、陕西、甘肃、江苏、安徽、湖南、广东、重庆、四川、云南。

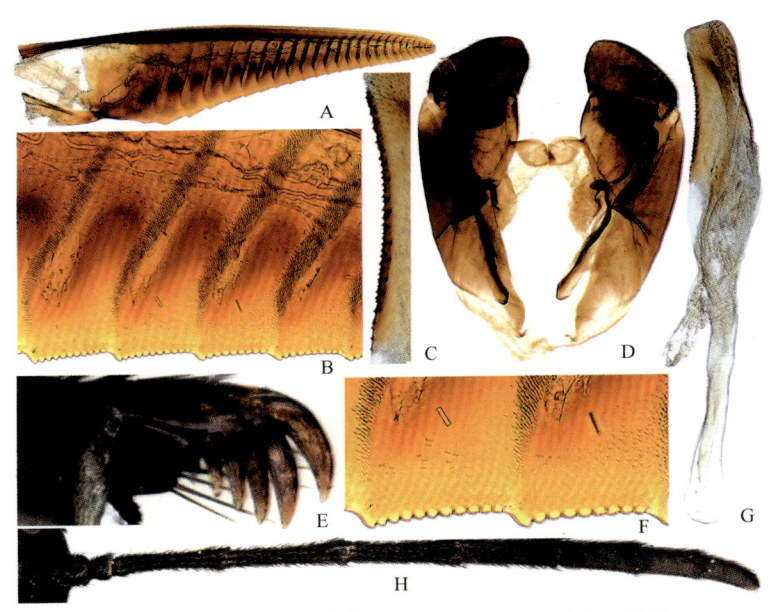

图 3-605 中华脊柑叶蜂 *Neoclia sinensis* Malaise, 1937
A. 锯腹片；B. 锯腹片第 5–8 锯刃；C. 阳茎瓣腹缘齿列；D. 生殖铗；E. 爪；F. 第 6、7 锯刃和纹孔；G. 阳茎瓣；H. 雌虫触角

165. 角瓣叶蜂属 *Senoclidea* Rohwer, 1912

Senoclidea Rohwer, 1912: 228. Type species: *Senoclidea amala* Rohwer, 1912, by original designation.

主要特征：中型叶蜂，体形粗壮，体黑色，常具强蓝色光泽；唇基端缘截形，上唇短小；上颚十分粗短，对称二齿，内齿稍短；复眼大，内缘直，向下显著收敛，间距窄于或等于复眼长径，颚眼距近线状；

触角窝间距窄于复眼与触角窝间距；中窝和侧窝封闭；额区小，额脊发育；后眶圆钝，后眶沟狭窄且浅，后颊脊模糊或很短；背面观后头较短，单眼后区方形或宽大于长；触角粗丝状，长于头、胸部之和，第2节长大于宽，第3节长于第4节，第8节长宽比小于2；前胸背板无侧纵脊，侧缘斜脊发育，斜脊前沟缺；前胸侧板腹角尖，不会合；小盾片平坦，附片短；中胸高度光滑，无胸腹侧片，侧板前缘无脊；后胸侧板宽大；后胸淡膜区扁宽，间距短于淡膜区长径；足粗短，前足胫节端距几乎等长，内胫距端部分叉；后足基跗节等长于其后4节之和；爪粗短，具宽大基片和大型内齿，爪齿侧裂式，长于外齿；前翅C脉端部稍膨大，翅痣较狭长，R脉端部下垂，1M脉与1m-cu脉平行，不与Rs+M脉共柄，cu-a脉位于1M室中部内侧，2A+3A脉端部分叉，上叉细，多少游离，2Rs室明显长于1R1+1Rs室；后翅M室封闭，上缘尖出，Rs室开放，R1室端部尖，无赘柄，臀室柄1.8–2倍于cu-a脉长；腹部第1背板宽大，中部膜区较大，三角形；产卵器较短，锯腹片基部宽，骨化较明显；锯刃低平，亚基齿小，前后连接或十分接近，纹孔低位，每节1个；锯背片无节缝刺毛；生殖铗骨化，抱器短横宽，阳茎瓣头叶宽大，无侧突和腹缘齿，具明显端突；雄虫第8–10背板具中缝。

分布：东亚，太平洋群岛。本属已知约17种，世界种类急需厘定。中国已记载3种，浙江发现3种，包括1新种。

寄主：薯蓣科 Dioscoreaceae 薯蓣属 *Dioscorea* 植物。

分种检索表

1. 唇基黑色 ··· 2
 - 唇基白色 ··· 白唇角瓣叶蜂 *S. decora*
2. 锯鞘强烈短缩，约等长于后足胫节1/2；后足胫节长1.2倍于跗节 ··
 ··· 短跗角瓣叶蜂，新种 *S. brevitarsalia* sp. nov.
 - 锯鞘不短缩，等长于后足股节；后足胫节和跗节几乎等长 ··································· 中华角瓣叶蜂 *S. sinica*

（611）短跗角瓣叶蜂，新种 *Senoclidea brevitarsalia* Wei, sp. nov.（图 3-606）

雌虫：体长9.5mm。体黑色，具微弱蓝色光泽；翅、翅脉和翅痣及体毛黑褐色。

体光滑，头、胸部背侧散布细小的具毛刻点，虫体其余部分无刻点。

唇基端部截形；颊眼距线状；复眼大，内缘向下显著收敛，间距等于复眼长径；无后颊脊，具短口后脊；中窝深，底部具纵沟；侧窝长沟状，颜侧沟不明显；额区近圆形，凹入部分小，前后端开放，额脊宽钝；单眼中沟深，后沟细浅；单眼后区稍隆起，宽长比为1.6；侧沟深长，向后显著分歧；OOL：POL：OCL=9：5：7；后头短，两侧显著收缩；后眶沟很细。触角稍粗，约等长于头胸部之和，亚端部稍膨大，第2节长大于宽，第3、4节明显长于第4节，第8节长宽比等于1.5。中胸背板前叶中纵沟显著，小盾片平坦，附片较宽；后胸淡膜区间距窄于淡膜区长径；后足胫节长1.2倍于跗节，基跗节等长于其后4节之和；爪具宽大基片，内齿侧位，邻近端齿，互相几乎等长；前翅cu-a脉交于1M室下缘中部稍偏内侧（内侧0.45处）；后翅臀室柄长1.4倍于cu-a脉。腹部第1背板膜区三角形，第9背板发达，背侧出露；锯鞘强烈短缩，约等长于后足胫节1/2；锯鞘端短于锯鞘基，侧面观十分宽短，背缘稍凹，外缘弧形（图3-606B）；锯腹片约19锯刃，锯刃低平，纹孔清晰，节缝刺毛带完整，亚基齿完全连接，中部锯刃具4–5枚内侧亚基齿和14–17枚外侧亚基齿，纹孔下域高大于长（图3-606D）；锯腹片端部宽钝，近似截形，节缝刺毛密集（图3-606C）。

雄虫：未知。

分布：浙江（临安）、福建、广东。

词源：本种后足跗节明显短于胫节，以此命名。

正模：♀，浙江天目山三里亭，1985.VI.27，魏美才（ASMN）。副模：1♀，福建三港，1994.V.31，刘运红（中南林学院）；1♀，福建武夷山，1982.VI.7–11，林平，郑智则（中国科学院动物研究所）；2♀♀，广东，广州市，1934.V.VI，（中山大学）。

第三章 叶蜂亚目 Tenthredinomorpha · 639 ·

鉴别特征：本种体色与东北亚分布的 *S. koreana* Konow 近似，但后足胫节显著长于跗节，产卵器十分短缩，锯鞘端极短，锯腹片端部宽钝等，很容易鉴别。

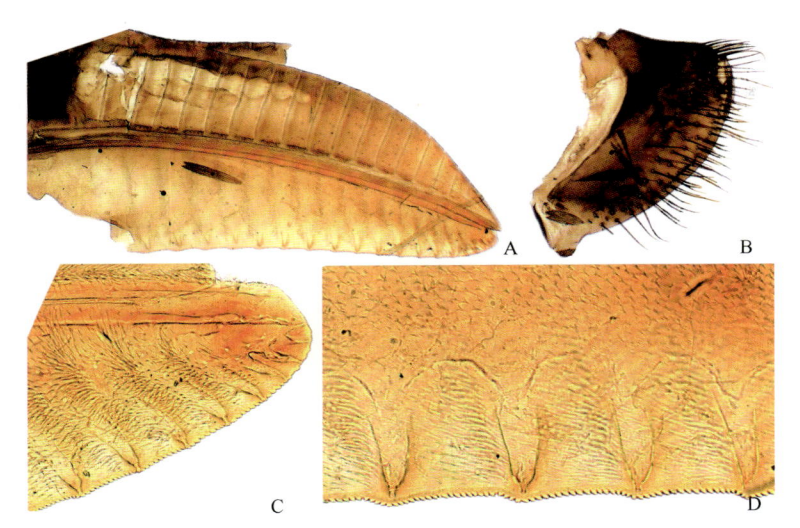

图 3-606　短跗角瓣叶蜂，新种 *Senoclidea brevitarsalia* Wei, sp. nov.
A. 锯背片和锯腹片；B. 锯鞘端侧面观；C. 锯腹片端部；D. 锯腹片第 7–9 锯刃

（612）白唇角瓣叶蜂 *Senoclidea decora* (Konow, 1898)（图 3-607，图版 XIV-7）

Monophadnus decorus Konow, 1898c: 235.
Senoclidea decorus: Rohwer, 1912: 229.

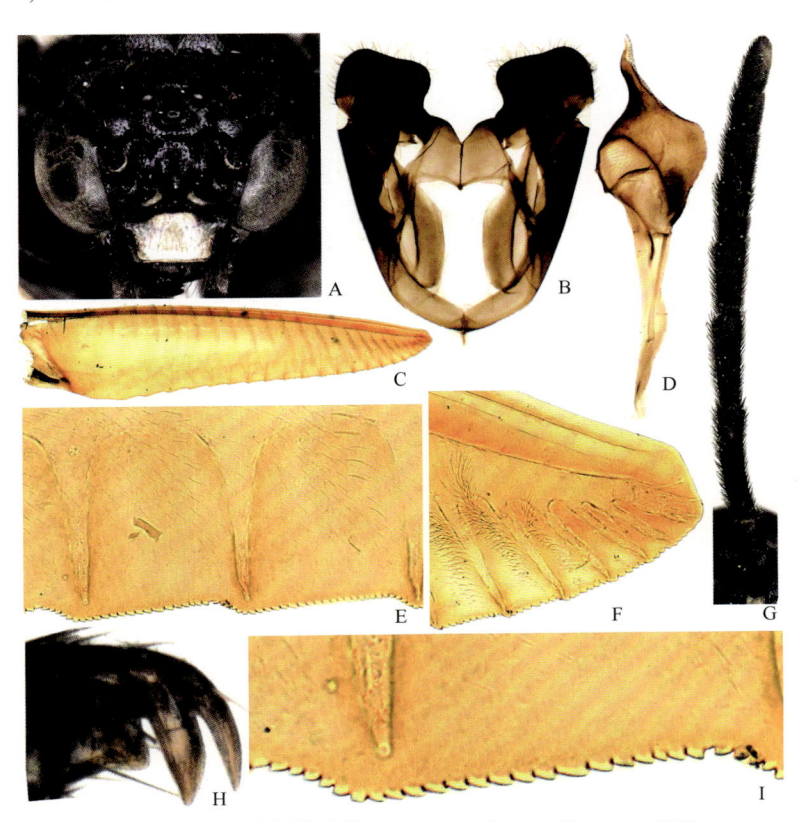

图 3-607　白唇角瓣叶蜂 *Senoclidea decora* (Konow, 1898)
A. 成虫头部前面观；B. 生殖铗；C. 锯腹片；D. 阳茎瓣；E. 锯腹片第 7–8 锯刃和纹孔线；F. 锯腹片端部；G. 雌虫触角；H. 爪；I. 第 7 锯刃

主要特征：雌虫体长 7–10mm；体蓝黑色，具强金属光泽；上唇、唇基、翅基片外侧半部、各足胫节基部 2/3–3/4 白色；体毛黑褐色；翅基部 1/2 透明，端部 1/2 深烟褐色，翅痣附近烟斑最深，翅痣和翅脉黑色；头、胸部背侧散布十分细小的刻点，虫体其余部分无刻点；唇基端部截形，颚眼距线状；复眼大，下缘间距短于复眼长径；无后颊脊，具短口后脊；中窝深，马蹄形，侧窝长沟状，与颜侧沟会合；额区近圆形，端缘封闭，额脊钝；单眼中沟和后沟细深；单眼后区宽长比为 1.6，侧沟深长，向后分歧；后头短，两侧平行或稍收缩；后眶沟很细；触角稍粗，亚端部膨大不明显，第 2 节长大于宽，第 3 节明显长于第 4 节，末端 4 节稍短缩；后胸淡膜区长径 2 倍于淡膜区间距；后足胫节与跗节等长，基跗节稍短于其后 4 节之和；爪内齿长于端齿（图 3-607H）；后翅臀室柄 1.5–1.7 倍于 cu-a 脉长；锯鞘长 0.85 倍于后足胫节，锯鞘端稍长于鞘基，侧面观端部三角形；锯腹片 21 刃，纹孔线垂直（图 3-607E），中部锯刃低平，亚基齿内侧 5–6 枚，外侧 16–20 枚（图 3-607E、I），17–18 锯刃具约 6 枚亚基齿。雄虫体长 6–7.5mm；胫节内侧常黑褐色；下生殖板端缘钝截形，抱器横方形，内缘中部显著凹入（图 3-607B）；阳茎瓣侧齿尖，位置低，靠近瓣头下端（图 3-607D）。

分布：浙江（杭州、临安、磐安、遂昌）、北京、河北、山东、河南、陕西、甘肃、江苏、上海、湖北、江西、湖南、福建、台湾、广东、海南、广西、重庆、四川、贵州、云南；缅甸。

(613) 中华角瓣叶蜂 *Senoclidea sinica* Wei, 1997（图 3-608）

Senoclidea sinica Wei, 1997b: 1598.

主要特征：雌虫体长 8–11mm；体黑色，无蓝色光泽；翅黑褐色，末端稍淡，体毛黑褐色；体表散布细小的具毛刻点；复眼大型，下缘间距小于复眼长径；触角窝间距窄于复眼与触角窝间距；中窝大，近半圆形，底部平坦；侧窝小，卵状，底部具小瘤突；额区小，中部凹入，额脊宽钝，前端开放；单眼中沟深，后沟细浅，单眼后区宽长比为 1.8，无中纵沟，侧沟深宽，向后稍分歧；OOL：POL：OCL=10：6：9；后头短且收缩；触角短于头、胸部之和，亚端部不明显膨大，各节比长为 15：10：37：29：24：19：15：13：14；后足胫节和跗节几乎等长，后基跗节稍短于其余 4 节之和；爪基片宽大，内齿稍长于外齿；前翅翅痣狭三角形，端部尖，cu-a 脉中位偏内侧；后翅臀室柄长 1.5 倍于 cu-a 脉；锯鞘稍长于中足胫节，腹缘弧形，端部尖（图 3-608A）；锯腹片 20 刃，背缘具毛，外侧节缝刺毛稀短，稍呈带状，中部锯刃低平，亚基齿内侧 4–5 个，外侧 25–30 个，纹孔线倾斜（图 3-608C、F）；亚端部锯刃亚基齿细小且多（图 3-608G）。雄虫体长 8–8.5mm；下生殖板长大于宽，端缘横截；抱器倾斜，内缘中部鼓凸（图 3-608E）；阳茎瓣侧齿钝，中下位，端突较短（图 3-608D）。

分布：浙江（杭州、临安、舟山）、山东、河南、安徽、江西、湖南、广西、贵州。

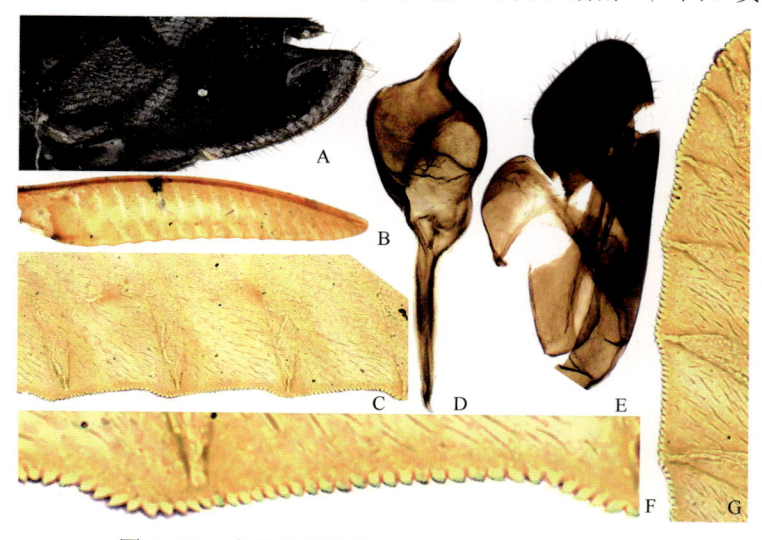

图 3-608 中华角瓣叶蜂 *Senoclidea sinica* Wei, 1997
A. 锯鞘侧面观；B. 锯腹片；C. 第 7–9 锯刃；D. 阳茎瓣；E. 生殖铗；F. 第 8 锯刃；G. 端部锯刃

（二十四）蔺叶蜂亚科 Blennocampinae

主要特征：小型叶蜂；后头短小，额区通常平坦，光滑，不明显分化，额脊通常缺失或十分模糊；唇基明显窄于复眼下缘间距，端部截形或弧形微弱突出；颚眼距一般狭于单眼直径，少数约等长于单眼直径；上颚短小，对称双齿型，极少左上颚 3 齿；前胸背板沟前部短于 1.5 倍单眼宽，侧板腹面尖，互相分离；中胸后侧片狭于后胸侧板宽，具横脊，气门出露，中胸翅后桥狭窄，后气门后片狭窄或线状；前翅 R+M 脉点状或缺，1M 脉与 1m-cu 脉平行或亚平行，cu-a 脉中位或亚基位，极少外侧位，2M 室短宽，臀室具柄式，基臀室开放；后翅 Rs 室开放，臀室绝大部分具柄式；锯鞘发达，通常长于锯鞘基；产卵器长形，锯刃规则；阳茎瓣通常具明显侧刺突和侧叶，无端侧位的指形突或端突。

分布：世界广布。东亚属种多样性最高。本亚科已知约 47 属，中国分布 25 属。浙江省发现 16 属 34 种，包括 2 新属 25 新种。

分属检索表

1. 爪无内齿，或内齿极微小，难以分辨，爪基片缺，或极微小；前翅 2A+3A 脉总是端部上曲，但不封闭基臀室。**李叶蜂族 Pareophorini** ··· 5
- 爪具明显内齿和基片；前翅 2A+3A 脉端部直或分叉，不单独向上弯曲 ··· 2
2. 触角第 2 节长宽比不小于 2；前翅 cu-a 脉中位；锯鞘端部直；中胸侧板前缘无细脊 ···················· 3
- 触角第 2 节长宽比明显小于 2；或前翅 cu-a 脉位于 1M 室中部内侧；或锯鞘端部上弯；中胸侧板前缘具明显细脊 ······· 4
3. 前翅 1R1 室和 1Rs 室合并；颚眼距不窄于单眼直径；复眼下缘间距不窄于复眼长径；阳茎瓣侧刺突十分细长。**柄蔺叶蜂族 Esehabachiini** ··· 10
- 前翅 1R1 室和 1Rs 室分离；颚眼距线状，十分狭窄；复眼下缘间距明显窄于复眼长径；阳茎瓣侧刺突短。**器角叶蜂族 Waldheimiini** ·· 11
4. 前翅 2A+3A 脉直，cu-a 脉亚基位；左上颚三齿，右上颚二齿或三齿；颚眼距狭于单眼直径。**蔺叶蜂族 Blennocampini** ··· 13
- 前翅 2A+3A 脉端部上曲，cu-a 脉中位或基位；上颚对称双齿式；颚眼距通常宽于单眼直径。**钩鞘叶蜂族 Periclistini** ·· 15
5. 后翅无封闭中室，雌虫锯鞘无侧突；触角第 2 节长等于宽 ·· 6
- 后翅具闭 M 室，偶尔缺，则雌虫锯鞘具明显耳状侧突 ·· 7
6. 后眶沟深，底部大部分膜质；阳茎瓣侧刺突亚端位，伸向斜上方，侧叶十分窄长；抱器长显著大于宽，从基部向端部逐渐收窄 ··· **眶蔺叶蜂属，新属** *Orbitapareophora* gen. nov.
- 后眶无后眶沟，全部革质；阳茎瓣侧刺突近中位，伸向斜下方，侧叶粗短；抱器长等于宽，从中部向端部和基部显著收窄 ·· **小爪叶蜂属** *Apareophora*
7. 复眼大，间距不宽于复眼长径，内缘向下强聚敛；锯鞘无侧突；颚眼距窄于单眼半径 ···················· 8
- 复眼小，间距显著宽于眼高，内缘亚平行；锯鞘具显著侧突，或颚眼距宽于单眼直径 ···················· 9
8. 前翅 1R1 室和 1Rs 室会合；爪具模糊基片，无内齿；触角第 2 节长大于宽；颚眼距线状 ········· **邻鞘叶蜂属** *Monardoides*
- 前翅 1R1 室和 1Rs 室分离；爪无基片，具微小内齿；触角第 2 节长等于宽；颚眼距明显 ··· **齿李叶蜂属** *Pseudopareophora*
9. 颚眼距窄于单眼半径；锯鞘具显著耳形侧突；前翅 cu-a 脉外侧位 ··· **耳鞘叶蜂属** *Monardis*
- 颚眼距宽于单眼直径；锯鞘无耳形侧突；前翅 cu-a 脉中位 ·· **李叶蜂属** *Pareophora*
10. 后翅 M 室封闭；复眼大，间距等于眼高；阳茎瓣第 3 叶圆形，侧刺突弧形下弯；雄虫后足胫节端部正常，不显著膨大 ·· **吴氏叶蜂属** *Wuhongia*
- 后翅 M 室开放；复眼中等大，间距宽于眼高；阳茎瓣第 3 叶窄长，侧刺突弧形上弯；雄虫后足胫节端部显著膨大 ······ ·· **长刺叶蜂属** *Esehabachia*
11. 前翅 2A+3A 脉端部上曲并延长，靠近 1A 脉 ··· 12
- 前翅 2A+3A 脉直，端部不上弯，远离 1A 脉 ······························· **南开叶蜂属，新属** *Nankaina* gen. nov.

12. 额区不明显，无额脊；腹部第 1 背板内缘向后微弱分歧，中部膜区小型；后翅臀室柄显著长于 cu-a 脉，cu-a 脉弧形弯曲，外侧无赘脉 ·· 刘蔺叶蜂属 *Liuacampa*
- 额区明显，具额脊；腹部第 1 背板内缘向后强烈分歧，中部膜区大型；后翅臀室柄明显短于 cu-a 脉，cu-a 脉垂直，外侧具赘脉 ··· 额蔺叶蜂属 *Halidamia*
13. 触角短丝状，两性同型，第 2 节长宽比几乎等于 2；后翅臀室柄长 2 倍于 cu-a 脉，cu-a 脉弧形弯曲，外侧无赘柄；右上颚双齿；锯鞘端较狭长 ·· 蔺叶蜂属 *Blennocampa*
- 触角两性异型，雄虫鞭节明显粗长并具细密刻纹，第 2 节长宽比显著短于 2；后翅臀室柄约等长于 cu-a 脉，cu-a 脉近似垂直，外侧具赘柄；右上颚三齿；锯鞘端较宽大 ··· 14
14. 后眶刻纹致密；后翅 M 室开放；锯腹片锯刃通常明显倾斜，端部非乳状突出 ·········· 纹眶叶蜂属 *Claremontia*
- 后眶光滑无刻纹；后翅 M 室封闭；锯腹片锯刃不明显倾斜，端部乳状突出 ············ 叶刃叶蜂属 *Monophadnoides*
15. 前翅 cu-a 脉中位；Rs+M 脉与 Sc+R 脉会合但不共柄；中胸上后侧片无膜窗；锯鞘长，背缘平直 ··· 狭蔺叶蜂属 *Cladardis*
- 前翅 cu-a 脉位于 1M 室内侧 1/3；Rs+M 脉与 Sc+R 脉共柄；中胸上后侧片通常具明显膜窗；锯鞘端部明显上弯 ··· 钩鞘叶蜂属 *Periclista*

166. 小爪叶蜂属 *Apareophora* Sato, 1928

Apareophora Sato, 1928: 185. Type species: *Apareophora forsythiae* Sato, 1928, by original designation.

主要特征：小型叶蜂；唇基端部亚截形，上唇短小；上颚对称双齿式，内齿稍短；复眼较小，内缘向下稍收敛，间距大于复眼长径，颚眼距稍短于单眼直径；后眶圆，无后眶沟和后颊脊；触角窝间距明显狭于复眼与触角窝间距，触角窝上沿微弱隆起；额区隆起，额脊低钝；中窝和侧窝大圆形，均封闭；后头短，两侧显著收缩，单眼后区横宽；触角粗短，不长于头、胸部之和，第 2 节长约等于宽，第 3 节明显长于第 4 节，端部 4 节之和显著长于第 3、4 节之和；中胸小盾片平坦，附片较短，后小盾片具横沟形前凹；后胸淡膜区间距约等于淡膜区长径；无胸腹侧片，中胸侧板前缘具细缘脊；前足胫内距端部分叉，外距短小；后足胫节与跗节近等长，后基跗节等长于其后 3 节之和；爪小型，无基片和内齿；前翅 1M 脉与 1m-cu 脉平行，cu-a 脉中位，2A+3A 脉端部上曲，4 肘室，1R1 室长大于宽，2Rs 室不长于 1R1+1Rs 室，1M 室具短小背柄；后翅无封闭中室，R1 室端部窄圆，无附室，臀室柄约等长于 cu-a 脉，cu-a 脉垂直，外侧具赘柄；腹部第 1 背板横方形，中部膜区很小，第 9 背板背侧隐藏；产卵器明显短于后足胫节，锯鞘端约等长于锯鞘基；锯背片与锯腹片约等宽，无节缝刺毛；锯腹片 15–20 节，内侧具 2–3 列长刚毛；锯刃倾斜或强烈突出；阳茎瓣具亚中位侧刺突和短钝侧叶；抱器长大于宽，端部宽圆。

分布：东亚，北美洲。本属已知 6 种，其中东亚 4 种，北美洲 2 种。中国已知 2 种。浙江发现 2 种，包括 1 新种。

寄主：蔷薇科绣线菊属 *Spiraea* 植物。

中亚的 *Apareophora tarda* Zhelochovtsev, 1939 唇基具缺口，颚眼距等于触角第 2 节宽，前翅第 3 肘室短于第 2 肘室，锯鞘具耳形突等，显然不属于 *Apareophora*，可能代表一个接近 *Monardis* Enslin 的新类群。

（614）尖刃小爪叶蜂，新种 *Apareophora acutiserrulata* Wei, sp. nov.（图 3-609，图版 XIV-8）

雌虫：体长 5mm。体和足黑色，具较强光泽，前足股节背侧大部分、各足膝部浅褐色，尾须暗褐色；翅均匀微弱烟灰色，翅痣和翅脉黑褐色；体毛银褐色。

头部背侧具细弱刻纹，唇基除端缘外具明显刻点；前胸背板具细密刻纹，中胸背板具细小刻点，小盾片两侧和后缘具粗密大刻点，附片和后小盾片光滑，中胸前侧片全部具极微细具毛刻点，后侧片和后胸侧板凹部几乎光滑，边缘具细刻纹；腹部背板具细密刻纹。

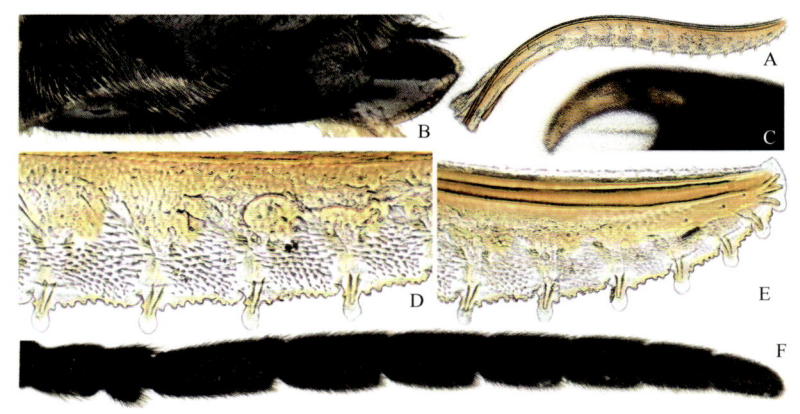

第三章　叶蜂亚目 Tenthredinomorpha ·643·

图 3-609　尖刃小爪叶蜂，新种 *Apareophora acutiserrulata* Wei, sp. nov. 雌虫
A. 锯腹片；B. 锯鞘侧面观；C. 爪；D. 锯腹片第 5–8 锯节；E. 锯腹片端部；F. 触角

唇基端部具极浅弱弧形缺口；颚眼距 0.9 倍于单眼直径；复眼下缘间距约 1.2 倍于复眼长径；中窝和侧窝几乎等大，直径约 2 倍于单眼；额区封闭，桶形，额脊较明显；单眼中沟较深长，后沟宽浅；单眼后区具弱中纵沟，宽长比为 2.4；侧沟长点状，向后明显分歧；OOL∶POL∶OCL=5∶4∶3；背面观后头短，两侧明显收缩，无口后脊；触角约等长于胸部，端部渐尖，第 2 节锥形，长稍大于宽，第 3 节长 1.3 倍于第 4 节，第 8 节长宽比约等于 1.6。中胸背板前叶具显著中纵沟，小盾片附片中部长 1.5 倍于单眼直径；后胸淡膜区小，间距等于淡膜区长径；后足胫节长 1.1 倍于跗节，后基跗节等长于其后 3 节之和；爪小，端齿明显弯曲；前翅 4 肘室，1M 室背侧具短柄，cu-a 脉中位，2r 脉交于 2Rs 室外侧 1/4；后翅臀室柄稍长于 cu-a 脉。腹部第 1 背板膜区微小，尾须细长；锯鞘等长于后足股节，鞘端等长于鞘基，端部迅速收窄（图 3-609B）；锯腹片 15 节，外侧刺毛稀疏，不呈明显带状，端部钝截形，背顶角突出（图 3-609E）；锯刃基端乳状强烈突出，膜质，中部锯刃具 1 个小型内侧亚基齿和 7–8 个稍大的外侧亚基齿，亚基齿端部较尖（图 3-609D、E）。

雄虫：未知。

分布：浙江（丽水）。

词源：本种锯刃外观强烈突出，以此命名。

正模：♀，浙江丽水莲都区白云山，28.49°N、119.91°E，340m，2014.III.30，李泽建（ASMN）。

鉴别特征：本种锯刃强烈突出，与北美洲分布的 *A. dyari* (Benson, 1930) 近似，但本种翅基片黑色，各足胫跗节黑色，尾须细长等，与该种不同。

（615）狭鞘小爪叶蜂 *Apareophora stenotheca* Wei, 1997（图 3-610）

Apareophora stenotheca Wei, 1997b: 1600.

主要特征：雌虫体长 6mm；体和足全部黑色，具较强光泽；翅均匀烟褐色，翅痣和翅脉黑褐色；体毛黑褐色；体光滑，额脊和前胸背板具细微刻纹，后眶后缘和唇基具细小刻点；小盾片除中央光滑外具粗密刻点，附片光滑，后小盾片具刻纹，腹部背板具细微刻纹；唇基端部截形，颚眼距稍宽于 1/2 单眼直径；复眼小型，内缘稍向下收敛，间距大于眼高；中窝浅平，底部具小型凹陷；侧窝深圆，独立，约 2 倍于单眼大；额区封闭，亚圆形，额脊宽钝；单眼中沟宽长，后沟细浅；单眼后区具中纵沟，宽长比等于 2；侧沟长点状，向后明显分歧；OOL∶POL∶OCL=14∶10∶10；触角粗短，明显短于头、胸部之和，各节比长为 8∶7∶17∶13∶12∶10∶9∶8∶10，基部 2 节长约等于宽，第 8 节长大于宽；后足胫节与跗节等长；前翅 1M 室背侧具短柄；后翅臀柄稍短于 cu-a 脉；产卵器微长于中足胫节，鞘端狭长（图 3-610A）；锯腹片 16 锯刃，外侧下半部刺毛较密，上部无明显短刺毛（图 3-610B、F）；锯刃平坦，具 5–6 个外侧亚基齿，亚基齿间隙宽（图 3-610F、G）。雄虫体长 5.5mm；触角较粗壮，鞭节粗于基部 2 节，各节腹缘弧形突出；下生殖板端缘圆形；抱器短圆，长等于宽，基部明显收窄（图 3-610C）；阳茎瓣头叶宽长，端部圆钝，侧刺远离端部，侧叶短（图 3-610E）。

分布：浙江（临安）、陕西、甘肃、安徽、湖北、湖南、福建、重庆、四川、贵州。

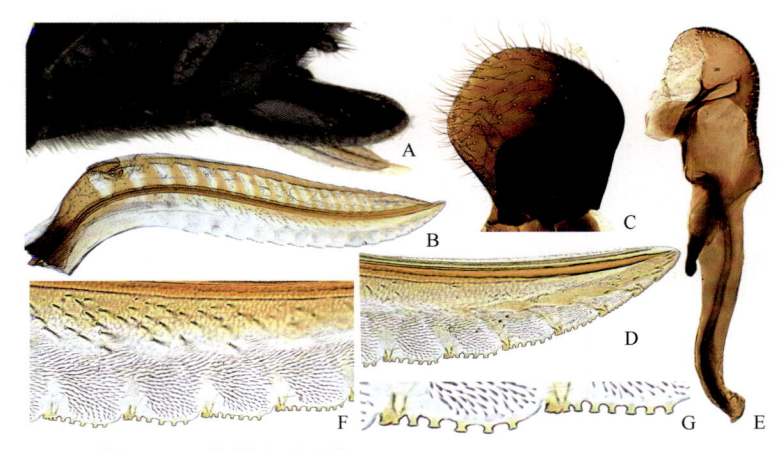

图 3-610 狭鞘小爪叶蜂 *Apareophora stenotheca* Wei, 1997
A. 锯鞘侧面观；B. 锯背片和锯腹片；C. 抱器；D. 锯腹片端部；E. 阳茎瓣；F. 第 5–8 锯刃；G. 第 6–7 锯刃

167. 耳鞘叶蜂属 *Monardis* Enslin, 1914

Monardis Enslin, 1914b: 284. Type species: *Tenthredo plana* Klug, 1817, by monotypy.

主要特征：小型叶蜂；唇基端部平截，上颚对称双齿式；颚眼距显著，通常窄于单眼半径；复眼小，内缘直，近似平行，下缘间距显著大于复眼长径；后眶宽，无眶沟、大刻点和后颊脊；后头短，两侧收缩或近似平行，单眼后区横宽；额脊十分宽钝，与触角窝上突完全会合，无分界痕迹；触角窝间距显著狭于触角窝与复眼间距；中窝和侧窝深，后者完全独立；触角粗短，第 1 节主体和第 2 节长约等于宽，第 3 节明显长于第 4 节，端部 4 节之和显著长于第 3、4 节之和，无触角器；中胸无胸腹侧片，侧板前缘具缘脊，小盾片附片发达；后胸淡膜区扁宽，长径大于淡膜区间距；前足胫节显著短于跗节，内距端部分叉，后足胫节与跗节等长；后基跗节不长于其后 3 节之和；爪小，无基片和内齿，端齿弯曲；前翅 4 肘室，1M 脉与 1m-cu 脉平行，R+M 脉点状或缺，cu-a 脉交于 1M 室下缘中部外侧，2Rs 室小，Rs 脉第 1 段常缺，2m-cu 脉邻近 1r-m 脉，3A 脉末端上曲，端臀室短小；后翅具封闭 M 室，R1 室端部宽圆，无附室，臀室具柄式，臀柄长 0.3–1.3 倍于 cu-a 脉；雄虫后翅无缘脉；腹部第 1 背板膜区小，第 9 背板背部通常隐在第 8 背板下；产卵器短于后足胫节，鞘端长于鞘基，鞘端背顶角具窄耳形侧突；锯腹片狭长，20–30 节，锯刃常呈叶状突出，亚基齿细小或不明显，锯背片节缝裸；抱器长大于宽；阳茎瓣侧叶突出，侧刺突较短。

分布：古北区，新北区。本属已知 4 种，欧洲、中亚、日本和北美洲各有 1 种。中国已发现 7 种。浙江发现 3 种，包括 2 新种。

寄主：蔷薇科蔷薇属 *Rosa* 植物。

Zhelochovtsev（1961）中自中亚区描述的 *Monardis ovata* Zhel. 触角窝-复眼间距狭于触角窝间距，第 9 背板背部露出很宽，前翅 3A 脉不明显向上弯曲，锯鞘无耳形侧突等，均显著不同于属模，应从本属移出。

分种检索表

1. 后翅臀室柄明显长于 cu-a 脉；锯腹片锯刃强烈突出，双大齿型··· 2
- 后翅臀室柄短于 cu-a 脉 1/2；锯腹片锯刃平直，具 2 个较大的内侧亚基齿和 10 余个外侧细小亚基齿··· **四明耳鞘叶蜂，新种 *M. simingshana* sp. nov.**
2. 前胸背板大部分黄褐色；后足胫节大部分黄褐色；单眼后区宽长比约等于 2.4，侧沟向后显著分歧；锯鞘耳形突较短，长宽比稍大于 2 ·· 长柄耳鞘叶蜂 *M. pedicula*
- 前胸背板全部黑色；后足胫节外侧大部分黑褐色；单眼后区宽长比等于 2，侧沟互相平行；锯鞘耳形突窄长，长宽比约等于 4 ·· 狭长耳鞘叶蜂，新种 *M. elongata* sp. nov.

（616）狭长耳鞘叶蜂，新种 *Monardis elongata* Wei, sp. nov.（图 3-611）

雌虫：体长 6mm。体和足黑色，翅基片除内侧狭边外和前足股节端部 1/3 黄褐色，中后足膝部、各足胫节腹侧大部分和背侧基部、基跗节基部浅褐色，跗节其余部分暗褐色；翅微弱烟灰色，翅痣和翅脉黑褐色；体毛浅褐色。

唇基刻点较细密，头部背侧无刻点和刻纹；前胸背板具稀疏细小刻点，小盾片中后部具刻纹和粗大刻点，附片光滑；中胸前侧片上半部具微弱具毛刻点，表面具弱刻纹，侧板下部无光裸纵带；腹部背板具微弱但明显的细刻纹。

唇基侧角钝方，颚眼距 0.4 倍于单眼直径；复眼下缘间距 1.35 倍于复眼长径；中窝和侧窝底部具长纵沟，中窝侧壁较宽，稍隆起（图 3-611B）；单眼中沟较宽深，后沟细浅，POL：OOL：OCL=13：10：12；单眼后区稍隆起，低于单眼顶面，宽长比等于 2；侧沟深直，互相平行；背面观后头约等于复眼 1/3 长，两侧明显收缩（图 3-611A）；触角鞭节丢失，第 2 节宽稍大于长。中胸背板前叶中沟浅弱；小盾片平坦，附片很短，中部长约 1.2 倍于单眼直径；后足胫节 1.1 倍于跗节长，基跗节等于其后 3 跗分节长度之和；前翅 cu-a 脉交于 1M 室下缘外侧 1/3，2Rs 室明显短于 1R1+1Rs 室，2r 脉交于 2Rs 室外侧 0.4 处；后翅臀室柄 1.2 倍于 cu-a 脉长。产卵器等长于后足跗节，锯鞘端 1.5 倍于锯鞘基长，侧面观背侧耳状突窄长、平直，长宽比约等于 4，端部窄圆，长于尾须 2 倍（图 3-611C）；背面观锯鞘耳状突狭窄，中部内侧稍膨大，端部伸出锯鞘末端甚远，互相平行（图 3-611F）；锯腹片 20 刃，外侧刺毛上半稀少呈狭带状，下半多且密集，呈宽带状（图 3-611E）；锯刃双突状，骨化强，外齿外缘具 8-10 个细小模糊亚基齿，中基部刃间段稍鼓起，稍宽于锯刃（图 3-611D）。

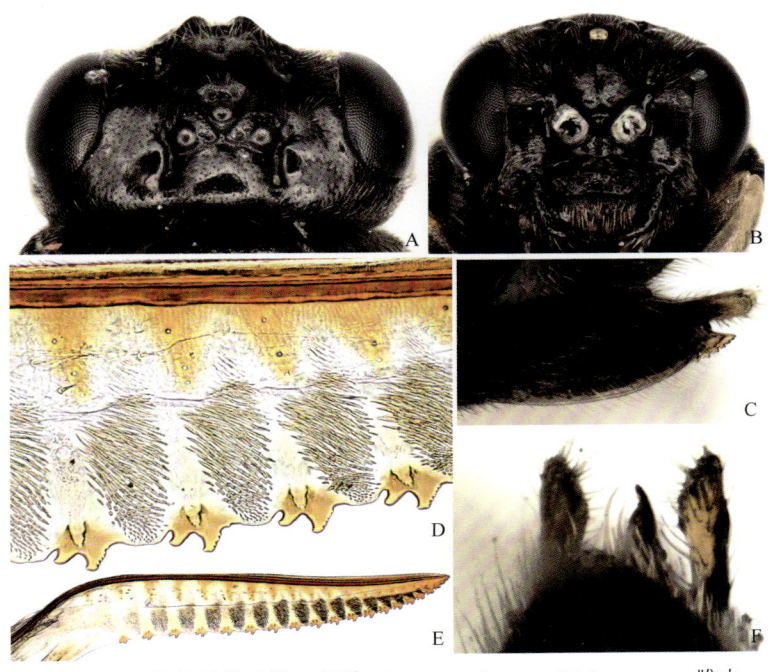

图 3-611 狭长耳鞘叶蜂，新种 *Monardis elongata* Wei, sp. nov. 雌虫
A. 头部背面观；B. 头部前面观；C. 锯鞘端侧面观；D. 锯腹片第 6-9 锯节；E. 锯腹片；F. 锯鞘端背面观

雄虫：未知。
分布：浙江（临安）。

词源：本种锯鞘耳形突较窄长，以此命名。

正模：♀，浙江临安清凉峰千顷塘，30°18.032′N、119°07.067′E，850m，2010.IV.24，李泽建（ASMN）。

鉴别特征：本种与长柄耳鞘叶蜂 *Monardis pedicula* Wei & Wen, 1998 近似，但前胸背板全部黑色，后足胫节外侧大部分黑褐色；单眼后区宽长比等于 2，侧沟直，互相平行；锯鞘耳形侧突狭长，长宽比约等于 4，长于尾须 2 倍等，可以与之鉴别。

（617）长柄耳鞘叶蜂 *Monardis pedicula* Wei & Wen, 1998（图 3-612）

Monardis pedicula Wei & Wen, 1998a: 66, 68.

主要特征：雌虫体长 6.5mm；体和足黑色，上唇端缘、前胸背板侧叶大部分、翅基片、前足股节端半部、中足股节端部 1/3 黄褐色，各足胫节和跗节黄褐色，胫节端部背侧暗褐色；翅浅烟色，前缘脉基部 2/3 及翅痣基部浅褐色，翅痣和其余翅脉黑色；体毛银褐色；体狭长；颚眼距等于单眼半径；单眼后区宽长比等于 2.4，侧沟深，亚平行，中窝较深长；触角第 2 节长微小于宽，各节比长为 17∶12∶30∶21∶20∶18∶17∶16∶16；前翅 cu-a 脉交于 1M 室下缘外侧约 1/3 处；后翅 cu-a 脉内斜，显著短于臀室柄；锯鞘狭长，耳形突窄长，伸出鞘端（图 3-612A），背面观锯鞘端部见图 3-612B；锯背片狭长，背缘端部 3/5 具齿；锯腹片 21 刃，外侧刺毛上半稀少呈狭带状，下半部密集呈宽带状；锯刃双突形，骨化强，外齿外缘具 5-8 枚细小模糊亚基齿，中基部刃间段近平直，宽于锯刃长。雄虫体长 6.0mm；体色与构造类似于雌虫，但后足股节端部 1/3 黄褐色，触角鞭分节较细长，前翅 2Rs 室稍短于 1Rs 室；后翅封闭的 M 室较大，接近翅边缘；抱器基内角方形，端部圆钝（图 3-612E）；阳茎瓣头叶稍窄，端部圆钝，侧叶中位，侧刺突着生于侧叶上（图 3-612D）。

分布：浙江（临安、龙泉）、安徽、湖南。

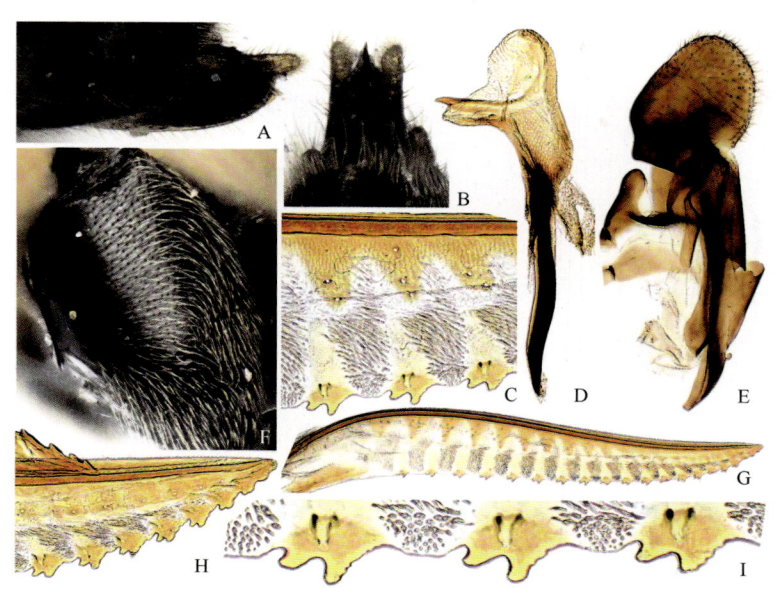

图 3-612 长柄耳鞘叶蜂 *Monardis pedicula* Wei & Wen, 1998
A. 锯鞘端侧面观；B. 锯鞘端背面观；C. 锯腹片第 7-9 锯节；D. 阳茎瓣；E. 生殖铗；F. 中胸前侧片；G. 锯腹片；H. 锯腹片端部；I. 第 7-9 锯刃

（618）四明耳鞘叶蜂，新种 *Monardis simingshana* Wei, sp. nov.（图 3-613，图版 XIV-9）

雌虫：体长 7mm。体和足黑色；翅基片除内侧狭边外、前足股节端部 1/3、中足股节端部 1/4、后足股节端部 1/5、各足胫节除后侧端部外、基跗节大部分黄褐色，其余跗分节大部分暗褐色；翅浅烟灰色，翅痣和翅脉黑褐色；体毛浅褐色。

唇基刻点较粗密；额脊、触角窝上突和后眶具细小刻点，头部其余部分刻点和刻纹不明显；前胸背板、中胸背板刻点较细密，小盾片后部刻点较密集，附片光滑，后小盾片大部分光滑；中胸前侧片上半部具极微弱的具毛刻点，表面光滑，下半部具稍大的稀疏、浅弱刻点，光泽较强，侧板下部无光裸纵带，前下角具明显裸区；中胸后上侧片凹部和上缘具细密弱刻纹，后侧片其余部分高度光滑；腹部背板具极微弱刻纹，几乎光滑。

唇基侧角圆钝，颚眼距等于1/3单眼直径，复眼下缘间距1.3倍于复眼长径；中窝深长，纵沟形，中窝侧壁较宽，稍隆起；额区稍隆起，额脊低钝；单眼中沟较宽深，后沟细浅，OOL：POL：OCL=23：15：18；单眼后区稍隆起，低于单眼顶面，宽长比等于2；侧沟深直，互相平行；背面观后头两侧微弱收缩，长约等于复眼1/2（图3-613B）；触角粗壮，第2节长约等于宽，鞭节端部逐渐变尖，第3触角节长宽比等于3.3，第8节长宽比等于2，第9节端部尖，触角各节比长为20：10：33：22：21：16：15：14：16（图3-613G）。中胸背板前叶中沟显著；小盾片平坦，前角明显钝三角形突出，附片很短，中部约等长于单眼直径；后足胫节1.1倍于跗节长，基跗节等长于其后3跗分节长度之和；前翅cu-a脉交于1M室下缘中部稍偏外侧，2Rs室明显短于1R1+1Rs室，2r脉交于2Rs室外侧0.33处；后翅臀室柄约等长于cu-a脉的0.3倍。产卵器等长于后足跗节，锯鞘端1.5倍于锯鞘基长，侧面观背侧耳状突平直，长宽比稍小于2，端部窄圆（图3-613A）；背面观锯鞘耳状突窄，伸出锯鞘末端，互相平行，鞘毛较短（图3-613D）；锯背片较狭长，稍宽于锯腹片，背缘端部3/5具齿突；锯腹片24刃，外侧刺毛上半稀少呈狭带状，下部1/3刺毛长且密集，呈宽带状（图3-613C）；锯刃几乎平直，骨化较弱，具2个较大的内侧亚基齿和约14个细小外侧亚基齿，中部刃间段弧形凸出，短于刃长1/3，纹孔线长于刃间膜（图3-613E、F）。

雄虫：未知。

分布：浙江（四明山）。

词源：本种以模式标本产地命名。

正模：♀，浙江余姚四明山黎白线8km，29°44′33″N、121°04′46″E，900m，2016.V.4，刘萌萌、刘琳。

鉴别特征：本种与四川分布的中华耳鞘叶蜂 *M. sinica* Wei, 1998 最近似，但后者各足股节端半部、胫节和跗节全部黄褐色；锯腹片中部锯刃具10–12枚外侧亚基齿，刃间段长于锯刃1/2等，与本种不同。

图3-613 四明耳鞘叶蜂，新种 *Monardis simingshana* Wei, sp. nov. 雌虫
A. 锯鞘端侧面观；B. 头部背面观；C. 锯背片和锯腹片；D. 锯鞘端背面观；E. 锯腹片第8–11锯节；F. 第8锯刃；G. 触角

168. 邻鞘叶蜂属 *Monardoides* Wei & Wu, 1998

Monardoides Wei & Wu, 1998: 121. Type species: *Monardoides sinicus* Wei & Wu, 1998, by original designation.

主要特征：小型叶蜂，体形较粗短；唇基端部亚截形，颚眼距窄于单眼半径；上颚粗短，对称双齿式；复眼大型，内缘直，向下明显收敛，下缘间距窄于复眼长径；额区稍隆起，额脊模糊，与触角窝上突融合；后眶及后头十分狭窄，后头两侧收缩，无后眶沟及后颊脊，单眼后区横宽；中窝和侧窝明显发育，侧窝独立；触角窝间距约等于复眼与触角窝间距；触角总长短于头、胸部之和，基部 2 节约等长，均长稍大于宽，第 3 节显著长于第 4 节，端部 4 节几乎等长，4 节之和不短于第 3、4 节之和，无触角器；中胸侧板无胸腹侧片，具前缘脊，后胸侧板宽大；小盾片附片很短，不长于单眼直径；淡膜区横形，间距小于淡膜区长径；前足胫节稍长于跗节，内胫距端部稍分叉；后足胫跗节近似等长，基跗节等于其后 3 节之和；爪具稍钝的微小基片，无亚端齿，端齿不强烈弯曲；前翅 1M 脉与第 1m-cu 脉平行，并与 M+Rs 共短柄，cu-a 脉交于 1M 室下缘中部稍偏外侧，2A+3A 脉端部上弯，C 脉末端膨大，Rs 脉第 1 段缺失，1R1 与 1Rs 室合并，2Rs 室短小，外下角不延伸；后翅具封闭 M 室，臀室具柄式，柄长约等长于或短于 cu-a 脉，后者垂直交于 M 室中部；腹部第 1 背板宽大，中部膜区狭窄，气门位于该节前上角；锯鞘明显短于后足胫节，锯鞘端短宽，无耳形突，等长于锯鞘基；锯腹片窄长，骨化弱，15–20 锯节；锯背片显著宽于锯腹片，无节缝刺列；抱器长大于宽，阳茎瓣具亚中位侧刺突和下位侧叶；幼虫体表刺毛粗壮、分叉。

分布：中国。中国特有属，已知仅 1 种。浙江发现 2 种，均为新种。

寄主：木犀科女贞属 *Ligustrum* 植物。

（619）短沟邻鞘叶蜂，新种 *Monardoides brevisulcus* Wei, sp. nov.（图 3-614，图版 XIV-10）

雌虫：体长 5mm。体和足大部分黑色，口须和上唇暗褐色，前胸背板全部、翅基片、中胸前上侧片、中胸背板前叶两侧条斑和尾须黄褐色，前足股节端半部、中后足股节端部 1/4 左右、前足胫节外侧基部 1/3 和前侧全部、中足胫节基半部左右、后足胫节全部和基跗节大部分淡黄褐色，胫跗节其余部分暗褐色；翅微弱烟褐色，翅痣和翅脉黑褐色；体毛银褐色。

前胸背板具细密刻点，中胸小盾片两侧和后缘具不清晰的粗浅刻点，腹部背板具细弱刻纹，虫体其余部分无明显刻点。

唇基两侧钝弧形弯曲，前缘中部具极浅小三角形缺口；颚眼距 0.4 倍于单眼直径；复眼下缘间距 0.9 倍于复眼长径；中窝宽大，前缘半开放；侧窝较小，底部具小瘤突；额区稍隆起，额脊微显；单眼中沟短深，后沟深直，OOL 等于 POL；单眼后区稍隆起，宽长比等于 3；侧沟短，约等长于单眼直径，向后明显分歧；后头很短，两侧显著收缩；触角微短于胸部，稍长于头宽，第 1 节端部明显倾斜，第 2 节长宽比约等于 1.5，第 3 节等长于其后 2 节之和，端部 4 节之和稍短于第 3、4 节之和，第 8 节稍短于第 9 节，长稍大于宽。小盾片附片三角形；后胸淡膜区外侧尖，间距几乎等于淡膜区长径；前翅 1M 室背柄显著，cu-a 脉交于 1M 室下缘外侧 0.6 处，2r 脉交于 2Rs 室中部外侧；后翅臀室柄等长于 cu-a 脉，外侧赘柄长；后足胫节稍长于跗节，爪基部稍扩大。产卵器稍长于中足胫节，侧面观端部稍圆钝；锯背片较窄，中部宽与锯腹片宽度比为 1.3，锯腹片 16 锯刃（图 3-614A），中部锯刃见图 3-614D，端部和亚端部锯节具显著的近腹缘距（图 3-614E）。

雄虫：体长 4mm。体色和刻点类似于雌虫，但前胸背板除后缘外、翅基片除外边缘外黑色；腹部背板具细密表皮刻纹；OOL 稍长于 POL；下生殖板长等于宽，端部窄截形；抱器偏三角形，端部渐收窄，基部不收窄，内缘几乎平直（图 3-614C）；阳茎瓣头叶端部明显收窄，基腹角稍突出，中脊下端向柄部方向显著分歧（图 3-614G）。

分布：浙江（临安）。

词源：本种单眼后区侧沟很短，以此命名。

第三章 叶蜂亚目 Tenthredinomorpha · 649 ·

正模：♀，浙江临安天目山开山老殿，1000m，马氏网，2014.IV–V，叶岚、徐俊（ASMN）。副模1♀，数据同正模；1♂，浙江临安天目山开山老殿，30.343°N、119.433°E，1106m，2014.IV.9–10，李泽建；2♂，地点同上，2018.IV.1，李泽建（ASMN）。

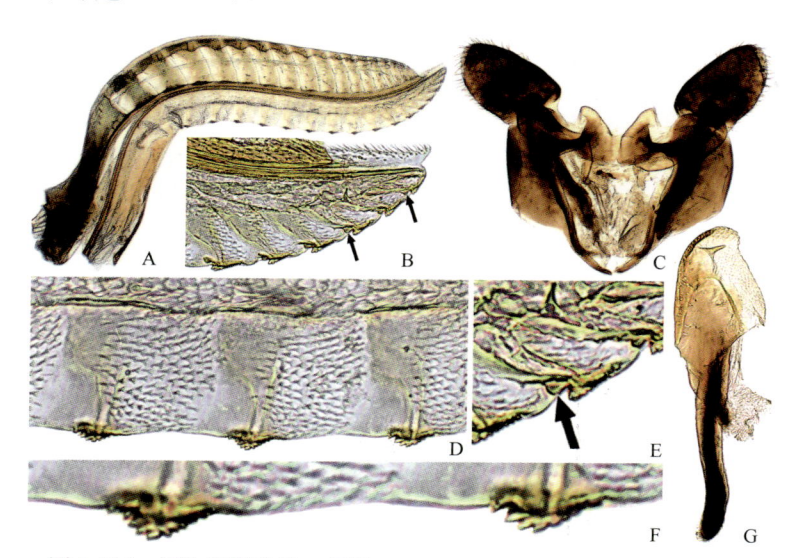

图 3-614 短沟邻鞘叶蜂，新种 *Monardoides brevisulcus* Wei, sp. nov.
A. 锯背片和锯腹片；B. 锯腹片端部（箭头示近腹缘距）；C. 生殖铗；D. 锯腹片第5–7锯节；E. 第14锯刃及近腹缘距；F. 第6、7锯刃；G. 阳茎瓣

鉴别特征：本种与属模式种的区别是，雌虫中胸背板前叶两侧具黄褐色条斑，雄虫前胸背板后缘黄褐色；雌虫锯背片较窄，中部宽 1.3 倍于锯腹片，中端部锯节近腹缘距显著；雄虫阳茎瓣端部明显收窄，基腹角不显著突出。

（620）九龙邻鞘叶蜂，新种 *Monardoides jiulong* Wei, sp. nov.（图 3-615）

雄虫：体长 5.2mm。体和足大部分黑色，口须和上唇暗褐色，前胸背板沟后部黄褐色，前足股节端部1/3、中后足股节端部、前足胫节大部分、中后足胫节全部和基跗节淡黄褐色，各足跗节端部暗褐色；翅微弱烟褐色，翅痣和翅脉黑褐色；体毛银褐色。

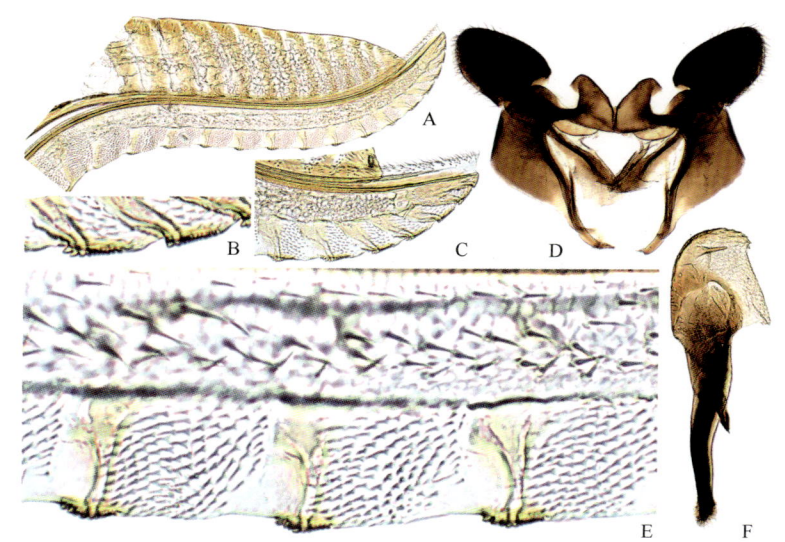

图 3-615 九龙邻鞘叶蜂，新种 *Monardoides jiulong* Wei, sp. nov.
A. 锯背片和锯腹片；B. 第13、14锯刃；C. 锯腹片端部；D. 生殖铗；E. 第5–7锯节；F. 阳茎瓣

前胸背板具细密刻点，中胸小盾片两侧和后缘具不清晰的粗浅刻点，腹部背板具细弱刻纹，虫体其余部分无明显刻点。

唇基两侧钝弧形弯曲，前缘近似截形；颚眼距 0.2 倍于单眼直径；复眼下缘间距 0.9 倍于复眼长径；中窝宽大，横弧形；侧窝较小，底部具小瘤突；额区稍隆起，额脊不显；单眼中沟短深，后沟细浅，OOL 约等于 POL；单眼后区稍隆起，宽长比等于 2.7；侧沟细，长于单眼直径，向后强分歧；后头很短，两侧显著收缩；触角微短于胸部，稍长于头宽，第 1 节端部明显倾斜，第 2 节长宽比约等于 1.5，第 3 节等长于其后 2 节之和，端部 4 节之和稍短于第 3、4 节之和，第 8 节稍短于第 9 节，长稍大于宽。小盾片附片三角形；后胸淡膜区外侧尖，间距 0.8 倍于淡膜区长径；前翅 1M 室背柄显著，cu-a 脉交于 1M 室下缘外侧 0.6 处，2r 脉交于 2Rs 室中部；后翅臀室柄等长于 cu-a 脉，cu-a 脉外侧赘柄长；后足胫节稍长于跗节，爪基部稍扩大。下生殖板长等于宽，端部窄截形；抱器偏三角形，端部明显收窄，基部不收窄，内缘微弱弧形鼓出（图 3-615D）；阳茎瓣头叶端部微弱收窄，基腹角明显突出，中脊下端向柄部方向近平行，侧刺突细尖（图 3-615F）。

雌虫：体长 6.2mm。体色和刻点类似于雌虫，但翅基片黄褐色；腹部背板表皮刻纹较弱；产卵器稍长于中足胫节，侧面观端部稍宽；锯背片较宽，中部宽与锯腹片宽度比为 1.6（图 3-615A）；锯腹片 16 锯刃，中部锯刃见图 3-615E，端部锯刃见图 3-615B、C，近腹缘距不明显。

分布：浙江（丽水）。

词源：本种以模式标本产地命名。

正模：♂，浙江丽水九龙湿地新亭村，28.402°N、119.828°E，海拔 50m，2018.III.22，李泽建（ASMN）。副模：1♀，浙江丽水九龙湿地新亭村，28.402°N、119.828°E，海拔 50m，2017.III.26，李泽建；4♂，浙江丽水九龙湿地新亭村，28.402°N、119.828°E，海拔 50m，2018.III.22，李泽建（ASMN）。

鉴别特征：本种与四川分布的属模式种 *M. sinicus* 十分近似，但新种雄虫前胸背板沟后部黄褐色，抱器亚三角形，长稍大于宽，端部明显收窄；阳茎瓣腹内角不强烈尖出，侧刺突细尖；雌虫锯刃突出程度较低等，与之不同。

169. 眶蔺叶蜂属，新属 *Orbitapareophora* Wei, gen. nov.

属征：小型叶蜂；唇基端部亚截形，上唇短小；上颚粗短，对称双齿式，内齿短于外齿；复眼大，内缘向下显著收敛，下缘间距窄于复眼长径，颚眼距短于单眼半径；后眶圆，后眶沟极深长，沟底膜质区长条形，无后颊脊（图 3-616B）；触角窝间距微窄于复眼与触角窝间距，触角窝上沿不隆起；额区稍隆起，额脊宽钝；中窝和侧窝大圆形，均封闭；后头短，两侧显著收缩，单眼后区横宽；触角粗短，不长于胸部，第 1 节主体宽大于长，第 2 节长约等于宽，第 3 节约等长于第 4、5 节之和，端部 4 节之和约等长于 3、4 节之和，无触角器（图 3-616G）；前胸背板无侧纵脊和斜脊前沟，侧板腹侧尖，互相远离；中胸小盾片平坦，附片较短，后小盾片具横沟形前凹；后胸淡膜区间距窄于淡膜区长径；无胸腹侧片，中胸侧板前缘具细缘脊；前足胫节内距端部分叉，外距显著短小；前足胫节显著短于跗节，后足胫节与跗节等长，后基跗节等长于其后 3 节之和；爪小型，无基片和内齿；前翅 1M 脉与 1m-cu 脉平行，cu-a 脉中位，2A+3A 脉端部上曲，4 肘室，1R1 室长稍大于宽，2Rs 室短于 1R1+1Rs 室，1M 室无背柄，1M 与 Rs+M 脉交于同一点；后翅无封闭中室，R1 室端部窄，具明显赘柄，臀室柄约等长于 cu-a 脉，cu-a 脉垂直，外侧具短小赘柄；腹部第 1 背板横方形，中部膜区很小，第 9 背板背侧隐藏；阳茎瓣具亚端位伸向斜上方的侧刺突，侧叶十分狭长；抱器长大于宽，向端部明显收窄。

模式种：狭叶眶蔺叶蜂 *Orbitapareophora stenoloba* Wei, sp. nov.。

分布：中国。

词源：属名由 orbita 和 pareophora 合成，"orbita"指其后眶具深沟这一主要特征。

鉴别特征：本属后眶沟深长，底部膜质区长条形，与 *Eupareophora* Enslin, 1914 近似。新属与

Eupareophora 的差异是后翅 M 室开放；颚眼距短于单眼半径，触角窝间距几乎不窄于触角窝与复眼间距；复眼内缘向下显著收敛，下缘间距窄于复眼长径；阳茎瓣具窄长侧叶。*Eupareophora* 的后翅 M 室封闭；颚眼距等于单眼直径，触角窝间距微长于触角窝与复眼间距的 1/2；复眼内缘平行，下缘间距显著长于复眼长径；阳茎瓣侧叶短小。

目前本属仅发现 1 新种。

（621）狭叶眶蔺叶蜂，新种 *Orbitapareophora stenoloba* Wei, sp. nov.（图 3-616）

雄虫：体长 4.5mm。体和足黑色，前胸背板后缘狭边、前足股节端半部、中后足膝部、前足胫节大部分、中后足胫节外侧大部分浅褐色，胫节亚基部和尾须暗褐色；翅弱烟褐色，翅痣和翅脉黑褐色；体毛银色。

图 3-616 狭叶眶蔺叶蜂，新种 *Orbitapareophora stenoloba* Wei, sp. nov. 雄虫
A. 头部前面观；B. 头部侧面观；C. 阳茎瓣；D. 生殖铗；E. 后翅；F. 前翅；G. 触角

唇基具稀疏大刻点，前胸背板具细小刻点，中胸小盾片两侧和后缘具粗大刻点，腹部背板具细刻纹，虫体其余部分无明显刻点。

唇基两侧钝弧形弯曲，前缘中部具微弱缺口；颚眼距线状；复眼下缘间距 0.9 倍于复眼长径；中窝十分宽大，深圆；侧窝圆形，稍小于中窝，底部无瘤突；额区隆起，额脊宽钝；单眼中沟和后沟均较明显，OOL：POL：OCL=5：5：3；单眼后区稍隆起，宽长比约等于 2.5；侧沟短，约等长于单眼直径，向后微弱收敛；后头很短，两侧显著收缩；触角微短于胸部，稍长于头宽，第 1 节端部稍倾斜，第 3 节基部细，第 4 节长稍大于宽，第 8 节稍长于第 9 节，长稍大于宽（图 3-616G）。小盾片附片三角形；后胸淡膜区外侧尖，间距 0.8 倍于淡膜区长径；前翅 Rs 脉第 1 段大部分弱化，cu-a 脉交于 1M 室下缘中部，2r 脉交于 2Rs 室中部偏外侧，2Rs 室外下角不显著延伸（图 3-616F）；后翅 R1 室端部赘柄显著，臀室柄微弱长于 cu-a 脉，外侧赘柄很短（图 3-616E）。下生殖板长稍大于宽，端部窄截形；抱器较长，端部明显收窄，基部稍收窄，内缘微弱弧形鼓出（图 3-616D）；阳茎瓣头叶侧刺突尖，伸向前上方，侧叶十分狭长（图 3-616C）。

雌虫：未知。
分布：浙江（临安）。
词源：本种阳茎瓣侧叶狭长，以此命名。
正模：♀，LSAF14007，浙江临安西天目山老殿，30.34°N、119.43°E，1140m，2014.Ⅳ.9-10，李

泽建（ASMN）。

鉴别特征：本种后眶具深长后眶沟，沟底膜质区长条形；后翅 M 室开放；阳茎瓣侧叶窄长条形，可与茴叶蜂亚科各属种区别。

170. 李叶蜂属 *Pareophora* Konow, 1896 中国新记录属

Pareophora Konow, 1896c: 184. Type species: *Tenthredo (Allantus) luridiventris* Klug, 1816 [= *Pareophora pruni* (Linné, 1758)], by subsequent designation of Rohwer, 1911a.

主要特征：小型叶蜂；唇基端部亚截形，上唇短小；上颚对称双齿式，内齿稍短；复眼较小，内缘向下稍收敛，间距大于复眼长径，颚眼距稍宽于单眼直径；后眶圆，无后眶沟和后颊脊；触角窝间距明显狭于复眼与触角窝间距，触角窝上沿微弱隆起；额区隆起，额脊低钝；中窝和侧窝圆形，封闭；后头短，两侧显著收缩，单眼后区横宽；触角粗壮，不短于头、胸部之和，第 2 节长约等于宽，第 3 节明显长于第 4 节，端部 4 节之和显著长于第 3、4 节之和，第 8 节长宽比大于 2；前胸背板无侧纵脊和斜脊前沟，侧板腹侧尖，互相远离；中胸小盾片平坦，附片较长，后小盾片具横沟形前凹；后胸淡膜区间距约等于淡膜区长径；无胸腹侧片，中胸侧板前缘具细缘脊；前足胫节内距端部分叉，外距短小；后足胫节与跗节近等长，后基跗节等长于其后 3 节之和；爪小型，无基片和内齿；前翅 1M 脉与 1m-cu 脉平行，cu-a 脉中位，2A+3A 脉端部上曲，4 肘室，1R1 室长大于宽，2Rs 室不长于 1R1+1Rs 室，1M 室具短小背柄；后翅无封闭中室，R1 室端部窄圆，无附室，臀室柄约等长于或稍短于 cu-a 脉，cu-a 脉垂直，外侧具赘柄；腹部第 1 背板横方形，中部膜区小，第 9 背板背侧隐藏；产卵器明显短于后足胫节，锯鞘端约等长于锯鞘基；锯刃倾斜或强烈突出；阳茎瓣具中位侧刺突和中等长度侧叶；抱器长大于宽，端部圆钝；幼虫体表刺粗壮、分叉。

分布：古北区。本属已知 4 种，其中东亚 1 种，西南亚 1 种，欧洲 2 种。本属是中国新记录属，本书报道浙江 1 新种。

寄主：幼虫取食蔷薇科李属 *Prunus* 植物叶片。

（622）郑氏李叶蜂，新种 *Pareophora zhengi* Wei, sp. nov.（图 3-617，图版 XIV-11）

雌虫：体长 5mm。体黑色，具较强光泽，前胸背板后半部、翅基片和尾须黄褐色，前胸背板侧叶中部具近似圆形的黑斑，翅基片内侧具小黑斑；足黑色，前足股节端半部、中后足股节端部、各足胫节和跗节黄褐色，胫节端部背侧和跗节背侧暗褐色；翅透明，翅痣和翅脉黑褐色；体毛和锯鞘毛银褐色。

体光滑，仅小盾片两侧和后缘具粗密刻点，腹部背板具微细刻纹。

唇基端部具三角形缺口，中部深约 0.3 倍于唇基长；颚眼距 1.3 倍于单眼直径；复眼内缘向下微弱收敛，下缘间距约 1.3 倍于复眼长径；中窝较大，亚圆形，底部具短纵沟；侧窝短纵沟状，约等大于单眼；额区近似圆形，微弱隆起，额脊十分模糊；单眼中沟和后沟明显；单眼后区中部稍隆起，低于单眼顶面，宽长比为 3.5；侧沟短点状，微长于单眼直径，互相平行；OOL：POL：OCL=7：5：3；背面观后头很短，两侧明显收缩，后眶下部无口后脊；触角约等长于头、胸部之和，鞭节几乎等粗，第 2 节锥形，长等于宽，第 3 节长 1.45 倍于第 4 节，第 8 节长宽比约等于 1.6（图 3-617D）。中胸背板前叶具浅弱中纵沟，小盾片附片中部长 1.3 倍于单眼直径；后胸淡膜区间距 0.8 倍于淡膜区长径；前足胫节明显短于跗节，后足胫节等长于跗节，后基跗节等长于其后 3 节之和；爪小，端齿明显弯曲；前翅 4 肘室，2Rs 室稍长于 1Rs 室，1R1 室长大于宽，2r 脉交于 2Rs 室背缘端部 1/3，cu-a 脉稍长于 1m-cu 脉，2A+3A 脉端部显著上弯（图 3-617B）；后翅臀室柄长 1.2 倍于 cu-a 脉（图 3-617C）。腹部第 1 背板膜区微小；锯鞘稍长于后足股节，鞘端微长于鞘基，背腹缘较直，向端部收敛，端缘圆钝（图 3-617A）；锯腹片 13 节，外侧刺毛稀疏，不呈明显带状

（图 3-617E）；锯刃内端强烈突出，端部圆，膜质，内侧亚基齿 1 枚，外侧亚基齿 7–8 枚，刃间膜强烈突出（图 3-617F、G）。

雄虫：未知。

分布：浙江（临安）、四川。

词源：本种以副模标本采集者郑乐怡先生姓氏命名。

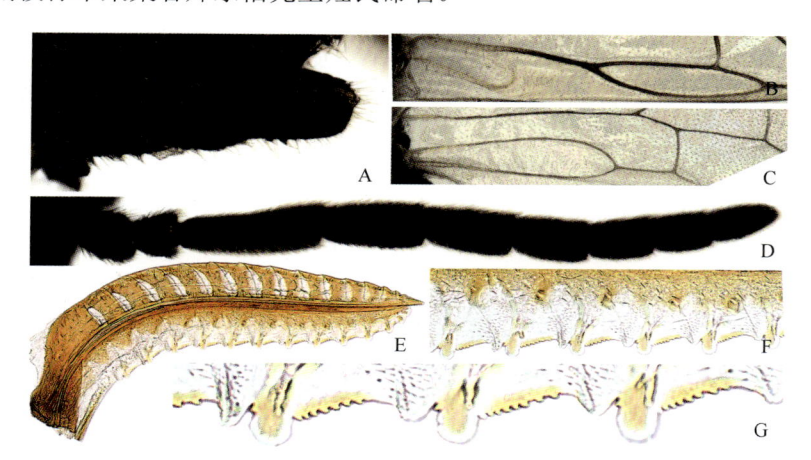

图 3-617　郑氏李叶蜂，新种 *Pareophora zhengi* Wei, sp. nov. 雌虫
A. 锯鞘侧面观；B. 前翅臀脉；C. 后翅臀室；D. 触角；E. 锯背片和锯腹片；F. 第 4–9 锯刃；G. 第 5–7 锯刃

正模：♀，浙江临安西天目山南大门，30.36°N、119.44°E，380m，2014.III.25–IV.9，叶爽、李泽建，马氏网（ASMN）。副模：1♀，四川峨眉山，1957.IV.3，郑乐怡（ASMN）。

鉴别特征：本种与日本分布的 *P. gracilis* Takeuchi, 1952 近似，但新种体形较粗壮；前胸背板后缘宽边黄褐色；颚眼距明显宽于单眼直径等，与后者不同。后者虫体狭长；前胸背板全部黑色；颚眼距窄于单眼直径。

171. 齿李叶蜂属 *Pseudopareophora* Wei & Nie, 1998

Pseudopareophora Wei & Nie, 1998b: 378. Type species: *Pseudopareophora wui* Wei & Nie, 1998, by original designation.

主要特征：小型叶蜂；唇基端部亚截形，颚眼距短于单眼半径；复眼大，间距等于眼高，内缘向下显著收敛；触角窝间距约等于触角窝与内眶距离；后眶圆钝，无后眶沟，后颊脊缺；中窝和侧窝均独立，额脊不明显；后头短，单眼后区横形；触角粗短，第 2 节长宽相似，基部显著收窄，第 3 节显著长于第 4 节，其余各鞭分节向端部逐渐缩短，无触角器；前胸侧板腹侧尖，互相远离；中胸前侧片前腹缘具细缘脊，无胸腹侧片；后胸侧板宽大；前足胫节明显短于跗节，内距细长，端部分叉；后足胫节和跗节等长，基跗节约等于其后 3 节之和；爪小型，具小型内齿，无基片；前翅 C 脉端部明显膨大，4 肘室，1R1 室长大于宽，2Rs 室短于 1R1 和 1Rs 室之和，cu-a 脉亚中位，R+M 脉点状，端臀室远长于 1M 室，2A+3A 脉端部稍上曲；后翅 M 室封闭，臀室柄短于 cu-a 脉，cu-a 脉垂直；腹部第 1 背板横方形，中部膜区微小；锯鞘短小，锯鞘端约等长于锯鞘基，无耳形突；锯腹片骨化弱，刺毛稀疏，节缝不明显分化，具 10–15 锯刃，锯刃倾斜或显著突出；抱器长大于宽，基部不明显收窄；亚基部无侧刺突，具较长侧叶的背顶角折叶。

分布：古北区。本属已发现 4 种，已报道 3 种，中国、日本和欧洲各分布 1 种。浙江分布 1 种。

寄主：未知。

（623）吴氏齿李叶蜂 *Pseudopareophora wui* Wei & Nie, 1998（图 3-618）

Pseudopareophora wui Wei & Nie, 1998b: 379.

主要特征：雌虫体长 4.8mm；体和足黑色，前胸背板后半部、翅基片、后足基节端部、后足转节和各足胫跗节淡黄褐色，前足股节端部 2/3 黄褐色，中后足胫节端部暗褐色，前中足转节和尾须褐色；翅近透明，翅脉和翅痣黑色；体毛银褐色；唇基刻点稀疏，头部背侧具细密刻纹杂以边界模糊的刻点，单眼后区和上眶内侧光滑（图 3-618C）；中胸背板具细小稀疏刻点，小盾片后侧刻纹较明显；中胸前侧片具细小刻点杂以微弱刻纹；腹部背板具微细刻纹；中窝三角形，大于侧窝；额区和额脊不明显；颚眼距约等于 1/3 单眼直径；单眼后区中后部明显隆起，宽约 3 倍于长；单眼后沟细深，侧沟宽短且深；触角等长于胸部，第 3 节微短于第 4、5 节之和，第 6–9 节之和约等长于第 3、4 节之和，第 8 节长宽比约等于 1.4（图 3-618F）；前翅 2Rs 室外下角不延伸，2r 脉交于 2Rs 室中部偏外侧，cu-a 脉交于 1M 室下缘中部偏外侧；后翅 R1 室端部宽圆；锯鞘约等长于中足胫节，侧面观端部窄圆；锯腹片 14 刃，中部锯刃倾斜突出，亚基齿内侧 2 枚较大，外侧 14–16 枚，十分细小（图 3-618B、E）。雄虫未知。

分布：浙江（安吉）。

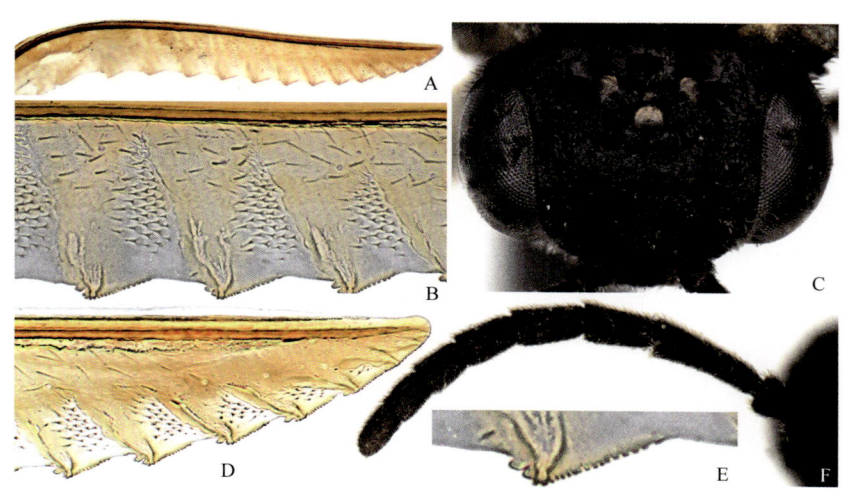

图 3-618　吴氏齿李叶蜂 *Pseudopareophora wui* Wei & Nie, 1998 雌虫
A. 锯腹片；B. 第 5–7 锯节；C. 头部前面观；D. 锯腹片端部；E. 第 6 锯刃；F. 触角

172. 狭蔺叶蜂属 *Cladardis* Benson, 1952

Cladardis Benson, 1952: 103. Type species: *Tenthredo elongatula* Klug, 1817, by original designation.

主要特征：小型叶蜂，体形较瘦长；唇基端部截形或具浅弱缺口；颚眼距短于单眼直径，宽于单眼半径；复眼中型，内缘直，亚平行，间距大于复眼长径；后眶圆钝，无后眶沟，无后颊脊，具模糊的口后脊；背面观后头很短，两侧收缩或几乎平行；单眼后区横宽；中窝和侧窝发育，后者独立；触角窝间距显著小于复眼与触角窝距离；触角丝状，第 2 节长大于宽，第 3 节长于第 4 节，但显著短于第 4、5 节之和，第 4 节长于第 5 节，鞭节各节长宽比至少大于 2，端部 4 节之和显著长于第 3、4 节之和；前胸侧板腹侧尖，无接合面；中胸侧板无胸腹侧片，侧板前腹缘具细缘脊；后胸淡膜区间距短于淡膜区长径；后小盾片具前凹；前足胫节短于跗节，内距端部显著分叉；后足胫节等于或长于跗节，后基跗节约等于其后 3 跗分节之和；爪具明显基片和内齿，内齿短于外齿；前翅 4 肘室，1R1 室长约等于宽，2Rs 室短于 1R1+1Rs 室，1M 脉与

1m-cu 脉互相平行，并与 Rs+M 脉共短柄，cu-a 脉中位稍偏内侧，2A+3A 脉端部向上弯曲；后翅具闭 M 室，臀室具柄式，柄长约等于或稍长于 cu-a 脉，cu-a 脉垂直，外侧具长柄；腹部第 1 背板横方形，中部膜区微小；锯背片节缝无刺毛列；锯腹片明显骨化，具 15–17 锯刃，侧刺毛扁长，排成浓密的宽带状，锯刃倾斜，亚基齿较粗大；抱器长大于宽，基部收窄；阳茎瓣具中位侧刺突，无明显侧叶。

分布：古北区。本属已知 3 种，欧洲分布 2 种，中国发现 1 种，浙江也有分布。

寄主：幼虫蛀食蔷薇科蔷薇属 *Rosa* 植物的嫩茎。

（624）东方狭蔺叶蜂 *Cladardis orientalis* Wei, 2003（图 3-619，图版 XIV-12）

Cladardis orientalis Wei, in Wei & Nie, 2003c: 158.

主要特征：雌虫体长 6mm；体黑色，前胸背板后缘及翅基片大部分白色，各足膝部、前中足胫节基部 3/4、后足胫节基部 5/6 黄褐色，后足基跗节基部 1/3 或大部分浅褐色至黄褐色；体毛银色；翅透明，端部微带褐色，翅脉及翅痣黑褐色；头部前侧和背侧大部分刻点细弱密集，上眶内侧和单眼后区以及中胸腹板较光滑，中胸背板具细弱小刻点或刻纹，小盾片后部具显著刻点，腹部各节背板均具细密刻纹；颚眼距约等宽于侧单眼半径；中窝长沟形，侧窝小圆形，显著小于中窝；额区微隆起，额脊宽钝；OOL：POL：OCL=12：10：11；单眼后区微隆起，宽长比为 18：11；侧沟短深且直，向后明显分歧；背面观后头两侧明显收缩；触角短于头、胸部之和，第 3 节和第 4 节长度比为 22：15，第 8 节长宽比稍大于 2；后足胫节长于跗节，基跗节稍长于其后 3 节之和；爪短，基片小型，内齿短于外齿；前翅 cu-a 脉位于 1M 室中部偏内侧，2Rs 室明显大于 1Rs 室，2r 脉位于 2Rs 室背缘外侧 2/5，后翅臀室柄约等长于 cu-a 脉；产卵器短于后足胫节，锯鞘基与锯鞘端等长，侧面观锯鞘端亚三角形；锯腹片 16 节，端部尖锐，节缝刺毛密集（图 3-619A、E）；锯刃突出，无内侧亚基齿，中部刃具 5–6 个外侧亚基齿（图 3-619B）。雄虫体长 5.5mm；阳茎瓣侧刺突指向横腹侧（图 3-619D）。

分布：浙江（德清、临安、遂昌、龙泉）、上海、江西、湖南、福建。

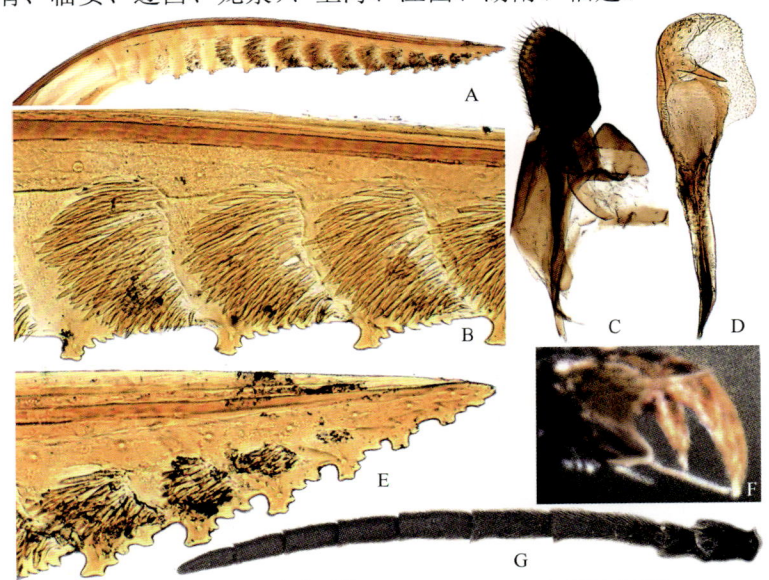

图 3-619 东方狭蔺叶蜂 *Cladardis orientalis* Wei, 2003
A. 锯腹片；B. 第 5–7 锯节；C. 生殖铗；D. 阳茎瓣；E. 锯腹片端部；F. 爪；G. 雌虫触角

173. 钩鞘叶蜂属 *Periclista* Konow, 1886

Periclista Konow, 1886a: 186. Type species: *Tenthredo* (*Allantus*) *lineolata* Klug, 1816, designated by Rohwer, 1911a.

Mogerus MacGillivray, 1895: 281. New name proposed unnecessarily for *Periclista* Konow, 1886.
Apericlista Enslin, 1914b: 265. Type species: *Tenthredo albipennis* Zaddach, 1859, by original designation.
Neoclista Malaise, 1964: 22. Type species: *Periclista andrei* Konow, 1906, by original designation.
Neocharactus MacGillivray, 1908a: 293. Type species: *Neocharactus bakeri* MacGillivray, 1908, by monotypy.
Aphanisus MacGillivray, 1908a: 295. Type species: *Aphanisus lobatus* MacGillivray, 1908, by original designation.

主要特征：小型叶蜂，体形粗短；复眼中等大，内缘亚平行，下缘间距宽于复眼长径；颚眼距大于单眼直径；唇基端缘亚截形，上颚对称双齿式；无后眶沟，后颊脊缺失；后头较短，两侧稍收缩，单眼后区宽大于长；额区微鼓起，界限模糊；中窝和侧窝较小，侧窝独立；触角窝间距狭于复眼与触角窝距离；触角丝状，约等于头、胸部和长，第 2 节长约等于宽，第 3 节显著长于第 4 节，第 5-9 节依次缩短；中胸侧板无胸腹侧片和胸腹侧片前片，前腹侧具细低缘脊；中胸上后侧片下端常具圆形膜窗；前中足胫节短于跗节，后足胫节稍长于跗节，前足内胫端距分叉，后基跗节等于其后 3 个跗分节之和；爪基片较发达，亚端齿位于端齿后侧，二者近等长；小盾片大型、平坦，后胸淡膜区间距窄于淡膜区长径，后小盾片具小型前凹；前翅 4 肘室，1M 脉与 1m-cu 脉平行，1M 室背侧具明显短柄，cu-a 脉位于 1M 室下缘内侧 1/3，2A+3A 脉末端上曲，2Rs 室短于 1R1 与 1Rs 室之和；后翅 R1 室无附柄，Rs 室开放，M 室封闭，臀室具短柄或无柄式；雄虫后翅具缘脉；腹部第 9 背板背侧被第 8 背板遮盖，锯鞘短于后足胫节，末端钩状上曲；锯腹片约 30 节，节缝无骨化栉突；锯刃平坦，亚基齿细小，纹孔每节 1 个；锯背片节缝具 1 列小刚毛；阳茎瓣具侧刺；幼虫体刺分叉。

分布：古北区，新北区。本属已知约 28 种，其中北美洲分布 14 种，欧洲分布 8 种及 1 亚种，东亚分布 5 种，已知种类分布区均比较狭窄，无全北区或古北区广布种。根据中国本属区系调查数据，推测本属种类超过 60 种，应是蔺叶蜂亚科最大的两个属之一，且东亚种类最为丰富。中国目前仅记载 4 种，目前发现超过 20 种，其中浙江发现 9 种，含 8 新种。

寄主：壳斗科栎属 *Quercus* 和胡桃科山核桃属 *Carya* 植物。

分种检索表

1. 中胸后上侧片下端具膜窗；锯鞘端部具尖突；前翅 Rs+M 脉与 1M 显著共柄 ································ 2
- 中胸后上侧片无膜窗；锯鞘端部圆钝，无尖突；前翅 Rs+M 脉不与 1M 共柄或柄部很短 ··············· 6
2. 唇基端半部淡色 ··· 3
- 唇基全部黑色；后翅 M 室封闭，臀室柄约等长于 cu-a 脉 ············ **黑唇钩鞘叶蜂，新种 *P. nigroclypea* sp. nov.**
3. 后翅臀室具柄式，柄部不短于 cu-a 脉；胸部大部分黑色，具部分淡斑，腹部背板具显著黑斑 ······· 4
- 后翅臀室无柄式；胸、腹部黄褐色，胸部背板侧叶具黑色椭圆斑，胸部腹板黑色 ············ **黄腹钩鞘叶蜂 *P. xanthogaster***
4. 后翅 M 室开放；前翅 1M 室背柄短小，长度短于中部宽度；中胸后上侧片膜窗明显小于单眼 ········
 ·· **刘氏钩鞘叶蜂，新种 *P. liuae* sp. nov.**
- 后翅 M 室封闭；前翅 1M 室背柄长，长度至少为中部宽度的 2 倍；中胸后上侧片膜窗不小于单眼 ···· 5
5. 唇基端部白色；后翅臀室柄约 0.5 倍于臀室最大宽度；中胸几乎全部黑色；头部背侧光滑；锯背片具节缝刺毛列；锯腹片中部锯刃较长，外侧亚基齿细小，不少于 10 枚 ············ **斑唇钩鞘叶蜂，新种 *P. maculoclypea* sp. nov.**
- 唇基端部红褐色；后翅臀室柄长约 1.5 倍于臀室最大宽度；中胸背板前叶和侧叶两侧条斑和胸部侧板上半部橘褐色；头部额区和内眶刻纹密集；锯背片无节缝刺毛；锯腹片中部锯刃很短，外侧亚基齿粗大，3-5 枚 ·· **姬氏钩鞘叶蜂，新种 *P. jiae* sp. nov.**
6. 腹部背板两侧和腹板全部黄褐色；颚眼距等于单眼半径；触角第 2 节长显著大于宽；锯腹片骨化弱，无明显节缝和节缝栉突列；锯刃不显著突出 ·· 7
- 腹部背侧和腹侧大部分黑色；颚眼距等于单眼直径；锯腹片显著骨化，仅端半部具锯刃，节缝和节缝栉突列清晰；锯刃强烈凸出 ··· 8
7. 后翅臀室柄等长于 cu-a 脉；单眼后区低于单眼顶面，宽长比等于 2；爪内齿显著短于外齿；腹部背板黑斑前后等宽 ·······

第三章 叶蜂亚目 Tenthredinomorpha

·· 小齿钩鞘叶蜂，新种 *P. dentella* sp. nov.
- 后翅臀室柄明显短于 cu-a 脉；单眼后区显著隆起，高于单眼顶面，宽长比小于 2；爪内齿稍短于外齿；腹部背板黑斑中部显著收窄 ·················· 窄带钩鞘叶蜂，新种 *P. zhaidai* sp. nov.
8. 触角第 2 节长大于宽；后足股节粗壮，长宽比小于 3；锯鞘端端半部黄褐色；锯背片无明显节缝；腹部两侧具褐色纵带斑 ·················· 粗股钩鞘叶蜂，新种 *P. crassifemorata* sp. nov.
- 触角第 2 节宽大于长；后足股节正常，长宽比大于 4；锯鞘端全部黑色；锯背片具完整清晰节缝；腹部两侧无纵带斑 ·················· 天目钩鞘叶蜂，新种 *P. tianmunica* sp. nov.

（625）粗股钩鞘叶蜂，新种 *Periclista crassifemorata* Wei, sp. nov.（图 3-620）

雌虫：体长 7.0mm。体黑色，前胸背板四周边缘、翅基片、腹部第 2–8 背板两侧、第 9 背板大部分、锯鞘端端半部黄褐色，后足股节深褐色，各足胫跗节黑褐色。翅透明，前缘脉和翅痣褐色，其余翅脉暗褐色。体毛银色，很短。

头、胸部背侧具细密而弱的刻点，中胸侧板和腹板具细密刻纹，但表面有明显光泽；腹部背板具细弱刻纹。

唇基小，端部窄于触角窝外缘间距，端缘具浅三角形缺口，颚眼距稍宽于侧单眼直径；复眼下缘间距 1.25 倍于复眼长径；单眼后区宽长比为 2，侧沟短且弯曲，后头两侧显著收缩；触角细，约等长于胸部，第 2 节长显著大于宽并稍粗于第 3 节，第 3 节长 1.5 倍于第 4 节，末端 4 节明显收缩，仅稍长于第 4、5 节之和，第 3 节显著长于第 7、8 节之和。中胸背板前叶短，中沟较浅，小盾片附片较短，约等长于颚眼距宽；小盾片附片等长于单眼直径；中胸后上侧片无膜窗；前翅 1M 室背柄显著，长约等于宽；cu-a 脉交于 1M 室内侧 0.4 处；后翅 M 室封闭，臀室柄与 cu-a 脉等长，外侧具赘柄；各足股节粗短，后足股节长宽比等于 2.7（图 3-620D）；后足胫节短于跗节，基跗节等长于其后 3 节之和；爪具明显基片，内齿稍短于外齿。腹部第 9 背板背侧出露，腹侧完全包裹锯鞘中段；锯鞘明显长于后足胫节，锯鞘端短宽，端部钝截形（图 3-620B）；锯背片无完整节缝，亚端部宽于基部和中部（图 3-620E）；锯腹片强骨化，15 节，中端部节缝显著骨化，具粗大节缝栉突列，背缘仅在中部具少许缘毛，其余部分光裸；基部锯刃几乎平坦，中端部锯刃强烈突出，无内侧亚基齿，外侧亚基齿 5–7 枚，比较模糊（图 3-620C）。

雄虫：未知。

分布：浙江（杭州）。

词源：本种股节十分粗短，以此命名。

正模：♀，浙江杭州，1990.III.26，采集人不详。

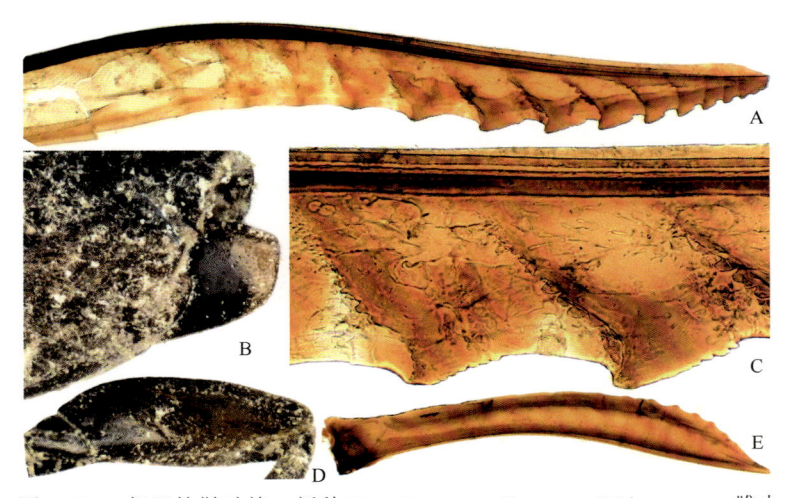

图 3-620 粗股钩鞘叶蜂，新种 *Periclista crassifemorata* Wei, sp. nov. 雌虫
A. 锯腹片；B. 锯鞘端侧面观；C. 锯腹片第 6–7 锯刃；D. 后足股节侧面观；E. 锯背片

鉴别特征：本种后足股节十分粗短，长宽比小于 3；锯鞘端部钝截形；锯腹片强骨化并具粗大节缝栉突列，锯背片无完整节缝，体毛很短等，与已知种类差别较大，容易鉴别。

（626）小齿钩鞘叶蜂，新种 *Periclista dentella* Wei, sp. nov.（图 3-621）

雌虫：体长 6.5mm。体黑色，上唇、前胸背板沟后部、翅基片、后侧片后半部、后胸侧板除中缝处条斑外、腹部第 1–8 背板两侧宽带和腹部腹侧全部淡黄褐色，中胸前侧片具褐色横带斑，上侧渐变暗色（图 3-621C），口须污褐色，第 9 背板腹缘部分浅褐色；足黄褐色，各足基节基缘和转节基部黑色，前中足胫节外侧条斑和后足 2–5 跗分节暗褐色；翅透明，翅痣和翅脉黑褐色；体毛银色，很短。

唇基具稀疏粗浅刻点，额区、中窝和侧窝附近具细密刻点和刻纹，上眶内侧具亚圆形光滑区，单眼后区刻点细小稀疏，后眶刻点细密；中胸背板隆起部具稀疏细小刻点，小盾片附片光滑；中胸前侧片和后胸侧板大部分具极细小的具毛刻点，中胸后侧片大部分光滑；腹部背板具微细刻纹。

唇基宽大，端部不窄于触角窝外缘间距，端缘具浅弱弧形缺口，颚眼距 0.3 倍于单眼直径；复眼下缘间距 1.2 倍于复眼长径；中窝底部具纵沟，侧窝很小；额区隆起，额脊圆钝；环单眼沟显著，单眼后区宽长比为 2，侧沟较长且弯曲，后半部近似平行，后头两侧显著收缩；触角细，稍长于胸部，第 2 节长显著大于宽，第 3 节长 1.5 倍于第 4 节，末端 4 节明显收缩，仅稍长于第 4、5 节之和。小盾片附片短于单眼直径；中胸后上侧片无膜窗；前翅 1M 室背柄极短，几乎缺如；cu-a 脉交于 1M 室内侧 0.4 处；后翅 M 室开放，臀室柄与 cu-a 脉等长，外侧具极短赘柄，R1 室附室明显；各足股节正常，后足股节长宽比等于 3.7；后足胫节长 1.1 倍于跗节，基跗节等长于其后 3 节之和；爪具较钝的基片，内齿显著短于外齿（图 3-621B）。腹部第 9 背板背侧出露，腹侧完全包裹锯鞘中部一小段；锯鞘长 0.8 倍于后足胫节，锯鞘端背缘弧形下弯，端部窄圆（图 3-621A）；锯背片狭长，端部尖，具完整环节，各节背缘基部具齿突（图 3-621D）；锯腹片骨化微弱，23 节，节缝完全不骨化，仅下端具 2–3 个小齿；表面刺毛密集，刺毛带间隙狭窄，窄于刺毛带宽的 1/3；基部锯刃几乎平坦，中端部锯刃稍倾斜，低度突出（图 3-621D）；中部锯刃亚基齿稍大，内侧 2 枚，外侧 4–6 枚（图 3-621F）。

雄虫：未知。

分布：浙江（龙泉）。

词源：本种爪内齿较小，明显短于外齿，以此命名。

正模：♀，浙江龙泉凤阳山大田坪，，27°54.194′N、119°10.169′E，1275m，2009.IV.25，聂帅国。

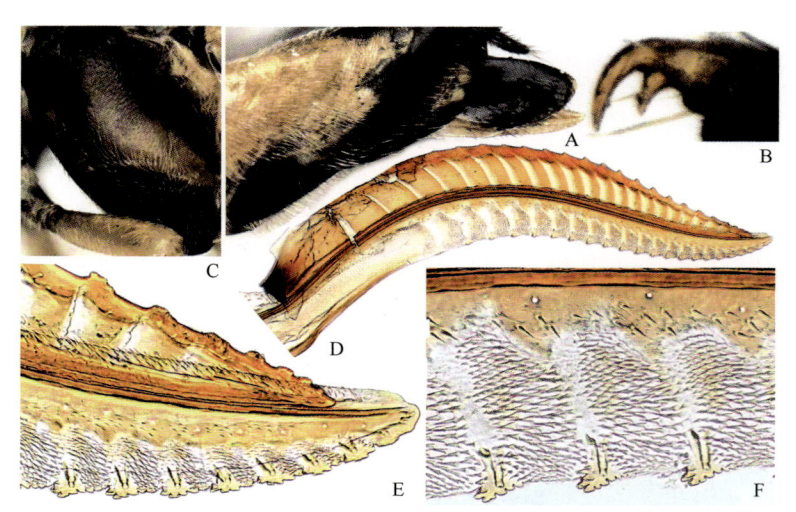

图 3-621 小齿钩鞘叶蜂，新种 *Periclista dentella* Wei, sp. nov. 雌虫
A. 锯鞘侧面观；B. 爪；C. 中胸侧板；D. 锯背片和锯腹片；E. 产卵器端部；F. 锯腹片第 7–9 锯刃

鉴别特征：本种与韩国分布的 *P. satoi* Smith, 1984 稍近似，但本种中胸背板全部黑色，腹部腹侧黄褐色，

翅痣黑褐色；颚眼距窄于单眼半径；后翅 M 室开放；锯腹片 23 节，锯背片各节基部具齿状突等，与后者不同。

（627）姬氏钩鞘叶蜂，新种 *Periclista jiae* Wei, sp. nov.（图 3-622）

雌虫：体长 7mm。体黑色，前胸背板后缘宽边和翅基片、腹部各节腹板后缘白色，上唇和口须大部分浅褐色，唇基端半部、前胸背板除横沟黑带和后缘白边外部分、中胸背板前叶两侧 V 形宽带、侧叶两侧条斑、中胸前侧片上半部、后侧片气门附近、后胸前侧片、腹部第 4–9 节背板大部分（第 4–8 背板中部短横斑和第 9 节背板基缘黑色）、第 6 和 7 腹板中后部红褐色；足黄褐色，各足基节中基部、转节大部分和前中足股节基部前侧小斑黑色。翅透明，前缘脉、亚前缘脉前侧和翅痣全部浅褐色，其余翅脉黑褐色；体毛银色，极短。

额脊、内眶大部分、中窝和侧窝附近具细密刻点和刻纹，光泽弱；上眶内侧具窄弧形光滑区，单眼后区刻点细小稀疏，后眶刻点细密；中胸背板隆起部具稀疏细小刻点，中胸前侧片具毛刻点不明显；腹部背板具微细刻纹。

唇基小，端部窄于触角窝外缘间距，端缘具浅弧形缺口，颚眼距等于中单眼直径；复眼下缘间距 1.1 倍于复眼长径；中窝极浅平，无纵沟，侧窝很小；额区隆起，亚三角形，额脊稍显；环单眼沟显著，单眼后区后部明显隆起，高于单眼面，宽长比为 2.8，侧沟短直，向后显著分歧，后头两侧明显收缩（图 3-622B）；触角细，稍短于头、胸部之和，第 2 节长稍短于宽，第 3 节长 1.5 倍于第 4 节，末端 4 节明显长于第 4、5 节之和，第 8 节长宽比不小于 2。小盾片附片中部等长于单眼直径；中胸后上侧片具微大于单眼的圆形膜窗（图 3-622D）；前翅 1M 室背柄显著，长大于宽；cu-a 脉交于 1M 室内侧 0.4 处；后翅 M 室封闭，臀室柄微长于倾斜的 cu-a 脉，外侧具极短赘柄，R1 室端部赘柄很短；后足股节长宽比等于 4.7；后足胫节等长于跗节，基跗节等长于其后 3 节之和；爪具较尖的基片，内齿稍短于外齿。腹部第 9 背板背侧出露，腹侧完全包裹锯鞘中部；锯鞘等长于后足胫节，锯鞘端背缘平直，端部尖出（图 3-622A）；锯背片狭长，端部尖，具完整环节，端部 2/5 的锯节背缘基部具齿突（图 3-622C）；锯腹片骨化弱，25 节，节缝不骨化，仅下端具 2–3 个小齿；表面刺毛密集，刺毛带间隙向上逐渐变宽；中端部锯刃稍倾斜，低度突出，亚基齿较大，内侧 2 枚，外侧 3–4 枚（图 3-622E）。

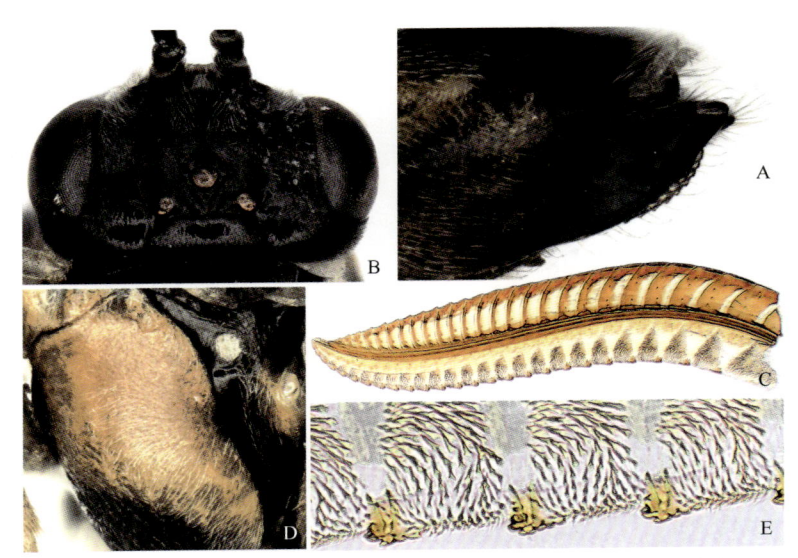

图 3-622 姬氏钩鞘叶蜂，新种 *Periclista jiae* Wei, sp. nov. 雌虫
A. 锯鞘侧面观；B. 头部背面观；C. 锯背片和锯腹片；D. 中胸侧板；E. 锯腹片第 7–9 锯刃

雄虫：未知。
分布：浙江（临安）。

词源：本种以模式标本采集人之一姬婷婷的姓氏命名。

正模：♀，浙江临安西天目山老殿，30.343°N、119.433°E，1106m，2018.IV.6，李泽建、刘萌萌、高凯文、姬婷婷（ASMN）。

鉴别特征：本种体色和构造都与北美洲分布的 *P. media* (Norton, 1864)比较近似，但本种中胸背板前叶两侧淡斑在后端连接，中胸背板侧叶两侧具橘褐色条斑，腹部 5–8 背板中部黑斑互相等大，翅痣浅褐色；颚眼距等于单眼直径，中胸后上侧片膜窗明显较小，后翅 M 室封闭；锯腹片节缝下端具 2–3 枚齿突等，与后者不同。

（628）刘氏钩鞘叶蜂，新种 *Periclista liuae* Wei, sp. nov.（图 3-623，图版 XV-1）

雌虫：体长 5.2mm。体黑色，前胸背板后缘宽边和翅基片、腹部各节腹板后缘白色，上唇和口须大部分黄褐色，唇基端半部、中胸背板前叶两侧 V 形宽带、侧叶后角小斑、中胸前侧片上半部大斑、后胸前侧片中部小斑橘褐色，腹部 2–8 节背板大部分黄褐色，背板中部前后不连接的短横斑和背板缘折前中部不规则大斑（宽度约等于复眼背缘间距）黑色，第 9 背板基缘和背侧黑色，其余黄褐色，第 7 腹板后部黄褐色；足黄褐色，各足基节中基部、转节大部分和前中足股节基部前侧小斑黑色，跗节背侧稍暗。翅透明，前缘脉、亚前缘脉前侧和翅痣全部灰褐色，其余翅脉黑褐色；体毛银色，极短。

额脊、中窝和侧窝附近具细密横向刻纹，光泽较弱；上眶内侧和唇基中部具高度光滑区域，单眼后区刻点细小稀疏，后眶刻点细密；中胸背板隆起部具稀疏细小刻点，中胸前侧片具毛刻点不明显；腹部背板具明显的微细刻纹。

图 3-623　刘氏钩鞘叶蜂，新种 *Periclista liuae* Wei, sp. nov. 雌虫
A. 锯鞘侧面观；B. 头部前面观；C. 锯背片和锯腹片；D. 锯腹片第 7–9 锯刃；E. 中胸侧板（箭头指向微小膜窗）；F. 产卵器端部；G. 第 8 锯刃

唇基端部窄于触角窝外缘间距，端缘具浅三角形缺口，颚眼距等于中单眼直径；复眼下缘间距 1.13 倍于复眼长径；中窝深圆，光滑，侧窝很小；额区隆起，亚方形，额脊宽钝（图 3-623B）；环单眼沟不明显，单眼后区后部稍隆起，等高于单眼面，宽长比约为 2.8，侧沟短直，向后显著分歧，后头两侧明显收缩；触角细，稍短于头、胸部之和，第 2 节长稍短于宽，第 3 节长 1.3 倍于第 4 节，末端 4 节明显长于第 4、5 节之和，第 8 节长宽比约等于 2。小盾片附片中部等长于单眼直径；中胸后上侧片具十分微小的膜窗（图 3-623E）；前翅 1M 室背柄很短，长短于宽；cu-a 脉交于 1M 室内侧 0.4 处；后翅 M 室开放，臀室柄等长于倾斜的 cu-a 脉，外侧具极短赘柄，R1 室端部赘柄很短；后足股节长宽比等于 4.9；后足胫节等长于跗

节，基跗节等长于其后3节之和；爪具稍尖的基片，内齿稍短于外齿。腹部第9背板背侧出露，腹侧完全包裹锯鞘中部；锯鞘等长于后足胫节，锯鞘端背缘几乎平直，端部明显尖出（图3-623A）；锯背片狭长，端部尖，具完整环节，端部2/5的锯节背缘基部具齿突（图3-623C）；锯腹片骨化弱，25节，节缝不骨化，仅下端具1–2个小齿；表面刺毛密集，刺毛带间隙较窄；中端部锯刃稍倾斜，低度突出，亚基齿较大，内侧2枚，外侧3–4枚（图3-623D、G）。

雄虫：未知。

分布：浙江（临安）。

词源：本种以模式标本采集人的姓氏命名。

正模：♀，浙江临安天目山开山老殿，30°20.57′N、119°26.05′E，1106m，2015.IV.11，刘萌萌、刘琳（ASMN）。

鉴别特征：本种体色和锯腹片构造与姬氏钩鞘叶蜂 *Periclista jiae* Wei, sp. nov. 近似，但头部侧窝显著，中胸后上侧片膜窗微小，前翅1M室背柄很短，后翅M室开放，腹部2–8背板大部分黄褐色，中部具前后大小一致但不连接的黑色横带斑，锯鞘端较狭长等，与之不同。

（629）斑唇钩鞘叶蜂，新种 *Periclista maculoclypea* Wei, sp. nov. （图3-624）

雌虫：体长7.5mm。体黑色，唇基端半部、前胸背板后缘、翅基片大部分、腹部3–5背板缘折小斑、6–9背板侧缘大部分、第7腹板后缘白色；足大部分浅褐色，各足基节、转节全部和股节基部黑色；翅透明，前缘脉、亚前缘脉前侧和翅痣暗褐色，其余翅脉黑褐色；体毛浅褐色，很短。

图3-624 斑唇钩鞘叶蜂，新种 *Periclista maculoclypea* Wei, sp. nov. 雌虫
A. 头部背面观；B. 头部前面观；C. 锯鞘侧面观；D. 中胸后上侧片；E. 锯腹片第6–9锯节；F. 锯背片和锯腹片；G. 锯背片节缝刺毛列；H. 第8锯刃

头、胸部光滑，无明显刻点或刻纹，中窝和侧窝之间具弱刻纹，后眶刻点细，腹部背板具明显的微细刻纹。

唇基小，端部窄于触角窝外缘间距，端缘具浅弧形缺口，颊眼距等于单眼直径；复眼下缘间距1.3倍于复眼长径；中窝横宽弧形，侧窝很小；额区几乎不隆起，额脊稍显；环单眼沟显著，单眼后区宽长比为2.3，侧沟向后显著分歧，后头两侧明显收缩（图3-624A）；触角细，稍长于胸部，第2节长显著大于宽，

第 3 节长 1.4 倍于第 4 节，末端 4 节之和明显长于第 4、5 节之和，第 8 节长宽比稍大于 2。小盾片附片中部明显长于两侧，等长于单眼直径；中胸后上侧片膜窗约等大于侧单眼（图 3-624D）；前翅 1M 室背柄长于中部宽的 2 倍，cu-a 脉交于 1M 室内侧 0.25 处；后翅 M 室封闭，臀室柄等长于臀室宽的 1/2 和 cu-a 脉长的 1/2，cu-a 脉几乎垂直，外侧具短柄，R1 室端部无柄；后足股节长宽比等于 3.5；后足胫节长 1.1 倍于跗节，基跗节等长于其后 3 节之和；爪具短小基片，内齿显著短于外齿。腹部第 9 背板背侧出露，腹侧不包裹锯鞘中部；锯鞘长 0.8 倍于后足胫节，锯鞘端背缘稍凹，端部突出（图 3-624C）；锯背片狭长，端部尖，具完整环节和节缝刺毛列（图 3-624G），除末端外各节背缘基部无明显齿突（图 3-624F）；锯腹片骨化微弱，21 节，节缝完全不骨化，无节缝齿突；表面刺毛较稀疏；锯刃低平，中部锯刃亚基齿小，内侧 2 枚，外侧 10–11 枚（图 3-624E、H）。

雄虫：未知。

分布：浙江（临安）。

词源：本种唇基具明显淡斑，以此命名。

正模：♀，浙江临安西天目山老殿，30.343°N、119.433°E，1106m，2016.IV.14，李泽建、刘萌萌、陈志伟（ASMN）。

鉴别特征：本种锯腹片平坦，外侧亚基齿较小且多等，与韩国分布的 *P. suweonensis* Smith, 1984 稍近似，但本种头、胸部几乎全部黑色，腹部大部分黑色，翅痣和前缘脉暗褐色；颚眼距等于单眼直径；后翅臀室柄不短于臀室 1/2 宽；锯背片具节缝刺毛列，锯腹片 21 节，中部锯刃外侧亚基齿多于 10 枚，刃间段等长于锯刃等，与后者明显不同。

（630）黑唇钩鞘叶蜂，新种 *Periclista nigroclypea* Wei, sp. nov.（图 3-625）

雌虫：体长 5.5mm。体黑色，上唇和口须大部分浅褐色，前胸背板后缘和外缘宽边以及翅基片黄白色，中胸背板前叶两侧条斑和前侧片上部近似三角形斑红褐色，腹部 2–9 背板侧缘不定形斑、第 7 腹板后缘黄褐色；足大部分浅褐色，各足基节、转节全部和股节基部黑色；翅透明，前缘脉、亚前缘脉前侧和翅痣褐色，其余翅脉暗褐色；体毛浅褐色，很短。

唇基刻点稀疏，表面光滑；中窝和侧窝附近具弱刻纹，额区前部具明显细横刻纹，后眶刻点细密；小盾片后部具模糊刻纹，中胸前侧片具极微细的具毛刻点，腹部背板具明显的微细刻纹。

唇基小，端部窄于触角窝外缘间距，端缘具浅弧形缺口，颚眼距等于单眼直径（图 3-625C）；复眼下缘间距 1.15 倍于复眼长径；中窝浅平，侧窝很小；额区近似桶形，稍隆起，额脊较钝；环单眼沟显著，单眼后沟直；单眼后区隆起，约等高于单眼面，宽长比为 3；侧沟短直，互相平行，后头两侧明显收缩；触角细，稍短于头、胸部之和，第 2 节宽大于长，第 3 节长 1.3 倍于第 4 节，末端 4 节之和明显长于第 4、5 节之和，第 8 节长宽比等于 2。小盾片附片中部稍长于两侧，等长于单眼直径；中胸后上侧片膜窗稍大于侧单眼（图 3-625A）；前翅 1M 室背柄很短，cu-a 脉交于 1M 室内侧 0.38 处；后翅 M 室封闭，臀室柄等长于 cu-a 脉，cu-a 脉几乎垂直，外侧具短柄，R1 室端部无柄；后足股节长宽比约等于 4；后足胫节等长于跗节，基跗节等长于其后 3 节之和；爪具锐利基片，内齿稍短于外齿（图 3-625D）。腹部第 9 背板背侧出露，腹侧包裹锯鞘中部；锯鞘长 1.1 倍于后足胫节，锯鞘端背缘几乎平直，端部明显突出（图 3-625B）；锯背片狭长，端部尖，具完整环节，无节缝刺毛列，端部 1/3 左右的锯节具齿突（图 3-625E）；锯腹片骨化微弱，26 节，节缝完全不骨化，最下端具 1 枚齿突；表面刺毛较密集；锯刃低平，中部锯刃亚基齿较大，内侧 2 枚，外侧 3–5 枚（图 3-625F、G）。

雄虫：未知。

分布：浙江（临安）。

词源：本种唇基完全黑色，以此命名。

正模：♀，浙江临安西天目山老殿，30.343°N、119.433°E，1106m，2015.IV.11，李泽建（ASMN）。

鉴别特征：本种体色、锯鞘和锯腹片构造最接近刘氏钩鞘叶蜂 *P. liuae* Wei, sp. nov.，但本种唇基黑色，后翅 M 室封闭，中胸后上侧片膜窗大，腹部背板黑斑横贯背板，背板两侧无连贯的淡色宽纵带斑等，与后者不同。

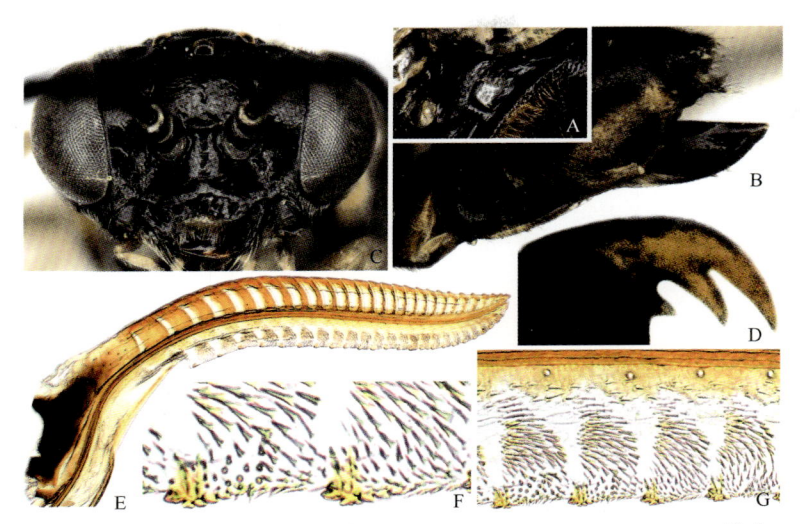

图 3-625 黑唇钩鞘叶蜂，新种 *Periclista nigroclypea* Wei, sp. nov. 雌虫
A. 中胸后上侧片和膜窗；B. 锯鞘侧面观；C. 头部前面观；D. 爪；E. 产卵器；F. 第 7–8 锯刃；G. 第 6–9 锯节

（631）天目钩鞘叶蜂，新种 *Periclista tianmunica* Wei, sp. nov.（图 3-626，图版 XV-2）

雌虫：体长 6.0mm。体黑色，上唇、口须和唇基端部暗褐色，前胸背板后缘宽边以及翅基片黄白色，中胸背板前叶两侧条斑和前侧片上半部红褐色，腹部 6–9 背板缘折大部分和第 7 腹板大部分黄褐色；足大部分浅褐色，各足基节、转节全部和股节基部黑色，胫跗节背侧稍暗；翅透明，前缘脉、亚前缘脉前侧和翅痣浅褐色，其余翅脉暗褐色；体毛浅褐色，很短。

唇基前半部刻点粗浅稀疏，表面光滑，后半部刻纹细密；触角窝上缘至后单眼连线之间区域刻纹细密，上眶和单眼后区较光滑，后眶刻点细密；中胸背板侧叶顶部刻点细密，小盾片后部具模糊刻纹；中胸前侧片上半部光滑，下半部具模糊刻纹；腹部背板具明显的微细刻纹。

唇基较大，端部约等宽于触角窝外缘间距，端缘浅弧形，颚眼距等于单眼直径（图 3-626D）；复眼下缘间距 1.3 倍于复眼长径；中窝明显，侧窝很小，额区近似扇形，稍隆起，额脊低弱；环单眼沟较浅，单眼后沟浅弱；单眼后区明显隆起，高于单眼面，宽长比为 2.5；侧沟短细短，稍弯曲，向后稍分歧，后头两侧明显收缩（图 3-626C）；触角细，稍短于头、胸部之和，第 2 节宽明显大于长，第 3 节长 1.4 倍于第 4 节，末端 4 节之和明显长于第 4、5 节之和，第 8 节长宽比小于 2。小盾片附片中部不长于两侧，等长于单眼直径；中胸后上侧片无膜窗；前翅 1M 室背柄很短，cu-a 脉交于 1M 室内侧 0.4 处；后翅 M 室封闭，臀室柄 1.2 倍于 cu-a 脉长，cu-a 脉下端弯曲，外侧具短柄，R1 室端部无柄；后足股节长宽比稍大于 4；后足胫节稍长于跗节，基跗节等长于其后 3 节之和；爪具短钝基片，内齿明显短于外齿。腹部第 9 背板背侧出露，腹侧包裹锯鞘中段；锯鞘长 1.2 倍于后足胫节，锯鞘端端部稍突出，不上弯（图 3-626A）；锯背片狭长，端部尖，骨化强，具完整环节，无节缝刺毛列，全部锯节背侧具齿突（图 3-626B）；锯腹片骨化强，14 节，节缝骨化，下半段具多枚齿突；表面刺毛带狭窄，互相远离（图 3-626B）；锯刃强烈倾斜突出，无内侧亚基齿，中部锯刃外侧亚基齿细小，8–10 枚（图 3-626E）。

雄虫：未知。

分布：浙江（临安）。

词源：本种以模式标本产地命名。

正模：♀，浙江临安天目山开山老殿，30.343°N、119.433°E，1106m，2015.IV.5，李泽建（ASMN）。

鉴别特征：本种与韩国分布的 *P. satoi* Smith, 1984 比较近似，但胸部黑色，仅前胸背板后缘、中胸背板前叶两侧带状斑（后端不连接）、中胸前侧片上半部淡色，腹部1–6背板几乎全部黑色；单眼后区宽长比等于2.5；颚眼距等于单眼直径；锯腹片具发达的节缝栉突列，锯刃强烈倾斜突出等，与该种明显不同。

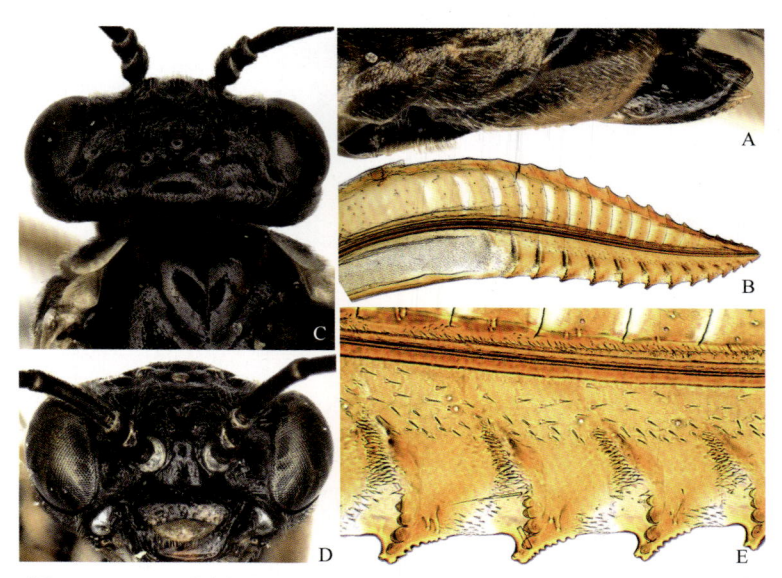

图 3-626　天目钩鞘叶蜂，新种 *Periclista tianmunica* Wei, sp. nov. 雌虫
A. 锯鞘侧面观；B. 锯背片和锯腹片；C. 头部和胸部前端背面观；D. 头部前面观；E. 锯腹片第7–9锯节

（632）黄腹钩鞘叶蜂 *Periclista xanthogaster* Wei, 2003（图 3-627）

Periclista xanthogaster Wei, in Wei & Nie, 2003c: 156.

主要特征：雌虫体长7.0mm；体黄褐色，头部黑色，上唇、唇基端部2/3、上颚基部1/3浅黄色，口须浅褐色，后颊下部和唇基上区具1小型褐斑；触角黑褐色，第1节褐色；胸、腹部黄褐色，前胸侧板边缘、前中胸腹板、中胸背板侧叶顶部1大1小纵斑、小盾片后缘、中胸上后侧片、后胸背板凹部黑色；足黄褐色，各足基节、转节和股节等的最基部具黑色边缘；翅透明，翅痣及脉浅褐色；体毛浅褐色；头部背侧、中胸侧板、小盾片后部具较密集细小刻点，表面具油质光泽，额区和内眶中部刻点十分密集，虫体其余部分具不明显的细弱刻点，腹部背板具细弱刻纹；唇基端缘中部具浅弱缺口，侧角圆钝；颚眼距约等于侧单眼直径1.3倍；中窝浅小，纵沟状，侧窝微小，几乎消失；额区平坦，额脊宽钝；POL：OOL：OCL=7：8：8；

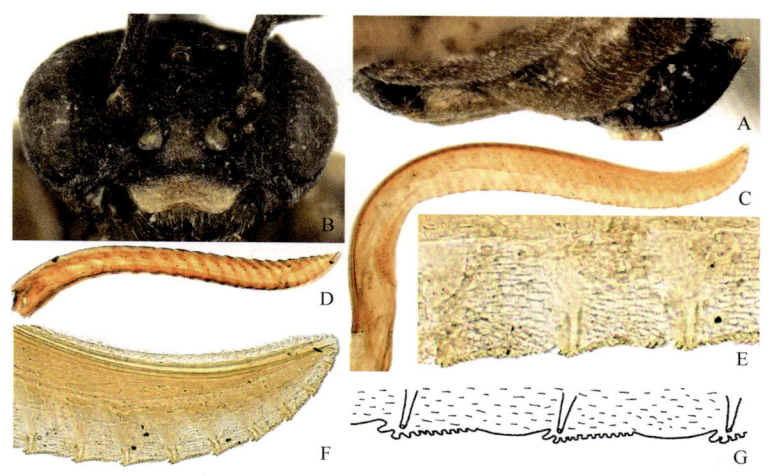

图 3-627　黄腹钩鞘叶蜂 *Periclista xanthogaster* Wei, 2003 雌虫
A. 锯鞘侧面观；B. 头部前面观；C. 锯腹片；D. 锯背片；E. 第7–9锯刃；F. 锯腹片端部；G. 中部锯刃轮廓

单眼后区宽长比等于 2，后部明显隆起；侧沟弯曲，向后明显分歧；触角细丝状，稍长于头、胸部之和，第 2 节长稍大于宽，第 3 节 1.3 倍长于第 4 节，第 8 节长宽比等于 2.5；中胸上后侧片具小圆形膜窗；后基跗节稍长于其后 3 节之和；爪具基片，内齿短于外齿；前翅 1M 室背缘具明显的短柄，cu-a 脉位于 M 室内侧 1/3；后翅具 M 室，臀室无柄式；锯鞘侧面观背端角短角状突出（图 3-627A）；锯腹片柔软，24 刃，锯刃低平，具 1 个内侧亚基齿和 9–10 个外侧亚基齿，中部刃间段约等于刃长（图 3-627E、G）。

分布：浙江（临安）、福建。

（633）窄带钩鞘叶蜂，新种 *Periclista zhaidai* Wei, sp. nov.（图 3-628）

雌虫：体长 7.0mm。头部黑色，上唇和口须黄褐色；胸部黑色，前胸背板大部分、翅基片、前胸侧板中部、中胸前侧片上半部和后下侧片后半部、后胸侧板大部分黄褐色；腹部黄褐色，第 1 背板除侧缘外、第 2 背板中部 1/2、第 3–8 背板中部 1/3 弱、第 9 背板背侧、第 10 背板全部和尾须黑褐色，锯鞘大部分黑色；足黄褐色，各足基节基缘和转节基缘黑色，跗节背侧稍暗。翅微弱烟褐色，翅痣和翅脉黑褐色。体毛银色，很短。

图 3-628 窄带钩鞘叶蜂，新种 *Periclista zhaidai* Wei, sp. nov. 雌虫
A. 锯鞘侧面观；B. 头部背面观；C. 锯背片和锯腹片；D. 中胸侧板；E. 爪；F. 第 7–9 锯节

头部背侧具细小稀疏刻点，额区、侧窝和中窝间区域刻点密集，单眼后区刻点稍密，上眶大部分光滑，唇基刻点较大而稀疏，后眶刻点细密；中胸背板包括小盾片两侧具细小稀疏刻点，小盾片中部和附片光滑，中胸前侧片具微细具毛刻点；腹部背板具微细刻纹。

唇基较大，端部稍窄于触角窝外缘间距，端缘缺口浅弧形，颚眼距等于单眼半径；复眼下缘间距 1.2 倍于复眼长径；中窝明显，侧窝很小；额区近似桶形，额脊明显；环单眼沟较浅，单眼后沟浅弱；单眼后区明显隆起，高于单眼面，宽长比为 1.8；侧沟甚长，稍弯曲，向后微弱分歧，后头两侧稍收缩（图 3-628B）；触角细，约等长于胸部，第 2 节长约 2 倍于宽，第 3 节长 1.5 倍于第 4 节，末端 4 节之和微短于第 4、5 节之和，第 8 节长宽比稍小于 2。小盾片附片中部约等长于两侧，等长于中单眼直径；中胸后上侧片无膜窗；前翅 1M 室背柄不明显，cu-a 脉交于 1M 室内侧 0.4 处；后翅 M 室封闭，臀室柄 0.8 倍于 cu-a 脉长，长于臀室宽的 1/2，cu-a 脉几乎垂直，外侧具短柄，R1 室端部具短柄和小附室；后足股节长宽比约等于 4；后足胫节稍长于跗节，基跗节等长于其后 3 节之和；爪具稍尖的基片，内齿稍短于外齿。腹部第 9 背板背侧出露，腹侧包裹锯鞘中段；锯鞘稍长于后足股节，明显短于后足胫节，锯鞘端端部不明显突出，不上弯（图 3-628A）；锯背片狭长，端部尖，骨化明显，具完整环节，无节缝刺毛列，端半部锯节背侧具齿突（图 3-628C）；锯腹片骨化较弱，24 节，节缝不骨化，仅下端具 3 枚明显的齿突；表面刺毛带稍窄，中部宽度明显小于刺毛带间距 2 倍（图 3-628F）；中部锯刃稍倾斜突出，内侧亚基齿大型，2 枚，外侧亚基齿较小，4–5 枚（图 3-628F）。

雄虫：未知。

分布：浙江（临安）。

词源："zhaidai"是窄带的汉语拼音，指其腹部背板中部黑带斑狭窄。

正模：♀，浙江临安天目山开山老殿，30.343°N、119.433°E，1106m，2015.IV.5，李泽建。

鉴别特征：本种与小齿钩鞘叶蜂 P. dentella Wei, sp. nov. 近似，但后翅 M 室封闭，臀室柄短于 cu-a 脉；单眼后区显著隆起，高于单眼顶面；中胸前侧片上半部全部黄褐色，腹部 3–8 背板中部黑斑短小，窄于背板 1/3 宽；锯鞘端短小，锯腹片节缝刺毛带较窄，中部宽度明显小于刺毛带间距（裸区）2 倍等，容易鉴别。

174. 蔺叶蜂属 *Blennocampa* Hartig, 1837 中国新记录属

Blennocampa Hartig, 1837: 266. Type species: *Tenthredo* (*Allantus*) *pusilla* Klug, 1816, by subsequent designation of Rohwer, 1911a.

主要特征：微小叶蜂；上唇小，横形；唇基平坦，端缘截形，两侧向前明显收敛，侧角钝；颚眼距线状；上颚小，左上颚三齿，右上颚二齿（图 3-630B、C）；复眼大，内缘向下明显收敛，间距稍宽于复眼长径；后眶圆，无后眶沟和后颊脊，口后脊发育；额区明显隆起，额脊低钝或模糊；触角窝距微窄于或约等于触角窝与复眼距离，触角窝上沿和触角窝上突均不明显发育；中窝和侧窝圆形，独立；后头短，两侧显著收缩，单眼后区横宽；触角细丝状，第 1、2 节长显著大于宽，长宽比约等于 2，第 2 节短于第 1 节，第 3 节显著长于第 4 节，稍短于第 4、5 节之和，端部 4 节明显短缩，第 7、8 节长宽比不大于 2，末端 3 节和长大于第 4、5 节之和，触角器模糊；前胸背板侧缘斜脊和斜脊前沟明显发育，侧板腹侧尖，互相远离；中胸短，小盾片平坦，附片宽大；侧板无胸腹侧片，具细低但明显的前缘脊；后胸淡膜区间距约等于淡膜区长径；前足内胫距端部明显分叉；后足胫跗节几乎等长，后基跗节长于其后 3 节之和，短于 2–5 跗分节之和；爪短，爪基片小，内齿明显短于外齿，端齿显著弯曲；前翅 4 肘室，C 脉末端膨大；1M 脉弯曲，与 1m-cu 脉互相平行，cu-a 脉交于 1M 室内侧 1/4–1/3，端臀室明显长于 1M 室，显著短于臀室柄，3A 脉直，基臀室开放；后翅 Rs 室和 M 室均开放，R1 室端部圆，无附室，臀室封闭，臀室柄显著长于 cu-a 脉，1.5–2 倍于 cu-a 脉长，cu-a 脉弧形弯曲，外侧无赘柄；雄虫后翅无缘脉；腹部第 1 节背板大，内缘直，无明显膜区；锯鞘端较长，端部不弯；阳茎瓣具侧叶和侧刺突；抱器长大于宽，基内角不突出。

分布：东亚，欧洲。中国目前已发现本属 5 个未描述种类，其中 2 种分布于浙江，均为新种。

寄主：幼虫卷叶危害蔷薇科、蔷薇属植物。

早期本属曾包含很多种类，但随着对蔺叶蜂属级类群的分类研究，绝大多数种类已经独立出去，目前可靠种类仅余 1 种，分布于欧洲。本属下还有 6 个描述于 1883–1925 年的南美洲种类、1 个描述于欧洲的种类，尚未确定归属，但它们肯定不是本属种类。*Blennocampa laosensis* Haris & Roller, 2007 是 *Phymatoceridea birmana* Malaise, 1964 的次异名，该种胸腹侧片显著，唇基前缘具显著缺口，后眶狭窄，触角十分细长，前翅 cu-a 脉中位等，与本属差距甚大。

（634）白鳞蔺叶蜂，新种 *Blennocampa albotegula* Wei, sp. nov.（图 3-629）

雄虫：体长 5mm。体和足黑色，下颚须端部 3 节浅褐色，翅基片白色；前足股节端部 2/3、中足股节端半部、后足股节端部 1/3、前中足胫节全部、后足胫节除端部外黄褐色，各足跗节浅褐色，背侧稍暗；翅微弱烟褐色，翅痣和翅脉黑褐色；体毛浅褐色。

头部背侧和唇基具稀疏细小刻点，额区和前侧具微弱皱刻纹，单眼后区和上眶大部分较光滑，后眶刻点细密；前胸背板刻点稍密集，中胸背板前部和侧板上半部具细小具毛刻点，侧板下半部较光滑，小盾片附片、后小盾片高度光滑；腹部背板具微弱细刻纹。

图 3-629 白鳞蔺叶蜂,新种 *Blennocampa albotegula* Wei, sp. nov. 雄虫
A. 头部背面观; B. 前翅和后翅; C. 阳茎瓣; D. 生殖铗; E. 触角

唇基窄,端缘近似截形;复眼内缘稍弯曲,下缘间距几乎等宽于复眼长径,颚眼距缺;中窝十分宽大,前部开放,底部具 U 形沟;侧窝小,圆形,约等大于单眼;额区短宽,明显隆起,边界不清晰,无中纵沟;单眼后区微弱隆起,无中纵沟,宽长比等于 3;单眼中沟十分宽深,后沟细浅;OOL：POL：OCL=7：7：5;背面观后头短小,两侧显著收缩;触角稍长于胸部,短于头、胸部之和,第 2 节长宽比稍小于 2,第 3 节长约 1.8 倍于第 4 节,端部 4 节明显短缩,第 8 节长宽比小于 2(图 3-629E)。中胸背板前叶具深中纵沟,小盾片前缘弧形突出,附片中部长 1.5 倍于单眼直径;后胸淡膜区间距窄于淡膜区长径;中胸前侧片下部具裸带;前翅 1M 脉稍弯曲,2Rs 室外下角突出,2r 脉稍弯曲,交于 2Rs 室外侧 1/3,端臀室完整,腹缘脉显著;后翅臀室柄长 1.5 倍于弯曲的 cu-a 脉(图 3-629B);前足胫节短于跗节,后足胫节稍长于跗节,前足胫节内距端部深分叉;爪小型,基片短小,内齿靠近基片,长约为端齿的 1/3。尾须短,长约 2 倍于宽;下生殖板长稍大于宽,端部宽截形;抱器长宽比约等于 2,端部稍收窄,内顶角微弱突出(图 3-629D);阳茎瓣头叶较宽,侧刺突亚中位,侧叶较长,尾突大(图 3-629C)。

雌虫：未知。

分布：浙江(临安)。

词源：本种翅基片白色,以此命名。

正模：♂,浙江临安天目山开山老殿,30.343°N、119.433°E,1106m,2015.IV.11,李泽建(ASMN)。

鉴别特征：本种与属的模式种的区别是,两性头部背侧具弱皱刻纹,单眼后区宽长比等于 3;中窝大型,底部无中纵沟;额区宽短无中沟;爪端齿弯曲度弱,内齿短小,不靠近端齿;前翅端臀室腹缘脉完整,后翅臀室柄明显短于 cu-a 脉 2 倍;下生殖板端部宽截形。模式种两性腹部背板和头部背侧光滑无刻纹;中窝小,底部具长中纵沟,伸至额区中部;爪端齿强烈弯曲,内齿长,靠近端齿;前翅端臀室腹缘脉明显弱化,后翅臀室柄 2 倍长于 cu-a 脉;下生殖板端部窄圆。

(635)短鞘蔺叶蜂,新种 *Blennocampa brevitheca* Wei, sp. nov.(图 3-630,图版 XV-3)

雌虫：体长 4.5mm。体和足黑色,各足股节端部、胫节大部分、前中足跗节基半部以及尾须浅褐色;翅微弱烟褐色,翅痣和翅脉黑褐色;体毛浅褐色。

头部背侧和唇基具稀疏细小刻点,额区和附近具明显的微细皱刻纹,单眼后区和上眶大部分较光滑,后眶刻点细密;前胸背板刻点密集,中胸背板前部和侧板上半部具细小具毛刻点,侧板下半部较光滑,小盾片附片、后小盾片高度光滑;腹部背板具明显的细刻纹。

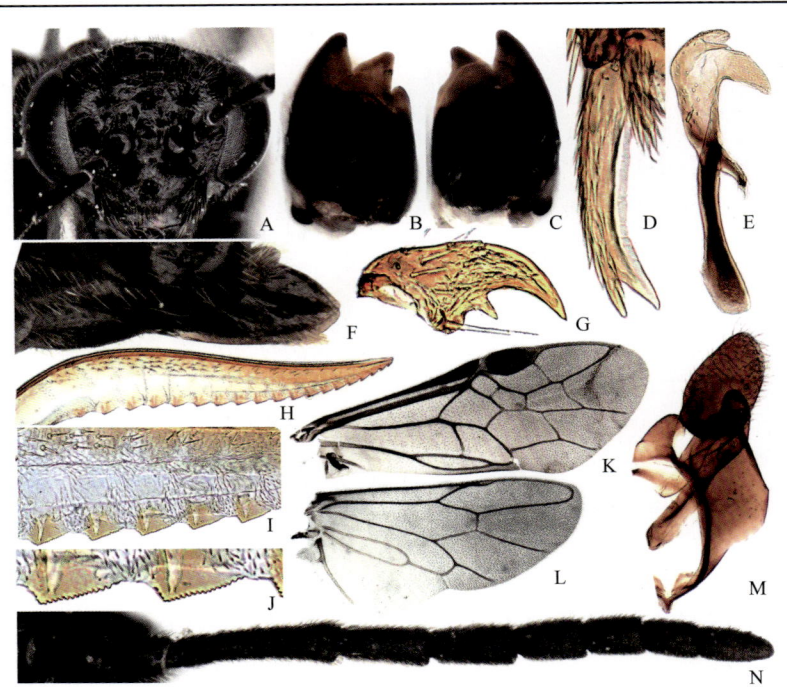

图 3-630 短鞘蔺叶蜂，新种 *Blennocampa brevitheca* Wei, sp. nov.

A. 雌虫头部前面观；B. 左上颚；C. 右上颚；D. 前足胫节内距；E. 阳茎瓣；F. 锯鞘侧面观；G. 爪；H. 锯腹片；I. 锯腹片第 5–9 锯节；J. 锯腹片第 7–8 锯刃；K. 前翅；L. 后翅；M. 生殖铗；N. 雌虫触角

唇基窄，端缘缺口浅弧形；复眼内缘弯曲，下缘间距几乎不宽于复眼长径，颚眼距缺；中窝十分宽大，前部开放，底部具 U 形沟；侧窝小，圆形，约等大于单眼；额区短宽，边界不清晰，无中沟；单眼后区稍隆起，具浅弱模糊中纵沟，宽长比等于 2；单眼中沟较短深，后沟细浅；OOL：POL：OCL=5：4：3；背面观后头短小，两侧稍收缩；触角稍长于胸部，短于头胸部之和，第 2 节长宽比等于 2，各节长度比为 30：26：68：36：36：28：24：23：32，第 8 节长宽比小于 2（图 3-630N）。中胸背板前叶具中纵沟，小盾片前缘钝弧形突出，附片中部长 1.5 倍于单眼直径；后胸淡膜区间距等于淡膜区长径；中胸前侧片下部刺毛稀疏，但无完整裸带；前翅 1M 脉稍弯曲，2Rs 室外下角稍突出，2r 脉直，交于 2Rs 室外侧 1/4，端臀室完整，腹缘脉显著（图 3-630K）；后翅臀室柄长 2 倍于弯曲的 cu-a 脉（图 3-630L）；前足和后足胫跗节均等长，前足胫节内距端部深分叉（图 3-630D）；爪小型，基片短小，内齿靠近基片，长约为端齿的 1/3（图 3-630G）。尾须短，长 2 倍于宽；锯鞘短于中足胫节，鞘端稍长于鞘基，侧面观端部明显收窄（图 3-630F）；锯腹片 19 锯刃，端部尖，节缝刺毛稀疏，锯刃明显倾斜突出（图 3-630H）；中部锯刃亚基齿内侧 5 枚，外侧约 15 枚（图 3-630J）。

雄虫：体长 4mm；体色和构造类似于雌虫；下生殖板长稍大于宽，端部窄钝截形；抱器长宽比约等于 1.6，端部明显收窄，内顶角稍突出（图 3-630M）；阳茎瓣头叶狭窄，侧刺突亚端位，侧叶较长，尾突大（图 3-630E）。

分布：浙江（临安）。

词源：本种锯鞘较短，以此命名。

正模：♀，浙江临安天目山禅源寺，30°19.30′N、119°26.58′E，362m，2015.IV.11，肖炜、李涛（ASMN）。**副模**：1♀，浙江临安天目山禅源寺，30°19.30′N、119°26.58′E，362m，2015.IV.12，李涛；1♀，浙江临安天目山禅源寺，30°19.30′N、119°26.58′E，362m，2015.IV.8，刘萌萌、刘琳；1♀，浙江临安天目山禅源寺，30.323°N、119.442°E，405m，2018.IV.14–15，李泽建、刘萌萌、姬婷婷；1♀，浙江临安天目山禅源寺，30.322°N、119.443°E，362m，2015.IV.12，李泽建；1♂，浙江临安天目山开山老殿，30.343°N、119.433°E，1106m，2016.IV.14，李泽建、刘萌萌、陈志伟（ASMN）。

鉴别特征：本种与属模式种的区别是，两性头部背侧具明显皱刻纹，腹部背板具明显细刻纹；中窝大型，底部无中纵沟，具 U 型沟；额区宽短，无中沟；爪端齿弯曲度弱，内齿短小，不靠近端齿；前翅端臀室腹缘脉完整，锯鞘端稍长于锯鞘基。模式种的两性腹部背板和头部侧光滑无刻纹；中窝小，底部具长中纵沟，伸至额区中部；爪端齿强烈弯曲，内齿长，靠近端齿；锯鞘端窄长，显著长于锯鞘基；前翅端臀室腹缘脉明显弱化。本种与白鳞蔺叶蜂 *Blennocampa albotegula* Wei, sp. nov. 的区别是翅基片和后足股节全部黑色，后足胫跗节黑褐色；头部背侧皱刻纹较弱，单眼后区宽长比等于 2；下生殖板端部窄钝截形；抱器端部明显收窄，副阳茎窄高；阳茎瓣头叶较狭窄，侧刺突亚端位。

175. 纹眶叶蜂属 *Claremontia* Rohwer, 1909

Claremontia Rohwer, 1909b: 397. Type species: *Claremontia typica* Rohwer, 1909, by original designation.
Monophadnus subgenus *Pseudoblennocampa* Malaise, 1935: 167.
Pseudoblennocampa Malaise, 1964: 30. Type species: *Tenthredo* (*Allantus*) *tenuicornis* Klug, 1816, by original designation.

主要特征：小型叶蜂；唇基端部亚截形，颚眼距线状至等长于单眼半径；上颚粗短，对称三齿式，第三齿小型；复眼卵形，较小，内缘亚平行或稍向下收敛，间距大于复眼长径；后眶具粗糙刻纹，后眶沟较弱，无后颊脊；后头短，两侧平行或稍收缩；单眼后区横形；触角窝间距明显窄于至几乎等长于复眼与触角窝间距，中窝和侧窝均发育，侧窝小，与触角窝上沟连通，额区稍隆起，额脊稍发育；触角长于头、胸部之和，短于体长，第 2 节碟状，宽明显大于长，极少约等于长，第 3 节稍长于至显著长于第 4 节，后者稍长于第 5 节，无触角器，雌雄触角异型，雄虫触角更长且多少侧扁，鞭节具密集刻纹；中胸无胸腹侧片和胸腹侧片前片，具前缘脊；背板前叶具中沟，附片中部较长；淡膜区长径大于淡膜区间距；前足胫节内距端部不对称分叉，后足胫节长于跗节和锯鞘；后基跗节等于或稍长于其后 3 节之和；爪具明显基片，内齿后位，等于或短于端齿；前翅 4 肘室，2Rs 室稍长于 1Rs 室，外下角尖出；1M 脉与 1m-cu 脉平行，cu-a 脉位于中室内侧约 1/3，2A+3A 脉直，臀室几乎与 1M 室等长；2r 脉交于 2Rs 室亚端部，R+M 脉段明显；后翅无封闭中室，臀室具柄式，柄部长 0.8–2.8 倍于 cu-a 脉，cu-a 脉几乎垂直，外侧无赘柄；雄虫后翅无缘脉；锯腹片 12–19 节，锯刃突出并倾斜，具亚基齿；抱器长大于宽，阳茎瓣具侧叶和侧刺突，侧叶较长。

分布：古北区，新北区。本属已知 14 种，北美洲种类较多。中国已记载 2 种，浙江发现 3 种，均为新种。

寄主：蔷薇科悬钩子属 *Rubus*、蚊子草属 *Filipendula*、路边青属 *Geum*、草莓属 *Fragaria*、羽衣草属 *Alchemilla*、委陵菜属 *Potentilla*、地榆属 *Sanguisorba*、李属 *Prunus* 等植物。

分种检索表

1. 额侧沟深；后足胫节端距黑褐色；锯腹片锯刃乳头状突出，内外侧均不延伸，亚基齿细小模糊；阳茎瓣头叶和侧叶均窄长 ································· 黑距纹眶叶蜂，新种 *C. nigrospuralis* sp. nov.
- 无额侧沟，额区两侧平坦、光滑；后足胫节端距黄褐色；锯腹片锯刃外侧明显延伸或具 1 个大型外侧亚基齿；阳茎瓣头叶较宽 ································· 2
2. 中胸小盾片光滑，后缘无明显刻纹；锯腹片 14 锯刃，刺毛较密；锯刃内侧不明显切入，刃间膜短于锯刃，阳茎瓣顶叶高，侧叶窄 ································· 光盾纹眶叶蜂，新种 *C. hupingae* sp. nov.
- 中胸小盾片后部具细密刻纹；锯腹片 17 锯刃，刺毛较稀疏；锯刃内侧明显切入，刃间膜长于锯刃；阳茎瓣顶叶低，侧叶宽 ································· 李氏纹眶叶蜂，新种 *C. lii* sp. nov.

(636) 光盾纹眶叶蜂，新种 *Claremontia hupingae* Wei, sp. nov.（图 3-631，图版 XV-4）

雌虫：体长 6mm。体和足黑色，前胸背板后缘宽边和翅基片橘黄色，各足股节端部、胫节大部分和基跗节基部黄白色，胫节末端、基跗节端部和跗节其余部分黑褐色，胫节端距浅褐色。翅微弱烟褐色，翅痣和翅脉黑褐色。体毛银色，鞘毛浅褐色。

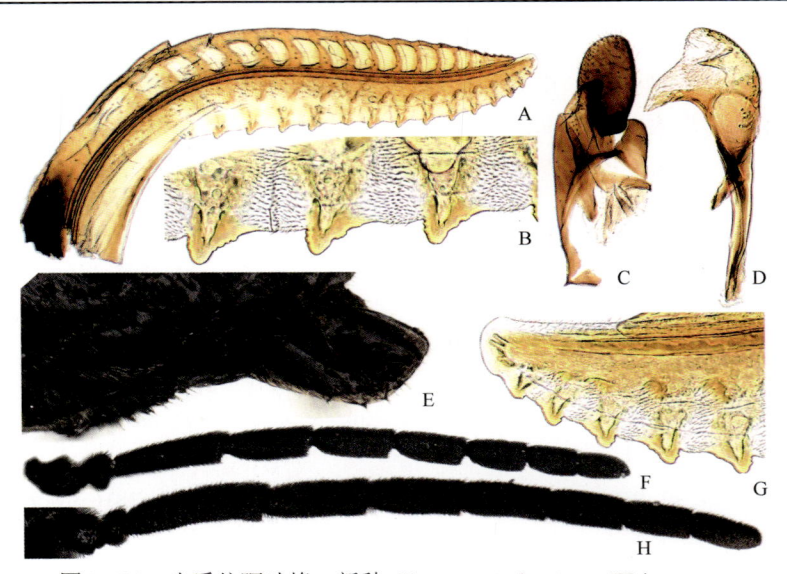

图 3-631 光盾纹眶叶蜂,新种 *Claremontia hupingae* Wei, sp. nov.
A. 锯背片和锯腹片;B. 锯腹片第 5–7 锯刃;C. 生殖铗;D. 阳茎瓣;E. 锯鞘侧面观;F. 雌虫触角;G. 锯腹片端部;H. 雄虫触角

体光滑,唇基和前胸背板具较密刻点,头部背侧和小盾片光滑,无刻点或刻纹,后眶具致密粗糙刻点和刻纹;腹部背板刻纹极微弱,第 1 背板大部分光滑。

唇基端部具浅弱缺口,颚眼距缺;复眼内缘向下明显收敛,间距 1.1 倍于复眼长径;中窝较深,前端开放;侧窝深点状,亚圆形,底部具小瘤突;额区稍隆起,中部不凹,额脊不明显,额侧沟缺,中单眼围沟浅;OOL∶POL∶OCL=4∶3∶2;单眼中沟宽,后沟细;单眼后区稍隆起,低于单眼顶面,宽长比约等于 2.5;侧沟短深,向后微弱分歧;后头背面观两侧稍收缩;触角丝状,稍长于腹部,第 2 节锥形,宽显著大于长,第 3 节长 1.3 倍于第 4 节,第 8 节长宽比等于 1.9(图 3-631F)。中胸小盾片平坦,后胸淡膜区间距微窄于淡膜区长径;前足内胫距短分叉;后足胫节稍长于跗节,基跗节稍短于其后 4 节之和;爪具明显基片,亚端齿明显短于外齿;前翅 cu-a 脉位于中室内侧 1/3,2Rs 室外下角 40°尖出,2r 脉交于 2Rs 室背缘外侧 1/6;后翅臀室柄等长于 cu-a 脉,cu-a 脉外侧无赘柄。锯鞘等长于后足股节和第 2 转节之和,显著短于后足胫节,腹缘明显弯折,背缘直,端部不尖,外缘钝截形(图 3-631E);锯腹片 15 节,具 14 个端部稍尖的叶状突刃(图 3-631A);节缝刺毛带较宽,刺毛密集,锯刃外侧明显延伸,内外侧具模糊小亚基齿,刃间膜短于锯刃,锯刃内侧不切入(图 3-631B)。

雄虫:体长 4.5mm;体色和构造类似于雌虫,但前胸背板和翅基片白色,触角较长,明显侧扁(图 3-631H);前翅 2r 脉交于 2Rs 室外侧 1/3,后翅臀室柄稍长于 cu-a 脉;下生殖板端部窄截形;抱器背腹缘均微弱鼓出(图 3-631C);阳茎瓣顶叶明显凸出,侧刺较短,侧叶稍长,三角形,端部尖(图 3-631D)。

分布:浙江(临安)。

词源:本种以模式标本采集者之一胡平的姓氏命名。

正模:♀,浙江临安西天目山开山老殿,30°20′33″N、119°26′05″E,1142m,2014.IV.11,胡平、刘婷(ASMN)。副模:1♂,浙江临安西天目山南大门,30.36°N、119.44°E,380m,2014.III.25–IV.9,叶爽、李泽建,马氏网(ASMN)。

鉴别特征:本种与欧洲的 *C. alternipes* (Klug, 1816) 比较近似,但前胸背板后缘宽带和翅基片橘黄色(雌虫)或白色(雄虫),雄虫触角长且明显扁平,锯刃和阳茎瓣构造也与该种明显不同。

(637)李氏纹眶叶蜂,新种 *Claremontia lii* Wei, sp. nov.(图 3-632)

雌虫:体长 5.2–5.8mm。体和足黑色,前胸背板后缘宽边橘褐色,翅基片、各足股节端部、胫节大部分和基跗节大部分黄白色,胫节末端及基跗节端部以远黑褐色,胫节端距浅褐色,上唇黑褐色,口须暗褐色；翅弱烟褐色，翅痣和翅脉黑褐色；体毛浅褐色。

体光滑，唇基和前胸背板具稍密的小刻点，头部背侧和小盾片大部分光滑，小盾片后缘具细密刻纹，后眶具致密细小刻点和刻纹；腹部背板光滑，无刻纹。

唇基端部具浅弱缺口，颚眼距缺；复眼内缘向下明显收敛，间距 1.1 倍于复眼长径；中窝较深，前端开放；侧窝深点状，亚圆形；额区稍隆起，中部不凹，额脊不明显，额侧沟缺，中单眼围沟浅；OOL：POL：OCL=6：5：4；单眼中沟宽，后沟细；单眼后区稍隆起，显著低于单眼顶面，宽长比约等于 2.5；侧沟短深，向后显著分歧；后头背面观两侧稍收缩；触角细丝状，稍长于腹部，第 2 节锥形，宽显著大于长，第 3 节长 1.35 倍于第 4 节，第 8 节长宽比等于 2（图 3-632G）。中胸小盾片低台状，后胸淡膜区间距 0.8 倍于淡膜区长径；前足内胫距短分叉；后足胫节稍长于跗节，基跗节稍长于其后 3 节之和；爪具短小基片，亚端齿明显短于外齿；前翅 cu-a 脉位于中室内侧 0.3 处，2Rs 室外下角 30°尖出，2r 脉交于 2Rs 室背缘外侧 1/6 处；后翅臀室柄等长于 cu-a 脉，cu-a 脉外侧无赘柄。锯鞘等长于后足股节和第 2 转节之和，显著短于后足胫节，腹缘稍弯折，锯鞘端长明显大于宽，背缘中部弧形鼓出，端部不尖，外缘弧形（图 3-632F）；锯腹片 18 节，具 17 个端部圆钝的叶状突刃（图 3-632A）；节缝刺毛带很宽，不明显分离，刺毛稀疏；锯刃不明显骨化，外侧明显延伸，内侧具 1 个较大的亚基齿，外侧具 3–4 枚细小模糊的亚基齿，刃间膜稍鼓出，明显长于锯刃，锯刃内侧明显切入（图 3-632B）。

雄虫：体长 4.4–5mm；体色和构造类似于雌虫，但触角较长，明显侧扁（图 3-632I），后翅臀室柄稍长于 cu-a 脉；下生殖板端部窄截形；抱器背缘平直，腹缘弧形鼓出（图 3-632D）；阳茎瓣头叶宽大，顶叶短小，侧刺突很短，侧叶宽大，端部窄圆（图 3-632C）。

分布：浙江（临安）。

词源：本种以模式标本采集者之一的姓氏命名。

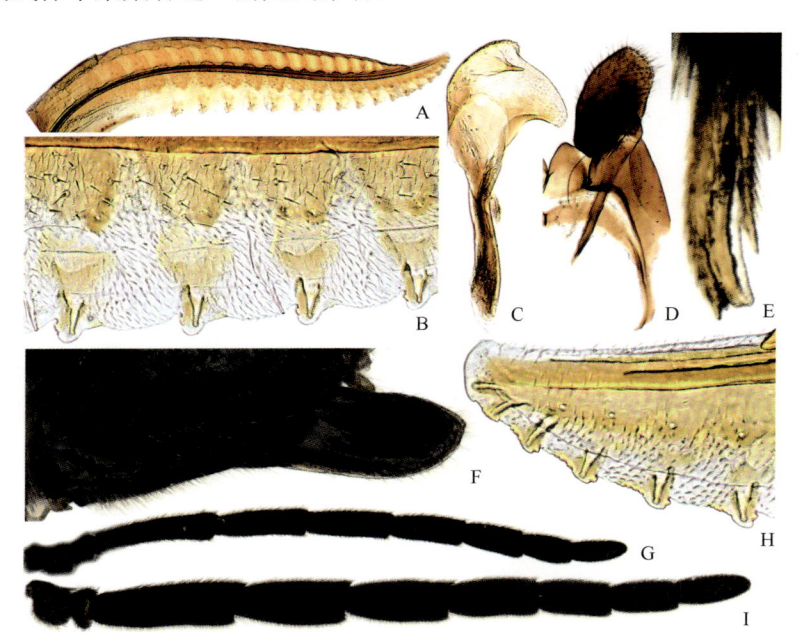

图 3-632　李氏纹眶叶蜂 *Claremontia lii* Wei, sp. nov.

A. 锯背片和锯腹片；B. 锯腹片第 5–7 锯刃；C. 阳茎瓣；D. 生殖铗；E. 前足胫节端距；F. 锯鞘侧面观；G. 雌虫触角；H. 锯腹片端部；I. 雄虫触角

正模：♀，浙江清凉峰浙川，30°08.309′N、118°51.759′E，900m，2010.IV.25，李泽建（ASMN）。副模：1♀，浙江清凉峰龙塘山，30°06.680′N、118°54.050′E，930m，2010.IV.27，李泽建；1♀3♂，浙江临安西天目山南大门，30.36°N、119.44°E，380m，2014.III.25–IV.9，叶爽、李泽建，马氏网；1♀，浙江临安天目山禅源寺，30°19.30′N、119°26.58′E，362m，2015.IV.8，刘萌萌、刘琳；1♀，浙江临安天目山开山老殿，30.343°N、119.433°E，1106m，2015.IV.4–5，李泽建；1♀1♂，浙江临安天目山开山老殿，30°20.57′N、119°26.05′E，

1106m，2015.IV.4，刘萌萌、刘琳；2♂，浙江临安天目山开山老殿，30°20.57′N、119°26.05′E，1106m，2014.IV.11，胡平、刘琳；1♂，浙江临安天目山开山老殿，30°20.33′N、119°26.05′E，1142m，2014.IV.13，聂海燕；1♂，浙江临安天目山开山老殿，30.343°N、119.433°E，1106m，2015.IV.11，李泽建；1♂，浙江临安天目山禅源寺，30.322°N、119.443°E，362m，2015.IV.8，李泽建（ASMN）。

鉴别特征：本种与欧洲的 *C. alternipes* (Klug, 1816)比较近似，但前胸背板后缘宽边和翅基片橘褐色，小盾片后缘具细密刻纹，雄虫触角长且明显扁平等，与之不同。本种与光盾纹眶叶蜂 *C. hupingae* 也比较近似，但中胸小盾片后部具细密刻纹；锯腹片 17 锯刃，节缝刺毛带很宽，但刺毛十分稀疏；锯刃内侧明显切入，刃间膜长于锯刃；阳茎瓣顶叶低，侧叶宽等，容易鉴别。

（638）黑距纹眶叶蜂，新种 *Claremontia nigrospuralis* Wei, sp. nov.（图 3-633）

雌虫：体长 6.5–7mm。体和足黑色，前胸背板沟后部大部分、翅基片、各足股节端部、胫节大部分和前中足基跗节大部分黄白色，胫节末端、胫节端距及跗节其余部分黑褐色，上唇黑褐色，口须暗褐色，中端部鞭分节腹侧多少淡色；翅弱烟褐色，翅痣和翅脉黑褐色；体毛浅褐色。

图 3-633 黑距纹眶叶蜂，新种 *Claremontia nigrospuralis* Wei, sp. nov.
A. 锯鞘侧面观；B. 雌虫头部前面观；C. 锯腹片第 5–7 锯刃；D. 爪；E. 阳茎瓣；F. 生殖铗；G. 锯背片和锯腹片；H. 后足胫节端距和跗节；I. 雌虫触角

体光滑，唇基和前胸背板具稍密的小刻点，头部背侧和小盾片大部分光滑，小盾片后缘无细密刻纹，后眶具致密细小刻点和刻纹；腹部背板光滑，无明显刻纹。

唇基端部具浅弱缺口，颚眼距缺；复眼内缘向下明显收敛，间距 1.1 倍于复眼长径；中窝较深，前端开放；侧窝深点状，亚圆形；额区稍隆起，中部具浅纵沟，额脊圆钝，额侧沟显著，连接侧窝和单眼后区侧沟，中单眼围沟较深；OOL：POL：OCL=5：4：3；单眼中沟宽，后沟细；单眼后区稍隆起，稍低于单眼顶面，宽长比约等于 2.8；侧沟短深，向后显著分歧；后头背面观两侧显著收缩；触角粗丝状，稍长于腹部，第 2 节锥形，宽显著大于长，第 3 节长 1.27–1.3 倍于第 4 节，第 8 节长宽比小于 2（图 3-633I）。中胸小盾片低台状，后胸淡膜区间距 0.8 倍于淡膜区长径；前足内胫距短分叉；后足胫节稍长于跗节，基跗节稍短于其后 4 节之和；爪粗短，具明显基片，亚端齿短于外齿（图 3-633D）；前翅 cu-a 脉位于中室内侧 0.4 处，2Rs 室外下角 60°尖出，2r 脉交于 2Rs 室背缘外侧 1/4；后翅臀室柄长 1.5 倍于 cu-a 脉，cu-a 脉外侧无赘柄。锯鞘几乎等长于后足股节和转节之和，显著短于后足胫节，腹缘稍弯折，锯鞘端长稍大于宽，背缘几乎平直，端部微弱突出，外缘钝截形（图 3-633A）；锯腹片 16 节，具 15 个端部宽圆的叶状突刃（图 3-633C、G）；节缝刺毛带较窄，刺毛带间距稍宽于刺毛带，刺毛较短密；锯刃不明显骨化，外侧不延伸，内外侧各具 2-3 个细小亚基齿，刃间膜鼓凸，几乎不长于锯刃宽，锯刃内侧深切入（图 3-633C）。

雄虫：体长 5.2mm；体色和构造类似于雌虫，但触角较长，明显侧扁，后翅臀室柄长 2.8 倍于 cu-a 脉；下生殖板长大于宽，端部窄圆；抱器背缘平直，腹缘弧形鼓出（图 3-633F）；阳茎瓣头叶较窄，顶叶短宽，侧刺突短小，侧叶窄长，端部狭窄（图 3-633E）。

分布：浙江（临安）、湖南。

词源：本种后足胫节端距黑褐色，以此命名。

正模：♀，浙江丽水遂昌白马山林场，28.619°N、119.148°E，1235m，2015.VI.11–20，李泽建、徐真旺，马氏网（ASMN）。副模：1♀，浙江临安西天目山南大门，30.36°N、119.44°E，380m，2014.III.25–IV.9，叶爽、李泽建，马氏网；1♀，浙江庆元百山祖，1994.IV.15，吴鸿；1♀，湖南大围山栗木桥，980m，2010.IV.30，姚明灿（ASMN）。

鉴别特征：本种额区两侧具额侧沟，与 *C. uncta* (Klug, 1816) 稍近似，但本种前胸背板沟后部白色，触角粗扁，中端部鞭分节腹侧部分淡色，第 3 节显著长于第 4 节，雄虫下生殖板端部窄圆等，与该种明显不同。

176. 叶刃叶蜂属 *Monophadnoides* Ashmead, 1898

Monophadnoides Ashmead, 1898c: 253. Type species: *Monophadus rubi* Harris, 1845, by original designation.
Pseudomonophadus Malaise, 1935: 167. Type species: *Tenthredo geniculata* Hartig, 1837, by original designation.

主要特征：小型叶蜂，体形较粗壮；大部分光滑，唇基、前胸背板和小盾片有时具明显刻点；上颚粗短，对称三齿式，第三齿小型；唇基端部亚截形，颚眼距狭窄，明显短于单眼半径；复眼大型，内缘稍向下收敛，间距约等于或稍宽于复眼长径；后眶大部分光滑，具少量刻点，后眶沟很浅或缺如，无后颊脊，具短口后脊；背面观后头短且两侧明显收缩；中窝发育，有时较浅平；侧窝独立，较小；单眼后区横宽，侧沟宽点状；触角两性异型，雌虫丝状，第 2 节长宽相近或宽大于长，基部具柄，第 3 节明显长于第 4 节，无触角器，雄虫触角多少较侧扁；无胸腹侧片，中胸侧板前缘具细脊；后胸淡膜区中等大，间距约等于淡膜区长径；后胸侧板宽大，背侧叶较窄长；后胸小盾片前凹深且大；前足胫节内距端部稍分叉；后足胫节长于跗节，亦长于产卵器；爪具中等发达基片，亚端齿后位，短于外齿；前翅 1M 脉与 1m-cu 脉平行，R+M 脉点状，cu-a 脉位于中室内侧 1/3–2/5，2A+3A 脉直，不分叉，2Rs 室长于 1Rs 室，外下角明显延伸；后翅具封闭的 M 室，臀室具柄式，柄长约等于 cu-a 脉，cu-a 脉稍倾斜弯曲；腹部第 1 背板横方形，中缝小；锯腹片 11–13 节，锯刃垂叶状，无亚基齿，或前后侧具 1 个小且模糊的亚基齿，基部通常明显收缩，每节具 1 纹孔，纹孔下域高大；锯背片无节缝刺毛；抱器长大于宽，阳茎瓣具发达的侧刺和侧叶。

分布：古北区，新北区。本属已知 8 种，中国已记载 3 种。浙江发现 3 种，包括 2 新种。

寄主：蔷薇科悬钩子属 *Rubus*、蚊子草属 *Filipendula*、路边青属 *Geum* 等植物。

分种检索表

1. 两性后足转节黑色；胸部侧板光滑无刻点；雄虫腹部黑色，无黄斑 ·················· 中华叶刃叶蜂 *M. sinicus*
- 雌虫后足转节黄白色；雄虫腹部背板和腹板大部分黄褐色，或胸部侧板具显著刻点 ······················ 2
2. 雄虫腹部全部黑色，无明显黄斑；胸部侧板具显著刻点；触角窝上突低短；单眼后区宽长比等于 2 ···············
  ·· 刻胸叶刃叶蜂，新种 *M. punctatus* sp. nov.

- 雄虫腹部 2–5 背板和腹板大部分黄褐色；胸部侧板光滑无刻点；触角窝上突较长；单眼后区宽长比明显小于 2 ·· **黄斑叶刃叶蜂，新种 M. xanthomaculus sp. nov.**

（639）刻胸叶刃叶蜂，新种 *Monophadnoides punctatus* Wei, sp. nov.（图 3-634）

雄虫：体长 6mm。体和足黑色，前胸背板后缘狭边、翅基片除内缘小斑外、前中足股节端半部、后足股节端部 2/5、前中足胫节及跗节、后足胫节基部黄褐色，口须大部分浅褐色，后足胫节除基部外污褐色，跗节黑褐色。翅端部弱烟褐色，翅痣和翅脉黑褐色。体背侧细毛灰褐色，腹侧细毛银褐色。

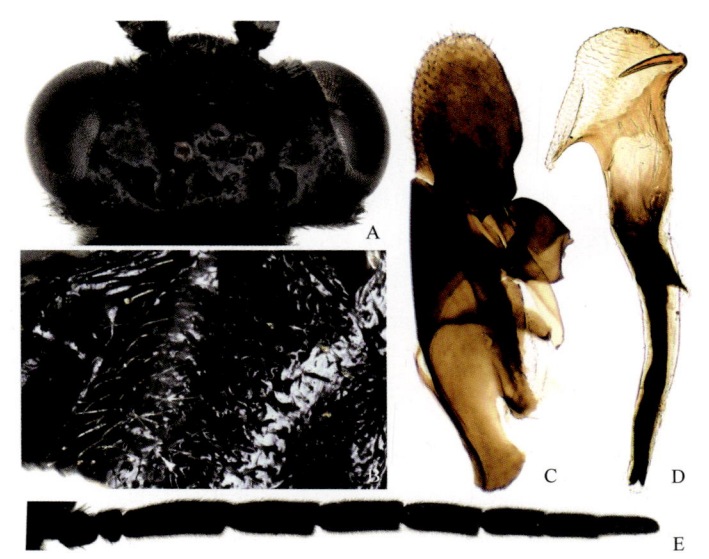

图 3-634 刻胸叶刃叶蜂，新种 *Monophadnoides punctatus* Wei, sp. nov. 雄虫
A. 头部背面观；B. 中胸前侧片上半部；C. 生殖铗；D. 阳茎瓣；E. 触角

唇基和前胸背板具细密小刻点，头部背侧具模糊浅弱刻点，小盾片后部具零散刻点；中胸前侧片具显著粗浅刻点，前缘刻点较密；腹部背板具微细刻纹。

唇基端部截形，颚眼距缺如；复眼较大，内缘向下明显收敛，间距稍窄于复眼长径；中窝深，马蹄形，底部具纵脊和 1 对凹坑；侧窝小深，圆形；额区短宽扇形，中部几乎不凹入，额侧脊较明显，前缘脊缺；OOL：POL：OCL=7：5：4；单眼中沟宽深，后沟细弱；单眼后区隆起，稍低于单眼顶面，宽长比约等于 2；侧沟宽深，向后稍分歧；后头背面观两侧明显收缩；触角粗丝状，长于前翅 C 脉，稍短于 C 脉和翅痣之和，鞭节明显侧侧扁，第 2 节宽显著大于长，第 3 节与第 4 节长度比为 1.25，第 8 节长宽比微大于 2（图 3-634E）。小盾片附片短小，中部长约等于单眼直径；后胸淡膜区间距稍宽于淡膜区长径；后足胫节等长于跗节，基跗节稍长于其后 3 节之和；爪具中等发达基叶，内齿明显短于外齿；前翅 cu-a 脉位于中室内侧 0.35 处，2Rs 室稍大于 1Rs 室，外下角 40°延伸；后翅 M 室外侧具短柄，臀室柄约等长于 cu-a 脉，cu-a 脉弧形弯曲。下生殖板长等于宽，端部窄圆；抱器端部均匀收窄，内缘中部下侧具明显缺口（图 3-634C）；阳茎瓣头叶端部宽圆，侧刺突稍长于头叶宽的 1/2，侧叶较窄（图 3-634D）。

雌虫：未知。

分布：浙江（临安）。

词源：本种中胸前侧片具显著刻点，以此命名。

正模：♂，浙江临安天目山仙人顶，30.349°N、119.424°E，1506m，2018.VI.3，姬婷婷（ASMN）。

鉴别特征：本种中胸前侧片具显著刻点，腹部背板具明显微细刻纹；头部中窝深，触角窝上突低弱；单眼后区宽长比等于 2，OCL 稍小于 POL 等，与已知种类均不相同，比较容易鉴别。

第三章 叶蜂亚目 Tenthredinomorpha · 675 ·

（640）中华叶刃叶蜂 *Monophadnoides sinicus* Wei, 2003（图 3-635）

Monophadnoides sinicus Wei, in Wei & Nie, 2003c: 155.

主要特征：雌虫体长 7mm；体黑色，前胸背板后缘、翅基片、各足股节端部、胫节及跗节黄褐色，后足胫节末端及前中足跗节端部暗褐色，后足 1–3 跗分节端半部黑色；翅痣和翅脉黑褐色；体毛银褐色；唇基和前胸背板具细密小刻点，小盾片后部 1/3 刻点显著，侧板和腹部背板光滑；唇基端部截形，颚眼距线状；复眼下缘间距稍宽于眼高；中窝深大，侧窝深点状；额区扁圆形，中部几乎不凹入，额脊宽钝；OOL：POL：OCL=10：9：8；单眼后区稍隆起，宽长比约等于 1.8；侧沟宽深，向后明显分歧；触角丝状，约等长于头、胸部之和或前翅 C 脉，第 3 节长于第 4 节，第 8 节长宽比几乎不短于 2；后足基跗节稍长于其后 3 节之和；爪具中等发达基叶，亚端齿大型，后位；前翅 cu-a 脉位于中室内侧 1/3，2Rs 室稍大于第 1Rs 室，外下角强烈前伸；后翅臀室柄约等长于 cu-a 脉；锯鞘微长于中足胫节，鞘端稍长于鞘基，侧面观端部明显尖出；锯腹片具 11 个叶状突出的锯刃，中端部锯刃高大于宽，基部明显收缩，各具 1 个内侧亚基齿，基部和端部锯刃无外侧亚基齿，1–6 锯节的纹孔线伸抵锯腹片背缘。雄虫体长 5–6mm；下生殖板端部窄圆形；抱器端部宽圆。

分布：浙江（临安、舟山、龙泉）、安徽、湖南、福建、贵州。

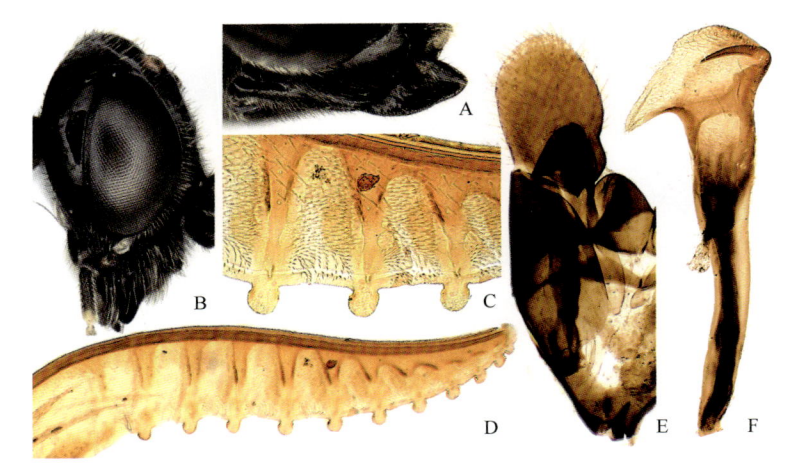

图 3-635 中华叶刃叶蜂 *Monophadnoides sinicus* Wei, 2003
A. 锯鞘侧面观；B. 头部侧面观；C. 锯腹片第 4–6 锯节；D. 锯腹片中端部；E. 生殖铗；F. 阳茎瓣

（641）黄斑叶刃叶蜂，新种 *Monophadnoides xanthomaculus* Wei, sp. nov.（图 3-636，图版 XV-5）

雄虫：体长 6.5mm。体黑色，上唇、口须大部分、前胸背板后缘宽边、翅基片、腹部第 2 背板除基缘外、3–6 背板背侧大部分、2–6 腹板大部分黄褐色；足黄褐色，各足基节、转节、股节基部黑色。翅弱烟褐色透明，翅痣和翅脉黑褐色。体毛银褐色。

体光滑，唇基、中胸背板前叶和侧叶顶部具细小刻点，头部背侧、小盾片大部分和附片、胸部侧板和腹部背板光滑，无刻点或刻纹，小盾片后侧具零星刻点。

唇基端部亚截形，中部具极浅缺口；颚眼距线状；复眼中等大，内缘向下明显收敛，间距等于复眼长径；中窝深马蹄形，前端两侧向前开放；侧窝深点状，亚圆形；额区稍隆起，中部几乎不凹入，侧额脊宽钝，中单眼前具细浅横沟；OOL：POL：OCL=6：5：5；单眼中沟宽深，后沟细弱；单眼后区稍隆起，宽长比约等于 1.8；侧沟宽深，向后明显分歧；后头背面观短于复眼 1/3，两侧明显收缩；触角粗丝状，约等长于前翅 C 脉与翅痣之和，第 3 节与第 4 节长度比为 1.25，第 8 节长宽比稍大于 2（图 3-636H）。中胸小盾片平坦，附片窄三角形，中部稍长于单眼直径；后胸淡膜区间距等宽于淡膜区长径；后足胫节等长于跗节，基跗节等长于其后 3 节之和；爪具中等发达基叶，亚端齿后位，明显短于端齿；前翅 cu-a 脉位于中室内侧 0.3，2Rs 室长于 1Rs 室，外下角 40°前伸；后翅臀室柄稍长于 cu-a 脉，外侧无赘柄。下生殖板长等于宽，端部窄圆；抱器内顶角明显突出，腹缘亚基部具明显的缺口，副阳茎较低矮（图 3-636E）；阳茎瓣顶叶明显鼓出，侧刺突水平位，几乎等长于头叶中部宽，侧叶较窄，伸向下方（图 3-636F）。

雌虫：体长 7mm；体色类似于雄虫，但腹部全部黑色；足黑色，基节端部、后足转节、前足股节端半部、中足股节端部 1/3、后足股节端部 1/5、各足胫节除末端外、后足基跗节基部黄褐色；单眼后区宽长比约等于 1.6；后翅臀室柄稍短于 cu-a 脉；锯鞘等长于中足胫节，锯鞘端背顶角稍突出（图 3-636C）；锯腹片 11 节，基部 3 锯刃隆起度较低，4–9 锯刃乳状突出，锯腹片端部宽钝（图 3-636B），基部明显收窄（图 3-636D），基部纹孔线下域背缘未接触连杆。

变异：本种雌虫腹部通常全部黑色，但部分个体腹部 2–4 背板具小型黄斑；雌虫锯鞘端部的突出程度也有一定变化。

分布：浙江（临安、丽水、龙泉）、安徽、江西、湖南、福建。

词源：本种雄虫腹部背侧具显著黄斑，以此命名。

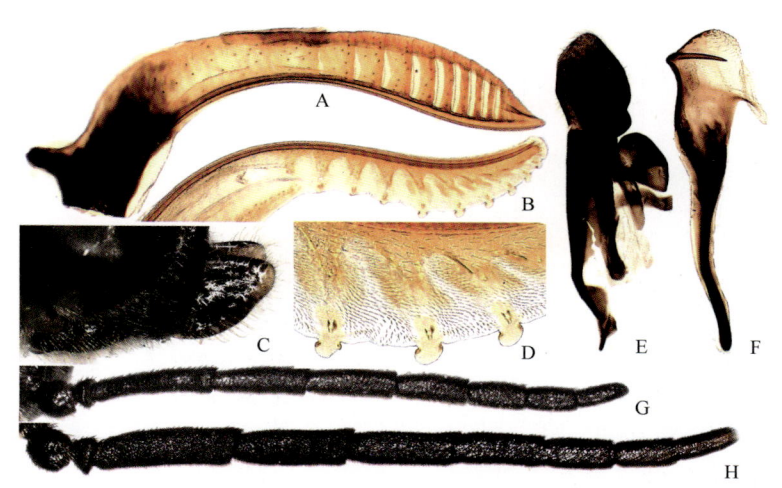

图 3-636 黄斑叶刃叶蜂，新种 *Monophadnoides xanthomaculus* Wei, sp. nov.
A. 锯背片；B. 锯腹片；C. 锯鞘侧面观；D. 第 4–6 锯节；E. 生殖铗；F. 阳茎瓣；G. 雌虫触角；H. 雄虫触角

正模：♂，湖南宜章莽山大塘坑，24°59.015′N、112°48.138′E，1090m，2007.IV.11，晏毓晨（ASMN）。副模：4♀4♂，采集时间和地点同正模，魏美才、杨青、晏毓晨；1♂，湖南宜章莽山鬼子寨，24°57.002′N、112°56.111′E，1240m，2007.IV.11，魏美才；2♀17♂，浙江丽水莲都区笔架山，28.47°N、119.89°E，100m，2014.IV.5，李泽建；3♀2♂，浙江丽水碧湖镇新亭村（九龙湿地），28.41°N、119.83°E，105m，2016.IV.2，李泽建；4♀，浙江丽水九龙湿地新亭村，28.402°N、119.828°E，50m，2017.IV.4，李泽建、刘萌萌；2♀，浙江临安天目山禅源寺，30.323°N、119.442°E，405m，2018.IV.3，李泽建、刘萌萌、高凯文、姬婷婷；2♂，浙江丽水碧湖镇新亭村，28.41°N、119.83°E，105m，2014.III.29，李泽建；1♂，浙江临安天目山禅源寺，30.323°N、119.442°E，405m，2015.IV.5–6，李泽建、李涛；1♂，浙江丽水九龙湿地新亭村，28.402°N、119.828°E，50m，2018.III.31–IV.1，李泽建；1♀，浙江舟山岛，1990.IV.22；1♀，浙江龙泉市凤阳山黄茅尖，1929m，2019.V.11，李泽建、李秀芳；1♀，福建武夷山挂墩，1000–1500m，2004.V.18，梁旻雯；1♀，江西萍乡芦溪，2004.IV.3，魏美才；1♀，湖南绥宁黄桑；600–900m，2005.IV.21，刘守柱；1♀，湖南大围山栗木桥，980m，2020.IV.30，姚明灿；1♀2♂，浙江清凉峰龙塘山，30°06.680′N、118°54.050′E，930m，2010.IV.27，李泽建；1♀，安徽岳西县鹞落坪，31°2′20″N、116°5′45″E，700m，2007.VI.14，徐翔；1♀2♂，湖南石门壶瓶山，1300m，2003.V.31，刘守柱；2♀，湖南涟源龙山，1999.V.9–11，肖炜、张开健；2♀1♂，湖南平江幕阜山，1400m，2001.V.8，魏美才、钟义海；1♀，湖南幕阜山沟里，28°57.939′N、113°49.711′E，860m，2007.IV.26，李泽建；1♀，湖南幕阜山沟里，28°57.939′N、113°49.711′E，860m，2008.IV.24，李泽建；1♀，

湖南幕阜山老朋沟，28°58.524′N、113°49.638′E，1220m，2008.IV.25，张媛；1♀1♂，湖南幕阜山天门寺，28°58.780′N、113°49.745′E，1350m，2008.IV.26，李泽建（ASMN）。

鉴别特征：本种雄虫腹部背板和腹板具大型黄斑，与同属已知种类均不相同；雄虫阳茎瓣的侧刺突较长，明显伸过阳茎瓣头叶中部，锯腹片的基部3个锯刃较低矮，与已知种类也有明显差异。

177. 额蔺叶蜂属 *Halidamia* Benson, 1939 中国新记录属

Halidamia Benson, 1939b: 111. Type species: *Hylotoma affinis* Fallén, 1807, by original designation.

主要特征：小型叶蜂；唇基端部截形，中部稍前凸；上唇短小；上颚粗短，双齿式，左上颚内齿小于右上颚内齿；颚眼距线状；复眼大型，内缘直，向下收敛，间距稍窄于复眼长径；后眶狭窄，无后颊脊和后眶沟；头部在复眼后强烈收缩，单眼后区横宽；触角窝间距稍宽于触角窝与复眼间距；触角窝上沿明显，中窝浅小，侧窝小圆形，独立；额区不隆起，额脊稍发育；触角短丝状，第2节等长于第1节，长宽比等于2，第3节显著长于第4节，端部4节显著短缩，长度之和明显短于第3、4节之和，腹侧具膜质触角器；前胸背板侧缘具斜脊，无斜脊前沟，折叶较小；侧板腹侧尖，互相远离；中胸小盾片较小，平坦，附片中部较长；后胸淡膜区短宽，间距约等于淡膜区长径；中胸侧板无胸腹侧片，前腹缘光滑，无前缘脊；后胸侧板弯曲，中后胸侧板之间具宽阔膜区；前足胫节稍短于跗节，内距端部分叉；后足胫节稍长于跗节，基跗节约等长于其后4节之和；爪具发达基片，内齿侧位，短于端齿；前翅4肘室，R+M脉点状，1M脉稍长于并平行于1m-cu脉，cu-a脉中位，2A+3A脉端部向上弯曲，接近1A脉，2Rs室稍长于1Rs室，1R1室长明显大于宽，1M室上端不延长；后翅R1室端部圆，无附室；M室与Rs室均开放，臀室具柄式，柄长短于cu-a脉，cu-a脉垂直，外侧具赘脉；并胸腹节膜区大三角形，背板近似三角形；锯鞘短于后足胫节，锯腹片骨化弱，侧面刺毛不呈带状，每节具1个纹孔，锯刃显著突出；阳茎瓣具端位侧刺突，无侧叶，副阳茎低矮。

分布：全北区。本属已知仅属模1种。浙江发现1新种，是国内首次记录本属。

寄主：茜草科拉拉藤属 *Galium* 植物。

（642）黑腹额蔺叶蜂，新种 *Halidamia melanogaster* Wei, sp. nov.（图3-637）

雌虫：体长4.7mm。体黑色；口须大部分和翅基片周缘黄白色，上唇和触角端部腹侧暗褐色；足黄褐色，各足基节大部分、前中足第1转节腹侧部分黑褐色。翅浅弱烟褐色，翅痣和翅脉黑褐色。体毛银褐色。

唇基具稀疏浅弱刻点，头部背侧具稀疏模糊刻点和浅弱横皱纹，前胸背板小刻点稍密，中胸背板刻点细小稀疏，中胸前侧片具十分稀疏细小的具毛刻点，后侧片和后胸侧板、腹部背板光滑，无刻点或刻纹。

颚眼距线状；复眼下缘间距0.9倍于复眼长径；中窝倒三角形，上部较深；侧窝深点状，亚圆形；额区稍隆起，中部微凹，额脊低钝，无明显的中单眼前凹；OOL：POL：OCL=5：5：3；单眼中沟明显，后沟细弱；单眼后区隆起，等高于单眼面，宽长比约等于2.5；侧沟较短，向后稍分歧；后头背面观两侧明显收缩；触角明显短于头、胸部之和，第2节长2倍于宽，第3节长1.45倍于第4节，第7、8节长约等于宽（图3-637I）。前足跗节长1.1倍于胫节；后足胫节长1.1倍于跗节，基跗节长0.9倍于其后4节之和；爪基片宽，端部尖，亚端齿明显短于外齿（图3-637G）；前翅2Rs室稍长于1Rs室，外下角明显但不强烈前伸，1r-m脉下端稍外倾；后翅臀室柄长约0.6倍于cu-a脉（图3-637F）。锯鞘明显短于中足胫节，约等长于后足股节，鞘端约等长于鞘基，背顶角较钝（图3-637C）；锯腹片15节，具14个叶状突出的锯刃，端部圆突；锯刃高大于宽，基部微收缩，内外侧各具1个不明显的亚基齿，纹孔线较长，刃间膜倾斜，宽3.8倍于锯刃基部宽（图3-637E、H）。

雄虫：未知。

分布：浙江（临安）。

图 3-637 黑腹额蔺叶蜂, 新种 *Halidamia melanogaster* Wei, sp. nov. 雌虫
A. 头部前面观; B. 中后胸侧板; C. 锯鞘端面观; D. 前翅; E. 锯腹片第 5–7 锯刃; F. 后翅; G. 爪; H. 第 6 锯刃; I. 触角

词源：本种腹部黑色，与属模不同，故以此命名。

正模：♀，LSAF15001，浙江临安天目山开山老殿，1000m，马氏网，2014.IV–V，叶岚、徐骏（ASMN）。

鉴别特征：本种胸部和腹部全部黑色，触角第 7、8 节长约等于宽，后胸侧板稍窄，锯鞘端较短小，锯腹片锯刃圆突，端部非截形，两侧亚基齿各 1 个等，与属模式种明显不同。

178. 刘蔺叶蜂属 *Liuacampa* Wei & Xiao, 1997

Liuacampa Wei & Xiao, 1997: 101. Type species: *Liuacampa glabrifrons* Wei, 1997, by original designation.

主要特征：体微小，较短粗；唇基端部亚截形，中部稍前凸；上唇短小；上颚粗短，双齿式，左上颚内齿小于右上颚内齿；颚眼距宽线状；复眼大型，内缘向下稍微收敛，间距窄于复眼长径；后眶狭窄，无后颊脊和后眶沟；头部在复眼后强烈收缩，单眼后区横宽；触角窝距明显宽于触角窝与复眼间距；中窝浅小，亚圆形；侧窝小圆形，独立；额区不隆起，无额脊；触角短丝状，第 1、2 节细长，第 2 节长宽比大于 2，第 3 节显著长于第 4 节，端部 4 节显著短缩，长度之和短于第 3、4 节之和，腹侧具膜质触角器；前胸背板侧缘无斜脊和斜脊前沟，折叶极小；侧板腹侧尖，互相远离；中胸小盾片较小，平坦，附片小型；后胸淡膜区较宽大，间距约等于淡膜区长径；中胸侧板无胸腹侧片，光滑，无前缘脊；后胸侧板月牙形弯曲，中后胸侧板之间具宽阔膜区；前足胫节内距端部分叉，后足基跗节约等长于其后 4 节之和；爪具发达基片，内齿侧位，稍短于端齿；前翅 4 肘室，R+M 脉点状，1M 脉稍长于并平行于 1m-cu 脉，cu-a 脉中位，2A+3A 脉端部向上弯曲，接近 1A 脉，2Rs 室等于或短于 1Rs 室，1R1 室长明显大于宽，1M 室上端不延长；后翅 R1 室端部圆，无附室；M 与 Rs 室均开放，臀室具长柄，cu-a 脉弯曲，外侧无赘脉；并胸腹节膜区小型，背板横方形；锯鞘短，锯腹片骨化弱，锯刃三角形突出，无节缝刺毛带，每节具 1 个纹孔；阳茎瓣具侧刺突，无侧叶，副阳茎低矮。

分布：中国。中国特有属，已知 3 种，浙江发现 1 种。

寄主：蓼科植物？。

（643）浙江刘蔺叶蜂 *Liuacampa zhejiangensis* Wei, 1997（图 3-638）

Liuacampa zhejiangensis Wei, in Wei & Xiao, 1997: 102.

主要特征：雌虫体长 4.3mm；体黑色，口须和翅基片浅褐色；足黄褐色，基节基部、中足胫节端部、后足胫节端部 3/4、后足基跗节大部分和 2–5 跗分节全部黑褐色；翅均匀烟灰色，翅痣和翅脉黑色；体毛稀疏，浅褐色；体光滑，无刻点和刻纹；侧窝圆深，与单眼等大；中窝圆形，显著大于侧窝；单眼后区隆起，宽长比约等于 3，侧沟细直，向后显著分歧，无单眼后沟，单眼中沟短三角形；触角稍长于头、胸部之和，第 3 节 1.3 倍于第 4 节长，末端 3 节稍长于第 5、6 节之和，第 8 节明显短于第 9 节，长宽比小于 2；中胸背板前叶无明显中纵沟；前翅 2Rs 室短于 1Rs 室，外下角稍延伸，2r 脉交于 2Rs 室中部外侧，端臀室稍长于 1M 室；后翅臀室柄与 cu-a 脉等长；爪基片端部尖，内齿宽于但短于外齿（图 3-638B）；锯鞘端背缘平直，腹缘弧形，端部斜截；锯腹片 15 刃（图 3-638A）；中基部锯刃近似三角形突出，互相远离，端部锯刃明显倾斜，相互靠近，第 7–8 刃间距显著短于第 7、8 锯刃宽，亚基齿细小（图 3-638C、D）。雄虫未知。

分布：浙江（德清）。

寄主：成虫采自蓼科蓼属植物。

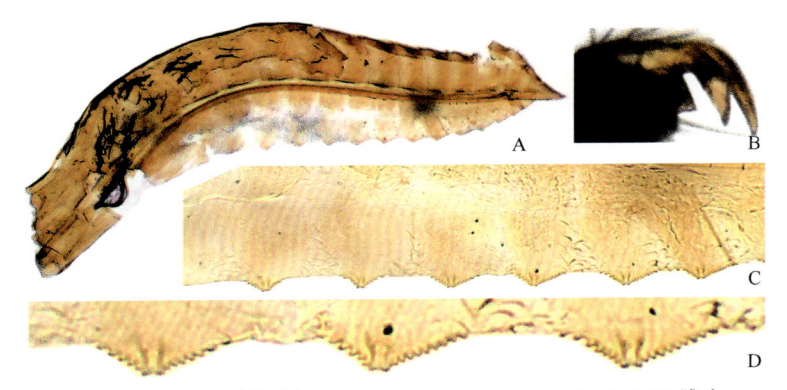

图 3-638 浙江刘蔺叶蜂 *Liuacampa zhejiangensis* Wei, 1997 雌虫
A. 锯背片和锯腹片；B. 爪；C. 锯腹片第 4–9 锯节；D. 第 5–7 锯刃

179. 南开叶蜂属，新属 *Nankaina* Wei, gen. nov.

主要特征：小型叶蜂；唇基前缘中部稍前凸（图 3-639C），上唇短小；上颚短小，对称双齿式，内齿明显短于外齿；颚眼距近线状；复眼大，内缘直，向下明显收敛，间距狭于复眼长径；后眶狭窄，无颊脊和口后脊；头部在复眼后强烈收缩，单眼后区横宽；触角窝间距宽于触角窝与复眼内缘间距，触角窝上沿低弱；中窝和侧窝圆形，独立；额区平坦，无额脊；触角短丝状，第 1、2 节细长，第 2 节长宽比等于 2，第 3 节显著长于第 4 节，端部 4 节多少短缩，腹侧具较弱的膜质触角器（图 3-639J）；前胸背板侧叶斜脊和斜脊前沟不明显发育，折叶较小；前胸侧板腹侧尖，互相远离，小盾片平坦，附片较小，后胸淡膜区短圆，间距大于淡膜区长径；中胸胸腹侧片缺如，前腹缘光滑无缘脊；后胸侧板弯曲，后下角突出，中后胸侧板之间具宽阔膜区（图 3-639F）；前足胫节内距端部分叉，后足基跗节等长于其后 4 节之和；爪具发达基片，内齿侧位，短于端齿（图 3-639E）；腹部第 1 背板内侧显著窄于外侧，中部膜区大型（图 3-639B）；前翅 4 肘室，R+M 脉点状，1M 脉稍长于并平行于 1m-cu 脉，cu-a 脉中位，2A+3A 脉端部直，2Rs 室长于 1Rs 室，1R1 室长大于宽，1M 室上端不延长；后翅 R1 室端部圆，无附室；M 与 Rs 室均开放，臀室具柄式，柄部等于或稍长于弯曲的 cu-a 脉，外侧无赘脉；锯鞘短，锯腹片骨化弱，13–15 节，锯刃乳状突出，互相远离，锯刃具 1 个纹孔（图 3-639G）；锯背片具节缝刺毛列；抱器窄长，基内角不突出，副阳茎较高（图 3-639H）；

阳茎瓣具短小亚端位侧刺突和中位横叶，侧叶长大（图3-639I）。

模式种：*Nankaina formosa* Wei, sp. nov.。

分布：中国。本属中国已发现5种，浙江发现2新种。

寄主：未知。

词源：新属以第一作者的母校南开大学命名，阴性。本属体型瘦小，外形朴实无华，但在演化谱系上属于叶蜂亚目支系中最顶端的类群之一。

鉴别特征：本属与北美洲分布的 *Erythraspides* Ashmead, 1898 最近似，但本属触角窝间距明显宽于触角窝与复眼内缘间距；触角第2节长宽比等于2，第3节显著长于第4节；后胸侧板后下角突出；后翅臀室柄约等于或稍长于cu-a脉，cu-a脉弧形弯曲；锯鞘短于后足股节，锯刃乳状突出；阳茎瓣具短小亚端位刺突等，与之不同。

有别于一般属内后胸侧板形态稳定，本属后胸侧板形态在种间有明显差异。

（644）美丽南开叶蜂，新种 *Nankaina formosa* Wei, sp. nov.（图3-639，图版XV-6）

雌虫：体长6.0mm。体黑色，前胸背板侧角后缘狭边和翅基片黄褐色；足黄褐色，仅各足基节基缘黑色；翅均匀烟褐色，翅痣和翅脉黑褐色；体毛浅褐色。

额区附近具细小、稀疏刻点，上眶、单眼后区和后眶光滑；中胸背板前叶和侧叶顶部具稀疏小刻点，小盾片后部具较密集的粗大刻点；胸部侧板和腹部背板光滑，无刻点或刻纹。

唇基端缘中部明显呈弧形凸出，颚眼距线状；复眼下缘间距0.9倍于复眼长径；中窝和侧窝圆形，中窝稍大；中单眼前后各具1个小凹，单眼后沟模糊；单眼后区前部明显隆起，稍低于单眼顶面，宽长比为2.5；侧沟较深，稍弯曲，向后稍分歧；后头显著收缩；触角较细，约等长于头、胸部之和，第2节长宽比等于2，第3节1.3倍于第4节长，末端4节明显短缩，其和短于第3、4节之和，第3节长1.4倍于第7、8节之和，第7、8节宽比等于1.3（图3-639J）。后胸后侧片窄，后角钝，腹缘具深弧形缺口（图3-639F）；后足胫节等长于跗节，爪粗短，基片高，内齿微短于外齿（图3-639E）；前翅2Rs室明显长于1Rs室，外下角40°延伸，2r脉交于2Rs室外侧1/3；后翅臀室柄稍长于cu-a脉。锯鞘等长于后足基跗节，端部圆钝，锯鞘基和锯鞘端腹缘不连贯（图3-639A）；锯背片环节清晰，每节具2列刺毛；锯腹片14节，端部截形（图3-639D）；锯刃突出部宽圆，内外侧各具1–2枚明显的亚基齿，中部刃间段几乎平直，长于锯刃（图3-639G）。

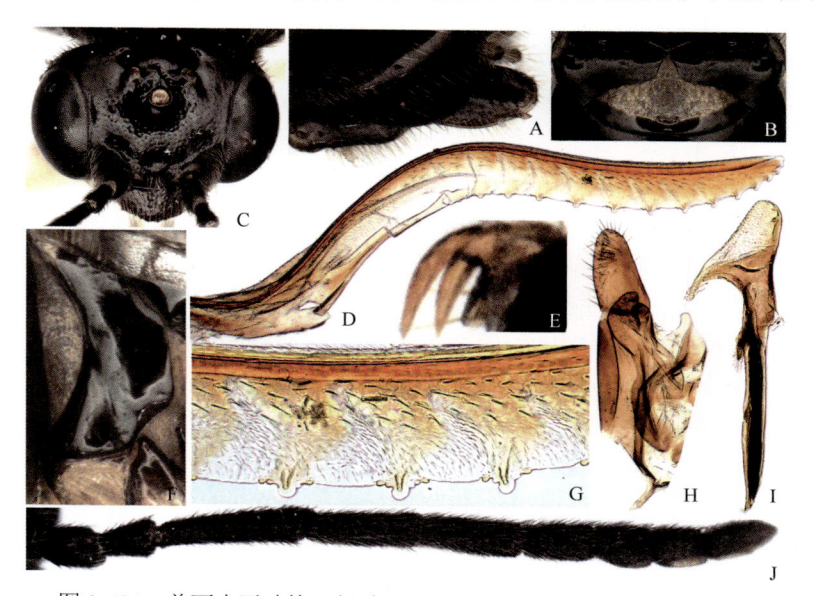

图3-639 美丽南开叶蜂，新种 *Nankaina formosa* Wei, sp. nov. 新种
A. 锯鞘侧面观；B. 腹部第1背板；C. 雌虫头部前面观；D. 锯腹片；E. 雌虫爪；F. 雌虫后胸侧板；G. 锯腹片第5–7锯节；H. 生殖铗；I. 阳茎瓣；J. 雌虫触角

雄虫：体长约 5mm；体色和构造类似于雌虫，但前胸背板和翅基片全部黑色，触角 4-9 节腹侧浅褐色，后足胫节和跗节黑褐色；下生殖板长约等于宽，端部宽圆；抱器基部稍宽，向端部稍变窄，内缘直，外缘微鼓；阳茎瓣见图 3-639I。

分布：浙江（杭州）、湖南、福建、贵州。

词源：种加词意为美丽的，用来纪念南开大学。

正模：♀，福建武夷山挂墩，1000–1500m，2004.V.18，张少冰（ASMN）。副模：1♀5♂，采集地和时间同正模，张少冰、周虎；1♀，浙江杭州，1990.III.26；9♀15♂，湖南宜章莽山，1000m，2013.IV.15，肖炜、张少冰；2♂♂，湖南宜章莽山大塘坑，24°59.015′N、112°48.138′E，1090m，2007.IV.11，聂梅、朱小妮；1♂，贵州遵义大沙河，1300m，2004.V.23，林杨；1♀，湖南涟源龙山，1999.V.10，张开健；1♀，湖南炎陵桃源洞，1996.V.25，郑波益。

鉴别特征：本种雌虫翅基片和前胸背板后角黄褐色，触角细长，端部 4 节之和短于第 3、4 节之和，后胸侧板后角较钝，锯鞘短，等长于后足基跗节，可与其余种类鉴别。

(645) 辉煌南开叶蜂，新种 *Nankaina splendida* Wei, sp. nov. （图 3-640）

雌虫：体长 6.0mm。体黑色；足黄褐色，前中足基节大部分、后足胫节基部 3/5 黑色；翅均匀烟褐色，翅痣和翅脉黑褐色；体毛浅褐色。

头部无明显小刻点，中胸背板前叶和侧叶顶部具稀疏小刻点，小盾片后部具较密集的粗大刻点；胸部侧板和腹部背板光滑，无刻点或刻纹。

唇基端缘中部呈弱弧形凸出，颚眼距宽线状；复眼下缘间距 0.95 倍于复眼长径；中窝和侧窝圆形，中窝稍大、浅平；中单眼前无凹坑，单眼中沟宽深，单眼后沟模糊；单眼后区前部明显隆起，稍低于单眼顶面，宽长比为 2.5；侧沟较深，稍弯曲，向后稍分歧；后头显著收缩；触角稍粗，约等长于头、胸部之和，第 2 节长宽比稍小于 2，第 3 节 1.3 倍于第 4 节长，末端 4 节稍短缩，其和长 1.2 倍于第 3、4 节之和，第 3 节等长于第 7、8 节之和，第 7、8 节长宽比大于 1.5（图 3-640H）。后胸后侧片宽大，后缘中部具小缺口，后下角弧形，腹缘具半圆形缺口（图 3-640A）；后足胫节等长于跗节，爪粗短，基片高，内齿微短于外齿；前翅 2Rs 室明显长于 1Rs 室，外下角 40°延伸，2r 脉交于 2Rs 室外侧约 2/5 处；后翅臀室柄几乎不短于 cu-a 脉。锯鞘 1.2 倍于后足基跗节长，端部圆钝，锯鞘基和锯鞘端腹缘不连贯（图 3-640E）；锯背片环节清晰，每节具 2 列刺毛；锯腹片 13 节，端部宽截形（图 3-640C）；锯刃突出部宽圆，内外侧各具 2–3 枚明显的亚基齿，中部刃间段几乎平直，明显长于锯刃（图 3-640D）。

雄虫：体长约 5mm；体色和构造类似于雌虫，但触角 4–9 节腹侧浅褐色至黄褐色，后足跗节背侧部分黑褐色；下生殖板长约等于宽，端部宽圆；抱器基部不宽，内缘直，外缘微鼓（图 3-640F）；阳茎瓣侧叶宽长（图 3-640G）。

分布：浙江（临安）、甘肃、湖南。

词源：新种种加词用来祝福南开前程辉煌。

正模：♀，浙江清凉峰龙塘山，30°06.680′N、118°54.050′E，930m，2010.IV.27，姚明灿（ASMN）。副模：1♀2♂，浙江清凉峰龙塘山，30°06.680′N、118°54.050′E，930m，2010.IV.27，李泽建、肖炜；1♂，浙江清凉峰浙川，30°08.309′N、118°51.759′E，900m，2010.IV.25，姚明灿；1♂，浙江临安天目山开山老殿，30°20.57′N、119°26.05′E，1106m，2015.IV.11，刘萌萌、刘琳；1♀，浙江临安天目山开山老殿，30°20.57′N、119°26.05′E，1106m，2014.IV.11，胡平、刘婷；1♀，浙江临安天目山开山老殿，30.343′N、119.433′E，1106m，2014.IV.4，李泽建、柳萌萌、陈志伟；1♂，浙江临安天目山开山老殿，30.343′N、119.433′E，1106m，2015.IV.5，李泽建；1♀，湖南平江幕阜山，1400m，2001.V.8，魏美才；2♀6♂，甘肃庆阳正宁中湾林场，35°26′35.4″N、108°34′18.2″E，930m，2009.V.1，唐铭军、李永刚、辛恒、杜维明；2♂，甘肃平凉灵台万宝川，34°58′0.1″N、107°13′49.8″E，1130m，2009.IV.30，辛恒、唐铭军（ASMN）。

鉴别特征：本种与模式种的区别是，雌虫前胸背板和翅基片黑色，两性各足基节大部分黑色；头部背侧无明显刻点；触角较粗，端部4节之和明显长于第3、4节之和，第3节等长于第7、8节之和；后胸侧板较宽大，后缘中部具小缺口，后角圆钝，腹缘缺口深；抱器基部不宽，阳茎瓣侧叶较宽大。

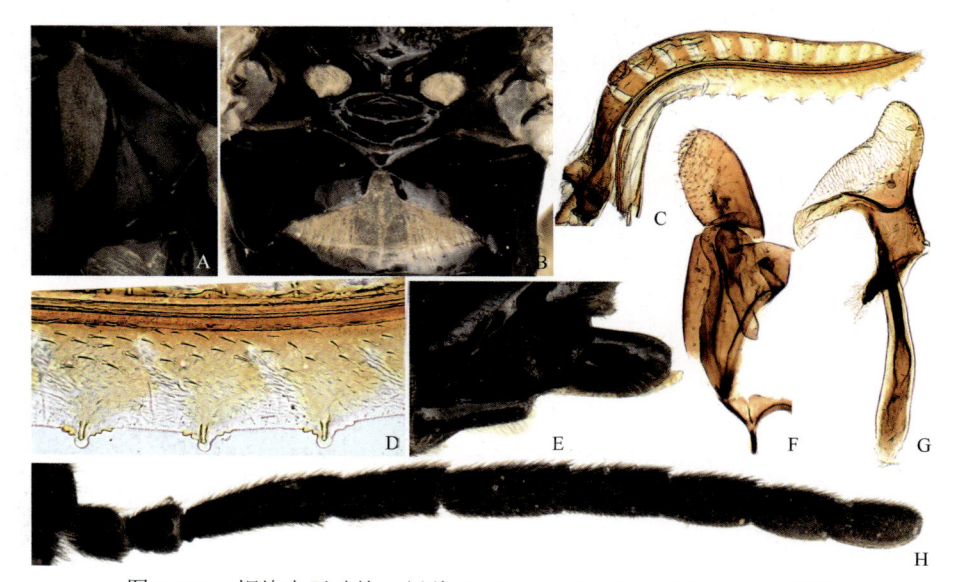

图 3-640 辉煌南开叶蜂，新种 *Nankaina splendida* Wei, sp. nov. 新种
A. 雌虫后胸侧板；B. 腹部第1背板；C. 锯背片和锯腹片；D. 锯腹片第5-7锯节；E. 锯鞘侧面观；F. 生殖铗；G. 阳茎瓣；H. 雌虫触角

180. 长刺叶蜂属 *Esehabachia* Togashi, 1984

Esehabachia Togashi, 1984b: 635. Type species: *Esehabachia luteipes* Togashi, 1984, by original designation.

主要特征：小型叶蜂，体形瘦长；上唇小，半圆形；唇基侧角钝，端缘缺口浅弧形；颚眼距明显宽于单眼直径；上颚短小，对称双齿式，端齿尖，内齿显著短于外齿；口须细长；复眼中等大，内缘直，向下微弱收敛，间距约等于或微大于复眼长径；后眶圆，无后眶沟和后颊脊；唇基上区宽平，触角窝距明显大于触角窝与复眼距离；后头短小，两侧强烈收缩；单眼后区横宽；额区稍隆起，无额脊；中窝长形，侧窝圆形，独立；触角细长丝状，第1节稍长于第2节，二者长宽比均约等于2，第3节长于第4节，第4、5节几乎等长，末端4节之和约等于第4、5节之和，具触角器；胸部长形，前胸背板侧缘折叶宽大、下陷，侧板腹侧尖，互相远离；中胸无胸腹侧片，前缘光滑无脊；后胸淡膜区椭圆形，宽约等于淡膜区间距；后小盾片及前凹均小型；前足内胫距端部分叉，后足胫跗节等长，后基跗节长于其后4节之和；爪短小，爪基片发达，内齿邻近基片，端齿强烈弯曲；雄虫后足胫节端部显著膨大（图3-641H）；前翅3肘室，Rs脉第1段缺失，C脉末端膨大，1M脉与1m-cu脉平行，cu-a脉中位，端臀室2倍长于中室，1M室小方形，3A脉端部分叉，上叉向上弯曲；后翅无封闭中室和附室，臀室具柄式，柄部长于cu-a脉，cu-a脉垂直。雄虫后翅无缘脉；腹部第1节背板具十分宽大的膜区；锯鞘长于中足胫节，背面观十分狭长；锯背片窄长，节缝无刺毛列；锯腹片狭长，锯刃倾斜突出；抱器短宽，基部明显收窄；阳茎瓣头部横形，侧刺突十分细长，弧形上弯，副阳茎退化。

分布：东亚。本属已知3种，中国记载2种，另一种分布于日本。浙江发现1种。

寄主：未知。

（646）淡腹长刺叶蜂 *Esehabachia luteiventris* Wei, 2006（图3-641）

Esehabachia luteiventris Wei, 2006a: 643.

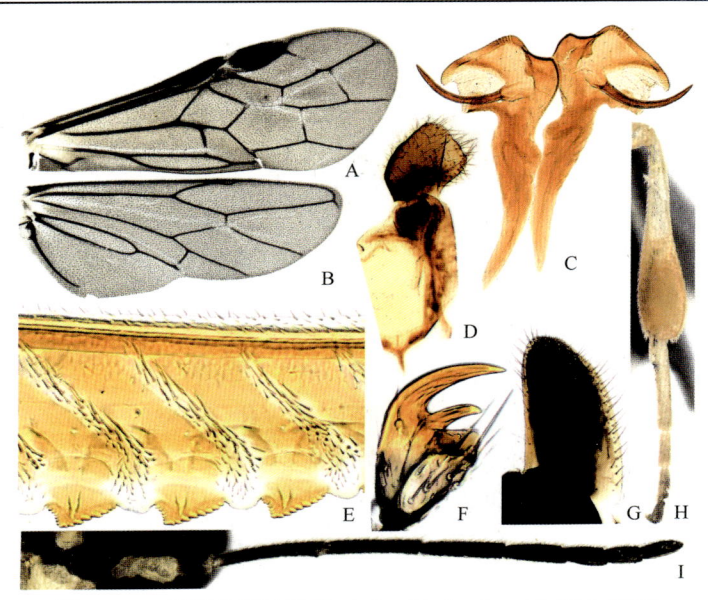

图 3-641 淡腹长刺叶蜂 *Esehabachia luteiventris* Wei, 2006
A. 雌虫前翅；B. 雌虫后翅；C. 阳茎瓣；D. 生殖铗；E. 锯腹片第 5–7 锯节；F. 雌虫爪；G. 锯鞘端；H. 雄虫后足胫跗节；I. 雌虫触角

主要特征：雌虫体长 5.5mm；体黑色，具强光泽，头部触角窝以下部分、触角柄节、前胸背板、翅基片、淡膜区、腹部第 1 背板膜区、中胸前上侧片、中胸后侧片下部、后胸侧板大部分、腹部腹侧全部和足全部黄白色；体毛浅褐色；翅均匀浅烟灰色，翅痣和翅脉暗褐色；体光滑，无刻点，唇基和额区具少许细横皱纹，腹部背板无显著的刻纹；颚眼距 1.2 倍于单眼直径；头部额区明显前突，中窝和侧窝亚圆形，几乎等大；额区显著隆起，高出复眼顶面；单眼后区稍隆起，宽大于长；侧沟十分宽深，向后明显分歧；POL：OOL=3：4；触角细丝状，明显长于头、胸部之和，稍短于腹部，第 8 节长宽比稍小于 2；前翅 1M 室具背柄，2r 脉位于 2Rs 端部 1/3，2m-cu 脉位于 2Rs 室内侧 1/3 处，1R1+1Rs 室等长于 2Rs 室；后翅 R1 室端部宽圆，臀室柄几乎 2 倍于 cu-a 脉长；产卵器等长于中足胫节，鞘端稍长于鞘基，端部窄圆；锯腹片 16 锯刃，锯刃外侧显著倾斜，内侧几乎垂直，节缝刺毛带窄，强烈倾斜弯曲，中部锯刃齿式为 5–7/8，内侧亚基齿细小，外侧亚基齿稍大。雄虫体长 4mm，后足胫节端部强烈膨大侧扁，前翅 cu-a 脉交于 1M 室中部或稍偏外侧；下生殖板长约等于宽，端部钝截形；抱器短，端部截形，外缘直；阳茎瓣头叶中部凹入，中位侧刺突弯长，象牙状。

分布：浙江（临安）、湖南、广东、广西、贵州。

181. 吴氏叶蜂属 *Wuhongia* Wei & Nie, 1998

Wuhongia Wei & Nie, 1998b: 377. Type species: *Wuhongia albipes* Wei & Nie, 1998, by original designation.

主要特征：小型叶蜂，体瘦长；上唇小，半圆形；唇基短，端缘缺口浅弧形；颚眼距显著宽于单眼直径；上颚小，对称双齿式，内齿明显短于外齿；口须细长；复眼大，内缘向下稍收敛，间距等于复眼长径；后眶圆，无后眶沟和后颊脊；额区显著突出，无额脊；触角窝间距明显大于触角窝与复眼内缘距离；中窝长形，侧窝圆形，独立；后头短小，两侧强烈收缩，单眼后区横宽；触角细长丝状，第 1、2 节等长，长宽比等于 2，第 3 节长于第 4 节，第 4、5 节几乎等长，末端 4 节和短于第 4、5 节之和，具触角器；前胸背板侧缘折叶宽大、下陷，侧板腹侧尖，互相远离；无胸腹侧片，中胸侧板光滑无缘脊；后胸淡膜区椭圆形，长径等于淡膜区间距；前足内胫距端部微弱分叉；后足胫跗节等长，后基跗节长于其后 4 节之和，雄虫后足胫节端部不显著膨大；爪短小，爪基片显著，内齿邻近基片，端齿强烈弯曲；前翅 3 肘室，Rs 脉第 1 段缺如，C 脉末端膨大，1M 脉与 1m-cu 脉平行，cu-a 脉中位，端臀室 2 倍长于 1M 室，1M 室小方形，3A 脉分叉，上叉向上弯曲；后翅无封闭 Rs 室和附室，具封闭 M 室，臀室具柄式，柄部长于 cu-a 脉，cu-a 脉垂直；雄虫无缘脉；腹部第 1 背板具大型膜区；抱器倾斜，基部明显收窄；阳茎瓣头部横形，侧刺突十分粗长，弧形下弯，副阳茎低矮。

分布：中国。中国特有属种，已知仅 1 种，模式产地在浙江龙王山。

寄主：未知。

（647）淡足吴氏叶蜂 *Wuhongia albipes* Wei & Nie, 1998（图 3-642）

Wuhongia albipes Wei & Nie, 1998b: 378.

主要特征：雄虫体长 4mm；头部黄褐色，单眼三角和单眼后区黑色；触角黑色，5–9 节腹侧褐色，头部颜面以下部分和口器淡黄色；胸部黑色，前胸、翅基片和足白色，中后足胫节末端及其跗节黑褐色；腹部背面黑色，第 1 背板中央膜区和第 3–5 背板中部"工"形斑浅褐色，腹部腹面黄色；翅淡烟褐色，翅脉和翅痣黑色；体毛淡色；头部单眼三角和额区前缘具细小刻点，额区前缘具不规则弧形横脊，小盾片和后小盾片以及腹部第 1 背板散布细小刻点；颚眼距 1.1 倍于单眼直径；中窝纵沟形，侧窝小圆形；额区前部明显隆起，围单眼沟显著，中单眼前具纵沟，单眼中沟和后沟较深；OOL：POL：OCL=5：5：4；单眼后区稍隆起，宽长比为 2.3，侧沟稍弯曲，向后微弱分歧（图 3-642A）；触角稍长于头、胸部之和，第 2 节明显长于第 1 节主体，第 3、4 节长度比为 5：4，第 8 节明显短于第 9 节，长宽比小于 2（图 3-642F）。后翅臀室柄稍长于 cu-a 脉；后足基跗节长于其后 4 节之和；下生殖板长等于宽，端半部两侧强烈收窄，端缘截形；抱器端部钝截形（图 3-642D）；阳茎瓣头叶端部钝截形，侧刺突粗壮，强烈弯曲，端部尖（图 3-642C）。雌虫未知。

分布：浙江（安吉）。

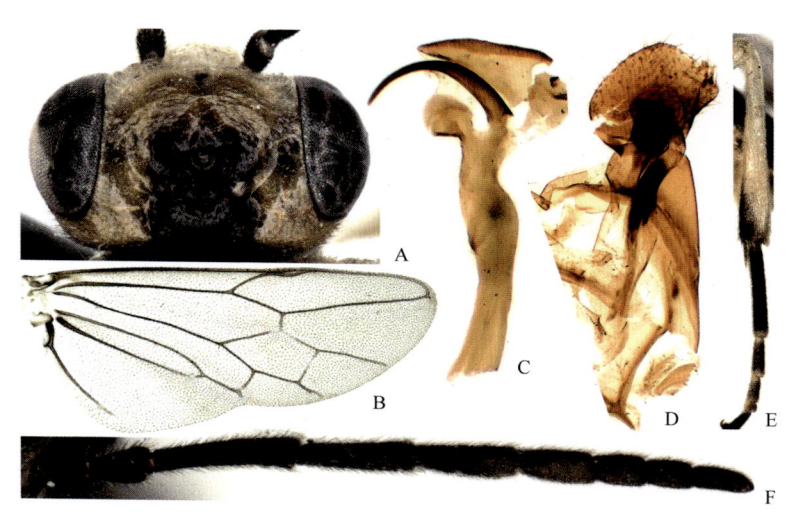

图 3-642　淡足吴氏叶蜂 *Wuhongia albipes* Wei & Nie, 1998 雄虫
A. 头部背面观；B. 后翅；C. 阳茎瓣；D. 生殖铗；E. 后足胫跗节；F. 触角

第四章　扁蜂亚目 Pamphiliomorpha

主要特征：头部和腹部扁平；后头 4 孔式，上颚孔封闭，上颚长大；复眼小，互相远离；前胸背板发达，后缘几乎平直；前胸侧板腹侧接触面长；具翅基片；中胸背板前叶小三角形，具盾侧凹；中胸小盾片具显著附片；后胸背板淡膜区发达，间距稍宽于一个淡膜区；前足胫节具 1 对不等长的端距；中后足胫节各具 3 个分成 2 组的亚端距；前翅 1M 室具背柄，臀室完整；后翅具 3 个以上封闭基室，Sc 脉全长游离，臀室完整；翅前缘具 2 组翅钩列；雌性产卵器短小；雄性外生殖器直茎型，不扭转，生殖铗发达，阳茎瓣小型。幼虫触角 7 节，单眼位于触角后下方，无腹足，具胸足和臀突，幼龄时常群集生活。

分布：古北区，新北区。本亚目包括 1 总科 2 科。浙江分布 1 科，即扁蜂科。广蜂科 Megalodontesidae 分布于古北区北部，地中海地区种类较丰富。国内分布于秦岭—大巴山—大别山—淮河以北地区，在浙江没有分布。

V. 扁蜂总科 Pamphilioidea

十、扁蜂科 Pamphiliidae

主要特征：体中型至大型，十分粗短、扁平；左、右上颚不对称，狭长、强壮；唇基十分宽大，端部截形或弱突出；上唇内折、隐蔽；触角长丝状，16–33 节，鞭节简单，柄节发达，长度近似第 3 节；前翅翅脉多曲折，Sc 脉完全游离，1M 室邻近 R 脉，具短背柄，cu 脉具中位残柄，cu-a 脉靠近 1M 室外侧；腹部极扁平，两侧具锐利边缘；第 1、2 背板中央具裂缝。

分布：古北区，新北区。

本科是一个小科，现生种类已知 10 属约 340 种。中国已知 8 属 96 种（含本书记述的新种），推测实际分布种类不少于 150 种。本书记述浙江省扁蜂 6 属 27 种，含 3 新种。

扁蜂科曾用名有网蜂科（Maa, 1944）、绷蜂科（Maa, 1949b）、扁叶蜂科（萧刚柔等，1992；萧刚柔，2002）。Maa（1949b）曾将广蜂科 Megalodontesidae 的中名命名为扁蜂，但未被沿用。自《龙王山昆虫》（魏美才和聂海燕，1998b；魏美才和肖炜，1999）起，国内普遍使用"扁蜂"命名本支系昆虫。膜翅目的基部各支系目前各有其中文名，叶蜂之名仅用于叶蜂亚目各类群。

分属检索表

1. 翅端部饰纹不规则形；胫节端距尖端膜质，基跗节约等长于其后 2 节之和，腹面跗垫大，第 4 跗分节长大于宽；爪内齿微小，亚中位，爪腹面仅具 1 根长刚毛。寄生于裸子植物 ·· 2
- 翅端部饰纹纵条形；胫节端距尖端尖且骨化，基跗节不短于其后 3 节之和，腹面跗垫小型，第 4 跗分节横形；爪内齿大型，亚端位，爪腹面仅具 1–2 根长刚毛。寄生于被子植物 ·· 4
2. 右上颚双齿；后翅臀室末端圆钝，臀柄短于 cu-a 脉，高位；触角鞭节不强烈侧扁。寄主为松科植物 ························· 3
- 右上颚三齿；后翅臀室末端尖，臀柄长于 cu-a 脉，亚中位；触角鞭节强侧扁，第 3 节长宽比为 1.5。寄主为杉科和柏科植物 ··· 华扁蜂属 *Chinolyda*
3. 前足胫节具亚端距 ··· 阿扁蜂属 *Acantholyda*

- 前足胫节无亚端距 ·· **腮扁蜂属 Cephalcia**
4. 前翅 Sc1 脉大部分或全部消失；头部单眼后侧沟浅弱模糊，向前显著分歧，额侧沟缺；爪无基片，腹面具 1 个长刚毛；右上颚 3 齿型，中齿与基部第 1 齿等大；颚眼距处无长刚毛或卷毛 ·· **脉扁蜂属 Neurotoma**
- 前翅 Sc1 脉完全；单眼后区侧沟显著，向前不分歧，额侧沟显著；爪的腹面具 2 根长刚毛；右上颚 4 齿型，中位齿小型，显著小于第 1 齿 ··· 5
5. 爪基片大型；颚眼距前部具凹区和多个卷毛（♀）或 1 个长刚毛和数个卷毛（♂）·················· **齿扁蜂属 Onycholyda**
- 爪无基片；颚眼距简单，无明显凹区，无长刚毛和卷毛 ·· **扁蜂属 Pamphilius**

（一）腮扁蜂亚科 Cephalciinae

主要特征：中大型扁蜂。翅端部饰纹不规则；各足胫节端距尖端膜质，后足基跗节约等长于其后 2 节之和，腹面跗垫大型，第 4 跗分节长大于宽；爪较直，内齿微小，亚中位，端齿稍弯曲，爪腹面仅具 1 根长刚毛。幼虫取食裸子植物针叶。

分布：古北区，新北区。中国已知 3 属 40 种。本书记述浙江腮扁蜂 3 属 10 种。

本亚科包括 3 族 4 属 141 种，其中华扁蜂族 Chinolydini、直扁蜂族 Caenolydini 各只有 1 属 2 种，腮扁蜂族 Cephalciini 已知 2 属 127 种。

182. 阿扁蜂属 *Acantholyda* Costa, 1894

Acanthocnema Costa, 1859: 3. Not available. Type species: *Tenthredo erythrocephala* Linné, 1758, by subsequent designation of Benson, 1945. (No species was included originally). Suppressed by Opinion, 290 (ICZN, 1954).

Lyda (*Acantholyda*) Costa, 1894: 232. Type species: *Tenthredo erythrocephala* Linné, 1758, by subsequent designation of Rohwer, 1910.

Lyda (*Itycorsia*) Konow, 1897: 13. Type species: *Tenthredo hieroglyphica* Christ, 1791, by subsequent designation of Rohwer, 1910.

主要特征：体中大型，长 8–18mm；触角细长丝状，不侧扁，柄节通常不短于第 3 节，第 3 节显著长于第 4 节；后颊脊有或无，翅端部革质，具不规则皱纹，前翅 C 室和 Sc 室无毛；Sc 脉 2 支，端部远离翅痣，翅痣狭长，窄于 2r 脉长；1r 脉粗度正常，不细；m-cu-a 横脉残柄缺或很短。后翅臀室端部宽圆，臀柄高位；前足胫节具 1 个（极少具 2 个）亚端距；胫节端距尖端膜质，较钝；基跗节约等长于其后 2 节之和，腹面跗垫大型，第 4 跗分节长大于宽；每个跗爪具 1 个远离端齿的小型亚端齿，爪腹面仅具 1 根长刚毛。

分布：古北区，新北区，新热带区北部（墨西哥）。本属全球已知 80 种，其中欧洲 9 种，中美洲 3 种，北美洲 34 种，东亚 35 种。中国已知 19 种，浙江发现 4 种。中国东南部地区本属只有 5 种，另外一种分布于中国台湾。检索表中也一并检出了该种。

寄主：本属幼虫独自或群居生活，取食裸子植物针叶。

分种检索表

1. 后眶后缘具明显的后颊脊；体黄褐色，无金属蓝色光泽，头部、胸部和腹部背板具丰富的黑斑；翅透明，整体具较弱的烟色，无明显翅斑 ·· **突唇阿扁蜂 *A. convexiclypea***
- 后眶圆钝，无后颊脊；头、胸部具明显的金属蓝色光泽，或雌虫翅端部具深烟色斑纹 ·· 2
2. 翅透明或淡烟褐色，无明显翅斑；翅痣大部分或全部黑褐色；头部刻点粗大、较密集；两性触角第 1 节部分黑色；两性头、胸部背侧大部分黑色，具明显的金属蓝色光泽 ·· 3
- 雌虫翅基部 2/3 烟黄色，端部 1/3 深烟褐色，对比鲜明；两性翅痣黄褐色，基部 1/4 以下黑色；头部和胸部刻点细小、浅弱；雌虫触角第 1 节黄褐色，第 2–4 节黑褐色，其余鞭分节大部分黄褐色；雌虫头、胸部黄褐色，无明显黑斑，腹部 1–5 节黄褐色，6–10 节黑色，无蓝色光泽；雄虫体背侧大部分黑色，无金属蓝色光泽 ················· **异耦阿扁蜂 *A. dimorpha***

3. 唇基黄褐色；翅均匀淡烟色，翅痣端部多少具淡色斑；触角基半部黄褐色，第 1 节背侧黑色；雌虫腹部背侧中央通常具黑色纵带斑，有时 2–5 节背板全部红褐色，2–5 腹板多少具黑斑；股节和胫节前腹侧通常部分或全部淡色，少数股节全部黑色 ·· 黄缘阿扁蜂 *A. flavomarginata*
- 唇基蓝黑色，无明显淡斑；翅至少基部 1/4 透明，或全部透明，翅痣全部黑色；触角基半部和各足股节、中后足胫节黑色；腹部 2–5 节黄褐色，无明显黑斑，或腹部背板几乎全部黑蓝色 ·· 4
4. 翅几乎全部透明；触角全部黑色；雌虫腹部背板大部分蓝黑色，两侧淡边狭窄 ·························· 台湾阿扁蜂 *A. taiwana*
- 翅大部分烟褐色，基部 1/4 透明；触角基半部黑色，端半部暗褐色；雌虫腹部 2–5 节背板和 3–7 节腹板黄褐色，第 6 节背板和第 8 节腹板大部分黄褐色 ·· 赤腰阿扁蜂 *A. intermedia*

（648）突唇阿扁蜂 *Acantholyda convexiclypea* Liu, Li & Wei, 2022（图 4-1，图版 XV-7）

Acantholyda convexiclypea Liu, Li & Wei, 2022: 205.

主要特征：雌虫体长 15mm；头部黄褐色，前面观色斑见图 4-1A，背侧黑斑见图 4-1B；触角黄褐色，第 1 节中部背侧具小黑斑，鞭节端部稍暗；胸部黑色，前胸侧板腹侧大斑、前胸背板边缘宽斑、翅基片、中胸背板前叶后部 2/3、小盾片大部分和外侧相邻的背板侧叶斜斑、中胸前侧片大部分和后侧片后缘黄褐色；腹部黄褐色，第 1–3 背板背侧大部分、第 4 和第 5 背板基部和端缘、第 6 和第 7 背板基缘带斑以及各节腹板基缘黑色；足橘褐色，基节基部、转节和股节后侧黑色；体毛黄褐色；翅弱烟色，具黄色光泽，翅痣黑褐色，端部渐变褐色；唇基刻点稀疏浅弱，表面光滑，颜侧区上部 2/3 具显著刻点，下部 1/3 光滑；额区刻点密集，单眼侧区、单眼后区前部刻点粗糙致密，单眼后区中后部和上眶内侧刻点粗大，具狭窄光滑间隙，后眶上部刻点较小、稀疏；中胸背板前叶大部分光滑，侧叶中部具刻点带，小盾片后部具刻点；中胸前侧片刻点浅弱、模糊，刻纹明显，光泽较弱，后侧片刻纹致密；后胸前侧片刻纹微弱，后侧片刻纹细密；腹部背板和腹板均具弱刻纹；头、胸部背侧细毛直，额区两侧和中胸背板细毛约等长于单眼直径，单眼后区和上眶细毛短于单眼直径；唇基中部 1/3 显著突出，中部隆起，端缘截形；颚眼距 1.2 倍于侧单眼直径；复眼小，短椭圆形，间距 2.4 倍于复眼长径；内眶中部鼓出，无弧形脊；中单眼和侧单眼之间具短斜脊；单眼后区前部宽等于长，侧沟浅弱，向后强烈收敛；触角等长于前翅 C 脉和翅痣之和，28 节，第 1–5 节长度比为 30∶10∶24∶11∶11。

分布：浙江（临安）。

图 4-1 突唇阿扁蜂 *Acantholyda convexiclypea* Liu, Li & Wei, 2022 雌虫
A. 头部前面观；B. 头部背面观；C. 爪；D. 中胸侧板；E. 触角基部 5 节；F. 锯鞘侧面观；G. 左、右上颚

(649) 异耦阿扁蜂 *Acantholyda dimorpha* Maa, 1944（图 4-2，图版 XV-8）

Acantholyda dimorpha Maa, 1944: 52.

主要特征：雌虫体长 13.5–16mm；触角黄褐色，2–4 节（图 4-2B）和末端几节黑色至暗褐色；头部（图 4-2A）、胸部、腹部 1–5 节黄褐色，腹部背板第 6 节除前缘外、背板 7–10 节、腹板 5 节的后缘及 6–8 节腹板黑色；前翅基部 2/3 和后翅基部 4/5 及该区域翅脉烟黄色，前翅端部 1/3 和后翅端部 1/5 左右深烟褐色，烟斑内翅脉黑褐色，翅痣基部 1/4 以下黑色，1r 脉附近小斑黑色（图 4-2D）；足黄褐色。头部和前胸背板具红黄色细毛。头部刻点细浅稀疏，表面光滑；中胸背板前叶光滑，侧叶后侧刻点稍粗密，小盾片刻点稀少；中胸前侧片刻点较密而粗浅；唇基前缘两侧凹入较深，中央稍凹入；中窝卵圆形，颇深；横缝、冠缝、侧缝明显；后眶圆，无后颊脊；触角 33–34 节，第 1 节：第 3 节：第 4+5 节 = 1.01：1.16：0.90。雄虫体长 11mm；虫体大部分黑色，唇基和触角窝侧区黄褐色，触角基部黑色，端部黑褐色，中间黄褐色；前中足股节前侧、后足股节全部、各足胫跗节黄褐色，腹部背板 2–5 侧缘和 2–5 腹板大部分黄褐色；阳茎瓣头叶较宽，端部圆钝；下生殖板中部明显突出，无突叶，抱器长大于宽，端部圆钝。

分布：浙江（龙泉）、河南、江西、湖南、福建、重庆、四川。

寄主：马尾松 *Pinus massoniana*。

图 4-2 异耦阿扁蜂 *Acantholyda dimorpha* Maa, 1944 雌虫
A. 头部背面观；B. 触角基部 6 节；C. 爪；D. 翅痣和附近翅脉

(650) 黄缘阿扁蜂 *Acantholyda flavomarginata* Maa, 1944（图 4-3，图版 XV-9）

Acantholyda flavomarginata Maa, 1944: 34.
Acantholyda guizhouica Xiao, 1987b: 7.

主要特征：雌虫体长 12–16mm；触角柄节黄褐色，背面具黑斑（图 4-3E），梗节和鞭节暗褐色；头部黑色，唇基、触角窝侧区及相连的内眶狭条斑、颚眼距及相连的后眶条斑黄褐色（图 4-3A）；胸、腹部黑色，前胸背板侧角、前胸侧板腹侧大部分和腹板后部黄褐色，腹部背板两侧狭边和各节腹板后缘红褐色；触角窝侧区以后的头部背侧、胸部和腹部背板黑色部分具强光泽，稍带青绿色；头部背侧色斑见图 4-3A，前面色斑见图 4-3C；足后背侧黑褐色，前腹侧黄褐色；翅淡烟色透明，翅痣黑褐色，端部稍淡，翅脉暗褐色；体毛淡色；头部刻点粗大，额区和单眼区刻点粗糙密集，上眶、单眼后区刻点较稀疏（图 4-3A），唇基刻点细小、稀疏；触角窝侧区大部分光滑；胸部背板刻点较稀疏，前侧片刻点密集，局部有皱纹，后侧片刻纹密集（图 4-3B）；腹部无明显刻点，光泽强；唇基前缘中央近截形；中窝及额脊不明显；横缝、冠缝隐晦，单眼后区侧沟细浅，OOL：POL：OCL = 1.02：0.56：1.23；无后颊脊；头部背侧刺毛稍长于单眼直径，中胸前侧片具长而密的刺毛；触角 26–32 节；第 1 节：第 3 节：第 4+5 节 = 0.79：1.11：0.97（图 4-3E）。雄虫体长 10–12mm。侧缝上无斑纹，中胸基腹片和抱器红褐色，足黄褐色；触角 28–30 节，

第1节大部分黑色（图4-3D）；下生殖板宽大于长，端缘中部突出，不呈瘤状；抱器长大于宽，端部圆钝；阳茎瓣头叶长方形，端部钝截。

分布：浙江（临安、乐清）、安徽、江西、湖南、福建、台湾、广西、贵州。

图4-3 黄缘阿扁蜂 *Acantholyda flavomarginata* Maa, 1944
A. 雌虫头部背面观；B. 雌虫胸部侧板；C. 雌虫头部前面观；D. 雄虫触角基部；E. 雌虫触角基部；F. 爪

（651）赤腰阿扁蜂 *Acantholyda intermedia* Maa, 1949（参见图4-4）

Acantholyda intermedia Maa, 1949b: 34.

主要特征：雌虫体长14.5–16.0mm，雄虫未知。体大部分黑色，黑色部分具绿色金属光泽，上眼眶及中眼眶各具一个微小黄色点斑；上颚外侧大部分红褐色，端部黑色；触角基部黑色，端部暗褐色；翅基部1/4完全透明，端部3/4烟褐色，翅痣黑绿色，翅脉暗褐色；足大部分黑色，膝部和前足胫节部分浅褐色；腹部第2–5背板全部、第6背板除了后缘三角形横斑、第7背板两侧、第3–7腹板全部以及第8腹板前角黄褐色；体毛黑褐色，较短而密。头、胸部刻点粗密，网状，上眶、头顶、前胸和小盾片刻点较稀疏，中后胸前侧片具明显皱刻纹，中后胸后侧片具明显细刻纹，无明显刻点；腹部背板具细刻纹，无明显刻点；腹板大部分光滑，散布少量小刻点，仅后缘刻点较密。背面观后头两侧不收缩；唇基前侧中部稍隆起，无中脊，前缘中部具浅缺口；POL：OOL：OCL=2：3：5；颚眼距短于触角梗节宽，后眶圆钝，后颊脊完全缺失，单眼后区侧沟显著；触角27节，短于腹部，第3节2倍于第4节长。

图4-4 台湾阿扁蜂 *Acantholyda taiwana* Shinohara, 1991（郑昱辰拍摄）
A. 成虫头部背面观；B. 雌虫胸部背面观

分布：浙江（临安）。

本种模式标本是两头雌虫。本种自1949年发表之后就没有任何新的记录，上述特征描述来自本种的原始描述。萧刚柔（2002）根据 Maa（1949b）原始描述翻译的特征记述中，所提到的胸部侧板和腹部背板"淡黄褐色"是单词"alutaceous"（皮革质）的误译。

台湾阿扁蜂 Acantholyda taiwana Shinohara, 1991 与本种的头胸部色斑相同，刻点近似，可资比较。

183. 腮扁蜂属 Cephalcia Panzer, 1805

Cephalcia Jurine, in Panzer, 1801b: 163. Not available. Suppressed.（No species included.） Suppressed by Opinion, 135 (ICZN, 1939).

Cephalcia Panzer, 1803: 86: 8. Type species: Cephalcia arvensis Panzer, 1803, by subsequent designation of Rohwer, 1911a.

Cephaleia Jurine, 1807: 65–66. Type species: Cephaleia arvensis Panzer, 1803, by subsequent designation of Rohwer, 1911a.

Liolyda Ashmead, 1898a: 209. Type species: Lyda frontalis Westwood, 1874, by original designation.

主要特征：体中大型，长10–18mm；触角细长丝状，不侧扁，柄节通常不短于第3节，第3节显著长于第4节；后颊脊有或无，翅端部革质，具不规则皱纹；Sc 脉2支，端部远离翅痣，翅痣狭长，窄于2r 脉长；1r 脉粗度正常，不细；m-cu-a 横脉残柄缺或很短；后翅臀室端部宽圆，臀柄高位。前足胫节无亚端距；胫节端距尖端膜质，较钝；基跗节约等长于其后2节之和，腹面跗垫大型，第4跗分节长大于宽；每个跗爪具1个远离端齿的小型亚端齿，爪腹面仅具1根长刚毛。

分布：古北区，新北区。本属世界已知49种（含本书记述的新种）。东亚地区分布29种，中国已知25种。浙江目前发现5种，包括1新种。

本属幼虫独自或群居生活，取食裸子植物针叶；群居种类幼虫可在树上做虫巢。

分种检索表

1. 前翅 C 室光裸，无刺毛；前翅 Cu 脉脉桩（m+cu-a）完全缺如；体小型，长 8–11mm ·················· 2
- 前翅 C 室被密毛；前翅 Cu 脉脉桩（m+cu-a）显著；体大型，长于 15mm ···························· 4
2. 翅烟黑色；雄虫头部上半部黑色，下半部黄褐色，推测雌虫头部大部分红褐色；右上颚粗壮，外齿内侧具肩；触角第3节长于其后2节之和；体具金属光泽；唇基中部强烈突出；体毛黑色；体长于10mm ············· 黑翅腮扁蜂 C. melanoptera
- 翅透明；头部全部黑色；右上颚狭长，外齿基部无肩；触角第3节短于其后2节之和；体无金属光泽；唇基中部不突出；体毛淡色；体长 7–8.5mm ·· 3
3. 唇基和额区刻点粗大、密集，上眶和单眼后区刻点大，较浅弱；触角第3节0.7倍于第1节长；腹部3–6节背板黄褐色，具绿色光泽；触角1–3节浅褐色，第1节背侧具大黑斑；前翅 cu-a 脉交于 1M 室下缘外侧 2/5 ··· 刻唇腮扁蜂 C. puncticlypea
- 唇基大部分和额区无刻点，上眶和单眼后区刻点不明显；触角第3节0.9倍于第1节长；腹部各节背板黑色，后缘狭边浅褐色；触角1–3节黑色；前翅 cu-a 脉交于 1M 室下缘中部 ················ 光头腮扁蜂，新种 C. glabroceps sp. nov.
4. 体黑色，具少量淡斑；触角基部数节和端部数节黑色，中段白色；前翅翅痣下具狭窄但完整的烟色横带斑；触角第3节短于第4–6节之和 ··· 天目腮扁蜂 C. tienmua
- 体黄褐色，几乎无黑斑；触角黄褐色，仅末端2–3节黑色；前翅翅痣下具短小黑色带斑，无完整黑色横带；触角第3节等长于第4–6节之和 ·· 肖氏腮扁蜂 C. xiaoweii

（652）光头腮扁蜂，新种 Cephalcia glabroceps Wei & Gao, sp. nov.（图4-5，图版 XV-10）

雄虫：体长 7mm。体和触角黑色，上颚大部分、上唇和口须暗黄褐色（图4-5C）；前胸背板后缘宽边、翅基片全部、腹部背板两侧狭边、背板缘折除中部圆斑外、2–6 腹板后缘狭边黄褐色；足黑色，各足基节端缘、第 2 转节、股节端部 1/4–1/3、胫跗节全部黄褐色；体毛浅褐色；翅淡烟灰色透明，翅痣黑褐色，翅脉暗褐色。

头部光滑，仅唇基前缘具少量十分细小的刻点，额区具细弱刻纹（图 4-5B）；胸部光滑，无明显刻点或刻纹（图 4-5D）；腹部背板光滑，光泽强；腹板具微弱细刻纹。头、胸部背侧和胸部侧板细毛微长于单眼直径，端部微弱弯曲。右上颚和左上颚见图 4-5C，右上颚内齿短三角形，长度约为外齿的 1/4；唇基中部几乎平坦，端缘中部钝截形，侧角钝，较明显（图 4-5B）；颚眼距 0.6 倍于单眼直径；复眼短椭圆形，间距 2 倍于复眼长径（图 4-5B）；中窝不明显，前侧低弱隆起；额区平坦，中部具细浅纵沟；单眼和复眼间区域无横沟；单眼后区平坦，宽明显大于长，无中纵沟，侧沟浅弱，弧形弯曲，后部明显收敛；背面观后头明显长于复眼，侧缘向后显著收敛（图 4-5A）；后眶圆钝，后颊脊完全缺失。触角 25 节，第 3 节明显短于第 1 节，稍长于第 4、5 节之和，基部 5 节长度比为：24∶10∶23∶11∶11（图 4-5H）。小盾片平坦、狭窄，宽明显小于长。前翅 C 室和 Sc1 室具密集刺毛，Sc2 室大部分光裸；1M 室背柄长约为 m+cu-a 脉桩的 2/3，cu-a 脉明显位于 1M 室中部外侧；后翅臀室柄 0.6 倍于 cu-a 脉长。后足胫节明显长于跗节，基跗节稍长于其后 2 节之和，第 1 跗垫长约为基跗节的 1/4；爪内齿短小三角形（图 4-5E）。腹部下生殖板长于等于宽，端部圆钝，无瘤突或三角形中突；生殖铗见图 4-5G，抱器长大于宽，端部圆钝；阳茎瓣头叶窄长，顶角圆钝（图 4-5F）。

雌虫：未知。

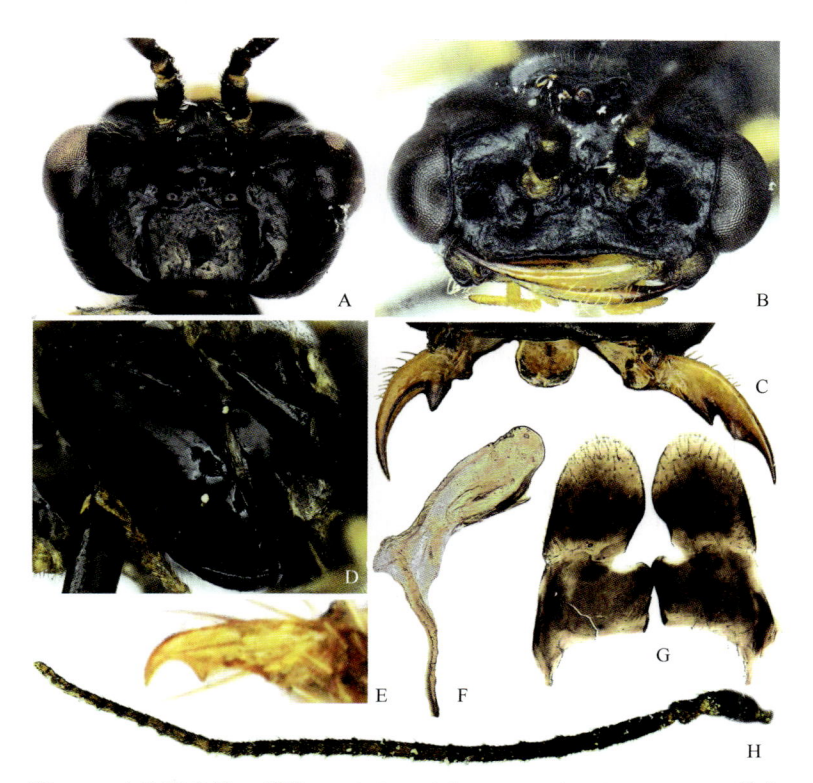

图 4-5 光头腮扁蜂，新种 *Cephalcia glabroceps* Wei & Gao, sp. nov. 雄虫
A. 头部背面观；B. 头部前面观；C. 上唇和上颚；D. 中胸侧板；E. 爪；F. 阳茎瓣；G. 生殖铗；H. 触角

分布：浙江（龙泉）。

词源：本种拉丁名的种加词 *glabroceps*，指其头部除唇基端缘外均光滑无刻点。

正模：♂，浙江龙泉凤阳山上瑜桥，27°53.064′N、119°10.436′E，1638m，2009.IV.23，李泽建（ASMN）。**副模**：6♂，浙江龙泉凤阳山上瑜桥，27°53.064′N、119°10.436′E，1638m，2009.IV.23，李泽建、赵赴（ASMN）。

鉴别特征：本种与刻唇腮扁蜂 *C. puncticlypea* Liu, Li & Wei, 2022 最近似，但唇基和唇基上区无明显刻点，头部背侧无稀疏浅弱大刻点，腹部背板背侧除两侧狭边外全部黑色，各节背板缘折中部黑斑较小，触角基部黑色，鞭节黑褐色，小盾片长大于宽，颚眼距窄于单眼直径，前翅cu-a脉位于1M室下缘中部外侧等，容易鉴别。本种体长7mm，头部无淡斑，触角第3节不长于第1节，左上颚外齿狭长，头胸部光滑，无明显刻点等，与本属已知种类差别较大。

（653）黑翅腮扁蜂 *Cephalcia melanoptera* Liu, Li & Wei, 2022（图4-6）

Cephalcia melanoptera Liu, Li & Wei, 2022: 211.

主要特征：雄虫体长10.5mm；虫体黑色，仅颜侧区、后眶下部2/3和颚眼距、唇基、唇基上区、上颚基部1/3、下生殖板端缘和抱器黄褐色，柄节腹侧具淡色条斑，头、胸部背侧具微弱的蓝紫色金属光泽，腹部背板具强紫色金属光泽，腹侧具显著蓝色金属光泽；翅深烟黑色，Sc脉分叉处前后和前翅端部1/4较透明，翅痣黑色，翅脉黑褐色；体毛黑褐色；头部背侧细毛长约1.5倍于单眼直径，明显弯曲；单眼区、眼上区刻点粗糙，间隙狭窄；单眼后区、上眶刻点稀疏，唇基刻点稍密，后眶大部分几乎光滑，具零星小刻点；触角窝侧区表面光滑，具稀疏刻点和刺毛；中胸背板刻点细小、稀疏，侧叶中部和小盾片刻点稍密集，附片光滑；中胸前侧片上端和腹侧具明显的光滑区域，其余部分具粗大刻点和皱纹；后侧片具细弱刻纹；腹部背板高度光滑，腹板具稀疏具毛刻点；唇基侧角钝，中部1/3显著隆起和前突；颚眼距等长于单眼直径，无后颊脊，具短口后脊；颜侧脊低钝，侧缝不明显；单眼后区隆起，宽大于长，侧沟浅宽，向后显著收敛；后头稍长于复眼；左上颚中齿宽大，右上颚无中齿，外齿基部内侧具肩；触角细，稍短于体长，26节，第3节明显长于第1节，2.4倍于第4节长；前翅C室狭窄、光裸，近端部具数根刺毛，Sc1室具稀疏刺毛；翅痣窄，2r脉垂直，交于翅痣外侧2/5，m+cu-a脉桩完全缺失；前足胫节亚端部无特殊刺毛，内端距宽大、弯曲；下生殖板宽大于长，端部中央明显收窄、突出；抱器长大于宽，端部窄圆。雌虫未知。

分布：浙江（龙泉）。

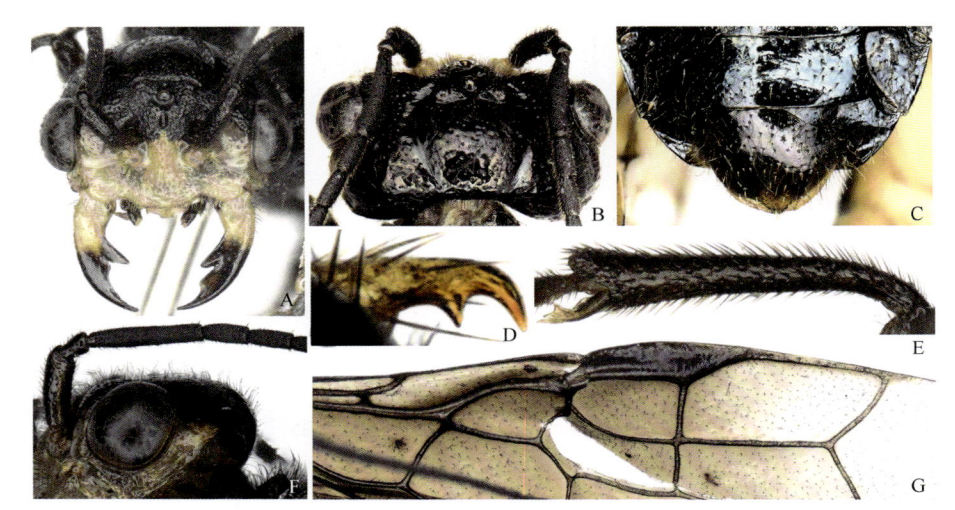

图4-6 黑翅腮扁蜂 *Cephalcia melanoptera* Liu, Li & Wei, 2022 雄虫
A. 头部前面观；B. 头部背面观；C. 腹部端部腹面观；D. 爪；E. 前足胫节；F. 头部侧面和触角基部；G. 前翅局部

（654）刻唇腮扁蜂 *Cephalcia puncticlypea* Liu, Li & Wei, 2022（图4-7，图版XV-11）

Cephalcia puncticlypea Liu, Li & Wei, 2022: 207.

主要特征：雌虫体长8.5mm；体黑色，上颚大部分和口须黄褐色，触角基部1/4左右浅褐色，柄节背侧具大黑斑，鞭节端部渐变黑褐色，前胸背板后缘狭边、翅基片全部、腹部第 2 背板中部、3-6 背板、第 10 背板大部分、第 2-6 腹板后缘宽边、第 7 腹板后缘狭边黄褐色，第 6 背板两侧具黑斑，各节背板缘折浅褐色，中部具圆形大黑斑，第 7 腹板中部斜脊橘褐色；足黑色，各足基节端缘、第 2 转节、股节端部约 1/4、胫跗节全部黄褐色；体毛浅褐色；翅淡烟灰色透明，翅痣黑褐色，翅脉暗褐色；唇基和唇基上区具粗大密集刻点，刻点间隙光滑；触角窝侧区刻点细小、稀疏，后眶大部分无刻点，内眶上部、上眶和单眼后区具稀疏浅大刻点，表面光滑；胸部侧板无明显刻点或刻纹；腹部背板光滑，光泽强，腹板具明显细刻纹；头、胸部背侧和胸部侧板细毛微长于单眼直径，端部直或微弱弯曲；颚眼距等长于侧单眼直径；复眼椭圆形，间距 2.2 倍于复眼长径；单眼后区平坦，宽稍大于长，无中纵沟，侧沟浅弱；后眶圆钝，后颊脊完全缺失；触角 26 节，第 3 节明显短于第 1 节，也短于第 4、5 节之和，基部 5 节长度比为：28：10：20：12：13；前翅 C 室和 Sc1 室具密集刺毛，Sc2 室大部分光裸；1M 室背柄长约为 m+cu-a 脉桩长的 1/2；腹部第 7 腹板后半部具明显隆起的斜脊，斜脊之间具圆形凹陷。雄虫未知。

分布：浙江（临安）。

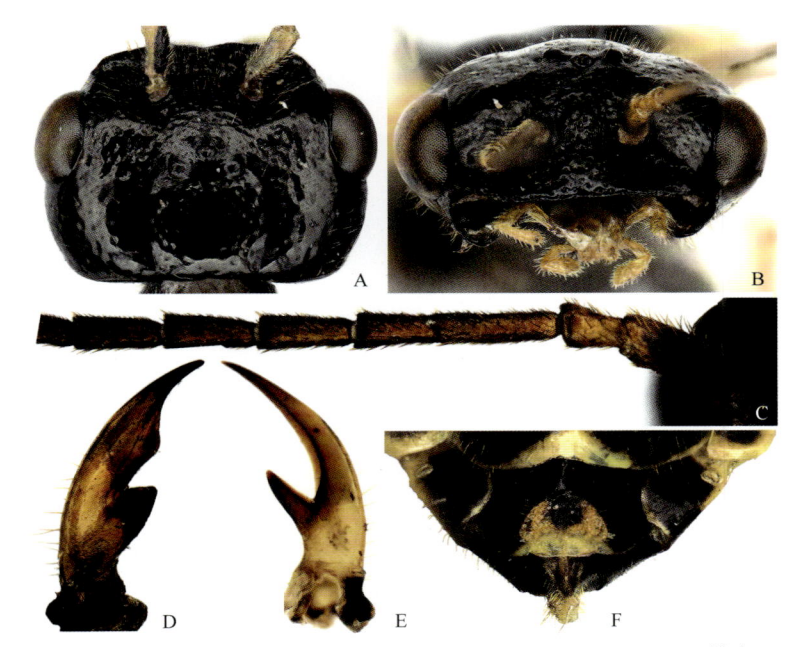

图 4-7　刻唇腮扁蜂 *Cephalcia puncticlypea* Liu, Li & Wei, 2022 雌虫
A. 头部背面观；B. 头部前面观；C. 触角基部 6 节；D. 左上颚；E. 右上颚；F. 腹部末端腹面观

（655）天目腮扁蜂 *Cephalcia tienmua* Maa, 1949（图 4-8，图版 XV-12）

Cephalcia tienmua Maa, 1949b: 33.

主要特征：体长雌虫 15-17mm，雄虫 15-17mm；体黑色，具光泽；雌虫头部色斑见图 4-8A、B，雄虫色斑见图 4-8E、F；雌虫触角基部 3 节黑色（图 4-8L），中间 18-22 节白色，端部 8-10 节黑色；前胸背板下缘及侧角上斑、中胸前盾片后部、翅基片、中胸小盾片、后胸小盾片、中胸前侧片上角及中部小斑、后胸前侧片后角小斑黄白色；翅透明，具淡黄色光泽，翅痣黑色，尖端黄褐色，翅痣基端至翅后缘有一暗色狭窄横纹，翅外缘烟褐色；翅脉黄褐色；足黄色，仅基节和转节黑色；腹部背板 2-8 两侧、腹板 3-7 后缘黄白色；头胸部细毛较密长，黑色或黑褐色；雄虫触角基部；胸部背板背侧全部黑色；前翅基部 1/3 翅脉黄褐色，其余翅脉黑褐色，端部具模糊烟斑；抱器橙黄色；唇基刻点细稀；额区刻点稠密，皱纹状；头顶、上眶刻点较疏；中胸前侧片刻点中等大小，较稠密；腹部背板具细刻点，呈细横皱纹状；腹板 1-3 节刻点细密，腹板 4-7 节后缘刻点较粗疏；唇基前缘中部稍突出，突出部前缘近截形；雌虫后颊脊较弱，雄虫后颊脊显著；m+cu-a 脉残柄退化；雌虫触角 31–33 节，第 3 节长于第 4、5 节之和，雄虫触角 29–30 节；阳茎瓣头叶较宽，端部稍倾斜、圆钝，侧突长大（图 4-8C）；抱器长大于宽，端部斜截（图 4-8J）。

分布：浙江（临安、龙泉）、河南、安徽、江西、湖南、福建。

图 4-8 天目腮扁蜂 *Cephalcia tienmua* Maa, 1949
A. 雌虫头部背面观；B. 雌虫头部前面观；C. 阳茎瓣；D. 雄虫左上颚；E. 雄虫头部背面观；F. 雄虫头部前面观；G. 雄虫右上颚；H. 雄虫下生殖板；I. 雌虫腹部末端腹面观；J. 生殖铗；K. 雄虫触角基部 5 节；L. 雌虫触角基部 5 节

（656）肖氏腮扁蜂 *Cephalcia xiaoweii* Liu, Li & Wei, 2022（图 4-9，图版 XVI-1）

Cephalcia xiaoweii Liu, Li & Wei, 2022: 209.

主要特征：雌虫体长 17.5mm；体黄褐色；单眼区黑色，中胸背板前缘和沟缝、后胸小盾片、前胸腹板、中胸腹板前侧小斑和后缘以及侧沟、后胸腹板黑色；触角黄褐色，鞭节端部 2-3 节稍暗；足黄褐色，各足基节基部、第 1 转节后侧大部分、第 2 转节后侧小斑黑色；翅烟黄色，前翅翅痣基半部黑褐色，端半部渐变褐色，R1 脉黄褐色，翅端缘烟斑狭窄，宽度约等于 3Rs 室长度的 1/3，翅痣下黑褐色烟斑伸至 1Rs 室内顶角；后翅端部烟斑十分短小。触角窝侧区大部分、额区、单眼区、单眼后区前缘和内眶上部刻点密集，上眶大部分、单眼后区大部分和后眶上部刻点较稀疏，表面光滑，后眶下部刻点十分稀疏；胸部背板刻点较小、稀疏，小盾片后部刻点稍密，盾侧凹大部分光滑；中胸前侧片刻点较密集，表面具微细刻纹，有光泽；中后胸后侧片刻纹细密；腹部背板几乎无刻纹，光泽强，腹板具明显微细刻纹。头、胸部背侧细毛直，短于单眼直径；胸部侧板细毛长约 2 倍于单眼直径，明显弯曲；颚眼距约等宽于侧单眼直径；复眼椭圆形，间距 2.3 倍于复眼长径；左上颚中齿显著；触角 26 节，第 3 节明显长于第 1 节，稍短于第 3、4、5 节之和，基部 6 节长度比为：45∶16∶50∶18∶18∶17；前翅 C 室光裸无毛，Sc1 室刺毛稀疏短小，m+cu-a 脉桩完全缺失；腹部第 7 节腹板侧脊窄深 V 形，基角伸过腹板中部，后侧洼区短宽，宽长比约等于 4。雄虫未知。

分布：浙江（临安）。

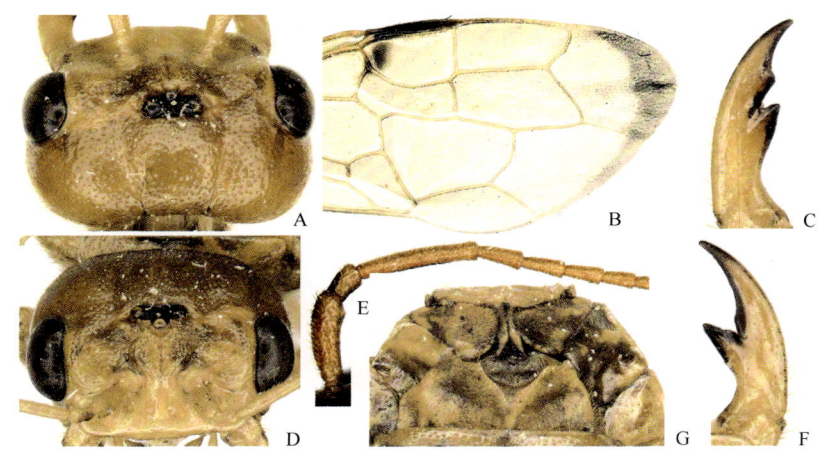

图 4-9　肖氏腮扁蜂 *Cephalcia xiaoweii* Liu, Li & Wei, 2022 雌虫
A. 头部背面观；B. 前翅端部；C. 左上颚；D. 头部前面观；E. 触角基部；F. 右上颚；G. 腹部末端腹面观

184. 华扁蜂属 *Chinolyda* Beneš, 1968

Chinolyda Beneš, 1968: 458. Type species: *Lyda flagellicornis* Smith, 1860, by original designation.

主要特征：体中等大；左上颚 3 齿，中齿显著（图 4-10D）；右上颚 3 齿，中齿稍小于基齿（图 4-10E）；唇基中部明显隆起，前缘突出；颚眼距短于单眼直径，具后颊脊；复眼小，间距宽于复眼长径 2 倍；单眼后区侧沟显著；头部背侧光滑，刻点稀疏；触角长，28–34 节，第 3 节长于第 1 节，约等于或稍短于第 4、5 节之和，鞭分节明显扁平，第 7、8 节长宽比小于 2；中胸小盾片较小，明显隆起；翅斑显著，翅端部具不规则饰纹，Sc 脉分叉完整，Sc1 远离翅痣，C 室光裸；后翅臀室末端尖，臀柄长于 cu-a 脉；前足胫节无亚端距，中后足胫节具 2 组亚端距，后足胫节端距尖端膜质，基跗节腹面跗垫大，后足基跗节约等长于其后 2 节之和；爪内齿微小，亚中位，爪腹面具 1 根长刚毛（图 4-10F）；抱器窄，长约 2 倍于宽，端部吸盘显著；阳茎瓣头叶狭长，强烈弯曲（图 4-10G）。幼虫取食裸子植物针叶。

分布：中国。本属是中国特有属，仅分布于中国南部。已知 2 种，浙江分布 1 种。

寄主：柏科柏木 *Cupressus funebris*、杉科柳杉 *Cryptomeria fortunei*。

（657）柳杉华扁蜂 *Chinolyda flagellicornis* (F. Smith, 1860)（图 4-10，图版 XVI-2）

Lyda flagellacornis F. Smith, 1860: 255.
Cephalcia flagellicornis: Maa, 1949b: 32.
Chinolyda flagellicornis: Beneš, 1968: 460.

主要特征：雌虫体长 11–14mm；体和足红褐色，触角鞭节两端、中窝两侧、额区及单眼区、中胸基腹片、中胸前侧片全部或部分黑色；翅基部 3/5 及翅脉黄色，端部 2/5 及翅脉深烟褐色，翅痣基部黄色，中端部黑色；横缝、冠缝、侧缝明显；触角鞭节基部及中部各节高度扁平，长只为宽的 1.5 倍或更小；中胸小盾片后缘及后背片很陡；m+cu-a 脉长且倾斜。头顶及上眶刻点细小稀疏，单眼区和额区刻点粗密，触角窝侧区下部无刻点，唇基刻点粗疏；中胸前侧片刻点甚小，近光滑。眼后头部稍收缩；后颊脊短小；OOL：POL：OCL = 0.65：0.29：0.84；触角第 1 节：第 3 节：第 4+5 节 = 0.54：0.87：0.78；头部细毛稀短；锯腹片短小，端部骨化，具小齿。雄虫体长 9–11mm；除颈片部分或全部、前胸基腹片、中胸前盾片、中胸盾片前部为黑色外，其余同雌虫。头部刻点较粗深；OOL：POL：OCL = 0.52：0.27：0.61；触角第 1 节：第 3 节：第 4+5 节 = 0.44：0.66：0.73；阳茎瓣见图 4-10G；抱器长宽比稍大于 2，端部窄圆（图 4-10H）。

分布：浙江（临安）、福建。

寄主：主要为害杉科柳杉 *Cryptomeria fortunei*，偶见为害柏科柏木 *Cupressus funebris*。在浙江天目山林区，对柳杉危害比较严重。

本种是中国最早记录的两种叶蜂之一，模式产地是天目山。

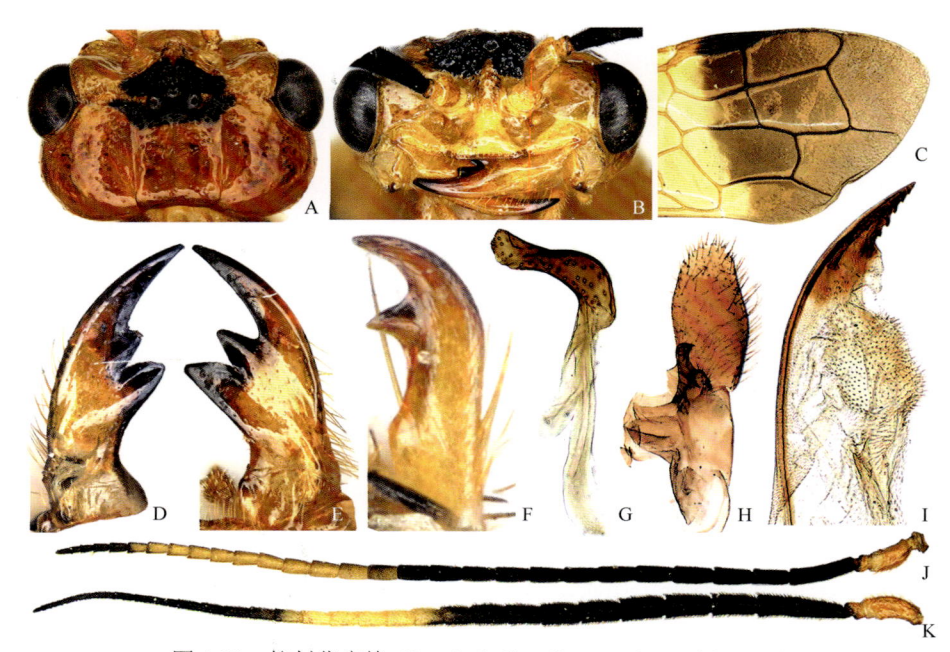

图 4-10　柳杉华扁蜂 *Chinolyda flagellicornis* (F. Smith, 1860)
A. 雌虫头部背面观；B. 雌虫头部前面观；C. 雌虫前翅端部；D. 雌虫左上颚；E. 雌虫右上颚；F. 爪；G. 阳茎瓣；H. 雄虫生殖铗；I. 雌虫锯腹片；J. 雄虫触角；K. 雌虫触角

（二）扁蜂亚科 Pamphiliinae

主要特征：中小型扁蜂。翅端部饰纹规则纵条形；各足胫节端距尖端尖锐骨化，后足基跗节不短于其后 3 节之和，腹面跗垫小型，第 4 跗分节横宽；爪强烈弯曲，内齿发达，亚端位，端齿强弯曲，爪腹面具 2 根长刚毛；后翅臀室端部尖。幼虫取食被子植物叶片。

分布：古北区，新北区。本亚科包括 2 族 6 属 197 种，其中脉扁蜂族 Neurotomini 已知 1 属 22 种，扁蜂族 Pamphiliini 已知 5 属约 175 种。中国记载 5 属 56 种。浙江发现 3 属 19 种，本书记述 3 属 17 种，包括 2 新种。

185. 脉扁蜂属 *Neurotoma* Konow, 1897

Neurotoma Konow, 1897: 2 (key), 18–19. Type species: *Tenthredo flaviventris* Retzius, 1783, by subsequent designation of Rohwer, 1910.

Neurotoma (*Gongylocorsia*) Konow, 1897: 19 (key). Type species: *Neurotoma mandibularis* (Zaddach, 1866), by monotypy.

主要特征：中型叶蜂；触角细长丝状，不侧扁；上颚较粗短，左上颚通常 3 齿；颚眼距区域无陷窝和特殊刚毛，有后颊脊；单眼后侧沟向前显著分歧，额侧沟模糊；翅端部饰纹纵条形；前翅 Sc1 大部分或全部消失；翅痣短而宽，其宽约等于 2r 脉长；后翅臀室端部尖，臀室柄中位；胫节距端部尖，骨化；基跗节不短于其后 3 节之和，腹面跗垫小型，第 4 跗分节横形，长不大于宽；爪腹面具 1 根长刚毛，无基片，内齿大，靠近外齿。

分布：古北区，新北区。全世界已知 22 种，中国已知 8 种。浙江发现 2 种，包括 1 新种。本属江苏南部和福建北部各有 1 种分布，有可能分布到浙江，故检索表中一并检出。

寄主：本属幼虫主要取食蔷薇科植物；少数种类取食壳斗科栎属植物。

分种检索表

1. 头部背侧具明显刺毛，刻点粗大密集；触角窝侧区大部分具刻点和刺毛；后颊脊低钝；胸部背侧黑色，无白斑 ········· 2
- 头部背侧无明显刺毛，刻点浅弱稀疏或几乎缺如；触角窝侧区全部光裸、光滑，无刻点；后颊脊十分显著、较锐利；胸部背侧具明显白斑 ·············· 3
2. 头部除复眼上角附近小斑外全部黑色；后足胫节黑色。江苏 ············ **中华脉扁蜂 *N. sinica***
- 唇基中部具大黄斑；后足胫节基部 2/5 白色。浙江 ············ **李氏脉扁蜂，新种 *N. lii* sp. nov.**
3. 唇基前缘中部三角形平扁；头部背侧具稀疏浅弱刻点；眼侧脊和颜面中纵脊明显隆起，眼侧脊角状弯折；中胸前侧片前上缘和后下侧横斑以及后胸侧板小斑白色；后足股节背侧全部和腹侧端半白色；翅痣长宽比等于 4。浙江 ············ **黑鳞脉扁蜂 *N. nigrotegularis***
- 唇基前缘中部不呈三角形平扁；头部背侧光滑，无明显刻点；眼侧脊和颜面中纵脊钝，眼侧脊低钝，弧形弯曲；中后胸侧板全部和后足股节全部黑色；翅痣长宽比等于 4.5。福建 ············ **沟额脉扁蜂 *N. sulcifrons***

（658）李氏脉扁蜂，新种 *Neurotoma lii* Wei, sp. nov.（图 4-11）

Neurotoma atrata: Shinohara & Xiao, 2006: 285, nec. Takeuchi, 1930.

雌虫：体长 8.0mm；体黑色；内眶上部小斑、唇基中部大斑（图 4-11A、C）、腹部第 2–4 腹板后缘中部横斑黄白色；触角柄节、梗节黑色，鞭节黑褐色；上颚黑色，端部棕红色；足黑色，后足基节端部、后足第 2 转节、后足股节基部、后足胫节基部 2/5 白色。翅透明，略带烟灰色，翅脉褐色，翅痣黑褐色；腹部黑棕色（图 4-11D）。体毛银色。

唇基刻点浅、大，十分稀疏；额区刻点粗糙、密集，触角窝侧区刻点稀疏，具刺毛；上眶、头顶、后眶上部具粗大刻点，刻点间隙不小于刻点直径，后眶下部具脊纹；前胸背板表面光滑，具不规则皱纹和稀疏刻点；中胸盾片大部分光滑，侧叶内侧具稀疏大刻点，中胸小盾片刻点粗密，附片光滑；中胸前侧片具稍大密集刻点和脊纹；腹部背板和腹板具微细刻纹，无刻点。

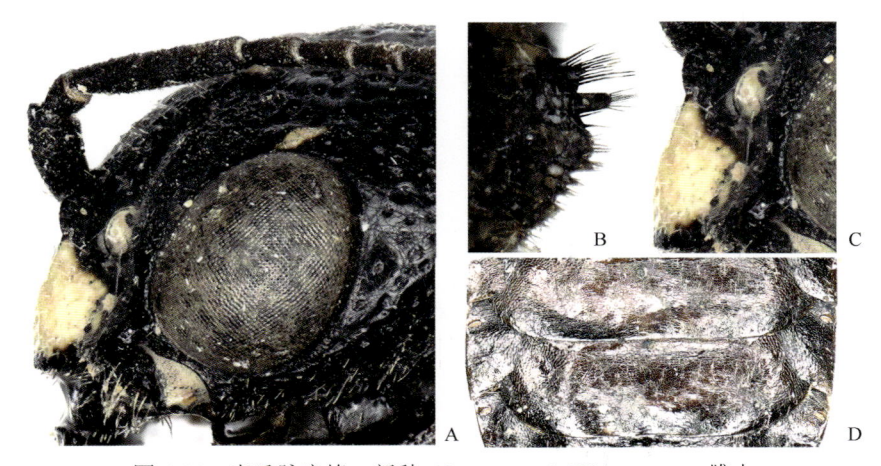

图 4-11 李氏脉扁蜂，新种 *Neurotoma lii* Wei, sp. nov. 雌虫
A. 头部侧面观；B. 锯鞘侧面观；C. 唇基和前额侧面观；D. 腹部第 5、6 腹板

唇基中部隆起，无中脊；前额中纵脊十分显著，侧面观唇基前额连线明显弯折（图 4-11C）；颚眼距狭窄，0.3 倍于单眼直径；背面观后头两侧收缩，长于复眼；横缝不明显；单眼后区稍隆起，宽明显大于长，

侧沟明显，向后收敛；右上颚 3 齿，端齿与中齿间的切刻窄，深度浅于基齿与中齿间的切刻；左触角 24 节，右触角缺失，触角第 1–5 节长度比为：20∶5∶28∶8∶8，第 3 节中部稍膨大，鞭节端部细尖；后眶和唇基具稀短毛，头部背侧具刺毛，但刺毛大部分脱落，单眼后区后缘刺毛弯曲，长于单眼直径 2 倍。前翅 C 室光裸无毛，翅痣宽为 2r 脉长，1M 室长稍大于高，具明显的背柄；前足胫节丢失；后足爪内齿明显短于外齿。锯鞘栓较粗大，长大于宽，端部具刚毛（图 4-11B）。

雄虫：未知。

分布：浙江（杭州、临安）。

词源：本种以正模标本采集人李法圣先生姓氏命名。

正模：♀，浙江杭州，1980.V.1，李法圣（ASMN）。副模：1♀，浙江天目山，1988.VI.16（ASMN）。

鉴别特征：本种与东北亚分布的 N. atrata Takeuchi, 1930 很相近，但本种唇基前额区纵脊侧面观不呈直线，额脊显著突出；颚眼距明显短于单眼半径，腹部腹板后缘无刻点等特征，可与后者鉴别。N. atrata Takeuchi 头部侧面观唇基和前额连线直，额脊不明显突出；颚眼距长于单眼半径，腹部腹板刻点显著。

Shinohara 和 Xiao（2006）记载 N. atrata Takeuchi 分布于浙江天目山。但该记录实为本种的错误鉴定。N. atrata Takeuchi 分布于东北亚地区，包括朝鲜、日本和俄罗斯远东。

（659）黑鳞脉扁蜂 Neurotoma nigrotegularis Wei & Nie, 1998（图 4-12）

Neurotoma nigrotegularis Wei & Nie, 1998b: 344.

主要特征：雌虫体长 10.0mm；体黑色，头部上颚外侧大部分黄色，端部红褐色；触角基部 2 节黑色，鞭节暗褐色，基部颜色较浅；颈片腹侧中央、前胸背板后缘除中部外、中胸背板前叶后角矢形斑、侧片中央小斑、中胸小盾片后缘、后小盾片后侧角、中胸前侧片前上缘和后下侧横斑以及后胸侧板小斑白色；腹部具蓝色光泽，各节背板后侧角、第 6–7 背板后缘及各节腹板后缘宽边白色；足黑色，各足股节背侧全部和腹侧端半白色；翅透明，端部带烟褐色，翅痣黑褐色；体毛淡色；头部颜面微凹入，唇基中部隆起，中脊和侧脊不明显，单眼后沟显著，后颊脊发达；触角 20–21 节，第 3 节不明显侧扁，长 2.4 倍于第 4 节；小盾片后部横脊状隆起；头部背侧光裸无毛，刻点稀疏且弱，光泽强；中胸背板侧叶前部和顶部以及小盾片具少许刻点；前翅 C 室光裸；翅痣长宽比等于 4，2r 邻近 1r-m 脉；腹部背板具细弱横向刻纹，第 7 腹板后缘中央 V 形切入；锯鞘栓细长。雄虫未知。

分布：浙江（安吉、临安）。

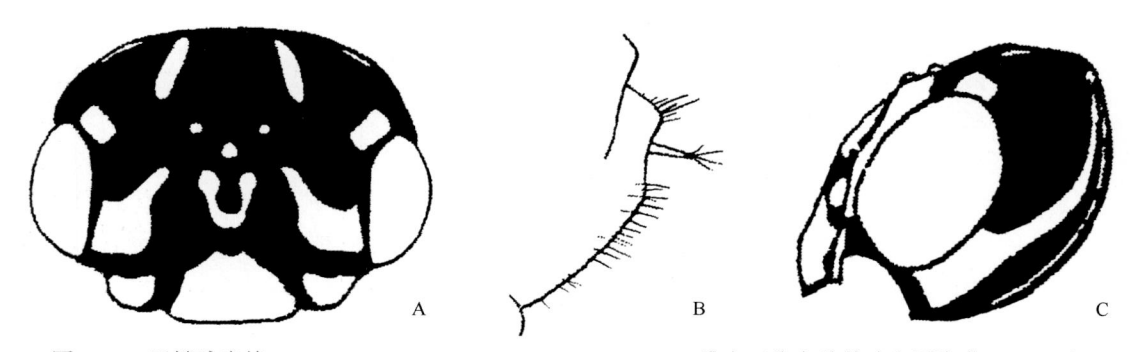

图 4-12 黑鳞脉扁蜂 Neurotoma nigrotegularis Wei & Nie, 1998 雌虫（仿自魏美才和聂海燕，1998b）
A. 头部前面观；B. 锯鞘侧面观；C. 头部侧面观

186. 齿扁蜂属 Onycholyda Takeuchi, 1938

Pamphilius (Onycholyda) Takeuchi, 1938b: 217–218. Type species: Pamphilius viriditibialis Takeuchi, 1930, by subsequent designation of Opinion, 1087 (ICZN, 1977).

主要特征：中型叶蜂，长 8–13mm；头部扁平，两性构造差别显著；触角细长丝状，不侧扁，第 3 节长 1–3 倍于第 4 节；单眼后侧沟向前不分歧，额侧沟显著；右上颚中齿很小，左上颚无大型中齿，外齿有时具中位小齿；具后颊脊；雄虫头部前部明显弯折，眼侧脊显著，颚眼距区域具显著陷窝和弯曲刚毛（图 4-13B）；翅端部饰纹纵条形；胫节端距尖端尖锐且骨化；基跗节不短于其后 3 节之和，腹面跗垫小型，第 4 跗分节横形，长不大于宽；爪腹面具 2 根长刚毛，基片大型，端部尖，内齿大型，亚端位，靠近端齿（图 4-13E）；前翅 Sc1 脉完全；翅痣宽度小于 2r 脉长；后翅臀室端部尖，臀室柄中位。

分布：古北区，新北区。本属世界已知 47 种，中国记载 21 种。浙江发现 8 种。

寄主：本属幼虫单独取食被子植物叶片。

分种检索表

1. 两性腹部全部黑色或几乎全部黑色，没有明显淡斑；各足基节全部和转节大部分黑色 ·················· **黑腹齿扁蜂 O. atra**
- 两性腹部具显著的淡斑或淡环；各足基节端部和转节全部黄白色 ··· 2
2. 两性触角全部黄褐色；雌虫头部触角窝两侧具 1 对黑斑且与额区黑斑连接；雄虫额侧沟黑带前端伸达触角窝上沿 ········
 ··· **黄角齿扁蜂 O. fulvicornis**
- 两性触角鞭节大部分或全部黑褐色或暗褐色，极少仅端部黑色；雌虫触角窝两侧全部黑色或全部黄褐色，有时触角窝下侧具 1 个黑斑；雄虫额侧沟黑带远离触角窝 ·· 3
3. 雌虫 ·· 4
- 雄虫 ·· 9
4. 触角柄节和梗节大部分或全部黑色 ··· 5
- 触角柄节全部黄色，梗节通常也全部黄色 ··· 6
5. 额区、单眼区侧脊、中胸背板前叶、中胸前侧片上部具显著黄色斑纹；翅痣和翅脉（前缘脉除外）全部黑褐色 ·············
 ··· **陕西齿扁蜂 O. shaanxiana**
- 额区、单眼区侧脊、中胸背板前叶、中胸前侧片上部黑色，无黄色斑纹；翅痣基部和端部以及翅脉几乎全部黄褐色 ·········
 ··· **黄转齿扁蜂 O. odaesana**
6. 头部触角窝侧区全部、后眶和上眶外侧黄白色，头部背侧黑斑不与复眼接触 ··· 7
- 头部触角窝侧区、后眶和上眶大部分黑色，头部背侧黑斑两侧接触复眼 ························ **四川齿扁蜂 O. sichuanica**
7. 头部乳白色，上眶和单眼后区黑斑会合呈半圆形，后颊脊之后的头部黑色；触角柄节基部具黑斑；腹部第 1、6–9 背板黑色，其余各节背板黄褐色，腹部腹板乳白色，锯鞘黑色；翅痣全部黑色，基部无明显淡斑 ··
 ··· **天目齿扁蜂 O. tianmushana**
- 头部黄褐色，上眶除邻近单眼后区侧沟外全部黄褐色，后头后侧全部黄褐色；触角柄节全部黄褐色；腹部大部分和锯鞘全部黄褐色；翅痣基部显著淡色 ··· 8
8. 单眼后区除侧缘外、小盾片附片全部、腹部全部黄褐色 ·· **王氏齿扁蜂 O. wongi**
- 触角鞭节全部、单眼后区全部、小盾片附片、腹部第 1 和 7–9 背板以及第 7 腹板黑色 ········· **方顶齿扁蜂 O. subquadrata**
9. 左上颚具明显的中位内齿；唇基表面光滑，具显著隆起的中纵脊；颜侧脊上侧的黄色部分表面光滑；中胸背板全部黑色
 ··· **方顶齿扁蜂 O. subquadrata**
- 左上颚无中位内齿；唇基表面不光滑，具明显的刻点或刻纹，中纵脊缺如或低弱；颜侧脊上侧的黄色部分表面具明显皱刻纹；中胸背板全部黑色或具明显淡斑 ··· 10
10. 唇基中纵脊较低，但明显；唇基前部具稀疏刻点和模糊刻纹，有光泽；颜侧脊上侧的淡色区域狭窄，中部宽度短于触角梗节；腹部 4、5 节大部分或全部黄褐色 ·· 11
- 唇基中部明显凹入，中纵脊完全缺如；唇基前半部无明显刻点，模糊致密，无明显光泽；颜侧脊上侧的淡色区域宽大，中部宽度明显长于触角梗节；腹部背侧全部黑色 ·· 13
11. 翅痣黑色，基部无黄斑；触角第 3 节长宽比等于 3–4，不长于其后 2 节之和 ·· 12

- 翅痣基部具明显黄斑；触角第 3 节长宽比约等于 6，明显长于其后 2 节之和；抱器全部黄褐色 ⋯⋯ **王氏齿扁蜂 _O. wongi_**
12 触角第 3 节长宽比约等于 3，明显短于其后 2 节之和；抱器大部分黑色 ⋯⋯⋯⋯⋯⋯⋯⋯⋯⋯⋯ **天目齿扁蜂 _O. tianmushana_**
- 触角第 3 节长宽比约等于 4，等长于其后 2 节之和；抱器黄褐色 ⋯⋯⋯⋯⋯⋯⋯⋯⋯⋯⋯⋯⋯⋯⋯ **陕西齿扁蜂 _O. shaanxiana_**
13. 翅脉几乎全部黄褐色；颜侧脊上区长短径之比约等于 3；触角第 3 节长宽比小于 4 ⋯⋯⋯⋯⋯⋯ **黄转齿扁蜂 _O. odaesana_**
- 翅脉几乎全部暗褐色；颜侧脊上区长短径之比约等于 2；触角第 3 节长宽比大于 4 ⋯⋯⋯⋯⋯⋯ **四川齿扁蜂 _O. sichuanica_**

（660）黑腹齿扁蜂 _Onycholyda atra_ Shinohara & Wei, 2016（图 4-13，图版 XVI-3）

Onycholyda armata: Shinohara & Xiao, 2006: 286. Nec. Maa, 1949b.
Onycholyda atra Shinohara & Wei, 2016: 302.

主要特征：体长 9mm；虫体和触角黑色，额区前部 1 对小斑、单眼区斜脊、上眶弧形斑（图 4-13A）、前胸背板两侧后缘狭边、翅基片、上颚外缘、小盾片大部分、后小盾片淡黄色，口须浅褐色；翅透明，微带烟灰色，除前缘脉、亚前缘脉和翅痣基端点斑浅褐色外，翅痣和翅脉黑褐色；足淡黄色，基节和转节大部分黑色；前额稍鼓，中部无明显缺口，中窝模糊；唇基中纵脊显著，较锐利，颜侧脊明显隆起，钝脊状。头部光滑，头顶和上眶前部刻点稀疏，后缘刻点明显；内眶上部平台、额区和单眼区具弱皱纹和小刻点，后眶下部具明显刻点和粗皱纹；唇基具弱皱纹，前缘具细小刻点；触角窝侧区具皱纹，无毛；左上颚中齿明显；右上颚中齿显著，中齿和外齿间切口宽且浅于中齿和内齿之间切口；触角 28 节，第 3 节长 2.3 倍于第 4 节；锯鞘栓圆柱形，具刺毛。雄虫体长 8.5mm；头部颜侧脊以前部分亮黄色，触角柄节全部和梗节基部黄褐色，外背侧具窄黑斑，腹部腹板后缘狭边黄色，其余体色类似于雌虫；唇基前缘加厚，中纵脊锐利，颜侧脊突出；内眶上部平台具皱纹；触角 26–27 节，第 3 节长 1.7 倍于第 4 节；下生殖板端部圆钝；抱器长大于宽，内顶角突出，背面观阳茎瓣头叶端部不分离；阳茎瓣头叶见图 4-13C。

分布：浙江（临安、龙泉）。

寄主：蔷薇科盾叶莓 _Rubus peltatus_。

图 4-13 黑腹齿扁蜂 _Onycholyda atra_ Shinohara & Wei, 2016（仿自 Shinohara and Wei, 2016）
A. 雌虫头部前面观；B. 雄虫头部前面观；C. 阳茎瓣；D. 左上颚；E. 右上颚；F. 锯鞘侧面观；G. 外生殖器

（661）黄角齿扁蜂 *Onycholyda fulvicornis* Shinohara, 2016（图4-14，图版 XVI-4）

Onycholyda fulvicornis Shinohara, in Shinohara & Wei, 2016: 304.

主要特征：雌虫体长9mm；体大部分黑色，头部斑纹见图4-14A，淡斑覆盖唇基大部分、额区前部、内眶大部分和相连的上眶宽弧形斑、后眶下部和颚眼距、口器部分和触角全部、前胸背板后缘两侧、翅基片、小盾片大部分黄色，腹部第3-6节和第10节全部、第7腹板后缘中部和锯鞘橘褐色；体毛浅褐色；翅淡烟褐色，翅痣大部分黑褐色，基部浅褐色；各足基节大部分黑色，基节端部、转节、股节黄色，胫跗节橘褐色；头部背侧大部分光滑，刻点不明显，无刺毛，唇基具浅弱刻点和皱纹；唇基前缘弧形突出，中纵脊明显；前额区明显隆起，中间具切口；颜侧脊钝，明显隆起；右上颚3齿，中齿与外齿间切口宽且深于中齿与内齿间切口；左上颚具极低弱的中齿；触角28-29节，第3节约2.2倍于第4节；锯鞘栓细长，圆柱形。雄虫体长约8.5mm；体色类似于雌虫，但上眶和小盾片全部黑色，腹部3-10节红褐色，第8背板具黑斑，触角橘褐色；触角约29节，第3节长2倍于第4节；抱器长大于宽，内顶角突出，指状突狭长，阳茎瓣端部不分离，阳茎瓣头叶端部膨大，末端圆钝。

分布：浙江（临安）、陕西。

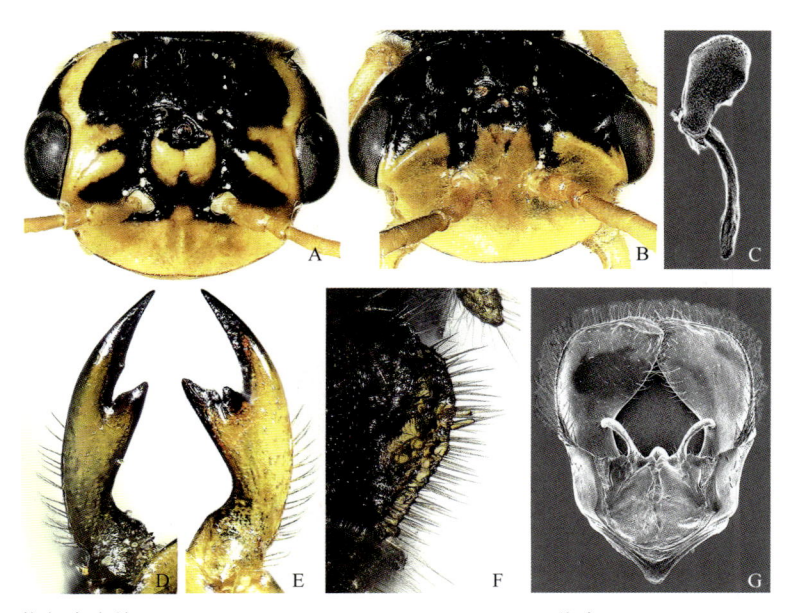

图4-14 黄角齿扁蜂 *Onycholyda fulvicornis* Shinohara, 2016（仿自 Shinohara and Wei, 2016）
A. 雌虫头部前面观；B. 雄虫头部前面观；C. 阳茎瓣；D. 左上颚；E. 右上颚；F. 锯鞘侧面观；G. 外生殖器

（662）黄转齿扁蜂 *Onycholyda odaesana* Shinohara & Byun, 1993（图4-15，图版 XVI-5）

Onycholyda odaesana Shinohara & Byun, 1993: 83.

主要特征：雌虫体长约10.5mm；体大部分黑色，唇基全部、上眶外侧狭条斑和上颚外侧大部分黄褐色，单眼区侧脊和前额斜斑褐色；触角柄节和梗节黑褐色，鞭节棕色；前胸背板后缘、翅基片、中胸小盾片淡斑、中胸前侧片顶角小斑和腹部2-5节黄色；翅透明，烟黄色，前翅基部2/3的翅脉黄褐色，端部1/3和后翅大部分脉暗褐色；翅痣黑色，基部1/5和端缘黄色；足黄色，基节除端部外黑色；锯鞘黑棕色；体毛淡色；前额圆钝形弱隆起，中部具浅弱切刻；中窝明显；唇基前缘不加厚，弧形突出，无侧角，中纵脊十分低弱，触角窝之间具脊；颜侧脊稍显，圆钝隆起，顶部圆；左上颚2齿，无中齿；右上颚3齿，端齿和中齿之间的切刻比基齿和中齿之间的切刻宽且深；颚眼距等于单眼直径；单眼后区长大于宽，侧沟很深；触角 21 节，第 3 节短于第 1 节，微短于第 4、5 节之和，长宽比约等于 5；头部光滑，除唇基和颊外几乎无毛，唇基具密集刻点和不明显的短毛；后眶后部具粗大刻点、刺毛和浅皱纹；前翅前缘室具密集刺毛；锯鞘端缘近截形，锯鞘栓短小，端部具长刺毛。雄虫体长 8–9mm；头部眶脊以前部分和触角基部 2 节、前胸背板两侧、翅基片、中胸背板前叶后端和中后胸前侧片黄白色，腹部腹板黄褐色；唇基平坦，前缘显著加厚；眼上区长短径之比等于 3；触角第 3 节明显短于其后 2 节之和；抱器端部近似截形，内顶角突出，指突强烈弯曲，阳茎瓣头叶端部不分离。

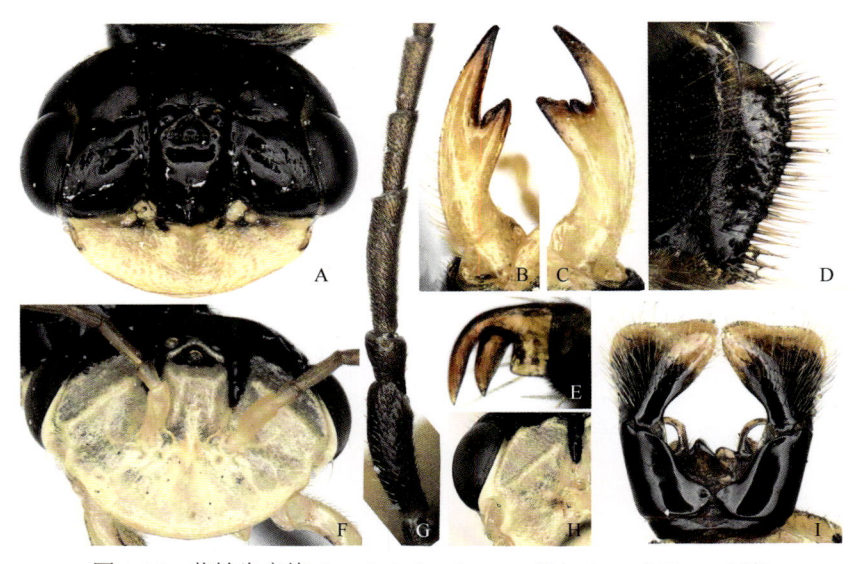

图 4-15　黄转齿扁蜂 *Onycholyda odaesana* Shinohara & Byun, 1993
A. 雌虫头部前面观；B. 左上颚；C. 右上颚；D. 锯鞘侧面观；E. 爪；F. 雄虫头部前面观；G. 雌虫触角基部 5 节；H. 雄虫眼上区和颊窝；I. 外生殖器

分布：浙江（临安）、河南、陕西、甘肃、安徽、湖南；朝鲜，韩国。
寄主：蔷薇科腺毛莓 *Rubus adenophorus* 和茅莓 *R. parvifolius* (Shinohara and Wei, 2010)。

（663）陕西齿扁蜂 *Onycholyda shaanxiana* Shinohara, 1999（图 4-16）

Onycholyda shaanxiana Shinohara, 1999: 68.

主要特征：雌虫体长 10.0mm；体黑色，唇基、口器大部分、前额斑（常与唇基斑连接）、单眼侧脊、上眶弧形斑和后缘（图 4-16A）、前胸背板后缘狭边和侧缘宽斑、翅基片、中胸盾片中叶后部 1/2、小盾片、附片中部、中胸前侧片上部宽斑、后胸小盾片大部分黄色；触角黑棕色至黑色，柄节腹侧浅褐色；足黄色，基节基部黑色；翅透明，翅痣黑褐色，C 脉和 Sc 脉浅褐色，其余翅脉黑褐色；腹部 2–5 节全部橘褐色，2–6 节腹板宽，后缘淡黄色；体毛淡色；前额明显凸出，中部切刻模糊，中窝不明显；唇基较低但明显的中纵脊，两侧凹陷，前缘弧形，具钝脊；颜侧脊钝，但明显可见，单眼后区长大于宽，颚眼距 1.3 倍于单眼直径；头部光滑，具十分稀疏的小刻点，除唇基和颊具刻点和细毛外，其余几乎光裸；右上颚 3 齿，端齿和中齿间的切刻比基齿和中齿间的切刻宽深；左上颚 2 齿；触角 19–22 节，第 3 节长 2.2–2.4 倍于第 4 节；前翅 C 室具密集细毛；锯鞘栓短小，端部具刺毛。雄虫体长 9–10mm；眼上区、后眶、触角柄节全部和梗节基部、前胸侧板腹侧、中后胸侧板大部分、后侧片后缘黄色，腹部 2–5 背板基部具不规则黑色横斑，各背板缘折、腹板全部和抱器浅褐色；抱器窄长，外缘弧形，内顶角突出，阳茎瓣头叶端部不分离。本种雄虫是首次报道。

分布：浙江（临安）、河南、陕西、湖北、湖南、广西。

第四章　扁蜂亚目 Pamphiliomorpha

图 4-16　陕西齿扁蜂 *Onycholyda shaanxiana* Shinohara, 1999
A. 雌虫头部前面观；B. 雄虫头部前面观；C. 锯鞘侧面观；D. 雌虫触角基部；E. 外生殖器；F. 雄虫触角基部

（664）四川齿扁蜂 *Onycholyda sichuanica* Shinohara, Naito & Huang, 1988（图 4-17）

Onycholyda sichuanica Shinohara, Naito & Huang, 1988: 92.
Onycholyda fanjingshanica Jiang, Wei & Zhu, 2004: 44.

主要特征：雌虫体长 10.5mm；体黑色，唇基、额区、上眶条纹及与之相连的上眶后缘条纹、颜侧区上部小斑和单眼脊、触角柄节全部和梗节除端部外、前胸背板后缘和侧斑、翅基片、中胸前侧片上部、中胸背板前叶后部、小盾片和附片、后小盾片黄色；足黄色，基节基部黑色；翅透明，翅脉和翅痣黑褐色，C、Sc 及翅基部翅脉淡色；2–5 腹节、第 6 腹板后缘除中部外、第 7 腹板后缘中部和锯鞘橘黄色；体毛淡色；唇基光滑，前缘具大刻点，中部具稀疏小刻点；后眶下部具稀疏刻点和刺毛，头部其余部分光滑，无刻点和刺毛；额区显著隆起，中部切刻浅；中窝小；唇基前缘弧形，明显加厚，中纵脊隆起；颜侧脊圆钝；单眼后区长大于宽，侧沟向后收敛；颚眼距等长于单眼直径；左上颚无中齿；右上颚中齿低，端齿与中齿间的切刻宽深；触角 22 节，第 3 节长 2.3 倍于第 4 节；前翅 C 室具细毛；锯鞘栓短小。雄虫体长 9mm；眼

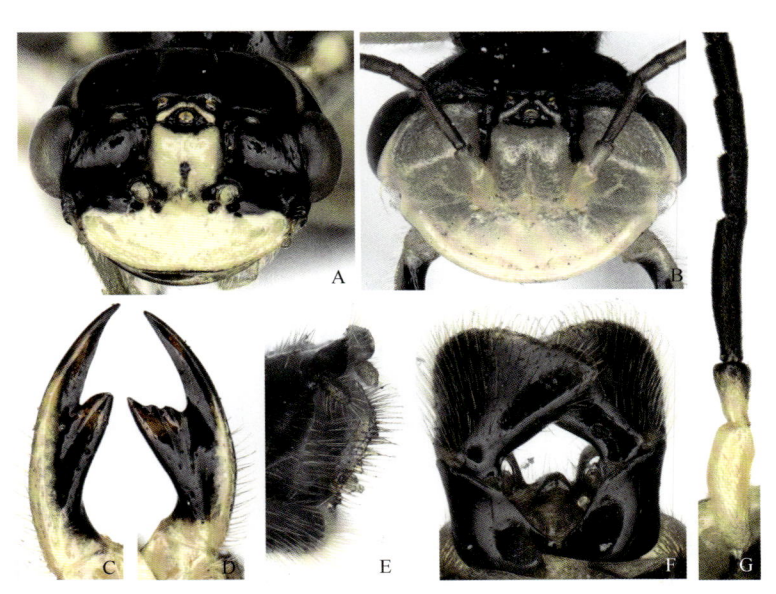

图 4-17　四川齿扁蜂 *Onycholyda sichuanica* Shinohara, Naito & Huang, 1988
A. 雌虫头部前面观；B. 雄虫头部前面观；C. 左上颚；D. 右上颚；E. 锯鞘侧面观；F. 外生殖器；G. 雌虫触角基部

上区、单眼脊以前部分、中后胸前侧片大部分、后侧片后缘黄色，触角鞭节暗褐色，胸部背板、腹部背板背侧和外生殖器黑色，腹部腹侧黄褐色；眼上区长径 2 倍于短径，颜侧脊和额区强隆起；唇基平坦，无中纵脊；抱器横宽，内顶角突出；阳茎瓣头叶端部不分离。

分布：浙江（临安）、甘肃、安徽、湖北、湖南、福建、广西、四川、贵州。

寄主：蔷薇科悬钩子属 *Rubus* 植物。

（665）方顶齿扁蜂 *Onycholyda subquadrata* (Maa, 1944)（图 4-18，图版 XVI-6）

Pamphilius (*Anoplolyda*) *subquadrata* Maa, 1944: 54.
Onycholyda subquadrata: Shinohara, 1983: 313.

主要特征：雌虫体长 8.5–10.5mm；头部大部分奶黄色，额区后部和额侧沟、单眼区、单眼后区及侧沟黑色（图 4-18A）；触角第 1 节全部、第 2 节大部分黄褐色，鞭节黑褐色；胸部大部分黑褐色，前胸背板后缘、小盾片和后小盾片黄色；腹部黑色，2–6 节黄褐色，第 9 背板侧后缘和第 10 背板、第 7 腹板后缘和锯鞘黄褐色；足黄褐色，基节大部分黑色；翅淡烟黄色透明，前翅基半部翅脉和翅痣基部 1/4 黄褐色，翅痣端部 3/4 和其余翅脉黑褐色；唇基具显著中纵脊，颚眼距约等于单眼直径；额区和颜侧脊圆钝，不呈脊状；单眼后区方形，侧沟互相平行；头部背侧光裸无毛，刻点极细小、稀疏，唇基前部具少量刻点；左上颚具显著的中齿（图 4-18B），右上颚中齿与外齿间切刻宽于但等深于中齿和内齿间切刻（图 4-18C）；触角第 3 节长 2 倍于第 4 节；前翅 C 室具密毛；锯鞘侧面观见图 4-18E。雄虫体长 7–8mm，头部背侧黑色，腹部仅第 4、5 节和生殖节大部分黄褐色，有时第 2、3、6 节部分或全部黄褐色；唇基中纵脊、颜侧脊显著，额区明显隆起，眼上区淡色部分狭窄；抱器横宽，端部钝截形。

分布：浙江（临安、开化、龙泉）、内蒙古、北京、山西、河北、河南、陕西、甘肃、江西、湖南、福建、广西、四川。

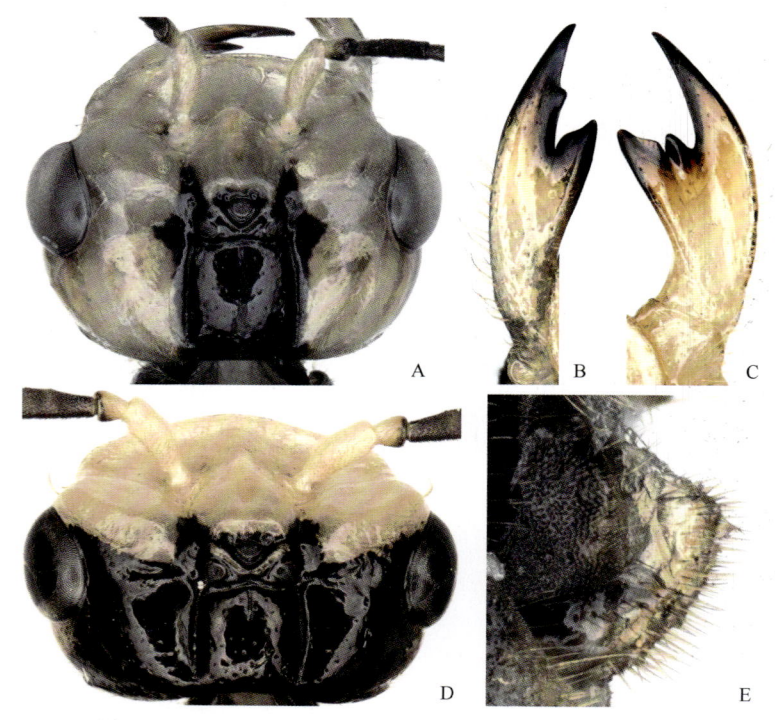

图 4-18 方顶齿扁蜂 *Onycholyda subquadrata* (Maa, 1944)
A. 雌虫头部背面观；B. 左上颚；C. 右上颚；D. 雄虫头部背面观；E. 锯鞘侧面观

（666）天目齿扁蜂 *Onycholyda tianmushana* Shinohara & Xiao, 2006（图 4-19）

Onycholyda tianmushana Shinohara & Xiao, 2006: 290.

主要特征：雌虫体长 9mm；头部和上颚乳白色，背侧半圆形大黑斑覆盖单眼区（侧脊除外）、单眼后区和上眶大部分（图 4-19A），后眶前缘和后头黑色；触角柄节和梗节淡黄色，柄节基缘、梗节端缘和鞭节黑色；胸、腹部黑色，前胸背板后缘两侧宽斑、翅基片、小盾片、后小盾片和中胸前侧片上缘乳白色；足乳白色，基节除端部外黑色；翅几乎透明，翅痣和翅脉黑褐色；腹部背侧橘褐色，腹侧乳白色，第 1、6–9 节和锯鞘黑色，第 2 背板具黑斑，第 7 腹板后缘淡色；额区后端明显隆起，无中部切刻，中窝大；唇基中纵脊较低但明显，两侧稍凹；颜侧脊明显隆起，顶部钝；头部背侧光滑，无明显刻点和刺毛，唇基和后眶具刻点和刺毛；左上颚无中位小齿（图 4-19D）；右上颚中齿很小，靠近内齿，外侧切口明显较宽且深（图 4-19E）；触角 27–28 节，第 3 节长 2.3 倍于第 4；前翅 C 室具密集刺毛；锯鞘栓短小（图 4-19B）。雄虫体长 6.5mm；头部背侧和后侧、胸部背板、腹部大部分黑色，腹部仅第 4、5 节背板和各节腹板后缘宽带黄褐色；触角第 3 节 1.6 倍于第 4 节长；抱器长大于宽，内顶角突出，阳茎瓣头叶不分离。

分布：浙江（临安）、江西、湖南。

Shinohara 和 Wei (2018) 描述本种雄虫时，记述其腹部 3、4 节背腹板黄褐色，这是错误的，本种腹部是第 4、5 节背板黄褐色。

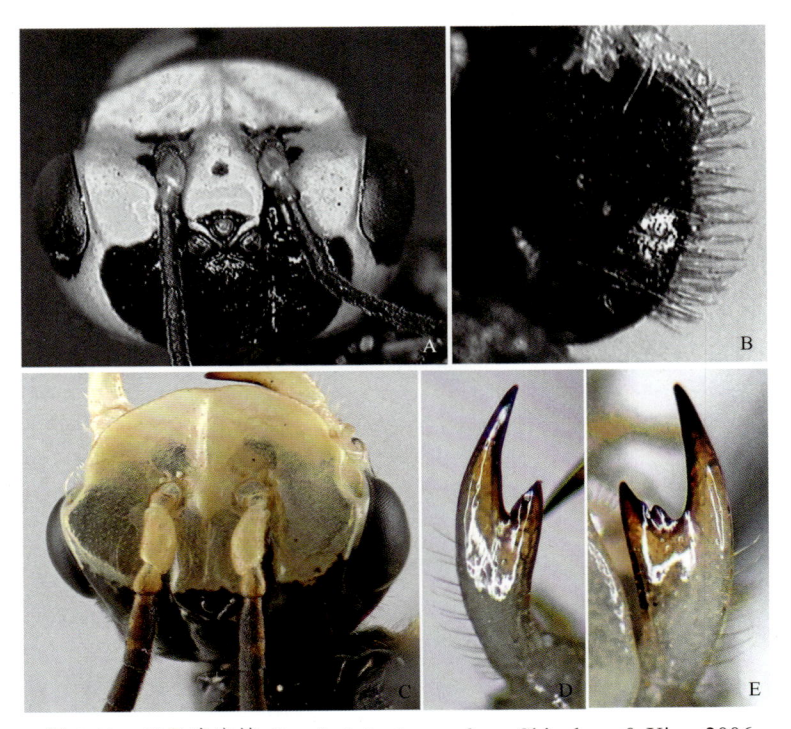

图 4-19　天目齿扁蜂 *Onycholyda tianmushana* Shinohara & Xiao, 2006
(A, B. 仿自 Shinohara and Xiao, 2006; C-E. 仿自 Shinohara et al., 2018)
A. 雌虫头部前背面观；B. 锯鞘侧面观；C. 雄虫头部前背面观；D. 左上颚；E. 右上颚

（667）王氏齿扁蜂 *Onycholyda wongi* (Maa, 1944)（图 4-20，图版 XVI-7）

Pamphilius (Anoplolyda) wongi Maa, 1944: 56.
Onycholyda wongi: Shinohara, 1988: 107.

主要特征：雌虫体长 12.0–13.5mm；体橙黄色，头部背侧具 Π 型黑斑，触角窝外下方具椭圆形黑斑（图 4-20A），唇基、内眼眶、颜侧脊、上颚和触角大部分、小盾片附片和足黄褐色，鞭节端部黑褐色，前胸背板中部、中后胸背板边缘、胸部侧板大部分和基节基部黑色；翅淡烟黄色透明，翅痣基部 1/3 黄褐色，端部 2/3 黑褐色，C、Sc 脉及翅基 1/3 翅脉淡褐色，其余翅脉暗褐色或黑褐色；体毛淡色；额区后端微弱隆起，中间具浅切割；中窝小点状；唇基中纵脊显著，颜面脊圆钝；单眼后区长显著大于宽，侧沟深；颚眼距稍长于单眼直径；头部背侧光滑，几乎无刻点和细毛，唇基前部和后头边缘具稀疏刻点及细毛；左上颚 2 齿，无中位小齿（图 4-20B）；右上颚 3 齿，端齿和中齿间切刻较深并且较中齿和基齿间切刻宽（图 4-20C）；触角约 24 节，第 3 节长 2.3 倍于第 4 节（图 4-20H）；前翅 C 室具密毛。雄虫体长 10–11mm；体背侧大部分黑色，腹侧黄色；头部色斑见图 4-20F，触角鞭节黑褐色；中胸背板前叶后半部、小盾片和附片、后小盾片黄色，胸部腹板和后侧片大部分黑色，腹部 3–5 节大部分和抱器黄褐色；颜侧脊和额区后端显著隆起；抱器长约等于宽，内顶角强烈突出，阳茎瓣头叶端部不分离（图 4-20E）。

分布：浙江（临安、龙泉）、湖北、湖南、福建、广西、四川、贵州。

本种雄虫是首次报道和记述。

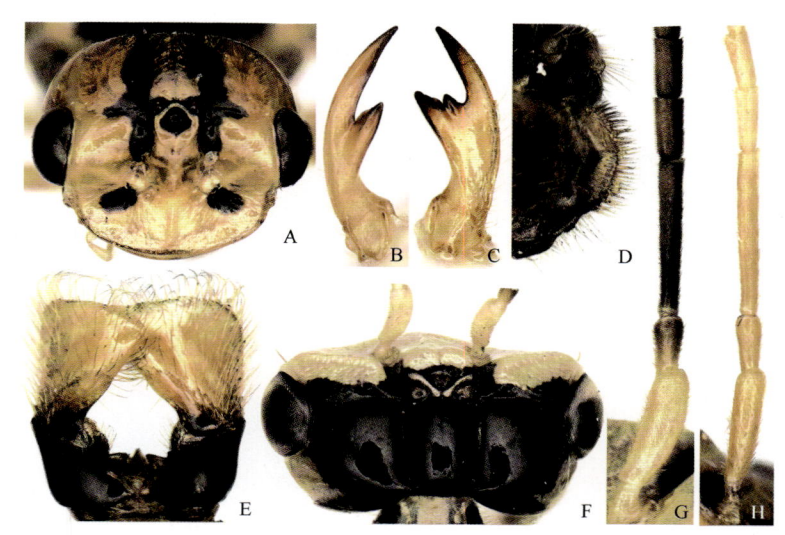

图 4-20 王氏齿扁蜂 *Onycholyda wongi* (Maa, 1944)
A. 雌虫头部前面观；B. 左上颚；C. 右上颚；D. 锯鞘侧面观；E. 外生殖器；F. 雄虫头部背面观；G. 雄虫触角基部 5 节；H. 雌虫触角基部 5 节

187. 扁蜂属 *Pamphilius* Latreille, 1802

Pamphilius Latreille, 1803: 303. Type species: *Tenthredo sylvatica* Linné, 1758, by monotypy.
Lyda Fabricius, 1804: ix, 43. Type species: *Tenthredo sylvatica* Linné, 1758, by subsequent designation of Curtis, 1831.
Anoplolyda Costa, 1894: 239, 241. Type species: *Lyda alternans* O.G. Costa, 1859, by subsequent designation of Rohwer, 1910b.
Pamphilius (*Bactroceros*) Konow, 1897: 21. Type species: *Tenthredo vafer* Linné, 1767, by subsequent designation of Rohwer, 1910b.

主要特征：中型叶蜂，长 6.5–13mm；头部扁平，具后颊脊；两性头部形态近似，雄虫颚眼距区域无陷窝和特殊刚毛；触角细长丝状，不侧扁，第 3 节 1–3 倍于第 4 节长；单眼后区平坦，侧沟向前不分歧，额侧沟显著；右上颚通常 2 齿；翅端部饰纹纵条形；胫节端距尖端尖锐且骨化；基跗节不短于其后 3 节之和，腹面跗垫小型，第 4 跗分节横形，长不大于宽；爪腹面具 2 根长刚毛，无基片，基部有时稍加宽，但圆钝，内齿大型，亚端位，靠近端齿；前翅 Sc1 脉完全；翅痣宽度小于 2r 长；后翅臀室端部尖，臀室柄中位。

分布：古北区，新北区。截至 2015 年底，本属已知约 123 种，是扁蜂科最大的属。中国已记载 28 种。浙江发现 9 种，本书记述 7 种，包括 1 新种，圆眼扁蜂 *Pamphilius* sp. 未正式描述报道。推测浙江有更多种类分布。

寄主：幼虫单独卷叶取食蔷薇科、胡桃科等被子植物的叶片。

分种检索表

1. 前后翅基部 2/3 深烟褐色，端部 1/3 透明；左上颚无中齿 ··· 李氏扁蜂 *P. lizejiani*
- 翅透明，最多稍带淡灰色；左上颚具明显的小型中齿 ··· 2
2. 头部背侧光滑，无明显刻点，表面光裸无细毛 ··· 3
- 头部背侧具明显刻点和细毛；腹部具显著黄白斑纹 ··· 4
3. 触角和翅痣完全黑色；腹部几乎全部黑色，无大黄白斑 ··· 盛氏扁蜂 *P. shengi*
- 触角黄褐色，端部数节暗褐色至黑褐色，翅痣基半部黄褐色，端半部黑色；腹部大部分黄褐色，第 2–3 背板基缘、第 5 背板后缘、第 1 和 6–8 背板黑色 ·· 树人扁蜂，新种 *P. shureni* sp. nov.
4. 头部几乎全部黑色，刻点粗大密集，间隙不明显；胸部全部黑色，腹部黑色，第 2–4 节白色 ······················· 5
- 头、胸部具丰富淡斑，头部刻点稀疏或密集，光滑间隙显著；腹部斑纹不同于上述 ······································· 6
5. 翅基片和触角鞭节黑色；锯鞘栓窄长；复眼卵形，长径 4.5 倍于颚眼距；颚眼距 1.5 倍于单眼直径 ···············
··· 秦岭扁蜂 *P. qinlingicus*
- 翅基片白色，触角鞭节暗褐色；锯鞘栓宽扁；复眼几乎圆形，长径 3 倍于颚眼距；颚眼距 2 倍于单眼直径 ······
··· 圆眼扁蜂 *Pamphilius* sp.
6. 前翅 C 室光裸无毛；触角柄节至少背侧具黑斑或全部黑色；复眼横径短于后眶中部宽；颚眼距明显长于单眼直径；单眼后区长大于宽（雌虫）或等于宽（雄虫）；额区刻点粗糙致密，无光滑间隙；雌虫体长 9–11mm ········· 7
- 前翅 C 室具显著刺毛；触角柄节全部黄褐色；复眼横径等于后眶中部宽，颚眼距雌虫稍大于单眼直径，雄虫短于单眼直径；单眼后区长等于宽（雌虫）或短于宽（雄虫）；额区和眼侧区刻点极稀疏，表面光滑；雌虫体长 7.5–8.5mm ·· 斜瓣扁蜂 *P. palliceps*
7. 触角第 1 节黄褐色，背侧具黑斑，第 3 节长 2.5–2.9 倍于第 4 节；翅痣中部浅褐色；抱器内侧长约 2 倍于外缘；阳茎瓣头叶宽大，三角形，端部尖 ·· 稠李扁蜂 *P. padus*
- 触角第 1 节全部黑色，第 3 节长 1.6–1.8 倍于第 4 节；翅痣一致黑褐色；抱器内侧长 1.5 倍于外缘；阳茎瓣头叶狭三角形，端部圆钝，侧缘近平行 ·· 天目扁蜂 *P. tianmushanus*

（668）李氏扁蜂 *Pamphilius lizejiani* Shinohara, 2012（图 4-21，图版 XVI-8）

Pamphilius lizejiani Shinohara, in Shinohara & Wei, 2012: 65.
Pamphilius lizejiani: Shinohara, Li & Wei, 2012: 145. Host plant.

主要特征：雌虫体长 11mm；头部橙黄色，单眼区具小黑斑；触角黑褐色，柄节和梗节橙黄色，第 3 节腹侧浅褐色；胸部黑色，前胸背板、翅基片、中胸前侧片背侧大斑黄色；翅基部 2/3 深烟褐色，端部 1/3 透明，翅痣基部 1/2 黑色，端部 1/2 黄色；足淡黄色，后足基节外侧角黑色；腹部黄色，第 1 节背板黑色；体毛淡色；额区顶部和颜侧脊低钝；唇基中部明显隆起，不呈脊状，前缘钝弧形，侧角不明显；头部背侧光滑，无明显刻点和刺毛，唇基前缘具少许刻点；颚眼距 1.5 倍于单眼直径；单眼后区长约等于宽，侧沟较浅；左上颚无中位小齿；右上颚 3 齿，中齿与端齿间的切刻明显宽且深于基齿与中齿间的切刻；触角 23 节，第 3 节 1.4–1.5 倍于第 4 节长；前翅 C 室宽大，具刺毛；中胸背板和侧板十分光滑，无明显刻点或刻纹；锯鞘栓短锥形，具毛。雄虫体长 9mm；头部背侧具大黑斑，触角鞭节褐色；胸部背侧和腹部第 1 背板全部、2–5 背板大部分黑色，背板其余部分黄褐色，胸、腹部腹侧几乎全部黄色；翅痣端部黄斑较小；触角第 3 节 1.0–1.2 倍于第 4 节长；抱器长大于宽，阳茎瓣端部不分离；阳茎瓣头叶窄，明显弯曲，端部稍膨大。

分布：浙江（临安）、湖北、江西、湖南。

寄主：胡桃科 Juglandaceae 化香树 *Platycarya strobilacea* (Shinohara *et al.*, 2012)。

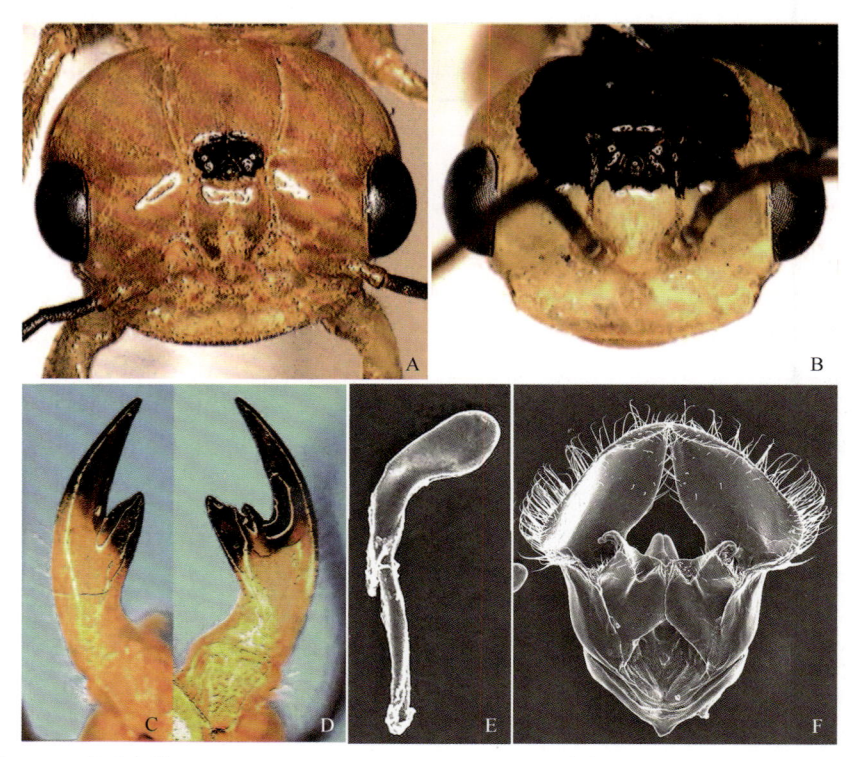

图 4-21　李氏扁蜂 *Pamphilius lizejiani* Shinohara, 2012（仿自 Shinohara and Wei, 2012）
A. 雌虫头部前面观；B. 雄虫头部前面观；C. 左上颚；D. 右上颚；E. 阳茎瓣；F. 外生殖器

（669）稠李扁蜂 *Pamphilius padus* Shinohara, 2016（图 4-22，图版 XVI-9）

Pamphilius padus Shinohara, 2016, *in* Shinohara & Wei, 2016: 309.

主要特征：雌虫体长约 11mm；头部淡黄色，背侧具大黑斑，上眶淡斑有时较小；触角柄节浅褐色，背侧黑色，梗节和鞭节褐色；胸部黑色，前胸背板后缘和两侧宽斑、颈片腹侧、翅基片、中胸背板前叶后半部、侧叶后侧长斑、小盾片、前侧片和后侧片大部分、后小盾片淡黄色；翅透明，稍带烟灰色；前缘脉和亚前缘脉浅褐色，其余翅脉大部分黑褐色，翅痣浅褐色，前后缘稍暗；足淡黄色，基节基缘黑色；腹部背侧黑色，腹侧淡黄色，背板侧缘狭边，2–5 背板中部大斑黄褐色；额区上部稍隆起，无明显中切，单眼洼和中窝不明显；唇基中部弧形微弱突出，侧角不明显；颜侧脊微弱隆起，钝脊状；头部单眼和侧缝以后部分刻点粗大、密集，间隙具微细刻纹，额区、内眶上部刻点致密，唇基刻点较稀疏；背侧细毛黄褐色，长约 2 倍于单眼直径，端部弯曲；左上颚具显著中位小齿（图 4-22B）；右上颚中齿内侧切刻较窄深（图 4-22C）；触角 20 节，第 3 节长于第 1 节，2.5–2.9 倍于第 4 节长；前翅 C 室光裸无毛；锯鞘栓锥形，基部粗，端部细，向上弯曲，具毛。雄虫体长 9.5mm，体色和刻点类似于雌虫；抱器黄褐色，内顶角强突出，阳茎瓣端部明显分离；阳茎瓣头叶亚三角形。

分布：浙江（临安）。

寄主：蔷薇科细齿稠李 *Padus obtusata*。

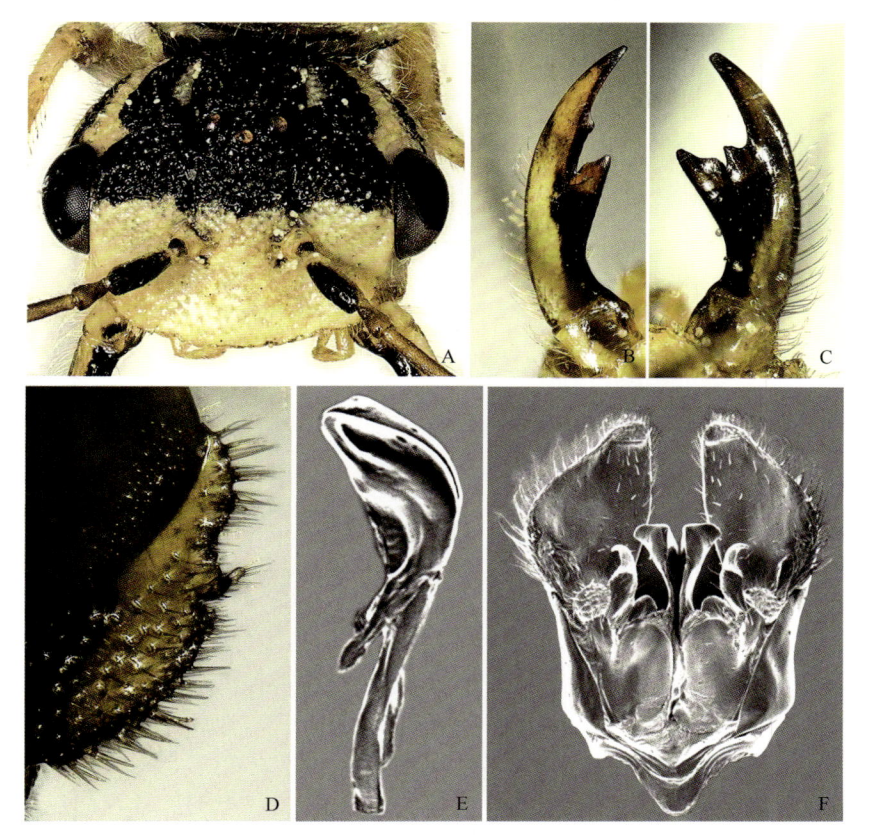

图 4-22　稠李扁蜂 *Pamphilius padus* Shinohara, 2016（仿自 Shinohara and Wei, 2016）
A. 雌虫头部前面观；B. 左上颚；C. 右上颚；D. 锯鞘侧面观；E. 阳茎瓣；F. 外生殖器

(670) 斜瓣扁蜂 *Pamphilius palliceps* Shinohara & Xiao, 2006（图 4-23，图版 XVI-10）

Pamphilius palliceps Shinohara & Xiao, 2006: 292.

主要特征：雌虫体长 7.5–8.5mm；头部和触角柄节、梗节淡黄色，头部背侧黑斑见图 4-23C，触角鞭节浅褐色；胸部黑色，前胸背板后半部和侧叶大部分、颈片腹侧、翅基片、中胸背板前叶后半部、中部强烈收缩的侧叶大斑、小盾片、后小盾片和侧斑、中后胸前侧片大部分、后侧片背侧大斑淡黄色；足淡黄色，基节基部黑色；翅透明，翅痣黑褐色；腹部背侧橘褐色，腹侧淡黄色，第 1 背板全部、2–5 背板侧斑、6–7 背板大部分和第 8 背板基部黑色，2–6 腹板两侧斑和第 7 腹板基半部黑色；额区上部和颜侧脊圆钝，稍鼓起；单眼后区方形，侧沟深；颚眼距稍长于单眼直径；唇基前缘圆钝截形；头部在单眼和横缝后侧光滑，刻点稀疏浅弱，唇基刻点浅大、稀疏；额区后部、单眼区和内眶中部刻点粗大、密集；头部背侧细毛淡色，稍长于单眼直径；触角 22 节，第 3 节 2.2 倍于第 4 节长；右上颚 3 齿，中齿内侧切刻窄深；左上颚中位小齿显著；前翅 C 室具密毛；锯鞘栓十分粗短，具刺毛。雄虫体长 7.5mm；头部背侧黑斑见图 4-23B，中胸背板侧叶全部黑色；腹部背侧黑色，仅 4、5 背板中部方斑淡色；抱器黄褐色；触角第 3 节长约 2 倍于第 4 节；抱器长大于宽，端部渐窄；背面观阳茎瓣端部明显分离，端缘近平直；阳茎瓣头叶长三角形，端部较尖。

分布：浙江（临安）、安徽。
寄主：蔷薇科野蔷薇 *Rosa multiflora*（Shinohara and Wei, 2016）。

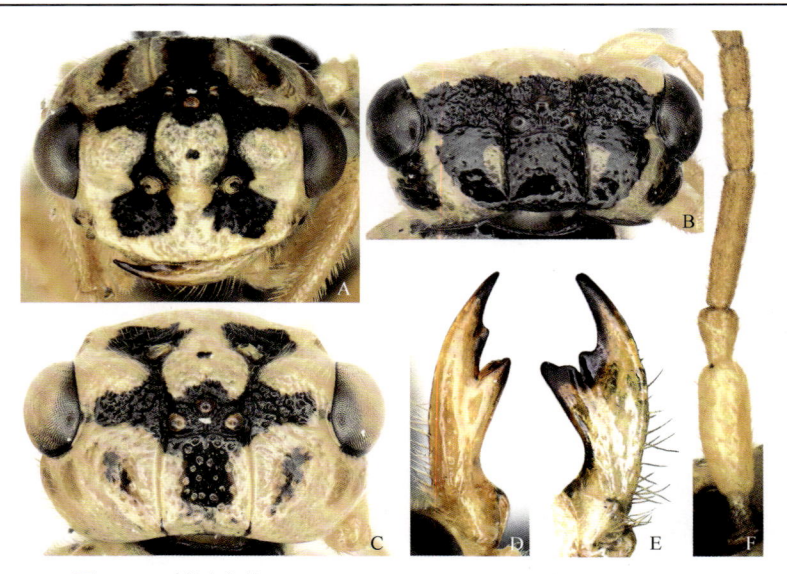

图 4-23　斜瓣扁蜂 *Pamphilius palliceps* Shinohara & Xiao, 2006
A. 雌虫头部前面观；B. 雄虫头部背面观；C. 雌虫头部前面观；D. 左上颚；E. 右上颚；F. 雌虫触角基部

（671）秦岭扁蜂 *Pamphilius qinlingicus* Wei, 2010（图 4-24，图版 XVI-11）

Pamphilius qinlingicus Wei, *in* Xin & Wu, 2010: 11; Shinohara & Wei, 2016: 313.

雌虫：体长 10mm；体黑色，复眼上顶角附近小斑黄色，触角鞭节基部暗褐色，腹部第 1 背板缘折、2–4 节背板和腹板、第 5 背板缘折黄色，第 9 和 10 背板后缘、第 7 腹板后缘中部和锯鞘浅褐色；足黄色，基节除端部外、各足胫节端缘和跗节全部黑色；体毛浅褐色；翅透明，翅痣黑色，端部稍淡，前缘脉浅褐色。

图 4-24　秦岭扁蜂 *Pamphilius qinlingicus* Wei, 2010 雌虫
A. 头部前面观；B. 头部背面观；C. 头部背侧刻点放大；D. 锯鞘侧面观；E. 右上颚端半部；F. 触角

头、胸部具淡色密集软毛,头部背侧毛长约 1.5 倍于单眼直径,末端稍弯曲;头部前后缘柔毛更长且明显弯曲;头部刻点致密,无间隙(图 4-24C),唇基刻点稍大,后颊脊后侧上部光滑,下部刻纹密集;中胸背板前叶大部分光滑,后端具少量刻纹,侧叶内侧半部具粗密刻点,外半部大部分光滑,小盾片刻点较密集,附片两侧较光滑,中部刻纹细密,盾侧凹前侧具刻纹,后侧光滑;后小盾片具少量刻点;中胸前侧片具稀疏大刻点,前缘具皱刻纹,后缘光滑;后侧片大部分具密集刻纹,前侧中下部具光滑带;后胸前侧片光滑,具稀疏刻点,后侧片具微弱刻纹;腹部背板具细刻纹,2–6 腹板具细刻纹和稀疏浅点,第 7 腹板具刻纹,无刻点。

唇基中部明显隆起,前缘稍突出,侧角圆钝;额区部显著隆起,眼上区前缘微鼓;无中窝和单眼盆;颚眼距 1.5 倍于单眼直径,复眼短卵形,长径 4.5 倍于颚眼距;左上颚中位齿十分突出(图 4-24A);右上颚中齿尖锐,内齿肩状部突出,中齿和内齿间切刻极深(图 4-24E);单眼后区长稍大于宽,侧沟细,十分明显;背面观后头长于复眼,侧缘显著收缩(图 4-24B);触角约 21 节,等长于腹部,第 3 节等长于 4–6 节之和(图 4-24F);前翅 C 室光裸无毛,Sc1 室具稀疏刺毛,翅痣窄长,最宽处 0.6 倍于 2r 脉长,Cu 脉具长脉桩;爪内齿明显短于外齿;锯鞘栓窄长,圆柱形,端部刺毛很短且密(图 4-24D)。

雄虫:体长约 9mm;体色和构造类似于雌虫。外生殖器未解剖。

分布:浙江(临安)、陕西、甘肃。

本种最初由辛恒和武星煜(2010)在甘肃叶蜂名录中无意中合规发表,当时只有新种名、标本记录以及本种与近缘种的鉴别特征。Shinohara 和 Wei(2016)指出本种成立,但未进行描述,也未提供形态图片。本书是本种首次正式描述和提供形态特征图。

(672)盛氏扁蜂 *Pamphilius shengi* Wei, 1999(图 4-25,图版 XVI-12)

Pamphilius shengi Wei, in Wei & Xiao, 1999: 149.

主要特征:雌虫体长 10–11.5mm;体黑色,唇基端缘三角形斑、额区蝶斑、内眶窄条与相连的上眶弧形斑(图 4-25A)、前胸背板前下侧角、翅基片、中胸背板前叶后部 1/2、小盾片和后小盾片、腹部各节腹板后缘 1/3–1/2、背板缘折后部、足除基节基部以外淡黄色,中胸侧板有时具小型白斑;体毛银褐色,鞘毛黑褐色;翅近透明,翅痣和翅脉黑褐色,C 脉浅褐色;头部上侧光裸,无明显刻点和刺毛,两侧和后缘具

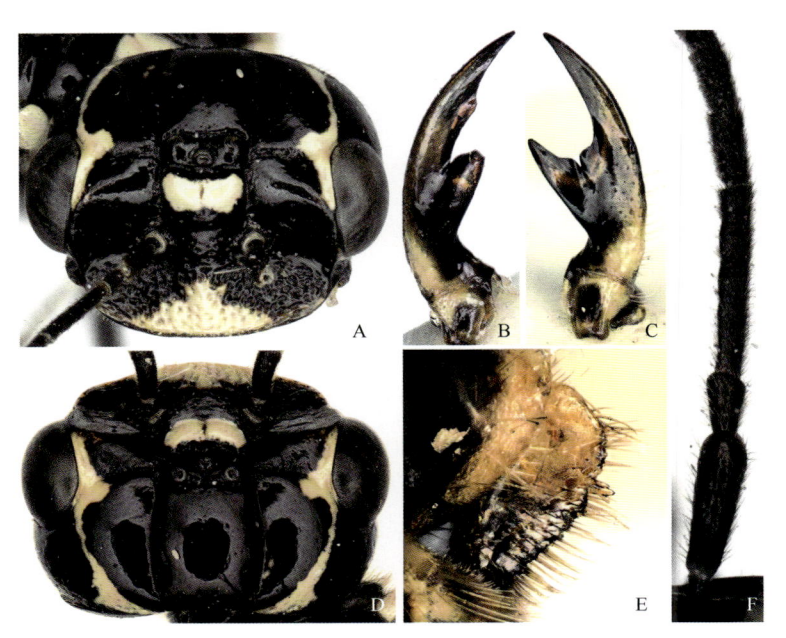

图 4-25 盛氏扁蜂 *Pamphilius shengi* Wei, 1999 雌虫
A. 头部前面观;B. 左上颚;C. 右上颚;D. 头部背面观;E. 锯鞘侧面观;F. 触角基部

较长细毛和刻点，后头两侧明显收缩，后颊脊发达；唇基端缘弧形，侧角钝，具模糊中纵脊；颚眼距稍短于触角第 2 节长，具刻点；唇基具短毛和粗大刻点，两侧和后部刻点密集；额区圆钝隆起，光滑无刻点，中窝浅沟状；颜侧脊弧形，中下部显著，上部圆钝，触角窝侧区高度光滑（图 4-25A）；单眼区各沟均较深，单眼后区长稍大于宽；左上颚具明显中齿（图 4-25B），右上颚只具 1 个切刻，内外齿均具平肩状部（图 4-25C）；触角 21 节，第 1–5 节长度比为 22：8：25：10：10；中胸背板前叶和小盾片高度光滑，中胸侧板前部具显著刻点，附片和腹部背板光滑，具微细的刻纹；前翅 C 室具毛；锯鞘栓细长，近圆柱形（图 4-25E）。雄虫未知。

分布：浙江（临安）、河南、陕西、湖北。

（673）树人扁蜂，新种 *Pamphilius shureni* Wei, sp. nov.（图 4-26，图版 XVII-1）

雄虫：体长 12mm。虫体包括触角大部分和足黄褐色，头部背侧和后颊脊以后部分（图 4-26A、B）、前胸侧板前半部、前胸背板背侧、中后胸背板、中后胸后侧片大部分、腹部第 1 背板全部、第 2 和 3 背板基缘、第 4 和 5 背板前角小斑和后缘狭边、6–8 背板背侧全部黑色，中胸小盾片具 1 对淡斑，抱器浅褐色，触角鞭节端部 1/3 渐变黑褐色；体毛黄褐色。翅淡烟灰色透明，端部 2/5 稍暗；翅痣基半部、C 脉和 Sc 脉全部、A 脉基部黄褐色，翅痣端半部黑色，其余翅脉大部分黑褐色。

体光滑，具强光泽；头部背侧包括额区和触角窝侧区十分光滑，无刻点和刺毛，唇基端半部具稍稀疏的粗大刻点，头部后缘具少许刻点；中胸前侧片前侧具稀疏的粗浅大刻点，后侧片具明显刻纹（图 4-26D），胸腹部其余部分无明显刻点或刻纹；中胸侧板细毛明显弯曲，约等长于单眼直径；胸部背板细毛极短。

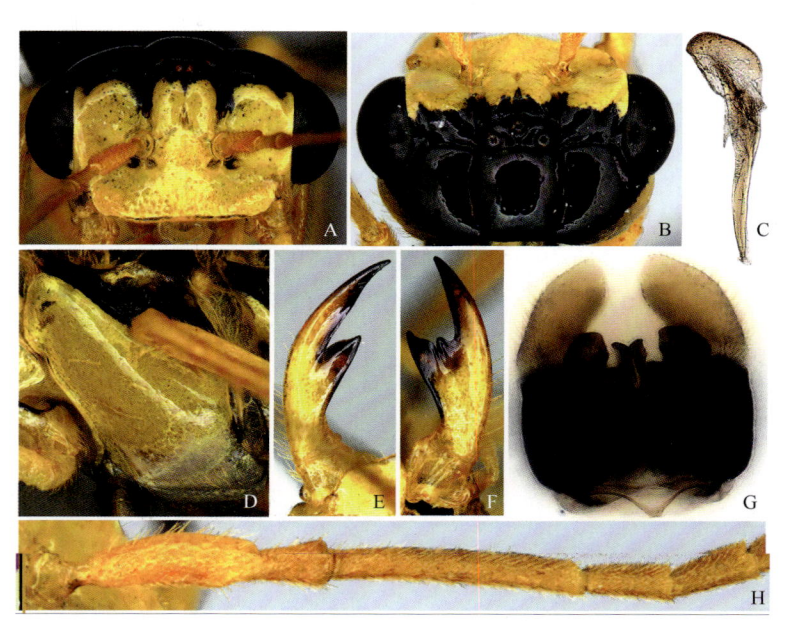

图 4-26 树人扁蜂，新种 *Pamphilius shureni* Wei, sp. nov. 雄虫
A. 头部前面观；B. 头部背面观；C. 阳茎瓣；D. 中胸前侧片；E. 左上颚；F. 右上颚；G. 外生殖器；H. 触角基部

复眼内缘互相平行，间距 2 倍于复眼长径；唇基端缘钝截形，侧角钝（图 4-26A），唇基中央具低钝中纵脊，侧面观触角窝之间的颜面几乎不低于唇基和单眼前部区域；额区强隆起，中部具浅切刻；颚眼距等长于侧单眼直径；内眶脊弧形，较低但明显（图 4-26A、B）；左上颚双齿式，中央切口深，外齿无中位小齿（图 4-26E）；右上颚内齿具肩状部，中齿小型，左右对称，明显突出，中齿外侧切口明显浅于很窄的内侧切口（图 4-26F）；单眼前沟和单眼后沟、单眼中沟和前单眼围沟以及内眶上部横沟均较深，触角窝上沟和单眼后区侧沟相连；后头两侧明显收缩；单眼后区长等于宽，微鼓起，侧沟稍弯曲，后端稍收敛，单眼后区前部 3/5 具浅弱的中纵沟（图 4-26B）；后颊脊发达，伸至单眼后区两侧角；触角 23–24 节，第 1–5 节

长度之比为 40∶13∶50∶18∶18，第 2 节长宽比等于 2（图 4-26H）；小盾片后半部具浅弱中纵沟；爪基部稍宽大，内齿明显短于外齿；前翅 C 室全部具毛，Sc2 室光裸；后翅臀室柄稍短于 cu-a 脉；下生殖板宽大于长，端部窄圆，明显突出；生殖铗见图 4-26G，背面观阳茎瓣头叶端部明显分离；阳茎瓣头叶倾斜，端部圆钝，中部约 2 倍于端部宽（图 4-26C）。

雌虫：未知。根据近缘种形态推测，头部红褐色，单眼区具黑斑，胸部背侧中部和腹部基部数节可能红褐色。

分布：浙江（临安）。

词源：本种以浙江籍名人周树人名字命名。

正模：♂，浙江临安天目山开山老殿，30.343°N、119.433°E，1106m，2016.V.30，魏美才。副模：1♂，浙江临安天目山仙人顶，30.349°N、119.424°E，1506m，2018.VI.11–12，李泽建、刘萌萌、姬婷婷（ASMN）。

鉴别特征：本种与亮头扁蜂 *P. nitidiceps* 近似，但本种中胸小盾片具 1 对淡斑；触角鞭节大部分、头部后颊脊及前沟、前胸背板侧叶、中胸前侧片和翅基片全部黄白色，额侧沟黑斑远离触角窝，腹部第 2、3 背板仅基部黑色；右上颚中齿左右对称，中齿外侧切口明显浅于内侧切口；唇基端部刻点较明显；阳茎瓣头叶端部宽度约为中部宽度的 1/2 等，与该种不同。

（674）天目扁蜂 *Pamphilius tianmushanus* Liu, Li & Wei, 2021（图 4-27，图版 XVII-2）

Pamphilius tianmushanus Liu, Li & Wei, 2021c: 304.

主要特征：雌虫体长 13mm；头部黄色，背侧具黑斑（图 4-27A），触角黑色；胸部背侧黑色，前胸背板后缘和两侧、翅基片、中胸背板前叶后半部、侧叶后部斜方斑、小盾片、后小盾片和淡膜区后侧黄色；

图 4-27 天目扁蜂 *Pamphilius tianmushanus* Liu, Li & Wei, 2021
A. 雌虫头部背面观；B. 雄虫头部背面观；C. 阳茎瓣；D. 生殖铗；E. 左上颚；F. 右上颚；G. 锯鞘侧面观；H. 雄虫触角基部；I. 雌虫触角基部

胸部腹侧黄色，腹板小斑和侧板缝黑色；腹部背板黑色，腹侧黄褐色，第 1 及 8 背板后缘狭边、各背板侧缘狭边黄色，2–5 背板中部大斑和第 10 背板橘褐色；足黄色，跗节黄褐色；翅透明，微带烟灰色，前缘脉和亚前缘脉浅褐色，翅痣和其余翅脉黑褐色；体毛黄褐色；头部背侧刺毛短直；额区、内眶中部刻点粗大致密，单眼后区、上眶内侧和唇基刻点稍稀疏，狭窄间隙光滑，触角窝侧区下部 1/3 无刻点，具刺毛；唇基中部稍鼓起，无脊，前缘钝截形稍突出，侧角圆；颚眼距 1.3 倍于侧单眼直径；左上颚外齿具弧形中位钝齿，右上颚中齿短三角形，外侧切口稍浅于内侧切口；额区不明显隆起，无颜侧脊；单眼后区长明显大于宽，后颊脊完整、锐利；触角第 3 节短于第 1 节，1.6–1.8 倍于第 4 节长；前足胫节内端距膜叶宽圆；前翅 C 室具稍稀疏刺毛；锯鞘侧面观端部弧形突出，锯鞘栓短柱形，端部具刺毛。雄虫体长 10mm；头部背侧几乎全部黑色，触角柄节腹侧黄色，背侧黑色，梗节和鞭节暗褐色；中胸背板侧叶无黄斑，中胸后侧片大部分黑色，腹部 2–5 背板中部黄斑狭窄，抱器黄色，其余体色同雌虫；下生殖板宽稍大于长，中部突出；抱器短，内顶角显著突出，背面观阳茎瓣头部明显加宽，端部不分离；阳茎瓣狭窄，头叶稍弯曲，端部圆钝。

分布：浙江（临安）。

第五章 树蜂亚目 Siricomorpha

主要特征：体中大型。后头明显延长或膨大；头部具口后桥，口后腔和后头孔分离；颜面两侧下部具明显的触角沟；触角窝下位，互相远离；触角长丝状，第1节长大，第3节不由多节愈合而成；前胸背板前坡陡峭，后缘缺口显著；后胸背板具淡膜区，中后胸后上侧片完整；腹部第1背板两叶状，中缝显著，前缘不明显前伸，1、2节间不次生半关节化；翅关节正常，翅痣狭长，1M室具背柄，前后翅臀室通常封闭，前翅封闭翅室不少于10个，后翅封闭翅室通常不少于5个，前缘翅钩列1组；前足胫节具1个发达的端距，第2端距通常缺如；中后足无亚端距；产卵器较长；雄性外生殖器不扭转。幼虫触角1节，无单眼，无腹足，胸足很退化，肛上突明显，钻蛀于树干内生活。

分布：世界广布。

现生种类包括3科，中国分布2科，浙江均有分布。

VI. 树蜂总科 Siricoidea

十一、项蜂科 Xiphydriidae

主要特征：体中大型，体长5–25mm；头部亚球形，后头膨大；口器发达，上颚粗短，具多个内齿；上唇微小；唇基端缘常具齿突；复眼较小，互相远离；颜面和额区较短，后头部多少膨大；触角细丝状，一般11–19节，端部尖细，第1节长柄状，弯曲，第2节短；前胸侧板水平向延长，侧面观长大于高，外观类似颈部；前胸背板中部窄，侧叶发达，背面观后缘凹入部很深；中胸背板具中位横沟，将中胸背板分为前、后2部；中胸背板前叶发达，具中纵沟，盾纵沟向后收敛，后端几乎接触；盾侧凹不发达；具翅基片；小盾片发达，无附片；中胸侧腹板前缘具狭窄的腹前桥，中胸侧板和腹板间具宽沟；后胸淡膜区小，互相远离；中后胸侧板倾斜，后侧片凹入；后胸侧板发达，与腹部第1背板结合，结合缝显著；翅脉大多纵向延伸；前翅前缘室发达，翅痣十分狭长；1M室背柄长且与翅脉整体伸展方向一致，具2r脉，cu-a脉靠近1M脉，臀室完整，亚基部收缩；后翅通常具4–6个封闭的基室；胫节无亚端距；前足胫节端部具1个端距，有时具2个端距，则其中1端距非常短小；后足具2个端距；腹部亚桶形，具侧缘脊，第1节背板具中缝，端部背板简单，产卵器较长，伸出腹部末端。幼虫触角3节，钻蛀寄生于死树或濒死树木。

分布：世界广布。本科较小，属于全球分布型，但东亚的种属多样性比较高。截至1998年底，全世界已记载23属106种，其中中国记载9属21种（尚有大量未记述属种）。本书记述浙江省项蜂科6属8种。

寄主：主要为杨柳科、桦木科、榆科等植物。

需要特别注意，项蜂科中体色十分相近的个体有可能是不同属的种类，鉴定时需要解剖下颚须和下唇须。下颚须和下唇须构造是本科类群的重要分化性状及鉴别特征。

分属检索表

1. 下颚须4节，下唇须3节；触角短丝状，中部膨大侧扁，雌虫尤甚；内眶向下互相平行；颚眼距宽大；爪内齿大型；后头明显延长，侧面观后眶上部显著长于复眼长径；翅烟黑色 ·· 肿角项蜂属 *Euxiphydria*

- 下颚须 5 节，下唇须 3–4 节；触角丝状，不侧扁；内眶向下不平行，如否，则爪内齿微小或缺如，或颚眼距很狭窄；后头不明显延长，侧面观后眶上部短于复眼长径；翅透明或弱烟褐色 ··· 2
2. 颚眼距平坦部分狭窄，窄于单眼直径，下侧凹窝大、深；爪内齿发达；锯鞘不长于腹部 1/3 长，或锯鞘腹缘显著弯折 ··· 3
- 颚眼距平坦部分宽大，长 2 倍于单眼直径，下侧凹窝很小；爪内齿中位，小型；锯鞘长大，约等长于或稍短于腹部 1/2 长，锯鞘端约等长于锯鞘基 ·· 项蜂属 *Xiphydria*
3. 下唇须 3 节；下颚须第 5 节不短于第 4 节 ··· 4
- 下唇须 4 节；前后翅 R1 室端部均封闭 ·· 5
4. 下颚须 3–5 节几乎等长；下唇须第 3 节不膨大，无吸盘或吸盘很小；前翅 R1 室端部开放，后翅 R1 室封闭；后眶上部和上眶光滑，无刻点或刻纹 ·· 短颊项蜂属 *Genaxiphia*
- 下颚须第 5 节等长于 3、4 节长度之和；下唇须第 3 节膨大，具明显吸盘；前后翅 R1 室均封闭；上眶和后眶上侧具显著刻点 ··· 长节项蜂属 *Alloxiphia*
5. 下颚须第 5 节显著短于第 3 节和第 4 节；下唇须第 4 节着生于第 3 节中部；背面观后头显著短于复眼；爪内齿大，稍短于外齿 ··· 异跗项蜂属 *Palpixiphia*
- 下颚须第 5 节不短于第 3 节和第 4 节；下唇须第 4 节着生于第 3 节端部；背面观后头稍短于复眼；爪内齿中小型，明显短于外齿 ··· 双距项蜂属 *Hyperxiphia*

（一）肿角项蜂亚科 Euxiphydriinae

主要特征：体中大型；头部后侧明显膨大、延长，长于复眼直径；下颚须 4 节；下唇须 3 节，端部膨大，具吸盘；前翅前缘室十分宽大；触角短，明显侧扁；前胸背板前后侧均具深缺口。

分布：古北区。本亚科已知仅 1 属，广泛分布于东亚地区。浙江有分布。

188. 肿角项蜂属 *Euxiphydria* Semenov & Gussakovskij, 1935

Euxiphydria Semenov & Gussakovskij, 1935: 117. Type species: *Xiphydria potanini* Jakowlew, 1891, by original designation.

主要特征：中大型项蜂，体长 10–23mm；头、胸部约等宽，背面观后头圆形鼓出，背侧高度光滑，无刻点和刻纹；下颚须 4 节，第 2 节最长；下唇须 3 节，第 3 节显著膨大，具感觉陷窝；颚眼距长于单眼直径 2 倍，平坦区域稍长于单眼直径，凹窝明显但较小；唇基前缘截形，具小型中齿；复眼椭圆形，内缘近似平行，间距明显宽于复眼长径；上眶和后眶宽大，高度光滑，宽于复眼长径，无后颊脊，后头脊完整；额区具不规则皱刻纹；触角短粗，稍长于头部宽，13–19 节，第 2 节不短于第 1 节 1/2 长，第 3 节稍长于第 2 节，中部鞭分节明显侧扁，稍加宽，末端较尖；翅黑色，前、后翅 R1 室端部均封闭，cu-a 脉交于 1M 室下缘基部 1/4，2r 脉上端交于翅痣端部，下端几乎与 1r-m 脉顶接；后翅 Rs 和 M 室封闭，臀室封闭；前足胫节具 1 长 1 短两个端距，各足爪形态类似，爪无基片，内齿大型，亚中位；腹部背板侧缘纵脊锐利；第 10 背板明显突出；产卵器短直，稍伸出腹部末端；体黑色，头部大部分或全部红褐色。

分布：东亚。本属已知 5 种，中国分布 4 种，浙江省发现 1 种。

（675）红头肿角项蜂 *Euxiphydria potanini* (Jakowlew, 1891)（图 5-1）

Xiphydria Potanini [sic!] Jakowlew, 1891: 3, 15–16.
Xiphydria ruficeps Mocsáry, 1909: 39.
Xiphydria akazui Matsumura, 1932: pl. 8, figs. 9, 44.
Xiphydria Maidli [sic!] Zirngiebl, 1937: 342–343.

Euxiphydria subtrifida Maa, 1944: 33.

主要特征：体长雌虫 10–20mm，雄虫 20–25mm；体黑色，头部大部分红色，光泽很强，触角全部、额区前部以下部分和口器黑色，黑色部分微具紫色光泽；足全部黑色；翅浓烟褐色，具明显紫色虹彩，端部稍淡，翅痣和翅脉黑色；体毛大部分黑色；头部侧面观额区部分几乎平坦或微弱下凹，后头显著鼓凸、扩展；下颚须第 1 节长大于宽，第 2 节长约 2 倍于第 1 节，第 3 节稍长于第 1 节和第 4 节；下唇须第 1 节稍短于 2、3 节长度之和，第 3 节长稍大于宽；触角短小，稍长于头宽，13–16 节，第 1 节明显长于第 3 节，端部鞭节逐渐细尖；前翅 2r 脉交于 Rs 末端或与 1r-m 脉顶接；后翅臀室柄约等长于 cu-a 脉；头部额区皱刻点粗糙密集，不规则，头顶和后头高度光滑，光泽强，无刻点或刻纹；中胸前侧片具网状皱脊纹；锯鞘长大，锯鞘基约等长于锯鞘端。

分布：浙江（临安、龙泉）、北京、河南、陕西、甘肃、福建；俄罗斯（东西伯利亚），朝鲜，日本。

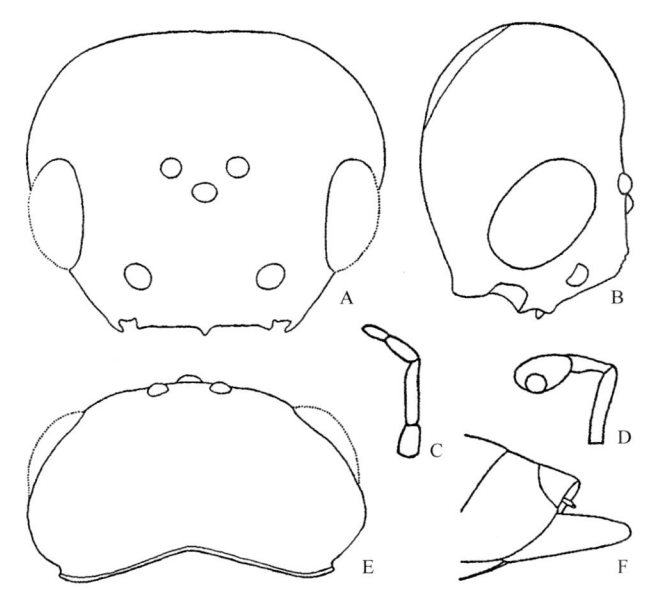

图 5-1　红头肿角项蜂 *Euxiphydria potanini* (Jakowlew, 1891)（仿自 Maa, 1949c）
A. 头部前面观；B. 头部侧面观；C. 下颚须；D. 下唇须；E. 头部背面观；F. 腹部末端（示锯鞘端）

（二）宽颜项蜂亚科 Hyperxiphiinae

主要特征：体中小型；头部后侧不明显延长，上眶短于复眼长径；下颚须 5 节，下唇须 4 节；触角不明显侧扁；前胸背板前、后侧均具深缺口。

分布：古北区，东洋区。本亚科已知 2 属。中国均有分布。浙江发现 2 属 3 种。

189. 双距项蜂属 *Hyperxiphia* Maa, 1949

Hyperxiphia Maa, 1949c: 23, 31. Type species: *Hyperxiphia ungulivaria* Maa, 1949, by original designation.

主要特征：中型项蜂；头、胸部约等宽，背面观后头圆形鼓出，背侧高度光滑，无刻点和刻纹；下颚须 5 节，第 2 节最长，但不长于 3、4 节长度之和，第 5 节约等长于或长于第 4 节；下唇须 4 节，第 3 节短小，第 4 节稍膨大，着生于第 3 节端部，具小型感觉陷窝；颚眼距短，平坦部分明显短于单眼直径，前侧凹窝深大；唇基前缘波状弯曲，具小型中齿；复眼椭圆形，内缘向下稍分歧，间距明显宽于复眼长径；上眶和后眶宽大，高度光滑，不窄于复眼长径，后颊脊和后头脊发达；额区和颜面具规则长纵脊纹；触角较短粗，稍长于头部宽，第 2 节短小，第 3 节长于第 4 节，中部鞭分节明显侧扁，末端较尖；翅近透明，前后翅 R1 室端部均封闭，cu-a 脉交于 1M 室下缘基部 1/4，2r 脉上端交于翅痣近端部，下端与 1r-m 脉顶接；后翅 Rs 和 M 室封闭，臀室封闭，具柄式；前足胫节具 1 长 1 短两个端距，各足爪形态类似，爪无基片，内齿中小型，中位，明显短于外齿；腹部背板侧缘纵脊锐利；第 10 背板明显突出；产卵器短，稍曲折，锯鞘端明显短于锯鞘基，腹缘平直；体大部分黑色。

分布：东亚（古北区东部，东洋区）。本属已知 9 种，中国记载 2 种，浙江均有分布。

Smith（2008）和 Taeger 等（2018）将 *Palpixiphia* Maa, 1949 并入本属，似不能反映这两属的形态分化状况和演化史，本书未予接受。参见异跗项蜂属 *Palpixiphia* 下讨论。

（676）黑胫双距项蜂 *Hyperxiphia ungulivaria* Maa, 1949（图 5-2）

Hyperxiphia ungulivaria Maa, 1949c: 40.

主要特征：雌虫体长 14–18mm，雄虫未知；体黑色，稍具金属蓝绿色光泽；翅透明，微带黄褐色光泽，翅痣和翅脉暗褐色；足黑色，无金属光泽，端部暗褐色；体毛银色；体形较粗壮，体毛很短；复眼内缘向下明显分歧，触角窝间距与触角窝-内眶间距之比为 11：5，POL：OOL=8：7（图 5-2A）；背面观后头两侧明显膨大，约等长于复眼（图 5-2C）；颚眼距平坦部分 0.3 倍于触角梗节，约等于单眼直径（图 5-2B）；额区稍鼓起，中部具小凹；下颚须第 5 节明显长于第 3、4 节（图 5-2G），下唇须第 3 节几乎等长于第 2 节（图 5-2H）；触角 13 节，等长于中、后胸之和，第 2 节长稍大于宽，基部 5 节长度比为 19：6：15：8：8，第 4 节长几乎不大于宽；小盾片后部圆钝，具粗糙皱刻点；前足胫节内端距见图 5-2I；后足胫节、基跗节和 2–5 跗分节长度比为 39：15：21；中足爪见图 5-2E，后足爪见图 5-2F；锯鞘侧面观腹缘微弱弯折（图 5-2D）。

分布：浙江（临安）。

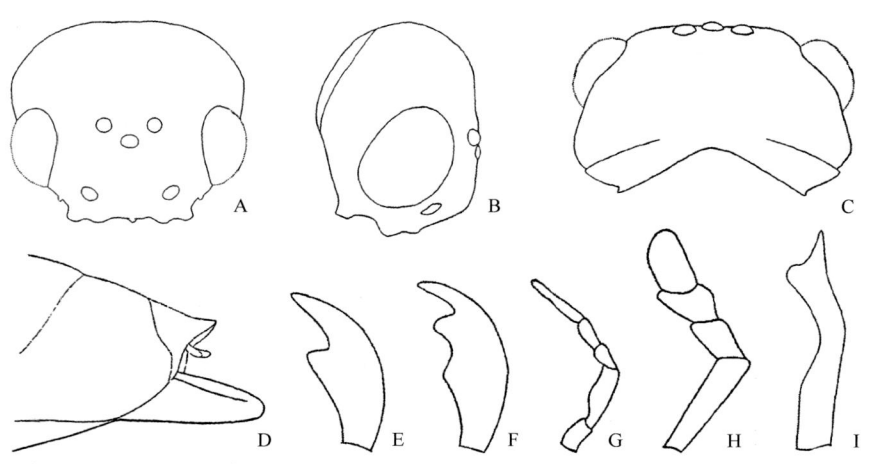

图 5-2 黑胫双距项蜂 *Hyperxiphia ungulivaria* Maa, 1949 雌虫（仿自 Maa, 1949c）
A. 头部前面观；B. 头部侧面观；C. 头部背面观；D. 腹部末端侧面观；E. 中足爪；F. 后足爪；G. 下颚须；H. 下唇须；I. 前足胫节内端距

（677）红头双距项蜂 *Hyperxiphia ruficephala* Wei, 2019（图 5-3，图版 XVII-6）

Hyperxiphia ruficephala Wei, in Li, Chen, Niu & Wei, 2019: 175.

主要特征：雌虫体长（包括锯鞘）12mm，雄虫未知；头部红褐色（图 5-3A–C），触角全部、后头区大部分和口器大部分黑色，口须和唇舌浅褐色；胸、腹部黑色，腹部第 7 背板两侧（图 5-3G）具大白斑，锯鞘端基部背侧棕褐色；足黑色，前足胫节基端点斑、中足胫节基部 1/3、后足胫节基部 2/5、中后足基跗节除末端外白色；体毛银色，鞘毛褐色；翅浅烟灰色透明，翅痣和翅脉黑色；头部几乎光裸，胸、腹部体毛极短、平伏；唇基、额区和内眶上半部具向下明显收敛的规则纵脊纹，无刻点，表面光滑；单眼区具弱皱刻纹，头部其余部分高度光滑；盾侧凹大部分、小盾片两侧和后缘几乎光滑；腹部第 1 背板刻点粗大密集，内缘和后缘光滑；第 2 背板大部分具粗大刻点，洼部具密集刻纹和粗糙刻点，其余背板大部分具密集微细刻纹，刻点不明显；下唇须见图 5-3I，下颚须见图 5-3E；触角基部 5 节见图 5-3J；产卵器长 1.2 倍于后足胫节，锯鞘端约 0.9 倍于锯鞘基长，侧面观向端部逐渐收窄，端部窄圆；背面观锯鞘基半部明显加宽，端半部收窄，尾须短小，长宽比约等于 3。

分布：浙江（泰顺）。

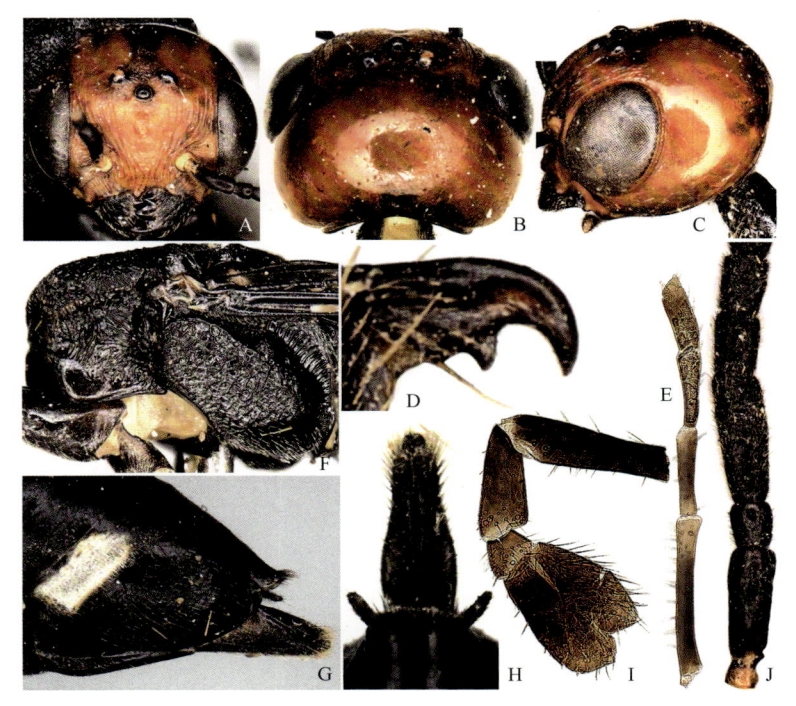

图 5-3 红头双距项蜂 *Hyperxiphia ruficephala* Wei, 2019（仿自 Li *et al*., 2019）
A. 雌虫头部前面观；B. 雌虫头部背面观；C. 雌虫头部侧面观；D. 雌虫爪；E. 雌虫下颚须 2–5 节；F. 雌虫胸部；G. 雌虫腹部末端侧面观；H. 雌虫锯鞘背面观；I. 雌虫下唇须；J. 雌虫触角基部 5 节

190. 异跗项蜂属 *Palpixiphia* Maa, 1949

Palpixiphia Maa, 1949c: 23, 31. Type species: *Xiphydria formosana* Enslin, 1911, by original designation.

主要特征：中型项蜂；头、胸部约等宽，背面观后头较短，稍鼓出，背侧高度光滑，无刻点和刻纹；下颚须 5 节，第 2 节最长；下唇须 4 节，第 3 节显著膨大，具感觉陷窝；颚眼距长于单眼直径 2 倍，平坦区域稍长于单眼直径，凹窝明显；唇基前缘截形，具小型中齿；复眼椭圆形，内缘近似平行，间距明显宽于复眼长径；上眶和后眶宽大，高度光滑，宽于复眼长径，无后颊脊，后头脊完整；额区具规则纵脊纹；触角短粗，稍长于头部宽，13–19 节，第 2 节不短于第 1 节 1/2 长，第 3 节稍长于第 2 节，中部鞭分节明显侧扁，稍加宽，末端较尖；翅黑色，前后翅 R1 室端部均封闭，cu-a 脉交于 1M 室下缘基部 1/4，2r 脉上端交于翅痣端部，下端几乎与 1r-m 脉顶接；后翅 Rs 和 M 室封闭，臀室封闭；前足胫节具 1 长 1 短两个端距，各足爪形态类似，爪无基片，内齿大型，亚中位；腹部背板侧缘纵脊锐利；第 10 背板明显突出；产卵器短直，稍伸出腹部末端；体黑色，头部大部分或全部红褐色。

分布：东亚（古北区东部，东洋区）。本属已知 5 种，全部分布于东亚地区。中国记载 2 种，浙江发现 1 种。

Smith（2008）将 *Palpixiphia* Maa, 1949 降为 *Hyperxiphia* Maa, 1949 的次异名，无论是从比较形态学还是命名法上看都是不正确的。这两个属的下颚须、下唇须、端跗节和头部构造有显著差异，不应合并为一属。此外，在马俊超的原始描述文献中，*Palpixiphia* Maa, 1949 无论在表格、检索表还是描述部分都位于 *Hyperxiphia* Maa, 1949 之前。因此，如果要将两属合并，则 *Palpixiphia* Maa, 1949 享有优先权。

（678）黑背异跗项蜂 *Palpixiphia formosana* (Enslin, 1911) （图 5-4）

Xiphydria formosana Enslin, 1911c: 182.
Palpixiphia formosana: Maa, 1949c: 36.
Hyperxiphia formosana: Smith, 2008: 54.

主要特征：雌虫未知，雄虫体长 10mm；体黄褐色，头部背侧具大黑斑，向前伸出 3 条褐色条斑至侧窝和中窝一带，后侧明显收窄，伸直头部后缘，后头黑色；触角暗褐色；前胸背板背侧除后缘外、前胸侧板上半部、中后胸背侧除小盾片和背板前叶后半部外、中胸侧板上缘、腹部背侧大部分黑褐色至暗褐色；翅透明，具微弱烟灰色，翅痣和翅脉褐色；体较窄长，体毛短；颚眼距平坦部分约等长于触角第 2 节 1/3 长（图 5-4C），光滑无刻纹；下颚须细长，第 2 节等长于第 3、4 节之和，第 5 节等长于第 4 节 1/2（图 5-4E）；下唇须第 3 节短于第 2 节 1/2（图 5-4G）；单眼区和额区具明显的规则纵脊纹，向前延伸到唇基基部，额区鼓起，中部具浅凹；触角窝间距 3 倍于触角窝-内眶间距（图 5-4A），OOL 稍大于 POL；侧面观后眶上缘稍短于复眼长径 1/2（图 5-4C），背面观微弱鼓起，短于复眼 1/2 长（图 5-4B）；触角 17 节，细长，梗节长宽比约等于 2，基部 5 节长度比为 11∶6∶19∶6∶6；前足胫节内端距见图 5-4D，后足胫节、后足基跗节和其余跗分节长度之比为 42∶21∶20，爪内齿靠近短齿（图 5-4F）；腹部 1–4 背板具细密小刻点，6–7 背板具微细刻纹；第 7 腹板后缘中部具密集毛簇。

分布：浙江（临安）、台湾。

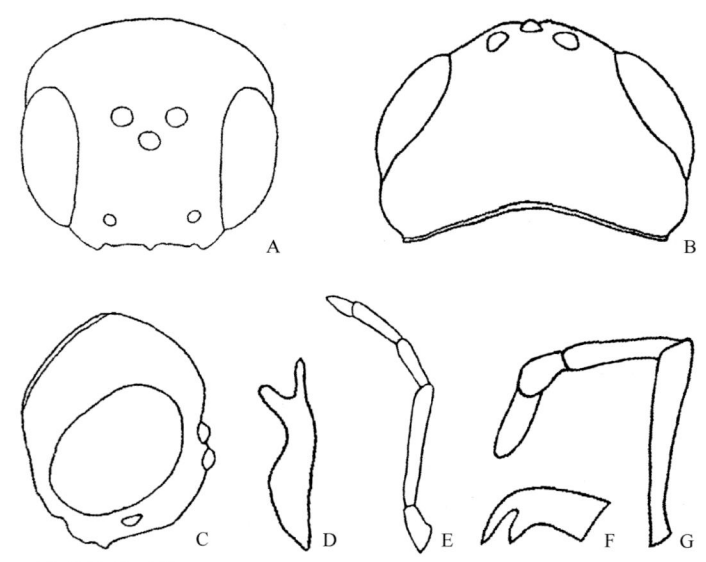

图 5-4 黑背异跗项蜂 *Palpixiphia formosana* (Enslin, 1911)（仿自 Maa, 1949c）
A. 头部前面观；B. 头部背面观；C. 头部侧面观；D. 前足胫节内端距；E. 下颚须；F. 后足爪；G. 下唇须

（三）项蜂亚科 Xiphydriinae

主要特征：后头不显著膨大、延长，短于复眼；下颚须 5 节，下唇须通常 3 节，少数 4 节；前胸背板前、后缘均具深缺口。

分布：世界广布。本亚科包括 10 属以上，是项蜂科最大的亚科。浙江发现 3 属 4 种。

第五章　树蜂亚目 Siricomorpha

191. 长节项蜂属 *Alloxiphia* Wei, 2002

Alloxiphia Wei, 2002d: 856. Type species: *Alloxiphia sexpalpa* Wei, 2002, by original designation.

主要特征：体中小型；下颚须 5 节，第 3 和第 4 节短小，第 5 节细长，不短于 3、4 节之和；下唇须 3 节，第 1 节细长，第 2 节长明显大于宽，第 3 节膨大，亚端部具吸盘；颚眼距具发达的凹窝，凹窝上缘几乎接触复眼；复眼内缘向下收敛，触角窝距 3 倍宽于触角窝与复眼间距；颜面和额区隆起，具粗糙刻纹，无规则纵脊；颊脊和后头脊发达；背面观头部稍宽于胸部，后头两侧收缩；上眶和单眼后区表面光滑，上眶具明显刻点；雄虫触角细长，鞭分节长宽比明显大于 2，第 3 节长于第 4 节；雌虫触角较短，中部鞭分节稍扁宽，长宽比小于 2；前足胫节具 1-2 个端距，后足基跗节短于其余跗分节之和，端跗节不膨大；爪小型，中裂式，内齿稍短于外齿；前后翅 R1 室端部均封闭，前翅 2A+3A 脉不贴近 1A 脉，2A 脉端部不淡化，2r 脉交于翅痣端部或亚端部，cu-a 脉与 1M 脉顶接或靠近；后翅 Rs 室封闭，臀室具柄式；产卵器腹缘较直，锯鞘端稍短于锯鞘基。

分布：东亚南部。本属已知 5 种，中国均有分布。浙江发现 1 种。

本属与异跗项蜂属 *Palpixiphia* Maa, 1949、双距项蜂属 *Hyperxiphia* Maa, 1949 两属构造上比较近似，但这 3 属的下颚须和下唇须构造以及头部脊纹差别较大。

(679) 天目长节项蜂 *Alloxiphia tianmua* Wei, 2021（图 5-5，图版 XVII-4、5）

Alloxiphia tianmua Wei, in Sun, Niu, Song, Wan & Wei, 2021: 318.

主要特征：雌虫体长 14mm；体黑色，内眶下部小斑和相连的颚眼距短条斑、腹部第 4 和第 5 背板侧缘小圆斑和第 8 背板两侧长条斑白色，锯鞘端缘褐色；体毛银色；足黑色，前足胫节基部 1/3、中足胫节基部 2/5、后足胫节基半部、中后足基跗节除端部外白色；前翅基半部和后翅基部 3/5 近透明，前翅端半部和后翅端部 2/5 淡烟褐色，翅痣黑色；体毛极短、平伏；额区和内眶具粗糙刻点和不规则脊纹（图 5-5A、C），单眼后区前部 1/3 具细密皱刻纹，后眶中下部具不规则脊纹和稀疏刻点（图 5-5B）；腹部第 1 背板中部刻点

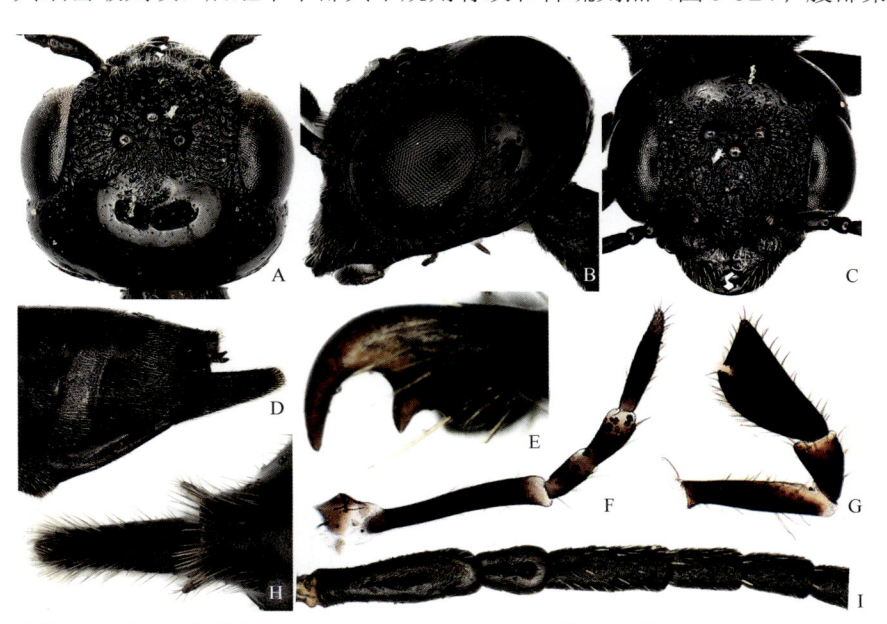

图 5-5　天目长节项蜂 *Alloxiphia tianmua* Wei, 2021 雌虫（引自 Sun *et al.*, 2021）
A. 头部背面观；B. 头部侧面观；C. 头部前面观；D. 腹部末端侧面观；E. 爪；F. 下颚须；G. 下唇须；H. 锯鞘背面观；I. 触角基部 5 节

粗糙，内缘具光滑区域，其余背板大部分具细密弱刻纹；触角 19 节，长 1.8 倍于头宽，基部 5 节长度比为 43∶17∶29∶17∶16，各节长均大于宽；产卵器腹缘稍弯折，总长 0.45 倍于腹部，锯鞘端长 0.85 倍于锯鞘基，尾须短小，明显弯曲。雄虫体长 10–12.5mm；唇基、颜面、上颚、单眼后区两侧条斑和后眶长斑黄白色，前胸背板和侧板大部分、中胸前侧片前缘和中部点斑，腹部 1–7 节背板两侧斑黄白色；足棕褐色，各足基节端部黄色；触角 15–16 节，基部 3–4 节红褐色，鞭分节细，长宽比明显大于 2。

分布：浙江（临安）。

192. 短颊项蜂属 *Genaxiphia* Maa, 1949

Genaxiphia Maa, 1949c: 57. Type species: *Genaxiphia parallela* Maa, 1949, by original designation.

主要特征：体小型细长；唇基中齿显著；头部稍宽于胸部，头顶和两侧以及后后眶上部无刻点和刻纹，高度光滑，背面观后头两侧不明显膨大或稍收缩；颚眼距平坦部分极狭窄，明显窄于单眼直径，下侧凹窝大、深，上缘几乎接触复眼；复眼椭圆形，间距约等于或稍宽于复眼长径，后单眼明显位于复眼后缘连线之前；后颊脊和后头脊发达，后颊脊上侧互相远离；下颚须 5 节，第 2 节最长，3–5 节近似等长，第 5 节不短于第 4 节；下唇须 3 节，第 2 节长宽比大于 2，第 3 节不膨大，吸盘很小或无明显吸盘；前足胫节具 1 个端距，后足基跗节短于其后 4 个跗分节之和，端跗节不明显膨大；爪同型，内齿发达；触角丝状，不明显侧扁，第 2 节明显短于第 4 节，鞭分节长宽比大于 2；内眶向下不平行，如否，则爪内齿微小或缺如，或颚眼距很狭窄，后头不明显延长，背面观短于复眼，侧面观后眶上部短于复眼长径；翅透明或弱烟褐色，前翅 R1 室端部开放，后翅 R1 室封闭，前后翅臀室封闭；产卵器较短，侧面观稍弯折，锯鞘端明显短于锯鞘基。

分布：东亚。本属已知 4 种，分布区互相远离。中国分布 3 种，浙江发现 1 种。

（680）花头短颊项蜂 *Genaxiphia parallela* Maa, 1949（图 5-6）

Genaxiphia parallela Maa, 1949c: 59.

主要特征：雌虫未知，雄虫体长 9mm，较粗壮；体黑色，上颚除端部外、内眶下部、颚眼距、上眶前半部、前胸侧板腹侧半部、前胸背板侧叶内侧半部、中胸前侧片前上侧和顶角小斑、腹部 3–6 背板侧缘小

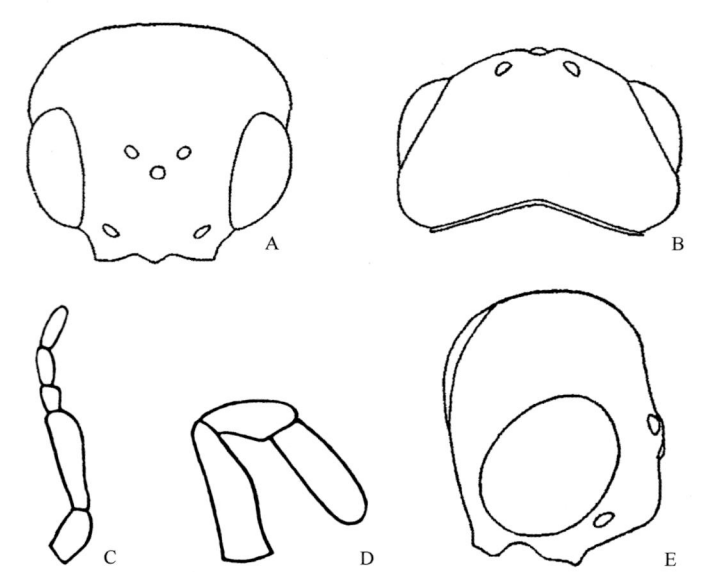

图 5-6 花头短颊项蜂 *Genaxiphia parallela* Maa, 1949（仿自 Maa, 1949c）
A. 头部前面观；B. 头部背面观；C. 下颚须；D. 下唇须；E. 头部侧面观

斑黄色；触角红褐色，柄节和梗节黄褐色；足红褐色，基节前侧黄色，后侧暗褐色；翅透明，微带烟褐色，翅痣和翅脉暗红褐色；体毛细短，褐色；下颚须第 2 节长 2 倍于第 1 节，第 3 节长宽比小于 2，明显短于第 4、5 节；下唇须第 2 节长宽比大于 2，第 3 节长 1.5 倍于第 2 节，基部和端部几乎等宽；中窝较深，额区具网状皱脊纹，前单眼周围具辐射脊纹；OOL 等于 POL，单眼后区前缘具细刻纹，其余部分和上眶、后眶上部高度光滑，无刻点和刻纹；触角 17 节，第 3 节长 1.5 倍于第 4 节，第 4 节长 2 倍于第 2 节；小盾片向后收窄，端部窄圆，侧缘显著；中胸前侧片具网状脊纹，后侧片具规则横脊纹，后胸侧板具网状皱脊纹；前翅 R1 脉大部分存在，1m-cu 和 2m-cu 脉几乎等长；后足胫节外侧具浅弱纵沟，胫节、基跗节和其余跗节和长之比为 22∶9∶13；爪内齿较大，微短于外齿；腹部 5–6 腹板后缘具硬毛簇。

分布：浙江（临安）。

193. 项蜂属 *Xiphydria* Latreille, 1803

Xiphydria Latreille, 1803: 304. Type species: *Ichneumon camelus* Linné, 1758, by monotypy.
Hybonotus Klug, 1803: 9. Type species: *Ichneumon camelus* Linné, 1758, by subsequent designation of Rohwer, 1911a.
Xiphidion Provancher, 1875, 374. Type species: *Xiphidion canadensis* Provancher, 1875, by monotypy.

主要特征：体中大型；头部约等宽于胸部，头顶和两侧无刻点及刻纹，高度光滑，背面观后头稍延长，侧面观后眶上部等长于或稍短于复眼长径，背面观两侧不明显膨大或稍收缩；颚眼距平坦部分宽大，长约 2 倍于单眼直径，下侧凹窝小，上缘远离复眼；复眼短椭圆形至椭圆形，后单眼明显位于复眼后缘连线之前；后颊脊和后头脊发达；下颚须 5 节，3–5 节几乎等长，第 5 节不短于第 4 节；下唇须 3 节，第 2 节长宽比大于 2，第 3 节不明显膨大，无吸盘；前足胫节通常具 1 个端距，后足基跗节短于其后 4 个跗分节之和，端跗节不明显膨大；前后足的爪同型，内齿较小，远离端齿；额区和附近具不规则粗糙刻点和皱纹，无规则纵脊纹；后眶上部和上眶光滑，无刻点或刻纹；触角丝状，不明显侧扁，第 3 节长于第 4 节；翅透明或弱烟褐色，2r 脉交于翅痣亚端部，cu-a 脉交于 1M 室亚基部，前后翅 R1 室端部均封闭，前翅 2A+3A 脉靠近 1A 脉，但不互相接触，后翅臀室封闭；产卵器较长，约等于腹部 1/2 长，侧面观腹缘平直，不明显弯折，锯鞘端约等长于锯鞘基。体通常黑色，具少量淡斑。

分布：古北区，新北区。本属已知 40 种，其中东亚记载 29 种，北美洲和欧洲各记载 11 和 9 种。中国已记载 10 种，浙江发现 3 种，本书记述 2 种。

Taeger 等（2010）曾将 *Konowia* Brauns, 1884 和 *Pseudoxiphydria* Enslin, 1911 两属并入本属，是否正确，有待进一步研究。

（681）斑唇项蜂 *Xiphydria limi* Maa, 1949（图 5-7）

Xiphydria limi Maa, 1949c: 50.

主要特征：雌虫未知，雄虫体长 11.5mm；体黑色；上颚斑、唇基、内眶下部斑、颚眼距、上眶两侧宽条斑、触角窝上突斑、单眼后区侧条斑、前胸背板后缘和外缘、前胸侧板侧面条斑、中胸前侧片前上侧缘和后下部条斑、腹部 2–6 背板侧缘点斑黄白色；触角黑褐色，柄节红褐色；翅微弱烟灰色，翅痣和翅脉红褐色至暗褐色；足红褐色，各足基节大部分、前足转节、中足股节背侧和后足股节黑褐色，中后足基节后侧黄色；背面观后头两侧稍收缩；内眶具可分辨的脊纹，额区具粗糙皱脊纹，上眶前侧具少许粗刻点和脊纹，后头背侧具零星小刻点；下颚须第 5 节稍长于第 4 节（图 5-7A），下唇须第 2 节长宽比大于 2，第 3 节长宽比约等于 4（图 5-7B）；颚眼距平坦部分约等于触角梗节 1/2 长，触角窝间距与触角窝-复眼间距等于 7∶3，OOL∶POL 等于 3∶2，侧面观后眶上端长稍短于复眼长径，复眼长短径之比为 1.4；触角较粗，14–15 节，第 1 节明显弯曲（图 5-7C），鞭节稍细于柄节，基部 4 节背面观见图 5-7E；胸部背侧具横脊纹；小盾片U形，明显隆起，无中沟；胸部侧板皱脊纹网状；后足胫节、基跗节和其余跗节之和长度比为26∶11∶18；第3、4腹板后缘具疏短卷毛，第5、6腹板后缘中部具密集硬毛簇。

分布：浙江（临安）。

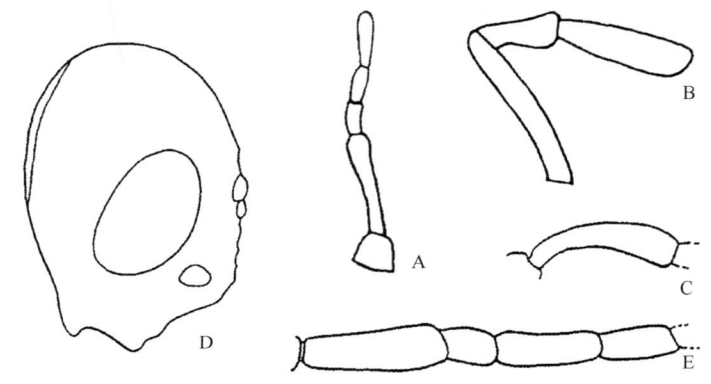

图5-7 斑唇项蜂 *Xiphydria limi* Maa, 1949（仿自 Maa, 1949c）
A. 下颚须；B. 下唇须；C. 触角第1节侧面观；D. 头部侧面观；E. 触角基部4节背面观

（682）天目项蜂 *Xiphydria tianmunica* Wei, 2019（图5-8，图版XVII-7）

Xiphydria tianmunica Wei, in Li, Chen, Niu & Wei, 2019: 177.

主要特征：雌虫体长（包括锯鞘）16mm；体黑色，内眶下部和相连的后眶长条斑、上眼眶方斑、单眼后区侧缘条斑、触角第3节大部分和4–17节全部、前胸背板后缘狭边、翅基片大部分、中胸三角片后部、后胸淡膜区下侧小斑、中胸前侧片背前角小斑、腹部3–5背板侧缘三角形斑、第6–7节背侧互相远离的长条斑、第8背板背侧几乎连接的长方斑、第9背板后缘钩形斑、第10背板后缘中部方斑等白色；上颚中部背侧、触角窝之间小斑和锯鞘基腹缘浅褐色；足黑色，后足基节端缘、各足胫节基部0.4白色，各足胫节

图5-8 天目项蜂 *Xiphydria tianmunica* Wei, 2019（引自 Li *et al*., 2019）
A. 雌虫头部前面观；B. 雌虫头部侧面观；C. 雌虫头部背面观；D. 雌虫下颚须2–5节；E. 雌虫下唇须；F. 雌虫腹部末端侧面观；G. 雌虫中胸侧板；H. 雌虫腹部末端背面观；I. 雌虫触角基部5节；J. 雌虫爪

其余部分和 1–2 跗分节橘褐色；翅均匀淡烟褐色透明，翅痣暗褐色；颚眼距 2.1 倍于中单眼直径，大部分平坦，前部 1/3 具半圆形陷窝；头部单眼后区前部 1/3 具细密皱刻纹，后眶中下部具不规则长脊纹和细刻纹；触角 18 节，长 2 倍于头宽，基部 5 节长度比为 45：21：30：17：17；小盾片后缘狭边光滑，两侧坡刻纹细密。雄虫体长 10–12.5mm；唇基中部、前胸背板两侧中部、前胸侧板前部、中胸背板前叶中部、中胸前侧片中部后侧常具明显白斑，腹部 3–7 节背板两侧白斑较小、几乎等大，第 8 背板两侧白斑很小，第 9 背板无白斑；各足股节、胫节和跗节大部分暗红褐色。

分布：浙江（临安）。

十二、树蜂科 Siricidae

主要特征：体长 12–50mm；头部方形或半球形，口器退化；触角丝状，12–30 节（中美洲有 1 个属触角 5–6 节），第 1 节通常最长，鞭节有时侧扁；前胸背板短，外观无长颈；前胸背板横方形，后缘凹入部分较浅；翅基片消失；中胸背板前叶和侧叶合并，小盾片无附片，盾侧凹大部分强烈隆起；后胸背板具淡膜区；中胸侧腹板前缘具狭窄的腹前桥；中胸侧板和腹板间无侧沟；后胸背板具淡膜区，侧板发达，与腹部第 1 背板结合，结合缝显著；前足胫节具 1 个端距，后足具 1–2 个端距，亚端距缺如；前翅前缘室狭窄，翅痣狭长，纵脉较直，具 2r 脉，1M 室内上角具短柄或无柄，1R1 室与 1M 室接触面短或缺，cu-a 脉不靠近 1M 脉，臀室完整，亚基部收缩；后翅常具 5 个闭室；前后翅的 R1 室端部有退化趋势；腹部圆筒形，无缘脊，第 1 节背板具中缝，末节背板发达，具长突；产卵器细长，远伸出腹端外，锯刃退化；雄虫下生殖板中部强烈突出，末端尖。幼虫触角 1 节，胸足退化，无腹足，具肛上突。

分布：本科现生种类为全球分布型，但南美洲和澳洲区没有土著种，只有入侵种类。目前现生类群已知 10 属约 127 种，中国记载 6 属 56 种。浙江省已发现 5 属 15 种。长尾树蜂属 *Xeris* A. Costa 在浙江尚未发现，但该属在中国东部分布很广，包括浙江周边省份，浙江应有分布。

寄主：本科幼虫蛀食各种乔木树干。

分属检索表

1. 触角窝间距窄，约为内眶宽度的 1.5 倍；触角丝状，长于前翅 C 脉；下唇须 3 节。**树蜂亚科 Siricinae** ⋯⋯⋯⋯⋯⋯ 2
- 触角窝间距 3 倍于内眶宽度；触角短于前翅 C 脉长，中部明显侧扁；下唇须 2 节。**扁角树蜂亚科 Tremecinae** ⋯⋯⋯ 4
2. 头部黑色无淡斑；雌虫腹部角突近似三角形，向基部加宽 ⋯⋯⋯⋯⋯⋯⋯⋯⋯⋯⋯⋯⋯⋯⋯⋯⋯⋯ **树蜂属 *Sirex***
- 复眼以上部分全部淡色或至少复眼后具淡色斑点；雌虫腹部角突基部明显收缩 ⋯⋯⋯⋯⋯⋯⋯⋯⋯⋯⋯⋯⋯⋯⋯ 3
3. 复眼长至多为宽的 1.5 倍；后眶淡斑光亮，仅有稀疏刻点和柔毛 ⋯⋯⋯⋯⋯⋯⋯⋯⋯⋯⋯⋯ **大树蜂属 *Urocerus***
- 复眼长约为宽的 2 倍；后眶中部淡色斑点无光泽，有密集刻点和柔毛 ⋯⋯⋯⋯⋯⋯⋯⋯⋯⋯⋯⋯ **斑树蜂属 *Xoanon***
4. 前翅 2r 脉交于翅痣端部 1/6–1/4 处，2R1 室通常不短于或稍短于 3R1 室；雌虫第 9 背板凹盘宽大于长，底部扁平或有低弱纵脊，表面具细纹理，无粗大刻点；雌虫尾须缺；腹部背板 7–8 两侧无密集长毛 ⋯⋯⋯⋯⋯⋯⋯ **扁角树蜂属 *Tremex***
- 前翅 2r 脉交于翅痣中部至端部 1/3 处，2R1 室显著短于 3R1 室；雌虫第 9 背板凹盘长不小于宽，底部多少明显隆起，纵脊有或无，表面常具粗大刻点或皱纹；雌虫具尾须；腹部背板 7–8 节两侧常具密集长毛 ⋯⋯⋯⋯⋯ **凸盘树蜂属 *Eriotremex***

（四）树蜂亚科 Siricinae

主要特征：触角细长丝状，不短于前翅 C 脉，不明显扁平；触角窝间距窄，约为同水平位置内眶宽度的 1.5 倍；下唇须 3 节。

分布：世界广布，但旧热带区、澳洲区和新热带区（不包括中美洲）无土著类群。本亚科包括 4 属。浙江发现 3 属 5 种。

194. 树蜂属 *Sirex* Linné, 1760

Sirex Linné, 1760: 396. Type species: *Sirex juvencus* (Linné, 1758), by subsequent designation of Curtis, 1829.
Urocerites Heer, 1867: 36–38. Type species: *Urocerites spectabilis* Heer, 1867, by subsequent designation of Heer, 1867.
Sirex (*Paururus*) Konow, 1896a: 41, 43–45. Type species: *Sirex juvencus* (Linné, 1758), by subsequent designation of Rohwer, 1911a.

主要特征：中大型树蜂，体长 12–30mm；头部背侧和复眼后无淡色斑纹，体黑色部分通常具蓝色金属光泽；下唇须 3 节；复眼较小，下缘间距宽于复眼长径 1.5 倍，背侧最短距离 1.2–1.6 倍于复眼长径；触角窝间距 1.5–2.5 倍于触角窝复眼间距；后眶圆钝，无侧脊；触角细长，不侧扁，长于前翅缘脉，鞭分节至少多于 12 节，通常多于 16 节，中部鞭分节长宽比至少大于 2；后胸淡膜区 2 倍宽于长；前翅 1M 室内侧具第 2 条 cu-a 横脉，cu-a 脉中位；后翅臀室封闭；后足胫节具 2 个端距；雌虫腹部末端的角突三角形，向基部明显加宽；锯鞘端部 1/3 背侧具齿；幼虫蛀干危害针叶树。

分布：古北区，东洋区，新北区。有 1 种传入新热带区、旧热带区南部和澳洲区。本属已知 28 种，其中新北区 14 种，古北区 15 种。中国已知 11 种。浙江省发现 3 种。

分种检索表

1. 雌虫腹部 3–8 节大部分、后足胫节和跗节大部分红褐色 ················· 红腹树蜂 *S. rufiabdominis*
- 雌虫腹部全部蓝黑色，后足胫节和跗节黑色 ··· 2
2. 产卵器约与腹部除末端角突外长度近似 ··· 斑翅树蜂 *S. nitobei*
- 产卵器约等长于腹部和末端角突的总长 ··· 黑足树蜂 *S. imperialis*

（683）斑翅树蜂 *Sirex nitobei* Matsumura, 1912（图 5-9，图版 XVII-3、8）

Sirex nitobei Matsumura, 1912: 17–18.

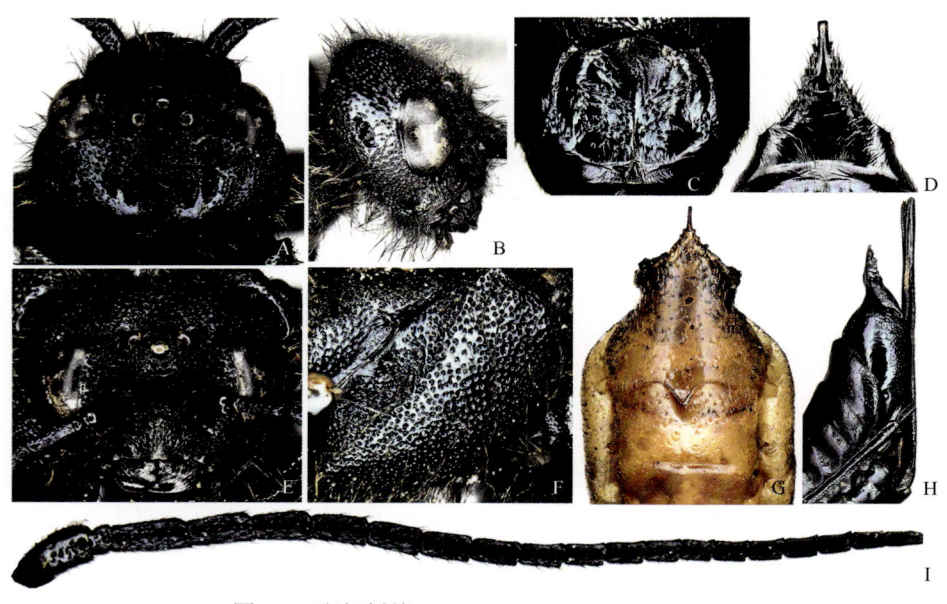

图 5-9 斑翅树蜂 *Sirex nitobei* Matsumura, 1912
A. 雌虫头部背面观；B. 雌虫头部侧面观；C. 第 9 背板凹盘；D. 雌虫腹部端突；E. 雌虫头部前面观；F. 雌虫中胸前侧片；G. 雄虫下生殖板和端突；H. 雌虫腹部末端和产卵器；I. 雌虫触角

主要特征：雌虫体长 12–30mm；体黑色，具显著蓝色金属光泽，足和触角全部黑色；前翅基半部透明，端半部深烟褐色，翅痣黑褐色或暗褐色；体毛大部分黑褐色；额区和单眼后区中部（图 5-9A）、颜面大部分刻点粗大密集，后眶上部刻点稀疏（图 5-9B），中胸前侧片刻点间隙明显，表面光滑（图 5-9F）；雌虫第 9 背板凹盘宽稍大于长，侧缘向后稍分歧，中部具明显的细低中纵脊，表面光滑，无粗密刻点或皱纹（图 5-9C）；背面观尾突三角形，长稍大于基部宽，向基部逐渐稍加宽（图 5-9D）；雌虫产卵器较短，约与腹部除尾突外部分等长，锯鞘端明显短于锯鞘基，尾突中部稍弯曲（图 5-9H）。雄虫体长 12–27mm；头、胸部包括触角蓝黑色，腹部基部 2 节蓝黑色，其余部分黄褐色；足黑色，前中足股节端部、前中足胫节和跗节黄褐色；翅透明，烟斑不显著；头顶中沟宽浅，刻点粗密；下生殖板中部后侧明显收缩，端突细长（图 5-9G）。

分布：浙江（富阳）、内蒙古、河北、山东、河南、陕西、甘肃、江苏、安徽、四川、云南；朝鲜，日本。

（684）黑足树蜂 *Sirex imperialis* Kirby, 1882（图 5-10）

Sirex imperialis Kirby, 1882: 383.

主要特征：雌虫体长 20–30mm；体黑色，具显著蓝色金属光泽，各足和触角全部蓝黑色；前翅基半部近透明，端半部显著深烟褐色，1R1 室颜色最深，翅痣黑褐色；体毛大部分黑色；腹部第 9 节背板凹盘长约等于宽，中部最宽，前后端均显著收窄，仅中部近后端具不明显的短中脊；雌虫尾须可见，但非常短小；背面观尾突长三角形，向基部明显逐渐加宽，侧缘无明显弯折，端半部具密集棘突（图 5-10）；产卵器较长，约与腹部和尾突总长相等，锯鞘端约等长于锯鞘基。雄虫体长 12–27mm；头、胸部包括触角蓝黑色，腹部基部 2 节蓝黑色，其余部分黄褐色；足黑色，前中足股节端部、前中足胫节和跗节黄褐色；翅透明，烟斑不显著；头顶中沟宽浅，刻点粗密。

分布：浙江（富阳、淳安）、山东、江苏、安徽、贵州；巴基斯坦，印度。

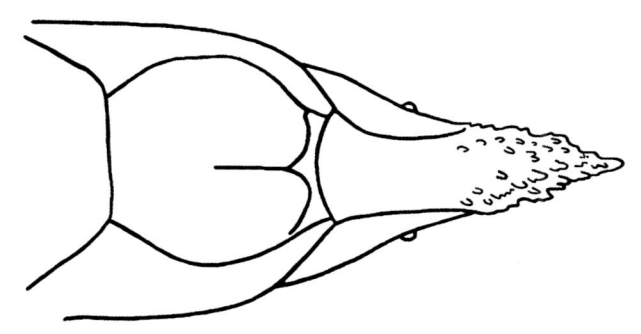

图 5-10 黑足树蜂 *Sirex imperialis* Kirby, 1882 雌虫尾突（仿自萧刚柔等，1992）

（685）红腹树蜂 *Sirex rufiabdominis* Xiao & Wu, 1983（图 5-11，图版 XVII-9）

Sirex rufiabdominis Xiao & Wu, 1983: 2.

主要特征：雌虫体长 12–30mm；体黑色，具显著蓝色金属光泽，触角全部黑色，腹部大部分红褐色；足大部黑色，各足胫节和 1–4 跗分节红褐色；前翅基半部近透明，端半部深烟褐色，翅痣黑褐色或暗褐色。体毛大部分黑色。腹部第 9 背板凹盘宽大于长，两侧缘向后明显分歧，中纵脊较低但明显；后足基跗节长于其后 4 跗分节之和，第 2 跗分节跗垫很大，占该节长度的 3/4 以上（图 5-11C）；尾突短宽，背面高度光滑，侧缘基部 1/3 明显弯折（图 5-11A）；雌虫产卵器较短，约与腹部除尾突外部分等长，锯鞘端明显短于锯鞘基，尾突背缘稍弯曲（图 5-11B）。雄虫体长 12–27mm；头、胸部包括触角蓝黑色，腹部基部 2 节蓝黑色，其余部分黄褐色；足黑色，前中足股节端部、前中足胫节和跗节黄褐色；翅透明，烟斑不显著；头顶中沟宽浅，刻点粗密。

分布：浙江（富阳、诸暨）、江苏、安徽。

本种有可能是新渡户树蜂的异名，两种经常同域发生。雌虫腹部红色斑纹的大小和范围也有一定变化。

图 5-11 红腹树蜂 *Sirex rufiabdominis* Xiao & Wu, 1983
A. 腹部端部背面观；B. 腹部端部侧面观；C. 后足跗节腹面观

195. 大树蜂属 *Urocerus* Geoffroy, 1785

Urocerus Geoffroy, 1762: 264–265. Type species: *Ichneumon gigas* Linné, 1758, by subsequent designation of Geoffroy, 1785.
Xanthosirex Semenov, 1921: 86. Type species: *Xanthosirex phantasma* Semenov, 1921, by original designation.
Eosirex Piton, 1940: 229. Type species: *Eosirex ligniticus* Piton, 1940, by monotypy.

主要特征：中大型树蜂，体长 15–35mm；头部色斑各异，但至少复眼后上侧具明显的淡色斑纹，体黑色部分无蓝色金属光泽；下唇须 3 节；复眼较小，下缘间距宽于复眼长径 1.5 倍，背侧最短距离 1.2–1.6 倍于复眼长径；触角窝间距 1.5–2.0 倍于触角窝复眼间距；后眶圆钝，无侧脊，表面几乎光滑，具稀疏刻点和柔毛；头部细毛端部尖锐；触角细长，不侧扁，长于前翅缘脉，鞭分节至少多于 13 节，通常多于 16 节，中部鞭分节长宽比至少大于 2；前胸背板前垂面具显著粗刻点；后胸淡膜区 2 倍宽于长；前翅 2r-m 脉交于 2M 室内，1M 室内侧无第 2 条 cu-a 横脉，cu-a 脉中位；后翅臀室封闭；后足胫节具 2 个端距；雌虫第 9 背板凹盘宽长比等于 2，侧缘脊很长，显著分歧；腹部末端的角突较宽，通常基部明显收缩；产卵器短于前翅，锯鞘基明显短于锯鞘端，锯鞘端端部 1/3 背侧通常具齿。

分布：古北区，新北区。本属已知 33 种，古北区 28 种，主要分布于东亚，新北区 7 种（其中 2 种是古北区种类传入）。中国记载 22 种，浙江目前仅发现 1 种。

寄主：幼虫蛀干危害针叶树。

（686）陈氏大树蜂 *Urocerus sicieni* Maa, 1949（图 5-12）

Urocerus sicieni Maa, 1949c: 95.

主要特征：雌虫体长 15–23mm；体黑色，后眶中部黄白斑延至后头和头顶后侧（图 5-12A、C），前胸背板除了中线和两侧坡部、小盾片除了前缘及侧缘、中胸前侧片上部、前足股节、中足股节两端、前中足胫节、后足胫节基部 3/4、基跗节基半部、腹部第 1 及 2 背板前侧小斑、第 6 背板前缘两侧、第 7 和 8 背板前缘黄色，触角端部褐色；翅浅黄色透明，端部稍带烟褐色；腹部第 9 背板凹盘椭圆形，宽稍大于长，无明显中纵脊，前部具柔毛，中后部裸；尾突中等长，中部明显加宽，亚基部明显收缩，前侧缘具刺毛和短棘突，末端窄截形（图 5-12D）；唇基刻点网状；颊大部分光滑，眼眶周围有少许刻点；头顶前缘和中部刻点粗大密集，两侧刻点稀疏（图 5-12A）；胸部刻点密集（图 5-12B）；腹部第 1 背板中央刻点细小，2–6 背板无明显刻点，7–8 背板刻点稀疏；头顶中沟窄深，侧沟不明显。雄虫体长 12–18mm，体形瘦长；翅淡黄色透明；触角基部 2/5 至 2/3 黑色，端半部淡黄白色；前足和中足黄褐色，基节、转节和股节多少具黑斑，后足基节、转节和股节黑色，胫节和跗节浅褐色；腹部第 1 背板前缘和后缘两侧、2–7 节后缘和 8–9 节黑褐色，其余部分黄褐色。本种雄虫腹部背板色斑变化较大。

分布：浙江（临安、松阳）、广西。

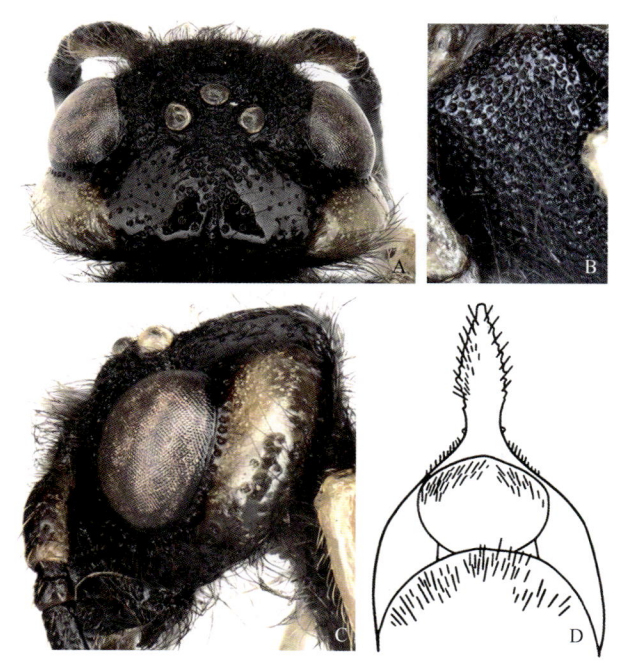

图 5-12　陈氏大树蜂 *Urocerus sicieni* Maa, 1949 雌虫（D. 仿自萧刚柔等，1992）
A. 头部背面观；B. 中胸前侧片刻点；C. 头部侧面观；D. 腹部端部背面观

196. 斑树蜂属 *Xoanon* Semenov, 1921

Xoanon Semenov, 1921: 87. Type species: *Xoanon mysta* Semenov, 1921, by original designation.

主要特征：大型树蜂，体长 18–42mm；头部几乎全部淡色；复眼较窄长，长径约 2 倍于短径；后颊中部色泽较暗淡，有密集粗刻点和细长柔毛，无明显光泽，无短纵脊；触角长丝状，多于 18 节，总长不短于前翅前缘脉和翅痣之和，鞭分节不扁；前胸背板中部极短；后足胫节具 2 个端距；前翅 3R1 室端部封闭，1Rs 室长 4–5 倍于 2Rs 室，2Rs 室十分短小，1m-cu 和 2m-cu 脉均交于 1Rs 室内，cu-a 脉位于 1M 室中部或稍偏外侧，端臀室短小；后翅臀室封闭；雌虫腹部第 9 背板凹盘长约等于宽，底部稍隆起，无明显中纵脊、刻点或刺毛；尾须短小但明显可分辨；角突十分狭长，亚基部均匀收缩；产卵器长于腹部和尾突之和，不长于前翅，锯鞘端显著长于锯鞘基；雌虫后足基跗节细长。

分布：东亚。本属已知 2 种，中国均有分布。浙江发现 1 种。
寄主：幼虫蛀干危害多种针叶树。

（687）浙江斑树蜂 *Xoanon praelongus* Maa, 1949（图 5-13）

Xoanon praelongus Maa, 1949c: 90.

主要特征：雌虫体长约 23mm；体黄褐色，具明显光泽；上颚端部、后颊前缘、额区三角形斑、中胸背板前叶前缘和两侧、中胸背板侧叶中部、中胸前侧片中部及中胸腹板和后胸侧板部分、各足基节前缘和锯鞘出露部分黑褐色，腹部 5–8 背板除后缘外红褐色；翅淡黄色透明，端部稍带褐色，翅痣和前缘脉黄褐色；体毛较长，稍密集，褐色至黑褐色。头部密布粗刻点，前胸背板刻点粗大密集，中胸背板前叶前缘刻点较稀疏，后缘几乎无刻点；中胸前侧片的股节沟附近刻点稀疏，其余部分刻点粗大密集；腹部第 1 背板刻点较密集，第 8 背板刻点稀疏，其余背板无明显刻点，刻纹微弱。触角 20 节，约等于腹部长，第 2 节长约等于宽，第 3–5 节长度比为 15：19：18；头顶中纵沟浅长，较宽，侧沟微弱可见；颚眼距约等长于触角第 3 节；腹部第 9 背板凹盘显著，近似圆形，具中纵脊；尾须小但明显；尾突狭长（图 5-13）；产卵器约 0.9 倍于前翅长，锯鞘端约 2 倍于锯鞘基长。幼虫蛀干危害松树。

分布：浙江（丽水）。

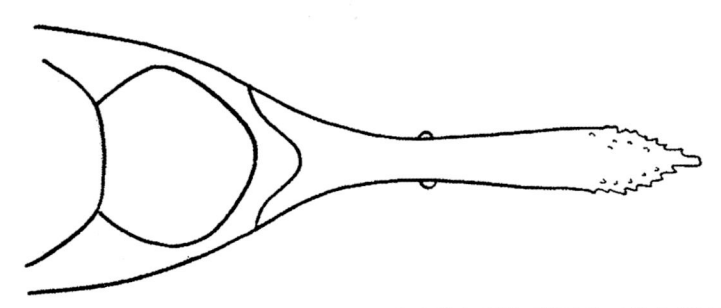

图 5-13　浙江斑树蜂 *Xoanon praelongus* Maa, 1949 雌虫腹部端部背面观（仿自萧刚柔等，1992）

（五）扁角树蜂亚科 Tremecinae

主要特征：中大型树蜂；雌虫触角短于前翅 C 脉，中部鞭分节明显扁平扩展；触角窝间距约为内眶宽度的 3 倍；下唇须 2 节。

分布：古北区，东洋区，新北区（包括中美洲），旧热带区。

本亚科包括 5 属。中国分布 2 属，浙江均有分布。

197. 扁角树蜂属 *Tremex* Jurine, 1807

Tremex Jurine, 1807: 80. Type species: *Sirex fuscicornis* Fabricius, 1787, by subsequent designation of Latreille, 1810.

Sirex (*Xylotrus*) Hartig, 1837: 385–386. Homonym of *Xyloterus* Erichson, 1836 [Coleoptera]. Type species: *Sirex fuscicornis* Fabricius, 1787, designated by Rohwer, 1911a.

Xyloecematium Heyden, 1868: 227. Name for *Sirex* (*Xyloterus*) Hartig, 1837.

主要特征：大型蜂类，体形粗壮；复眼窄高，长约 2 倍于宽，背侧间距 0.7–1.2 倍于复眼长径；触角粗短，不长于前翅缘脉，鞭节 13 节，中部鞭分节稍膨大，明显扁平，中端部鞭分节宽大于长，第 1 鞭分节至少 0.7 倍于第 2 鞭分节长；触角窝互相远离，间距为触角与复眼间距的 3.5 倍以上；下唇须 2 节；后胸淡膜区长约等于宽；前翅 2r 脉位于翅痣端部 1/6–1/4 处，2R1 室至少 0.85 倍于 3R1 室长，通常稍长于后者，2r-m 脉缺如，cu-a 脉邻近 1M 脉基部或顶接；腹部 7–8 背板仅具稀疏柔毛，无密集长毛；额区刻点粗密，间隙窄于刻点直径；雌虫无尾须，第 9 背板凹盘平坦或凹陷，极少微弱隆起，第 10 背板突向端部渐尖；两性头部细毛端部尖锐，不扁平扩大；产卵器约等长于腹部，锯鞘基约等长于锯鞘端。

分布：古北区，新北区。本属已知 33 种，古北区分布 32 种，新北区 2 种（其中 1 种为传入种）。中国已记载 18 种。浙江发现 9 种。本属分类学研究存在较多问题，部分种类只记述了单个性别，可能有部分单性种类是同种。

寄主：幼虫蛀食落叶阔叶树树干。

分种检索表

1. 雌虫；腹部腹侧具细长产卵器 ··· 2
 - 雄虫；腹部腹面末端具显著下生殖板 ··· 8
2. 触角基半部黑色，端半部白色；腹部 2、3 背板各具 1 对大白斑，中部黑带狭窄；雌虫凹盘具明显中纵脊 ···············
  ·· 黑顶扁角树蜂 *T. apicalis*
 - 触角红褐色至黑褐色，通常中部色泽深于两端，两端颜色不形成明显对照；腹部 2、3 背板斑纹不同于上述 ············· 3
3. 前胸背板中央的长度 0.9–1 倍于单眼后头距 ·· 4
 - 前胸背板中央的长度 0.5–0.67 倍于单眼后头距 ·· 5
4. 各足胫节和基跗节红褐色，基跗节背侧黑褐色；前足胫节明显短于基跗节；产卵管约等长于腹部与尾突之和 ············
  ·· 黑缘扁角树蜂 *T. longicollis*
 - 后足胫节和基跗节的基半部黄白色，端半部红褐色；前足胫节稍长于基跗节；产卵管约等长于腹部本体（不包括尾突）
  ·· 长背扁角树蜂 *T. contractus*
5. 前胸背板中央的长度至多为单眼后头距的一半；前胸背板全部红褐色 ··· 6
 - 前胸背板中央的长度为单眼后头距的 2/3；前胸背板黑褐色 ·· 7
6. 头顶中纵沟浅弱；中胸前侧片下半部刻点稠密，多数刻点间小于刻点直径 ············· 烟扁角树蜂 *T. fuscicornis*
 - 头顶中纵沟明显且深长；中胸前侧片下半部刻点较稀疏，大多数刻点间距大于刻点直径 ····· 红背扁角树蜂 *T. simulacrum*
7. 小盾片全部黑色；后足跗节大部分黑褐色，第 9 背板中部具红褐色横带斑；中胸前侧片刻点明显小于刻点间隙；前翅烟褐色，1R1 室黑褐色，翅痣暗褐色；尾突明显长于凹盘，尖突细长；体长 20mm ···
  ·· 黑胸扁角树蜂，新种 *T. nigrothorax* sp. nov.
 - 小盾片黑色，两侧具黄色条斑；后足跗节大部分红褐色，第 9 背板中部无红褐色横带斑；中胸前侧片多数刻点大于刻点间隙；前翅透明，1R1 室和翅痣黄褐色；尾突等长于凹盘，尖突短小；体长 15mm ·········· 眶斑扁角树蜂 *T. temporalis*
8. 中足胫节和基跗节全为黄褐色至红褐色 ·· 9
 - 中足胫节和基跗节全为黑色或黑褐色 ··· 10
9. 头顶中纵沟浅弱模糊；中胸前侧片下半部刻点稠密，刻点间距小于刻点直径 ············· 烟扁角树蜂 *T. fuscicornis*
 - 头顶中纵沟深长；中胸前侧片下半部刻点稀疏，刻点间距大于刻点直径 ··············· 红背扁角树蜂 *T. simulacrum*
10. 头顶几乎无刻点；腹部背板均密布刻点 ··· 光顶扁角树蜂 *T. pandora*
 - 头顶刻点细小稀疏或粗大密集；腹部背板刻点十分稀疏或几乎无刻点 ·· 11
11. 前翅色泽较深，基半部黄褐色，端半部烟褐色，多少具紫色虹彩 ······················· 黄痣扁角树蜂 *T. latipes*
 - 前翅透明，色泽很淡，最多端缘稍带烟褐色，翅无紫色虹彩 ····························· 黑顶扁角树蜂 *T. apicalis*

（688）黑顶扁角树蜂 *Tremex apicalis* Matsumura, 1912（图 5-14，图版 XVII-10）

Tremex apicalis Matsumura, 1912: 23–24.
Tremex propheta Semenov, 1921: 93–94.

主要特征：雌虫体长 21–38mm；体黑色，触角端半部白色，前中足胫节基部 2/3、后足胫节基半部、各足基跗节大部分和第 5 跗分节黄褐色，腹部 2 及 3 背板大部分、3–8 背板两侧和前缘部分黄褐色，锯鞘基部 1/3 和末端黄褐色；翅烟黄色，端部 1/3 左右深烟褐色，前缘脉和翅痣黄褐色；头部单眼后区中部刻点较密集，上眶和后眶刻点细小、稀疏，表面光滑；前胸背板皱脊纹显著；中胸背板无清晰刻点，皱纹粗密；中胸前侧片刻点细小、稀疏，表面光滑；腹部背板具细密刻纹，中端部背板杂以稀疏浅刻点；腹板光滑，刻点粗大；触角 15 节，第 3 节短于第 4 节，等长于第 5 节；前胸背板中部长约等于单眼后头距的 3/5（图 5-14A）；前翅 2R1 室微弱长于 3R1 室；凹盘宽稍大于长，具中纵脊（图 5-14D）；产卵器短于腹部和尾突之和，锯鞘端短于锯鞘基，尾突侧缘不弯折（图 5-14C）。雄虫体长 13–17mm，体黑色，前足胫节两端、基跗节外侧和第 5 跗分节红褐色；第 7 腹板后缘中部缺口 V 形，浅于腹板 1/4 长。

分布：浙江（德清、杭州、临安）、吉林、辽宁、北京、天津、河北、河南、陕西、江苏、上海、湖北、湖南、四川；朝鲜，日本。

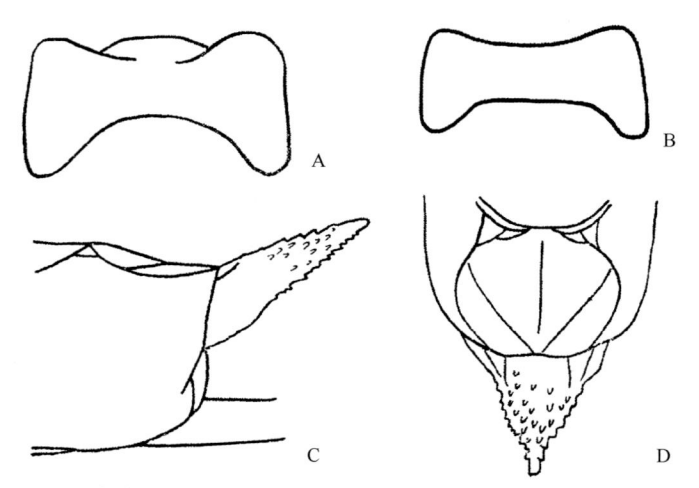

图 5-14　黑顶扁角树蜂 Tremex apicalis Matsumura, 1912（仿自 Maa，1949b）
A. 雌虫前胸背板；B. 雄虫前胸背板；C. 雌虫腹部末端侧面观；D. 雌虫腹部末端背面观

(689) 长背扁角树蜂 Tremex contractus Maa, 1949 （图 5-15）

Tremex contractus Maa, 1949c: 161.

主要特征：雌虫体长 25mm，雄虫未知；虫体红褐色，上颚和唇基的前缘、胸部侧面和腹面、中胸背板前叶、后胸背板除两个近中部瘤突外、中足基节腹面、后足基节、中后足转节和后足股节黑色，具金属绿色光泽；各足胫节和基跗节的基半部黄白色；腹部第 1 背板褐色，2–3 背板金黄色，其前后缘各具 1 褐色狭窄条斑，4–7 背板的后半部和第 9 背板的前缘黑色；翅透明，前翅顶端 1/4 稍带烟褐色，翅痣和翅脉红褐色，R、1R1、2R1、3R1 的基半部等翅室红褐色，后翅淡烟褐色；额区刻点网状，头顶刻点密集，前胸背板两侧坡和中胸背板前叶刻点密集，中胸前侧片刻点均匀，刻点间距大部分等于刻点直径，腹部 2–7 背板无刻点，第 8 背板后部具少量稀疏细小刻点；唇基前缘截形，额区稍凹，OOL：POL：OCL 等于 3：7：15；触角 16 节，约等长于胸部和腹部第 1 背板长度之和；前胸背板中部长约等于单眼后头距，前缘缺口深，后缘缺口宽浅，底部平（图 5-15A）；第 8 背板很长，第 9 背板凹盘宽大于长，基部明显前突；角突短小，三角形（图 5-15C）；锯鞘较短，约等长于腹部本身。

分布：浙江（杭州）；日本。

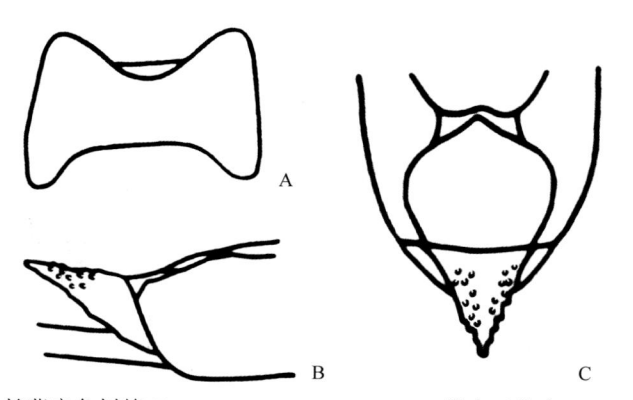

图 5-15　长背扁角树蜂 Tremex contractus Maa, 1949 雌虫（仿自 Maa，1949b）
A. 前胸背板；B. 腹部末端侧面观；C. 腹部末端背面观

（690）烟扁角树蜂 *Tremex fuscicornis* (Fabricius, 1787)（图 5-16）

Sirex fuscicornis Fabricius, 1787: 257.

主要特征：雌虫体长 16–40mm，雄虫体长 11–17mm；头部大部分黄褐色，唇基、额区和头顶前部黑色（图 5-16A、B）；触角鞭节大部分黑褐色，两端部分浅褐色（图 5-16D）；胸部大部分黑色，前胸背板大部分、中胸背板的三角片黄褐色；腹部黄褐色，第 1 背板全部、3–7 背板后侧大部分、第 8 背板后部 3/5、第 9 背板前部两侧斜斑和后缘狭边、腹板侧后缘黑色，产卵器基半部黄褐色，端半部黄白色；足红褐色，各足基节和转节、中后足股节黑色，前足胫节基部黄褐色，中后足胫节基半部和基跗节基半部黄色，端半部稍暗，前足胫节距外叉细尖（图 5-16C）；触角 13–14 节，头顶中纵沟浅弱；前胸背板后缘缺口深；爪内齿显著；第 9 背板凹盘宽大于长，向基部明显突出，底部平坦，无纵脊；尾突侧缘中部明显凹入（图 5-16E）；翅烟黄色，外缘烟灰色，翅痣黄褐色。雄虫体黑色，仅前足股节部分、前中足胫跗节和后足第 5 跗分节红褐色。

分布：浙江（诸暨）、黑龙江、吉林、辽宁、内蒙古、北京、天津、河北、山西、河南、陕西、甘肃、江苏、上海、江西、湖南、福建、西藏；蒙古国，朝鲜，日本，欧洲。

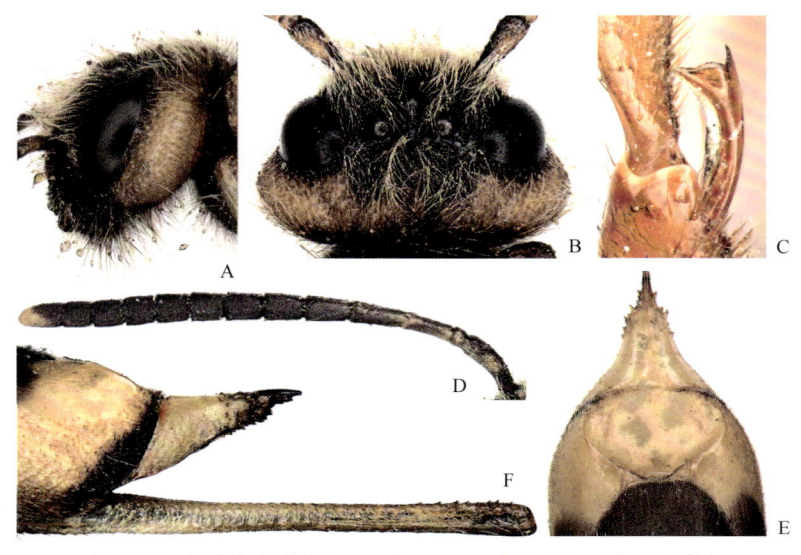

图 5-16　烟扁角树蜂 *Tremex fuscicornis* (Fabricius, 1787) 雌虫
A. 头部侧面观；B. 头部背面观；C. 前足胫节端距；D. 触角；E. 腹部端部背面观；F. 腹部端部侧面观

（691）黄痣扁角树蜂 *Tremex latipes* Maa, 1949（图 5-17，图版 XVII-11）

Tremex latipes Maa, 1949c: 155.

主要特征：雌虫未知，雄虫体长 19–23mm；体和足黑色，具微弱蓝色金属光泽，腹部具微弱绿色光泽，无淡斑；前足胫节基端黄褐色；翅透明，基部 1/3 黄褐色，端部 2/3 深烟褐色，稍具紫色虹彩，前翅 1R1 和 2R1 室色泽最深，翅脉和翅痣黑褐色；上颚基部、唇基、额区、颊的下部和头顶后部具密集刻点，上眶外缘和后颊上部刻点十分稀疏（图 5-17A、B）；前胸背板前后缘缺口深，侧缘平行（图 5-17A），刻点和皱脊纹粗密，中胸背板刻点细密，中胸前侧片具毛刻点十分细小、稀疏；腹部背板具细密刻纹，中端部背板杂以稀疏浅弱刻点；头顶中纵沟浅弱模糊；体毛灰黑色，颜面柔毛十分稀疏，长约 2 倍于单眼直径；OOL=POL；触角 16 节，第 3 节稍短于第 4 节，微长于第 5 节，（图 5-17D）；前翅 2R1 室显著长于 3R1 室；后足基跗节具弧形纵沟，长宽比约等于 3.5（图 5-17C）；第 7 腹板后缘中部缺口窄，深约为腹板长的 1/4。

分布：浙江（杭州）、江苏。

图 5-17　黄痣扁角树蜂 *Tremex latipes* Maa, 1949 雄虫
A. 头部和前胸背板背面观；B. 头部侧面观；C. 后足胫节和基跗节；D. 触角

（692）黑缘扁角树蜂 *Tremex longicollis* Konow, 1896（图 5-18）

Tremex longicollis Konow, 1896a: 45.

主要特征：雌虫体长 22–40mm；体黄褐色，触角大部分黑褐色，两端浅褐色（图 5-18D）；上颚、中胸背板前叶、中后胸侧板、腹部第 1 背板大部分、第 3 背板近后缘窄横带、第 4–7 背板后缘宽带、第 8 背板中部宽带、第 9 背板前角、尾突末端、各节腹板两侧大部分黑色；足红褐色，中后足基节和转节、中足股节背侧、后足股节、后足胫节和基跗节背侧黑色（图 5-18F），锯鞘末端锈褐色；体毛黄褐色；翅烟黄色，端缘稍暗，翅脉和翅痣黄褐色；颜面、额区皱刻纹粗密，头顶刻点粗密，上眶和后眶刻点稀疏，表面光滑（图 5-18C），后眶下部和胸部背板具鳞片状脊纹；中胸前侧片刻点细密；腹部背板刻纹密集；触角 15 节；

图 5-18　黑缘扁角树蜂 *Tremex longicollis* Konow, 1896 雌虫
A. 头部和前胸背板背面观；B. 腹部端部背面观；C. 头部侧面观；D. 触角；E. 腹部末端侧面观；F. 后足胫节和基跗节

OOL：POL：OCL = 3：5：11，前胸背板中部长稍短于 OCL；凹盘宽稍大于长，基部具纵沟，中端部稍隆起，具稀疏刺毛；尾突短于凹盘，端刺突较长（图 5-18B）；产卵器等长于腹部与尾突之和。雄虫体长 25mm，体黑色，后眶黄褐色，前足股节、胫节和腹节黄褐色，腹部 2–7 背板大部分和第 8 背板全部黄褐色。

分布：浙江（舟山）、江苏、福建、台湾；朝鲜，日本。

（693）黑胸扁角树蜂，新种 *Tremex nigrothorax* Wei, sp. nov.（图 5-19，图版 XVII-12）

雌虫：体长 20mm（含尾突）；体黑色，触角基部 2 节和端节（图 5-19D）、后眶中部浅褐色，腹部第 2 背板前部 3/5、3–7 背板前缘狭边、第 8 背板前部宽带和尾突除尖端外（图 5-19E）黄白色，第 9 背板横穿过凹盘的横带浅褐色（图 5-19E、F），腹板大部分黄褐色，侧后缘黑色，锯鞘基暗褐色，锯鞘端黄褐色，端部渐变褐色；足黑棕色，前足股节大部分红褐色，前中足胫节基部 1/3 和后足胫节基半部黄褐色，后基跗节基部浅褐色；体毛银色；翅淡烟褐色，端缘稍暗，翅痣暗褐色，前缘脉浅褐色，其余翅脉大部分暗褐色，1R1 室深色；后翅基端和端半部淡烟褐色。

唇基、颜面和额区具粗糙密集皱脊纹，单眼后区、上眶和后眶下端刻点粗大、密集。后眶中上部刻点稀疏，表面光滑；前胸背板具粗糙脊纹，中胸背板无明显刻点，表面粗皱纹密集；中胸前侧片刻点细小、十分稀疏，间隙远大于刻点直径；腹部背板包括凹盘刻纹细密，无刻点，第 9 背板除上缘外具较密集的弧形短脊（图 5-19E）；尾突基部 1/3 光滑，中部 1/3 具较密集短脊突（图 5-19F）；腹板大部分光滑，具稀疏刻点。

唇基两侧缘脊显著，中窝浅大；单眼后区前半部微隆起，后半部中央稍凹陷，OOL：POL：OCL＝4：7：15；后眶较窄，中部微窄于复眼横径；触角 13 节，第 3 节等长于第 5 节，明显短于第 4 节（图 5-19D）；前胸背板中部长 0.65 倍于 OCL（图 5-19A）；各足基跗节稍短于胫节，后足基跗节稍长于其后 4 跗分节之和，第 2 跗分节背缘平直，约等长于 3、4 跗分节之和，等长于第 5 跗分节；爪内齿显著，约等长于端齿 1/2；前翅 2r 脉交于翅痣端部 1/6，2r 脉外侧翅痣短于 2r 脉，1R1 室基部与 1M 室接触面较宽，臀横脉与 cu-a 脉距离长于 cu-a 脉；腹部第 8 背板中部长稍短于 4–7 背板之和；凹盘宽长比约等于 1.8，底部后侧稍隆起，无刺毛和纵脊；背面观尾突侧缘弧形凹入，端部光滑棘突细长（图 5-19F），侧面观尾突腹侧弧形弯曲（图 5-19E）；产卵器等长于腹部 1–9 背板之和，锯鞘端长 0.6 倍于锯鞘基。

雄虫：未知。

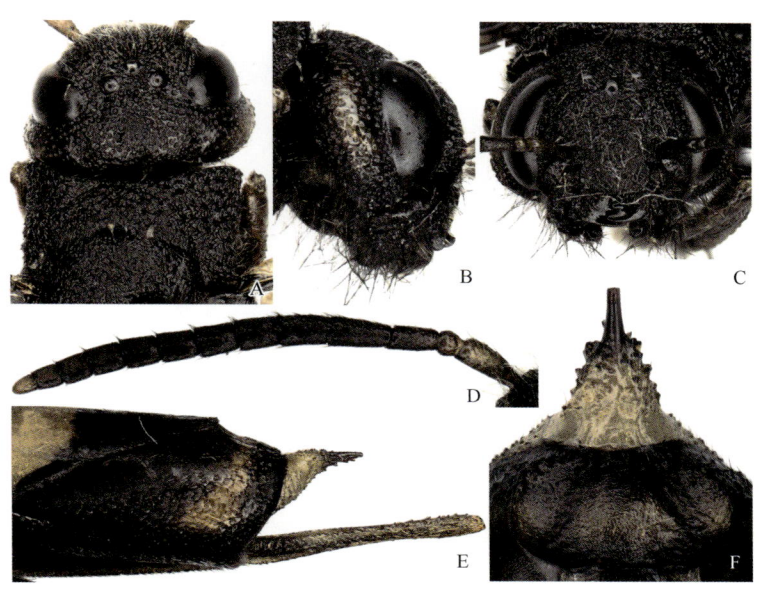

图 5-19 黑胸扁角树蜂，新种 *Tremex nigrothorax* Wei, sp. nov. 雌虫
A. 头部和前胸背板背面观；B. 头部侧面观；C. 头部前面观；D. 触角；E. 腹部末端侧面观；F. 腹部末端背面观

分布：浙江（临安）。

词源：本种胸部完全黑色，无任何淡斑，以此命名。

正模：♀，浙江天目山仙人顶，海拔1520m，2001.VII.1，朴美花（ASMN）。

鉴别特征：本种与黄缘扁角树蜂 Tremex temporalis Maa, 1949 很近似，但本种小盾片全部黑色，腹部第9背板具显著的浅褐色横带，后足跗节大部分黑褐色，前翅全部烟褐色，1R1室黑褐色，翅痣暗褐色；后眶较窄，约等宽于复眼横径；中胸前侧片刻点稀疏，间距显著大于刻点直径；各足胫节长于基跗节等，与之不同。

(694) 光顶扁角树蜂 *Tremex pandora* Westwood, 1874（图 5-20）

Tremex pandora Westwood, 1874: 116.

主要特征：雌虫未知，雄虫体长27mm；虫体包括触角和足黑色，头顶具金属光泽；翅基半部浅黄色，端半部浅褐色，翅痣红褐色，翅脉大部分暗褐色或黑褐色；体毛黑色；头部背侧几乎无刻点，中胸前侧片刻点均匀，较稀疏，多数刻点间距大于刻点直径；腹部各节背板刻点较密集；唇基前缘钝截形，额区中部稍凹，头顶中纵沟较窄但深长，侧沟浅弱；触角12–14节，稍长于胸部，中部鞭分节稍侧扁；前胸背板中部长约为后单眼距的2倍；各足胫节和后足基跗节显著侧扁。

分布：浙江、江苏、上海。

作者未见本种标本。本种原记载分布于印度北部（Westwood, 1874），但Kirby（1882）指出模式产地是上海。萧刚柔等（1992）记载本种在浙江和江苏有分布，但未指出具体分布地。Forsius（1927）、Takeuchi（1938b）分别将本种视为 *Tremex satanas* Semenov, 1921 和 *Tremex apicalis* 的次异名。

Benson（1943）特别提出本种和 *Tremex alchymista* Mocsáry, 1886 的爪均无内齿。但 Westwood 的原图显示爪内齿非常清晰。

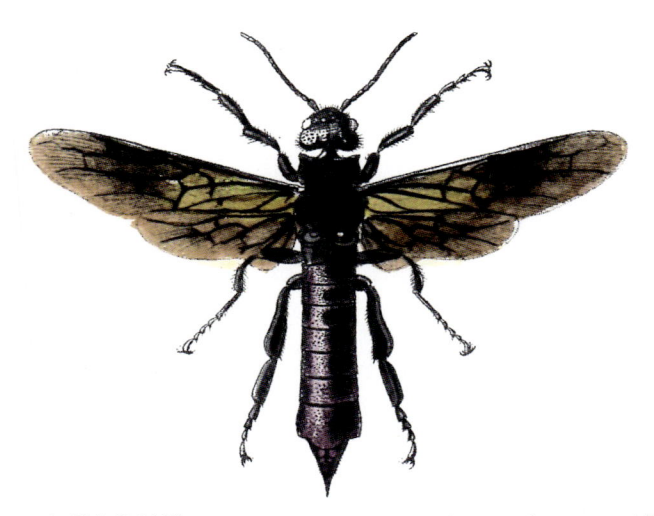

图 5-20 光顶扁角树蜂 *Tremex pandora* Westwood, 1874（Westwood 原图）

(695) 红背扁角树蜂 *Tremex simulacrum* Semenov, 1921（图 5-21，图版 XVII-13）

Tremex simulacrum Semenov, 1921: 94.

主要特征：雌虫体长17–30mm；体毛黄褐色；头部除额区和颜面外黄褐色（图 5-21A），触角黄褐色，4–8节前腹侧具黑条斑（图 5-21C）；胸部除中胸背板侧边和中胸前侧片黑色外全部红褐色；腹部黄褐色，第1背板全部、第3背板后缘中部点斑、4–7背板背侧宽带斑、第8背板后部3/5、第9背板前侧斜斑和后缘小斑（图 5-21D）、各节腹板侧后缘黑色，锯鞘基红褐色，锯鞘端大部分黄褐色（图 5-21D）；足黄色，基节、转节和后足股节黑色，胫节和基跗节均为二色，基部黄白色，端部黄褐色；翅淡黄色，无明显烟褐色斑纹，翅痣黄褐色；头部刻点密集，呈皱纹状（图 5-21A）；中胸侧板刻点不密集，刻点间隙光滑、宽大，多数大于刻点直径，腹板刻点粗疏；头顶侧面稍下陷，后部中纵沟明显且深；前胸背板中部长约等于单眼后头距的 1/2，前缘凹陷弧形，两侧顶角宽圆，后缘缺口宽深，中部长约等于单眼后头距的 1/2（图 5-21A）；凹盘宽大于长，底部平坦，无中纵脊，尾突侧缘弧形凹入，亚基部无褶（图 5-21B）。雄虫体长 18mm；体黑色，仅前足股节和前中足胫节和跗节红黄色，头、胸部柔毛黑色，腹部无淡斑。

分布：浙江、天津、河北、山西、山东、甘肃、江苏。

萧刚柔等（1992）记载本种浙江有分布，但具体分布地不详。

图 5-21 红背扁角树蜂 *Tremex simulacrum* Semenov, 1921 雌虫
A. 头部和前胸背板背面观；B. 腹部末端背面观；C. 触角；D. 腹部末端侧面观

（696）眶斑扁角树蜂 *Tremex temporalis* Maa, 1949（图 5-22）

Tremex temporalis Maa, 1949c: 151.

主要特征：雌虫体长约 15mm，雄虫未知；体和足黑色，触角两端红褐色；上颚具模糊斑点，唇基暗褐色，后眶长斑黄色，小盾片两侧具黄色条纹；翅透明，前翅前缘室端部、1Rs 室基部、翅顶角和后翅全部烟褐色，前翅 2R1 室褐色，1R1 室和翅痣黄褐色，翅脉大部分暗褐色；前中足股节红色，胫节和跗节基半部黄色，外侧红褐色，后足股节深褐色，胫节和跗节红褐色，二者基部稍淡；腹部 2 和 8 背板基部黄色带宽，3–7 节基部黄带较窄，第 8 节背板亚端部具狭窄黄色横纹；角突黄色，末端稍暗，锯鞘端黄色；唇基和额区刻点网状，眼上区刻点较密集，两侧刻点稀疏；头顶刻点均匀，网状；前胸背板和小盾片具颗粒状刻点；中胸前侧片大部分刻点均匀，刻点间距约为刻点直径的 1/2，腹部 2–7 背板无明显刻点，第 8 背板具少数不明显的刻点；唇基前缘弱弧形，头顶中纵沟短宽且浅，OOL：POL：OCL 约为 3：5：11；触角 13 节，等长于胸部和腹部第 1 背板长度之和；前胸背板中部长约等于单眼后头距的 2/3；前足胫节和基跗节等长；第 9 背板凹盘横扁，暗淡无光，基部具浅小中窝；角突与凹盘近等长；锯鞘端长约 2.6 倍于锯鞘基长。

分布：浙江（临安）。

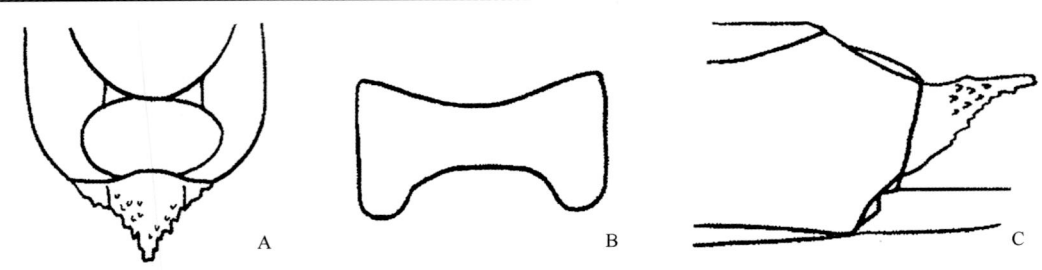

图 5-22 眶斑扁角树蜂 *Tremex temporalis* Maa, 1949 雌虫（仿自 Maa，1949c）
A. 腹部末端背面观；B. 前胸背板；C. 腹部末端侧面观

198. 凸盘树蜂属 *Eriotremex* Benson, 1943

Eriotremex Benson, 1943: 42. Type species: *Tremex smithi* Cameron, 1876, by original designation.

主要特征：小至大型树蜂，体长 10–30mm；复眼窄长，长宽比约等于 2，内缘向下稍分歧，下缘间距宽于复眼长径；触角窝间距 3 倍于触角窝与复眼内缘间距；后眶鼓凸，无短脊；下唇须 2 节；触角 10–20 节，鞭节明显侧扁，雌虫触角短于前翅 C 脉长；前胸背板前缘缺口浅，后缘缺口宽深；前翅 2r 脉交于翅痣中部至端部 1/3 处，2R1 室明显短于 3R1 室，1r-m 脉缺如，1Rs 和 2Rs 室合并，cu-a 脉交于 1M 室下缘基部，臀室完整；后翅臀室开放；胫节和基跗节显著侧扁，基跗节长于其后 4 跗分节之和，基跗节跗垫短小；爪内齿短于外齿；雌虫第 9 节背板凹盘长不短于宽，底部明显隆起，具粗糙刻点和细毛，侧脊弧形弯曲；尾突短小，具尾须；产卵器不短于腹部，锯鞘端显著短于锯鞘基；雄虫第 8 腹板后缘中部具缺口，下生殖板三角形，端部具尖突。

分布：东亚，东南亚。一种传入美洲。本属主要分布于东南亚，多数种类分布于太平洋西北区域的岛屿上。已知约 13 种。中国目前已知 4 种，浙江发现 1 种。

（697）十节凸盘树蜂 *Eriotremex decem* Wei, 2022（图 5-23）

Eriotremex decem Wei, in Wan, Niu & Wei, 2022a: 155.

主要特征：雄虫体长 9mm；头部和前胸背板暗红褐色，虫体其余部分大部分深棕褐色，上颚端部和单眼区黑色，腹部 2–7 背板两侧具明显的黄褐色斑纹；触角棕黑色，基部 2 节和末节端部浅褐色；足深棕褐色，各足基节和转节、中后足股节、前中足胫节基部浅褐色；体毛大部分褐色，端部无色；翅全部烟褐色，前缘脉和翅痣浅褐色。头部大部分和中胸前侧片刻点十分粗大且深，刻点间隙狭窄、光滑，颚眼距下端、胸部背板皱刻纹粗密，前胸背板和小盾片具隆起的弧形短脊；后眶刻点稀疏，间隙宽大、平滑；腹部背板刻纹细密，端部背板刻纹渐弱；腹部腹板刻点大、浅，间隙具微弱模糊刻纹；唇基侧脊低弱；OOL：POL：OCL=3：5.7：11；后眶明显窄于复眼横径；触角 10 节，总长 1.7 倍于头宽，第 2 节长明显大于宽，第 3 节长宽比大于 2，第 5、6 和 10 节长明显大于宽；前胸背板前缘垂直，仅中部具浅弱缺口，后缘缺口宽深，背板中部长等于 OCL；前翅 2r 脉交于翅痣中部，3R1 室端部不封闭，臀横脉位于 cu-a 脉内侧；各足胫节稍长于基跗节，后基跗节约等长于其后 4 跗分节之和，2–4 跗分节的跗垫微小，位于跗分节末端；爪内齿显著；第 7 腹板中部缺口深 V 形。

分布：浙江（杭州）。

第五章 树蜂亚目 Siricomorpha

图 5-23 十节凸盘树蜂 *Eriotremex decem* Wei, 2022 雄虫
A. 头部背面观；B. 头部前面观；C. 头部侧面观；D. 触角；E. 爪；F. 后眶中部刻点；G. 中胸前侧片中部刻点；H. 额区刻点；I. 雄虫腹部末端腹面观；J. 后足；K. 前翅

第六章 茎蜂亚目 Cephomorpha

主要特征：头部后头孔闭式，具口后桥；触角着生于颜面中上部，接近复眼上缘，第 1 节较短，第 3 节非多节愈合，无触角窝沟；前胸背板长大，后缘近平直或具浅弱缺口；前胸侧板近横置，但较短；后胸淡膜区缺失；中胸侧板无胸腹侧片，中后胸后上侧片大部分膜质；前翅翅痣狭长；1M 室背柄短小，cu-a 脉基位，臀室完整，基部不收缩，具横脉；后翅至少具 5 个闭室，翅钩除端丛外，前缘中部附近还散生数个翅钩；足细长，前足基节突出，转节着生于基节中部，胫节具 1 个发达端距，中后足各具 2 个端距；腹部第 1 节显著前伸，基部与后胸多少愈合，中缝通常存在，第 1、2 节间明显缢缩呈半关节状；雄外生殖器直茎型，不扭转。幼虫蛀茎，无腹足，胸足退化，触角 4–5 节，单眼位于触角后下方，腹部具肛上突。

分布：世界广布（南美洲没有类群分布），主要分布于欧亚大陆。本亚目现生类群仅含 1 科。

寄主：禾本科、木犀科、蔷薇科等被子植物。

VII. 茎蜂总科 Cephoidea

十三、茎蜂科 Cephidae

主要特征：成虫体形瘦长，长 4–20mm；头部近球形，后头多少延长；上颚粗壮，端齿弯折程度弱，2–3 齿，左、右上颚不对称；唇基倾斜，具中齿，无唇基上沟；上唇退化，下颚须和下唇须发达，下颚须第 3 节粗壮；触角长丝状，16–35 节，各节均较短，第 1 节长稍大于宽，第 2 节长不大于宽；中胸前盾片小型，盾侧凹浅；小盾片发达，无附片，盾侧凹深；前翅纵脉多较直，M 脉尤甚，Sc 脉消失，前缘室通常狭窄，翅痣通常较窄长，1r 和 2r 脉存在，臀室宽，中部不收窄；后翅臀室无柄式，中后足胫节有时具亚端距，跗垫退化；腹部筒形或显著侧扁，无侧缘脊；产卵器较短至甚长，背面观可见端部明显伸出腹端；锯腹片有锯刃，锯柄短，节缝和锯刃部分或均分化。

分布：世界广布。东亚属种多样性最高，欧洲次之，新北区多样性较低，东洋区、旧热带区和澳洲区各有 1 个特有属，新热带区无分布。本科现生类群已知 25 属 181 种，中国已记载 17 属 71 种。本书记述浙江省茎蜂 9 属 23 种，含 3 新种。

寄主：幼虫蛀食禾本科、木犀科、蔷薇科、五加科等被子植物茎秆。

分属检索表

1. 触角第 3 节等于或短于第 4 节，鞭节端部或亚端部明显膨大；爪无基片，内齿小型；雄性阳茎瓣中部愈合。**茎蜂亚科 Cephinae** ·· 2
- 触角第 3 节通常长于第 4 节，鞭节粗细均匀，亚端部有时微弱膨大；爪强烈弯曲，内齿发达；雄性阳茎瓣不愈合。**等节茎蜂亚科 Hartigiinae** ·· 3
2. 颜面宽，复眼间距远大于眼高，触角窝距等长或稍短于触角-前幕骨陷距；颚眼距窄于触角第 2 节一半长；前胸背板宽显著大于长；尾须短于鞘端 1/2 长，锯鞘端稍短于锯鞘基；雄虫下生殖板端部有时具瘤突 ···················· **茎蜂属 *Cephus***
- 颜面狭窄，复眼间距等于或微大于眼高，触角窝-前幕骨陷距大于触角窝间距 1.5 倍；颚眼距约等宽于触角第 2 节；前胸背板宽不显著大于长；尾须长于锯鞘端 1/2，锯鞘基约 2 倍长于锯鞘端，锯鞘腹缘直；雄虫第 8 腹板简单，端部无瘤突 ······
·· 细茎蜂属 *Calameuta*
3. 后足胫节无亚端距；前翅基臀室宽阔开放，后翅具 1 个封闭中室，Rs 室开放；后足基跗节不长于 2–4 跗分节之和；爪内外齿互相不靠近，齿间底部圆钝 ··· 貂蝉茎蜂属 *Diaochana*
- 后足胫节具亚端距；前翅基臀室封闭，后翅通常具 2 个封闭中室；后足基跗节通常长于 2–4 跗分节之和，极少相等；爪内外齿互相靠近，齿间底部尖 ··· 4
4. 爪具发达基片或第 3 齿，内齿发达；前翅 1r 部分或完全消失 ··· 5
- 爪无基片；前翅 1r 脉完整 ··· 6
5. 后足基跗节显著膨大 ··· 大跗茎蜂属 *Magnitarsijanus*
- 后足基跗节细圆柱形，完全不膨大 ·· 简脉茎蜂属 *Janus*
6. 左上颚无中齿或内齿等长于外齿；下颚须第 4 节 1.5 倍长于第 6 节；唇基两侧显著曲折；头部宽长比约等于 1.5–1；后足胫节具 1 对亚端距 ·· 7
- 左上颚内齿明显短于外齿，外侧肩状；下颚须第 4 节等长于第 6 节；唇基两侧弧形或微曲折；头部宽长比约等于 2；后足胫节具 1 亚端距 ··· 等节茎蜂属 *Phylloecus*
7. 头部横形，背面观宽显著大于长，前面观复眼内缘间距明显宽于复眼长径；胸部侧板具密集刻点和刻纹，光泽微弱；左上颚较粗短，长高比小于 3，内齿不长于外齿，有明显的肩状部；中足胫节具亚端距；颚眼距显著长于单眼直径或锯腹片具双尖齿型锯刃 ··· 8
- 头部方形，背面观宽等于或小于长，前面观复眼内缘间距约等于或稍宽于复眼长径；胸部侧板高度光滑，光泽强；左上颚窄长，长高比明显大于 3，内齿无肩状部，明显长于外齿；中足胫节无亚端距；颚眼距短于单眼直径；锯腹片锯刃单尖齿形。寄主：五加科 ··· 细腰茎蜂属 *Urosyrista*
8. 颚眼距宽大，几乎 2 倍于单眼直径；腹部第 2 节狭长，长高比大于 2；锯鞘腹缘平直，锯鞘端明显短于锯鞘基；锯腹片节缝完整，锯刃单尖齿形；雄虫爪内齿不与外齿紧贴，互相显著分离。寄主：冬青科 ················ 中华茎蜂属 *Sinicephus*
- 颚眼距较窄，约等宽于单眼直径；腹部第 2 节短高，长高比小于 1；锯鞘腹缘强烈弯曲，锯鞘端等长于锯鞘基；锯腹片无节缝，锯刃扁双齿形；雄虫爪内外齿互相紧贴。寄主：蔷薇科 ····································· 亚旋茎蜂属 *Neosyrista*

（一）茎蜂亚科 Cephinae

主要特征：中小型茎蜂；体形匀称，后头较短；触角第 3 节等于或短于第 4 节，鞭节端部或亚端部明显膨大；腹部较粗短，侧面观第 1–3 节高均显著大于长，6–7 节不明显高于其余腹节；后足跗节短于其后 3 节之和；爪无基片，内齿小型；雄性阳茎瓣中部明显愈合。

分布：本亚科已知 4 属，全北区分布。中国分布 2 属，浙江记载 2 属 3 种。

寄主：幼虫蛀茎危害禾本科植物。

199. 细茎蜂属 *Calameuta* Konow, 1896

Calameuta Konow, 1896b: 151. Type species: *Cephus filiformis* Eversmann, 1847, designated by Rohwer, 1911a.
Monoplopus Konow, 1896b: 151. Type species: *Ichneumonia pygmaeus* Poda, 1761, designated by Taeger, Blank & Liston, 2010.
Haplocephus Benson, 1935: 544. Type species: *Haplocephus aureus* Benson, by original designation.

主要特征：体形狭细，头、胸部常具细密刻点；颜面狭窄，复眼突出，间距等于或稍宽于复眼长径，触角窝-前幕骨陷间距大于触角窝间距 1.5 倍；颚眼距等宽于触角第 2 节长；后头不显著延长，后颊脊发达；左上颚具小型中齿，右上颚三齿；下颚须第 4 节显著长于第 6 节，第 6 节着生于第 5 节端部；触角长丝状，第 3 节等于或短于第 4 节，稍细，端部数节明显膨大；前胸背板宽等于或稍小于长，前部明显下沉如马鞍状；后足基跗节等于或短于其后 3 节之和；爪无基片，内齿亚端位，不靠近端齿，明显较短；锯鞘腹缘直，锯鞘端短小，背面观末端不膨大，侧面观锯鞘基约 2 倍于锯鞘端长；尾须细长，背面观稍短于锯鞘端出露部分；锯腹片简单，节缝清晰，但无节缝齿突，锯刃无粗大亚基齿。

分布：古北区，新北区。新北区种类较少，古北区西部种类较多。世界已知 23 种，中国已知 6 种，浙江发现 1 种。

寄主：多种禾本科植物，如小麦属 *Triticum*、燕麦草属 *Arrhenatherum*、冰草属 *Agropyron*、拂子茅属 *Calamagrostis*、芦苇属 *Phragmites*、虉草属 *Phalaris* 等。

（698）黑颚细茎蜂 *Calameuta sculpturalis* Maa, 1949（图 6-1，图版 XVIII-1）

Calameuta sculpturalis Maa, 1949a: 26.

主要特征：雌虫体长 9mm；体黑色，上颚、触角鞭节、中后足胫节和跗节暗褐色，前足膝部及胫跗节、各足胫距和端前刺红褐色，锯鞘末端褐色，气门后片黄色；翅透明，具极弱的烟灰色，前缘脉黑褐色，其余翅脉大部分黑色；体毛细短，头、胸部毛黑色，腹部毛淡色；体刻点细小，稍密，分布均匀；背面观后头两侧微弱收缩；中窝深长，非常显著；侧额稍凹入，POL：OOL = 4：5；触角 24 节，第 3 节等长于第 4 节，第 8 节以远稍膨大，末端 5 节宽稍大于长；前胸背板宽大于长，刻点细弱，具较弱光泽；锯鞘端稍长于锯鞘基的 1/2 长，背面观锯鞘端两侧近似平行，端部圆钝，尾须末端未伸抵锯鞘末端。雄虫未知。

分布：浙江（杭州、临安）、河北。

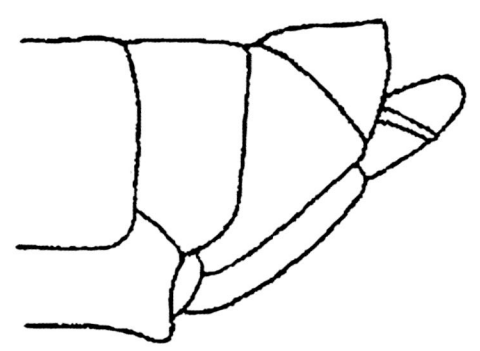

图 6-1 黑颚细茎蜂 *Calameuta sculpturalis* Maa, 1949 成虫腹部末端（仿自 Maa, 1949a）

200. 茎蜂属 *Cephus* Latreille, 1803

Cephus Latreille, 1803: 303. Type species: *Sirex pygmaeus* Linnaeus, 1767, designated by Latreille, 1810.
Peronistilus Ghigi, 1905: 26. Type species: *Cephus politissimus* A. Costa, 1888, by monotypy.
Pseudocephus Dovnar-Zapolskij, 1931: 47. Type species: *Cephus pulcher* Tischbein, 1852, by original designation.
Peronistilomorphus Pic, 1916: 24. Type species: *Peronistilomorphus berytensis* Pic, 1916, by monotypy.

主要特征：体小型，稍粗壮；体通常具较强光泽，刻点稀疏浅弱；颜面较宽，复眼间距显著大于眼高；触角窝间距等于或稍短于触角窝-前幕骨陷距；唇基端缘截形，颚眼距狭于触角第 2 节一半长，后颊脊发达；左上颚三齿，中齿小型；下颚须第 4 节 1.5 倍于第 6 节长，第 6 节着生于第 5 节端部；触角第 3 节明显短于第 4 节，端部 10 节左右明显加宽。前胸背板宽显著大于长，前部明显下倾，近似马鞍形；后足基跗节短于其后 3 节之和；爪无基片，内齿亚端位，小型，不靠近端齿；锯鞘腹缘直或稍向腹侧曲折，锯鞘端微短于锯鞘基；锯腹片简单，具骨化节缝，无节缝齿突列，锯刃倾斜或平钝，无粗大亚基齿；尾须短小，显著短于鞘端 1/2 长。

分布：古北区，新北区。主要分布于欧洲。全世界已知 39 种，中国记载 9 种，浙江发现 2 种。

寄主：禾本科多种食物包括梯牧草属 *Phleum*、鸭茅属 *Dactylis*、早熟禾属 *Poa*、虉草属 *Phalaris*、燕麦属 *Avena*、大麦属 *Hordeum*、雀麦属 *Bromus*、冰草属 *Agropyron* 等。

(699) 震旦茎蜂 *Cephus aurorae* Maa, 1949（图 6-2，图版 XVIII-2、3）

Cephus aurorae Maa, 1949a: 28.

Cephus tianmunicus Wei & Nie, 1997d: 525. **Syn. nov.**

主要特征：雌虫体长 8-9mm；体黑色，口须和上颚除末端之外、下唇、唇基、唇基上区下半部、内眶下半部、内眶上端三角形小斑、翅基片、小盾片、中胸前侧片前上角、第 1 背板基部中央、腹部 2-7 和 9-10 背板侧缘和后缘、各节腹板后缘及锯鞘基部黄褐色，腹部背腹板的黄色斑纹大小有变化，各足胫距和亚端距、前中足股节、胫节和跗节、后足基节全部、股节基部 1/2-3/5 黄色；翅近透明，缘脉基半黄褐色，端半和翅痣黑褐色，3M 室内下角具 1 烟斑；后头背面观两侧显著收缩，后缘中部凹入部分约为后头长的 1/3；单眼后沟细深，弧形，中单眼前无纵沟，中窝痕状；颚眼距狭于单眼直径；触角细丝状，无明显膨大部分，20-22 节，长于头、胸部及并胸腹节之和，第 3 节稍短于第 4 和第 5 节，次端节方形；爪内齿约为端齿一半长，与端齿平行；腹部明显侧扁。体光泽较强，头部背侧、前胸背板后半、中胸背板除小盾片之外具细弱刻纹，光泽稍弱；头、胸部腹侧和前胸背板前半光滑；锯鞘侧面观见图 6-2A，鞘端与鞘基间弯折，尾须不足锯鞘端 1/3 长；锯腹片端半部见图 6-2C，锯刃小，端部近截形。雄虫体长 7-8mm；小盾片黄斑较小，中胸前侧片下部常具黄斑，各足基节腹侧和前胸侧板腹侧具大黄斑，下生殖板大部分黄色；第 8 腹板后缘平截；抱器和阳基腹铗内叶见图 6-2B，抱器长宽比约等于 4，阳基腹铗内叶头部瘦长。

分布：浙江（临安）、上海。

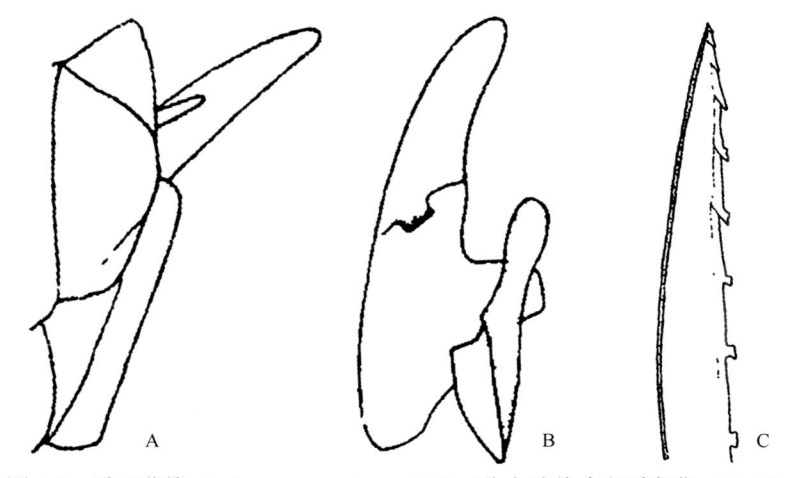

图 6-2 震旦茎蜂 *Cephus aurorae* Maa, 1949（仿自魏美才和聂海燕, 1997d）
A. 雌虫腹部端部侧面观，示产卵器；B. 雄虫生殖铗；C. 雌虫产卵器端半部

(700) 黑翅茎蜂 *Cephus nigripennis* (Takeuchi, 1927)（图 6-3，图版 XVIII-4）

Eumetabolus nigripennis Takeuchi, 1927a: 378.

Monoplopus japonicus Forsius, 1928: 67.

Cephus graminis Maa, 1944: 48.

主要特征：雌虫体长 9-10mm；头部、胸部、腹部几乎全部黑色，上颚中部和基部黄色（图 6-3F），前足股节前缘和端部、前足胫节全部和气门后片黄色，前足跗节褐色，体毛黑褐色，口须部分和各足胫节距浅褐色；翅浓烟褐色，端部 1/3 稍透明，翅痣和翅脉暗褐色；体表光滑，头部背侧具极细弱稀疏的刻点，胸部、腹部无明显刻点或刻纹，光泽较强；背面观头部宽稍大于长，后头两侧稍收缩，侧缘几乎不短于复眼长径，后缘中部明显凹入，单眼后区无侧沟，单眼后沟明显，POL：OOL：OCL=10：9：20（图 6-3C），触角窝间区域稍鼓起，无中脊，中窝浅小；触角窝间距 1.3 倍于触角窝与复眼内缘间距，约 0.9 倍于触角窝与前幕骨陷间距（图 6-3A）；左上颚中齿较小但显著，端部尖；颚眼距 0.7 倍于单眼直径；侧面观后眶上部约等宽于复眼横径，后颊脊伸至后眶近上部；后足胫节亚端距 1–2 个；爪内齿较小，三角形，亚端位，与爪轴垂直（图 6-3E）；前翅 2r 脉交于 1Rs 室背缘中部，明显短于 Rs 脉的第 2、3 段长，2Rs 室约等于或稍短于 1Rs 室长；锯鞘腹缘微弱曲折，锯鞘端稍长于锯鞘基的 1/2 长，锯腹片锯刃尖，倾斜突出（图 6-3B）；雌虫下生殖板末端圆钝，中部稍突出。雄虫体长 8–9mm；唇基前部具 1 对小黄斑，内眶下端具 1 个小黄斑；抱器长三角形，末端稍尖。

分布：浙江（德清、临安、丽水）、辽宁、北京、河南、江西、湖南、福建；俄罗斯（东西伯利亚），朝鲜，韩国，日本。

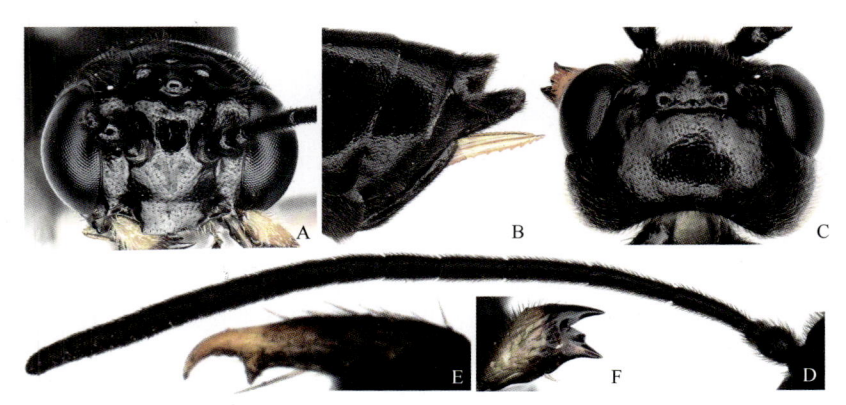

图 6-3 黑翅茎蜂 *Cephus nigripennis* (Takeuchi, 1927) 雌虫
A. 头部前面观；B. 腹部端部侧面观；C. 头部背面观；D. 触角；E. 爪；F. 左上颚

（二）等节茎蜂亚科 Hartigiinae

主要特征：中型茎蜂，体形瘦长；后头发达，明显向后延长；触角第 3 节通常长于第 4 节，鞭节端部或亚端部不明显膨大；腹部较瘦长，侧面观第 1–3 节通常长大于高，少数第 1、2 节较短，6–7 节通常明显高于其余腹节；后足跗节通常不短于其后 3 节之和；爪基部明显加厚，基片有或无，内齿大型，靠近端齿；雄性阳茎瓣中部不愈合。

分布：本亚科已知 18 属，全北区分布，主要分布于古北区东部。中国记载 15 属，浙江发现 7 属 20 种，包括 2 新种。

寄主：幼虫蛀食蔷薇科、木犀科、五加科等木本植物的嫩茎。

本亚科属级多样性显著高于茎蜂亚科，其中简脉茎蜂属的种级多样性可能大于茎蜂亚科的茎蜂属。

201. 貂蝉茎蜂属 *Diaochana* Liu & Wei, 2022

Diaochana Liu & Wei, 2022: 294. Type species: *Caenocephus tianmunicus* Wei, 1999, by original designation.

主要特征：体小型、纤细；背面观头部方形，后头稍短于复眼，两侧微弱收缩；唇基前缘截形；颜面无中纵脊；复眼在触角窝位置的间距稍大于复眼长径，触角窝间距明显窄于内眶，前幕骨陷-触角窝间距 2.2–2.5 倍于触角窝间距；颚眼距约等长于侧单眼直径；左上颚较狭长，端部具 2 齿，内齿无肩状部，稍短于外齿；下颚须第 1 节短于第 2 节，第 4 节等长于第 6 节，第 6 节着生于第 5 节中部；下唇须第 2 节长约等于宽，第 4 节长于第 1 节，无感觉陷窝；后颊脊伸至后眶上端；触角细长，第 2 节长约等于宽，第 3 节通常短于第 4 节，各鞭分节均长大于宽；前胸背板长约等于宽，前缘和后缘近似平截；中胸前侧片上部无横沟；中足和后足胫节均无亚端距；后足基跗节短于其后 3 跗分节之和；爪无基片，内齿约等长于或稍短于外齿；前翅翅痣窄长，2r1 脉交于翅痣中部，2A+3A 脉大部分弱化消失，基臀室中端部腹侧宽阔开放；后翅 Rs 室开放；腹部强烈侧扁，长约 2 倍于头、胸部之和，第 1 背板中部中缝显著，侧面观第 2 节高大于或等于长；产卵器较长，锯鞘端等长于锯鞘基；尾须短小，背面观尾须末端不伸出锯鞘端中部；锯背片和锯腹片具简单节缝，锯刃单尖形突出，两侧不切入；雄虫第 8 腹板端部中央具窄深圆缺口，缘毛列显著，下生殖板长大于宽，端部圆形突出，无缺口。

分布：东亚（中国，韩国，日本）。本属已知 4 种，浙江记载 1 种。

（701）天目貂蝉茎蜂 *Diaochana tianmunicus* (Wei, 1999)（图 6-4）

Caenocephus tianmunicus Wei, 1999: 203.
Diaochana tianmunicus: Liu & Wei, 2022: 298.

主要特征：雌虫未知，雄虫体长 8.5mm（图 6-4A）；体黑色，口器全部、后眶和内眶的下半部、触角柄节腹侧、前胸侧板、中胸前侧片大部分、前胸背板两侧和后缘、翅基片、各足基节除基缘外、转节、腹部 6–7 腹板、下生殖板大部分亮黄色；触角鞭节腹侧浅褐色，各足除基节和转节外黄褐色，腹部各节背板侧缘和后缘以及腹板黄白色；翅透明，前缘脉基部 2/3 黄褐色，端部 1/3 褐色；翅痣暗褐色，基端浅褐色；体光滑，无明显刻点，光泽强；头部在复眼后两侧明显收缩；下颚须第 3 节长宽比稍大于 2（图 6-4F）；下唇须第 3 节长稍大于宽，第 4 节长宽比等于 3，基部细（图 6-4E）；触角窝-前幕骨陷间距 2 倍于触角窝间距（图 6-4B）；触角稍侧扁，25 节，第 2 节等长于第 3 节的 1/2，第 3 节长 0.78 倍于第 4 节，明显短于第 5

图 6-4 天目貂蝉茎蜂 *Diaochana tianmunicus* (Wei, 1999) 雄虫（引自 Liu and Wei, 2022）
A. 成虫侧面观；B. 头部前面观；C. 腹部端部腹面观；D. 头部背面观；E. 下唇须；F. 下颚须；G. 胸部侧板；H. 爪；I. 头部侧面观；J. 触角；K. 后足胫节和跗节

节，等长于第 6 节，各鞭分节均长大于宽；后足胫节显著短于跗节；后足基跗节微弱短于其后 3 节之和（图 6-4K）；前翅 1Rs 和 2Rs 室约等长，1r 脉起源于翅痣基端，长约 2 倍于 2r 脉，2r 脉交于翅痣中部稍偏内侧，1M 室背柄长于 2r 脉的 1/2，2m-cu 脉交于 2Rs 室，远离 1r-m 脉；后翅 cu-a 脉交于 1M 室基部 1/8，臀室端部完全封闭；腹部强侧扁，第 8 腹板后缘中部具半圆形缺口，两侧的后缘具硬刺毛，下生殖板长等于宽，端部圆钝（图 6-4C）；尾须细长，端部尖，长宽比约等于 4。

分布：浙江（临安）。

202. 简脉茎蜂属 *Janus* Stephens, 1829

Janus Stephens, 1829: 341. Type species: *Janus connectens* Stephens, 1829, by monotypy.
Ephippionotus Costa, 1860: 10. Type species: *Ephippionotus luteiventris* O. Costa, 1860, designated by Rohwer, 1911.

主要特征：复眼中等大，前面观内缘向下明显分歧，下缘间距显著宽于复眼长径；触角窝间距稍宽于内眶，明显短于触角窝-前幕骨陷间距；左上颚长宽比约等于 2.5，端部 2 齿，外齿简单，内齿简单或外侧具肩状部，约等长于外齿；下颚须第 6 节通常着生于第 5 节基部，第 4 节 1.5 倍于第 6 节长；下唇须第 1 节显著长于第 2 节，第 4 节长宽比通常约等于 3，内侧亚基部具感觉凹；颊眼距约等于单眼直径；背面观头部宽长比等于或稍小于 1.5，后头不明显延长，OCL 约 3 倍于 POL；侧面观后眶弧形弯曲，后眶上部短于复眼横径，后颊脊伸至后眶中部附近；触角丝状，第 2 节长等于或大于宽，第 3 节通常不短于第 4 节，第 4 节长于第 5 节；前胸背板马鞍形，横宽，前缘具脊，中部无明显缺口；中胸前侧片上部无横沟；中足胫节具 1 个亚端距，后足胫节具 1 对亚端距；后足基跗节明显长于其后 3 节之和；爪短宽，基片发达，内齿长于并宽于端齿，端齿强烈弯曲，翅痣短宽，1r 脉起源于翅痣亚基部，2r 脉起源于痣中部或微偏外侧，2R1 室高不小于长；臀室具垂直横脉；后翅具 1–2 个封闭中室；腹部弱度至中度侧扁，第 1 节背板中缝宽，侧面观第 2 节高显著大于长；锯鞘腹缘显著曲折，鞘端稍短于鞘基，伸向腹部后方；锯腹片无节缝和翼突列，锯刃截刃形，端缘平截或中部稍凹入，两侧尖出；尾须短小；雄虫第 8 腹板后缘无缺口，或缺口浅弱；体较光滑，无粗密刻点或刻纹。

分布：古北区，新北区。本属已知 33 种，中国记载 18 种，浙江目前发现 7 种，包括 1 新种。

寄主：蔷薇科梨属 *Pyrus* 和苹果属 *Malus*、忍冬科荚蒾属 *Viburnum*、壳斗科栎属 *Quercus*、杨柳科杨属 *Populus* 和柳属 *Salix*、杜鹃花科杜鹃属 *Rhododendron* 等。

本属种类多样性较高，东亚地区还有较多未知种类尚待记述。根据其寄主植物分化状况以及形态分化，本属可能存在较明显的异质性。

分种检索表

1. 触角柄节至少腹侧淡色；两性腹部 2–10 节全部黄褐色或红褐色 ··· 2
- 触角柄节全部黑色；两性腹部 2–10 节至少多个背板大部分黑色 ··· 4
2. 上眼眶附近具显著黄斑；前翅端缘烟褐色；中胸前侧片和中胸腹板全部黄色；触角仅柄节黄褐色，其余黑色；前胸背板具大型黄斑 ··· 烟缘简脉茎蜂 *J. infuscimarginatus*
- 上眼眶附近无黄斑，偶尔具小褐斑；前翅端缘不明显烟褐色；中胸前侧片和中胸腹板部分黑色；触角至少第 3 节腹侧浅褐色；前胸背板大型黄斑有或无 ·· 3
3. 雌虫前胸背板黑色，前后缘狭边浅褐色；腹部第 1 节背板全部黑色；中胸前侧片和中胸腹板全部黑色；雌虫触角基部 3 节黄褐色，其余黑褐色 ··· 黄盾简脉茎蜂 *J. xanthoscutella*
- 雌虫前胸背板部分明显黄褐色；腹部第 1 背板大部分黄色；中胸前侧片部分黄色；雌虫触角基部 10 节左右黄褐色，其余黑褐色 ·· 杜鹃简脉茎蜂 *J. dujuan*
4. 翅痣一致黑褐色；后翅 Rs 室开放；后足胫节端部和后足跗节褐色至暗褐色 ··· 5

- 翅痣前半部黑褐色，后侧浅褐色；后翅 Rs 室封闭；前胸背板全部黑色，后足胫节端半部和后足跗节黑色 ··· 对色简脉茎蜂，新种 *J. bicoloristigma* sp. nov.
5. 爪内齿短于外齿；POL 小于 OOL；前胸背板黑色，侧后缘极狭边黄色；下颚须第 3 节长宽比稍大于 2；前翅 2M 室长宽比约等于 2，1r1 脉完整，腹部背板缘折几乎全部黑色，2–8 腹板黑色；各足基节大部分黑色，仅端部黄色。雄虫，雌虫未知 ··· 点斑简脉茎蜂 *J. dianban*
- 爪内齿长于外齿；POL 等于 OOL；前胸背板后缘具宽大黄斑；下颚须第 3 节长宽比大于 3；前翅 2M 室长宽比等于 1.2–1.3，前翅 1r1 脉通常大部分或完全缺失；腹部背板缘折部分黄褐色；雌虫后足股节端部具黑环；两性各足基节大部分黄色，基部黑色。雌雄 ··· 6
6. 雌虫腹部 2–3 节大部分红褐色；雄虫下生殖板端部无结节 ······················ 古氏简脉茎蜂 *J. gussakovskii*
- 雌虫腹部全部黑色；雄虫下生殖板端部具明显结节 ·· 梨简脉茎蜂 *J. piri*

（702）对色简脉茎蜂，新种 *Janus bicoloristigma* Wei & Liu, sp. nov.（图 6-5）

雌虫：体长 10mm；体黑色，上颚除了末端、下颚须 2–4 节、翅基片和小盾片后缘狭边黄白色，下颚须第 1、5–6 节和下唇须褐色；前中足黄褐色，基节除端缘外黑色；后足黑色，基节端部 2/3 左右、转节、胫节基部约 1/2 黄白色，股节橘褐色，胫节距浅褐色。翅高度透明，前缘脉端部和翅痣大部分黑褐色，翅痣后半部浅褐色（图 6-5E），其余翅脉大部分黑褐色。头、胸部光滑，无明显刻点和刻纹，光泽强，触角鞭节和腹部具微弱模糊刻纹，光泽稍弱。

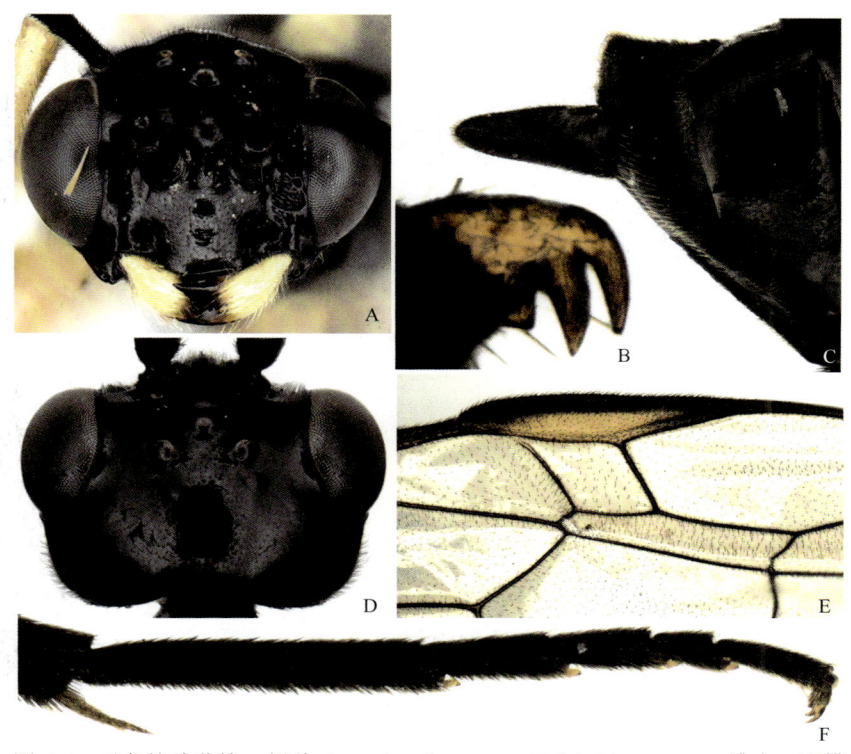

图 6-5 对色简脉茎蜂，新种 *Janus bicoloristigma* Wei & Liu, sp. nov. 雌虫，正模
A. 头部前面观；B. 爪；C. 锯鞘侧面观；D. 头部背面观；E. 前翅翅痣和附近翅脉；F. 后足跗节

下唇须第 2 节长大于宽，第 3 节倾斜，长短于宽，第 4 节稍长于第 1 节，长宽比约等于 3；下颚须第 3 节稍粗短，长宽比约等于 3，宽 2 倍于第 4 节；唇基端缘弱波状弯曲，左上颚内齿等长于外齿，具明显的肩状部，颚眼距稍宽于单眼直径（1.1∶1.0）；复眼下缘间距稍宽于复眼长径，中窝浅弱，触角窝间距明显窄于触角窝-内眶间距，约 0.8 倍于触角窝-前幕骨陷间距（图 6-5A）；后颊脊伸达后眶上部；背面观后头两侧明显收缩，稍短于复眼长径；单眼后区无侧沟和中沟；POL∶OOL∶OCL=5∶4∶10；背面观触角窝之间

的唇基上区明显呈低脊状隆起（图 6-5D）；触角长于腹部，27 节，第 2 节宽大于长，第 3 节微弱长于第 4 节，次末节宽大于长。前胸背板宽明显大于长，前缘细领状隆起；小盾片前缘钝弧形突出；腹部第 2 节以后明显侧扁，第 6、7 节最宽，第 2 节高几乎 2 倍于长，第 1 背板具宽中缝；中足胫节具 1 个亚端距，后足胫节具 2 个亚端距；后足胫节长 1.1 倍于跗节长，后足基跗节等长于其后 4 节之和（图 6-5F）；爪基片发达，内齿长于外齿（图 6-5B）；前翅等长于虫体，2r 脉交于翅痣中部稍偏外侧，1r 脉 1.2 倍于 2r 脉长，基部透明但不消失，2R1 室高长比大于 1.6，1Rs 室长于 2Rs 室，2m-cu 脉与 1r-m 脉几乎顶接（图 6-5E）；后翅具 2 个封闭中室，Rs 室长宽比大于 2。锯鞘明显向后弯折，锯鞘端短于锯鞘基和后足基跗节（2∶3），向端部显著变窄，长 4.5 倍于尾须（图 6-5C）；锯腹片无节缝，锯刃双尖齿形。

雄虫：未知。

分布：浙江（临安）。

词源：本种翅痣双色，以此命名。

正模：♀，浙江临安西天目山仙人顶，30.347°N、119.42°E，海拔 1505m，2021.V.10，李泽建（ASMN）。

鉴别特征：本种与细须简脉茎蜂 *J. conicercus* Maa, 1950 最近似，但后者颚眼距短于单眼直径，单眼后区具显著中纵沟；前翅短于虫体，2r 脉交于翅痣中部，2R1 室高长比小于 1.2；锯鞘端较窄，向端部微弱收窄，长 3 倍于尾须长等，与本种差别显著。

（703）点斑简脉茎蜂 *Janus dianban* Wei, 2022（图 6-6）

Janus dianban Wei, *in* Tan, Liu & Wei, 2022: 73.

主要特征：雌虫未知，雄虫体长 6mm；体黑色，上颚除端部外、翅基片、前胸背板后角小点斑、中胸前侧片顶角点斑、下生殖板和生殖节亮黄色，下颚须、下唇须和腹部第 8 腹板后半部分黄褐色，触角第 5 鞭分节起腹侧浅褐色，尾须暗褐色；足黄褐色，各足基节除端部外黑色，股节和后足胫节端部 2/5 及跗节橘褐色；体毛银色；翅透明，前缘脉基部浅褐色，翅痣和其余翅脉黑褐色；体高度光滑，光泽强，中胸背板前叶、侧叶和小盾片的顶部具浅弱稀疏刻点；复眼内缘向下稍收敛，颚眼距等长于中单眼直径；左上颚内齿明显长于外齿，外侧无明显肩状部；下颚须第 3 节长宽比稍大于 2，粗 2.5 倍于第 4 节宽；复眼下缘间距等于复眼长径；后颊脊伸至后眶上端；背面观后头两侧明显收缩，稍短于复眼；触角第 3 节长宽比约等于 3.5，明显长于第 1 节，微长于第 4 节；前翅 1r 脉完整，2R1 室高大于长；后翅 Rs 室开放；中足胫节具 1 个亚端距，后足胫节等长于后足跗节，具 2 个亚端距；爪基片发达，内齿稍短于外齿；腹部明显侧扁，前后几乎等高，第 2 节高 1.8 倍于长，明显短于后足基节，下生殖板宽大于长，端部圆，无瘤突；抱器长宽比约等于 3。

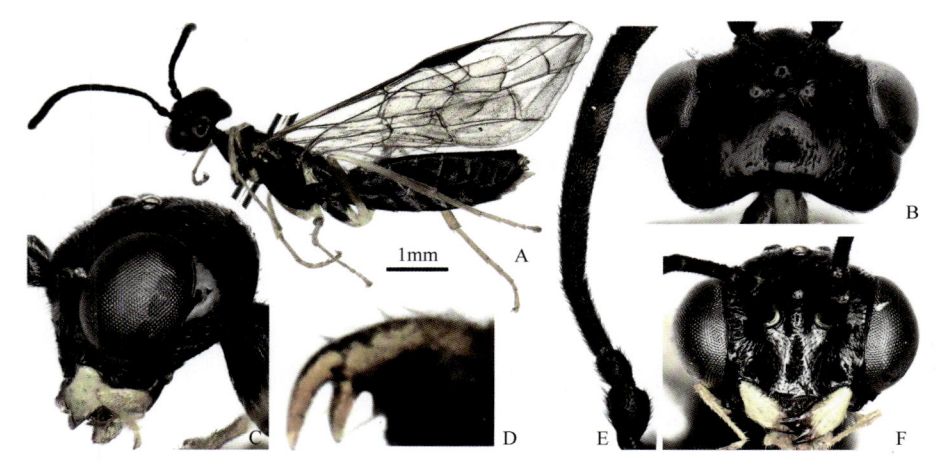

图 6-6 点斑简脉茎蜂 *Janus dianban* Wei, 2022 雄虫（引自 Tan *et al*., 2022）
A. 成虫侧面观；B. 头部背面观；C. 头部侧面观；D. 爪；E. 触角；F. 头部前面观

分布：浙江（龙泉）。

（704）杜鹃简脉茎蜂 *Janus dujuan* Wei, 2023（图 6-7，图版 XVIII-5）

Janus dujuan Wei, *in* Niu *et al.*, 2023: 147.

主要特征：雌虫体长 13–16mm（包括锯鞘），雄虫体长 10–13mm；头、胸部大部分黑色，颜面、内眶中下部、后眶、单眼后区后缘、内眶上部点斑、前胸背板前后缘、前胸侧板大部分、翅基片、盾侧凹、小盾片大部分和后胸隆起部、中胸前侧片上角和前缘不定形斑黄褐色至橘褐色；足大部分亮黄褐色，后足股节大部分和胫节、后足基跗节基部橘褐色，各足基节基缘和后足股节腹侧黑褐色；腹部橘褐色，第 1 背板基部和锯鞘端黑色；触角基半部浅褐色，端半部黑褐色；体光滑，光泽强；中胸背板前叶和侧叶大部分以及小盾片除两侧外具细小刻点，中后胸前侧片具细密刻纹和模糊浅弱刻点，锯鞘端刻纹粗密；左上颚内齿等长于外齿，肩状部方形；后眶明显窄于复眼横径；POL∶OOL∶OCL = 4∶3∶7；触角 30 节，长 3.6 倍于头宽，第 3 节 1.2 倍于第 4 节长；爪内齿粗大，靠近基齿，明显长于外齿；前翅 1r 脉完整，2r 脉位于翅痣下缘中部；产卵器明显弯曲，锯鞘端长约 0.85 倍于锯鞘基长；锯刃方齿形，端部明显扩展。

分布：浙江（宁波）、江西。

寄主：杜鹃花科杜鹃属 *Rhododendron*。

图 6-7　杜鹃简脉茎蜂 *Janus dujuan* Wei, 2023 雌虫（引自牛耕耘等，2023）
A. 头部背面观；B. 头部前面观；C. 头部侧面观；D. 产卵器侧面观；E. 产卵器背面观；F. 小盾片至腹部第 1 背板；G. 爪；H. 左上颚；I. 锯腹片中端部；J. 触角

（705）古氏简脉茎蜂 *Janus gussakovskii* Maa, 1949（图 6-8，图版 XVIII-6）

Janus gussakovskii Maa, 1949a: 19.
Janus rufoventralis Wei, *in* Wei & Nie, 1996a: 6. **Syn. nov.**
Janus punctatenus Wei & Nie, 1997c: 147. **Syn. nov.**

主要特征：雌虫体长 8–9mm；体黑色，上颚大部分、口须、翅基片、气门后片、前胸背板后缘宽斑黄色，腹部 2–3 节大部分或全部红褐色；足黄褐色，各足基节基缘、后足股节末端窄纹黑色，后足胫节端部和后足跗节暗褐色。翅透明，前缘脉和翅痣暗褐色，其余翅脉暗褐色；体背侧细毛暗褐色，侧板毛浅褐色；体光滑，颜面和唇基具细弱刻点，额区、单眼后区和后眶刻点十分细微；前胸背板大部分光滑，后部具微细刻点；中胸背板前叶和侧叶刻点较细密，小盾片刻点稀疏、稍大，表面光滑；中胸前侧片刻点细弱，后侧片大部分光滑；颚眼距短于单眼直径，后颊脊发达；左上颚内齿外侧弧形，无明显肩状部；触角第 3 节稍长于第 4 节（图 6-8F）；前翅 1r1 脉通常部分或全部缺如，后翅 Rs 室开放；腹部微弱侧扁；锯鞘等长于后足胫节，腹缘明显向后曲折，锯鞘端 0.65 倍于锯鞘基长，基部显著粗于端部，末端窄圆（图 6-8E）；尾须较短，约等于锯鞘端的 1/4 长；锯腹片 14 刃，锯刃双尖齿形，两侧显著切入，端缘明显凹入，两侧显著尖出（图 6-8D）。雄虫体长 6–7mm；后足股节端部无狭窄黑环，下生殖板端部圆钝突出，无结节（图 6-8C）。

分布：浙江（杭州、龙泉）、北京、山西、陕西、甘肃、江西、湖南、福建。

寄主：本种幼虫蛀食梨树 *Pyrus* spp.嫩茎，1 年 1 代，是东亚梨树常见害虫之一。

Janus rufoventralis Wei, 1996 和 *Janus punctatenus* Wei & Nie, 1997 是 *Janus gussakovskii* Maa, 1949 的色斑型，应降为后者的次异名。与梨简脉茎蜂的主要形态差别是两性股节端部无黑斑，腹部 2–3 节大部分或全部红褐色，雄虫下生殖板端部无结节。

图 6-8 古氏简脉茎蜂 *Janus gussakovskii* Maa, 1949

A. 雌虫头部背面观；B. 雌虫头部前面观；C. 雄虫腹部末端侧面观；D. 锯腹片中部锯节；E. 雌虫腹部端部侧面观；F. 雌虫触角

（706）烟缘简脉茎蜂 *Janus infuscimarginatus* Wei, 2022（图 6-9）

Janus infuscimarginatus Wei, *in* Tan, Liu & Wei, 2022: 74.

主要特征：雌虫未知，雄虫体长 7.5mm；头、胸部大部分黄白色，上颚端部和后胸小盾片褐色，头部触角窝和后眶上缘以上部分黑色，复眼内顶角附近具小型黄斑（图 6-9B、C），前胸背板前缘和中部、中胸背板前叶和侧叶除盾侧凹上缘外、小盾片边缘、后胸后背板后缘和两侧、中后胸后侧片全部黑色；触角黑色，柄节黄褐色（图 6-9F）；腹部橘褐色，第 1 节背板大部分黑色，内缘狭边和外缘黄色；足黄白色，各足基节基缘黑色，后足转节全部和后足股节背侧暗褐色，后足股节腹侧、后足胫跗节黄褐色，基跗节稍暗；翅透明，前后翅外缘具边界不清晰的弱烟斑（图 6-9E），前缘脉和亚前缘脉浅褐色，翅痣和其余翅脉黑褐色；颚眼距等长于中单眼直径；左上颚内齿外侧的肩状部突出呈直角形；下颚须第 3 节粗 2 倍于第 4 节宽；复眼下缘间距 1.2 倍于复眼长径；后颊脊伸至后眶上端；POL：OOL= 3：5；背面观头部在复眼后明显收缩，后头约 0.8 倍于复眼长径；触角第 3 节等长于第 1 节，微长于第 4 节（图 6-9F）；前翅 1r 脉完整，后翅 Rs 室封闭，长高比约等于 2；中足胫节具 1 个亚端距，后足胫节等长于后足跗节，具 2 个亚端距；爪基片发达，内齿稍长于外齿（图 6-9D）；腹部不侧扁，下生殖板宽大于长，端部圆钝，无瘤突；抱器长宽比约等于 2；尾须长大，长宽比约等于 4。

分布：浙江（临安）。

图 6-9 烟缘筒脉茎蜂 *Janus infuscimarginatus* Wei, 2022 雄虫（引自 Tan *et al.*, 2022）
A. 成虫背面观；B. 头部背面观；C. 头部前面观；D. 爪；E. 前翅；F. 触角基半部；G. 中胸侧板

（707）梨筒脉茎蜂 *Janus piri* Okamoto & Muramatsu, 1925（图 6-10，图版 XVIII-7）

Janus piri Okamoto & Muramatsu, 1925: 10.

主要特征：雌虫体长 8–9mm；体黑色，唇基大部分、上颚大部分、口须、翅基片、气门后片、前胸背板后缘宽斑黄色；足黄褐色，各足基节基缘、后足股节末端窄纹黑色，后足胫节端部和后足跗节暗褐色；翅透明，前缘脉和翅痣浅褐色，其余翅脉暗褐色；体背侧细毛暗褐色，侧板毛浅褐色；体光滑，颜面和唇基具细弱刻点，额区、单眼后区和后眶刻点十分细微；前胸背板大部分光滑，后部具微细刻点；中胸背板前叶和侧叶刻点较细密，小盾片刻点稀疏、稍大，表面光滑；中胸前侧片刻点细弱，后侧片大部分光滑；颚眼距短于单眼直径，后颊脊发达；左上颚内齿外侧弧形，无明显肩状部；触角第 3 节稍长于第 4 节；前翅 1r1 脉通常部分或全部缺如，后翅 Rs 室开放；腹部微弱侧扁；锯鞘等长于后足胫节，腹缘明显向后曲折；锯鞘端 0.65 倍于锯鞘基长，基部显著粗于端部，末端窄圆；尾须较短，约等于锯鞘端的 1/4 长；锯腹片 14 刃，锯刃双尖齿形，两侧显著切入，端缘明显凹入，两侧显著尖出。雄虫体长 6–7mm；后足股节端部具狭窄黑色环，下生殖板端部具明显的结节，侧面观尤其显著。

分布：浙江（义乌、庆元）、辽宁、北京、河北、山西、山东、河南、宁夏、甘肃、青海、江苏、安徽、湖北、江西、湖南、福建、重庆、四川、贵州、云南；朝鲜、日本。

寄主：本种是东亚地区梨树常见害虫，幼虫蛀食梨树 1–2 年生的嫩茎，两年完成 1 代。

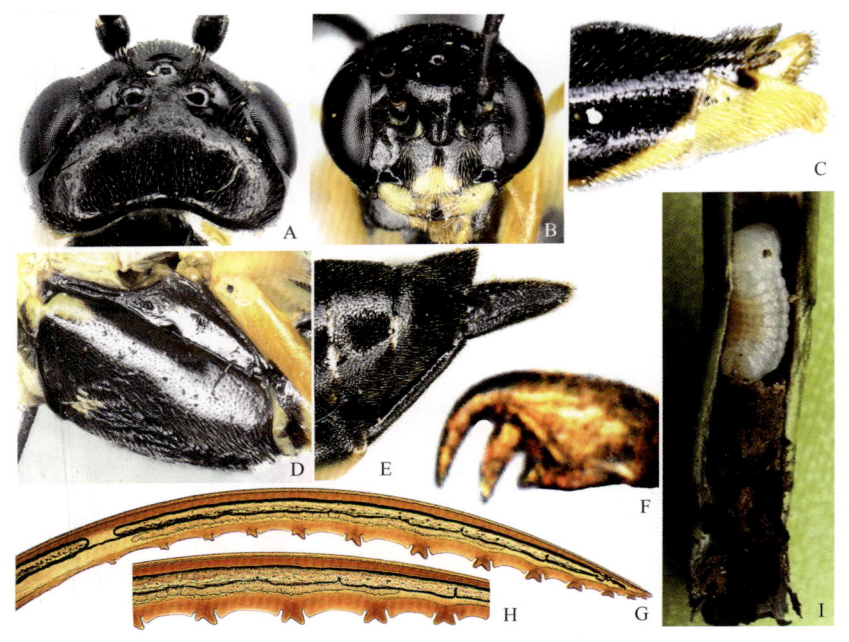

图 6-10　梨简脉茎蜂 *Janus piri* Okamoto & Muramatsu, 1925

A. 雌虫头部背面观；B. 雌虫头部前面观；C. 腹部端部侧面观；D. 中胸侧板；E. 雌虫腹部端部侧面观；F. 爪；G. 锯腹片；H. 中部锯节；I. 幼虫为害状

（708）黄盾简脉茎蜂 *Janus xanthoscutella* Wei, 2022（图 6-11）

Janus xanthoscutella Wei, *in* Tan, Liu & Wei, 2022: 76.

主要特征：雌虫体长 9mm（图 6-11A），雄虫未知；头部黑色，颜面和唇基、颚眼距、内眶下半部、口器大部分（图 6-11E）和翅基片亮黄色，后眶中下部橘褐色（图 6-11F）；触角基部 3 节（图 6-11H）、前胸背板前缘狭边和后角狭边浅褐色，小盾片大部分和后胸淡膜区平台黄褐色；腹部和尾须橘褐色，第 1 背板全部黑色，锯鞘端背侧黑褐色；足黄褐色，中后足转节和后足股节背侧稍暗；翅透明，前缘脉基部 2/3 浅褐色，前缘脉端部 1/3、翅痣和其余翅脉黑褐色；颚眼距等长于中单眼直径；左上颚内齿外侧的肩状部突出

图 6-11　黄盾简脉茎蜂 *Janus xanthoscutella* Wei, 2022 雌虫（引自 Tan *et al*., 2022）

A. 成虫侧面观；B. 爪；C. 头部背面观；D. 锯鞘端背面观；E. 头部前面观；F. 头部侧面观；G. 腹部末端侧面观；H. 触角基部

呈直角形；下颚须第 3 节粗度 1.8 倍于第 4 节宽；复眼下缘间距 1.2 倍于复眼长径；后颊脊伸至后眶上端；POL：OOL = 10：17；触角 29 节，总长 3.3 倍于头宽，第 1、3、4 节等长，第 3 节长等于复眼长径的 1/2；前翅 1r 脉完整，2r 脉交于翅痣中部，2R1 室明显高大于长；后翅 Rs 室封闭，长高比约等于 1.8；中足胫节具 1 个亚端距，后足胫节等长于后足跗节，具 2 个亚端距；后足基跗节稍长于其后 3 跗分节之和，明显短于其后 4 节之和；爪基片发达，内齿明显长于并宽于外齿（图 6-11B）；腹部稍侧扁，长于头、胸部之和，第 2 节高明显大于长；产卵器等长于后足胫节，侧面观明显向后弯折，锯鞘端弧形弱弯曲（图 6-11G），明显短于锯鞘基（13：17）和后足基跗节（13：16），尾须短小，稍长于锯鞘端的 1/6，长宽比不大于 4（图 6-11D）。

分布：浙江（龙泉）。

203. 亚旋茎蜂属 *Neosyrista* Benson, 1935

Neosyrista Benson, 1935: 547. Type species: *Neosyrista japonica* Benson, 1935, by original designation.

主要特征：中大型茎蜂，体形瘦长；左上颚长宽比约等于 2.5，端部双齿，内齿具弱肩状部，等于或稍长于外齿，外齿简单；下唇须第 3 节长稍大于宽；下颚须第 4 节约 1.5 倍长于第 6 节，第 6 节着生于第 5 节中部；唇基前缘截形，两侧具钝方角；颚眼距约等于单眼直径；复眼下缘间距稍宽于眼高；触角窝间距等于内眶宽，显著狭于前幕骨陷-触角窝间距；唇基上区圆钝隆起，触角窝间区具短脊；背面观头部横形，宽明显大于长，后头等于或稍长于复眼；后颊脊伸达后眶上部；触角第 2 节宽大于长，第 3 节显著长于第 4 节，第 4 节等于或微长于第 5 节；前胸背板马鞍形，宽显著大于长，前缘无明显缺口，后缘中部具明显缺口；中胸前侧片上部无横沟；中足胫节具 1 个亚端距，后足胫节具 1 对亚端距；后足基跗节等长于或稍长于其后 3 节之和；爪无基片，内齿等于或长于外齿，雄虫爪内外齿互相紧贴；前翅 1r1 脉完整，交于翅痣最基端，2r1 脉交于翅痣中部偏外侧，2R1 室高大于长，臀室具横脉；后翅具双闭中室，Rs 室长显著大于宽；腹部显著侧扁，第 1 节背板不愈合，中缝显著；第 2 节高明显大于长；产卵器腹缘明显弯曲，锯鞘端约等长于锯鞘基，显著长于后足基跗节；锯腹片中基部锯节无节缝，锯刃双尖齿形，无小型亚基齿，两侧具显著切口；雄虫第 8 腹板后缘具深缺口，下生殖板端部圆突。

分布：东亚。本属目前已知 4 种，全部分布于东亚，中国已知 4 种，日本分布 1 种。浙江记载 3 种。

寄主：蔷薇科蔷薇属植物。

本属曾被合并于欧旋茎蜂属 *Syrista* Konow, 1896，但欧旋茎蜂属前翅臀室无横脉；触角窝间距宽于内眶，触角窝间区十分平坦；下唇须第 3 节十分短小，宽远大于长；前胸背板背侧几乎平坦；雄虫第 8 腹板后缘平直，下生殖板端部具显著缺口，雄虫爪内齿与外齿互相显著分离等，与亚旋茎蜂属不同。

分种检索表

1. 两性翅基片全部（极少大部）和腹部末节背板黑色，前胸背板通常全部黑色，极少后缘狭边黄色 ························ 2
- 两性翅基片全部、腹部末节背板大部黄色，前胸背板后缘总是具有明显黄边；中胸小盾片具显著大黄斑 ··················
 ··· **黄肩亚旋茎蜂** *S. incisa*
2. 两性小盾片具显著黄斑，腹部 4–9 节背板几乎全部红褐色，4–5 节背板侧缘具黄边，第 3 节背板黑色；各足基节具明显黄斑；两性跗节均橘褐色；雌虫体长 20mm ·· **红腹亚旋茎蜂** *S. rufiabdominalis*
- 两性小盾片全部黑色；雌虫腹部 3–5 节背板全部、第 6 背板前部红褐色，4–5 节背板侧缘无黄边，第 6 背板大部分、7–9 背板黑色；雄虫腹部无红褐色斑纹；各足基节无明显黄斑；两性跗节黑褐色；雌虫体长 15mm ···· **黑跗亚旋茎蜂** *S. similis*

（709）黑跗亚旋茎蜂 *Neosyrista similis* (Mocsáry, 1904)（图 6-12）

Syrista similis Mocsáry, 1904: 496.

Cephus subrufa Matsumura, 1912: 212.
Neosyrista japonica Benson, 1935: 547.

主要特征：雌虫体长 15mm；体黑色，口须中部浅褐色，上颚大部分、内眶长大条斑（图 6-12B）、后眶下部小斑、腹部 2-3 背板侧缘狭边和第 6 节背板侧缘狭边黄色，腹部 3-5 节大部红褐色（图 6-12A）；足黑色，前足股节前侧端部、前足和中足胫节及跗节全部、后足胫节基部 1/3 黄色，头胸部细毛暗褐色。翅透明，前缘脉褐色，翅痣和翅脉黑褐色；腹部第 1 背板内缘长（图 6-12E）；产卵器等长于后足胫节，锯鞘端等长于锯鞘基或后足第 1、2 跗分节之和，7 倍于尾须长；锯腹片 19 刃，端部具 3-4 个倾斜节缝，锯刃方齿形（图 6-12D）。雄虫体长 13mm；颜面中部具黄斑，腹部背板黑色，无红褐色斑纹，2-7 背板侧缘狭边和 4-7 腹板后缘狭边黄褐色；OCL3 倍于 POL 长；爪内外齿互相紧贴，内齿显著长于外齿；第 8 腹板后缘具深 V 形缺口，第 9 腹板后缘凸出，无缺口。

分布：浙江（杭州、临安、龙泉）、陕西、甘肃、江苏、福建、四川；日本。

寄主：蔷薇属植物。本种是玫瑰和月季的常见蛀茎害虫，幼虫蛀食月季顶梢下端，导致顶梢枯萎。

图 6-12 黑跗亚旋茎蜂 *Neosyrista similis* (Mocsáry, 1904) 雌虫
A. 腹部和后足侧面观；B. 头部前面观；C. 头部和前胸背面观；D. 产卵器；E. 腹部第 1 背板

（710）黄肩亚旋茎蜂 *Neosyrista incisa* (Wei & Nie, 1996)（图 6-13，图版 XVIII-8）

Sinicephus incisus Wei & Nie, 1996c: 21.
Syrista similis: Wei, 2008: 456, figs. 16, 17 (misidentification).

主要特征：雌虫体长 13-14mm；体大部分黑色，内眶和后眶宽条斑、唇基半圆形斑、触角窝间的小三角形斑、上颚除基缘和端齿外（图 6-13A、B）、下颚须中部、触角柄节腹侧窄带、前胸背板后缘宽带、翅基片全部和小盾片大斑黄色；前足基节腹侧斑、后足基节外侧和腹侧条斑、前足股节端半部、中足股节端部、中足胫节基部、后足胫节基部 1/3 黄色或黄褐色；前足胫节和跗节黄褐色；腹部 3-5 节橘褐色，第 1 背板侧缘狭条斑、第 2 背板两侧和后缘弯曲长斑、第 3 背板侧缘条斑、第 6 背板侧缘和后缘宽条斑、第 7 背板侧缘条斑、第 8 背板侧后角小条斑、第 9 背板侧后角附近的点斑、第 10 背板除前缘外、第 4 腹板后缘黄色，第 4-5 腹板两侧缘橘褐色，第 7 腹板后缘和锯鞘基腹缘基半部浅褐色（图 6-13E）；翅透明，翅痣和翅脉大部分暗褐色；爪内齿宽大（图 6-13G）；锯腹片具 22 锯刃，中部锯刃倾斜，9–10锯刃间距约3倍于锯刃长（图6-13F）。雄虫体长11mm；唇基和唇基上区大部分黄色；腹部背板橘褐色斑纹变化较大，但范围小于雌虫，背板侧缘黄斑明显缩小或消失，第9背板大部分黄色；触角33节；爪内齿贴近并显著长于外齿（图6-13H）；第8腹板后缘缺口深三角形（图6-13C）；抱器窄，长宽比等于1.8（图6-13K）。

分布：浙江（杭州、四明山、龙泉）、江苏、江西、湖南。

图6-13 黄肩亚旋茎蜂 *Neosyrista incisa* (Wei & Nie, 1996)
A. 雌虫头部背面观；B. 雌虫头部前面观；C. 雄虫腹部端部腹面观；D. 下唇须；E. 雌成虫腹部和后足侧面观；F. 产卵器；G. 雌虫爪；H. 雄虫爪；I. 雌虫腹部第1背板；J. 下颚须；K. 雄虫生殖铗

（711）红腹亚旋茎蜂 *Neosyrista rufiabdominalis* (Wei & Nie, 1996)（图6-14）

Sinicephus rufiabdominalis Wei & Nie, 1996c: 21.
Syrista rufiabdominalis: Wei & Smith, 2010: 310.

主要特征：雌虫体长20mm，雄虫体长13–14mm；头、胸部和腹部基部3节黑色，上颚除端部外、唇基、唇基上区、内眶和后眶宽带（图6-14A、B）、触角柄节腹侧小斑、下颚须中部、小盾片大斑、腹部2–3背板侧缘宽带、4–7背板侧缘窄带（图6-14G）、各足基节外侧长条斑和内侧短条斑亮黄色；雌虫腹部4–9节、雄虫腹部4–10节全部红褐色，各背板中部具不明显的暗色纵条斑，各腹板中部具小型黑斑；前足股节端部4/5、中足股节端部2/5、前中足胫节大部分、后足胫节基部1/3黄色，后足胫节端部2/3和各足跗节橘褐色；翅透明，端部稍暗，翅痣和翅脉暗褐色；触角33节，第3节1.6倍于第4节长；前胸背板后缘缺口显著，后缘宽1.3倍于前缘；爪内齿明显长于并宽于外齿；前翅cu-a脉交于1M室基部1/5；腹部第1背板后缘几乎平直，向后显著分歧，中部膜区宽大于长（图6-14C）；雄虫第8腹板后缘中部缺口深三角形；下生殖板端缘圆突（图6-14D）；抱器狭窄，长宽比等于2.3（图6-14F）。

分布：浙江（临安）、陕西、江西、湖南。

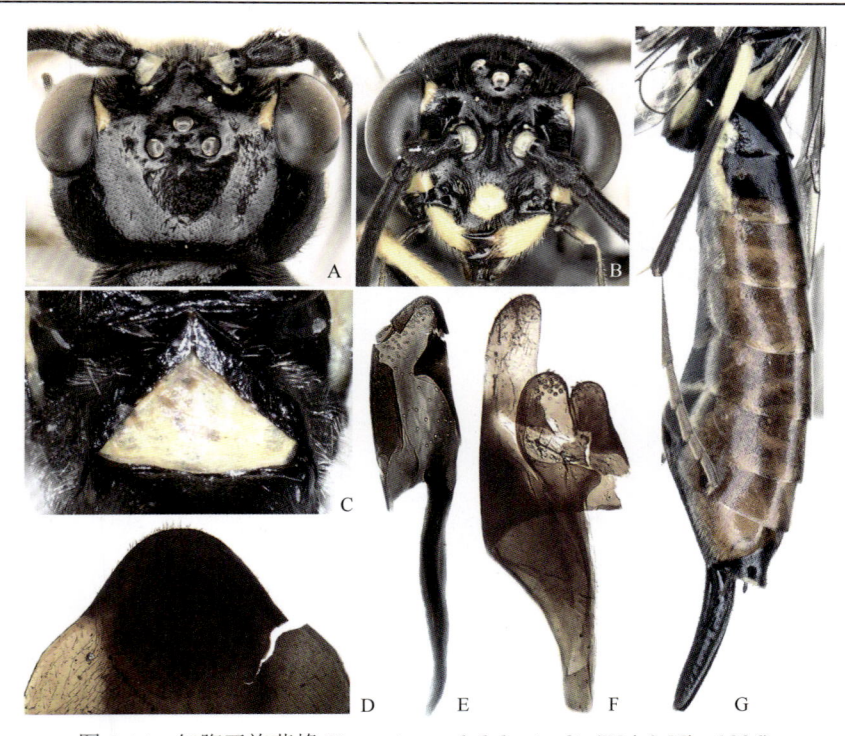

图 6-14 红腹亚旋茎蜂 *Neosyrista rufiabdominalis* (Wei & Nie, 1996)
A. 雌虫头部背面观；B. 雌虫头部前面观；C. 雄虫腹部第 1 背板；D. 雄虫下生殖板；E. 阳茎瓣；F. 生殖铗；G. 雌虫腹部侧面观

204. 等节茎蜂属 *Phylloecus* Newman, 1838

Phylloecus Newman, 1838: 485. Type species: *Phylloecus faunus* Newman, 1838, designated by Rohwer, 1911a.
Hartigia Schiödte, 1839a: 332. Type species: *Astatus satyrus* Panzer, 1801, designated by Boie, 1855.
Cerobactrus Costa, 1860: 9. Type species: *Cerobactrus major* O. Costa, 1860, by monotypy.
Macrocephus Schlectendal, 1878: 153. Type species: *Macrocephus ulmariae* Schlectendal, 1878, by monotypy.
Cephosoma Gradl, 1881: 294. Type species: *Cephosoma syringae* Gradl, 1881, by monotypy.
Adirus Konow, 1899a: 74. Type species: *Cephus trimaculatus* Say, 1824, by monotypy.
Paradirus Dovnar-Zapolskij, 1931: 39. Type species: *Paradirus algiricus* Dovnar-Zapolskij, 1931, by monotypy.
Hissarocephus Gussakovskij, 1945: 529. Type species: *Hissarocephus stackelbergi* Gussakovskij, 1945, by original designation.

主要特征：体窄长，通常黑色，有时具黄斑或红褐斑；头部横宽，宽长比大于 1.5；左上颚端部双齿，内齿具明显肩状部，明显短于外齿；下颚须第 6 节与第 4 节约等长或稍长，着生于第 5 节中部偏外侧；下唇须第 1 节显著长于第 2 节；唇基端缘弧形突出，颚眼距常宽于触角第 2 节长；触角窝间距等于或宽于内眶，约 0.8 倍于触角窝-前幕骨陷间距；后颊脊发达，后头不明显延长；触角较粗壮，第 2 节宽大于长，第 3 节长于第 4 节，第 4 节长于第 5 节，从第 4 节起触角常多少膨大。前胸背板平坦，长约等于或稍短于宽；中胸前侧片具刻点或刻纹，上部无横沟；后足胫节具 1 个亚端距，后基跗节约等于其后 3 节之和；爪内齿发达，端裂式，无基片；前翅 1r1 脉位于翅痣基端，2r1 脉位于翅痣外侧约 1/3 处，臀室具横脉；后翅具双封闭中室；腹部第 1 节背板具完整中缝，第 2 节高显著大于长；雄虫第 8 腹板后缘平直或中部具极浅弱缺口，下生殖板简单；雌虫产卵器较短，腹缘稍曲折，锯鞘端短于锯鞘基，尾须短于锯鞘端 1/2 长；锯背片端半部具完整节缝；锯腹片中部明显宽于两端，具完整节缝和栉状翼突列，锯刃近三角形突出，无亚基齿。

分布：古北区，新北区。本属已知 33 种，中国记载 13 种，浙江目前发现 3 种。

寄主：蔷薇科蔷薇属 *Rosa*、龙芽草属 *Agrimonia*、悬钩子属 *Rubus*、蚊子草属 *Filipendula* 等植物。

本属习用的拉丁属名是 *Hartigia* Schiödte, 1839。最近才基于优先率改用 *Phylloecus* Newman, 1838（Liston and Prous, 2014）。

分种检索表

1. 前胸背板长明显大于宽，前、后缘等宽；触角窝间距等宽于触角窝与复眼间距；后眶中部宽度明显短于复眼横径的 1/2；内眶上部近复眼内顶角处无明显黄色点斑；锯鞘端等长于锯鞘基；体细小，长 9–10mm ········ 纤细等节茎蜂 *Ph. minutus*
- 前胸背板后缘宽度稍大于长，后缘显著宽于前缘；触角窝间距明显宽于触角窝与复眼间距；后眶中部宽度明显长于复眼横径的 1/2；内眶上部近复眼内顶角处具明显的黄色点斑；锯鞘端稍短于锯鞘基；体中型，长于 11mm ······················ 2
2. 触角鞭节中端部明显膨大；至少背板 4、6 节后缘具黄色横带 ·· 双带等节茎蜂 *Ph. draconis*
- 触角鞭节微弱膨大；腹部最多第 4 背板后缘具淡色横带 ··· 单带等节茎蜂 *Ph. agilis*

(712) 单带等节茎蜂 *Phylloecus agilis* (F. Smith, 1874)（图 6-15，图版 XVIII-9）

Cephus agilis F. Smith, 1874: 386.
Phylloecus agilis: Liston & Prous, 2014: 90.

主要特征：雌虫体长 11–14mm，雄虫体长 11–13mm；体黑色，头部触角窝以下部分和口器大部分、颚眼距、上眶近复眼内顶角处小斑黄色，前胸背板后缘和小盾片中部有时部分黄色；腹部第 2–6 背板两侧缘、第 4 背板后缘窄带黄色，但第 4 背板后缘窄带有时不完整；足黑褐色，后足基节除基部外、各足股节端部、前中足胫节全部和后足胫节基部黄色，后足胫节其余部分和跗节褐色或暗褐色；翅透明，前缘脉和翅痣浅褐色；头、胸部背侧刻点细弱，稍可分辨；胸部侧板刻纹较密集，光泽较弱；腹部背板刻纹微弱；雌虫颚眼距约 2 倍于触角第 2 节长；头部后缘缺口浅弱，两侧近似平行；触角 27–29 节，第 3 节长 1.4–1.5 倍于第 4、5 节长，鞭节中端部微弱膨大；前胸背板宽稍大于长；侧面观锯鞘稍弯向后方，锯鞘端明显短于锯鞘基，但长于锯鞘基的 1/2，侧面观较窄，端部圆钝（图 6-15）；爪内齿宽大，稍短于外齿。

分布：浙江（德清、临安）、吉林、山东、陕西、江苏、上海、湖南、福建、四川；日本。

寄主：蔷薇属植物。幼虫蛀茎危害蔷薇顶梢。

图 6-15 单带等节茎蜂 *Phylloecus agilis* (F. Smith, 1874) 雌虫腹部侧面观

(713) 双带等节茎蜂 *Phylloecus draconis* (Maa, 1944)（图 6-16）

Hartigia draconis var. *bipunctata* Maa, 1944: 42.
Hartigia draconis var. *collaris* Maa, 1944: 42.

主要特征：雌虫体长 11–14mm，雄虫体长 11–13mm；体黑色，头部触角窝以下部分和口器大部分、颚眼距、上眶近复眼内顶角处小斑黄色（图 6-16B–D），前胸背板后缘和小盾片中部有时部分黄色；腹部第 1、2 背板后侧角，第 3、4、6 背板后缘（图 6-16A），以及第 2、4 背板后缘中部点斑黄色；足黑褐色，后足基节除基部外、各足股节端部、前中足胫节全部和后足胫节最基部黄色，后足胫节其余部分和跗节褐色；翅透明，前缘脉和翅痣浅褐色；颚眼距 2 倍于触角第 2 节长；头部后缘缺口浅弱，两侧近似平行（图 6-16E）；

触角 27–29 节，第 3 节 1.4–1.5 倍于第 4、5 节长，鞭节中端部明显膨大；前胸背板宽稍大于长；侧面观锯鞘稍弯向后方，锯鞘端短于锯鞘基，侧面观较窄，端部圆钝（图 6-16D）；爪内齿宽大，稍短于外齿；头、胸部背侧刻点细弱，胸部侧板刻纹较密集。

分布：浙江（德清、临安）、甘肃、江苏、上海、湖南、福建。

寄主：蔷薇属植物。幼虫蛀茎危害蔷薇顶梢。

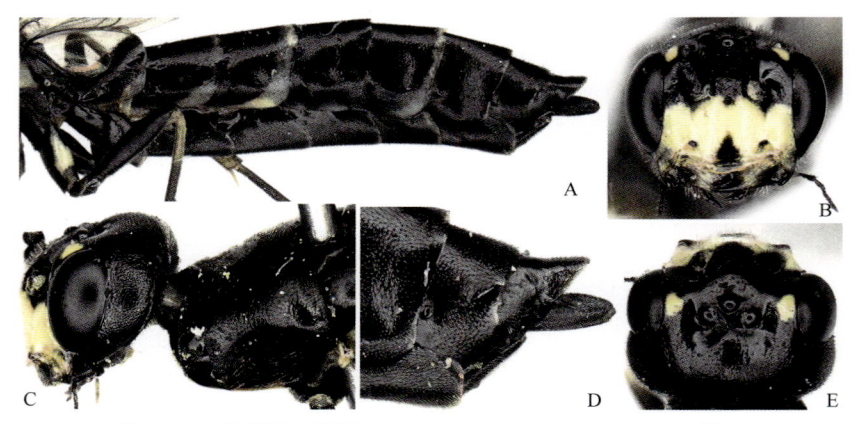

图 6-16 双带等节茎蜂 *Phylloecus draconis* (Maa, 1944) 雌虫
A. 腹部侧面观；B. 头部前面观；C. 头部和前胸背板侧面观；D. 腹部端部侧面观；E. 头部背面观

（714）纤细等节茎蜂 *Phylloecus minutus* (Wei & Nie, 1997)（图 6-17）

Hartigia minuta Wei & Nie, 1997d: 527.
Phylloecus minutus: Liston & Prous, 2014: 90.

主要特征：雌虫体长 9–10mm；体暗褐色至黑褐色，颜面在触角窝以下部分黄褐色，唇基具三角形褐斑（图 6-17C），小盾片具 1 对小型黄斑；前足股节端部和前、中足胫节，以及后足基节外侧和后足胫节基部 1/3 黄色；腹部第 2–6 节背板侧面和 4–6 节背板后缘黄色；翅透明，前缘脉浅褐色，翅痣褐色；体毛极短，褐色；体光滑，具光泽，仅中胸背板具极细小的刻点；体形狭细，腹部 2 倍长于头、胸部之和；头部横形，宽稍大于长，背面观后头短于复眼长径，后缘稍微凹入，具单眼后沟，额区平坦，无中窝和纵沟（图 6-17B）；颚眼距 2 倍于单眼直径；触角 26 节，自第 6 节起渐膨大，16–25 节宽大于长；前胸背板长显

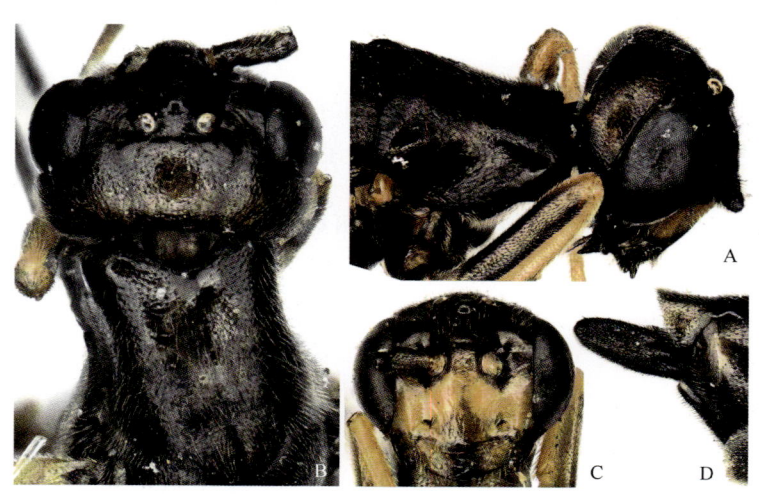

图 6-17 纤细等节茎蜂 *Phylloecus minutus* (Wei & Nie, 1997) 雌虫
A. 头部和前胸侧面观；B. 头部和前胸背面观；C. 头部前面观；D. 锯鞘侧面观

著大于宽，前缘缘脊微隆起，前后缘缺口深三角形，亚端部中央具模糊纵沟（图 6-17A、B）；爪齿中裂式，内齿稍短于外齿；前翅翅痣长宽比小于 8，后翅 M 室几乎具柄式；锯鞘端窄长，约与锯鞘基等长，侧面观中部稍宽于两端，端部窄圆（图 6-17D）；锯腹片十分狭长，中部不宽于两端，节缝 18 个，基部 4 节缝强烈外斜，第 8–14 节缝强烈内斜，第 5–7 节缝弧形弯曲；锯刃 12 个，端部截形，基部 6 个节缝下端无锯刃。雄虫体长 9mm；颚眼距和上颚大部分黄色，腹部第 4、6 背板后缘黄斑点状，第 8 腹板后缘弧形凹入，端缘具长刺毛。

分布：浙江（临安、龙泉）、山东、江西、湖南。

205. 中华茎蜂属 *Sinicephus* Maa, 1949

Sinicephus Maa, 1949a: 23. Type species: *Janus giganteus* Enderlein, 1913, by original designation.
Neohartigia Okutani, 1966: 60. Type species: *Cephus giganteus* Enderlein, 1913, by original designation.
Miscocephus Wei, 1999: 201. Type species: *Miscocephus cyaneus* Wei, 1999, by original designation. **Syn. nov.**

主要特征：体窄长，具明显的蓝紫色光泽；头部背面观宽约 1.5 倍于长，后头短于复眼，两侧稍收缩；复眼间距稍宽于复眼长径；触角窝间距短于前幕骨陷-触角窝距；颜面平坦，无中纵脊；颚眼距约 2 倍于单眼直径，具显著凹窝；左上颚端部双齿，内齿具肩，约等长于外齿；下颚须第 4 节 1.5 倍于第 6 节长，第 6 节着生于第 5 节中部；下唇须第 3 节短小，宽大于长，第 4 节长锥形；后颊脊伸至后眶中部以上；触角第 2 节长短于宽，第 3 节长于第 4 节，第 4 节等于或微长于第 5 节，鞭节粗丝状，基部稍细；前胸背板马鞍形，宽稍大于长；中胸前侧片上部无横沟；前翅 1r1 脉完整，交于翅痣基端，2r1 脉位于翅痣端部 0.4，2A+3A 脉完整，具臀横脉；后翅 Rs、M 和臀室均封闭；中足胫节具 1 个亚端距，后足胫节具 1 对亚端距；后足基跗节长于其后 3 节之和；爪无基片，齿中裂式，内齿约等长于外齿；腹部强烈侧扁，短于头、胸部和长的 2 倍，第 1 节背板具中缝，两性第 2 腹节长显著大于高；锯鞘较短，腹缘较直；锯鞘端短于锯鞘基；锯腹片具显著节缝和翼突列，基部锯节强烈收窄，中端部锯节显著延长，中部锯刃尖齿形；雄虫第 8 腹板后缘具深缺口和密集柔毛，下生殖板端部圆钝。

分布：东亚。本属已知 2 种，中国均有分布。浙江发现 2 种。

最新基于比较形态学的茎蜂科系统发育研究表明，*Miscocephus* Wei, 1999 是 *Sinicephus* Maa, 1949 的同物异名（刘琳，2022）。

（715）亮翅中华茎蜂，新组合 *Sinicephus cyaneus* (Wei, 1999) comb. nov.（图 6-18，图版 XVIII-10）

Miscocephus cyaneus Wei, 1999: 202.

主要特征：雌虫体长 15mm；头、胸部黑色，具明显紫蓝色光泽（图 6-18A、B），触角黑色，无光泽；上颚基部 3/4 左右、内眶下半部宽条斑、唇基上区中部短纵条斑、后眶短条斑、前胸背板后缘狭边、淡膜区小斑黄褐色；足黑褐色，具弱紫色光泽，后足基节背侧斑、各足胫节基部约 1/4、前足股节前侧大部分、中部股节前侧端部黄褐色，前中足胫跗节其余部分橘褐色；腹部红褐色，第 1 背板全部、第 2 背板大部分、3-7 背板中部纵条斑、各节腹板大部分、锯鞘端和尾须黑色（图 6-18D）；体毛淡褐色；翅几乎透明，翅痣和翅脉褐色；头部光泽强，背侧和前侧具分散细小刻点；前胸侧板刻点粗糙密集，无光泽；中胸背板具粗密刻纹和模糊刻点，无光泽，仅小盾片后缘狭边光滑；中胸前侧片刻纹粗糙致密，无光泽；后足基跗节短于其后 4 节之和（图 6-18O）；爪内齿宽于外齿（图 6-18L）；尾须端部明显细于基部；锯腹片细长，基部锯刃平坦（图 6-18K），中部和亚端部锯刃明显突出（图 6-18N）。雄虫体长 12mm；颜面和内眶斑红褐色（图 6-18C）；第 7 腹板缺口很深（图 6-18I）。

分布：浙江（杭州）；日本（新记录）。

因 *Miscocephus* Wei, 1999 被降为 *Sinicephus* Maa, 1949 的同物异名，故前者的模式种应移入中华茎蜂属，由此建立新组合：*Sinicephus cyaneus* (Wei, 1999) comb. nov.。本种在日本是新记录种。

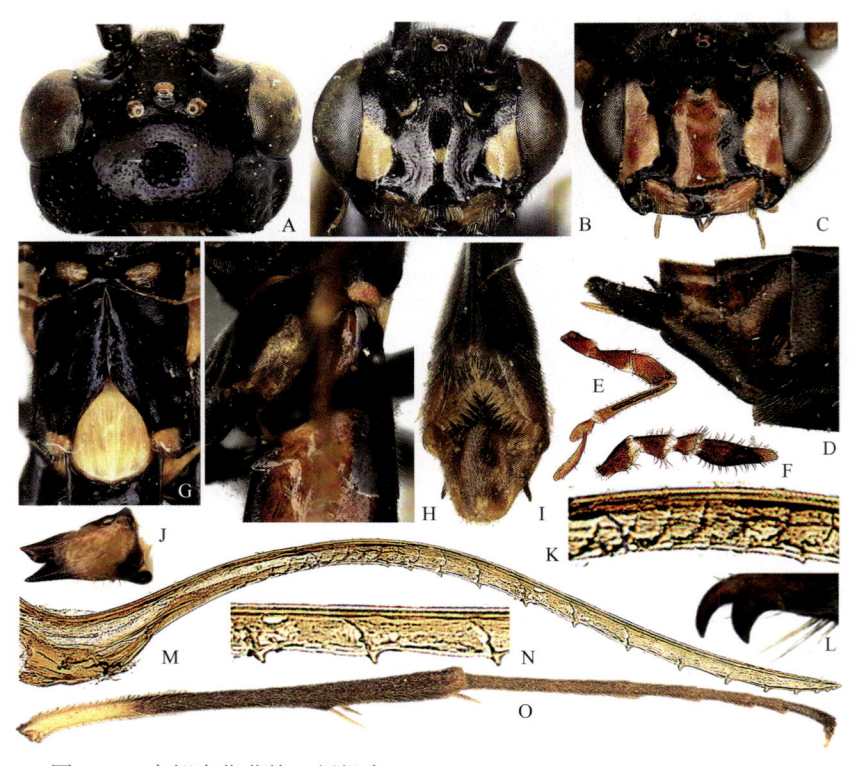

图 6-18 亮翅中华茎蜂，新组合 *Sinicephus cyaneus* (Wei, 1999) comb. nov.
A. 头部背面观；B, C. 头部前面观；D. 腹部端部侧面观；E. 下颚须；F. 下唇须；G. 腹部第 1 背板；H. 腹部第 2 节侧面观；I. 腹部端部腹面观；J. 左上颚；K. 锯腹片节缝密集部；L. 爪；M. 锯腹片；N. 锯腹片亚端部锯节；O. 后足胫跗节；A, B, D–H, J–O, 雌虫；C, I. 雄虫

（716）烟翅中华茎蜂 *Sinicephus giganteus* (Enderlein, 1913)（图 6-19，图版 XVIII-11）

Janus giganteus Enderlein, 1913: 215.
Sinicephus giganteus: Maa, 1949a: 25.

主要特征：雌虫体长 18mm；头、胸部黑色，具紫蓝色光泽（图 6-19A、B），触角黑色，无光泽；上颚基部 3/4 左右、内眶下半部宽条斑、后眶斜且弯曲的长条斑、前胸背板后缘狭边、淡膜区小斑亮黄色；足黑色，具弱紫色光泽，各足胫节基部约 1/4 黄色，前中足胫跗节其余部分橘褐色；腹部红褐色，第 1 节背板、锯鞘端和尾须黑色，第 2 节背板和腹板大部分黑褐色，其余腹板大部分暗褐色；体毛淡褐色；翅深烟褐色，翅痣和翅脉黑褐色；头部光泽强，背侧和前侧具分散细小刻点；前胸背板刻点密集，光泽微弱；中胸背板具粗密刻纹和模糊刻点，无光泽，小盾片后缘狭边光滑；中胸前侧片刻纹粗糙致密，无光泽，后侧片刻纹细密；腹部第 1 背板具弱刻纹，第 2 节背、腹板光滑，刻纹微弱；第 3 节至腹部末端刻纹逐渐明显，光泽渐弱；后足基跗节等长于其后 4 跗分节之和；锯腹片锯刃强烈突出（图 6-19D）。雄虫体长 18mm；颜面具宽大黄斑（图 6-19C），后眶黄斑较短，腹部第 2 背板大部分、3–8 背板中部纵条斑、2–5 腹板中部、第 6 腹板大部分黑褐色，前足股节前侧大部分、中部股节前侧端部黄褐色；头部额区前部刻纹较密集，头顶刻点较明显；第 8 节腹板和下生殖板见图 6-19H。

分布：浙江（临安）、江苏、上海、江西、台湾。

本种在日本的分布记录（Shinohara, 2000）是尖鞘中华茎蜂 *Sinicephus cyaneus* (Wei, 1999) 的错误鉴定。

图 6-19 烟翅中华茎蜂 Sinicephus giganteus (Enderlein, 1913)

A. 头部背面观；B, C. 头部前面观；D. 锯腹片亚端部锯节；E. 锯腹片节缝密集部；F. 腹部第 1 背板；G. 腹部第 2 节侧面观；H. 腹部端部腹面观；I. 爪；J. 腹部端部侧面观；A, B, D–G, I, J. 雌虫；C, H. 雄虫

206. 细腰茎蜂属 *Urosyrista* Maa, 1944

Urosyrista Maa, 1944: 37. Type species: *Urosyrista mencioyana* Maa, 1944, by original designation.
Cephalocephus Benson, 1946: 95. Type species: *Cephalocephus xanthus* Benson, 1946, by original designation.

主要特征：大型茎蜂；左上颚狭长，双齿式，内齿无肩，显著长于外齿；下颚须 6 节，第 6 节着生于第 5 节近端部，第 4 节 1.8 倍于第 6 节长；唇基上区平坦，无中纵脊；前幕骨陷-触角窝距 1.3 倍于触角窝间距，触角窝间距约等于触角窝-复眼间距；颚眼距狭于单眼直径；复眼长椭圆形，间距约等于或稍宽于复眼长径；后头强烈延长，前单眼后头距约 3 倍于前单眼-触角窝间距；后颊脊伸至后眶上部。触角长丝状，第 2 节宽稍大于长，第 3 节明显长于第 4 节；前胸背板宽显著大于长，中部下凹，前缘隆起，无缺口，后缘缺口浅；中胸前侧片上部无横沟；中足胫节无亚端距，后足基跗节长于其后 3 节之和；爪无基片，内齿长于外齿，雄虫爪内齿不紧贴外齿；前翅前缘室狭窄，翅痣狭长，2r 脉交于翅痣 0.6 处，臀室具横脉；后翅具双封闭中室；腹部强烈侧扁，长 2 倍于头、胸部之和，第 1 背板具中缝，第 2 节长大于高，长于后足基跗节；锯鞘腹缘明显弯折，锯鞘端明显短于锯鞘基；锯背片全长具完整节缝，锯腹片狭长，骨化弱，全长具完整节缝和短小节缝齿突，亚基部节缝显著弯曲，中端部节缝直，下端伸至锯刃突齿之间；锯刃单尖齿形，有时具分离的附齿；雄虫第 8 腹板后缘具浅缺口和粗刺毛，下生殖板端缘圆钝或具浅弱缺口。

分布：东亚南部。本属已知 2 种，中国均有分布。本书记述 3 种，包括 1 新种。

寄主：五加科 Araliaceae 五加属 *Acanthopanax* 植物。

分种检索表

1. 两性腹部第 2 节窄长，侧面观长高比雌虫大于 1.3，雄虫大于 2，均明显长于后足基节；触角黄褐色，仅基部黑褐色；头部额区黑斑与单眼后区黑斑宽阔连接；雄虫下生殖板端部具明显浅弧形缺口 ·················· **三加细腰茎蜂 *U. mencioyana***
- 腹部第 2 节较短，侧面观长高比等于或稍大于 1，不长于后足基节；触角中端部黑色，基部黄褐色；雄虫下生殖板端部圆钝 ··· 2
2. 头部颜面和额区黑斑与单眼后区黑斑宽阔连接；前胸背板黑色，仅前后缘狭边浅褐色；小盾片中部黑带斑显著宽于两侧黄斑；中胸前侧片黑色，顶角具小黄斑；前翅 2Rs 室等长于 1Rs 室，后翅 Rs 室长宽比约等于 2.5；翅痣除基端外全部黑褐色；上颚内齿长 1.5 倍于外齿；复眼内缘间距等于复眼长径；腹部长 1.7 倍于头、胸部之和，侧面观第 2 节长等于高，第 7、8 节不宽于前后腹节；雄虫体长 9.5mm ·· **天目细腰茎蜂，新种 *U. tianmunica* sp. nov.**

- 头部颜面和额区黑斑与单眼后区黑斑完全分离；前胸背板黄色，具 T 形大黑斑；小盾片中部黑带斑显著窄于两侧黄斑；中胸前侧片黄色，前、后缘和腹缘具黑条斑；前翅 2Rs 室显著长于 1Rs 室，后翅 Rs 室长宽比约等于 2；翅痣前缘浅褐色；上颚内齿长 1.2 倍于外齿；复眼内缘间距宽于复眼长径；腹部长几乎 2 倍于头、胸部 9 之和，侧面观第 2 节长大于高；腹部 7、8 节明显宽于前后节；雄虫体长 12mm ··· **淡基细腰茎蜂 *U. montana***

（717）三加细腰茎蜂 *Urosyrista mencioyana* Maa, 1944（图 6-20）

Urosyrista mencioyana Maa, 1944: 39.

主要特征：体长雌虫 15–19mm，雄虫 10–18mm；雌虫虫体包括触角和足主要黄褐色，黑色部分有：头部背侧宽大锚形斑（图 6-20A）、前胸大部分、中胸背板前半部和侧板大部分、后胸侧板大部分、腹部第 1 背板基缘、中后足基节外侧和后足转节外侧黑色，触角鞭节基部黑褐色，锯鞘端褐色；雄虫头部背侧大部分黑色，胸部侧板大部分黄色，其余类似雌虫；颚眼距 0.8 倍于侧单眼直径；头部前面观复眼中部间距宽于复眼长径（图 6-20B），背面观后头烧鲳鱼复眼，两侧缘弧形收缩（图 6-20A）；侧面观后眶中部明显宽于复眼横径（图 6-20C）；触角第 3 节明显长于第 4 节；爪内齿宽于并长于外齿（图 6-20E）；腹部 2、3 节十分瘦长，雌虫长高比稍小于 2，雄虫大于 2，亚端部腹节明显加宽（图 6-20D、F）；锯鞘端伸向后上方，尾须约等长于锯鞘端的 1/3 长；雄虫下生殖板长等于宽，端部具浅弧形小缺口；锯腹片十分狭长（图 6-20I），节缝完整，亚基部节缝不紧缩，具小齿形节缝桁突列；亚基部、中部和亚端部锯节分别见图 6-20G、H、J，锯刃单尖齿形。

分布：浙江（泰顺）、福建、台湾、云南；越南北部。

寄主：五加科三加 *Acanthopanax trifoliatus*。

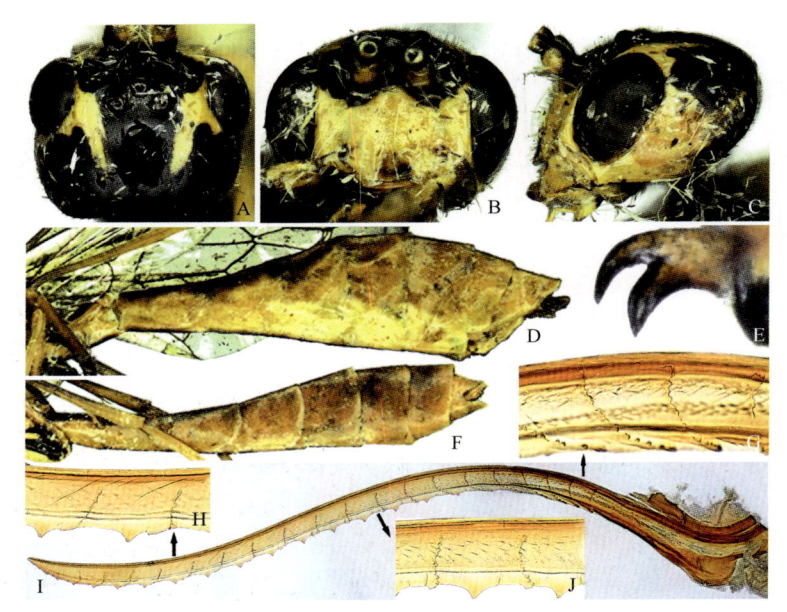

图 6-20 三加细腰茎蜂 *Urosyrista mencioyana* Maa, 1944
A. 头部背面观；B. 头部前面观；C. 头部侧面观；D, F. 腹部侧面观；E. 爪；G. 锯腹片亚基部锯节；H. 锯腹片亚端部锯节；I. 锯腹片；J. 锯腹片中部锯节；A–D, G–J. 雌虫；E, F. 雄虫；黑色短箭头示意放大位置

（718）淡基细腰茎蜂 *Urosyrista montana* Maa, 1944（图 6-21，图版 XVIII-12）

Urosyrista montana Maa, 1944: 41.

Cephalocephus xanthus Benson, 1946: 100.

主要特征：雌虫体长 12–15mm；头、胸部黄色，唇基端部、中窝侧壁和侧窝、额区和单眼区黑色，头部后缘不规则斑纹暗褐色（图 6-21A–C）；触角基部黄褐色，向端部渐变黑色；胸部黄褐色，前胸背板前部的横沟大部分和中纵带、中胸背板前缘、小盾片中部和侧缘、后胸背板大部分、中胸前侧片前缘和腹缘、中胸侧板沟上宽条斑（图 6-21E）黑色；腹部黄褐色，具不规则黑褐色斑纹；足黄褐色，基节基部和内侧斑黑色；翅透明，翅痣和翅脉浅褐色，翅痣后缘稍暗；头部前面观复眼内缘向下分歧（图 6-21A），侧面观后眶上部显著宽于复眼横径（图 6-21B），背面观后头微长于复眼，两侧中部微弱鼓出（图 6-21C）；复眼内缘间距宽于复眼长径，在触角窝以下部分向下明显分歧；上颚内齿长 1.2 倍于外齿，颚眼距约 0.8 倍于单眼直径；腹部几乎 2 倍于头、胸部长度之和，第 2 节长高比约等于 1.2，第 3 节高明显大于长；锯鞘侧面观明显向后弯折，锯鞘端较窄长，向端部明显收窄并微弱上翘（图 6-21F），背面观基部两侧平行；尾须较长，约等于锯鞘端长的 0.45 倍（图 6-21F）；锯腹片十分狭长。雄虫体长 12mm；体色类似于雌虫，但额区和头部后缘黑斑比较显著，下生殖板端部圆钝，无缺口。

分布：浙江（临安）、福建；缅甸。

图 6-21 淡基细腰茎蜂 *Urosyrista montana* Maa, 1944 雌虫
A. 头部前面观；B. 头部侧面观；C. 头部背面观；D. 中胸背板侧面背面观；E. 中胸侧板侧面观；F. 腹部端部侧面观；G. 爪；H. 后足胫跗节

（719）天目细腰茎蜂，新种 *Urosyrista tianmunica* Wei & Liu, sp. nov.（图 6-22）

雄虫：体长 9.5mm；头、胸部黑色，唇基除了前部三角形斑、触角窝一线至头部后缘大斑（图 6-22C、D、F）、翅基片、小盾片两侧条斑、中胸前侧片背顶角小斑和中胸后侧片后顶角小斑（图 6-22G）、中胸腹板、后胸前侧片腹缘黄色，前胸背板前后缘狭边浅褐色（图 6-22E）；触角黑褐色，仅柄节浅褐色，3、4 节暗褐色；腹部大部分红褐色，第 1 背板黑色，第 2 背板背侧大部分黑褐色，其余背板基部和腹板基部暗褐色；各足基节和前足转节黄色，基节外侧大斑、中后足转节大部分黑色；前中足股节至跗节黄褐色，后足股节至跗节褐色；体毛浅褐色；翅透明，翅痣基部 1/8 浅褐色，翅脉和翅痣其余部分黑褐色。

体光滑，头部后侧具细小刻点；中胸背板具细小、稀疏刻点，中胸前侧片前侧刻点和刻纹稍明显；腹部背板具稀疏浅弱刻点，表面光滑，光泽强。

复眼间距等宽于复眼长径；额区稍鼓，中窝缺；上颚内齿长 1.5 倍于外齿，颚眼距 0.4 倍于中单眼直径；

背面观后头微长于复眼，两侧缘明显收缩，POL：OOL=15：13（图6-22C）；腹部长1.7倍于头、胸部之和，亚端部等宽于亚基部，第2节长等于高，稍短于后足基节长；翅痣较短，2r脉等长于2R1室腹缘长，2Rs室约等长于1Rs室；后翅Rs室长宽比等于2.5；爪内齿与外齿紧贴，显著长于并宽于外齿（图6-22B）；腹部第2节长微短于端部高，等长于后足基节；下生殖板长等于宽，端部圆钝。

雌虫：未知。

分布：浙江（临安）。

词源：本种以其模式产地命名。

正模：♂，浙江天目山仙人顶，30.349°N、119.424°E，1506m，2018.VI.12–13，李泽建、刘萌萌、姬婷婷。副模：1♂，数据同正模。

鉴别特征：本种与属模的差异见分种检索表。

图6-22 天目细腰茎蜂，新种 *Urosyrista tianmunica* Wei & Liu, sp. nov. 雄虫
A. 成虫侧面观；B. 爪；C. 头部背面观；D. 头部侧面观；E. 前胸背板；F. 头部前面观；G. 中胸侧板

207. 大跗茎蜂属 *Magnitarsijanus* Wei, 2007

Magnitarsijanus Wei, in Wei & Nie, 2007: 109. Type species: *Janus kashivorus* Yano & Sato, 1928, by original designation.

主要特征：体小型，黑色具淡斑；左上颚长宽比约等于2.5，端部二齿，内齿具弱肩，长于外齿；下颚须6节，第3节粗短，第4节细长，近2倍于第6节长，第6节着生于第5节亚基部；下唇须4节，第1节长于第2节，第2节长于第3节2倍，第4节约等长于第1节；唇基上区均匀鼓起，无中脊；触角窝间距稍窄于触角窝-内眶间距，明显短于触角窝-前幕骨陷间距；颚眼距稍宽于前单眼直径；复眼内缘互相平行，间距宽于复眼高；OCL几乎3倍于POL；侧单眼明显位于复眼后缘连线之前；后颊脊发达；背面观头部宽长比约等于1.5，后头约等长于复眼，两侧收缩；触角丝状，长于头宽2倍，21–24节，中端部不明显膨大，第2节长等于宽，第3节约等长于第4节，第4节长于第5节；前胸背板马鞍形，宽明显大于长，前缘具脊，无明显缺口；中胸前侧片平坦光滑，无粗大刻点，上部无横沟；中足胫节具1个亚端距；后足胫节和跗节近似等长，胫节具1个亚端距；后足胫节内端距长约为基跗节的1/3，2倍于外端距长；后足基跗节显著膨大侧扁，长于其后3节之和，短于其后4节之和，最宽处约等宽于胫节端部；爪短宽，具发达基片，内齿稍长于外齿；前翅前缘室无Sc脉，1r1脉交于翅痣亚基部，2r1脉交于翅痣亚中部或偏外侧，臀室具横脉；后翅Rs和M室封闭，Rs室很小，长1–1.3倍于宽；腹部第1背板不愈合，侧面观第2节高长比显著大于2；尾须短于锯鞘端1/4长；锯鞘约等长于后足胫节，腹缘强烈弯曲，锯鞘端稍短于锯鞘基；锯背片无节缝，端部1/4具小型背齿；锯腹片无节缝和翼突，锯刃方齿形，无细齿。

分布：中国；日本，韩国。本属目前发现 3 种，全部分布于东亚地区，中国分布 2 种，浙江发现 1 新种。

寄主：壳斗科 Fagaceae 栎属 *Quercus* 植物（Takeuchi, 1938b）。

（720）天目大跗茎蜂，新种 *Magnitarsijanus tianmunicus* Wei & Liu, sp. nov.（图 6-23）

雌虫：体长 10mm。体黑色；上颚除端齿外、前胸背板后缘宽边、翅基片、中胸前上侧片和中胸前侧片顶角小斑（图 6-23H）、中胸盾侧凹前缘斑、小盾片后缘和后胸小盾片黄色，口须和锯鞘基基部腹缘黄褐色；单眼后区后缘中部短小纵斑、中胸小盾片除两侧缘和后缘外橘褐色；足黄褐色，各足基节基缘、后足胫节端部 2/3、后足跗节全部黑色，后足股节橘褐色；头部和锯鞘毛大部分黑褐色，胸部和腹部细毛浅褐色；翅近透明，前缘脉和翅痣大部分浅褐色，前缘脉端部、翅痣基部和前缘较暗，其余翅脉褐色。

头部、前胸背板大部分光滑，无刻点或刻纹，光泽强，前胸背板后部具细小、浅弱刻点；中胸背板前叶和侧叶具稀疏浅弱刻点，小盾片两侧具较稀疏但明显的刻点，中胸前侧片无明显刻点，后侧片大部分光裸无毛，无刻点或刻纹；后胸侧板具浅弱刻点和模糊刻纹；腹部背板和腹板具浅弱模糊刻点；锯鞘基具细弱刻纹，锯鞘端具密集刻纹和模糊刻点。

颚眼距 1.2 倍于侧单眼直径；左上颚内齿长于外齿（图 6-23F）；触角窝位置的复眼间距 1.25 倍于复眼长径（图 6-23A）；额区弱度鼓起，中窝浅弱模糊，POL：OOL：OCL=14：18：41，无单眼中沟和单眼后沟；后头两侧微弱收缩，长约等于复眼，后头缘中部稍凹入（图 6-23B）；触角 21 节，仅次末节长微短于宽，端节长 1.3–1.5 倍于次末节长。前翅端半部见图 6-23D，1r 脉缺失，2r 脉交于翅痣外侧 0.4；后足胫节端部和跗节见图 6-23I，基跗节长于其后 3 节之和，但短于其后 4 节之和；爪内齿更靠近基片，宽于并稍长于外齿（图 6-23G）；产卵器侧面观见图 6-23E，腹缘弧形弯曲，锯鞘端稍短于锯鞘基；背面观见图 6-23C，端部明显较窄，尾须短小。

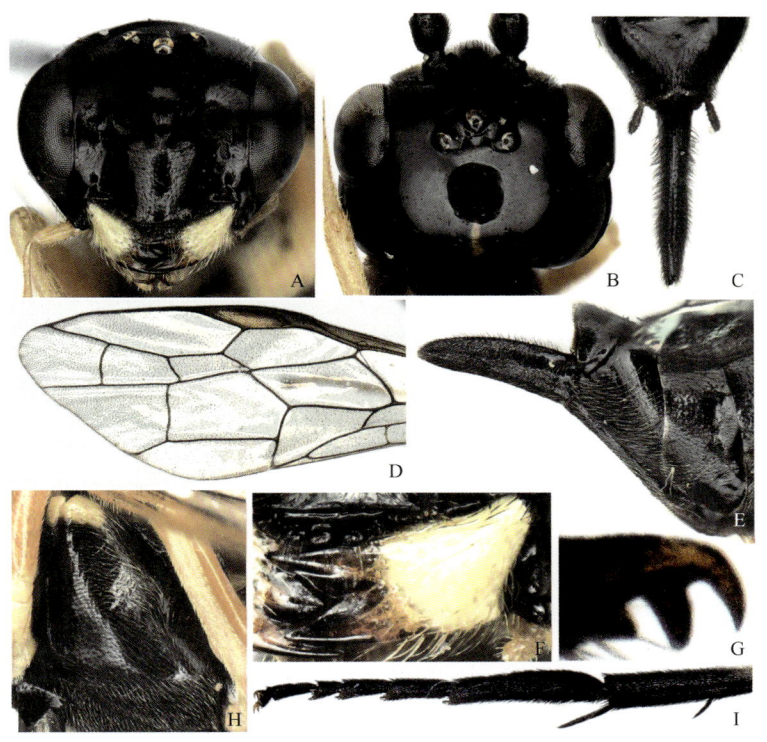

图 6-23 天目大跗茎蜂，新种 *Magnitarsijanus tianmunicus* Wei & Liu, sp. nov. 雌虫，正模
A. 头部前面观；B. 头部背面观；C. 锯鞘背面观；D. 前翅端半部；E. 锯鞘侧面观；F. 左上颚；G. 爪；H. 中胸前侧片侧面观；I. 后足胫节端部和跗节

雄虫：未知。

分布：浙江（临安）。

词源：本种以其模式产地命名。

正模：♀，浙江临安西天目山仙人顶，30.350°N、119.424°E，1506m，2019.V.3，李泽建（ASMN）。

鉴别特征：本种与日本和韩国分布的 *M. kashivorus* (Yano & Sato, 1928)的区别是腹部显著侧扁；前翅 2r 脉交于翅痣外侧 0.4，1r 脉缺失；雌虫后单眼距等于单复眼距，锯鞘基腹缘除最基部外全部黑色；本种与湖南分布的 *M. sinicus* Liu, Niu & Wei, 201 的区别是体型明显较大；左上颚内齿明显长于外齿；前翅 2r 脉交于翅痣外侧 0.4，1r 脉基部明显缺失；触角较短，21 节；中胸前侧片后侧下半部无黄斑。

第七章 尾蜂亚目 Orussomorpha

主要特征：头部后头孔闭式，具口后桥；触角着生于颜面下部的唇基下方，第 1 节较短，第 3 节非多节愈合；前胸背板中部很短，两侧强烈膨大扩展，后缘缺口宽深；翅基片存在，后胸淡膜区发达；中后胸后上侧片完整；前足基节不突出，转节着生于基节端部；腹部第 1 节中部愈合，前缘不向前伸，1、2 节间不明显缢缩，但具次生半关节；产卵器十分细长，不用时盘卷于腹内；雄外生殖器直茎型，不扭转。幼虫寄生于蛀干昆虫，无足，触角 1 节，无单眼，腹部无肛上突或肛下突。

分布：世界广布。

本亚目现生类群仅含 1 科。

VIII. 尾蜂总科 Orussoidea

十四、尾蜂科 Orussidae

主要特征：头部具冠突列，头部和体表刻点粗大、密集；触角两性异型，雄性 11 节，丝状；雌性 10 节，第 9 节明显膨大呈锥状；前胸侧板短小，头部后缘接触胸部；中胸背板盾纵沟模糊或缺失，盾侧凹较小，但显著；中胸侧板无胸腹侧片；前翅翅痣短小，翅脉退化，仅具 4–5 个封闭的翅室，1M 室具短背柄，1r 脉缺，具 2r 脉，cu-a 脉与 1M 脉基部顶接，臀室开放；后翅具 2 个不完全封闭的翅室，翅钩仅有端丛；足粗短，前足胫节具 1 个发达端距，第 2 个小型端距有时存在，中后足胫节无亚端距，后足胫节背侧具齿列；跗节简单，跗垫微小；腹部第 1 背板无中缝。

分布：世界广布。尾蜂科是世界性分布类群，但主要分布于热带地区，北半球的亚热带和温带地区种类稀少。现生种类世界已知 17 属约 95 种，中国记载 2 属 5 种。目前，浙江尚未发现本科种类，但根据尾蜂科的分布特点和周边地区种类状况，推测浙江省应有尾蜂科尾蜂属种类分布。作为一个独特的亚目类群，这里暂给出相关资料，供后续研究工作参考。

（一）尾蜂亚科 Orussinae

208. 尾蜂属 *Orussus* Latreille, 1797

Orussus Latreille, 1797: 111. Type species: *Oryssus coronatus* Fabricius, 1798, by subsequent designation of Latreille, 1810.
Heliorussus Benson, 1955: 16. Type species: *Heliorussus scutator* Benson, 1955, by original designation.

主要特征：足具多个白斑；翅通常具翅斑，翅痣暗褐色（图 7-1D）；头部具冠齿列，颜面无背侧横脊和纵脊，颜面下缘横脊完整（图 7-1A）；眼后具毛被，常具眼后脊，通常具后颊脊，但发育程度不一；亚触角沟清晰；触角柄节短柱形，雌虫触角 10 节，4、5 节之和最多等长于第 6 节，第 9 节明显膨大，第 10 节短小（图 7-1C）；雄虫触角 11 节，鞭分节正常（图 7-1E）；下颚下唇复合体发育完全，下颚须 5 节，下唇须 3 节；前胸背板后缘缺口深，无后缘切口；前足基节中部膨大；中胸小盾片通常近似三角形，极少后角圆钝，常无中纵脊，小盾片沟模糊，侧缘显著；中胸侧板翅下脊显著；后胸小盾片萎缩；后足基节外侧毛被弱；后足股节无齿突和腹缘纵脊，后腹角圆钝；后足胫节背侧栓突较弱或明显发育，如果明显发育，则只有 1 列，腹侧纵脊常不明显，后背角常明显突出，后足胫节两端距通常显著不等长；前翅 2r 脉自翅痣中部伸出，交于 Rs 脉，之间具弯角；1M 室基部宽于端部，基侧背角不接触 R 脉；cu-a 脉交于 1M 室基部，与 1M 室近似顶接（图 7-1D）；雌虫腹部第 1 背板气门后脊发育各样，第 2 背板具横方形光滑区并与前缘横沟接触；雌虫第 8 背板后缘中部具刺突，第 9 背板常具纵脊；雄虫第 9 腹板后臂多少发育，无横向隆起和瘤突。

分布：古北区，新北区，东洋区，旧热带区北部，澳洲区北部。主要分布于东洋区和非洲中北部。世界已知约 30 种，中国记载 4 种，分别分布于陕西、台湾、湖南和海南。浙江目前尚未发现，但推测浙江应有本属种类分布。

图 7-1　尾蜂科构造图

A. 黑腹尾蜂 orussus melanosoma Lee & Wei, 2014 头部前面观，雌虫；B. *Ophrynopus tosensis* (Tosawa & Sugihara, 1934) 头部前面观，雄虫；C. 黑腹尾蜂雌蜂触角；D. *Orussus abietinus* (Scopoli, 1763) 的翅；E. *Orussus abietinus* 雄虫触角

参 考 文 献

陈东亚, 陈汉杰, 张金勇. 2003. 李实叶蜂的防治. 昆虫知识, 40(2): 175.
陈汉林, 刘金理, 王家顺, 潘仙松, 游隆德. 1999. 蛞蝓叶蜂生物学特性研究. 森林病虫, (1): 6-8.
贺应科, 魏美才, 张少冰. 2005. 中国叶蜂两新种 (膜翅目: 叶蜂科). 动物分类学报, 30(3): 618-621.
姜吉刚, 魏美才, 朱巽. 2004. 中国扁蜂 (膜翅目: 扁蜂科)二新种. 中南林学院学报, 24(2): 44-46.
金敏信. 1986. 桂花叶蜂的初步研究. 昆虫知识, 25(6): 351-353.
金敏信. 1988. 桂花叶蜂的生物学特性及其防治. 湖南林业科技, (4): 29-31.
李孟楼, 郭新荣. 1995. 蛞蝓叶蜂属 *Caliroa* 一新种记述. 西北林学院学报, 10(2): 98-100.
李泽建, 魏美才, 刘萌萌, 陈明利. 2018. 中国钩瓣叶蜂属志. 北京: 中国农业科学技术出版社, 1-456.
李泽建, 刘萌萌, 牛耕耘, 魏美才. 2022. 危害鹅掌楸的中国巨基叶蜂属 (膜翅目: 叶蜂科)一新种. 林业科学, 58(4): 104-109.
廖芳均, 魏美才, 黄宁廷. 2007. 中国平背叶蜂亚科两新种. 动物分类学报, 32(3): 724-727.
刘琳. 2022. 茎蜂科系统发育和系统分类研究. 长沙: 中南林业科技大学博士学位论文. 1-164.
刘萌萌, 李泽建, 唐也, 魏美才. 2019. 危害白榆的中国突瓣叶蜂属(膜翅目: 叶蜂科)一新种. 林业科学, 55(6): 74-80.
刘萌萌, 李泽建, 闫家河, 魏美才, 牛耕耘. 2018. 危害欧美杨的中国厚爪叶蜂属(膜翅目: 叶蜂科)一新种. 林业科学, 54(6): 94-99.
聂海燕, 魏美才. 1999a. 中国叶蜂总科新纪录种. 昆虫分类学报, 21 (2): 143-145.
聂海燕, 魏美才. 1999b. 河南伏牛山南坡细叶蜂属六新种 (膜翅目: 叶蜂亚目: 叶蜂科). 河南昆虫分类区系研究, 4: 107-114.
聂海燕, 魏美才. 1999c. 河南伏牛山南坡叶蜂属六新种 (膜翅目: 叶蜂亚目: 叶蜂科). 河南昆虫分类区系研究, 4: 115-122.
聂海燕, 魏美才. 2002. 河南叶蜂属短角组六新种和新亚种 (膜翅目: 叶蜂科). 河南昆虫分类区系研究, 5: 138-147.
牛耕耘, 李东宾, 谭贝贝, 徐婧, 魏美才. 2023. 危害云锦杜鹃的茎蜂属一新种(膜翅目: 茎蜂科)及系统学意义. 林业科学, 59(3): 145-151.
牛耕耘, 魏美才. 2010. 侧跗叶蜂属五新种 (膜翅目: 叶蜂科). 动物分类学报, 36(4): 911-921.
牛耕耘, 肖炜, 魏美才. 2021. 巨棒蜂属(膜翅目: 棒蜂科)一新种暨巨棒蜂属亚洲种类检索表. 林业科学, 57(5): 160-164.
邱强. 2004. 中国果树病虫原色图鉴. 郑州: 河南科技出版社, 1-721.
石祥. 2007. 李实蜂的生物学特性及其涂环防治. 昆虫知识, 44(5): 737-739.
谭贝贝. 2023. 基于基因组学的膜翅目基部支系系统发育研究. 南昌: 江西师范大学硕士学位论文. 1-105.
唐秀光. 2012. 李实蜂综合防治技术. 宁夏农林科技, 53(3): 43-44.
童德云, 冯春刚. 2015. 三峡库区李实蜂的发生危害与防治对策. 植物医生, 28(5): 11-12.
王国平, 窦连登. 2002. 果树病虫害诊断与防治原色图谱. 北京: 金盾出版社, 1-360.
忘强荣, 李永霞, 马惠玲. 2006. 李树花前花后防治李实蜂效果实验. 甘肃农业科技, (6): 24.
王源岷, 魏书军, 石宝才. 2014. 中国落叶果树害虫图鉴. 北京: 中国农业出版社.
王源岷, 赵魁杰, 徐筠, 刘奇志, 朱海波. 1999. 中国落叶果树害虫. 北京: 知识出版社.
魏美才. 1994. 叶蜂总科系统发育研究及中国叶蜂总科系统分类. 北京: 中国科学院动物研究所博士学位论文. 1-646+350 图版.
魏美才. 1995. 华东百山祖地区昆虫: 广腰亚目. 北京: 中国林业出版社.
魏美才. 1997a. 中国三节叶蜂科分类研究IV. 中国小头三节叶蜂族研究附记二新种(膜翅目). 昆虫分类学报, 19(suppl.): 35-42.
魏美才. 1997b. 叶蜂科 (II). 见: 杨星科. 长江三峡库区昆虫. 重庆: 重庆出版社.
魏美才. 1997c. 中国沟额叶蜂属厘订附记五新种(膜翅目: 蕨叶蜂科). 中南林学院学报, 17(suppl.): 16-23.
魏美才. 1997d. 中国凹颚叶蜂属研究附记十新种和新亚种(膜翅目: 蕨叶蜂科). 中南林学院学报, 17(suppl.): 37-48.
魏美才. 1997e. 西北农业大学昆虫博物馆馆藏叶蜂新种 I. (膜翅目: 叶蜂科). 昆虫分类学报, 19(suppl.): 17-24.
魏美才. 1998. 中国蕨叶蜂亚科一新属新种 (膜翅目: 蕨叶蜂科). 中南林学院学报, 18(4): 1-3.
魏美才. 1999. 中国宽距叶蜂属分类研究 (膜翅目: 蔺叶蜂科). 动物分类学报, 24(4): 417-428.
魏美才. 2002a. 河南突瓣叶蜂属新种和新亚种(膜翅目: 突瓣叶蜂科). 河南昆虫分类区系研究, 5: 77-84.
魏美才. 2002b. 河南省钝颊叶蜂属五新种 (膜翅目: 叶蜂科). 河南昆虫分类区系研究. 5: 104-111.
魏美才. 2002c. 河南基叶蜂亚科三新种 (膜翅目: 叶蜂亚目: 蔺叶蜂科). 河南昆虫分类区系研究, 5: 175-179.
魏美才. 2002d. 膜翅目: 项蜂科. 见: 黄复生. 海南森林昆虫. 北京: 科学出版社, 856-859.
魏美才. 2002e. 申效诚先生等采集的河南叶蜂新类群 (膜翅目: 叶蜂科). 河南昆虫分类区系研究, 5: 191-199.
魏美才. 2004. 平背叶蜂族一新属新种暨分属检索表 (膜翅目: 叶蜂科). 昆虫分类学报, 26 (1): 69-74.
魏美才. 2005a. 三节叶蜂科, 446-455. 见: 金道超, 李子忠. 习水景观昆虫. 贵阳: 贵州科技出版社, 1-616.
魏美才. 2006a. 三节叶蜂科, 锤角叶蜂科, 叶蜂科, 项蜂科. 590-655. 见: 李子忠, 金道超. 梵净山景观昆虫. 贵阳: 贵州科技出版社.
魏美才. 2006b. 中国纵脊叶蜂属系统分类研究 (膜翅目: 叶蜂科). 昆虫学报, 49 (6): 1002-1008.

魏美才, 陈明利. 2002. 河南伏牛山钩瓣叶蜂属五新种 (膜翅目: 叶蜂科). 河南昆虫分类区系研究, 5: 200-207.
魏美才, 邓铁军. 1999. 伏牛山南坡锤角叶蜂科三新种 (膜翅目: 叶蜂亚目). 河南昆虫分类区系研究, 4: 138-141.
魏美才, 黄宁廷. 2002a. 河南省平背叶蜂亚科三新种 (膜翅目: 叶蜂科). 河南昆虫分类区系研究, 5: 95-100.
魏美才, 黄宁廷. 2002b. 广西十万大山蕨叶蜂属四新种 (膜翅目: 蕨叶蜂科). 中南林学院学报, 22 (4): 18-21.
魏美才, 林杨. 2005. 膜翅目: 三节叶蜂科, 锤角叶蜂科, 叶蜂科. 见: 杨茂发, 金道超. 贵州大沙河昆虫. 贵阳: 贵州人民出版社, 428-463.
魏美才, 刘艳霞, 牛耕耘, 薛俊哲. 2013. 叶蜂总科 Tenthredinoidea. 264-282. 见: 周善义. 广西大明山昆虫. 桂林: 广西师范大学出版社.
魏美才, 聂海燕. 1996a. 中国茎蜂科昆虫分类研究 II. 简脉茎蜂属及其近缘属. 中南林学院学报, 16 (2): 1-8.
魏美才, 聂海燕. 1996b. 中国茎蜂科系统分类研究 III. 哈茎蜂族 (1): 哈茎蜂属. 中南林学院学报, 16 (3): 9-14.
魏美才, 聂海燕. 1996c. 中国茎蜂科系统分类研究 V. 哈茎蜂族 (2): 华茎蜂属及近缘属. 中南林学院学报, 16 (4): 18-23.
魏美才, 聂海燕. 1997a. 广腰亚目系统发育的初步研究. 中南林学院学报, 17(1): 36-41
魏美才, 聂海燕. 1997b. 脉柄叶蜂属分类研究并记六新种(膜翅目: 蕨叶蜂科). 中南林学院学报, 17(suppl.): 60-67.
魏美才, 聂海燕. 1997c. 中国茎蜂科系统分类研究 IV. 简脉茎蜂属四新种附中国茎蜂科种属名录 (膜翅目: 茎蜂科). 昆虫分类学报, 19 (2): 146-152.
魏美才, 聂海燕. 1997d. 中国茎蜂科系统分类研究: 浙江农业大学收藏的茎蜂科种类记述 (膜翅目: 茎蜂科). 浙江农业大学学报, 23(5): 523-528.
魏美才, 聂海燕. 1997e. 中国柄臀叶蜂属分类研究 (膜翅目: 蕨叶蜂科). 中南林学院学报, 17(suppl.): 49-59.
魏美才, 聂海燕. 1997f. 中国粘叶蜂属新种记述(膜翅目: 凹颜叶蜂科). 中南林学院学报, 17(suppl.): 77-83.
魏美才, 聂海燕. 1998a. 几种叶蜂科林业害虫的名称变动及黄腹简栉叶蜂的雌性成虫记述. 中南林学院学报, 18(2): 6-9.
魏美才, 聂海燕. 1998b. 浙江龙王山昆虫: 叶蜂亚目. 北京: 中国林业出版社, 344-391.
魏美才, 聂海燕. 1998c. 华东叶蜂科两新属 (膜翅目: 叶蜂科). 华东昆虫学报, 7(1): 4-8.
魏美才, 聂海燕. 1998d. 中国蕨叶蜂亚科两新属新种 (膜翅目: 叶蜂亚目: 蕨叶蜂科). 中南林学院学报, 18 (1): 10-13.
魏美才, 聂海燕. 1998e. 伏牛山侧跗叶蜂和金叶蜂属四新种 (膜翅目: 叶蜂科). 河南昆虫分类区系研究, 2: 142-145.
魏美才, 聂海燕. 1998f. 中国蕨叶蜂亚科一新属四新种 (膜翅目: 叶蜂科). 华东昆虫学报, 7 (2): 1-6.
魏美才, 聂海燕. 1998g. 中国长片叶蜂属分类研究 (膜翅目: 蕨叶蜂科). 中南林学院学报, 18 (4): 4-7.
魏美才, 聂海燕. 1998h. 河南伏牛山宽腹叶蜂属新种记述 (膜翅目: 叶蜂科). 河南昆虫分类区系研究, 2: 152-161.
魏美才, 聂海燕. 1998i. 河南伏牛山叶蜂属五新种 (膜翅目: 叶蜂科). 河南昆虫分类区系研究, 2: 170-175.
魏美才, 聂海燕. 1999a. 伏牛山南坡蕨叶蜂科新类群 (膜翅目: 叶蜂亚目). 河南昆虫分类区系研究, 4: 92-97.
魏美才, 聂海燕. 1999b. 河南省大别山区叶蜂十五新种 (膜翅目: 叶蜂亚目). 河南昆虫分类区系研究, 4: 167-185.
魏美才, 聂海燕. 1999c. 河南叶蜂新种记述 (膜翅目: 叶蜂亚目). 河南昆虫分类区系研究, 4: 152-166.
魏美才, 聂海燕. 2002a. 膜翅目: 叶蜂科. 见: 李子忠, 金道超. 茂兰景观昆虫. 贵阳: 贵州科技出版社, 427-482.
魏美才, 聂海燕. 2002b. 膜翅目: 叶蜂科. 见: 黄复生. 海南森林昆虫. 北京: 科学出版社, 835-851.
魏美才, 聂海燕. 2002c. 河南省侧跗叶蜂属新种和新亚种 (膜翅目: 叶蜂科). 河南昆虫分类区系研究, 5: 119-126.
魏美才, 聂海燕. 2002d. 河南西部叶蜂科七新种 (膜翅目: 叶蜂科). 河南昆虫分类区系研究, 5: 127-137.
魏美才, 聂海燕. 2003a. 蕨叶蜂科 Selandriidae. 见: 黄邦侃. 福建昆虫志第 7 卷, 膜翅目. 福州: 福建科技出版社, 8-41.
魏美才, 聂海燕. 2003b. 突瓣叶蜂科 Nematidae. 见: 黄邦侃. 福建昆虫志第 7 卷, 膜翅目. 福州: 福建科技出版社, 47-56.
魏美才, 聂海燕. 2003c. 蔺叶蜂科 Blennocampidae. 见: 黄邦侃. 福建昆虫志第 7 卷, 膜翅目. 福州: 福建科技出版社, 127-162.
魏美才, 聂海燕. 2003d. 三节叶蜂科 Argidae. 见: 黄邦侃. 福建昆虫志第 7 卷, 膜翅目. 福州: 福建科技出版社, 165-183.
魏美才, 聂海燕, 萧刚柔. 2003. 叶蜂科 Tenthredinidae. 见: 黄邦侃. 福建昆虫志第 7 卷, 膜翅目. 福州: 福建科技出版社, 57-127.
魏美才, 牛耕耘. 2010. 膜翅目: 三节叶蜂科, 锤角叶蜂科, 叶蜂科, 337-362. 见: 徐华潮, 叶坛仙. 浙江凤阳山昆虫. 北京: 中国林业出版社, 1-397.
魏美才, 牛耕耘, 李泽建, 钟义海, 肖炜, 朱巽. 2018. 膜翅目: 广腰亚目, 1-384. 见: 陈学新, 魏美才, 唐璞. 秦岭昆虫志: 膜翅目. 西安: 世界图书出版西安有限公司, 1-976.
魏美才, 汪廉敏, 杨炯蠡. 1995. 中国桫椤叶蜂属分类研究(膜翅目: 叶蜂科). 贵州农学院学报, 14(2): 25-29.
魏美才, 文军. 1998a. 中国耳鞘叶蜂属 *Monardis* Enslin 分类研究. 昆虫分类学报, 20 (1): 63-68.
魏美才, 文军. 1998b. 伏牛山平背叶蜂亚科五新种 (膜翅目: 叶蜂科). 河南昆虫分类区系研究, 2: 136-141.
魏美才, 文军. 1999. 伏牛山南坡三节叶蜂科六新种(膜翅目: 叶蜂亚目). 河南昆虫分类区系研究, 4: 128-135.
魏美才, 文军. 2000. 中国平颜三节叶蜂属研究. 昆虫分类学报, 22 (4): 291-296.
魏美才, 文军, 邓铁军. 1999. 鸡公山叶蜂九新种 (膜翅目: 叶蜂科, 三节叶蜂科). 河南昆虫分类区系研究, 3: 21-32.
魏美才, 吴蔚文. 1998. 中国西部蔺叶蜂亚科一新属新种 (膜翅目: 叶蜂科). 西南农业大学学报, 20 (2): 121-124.
魏美才, 肖炜. 1997. 中国蔺叶蜂亚科一新属三新种 (膜翅目: 叶蜂亚目: 蔺叶蜂科). 中南林学院学报, 17(suppl.): 101-105.

参 考 文 献

魏美才, 肖炜. 1999. 河南伏牛山扁蜂科扁蜂属一新种 (膜翅目: 树蜂亚目). 河南昆虫分类区系研究, 4: 149-151.
魏美才, 肖炜. 2005. 叶蜂科, 456-517. 见: 金道超, 李子忠. 习水景观昆虫. 贵阳: 贵州科技出版社, 1-616.
魏美才, 钟义海. 2002. 河南西部方颜叶蜂属九新种 (膜翅目: 叶蜂科). 河南昆虫分类区系研究, 5: 224-234.
文军, 魏美才. 1998. 河南伏牛山三节叶蜂科新种记述(膜翅目: 叶蜂亚目). 河南昆虫分类区系研究, 2: 100-111.
文军, 魏美才. 2002. 膜翅目: 三节叶蜂科, 852-854. 见: 黄复生. 海南森林昆虫. 北京: 科学出版社.
文军, 魏美才, 聂海燕. 1998. 中国脊颜三节叶蜂属研究 (膜翅目: 三节叶蜂科). 广西农业大学学报, 17 (1): 61-70.
萧刚柔. 1987a. 中国叶蜂科一新属(膜翅目: 广腰亚目). 林业科学, 23(3): 299-302.
萧刚柔. 1987b. 中国腮扁叶蜂亚科四新种(膜翅目: 扁叶蜂科). 林业科学森林昆虫专辑, 23: 1-4.
萧刚柔. 1988. 长节叶蜂属一新种(膜翅目、广腰亚目). 林业科学, 24(4): 410-413.
萧刚柔. 1992. 两种危害松类的新叶蜂(膜翅目, 广腰亚目, 松叶蜂科). 林业科学研究, 5(2): 193-195.
萧刚柔. 1995. 丝角叶蜂属一新种 (膜翅目: 叶蜂科). 林业科学研究, 8(5): 497-499.
萧刚柔. 1990. 中国叶蜂四新种(膜翅目, 广腰亚目: 扁叶蜂科、叶蜂科). 林业科学研究, 3(6): 548-552.
萧刚柔. 1993a. 一种危害鹅掌楸的新叶蜂. 林业科学研究, 6(2): 148-149.
萧刚柔. 1993b. 叶蜂科两新种记述(膜翅目: 叶蜂科). 林业科学研究, 6(6): 618-620.
萧刚柔. 1993c. 危害竹子的真片胸叶蜂属一新种(膜翅目: 叶蜂科). 林业科学研究, 专刊, 51-53.
萧刚柔. 2002. 中国扁叶蜂(膜翅目: 扁叶蜂科). 北京: 中国林业出版社, 1-123.
萧刚柔, 黄孝运, 周淑芷. 1983. 中国松叶蜂科(*Diprion*)昆虫研究(膜翅目 广腰亚目 松叶蜂科). 林业科学, 19(3): 277-283.
萧刚柔, 黄孝运, 周淑芷. 1985. 中国松叶蜂科(Diprionidae)昆虫研究(膜翅目 广腰亚目)(续). 林业科学, 21(1): 30-43.
萧刚柔, 黄孝运, 周淑芷, 吴坚, 张培毅. 1992. 中国经济叶蜂志(I)(膜翅目: 广腰亚目). 香港: 天则出版社, 1-221.
萧刚柔, 吴坚. 1983. 中国树蜂科昆虫研究. 林业科学, 昆虫专刊, 1-29, 图版 VII.
肖炜, 马丽, 魏美才. 1997. 中南林学院校园叶蜂 (膜翅目: 叶蜂总科)种类研究 I. 中南林学院学报, 17(suppl.): 6-10.
辛恒, 武星煜. 2010. 甘肃叶蜂种类调查及分类研究 II. 扁蜂科和广蜂科属种名录. 甘肃林业科技, 35(1): 9-11.
于思勤, 孙元峰. 1993. 河南农业昆虫志. 北京: 中国农业科技出版社.
袁德成. 1991. 中国叶蜂亚科系统分类研究(膜翅目, 广腰亚目, 叶蜂科). 中国科学院动物研究所博士学位论文. 1-154.
袁德成. 1992. 膜翅目: 叶蜂科. 1348-1356. 见: 中国科学院青藏高原综合科学考察队, 1992. 横断山区昆虫, 第一册. 北京: 科学出版社.
袁德成, 丁颖. 1993. 膜翅目: 锤角叶蜂科, 三节叶蜂科, 叶蜂科. 640-642. 见: 黄复生, 中国西南武陵山地区昆虫. 北京: 科学出版社.
晏毓晨, 李泽建, 黎桂鸿, 魏美才. 2020. 危害短梗稠李的中国丑锤角叶蜂属(膜翅目: 锤角叶蜂科)一新种. 林业科学, 56(5): 106-112.
张建国, 杨联伟. 2005. 李实蜂的发生规律与防治技术. 山西果树, (2): 49.
张建国, 杨联伟, 李汉友. 2005. 李实蜂的发生规律与防治技术. 中国南方果树, 34(4): 64.
张爽. 2002. 李实蜂发生规律研究. 保定: 河北农业大学硕士学位论文. 1-49.
赵龙龙. 2021. 实叶蜂属两种重要蛀果害虫形态及为害差异. 北方果树, (2): 6-9.
钟义海, 魏美才. 2002. 河南伏牛山方颜叶蜂属六新种 (膜翅目: 叶蜂科). 河南昆虫分类区系研究, 5: 216-223.
钟义海, 魏美才. 2007. 中国方颜叶蜂属 (膜翅目, 叶蜂科)*opacifrons* 种团和 *sellata* 种团二新种. 动物分类学报, 32 (4): 955-958.
周淑芷, 黄孝运. 1980. 叶蜂科两新种记述(膜翅目 广腰亚目). 林业科学, 16(2): 124-126.
朱弘复, 王林瑶. 1962. 中国残青叶蜂亚科 (Athaliinae) 研究 (膜翅目: 叶蜂科). 动物学报, 14(4): 505-514.
朱弘复, 王林瑶. 1963. 中国菜叶蜂的种类和地理分布. 昆虫学报, 12(1): 93-97.
朱巽, 魏美才. 2008. 秦岭方颜叶蜂属两新种 (膜翅目: 叶蜂科). 动物分类学报, 33 (1): 176-179.
朱巽, 魏美才. 2008. 平背叶蜂亚科秋叶蜂属(膜翅目: 叶蜂科)两新种. 动物分类学报, 33(4): 785-789.
邹钟琳, 曹骥. 1958. 中国果树害虫第三版. 上海: 上海科学技术出版社.
邹钟琳, 尤子平. 1956. 李实蜂(*Hoplocampa* sp.)在南京的生活史和防治实验. 南京农业大学学报, 1956: 1-8.
Abe M, Smith D R. 1991. The genus-group name of Symphyta (Hymenoptera) and their type species. Esakia, No. 31: 1-115.
Agassiz J L R. 1848. Nomenclatoris zoologici index universalis, continens nomina systematica classium, ordinum, familiarum et generum animalium omnium, tam viventium quam fossilium, secundum ordinem alphabeticum unicum disposita, adjectis homonymiis plantarum. Jent et Grassmann, Soloduri, I-X + 1-1135 + [1].
André E. 1881. Species des Hyménoptères d'Europe & d'Algérie. Beaune (Côte-d'Or), 1[1879-1882](9): 381-484, catalogue 49-56.
Ashmead W H. 1898a. Classification of the horntails and sawflies, or the suborder Phytophaga (Paper No. 3). The Canadian Entomologist, 30: 205-212.
Ashmead W H. 1898b. Classification of the horntails and sawflies, or the sub-order Phytophaga (Paper No. 5). The Canadian Entomologist, 30(10): 249-257.
Ashmead W H. 1898c. Classification of the horntail and sawflies, or the suborder Phytophyga. Canadian Entomologist, 30: 249-257,

281-287.

Ashmead W H. 1898d. Classification of the horntails and sawflies, or the sub-order Phytophaga (Paper No. 7. — Conclusion). The Canadian Entomologist, 30: 305-316.

Ashmead W H. 1900. Order Hymenoptera. In: Smith J B. Insects of New Jersey. A List of the Species Occurring in New Jersey, With Notes on Those of Economic Importance. Twenty Seventh Annual Report of the New Jersey State Board of Agriculture, Supplement, Trenton, N. J. , 510-613.

Beneš K. 1968. A new genus of Pamphiliidae from East Asia (Hymenoptera, Symphyta). Acta Entomologica Bohemoslovaca, 65(6): 458-463.

Benson R B. 1931. Notes on the British sawflies of the genus *Athalia* (Hymenoptera, Tenthredinidae), with the description of a new species. The Entomologist's Monthly Magazine, Third Series, 67(17): 109-114.

Benson R B. 1935. On the genera of the Cephidae and the erection of a new family Syntectidae (Hymenoptera: Tenthredinidae). Annals and Magazine of Natural History, (10) 16: 535-553.

Benson R B. 1938. On the classification of sawflies (Hymenoptera: Symphyta). Transaction of the Royal Entomological Society of London, 87: 353-384.

Benson R B. 1939a. On the genera of Diprionidae (Hymenoptera: Symphyta). Bulletin of Entomological Research, 30: 339-342.

Benson R B. 1939b. Four new genera of British Sawflies (Hym. , Symphyta). The Entomologist's Monthly Magazine, Third Series, 75(25): 110-113.

Benson R B. 1943. Studies in Siricidae, especially of Europe and southern Asia (Hymenoptera; Symphyta). Bulletin of Entomological Research, 34(1): 27-51.

Benson R B. 1945. Classification of the Pamphiliidae (Hymenoptera, Symphyta). Proceedings of the Royal Entomological Society of London. Series B: Taxonomy, 14(3-4): 25-33.

Benson R B. 1946. Classification of the Cephidae (Hymenoptera Symphyta). The Transactions of the Royal Entomological Society of London, 96 (6): 89-108.

Benson R B. 1948. A new British genus of Nematinae related to *Pristiphora* Latreille (Hym. Tenthredinidae). The Entomologist's Monthly Magazine, Fourth Series, 84(9): 22.

Benson R B. 1952. Hymenoptera 2. Symphyta (a). Handbooks for the Identification of British Insects, 6(2b): 51-137.

Benson R B. 1953. Some changes and additions to the list of British sawflies with the descriptions of two new species (Hym. , Tenthredinidae). The Entomologist's Monthly Magazine, Fourth Series, 89(14): 150-154.

Benson R B. 1955. Classification of the Orussidae, with some new genera and species (Hymenoptera: Symphyta). Proceedings of the Royal Entomological Society of London. Series B: Taxonomy, 24(1-2): 13-23.

Benson R B. 1958. Hymenoptera Symphyta, Tenthredinidae. Handbooks for the Identification of British Insects, 6(2c): 139-252.

Benson R B. 1962. A revision of the Athaliini (Hymenoptera: Symphyta). Bulletin of the British Museum (Natural History). Entomology series, 11: 333-382.

Benson R B. 1963. The Nematinae (Hym. : Tenthredinidae) of South-east Asia. Entomologisk Tidskrift, 84(1-2): 18-27.

Benson R B. 1965. The classification of *Rhogogaster* Konow (Hymenoptera: Tenthredinidae). Proceedings of the Royal Entomological Society of London. Series B: Taxonomy, 34: 105-112.

Berthold A A. 1827. Latreille's (Midglides der königlichen Academie der Wissenschaften zu Paris, Ritters der Eherenlegion, u. s. w. , u. s. w.) Natürliche Familien des Thierreichs. Aus dem Französischen mit Anmerkungen und Zusätzen. Verlag des Gr. H. S. priv. Landes-Industrie-Comptoires, Weimar, 1-606.

Billberg G J. 1820. Enumeratio Insectorum in Museo Gust. Joh. Billberg. Typis Gadelianis, Stockholm, 1-138.

Blank, S. M. 2002. Taxonomic notes on Strongylogasterini (Hymenoptera: Tenthredinidae). Proceedings of the entomological Society of Washington, 104(3): 692-701.

Blank S M, Taeger A. 1999. *Macrophya* Dahlbom, 1835 (Insecta, Hymenoptera): proposed designation of *Tenthredo montana* Scopoli, 1763 as the type species; and *Tenthredo rustica* Linnaeus, 1758: proposed conservation of usage of the specific name by the replacement of the syntypes with aneotype. Bulletin of Zoological Nomenclature, 56(2): 128-132.

Blank S M, Taeger A, Liston A D, Smith D R, Rasnitsyn A P, Shinohara A, Heidemaa M, Viitasaari M. 2009. Studies toward a World Catalog of Symphyta (Hymenoptera). Zootaxa, 2254: 1-96.

Blank S M, Kramp K, Smith D R, Sundukov Y, Wei M, Shinohara A. 2017. Big and beautiful: the *Megaxyela* species (Hymenoptera, Xyelidae) of East Asia and North America. European Journal of Taxonomy, 348: 1-46.

Bremi-Wolf J J. 1849. Beschreibung einiger Hymenopteren, die ich für noch unbeschriebene und unpublicirt halte. Entomologische Zeitung (Stettin), 10(3): 92-96.

Brullé A. 1846. Histoire naturelle des Insectes. Hyménoptères. (Lepeletier de Saint-Fargeau), Vol. 4. Paris, 1-680 + 1-16.

Burmeister C H C. 1847. *Athlophorus Klugii*, eine neue Gattung der Blattwespen (Tenthredonidae). Zur Jubelfeier der vor 50 Jahren, am 27. November 1797, begangenen Promotion des Herrn Geheimen Ober-Medicinal-Rath's Dr. Friedrich Klug, etc. etc. bekannt gemacht von Dr. Hermann Burmeister, o. ö. Pr. d. Zoologie zu Halle. C. A. Schwetschke & Sohn, Halle, 1-9.

Cameron P. 1876. Descriptions of new genera and species of Tenthredinidae and Siricidae, chiefly from the East Indies, in the Collection of the British Museum. Transactions of the Entomological Society of London for the Year 1876, (3): 459-471.

Cameron P. 1877. Descriptions of new genera and species of East Indian Tenthredinidae. Transactions of the Entomological Society of London for the Year 1877, (2): 87-92.

Cameron P. 1899. Hymenoptera Orientala or Contributions to a knowledge of the Hymenoptera of the Oriental Zoological Region. Part VIII. The Hymenoptera of the Khasia Hills. First Paper. Memoirs and proceedings of the Manchester Literary and Philosophical Society, 43(3): 1-220.

Cameron P. 1902. Descriptions of new genera and species of Hymenoptera collected by Major C. G. Nurse at Deesa, Simla and Ferozepore. Part II. Journal of the Bombay Natural History Society, 14(3): 419-449.

Cameron P. 1904. Description of a New species of *Athalia* (Tenthredinidae) from India. Zeitschrift für systematische Hymenopterologie und Dipterologie, 4(2): 108.

Christ J L. 1791. Naturgeschichte, Classification und Nomenclatur der Insecten vom Bienen, Wespen und Ameisengeschlecht; als der fünften Klasse fünfte Ordnung des Linneischen Natursystems von den Insecten: Hymenoptera. Mit häutigen Flügeln. Hermannsche Buchhandlung, Frankfurt am Main, 1-535.

Chen M L, Wei M C. 2002. Six new species of *Macrophya* Dahlbom from Mt. Funiu (Hymenoptera: Tenthredinidae). 208-215. *In*: Shen X C, Zhao Y. (Insects of the mountains Taihang and Tongbai regions. Beijing: China Agricultural Science and Technology Press.

Chen Y P, Wu R X, Wei M C. 2020. Two new species of *Arge* Schrank (Hymenoptera: Argidae) from China. Entomotaxonomia, 42(1): 50-56.

Chu H F. 1949. The wheat sawfly, *Dolerus tritici* new species. Contributions from the Institute of Zoology, National Academy of Peiping, 5(3): 79-92.

Conde O. 1932. Eine neue Selandriinen-und Hoplocampinen-Gattung aus Lettland. (Hym. Tenthr.). Notulae Entomologicae, 12: 9-15.

Conde O. 1935. Oryssoidea et Tenthredinoidea collecta in Ussuri et Sachalin ab N. Delle. Notulae Entomologicae, 14: 67-87.

Costa A. 1859. Fauna del Regno di Napoli. Imenotteri. Parte III. — Trivellanti Sessiliventri. [Tentredinidei]. Antonio Cons, Napoli, [1859-1860], 1-116.

Costa A. 1860. Fauna del Regno di Napoli. Imenotteri. Parte III. —Trivellanti Sessiliventri. [Lididei, Cefidei, Siricidei, Orissidei]. Antonio Cons, Napoli, [1859-1860], 1-4 + 1-12 + 1-6 + 1-6.

Costa A. 1882. Rapporto preliminare e sommario sulle ricerche zoologiche fatte in Sardegna durante la primavera del 1882. Rendiconto dell' Accademia delle Scienze Fisiche e Matematiche, 1. Ser. , 21: 189-201.

Costa A. 1890. Miscellanea Entomologica. [Reprint from:] Atti della Reale Accademia delle Scienze Fisiche e Matematiche di Napoli, 5: 1-19.

Costa A. 1894. Prospetto degli Imenotteri Italiani. III, Tenthredinidei e Siricidei. Atti della Reale Accademia delle Scienze Fisiche e Matematiche, 3: 1-290.

Curtis J H. 1824. British Entomology; being Illustrations and Descriptions of the Genera of Insects Found in Great Britain and Ireland: Containing Coloured Figures from Nature of the Most Rare and Beautiful Species, and in Many Instances of the Plants upon which They Are Found. Published by the Author, London, 1(part 1-12).

Curtis J H. 1825. British Entomology; being illustrations and descriptions of the genera of Insects found in Great Britain and Ireland: containing coloured figures from nature of the most rare and beautiful species, and in many instances of the plants upon which they are found. Published by the Author, London, 2(part 13-24).

Curtis J H. 1829. British Entomology; being illustrations and descriptions of the genera of Insects found in Great Britain and Ireland: containing coloured figures from nature of the most rare and beautiful species, and in many instances of the plants upon which they are found. Published by the Author, London, 6(part 61-72).

Curtis J H. 1831. British Entomology; being illustrations and descriptions of the genera of Insects found in Great Britain and Ireland: containing coloured figures from nature of the most rare and beautiful species, and in many instances of the plants upon which they are found. Published by the Author, London, 8(part 85-96).

Curtis J H. 1836. British Entomology; being illustrations and descriptions of the genera of Insects found in Great Britain and Ireland: containing coloured figures from nature of the most rare and beautiful species, and in many instances of the plants upon which they are found. Published by the Author, London, 13 (part 145-156).

Dahlbom G. 1835. Conspectus Tenthredinidum, Siricidum et Oryssinorum Scandinaviae, quas Hymenopterorum familias. Kongl. Swenska Wetenskaps Academiens Handlingar, Stockholm: 1-16.

Dalla Torre C G. 1894. Catalogus Hymenopterorum, Tenthredinidae include Uroceridae. Vol. 1. Lipsiae. 1-459.

Dalman J W. 1819. Nagra nya Insect-Genera. Kongl. Vetenskaps Academiens Handlingar, 1819, 117-127.

Dovnar-Zapolskij D P. 1930. Neue oder wenig bekannte Chalastogastren. Russkoe Entomologi-cheskoe obozrenie, 24(1-2): 86-94.

Dovnar-Zapolskij D P. 1931. Cephiden Studien (Hymenoptera, Chalastogastra) (I. Beitrag). Ezhegodnik Zoologitscheskogo Muzeja Leningrad, 32: 37-49.

Dyar H G. 1898. Description of an unusual saw-fly larva belonging to the Xyelinae. Psyche, 8(265): 212-214.

Enderlein G. 1913. H. Sauter's Formosa[①]-Ausbeute. *Janus giganteus*, eine neue Cephine (Hym.). Entomologische Mitteilungen, 2(7-8): 215-216.

Enderlein G. 1919. Symphytologica I. Zur Kenntnis der Oryssiden und Tenthrediniden. Sitzungsberichte der Gesellschaft Naturforschender Freunde zu Berlin, 9(3-4): 111-127.

Enderlein G. 1920. Symphytologica II. Zur Kenntnis der Tenthrediniden. Sitzungsberichte der Gesellschaft Naturforschender Freunde zu Berlin, 9[1919](9): 347-374.

Enslin E. 1911a. Ein Beitrag zur Tenthrediniden-Fauna Formosas. (Fortsetzung). Societas entomologica, 25(25): 98-99.

Enslin E. 1911b. Ein Beitrag zur Tenthredinidenfauna Formosas. (Schluß). Societas entomologica, 25(26): 104.

Enslin E. 1911c. H. Sauter's Formosa-Ausbeute. Tenthredinidae. (Hym.). Deutsche entomologische National-Bibliothek, 2(23): 180-182.

Enslin E. 1911d. Ein Beitrag zur Tenthrediniden-Fauna Formosas. Societas entomologica, Frankfurt a. M 25(24): 93-94.

Enslin E. 1912a. Die Tenthredinoidea Mitteleuropas. - Deutsche Entomologische Zeitschrift, Berlin [1912](Beiheft 1): 1-98.

Enslin E. 1912b. Edward Jacobson's Java-Ausbeute, Fam. Tenthredinoidea (Hym.), nebst Bestimmungstabelle der einschlägigen Gattungen. Tijdschrift voor Entomologie, 55: 104-126.

Enslin E. 1913. Die Tenthredinoidea Mitteleuropas II. Deutsche Entomologische Zeitschrift, [1913](Beiheft 2): 99-202.

Enslin E. 1914a. Ueber Tenthrediniden aus Spanien. Nebst einer Bestimmungstabelle der paläarktischen Tomostethus. Archiv für Naturgeschichte, 79 Abt. A[1913](9): 165-171.

Enslin E. 1914b. Die Tenthredinoidea Mitteleuropas III. Deutsche Entomologische Zeitschrift, (Beiheft 3): 203-309.

Enslin E. 1914c. Die Blatt- und Holzwespen (Tenthrediniden) Mitteleuropas, insbesondere Deutschlands. *In*: Schröder Chr. (Hrsg.): Die Insekten Mitteleuropas insbesondere Deutschlands. Hymenopteren. Franckh'sche Verlagshandlung, Stuttgart 3(3): 95-213

Enslin E. 1917. Die Tenthredinoidea Mitteleuropas VI. Deutsche Entomologische Zeitschrift, Berlin (Beiheft 6): 539-662.

Enslin E. 1920. Die paläarktischen *Rhadinoceraea*-Arten (Hym. , Tenthred.). Archiv für Naturgeschichte, 85 Abt. A[1919](2): 316-320.

Fabricius J C. 1781. Species Insectorum exhibentes eorum differentias specificas, synonyma auctorum, loca natalia, metamorphosin adiectis observationibus, descriptionibus, Vol. 1. Impensis Carol. Ernest. Bohnii, Hamburgi et Kilonii, I-VIII + 1-552.

Fabricius J C. 1787. Mantissa Insectorum sistens eorum species nuper detectas adiectis characteribus genericis differentiis specificis emendationibus observationibus, Vol. 1. C. G. Proft, Hafniae, 1-348.

Fabricius J C. 1804. Systema Piezatorum secundum ordines, genera, species adiectis synonymis, locis, observationibus, descriptionibus. Carolus Reichard, Brunsvigae, 1-30 + 1-440.

Fallén C F. 1807. Försok till uppställning och beskrifning å de i Sverige fundne Arter af Insect-Slägtet *Tenthredo* Linn. Kongl. Vetenskaps Academiens nya Handlingar, 28(3): 179-209.

Fallén C F. 1808. Försok till uppställning och beskrifning å de i Sverige fundne Arter af Insect-Slägtet *Tenthredo* Linn. Kongl. Vetenskaps Academiens nya Handlingar, 29(2): 98-124.

Forbes S A. 1885. Fourteenth report of the state entomologist on the noxious and beneficial insects of the State of Illinois, Third Annual Report of S. A. Forbes, for the Year 1884. (Appendix of the Transactions of the Department of Agriculture of the State Illinois Vol. 22), H. W. Rokker, Springfield, Illinois, 1-136.

Forsius R. 1910. Eine neue Selandriaden-Gattung. Meddelanden af Societas pro Fauna et Flora Fennica, 36: 49-52, 218.

Forsius R. 1918. Über einige paläarktische Tenthredinini. Meddelanden af Societas pro Fauna et Flora Fennica, 44: 141-153.

Forsius R. 1921. Eine neue Schizoceriden-Gattung mit zwei neuen Arten aus Transkaspien [Hym. Tenthr.]. Notulae Entomologicae, 1: 77-79.

Forsius R. 1925a. Über einige ostasiatische *Macrophya*-Arten. Acta Societatis pro Fauna et Flora Fennica, 4: 1-16.

Forsius R. 1925b. J. B. Corporaal's Tenthredinoiden-Ausbeute aus Sumatra. Notulae Entomologicae, 5(3): 84-97.

Forsius R. 1927. Tenthredinoiden aus China eingesammelt von Herrn Dr. Kr. Kolthoff 1921. Arkiv för Zoologi, 19[1927-1928](2[nr A10]): 1-12.

Forsius R. 1928. Eine neue Cephide aus Japan (Hym.). Notulae Entomologicae, 8: 67-69.

Forsius R. 1929. Über neue oder wenig bekannte Tenthredinoiden aus Sumatra. Notulae Entomologicae, 9(2): 53-70.

Forsius R. 1930. Über einige neue asiatische Tenthredinoiden. Notulae Entomologicae, 10(1-2): 30-38.

Forsius R. 1931. Über einige neue oder wenig bekannte orientalische Tenthredinoiden (Hymenopt.). Annalen des Naturhistorischen Museums in Wien, 46[1932-1933]: 29-48.

---

① 台湾是中国领土的一部分。Formosa（早期西方人对台湾岛的称呼）一般指台湾，具有殖民色彩。本书因引用历史文献不便改动，仍使用 Formosa 一词，但并不代表作者及科学出版社的政治立场。

Forsius R. 1935. On some new Tenthredinidae from Burma and Sumatra (Hymen.). Annali del Museo Civico di Storia Naturale Giacomo Doria, 59: 28-36.
Geoffroy E L. 1762. Histoire abrégée des Insectes qui se trouvent aux environs de Paris; Dans laquelle ces Animaux sont rangés suivant un ordre méthodique, Vol. 2. Durand, Paris, 1-690.
Geoffroy E L. 1785. *In*: Fourcroy A F. de Entomologia Parisiensis, sive catalogus Insectorum quae in agro parisiensi reperiuntus. Vol. 1-2. Paris, i-viii + 1-231 + [232]-544.
Ghigi A. 1905. Catalogo dei Tenthredinidi del Museo zoologico di Napoli con osservazioni critiche e sinonimiche. Annuario del Museo Zoologico della R. Università di Napoli, N. S. 1[1904](21): 1-28.
Gistel J N F X. 1848. Naturgeschichte des Thierreichs. Für höhere Schulen. Hoffmann'sche Verlags-Buchhandlung, Stuttgart, XVI + 1-216 + 1-4.
Gmelin J F. 1790. Caroli a Linné Systema Naturae. 13 ed. Lipsiae, 1(5): 2225-3020.
Goulet H. 1986. The genera and species of the Nearctic Dolerini (Symphyta: Tenthredinidae: Selandriinae): Classification and phylogeny. Memoirs of the Entomological Society of Canada, 135: 1-208.
Gradl H. 1881. Aus der Fauna des Egerlandes. Neue Beschreibungen von Insekten. Entomologische Nachrichten, 7(20-21): 294-309.
Gussakovskij V V. 1935. Faune de L`URSS. Insectes Hymenopteres. T. II, Vol. 1, Chalastogastra (P. 1). 1-452.
Gussakovskij V V. 1945. A new genus of Cephidae (Hymenoptera) from Tadjikistan. Doklady Akademii Nauk SSSR, 48(7): 530-531.
Gussakovskij V V. 1947. Insectes Hyménoptères, Chalastrogastra 2. Fauna SSSR, 2(2): 1-235.
Haliday A H. 1855. Descriptions of insects figured, and references to plates illustrating the notes on Kerry insects. The natural history review: a quarterly journal of biological science, Proceedings, 2: 59-64.
Haris A. 1996. New East-Palaearctic *Dolerus* species (Hymenoptera, Symphyta, Tenthredinidae). Acta Zoologica Academiae Scientiarum Hungaricae, 42(3): 187-194.
Haris A. 2006. New sawflies (Hymenoptera: Symphyta, Tenthredinidae) from Indonesia, Papua New Guinea, Malaysia and Vietnam, with keys to genera and species. Zoologische Mededelingen, Leiden 80(2): 291-365.
Haris A. 2007. Sawflies from Nepal and China (Hymenoptera: Symphyta: Tenthredinidae). Berichte des Naturwissenschaftlich-Medizinischen Vereins in Innsbruck, 94: 79-86.
Haris A. 2008. Sawflies (Hymenoptera: Symphyta, Tenthredinidae) from Vietnam and China. Zoologische Mededelingen, 82(29): 281-296.
Haris A, Roller L. 1999. Four new sawfly species from Yunan (Hymenoptera: Tenthredinidae). Folia Entomologica Hungarica, 60: 231-237.
Haris A, Roller L. 2007. Sawflies from Laos (Hymenoptera: Tenthredinidae). Natura Somogyiensis, 10: 173-190.
Hartig T. 1837. Die Aderflügler Deutschlands mit besonderer Berücksichtigung ihres Larvenzustandes und ihres Wirkens in Wäldern und Gärten für Entomologen, Wald- und Gartenbesitzer. Die Familien der Blattwespen und Holzwespen nebst einer allgemeinen Einleitung zur Naturgeschichte der Hymenopteren. Erster Band. Haude und Spener, Berlin, i-xiv + 1-416.
Heer O. 1867. Fossile Hymenopteren aus Oeningen und Radoboj. Neue Denkschriften der Allgemeinen Schweizerischen Gesellschaft für die gesammten Naturwissenschaften, 22: 1-41.
Heraty J, Ronquist F. 2011. Evolution of the hymenopteran megaradiation. Molecular Phylogenetics and Evolution, 60: 73-88.
Heyden von L. 1868. Ueber das seither unbekannt Männchen von *Xyloterus fuscicornis* F. (Hymenopt.). Berliner Entomologische Zeitschrift, 12(1-2): 227-230.
ICZN. 1939. Opinion 135. The suppression of the so-called "Erlangen List". Opinions and Declarations rendered by the International Commission on Zoological Nomenclature, 2: 9-12.
ICZN. 1945. Opinion 157. Three names in the order Hymenoptera (class Insecta) added to the Official List of Generic Names in Zoology. Opinions and Declarations rendered by the International Commission on Zoological Nomenclature, 2: 253-259.
ICZN. 1954. Opinion 290. Validation, under the plenary powers, of the generic names *Acantholyda* Costa, 1894 (Class Insecta, Order Hymenoptera) and *Acanthocnema* Becker, 1894 (Class Insecta, Order Diptera). Opinions and Declarations rendered by the International Commission on Zoological Nomenclature, 8(7): 89-98.
ICZN. 1977. Opinion 1087. *Pamphilius viriditibialis* Takeuchi, 1930, designated under the plenary powers as type-species of *Onycholyda* Takeuchi, 1938 (Insecta, Hymenoptera). The Bulletin of Zoological Nomenclature, 34(1): 40-41.
ICZN. 2000a. Opinion 1953. *Strongylogaster* Dahlbom, 1835 (Insecta, Hymenoptera): conserved by the designation of *Tenthredo multifasciata* Geoffroy in Fourcroy, 1785 as the type species. The Bulletin of Zoological Nomenclature, 57(2): 130.
ICZN. 2000b. Opinion 1958. *Macrophya* Dahlbom, 1835 (Insecta, Hymenoptera): conserved by the designation of *Tenthredo montana* Scopoli, 1763 as the type species; and *Tenthredo rustica* Linnaeus, 1758: usage of the specific name conserved by the replacement of the syntypes with a neotype. The Bulletin of Zoological Nomenclature, 57(3): 185-186.
ICZN. 2000c. Opinion 1963. *Blennocampa* Hartig, 1837, *Cryptocampus* Hartig, 1837, *Taxonus* Hartig, 1837, *Ametastegia* A. Costa, 1882, *Endelomyia* Ashmead, 1898, *Monsoma* McGillivray, 1908, *Gemmura* E. L. Smith, 1968, Blennocampini Konow, 1890 and

Caliroini Benson, 1938 (Insecta, Hymenoptera): conserved by setting aside the type species designations by Gimmerthal (1847) and recognition of those by Rohwer (1911). The Bulletin of Zoological Nomenclature, 57(4): 232-235.

Illiger J C W. 1807. Vergleichung der Gattungen der Hautflügler Piezata Fabr. Hymenoptera Linn. Jur. Magazin für Insektenkunde, 6: 189-199.

Jakowlew A. 1888. Quelques nouvelles espèces des mouches à scie de l'Empire Russe. Trudy Russkogo Entomologiceskogo Obscestva v S. Peterburge, 22: 368-375.

Jakowlew A. 1891. Diagnoses Tenthredinidarum novarum ex Rossia Europaea, Sibiria, Asia Media et confinum. Trudy Russkogo Entomologiceskogo Obscestva v S. Peterburge, 26[1892]: 1-62 (Separatum, preprint).

Jurine L. 1807. Nouvelle Méthode de classer les Hyménoptères et les Diptères, Vol. 4(II). Genève & Paris, 1-319 + plates 1-7.

Kirby W F. 1881. Description of a new genus and species of Tenthredinidae. The Entomologist's Monthly Magazine, 18: 107.

Kirby W F. 1882. List of Hymenoptera with descriptions and figures of the typical specimens in the British Museum. 1. Tenthredinidae and Siricidae. London, by order of the Trustees 1: 1-450.

Klug F. 1803. Monographia Siricum Germaniae atque generum illis adnumeratorum. F. Schüppel, Berlin, i-xii + 1-64 + [7].

Klug F. 1815. Die Blattwespen nach ihren Gattungen und Arten zusammengestellt. Der Gesellschaft Naturforschender Freunde zu Berlin Magazin für die neuesten Entdeckungen in der gesamten Naturkunde, 7[1813](2): 120-131.

Klug F. 1817a. Die Blattwespen nach ihren Gattungen und Arten zusammengestellt. Der Gesellschaft Naturforschender Freunde zu Berlin Magazin für die neuesten Entdeckungen in der gesamten Naturkunde, Berlin 8 (1814) (2): 110-144.

Klug F. 1817b. Die Blattwespen nach ihren Gattungen und Arten zusammengestellt. Der Gesellschaft Naturforschender Freunde zu Berlin Magazin für die neuesten Entdeckungen in der gesamten Naturkunde, 8[1814](3): 179-219.

Klug F. 1834. Uebersicht der Tenthredinetae der Sammlung. Jahrbücher der Insectenkunde mit besonderer Rücksicht auf die Sammlung des Königl. Museum in Berlin herausgegeben, 1: 223-253.

Koch F. 1988. Die palaearktischen Arten der Gattung *Apethymus* Benson, 1939 (Hymenoptera, Symphyta, Allantinae). Mitteilungen der Münchner Entomologischen Gesellschaft, 78: 155-178.

Koch F. 1996. Taxonomie, Phylogenie und Verbreitungsgeschichte der Tribus Xenapateini (Insecta: Hymenoptera: Tenthredinidae: Allantinae). Entomologische Abhandlungen, 57(11): 225-260.

Konow F W. 1884. Bemerkungen über Blattwespen. Deutsche Entomologische Zeitschrift, 28(2): 305-354.

Konow F W. 1885a. Ueber die Blattwespen Gattungen *Strongylogaster* Dahlb. und *Selandria* Klg. Wiener Entomologische Zeitung, 4: 19-26.

Konow F W. 1885b. Bemerkungen über einige Blattwespengattungen. Wiener Entomologische Zeitung, 4(4): 117-124.

Konow F W. 1886a. Die europäischen Blennocampen (soweit dieselben bisher bekannt sind). Wiener Entomologische Zeitung, 5(5): 183-188.

Konow F W. 1886b. Die europäischen Blennocampen (soweit dieselben bisher bekannt sind). Wiener Entomologische Zeitung, 5(6): 211-218.

Konow F W. 1886c. Die europäischen Blennocampen (soweit dieselben bisher bekannt sind). Wiener Entomologische Zeitung, 5(7): 243-246.

Konow F W. 1890. Tenthredinidae Europae. Deutsche Entomologische Zeitschrift, 1890(2): 225-240.

Konow F W. 1895. Analytische und kritische Bearbeitung der Gattung *Amauronematus* Knw. Természetrajzi Füzetek, 18: 166-187.

Konow F W. 1896a. Verschiedenes aus der Hymenopteren-Gruppe der Tenthrediniden. Wiener Entomologische Zeitung, 15: 41-59.

Konow F W. 1896b. Ueber Blattwespen, Tribus Cephini (Tenthredinarum Tribus). Wiener Entomologische Zeitung, Wien 15(4-5): 150-179.

Konow F W. 1886c. Die europäischen Blennocampen (soweit dieselben bisher bekannt sind). Wiener entomologische Zeitung, Wien 5(5): 183-188

Konow F W. 1887. Neue griechische und einige andere Blattwespen. Wiener entomologische Zeitung, Wien 6(1): 19-28.

Konow F W. 1897. Systematische und kritische Bearbeitung der Blattwespen-Tribus Lydini. Annalen des K. K. Naturhistorischen Hofmuseums, 12(1): 1-32.

Konow F W. 1898a. Neue Asiatische Tenthrediniden. Entomologische Nachrichten, 24(6): 86-93.

Konow F W. 1898b. Neue Chalastogastra-Gattungen und Arten. Entomologische Nachrichten, 24(17-18): 268-282.

Konow F W. 1898c. Neue Tenthrediniden. Wiener Entomologische Zeitung, 17(7-8): 228-238.

Konow F W. 1899a. Einige neue Chalastogastra-Gattungen und Arten. Entomologische Nachrichten, 25(5): 73-79.

Konow F W. 1899b. Einige neue Chalastogastra-Arten und eine neue Gattung. Entomologische Nachrichten, 25: 148-155.

Konow F W. 1899c. Ueber einige neue Chalastogastra. Wiener entomologische Zeitung, Wien 18(2-3): 41-46.

Konow F W. 1900. Neue Chalastogastra-Arten (Hym.). Természetrajzi Füzetek, 24[1901]: 57-72.

Konow F W. 1902. Neue Blattwespen. (Hym). Zeitschrift für systematische Hymenopterologie und Dipterologie, 2(6): 384-390.

Konow F W. 1903. Über neue oder wenig bekannte Tenthrediniden (Hym.) des Russischen Reiches und Centralasiens. Ezhegodnik"

Zoologicheskago Muzeja Imperatorskoj Akademii Nauk", 8: 115-132.

Konow F W. 1905. Hymenoptera. Fam. Tenthredinidae. Fasc. 29. *In*: Wytsman P. Genera Insectorum, Brüssel, Bruxelles, 1-176.

Konow F W. 1906a. Ueber einige Tenthrediniden der alten Welt. (Hym.). Zeitschrift für systematische Hymenopterologie und Dipterologie, 6(2): 122-127.

Konow F W. 1906b. Einige neue paläarktische und orientalische Tenthrediniden. Zeitschrift für Hymenopterologie und Dipterologie, 6(4): 254-256.

Konow F W. 1907a. Neue Chalastogastra aus den naturhist. Museen in Hamburg und Madrid. Zeitschrift für systematische Hymenopterologie und Dipterologie, 7(2): 161-174.

Konow F W. 1907b. Neue Argides. (Hym.). Zeitschrift für systematische Hymenopterologie und Dipterologie, 7(4): 306- 309.

Konow F W. 1907c. Litteratur. (Hym.). Zeitschrift für systematische Hymenopterologie und Dipterologie, 7(3): 325-333.

Konow F W. 1908a. Neue Tenthrediniden aus Sikkim. (Hym.). Zeitschrift für systematische Hymenopterologie und Dipterologie, 8(1): 19-26.

Konow F W. 1908b. De Chalastogastra miscellanea. (Hym.). Zeitschrift für systematische Hymenopterologie und Dipterologie, 8(2): 81-93.

Kriechbaumer J. 1869. Hymenopterologische Beiträge. Verhandlungen der kaiserlich-königlichen zoologisch-botanischen Gesellschaft in Wien, Abhandlungen, 19: 587-600.

Kuznetzov-Ugamskij N N. 1928. Spisok Hymenoptera Tenthredinoidea, sobrannyh A. V. Shestakovym v okrestnostjah s Zhedenovo, Jaroslavskoj gub. [Table des Hymenoptéres Tenthredinoidea recueillis par A. Shestakov dans les environs de Zhedenovo, gouvernement de Jaroslavl.] Trudy Jaroslavskogo Estestvenno-Istoricheskogo Obshhestvo, 4(2): 33-34.

Kuznetzov-Ugamskij N N. 1927. Beiträge zur Blattwespenfauna des Süd-Ussuri-Gebietes. Zoologischer Anzeiger, 71(9- 10): 224-238.

Labram J D, Imhoff L. 1836. Insekten der Schweiz, die vorzüglichsten Gattungen je durch eine Art bildlich dargestellt von J. D. Labram. Nach Anleitung und mit Text von Dr. Ludwig Imhoff, Vol. 1(1-20). Bei den Verfassern und in Comm. C. F. Spittler, Basel.

Lacourt J. 1988. *Murciana sebastiani* n. gen. et n. sp. de Tenthredininae d'Espagne (Hymenoptera, Tenthredinidae). Revue française d'Entomologie, (N. S.), 10(4): 309-312.

Lacourt J. 1997. Contribution à une révision mondiale de la sous-famille des Tenthredininae (Hymenoptera: Tenthredinidae). Annales de la Société Entomologique de France (N. S.), 32[1996](4): 363-402.

Lacourt J. 1998. Le genre *Blankia*, gen. n. , créé pour deux espèces placées auparavant dans le genre *Cuneala* Zirngiebl, 1956. Annales de la Société Entomologique de France (N. S.), 33(4): 487.

Lacourt J. 1999. Répertoire des Tenthredinidae ouest-paléarctiques (Hymenoptera, Symphyta). Mémoires de la SEF, 3: 1-432.

Latreille P A. 1797. Précis des caractères génériques des Insectes, disposés dans un ordre naturel par le Citoyen Latreille. An V. Prévot. , Paris; Brive, Bordeaux, XIV +1-201 + [7].

Latreille P A. 1803. Histoire naturelle, générale et particulière des Crustacés et des Insectes, Vol. 3. Dufart, Paris, 3[1802-1803](1-12). 1-467.

Latreille P A. 1810. Considérations générales sur l'ordre naturel des animaux composant les classes des Crustacés, des Arachnides et des Insectes; avec un tableau méthodique de leurs genres, disposés en familles. F. Schoell, Paris, 1-444.

Latreille P A, Lepeletier de Saint-Fargeau A, Serville A J G, Guérin-Méneville F É. 1828. Entomologie, ou Histoire naturelle des Crustacés, des Arachnides et des Insectes. *In*: Encyclopédie méthodique. Histoire naturelle, 1825–1828, Vol. 10(2) [Latreille]. Agasse, Paris, 345-833.

Leach W E. 1817. The Zoological Miscellany. Being descriptions of new or interesting animals Vol. 3. R. and A. Taylor, Shoe-Lane, London, 1-151.

Latreille P A. 1828. Entomologie, ou Histoire naturelle des Crustacés, des Arachnides et des Insectes. *In*: Encyclopédie méthodique. Histoire naturelle, 1825-1828, Vol. 10(2) [Latreille]. Agasse, Paris, 345-833.

Lee J W, Ryu S M. 1996. A systematic study on the Tenthredinidae (Hymenoptera: Symphyta) from Korea II. Ten new species of the Tenthredinidae. Entomological Research Bulletin, 22: 17-34.

Li Y, Chen Y P, Niu G Y, Wei M C. 2019. Two new species of Xiphydriidae (Hymenoptera) from China. Entomotaxonomia, 41(3): 174-180.

Li Z J, Gao K W, Ji T T, Liu M M, Wei M C. 2017. Two new species of the genus *Macrophya* Dahlbom (Hymenoptera: Tenthredinidae) from China. Entomotaxonomia, 39(4): 300-308.

Li Z J, Huang N T, Wei M C. 2013. Three new species of *Macrophya sibirica* group (Hymenoptera: Tenthredinidae) from China. Acta Zootaxonomica Sinica, 38(4): 869-977.

Li Z J, Lei Z, Wang J F, Wei M C. 2014. Three new species of the *Macrophya sanguinolenta* group (Hymenoptera: Tenthredinidae) from China. Zoological Systematics, 39(2): 297-308.

Li Z J, Wang H N, Liu M M, Wei M C. 2022. A new species of *Gilpinia* Benson (Hymenoptera, Diprionidae) from Lishui, China.

Journal of Hymenoptera Research, 89: 61-71.

Linné C. 1758. Systema Naturae, per regna tria naturae secundum classes, ordines, genera, species cum characteribus, differentiis, synonymis, locis. Editio Decima Reformata. 10th ed. Vol. 1. Laurentius Salvius, Holmiae, 1-824.

Linné C. 1760. Fauna Svecica sistens animalia Sveciae regni: Mammalia, Aves, Amphibia, Pisces, Insecta, Vermes. Distributa per classes & ordines, genera & species, cum differentiis specierum, synonymis auctorum, nominibus incolarum, locis natalium, descriptionibus insectorum. Editio altera, auctior. Laurentius Salvius, Stockholmiae ["1761"], 1-578.

Liston A D. 2007. Revision of *Stauronematus* Benson, 1953 and additions to the sawfly fauna of Corsica and Sardinia (Hymenoptera, Tenthredinidae). Beiträge zur Entomologie, 57(1): 135-150.

Liston A D, Prous M. 2014. Sawfly taxa (Hymenoptera, Symphyta) described by Edward Newman and Charles Healy. Zookeys, 398: 83-98.

Liu L, Wei M C. 2022. A new genus and a new species of Cephidae (Hymenoptera) with a key to species. Proceedings of the Entomological Society of Washington, 124(2): 293-301.

Liu M M, Hong Z, Zhong Y H, Li Z J, Wei M C. 2019. Two new species of the *Macrophya flavomaculata* group (Hymenoptera: Tenthredinidae) from China. Entomotaxonomia, 41(1): 8-18.

Liu M M, Li Z J, Wei M C. 2020a. Three new species of the *Macrophya histrio* group (Hymenoptera: Tenthredinidae) with a key to species from China. Entomotaxonomia, 42(1): 57-69.

Liu M M, Li Z J, Wei M C. 2020b. Key to the *Macrophya zhaoae* group (Hymenoptera, Tenthredinidae) with description of a new species from China. Alpine Entomology, 4: 65-72.

Liu M M, Li Z J, Wei M C. 2021a. A new species in the *Nematus septentrionalis* group (Hymenoptera: Tenthredinidae) from China. Entomotaxonomia, 43(2): 157-162.

Liu M M, Li Z J, Wei M C. 2021b. A new species of *Spinarge* Wei (Hymenoptera: Argidae) from China with a key to Chinese species. Entomotaxonomia, 43(3): 230-236.

Liu M M, Li Z J, Wei M C. 2021c. A new species of *Pamphilius* Latreille (Hymenoptera: Pamphiliidae: Pamphiliinae) from Mt. Tianmu, Zhejiang Province, China. Entomotaxonomia, 43(4): 303-309.

Liu M M, Li Z J, Wei M C. 2021d. Review of *Strongylogaster* Dahlbom (Hymenoptera: Tenthredinidae) from Zhejiang Province, China, with the description of a new species. Zoologia, 38: e63051. 1-7.

Liu M M, Li Z J, Wei M C. 2021e. Three new species of *Tenthredo* Linnaeus, 1758 (Hymenoptera: Tenthredinidae) from Jiangxi and Zhejiang Provinces, China. Zoological Systematics, 46(3): 225-233.

Liu M M, Li Z J, Wei M C. 2022. Descriptions of four new species of Pamphiliidae (Hymenoptera) from Zhejiang, China. Entomotaxonomia, 44(3): 203-214.

Liu M M, Li X F, Yang X J, Li Z J, Wei M C. 2020. A new species of *Birka* Malaise (Hymenoptera: Tenthredinidae) from Lishui, China. Entomotaxonomia, 42(3): 240-246.

Liu T, Niu G Y, Wei M C. 2017. A new genus and a new species of Anhoplocampini from China (Hymenoptera: Tenthredinidae). Proceedings of Entomological Society of Washington, 119: 801-806.

Liu M M, Wu X, Xiao W, Wei M. 2016. Two new *Tenthredo* species from China (Hymenoptera: Tenthredinidae). Entomotaxonomia, 38(4): 315-324.

Lorenz H, Kraus M. 1957. Die Larvalsystematik der Blattwespen (Tenthredinoidea und Megalodontoidea). Abhandlungen zur Larvalsystematik der Insekten, Berlin. 1: 1-389.

Luo X, He H M, Wei M C. 2019. A new species of *Athermantus* Kirby (Hymenoptera: Argidae) from China. Entomotaxonomia, 41(4): 313-317.

Maa T. 1944. Novelties of Chinese Hymenoptera Chalastogastra. Biological Bulletin of Fukien Christian University, 4: 33-60.

Maa T. 1947. Description of a new Xyelid sawfly from Fukien (Hymenoptera: Chalastogastra). Biological Bulletin of Fukien Christian University, 3[1943]: 61-63.

Maa T. 1949a. A synopsis of Chinese sawflies of the superfamily Cephoidea (Hymenoptera). The Chinese Journal of Zoology, 3: 17-29.

Maa T. 1949b. A synopsis of Chinese sawflies of the superfamily Megalodontoidea (Hymenoptera). The Chinese Journal of Zoology, 3: 30-42.

Maa T. 1949c. A synopsis of Asiatic Siricoidea with notes on certain exotic and fossil forms. Notes d'Entomologie Chinoise, Changhai 13(2): 11-189.

MacGillivray A D. 1894. New species of Tenthredinidae, with tables of the species of *Strongylogaster* and *Monoctenus*. The Canadian Entomologist, 26(11): 324-328.

MacGillivray A D. 1895. New Tenthredinidae. The Canadian Entomologist, 27(10): 281-286.

MacGillivray A D. 1908a. Blennocampinae—Descriptions of new genera and species: synonymical notes. The Canadian Entomologist, 40(9): 289-297.

MacGillivray A D. 1908b. Emphytinae—New genera and species and synonymical notes. The Canadian Entomologist, 40(10): 365-369.
MacGillivray A D. 1909. A synopsis of the American species of Scolioneurinae. Annals of the Entomological Society of America, 2: 259-271.
MacGillivray A D. 1912. New genera and species of Xyelidae and Lydidae. The Canadian Entomologist, 44(10): 294-299.
MacGillivray A D. 1914a. New genera and species of Tenthredinidae: a family of Hymenoptera. The Canadian Entomologist, 46(4): 137-140.
MacGillivray A D. 1914b. New genera and species of sawflies. The Canadian Entomologist, 46(10): 363-367.
MacGillivray A D. 1921. New species of Emphytinae and Selandriinae — Hymenoptera. Psyche, 28(2): 31-35.
Malagon-Aldana L A, Smith D R, Shinohara A, Vilhelmsen L. 2021. From *Arge* to *Zenarge*: adult morphology and phylogenetics of argid sawflies (Hymenoptera: Argidae). Zoological Journal of the Linnean Society, 20: 1-59.
Malaise R. 1931a. Blattwespen aus Wladiwostok und anderen Teilen Ostasiens. Entomologisk Tidskrift, 51: 97-159.
Malaise R. 1931b. Neue japanische Blattwespen. Zoologischer Anzeiger, 94(5-8): 201-213.
Malaise R. 1931c. Entomologische Ergebnisse der schwedischen Kamtchatka Expedition 1920-1922. (35. Tenthredinidae). Arkiv för Zoologi, 23[1931-1932](2[nr A8]): 1-68 (Separatum).
Malaise R. 1933. A new genus and synonymical notes on Tenthredinoidea. Entomologisk Tidskrift, 54(1): 50-59.
Malaise R. 1934a. Schwedisch-chinesische wissenschaftliche Expedition nach den nordwestlichen Provinzen Chinas unter Leitung von Dr. Sven Hedin und Prof. Sü Ping-Chang. Insekten gesammelt vom schwedischen Arzt der Expedition Dr. David Hummel 1927-1930. 23. Hymenoptera. 1. Arkiv för Zoologi, 27[1934-1935](2[nr A9]): 1-40.
Malaise R. 1934b. On some sawflies (Hymenoptera: Tenthredinidae) from the Indian Museum, Calcutta. Records of the Indian Museum, 36: 453-474.
Malaise R. 1935. New genera of Tenthredinoidea and their genotypes (Hymen.). Entomologisk Tidskrift, 56: 160-178.
Malaise R. 1937. New Tenthredinidae mainly from the Paris Museum. Revue française d'Entomologie, 4: 43-53.
Malaise R. 1939. The Genus *Leptocimbex* Sem. , and some other Cimbicidae. Entomologisk Tidskrift, 60(1-2): 1-28.
Malaise R. 1942. New South American Sawflies (Hym. Tenthr.). Entomologisk Tidskrift, 63(1-2): 89-112.
Malaise R. 1944. Entomological results from the Swedish expedition 1934 to Burma and British India, Hymenoptera: Tenthredinidae. Arkiv för Zoologi, 35: 1-58.
Malaise R. 1945. Tenthredinoidea of South-Eastern Asia with a general zoogeographical review. Opuscula Entomologica, Suppl. 4: 1-288.
Malaise R. 1947. The Tenthredinoidea of South-Eastern Asia, Part III. The *Emphytus-Athlophorus* Group. Arkiv för Zoologi, 39A(8): 1-39.
Malaise R. 1957. Some Neotropical and Oriental Tenthredinoidea (Hym.). Entomologisk Tidskrift, 78: 6-22.
Malaise R. 1961. New Oriental sawflies (Hym. Tenthr.). Entomologisk Tidskrift, 82: 231-261.
Malaise R. 1963. Hymenoptera, Tenthredinidae, subfamily Selandriinae, key to the genera of the world. Entomologisk Tidskrift, 84: 159-215.
Malaise R. 1964. New genera and species of the Subfamily Blennocampinae (Hym. Tenthred.). Entomologisk Tidskrift, 85(1-2): 20-39.
Mallach N. 1933. Neue chinesische Blattwespen (Zugleich 2. Beitrag zur Kenntnis der Blattwespenfauna Chinas). Bulletin of the Fan Memorial Institute of Biology, 4: 269-277.
Mallach N. 1936. Dritter Beitrag zur Kenntnis der Blattwespenfauna Chinas. Bulletin of the Fan Memorial Institute of Biology, Zoology, 6: 217-222.
Marlatt C L. 1898. Japanese Hymenoptera of the family Tenthredinidae. Proceedings of the United States National Museum, 21(1157): 493-506.
Matsumura S. 1912. Thousand insects of Japan. Supplement IV. Keiseisha, Tokyo, 1-247.
Matsumura S. 1932. Illustrated common insects of Japan. Hymenoptera, Diptera, Rhynchota. Shunyodo, 4, 23, plates, 1-154.
Mocsáry A. 1878. Data ad faunam hymenopterologicam sibiriae. Tijdschrift voor Entomologie, 21: 198-200.
Mocsáry A. 1896. Species Hymenopterorum magnificae novae in collectione Musaei Nationalis Hungarici. Természetrajzi Füzetek, 19(1): 1-8.
Mocsáry A. 1904. Siricidarum species quinque novae. Annales Historico-Naturales Musei Nationalis Hungarici, 2: 496-498.
Mocsáry A. 1909. Chalastogastra nova in collectione Musei nationalis Hungarici. Annales historico-naturales Musei Nationalis Hungarici, 7: 1-39.
Motschulsky V. 1866. Catalogue des Insectes recus du Japon. Bulletin de la Société Impériale des Naturalistes de Moscou, 39(1): 163-200.
Naito T. 1978. Chromosomes of the *Tenthredo olivacea-mesomelas* Group (Hymenoptera, Tenthredinidae). Kontyû, 46(2): 257-263, 8.

Naito T. 1990. The tribe Strongylogasterini (Hymenoptera, Tenthredinidae) from Taiwan. Proceedings of the Entomological Society of Washington, 92(4): 739-745.

Newman E. 1838. Entomological notes. The Entomological Magazine, London, 5[1837-1838](2, 4, 5): 168-181, 372-402, 483-500.

Newman E. 1869. *Camponiscus healaei*, a new British Hymenopteron of the Family Tenthredinidae. The Entomologist, 4(62): 215-217.

Nie H Y, Wei M. 1997. Revision of the genus *Jermakia* Jakovlew (Hymenoptera: Tenthredino-morpha: Tenthredinidae). Entomotaxonomia, 19(suppl.): 85-90.

Nie H Y, Wei M C. 1998a. Five new sawflies from Funiushan (Hymenoptera: Tenthredinoidea). The Fauna and Taxonomy of Insects in Henan, 2: 117-123.

Nie H Y, Wei M C. 1998b. Fourteen new species of *Tenthredo* from Funiushan (Hymenoptera: Tenthredinidae). Insects of the Funiu Mountains Region, 1: 176-187.

Nie H Y, Wei M C. 1998c. Six new species of Selandriidae from Mt. Funiu (Hymenoptera: Tenthredinoidea). The Fauna and Taxonomy of Insects in Henan, 2: 124-130.

Nie H Y, Wei M C. 1998d. Studies on the genus *Metallus* Forbes of China (Hymenoptera: Tenthredinidae). Entomologia Sinica, 5(4): 310-316.

Niu G Y, Budak M, Korkmaz E M, Doğan Ö, Nel A, Wan S Y, Cai C Y, Jouault C, Li M, Wei M C. 2022. Phylogenomic Analyses of the Tenthredinoidea Support the Familial Rank of Athaliidae (Insecta, Tenthredinoidea). Insects, 13(858): 1-25.

Niu G Y, Hu P, Luo X, Wei M C. 2019. Two new species of *Tenthredo fortunei* group (Hymenoptera, Tenthredinidae) from China with a key to subgroups and known species of *nigricornis* subgroup. Entomological Research, 49: 323-329.

Niu G Y, Hu P, Wei M C. 2017. Two new species of the *Tenthredo fortunei* group (Hymenoptera: Tenthredinidae) from China. Entomotaxonomia, 39(3): 188-196.

Niu G Y, Wei M C. 2008. Three new species of the genus *Tenthredo* Linnaeus (Hymenoptera, Tenthredinidae) from China. Acta Zootaxonomica Sinica, 33 (3): 514-519.

Niu G Y, Wei M C. 2013. Review of *Aneugmenus* Hartig (Hymenoptera: Tenthredinidae) with description of a new species from China and a key to world species (excluding Neotropical). Entomotaxonomia, 35(3): 221-232.

Niu G Y, Wei M C. 2016. Revision of *Colochela* (Hymenoptera: Tenthredinidae). Zootaxa, 4127(3): 457- 470.

Niu G Y, Xue J Z, Wei M C. 2012. Three new species of Belesesinae (Hymenoptera, Tenthredinidae) from China. Acta Zootaxonomica Sinica, 589-595.

Niu G Y, Zhang Y Y, Li Z Y, Wei M C. 2019. Characterization of the mitochondrial genome of *Analcellicampa xanthosoma* gen. et sp. nov. (Hymenoptera: Tenthredinidae). PeerJ, 7: e6866.

Norton E. 1867. Catalogue of the described Tenthredinidae and Uroceridae of North America. Transactions of the American Entomological Society, 1(3): 225-280.

Okamoto H, Muramatsu S. 1925. Studies on the pear-stem girdler, *Janus piri* n. sp. Bulletin of the Agricultural Experiment Station, Government General of Chosen, 2: 9-16.

Okutani T. 1959. Three new species of *Priophorus* from Japan (Hymenoptera: Tenthredinidae). (Studies on Symphyta XII). Transactions of the Shikoku Entomological Society, 6(3): 33-36.

Okutani T. 1965. Note on some sawflies from Formosa. Studies on Symphyta XVI. Special Bulletin of the Lepidopterological Society of Japan-Osaka, 1: 173-174.

Okutani T. 1966. A new genus of stem saw-flies with a new record of *Neohartigia gigantea* from Japan. Entomological review of Japan, 18(2): 60-61.

Panzer G W F. [1797]. Faunae Insectorum Germanicae initia oder Deutschlands Insecten. Felssecker, Nürnberg, 5(49): 1-24.

Panzer G W F. [1801]a. Faunae Insectorum Germanicae initia oder Deutschlands Insecten. Felssecker, Nürnberg, 7(81-83), each 1-24.

Panzer G W F. 1801b. Nachricht von einem neuen entomologischen Werke, des Hrn. Prof. Jurine in Geneve (Beschluß). Litteratur-Zeitung. Intelligenzblatt, 1: 161-165.

Panzer G W F. [1803]. Faunae Insectorum Germanicae initia oder Deutschlands Insecten. Felssecker, Nürnberg, 8(86-94), each 1-24.

Panzer G W F. 1804. D. Jacobi Christiani Schaefferi Iconum Insectorum circa Ratisbonam indigenorum. Enumeratio Systematica. [second title:] D. G. W. F. Panzeri Enumerationis Systematicae D. Jac. Christiani Schaefferi Iconum Insectorum Ratisbonensium. Dr. G. W. F. Panzers systematische Nomenklatur über Dr. Jac. Christian Schäffers Abbildungen regensburgischer Insekten. Pars Tertia. J. Jacob Palm, Erlangen, i-xvi, i-viii, 1-260.

Panzer G W F. 1806. Kritische Revision der Insektenfauna Deutschlands nach dem System bearbeitet. II. Bändchen, I. -C. Heft. [second title:] Entomologischer Versuch die Jürineschen Gattungen der Linnéschen Hymenoptern nach dem Fabriziusschen System zu prüfen: im Bezug auf die in der deutschen Insektenfauna bekannt gemachten Gattungen und Arten dieser Klasse. Felssecker, Nürnberg, [14] + 1-271.

Pic M. 1916. Hyménoptères nouveaux d'Orient et de Nord de d'Afrique. L'Échange. Revue Linnéenne, Moulins 32(378): 23-24.

Piton L. 1940. Paleontologie du gisement eocene de Menat (Puy-de-Dom) (Flore et Faune). Memoires de la Societe d'Histoire Naturelle d'Auvergne, 1-303.

Prous M, Blank S M, Goulet H, Heibo E, Liston A, Malm T, Nyman T, Schmidt S, Smith D R, Vardal H, Viitasaari M, Vikberg V, Taeger A. 2014. The genera of Nematinae (Hymenoptera, Tenthredinidae). Journal of Hymenoptera Research, 40: 1-69.

Provancher L. 1875. Les Urocerides de Québec. Le Naturaliste Canadien, 7: 368-376.

Provancher L. 1886. [Symphyta.] In: Additions et Corrections au volume II de la faune entomologique de Canada. C. Daeveau, Québec, [1885-1889], 17-28.

Qi L W, Niu G Y, Liu T, Wei M C. 2015. New species and new synonyms of *Conaspidia* Konow (Hymenoptera: Tenthredinidae) with keys to species of the *Conaspidia bicuspis* group and Japanese species. Entomotaxonomia, 37(3): 221-233.

Radoszkowsky O. 1889. Hymenoptères de Korée. Trudy Russkago Jentomologicheskago Obshhestva v "S. -Peterburg", 24[1889-1890]: 229-232.

Rohwer S A. 1909a. Notes on Tenthredinoidea, with descriptions of new species. (Paper III). The Canadian Entomologist, 41: 88-92.

Rohwer S A. 1909b. Notes on Tenthredinidae, with descriptions of New Species. Paper VII. — New Blennocampinae. The Canadian Entomologist, 41(11): 397-399.

Rohwer S A. 1910a. Japanese sawflies in the collection of the United States National Museum. Proceedings of the United States National Museum, 39(1777): 99-120.

Rohwer S A. 1910b. Notes on Tenthredinoidea, with descriptions of new species. Paper XI. — (Genera of Pamphiliinae and New Species). The Canadian Entomologist, 42: 215-220.

Rohwer S A. 1910c. Some new hymenopterous insects from the Philippine Islands. Proceedings of the United States National Museum, 37(1722): 657-660.

Rohwer S A. 1910d. Notes on Tenthredinoidea, with descriptions of new species. (Paper VIII). New species from California. The Canadian Entomologist, 42: 49-52.

Rohwer S A. 1911a. Technical papers on miscellaneous forest insects. II. The genotypes of the sawflies and woodwasps, or the superfamily Tenthredinoidea. Technical series/US Department of Agriculture, Bureau of Entomology, 20: 69-109.

Rohwer S A. 1911b. New sawflies in the collections of the United States National Museum. Proceedings of the United States National Museum, 41: 377-411.

Rohwer S A. 1912. Notes on sawflies, with descriptions of new species. Proceedings of the United States National Museum, 43: 205-251.

Rohwer S A. 1913. A synopsis of the Nearctic species of sawflies of the genus *Xyela*, with descriptions of other new species of sawflies. Proceedings of the United States National Museum, 45: 265-281.

Rohwer S A. 1915. Some Oriental sawflies in the Indian Museum. Records of the Indian Museum, 11(1-4): 39-53.

Rohwer S A. 1916. The Chalastogastra (Hymenoptera). Supplementa Entomologica, 5: 81-113.

Rohwer S A. 1917. Descriptions of thirty-one new species of Hymenoptera. Proceedings of the United States National Museum, 53(2195): 151-176.

Rohwer S A. 1921. Notes on sawflies, with descriptions of new genera and species. Proceedings of the United States National Museum, 59(2361): 83-109.

Rohwer S A. 1925. Three sawflies from Japan. Journal of the Washington Academy of Sciences, 15: 481-483.

Ross H H. 1937. A generic classification of the Nearctic sawflies (Hymenoptera, Symphyta). Illinois Biological Monographs, 15(2): 1-173.

Ross H H. 1945. Sawfly genitalia: terminology and study techniques. Entomological News, 61(10): 261-268.

Ross H H. 1951. Suborder Symphyta (= Chalastogastra) [except the Siricoidea, the Pamphiliidae, and the genus *Periclista*]. In: Muesebeck C F W, Krombein K V, Townes H K. Hymenoptera of America North of Mexico—Synoptic Catalog. United States Department of Agriculture Agriculture Monograph Vol. 2, 4-89.

Saini M S, Singh D, Singh M, Singh T. 1985. Three new genera of Tenthredinidae from India (Hym. Symphyta). Deutsche Entomologische Zeitschrift, Neue Folge, 32(4-5): 325-334.

Saini M S, Vasu V. 1997. Studies on the Indian species of *Athalia* Leach (Hymenoptera: Tenthredinidae: Allantinae). Polskie Pismo Entomologiczne, 66(1-2): 83-94.

Sato K. 1928. The Chalastogastra of Korea (No. 1). Insecta Matsumurana, 2: 178-190.

Schiödte J C. 1839a. Beretning om Resultaterne af en i Sommeren 1838 foretagen entomologisk Undersøgelse af det sydlige Sjaelland, en Deel af Laaland, og Bornholm. Naturhistorisk Tidsskrift, 2[1838-1839](4): 309-394.

Schiödte J C. 1839b. Ichneumonidarum, ad Faunam Daniae pertinentium genera et species novae. Magasin de Zoologie, d'anatomie comparée et de Palaeontologie. Deuxième Serie. Troisième section. Annélides, Crustacés, Arachnides et Insectes, 1(9): 1-27.

Schlechtendal D H R von. 1878. Eine neue Deutsche Siricide *Macrocephus* (n. g.) *ulmariae* n. sp. Entomologische Nachrichten (Herausgegeben von F. Katter), Quedlinburg 4: 153-154.

Schrank F von P. 1802. Fauna Boica. Durchgedachte Geschichte der in Baiern einheimischen und zahmen Thiere. Zweiter Band. Zweite

Abtheilung. Bey Johann Wilhelm Krüll, Ingolstadt, 1-412.

Schulmeister S, Wheeler W C, Carpenter J M. 2002. Simultaneous analysis of the basal lineages of Hymenoptera (Insecta) using sensitivity analysis. Cladistics, 18: 455-484.

Schulz W A. 1906. Strandgut. Spolia Hymenopterologica, [1906]: 76-269.

Semenov A. 1896a. De Tenthredinidarum genere novo *Clavellariae* Oliv. proximo. Ezhegodnik Zoologicheskago Muzeja Imperatorskoj Akademii Nauk, 1: 95-104.

Semenov A. 1896b. Revisio specierum eurasiaticarum generis *Abia* (Leach). Ezhegodnik Zoologicheskago Muzeja Imperatorskoj Akademii Nauk, 1: 153-180.

Semenov A. 1921. Praecursoriae Siricidarum novorum diagnoses (Hymenoptera). Russkoe Entomologicheskoe obozrenie, Petrograd 17[1917]: 81-95.

Semenov A, Gussakovskij V V. 1935. Siricides nouveaux ou peu connus de la fauna paléarctique (Hymenoptera). Annales de la Société Entomologique de France, 104: 117-126.

Shinohara A. 1983. Discovery of the families Xyelidae, Pamphiliidae, Blasticotomidae, and Orussidae from Taiwan, with description of four new species (Hymenoptera: Symphyta). Proceedings of the Entomological Society of Washington, 85(2): 309-320.

Shinohara A. 1988. Descriptions of two *Pamphilius*, with a checklist of the Pamphiliidae (Hymenoptera) from Caucasia. Bulletin of the National Science Museum, Series A, Zoology, 14(2): 105-111.

Shinohara A. 1999. Leaf-rolling sawflies of the genus *Onycholyda* (Hymenoptera, Pamphiliidae) from Shaanxi Province, China. Bulletin of the National Science Museum, Series A, Zoology, 25(1): 65-71.

Shinohara A. 2000. Sawflies and Woodwasps of the Imperial Palace, Tokyo. Memoirs of the National Science Museum, 36: 295-305.

Shinohara A, Byun B K. 1993. Pamphiliid sawfly genera *Neurotoma* and *Onycholyda* (Hymenoptera, Symphyta) of Korea. Insecta Koreana, 10: 75-91.

Shinohara A, Hara H. 2010. Taxonomy of two sawfly species of the genus *Arge* (Hymenoptera, Argidae) from China. Japanese Journal of Systematic Entomology, Matsuyama 16(1): 77-82.

Shinohara A, Hara H, Kim J W. 2009. The species group of *Arge captiva* (Insecta, Hymenoptera, Argidae). Bulletin of the National Museum of Nature and Science, Series A (Zoology), Tokyo 35(4): 249-278.

Shinohara A, Li Z J. 2015. Two new species of the sawfly genus *Macrophya* (Hymenoptera, Tenthredinidae) from Japan. Bulletin of the National Science Museum, Series A, 41(1): 43-53.

Shinohara A, Wei M C. 2010. Discovery of host plant and larva of *Onycholyda odaesana* (Hymenoptera, Pamphiliidae) in Hunan Province, China. Japanese Journal of Systematic Entomology, 16 (1): 105-107.

Shinohara A, Wei M. 2012. Pamphiliid sawflies (Hymenoptera, Symphyta) of Mt. Yunshan, Hunan Province, China. Bulletin of the National Museum of Nature and Science, (48): 53-74.

Shinohara A, Wei M C. 2016. Leaf-rolling sawflies (Hymenoptera, Pamphiliidae, Pamphiliinae) of Tianmushan Mountains, Zhejiang Province, China. Zootaxa, 4072(3): 301-318.

Shinohara A, Hara H, Saito T. 2008. Taxonomy, distribution and life history of *Sanguisorba*-feeding sawfly, *Arge suspicax* (Hymenoptera, Argidae). Japanese Journal of Systematic Entomology, 14(2): 265-282.

Shinohara A, Kakuda T, Wei M C, Kameda Y. 2018. DNA barcodes identify the larvae and unassociated male of three *Onycholyda* sawflies (Hymenoptera, Pamphiliidae) from China. Zootaxa, 4403(1): 123-132.

Shinohara A, Li Z J, Wei M C. 2012. Discovery of host plant and larva of *Pamphilius lizejiani* (Hymenoptera, Pamphiliidae) in Hubei Province, China. Bulletin of the National Museum of Nature and Science, Series A, 38(3): 145-147.

Shinohara A, Naito T, Huang F S. 1988. Pamphiliid sawflies (Hymenoptera) from Xizang and Sichuan, China. Annales de la Société Entomologique de France (N. S.), 24(1): 89-97.

Shinohara A, Xiao G. 2006. Some leaf-rolling sawflies (Hymenoptera, Pamphiliidae, Pamphiliinae) from China in the collection of the Research Institute of Forest Protection, Chinese Academy of Forestry, Beijing. *In*: Blank S M, Schmidt S, Taeger A. Recent Sawfly Research — Synthesis and Prospects. Goecke & Evers, Keltern, 285-296.

Singh D, Saini M S. 1987. Six new species of *Tenthredo* Linnaeus (Hymenoptera: Tenthredinidae) from India. Journal of the New York Entomological Society, 95(2): 328-337.

Smith F. 1860. Descriptions of new genera and species of Tenthredinidae in the Collection of the British Museum. The Annals and Magazine of Natural History, including Zoology, Botany, and Geology, Third Series, 6(34): 254-257.

Smith F. 1874. Descriptions of new species of Tenthredinidae, Ichneumonidae, Chrysididae, Formicidae & c. of Japan. Transactions of the Entomological Society of London for the Year 1874: 373-409.

Smith D R. 1974. Sawflies of the tribe Cladiini in North America (Hym. Tenthredinidae Nematinae). Transactions of the American Entomological Society, 100: 1-28.

Smith D R. 1979. Nearctic sawflies IV. Allantinae: adult and larvae (Hym. Tenthredinidae). Technical Bulletin, U. S. Department of Agriculture, No. 1595, 1-172, 24 plates.

Smith D R. 2008. Xiphydriidae of the Philippines, Insular Malaysia, Indonesia, Papua New Guinea, New Caledonia, and Fiji (Hymenoptera). Beiträge zur Entomologie, 58(1): 15-97.

Smith D R, Pratt P D, Makinson J. 2014. Studies on the Asian sawflies of *Formosempria* Takeuchi (Hymenoptera, Tenthredinidae), with notes on the suitability of *F. varipes* Takeuchi as a biological control agent for skunk vine, *Paederia foetida* L. (Rubiaceae) in Florida. Journal of Hymenoptera Research, 39: 1-15.

Snellen van Vollenhoven S S C. 1860. Beschrijving van eenige nieuwe soorten van Bladwespen. Tijdschrift voor Entomologie, 3: 128-130.

Stephens J F. 1829. A systematic catalogue of British insects: being an attempt to arrange all the hitherto discovered indigenous insects in accordance with their natural affinities. Containing also references to every english writer on entomology, etc. Vol. 1. Published for the Author, by Baldwin & Cradock, London, i-xxxiv + 1-416.

Stephens J F. 1835. Illustrations of British Entomology; or, a synopsis of indigenous insects: containing their generic and specific distinctions; with an account of their metamorphosis, times of appearance, localities, food, and economy, as far as practicable. Mandibulata. Vol. 7. Baldwin & Cradock, London, 1-312.

Sun Z M, Niu G Y, Song L D, Wan S Y, Wei M C. 2021. Review of *Alloxiphia* Wei (Hymenoptera: Xiphydriidae), with descriptions of two new species from China. Zoological Systematics, 46(4): 317-322.

Taeger A, Blank S M. 1996. Kommentare zur Taxonomie der Symphyta (Hymenoptera) (Vorarbeiten zu einem Katalog der Pflanzenwespen, Teil 1). Beiträge zur Entomologie, 46(2): 251-275.

Taeger A, Blank S M, Liston A D. 2010. World Catalog of Symphyta (Hymenoptera). *Zootaxa*, 2580: 1-1064.

Taeger A, Liston A D, Prous M, Groll E K, Gehroldt T. , Blank S M. 2018. ECatSym - Electronic World Catalog of Symphyta (Insecta, Hymenoptera). Program version 5. 0 (19 Dec 2018), data version 40 (23 Sep 2018). Senckenberg Deutsches Entomologisches Institut (SDEI), Müncheberg. https://sdei. de/ecatsym/Access: 30 Apr. 2022.

Takeuchi K. 1919. On the genus *Siobla* and new genus *Siobloides* of Japan. The Entomological Magazine, 4: 11-20.

Takeuchi K. 1927a. Some Chalastogastra from Corea. Transactions of the Natural History Society of Formosa, 17(93): 378-387.

Takeuchi K. 1927b. Some new sawflies from Formosa. Transactions of the Natural History Society of Formosa, 27(90): 201-209.

Takeuchi K. 1928. New sawflies from Formosa. I. Transactions of the Natural History Society of Formosa, 28(94): 38-45.

Takeuchi K. 1929a. New sawflies from Formosa, 3. Transactions of the Natural History Society of Formosa, 29(100): 83-91.

Takeuchi K. 1929b. Descriptions of new sawflies from the Japanese Empire (I). Transactions of the Natural History Society of Formosa, 29(105): 495-520.

Takeuchi K. 1930. A revisional list of the Japanese Pamphiliidae, with description of nine new species. The Transactions of the Kansai Entomological Society, 1: 3-16.

Takeuchi K. 1932. A revision of the Japanese Argidae. The Transactions of the Kansai Entomological Society, 3: 27-42.

Takeuchi K. 1933a. Undescribed sawflies from Japan. The Transactions of the Kansai Entomological Society, 4: 17-34.

Takeuchi K. 1933b. Formosan sawflies collected by Professor Teiso Esaki, with the description of four new species. The Transactions of the Kansai Entomological Society, 4: 65-76.

Takeuchi K. 1936. Tenthredinoidea of Saghalien (Hymenoptera). Tenthredo, Acta Entomologica, 1(1): 53-108.

Takeuchi K. 1937. A study on the Japanese species of the genus *Macrophya* Dahlbom (Hymenoptera Tenthredinidae). Tenthredo. Acta Entomologica, 1(4): 376-454.

Takeuchi K. 1938a. Chinese sawflies and woodwasps in the collection of the Musée Heude in Shanghai (First report). Notes d'Entomologie Chinoise, 5(7): 59-85.

Takeuchi K. 1938b. A systematic study on the suborder Symphyta (Hymenoptera) of the Japanese Empire (I). Tenthredo. Acta Entomologica, 2(2): 173-229.

Takeuchi T. 1939. A systematic study on the suborder Symphyta (Hymenoptera) of the Japanese Empire (II). Tenthredo, 2: 394-439.

Takeuchi K. 1940. Chinese sawflies and woodwasps in the collection of the Musée Heude in Shanghai (second report). Notes d'Entomologie Chinoise, 7(2): 463-486.

Takeuchi K. 1941. A systematic study on the suborder Symphyta (Hymenoptera) of the Japanese Empire (IV). Tenthredo. Acta Entomologica, 3(3): 230-274.

Takeuchi K. 1948. Tenthredinoidea of Shansi, China. Mushi, 18: 53-58.

Takeuchi K. 1949. A list of the food-plants of Japanese sawflies. The Transactions of the Kansai Entomological Society, 14: 47-50.

Takeuchi K. 1952. A generic classification of the Japanese Tenthredinidae (Hymenoptera: Symphyta). Kyoto: 90.

Takeuchi K. 1956. Sawflies of the Kurile Islands (II). Insecta Matsumurana, 19(3-4): 71-81.

Tan B B, Liu L, Wei M C. 2022. Three new species of *Janus* Stephens (Hymenoptera: Cephidae) with a key to Zhejiang species, China. Entomotaxonomia, 44(1): 72-79.

Thomson C G. 1870. Öfversigt af Sveriges Tenthrediner. Opuscula Entomologica. Edidit C. G. Thomson, 2: 261-304.

Togashi I. 1982. Tenthredinoidea Collected by the Zoological Museum, Copenhagen Expedition to Thailand. Kontyû, 50(4): 531-543.

Togashi I. 1984a. A new genus and new species of Blennocampinae (Hymenoptera: Tenthredinidae) from Japan. Akitu: transactions of the Kyoto Entomological Society, N. S. , 60: 1-4.

Togashi I. 1984b. A new genus and two new species of Blennocampinae (Hymenoptera: Tenthredinidae) from Japan and Taiwan[①]. Proceedings of the Entomological Society of Washington, 86(3): 635-638.

Togashi I. 1988. Symphyta of Thailand (Insecta, Hymenoptera). Steenstrupia, 14(4): 101-119.

Togashi I. 1990a. A new *Darjilingia* (Symphyta, Tenthredinidae) from Taiwan. Proceedings of the Entomological Society of Washington, 92(3), 422-425.

Togashi I. 1990b. Notes on Taiwan Symphyta (Hymenoptera, Siricidae, Tenthredinidae, Argidae) (II). Esakia, Special Issue, 1: 177-192.

Togashi I. 1995. A new genus and new species of the tribe Caliroini, Heterarthrinae (Hymenoptera: Tenthredinidae) from Japan. Japanese Journal of Entomology, 63(1): 91-94.

Turner R E. 1920. On Indo-Chinese Hymenoptera collected by R. Vitalis de Salvaza. — IV. The Annals and Magazine of Natural History, including Zoology, Botany, and Geology; Ninth Series, 5: 84-98.

Viereck H L. 1910. Phytophaga. *In*: Smith J B. Annual report of the New Jersey State Museum including a report of the insects of New Jersey, 1909. Trenton: 1-888.

Vikberg V, Liston A D. 2009. Taxonomy and biology of European Heptamelini (Hymenoptera, Tenthredinidae, Selandriinae). Zootaxa, 2112: 1-24.

Vilhelmsen L. 1997. Head capsule concavities accommodating the antennal bases in Hymenoptera pupating in wood: possible emergence-facilitating adaptations. International Journal of Insect Morphology and Embryology, 26: 129-138.

Vilhelmsen L. 2001. Phylogeny and classification of the extant basal lineages of the Hymenoptera (Insecta). Zoological Journal of the Linnean Society, 131: 393-442.

Viitasaari M. 2002. The suborder Symphyta of the Hymenoptera. *In*: Viitasaari M. Sawflies (Hymenoptera, Symphyta) I. A Review of the Suborder, the Western Palaearctic Taxa of Xyeloidea and Pamphilioidea. Tremex, Helsinki, 11-174.

Viitasaari M, Zinovjev A G. 1991. *Taxonus zhelochovtsevi* sp. n. and *Apethymus parallelus* (Eversmann, 1847) from the Soviet Far East (Hymenoptera, Tenthredinidae). Entomologica Fennica, 2(3): 175-178.

Vollenhoven S S C. van 1869. Nieuwe Naamlijst van Nederlandsche vliesvleugelige Insecten (Hymenoptera). Tijdschrift voor Entomologie, 12 ser. , 2(4): 89-127.

Wan S Y, Niu G Y, Wei M C. 2022a. Two new species and a new combination of *Eriotremex* Benson (Hymenoptera: Siricidae) with a key to Chinese species. Entomotaxonomia, 44(2): 154-160.

Wan S Y, Niu G Y, Dogan Ö, Korkmaz E M, Wei M C. 2024. Mitochondrial phylogenomics of Tenthredinidae (Hymenoptera: Tenthredinoidea) supports the monophyly of Eriocampinae subfamily nova. Insects, in press.

Wan S Y, Wu D, Niu G Y, Wei M C. 2022b. *Arge aurora* sp. nov. (Hymenoptera, Argidae) from China with a key to East Asian species of *Arge nipponensis* group. Entomological Research, 52: 33-43.

Wang H N, Wei M C. 2024. A new species of *Gilpinia* Benson (Hymenoptera: Diprionidae) from China and three new combinations of Diprionidae. Entomotaxonomia, 45: 76-82.

Wang H N, Smith D R, Xiao W, Niu G Y, Wei M C. 2019. *Gilpinia infuscalae* Wang & Wei, sp. nov. and a key to the Chinese *Gilpinia* species (Hymenoptera: Diprionidae). Zootaxa, 4571(4): 589-596.

Wankowicz J. de 1880. [Advertisements to no. 6 of: Ed. André: Species des Hyménoptères d'Europe & d'Algérie.] Beaune (Côte-d'Or), [1].

Wei M C. 1994. Studies on the tribe Fenusini from China. Entomologia Sinica, 1(2): 110-123.

Wei MC. 1995. Hymenoptera: Argidae and Tenthredinidae. 544-550. *In*: Wu H. Insects of Baishanzu Mountain, Eastern China. Beijing: China Forestry Publishing House, 1-586.

Wei M C. 1997A. Studies on the tribe Allantini (Hymenoptera: Tenthredinidae) - new taxa and records of Allantini from China. Entomologia Sinica, 4(2): 112-120.

Wei M C. 1997B. Taxonomical studies on Argidae of China (Hymenoptera)–A new genus and five new species of Sterictiphorinae. Entomologia Sinica, 4(4): 295-305.

Wei M C. 1997C. Revision of the genus *Caliroa* O. Costa (Hym. : Heterarthridae) from China. Entomotaxonomia, 19(suppl.): 51-59.

Wei M C. 1997D. Two new genera of Selandriidae (Hym. : Tenthredinomorpha) from China. Entomotaxonomia, 19(suppl.): 43-47.

Wei M C. 1997E. Two new genera of Empriini of China (Hym. : Tenthredinidae). Journal of Central South Forestry University, 17(suppl.): 121-125.

Wei M C. 1997F. Two new genera and new species of Sciapterygini (Hymenoptera: Tenthredino-morpha: Tenthredinidae) from China. Entomotaxonomia, 19(suppl.): 11-16.

---

① 本文献政治立场表述错误。台湾（Taiwan）是中国领土的一部分，不应与其他国家名称并列出现。本书因引用历史文献不便改动，但并不代表本书作者及科学出版社的政治立场。

Wei M C. 1997G. A new genus of Caliroinae (Hymenoptera: Tenthredinomorpha:) Heterarthridae from China. Entomotaxonomia, 19(suppl.): 48-50.

Wei M C. 1998A. Taxonomic studies on Argidae of China I. A new genus and two new species of Athermantinae (Hymenoptera). Entomotaxonomia, 20(3): 219-222.

Wei M C. 1998B. Two new genera of Hoplocampinae from China with a key to known genera of the subfamily in the world (Hymenoptera: Nematidae). Journal of Central South Forestry University, 18(4): 12-18.

Wei M C. 1998C. Two new genera of Allantinae from China. Zoological Research, 19 (2): 148-152.

Wei M C. 1998D. A review of Caliroini with descriptions of new taxa from China (Hymenoptera: Heterarthridae). Journal of Central South Forestry University, Zhuzhou 18(4): 25-34.

Wei M C. 1999. Two new genera and three new species of Hartigiini (Hymenoptera: Cephidae). Acta Zootaxonomica Sinica, Beijing 24(2): 201-205.

Wei M C. 2000. Notes on some Forsius' types of Asian sawflies (Hymenoptera: Tenthredinoidea) with description of a new species. Entomologia Sinica, 7 (4): 299-307.

Wei M C. 2001. Revision of Cladiini (Hymenoptera: Tenthredinomorpha: Nematidae) from China (I): Notes on Cladiini and *Driocampus* Zhang with revision of *Cladius* Illiger from China. Journal of Jishou University (Natural Science Edition), 22(3): 34-39.

Wei M C. 2005. On the sawfly genus *Hemathlophorus* Malaise of China (Hymenoptera, Tenthredinidae, Allantinae). Acta Zootaxonomica Sinica, 30(4): 822-827.

Wei M C. 2008. On the genus *Syrista* Konow, with the description of a new species from China (Hymenoptera: Tenthredinidae). Entomological News, 118: 450-458.

Wei M C. 2010. Revision of *Megabeleses* Takeuchi (Hymenoptera, Tenthredinidae) with description of two new species from China. Zootaxa, 2729: 36-50.

Wei M C, Ma L. 1997. Five new species of *Macrophya* (Hymenoptera: Tenthredinomorpha: Tenthredinidae) from China. Entomotaxonomia, 19(suppl.): 77-84.

Wei M C, Nie H Y. 1997A. Studies of the genus *Heptamelus* from China (Hym.: Selandriidae). Journal of Central South Forestry University, 17(suppl.): 109-120.

Wei M C, Nie H Y. 1997B. Taxonomic study of the genus *Euforsius* Malaise (Hym.: Tenthredinidae.). Journal of Central South Forestry University, 17(suppl.): 32-36.

Wei M C, Nie H Y. 1997C. Seven new species of *Dolerus* Panzer (Hymenoptera: Tenthredinomorpha: Tenthredinidae) from China. Entomotaxonomia, 19(suppl.): 60-68.

Wei M C, Nie H Y. 1997D. Three new genera of Blennocampinae from China (Hymenoptera: Blennocampidae). Journal of Central South Forestry University, 17(suppl.): 95-100.

Wei M C, Nie H Y. 1998A. Generic list of Tenthredinoidea in new systematic arrangement with synonyms and distribution data. Journal of Central South Forestry University, 18(3): 23-31.

Wei M C, Nie H Y. 1998B. Two new genera and species of Blennocampinae from Sichuan and Yunnan (Hymenoptera: Blennocampidae). Journal of Central South Forestry University, 18(4): 78-81, 103.

Wei M C, Nie H Y. 1998C. New genera and species of Fenusini from China (Hymenoptera: Tenthredinidae). Journal of Jishou University (Natural Science Edition), 19(4): 20-24.

Wei M C, Nie H Y. 1998D. Sixteen new species of the genus *Tenthredo* from Funiushan (Hymenoptera: Tenthredinidae). The Fauna and Taxonomy of Insects in Henan, 2: 188-200.

Wei M C, Nie H Y. 1998E. Eleven new species of *Pachyprotasis* Hartig from Funiushan (Hym.: Tenthredinidae). The Fauna and Taxonomy of Insects in Henan, 2: 162-169.

Wei M C, Nie H Y. 1999A. New species of Blasticotomidae from China with keys to known genera and species of the family. Entomotaxonomia, 21(1): 51-59.

Wei M C, Nie H Y. 1999B. A new genus of Arginae (Hymenoptera: Argidae) from China. Journal of Central South Forestry University, 19(2): 20-22.

Wei M, Nie H. 1999C. New genera of Allantinae (Hymenoptera: Tenthredinidae) from China with a key to known genera of Allantini. Journal of Central South Forestry University, 19(4): 8-16.

Wei M C, Nie H Y. 2007. Two new genera of Cephidae (Hymenoptera) from Eastern Asia. Acta Zootaxonomica Sinica, 32 (1): 109-113.

Wei M C, Nie H Y, Taeger A. 2006. Sawflies (Hymenoptera: Symphyta) of China–Checklist and review of research. *In*: Blank SM, Schmidt S, Taeger A. Recent Sawfly Research: Synthesis and Prospects. Goecke & Evers, Keltern, 505-574.

Wei M C, Niu G Y. 2014. *Setabara* Ross, a genus new to China with description of a new species (Hymenoptera: Tenthredinidae). Entomological News, 124(2): 98-102.

Wei M C, Niu G Y. 2023. A new genus of Diprioninae with a new species and seven new combinations (Hymenoptera: Diprionidae). Entomotaxonomia, 45(4): 294-301.

Wei M C, Smith D R. 2010. Review of *Syrista* Konow (Hymenoptera: Cephidae). Proceedings of the Entomological Society of Washington, 112 (2): 302-316.

Wei M C, Ouyang G M, Huang W H. 1997. A new genus and eight new species of Tenthredinidae (Hymenoptera) from Jiangxi. Entomotaxonomia, 19(1): 65-73.

Wei M C, Wen J. 1997. Six new species of *Arge* Schrank (Hymenoptera: Argidae) from China. Entomotaxonomia, 19(suppl.): 25-34.

Wei M C, Xu Y, Li Z J. 2013. Two new species of *Macrophya koreana* subgroup of *Macrophya sanguinolenta* group (Hymenoptera, Tenthredinidae) from China. Acta Zootaxonomica Sinica, 38(2): 328-334.

Wei M C, Xu Y, Niu G Y. 2011. Revision of *Emphytopsis* Wei & Nie (Hymenoptera: Tenthredin-idae) with description of seven new species from China and Japan. Zootaxa, 2803: 1-20.

Wei M C, Zhang Y. 2009. A new species of the genus *Corymbas* Konow from China and a new synonym of *Neocorymbas sinica* Wei et Ouyang (Hymenoptera, Tenthredinidae). Acta Zootaxonomica Sinica, 34 (1): 51-54.

Westwood J O. ([1839]). Synopsis of the genera of British insects. *In*: Westwood J O. (1838-1840). An introduction to the modern classification of insects; founded on the natural habits and corresponding organization of the different families. Longman, Orme, Brown, Green, and Longmans, London, Synopsis (E-F), 49-80.

Westwood J O. 1874. Thesaurus entomologicus Oxoniensis; or, illustrations of new, rare, and interesting insects, for the most part contained in the collection presented to the University of Oxford by the Rev. F. W. Hope, M. A. , D. C. L. , F. R. S. , & c. with forty plates from drawings by the author. Oxford, Clarendon Press. i-xxiv, 1-205, 1-40.

Wong H R. 1977. Chinese species of *Pristiphora* and their relationship to Palaearctic and Nearctic species (Hymenoptera: Tenthredinidae). Canadian Entomologists, 109: 101-106.

Wu C F. 1941. Order 24. Hymenoptera, Suborder Chalastogastra. Catalogus insectorum sinensium. Department of Biology, Yenchine University, Peiping, China 6(1): 1-36.

Wu X Y. 2009. A New Species of *Amauronematus* Konow (Hymenoptera: Tenthredinidae) from China. Journal of Central South Forestry University, 29(2): 98-101.

Wu R X, Niu G Y, Wei M C. 2021. A new species of *Aprosthema* Konow (Hymenoptera: Argidae) with a key to Chinese species. Entomotaxonomia, 43(3): 225-229.

Xiao G R, Wu J. 1983. The siricid woodwasps of China (Hymenoptera, Symphyta). Scientia Silvae Sinicae. Memoir of Forest Entomology, 19: 1-29.

Xiao W, Ma L, Wei M C. 1997. Investigation of sawflies (Hymenoptera: Tenthredinoidea) from the campus of Central South Forestry University. Journal of Central South Forestry University, 17(suppl.): 6-10.

Xiao W, Niu G Y, Wei M C. 2021. Review of some species of *Corrugia* (Hymenoptera: Tenthredinidae) with description of a new species and a revised key to world species. Entomotaxonomia, 43(4): 310-321.

Yan Y C, Chen L, Li G H, Li Z J, Wei M C. 2020. Two new species of the *Praia* Wankowicz (Hymenoptera: Cimbicidae) from China. Entomotaxonomia, 42(3): 231-239.

Yan Y C, Li Z J, Chen L, Wei M C. 2021. Two new species of the *Leptocimbex grahami* group (Hymenoptera: Cimbicidae) from China. Entomotaxonomia, 43(1): 38-45.

Yan Y C, Niu, G Y, Lan B C, Wei, M C. 2018. Review of *Leptocimbex formosanus* group (Hymeno-ptera: Cimbicidae) with two new Chinese species. Entomological Research, 48: 372-383.

Yan Y C, Niu G Y, Zhang Y Y, Ren Q Y, Du S Y, Lan B C, Wei M C. 2019. Complete mitochondrial genome sequence of *Labriocimbex sinicus*, a new genus and new species of Cimbicidae (Hymenoptera) from China. PeerJ, 7: e7853 (1-39).

Yan Y C, Wei M C. 2013. A new species of the genus *Leptocimbex* Semenov-Tianshanskij (Hymenoptera, Cimbicidae) from Hunan, China. Acta Zootaxonomica Sinica, 38(1): 130-133.

Yan Y C, Wei M C, He Y K. 2008. Two new species of *Tenthredo* (Hymenoptera, Tenthredinidae) from China. Acta Zootaxonomica Sinica, 33 (2): 282-286.

Yan Y C, Wei M C, He Y K. 2009. Two new species of Tenthredinidae (Hymenoptera) from China. Acta Zootaxonomica Sinica, 34 (2): 248-252.

Yan Y C, Xiao W, Wei M C. 2014. Two new species of *Leptocimbex* Semenov (Hymenoptera: Cimbicidae) from China. Entomotaxonomia, 36(4): 311-320.

Yan Y C, Xu Y, Wei M C. 2012. Two new species of *Tenthredo* (Hymenoptera, Tenthredinidae) from China. Acta Zootaxonomica Sinica, Beijing 37(2): 363-369.

Zhang S B, Wei M C. 2013. Two new species of Tenthredininae from China (Hymenoptera, Tenthredinidae). Acta Zootaxonomica Sinica, 38(3): 603-608.

Zhelochovtsev A N. 1951. Obzor palearkticheskih pilil'shhikov podsemejstva Selandriinae (Hym. , Tenthr.). Sbornik trudov zoologicheskogo muzeja MGU, 7: 123-153.

Zhelochovtsev A N. 1961. Novye i maloizvestnye pilil'shhiki (Hymenoptera, Symphita [sic!]) Tjan'-Shanja. [New and little known sawflies (Hymenoptera, Symphyta) from Tian-Shan.]. Sbornik trudov Zoologicheskogo Muzeja MGU, Moskva 8: 117-138.

Zhelochovtsev A N, Zinovjev A G. 1988. 27. Otrjad Hymenoptera — Pereponchatokrylye Podotrjad Symphyta (Chalastogastra) — Sidjachebrjuhie. *In*: Zhelohovcev A N, Tobias V I, Kozlov M A. Opredelitel' nasekomyh evropejskoj chasti SSSR. T. III. Pereponchatokrylye. Shestaja chast'. (Opredeliteli po faune SSSR, izdavaemye Zoologicheskim institutom AN SSSR; Vyp. 158). Nauka, Leningrad, 7-234.

Zhong Y H, Li Z J, Wei M C. 2015. Six new Chinese species of the *Pachyprotasis melanosoma* group (Hymenoptera: Tenthredinidae) with a key to the species. Zootaxa, 3914(1): 1-45.

Zhong Y H, Li Z J, Wei M C. 2018. Two new species and a key to species of *Pachyprotasis* (Hymenoptera: Tenthredinidae) from Zhejiang, China. Entomotaxonomia, 40(4): 286-295.

Zhong Y H, Li Z J, Wei M C. 2020. A key to species of the *Pachyprotasis flavipes* group (Hymenoptera: Tenthredinidae) with two new species from China. Entomotaxonomia, 42(4): 319-328.

Zhu X N, Wei M C. 2009. A new species of *Macrophya* (Hymenoptera, Tenthredinidae) with a key to species of *coxalis* group from China. *Acta Zootaxonomica Sinica*, 34(2): 253-256.

Zirngiebl L. 1937. Neue oder wenig bekannte Tenthredinoiden (Hym.) aus dem Naturhistorischen Museum in Wien. Festschrift zum 60. Geburtstage von Professor Dr. Embrik Strand, 3: 335-350.

Zirngiebl L. 1953. Tenthredinoiden aus der Zoologischen Staatssammlung in München. Mitteilungen der Münchner Entomologischen Gesellschaft, 43: 234-238.

Zirngiebl L. 1956. Blattwespen aus Iran. Mitteilungen der Münchner Entomologischen Gesellschaft, 46: 322-326.

Zombori L. 1977. *Sterigmos amauros* gen. et sp. n. with remarks on Blennocampini (Hymenoptera: Symphyta). Acta Zoologica Academiae Scientiarum Hungaricae, 23(1-2): 237-245.

英 文 摘 要

  This book records 7 suborders, 14 families, 208 genera and 720 species from Zhejiang Province of China. Among them 3 genera and 149 species are new to science. The new genera are *Zhongzhengus* Wei, gen. nov., *Nankaina* Wei, gen. nov., and *Orbitapareophora* Wei, gen. nov. All are member of Tenthredinidae and they are described below the English abstract. The new species are: *Arge brevibella* Wei, sp. nov., *Arge erectotheca* Wei, sp. nov. and *Arge yueji* Niu & Wei, sp. nov. of Argidae; *Gilpinia circulospina* Wei, sp. nov. and *Macrodiprion longtangensis* Wei & Wang, sp. nov. of Diprionidae; *Heptamelus wui* Wei, sp. nov. and *Pseudoheptamelus tianmunicus* Wei, sp. nov. of Heptamelidae; *Hoplocampa flavicollis* Wei, sp. nov., *Hoplocampa tianmunica* Wei, sp. nov., *Hoplocampa xanthoclypea* Wei & Niu, sp. nov., *Analcellicampa maculidorsata* Niu & Wei, sp. nov., *Priophorus curvatinus* Wei, sp. nov., *Priophorus lishui* Wei & Li, sp. nov., *Priophorus megavertexus* Wei, sp. nov., *Priophorus sulcatus* Wei, sp. nov., *Priophorus truncatatheca* Wei, sp. nov., *Priophorus xiefeng* Wei, sp. nov., *Stauronematus tianmunicus* Wei, sp. nov., *Platycampus linealis* Liu & Wei, sp. nov., *Pristiphora nigrotibialina* Wei, sp. nov., *Nesoselandria armata* Wei, sp. nov., *Nesoselandria brevissima* Wei, sp. nov., *Nesoselandria crassicornis* Wei, sp. nov., *Nesoselandria dentella* Wei, sp. nov., *Nesoselandria elongata* Wei, sp. nov., *Nesoselandria hei* Wei, sp. nov., *Nesoselandria mandibulata* Wei, sp. nov., *Nesoselandria megavertexa* Wei, sp. nov., *Nesoselandria rufothoracina* Wei, sp. nov., *Nesoselandria southa* Wei, sp. nov., *Nesoselandria tenuis* Wei, sp. nov., *Nesoselandria zhoushana* Wei, sp. nov., *Birka sinica* Wei, sp. nov., *Birka tianmunica* Wei, sp. nov., *Linorbita tianmunica* Wei, sp. nov., *Neostromboceros flavitarsis* Wei, sp. nov., *Neostromboceros lii* Wei sp. nov., *Neostromboceros longiverticinus* Wei, sp. nov., *Neostromboceros megafoveatus* Wei, sp. nov., *Neostromboceros wui* Wei, sp. nov., *Parapeptamena albicollis* Wei, sp. nov., *Atoposelandria lishui* Wei, sp. nov., *Abusarbia nigrorbita* Wei, sp. nov., *Busarbidea mengmeng* Wei, sp. nov., *Busarbidea punctata* Wei, sp. nov., *Neodolerus nigrotegularis* Wei, sp. nov., *Neodolerus rufoclypeus* Wei, sp. nov., *Neodolerus thecetta* Wei, sp. nov., *Neodolerus zhanying* Wei, sp. nov., *Neodolerus zhaoi* Wei, sp. nov., *Dimorphopteryx laticinctus* Wei, sp. nov., *Dimorphopteryx tianmuensis* Wei, sp. nov., *Dimorphopteryx wangi* Wei, sp. nov., *Ametastegia subtruncata* Wei, sp. nov., *Protemphytus brevicornis* Wei, sp. nov., *Stenempria zhejiangensis* Wei, sp. nov., *Mallachiella tianmunica* Wei, sp. nov., *Mallachiella tricellis* Wei, sp. nov., *Ferna tianmunica* Wei, sp. nov., *Apethymus zhoui* Wei, sp. nov., *Caiina xanthofemorata* Wei & Li, sp. nov., *Caiina xingyuae* Wei & Li, sp. nov., *Emphytopsis fengyangshana* Wei & Li, sp. nov., *Allomorpha nigrotibialis* Wei, sp. nov., *Taxonus zhewanicus* Wei, sp. nov., *Corymbas minutifovea* Wei & Niu, sp. nov., *Siobla yangi* Niu & Wei, sp. nov., *Tenthredo rugossicephala* Wei & Niu, sp. nov., *Tenthredo megasomata* Wei & Niu, sp. nov., *Tenthredo baishanzua* Wei & Niu, sp. nov., *Tenthredo longwang* Wei & Niu, sp. nov., *Tenthredo yipingi* Wei & Niu, sp. nov., *Tenthredo longquan* Wei & Niu, sp. nov., *Tenthredo zhongzheng* Wei & Niu, sp. nov., *Tenthredo lishui* Wei & Niu, sp. nov., *Tenthredo shuaiguoi* Wei & Niu, sp. nov., *Caliroa bui* Wei, sp. nov., *Caliroa cinctila* Wei, sp. nov., *Caliroa minuta* Wei, sp. nov., *Neopoppia xanthofemorata* Wei, sp. nov., *Neopoppia rushiae* Wei, sp. nov., *Afenella brevicornis* Wei, sp. nov., *Birmella melanopoda* Wei, sp. nov., *Hemibeleses lii* Wei, sp. nov., *Hemibeleses liuae* Wei, sp. nov., *Hemibeleses nigroclypeatus* Wei, sp. nov., *Hemibeleses tianmunicus* Wei, sp. nov., *Abeleses nigrocornis* Wei, sp. nov., *Abeleses ravus* Wei, sp. nov., *Abeleses rufonotis* Wei, sp. nov., *Beleses xanthopoda* Wei, sp. nov., *Tomostethus huadong* Wei, sp. nov., *Zhongzhengus tianmunicus* Wei, sp. nov., *Eutomostethus glabrogaster* Wei, sp. nov., *Eutomostethus hei* Wei, sp. nov., *Eutomostethus lizejiani* Wei, sp. nov., *Eutomostethus litaoi* Wei, sp. nov., *Eutomostethus maculitegulatus* Wei, sp. nov., *Eutomostethus maculothoracicus*

Wei, sp. nov., *Eutomostethus tianmunicus* Wei, sp. nov., *Eutomostethus triangulatus* Wei, sp. nov., *Eutomostethus zhouhui* Wei, sp. nov., *Pasteelsia fulviventris* Wei, sp. nov., *Allantopsis flatoserrula* Wei, sp. nov., *Allantopsis leucopoda* Wei, sp. nov., *Stethomostus zhejiangensis* Wei, sp. nov., *Monophadnus denticornis* Wei, sp. nov., *Monophadnus hangzhou* Wei, sp. nov., *Monophadnus lanxi* Wei, sp. nov., *Aphymatocera sinica* Wei, sp. nov., *Nesotomostethus nigrotegularis* Wei, sp. nov., *Phymatocera striatana* Wei, sp. nov., *Phymatoceriola niei* Wei, sp. nov., *Dicrostema brevisulca* Wei, sp. nov., *Revatra albotegula* Wei, sp. nov., *Bua coriacea* Wei, sp. nov., *Phymatoceridea apicalis* Wei, sp. nov., *Senoclidea brevitarsalia* Wei, sp. nov., *Apareophora acutiserrulata* Wei, sp. nov., *Monardis elongata* Wei, sp. nov., *Monardis simingshana* Wei, sp. nov., *Monardoides brevisulcus* Wei, sp. nov., *Monardoides jiulong* Wei, sp. nov., *Orbitapareophora stenoloba* Wei, sp. nov., *Pareophora zhengi* Wei, sp. nov., *Periclista crassifemorata* Wei, sp. nov., *Periclista dentella* Wei, sp. nov., *Periclista jiae* Wei, sp. nov., *Periclista liuae* Wei, sp. nov., *Periclista maculoclypea* Wei, sp. nov., *Periclista nigroclypea* Wei, sp. nov., *Periclista tianmunica* Wei, sp. nov., *Periclista zhaidai* Wei, sp. nov., *Blennocampa albotegula* Wei, sp. nov., *Blennocampa brevitheca* Wei, sp. nov., *Claremontia lii* Wei & Niu, sp. nov., *Claremontia hupingae* Wei, sp. nov., *Claremontia nigrospuralis* Wei, sp. nov., *Monophadnoides punctatus* Wei, sp. nov., *Monophadnoides xanthomaculus* Wei, sp. nov., *Halidamia melanogaster* Wei, sp. nov., *Nankaina formosa* Wei & Niu, sp. nov., *Nankaina splendida* Wei, sp. nov. of Tenthredinidae; *Cephalcia glabroceps* Wei & Gao, sp. nov., *Neurotoma lii* Wei, sp. nov. and *Pamphilius shureni* Wei, sp. nov. of Pamphiliidae; *Janus bicoloristigma* Wei & Liu, sp. nov., *Urosyrista tianmunica* Wei & Liu, sp. nov. and *Magnitarsijanus tianmunicus* Wei & Liu, sp. nov. of Cephidae.

Besides, following 24 new combinations are proposed. *Arge sinica* (Wei & Nie, 1998) comb. nov. and *Arge wui* (Wei & Nie, 1998) comb. nov. are transferred from *Alloscenia*; *Cibdela huangae* (Wei, 2013) comb. nov., *Cibdela xiaoweii* (Wei, 1999) comb. nov., *Cibdela siluncula* (Konow, 1906) comb. nov., *Cibdela nigropilosis* (Wei & Niu, 2010) comb. nov. and *Zhuhongfuna tianmushana* (Wei, 1998) comb. nov. are transferred from *Arge*; *Tanyphatnidea interstitialis* (Cameron, 1877) comb. nov. and *Tanyphatnidea scutellis* (Wei, 1997) comb. nov. are transferred from *Pampsilota*; *Diprion bodyarensis* (M.S. Saini & Thind, 1993) comb. nov., *Diprion ghanii* (D.R. Smith, 1971) comb. nov. and *Diprion indica* (Cameron, 1913) comb. nov. are transferred from *Gilpinia*; *Macrodiprion tianmunicus* (Zhou & Huang, 1983) comb. nov. is transferred from *Diprion*; *Nematus eglabratus* (Wei, 1999) comb. nov. is transferred from *Craesus*; *Neodolerus guisanicollis* (Wei, 1999) comb. nov., *Neodolerus hordei* (Rohwer, 1925) comb. nov., *Neodolerus shanghaicus* (Wei, Nie & Taeger, 2006) comb. nov., *Neodolerus shanghaiensis* (Haris, 1996) comb. nov., *Neodolerus tritici* (Chu, 1949) comb. nov., *Neodolerus ephippiatus* (F. Smith, 1874) comb. nov. and *Neodolerus yokohamensis* (Rohwer, 1925) comb. nov. are transferred from *Dolerus*; *Taxonemphytus silaceus* (Koch, 1988) comb. nov. is transferred from *Apethymus*; *Allantopsis insularis* (Rohwer, 1913) comb. nov. is transferred from *Onychostethomostus*; *Sinicephus cyaneus* (Wei, 1999) comb. nov. is transferred from *Miscocephus*.

Three new generic synonyms and 8 new specific synonyms of Tenthredinoidea are proposed. *Onychostethomostus* Togashi, 1984 is a new synonym of *Allantopsis* Rohwer, 1913. *Sinocaliroa* Wei, 1998 is a new synonym of *Neopoppia* Rohwer, 1912. *Miscocephus* Wei, 1999 is a new synonym of *Sinicephus* Maa, 1949. *Nesodiprion zhejiangensis* Xiao & Huang, 1984 is a new synonym of *Nesodiprion biremis* (Konow, 1899). *Nematus maculiclypeatus* Wei, 2003 is a new synonym of *Nematus prunivorus* Xiao, 1995. *Nesoselandria nigrotarsalia* Wei, 2003 is a new synonym of *Nesoselandria simulatrix* Zhelochovtsev, 1951. *Tenthredo saringeri* Haris & Roller, 2007 is a new synonym of *Tenthredo sporadipunctata* Malaise, 1945. *Abeleses formosanus notatus* Enslin, 1911 is a new synonym of *Abeleses formosanus* Enslin, 1911. *Eutomostethus occipitalis* Wei & Nie, 1998 is a new synonym of *Eutomostethus tricolor* Malaise, 1934. *Emegatomostethus femosus* Wei, 1997 is a new synonym of *Emegatomostethus sauteri* (Enslin, 1911). *Cephus tianmunicus* Wei & Nie, 1997 is a new synonym of *Cephus aurora* Maa, 1949.

Four species are reestablished as valid: *N. simulatrix* Zhelochovtsev, 1951 is removed from the synonym of *N. shanica* Malaise, 1944; *Formosempria metallica* Wei, 2003 and *F. annamensis* Malaise, 1961 are removed from the synonyms of *F. varipes* Takeuchi, 1929; *Nesotaxonus flavescens* (Marlatt, 1898) is removed from the synonym of *N. fulvus* Cameron, 1877.

Six genera of Tenthredinidae, *Pseudoheptamelus* Conde, 1932, *Armitarsus* Malaise, 1931, *Dimorphopteryx* Ashmead, 1898, *Pareophora* Konow, 1896, *Blennocampa* Hartig, 1837 and *Halidamia* Benson, 1939 are recorded for the first time from China. *Armitarsus punctifemoratus* Malaise, 1931 is recorded as new to China. Two species, *Neostromboceros sinanensis* Takeuchi and *Tenthredo nigropicta* (Smith) are removed from the Chinese faunal list. The Chinese record of *Neostromboceros sinanensis* Takeuchi is a misidentification of *Neostromboceros longiverticinus* Wei sp. nov., the record of *Tenthredo nigropicta* (Smith) is a misidentification of *Tenthredo flatoscutellerila* Wei & Nie, 2003.

Pamphilius qinlingicus Wei, 2010 is described for the first time.

All the genera and species are described briefly and figured. The holotypes and most of the paratypes are deposited in the Asian Sawfly Museum, Nanchang (ASMN). Some paratypes are deposited in other insect collections within China that are mentioned in the text respectively for each case.

Zhongzhengus Wei, gen. nov.

Body robust, medium sized; apex of clypeus truncate, labrum small and broader than long; mandibles stout and short, bidentate; maxillary and labial palps normal, not reduced; malar space absent; eyes medium sized, inner margins clearly convergent downwards, distance between lower corners of eyes broader than longest axis of eye; hind orbit round, occipital carina absent; distance between antennal toruli clearly narrower than inner orbit; head short and narrowed behind eyes *in* dorsal view, postocellar area broader than long; middle fovea large and broad, lateral fovea small and closed; frons elevated with low and obtuse frontal walls; antenna short and stout, pedicellum longer than broad, third antennomere much longer than fourth one, flagellomeres without dent; pronotum without lateral ridge, lateral lobe with distinct oblique carina and furrow; ventral corners of propleura acute and remote to each other; mesoscutellum flat, anterior corner producing, appendage broad; cenchrus broad, distance between cenchri shorter than longest axis of cenchrus; epicnemium absent, ventral carina of mesopleuron distinct; post thoracic spiracle exposed; forewing with four cubital cells; vein R longer than 2 times length of free part of Sc, apex straight; vein R+M short; vein 1M and 1m-cu clearly convergent toward pterostigma, 1M almost 2 times as long as 1m-cu; cu-a meeting cell 1M slightly beyond the middle point; anal cell with a short and oblique cross vein at middle; 2m-cu almost interstitial to 1r-m; cell 1R1 not broadened toward base, cell 2Rs longer than 1Rs; hind wing with cell Rs open and cell M closed, anal cell shortly petiolate; leg short, inner tibial spur of fore leg bifurcate at apex; hind tibia much longer than hind tarsus, outer side with distinct furrow, apical spur shorter than apical breadth of tibia; metabasitarsus much shorter than following 4 tarsomeres together, pulvilli elliptical; claw without basal lobe, inner tooth short and at middle; first abdominal tergum broad, blotch indistinct; ovipositor sheath about as long as hind tarsus, apical sheath longer than basal sheath; lancet long and narrow, without stout annular spines; serrulae oblique and protruding; penis valve unknown.

Type species: *Zhongzhengus tianmunicus* Wei, sp. nov.

Etymology. Zhongzheng, meaning fair and just, is part of the university motto of the Jiangxi Normal University. The new genus was the first new genus discovered by the first author since he moved to the university in 2018. Gender is masculine.

Distribution. China (Zhejiang).

Remarks. This new genus is a member of Lycaotinae of Tenthredinidae and similar to *Malaisea* Forsius, 1933 from Malaysia and Indonesia. *Zhongzhengus* differs from *Malaisea in* forewing with veins 1M and 1m-cu distinctly convergent toward pterostigma, cell 2Rs clearly shorter than 1R1 and 1Rs together, base of 1R1 not broadened, vein 2m-cu interstitial to 2r-m, vein R+M distinct, vein 1M not meeting base of vein Rs+M; an oblique carina on posterior corner of pronotum sharp and with a distinct anterior furrow; labial and maxillary palps normal, not distinctly reduced; the anterior margin of clypeus truncate; the antennal flagellum slender and filiform, not constricted between flagellomeres, and tarsal pulvilli broadly elliptical.

Nankaina **Wei, gen. nov.**

Small sawfly; anterior margin of clypeus weakly and roundly protruding, labrum small; mandibles small and short, bidentate, inner tooth much shorter than apical tooth; malar space linear; eyes large, inner margins straight and clearly convergent downwards, distance between lower corners of eyes narrower than longest axis of eye; hind orbit narrow, occipital carina absent; head quite short and strongly narrowed behind eyes *in* dorsal view, postocellar area broader than long; distance between antennal toruli broader than inner orbit at same level, upper rim of torulus very low and obscure; middle and lateral foveae round and closed; frons quite flat and without frontal wall; antenna shortly filiform, scape and pedicellum slender and long, pedicellum about twice as long as broad, third antennomere much longer than fourth one, apical four antennomeres reduced with faint antennal organ; pronotum without lateral ridge, lateral lobe without oblique carina and furrow; ventral corners of propleura acute and remote to each other; mesoscutellum flat with a small appendage; cenchrus small and roundish, distance between cenchri longer than longest axis of an cenchrus; epicnemium absent, ventral margin of mesopleuron smooth, without marginal carina; metapleuron bent with a broad membranous area between meso- and metapleuron; forewing with four cubital cells; vein R longer than 2 times length of free part of Sc, apex straight; vein R+M short; vein 1M slightly longer than and parallel to 1m-cu; cu-a meeting cell 1M at middle; basal anal cell open, vein 2A+3A straight; cell 1R1 longer than broad, 2Rs longer than 1Rs; hind wing with cell R1 roundish at apex with a short stump vein, cells Rs and M open, petiole of anal cell not shorter than curved cu-a and without stump vein; inner tibial spur of fore leg bifurcate at apex; hind tibia about as long as hind tarsus, metabasitarsus as long as following 4 tarsomeres together; claw with a large and acute basal lobe, inner tooth lateral to and shorter than apical tooth; inner margin of first abdominal tergum much shorter than outer margin, blotch very large; ovipositor sheath shorter than hind femur with weakly sclerotized lancet; lancet with 13 to 15 annuli; serrulae remote to each other, apex roundly and strongly protruding; lance with annular spines; harpes long and narrow; penis valve with a very short lateral spine and a long lateral lobe.

Type species: *Nankaina formosa* Wei, sp. nov.

Etymology. This new genus is named after Nankai University, gender feminine.

Distribution. China.

Remarks. This new genus is a member of Blennocampinae of Tenthredinidae and is similar to *Erythraspides* Ashmead, 1898 from North America. *Nankaina* differs from *Erythraspides* in the distance between antennal toruli broader than inner orbit at same level; pedicellum of antenna 2 times as long as broad and the third antennomere much longer than the fourth one; the lower hind corner of metapleuron distinctly protruding; the petiole of hind anal cell not shorter than the bent cu-a; ovipositor sheath clearly shorter than hind femur and serrulae roundly protruding at middle; and the penis valve with a short lateral spine.

Orbitapareophora **Wei, gen. nov.**

Small sawfly; anterior margin of clypeus subtruncate, labrum small; mandibles small and short, bidentate, inner tooth shorter than apical tooth; malar space distinct but shorter than radius of ocellus; eyes large, inner margins distinctly convergent downwards, distance between lower corners of eyes narrower than longest axis of eye; hind orbit round with long and deep orbital furrow, bottom membranous, occipital carina absent; head quite short and distinctly narrowed behind eyes *in* dorsal view, postocellar area broader than long; distance between antennal toruli slightly narrower than inner orbit at same level, upper rim of torulus very low and obscure; middle and lateral foveae large and round, closed; frons weakly elevated, frontal wall quite low and obtuse; antenna short and stout, pedicellum as long as broad, third antennomere about as long as fourth and fifth antennomeres together, apical four antennomeres about as long as third and fourth antennomeres together, without antennal organ; pronotum without lateral ridge, lateral lobe without oblique carina and furrow; ventral corners of propleura acute and remote to each other; mesoscutellum flat with a short appendage; distance between cenchri narrower than longest axis of an cenchrus; epicnemium absent, ventral margin of mesopleuron with fine marginal carina; metapleuron broad without distinct membranous area between meso- and metapleuron; forewing with four cubital cells; vein R longer than 2 times length of free part of Sc, apex straight; vein R+M punctiform; vein 1M slightly longer than and parallel to 1m-cu; cu-a meeting cell 1M at middle; basal anal cell open, vein 2A+3A turning up at apex; cell 1R1 longer than broad, 2Rs longer than 1Rs but shorter than 1R1 and 1Rs together; hind wing with cell R1 narrowly roundish at apex with a distinct stump vein, cells Rs and M open, petiole of anal cell as long as perpendicular cu-a and with a short stump vein; fore tibia much shorter than fore tarsus, inner tibial spur bifurcate at apex, outer spur quite short; hind tibia about as long as hind tarsus, metabasitarsus as long as following 3 tarsomeres together; claw small and simple, without basal lobe and inner tooth; first abdominal tergum quadrate, middle blotch very small; harpes long and narrowed toward apex; penis valve with a distinct lateral spine and a very long lateral lobe.

Type species: *Orbitapareophora stenoloba* Wei, sp. nov.

Etymology. The generic name of the new genus is composed of *orbita* and *pareophora*, referring to its special hind orbit and its relative, *Pareophora*. The gender is masculine.

Distribution. China.

Remarks. This genus is a member of the tribe Pareophorini of Blennocampinae, Tenthredinidae. It is somewhat similar to *Eupareophora* Enslin, 1914 as shown by the hind orbit with a long and deep orbital furrow. *Orbitapareophora* gen. nov. differs from *Eupareophora* by the following characters: the cell M *in* hind wing open; malar space shorter than radius of an ocellus; the distance between antennal toruli slightly narrower than inner orbit at same level; the inner margins of eyes distinctly convergent downwards with the distance between lower corners of eyes narrower than longest axis of eye; and the penis valve with a long and narrow lateral lobe.

中 名 索 引

A

阿扁蜂属　686
凹板畸距叶蜂　570
凹唇叶蜂属　396
凹盾大黄叶蜂　489
凹颚叶蜂属　204
凹跗叶蜂属　567
凹眼叶蜂属　272
傲慢大蕨叶蜂　328

B

白唇窗胸叶蜂　264
白唇角瓣叶蜂　639
白唇十脉叶蜂　331
白唇小唇叶蜂　319
白唇隐斑叶蜂　395
白唇元叶蜂　364
白跗狭背叶蜂　304
白环方颜叶蜂　426
白环钩瓣叶蜂　404
白基元叶蜂　368
白肩侧齿叶蜂　237
白肩痕缝叶蜂　242
白肩平缝叶蜂　182
白肩儒雅叶蜂　615
白胫蓝片叶蜂　599
白胫前室叶蜂　362
白鳞横斑叶蜂　495
白鳞茧叶蜂　666
白鳞狭背叶蜂　304
白鳞异角叶蜂　627
白榆突瓣叶蜂　158
白痣巨棒蜂　9
白转拟栉叶蜂　135
白足侧齿叶蜂　227
白足华脉叶蜂　245
百山祖黄腹三节叶蜂　19
斑背樱实叶蜂　127
斑柄叶蜂属　248
斑翅似三节叶蜂　56
斑翅树蜂　726
斑翅圆颊叶蜂　323
斑唇钩鞘叶蜂　661
斑唇后室叶蜂　337
斑唇前室叶蜂　361
斑唇项蜂　723
斑盾具柄叶蜂　258
斑颚平缝叶蜂　188
斑跗脉柄叶蜂　253
斑腹长背叶蜂　268
斑腹单齿叶蜂　314

斑腹平斑叶蜂　478
斑腹叶蜂属　299
斑股侧齿叶蜂　229
斑股沟额叶蜂　172
斑基方颜叶蜂　438
斑角长背叶蜂　270
斑角异齿叶蜂　259
斑角枝跗叶蜂　298
斑鳞真片叶蜂　586
斑树蜂属　729
斑胸真片叶蜂　588
斑痣齿唇叶蜂　454
半颊平缝叶蜂　189
半刃黑毛三节叶蜂　25
棒蜂科　6
棒蜂属　6
棒蜂亚科　6
棒蜂亚目　6
棒蜂总科　6
扁蜂科　685
扁蜂属　706
扁蜂亚科　696
扁蜂亚目　685
扁蜂总科　685
扁角黑毛三节叶蜂　37
扁角秋叶蜂　333
扁角似三节叶蜂　58
扁角树蜂属　730
扁角树蜂亚科　730
扁胫三节叶蜂属　51
扁幼叶蜂属　149
变色平斑叶蜂　479
柄潜叶蜂属　538
柄室黑毛三节叶蜂　38
柄臀叶蜂属　208
波缝拟栉叶蜂　134
卜氏黏叶蜂　524
卜氏叶蜂属　630

C

蔡氏方颜叶蜂　440
蔡氏叶蜂属　346
残青叶蜂科　72
残青叶蜂属　72
残青叶蜂亚科　72
糙板钩瓣叶蜂　422
糙额钩瓣叶蜂　416
侧斑槌腹叶蜂　469
侧齿叶蜂属　220
侧跗叶蜂属　382
长背扁角树蜂　732
长背叶蜂属　265

长背叶蜂亚科　247
长柄耳鞘叶蜂　646
长齿真片叶蜂　586
长刺叶蜂属　682
长顶侧齿叶蜂　228
长耳平缝叶蜂　185
长腹钩瓣叶蜂　407
长环中美叶蜂　295
长角红胸三节叶蜂　29
长节项蜂属　721
长片叶蜂属　240
长鞘柄臀叶蜂　209
长鞘等节叶蜂　622
长鞘钝颊叶蜂　390
长刃槌腹叶蜂　467
长室侧齿叶蜂　224
长室叶蜂属　201
长踵槌缘叶蜂　164
陈氏大树蜂　728
陈氏淡毛三节叶蜂　24
陈氏平缝叶蜂　182
陈氏原曲叶蜂　310
程氏大黄叶蜂　486
齿瓣淡毛三节叶蜂　27
齿扁蜂属　698
齿柄叶蜂属　251
齿唇叶蜂属　453
齿李叶蜂属　653
赤腰阿扁蜂　689
稠李扁蜂　708
丑锤角叶蜂属　95
川陕元叶蜂　366
窗胸叶蜂属　260
槌缘叶蜂属　162
锤角叶蜂科　91
锤角叶蜂亚科　97
唇锤角叶蜂属　98
刺背三节叶蜂属　60
刺胸侧跗叶蜂　385
粗股钩鞘叶蜂　657
粗角大曲叶蜂　339
粗角巨片叶蜂　603
粗角平缝叶蜂　183

D

大斑短角叶蜂　510
大棒蜂科　7
大棒蜂亚科　8
大别山钩瓣叶蜂　407
大槌腹叶蜂　468
大顶平缝叶蜂　188
大跗茎蜂属　764
大黄凹跗叶蜂　568
大黄侧跗叶蜂　383
大基叶蜂亚科　548
大蕨叶蜂属　328
大麦新麦叶蜂　279
大曲叶蜂属　339
大树蜂属　728
大松叶蜂属　85

大窝侧齿叶蜂　230
大窝狭眶叶蜂　217
大元叶蜂　368
带斑叶蜂属　352
单齿叶蜂属　313
单带棒角叶蜂　505
单带等节茎蜂　757
淡跗侧齿叶蜂　225
淡跗小唇叶蜂　320
淡腹长刺叶蜂　682
淡梗脉柄叶蜂　255
淡基细腰茎蜂　762
淡脊平柄叶蜂　516
淡胫类黏叶蜂　535
淡毛扁胫三节叶蜂　53
淡毛似三节叶蜂　55
淡足吴氏叶蜂　684
淡足狭唇叶蜂　635
淡足珠片叶蜂　607
德清蓝片叶蜂　598
等节茎蜂属　756
等节茎蜂亚科　744
等节叶蜂属　622
等节叶蜂亚科　574
邓氏突瓣叶蜂　156
点斑简脉茎蜂　748
貂蝉茎蜂属　744
东方狭蔺叶蜂　655
东方壮并叶蜂　450
东缘平斑叶蜂　483
杜鹃黑毛三节叶蜂　42
杜鹃简脉茎蜂　749
端白长片叶蜂　240
端环弯眶叶蜂　632
短斑残青叶蜂　75
短柄直脉叶蜂　307
短唇叶蜂属　167
短顶平颜三节叶蜂　68
短顶细锤角叶蜂　101
短耳平缝叶蜂　181
短跗角瓣叶蜂　638
短沟邻鞘叶蜂　648
短沟五福叶蜂　629
短颊俏叶蜂　345
短颊项蜂属　722
短颊原曲叶蜂　311
短角柄潜叶蜂　538
短角额潜叶蜂　547
短角方颜叶蜂　434
短角黄腹三节叶蜂　39
短角原曲叶蜂　309
短距基叶蜂　562
短距拟栉叶蜂　141
短毛基叶蜂　562
短鞘蔺叶蜂　667
短刃近曲叶蜂　350
短条短角叶蜂　509
短尾枝角叶蜂　131
短叶蜂属　169

中 名 索 引

短叶蜂亚科　167
断斑逆角叶蜂　518
断突细锤角叶蜂　108
对色简脉茎蜂　747
钝颚基叶蜂　561
钝颊叶蜂属　389
钝颜叶蜂属　151
多变片爪叶蜂　349
多齿枝角叶蜂　130
多环方颜叶蜂　443
多刃真片叶蜂　588

E
鹅掌楸巨基叶蜂　290
额蔺叶蜂属　677
额潜叶蜂属　546
耳鞘叶蜂属　644

F
反斑侧齿叶蜂　234
反刻钩瓣叶蜂　419
方顶齿扁蜂　704
方顶带斑叶蜂　355
方顶纵脊叶蜂　375
方颜叶蜂属　424
分附顺角叶蜂　518
凤阳带斑叶蜂　353
凤阳巨基叶蜂　290
副碟钩瓣叶蜂　417
副新麦叶蜂　286
富红麦叶蜂　275

G
高顶真片叶蜂　585
高域环腹三节叶蜂　33
格氏细锤角叶蜂　104
弓脉异潜叶蜂　545
沟盾细锤角叶蜂　103
沟额斑腹叶蜂　300
沟额叶蜂属　172
钩瓣平斑叶蜂　476
钩瓣叶蜂属　401
钩潜叶蜂属　545
钩鞘叶蜂属　655
钩突平缝叶蜂　180
古氏简脉茎蜂　749
骨刃方颜叶蜂　436
鼓胸钩瓣叶蜂　405
寡斑钩瓣叶蜂　415
寡毛纵脊叶蜂　374
管突黄腹三节叶蜂　45
光背壮并叶蜂　449
光顶扁角树蜂　736
光盾纹眶叶蜂　669
光额钩瓣叶蜂　409
光额黑盔叶蜂　379
光额横斑叶蜂　498
光额突柄叶蜂　513
光额弯眶叶蜂　633
光腹真片叶蜂　580
光头腮扁蜂　690

H
杭州胖蔺叶蜂　612
禾叶蜂属　397
何氏钩瓣叶蜂　410
何氏平缝叶蜂　185
何氏真片叶蜂　581
河南方颜叶蜂　428
褐唇真片叶蜂　579
褐跗棒角叶蜂　503
褐脊大黄叶蜂　491
褐足鞘潜叶蜂　543
黑背七节叶蜂　111
黑背天目叶蜂　401
黑背异跗项蜂　720
黑鞭华波叶蜂　536
黑柄弯眶叶蜂　634
黑翅扁胫三节叶蜂　53
黑翅茎蜂　743
黑翅腮扁蜂　692
黑唇钩鞘叶蜂　662
黑唇基齿叶蜂　620
黑唇十脉叶蜂　331
黑唇异爪叶蜂　551
黑唇元叶蜂　365
黑顶扁角树蜂　731
黑端刺斑叶蜂　485
黑颚细茎蜂　742
黑跗侧齿叶蜂　231
黑跗昧潜叶蜂　542
黑跗拟枥叶蜂　140
黑跗平缝叶蜂　196
黑跗亚旋茎蜂　753
黑腹齿扁蜂　700
黑腹额蔺叶蜂　677
黑腹近脉叶蜂　626
黑腹脉柄叶蜂　254
黑腹小唇叶蜂　321
黑腹珠片叶蜂　606
黑股沟额叶蜂　176
黑股美叶蜂　342
黑股缅潜叶蜂　539
黑脊钩瓣叶蜂　415
黑肩侧齿叶蜂　232
黑肩基齿叶蜂　619
黑肩隐斑叶蜂　394
黑角短唇叶蜂　168
黑角异基叶蜂　556
黑胫残青叶蜂　73
黑胫长室叶蜂　203
黑胫槌缘叶蜂　164
黑胫近曲叶蜂　351
黑胫双距项蜂　718
黑距长室叶蜂　202
黑距纹眶叶蜂　672
黑眶斑脉叶蜂　249
黑眶前室叶蜂　360
黑盔叶蜂属　378
黑丽锤角叶蜂　94
黑鳞短唇叶蜂　169

· 795 ·

黑鳞脉扁蜂　698
黑鳞微齿叶蜂　246
黑鳞新麦叶蜂　280
黑领新麦叶蜂　286
黑毛扁胫三节叶蜂　52
黑毛平斑叶蜂　480
黑毛似三节叶蜂　57
黑毛细锤角叶蜂　105
黑色脊颜三节叶蜂　71
黑色小臀叶蜂　377
黑松叶蜂属　89
黑尾基叶蜂　565
黑胸扁角树蜂　735
黑胸方颜叶蜂　435
黑胸桫椤叶蜂　271
黑胸窝板叶蜂　462
黑胸小头三节叶蜂　64
黑缨新麦叶蜂　278
黑缘扁角树蜂　734
黑痣环腹三节叶蜂　37
黑转巨片叶蜂　604
黑足拟栉叶蜂　138
黑足树蜂　727
黑足真片叶蜂　589
痕缝叶蜂属　242
横斑丽叶蜂　341
横带宽钳三节叶蜂　45
横盾近脉三节叶蜂　67
横沟短叶蜂　170
横脊淡毛三节叶蜂　46
红背扁角树蜂　736
红背侧齿叶蜂　236
红背异基叶蜂　558
红背庄子叶蜂　147
红唇新麦叶蜂　281
红腹树蜂　727
红腹亚旋茎蜂　755
红股方颜叶蜂　431
红褐方颜叶蜂　431
红黑细锤角叶蜂　106
红环元叶蜂　364
红角钝颊叶蜂　392
红角禾叶蜂　399
红角七节叶蜂　112
红胫钩瓣叶蜂　420
红胫小唇叶蜂　321
红胫异基叶蜂　559
红松吉松叶蜂　84
红头后室叶蜂　338
红头双距项蜂　718
红头肿角项蜂　716
红胸平唇叶蜂　318
红胸元叶蜂　369
红胸樟叶蜂　149
红棕细锤角叶蜂　107
洪氏长鞘三节叶蜂　31
后室叶蜂属　336
厚爪叶蜂属　152
弧松叶蜂属　84

湖南真片叶蜂　582
花莲钝颊叶蜂　390
花头短颊项蜂　722
华扁蜂属　695
华波叶蜂属　536
华东敛片叶蜂　572
华东新麦叶蜂　278
华脉叶蜂属　244
环斑长突叶蜂　519
环刺吉松叶蜂　83
环沟侧齿叶蜂　224
环棘胖蔺蜂　611
环角斑黄叶蜂　487
环角禾叶蜂　398
环纹斑黄叶蜂　489
黄斑钩瓣叶蜂　408
黄斑叶刃叶蜂　675
黄翅丽锤角叶蜂　94
黄翅狭并叶蜂　453
黄唇实叶蜂　124
黄带凹颚叶蜂　207
黄端刺斑叶蜂　484
黄盾后室叶蜂　337
黄盾简脉茎蜂　752
黄跗凹跗叶蜂　568
黄跗方颜叶蜂　433
黄腹凹唇叶蜂　396
黄腹粗钳三节叶蜂　39
黄腹钩鞘叶蜂　664
黄腹立片叶蜂　600
黄腹似窗叶蜂　265
黄股蔡氏叶蜂　347
黄股新黏叶蜂　533
黄褐巨棒蜂　9
黄褐敛柄叶蜂　250
黄褐异基叶蜂　557
黄褐樱实叶蜂　128
黄肩基齿叶蜂　621
黄肩实叶蜂　122
黄肩亚旋茎蜂　754
黄角齿扁蜂　701
黄胫秋叶蜂　334
黄眶逆角叶蜂　517
黄眶前室叶蜂　359
黄氏平斑叶蜂　478
黄氏平缝叶蜂　186
黄胸大黄叶蜂　491
黄胸金氏叶蜂　357
黄胸平缝叶蜂　193
黄缘阿扁蜂　688
黄痣扁角树蜂　733
黄转齿扁蜂　701
黄足基叶蜂　566
黄足尖臀叶蜂　241
辉煌南开叶蜂　681
混毛长鞘三节叶蜂　40

J

姬氏钩鞘叶蜂　659
基齿叶蜂属　619

基叶蜂属　560
畸距叶蜂属　569
吉松叶蜂属　82
集刃简栉叶蜂　145
脊盾方颜叶蜂　444
脊盾横斑叶蜂　500
脊额叶蜂属　215
脊角黑毛三节叶蜂　24
脊突侧齿叶蜂　222
脊颜红胸三节叶蜂　47
脊颜三节叶蜂属　70
脊颜三节叶蜂亚科　66
脊栉叶蜂属　636
尖鞘平缝叶蜂　179
尖刃狭背叶蜂　303
尖刃小爪叶蜂　642
尖臀叶蜂属　241
尖胸斑黄叶蜂　488
简瓣淡毛三节叶蜂　34
简脉茎蜂属　746
简栉叶蜂属　145
江氏黑足三节叶蜂　32
角瓣叶蜂属　637
角额真片叶蜂　592
角突窗胸叶蜂　262
接骨木钩瓣叶蜂　405
结铗平缝叶蜂　192
截鞘拟栉叶蜂　142
金蓝叶蜂属　451
金氏叶蜂属　356
近齿狭眶叶蜂　219
近脉三节叶蜂属　66
近脉叶蜂属　626
近曲叶蜂属　350
茎蜂科　740
茎蜂属　742
茎蜂亚科　741
茎蜂亚目　740
茎蜂总科　740
九斑槌腹叶蜂　470
九龙柄臀叶蜂　209
九龙邻鞘叶蜂　649
巨棒蜂属　8
巨顶拟栉叶蜂　137
巨基叶蜂属　289
巨基叶蜂亚科　289
巨片叶蜂属　602
具柄叶蜂属　258
聚刺平缝叶蜂　184
蕨叶蜂亚科　170

K

卡氏麦叶蜂　274
开室元叶蜂　367
刻唇腮扁蜂　692
刻点脉柄叶蜂　256
刻盾三节茸蜂　12
刻附槌腹叶蜂　472
刻首窝板叶蜂　463
刻胸带斑叶蜂　355

刻胸平斑叶蜂　481
刻胸秋叶蜂　334
刻胸叶蜂属　117
刻胸叶蜂亚科　117
刻胸叶刃叶蜂　674
刻颜淡毛三节叶蜂　41
刻颜黄腹三节叶蜂　35
坑顶柄臀叶蜂　210
宽斑环角叶蜂　493
宽斑基叶蜂　563
宽齿叶蜂属　520
宽唇凹颚叶蜂　205
宽顶沟额叶蜂　173
宽环黏叶蜂　525
宽距叶蜂属　617
宽颜项蜂亚科　717
眶斑扁角树蜂　737
眶蔺叶蜂属　650

L

兰溪胖蔺叶蜂　613
蓝腹巨棒蜂　8
蓝片叶蜂属　598
类黏叶蜂属　535
梨简脉茎蜂　751
李实叶蜂属　125
李氏扁蜂　707
李氏侧齿叶蜂　228
李氏带斑叶蜂　354
李氏方颜叶蜂　448
李氏脉扁蜂　697
李氏纹眶叶蜂　670
李氏异爪叶蜂　549
李叶蜂属　652
立片叶蜂属　600
丽锤角叶蜂属　92
丽锤角叶蜂亚科　91
丽蓝钩瓣叶蜂　419
丽毛新麦叶蜂　281
丽水刺背三节叶蜂　61
丽水大松叶蜂　86
丽水短角叶蜂　508
丽水钩瓣叶蜂　412
丽水拟栉叶蜂　135
丽叶蜂属　340
荔浦弧松叶蜂　85
敛柄叶蜂属　250
敛片叶蜂属　571
亮斑丑锤角叶蜂　96
亮翅刺背三节叶蜂　60
亮翅中华茎蜂　759
列斑直鞘三节叶蜂　49
列毛侧齿叶蜂　234
邻鞘叶蜂属　648
林氏槌腹叶蜂　466
蔺叶蜂属　666
蔺叶蜂亚科　641
刘蔺叶蜂属　678
刘氏窗胸叶蜂　263
刘氏钩鞘叶蜂　660

刘氏黏叶蜂　527
刘氏狭背叶蜂　305
刘氏异爪叶蜂　550
瘤额狭背叶蜂　306
柳蜷钝颜叶蜂　151
柳杉华扁蜂　695
六万松叶蜂　81
龙泉棒角叶蜂　504
龙塘大松叶蜂　87
龙王横斑叶蜂　497
隆齿残青叶蜂　76
隆唇侧齿叶蜂　235
隆盾小头三节叶蜂　64
吕氏棒角叶蜂　501
绿宝丽锤角叶蜂　92
绿丽金蓝叶蜂　451

M

马氏昧潜叶蜂　541
马氏平缝叶蜂　187
马尾松大松叶蜂　88
玛氏钩瓣叶蜂　413
玛叶蜂属　325
麦叶蜂属　273
麦叶蜂亚科　272
脉扁蜂属　696
脉柄叶蜂属　252
锚附平斑叶蜂　477
玫瑰直鞘三节叶蜂　36
美丽南开叶蜂　680
美丽拟片叶蜂　602
美叶蜂属　341
昧潜叶蜂属　540
萌萌丑锤角叶蜂　96
萌萌脉柄叶蜂　253
蒙古棒角叶蜂　502
密纹钩瓣叶蜂　411
缅甸残青叶蜂　73
缅甸禾叶蜂　398
缅潜叶蜂属　539
膜翅目　1
木兰巨基叶蜂　291

N

南华平缝叶蜂　197
南华松叶蜂　81
南开叶蜂属　679
南岭方颜叶蜂　427
内齿槌缘叶蜂　163
拟齿叶蜂属　243
拟片叶蜂属　601
拟栉叶蜂属　132
黏叶蜂属　522
黏叶蜂亚科　520
聂氏平缝叶蜂　191
聂氏双窝叶蜂　625
牛氏白端叶蜂　495

P

胖蓟叶蜂属　610
蓬莱元叶蜂　366

皮勒弯沟叶蜂　214
片角黑毛三节叶蜂　31
片爪叶蜂属　349
平背叶蜂亚科　292
平唇叶蜂属　317
平盾宽蓝叶蜂　461
平盾平柄叶蜂　515
平额叶蜂属　553
平缝叶蜂属　177
平刃珠片叶蜂　605
平颜三节叶蜂属　67
平直长鞘三节叶蜂　28
朴童锤角叶蜂　98
普通直片叶蜂　608

Q

七节叶蜂科　110
七节叶蜂属　111
七节叶蜂亚科　110
奇腹环角叶蜂　494
前室叶蜂属　358
潜叶蜂亚科　537
浅碟钩瓣叶蜂　411
浅窝细锤角叶蜂　101
俏叶蜂属　345
鞘潜叶蜂属　543
秦岭扁蜂　710
秋叶蜂属　332
曲叶蜂属　329

R

热氏元叶蜂　373
日本残青叶蜂　74
日本侧齿叶蜂　233
日本平缝叶蜂　192
茸蜂科　11
茸蜂亚科　11
茸蜂亚目　11
茸蜂总科　11
如是新黏叶蜂　534
儒雅叶蜂属　615
锐脊凹颚叶蜂　206
弱带横斑叶蜂　500
弱突新麦叶蜂　282

S

腮扁蜂属　690
腮扁蜂亚科　686
三斑侧跗叶蜂　386
三斑槌腹叶蜂　464
三加细腰茎蜂　762
三节茸蜂属　11
三节叶蜂科　13
三节叶蜂属　14
三节叶蜂亚科　14
三节叶蜂总科　13
三色真片叶蜂　593
三室玛叶蜂　327
色拉方颜叶蜂　446
色拉方颜叶蜂矢斑亚种　447
山地沟额叶蜂　175

陕西齿扁蜂　702
陕西方颜叶蜂　437
商城方颜叶蜂　432
舌板淡毛三节叶蜂　33
舌锤角叶蜂属　109
申氏突瓣叶蜂　159
深碟钩瓣叶蜂　406
深裂平缝叶蜂　195
盛氏扁蜂　711
十节凸盘树蜂　738
十脉叶蜂属　330
实叶蜂属　121
实叶蜂亚科　120
史氏叶蜂属　316
室带槌腹叶蜂　471
树蜂科　725
树蜂属　726
树蜂亚科　725
树蜂亚目　715
树蜂总科　715
树人扁蜂　712
帅国斑翅叶蜂　511
双带等节茎蜂　757
双点光柄叶蜂　512
双环斑翅叶蜂　511
双环钝颊叶蜂　391
双距项蜂属　717
双突异颚叶蜂　119
双窝淡毛三节叶蜂　22
双窝叶蜂属　624
双枝黑松叶蜂　90
丝角元叶蜂　370
四川齿扁蜂　703
四明耳鞘叶蜂　646
似窗叶蜂属　264
似摹方颜叶蜂　445
似三节叶蜂属　54
松叶蜂科　78
松叶蜂属　79
松叶蜂亚科　79
桫椤叶蜂属　270
缩室叶蜂亚科　571
缩臀细锤角叶蜂　102

T

台湾凹眼叶蜂　273
台湾长背叶蜂　266
台湾齿柄叶蜂　251
台湾窗胸叶蜂　261
台湾沟额叶蜂　174
台湾异基叶蜂　555
台湾真片叶蜂　579
天目扁蜂　713
天目柄臀叶蜂　212
天目长背叶蜂　269
天目齿扁蜂　705
天目大跗茎蜂　765
天目大松叶蜂　89
天目貂蝉茎蜂　745
天目钩鞘叶蜂　663

天目厚爪叶蜂　154
天目基叶蜂　566
天目玛叶蜂　326
天目平颜三节叶蜂　68
天目腮扁蜂　693
天目舌锤角叶蜂　109
天目实叶蜂　123
天目条角叶蜂　485
天目弯沟叶蜂　215
天目细腰茎蜂　763
天目狭眶叶蜂　218
天目项蜂　724
天目叶蜂属　400
天目异爪叶蜂　552
天目元叶蜂　371
天目原曲叶蜂　313
天目长节项蜂　721
天目真片叶蜂　591
天目中美叶蜂　296
天目中正叶蜂　573
天目肿角叶蜂　114
天目朱氏三节叶蜂　62
条斑细锤角叶蜂　105
条刻真片叶蜂　594
童锤角叶蜂属　97
童氏侧齿叶蜂　238
童氏钩瓣叶蜂　421
凸盘树蜂属　738
突瓣叶蜂属　155
突瓣叶蜂亚科　147
突唇阿扁蜂　687
突刃槌腹叶蜂　466
突刃平斑叶蜂　475

W

歪唇隐斑叶蜂　394
弯瓣叶蜂属　616
弯沟叶蜂属　214
弯角淡毛三节叶蜂　26
弯眶叶蜂属　631
丸子黄腹三节叶蜂　48
汪氏平缝叶蜂　199
王氏齿扁蜂　705
王氏异颚叶蜂　119
王氏中美叶蜂　297
微齿叶蜂属　245
微小昧潜叶蜂　542
微小黏叶蜂　527
尾蜂科　767
尾蜂属　767
尾蜂亚科　767
尾蜂亚目　767
尾蜂总科　767
纹瓣真片叶蜂　590
纹背等节叶蜂　623
纹腹卜氏叶蜂　631
纹腹刻胸叶蜂　118
纹眶叶蜂属　669
无斑直鞘三节叶蜂　30
无带突瓣叶蜂　157

吴氏斑腹叶蜂　300
吴氏侧齿叶蜂　239
吴氏齿李叶蜂　654
吴氏方颜叶蜂　429
吴氏黑毛三节叶蜂　48
吴氏拟栉叶蜂　143
吴氏七节叶蜂　113
吴氏叶蜂属　683
吴氏真片叶蜂　595
五福叶蜂属　629
武夷狭鞘叶蜂　324

X

习水方颜叶蜂　442
细齿黏叶蜂　528
细锤角叶蜂属　99
细沟扁幼叶蜂　150
细角侧齿叶蜂　237
细角狭腹叶蜂　344
细茎蜂属　741
细曲叶蜂属　314
细条槌腹叶蜂　473
细腰横斑叶蜂　496
细腰茎蜂属　761
狭瓣黏叶蜂　529
狭瓣真片叶蜂　583
狭背叶蜂属　302
狭并叶蜂属　452
狭长耳鞘叶蜂　645
狭唇叶蜂属　635
狭腹叶蜂属　344
狭环黏叶蜂　523
狭眶叶蜂属　217
狭蔺叶蜂属　654
狭鞘残青蜂　77
狭鞘拟栉叶蜂　139
狭鞘小爪叶蜂　643
狭鞘叶蜂属　324
狭细原曲叶蜂　312
狭颜真片叶蜂　578
狭叶眶蔺叶蜂　651
狭缘长背叶蜂　267
纤弱突柄叶蜂　515
纤细等节茎蜂　758
纤细平缝叶蜂　198
显刻方颜叶蜂　439
显脉三节叶蜂属　69
陷齿黏叶蜂　525
香椿黏叶蜂　531
项蜂科　715
项蜂属　723
项蜂亚科　720
小斑侧跗叶蜂　384
小齿钩鞘叶蜂　658
小齿李实叶蜂　126
小齿拟栉叶蜂　140
小齿平缝叶蜂　190
小齿叶蜂属　77
小唇叶蜂属　319
小碟钩瓣叶蜂　414
小顶大黄叶蜂　490
小麦新麦叶蜂　285
小鞘新麦叶蜂　284
小条方颜叶蜂　441
小头三节叶蜂属　63
小臀叶蜂属　377
小窝黑盔叶蜂　379
小窝平缝叶蜂　194
小须突瓣叶蜂　160
小爪叶蜂属　642
筱原细锤角叶蜂　107
肖蓝钩瓣叶蜂　423
肖氏槌腹叶蜂　474
肖氏腮扁蜂　694
肖氏似三节叶蜂　58
斜瓣扁蜂　709
斜盾槌腹叶蜂　471
斜缝拟栉叶蜂　144
斜脊亚黄叶蜂　492
新盔叶蜂属　381
新麦叶蜂属　276
新黏叶蜂属　532
星雨蔡氏叶蜂　348
杏突瓣叶蜂　157

Y

雅叶蜂属　343
亚美曲叶蜂　329
亚旋茎蜂属　753
烟扁角树蜂　733
烟翅松叶蜂　80
烟翅直脉叶蜂　308
烟翅中华茎蜂　760
烟缘简脉茎蜂　750
雁荡柄臀叶蜂　213
杨氏侧跗叶蜂　386
叶蜂科　115
叶蜂属　455
叶蜂亚科　376
叶蜂亚目　13
叶蜂总科　71
叶刃叶蜂属　673
移刃宽距叶蜂　618
异齿叶蜂属　259
异颚叶蜂属　118
异跗项蜂属　719
异基叶蜂属　554
异角叶蜂属　627
异耦阿扁蜂　688
异潜叶蜂属　544
异色前室叶蜂　358
异尾长室叶蜂　202
异爪叶蜂属　548
隐斑叶蜂属　393
印缅侧齿叶蜂　226
缨鞘钩瓣叶蜂　418
樱实叶蜂属　127
永州方颜叶蜂　430
优雅叶蜂　343
油茶史氏叶蜂　317

游离方颜叶蜂　439
榆红胸三节叶蜂　23
虞氏狭眶叶蜂　220
玉带棒角叶蜂　507
元叶蜂属　362
原曲叶蜂属　309
圆钝环钳三节叶蜂　43
圆额侧齿叶蜂　223
圆颊叶蜂属　323
圆膜凹颚叶蜂　205
圆刃黏叶蜂　530
月季直鞘三节叶蜂　50

Z

泽建真片叶蜂　584
窄带钩鞘叶蜂　665
窄带横斑叶蜂　499
展缨新麦叶蜂　287
张氏斑腹叶蜂　301
张氏侧跗叶蜂　388
张氏真片叶蜂　596
樟叶蜂属　148
赵氏钩瓣叶蜂　423
赵氏新麦叶蜂　288
浙江斑树蜂　729
浙江槌缘叶蜂　166
浙江刘蔺叶蜂　679
浙江拟齿叶蜂　243
浙江似三节叶蜂　59
浙江细曲叶蜂　315
浙江直片叶蜂　609
浙闽黏叶蜂　531
浙闽平斑叶蜂　483
浙皖元叶蜂　372
真片叶蜂属　576
震旦黄腹三节叶蜂　18
震旦茎蜂　743
正齿多斑三节叶蜂　20
郑氏李叶蜂　652
枝跗叶蜂属　298
枝角叶蜂属　130
枝角叶蜂亚科　129
直脉槌腹叶蜂　465
直脉叶蜂属　307
直片叶蜂属　608
中华斑脉叶蜂　248
中华棒蜂　7

中华柄臀叶蜂　211
中华槌缘叶蜂　165
中华唇锤角叶蜂　99
中华淡毛三节叶蜂　43
中华沟额叶蜂　175
中华钩潜叶蜂　546
中华厚爪叶蜂　153
中华黄腹三节叶蜂　44
中华基叶蜂　564
中华脊额叶蜂指名亚种　216
中华脊栉叶蜂　637
中华角瓣叶蜂　640
中华茎蜂属　759
中华脉柄叶蜂　257
中华胖蔺叶蜂　614
中华平斑叶蜂　482
中华平缝叶蜂　196
中华似三节叶蜂　55
中华弯瓣叶蜂　616
中华显脉三节叶蜂　69
中华小唇叶蜂　322
中华小头三节叶蜂　65
中华新盔叶蜂　381
中华新麦叶蜂　283
中华叶刃叶蜂　675
中美叶蜂属　294
中正棒角叶蜂　506
中正叶蜂属新属　573
钟氏突瓣叶蜂　161
肿角项蜂属　716
肿角项蜂亚科　716
肿角叶蜂属　113
舟山平缝叶蜂　200
周氏秋叶蜂　335
周氏真片叶蜂　597
皱颜真片叶蜂　591
朱氏三节叶蜂属　62
茱萸宽齿叶蜂　521
珠片叶蜂属　604
竹内元叶蜂　371
庄子叶蜂属　146
壮并叶蜂属　449
锥角方颜叶蜂　433
紫宝丽锤角叶蜂　93
紫腹平额叶蜂　554
纵脊突柄叶蜂　514
纵脊叶蜂属　374

学 名 索 引

A

Abeleses 554
Abeleses formosanus 555
Abeleses nigrocornis 556
Abeleses ravus 557
Abeleses rufonotis 558
Abeleses rufotibialis 559
Abia 92
Abia berezowskii 92
Abia formosa 93
Abia imperialis 94
Abia melanocera 94
Abiinae 91
Abusarbia 248
Abusarbia nigrorbita 249
Abusarbia sinica 248
Acantholyda 686
Acantholyda convexiclypea 687
Acantholyda dimorpha 688
Acantholyda flavomarginata 688
Acantholyda intermedia 689
Afenella 538
Afenella brevicornis 538
Agenocimbex 97
Agenocimbex maculatus 98
Aglaostigma 389
Aglaostigma karenkonis 390
Aglaostigma occipitosum 390
Aglaostigma pieli 391
Aglaostigma ruficorne 392
Allanempria 317
Allanempria rufithoracica 318
Allantinae 292
Allantoides 330
Allantoides luctifer 331
Allantoides nigrocaeruleus 331
Allantopsis 604
Allantopsis flatoserrula 605
Allantopsis insularis 606
Allantopsis leucopoda 607
Allomorpha 358
Allomorpha fulva 358
Allomorpha incisa 359
Allomorpha nigriceps 360
Allomorpha nigrotibialis 361
Allomorpha tibialis 362
Alloxiphia 721
Alloxiphia tianmua 721
Alphastromboceros 201
Alphastromboceros caudatus 202
Alphastromboceros nigritibia 203

Alphastromboceros nigrocalcus 202
Amauronematus 151
Amauronematus saliciphagus 151
Ametastegia 302
Ametastegia acutiserrula 303
Ametastegia albotegularis 304
Ametastegia leucotarsis 304
Ametastegia liuzhiweii 305
Ametastegia subtruncata 306
Amonophadnus 598
Amonophadnus deqingensis 598
Amonophadnus nigritus 599
Analcellicampa 127
Analcellicampa maculidorsata 127
Analcellicampa xanthosoma 128
Aneugmenus 204
Aneugmenus cenchrus 205
Aneugmenus japonicus 205
Aneugmenus nigrofemoratus 206
Aneugmenus pteridii 207
Apareophora 642
Apareophora acutiserrulata 642
Apareophora stenotheca 643
Apethymus 332
Apethymus compressicornis 333
Apethymus kolthoffi 334
Apethymus xanthotibialis 334
Apethymus zhoui 335
Aphymatocera 616
Aphymatocera sinica 616
Aproceros 66
Aproceros scutellis 67
Aprosthema 67
Aprosthema brevivertexis 68
Aprosthema tianmunicum 68
Arge 14
Arge aurora 18
Arge baishanzua 19
Arge bifoveata 22
Arge brevibella 20
Arge captiva 23
Arge carinicornis 24
Arge cheni 24
Arge compar 25
Arge curvatantenna 26
Arge dentipenis 27
Arge erectotheca 28
Arge flavicollis 29
Arge geei 30
Arge hongweii 31
Arge imitator 31

学 名 索 引

Arge jiangi 32
Arge lingulopygia 33
Arge listoni 33
Arge melanocephalia 34
Arge obtusitheca 35
Arge pagana 36
Arge paracincta 37
Arge parasimilis 37
Arge petiodiscoidalis 38
Arge przhevalskii 39
Arge pseudopagana 39
Arge pseudosilluncula 40
Arge punctafrontalis 41
Arge similis 42
Arge simillima 43
Arge sinensis 43
Arge sinica 44
Arge siphovulva 45
Arge suspicax 45
Arge transcarinata 46
Arge vulnerata 47
Arge wanziae 48
Arge wui 48
Arge xanthogaster 49
Arge yueji 50
Argidae 13
Arginae 14
Argoidea 13
Arla 520
Arla evodiae 521
Armitarsus 298
Armitarsus punctifemoratus 298
Asiemphytus 336
Asiemphytus esakii 337
Asiemphytus maculoclypeatus 337
Asiemphytus rufocephalus 338
Astrombocerina 250
Astrombocerina fulva 250
Athalia 72
Athalia birmanica 73
Athalia icar 73
Athalia japonica 74
Athalia ruficornis 75
Athalia stenotheca 77
Athalia tanaoserrula 76
Athaliidae 72
Athaliinae 72
Athermantus 51
Athermantus imperialis 52
Athermantus leucopilosus 53
Athermantus melanoptera 53
Athlophorus 344
Athlophorus graciloides 344
Atoposelandria 245
Atoposelandria lishui 246

B

Beleses 560
Beleses atrofemorata 561
Beleses brachycalcar 562
Beleses brachypolosis 562
Beleses latimaculatus 563
Beleses sinensis 564
Beleses stigmaticalis 565
Beleses tianmuensis 566
Beleses xanthopoda 566
Belesinae 548
Birka 208
Birka jiulong 209
Birka longitheca 209
Birka punctiformis 210
Birka sinica 211
Birka tianmunica 212
Birka yandangia 213
Birmella 539
Birmella melanopoda 539
Birmindia 167
Birmindia gracilis 168
Birmindia tegularis 169
Blasticotomidae 11
Blasticotominae 11
Blasticotomoidea 11
Blasticotomomorpha 11
Blennocampa 666
Blennocampa albotegula 666
Blennocampa brevitheca 667
Blennocampinae 641
Bua 630
Bua coriacea 631
Busarbia 251
Busarbia formosana 251
Busarbidea 252
Busarbidea bicoloritarsis 253
Busarbidea mengmeng 253
Busarbidea nigriventris 254
Busarbidea pedicellidea 255
Busarbidea punctata 256
Busarbidea sinica 257

C

Caiina 346
Caiina xanthofemorata 347
Caiina xingyuae 348
Calameuta 741
Calameuta sculpturalis 742
Caliroa 522
Caliroa angustata 523
Caliroa bui 524
Caliroa caviserrula 525
Caliroa cinctila 525
Caliroa liui 527
Caliroa minuta 527
Caliroa minutidenta 528
Caliroa parallela 529
Caliroa pseudocerasi 530
Caliroa toonae 531
Caliroa zheminica 531
Caliroinae 520
Canonarea 264
Canonarea nigrooralis 265

Cephalcia 690
Cephalcia glabroceps 690
Cephalcia melanoptera 692
Cephalcia puncticlypea 692
Cephalcia tienmua 693
Cephalcia xiaoweii 694
Cephalciinae 686
Cephidae 740
Cephinae 741
Cephoidea 740
Cephomorpha 740
Cephus 742
Cephus aurorae 743
Cephus nigripennis 743
Chinolyda 695
Chinolyda flagellicornis 695
Cibdela 54
Cibdela chinensis 55
Cibdela huangae 55
Cibdela maculipennis 56
Cibdela nigropilosis 57
Cibdela siluncula 58
Cibdela xiaoweii 58
Cibdela zhejiangia 59
Cimbicidae 91
Cimbicinae 97
Cladardis 654
Cladardis orientalis 655
Cladiinae 129
Cladius 130
Cladius pectinicornis 130
Cladius similis 131
Claremontia 669
Claremontia hupingae 669
Claremontia lii 670
Claremontia nigrospuralis 672
Clypea 319
Clypea alboclypea 319
Clypea nigrita 320
Clypea nigroventris 321
Clypea rubitibia 321
Clypea sinica 322
Colochela 377
Colochela nigrata 377
Conaspidia 118
Conaspidia bicuspis 119
Conaspidia wangi 119
Corrugia 172
Corrugia femorata 172
Corrugia formosana 174
Corrugia kuanding 173
Corrugia montana 175
Corrugia sinica 175
Corrugia sulciceps 176
Corymbas 378
Corymbas glabrifrons 379
Corymbas minutifovea 379

D

Darjilingia 349

Darjilingia formosana 349
Dasmithius 316
Dasmithius camelliae 317
Dentathalia 77
Diaochana 744
Diaochana tianmunicus 745
Dicrostema 629
Dicrostema brevisulca 629
Dimorphopteryx 294
Dimorphopteryx laticinctus 295
Dimorphopteryx tianmunicus 296
Dimorphopteryx wangi 297
Diprion 79
Diprion infuscalae 80
Diprion liuwanensis 81
Diprion nanhuaensis 81
Diprionidae 78
Diprioninae 79
Dolerinae 272
Dolerus 273
Dolerus cameroni 274
Dolerus zaplutus 275

E

Edenticornia 243
Edenticornia zhejiangensis 243
Emegatomostethus 601
Emegatomostethus sauteri 602
Emphystegia 350
Emphystegia breviserra 350
Emphystegia nigrotibia 351
Emphytopsis 352
Emphytopsis fengyangshana 353
Emphytopsis lii 354
Emphytopsis punctata 355
Emphytopsis quadrata 355
Emphytus 329
Emphytus nigritibialis 329
Empria 299
Empria sulcata 300
Empria wui 300
Empria zhangi 301
Endemyolia 535
Endemyolia tibialis 535
Eriocampa 117
Eriocampa mitsukurii 118
Eriocampinae 117
Eriotremex 738
Eriotremex decem 738
Esehabachia 682
Esehabachia luteiventris 682
Euforsius 214
Euforsius pieli 214
Euforsius tianmunicus 215
Eurhadinoceraea 617
Eurhadinoceraea flectoserrula 618
Eusunoxa (A.) major 568
Eusunoxa (E.) fulvitarsis 568
Eusunoxa 567
Eutomostethus 576

Eutomostethus albicomus　578
Eutomostethus clypeatus　579
Eutomostethus formosanus　579
Eutomostethus glabrogaster　580
Eutomostethus hei　581
Eutomostethus hunanicus　582
Eutomostethus katonis　583
Eutomostethus litaoi　585
Eutomostethus lizejiani　584
Eutomostethus longidentus　586
Eutomostethus maculitegulatus　586
Eutomostethus maculothoracicus　588
Eutomostethus multiserrus　588
Eutomostethus nigripes　589
Eutomostethus reticulatus　590
Eutomostethus rugosulus　591
Eutomostethus tianmunicus　591
Eutomostethus triangulatus　592
Eutomostethus tricolor　593
Eutomostethus vegetus　594
Eutomostethus wui　595
Eutomostethus zhangi　596
Eutomostethus zhouhui　597
Euxiphydria　716
Euxiphydria potanini　716
Euxiphydriinae　716

F

Fenusinae　537
Ferna　328
Ferna arrogantia　328
Formosempria　553
Formosempria metallica　554

G

Genaxiphia　722
Genaxiphia parallela　722
Gilpinia　82
Gilpinia circulospina　83
Gilpinia pinicola　84

H

Halidamia　677
Halidamia melanogaster　677
Hartigiinae　744
Hemathlophorus　345
Hemathlophorus brevigenatus　345
Hemibeleses　548
Hemibeleses lii　549
Hemibeleses liuae　550
Hemibeleses nigroclypeatus　551
Hemibeleses tianmunicus　552
Hemocla　307
Hemocla brevinervis　307
Hemocla infumata　308
Heptamelidae　110
Heptamelinae　110
Heptamelus　111
Heptamelus nigrodorsatus　111
Heptamelus ruficornis　112
Heptamelus wui　113

Hoplocampa　121
Hoplocampa flavicollis　122
Hoplocampa tianmunica　123
Hoplocampa xanthoclypea　124
Hoplocampinae　120
Hugilpinia　84
Hugilpinia lipuensis　85
Hymenoptera　1
Hyperxiphia　717
Hyperxiphia ruficephala　718
Hyperxiphia ungulivaria　718
Hyperxiphiinae　717

J

Janus　746
Janus bicoloristigma　747
Janus dianban　748
Janus dujuan　749
Janus gussakovskii　749
Janus infuscimarginatus　750
Janus piri　751
Janus xanthoscutella　752
Jermakia　449
Jermakia glabrata　449
Jermakia sibirica　450
Jinia　356
Jinia zhengi　357

K

Kulia　215
Kulia sinensis sinensis　216

L

Labriocimbex　98
Labriocimbex sinicus　99
Lagidina　393
Lagidina nigrocollis　394
Lagidina pieli　395
Lagidina trimaculata　394
Leptocimbex　99
Leptocimbex afoveatus　101
Leptocimbex brevivertexis　101
Leptocimbex constrictus　102
Leptocimbex goudun　103
Leptocimbex grahami　104
Leptocimbex linealis　105
Leptocimbex nigropilosus　105
Leptocimbex rufoniger　106
Leptocimbex shinoharai　107
Leptocimbex tonkinensis　107
Leptocimbex tuberculatus　108
Linomorpha　340
Linomorpha flava　341
Linorbita　217
Linorbita foveatinus　217
Linorbita tianmunica　218
Linorbita ungulica　219
Linorbita yuae　220
Liuacampa　678
Liuacampa zhejiangensis　679
Loderus　272

Loderus formosanus　273
Lycaotinae　571

M

Macremphytus　339
Macremphytus crassicornis　339
Macrodiprion　85
Macrodiprion lishui　86
Macrodiprion longtangensis　87
Macrodiprion massoniana　88
Macrodiprion tianmunicus　89
Macrophya　401
Macrophya albannulata　404
Macrophya carbonaria　405
Macrophya convexina　405
Macrophya coxalis　406
Macrophya dabieshanica　407
Macrophya dolichogaster　407
Macrophya flavomaculata　408
Macrophya glabrifrons　409
Macrophya hejunhuai　410
Macrophya histrioides　411
Macrophya hyaloptera　411
Macrophya lishuii　412
Macrophya malaisei　413
Macrophya minutifossa　414
Macrophya nigrihistrio　415
Macrophya oligomaculella　415
Macrophya opacifrontalis　416
Macrophya paraminutifossa　417
Macrophya pilotheca　418
Macrophya regia　419
Macrophya revertana　419
Macrophya rubitibia　420
Macrophya tongi　421
Macrophya vittata　422
Macrophya xiaoi　423
Macrophya zhaoae　423
Macroxyelidae　7
Macroxyelinae　8
Magnitarsijanus　764
Magnitarsijanus tianmunicus　765
Mallachiella　325
Mallachiella tianmunica　326
Mallachiella tricellis　327
Megabeleses　289
Megabeleses fengyangshana　290
Megabeleses liriodendrovorax　290
Megabeleses magnoliae　291
Megabelesinae　289
Megatomostethus　602
Megatomostethus crassicornis　603
Megatomostethus maurus　604
Megaxyela　8
Megaxyela euchroma　8
Megaxyela fulvago　9
Megaxyela leucostigma　9
Metallopeus　451
Metallopeus chlorometallicus　451
Metallus　540

Metallus mai　541
Metallus minutus　542
Metallus nigritarsus　542
Monardis　644
Monardis elongata　645
Monardis pedicula　646
Monardis simingshana　646
Monardoides　648
Monardoides brevisulcus　648
Monardoides jiulong　649
Monocellicampa　125
Monocellicampa pruni　126
Monophadnoides　673
Monophadnoides punctatus　674
Monophadnoides sinicus　675
Monophadnoides xanthomaculus　675
Monophadnus　610
Monophadnus denticornis　611
Monophadnus hangzhou　612
Monophadnus lanxi　613
Monophadnus sinicus　614
Moricella　148
Moricella rufonota　149

N

Nankaina　679
Nankaina formosa　680
Nankaina splendida　681
Nematinae　147
Nematus　155
Nematus dengi　156
Nematus eglabratus　157
Nematus prunivorus　157
Nematus pumila　158
Nematus sheni　159
Nematus trochanteratus　160
Nematus zhongi　161
Neoclia　636
Neoclia sinensis　637
Neocorymbas　381
Neocorymbas sinica　381
Neodolerus　276
Neodolerus affinis　278
Neodolerus guisanicollis　278
Neodolerus hordei　279
Neodolerus nigrotegularis　280
Neodolerus poecilomallosis　281
Neodolerus rufoclypeus　281
Neodolerus shanghaicus　282
Neodolerus shanghaiensis　283
Neodolerus thecetta　284
Neodolerus tritici　285
Neodolerus vulneraffis　286
Neodolerus yokohamensis　286
Neodolerus zhanying　287
Neodolerus zhaoi　288
Neopoppia　532
Neopoppia rushiae　534
Neopoppia xanthofemorata　533
Neostromboceros　220

Neostromboceros bicarinata 222
Neostromboceros circulofrons 223
Neostromboceros congener 224
Neostromboceros dolichocellus 224
Neostromboceros flavitarsis 225
Neostromboceros indobirmanus 226
Neostromboceros leucopoda 227
Neostromboceros lii 228
Neostromboceros longiverticinus 228
Neostromboceros maculifemoratus 229
Neostromboceros megafoveatus 230
Neostromboceros nigritarsis 231
Neostromboceros nigrocollis 232
Neostromboceros nipponicus 233
Neostromboceros pseudodubius 234
Neostromboceros revetina 234
Neostromboceros rohweri 235
Neostromboceros rufithorax 236
Neostromboceros tegularis 237
Neostromboceros tenuicornis 237
Neostromboceros tongi 238
Neostromboceros wui 239
Neosyrista 753
Neosyrista incisa 754
Neosyrista rufiabdominalis 755
Neosyrista similis 753
Neothrinax 240
Neothrinax apicalis 240
Nesodiprion 89
Nesodiprion biremis 90
Nesoselandria 177
Nesoselandria acuminiserra 179
Nesoselandria armata 180
Nesoselandria brevissima 181
Nesoselandria cheni 182
Nesoselandria collaris 182
Nesoselandria crassicornis 183
Nesoselandria dentella 184
Nesoselandria elongata 185
Nesoselandria hei 185
Nesoselandria huangi 186
Nesoselandria maliae 187
Nesoselandria mandibulata 188
Nesoselandria megavertexa 188
Nesoselandria metotarsis 189
Nesoselandria morio 190
Nesoselandria nieae 191
Nesoselandria nipponica 192
Nesoselandria nodalisa 192
Nesoselandria rufothoracina 193
Nesoselandria schizovolsella 195
Nesoselandria shanica 194
Nesoselandria simulatrix 196
Nesoselandria sinica 196
Nesoselandria southa 197
Nesoselandria tenuis 198
Nesoselandria wangae 199
Nesoselandria zhoushana 200
Nesoselandriola 241

Nesoselandriola albipes 241
Nesotaxonus 569
Nesotaxonus flavescens 570
Nesotomostethus 619
Nesotomostethus nigrotegularis 619
Nesotomostethus rufus 620
Nesotomostethus secundus 621
Neurotoma 696
Neurotoma lii 697
Neurotoma nigrotegularis 698
Niasnoca 259
Niasnoca apicalis 259

O

Onycholyda 698
Onycholyda atra 700
Onycholyda fulvicornis 701
Onycholyda odaesana 701
Onycholyda shaanxiana 702
Onycholyda sichuanica 703
Onycholyda subquadrata 704
Onycholyda tianmushana 705
Onycholyda wongi 705
Orbitapareophora 650
Orbitapareophora stenoloba 651
Ortasiceros 69
Ortasiceros chinensis 69
Orussidae 767
Orussinae 767
Orussoidea 767
Orussomorpha 767
Orussus 767

P

Pachyprotasis 424
Pachyprotasis alboannulata 426
Pachyprotasis antennata 443
Pachyprotasis brevicornis 434
Pachyprotasis caii 440
Pachyprotasis coximaculata 438
Pachyprotasis erratica 439
Pachyprotasis eulongicornis 432
Pachyprotasis gregalis 444
Pachyprotasis henanica 428
Pachyprotasis lii 448
Pachyprotasis lineatella 441
Pachyprotasis nanlingia 427
Pachyprotasis nigrosternitis 435
Pachyprotasis paramelanogaster 442
Pachyprotasis parawui 430
Pachyprotasis puncturalina 439
Pachyprotasis rufinigripes 431
Pachyprotasis rufofemorata 431
Pachyprotasis scleroserrula 436
Pachyprotasis sellata 446
Pachyprotasis sellata sagittata 447
Pachyprotasis shaanxiensis 437
Pachyprotasis simulans 445
Pachyprotasis subulicornis 433
Pachyprotasis wui 429

Pachyprotasis xanthotarsalia　433
Palpixiphia　719
Palpixiphia formosana　720
Pamphiliidae　685
Pamphiliinae　696
Pamphilioidea　685
Pamphiliomorpha　685
Pamphilius　706
Pamphilius lizejiani　707
Pamphilius padus　708
Pamphilius palliceps　709
Pamphilius qinlingicus　710
Pamphilius shengi　711
Pamphilius shureni　712
Pamphilius tianmushanus　713
Parabirmella　544
Parabirmella curvata　545
Parallantus　323
Parallantus maculipennis　323
Paraparna　543
Paraparna rubiginosa　543
Parapeptamena　242
Parapeptamena albicollis　242
Pareophora　652
Pareophora zhengi　652
Pasteelsia　600
Pasteelsia fulviventris　600
Periclista　655
Periclista crassifemorata　657
Periclista dentella　658
Periclista jiae　659
Periclista liuae　660
Periclista maculoclypea　661
Periclista nigroclypea　662
Periclista tianmunica　663
Periclista xanthogaster　664
Periclista zhaidai　665
Perineura　396
Perineura xanthogaster　396
Phylloecus　756
Phylloecus agilis　757
Phylloecus draconis　757
Phylloecus minutus　758
Phymatocera　622
Phymatocera longitheca　622
Phymatocera striatana　623
Phymatoceridea　631
Phymatoceridea apicalis　632
Phymatoceridea glabrifrons　633
Phymatoceridea nigroscapa　634
Phymatocerinae　574
Phymatoceriola　624
Phymatoceriola niei　625
Phymatoceropsis　626
Phymatoceropsis melanogaster　626
Platycampus　149
Platycampus linealis　150
Praia　109
Praia tianmunica　109

Priophorus　132
Priophorus curvatinus　134
Priophorus leucotrochanteris　135
Priophorus lishui　135
Priophorus megavertexus　137
Priophorus niger　138
Priophorus nigricans　139
Priophorus nigrotarsalis　140
Priophorus paranigricans　140
Priophorus sulcatus　141
Priophorus truncatatheca　142
Priophorus wui　143
Priophorus xiefeng　144
Pristiphora　162
Pristiphora basidentalia　163
Pristiphora longitangia　164
Pristiphora nigrotibialina　164
Pristiphora sinensis　165
Pristiphora zhejiangensis　166
Propodea　452
Propodea spinosa　453
Protemphytus　309
Protemphytus brevicornis　309
Protemphytus cheni　310
Protemphytus genatus　311
Protemphytus tenuisomatus　312
Protemphytus tianmunicus　313
Pseudoheptamelus　113
Pseudoheptamelus tianmunicus　114
Pseudopareophora　653
Pseudopareophora wui　654

R

Revatra　627
Revatra albotegula　627
Rhogogaster　453
Rhogogaster robusta　454
Rhoptroceros　270
Rhoptroceros cyatheae　271
Rocalia　169
Rocalia similis　170
Rocaliinae　167
Runaria　11
Runaria punctata　12
Rya　615
Rya tegularis　615

S

Selandriinae　170
Senoclidea　637
Senoclidea brevitarsalia　638
Senoclidea decora　639
Senoclidea sinica　640
Setabara　545
Setabara sinica　546
Sinicephus　759
Sinicephus cyaneus　759
Sinicephus giganteus　760
Sinonerva　244
Sinonerva albipes　245

学 名 索 引

Sinopoppia 536
Sinopoppia nigroflagella 536
Sinoscolia 546
Sinoscolia brevicornis 547
Siobla 382
Siobla maxima 383
Siobla pseudoferox 384
Siobla spinola 385
Siobla trimaculata 386
Siobla yangi 386
Siobla zhangi 388
Sirex 726
Sirex imperialis 727
Sirex nitobei 726
Sirex rufiabdominis 727
Siricidae 725
Siricinae 725
Siricoidea 715
Siricomorpha 715
Spinarge 60
Spinarge hyalina 60
Spinarge lishui 61
Stauronematus 152
Stauronematus sinicus 153
Stauronematus tianmunicus 154
Stenemphytus 343
Stenemphytus superbus 343
Stenempria 314
Stenempria zhejiangensis 315
Sterictiphora 70
Sterictiphora nigritana 71
Sterictiphorinae 66
Stethomostus 608
Stethomostus vulgaris 608
Stethomostus zhejiangensis 609
Stromboceros 258
Stromboceros delicatula 258
Strongylogaster 265
Strongylogaster formosana 266
Strongylogaster macula 268
Strongylogaster multifasciata 267
Strongylogaster tianmunica 269
Strongylogaster xanthocera 270
Strongylogasterinae 247

T

Tanyphatnidea 63
Tanyphatnidea interstitialis 64
Tanyphatnidea scutellis 64
Tanyphatnidea sinensis 65
Taxonemphytus 341
Taxonemphytus silaceus 342
Taxonus 362
Taxonus alboclypea 364
Taxonus annulicornis 364
Taxonus attenatus 365
Taxonus chuanshanicus 366
Taxonus formosacolus 366
Taxonus immarginervis 367
Taxonus leucocoxus 368

Taxonus major 368
Taxonus rufithorax 369
Taxonus smerinthus 370
Taxonus takeuchii 371
Taxonus tianmunicus 371
Taxonus zhelochovtsevi 373
Taxonus zhewanicus 372
Tenthredinidae 115
Tenthredininae 376
Tenthredinoidea 71
Tenthredinomorpha 13
Tenthredo 455
Tenthredo albotegularina 495
Tenthredo baishanzua 475
Tenthredo becquarti 476
Tenthredo biminutidota 512
Tenthredo carinacestanella 492
Tenthredo chenghanhuai 486
Tenthredo concaviappendix 477
Tenthredo dolichomisca 464
Tenthredo elegans 478
Tenthredo emphytiformis 496
Tenthredo erectonervula 465
Tenthredo flatoscutellerila 515
Tenthredo flavobalteata 511
Tenthredo fortunii 466
Tenthredo fulviterminata 484
Tenthredo fuscoterminata 485
Tenthredo huangbkii 478
Tenthredo indigena 487
Tenthredo issiki 488
Tenthredo katchinica 489
Tenthredo lini 466
Tenthredo lishui 508
Tenthredo longiserrula 467
Tenthredo longitudicarina 514
Tenthredo longquan 504
Tenthredo longwang 497
Tenthredo lui 501
Tenthredo maculicula 489
Tenthredo magretella 493
Tenthredo malimilova 518
Tenthredo megasomata 468
Tenthredo melanotarsus 479
Tenthredo melli 480
Tenthredo microvertexis 490
Tenthredo mongolica 502
Tenthredo mortivaga 469
Tenthredo nitidifrontalia 498
Tenthredo niui 495
Tenthredo novemmacula 470
Tenthredo nubipennis 471
Tenthredo omega 519
Tenthredo omphalica 462
Tenthredo parapompilina 499
Tenthredo pieli 517
Tenthredo plagionotella 471
Tenthredo poeciloptera 481
Tenthredo pompilina 500

Tenthredo pseudocylindrica 472
Tenthredo pseudoasurea 461
Tenthredo pseudoxanthopleurita 491
Tenthredo rubitarsalitia 503
Tenthredo rugossicephala 463
Tenthredo sapporensis 510
Tenthredo shuaiguoi 511
Tenthredo sinensis 482
Tenthredo sporadipunctata 518
Tenthredo subflava 513
Tenthredo tenuisomania 515
Tenthredo terratila 483
Tenthredo tessariella 516
Tenthredo thaumatogaster 494
Tenthredo tienmushana 485
Tenthredo tilineata 473
Tenthredo ussuriensis unicinctasa 505
Tenthredo vittipleuris 509
Tenthredo xanthopleurita 491
Tenthredo xiaoweii 474
Tenthredo yipingi 500
Tenthredo yudai 507
Tenthredo zheminnica 483
Tenthredo zhongzheng 506
Tenthredopsis 397
Tenthredopsis birmanica 398
Tenthredopsis insularis 398
Tenthredopsis ruficornis 399
Thecatiphyta 324
Thecatiphyta longitheca 324
Thrinax 260
Thrinax formosana 261
Thrinax goniata 262
Thrinax liui 263
Thrinax rufoclypeus 264
Tianmuthredo 400
Tianmuthredo nigrodorsata 401
Tomostethus 571
Tomostethus huadong 572
Tremecinae 730
Tremex 730
Tremex apicalis 731
Tremex contractus 732
Tremex fuscicornis 733
Tremex latipes 733
Tremex longicollis 734
Tremex nigrothorax 735
Tremex pandora 736
Tremex simulacrum 736

Tremex temporalis 737
Trichiocampus 145
Trichiocampus pruni 145

U

Ungulia 313
Ungulia fasciativentris 314
Urocerus 728
Urocerus sicieni 728
Urosyrista 761
Urosyrista mencioyana 762
Urosyrista montana 762
Urosyrista tianmunica 763

W

Wuhongia 683
Wuhongia albipes 684

X

Xenapatidea 374
Xenapatidea procincta 374
Xenapatidea reticulata 375
Xiphydria 723
Xiphydria limi 723
Xiphydria tianmunica 724
Xiphydriidae 715
Xiphydriinae 720
Xoanon 729
Xoanon praelongus 729
Xyela 6
Xyela sinicola 7
Xyelidae 6
Xyelinae 6
Xyeloidea 6
Xyelomorpha 6

Y

Yuccacia 635
Yuccacia albipes 635

Z

Zaraea 95
Zaraea mengmeng 96
Zaraea metallica 96
Zhongzhengus 573
Zhongzhengus tianmunicus 573
Zhuangzhoua 146
Zhuangzhoua smithi 147
Zhuhongfuna 62
Zhuhongfuna tianmushana 62

跋

　　本书是《浙江昆虫志》第十四卷，包括膜翅目基部广腰支系全部7个亚目。本卷的基础工作萌芽于1991年秋，时年本书第一作者在朱弘复先生指导下开始研究中国叶蜂区系分类。浙江叶蜂专项分类研究工作发轫于1995年，本书第一作者发表了第一篇浙江叶蜂分类研究专文，即《华东百山祖昆虫》专著中的膜翅目三节叶蜂科和叶蜂科。《浙江昆虫志》系列的叶蜂卷正式编研工作启动于2016年7月，初稿完成于2023年1月。浙江叶蜂区系研究已历经30余年。

　　在中国分省叶蜂区系分类研究中，浙江省的叶蜂区系分类研究工作一直处于领先地位。1993年启动的华东百山祖昆虫区系调查和研究，开创了除青藏高原之外的分省广谱昆虫类群区系分类合作调查研究之先河。30年来，对浙江省各地区特别是天目山地区的专项叶蜂采集调查，积累了十分丰富的标本。调查丰度在国内可能仅有河南省叶蜂区系调查可以比肩。但浙江省复杂的自然地理状况和更为丰沛的雨气和水热条件，远非河南这一主要为平原的农业大省可以类比。迄今为止，浙江省已经发现膜翅目基部广腰类群共14科208属750余种（含本书记述的新类群）。除少数尚未描述的新种以及个别已确认的错误分布记录外，本书记述了14科208属共720种，分别占浙江已发现的叶蜂科级单元的100%、属级单元的99.5%、种级单元的96%，其中包括3个新属、149个新种、3个属级新异名、8个种级新异名，恢复了4个有效种，建立24个新组合，提出1个新名，报道了6个中国新记录属、1个中国新记录种，此外还有1种是首次正式描述。

　　本卷编写物种的截止日期是2022年12月31日。具体分工如下：主编魏美才，负责全书统稿，编写除下列参编人员分工类群之外的全部类群，共192属617种；副主编李泽建，负责浙江省叶蜂标本采集和整理，承担钩瓣叶蜂属编写，协助钝颊叶蜂属、带斑叶蜂属、拟栉叶蜂属、三节叶蜂属部分种类的编写和制图工作；副主编牛耕耘，负责侧跗叶蜂属编写、协助全书统稿、参与叶蜂亚科除钩瓣叶蜂属和方颜叶蜂属以外类群的编写工作和标本整理工作；晏毓晨博士负责锤角叶蜂科编写；钟义海博士负责叶蜂科的方颜叶蜂属编写；刘萌萌博士负责突瓣叶蜂亚科编写；博士生刘琳和王汉男、硕士生万思莹、徐敏和李晓协助部分标本和图版处理，硕士生吴朵、程亚兰、李亚、万思莹、谭贝贝、孙泽敏协助进行部分种类的分子鉴定工作。董雪和董紫萱校对了全文文稿。

　　参加过浙江省叶蜂标本采集工作的除上述参编人员外，还有中南林业科技大学的聂海燕教授、肖炜老师；曾在本课题组攻读研究生学位的姜吉刚、周虎、聂帅国、刘飞、蒋晓宇、张媛、赵赴、刘艳霞、刘萌萌、胡平、祁立威、褚彪、刘婷、姚明灿、高凯文、张宁、姬婷婷等多位同学，均参加了浙江叶蜂区系研究的部分外业调查工作，其中高凯文同学硕士学位论文课题研究的是天目山叶蜂区系，他在天目山采集了大量叶蜂标本，并协助作者初步整理了叶蜂博物馆的浙江叶蜂标本。本书作者之一李泽建研究员博士毕业后在浙江工作的10年间，在浙江省多地特别是天目山和丽水地区采集了大量的叶蜂标本，发现了一大批叶蜂新类群，为浙江叶蜂区系调查研究作出了突出贡献；刘琳博士曾多次带队执行浙江野外采集工作，为浙江叶蜂标本采集作出了贡献。在本书第一作者调到江西师范大学之前，肖炜老师在中南林业科技大学负责叶蜂标本馆的日常管理工作，为浙江叶蜂标本的处理和保存做了大量工作。在此一并致谢！

　　在编者课题组过去30余年的浙江叶蜂区系研究过程中，何俊华先生、吴鸿教授、陈学新教授、王义平教授、黄俊浩教授等给予了大力支持和多方帮助，特别是何俊华先生和陈学新教授多次惠允作者访问浙江农业大学和浙江大学昆虫标本馆，该馆收藏了比较丰富的浙江叶蜂标本特别是在天目山地区采集的大量叶蜂标本。浙江松阳的陈汉林先生、宁波的李东宾先生、上海师范大学汤亮教授、叶潇涵硕士等，曾多次惠赠采集自浙江和上海的叶蜂标本。在此诚挚致谢！

本书在编写过程中，还得到了杨星科先生、王义平教授的热情指导和帮助。聂海燕教授审阅了本书初稿，提出了很多中肯的修改意见和建议。本书责编、科学出版社的李悦编审，为本书的校对和出版，花费了大量的心血。特此致以诚挚的谢意！

编者主持的国家自然科学基金项目（29391800-滚动项目、39500020、39870609、30070627、30371166、30571504、30771741、31172142、31501885、31672344、31970447以及钟义海博士主持的31201736）对浙江叶蜂区系分类研究工作发挥了特别重要的作用。中南林业科技大学校长基金特别资助项目（2001–2005年）、江西师范大学人才引进启动经费（2018–2023年）对浙江叶蜂区系分类研究也发挥了较大作用。特此一并致谢！

图 版

图版 I

1. 蓝腹巨棒蜂 *Megaxyela euchroma* Blank, Shinohara & Wei, 2017; 2. 黄褐巨棒蜂 *M. fulvago* Blank, Shinohara & Wei, 2017; 3. 白痣巨棒蜂 *M. leucostigma* Niu, Xiao & Wei, 2021; 4. 刻盾三节茸蜂 *Runaria punctata* Wei, 1999; 5. 震旦黄腹三节叶蜂 *Arge aurora* Wei, 2022; 6. 正齿多斑三节叶蜂，新种 *A. brevibella* Wei, sp. nov.; 7. 榆红胸三节叶蜂 *A. captiva* (Smith, 1874); 8. 陈氏淡毛三节叶蜂 *A. cheni* Wei, 1999; 9. 半刃黑毛三节叶蜂 *A. compar* Konow, 1900; 10. 平直长鞘三节叶蜂，新种 *A. erectotheca* Wei, sp. nov.; 11. 长角红胸三节叶蜂 *A. flavicollis* (Cameron, 1876); 12. 无斑直鞘三节叶蜂 *A. geei* Rohwer, 1912; 13. 高域环腹三节叶蜂 *A. listoni* Wei, 2020. 1–13. 雌虫

图版 II

1. 玫瑰直鞘三节叶蜂 *A. pagana* (Panzer, 1797); 2. 黑痣环腹三节叶蜂 *A. paracincta* Wei, 2005; 3. 杜鹃黑毛三节叶蜂 *A. similis* (Snellen van Vollenhoven, 1860); 4. 丸子黄腹三节叶蜂 *A. wanziae* Wei, 2020; 5. 列斑直鞘三节叶蜂 *A. xanthogaster* (Cameron, 1876); 6. 黑毛扁胫三节叶蜂 *Athermantus imperialis* (F. Smith, 1860); 7. 黑翅扁胫三节叶蜂 *A. melanoptera* Wei, 2019; 8. 淡毛似三节叶蜂，新组合 *Cibdela huangae* (Wei, 2013) comb. nov.; 9. 黑毛似三节叶蜂，新组合 *C. nigropilosis* (Wei & Niu, 2010) comb. nov.; 10. 丽水刺背三节叶蜂 *Spinarge lishui* Liu, Li & Wei, 2021; 11. 天目朱氏三节叶蜂，新组合 *Zhuhongfuna tianmushana* (Wei & Nie, 1998) comb. nov.; 12. 隆盾小头三节叶蜂 *Tanyphatnidea scutellis* (Wei, 1997). 8. 雄虫，其余雌虫

图版 III

1. 短顶平颜三节叶蜂 *Aprosthema breviverTexis* Wei, 2021; 2. 缅甸残青叶蜂 *Athalia birmanica* Benson, 1962; 3. 黑胫残青叶蜂 *A. icar* Saini & Vasu, 1997; 4. 烟翅松叶蜂 *Diprion infuscalae* (Wang & Wei, 2019); 5. 环刺吉松叶蜂，新种 *Gilpinia circulospina* Wei, sp. nov.; 6. 丽水大松叶蜂 *Macrodiprion lishui* (Li, Wang & Wei, 2022); 7. 龙塘大松叶蜂，新种 *M. longtangensis* Wei & Wang, sp. nov.; 8. 双枝黑松叶蜂 *Nesodiprion biremis* (Konow, 1899); 9. 紫宝丽锤角叶蜂 *Abia formosa* Takeuchi, 1927; 10. 黄翅丽锤角叶蜂 *A. imperialis* Kirby, 1882; 11. 萌萌丑锤角叶蜂 *Zaraea mengmeng* Yan, Li & Wei, 2020; 12. 朴童锤角叶蜂 *Agenocimbex maculatus* (Marlatt, 1898). 5. 雄虫，其余雌虫

图版 IV

1. 中华唇锤角叶蜂 *Labriocimbex sinicus* Yan & Wei, 2019; 2. 浅窝细锤角叶蜂 *Leptocimbex afoveatus* Wei & Yan, 2014; 3. 短顶细锤角叶蜂 *L. brevivertexis* Wei & Yan, 2013; 4. 沟盾细锤角叶蜂,新种 *L. goudun* Wei, sp. nov.; 5. 格氏细锤角叶蜂 *L. grahami* Malaise, 1939; 6. 条斑细锤角叶蜂 *L. linealis* Wei & Deng, 1999; 7. 筱原细锤角叶蜂 *L. shinoharai* Yan & Wei, 2018; 8. 红棕细锤角叶蜂 *L. tonkinensis* (Konow, 1902); 9. 天目舌锤角叶蜂 *Praia tianmunica* Yan & Wei, 2020; 10. 黑背七节叶蜂 *Heptamelus nigrodorsatus* Wei, 1997; 11. 天目肿角叶蜂,新种 *Pseudoheptamelus tianmunicus* Wei, sp. nov.; 12. 双突异颚叶蜂 *Conaspidia bicuspis* Malaise, 1945. 雌虫

图版 V

1. 天目实叶蜂，新种 *Hoplocampa tianmunica* Wei, sp. nov.; 2. 小齿李实叶蜂 *Monocellicampa pruni* Wei, 1998; 3. 斑背樱实叶蜂，新种 *Analcellicampa maculidorsata* Niu & Wei, sp. nov.; 4. 红背庄子叶蜂 *Zhuangzhoua smithi* Liu, Niu & Wei, 2017; 5. 红胸樟叶蜂 *Moricella rufonota* Rohwer, 1916; 6. 柳蜷钝颜叶蜂 *Amauronematus saliciphagus* Wu, 2009; 7. 中华厚爪叶蜂 *Stauronematus sinicus* Liu, Li & Wei, 2018; 8. 小须突瓣叶蜂 *Nematus trochanteratus* (Malaise, 1931); 9. 钟氏突瓣叶蜂 *N. zhongi* Liu, Li & Wei, 2021; 10. 中华槌缘叶蜂 *Pristiphora sinensis* Wong, 1977; 11. 卡氏麦叶蜂 *Dolerus cameroni* Kirby, 1882; 12. 小麦新麦叶蜂，新组合 *Neodolerus tritici* (Chu, 1949), comb. nov. 雌虫

图版 VI

1. 横沟短叶蜂 *Rocalia similis* Wei & Nie, 1998; 2. 马氏平缝叶蜂 *Nesoselandria maliae* Wei, 2002; 3. 锐脊凹颚叶蜂 *Aneugmenus nigrofemoratus* Niu & Wei, 2013; 4. 九龙柄臀叶蜂 *Birka jiulong* Liu, Li & Wei, 2020; 5. 圆额侧齿叶蜂 *Neostromboceros circulofrons* Wei, 2002; 6. 红背侧齿叶蜂 *Neostromboceros rufithorax* Malaise, 1944; 7. 浙江拟齿叶蜂 *Edenticornia zhejiangensis* Wei & Nie, 1998; 8. 黑胸桫椤叶蜂 *Rhoptroceros cyatheae* (Wei & Wang, 1995); 9. 鹅掌楸巨基叶蜂 *Megabeleses liriodendrovorax* Xiao, 1993; 10. 长环中美叶蜂,新种 *Dimorphopteryx laticinctus* Wei, sp. nov.; 11. 沟额斑腹叶蜂 *Empria sulcata* Wei & Nie, 1998; 12. 白跗狭背叶蜂 *Ametastegia leucotarsis* Wei, 1999. 雌虫

图版 VII

1. 浙江细曲叶蜂，新种 *Stenempria zhejiangensis* Wei, sp. nov.; 2. 油茶史氏叶蜂 *Dasmithius camelliae* (Zhou & Huang, 1980); 3. 中华小唇叶蜂 *Clypea sinica* Wei, 1997; 4. 亚美曲叶蜂 *Emphytus nigrotibialis* (Rohwer, 1911); 5. 白唇十脉叶蜂 *Allantoides nigrocaeruleus* (Smith, 1874); 6. 黄胫秋叶蜂 *Apethymus xanthotibialis* Wei, 2007; 7. 斑唇后室叶蜂 *Asiemphytus maculoclypeatus* Wei, 2002; 8. 横斑丽叶蜂 *Linomorpha flava* (Takeuchi, 1938); 9. 优雅叶蜂 *Stenemphytus superbus* Wei & Nie, 1999; 10. 短颊俏叶蜂 *Hemathlophorus brevigenatus* Wei, 2005; 11. 黄股蔡氏叶蜂，新种 *Caiina xanthofemorata* Wei & Li, sp. nov.; 12. 刻胸带斑叶蜂 *Emphytopsis punctata* Wei & Nie, 1998. 雌虫

图版 VIII

1. 黄胸金氏叶蜂 *Jinia zhengi* Wei & Nie, 1999; 2. 黑眶前室叶蜂 *Allomorpha nigriceps* Wei, 1997; 3. 白唇元叶蜂 *Taxonus alboclypea* (Wei, 1997); 4. 红环元叶蜂 *T. annulicornis* Takeuchi, 1940; 5. 大元叶蜂 *T. major* (Malaise, 1957); 6. 浙皖元叶蜂，新种 *T. zhewanicus* Wei, sp. nov.; 7. 寡毛纵脊叶蜂 *Xenapatidea procincta* (Konow, 1903); 8. 黑色小臀叶蜂 *Colochela nigrata* Wei & Niu, 2016; 9. 小窝黑盔叶蜂，新种 *Corymbas minutifovea* Wei & Niu, sp. nov.; 10. 中华新盔叶蜂 *Neocorymbas sinica* Wei & Ouyang, 1997; 11. 张氏侧跗叶蜂 *Siobla zhangi* Wei, 2005; 12. 花莲钝颊叶蜂 *Aglaostigma karenkonis* (Takeuchi, 1929). 雌虫

图版 IX

1. 歪唇隐斑叶蜂 *Lagidina trimaculata* (Cameron, 1876); 2. 黑肩隐斑叶蜂 *L. nigrocollis* Wei & Nie, 1999; 3. 黄腹凹唇叶蜂 *Perineura xanthogaster* Wei & He, 2009; 4. 环角禾叶蜂 *Tenthredopsis insularis* Takeuchi, 1927; 5. 黑背天目叶蜂 *Tianmuthredo nigrodorsata* Wei, 1997; 6. 鼓胸钩瓣叶蜂 *Macrophya convexina* Wei & Li, 2013; 7. 长腹钩瓣叶蜂 *M. dolichogaster* Wei & Ma, 1997; 8. 糙板钩瓣叶蜂 *M. vittata* Mallach, 1936; 9. 白环方颜叶蜂 *Pachyprotasis alboannulata* Forsius, 1935; 10. 色拉方颜叶蜂 *P. sellata* Malaise, 1945; 11. 东方壮并叶蜂 *Jermakia sibirica* (Kriechbaumer, 1869); 12. 绿丽金蓝叶蜂 *Metallopeus chlorometallicus* Wei, 1998. 3. 雄虫，其余雌虫

图版 X

1. 黄翅狭并叶蜂 *Propodea spinosa* (Cameron, 1899); 2. 斑痣齿唇叶蜂 *Rhogogaster robusta* Jakowlew, 1891; 3. 突刃槌腹叶蜂 *Tenthredo fortunii* Kirby, 1882; 4. 斑腹平斑叶蜂 *T. elegans* (Mocsáry, 1909); 5. 刻胸平斑叶蜂 *T. poeciloptera* Enslin, 1911; 6. 中华平斑叶蜂 *T. sinensis* Mallach, 1933; 7. 东缘平斑叶蜂 *T. terratila* Wei & Nie, 2002; 8. 浙闽平斑叶蜂 *T. zheminnica* Wei & Nie, 1998; 9. 黄端刺斑叶蜂 *T. fulviterminata* Wei, 1998; 10. 黑端刺斑叶蜂 *T. fuscoterminata* Marlatt, 1898; 11. 天目条角叶蜂 *T. tienmushana* (Takeuchi, 1940); 12. 斜脊亚黄叶蜂 *T. carinacestanella* Liu, Li & Wei, 2021. 雌虫

图版 XI

1. 光额横斑叶蜂 *Tenthredo nitidifrontalia* Wei & Zhang, 2013; 2. 弱带横斑叶蜂，新种 *T. yipingi* Wei & Niu, sp. nov.; 3. 蒙古棒角叶蜂 *T. mongolica* (Jakowlew, 1891); 4. 褐跗棒角叶蜂 *T. rubitarsalitia* Wei & Xu, 2012; 5. 龙泉棒角叶蜂，新种 *T. longquan* Wei & Niu, sp. nov.; 6. 中正棒角叶蜂，新种 *T. zhongzheng* Wei & Niu, sp. nov.; 7. 玉带棒角叶蜂 *T. yudai* Liu, Li & Wei, 2021; 8. 帅国斑翅叶蜂，新种 *T. shuaiguoi* Wei & Niu, sp. nov.; 9. 双点光柄叶蜂 *T. biminutidota* Liu & Wei, 2016; 10. 纵脊突柄叶蜂 *T. longitudicarina* Wei, 2006; 11. 茱萸宽齿叶蜂 *Arla evodiae* (Xiao, 1993); 12. 浙闽黏叶蜂 *Caliroa zheminica* Wei, 1997. 雌虫

图版 XII

1. 如是新黏叶蜂，新种 *Neopoppia rushiae* Wei, sp. nov.; 2. 淡胫类黏叶蜂 *Endemyolia tibialis* Wei, 1998; 3. 黑鞭华波叶蜂 *Sinopoppia nigroflagella* Wei, 1997; 4. 天目异爪叶蜂，新种 *Hemibeleses tianmunicus* Wei, sp. nov.; 5. 黑角异基叶蜂，新种 *Abeleses nigrocornis* Wei, sp. nov.; 6. 宽斑基叶蜂 *Beleses latimaculatus* Wei & Niu, 2012; 7. 黑尾基叶蜂 *B. stigmaticalis* (Cameron, 1876); 8. 黄足基叶蜂，新种 *B. xanthopoda* Wei, sp. nov.; 9. 黄褐凹跗叶蜂 *Eusunoxa fulvitarsis* Wei & Xue, 2012; 10. 大黄凹跗叶蜂 *E. major* Wei, 2003; 11. 凹板畸距叶蜂 *Nesotaxonus flavescens* (Marlatt, 1898); 12. 华东敛片叶蜂，新种 *Tomostethus huadong* Wei, sp. nov. 雌虫

图版 XIII

1. 天目中正叶蜂，新种 *Zhongzhengus tianmunicus* Wei, sp. nov.; 2. 何氏真片叶蜂，新种 *Eutomostethus hei* Wei, sp. nov.; 3. 纹瓣真片叶蜂 *E. reticulatus* Wei, 2003; 4. 白胫蓝片叶蜂 *Amonophadnus nigritus* (Xiao, 1990); 5. 粗角巨片叶蜂 *Megatomostethus crassicornis* (Rohwer, 1910); 6. 黑腹珠片叶蜂，新组合 *Allantopsis insularis* (Rohwer, 1916) comb. nov.; 7. 普通直片叶蜂 *Stethomostus vulgaris* Wei, 1997; 8. 白肩儒雅叶蜂 *Rya tegularis* Malaise, 1964; 9. 中华弯瓣叶蜂，新种 *Aphymatocera sinica* Wei, sp. nov.; 10. 黑肩基齿叶蜂，新种 *Nesotomostethus nigrotegularis* Wei & Niu, sp. nov.; 11. 纹背等节叶蜂，新种 *Phymatocera striatana* Wei, sp. nov.; 12. 聂氏双窝叶蜂，新种 *Phymatoceriola niei* Wei, sp. nov. 3. 雄虫，其余雌虫

图版 XIV

1. 黑腹近脉叶蜂 *Phymatoceropsis melanogaster* He, Wei & Zhang, 2005; 2. 短沟五福叶蜂，新种 *Dicrostema brevisulca* Wei, sp. nov.; 3. 纹腹卜氏叶蜂，新种 *Bua coriacea* Wei, sp. nov.; 4. 黑柄弯眶叶蜂 *Phymatoceridea nigroscapa* Wei, 2003; 5. 淡足狭唇叶蜂 *Yuccacia albipes* Wei & Nie, 1998; 6. 中华脊柈叶蜂 *Neoclia sinensis* Malaise, 1937; 7. 白唇角瓣叶蜂 *Senoclidea decora* (Konow, 1898); 8. 尖刃小爪叶蜂，新种 *Apareophora acutiserrulata* Wei, sp. nov.; 9. 四明耳鞘叶蜂，新种 *Monardis simingshana* Wei, sp. nov.; 10. 短沟邻鞘叶蜂，新种 *Monardoides brevisulcus* Wei, sp. nov.; 11. 郑氏李叶蜂，新种 *Pareophora zhengi* Wei, sp. nov.; 12. 东方狭蔺叶蜂 *Cladardis orientalis* Wei, 2003. 3. 雄虫，其余雌虫

图版 XV

1. 刘氏钩鞘叶蜂，新种 *Periclista liuae* Wei, sp. nov.; 2. 天目钩鞘叶蜂，新种 *P. tianmunica* Wei, sp. nov.; 3. 短鞘蔺叶蜂，新种 *Blennocampa brevitheca* Wei, sp. nov.; 4. 光盾纹眶叶蜂，新种 *Claremontia hupingae* Wei, sp. nov.; 5. 黄斑叶刃叶蜂，新种 *Monophadnoides xanthomaculus* Wei, sp. nov.; 6. 美丽南开叶蜂，新种 *Nankaina formosa* Wei, sp. nov.; 7. 突唇阿扁蜂 *Acantholyda convexiclypea* Liu, Li & Wei, 2022; 8. 异耦阿扁蜂 *A. dimorpha* Maa, 1944; 9. 黄缘阿扁蜂 *A. flavomarginata* Maa, 1944; 10. 光头腮扁蜂，新种 *Cephalcia glabroceps* Wei & Gao, sp. nov.; 11. 刻唇腮扁蜂 *C. puncticlypea* Liu, Li & Wei, 2022; 12. 天目腮扁蜂 *C. tienmua* Maa, 1949. 10. 雄虫，其余雌虫

图版 XVI

1. 肖氏腮扁蜂 *Cephalcia xiaoweii* Liu, Li & Wei, 2022; 2. 柳杉华扁蜂 *Chinolyda flagellicornis* (F. Smith, 1860); 3. 黑腹齿扁蜂 *Onycholyda atra* Shinohara & Wei, 2016; 4. 黄角齿扁蜂 *O. fulvicornis* Shinohara, 2016; 5. 黄转齿扁蜂 *O. odaesana* Shinohara & Byun, 1993; 6. 方顶齿扁蜂 *O. subquadrata* (Maa, 1944); 7. 王氏齿扁蜂 *O. wongi* (Maa, 1944); 8. 李氏扁蜂 *Pamphilius lizejiani* Shinohara, 2012; 9. 稠李扁蜂 *P. padus* Shinohara, 2016; 10. 斜瓣扁蜂 *P. palliceps* Shinohara & Xiao, 2006; 11. 秦岭扁蜂 *P. qinlingicus* Wei, 2010; 12. 盛氏扁蜂 *P. shengi* Wei, 1999. 8. 雄虫，其余雌虫

图版 XVII

1. 树人扁蜂，新种 *Pamphilius shureni* Wei, sp. nov.; 2. 天目扁蜂 *P. tianmushanus* Liu, Li & Wei, 2021; 3, 8. 斑翅树蜂 *Sirex nitobei* Matsumura, 1912; 4, 5. 天目长节项蜂 *Alloxiphia tianmua* Wei, 2021; 6. 红头双距项蜂 *Hyperxiphia ruficephala* Wei, 2019; 7. 天目项蜂 *Xiphydria tianmunica* Wei, 2019; 9. 红腹树蜂 *Sirex rufiabdominis* Xiao & Wu, 1983; 10. 黑顶扁角树蜂 *Tremex apicalis* Matsumura, 1912; 11. 黄痣扁角树蜂 *T. latipes* Maa, 1949; 12. 黑胸扁角树蜂，新种 *T. nigrothorax* Wei, sp. nov.; 13. 红背扁角树蜂 *T. simulacrum* Semenov, 1921. 1, 5, 8, 11. 雄虫，其余雌虫

图版 XVIII

1. 黑颚细茎蜂 *Calameuta sculpturalis* Maa, 1949; 2, 3. 震旦茎蜂 *Cephus aurorae* Maa, 1949; 4. 黑翅茎蜂 *C. nigripennis* (Takeuchi, 1927); 5. 杜鹃简脉茎蜂 *Janus dujuan* Wei, 2023; 6. 古氏简脉茎蜂 *J. gussakovskii* Maa, 1949; 7. 梨简脉茎蜂 *J. piri* Okamoto & Muramatsu, 1925; 8. 黄肩亚旋茎蜂 *Neosyrista incisa* (Wei & Nie, 1996); 9. 单带等节茎蜂 *Phylloecus agilis* (F. Smith, 1874); 10. 亮翅中华茎蜂，新组合 *Sinicephus cyaneus* (Wei, 1999) comb. nov.; 11. 烟翅中华茎蜂 *Sinicephus giganteus* (Enderlein, 1913); 12. 淡基细腰茎蜂 *Urosyrista montana* Maa, 1944